Karen Cummings
Priscilla Laws
Edward Redish
Patrick Cooney

김중복 • 김진승 • 남기봉
박병윤 • 이금휘 • 이형종 공역

이해하는 물리학 · I

UNDERSTANDING PHYSICS

홍릉과학출판사

UNDERSTANDING PHYSICS

이해하는 물리학 · I

Understanding Physics

저자 Karen Cummings · Priscilla Laws
Edward Redish · Patrick Cooney

역자 김중복 · 김진승 · 남기봉 · 박병윤
이금휘 · 이형종

홍릉과학출판사

옮긴이 머리말

왜 이 책을 골랐는가?

일반물리 교재를 낼 때는 "이미 나온 교재도 많은데, 왜 또 내는가?"라는 물음에 나름대로 답을 해야 한다.

이 책은 유명한 일반물리 교재인 할러데이(David Halliday), 레스닉(Robert Resnick), 워커(Jearl Walker)가 함께 쓴 Fundamentals of Physics 6판을 커밍스(Karen Cummings), 로스(Priscilla Laws), 레디쉬(Edward Redish), 쿠니(Patrick Cooney)가 "물리교육"에 관한 연구결과를 반영하여 고쳐 쓰고 책이름을 Understanding Physics(이해하는 물리학)로 바꾼 것이다.

옮긴이들도 대학교에서 물리를 배우고 대학원에서 물리 연구를 하여 학위도 받은 뒤, 대학교에서 물리를 연구하고 가르쳐 오고 있다. 그런데, 물리를 배울 때 그리고 연구를 시작할 때 절실히 느낀 것은 기초 개념과 기본 법칙을 차근차근 따져서 이해하고, 이를 바탕으로 치밀하게 생각하는 능력이 부족하다는 것이었다. 이 문제의 뿌리는 시험문제의 유형 파악과 풀이 기법을 익히기에 급급한 우리의 교육 및 평가 방식에 있으며, 물리도 그 틀에서 벗어나지 못한다. 이 문제는 과거형이자 현재형이며, 교육 및 평가 방식을 바꾸지 않으면 미래형으로 연장될 수도 있다. 물리교육을 개선해야 한다는 것은 우리만이 아니라 과학기술에서 가장 앞선 나라인 미국에서도 오래전부터 지적되어 왔다.

미국에서는 지난 20여 년 동안 이 책의 저자 가운데 레디쉬와 로스를 비롯한 여러 사람들이 물리교육의 문제점과 개선 방안을 연구하고 효과적인 방법을 찾아왔다. 이 책은 그러한 연구결과를 바탕으로 고쳐 쓴 것이다. 기초 개념과 기본 법칙을 계시하는 것이 아니라 실험자료를 제시하고 이를 바탕으로 법칙을 추론하고, 설명하고 음미할 수 있게 했다. 이로써 물리의 여러 기본 법칙이 선험적으로 계시된 것이 아니라 수레의 두 바퀴처럼 실험(경험)과 이론(사유)이 함께 가면서 융합된 것임을 배우는 과정에서부터 확실히 알 수 있다. 이렇게 기초 개념과 기본 법칙을 배우고 음미하는 과정을 세심하게 생각하여 내용을 서술한 면에서 이 책은 다른 일반물리 교재와 크게 다르다.

왜 우리말로 옮겼는가?

지금 몰아치는 영어 광풍을 생각하면 원서(영어 교재)를 써야 한다고 주장하는 사람들이 많을 법 한데 오히려 영어를 우리말로 옮겨 한글 교재를 만드는 까닭도 설명해야겠다. 원서를 써야 학생들이 영어 용어도 알게 되고, 영어 실력도 함께 는다는 주장도 있다. 그러나 영어를 익히려면 그 목적에 맞게 개발한 좋은 교재와 방식으로 배우는 것이 더 효과적이고, 물리는 좋은 한글 교재로 가르쳐야 학생들이 내용을 더 정확하게 알게 되고 더 효과적으로 배울 수 있다고 믿는다. "언어는 사고의 그릇이다"라는 말은 생각의 기본 도구는 말과 글임을 지적한 것이다. 손에 익지 않은 도구를 쓰면 효율이 낮고 일의 완성도가 떨어진다. 물리를 배우는 것도 결국은 물리 현상을 정확하게 이해하고 세밀하게 분석할 수 있도록 생각하는 힘을 키우는 것이므로 효율적이고 정확하게 물리를 배우려면 우리의 사고의 그릇인 한글로 된 물리교재를 쓰는 것이 훨씬 낫다.

"예술은 길고, 인생은 짧다"는 말을 생각할 때, 똑같은 일이라면 더 빨리 해내야 우리의 짧은 삶 속에서 멋진 일을 더 많이 할 수 있다. 같은 내용이 담긴 한글 책과 영어 책이 있을 때, 한글 책은 두 배에서 네 배 정도 더 빨리 읽을 수 있다. 한글을 읽을 때는 핵심 단어를 중심으로 능동적으로 추론하여 뜻을 알 수 있지만, 영어를 읽을 때는 더 많은 단어를 해석하고 문장구조도 따져야 뜻을 알 수 있기 때문이다. 시간의 효율성을 생각할 때, 공학 및 과학 분야에서 일하려는 모든 사람이 배우는 일반물리를 "원서"로 배운다는 허영에 잠겨 귀중한 시간을 두서너 배씩 들이는 것은 어리석다. 그러므로 널리 읽힐만한 좋은 외국 책이 있다면 한글로 정확하고 깔끔하게 옮겨 많은 사람들이 한글 책을 읽고 그 내용을 배우게 하는 것이 우리의 문화 역량을 효과적으로 키우는 길일 것이다. 세종대왕께서 1446년에 반포하신 한글은 우리가 물려받은 가장 소중하고 유용한 자산이자 가장 강력한 문화발전의 도구이다. 어려운 일은 좋은 교재의 내용을 정확하고 깔끔하게 한글로 옮기는 것인데, 이 때문에 우리는 연구에 바칠 수도 있는 상당히 많은 시간을 쏟아 부었다. 이 책을 통해 학생들이 물리를 더 잘 배울 수 있게 된다면 우리가 쓴 시간이 헛되지 않았음에 위안을 삼을 수 있겠다.

왜 물리를 배워야 하는가?

여러 과학과목 가운데 물리는 악명이 높아 고등학생들 사이에서는 "제물포"라는 말이 널리 퍼졌다고 한다. 하지만 필요성이 절실하면 모든 어려움을 무릅쓰고라도 배운다. 전공에 관계없이 모두 열심히 익히는 영어, 고행수준의 대학입시 준비, 치열한 고급 공무원 시험과 전문대학원 입시 준비 등이 그것을 증명한다. 그러므로 핵심은 "물리를 힘써 배울 필요가 있는가?"이다.

과학의 엄청난 위력은 모두가 잘 아는 바이다. 감각적으로는 최신 무기의 위력에서 가장 강한 인상을 받지만, 인류의 생활양식을 혁신하고 복지수준을 크게 높인 농업혁명과 산업혁명 그리고 최근의 정보통신혁명은 모두 당대의 과학기술이 뒷받침을 했었고, 또 그 결과로 과학기술이 더욱 더 발전했다. 현재 전지구적 문제로 드러난 에너지 개발과 환경 보존도 결국 과학기술의 발전과 활용을 통해서만 해결책을 찾을 수 있다. 그러나 과학에는 이러한 실용성 못지않게 중요한 문화적 가치가 있다. 우리의 정신에는 세상 모든 것의 근원에 대해 알고 싶은 억누를 수 없는 욕구가 있다: 우주는 어떻게 생겨났고, 어떻게 움직이며, 앞으로 어떻게 될 것인가? 생명은 어떻게 생겨났고, 어떻게 유지되며, 어떻게 진화하는가? 우리 주변의 여러 가지 현상은 어떻게 해서 나타나는가? 이러한 근원적 물음에 대해 체계적이고 합리적인 설명을 해줄 수 있는 유력한 학문이 물리를 비롯한 자연과학이다. 그러므로 자연과학의 실용성을 추구하는 사람은 물론이고, 지적 호기심을 충족시켜 세상을 합리적으로 보고 싶은 사람은 물리를 비롯한 자연과학을 적절한 수준에서 배울 필요가 있다.

수년전 일본 문부성에서 한국, 중국, 일본, 싱가포르의 네 나라 고등학교와 대학교 상위집단에 대해 수학과 과학(물리, 화학, 생물학) 능력을 비교 평가한 결과 중국 상위집단의 최하위 성적이 한국 상위집단의 최상위 성적보다 좋다는 참담한 보고가 있었다. 이것은 우리가 과학교육 체계와 인재양성 방식을 빨리 고치지 않으면, 앞으로 20년 뒤 한중일 세 나라의 산업경쟁에서 우리나라는 돌이킬 수 없게 뒤처질 것임을 엄중하게 경고하고 있다.

잘 아는바와 같이 우리의 근대사는 주변 강대국의 각축 속에서 국권상실과 외세에 의한 국권회복 및 남북분단이라는 비극을 겪었으며, 그 여파는 지금도 남북대치 속에 엄청난 돈과 젊은이의 귀중한 시간을 내다 버리는 비극으로 남아있다. 이러한 불행한 역사의 근원은 결국 당시 "지도층"의 정신적 타락과 서구의 눈부신 학문 발전에 무지한 채 화석화된 유학에 갇혀 박제화한 정신의 유치함에 있었다. 우리가 주변 강대국의 영향력에서 벗어나 주도적으로 남북을 통일하고 문화강국이 되려면 정신의 수준을 높이고 아울러 고도의 과학기술을 집약시킨 산업을 키워야 한다. 이러한 목표를 성취하는데 꼭 필요한 것이 물리를 비롯한 자연과학이다.

누가 이 책을 읽기를 바라는가?

세상에는 널리 퍼진 터무니없는 편견이 많은데, 물리는 똑똑한 사람들만 배울 수 있다는 미신도 그 중의 하나이다. 어떤 일이든 최고수준에 이르러 새로운 길을 열려면 뛰어난 능력이 요구되며, 그것은 재능과 함께 대단한 노력을 쏟아 체계적으로 익혀야 갖출 수 있다. 하지만 대학교 일반물리는 해마다 전 세계에서 이공학을 전공하려는 수 백만 명의 학생들이 배우고 있으며, 주요 내용을 잘 이해해 왔다. 이 수준의 물리를 배우는데 필요한 지적 능력은 평균적인 수준이면 충분하며, 꼭 필요한 것은 배우려는 열정과 노력 그리고 좋은 교재와 효율적인 교육 및 학습 방법이다.

과학기술의 발전은 사회적 문제의 대응 및 해결방식을 바꾼다. 조선시대에는 심한 가뭄이 들면 임금과 지방관들이 나서서 기우제를 정성껏 지냈지만, 오늘날은 소수의 무식한 사기꾼을 빼고는 그렇게 어리석은 짓을 하지 않는다. 그 까닭은 오늘날 우리는 강우현상에 대해 정확하게 알고 있기 때문이다. 이제는 과학지식을 바탕으로 우주의 시원과 구조, 사물의 구성 요소, 생명 및 유전 현상의 근원 등 광범위한 물질 현상의 대부분을 정확하게 알 수 있다. 문제는 이러한 과학기술을 통한 정신 능력의 고양은 가능태일 뿐 우리의 현실태는 아직 아니라는 것이다.

좁은 땅과 많은 사람 그리고 빈약한 자원의 조건 속에서 문화선진국으로 발전하는데 필요한 핵심 동력은 고도의 과학기술 역량에서만 얻을 수 있고, 그 바탕에는 물리를 비롯한 자연과학이 있다. 그러므로 우리나라와 인류의 미래를 앞서서 개척하려는 큰 뜻을 품은 젊은이는 무릇 물리를 비롯한 자연과학을 진지하게 공부해야 할 것이다. 이 책은 그러한 젊은이를 위해 준비한 물리 교재이다.

새로운 시도

이 책을 우리말로 옮기면서 체제를 원서와는 조금 다르게 바꾸었다. 원서에는 모든 연습문제가 각 장의 꼬리에 있었으나, 이 책에서는 각 절과 직접 관련된 연습문제는 그 절의 꼬리에 붙였고, 종합적인 연습문제는 "추가 문제"로서 장의 꼬리에 남겨 두었다. 이렇게 바꾼 까닭은, 한 절의 내용을 익힌 뒤에 바로 꼬리에 있는 연습문제를 풀면서 익힌 것을 되새겨 보게 하려는 것이다. 물리를 가장 효과적으로 배우려면 다른 모든 학문과 마찬가지로 예습과 복습 그리고 연습문제 풀이를 또박또박 하는 것이 좋다. 이 책으로 물리를 배우는 사람들이 효과적인 학습방법을 실천하여 세상을 합리적으로 보는 능력을 갖추는데 이러한 시도가 도움이 되기를 바란다.

2010년 2월
옮긴이들

옮긴이 소개

김중복 한국교원대학교 물리교육학과
김진승 전북대학교 자연과학대학 물리학과
남기봉 한림대학교 자연과학대학 전자물리학과
박병윤 충남대학교 자연과학대학 물리학과
이금휘 전북대학교 광전자정보기술연구소
이형종 전남대학교 자연과학대학 물리학과

서문

"이해하는 물리학(Understanding Physics: UP)"을 펼친 것을 환영한다. 이 책은 할러데이, 레스닉, 워커가 함께 쓴 Fundamentals of Physics 6판(흔히 "HRW 6판"이라고 한다)을 바탕으로 고쳐 쓴 것이다. HRW 6판과 그 이전에 할러데이와 레스닉이 함께 쓴 책은 지난 40년 동안 가장 인기 있는 일반물리 교재였고, 다른 교재를 평가하는 기준이 되었다. "이미 좋은 책이 있는데 왜 다른 책은 낼까"하고 물을지도 모르니 설명을 하겠다.

왜 개정된 책을 내는가?

어떤 물리학과 학생이 최근에 대학 3년 수준의 역학 강좌를 들으면서 처음 반절은 수업을 따라가기 힘들었는데, 이제는 훨씬 쉬워졌다고 한다. 무엇이 달라졌을까? 배우는 내용에 대한 기본 지식이 더 많았던 것일까? "달라진 것은 없어요" 그는 대답했다. "책을 미리 읽고 강의실에 들어갔어요. 그러니까 큰 도움이 됐어요. 일반물리 I과 II에서도 그렇게 했었으면 좋았을 것을 그랬어요." 분명히 이 학생은 아주 중요한 것을 배웠다. 대부분의 물리 교수들이 모든 학생들에게 최대한 빨리 가르치고 싶어 하는 것이 바로 이것이다. 다시 말해 학생이 아무리 영리해도, 일반물리 강좌의 교과과정을 아무리 잘 설계하고 가르쳐도, 학생들이 물리에서 더 많은 내용을 익히려면 "이해할 수 있는" 교재를 미리 꼼꼼히 읽어야 한다.

우리는 설문조사를 통해 일반물리 강의를 듣는 학생의 대부분이 책을 꼼꼼히 읽지 않는다는 것을 알고 있다. 그 까닭은 두 가지라고 생각한다: (1) 물리 교재에서 설명한 내용이 어렵고 추상적이라고 불평하는 학생이 많다. (2) 학생들은 수업과 부업과 사적인 의무와 사교 활동과 취미활동을 넘나드느라 바쁘다. 그래서 학생들은 시간을 들여 책을 꼼꼼히 읽지 않고도 물리 강좌에서 합격점수를 따는 전략을 개발한다. 우리는 이 두 문제에 대해 HRW 6판을 고쳐 학생들이 이해하기 쉽게 고쳐 쓰고, 교수에게는 더 많은 **"생각해보기"**를 제공했으며, 학생들이 교재를 꼼꼼히 읽도록 격려하고자 전략을 덧붙였다. 다행히도, 우리는 활동적인 저자 워커가 더욱 재미있고 알기 쉽게 열심히 고쳐 온 좋은 책을 더 낫게 바꾸고자 한다.

다음의 몇 절에서는 HRW 6판을 어떻게 고쳐 이 책을 새로 만들었는가를 요약한다.

이해하기 쉬운 설명

1차적인 목표의 하나는 학생들이 물리를 이해하게 돕는 것이다. 학생들이 물리란 일련의 서로 무관한 수식을 모아 놓은 것이며, 낱낱의 수식은 몇 가지 구체적인 상황에만 적용되는 것이라고 생각한다면 이 목표는 이룰 수 없다. 우리는 개념적, 정성적 이해를 강조하며, 수식을 줄곧 개념과 연계시킨다. 우리는 또한 학생들이 나날의 경험으로 이미 알고 있음직 한 개념들 위에 물리 지식을 쌓고자 한다.

이 책에서는 이야기가 한 장에서 다음 장으로 물 흐르듯 이어지게 했다. 각 장의 첫머리에서는 그 장에서 다룰 새로운 주제가 왜 중요한가, 앞 장의 내용과 어떻게 이어지는가를 설명하며, 곧이어 나올 내용에 대해 학생들을 준비시킨다. 우리는 이 책 전반에서 되풀이되어 나타나는 기본 개념을 강조하였다. 앞, 뒤에 나오는 내용을 광범위하게 이어줌으로써 이 책에서 다루는 주제의 연결성을 강화했다. 보기를 들어 16장 진동의 첫머리에 다음과 같은 설명이 있다: "단순 조화 운동을 배우면 역학계를 더 잘 알게 되지만, 그것은 또 30~37장에서 배울 전기와 자기를 이해하는데도 아주 중요하다. 끝으로 단순 조화 운동을 알면 빛의 파동성 및 원자와 핵이 에너지를 어떻게 흡수하고 방출하는가를 더 잘 이해할 수 있다."

관측과 실험 강조

관측과 나날의 생생한 경험을 출발점으로 삼아 수식을 전개한다. 이 책의 주요 특징은 실험에 바탕을 두고 이론을 구축하는 것이다. 우리는 학생들이 이미 겪었거나 주의 깊게 관측하면 쉽게 얻을 수 있는 경험에 바탕을 두고 개념을 쌓아 올린다.

이 책에서는 될 수 있으면 늘 단순한 관측이나 전형적인 일반물리 실험에서 얻을 수 있는 실험 자료로부터 물리적 개념과 이론을 전개했다. 여러분은 스스로 묻는 버릇을 길러야 한다: 우리의 관측, 경험 그리고 자료가 뜻하는 물리학의 자연법칙은 무엇인가? 어떤 말이 옳은지는 어떻게 알 수 있는가? 우리가 이 세계에 대해서 올바른 모형을 개발했다고 믿는 까닭은 무엇인가?

이러한 목적에서 이 책은 각 장을 우리가 잘 아는 나닐의 관찰에 대한 기술로 시작한다. 그래서 이 책은 여러분의 일상생활과 관계되고, 여러분이 이미 알고 있는 지식을 이용한다. 우리는 아론스(Arnold Arons)의 원리인 "착상 먼저, 이름은 나중에(idea first, name after)"를 따르고자 한다. 다시 말해 나날이 쓰는 말로 서술한 보편적 경험에서 토론을 시작하고자 모든 노력을 기울였다. 그 다음에 비로소 설명하려는 개념에 대해 공식적인 물리 용어를 썼다. 보기를 들어 나날이 겪는 밀기와 당기기, 그리고 그로부터 생기는 물체의 운동의 변화를 먼저 설명한 뒤에 "힘"이나 "뉴턴 제2법칙"과 같은 용어를 소개했다. 풍선을 찬 곳에 두면 왜 쭈그러들며 들통에 담긴 물이 왜 실온으로 식는가를 먼저 설명한 다음 이상기체 법칙이나 열에너지 전달의 개념을 소개했다.

"착상 먼저, 이름은 나중에"의 철학은 여러분이 배우려는 개념을 이미 알고 있는 지식에 연관시키는 양식을 구축하는데 유용하다. 이 방법은 또한 여러분 스스로 경험을 물리적 법칙에 맞게 해석하는 데에도 도움이 된다.

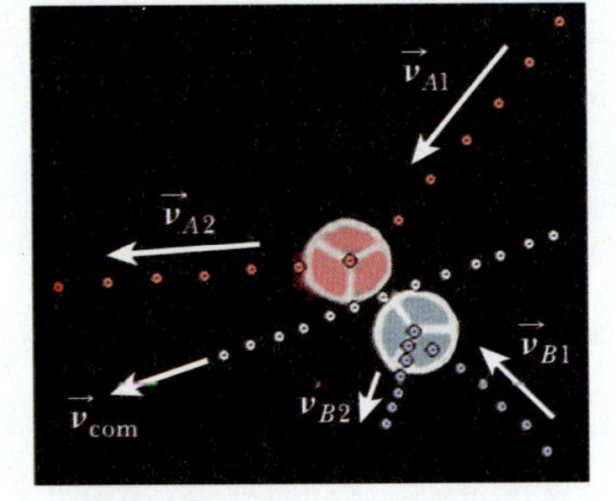

그림 P-1
두 원반이 부딪치는 것을 비디오로 찍어 분석해 보면 두-원반 계의 질량중심은 속도가 일정함이 드러난다.

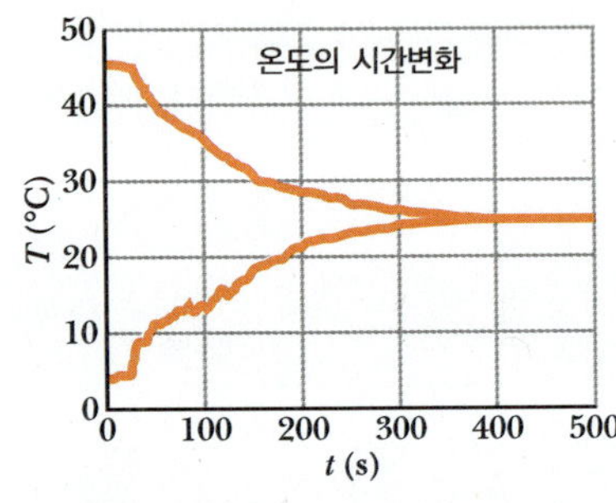

그림 P-2
찬물과 뜨거운 물을 같은 양 넣어 섞으면서 온도변화를 전자 온도계로 재보면 최종 온도는 두 물의 처음 온도의 평균값임이 드러난다.

이 책에 들어있는 보기와 그림에는 현대적인 컴퓨터-기반 실험도구에서 얻은 자료가 많다. 이 도구에는 컴퓨터-보조 자료수집 장치와 디지털 영상 분석 소프트웨어도 있다. 이러한 도구는 1장의 뒷부분에서 소개한다. 그림 P-1, P-2, 그리고 P-3는 이러한 기법의 보기이다. 일반물리 실험이나 강의실에서 보여주는 실험에서 이러한 컴퓨터 도구를 많이 쓰고 있으므로 여러분도 이러한 도구를 일반물리 실험에서 점점 더 많이 쓰게 될 것이다. 실제의 자료를 쓰면 좋은 점이 많다. 이것은 책과 여러분이 이 강좌의 다른 부분을 배울 때 얻는 경험을 이어주고, 또 책을 실생활의 경험과도 이어준다. 그러한 자료수집 및 분석 도구를 여러분이 실험실에서 직접 쓰건 쓰지 않건, 이상화된 자료 대신 실

그림 P-3
사람의 운동을 비디오로 찍어 분석해 보면 자유낙하 할 때 펼친 몸의 질량중심은 지구의 중력을 받아 포물선을 따라 움직임이 드러난다.

제의 자료를 쓰면 자료의 평가와 분석이 이론을 뒷받침하는데 중요한 구실을 한다는 것을 제대로 알 수 있다.

물리교육연구 성과의 활용

책을 고쳐 쓰면서 물리교육연구로 밝혀진 두 가지 중요한 결과를 활용했다. 하나는 많은 학생들이 배울 때 어려워하는 개념을 잡아낸 것이다. 다른 하나는 학생들이 물리를 제대로 이해하는데 능동학습전략이 도움이 된다는 것을 확인한 것이다.

• 어려운 개념에 대해

학생들이 물리를 배울 때 겪는 어려움에 관해서는 광범위한 학구적 연구 결과가 있다.[1] 이러한 어려움을 풀어주고자 힘썼다. 이 책에서는 학생들이 헷갈려하는 문제를 조심스럽게 설명했다. 이것에는 물리학자가 보기에는 시시해 보이는 힘의 본성과 그것이 속도와 속도의 변화에 미치는 효과 같은 것도 있다. 미묘하고 때로는 직관에 어긋나는 주제를 설명할 때는 말을 세심하게 골라 쓰고 흔히 볼 수 있는 학생들의 그릇된 이해를 뿌리 뽑고 고쳐주고자 세심하게 설계한 보기를 들었다. 보기를 들어 우리는 학생들이 수직항력과 마찰력과 같은 수동적인 힘을 이해하는데 어려워하는 것을 알고 있다.[2] 어떻게 해서 단단한 탁자가 그 위에 그냥 놓여 있는 책에 힘을 줄 수 있을까? 6-4절에서 우리는 고체에 대한 이상화된 모형을 제시한다. 그것에서는 용수철이 속에 든 침대와 비슷하게 원자끼리 밀치는 힘이 용수철의 구실을 한다. 덧붙여 여러분이 탁자를 손가락으로 밀어보고 더 세게 밀수록 탁자로부터 반대쪽으로 더 세게 미는 힘을 받는 것을 느껴볼 것을 권한다.

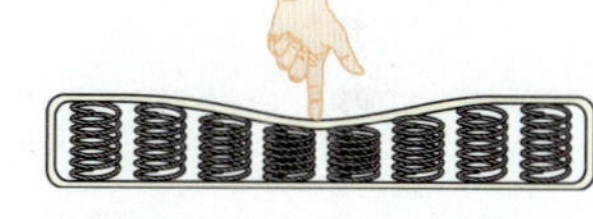

그림 P-4
손가락으로 힘을 주어 매트리스 속의 용수철을 누른다. 그러면 매트리스는 크기가 같고 방향이 반대인 힘을 손가락에 준다.

• 능동학습의 기회 넣기

우리는 학생들이 이 책을 읽는 동안 대화를 나눈다고 느끼면서 더 깊이 생각하도록 꾸몄다. HRW 6판의 각 장의 끝에 있는 확인문제 가운데 좋은 것은 그대로 남겨 **"생각해보기"**라고 부른다. 새로 만든 것도 많은데, 이것은 각 장의 중요한 절에서 다루는 내용을 복습하게 만든다. 보기를 들어 6장 2절에서 2차원 힘-물체 그림을 소개한 뒤 바로 생각해보기 6-1이 나온다. 이것은 선다형 문제로서 세 힘을 받는 헬리콥터의 힘-물체 그림을 고르는 것인데, 세 힘은 작용방향이 다르다. 이 문제의 틀린 선택지는 학생들이 힘-물체 그림을 그릴 때 흔히 저지르는 잘못을 바탕으로 만들었다. 이러한 종류의 생각해보기를 "때맞춤 교육(Just-In-Time Teaching: JiTT)"의 과제로 주거나 "강의중 모둠 토

---

[1] 맥더못(Lillian C. McDermott), 레디쉬(Edward F. Redish), "Resource Letter PER-1: Physics Education Research," *Am. J. Phys.* **67**, 755-767 (1999).

[2] 클레멘트(John J. Clement), "Expert novice similarities and instruction using analogies," *Ins. J. Sci. Ed.* **20**, 1271-1286 (1998).

론"의 주제로 주면 학생들은 그것을 읽으면서 핵심적인 문제 풀이 기능을 배우는데 도움이 된다.

우리는 또한 **"따라해보기"**를 만들어냈다. 이것은 세심하게 고른 표본문제로서 핵심적인 문제 풀이 기능을 보여주며 학생들이 문제 풀이의 긴요한 부분인 물리적 추론과 개념을 활용하는 방법을 배우도록 도와준다. 이 문제의 일부는 HRW 6판의 "표본문제"에서 골랐고 일부는 새로 만들어 냈다. 각 장에서 이야기의 흐름을 유지하고자 표본문제의 수를 줄여 기본 원리의 응용을 보여주는데 필요한 것만 남겼다. 또한 우리가 고른 따라해보기를 풀려면 개념적 추론과 수학적 문제 풀이 기능을 한데 묶어야지, 단순히 "공식에 끼워 넣기"나 문제 유형에 맞는 알고리듬을 써서는 풀 수 없다.

HRW 6판의 각 장의 끝에 있는 문제 가운데 강의실에서 써 보고 고른 많은 연습문제에 **추가문제**를 덧붙였다. 이 새 문제는 학생들이 물리를 배울 때 겪는 어려움에 대해 저자들이 연구하여 얻은 지식에 바탕을 두고 만들었다. 이 가운데 많은 문제는 세심한 정성적 추론을 요구한다. 이 문제들은 개념적 이해를 정량적 문제 풀이에 명확하게 이어준다. 또한 어림셈을 하는 문제, 영상 분석 문제, 그리고 실생활 또는 "줄거리가 풍부한" 문제도 들어 있다.

이 책의 짜임새와 양식은 물리교육연구에 바탕을 둔 다른 교육과정 자료—이것을 "물리 꾸러미(The Physics Suit)"라고 한다—와 함께 쓰기 쉽게 되어 있다.

일관성과 명료성을 위한 재편성

HRW 6판의 짜임새를 대부분 그대로 이어 받았다. 미적분학 바탕 일반물리 교재의 전형적인 교과요목의 흐름에서 주제의 일반적인 배열순서는 교수들이 잘 알 것이다. 사실 주제의 배열순서를 정하고 장으로 나눈 것은 38개 장에서 27개가 같다. 몇 가지 주제의 순서를 바꾼 까닭은 교수법의 일관성을 높이고자 함이다. 재편성을 한 부분은 주로 3장에서 10장까지이며, "새 역학(New Mechanics)"의 순서를 따랐다. 또한 HRW 6판에서 축전기를 다룬 25장을 옮겨 직류 회로의 마지막 부분에 두었다. 이 책에서는 축전기를 28장에서 소개한다.

• 새 역학의 순서

HRW 6판을 비롯한 대부분의 일반물리 교재는 고전역학을 다룰 때 잘 알려진 순서를 따른다. 등가속 운동을 기술하는 운동학의 방정식에서 시작한다. 그 다음에는 2차원 벡터와 투사체 운동의 운동학을 다룬다. 그 다음에는 동역학을 다루어 뉴턴 법칙을 소개하고 이것을 써서 학생들이 일차원 및 2차원 운동을 이해하는 것을 돕는다. 끝으로 에너지, 운동량 보존, 그리고 회전운동을 다룬다.

약 12년 전에 로오스(Priscilla W. Laws), 쏜톤(Ron Thornton), 그리고 소콜로프(David R. Sokoloff)가 함께 물리교육 연구에 바탕을 둔 교육과정 자료를 개발할 때, 학생들이 동역학을 배우기 전에 2차원 벡터를 가지고 씨름하고 투사체 운동을 이해하는 것을 힘들어하는 것을 알게 되었다. 그 때 아론스는 운동량을 에너지 보다 먼저 소개해야 한다고 주장하고 있었다.[3] 아론스는 다음과 같이 주장했다: (1) 역사적으로나 현대적인 문맥으로나 운동량 개념이 에너지 개념 보다 더 단순하다; (2) 운동량 보존을 배울 때 질량 중심에 대한 개념의 발달이 들어가며, 이것은 에너지 개념을 제대로 발달시키는데 필요하다. 또한 충격량-운동량 관계는 명백히 뉴턴 제2법칙의 또 다른 진술이다. 따라서 뉴턴 법칙을 다룬 다음 바로 운동량 보존을 배우는 것이 가장 자연스럽다.

---

[3] 아론스와 로오스가 다음 문헌을 통해 사적으로 의견을 주고받았다: "Primary Notes and Suggestions," 1990. 8. 19; 아론스, *Development of Concepts of Physics* (애디슨-웨슬리 출판사, 레딩, 메사추세츠, 1965).

전통적인 역학의 주제 순서에 관한 문제를 살펴보고자 1992년 물리 교육 연구자와 교육과정 개발자로 작은 집단을 꾸며 역학 주제의 배열 순서를 바꾼 새로운 교육과정을 도입하는 것을 논의했다.[4] 이 학회의 결과는 로오스, 소콜로프, 쏜톤이 역학에서 다루는 주제의 순서를 바꾸어 아래에 설명한 물리 꾸러미의 일부인 교과과정 자료를 여러 가지로 개발한 것이다.[5] 이 자료에는 다음과 같은 것이 있다: "Workshop Physics", "RealTime Physics Laboratory Module in Mechanics", 그리고 "Interactive Lecture Demonstrations". 이 책은 그 순서를 받아들여서 HRW 6판의 2장에서 10장까지를 상당히 고치고 다시 꾸몄다.

이 책의 2장에서 10장까지에 들어 있는 "새 역학" 순서에는 다음 사항이 들어있다:

- 2장: 1차원 운동학, 일정한 수평 가속도와 수직방향 자유 낙하를 응용 사례로 다룸.
- 3장: 1차원 동역학, 뉴턴 운동 법칙을 하나 이상의 힘을 한쪽으로 받는 물체에 적용하는 것에서 시작함. 학생들은 자유낙하를 관찰한 것을 잘 새겨보아, 물체는 눈에 보이지는 않지만 아래쪽으로 끄는 일정한 힘인 "중력"을 받는다고 가정하게 됨.
- 4장: 2차원 벡터, 벡터 변위, 단위 벡터, 그리고 벡터를 성분으로 분해하는 것을 다룸.
- 5장: 운동학과 동역학을 한쪽으로만 작용하는 힘을 받는 2차원 운동으로 확장함. 보기에는 투사체 운동과 원운동이 들어 있음.
- 6장: 운동학과 동역학을 2차원 힘을 받는 2차원 운동으로 확장함.
- 7장과 8장: 이 장의 주제는 충격과 운동량 변화, 운동량 보존, 입자계, 질량 중심, 그리고 고립계에서의 질량 중심의 운동이다.
- 9장과 10장: 이 장에서는 운동 에너지, 일, 위치 에너지, 에너지 보존을 도입한다.

• 때 맞춤 수학

수학의 주제는 보통 "때 맞추어(just-in-time)" 도입한다. 보기를 들어 2장에서 1차원 속도와 가속도의 개념을 전개하면서 1차원 벡터를 다룬다. 2차원 및 3차원 벡터, 벡터 덧셈과 성분 분해는 5장과 6장에서 2차원 운동과 힘을 다루기 바로 전인 4장으로 미룬다. 벡터 곱셈은 필요할 때까지 다루지 않는다. 점곱은 9장에서 물리적인 일의 개념을 도입할 때 비로소 소개한다. 마찬가지로 가위곱은 11장에서 회전력과 연관시켜 처음으로 소개한다.

• 기호 변경

수학 기호는 자주 헷갈리고, 애매하게 쓰면 학생들이 중요한 관계를 이해하는데 방해가 될 수 있다. 또한 다른 양을 나타내는데 똑같은 기호를 쓰면 문제 풀이가 어려워진다. 새 기호의 주요 특징 몇 가지는 다음과 같다:

- "미국 국립 과학기술연구소 특별 출판물 811(US NIST Special Publication 811 [SP 811])"이 정한 기호에 관한 최근 지침을 따른다.
- 익숙한 기호를 쓰고 싶은 마음과 다른 변수에 대해 같은 기호를 쓰는 것을 피하고 싶은 마음의 균형점을 찾고자 애썼다. 보기를 들어 운동량, 압력, 그리고 일률을 흔히 p로 나타낸다. 운동량은 소문자 p, 압력은 대문자 P를 써서 구별했는데, 그 까닭은 두 양이 기체 분자운동론을 끌어낼 때

[4] "새 역학 학회(The New Mechanics Conference)"는 1992년 8월 6~7일 터프츠(Tufts) 대학교에서 열렸고 참석자는 다음과 같다: 쿠니(Pat Cooney), 딕스트라(Dewy Dykstra), 햄머(David Hammer), 헤스테네스(David Hestenes), 로오스, 리이(Suzanne Lea), 맥더못, 몰스(Robert Morse), 피스터(Hans Pfister), 레디쉬, 소콜로프, 쏜톤.

[5] 로오스, "A New Order of Mechanics" 125-136쪽, Proceedings of the Conference on the Introductory Physics Course, 렌슬러 공과대학(Rensselaer Polytechnic Institute), Troy, New York, May 20–23, 윌슨(Jack Wilson) 편집. 1993 (와일리 출판사, 뉴욕 1997).

함께 나오기 때문이다. 그러나 일률은 대문자 P로 나타냈는데, 그 까닭은 보통은 수식에 압력과 함께 나오지 않기 때문이다.

- 벡터는 굵은 글씨 대신 글자 위에 화살표를 붙여 나타내어, 손으로 쓴 방정식이 인쇄된 식과 같은 꼴이 되게 했다.
- 낱낱의 벡터 성분에 그 좌표축을 드러내는 아래글자를 붙였다. 이것은 벡터의 크기는 스칼라량이지만 벡터 성분은 스칼라량이 아닌데 학생들이 흔히 헷갈리는 것을 막으려는 것이다.
- 교수와 학생들은 수학적 변수와 관련된 물체의 이름을 생략하는 경향이 있지만, 우리는 아래글자를 붙여 뚜렷이 드러낸다. 또한 아래글자에 화살표를 붙여 어떤 물체가 다른 물체에 힘을 준다는 사실을 강조한다. 보기를 들어 밧줄이 나무토막에 주는 힘을 나타내는 기호는 다음과 같다: $\vec{F}_{\text{밧줄}\rightarrow\text{토막}}$.

교재 읽기를 권장함

지금까지 이 책의 내용을 더 좋게, 읽기 편하게 만들고자 고친 점을 설명했다. 그러나 책이 아무리 좋아도 학생들이 읽지 않는다면 아무 도움이 되지 않는다. 따라서 교수는 바쁜 학생들이 책을 적극적으로 읽는 버릇을 들이도록 격려하는 것이 아주 중요하다. 우리 생각에는 학생들이 이 책을 읽도록 만드는 가장 효과적인 길은 수업이 끝날 때마다 책의 "내용읽기", "생각해보기", 그리고 다른 "내용에 관한 물음"을 적절히 과제로 내는 것이다. "내용에 관한 물음"에 대한 효과적인 후속조치를 몇 가지 들면 다음과 같다:

1. "때맞춤 교육" 방법을 쓴다. 이것은 전자우편이나 컴퓨터 기반 과제 체계(보기를 들어 Web Assign 또는 E-Grade)를 써서 수업시간 전에 물음에 대한 답을 낼 수 있다. 수업을 시작하기 전에 여러 답을 읽어보면 학생들이 어려워하는 문제를 미리 알아 수업시간에 그것을 더 자세히 설명할 수 있다.
2. 과제에 대한 답을 미리 준비해 오게 하여 그것을 수업시간에 작은 모둠에서 토론하게 한다.
3. 컴퓨터로 자동채점할 수 있는 선다형 문제를 각 절 또는 각 장의 내용과 관련하여 낸다.
4. 학생들에게 각 장을 요약하여 내게 한다. 이 과제는 아주 효과적이어서 우리는 일부러 각장의 요약을 학생이 하도록 남겨 두었다.

분명히 이 모든 방법은 그렇게 한 학생들에게 점수를 더 주면 더 효과적이다. 따라서 학생들이 정기적으로 교재를 읽고 생각해보기의 답에 대해 생각한 것을 내게 하여 그 모두, 또는 무작위로 뽑아 추가점수를 주는 평가방식을 실시해야 할 것이다.

물리 꾸러미(The Physics Suite)

1997년과 1998년 와일리 출판사의 물리 분야 편집자인 존슨(Stuart Johnson)과 비공식적으로 모인 교육과정 개발자 집단 그리고 "활동에 바탕을 둔 물리 동아리"로 알려진 교육 개혁론자가 모여 물리 교육 연구에 바탕을 둔 여러 교육과정 자료를 묶을 수 있는 가능성에 관해 논의를 시작했다. 이로부터 "활동에 바탕을 둔 물리 꾸러미"가 나왔는데, 여기에는 이 책도 들어있다. 이 물리 꾸러미에는 교수들이 저마다 다른 강의 환경에서 그 여건에 맞게 여러 가지로 조합하여 쓸 수 있는 자료가 들어 있다. "Interactive Lecture Demonstration Series"[6]는 1차적으로 강의시간에 쓰도록 만든 것이다. 꾸러미에 들어 있는 다른 자료에는 "Workshop Physics Activity Guide",[7] "RealTime Physics Laboratory by Module",[8] "Physics Inquiry"[9]가 있다. 추가 자료로는 연습시간에 쓰기에 좋은, 워싱턴 대학교에서 개발한 "Tutorials in Introductory Physics"(프렌티스-홀 출판사)[10]와 매릴랜드 대학교에서 개발한 "Quantitative Tutorials"[11]가 있다. 활동에 바탕을 둔 물리 꾸러미에는 매릴랜드 대학교에서 개발한 "thinking problems" 모음으로 마무리를 했다. 물리 꾸러미에는 이 UP 말고도 다음의 요소가 들어 있다:

1. Teaching Physics with the Physics Suite. 레디쉬 지음. 이 책에 대한 "교수 편람"일 뿐 아니라 물리교육에 관한 최근의 발전에 대해 배우려는 사람은 누구나 흥미를 느낄 내용이다. 이것은 물리를 가르치고 배우는 것 모두를 개선하기위한 여러 도구—새로운 과제와 시험 문제에서 강의실에서 학생들에게 어떻게 생각하는가를 파악하기 위한 설문조사, 컴퓨터와 비디오를 써서 자료를 모으고 분석하는 도구까지–를 설명했다. 이 책에 들어있는 CD에는 14개의 개념에 대한 설문과 3개의 학습태도에 대한 설문, 일반물리의 모든 주제에 관한 250개의 **"생각해볼 문제 (thinking problem)"**, 그리고 컴퓨터 자료 수집과 동영상 사용법에 관한 판매회사의 자료, 그리고 여러 가지 쓸모 있는 참고 자료가 담겨 있다. (교수는 와일리 출판사로부터 책과 자료 CD를 기증 받을 수 있다.)
2. RealTime Physics. 소콜로프(오레곤 대학교), 로오스(디킨슨 대학), 쏜톤(터프츠 대학교) 공저. 이것은 컴퓨터 보조 자료수집장치를 쓰는 실험교육 자료 모음으로서 학생들은 개념을 구성하고, 자료를 해석하는 방법을 배우며, 물리 지식의 경험적 바탕에 대한 이해를 발전시킨다. 이 모음에는 세 개의 모듈이 있다: 모듈 1: 역학(12실험), 모듈 2: 열과 열역학(6실험), 모듈 3: 전기회로(8실험). (책으로도 나와 있고 물리 꾸러미 CD에 파일로도 들어 있다.)
3. Interactive Lecture Demonstration(ILD) 소콜로프와 쏜톤 공저. ILD는 연습지에 바탕을 두어 안내하는 시연으로서 기본 원리에 초점을 맞추고 구체적인 기초 개념을 다룬다. 시연에서는 컴퓨터–보조 자료 수집 도구를 써서 질 좋은 자료를 실시간에 모아 보여준다. 낱낱의 ILD 주제는 한 차례의 강의에서 할 수 있게 되어 있다. 이 시연을 통해 학생들은 교수가 이끄는 대로 결과에 대한 예측, 친구들과의 토론, 시연 관찰하고 그 결과를 음미하면서 개념을 구축한다. ILD 모음에는 역학, 열역학, 전기, 광학 등이 있다. (책으로도 나와 있고 물리 꾸러미의 CD에 파일로도 들어 있다.)
4. Workshop Physics 로오스 지음. 이 책은 미적분 기반 일반물리 강좌에서 쓸 수 있는 4 부의 활동 안내로 되어 있다. 이 책은 전통적인 강의와 실험을 대치하여 학생들이 컴퓨터 도구를 써서 자료를 모으고, 화면에 그림으로 나타내며, 분석하고, 모형을 세운다. 그 도구에는 컴퓨터-보조 자료 수집 소프트웨어와 장치, 디지털 동영상 수집 및 분석 소프트웨어, 그리고 해석적 수학 모형을 만드는데 쓰이는 스프레드시트 소프트웨어가 들어간다. 모듈은 고전역학(2 모듈), 열역학과 핵물

---

6 소콜로프, 쏜톤, "Using Interactive Lecture Demonstrations to Create an Active Learning Environment," The Physics Teacher **35**, 340–347, September 1997.

7 로오스, *Workshop Physics Activity Guide*, Modules 1–4 w/ Appendices (와일리 출판사, 뉴욕, 1997).

8 소콜로프, *RealTime Physics*, Modules 1–2 (와일리 출판사, 뉴욕, 1999).

9 맥더못, 워싱턴 대학교 물리교육 연구진, Physics by Inquiry (와일리 출판사, 뉴욕, 1996).

10 맥더못, 쉐퍼(Peter S. Shaffer), 워싱턴 대학교 물리교육 연구진, *Tutorials in Introductory Physics* (프렌티스-홀 출판사, Upper Saddle River, NJ, 2002).

11 스타인버그(Richard N. Steinberg), 위트만(Michael C. Wittmann), 레디쉬, "Mathematical Tutorials in Introductory Physics," in, *The Changing Role of Physics Departments in Modern Universities*, 레디쉬와 릭든(John S. Rigden) 편집, AIP Conference Proceedings 399, (AIP, 우드베리, 뉴욕, 1997), 1075–1092쪽.

리, 전기와 자기이다. (책으로도 나와 있고 물리 꾸러미의 CD에 파일로도 들어 있다.)

5. **Tutorials in Introductory Physics** 맥더못과 쉐퍼 그리고 워싱턴 대학교의 물리교육연구진이 만듦. 이 교재는 표준적인 일반물리 강좌의 교재와 강의에 의한 교육을 보충하고자 설계한 문제집 묶음이다. 낱낱의 지도서는 학생들이 작은 무리를 지어 간단하고 값싼 도구를 써서 실험하면서 배울 수 있는 곳에서 1시간 강의에 쓰게 만들었다. 여기에서 강조하는 것은 학생들이 핵심적인 개념을 더 깊게 이해하고 과학적 추론 능력을 기르도록 돕는 것이다. 주제는 역학, 전기와 자기, 파동, 광학, 그리고 다른 선별된 몇 가지이다. (프렌티스-홀 출판사에서 책으로 펴냈다.)
6. **Physics by Inquiry** 맥더못 교수와 워싱턴 대학교의 물리교육연구진이 만듦. 이 완전한 교과과정은 실험에 바탕을 두어 기본 개념과 과학적 추론 능력의 개발을 강조하는 모듈이다. 학생들은 먼저 현상을 관찰하고, 유도된 탐구문제를 통해 일관성 있는 개념적 틀을 만들어간다. 실험에는 간단하고 값싼 장치와 소모품만 있으면 된다. 그 모듈은 주로 초중등 교사들을 훈련시키고자 개발한 것인데 교양과정 학생들과 학력이 부족한 학생들에게도 효과적임이 입증되었다. 분량은 2년간 교육에 충분한 정도이다. (책으로 나와 있다.)
7. **The Activity Based Physics Tutorials** 레디쉬 교수와 매릴랜드 대학교의 물리교육연구진이 만듦. 이 책은 워싱턴 대학교에서 만든 것들처럼 강의 보조용으로 개발한 연습지와 표준적인 일반물리교재의 문제로 되어 있다. 그러나 이 책에는 다른 꾸러미 요소에서 자료 수집, 디지털 동영상 분석, 전산시늉, 스프레드시트 분석 등에 쓰는 컴퓨터 소프트웨어와 하드웨어를 종합해 놓았다. 이 교재에는 고전 물리의 주제와 함께 현대 물리의 주제도 들어있다. (물리 꾸러미 CD에 담긴 파일로만 제공된다.)
8. **The Understanding Physics Video CD for Students** 로오스 교수 및 공동 연구자들이 만듦: 이 CD에는 이 책의 설명과 추가문제에 나오는 비디오 토막이 들어있다. 비디오는 여러 물리현상을 찍은 동영상 조각이 퀵타임 형식의 파일이고, 그러한 파일을 여는 소프트웨어도 들어있다. 학생들은 교재를 읽으면서 그 동영상 조각을 볼 수 있다. 학생들에게 동영상 분석 소프트웨어가 있다면, 교재의 그림표에 보여준 자료를 스스로 만들어내거나, 강사가 부과한 과제에 따라 완전한 동영상 분석을 할 수 있다.
9. **The Physics Suite CD** 이 CD에는 여러 물리 꾸러미의 요소가 엠에스워드(MS Word) 파일로 들어있다. 따라서 강사는 자기 강의 요목에 맞게 고쳐 쓸 수 있다. 여기에는 다음 자료와 관련된 것을 비롯하여 쓸모 있는 것이 많다: *RealTime Physics*, *Interactive Lecture Demonstrations*, *Workshop Physics*, *Activity Based Physics Tutorials*.

• 교수에게 한마디

지난 십년동안 우리는 대부분의 학생들이 물리를 배우는데 실제로 필요한 것이 무엇인가에 집중하는 것이 얼마나 가치 있는가 그리고 물리교육에 관한 연구를 바탕으로 만든 능동학습을 촉진하는 자료를 써서 배우면 얼마나 가치 있을 것인가를 배웠다. 이 교재와 물리 꾸러미에 담긴 자료가 여러분과 여러분이 가르치는 학생에게 물리를 더 짜릿하고, 더 알기 쉽게 만들려는 노력에 도움이 되기를 바란다.

이 책의 보조 자료

• 교수를 위한 보조 자료

1. Instructor's Solution Manual 호워드 대학교의 바트라(Anand Batra)가 만든 이 풀이집에는 장의 뒤에 있는 문제 대부분의 풀이가 실려 있다.
2. Test Bank 크리스트만(J. Richard Christman) [미국 해안경비대 학교] 지음. 여기에는 HRW 6판에서 뽑아 고친 2500개 이상의 선다형 문제가 실려 있다. 이것은 전산화된 문제은행에도 들어있다 (아래를 보라).
3. Instructor's Resource CD 이 CD에 담긴 것은 다음과 같다: 엠에스워드(피씨와 매킨토시)와 피디에프(PDF) 파일로 된 교수용 전체 문제 풀이. 피씨와 매킨토시 컴퓨터 모두에서 쓸 수 있고, 편집할 수 있는 전산화된 문제은행. 강의실에서 화면에 비추거나, 인쇄하거나, 웹에 올릴 수 있는 교재의 모든 그림.
4. Online Homework and Quizzing 이 책은 WebAssign과 eGrade를 지원하는데, 이 두 프로그램을 쓰면 인터넷을 통해 과제와 짧은 문제를 주고, 채점할 수 있다.
5. The Wiley Physics CD Domonstration Video 럿거스 대학교의 마이울로(David Maiullo)가 만든 것으로 학생들이 재미있어하고 배울 것이 있는 100개의 고전적인 물리 시연을 담고 있다. 전문적인 필름 작업자가 찍고, 편집하여 만들었는데, 못이 빽빽하게 박힌 판에 눕기, 소리로 유리 깨기, 55-갈론 쇠 통이 대기압으로 쭈그러지는 것 등이 담겨있다. 낱낱의 시연에는 "물리교수자료 연합회[물교자연](Physics Instruction Resources Association: PIRA)" 시연 분류 체계에 따라 번호가 붙어 있다. 이 체계는 낱낱의 시연에 담긴 내용과 관련된 분야, 주제, 그리고 개념을 분류한다. "물교자연(PIRA)"에 관해 더 알고 싶거나 시연 분류 체계가 담긴 스프레드시트 파일을 내려 받으려면 www.pira.edu에 가 보라.
6. Wiley Physics Simulations CD-ROM 이 CD에는 50개의 대화형 전산시늉 프로그램(자바 애플릿)이 들어있어 강의실에서 시연해 줄 수 있다.

• 학생을 위한 보조 자료

1. Student's Study Guide, 크리스트만(미국 해안경비대 학교) 지음. 이 인내책은 장의 내용에 대한 개관, 장의 뒤에 있는 문제를 푸는 실마리, 그리고 스스로 풀어보는 문제가 실려 있다.
2. Student Solution Manual, 크리스트만(미국 해안경비대 학교) 지음. 이 풀이집에는 장의 뒤에 있는 홀수번 문제 약 450개에 대한 완전한 풀이가 실려 있다.

차례

2부

서론

모든 지식은 실험을 통해서 검증된다. 그러면 지식의 근원은 무엇인가? 검증할 법칙은 어디에서 오는가? … 이런 법칙을 끌어내는 실마리는 실험 자체에서 얻는다. 그렇지만 상상력이 있어야 이런 실마리에서 큰 일반화를 창출할 수 있다 — 즉, 모든 것의 바닥에 깔려 있는 놀랍고 간단하지만 낯선 모형을 추측한 다음, 그 추측이 올바른지를 다시 확인하고자 실험을 한다.[1]

---

[1] 파인만(R. P. Feynman), The Feynman Lectures on Physics, 1장, (애디슨-웨슬리, 레딩, MA, 1964).

물리학의 본질과 물리학 배우기

물리학을 배우기 시작한 것을 환영한다. 물리학은 관찰하고 잰 것에 뜻이 통하게 하는 과정을 찾아내어 물질계를 알아가는 과정이다. 파인만(Richard P. Feynman) 교수는 "모든 자연과학은 실험과 이론의 상호작용을 통해 발전한다."고 말했다.[2]

여기서 요점은 물리학을 배우려면 잰 것을 직관 및 예상과 끊임없이 비교하고 대조해야 한다는 것이다. 직관이 때로는 옳거나 부분적으로 옳지만 때로는 완전히 틀리기도 한다. 관측을 직관과 비교하면 물리를 더 배울 뿐만 아니라 과학 지식이 어떻게 창출되는지 이해하는데 도움이 된다.

물리학을 알면 물질계를 알 수 있다. 어떤 물리 현상을 처음에는 알 수 없어도 계속 생각하라. 계속 관측하고 실험을 분석하면서 그것에 담긴 뜻을 깊이 생각하라. 아인슈타인은 "물리학은 상식을 정제한 것"이라고 했다. 해결의 열쇠는 '정제'라는 말에 있다. 물리학은 상식 이상이다. 이론 및 실험을 계속 대조하여 모순이 없게 만든 상식이기 때문이다.

어떤 면에서는 물리학이 생물학 또는 화학보다 훨씬 더 배우기 쉽다. 생각할 것이 적고 살펴 볼 계(系)가 더 간단하다. 일반물리학에 나오는 기본 수식을 모두 늘어놓아도 일반생물학에 나오는 생물의 개수나 일반화학에 나오는 반응의 개수보다 훨씬 적다. 또한 많은 물리현상이 상대적으로 간단하다. 비탈면을 굴러 내리는 공이나 전구에 연결된 전지는 낙지나 화학약품 싸이클로헥산보다 훨씬 간단하다. 그러나 많은 학생은 일반물리학이 다른 과학 과목보다 훨씬 더 어렵다고 불평한다. 왜 그런가? 왜냐하면 물리학에 나오는 온갖 방정식을 외워야 한다고 생각하는 함정에 빠지기 때문이다. 전혀 그렇지 않다! 일반물리학에서 쓰는 대부분의 수식은 몇 개의 기본 법칙에서 끌어낼 수 있다.

어떤 계의 성질 수백 가지를 외우려 애쓴다면 바로 질리고 말 것이다. 대신에 몇 개의 이상적인 계(系)의 행동을 조사하여 과학적 과정의 성질에 집중해야 한다. 어떤 물리계의 작용에 대한 예측이 올바른 것이었는지는 어떻게 판단할까? 연구자는 '과학 법칙'을 어떻게 발견 또는 창출하는가? 법칙이나 이론이 옳다는 것을 어떻게 확신하는가? 이러한 질문들은 새 컴퓨터칩의 창출, 병의 진단 또는 운동선수의 성취 향상과 같은 현실 세계의 과학적인 문제를 푸는데 결정적이다. 기본 관계를 배우고 그것을 새로운 과학 문제에 적용하려는 노력이 물리학을 이해하는 열쇠이다.

단순화하기

물리학은 자연계의 움직임을 지배하는 규칙을 이해하려고 한다. 하지만 자연계는 아주 복잡하다. 그래서 어떤 움직임을 관찰하고 설명하려면 가장 간단한 것부터 다룬다. 예를 들어, 운동을 배울 때 그 구조와 모양을 무시할 수 있는 작은 물체 하나에서 시작한다. 축구공을 아주 작은 구슬처럼 다루는 것이다. 축구공을 던진 뒤, 진공 속에서 회전과 변형이 없다고 가정하고, 중력의 영향만을 받으며 어떻게 움직이는지 셈한다. 실제의 축구공에는 이 가정이 들어맞지 않음은 분명하다! 하지만 기본운동을 이해하는 데는 좋은 출발점이 된다. 짧은 거리(몇 m)와 알맞게 느린 속력(약 20 km/h 이하)에서는 이러한 이상적 서술이 아주 잘 맞는다. 속력과 거리가 커지면 공기의 영향이 중요해진다. 그러나 이 덧붙는 복잡화는 처리할 수 있다. 운동의 기초 원리를 알고 난 뒤에는, 공기의 영향을 설명하려면 이 '모형'에 상세한 서술을 덧붙여 이해한 정도를 더 현실적으로 만들고 다룰 수 있는 경우의 수도 늘

---

[2] 파인만, *The Feynman Lectures on Physics*, 1장, (애디슨-웨슬리, 레딩, MA, 1964).

릴 수 있다.

물리학자의 전형적인 첫 전략은 관심이 있는 계를 기술하는 물리법칙을 구성하여 간단한 계를 최대한 완전히 아는 것이다. 그 다음에는 이 계에 차례로 한 단계씩 점점 실제의 복잡성을 더하기에 이른다. 이것이 물리학이라 부르는 강력한 지식체계에 연구자들이 기여하는 과정이다. 여러분도 바로 이런 과정을 따라서 물리학 지식을 구성하고 확장하기를 권한다.

그림 1-1
생략한 모든 내용을 일일이 따지는 제이슨

놀라운 일을 기대하라

물리학을 배우면서 어쩌면 놀라운 일을 많이 접할 텐데 그것을(아주 흥미롭고 즐거운 주제인) 상대성이론이나 양자역학을 배울 때까지 기다릴 필요가 없다. 이 책 각 단원 첫 쪽의 물리 현상도 많은 사람이 놀라는 흔한 사실이다. 보기로써, 크기가 비슷한 납공과 플라스틱 공의 무게를 비교하면 납공의 무게가 플라스틱 공의 20배 정도일 것이다. 하지만 튼튼한 탁자 위에 의자를 올려 놓고, 그 위에 서서 두 공을 동시에 떨어뜨리면 둘은 3m 아래 바닥에 거의 함께 떨어진다. 어째서 납공이 더 빨리 움직이지 않는가? 또는, 물체가 물 속에 잠기면 무게가 줄고, 줄어든 무게는 물체가 밀어낸 물의 무게와 같다. 둘 사이에 무슨 관계가 있겠는가? 물이 사라졌다! 똑같은 전구 둘을 전지에 연결할 때 어떻게 연결하면 두 전구가 내는 빛의 밝기가 전구 하나만 연결했을 때와 같지만 다른 방식으로 연결하면 둘 다 훨씬 어두워진다. 뭐라고? 왜 그런 일이 생길까? 이 책은 그런 놀라운 일로 가득하다.

그림 1-2

이 책을 잘 익히려면

이 책은 여러분이 물리학을 배우는데 쓸 여러 도구 가운데 하나이다. 이 책을 기본으로 삼아 잘 읽고 각 단원의 절 뒤에 있는 **생각해보기**를 풀어 보아라. 우리는 이론을 뒷받침하는 실험 결과와 이론 전개에 쓴 추론의 일부도 제공하려고 애썼다. 그렇지만 여러분이 스스로 관측하고 능동적으로 추론해야만 물리학을 잘 알게 될 것이다. 그래서 물리현상을 직접 재거나 저자들이 서술한 실험 결과를 깊이 생각하는 것이 아주 중요하다. 그 다음 여러분은 책에서 제공한 현상의 설명이 이치에 맞는지를 생각할 필요가 있다. 또한 이해한 이론과 개념을 써서 각 절의 끝에 있는 문제를 풀어 보아 이해한 정도를 점검하고 개선해야 한다. 문제 풀이에는 앞에서 배운 물리학 원리 및 그것을 기술하는 수식 모두가 필요하다. 마지막으로, 가능하면 기초 물리학 실험실에서 실험을 할 때 결과를 예측하여 물리계에 대한 여러분의 이해 정도를 시험해 보라.

저자들이 물리학을 실제로 즐기는 만큼 여러분도 이 책을 통해 물리학을 배우고 즐기기를 간절히 바란다.

저자들 사진 ■ (왼쪽부터) 로오스(Priscilla W. Laws), 레디시(Edward F. Redish), 커밍스(Karen Cummings), 쿠니(Patrick J. Cooney). 사진 촬영: 힐데브란트(David Hildebrand).

1 측정

잔잔한 바닷가에서 해 지는 것을 지켜볼 때, 누워서 한 번 그리고 서서 한 번 볼 수 있다. 이것은 놀라운 관찰이다. 더욱이 두 해넘이 순간 사이의 시간을 재면, 지구의 모양 및 해의 운동에 관한 지식을 바탕으로 고등학교 수학을 써서 지구 반지름을 어림할 수 있다.

어떻게 그런 간단한 관찰로 지구를 잴 수 있을까?

◈ 답은 이 장에 있다.

1-1 서론

물리학에서는 우주의 기본 구성요소와 이들의 상호작용을 배운다. 해질녘 바닷가에 누워서 해넘이를 한 번 본 뒤 일어서서 다시 보아 두 순간의 시간차를 써서 지구 크기를 어림할 수 있다는 것을 사람들에게 알려주면 대개는 깜짝 놀란다. 이것은 수학, 이론적 원리 및 관측을 엮어 물질계를 더 깊이 알게 되는 예다. 실은, 물리학이 계속 찾으려는 것은 여러 현상을 잘 설명할 수 있는 통일된 법칙이다. 과학 이론은 새로운 관측과 실험의 결과를 설명하고 예측할 수 있어야만 옳다. 물리학의 많은 이론은 수식으로 표현되며 예측에는 보통 잴 수 있는 양이 들어 있다.

측정은 물리량을 숫자와 관련시키는 과정이다. 실제로, 물리량은 그것을 재는 절차로 정의된다. 하지만 그 결과를 쓰고 해석할 때 무엇을 쟀고, 값의 단위가 무엇인지 알아야 측정값이 의미가 있다. 보기를 들어, 가게에 가서 27개를 사오라는 부탁을 받으면 무엇을 사야 할지 바로 물을 것이다. 우유 27통이라고 들었다면, 크기나 단위가 무엇인지 다시 물을 것이다. 과학적 측정 결과를 분명히 알리려면 다음 두 가지를 합의해야 한다. (1) 물리량의 정의, (2) 잴 때 비교하는 기본단위.

이 장에서는 운동을 배우는데 쓰는 기본 물리량과 측정 과정에 초점을 맞춘다. 나중에 열 상호작용, 전기, 자기 및 빛을 배울 때 물리량을 더 도입할 것이다. 앞으로 물리 측정의 기본요소, 왜 정확한 측정을 높이 평가하는지, 그리고 국제 표준 기본단위계를 배우는데, 이것을 통해 온 세계의 과학자가 서로의 생각을 제대로 알 수 있게 된다.

1-2 운동 공부에서의 기본 측정

멀리뛰기 선수가 도움닫기를 하여 공중으로 뛰어오른 다음 모래상자 안에 떨어질 때 순간 멈출 때가 있다. 이 운동을 과학적으로 어떻게 기술하며 배울 것인가?

운동을 묘사하는데 적어도 세 가지를 말해야 한다. 얼마나 멀리 그리고 어느 쪽으로 움직였나? 얼마나 오래 걸렸는가? 얼마만큼의 물질이 움직였나? 운동을 말할 때 쓰는 세 가지 기본 물리량인 길이, 시간 및 질량을 살펴보자. 이것을 보통 어떻게 정의하고, 어떻게 재는가?

길이 "얼마나 멀리?"란 물음은 두 점 사이의 거리를 잴 수 있다는 것을 전제하고 있다. 측정기구가 없다고 하자. "선수가 뛴 전체 거리는 얼마?"를 의미 있게 묻고 답하는 수단은 무엇인가? 유일한 방법은 이 거리를 손이나 발 같은 몸의 한 부분의 크기와 비교하는 것이다. 역사적으로 길이를 잴 때 손이나 발을 기본단위로 쓴 것은 놀라운 일이 아니다. 그렇다면 거리는 길이 표준으로 정한 것의 몇 배인가로 기술할 수 있다.

시간 "얼마나 걸렸는가?"란 물음에 답하려면 시간을 잴 수 있어야 한다. 그러려면 되풀이되는 사건 사이의 시간을 표준으로 정한다. 역사적으로 시간표준으로 쓰인 되풀이되는 사건에는 하루(해가 지구를 한 바퀴 돈 것처럼 보이는데 걸린 시간), 1년, 그리고 어떤 흔들이의 추가 한 번 오가는데 걸리는 시간이 있다. 시간(또는 시간의 지속기간)을 재는 것은 그 동안에 몇 년이 지났는지 또는 흔들이 추가 몇 번 오갔는지 세는 것이다.

질량 질량은 '물질의 양'을 나타낸다. 역사 기록에 따르면 상인과 과학자는 질량을 재려는 물체가 '표준 질량' 몇 개와 같은지를 알아내는데 저울을 써왔다(그림 1-1). 질량의 표준(원기)은 모두가 합의하여 정한 물체이다. 그것과 평형을 이루는 복제품을 만들면 많은 사람이 쓸 수 있다.

그림 1-1
질량을 재는 일반적 방법으로 평형을 이루는 두 물체는 질량이 같다고 가정한다.

위에 요약한 길이, 시간, 질량을 재는 절차에는 (아래와 같은) 모든 물리량 특유의 공통요소가 있다.

1. 양은 재는 방법과 절차를 통해 정의된다.
2. 측정은 언제나 재려는 양과 (기본량으로 알려진) 단위 사이의 비율을 정하는 일이 포함된다.
3. 비교는 한정된 정확도로만 할 수 있다.

뒤에 알게 되겠지만, 같은 양을 재는데 여러 가지 다른 방법과 절차를 쓸 수 있다. 실은 과학기술 발전의 중요한 요인 하나가 더 좋고 정확한 측정방법을 찾아내는 것이다.

생각해보기 1-1 시간, 길이 및 질량을 재는데 흔히 쓰는 기본단위로써 위에서 나오지 않은 것을 말해보라.

생각해보기 1-2 30 cm 자와 사람의 발길이 중 어느 것이 여러 해 동안 길이를 재는 기본단위로 더 정확한가?

생각해보기 1-3 낮(해가 떠서 질 때까지) 길이를 시간의 표준단위로 쓰면 어떤 문제가 생기겠는가?

1-3 정밀도 추구

식품가게에서 사과를 사면서 질량을 잴 때는 용수철 저울을 써도 좋지만 질량을 아주 정밀하게 재려면 화학천칭을 쓴다. 사과의 질량은 잘해야 그램(g) 단위까지 정확히 잴 수 있지만, 화학실험실 시료의 질량은 10만분의 1그램(0.00001 g)까지 정확히 잴 수 있다.

역사적으로 물리량을 되도록 정밀하게 재고자 시도했는데 정밀도를 높이는 것이 상업, 항해, 천문관측, 공학 및 과학연구에 엄청나게 중요했기 때문이었다. 예로써, 1707년에 영국해군은 2000명 가까운 목숨을 잃었는데 그 까닭은 항해사가 경도를 충분히 정밀하게 잴 수 없어서 군함 4척이 좌초했기 때문이었다. 그 재난 및 기타의 결과, 1714년 영국정부는 20 000파운드(현재의 100억원 상당) 상금을 걸고 경도를 0.5° 이내로 정확하게 재는 방법을 공모하였다. 1715년에 독학한 시계장인 해리슨(John Harrison)이 정교한 시계 한 벌을 설계하여 상금을 탔다. 그의 초기 모형은 녹슬지 않는 놋쇠 및 매끄러운 나무로 된 톱니바퀴가 결합되어 움직이는데 정확도는 하루에 1초 이내였다.

시간 측정이 경도 결정과 어떤 관계가 있는가? 해리슨의 측정기술은 거리를 더 정확히 재는데 시간표준과 움직이는 것의 빠르기에 관한 지식을 쓰는 몇 가지 보기의 하나이다. 지구가 자전축을 중심으로 한바퀴(360°) 도는데 24시간 걸리니까, 경도를 아는 항구에서 해가 하늘의 제일 높은 점에 있을 때 정확한 시계를 정오(12시)로 맞춘다. 난바다에서 (항구에서 맞춘) 시계의 시각은 국소(즉 지금 있는 곳의) 태양시각과 다른데, 경도차 1°마다 4분씩 어긋날 것이다. 이처럼 기준 시계의 시각과 현지에서 잰 정오의 차이를 쓰면 경도를 결정할 수 있다.

모든 측정량 가운데 가장 정밀한 것은 시간 및 시간에 바탕을 둔 다른 측정이다. 20세기 말까지는 수정(석영결정)의 진동으로 가는 값싼 디지털 시계를 많이 차게 되었다. 이런 시계는 해리슨의 시계보다 1000배 더 좋으며, 정확도가 $1/10^8$(곧 하루에 1/1000초) 이내이다. 많은 나라가 하루에 1/30억 초 이내로 정밀한 원자시계를 시간표준으로 쓴다.

생각해보기 1-4 배가 정오에 부산을 떠나면서 시계를 12:00:00로 맞추었다. 출항 14일 뒤 하늘에서 해가 제일 높을 때(현지 정오)에 시계는 12:20:13였다. (a) 배의 경도가 몇 도 변했는가? (b) 시계가 부정확해서 떠난 지 20 160분 만에 2분 빨라졌다고 하자. 경도 측정이 얼마나 틀렸는가? (c) 지구의 둘레는 24 000해리이다. 배가 적도를 따라갔다고 할 때, 경도가 0.5° 불확실하다면 배가 몇 해리나 침로[항로]를 벗어났을까?

1-4 국제단위계

과거에는 모든 물리량의 측정 절차와 비교[대조]할 기본단위가 여러 가지여서 과학자끼리도 말이 통하지 않았다. 또 물리량의 수도 많아서 체계화하기도 어려웠다. 다행히도 모든 양이 독립적인 것은 아니다. 예로써, 속력은 시간에 대한 길이의 비(比)다. 이렇게 여러 나라가 합의하여 길이와 시간과 같은 물리량을 몇 개 골라 표준(값)을 정한다. 그 다음 모든 다른 양은 이들 기본량(base quantities)과 표준('기본표준[base standards]' 이라 한다)에 맞추어 정의한다. 예로써, 속력은 두 가지 기본량인 길이와 시간으로 정의한다.

과학기술자가 표준단위계를 쓰는 것이 왜 중요한가? 1998년 12월, 미국항공우주국(NASA: National Aeronautics and Space Administration)은 화성 기후자료수집의 과학적인 임무를 띤 화성 기후탐사 우주선을 쏘아 보냈다. 그것은 아홉 달 뒤인 1999년 9월 23일에 화성을 예상밖으로 낮은 궤도로 접근하다가 사라졌다(그림 1-2). 조사 결과 콜로라도의 우주선 팀과 캘리포니아의 비행임무 팀 사이에 정보전달이 잘못되어 항로계산을 잘못한 것을 알게 되었다. 한 팀이 중요한 계산에서 영국단위계의 피트와 파운드를 썼는데, 다른 팀은 그 결과를 미터단위계의 미터와 킬로그램으로 보고 받은 것으로 생각했다. 이 단위에 대한 오해로 미국민은 약 1억 2500만 달러의 세금을 잃었다.

그림 1-2
화성 기후탐사 우주선은 사용한 단위를 헷갈려 화성 둘레의 궤도진입에 실패하고 사라져 버렸다.

1971년에 제14차 도량형 총회는 물리량에 표준단위계를 써야 할 필요성을 인정하고, 일곱 가지 물리량을 기본량으로 잡아 각각의 측정 표준단위를 하나씩 정의하였다. 다른 물리량 묶음을 정의할 수도 있겠으나, 표 1-1은 널리 인정된 국제단위계(The International System of Units)의 기본을 이룬다. 이 계는 미터계나 국제단위계(Système International, 불어 이름: SI)의 약자 SI로 널리 알려졌다.

다른 국제단위계 단위들은 기본단위로 나타낼 수 있으므로 유도단위라 한다. 예를 들면, 와트

(watt, 기호 W)라는 일률(power)의 국제단위는 기본단위인 질량, 길이 및 시간으로 정의하며, 제9장에서 배우는데, 다음과 같다.

$$1\text{와트} = 1\ \text{W} = 1\text{킬로그램} \cdot \text{미터}^2/\text{초}^3 = 1\ \text{kg} \cdot \text{m}^2/\text{s}^3 \qquad (1\text{–}1)$$

물리학의 여러 분야에서 쓰는 수십 개의 단위 모두가 일곱 개의 기본단위에서 나온다는 것은 물리학의 통일(단일)성에 대한 놀랍고 심오한 증언이다.

물리학에서는 아주 크거나 아주 작은 양을 나타낼 때 10의 거듭제곱을 쓰는데, 이것을 과학적 표기법이라고 하며, 보기를 들면 다음과 같다.

$$3\,560\,000\,000\ \text{m} = 3.56 \times 10^9\ \text{m} \qquad (1\text{–}2)$$

$$0.000\,000\,492\ \text{s} = 4.92 \times 10^{-7}\ \text{s} \qquad (1\text{–}3)$$

컴퓨터에서는 이 표기법을 때로 3.56 E9나 4.92 E−7 같이 더 짧은 꼴로 하며 E는 '10의 지수'를 뜻한다. 일부 계산기는 더 짧게 E를 빈 공간으로 바꾼다.

아주 크거나 아주 작은 측정값을 보고할 때 그 수가 10의 몇 거듭제곱인지를 나타내는 접두어를 정의하면 편리하다. 예를 들면, 1.0×10^3그램(g)을 1킬로그램(kg)으로 나타낼 때 10^3을 나타내는 킬로(kilo-)라는 접두어를 쓴다. 표 1–2에 물리학과 공학에서 자주 쓰는 접두어를 실었다. 국제단위계 접두어의 완전한 일람표는 앞표지 안쪽에 있다. 보는 바와 같이, 접두어는 10의 거듭제곱을 인수로 나타낸 것이다. 어떤 국제단위계 단위에 접두어를 붙이면 그것을 관련된 인수로 곱하는 효과가 있다. 예를 들어 일률이나 길이를 아래와 같이 나타낼 수 있다.

표 1–1
국제단위계의 기본단위

양	단위 이름	단위 기호
길이	미터(meter)	m
시간	초(second)	s
질량	킬로그램(kilogram)	kg
물질의 양	몰(mole)	mol
전류	암페어(ampere)	A
열역학적 온도	켈빈(kelvin)	K
광도	칸델라(candela)	cd

표 1–2
국제단위계의 일반 접두어

인수	접두어	기호	인수	접두어	기호
10^{12}	테라(tera-)	T	10^{-15}	펨토(femto-)	f
10^{9}	기가(giga-)	G	10^{-12}	피코(pico-)	p
10^{6}	메가(mega-)	M	10^{-9}	나노(nano-)	n
10^{3}	킬로(kilo-)	k	10^{-6}	마이크로(micro-)	μ
			10^{-3}	밀리(milli-)	m
			10^{-2}	센티(centi-)	c
			10^{-1}	데시(deci-)	d

그림 1-3
순수한 실리콘 결정의 두 가지 다른 표면

$$1.27 \times 10^{9}\text{와트(watts)} = 1.27\text{기가와트(gigawatts)} = 1.27\ \text{GW} \quad (1\text{–}4)$$

$$2.35 \times 10^{-9}\text{미터(m)} = 2.35\text{나노미터(nanometers)} = 2.35\ \text{nm} \quad (1\text{–}5)$$

밀리리터, 센티미터, 킬로그램, 및 메가바이트에서 쓴 접두어들은 여러분도 잘 알 것이다.

일단 한 표준단위—이를테면, 길이—를 정하면 그것이 별까지의 거리이건 수소원자의 반지름이건 어떠한 길이라도 그 표준단위로 나타내는 절차를 만들어야 한다. 길이의 표준(원기)에 맞추어 만든 자는 길이를 재는 한 가지 절차를 정해준다. 이 자를 써서 어떤 것의 길이를 잴 때, 그것의 길이를 따라 끝과 끝을 이어가며 자(표준길이)가 몇 번 들어맞는지 센다. 얻은 총수가 재려던 길이며, 단위는 표준길이다. 하지만 많은 (표준과의) 비교(대조)는 간접적이다. 예를 들면, 별까지의 거리나 원자의 반지름을 잴 때는 자를 대고 직접 비교할 수 없다. 그림 1-3은 현대식 주사탐침 현미경으로 얻은 실리콘 결정표면의 영상이다(원자 반지름을 그림 1-3에서 알 수 있다: **옮긴이**).

기본 표준은 쓰기 쉽고 변하지 않아야 한다. 사람이 팔을 폈을 때 코에서 검지까지의 거리로 길이 표준을 정한다면, 쓰기는 쉽겠지만, 그 값이 사람마다 다를 것이다. 불변성은 과학과 공학에서 요구하는 정밀도 때문이다. 기본 표준을 정한 다음에는 많은 노력을 기울여 정확히 복제하여 여러 사람이 쓰기 쉽게 한다. 우리나라에서 기본 표준을 유지하고 더 정확히 재는 방법을 연구하는 기관은 한국표준과학연구원이다.

처음 배울 주제인 힘과 운동의 물리학에서는 시간, 길이, 질량을 재야 하므로, 이 양에 대한 공식적인 국제단위계의 정의를 설명한다.

1-5 시간의 국제단위계 표준

물리학에서 시간은 두 가지 중요한 측면이 있다. 어떤 사건이 생기거나 시작된 '때'(시각)와 사건이 얼마 '동안'(시간) 지속되는가이다. 보기를 들어, 물리학 교수가 어떤 날 강의실에 들어오는 시각은 재는 학생마다 다른데, 그 까닭은 이들의 시계를 서로 맞추지 않았기 때문이다. 그렇지만 강의가 지속되는 시간은 시계가 느리게 또는 빠르게 가지 않는 한 시계를 맞추지 않았다고 해도 영향을 받지 않는다. 어떤 일이 "언제 일어났지?"와 "얼마나 오래 지속되었지?"는 전혀 다른 물음이다.

규칙적으로 되풀이되는 현상은 무엇이든 시간을 재는 표준이 될 수 있다. 하루의 길이는 수천 년 동안 지구의 자전운동을 바탕으로 결정했다. 초는 원래 '평균 태양일'의 1/86 400로 정의되었다. 그림 1-4는 지구의 자전을 재는데 썼던 2백 년 된 시계로 하루를 20시간으로 정하여 시간을 잿다. 수정 시계는 그 속에 계속 진동하는 수정 고리가 들어 있는데, 천문관측을 통해 지구 자전에 대해 보정하면, 실험실에서 시간을 재는데 쓸 수 있다. 그렇지만 그렇게 보정해도 현대의 과학 및 공학 기술이 요구하는 수준의 정확도는 내지 못한다.

그림 1-4
1792년에 미터 단위계를 정할 때, 하루를 20시간으로 정의했지만, 인기가 없었다. 이 시계를 만든 사람은 슬기롭게도 10시간 눈금판 속에 12시간 눈금판도 작게 만들어 넣었다. 두 눈금판의 시계 바늘이 같은 시각을 나타내고 있는가?

시간을 더 정확하게 재야 할 필요성에 맞추어 원자시계가 개발되어, 지구의 자전을 바탕으로 정의되는 시간 표준이 바뀌었다. 1967년 제13차 국제 도량형 총회에서 표준 초를 세슘-133 원자가 흡수하는 빛에 바탕을 두어 정했다. 다른 원자와 마찬가지로 세슘-133 원자도 에너지가 잘 정의된 두 상태를 오갈 때 아주 정확한 진동수의 빛을 흡수할 수 있다. 그 두 상태는 기술적 용어로는 '초미세 준위'라고 한다. 이 진동수가 고정된 빛을 써서 세슘 원자시계를 움직이게 한다. 정밀도가 높은 시계를 만들려면 그와 같이 정확하게 되풀이되는 사건이 필요하다. 세슘 원자시계의 작동원리에 관한 자세한 내용은 이 책의 범위를 벗어나지만, 세슘 원자시계로 시간 표준을 정하는 방법에 흥미가 있다면 표준과학연구원의 웹사이트 http://www.kriss.re.kr/ 또는 미국의 국립과학기술연구소(NIST)

의 웹사이트 http://www.nist.gov에서 정보를 얻을 수 있다(그림 1-5). 새로운 국제단위계의 시간표준에서는 초를 다음과 같이 정의한다.

> 1초는 세슘-133원자가 바닥상태의 두 초미세 준위를 오갈 때 내놓거나 흡수하는 빛 주기의 9 192 631 770배의 시간이다.

표준과학연구원에 있는 원자시계가 우리나라 표준시의 기준이며, 앞에 든 웹사이트에서 시각 신호를 얻을 수 있다. 여러분도 그곳에서 UTCK 프로그램을 내려받아 설치하면 여러분의 컴퓨터 시계를 표준시간에 맞출 수 있다.

원자시계는 아주 정확하여 원리적으로는 세슘 원자시계 두 대의 시각을 비교하면 1초 어긋나는데 6 000년 이상 걸린다. 이 정밀도는 $1/10^{11}$에 해당한다. 이러한 정확도도 현재 개발하고 있는 시계와 비교하면 훨씬 떨어진다. 앞으로는 정밀도가 $1/10^{18}$까지 높아질 것이다.

생각해보기 1-5 (a) 여러분이 친구와 소나기를 관찰한다. 각자 시계가 있는데 번개가 치는 시각을 잰 결과가 똑같을 조건을 설명하라. 번개가 친 때부터 천둥소리를 들을 때까지의 시간을 잰 결과가 똑같을 조건을 설명하라. (b) 그림 1-4를 보라. 10시간 시계바늘과 12시간 시계바늘이 보여주는 시각이 참으로 똑같은가?

그림 1-5
미국 콜로라도 주 볼더 시의 미국 국립표준기술연구소에 있는 세슘 원자 주파수 표준기. 이것이 미국의 시간단위에 대한 1차 표준이다.

따라해보기 1-1* | 해넘이

바닷가에 누워 잔잔한 바다에 지는 해를 보다가, 해가 막 질 때 초시계를 눌러 가게 한다고 하자. 그때 일어나면 눈높이가 키(h = 1.70 m)만큼 높아져 해가 다시 보이다가 해가 다시 질 때 초시계를 또 눌러 멈추게 했다고 하자. 그렇게 흐른 시간이 $t = 11.1$초라면 지구의 반지름은 얼마인가?

풀이 ■ 요점은 해가 막 질 때의 시선이 지표면에 대한 접선이라는 것이다. 그림 1-6에 그러한 시선 둘을 보였다. 바닷가에 누워 있을 때는 시선이 A를 지나고 지표면과 접하며, 서 있을 때는 시선이 A 위로 높이 h인 점을 지나고, 지표면과 B에서 접한다. 서 있을 때 눈에서 접점 B까지의 거리를 d, 지구 반지름을 r이라 하고 그림 1-6에 보인 것처럼 삼각형을 그리자. 피타고라스 정리에 따라 다음 식을 얻는다.

$$d^2 + r^2 = (r+h)^2 = r^2 + 2rh + h^2$$

또는

$$d^2 = 2rh + h^2 \qquad (1\text{-}6)$$

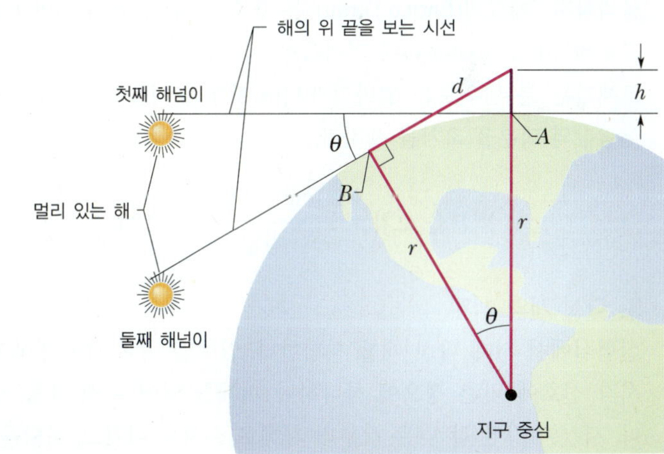

그림 1-6
지는 해의 위 끝을 보는 시선의 방향은 A에서 일어나 눈의 높이가 h만큼 올라갈 때 각도 θ만큼 돌아간다(이 그림은 각도 θ가 잘 보이도록 부풀렸다).

사람의 키 h는 지구 반지름 r 보다 아주 작으므로 오른쪽에서 h^2 항은 $2rh$ 항에 비해 무시하여 식 1-6을 다음과 같이 고쳐 쓸 수 있다.

$$d^2 \approx 2rh \tag{1-7}$$

그림 1-6에서 두 접점 A와 B까지 그린 반지름 사이의 각도는 θ인데, 이것은 또한 시간 $t = 11.1$초 동안 해가 돌아간 각도이기도 하다. 하루 24시간 동안 해는 지구 둘레를 한바퀴 돌아 360°를 도니까 아래와 같이 쓸 수 있다.

$$\frac{\theta}{360^\circ} = \frac{t}{24\text{h}}$$

여기에 $t = 11.1$초를 넣으면 다음 결과를 얻는다.

$$\theta = \frac{(360^\circ)(11.1\,\text{s})}{(24\,\text{h})(60\,\text{min/h})(60\,\text{s/min})} = 0.04625^\circ$$

다시 그림 1-6에서 $d = r\tan\theta$이므로 이것을 식 1-7의 d에 넣으면 다음 결과를 얻는다.

$$r^2 \tan^2\theta = 2rh$$

또는

$$r = \frac{2h}{\tan^2\theta}$$

여기에 $\theta = 0.046\,25^\circ$와 $h = 1.70$ m를 넣으면 다음 결과를 얻는다.

$$r = \frac{(2)(1.70\,\text{m})}{\tan^2(0.046\,25^\circ)} = 5.22 \times 10^6\,\text{m} \qquad \text{(답)}$$

이것은 지구 평균 반지름으로 인정된 값(6.37×10^6m)과 20%의 오차 범위 안에서 맞다.

---

*다음 논문에서 발췌함: Dennis Rawlins, "Doubling Your Sunsets, or How Any one Can Measure the Earth's Size with a Wristwatch and Meter Stick," American Journal of Physics, Feb. 1979, Vol. 47, pp. 126-128. 이 기법은 적도에서 가장 잘 맞다.

연습문제 1-5

1. 빛의 속력

빛의 속력 3.0×10^8m/s을 (a) feet/ns 단위와 (b) mm/ps 단위로 나타내라.

2. 페르미

물리학자 '페르미(Enrico Fermi)'는 표준 강의 시간(50분)이 1마이크로세기(microcentury)에 가까움을 지적한 적이 있다. (a) 마이크로세기는 분 단위로는 얼마인가? (b) 아래의 식을 써서 페르미의 어림값의 백분율 오차를 셈하라.

$$\text{백분율 오차} = \frac{\text{참값} - \text{어림값}}{\text{참값}} \times 100.$$

3. 다섯 개의 시계

실험실에서 시계 다섯 개를 시험한다. 일주일 내내 날마다 WWV 시각 신호에 맞춘 정오에 하나하나 시계를 읽어 아래 표를 채웠다. 시간이 가장 잘 맞는 것부터 차례로 순서를 매기고, 까닭을 설명하라.

시계	일	월	화	수	목	금	토
A	12:36:40	12:36:56	12:37:12	12:37:27	12:37:44	12:37:59	12:38:14
B	11:59:59	12:00:02	11:59:57	12:00:07	12:00:02	11:59:56	12:00:03
C	15:50:45	15:51:43	15:52:41	15:53:39	15:54:37	15:55:35	15:55:33
D	12:03:59	12:02:52	12:01:45	12:00:38	11:59:31	11:58:24	11:57:17
E	12:03:59	12:02:49	12:01:54	12:01:52	12:01:32	12:01:22	12:01:12

4. 셰이크

미시적 물리학에서 때로 쓰는 시간 단위에 셰이크(shake)가 있다. 1셰이크는 10^{-8}초이다. (a) 1초에 들어 있는 셰이크의 수와 1년에 들어 있는 초의 수 어느 것이 더 많은가? (b) 지질학적 자료로 볼 때 사람이 생겨난 때는 약 10^6년 전이고, 우주의 나이는 약 10^{10}년이다. 우주의 나이를 1 '우주 하루'로 잡으면 사람이 살아온 시간은 '우주 하루' 단위로는 얼마인가?

5. 천문 단위

천문단위(Astronomical Unit, AU)는 지구에서 해까지의 평균 거리로써 약 1.50×10^8km이다. 빛의 속력은 약 3.0×10^8m/s이다. 빛의 속력을 '분 당 천문단위(AU/min)'로 나타내라.

6. 디지털 시계

세 디지털 시계 A, B, C가 다른 속도로 가고 있고, 영점이 맞지 않는다. 그림 1-7은 네 경우에 시계를 두 개씩 읽은 값을 보여준다(보기를 들어, 첫 경우에 B는 25.0초, C는 92.0초다). 두 사건이 일어난 사이에 시계 A로 600초가 흘렀다면 (a) 시계 B와 (b) 시계 C로는 얼마나 흘렀을까? (c) 시계 A로 400초를 읽으면 시계 B로는 얼마의

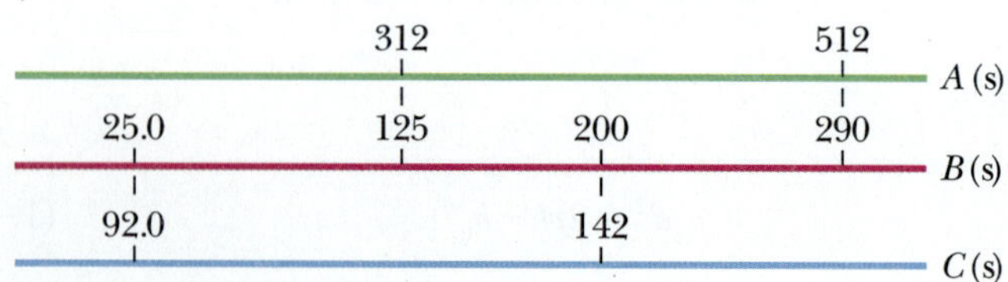

그림 1-7 문제 6

시간을 읽을까? (d) 시계 C로 15.0초를 읽으면 시계 B로는 얼마의 시간을 읽을까(시각 0초 이전의 시각은 음수라고 가정하라)?

7. 하루의 길이

하루의 길이가 1세기마다 고르게 0.001 0초씩 늘어날 때, 20세기 동안 쌓이는 결과를 셈하라(지구의 공전이 느려지는 것은 이 기간 동안의 일식 관찰에서 나타난다).

8. 시간대

1883년까지는 미국의 모든 도시와 읍은 고유한 시계가 있었다. 오늘날의 여행자는 시간이 1.0시간 바뀔 때만 시계를 맞추면 된다. 평균 경도 몇 도를 여행하면 시계를 1.0시간 맞춰야 하는가(**실마리:** 지구는 24시간에 360°돈다)?

9. 보름

보름은 초승달이 보름달로 바뀌는데 걸리는 15일의 시간을 둥근 보름달로 나타낸 시적인 시간 단위이다. 보름 동안을 좋은 벗들과 함께 하면 즐거움이 넘치지만, 싫은 사람들과 지내면 괴로운 찰나의 연속이다. 보름에는 얼마의 찰나가 들어 있는가(1찰나 = 20^{-18}초)?

10. 시간 표준

시간 표준을 지금은 원자시계를 바탕으로 정한다. 초의 표준으로 유망한 것이 펄서(pulsar)에 바탕을 둔 것인데, 이것은 중성자별이 도는 것이다(중성자만으로 이루어진 아주 작고 조밀한 별이다). 어떤 중성자별은 아주 안정하게 도는데, 한 바퀴 돌 때마다 마치 등대의 불빛이 도는 것처럼 한쪽으로 강하게 보내는 라디오파가 지구를 쓸고 간다. 펄서 PSR 1937+21이 그 보기다. 이것은 1.557 806 448 872 75±3밀리초(ms)마다 한 번씩 돌며, 맨 끝의 ±3은 맨끝 자리 수의 불확실성을 나타낸다(이것은 ±3밀리초를 뜻하지 않는다). (a) 7.00일 동안 PSR 1937+21은 몇 번 도는가? (b) 이 펄사가 1.0×10^6번 도는데 시간이 얼마나 걸리는가? (c) 그때 불확실성은 얼마인가?

1-6 길이의 국제단위계 표준

1792년 새로 생긴 프랑스 공화국은 새 도량형 체계를 세웠다. 그 주춧돌은 미터로써 북극에서 적도까지의 거리의 $1/10^7$로 정의했다. 그렇지만 지구의 자전 때문에 적도 쪽으로 조금 납작해지는 것을 잘못 셈하여 처음 만든 1미터-길이 원형 막대는 0.2 mm 짧았다. 그럼에도 그것을 그대로 미터 표준으로 삼았다. 실제로는 백금-이리듐 합금으로 만든 '미터 원기'의 양끝 가까이 새긴 두 개의 가는 금 사이의 거리를 미터로 정의했다. 표준 미터 막대는 파리 근처의 국제 도량형 사무국에 보관되어 있다. 우리나라 표준과학연구원을 비롯한 전세계의 표준 연구기관에서는 그 막대의 정확한 복제품을 쓴다.

현대 과학기술은 더 정밀한 표준을 요구한다. 오늘날, 길이 표준은 빛의 속력을 바탕으로 정한다. 20세기의 획기적 발견의 하나는 아인슈타인이 발견한 것으로 진공에서의 빛의 속력은 누가 보나 똑같다는 것이며, 앞으로 38장 특수 상대론에서 배운다. 빛의 속력은 아주 정밀하게 잴 수 있으므로 1983년에는 다음과 같이 정의했다.

$$\text{빛의 속력} = 299\,792\,458 \text{ m/s} \tag{1-8}$$

시간은 원자시계를 써서 아주 정밀하게 잴 수 있으므로, 미터를 빛이 1 m를 가는데 걸리는 시간으로 다시 정의해도 된다. 빛이 1 m를 가는데 걸리는 시간은 위에서 정의한 빛의 속력에 따르면 1/299 792 458초이다. 다시 말해 빛의 속력에 그 시간을 곱하면 빛이 간 거리가 꼭 1 m가 된다. 제17차 도량형 총회에서 다음과 같이 정했다.

> 미터는 빛이 진공에서 1초의 1/299 792 458에 가는 거리이다.

이렇게 속력과 시간을 곱해 길이를 재는 방법은 18세기에 해리슨이 제안한 지구의 자전 속력과 시간을 써서 경도를 재는 방법과 비슷하다.

표준 미터의 정의를 빛이 1미터를 가는데 걸리는 시간으로 바꾸었다고 해서 쇠막대의 양끝 가까이 그은 가는 금으로 1미터의 시작과 끝을 알려주는 2차 표준기의 필요성이 없어지지는 않는다. 지금도 쇠막대를 2차 표준기로 써서 물체의 길이를 쉽게 비교할 수 있다. 빛의 속력을 써서 미터를 정의하면 2차 표준기가 정확한가를 더 정밀하게 확인할 수 있다.

연습문제 1-6

11. 펄롱

어떤 목장에서 말들이 거리 4.0펄롱(furlong)을 달리게 한다. 이 거리를 (a) 로드(rod)와 (b) 체인(chain) 단위로 나타내면 얼마인가? (1펄롱 = 201.168 미터, 1로드 = 5.029 2미터, 1체인 = 20.117미터)

12. 배럴의 종류

1920년대에 미국에서는 두 가지 배럴(barrel) 단위를 썼다. 법적으로 사과 배럴은 7056세제곱인치(in^3), 나무딸기 배럴은 5826세제곱인치로 정했다. 어떤 장사꾼이 고객에게 20나무딸기 배럴의 상품을 팔았는데, 그 고객은 사과 배럴로 받았다고 생각했다면, 두 사람이 생각하는 상품 양의 차이를 리터 단위로 나타내면 얼마가 될까?

13. 지구

지구는 대략 반지름 6.37×10^6 m인 공으로 어림할 수 있다. 다음 값을 구하라. (a) 지구 둘레를 km 단위로, (b) 표면의 넓이를 km^2 단위로, (c) 부피를 km^3 단위로.

14. 포인트와 파이카

이 책의 줄 간격의 단위는 포인트(Point)와 파이카(pica)로 정한다. 12포인트 = 1파이카, 6파이카 = 1인치. 교정쇄에서 그림이 0.80 cm 만큼 어긋나 있다면, 그것을 (a) 포인트 단위로, 그리고 (b) 파이카 단위로 나타내면 얼마가 되는가?

15. 남극

남극은 대략 반지름 2000 km인 반원꼴이다(그림 1-8). 그것을 덮고 있는 얼음의 평균 두께는 3000 m이다. 남극을 덮고 있는 얼음의 부피를 단위로 나타내면 얼마인가(지구의 곡률은 무시하라)?

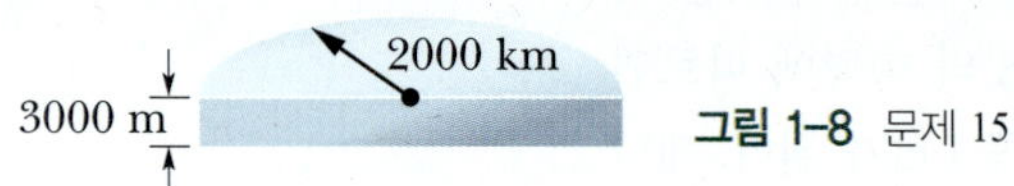

그림 1-8 문제 15

16. 루드와 퍼치

오래된 문서에 단군시대의 어떤 지주가 3.00에이커(acre)의 밭과 25.0퍼치(perch)×4.00퍼치(perch)의 풀밭을 가지고 있었다. 전체 넓이를 (a) 옛날 단위인 루드(rood)와 (b) 현대 단위인 m^2으로 나타내라. 여기에서 1에이커의 넓이는 40퍼치×40퍼치이고, 1루드는 40퍼치×1퍼치이며, 1퍼치는 16.5피트(feet)이다.

17. 에이커-풋

미국의 '수력학 기사'는 흔히 물의 부피단위로 에이커-풋(acre-foot)를 쓰는데, 이것은 1에이커의 땅을 깊이 1피트 채울 수 있는 양으로 정의된다. 넓이 26 km^2인 읍에 강한 폭풍우가 닥쳐 비가 30분에 2.0인치 쏟아졌다. 그 읍에 쏟아진 물의 부피는 에이커-풋 단위로 얼마인가?

18. 인형집

미국에서 '인형집'은 실제 집의 1:12의 비율로 줄인 것이고(다시 말해 인형집의 어느 부분의 길이는 실제 집의 해당 부분의 길이의 1/12이다), '꼬마집'은 실제 집의 1:144의 비율로 줄인 것이다. 어떤 실제 집의 앞부분의 길이가 20 m, 깊이가 12 m, 높이가 6.0 m, 그리고 표준 기울기의 지붕(양쪽 옆면에서 세로로 세운 삼각형)의 높이가 3.0 m라고 하자. (a) 인형집과 (b) 꼬마집의 부피는 얼마인가?

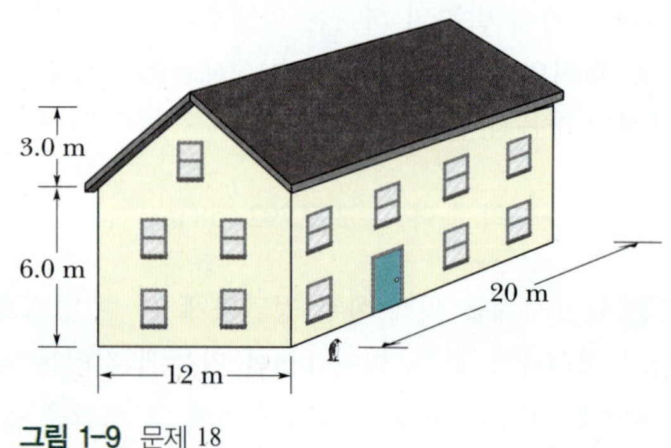

그림 1-9 문제 18

1-7 질량의 국제단위계 표준

질량의 기본단위는 현재 두 가지를 쓴다. 하나는 큰 물체의 질량을 잴 때, 다른 하나는 원자 규모의 질량을 잴 때다.

• 킬로그램 원기

질량의 국제단위계 원기는 원래 파리 근처의 국제 도량형 사무국에 보관해온 백금-이리듐 합금 원통(그림 1-10)이다. 국제 협약으로 이것을 1킬로그램(kilogram)의 질량으로 정의했다. 다른 나라의 표준 연구실에는 정확한 복제품이 있으며, 다른 물체의 질량은 그 복제품과 비교하여 결정한다. 우리나라에서는 대덕연구단지에 있는 표준과학연구원에 킬로그램 표준 원기의 복제품이 보관되어 있다.

그림 1-10
질량 1 kg 국제 표준 원기는 높이와 지름 둘 다 39 mm인 백금-이리듐 원통이다.

• 원자 질량 단위

우주의 질량은 현재 1×10^{53} kg으로 어림한다. 이와 대조적으로 화학결합에서 핵심적인 구실을 하는 전자의 질량은 9×10^{-31} kg쯤 된다. 전자와 원자의 질량을 킬로그램 원기와 비교하기보다는 다른 전자나 원자와 비교하는 것이 더 정밀할 것은 뻔하다. 그래서 둘째 질량 표준을 정했는데, 탄소-12 원자가 12 **'원자 질량 단위(atomic mass unit: u)'** 의 질량을 가진 것으로 국제 협약에서 정했다. 원자 질량 단위와 킬로그램 사이의 관계는 다음과 같다.

$$1\ \text{u} = 1.660\,583\,73\times10^{-27}\ \text{kg} \tag{1-9}$$

여기에서 불확도는 맨끝 두 자리에서 ±13이다. 원자의 질량을 결정할 때는 비교할 표준으로 탄소-12를 쓰는 것이 표준 킬로그램을 쓰는 것보다 훨씬 더 정밀하다.

현재로는 원자 질량 단위의 정밀도를 킬로그램으로 확장할 수 있는 믿음직한 방법이 없다. 탄소-12 원자로 어떤 물체를 만들고, 그 속에 든 탄소-12 원자의 개수를 정확히 알 수 있으면 원자 질량 단위에 바탕을 둔 정밀한 표준 킬로그램을 만들 수 있을 것이다. 여러 나라의 표준 연구소에서는 이 방향의 연구를 하고 있다.

생각해보기 1-6 어떤 물체의 질량이 1킬로그램보다 훨씬 작을 때, 그것을 결정하는 과정을 기술하라. 저울, 표준 킬로그램의 복제품, 그리고 커다란 진흙덩이가 마련되어 있다고 하자.

연습문제 1-7

19. 지구 질량
지구 질량은 5.98×10^{24} kg이다. 지구를 이루는 원자의 평균 질량은 40 u이다. 지구에는 원자가 몇 개 있을까?

20. 금
부피 1 cm^3 인 금 덩어리의 질량이 19.32 g인데, 연성이 가장 좋아서 아주 얇은 판을 만들거나 아주 가는 선으로 뽑아낼 수 있다. (a) 질량이 27.63 g인 금 1.000 oz를 두께 1.000 μm 인 얇은 판으로 만들면 넓이가 얼마나 되는가? (b) 그 대신 금을 반지름이 2.500 μm 인 실로 뽑아내면 길이가 얼마나 되는가?

21. 물의 질량
(a) 물 1 cm^3의 질량이 꼭 1 g이라면, 물 1 m^3의 질량을 kg 단위로 구하라. (b) 물 5700 m^3 가 든 물통을 비우는데 10.0시간이 든다고 하자. 이 그릇을 비울 때의 '질량 흐름률(mass flow rate)' 은 kg/s 단위로 얼마인가?

22. 폭풍우
문제 17에서 폭풍우가 몰아치는 동안 읍에 내린 비의 질량은 얼마인가? 물 1 m^3 의 질량은 10^3 kg이다.

23. 철

부피 1 cm^3 인 철 덩어리의 질량은 7.87 g이고, 철 원자의 질량은 9.27 $\times 10^{-26}$kg이다. 철 덩어리에 공 모양의 철 원자가 빽빽이 차 있다면 (a) 철 원자의 부피는 얼마인가? (b) 이웃한 두 원자의 중심 간격은 얼마인가?

24. 모래알

동해안 백사장의 가는 모래는 거의 공 모양의 이산화규소이고 평균 반지름이 50 μm 이다. 부피 1.00 m^3인 고체 이산화규소 육면체의 질량은 2600 kg이다. 모서리 길이가 1 m인 육면체와 겉넓이가 같은 모래의 질량은 얼마인가(모래의 겉넓이는 낱낱의 모래알의 겉넓이를 모두 더한 값이다)?

1-8 물리 실험실의 측정 도구

표준과학연구원과 파리의 국제 도량형 사무국에는 아주 정밀한 측정을 하고자 만든 별난 기구가 많다. 전통적으로 물리학과 학생들은 실험실에서 미터자, '버니어캘리퍼스'(그림 1-11), 역학적 저울과 전자 저울, 디지털 초시계, 다중계측기 등과 같은 측정 도구들을 쓴다. 이 도구들도 잘 쓰면 일반 물리학 실험에서 조사하는 시간과 거리를 충분히 정확하게 잴 수 있다.

지난 수년 동안 학생 실험실과 강의 실습에 새 컴퓨터 도구가 널리 보급되었다. 이러한 도구 덕분에 측정 속력과 정밀도가 크게 높아졌고 학생들도 많은 측정을 쉽고 정확히 할 수 있게 되었다. 이러한 도구에는 '컴퓨터 자료 수집 장치'(그림 1-12)와 '영상 수집 및 분석 도구'가 포함된다. 이와 같은 새 컴퓨터 도구를 써서 얻은 자료가 이 책의 곳곳에 나온다. 이들 자료는 이 책에서 설명하는 여러 이론에 대한 실험적 증거를 제공한다. 이러한 실험 가운데 몇 가지는 여러분도 실험이나 강의 때 재현해 볼 수 있다.

그림 1-11
버니어캘리퍼스는 밀리미터의 1/10까지 잴 수 있게 설계한 도구이다.

• 컴퓨터 자료 수집 장치

접속장치를 통해 감지기를 컴퓨터에 붙이면 이주 좋은 자료 수집, 분석 및 표시 장치가 된다.* 컴퓨터에 적절한 소프트웨어 꾸러미를 설치하면 신호를 분석하고 결과를 알기 쉬운 그림으로 화면에 보여줄 수 있다. 이러한 기능을 써서 자료를 곧바로 그림으로 바꾸어 볼 수 있다.

오늘날 일반물리 실험실에서는 여러 가지 감지기를 쓴다(그림 1-13). 감지기에는 직선 및 회전 운동을 감지하는 것(그림 1-14), 가속도, 힘, 온도, 압력, 전압, 전류, 자기장을 감지하는 것도 있다. 거리를 재는데 가장 많이 쓰는 운동 감지기는 진동수가 아주 높은 초음파 펄스를 내보낸다. 초음파 펄스는 우리가 듣는 진동수 범위를 벗어나지만, 그것이 감지기의 '시야' 안에 있는 물체로부터 반사되어 되돌아오는 것을 검지할 수 있다.

그림 1-12
감지기, 접속장치, 그리고 소프트웨어로 이루어진 컴퓨터 자료 수집 장치로서 자료 수집을 실시간에 할 수 있다.

그림 1-13
초음파 운동 감지기

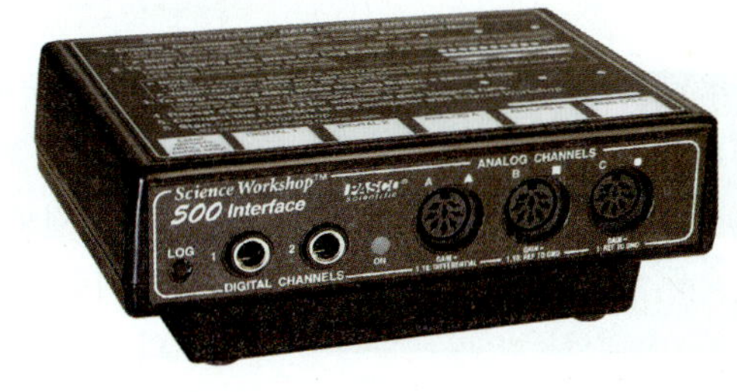

그림 1-14
일반물리학 실험의 컴퓨터 자료 수집장치에 널리 쓰이는 전자 접속장치 두 가지

실온의 공기에서 초음파의 속력을 아니까, 컴퓨터 운동 소프트웨어는 펄스가 물체까지 갔다가 반사되어 감지기로 돌아오는데 걸리는 시간을 기록하여 거리를 셈할 수 있다. 이것은 박쥐가 '보고' 자동초점 사진기가 사진에 찍히는 물체까지의 거리를 결정하는 방법과 비슷하다. 이와 같이 거리나 길이를 재는 방법은 국제 표준 기구에서 빛의 속력을 써서 미터를 정의하는 것과 크게 다르지 않다. 초음파 운동 감지기는 짧은 펄스를 1초에 20번까지 보내고 받을 수 있으므로, 컴퓨터 소프트웨어도 천천히 움직이는 물체의 속도와 가속도를 그 자리에서 빨리 셈하여 그림표를 바로 그릴 수 있다. 그림 1-15는 그런 그림표의 표본이다.

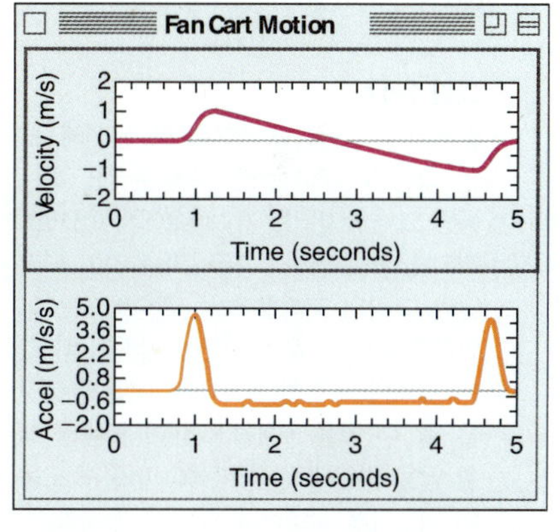

그림 1-15
초음파 운동 검지기를 써서 물체의 위치, 속도, 가속도를 시간의 함수로 바로 그림표로 그려낼 수 있다.

• 디지털 영상 획득 및 분석 도구

학생들은 영상 사진기, 영상테이프레코더, 또는 영상디스크에서 얻은 영상을 소프트웨어와 컴퓨터를 써서 디지털 자료로 바꿀 수 있다. 일단 디지털 영상 자료를 만들면, 소프트웨어를 써서 그것을 분석할 수 있다. 영상 자료는 영화의 낱낱의 그림을 컴퓨터 화면에 표시하고 운동을 살펴보려는 물체의 위치를 찾아내어 모은다. 영상 분석 소프트웨어는 1차원 또는 2차원 운동, 정전기학, 그리고 분자운동의 전산 시늉을 배울 때 쓸모가 있다. 디지털 영상 클립과 그것을 분석한 결과는 앞으로 필요할 때마다 보기를 들 것이다(그림 1-16, 1-17 참조).

그림 1-16
발레리나가 그랑주테(grand jeté)를 하는 동안 왼쪽으로 움직이는 것을 보여주는 디지털 영상 다섯 쪽을 겹친 사진

*이러한 장치에는 여러 이름이 붙어 있다. 컴퓨터-기반 자료 수집 장치, e-측정장치, CADAA(컴퓨터-보조 자료 수집 및 분석 장치[Computer-Assisted Data Acquisition and Analysis system]), 또는 MBL(마이크로컴퓨터 기반 실험실[Microcomputer-Based Laboratory]) 장치) 등.

1-9 단위 바꾸기

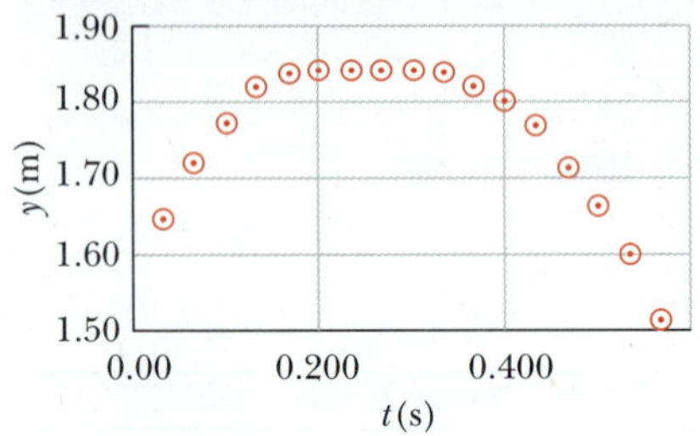

그림 1-17
발레리나의 운동을 영상으로 분석해 보면 그림 1-16에 보인 그랑주테를 하는 동안 그녀의 머리는 0.180초에서 0.330초까지 곧게 수평선을 따라 가는 것이 드러난다. 그녀의 머리를 보는 관중에게는 이 발레리나가 그 짧은 시간에 공중에 떠 있는 것처럼 느껴진다. 그녀는 어떻게 이것을 할 수 있을까? 8장에서 이 물음에 대한 답을 얻는데 영상 분석이 어떻게 도움이 되는가를 설명한다.

여러분이 미국이나 영국 등 영국 단위계를 쓰는 나라에 가면 길 안내판에 '다음 마을까지의 거리가 20마일(mile)'과 같이 마일 단위로 표시되어 있다. 그 거리가 얼마나 먼가를 느끼려면 마일을 익숙한 단위인 킬로미터로 바꾸어야 한다. 어떻게 해야 할까?

물리량을 나타내는 단위를 바꾸어야 할 때가 자주 있다. 좋은 방법은 '사슬-잇기' 바꿈인데, 애초의 값에 바꿈 인수를 필요한 만큼 곱한다. **'바꿈 인수(conversion factor)'**란 값이 1이 되는 두 단위의 비율로 정의된다. 예를 들어, 1마일과 1.61킬로미터가 똑같은 거리이므로 다음과 같다.

$$\frac{1\,\text{mi}}{1.61\,\text{km}} = 1 \quad \text{또는} \quad \frac{1.61\,\text{km}}{1\,\text{mi}} = 1 \tag{1-10}$$

따라서(1 mi)/(1.61 km)와 (1.61 km)/(1 mi)는 바꿈 인수로 쓸 수 있다. 이것은 1/1.61 = 1 또는 1.61 = 1로 쓰는 것과 다르다. 수와 단위를 함께 다루어야 한다. 어떤 양이든 1을 곱하면 달라지지 않으므로 필요하면 어디든 바꿈 인수를 끼워 넣을 수 있다. 사슬-잇기 바꿈에서는 원하지 않는 단위를 지우는데 바꿈 인수를 쓴다. 보기를 들어, 20마일을 킬로미터로 바꾸려면 다음과 같이 한다:

$$20\,\text{mi} = (20\,\cancel{\text{mi}})\left(\frac{1.61\,\text{km}}{1\,\cancel{\text{mi}}}\right) = 32\,\text{km} \tag{1-11}$$

여행자가 20 마일이 몇 cm인지 알고자 한다고 하자. 그러면 바꿈 인수 두 개가 필요하다:

$$20\,\text{mi} = (20\,\cancel{\text{mi}})\left(\frac{1.61\,\cancel{\text{km}}}{1\,\cancel{\text{mi}}}\right)\left(\frac{100\,000\,\text{cm}}{1\,\cancel{\text{km}}}\right) = 3.20\times 10^{6}\,\text{cm} \tag{1-12}$$

센티미터(cm) 단위의 값은 과학적 표기법으로 나타내면 유효숫자의 개수가 정확히 표시된다. 유효숫자의 개수를 정확히 표시하는 방법을 더 자세히 알려거든 부록 A를 보라.

부록 D와 뒤 표지 안쪽 면에는 국제단위계와 다른 단위계 사이의 바꿈 인수가 있다. 그렇지만, 바꿈 인수는 여기에 보인 분수꼴이 아니라 '1 mi = 1.61 km' 꼴이다.

어떤 **'물리량(physical quantity)'**의 값은 실제로는 '숫자×단위' 꼴이므로 그 값은 어떤 단위를 썼는가에 따라 숫자가 달라진다. 보기를 들어, 마을까지의 거리 값은 32 km이다. 숫자 32는 'km'를 단위로 쓸 때의 값이다. 그렇지만, 단위를 'mi'로 잡으면 숫자가 20이 된다. 20마일은 32킬로미터와 같은 거리이므로, 32 km = 20 mi 이라고 써도 된다. 여기에서 등호(=)는 32 km와 20 mi은 단위가 다른 두 값이 똑같은 물리량(거리)임을 뜻한다. 그렇지만 32 = 20는 아무 뜻이 없다. 그러므로 모든 셈에서 적절한 단위를 넣는 것이 아주 중요하다.

따라해보기 1-2 | 마라톤

기원전 490년에 그리스가 페르시아와의 전투에서 이긴 것을 알리려 '페이디피데스(Pheidippides)'가 마라톤(Marathon)에서 아테네(Athens)까지 달렸을 때, 그는 아마도 한 시간에 23라이드(ride)의 속력으로 달렸을 것이다. 고대 그리스에서 라이드는 스타디움[stadium(복수형: stadia)]과 플레트론[plethron(복수형: plethra)]처럼 길이의 단위이다. 1라이드 = 4스타디아, 1스타디움 = 6플레트라이며, 현대의 단위로는 1플레트론 = 30.8미터다. 페이디피데스는 km/s의 단위로 얼마나 빨리 달렸는가?

풀이 ■ 사슬-잇기 바꿈의 **요점**은 바꿈 인수를 분수꼴로 써서 바라지 않는 단위를 지우는 것이다. 여기에서는 다음과 같이 쓴다.

$$\begin{aligned}23\,\text{rides/h} &= \left(23\,\frac{\cancel{\text{rides}}}{\cancel{\text{h}}}\right)\left(\frac{\cancel{4\,\text{stadia}}}{\cancel{1\,\text{ride}}}\right)\left(\frac{6\,\cancel{\text{plethra}}}{1\,\cancel{\text{stadium}}}\right)\\ &= \left(\frac{30.8\,\cancel{\text{m}}}{1\,\cancel{\text{plethra}}}\right)\left(\frac{1\,\text{km}}{100\,\cancel{\text{m}}}\right)\left(\frac{1\,\text{h}}{3600\,\text{s}}\right)\\ &= 4.722\,7\times10^{-3}\,\text{km/s}\approx 4.7\times10^{-3}\,\text{km/s}\end{aligned}$$

생각해보기 1-7 (a) 왜 1min/60s = 1로 쓰는 것은 맞고, 1/60 = 1로 쓰면 틀리는지 설명하라. (b) 하루가 몇 초인가를 적절한 바꿈 인수와 사슬 잇기 바꿈법을 써서 셈하라.

연습문제 1-9

25. 몸무게 조절

몸무게를 줄이려는 사람이 일주일에 2.3 kg을 줄이고자 한다. 그 사람이 몸무게가 주는 것을 초 단위로 느낄 수 있다면, 몸무게 감소율을 초당 밀리그램(mg/s) 단위로 나타내라.

26. 고양이와 두더지

원자 1몰(mole)은 원자 6.02×10^{23}개이다. 커다란 애완용 고양이에는 원자 몇 몰이 들어 있는가 어림하여라. 수소 원자, 산소 원자, 그리고 탄소 원자는 각각 1.0 u, 16 u, 그리고 12 u이다. (**실마리**: 고양이는 때로 두더지를 죽인다[Cats are sometimes known to kill moles.])

27. 설탕 조각

변의 길이가 1 cm인 정육면체 설탕 조각을 자주 본다. 이런 조각 1몰을 넣은 정육면체 상자의 한 변의 길이는 얼마이겠는가(1몰 = 6.02×10^{23}구성단위)?

28. 마이크로미터

'마이크로미터(micrometer, 1μm)'는 흔히 '미크론(micron)'이라고 한다. (a) 1.0 km는 몇 μm인가? (b) 1.0 μm는 몇 cm인가? (c) 1.0 yd는 몇 μm인가?

29. 수소

이 장의 자료와 변환식을 써서 수소 1.0 kg에 들어 있는 수소원자의 개수를 구하라. 수소원자의 질량은 1.0 u이다.

30. 그라이

그라이(gry)는 영국에서 옛날에 쓰던 길이의 척도로서 라인(line)의 1/10이고, 1라인 = 1/12인치이다. 출판계에서 보통 쓰는 길이는 포인트로써 1포인트 = 1/72인치이다. 0.50 gry^2 을 포인트^{2}로 나타내면 얼마인가?

1-10 불확실한 양으로 셈하기

• 주제 1: 유효숫자와 소수점 아래 숫자

1988년 7월 미국 인디애나 주의 인디애나폴리스 시에서 미국의 육상선수 '조이너(Florence Griffith Joyner)'는 여자 100미터 달리기에서 10.49초의 공식 기록으로 세계기록을 세웠다(그림 1-18). 단거리 경주에서 시간 측정의 정확도는 1/100초로 간주된다. 여러분이 시간을 보고하는데 단위로 초가 아니라 분을 써야 한다고 하자. 10.49초를 분 단위로 바꾸고자 계산기를 써서 (1분)/(60초)를 곱하여 숫자판에 아래의 값이 나왔다.

$$10.49\,\text{초} = (10.49\,\text{초})\left(\frac{1\,\text{분}}{60\,\text{초}}\right) = 0.174\,833\,333\,\text{분} \qquad (1\text{-}13)$$

측정 기기가 아무리 정밀해도 모든 측정값에는 불확실성이 있다. 위에 보인 분단위로 셈한 값

그림 1-18
1988년 조이너는 여자 100미터 경주에서 세계기록을 세웠다.

은 뜻도 없거니와 오해하기 십상이다! 답에서 유효숫자를 네 개만 지켜 0.1748분으로 해야 정밀도가 애초의 자료와 같아진다. 애초의 시간 10.49초에는 숫자가 네 개인데, 그것을 **'유효숫자(significant figures)'** 라고 한다. 이것은 답에서 유효숫자를 네 개만 남겨야 함을 일러준다. 이 책에서는 셈의 최종 결과는 흔히 자료의 유효숫자 가운데 가장 작은 것에 맞춘다. 유효숫자를 **'소수점 자리(decimal places)'** 와 헷갈리면 안 된다. 길이 35.6 mm, 3.56 cm, 0.0356 m를 생각하자. 이들은 모두 유효숫자가 셋이지만, 소수점 자리는 각각 하나, 둘, 넷이다.

실험실에서 자료를 분석하면서 과학적 셈을 하거나 이 책의 문제를 풀어 답을 보고할 때는 정밀도를 셈할 때 쓴 요소 가운데 정밀도가 가장 낮은 것에 맞추어야 한다. 셈에서 유효숫자와 측정 불확도를 추적하는 방법을 부록 A에서 설명했고, 부록 B에는 높은 정밀도로 잰 기본상수의 값을 표로 실었다.

• 주제 2: 크기 정도

공학자와 과학자는 어림셈을 할 때 셈에 쓰는 숫자를 가장 가까운 10의 배수로 바꾸어 셈을 아주 쉽게 만든다. 이렇게 어림하여 얻는 값을 그 숫자의 **'크기 정도(order of magnitude)'** 라고 한다. 어떤 숫자의 크기 정도를 결정하려면 그 값을 과학적 표기법으로 나타낸다. 그 다음 **'가수(mantissa)'** 를 반올림하여 10 또는 1로 바꾼다. 보기를 들어, $A = 2.3 \times 10^4$이면, 2.3은 10보다 1에 더 가까우므로 A의 크기 정도는 10^4이다. 이에 반해 $B = 7.8 \times 10^4$이면, 7.8은 1보다 10에 더 가까우므로 B의 크기 정도는 10^5이다. 크기 정도는 셈에서 얻은 값의 크기를 어림할 때 흔히 쓴다.

생각해보기 1-8 부록 A에 설명한 방법을 써서 다음 값의 유효숫자를 구하라. (a) 27미터, (b) 암소 27마리, (c) 0.003 429 87초, (d) $-1.970\,500 \times 10^{-11}$쿨롱, (e) 5280피트/마일(ft/mi) (**참고**: 1마일은 정확히 5280피트로 정의된다.)

생각해보기 1-9 대중 과학책에서 지구 반지름을 6 370 000 미터라고 썼다. (a) 부록 A에 설명한 방법에 따라 유효숫자를 결정하면 이 숫자의 유효숫자는 몇 개인가? (b) 그 책의 저자는 몇 개의 유효숫자를 생각하고 위의 숫자를 썼을까? (c) 유효숫자가 세 개인 것을 나타내려면 위의 숫자를 어떻게 고쳐야 할까? (d) 미터 단위로 나타낸 지구 반지름의 값의 크기는 얼마인가?

생각해보기 1-10 모서리 길이 $L = 1.4$ cm인 정육면체의 부피 V를 셈하고자, 먼저 면의 넓이 A를 $A = L^2$으로 셈한 다음 부피를 $V = AL$로 셈한다고 하자. (a) V를 셈하는데 쓰는 중간값 A는 얼마인가? (b) 부피의 값을 유효숫자를 정확히 따져서 구하라. (c) A를 셈하여 유효숫자를 두 개만 남기면, 이것을 써서 셈한 V값은 얼마가 되는가?

생각해보기 1-11 아래 셈을 하고 유효숫자를 정확히 따져 답을 구하라. (a) 3.4×7.954, (b) $99.3 + 98.7$, (c) $98.7 - 99.3$, (d) $\cos 3°$ 의 값을 구하라. (e) 철도 다섯 토막의 평균 길이가 2.134 m이면, 이 다섯 개의 철길을 길게 이을 때 전체 길이는 얼마인가?

생각해보기 1-12 시간을 가장 가까운 1/100초까지 재니 1.78초가 나왔다. 이 측정의 (a) 절대 정밀도와 (b) 상대 정밀도는 얼마인가?

따라해보기 1-3 | 실 하나로 짠 공

세계에서 가장 큰, 실로 짠 공의 반지름은 약 2 m이다. 실의 지름이 4 mm라면, 전체 길이 L의 크기 정도는 얼마인가?

풀이 ■ 공을 풀어 실의 길이 을 잴 수 있지만, 그것은 힘도 들거니와 공을 만든 사람이 아주 싫어할 것이다. **요점**은 크기 정도만 알면 되므로 셈에 필요한 모든 양에 대해 어림값을 쓸 수 있다는 것이다.

실로 짠 공의 반지름이 $R = 2$ m라고 하자. 공을 이루는 실은 아주 촘촘하게 감기지 않았다(실 사이에는 빈 곳이 많다). 이 빈 곳을 고려하여 실의 단면적을 부풀려 어림하여 변의 길이가 $d = 4$ mm인 네모꼴이라고 하고, 실의 전체 부피가 공의 부피와 같다고 본다. 그러면 단면적의 넓이가 d^2이고 길이가 L인 실의 전체 부피는 다음과 같다.

$$V = (\text{단면적의 넓이})(\text{길이}) = d^2L$$

이 어림값이 공의 부피인 $\frac{4}{3}\pi R^3$과 같은데, π는 거의 3이므로, 이것은 대략 $4R^3$ 이다. 따라서 다음 결과를 얻는다.

$$d^2L = 4R^3$$

또는

$$L = \frac{4R^3}{d^2} = \frac{4\,(2\text{ m})^3}{(4\times10^{-3}\text{ m})^2} = 2\times10^6\text{ m} \approx 10^6\text{ m} = 10^3\text{ km} \qquad \text{(답)}$$

(이렇게 단순한 셈을 하는데는 계산기가 필요 없음을 눈여겨 보라.) 따라서 공을 만드는데는 약 1000 km의 실이 들어 갔다!

추가문제

31. 하버드 다리

"직역 또는 번안 모두가 부적절함"

32. 꼬마 숙녀 머펫

"직역 또는 번안 모두가 부적절함"

33. 야광구름

여름에 위도가 높은 곳에서는 해가 진 뒤에 보통 구름이 지구 그림자에 가려 더 이상 보이지 않을 때, 도깨비 같은 은청색 구름이 가끔 보인다. 이 도깨비 같은 구름을 야광구름(noctilucent clouds: NLC)이라고 하는데, '밤에 빛나는 구름'을 뜻한다. 그러나 지금은 흔히 중간권 구름(mesospheric clouds)이라고 하는데, 중간권(mesosphere)은 그 구름이 떠 있는 대기층의 이름이다.

이 구름은 1885년 6월에 처음 나타났는데, 1883년 (남태평양 자바 섬 근처의) 크라카토아(krakatoa) 섬의 엄청난 화산 폭발에서 나온 먼지와 물이 북반구 대기층에 아주 높이 올라간 뒤였다. 중간권의 온도가 낮으므로, 물은 화산재에 모여 얼어 입자를 만들고, 이것이 모여 첫 구름을 만든다. 그 다음에는 일반적으로 중간권의 구름이 생기는 횟수와 밝기가 늘어났는데, 아마도 산업체, 논, 매립지, 가축의 위장내 가스 등으로 메탄이 늘어났기 때문인 것 같다. 메탄은 대기 상층부로 올라와 화확반응을 거쳐 변화하여 그곳에 물분자의 수를 늘리고, 따라서 중간권 구름의 얼음에도 조금 들어 있다.

해가 진 뒤 38분에 야광구름이 보였다가 바로 사라졌으며, 그것이 관찰자의 머리 위에 있다면 높이는 얼마일까?

34. 계단

표준적인 실내 계단에서 한 층계는 높이 19 cm, 깊이 23 cm이다. 연구결과는 내려올 때 깊이가 23 cm인 것보다는 28 cm인 것이 더 안전하다고 한다. 전체 높이가 4.57 m인 어떤 계단에서 깊이를 이렇게 늘린다면 계단 바닥에서 방안으로 들어가는 깊이가 얼마나 될까?

35. 크고 작고

과거와 현대, 큰 것과 작은 것의 대비로서 다음 옛날 영국에서 1하이드(hide)(100~200에이커)는 한 대의 쟁기로 1년 동안 한 가족을 부양할 수 있는 땅이었다. 그리고 1와펜테이크(wapentake)는 그런 100 가족을 부양할 수 있는 땅이었다. 양자물리학에서는 핵의 단면적(입자로 두들겨 흡수될 수 있는 확률로 정의된다)의 단위로는 반(barn)을 쓰는데, 1반은 $1\times10^{-28}\text{m}^2$이다(핵물리학 용어로 말하면 핵이 '크면', 헛간(barn) 문짝에 총알을 쏘는 것처럼 거의 빗나가지 않는다). 11반에 대한 25와펜테이크의 비는 얼마인가?

36. 뭉게구름

뭉게구름 1세제곱센티미터에는 보통 물방울이 50~500개 들어 있는데, 물방울의 반지름은 보통 10 μm 이다. (a) 높이 3.0 km, 반지름 1.0 km인 원통꼴 뭉게구름에는 몇 세제곱미터의 물이 들어 있는가? (b) 물은 1리터 병을 몇 개 채우겠는가? (c) 단위 부피의 물의 질량은 1000 kg/m³이다. 구름에 든 물의 질량은 얼마인가?

37. 굴

정치 유세를 위해 음식을 사는데, 잘못하여 중간 크기의 대서양 굴(파인트 통에 26~38마리) 대신 중간 크기의 태평양 굴(파인트 통에 8~12마리)을 시켰다. 배달되어 온 굴 깡통의 크기는 1.0 m×12 cm ×20 cm이고, 파인트 통은 0.4732리터이다. 여러분이 예상한 것보다 굴이 몇 마리 모자라는가?

38. 영국갤런

어떤 여행자가 영국에서 차를 사서 미국의 집으로 부친다. 차의 광고문에는 연료 효율이 열린 도로에서 갤런(gallon)당 40마일을 간다고 되어 있다. 여행자는 영국갤런은 미국갤런과 다르다는 것을 몰랐다.

1영국갤런 = 4.545 963 1리터,

1미국갤런 = 3.785 306 0리터.

750 마일 (미국) 여행에 얼마의 연료가 필요한가? (a) 여행자가 잘못 알고 있는 양은? (b) 차에서 실제로 필요한 양은?

39. 톤의 종류

톤은 해(양)운(송)에서 자주 쓰는 부피의 단위인데, 적어도 세 가지가 있으므로 쓸 때 조심해야 한다. 배수톤(displacement ton)은 7부피배럴(barrel bulk), 화물톤(freight ton)은 8부피배럴, 등록톤(register ton)은 20부피배럴이다. 부피배럴은 또 다른 부피의 단위이다. 1부피배럴 = 0.141 5 m³이다. '73톤'의 호박엿을 보내라는 주문을 받았는데, 고객이 주문한 '톤'이(무게나 질량이 아닌) 부피라고 확신한다. 고객이 실제로 원한 바는 배수톤이라면 다음 두 가지로 해석할 때 잘못 보내는 양이 얼마나 되는가? (a) 73화물톤, (b) 73등록톤. 1 m³는 28.378미국부셸(U.S. bushel)과 같다.

40. 포도주 병

유럽의 큰 결혼식 피로연에서는 포도주를 눈이 휘둥그레질 만큼 큰 크리스털 그릇에 담아 내놓는데, 그 속 부피가 40 cm×40 cm×30 cm(높이)이다. 처음에는 이 그릇을 가득 채워야 한다. 포도주는 아래 표에 있는 크기의 병에 담아 살 수 있는데, 큰 병의 크기는 표준 크기 병의 크기를 기준으로 나타낸다. 작은 병 여러 개를 사는 대신 큰 병 하나를 사면 포도주를 싸게 살 수 있다. 전체적인 비용을 줄이려면 (a) 어떤 크기의 병을 몇 개나 사야 하며, (b) 그것을 모두 채우면 포도주가 얼마나 남는가?

1표준(standard)

1매그넘(magnum) = 2표준

1제로보암(jeroboam) = 4표준

1레호보암(rehoboam) = 6표준

1메투셀라(methuselah) = 8표준

1살마나자르(salmanazar) = 12표준

1발타자르(balthazar) = 16표준 = 11.356 L

1네부차드네자르(nebuchadnezzar) = 20표준

41. 옥수수-돼지 비율

옥수수-돼지 비율(the corn-hog ratio)은 돼지 거래 때 흔히 쓰는 재무 용어로 아마도 돼지를 키워 장에 낼 때까지 드는 먹이값과 관련이 있는 것 같다. 이것은 질량이 1460슬럭(slug)인 돼지의 시장가격과 옥수수 미국부셸의 시장가격의 비로 정의된다. 슬럭은 영국의 질량 단위이다('slug'은 옛날 독일어로 'to hit'라는 뜻인데, 현대 영어에서도 같은 뜻으로도 쓰인다). 미국부셸은 35.238리터이다. 시장에서 옥수수-돼지 비율이 5.7이라면 그 비율은 다음의 미터법 단위로 얼마인가?

$$\frac{\text{돼지 } 1\text{ kg의 값}}{\text{옥수수 } 1\,\ell\text{ 의 값}}$$

(**실마리**: 부록 D의 질량 표 참조)

42. 스페인의 부피 척도

단위를 바꾸는 것은 계산기를 쓰거나 컴퓨터 프로그램을 짜서 쉽게 할 수 있다. 그러나 부록 D에 있는 것 같은 환산표를 쓸 줄 알아야 한다. 표 1-3은 스페인에서 한때 널리 쓰이던 부피계량 단위 체계의 환산표 일부분이다. 1파네가(fanega)의 부피는 55.501 dm³(세제곱데시미터)이다.

(a) 표를 유효숫자 세 개로 완성하라. 그 다음에는 7.00알무데(almude)를 다음 단위로 나타내라.

(b) 메디오(medio)

(c) 카이스(cahiz)

(d) 세제곱 센티미터(cubic centimeter) (cm³)

표 1-3
문제 42

	카이스	파네가	콰르티아	알무데	메디오
1카이스(cahiz) =	1	12	48	144	288
1파네가(fanega) =		1	4	12	24
1콰르티아(cuartilla) =			1	3	6
1알무데(almude) =				1	2
1메디오(medio) =					1

43. 해적선

인양작업선을 동쪽으로 24.5마일 몰아 해적선이 가라앉은 곳 바로 위로 가라는 명령을 받았다. 그런데 잠수부들이 바다로 들어가 밑바닥을 훑어도 배의 흔적을 찾지 못해서, 정보를 준 사람에게 전화를 하니, 24.5해리를 왔어야 했다는 말을 들었다. 부록 D의 길이 표를 써서 해적선까지의 거리를 셈하라.

44. 프랑스 혁명

프랑스 혁명 뒤 약 10년 동안 프랑스 정부는 시간의 단위도 10진 체계로 바꾸려 했다. 1주일은 10일, 하루는 10시간, 1시간은 100분, 1분은 100초. 다음 두 비율을 구하라.

(a) 프랑스 10진 주일과 표준 주일

(b) 프랑스 10진 초와 표준 초

45. 폭우

폭우가 쏟아질 때, 산사태가 일어나 산 주변의 (수평) 너비 2.5 km, (비탈을 따라) 길이 0.80 km, 깊이 2.0 m인 네모꼴 부분의 진흙이 갑자기 미끄러져 내려가 골짜기를 메웠다. 진흙은 단면 0.40 km × 0.40 km인 골짜기를 고르게 메웠고, 진흙 1 m^3의 질량이 1900 kg이다. 이 부분의 넓이 4.0 m^2 인 곳에 있는 진흙의 질량은 얼마인가?

46. 액체 부피

도량형에서 미터 체계를 쓰기 전에는 영국은 몇 가지 도전적인 액체 부피 단위를 썼다. 이 가운데 몇 가지를 표 1-4에 주었다.

(a) 표를 유효숫자 세 자리로 완성하라,

(b) 1백(bag)은 0.1091 m^3 과 같다. 옛날 영국 이야기의 마귀할멈이 가마솥에 1.5촐드론(chaldron)의 독약을 끓였다면 그 양은 세제곱미터 단위로 얼마인가?

표 1-4
문제 46

	웨이	촐드론	백	포틀	질
1웨이(wey) =	1	10/9	40/3	640	120 240
1촐드론(chaldron) =					
1백(bag) =					
1포틀(pottle) =					
1질(gill) =					

47. 티벳의 시간 단위

전통적인 시간 단위는 하루나 한 해처럼 천문 관측에 바탕을 두었다. 그렇지만 티벳에서는 사람에 바탕을 둔 시간을 쓰는데, 북(dbug)은 내쉬는 숨 사이의 평균 시간이다. 하루가 몇 북인지 어림하라.

48. 피사 탑

아래 피사의 기울어진 탑 사진은 1994년 항공사 홍보잡지에서 따왔다. 사진 왼쪽에 전화를 거는 남자의 사진은 편집해서 넣은 것이라고 하자.

(a) 사진을 잘 살펴 보라. 탑의 길이(탑이 바로 서 있다면 높이)를 미터 단위로 어림하는데 쓸 축척을 구하려면 길이를 센티미터 단위로 재라. 사진의 증거만을 써라. 다른 자료를 쓰면 안 된다. 그 다음 탑의 길이를 미터 단위로 어림하라.

(b) 플레처 경(Sir Bannester Fletcher)의 《건축의 역사(A History of Architecture)》(런던대학교 출판부, 1975, 470쪽)에 따르면, 탑의 아래부분의 지름은 16.0 m이다. 이 자료를 써서 또 다른 축척을 구하고, 새 축척을 써서 탑의 길이를 미터 단위로 다시 어림하라.

(c) (a)와 (b)에서 구한 축척 가운데 어느 것을 써야 탑의 길이를 더 정확히 어림할 수 있는가? 답에 대한 추론 과정을 설명하라.

(d) (b)에서 구한 축척을 써서 종각 또는 꼭대기의 좁은 부분이 없는 탑(아래쪽 7층까지)의 길이를 구하라.

그림 1-19 문제 48

49. 멕시코 음식

멕시코 음식을 좋아하는 사람이 연회에서 400명분 저녁을 준비한다. 조리법에 따르면 1사람분에 2개의 할라페노 고추가 필요하다. 그렇지만 가진 것은 아바네로 고추뿐이다. 고추의 맛은 스코빌 매운 맛 단위(Scoville heat unit, SHU)를 써서 잰다. 평균적으로 할라페노 고추 한 개에는 4000 SHU가 들어 있고, 아바네로 고추에는 300 000 SHU가 들어 있다. 어려움을 풀려면, 연회를 위한 조리에서 할라페노 고추 대신 아바네로 고추 몇 개를 넣으면 될까?

50. 큰가, 작은가?

다음 물음에 관해 토론하라. '500자가 큰가, 작은가?' 그 전에 다음 어림을 해 보라.

(a) 여러분이 500자 높이 건물 꼭대기에 있다. 건물에 불이 나 승강기가 멈추었으므로, 계단을 걸어 1층까지 가야 한다. 걸리는 시간을 어림하라(계단은 불이 난 곳과 반대쪽에 있다).

(b) 멋진 가을 아침 벗들과 함께 설악산 등산로를 따라간다. 500자의 거리를 걸어가는데 걸리는 시간을 어림하라.

(c) 여러분이 지리산 도로에서 시속 60 km로 차를 몬다. 길 안내판에 '500자 앞에서 길이 끝남' 이라고 적혀 있다. 끝까지 가는데 걸리는 시간을 어림하라.

51. 두 배 체계

역사적으로 영국에서는 부피를 재는데 두 배 체계를 썼다. 2한입(mouthful)은 1지거(jigger), 2지거는 1잭(jack)(잭폿[jackpot]이라고도 한다), 2잭은 1질(jill), 2질은 1컵(cup), 2컵은 1파인트(pint), 2파인트는 1쿼트(quart), 2쿼트는 1포틀(pottle), 2포틀은 1갤런(gallon), 2갤런은 1페일(pale)(동요 'Jack and Jill')은 이 단위를 말하는 것이며 찰스 1세가 주막에서 파는 술 1잭에 매기는 세금에 대한 저항이었다(A. Kline, *The World of Measurement*, New York: Simon & Schuster, 1975, 32-39쪽을 보라). 오늘날 미국과 영국의 요리사는 차숟갈(teaspoon), 큰숟갈(table spoon), 컵(cup)을 쓴다. 3차숟갈 = 1큰숟갈; 4큰숟갈 = 1/4컵이다. 여러분이 오래된 영국 조리법을 발견했는데, 우유 3지거를 써야 한다고 되어 있다. 이것은 몇 컵인가? 몇 큰 숟갈인가? 두 단위계에서 컵은 같다고 하자.

52. 연료 효율

자동차의 연료 효율(연비)은 연료 1리터로 몇 km를 가는가로 나타낸다(km/L). 연비를 유럽에서는 100 km 가는데 연료 몇 리터가 드는가(liter/100 km)로, 미국에서는 1 갤런에 몇 마일을 가는가(miles/gallon)로 나타낸다.

(a) 여러분이 지금 타는 차는 고속도로에서 21마일/갤런을 낸다. 그 연비를 볼보를 모는 스웨덴의 친구와 비교하고자 리터/100킬로미터로 바꾸면 얼마인가?

(b) 지난 여름 영국에서 몰던 차는 6리터로 100킬로미터를 갔다. 이것을 마일/갤런으로 바꾸면 얼마인가?

(c) 내 차의 연비 f가 마일/갤런 단위의 값이면, 유럽식 리터/100킬로미터 단위의 연비 e로는 얼마인가(쉽게 바꿀 수 있는 식을 써라)?

53. 피자 할인판매

병관, 현우 두 대학생이 피자를 먹으러 임실치즈피자로 간다. 그곳에서 특별 메뉴를 발견했다.

오늘의 특별 피자	큰 피자(50 cm)	15 000원
정상 가격	작은 피자(25 cm)	5 000원
	큰 피자(50 cm)	18 000원

병관: 좋다! 큰 것을 시키자.
현우: 바보 같은 소리 마. 그 값이면 작은 것이 세 개야. 더 많고, 더 싸잖아!
병관: 특별 피자인데 왜 정상 가격에 살 수 있는 것보다 더 비싸겠어? 큰 것 시켜.

누가 옳은가? 여러분이라면 어떤 것을 사겠는가? 같은 값에 같은 크기의 네모꼴 피자를 판다면 무엇이 다를까?

54. 달러와 페니

어떤 학생이 다음과 같이 주장한다. '달러와 페니'가 같음을 증명할 수 있다. 다임(10센트)은 1/10달러이므로 다음과 같이 쓸 수 있다.

$$100\ \text{¢} = \$\,0.1$$

양쪽을 같은 것으로 제곱하면 같으므로

$$100\ \text{¢} = \$\,0.01$$

그런데 100 ¢ = $ 1이고 $ 0.01 = 1 ¢이므로 $ 1 = 1 ¢이다. 이 논리에서 어디가 잘못되었는가?

55. 규모 키우기

여기에 있는 두 문제는 서로 관련이 있다. 하나는 정밀하고 다른 하나는 어림이다.

(a) 조각가가 대학 교정에 있는 상징물의 상을 다른 것으로 바꾸려고 한다. 조각가는 크기가 작은 모형을 주조하려면 청동 2 kg이 필요하다는 것을 알았다. 주조가 끝난 뒤, 조각가는 한 깡통으로 모형을 두 번 칠할 수 있음을 알았다. 최종 청동상은 작은 모형의 5배 크기가 될 것이다. 조각가는 얼마의 청동이 필요한가? 칠은 몇 깡통이 필요한가(**실마리**: 이 문제가 어려워 보이면, 좀 더 쉬운 문제를 만들어 풀어보라)?

그림 1-20 문제 55

(b) 사람의 뇌는 쥐의 뇌보다 겉넓이가 1 000배 더 넓다. 사람의 뇌는 겉이 울퉁불퉁하게 주름이 잡혀 있으나 쥐는 그렇지 않다. 겉넓이의 비 가운데 얼마가 크기에 따른 것인가(사람의 뇌가 더 크다)? 이 결과는 뇌의 크기에 대한 어림값에 따라 얼마나 민감하게 달라지는가?

56. 적정 1회분

차원 분석에서 모양은 유지한 채 크기만 바꾸면 넓이는 길이의 제곱에 비례하고, 부피는 세제곱에 비례한다는 것을 안다. 여러분이 부모이고 아이가 아파서 약을 먹여야 한다고 하자. 여러분의 키는 175 cm이고 180파운드이다. 아이는 키가 70 cm, 몸무게는 30파운드이다. 다음 상황에서 아이에게 쓸 약의 양을 어림하라. 추론의 근거를 설명하라.

(a) 약이 아이의 핏줄을 타고 가서 몸의 모든 세포로 들어간다. 여러분이 먹는 양은 250 mg이다.

(b) 약을 아이의 목구멍에 바른다. 여러분이 쓰는 양은 15 ml이다.

57. 탁구공 채우기

강의실을 가득 채우는데 필요한 탁구공의 개수를 어림하라.

58. 쿠거 먹이주기

미네소타 주, 세인트폴 시의 코모 공원 동물원에는 야생 고양이 우리 앞에 사진과 같은 표지판이 있다. 세밀한 숫자에 놀랐는데, 먹이의 양은 0.1그램까지 표시했고, 몸무게는 10그램 단위까지 적혀 있다. 이것은 너무 정확한 것 같다. 야생 고양이에게 주는 먹이의 양과 평균 몸무게에 관한 두 값에 대해 사육사가 말하려는 것이 무엇이며, 몇 개의 유효숫자가 적당하겠는가?

COUGAR
North America

Natural Diet:	Hoofed animals, small animals
Zoo diet:	1,3608kg. commercially prepared diet for large cats, six days a week
Average Weight:	90.72kg.
Average Lifespan:	20years

The cougar is also called montain lion or puma.
It is te only large cat at Como Zoo that purrs.
Cougars are very solitary animals. They are seldom seen by humans.

그림 1-21 문제 58

59. 단위 날리기

물리학 강의 내내 여러분은 셈할 때 단위를 조심해야 한다. 그런데도 어떤 학생은 그것을 무시하고, 잘 한다고 믿는 버릇이 있다! 아래의 실제 벌어진 일을 읽고 그렇게 엉성한 버릇을 고치기 바란다.

1983년 7월 23일, 캐나다 항공 143기가 몬트리올에서 에드먼턴까지의 긴 비행준비를 끝내고, 승무원들이 지상요원에게 연료를 얼마나 채웠는가 점검하라고 말했다. 승무원은 비행을 하는데 필요한 연료가 22 300 kg임을 알고 있었다. 그들은 그 양을 킬로그램 단위로 알고 있었는데, 캐나다가 그때 막 미터체계로 바꾸었기 때문이었다. 그 전에는 파운드 단위를 썼다. 지상요원은 연료의 양을 리터로만 잴 수 있었으므로, 7682리터를 넣었다고 말했다. 따라서 연료가 얼마나 채워졌고, 얼마를 더 채워야 하는가를 결정하려고 승무원은 지상요원에게 리터를 킬로그램으로 바꾸는 전환인수를 물었다. 그 대답이 1.77이었으므로, 승무원은 그것을 써서(1.77킬로그램 = 1리터) 셈을 했다.

(a) 승무원은 연료 몇 킬로그램이 이미 채워졌다고 생각했을까(이 셈에서는 모든 자료가 정확한 값이라고 하자)?

(b) 연료 몇 킬로그램을 더 넣어달라고 했을까? 불행히도, 지상요원의 대답은 미터체계 이전에 쓰던 값이었다. 1.77은 리터를 파운드로 바꾸는 숫자였다(1.77 파운드 = 1 리터).

(c) 실제로 비행기에 채운 연료를 몇 킬로그램일까?

(d) 더 채워야 할 연료는 몇 킬로그램일까?

(e) 비행기가 몬트리올을 떠날 때 가진 연료는 필요한 양의 몇 퍼센트일까?

비행기는 에드먼턴으로 가는 도중에 고도 7.9 km에서 연료가 떨어졌다. 비록 비행기는 추진력을 잃었지만, 조종사는 활강 비행을 시도했다. 그렇지만, 가장 가까운 비행장은 활강으로 가기에는 너무 멀어서, 조종사는 오래되어, 쓰지 않는 비행장 쪽으로 비행기를 몰았다.

불행히도, 그 비행장의 활주로는 자동차 경주용 궤도로 바뀌어 강철 저지판이 설치되어 있었다. 다행히도 비행기가 활주로에 내렸을 때, 앞쪽 착륙장치가 망가져서 비행기의 코가 활주로에 떨어졌다. 동체는 활주로를 쓸면서 속력이 줄어 강철 저지판 바로 앞에서 멈추었는데, 이것을 자동차 경주 선수와 관객들이 모두 놀라 입을 쩍 벌리고 지켜보았다. 탑승객은 모두 안전하게 나왔다. 요점이 무엇인가? 단위를 정확히 따져라!

2 직선 운동

1993년 9월 26일 디젤 기관 기술자 먼데이(Dave Munday)가 공기 구멍을 낸 쇠통을 타고 캐나다 쪽 나이아가라 폭포에 들어가 48 m 아래 물로 떨어졌다. 앞서 다른 모험가가 이 시도를 하다가 죽었으므로, 두 번째로 시도한 먼데이는 그렇게 떨어져도 살아남고자 추락에 관한 물리학 및 공학적 측면을 많이 연구했다.

그는 쇠통이 곧바로 아래로 떨어져 물에 부딪치는 속력을 어떻게 예측할 수 있었을까?

◈ 답은 이 장에 있다.

2-1 운동

세상의 모든 것은 움직인다. 길과 같이 겉보기에 가만히 있는 것도 실제로는 움직이는데, 그것은 지구가 움직이기 때문이다. 지구는 스스로 돌고, 해 주위를 다시 돌며, 해는 또 우주 공간 속을 움직인다. 물체의 운동은 여러 가지로서 직선, 곡선, 원, 또는 더 복잡한 꼴의 궤적을 그린다. 물체는 공처럼 단순한 것도 있고, 우리 몸이나 은하계처럼 복잡한 것도 있다.

물리학에서 운동을 이해하려면, 간단한 운동부터 살펴봐야 한다. 그래서 운동을 배우는 출발점을 운동의 원인을 다루는 '**동역학(dynamics)**' 보다는 운동을 기술하는데 초점을 맞추는 '**운동학(kinematics)**' 에 두고, 운동을 재는데 필요한 개념과 그것을 1차원에서 기술하는데 필요한 수학적 도구를 발전시키는데서 시작한다. 그 다음에야 운동의 원인을 따지고 2차원 및 3차원 운동으로 확장한다. 문제가 단순할수록 이해하기 쉬우므로 이 장에서는 물체의 운동을 두 가지로 제한한다.

1. **물체는 직선운동을 한다.** 운동은 (아래로 떨어지는 돌처럼) 수직운동일 수도 있고, (평탄한 고속도로를 따라 달리는 차처럼) 수평운동일 수도 있고, (활주로에서 이륙하는 비행기처럼) 비스듬한 운동일 수도 있지만, 궤적이 직선이어야 한다.

2. **물체는 실질적으로 입자이다.** 왜냐하면 운동에는 물체의 모양이 중요하지 않기 때문이다. 여기에서 '입자(particle)' 란 다음 중의 하나를 뜻한다. (a) 물체가 (해 둘레를 도는 궤도에 대한 지구의 크기 같이) 움직이는 거리에 비해 크기가 아주 작아서 점으로 볼 수 있거나, (b) 큰 물체이지만 (돌지 않고 그냥 떨어지는 농구공처럼) 모든 부분이 똑같이 움직이거나, (c) 어떤 물체의 한 점의 궤적에만 관심이 있다.

속력, 속도, 가속도와 같이 운동을 기술하는데 흔히 쓰는 말을 정확히 정의하는 것부터 시작한다. 이 정의는 보통 쓰는 뜻과 다를 수도 있다. 그렇지만 느슨한 정의보다는 정확한 정의를 쓰면 흔히 보는 운동의 특성을 그림표와 수학식 용어를 써서 기술하고 예측할 수 있다. 물리학과 공학의 기본 어휘는 이와 같이 현상에 대한 수학적 기술로 이루어진다.

이 방법이 너무 형식적으로 보일지 모르나, 더 복잡하고 흥미 있는 운동을 살펴보려면 바탕을 먼저 다져야 한다.

생각해보기 2-1 다음에서 직선운동은 어느 것인가? (a) 롤러코스터를 따라 오르내리는 수레, (b) 곧바로 위로 쏘아 올린 대포알, (c) 곧은 도로를 따라 달리는 차, (d) 45°기울어진 비탈길을 따라 곧바로 굴러가는 공

생각해보기 2-2 실제로는 점 입자는 없다. 다음 물체 가운데 입자와 가장 비슷한 것부터 가장 비슷하지 않은 것까지 순서를 매겨라. (a) 높이뛰기를 하기 위해 달린 거리 25 m에 대한 키가 2 m인 높이뛰기 선수, (b) 새총의 사거리 5 m에 대한 납총알, (c) 해를 중심으로 하는 지름 3×10^{11} m인 궤도에 대한 지름 13×10^{6} m인 지구.

2-2 직선 위의 위치와 변위

• 좌표계 정의하기

직선 운동을 공부하려면, 물체의 위치가 시간에 따라 어떻게 변하는가를 명시할 수 있어야 한다. 어

떤 점 또는 물체의 위치를 나타내는 좋은 방법은 좌표계를 잡는 것이다. 서울 세종로의 어느 건물의 위치를 전할 때, '광화문에서 남쪽으로 200 m' 와 같이 말한다. 건물의 위치를 정할 때, 거리의 단위(보기 : m), 기준점 또는 원점(보기 : 광화문), 그리고 방향(보기 : 동쪽)을 정해야 한다. 따라서 직선을 따라 움직이는 물체의 위치를 정할 때는 1차원 **좌표계(coordinate system)**를 골라 위치를 명시하는 것이 편리하다. 좌표계는 기준점인 원점(또는 0점), 원점을 지나는 직선인 **좌표축(coordinate axis)**, 직선의 어느 한쪽을 양(+)으로 잡고 반대쪽을 음(−)으로 잡는 방향, 그리고 거리를 재는 단위로 이루어진다. 그림 2-1에서 좌표축을 x축이라 하고 그 위에 원점을 잡았다. 숫자(좌표)가 커지는 쪽을 **양의 방향(positive direction)**이라 하며 그림 2-1에서는 오른쪽이다. 반대쪽은 **음의 방향(negative direction)**이다.

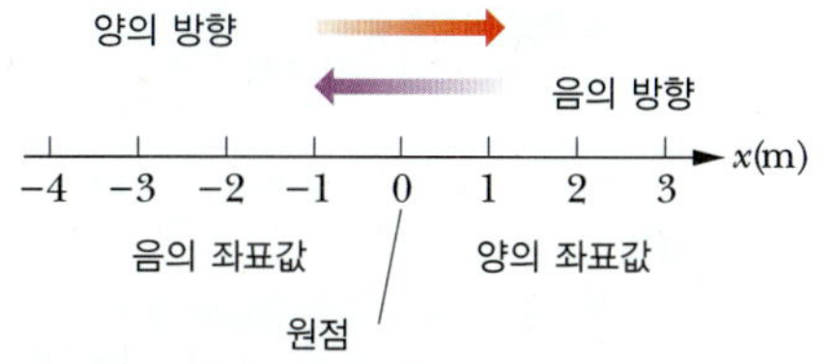

그림 2-1
위치는 양쪽으로 한없이 뻗은, 미터 단위로 눈금을 매긴 축 위에서 정해진다.

그림 2-1은 전통에 따라 원점의 왼쪽에 (−)좌표를, 오른쪽에 (+)좌표를 그렸다. 물리학에서는 또한 거리의 표준 단위로는 전통적으로 미터를 쓴다. 그렇지만 다른 단위를 써도 좋고, 원점의 왼쪽을 (+)좌표로 잡아도 된다. 더구나 x축을 수평축이 아니라 수직축이나 기울어진 축으로 잡아도 된다. 간단히 말해 좌표계는 마음대로 잡을 수 있다.

좌표계를 잘 잡으면 물리적 상황을 훨씬 쉽게 기술할 수 있다. 예를 들어, 직선 운동에서는 운동 궤적을 따라 1차원 좌표계를 잡는다. 5장과 6장에서 2차원 운동을 살펴볼 때, 직교하는 좌표축으로 이루어진 더 복잡한 좌표계를 쓸 것이다. 물리적 상황에 맞는 좌표계를 잡으면 그 상황을 기술하는 수식이 간단해진다. 원운동하는 입자를 기술하려면 원의 중심을 원점으로 하고, 원을 품는 2차원 좌표계를 잡을 것이다.

• 위치를 벡터량으로 정의하기

물체의 운동 방향과 나란하게 표준적인 1차원 좌표계의 방향을 잡는 까닭은 원점에 대해 물체의 위치를 정의하고 움직임에 따라 위치를 추적하려는 것이다. 좌표계에 대한 물체의 위치는 벡터(vector)라는 수학적 양으로 기술할 수 있다. 물체의 위치를 찾으려면 좌표계의 원점에서 얼마나 멀리 있는가와 함께 어느 쪽에 있는가도 명시해주어야 하기 때문이다.

> **벡터**는 수학적 양으로 크기와 방향이 있다. 벡터는 잘 정의된 수학적 규칙에 따라 더하고, 빼고, 곱하고, 변환할 수 있다.

벡터와 같은 특성을 가진 다른 물리량으로는 속도, 가속도, 힘, 운동량, 전기장과 자기장이 있다.

그렇지만, 아무 물리량이나 부호를 붙인다고 해서 벡터가 되지는 않는다. 예를 들어 온도를 기술하는데는 좌표계가 필요 없고, $T = -5°\text{C}$나 $T = -12°\text{C}$처럼 하나의 숫자로 충분하다. 이 경우 (−)부호는 방향을 나타내지 않는다. 질량, 거리, 길이, 넓이, 부피 등도 방향이 없는 양이며, 따라서 값은 재는 단위에 따라서는 달라지지만, 좌표계의 방향과는 상관이 없다. 그러한 양을 **스칼라(scalar)**라고 한다.

> **스칼라**는 수학적인 양으로 그 값이 좌표계의 방향과는 상관이 없고 방향이 없다.

일반적으로, 1차원 벡터는 화살표로 나타낼 수 있다. 화살의 길이는 값이 양수인데, 벡터의 **크기(magnitude)**를, 그리고 화살이 가리키는 방향은 벡터와 관련된 **방향(direction)**을 나타낸다.

운동에 대한 공부는 1차원 위치 및 변위 벡터의 성질과 운동을 나타내고 다루는 공식적인 방법을 소개하는 것으로 시작한다. 벡터를 다루는 공식적인 방법은 뒤에 2차원 및 3차원 벡터를 다룰 때

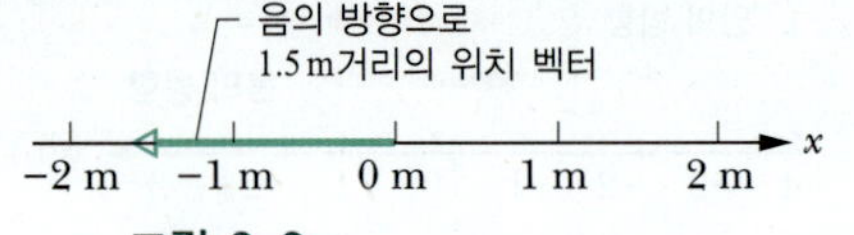

그림 2-2
위치 벡터는 좌표계의 원점에서 물체가 있는 곳까지 그린 화살표로 나타낼 수 있다.

아주 쓸모가 있음이 밝혀질 것이다.

1차원 **위치 벡터(position vector)**는 1차원 좌표계의 원점과 물체의 위치로 정의된다. 위치 벡터의 **크기(magnitude)**는 스칼라로서 원점에서 물체까지의 거리를 나타낸다. 예를 들어, 크기 5 m인 위치 벡터는 원점으로부터 −5 m 또는 +5 m인 곳에 있을 수 있다.

전통적인 x축에서 원점의 오른쪽에 있는 물체의 위치 벡터의 방향은 (+)이고 왼쪽에 있는 물체의 위치 벡터의 방향은 (−)이다. 예를 들면, 그림 2-1의 좌표계에서 어떤 입자가 원점의 왼쪽으로 거리 3 m인 곳에 있으면, 위치 벡터의 크기는 3 m이고, 방향은 (−)이다. 위치 벡터를 나타내는 여러 방법 가운데 하나는 원점에서 물체가 있는 곳까지 화살표를 그리는 것이다. 그림 2-2는 원점의 왼쪽으로 거리 1.5 m인 곳에 있는 물체의 위치 벡터를 보였다. 벡터화살의 길이가 그 벡터의 크기를 나타내므로, 원점에서 물체까지의 거리에 비례해야 한다. 또한 화살의 방향은 원점에서 물체를 향해야 한다.

위치 벡터를 나타내는데 화살표 대신, 수식을 쓸 수도 있다. 쓸모 있는 수식을 만들어내려면 x축과 연관된 '**단위벡터(unit vector)**'를 정의해야 한다.

좌표축 방향의 단위 벡터는 차원이 없는 벡터로서 좌표축의 (+)쪽을 가리킨다.

+ x축을 가리키는 단위 벡터를 나타낼 때는 보통 기호 $\hat{\mathrm{i}}$ (고깔 쓴 i)를 쓰며, 교재에 따라서는 기호 $\hat{x}$ (고깔 쓴 x)를 대신 쓴다. 3차원 벡터를 생각할 때는 +y축과 +z축을 가리키는 단위 벡터를 각각 $\hat{\mathrm{j}}$와 $\hat{\mathrm{k}}$로 나타낸다.

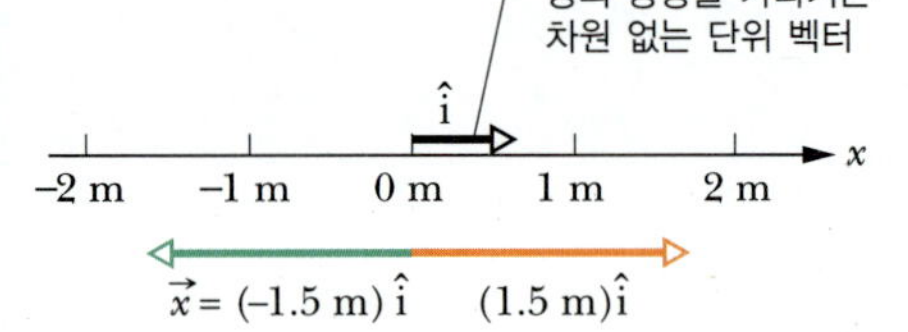

그림 2-3
벡터를 나타내는 화살표. (1) +x 쪽을 가리키는 차원이 없는 단위 벡터 $\hat{\mathrm{i}}$, (2) 단위 벡터에 1.5를 곱한 벡터, (3) 단위 벡터에 1.5를 곱하고 또 (−1)을 곱해 방향을 뒤집어 만든 위치 벡터 $x = (-1.5\ \mathrm{m})\hat{\mathrm{i}}$, 이 위치 벡터는 크기가 1.5 m이고 방향은 (−)쪽이다.

이 벡터를 '단위 벡터'라고 하는 까닭은 값은 1이고 차원이 없기 때문이다. 그렇지만, '단위'라는 말을 물리량의 단위와 헷갈리면 안 된다. 단위 벡터는 좌표축과 함께 미터(m) 같은 물리적 단위가 붙지 않은, 방향을 보여주는 작은 화살표로 나타내야 한다. 그림 2-3에는 x축 단위 벡터를 보였다. 좌표계에서 쓰는 눈금에는 단위가 붙어 있으므로, 좌표축 위의 위치를 기술하는 숫자에는 늘 단위를 붙이는 것이 매우 중요하다. 그림 2-3은 또한 축 위에 −1.5 m인 곳에 있는 물체에 대응되는 위치 벡터를 만드는 방법도 보여준다. 그러려면 단위 벡터에 위치 벡터의 크기 1.5 m를 곱한다. 여기에서는 원점에 대한 좌표축 위의 위치 단위가 m이므로, 값에 그 단위를 꼭 붙여 주어야 한다. 차원이 없는 단위 벡터에 1.5 m를 곱하여 만든 벡터는 길이가 1.5 m이고, 방향은 단위 벡터와 같다. 이것을 $(1.5\ \mathrm{m})\hat{\mathrm{i}}$로 나타낸다. 그렇지만, 우리가 만들려는 벡터는 (−)쪽을 향하므로, (+)쪽을 향하는 벡터에 (−) 부호를 붙여 방향을 뒤집어야 한다. 이렇게 만든 위치 벡터를 $\vec{x}$로 나타낸다. 이것은 벡터 성분과 단위 벡터의 두 부분으로 나눌 수 있다.

$$\vec{x} = (-1.5\ \mathrm{m})\hat{\mathrm{i}}$$

이 보기에서 위치 벡터의 x성분 x는 −1.5 m이다.

여기에서 앞에 붙은 (−) 부호를 뗀 값 1.5 m가 이 위치 벡터의 크기다. 일반적으로 벡터 $\vec{x}$의 크기는 $|\vec{x}|$로 나타낸다. 따라서 그림 2-3에 보인 1차원 위치 벡터를 수학적으로 나타낼 때는 다음과 같은 기호를 쓴다.

$$\vec{x} = x\hat{\mathrm{i}} = (-1.5\ \mathrm{m})\hat{\mathrm{i}}$$

위치 벡터의 x성분을 나타내는 x 값은 입자가 원점에 대해 어느 쪽에 있는가에 따라 양수 또는 음수가 된다. 따라서 1차원에서 벡터 성분 x 값은 물체의 위치에 따라 $+|x|$ 또는 $-|x|$가 된다.

일반적으로 어떤 벡터의 좌표축 방향 성분은, 이 경우에는 x인데, 스칼라량이 아니다. 그 까닭은 좌표축을 뒤집으면 값의 부호가 바뀌기 때문이다. 이에 반해 위치 벡터의 크기는 언제나 양수이고, 물체가 원점에서 얼마나 멀리 있는가를 말해줄 뿐이므로, 스칼라량이다. 벡터의 좌표축 성분 앞에 붙은 부호(+ 또는 −)는 그 벡터가 가리키는 방향을 말해준다. 그 부호는 물체가 원점에 대해 왼쪽에 있으면 (−)이고 오른쪽에 있으면 (+)이다.

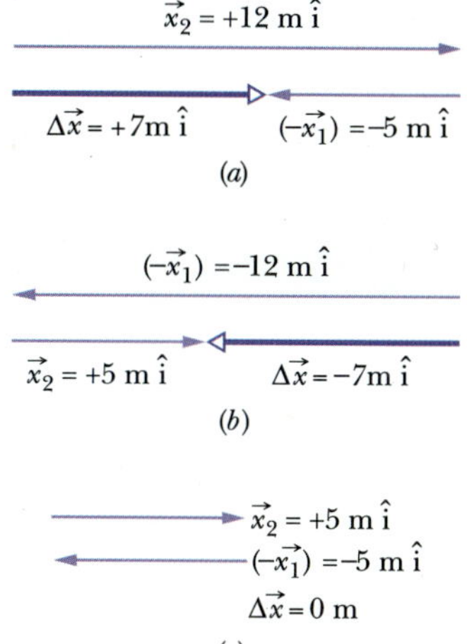

그림 2-4
굵은 화살표는 다음 세 상황에서의 변위 $\Delta\vec{x}$을 보여준다. *(a)* 양성 변위 *(b)* 음성 변위 *(c)* 0 변위.

• 변위를 벡터량으로 정의하기

운동을 공부할 때는 주로 물체가 힘을 받아 위치가 시간에 대해 어떻게 바뀌는가를 배운다. 물리학에서는 '변화(change)' 의 개념을 수학적으로 정확하게 정의한다.

> **변화**는 어떤 물리계의 현재 상태(보통 나중 상태(final state)라고 한다)와 과거 어느 때의 상태(보통 처음 상태(initial state)라고 한다)의 차이로 정의된다.

변화에 대한 이 정의를 써서 변위를 정의한다.

> **변위**는 어느 시간 동안의 물체의 위치 변화로 정의된다.

위치는 벡터량이므로, 변위는 두 벡터의 차이고, 따라서 벡터다. 따라서 직선운동에서는 어떤 물체가 '처음' 에 $\vec{x}_1$에 있다가 '나중' 에 $\vec{x}_2$로 가는 것을 두 위치 벡터의 차이만큼 **변위(displacement)** $\Delta\vec{x}$을 했다고 한다.

$$\Delta\vec{x} \equiv \vec{x}_2 - \vec{x}_1 = \Delta x\,\hat{i} \qquad \text{(변위 벡터)} \tag{2-1}$$

여기에서 기호 Δ는 변화를 나타내며, '≡' 는 변위 $\Delta\vec{x}$이 $\vec{x}_2 - \vec{x}_1$ 로 정의되었음을 나타낸다.

변위를 나타내는 기호로 $\Delta\vec{r}$을 쓰는 까닭은 1차원 이상의 공간에서 움직일 때, 위치 벡터를 $\vec{r}$로 나타내기 때문이다. 1차원 직선운동에서는 변위를 $\Delta\vec{x}$로 나타낼 수도 있다. 변위의 크기는 변위 벡터를 절대값 기호로 둘러싸서 나타낸다.

2차원 및 3차원 벡터를 다루면 알게 되겠지만, 어떤 벡터를 빼는 것은 그 벡터의 성분에 (−1)을 곱하여 뒤집은 다음 더해주는 것이다. 이와 같은 벡터 뺄셈의 정의를 써서 방향이 뒤집힌 벡터를 더하여 변위를 셈할 수 있다. 세 가지 상황을 살펴보자.

(a) 어떤 입자가 직선운동을 하여 $\vec{x}_1 = (5\text{m})\,\hat{i}$에서 $\vec{x}_2 = (12\text{m})\,\hat{i}$로 간다. $\Delta\vec{x} = \vec{x}_2 - \vec{x}_1 = \vec{x}_2 + (-\vec{x}_1)$ 이므로

$$\Delta\vec{x} = (12\text{m})\,\hat{i} - (5\text{m})\,\hat{i} = (12\text{m})\,\hat{i} + (-5\text{m})\,\hat{i} = (7\text{m})\,\hat{i}$$

결과로 얻은 성분이 양수이므로 운동 방향은 +*x*쪽(그림 2-4에서 오른쪽)이다.

(b) 어떤 입자가 $\vec{x}_1 = (12\text{m})\,\hat{i}$에서 $\vec{x}_2 = (5\text{m})\,\hat{i}$로 간다. $\Delta\vec{x} = \vec{x}_2 - \vec{x}_1 = \vec{x}_2 + (-\vec{x}_1)$ 이므로

$$\Delta\vec{x} = (5\text{m})\,\hat{i} - (12\text{m})\,\hat{i} = (5\text{m})\,\hat{i} + (-12\text{m})\,\hat{i} = (-7\text{m})\,\hat{i}$$

결과로 얻은 성분이 음수이므로 운동 방향은 −*x*쪽(그림 2-4*b*에서 왼쪽)이다.

(c) 어떤 입자가 5 m에서 출발하여, 2 m로 간 다음, 다시 5 m로 돌아온다. 전체 이동의 변위는 $\Delta\vec{x} = \vec{x}_2 - \vec{x}_1 = \vec{x}_2 + (-\vec{x}_1)$ 인데, $\vec{x}_1 = (5\,\text{m})\,\hat{\text{i}}$이고 $\vec{x}_2 = (5\,\text{m})\,\hat{\text{i}}$이다.

$$\Delta\vec{x} = (5\,\text{m})\,\hat{\text{i}} + (-5\,\text{m})\,\hat{\text{i}} = (0\,\text{m})\,\hat{\text{i}}$$

따라서 입자의 위치는 그림 2-4*c*와 같이 바뀌지 않았다. 변위는 오직 처음 및 나중의 위치만으로 결정되므로, 입자가 오가는 동안 실제로 쓸고 간 거리는 문제가 되지 않는다.

입자의 변위의 부호(따라서 방향)를 무시하면, 변위의 **크기**가 남는다. 이것은 처음 위치와 나중 위치 사이의 거리고 값이 언제나 양수다. 변위(또는 모든 벡터)는 방향까지 말해주어야 완전히 기술된다는 것을 꼭 기억해야 한다.

$$\{\text{변위의 크기}\} = |\Delta\vec{r}|\ \text{또는}\ |\Delta\vec{x}|$$

생각해보기 2-3 어떤 입자가 처음에 성분값이 음수인 곳에서 나중에도 성분값이 음수인 곳으로 갔는데, 변위의 성분값은 양수가 될 수 있는가?

따라해보기 2-1 | 변위

다음 세 짝의 축 위의 처음과 나중 위치는 시간차가 있는 두 순간의 물체의 위치를 나타낸다. (짝 1) −3 m, +5 m, (짝 2) −3 m, −7 m, (짝 3) +7 m, −3 m.

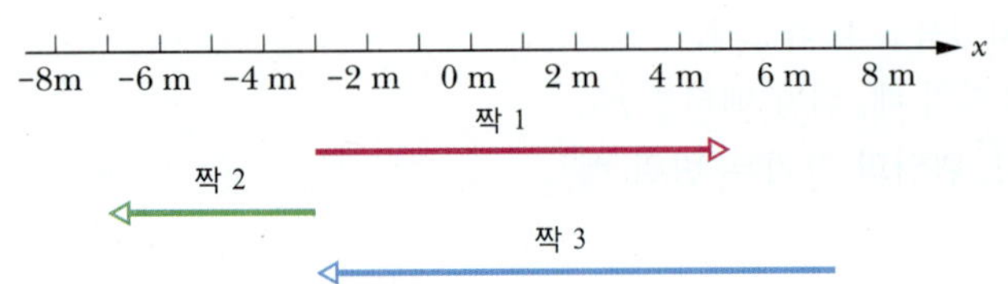

그림 2-5
x 축 위의 처음과 나중 위치 세 짝의 변위

(a) 어떤 짝의 변위가 (−)인가?

풀이 ■ **요점**은 나중 위치가 처음 위치의 왼쪽에 있으면 변위는 (−)라는 것이다. 이것은 그림 2-5에 보인 것처럼 나중 위치가 처음 위치보다 더 작을 때 생긴다.

짝 1을 보면, 처음 위치 −3 m는 (−)이고 나중 위치 +5 m는 (+)이다. 따라서 이 변위는 왼쪽(음수)에서 오른쪽(양수)으로 간 것이며, 따라서 (+)이다. (답)

짝 2에서는 상황이 다르다. 나중 위치 −7 m는 처음 위치 −3 m의 왼쪽에 있다. 따라서 변위는 (−)이다. (답)

짝 3에서는 원점에 대해 처음 위치 +7 m는 오른쪽에, 나중 위치 −3 m는 왼쪽에 있다. 따라서 원점의 오른쪽에서 왼쪽으로 가므로 변위는 (−)이다. (답)

(b) 벡터 기호를 써서 낱낱의 경우에서 변위를 셈하라.

풀이 ■ **요점**은 낱낱의 위치 벡터 짝에 대한 변위를 셈하는데 식 2-1을 쓰는 것이다. 이 식을 따르면 나중 위치 벡터에서 처음 위치 벡터를 뺀다.

$$\Delta\vec{x} = \vec{x}_2 - \vec{x}_1 \qquad (\text{변위}) \qquad (2\text{-}2)$$

짝 1에서는 나중 위치가 $\vec{x}_2 = (+5\text{m})\,\hat{\text{i}}$, 처음 위치가 $\vec{x}_1 = (-3\text{m})\,\hat{\text{i}}$이므로 두 위치 사이의 변위는 다음과 같다.

$$\Delta\vec{x} = \vec{x}_2 - \vec{x}_1 = (+5\text{m})\,\hat{\text{i}} - (-3\text{m})\,\hat{\text{i}} = (+5\text{m})\,\hat{\text{i}} + (+3\text{m})\,\hat{\text{i}} = (+8\text{m})\,\hat{\text{i}}$$
(답)

짝 2에서는 같은 논리를 써서 다음 결과를 얻는다.

$$\Delta\vec{x} = (-7\text{m})\,\hat{\text{i}} - (-3\text{m})\,\hat{\text{i}} = (-7\text{m})\,\hat{\text{i}} + (+3\text{m})\,\hat{\text{i}} = (-4\text{m})\,\hat{\text{i}} \quad (\text{답})$$

끝으로 짝 3의 변위 벡터는 다음과 같다.

$$\Delta\vec{x} = (-3\text{m})\,\hat{\text{i}} - (+7\text{m})\,\hat{\text{i}} = (-3\text{m})\,\hat{\text{i}} + (-7\text{m})\,\hat{\text{i}} = (-10\text{m})\,\hat{\text{i}} \quad (\text{답})$$

(c) 낱낱의 위치 벡터의 크기는 얼마인가?

풀이 ■ 문제에 준 여섯 위치 벡터 가운데 하나인 $\vec{x}_1 = (-3\text{m})\,\hat{\text{i}}$는

세 짝 모두에 나타난다. 나머지 세 위치 벡터는 $\vec{x}_2 = (+5\text{m})\,\hat{\text{i}}$, $\vec{x}_3 = (-7\text{m})\,\hat{\text{i}}$, $\vec{x}_4 = (+7\text{m})\,\hat{\text{i}}$ 이다. **요점**은 위치 벡터의 크기는 점이 어느 쪽에 있건 원점에서 얼마나 멀리 있는가를 나타낼 뿐이라는 것이다. 따라서 첫째 위치 벡터 $\vec{x}_1 = (-3\text{m})\,\hat{\text{i}}$는 원점의 왼쪽 3 m인 곳에 있으므로 크기가 3 m(답)이다. −3 m가 아닌 까닭은 크기는 원점까지의 거리만 나타낼 뿐 방향은 따지지 않기 때문이다.

같은 이유로, 둘째 벡터의 크기는 5 m (답), 셋째와 넷째는 똑같이 7 m (답)이다. 원점에 대해 셋째는 왼쪽에 넷째는 오른쪽에 있는 것은 크기를 따질 때 문제가 안 된다.

(d) 낱낱의 위치 벡터의 x성분의 값은 얼마인가?

풀이 ■ 이 물음에 답하려면 벡터의 성분이 무엇인가를 기억해 내야 한다. 1차원 벡터를 성분과 연결시키는 핵심 방정식은 $\vec{x} = x\hat{\text{i}}$으로, 여기에서 (화살표를 얹은) $\vec{x}$는 벡터이고, (화살표가 없는) x는 단위 벡터 $\hat{\text{i}}$ 방향의 성분이다. 따라서 $\vec{x} = (-3\,\text{m})\,\hat{\text{i}}$의 성분은 −3 m, $\vec{x} = (+5\,\text{m})\,\hat{\text{i}}$의 성분은 +5 m, $\vec{x} = (-7\,\text{m})\,\hat{\text{i}}$의 성분은 −7 m, $\vec{x} = (+7\,\text{m})\,\hat{\text{i}}$의 성분은 +7 m이다. 다시 말해 어떤 벡터의 방향 성분은 그 벡터를 나타낼 때 $\hat{\text{i}}$에 곱해준 부호가 붙은 숫자다(단위도 함께 붙는다). (답)

2-3 속도와 속력

어떤 학생이 가만히 서 있거나, 직선을 따라 점점 더 빨리 가다가 느리게 간다고 하자. 학생이 어디에 있고, 얼마나 빨리 움직이는가를 정확하고 효율적으로 기술하려면 어떻게 해야 할까? 여러 방법을 찾아보자.

• 운동을 그림과 그림표로 나타내기

운동그림 : 이제 위치와 변위에 대해 배웠으니 어떤 물체의 움직임에 대해 위치가 시간에 따라 어떻게 바뀌는가를 그림으로 그려내는 것은 아주 쉽다. 그렇게 나타낸 것을 **운동그림**(motion diagram)이라고 한다. 예를 들어, 그림 2-6은 학생을 보여주는데, 허리띠 뒤에 있는 점에 모인 것처럼 다룬다. 학생은 길 위의 어느 한 곳에 잡은 원점에 대해 $\vec{x} = (-2.00\text{m})\,\hat{\text{i}}$ 인 곳에 서 있다. 그림 2-7은 학생의

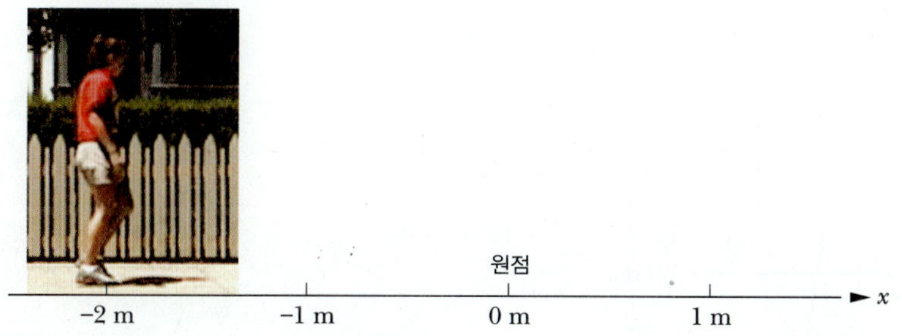

그림 2-6
한 학생이 서 있는 것을 보여주는 운동그림. 학생의 허리띠 뒤는 길 위의 어느 한 곳에 잡은 원점에 대해 왼쪽으로 2.00 m인 곳에 있다.

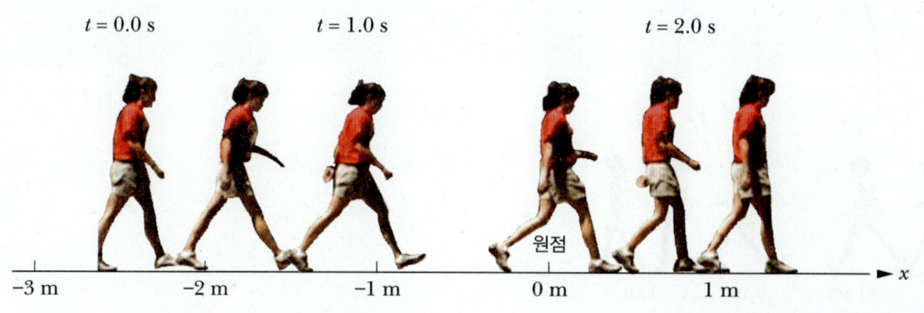

그림 2-7
천천히 걷기 시작하는 학생의 운동그림. 학생의 허리띠 뒤의 수평 위치는 원점으로 잡은 점에서 왼쪽으로 2.47 m인 곳에서 움직이기 시작한다. 학생은 처음 몇 초 동안 점점 더 빨리 가다가 느리게 간다.

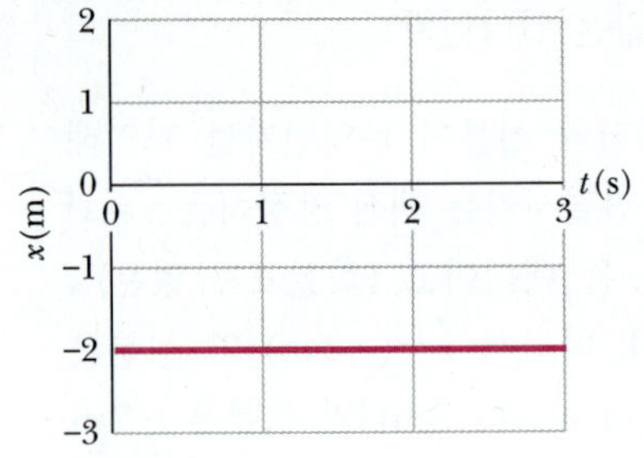

그림 2-8
$x = -2.47$m인 곳에 적어도 3초 동안은 가만히 서 있던 어떤 학생의 위치를 나타낸 x 성분의 그림표

움직임을 기술한 것으로 좀 복잡하다. 초시계를 가지고 학생의 움직임을 시간에 따라 기록하기 시작한다면($t = 0.0$ 초), 학생의 허리띠 뒤는 원점의 왼쪽 2.47 m에 있다. 따라서 학생의 위치의 x 성분은 $x = -2.47$ m이다. 그 다음에 학생은 오른쪽으로 가서 $t = 1.5$초에 거의 원점에 이른 다음, 계속 움직여 학생의 위치의 x 성분은 점점 더 큰 양수가 된다. 좌표축에서 원점과 방향을 잡듯이, 시간의 원점도 필요한 대로 잡는다는 것을 아는 것이 중요하다. 시간을 12초 앞서 재기 시작했다면, 새로운 운동 그림은 학생의 허리띠의 뒤가 $x = -2.47$ m에 있을 때는 $t = 12$초인 것을 보여줄 것이다.

그림표 : 물체의 위치가 시간에 따라 어떻게 바뀌는가를 기술하는 또 하나의 방법이 그림표이다. 그림표에서는 물체의 위치의 x 성분 x를 시간 t의 함수인 곡선으로 나타낼 수 있다. 이 위치–시간 그림표를 x를 t의 함수로 보여주는 그림표, $x(t)$ 또는 't에 대한 x' 라고도 한다. 예를 들어, 그림 2-8은 가만히 서 있는 학생의 허리띠 뒤는 길 위의 어느 한 곳에 잡은 원점에 대해 왼쪽으로 2.00 m인 곳에 있다.

그림 2-8의 운동 그림표는 사진이나 학생이 어느 곳에 3초 동안 서 있다는 말보다 더 많은 정보를 담고 있지 않다. 그러나 물체가 움직일 때는 이야기가 다르다. 그림 2-9는 학생 위치의 x를 t의 함수로 보여주는 그림표이다. 이것은 그림 2-7의 운동 그림과 같은 정보를 나타낸다. 학생의 운동에 관한 자료는 $t = 0.0$초에 처음 기록했고, 그때 위치의 x 성분은 $x = -2.47$ m 였다. 그 다음 학생은 $x = 0.00$ m쪽으로 움직여, 점을 $t = 1.5$ 초에 지나 계속 움직여 점점 느려지기는 했지만 x 값은 점점 더 커졌다.

그림 2-9의 학생의 운동 그림표는 추상적이고 운동 그림과는 전혀 다르지만, 담긴 정보는 훨씬 많다. 예를 들어, 그림표를 쓰면 위치를 잰 순간들 사이의 학생의 운동을 어림할 수 있다. 마찬가지로 중요한 것은 이 그림표를 써서 여러 순간에 학생이 얼마나 빨리 움직이는가를 알 수 있다는 것이다. 이제 운동 그림표의 이러한 면을 다루겠다.

운동 그림과 t에 대한 x의 그림표에서 물체가 직선을 따라 얼마나 빨리 움직이고 어느 쪽으로 가는가를 어떻게 알아낼 수 있을까? 이것은 그림 2-9 밑에 있는 운동 그림을 살펴보면 $t_1 = 1.0$ 초와 $t_2 = 1.5$ 초 사이의 시간에 가장 먼 거리를 갔고, 따라서 가장 빨리 움직인 것이 분명하다. 그러나 이 시간에는 그림표의 기울기(또는 가파르기)도 가장 크다. 수학에서 곡선의 두 점 사이의 평균 기울기는 수직축 변수(여기서는 학생의 위치의 x성분)의 변화를 수평축 변수(여기서는 시간)의 변화로 나

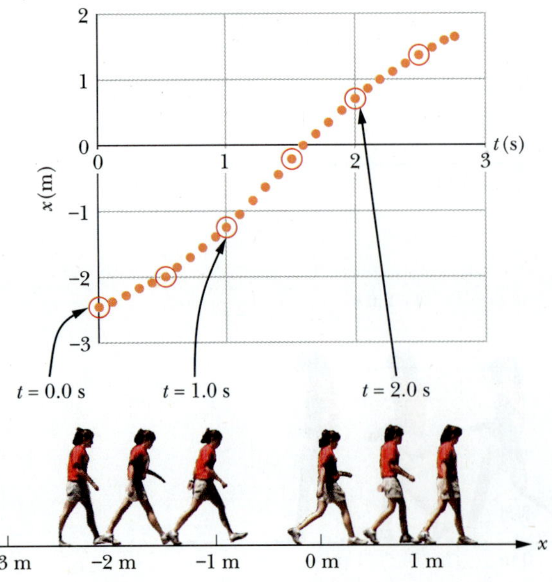

그림 2-9
그림 2-7에 보인 걸어가는 학생의 위치의 x 성분이 시간에 따라 어떻게 바뀌는가를 나타내는 그림표. 아래에 보인 운동 그림과 화살표로 이은 그림표의 세 점은 서로 대응된다.

눈 값임을 떠올리자. 따라서 (그림 2-8과 2-9와 같은) 시간에 대한 위치의 그림표에서는 평균 기울기가 다음과 같다.

$$\text{평균 기울기} \equiv \frac{\Delta x}{\Delta t} = \frac{x_2 - x_1}{t_2 - t_1} \qquad \text{(평균 기울기의 정의)} \qquad (2\text{–}3)$$

시간은 계속 흘러가므로 $t_2 > t_1$ 이고 따라서 Δt 는 늘 양수이다. $x_2 > x_1$ 이면 Δx 가 양수이므로 기울기도 양수이다. 이 경우 학생이 $+x$쪽으로 가면 그림표의 두 점을 잇는 직선은 오른쪽으로 올라간다. 이에 반해 학생이 x축을 따라 뒤쪽으로 가면 그쪽을 (−)로 잡았으므로 $x_2 < x_1$ 가 된다. 이 경우 두 점을 잇는 직선의 기울기는 음수가 되어, 오른쪽으로 내려간다.

• 평균 속도

직선운동에서 t에 대한 x의 그림표에서 두 순간 t_1과 t_2 사이의 시간의 기울기의 가파르기는 입자가 '얼마나 빨리' 가는가를 말해준다. 가는 방향은 기울기의 부호(+ 또는 −)가 말해준다. 따라서 이 기울기 또는 비율 $\Delta x/\Delta t$ 는 어떤 것이 얼마나 빨리 그리고 어느 쪽으로 가는가를 말해주는 특별한 양이다. 비율 $\Delta x/\Delta t$ 에 아직 이름을 붙이지 않았다. 그 까닭은 이름보다 어떤 것이 얼마나 빨리 그리고 어느 쪽으로 가는가를 나타내 개념이 더 중요함을 강조하려는 것이었다. 그렇지만, 이름이 없으면 불편하다. 이 비율을 보통 '**평균 속도(average velocity)**'라고 하는데, 이것은 시간 Δt 에 대한 그 동안의 입자의 변위 벡터 $\Delta\vec{x}$ 의 비율로 정의된다. 이 벡터를 수식으로 나타내면 아래와 같은 꼴이 된다.

$$\langle\vec{v}\rangle \equiv \frac{\Delta\vec{x}}{\Delta t} = \frac{\Delta x}{\Delta t}\,\hat{\mathrm{i}} = \frac{x_2 - x_1}{t_2 - t_1}\,\hat{\mathrm{i}} \qquad \text{(1차원 평균 속도의 정의)} \qquad (2\text{–}4)$$

여기에서 x_1과 x_2는 처음 순간과 나중 순간의 위치 벡터의 성분이다. 여기에서 꺾쇠괄호 $\langle\ \rangle$는 어떤 양의 평균값을 나타내고, '≡' 왼쪽 항이 오른쪽 항으로 정의된다는 것을 강조한다. 시간이 흐르는 방향은 정해져 있으므로 시간 변화는 늘 값이 양인 스칼라량이다. $\langle\vec{v}\rangle$의 정의는 기본적으로 $\Delta\vec{x}$ 에 $(1/\Delta t)$를 곱하는 것이다. 그 결과 생기는 새 벡터의 방향은 변위 벡터와 같다.

그림 2-10은 그림 2-9의 학생의 움직임을 나타내는 그림표에서 $t_1 = 1.0$ 초와 $t_2 = 1.5$ 초 사이의 평균 속도를 얻는 방법을 보여준다. 그 시간의 평균 속도는 다음과 같이 셈한다.

$$\langle\vec{v}\rangle \equiv \frac{\Delta x}{\Delta t}\,\hat{\mathrm{i}} = \frac{x_2 - x_1}{t_2 - t_1}\,\hat{\mathrm{i}} = \frac{-0.22\ \mathrm{m} - (-1.24\ \mathrm{m})}{1.5\ \mathrm{s} - 1.0\ \mathrm{s}}\,\hat{\mathrm{i}} = (2.04\ \mathrm{m/s})\,\hat{\mathrm{i}}$$

운동 방향의 평균 속도의 x성분 $\langle v_x\rangle = 2.4$ m/s는, 위치-시간 곡선에서 처음 시각과 나중 시각의 위치를 나타내는 점을 잇는 직선의 기울기다. 학생은 점점 더 빨리 가다가 다시 느리게 가므로, 시간을 달리 잡으면 $\langle\vec{v}\rangle$ 와 $\langle v_x\rangle$의 값이 달라진다.

• 평균 속력

때로는 물체의 운동 방향은 상관이 없고, 단지 거리만을 알면 될 때가 있다. 예를 들어, 학생이 걸어간 거리(걸음 수에 한 걸음의 길이를 곱한 값)를 알고자 할 때도 있다. 학생은 앞뒤로 왔다 갔다를 되풀이하여 신발은 닳지만 벡터 변위는 0이 될 수 있다. 마찬가지로, 평균 속력 $\langle s\rangle$은 물체가 '얼마나 빨리' 움직이는가를 기술하는 다른 방법이다. 평균 속도는 입자의 변위 $\Delta\vec{x}$를 써서 셈하는 벡터량이지만, 평균 속력은 움직인 전체 거리(예를 들어, 학생의 걸음 수에 한 걸음의 길이를 곱한 값)를

그림 2-10

$t_1 = 1.0$초와 $t_2 = 1.5$초의 위치를 잇는 선의 기울기 셈하기. 평균 속도의 x성분이 이 기울기다.

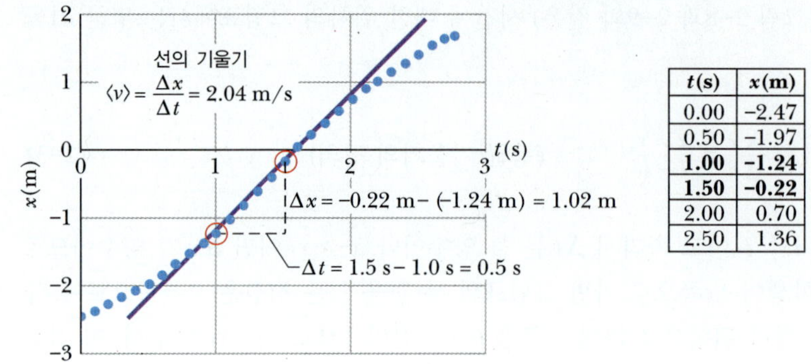

t(s)	x(m)
0.00	-2.47
0.50	-1.97
1.00	**-1.24**
1.50	**-0.22**
2.00	0.70
2.50	1.36

써서 셈하며, 방향과는 무관하다. 따라서 **'평균 속력(average speed)'** 은 다음과 같이 정의된다.

$$\langle s \rangle \equiv \frac{\text{전체 거리}}{\Delta t} \qquad \text{(평균 속력의 정의)} \qquad (2\text{–}5)$$

걸어간 전체 거리와 가는데 걸린 시간 모두 방향이 없으므로, 평균 속력에도 방향이 없다. 전체 거리와 가는데 걸린 시간 모두 양수이므로 평균 속력도 언제나 양수이다. 따라서 직선을 따라 왔다 갔다 하는 물체는 벡터 변위가 0이고, 속도가 0이지만, 평균 속력은 빠를 수 있다. 물체가 한쪽으로만 움직이는 동안은 평균 속력 $\langle s \rangle$는 평균 속도 $\langle \vec{v} \rangle$의 크기와 같다. 그렇지만, 생각해보기 2–4에서 보일 수 있듯이, 어떤 물체가 왔던 길을 고스란히 되밟아 가면 평균 속력은 평균 속도의 크기 $|\langle \vec{v} \rangle|$와 다르게 된다.

• 순간 속도 및 속력

이제 어떤 물체가 얼마나 빨리 움직이는가를 기술하는 다음 두 가지 방법을 보았다: 어느 시간 Δt의 평균 속도와 평균 속력. 그렇지만, 시간 Δt 동안에도 물체는 더 빨라질 수도, 더 느려질 수도 있다. 예를 들어, 그림 2–9에서 학생은 $t = 1.5$초 보다는 $t = 0.0$초에 더 느리게 움직이므로, 0.0초와 1.5초 사이에 속도가 변한다.

순간과 순간 속도를 정의하는 일은 쉽지 않다. 1장에서 보았듯이, 1초의 시간은 세슘 원자가 흡수하는 빛의 진동수를 세어 정의한다. 일반적으로 나날이 쓰는 시계도 전자 발진기, 흔들이 등의 진동수를 세어 시간을 잰다. **시각(instant in time)**은 **시계바늘의 위치**로 정하고, **시간(time interval)**은 **시계바늘의 위치의 변화**로 정한다.

어느 순간의 속도를 구하려면, 그 셈을 할 때 쓰는 시간을 아주 작게 줄여 거의 0이 되게 한다. 물론 변위도 따라서 아주 작아진다. 따라서 어떤 직선을 따라가는 **'순간 속도(instantaneous velocity)'** 는 — 평균 속도처럼 — 비율 $\Delta\vec{x}/\Delta t$를 써서 정의한다. 그러나 Δt가 0에 가까워지게 하여 극한값을 구한다. 이러한 극한에 대한 미적분학의 기호를 쓰면 순간 속도는 다음과 같이 정의된다.

$$\vec{v} \equiv \lim_{\Delta t \to 0} \frac{\Delta \vec{x}}{\Delta t} = \frac{d\vec{x}}{dt} \qquad \text{(1차원 순간 속도의 정의)} \qquad (2\text{–}6)$$

> 미적분학의 용어로 **순간 속도**는 그 순간에 입자의 위치 벡터 $\vec{x}$의 변화율이다.

비율 $\Delta\vec{x}/\Delta t$의 극한값이 꼭 작지는 않다. 왜냐하면 분자와 분모 모두가 함께 작아지기 때문이다. 이 식의 첫부분

$$\vec{v} = v_x\hat{\mathrm{i}} = \lim_{\Delta t \to 0}\frac{\Delta\vec{x}}{\Delta t}$$

에 따라 (순간) 속도를 구하려면 위치성분-시간 그림표에서 그때에 해당하는 곳의 기울기를 구하면 된다. 그림표가 직선이 아니고 곡선이면, 그 점에서의 기울기는 그 점에서의 접선의 기울기값이다. 또는 식 2-6의 정의식의 둘째 부분

$$\vec{v} = \frac{d\vec{x}}{dt}$$

은 $\vec{x}$ 와 t 사이의 관계를 $\vec{x} = (3.0\,\mathrm{m/s^2})\,t^2\,\hat{\mathrm{i}}$ 와 같은 연속함수로 근사할 수 있다면, 물체의 순간 속도는 물체의 위치 $\vec{x}$ 를 시간에 대해 미분하여 구할 수 있음을 말해준다. $\vec{x}$ 가 시간의 흐름에 대해 연속적으로 변화하면, $\vec{x}$ 를 시간에 따라 변화하는 위치함수 $\vec{x}(t)$ 로 나타낸다.

'**순간 속력(instantaneous speed)**' 은 보통 '**속력(speed)**' 이라고 하는데, 순간 속도 벡터의 크기 $|\vec{v}|$이다. 속력은 스칼라량으로서 속도에서 물체가 움직이는 방향은 떼어 버리고 크기만을 남긴 것이다. 속도 $(+5\,\mathrm{m/s})\,\hat{\mathrm{i}}$와 $(-5\,\mathrm{m/s})\,\hat{\mathrm{i}}$ 모두 속력은 똑같이 5 m/s이다.

생각해보기 2-4 동쪽으로 10 km에 있는 가게에 가려고 차를 몰고 갔는데, 지갑을 놓고 온 것을 알았다. 그래서 차를 돌려 서쪽으로 10 km를 가서 집에 갔다가 다시 가게로 왔다. 걸린 시간은 30분이었다. (a) 전체 운동의 평균 속도는 얼마인가? (좌표계를 잡고, 결과를 벡터 기호로 나타내라.) (b) 전체 운동의 평균 속력은 얼마인가? (c) 평균 속도와 평균 속력의 값이 다른 까닭을 설명하라.

생각해보기 2-5 차를 몰면서 속력계(speedometer)를 본다고 하자. 속력계에서 읽는 값은 평균 속력, 순간 속력, 평균 속도, 순간 속도 가운데 무엇인가? 이도저도 아니면 무엇인가?

생각해보기 2-6 다음 식은 네 상황에서 x축을 따라 움직이는 입자의 위치 성분 $x(t)$이다. (낱낱의 식에서 x의 단위는 m, t의 단위는 초(s)이고, $t > 0$이다.) (1) $x = (3\,\mathrm{m/s})\,t - (2\mathrm{m})$, (2) $x = (-4\,\mathrm{m/s^2})\;t^2 - (2\,\mathrm{m})$, (3) $x = (-4\,\mathrm{m/s^2})\,t^2$, (4) $x = -(2\,\mathrm{m})$. (a) 어떤 상황에서 입자의 속도 $\vec{v}$가 일정한가? (b) 어떤 상황에서 입자의 속도 $\vec{v}$가 $-x$쪽을 향하는가?

생각해보기 2-7 따라해보기 2-2에서 화물차에 연료를 채운 뒤 바로 35 km/h의 속력으로 x_1까지 되돌아간다고 하자. 전체 여행 구간에서 평균 속도는 얼마가 되는가?

따라해보기 2-2 | 연료 고갈

낡은 짐차를 70 km/h의 속력으로 몰고 곧은 길을 따라 8.4 km를 가다가 연료가 떨어져 멈췄다. 그 뒤 30분 동안 길을 따라 걸어서 2.0 km 떨어진 주유소에 도착했다.

(a) 차를 몰기 시작한 곳에서 주유소까지의 전체 변위는 얼마인가?

풀이 ■ 편의상 $x_1 = 0$에서 출발하여 $+x$ 쪽으로 가서 x_2 에 있는 주유소에 도착한다고 하자. 둘째 위치는 $x_2 = 8.4\,\mathrm{km} + 2.0\,\mathrm{km} = 10.4\,\mathrm{km}$이다. 그러면 **요점**은 x축을 따라가는 변위 Δx는 둘째 위치에서 첫째 위치를 뺀 값이라는 것이다. 식 2-1로부터 다음 결과를 얻는다.

$$\Delta x \equiv x_2 - x_1 = 10.4\,\mathrm{km} - 0 = 10.4\,\mathrm{km} \qquad \text{(답)}$$

따라서 전체 변위는 $+x$쪽으로 10.4 km이다.

(b) 차를 몰기 시작한 때부터 주유소에 도착할 때까지의 시간은 얼마인가?

풀이 ■ 이미 시간은 걸어간 시간 $\Delta t_{걷기}$(= 0.5시간)은 알고 있지만, 차를 몬 시간 $\Delta t_{운전}$ 은 모른다. 그렇지만, 차를 몰고 간 거리 $\Delta x_{운전}$ 는 8.4 km이고 평균 속도 $\langle v_{운전,\,x}\rangle$는 70 km/h임을 알고 있다. **요점**은 식 2–4에 있다. 이 평균 속도는 차를 몰고 간 변위를 차를 몬 시간으로 나눈 값이다.

$$\langle v_{운전,\,x}\rangle = \frac{\Delta x_{운전}}{\Delta t_{운전}}$$

식을 정리하고 자료값을 넣으면 다음 결과를 얻는다.

$$\Delta t_{운전} = \frac{\Delta x_{운전}}{\langle v_{운전,\,x}\rangle} = \frac{8.4\ \text{km}}{70\ \text{km/h}} = 0.12\ \text{h}$$

그러므로 다음 결과를 얻는다.

$$\Delta t = \Delta t_{운전} + \Delta t_{걷기} = 0.12\ \text{h} + 0.50\ \text{h} = 0.62\ \text{h}$$

(c) 차를 몰기 시작한 때부터 주유소에 도착할 때까지의 평균 속도 $\langle v_x\rangle$는 얼마인가? 숫자계산과 그림 두 가지 방법으로 구하라.

풀이 ■ 요점은 식 2–4에 있다. 전체 여행의 $\langle v_x\rangle$는 전체 변위 10.4 km를 전체 여행을 하는데 걸린 시간 0.62 h로 나눈 값이다. 식 2–4를 쓰면 다음 결과를 얻는다.

$$\langle v_x\rangle = \frac{\Delta x}{\Delta t} = \frac{10.4\ \text{km}}{0.62\ \text{h}} = 16.8\ \text{km/h} \approx 17\ \text{km/h} \qquad \text{(답)}$$

$\langle v_x\rangle$를 그림으로 구하려면, 먼저 $x(t)$의 그림표를 그리는데 그림 2-11과 같이 출발한 곳과 도착한 곳을 원점과 '주유소'로 이름 붙인다. **요점**은 x 쪽의 평균 속도는 두 점을 잇는 직선의 기울기라는 것이다. 다시 말해 높이의 변화(Δx = 10.4 km)를 걸린 시간(Δt = 0.62 h)으로 나눈 값으로 $\langle v_x\rangle$ = 16.8 km이다.

(d) 휘발유를 담고, 값을 치르고, 짐차로 되돌아오는데 45분이 걸린다고 하자. 차를 몰기 시작한 때부터 휘발유를 가지고 짐차로 되돌아올 때까지의 평균속력은 얼마인가?

풀이 ■ 요점은 평균 속력은 지나간 길의 전체 거리를 그 동안의 시간으로 나눈 값이라는 것이다. 전체 거리는 8.4 km + 2.0 km + 2.0 km = 12.4 km이다. 전체 시간은 0.12 h + 0.50 h + 0.75 h = 1.37 h이다. 따라서 식 2–5를 쓰면 다음 결과를 얻는다.

$$\langle s\rangle = \frac{12.4\ \text{km}}{1.37\ \text{h}} = 9.1\ \text{km/h} \qquad \text{(답)}$$

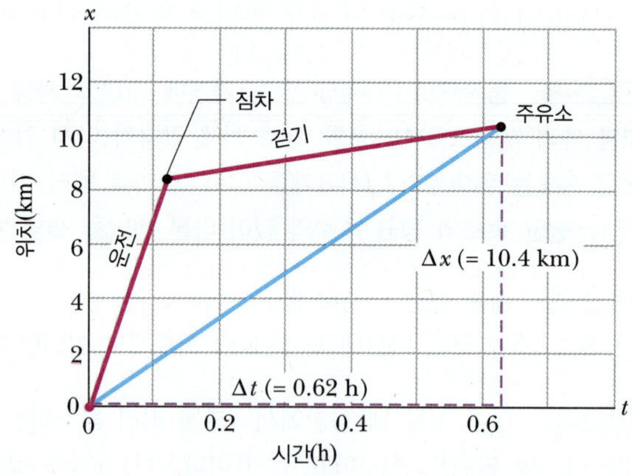

그림 2-11
위치-시간 그림표에서 '운전'과 '걷기'로 표시한 부분은 차를 몰고 갈 때와 걸어갈 때에 대한 것이다. (걸어갈 때의 그림표는 일정한 빠르기로 걷는 것을 가정했다.) 원점과 '주유소'로 이름붙인 점을 잇는 직선의 기울기가 처음부터 주유소까지의 여행기간에 대한 평균 속도이다.

연습문제 2-3

1. 빠른공
야구 투수가 수평속도 160 km/h인 빠른 공을 던진다면, 18.4 m 떨어진 포수에게 가는데 걸리는 시간은 얼마인가?

2. 가장 빠른 자전거
자전거 속력의 세계 기록은 1992년 후버(Chris Huber)가 치타(Cheetah)를 타고 세운 기록인데, 그 자전거는 기계공학자 셋이 고도 기술을 써서 만들었다. (평균) 속도 기록은 사막에 낸 길 200.0 m에서 110.6 km/h로 달린 것이다. 달린 끝에 후버는 "나는 생각한다, 고로 나는 빨리 간다(Cogito ergo zoom)!"고 했다. 후버는 200.0 m를 몇 초에 갔겠는가?

3. 자동차 여행
자동차가 곧은길 40 km를 30 km/h로 달린다. 그 다음에는 같은 쪽으로 다시 40 km를 60 km/h로 달린다. (a) 80 km를 달린 평균 속도는 얼마인가? (+x 쪽으로 간다고 하자.) (b) 평균 속력은 얼마인가?

(c) $x-t$ 그림표를 그리고 이 표에서 평균 속도를 어떻게 구하는지 설명하라.

4. 레이다 회피

최우수 전투기 조종사가 레이다 회피 비행을 연습하면서 수동으로 조종하여 지면 위 겨우 35 m에서 수평으로 1300 km/h로 날아간다. 갑자기 지면이 위로 4.3°로 오르는 비탈길이 나타났는데, 눈으로는 알아내기 어렵다. 조종사가 비탈길에 박히는 것을 피하여 조종하는데 쓸 수 있는 시간은 얼마인가?

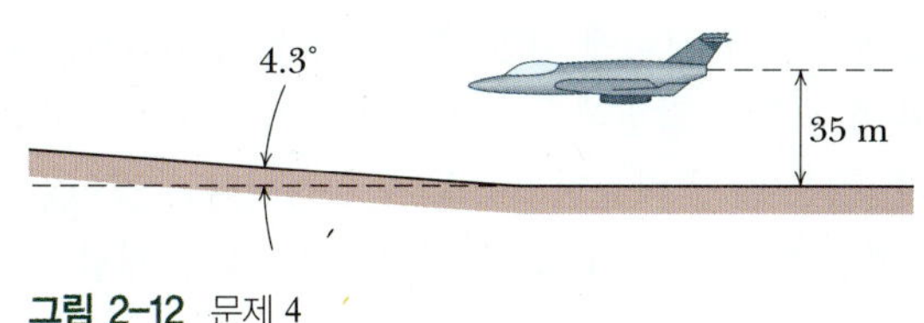

그림 2-12 문제 4

5. 10번 고속도로

대전-진주간 고속도로를 따라 가는데, 가는 시간의 반은 55 km/h로, 나머지 반은 90 km/h로 간다. 돌아올 때는 거리의 반은 55 km/h로, 나머지 반은 90 km/h로 온다. (a) 대전에서 진주로 갈 때의 평균 속력은 얼마인가? (b) 진주에서 대전으로 갈 때의 평균 속력은 얼마인가? (c) 전체 여행의 평균 속력은 얼마인가? (d) 전체 여행의 평균 속도는 얼마인가? (e) (a)에 대해 운동이 모두 $+x$ 방향이라고 하고 시간에 대한 위치 그림표를 그려라. 이 그림표에서 평균 속도를 구하는 방법을 설명하라.

6. 걷다가 달리기

다음 두 경우의 평균 속도를 셈하여라. (a) 곧은길을 따라 속력 1.22 m/s로 걸어 73.2 m를 간 다음 같은 거리를 3.05 m/s로 달린다. (b) 곧은길을 따라 속력 1.22 m/s로 걸어 1.00분 동안 간 다음 같은 시간을 3.05 m/s로 달린다. (c) 두 경우에 대한 위치-시간 그림표를 그리고 평균 속도를 구하는 방법을 보여라.

7. 위치와 시간

x축을 따라 움직이는 물체의 위치가 $x=(3\,\text{m/s})t-(4\,\text{m/s}^2)t^2+(1\,\text{m/s}^3)t^3$이다. 여기에서 x 의 단위는 m, t의 단위는 초이다. (a) $t=1, 2, 3, 4$초에는 x가 얼마인가? (b) $t_0=0$초와 $t_4=4$초 사이의 물체의 변위는 얼마인가? (c) $t_2=2$초와 $t_4=4$초 사이의 평균 속도는 얼마인가? (d) $0 \le t \le 4$초의 $x-t$ 그림표를 그리고 이것을 써서 (c)의 값을 구하는 방법을 보여라.

8. 두 기차와 새

기차 두 대가 곧은 철길 위에서 마주보며 속도 30 km/h로 달려온다. 두 기차가 60 km 떨어져 있을 때, 한 기차의 앞머리에서 새 한 마리가 60 km/h의 속력으로 다른 쪽 기차를 향해 날아간다. 그러다 그 기차에 이르면 바로 머리를 돌려 반대쪽 기차로 날아가는 것을 계속한다.(새가 왜 그러는지는 알 바 아니다.) 이 새가 날아간 전체 거리는 얼마인가?

9. 두 우승자

1 km 달리기 시합이 동시에 두 곳에서 열렸는데, 각각의 우승자가 2분 27.95초와 2분 28.15초에 달렸다. 두 기록을 비교하여 더 짧은 시간에 달린 사람이 참된 우승자라고 판정하려면 더 오래 걸린 사람이 달린 경주로의 실제 길이는 얼마나 더 길어도 되는가?

10. 도망치는 아르마딜로

그림 2-13의 그림표는 x 축을 따라 요리조리 도망가는 아르마딜로의 운동을 보여준다. (a) 이 동물이 원점의 왼쪽에 있다면 그 때는 언제인가? 그리고 속도가 (b) 음수일 때, (c) 양수일 때, (d) 0일 때가 있다면 언제인가?

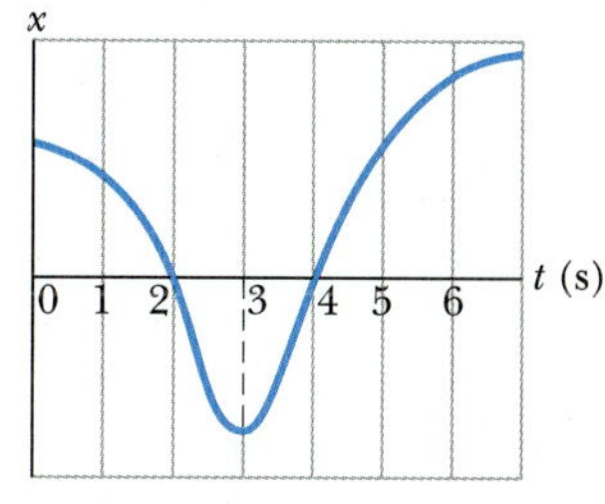

그림 2-13 문제 10

11. 위치와 시간

(a) 어떤 입자의 위치가 $x=4\,\text{m}-(12\,\text{m/s})t+(3\,\text{m/s}^2)t^2$이면 $t_1=1$초 때의 속도는 얼마인가? (t의 단위는 초, x의 단위는 m이다.) (b) 그때 움직이는 방향은 $+x$쪽인가 $-x$쪽인가? (c) 그때 속력은 얼마인가? (d) 그 뒤에는 속력이 더 빨라지는가 느려지는가? (다음 두 물음은 셈을 하지 말고 대답해 보라.) (e) 속도가 0인 순간이 있는가? (f) $t_3=3$초 뒤에 입자가 $-x$쪽으로 움직이는 때가 있는가?

12. 입자의 위치와 시간

x 축을 따라 움직이는 입자의 위치가 미터 단위로 다음과 같다. $x=9.75\,\text{m}+(1.5\,\text{m/s}^3)t^3$. 여기에서 t의 단위는 초이다. 다음을 셈하라. (a) $t=2.00$초에서 $t=3.00$초 사이의 시간의 평균 속도, (b) $t=2.00$초의 순간 속도, (c) $t=3.00$초의 순간 속도, (d) $t=2.50$초의 순간 속도, (e) 입자가 $t=2.00$초와 $t=3.00$초의 위치의 중간에 있을 때의 순간 속도, (f) $x-t$ 그림표를 그려 위의 답을 그림으로 나타내라.

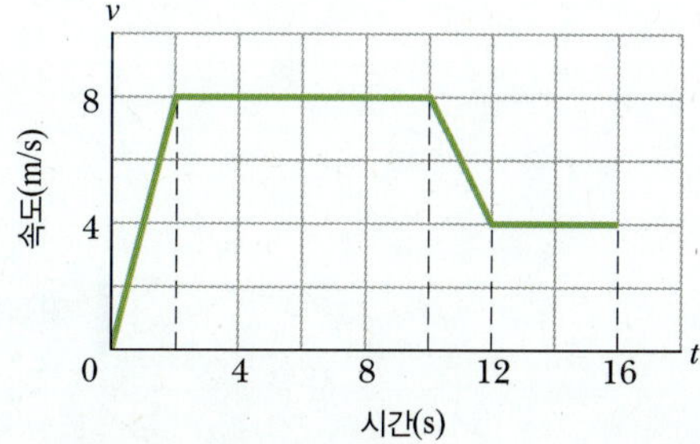

그림 2-14 문제 13

13. 속도-시간 그림표

속도-시간 그림표가 그림 2-14와 같은 달리기 선수가 16초 동안에 가는 거리는 얼마나 되는가?

2-4 속도 변화 기술하기

그림 2–9에 보인 학생은 걸어가면서 분명히 점점 빨리 가다가 점점 느리게 간다. 학생의 위치–시간 그림표는 짧은 시간에도 계속 바뀐다는 것을 안다. 이제 속도를 정의했으니까, 속도가 얼마나 빨리 바뀌는가를 기술하는 수학적 기법을 개발할 필요가 있다. 속도 변화를 기술하는데는 두 가지 방법이 있다. 어떤 변위 구간 $|\Delta x|$ 만큼 가는 동안 속도의 변화를 결정할 수 있고, 그것을 나타내는 지표로 $\Delta\vec{v}/|\Delta x|$를 쓸 수 있다. 또는 시간 Δt에 대한 속도 변화의 비율($\Delta\vec{v}/\Delta t$)을 쓸 수도 있다. 이것은 속도의 정의와 비슷하다.

두 방법 모두 속도 변화를 기술할 수 있다. 어느 것이 옳고 어느 것은 그른 것이 아니다. 기원전 4세기에 아리스토텔레스는 떨어지는 모든 물체에 대해 거리에 대한 속도변화의 비율($\Delta\vec{v}/|\Delta x|$)이 일정할 것으로 믿었다. 거의 2000년 뒤에, 이탈리아 과학자 갈릴레오가 비탈길을 써서 굴러 내리는 물체의 운동을 느리게 만들어 실험했다. 그가 발견한 것은 둘째 비율인 $\Delta\vec{v}/\Delta t$가 일정하다는 것이었다.

현대의 가속도는 물체의 속도변화를 기술하는데는 $\Delta\vec{v}/\Delta t$가 가장 쓸모 있는 개념이라는 갈릴레오의 착상에 바탕을 둔다.

물체의 속도가 변할 때는 늘 **'가속도(acceleration)'** 를 가지는 것으로 정의한다. 시간 Δt에 대한 **'평균 가속도(average acceleration)'** $\langle\vec{a}\rangle$는 다음과 같이 정의된다.

$$\langle\vec{a}\rangle = \frac{\vec{v}_2 - \vec{v}_1}{t_2 - t_1} = \frac{\Delta\vec{v}}{\Delta t} \qquad \text{(1차원 평균 가속도의 정의)} \qquad (2\text{–}7)$$

입자가 직선(곧 1차원 운동에서 x축)을 따라 움직일 때는 가속도는 다음과 같다.

$$\langle\vec{a}\rangle = \frac{(v_{2x} - v_{1x})}{(t_2 - t_1)}\,\hat{\mathrm{i}}$$

어떤 물체가 속력(속도의 크기)은 일정한 채 방향만 바뀌어도 가속된다는 것을 아는 것이 중요하다. 방향 변화도 중요하다.

• 순간 가속도

어느 순간의 속도가 어떻게 변하는가를 결정하려면, **'순간 가속도(instantaneous acceleration)'** [또는 그냥 **'가속도(acceleration)'**]를 정의할 필요가 있다. 이것은 순간 속도를 정의한 것처럼 정의한다.

$$\vec{a} \equiv \lim_{\Delta t \to 0}\frac{\Delta\vec{v}}{\Delta t} = \frac{d\vec{v}}{dt} \qquad \text{(1차원 순간 가속도의 정의)} \qquad (2\text{–}8)$$

> 미적분학의 말로 하면, 어떤 입자의 어느 순간의 **가속도**는 그 속도가 그 순간에 변화하는 비율이다.

이 정의를 쓰면, 속도 $\vec{v}$의 시간 도함수를 셈하면 가속도를 결정할 수 있다. 또한, 어떤 직선을 따라 가는 물체의 속도는 위치 $\vec{x}$의 시간 도함수이므로 다음과 같이 쓸 수 있다.

$$\vec{a} = \frac{d\vec{v}}{dt} = \frac{d}{dt}\left(\frac{d\vec{x}}{dt}\right) = \frac{d^2\vec{x}}{dt^2} \qquad \text{(1차원 순간 가속도)} \qquad (2\text{–}9)$$

식 2-9는 어떤 입자의 어느 순간의 가속도는 그 위치 $\vec{x}$의 시간에 대한 2계도함수와 같음을 말해준다. 그 물체가 x축을 따라 움직인다면, 그 가속도는 그 가속도의 x성분과 x축 방향의 단위 벡터로 다음과 같이 나타낼 수 있음에 유의하자.

$$\vec{a} = a_x \hat{\mathrm{i}} = \frac{dv_x}{dt}\hat{\mathrm{i}} \quad \text{따라서 } a_x \equiv \frac{dv_x}{dt}$$

그림 2-15c는 승강기 통의 가속도의 x성분의 그림이다. 가속도의 x성분을 시간의 함수(t에 대한 a_x)로 그린 그림표를 속도의 x성분을 시간의 함수(t에 대한 v_x)로 그린 그림표와 비교하여라. t에 대한 a_x 곡선의 낱낱의 점은 t에 대한 v_x 곡선에서 그 순간에 대응되는 점에서의 도함수(기울기 또는 접선)이다. v_x가 일정하면(0 또는 4 m/s), 그 시간 도함수는 0이고 따라서 가속도도 0이다. 통이 처음에 움직이기 시작할 때, t에 대한 v_x 곡선의 도함수는 양수(기울기가 위를 향함)이며, 이것은 a_x가 양수임을 뜻한다. 통이 점점 느려지다가 서면, t에 대한 v_x 곡선의 도함수는 음수이고, 곧 a_x가 음수이

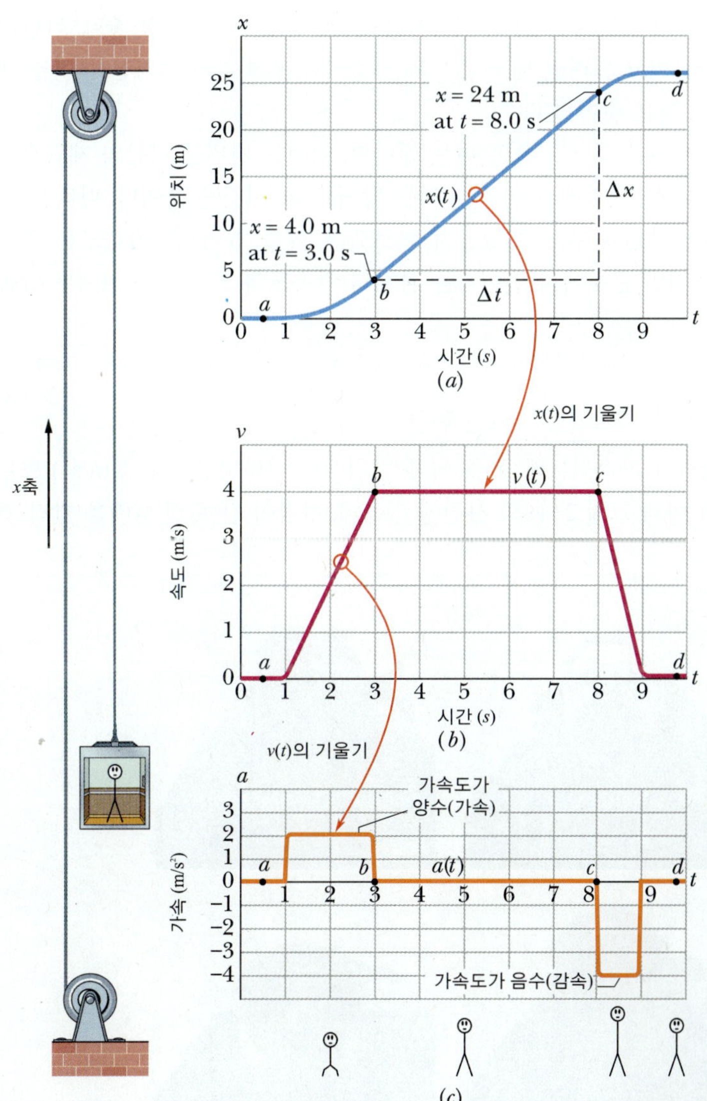

그림 2-15
(a) x 축을 따라 올라가는 승강기 통의 t에 대한 x 그림표. (b) 통의 t에 대한 v_x 그림표. 이것은 t에 대한 x 그림표의 도함수($v_x = dx/dt$)임에 유의하자. (c) 통의 t에 대한 a_x 그림표($a_x = dv_x/dt$). 그림 맨 밑의 사람 모습은 승강기가 아래로 가속될 때는 발밑이 꺼진 듯이 느껴지고, 위로 가속될 때는 위에서 짓누르는 듯이 느껴지는 것을 나타낸다.

다. 이제 가속되는 두 기간에 t에 대한 v_x 곡선의 기울기를 비교하자. 통이 서는 것과 관련된 기울기는 더 가파른데, 그 까닭은 통이 속력을 얻는데 걸린 시간의 반 동안에 서기 때문이다. 그림 2-15c에 나타낸 것처럼 더 가파른 기울기는 정지 가속도가 속력을 올릴 때보다 더 큰 것을 뜻한다.

가속도는 크기와 방향을 함께 가지므로, 벡터량이다. 성분 a_x의 부호는 v_x축으로 잡은 방향에서의 속도 변화의 방향을 나타낸다. 속도와 가속도가 같은 쪽이면(부호가 같으면) 물체의 속력은 빨라지고, 반대쪽이면(부호가 다르면) 느려진다.

속력이 빨라진다고 해서 언제나 가속도가 양수는 아님을 깨닫는 것이 중요하다. 마찬가지로 속력이 느려진다고 해서 언제나 가속도가 음수는 아니다. 물체의 속도와 가속도의 상대적 방향에 따라 물체의 속력이 빨라지거나 느려진다.

가속도는 시간에 대한 속도의 변화로 정의되므로, 직선 운동을 하는 물체가 가속된다면 그것은 속력이 빨라지거나 느려지거나, 방향을 바꾼다. 주의할 것이 있다. 평소의 말에서는 가속은 속력이 빨라질 때만 쓰고 느려질 때는 감속이라고 한다. 물리학을 배울 때는 가속도를 좀더 엄격하게 정의하여 어떤 속도 변화에 대해서도 크기와 방향을 기술하는 벡터량으로 보는 것이 가장 좋다. 간단히 말해, 어떤 물체가 빨라질 때는 물론이고 느려질 때도 가속되는 것이다. 물리학의 엄격한 용어를 배우는 동안은 감속이라는 말은 쓰지 않는 것이 좋다.

가속의 기본 단위는 속도(변위/시간)를 시간으로 나눈 것이며, 이것은 변위를 시간의 제곱으로 나눈 것이 된다. 1장에서 소개한 국제단위계에서 변위를 재는 단위는 m, 시간은 초이다. 따라서 가속도의 '공식적' 단위는 m/s^2이다. 다른 단위를 보았을지 모르겠다. 예를 들어, 큰 가속도는 흔히 'g' 단위로 재는데, 여기에서 g는 지면 근처에서 떨어지는 물체의 가속도의 크기다. 단위 g는 다음과 같다.

$$1g = 9.8\ m/s^2 \tag{2-10}$$

롤러코스터를 타면, 잠깐 3 g까지 가속되는데, 표준 국제 단위계로 나타내면 (3)($9.8\ m/s^2$) 또는 약 $29\ m/s^2$이다. 더 극단적인 예가 아래 그림 2-16의 사진에 있는데, 사람이 탄 로켓 썰매를 빨리 가

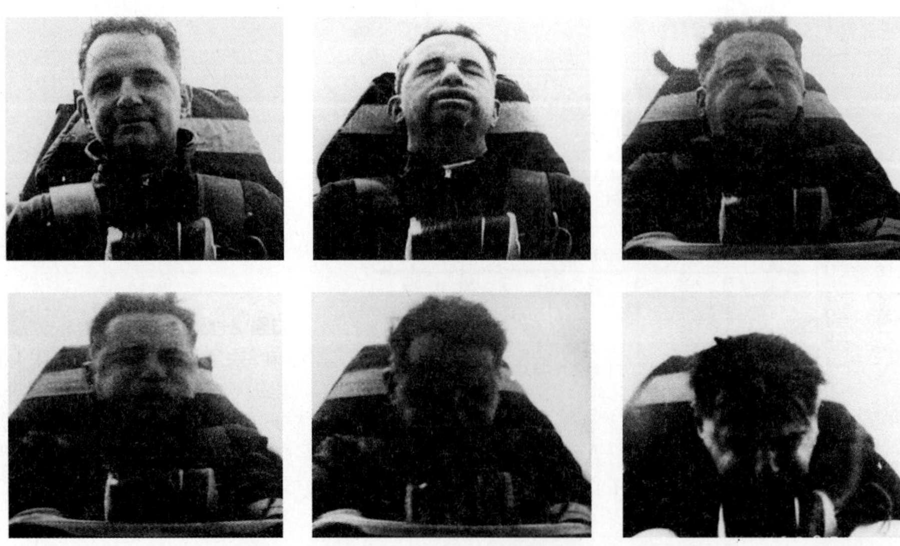

그림 2-16
스탭(J. P. Stapp) 대령이 탄 로켓 썰매를 아주 빠른 속력으로 올린 다음(가속도는 종이 면 앞쪽으로), 아주 빠르게 제동을 걸었다(가속도는 종이 면 뒤쪽으로).

속한 다음 빨리 제동하여 세우면서 찍었다.

생각해보기 2-8 어떤 차가 x축을 따라 간다. 이것이 다음과 같이 움직일 때 가속도의 부호는 어떻게 되는가? (a) $+x$쪽으로 가며 속력이 빨라진다, (b) $+x$ 쪽으로 가며 속력이 느려진다, (c) $-x$쪽으로 가며 속력이 빨라진다, (d) $-x$쪽으로 가며 속력이 느려진다.

따라해보기 2-3 | 위치와 운동

그림 2-1의 x축 위에 있는 어떤 입자의 위치가 다음과 같다.

$$x = 4\,\text{m} - (27\,\text{m/s})\,t + (1\,\text{m/s}^3)\,t^3$$

여기에서 x의 단위는 m, t의 단위는 s이다.

(a) 입자의 속도 함수 $v_x(t)$와 가속도 함수 $a_x(t)$를 구하라.

풀이 ■ **요점**은 속도함수 $v_x(t)$를 구하려면, 위치함수 $x(t)$를 시간에 대해 미분한다는 것이다. 그 결과는 다음과 같다.

$$v_x = -(27\,\text{m/s}) + 3\cdot(1\,\text{m/s}^3)\,t^2 = -(27\,\text{m/s}) + (3\,\text{m/s}^3)\,t^2 \quad \text{(답)}$$

여기에서 v_x의 단위는 m/s이다.

또 다른 **요점**은 가속도 함수 $a_x(t)$를 구하려면, 속도함수 $v_x(t)$를 시간에 대해 미분한다는 것이다. 그 결과는 다음과 같다.

$$a_x = 2\cdot 3\cdot(1\,\text{m/s}^3)\,t = +(6\,\text{m/s}^3)\,t \quad \text{(답)}$$

여기에서 a_x의 단위는 m/s^2이다.

(b) $v_x = 0$인 순간이 있는가?

풀이 ■ $v_x(t) = 0$으로 두면 다음 결과를 얻는다.

$$0 = -(27\,\text{m/s}) + (3\,\text{m/s}^3)\,t^2$$

이 식의 해는 다음과 같다.

$$t = \pm 3\,\text{s} \quad \text{(답)}$$

따라서 시계바늘이 0초를 가리키기 3초 전과 3초 후에 속도가 0이 된다.

(c) $t \geq 0$일 때의 입자의 운동을 기술하라.

풀이 ■ **요점**은 $x(t)$, $v_x(t)$, $a_x(t)$를 살펴보는 것이다.

$t = 0$초에 입자는 $x(0) = 4.0\,\text{m}$에 있고, 속도는 $v_x(0) = -27\,\text{m/s}$, 곧 $-x$쪽으로 움직인다. 그것의 가속도는 $a_x(0) = 0$으로 그 순간에는 속도가 변하지 않는다.

$0 < t < 3$초의 시간에는 입자의 속도는 아직 음수이므로, 여전히 $-x$쪽으로 움직인다. 그렇지만, 가속도는 더 이상 0이 아니고 점점 커지며 값은 양수이다. 속도와 가속도의 부호가 반대이므로 입자는 속력이 느려진다.

실제로 $t = 3$초에 입자가 운동 방향을 바꾼다는 것을 이미 알고 있다. 그 순간에는 입자가 그림 2-1의 원점에서 가장 왼쪽으로 멀리 간 상태이다. $x(t)$에 $t = 3$을 넣으면, 그 순간의 입자의 위치는 $x = -50\,\text{m}$를 얻는다. 가속도는 아직 양수이다.

$t > 3$ 초에는 입자는 오른쪽으로 움직여 원점을 향해 간다. 가속도는 여전히 양수이고 크기는 점점 커진다. 속도도 이제는 양수이며, 시간이 갈수록 크기도 더 커지므로 더 빨라진다.

연습문제 2-4

14. 여러 운동
x축을 따라 움직이는 입자의 위치를 시간의 함수로 기술하는 그림표를 그려라. $t = 1$초에 (a) 속도는 0, 가속도는 양수이다. (b) 속도는 0, 가속도는 음수이다. (c) 속도는 음수, 가속도는 양수이다. (d) 속도는 음수, 가속도는 음수이다. (e) 위의 네 상황에서 $t = 1$초에 속도가 늘어나는 것은 어느 것인가?

15. 두 가지 비슷한 식
다음 두 양은 무엇을 나타내는가? (a) $(dx/dt)^2$ 과 (b) dx^2/dt^2,

(c) 이들의 국제단위는 무엇인가?

16. 겁먹은 타조

겁먹은 타조가 곧바로 달리는데, 속도가 그림 2-17의 위치-시간 그림표와 같다. 가속도-시간 그림표를 그려보라.

17. 그때와 지금의 속력

어떤 입자가 어느 때 속력이 18 m/s였고, 2.4초 뒤에는 반대쪽으로 30 m/s였다. 2.4초 동안의 평균 가속도의 크기와 방향은 어떻게 되는가?

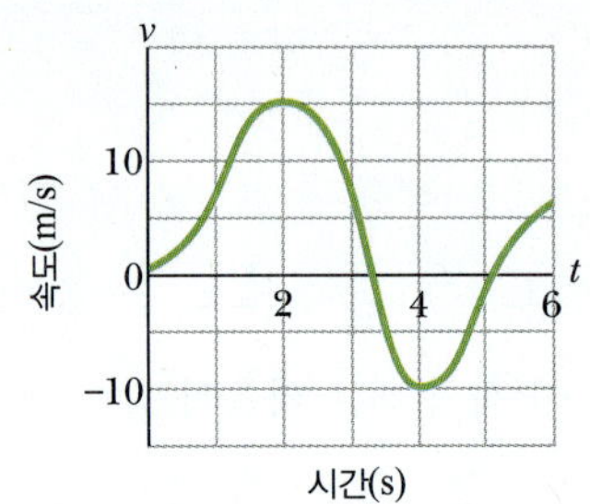

그림 2-17 문제 16

18. 서 있다가 걷기

어떤 사람이 $t_0 = 0$부터 $t_5 = 5.00$분까지 서 있다가, $t_5 = 5.00$분부터 $t_{10} = 10.0$분까지는 곧바로 2.20 m/s로 빨리 걷는다. 2.00분과 8.00분 사이의 (a) 평균 속도 $\langle \vec{v} \rangle$와 (b) 평균 가속도 $\langle \vec{a} \rangle$는 얼마인가? 3.00분과 9.00분 사이의 (c) $\langle \vec{v} \rangle$와 (d) $\langle \vec{a} \rangle$는 얼마인가? (e) $x - t$ 및 $v - t$ 그림표를 그리고 이로부터 (a)에서 (d)까지의 답을 어떻게 얻을 수 있는가를 보여라.

19. 입자의 위치와 시간

x축을 따라 움직이는 입자의 위치가 시간에 대해 $x = ct^2 - bt^3$와 같이 변한다. 여기에서 x의 단위는 m, t의 단위는 초이다. (a) c와 b의 단위는 무엇인가? 값의 크기가 각각 3.0과 2.0이라고 하자. (b) 입자의 위치가 가장 큰 양수가 될 때는 언제인가? $t_0 = 0$부터 $t_4 = 4.0$초까지, (c) 입자는 얼마의 거리를 가며, (d) 변위는 얼마인가? $t = 1.0, 2.0, 3.0, 4.0$초에 (e) 속도와 (f) 가속도는 얼마인가?

2-5 일정한 가속도: 특별한 경우

작은 쇠공을 용수철에 매달면 위아래로 흔들리며, 속도가 계속 변한다. 그러나 계속 빨라지거나 느려지는 것이 아니라, 쇠공이 한쪽으로 가는 동안에도 속력이 빨라졌다 느려지고, 그 다음에는 방향을 바꾸어 다시 또 속력이 빨라졌다 느려진다. 이것은 가속도가 일정하지 않고 시간에 따라 변하는 운동의 보기다.

가속도가 일정하지 않은 운동도 수없이 많지만, 일정하거나 거의 일정한 운동도 놀랄 만큼 많다. 이미 설명했듯이, 갈릴레오는 가속도를 $\Delta \vec{v}/\Delta t$의 비율로 정의한다면, 떨어지는 공이나 위로 던져 올린 공이 속력이 느려져서 결국 운동 방향을 바꾸어 아래로 떨어지면서 점점 빨라지는 경우 모두 — 공의 움직임이 느려서 공기 저항을 무시할 수 있을 때는 속도가 아래쪽으로 일정한 비율로 늘어나는 것을 발견했다.

가속도가 일정한 운동은 많이 볼 수 있다. 가속도가 일정한 것으로 보이는 물체의 위치를 시간의 함수로 잰다고 하자. 그 자료를 가지고 그 물체의 속도와 가속도를 셈하여 그림표를 만들면 그림 2-18과 비슷할 것이다. 그림 2-18과 비슷한 그림표를 만들어낼 운동의 예는 다음과 같다. 파란불이 켜지자마자 가속시킨 차, 그 차를 부드럽게 멈추게 하려고 계속 천천히 제동을 걸 때의 운동, 이륙하려는 비행기와 부드럽게 착륙할 때의 운동, 깜짝 놀란 돌고래가 갑자기 속력을 높일 때의 운동 등.

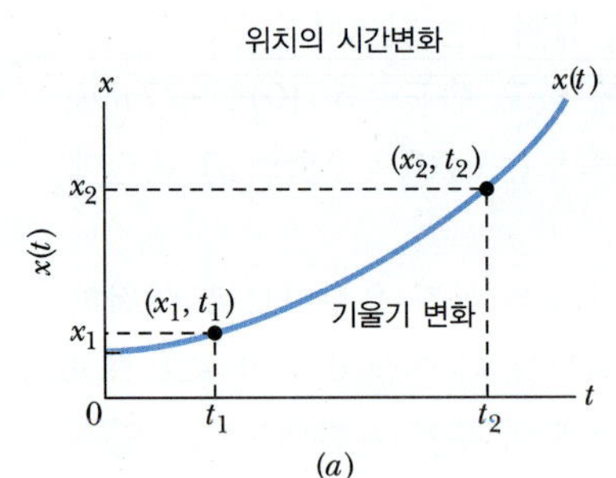

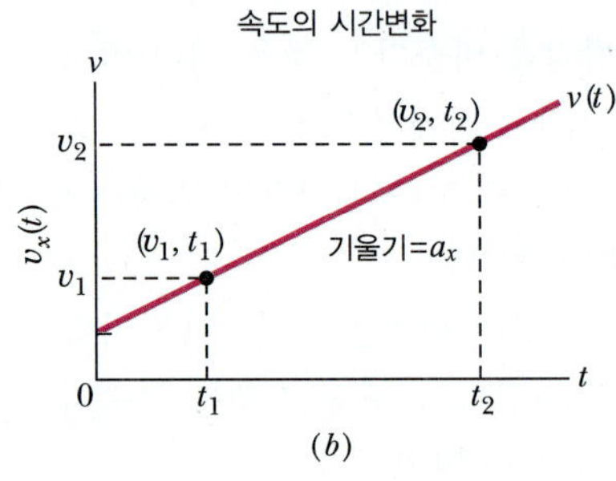

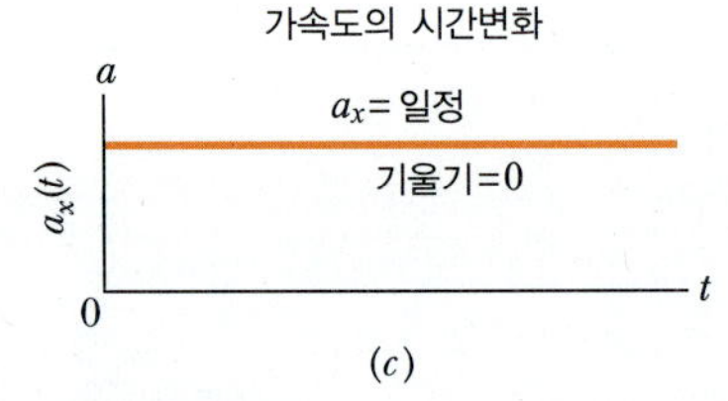

그림 2-18
(a) 일정한 가속도로 움직이는 어떤 입자의 위치 성분 $x(t)$. (b) (a) 곡선의 각 점에서의 기울기인 속도 성분 $v_x(t)$. (c) (일정한) 가속도 a_x로 $v_x(t)$의 (일정한) 기울기와 같다.

• 운동학 방정식 끌어내기

그러한 경우가 흔하므로, 가속도가 일정한 직선 운동을 기술하는 **'운동학 방정식(kinematic equations)'** 한 묶음을 끌어내는 것도 쓸모가 있다. 운동학 방정식을 끌어내는데는 가속도와 속도의 정의, 그리고 평균 속도에 대한 가정을 쓸 수 있다. 이 방정식을 쓰면 가속도가 일정한 물체의 운동을 예측하는데, 그 물체의 위치, 속도, 가속도의 벡터 성분과 시간에 대해 아는 값을 쓸 수 있다.

여느 때처럼 운동 방향으로 x축을 잡으면, 가속도가 일정할 때는 평균 가속도와 순간 가속도가 같으므로 벡터 기호를 써서 다음과 같이 쓸 수 있다.

$$\vec{a} = a_x \hat{\mathrm{i}} = \langle \vec{a} \rangle \qquad (2\text{-}11)$$

여기에서 a_x는 물체의 운동 방향의 가속도 성분이다. 평균 가속도의 정의(식 2-7)를 써서 가속도 성분 a_x를 그 방향의 속도 성분으로 나타내면 다음과 같다.

$$\langle \vec{a} \rangle = \frac{(v_{2x} - v_{1x})}{t_2 - t_1}\,\hat{\mathrm{i}}$$

여기에서 v_{2x}와 v_{1x}는 물체의 운동 방향의 속도 성분이다. 따라서 다음 결과를 얻는다.

$$a_x = \frac{(v_{2x} - v_{1x})}{t_2 - t_1} \qquad (2\text{–}12)$$

이 식을 쓰면 실제의 1차원 속도와 가속도 벡터를 꾸미는데 필요한 벡터성분으로 운동학 방정식을 끌어낼 수 있다. 식 2–12를 비롯한 이 장에서 쓰는 대부분의 식에서 아랫글자 1과 2는 처음과 나중의 시각, 위치, 속도를 나타낸다.

식 2–12를 v_{2x}에 대해 풀면 시각 t_2의 속도의 x성분은 다음과 같다.

$$v_{2x} = v_{1x} + a_x(t_2 - t_1) = v_{1x} + a_x\Delta t \quad [(a_x = \text{일정})\text{의 기본 운동학 방정식}]$$

또는

$$\Delta v_x = a_x \Delta t \qquad (2\text{–}13)$$

이 식은 가속도가 일정한 운동을 분석할 때 쓰려고 앞으로 끌어낼 기본 방정식 둘 가운데 첫째이다. 먼저 이 식에서 $t_2 - t_1$이 나타내는 바를 잘 생각해 보아야 한다. 이것은 운동을 추적하는 시간이다.

위에서 한 것과 비슷하게 x축을 따라가는 평균 속도에 관한 식 2–4를 다음과 같이 고쳐 쓸 수 있다.

$$\langle \vec{v} \rangle = \langle v_x \rangle \hat{\mathrm{i}} = \frac{\Delta x}{\Delta t}\,\hat{\mathrm{i}} = \frac{(x_2 - x_1)}{t_2 - t_1}\,\hat{\mathrm{i}}$$

따라서 평균 속도의 x성분은 다음과 같다.

$$\langle v_x \rangle = \frac{(x_2 - x_1)}{(t_2 - t_1)}$$

이것을 x_2에 대해 풀면 다음 결과를 얻는다.

$$x_2 = x_1 + \langle v_x \rangle (t_2 - t_1) \qquad (2\text{–}14)$$

이 식에서 x_1은 $t = t_1$ 때의 입자 위치의 x성분이고 $\langle v_x \rangle$는 $t = t_1$과 그 뒤 $t = t_2$ 사이의 평균 속도의 x 성분이다. 속도가 일정하지 않으면, 평균 속도의 x성분 $\langle v_x \rangle$는 순간 속도의 속도의 x성분 v_x와 다름을 유의하자.

그렇지만, 가속도가 일정할 때는 평균 속도 성분을 달리 나타내는 방법이 있다. 그림 2–19는 가속도가 일정하면 속도가 시간에 비례하여 늘어나는 사실을 보여준다. 이 그림에서 어느 때건, 어느 시간의 평균 속도의 x성분은 처음 순간의 속도 v_{1x}와 나중 순간의 속도 v_{2x}의 평균값과 평균이라고 가정하는 것이 합리적으로 보인다. 따라서 속도가 시간에 비례하여 늘어날 때는 어느 시간에 대한 평균 속도 성분은 다음과 같을 것을 예상한다.

$$\langle v_x \rangle = \frac{v_{2x} + v_{1x}}{2} \qquad (2\text{–}15)$$

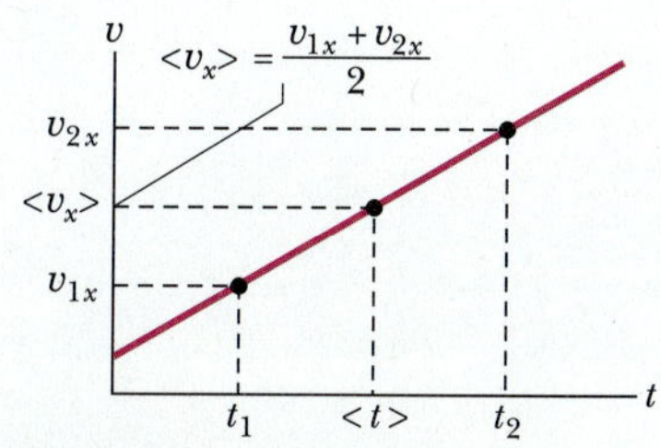

그림 2–19
가속도가 일정하면, 어떤 시간의 평균 속도 성분은 그 시간의 처음 순간과 나중 순간의 속도의 평균값과 같다고 가정한다(엄밀한 증명은 하지 않았다).

식 2-13을 써서, v_{2x}에 $v_{1x}+a_x(t_2-t_1)$을 넣으면 다음 결과를 얻는다.

$$\langle v_x\rangle=\tfrac{1}{2}[v_{1x}+v_{1x}+a_x(t_2-t_1)]=v_{1x}+\tfrac{1}{2}a_x(t_2-t_1) \tag{2-16}$$

끝으로, 이 식을 식 2-14에 넣으면 다음 결과를 얻는다.

$$x_2-x_1=v_{1x}(t_2-t_1)+\tfrac{1}{2}a_x(t_2-t_1)^2 \quad [(a_x=\text{일정})\text{의 기본 운동학 방정식}] \tag{2-17}$$

또는 $$\Delta x=v_{1x}\Delta t+\tfrac{1}{2}a_x\Delta t^2$$

이것이 가속도가 일정한 운동을 기술하는 둘째 기본 방정식이다. 그림 2-18*a* 와 2-20은 식 2-17을 그린 것을 보여준다.

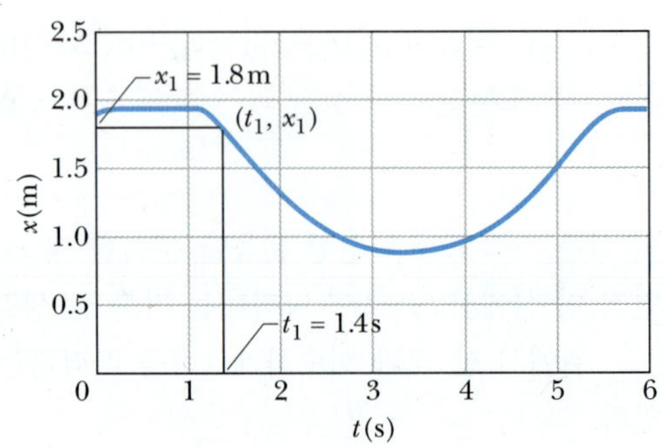

그림 2-20
마찰이 작은 수레에 얹은 바람개비를 약 1.2초에 켰지만 t_1= 1.4초까지는 최대로 돌지 않았다. 그림표의 자료는 컴퓨터 자료 입력 장치와 초음파 운동 감지기를 써서 모았다. 1.4초와 5.4초 사이에는 수레가 일정한 가속도를 받아 점점 느려지다가 방향을 바꾸어 다시 점점 빨라지는 것처럼 보인다. 따라서 가속도가 일정할 때의 운동학 방정식을 써서 운동을 기술할 수 있지만, 그것은 가속도가 일정한 시간에만 적용된다. 따라서 t_1은 1.4초로, x_1은 1.8m로 둘 수 있다.

두 방정식은 가속도가 일정한 운동의 특성을 나타내는 미지의 물리량을 셈하는데 아주 쓸모가 있다. 기본적인 방정식(식 2-13과 2-17)에는 다섯 또는 여섯 개의 양이 들어 있다. 기본 방정식에서 단 하나만 빼고 나머지 물리량을 알 때는 운동학적 계산이 가장 간단해진다. 더 복잡한 상황에서는 두 방정식 모두 필요하다. 복잡한 상황에서는 둘 이상의 모르는 양을 구해야 한다. 그러려면, 기본 방정식 가운데 하나를 써서 모르는 양 하나를 구하고, 그 결과를 써서 다른 방정식에서 나머지 모르는 양을 구한다. 이 방법을 다음 절과 따라해보기 2-4와 2-6에서 보여준다.

위의 기본적인 방정식 $v_{2x}=v_{1x}+a_x(t_2-t_1)=v_{1x}+a_x\Delta t$(식 2-13)과 $x_2-x_1=v_{1x}(t_2-t_1)+\frac{1}{2}a_x(t_2-t_1)^2$ (식 2-17)은 속도와 가속도의 정의 식에서 가속도가 일정하다는 조건을 써서 곧바로 끌어냈다. 이 두 방정식을 묶으면 셋째 방정식이 나온다. 예를 들어 $v_{2x}=v_{1x}+a_x(t_2-t_1)=v_{1x}+a_x\Delta t$를 Δt에 대해 풀어 그 결과를 $x_2-x_1=v_{1x}(t_2-t_1)+\frac{1}{2}a_x(t_2-t_1)^2$(식 2-17)에 넣으면 다음 결과를 얻는다.

$$v_{2x}^2=v_{1x}^2+2a_x(x_2-x_1)$$

여러분은 기본방정식 두 개에서 다른 하나를 끌어내는 것을 익히기 바란다. 그러면 그렇게 많은 것을 외울 필요가 없을 것이다. 표 2-1은 두 기본방정식을 정리한 것이다. 표 2-1은 두 기본방정식을 대신하여 쓸 수 있는 참으로 멋진 다른 식으로 첫 식(식 2-13)을 식 2-15에 있는 평균 속력에 관한 식과 함께 써서 나머지 필요한 방정식을 끌어낸 것이다.

$$\langle v_x \rangle = \frac{\Delta x}{\Delta t} = \frac{v_{2x} + v_{1x}}{2} \qquad \text{(기본 방정식의 대안)}$$

여기에서 설명한 운동학적 방정식을 끌어내는 과정은 엄밀한 수학적 증명이라기보다는 이른바 그럴듯한 논리였다. 그렇지만, 가속도가 일정한 운동에 운동학적 방정식을 써본 것으로부터 그 방정식이 운동을 제대로 기술한다는 것을 안다.

표 2-1
가속도가 일정한 운동의 방정식

식의 번호	기본적인 벡터 성분 방정식 *
2-13	$v_{2x} = v_{1x} + a_x(t_2 - t_1)$
2-17	$x_2 - x_1 = v_{1x}(t_2 - t_1) + \frac{1}{2}a_x(t_2 - t_1)^2$

* 기억할 것: 처음 시각 t_1을 0으로 잡으면 $(t_2 - t_1)$를 t로 바꿀 때 t는 그 운동이 일어나는 시각 $\Delta t = t - 0$을 나타낸다.

• 나이아가라 폭포 떨어지기 분석

이 장의 첫머리에서 먼데이가 탄 쇠통이 나이아가라 폭포 위에서 아래로 48 m 떨어져 물에 처박힐 때의 운동에 관해 물었다. 그렇게 떨어지는데 얼마나 오래 걸리나(Δt는 얼마인가)? 통이 물에 박힐 때의 속도는 얼마인가($\vec{v}$는 얼마인가)? 3장에서 배우게 되듯이 공기저항이 크지 않다면 지면 근처에서 떨어지는 물체는 가속도의 크기가 $|a_x| = 9.8\,\mathrm{m/s^2}$으로 일정하다. 따라서 통이 떨어지는 시간과 물을 치는 속도는 운동학 방정식을 써서 셈할 수 있다.

좌표계부터 잡자. x축을 수직 또는 위-아래쪽으로 잡아 쇠통이 떨어지는 경로와 일치시키자. 그림 2-17과 같이 폭포의 아래수면을 원점으로, 위쪽을 $+x$쪽으로 잡자. (뒤에 2차원 및 3차원 운동을 살펴볼 때는 수직축을 y축, 수평축을 x축으로 잡지만, 이렇게 기호를 바꾸어도 셈의 결과는 같다.)

이제 수직 변위는 다음과 같음을 안다.

$$x_2 - x_1 = (0\,\mathrm{m}) - (+48\,\mathrm{m}) = -48\,\mathrm{m}$$

그리고 속도는 아래쪽($-x$쪽)을 향하며 점점 크기가 커진다(빨라진다). 물체의 속도가 아래쪽을 향하고 점점 빨라지므로, 수직 가속도도 아래쪽($-x$쪽)이다. 가속도의 축방향 성분은 $a_x = -9.8\,\mathrm{m/s^2}$이다. 끝으로 데이브 먼데이의 통이 서 있다가 떨어졌다고 가정하면, $v_{1x} = 0\,\mathrm{m/s}$이다. 따라서 통이 떨어지는데 걸리는 시간 ($\Delta t = t_2 - t_1$)은 식 2-17을 써서 구할 수 있다. 이 방정식을 처음 속도 v_{1x}이 0일 때 떨어지는 시간 $(t_2 - t_1)$에 대해 풀면 다음 결과를 얻는다.

$$\Delta t = t_2 - t_1 = \sqrt{\frac{2(x_2 - x_1)}{a_x}} = \sqrt{\frac{2(-48\,\mathrm{m})}{-9.8\,\mathrm{m/s^2}}} = 3.13\,\mathrm{s} = 3.1\,\mathrm{s}$$

이것은 사실 아주 빠른 여행이다!

이제 떨어지는 시간을 다른 기본 운동학 방정식, 식 2-13에 넣어 물에 닿는 순간의 속도를 구할 수 있다. 이 결과는 다음과 같다.

$$v_{2x} = v_{1x} + a_x(t_2 - t_1) = 0\,\mathrm{m/s} + (-9.8\,\mathrm{m/s^2})(3.13\,\mathrm{s}) = -31\,\mathrm{m/s}$$

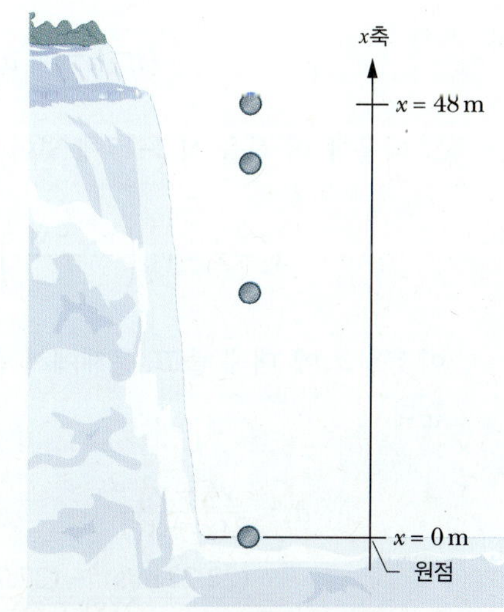

그림 2-21
사람이 쇠통을 타고 나이아가라 폭포 위에서 48 m 아래 수면으로 떨어지는 것을 살펴보려고 잡은 좌표계.

앞에 붙은 (−)부호는 속도의 방향이 아래쪽임을 나타낸다. 벡터 기호를 쓰면 속도 벡터는 $\vec{v} = v_x \hat{\mathrm{i}}$이므로 $\vec{v} = (-31 \text{ m/s})\hat{\mathrm{i}}$이다. 이것은 속력으로 약 192 km/h이다. 속도를 셈할 때, 시간을 중간에 넣어 주므로, 유효숫자를 한자리 더 지키고 있었다.

생각해보기 2-9 다음 식은 네 가지 상황에서 입자 위치의 x성분을 시간의 함수로 나타낸 $x(t)$인데, 길이의 단위는 m, 시간의 단위는 초이다. (1) $x = (3 \text{ m/s})t - 4 \text{ m}$, (2) $x = (-5 \text{ m/s}^3)t^3 + (4 \text{ m/s})t + 6 \text{ m}$, (3) $x = (2 \text{ m/s}^2)t^2 - (4 \text{ m/s})t$, (4) $x = (5 \text{ m/s}^2)t^2 - 3 \text{ m}$, 이 가운데 어느 것에 표 2-1의 식을 쓸 수 있는가? 설명하라.

따라해보기 2-4 | 속력 줄이기

포르쉐를 100 km/h로 몰다 순찰차를 보자 바로 감속하여 88.0 m를 가는 동안 80 km/h로 급히 줄였다.

(a) 가속도는 얼마인가?

풀이 ■ 차가 $+x$축을 따라 달렸다고 하자. 간단히 $t_1 = 0$에 위치 x_1에서 제동을 하기 시작했다고 하자. **요점**은 가속도가 일정하므로 그러한 상황에서의 기본 방정식(식 2-13과 2-17)을 통해 차의 가속도와 속도를 연관시킬 수 있다는 것이다. 처음 속도는 $v_{1x} = 100 \text{ km/h}$, 변위는 $x_2 - x_1 = 88.0 \text{ m}$, 그리고 변위 끝에서의 속도는 $v_{2x} = 80 \text{ km/h}$이다. 그렇지만, 가속도 a_x와 시각 t_2는 모르는데, 두 기본 방정식에 모두 들어 있으므로, 두 방정식을 함께 풀어야 한다.

모르는 양 t_2를 지우려면, 식 2-13을 다음과 같이 고친다.

$$t_2 - t_1 = \frac{v_{2x} - v_{1x}}{a_x} \tag{2-18}$$

그 다음에 이 식을 식 2-17에 넣어 다음과 같이 고쳐 쓴다.

$$x_2 - x_1 = v_{1x}\left(\frac{v_{2x} - v_{1x}}{a_x}\right) + \frac{1}{2}a_x\left(\frac{v_{2x} - v_{1x}}{a_x}\right)^2$$

이것을 a_x에 대해 풀고, 문제에서 준 값을 넣으면 다음 결과를 얻는다.

$$\begin{aligned} a_x &= \frac{v_{2x}^2 - v_{1x}^2}{2(x_2 - x_1)} \\ &= \frac{(22.22 \text{ m/s})^2 - (27.78 \text{ m/s})^2}{2(88.0 \text{ m})} = -1.58 \text{ m/s}^2 \qquad \text{(답)} \end{aligned}$$

(b) 속도를 줄이는데 걸린 시간은 얼마인가?

풀이 ■ 이제 a_x를 아니까 식 2-18을 t_2에 대해 풀면 다음과 같다.

$$\begin{aligned} t_2 - t_1 &= \frac{v_{2x} - v_{1x}}{a_x} \\ &= \frac{22.22 \text{ m/s} - 27.78 \text{ m/s}}{-1.58 \text{ m/s}^2} = 3.52 \text{ s} \qquad \text{(답)} \end{aligned}$$

처음에 과속으로 달리다가 제한속도까지 줄이려고 애써도, 경찰은 과속을 잴 수 있는 시간이 충분하다.

가속도가 일정한 운동에 대한 또 다른 식인 식 2-15을 써서 결과를 점검할 수 있다. **요점**은 가속도가 일정할 때는 간 거리가 평균 속도와 시간의 곱이라는 것이다. 포르쉐는 속도를 100 km/h에서 80 km/h로 줄이는 동안 88.0 m를 갔다. 따라서, 그 차가 88.0 m를 가는 동안의 평균 속도는 다음과 같다.

$$\begin{aligned} \langle v_x \rangle &= \frac{(100 \text{ km/h} + 80 \text{ km/h})}{2} \\ &= 90 \frac{\text{km}}{\text{h}} \cdot \left(\frac{1000\text{m}}{1 \text{ km}}\right) \cdot \left(\frac{1 \text{ h}}{3600 \text{ s}}\right) = 25.0 \text{ m/s} \end{aligned}$$

따라서 속력을 줄이는데 걸린 시간은 다음과 같다.

$$\begin{aligned} t_2 - t_1 &= \frac{x_2 - x_1}{\langle v_x \rangle} \\ &= \frac{88.0 \text{ m}}{25.0 \text{ m/s}} = 3.52 \text{ s} \qquad \text{(답)} \end{aligned}$$

이 시간은 속도 위반을 잡는데 충분하다!

따라해보기 2-5 | 운동 자료

바닥에 깔린 양탄자 위에 놓인 상자를 한 번 민 다음 상자가 미끄러지다 설 때까지 1초에 세 번씩 위치를 잰다. 아래의 표는 그 결과이다. 상자의 위치-시간 자료를 분석하고 곡선 맞춤과 셈을 하여 속도를 잰다. 이 분석에는 엑셀 표계산 프로그램을 쓰거나 다른 컴퓨터 또는 계산기로 하는 곡선 맞춤 소프트웨어를 써도 된다.

양탄자 위를 미끄러지는 상자

t(s)	x(m)
0.000	0.537
0.033	0.583
0.067	0.623
0.100	0.659
0.133	0.687
0.167	0.705
0.200	0.719
0.233	0.720

(a) t에 대한 x자료의 그림표를 그리고 그 관계가 비례하는지 아닌지를 설명하라.

풀이 ■ 요점은 그림표에 나타나는 자료가 직선을 따라 퍼져 있으면 두 변수 사이의 관계는 선형(1차식)이라는 것이다. 자료를 살펴보고자 그림표를 그리는 방법은 많다. 손으로 그리거나, 그림표를 그리는 계산기를 쓰거나, 표계산 프로그램의 그림표 기능을 쓰거나, 또는 Data Studio(PASCO Scientific 회사)를 쓰거나 Graphical Analysis(Vernier Software and Technology 회사)를 써도 된다. 그림 2-22의 그림표 모양은 곡선이므로 위치 x와 시간의 관계는 선형이 아니다.

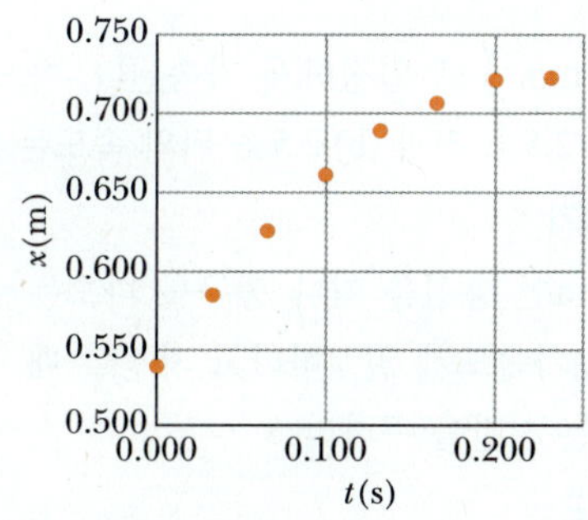

그림 2-22

따라해보기 2-5(a)의 해. 양탄자 위를 미끄러지는 상자의 시간에 대한 위치의 그림표

(b) 상자가 양탄자 위를 미끄러지다 서는 것에 대한 운동 그림을 그려라.

풀이 ■ 요점은 일정 시간마다 얻은 위치에 관한 자료를 써서 위치-시간 곡선을 그리는 것이다. 그림 2-23에서 검은 점은 1/30초마다 잰 상자의 뒤쪽면의 위치를 나타낸다.

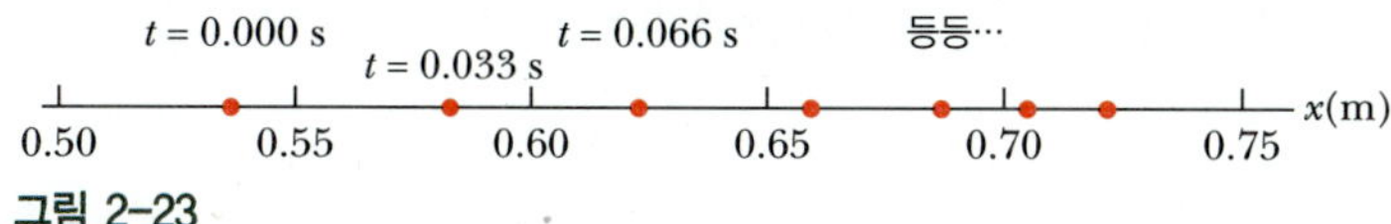

그림 2-23

따라해보기 2-5(b)의 해. 양탄자 위를 미끄러지는 상자의 운동 그림

(c) 가속도가 일정한가? 그렇다면 x축 쪽의 성분은 얼마인가?

풀이 ■ 요점은 상자가 양탄자 위를 미끄러지다 서는 동안의 시간에 대한 상자 위치의 관계는 그림 2-21과 같이 2차함수 곡선(포물선)으로 맞출 수 있다는 것이다. 이것은 자료를 표계산 프로그램이나 그림표를 셈하는 계산기에 넣고 자료에 맞는 2차곡선을 찾으면 된다. 그림 2-24는 2차곡선 모형 맞춤의 결과이다. x 모형 세로줄은 방정식 $x_2 - x_1 = v_{1x}(t_2 - t_1) + \frac{1}{2}a_x(t_2 - t_1)^2$과 상자 속의 처음 순간의 위치, 속도, 가속도 값을 써서, 첫째 세로줄에 있는 낱낱의 순간의 x를 셈한 것이다. 빨간 곡선은 모형의 자료를 보여준다. 운동학 방정식을 자료에 맞추면, 가속도 성분은 일정하고, $a_x = -6.6\,\text{m/s}^2$으로 결론지을 수 있다. 따라서 가속도는 $-x$ 쪽이다.

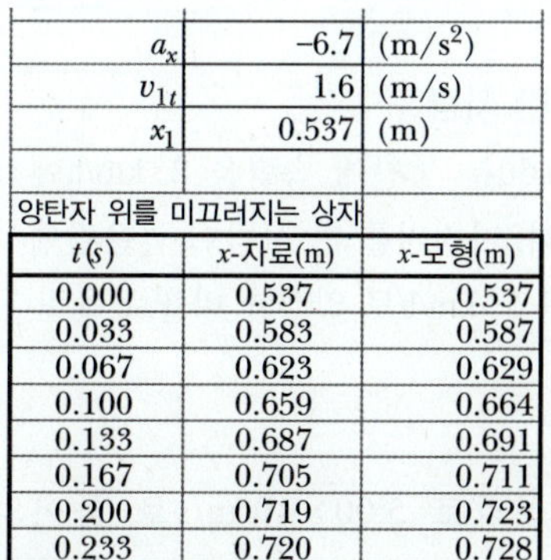

a_x	-6.7	(m/s^2)
v_{1t}	1.6	(m/s)
x_1	0.537	(m)

양탄자 위를 미끄러지는 상자

t(s)	x-자료(m)	x-모형(m)
0.000	0.537	0.537
0.033	0.583	0.587
0.067	0.623	0.629
0.100	0.659	0.664
0.133	0.687	0.691
0.167	0.705	0.711
0.200	0.719	0.723
0.233	0.720	0.728

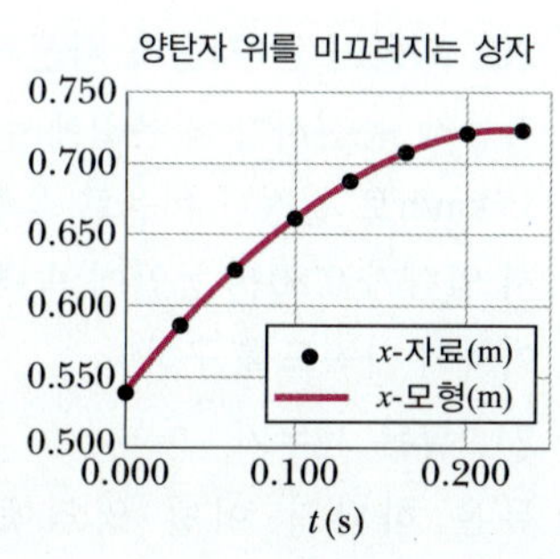

그림 2-24

따라해보기 (c)의 해. 양탄자 위를 미끄러지는 상자의 시간에 대한 위치의 자료와 그림표. 실제의 자료를 식 2-17에 맞추어 예상한 모형과 비교했다(가속도는 일정하다고 가정했다). 실제의 자료에 가장 잘 맞는 모형의 가속도는 $-6.6\,\text{m/s}^2$ 이다.

따라해보기 2-6 | 움직인 거리

그림 2-25b는 그림 2-25a와 같이 마찰이 작은 수레에 탄 사람을 고무줄로 끌어당기며 얻은 자료이다. 두 그림표에서 얻은 정보와 운동학 방정식을 써서 시각 1.1 초와 2.0 초 사이에 간 거리를 어림하라.

풀이 ■ 요점은 처음 속도는 왼쪽의 시간에 대한 속도 그림표에서 얻을 수 있고, 가속도는 오른쪽의 시간에 대한 가속도 그림표에서 (또는 왼쪽의 그림표에서 기울기를 구하여) 얻을 수 있다는 것이다. $t_1 = 1.1$초의 속도는 $v_{1x} \approx 0.4\,\mathrm{m/s}$ 임을 눈여겨보자. 영역 C에서는 가속도가 거의 일정하므로 자료를 식 2-17에 넣어 다음 결과를 얻는다.

$$x_2 - x_1 = v_{1x}(t_2 - t_1) + \tfrac{1}{2}a_x(t_2 - t_1)^2$$
$$= (0.4\,\mathrm{m/s})(2.0\,\mathrm{s} - 1.1\,\mathrm{s}) + \tfrac{1}{2}(0.4\,\mathrm{m/s^2})(2.0\,\mathrm{s} - 1.1\,\mathrm{s})^2$$
$$\approx 0.5\,\mathrm{m}.$$

(답)

0.5 m는 그렇게 먼 거리가 아니다!

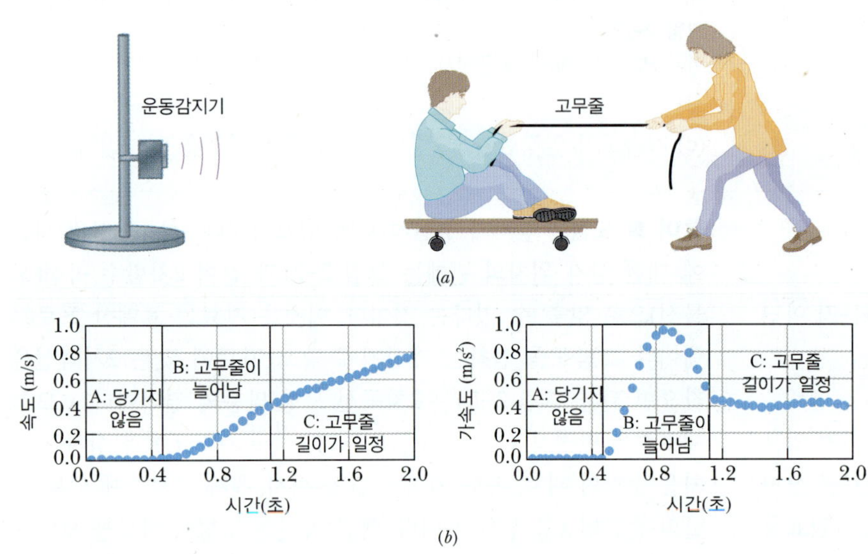

그림 2-25
(a) 마찰이 작은 수레에 탄 사람을 다른 사람이 고무줄을 잡고 길이를 일정하게 유지하며 직선으로 끌어당긴다. (b) 이 그림표는 수레에 탄 사람의 시간에 대한 속도와 가속도를 보여준다. 처음 0.5 s 동안(영역 A)은 수레가 서 있었다. 0.5 s와 1.1 s 사이(영역 B)에는 고무줄이 늘어나기 시작한다. 1.1 s과 2.0 s 사이(영역 C)에는 일정한 힘을 받아 가속도도 일정하다.

연습문제 2-5

20. 자동차 탄 사람과 자전거 탄 사람
자동차 운전사가 곧은길에서 0.50분 동안에 속력을 25 km/h에서 55 km/h로 일정한 비율로 올린다. 자전거를 탄 사람이 곧은길에서 서 있다가 0.50분 동안에 속력을 55 km/h로 일정한 비율로 올린다. 이들의 가속도를 구하라.

21. 뮤온 세우기
뮤온 하나가 어떤 영역에 곧바로 $5.00 \times 10^6\,\mathrm{m/s}$로 들어와 $1.25 \times 10^{14}\,\mathrm{m/s^2}$의 가속도로 느려진다. (a) 뮤온이 설 때까지 얼마의 거리를 가는가? (b) 이 뮤온에 대한 $v - t$ 그림표를 그려라.

22. 방울뱀의 공격
방울뱀 머리는 먹이를 공격할 때 $50\,\mathrm{m/s^2}$로 가속될 수 있다. 차가 그렇게 가속될 수 있다면 서 있다가 100 km/h의 속력을 얻는데 몇 초가 걸릴까?

23. 전자 가속
전자 하나가 $+3.2\,\mathrm{m/s^2}\,\hat{\imath}$로 일정하게 가속된다. 어느 순간 속도가 $+9.6\,\mathrm{m/s}\,\hat{\imath}$였다. (a) 2.5초 전과 (b) 2.5초 뒤의 속도는 얼마인가?

24. 총알 속력 재기
총알이 길이 1.20 m인 총신을 지나 총구를 나오는 순간의 속도를 재니 640 m/s였다. 가속도가 일정하다고 가정할 때 총알이 격발된 뒤에 총신에 머무는 시간을 구하라.

25. 편안한 가속도
먼 우주에서 우주선이 $9.8\,\mathrm{m/s^2}$의 일정한 가속도로 움직여 타고 있는 사람들은 정상적인 중력을 받는 것으로 느낀다고 하자. (a) 우주선이 서 있다가 출발한다면, 빛의 속력 $3 \times 10^8\,\mathrm{m/s}$의 1/10에 이르는데 시간이 얼마나 걸리는가? (b) 그 동안 얼마의 거리를 가는가?

26. 이륙

대형 제트기가 이륙하려면 활주로를 달려 속력 360 km/h에 이르러야 한다. 활주로의 길이가 1.8 km이면 일정한 가속도가 얼마나 되어야 하는가?

27. 더 빠른 전자

처음 속도 $v_1 = 1.50 \times 10^5$ m/s인 전자가 폭 1.0 cm인 전기장 속에 들어와 가속된다(그림 2-26). 이것은 속도 $v_2 = 5.70 \times 10^6$ m/s로 빠져나간다. 가속도가 일정하다면 얼마인가? (텔레비전 속에서는 이 과정이 일어난다.)

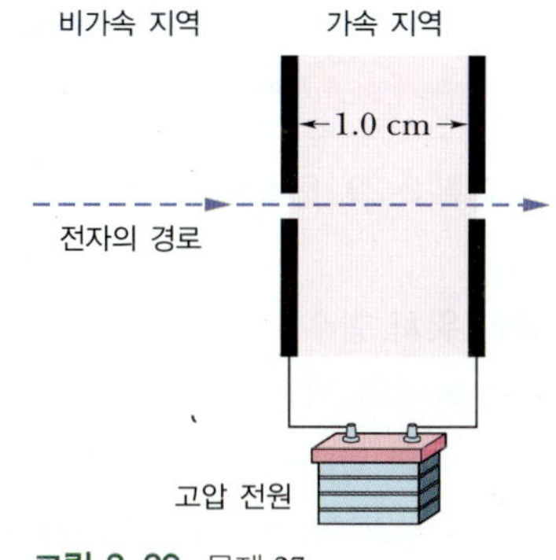

그림 2-26 문제 27

28. 스탭 대령을 막기

세계 육상 속력 기록은 1954년 3월 스탭(John P. Stapp) 대령이 로켓 기관을 단 썰매를 타고 궤도 위를 미끄러지며 세운 1020 km/h이다. 그와 썰매는 1.4초만에 섰다(그림 2-16 참조). 그가 속도를 줄이면서 받은 가속도는 g 단위로는 얼마인가?

29. 속력 함정

자동차의 제동장치는 차의 속도를 5.2 m/s^{2}의 가속도로 떨어뜨릴 수 있다. (a) 속력 137 km/h로 가다가 갑자기 나타난 경찰관을 보고 제한속도 90 km/h로 속력을 줄이려면 적어도 얼마의 시간이 필요한가? 이 답은 속도위반에 걸리는 것을 피하려 차를 급제동해봐야 쓸데없음을 보여준다. (b) 그러한 감속에 대해 $x-t$와 $v-t$ 그림표를 그려라.

30. 가속도 판단

그림 2-27은 x축을 따라 일정한 가속도로 움직이는 입자의 운동을 보여준다. 가속도의 크기와 방향을 구하라.

31. 벽치기

어떤 차가 56.0 km/h로 달리다 벽에서 24.0 m 떨어진 곳에서 급제동했다. 차는 2.00초 뒤에 벽을 받았다. (a) 벽을 받기 직전까지 차의 일정한 가속도는 얼마인가? (b) 벽을 받는 순간의 속력은 얼마인가?

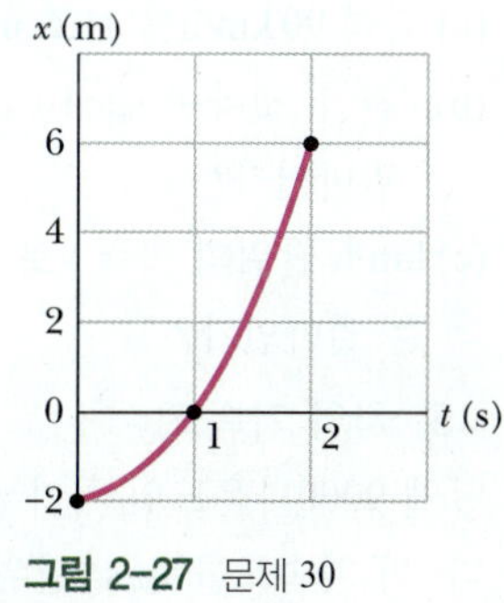

그림 2-27 문제 30

32. 붉고 파란 기차

곧고 평평한 같은 철길 위에서 붉은 기차와 파란 기차가 마주보고 각각 72 km/h와 144 km/h의 속력으로 달린다. 두 기차가 950 m 떨어져 있을 때, 두 기관사가 상대 기차를 보고 제동을 걸어 두 기차가 각각 1.0 m/s^{2}의 비율로 속력을 줄인다. 두 기차는 부딪칠까? 그렇다면 그 순간의 두 기차의 속력은 얼마일까? 그렇지 않다면 두 기차가 섰을 때의 둘 사이의 거리는 얼마일까?

33. 두 점 사이

일정 가속도를 받으며 가는 차가 60.0 m 떨어진 두 점을 6.00초에 지나갔다. 둘째 점을 지나는 순간의 속도는 15.0 m/s였다. (a) 첫째 점을 지나는 순간의 속도는 얼마인가? (b) 가속도는 얼마인가? (c) 차가 서 있다 출발한 곳에서 첫째 점까지의 거리는 얼마인가? (d) 차가 서 있던 순간($t_0 = 0$)부터 $x-t$와 $v-t$ 그림표를 그려라.

34. 트럭 쫓기

교통신호등이 초록불로 바뀌자마자 어떤 자동차가 2.2 m/s^{2}의 일정한 가속도로 출발한다. 같은 순간 일정 속력 9.5 m/s로 달리던 트럭이 자동차를 앞지른다. (a) 자동차가 다시 트럭을 앞지르는 곳은 신호등에서 얼마나 먼 곳일까? (b) 그 순간의 자동차의 속력은 얼마일까?

35. 반응 시간

차를 세우려면 먼저 제동을 걸기 시작할 때까지 얼마의 반응 시간이 필요하다. 그 다음에는 차가 일정한 제동력을 받아 느려진다. 이 두 단계를 거쳐 차가 가는 거리는 처음 속력이 80.5 km/h 일 때 56.7 m, 48.3 km/h일 때 24.4 m라고 하자. (a) 반응 시간은 얼마이고, (b) 가속도의 크기는 얼마인가?

36. 충돌 피하기

고속 열차가 161 km/h로 굽은 길을 가다가 옆 칠길에서 기관차가 들어와 $D = 676$ m 앞에 있는 것을 보고 놀랐다(그림 2-28). 고속열차의 기관사는 바로 제동을 걸었다. (a) 두 기차가 부딪치지 않으려면 일정한 가속도의 크기가 얼마이어야 하는가? (b) 기관사가 기관차를 본 순간 $t = 0$에 위치는 $x = 0$이라고 하자. 두 기차의 충돌을 겨우 피할 때와 여유를 두고 피할 때의 기관차와 고속 열차를

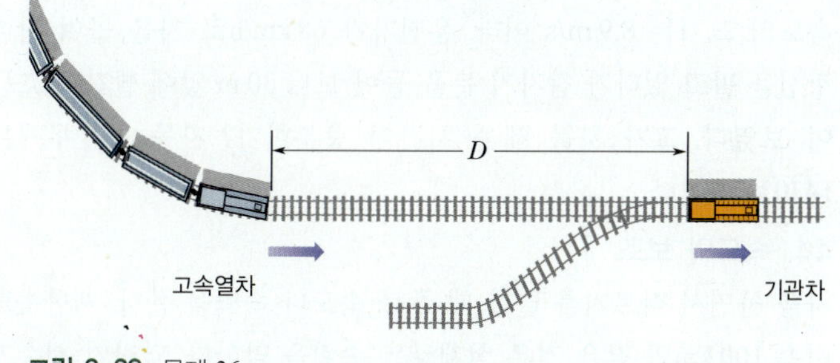

그림 2-28 문제 36

나타내는 $x(t)$ 곡선을 그려라.

37. 위로 가기

부산의 수영 백화점의 승강기가 오가는 높이는 190 m, 최고 속력은 305 m/분, 가속도의 크기는(빨라질 때나 느려질 때 모두) 1.22 m/s^{2}이다. (a) 통이 서 있다가 최고속력으로 가속되는 동안 얼마의 거리를 가는가? (b) 통이 서 있다가 쉬지 않고 가서 190 m 끝에 서는데 얼마의 시간이 걸리는가?

38. 원반 밀어치기

원반 밀어치기 시합에서 서 있는 원반을 선수가 막대로 1.8 m 밀어 6.0 m/s에 이르게 일정한 가속도를 준다. 이곳에서 원반은 막대에서 떨어져 2.5 m/s^{2}의 일정 비율로 느려지다 선다. (a) 원반이 가속되기 시작할 때부터 다시 설 때까지 걸리는 시간은 얼마인가? (b) 그 동안 원반이 간 거리는 얼마인가?

39. 전기자동차

전기자동차가 서 있다가 곧은 길을 따라 2.0 m/s^{2}로 가속되어 속도 20 m/s에 이른 다음 1.0 m/s^{2}의 비율로 느려져서 선다. 출발한 때부터 설 때까지 (a) 시간이 얼마나 걸리는가? (b) 간 거리는 얼마인가?

40. 붉은 차 – 초록 차

그림 2–29에서 색깔이 붉고 초록 것을 빼고는 똑같은 차 두 대가 x축과 나란한 두 차선을 따라 마주보며 다가간다. $t = 0$ 때, 붉은 차는 $x = 0$에 초록 차는 $x = 200$ m에 있다. 붉은 차가 일정한 속도 20 km/h으로 달리면 $x = 44.5$m에서 초록 차를 스치고, 40 km/h으로 달리면 $x = 76.6$ m에서 스친다. 초록 차의 (a) 처음 속도와 (b) 가속도는 얼마인가?

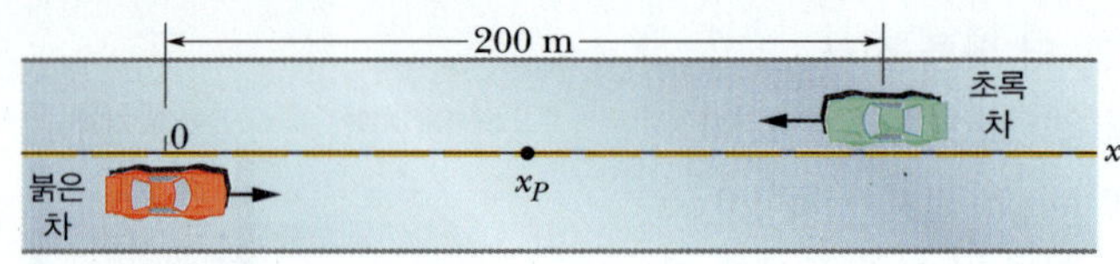

그림 2–29 문제 40

41. 위치 함수

x축을 따라 가는 어떤 입자의 위치가 $x = (12\text{ m/s}^2)t^2 - (2\text{ m/s}^3)t^3$이다. x의 단위는 m, t의 단위는 초이다. (a) $t_3 = 3.0$초에 입자의 위치, 속도, 가속도를 구하라. (b) 입자의 좌표가 가장 큰 양수가 될 때의 값과 시각을 구하라. (c) 입자의 속도가 가장 큰 양수가 될 때의 값과 시각을 구하라. (d) 입자가 움직이지 않고 있을 때($t_0 = 0$이 아닌 다른 때)의 가속도는 얼마인가? (e) $t_0 = 0$와 $t_3 = 3.0$초 사이의 입자의 평균 속도를 구하라.

추가문제

42. 아이를 뒷자리에 앉히는 까닭!

주택가를 35 km/h로 달리는 차의 앞자리에서 버릇없는 아이가 놀고 있다. 작은 개가 길을 건너자 운전자는 급제동을 하여 개를 피했다. 차가 멈추어도 아이는 계속 간다고 가정할 때 아이가 차의 계기판을 들이받는 속력을 구하라. 이 속력을 100 m를 약 10초에 달리는 세계 기록과 비교하라.

43. 새나라 자동차

새나라 자동차의 시험결과는 제동장치가 최대로 작동하면 제동 가속도의 크기는 8.9 m/s^{2}이다. 운전자가 68 km/h로 차를 몰며 딴데 정신을 팔고 있다가 갑자기 눈을 들어 보니 30 m 앞에 빨간 신호등이 보였다. 그가 차를 세울 시간이 충분한가? 자동차의 무게는 1430 kg중이다.

44. 속도와 보조

차를 몰면서 빠르기를 말할 때 주로 속도나 속력을 쓴다. 제한속도 시속 100 km와 같은 것은 실제로는 속력을 말한다. 달리기 선수가 자신의 빠르기를 말할 때는 흔히 보조(pace)를 쓰는데, 이것은 어느 거리를 가는데 걸리는 시간으로 말한다. '100 m를 12초에 달린다' 는 것이 보기다.

(a) 속력 90 km/h를 보조 min/km로 바꾸어 나타내라.

(b) '걷기 쳇바퀴' 를 10 min/km로 걷는다면 속력은 km/h 단위로 얼마인가?

(c) km/h 단위의 속력 v로 가는 것을 min/km 단위로 나타낸 보조 p는 얼마인가?

45. 차의 가속도

무게 9000파운드인 차가 서 있다가 45초만에 756 mi/h로 가속되었다. 이 가속도를 m/s^2 단위로 나타내면 얼마인가? 그 동안 가는 거리는 얼마인가?

46. 경주 가기

여러분이 친구와 함께 수원에서 경주로 음악 연주회에 가기로 했다. 친구를 만나 저녁을 먹은 뒤 연주회를 보려면 경주 근처에 오후 5시에 도착해야 한다. 수원에서 고속도로 진입로에서 경주 근처까지는 약 330 km이다. 정오에 차를 몰고 떠나 고속도로를 타고 가다가 잠깐 쉬어 1시간 동안 점심을 간단히 먹고 가려고 한다. 평균 속도는 얼마이어야 하는가? 거의 일정한 속력을 유지한다면 (비현실적인 가정이다!), 차를 모는 동안 속력계는 얼마를 가리키겠는가?

47. 항우연 견습 연구원

여러분이 항공우주연구원의 견습 연구원으로 일하는데, 관리자가 우주 왕복선이 발사된 뒤 5.5초에 높이 100 m에 올랐을 때의 가속도를 간접적인 방법으로 셈하라고 한다. 자료를 얻고자 공학자가 왕복선 옆구리에 조명탄을 달아, 원격조종장치를 써서 발사 후 5.5초에 살짝 분리시킨다. 분리된 뒤 8.5초만에 조명탄이 땅에 떨어진다면, 분리될 때의 속도(따라서 왕복선의 속도)는 얼마인가? (조명탄이 받는 공기 저항은 무시하라.) **유의**: 이 조명탄에 관한 착상은 꾸민 것이지만, 왕복선의 높이와 속도에 관한 자료는 실제의 값과 같다!

48. 휴대전화 싸움

여러분이 표시 없는 경찰차를 25 m 뒤에서 따라가며 휴대전화로 말싸움을 하고 있다; 여러분의 차와 경찰차 모두 110 km/h로 달린다. 말싸움하느라 주의가 2.0초 동안 흩어졌다(전화를 쳐다 보고 "그렇게 할 수 없어!" 하고 소리 지르기에 충분한 시간이다). 그 2.0초의 처음에는 경찰이 5.0 m/s^{2}로 급제동을 걸기 시작했다. (a) 여러분이 다시 정신을 차렸을 때 두 차 사이의 거리는 얼마인가? 여러분이 위험을 깨닫고 제동을 걸기 시작하는데 다시 4.0초가 걸린다고 하자. (b) 여러분이 5.0 m/s^{2}로 제동을 걸면 경찰차를 받을 때의 속력은 얼마인가?

49. 반응 거리

운전자가 제동장치를 최대한 세게 밟아 차를 세울 때, 정지거리는 처음 속력에 운전자의 반응시간을 곱한 '반응 거리(reaction distance)'에 제동을 거는 동안 가는 거리인 '제동 거리(braking distance)'를 더한 거리로 볼 수 있다. 다음 표는 전형적인 값을 보여준다. (a) 운전자의 반응시간은 얼마로 가정했는가?
(b) 처음 속력이 25 m/s이면 차의 정지 거리는 얼마인가?

처음 속력(m/s)	반응 거리(m)	제동 거리(m)	정지 거리(m)
10	7.5	5.0	12.5
20	15	20	35
30	22.5	45	67.5

50. 바짝 붙기

이 문제에서는 고속도로에서 빨리 달리는 차의 '바짝 붙기(tailgating)' 현상을 살펴본다. 이것은 앞 차의 뒤에 너무 가까이 따라 붙는 것을 뜻한다. 바짝 붙으면 차선의 어느 한 차가 갑자기 속력을 줄이면 연쇄추돌이 일어난다. 질문은 다음과 같다. "얼마나 가까워야 너무 가까운가?"

이 물음에 답하려면, 여러분이 고속도로에서 100 km/h로 달린다고 하자. 앞 차의 운전자가 갑자기 제동을 건다. 여러분은 몇 가지를 셈해야 한다. 여러분이 얼마 뒤에 반응하는가, 그동안 얼마나 가는가, 그리고 앞 차는 그동안 얼마나 가는가?

(a) 먼저 여러분이 얼마 뒤에 반응하는가를 어림하자. 두 종류의 시간이 들어간다. 무엇이 벌어지는 것을 보고 제동장치 쪽으로 움직이기 시작할 때까지 걸리는 시간, 그리고 발을 제동 페달에 대는데 걸리는 시간. 이것을 재려면 자가 필요하다. 친구에게 자의 한끝을 느슨하게 잡아 아래로 드리우게 한다. 엄지와 검지를 자의 아래 끝 양쪽에 둔다. 친구가 자를 갑자기 놓으면, 엄지와 검지로 떨어지는 자를 잡는다. 이것을 세 차례 하여 평균 거리를 셈한다. 자가 공기저항 없이 자유롭게 떨어진다고 하고(그렇게 나쁜 가정은 아니다), 잡는데 걸린 시간 t_1을 셈한다. 이제 발을 가속 페달에서 제동 페달로 옮기는데 드는 시간 t_2를 어림한다. 여러분의 반응시간은 t_1+t_2이다.

(b) 여러분이 처음에 강하게 제동하면, 전형적인 차는 100 km/h로 달리는 차를 5초에 세울 수 있다.
 1. 가속도 $-a_0$가 일정하다고 하고 셈하라.
 2. 앞 차의 운전자가 $-a_0$로 제동을 한다고 하자. 앞 차가 설 때까지 얼마나 갈까? (**실마리**: 앞 차가 서는데 얼마나 걸릴까? 그 동안 그의 차의 평균 속도는 얼마일까?)

(c) 이제 결과를 한데 모아 제법 실제적인 상황을 꾸밀 수 있다. 여러분이 고속도로에서 100 km/h로 가고, 앞에 같은 속력으로 가는 차가 있다.
 1. 여러분은 그가 갑자기 감속하기 시작하는 것을 본다(불합리하지만, 문제를 단순하게 만드는 가정이다). 여러분도 100 km/h로 가고 있으면, 제동을 걸기 시작할 때까지 얼마나 (미터 단위로) 가는가? 제동을 걸어 $-a_0$의 가속도를 줄 수 있다면 차가 설 때까지 가는 전체 거리는 얼마인가?
 2. 앞 차의 운전자가 제동을 걸기 시작하는 것을 1초 동안 알아채지 못했다면, 여러분의 차는 얼마나 더 앞으로 가는가?
 3. 이러한 셈을 바탕으로 100 km/h로 갈 때 앞차까지의 안전거리는 얼마라고 생각하는가? 셈한 거리를 '차 길이(car lengths)'로 나타내라. 여기에서 셈한 거리에 안전인자를 넣겠는가? 얼마나 넣겠는가?

51. 운동 감지기 검사

그림 2-30은 물리 실험실에서 쓰는 운동 감지기다. 이것은 가장 가까운 물체까지의 거리를 스피커와 마이크를 써서 잰다. 스피커

는 1초에 30번 소리를 낸다. 마이크는 가장 가까운 물체에서 반사되어 온 소리를 감지한다. 컴퓨터는 소리를 보낸 때와 받은 때의 시간차를 셈한다. 소리의 속력은 알고 있으므로(실온에서 343 m/s), 시간 지연으로부터 물체까지의 거리를 셈한다.

(a) 감지기 앞의 가장 가까운 물체가 너무 멀리 있으면, 다음 번 소리를 보낼 때까지 반사된 소리가 오지 않는다. 그러면 컴퓨터는 반사된 소리가 처음 보낸 소리가 반사되어 늦게 온 것인지, 둘째로 보낸 소리가 반사되어 빨리 온 것인지 가려낼 수 없으므로 감지기는 정확한 결과를 내지 못한다. 그러한 일이 생기려면 물체가 얼마나 멀리 있어야 하는가?

(b) 소리의 속력은 온도에 따라 조금 달라진다. 이것이 얼마나 중요한가를 알아보자. 실온(20°C)에서는 소리의 속력이 343 m/s이다. 15°C에서는 속력이 약 1% 느려진다. 20°C에서 1.5 m 떨어진 물체까지의 거리를 잰다고 하자. 컴퓨터가 감지하는 반사되어 오는 소리의 시간 지연 Δt는 얼마인가? 이제 온도가 15°C라고 하자. 컴퓨터가 Δt를 검지하고 거리를 20°C에서의 속력을 써서 셈한다면 결과는 얼마인가?

그림 2-30 문제 51

52. 볼링 공 치기

볼링공이 딱딱한 마루 위 좌표계의 원점에 있다. 공을 망치로 몇 차례 쳐 마루 위에서 앞뒤로 움직이게 하였다(그림 2-31). 원점의 오른쪽을 (+)로 잡는다. 공이 움직이는 동안 원점의 이쪽 저쪽을 오가는데, 공이 한참 움직인 뒤에 문제 51에서 설명한 것과 같은 운동 감지기를 써서 공의 속도에 대해 오른쪽 위의 그림표를 얻었다.

다음 물음에 대해 왼(왼쪽), 오른(오른쪽), 아님(둘 다 아님), 없음(답할 수 없음)으로 답하라. 각각의 물음은 컴퓨터에 보인 시간에 대한 것이다.

(a) Ⓐ로 표시한 때에 공은 원점의 어느 쪽에 있는가?

(b) Ⓑ로 표시한 때에 공은 어느 쪽으로 움직이는가?

(c) Ⓐ와 Ⓒ 사이에 공의 변위의 방향은 어느 쪽인가?

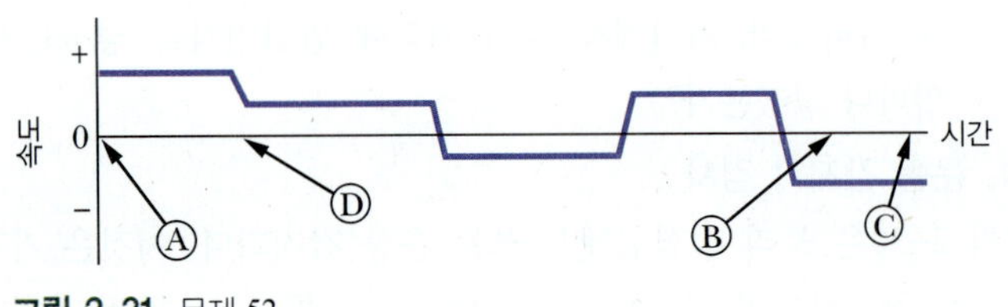

그림 2-31 문제 52

(d) Ⓓ로 표시한 때에 공을 망치로 친다. 그 뒤에 공은 어느 쪽으로 움직이는가?

53. 못된 도깨비 깨우기

'반지원정대'에서 여행자들이 모리아 동굴에 있을 때 난쟁이 툭은 샘에 돌을 떨어뜨린다. 그러자 못된 도깨비가 깨어나 온갖 말썽을 일으킨다. 툭은 돌은 떨어뜨린지 7.5초 뒤에 물에 떨어진다.

(a) 소리가 돌아오는데 걸리는 시간을 무시하면 샘은 얼마나 깊은가?

(b) 모리아 동굴은 아주 시원하고, 소리의 속력은 온도에 따라 다르다. 소리 속력을 340 m/s로 잡자(모리아 동굴의 그곳은 그 정도로 시원하다). 소리가 돌아오는데 걸리는 시간을 무시하는 것이 맞는가? 친구와 논의하고 셈을 하여 얻은 결론을 뒷받침하라.

54. 공 두 개

그림 2-32는 나란한 궤도 위를 움직이는 두 공 A와 B의 운동을 시간에 대한 위치변화로 나타낸다. 이 그림표를 정확히 베끼고 다음 물음에 답하여라.

(a) 공 하나가 다른 공을 지나가는 순간을 t축 위에 t_A로 나타내라.

(b) t_B에 어느 공이 더 빨리 가는가?

(c) 두 공의 속도가 같은 순간을 t축 위에 t_C로 나타내라.

(d) 그림표에 보인 시간 동안 공 B에 대한 다음 진술이 옳은 것은 어느 것인가? 대답에 대해 설명을 하라.

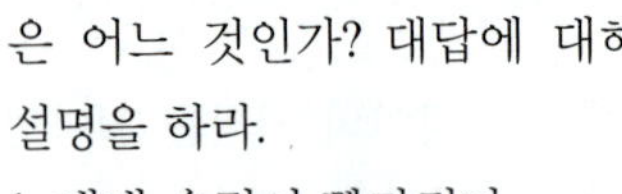

1. 내내 속력이 빨라진다.
2. 내내 속력이 느려진다.
3. 처음에는 속력이 빨라지고 그 다음에는 느려진다.

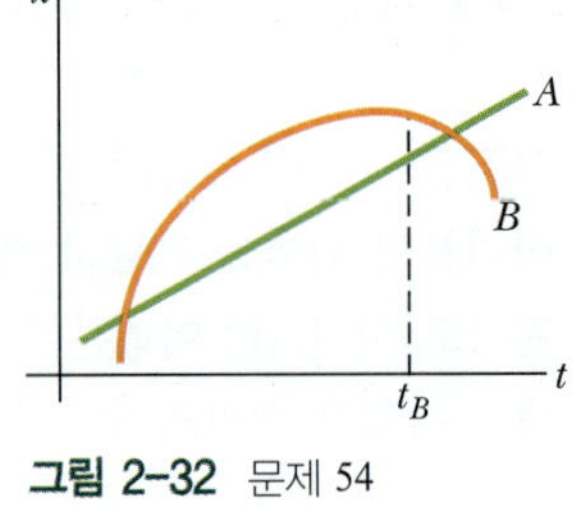

그림 2-32 문제 54

55. 기울어진 공기 궤도 위의 수레-용수철 그림표

그림 2-33은 공기 궤도 위에서 움직이는 수레의 속도의 시간 변화이다. 궤도의 한쪽 끝에는 용수철이 달려 있고, 다른쪽 끝은 위로 들려 있다. 처음에 수레를 용수철에 대고 눌렀다가 놓아 궤도를 타고 비탈을 거슬러 올라가게 했다. 수레가 용수철에서 떨어질 때 시간을 재기 시작했다. 수레가 처음 움직이는 쪽을 $+x$쪽으로, 용수철의 바닥을 원점으로 잡는다.

속도 곡선에 영문자로 여섯 곳을 표시했다. 아래에 기술한 물리적 상황에 대응되는 영문자를 찾아내라. 대응되는 영문자가 하나 이상이거나, 없을 수도 있다. 어느 영문자도 맞지 않으면 '없음'이라고 써라.

(a) 수레가 궤도에서 가장 높은 곳에 있다.

(b) 수레가 순간적으로 서 있다.

(c) 수레가 용수철과 접촉해 있다.

(d) 수레가 궤도를 따라 아래쪽으로 용수철을 향해 움직인다.

(e) 수레의 가속도가 0이다.

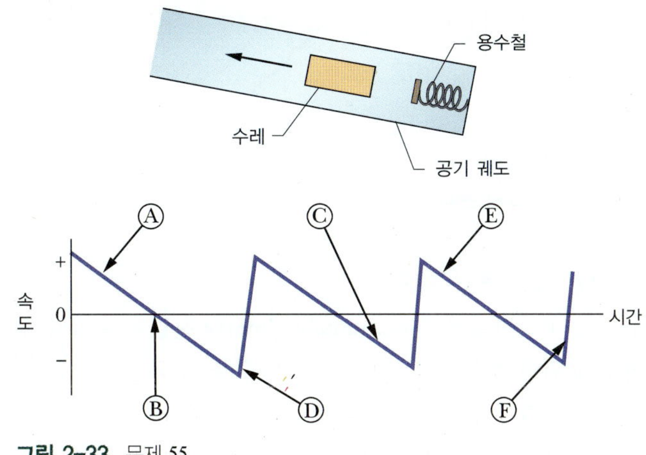

그림 2-33 문제 55

56. 위아래로 굴러가기

그림 2-34와 같이 공을 용수철로 쏘아 비탈길을 거슬러 오르게 한다. 그림과 같이 공이 비탈길 바닥 가까이에서 위로 올라갈 때 시간을 재기 시작한다. 공은 꼭대기까지 갔다가 다시 굴러 내려온다. 그림 2-34에 보인 그림표에서 수평축은 시간을 나타내고, 수직축은 밝히지 않았다.

그림에 보인 상황에서 다음 낱낱의 물리량을 나타내는 그림표를 찾아 번호를 적어라. x와 y 좌표는 그림에 보인 것을 써라. 맞는 그림표가 없으면 '없음'이라고 써라.

(a) 공의 위치의 x 성분

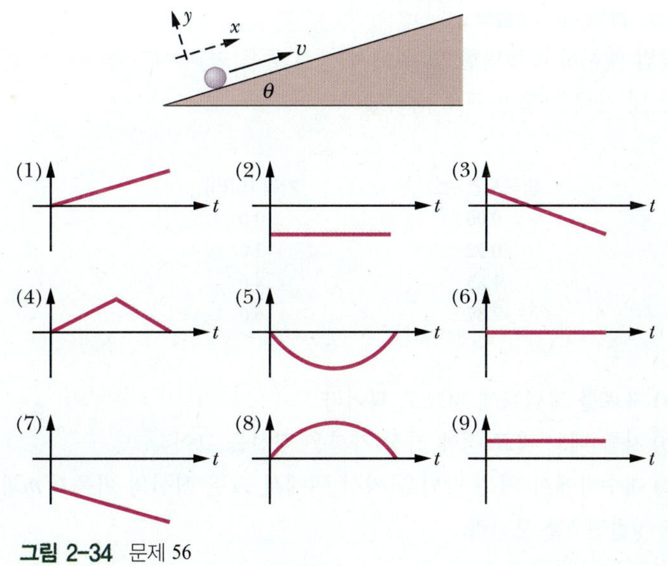

그림 2-34 문제 56

(b) 공의 속도의 y 성분

(c) 공의 가속도의 x 성분

(d) 비탈길이 공에 주는 법선력의 y 성분

(e) 공의 속도의 x 성분

(f) 공이 받는 중력의 x 성분

57. 모형 로켓

연료를 태워 추진력을 얻는 모형 로켓을 수직으로 쏜다. 로켓이 날아갈 때의 y, v, a의 시간에 대한 그림표를 정성적으로 그려라(숫자는 필요 없다). 연료가 다 떨어졌을 때, 로켓이 가장 높이 올랐을 때, 땅으로 되돌아올 때를 나타내라.

58. 암벽 등반가

$t = 0$에 암벽 등반가가 암벽 꼭대기에서 바위 못을 아래 골짜기로 떨어뜨렸다. 그 다음 조금 뒤에, 그보다 10 m 위에 있는 대원이 바위 못을 하나 아래쪽으로 던졌다. 떨어지는 바위 못의 위치 y를 시간 t에 대해 그린 것이 그림 2-35이다. 둘째 바위 못을 던진 속력은 얼마인가?

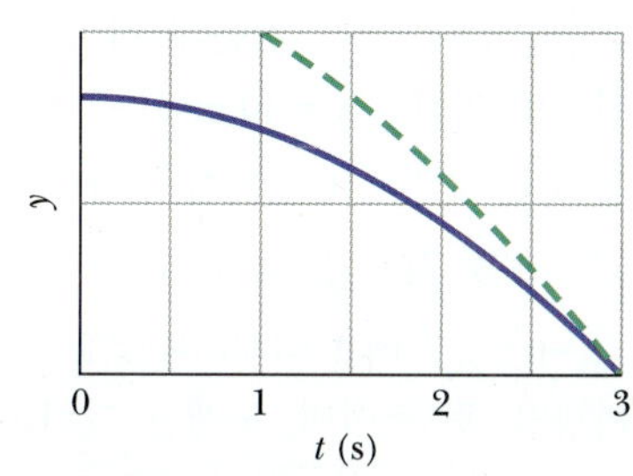

그림 2-35 문제 58

59. 두 기차

같은 궤도 위에서 기차 두 대가 마주 오는데, 두 차장이 그것을 갑자기 깨달았다. 그림 2-36은 차장이 기차의 속력을 줄이는 동안 속도 v를 시간 t의 함수로 보여준다. 감속 과정은 두 기차가 200 m 떨어져 있을 때 시작되었다. 두 기차가 모두 설 때, 둘 사이의 거리는 얼마인가?

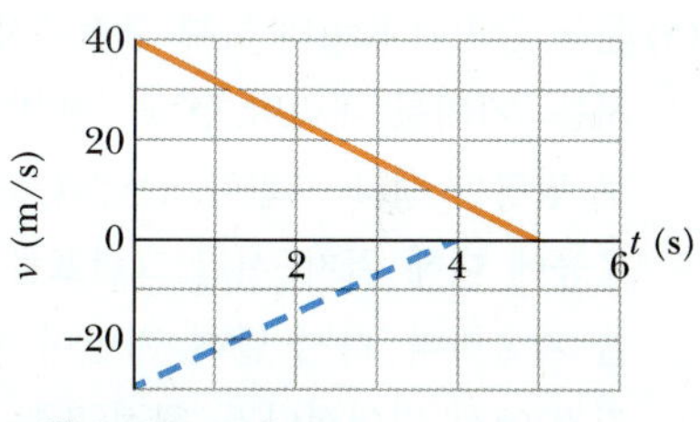

그림 2-36 문제 59

60. 날아 오르는 풍선

과학 탐사용 풍선이 19.6 m/s의 속력으로 날아 오를 때, 매달아 둔 장치 꾸러미 가운데 하나가 걸쇠에서 풀려 자유낙하한다. 그림 2-37은 풀리기 전부터 시작하여 땅에 떨어질 때까지 꾸러미의 수직 속력을 시간에 대해 보여준다. (a) 풀리기 전까지 올라간 최고 높이는 얼마인가? (b) 풀린 곳은 땅에서 높이가 얼마인가?

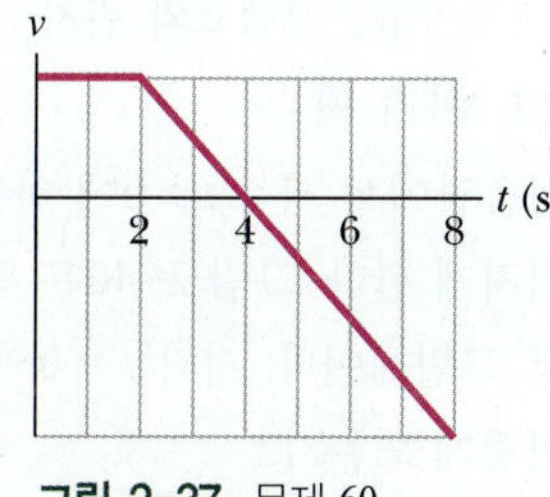

그림 2-37 문제 60

61. 위치함수 2

어떤 입자가 그림 2-38과 같이 위치 함수 $x(t)$로 x축을 따라 움직인다. 입자의 속도와 가속도의 시간변화를 대략 그려보라.

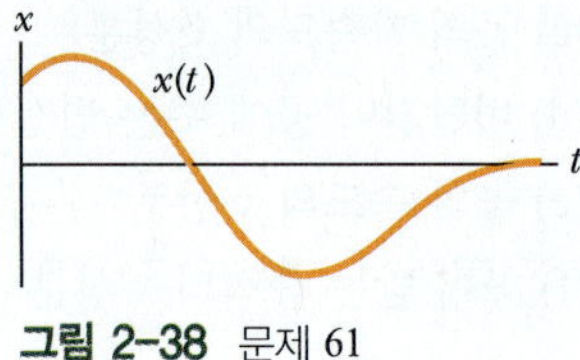

그림 2-38 문제 61

62. 속도 곡선

그림 2-39는 x축을 따라 움직이는 어떤 입자의 시간 t(s)에 대한 속도 v(m/s) 곡선이다. 그림표의 두 부분에 대해 시간축과 곡선 사이의 넓이를 구했다. $t = t_A$(그림에서 x축과 만나는 점 가운데 하나)에 입자의 위치는 $x = 14$ m이다. 다음 두 순간의 입자의 위치를 구하라. (a) $t = 0$, (b) $t = t_B$

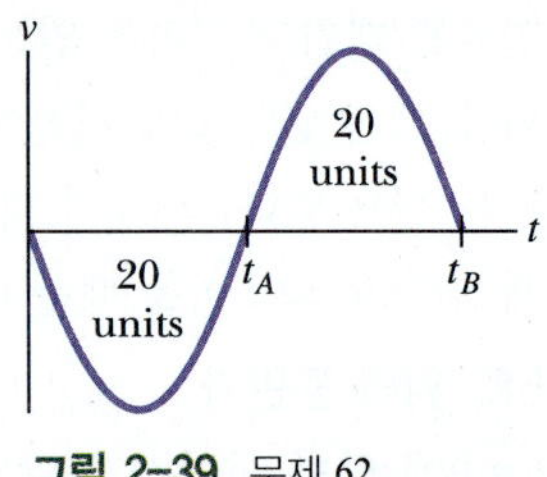

그림 2-39 문제 62

63. 운동 감지기 Rag

이 과제는 Pasco scientific사에서 나누어주는 Physics Folk Song에 바탕을 둔 것이며, 노래는 디킨슨 대학 웹사이트 http://physics/dickinson.edu에서 내려 받을 수 있다.

(a) 운동 감지기 Rag의 첫 구절에서 설명한 운동에 관한 것으로, 서 있는 시간만큼 움직인다. 이러한 운동에 대해 위치-시간 그림표를 그려라. 또한, 그림표의 모양을 기술하라.

(b) 운동 감지기 Rag의 둘째 구절에서 설명한 운동이다. 이 구절에서는 '가파른 내리막 선'과 '완만한 오르막 선'을 그리고 끝으로 평평한 선을 그린다. 낱낱의 운동에 쓴 시간은 같다. 이러한 운동에 대해 위치-시간 그림표를 그려라. 또한, 그림표의 모양을 기술하라. 다시 말해, 가만히 서 있다가, 원점(또는 운동 검지기)에서 멀어졌다가, 원점(또는 운동 검지기)에 다가왔는가? 어떤 운동이 가장 빠른가? 등등.

(c) 운동 감지기 Rag의 셋째 구절에서 설명한 운동이다. 가만히 있다가 5초 동안 $+1.0\ \mathrm{m/s^2}$의 가속도로 운동 검지기에서 멀어진다. 이 운동에 대해 가속도-시간 그림표를 그려라. 이에 대응되는 속도-시간 그림표와 위치-시간 그림표를 그려라.

64. 하키 퍽

얼음판에서 시각 $t = 0$에 하키 퍽을 보내 강한 바람을 받으며 미끄러지게 한다. 그림 2-40은 퍽이 한 축을 따라 움직일 때의 속도-시간 그림표이다. 시각 $t = 0$의 위치에 대한 시각 $t = 14$초의 위치는 어떻게 되는가?

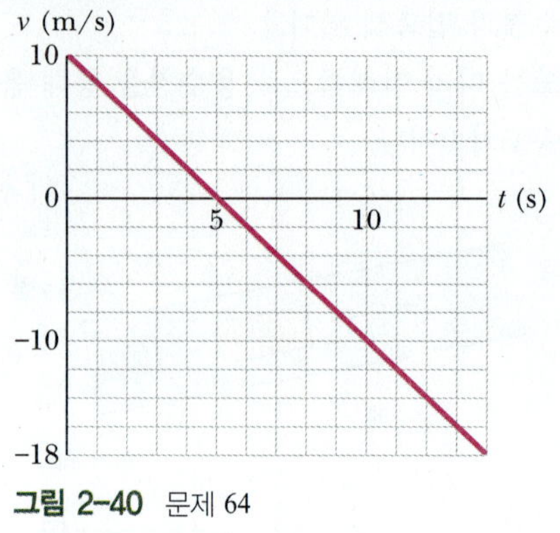

그림 2-40 문제 64

65. 1차원 속도 변화 기술하기

다음 낱낱의 상황에서 수직선(number line)과 관련된 수학적 정의와 개념에 관한 질문을 받는다. 더 큰 양수와 더 작은 음수는 똑같이 속도의 크기가 커지는 것을 의미함을 유의하자.

(a) 어떤 물체의 속도가 +1 m/s에서 +4 m/s로 바뀐다고 하자. 속력이 더 빨라지는가, 더 느려지는가? 가속도는 양수인가, 음수인가?

(b) 어떤 물체의 속도가 −4 m/s에서 −1 m/s로 바뀐다고 하자. 속력이 더 빨라지는가, 더 느려지는가? 가속도는 양수인가, 음수인가?

(c) 어떤 물체가 운동 방향을 바꾸어 속도가 −2 m/s에서 +2 m/s로 바뀐다고 하자. 이것의 속력은 더 빨라지는가, 더 느려지는가? 운동 방향을 바꿀 때 가속도가 있는가? 가속도는 양수인가, 음수인가?

(d) 또 다른 물체가 운동 방향을 바꾸어 속도가 +1 m/s에서 −1 m/s로 바뀐다고 하자. 이 속도는 값이 더 커지는가, 더 작아지는가? 더 커지는 것과 더 작아지는 것은 무엇을 뜻하는가? 운동방향이 바뀔 때 가속되는가? 가속된다면 가속도의 값은 양수인가, 음수인가?

66. 볼링 공 그림표

제법 매끈하고 평탄한 면 위에서 볼링 공을 굴려 시간과 거리에 관한 네 자료를 모아 표로 정리했다.

평균시간 (초)	거리 (미터)
0.00	0.0
0.92	2.0
1.85	4.0
2.87	6.0

(a) 자료를 그림표에 점으로 찍어라.

(b) 자를 대고 자료 점에 가장 가까운 직선을 그어라.

(c) 대수학에서 배운 방법을 써서 위에서 그린 직선의 기울기 m과 y절편 b를 구하라.

67. 볼링 공 운동 모형 세우기

제법 매끈하고 평탄한 면 위에서 볼링 공을 굴려 시간과 거리에 관한 네 자료를 모아 문제 66의 표로 정리했다. 할 일은 스프레드시트 프로그램(예를 들어 MS의 엑셀)을 써서 볼링 공의 운동 자료에 대한 수학적 모형을 만드는 것이다. 기울기 m과 y절편 b로 가장 잘 맞는 값을 찾으려 한다. 선형 관계에 관한 모형을 만드는 방법은 학습용 파일 MODTUT.XLS을 써서 익힐 수 있고, 이 파일은 담당교수에게 물어 찾을 수 있다.

학습용 파일로 익힌 다음, 위에 자료가 있는 볼링 공의 운동에 관한 모형을 만들 수 있다. 아래의 작업을 하라.

(a) 새 작업 파일을 열어 볼링 공 그림표의 이름을 정하여 써 넣어라.

(b) y축의 이름을 거리(미터)로, x축의 이름을 시간(초)으로 정하라.

(c) 위의 자료 표를 보라. 시간(초) 세로줄(이전에는 x축)에 시간값을 넣어라.

(d) y실험 세로줄 D자료(미터)를 만들고 볼링 공이 간 거리를 잰 값을 넣어라 (예를 들면 0.00 m, 2.00 m, 4.00 m, 6.00 m).

(e) 칸 B1에 '기울기'를 나타내는 기호 m, B2에 '절편'을 나타내는 기호 b를 적어 넣어라.

(f) y이론 세로줄 D모형(미터)를 만들고 칸 C7에서 C12까지 적절한 직선 방정식을 다음과 같은 꼴로 적어 넣어라. 거리 = m*시간 + b. 칸 C1의 기울기와 C2의 y절편의 값을 따올 때 절대값을 쓰는 것을 확인하라. 다시 말해 이들의 값을 넣을 때는 $C1$ $C2$로 넣어야 한다.

(g) 스프레드시트의 그림표 기능을 써서 '시간' 세로줄의 자료의 함수로서 'D-실험'과 'D-자료' 세로줄의 자료의 그림표를 만들어라.

(h) C1과 C2의 값을 바꾸어가며 이론적 직선이 그림표 창의 실험 자료 점과 가장 잘 맞게 만들어라.

(i) 거리-시간 그림표의 기울기의 물리적 내용을 설명하라. 볼링 공의 운동에 관해 무엇을 말해주는가?

68. 이상한 운동

비탈길에 얹은 수레와 바람개비를 써서 여러 가지 연습을 한 다음에는 움직이는 것은 모두 등속도 또는 등가속도로 움직인다는 결론을 쉽게 내릴 수 있다. 가운데 흔들이가 달린 삼각형 틀을 밀어 수평운동하는 것을 살펴 보자. 그것이 등속도 또는 등가속도로 움직이는가를 결정해야 한다. (**유의**: 디지털 영화 PASCP070을 보면 삼각형 틀의 운동을 볼 수 있다. 이 영화는 VideoPoint 시디에도 들어 있다. VideoPoint를 쓰지 않는다면, 담당 교수가 다른 방식으로 영화를 볼 수 있게 해줄 것이다.)

그림 2-42의 영상은 그 영화의 7째, 16째, 25째 틀에서 따왔다.

삼각형의 수평막대의 중심의 위치에 관한 자료는 처음 1초 동안 1/10초마다 얻었다. 원점은 고정된 미터자의 0점에 잡았다. 자료는 아래 표에 있다.

(a) 그림에 보인 위치-시간 그림표를 살펴 보라. 삼각형은 처음 1초

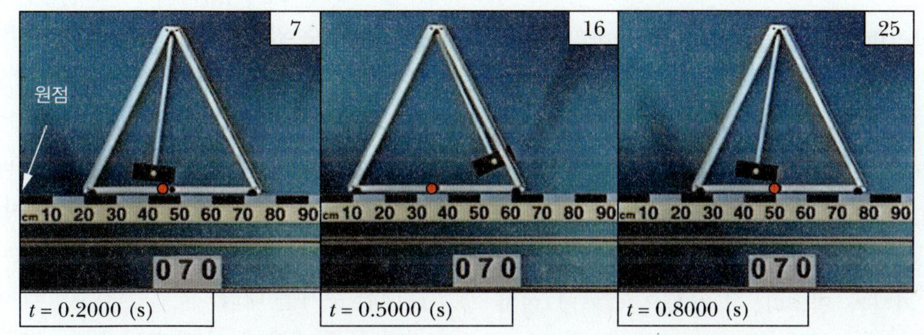

Fr#	Pr#	t(s)	x(cm)	$\langle v_x \rangle$(cm/s)
1	1	0.000	52.1	비워둠
4	2	0.100	49.9	−38.0
7	3	0.200	44.5	
10	4	0.300	39.1	
13	5	0.400	35.2	
16	6	0.500	34.8	
19	7	0.600	36.9	
22	8	0.700	43.0	
25	9	0.800	49.2	
28	10	0.900	53.6	
31	11	1.000	54.4	비워둠

삼각형의 운동

x(cm): 0, 10, 20, 30, 40, 50, 60

t(s): 0.000, 0.500, 1.000

그림 2-41 문제 68

동안 등속운동을 하는 것 같은가? 왜 그런가 또는 왜 그렇지 않은가?

(b) 그림표의 모양에 바탕을 두고 운동의 특성을 설명하라. 삼각형이 방향을 바꾸는 시각은 대략 언제인가? 그것의 속도가 크기가 가장 큰 음수가 될 때는 언제인가? 가장 큰 양수가 될 때는 언제인가? 답에 대한 추론의 근거를 설명하라.

(c) 자료 표와 평균 속도의 정의를 써서 0.100초에서 0.900초 사이의 낱낱의 시간에서 삼각형의 평균 속도를 셈하라. 낱낱의 경우에서 셈을 할 때 바로 전의 위치와 바로 뒤의 위치를 써야 한다. 예를 들어 $t_2 = 0.100$초의 평균 속도를 셈하려면 $x_3 = 44.5$ cm와 $x_1 = 52.1$ cm과 시각 t_3와 t_1의 시간차를 써야 한다. 실마리: 회색 칸의 시간과 위치를 쓰면 회색 칸의 속도를 얻고, 흰 칸의 시간과 위치를 쓰면 흰 칸의 속도를 얻는다.

(d) 속도는 거리를 시간으로 나눈 값이므로, 평균 속도를 셈할 때 그냥 x_1/t_1, x_2/t_2, x_3/t_3 등을 쓸 수도 있다. 이것이 더 쉬울 것이다. 그런데 이 방법이 다른 시각의 속도를 구할 때 동등한 결과가 나오는가? 확신하지 못하면 셈을 해보라. 답에 대한 추론의 근거를 설명하라.

(e) 흔히 자료로 만든 그림표의 모양이 이상하기는 해도 부드러운 곡선이면 다항식을 맞출 수 있다. 예를 들어 자료에 맞춘 4차식은 다음과 같다.

$$x = \{(-376\ \text{cm/s}^4)t^4 + (719\ \text{cm/s}^3)t^3 - (347\ \text{cm/s}^2)t^2 + (5.63\ \text{cm/s})t + 52.1\ \text{cm}\}$$

이 다항식 근사를 써서 $t = 0.700$초의 순간 속도를 구하라. 그 답을 0.700초에 평균 속도로 셈한 값과 비교하라. 두 값이 비슷한가? 여러분이 기대한 바와 같은가?

69. 놀이공원

오하이오 주의 세더 포인트 놀이공원에 사람들이 탄 롤러코스터가 높은 곳에서 내려와 빠른 속도로 움직인다. 이것이 굽은 궤도에서 방향을 바꾸어 수평하게 가다가 멈춘다. 이 상황은 디지털 영화 DSON002에 담겨 있다. (유의: 이 영화는 VideoPoint 시디에도 들어있다. VideoPoint를 쓰지 않는다면, 담당 교수가 다른 방식으로 영화를 볼 수 있게 해줄 것이다.)

(a) 비디오 분석 소프트웨어를 써서 롤러코스터의 꼬리의 수평 위치에 관한 자료를 미터 단위로 시간의 함수로 모아라. 영화 제목 화면에 보이는 눈금을 써서 여러분의 자료의 단위가 화소가 아닌 미터가 되게 하라. 이 자료를 표로 정리하거나 인쇄하여 과제 보고서에 붙여라.

(b) 자료를 스프레드시트에 옮겨 포물선 모형을 맞추어 $x = -(7.5\ \text{m/s}^2)t^2 + (22.5\ \text{m/s})t + 2.83\ \text{m}$에 오차 5% 이내로 맞음을 보여라. 이 모형과 그림표를 인쇄하여 과제 보고서에 붙여라. (유의: 롤러코스터의 꼬리 위치에 관한 여러분의 판단은 조금 다른 결과가 나올 수도 있다.)

(c) 구한 식과 첫 운동학 방정식에 대한 해석을 바탕으로 롤러코스터의 속력이 느려질 때의 수평 가속도 a를 결정하라. $t = 0$초의 처음 속도 v_1은 얼마인가? 쇠장의 처음 위치 x_1은 어디인가?

(d) 영화는 롤러코스터가 완전히 서기 전에 끝난다. a, v_1, x_1에 관한 지식과 롤러코스터의 수평위치를 결정하고자 꾸민 운동학 방정식을 써서 롤러코스터가 완전히 서서 $v_2 = 0.00$ m/s일 때의 수평위치를 구하라.

70. 세 개의 디지털 영화

비디오 분석 프로그램으로 살펴 볼 네 물체의 운동을 보여주는 디지털 영화 세 편을 아래에 골랐다.

PASCO004: 수레 한 대가 위쪽 궤도에서 움직이고 다른 수레가 바로 아래 궤도에서 움직인다.

PASCO153: 실에 달린 쇠공이 천천히 흔들린다.

HRSY003: Hershey 놀이 공원에서 사람이 탄 배가 호수를 가로지른다.

디지털 영화를 보면서 낱낱의 물체의 수평 운동을 잘 살펴보라. 다시 말해, x쪽 운동만 살펴 보라(y쪽 운동은 신경쓸 것 없다). 필요하면 VideoPoint, VideoGraph, World-in-Motion 디지털 분석 소프트웨어와 스프레드시트를 써서 더 세밀하게 분석해도 좋다. 지금까지 배운 바를 바탕으로 아래의 물음에 답할 때 한 가지 이상의 방법을 쓸 수 있다. 유의: 이 운동의 특성만 보면 되므로(정확한 값은 필요 없다), 영화에서 눈금을 따질 필요가 없다. 화소 단위로 세면 충분하다.

(a) 네 물체(위쪽 수레, 아래 수레, 쇠공, 배) 가운데 어떤 것이 등속 수평운동을 하는가? 결론에 대한 증거를 대라.

(b) 네 물체 가운데 어떤 것이 등가속 수평운동을 하는가? 결론에 대한 증거를 대라.

(c) 네 물체 가운데 어떤 것이 등속 수평운동도 등가속 운동도 하지 않는가? 결론에 대한 증거를 대라.

(d) 운동을 기술하는데는 운동학 방정식이 아주 쓸모가 있다. 네 물체의 운동 가운데 운동학 방정식으로 기술할 수 없는 것은 어떤 것인가? 답에 대한 추론의 근거를 설명하라.

71. 속력 높이기 또는 낮추기

그림 2-42는 1차원에서 움직이는 어떤 물체의 속도-시간 그림표이다. 오른쪽이 +쪽이다.

(a) 어느 시각, 또는 어느 시간에 물체의 속력이 빨라지는가?

(b) 어느 시각, 또는 어느 시간에 물체의 속력이 느려지는가?
(c) 어느 시각, 또는 어느 시간에 물체의 속도가 일정한가?
(d) 어느 시각, 또는 어느 시간에 물체가 서 있는가?

문제의 조건에 맞는 시각, 또는 시간이 없으면, 명확히 기술하여라.

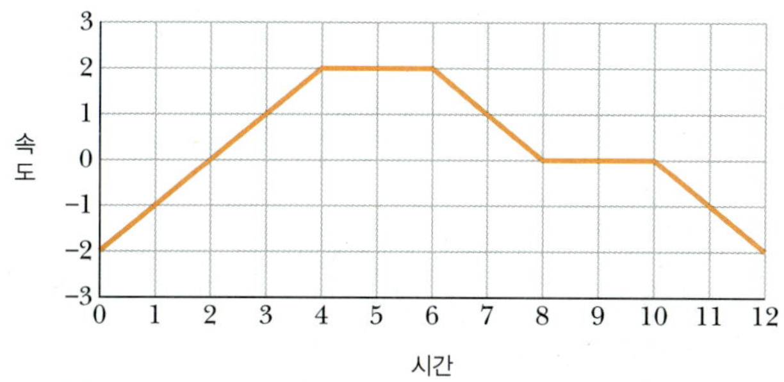

그림 2-42 문제 71~74

72. 왼쪽 또는 오른쪽

그림 2-42는 1차원에서 움직이는 어떤 물체의 속도-시간 그림표이다. 오른쪽이 +쪽이다.

(a) 어느 시각, 또는 어느 시간에 물체가 오른쪽으로 가면서 속력이 빨라지는가?
(b) 어느 시각, 또는 어느 시간에 물체가 오른쪽으로 가면서 속력이 느려지는가?
(c) 어느 시각, 또는 어느 시간에 물체가 오른쪽으로 일정한 속도로 가는가?
(d) 어느 시각, 또는 어느 시간에 물체가 왼쪽으로 가면서 속력이 빨라지는가?
(e) 어느 시각, 또는 어느 시간에 물체가 왼쪽으로 가면서 속력이 느려지는가?
(f) 어느 시각, 또는 어느 시간에 물체가 왼쪽으로 일정한 속도로 가는가?

문제의 조건에 맞는 시각, 또는 시간이 없으면, 명확히 기술하여라.

73. 일정 가속도

그림 2-42는 1차원에서 움직이는 어떤 물체의 속도-시간 그림표이다. 오른쪽이 +쪽이다.

(a) 어느 시각, 또는 어느 시간에 물체의 가속도가 0인가?
(b) 어느 시각, 또는 어느 시간에 물체의 가속도가 일정한가?
(c) 어느 시각, 또는 어느 시간에 물체의 가속도가 변하는가?

74. 오른쪽 또는 왼쪽으로 가속하기

그림 2-42는 1차원에서 움직이는 어떤 물체의 속도-시간 그림표이다. 오른쪽이 +쪽이다.

(a) 어느 시각, 또는 어느 시간에 물체가 오른쪽으로 가면서 가속도가 늘어나는가?
(b) 어느 시각, 또는 어느 시간에 물체가 오른쪽으로 가면서 가속도가 줄어드는가?
(c) 어느 시각, 또는 어느 시간에 물체가 오른쪽으로 가면서 가속도가 일정한가?
(d) 어느 시각, 또는 어느 시간에 물체가 왼쪽으로 가면서 가속도가 늘어나는가?
(e) 어느 시각, 또는 어느 시간에 물체가 왼쪽으로 가면서 가속도가 줄어드는가?
(f) 어느 시각, 또는 어느 시간에 물체가 왼쪽으로 가면서 가속도가 일정한가?

3 힘과 직선운동

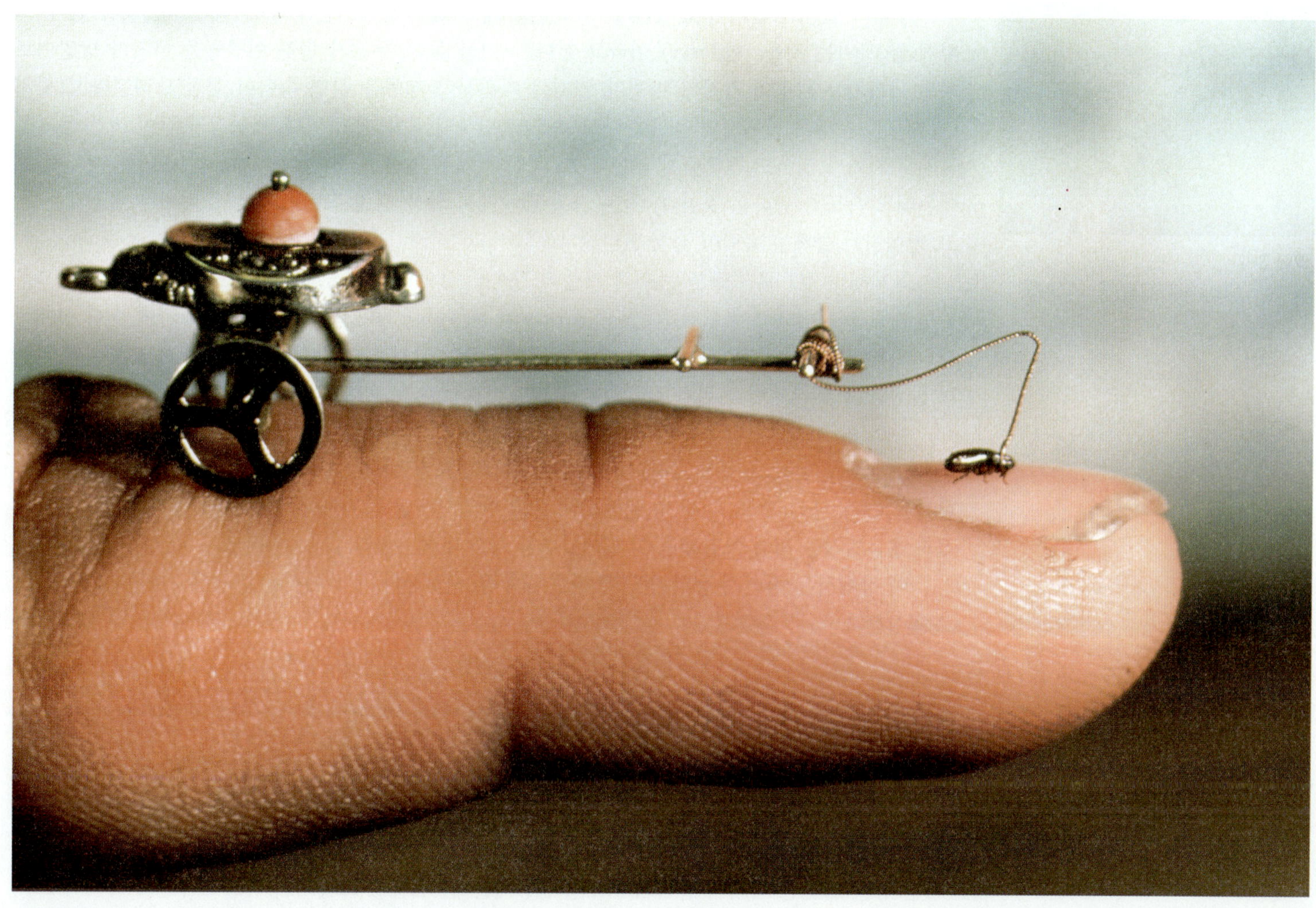

이 사진은 벼룩이 장난감 수레를 끄는 것을 보여준다. 1996년과 1997년에 콜롬비아의 현대 예술가 '카르도소(Maria Fernanda Cardoso)'는 훈련시킨 벼룩 곡예단을 꾸며 돌아다녔다. 카르도소는 '세상에서 가장 힘센 벼룩' '브루투스(Brutus)'에 가느다란 철사를 묶어 장난감 기차를 끌게 했다. 그 다음 그녀는 소리와 이산화탄소로 브루투스를 꼬여 뛰어오르게 했다. 영상자료를 보면 브루투스가 뛰어오를 때, 기차는 약 1센티미터쯤 흔들린다. 장난감 차의 질량이 벼룩보다 160 000배 큰 것을 생각하면 엄청난 묘기다.

벼룩은 어떻게 자기 질량의 160 000배나 되는 것을 끌고 갈 수 있을까?

◈ 답은 이 장에 있다.

그림 3-1
아이작 뉴턴(1642~1727)은 고전역학의 법칙을 처음 밝혔다.

3-1 가속의 원인은 무엇인가?

1차원 운동학을 배우면서 위치, 속도, 가속도의 정의를 도입했고, 이 정의를 바탕으로 그림표와 식을 써서 운동을 과학적으로 기술했다. 이제 '**동역학(dynamics)**' 즉 운동의 원인에 관한 학문을 배우자. 동역학의 중심 문제는 다음과 같다. 물체의 속도를 변화시키는 것 또는 움직이는 물체를 가속시키는 것은 무엇인가?

우리가 물체를 끌거나 밀어 힘을 주고받을 때 어떤 조건에서는 속도가 변한다는 것을 안다. 그렇게 끌고 미는 것을 '**힘(force)**' 이라고 한다. 보기를 들어, 투수가 던진 야구공은 타자가 방망이로 치면 날아가는 방향이 갑자기 바뀌며, 기차는 기관사가 제동을 걸면 속력이 점점 느려진다. 그렇지만, 때로는 분명히 물체에 힘을 주는데도 속도가 변하지 않을 때도 있다. 벽돌담과 같이 아주 무거운 물체를 치거나 밀어도 꼼짝하지 않는다. 더 복잡한 것은 많은 물체는 힘을 주고받지 않는 것처럼 보이는데도 속도가 변하는 것이다. 차는 가속 페달에서 발을 떼면 속력이 점점 느려져서 마침내는 서고, 떨어지는 물체는 속력이 점점 빨라진다.

물체끼리 겉으로 주고받는 힘과 이들의 가속도 사이의 관계를 결정하는 운동 법칙을 처음으로 밝힌 사람은 그림 3-1에 보인 '아이작 뉴턴(Isaac Newton)' 이다. 그 법칙은 고전역학에 대한 현대적 해석의 핵심이다. 뉴턴 법칙은 자연의 절대적인 진리가 아니고, 개념, 정의, 그리고 측정 과정의 역사적 발전을 통해 생겨난 논리적으로 일관된 개념의 틀이다.

뉴턴 법칙을 보편적으로 받아들인 까닭은 지난 300년 동안 과학자들의 수많은 관찰 결과와 잘 맞아왔기 때문이다. 그 법칙 덕분에 우리는 중력과 전자기 상호작용의 근본 성질을 알 수 있었다. 공학자는 기관, 다리, 철도, 비행기, 발전소와 같은 산업시대의 장치와 시설을 설계할 때 힘에 관한 지식과 운동법칙을 써서 어떤 운동이 일어날까를 정확히 예측한다.

이 장에서는 직선 운동의 원인에 관한 공부를 시작한다. 뒷장에서는 운동을 2차원 및 3차원으로 확장한다.

3-2 뉴턴 제1법칙

무엇이 물체의 속도를 변화시키는가 알아보기 위해 평탄한 면 위에 놓인 작은 물체를 갑자기 발로 차는 것을 생각하자. 일상적인 말로 그 운동을 어떻게 설명하겠는가? 아마도 이렇게 말할 것이다. "차는 동안 물체는 속력이 빨라지겠지만, 나중에는 면 위를 미끄러지거나 굴러가면서 속력이 느려지다가 결국 설 것이다." 첫째 무엇이 물체의 속력을 빨라지게 (속도가 변하게) 했는가? 발로 찰 때 준 힘이 그랬다. 그러나 차고난 뒤에는, 무엇이 물체의 속력을 느려지게 했는가? 1687년 뉴턴의 《원리(Principia)》가 나오기 전까지는 대부분의 과학자가 자연스러운 운동 상태는 서 있는 것이고, 미끄러지는 물체의 속력이 느려지다가 멈추는 까닭은 그것을 계속 움직이게 하는 힘이 없기 때문이라고 생각했다.

물체가 계속 움직이게 하려면 힘이 필요하다는 믿음이 사리에 맞는지 실험 결과를 살펴보자. 실험에서는 물체를 찬 다음 그것이 느려지는 동안 속도를 시간의 함수로 잰다. 특히 두 가지 평탄한 면 — 거친 양탄자와 매끄러운 궤도 — 위에서 플라스틱 통과 작은 수레가 움직이는 속도를 잰다. 각 경우에 컴퓨터 기반 실험 장치에 붙은 운동 감지기를 써서 점점 느려지는 물체의 속도를 잰다. 그림 3-2는 두 가지 상황 — 궤도 위에서 굴러가는 수레와 양탄자 위를 미끄러지다가 서는 플라스틱 통 — 에서의 실험장치 꾸밈을 보여준다.

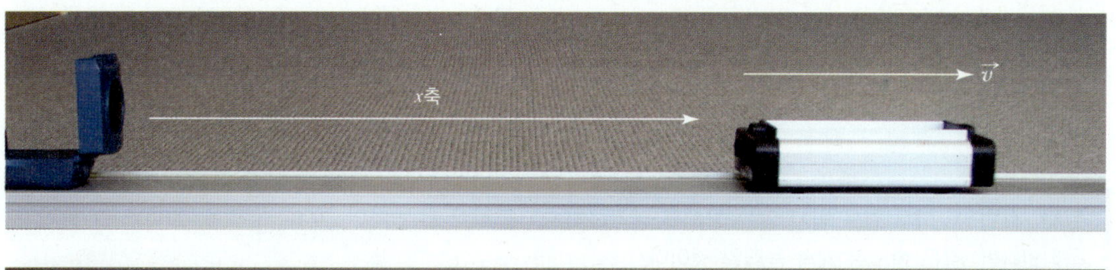

그림 3-2
두 물체가 운동 감지기에서 멀어진다. 평탄한 궤도 위의 수레는 속력이 거의 달라지지 않고(위 그림), 양탄자 위를 미끄러지는 플라스틱 통은 궤도 위의 수레보다 속력이 훨씬 빨리 줄어들다(아래 그림).

그림 3-3은 플라스틱 통과 수레의 속도의 x 성분이 시간이 지나면서 어떻게 되는가를 보여준다. 모든 물체는 처음에 똑같이 힘을 가해 밀었지만, 속력이 떨어지는 비율은 다르다. 양탄자 위에서 미끄러질 때 통은 겨우 0.2초 만에 섰지만, 수레는 1.1초 걸렸다. 끝으로 수레가 매끄러운 궤도 위를 굴러갈 때는 1.2초 뒤에도 처음 속력의 80%를 유지한다. 다른 상황에서의 물체보다 궤도 위의 수레를 자유롭게 움직이게 해주는 것은 무엇인가?

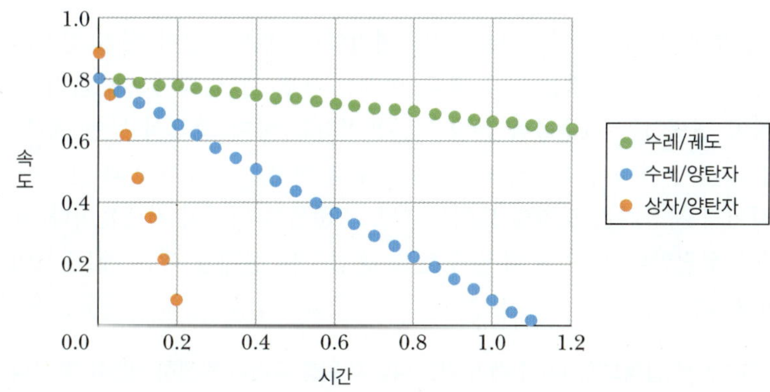

그림 3-3
세 가지 상황에서 속력이 느려지다가 서는 물체의 시간에 대한 속도의 x 성분 그림표를 겹쳤다. 모든 경우 속도의 변화율은 직선 꼴이지만 그 값은 물체/표면의 조합에 따라 다르다. **유의:** 시간에 대한 위치의 자료는 초음파 운동 감지기를 써서 얻었다. 낱낱의 경우 시간에 대한 위치의 자료를 2차 함수를 써서 정확히 맞추었고, 시간에 대한 위치의 1계 도함수를 써서 시간에 대한 순간 속도를 결정했다. 그림에서 t에 대한 v값은 위치자료를 얻은 순간의 값이다.

실험을 하게 만든 물음으로 돌아가자. 물체가 일정한 속도로 계속 움직이게 하려면 힘을 주어야 하는가? 언뜻 보기에는 답은 "그렇다"이다. 왜냐하면 대개의 경우에 물체에 힘을 주고 난 뒤에는 속력이 떨어지기 때문이다. 그러나 힘을 준 뒤에 느려지는 율은 상황에 따라 달랐다. 이것은 물체의 속력이 느려지는 까닭은 물체가 움직이는 면과 물체 사이의 힘 때문임을 나타낸다. 속력이 느려지는데 오래 걸리는 것에 대해서는 면이 물체에 주는 마찰력이 작다는 것을 연관 짓는다. 합리적인 추론은, 물체가 일정한 속력으로 움직일 때 힘이 필요 없다는 것이다. 그리고 물체의 속력이 느려진다면, 그렇게 하는 힘이 있다는 것이다. 그럼, 힘이 없을 때 운동의 자연스러운 상태는 무엇인가?

수레와 플라스틱 통의 움직이는 면을 더욱더 매끄럽게 만들거나, 공기 궤도, 공기 부양, 또는 우주로 나가서 움직이게 하여 수평방향의 마찰력을 최소로 만들면 어떻게 될까? 그 물체는 더욱더 멀리까지 갈 것이다. 어떤 물체가 주변과는 상호작용을 하지 않아 아무런 힘도 받지 않는다면 어떻게 될까? 우리 실험은 그것이 일정한 속도로 영원히 움직일 것이라고 보여준다. 이것이 물음에 대한 뉴턴의 답이고, 그의 운동 제1법칙으로 정리되었는데, 17세기 언어가 아닌 현대말로 바꾸면 아래와 같다.

뉴턴 제1법칙 아무 힘도 받지 않는 물체를 생각하자. 그 물체가 서 있다면, 계속 서 있을 것이다. 그 물체가 움직인다면, 같은 속도로 계속 움직일 것이다.

무엇이 힘인가? 분명히 뉴턴은 여기에서 힘은 물체에 작용하여 속도를 변화시키는 것이라고 정의하고 있다. 힘이 없으면, 물체의 속도는 변하지 않는다. 이 힘의 정의를 더 형식을 갖추어 할 수 있다.

힘은 어떤 물체의 속도를 변하게 하는 것이다.

뉴턴 제1법칙과 그의 힘에 관한 정의는 서 있거나 일반적인 물리 실험실에서 일정한 속도로 움직이는 물체에 적용할 때는 사리에 맞는 것처럼 보인다. 그렇지만, 물체의 속도를 재려면 그 위치를 시간의 함수로 잴 수 있게 좌표계나 기준틀을 잡아야 한다. 2장에서 본 것처럼 속도와 가속도를 셈하려면 이러한 측정이 필요하다.

모든 기준틀에서 뉴턴 제1법칙이 성립하는 것일까? 그렇지 않고, 뉴턴 제1법칙이 모든 기준틀에서 성립하지는 않는 것으로 밝혀졌다. 예를 들어, 가속되는 기준틀에서 물체에 어떤 일이 생기는지 생각해 보자. 달리는 차의 기준틀에서 계기판에 가만히 있던 연필이나 작은 물건이, 차가 갑자기 가속하거나 감속하면 저절로 이리저리 구르는 것을 자주 본다. 이때는 뉴턴 제1법칙이 성립하지 않는 것처럼 보인다. 뉴턴 제1법칙이 성립하는 기준틀을 관성 기준틀이라고 하며, 그래서 뉴턴 제1법칙은 관성의 법칙이라고도 한다. 따라서 가속하거나 감속하거나 방향을 바꾸는 자동차 안과 같이 물체가 가만히 있다가 저절로 움직이기 시작하는 것처럼 보이는 가속 기준틀은 비관성 기준틀이다. 뉴턴 제1법칙은 관성 기준틀에서만 성립한다. 앞으로 다른 뉴턴 운동법칙을 전개할 때는 제1법칙이 성립하는 관성 기준틀만 생각한다.

생각해보기 3-1 그림 3-3에 보인 그림표를 살펴보자. (a) 수레가 거친 양탄자 위를 굴러가 완전히 서는데 몇 초나 걸리는가? (b) 수레가 $t = 0.0$초에 속력 0.8 m/s로 매끄러운 궤도 위를 굴러간다면, 양탄자 위를 굴러가는 수레가 완전히 선 순간 궤도 위에 있는 수레의 속력은 처음 속력의 몇 %인가?

생각해보기 3-2 (a) 여러분이 '가만히' 있었던 비관성 기준틀을 설명하라. (b) 무엇을 관찰하면 여러분이 있는 기준틀이 비관성 기준틀이라고 결론지을 수 있는가?

3-3 힘 하나와 직선 방향 가속

관성 기준틀에 있는 물체가 힘을 하나 받는 상황을 생각하여 힘과 그것이 만드는 속도 변화를 간단히 살펴보자. 물체가 받는 힘 하나가 운동에 어떤 영향을 주는가를 살펴본 다음, 물체가 운동 방향으로 둘 이상의 힘을 받을 때 그 운동이 어떻게 되는가를 살펴보자.

마찰이 작아 조금만 밀어도 잘 굴러가는 수레에 탄 사람의 운동을 생각하자. 수레와 사람에게 계

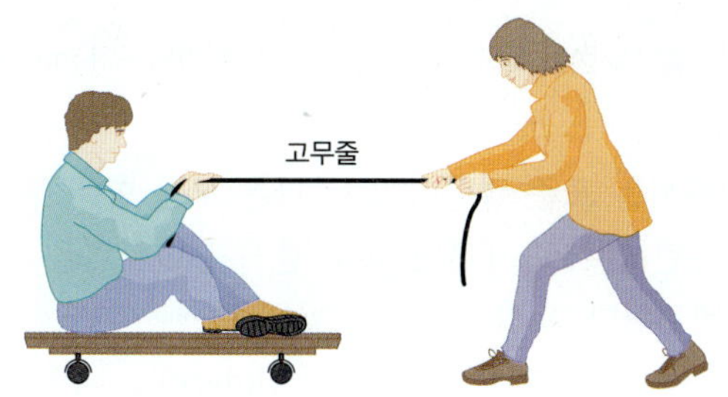

그림 3-4
마찰이 작은 수레에 탄 사람을 다른 사람이 짧은 고무줄의 길이를 일정하게 유지하면서 직선을 따라 당긴다.

속 끌어당기는 힘을 준다. 그 힘은 수레가 움직이는 쪽으로 작용한다. 끈을 당기는 사람은 그림 3-4와 같이 짧은 고무줄의 길이를 일정하게 유지하면서 당겨 수레와 탄 사람에게 일정한 힘을 준다. 운동 감지기를 수레 탄 사람의 등을 향해 대어 컴퓨터 자료수집 장치로 운동을 추적할 수 있다. 고무줄로 당기는 힘이 수레에 탄 사람이 운동 방향으로 받는 유일한 힘이면, 그림 3-5에 보인 결과는 다음과 같은 관찰 내용을 말해준다.

> **관찰**: 물체에 일정한 힘을 주면 그것은 직선을 따라 일정한 가속도로 움직이며, 가속도의 방향은 힘의 방향과 같다.

이 관찰은 마찰이 작은 상황에서 일정하게 밀거나 끄는 힘을 받은 여러 물체에서 확인되었다.

많은 사람은 물체가 일정한 속도로 움직이려면 일정한 힘을 받아야 할 것으로 믿는다. 이러한 믿음은 고속도로에서 차를 몰거나 무거운 물체를 마루에서 밀거나 하는 평소의 경험에 뿌리를 두고 있다. 차를 일정한 속도로 몰려면 연료를 일정하게 공급해야 한다. 따라서 그림 3-5에 보인 것처럼 일정한 힘을 주면 일정한 가속도가 생긴다는 실험 결과는 놀랍다. 기억할 것은 실험장치를 꾸밀 때, 마찰이 작은 수레를 써서 수레가 힘을 받을 때 마찰력은 거의 받지 않게 했다는 것이다. 이 장의 뒤에서는 수레를 직접 밀거나 당길 때 또는 상자를 밀거나 차가 도로를 따라갈 때 겪는 표면 사이의 마찰에 관여하는 접촉력이 서로 맞비겨 물체가 받는 알짜힘이 0이 되는 것을 설명할 것이다. 그러면 실제로 밀거나 끄는 힘을 주어도 마찰력이 그 힘과 맞비겨 물체는 일정한 속도로 움직이게 된다.

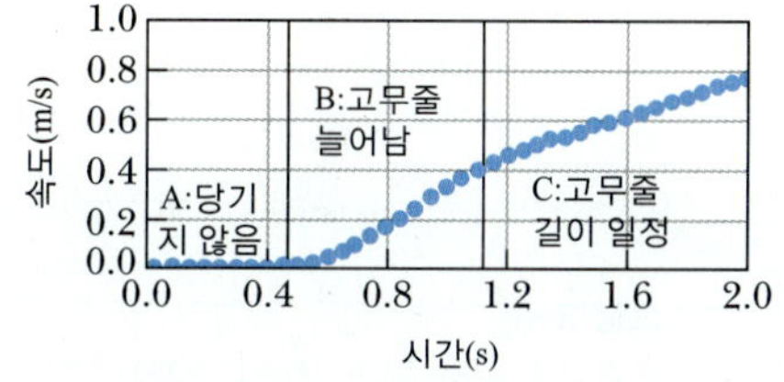

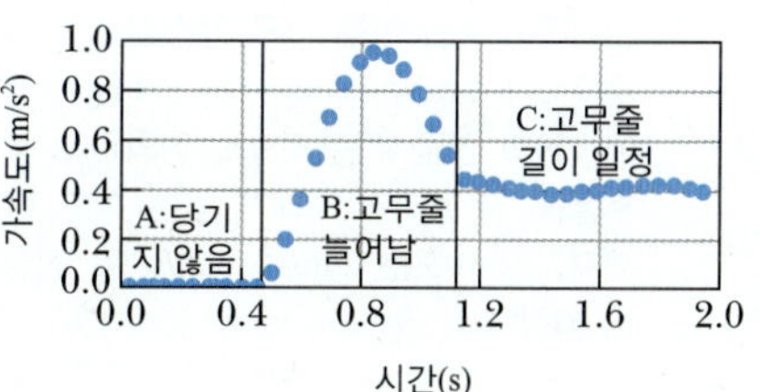

그림 3-5
이 그림표는 수레에 탄 사람의 속도와 가속도를 시간에 대해 보여준다. 처음 0.5초 동안(영역 A)은 수레가 서 있다. 0.5초와 1.1초 사이에는(영역 B) 고무줄이 늘어나기 시작한다. 1.1초와 2.0초 사이에는(영역 C) 일정한 힘이 작용하여 일정한 가속도가 관찰된다.

생각해보기 3-3 (a) 일정한 힘을 주었는데도 물체가 가속되지 않는 것처럼 보였던 경험을 설명하여라. (b) 물체에 일정한 힘을 줄 때 가속되었던 상황을 설명하여라. **조심**: 쉽게 구할 수 있는 물체에 일정한 힘을 주어 실험을 해 보라.

3-4 힘 재기

1장에서 설명한 것처럼, 다른 사람과 정확하고 명료하게 대화하려면 거리, 질량, 시간에 대해 한 것처럼 힘에 대해서도 표준 단위와 '눈금(scale)'을 정의해야 한다. 모든 물리량은 그것을 재는 절차를 통해 정의되므로, 힘도 표준 단위를 재는 절차를 정의해야 한다. 힘에 대한 정성적인 정의는 물체를 가속시키는 상호작용이므로, 힘을 재는 표준 방법은 표준 물체에 어떤 힘을 줄 때 가속도가 얼마나 생기는가를 재는 것이다. 과학기술자의 국제 공동체에서는 가속시킬 표준 물체를 무엇으로 할 것인가를 정해야 한다. 그것은 1장에서 설명한 국제 표준 킬로그램이다. 힘의 국제단위는 '뉴턴(Newton)' 이다.

힘의 표준 단위의 정의: 힘 1뉴턴은 국제 표준 킬로그램에 가속도 1 m/s^{2}을 주는데 필요한 힘이다.

물론 뉴턴의 정의에서는 표준 질량이 받는 다른 모든 힘은 무시해도 될 정도로 작다고 가정한다. 다른 어떤 힘이든 뉴턴 단위로 재려면 표준 물체가 마찰력을 작게 받도록 꾸며 가속도를 재고, 그 가속도를 1 m/s^{2}와 비교한다.

미국에서 아직도 쓰는 힘의 다른 단위인 '다인(dyne)', '파운드(pound)', '톤(ton)'을 부록 D에 요약했다.

힘을 표준 단위로 재려면 마찰력을 거의 받지 않고 자유로이 움직일 수 있는 1 kg 물체를 가속시켜야 한다. 실제적인 이유로 매끈하고 평탄한 궤도 위에 표준 킬로그램 원기 대신 마찰이 작은 수레를 올려놓고 가속시켜 힘을 잰다. 먼저 수레의 질량을 조정하여 국제 표준 킬로그램과 같게 맞춘다.

그 다음 수레가 가속될 때 속도의 시간 변화를 잴 수 있게 초음파 운동 감지기와 컴퓨터 자료 수집기를 붙여 실험 장치를 꾸민다. 위치에 관한 자료를 컴퓨터 자료 수집 소프트웨어로 처리하면 속도와 가속도의 시간 변화를 셈할 수 있다.

마찰이 작은 수레에 용수철을 묶어 궤도를 따라 끌어당긴다고 하자. 용수철을 탄성 한계 안에서 당긴다면, 용수철을 세게 당길수록 수레를 당기는 힘도 더 세진다. 용수철이 늘어난 길이를 맞추면 수레에 1 m/s^{2}의 가속도를 줄 수 있다. 이것은 컴퓨터 자료 수집기로 잴 수 있다. 물론 용수철이 이렇게 당길 때 수레에 1 N의 힘을 표준 수레에 주는 것으로 정의된다.

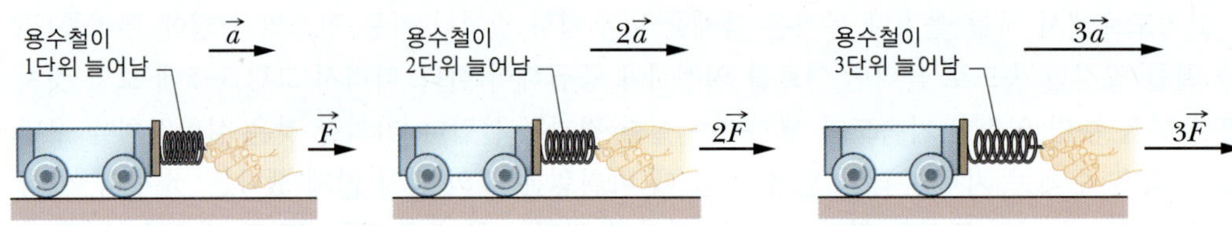

그림 3-6
용수철을 써서 질량 1 kg인 수레에 일정한 힘을 주는 실험. 먼저 용수철을 당겨 가속도가 1 m/s^{2}가 되게 하면 1 kg 수레에 1 N의 힘을 주는 것으로 정의된다. 용수철을 더 늘리면 수레가 받는 힘도 더 세지고 가속도는 2 m/s^2, 3 m/s^{2}로 점점 더 커진다.

수레에 2 N, 3 N 등의 힘은 어떻게 줄 수 있을까? 용수철을 더 세게 당기면 수레의 가속도가 2 m/s^{2}가 되게 할 수 있다. 그림 3-6과 같이 이 과정을 되풀이하면 가속도를 3 m/s^2 등이 되게 할 수 있다.

따라서 힘은 표준 1 kg 물체에 주는 가속도로 잴 수 있다.

가속도는 벡터량이므로 크기와 방향이 있다. 힘도 벡터량인가? 그것도 크기와 함께 방향도 있는가? 힘이 벡터량인가 하는 물음에 답하려면 다음 물음을 생각하자. 1 N의 힘으로 왼쪽으로 당길 때와 오른쪽으로 당길 때의 효과가 다른가? 대답은 "그렇다"이다. 그렇다면 어떻게 다른가? 오른쪽으로 당기는 힘은 물체를 오른쪽으로 가속시키고, 왼쪽으로 당기는 힘은 물체를 왼쪽으로 가속시킨다. 따라서 힘은 크기와 함께 방향도 있다. 2-2절에서 설명했듯이 힘이 벡터량이라면, 아직 명시하지 않은 다른 성질이 있어야 한다. 그렇지만, 지금은 힘이 벡터량이라고 가정하는 것이 합리적이다.

힘을 잴 때, 늘 표준 물체의 가속도를 재는 장치를 꾸미는 것은 아주 비실용적이다. 대부분의 연구자는 용수철, 고무줄, 전자 변형률 계측기(그림 3-8에 보인 전자 힘 감지기) 같은 것이 받는 힘에 비례하여 늘어난다는 사실을 이용한다. 이와 같은 '공식적인 방식으로 힘에 대한 '적절한' 눈금을 매길 수 있다. 표준 질량 원기를 1 m/s^{2}로 가속시키는 힘을 1 N의 힘으로 표시하고, 그때 고무줄이 늘어난 길이 또는 새 장치의 계수 표시를 기록한다. 그 다음에는 2 m/s^{2}로 가속시키는 힘을 2 N

의 힘으로 표시하고, 그때 고무줄이 늘어난 길이 또는 새 장치의 계수 표시를 기록하는 것을 계속한다. 흔히, 힘을 재는 장치의 눈금을 매길 때는, 이미 눈금을 제대로 매긴 장치와 비교하여 눈금을 정하는 2차적인 방법을 쓴다. 그림 3-7과 같은 용수철 저울은 힘을 재는데 널리 쓰이는 장치다. 그렇게 널리 쓰이는 까닭은 다행히도 용수철이 늘어난 길이가 — 탄성한계 안에서는 — 용수철이 받는 힘에 비례하기 때문이다. 이 비례성은 17세기에 후크(Robert Hooke)가 발견했고, 9장에서 더 정식으로 설명하겠다. 용수철이 늘어난 길이가 힘에 비례하는 성질은 편리하지만 꼭 필요한 것은 아니다. 고무줄처럼 비선형 특성을 보이는 것을 쓸 수도 있다.

생각해보기 3-4 전형적인 고무줄은 후크 법칙을 따르지 않는다. 그렇지만 탄성 한계 안에서는 힘 계량기로 쓸 수 있다. 그림 3-7과 같은 눈금을 제대로 매긴 용수철 저울을 써서 고무줄의 탄성으로 힘을 재는 장치를 만드는 방법을 설명하라.

그림 3-7
두 가지 용수철 저울. 힘을 뉴턴 단위로 잴 수 있게 지구가 1 kg의 추를 당기는 중력과 용수철이 늘어나는 길이를 연관시켜 눈금을 매길 수 있다.

3-5 질량의 정의와 측정

빈수레보다는 짐을 가득 실은 수레를 계속 밀 때 훨씬 더 힘들다는 것은 경험으로 알고 있다. 또한 수레를 끄는 것보다는 들어올리기가 훨씬 더 힘들다는 것도 알고 있다. 이러한 관찰 결과를 요약하여 말하면, 물질이 적은 것보다는 많은 것을 움직이기가 훨씬 더 힘들다는 것이다. 그러나 수레에 실린 '물질의 양(an amount of stuff)'이 빈수레보다 얼마나 더 많은가를 어떻게 재는가? 마른 풀을 엄청나게 높이 쌓은 수레를 들어올리거나 끈다고 하자. 마른 풀을 그보다 작은 납덩어리로 바꾸면 어떻게 될까? 작은 납덩어리와 같은 양의 물질이 되려면 마른 풀은 얼마나 많아야 할까? 어떻게 알 수 있는가?

1-2절에서 '물질의 양'의 척도로 질량을 도입했고, 물리량은 그것을 재는 절차로 정의된다고 했다. 앞 절에서 힘은 그것을 재는 기본 절차를 통해 정의했다. 이 절에서는 같은 일을 질량에 대해서 하겠다. 두 가지 물음에 바탕을 두어 질량을 재는 두 가지 다른 절차를 도입한다. 어떤 물질을 들어올리는데 얼마나 힘이 드는가? 그리고 어떤 물질을 가속시키는데 얼마나 힘이 드는가?

그림 3-8
전자 힘 감지기. 컴퓨터 자료 수집 장치와 함께 쓸 수 있다. 아래쪽 고리를 밀거나 당기면 속에 든 금속조각이 눌리거나 굽는다. 그것을 전자 변형률 계기가 감지하여 힘에 비례하는 전압신호를 낸다.

• 중력 질량 재기

1장에서 설명했듯이, 역사적으로 가장 많이 써온 질량을 재는 방법은 저울을 써서 두 물체가 받는 중력을 비교하는 것이다. 이미 기원전 오천 년에 이집트 사람은 팔 길이가 같은 양팔 저울을 써서 물체의 질량을 표준 질량과 비교했다(그림 3-9).

양팔 저울에서 두 물체가 균형을 이루면 두 물체의 질량이 같다고 가정하자. 두 물체가 균형을 이루면 이들은 똑같은 중력을 받는다. 표준 1 kg 질량의 복제품은 저울을 써서 질량을 맞춘다. 질량은 더할 수 있는 양이라고 가정하면 표준 1 kg 질량의 복제품 두 개의 질량은 2 kg이 된다. 이렇게

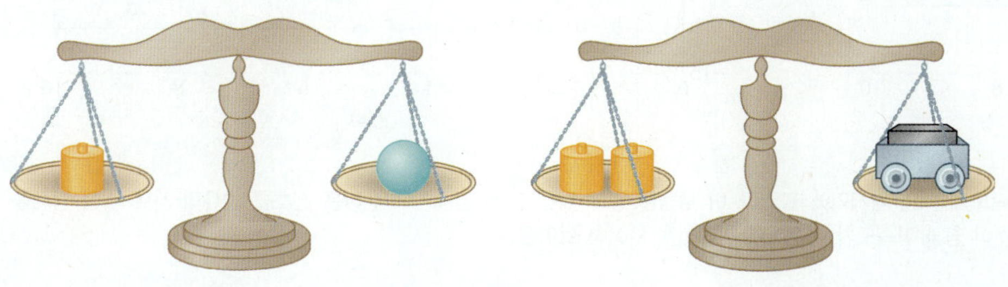

그림 3-9
구식 저울은 표준 1 kg 질량 원기 개수로서 중력 질량을 잰다. 따라서 표준 1 kg 질량 원기 한 개를 쓴 공은 중력 질량이 1 kg이고, 두 개를 쓴 짐을 실은 수레는 중력 질량이 2 kg이다.

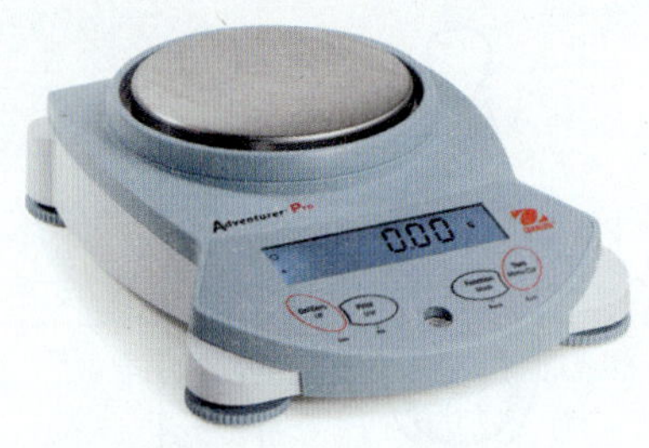

그림 3-10
현대의 전자 저울은 속에 전자 변형률 계기를 써서 중력 질량을 잰다. 그 작동원리가 겉으로 보이지는 않지만 용수철 저울과 같은 결과를 낸다.

계속하면 질량의 척도를 만들 수 있다. 질량이 1 kg보다 더 작은 것도 만들 수 있다. 예를 들어, 질량이 작은 두 물체가 양팔저울에서 균형을 이루지만, 한데 모으면 표준 1 kg 질량과 균형을 이루게 하여 질량이 1/2 kg인 물체를 만들 수 있다. 이렇게 질량을 결정하는 방법은 중력의 균형을 이루는 것에 바탕을 둠으로 이러한 질량을 '중력 질량(gravitational mass)' 이라고 한다.

현대 실험실에서는 중력을 재는 구식 양팔 저울 대신 세팔 저울, 용수철 저울, 전자 저울(그림 3-10) 등을 쓴다. 용수철에 달린 질량을 지구가 끌어당기므로 용수철은 늘어난다. 전자 저울 위에 올린 질량은 전자 변형률 계기를 압축시킨다.

• 관성 질량 재기

앞에서 설명했듯이, 물질이 얼마나 많은가를 '재는' 또 다른 방법은 알고 있는 힘을 주어 물체를 움직이게 하는, 또는 가속시키는 것이 얼마나 어려운가를 관찰하는 것이다. 정의에 따라 1 N의 힘은 표준 1 kg 질량을 1 m/s^{2}로 가속시킨다. 일반적으로 $m = 1$ kg이면, 가속도의 크기는 힘과 같다. 힘을 받는 물체의 질량이 표준 질량과 다르면, 물체의 가속도는 힘과 어떤 관계가 있는가?

그림 3-11과 같은 컴퓨터 접속장치 그리고 가속도계와 전자 힘 감지기를 딱 붙인 것을 써서 가속도와 힘을 재는 장치를 꾸미면, 힘과 가속도의 관계에서 질량이 미치는 효과를 살펴볼 수 있다. 힘 감지기-가속도계 장치에서 물체를 수평방향으로 밀고 당긴다. 그 다음 물체에 추를 붙여 질량을 늘린 다음 같은 실험을 되풀이한다.

그림 3-11
전자 가속도계로 물체의 가속도를 시간의 함수로 추적하는 장치 꾸밈. 물체, 힘 감지기, 덧붙인 추로 이루어진다. 이 장치에서는 고리가 힘 감지기에 튼튼하게 붙어 있다. 그 고리를 붙잡아 수평방향으로 밀고 당겨 물체가 공기 중에서 부드럽게 이리 저리 움직이게 한다.

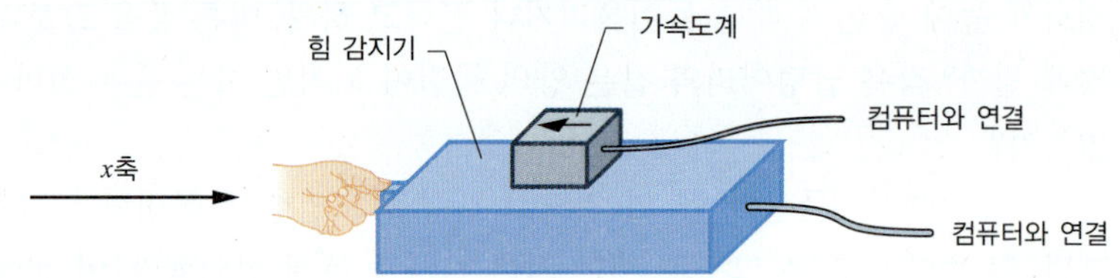

그림 3-12는 중력 질량 150 g인 물체가 받은 힘의 x 성분과 가속도의 x 성분이 시간에 대해 변하는 것을 보여준다. 힘과 가속도의 성분이 순간마다 비례함을 알 수 있다. 이 사실은 시간에 대한 힘의 변화 곡선과 가속도의 변화 그림표가 같은 모양인 것에서 분명하다. '그림표의 모양' 이 같다는 것은 어떤 순간의 힘이 다른 순간의 두 배이면, 가속도도 마찬가지임을 뜻한다.

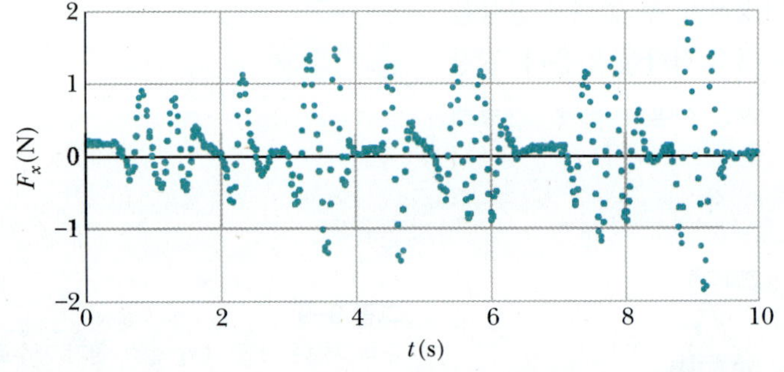

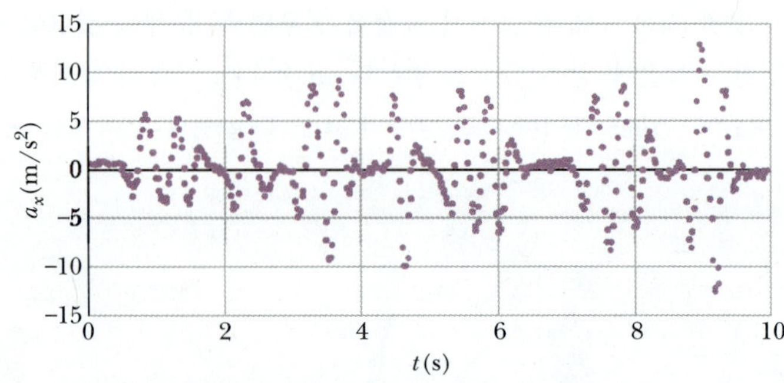

그림 3-12
시간의 함수로 잰 힘과 가속도의 그림표, 그림 3-11과 같이 가속도계를 힘 감지기에 붙였다. 이 묶음을 밀고 당긴다. 두 감지기에서 나온 신호를 컴퓨터 자료 수집 장치를 통해 컴퓨터에 보낸다. 실시간 컴퓨터-그림표의 모양이 비슷한 것이 힘과 가속도가 순간마다 비례함을 확실히 보여준다.

그림 3-13은 힘의 x 성분을 가속도의 x 성분의 함수로 보여주는 그림표로서, 그림 3-12에 보인 중력 질량 150 g인 물체에 대한 자료를 써서 만들었다. 새 그림표가 원점을 지나는 직선 꼴이라는 사실이 힘과 가속도는 비례한다는 것에 대한 또 하나의 증거이다. 비례상수는 그림표의 기울기다.

물체의 **관성질량**(inertial mass)은 가속도와 그것이 생기게 하는 힘의 비례상수로 정의된다.

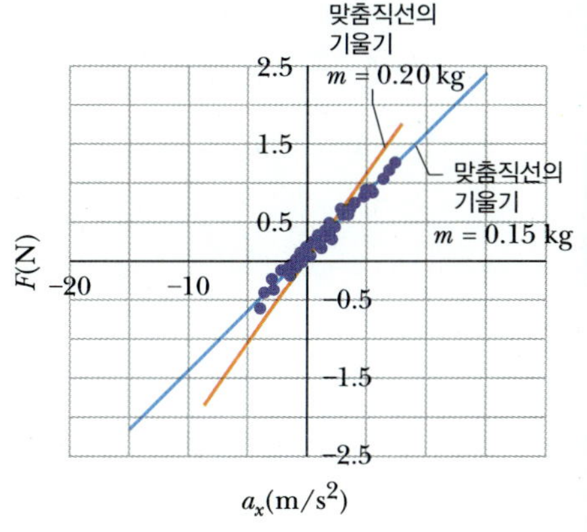

그림 3-13
(그림 3-11에 보인) 가속도계-힘 감지기 장치에서 물체를 수평방향으로 밀고 당기면서 잰 가속도 성분에 대한 수평방향 힘의 그림표. 질량이 0.150 kg인 물체와 0.200 kg인 물체 두 가지를 썼다. 두 물체 모두 a_x에 대한 F_x 그림표의 기울기는 힘과 가속도가 비례하며, 실험오차의 한계 안에서는 비례상수가 중력질량과 같음을 보여준다.

실제로, 지금 그림 3-13에 보인 실험을 중력 질량 200 g인 물체로 한다면 기울기가 더 커질 것이다. 그렇다면 물체의 질량이 더 커지면 같은 가속도를 얻으려면 힘이 더 든다는 것을 뜻한다. 그림 3-13의 흥미 있는 특징은 a_x에 대한 F_x 그림표의 기울기로 잰 관성질량이, 적어도 실험오차의 한계 안에서는, 저울로 잰 중력질량과 같다는 것이다.

물체의 관성질량은 가속도에 얼마나 저항하는가를 말해주고, 중력질량은 지구가 얼마나 세게 당기는가를 말해준다. 실험실에서 캐븐디시(Cavendish) 저울을 써서 두 물체가 주고받는 중력을 정확하게 잰 정교한 실험 결과는 두 가지 질량이 10^{12}의 오차로 같음을 보여주었다. 두 가지 질량의 값이 같으므로 앞으로는 두 질량을 구별하지 않고 그냥 질량이라고 하겠다.

3-6 하나의 힘에 관한 뉴턴 제2법칙

3-5절에서 설명한 힘, 질량, 가속도 사이의 일반적인 관계는 뉴턴 제2법칙으로 알려져 있다. 지금까지 끌어낸 결론을 모두 묶어, 방향이 일정한 힘을 하나 받는 물체에 대한 법칙으로 표현하겠다. 그 다음에는 이 장과 다음 장에서 이 법칙이 여러 힘이 2차원에서 작용할 때도 성립함을 보이겠다.

어떤 물체의 가속도는 그것이 받는 힘과 질량과 어떤 관계가 있는가? 그림 3-12와 3-13의 실험적 증거는 물체의 가속도는 그것이 받는 힘에 비례함을 보여준다. 그림 3-13의 실험적 증거는 물체의 가속도는 그것의 질량에 반비례함을 보여준다. 다시 말해 그림표를 보면 어떤 힘이 물체에 작용할 때, 물체의 질량이 크면 물체에 생기는 가속도가 작고, 질량이 작으면 가속도가 큼을 알 수 있다. 두 관계를 단위 힘은 단위 질량의 물체에 단위 가속도가 생기게 하는 것이라는 정의를 묶으면 다음과 같은 방정식 하나로 요약할 수 있다.

$$\vec{a} = \frac{\vec{F}}{m} \tag{3-1}$$

식 3-1의 화살표는 힘과 가속도는 벡터량으로서 크기와 방향이 있음을 상기시켜준다. 물체가 받는 힘과 그 때문에 생긴 가속도는 방향이 같다. 질량은 스칼라량으로서 방향이 없다. 뉴턴 제2법칙은 다음과 같이 말로 표현할 수도 있다.

하나의 힘에 관한 뉴턴 제2법칙: 어떤 물체가 힘을 하나 받을 때, 그 물체는 힘의 방향으로 가속된다. 가속도의 크기는 힘의 크기를 물체의 질량으로 나눈 값이다.

뉴턴 제2법칙은 다음과 같은 꼴로 쓰는 것이 더 편하므로 가장 널리 쓰인다.

$$\vec{F} = m\vec{a} \tag{3-2}$$

힘이 x축 쪽이면, $\vec{F} = F_x\,\hat{\imath}$이고, $\vec{a} = a_x\,\hat{\imath}$이다. 따라서 제2법칙을 힘과 가속도의 성분으로 다음과 같이 쓸 수도 있다. $F_x = ma_x$.

식 3-1과 3-2는 정의와 자연 법칙의 재미있는 묶음이다. 식 3-1과 3-2 모두 등호는 양쪽의 양이 같은 물리량이라거나 힘이 질량과 가속도의 곱으로 정의된다는 것을 뜻하지 않는다. 그보다는 식 3-2는 어떤 물체의 질량과 그것이 받는 힘을 알면 가속도를 예측할 수 있게 한다. 또는 식 3-2는 어떤 물체의 가속도와 질량을 재면 그 물체가 받아 가속도가 생기게 하는 힘을 결정할 수 있음을 일러준다.

표준 국제 단위로 $\vec{F} = m\vec{a}$는 다음을 말해준다.

$$1\,\text{N} = (1\,\text{kg})(1\,\text{m/s}^2) = 1\,\text{kg}\cdot\text{m/s}^2 \qquad (3\text{–}3)$$

다른 단위계에서 쓰는 힘의 단위는 부록 D에 있다.

지금까지는 매우 제한된 상황에서 운동과 힘의 관계를 살펴보았다. 힘은 관성 기준틀에서 한 방향으로만 작용하는 것으로 제한했다. 또한 마찰이 작은 수레처럼 물체가 받는 힘 하나만이 중요한 것으로 제한했다. 이처럼 다소 비현실적인 제한을 두어 힘과 질량을 처음으로 정의했다. 그 다음에는 이러한 정의와 관찰을 묶어 뉴턴의 세 가지 운동법칙 가운데 두 가지 법칙을 전개했다.

이미 나타냈듯이, 뉴턴 제1법칙과 제2법칙은 $\vec{v} \equiv d\vec{x}/dt$ 또는 $\vec{a} \equiv d\vec{v}/dt$과 같이 정의되었기 때문에 그냥 성립하는 것이 아니다. 그보다는 정의와 자연 법칙을 묶은 것이다. 이 법칙을 다듬어 힘과 운동이 한 방향으로만 일어나는 더 복잡한 상황에서도 성립하게 할 수 있는가? 특히 같은 방향으로 여러 힘을 받을 때는 어떻게 되는가? 힘은 어떻게 더해지는가? 우리가 주는 힘 말고 다른 힘은 물체에 어떻게 작용하는가? 이러한 힘이 모두 실제로 있다는 증거는 무엇인가? 힘이 둘 이상의 물체가 주고받는 것이 분명해지면, 힘을 받는 물체는 힘을 주는 물체에게도 힘을 주는가? 두 힘 사이에는 어떤 관계가 있는가? 이 장의 나머지는 이러한 물음에 대한 해답을 다룬다. 그리고, 5장과 6장은 물체가 2차원과 3차원적인 힘을 받을 때 뉴턴 법칙을 써서 운동을 예측하는 방법을 다룬다.

• 기차를 끄는 벼룩

이 장의 첫머리에 나온 물음으로 돌아가자. 질량이 아주 작은 벼룩이 자기보다 160 000배나 질량이 큰 물체를 어떻게 끌 수 있는가? 튀어 오르는 것으로 말하면 곤충은 큰 동물보다 훨씬 유리하다. 다리의 힘은 다리 지름의 제곱에 비례하는데, 그 다리로 밀어 내는 몸의 질량은 몸 크기의 세제곱에 비례한다. 따라서 다리로 밀어 올리는 몸의 질량을 다리의 단면적으로 나눈 비율은 큰 동물보다 훨씬 작다. 세계적인 높이뛰기 선수도 겨우 자기 키 정도를 뛰어오르지만, 벼룩은 자기 크기의 150배까지 높이 뛸 수 있다. 따라서 길이 2 mm인 벼룩은 약 30 cm까지 뛰어오를 수 있다.

벼룩의 비밀은 빠른 속도로 뛸 수 있다는 것이다. 브루투스는 질량이 겨우 2×10^{-3}g인데, 30 cm까지 뛰어오르는 뜀뛰기로 위와 앞으로 똑같이 뛴다고 하자. 그러면 이 벼룩은 상당히 빠른 수평속도로 움직일 것이다. 운동식을 쓰면 벼룩이 처음에 뛰어오르는 속력이 2 m/s가 넘는다고 어림할 수 있다. 벼룩이 최대 높이에 이르기 전에 철사가 다 풀려 벼룩을 잡아챈다. 철사가 늘어나기 시작하면서 브루투스를 갑자기 서게 한다. 그러나 브루투스가 서면서 자기를 묶은 철사에 주는 힘은 철사를 따라 기차에 전달된다. 이 힘은 질량 32 g인 기차를 앞으로 덜컹 가게 한다. 브루투스가 떨어지는 동안 기차바퀴의 마찰 때문에 기차도 선다.

브루투스가 기차를 계속 끌고 가지 않으므로, 끌고 가는 기차의 운동을 자세히 셈하기는 어렵다. 대신 따라해보기 3-1에서 실제의 객차 두 량을 계속 끄는 사람에게 무슨 일이 생기는가를 셈해 보자.

생각해보기 3-5 썰매에 앉은 학생이 왼쪽으로 26 N의 수평방향 힘을 받아 0.42 m/s²으로 가속된다. (a) 힘과 가속도의 대한 식을 벡터 기호와 단위벡터를 써서 나타내라. (b) 학생과 썰매의 질량의 합은 얼마인가? (c) 학생과 썰매의 질량을 kg 눈금이 달린 저울을 써서 쟀다. 저울에서 눈금이 얼마를 가리키는가?

생각해보기 3-6 생각해보기 3-5에서 한 답을 생각하자. (a) 앞에서 잰 두 질량 가운데 관성질량을 얻은 것이 (b)인가 (c)인가? 설명하여라. (b) (c)에 대해 답할 때 어떤 가정을 했는가?

따라해보기 3-1 | 기차 끌기

아래 사진에 보이는 '매시스(John Massis)'는 객차 2량을 수평방향으로 30°의 각으로 일정한 힘을 주어 계속 끌고 있다. 이 상황 대신 매시스가 질량 8.0×10^4 kg인 차를 수평힘 2.0×10^3 N으로 끈다고 하자. 철로에 마찰이 없다면 매시스가 차가 서 있던 곳에서 1.0 m를 끌고 간 뒤에 차의 속력은 얼마나 되겠는가?

1974년 벨기에 사람 존 매시스는 뉴욕의 롱아일랜드 철도회사 소속 객차 2량을 끌어 움직였다. 그는 자에 묶은 밧줄을 이로 물고 발로는 침목을 밟은 채 몸을 뒤로 기울여 당겼다. 두 차량의 질량은 약 80톤으로, 그의 질량의 약 1000배이다.

풀이 ■ 요점은 뉴턴 제2법칙으로부터 객차는 매시스가 수평방향으로 일정하게 끄는 힘을 받아 수평방향으로 일정하게 가속된다. 힘의 방향과 크기가 일정하므로, 운동은 1차원으로 가정할 수 있고, 운동론의 방정식을 써서 위치 x_2에서의 속도성분 v_{2x}를 구할 수 있다 ($x_2 - x_1 = +1.0$ m).

그림 3-14와 같이 운동 방향과 나란히 x축을 잡는다. 수평축 방향의 처음 속도 성분 v_{1x}는 0, 변위 $x_2 - x_1$는 +1.0 m임을 알고 있다. 그렇지만 가속도의 x 성분 a_x를 구해야 한다.

객차 가속도의 x 성분 a_x는 뉴턴 제2법칙을 써서 밧줄이 차를 당기는 힘과 연관지을 수 있다. 마찰력이 없다고 가정하면, 그림 3-14에서 수평축을 따라 차를 당기는 힘은 다음과 같음을 알 수 있다.

$$F_x^{\text{당김}} = Ma_x \tag{3-2}$$

여기에서 M은 차의 질량, $F_x^{\text{당김}}$과 a_x는 힘과 가속도의 x성분이다. 그림 3-14에서 매시스는 x쪽으로 당김을 알 수 있으므로, $F_x^{\text{당김}} = 2.0 \times 10^3$N이다. 차의 질량 M은 8.0×10^4 kg이므로 a_x는 식 3-2를 정리하고 $F_x^{\text{당김}}$과 M의 값을 넣어주면 구할 수 있다. 가속도의 성분은 다음과 같다:

$$a_x = \frac{F_x^{\text{당김}}}{M} = \frac{2.0 \times 10^3\,\text{N}}{8.0 \times 10^4\,\text{kg}} = 0.025\,\text{m/s}^2$$

그 다음에는 식 2-13을 써서 기차가 1.0 m를 간 다음의 속도를 구한다.

$$v_{2x} = v_{1x} + a_x(t_2 - t_1) = v_{1x} + a_x \Delta t \tag{3-4}$$

이 경우 $v_{1x} = 0$이므로 $v_{2x} = a_x \Delta t$이다.
Δt를 구하려면 기차의 평균 속도는 다음과 같다는 사실을 쓴다.

$$\langle v_x \rangle = \frac{\Delta x}{\Delta t} = \frac{v_{1x} + v_{2x}}{2}$$

이것을 Δt에 대해 푼다. 다시 $v_{1x} = 0$을 쓰면 $\Delta t = \Delta x/(v_{2x}/2)$이다. Δt를 다시 식 3-4에 넣으면 $v_{2x} = a_x \Delta x/(v_{2x}/2)$ 또는 더 간단히 다음과 같다.

$$v_{2x} = \sqrt{2a_x \Delta x} = \sqrt{(2)(0.025\,\text{m/s}^2)(1.0\,\text{m})} = 0.22\,\text{m/s} \quad \text{(답)}$$

이 셈에서는 매시스가 기차에 준 힘이 수평방향이라고 가정했다. 실제로는 그가 끈 방향이 꼭 수평방향은 아니었고, 그래서 더 힘들었다. 그 까닭을 설명할 수 있는가?

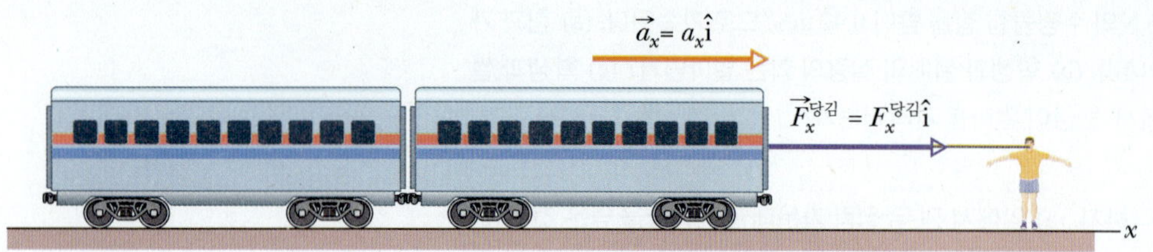

그림 3-14
밧줄을 단 객차가 받는 힘에 대한 그림. 매시스는 밧줄을 이로 물고 끌었다. 매시스는 $+x$ 쪽으로 수평으로 끌었다고 가정한다.

연습문제 3-6

1. 중성자 멈추게 하기

원자핵이 돌아다니는 중성자를 잡으려면 강력한 힘(strong force)으로 중성자를 핵의 지름의 범위 안에서 멈추게 해야 한다. 그 힘은 핵 속의 양성자와 중성자를 '붙이는데', 핵 바깥에서는 크기가 거의 0이다. 처음 속력이 1.4×10^7 m/s인 어떤 중성자가 돌아다니다 지름 $d = 1.0 \times 10^{-14}$ m인 핵에 겨우 붙잡혔다고 하자. 중성자가 받는 힘의 크기가 일정하다고 가정하고, 힘의 크기를 구하라. 중성자의 질량은 1.67×10^{-31} kg이다.

2. 승강기 몰기

질량 50 kg인 사람이 승강기를 타고 오른다. 승강기는 $t = 0$초에 건물 1층에 서 있었고, 10초만에 맨 위층에 오른다. 그림 3-15는 승강기의 가속도를 시간의 함수로 보여주는데, 가속도가 양수이면 위쪽을 향하는 것이다. 다음 힘의 크기와 방향을 구하라. (a) 승강기 바닥이 사람에게 주는 최대 힘, (b) 승강기 바닥이 사람에게 주는 최소 힘, (c) 사람이 승강기 바닥에게 주는 최대 힘.

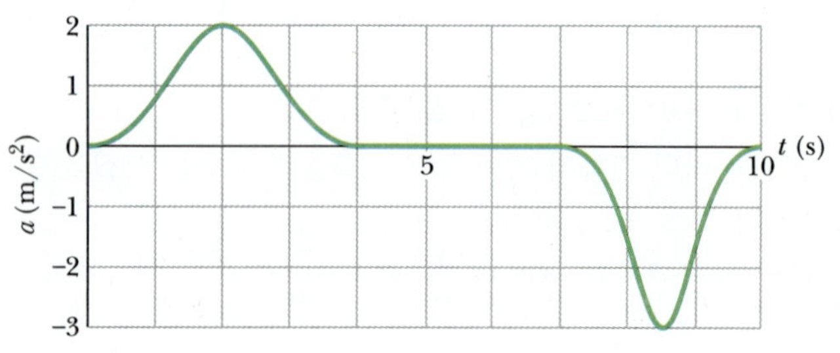

그림 3-15 문제 2

3. 햇빛 타고 가기

요트의 돛처럼 생긴 태양열집열판을 가진 '햇빛 돛배(sun yacht)'라고 하는 태양열로 움직이는 우주선이 있다. 약한 힘이지만(항상 그렇지는 않다.), 그 힘은 태양에서 멀어지기에 충분하다.

비용이 적게들고 느린 이 우주선의 질량이 900 kg이고 20 N의 힘을 받는다고 하자. (a) 이로써 생기는 가속도의 크기는 얼마인가? 우주선이 서 있다가 출발하면 (b) 하루에 가는 거리는 얼마이고, (c) 그때의 속력은 얼마인가?

4. 연어 잡기

낚싯줄을 잡아 챌 때의 장력을 보통 낚싯줄의 '세기'라고 한다. 2.8 m/s로 헤엄치는 무게 85 N의 연어를 낚아 11 cm의 구간에서 멈추게 하려면 낚싯줄의 세기는 최소 얼마가 되어야 하는가? 가속도는 일정하다고 가정하라.

5. 로켓 썰매

실험적으로 만든 로켓썰매를 선 상태에서 1.8초만에 1600 km/h로 일정한 비율로 가속시킬 수 있다. 썰매의 질량이 500 kg이라면 이렇게 가속하는데 필요한 알짜힘의 크기는 얼마인가?

6. 차 세우기

질량 1300 kg인 차가 40 km/h의 속력으로 가다가, 제동을 하여 15 m 앞으로 가서 섰다. 차를 세우는 힘은 일정하다고 할 때, (a) 드는 힘의 크기를 구하라. (b) 설 때까지 걸린 시간을 구하라. 처음 속력이 두 배이고 똑같은 힘을 받아 선다면 (c) 설 때까지 가는 거리와 (d) 걸리는 시간을 구하라. (이 결과에서 차를 너무 빨리 몰면 위험하다는 것을 배워라.)

7. 로켓과 짐

로켓과 짐의 전체 질량이 5.0×10^4 kg이다. 다음 두 상황에서 로켓의 추진 기관이 내는 힘의 크기를 구하라. (a) 기관에 점화를 한 바로 뒤 로켓이 발사대에서 겨우 떠 있을 때, (b) 위로 20 m/s^{2}의 가속도로 가속될 때.

8. 찌그러진 차

53 km/h로 가던 차가 다리의 접합점을 받았다. 차에 탄 사람은 에어백에 잡히면서 앞으로 65 cm 움직였다. 사람 윗몸의 질량이 41 kg이라면 그 부분이 받는 힘의 크기는 얼마인가?

9. 떨어짐

질량 80 kg인 사람이 콘크리트로 덮인 안뜰 바닥에서 겨우 50 cm 높이의 창틀에서 뛰어 내리는데, 땅에 닿을 때 무릎을 구부리지 않아 몸이 멈출 때까지 2 cm를 더 진행하여 내려갔다. (a) 발이 땅에 닿은 때부터 완전히 멈출 때까지의 평균 가속도는 얼마인가? (b) 평균 정지력의 크기는 얼마인가?

10. 성간 우주선

성간 우주선의 질량이 1.20×10^6 kg이고 처음에는 어떤 행성계에서 있었다. (a) 우주선의 속력을 30일 만에 0.10 c에 이르게 하려면 일정한 가속도의 크기가 얼마이어야 하는가?(c는 빛의 속력 3×10^8 m/s이다.) (b) 가속도를 g 단위로 나타내면 크기가 얼마인가? (c) 가속도를 주는데 필요한 힘의 크기는 얼마인가? (d) 속력이 0.10 c가 되었을 때 추진기관을 끄면(속력은 일정하게 유지된다), 빛이 5개월 동안 가는 거리를 이 우주선이 가는데는 (출발하여 도착할 때까지) 얼마의 시간이 걸리는가?

11. 힘–시간

그림 3–16은 질량 3.00 kg인 얼음덩어리가 받는 힘의 성분 F_x를 시간 t의 함수로 보여준다. 덩어리는 x축을 따라서만 움직일 수 있고, $t = 0$ 일 때, $+x$쪽으로 속력 3.0 m/s로 움직인다. $t = 11$초 때 (a) 속력과 (b) 운동 방향은 어떻게 되는가?

12. 변하는 힘

질량 2.0 kg인 입자가 x축을 따라 움직이는데, x축과 나란하고, 크기는 바뀌는 힘을 받는다. 입자의 위치는 아래와 같다.

$$x = 2.0\,\text{m} + (4.0\,\text{m/s})\,t + ct^2 - (2.0\,\text{m/s}^3)\,t^3$$

x의 단위는 미터, t의 단위는 초이다. $t = 3.0$초에, 입자는 $-x$쪽으로 36 N의 힘을 받는다. c는 얼마인가? (단위도 구하라.)

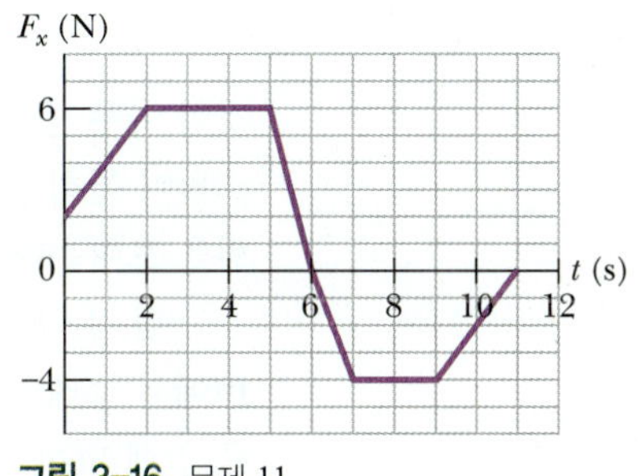

그림 3–16 문제 11

3-7 한 방향의 힘 더하기

지금까지는 물체가 밀거나 끄는 하나의 힘을 받을 때 그 운동이 어떻게 달라지는지를 설명했다. 이제는 한 걸음 더 나아가 물체가 힘을 하나 더 받으면 어떻게 되는가 살펴보자.

그림 3–17과 같이 마찰이 작은 수레에 용수철 저울이 달린 것을 생각하자. 용수철 저울을 통해 수레를 오른쪽으로 당기는데, 힘의 크기를 4.0 N로 유지한다. 수레는 일정한 힘을 받으므로, 일정한 가속도로 속력이 빨라진다. 다시 말해, 수레의 속도는 일정한 비율로 늘어난다.

그림 3–18과 같이 수레에 같은 크기의 힘을 반대쪽으로 동시에 주면 어떻게 될까? 수레는 여전히 가속될까? 분명히 대답은 '아니오' 다. 두 사람이 수레를 2.0 N의 힘으로 같은 쪽으로 동시에 당기면 그 운동은 어떻게 될까? 측정 결과는 두 가지를 드러낸다. 첫째, 4 N의 힘 하나를 받을 때 가속도는 2 N의 힘 하나를 받을 때 가속도의 두 배다. 둘째, 그림 3–19에 보인 것처럼 4 N의 힘 하나를 받을 때 가속도는 2 N의 힘 둘을 동시에 받을 때 가속도와 같다.

이러한 관찰은 어떤 물체의 운동을 예측하려면, 그것이 받는 모든 힘의 크기와 방향을 따지는

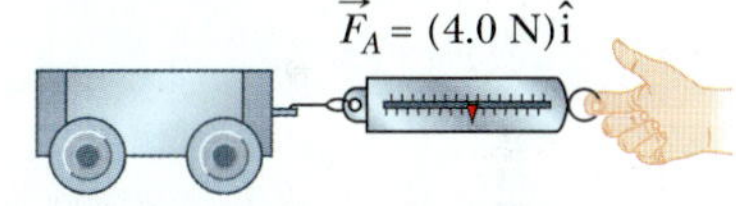

그림 3–17
마찰이 작은 수레를 +4.0 N의 힘으로 오른쪽으로 당긴다. 차의 질량이 0.50 kg이면, 그것은 오른쪽으로 +8.0 m/s²으로 가속된다.

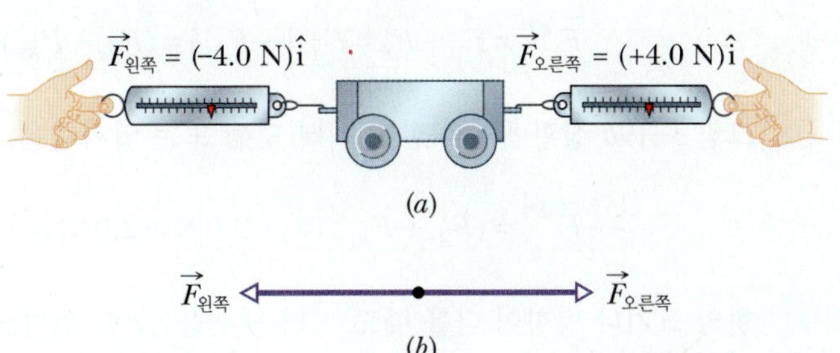

그림 3–18
(*a*) 마찰이 작은 수레를 오른쪽으로 끄는 힘과 똑같은 크기로 왼쪽으로 끈다. 따라서 $\vec{F}_{오른쪽} + \vec{F}_{왼쪽} = 0$이므로 두 힘은 맞비기고 수레는 움직이지 않는다. (*b*) 수레가 받는 힘을 나타내는 간단한 그림. 이러한 그림을 힘-물체그림이라고 한다.

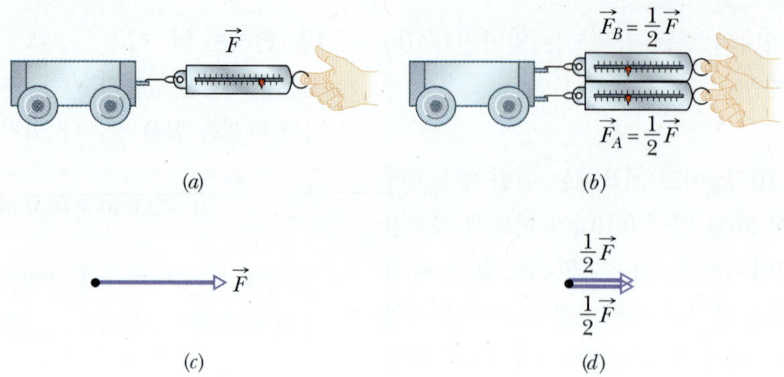

그림 3-19
(a)와 (b): 마찰이 작은 수레를 한 사람이 힘을 주어 오른쪽으로 끌 때의 가속도는 두 사람이 각각 그 힘의 반을 주어 오른쪽으로 끌 때의 가속도와 같다. (c)와 (d): (a)와 (b) 상황에서의 힘-물체 그림.

것이 아주 중요함을 알려준다. 이 일을 하는데는 **'힘-물체 그림(Free-body diagram)'** 이라는 특별한 그림이 특히 쓸모가 있다. 그림 3-18*b*와 그림 3-19*c*와 3-19*d*는 여러 상황을 나타내는 힘-물체 그림을 보여준다.

힘-물체 그림을 그릴 때, 운동을 살피려는 낱낱의 물체는 점으로 나타낸다. 예를 들어 그림 3-19에서 수레의 운동을 살피려 하므로 수레를 점으로 나타낸다. 그 다음에는 물체가 받는 낱낱의 힘을 힘벡터(화살표)로 그리되, 꼬리는 점에 두고 화살 방향은 힘의 방향에 맞춘다. 힘의 상대적 크기는 화살표 길이로 나타낸다. 따라서 그림 3-19의 똑같은 두 힘벡터를 나타내는 화살표의 길이는 같다. 끝으로, 화살표가 어떤 힘을 나타내는지 알 수 있게 이름표를 단다.

힘-물체 그림을 쓰면 어떤 상황에 대한 그림이나 설명을 수식으로 바꾸는데, 다시 말해 힘을 크기와 방향을 가진 벡터량으로 다루는 수식을 만드는데 도움이 된다. 3-4절에서 설명했듯이, 수평 방향의 힘이 오른쪽으로 당기면 x성분이 양수, 왼쪽으로 당기면 x성분이 음수가 되게 정한다. 따라서 지금까지 설명한 1차원 벡터는 그 크기와 방향을 다음과 같이 묶어서 나타낸다.

크기가 4 N인, 반대쪽으로 작용하는 두 힘

$$\vec{F}_A = F_{Ax}\,\hat{\mathrm{i}} = (+4.0\ \mathrm{N})\,\hat{\mathrm{i}} \quad \text{그리고} \quad \vec{F}_B = F_{Bx}\,\hat{\mathrm{i}} = (-4.0\ N)\,\hat{\mathrm{i}}$$

크기가 2 N인, 같은 쪽으로 작용하는 두 힘

$$\vec{F}_A = F_{Ax}\,\hat{\mathrm{i}} = (+2.0\ \mathrm{N})\,\hat{\mathrm{i}} \quad \text{그리고} \quad \vec{F}_B = F_{Bx}\,\hat{\mathrm{i}} = (+2.0\ \mathrm{N})\,\hat{\mathrm{i}}$$

벡터 성분에 (+) 또는 (−) 부호를 붙이면 힘과 가속도의 방향을 기억하기 쉽고, 벡터의 규칙을 써서 힘을 수학적으로 결합할 수 있다. 위에서 한 것처럼 방향을 부호로 나타내면 한 물체가 받는 여러 힘이 결합된 효과는 그 방향의 성분을 그냥 더하기만 하면 알 수 있다. 예를 들어, 반대쪽으로 당기는 두 힘을 받을 힘의 벡터 덧셈 또는 '알짜힘(net force)' 이라고 부르는 결합력은 다음과 같이 구할 수 있다.

$$\vec{F}^{\text{알짜}} = \vec{F}_A + \vec{F}_B = F_{Ax}\,\hat{\mathrm{i}} + F_{Bx}\,\hat{\mathrm{i}} = (F_{Ax} + F_{Bx})\,\hat{\mathrm{i}} = [+4.0\ \mathrm{N} - 4.0\ \mathrm{N}]\,\hat{\mathrm{i}} = 0$$

그림 3-19*b* 상황에서의 힘의 벡터 덧셈 또는 알짜힘은 다음과 같이 셈할 수 있다:

$$\vec{F}^{\text{알짜}} = (F_{Ax} + F_{Bx})\,\hat{\mathrm{i}} = [+2.0\ \mathrm{N} + 2.0\mathrm{N}]\,\hat{\mathrm{i}} = (+4.0\ \mathrm{N})\,\hat{\mathrm{i}}$$

힘의 크기나 방향이 다를 때도 벡터 덧셈을 쓸 수 있다. 예를 들어, 오른쪽으로 당기는 3 N의 힘은 x 성분을 +3 N으로 나타내고, 왼쪽으로 당기는 2 N의 힘은 x 성분을 −2 N으로 나타낸다. 이 두 힘이 결합된 알짜힘은 다음과 같다.

$$\vec{F}^{알짜} = (F_{Ax} + F_{Bx})\,\hat{\mathrm{i}} = [+3.0\,\mathrm{N} - 2.0\,\mathrm{N}]\,\hat{\mathrm{i}} = (+1.0\,\mathrm{N})\,\hat{\mathrm{i}}$$

이것은 오른쪽으로 당기는 3 N의 힘의 일부를 왼쪽으로 당기는 2 N의 힘이 맞비김을 뜻한다. 결국은 두 힘을 함께 받는 물체는 오른쪽으로 당기는 1 N의 힘만 받는 것처럼 움직인다. 따라서 다음과 같이 요약된다.

> 어떤 물체가 둘 이상의 힘을 받을 때, '알짜힘(net force)' 또는 '합력(resultant force)'은 낱낱의 힘을 방향을 따져가며 벡터 덧셈을 하여 구할 수 있다.

어떤 물체가 여러 힘을 동시에 받을 때, 그 힘이 물체의 운동에 미치는 효과는 알짜힘과 크기와 방향이 같은 힘 하나를 받을 때와 똑같다. 이 사실을 '**힘의 중첩 원리(superposition principle for forces)**'라고 한다. 예를 들어, 여러분과 친구가 수레를 똑같이 5 N의 힘으로 끄는데, 알짜 효과는 20 N으로 끄는 것과 같다면 세상이 아주 이상하게 돌아갔을 것이다.

이 책에서는 알짜힘을 벡터 기호 $\vec{F}^{알짜}$로 나타낸다. 뉴턴 제1법칙과 제2법칙은 이제는 앞에서 설명한 것 대신 알짜힘을 써서 다음과 같이 고쳐야 한다.

> **뉴턴 제1법칙**: 물체가 받는 알짜힘이 0이라면, 물체가 서 있었다면 그대로 서 있고, 움직이고 있었다면 일정한 속도로 계속 움직인다.

이 글이 뜻하는 바는 물체가 여러 힘을 받아도, 알짜힘(모든 힘의 벡터 덧셈)이 0이면, 물체는 가속되지 않는다는 것이다. 기억할 것은, 그렇다고 물체가 서 있는 것은 아니고, 다만 물체의 속력이 빨라지거나 느려지지 않는다는 것이다.

뉴턴 제2법칙도 알짜힘을 써서 다음과 같이 고칠 수 있다.

> **여러 힘에 관한 뉴턴 제2법칙**: 물체의 가속도는 그것이 받는 알짜힘을 그 질량으로 나눈 것이다.

이 서술을 수학적으로 나타내면, 식 3−1의 힘을 알짜힘으로 바꾸면 된다.

$$\vec{a} = \frac{\vec{F}^{알짜}}{m} \qquad \text{(뉴턴 제2법칙)} \qquad (3\text{−}5)$$

다시 또 여러 힘을 받는 물체의 운동에 대한 뉴턴 제2법칙의 벡터 식은, 흔히 쓰기 쉬운 다음과 같은 꼴을 쓴다.

$$\vec{F}^{알짜} = m\vec{a} \qquad \text{또는} \qquad F_x^{알짜} = ma_x$$

여기에서 $\vec{F}^{알짜}$는 다음과 같다.

$$\vec{F}^{알짜} = \vec{F}_A + \vec{F}_B + \vec{F}_C + \cdots + \vec{F}_N$$

따라서 물체가 여러 힘을 동시에 받을 때, 가속도를 알고자 한다면 다음의 방법을 따르면 된다.

1. 물체의 힘-물체 그림을 그린다.
2. 물체가 받는 알짜힘을 구한다.
3. 알짜힘을 물체의 질량으로 나눈다.

뒤의 보기에서 이 방법을 쓸 텐데, 연습문제를 푸는데도 쓸모 있음을 알게 될 것이다.

생각해보기 3-7 이 그림은 마찰 없는 궤도 위를 움직이는 수레가 받는 두 수평방향의 힘을 보여준다. 수레가 또 다른 힘 $\vec{F}_C$를 받는다고 하자. 다음 상황에서 $\vec{F}_C$의 크기와 방향은 어떻게 되는가? (a) 수레가 서 있다. (b) 수레가 일정한 속력 5 m/s로 왼쪽으로 움직인다.

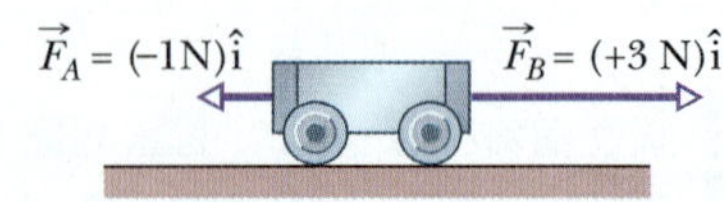

생각해보기 3-8 아래 그림은 어떤 수레가 두 힘을 받아 마찰 없는 궤도를 따라 가속되는 것을 위에서 본 모습이다. (a) 수레가 받는 알짜힘과 (b) 수레의 가속도의 크기가 큰 것부터 차례로 늘어 놓아라.

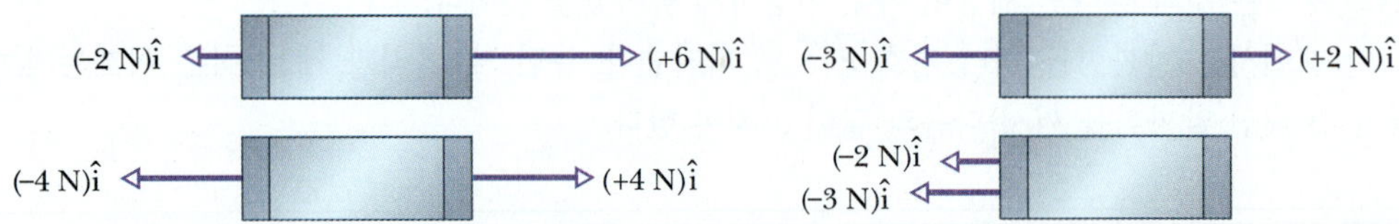

따라해보기 3-2 | 세 힘

그림 3-20은 2.0 kg 과자통이 마찰 없는 수평면을 따라 $\vec{a}$ 쪽으로 3.0 m/s^{2}으로 가속되는 것을 위에서 본 모습이다. 가속도는 세 힘을 받아 생기는데, 그림에는 두 힘만 보였다.

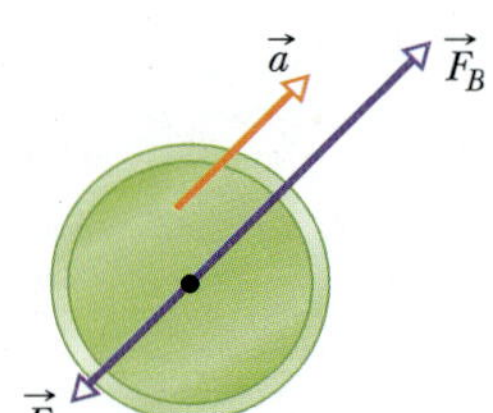

그림 3-20
세 힘이 물체를 화살표 쪽으로 가속시킨다. 세 힘 가운데 이 가속도를 주는 두 힘만 그림에 보였다.

$\vec{F}_A$의 크기는 10 N, $\vec{F}_B$의 크기는 20 N이다. 좌표계를 잡은 다음 셋째 힘 $\vec{F}_C$를 단위벡터 기호를 써서 나타내라.

풀이 ■ 요점은 과자통이 받는 알짜힘 $\vec{F}_{알짜}$은 세 힘의 벡터 덧셈이고, 뉴턴 제2법칙 ($\vec{F}_{알짜} = m\vec{a}$)을 통해 과자통의 가속도 $\vec{a}$와 관계된다. 따라서 다음과 같다.

$$\vec{F}_A + \vec{F}_B + \vec{F}_C = m\vec{a}$$

이로부터 다음 결과를 얻는다.

$$\vec{F}_C = m\vec{a} - \vec{F}_A - \vec{F}_B \qquad (3\text{-}6)$$

둘째 **요점**은 이것은 1차원 문제로서 두 힘과 가속도가 모두 같은 쪽이라는 것이다. 따라서 셋째 힘도 가속도와 같은 쪽이어야 한다. 그래서 세 힘의 공통 방향으로 좌표축을 잡는데, 그것을 x축이라 하면 다음 식이 성립한다.

$$\vec{F}_C = m\vec{a} - \vec{F}_A - \vec{F}_B = (ma_x)\hat{i} - F_{Ax}\hat{i} - F_{Bx}\hat{i} = (ma_x - F_{Ax} - F_{Bx})\hat{i}$$

가속도의 방향을 $+x$쪽으로 잡으면, 성분 a_x와 F_{Bx}는 양수이고 F_{Ax}는 음수이다. 따라서 $\vec{a} = (+3.0\text{ m/s}^2)\hat{i}$, $\vec{F}_B = (+20\text{ N})\hat{i}$ 그리고 $\vec{F}_A = (-10\text{ N})\hat{i}$이다.

구한 값을 넣고 정리하면 다음 결과를 얻는다.

$$\vec{F}_C = [(2.0\text{ kg})(+3.0\text{ m/s}^2) - (-10\text{ N}) - (+20\text{ N})]\hat{i}$$
$$= (-4\text{ N})\hat{i} \qquad \text{(답)}$$

3-8 모든 힘은 상호작용의 결과이다

주변에서 운동을 주의 깊게 관찰하면 물체의 속력이 저절로 빨라지거나, 느려지거나, 방향을 바꾸지 않음을 확신할 수 있다. 분명히 물체가 움직이는 동안 밀거나, 당기거나, 튀어나오거나, 바람이 불거나, 미끄러지는 동안 표면과 상호작용을 해야 속력이나 방향 또는 둘 다 변해서 속도가 달라진다. 뉴턴 제2법칙에 따르면, 물체가 힘을 받을 때만 속도가 변한다(가속도가 생긴다). 힘은 언제나 하나 이상의 다른 물체가 준다.

물리학을 배우면서 여러 가지 힘에 관해 읽고 들을 것이다. 힘 앞에 붙는 꾸밈말에는 알짜, 결합, 전체, 마찰, 접촉, 충돌, 법선, 장(력), 용수철 중(력), 정전기, 자기, 원자, 분자, 핵 등이 붙는다. 지금까지 알아낸 근본적인 힘은 다음의 네 가지다. 중력, 전자기력, 약한 핵력, 강한 핵력. 그렇지만, 이 책에서 소개한 거의 모든 힘은 ['마찰력', '접촉력', '충돌력'을 포함하여] 실제로는 기본 힘(전자기력이나 중력)이다. 다른 모든 꾸밈말은 여러 가지 힘을 받는 물리적 상황을 이해할 수 있게 붙였을 뿐이다.

예를 들어, 이 장에서 처음 보인 실험에서는 물체가 힘을 받아 움직인 뒤, 평평한 면을 따라 구르거나 미끄러지다가 서는 운동을 추적했다. 그림 3-3은 물체 낱낱의 속도 감소율이 일정한 것을 보여준다. 다시 말해 낱낱의 물체는 설 때까지 (또는 궤도 위의 수레는 움직이지 않을 때까지) 가속도가 일정했다. 왜 물체의 속력이 느려지는가? 뉴턴 제2법칙과 (가속도가 생기게 하는 원인이라는) 힘의 정의를 생각하면 낱낱의 물체는 힘을 받는다고 결론지어야 한다. 그렇다면 단 하나 명백한 힘은 물체가 표면에서 구르거나 미끄러지면서 주고받는 힘이다. 이때 물체가 받는 마찰력의 방향은 물체의 운동 방향과 반대임을 발견했다. 이것을 아는 것은 물체의 속력이 느려지기 때문이다.

밀거나 당기는 힘, 충돌할 때 받는 힘, 그리고 물체가 표면에서 구르거나 미끄러지면서 받는 마찰력은 '**접촉력(constact force)**'이라고 하는데, 그 까닭은 관련된 물체가 맞닿아 있기 때문이다. 접촉력의 궁극적 원인은 '맞닿아' 있는 물질을 이루는 전자와 양성자 사이의 약한 전자기력이 수없이 많이 겹쳐진 것이다. 따라서 접촉력은 궁극적으로는 전자기력이다!

또 다른 중요한 접촉력은 물체에 묶인 실, 밧줄, 줄, 막대를 통해 당기는 힘이다. 이러한 당기는 힘은 특별한 이름을 붙여 '**장력(tension)**'이라고 한다. 장력은 언제나 당기는 힘이다. 따라서 장력의 방향은 실이나 밧줄로 물체를 당기는 쪽이다. 장력과 마찰력의 근본적인 성격과 근원은 6장에서 자세히 설명한다.

다른 힘은 접촉력보다 알기 쉽지 않은데, 그 까닭은 힘을 주는 물체가 멀리 있기 때문이다. 전자기력과 중력은 멀리 있는 물체에도 작용할 수 있다. 그러나 이 장과 이 책의 뒷부분에서 배우게 되듯이, 눈에 보이지 않는 또는 접촉하지 않고 받는 힘이 온통 수수께끼는 아니다. 어떤 물체가 '근원이 보이지 않는 힘(invisible force)'을 받는다면 그 힘을 주는 다른 물체를 언제나 찾아낼 수 있고, 그것은 전하, 자석, 전류, 또는 질량을 품고 있다. 그림 3-21은 이것의 예인데, 두 수레는 '멀리서' 자기력을 주고받아 서로 밀어낸다.

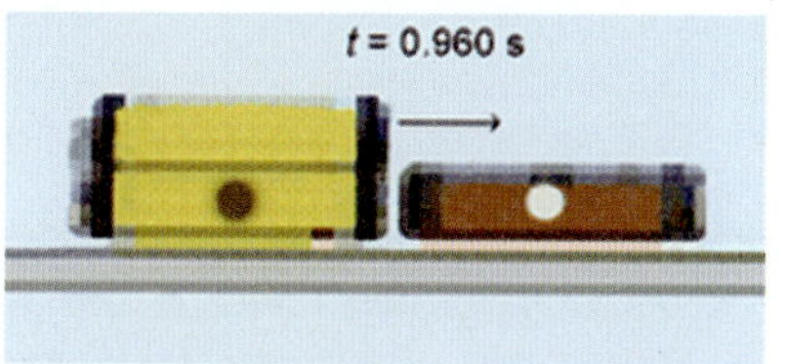

(a)

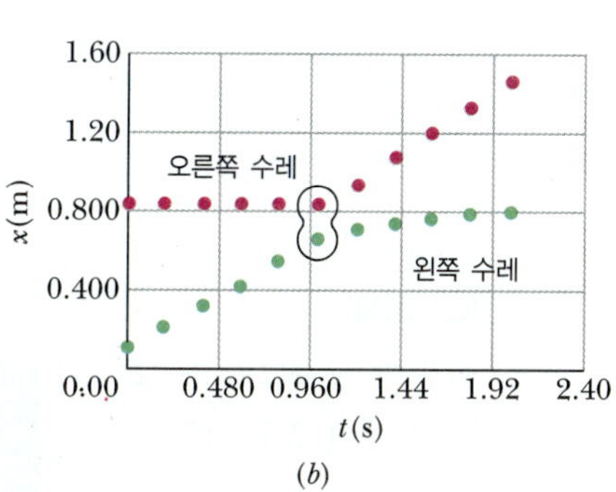

(b)

그림 3-21
마찰이 작은 두 수레에 네오디뮴 자석을 붙여 서로 밀어내게 한다. 처음에 왼쪽 수레가 서 있는 오른쪽 수레로 달려든다. (a) 비디오 영상은 두 수레가 약 0.960초 동안 짧게 힘을 주고받지만 결코 맞닿지는 않음을 보여준다. (b) 시간에 대한 두 수레의 위치 그림표를 비디오 영상을 분석하여 얻었다. 그림표의 기울기는 낱낱의 수레의 속도 성분을 나타내는데, 변화율을 살펴보면 두 수레가 겪은 속도 변화는 반대쪽으로 작용하는 힘에 의한 것이라고 결론지을 수 있다. 큰 수레는 왼쪽 방향의 힘을 받아 속력이 느려진다. 서 있던 작은 수레는 오른쪽 힘을 받아 오른쪽으로 움직이기 시작한다.

생각해보기 3-9 어떤 물체에 $+x$쪽으로 힘을 주었을 때, 바로 뒤의 운동에 대한 측정을 보여주는 그림 3-3을 생각하자. 수레와 통 모두 질량이 0.5 kg이라고 하자. (a) 양탄자 위의 통의 가속도는 얼마인가? (b) 궤도 위의 수레의 가속도는 얼마인가? 부호가 (+)인가 (−)인가?

생각해보기 3-10 생각해보기 3-9에서 한 답을 생각하자. 수레와 통 모두 질량이 0.5 kg이라고 하자. (a) 통이나 수레의 속력이 느려지는 동안 낱낱의 물체가 받는 마찰력은 일정한가 아니면 변하는가? 답에 대한 근거를 설명하라. (b) 통이 양탄자로부터 받는 마찰력의 크기는 얼마인가? (c) 수레 바퀴가 궤도 및 바퀴 축으로부터 받는 힘이 결합되어 수레가 받는 마찰력의 크기는 얼마인가? 방향은 오른쪽인가, 왼쪽인가?

연습문제 3-8

13. 두 사람이 끌기

마찰이 없는 얼음판 위에 있는 질량 25 kg인 썰매를 두 사람이 서로 반대쪽으로 90 N과 92 N의 힘으로 끈다. 썰매의 가속도의 크기는 얼마인가?

14. 이륙

해군 제트기(그림 3-22)는 질량이 2.3×10^4 kg인데, 이륙하려면 공기에 대한 속도가 85 m/s가 되어야 한다. 기관이 낼 수 있는 추진력의 최대값은 1.07×10^5 N인데, 길이 90 m인 활주로에서 이륙속력에 이르기에는 부족하다. 제트기가 이륙하는 것을 돕는데 쓰는 사출기는 적어도 얼마의 (일정한) 힘을 줄 수 있어야 하는가? 제트기가 90 m 활주로를 달리는 동안 기관과 사출기는 일정한 힘을 준다고 하자.

그림 3-22 문제 14

15. 짐 실은 승강기

승강기와 짐의 질량을 합하면 1600 kg이다. 처음에 아래로 12 m/s의 속력으로 움직이던 승강기에 일정한 가속도를 주어 12 m의 거리에서 서게 할 때, 승강기를 매단 줄이 주는 장력을 구하라.

16. 펭귄 네 마리

그림 3-23은 어떤 사육사가 펭귄 네 마리를 아주 미끄러운 (마찰이 없는) 얼음판을 따라 솜씨 좋게 당기는 모습이다. 세 마리의 펭귄의 질량과 두 밧줄의 장력은 나와 있다. 나머지 한 마리의 펭귄의 질량을 구하라.

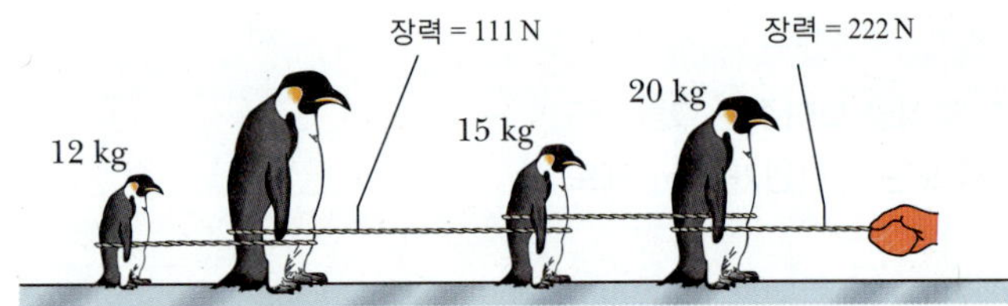

그림 3-23 문제 16

17. 승강기

질량 2840 kg인 승강기가 줄에 끌려 1.22 m/s^2 의 가속도로 올라간다. (a) 줄의 장력을 구하라. (b) 승강기가 위로 계속 올라가지만 1.22 m/s^2 의 비율로 감속될 때 줄의 장력을 구하라.

18. 세 토막

그림 3-24에서 줄로 묶인 세 토막의 물체가 장력 $T_3 = 65.0$ N을 받아 마찰이 없는 수평면을 따라 오른쪽으로 수평으로 끌린다. $m_A =$ 12.0 kg, $m_B = 24.0$ kg, $m_C = 31.0$ kg이다.

(a) 묶인 계의 가속도를 구하라. 토막을 잇는 줄의 장력 (b) T_1과 (c) T_2를 구하라.

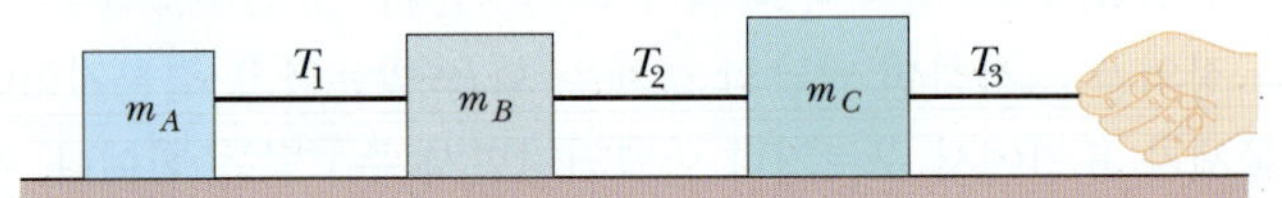

그림 3-24 문제 18

19. 열기구

질량 M인 열기구가 a의 가속도로 아래로 내려온다. 균형추를 얼마나 내던져야 열기구가 a의 가속도로 위로 올라갈까? 열기구 속의 공기 때문에 뜨는 힘은 질량 변화와는 무관하다고 하자.

20. 승강기의 등

승강기가 내려가며 2.4 m/s^{2}의 비율로 속도가 느려진다. 여기에 등이 수직으로 줄에 매달려 있다. (a) 줄의 장력이 89 N이면, 등의 질량은 얼마인가? (b) 승강기가 위로 올라가며 2.4 m/s^2 의 비율로 속력이 빨라질 때 줄의 장력은 얼마인가?

21. 두 힘, 두 토막

그림 3-25에서 실로 이어진 두 토막 A와 B가 힘을 받는다. 토막 A는 질량이 4.0 kg이고 힘 $F_A = (12\text{ N})\hat{\mathrm{i}}$를 받고, 토막 B는 질량이 6.0 kg이고 힘 $F_B = (24\text{ N})\hat{\mathrm{i}}$를 받는다. 실의 장력은 얼마인가?

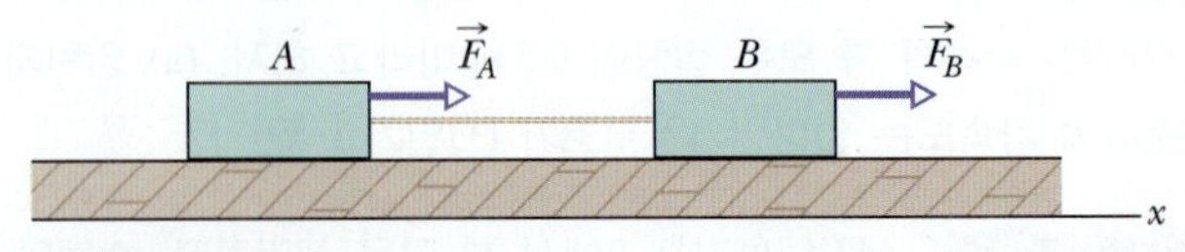

그림 3-25 문제 21

22. 동전 떨어뜨리기
줄 한 가닥이 승강기를 위로 당긴다. 승강기에는 한 사람이 탔는데, 전체 질량이 2000 kg이다. 그 사람이 동전을 떨어뜨리면, 승강기에 대한 그것의 가속도는 아래쪽으로 8.00 m/s^2 이다. 줄의 장력은 얼마인가?

23. 고리
그림 3-26에 보인 질량 0.100 kg인 고리 다섯 개로 엮인 사슬이 일정한 가속도 2.50 m/s^2 로 위로 끌린다. 다음 힘의 크기를 구하라. (a) 고리 2가 고리 1에 주는 힘, (b) 고리 3이 고리 2에 주는 힘, (c) 고리 4가 고리 3에 주는 힘, (d) 고리 5가 고리 4에 주는 힘. 그리고 (e) 사슬을 당기는 사람이 맨 윗고리에 주는 힘의 크기와 (f) 낱낱의 고리를 가속시키는 알짜힘의 크기를 구하라.

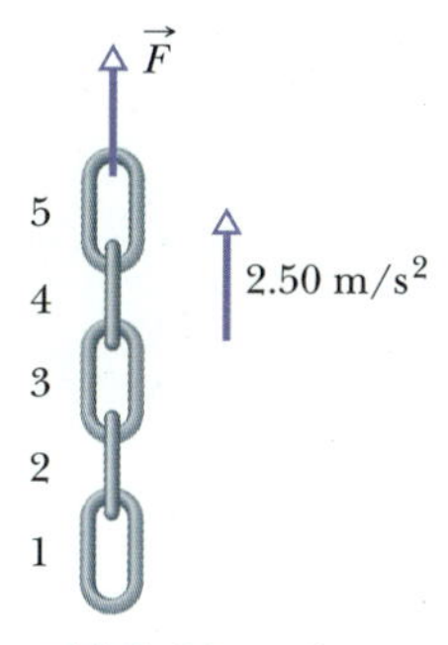

그림 3-26 문제 23

3-9 중력과 자유 낙하 운동

이제 지구가 지면 가까이 있는 물체에 주는 힘을 살펴보자. 이 힘은 '중력(gravitaional force)' 이라고 한다. 공기저항까지 넣으면 이야기가 복잡해지니까, 공이나 동전처럼 밀도가 크고, 작으며, 표면이 매끄러운 물체의 운동만 살펴보자. 또한 이 물체는 너무 빨리 — 말하자면 5 m/s를 넘는 속력으로 — 움직이지 않는다고 하자. 6장에서 공기저항이 중요한 상황을 설명할 것이고, 14장에서는 은하와 행성의 질량이 더 일반적인 상황에서 서로 중력을 주고받는 문제를 탐구할 것이다.

• 중력 가속도 상수

지면 가까이에서 어떤 물체를 놓으면 아래로 떨어지는 것을 알지만, 너무 빨라 쉽게 서술할 수 없다. 물체는 갑자기 속력이 빨라져 자연속도에 이른 다음 그 빨라지는 비율이나 속도를 유지하는가? 바닥에 누워 다른 사람에게 높이를 달리하며 사과를 이마에 떨어뜨리게 하는 것을 상상하자. 사과를 더 높은 곳에서 떨어뜨릴수록, 이마에 떨어지는 사과의 충격을 더 크게 느낄 것이므로, 사과의 속력은 더 빨라질 것이다. 그림 3-27의 번개 사진은 사과와 깃털이 진공에서 떨어질 때 속력이 점점 빨라짐을 보여준다.

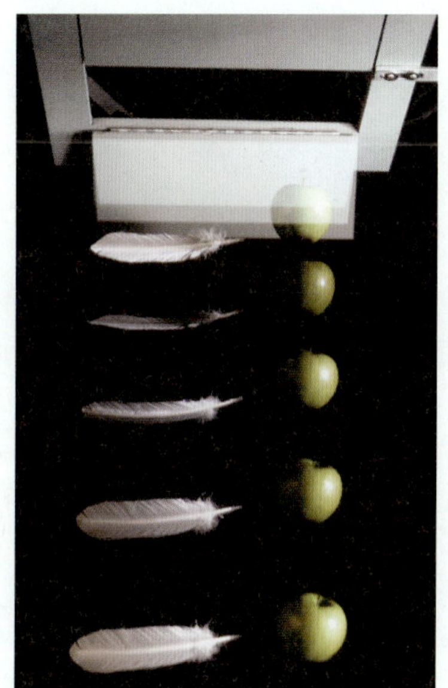

그림 3-27
이 번개 사진은 진공에서 깃털과 사과가 떨어지는 것을 보여준다. 낱낱의 사진을 찍은 순간 사이의 시간은 일정하다. 깃털과 사과 모두 이웃한 사진 사이의 거리가 똑같이 늘어나므로 같은 비율로 속력이 빨라지는 것으로 보인다.

2-5절 끝에서 증거도 대지 않고 물체가 힘을 받지 않으면 $a = 9.8\,\text{m/s}^2$의 가속도로 아래로 움직인다고 단언했다. 그러나 그것을 어떻게 아는가? 17세기에 갈릴레오는 질량이 다른 작은 공을 비탈길을 따라 구르게 하여 떨어지는 속도를 줄여서 관찰하였다. 그는 공이 떨어지는 속도가 똑같은 비율로 커지는 것을 발견했다.

오늘날 우리는 초음파 운동 감지기, 비디오 분석, 그리고 번개 사진과 같은 현대 기술을 써서 그림 3-28과 같이 아래로 곧장 떨어지는 물체의 위치와 시간을 고속으로 잴 수 있다. 예를 들어, 그림 3-29는 용수철 총으로 작은 플라스틱 공을 위로 곧장 쏘아 올려 비디오 영상을 찍어 분석한 것이다. 시간에 대한 속도의 y성분 그림표는 $+y$축을 위로 잡아 그린 것이다. 그 그림표는 공이 위로 가다가 다시 방향을 바꾸어 아래로 내려올 때 내내 속도가 일정한 비율로 바뀌는 것을 보여준다. 가속도 성분을 잰 값은 t에 대한 v_y 그림표의 기울기고, 그림표를 직선으로 맞추면 수직방향의 중력 가속도 성분 $-9.8\,\text{m/s}^2$이 나온다. 실험 오차의 한계 안에서는 플라스틱 공 대신 납 공이나 공기저항을 크게 받지 않는 다른 어떤 공을 써도 결과는 같다.

그림 3-28
지면 가까이에서 어떤 질량의 공을 위로 던져 올린다. 가속도는 얼마인가?

우리가 잰 가속도의 크기는 $|\vec{a}|$ 또는 a로 나타내는데, **'중력 가속도 상수(gravitational acceleration constant)'** 라고 하며 $a = 9.8\,\text{m/s}^2$이다. 깃털이나 종이가 떨어질 때와 같이 공기저항이

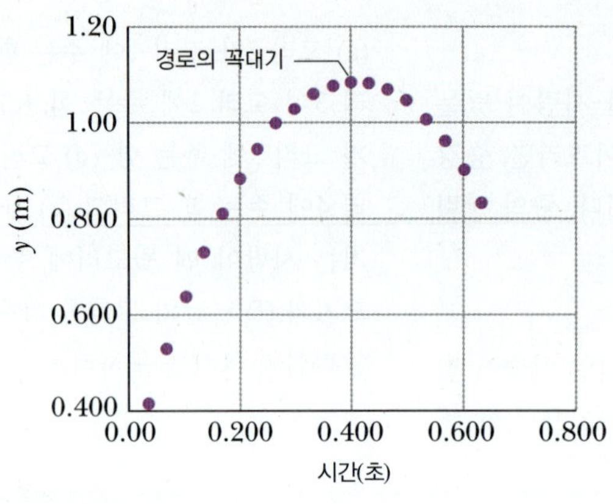

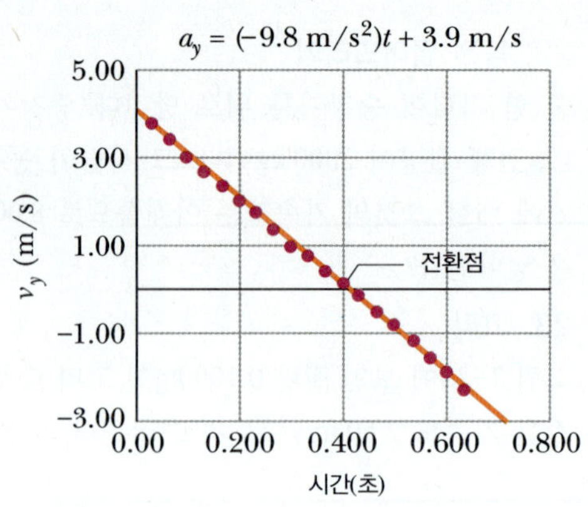

그림 3-29
위로 던져 올린 작은 공의 운동을 찍은 디지털 영화를 영상 분석 소프트웨어를 써서 화면마다 분석하였다. 위치-시간 그림표와 이를 써서 셈한 평균 속도-시간 그림표를 보였다. 속도-시간 그림표를 맞추어 직선을 그리면 공이 아래로 $9.8\ \text{m/s}^2$로 일정하게 가속됨이 드러난다.

크면 바로 앞에서 설명한 방법으로는 중력 가속도 상수를 얻지 못한다. 그렇지만, 중력 가속도 상수가 물체의 질량, 밀도, 또는 모양과는 상관이 없음은 떨어지는 물체 주위에서 공기를 없애서 확인할 수 있다. 그림 3-27은 진공에서 깃털과 사과가 질량, 모양, 크기가 전혀 다른데도 아래쪽으로 같은 비율로 가속되는 것을 보여준다.

뉴턴 제2법칙은 질량 m인 물체가 오직 중력만을 받는다면, 다음과 같은 크기의 가속도로 떨어질 것을 예측한다:

$$a = \frac{F^{\text{중력}}}{m} = 9.8\ \text{m/s}^2 \qquad (\text{중력 가속도 상수}) \tag{3-7}$$

따라서 a와 g는 값은 같지만 다른 양이며, 다만 두 차원은 등가임을 알 수 있다. 중력 가속도 a를 기술할 때는 단위 m/s^2을 쓴다. 국소 중력 세기 g를 기술할 때는 단위 N/kg을 쓴다.

• 중력과 질량 다시 살펴보기

알짜힘이 있어야 가속도가 생기고, 떨어지며 가속되는 물체는 지구와 닿아 있지 않으므로, '중력'은 비접촉력이라고 결론지을 수 있다. 당기는 힘이 있다는 것을 뒷받침하는 또 다른 증거는 3-4절에서 용수철 저울에 물체를 수직으로 매달면 용수철이 늘어나는 것이다. 용수철이 늘어나는 것이 뜻하는 바는 무엇인가가 매달린 물체를 아래로 당기며, 그 크기는 늘어난 용수철이 물체를 위로 당기는 힘과 같다는 것이다. 그림 3-30과 같은 용수철 저울을 써서 물체가 받는 중력을 재면, 그것이 질량에 비례함을 발견한다. 이것이 놀랍지 않은 것이, 경험에서 물체가 더 크면 들어올리기가 더 힘들다는 것을 알고 있기 때문이다. 질량과 중력 $\vec{F}^{\text{중력}}$의 비례관계를 힘의 크기를 써서 나타낼 수 있다.

$$F^{\text{중력}} = mg \qquad \text{따라서} \qquad g = \frac{F^{\text{중력}}}{m} \tag{3-8}$$

여기에서 비례상수 g를 **'국소 중력 세기(local gravitational strength)'**로 정의한다. 중력 $F^{\text{중력}}$의 크기를 보통 **'무게(weight)'**라고 한다. 고도 16 km까지는 g를 유효숫자 두 자리까지 써서 나타낼 수 있다.

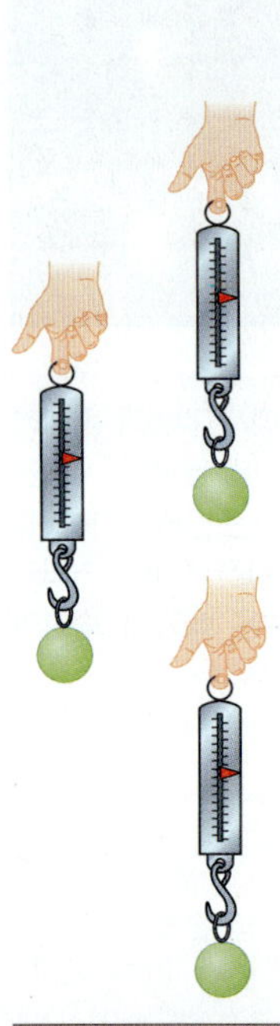

그림 3-30
지면 가까이에서 물체가 받는 중력을 결정하는데 용수철 저울의 눈금을 쓰는 것을 보여준다. 저울 눈금 값은 지면 가까이의 거의 모든 높이에서(심지어 하늘 높이 나는 여객기에서도) 실질적으로 같다.

$$g = 9.8\,\text{N/kg} \qquad \text{(지구의 국소 중력의 세기)}$$

식 3-7은 질량이 클수록 가속하기 힘들다는 것을, 식 3-8은 질량이 클수록 지구에 더 세게 끌린다는 것을 말해준다. 이 두 가지 질량 효과가 서로 맞비겨 지면 가까이에서는 다음과 같다.

> 지면 가까이에서 떨어지는 물체의 가속도의 크기는 **중력 가속도 상수** $9.8\,\text{m/s}^2$ 로, 그 질량과 상관이 없다.

• 국소 중력의 다른 성질

그럼 지면 가까이 있는 물체가 받는 중력의 특징은 무엇인가? 이 힘은 시간이 흐르거나 물체의 위치가 바뀌면 달라지는가? 물음에 대한 답은 다른 시간과 장소에서 용수철 저울에 수직으로 매달린 물체를 생각하면 분명해진다.

시간에 대한 변화 : 어떤 물체가 받는 중력을 용수철 저울을 써서 잴 때, 용수철이 늘어난 길이는 시간이 흘러도 거의 변하지 않음을 본다. 따라서, 사람의 수명 정도의 시간이 흘러도 물체가 받는 중력은 달라지지 않는 것처럼 보인다.

위치에 대한 변화 : 어떤 물체가 받는 중력이 지면으로부터의 높이나 위치에 따라 어떻게 달라지는가? 용수철이 늘어난 길이는 물체가 있는 곳이 해수면이건, 탁자 위건, 높은 건물 꼭대기건, 산봉우리 위건, 또는 높이 나는 여객기 속이건 **거의** 같다(그림 3-30). 실제로는 지면에서 위로 멀어지면 중력은 약해지지만, 바로 앞에서 예를든 정도의 높이 변화에서는 g의 유효숫자 두 자리의 값이 바뀔 정도는 아니다. 위치와 높이에 대해서는 조금 변한다. 그러나 사람들이 보통 여행하는 높이와 위치의 범위에서는 지구가 당기는 중력은 유효숫자 두 자리에서 같다.

방향 : 중력의 방향은 아래쪽처럼 보인다. 지구는 거의 공 모양이므로 바깥 우주에서 본다면 중력의 방향은 위치마다 달라진다. 서울에서 받는 중력의 방향과 평양에서 받는 중력의 방향은 다르다.

• 운동학 방정식 쓰기

지면 가까이에서 물체가 받는 중력이 일정하기 때문에 가속도가 일정하므로, 2장에서 끌어낸 운동학 방정식(표 2-1)을 써서 물체가 중력을 받아 떨어지는 운동을 기술할 수 있다. 다만, 그 물체는 다른 일정하지 않은 힘을 받지 않아야 한다. 앞 장에서 배운 운동학 방정식은 일정한 가속도로 직선운동하는 것을 기술한다.

g값이 위도와 높이에 따라 조금 바뀌지만, 지면 가까이에서 물체가 떨어지는 것을 셈할 때 공기저항을 무시할 수 있다면 $9.8\,\text{m/s}^2$ 을 써도 문제가 없다. 많은 셈에서는 더 편리한 어림값 $10\,\text{m/s}^2$ 을 써도 더 정밀한 값과 겨우 2% 밖에 다르지 않으므로 문제가 없다.

2장에서 1차원 운동을 도입할 때, 물체의 운동을 생각할 때 좌표계를 마음대로 잡을 수 있음을 유의했다. 그렇지만, 이 개념을 더 쉽게 전하고자 지금은 그림 3-31과 같이 위를 향한 y축을 계속 쓰자. 이 좌표계에서는

$$\vec{F}^{\,\text{중력}} = -mg\,\hat{\mathrm{j}} = ma_y\,\hat{\mathrm{j}} \tag{3-9}$$

이다. 여기에서 a_y는 떨어지는 물체의 가속도의 y성분이고 $\hat{\mathrm{j}}$는 y축 쪽의 단위벡터로 차원은 없다.

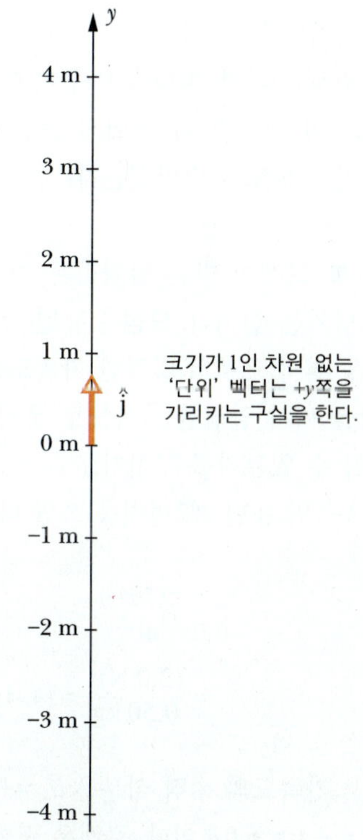

그림 3-31
관습상 수직축을 y축으로 잡아, x축은 수평방향을 나타낼 수 있게 남겨둔다. 보통 위쪽을 (+)로 잡는다. $\hat{\mathrm{i}}$ 대신 $\hat{\mathrm{j}}$로 이름 붙인 단위벡터는 $+y$쪽을 향한다.

지면 가까이에서 중력을 받아 떨어지는 물체의 수직방향 벡터 성분들 사이의 관계를 기술하는 운동학 방정식은 쉽게 꾸밀 수 있다. 2장의 표 2-1에 있는 식을 다음과 같이 간단히 만든다. (1) 위치 성분을 나타내는 기호 x를 y로 바꾼다, (2) 속도 성분에 아랫글자 y를 붙여 그것이 y축 방향 성분임을 떠오르게 한다. (3) 가속도의 수직축 쪽 성분을 나타내는 기호를 a_x에서 $a_y=-g$로 바꾼다. **유의:** 위쪽을 (+)로 잡았다.

생각해보기 3-11 물체를 위로 던지는데 공기저항은 무시할 수 있다고 하자. 물체가 가장 높이 올라가 운동 방향을 바꿀 때 순간 속도는 0이다. 이것이 그곳에서 물체의 가속도가 0임을 뜻하는가? 이에 대한 답이 다음 두 가지와 어긋나지 않는가 설명하여라. (a) 순간 속도와 순간 가속도의 정의, (b) 그림 3-29의 그림표.

생각해보기 3-12 47쪽 표 2-1의 식이 중력을 받아 아래로 떨어지는 물체의 운동을 기술하도록 고쳐라. y축이 위를 향하는 전통적인 좌표계를 써라.

따라해보기 3-3 | 모형 로켓

질량 0.50 kg인 모형 로켓을 땅에서 위로 쏘아 올렸다. 로켓 모양이 유선형이어서 공기저항은 무시할 수 있다고 하자. 이것이 위로 작용하는 일정한 알짜힘 2.0 N을 받아 연료가 다 떨어질 때까지 6.0초 동안 날아갔다고 하자. 이것은 그 뒤로도 계속 입자처럼 움직여 위로 가다가, 방향을 바꾸어 아래로 떨어졌다.

(a) 로켓이 연료가 다 떨어진 순간까지 얼마나 높이 올라갔는가? 그 순간의 속도는 얼마였는가?

풀이 ■ 로켓이 받는 알짜힘은 기관의 위쪽 추진력과 지구가 아래로 당기는 힘이다. **요점**은 뉴턴 제2법칙과 알짜힘이 일정하다는 지식을 써서 로켓의 일정한 가속도를 구하고, 그 다음에는 운동학의 식을 써서 일정한 가속도로 움직일 때 6.0초 동안 얼마나 높이 올라갈 수 있는가를 구한다.

식 3-5의 뉴턴 제2법칙을 쓰면 다음 결과를 얻는다.

$$\vec{a}=\frac{\vec{F}_{\text{알짜}}}{m}$$

$$=\frac{(2.0\,\text{N})\hat{\mathrm{j}}}{0.50\,\text{kg}}=(+4.0\,\text{m/s}^2)\hat{\mathrm{j}}=a_y\hat{\mathrm{j}}$$

따라서 가속도의 수직 성분은 $a_y=+4.0\,\text{m/s}^2$이다. 발사 후 지난 시간은 $t_2-t_1=6.0$초이다. 로켓은 땅에서 발사되었으므로 $y_1=0.0\,\text{m}$이고 $v_{1y}=0.0\,\text{m/s}$이다. 따라서 운동학 기본 방정식(식 2-17)에 숫자를 넣으면 연료가 다 떨어진 순간의 로켓의 높이를 얻을 수 있다.

$$y_2-y_1=v_{1y}(t_2-t_1)+\tfrac{1}{2}a_y(t_2-t_1)^2$$

$$=0.0\,\text{m}+\tfrac{1}{2}(4.0\,\text{m/s}^2)(6.0\,\text{s})^2=72\,\text{m} \qquad \text{(답)}$$

연료가 다 떨어진 순간의 로켓의 속도의 y성분을 구해야 한다. 이것은 또 다른 운동학 기본 방정식인 시간에 대한 식 (식 2-13)을 쓰면 다음 결과를 얻는다:

$$v_{2y}=v_{1y}+a_y\Delta t$$

$$=0.0\,\text{m/s}+(4.0\,\text{m/s}^2)(6.0\,\text{s})=24\,\text{m/s} \qquad \text{(답)}$$

(b) 이 로켓이 올라간 최대 높이는 얼마인가?

풀이 ■ 로켓이 이제는 땅에서 높이 72 m인 위로 속도성분 24 m/s로 움직이고 있다. 이것이 지구가 끌어당기는 중력을 받으면서 얼마나 더 높이 올라갈 수 있는가를 알아야 한다. 이제는 등가속 운동에 관한 운동학의 기본 방정식을 써서 $a_y=-g$로 두면 다음 결과를 얻는다.

$$v_{2y}=v_{1y}-g\Delta t \qquad \text{(식 2-13)}$$

그리고

$$y_2-y_1=v_{1y}(t_2-t_1)-\tfrac{1}{2}g(t_2-t_1)^2 \qquad \text{(식 2-17)}$$

요점은 식 2-13을 써서 로켓의 새로운 처음 속도 24 m/s에서 나중 속도 0 m/s가 되는데 걸리는 시간을 구한 다음, 식 2-17을 써서 위로 더 올라간 거리를 구한다는 것이다. $v_{2y}=v_{1y}-g\Delta t$에서 흘러간 시간 Δt를 구하면 다음과 같다.

$$\Delta t = \frac{v_{2y} - v_{1y}}{-g}$$
$$= \frac{(0 - 24)\,\mathrm{m/s}}{-9.8\,\mathrm{m/s^2}} = 2.45\,\mathrm{s}$$

$\Delta t = 2.45$ s를 식 2-17에 넣어 로켓이 더 올라간 거리를 셈하면 다음 결과를 얻는다.

$$y_2 - y_1 = v_{1y}\,\Delta t - \tfrac{1}{2}g(\Delta t)^2$$
$$= (24\,\mathrm{m/s})(2.45\,\mathrm{s}) - \tfrac{1}{2}(9.8\,\mathrm{m/s^2})(2.45\,\mathrm{s})^2 = 29.4\,\mathrm{m}$$

이 값을 로켓이 추진력을 받아 올라간 높이에 더하면 다음 결과를 얻는다.

최대 높이 = 72 m + 29 m = 101 m (답)

(c) 로켓이 연료가 다 떨어진 뒤 계속 올라갈 때, 방향을 바꿀 때, 아래로 떨어질 때 받는 알짜힘은 무엇인가?

풀이 ■ **요점**은 로켓이 다른 힘을 받지 않는다면 알짜힘은 중력이라는 것이다. 둘째 **요점**은 이 힘은 로켓이 위로 가건, 방향을 바꾸건, 아래로 떨어지건 똑같다는 것이다. 그 크기는 로켓의 질량에 중력상수 g를 곱한 값이다. 벡터 기호를 쓰면 알짜힘은 다음과 같다.

$$\vec{F} = m\vec{a} = m(-g)\hat{\mathrm{j}}$$
$$= (0.5\,\mathrm{kg})(-9.8\,\mathrm{N/kg})\hat{\mathrm{j}} = (-4.9\,\mathrm{N})\hat{\mathrm{j}}$$

연습문제 3-9

24. 빗방울

빗방울이 구름에서 땅까지 1700 m를 떨어진다. (a) 공기저항을 무시하면 빗방울이 땅에 닿을 때의 속력이 얼마인가? (b) 폭우가 쏟아질 때 밖을 돌아 다녀도 안전한가?

25. 떨어지는 돌

100 m 높이의 낭떠러지에서 바위가 떨어진다. (a) 처음 50 m를 떨어지는데 얼마나 걸리는가? (b) 그 다음 50 m를 떨어지는데는 얼마나 걸리는가?

26. 긴 낙하

미항공우주국 루이스 연구소의 무중력연구시설에 145 m 낙하탑이 있다. 이것은 진공으로 만든 수직탑인데, 지름 1 m인 공 속에 실험장치를 넣고 떨어뜨릴 수 있다. (a) 공이 떨어져 바닥에 닿는데 얼마나 걸리는가? (b) 탑 아래에 떨어지는 물체를 받는 장치에 이를 때의 속력은 얼마인가? (c) 공이 아래에서 잡혀 속력이 0으로 줄어들 때 평균 가속도는 25 g이다. 잡혀서 멈출 때까지 얼마의 거리를 가는가?

27. 뛰는 아르마딜로

아르마딜로가 놀라서 펄쩍 뛰어 첫 0.200초 동안에 0.544 m 솟았다. (a) 아르마딜로 몸이 땅을 떠나는 순간의 속력은 얼마인가? (b) 높이 0.544 m에서의 속력은 얼마인가? (c) 얼마나 더 높이 갈 수 있는가?

28. 아래로 던진 공

높이 h인 곳에서 공을 처음 속력 v_1으로 아래로 곧바로 던진다. (a) 공이 땅에 닿기 바로 전의 속력은 얼마인가? (b) 공이 떨어지는 시간은 얼마인가? 같은 곳에서 같은 속력으로 공을 위로 곧바로 던지면 (c) (a)의 답은 얼마인가? (d) (b)의 답은 얼마인가? 식을 풀어서 답을 구하기에 앞서 (c)와 (d)의 답이 (a)와 (b)의 답보다 큰가, 작은가, 아니면 같은가를 먼저 결정하라.

29. 배와 키

물 위 45 m에 건설된 다리에서 열쇠를 곧바로 아래로 떨어뜨려 일정한 속력으로 움직이던 모형 배에 떨어졌다. 열쇠를 떨어뜨릴 때 배는 12 m 벗어난 곳에 있었다. 배의 속력은 얼마인가?

30. 아래로 가속되는 공

높이 36.6 m인 건물 꼭대기에서 공을 곧바로 아래로 던졌다. 공은 던진 지 2초 뒤에 땅 위 12.2 m 높이에 있는 창문턱을 지난다. 그때의 공의 속력은 얼마인가?

31. 물방울 듣기

샤워 꼭지에서 아래로 200 cm인 바닥으로 물방울이 똑똑 듣는다. 물방울은 규칙적으로 듣고, 첫 물방울이 바닥에 닿을 때, 넷째 물방울이 듣기 시작한다. 그때 둘째와 셋째 물방울의 위치를 구하라.

32. 떠 있는 시간

농구선수가 골대 근처에 서서 되튀는 공을 잡고자 수직으로 76.0 cm를 뛰어 오른다. 이 선수가 (a) 맨 위 15 cm 안에 떠 있는 시간과 (b) 맨 아래 15 cm 안에 떠 있는 시간을 구하라. 이 결과가 왜 선수들이 뛰어오른 채 허공에 머무는 것처럼 보이는 까닭을 설명해주는가?

33. 공기 급행

열기구가 12 m/s의 비율로 올라가 땅에서 높이 80 m인 곳에서 꾸러미를 옆으로 떨어뜨렸다. (a) 꾸러미가 땅에 닿을 때까지 걸리는 시간이 얼마인가? (b) 땅에 박는 속력은 얼마인가?

34. 외계 행성에서 공 던지기

멀리 있는 태양계의 어느 행성 표면에서 곧바로 위로 공을 쏘아 올렸다. 그 공의 $y-t$ 곡선이 그림 3-32이다. 여기에서 y는 출발점에서 잰 공의 높이, 그리고 공을 쏜 순간은 $t=0$이다.

(a) 행성에서의 자유 낙하 가속도의 크기와 (b) 공의 처음 속도의 크기는 얼마인가?

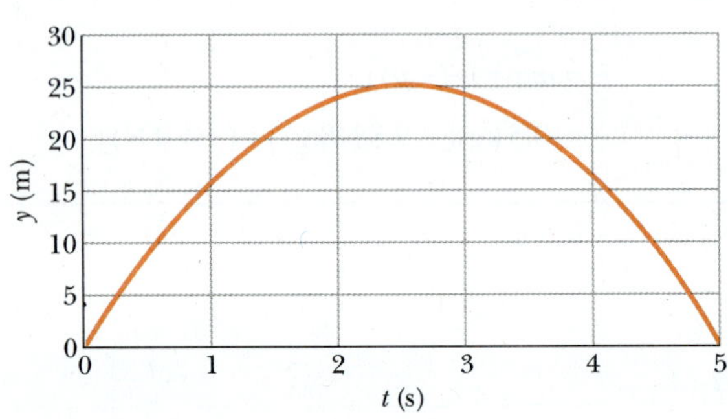

그림 3-32 문제 34

35. 반응 시간

그림 3-33은 당신의 반응 시간을 재는 간단한 장치다. 두꺼운 종이 띠에 눈금과 큰 점 두 개를 그린 것이다. 당신의 친구가 엄지와 검지로 그림 3-33의 오른쪽 점을 잡고 띠를 아래로 드리운다. 당신은 엄지와 검지로 다른 점(그림 3-33의 왼쪽 점)을 가리게 하되, 띠와 닿지 않게 조심한다. 친구가 띠를 놓아 떨어지기 시작하면 최대한 빨리 두 손가락으로 띠를 잡는다. 당신이 잡은 곳의 눈금이 반응시간을 알려준다. (a) 50.0 ms 눈금은 아래쪽 점에서 거리 얼마인 곳에 그려야 하는가? (b) 100 ms, 150 ms, 200 ms, 250 ms 눈금은 어디에 그려야 하는가? (예를 들어, 100 ms 눈금은 50 ms 눈금 보다 두배 먼 곳에 그려야 하는가? 답에서 어떤 규칙을 찾아낼 수 있는가?)

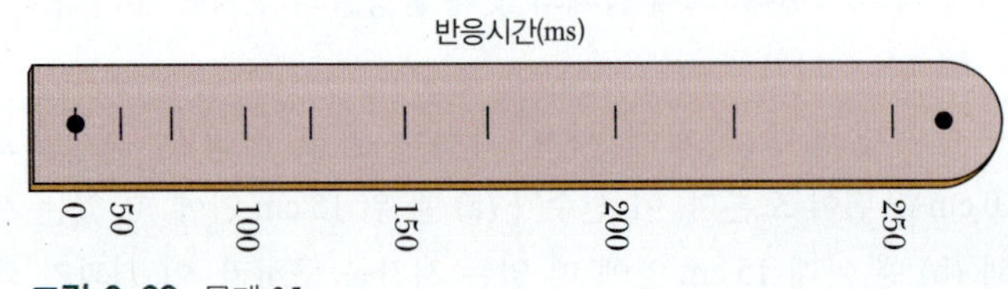

그림 3-33 문제 35

36. 번갈아 공 올리기

여러 공을 번갈아 올리는 어떤 곡예사가 공을 보통 높이 H까지 올린다. 공이 허공에 떠 있는 시간을 두 배로 늘리려면 높이를 얼마로 늘려야 하는가?

37. 공구 떨어뜨리기

공사장에서 공구가 24 m/s의 속력으로 땅에 떨어졌다. (a) 공구를 떨어뜨린 높이는 얼마인가? (b) 떨어진 거리는 얼마인가? (c) 시간 t에 대한 공구의 y, v_y, a_y 그림표를 그려보라.

38. 두 돌멩이

수면 위 43.9 m 높이의 다리에서 돌멩이를 강으로 떨어뜨리고, 1.00초 뒤에 또 하나를 던졌다. 두 돌멩이는 물에 함께 떨어졌다. (a) 둘째 돌멩이의 처음 속력은 얼마인가? (b) 낱낱의 돌멩이의 속도-시간 그림표를 그려라. 시간의 원점은 첫 돌멩이를 떨어뜨린 때로 잡아라.

39. 칼리스토

목성의 달의 하나인 칼리스토 표면에 우주선이 내리는 것을 상상하라. 우주선의 추진기관이 3260 N의 추진력을 낸다면, 우주선은 일정한 속력으로 내려간다. 추진력이 2200 N이면 우주선은 0.39 m/s^{2}의 비율로 아래로 가속된다. (a) 칼리스토 표면 근처에서 우주선의 무게는 얼마인가? (b) 우주선의 질량은 얼마인가? (c) 칼리스토 표면 근처에서 자유 낙하 가속도의 크기는 얼마인가?

40. 올라가는 돌

돌 하나를 위로 던졌다. 돌은 올라가는 길에 A를 속력 v로, A보다 3.00 m 더 높은 곳에 있는 B를 속력 $\frac{1}{2}v$로 지나간다. 다음을 셈하라. (a) 속력 v, (b) B에서 돌이 올라가는 가장 높은 곳까지의 거리.

41. 낙하산 타기

낙하산 병사가 50 m를 자유 낙하한 다음, 낙하산을 펴 2.0 m/s^{2}의 비율로 속력을 줄인다. 병사가 땅에 닿을 때의 속력은 3.0 m/s이다. (a) 병사가 공중에 머무는 시간은 얼마인가? (b) 병사가 뛰어내린 곳의 높이는 얼마인가?

42. 우주 거리측정기의 무게

75 kg 우주 거리측정기가 다음 장소에 있을 때의 무게를 구하라. (a) 지구, (b) $g = 3.8$ m/s^{2}인 화성, (c) $g = 0$인 혹성간 우주, (d) 앞의 각 장소에서 거리측정기의 질량은 얼마인가?

43. 다른 g값

$g = 9.8$ m/s^{2}인 곳에서 어떤 입자의 무게가 22 N이다. $g = 4.9$ m/s^{2}인 곳에서 이 입자의 (a) 무게와 (b) 질량은 얼마인가? $g = 0$인 곳에서 이 입자의 (c) 무게와 (d) 질량은 얼마인가?

3-10 뉴턴 제3법칙

운동에 관한 처음 두 뉴턴 법칙은 한 물체가 힘을 받을 때 어떻게 되는가를 기술한다. 3-8절에서 어떤 물체가 힘을 받는다면, 그 힘은 다른 물체가 준 것이라고 주장했다. 또한 두 물체가 힘을 주고받을 때는 늘 두 방향으로 진행되는 것 같다고 했다. 이 절은 뉴턴이 허공에 자석 두 개를 매달고 관찰한 두 방향의 상호작용에 대한 설명으로 시작한다. 그 다음에는 물체끼리 주고받는 힘 사이의 관계를 다룬 뉴턴 제3법칙을 설명한다. 이 절의 마무리는 뉴턴 제3법칙의 타당성에 대한 실험적 증거로 접촉력을 잰 결과를 보여준다.

• 정성적 고찰

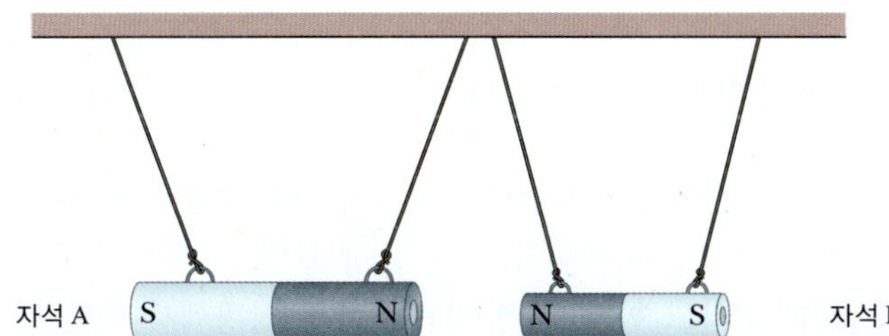

그림 3-34

그림 3-34처럼 센 자석을 긴 실에 매달아 같은 극끼리 마주보게 한다. 두 자석이 같은 자극끼리는 밀어내는 것을 관찰했다. 두 자석을 꼭 잡고 같은 자극끼리 맞닿게 한 뒤 갑자기 놓으면 두 자석은 가속되면서 멀어진다. 두 자석 모두 서로를 밀면서 가속된다는 것은 두 자석 낱낱이 힘을 받음을 뜻한다. 질량이 같은 두 자석으로 실험해 보면, 두 자석의 가속도가 똑같음을 보게 될 것이다. 자석의 가속도에 대한 관찰 결과는 두 자석이 느끼는 자기력은 크기는 같고 방향이 반대임을 나타낸다. (실제로는 측정을 잘 하려면 자석을 마찰이 작은 수레 위에 올려놓거나 긴 실에 매달아 실이 자석이 수평방향의 알짜힘을 받지 않게 해야 한다.)

접촉력에서는 크기가 같고 방향이 반대인 힘의 개념이 낯익다. 우리가 벽을 밀면, 벽은 우리를 되민다. 벽을 살짝 밀 때는 힘들지 않지만, 아주 세게 밀면 아주 힘이 든다. 뉴턴은 두 물체가 힘을 주고받을 때는 언제나 한 물체가 어떤 힘을 받으면, 그 힘과 크기가 같고 방향이 반대인 힘을 다른 물체가 받는다고 가정했다. 이 가설을 뉴턴 제3법칙이라고 하며, 현대 말로 하면 다음과 같다.

> **뉴턴 제3법칙**: 어떤 물체가 다른 물체로부터 힘을 받으면, 다른 물체도 처음 물체로부터 힘을 받는다. 어떤 물체가 다른 물체에 힘을 주면, 다른 물체도 처음 물체에 힘을 준다. 두 힘은 크기는 똑같지만 방향은 반대이다.

뉴턴 제3법칙에 담긴 가장 중요한 개념은 '힘은 언제나 짝을 이룬다'는 것이다. 이때 다른 두 힘을 다른 두 물체가 받는다는 것을 깨닫는 것이 중요하다.

자석에 이 개념을 적용할 때 상황을 그림으로 나타내려면 낱낱의 자석의 중심에 그것이 다른 자석으로부터 받는 힘 벡터를 그리는 것이 좋다. (어떤 물체가 받는 알짜힘 벡터를 물체의 중심에 그리는 것은 여러 가지 이상화 중의 하나다. 막대자석은 실제로는 점이 아니고, 자석의 각 부분은 다른 부분이 주는 힘도 받는다. 그렇지만, 이 상황에서는 막대자석을 점으로 보아도 막대 그대로 보는 것과 똑같은 결론이 나온다.)

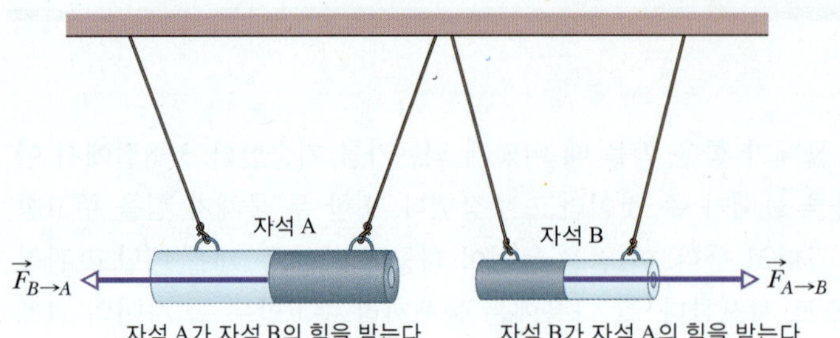

그림 3-35
낱낱의 자석의 중심에 그것이 받는 힘 벡터를 그린다(두 자석이 주고받는 힘이 뉴턴 제3법칙을 따르고, 상호작용에서는 두 자석이 입자와 같다고 가정한다).

그림 3-35는 위에서 설명한 두 자석이 받는 힘을 그린 것인데, 다른 힘은 받지 않는다고 가정했다. 물체 B가 물체 A에 주는 힘을 $\vec{F}_{B\to A}$로, 물체 A가 물체 B에 주는 힘을 $\vec{F}_{A\to B}$로 나타낸다. 이 기호를 쓰면 뉴턴 제3법칙을 요약한 식은 다음과 같다:

$$\vec{F}_{B\to A} = -\vec{F}_{A\to B} \qquad \text{(식으로 나타낸 뉴턴 제3법칙)} \qquad (3\text{-}10)$$

힘에 붙인 아래 글자는 힘을 주는 물체와 받는 물체를 일러주므로 순서가 아주 중요하다. 첫 글자는 힘을 주는 물체를, 둘째 글자는 그 힘을 받는 물체를 나타낸다. 식 3-10에 보인, 두 자석이 주고받는 힘을 '**제3법칙 힘 짝(third-law force pair)**'이라고 한다. 뉴턴 법칙을 쓰는 상황에서 어떤 두 물체가 힘을 주고받는다면, 반드시 제3법칙 힘 짝이 있다고 믿는다.

• 접촉력의 실험적 확인

앞에서 생각 실험을 하여 뉴턴 제3법칙을 정성적으로 전개했다. 그러나 정량적으로 확인하는 실험은 하지 않았다. 뉴턴 제3법칙은 두 물체가 힘을 주고받을 때는 늘 성립한다고 주장했다. 이제 두 물체가 접촉력을 주고받을 때도 제3법칙을 쓸 수 있는가 살펴보자.

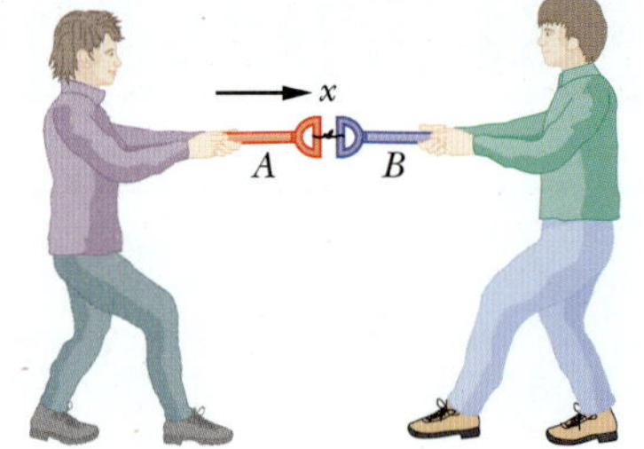

그림 3-36
두 사람이 전자 힘 감지기로 밀고 당기기를 한다.

그림 3-36과 같이 두 사람이 힘 감지기를 쥐고, 끝을 엮어 밀고 당기기를 한다고 하자. 어떻게 될까?

이 힘 감지기를 컴퓨터 자료 수집장치에 이어 놓으면, 결과는 그림 3-37과 같다. 그림표는 순간마다 왼쪽 사람(A)이 오른쪽 사람(B)에게서 받은 힘($\vec{F}_{B\to A}$)은 오른쪽 사람이 왼쪽 사람에게서 받은 힘($\vec{F}_{A\to B}$)과 크기는 같지만 방향은 반대쪽임을 확인해준다.

위에서 자기력(전자기력의 하나)과 접촉력(또 다른 전자기력)을 살펴 보았다. 질량이 크게 다른 두 물체가 주고받는 중력에서 뉴턴 제3법칙이 성립하는가? 아주 빠른 속력으로 충돌할 때도 성립하

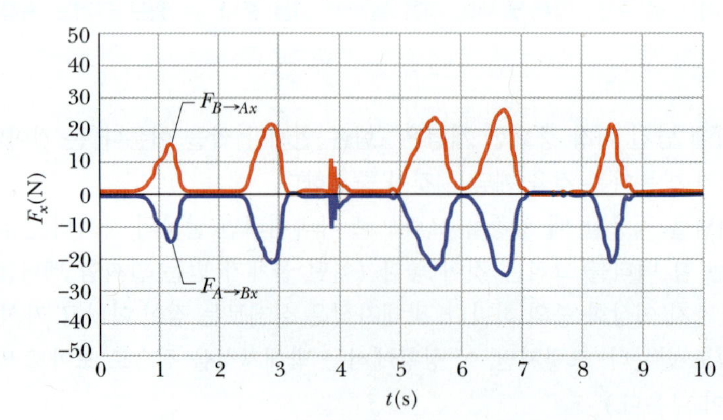

그림 3-37
두 사람이 밀고 당기기를 하는 10초 동안 힘-시간을 잰 그림표. 컴퓨터 자료 수집장치를 써서 1초에 100번씩 잰 자료를 모아 보여준다. $\vec{F}_{B\to A}$는 왼쪽 사람이 받은 힘, $\vec{F}_{A\to B}$는 오른쪽 사람이 받은 힘이다.

는가? 애초에 물체가 하나는 서 있고 다른 것은 움직일 때도 성립하는가? 예를 들어, 크고 무거운 화물차가 빨리 달려와 서 있는 작은 차와 정면으로 부딪칠 때도 성립하는가? 떨어지는 야구 공과 지구 사이에도 성립하는가? 이 모든 물음에 대한 답은 '그렇다' 이다. 7장에서 두 물체의 충돌 결과를 예측하는데 뉴턴 제3법칙이 도움이 됨을 보여주는 실험적 증거를 설명할 때 이 물음을 다시 다룬다.

생각해보기 3-13 그림 3-34의 왼쪽 자석을 자화되지 않은 쇠고리로 바꾼다고 하자. (a) 애초에 자화되지 않은 쇠고리가 오른쪽 자석에 주는 힘과 오른쪽 자석이 쇠고리에 주는 힘을 비교하여 설명할 수 있는가? (b) 뉴턴 제3법칙이 성립한다고 생각하는가? 설명하라.

따라해보기 3-4 | 두 토막 밀기

그림 3-38a에서 질량 $m_A = 4.0\,\text{kg}$인 토막 A를 크기 20 N인 일정한 수평 힘 $\vec{F}^{\text{밀기}}$으로 밀고, A는 다시 질량 $m_B = 6.0\,\text{kg}$인 토막 B를 민다. 두 토막은 마찰이 없는 표면에서 x축을 따라 미끄러진다.

(a) 토막의 가속도는 얼마인가?

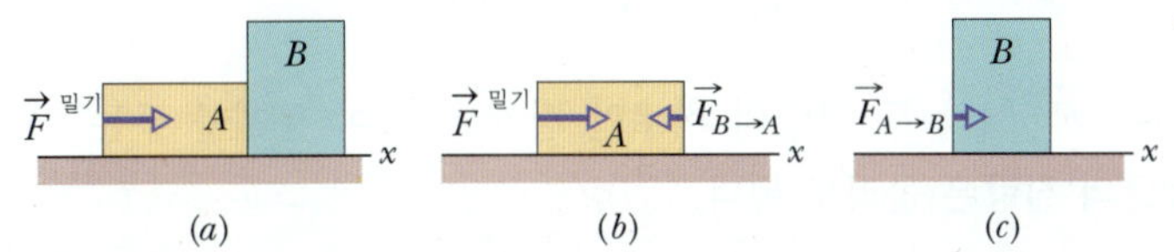

그림 3-38
(a) 일정한 수평 힘 $\vec{F}^{\text{밀기}}$으로 토막 A를 밀고, 이것은 다시 토막 B를 민다. (b) 토막 A는 두 개의 수평 힘을 받는다. 미는 힘 $\vec{F}^{\text{밀기}}$와 토막 B가 되미는 힘 $\vec{F}_{B\to A}$. (c) 토막 B는 단 하나의 수평 힘만 받는다. 토막 A가 미는 힘 $\vec{F}_{A\to B}$.

풀이 ■ 먼저 크게 틀린 답을, 그 다음에는 꽉 막힌 답을 살펴보고, 그 나음에 옳은 답을 실피 보겠다.

크게 틀린 답 : $\vec{F}^{\text{밀기}}$는 토막 A에 곧바로 작용하므로 뉴턴 제2법칙을 써서 토막 A의 가속도 $\vec{a}$와 힘을 연결시킨다. 운동은 x축을 따라가므로, x성분에 대한 운동 법칙 ($F_x^{\text{알짜}} = ma_x$)을 다음과 같이 쓴다.

$$F_x^{\text{알짜}} = m_A a_x$$

이 식은 크게 틀렸는데, 왜냐하면 토막 A가 받는 힘은 $\vec{F}^{\text{밀기}}$만이 아니기 때문이다. 토막 B로부터 받는 힘 $\vec{F}_{B\to A}$가 있다(그림 3-38b에 보였다).

꽉 막힌 답 : 힘 $\vec{F}_{B\to A}$를 넣어 다음과 같이 고치자.

$$F_x^{\text{밀기}} + F_{B\to Ax} = m_A a_x$$

여기에서 $F_x^{\text{밀기}}$의 값은 양수이지만, $F_{B\to Ax}$의 값은 음수이다. 그러나 a_x와 함께 $F_{B\to Ax}$의 값도 모르므로 이 식만으로는 a_x를 구할 수 없다.

옳은 답 : **요점**은 $\vec{F}^{\text{밀기}}$의 방향 때문에 두 토막은 한 몸으로 튼튼히 묶인 계를 이룬다는 것이다. 계가 받는 힘과 계의 가속도를 뉴턴 제2법칙을 써서 연관짓는다. 여기에서, x성분에 대한 운동 법칙은 다음과 같다.

$$F_x^{\text{밀기}} = (m_A + m_B)\,a_x$$

여기에서 $\vec{F}^{\text{밀기}}$는 전체 질량이 $m_A + m_B$인 계를 민다고 보는 것이 옳다. 이것을 a_x에 대해 풀고, 알고 있는 값을 넣으면 다음 결과를 얻는다.

$$a_x = \frac{F_x^{\text{밀기}}}{m_A + m_B} = \frac{20\,\text{N}}{4.0\,\text{kg} + 6.0\,\text{kg}} = 2.0\,\text{m/s}^2$$

따라서 계와 낱낱의 토막의 가속도는 $+x$쪽이고, 크기는 $2.0\,\text{m/s}^2$이다.

(b) 토막 A가 토막 B를 미는 힘 $\vec{F}_{A\to B}$는 얼마인가(그림 3-38c)?

풀이 ■ 요점은 뉴턴 제2법칙을 써서 토막 B가 받는 알짜힘과 가속도를 연관지을 수 있다는 것이다. 여기에서도 x성분에 대한 운동 법칙은 다음과 같다.

$$F_{A\to Bx} = m_B a_x$$

여기에 알고 있는 값을 넣으면 다음 결과를 얻는다:

$$F_{A\to Bx} = (6.0\,\text{kg})(2.0\,\text{m/s}^2) = 12\,\text{N}$$

따라서 $\vec{F}_{A\to B}$는 $+x$축이고, 크기는 12 N이다.

따라해보기 3-5 | 두 토막 당기기

그림 3-39와 같이 마찰이 없는 수평면 위에서 실로 이어진 두 토막을 또 하나의 실을 매어 오른쪽으로 당긴다. 두 실 모두 수평을 유지하고, 질량은 토막에 비해 작아서 무시할 수 있다. 맨 오른쪽 실의 장력은 35 N으로 일정하다. 왼쪽 토막의 질량이 오른쪽 토막의 네 배일 때 다른 실의 장력을 구하라.

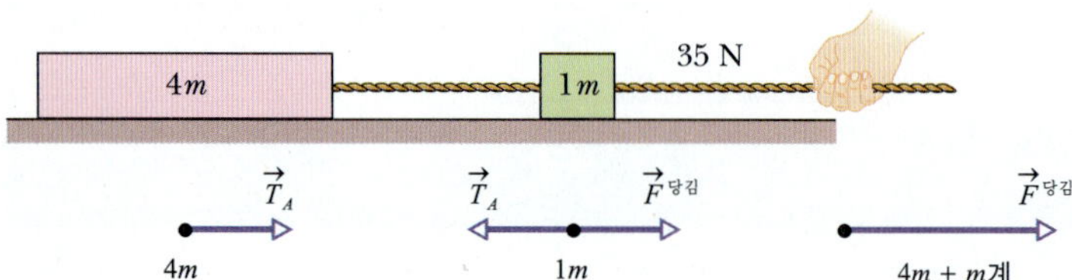

그림 3-39

풀이 ■ 두 토막을 한 몸으로 생각하여 계로 보면, 둘 사이의 실의 장력은 따지지 않아도 되니까, 앞의 따라해보기처럼 뉴턴 제2법칙을 두 토막 계에 써서 가속도를 구한다. 낱낱의 토막의 질량은 몰라도 비율은 안다. $(m_{왼쪽}/m_{오른쪽}) = 4$. $m_{오른쪽} = m$으로 두면, 뉴턴 제2법칙은 다음과 같다.

$$F_x^{당김} = (m + 4m)\,a_x$$

이것을 a_x에 대해 풀면 다음 결과를 얻는다.

$$a_x = \frac{F_x^{당김}}{5m}$$

두 토막을 잇는 실의 장력 T를 구하려면, **요점**은 관점을 두 토막 계에서 왼쪽 토막으로 바꾸는 것이다. 두 토막은 길이가 일정한 실로 이어져 있으므로 왼쪽 토막의 가속도는 두 토막 계와 같다.

둘째 **요점**은 왼쪽 토막이 받는 알짜힘은 두 토막을 잇는 실의 장력 T_A와 같고 방향은 오른쪽이다. 곧 $F_{Ax}^{알짜} = T_A\,\hat{i}$이다. 왼쪽 토막에 뉴턴 제2법칙을 쓰면 다음 결과를 얻는다.

$$F_{Ax}^{알짜} = T_A = 4ma_x$$

그런데 이미 $a_x = F_x^{당김}/5m$임을 알고 있다. 두 결과를 묶으면 다음 결과를 얻는다.

$$T_A = 4ma_x = \frac{4mF_x^{당김}}{5m} = \frac{4}{5}F_x^{당김} = \frac{4}{5}(35\text{ N}) = 28\text{ N} \qquad \text{(답)}$$

T_A는 $|\vec{F}^{당김}|$와 두 질량의 비로만 결정된다. 이 문제를 푸는 데는 낱낱의 질량은 몰라도 된다.

따라해보기 3-6 | 벽돌 올리기

그림 3-40과 같이 도르래에 걸린 밧줄을 써서 벽돌 한 뭉치를 땅에서 건물 1층으로 올린다. 벽돌 한 뭉치의 무게는 900 N이고 사람의 무게는 1200 N이다. 이 사람이 밧줄을 아래로 당겨 벽돌뭉치를 올릴 때 줄 수 있는 최대 가속도는 얼마인가?

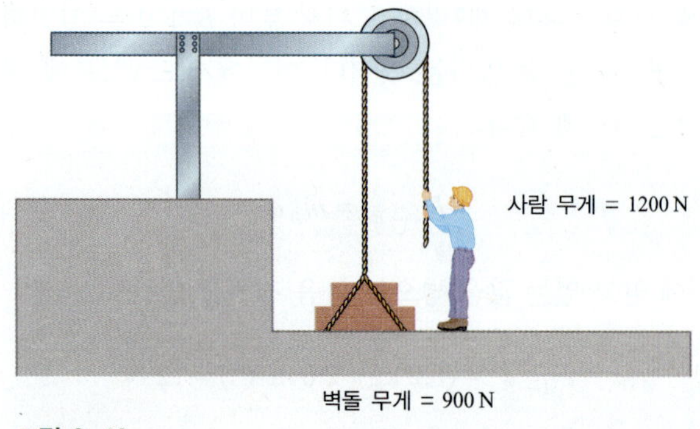

그림 3-40

풀이 ■ 요점 하나는 그가 밧줄을 아래로 어떻게 당기든, 밧줄은 그를 위로 당긴다는 것이다. 따라서 그가 위로 가속되지 않으려면, 그가 밧줄을 아래로 당기는 힘이 1200 N를 넘지 않아야 한다. 그 값을 넘으면 그는 위쪽의 알짜힘을 받아 위쪽으로 가속되어 올라간다. 따라서 밧줄의 장력은 1200 N를 넘지 못한다.

또 다른 **요점**은 밧줄의 장력은 도르래의 양쪽에서 같다는 것이다. 이상적인 도르래는 밧줄이 물체를 당기는 장력의 방향만을 바꿀 뿐, 크기에는 영향을 주지 않는다. 따라서 밧줄이 벽돌뭉치를 위로 끌어 올릴 때 줄 수 있는 힘의 최대값은 1200 N이다. 중력은 벽돌뭉치에 아래쪽으로 900 N의 힘을 주므로, 벽돌뭉치가 받을 수 있는 수직방향의 힘의 최대값은 다음과 같다.

$$F_y^{알짜\ 최대} = F_{밧줄\to 벽돌\ y}^{최대} + F_{벽돌\ y}^{중력} = 1200\text{ N} - 900\text{ N} = 300\text{ N}$$

이제 뉴턴 제2법칙은 벽돌뭉치의 최대 가속도는 뉴턴 제2법칙을 써서 구하면 다음과 같다.

$$a_y^{\text{최대}} = \frac{F_y^{\text{알짜 최대}}}{m_{\text{벽돌}}} = \frac{300\ \text{N}}{(900\ \text{N/g})} = \frac{1}{3}g = 3.26\ \text{m/s}^2$$

여기에서 벽돌의 질량을 구하는데는 벽돌의 무게가 그 질량에 국소값 상수 $g = 9.80$ N/kg = 9.80 m/s^{2}를 곱했다.

연습문제 3-10

44. 아이가 서서 뛴다

29.0 kg인 아이가 등에 4.50 kg 가방을 메고 처음에는 보도에 있다가 위로 뛰어 올랐다. 다음 두 상황에서 보도가 받는 힘을 구하라. (a) 아이가 보도에 서 있을 때, (b) 공중에 떠 있을 때. 이제 다음 두 상황에서 아이가 지구에게 주는 알짜힘을 구하라. (c) 아이가 보도에 서 있을 때, (d) 공중에 떠 있을 때.

45. 기둥을 타고 미끄러지다

무게 712 N인 소방수가 수직 기둥을 타고 3.00 m/s^{2}의 가속도로 아래로 미끄러져 내려온다. 다음 두 상황에서 수직방향의 힘의 크기와 방향을 구하라. (a) 기둥이 소방수에 주는 힘, (b) 소방수가 기둥에 주는 힘.

46. 토막 A, 토막 B

그림 3-41a에서 수평방향으로 일정한 힘 $\vec{F}_a$를 받는 토막 A가 토막 B를 20.0 N의 힘으로 오른쪽으로 수평하게 민다. 그림 3-41b에서는 같은 힘 $\vec{F}_a$를 받는 토막 B를 밀고 토막 A는 10.0 N의 힘으로 왼쪽으로 수평하게 민다. 두 토막의 전체 질량은 12.0 kg이다. 다음 두 양의 크기를 구하라. (a) 그림 3-41a에서의 가속도와 (b) 힘 $\vec{F}_a$.

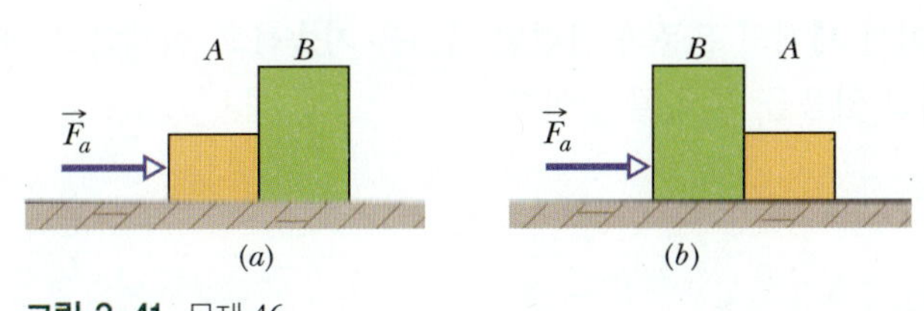

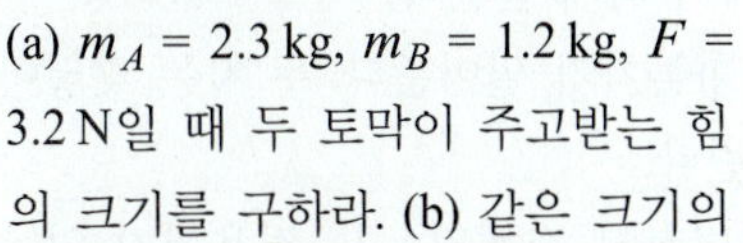

그림 3-41 문제 46

47. 두 토막

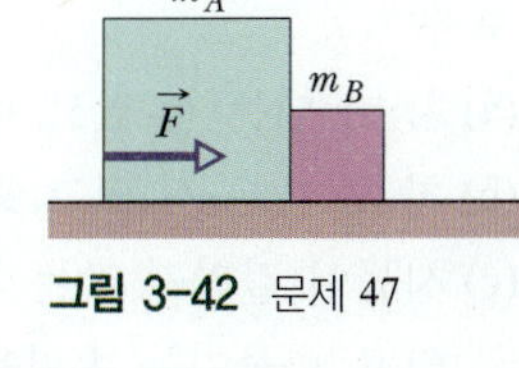

그림 3-42 문제 47

마찰 없는 탁자 위에 토막 두 개가 붙어 있다. 그림 3-42와 같이 큰 토막이 수평방향의 힘을 받는다. (a) m_A = 2.3 kg, m_B = 1.2 kg, F = 3.2 N일 때 두 토막이 주고받는 힘의 크기를 구하라. (b) 같은 크기의 힘 F를 작은 토막에 반대쪽으로 주면 두 토막이 주고받는 힘의 크기는 2.1 N으로 (a)에서 구한 값과는 다름을 보여라. (c) 차이가 왜 생기는지 설명하라.

48. 낙하산 타기

80 kg인 사람이 낙하산을 타고 내려가면서 아래쪽으로 2.5 m/s^{2}의 가속도를 느낀다. 낙하산의 질량은 5.0 kg이다. (a) 펼쳐진 낙하산이 공기로부터 위쪽으로 받는 힘의 크기는 얼마인가? (b) 사람이 낙하산을 아래로 당기는 힘은 얼마인가?

49. 밧줄 타고 내리기

85 kg인 사람이 높이 10.0 m인 곳에서 밧줄을 타고 땅으로 내려간다. 밧줄은 마찰 없는 도르래에 감겨 있고, 다른 쪽 끝에는 65 kg 모래주머니가 달려 있다. 그 사람이 처음에 서 있었다면 땅에 닿을 때의 속력은 얼마이겠는가?

50. 밧줄 타고 오르기

10 kg인 원숭이가 질량이 없는 밧줄을 타고 오른다. 밧줄은 마찰 없는 가지에 걸려 있고, 다른 쪽 끝에는 15 kg 상자가 달려 있다(그림 3-43).

(a) 원숭이가 상자를 들어 올리려면 적어도 얼마의 가속도로 밧줄을 타고 올라가야 하는가? 상자가 들린 뒤에, 원숭이가 더 올라가지 않고 밧줄을 잡고 있을 때 원숭이의 가속도의 (b) 크기와 (c) 방향을 구하라. (d) 이때 밧줄의 장력은 얼마인가?

그림 3-43 문제 50

51. 보선 의자

그림 3-44는 보선 의자에 탄 사람을 보여 준다. 밧줄과 도르래는 질량이 없고, 도르래는 마찰도 없다. 사람은 의자를 매단 밧줄이 도르래를 감고 내려온 쪽의 밧줄을 잡고 있다. 의자와 사람의 질량은 95 kg이다. 다음 두 상황에서 사람이 밧줄을 당겨야 하는 힘의 크기를 구하라. (a) 일정한 속도로 올라갈 때, (b) 1.30 m/s^{2}의 가속도로 위로 올라갈 때. (힘-물체 그림을 그리면 푸는데 도움이 된다.)

52. 썰매 탄 소녀

얼어붙은 호수의 마찰 없는 얼음판 위에서 40 kg인 소녀가 8.4 kg

인 썰매를 15 m 길이의 질량 없는 밧줄로 묶어 5.2 N의 힘으로 당긴다.

(a) 썰매의 가속도는 얼마인가?

(b) 소녀의 가속도는 얼마인가?

(c) 둘이 만나는 곳은 소녀가 처음 서 있던 곳에서 얼마나 떨어져 있는가?

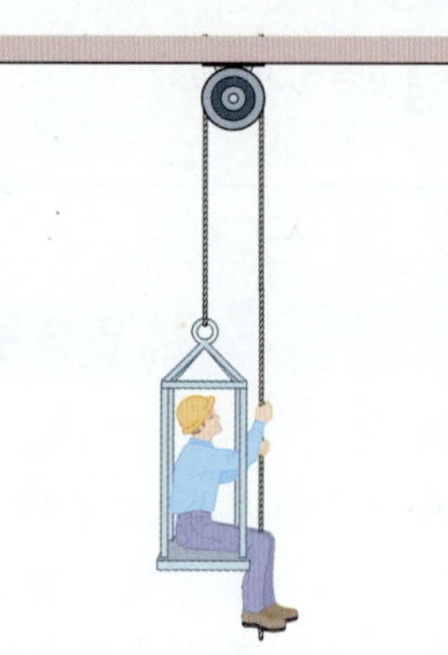

그림 3-44 문제 51

3-11 고전역학에 대한 논평

주의 한마디 — 고전 역학이 모든 상황에서 맞지는 않다. 예를 들어, 힘을 주고받는 물체의 속력이 아주 빠르면 — 빛의 속력에 가까우면 — 뉴턴 역학을 아인슈타인의 '상대성에 관한 특수 이론(special theory of relativity)' 으로 바꾸어야 함을 물리학자는 알고 있다. 또한, 힘을 주고받는 물체가 분자, 원자 또는 그 속의 전자이면 고전역학을 '양자역학(quantum mechanics)' 으로 바꾸어야 한다. 이제 물리학자는 뉴턴 역학을 더 포괄적인 두 이론의 특수한 사례로 보지만, 아주 중요한 특수 사례이다. 그 까닭은 커다란 분자에서 은하계나 은하계 뭉치와 같은 천체에 이르는 폭 넓은 대상에 대해 쓸 수 있기 때문이다. 뉴턴 법칙이 적용되는 영역은 차, 배, 비행기, 승강기, 증기기관, 우리 몸, 유체, 빙하, 대기, 그리고 대양의 병진, 회전, 진동 운동을 포함하는 보통의 세계이다.

다음 장에서는 뉴턴 역학을 확장시켜 2차원 운동이 들어가는 더 실제적인 상황에 쓸 수 있도록 하는 벡터 수학의 요소를 소개한다. 뉴턴 법칙이 한계가 있지만 기본적인 고전 물리학을 배우면 이들 법칙이 나날의 세계 및 그것을 넘어선 세계의 운동과 관련된 사건을 기술하고, 이해하고, 예측할 수 있게 도와주는 엄청난 위력을 지니고 있음을 알게 될 것이다.

추가문제

53. 왜 N1을 가지고 고생하나?

뉴턴 제1법칙은 물체가 힘을 받지 않으면 일정한 속도로 움직인다는 것이다. 이것은 움직이는 물체에 무엇인가가 힘을 계속 주지 않으면 멈춘다는 나날의 경험과 어긋난다. 이 나날의 경험이 뉴턴 제1법칙과 어긋나는가? 그렇지 않다면 이 경험이 어떻게 뉴턴 제1법칙과 어긋나지 않는가를 설명하라. 그렇다면 왜 우리는 뉴턴 제1법칙을 가르치느라 고생하는가?

54. N3은 언제 성립하는가?

뉴턴 제3법칙은 두 물체가 맞닿아 있으면 서로 힘을 준다는 것이다. 이 힘은 다음 규칙을 따른다.

물체 A가 물체 B에 힘을 주면, 물체 B도 물체 A에 힘을 주며, 두 힘은 크기가 같고 방향이 반대이다.

똑같은 차 두 대와 훨씬 무거운 화물차에 관한 세 상황을 살펴보자.

(a) 차 한 대는 서 있고, 다른 차가 와서 받는다.

(b) 차 한 대는 서 있고, 화물차가 와서 받는다.

(c) 시동이 걸리지 않는 차를 화물차가 밀어준다. 두 차는 맞닿아 있고, 화물차는 속력을 올린다.

낱낱의 상황에서 뉴턴 제3법칙이 적용되는가, 적용되지 않는가? 대답에 대한 추론의 근거를 설명하라.

55. 왜 N2를 가지고 고생하나?

뉴턴 제2법칙을 수식으로 나타내면 아래와 같다.

$$\vec{a} = \frac{\vec{F}_{알짜}}{m}$$

여러분의 친구가 말하기를 "멍청하기는, 무엇인가를 가속도는 고사하고 계속 일정한 속도로 움직이게만 하는데도 힘을 주어야 한다는 것은 바보도 알고 있어." 친구의 말에 동의하는가? 그렇다면 물리학 강좌에서는 왜 그것을 가르치느라 고생하는가? 동의하지 않는다면, 친구의 생각이 잘못되었음을 어떻게 설득하겠는가?

56. 무게와 힘

프랑스 사람이 신체검사표의 '무게' 칸에 '76 kg'을 써 넣었다. 그렇지만, 무게는 힘이고 kg은 질량의 단위이다. 프랑스 사람이 무게를 적는 곳에 질량을 적어 넣을 때는 무슨 생각을 한 것일까? 왜 뉴턴 단위로 무게를 적어넣지 않았을까? 프랑스 사람의 무게는 몇 뉴턴인가?

57. 새미를 끌다

'새미'라는 학생에게 두꺼운 고무줄을 잡게 하고, 고무줄이 일정한 길이로 늘어나게 하여 매끄러운 바닥을 가로질러 끈다. 한 번은 마찰이 적은 수레에 타고 끌려갔고, 다음 번에는 바닥을 미끄러져 갔다. 운동 감지기를 붙여 그녀의 움직임을 기록한 것이 그림 3-45의 위치-시간 그림표이다.

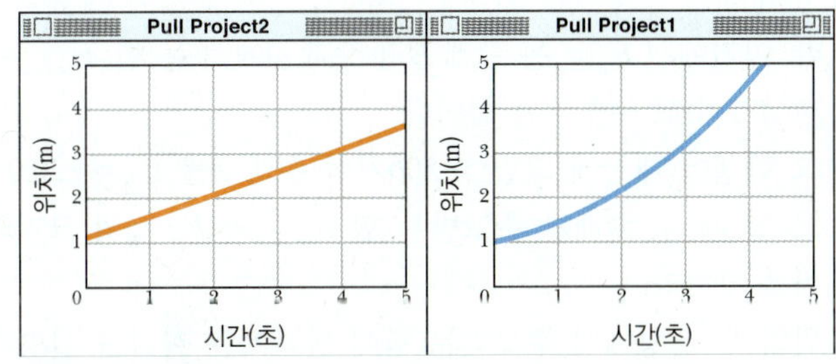

그림 3-45 문제 57

(a) 속도가 일정한 운동을 나타내는 그림표는 어떤 것인가? 오른쪽인가, 왼쪽인가? 설명하라.

(b) 가속도가 일정한 운동을 나타내는 그림표는 어떤 것인가? 설명하라.

(c) 일정한 힘으로 끌리는 물체가 일정한 속도로 움직이는 것을 보여주는 그림표는 어떤 것인가? 설명하라.

(d) 일정한 힘으로 끌리는 물체가 일정한 가속도로 움직이는 것을 보여주는 그림표는 어떤 것인가? 설명하라.

(e) 새미가 수레에 탔을 때의 운동을 보여줌직한 그림표는 어떤 것인가? 답에 대해 근거를 대라.

(f) 두 상황 모두 새미를 일정한 힘으로 끌었는데도 다른 유형의 운동이 생긴 까닭을 설명하라.

58. 관성 질량과 중력 질량

다음과 같은 장치가 있다고 하자. 전자 저울, 운동 감지기, 컴퓨터 기반 실험 장치에 연결된 전자 힘 감지기. 여러분은 평평한 탁자 위에서 거의 마찰 없이 미끄러지는 얼음 덩어리의 질량을 결정하려고 한다.

(a) 얼음의 중력 질량을 기구를 써서 재는 방법을 기술하라.

(b) 얼음의 관성 질량을 기구를 써서 재는 방법을 기술하라.

(c) 중력이 아주 약한 우주 공간에서는 두 가지 질량 가운데 어떤 것을 잴 수 있는가?

59. 자유 낙하 가속도

여러분이 물리 교재에서 다음 문장을 읽고 있는데, 친구가 어깨너머로 본다. "자유 낙하에서는 운동에 무관하게 가속도가 늘 g이고 아래를 향한다." 친구는 이 문장이 이상하다고 하면서 세 가지 반론을 편다.

(a) 내가 공이나 깃털을 떨어뜨리면, 벽돌만큼 빨리 떨어지지는 않는다.

(b) 모든 물체가 곧바로 떨어지지 않는다. 내가 공을 던지면 옆으로 떨어진다.

(c) 내가 한 손에 나무 공을 다른 손에 쇠공을 쥐고 있으면 나무 공보다 쇠공이 훨씬 더 세게 아래로 당겨짐을 안다. 쇠공이 아마도 더 빨리 떨어질 것이다.

이 말을 어떻게 반박하겠는가?

60. 속도와 힘 그림표

다음 상황에서 마찰은 작아서 무시할 수 있다. 작은 수레가 다음과 같이 움직이게 하려면 수레에 주는 알짜힘의 부호가 (+), 0, (−) 어느 것이어야 하는가? 낱낱의 상황에서 속도와 힘의 모양을 보여주는 그림표를 그려라. 그림 3-46의 형식을 써라. 원점에서 멀어지는 물체는 속도가 (+)인 것으로 정한다. (아래 문항마다 속도-시간 그림표와 힘-시간 그림표를 따로 그려라.)

(a) 수레가 일정한 속도로 원점에서 멀어진다.

(b) 수레가 원점에 다가 오면서 속력을 일정한 비율로 높이다가

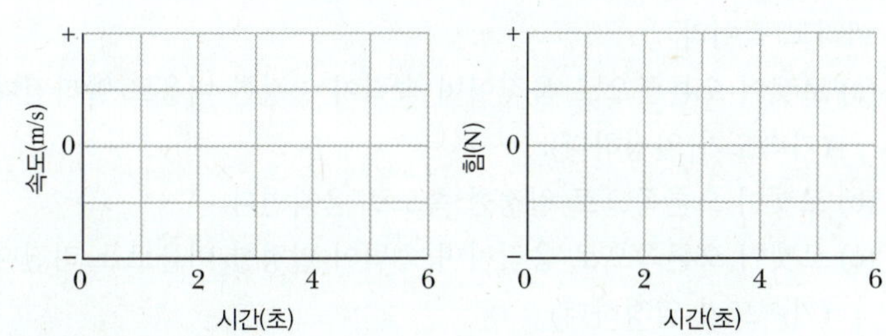

그림 3-46 문제 60

3초 뒤에 일정한 속력을 유지한다.

(c) 수레가 원점에 다가 오면서 속력을 일정한 비율로 낮추다가 2초 뒤에 돌아서 같은 비율로 속력을 높이면서 원점에서 멀어진다.

(d) 수레가 3초 동안 속력을 낮춘 다음 3초 동안 속력을 높여 원점에서 멀어진다.

61. 장난감 차

(a) 장난감 차가 마찰 없이 수평선을 따라 가는데 왼쪽으로 일정한 힘을 받는다. 그림 3-48과 같이 축을 잡고 차의 가속도-시간 그림표를 그려라.

그림 3-47 문제 61

(b) 첫차 위에 똑같은 차를 둘 이상 쌓아 붙이고 세 차에 똑같은 힘을 주면 어떻게 되는가? 앞서의 그림에 점선으로 가속도-시간 그림표를 그리고 '세겹 차'라고 이름을 붙여라. 이 그림표와 앞서의 그림표가 다른 점이 있으면 설명하라.

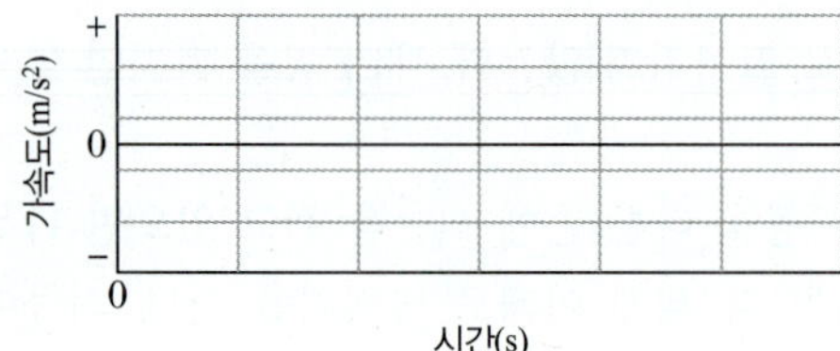

그림 3-48 문제 61

62. 로켓 추진력과 가속도

어떤 현자가 어떤 천체에서도 멀리 떨어진 우주에 표준 물리 좌표계를 잡았다. 이 좌표계에서 특별히 설계한 우주 원통이 중력이나 마찰력을 받지 않고서 x축을 따라 움직인다. 원통의 양끝에는 똑같은 로켓 기관이 달려 서로 반대쪽으로 똑같은 추진력을 준다(그림 3-49). 그림 A에서는 양쪽 기관 모두가 불 붙어 있고, 그림 B에서는 모두가 꺼졌고, 그림 C에서는 왼쪽 기관만 불 붙어 있고, 그림 D에서는 오른쪽 기관만 불 붙어 있다.

로켓이 아래에 진술한 것처럼 움직이게 하는(A에서 D까지) 모든 조합을 찾아내라. 같은 것을 두 번 이상 고를 수도 있고, 전혀 고르지 않을 수도 있다. 어느 것도 옳지 않다고 생각하면 '없음'이라고 적어라.

(a) 로켓이 오른쪽으로 움직이며 속력이 일정한 비율로 빨라진다(가속도가 일정하다).

(b) 로켓이 오른쪽으로 일정한 속도로 움직인다.

(c) 로켓이 오른쪽으로 움직이며 속력이 일정한 비율로 느려진다(가속도가 일정하다).

(d) 로켓이 왼쪽으로 움직이며 속력이 일정한 비율로 빨라진다(가속도가 일정하다).

(e) 로켓이 서 있다가 오른쪽으로 밀려 출발하여 어떤 속도에 이르렀다. 이 속도로 계속 움직인다.

(f) 로켓의 속력이 일정한 비율로 느려지며 가속도는 오른쪽을 향한다.

(g) 로켓이 오른쪽으로 움직인다. 일정한 비율로 속력이 느려진다(가속도가 일정하다).

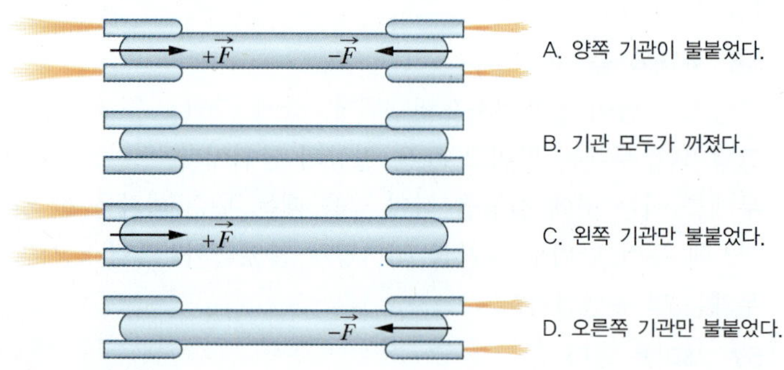

그림 3-49 문제 62

63. 수레 두 대

질량이 2.5 kg과 5.0 kg이고 마찰이 작은 수레 두 대 A와 B가 있다. 처음에 한 학생이 수레 B에 힘 $\vec{F}_B = -20.0\,\text{N}$를 주어 그림 3-50$a$처럼 밀었다.

(a) 두 수레가 주고받는 힘 $\vec{F}_{B\to A}$와 $\vec{F}_{A\to B}$의 크기와 방향을 구하라. 여기에서 $\vec{F}_{B\to A}$는 수레 B가 수레 A에 주는 힘, $\vec{F}_{A\to B}$는 수레 A가 수레 B에 주는 힘이다.

(b) 그 학생이 대신에 그림 3-50b처럼 수레 A를 $\vec{F}_A = +20.0\,\text{N}$으로 밀 때 두 수레가 주고받는 힘 $\vec{F}_{B\to A}$와 $\vec{F}_{A\to B}$의 크기와 방향을 구하라.

(c) 위의 두 상황에서 주고받는 힘이 달라지는 까닭을 설명하라.
실마리: 두 수레를 질량 7.5 kg인 한 물체로 보면, A와 B 낱낱의 가속도는 얼마인가? 그 가속도를 얻으려면 수레 A는 얼마의 알짜힘을 받아야 하는가?

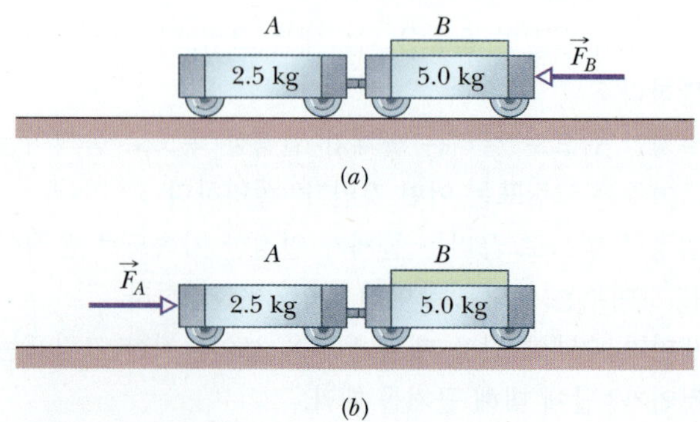

그림 3-50 문제 63

64. 용수철 눈금 1

그림 3-51의 용수철 저울 눈금이 10.5 N을 가리킨다. 수레는 오른쪽으로 가속도 3.5 m/s²으로 움직인다.

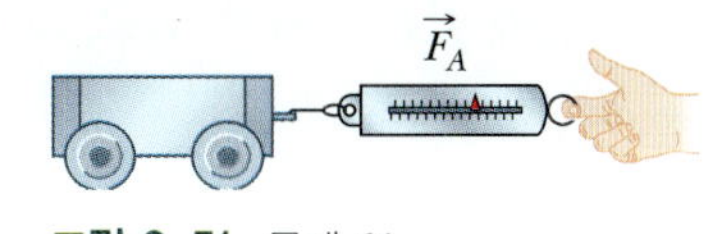

그림 3-51 문제 64

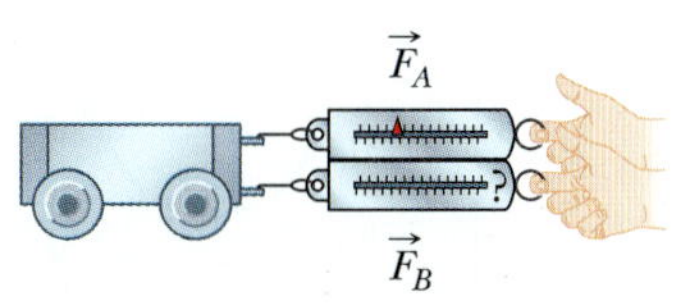

그림 3-52 문제 64

(a) 그림 3-52처럼 둘째 용수철 저울을 처음의 저울과 묶어 같은 방향으로 당긴다. 첫째 용수철 저울 $\vec{F}_A$의 눈금은 여전히 10.5 N을 가리킨다.
 수레는 이제 오른쪽으로 가속도 4.50 m/s²으로 움직인다. 수레가 받는 알짜힘은 얼마인가? 용수철 저울 $\vec{F}_B$의 눈금은 얼마인가? 셈한 결과를 보이고, 설명하라.

(b) 그림 3-53처럼 둘째 용수철 저울을 처음의 저울과 반대 방향으로 당긴다. 첫째 용수철 저울 $\vec{F}_A$의 눈금은 여전히 10.5 N을 가리킨다.
 수레는 이제 오른쪽으로 가속도 2.50 m/s²으로 움직인다. 수레가 받는 알짜힘은 얼마인가? 용수철 저울 $\vec{F}_B$의 눈금은 얼마인가? 셈한 결과를 보이고, 설명하라.

(c) 뉴턴 처음 두 운동법칙 가운데 어느 것이 이 문제의 상황에 적용되는가?

그림 3-53 문제 64

65. 용수철 눈금 2

그림 3-54처럼 두 개의 다른 용수철 저울로 수레 하나에 두 힘을 준다. 용수철 저울 $\vec{F}_A$의 눈금 15 N을 가리킨다.

(a) 수레에 두 힘을 줄 때, 처음 속도는 0.00 m/s였다. 두 힘을 주어도 수레는 계속 서 있다. 수레가 받는 알짜힘은 얼마인가? 용수철 저울 $\vec{F}_A$의 눈금은 얼마를 가리키는가? 셈한 결과를 보이고 설명하라.

(b) 수레에 두 힘을 줄 때, 처음 속도는 +0.75 m/s로서 오른쪽으로 움직이고 있었다. 두 힘을 주어도 수레는 계속 같은 속도로 움직인다. 수레가 받는 알짜힘은 얼마인가? 용수철 저울 $\vec{F}_A$의 눈금은 얼마를 가리키는가? 셈한 결과를 보이고 설명하라.

(c) 수레에 두 힘을 줄 때, 처음 속도는 −0.39 m/s로서 왼쪽으로 움직이고 있었다. 두 힘을 주어도 수레는 계속 같은 속도로 움직인다. 수레가 받는 알짜힘은 얼마인가? 용수철 저울 $\vec{F}_A$의 눈금은 얼마를 가리키는가? 셈한 결과를 보이고 설명하라.

그림 3-54 문제 65

66. 비상용 사다리

물리학과 학생이 학교 건물 뒤 비상용 사다리 위에 올라 서서 물리학 실험을 하고 있다. 그곳에서 돌을(처음 속도가 0이 되도록) 가만히 떨어뜨리고 땅에 닿는데 대략 2.45초가 걸리는 것을 적었다. 두 번째로 돌을 위로 던져 땅에 닿는데 대략 5.16초가 걸리는 것을 적었다.

(a) 학생이 첫째 돌을 떨어뜨린 곳의 높이를 셈하라.

(b) 학생이 던진 위로 던져 올린 둘째 돌의 처음 속력을 셈하라.

(c) 둘째 돌이 올라간 최고 높이는 얼마인가?

우주선 문제 67과 68 모두 다음 내용과 관련된다.

여러분이 우주선 데피앙(*Defiant*: NCC−1764)호의 선장인데, 중성 지대에 가까운 행성 이코니아 주위의 궤도를 돌고 있다. 여러분의 임무는 이 태양계의 다른 끝에 있는 보급선과 만나는 것이다. 광속력의 반으로 천천히 가고자 최대일률로 충격구동을 한다. 그러면 목적지에 수 시간 안에 갈 수 있다.*

이코니아 태양계의 지름은 100 AU이다.(AU [Astronomical unit: 천문단위]는 지구의 공전궤도의 반지름이다. 1 AU = 1.49×10^{11} m).

67. g힘을 견딜 수 있는가?

여러분이 받는 g힘을 최소로 줄이려면, 일정하게 가속하여 여행 목적지로 가는 길의 반에서 속력이 광속력이 반($c/2 = 1.5 \times 10^8$ m/s)이 된 다음, 속력을 일정하게 줄여 태양계의 다른 끝에 있는 보급선과 만날 때에 0이 되게 해야 한다.

(a) 속력을 일정한 비율로 빠르게 하고, 또 느리게 하는 것을 보여주는 운동 그림을 그려라.

(b) 여러분이 +*x*축을 따라 움직이는 좌표계에서 처음 가속도의 방향과 크기를 구하라. 다시 말해 가속도는 (+)인가 (−)인가?

(c) 위의 좌표계에서 보급선과 만나고자 속력을 줄이는 동안의 가속도의 방향과 크기를 구하라. 다시 말해 가속도는 (+)인가 (−)인가? (**실마리:** (b)에 대한 대답과 대칭성을 쓰면 답을 쉽게 알 수 있다.)

(d) 전체 여행시간은 얼마인가?

---

*Krauss, Lawrence, *The Physics of Star Trek* (New York: Harper Pereninial, 1996), 3쪽.

(e) 데피앙의 질량이 $M = 2.850 \times 10^8$ kg이라면, 우주선을 가속하는데 필요한 추진력은 뉴턴 단위로 얼마인가?

(f) 우주선이 가속될 때 여러분의 좌석 뒷받침이 여러분을 밀어내는 힘의 크기는 여러분의 가속도에 비례한다. 여러분이 느끼는 전형적인 힘을 재는 보편적 방법은 g힘(g-force)을 셈하는 것이다. 이것은 여러분이 느끼는 가속도를 지구의 표면 근처에서 자유낙하할 때 느끼는 가속도와 비교하는 것이다. 따라서 g힘은 여러분의 가속도를 9.8 m/s^{2}으로 나누면 얻는다. 데피앙이 가속될 때 여러분이 느끼는 g힘은 얼마인가?

(g) 사람이 견딜 수 있는 g힘의 최대값은 약 3 g이다. 우주선에 타고 빛의 속도의 반까지 가속되는 동안 여러분은 어떻게 되겠는가?

68. 그 힘을 견딘다면 여행기간은 얼마인가?

위의 여행이 더욱 합리적인 가속도인 3 g로 한다고 하자.

(a) 그 가속도는 m/s^2 단위로는 얼마인가?

(b) 3 g의 가속도로 이코니아 태양계의 반(d = 50 천문단위)을 가로지르는데 시간이 얼마나 걸리는가?

(c) 최대속력(d = 50 천문단위를 지날 때의 속력)은 얼마인가?

(d) 보급선과 만나고자 3 g의 가속도로 감속한다면 시간이 얼마나 걸리는가? 전체 여행시간을 얼마인가? 이 여행이 가능한가?

69. 악마 낙하

'악마 낙하(Demon Drop)'는 오하이오 주의 세다 포인트 놀이공원에서 인기가 있는 놀이기구다. 이것은 네 사람이 작은 롤러코스트 속에 들어가 잠깐 자유 낙하한다. 휴런 시 파이어랜드 대학의 물리교수 스피어스가 떨어지는 롤러코스트를 비디오에 담았다. 그 파일이 DSON001이다. 비디오포인트와 엑셀을 써서 자유낙하를 살펴보고, 그것을 기술하는 수학적 모형을 만들어라.

(a) 스프레드시트를 인쇄한 것을 (b)에서 (e)까지의 물음에 대한 답과 함께 내라.

(b) 여러분이 만든 모형에 따르면 롤러코스트 바닥의 수직위치를 시간의 함수로 나타내는 함수는 무엇인가?

(c) 여러분이 만든 모형에 따르면 롤러코스트의 가속도는 얼마인가?

(d) 자료로 그린 그림표와 여러분이 만든 모형에 지면 근처의 자유 낙하 가속도 $\vec{a} = -g = -9.8$ m/s^{2}를 써서 그린 그림표가 잘 맞게 되는 처음 위치와 속도를 찾아낼 수 있는가?

(e) 질량 2.0×10^3 파운드인 롤러코스트 속에 평균 질량 65 kg인 네 사람이 들어갔다고 하자. 롤러코스트와 네 사람으로 이루어진 전체 계가 받는 힘은 얼마인가? 힘의 방향도 꼭 나타내라.

70. 힘, 가속도, 속도 그림표

(a) 마찰이 거의 없는 물체가 힘을 받는다. 이 힘 때문에 물체의 가속도-시간 그림표가 그림 3-55와 같은 꼴이다. 시간축이 그림과 같은 좌표를 잡고, 그 물체가 받는 힘-시간 그림표를 조심해서 그려라.

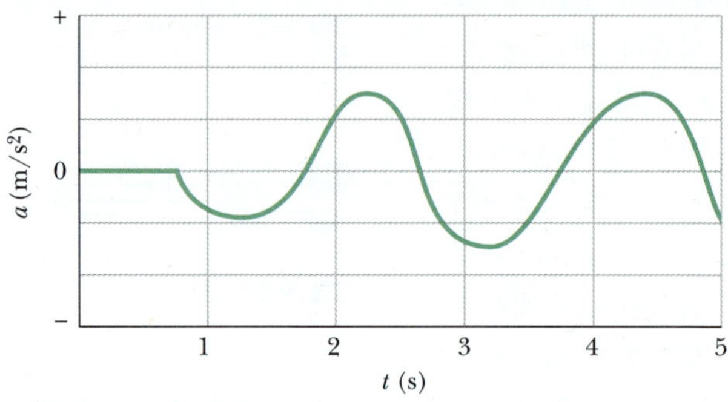

그림 3-55 문제 70

(b) 마찰이 거의 없는 물체가 힘을 받는다. 이 힘 때문에 물체의 속도-시간 그림표가 그림 3-55와 같은 꼴이다. 시간축이 그림과 같은 좌표를 잡고, 그 물체의 가속도-시간 그림표를 조심해서 그려라.

(c) (b)에서 보인 속도-시간 그림표와 여러분이 그림 가속도-시간 그림표를 보라. 시간축을 그림과 같이 잡고, 물체가 받는 힘-시간 그림표를 조심해서 그려라.

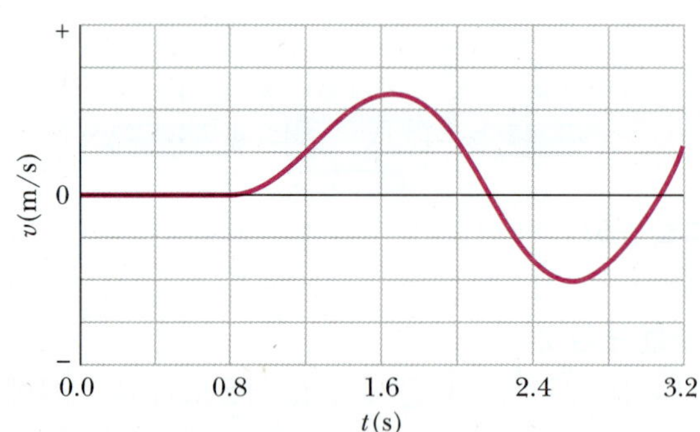

그림 3-56 문제 70

71. 속도로부터 힘 1

그림 3-57은 직선운동을 하는 어떤 물체의 속도-시간 그림표이다. 오른쪽이 +쪽이다.

(a) 어떤 시각 또는 시간에 물체가 받는 알짜힘이 0인가?

(b) 어떤 시각 또는 시간에 물체가 받는 알짜힘이 0이 아니고 일정한가?

(c) 어떤 시각 또는 시간에 물체가 받는 알짜힘이 시간에 따라 변

화하는가?

낱낱의 경우에서 추론과정을 설명하라. 추론이 뉴턴 운동 법칙과 맞는지 어긋나는지 설명하라. 위의 조건에 맞는 시각 또는 시간이 없으면, 이유를 분명히 밝혀라.

72. 속도로부터 힘 2

그림 3-57은 직선운동을 하는 어떤 물체의 속도-시간 그림표이다. 오른쪽이 +쪽이다.

(a) 어떤 시각 또는 시간에 물체가 오른쪽으로, 점점 더 세지는 알짜힘을 받는가?

(b) 어떤 시각 또는 시간에 물체가 오른쪽으로, 점점 더 약해지는 알짜힘을 받는가?

(c) 어떤 시각 또는 시간에 물체가 오른쪽으로, 일정한 알짜힘을 받는가?

(d) 어떤 시각 또는 시간에 물체가 왼쪽으로, 점점 더 세지는 알짜힘을 받는가?

(e) 어떤 시각 또는 시간에 물체가 왼쪽으로, 점점 더 약해지는 알짜힘을 받는가?

(f) 어떤 시각 또는 시간에 물체가 왼쪽으로, 일정한 알짜힘을 받는가?

낱낱의 경우에서 추론과정을 설명하라. 추론이 뉴턴 운동 법칙과 맞는지 어긋나는지 설명하라. 위의 조건에 맞는 시각 또는 시간이 없으면, 이유를 분명히 밝혀라.

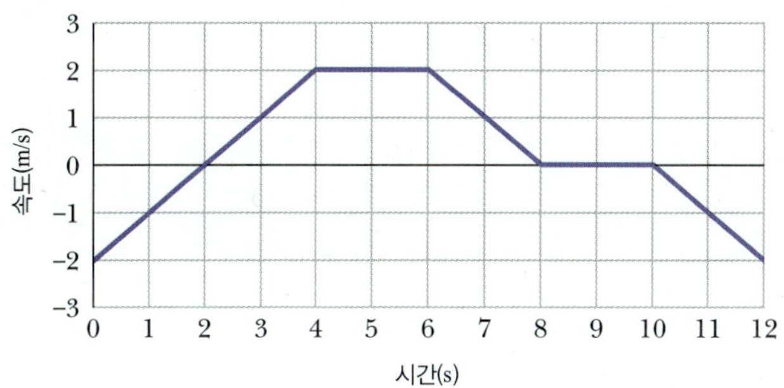

그림 3-57 문제 71과 72

4 벡터

20년 동안 동굴탐험단은 매머드 동굴(Mammoth Cave)과 플린트 절벽(Flint Ridge) 동굴계가 이어지는 길을 찾아 200 km에 이르는 길을 웅크리고, 오르고, 꾸물거리며 다녔다. 이 사진은 '좁프(Richard Zopf)' 가 플린트 절벽 동굴계 깊숙한 곳에서 좁은 길을 따라 짐을 밀어내는 것을 보여준다. 12시간 동안 미로와 같은 길을 따라 동굴 탐험을 한 끝에 좁프와 대원 여섯은 뼛속에 스미는 듯한 찬 물웅덩이를 건너 매머드 동굴에 이르렀다. 이들의 획기적인 돌파 덕분에 매머드-플린트 동굴계는 세계에서 가장 긴 동굴로 인정되었다.

그들이 떠난 곳과 끝에 이른 곳을, 실제로 따라간 길이 아닌 다른 길로 이으려면 어떻게 해야 할까?

◈ 답은 이 장에 있다.

4-1 서론

2장과 3장에서 이미 배운 것처럼 1차원 운동을 살펴볼 때 쓴 물리량 가운데 어떤 것은 벡터로 나타내는 것이 쓸모가 있다. 이 양에는 위치, 변위, 속도, 가속도, 힘이 있다. 5장과 6장에서는 수평방향으로 움직이면서 떨어지는 것(포사체 운동), 원운동, 마찰력을 받는 운동, 비탈길을 따라가는 운동 등의 2차원 운동을 뉴턴 법칙을 써서 살펴볼 때 벡터를 쓸 것이다.

2차원 운동을 살펴보려면, 2차원 벡터를 그림으로 그리고 수학적으로 나타내고 더하는 방법을 배워야 한다. 그 일은 1차원과는 달리 간단하지 않다. 보기를 들어, 2장에서는 직선을 따라 움직이는 입자를 기술하고자 x축(또는 y축)을 잡으면, 속도 벡터의 x성분의 부호(+ 또는 −)는 운동의 방향을 나타낸다. 그렇지만 입자가 직선을 따라 움직이지 않으면 속도의 방향 변화를 따라가는 일은 단순히 (+)나 (−) 부호를 쓰는 단순한 문제가 아니다.

벡터와 벡터에 대한 연산에 관한 일반적 고찰을 2장에서 배운 벡터의 정의를 2차원으로 확장하는 것에서 시작하자. 이 장에서는 3차원 벡터에 관해서는 아주 간단히 설명하지만, 뒤에 다시 다룬다.

4-2 벡터 변위

2차원 이상에서 속도와 가속도를 정의하려면, 변위에 대한 일반적인 정의에서 출발해야 한다. 1차원에서도 그랬던 것처럼 2차원 또는 3차원에서의 변위 벡터를 화살표로 나타내는 것이 쓸모가 있다. 예를 들어, 어떤 입자가 점 A에서 C로 가면, 그것의 변위 $\Delta\vec{r}$은 그림 4-1a와 같이 곧바로 A에서 C를 가리키는 화살표로 나타낼 수 있다. 기억할 것은 변위 벡터는 입자가 실제로 따라간 길에 관해서는 아무것도 말해주지 않는다는 것이다. 따라서 그림 4-1a에 보인 A에서 C로 가는 굽은 경로와 A에서 B로, 거기서 다시 C로 곧바로 가는 경로는 모두 입자를 A에서 C로 가게 하며, 따라서 두 경로 모두 A와 C의 변위 벡터는 같다.

그림 4-1b에서 A에서 C를 향하는 화살표와 A'에서 C'를 향하는 두 화살표의 길이와 방향은 같다. 따라서 이들은 똑같은 위치 변화를 나타내므로 두 변위 벡터는 같다. 따라서 어떤 변위 벡터를 크기와 방향을 유지한 채 공간적으로 이동시켜도 같은 벡터이다.

변위 벡터가 운동의 세세한 경로가 아닌 전체적인 효과를 나타낸다는 사실은 자칫하면 오해를 부른다. 그림 4-2의 만화는 두 사람 가운데 하나는 어떤 길을 따라 갔는가를 따지고, 다른 사람은 그것에 신경쓰지 않을 때, 어떤 일이 벌어질 수 있는가를 보여준다. 그림 4-3은 경준이가 간 길과 명박이가 가라고 한 길의 벡터 그림표를 보여준다.

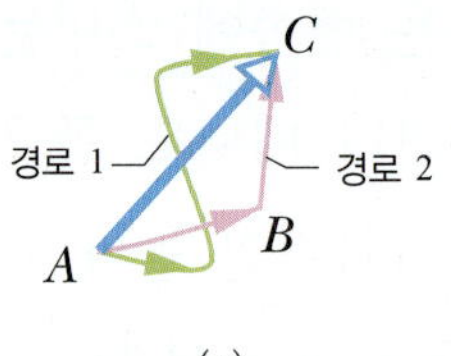

(a)

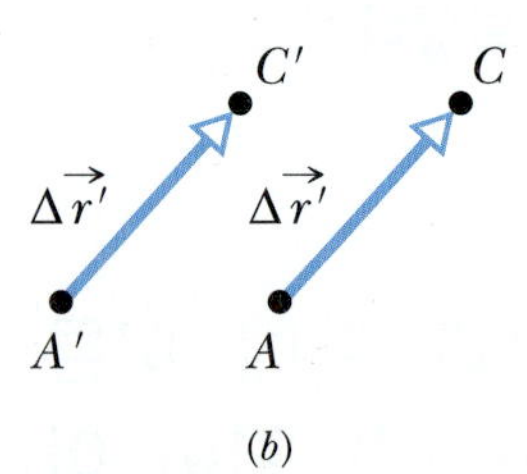

(b)

그림 4-1
(a) 어떤 입자가 점 A에서 C로 가는 운동에 대한 변위 벡터는 A에서 C를 가리키는 화살표로 나타낼 수 있다. 변위는 A와 C의 상대적 위치로 정해지므로 그림에 보인 두 경로를 따라가면 변위가 같다. (b) A에서 C를 가리키는 벡터와 A'에서 C'를 가리키는 두 벡터는 똑같은 변위 $\Delta\vec{r}$을 나타낸다. 그 까닭은 변위는 위치 자체가 아니라 위치의 변화를 나타내기 때문이다. 따라서 $\Delta\vec{r}=\Delta\vec{r}'$이다.

생각해보기 4-1 축구장에는 북쪽과 남쪽에 골대가 있다. 다음과 같이 움직이는 축구공을 생각하자.
공이 처음에는 축구장 한가운데에 있었다. 어떤 선수가 공을 서쪽으로 찼다. 공이 3 m를 굴러가자 다시 북쪽으로 찼다. 공은 6 m를 굴러간 뒤 섰다.
아래에 설명한 변위 어느 것이 위에서 설명한 변위와 똑같은가?
(1) 공이 처음에는 남쪽 골대 바로 앞에 있었다. 공을 동쪽으로 찼다. 공이 9 m를 굴러가고 다시 북쪽으로 찼다. 공이 6 m를 굴러가자 다른 사람이 그것을 정서쪽으로 찼다. 공이 12 m를 굴러가자 다른 선수가 잡아 세웠다.
(2) 공이 처음에는 축구장 한가운데에 있었다. 어떤 선수가 공을 동쪽으로 찼다. 공이 3 m를 굴러가고 다시 남쪽으로 찼다. 공이 6 m를 굴러가자 다른 선수가 잡아 세웠다.

그림 4-2
경준은 물리학을 써서 경로와는 무관한 변위를 따지는데, 코치 명박은 경준의 변위와 실제로 간 길을 따진다. Foxtrot © 1999 Bill Amerd.

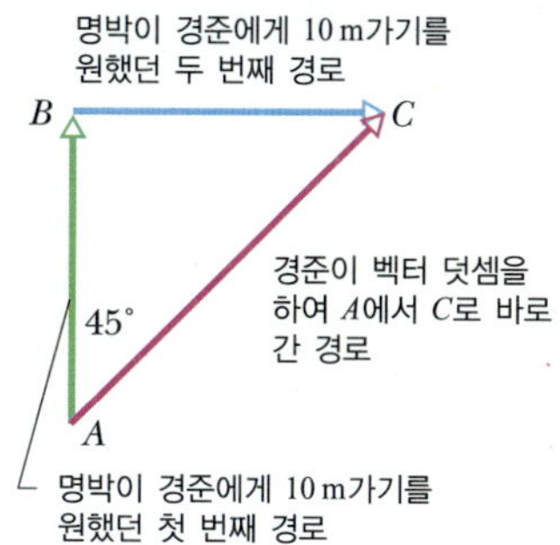

그림 4-3
잇다른 두 변위의 벡터 덧셈. 명박이는 경준이더러 먼저, 10 m 앞으로 가라고 했다. 그 다음, 오른쪽으로 10 m 가라고 했다. 경준이는 벡터 덧셈을 하여 A에서 곧바로 C로 갔다.

따라해보기 4-1 | 원을 따라 달리기

현주가 둥근 경주로를 따라 달리고 있다. 한 바퀴는 400 m이다. 현주가 경주로의 북쪽 끝에서 출발하여 동쪽으로 달린다면, 다음 길이를 달렸을 때의 변위(크기와 방향)를 구하라. (a) 100 m, (b) 200 m, (c) 300 m, (d) 400 m.

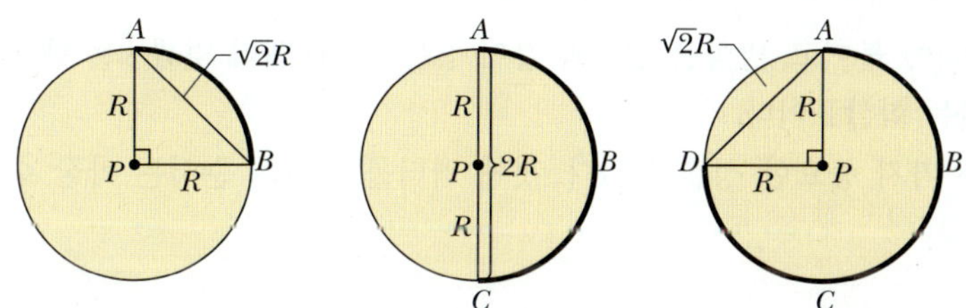

그림 4-4
(a) 현주가 A에서 B로 100 m를 달린 뒤. (b) A에서 C로 200 m를 달린 뒤. (c) A에서 D로 300 m를 달린 뒤.

풀이 ■ 요점은 현주의 변위는 벡터로서 크기는 그녀가 출발한 곳에서 지금 있는 곳까지의 직선거리라는 것이다. 그녀의 변위의 방향은 그녀가 출발한 곳에서 지금 있는 곳을 가리킨다.

(a) 현주가 100 m를 달렸을 때, 그림 4-4a와 같이 그녀는 둥근 경주로의 사분의 일을 간 셈이다. 그림에서 보듯이 그녀가 지금 있는 곳은 남쪽으로 반지름만큼 간 다음 동쪽으로 같은 거리를 간 결과와 같다. 그림 4-4a에서 AP와 PB 사이의 각도가 90°이므로, A에서 B까지의 직선거리는 피타고라스 정리를 써서 다음과 같이 셈할 수 있다.

$$d_{AB} = \sqrt{R^2 + R^2} = \sqrt{2R^2} = \sqrt{2}\,R$$

경주로의 원둘레가 400 m이므로, 반지름은 $R = 400\text{ m}/(2\pi) = 63.6\text{ m}$이다. 따라서 현주가 100 m를 달린 뒤의 변위의 크기는 다음과 같다.

$$d_{AB} = (\sqrt{2})(400\text{ m})/(2\pi) = 90.0\text{ m} \quad \text{(답)}$$

그녀의 변위의 방향은 그림 4-4a에서 남동쪽이다. (답)

(b) 현주가 200 m를 달렸을 때는, 그림 4-4b와 같이 경주로의 반을 달린 셈이다. 따라서 출발한 곳까지의 거리는 $2R = 127$ m이고, 방향은 남쪽이다. (답)

(c) 현주가 경주로의 3/4을 달렸을 때는 그림 4-4c와 같다. 출발한 곳까지의 거리는 경주로의 1/4을 달렸을 때와 같으므로 변위의 크기는 다시 또 $\sqrt{2}\,R = 90.0$ m이다. 그러나 그녀의 변위의 방향은 남서쪽이다.

(d) 현주가 400 m를 달렸을 때는, 경주로를 한 바퀴 돌아 출발한 곳으로 돌아왔다. 그녀가 지금 있는 곳은 출발했던 곳과 같으므로 변위는 0이다. (답)

4-3 벡터 덧셈 그리기

변위 벡터의 덧셈을 그리는 방법에서는 두 변위의 최종 결과를 기술하는 하나의 벡터를 생각한다. 예를 들어, 그림 4-2에서 코치인 명박이는 경준이더러 A에서 C로 갈 때, 앞으로 10 m 가서 B에 이른 다음, B에서 오른쪽으로 10 m를 가서 C로 가라고 했다. 경준이는 그렇게 하는 대신 벡터 덧셈 규칙을 써서 A에서 C로 곧바로 가고자, 그림 4-3과 같이 앞쪽에 대해 45° 쪽으로 거리 $10\sqrt{2}$ m를 갔다.

• 덧셈

그림 4-5a의 벡터 그림처럼, 어떤 입자가 A에서 B로 간 다음, B에서 C로 간다. 이 입자의 전체적인 변위는(실제의 변위가 어떻든) 이어지는 두 변위 벡터 $\overrightarrow{AB}$와 $\overrightarrow{BC}$로 나타낼 수 있다. 두 변위의 알짜 변위는 A에서 C로 가는 하나의 변위다. $\overrightarrow{AC}$를 두 벡터 $\overrightarrow{AB}$와 $\overrightarrow{BC}$의 **벡터 합(vector sum** 또는 **resultant)**이라고 한다. 이 덧셈은 보통의 대수 덧셈이 아니다.

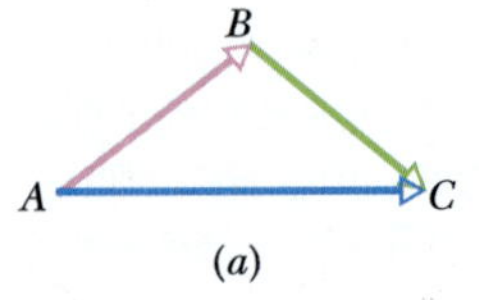

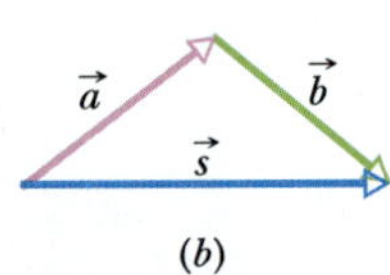

그림 4-5
(a) $\overrightarrow{AC}$는 두 벡터 $\overrightarrow{AB}$와 $\overrightarrow{BC}$의 합이다. (b) 같은 벡터를 다른 기호 $\vec{a}, \vec{b}, \vec{s}$를 써서 나타냈다.

그림 4-5b에서는 그림 4-5a의 벡터를 다시 그리고 앞으로 쓸 이름표를 붙였다. 이름표는 $\vec{a}$ 처럼 기호 위에 화살표를 올린 것이다. 둘 이상의 벡터를 더할 때는 덧셈 과정을 간단히 할 수 있게 벡터를 옮겨도 되는데, 다만 낱낱의 벡터의 길이와 방향은 지켜야 한다. 2장에서 벡터의 크기만을 나타낼 때는 벡터 기호에서 화살표를 떼어낸 a 또는 절대값 기호를 붙인 $|\vec{a}|$를 쓴다고 했음을 기억하자.

그림 4-5a처럼 세 벡터 사이의 관계를 다음 벡터식으로 나타낼 수 있다.

$$\vec{s} = \vec{a} + \vec{b} \tag{4-1}$$

이 식은 벡터 $\vec{s}$는 벡터 $\vec{a}$와 $\vec{b}$를 더한 것임을 뜻한다. 벡터량에 크기와 방향이 있기 때문에 벡터 덧셈을 나타내는 식 $\vec{s} = \vec{a} + \vec{b}$에 들어 있는 기호 +와 '합'과 '덧셈'은 대수 셈에서와는 뜻이 다르다.

그림 4-5는 두 벡터 $\vec{a}$와 $\vec{b}$를 그림을 그려 더하는 일반적인 과정을 보여준다. (1) 종이에 벡터 $\vec{a}$를 나타내는 화살표를 적당한 눈금과 각도로 그린다. (2) 같은 눈금을 써서 벡터 $\vec{b}$를 나타내는 화살표를 그리되, 꼬리는 벡터 $\vec{a}$의 머리에 붙이고, 방향은 원래와 같이 잡는다. (3) 벡터 덧셈 $\vec{s}$는 벡터 $\vec{a}$의 꼬리에서 벡터 $\vec{b}$의 머리로 향하는 화살표이다.

이렇게 정의한 벡터 덧셈은 두 가지 중요한 성질이 있다. 첫째 벡터를 더하는 순서는 바꿀 수 있다. 다시 말해 교환법칙이 성립한다.

$$\vec{a} + \vec{b} = \vec{b} + \vec{a} \qquad (\text{교환법칙}) \tag{4-2}$$

둘째, 셋 이상의 벡터를 더할 때는, 어느 두 벡터를 먼저 더해도 결과는 같다. 다시 말해 결합법칙이 성립한다.

$$(\vec{a} + \vec{b}) + \vec{c} = \vec{a} + (\vec{b} + \vec{c}) \qquad (\text{결합법칙}) \tag{4-3}$$

단지 크기와 방향을 함께 지닌 양이 벡터는 아니다. 사실 벡터의 정의에는 벡터 덧셈에 관한 규칙과 교환법칙 및 결합법칙도 들어간다.

• 뺄셈

한 벡터에서 다른 벡터를 빼는 것은 한 벡터에 다른 벡터의 **반대 벡터(additive inverse)**를 더하는 것으로 볼 수 있다. 이 반대 벡터[때로는 '음성 벡터(negative of a vector)' 라고도 한다]는 원래의 벡터에 더해주면 결과가 0이 되는 벡터이다. 어떤 벡터 $\vec{b}$의 반대 벡터 $-\vec{b}$를 정의하려면, $\vec{b} + (-\vec{b})$의 값이 0이 되는 것에서 시작한다. 앞에서 설명한 벡터 덧셈을 그림으로 나타내는 방법을 쓰면, 벡터 $-\vec{b}$는 크기가 $\vec{b}$와 같지만, 방향은 반대가 되어야 그림 4-6처럼 두 벡터를 더한 결과가 0이 된다. 따라서 벡터 $\vec{b}$에 이것의 반대 벡터를 더한 결과는 다음과 같다.

$$\vec{b} + (-\vec{b}) = 0$$

그림 4-6
벡터 $\vec{b}$와 $-\vec{b}$는 크기가 같고 방향은 반대이다.

반대 벡터를 구하는 방법은 보통 벡터 **뒤집기(inverting)**라고 한다. $-\vec{b}$를 더하는 효과는 $\vec{b}$를 빼는 것과 같다. 이 성질을 써서 $\vec{d} = \vec{a} - \vec{b}$와 같이 어떤 두 벡터의 차이를 정의한다.

$$\vec{d} = \vec{a} - \vec{b} = \vec{a} + (-\vec{b}) \quad \text{(벡터 덧셈 꼴로 나타낸 벡터 뺄셈)} \tag{4-4}$$

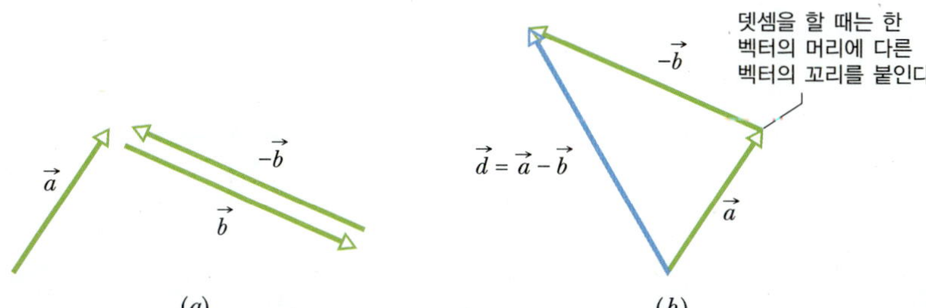

그림 4-7
두 벡터 $\vec{a}$와 $\vec{b}$를 생각하자. 벡터 $\vec{a}$에서 벡터 $\vec{b}$를 빼려면, 그림 4-6처럼 벡터 $\vec{b}$로부터 벡터 $-\vec{b}$를 만든 다음 벡터 $\vec{a}$에 벡터 $-\vec{b}$를 더한다.

다시 말해 벡터 $\vec{a}$에 벡터 $-\vec{b}$를 더하면 두 벡터의 차이 $\vec{d}$가 된다. 그림 4-7은 이것을 그림으로 보여준다.

또 다른 예를 들어, 곧은 길을 따라가며 속력을 높이는(가속하는) 차를 생각하자. 차의 속도 변화는 $\Delta\vec{v} = \vec{v}_2 - \vec{v}_1$이고, 차의 평균 가속도는 $\langle\vec{a}\rangle = \Delta\vec{v}/\Delta t$이다. 그림 4-8은 벡터 뺄셈을 써서 $\Delta\vec{v}$를 구하는 것을 그림으로 보여준다.

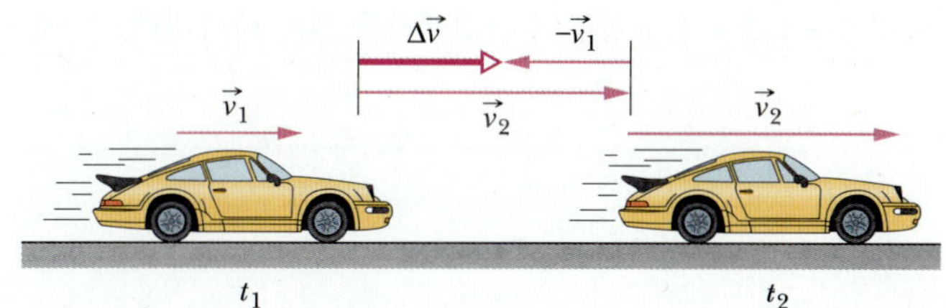

그림 4-8
경주용 차의 속도 변화를 셈하는 방법. $\vec{v}_2$에 $-\vec{v}_1$를 더해 얻는 $\Delta\vec{v}$로 1차원 벡터의 차이를 셈한다.

스칼라 대수셈에서와 마찬가지로 벡터 기호가 들어 있는 항을 벡터 방정식의 한쪽에서 반대쪽으로 옮길 수 있는데, 그때 부호를 바꿔주어야 한다. 예를 들어, $\vec{d} = \vec{a} - \vec{b}$가 있는데, $\vec{a}$에 대해 풀려면 항을 옮겨 $\vec{a} = \vec{d} + \vec{b}$로 바꾼다. 여기에서는 변위 벡터를 썼지만, 덧셈과 뺄셈에 관한 규칙은 그 벡터가 속도이든, 가속도이든, 힘이든, 또는 어느 벡터량이든 모든 벡터에 대해 성립함을 기억하자. 그렇지만 셈을 하는 두 벡터의 종류는 같아야 한다. 변위와 속도를 더하는 것은 바보짓이다. 스칼라에서는 12 s에 21 m를 더하는 것에 해당한다.

생각해보기 4-2 변위 $\vec{a}$와 $\vec{b}$의 크기가 각각 3 m와 4 m이고, $\vec{c} = \vec{a} + \vec{b}$이다. $\vec{a}$와 $\vec{b}$의 여러 방향을 생각할 때, (a) $\vec{c}$의 크기가 가장 클 때와, (b) 가장 작을 때는 어떨 때인가?

연습문제 4-3

1. 두 변위

크기가 3 m와 4 m인 두 변위를 생각하자. 이것을 어떻게 더하면 크기가 다음과 같은 합성 변위가 될까? (a) 7 m, (b) 1 m, (c) 5 m.

2. 은행 털이

보스턴 시 중심가의 은행이 털렸다(그림 4-9의 지도 참조). 범인은 경찰을 따돌리려 헬리콥터로 도망쳤는데 다음과 같이 날아갔다. 32 km, 동남쪽 45°; 53 km, 서북쪽 26°; 26km, 남동쪽 18°. 셋째 비행 끝에 그들은 잡혔는데, 그곳이 어느 마을인가?(지도에 세 변위의 그림을 그려 찾아라.)

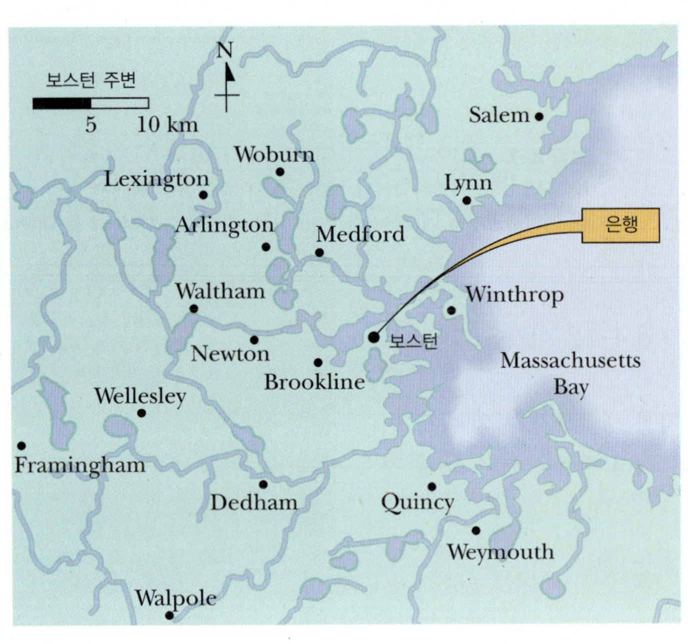

그림 4-9 문제 2

3. 속도 벡터 변화

그림 4-10의 운동 그림 (a), (b), (c)에 세 물체의 운동을 보였다. 낱낱의 그림은 똑같은 시간이 지난 뒤의 모양이다. 그림 (a)의 끝에 있는 것처럼 화살이 없는 점은 속도의 크기가 0임을 나타낸다. 속도의 여러 방향 변화를 번호로 나타내는 오른쪽 그림을 참고하여 낱낱의 속도 화살표 옆에 번호를 달아라. (**실마리**: 4-3절에서 설명한 기법을 써서 속도의 변화를 나타내는 화살표를 그려라.) **유의**: 이 연습문제는 컬럼비아 대학의 앨버스가 개발한 개념 확인 연습문제를 조금 바꾼 것이다.

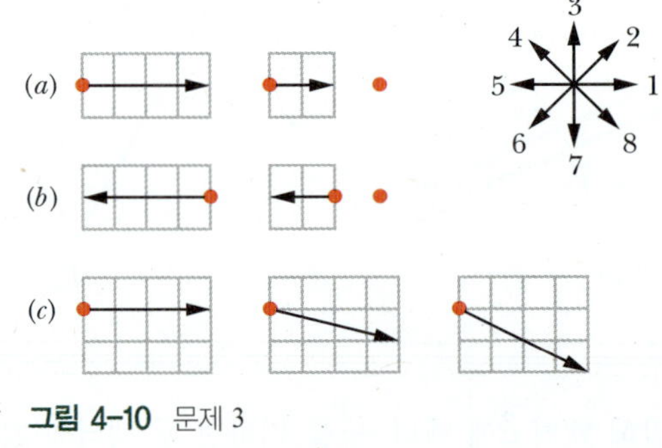

그림 4-10 문제 3

4. 콩알 총

콩알 총에서 콩알을 5.4 m/s의 속력으로 쏜다. 나가는 방향은 수평면에 대해 +30°이다.

(a) 콩알의 처음 속도의 x성분을 셈하라.

(b) 콩알의 처음 속도의 y성분을 셈하라.

(c) 콩알의 속도 $\vec{v}$를 x 및 y 방향의 단위벡터를 써서 나타내라.

4-4 벡터의 직각좌표 성분

앞 절에서 방향이 다른 두 벡터의 합을 구하는 방법을 배웠다. 그와 반대로 어떤 벡터를 둘 또는 그 이상의 벡터로 **나누어(decompose)** 또는 **분해하여(resolve)** 이들을 더한 꼴로 바꾸어야 할 때도 많다. 예를 들어, 어떤 입자가 방향이 다른 두 힘을 받는 것을 생각해 보자. 그 입자는 마치 두 힘을 벡터 덧셈하여 얻은 힘 하나를 받는 것처럼 가속되는 것으로 밝혀진다. 어떤 힘 벡터를 둘 이상의 힘 벡터로 쪼갤 수 있을 때는, 복잡한 상황을 좀더 단순한 1차원 문제로 만들 수 있으므로 벡터를 쪼개는 것은 아주 위력적인 방법이다. 직각좌표계에서 2차원 벡터를 두 개의 1차원 벡터를 더한 꼴로 기술하는 것부터 시작하자.

• 벡터 성분 분해하기

흔히 2차원 벡터는 종이면에 x와 y축을 그린 좌표계에 기술한다. 그림 4-11a와 같이 종이의 가장자리와 나란히 좌표축을 잡는다.

x와 y축에 나란한 벡터를 나타내고, 더하고, 빼는 방법은 이미 알고 있다. 그래서 벡터를 두 개의 성분벡터 — 하나는 x축에, 다른 하나는 y축에 나란한 — 로 쪼개면 편리하다. 그러면 그림 4-11a에 보인 것처럼 벡터 $\vec{a}$는 두 성분벡터 $\vec{a}_x$와 $\vec{a}_y$를 더한 것이다. 그러므로 $\vec{a} = \vec{a}_x + \vec{a}_y$이다.

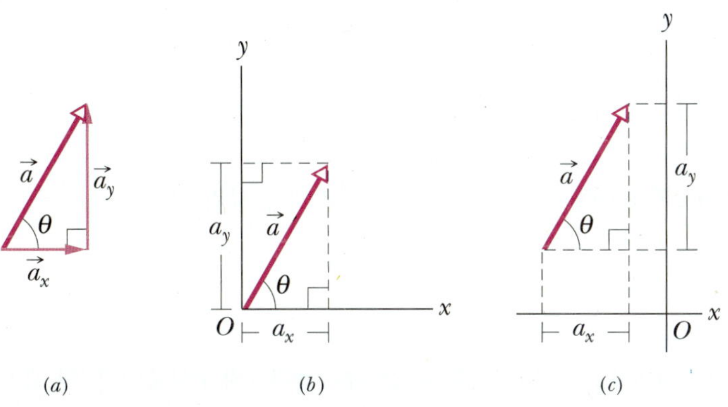

그림 4-11
(a) 성분벡터는 직각삼각형의 직각을 낀 두 변을 이루며, 이들을 벡터 덧셈하면 원래의 벡터가 된다. (b) 벡터 $\vec{a}$의 성분 $\vec{a}_x$와 $\vec{a}_y$는 벡터의 꼬리와 머리를 좌표축에 투영하여 결정한다. (c) 벡터를 옮겨도 그 크기와 방향이 바뀌지 않는 한, 성분의 값도 바뀌지 않는다.

그림 4-11a처럼, 성분벡터 $\vec{a}_x$와 $\vec{a}_y$의 길이는 둘을 더하면 벡터 $\vec{a}$가 되게 정한다. $\vec{a}_x = a_x\hat{\mathrm{i}}$이고 $\vec{a}_y = a_y\hat{\mathrm{j}}$이므로(3-2절), 성분벡터를 이들의 성분 a_x와 a_y로 나타냈다고 할 수 있다. 이 성분에는 화살표를 달지 않았음을 눈여겨 보자. 어떤 벡터의 **직각 성분(rectangular component)**은 그 벡터를 좌표축에 투영한 것이다. 예를 들어, 그림 4-11a에서 a_x는 벡터 $\vec{a}$의 x축 쪽의 성분이고, a_y는 y축 쪽의 성분이다. 어떤 벡터의 어떤 축에 대한 투영 또는 성분을 얻는 실제적인 방법은 그림 4-11b또는 c와 같이 벡터의 양끝에서 축으로 수선을 내리는 것이다.

어떤 벡터의 성분은 그 벡터를 좌표축에 투영한 것이라는 개념을 이해하려면, 멀리서 점광원으로 벡터를 비추는 것을 상상하라. 그러면 성분(또는 투영)은 벡터가 좌표축에 드리운 그림자의 길이다. 예를 들어, 그림 4-11b에 보인 벡터에 빛을 종이면 위쪽에서 비추자. 그러면 벡터의 그림자는 x축 위에 드리울 것이다. 빛을 종이면의 오른쪽에서 벡터에 비추면 y성분을 볼 수 있다. 벡터의 그림자는 y축에 드리우고, 그 길이는 벡터의 y성분이다.

그림 4-11은 어떤 벡터를 좌표계 안에서 이리저리 옮겨도 성분(투영)은 바뀌지 않음을 보여준다. 바꾸어 말해 벡터를 방향을 유지한 채 옮기면, 성분은 변하지 않는다는 것이다. 어떤 좌표축 위에 투영된 것의 길이와 방향은 그 벡터 성분을 말해준다. 어떤 벡터를 x축에 투영한 것을 ***x*성분(*x*-component)**이라 하고 a_x로 나타낸다. y축에 투영한 것을 ***y*성분(*y*-component)**이라 하고 a_y로 나타낸다. 정해진 좌표계에서 어떤 벡터의 성분을 찾는 과정을 **벡터 분해하기(resolving the vector)**라고 한다.

• 양(+)의 성분 및 음(−)의 성분

어떤 벡터의 성분은 그것이 좌표계에 대해 어느 쪽을 향하고 있는가에 따라서 성분 값이 양수 또는 음수가 된다. 표준 좌표계에서는 성분이 위쪽 또는 오른쪽을 향할 때 양(+)으로 잡는다. 그러면 아래쪽 또는 왼쪽을 향할 때는 음(−)이 된다. 그림으로는 성분에 작은 화살머리를 붙여 방향을 나타낼

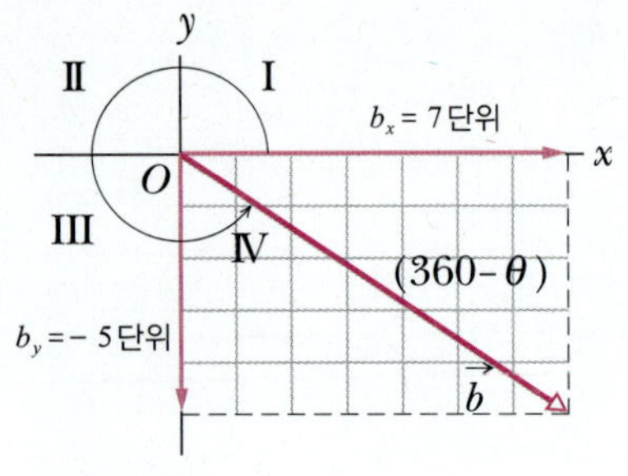

그림 4-12
$\vec{b}$의 x축 성분 b_x는 양수, y축 성분 b_y는 음수이다.

수 있다. 예를 들어, 그림 4-11에서 $\vec{a}$가 두 축 모두에 대해 (+)쪽을 향하므로 a_x와 a_y도 모두 양수이다.(성분의 끝에 작은 화살머리를 붙여 방향을 나타낸 것을 눈여겨 보라.) 벡터 $\vec{a}$를 뒤집으면, 두 성분 모두 음수가 되며, 이들의 화살표로 $-x$쪽과 $-y$쪽을 향하게 된다. 표준 좌표계에서 그림 4-12에 보인 다른 벡터 $\vec{b}$를 쪼개면 성분 b_x는 양수이고 성분 b_y는 음수가 된다.

• 사인, 코사인 함수를 써서 성분 찾기

일반적으로 2차원 벡터의 성분은 둘이다. 그림 4-11b와 c처럼 그림 4-11b에서 $\vec{a}$의 성분의 값은 사인과 코사인 관계를 써서 셈할 수 있다. 그림 4-11a의 직각삼각형에서 코사인과 사인은 다음과 같이 정의된다.

$$\cos\theta = \frac{\text{밑변}}{\text{빗변}} \qquad \text{그리고} \qquad \sin\theta = \frac{\text{높이}}{\text{빗변}}$$

벡터 $\vec{a}$의 크기는 빗변이고, θ는 $\vec{a}$가 $+x$쪽과 이루는 각도이므로 다음 관계가 성립한다.

$$\cos\theta = \frac{a_x}{a} \qquad \text{그리고} \qquad \sin\theta = \frac{a_y}{a}$$

벡터 $\vec{a}$의 크기를 나타내는 기호는 a 또는 $|\vec{a}|$이고, a_x와 a_y는 각각 $\vec{a}$의 x와 y성분이다. 이 관계를 정리하면 다음 결과를 얻는다.

$$a_x = a\cos\theta \qquad \text{그리고} \qquad a_y = a\sin\theta \tag{4-5}$$

• 성분을 가지고 벡터 재구성하기

그림 4-11a를 다시 보자. $\vec{a}$와 그것이 x와 y성분이 직각삼각형을 이룬다. 그것은 벡터 $\vec{a}$를 그 성분으로 재구성할 수 있음을 뜻한다. 그림으로는 성분의 머리와 꼬리를 붙인 다음 한 성분의 꼬리에서 다른 성분의 머리로 빗변을 그어 직각삼각형을 만들면, 빗변이 $\vec{a}$이다. $\vec{a}$의 크기는 다음과 같이 피타고라스 정리를 써서 대수적으로 셈할 수도 있다.

$$a = |\vec{a}| = \sqrt{a_x^2 + a_y^2}$$

일단 어떤 벡터를 좌표축에 대한 성분으로 쪼갰으면, 벡터 대신 그 성분들을 쓸 수 있다. 예를 들어, 그림 4-11b의 $\vec{a}$를 $|\vec{a}|$와 θ로 나타낼 수 있다(완전히 결정된다). 그것은 또한 성분 a_x와 a_y로도 완전히 결정할 수 있다. 두 짝 모두 같은 정보를 담고 있다. 어떤 벡터의 성분(a_x와 a_y)를 알고 있는데 그 크기와 각도를 알고자 하면 다음 식을 써서 셈하면 된다.

$$a = |\vec{a}| = \sqrt{a_x^2 + a_y^2} \qquad \text{그리고} \qquad \theta = \tan^{-1}\left(\frac{a_y}{a_x}\right) \tag{4-6}$$

따라서 2차원 벡터를 흔히 a_x와 a_y로 순서를 지은 짝으로 나타낸다. 그렇지만, 원운동을 살펴볼 때는, 극좌표 (a, θ)를 써서 벡터를 기술하는 것이 더 편리하다. 탄젠트 함수의 역함수를 써서 θ를 구할 때는, 그림 4-12와 같이 $\vec{a}$가 제2사분면 또는 제3사분면에 있으면 $\theta + \pi$로 바꾸도록 주의해야 한다.

더 일반적인 3차원에서 직각좌표계를 쓴다면 x축과 y축에 수직인 또 하나의 축 z축도 따져야 한다. 3차원에서는 직각좌표계에서 어떤 벡터 a를 성분 a_x와 a_y 그리고 a_z를 써서 나타낼 수 있다.

그 대신 구좌표계를 쓴다면, 벡터의 크기와 각도 두 개(말하자면 $|\vec{a}|$, θ, ϕ)를 써서 나타낼 수 있다. 3차원 벡터는 회전운동을 살펴볼 때 쓴다. 그렇지만, 다음 몇 장에서는 3차원 벡터는 쓰지 않는다.

생각해보기 4-3 아래 그림에서 벡터 $\vec{a}$의 성분 a_x와 a_y를 제대로 묶은 것은 어느 것인가?

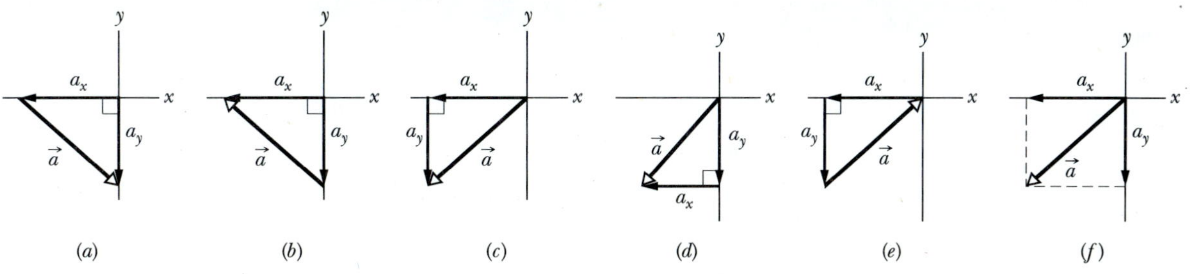

생각해보기 4-4 아래 그림에서 표준 벡터와 비교할 때 똑같은 벡터는 어느 것인가?

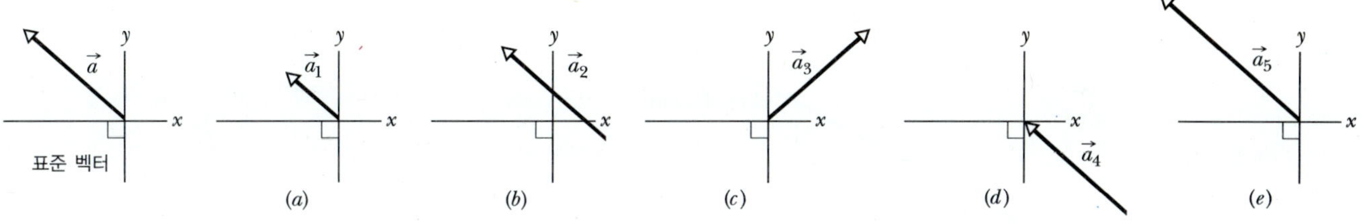

따라해보기 4-2 | 동굴 탐험

1972년 동굴탐험대가 플린트 절벽 동굴계의 오스틴 입구에서 출발하여 매머드 동굴계의 메아리 강으로 빠져 나옴으로써 두 동굴계를 이은 매머드-플린트 동굴계가 탄생했다(그림 4-13a). 이들의 수평방향 (지면에 나란한) 여행길은 서쪽으로 1.0 km, 남쪽으로 4.2 km였다. 출발한 곳에서 마친 곳까지의 수평변위는 얼마인가?

풀이 ■ 요점은 위에서 받은 자료는 2차원 벡터의 성분이고, 낱낱의 벡터의 크기와 방향을 알아야 변위 벡터를 정할 수 있다는 것이다. 먼저 2차원 좌표축을 잡은 다음 그림 4-13b와 같이 변위 벡터의 x와 y성분을 그린다. 이 성분(서쪽으로 $d_x = 1.0$ km, 남쪽으로 $d_y = 4.2$ km)은 수평면 위에 놓인 직각삼각형을 이룬다. 탐험대의 수평 변위는 삼각형의 빗변을 이루며, 크기는 피타고라스 정리에 따라 다음과 같다.

$$|\vec{d}| = \sqrt{(1.0\text{ km})^2 + (4.2\text{ km})^2} = 4.3\text{ km}$$

또한 그림 4-13b에서 수평변위는 정서쪽에 대해 다음 각도 θ만큼 남쪽을 향한다.

$$\tan\theta = \frac{dy}{dx} = \frac{4.2\text{ km}}{1.0\text{ km}}$$

따라서 각도는 다음과 같다.

$$\theta = \tan^{-1}\frac{4.2\text{ km}}{1.0\text{ km}} = 77° \quad \text{(답)}$$

요약하면, 탐험대의 수평 변위 벡터는 길이가 4.3 km이고 서쪽에 대해 77° 남쪽이다. 탐험대는 또한 위쪽으로 25 m 올라갔다. 알짜 수직운동은 수평운동에 비하면 아주 작으므로 무시한다. 그렇지만, 수직변위가 상대적으로 작다고 해서 대원들이 편하게 간 것은 아니라. 그들은 동굴을 따라 수없이 오르내려야 했다. 그들이 실제로 따라간 길과 수평 변위 벡터는 전혀 다르며, 그것은 다만 출발한 곳에서 마친 곳을 똑바로 가리키는 벡터일 뿐이다.

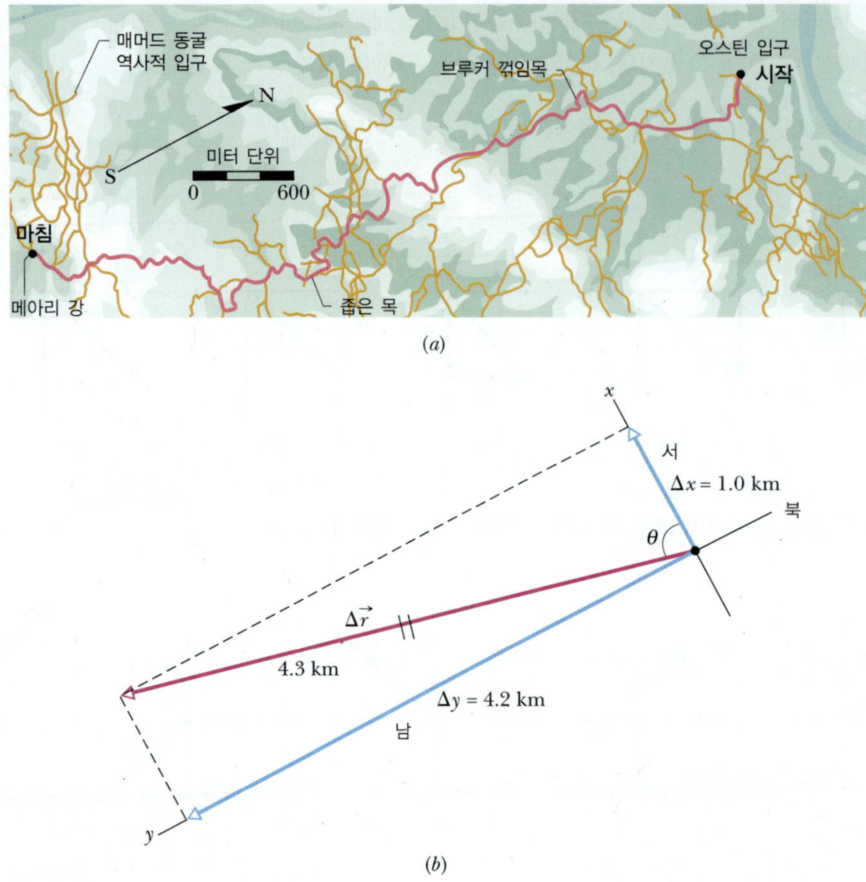

그림 4-13

(*a*) 매머드-플린트 동굴계의 일부를 동굴탐험대가 오스틴 입구에서 메아리 강까지 따라간 길을 붉은 선으로 보여준다. (*b*) 대원의 수평 변위 $\vec{d}$의 성분. 이들은 눈금을 맞추어 그렸지만, (*a*)의 그림과는 축척이 다르다.(동굴 연구 재단에서 받은 지도를 조금 고침.)

연습문제 4-4

5. 성분

어떤 벡터 $\vec{a}$가 $+x$쪽에 대해 반시계 방향으로 250° 쪽이고 크기는 7.3 m이면 이것의 (a) x성분과 (b) y성분은 얼마인가?

6. 라디안과 도

다음 각도를 라디안 단위로 나타내라. (a) 20.0°, (b) 50.0°, (c) 100°. 다음 각도를 도 단위로 나타내라. (d) 0.330 rad, (e) 2.10 rad, (f) 7.70 rad.

7. 크기와 각도

벡터 $\vec{A}$의 x성분이 −25.0 m, y성분이 +40.0 m이다.

(a) $\vec{A}$의 크기는 얼마인가?

(b) $\vec{A}$의 방향과 $+x$쪽 사이의 각도는 얼마인가?

8. 변위 벡터

그림 4-14에 보인 xy평면 위의 변위 벡터 $\vec{r}$의 길이는 15 m이고 방향은 그림과 같다. 이 벡터의 (a) x성분과 (b) y성분을 구하라.

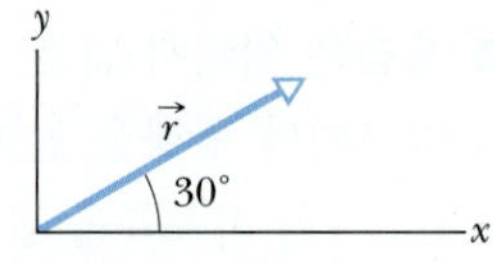

그림 4-14 문제 8

9. 구르는 바퀴

반지름 45.0 cm인 바퀴가 평평한 바닥을 미끄러지지 않고 굴러간다(그림 4-15). 시각 t_1에 바퀴 둘레에 찍은 점 P가 바퀴와 바닥이 닿는 곳에 있다. 그

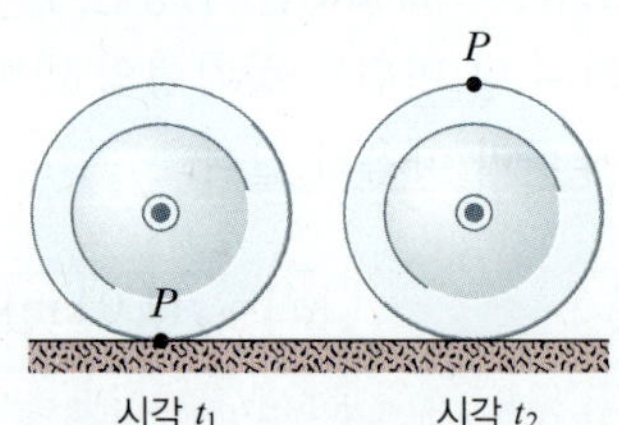

그림 4-15 문제 9

뒤의 시각 t_2에 바퀴가 반바퀴 굴러 갔다. 이 시간의 P의 변위의 (a) 크기와 (b) (바닥에 대한) 각도는 얼마인가?

10. 단층

단층은 맞닿은 두 땅덩이가 반대쪽으로 미끄러진 것이다. 그림 4-16에서 A와 B는 앞쪽에 있는 땅덩이가 오른쪽 아래로 미끄러지기 전에는 같은 곳에 있었다. 알짜 변위 $\overrightarrow{AB}$는 단층면과 나란하다. $\overrightarrow{AB}$의 수평성분은 주향단층 AC이고 단층면을 따라 아래쪽 성분은 경사단층 AD이다. (a) 주향단층이 22.0 m, 경사단층이 17.0 m이면 알짜 변위 $\overrightarrow{AB}$의 크기는 얼마인가? (b) 단층면이 수평면에 대해 52° 기울어져 있으면, $\overrightarrow{AB}$의 수직성분은 얼마인가?

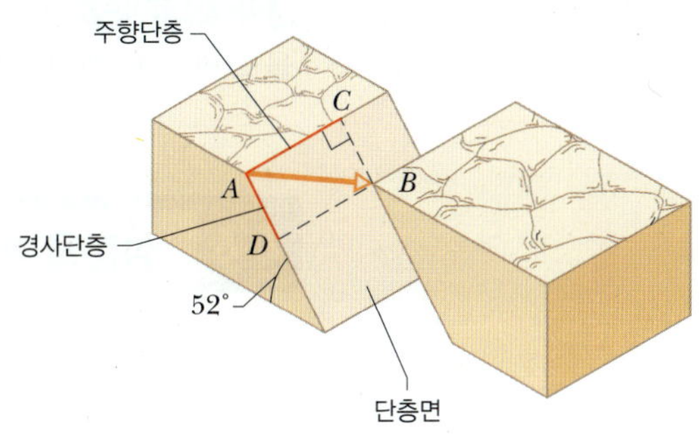

그림 4-16 문제 10

11. 방

어떤 방의 크기가 3.00 m × 3.70 m × 4.30 m이다. 파리 한 마리가 한쪽 모서리에서 출발하여 이리저리 날다가 주대각선의 반대쪽 모서리에 앉았다. (a) 이 변위의 크기는 얼마인가? (b) 이 크기보다 경로의 길이가 짧을 수 있는가? (c) 더 길 수 있는가? (d) 같을 수 있는가? (e) 좌표계를 적당히 잡아 변위 벡터의 성분을 구하라. (f) 파리가 나는 대신 기어간다면 가장 짧은 경로는 어떤 것인가? (**실마리**: 이것은 셈을 하지 않고도 답할 수 있다. 방은 상자와 같다. 그것을 평평하게 펼쳐서 생각하라.)

4-5 단위벡터

2-2절에서 단위벡터를 어떤 좌표축의 (+)쪽을 가리키는 차원이 없는 벡터로 정의했다. 그것의 쓰임새는 오직 방향을 보여주는 것이었다. $+x$, $+y$, $+z$쪽을 가리키는 단위벡터는 $\hat{\mathrm{i}}$, $\hat{\mathrm{j}}$, $\hat{\mathrm{k}}$로 나타내는데(그림 4-17), 여기에서 고깔(^)은 벡터가 특별함을 나타내는데 쓴다.

그림 4-17과 같이 좌표축이 배치된 것을 **오른손 좌표계(right-handed coordinate system)**라고 한다. 그 까닭은 오른손 엄지와 다른 손가락으로 그 모양을 보일 수 있기 때문이다. 그림 4-17는 한 가지 방법을 보여준다. 그 계를 어떻게 돌려도 오른손 모양은 유지된다. 왼손을 써서 좌표계를 꾸민다면, $\hat{\mathrm{j}}$와 $\hat{\mathrm{k}}$를 그림 4-17과 같이 유지해도 $\hat{\mathrm{i}}$는 반대쪽이 되어 그림 4-18과 같은 꼴이 된다. 과학 분야에서는 오른손 계를 쓰는 것이 표준이므로, 이 책에서도 그것만 쓴다.

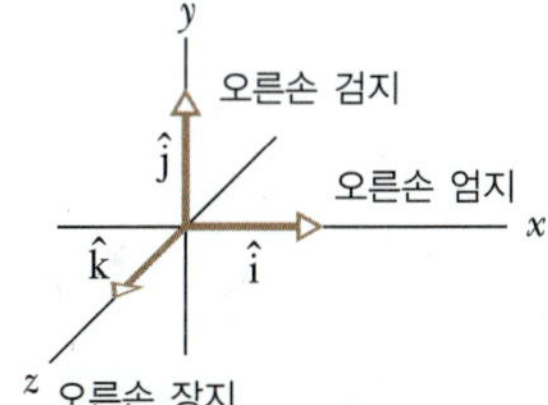

그림 4-17
단위벡터 $\hat{\mathrm{i}}$, $\hat{\mathrm{j}}$, $\hat{\mathrm{k}}$는 표준적인 오른손 좌표계를 정의한다. 이 계를 그렇게 부르는 까닭은 오른손 엄지와 다른 손가락으로 $+x$, $+y$, $+z$쪽을 가리킬 수 있기 때문이다. 예를 들어 오른손의 엄지, 검지, 장지가 서로 직각을 이루게 벌리면, 그것이 각각 $+x$, $+y$, $+z$쪽을 가리킨다.

단위벡터는 3차원 벡터를 나타내는데 아주 쓸모가 있다. 예를 들어, 어떤 벡터도 그림 4-17의 좌표계를 써서 다음과 같이 나타낼 수 있다.

$$\vec{a} = a_x \hat{\mathrm{i}} + a_y \hat{\mathrm{j}} + a_z \hat{\mathrm{k}} \tag{4-7}$$

$a_x \hat{\mathrm{i}}$, $a_y \hat{\mathrm{j}}$, $a_z \hat{\mathrm{k}}$는 벡터 $\vec{a}$의 **성분벡터(component vector)**라고 한다. a_x, a_y, a_z는 각각 벡터 $\vec{a}$의 ***x*성분(*x*-component)**, ***y*성분(*y*-component)**, ***z*성분(*z*-component)**이라고 한다(또는 앞서와 같이 그냥 간단히 좌표축 방향의 성분이라고 한다).

참고: 다른 책이나 논문에서는 때로 성분 a_x, a_y, a_z를 다르게 부르기도 한다. 이들을 '벡터 성분(vector component)' 이라고도 하는데, 그 까닭은 좌표축과 나란한 낱낱의 벡터를 만들려면 어떤 단위벡터를 붙여줘야 할지를 밑글자 x, y, z가 말해주기 때문이다. 또한 이것을 '스칼라 성분' 이라고 잘못 부르기도 하지만, 이것은 스칼라가 아니다. 좌표축을 돌리면 참된 스칼라는 값이 바뀌지 않는데, 벡터의 x성분, y성분, z성분은 값이 바뀐다.

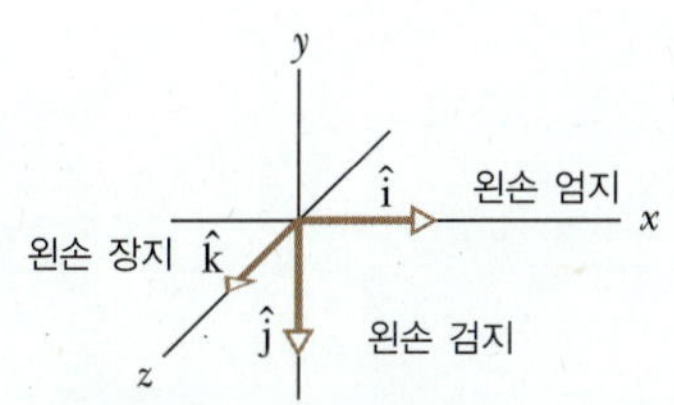

그림 4-18
표준이 아닌 왼손 좌표계는 왼손으로 그림 4-17과 같이 꾸미면 생긴다.

생각해보기 4-5 (a) 그림 4-17에 보인 과정과 왼손을 써서 왼손 좌표계의 $+x$, $+y$, $+z$축을 보여주는 그림을 그리고, 단위벡터 $\hat{\mathrm{i}}$, $\hat{\mathrm{j}}$, $\hat{\mathrm{k}}$를 적어라. (b) 왼손 좌표계와 오른손 좌표계가 어떻게 다른지 설명하라.

4-6 성분을 써서 벡터 덧셈하기

어떤 일이 벌어지는지 알려면 벡터 덧셈을 더해야 하는 물리적 상황이 많다. 예를 들어, 3장에서 어떤 물체가 여러 힘을 한꺼번에 받을 때는 힘 벡터를 더해야 운동을 이해할 수 있음을 알았다. 벡터 덧셈은 그림을 그려서도 할 수 있지만, 가장 실제적인 방법은 이들의 성분을 같은 것끼리 더하는 것일 것이다.

먼저 2차원에서의 벡터 덧셈에 대한 수식을 살펴보자.

$$\vec{s} = \vec{a} + \vec{b} \tag{4-8}$$

이 식은 벡터 $\vec{s}$가 벡터 $(\vec{a}+\vec{b})$와 같음을 뜻한다. 그렇다면, $\vec{s}$의 성분과 $(\vec{a}+\vec{b})$의 성분 사이의 관계를 다음과 같이 끌어낼 수 있다.

$$\vec{s} = (s_x\,\hat{\mathrm{i}} + s_y\,\hat{\mathrm{j}}) = \vec{a} + \vec{b} = (a_x\,\hat{\mathrm{i}} + a_y\,\hat{\mathrm{j}}) + (b_x\,\hat{\mathrm{i}} + b_y\,\hat{\mathrm{j}}) = (a_x + b_x)\,\hat{\mathrm{i}} + (a_y + b_y)\,\hat{\mathrm{j}}$$

따라서 $\vec{s}$의 낱낱의 성분은 대응되는 $(\vec{a}+\vec{b})$의 성분과 같아야 한다.

$$s_x = a_x + b_x \tag{4-9}$$

$$s_y = a_y + b_y \tag{4-10}$$

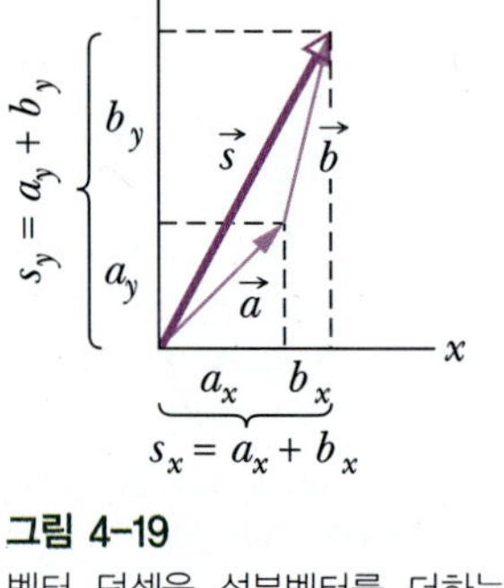

그림 4-19
벡터 덧셈을 성분벡터를 더하는 것으로 바꿀 수 있음을 보여주는 그림

바꾸어 말해, 벡터 $\vec{a}$와 $\vec{b}$를 더하려면, 먼저 벡터를 성분으로 쪼개야 한다. 그 다음에는 좌표축 하나하나에 대한 성분들을 방향을(부호까지도) 따져서 더해야 한다. 그러면 합 벡터 $\vec{s}$의 성분이 나온다. 이것을 그림 4-19에 보였다. 여기까지 해내면, 이 결과를 어떻게 나타낼 것인가를 정해야 한다. 다음 둘 가운데 하나를 고른다.

(a) $\vec{s}$를 단위벡터를 써서 나타낸다. $\vec{s} = s_x\,\hat{\mathrm{i}} + s_y\,\hat{\mathrm{j}}$
(b) $\vec{s}$의 성분을 묶어 $\vec{s}$를 구한 다음 크기-각도 기호로 나타낸다. $|\vec{s}| = \sqrt{s_x^2 + s_y^2}$, $\tan\theta = s_y/s_x$

이렇게 벡터 덧셈을 성분으로 나누어 하는 과정은 벡터 뺄셈에서도 쓸 수 있다. $\vec{d} = \vec{a} - \vec{b}$와 같은 뺄셈은 $\vec{d} = \vec{a} + (-\vec{b})$의 덧셈으로 고쳐쓸 수 있음을 기억하자. 벡터 $\vec{a}$에서 $\vec{b}$를 빼려면 $\vec{a}$에 $-\vec{b}$를 다음과 같이 성분별로 더한다.

$$d_x = a_x - b_x \tag{4-11}$$

$$d_y = a_y - b_y \tag{4-12}$$

여기에서 $\vec{d} = d_x\,\hat{\mathrm{i}} + d_y\,\hat{\mathrm{j}}$이다.

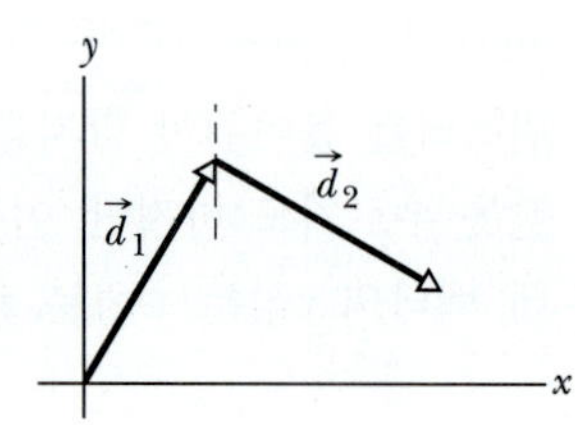

생각해보기 4-6 그림에서 $\vec{d}_1$과 $\vec{d}_2$의 (a) x성분의 부호를 구하라. (b) y성분의 부호를 구하라. (c) $\vec{d}_1 + \vec{d}_2$의 x성분과 y성분의 부호를 구하라.

따라해보기 4-3 | 세 벡터

그림 4-20a는 다음 세 벡터를 보여준다.

$$\vec{a} = (4.2\,\text{m})\hat{\text{i}} - (1.5\,\text{m})\hat{\text{j}}$$

$$\vec{b} = (-1.6\,\text{m})\hat{\text{i}} + (2.9\,\text{m})\hat{\text{j}}$$

$$\vec{c} = -(3.7\,\text{m})\hat{\text{j}}$$

이들의 벡터 덧셈 $\vec{r}$을 구하라. 그림에 보인 것이 맞는가?

풀이 ■ 요점은 세 벡터를 낱낱의 좌표축 성분별로 더할 수 있다는 것이다. x축에 대해서는 $\vec{a}, \vec{b}, \vec{c}$의 x성분을 더하여 $\vec{r}$의 x성분을 얻는다.

$$r_x = a_x + b_x + c_x$$
$$= 4.2\,\text{m} - 1.6\,\text{m} + 0 = 2.6\,\text{m}$$

마찬가지로 y축에 대해서는

$$r_y = a_y + b_y + c_y$$
$$= -1.5\,\text{m} + 2.9\,\text{m} - 3.7\,\text{m} = -2.3\,\text{m}$$

또 다른 **요점**은 $\vec{r}$의 성분들을 묶어 단위벡터 기호로 나타낼 수 있다는 것이다.

$$\vec{r} = (2.6\,\text{m})\hat{\text{i}} - (2.3\,\text{m})\hat{\text{j}}$$

여기에서 $(2.6\,\text{m})\hat{\text{i}}$는 $\vec{r}$의 x축 방향 성분이고, $-(2.3\,\text{m})\hat{\text{j}}$은 y축 방향 성분이다. 그림 4-20b는 이 벡터성분을 배열하여 $\vec{r}$을 구한 것을 보여준다.

셋째 **요점**은 $\vec{r}$의 크기와 각도를 결정하여 답을 구할 수도 있다는 것이다. 식 4-6에서 크기는 다음과 같다.

$$r = \sqrt{(2.6\,\text{m})^2 + (-2.3\,\text{m})^2} \approx 3.5\,\text{m} \qquad \text{(답)}$$

그리고 각도는 (+x축에 대해 재면) 다음과 같다.

$$\theta = \tan^{-1}\left(\frac{-2.3\,\text{m}}{2.6\,\text{m}}\right) = -41° \qquad \text{(답)}$$

여기에서 (−)부호는 이 각이 제4사분면에 있음을 뜻한다.

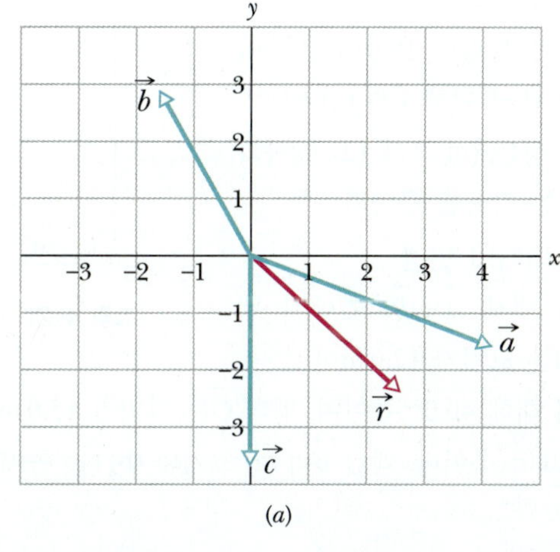

(a)

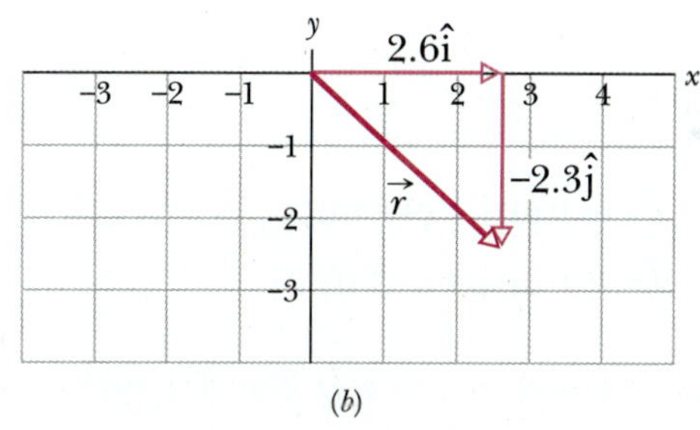

(b)

그림 4-20 벡터 $\vec{r}$은 세 벡터의 합이다.

연습문제 4-6

12. 차 몰기
차를 몰아 동쪽으로 50 km 간 다음, 북쪽으로 30 km 가서, 북쪽에서 동쪽으로 30° 쪽으로 5 km 간다. 차가 출발한 곳에서 마지막 도착한 곳까지의 변위 벡터 그림을 그리고 다음을 구하라. (a) 변위의 크기와 (b) 방향 (각도).

13. 걷기
어떤 사람이 북쪽에서 동쪽으로 30° 쪽으로 250 m를 간 다음, 동쪽으로 175 m를 간다. 출발한 곳에서 마지막 도착한 곳까지의 변위 벡터의 (a) 크기와 (b) 방향(각도)을 구하라. (c) 그녀가 걸은 거리를 구하라. (d) 걸은 거리와 변위의 크기, 어느 것이 더 큰가?

14. 걷기 2

어떤 사람이 다음과 같이 걷는다. 북쪽으로 3.1 km, 그 다음에는 서쪽으로 2.4 km, 끝으로 남쪽으로 5.2 km. (a) 이 운동을 나타내는 벡터 그림표를 그려라. 그 사람이 출발한 곳에서 도착한 곳까지를 새 한 마리가 날아서 곧바로 간다면 (b) 날아가는 거리는 얼마이고, (c) 방향은 어느 쪽일까?

15. 단위-벡터

(a) 다음 두 벡터의 합을 단위벡터 기호를 써서 나타내라.

$$\vec{a} = (4.0\,\text{m})\,\hat{\text{i}} + (3.0\,\text{m})\,\hat{\text{j}} \quad \text{그리고} \quad \vec{b} = (-13.0\,\text{m})\,\hat{\text{i}} + (7.0\,\text{m})\,\hat{\text{j}}$$

$\vec{a}+\vec{b}$의 (b) 크기와 (c) ($\hat{\text{i}}$에 대한) 방향을 구하라.

16. 성분 구하기

변위 벡터 $\vec{c}$와 $\vec{d}$의 성분이 다음과 같다. $c_x = 7.4$, $c_y = -3.8$, $c_z = -6.1$, $d_x = 4.4$, $d_y = -2.0$, $d_z = 3.3$. 두 벡터의 합인 벡터 $\vec{r}$의 다음 성분을 구하라. (a) x성분, (b) y성분, (c) z성분.

17. 두 벡터

벡터 $\vec{a}$는 크기가 5.0 m이고 동쪽을 향한다. 벡터 $\vec{b}$는 크기가 4.0 m이고 북쪽에 대해 서쪽으로 35° 쪽이다. $\vec{a}+\vec{b}$의 (a) 크기와 (b) 방향을 구하라. $\vec{b}-\vec{a}$의 (c) 크기와 (d) 방향은 어떠한가? (e) 앞의 두 벡터를 그려 보라.

18. 벡터

다음 두 벡터가 있다.

$$\vec{a} = (3.0\,\text{m})\,\hat{\text{i}} + (4.0\,\text{m})\,\hat{\text{j}}$$
$$\vec{b} = (5.0\,\text{m})\,\hat{\text{i}} + (-2.0\,\text{m})\,\hat{\text{j}}$$

$\vec{a}+\vec{b}$에 대해 (a) 단위벡터 기호를 써서 나타내고, (b) 크기와 (c) ($\hat{\text{i}}$에 대한) 각도를 구하라. 이제 $\vec{b}+\vec{a}$에 대해 (d) 단위벡터 기호를 써서 나타내고, (e) 크기와 (f) 각도를 구하라.

19. 두 벡터 2

다음 두 벡터가 있다.

$$\vec{a} = (4.0\,\text{m})\,\hat{\text{i}} - (3.0\,\text{m})\,\hat{\text{j}} + (1.0\,\text{m})\,\hat{\text{k}}$$
$$\vec{b} = (-1.0\,\text{m})\,\hat{\text{i}} + (1.0\,\text{m})\,\hat{\text{j}} + (4.0\,\text{m})\,\hat{\text{k}}$$

다음 세 벡터를 단위벡터 기호를 써서 나타내라. (a) $\vec{a}+\vec{b}$ 와 (b) $\vec{a}-\vec{b}$. (c) $\vec{a}-\vec{b}+\vec{c}=0$인 벡터 $\vec{c}$.

20. 두 벡터 3

다음 두 벡터가 있다.

$$\vec{a} = (4.0\,\text{m})\,\hat{\text{i}} - (3.0\,\text{m})\,\hat{\text{j}}$$
$$\vec{b} = (6.0\,\text{m})\,\hat{\text{i}} + (8.0\,\text{m})\,\hat{\text{j}}$$

벡터 $\vec{a}$의 (a) 크기와 (b) ($\hat{\text{i}}$에 대한) 각도를 구하라. 벡터 $\vec{b}$의 (c) 크기와 (d) 각도를 구하라. $\vec{a}+\vec{b}$의 (e) 크기와 (f) 각도를 구하라. $\vec{b}-\vec{a}$의 (g) 크기와 (h) 각도를 구하라. $\vec{a}-\vec{b}$의 (i) 크기와 (j) 각도를 구하라. (k) $\vec{b}-\vec{a}$와 $\vec{a}-\vec{b}$ 사이의 각도를 비교하라.

21. 세 벡터

세 벡터 $\vec{a}, \vec{b}, \vec{c}$는 길이가 50 m이고 xy평면 위에 있다. 이들의 방향은 $+x$쪽에 대해 각각 30°, 195°, 315°이다. $\vec{a}+\vec{b}+\vec{c}$의 (a) 크기와 (b) 각도를 구하라. $\vec{a}-\vec{b}+\vec{c}$의 (c) 크기와 (d) 각도를 구하라. $(\vec{a}+\vec{b})-(\vec{c}+\vec{d})=0$인 벡터 $\vec{d}$의 (e) 크기와 (f) 각도를 구하라.

22. 네 벡터

아래 네 벡터의 합을 (a) 단위벡터 기호와 (b) 크기-각도 기호로 나타내라. 각도는 라디안과 도 단위로 모두 나타내라. 각도는 $+x$쪽에 대해 시계바늘과 같은 쪽으로 돌며 잰 값이 음수, 반대쪽으로 잰 값이 양수이다.

$$\vec{E}: 6.00\,\text{m}, +0.900\,\text{rad} \qquad \vec{F}: 5.00\,\text{m}, -75.0°$$
$$\vec{G}: 4.00\,\text{m}, +1.20\,\text{rad} \qquad \vec{H}: 6.00\,\text{m}, -210°$$

23. 두 벡터 4

그림 4-21의 두 벡터 $\vec{a}$와 $\vec{b}$는 크기가 똑같이 10.0 m이다. 이들의 벡터 덧셈 $\vec{r}$의 (a) x성분, (b) y성분, (c) 크기, (d) $+x$쪽과 이루는 각도를 구하라.

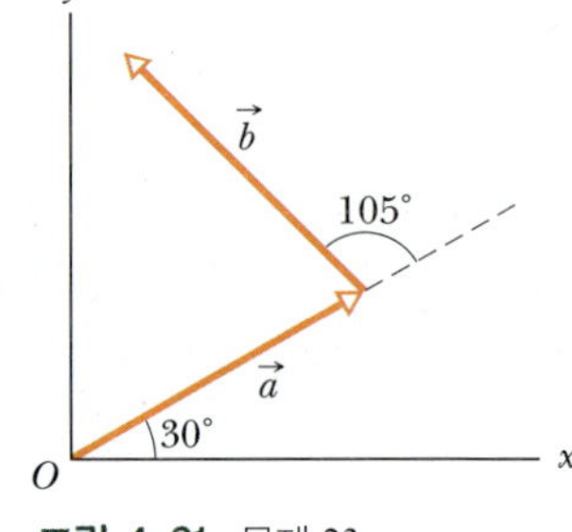

그림 4-21 문제 23

24. 벡터의 덧셈

벡터 덧셈 $\vec{A}+\vec{B}=\vec{C}$에서 벡터 $\vec{A}$는 크기가 12.0 m이고, $+x$쪽에 대해 40.0° 쪽이며, 벡터 $\vec{C}$는 크기가 15.0 m이고, $-x$쪽에 대해 20.0° 쪽이다. 벡터 $\vec{B}$의 (a) 크기와 (b) ($+x$쪽에 대한) 각도를 구하라.

25. 증명

두 벡터의 합이 두 벡터의 차와 직교하려면 두 벡터의 크기가 같아야 함을 증명하라.

26. 네 벡터의 덧셈

아래 네 벡터의 덧셈을 (a) 단위벡터 기호를 써서 나타내고, (b) 크기와 (c) $+x$쪽에 대한 각도를 구하라.

$\vec{P}$: 10.0 m, $+x$쪽에 대해 시계 반대방향으로 25.0°

$\vec{Q}$: 12.0 m, $+y$쪽에 대해 시계 반대방향으로 10.0°

$\vec{R}$: 8.00 m, $-y$쪽에 대해 시계방향으로 20.0°

$\vec{S}$: 9.00 m, $-y$쪽에 대해 시계 반대방향으로 40.0°

27. 성분으로 증명하기

크기가 각각 a와 b인 두 벡터의 꼬리를 붙이면 사이각이 θ이다. 이 두 벡터의 합벡터 $\vec{r}$의 크기가 다음과 같음을 두 벡터의 직각좌표 성분을 써서 증명하라.

$$r = \sqrt{a^2 + b^2 + 2ab\cos\theta}$$

28. 네 벡터의 덧셈 2

아래 네 벡터의 덧셈을 (a) 단위벡터 기호와, (b) 크기와 (c) 방향으로 나타내라. 각도는 $+x$쪽에 대해 시계 반대방향으로 재면 양수, 시계 방향으로 재면 음수이다.

$$\vec{A} = (2.0\,\text{m})\,\hat{\text{i}} + (3.0\,\text{m})\,\hat{\text{j}} \qquad \vec{B}: 4.00\,\text{m}, +65.0°$$
$$\vec{C} = (-4.0\,\text{m})\,\hat{\text{i}} - (6.0\,\text{m})\,\hat{\text{j}} \qquad \vec{D}: 5.00\,\text{m}, -235°$$

29. 육면체

(a) 변의 길이가 a인 정육면체의 네 주대각선을 단위벡터 기호를 써서 나타내라. (b) 주대각선이 그것과 붙어 있는 모서리와 이루는 각도를 구하라. (c) 주대각선의 길이를 a로 나타내라.

30. 오아시스

오아시스 B는 오아시스 A에서 동쪽으로 25 km 에 있다. 낙타 한 마리가 A를 떠나 동쪽에 대해 15° 남쪽으로 24 km를 간 다음, 북쪽으로 8.0 km를 간다. 그 곳에서 오아시스 B까지의 거리는 얼마인가?

31. A 더하기 B

$\vec{A}$에 $\vec{B}$를 더한 결과는 $6.0\hat{\text{i}} + 1.0\hat{\text{j}}$이고, $\vec{A}$에서 $\vec{B}$를 뺀 결과는 $-40\hat{\text{i}} + 7.0\hat{\text{j}}$이다. $\vec{A}$의 크기는 얼마인가?

32. ~이면 ~이다

$\vec{d}_1 + \vec{d}_2 = 5\vec{d}_3$, $\vec{d}_1 - \vec{d}_2 = 3\vec{d}_3$이고 $\vec{d}_3 = 2\hat{\text{i}} + 4\hat{\text{j}}$일 때 (a) $\vec{d}_1$과 (b) d_2를 구하라.

33. 항해

돛배가 동해 속초항을 떠나 북쪽으로 90 km 떨어진 곳으로 가려고 했다. 그러나 출발점에서 동쪽으로 50.0 km인 곳에 이르고 말았다. 처음에 목적한 곳으로 가려면 (a) 얼마나 멀리, (b) 어느 쪽으로 가야 하는가?

4-7 벡터에 스칼라를 곱하고, 벡터를 스칼라로 나누기

벡터에 스칼라를 곱하거나 벡터를 스칼라로 나누어야 할 때가 가끔 있었다. 예를 들어, 물체의 가속도벡터를 예측하려면 물체가 받는 1차원 힘벡터를 물체의 스칼라 질량으로 나누어야 한다. 거꾸로 물체가 받는 알짜 힘을 결정하려면 1차원에서 물체의 가속도를 재고, 여기에 물체의 질량을 곱해야 한다. 변위 벡터에서 속도벡터를 구하려면 시간 Δt로 나누어주는 것도 벡터를 스칼라로 나누어주는 예다. 수학의 규칙에 따르면 벡터에 스칼라를 곱하거나 나누면 새 벡터를 얻는다. 벡터를 스칼라 s로 나누는 것은 언제나 스칼라를 곱하는 것으로 바꿀 수 있다. 그 까닭은 s로 나누는 것은 $1/s$로 곱하는 것과 같기 때문이다.

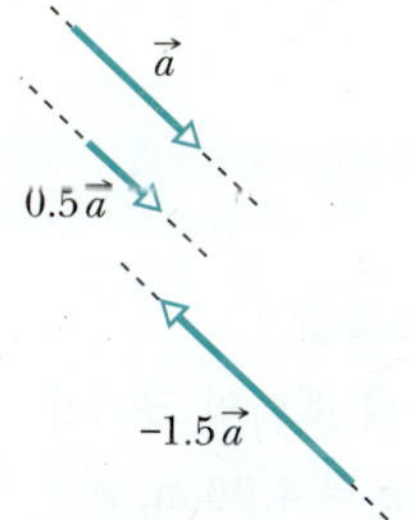

그림 4-22
스칼라와 벡터를 곱하면 새 벡터가 되는데 방향은 곱하기 전과 같지만(또는 반대이지만), 길이는 다르다.

그림 4-22와 같이 벡터에 스칼라를 곱하면 벡터는 방향은 바뀌지 않고(또는 반대로 되고) 크기만 바뀐다.

낱익은 1차원 벡터만을 썼지만, 벡터에 스칼라를 곱할 때의 규칙은 2차원 및 3차원에서도 적용된다는 것을 벡터를 그림으로 또는 성분벡터로 나타내서 확인할 수 있다. 곱하기와 나누기는 덧셈에 대해 분배적이어서 스칼라 e와 벡터 $\vec{V}$의 곱은 직각좌표계에서는 다음과 같이 쓸 수 있다.

$$e\vec{V} = e(V_x\hat{\text{i}} + V_y\hat{\text{j}}) = eV_x\hat{\text{i}} + eV_y\hat{\text{j}}$$

물리학에서 많이 쓰는 벡터 곱셈은 두 가지가 더 있는데, 이것은 벡터끼리 곱하는 것이다. 그 하나는 '점곱(dot product)' 으로 9–8절에서 소개하고, 다른 하나는 '가위곱(cross product)' 으로 12–4절에서 소개한다.*

생각해보기 4-7 벡터에 스칼라를 곱하거나 나눌 때의 규칙을 써서 셈하여 얻는 벡터의 크기와 방향을 그림으로 나타내라. 평균 속도 $\langle\vec{v}\rangle$와 힘 $\vec{F}$는 다음과 같음에 유의하라.

$$\langle\vec{v}\rangle = \frac{\Delta\vec{r}}{\Delta t} \quad \text{그리고} \quad \vec{F} = m\vec{a}$$

그림의 벡터를 써서 (a) 벡터 $\vec{a}$에 $m = 3\,\text{kg}$을 곱하고 그 입자가 받는 힘을 나타내는 벡터를 그려라. (b) 변위 벡터 $\Delta\vec{r}$을 스칼라 시간 $\Delta t = 0.5\,\text{s}$로 나누어 입자의 평균 속도 벡터를 cm/s 단위로 나타낸 그림을 그려라.

생각해보기 4-8 벡터에 스칼라를 곱하거나 나눌 때의 규칙을 써서 아래의 벡터를 직각좌표 성분과 단위벡터를 써서 셈하여라. 단위를 꼭 넣어라! 평균 속도 $\langle\vec{v}\rangle$와 힘 $\vec{F}$는 다음과 같음에 유의하라.

$$\langle\vec{v}\rangle = \frac{\Delta\vec{r}}{\Delta t} \quad \text{그리고} \quad \vec{F} = m\vec{a}$$

(a) 가속도 벡터 $\vec{a} = a_x\hat{\imath} + a_y\hat{\jmath} = (1.82\,\text{m/s}^2)\hat{\imath} + (1.0\,\text{m/s}^2)\hat{\jmath}$에 $m = 3\,\text{kg}$을 곱하여 그 입자가 받는 힘을 나타내는 벡터를 구하라. (b) 변위 벡터 $\Delta\vec{r} = \Delta r_x\hat{\imath} + \Delta r_y\hat{\jmath} = (3.2\,\text{m})\hat{\jmath} + (-0.8\,\text{m})\hat{\jmath}$을 시간 $\Delta t = 0.5\,\text{s}$로 나누어 입자의 평균 속도를 나타내는 벡터를 구하라.

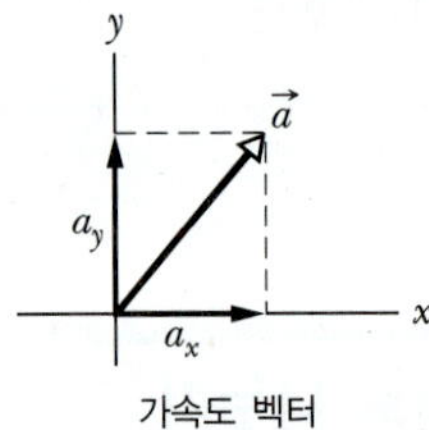

가속도 벡터

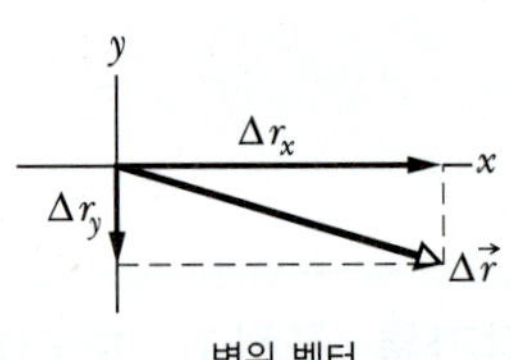

변위 벡터

연습문제 4-7

34. 벡터와 스칼라

그림 4–23의 세 벡터의 크기가 $a = 3.00\,\text{m}$, $b = 4.00\,\text{m}$, $c = 10.00\,\text{m}$이다. $\vec{a}$의 (a) x성분과 (b) y성분을 구하라. $\vec{b}$의 (c) x성분과 (d) y성분을 구하라. $\vec{c}$의 (e) x성분과 (f) y성분을 구하라. $\vec{c} = p\vec{a} + q\vec{b}$라면 (g) p와 (h) q의 값은 얼마인가?

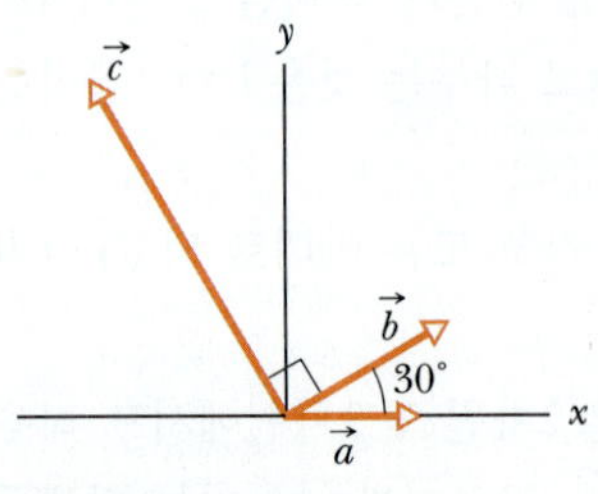

그림 4–23 문제 34

35. 다섯 배

벡터 $\vec{d}$의 크기가 3.0 m이고 남쪽을 향한다. $5.0\vec{d}$의 (a) 크기와 (b) 방향을 구하라. $-2.0\vec{d}$의 (c) 크기와 (d) 방향을 구하라.

36. 두 벡터의 합인 제3의 벡터

x축을 향하는 벡터 $\vec{A}$와 크기가 7.0 m인 벡터 $\vec{B}$를 더한 벡터는 y축을 향하고 크기는 $\vec{A}$의 크기의 세 배다. $\vec{A}$의 크기는 얼마인가?

*점곱은 때로 '스칼라 곱(scalar product)' 이라고 하는데, 그 까닭은 비록 두 벡터를 곱하지만 결과는 스칼라이기 때문이다. 이 이름은 바로 앞에서 소개한 벡터와 스칼라의 곱과 헷갈릴 수 있다. 자세한 내용은 9–8절을 보라.

4-8 벡터와 물리 법칙

이제까지 그림에 들어 있는 좌표계의 x축과 y축은 모두 책의 모서리와 나란히 잡았다. 따라서 그림에 어떤 벡터 $\vec{a}$가 있다면 성분 a_x와 a_y도 그림 4-24a와 같이 책의 모서리와 나란하다. 그렇지만 기울어진 좌표계를 쓰는 것이 더 편리할 때도 있다. 예를 들어 비탈면을 굴러 내리는 끌차의 운동을 살펴보려면 좌표계를 돌려 그 축이 운동 방향과 나란하게 만드는게 더 낫다. 그림 4-24b처럼 $x-y$ 평면에서 (벡터 $\vec{a}$는 돌리지 않고) 좌표축을 각도 ϕ만큼 돌리면, 벡터의 좌표축 성분은 모두 값이 달라진다. 이것을 a'_x와 a'_y라 하자. ϕ의 값은 얼마든지 달라질 수 있으므로 $\vec{a}$의 성분이 이루는 짝도 한없이 많다.

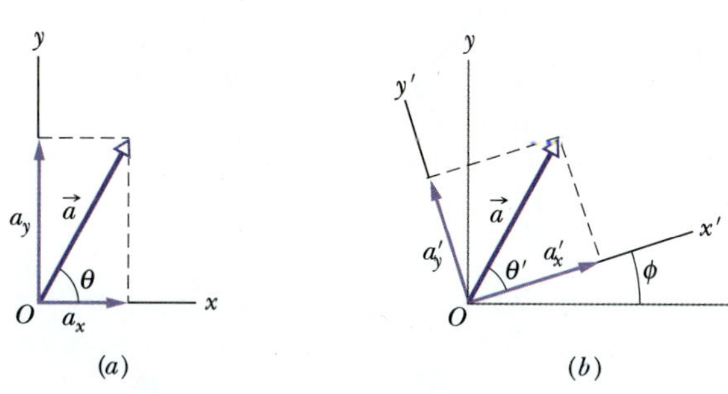

그림 4-24
(a) 벡터 $\vec{a}$와 그 성분들. (b) 같은 벡터인데, 좌표계의 축을 각도 ϕ만큼 돌렸다.

그렇다면 어떤 성분짝이 '바른' 것일까? 이에 대한 답은 수학적으로는 모두가 똑같이 타당하다는 것이다. 낱낱의 짝(좌표축도 함께)은 같은 벡터 $\vec{a}$를 기술하는 다른 방식일 뿐이다. 크기는 모두 똑같다. 식 4-24에서 다음과 같다.

$$|\vec{a}| = \sqrt{a_x^2 + a_y^2} = \sqrt{a'^2_x + a'^2_y} \tag{4-13}$$

좌표축을 돌려도 벡터의 방향은 바뀌지 않지만, 벡터를 새 좌표계에 연관시키는 각도는 달라진다.

$$\theta' = \theta - \phi \tag{4-14}$$

2-2절에서 스칼라는 좌표계의 방향에 상관없이 값이 일정한 양이라고 정의했다. 어떤 벡터의 크기는 참된 스칼라다. 왜냐하면 좌표계를 돌려도 값이 바뀌지 않기 때문이다. 그렇지만 각도 θ와 θ', 그리고 직각좌표 성분 (a_x, a_y)와 (a'_x, a'_y)는 스칼라가 아니다.

요점은 좌표계는 마음대로 잡을 수 있다는 것이다. 왜냐하면 벡터 사이의 (예를 들어 벡터 덧셈을 포함한) 수학적 관계는 좌표계의 원점이나 좌표축의 방향과는 상관이 없기 때문이다.

5장에서는 2장과 3장에서 전개한 위치, 변위, 속도, 가속도, 힘 벡터의 정의와 이 장에서 배운 것을 써서 2차원 운동을 살펴볼 것이다.

추가문제

37. 탐험가

어떤 탐험가가 베이스캠프로 돌아오다가 하늘과 땅을 분간할 수 없을 정도의 폭설에 갇혔다. 그는 북쪽으로 5.6 km를 가는 것을 알았는데, 눈발이 그친 뒤에 보니 동쪽에서 50° 북쪽으로 7.8 km 왔음을 알았다. 그가 베이스캠프로 돌아가려면 (a) 얼마나, (b) 어느 쪽으로 가야 하는가?

38. 볼링 공

아래의 낱낱의 경우 속도 벡터를 대충 그려라. 운동 속도의 크기와 좌표계의 x축에 대한 방향을 구하라.

(a) $\vec{v} = (2.45\ \text{m/s})\hat{\text{i}} + (3.67\ \text{m/s})\hat{\text{j}}$

(b) $\vec{v} = (-2.45\ \text{m/s})\hat{\text{i}} + (5.20\ \text{m/s})\hat{\text{j}}$

39. 잔디밭 장기

잔디밭 장기에서는 말이 가로 세로가 각각 1.0 m인 네모칸의 중심 사이를 움직인다. 기사는 다음과 같이 움직인다. (1) 앞으로 두 칸, 오른쪽으로 한 칸. (2) 왼쪽으로 두 칸, 앞으로 한 칸. (3) 앞으로 두 칸, 왼쪽으로 한 칸. 기사가 이렇게 세 차례 움직인 결과 전체 변위의 (a) 크기와 (b) ('앞쪽' 에 대한) 각도를 구하라.

40. 불개미

불개미 한 마리가 유원지에서 고추장을 찾아 평탄한 땅에서 세 차례 이동한다. 남서쪽(남쪽과 서쪽 모두에 대해 45° 방향)으로 0.40 m 가는 $\vec{d}_1$, 동쪽으로 0.50 m 가는 $\vec{d}_2$, 동쪽에 대해 60° 북쪽으로 0.60 m 가는 $\vec{d}_3$. 동쪽을 $+x$쪽으로 잡고 북쪽을 $+y$쪽으로 잡자. $\vec{d}_1$의 (a) x성분과 (b) y성분을 구하라. $\vec{d}_2$의 (c) x성분과 (d) y 성분을 구하라. $\vec{d}_3$의 (e) x 성분과 (f) y 성분을 구하라.

개미의 알짜 변위의 (g) x성분과 (h) y 성분과 (i) 크기와 (j) 방향을 구하라. 개미가 출발했던 곳으로 곧바로 돌아오려면 (k) 얼마나 그리고 (l) 어느 방향으로 움직여야 하는가?

41. 무거운 물체

그림 4-25와 같이 무거운 기계 한 대를 수평면에 대해 20.0° 기울어진 두꺼운 널을 따라 12.5 m를 밀어 올린다. (a) 올라간 높이는 얼마인가? (b) 수평방향의 이동 거리는 얼마인가?

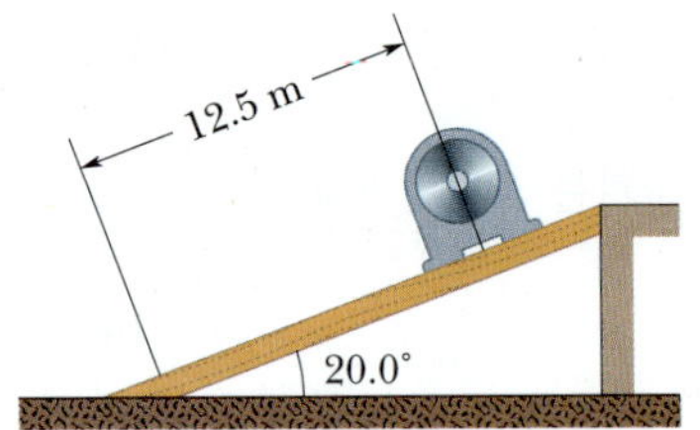

그림 4-25 문제 41

42. 딱정벌레 두 마리

딱정벌레 두 마리가 같은 곳에서 출발하여 평탄한 모래판을 가로지른다. 벌레 1은 동쪽으로 0.50 m, 동쪽에 대해 30° 북쪽으로 0.80 m 달린다. 벌레 2도 두 번 달리는데 첫째는 북쪽에 대해 40° 동쪽으로 1.6 m 달린다. 이것이 벌레 1과 같은 곳에서 만나려면 둘째 움직임은 (a) 거리와 (b) 방향이 어떻게 되는가?

43. 네 움직임

여러분이 평탄한 모래 바닥에서 xy 좌표계의 원점에서 출발하여 네 차례 곧바로 움직여 xy 좌표 (−140 m, 30 m)에 가려고 한다. 움직임의 x성분과 y성분은 각각 차례대로 다음과 같다(단위는 미터이다). (20과 60), (b_x와 −70), (−20과 c_y), (−60, −70). (a) b_x와 (b) c_y의 값은 얼마인가? 전체 변위의 (c) 크기와 (d) 방향을 구하라.

44. 벡터 C

xy 평면 위에 놓인 $\vec{A}$의 크기와 각도가 각각 4.00과 130°이다. 성분 (a) A_x와 (b) A_y는 얼마인가? 벡터 $\vec{B}$도 xy 평면 위에 있고, 그 성분은 $B_x = -3.86$과 $B_y = -4.60$이다. $\vec{A} + \vec{B}$를 (c) 크기-각도 표기법과 (d) 단위벡터 표기법으로 나타내라. $\vec{A} - \vec{C} = \vec{B}$인 $\vec{C}$ 벡터를 (e) 단위벡터 표기법과 (f) 크기-각도 표기법으로 나타내라. (g) 그림 4-26의 벡터 그림에서 세 벡터의 관계를 제대로 보여주는 것은 어느 것인가?

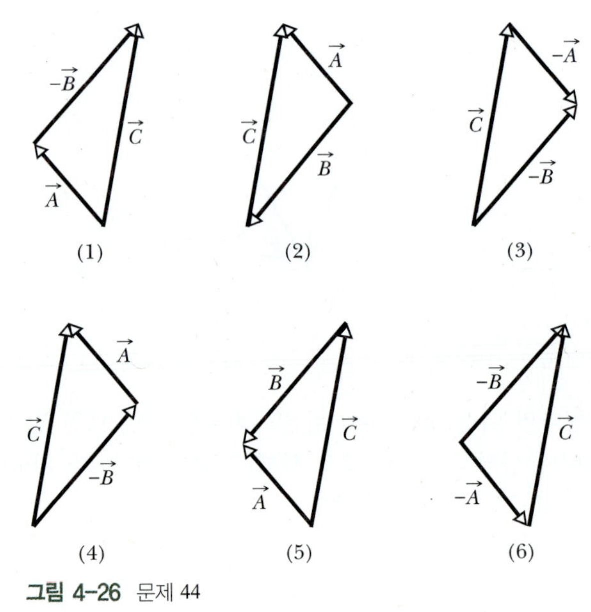

그림 4-26 문제 44

45. 크기 두 배

x축과 나란한 벡터 $\vec{A}$에 크기가 8.0 m인 벡터 $\vec{B}$를 더한다. 두 벡터를 더한 벡터는 y축과 나란하고 길이는 $\vec{A}$의 두 배다. $\vec{A}$의 크기는 얼마인가?

46. 목표한 곳에 가기

어떤 사람이 지금 있는 곳에서 동쪽으로 35.0° 북쪽으로 3.40 km 떨어진 곳으로 가려한다. 게다가 그녀는 남북 또는 동서로 난 도로를 따라 가야 한다. 그곳에 가는 가장 가까운 길의 길이는 얼마인가?

47. 골프 선수

어떤 골프 선수가 공을 세 번 쳐서 구멍에 넣는다. 처음 쳤을 때 공은 북쪽으로 3.66 m 갔고, 둘째는 남동쪽으로 1.83 m, 셋째는 남서쪽으로 0.91 m 갔다. 공을 한 번 쳐서 구멍에 넣으려면 (a) 얼마의 거리를 (b) 어느 쪽으로 보내야 하는가?

48. 시위자의 팻말

어떤 시위자가 팻말을 들고 곧은 길을 따라 40 m 간 다음, 왼쪽으로 꺾어 20 m를 가서 25 m 높이의 물통 탑으로 올라간다. (a) 좌표계를 잡아 그가 한 운동을 적어라. 출발점에서 끝점까지의 팻말의 변위를 좌표계에 단위벡터 표기법을 써서 나타내라. (b) 팻말이 탑 아래로 떨어졌다. 출발점에서 새 끝점까지의 팻말의 변위의 크기를 구하라.

49. 돌아간 좌표계

그림 4-27에서 벡터 $\vec{a}$는 크기가 17.0 m, 방향은 $+x$축에 대해 시계 반대방향으로 56.0°쪽이다. 벡터의 성분 (a) a_x와 (b) a_y를 구하라. 둘째 좌표계는 첫째 좌표계에 대해 18.0° 돌아가 있다. 새 좌표계에서 벡터의 성분 (c) a'_x와 (d) a'_y를 구하라.

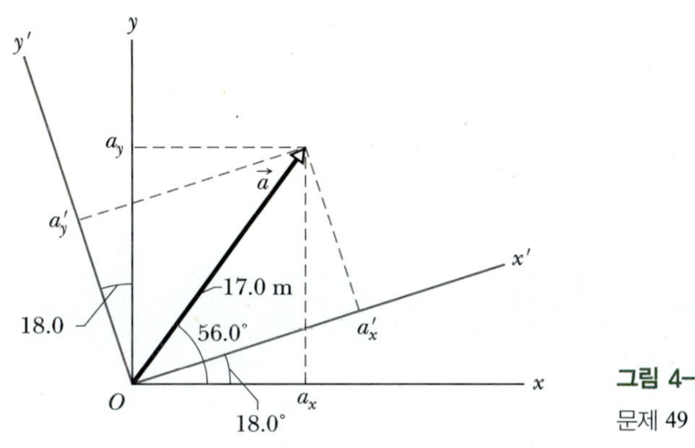

그림 4-27
문제 49

50. 이동한 좌표계

기준점을 바꾸면 평면 위의 벡터의 성분이 어떻게 바뀌는지 생각하자. 원점이 O에 있는 좌표계로 시작하자. 좌표계에서 어떤 벡터 $\vec{r} = x\hat{\mathrm{i}} + y\hat{\mathrm{j}}$를 나타내는 좌표는 $(x,\ y)$이다. 좌표계에서 다른 점 O'의 위치는 벡터 $\vec{A} = A_x\hat{\mathrm{i}} + A_y\hat{\mathrm{j}}$이다. 좌표계의 원점을 O'로 옮기면 (좌표축은 돌리지 않는다), $\vec{r}$의 좌표는 어떻게 바뀌는가?

51. 새 좌표계

어떤 xy 좌표계에서 $\vec{A}$의 크기는 12.0 m, 방향은 $+x$축에 대해 시계 반대방향으로 60.0°쪽이다. 또 같은 좌표계에서 $\vec{B} = (12.0\,\mathrm{m})\,\mathrm{i} + (8.00\,\mathrm{m})\,\mathrm{j}$이다. 이제 좌표계를 원점에 대해 시계 반대방향으로 20.0° 돌려 $x'y'$ 좌표계를 만든다. 새 좌표계에서 (a) $\vec{A}$와 (b) $\vec{B}$를 단위벡터 표기법으로 나타내라.

5 알짜힘과 2차원 운동

1922년, 서커스로 유명한 재키니(Zacchini) 집안의 한 사람이 처음으로 사람 포탄이 되어 대포에서 발사되어 운동장을 가로질러 안전망에 떨어졌다. 이들은 짜릿함을 더 하려고 점차 비행 고도와 거리를 늘려 1939년 또는 1940년 마침내 엠마누엘 재키니(Emanuel Zacchini)가 회전 관람차(Ferris wheel) 세 개를 넘어 총 수평거리 69 m를 날아갔다.

그는 안전망을 어디에 두어야 할지 어떻게 알았고, 회전 관람차에 부딪치지 않을 것을 어떻게 확신할 수 있었을까?

◈ 답은 이 장에 있다.

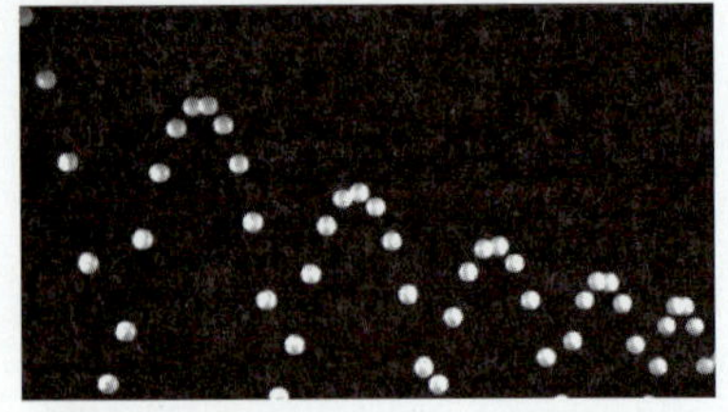

그림 5-1
딱딱한 표면에서 되튀는 골프공의 번쩍 불 사진. 공중에 뜬 공은 곡선을 그리는 발사체 운동을 한다.

5-1 서론

이제는 3장에서 도입한 뉴턴의 운동법칙을 써서 흔히 보는 2차원 운동을 살펴보는데, 발사체 운동부터 시작한다. 발사체 운동이란 땅 가까이에서 비스듬히 쏘아 올린 입자가 위로 올라갔다가 떨어지는 운동이다. 그 다음 살펴볼 2차원 운동은 입자가 일정한 속력으로 원을 따라 도는 등속 원운동이다. 이런 운동은 줄 끝에 매달아 돌리는 공이나, 돌아가는 바퀴 가장자리의 한 점에서 볼 수 있다.

4장에서 도입한 벡터 대수를 쓰고, 2장과 3장에서 소개한 개념들을 2차원으로 더 확장한다. 이 장을 배우면서 필요하면 앞 장의 관련된 부분들을 복습하는 것이 좋다.

5-2 발사체 운동

그림 5-2
갈릴레오(1564~1642)는 발사체 운동을 서로 독립적인 두 직선 운동의 결합으로 분석할 수 있다고 처음으로 추론해 낸 과학자다.

발사체 운동은 지면 가까이에서 공이 책상 모서리에서 굴러 떨어질 때, 농구공을 골 그물을 향해 던져 곡선을 그릴 때, 우박이 가파른 지붕에서 굴러 내리거나 혹은 공이 튈 때(그림 5-1) 등에서 나타난다. 이런 운동 경로는 모두 곡선이다. 그런데 이 경로가 왜 곡선이 되며 그 곡선은 어떤 종류인가? 3-2절에서는 움직이는 물체가 외부힘을 받지 않으면 일정한 속도로 움직이려는 성질이 있음(뉴턴 제1법칙)을 뒷받침하는 자료를 제시했다. 3-9절에서는 지면 가까이에서 물체가 0.98 m/s^2 크기의 가속도로 수직 방향으로 자유낙하한다는 사실을 보여주는 자료를 소개했다. 농구공에서 우박에 이르는 발사체 운동은 모두 수평운동과 수직운동이 결합되어 나타난다. 2차원 발사체의 운동을 수평운동과 수직운동의 결합으로 다루는 법을 처음 발견한 사람이 갈릴레오다.

• 갈릴레오 가설

갈릴레오(Galilei Galileo)(그림 5-2)는 1632년에 출간한 저서 《두 가지 새로운 과학에 대한 대화(Dialog Concerning Two New Sciences)》에서 다음과 같은 견해를 제시했다.

"… 우리는 등속도 운동과 비탈길을 따라 저절로 가속되는 운동의 특성에 대해서 토의해 왔다. 이제는 서로 다른 두 가지 운동, 즉 하나는 등속, 다른 하나는 저절로 가속되는 운동으로 된 복잡한 물체의 특성에 대해서 얘기하겠다. 이러한 운동은 발사체에서 볼 수 있는데, 원인을 다음과 같다고 본다.

마찰이 없는 수평면으로 발사된 입자를 생각해보면 이 입자는 평면을 따라 일정 불변하게 운동을 할 것이다. 그런데 평면이 높은 곳에 있고 길이가 유한하다면 움직이는 입자는 평면 가장자리를 지난 뒤에는 애초의 일정 불변운동에다가 무게 때문에 생기는 아래쪽 운동의 특성이 더해질 것이다. 따라서 이렇게 얻어지는, 내가 발사체 운동이라 부르는 이 운동은 수평 방향의 일정한 운동과 수직방향의 저절로 가속되는 두 운동이 합쳐진 것이다."

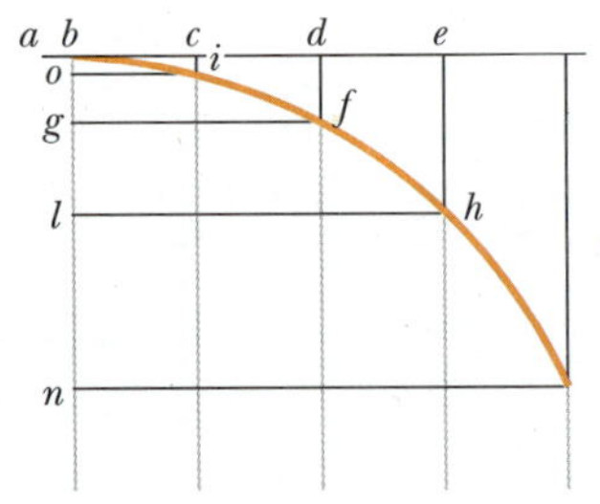

그림 5-3
시간에 비례하여 커지는 x좌표 $(b \to e)$와 시간의 제곱에 비례하여 커지는 y좌표 $(o \to n)$를 묶으면 포물선이 되는 것을 보인 갈릴레오의 그림

갈릴레오는 계속하여 발사체의 궤적이 그리는 곡선이 포물선일 것이라고 예상했다. 그는 수평 등속 운동에 변위가 시간의 제곱에 비례하는 수직 등가속 운동을 더하거나 겹치면 어떻게 포물선이 되는가를 작도법을 써서 보이고 그러한 결론을 끌어냈다(그림 5-3). 여기서 쓴 덧셈은 제3장에서 힘을 더할 때 쓴 것과 다르지 않다. 그러나 이 경우에는 더하는 두 양이 서로 직각이어야 한다.

• 갈릴레오 가설에 대한 실험적 근거

갈릴레오 가설은 관찰과 추론에 바탕을 둔 것이었다. 비탈면에서 천천히 가속되는 공과 자유낙하하는 공을 관찰하여 갈릴레오는 공의 위치가 시간의 제곱에 비례하여 늘어난다는 것을 알고 있었다. 그는 수평면에서 굴러가는 공의 일정 속도를 쟀다. 수평면의 높이를 알면 공이 마루에 닿기까지 걸리는 시간과 이로부터 수직 낙하 운동이 더해져도 수평 속도가 변하지 않는다는 가정하에 공의 수평 이동거리를 예측할 수 있었다. 갈릴레오가 살던 때는 현재의 번쩍불사진술이나 비디오 분석장비가 없었기 때문에, 발사체 운동에 대한 그의 접근법은 놀라운 것이었다.

디지털 비디오를 써서 그림 5-4와 이 운동을 기록하면 평면 끝에서 굴러 떨어지는 물체에 대한 갈릴레오의 가설을 확인해 볼 수 있다. 갈릴레오는 무엇을 보았을까? 그가 그림 5-4와 같이 애초의 운동 방향으로 공의 수평 위치 성분을 그렸다면 일정한 시간마다 공이 이동한 수평 거리가 일정하다는 것을 발견했을 것이다. 즉, 수평 속도는 공이 가장자리를 지나기 전이나 후나 같다는 점이다. 따라서 수평 방향의 운동은 떨어지는 운동과는 무관하다.

사진을 보면 $(t_2 - t_1) = 0.40$초 동안 공이 대략 $(y_2 - y_1) \fallingdotseq 0.85\,\text{m}$ 떨어졌기 때문에, 이 값들이 $(y_2 - y_1) = v_{1y}(t_2 - t_1) + 1/2a_y(t_2 - t_1)^2$으로 나타낸 운동 방정식 2-17과 일치함을 알 수 있다. 이 경우에 대하여 속도의 y성분은 시간 t_1에서는 0이지만($v_{1y} = 0.0\,\text{m/s}$) 가속도는 $a_y = -9.8\,\text{m/s}^2$이다. 이 계산 결과는 수직운동이 수평운동과 무관함을 시사한다.

수직운동과 수평운동이 무관하다는 사실에 대한 가장 확실한 증거는 그림 5-5와 같이 공이 수평으로 발사되는 순간 전자 장치로 떨어뜨린 공의 운동을 찍은 연속사진이다. 사진에서 두 공의 수직 위치는 똑같다.

요약하면, 새로운 기술을 쓰면 400여 년 전 갈릴레오가 내린 다음과 같은 결론에 쉽게 이를 수 있다.

> 발사체 운동의 (서로 직각인) 수평 · 수직 성분은 서로 독립적이며, 경로는 수평 · 수직 위치 성분들을 조합하여 구할 수 있다.

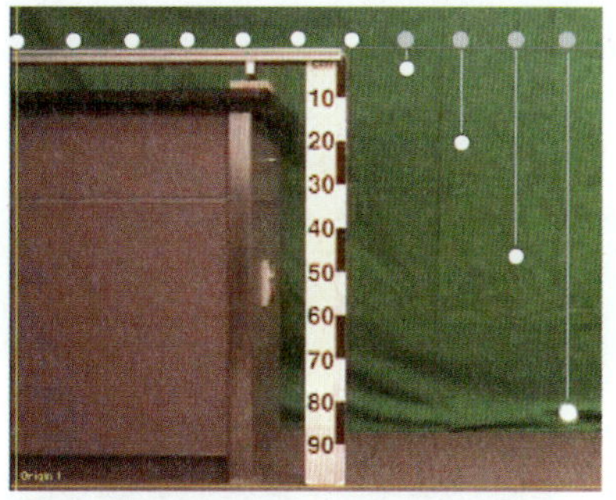

그림 5-4
현대식 장비로 재현해보는 갈릴레오 생각 실험. 이 비디오 영상은 마지막 비디오 영상에서의 공의 위치를 나타낸 사진에다가 공이 탁자에서 굴러 떨어진 후 10분의 1초마다 소프트웨어가 흰색으로 나타낸 공의 위치를 덧쓴 것이다.

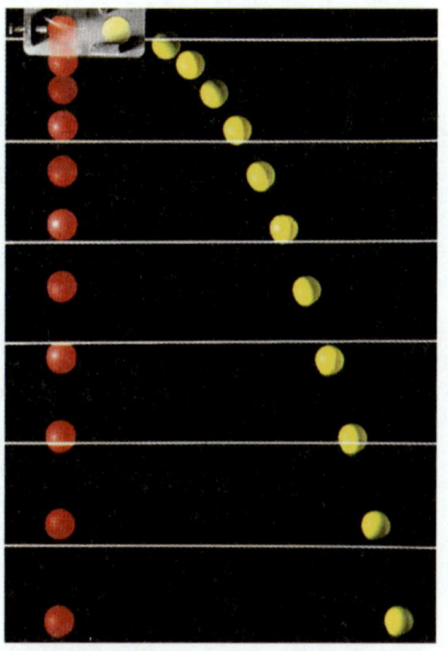

그림 5-5
공 하나를 수평 방향으로 쏠 때 다른 공 하나는 자유낙하시킨다.

•이상적인 발사체 운동

갈릴레오는 《두 과학》에서 발사체의 운동을 기술할 때 움직이는 물체가 무거워야 하며 마찰이 없어야 함을 명확히 했다. 다음 절에서 발사체 운동을 벡터를 써서 살펴볼 때 오직 이상적인 발사체 운동만으로 대상을 한정한다. 또 물체가 받는 주요 힘은 수직 방향의 일정한 중력뿐인 것으로 가정한다. 예를 들어, 튀어 오르는 골프공은 속도가 느려서 공기 저항을 무시할 수 있으므로 한 번씩 튀어 오를 때마다 이상적인 발사체 운동을 한다. 반면, 날고 있는 비행기나 오리는 이상적인 발사체가 아닌데, 이는 이 둘의 비행이 공기로부터 얻는 양력과 크게 관련이 있기 때문이다. 이상적인 발사체 운동의 보기를 그림 5-6에 보였다. 이상적인 발사체 운동은 다음과 같이 정의할 수 있다.

> 입자 같은 물체는 일정한 중력만을 받을 때 **이상적인 발사체 운동**을 한다.

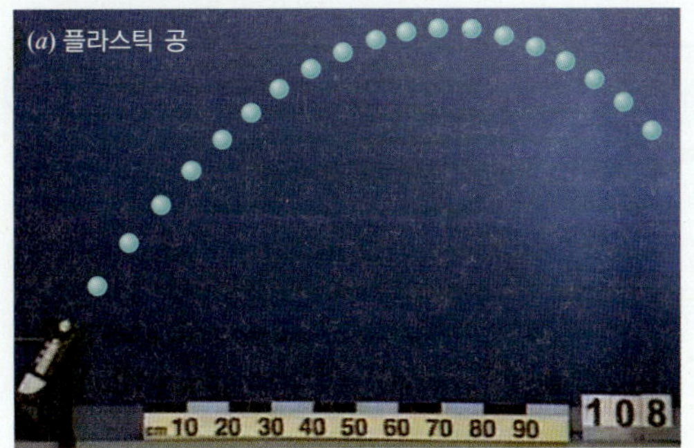

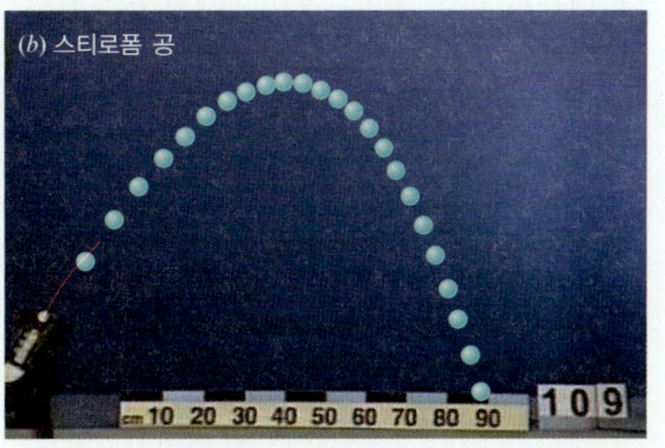

그림 5-6
비디오 분석 프로그램을 써서 발사기로 쏘아올린 작은 공 두 개의 경로를 추적했다. 점들은 30분의 1초마다 찍은 공의 위치이다. (a) 왼쪽 비디오 영상은 무거운 플라스틱 공의 경로이다. (b) 오른쪽 비디오 영상은 스티로폼 공의 경로인데, 이 공은 공기 저항력을 받아 경로가 짧고 대칭성이 없다.

생각해보기 5-1 (a) 그림 5-5에서 밝은 색으로 나타낸 골프공을 보자. 이 공의 수평 속도 성분이 공의 수직 가속도와 수직 속도를 변화시키는가? 설명하라. (b) 오른편에 밝은 색으로 나타낸 골프 공이 떨어진다는 사실이 x쪽으로 가는 빠르기에 영향을 주는가? 설명하라.

생각해보기 5-2 그림 5-7의 스케이트보드를 타는 사람에게 수직 가속도가 있어서 수직 속도가 있다는 점이 이 사람이 보드 위로 뛰어올라 날아가는 동안 그의 수평 속도에 어떠한 영향을 미치는가?

그림 5-7
스케이트보드 선수의 수직 속도 성분은 계속 달라진다. 그러나 이 사람이 공중에 떠 있는 동안 스케이트보드는 늘 이 사람 바로 아래에 있어서 다시 보드 위에 내릴 수 있다.

따라해보기 5-1 | 골프 공

그림 5-4에서 골프공이 1.0 m 높이의 탁자에서 굴러 떨어진다. 공의 처음 수평 속도 성분은 $v_{1x} = 1.3\,\text{m/s}$이다. 공의 위치는 0.100초마다 기록되어 있다.

(a) 공이 탁자 모서리를 지난 후 얼마가 지나야 바닥에 떨어지는가?

풀이 ■ 요점은 골프공이 이상적인 발사체 운동을 한다는 점이다. 그러므로, 수평 · 수직 성분은 서로 독립적이어서 따로 고려할 수 있다(공의 실제 곡선 경로를 따지지 않아도 된다). 좌표의 원점이 마루 바닥에 있고 위쪽이 양의 방향인 좌표계를 잡는다. 그러면, 낙하 운동에서 처음 수직 위치는 $y_1 = 1.0\,\text{m}$, 나중 위치는 $y_2 = 0.0\,\text{m}$이다. 그리고 운동 방정식 2-17을 써서 y방향의 낙하 운동을 기술할 수 있다.

$$(y_2 - y_1) = v_{1y}(t_2 - t_1) + \tfrac{1}{2} a_y (t_2 - t_1)^2$$

탁자 모서리에서 수직 속도가 0이라는 점을 주목하면 $v_{1y} = 0.0\,\text{m/s}$이므로 이 식을 $(t_2 - t_1)$에 대하여 풀어 다음 관계를 얻을 수 있다.

$$t_2 - t_1 = \sqrt{\frac{2(y_2 - y_1)}{a_y}}$$

여기에서 자유 낙하할 때는 힘이 중력뿐이므로

$$a_y = -g = 9.8\,\text{m/s}^2$$

이고, $(y_2 - y_1) = (0.0\,\text{m} - 1.0\,\text{m}) = 1.0\,\text{m}$이다.
이로부터

$$(t_2 - t_1) = \sqrt{\frac{2(y_2 - y_1)}{-g}} = \sqrt{\frac{2(-10\,\text{m})}{-9.8\,\text{m/s}^2}} = 0.45\,\text{s}$$

(b) 이 공이 마루에 닿기까지 탁자 모퉁이로부터 이동한 수평 거리는 얼마인가?

풀이 ■ 요점은 공이 $(t_2 - t_1) = 0.45\,\text{s}$ 동안 떨어진 뒤에 마루에 닿는다는 점이다. 수평 속도 성분은 변하지 않으므로 평균 속도는 순간 속도와 같다. 평균 속도의 정의를 쓰면 공이 간 수평거리를 구할 수 있다.

$$v_{1x} = \langle v_x \rangle = \frac{(x_2 - x_1)}{t_2 - t_1}$$

이므로, 이를 $x_2 - x_1$에 대하여 풀어 거리를 구한다.

$$(x_2 - x_1) = v_{1x}(t_2 - t_1) = (1.3\,\text{m/s})(0.45\,\text{s}) = 0.59\,\text{m}$$

그림 5-4를 살펴보면 이 거리가 근사함을 알 수 있다.

5-3 이상적인 발사체 운동 분석

이제 이상적인 발사체 운동의 수직 · 수평 성분이 서로 독립적이라는 점이 입증되었기 때문에 이런 운동을 수학적으로 해석할 수가 있다. 이를 위하여 수평 · 수직 속도 성분에 중력이 미치는 효과를 설명하려고 도입했던 벡터 대수를 쓴다.

• 속도성분과 발사각도

수평면에서 굴러 떨어지는 공의 발사각은 수평선에 대하여 0°다. 일반적으로 발사체는 그림 5-6*a*와 같이 수평선에 대하여 일정한 각도 θ로 쏜다. 어느 발사체를 수평 방향에 대하여 각도 θ_1, 처음 속력 $|\vec{v}_1| = v_1$으로 쏘았다고 하자. 일반적인 직각 좌표를 쓰면 사인과 코사인의 정의를 써서 시각 t_1에서의 처음 x, y속도 성분을 다음과 같이 구할 수 있다(그림 5-8).

$$v_{1x} = v_1 \cos\theta_1, \quad v_{1y} = v_1 \sin\theta_1 \tag{5-1}$$

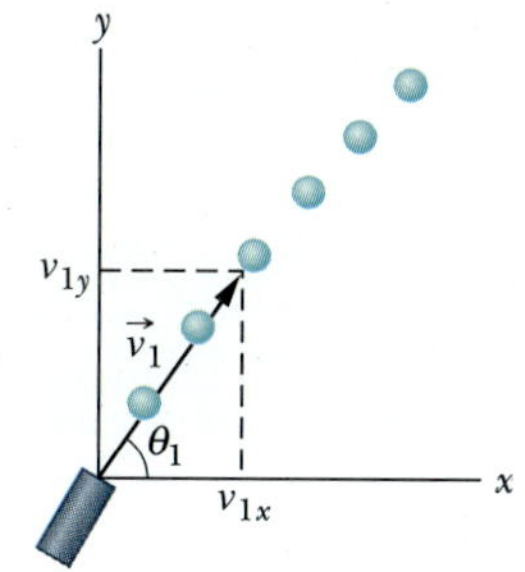

그림 5-8
발사체를 수평에 대하여 각도 θ_1, 속력 v_1으로 쏠 경우, 성분들은 삼각함수를 써서 구할 수 있다.

이와 달리 만약 처음 속도 성분이 주어져 있다면, 식 5-1을 다시 정리하여 처음 속도 벡터 $\vec{v}_1$와 발사각도 θ_1을 구할 수 있다.

$$\vec{v}_1 = v_{1x}\,\hat{\mathrm{i}} + v_{1y}\,\hat{\mathrm{j}}, \quad \tan\theta_1 = \frac{v_1 \sin\theta_1}{v_1 \cos\theta_1} = \frac{v_{1y}}{v_{1x}} \tag{5-2}$$

시각 t_1에서의 발사각에 대해서 풀면 다음의 결과를 얻을 수 있다.

$$\theta_1 = \tan^{-1}\left(\frac{v_{1y}}{v_{1x}}\right) \tag{5-3}$$

2차원 운동이 진행되는 동안, 이상적인 발사체의 위치 벡터 $\vec{r}$과 속도 벡터 $\vec{v}$는 계속 달라지지만 가속도 벡터 $\vec{a}$는 일정하여, 값이 일정하고 항상 아래쪽을 향하고 있다.

• 시간 대 위치 및 속도

우리가 쓰는 표준 좌표계에서 이상적인 발사체가 x쪽으로 받는 알짜 힘은 없으므로$[\vec{F}_x = (0)\,\hat{\mathrm{i}}]$, 물체가 날아가는 동안 수평 가속도는 0으로 일정하게 유지된다. 발사체는 y쪽으로 일정한 중력 $\vec{F}_y = -mg\hat{\mathrm{j}}$을 받으므로 가속도의 y성분의 값은 상수 $-g$ 이다. 가속도가 0이라는 것도 일종의 상수 가속도이므로 이 운동의 가속도는 두 방향으로 각각 일정하다. 이 물체의 발사체 운동 가속도는 다음과 같이 쓸 수 있다.

$$\vec{a}_x = 0\,\hat{\mathrm{i}}, \quad \vec{a}_y = -g\,\hat{\mathrm{j}} \qquad \text{(발사체 운동 가속도)}$$

2장(식 2-17)에서 이미 물체의 위치 성분은 ($a_x = 0$일 경우) 다음과 같지만

$$x_2 - x_1 = v_{1x}(t_2 - t_1), \quad y_2 - y_1 = v_{1y}(t_2 - t_1) + \tfrac{1}{2}a_y(t_2 - t_1)^2 \qquad \text{(위치변화)} \tag{2-17}$$

물체 속도 성분의 변화는 식 2-13에 의해 다음과 같다.

$$v_{2x} - v_{1x} = a_x(t_2 - t_1), \quad v_{2y} - v_{1y} = a_y(t_2 - t_1) \qquad \text{(속도변화)} \tag{2-13}$$

측정 시작 시각을 $t_1 = 0$이라 하면 식이 조금 간단해진다. 그러나 측정시작 시각과 무관하게 두 식은 물체의 운동을 명시된 시간 $t_2 - t_1$ 사이에서 기술하고 있다. 두 식이 주요 운동 방정식으로 가속도가 0인 경우를 포함하여 일정 가속도가 관련되는 모든 상황에 대해서 성립한다.

• 수평 방향 운동

처음 $t = t_1$에 발사체의 x방향 위치 성분이 x_1, 속도 성분이 v_{1x}라 하자. 이제부터는 $\vec{v}_1, v_{1x}, v_{1y}$ 등의 부호를 써야 처음 속도 벡터 $\vec{v}_1$을 x, y 성분과 구별할 수 있다. 또한 가속도 성분 a_x, a_y 중 방정식에 쓰

는 것이 어떤 것인지도 분명히 해야 한다. 이러한 새로운 기호들을 써서, 나중 시각 t_2에서 발사체의 수평 변위 x_2를 $x_2 - x_1 = v_{1x}(t_2 - t_1) + \frac{1}{2}a_x(t_2 - t_1)^2$로부터 구할 수 있다. 그런데 수평 방향으로는 힘, 즉 가속도가 없으므로 가속도의 x성분은 0이다. 처음 속도 중에서 수평운동에 영향을 주는 부분은 수평 성분 v_{1x}뿐이라는 점을 주목하여 식을 다음과 같이 정리할 수 있다.

$$x_2 - x_1 = v_{1x}(t_2 - t_1) \qquad \text{(수평 방향의 변위)} \tag{5-4}$$

물체 처음 속도의 수평 성분은 $v_{1x} = v_1 \cos p_1$이므로, x방향의 변위에 대한 식은 다음과 같이 적을 수도 있다.

$$x_2 - x_1 = (v_1 \cos\theta_1)(t_2 - t_1) \tag{5-5}$$

그런데 변위를 그만큼 가는데 걸린 시간으로 나눈 값, $(x_2 - x_1)/(t_2 - t_1)$이 바로 평균 속도의 x 성분 $\langle v_x \rangle$이다. x 방향의 평균 속도가 일정하다면 이는 x 방향의 순간 속도와 평균 속도가 같다는 뜻이다. 그러므로 식 5-5는 다음과 같아진다.

$$\langle v_x \rangle = \frac{x_2 - x_1}{t_2 - t_1} = v_{1x} = v_1 \cos\theta_1 = \text{상수} \tag{5-6}$$

이상 발사체 운동에서 속도의 수평 성분이 일정하다는 점에 대한 실험적 검증 자료는 그림 5-4와 5-5에 나타나 있다. 추가 검증자료로 그림 5-6*a*에 나타낸 발사체 경로에서 위치의 x성분값을 시간에 대하여 그림표로 나타낼 수 있다. 이 결과는 그림 5-9에 보였다.

• 수직 방향 운동

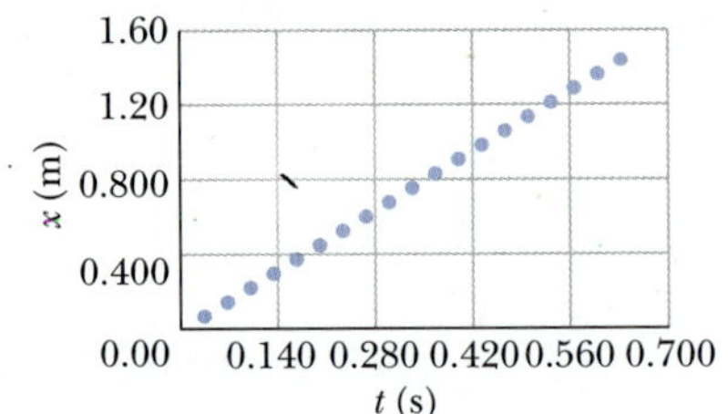

그림 5-9
그림 5-6*a*에 소개한 발사체 운동 비디오를 분석하여 그린 그림표. 위치의 x성분을 시간의 함수로 그렸다. 좌표계는 발사체 포신에서 처음 위치 x_i이 0이 되게 설정했다. 그림표가 직선이므로 발사체 속도의 x성분이 직선의 기울기, 즉 $\langle v_x \rangle = v_{1x} = 2.3$ m/s의 상수임을 확인할 수 있다.

3-9절에서 지표면 근처에 있는 입자에 대하여 이상 발사체의 수직 방향 운동을 논의했다. 가장 중요한 점은 물체가 지구로부터 받는 중력에 의한 가속도는 크기가 일정하고 아래쪽을 향한다는 것이다. 크기는 g로 나타내는데, 값은 9.8 m/s^{2}이었음을 상기하라. 여느 때처럼 위쪽을 $+y$쪽으로 잡으면 중력이 아래쪽을 향하므로 가속도의 y성분 a_y를 $-g$로 바꾸어 쓸 수 있다. 이렇게 되면 식 2-17 $[x_2 - x_1 = v_{1x}(t_2 - t_1) + \frac{1}{2}a_x(t_2 - t_1)^2]$로 나타낸 주 운동 방정식을 y쪽 운동에 대하여 다음과 같이 적을 수 있다.

$$y_2 - y_1 = v_{1y}(t_2 - t_1) + \frac{1}{2}(a_y)(t_2 - t_1)^2, \quad a_y = -g$$

이 식에서는 처음 속도에서 y성분만을 쓰고 있음을 눈여겨보자. 이는 수직 방향의 가속도는 수직 방향의 속도와 위치에만 영향을 주기 때문이다. 식 5-1에서 $v_{1y} = v_1 \sin\theta_1$을 넣으면

$$y_2 - y_1 = (v_1 \sin\theta_1)(t_2 - t_1) + \frac{1}{2}a_y(t_2 - t_1)^2, \quad a_y = -g \tag{5-7}$$

이와 유사하게, (주 방정식 2-13) $v_2 - v_1 = a_x(t_2 - t_1)$은 다음과 같이 다시 쓸 수 있다.

$$v_{2y} - v_{1y} = a_y(t_2 - t_1)$$

즉

$$v_{2y} - (v_1 \sin\theta_1) = a_y(t_2 - t_1), \quad a_y = -g \tag{5-8}$$

그림 5-10과 같이, 수직 속도 성분의 움직임은 곧바로 위로 던진 공의 움직임과 같다. 속도가 0이 되는 순간부터 물체는 아래쪽으로 움직이기 시작하므로 그 순간에 경로의 최고점에 있어야 한

다. 이 발사체가 아래로 다시 내려 올 때는 시간이 지나면서 속력이 점점 빨라진다.

수레 위에 곧바로 세운 짧은 대포에서 쏘아 올린 발사체의 속도 성분을 그림 5-11에 보였다. 눈여겨 볼 점은 수평 속도 성분이 일정하다는 것이다. 수직 성분은 크기가 줄어들다가 정점에 이르면 0이 된다. 발사체가 떨어지기 시작하면서 결국 다시 포신 속으로 들어가는 동안 수직성분의 크기는 점차 증가한다.

이 절에 제시한 실험 자료에서는 공기가 운동에 주는 영향은 무시할 수 있었다. 따라서 우리는 이상적인 발사체를 수학적으로 분석하면서 공기 저항을 무시했다. 구슬이나 볼링 공처럼 작고 밀도가 높은 물체는 아주 빠르게 쏘지만 않으면 공기저항을 무시해도 된다. 그러나 뭉쳐서 던진 휴지 조각이나 그림 5-5*b*과 같은 스티로폼 공은 공기 저항을 무시할 수 없다. 식 5-4에서 5-8에 소개한 이상적인 발사체 운동 방정식은 저항을 무시할 수 있다고 가정하고 이끌어냈다. 이러한 이상 발사체 방정식을 표 5-1에 정리했다. 공기가 운동에 미치는 효과는 제6장에서 자세히 다룬다.

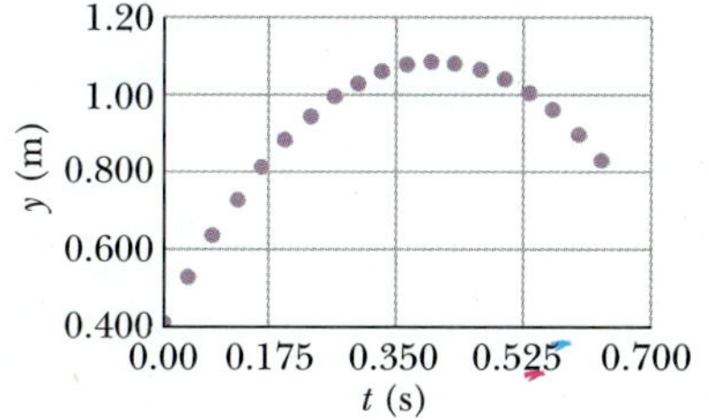

그림 5-10
그림 5-6*a*에 소개한 발사체 운동의 비디오 분석으로부터 그린 그림표. 위치의 y성분을 시간의 함수로 그렸다. 좌표계는 발사체 포신에서 처음 위치 y_i가 0이 되도록 잡았다. 곡선 맞춤을 해보면 포물선이 얻어지며, 가속도의 y성분 크기는 $-9.8\,\text{m/s}^2$이고 초기 연직 속도 성분은 $+3.5\,\text{m/s}$이다.

표 5-1
이상 발사체의 운동 방정식

물리량	수평	수직
힘	$\vec{F}_x = (0)\,\hat{\text{i}}$	$\vec{F}_y = (-mg)\,\hat{\text{j}}$ (식 3-7)
가속도 성분	$a_x = 0$	$a_x = -g = -9.8\,\text{m/s}^2$
t_1에서의 속도 성분	$v_{1x} = v_1 \cos\theta$ (식 5-1)	$v_{1y} = v_1 \sin\theta$ (식 5-1)
t_1과 t_2 사이 위치 성분 변화	$x_2 - x_1 = v_{1x}(t_2 - t_1)$ (식 5-4)	$y_2 - y_1 = v_{1y}(t_2 - t_1) + \frac{1}{2} a_y (t_2 - t_1)^2$ (식 5-7)
t_1과 t_2 사이 속도 성분 변화	$v_{2x} - v_{1x} = 0$	$v_{2y} - v_{1y} = a_y(t_2 - t_1)$ (식 5-8)

유의 : g(중력장의 세기)는 항상 양수이므로 벡터 성분이 아니다. 따라서 관습대로 아래쪽을 $-y$로 잡으면 앞에 (−)부호를 붙여 주어야 한다.

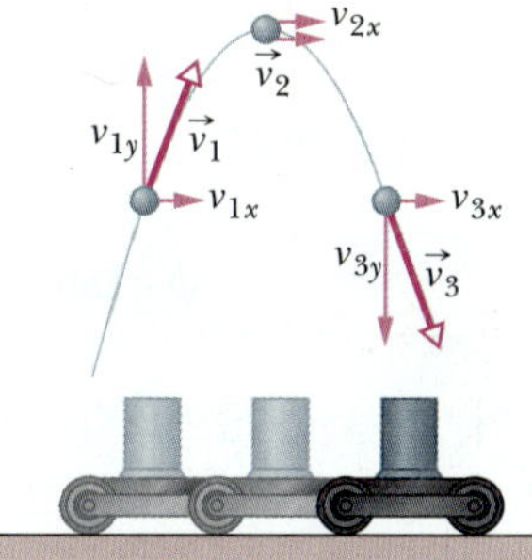

그림 5-11
비디오 영상 3장을 대충 겹쳐 그린 그림. 실제 동영상은 움직이면서 곧바로 위로 발사체를 쏘아 올린 대포의 운동을 기록한 것이다. 발사체의 경로와 속도 벡터의 성분은 디지털 비디오 분석 소프트웨어에서 얻은 자료를 모형으로 구성했다.

생각해보기 5-3 그림과 같이 이상적인 발사체 경로 위의 세 점을 써서 다음 세 종류의 그림을 대략 완성하라. (a) 각 점에서 발사체가 받는 알짜 힘을 나타내는 힘 벡터, (b) 세 점에서 발사체의 가속도를 나타내는 가속도 벡터, (c) 각 점에서 대략의 속도를 나타내는 벡터와 이로부터 얻은 수평 및 수직 속도 벡터.

생각해보기 5-4 그림 5-6*a*에 보인 발사체를 쏜 경우를 보자. (a) 그림 5-9와 5-10의 자료를 보면 속도의 처음 x, y성분은 $v_{1x} = 2.3\,\text{m/s}$ 및 $v_{1y} = +3.5\,\text{m/s}$ 이다. 이 값들을 써서 발사체의 발사각을 구하라. (b) 그림 5-6*a*에 그린 발사각을 각도기를 써서 재라. 잰 발사각과 셈한 발사각을 비교하라. 두 값은 거의 같아야 한다.

생각해보기 5-5 야구공이 외야로 날아간다. 공이 날아가는 동안(공기 영향은 무시) (a) 속도의 수평 성분 (b) 수직 성분은 어떻게 되는가? 공이 올라가는 동안과 내려오는 동안 그리고 가장 높은 곳에서 (c) 가속도의 수평 성분 (d) 수직 성분을 구하라.

따라해보기 5-2 | 인명 구조기

그림 5-12에서, 인명 구조기가 500 m 고도에서 198 km/h로 보트 사고현장으로 접근한다. 조종사가 인명 구명대를 생존자 가까운 곳에 떨어뜨리고자 한다. (a) 조종사가 생존자를 보는 각도 ϕ가 얼마일 때 떨어뜨려야 하는가?

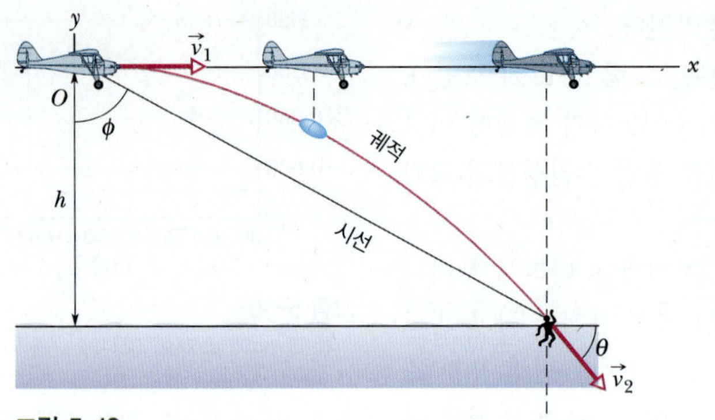

그림 5-12
수평고도를 일정 속력으로 나는 비행기에서 구명대를 떨어뜨린다. 구명대가 떨어지는 동안 수평 속도 성분은 비행기의 속도와 똑같이 유지된다.

풀이 ■ **요점**은 구명대는 일단 떨어뜨리면 발사체가 되어 수직, 수평 속도가 서로 무관하기 때문에 따로 살펴볼 수 있는 점이다(구명대의 실제 곡선 경로는 따질 필요가 없다). 그림 5-12에는 투하 지점을 좌표계의 원점으로 잡았는데, 여기서 보면 각도 ϕ는

$$\phi = \tan^{-1}\frac{(x_2 - x_1)}{h} \tag{5-9}$$

인데, 여기서 x_2는 떨어뜨리는 순간에 본 생존자의 수평 좌표점이고 h는 비행기의 고도이다. 고도가 500 m이므로 x_2만 알면 ϕ를 구할 수 있다. x_2는 식 5-4, $x_2 - x_1 = v_{1x}(t_2 - t_1)$로부터 구할 수 있다. 이 식은 다음과 같이 나타낼 수 있다.

$$x_2 - x_1 = (v_1\cos\theta_1)(t_2 - t_1) \tag{5-10}$$

여기에서 θ_1은 처음 속도 $\vec{v}_1$과 $+x$축 사이의 각도이다. 문제에서 $\theta_1 = 0°$이다.

떨어뜨리는 순간 비행기의 위치를 원점으로 잡았기 때문에 x_1이 0이다. 구명대는 비행기에서 쏘는 것이 아니라 밀어 내므로 처음 속도 $\vec{v}_1$은 비행기의 속도와 같다. 그러므로 처음 속도의 크기는 $v_1 = 55.0$ m/s이고 각도는 $\theta_1 = 0°$이다 ($+x$쪽에 대하여 잼). 그런데 구명대가 조난자에게 가는데 걸리는 시간 $t_2 - t_1$은 아직 모른다.

$t_2 - t_1$를 구하려면, 이제는 수직운동, 특히 식 5-7을 검토해보자.

$$y_2 - y_1 = (v_1\sin\theta_1)(t_2 - t_1) - \tfrac{1}{2}g(t_2 - t_1)^2 \tag{5-11}$$

여기서 구명대의 수직 변위 $y_2 - y_1$은 −500 m이다(음의 부호는 구명대가 아래로 움직임을 나타낸다). 이 값과 나머지 알려진 값들을 식 5-7에 넣는다.

$$-500\text{ m} = (55.0\text{ m/s})(\sin 0°)(t_2 - t_1) - \tfrac{1}{2}(9.8\text{ m/s}^2)(t_2 - t_1)^2$$

이 식을 $t_2 - t_1$에 대해서 풀면 $t_2 - t_1 = 10.1$초가 얻어진다. 이 값을 식 5-10에 넣는다.

$$x_2 - 0\text{ m} = (55.0\text{ m/s})(\cos 0°)(10.1\text{ s})$$

즉

$$x_2 = 555.5\text{ m}$$

이제는 식 5-9로부터 다음의 답을 구할 수 있다.

$$\phi = \tan^{-1}\frac{555.5\text{ m}}{500\text{ m}} = 48° \qquad \text{(답)}$$

(b) 구명대가 수면에 닿을 때, 속도 $\vec{v}_2$를 단위벡터로, 또 크기와 각도로 나타내라.

풀이 ■ 여기서 **요점**은 구명대가 날아가는 동안 수평과 수직 속도 성분이 서로 독립적이라는 것이다.

둘째 **요점**은 수평 방향은 가속도가 없으므로 속도의 수평 성분 v_x는 처음 값 $v_{1x} = v_1\cos\theta_1$ 그대로라는 것이다. 따라서 구명대가 수면에 닿을 때는

$$v_{2x} = v_{1x} = v_1\cos\theta_1 = (55.0\text{ m/s})(\cos 0°) = 55.0\text{ m/s}$$

셋째 **요점**은 수직방향은 가속도가 있으므로 속도 성분의 수직성분 v_y가 처음 값 $v_{1y} = v_1\sin\theta_1$과는 달라진다는 것이다. 식 5-8과 구명대가 떨어지는 시간 10.1 초를 쓰면 구명대가 수면에 닿을 때의 속력은 아래와 같다.

$$\begin{aligned} v_{2y} &= v_1\sin\theta_1 - g(t_2 - t_1) \\ &= (55.0\text{ m/s})(\sin 0°) - (9.8\text{ m/s}^2)(10.1\text{ s}) \\ &= -99.0\text{ m/s} \end{aligned}$$

그러므로 구명대가 수면에 닿을 때의 속도는 다음과 같다.

$$\vec{v}_2 = (55.0\text{ m/s})\hat{\mathrm{i}} - (99.0\text{ m/s})\hat{\mathrm{j}} \qquad \text{(답)}$$

4-4절에서 배운 기법이나 벡터 계산기를 쓰면 나중 속도 v_2와 각도 θ_2를 구할 수 있다.

$$v_2 = 113\text{ m/s},\quad \theta_2 = -61° \qquad \text{(답)}$$

따라해보기 5-3 | 대포알 곡예사 재키니

곡예사 재키니가 높이 18 m인 회전 관람차 세 개를 넘어서 날아가는 모습을 그림 5-13에 나타냈다. 그는 높이 3 m인 발사대에서 수평에 대한 각도 $\theta_1 = 53°$, 속력 $v_1 = 26.5$ m/s로 발사되었다. 곡예사를 받는 안전망의 높이는 발사대의 높이와 같다.

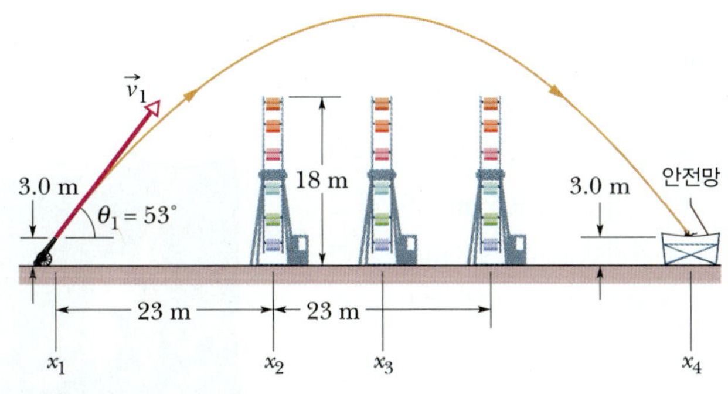

그림 5-13
관람차 세 대를 넘어 안전망으로 떨어지는 사람 포탄의 비행

(a) 곡예사는 첫째 회전 관람차를 넘겠는가?

풀이 ■ 요점은 재키니가 사람 발사체이므로 발사체 방정식을 쓸 수 있다는 것이다. 그러려면, xy좌표의 원점을 대포의 포신에 둔다. 그러면 $x_1 = 0$, $y_1 = 0$이고, 우리가 원하는 것은 $x_2 = 23$ m일 때의 y_2값이다. 그런데 재키니는 그 높이에 이르는데 걸리는 시간 $t_2 - t_1$을 아직 모른다. $t_2 - t_1$을 알지 못한 채 x_2와 y_2를 연계시키려면 식 5-5를 $t_2 - t_1$에 대해서 푼다.

$$(t_2 - t_1) = \frac{x_2 - x_1}{(v_1 \cos\theta_1)}$$

그러고 나면 식 5-7에서 $t_2 - t_1$가 있는 곳마다 값을 바꾸어 넣을 수 있다.

$$y_2 - y_1 = (v_1 \sin\theta_1)(t_2 - t_1) - \tfrac{1}{2} g (t_2 - t_1)^2$$

$(v_1 \sin\theta_1)/(v_1 \cos\theta_1) = \tan\theta_1$를 쓰면 다음 관계를 얻는다.

$$\begin{aligned} y_2 - y_1 &= \tan\theta_1 (x_2 - x_1) - \frac{g(x_2 - x_1)^2}{2(v_1 \cos\theta_1)^2} \\ &= (\tan 53°)(23\,\text{m}) - \frac{(9.8\,\text{m/s}^2)(23\,\text{m})2}{2(26.5\,\text{m/s})^2(\cos 53°)^2} \\ &= 20.3\,\text{m} \end{aligned}$$

곡예사의 출발 높이가 3 m였으므로 그는 첫째 회전 관람차를 약 5.3 m 넘어서 날아간다.

(b) 곡예사가 가운데 관람차에 이르러 최고 높이에 이르렀을 때 높이는 관람차로부터 얼마인가?

풀이 ■ 요점은 최고 높이에 이르렀을 때 속도의 수직 성분 v_y가 0이라는 것이다. 식 5-7과 5-8을 합쳐서 v_y와 곡예사의 높이 $y_3 - y_1$과를 연계시키면 다음 결과를 얻는다.

$$v_{3y}^2 = v_{1y}^2 - 2g(y_3 - y_1) = (v_1 \sin\theta_1)^2 - 2g(y_3 - y_1) = 0$$

이를 $y_3 - y_1$에 대해서 풀면 다음을 얻는다.

$$y_3 - y_1 = \frac{(v_1 \sin\theta_1)^2}{2g} = \frac{(26.5\,\text{m/s})^2(\sin 53°)^2}{(2)(9.8\,\text{m/s}^2)} = 22.9\,\text{m}$$

이는 곡예사가 가운데 관람차를 7.9 m 높이로 넘을 것임을 뜻한다.

(c) 안전망의 중심은 대포에서 얼마나 먼 곳에 있어야 하는가?

풀이 ■ 이 부분에서 또 하나의 **요점**은 곡예사의 발사 높이와 착지 높이가 같으므로 y_4가 다시 0이 되는 때를 $t = t_4$라고 하면 대포에서 안전망까지의 거리는 $x_4 - x_1$이다. 그러면 $y_1 = 0$이므로 식 5-7이 다음과 같아진다.

$$0 = y_4 - y_1 = (v_1 \sin\theta_1)(t_4 - t_1) - \tfrac{1}{2} g (t_4 - t_1)^2$$

$t_4 - t_1 \neq 0$이므로 식의 양쪽을 $t_4 - t_1$으로 나누면 사람의 체공 시간이 나온다.

$$t_4 - t_1 = \frac{2 v_1 \sin\theta_1}{g}$$

이 시간을 $x_4 - x_1 = (\vec{v}_1 \cos\theta_1)(t_4 - t_1)$ (식 5-5)에 넣으면 전체 수평 비행거리를 얻는다.

$$\begin{aligned} x_4 - x_1 &= \frac{2v_1^2}{g} \sin\theta_1 \cos\theta_1 \\ &= \frac{2(26.5\,\text{m/s})^2}{9.8\,\text{m/s}^2} \sin(53°)\cos(53°) = 69\,\text{m} \end{aligned}$$

이제 이 단원을 시작하면서 물은 질문에 답할 수 있다. 안전망을 어디에 두어야 할지 재키니는 어떻게 알 았을까, 그리고 관람차를 넘어 날아갈 수 있다고 어떻게 장담할 수 있었을까? 그도 여기서 한 것과 같은 셈을 했을 것이다. 아마도 재키니는 비행중 자신의 몸이 받는 복잡한 영향은 셈할 수 없었겠지만 공기 때문에 속력이 느려진다는 것, 따라서 수평 비행거리도 여기에서 얻는 값보다 작다는 것은 알고 있었다. 따라서 그는 넓은 그물을 썼고 대포 쪽으로 조금 당겨 놓았다. 그러면 어떤 특정한 비행중에 공기의 영향으로 비행 거리가 조금 또는 많이 줄어들어도 비교적 안전히 떨어질 수 있다. 그럼에도 예측하기 어려운 요소들 때문에 그는 매번 비행 전에 온갖 상상을 했을 것이다.

재키니에게는 아직도 약간의 위험요소가 남아 있었다. 짧은 비행에도 불구하고 대포에서 받는 충격이 너무 커서 그는 잠깐씩 의식을 잃었다. 의식을 잃은 상태에서 떨어지면 목이 부러질 수도 있다. 이런 일을 피하고자 그는 의식을 빨리 되찾는 훈련을 했다. 사실, 제때 의식을 되찾아야 하는 문제가 오늘날의 사람 대포알 곡예사들이 마주치는 유일한 실제적인 위험요소이다.

몇몇 문제에서 실제와는 달리 공기의 영향을 무시하고 간단히 셈한다.

연습문제 5-3

1. 소총과 총알

30 m 떨어진 목표물을 향해 소총을 수평으로 겨냥했다. 총알이 겨냥점보다 1.9 cm 아래에 맞았다. 총알의 (a) 비행시간과 (b) 총구 속력은 얼마인가?

2. 작은 공

작은 공 하나가 높이 1.20 m인 수평탁자에서 굴러 떨어진다. 이 공은 탁자 끝에서 1.52 m 떨어진 곳에 떨어졌다. (b) 공이 공중에 머문 시간은 얼마인가? (b) 공이 탁자를 벗어날 때의 속력은 얼마인가?

3. 야구공

야구공이 속력 161 km/h로 투수의 손을 수평으로 떠난다. 타자까지의 수평 거리는 18.3 m이다.(공기저항은 무시한다.) (a) 공이 이 거리의 반을 가는데 걸리는 시간은? (b) 나머지 반을 가는데 걸리는 시간은? (c) 처음 반 동안 공이 떨어지는 거리는 얼마인가? (d) 나머지 반 동안에는? (e) (c)와 (d)의 값이 다른 까닭은 무엇인가?

4. 작은 창 던지기

과녁판의 중심 P를 향해 작은 창을 수평 방향으로 속력 10 m/s 로 던졌다. 그런데 작은 창이 0.19초 뒤 중심 P에서 아래 부분 가장자리의 점 Q를 맞추었다. (a) P와 Q 사이의 거리는 얼마인가? (b) 작은 창을 던진 곳에서 과녁판의 중심까지의 수평 거리는 얼마인가?

5. 전자

수평 방향 속력 1.00×10^9 cm/s인 전자가 두 장의 수평 전극 사이로 들어간다. 전극 사이에서 전자가 수평으로 2.00 cm를 가면서 전기장에 의해 아래쪽으로 1.00×10^{17} cm/s^{2}의 일정 가속도를 받는다. (a) 전자가 2 cm를 수평으로 가는데 걸린 시간과 (b) 그 동안 전자가 간 수직거리를 구하라. 또한 전자가 전극을 빠져 나올 때 (c) 수평 (d) 수직 속도 성분의 크기를 구하라.

6. 멀리뛰기 선수

1991년 도쿄에서 열린 세계 육상 선수권. 대회에서 파우웰(Mike Powel)이 멀리뛰기에서 8.95 m를 뛰어(그림 5-14), 23년 전 비이먼(Bob Beamon)의 기록을 5 cm 넘기는 신기록을 세웠다. 도약 직전 이 선수의 속력을(단거리 선수들의 속력과 비슷한) 9.5 m/s 라 하고 도쿄의 중력가속도 $g = 9.8$ m/s^2 이라 하자. 파우웰이 뛴 거리를 같은 속력 9.5 m/s 로 쏜 입자가(공기 저항을 무시하고) 갈 수 있는 최대 거리와 비교하면 얼마나 줄어들었는가?

그림 5-14 문제 6

7. 투석기로 쏜 돌

$t_1 = 0$에 투석기로 돌을 쏘는데, 처음 속도의 크기는 20.0 m/s , 방향의 수평앙각(수평선에 대한 각도)은 40.0°이다. 투석기를 기준으로 잰 $t_2 = 1.10$초의 돌의 변위의 (a) 수평 (b) 수직 성분의 크기를 구하라. $t_3 = 1.80$초의 (c) 수평 (d) 수직 성분의 크기를 구하고, $t_4 = 5.00$초의 (e) 수평 (f) 수직 성분의 크기를 다시 구하라.

8. 골프 공

지면에서 골프 공을 쳤다. 공을 친 순간을 $t = 0$이라 할 때 시간의 함수로 본 공의 속력을 그림 5-15에 나타내었다. (a) 공이 다시 땅에 닿을 때 까지 날아간 수평 거리는 얼마인가? (b) 골프공이 올라가는 최고 높이는 얼마인가?

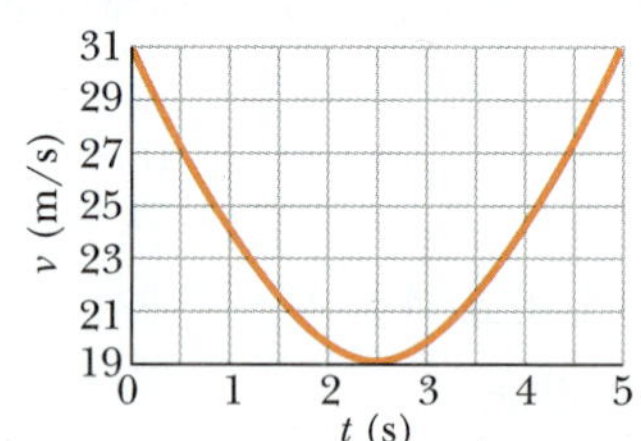

그림 5-15 문제 8

9. 고속 총알

총구 속력 460 m/s 로 총알을 쏘는 소총을 45.7 m 떨어진 목표물에 수평으로 겨냥하고자 한다. 목표점에서 얼마 위를 수평으로 조준해야 목표물에 명중하겠는가?

10. 슬로 피치

슬로 피치 소프트볼 게임에서 투수가 지면 위 3.0피트 지점에서 공을 던졌다. 공의 위치를 연속사진으로 분석한 결과를 그림 5-16에 정리하였는데, 점 사이의 시간 간격은 0.25초이고, 공을 던진 시점은 $t = 0$이다. (a) 공의 초기 속력은 얼마인가? (b) 공이 지면에서 가장 높은 점에 이르렀을 때 속력은 얼마인가? (c) 최고 높이는 얼마인가?(**참고**: 피트로 거리를 잴 때, 중력 가속도는 $g = 32\ \text{ft/s}^2$이다.)

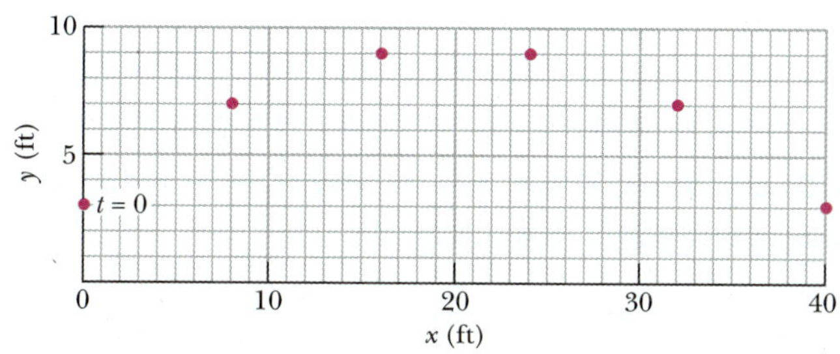

그림 5-16 문제 10

11. 최고 높이

발사체가 이르는 최고 높이는 $y^{최고} = (v_1 \sin\theta_1)^2/2g$임을 보여라.

12. 공 던지기

벽을 향해 수평으로 40.0°의 각도, 속력 25.0 m/s 로 공을 던진다(그림 5-17). 공을 던지는 곳에서 벽까지는 22.0 m 이다. (a) 공이 벽에 닿는 높이는 공을 던진 곳보다 얼마나 높은가? (b) 공이 벽에 닿을 때 속도의 수직 수평 성분은 얼마인가? (c) 공이 벽에 닿을 때, 이 공은 경로의 최고점을 지났는가?

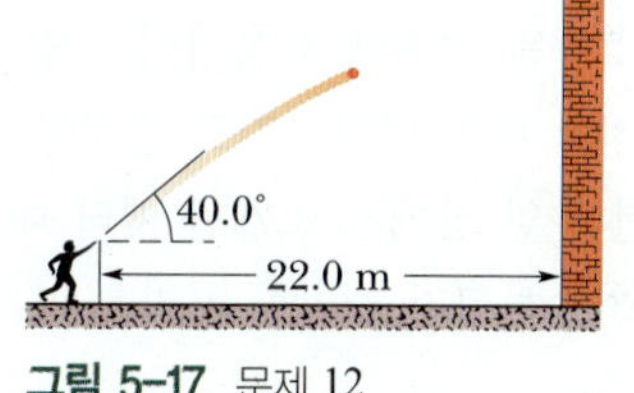

그림 5-17 문제 12

13. 공중으로 쏘아올린 공

땅에서 공을 쏘아 올린다. 높이 9.1 m에서 공의 속도는 $\vec{v} = (7.6\ \text{m/s})\hat{\text{i}} + (6.1\ \text{m/s})\hat{\text{j}}$ ($\hat{\text{i}}$ 수평, $\hat{\text{j}}$ 수직 위쪽)였다. (a) 이 공은 어느 높이까지 올라가겠는가? (b) 공이 가는 수평 거리는 얼마인가? 공이 땅에 돌아올 때 속도의 (c) 크기 및 (d) 방향을 구하라.

14. 2초 뒤

어느 발사체를 쏘고 2초 뒤의 변위가 수평으로 40 m, 수직으로 53 m였다. 발사체의 처음 속도의 (a) 수평 성분과 (b) 수직 성분은 각각 얼마인가? (c) 발사체가 땅 위로 최고 높이에 이를 때 쏜 곳에 대한 수평 변위는 얼마인가?

15. 축구 선수

축구 선수가 공을 차서 체공시간 4.5초 뒤에 46 m 떨어진 곳에 공이 떨어졌다. 이 선수가 공을 땅 위 150 cm에서 찼을 때 공의 처음 속도의 (a)크기와 (b) 방향을 구하라.

16. 발사 속력

어느 발사체를 쏜 처음 속력이 최고점에서의 속력의 5배이다. 발사 각도 θ_1을 구하라.

17. 비행기와 기만기

어느 비행기가 수평 아래 30.0°의 방향으로 290.0 km/h로 날아가다가 조종사가 레이더 교란용 기만기를 떨어뜨렸다(그림 5-18). 투하 지점과 기만기가 떨어진 곳 사이의 수평거리는 700 m 이다. (a) 기만기의 비행시간은 얼마인가? (b) 떨어뜨린 순간의 높이는 얼마인가?

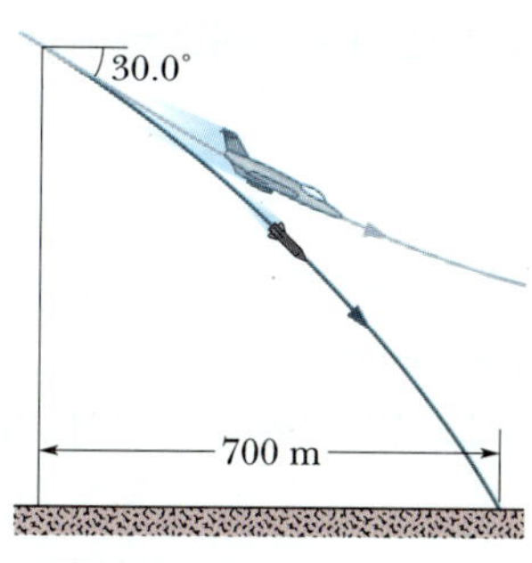

그림 5-18 문제 17

18. 축구공

축구공을 땅에서 위로 45°로 속력 19.5 m/s 로 찼다. 그때 차는 쪽 55 m 앞에 있던 선수가 공을 향해 달리기 시작한다. 공이 땅에 닿는 순간 이 선수가 공을 잡으려면 평균속력은 얼마로 달려야 하는가?

19. 계단

어느 공이 계단 꼭대기에서 수평속력 1.52 m/s 로 굴러 떨어진다. 낱낱의 계단은 높이 20.3 cm, 깊이 20.3 cm이다. 공은 맨 위에서 몇 번째 계단에 먼저 떨어지는가?

20. 배구공

여자 배구경기에서, 그물의 높이는 마루에서 2.24 m, 경기장은 그물 양쪽으로 각각 9 m × 9 m이다. 어느 선수가 그물에서 수평으로 8.0 m, 높이 3 m에서 점프 서브를 한다. 공의 처음 속도의 방향이 수평이라면, (a) 속력이 적어도 얼마는 되어야 공이 그물에 걸리지 않는가? (b) 속력이 얼마를 넘지 않아야 공이 상대편 코트 엔드라인 안쪽에 떨어지는가?

21. 비행기

어느 비행기가 수직선에 대하여 53.0°의 각도로 내려가면서 높이 730 m에서 물체를 떨어뜨린다. 이 물체는 5초 뒤에 땅에 떨어진다. (a) 비행기의 속력은 얼마인가? (b) 떨어질 때까지 물체는 수평으로 얼마나 가는가? 물체가 땅에 닿을 때 속도의 (c) 수평 (d) 수직 성분은 얼마인가?

22. 테니스 시합

테니스 시합에서 어느 선수가 코트 면에서 2.37 m 높이에서 수평으로 23.6 m/s의 속력으로 서브를 한다. 그물까지의 거리는 12 m, 높이는 0.90 m이다. 공이 그물에 도달할 때 (a) 그물을 넘어가는가? (b) 공과 그물 사이의 거리는 얼마인가? 서브를 같은 속력으로 하되 아래쪽으로 5°로 보낸다면 공이 그물에 왔을 때 (c) 그물을 넘어가는가? (d) 공과 그물 사이의 거리는 얼마인가?

23. 야구공

투수가 던진 공을 높이 1.22 m인 곳에서 타자가 친다. 공은 땅에 대해 45°의 각도로 날아간다. 이렇게 치면 공이 날아가는 거리(친 높이로 다시 돌아오는 거리)가 107 m가 된다. (a) 이 공은 때린 곳에서 97.5 m인 곳에 있는 높이 7.32 m인 담장을 넘어가는가? (b) 넘거나 넘지 못하거나, 공이 담장에 왔을 때 공과 담장 윗단 사이의 거리를 구하라.

24. 수사극

어느 수사극에서 시신이 24 m 높이의 열린 창문 아래, 건물에서 4.6 m 떨어진 곳에서 발견되었다. (a) 피해자가 창문에서 수평으로 뛰었다면 그 순간 피해자의 속력은 얼마였겠는가? (b) 이 죽음은 사고사인가? 설명하라.

25. 미식축구 선수

어느 미식축구 선수가 공을 처음 속력 25 m/s 로 찰 수 있다. 이 선수가 50 m 떨어진, 높이 3.44 m의 수평 골대를 넘겨 필드 골을 성공시키려면 특정한 두 각도 사이로 차야 한다. 선수가 공을 차야 하는 최소각과 최대각을 구하라.(대수학적으로 문제를 풀려면, $\sin^2\theta + \cos^2\theta = 1$의 관계를 써서 $\tan^2\theta$과 $1/\cos^2\theta$ 사이의 관계를 구하여 넣어 얻는 2차 방정식을 풀 것.)

5-4 2차원에서의 변위

5장 후반부에서는 등속 원운동하는 물체를 다룬다. 이 주제를 다루기 전에 이미 2–2, 4–2 및 4–3절에서 다룬 2차원에서의 변위 벡터 구하는 법을 좀더 배워야 한다.

직선 운동의 제약을 벗어나 2차원 평면에서 움직이는 입자의 운동은 어떻게 추적할 수 있을까? (제2장에서 다룬) 직선 운동을 추적할 때와 마찬가지로 설정한 좌표의 원점에서 물체까지를 잇는 위치 벡터 $\vec{r}$을 정의하면 편리하다. 그런데 앞 장에서 소개한 벡터 대수를 쓰면 위치 벡터를 성분 벡터로 나눌 수 있고, 그러면 1차원 운동을 기술하고자 개발한 기법을 써서 2차원 운동도 다룰 수 있다.

• 직각 좌표

직각 좌표에서는 $\vec{r}$의 직각 좌표 성분을 x와 y로 나타낸다. 4–5절의 단위벡터 기호를 써서 위치 벡터를 다음과 같이 성분으로 나눌 수 있다.

$$\vec{r} = x\hat{\mathrm{i}} + y\hat{\mathrm{j}} \tag{5–12}$$

이 식에서 $x\hat{\mathrm{i}}$와 $y\hat{\mathrm{j}}$는 벡터의 좌표축 방향 성분이다. 직각 좌표계에서는 성분 x와 y가 물체의 위치 좌표 $(x,\ y)$와 같다.

좌표값 x, y는 물체의 위치를 원점에 대한 좌표축 위에 나타낸다. 보기로, 그림 5–19는 직각 좌표가 (−3 m, 2 m)인 물체를 나타낸 것으로 위치 벡터는 다음과 같다.

$$\vec{r} = (-3\,\mathrm{m})\,\hat{\mathrm{i}} + (2\,\mathrm{m})\,\hat{\mathrm{j}}$$

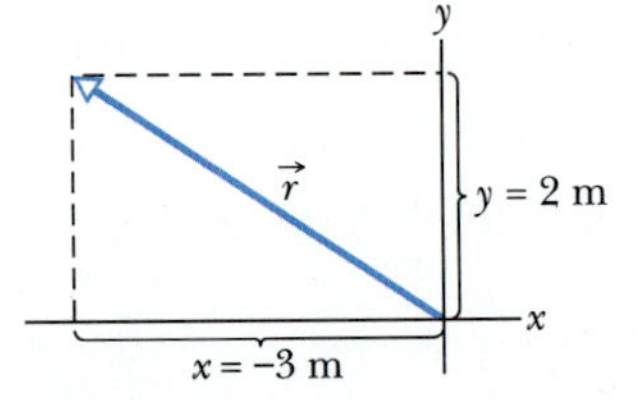

그림 5–19
좌표점이 (−3 m, 2 m)인 입자의 위치 벡터 $\vec{r}$

이 입자는 y축에서 $-\hat{\mathrm{i}}$ 쪽으로 3미터, 그리고 x 축에서 $+\hat{\mathrm{j}}$ 쪽으로 2미터인 곳에 있다.

입자가 이동하면 위치 벡터도 기준점(원점)으로부터 입자에 이르면서 따라 변화한다. 위치 벡터가 변화하면 — 예를 들어 어떤 시간이 지나 $\vec{r}_1$에서 $\vec{r}_2$로 — 그 동안 입자의 **변위** $\vec{r}$은 다음과 같다.

$$\Delta \vec{r} = \vec{r}_2 - \vec{r}_1 \qquad (5\text{-}13)$$

$\vec{r}_2$와 $\vec{r}_1$에 대한 단위 벡터 기호를 쓰면 변위가 다음과 같이 표현된다.

$$\Delta \vec{r} = (x_2 \hat{\mathrm{i}} + y_2 \hat{\mathrm{j}}) - (x_1 \hat{\mathrm{i}} + y_1 \hat{\mathrm{j}})$$

단위 벡터가 같은 항들끼리 묶으면

$$\Delta \vec{r} = (x_2 - x_1)\hat{\mathrm{i}} + (y_2 - y_1)\hat{\mathrm{j}} \qquad (5\text{-}14)$$

가 되는데, 여기서 성분 (x_1, y_1)은 위치벡터 $\vec{r}_1$, 그리고 성분 (x_2, y_2)는 위치벡터 $\vec{r}_2$에 해당한다. 변위는 또 (x_2, x_1)을 x로, (y_2, y_1)을 Δy로 하여 나타낼 수도 있다.

$$\Delta \vec{r} = \Delta x \hat{\mathrm{i}} + \Delta y \hat{\mathrm{j}} \qquad (5\text{-}15)$$

이 식은 다차원 운동에서 대단히 중요한 점을 보여준다. 변위의 각 방향의 좌표 $(\Delta x, \Delta y)$는 그 방향의 위치 변화로만 생기고, 다른 방향의 위치 변화와는 무관하다. 즉, 물체의 위치 변화를 모든 방향에 대해서 모두 동시에 따지지 않아도 된다. 물체의 운동은 두 부분(x 쪽의 운동과 y 쪽의 운동)으로 나누어 각 방향을 따로 따지면 된다. 3차원 운동에서는 z축을 더해 같은 셈을 한다.

• 극 좌표

원운동이나 회전운동을 다룰 때는 위치와 변위를 극좌표에서 기술하는 것이 편리하다. 이때, 입자의 위치는 위치 벡터 $\vec{r}$ 의 크기를 나타내는 r 또는 $|\vec{r}|$과 어느 축을 기준으로 반시계 방향으로 잰 벡터의 각도 ϕ_1으로 나타낸다. 2차원 직각좌표와 극좌표의 관계는 그림 5-20에 보였다. 이들 좌표계 사이의 변환식은 sin과 cos의 정의에 기반을 두어 다음의 관계가 있다.

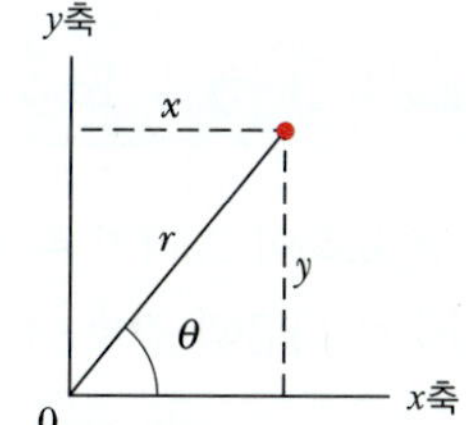

그림 5-20
2차원 운동을 하는 입자를 기술할 때는 극좌표를 써도 좋다. 이 좌표는 원점에서 일정한 거리를 유지하며 움직이는 원운동을 기술하는데 특히 좋다.

$$x = r\cos(\theta), \quad y = r\sin(\theta) \qquad (5\text{-}16)$$

또는,

$$r = \sqrt{x^2 - y^2}, \quad \theta = \tan^{-1}\left(\frac{y}{x}\right) \qquad (5\text{-}17)$$

원운동하는 물체는 운동의 중심점까지의 거리가 일정하다. 따라서 변위의 크기, Δr 또는 $|\overrightarrow{\Delta r}|$는 각도의 변화로만 나타나며 각도 차이가 작을 때는 다음과 같다.

$$\Delta r = r(\theta_2 - \theta_1) \qquad \text{(각도 차이가 작을 때의 변위 크기)} \qquad (5\text{-}18)$$

이 식은 수학 시간에 이미 보았을 것이다. 호의 길이 s, 반지름 r 및 각 변위 $\Delta\theta$ 사이의 관계가 $s = r\Delta\theta$라는 것은 이미 배웠을 을 것이다.

생각해보기 5-6 (a) 박쥐 한 마리가 좌표 (−2 m, 4 m)에서 (6 m, −2 m)로 날아간다면 변위 $\Delta\vec{r}$를 직각좌표로 나타내면 어떻게 되는가? (b) $\Delta\vec{r}$는 두 좌표축 중 어느 것과 나란한가? 만약 그렇다면 어느 축인가?

따라해보기 5-4 | 변위

그림 5-21에서 어느 입자의 처음 위치벡터는 다음과 같은데

$$\vec{r}_1 = (-3.0\,\text{m})\,\hat{\text{i}} + (4.0\,\text{m})\,\hat{\text{j}}$$

잠시 뒤의 위치는

$$\vec{r}_2 = (9.0\,\text{m})\,\hat{\text{i}} + (-3.5\,\text{m})\,\hat{\text{j}}$$

였다. 이 입자가 $\vec{r}_1$에서 $\vec{r}_2$로 이동한 변위 $\Delta\vec{r}$을 구하라.

풀이 ■ 요점은 변위 $\Delta\vec{r}$는 나중 위치 $\vec{r}_2$에서 처음 위치 $\vec{r}_1$을 빼어 구한다는 것이다. 이 작업은 성분별로 하면 가장 쉽다.

$$\begin{aligned}\Delta\vec{r} &= \vec{r}_2 - \vec{r}_1\\ &= [9.0-(-3.0)]\,(\text{m})\,\hat{\text{i}} + [-3.5-4.0]\,(\text{m})\,\hat{\text{j}}\\ &= (12\,\text{m})\,\hat{\text{i}} + [-7.5](\text{m})\,\hat{\text{j}} \qquad \text{(답)}\end{aligned}$$

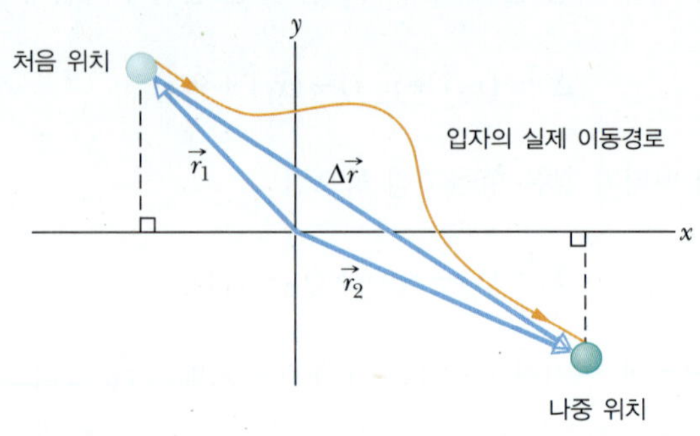

그림 5-21
변위 $\Delta\vec{r} = \vec{r}_2 - \vec{r}_1$은 실제 따라간 길과 상관없이 처음 위치 벡터 $\vec{r}_1$의 머리에서 나중 벡터 $\vec{r}_2$의 머리로 이어진다.

따라해보기 5-5 | 토끼의 발자취

어느 토끼가 좌표축이 그려진 주차장 위를 달려간다. 토끼의 좌표는 시간의 함수로 다음과 같다.

$$x = (-0.31\,\text{m/s}^2)\,t^2 + (7.2\,\text{m/s})\,t + 28\,\text{m} \qquad (5\text{-}19)$$

$$y = (0.22\,\text{m/s}^2)\,t^2 + (-9.1\,\text{m/s})\,t + 30\,\text{m} \qquad (5\text{-}20)$$

(a) $t = 15$초에 토끼의 위치벡터 $\vec{r}$을 단위 벡터로 나타내고, 또 크기 및 각도로 나타내라.

풀이 ■ 요점은 식 5-19와 5-20으로 나타낸 토끼의 위치가 위치 벡터 $\vec{r}$의 성분이라는 것이다. 그러므로

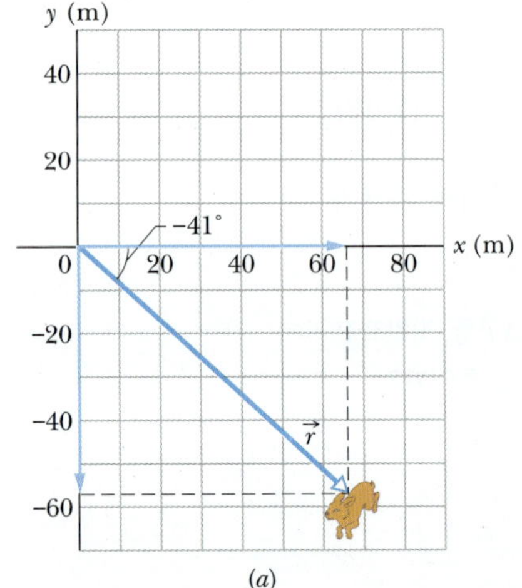

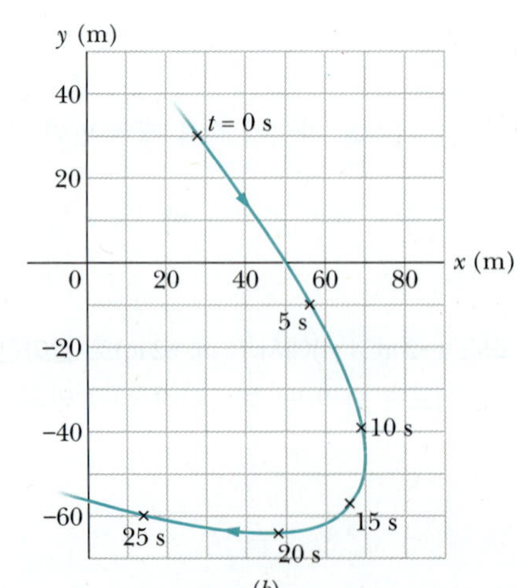

그림 5-22
(a) $t = 15$ 초에 토끼의 위치 벡터 $\vec{r}$. $\vec{r}$의 성분은 각 축에 표시했다. (b) 다섯 시점에서의 토끼의 위치와 경로.

$$\vec{r}(t) = x(t)\,\hat{\mathrm{i}} + y(t)\,\hat{\mathrm{j}} \qquad (5\text{–}21)$$

[$\vec{r}$ 대신 $\vec{r}(t)$로 쓴 것은 성분이 시간의 함수여서 $\vec{r}$도 마찬가지이기 때문이다.]

t=15초에 위치 벡터의 성분들은 다음과 같다.

$$x = (-0.31\,\mathrm{m/s^2})(15\,\mathrm{s})^2 + (7.2\,\mathrm{m/s})(15\,\mathrm{s}) + 28\,\mathrm{m} = 66\,\mathrm{m}$$

$$y = (0.22\,\mathrm{m/s^2})(15\,\mathrm{s})^2 + (-9.1\,\mathrm{m/s})(15\,\mathrm{s}) + 30\,\mathrm{m} = -57\,\mathrm{m}$$

즉, $t = 15$초에

$$\vec{r} = (66\,\mathrm{m})\,\hat{\mathrm{i}} - (57\,\mathrm{m})\,\hat{\mathrm{j}}$$

인데, 이는 그림 5-22a에 표시되어 있다.

$\vec{r}$의 크기와 각도를 구하려면 벡터 연산 계산기를 쓰거나 피타고라스 정리를 쓴다.

$$r = \sqrt{x^2 + y^2} = \sqrt{(66\,\mathrm{m})^2 + (-57\,\mathrm{m})^2} = 87\,\mathrm{m}$$

그리고 삼각함수 정의로부터

$$\theta = \tan^{-1}\frac{y}{x} = \tan^{-1}\left(\frac{-57\,m}{66\,m}\right) = -41°$$

를 얻는다. (θ=139°의 tan 값도 −41°와 같지만 $\vec{r}$성분의 부호를 살펴보면 −41°가 답이다.)

(b) $t = 0$에서 $t = 25$초까지 토끼의 자취를 그려라.

풀이 ■ 문제 (a)를 t를 변화시키면서 되풀이할 수 있다. 그림 5-17b에 다섯 개의 t를 그리고 이들을 이어 경로를 보였다. 또한 그림 계산기로 매개변수 그림표를 그리게 할 수도 있다. 즉 계산기가 x에 대한 y를 그리게 하는데, 좌표값들은 식 5-19와 5-20에 있는 시간의 함수이다.

연습문제 5-4

26. 전자의 위치 벡터

어느 전자의 위치 벡터가 $\vec{r} = (5.0\,\mathrm{m})\,\hat{\mathrm{i}} - (3.0\,\mathrm{m})\,\hat{\mathrm{j}}$이다. (a) $\vec{r}$의 크기를 구하라. (b) 좌표계에 이 벡터를 표시하라.

27. 수박씨

어느 수박씨의 좌표가 다음과 같다. $x = -5.0\,\mathrm{m}$, $y = 8.0\,\mathrm{m}$. 위치 벡터를 (a) 단위 벡터 기호로 구하고, 또 (b) 크기와 (c) $+x$축과 이루는 각도로 구하라. (d) 이 벡터를 좌표계에 나타내라. 이 씨를 좌표점 (3.00 m, 0 m)로 옮겨갔을 때 변위를 (e) 단위 벡터 기호 (f) 크기 및 (g) $+x$축과 이루는 각도 등으로 나타내라.

28. 레이더 기지

어느 레이더 기지에서 동쪽으로부터 비행기가 다가오는 것을 잡았다. 처음 보았을 때 비행기는 지상 40°로 360 m 떨어져 있다. 이 비행기를 동서방향으로 123° 더 추적하고 화면에서 사라지기 직전에는 790 m 떨어져 있다(그림 5-23 참조). 추적하는 동안 비행기의 변위를 구하라.

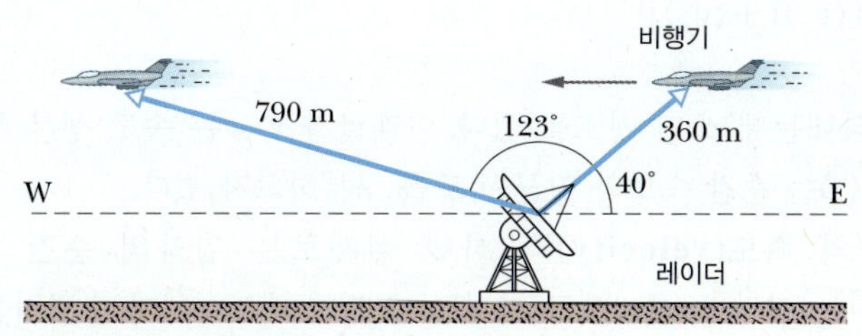

그림 5-23 문제 28

29. 양성자의 위치 벡터

어느 양성자가 처음 위치 $\vec{r}_1 = (5.0\,\mathrm{m})\,\hat{\mathrm{i}} + (-6.0\,\mathrm{m})\,\hat{\mathrm{j}}$에서 나중 위치 $\vec{r}_2 = (-2.0\,\mathrm{m})\,\hat{\mathrm{i}} + (6.0\,\mathrm{m})\,\hat{\mathrm{j}}$로 간다. (a) 양성자의 변위 벡터를 구하라. (b) 벡터와 나란한 (좌표)축이 있는가? 있다면 어느 축인가?

30. 똑똑한 피랍자

여러분이 납치되어 자동차 트렁크 속에 갇혔다고 하자. 눈은 가려졌지만 (자동차 기관 소음으로) 속력을(초를 세어서) 이동하는 시간을, 그리고 (바둑판 모양의 거리에서의) 회전수를 세어서 방향을 계속 따라가 보니 대략 다음의 경로로 이동한 것으로 판단되었다.

50 km/h로 2분, 90° 우회전, 20 km/h로 4분, 90° 우회전, 20 km/h로 60 초, 90° 좌회전, 50 km/h로 60 초, 90° 우회전, 20 km/h로 2분, 90° 좌회전, 50 km/h로 30초.

그곳은 (a) 출발 곳에서 얼마나 떨어져 있는가? (b) 출발 곳에서 어느 쪽인가?

31. 술 취한 스컹크

그림 5-24는 술 취한 스컹크가 평평한 마루 위에서 처음 위치 '처음' 에서 출발하여 나중 위치 '나중' 까지 간 과정을 보였다. 각도와 거리는 다음과 같다.

$\theta_1 = 30.0°$, $\theta_2 = 50.0°$, $\theta_3 = 80.0°$,

$d_1 = 5.00$ m, $d_2 = 8.00$ m, $d_3 = 12.0$ m,

크기와 각도 방법으로 스컹크가 '처음' 에서 '나중' 까지 간 변위를 나타내라.

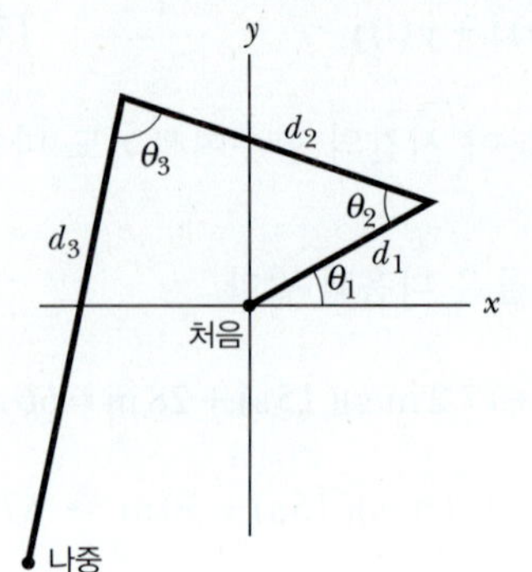

그림 5-24 문제 31

5-5 평균 및 순간 속도

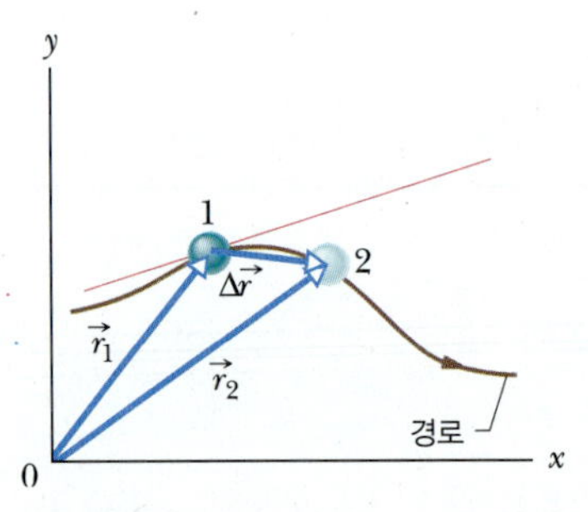

그림 5-25
시각 t_1에서 위치 벡터 $\vec{r}_1$인 위치 1에서 시각 t_2에서 위치 벡터가 $\vec{r}_2$인 위치 2사이의 시간 Δt 동안 입자의 변위 $\Delta\vec{r}$.

바로 앞 절에서는 다차원에서의 운동을 추적할 때, 위치와 변위 벡터가 직각 성분으로 분리될 수 있음을 설명했다. 속도 벡터에서도 이러한 방법을 쓸 수 있을까? 1차원 운동과 마찬가지로(그림 5-25와 같이) 어느 입자가 시간 Δt 동안에 $\Delta\vec{r}$만큼 변위했다면, **평균 속도(average velocity)**는 다음과 같이 정의된다.

$$\text{평균속도} = \frac{\text{변위}}{\text{시간간격}}$$

이를 흔히 쓰는 기호로 나타내면

$$\langle\vec{v}\rangle \equiv \frac{\Delta\vec{r}}{\Delta t} \tag{5-22}$$

가 된다. 이 식에 의하면 $\langle\vec{r}\rangle$의 방향은 변위 $\Delta\vec{r}$와 같아야만 한다. 2차원에서의 변위에 대한 정의(식 5-15)를 쓰면 다음과 같이 다시 쓸 수 있다.

$$\langle\vec{v}\rangle = \frac{\Delta x\hat{\mathrm{i}} + \Delta y\hat{\mathrm{j}}}{\Delta t} = \frac{\Delta x}{\Delta t}\hat{\mathrm{i}} + \frac{\Delta y}{\Delta t}\hat{\mathrm{j}} \tag{5-23}$$

2장에서 $\Delta x/\Delta t$를 평균 속도의 x방향 성분이라고 정의한 것을 상기하면 이 식을 간단히 정리할 수 있다. y방향으로의 속도 성분에도 적절한 정의를 쓴다.

$$\langle\vec{v}\rangle = \frac{\Delta x}{\Delta t}\hat{\mathrm{i}} + \frac{\Delta y}{\Delta t}\hat{\mathrm{j}} = \langle v_x\rangle\hat{\mathrm{i}} + \langle v_y\rangle\hat{\mathrm{j}} \tag{5-24}$$

이 식에서도 2장에서 평균 속도를 나타내는데 쓰던 기호를 썼다. 아래글자 x, y는 속도 성분 두 가지를 구분하고자 썼다. 또한 꺾쇠괄호 ⟨ ⟩는 순간 속도와 평균 속도를 구분하고자 썼다.

2장에서 설명한 것처럼, 입자의 **속도(velocity)**라 하면 실제로는 입자의 **순간 속도(instantaneous velocity)** $\vec{v}$를 뜻한다. $\vec{v}$는 시간 Δt를 0으로 가져갈 때 평균 속도 $\langle\vec{v}\rangle$가 수렴하는 값이다. 미적분 기호를 쓰면 $\vec{v}$는 미분 형식으로 나타낼 수 있다.

$$\vec{v} = \lim_{\Delta t \to 0}\frac{\Delta\vec{r}}{\Delta t} = \frac{d\vec{r}}{dt} \tag{5-25}$$

$\vec{v} = x\hat{\mathrm{i}} + y\hat{\mathrm{j}}$를 단위 벡터 기호로 쓰면 다음과 같다.

$$\vec{v} = \frac{d}{dt}(x\hat{\mathrm{i}} + y\hat{\mathrm{j}}) = \frac{dx}{dt}\hat{\mathrm{i}} + \frac{dy}{dt}\hat{\mathrm{j}}$$

이 식은 dx/dt가 v_x라는 등의 사실을 써서 간단한 꼴로 고친다.

$$\vec{v} = v_x\hat{\mathrm{i}} + v_y\hat{\mathrm{j}} \tag{5-26}$$

이 식에서 v_x는 x축 방향으로의 $\vec{v}$ 성분, 그리고 v_y는 y축 방향으로의 $\vec{v}$ 성분이다. $\vec{v}$의 방향은 그 순간 입자 경로에 대한 접선 방향이다.

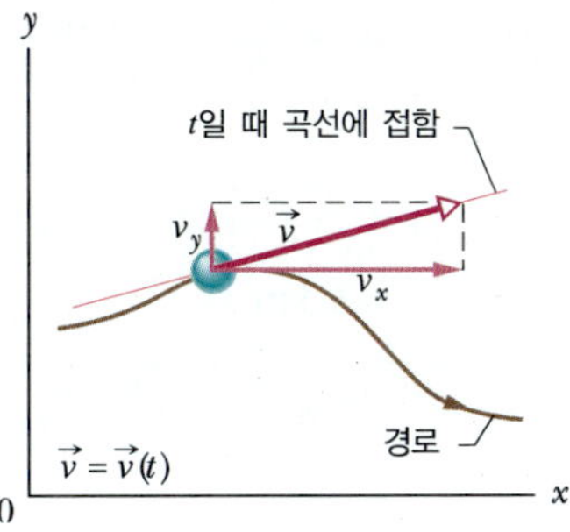

그림 5-26
입자가 곡선을 따라 움직인다. 시각 t의 입자의 속도 $\vec{v}$를 그 성분인 v_x, v_y와 함께 나타냈다. 속도 벡터는 입자의 운동을 따라가는 곡선에 대한 접선 방향이다.

그림 5-26은 움직이는 어느 입자의 속도벡터 $\vec{v}$를 나타낸 것이다. **조심**: 그림 5-19와 같이 위치 벡터를 그릴 때 통상 한 곳('여기')에서 다른 곳('저기')를 잇는 화살표로 나타낸다. 그런데 그림 5-26과 같이 속도벡터를 그릴 때는 어느 한 곳에서 다른 곳을 향해 그리지 않는다. 더 정확히 말하면 이 벡터는 그 순간 그 입자의 이동 방향을 나타내며, 화살의 길이는 속도의 크기에 비례한다. 속도의 단위가 시간당 거리지 길이가 아니므로 일련의 속도 벡터에 쓸 상대적인 축척은 마음대로 정해도 좋다. 보기를 들어, 어느 그림에서는 속도 벡터 2 cm가 속도의 크기 1 m/s 를 나타낼 수 있다.

이 절에서 끌어낸 식 5-24와 5-26은 수평 방향 혹은 x방향 등과 같이 어느 한 방향에 대한 물체의 속도 성분은 수직 혹은 y방향으로의 속도 성분과 완전히 독립적으로 따질 수 있음을 말해준다.

여기서 가정하는 것은 입자의 운동을 나타내는 곡선은 연속이라는 점이다. 수학적으로, 곡선의 접선, 즉 기울기 또는 순간 속도는 같은 물리량에 대한 다른 이름이다. 따라서 그림 5-26에서 속도 벡터는 그 점에서 곡선의 기울기를 나타내는 접선 방향을 향한다.

생각해보기 5-7 옆의 그림은 원점에 대한 어느 입자의 경로를 나타낸다. 이 입자의 순간 속도가 $\vec{v} = (2\ \mathrm{m/s})\hat{\mathrm{i}} - (2\ \mathrm{m/s})\hat{\mathrm{j}}$라면, 이 입자가 (a) 시계방향 (b) 반시계 방향으로 운동하는 각 경우 입자의 위치는 어디인가? 두 경우에 대하여 그림 위에 $\vec{v}$를 그려라.

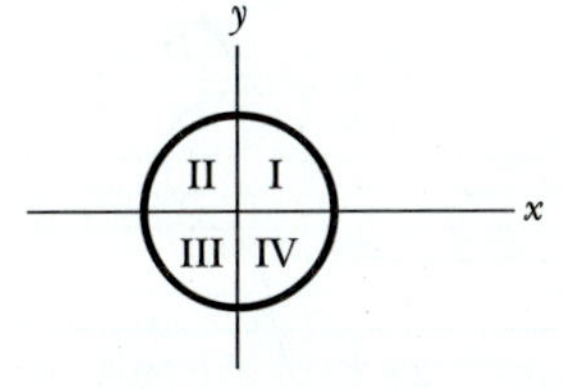

따라해보기 5-6 | 토끼의 속도

따라해보기 5-5의 토끼에 대하여 $t = 15$초에 속도 $\vec{v}$를 단위벡터 기호, 크기와 각도 각각을 써서 구하라.

풀이 ■ 두 가지 **요점**이 가능하다. (1) 속도 성분들을 먼저 구하여 토끼의 속도를 구할 수 있다. (2) 속도 성분은 토끼의 위치 벡터 성분의 미분으로 구할 수도 있다. (식 5-26의) $\vec{v} = v_x\hat{\mathrm{i}} + v_y\hat{\mathrm{j}}$와 $v_x = dx/dt$를 따라해보기 5-5의 토끼 x위치 식(식 5-19)에 넣으면 $\vec{v}$의 x성분이 다음과 같이 구해진다.

$$\begin{aligned} v_x &= \frac{dx}{dt} = \frac{d}{dt}[(-0.31\ \mathrm{m/s^2})t^2 + (7.2\ \mathrm{m/s})t + 28\ \mathrm{m}] \\ &= (-0.62\ \mathrm{m/s^2})t + 7.2\ \mathrm{m/s} \end{aligned} \tag{5-27}$$

$t = 15$초에서는 이 값이 $v_x = -2.1\ \mathrm{m/s}$로 얻어진다. 이와 유사하게 $v_y = dy/dt$이므로, 따라해보기 5-5의 토끼 y위치 식(식 5-20)에 넣으면 $\vec{v}$의 y성분이 다음과 같이 구해진다.

$$\begin{aligned} v_y &= \frac{dy}{dt} = \frac{d}{dt}[(0.22\ \mathrm{m/s^2})t^2 + (-0.91\ \mathrm{m/s})t + (30\ \mathrm{m})] \\ &= (0.44\ \mathrm{m/s^2})t - 9.1\ \mathrm{m/s} \end{aligned} \tag{5-28}$$

$t = 15$초에서는 이 값이 $v_y = -2.5\ \mathrm{m/s}$로 얻어진다. 그러므로 식 5-26에 의해 속도는

$$\vec{v} = -(2.1\ \mathrm{m/s})\hat{\mathrm{i}} - (2.5\ \mathrm{m/s})\hat{\mathrm{j}} \tag{답}$$

으로 구해지는데, 결과는 그림 5-20에 토끼의 경로 위에서 $t = 15$초일 때 토끼가 뛰는 방향의 접선으로 나타내었다.

$\vec{v}$의 크기와 방향을 구하려면 피타고라스의 정리와 삼각함수를 쓴다.

$$v = \sqrt{v_x^2 - v_y^2} = \sqrt{(-2.1\,\text{m/s})^2 + (-2.5\,\text{m/s})^2}$$
$$= 3.3\,\text{m/s} \qquad \text{(답)}$$

$$\theta = \tan^{-1}\frac{v_y}{v_x} = \tan^{-1}\left(\frac{-2.5\,\text{m/s}}{-2.1\,\text{m/s}}\right) \qquad \text{(답)}$$

(50°도 −130°와 탄젠트 값은 같지만 속도 성분들의 부호를 검토해 보면 각도가 제3사분면에 있어야 함을 알 수 있다. 즉 50°−180°= −130°.)

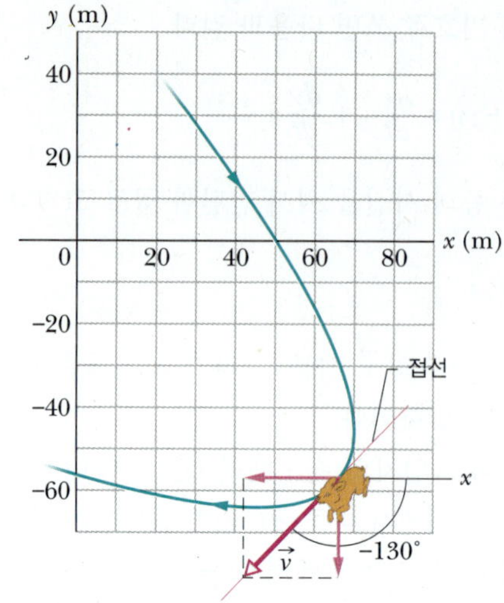

그림 5-27
t = 15초일 때 토끼의 속도 $\vec{v}$. 속도 벡터는 그 순간 토끼의 위치에서 경로의 접선 방향이다. 속도 벡터 $\vec{v}$의 성분들도 나타내었다.

연습문제 5-5

32. 다람쥐 길

그림 5-28은 고른 땅 위에서 다람쥐가 옮겨 다닌 길로서 $A\,(t_1 = 0)$에서 $B\,(t_1 = 5.00분)$, $C\,(t_3 = 10.0분)$, 그리고 $D\,(t_4 = 15.0분)$를 차례로 지나간다. A에서 다른 세 곳에 이르는 평균 속도를 생각해보자. 세 평균 속도 중에서 (a) 크기가 가장 작은 것과 (b) 크기가 가장 큰 것을 크기-각도로 나타내라.

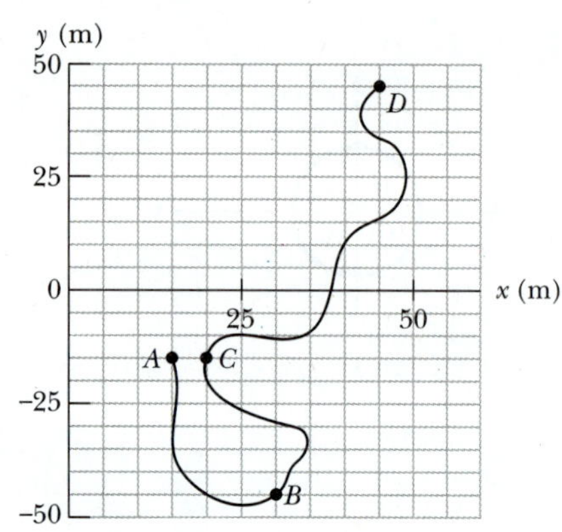

그림 5-28 문제 32

33. 기차

일정 속력 60.0 km/h로 달리는 기차가 동쪽으로 40.0분 간 뒤 북쪽에 대해 50° 동쪽으로 20.0분, 그리고 끝으로 서쪽으로 50.0분 간다. 기차가 가는 동안 평균 속도는 얼마인가?

34. 이온의 위치

처음에 $\vec{r}_1 = (5.0\,\text{m})\,\hat{\text{i}} + (-6.0\,\text{m})\,\hat{\text{j}}$에 있던 이온이 10초 뒤에 $\vec{r}_2 = (-2.0\,\text{m})\,\hat{\text{i}} + (8.0\,\text{m})\,\hat{\text{j}}$로 간다. 이 10초 동안의 평균 속도는 얼마인가?

35. 전자의 위치

어느 전자의 위치가 $\vec{r}(t) = [(3\,\text{m/s})\,t]\,\hat{\text{i}} + [(-4\,\text{m/s}^2)\,t^2]\,\hat{\text{j}}$이다. (a) 전자의 속도 $\vec{v}(t)$를 구하라. t = 2초에 $\vec{v}$를 (b) 크기와 (c) 양의 x축 방향에 대한 각도로 구하라.

36. 오아시스

오아시스 A는 오아시스 B의 서쪽 90 km에 있다. 낙타 한 마리가 A를 떠나 동쪽에 대해 37° 북쪽으로 50시간에 75 km를 걸어가서는 남쪽으로 35시간 만에 65 km를 걷고는 5시간을 쉰다. (a) A에서 낙타가 쉰 곳까지의 변위는 얼마인가? (b) 출발한 곳에서 쉰 곳까지 낙타의 평균 속도는 얼마인가? (c) 출발한 곳에서 쉰 곳까지 낙타의 평균 속력은 얼마인가? (d) 낙타가 물 없이도 5일(120시간)을 버틸 수 있다면 B에 딱 맞게 도착하려면 낙타는 쉬고 난 뒤 어떤 속도로 가야 하는가?

37. 제트 스키

호수에서 제트 스키가 점 1에서 출발한다. 방향은 동쪽에 대해 30° 북쪽이다.

1. 6.00초 동안 0.400 m/s^2 로 가속한다.
2. 그 속력으로 8.00초 동안 간다.
3. 그 뒤 6.00초 동안 0.40 m/s^{2}로 감속한다.

바로 이어서 서쪽으로 간다.

4. 5.00초 동안 0.400 m/s^{2}로 가속한다.
5. 그 속력으로 10.0초 동안 간다.
6. 그리고 설 때까지 0.400 m/s^{2}로 감속한다.

점 1로부터의 평균 속도를 구하여 크기-각도로 나타내라.

5-6 평균 및 순간 가속도

앞에서 속도 벡터를 직교하는 성분 벡터로 나눌 수 있음을 보였다. 가속도 벡터에서도 그렇게 할 수 있을까? 1차원 운동에서 그러했듯이 어느 입자가 시간 Δt 동안에 속도가 $\vec{v}_1$에서 $\vec{v}_2$로 바뀌었다면 그 Δt 동안의 **평균가속도(average acceleration)** $\langle \vec{a} \rangle$는 다음과 같다.

$$\langle \vec{a} \rangle \equiv \frac{\text{속도의 변화}}{\text{시간 간격}} \tag{5-29}$$

$$\langle \vec{a} \rangle = \frac{\vec{v}_2 - \vec{v}_1}{t_2 - t_1} = \frac{\Delta \vec{v}}{\Delta t}$$

이제 Δt를 어느 시각 주변에서 0으로 보내면 평균가속도 $\langle \vec{a} \rangle$의 극한값이 그 시각에서의 **순간가속도(instantaneous acceleration)** 또는 **가속도[acceleration]** $\vec{a}$로 수렴한다.

$$\vec{a} = \lim_{\Delta t \to 0} \frac{\Delta \vec{v}}{\Delta t} = \frac{d\vec{v}}{dt} \tag{5-30}$$

속도의 크기나 방향(또는 둘 다)이 바뀌면 입자는 가속된다. 예를 들어, 일정 속력(속도의 크기)으로 원운동을 하는 입자는 방향이 늘 바뀌므로 가속된다. 이 관계는 $\vec{v} = v_x \hat{\mathrm{i}} + v_y \hat{\mathrm{j}}$ 를 넣어 단위벡터꼴로 쓸 수 있다.

$$\vec{a} = \frac{d}{dt}(v_x \hat{\mathrm{i}} + v_y \hat{\mathrm{j}}) = \frac{dv_x}{dt}\hat{\mathrm{i}} + \frac{dv_y}{dt}\hat{\mathrm{j}}$$

이 식은 다음과 같이 다시 나타낼 수 있다.

$$\vec{a} = a_x \hat{\mathrm{i}} + a_y \hat{\mathrm{j}} \tag{5-31}$$

이 식에서 2차원 $\vec{a}$의 성분은 다음과 같다.

$$a_x = \frac{dv_x}{dt}, \qquad a_y = \frac{dv_y}{dt} \tag{5-32}$$

따라서 $\vec{v}$의 성분을 미분하면 $\vec{a}$의 성분을 구할 수 있다. 다차원의 위치, 변위 및 속도 벡터에서와 마찬가지로 가속도 벡터도 직각좌표계에서 수학적인 방법을 써서 성분 벡터로 나눌 수 있다.

제2장에서 본 것처럼 가속도 성분의 부호(+ 혹은 −)는 속도가 변하는 방향을 가리킨다. 가속한다고 하여 가속도 성분이 늘 양수인 것은 아니다. 1차원 운동에서 설명한 것처럼, 어느 축 방향의 속도와 가속도 성분의 부호가 같으면 이 둘은 같은 쪽을 향하고, 물체가 가속된다. 속도와 가속도의 부호가 다르면 이 둘은 서로 반대쪽을 향하고, 물체가 감속된다. 따라서 속력이 느려진다고 하여 가속도가 늘 음수인 것은 아니다. 물체의 가속, 감속을 결정하는 것은 물체의 속도와 가속도의 상대적인 방향이다.

그림 5-29는 2차원 운동하는 어느 입자의 가속도 벡터 $\vec{a}$와 성분을 보인 것이다. 다시 또, 가속도 벡터의 그림 5-29에서 꼬리가 입자에 있기는 하지만 벡터 화살표는 어느 한 곳에서 다른 곳을 잇는 것은 아니다. 화살머리는 입자에 대한 가속도의 방향을 나타내며, 길이는 가속도의 크기를 나타낸다. 길이는 축척에 따라 크기를 마음대로 그릴 수 있다.

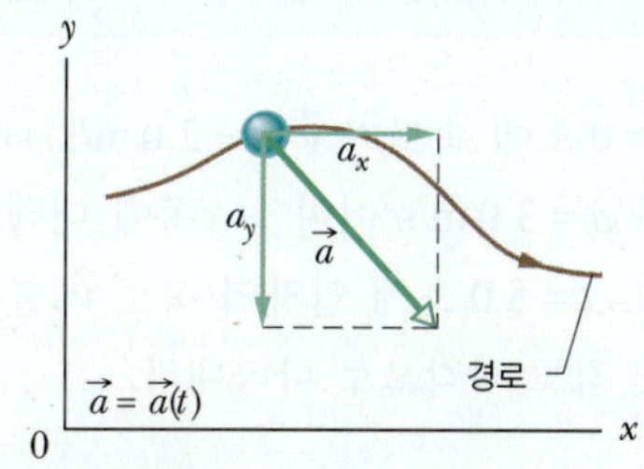

그림 5-29
시각 t에서 어느 입자의 2차원 가속도 $\vec{a}$를 x, y성분과 함께 나타내었다.

생각해보기 5-8 그림 5-29에서 입자는 곡선 경로를 따라 움직이고 있으며 가속도 $\vec{a}$의 방향은 입자 경로 곡선의 접선 방향이 아니다. 어떤 상황에서 $\vec{a}$가 경로 접선 방향인가? 그런 경우가 있는가? 이 문제에 대한 답을 하려면 $\vec{a}$성분의 방향을 검토해보고 속도와 가속도에 대해서 제2장에서 배운 바를 쓰면 된다.

따라해보기 5-7 | 토끼의 가속도

따라해보기 5-5, 5-6의 토끼에 대해서 $t = 15$초에 가속도 $\vec{a}$를 단위벡터 기호, 크기와 각도 각각을 써서 구하라.

풀이 ■ 두 가지 **요점**이 있다. (1) 먼저 가속도 성분을 구해서 가속도 $\vec{a}$를 구할 수 있다. (2) 이 성분들은 토끼의 속도 성분을 미분해서도 구할 수 있다. 따라해보기 5-6에서 토끼의 x쪽 속도를 나타내는 $v_x = (-0.62\ \mathrm{m/s^2})\,t + 7.2\mathrm{m/s}$ (식 5-27)에 $a_x = dv_x/dt$ (식 5-32)를 적용하면 $\vec{a}$의 x성분을 구할 수 있다.

$$a_x = \frac{dv_x}{dt} = \frac{d}{dt}[(-0.62\ \mathrm{m/s^2})\,t + 7.2\ \mathrm{m/s})] = -0.62\ \mathrm{m/s^2}$$

이와 유사하게, 따라해보기 5-6에서 토끼의 y방향 속도(식 5-28)에 $a_y = dv_y/dt$ (식 5-32)를 적용하면 $\vec{a}$의 y성분을 구할 수 있다.

$$a_y = \frac{dv_y}{dt} = \frac{d}{dt}[(0.44\ \mathrm{m/s^2})\,t - 9.1\ \mathrm{m/s})] = 0.44\ \mathrm{m/s^2}$$

시간 변수 t가 양쪽 가속도 성분 어디에도 없으므로 가속도는 일정하다(상수). 따라서 식 5-31에 의해

$$\vec{a} = (-0.62\ \mathrm{m/s^2})\,\hat{\mathrm{i}} + (0.44\ \mathrm{m/s^2})\,\hat{\mathrm{j}} \qquad \text{(답)}$$

이 결과는 그림 5-30의 경로에 겹쳐서 나타내었다.

$\vec{a}$의 크기와 각도를 구하려면 피타고라스 정리와 삼각함수를 쓴다. 크기는 다음과 같이 구한다.

$$a = \sqrt{a_x^2 + a_y^2} = \sqrt{(-0.62\ \mathrm{m/s^2})^2 + (0.44\ \mathrm{m/s^2})} = 0.76\ \mathrm{m/s^2} \qquad \text{(답)}$$

각도는 다음과 같이 구한다.

$$\theta = \tan^{-1}\frac{a_y}{a_x} = \tan^{-1}\left(\frac{0.44\ \mathrm{m/s^2}}{-0.62\ \mathrm{m/s^2}}\right) = -35°$$

그런데 계산기에서 얻은 이 결과는 $\vec{a}$가 그림 5-30에서 오른쪽 아래를 향하고 있음을 의미한다. 그러나 위에서 구한 성분들을 보면 $\vec{a}$가 왼쪽 위를 향하고 있어야 한다는 것은 이미 알려진 바다. $-35°$와 tan 값이 같되 계산기에는 나타나지 않은 다른 각도를 구하려면 180°를 더해준다.

$$-35° + 180° = 145° \qquad \text{(답)}$$

이 값은 $\vec{a}$의 성분들과 합치된다. $\vec{a}$의 크기와 방향은 토끼가 뛰는 동안 변하지 않는데, 이는 앞에서 눈여겨 본 것처럼 가속도가 상수이기 때문이다.

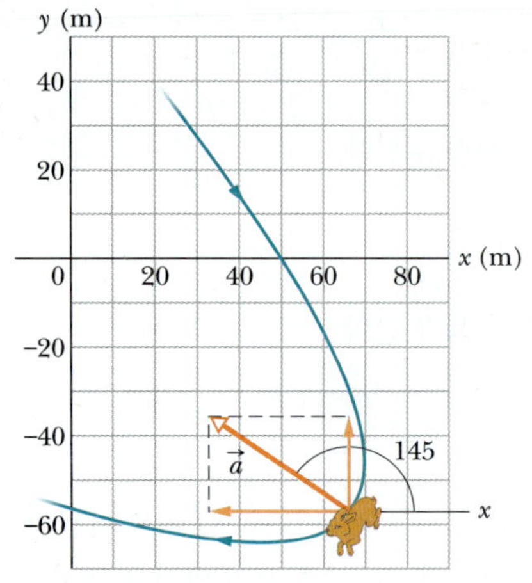

그림 5-30
$t = 15$ 초의 토끼의 가속도 $\vec{a}$. 이 토끼의 가속도는 경로 위의 모든 곳에서 일정하다.

따라해보기 5-8 | 속도의 변화

$t = 0$ 초에 속도가 $\vec{v} = (-2.0\ \mathrm{m/s})\,\hat{\mathrm{i}} + (4.0\ \mathrm{m/s})\,\hat{\mathrm{j}}$인 어떤 입자가 크기가 $a = 3.0\ \mathrm{m/s^2}$이며 $+x$쪽에 대해 $\theta = 130°$ 쪽으로 가속도를 받는다. $t = 5.0$ 초에 입자의 속도 $\vec{v}_2$를 단위벡터 기호를 써서, 또 크기 및 각도 각각으로 나타내라.

풀이 ■ 우선 이 운동은 xy 평면상의 2차원 운동임을 주목하면 **요점**은 둘이다. 하나는 가속도가 일정하므로, 식 2-13 ($v_{2x} = v_{1x} + a_x\Delta t$)을 쓸 수 있다는 것이다. 둘째는 식 2-13은 직선운동에만 적용되므로 이 식을 x축과 나란한 운동과 y축과 나란한 운동으로 나누어 써야 한다는 것이다. 즉, 속도 성분 v_x와 v_y를 아래의 관계로부터 구해야 한다.

$$v_{2x} = v_{1x} + a_x\Delta t, \qquad v_{2y} = v_{1y} + a_y\Delta t$$

이들 식에서 $v_{1x}\,(= -2.0\ \mathrm{m/s})$ 와 $v_{1y}\,(= 4.0\ \mathrm{m/s})$ 는 $\vec{v}_1$의 x, y 성

분이며, a_x와 a_y는 $\vec{a}$의 x, y 성분이다. a_x와 a_y를 구하려면 $\vec{a}$를 벡터연산 계산기로 또는 삼각함수를 써서 성분으로 나눈다.

$$a_x = a\cos\theta = (3.0\,\text{m/s}^2)(\cos 130°) = -1.93\,\text{m/s}^2$$
$$a_y = a\sin\theta = (3.0\,\text{m/s}^2)(\sin 130°) = +2.30\,\text{m/s}^2$$

이들 값을 v_x와 v_y식에 넣으면, $t = 5.0$ 초에 대해 다음 결과를 얻는다.

$$v_{2x} = -2.0\,\text{m/s} + (-1.93\,\text{m/s}^2)(5.0\,\text{s}) = -11.65\,\text{m/s}$$
$$v_{2y} = 4.0\,\text{m/s} + (2.30\,\text{m/s}^2)(5.0\,\text{s}) = 15.50\,\text{m/s}$$

따라서 $t = 5.0$ 초에서 반올림하면 다음의 답을 얻는다.

$$\vec{v}_2 = (-12\,\text{m/s})\hat{\text{i}} + (16\,\text{m/s})\hat{\text{j}} \qquad \text{(답)}$$

$\vec{v}_2$의 크기와 각도는 다음과 같이 구한다.

$$v_2 = \sqrt{v_{2x}^2 + v_{2y}^2} = 19.4\,\text{m/s} \approx 19\,\text{m/s} \qquad \text{(답)}$$

$$\theta_2 = \tan^{-1}\frac{v_{2y}}{v_{2x}} = 127° \approx 130° \qquad \text{(답)}$$

마지막 줄을 계산기로 검증해보라. 127°가 나오는가 아니면 −53°가 나오는가? v의 성분을 그려서 어느 값이 맞는 값인지 확인하라.

연습문제 5-6

38. 양성자

어떤 양성자의 처음 속도가 $\vec{v}_1 = (4.0\,\text{m/s})\hat{\text{i}} + (-2.0\,\text{m/s})\hat{\text{j}}$이고, 4초 뒤에는 $\vec{v}_2 = (-2.0\,\text{m/s})\hat{\text{i}} + (-2.0\,\text{m/s})\hat{\text{j}}$가 된다. 4초 동안 양성자의 평균가속도 $\langle\vec{a}\rangle$를 (a) 단위 벡터를 써서 구하라. (b) 크기와 각도 방식으로 구하라.

39. xy평면 위의 입자

xy평면 위에서 움직이는 어떤 입자의 위치 $\vec{r}$이 $\vec{r}(t) = [(2.0\,\text{m/s}^3)t^3 - (5.0\,\text{m/s})t]\hat{\text{i}} + [(6.0\,\text{m}) - (7.0\,\text{m/s}^4)t^4]\hat{\text{j}}$이다. $t = 20$초에 (a) $\vec{r}$ (b) $\vec{v}$ (c) $\vec{a}$ 를 구하라.

40. 빙상 요트

빙상 요트가 바람을 받아 얼어붙은 호수 위를 달린다. 어느 순간 이 요트의 속력이 $\vec{v}_1 - (6.30\,\text{m/s})\hat{\text{i}} + (-8.42\,\text{m/s})\hat{\text{j}}$이다. 3초 뒤 바람이 바뀌어 요트가 순간적으로 섰다. 3초 동안의 평균 가속도는 얼마인가?

41. 원점을 떠난 입자

어떤 입자가 처음속도 $\vec{v}_1 = (3.00\,\text{m/s})\hat{\text{i}}$, 가속도 $\vec{a} = (-1.00\,\text{m/s}^2)\hat{\text{i}} + (-0.50\,\text{m/s}^2)\hat{\text{j}}$로 원점에서 떠난다. 이 입자가 x축 방향으로 가장 멀리 갔을 때 (a) 속도와 (b)위치 벡터를 구하라.

42. A입자와 B입자

A입자는 y = 30 m의 선을 따라 x축과 나란히 속력 3.0 m/s로 등속 운동한다(그림 5-31). B입자는 서 있다가 A입자가 y축을 지날 때 원점에서(크기 0.40 m/s^{2}의 가속도를 받으며) 떠난다. $\vec{a}$와 y 축 사이의 각도 θ가 얼마이면 두 입자가 부딪치겠는가?(계산 과정에서 t^4와 같은 항이 나오면 $u = t^2$를 넣고 얻는 2차식을 풀어서 u를 구한다.)

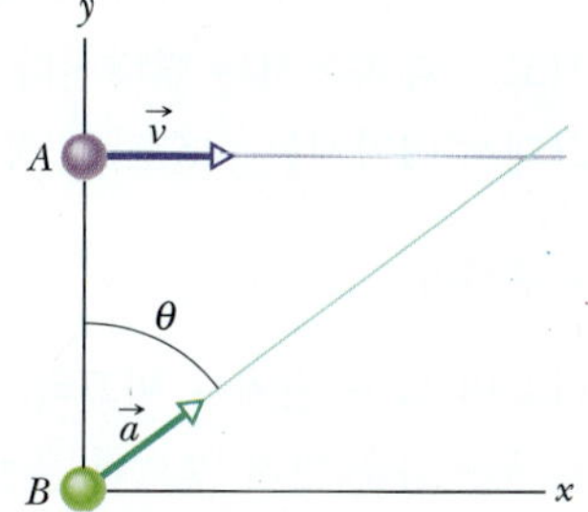

그림 5-31 문제 42

43. 원점에서 떠나는 입자

어떤 입자가 $t = 0$에 원점에서 $\vec{v}_1 = (8.0\,\text{m/s})\hat{\text{i}}$로 떠나 $\vec{a} = (4.0\,\text{m/s}^2)\hat{\text{i}} + (2.0\,\text{m/s}^2)\hat{\text{j}}$의 일정 가속도를 받으면서 xy평면 위에서 움직인다. 이 입자의 x좌표값이 20 m일 때, (a) y좌표와 (b)그 속력을 각각 구하라.

44. 바람과 조약돌

가벼운 바람이 수평 xy평면 위에서 매끈한 조약돌을 다음과 같이 가속시킨다.

$$\vec{a} = (5.0\,\text{m/s}^2) + (7.0\,\text{m/s}^2)\hat{\text{j}}$$

$t = 0$에 그 속도는 $(4.00\,\text{m/s})\hat{\text{i}}$이다. 이 돌의 변위의 x쪽 성분이 12.0 m일 때의 속도를 크기-각도로 나타내라.

45. 입자의 가속도

어느 움직이는 입자의 위치가 시간에 대하여 $\vec{r}(t) = (1\,\text{m})\hat{\text{i}} + [(4\,\text{m/s}^2)t^2]\hat{\text{j}}$로 기술된다. (a) 속도와 (b) 가속도를 시간의 함수로 구하라.

5-7 등속 원운동

이 장에서 기술하는 운동을 가장 잘 나타내는 올림픽 경기 종목이 바로 해머 던지기다. 해머 선수는 철사 줄 끝에 매달린 무거운 쇠공을 손잡이를 잡고 돌린다. 가장 멀리 던지고자 선수는 제자리에서 16파운드의 공을 머리 주위로 몇 번이고 돌리면서 속력을 올린다. 마지막 순간에 이 선수는 해머와 같이 빠르게 몸을 돌리면서 파울 선 앞에서 해머를 던진다. 선수의 손을 떠난 해머는 돌던 원의 접선 방향을 따라 발사체 운동을 시작한다.

해머와 같은 원운동도 뉴턴 제2법칙으로 살펴 볼 수 있는 또 하나의 2차원 운동이다. 원운동에서 크게 벗어나지 않는 운동의 예로는 지구의 공전, 원형 경기장을 달리는 경주 차량, 큰 전자석 가운데에서 도는 전자, 줄에 매달려 머리 위에서 도는 조약돌 등을 들 수 있다. 이러한 운동에서 물체의 속력이 일정하다면 이 운동을 **등속 원운동(uniform circular motion)**이라고 정의한다.

그림 5-32
원 안에서 무거운 해머를 돌리는 선수. 선수가 해머를 놓으면 해머는 원 궤도에 대한 접선 방향으로 날아가면서 발사체 운동을 한다.

> 원이나 원의 호를 따라서 일정한 속력으로 운동하는 입자는 **등속 원운동**을 한다.

모든 원운동이 모두 등속은 아니다. 예를 들어, 공중제비 도는 88열차는 정상 근처에서는 느려지고 아래쪽에서는 빨라진다. 이런 공중 회전 운동의 분석은 등속 원운동의 분석보다 더 복잡하다. 그래서 여기서는 이상적인 경우인 등속 원운동에서 시작한다.

• 구심력

마찰이 없는 면에서 미끄러지는 아이스하키 퍽과 같은 물체를 생각하자. 뉴턴 제1법칙에 따라, 이 물체는 힘을 받지 않으면 운동 방향이나 속력이 바뀌지 않는다. 운동 방향으로 퍽을 치면 속력은 바뀌나 방향은 같다. 반대 효과를 내려면 어떻게 해야 할까? 즉, 어떻게 하면 속력은 바꾸지 않고 방향만 바꿀 수 있을까? 그러려면 운동 방향에 수직으로 쳐야 한다. 이것은 힘을 줄 때 생기는 가속도에 관한 중요한 성질이다.

> 어느 물체가 0이 아닌 힘을 받으면, 언제나 그 힘을 운동 방향과 그에 수직한 방향의 두 성분으로 나눌 수 있다. 알짜힘 가운데 물체의 운동 방향과 **나란한** 성분은 물체 속도의 크기(속력)만 바꾸고, 운동 방향에 **수직한** 성분은 입자 속도의 **방향**만 바꾼다.

퍽을 계속해서 치되 방향을 계속 조정하여 치는 방향이 늘 현재의 진행방향에 수직이 되도록 하면 어떻게 될까? 이렇게 하면 원운동이 나타나겠는가? 뉴턴 제2법칙을 쓰면 문제에 대한 답을 알 수 있다. 등속 원운동을 유지하는데 필요한 알짜힘을 쉽게 볼 수 있게 퍽과 비슷한 상황을 설정하자. 이상적인 수평면에서 반지름 r 인 줄 끝에 공을 매달아 돌리는 것을 생각하자. 이 공을 원을 따라 돌게 하려면 돌고 있는 공에게 줄이 주는 힘의 방향을 계속해서 바꾼다. 즉, 운동에 수직인 방향의 알짜힘 성분이 있어야 한다. 이 상황은 실제로는 그림 5-33과 같이 줄의 힘과 중력의 두 가지 힘이 있어서 더 복잡하다.

뉴턴 제2법칙을 써서 이 운동을 살펴보려면 공이 받는 두 힘의 벡터 덧셈을 구해서 알짜 힘을 구해야 한다. 우선 그림 5-33과 같이 줄의 힘을 수평과 수직 성분으로 나누자. 공이 수평으로 돌고 있어서 위아래로는 움직이지 않으므로 공이 받는 알짜힘의 수직 성분은 0이어야 한다. 수직 힘 성분은 서로 상쇄되므로 알짜힘은 줄이 주는 힘 $\vec{F}_x^{줄}$의 수평 성분뿐이다. 그림 5-33에 보인 상황을 잘 들

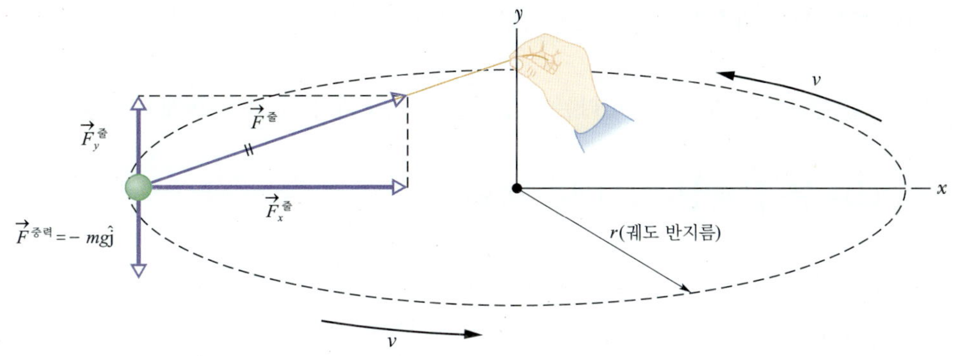

그림 5-33
공을 원을 따라 돌리면 공이 받는 알짜 힘은 수평면 상에 나타나는 중심력 혹은 구심력 $\vec{F}_x^{줄}$이다. 이 힘은 원 궤도의 중심을 향한다.

여다보면 두 가지 사항을 확신할 수 있다. 첫째, 공이 받는 알짜 힘($\vec{F}_x^{줄}$)의 방향은 늘 공의 운동 방향과 직교한다. 따라서 이 힘은 공의 속도의 방향만을 변화시킬 뿐 속력은 변하지 않는다. 둘째, 알짜 힘 $\vec{F}_x^{줄}$의 방향은 공이 운동하는 원의 중심을 향하여 계속 바뀐다. **구심(centripetal)**이란 말은 바로 이런 특성을 가진 힘의 방향을 나타낸다. 구심(求心)에서 求는 '구하다', '찾다' 이며, 心 이란 '심장', 즉 중심을 뜻한다.

> 구심이란 어떤 힘 또는 여러 힘의 합력이 운동 곡선의 회전 중심을 향한다는 뜻이다.

여기서 줄의 힘 $\vec{F}_x^{줄}$의 수평 성분이 바로 공의 운동에 관련된 구심력이라는 것을 눈여겨보자. 그림 5-33에 따로 더 그려 넣을 '구심력' 은 없다.

줄을 잡고 있는 손을 갑자기 놓으면 공은 그 순간의 원에 대한 접선 방향으로 날아갈 것이다. 이 '직선 비행' 현상은 '구심력이 없으면 원운동도 없다' 는 증거이다.

원운동의 중심에 원점을 둔 극 좌표계를 쓰면, 이 구심력을 원의 반지름 벡터 $\vec{r}$의 방향의 반대인 중심 쪽으로 향하는 '구심방향(anti-radial)' 의 힘으로 볼 수 있다.

• 구심가속도

아주 단순한 등속 원운동의 예를 그림 5-34에 보였다. 이 그림에서는 하키 퍽이 중심축에 연결된 줄에 매달려 일정 속력 v로 원운동한다. 이 운동은 가속도 운동인가? 두 가지 이유로 그렇다는 것을 예견할 수 있다.

- 우선, 줄이 퍽에 주는 힘에 의한 알짜힘이 있다. 수직 가속도는 없으므로 공기가 불어 올리는 힘과 아래 방향의 중력은 서로 상쇄된다. 뉴턴 제2법칙에 따르면 물체가 알짜힘을 받으면 가속도가 생긴다.
- 둘째, 퍽이 일정 속력으로 움직이고는 있으나 퍽 속도의 방향이 계속 바뀌고 있다. 가속도는 (속력이 아닌) 속도의 변화라는 점을 상기하면 이 운동은 가속도 운동이라는 결론에 이른다.

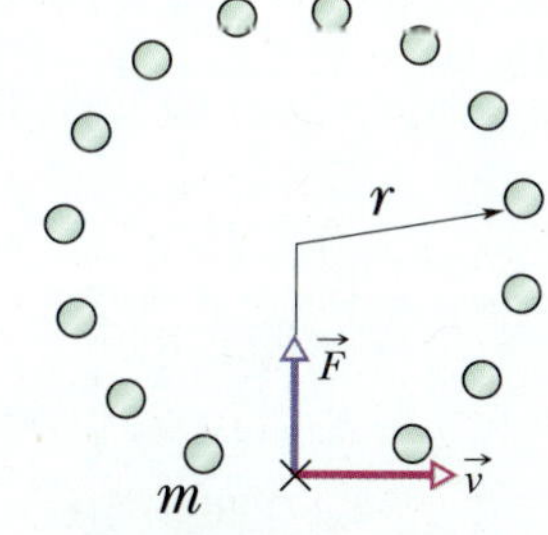

그림 5-34
마찰이 없는 수평 탁자에서 반지름 r인 원을 따라 일정 속력 v로 도는 질량 m인 하키 퍽의 위치. 퍽이 받는 구심력 $\vec{F}^{구심}$은 퍽이 그리는 원 궤도의 중심 쪽으로 줄이 당기는 힘이다.

이 가속도는 어느 방향일까? 뉴턴 제2법칙에 따르면 질량이 m인 물체의 가속도 방향은 가속도를 주는 힘의 방향과 같고 크기는 식 3-1, 즉 $\vec{a}=\vec{F}/m$이다. 등속 원운동에서 가속도가 안쪽, 즉 구심 방향이어야 함을 암시하는 부분이다. 원의 중심을 향하는 가속도는 **구심가속도(centripetal acceleration)**라고 한다.

이제 어떤 물체가 등속 원운동을 하려면 원의 반지름과 속도에 따라 결정되는 일정 크기의 구

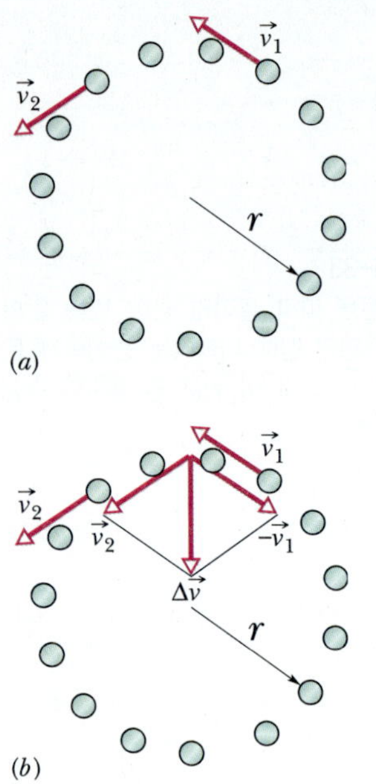

그림 5-35
공기탁자에서 반시계 방향으로 일정 속력으로 원운동하는 물체의 비디오에서 뽑은 그림. 시각 t_1과 t_2의 속도 벡터가 표시되어 있다. (*b*) 벡터 $\vec{v}_2, -\vec{v}_1$ 및 두 시각의 중간 시각 $(t_1 + t_2)/2$의 물체가 있는 곳에서 이 두 벡터의 합인 $\Delta\vec{v}$.

심가속도가 필요하다는 점을 가속도의 일반적인 정의, 기하학적 관계 및 뉴턴 제2법칙을 써서 증명하자.

가속도가 중심을 향하며 크기가 일정하다는 증명: 평균가속도의 정의 식 5-29에서 출발한다.

$$\langle\vec{a}\rangle = \frac{\vec{v}_2 - \vec{v}_1}{t_2 - t_1} = \frac{\Delta\vec{v}}{\Delta t} \qquad \text{(평균가속도)}$$

Δt가 스칼라이므로 가속도의 방향은 두 속도 벡터 차, $\vec{v}_2 - \vec{v}_1$의 방향과 같다. 보통 두 속도 벡터의 차이란 $\vec{v}_2$에 벡터 $\vec{v}_1$의 반대 벡터를 더한 것이다. (그림 5-35에서 같은 간격으로 찍힌 점에서 알 수 있듯이) 속력은 일정하므로 시각 t_1과 t_2에서 속도 벡터와 이에 더해지는 벡터의 길이는 같다. 속력이 일정하다는 사실에서 나오는 또 하나의 결론은 t_1과 t_2의 중간 시점에서는 퍽도 두 곳의 가운데에 있다는 것이다. $\vec{v}$와 $-\vec{v}_1$의 꼬리를 두 곳의 가운데에 두면 그 벡터 덧셈이 물체가 이동하고 있는 원 궤적의 중심부로 향한다. 이 과정은 그림 5-35에 나타나 있다. 그러므로 이 가속도는 참으로(중심을 향하는) 구심가속도이다. 더 나아가, **시간** Δt만큼 떨어진 두 시각 사이라면 어느 때라도 결과가 같을 것이다. 두 말할 필요도 없이 속도 변화의 방향은 달라도 늘 중심을 가리킬 것은 명확하다. 게다가 Δv벡터의 크기, 즉 가속도의 크기는 일정할 것이다.

어떻게 해서 구심가속도가 속력과 궤도 반지름하고만 관계가 있는 것일까? 아래에서 등속 원운동하는 물체의 가속도 크기는 다음과 같음을 보이고자 한다.

$$a = \frac{v^2}{R} \tag{5-33}$$

여기서 R은 원 궤도의 반지름이며 $|\vec{v}|$ 즉 v는 그 속력을 나타낸다. 여기에서 반시계 방향으로 일정 속력으로 운동하는 그림 5-36의 물체를 써서 증명을 시작하자. 이 물체의 운동은 극좌표에서 기술한다. t_1에 위치의 방위각 θ_1을 0으로 두고 위치는 $\vec{r}_1$으로 정의한다. 그 뒤 이 물체는 시각 t_2에 이를 때까지 일정한 속력으로 새 위치 $\vec{r}_2$로 각도 $\theta_2 = \theta$만큼 간다. 원운동에서 속도 벡터는 항상 위치 벡터와 직교한다. 이는 위치 벡터 $\vec{r}_1$과 $\vec{r}_2$ 사이의 각도가 속도 벡터 $\vec{v}_1$과 $\vec{v}_2$ 사이의 각도와 같음을 뜻한다. 게다가 $\Delta\vec{v} = \vec{v}_2 - \vec{v}_1$이면 $\vec{v}_2 = \Delta\vec{v} + \vec{v}_1$이다. 또한 $\vec{r}_2 = \Delta\vec{r} + \vec{r}_1$이 된다. 그러므로 그림 5-36의 삼각형들은 서로 닮은 꼴이다. 각도가 작으면 식 5-15에 따르면 $\Delta r = r(\theta_2 - \theta_1) = r\theta$이다. 그러므로 크기의 비를 다음과 같이 쓸 수 있다.

$$\frac{\Delta v}{v} = \frac{\Delta r}{R}$$

우리는 닮은꼴 삼각형의 문제를 속도의 변화에 대해서 풀고, 이를 가속도의 크기를 속도의 변화를 시간으로 나눈 값으로 정의하는 식에 넣어 다음의 결과를 얻을 수 있다.

$$a = \frac{\Delta v}{\Delta t} = \frac{(\Delta r)(v)}{(\Delta t)(R)}$$

그런데 속력 v는 호의 길이 Δs를 시간으로 나눈 값 $v \backsimeq \Delta s/t$이다. 시간 변화가 0으로 가는 극한에서 호 길이의 변화 Δs와 변위의 크기 Δr은 사실상 같으므로

$$v \backsimeq \frac{\Delta s}{\Delta t} \backsimeq \frac{\Delta r}{\Delta t} \qquad \text{(시간이 짧을 경우)}$$

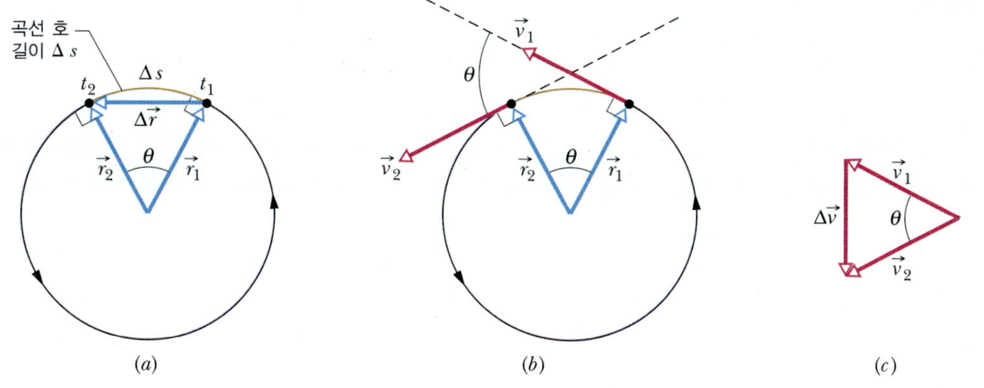

그림 5-36
시각 t_1과 t_2 사이에 어느 입자가 (*a*) 장소 $\vec{r}_1$에서 $\vec{r}_2$로 이동한다. 둘 사이에 포함된 호 Δs는 곡선이어서 벡터 변위 $\Delta\vec{r}$보다는 약간 길다. (*b*) 위치 벡터와 항상 수직한 속도 벡터는 방향은 바뀌나 크기는 일정하다. (*c*) 속도 벡터가 늘 위치 벡터와 직교하므로 둘 사이의 각도 θ는 위치 벡터들 사이의 각도와 같다

그러므로 가속도 식에서 $\Delta r/\Delta t$를 입자의 속력 v로 바꿀 수 있다.

$$a = \frac{v^2}{R} \qquad \text{(구심 가속도)} \qquad (5\text{-}34)$$

• 평균속력, 주기 및 회전 진동수

등속 원운동을 하는 물체가 온전히 한 바퀴를 도는데 시간이 얼마나 걸리는가를 알아야 할 때가 종종 있다. 보기를 들어, 경주차가 원형 트랙을 한 바퀴 도는데 얼마나 걸리는지 알고싶다. 이 셈은 간단한데, 이는 등속 원운동하는 물체는 일정 속력으로 달리기 때문이다. 이는 속도의 크기가 일정하여 평균 속력과 순간 속력이 같다는 뜻이므로 아래의 관계를 써서 물체의 속력을 구할 수 있다.

$$v = \langle v \rangle = \frac{\text{이동 거리}}{\text{이동 시간}}$$

한 바퀴 돌며 간 거리는 원의 둘레($2\pi r$)이다. 입자가 닫힌 경로를 한 바퀴 도는데 걸리는 시간에는 특별한 이름을 붙여 운동의 **회전 주기** 또는 간단히 **주기(period)**라고 한다. 주기는 기호 T로 나타낸다.

$$v = \langle v \rangle = \frac{\text{이동 거리}}{\text{이동 시간}} = \frac{2\pi r}{T} \qquad \text{(평균 속력)}$$

물체가 일정 속력으로 움직이고 있어서 평균과 순간 속도의 크기가 같다는 점을 상기하면 이 식을 주기에 대해서 풀 수 있다.

$$T = \frac{2\pi r}{v} \qquad \text{(회전 주기)} \qquad (5\text{-}35)$$

원운동하는 물체의 운동을 기술하는 또 다른 방법으로는 어떤 시간에 그 물체가 몇 번 도는가를 들 수 있다. 어떤 시간에 도는 횟수는 **진동수(frequency)**, f라고 한다. 주기와 진동수의 정의로부터 둘은 다음 관계에 있다.

$$f = \frac{1}{T} \qquad \text{(진동수)}$$

• 구심력의 예

등속 원운동에 나타나는 힘에는 어떤 것이 있을까? 두 가지 다른 유형의 등속 원운동을 하는 것을 가정하자. 하나는 자동차로 급하게 도는 것이고, 다른 경우는 우주 왕복선을 타고 지구를 도는 것이다. 탑승자는 저마다 구심가속도를 주는 구심력을 느낄 것이다. 한 경우에는 자동차 문 쪽으로 강하게 밀리는 것을 느낄 것이고, 다른 경우에는 '무중력' 을 느낄 것이다. 등속 원운동과 관련된 두 힘을 좀 더 자세히 살펴보자.

급회전 자동차 : 평평한 길을 빨리 달리는 차의 뒷좌석 가운데에 앉아 있다고 하자. 운전자가 굽은 길을 따라 가느라고 갑자기 좌회전을 하면 승객은 오른쪽으로 미끄러져서 차가 도는 동안 내내 자동차 문에 밀려 붙어 있게 된다. 왜 그럴까?

자동차가 원호 구간을 달리는 동안은 등속 원운동을 한다. 즉, 원의 중심 방향을 향하는 가속도가 있다. 뉴턴 제2법칙, $\vec{F} = m\vec{a}$ 에 따르면 가속도는 어떤 힘을 받아 생긴다. 또한 이 힘의 방향도 원의 중심 쪽이어야 하므로 구심력인데, 여기서 '구심' 이란 말이 바로 방향성을 나타낸다. 여기에서는 구심력은 지면이 타이어에 주는 마찰력이다. 이 힘이 없으면 회전을 할 수 없다. 예를 들어, 회전을 하려는데 미끄러운 얼음판을 만났다면 어떻게 될지 상상해보라.

승객이 차와 같이 등속 원운동을 하려면 승객도 구심력을 받아야 한다. 여기에서는 분명 승객이 자동차와 함께 원운동을 할 수 있을 만큼의 마찰력을 좌석에서 받지 못할 것이다. 따라서 승객은 의자에서 미끄러져 자동차 오른쪽 문에 눌린다. 그러면 문이 미는 힘이 승객에게 필요한 구심력이 되어 자동차와 같이 원운동을 하게 된다. 승객에게 구심력은 자동차의 문이 밀어주는 힘이다.

인공 위성 : 이번에는 지구 궤도를 도는 왕복 우주선 아틀란티스의 승객이 되어보자. 우주선(과 승객)이 궤도 비행을 하면 승객은 객실 내에서 떠다닌다. 어떻게 된 일인가?

승객과 우주선 모두 등속 원운동을 하고 있으며 원궤도의 중심을 향하는 구심가속도가 있다. 다시 뉴턴 제2법칙에 따르면 어떤 구심력 때문에 가속도가 생긴다. 이 경우에는 구심력은 궤도의 중심을 향하는 지구의 중력(승객과 우주선이 받는 인력)이다. 지구의 중력에도 불구하고 승객이 무중력 상태인 것처럼 느끼는 것은 인력이 승객과 왕복선 모두를 같이 가속시키고 있기 때문이다. 이 상황은 2-4절에서 소개한 바와 같이 내려가는 승강기에서 몸무게가 가벼워지는 듯했던 느낌과 유사하다.

구심력간의 차이 : 자동차와 우주선 모두 두 승객은 구심력을 받는 등속 원운동을 하지만 두 상황에서 승객의 느낌은 크게 다르다. 자동차에서 승객은 문에 떠밀려 문이 누르는 것 같이 느낀다. 그러나 궤도를 도는 왕복선에서는 힘을 전혀 받지 않는 것처럼 둥둥 떠 있게 된다. 왜 이렇게 다를까? 이 차이는 두 구심력의 속성에 의한 것이다. 자동차에서 구심력은 자동차 문에 닿은 몸이 받는 힘에 의해 생긴다. 문에 닿은 부분에서 그 힘을 느낄 수가 있다. 우주선에서 구심력은 인체의 원자 하나하나가 받는 지구의 중력이다. 따라서 몸의 어느 부분도 눌리거나 (또는 당겨지거나) 하지 않아 힘을 받는다는 느낌이 전혀 안 든다. (그 느낌은 '무중력감' 이라고 하지만, 이 말은 헷갈리게 만든다. 승객은 지구의 인력을 여전히 받고 있다. 다만 크기가 땅에서보다 조금 작을 뿐이다.)

또한 그림 5-34에 소개한 구심력의 보기를 다시 생각해보자. 이 보기에서 하키 퍽은 가운데 기둥에 매인 줄에 묶여 일정속력 v로 원둘레를 돌았다. 이때 줄이 퍽을 안쪽으로 당기는 힘이 구심력이다. 이 힘이 없다면 퍽은 원운동을 하지 않고 곧바로 날아갈 것이다.

앞에서 든 보기에서 낱낱의 경우마다 원심력의 근원은 달랐다. 마찰력, 자동차 문이 미는 힘, 지구의 인력 그리고 줄이 당기는 힘 모두가 우리가 고려했던 구심력이었다. 이 점은 이미 앞에서 강조했으나 되풀이할 가치가 있는 중요한 내용이다. 구심력은 새로운 힘이 아니다. 따로 덧붙는 힘도 아니다. 이 이름은 힘이 작용하는 방향만을 뜻할 뿐이다. 적절한 상황에서는 마찰력, 중력, 자동차 문이나 줄에서 받는 힘 또는 어떤 다른 힘도 구심력이 될 수 있다. 그러나 어떠한 상황에서도

> 구심력은 물체의 속력을 바꾸지 않으면서 속도의 방향만을 바꾸어 물체를 가속시킨다.

구심가속도의 크기에 관한 식 $a = v^2/r$과 뉴턴 제2법칙으로부터 물체를 등속 원운동시키는데 필요한 힘 $\vec{F}^{\text{구심}}$의 크기를 다음과 같이 구할 수 있다.

$$F^{\text{구심}} = ma = \frac{mv^2}{r} \qquad \text{(구심력의 크기)} \qquad (5\text{-}36)$$

속력 v와 반지름 r이 상수이므로 가속도와 힘의 크기도 상수이다. 그러나 구심 가속도와 구심력의 방향은 계속 바뀌어 늘 원의 중심을 향한다. 따라서 이상적인 발사체와 달리, 직교좌표를 잡아 두 축 x와 y방향의 운동을 서로 독립적인 것으로 다룰 수 없다.

• 구심력과 직선 힘, 가속도의 비교

발사체 운동과 등속 원운동에 관련되는 힘을 비교해 보자. 두 경우 모두 입자가 알짜 힘을 받아서 가속된다. 발사체 운동에서는 알짜힘이 직각좌표에서 수직 성분만 있다. 가속도는 속도의 수직 성분의 크기가 변하기 때문에 생긴다.

등속 원운동에서는 그 힘을 극좌표로 기술하는 것이 더 편리하다. 이 때, 작용하는 힘은 크기가 일정하고 방향은 r축과 반대쪽으로 중심을 향하며, θ가 변하는 쪽의 성분은 없다. 그러나 r축이 일정한 비율로 방향을 바꾸기 때문에, 속도의 크기는 일정하지만 방향이 계속 바뀌어 가속도가 있다.

생각해보기 5-9 누군가가 구심력이 물체를 바깥쪽으로 밀어낸다고 주장한다. 보기를 들어, 위에서 설명한 모서리를 도는 자동차에서, 누구는 자동차가 왼쪽으로 돌면 사람은 오른쪽으로 밀린다고 한다. 구심력이 물체를 바깥쪽으로 밀어낸다는 것이 사실인가? 그렇다면 그 방법을 설명하라. 그렇지 않다면, 실제로 어떤 일이 벌어지는지 설명하라.

따라해보기 5-9 | 철수와 장난감 기관차

철수가 크리스마스 선물로 전기 기차 세트를 받았다. 선물 상자 속에 궤도가 8조각 들어 있는데, 곧은 궤도 4개와 4분원 궤도 4개이다. 곧은 궤도의 길이는 50 cm이고 4분원 궤도 4개를 모두 이으면 반지름 50 cm인 원이 된다. 철수가 이 궤도를 그림 5-37의 오른쪽과 짜맞춘 뒤 기관차를 올려놓고 일정속력으로 달리게 한다. 기관차의 질량은 M이고, 일단 (철수가 놀기 좋아하는) 속력에 이르면 궤도를 한 바퀴 도는데 2.0초 걸린다.

(a) 실제로 값을 구하지 말고 기관차가 A, B, C, D점에 도달한 순간의 속도 $\vec{v}_A$, $\vec{v}_B$, $\vec{v}_C$, $\vec{v}_D$를 비교하라.

풀이 ■ 기관차의 속력이 일정하므로, 이는 네 속도 벡터의 크기가 모두 같다. 즉 $|\vec{v}_A| = |\vec{v}_B| = |\vec{v}_C| = |\vec{v}_D| = v$로 모두 기관차의 속력과 같다.

그러나 네 속도 벡터의 방향은 저마다 다르다. **요점**은 각 시점에

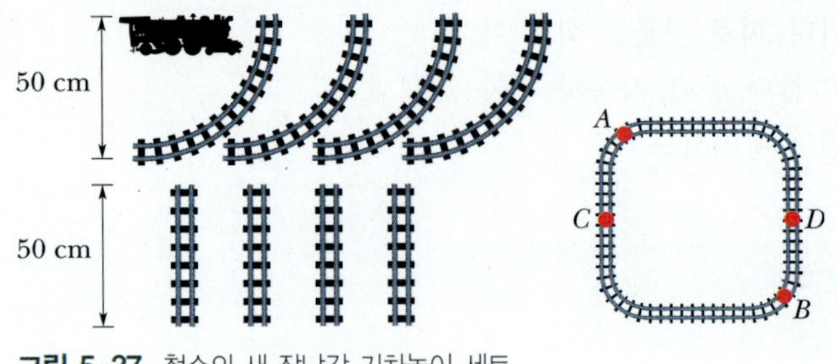

그림 5-37 철수의 새 장난감 기차놀이 세트

서 기관차의 속도 벡터는 기관차가 달리는 방향과 나란하다는 것이다. 기관차가 달리는 방향이 시계 방향인지 반대쪽인지는 알 수 없다. 여기서는 그림 5-38과 같이 시계방향이라고 하자.

둘째 **요점**은 속도 벡터는 언제나 물체의 경로에 접한다는 것이다. 그러므로 $\vec{v}_C$는 궤도를 따라 위쪽, $\vec{v}_A$는 곡선 경로에 접하는 위 오른쪽이다. $\vec{v}_D$는 $\vec{v}_C$와 반대쪽인 아래쪽이고 $\vec{v}_B$는 $\vec{v}_A$와 반대로 아래 왼쪽이다. 네 벡터의 방향은 그림 5-38에 보였다. (답)

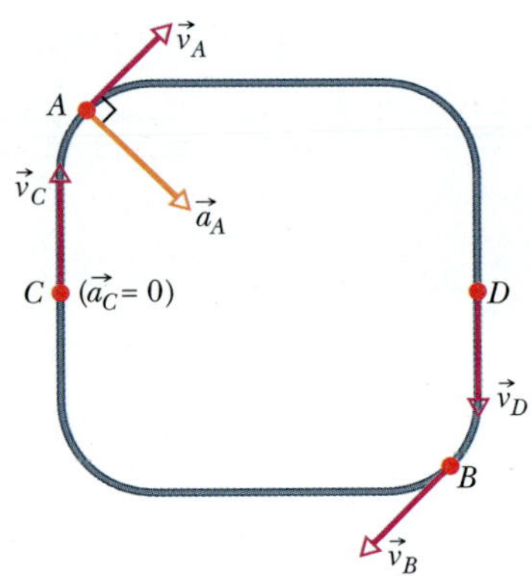

그림 5-38 철길 주변 여러 곳에서 기관차의 속도와 가속도의 방향

(b) 점 C에서 D로 가는 동안의 평균 속도 $\langle\vec{v}\rangle_{CD}$를 셈하라.

풀이 ■ 요점은 평균 속도가 식 5-22로 주어진다는 것이다.

$$\langle\vec{v}\rangle_{CD} = \frac{\Delta\vec{r}_{CD}}{\Delta t_{CD}} = \frac{\vec{r}_D - \vec{r}_C}{t_D - t_C}$$

그림 5-37에 표시된 크기로부터 D점이(직선 구간) 50 cm + (곡선 구간 2군데) 157 cm = 207 cm만큼 C점의 오른쪽에 있음을 알 수 있다. 또한 C에서 D까지 궤도상의 거리는 전체 궤도 길이의 절반임을 알 수 있다. 기관차가 일정 속력으로 가고 있으므로 C에서 D로 가는데는 1번 온전히 도는데 걸리는 시간의 반이 걸린다. 따라서 $\Delta t_{CD} = \frac{1}{2}(2.0\,\text{s}) = 1.0\,\text{s}$이다. 그러므로 기관차 평균 속도의 크기는

$$|\langle\vec{v}\rangle_{CD}| = \frac{|\Delta\vec{r}_{CD}|}{\Delta t_{CD}} = \frac{207\,\text{cm}}{1.0\,\text{s}} = 207\,\text{cm/s}$$

이고, 방향은 그림 5-38에서 오른쪽이다. (답)

(c) 기관차가 A와 C점에 이르렀을 때 순간 가속도 $\vec{a}_A$, $\vec{a}_C$를 구하라.

풀이 ■ 요점은 순간 가속도가 $\vec{a} = d\vec{v}/dt$라는 것이다. 가속도가 0인 것은 속도의 크기와 방향이 일정할 때뿐이다. 속도의 크기나 방향 하나라도 변하면 가속도가 있다.

기관차가 궤도를 따라 돌 때 속도의 크기는 일정하다. C점과 같은 직선 구간에서는 기관차가 가는 방향이 일정하므로 $\vec{a}_C = 0$이다.

A점과 같은 곡선구간에서는 기관차가 오른쪽으로 돌기 때문에 진행방향이 달라진다. 이 경우 기관차가 잠시라도 원둘레를 따라 돌기 때문에 구심 가속도의 식(식 5-34)을 써서 $|\vec{a}_A| = v_A^2/r_A$이고 $\vec{a}_A$는 수직으로 아래 오른쪽을 향한다(그림 5-38)는 것을 알 수 있다.

$\vec{a}_C$의 크기를 셈하려면, 궤도의 전체 길이가 $2\pi r + 4L = (2\pi \times 50\,\text{cm}) + (4 \times 50\,\text{cm}) = 514\,\text{cm}$인 점을 써서 구심 가속도는

$$v_A = \frac{514\,\text{cm}}{2\,\text{s}} = 257\,\text{cm/s}$$

임을 알 수 있고, 그리고 기차가 원운동하고 있는 궤도의 반지름이 50 cm이므로

$$a_A = \frac{v_A^2}{r_A} = \frac{(257\,\text{cm/s})^2}{50\,\text{cm}} = 1322\,\text{cm/s}^2$$

이고, 곡선의 중심을 향한다. (답)

연습문제 5-7

46. 단거리 선수

반지름 25 m의 원 구간을 10 m/s의 속력으로 달리는 선수의 가속도 크기는 얼마인가?

47. 원형 트랙 위의 단거리 선수

단거리 선수가 3.8 m/s^{2}의 구심가속도로 원형 트랙을 9.2 m/s 의 속력으로 달린다. (a) 트랙의 반지름은 얼마인가? (b) 운동 주기는

얼마인가?

48. 선풍기 날개

선풍기 날개가 매 분 1200번 돈다. 반지름이 0.15 m인 날개 끝점을 보자. (a) 이 끝점은 한 번 돌 때 얼마의 거리를 가는가? (b) 끝점의 속력과 (c) 가속도의 크기는 각각 얼마인가? (d) 운동의 주기는 얼마인가?

49. 인공위성

어떤 인공위성이 땅 위 640.0 km의 궤도를 98.0분 주기로 공전한다. 이 위성의 (a) 속력과 (b) 구심가속도의 크기를 구하라.

50. 회전목마

회전목마가 수직축 주위를 일정 속력으로 돌고 있다. 한 사람이 맨 바깥쪽에 있는 회전목마를 타고 일정 속력 3.66 m/s로 돈다. 이 사람이 다음의 가속도를 받을 때 회전목마의 중심에서 얼마나 멀리, 그리고 어느 쪽에 있는지 설명하라. (a) 1.83 m/s^2 의 가속도를 동쪽으로 받는다. (b) 1.83 m/s^2 의 가속도를 남쪽으로 받는다.

51. 우주인

반지름 5.0 m인 수평 회전장치에 우주인을 싣고 돌린다. (a) 우주인이 느끼는 구심가속도의 크기가 7.0 g이면 우주인의 속력은 얼마인가? (b) 이 가속도를 내려면 분당 회전수가 얼마여야 하는가? (c) 운동 주기는 얼마인가?

52. KTX

KTX가 정시 운행을 하려면 평균속력이 216 km/h라야 한다. (a) KTX가 이 속력으로 곡선 구간을 달리면서도 승객이 느끼는 구심 가속도가 0.050 g 이하가 되게 하려면 궤도의 반지름은 얼마 이상이어야 하는가? (b) 반지름이 1.00 km인 곡선 구간을 위 가속도 한계 내로 달리려면 속력은 얼마 이하여야 하는가?

53. 적도

(a) 지구의 자전으로 적도 위의 물체가 받는 구심 가속도의 크기는 얼마인가? (b) 적도 위의 물체가 받는 구심력의 크기가 9.8 m/s^2 이 되려면 지구의 자전 주기는 얼마가 되는가?

54. 초신성

큰 별이 초신성이 될 때 핵이 고압으로 압축되어 반지름이 20 km 정도 되는 중성자별이 될 수 있다. 이 중성자별이 매초 1회전 한다면 (a) 이 별의 적도 위에 있는 입자의 속력은 얼마가 되는가? (b) 이 입자의 구심 가속도 크기는 얼마인가? (c) 중성자별의 회전속도가 빨라지면 (a)와 (b)에 대한 답이 커지는가, 작아지는가 아니면 불변인가?

55. 회전 관람차

축제장의 회전 관람차의 바퀴 반지름이 15 m이며, 수평축 위로 매 분 5번 돈다. (a) 운동 주기는 얼마인가? (b) 최고점 (c) 최저점에서 반지름 15 m인 곳에 앉아 있는 승객의 구심가속도를 구하라.

56. 일정 속도의 입자

입자 P가 반지름 $r = 3.00$ m인 원을 일정 속력으로 돌고 있고 (그림 5-39) 20.0초마다 1번 돈다. 이 입자가 $t = 0$에 O점을 지난다. 다음 벡터들을 크기와 각도로 나타내라 (각도는 $+x$쪽 기준임). 다음 각 순간에 입자의 위치벡터를 O점에 대해 구하라. (a) 5.00초 (b) 7.50초 (c) 10.0초 (d) 5초~10초 사이 5초 동안의 입자의 변위를 구하라. (e) 그 시간의 평균 속도를 구하라. (f) 5초가 시작할 때와 (g) 끝날 때의 속도를 구하라. (h) 5초가 시작할 때와 (i) 끝날 때의 가속도를 구하라.

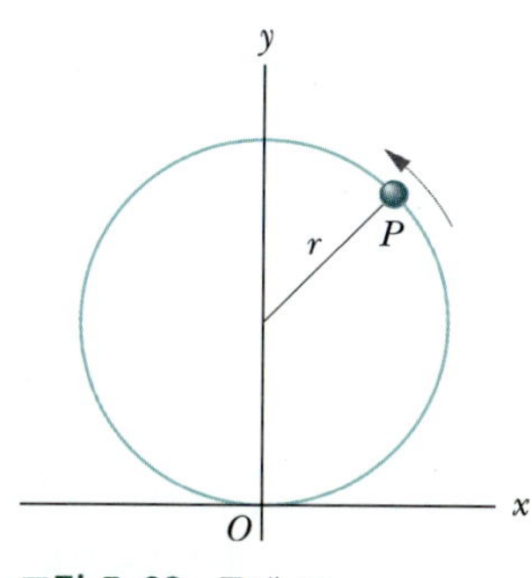

그림 5-39 문제 56

57. 줄에 매달린 돌

어느 사내아이가 지상 2 m 높이로 길이 1.5 m의 줄에 매달린 돌을 돌리고 있다. 줄이 끊어지면서 돌이 수평으로 10 m를 날아가서 지면에 떨어졌다. 돌이 돌고 있었을 때 구심가속도의 크기는 얼마였겠는가?

58. 회전목마 탄 고양이

고양이 한 마리가 일정 속도로 도는 회전목마를 타고 있다. $t_1 = 2.00$ 초에 xy평면상에서 잰 고양이의 속도는 다음과 같다.

$$\vec{v}_1 = (3.00\ \mathrm{m/s})\hat{\mathrm{i}} + (4.00\ \mathrm{m/s})\hat{\mathrm{j}}$$

$t_2 = 5.00$ 초에 속도는 다음과 같다.

$$\vec{v}_2 = (-3.00\ \mathrm{m/s})\hat{\mathrm{i}} + (-4.00\ \mathrm{m/s})\hat{\mathrm{j}}$$

(a) 고양이의 구심 가속도 크기와 (b) $t_2 - t_1$ 구간에서 고양이의 평균가속도를 구하라.

59. 원의 중심

어느 입자가 수평 xy평면 위에서 등속 원운동을 한다. 어느 순간 이 입자가 좌표점(4.00 m, 4.00 m)을 $(-5.00\ \mathrm{m/s})\hat{\mathrm{i}}$ 의 속도와 $(12.5\ \mathrm{m/s^2})\hat{\mathrm{j}}$의 가속도로 지나간다. 원 중심점의 좌표를 구하라.

추가문제

60. 화성의 궤도

화성은 태양 주위를 이심율 0.09의 케플러 궤도를 따라 돌고 있지만 이를 원궤도로 어림할 수 있다. 뉴턴 법칙을 믿는다면 화성의 궤도를 유지하려면 숨겨진 구심력이 있다는 결론에 이르게 된다. 태양 주위를 공전하는 화성의 궤도에 대한 자료는 그림 5-40에 있다.

$$m_{태양} = 2.00 \times 10^{30}\ \text{kg}$$

$$m_{화성} = \text{지구 질량의 0.107배} = 6.42 \times 10^{23}\ \text{kg}$$

$$d_{화성} = 1.523\ \text{AU} = 2.28 \times 10^{11}\ \text{km}$$
= 태양으로부터의 거리(= 원궤도의 반지름)

$$\langle v \rangle = 24.13\ \text{km/s}(= \text{원궤도의 속력})$$

(a) 화성을 원궤도에 잡아두는데 필요한 구심력을 구하라. 적절한 유효숫자를 쓸 것.
(b) 태양 주변 궤도를 도는 화성이 받는 힘의 방향을 구하라.
(c) 이 힘과 물체를 지구로 잡아당기는 힘 사이에 공통점이 있는가?

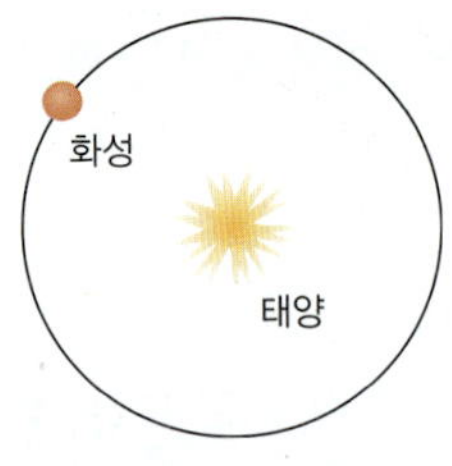

그림 5-40 문제 60

61. 받기 놀이

두 어린이가 사과를 던지고 받으며 논다. 그림 5-41은 그 모습을 옆에서 본 사람이 사과의 경로를 관찰하여 그린 것이다. 여기에는 다섯 점만을 표시했다. 공기 저항은 무시한다. (a) 그림을 옮겨 그리고, 사과가 각 점을 지날 때 받는 힘의 크기와 방향을 나타내는 화살표를 그려라. (b) 그림을 또다시 옮겨 그리고, 이번에는 각 점을 사과가 지날 때 속도의 크기와 방향을 나타내는 화살표를 그려라. (c) 둘째 문제에 대한 답을 하고 나서 첫째 문제의 답을 고쳤는가? 그렇다면 처음에 생각했던 바와 답을 고친 이유를 설명하라.

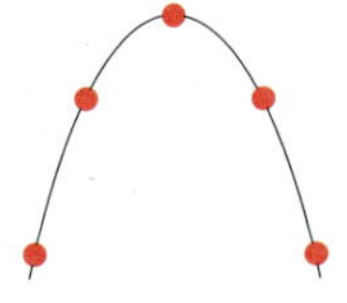
그림 5-41 문제 61

62. 끊어진 흔들이

(줄 끝에 공을 매단) 흔들이를 그림 5-42a에서 A로 표기한 곳에서 잡고 있다가 놓아서 진동을 시작한다. 축이 교차하는 지점을 원점으로 하고 (+) 방향을 화살표와 같은 쪽으로 잡은 x, y좌표축을 그림에 나타냈다. (a) 흔들이가 진동하다가 A에서 B를 거쳐 C로 가는 중에 최저점(그림에서 B위치)에서 줄이 끊어졌다. 그림을 옮겨 그리고, 실선을 써서 그림에다가 줄이 끊어진 뒤의 공의 경로를 나타내어라. 공의 x, y좌표와 속도의 x, y성분을 그림 5-42b와 같은 그림표에 정성적으로 그려보라. (b) 둘째 시도에서는 (그림에서 C로 표기한) 최고점에서 줄이 끊어졌다. 실선을 써서 그림에 줄이 끊어진 뒤의 공의 경로를 나타내라. 공의 x, y좌표와 속도의 x, y성분을 그림 5-42b와 같은 그림표에 정성적으로 그려보라. 줄이 끊어진 때를 $t = 0$으로 잡을 것.

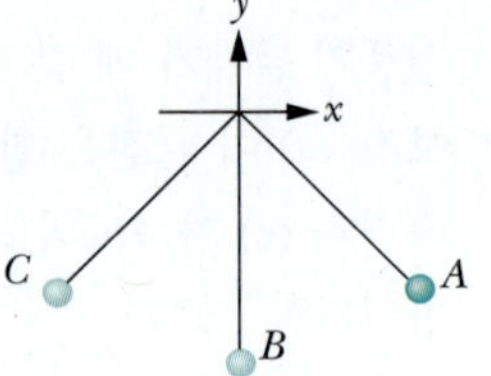

그림 5-42a 문제 62

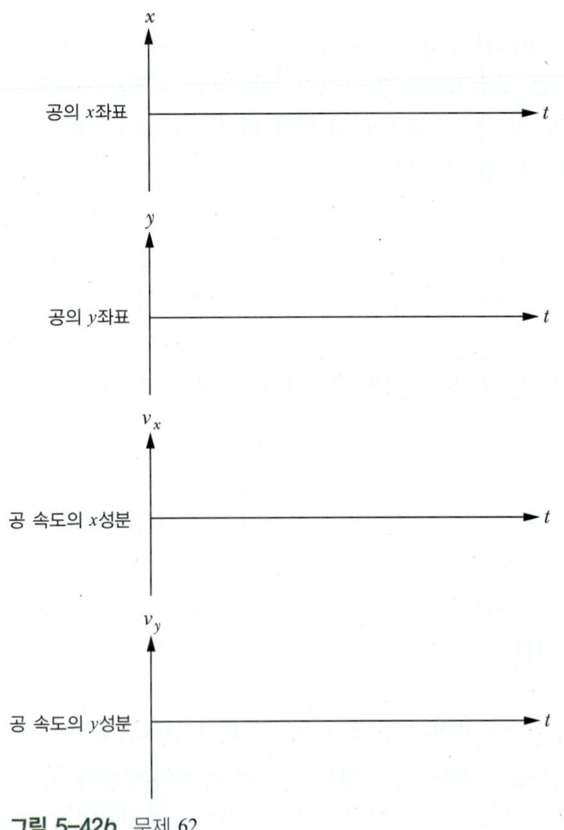

그림 5-42b 문제 62

63. 발사체 그림표

작고 딱딱한 공을 쏘는 장난감 총을 그림 5-43a와 같이 배치했다.
(a) 그림에 공이 날아가는 경로를 그려라. 그림 5-43b에 보인 그림표에서 수평축은 시간을 나타낸다. 수직축은 특별히 지정하지

않았다. (수직축에 적절한 단위를 붙였다고 하고) 아래의 양각에 대하여 주어진 상황에서 공에 대한 그 양을 바르게 나타낼 수 있는 그림표를 골라라. 그림에 보인 x, y좌표를 써라. 화살표 머리는 양의 방향을 가리킨다. 맞는 그림표가 없으면 '없음'이라고 적을 것. 시간 그림표는 공이 총구를 떠날 때부터 기록한다.

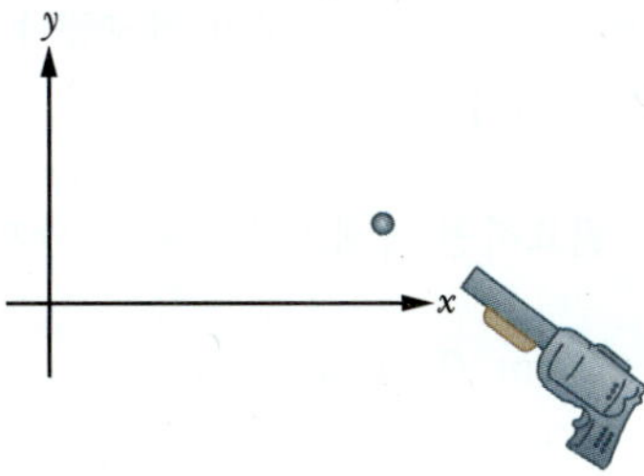

그림 5-43*a* 문제 63

(b) y좌표
(c) 속도의 x성분
(d) 알짜 힘의 y성분
(e) 속도의 y성분
(f) x좌표
(g) 가속도의 y성분
(h) 알짜 힘의 y성분

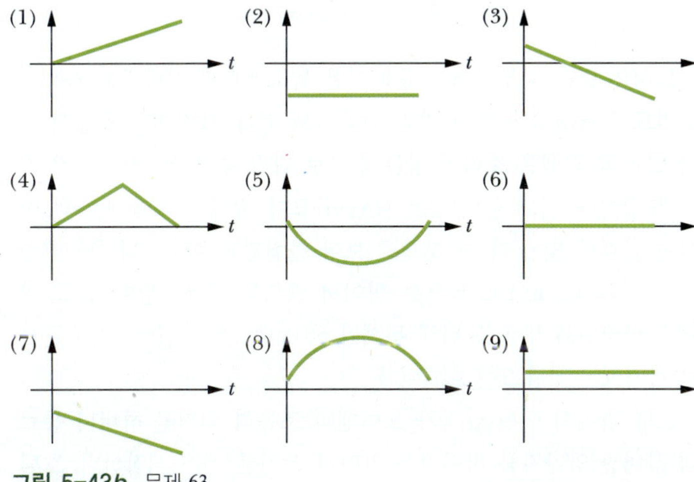

그림 5-43*b* 문제 63

64. 수직운동과 수평운동

5-2절에서 논의한 시범실험에서는 똑같은 물체 두 개가 낙하하는데, 하나는 수직으로 다른 하나는 용수철을 써서 옆으로 쏘아서 떨어뜨린다. 두 물체 다 거의 동시에 바닥에 닿는 것 같다. 왜 그런지 여태까지 배운 물리학적 지식을 써서 설명하라. 옆으로 쏘는 공의 속력이 영향을 주는가? 두 물체의 질량이 서로 다르면 결과가 어떻게 달라지는가?(**실마리**: 그림 5-5 참조)

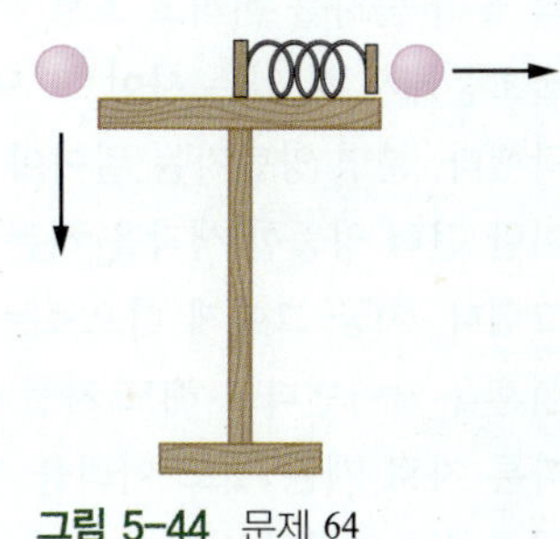
그림 5-44 문제 64

65. 날아가는 당구공

당구공 두 개를 각각 A, B로 표시했다. 공 A를 한쪽 구석에 두고 공 B는 다른 쪽에 놓는다. 그러고는 공 B를 당구채로 쳐서 공을 당구대 밖으로 날려 보낸다. 이 공이 A를 지날 때 공 A를 가볍게 쳐서 제자리에서 날려 보낸다. 그림 5-45a는 둘이 막 당구대를 떠날 때의 모습이다. 공 B는 v_1의 속력으로 움직이고 있으며, 공 A는 실질적으로 서 있다.

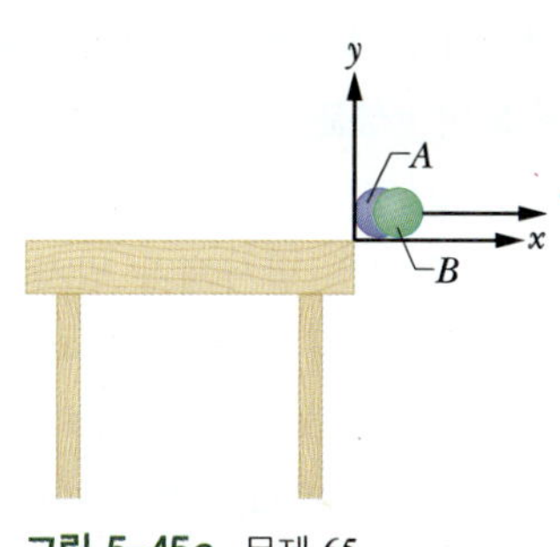

그림 5-45*a* 문제 65

(a) 어느 공이 먼저 바닥에 닿겠는가? 그렇게 생각한 이유를 설명하라.

그림 5-45b는 어떤 양을 시간에 대하여 그린 것이다. 각 그림표에서 수평축은 시간축이다. 수직축은 특별히 지정하지 않았다. 아래의 각 항목에 대하여 어느 그림표가 그 항목을 시간에 대하여 나

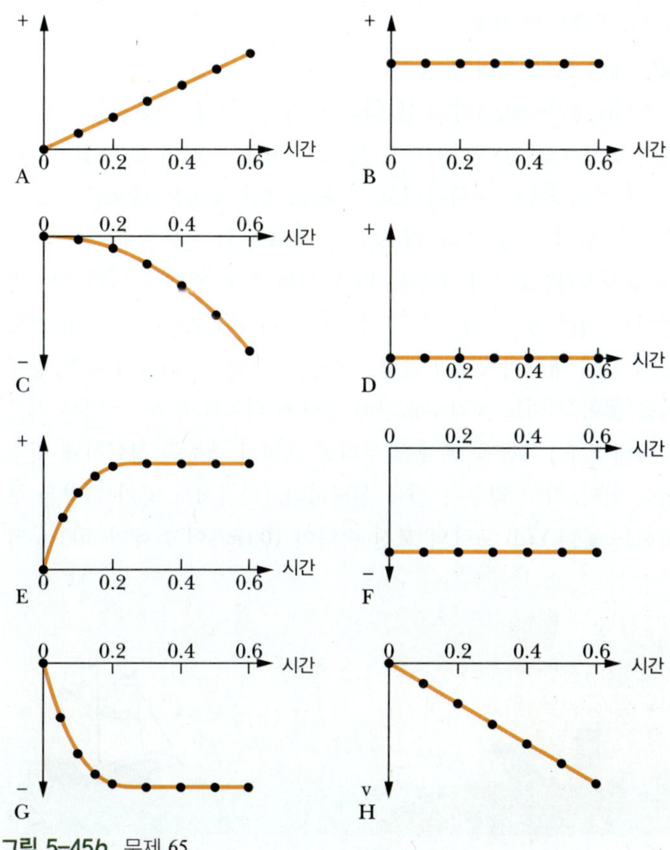

그림 5-45*b* 문제 65

타낼 수 있을지 골라라. 맞는 그림표가 없으면 '없음' 이라고 답하라. 그림에 보인 x, y좌표를 쓴다. (b) 공 B 속도의 x성분 (c) 공 A 속도의 y성분 (d) 공 A 가속도의 y성분 (e) 공 B가 받는 힘의 y성분 (f) 공 A가 받는 힘의 y성분 (g) 공 A 속도의 x성분 (h) 공 B가 속도의 y성분

66. 발사체의 속성

어느 무거운 발사체가 발사되어 그림 5-46과 유사한 경로를 따른다. 아래 (a)~(d)에 나열한 각 양에 대하여 각각의 방향을 (A-G)에서 골라라. 맞는 답이 없으면 '없음' 이라고 답하라.

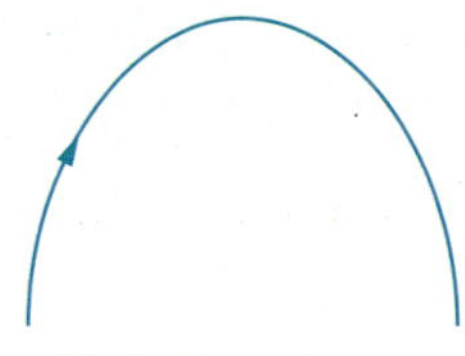

그림 5-46 문제 66

물리량

(a) 최고점에 이르렀을 때 발사체의 속도
(b) 중간 정도 올라갔을 때 발사체가 받는 힘
(c) 최고점에 이르렀을 때 발사체가 받는 힘
(d) 중간 정도 올라갔을 때 발사체의 가속도

방향

A. 수직 위쪽　　B. 수직 아래쪽
C. 왼쪽　　D. 오른쪽
E. 0　　F. 위, 오른쪽으로 기움
G. 위, 왼쪽으로 기움　　N. 해당 사항 없음

67. 해안 포대 지나기

포스터(C.S. Forster)의 소설 《혼블로워 중위》에서 영국 군함이 스페인 요새를 몰래 지나가려고 한다. 이 배는 스페인 대포에서 최대한 먼 거리 s에서 지나가려고 한다. 스페인 포병은 대포알의 포신 속도 v_1을 알고 있다. (a) 대포를 쏠 때 포탄의 운동을 좌우하는 것은 무엇인가? 포탄이 포신을 떠난 뒤의 위치 벡터를 나타내는 방정식을 써라. 공기 저항은 무시해도 좋다. (b) 포병이 포신의 각도를 수면에 대하여 위로 θ만큼 기울였다고 하자. (a)에서 구한 방정식을 풀어서 어느 시각 t에 대해 포탄의 위치를 구할 수 있는 식을 끌어내라. (c) 포탄을 배에 맞추려면 포병이 각도를 정확하게 맞추어야 한다. 각도 맞추는 법을 설명하라. (여기서도 공기 저항은 무시해도 좋다.) (d) 포탄의 포신 속력이 100 m/s이고 매가 500 m 떨어져 있을 경우 포병이 겨냥해야 하는 각도를 구하라. (g는 10 m/s^{2}으로 한다.)

그림 5-47 문제 67

필요하면 아래의 삼각함수 관계를 써라.

$$\sin^2\theta + \cos^2\theta = 1, \qquad \cos^2\theta - \sin^2\theta = \cos 2\theta$$
$$\tan\theta = (\sin\theta)/(\cos\theta) \qquad 2\sin\theta\cos\theta = \sin 2\theta$$

68. 살인범을 잡아라

어떤 사람이 탁자에서 굴러 내리는 골프공처럼 창밖으로 포사체처럼 낙하한다. 다음의 소설 《가증스런 사람》을 읽어라. 범죄를 해결하려면 지문 중에서 포사체와 관련된 부분을 자세히 읽고 이 범죄에서 어떤 변수가 중요할지를 스스로 추리하라. 사실상, 형사 소설에서는 주어진 정보가 모두 유의성이 있는 것은 아니며, 관찰과 실험을 통해 스스로 깨달을 수 있는 어떤 정보는 빠져 있다. 쓰는 방정식과 계산 과정을 명확하게 설명해서 범죄를 해결하라. (**실마리**: 물리 실험실에서 실험 파트너를 힘껏 밀면 파트너의 속력은 대략 2 m/s 정도가 된다.)

가증스런 사람
저자: 케빈 로스(Kevin Laws)

도시의 밤은 따뜻하며 조용하지만 눅눅했으며 지나가는 자동차 소리도 없어졌고 시원한 바람 한줄기도 없다. 북적대는 호텔이 하나 있는데, 호텔은 소리가 창문 밖으로 나갈 수 없을 정도로 잘 지은 호텔이다. 이 호텔의 방은 대단히 크다. 밖에서 보아 마루와 방 사이 간격이 훨씬 더 큰 것으로 보아 틀림없는 사실이다. 방 천장의 높이는 4.2 m이고, 옆으로 밀어서 열리는 통유리창이 있고, 바닥은 난방관과 방음을 위해 두께가 60 cm는 족히 된다. 자기 돈으로 묵기에는 부담스런 호텔이다.

호텔 밖에서 어떤 남자가 도어맨과 조용히 얘기를 하더니 통로의 값비싼 양탄자를 바꾸고자 양탄자 크기를 재기 시작한다. 호텔에서 차로변까지 줄자를 밀어 내고 있을 때 비명소리가 정적을 깨뜨린다. 올려다보니 한 남자가 그를 향해 떨어지고 있다. 그는 깜짝 놀라 줄자를 버리고 호텔 쪽 안전지대로 피신한다. 도어맨이 기절초풍해서 서 있는 사이 그 사람이 역겨운 소리를 내며 바닥에 추락했다. 분명 양탄자는 갈아야 하게 되었다. 상황이 격앙되면 사람이란 전혀 엉뚱한 생각을 하는 수가 있다는데, 양탄자 상인이 바로 그랬다. 지금 그에게 떠오르는 생각은 줄자에 묻은 핏자국뿐이다. 혈흔을 닦아낸다고 해도 자를 쓸 때마다 오늘밤 일이 떠오를 터다. 다른 자로 재는 것도 어려울 것이고, 핏자국이 묻은 4.8 m가 그의 뇌리에서 영원히 지워지지 않을 것이다.

경찰이 곧 현장에 도착하여 이내 자살이 아니라는 결론을 내린

다. 희생자의 유품 중에서 경찰은 이 사람이 호텔의 다른 방에 든 고객 4명을 협박해 왔다는 증거를 찾아낸다. 이 사람의 정강이에 멍자국이 있는데, 아마도 높은 유리창 턱에 부딪힌 듯하여, 아마도 몹시 세게 떠밀렸던 것 같다. 희생자의 지갑에 든 신분증으로 보아 애덤 에이블이 죽은 사람의 이름이다. 이 사람의 운전 면허증에 의하면 키는 180 cm, 체중은 72.6 kg이다. 그가 협박해 온 사람들은 356호실에 사는 허약한 여성 애드리아나 마이어, 852호실의 신문기자 스티브 케인, 1956호실의 보디빌더 마크 존슨, 그리고 2754호실의 배우 스탠리 마이클스이다. 이 사람들 모두 다 사고 시점에 각자 자기 방에 있었다고 한다. **애덤 에이블의 살인자는 누구인가?**

69. 디지털 발사체 1

다음 두 문제에서는 비디오포인트나 비디오그래프 또는 그 밖의 비디오 분석 프로그램과 스프레드시트를 써서 영화에 나오는 포사체의 발사 장면을 분석하여야 한다. 비디오포인트를 쓸 때는, 파일 이름 PASCO106의 동영상 파일을 쓸 수 있다. 이 영화에서 질량 9.5 g의 작은 공이 수평면에 대하여 각도 θ로 발사된다. 유사한 다른 파일을 써도 좋다.

동영상 파일 PASCO106을 연다. 간단히 좌표의 원점은 $t = 0$에 공이 있는 곳으로 잡는다. 또한 결과를 바로 시각적으로 보고 되먹임하려면 보기 창을 써서 그림표를 $x - t$, $y - t$로 설정을 한 뒤에야 분석을 시작해야 한다.

(a) 발사각 θ의 값은 대략 얼마인가? 수평면에 대하여 각도를 재라. 각도를 구한 방법을 설명하라.

(b) x와 y중 어느 방향으로 공의 속력이 일정한지 설명하고, 속력이 일정하다는 실제 증거를 제시하라(이론적 근거 제외) (**실마리**: 여러 종류의 표시를 동영상에서 써서, 공이 어느 한쪽으로만 등속운동한다는 점을 보인다.)

(c) x와 y 중 어느 방향으로 공이 가속되는지 설명하라. 가속도에 대한 실제 증거를 제시하라(이론적 근거 제외) (**실마리**: 여러 종류의 표시를 동영상에 쓸 것)

(d) 이론적으로 공이 솟아오르는 동안 9.5 g의 공이 받는 알짜 수직 힘은 얼마인가? 떨어질 때는? 방향 전환을 할 때는? 이 이론적 가설을 뒷받침하는 관찰 근거는 무엇인가?

(e) 이론적으로 공이 솟아오르는 동안 9.5 g의 공이 받는 알짜 수평 힘은 얼마인가? 떨어질 때는? 방향 전환을 할 때는? 이 이론적 가설을 뒷받침하는 관찰 근거는 무엇인가?

(f) 좌표계를 돌려 x축이 연직 상방을, 그리고 y축이 수평방향이 되게 하면 $x - y$, $y - t$그림표가 어떻게 달라질 것으로 예상되는가?

(g) x축이 연직 상방을, 그리고 y축이 수평방향이 되도록 좌표계를 돌려라. 그림표들의 모양은 어떻게 달라지는가? 예상과 같은가?

70. 디지털 발사체 2

이 문제에서는 비디오포인트나 비디오그래프 또는 그 밖의 비디오 분석 프로그램과 스프레드시트를 써서 영화에 나오는 포사체의 발사 장면을 분석하여야 한다. 비디오포인트를 쓸 때는 파일명 PASCO106의 동영상 파일을 쓸 수 있다. 이 영화에서 질량 9.5 g의 작은 공이 수평면에 대하여 각도 θ로 발사된다. 유사한 다른 파일을 유사한 다른 파일을 써도 좋다.

동영상 파일 PASCO106을 연다. 비디오포인트 소프트웨어와 스프레드시트 모형을 써서 수평 방향의 운동 $x - t$와 연직 방향의 운동 $y - t$를 기술하는 방정식들을 구하라.

(a) 이 두 모형에 대한 출력물을 제출하라. 아울러 아래의 질문 (b)~(d)에 대하여 답하라.

(b) 앞에서 구한 수평 모형에 의해 공의 수평 위치 x를 시간의 함수로 기술하는 방정식을 구하라. 수평 가속도 a_x는 얼마인가? 초기 수평 속도 v_{1x}는 얼마인가?

(c) 앞에서 구한 연직 모형에 의해 공의 수평 위치 y를 시간의 함수로 기술하는 방정식을 구하라. 수평 가속도 a_y는 얼마인가? 초기 수평 속도 v_{1y}는 얼마인가?

(d) 속도성분 v_{1x}와 v_{1y}를 써서 초기 속력을 구하라. 수평 방향에 대한 발사각은 얼마인가?

(e) 문제 (d)의 답을 앞 문제 (a)에서 구한 어림값과 비교하라.

71. 죽음의 장막

커다란 금속성 소행성이 지구에 떨어져서 바위 덩어리들을 위와 앞쪽으로 날려 올리면서 지표 아래의 암석층에 커다란 분사공을 만들었다. 다음의 표는 분사공 발생 모형에 준해서 구한 바위들이 날아가는 속력과 (수평) 각도 5가지를 기록한 것이다. (중간 정도

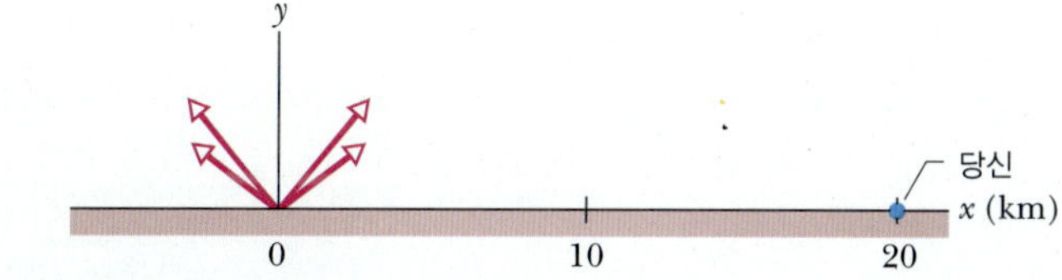

그림 5-48 문제 71

표 5-2
문제 71

분사	속력(m/s)	각도(도)
A	520	14.0
B	630	16.0
C	750	18.0
D	870	20.0
E	1000	22.0

속력과 각도의 다른 바위들도 폭발로 날아간다.) 소행성이 $t_1 = 0$에 $x = 0$ 지점에 충돌하는 순간 관측자가 $x = 20\,\text{km}$ 지점에 있었다고 하자(그림 5–48). (a) $t_2 = 20$초 시점에서 A~E의 바위들이 관측자 방향으로 오고 있는 x, y좌표는 어떻게 되는가? (b) 이 좌표점들을 표시하고, 점들을 지나는 곡선을 그리되 중간 속력과 각도로 날아오는 바위들도 포함해서 그려라. 곡선들을 보면 관측자가 자기에게 다가오는 바위들을 쳐다볼 때 보이는 모습을 알 수 있고, 오래 전 소행성 충돌시 공룡들이 보았을 모습을 알 수가 있다.

6 힘의 확인과 활용

고양이는 흔히 아파트에서 많이 기르는데, 창턱에서 자는 것을 좋아한다. 고양이가 사고로 창에서 땅으로 떨어질 때, 창틀이 높을수록 다치는 정도 — 깨진 뼈의 수나 치사율 등 — 가 줄어든다. (심지어는 고양이가 32층에서 떨어졌는데도 가슴과 이빨 하나만 조금 다쳤을 뿐 멀쩡했다는 기록도 있다.)

어떻게 해서 높은 곳에서 떨어질수록 피해가 줄어들까?

◈ 답은 이 장에 있다.

6-1 나날의 힘 결합하기

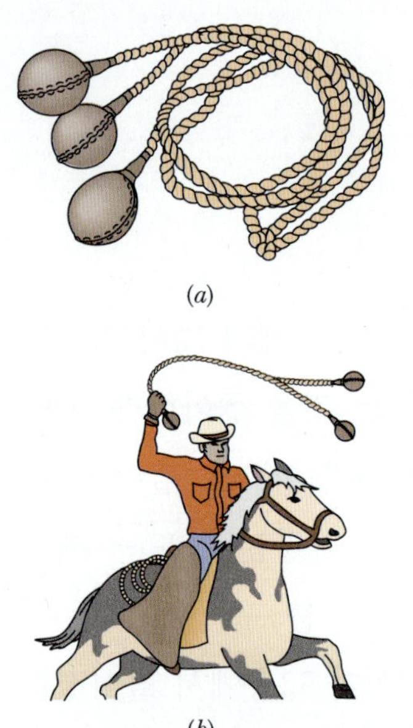

(a)

(b)

그림 6-1
(a) 현대의 이뉴잇족이 쓰는 볼라. *(b)* 볼라를 던지는 목동

물체가 여러 힘을 여러 방향에서 받는 일은 흔하다. 이미 5-2절에서 중력과 공기의 저항력을 받아 떨어지는 공의 운동을 간단히 다룰 때 보았다. 5-7절에서는 해머 던지기와 실에 매달려 도는 돌팔매의 원운동을 설명했다. 해머와 돌팔매는 수직방향의 중력과 순간마다 달라지는 거의 수평방향의 구심력을 받는다.

그림 6-1에 보인 '볼라(bola)'는 선사시대에 비교적 큰 동물을 잡는데 썼던 무기로 여러 방향에서 여러 힘을 받는 계의 또 다른 보기다. 볼라를 뱅뱅 돌리다가 풀어 놓으면, 날아가서 동물을 잡는 것을 분석하는 것은 아주 복잡하다. 어느 순간이든 날아가는 볼라의 끝에 달린 공은 중력과 밧줄이 당기는 힘과 공기의 저항력을 함께 받는다.

이 장에서는 나날이 겪는 힘의 특징과 이들이 겹쳐 작용할 때, 벡터 덧셈을 써서 알짜힘을 셈하는 방법을 더 배운다. 또한 뉴턴 법칙을 써서 운동을 예측하고 숨은 힘을 찾아내는 방법도 생각한다. 힘을 찾아내고, 그것을 뉴턴 법칙과 함께 써서 운동을 예측할 수 있는 능력은 두 가지 이유에서 아주 쓸모가 있다. 첫째, 공학자는 계가 받는 힘에 관한 지식을 바탕으로 계의 운동을 예측할 수 있다. 이러한 능력은 다리에서 비행기에 이르는 여러 장치를 설계하는데 핵심적으로 필요하다. 둘째, 뉴턴 운동 법칙의 타당성에 대한 물리학자의 믿음이 가속도 측정과 뉴턴 분석 기법을 결합하여 눈에 보이지 않는 힘을 찾아내고 특징을 알아내게끔 되었다. 힘의 발견에 대한 이러한 접근법은 3-9절에서 소개한다.

6-2 벡터 덧셈으로서의 알짜힘

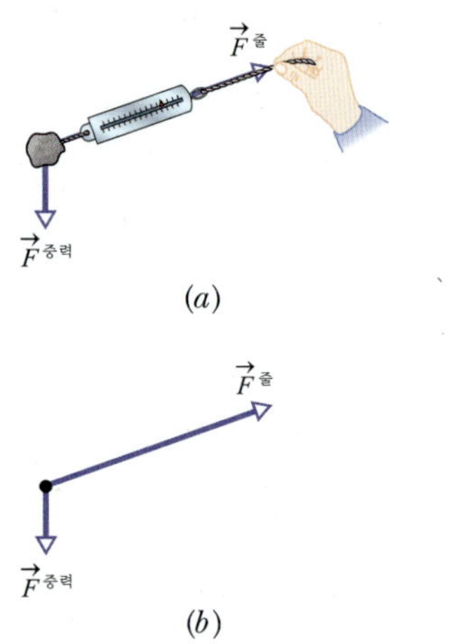

(a)

(b)

그림 6-2
(a) 줄에 매달려 도는 돌팔매는 어느 순간 두 가지 힘을 받는다. 하나는 중력이고 또 하나는 줄이 당기는 힘이다. 이 그림은 돌팔매가 수평면 위에서 돌 때 받는 힘의 방향을 화살표로 나타냈다. *(b)* 돌팔매가 받는 두 힘 벡터의 크기와 방향을 보여주는 힘-물체그림.

3장에서 직선운동을 하는 물체가 둘 이상의 힘을 받을 때, 그 물체의 운동 변화를 결정하는 것은 알짜힘임을 보여주는 실험을 설명했다. 1차원 운동에서 알짜힘은 물체가 받는 힘의 벡터 덧셈으로 드러났다. 이것을 **'힘의 중첩 원리(principle of superposition for force)'**라고 한다. 이 규칙을 4장에서 배운 2차원 벡터 덧셈에 적용한다면, 힘의 방향이 서로 다를 때도 힘의 중첩 원리를 쓸 수 있는가?

수많은 실험은 2(그리고 3)차원에서도 힘의 중첩 원리를 쓸 수 있음을 보여주었다. 보기를 들어 그림 5-24에서 설명한 돌팔매를 살펴보자. 돌팔매가 돌 때 그림 6-2과 같이 중력과 줄이 당기는 힘을 받는다. 중력에 대해서는 이미 $\vec{F}^{중력} = -mg\hat{j}$임을 알고 있다. 여기에서 m은 돌팔매의 질량이다. 돌팔매와 줄 사이에 용수철 저울을 끼우면 줄이 주는 힘 $\vec{F}^{줄}$을 잴 수 있다. 돌팔매가 수평면에서 원을 따라 돌고, 그것이 받는 구심력을 잰다면, 그 힘은 돌팔매가 받는 힘과 다음과 같이 연관된다.

$$\vec{F}^{알짜} = \vec{F}^{중력} + \vec{F}^{줄} = m\vec{a} \qquad (6\text{-}1)$$

여기에서 잰 가속도를 주는 알짜힘은 실제로 돌팔매가 받는 두 힘을 2차원 벡터 덧셈한 양이다. 둘 이상의 힘을 받을 때, 그것의 벡터 덧셈은 4-3절에서 설명한 것처럼 그림을 그려서 하거나, 4-4절에서 설명한 것처럼 벡터를 직각좌표축 성분으로 나누어서 한다.

2차원에서 힘 벡터의 중첩이 벡터 덧셈이라는 것을 실험적으로 확인하는 또 다른 방법은 평면에서 알짜힘이 0이 되는 상황을 만드는 것이다. 보기를 들어 그림 6-3과 같이 고리에 용수철 저울을 세 개 달아 고리가 서 있도록 용수철을 당긴다. 이때, 고리의 가속도, 따라서 고리가 받는 알짜힘은 0이다. 그렇게 할 때마다 세 힘의 벡터 덧셈은 0임을 알 수 있다. $F_{Ax}\hat{\mathrm{i}}+F_{Bx}\hat{\mathrm{i}}$의 합은 $F_{Cx}\hat{\mathrm{i}}$와 크기는 같고 방향은 반대여서 모두 더하면 지워져 0이 된다. 따라서 그림 6-3d와 같이 알짜힘은 0이다. 그러한 실험을 많이 해보면 물체가 받는 알짜힘은 낱낱의 힘의 방향이 달라도 벡터 덧셈임을 알 수 있다.

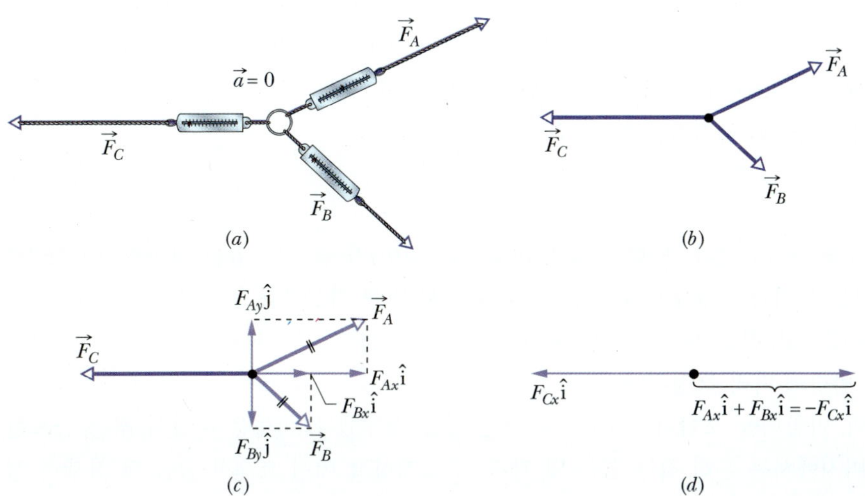

그림 6-3
(a) 세 힘을 받는 고리가 멈춰 있으면, 그것이 받는 알짜힘은 0이고, 따라서 $\vec{F}_A$, $\vec{F}_B$, $\vec{F}_C$의 벡터합은 0이다. (b) 세 힘을 받는 고리의 중심에 대한 힘-물체그림. (c) $\vec{F}_A$, $\vec{F}_B$, $\vec{F}_C$를 직각좌표 성분으로 나누어 보면 합이 0임을 확인할 수 있다. (d) x성분 F_{Ax}와 F_{Bx}의 합은 $-F_{Cx}$이다.

• 2차원에서의 힘-물체그림

3장에서 어떤 물체의 가속도를 뉴턴 제2법칙($\vec{F}^{\text{알짜}}=m\vec{a}$)을 써서 결정하려면 물체가 받는 힘의 크기와 방향을 추적하는 것이 중요함을 발견했다. 그것은 힘의 방향이 저마다 다를 때도 마찬가지다. 그럴 때는 힘-물체그림을 쓰는 방법을 3-7절에서 배웠다. 2, 3차원 힘에 대해 힘-물체그림을 그리는 방법은 1차원 힘에 대해 그리는 방법과 비슷하다. (1) 운동을 살펴볼 물체를 찾아내고, 점으로 나타낸다. (2) 물체가 받는 힘을 모두 찾아내어, 낱낱을 화살표로 나타낸다. 힘벡터의 꼬리는 물체에 두고, 힘의 방향으로 화살표를 그린다. 힘의 상대적 크기는 화살의 상대적 길이로 나타낸다. (3) 낱낱의 힘 벡터에 이름을 달아 어떤 힘을 나타내는가를 분명히 드러낸다.

그림 6-2b와 6-3b는 그림 6-2a, 6-3a에 대한 힘-물체그림이다.

• 여러 차원에서의 뉴턴 제2법칙

앞의 보기는 여러 힘이 저마다 다른 방향으로 작용할 때 중요한 점을 시사한다. 즉 직각방향의 힘(또는 힘의 성분)은 독립적이고 분리할 수 있다는 것이다. 다시 말해 뉴턴 제2법칙 $\vec{F}^{\text{알짜}}=m\vec{a}$는 두 개(또는 세 개)의 성분 방정식으로 나누어 쓸 수 있다.

$$F_x^{\text{알짜}}=ma_x,\quad F_y^{\text{알짜}}=ma_y,\quad F_z^{\text{알짜}}=ma_z.$$

이 장에서는 2차원 보기에 집중한다.

힘을 성분별로 나누어 따져 볼 수 있다는 말이 특별히 놀라운 것은 아니다. 5장에서 수평방향과 수직방향 운동은 독립적이고 분리할 수 있었음을 상기하라. 즉 어느 방향의 가속도는 그 방향의 속도에만 영향을 준다. 그러므로 2차원 운동은 독립적인 두 개의 1차원 운동으로 다룰 수 있다. 알짜

힘과 가속도가 직접 연관되므로, 가속도의 독립성과 분리 가능성은 힘도 그러한 본성을 지녔음을 바로 시사한다.

한 물체가 세 힘을 받는다면, $F_x^{알짜} = ma_x$를 펼쳐서 다음 식을 얻는다.

$$F_{Ax} + F_{Bx} + F_{Cx} = ma_x$$

여기에서 F_{Ax}는 힘 A의 x성분, F_{Bx}는 힘 B의 x성분 등이다. 가속도의 x성분은 a_x이다. 이 성분들은 부호가 붙은 양이다. 곧 이 성분은 벡터가 아니지만, 부호가 (+) 또는 (−)일 수 있다. 따라서 이 성분의 실제 값을 넣을 때는 잘 따져서 맞는 부호를 붙여 주어야 한다.

a_y 등에 대해서도 비슷한 펼침식을 쓸 수 있다.

• 기호에 관해

앞 장에서 $\vec{F}$는 벡터를 나타내었다. 벡터의 크기(화살표의 길이)가 늘 양수임을 강조하려면 $|\vec{F}|$로 나타낸다. 더 흔하게는 크기를 그냥 F로 나타낸다. 다시 말해 위에 화살표를 붙이지 않은 벡터량 표시는 크기를 나타낸 것이고, 값은 늘 양수이다. F_x와 F_y는 벡터 성분을 나타내고, 값의 부호는 잡은 좌표축에 대한 $\vec{F}$의 방향에 따라 결정된다.

이미 중력, 장력, 마찰력을 포함하여 몇 가지 다른 힘을 소개했다. 이들은 나날이 겪는 중요한 힘이다. 이 장의 나머지에서는 흔히 겪는 힘을 몇 가지 더 소개하고 이미 소개한 힘을 더 자세히 설명한다.

생각해보기 6-1 헬리콥터가 회전날개가 주는 힘을 받아 일정한 수평속도로 오른쪽으로 움직인다. 이것은 또한 아래 그림과 같이 아래쪽으로 중력을 받는다. 헬리콥터가 받는 힘을 제대로 나타낸 정확한 힘-물체그림은 어느 것인가?

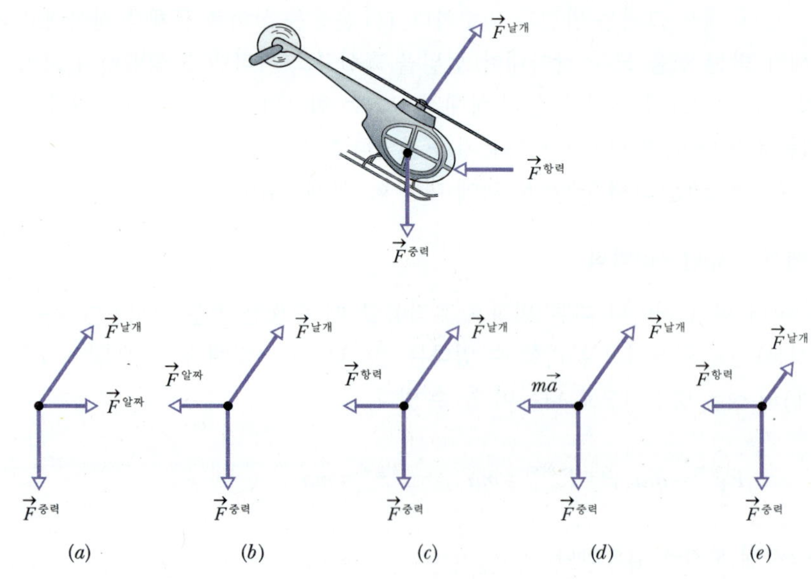

따라해보기 6-1 | 줄다리기

2차원 줄다리기에서 기봉, 병윤, 형종이가 자동차 타이어를 자기 쪽으로 수평으로 당긴다. 그림 6-4a는 위에서 본 모습이다. 세 사람이 당기고 있는데도 타이어는 그 자리에 있다. 기봉이는 크기 220 N인 힘 $\vec{F}_{기봉}$으로 당기고, 형종이는 크기 170 N인 힘 $\vec{F}_{형종}$으로 당긴다. $\vec{F}_{형종}$의 방향은 알지 못한다. 병윤이가 당기는 힘 $\vec{F}_{병윤}$의 세기는 얼마인가?

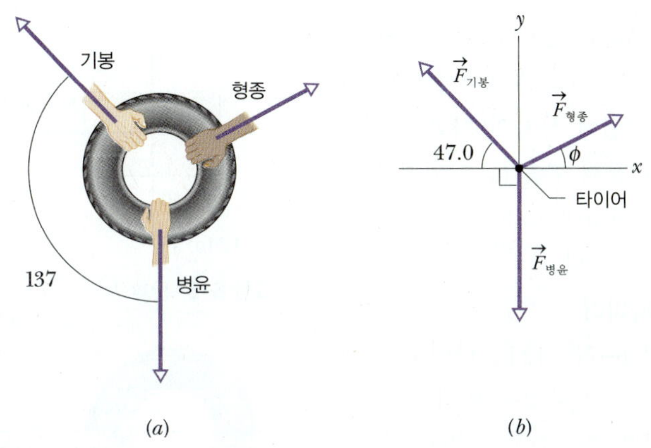

그림 6-4 (*a*) 세 사람이 타이어 하나를 서로 당기는 것을 위에서 본 모습. (*b*) 타이어의 힘-물체그림.

풀이 ■ 세 힘을 받는 타이어가 움직이지 않으므로, 가속도는 $\vec{a}=0$이다(다시 말해 세 힘이 평형을 이루고 있다). **요점**은 뉴턴 제2법칙에 따라 타이어의 가속도를 타이어가 받는 알짜힘 $\vec{F}^{알짜}$와 연관시켜 아래와 같이 쓸 수 있다는 것이다.

$$\vec{F}_{기봉}+\vec{F}_{병윤}+\vec{F}_{형종}=m(0)=0$$

또는

$$\vec{F}_{병윤}=-\vec{F}_{기봉}-\vec{F}_{형종} \qquad (6\text{-}2)$$

그림 6-4*b*는 타이어의 힘-물체그림인데, 좌표계의 중심을 타이어에 두고, x축과 $\vec{F}_{형종}$이 이루는 각을 ϕ로 두었다.

알려는 것은 $\vec{F}_{병윤}$의 크기다. $\vec{F}_{기봉}$은 크기와 방향을 알고 있지만, $\vec{F}_{형종}$은 크기만 알 뿐 방향은 알지 못한다. 따라서 식 6-2의 양쪽 모두에 모르는 양이 있으므로, 이것을 곧바로 벡터셈 계산기로 풀어낼 수는 없다.

대신에 식 6-2를 x 또는 y축 성분으로 고쳐 쓸 수 있다. 힘을 벡터 덧셈한 값이 0이면, 힘의 x성분을 더한 값도 0이어야 하고, y성분을 더한 값도 0이어야 한다. $\vec{F}_{병윤}$의 방향은 $-y$쪽이므로 y성분에 관한 식은 다음과 같다.

$$F_{병윤y}=-F_{기봉y}-F_{형종y}$$

이 식에서 기호의 머리에서 화살표를 떼어 버렸고, 아랫글자 'y'를 붙였음을 눈여겨보라. 이렇게 한 까닭은 이제 다루는 것은 벡터 자체가 아니라 벡터의 성분이기 때문이다. 낱낱의 벡터의 방위각을 따져 성분을 셈하는데, $F_{기봉}$의 방위각은 133°(= 180° − 47.0°)이므로 다음 결과를 얻는다.

$$F_{병윤}\sin(-90°)=-F_{기봉}\sin 133°-F_{형종}\sin\phi$$

여기에서 $F_{기봉}$, $F_{병윤}$, $F_{형종}$는 벡터의(성분이 아니라) 크기다. 힘의 크기에 대한 자료를 쓰면 다음 결과를 얻는다.

$$-F_{병윤}=-(220\text{ N})(\sin 133°)-(170\text{ N})(\sin\phi) \qquad (6\text{-}3)$$

그렇지만, ϕ를 모른다.

ϕ를 알려면 식 6-2를 x성분에 대해 고쳐 쓴다.

$$F_{병윤x}=-F_{기봉x}-F_{형종x}$$

따라서

$$F_{병윤}\cos(-90°)=-F_{기봉}\cos 133°-F_{형종}\cos\phi$$

이것은 다음과 같다.

$$0=-(220\text{ N})(\cos 133°)-(170\text{ N})(\cos\phi)$$

따라서

$$\phi=\cos^{-1}-\left\{\frac{(220\text{N})\cos 133°}{170\text{N}}\right\}=28.04°$$

이것을 식 6-3에 넣으면 다음 결과를 얻는다.

$$F_{병윤}=241\text{ N} \qquad \text{(답)}$$

연습문제 6-2

1. 표준 물체

1 kg 표준물체의 가속도가 $+x$축에 대해 20° 쪽으로 2.00 m/s^{2}이면 (a) x성분과 (b) y성분은 얼마이며 (c) 단위벡터 기호로는 어떻게 나타나는가?

2. 도마

마찰없는 조리대 위에 있는 2.00 kg 도마가 수평방향의 두 힘을 받는다. 조리대 바닥을 xy평면으로 잡는다. 힘 하나는 $\vec{F}_A = (-3.0\,\text{N})\hat{\text{i}} + (4.0\,\text{N})\hat{\text{j}}$이다. 다른 힘이 다음과 같을 때 도마의 가속도를 단위벡터 기호로 나타내라. (a) $\vec{F}_B = (-3.0\,\text{N})\hat{\text{i}} + (-4.0\,\text{N})\hat{\text{j}}$, (b) $\vec{F}_B = (-3.0\,\text{N})\hat{\text{i}} + (4.0\,\text{N})\hat{\text{j}}$, (c) $\vec{F}_B = (3.0\,\text{N})\hat{\text{i}}. + (-4.0\,\text{N})\hat{\text{j}}$

3. 두 수평 힘

3.0 kg 물체가 두 수평힘만을 받는다. 한 힘은 9.0 N으로 동쪽으로 작용하고, 다른 힘은 8.0 N으로 서쪽에 대해 62°쪽으로 작용한다. 이 물체의 가속도 크기는 얼마인가?

4. 두 힘

어떤 입자가 두 힘을 받으면서 일정한 속도 $\vec{v} = (3\,\text{m/s})\hat{\text{i}} - (4\,\text{m/s})\hat{\text{j}}$로 움직인다. 두 힘 가운데 하나는 $\vec{F}_A = (2\,\text{N})\hat{\text{i}} + (-6\,\text{N})\hat{\text{j}}$이다. 다른 힘은 무엇인가?

5. 세 힘

어떤 입자가 세 힘을 받으면서 일정한 속도 $\vec{v} = (2\,\text{m/s})\hat{\text{i}} - (7\,\text{m/s})\hat{\text{j}}$로 움직인다. 두 힘은 $\vec{F}_A = (2\,\text{N})\hat{\text{i}} + (3\,\text{N})\hat{\text{j}}$와 $\vec{F}_B = (-5\,\text{N})\hat{\text{i}} + (8\,\text{N})\hat{\text{j}}$이다. 다른 힘은 무엇인가?

6. 세 우주인

그림 6-5와 같이 세 우주인이 추진기를 매고 120 kg 소행성을 밀어 처리장 쪽으로 몰고 간다. 소행성의 가속도를 (a) 단위벡터 기호로 나타내고, (b) 크기와 (c) 방향을 구하라.

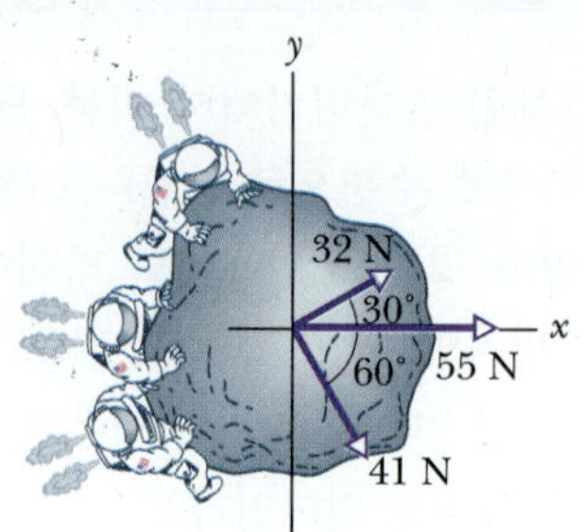

그림 6-5 문제 6

7. 상자

그림 6-6는 2.0 kg 상자가 두 힘을 받는 것을 위에서 본 모습이다. 그림에 상자의 가속도도 그렸다. 둘째 힘을 (a) 단위벡터 기호로 나타내고, (b) 크기와 (c) 방향을 구하라.

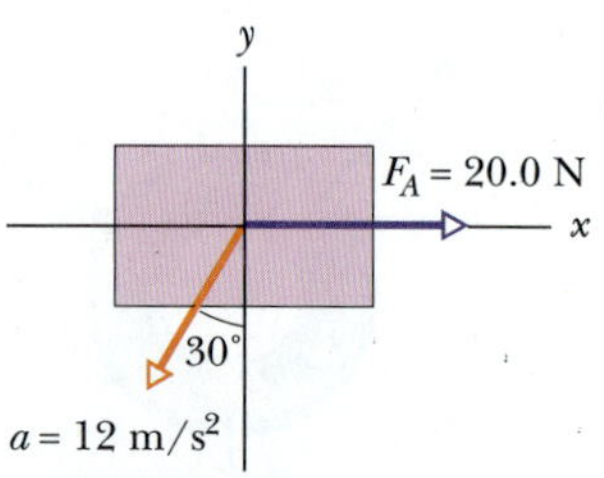

그림 6-6 문제 7

8. 타이어

그림 6-7는 12 kg 타이어를 세 밧줄로 끄는 것을 위에서 본 모습이다. 힘 하나는 그림에 보였다. ($\vec{F}_A$, 크기는 50 N) 다음 조건에서 타이어의 가속도가 최소가 되는 두 힘 $\vec{F}_B$와 $\vec{F}_C$를 구하라.

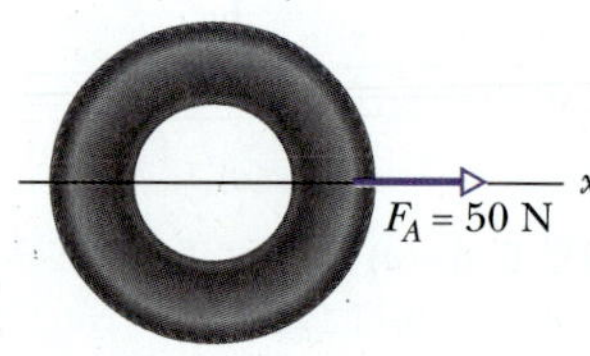

그림 6-7 문제 8

(a) $F_B = 30\,\text{N}, F_C = 20\,\text{N}$, (b) $F_B = 30\,\text{N}$, $F_C = 10\,\text{N}$, (c) $F_B = F_C = 30\,\text{N}$

6-3 중력과 무게

• 중력

3-9절에서 설명한 것처럼 중력은 질량끼리 힘을 주고받아 생기며 멀리 떨어져서도 힘을 줄 수 있다. 질량만 있다면 어느 두 물체도 중력을 주고받지만, 두 물체 가운데 적어도 어느 하나는 질량이 아주 커야 그 힘을 느낄 수 있을 정도이다. 이미 3-9절에서 지구가 물체를 끌어 당기는 힘인 중력의 크기가 물체의 질량에 비례한다는 실험적 증거를 보였다. 식 3-9에서 중력과 질량을 연결하는 비례 상수를 g로 나타냈다.

$$\vec{F}^{\text{중력}} = -mg\hat{\text{j}} \tag{6-4}$$

여기에서 상수 g는 **'국소 중력의 세기(local gravitational strength)'** 라고 하는데 값이 양수인 스칼라이고 $\hat{\text{j}}$는 단위벡터로서 위쪽을 향한다. (−) 부호는 중력이 아래쪽을 향함을 말해준다. 지표면 가까이에서는 g의 값은 9.8 N/kg이다.

• 무게

'무게(weight)'는 보통 물체가 받는 중력의 크기를 나타내는 말이다.

> 어떤 물체의 무게 W는 **스칼라량**으로, 지구 또는 (달과 같은) 질량이 아주 큰 천체가 그 물체를 끌어 당기는 중력의 크기 $|\vec{F}^{중력}|$이다.

$$W = |\vec{F}^{중력}| = mg \qquad (무게) \tag{6-5}$$

어떤 물체의 '무게를 잰다(weigh)'는 것은 그것이 받는 중력의 크기를 재는 것이다. 3-9절에서 말했듯이, 저울, 용수철 저울, 또는 전자 저울을 써서 중력, 따라서 무게를 잴 수 있다. 때때로 저울의 눈금을 질량 단위로 표시하기도 한다. 지표면을 따라 위치를 옮기면 g값이 달라지므로 저울은 눈금을 매긴 곳과 g값이 같은 곳에서 쓸 때만 질량을 정확히 잴 수 있다.

물체의 무게는 그것을 끌어당기는 천체의 중심을 향해 가속되지 않을 때 재야 한다. 보기를 들어, 욕실이나 수평으로 달리는 기차에서는 우리 몸무게를 정확히 잴 수 있다. 그렇지만 가속되는 승강기 속에서 몸무게를 재면 저울의 눈금이 달라지는데, 그 까닭은 지구 중심을 향해 가속되기 때문이다. 이것은 2-4절에서 처음 설명했다.

무게 W의 국제단위는 뉴턴(N)이고, 국소 중력의 세기 g의 국제단위는 킬로그램당 뉴턴(N/kg)이며, 둘 다 벡터의 성분이 아님을 눈여겨보자. 둘 다 크기며 따라서 값이 늘 양수이다.

• 질량과 무게

'무게'와 '질량'을 헷갈려 섞어쓰는 것을 흔히 볼 수 있다. 어떤 물체의 무게(W=mg)가 질량에 비례하기는 하지만, 질량과 무게는 다른 양이다. 질량의 표준 단위는 킬로그램이지만, 무게는 힘의 크기로 표준단위는 뉴턴이다. 어떤 물체를 중력의 세기 g가 다른 달 표면에 갖다 놓으면, 물체의 질량(그 물체 속에 얼마나 많은 '물질'이 들어 있는가)은 같지만 무게는 다르다. 보기를 들어 질량 7.2 kg인 볼링 공의 무게는 지표면에서는 71 N이다. 달 표면에서는 똑같은 볼링 공의 질량은 같지만, 무게는 겨우 12 N이 된다. 그 까닭은 달표면에서의 중력의 세기는 지표면의 값의 1/6이기 때문이다.

생각해보기 6-2 두 물체와, 그림 3-9과 같은 두 팔 저울, 그림 3-23과 같은 용수철 저울이 있다. 두 물체의 질량이 같은지 다른지를 결정하는 방법을 설명하라. 둘 가운데 어느 하나의 질량을 결정하려면 어떻게 하는가? 어떤 물체의 무게는 질량과 같은가? 두 물체의 질량의 비가 무게의 비와 같은가?

생각해보기 6-3 아래의 만화 프랭크와 어니스트에 나오는 환자의 말이 얼마나 정확한가 설명하라.

연습문제 6-3

9. 줄에 매달린 고기

(a) 천장에 매달린 용수철 저울에 11.0 kg 고깃덩이를 줄에 매달아 걸었다(그림 6-8*a*). 저울 눈금이 kg중으로 매겨져 있다면, 고기를 매단 저울의 눈금은 얼마일까? (b) 그림 6-8*b*에서는 고깃덩이를 건 줄이 도르래를 통해 용수철 저울에 매달려 있고, 저울의 다른 끝은 줄을 통해 벽에 묶여 있다. 저울의 눈금은 얼마일까? (c) 그림 6-8*c*에서는 앞 그림의 벽 대신 또 다른 고깃덩이를 건 줄이 도르래를 통해 용수철 저울에 매달려 있고, 저울의 다른 끝은 또 다른 11.0 kg 고깃덩이를 건 줄에 매달려 있고, 전체가 멈춰 있다. 이제 저울의 눈금이 얼마일까?

10. 달 위의 우주선

우주선이 달에서 수직으로 이륙한다. 달의 자유낙하 가속도는 1.6 m/s^{2}이다. 우주선이 이륙할 때의 가속도가 위쪽으로 1.0 m/s^{2}이면 지구에서의 무게가 735 N인 우주인이 우주선에서 받는 힘은 얼마인가?

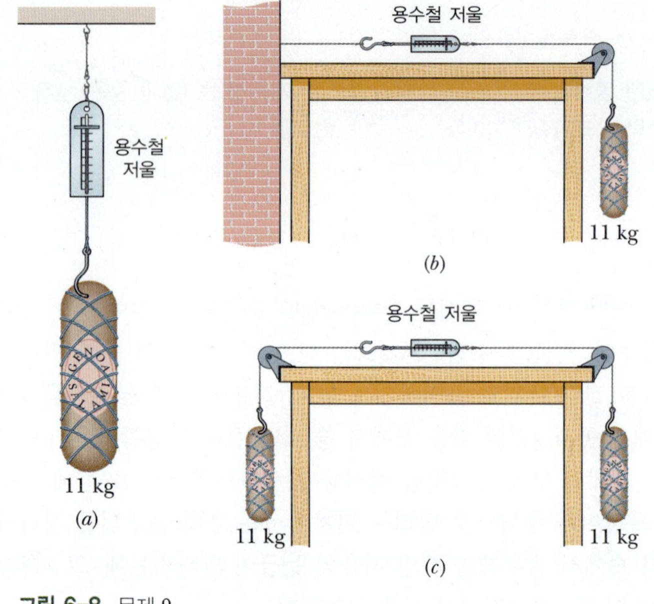

그림 6-8 문제 9

6-4 접촉력

앞에서 말했듯이 중력은 아주 멀리 작용할 수 있고, 두 물체가 맞닿아 있지 않아도 중력을 주고받는다. 따라서 때로는 중력을 '멀리서 작용하는(action at a distance)' 힘이라고도 한다. 이에 반해 장력이나 마찰력은 물체가 맞닿아 있을 때만 그 힘을 받는다. 이러한 힘을 '접촉(contact)' 력이라고 한다. 고체끼리 주고받는 접촉력의 본성을 알려면 고체의 원자적 본성에 관해 더 배우는 것이 도움이 된다.

• 이상화한 고체 모형

고체가 원자로 이루어졌다는 것은 현대 과학이 강력하게 뒷받침한다. 고체를 압축하거나 부수기는 매우 힘들다. 원자끼리 주고받는 힘은 마치 용수철의 복원력 같다. 자연스러운 또는 평형 상태의 길이를 유지하는 용수철을 손으로 누르면 용수철은 압축력에 반발하여 손을 밀어낸다. 그러나 용수철을 손으로 당겨 늘여도, 그 힘에 또다시 반발하여 손을 끌어당긴다. 그래서 물리학자는 이상화한 고체 모형으로 원자가 10^{-10} m 간격으로 늘어서서 서로 아주 강한 용수철로 묶여 있는 것을 상상해 냈다. 그림 6-9*a*는 단순한 고체 속에 있음직한 원자 배열의 3차원 모형을 보여준다. 이 모형은 13-5절

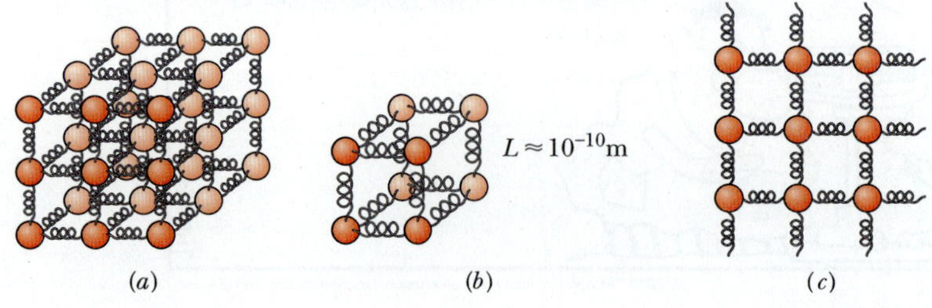

그림 6-9
이상화한 고체 모형: 원자들이 아주 작은 용수철로 서로 묶여 있다. (*a*) 딱딱한 용수철('원자 결합[atomic bonds]')이 공('원자')을 묶고 있는 모형. (*b*) 이상화한 모형의 작은 조각의 3차원적 특성을 보여주는 육면체의 한 꼭지에 있는 8개의 원자. (*c*) 종이면에 놓인 원자 몇 개의 그림

에서 더 자세히 설명한다. (22장에서 보게 되듯이, 원자끼리 주고받는 힘은 그 속에 든 전하끼리 주고받는 전자기 힘으로 이해할 수 있다.)

• 모형을 써서 접촉력 이해하기

접촉력을 이해하는데 단순한 모형이 어떻게 도움이 될까? 용수철이 든 침대를 누르면 어떻게 되는가 생각해 보자(그림 6-10). 누르면 침대 속의 용수철이 손가락에 눌려 압축되며, 반작용으로 손가락은 위로 미는 힘을 받는다. 뉴턴 제3법칙에 따르면 침대의 용수철을 누르는 힘은 용수철이 손가락에 주는 힘과 크기는 같고 방향은 반대이다.

그림 6-10
고체를 원자가 작은 용수철로 엮인 것으로 보는 이 모형은 속에 용수철이 든 침대처럼 움직인다. 이 '고체'를 손가락으로 누르면 뉴턴 제3법칙에 따라 '고체'는 크기는 같고 방향은 반대인 힘을 손가락에 준다.

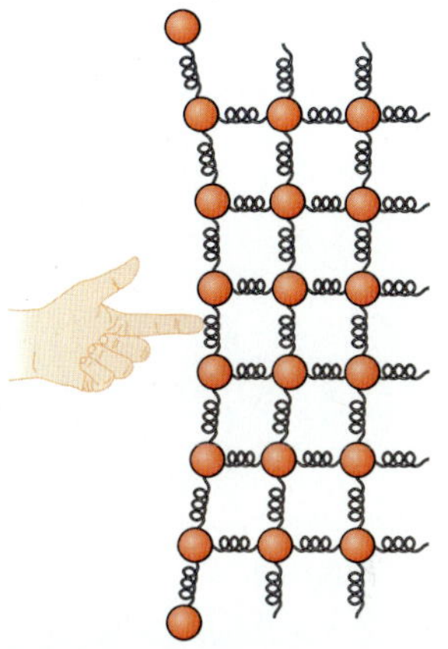

그림 6-11
이상화한 고체를 손가락으로 눌러 힘을 주어 압축시킨다. 벽의 변형은 부풀려 그렸다. 벽은 손가락에 크기가 같고 방향이 반대인 힘을 준다.

마찬가지로, 우리가 벽을 밀면 벽은 압축되고(벽은 아주 조금이지만 변형되고, 구부러진다), 그러면서 손가락을 되민다(그림 6-11). 벽이 압축되는 것을 알아보기 어려운 까닭은 수십억 곱하기 수십억 개의 원자 용수철은 침대의 용수철보다 훨씬 강하기 때문이다. 그러나 더 세게 밀수록 벽은 더 압축되어 손가락이 되밀리는 힘도 더 세진다. 더 세게 밀면 뉴턴 제3법칙에 따라 벽면도 손가락을 더 세게 밀기 때문에 손가락이 아프다. 우리는 벽이 되미는 힘 때문에 손가락이 더 눌리는 것을 느낄 (그리고 볼) 수 있다. 해보라!

표면에 수직으로 주는 힘을 **'법선력(normal force)'**이라고 하고 $\vec{N}$으로 나타낸다. 여기에서 쓰는 영어 normal은 '목수의 곱자(carpenter's square)'를 뜻하는 라틴어 *norma*에서 온 것으로 '정상(ordinary)'이라는 뜻이 아니다.

벽과 같은 어떤 물체가 손가락과 같은 다른 물체에 접촉력을 줄 때, 힘의 방향이 꼭 접촉면과 수직인 것은 아니다. 그렇지만, 그림 6-12*b*과 같이 힘 벡터를 표면에 수직인 성분과 나란한 성분으로 나눌 수 있다. 접촉면에 수직인 성분을 **법선력**, 나란한 성분을 **마찰력(friction force)**이라고 하고 $\vec{f}$로 나타낸다.

손가락이 받는 접촉력 $\vec{F}^{\text{손가락 접촉}}$을 직각방향의 두 힘으로 나누는 것을 수식으로 나타내면 다음과 같다.

$$\vec{F}^{\text{손가락 접촉}} = \vec{N} + \vec{f} \tag{6-6}$$

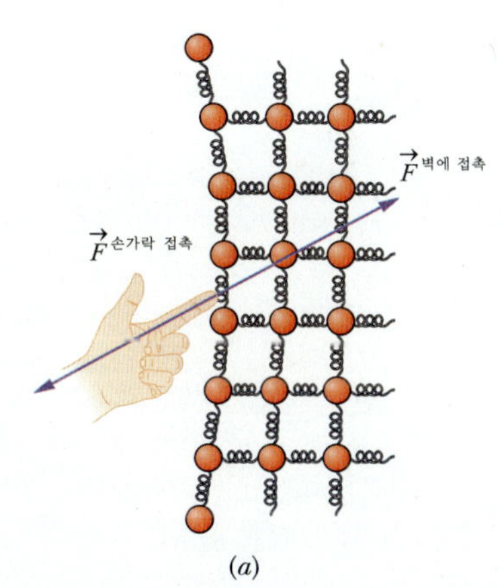

(*a*)

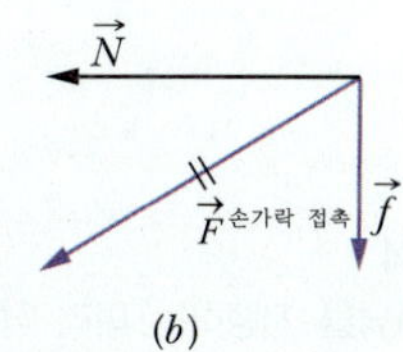

(*b*)

그림 6-12
(*a*) 이상화한 고체를 누르는 접촉력이 표면에 수직이지도 않고 나란하지도 않을 때. (*b*) 벽면이 손가락을 되미는 힘은 표면에 대해 나란한 성분과 수직인 성분으로 나눌 수 있다.

• 법선력

그림 6-13에 보인 서 있는 토막이 법선력을 받는 상황을 살펴 보자. 어떤 물체가 다른 물체에 주는 법선력은 늘 접촉면에 직각방향이며 힘을 주는 물체에서 힘을 받는 물체를 향한다. 이것은 이상화한 원자 모형을 써서 설명할 수 있다. 다른 물체에 맞닿은 표면에 있는 원자들이 서로 가까이 다가서면 서로 밀어내는 힘에 반발하게 된다. 뉴턴 제3법칙에 따라 다음을 알 수 있다.

> 어떤 물체가 다른 물체의 표면에 수직방향으로 힘을 주면, 힘을 받는 물체는(겉으로는 단단해 보이지만) 변형되면서 받은 힘과 반대되는 법선력 $\vec{N}$으로 힘을 준 물체를 밀어낸다. 그 법선력도 접촉면에 대해 수직이다.

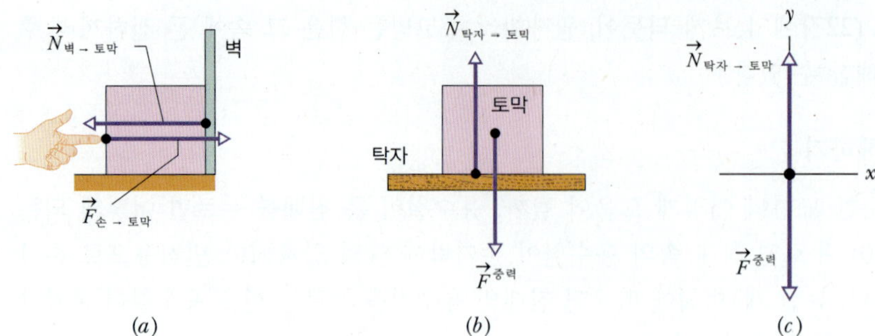

그림 6-13
(*a*) 손으로 토막에 $\vec{F}_{손\to토막}$의 힘을 주어 벽쪽으로 밀어댄다. 토막은 움직일 수 없으므로 벽을 누르며, 벽은 그에 반발하여 $\vec{N}_{손\to토막}$으로 되민다. (*b*) 탁자 위에 서 있는 토막은 탁자 면에 수직방향으로 법선력 $\vec{N}$을 받는다. (*c*) 토막에 대한 힘-물체그림

1. **수직벽** 벽을 밀어대는 토막은 벽으로부터 법선력을 받는다. 그림 6-13*a*는 그 보기이다. 토막은 움직이지 않으므로, 그것이 받는 알짜힘은 0이다. 토막이 받는 수평방향의 힘만 우선 생각하면 다음과 같다.

$$\vec{F}_{손\to토막} + N_{벽\to토막} = 0 \quad 또는 \quad N_{벽\to토막} = -F_{손\to토막} \qquad (특별한\ 경우\ 1) \qquad (6\text{-}7)$$

2. **수평탁자** 마찬가지로 탁자, 시렁, 또는 지표면 근처의 땅에 멈춰 있는 물체는 모두 법선력을 받는다. 그림 6-13*b*는 그 보기이다. 질량 *m*인 토막이 탁자의 수평면 위에 서 있다. 토막은 지구가 끌어당기는 중력 $\vec{F}^{중력}$을 받지만 움직이지 않고 멈춰 있다. 다시 말해 토막은 떨어져야 하지만 밑에 탁자가 있다! 토막이 가속되지 않으므로 토막이 받는 알짜힘은 0이라고 결론 내릴 수 있다.

$$\vec{F}^{알짜} = \vec{F}^{중력} + \vec{N}_{탁자\to토막} = 0 \quad 또는 \quad \vec{N}_{탁자\to토막} = -F^{중력} \qquad (특별한\ 경우\ 2)$$

따라서 탁자는 토막을 $-F^{알짜}$와 같은 법선력 $\vec{N}_{탁자\to토막}$으로 밀어 올려야 한다. 토막에 대한 힘-물체그림이 그림 6-13*c*이다. 토막이 받는 힘은 $-F^{중력}$와 $\vec{N}_{탁자\to토막}$뿐이고, 이들은 모두 수직방향이다. 뉴턴 제2법칙은 위쪽을 향한 *y*축 성분으로 나타낼 수 있다.

중력의 성분 $F_y^{중력}$은 $-mg$이다. 따라서 물체가 수직방향으로 가속도가 없고 다른 수직방향의 힘을 받지 않으면 탁자 위에 서 있는 물체의 법선력의 크기는 mg이다. 이 힘은 위쪽으로 작용하므로 그림 6-13*c*에 보인 좌표계를 쓰면 다음과 같다.

$$\vec{N}_{탁자\to토막} = +mg\hat{i} \qquad (특별한\ 경우\ 2) \qquad (6\text{-}8)$$

이상화한 하나의 법선력 탁자 표면이 토막에 주는 법선력은 실제로는 탁자와 토막의 표면에 있는 수십억 개의 원자들이 서로 주고받는 힘을 더한 것이다. 그렇지만, 그림 6-13과 같이 같은 쪽으로 작용하는 바깥힘을 모아 하나의 힘으로 간단히 나타내면 편리하다. 보통 법선력을 나타낼 때는 그림 6-14과 같이 토막이 탁자와 맞닿은 면의 한가운데에서 위쪽으로 화살표 하나를 그린다.

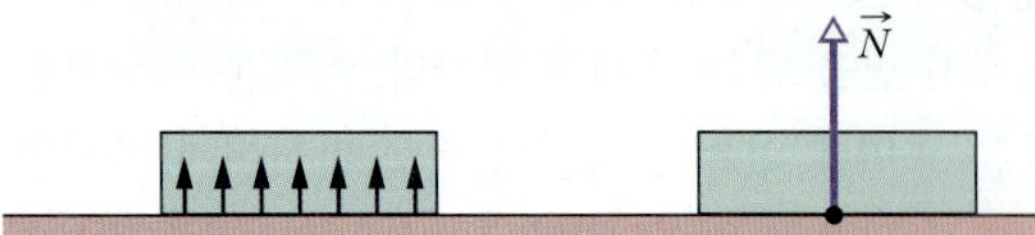

그림 6-14
토막의 바닥을 지탱하는 여러 작은 힘벡터를 토막의 한가운데 작용하는 커다란 힘벡터 하나로 바꾸어 단순하게 나타낸다.

승강기에서의 법선력 위로 가속되는 승강기 안에 토막이 하나 있다고 하자. 그것이 받는 법선력은 어떻게 달라질까? 2장에서 승강기를 탄 사람이 위로 가속될 때는 힘을 더 많이 받는다고 느끼고, 아

래로 가속될 때는 덜 받는다고 느끼는 까닭을 설명했다(그림 2-15 참조). 이로부터 '겉보기 무게(apparent weight)'의 개념을 얻었다. 흔히 몸무게 재는데 쓰는 저울의 눈금은 저울이 우리 발에 주는 법선력을 잰다. 정상적으로 몸무게를 잴 때(다시 말해 저울이 위아래로 가속되지 않는 상태에서 저울 위에 가만히 서 있을 때), 저울 눈금이 가리키는 값이 몸무게다. 그 까닭은 저울 눈금(저울이 우리 발에 주는 법선력)은 뉴턴 운동방정식 $\vec{F}_y^{알짜} = ma_y$을 통해 몸무게와 연결되기 때문이다.

생각해보기 6-4 그림 6-13*b*에서 법선력 $\vec{N}$의 크기는 물체와 탁자가 함께 들어 있는 승강기가 위로 (a) 일정한 속력으로 움직일 때, (b) 속력이 점점 더 빨라질 때, (c) 속력이 점점 더 느려질 때, mg보다 더 큰가, 작은가, 아니면 같은가?

● 마찰력의 특성

일반적인 접촉력에서 마찰성분을 생각하자. 앞에서 설명한 것처럼 이것은 접촉력의 성분 가운데 접촉면에 나란한 것이다. 우리 손가락 끝을 물체라고 하자. 꽤 매끄러운 탁자면이 손가락에 주는 접촉력의 마찰성분을 살펴 보고, 그것이 법선력과 어떤 관계가 있는가 알고자 한다. 손가락을 꼿꼿이 수직으로 세워라(수평면과 약 90°를 이루게 하여라). 탁자면에 대해 90°를 유지하면서 다음을 해보라.

활동 1: 왼손 집게로 탁자를 누르되, 처음에는 힘을 조금만 주다가 점점 세게 주면서 탁자가 손가락에 주는 법선력이 점점 세지는 것을 느껴보라.

활동 2: 이제 오른손 집게로 왼손 집게를 수평방향으로 힘을 주어 밀어 손가락이 일정한 속도로 미끄러지게 하라(그림 6-15 참조). 수평방향 마찰력이 작용하는가? 그렇다면 왜 그런가?

참고 손가락이 탁자 위를 일정한 속도로 미끄러지게 하려면 그 방향으로 계속 밀어주어야 한다. 손가락 끝을 수평방향으로 밀어주는 힘이 유일한 힘인가? 그렇지 않다. 그렇다면 손가락 끝은 가속될 것이다. 뉴턴 제2법칙에 따르면 손가락에 준 힘과 크기는 같고 방향이 반대인 다른 힘이 있어 두 힘이 상쇄되어야 한다. 이렇게 다른 힘이 있다는 생각을 그림 6-15와 아래 x성분에 관한 식에서 나타냈다.

$$F_x^{알짜} = F_x^{왼손가락} + f_x^{정지} = ma_x = 0 \quad 따라서 \quad F_x^{왼손가락} = -f_x^{정지}$$

두 힘 모두 순선히 수평방향을 향하므로 다음과 같이 쓸 수 있다.

$$\vec{F}^{왼손가락} = -\vec{f}^{정지} \qquad (6\text{–}9)$$

활동 3: 손가락이 받는 법선력이 커지면 마찰력은 어떻게 되는가? 다시 또 오른손 집게로 미는 힘을 조절하여 왼손가락이 일정한 속도로 움직이게 하라. 다음에 왼손을 더 세게 눌러 움직임을 멈추게 하라. 다음에 오른손 집게로 수평방향으로 미는 힘을 더 세게 하여 왼손가락이 다시 또 일정한 속도로 움직이게 하여라.

활동 3을 주의깊게 하면, 물체가 받는 마찰력은 표면에서 미끄러지는 움직임과 반대쪽으로 작용하며 물체가 받는 법선력이 클수록 마찰력의 크기도 더 커진다고 결론지을 수 있다.

접촉 마찰력은 일상생활에서 피할 수 없다. 글자 그대로 어디에나 있다. 그 힘에 대항할 수 없다면, 움직이는 모든 물체가 설 것이고 돌아가는 축은 멈출 것이다. 다른 한편으로는 마찰력이 전혀 없다면, 우리는 걸을 수도 없고, 차로 여행할 수도 없고, 자전거를 탈 수도 없다. 어떤 때는 마찰의 효과가 다른 힘에 비해 아주 작아서 무시할 수 있다. 다른 경우에는 상황을 단순하게 만들고자 실제로는 그렇지 않지만 마찰력을 무시할 수 있다고 가정한다. 어느 쪽이건, 마찰을 무시하려면 물체와 표

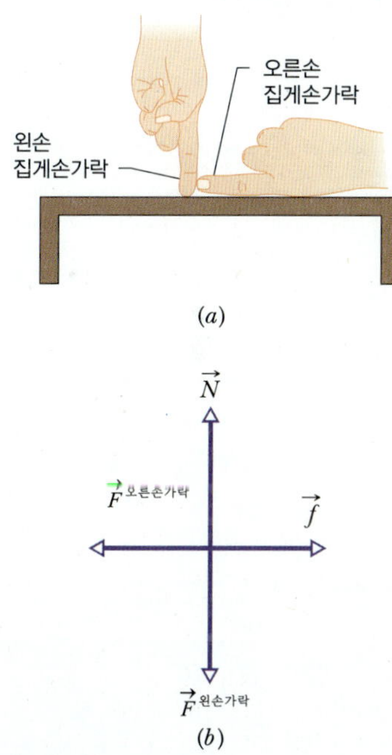

그림 6-15
(*a*) 탁자 표면과 접촉한 물체(손가락)에 왼쪽으로 수평방향 힘을 준다. (*b*) 왼손가락이 받는 힘을 보여주는 힘-물체그림. 물체가 가속운동을 하지 않는다면, 오른손 집게로 왼쪽으로 밀어주는 힘과 크기는 같고 방향은 반대인 마찰력이 오른쪽으로 작용해야 한다.

면 사이의 경계면을 '마찰이 없다(frictionless)' 고 한다.

접촉마찰은 법선력과 접촉면의 특성 그리고 다른 요인에 따라 크게 달라지는 것으로 밝혀졌다. 표면을 들여다본다고 마찰력이 클지 작을지를 늘 알 수 있는 것은 아니다. 때로는 매끈한 면이 거친 면보다 마찰력이 더 클 수 있다.

마찰력과 원자 및 분자 상호작용 사이의 관계를 이해하고자 물리학과 공학 두 분야 모두에서 아주 활발히 연구하고 있다. 이 관계는 아직 완전히 이해하지 못했다. 과학자들이 우리 주변의 모든 물체에 적용하면 아주 높은 정확도로 들어맞는다고 믿고 있는 뉴턴 운동 법칙과는 달리 여기에서 기술하는 마찰력의 몇 가지 특성은 흔히 보는 어떤 접촉면에 대해서만 적용된다. 따라서 여기에서 보여준 마찰 방정식은 때로는 쓸모 있는 어림식이지만, 언제나 맞는 것은 아니다.

다음 두 절에서는 한 물체의 표면이 다른 물체에 대해 움직이는 운동 마찰과 두 접촉면이 상대적으로 움직이지 않는 정지 마찰의 공통적인 특성을 살펴본다.

• 운동 마찰력

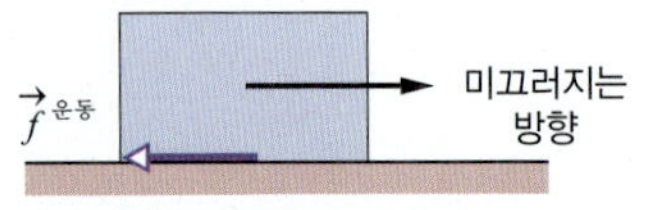

그림 6-16
물체가 표면 위를 미끄러지는 것을 마찰력 $\vec{f}^{운동}$이 방해한다.

수평면 위에 놓인 책을 홱 밀어 면을 따라 미끄러지게 하는 것을 상상하자. 예상과 같이 책은 속도가 느려져 마침내는 선다. 3-2절에서 이러한 움직임에 관한 자료를 보았다. 이 관찰은 책과 수평면 사이의 상호작용의 특성에 관해 무엇을 말해주는가? 속도의 정의와 그림 3-3에 보인 자료에 바탕을 두고, 책은 일정 가속도로 움직인다고 생각할 수 있다. 그 가속도는 표면에 나란하며, 책의 속도 방향과 반대이다. 이러한 상황에서 뉴턴 제2법칙이 적용되지 않는다고 믿을 까닭이 없다. 따라서 $F_x^{알짜} = ma_x$로부터 그림 6-16과 같이 책은 가속도 방향(수평면과 나란한 방향, 책이 수평면에 대해 움직이는 속도와 반대방향)으로 일정한 접촉 마찰력을 받는다고 가정할 수밖에 없다.

손가락이 일정 속도로 움직이게 하는 것과 처음에 수평면을 따라 움직이던 책이 일정 가속도로 미끄러지다가 서는 두 보기의 물체는 모두 **운동 마찰력(kinetic friction force)** $\vec{f}^{운동}$을 받는다. '운동(kinetic)' 이라는 말은 물체가 표면에 대해 움직임을 뜻한다. '접촉 마찰(contact friction)' 현상은 두 물체가 맞닿은 면에 있는 원자들끼리 끌어당긴다고 가정하면 설명할 수 있다. 유리판처럼 아주 매끄러운 두 면은 이 가정과 잘 맞으며, '**접착(adhesion)**' 이라고 한다.

운동 마찰력은 무엇이 결정하는가? 위에서 설명한 것처럼 수평면 위로 물체를 밀어 보내는 것을 상상하자. 책을 매끈한 수평면 대신 양탄자가 깔린 바닥에서 밀면 더 빨리 멈출까? 대신에 얼음 위에서 밀면 어떨까? 물체의 속도가 느려지는 비율은 속도에 따라 달라지는가? 책이 더 무겁거나 위에 무거운 것을 올려 놓아 법선력이 더 크게 하면 더 빨리 멈출까?

여러 상황에 대한 물음 가운데 몇 가지는 그림 3-3에 보인 그림표를 보면 대답할 수 있다. 그림표는 물체가 표면을 미끄러지다 멈추는 세 가지 상황에서 속도를 시간의 함수로 보여준다. 지금(63쪽의) 그림을 다시 보는 것이 도움이 될 것이다. 이 절의 앞에서 살펴본 손가락 운동에서 추론을 해 낼 수 있다. 운동 마찰에 대한 관찰과 결론 몇 가지는 다음과 같다.

운동 마찰 – 관찰과 결론 몇 가지

관찰 1 표면의 상대 속도의 영향 그림 3-3의 그림표는 물체와 표면의 세 가지 조합에 대해 물체는 모두 일정한 가속도를 받아 느려지다가 멈추며, 따라서 일정한 운동 마찰력을 받는다. 결론: 운동 마찰력은 미끄러지는 표면에 대한 물체의 속도의 크기와는 무관하고, 속도와는 반대쪽으로 작용한다.

관찰 2 미끄러지는 표면의 성질 그림 3-3의 그림표는 물체와 표면의 세 가지 조합에 대해 가속도가 속도를 줄이는 비율은 저마다 다름을 보여준다. 결론: 운동 마찰력은 서로 맞닿은 두 표면의 성질에 따라 달라진다.

관찰 3 법선력의 영향 이 절의 활동 3을 끝내면서, 손가락이 받는 법선력이 클수록 손가락이 일정한 속도를 유지하게 하는데 필요한 힘도 더 커짐을 관찰했다. 결론: 미끄러지는 물체가 받는 법선력이 클수록 운동 마찰력도 커지며, 따라서 맞닿은 두 물체가 얼마나 세게 미는가에 따라 결정된다.

물체가 받는 마찰력과 법선력의 크기 사이에 수학적 관계가 있는가? 그럴듯한 관계는 두 힘의 크기가 비례하는 것이다. 미끄러지는 토막이 받는 운동 마찰력을 그것이 받는 법선력의 함수로서 잴 수 있는 간단한 실험 결과를 살펴보자. 이 실험에서는 나무 토막을 일정한 속도로 재는데 필요한 힘을 용수철 저울을 써서 잰다(그림 6–17 참조). 마찰력의 크기는 움직이는 나무 토막이 가속되지 않는다면 그것을 당기는 힘이 곧 마찰력의 크기와 같다는 사실을 이용한다(식 6–9). 탁자 표면이 수평하고, 토막이 수직방향으로는 받는 또 다른 힘이 중력뿐이라면, 법선력은 $\vec{N} = mg\hat{j}$이다(식 6–8). 다시 말해 $N_y = mg$이다. 이 법선력은 토막 위에 추를 쌓아올려 늘릴 수 있다. 그러면 운동 마찰력을 다시 잴 수 있다.

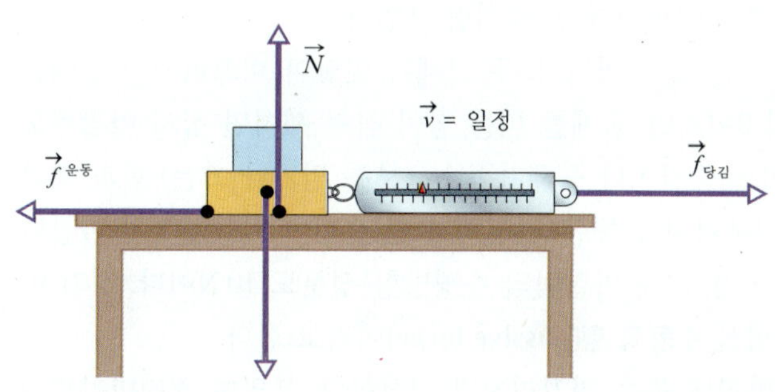

그림 6–17
토막을 수평방향으로 힘을 주어 일정한 속도로 당기면서 용수철 저울을 써서 힘을 잰다. 이 힘은 크기가 같은 운동 마찰력이 상쇄된다. 탁자면은 수평이므로, 토막이 받는 법선력의 크기는 질량 m과 중력가속도 상수 g의 곱과 같다.

그림 6–18에 보인 자료는 찍찍이로 덮인 나무토막이 매끄러운 탁자면을 따라 미끄러질 때 마찰력의 크기는 법선력의 크기에 비례하며, 비례상수는 $\mu^{운동} = 0.21$임을 보여준다. 토막을 돌려 옆면이 탁자면에 닿게 하여 접촉면의 넓이를 줄여도 비례상수는 달라지지 않는다.

여러 상황에서 그림 6–18에 보인 것과 비슷한 결과는 마른 두 면이 맞닿을 때의 마찰력의 크기는 보통 면을 누르는 법선력의 크기에 비례하고 다른 요인과는 무관함을 드러낸다. 따라서 이 책에서 다루는 계에 대해서는 운동 마찰력 $\vec{f}^{운동}$의 크기는 다음과 같이 쓸 수 있다.

$$f^{운동} = \mu^{운동} N \tag{6–10}$$

여기에서 $\mu^{운동}$은 운동 마찰력의 크기 $f^{운동}$과 법선력의 크기 N을 연관시키는 직선 그림표의 기울기다. 기울기 $\mu^{운동}$을 **운동 마찰 계수(coefficient of kinetic friction)**라고 한다.

계수 $\mu^{운동}$은 차원이 없는 스칼라로서 실험으로 구해야 한다. 그 값은 물체와 표면의 성질 모두가 결정한다. 따라서 계수는 보통 다음 글처럼 '사이'라는 말과 함께 쓰인다. '책과 책상면 사이의 $\mu^{운동}$값은 0.04이지만, 암벽등반용 신발과 바위 사이의 값은 0.9이다.' 관찰을 바탕으로 $\mu^{운동}$값은 물체가 표면에서 미끄러지는 속력과는 무관하다고 가정한다. $f^{운동} = \mu^{운동} N$은 벡터 방정식이 아님을 눈여겨 보자. $\vec{f}^{운동}$의 방향은 늘 표면과 나란하고 미끄러지는 운동의 반대쪽이다.

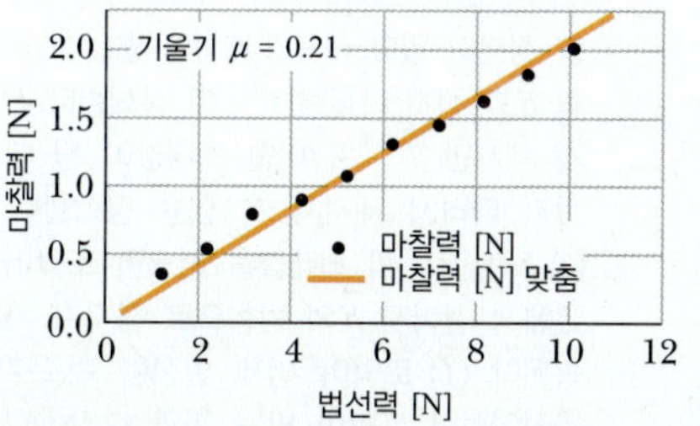

그림 6–18
이 그림표 자료는 토막을 일정한 속도로 끌 때 운동 마찰력의 크기는 토막이 미끄러지는 표면이 토막에 주는 법선력에 비례함을 보여준다.

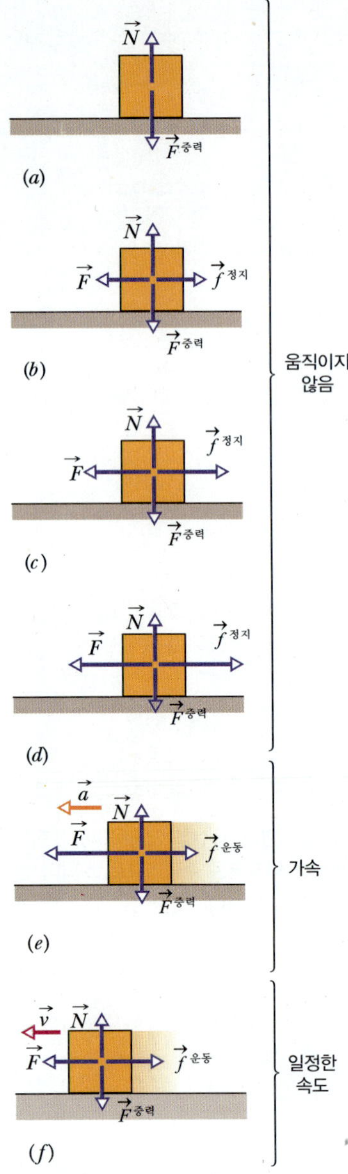

그림 6-19
(*a*) 서 있는 토막이 받는 힘에는 수평방향 성분이 없다. (*b*–*d*) 토막이 받는 외부 힘 $\vec{F}$를 정지 마찰력 $\vec{f}^{정지}$이 상쇄한다. $\vec{F}$가 세지면, $\vec{f}^{정지}$도 어떤 최대값이 될 때까지 따라서 세져서 그 힘을 상쇄한다. (*e*) *F*가 $f^{정지}$의 최대값을 넘으면 토막이 면에서 떨어져 $\vec{F}$의 방향으로 갑자기 가속된다. (*f*) 토막이 이제 일정한 속도로 움직이려면, 토막이 받는 힘의 크기 $|\vec{F}|$는 면에서 떨어지기 바로 전에 받던 최대값보다 작아야 한다.

• 정지 마찰력

물체가 미끄러지다 멈추어도 계속 마찰력을 받는가? 이 물음에 대한 답은 간단히 '예' 또는 '아니오'가 아니다. 양탄자를 깐 마루바닥에 놓인 크고 무거운 통을 상상하자. 통을 조금 밀면 움직이지 않는다. 이 상황에서도 뉴턴 제2법칙($\vec{F}^{알짜} = m\vec{a}$)이 성립한다고 믿는다면, 통은 우리가 미는 힘을 상쇄하는 다른 힘을 받아야 한다. 다시 말해 우리가 미는 힘과 크기는 똑같고 방향은 반대인 힘을 받아야 한다. 이 반대쪽 힘을 **정지 마찰력(static friction force)**이라고 한다. '정지(static)'라는 말은 그림 6-19*b*, *d*와 같이 물체가 표면에 대해 움직이지 않는 것을 나타낸다.

이제 그림 6-19*c*와 *d*와 같이 통을 더 세게 미는 것을 상상하자. 통은 아직도 움직이지 않는다. 겉보기에 마찰력의 크기는 변할 수 있는 것 같다. 그렇지 않다면, 통을 더 세게 미는 힘을 상쇄하지 못할 것이다. 다시 말해 표면 위의 어떤 물체를 밀어도 물체가 미끄러지지 않는다면 그 물체는 정지 마찰력을 받고 있음을 안다. 이 힘은 아무리 세게 밀어도 미는 힘과 반대쪽으로 똑같은 크기로 작용한다. 통을 밀기를 멈추면, 반대쪽으로 작용하던 힘도 사라져야 한다. 그것을 어떻게 아느냐고? 왜냐하면 우리가 통을 미는 힘을 거두었는데 정지 마찰력이 사라지지 않는다면, 통은 마찰력을 받는 쪽으로 가속될 것이기 때문이다. 이러한 일은 일어나지 않음을 나날의 관찰에서 알고 있다. 따라서 정지 마찰력은 다른 힘에 반응하여 크기가 바뀌는 이상한 힘인 것처럼 보인다.

이 상황은 양탄자 위의 통에서만 나타나는 것은 아니다. 두 고체가 맞닿아 미끄러지기 전에는 물체에 힘을 주지 않을 때는 정지 마찰력이 0이지만, 물체를 미는 힘이 점점 세지면 정지 마찰력도 따라서 더 커진다. 정지 마찰력의 크기는 어느 순간이나 물체가 받는 (보통 밀거나 끄는) 힘과 똑같다. 정지 마찰력은 물체가 받는 힘에 대해 거울처럼 반응한다. 물체가 받는 힘이 0이면, 정지 마찰력도 0이다. 받는 힘의 수평방향 성분이 10 N이면, 정지 마찰력의 수평방향 성분도 10 N이다. 정지 마찰력처럼 크기가 다른 힘에 맞추어 바뀌는 힘을 **수동적 힘(passive force)**이라고 한다.

이제 온힘을 다해 통을 민다고 하자. 마침내 통은 미끄러지기 시작한다. 분명히 정지마찰력의 크기에는 최대값이 있다. 통을 미는 힘의 크기가 최대값을 넘어서면, 그 힘에 거스르는 정지마찰력보다 크므로 통은 미는 쪽으로 가속된다. 그림 6-19는 통에 준 힘을 점점 세게 할 때 전형적인 정지 마찰력의 반응을 차례로 보여준다. 이 순서는 전자 힘 감지기를 써서 토막이 받는 힘을 시간의 함수로 잰 실험 결과와 잘 맞는다. 실험 장치 꾸밈은 그림 6-20, 결과는 그림 6-21과 같다.

당기는 힘 $\vec{F}^{당김}$이 점점 더 세져도 토막은 그대로 서 있다. 그 힘이 떨어져 나가는 정도가 되면 갑자기 움직인다. 다시 말해 마찰력 $\vec{f}^{정지}$도 물체가 떨어져 나가 움직이기 시작할 때까지는 뉴턴 제2법칙에 맞게 점점 세져 당기는 힘을 상쇄한다. 따라서 정지 마찰력의 크기는 다음과 같이 나타낸다.

$$f^{정지} = |\vec{f}^{정지}| \leq \mu^{정지} N \tag{6-11}$$

여기에서 $\mu^{정지}$는 **정지 마찰 계수(coefficient of static friction)**라고 하며, *N*은 물체가 표면으로부터 받는 법선력의 크기다. 운동 마찰력과 마찬가지로 계수 $\mu^{정지}$는 무차원 상수이며 실험을 통해 결정한다. 그 값은 물체와 면의 성질에 따라 결정되며, '사이의(between)'라는 말을 붙여 말한다.

보통 물체가 움직일 때 받는 운동 마찰력의 크기는 서 있는 때 받는 정지 마찰력의 크기의 최대값보다 작다. 이것은 그림 6-21에 보인 자료에서 알 수 있다. 따라서 표면을 따라 토막을 일정한 속력으로 옮기려면 그림 6-19*f*처럼 토막이 일단 움직이기 시작한 뒤에는 미는 힘을 줄여야 한다. 토막에 주는 힘이 어떤 범위 안에 있을 때 흔히 나타나는 움직임은 미끄러지다—붙는 것으로서 물체는 떨어져 나와, 미끄러지다 서고, 또다시 떨어져 나와, 미끄러지다 서는 것을 되풀이한다. 이 책에서는 미끄러지다—붙는 현상을 다루지 않는다.

그림 6-20
정지마찰 실험에 쓴 장치에는 컴퓨터 자료 수집 장치(그림에는 보이지 않음)에 연결된 전자 힘 감지기가 들어간다.

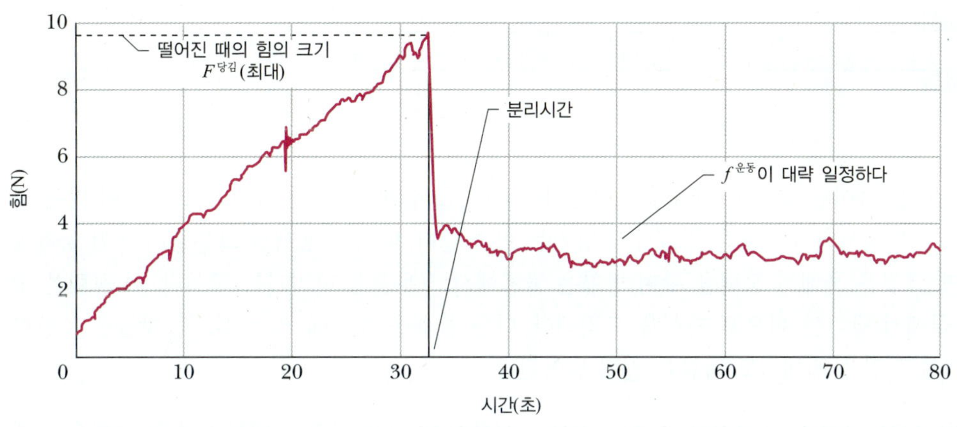

그림 6-21
나무 토막이 받는 정지 마찰력의 크기를 시간의 함수로 보여주는 그림표. 이 힘은 0.0초부터 32초까지 점점 세게 당기는 힘을 상쇄한다. 32초에는 나무 토막이 갑자기 떨어져 나가 움직이기 시작한다. 약 40초에는 정지 마찰력보다 작은 운동 마찰력을 받으면서 일정한 속도로 움직이기 시작한다.

생각해보기 6-5 그림 6-21은 500 g의 추를 얹은 295.6 g의 토막을 탁자면을 따라 점점 세게 끌어 토막이 $t=32$초에 떨어져 나가는 실험 결과를 보여준다. (a) 탁자와 물체 사이의 정지 마찰 계수 $\mu^{정지}$는 얼마인가? (b) 운동 마찰 계수 $\mu^{운동}$은 얼마인가?

생각해보기 6-6 토막이 마루 위에 놓여 있다. (a) 토막을 그대로 둘 때 받는 마찰력의 크기는 얼마인가? (b) 토막을 5 N의 힘으로 수평방향으로 끌어 당기는데 움직이지 않고 있다면 토막이 받는 마찰력의 크기는 얼마인가? (c) 토막이 받는 최대 정지 마찰력 $\vec{f}^{최대}$의 크기가 10 N이라면, 토막을 8 N의 힘으로 수평방향으로 당길 때 토막이 움직이겠는가? (d) 12 N의 힘으로 수평방향으로 당길 때는 어떠한가? (e) (c)에서 마찰력의 크기는 얼마인가?

생각해보기 6-7 다음 문장에 대해 위에서 설명한 마찰력과 관련된 용어를 써서 논의하고 설명하라. "마찰력은 반대의 힘을 주어 상쇄하지 않으면 움직이는 모든 물체를 멈추게 하고 돌아가는 모든 축을 서게 한다. 이와 반대로 마찰력이 전혀 없다면 우리는 걸을 수도, 자전거를 탈 수도 없다."

• 장력

지금까지는 물체가 맞닿아 있지만 묶여 있지 않아서 비교적 쉽게 떼어낼 수 있을 때 받는 접촉력을 살펴 보았다. 이제 다른 종류의 접촉력 — 막대나 실처럼 길고 가는 물체의 끝이 다른 물체에 묶여 있을 때 받는 힘 — 을 살펴보자. 보기를 들면 가죽 끈 한끝에 개가 매여 있고 다른 한 끝은 주인이 당기는 것, 아주 무거운 솥에 달린 손잡이를 조리사가 당기는 것, 또는 줄의 한끝은 천장에 묶여 있고 다른 쪽 끝에는 추가 달려 있는 것 등이 있다. 세 보기 모두 길게 늘어진 물체는 한 끝에 있는 물체에서 다른 쪽 끝에 있는 물체로 힘을 전해준다. 길고 가는 물체가 양쪽에서 반대쪽으로 당기는 힘을 받아 팽팽한 상태에 있을 때 **장력(tension)**을 받고 있다고 한다. 실이나 막대 끝에 묶여 있는 물체가 받는 힘이나 운동을 뉴턴 법칙을 써서 살펴 보려면 장력 현상을 더 잘 알아야 한다.

장력을 들여다보면 무엇이 보이는가? 그림 6-22과 같이 두 개의 힘 감지기를 이은 고무줄이 당겨진 채 가만히 있는 것을 생각하자. 고무줄은 양쪽 끝에 달린 두 힘 감지기에 크기가 같고 방향은 반대인 힘을 주는 것을 본다.

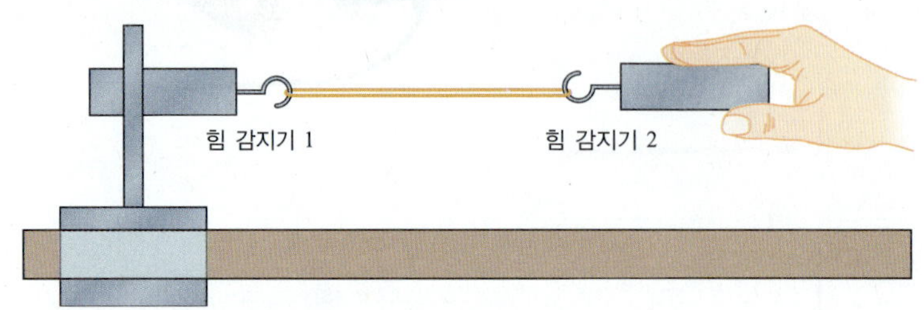

그림 6-22
두 개의 힘 감지기를 고무줄로 이었다. 두 감지기 모두 같은 크기의 힘을 검지하지만, 감지기 1이 받는 힘의 방향은 감지기 2가 받는 것과 반대쪽이다. 이것은 뉴턴 법칙과 정확히 맞으므로 놀랄 일이 아니다.

또한 장력은 늘어난 고무줄 어디에나 작용한다. 그것을 쉽게 볼 수는 없지만, 고무줄이 받는 장력의 크기는 어디에서건 고무줄을 양끝에서 당기는 힘과 같다. 따라서 팽팽한 고무줄이 어떤 물체에 묶여 있으면, 그것은 물체에 장력을 주며 방향은 물체에서 고무줄을 따라가는 쪽이다. 이 장력은 고무줄의 양 끝에서 당기는 힘으로 자신을 드러낸다. 다른 물체를 잇는데 쓰는 실, 줄, 밧줄을 포함한 대부분의 가늘고 긴 물체에서도 똑같은 일이 벌어진다.

장력에 대한 원자 모형 용수철로 연결된 원자로 이루어진, 고체 물질에 대한 단순한 모형은 물체가 장력을 받을 때 힘을 어떻게 전달하는가를 이해하는데 도움이 된다. 한 줄의 원자가 작은 용수철로 이어진, 아주 가는 실이 있다고 하자. 그림 6-23*a*는 실의 자연스러운 길이를 보여준다. 그림 6-23*b*는 실의 양끝에 크기가 같고 방향이 반대인 힘을 받아 가속되지 않고 늘어난 모습을 보여준다.

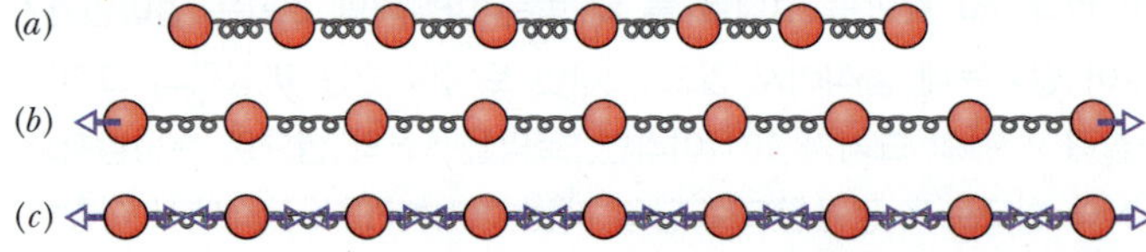

그림 6-23
실을 이상화한 모형: 한 줄의 원자가 작은 용수철로 이어진 것으로 본다. 용수철은 이웃 원자끼리 주고받는 힘을 나타낸다.

이 모형에서는 원자가 한 줄만 있다고 했다. 물론 실제의 실, 줄, 밧줄은 원자가 복잡하게 배열되어 만든 분자가 여러 가닥 들어 있다. 가닥이 많으면 실이나 밧줄이 더 강해지겠지만, 단순한 모형에 담긴 착상은 다르지 않다.

이상적인 실이 가속되지 않는다면, 낱낱의 원자가 받는 알짜힘은 0이어야 한다. 왼쪽 끝에 있는 원자는 오른쪽 옆에 있는 원자로부터 끄는 힘을 받아야 하며, 그 힘은 실을 왼쪽에서 당기는 힘과 크기가 같고 방향은 반대이어야 한다. 그렇지만, 낱낱의 늘어난 용수철은 이웃한 두 원자가 주고 받는 힘을 나타내며, 그 힘은 뉴턴 제3법칙을 따라야 한다. 따라서, 맨 왼쪽의 원자는 그 옆에 있는 원자로부터 받은 힘과 '크기가 같고 방향이 반대인(equal and opposite)' 힘을 원자에게 되돌려 준다. 이렇게 주고 받는 힘의 짝이 그림 6-23*c*과 같이 실 전체에 퍼져 있다. 낱낱의 원자가 겪는 주고받는 힘의 크기에는 특별한 이름을 붙여 '실의 장력(tension in the string)' 이라 부르고 T로 나타낸다. '장력(tension force)' 과 달리 흔히 T로 나타내는 '장력의 크기(tension)' 는 값이 양수인 스칼라량이고, 당연히 방향은 없다. 따라서, (보기를 들어) $+y$쪽을 향하는 장력 $\vec{T}$는 $\vec{T}=+T\hat{\mathrm{j}}$로 나타내고, $-y$쪽을 향하는 장력은 $\vec{T}=-T\hat{\mathrm{j}}$로 나타낸다.

다음에 그림 6-24과 같이 눈차에 묶인 나일론 줄을 잡고 끌려 가는 스키꾼의 운동과 관련하여 장력의 효과를 뉴턴 법칙을 써서 살펴 보자. 두 가지 상황을 생각하는데, 하나는 계가 가속되지 않는 것이고 다른 하나는 가속되는 것이다. 눈차는 밑에 달린 접지판이 돌면서 눈을 파내 밀어내는 반동으로 앞으로 간다. 그렇지만, 잠시 스키꾼과 눈차가 마찰력을 받지 않는다고 하자.

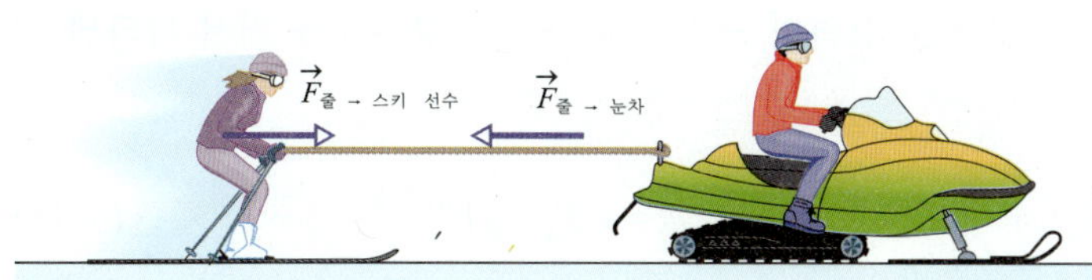

그림 6-24
스키 선수와 눈차를 잇는 줄은 스키 선수와 눈차에게 반대쪽으로 힘을 준다.

가속되지 않는 계가 받는 장력 어떤 계가 가속되지 않는다면 일정한 속도로 움직인다는 것을 기억하라. 더구나, 뉴턴 제3법칙에 따르면 계 속의 두 물체가 맞닿아 있으면 주고받는 힘이 크기는 같고 방향이 반대이다. 보기를 들어, 줄의 왼쪽 끝에서 스키 선수의 줄이 당기는 힘 $\vec{F}_{줄 \to 스키\ 선수}$을 받고, 줄은 스키 선수로부터 반대쪽 힘 $\vec{F}_{스키\ 선수 \to 줄}$을 받는다. 줄의 오른쪽 끝에서도 비슷한 상황이 벌어지므로 다음과 같다.

$$\vec{F}_{줄 \to 스키\ 선수}=-\vec{F}_{스키\ 선수 \to 줄} \quad 그리고 \quad \vec{F}_{줄 \to 눈차}=-\vec{F}_{눈차 \to 줄} \tag{6-12}$$

그러나 이미 뉴턴 제2법칙으로부터 $\vec{a}=0$임을 알고 있으므로 줄이 받는 알짜힘은 0이어야 한다. 알짜힘이 0이므로, $F_x^{알짜}$(모든 힘의 x성분의 합)도 0이어야 한다. 따라서 다음 식이 성립한다.

$$F_{줄x}^{알짜}=F_{스키\ 선수 \to 줄x}+F_{눈차 \to 줄x}=0 \quad 또는 \quad \vec{F}_{스키\ 선수 \to 줄x}=-F_{눈차 \to 줄x}$$

스키 선수와 눈차가 줄에 주는 힘은 오직 수평성분뿐이다. 따라서 다음 식이 성립한다.

$$\vec{F}_{스키\ 선수 \to 줄}=-\vec{F}_{눈차 \to 줄} \tag{6-13}$$

이 결과는 그림 6-18에서 보고한 관찰 결과와 맞는다. 즉, 팽팽한 줄의 양쪽 끝에서 받는 힘은 크기가 같다. 더 중요한 것은 식 6-12와 6-13을 묶으면 다음과 같다는 것이다.

$$\vec{F}_{스키\ 선수 \to 눈차}=-\vec{F}_{눈차 \to 스키\ 선수}$$

> 가속되지 않는 물체들이 팽팽한 실, 줄, 밧줄로 연결되어 있으면 그것들은 마치 직접 맞닿은 것처럼 실, 줄, 밧줄을 통해 뉴턴 제3법칙에 따라 힘을 주고 받는다.

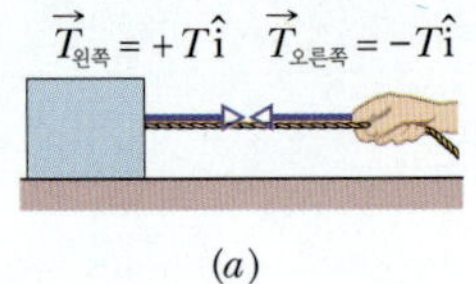

(a)

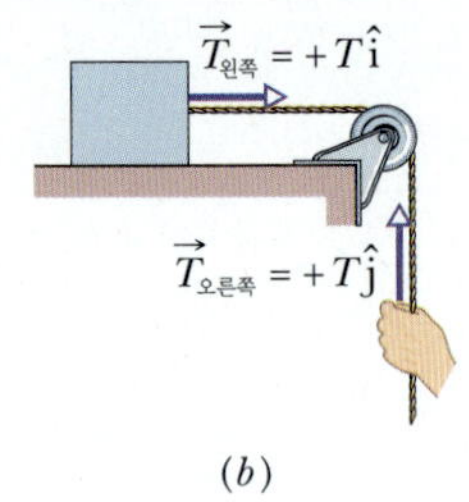

(b)

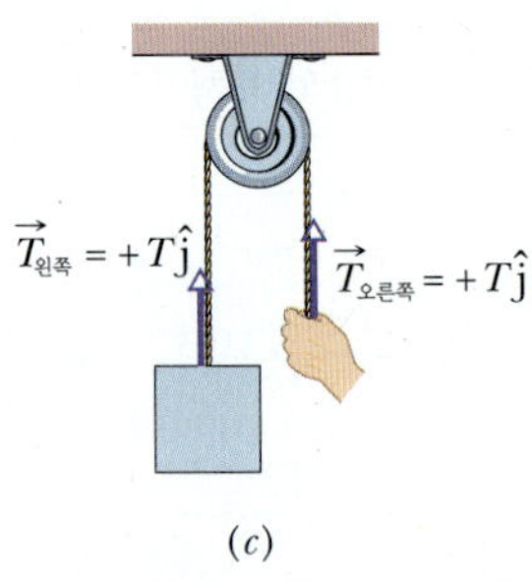

(c)

그림 6-25
(a) 줄이 팽팽하게 당겨져서 장력을 받고 있다. 줄의 질량을 무시할 수 있으면, (b)와 (c)에서 질량 없고, 마찰없는 도르래를 감아 돌아도 물체와 손을 당기는 장력의 크기 $T=|\vec{T}|$는 같다.

• 가속계

눈차 기사가 가속기를 밟아 속도를 일정한 비율로 높인다고 하자. 이제는 그 계의 가속도가 $\vec{a}$이고, 스키 선수와 눈차를 잇는 줄도 똑같이 가속된다. 운동방정식의 x성분은 다음과 같다.

$$F^{알짜}_{줄\,x} = F_{스키\ 선수\to 줄\,x} + F_{눈차\to 줄\,x} = m_{줄}\,a_x \tag{6-14}$$

이 식은 줄의 질량이 0이 아니면, 눈차가 줄의 오른쪽 끝을 당기는 힘이 스키 선수가 줄의 왼쪽 끝을 당기는 힘보다 크기 때문에 가속된다는 것을 말해준다. 그렇지만, 눈차가 스키 선수를 끌고 가는 이러한 많은 상황에서 줄의 질량은 다른 것에 비해 너무 작아서 대부분 0으로 둘 수 있다.

전체가 움직이는 쪽을 $+x$쪽으로 잡으면, 장력의 크기를 나타내는 양수 T를 써서 나타낼 수 있다.

$$\vec{F}_{스키\ 선수\to 줄} = -T_{왼쪽}\,\hat{i} \quad 그리고 \quad \vec{F}_{눈차\to 줄} = +T_{오른쪽}\,\hat{i} \tag{6-15}$$

여기에서 $T_{왼쪽}$은 줄의 왼쪽 끝이 받는 장력의 크기고 $T_{오른쪽}$은 줄의 오른쪽 끝이 받는 장력의 크기다. 그러면 식 6-14를 두 장력의 크기 차이와 가속도의 x성분으로 나타낼 수 있다. $T_{오른쪽} - T_{왼쪽} = m_{줄}\,a_x$. 그러나 계 전체를 가속시키는, 눈차가 주는 힘은 $F_{눈차\to 계x} = m^{전체}a_x$이다. 두 식을 a_x에 대해 풀어, 정리하면 다음 결과를 얻는다.

$$\frac{T_{오른쪽} - T_{왼쪽}}{F_{눈차\to 계\,x}} = \frac{m_{줄}}{m^{전체}} \tag{6-16}$$

이 식에 담긴 뜻을 살펴보자. 대개의 상황에서 줄의 질량은 계의 질량보다 훨씬 작다. 그때는 줄의 양끝이 받는 장력의 크기 차이는 계를 가속시키는 힘보다 훨씬 작다. 보기를 들어, 스키 선수와 눈차의 질량을 더한 값이 200 kg, 그녀가 잡은 줄의 질량이 1 kg이라고 하자. 질량의 비는 줄의 양끝이 받는 장력의 크기 차이가 겨우 0.5%임을 알려준다. 일상적인 상황에서 가속되는 줄의 양끝이 받는 힘이 이 정도 다르다면 무시할 수 있다. 실험실에서는 보통 질량 100 g에서 2 kg 사이인 물체를 100 N 이상의 장력을 버틸 수 있는 낚시줄로 잇는다. 낚시줄이 길이 1 m이면 질량은 약 0.25 g이므로 줄의 양끝에서 받는 힘의 차이는 보통 1%보다 작다. 줄로 이은 물체의 질량에 비해 줄의 질량이 아주 작을 때는 줄 어디에서나 장력의 크기가 일정하다고 가정할 수 있다. 이와 같은 단순한 어림법을 써도 될 때는 상황에서는 그 줄을 **질량 없는 줄(massless string)**이라고 한다.

도르래와 힘의 방향 변화 '질량 없는' 줄이 그림 6-25*b*와 *c*과 같이 '질량 없는' 도르래에 감겨 방향을 바꾸면 어떻게 될까? 이때도 장력의 크기는 줄의 어디에서나 같을까? 원자 모형을 살펴 보자. 줄이 도르래를 감으면, 한쪽 끝과 다른 쪽 끝의 방향이 달라진다. 그렇지만, 낱낱의 작은 줄토막은 방향을 조금씩 바꿀 뿐이다. 방향 변화는 사슬에 여덟 개의 원자가 달린 그림 6-26보다 작다. 줄이 다른 물체를 감고 있을 때도 줄 전체에 퍼져 있는 장력의 크기는 크게 바뀌지 않는다고 결론 내릴 수 있다. 이 결론은 다른 물체를 감은 채 장력을 받고 있는 줄 여기저기에 용수철 저울을 끼워 넣어 장력의 크기를 재본 실험 결과가 뒷받침한다.

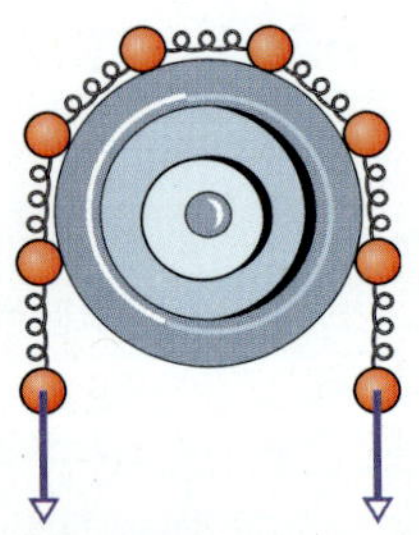

그림 6-26
팽팽한 용수철로 이은 사슬이 도르래를 감고 있어도 그 속에 장력이 있다.

어떤 단단한 물체이건 양쪽 끝을 묶어 당기면 한쪽 끝에서 다른 쪽 끝으로 장력을 전달해준다. 어떤 물체는 고무줄이나 약한 용수철 같이 아주 잘 늘어나고, 다른 물체는 줄이나 막대처럼 잘 늘어나지 않는다. 가는 고무줄이나 약한 용수철, 그리고 줄은 압축력을 지탱하지 못한다. 이들은 길고 가늘어서 압축하면 구부러진다. 막대와 강한 용수철은 압축력을 받아도 구부러지지 않는다. 아래 분석에서 압축력을 받으면 구부러지는 '질량 없는' 줄과 용수철을 다룰 것이다.

생각해보기 6-8 그림 6-25c를 생각하여 도르래는 질량이 없지만, 줄은 그렇지 않다고 하자. 손과 토막이 줄을 당기는 힘을 비교할 때, 다음 상황에서 두 힘이 같은가(=), 작은가(<), 큰가(>)? (a) 토막이 일정한 속력으로 움직인다, (b) 토막의 속력이 점점 빨라진다, (c) 토막의 속력이 점점 느려진다.

따라해보기 6-2 | 아인슈타인의 승강기

그림 6-27a에서 질량 $m = 72.2\,\text{kg}$인 사람이 승강기 속의 평저울 위에 서 있다. 통이 서 있거나 오르내릴 때 저울의 눈금이 어떻게 되는지 궁금하다.

(a) 통의 수직방향 속도가 무엇이든 저울 눈금에 대한 일반적인 해를 구하라.

풀이 ■ 요점은 저울 눈금은 저울이 승강기에 탄 사람에게 주는 법선력 $\vec{N}$의 크기와 같다는 것이다. 사람이 받는 다른 힘은 그림 6-27b와 같이 중력 $\vec{F}^{중력}$뿐이다.

둘째 **요점**은 뉴턴 제2법칙($\vec{F}^{알짜} = m\vec{a}$)을 쓰면 사람이 받는 힘을 그 사람의 가속도 $\vec{a}$와 연결지을 수 있다는 것이다. 그렇지만, 이 법칙은 관성틀에서만 쓸 수 있음을 기억하자. 가속되는 승강기는 관성틀이 아니다. 따라서 땅을 관성틀로 잡고 그것을 기준으로 사람의 가속도를 잰다.

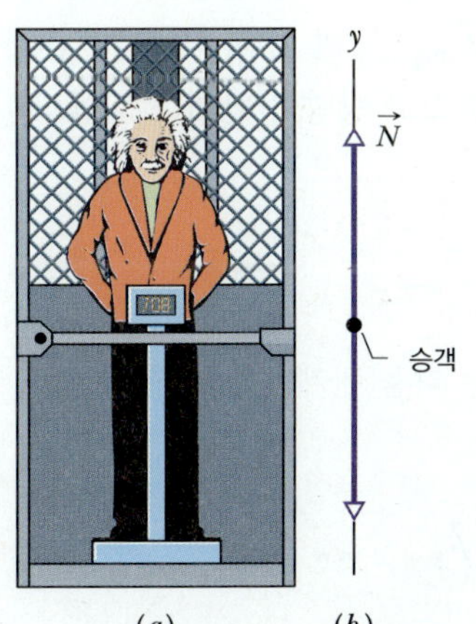

그림 6-27
(a) 사람이 평저울 위에 서서 저울 눈금을 읽어 겉보기 몸무게를 잰다. (b) 사람에 대한 힘-물체그림이 저울로부터 받는 법선력 $\vec{N}$와 중력 $\vec{F}^{중력}$를 보여준다.

사람이 받는 두 힘과 사람의 가속도가 모두 수직방향이므로, 그 방향을 그림 6-27b과 같이 y축으로 잡으면, 뉴턴 제2법칙의 y성분($F_y^{알짜} = ma_y$)은 다음과 같다.

$$N_y + F_y^{중력} = ma_y$$

또는

$$N_y = -F_y^{중력} + ma_y \qquad (6\text{-}17)$$

이것은 저울눈금과 같은 N_y($N_y \geq 0$일 때)는 통의 가속도 a_y에 따라 달라짐을 말해준다. $\vec{F}^{중력} = -mg\hat{\text{j}}$이므로, 중력의 y성분은 $F_y^{중력} = -mg$이다. 그러므로 다음 결과를 얻는다.

$$N_y = m(g + a_y) \qquad (6\text{-}18)$$

이것은 승강기가 위로 가속될 때는 $a_y > 0$이므로 저울눈금이 사람이 서 있을 때의 몸무게 mg보다 더 나감을 말해준다. 그러나 승강기가 아래로 가속될 때는 $a_y < 0$이므로 저울눈금이 서 있을 때의 몸무게보다 덜 나간다. 이것은 아래쪽 가속도가 g보다 작을 때만 성립한다. 아래쪽 가속도가 g보다 크면, 식 6-18의 $(g + a_y)$가 음수가 된다. 그때는 N_y는 음수가 될 수 없으므로(왜?) $N_y = 0$이다.

(b) 승강기가 서 있거나 위로 일정한 속력 0.50 m/s로 움직일 때는 저울의 눈금이 어떻게 되는가?

풀이 ■ 요점은 속도가 일정할 때(0 또는 다른 값)는 속력이 얼마이든 사람의 가속도 a_y는 0이라는 것이다. 이것과 다른 값을 식 6-18에 넣으면 다음 결과를 얻는다.

$$N_y = (72.2\,\text{kg})(9.8\,\text{m/s}^2 + 0) = 708\,\text{N}$$

이것은 바로 사람의 몸무게이고 그가 받는 중력의 크기 $F_y^{중력}$이다.

(c) 통이 위로 $3.20\,\text{m/s}^2$ 그리고 아래로 $3.20\,\text{m/s}^2$의 가속도로 가속될 때 저울눈금은 어떻게 되는가?

풀이 ■ $a_y = 3.20\ \mathrm{m/s^2}$이면 식 6-18에서 다음 결과를 얻는다.

$$N_y = (72.2\ \mathrm{kg})(9.8\ \mathrm{m/s^2} + 3.20\ \mathrm{m/s^2}) = 939\ \mathrm{N}$$

$a_y = -3.20\ \mathrm{m/s^2}$이면 식 6-18에서 다음 결과를 얻는다.

$$N_y = (72.2\ \mathrm{kg})(9.8\ \mathrm{m/s^2} - 3.20\ \mathrm{m/s^2}) = 477\ \mathrm{N}$$

따라서 위로 가속될 때(통이 위쪽으로 가는 속력이 빨라지거나 아래쪽으로 가는 속력이 느려질 때)는 저울눈금이 사람의 몸무게보다 더 나간다. 마찬가지로, 아래로 가속될 때(통이 위쪽으로 가는 속력이 느려지거나 아래쪽으로 가는 속력이 빨라질 때)는 저울눈금이 사람의 몸무게보다 덜 나간다.

(d) (c)에서 위로 가속되는 동안 사람이 받는 알짜힘 $F^{알짜}$의 크기는 얼마이고, 통의 기준틀에서 잰 사람의 가속도 크기 $a_{사람,\,통}$은 얼마인가? $\vec{F}^{알짜} = m\vec{a}_{사람,\,통}$이 성립하는가?

풀이 ■ **요점**은 사람이 받는 중력의 크기 $F_y^{중력}$은 사람이나 통의 운동과는 상관없다는 것이다. 따라서 (b)의 결과로부터 $F_y^{중력}$은 708 N이다. (c)로부터 위로 가속되는 동안 사람이 받는 법선력의 크기 N은 저울눈금인 939 N이다. 따라서 위로 가속되는 동안 사람이 받는 알짜힘은 다음과 같다.

$$F_y^{알짜} = N_y + F_y^{중력} = N - F^{중력} = 939\ \mathrm{N} - 708\ \mathrm{N} = 231\ \mathrm{N}$$

그렇지만, 통에 대한 사람의 가속도 $\vec{a}_{사람,\,통}$는 0이다. 따라서 비관성틀인 가속되는 통 속에서는 $\vec{F}^{알짜}$는 $m\vec{a}_{사람,\,통}$과 같지 않다. 이것은 뉴턴 제2법칙이 비관성(곧 가속되는) 기준틀에서는 성립하지 않음을 보여주는 보기다.

따라해보기 6-3 | 토막 당기기

그림 6-28a에서 손이 토막(질량 $M = 5.00\ \mathrm{kg}$)에 묶인 수평밧줄(질량 $m = 0.200\ \mathrm{kg}$)을 팽팽하게 당긴다. 그 결과 밧줄과 토막이 마찰없는 면을 따라 움직이는 가속도 $\vec{a}$는 크기가 $0.300\ \mathrm{m/s^2}$으로 일정하고 방향은 오른쪽이다. 이쪽을 $+x$축으로 잡자. 밧줄은 '질량이 있음'을 눈여겨 보자. 이 특징은 (b)에서 다룬다.

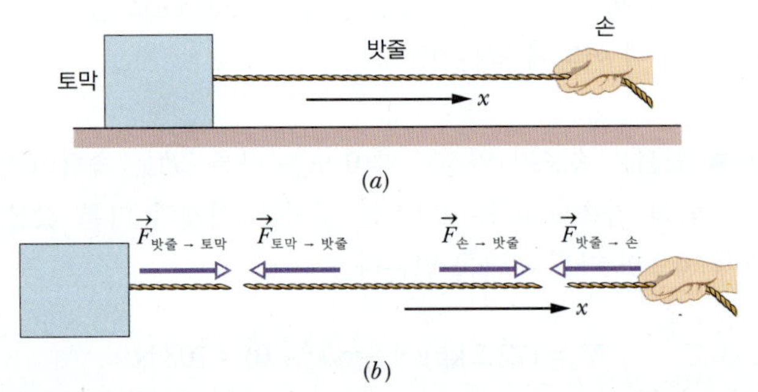

그림 6-28
(a) 손이 토막에 묶인 수평밧줄을 당긴다. (b) 토막, 밧줄, 손을 이들 사이에 주고받는 힘과 함께 보인 그림.

(a) 그림 6-28a에서 힘의 수평방향 성분 가운데 뉴턴 제3법칙에 맞는 짝을 모두 찾아내어 짝지워라.

풀이 ■ **요점**은 뉴턴 제3법칙에 맞는 힘의 짝은 두 물체가 힘을 주고받을 때 생긴다는 것이다. 짝을 이루는 두 힘은 크기가 같고 방향이 반대이며, 각 물체가 받는 힘은 다른 물체로부터 온다. 그림 6-28b의 '펼친 그림'은 힘의 수평방향 성분에 그러한 힘의 짝이 둘임을 보여준다. 손-밧줄 경계에서는 손이 밧줄을 당기는 힘 $\vec{F}_{손\,\to\,밧줄}$과 밧줄이 손을 당기는 힘 $\vec{F}_{밧줄\,\to\,손}$이 있다. 두 힘은 뉴턴 제3법칙에 맞는 힘의 짝으로 크기가 같고 방향이 반대다. 이들 사이에는 다음 관계가 있다.

$$\vec{F}_{손\,\to\,밧줄} = -\vec{F}_{밧줄\,\to\,손}$$

마찬가지로 밧줄-토막 경계에서는 다음 관계가 있는 힘의 짝이 있다.

$$\vec{F}_{밧줄\,\to\,토막} = -\vec{F}_{토막\,\to\,밧줄}$$

(b) 밧줄이 토막에 주는 힘 $\vec{F}_{밧줄\,\to\,토막}$의 크기는 얼마인가?

풀이 ■ 토막은 $+x$축 쪽으로 가속도 $\vec{a}$로 움직인다. 토막이 그 방향으로 받는 유일한 힘은 $\vec{F}_{밧줄\,\to\,토막}$이다. **요점**은 뉴턴 제2법칙에 따르면 힘 $\vec{F}_{밧줄\,\to\,토막}$가 가속도 $\vec{a}$를 준다는 것이다. 두 벡터 모두 x축 방향이므로 운동 방정식의 x성분 $(F_x^{알짜} = ma_x)$을 쓸 수 있다.

$$F_{밧줄 \to 토막 x} = Ma_x$$

여기에 문제에서 준 값을 넣으면 $F_{밧줄 \to 토막 x}$를 알 수 있고, 그 값은 $\vec{F}_{밧줄 \to 토막}$의 크기 $F_{밧줄 \to 토막}$이다.

$$\vec{F}_{밧줄 \to 토막} = (5.00\,\text{kg})(0.300\,\text{m/s}^2) = 1.50\,\text{N}$$

(c) 토막이 밧줄에 주는 힘 $\vec{F}_{토막 \to 밧줄}$의 크기는 얼마인가?

풀이 ■ (a)에서 $\vec{F}_{밧줄 \to 토막} = -\vec{F}_{토막 \to 밧줄}$임을 알고 있으므로, $\vec{F}_{토막 \to 밧줄}$의 크기는 다음과 같다.

$$F_{토막 \to 밧줄} = F_{밧줄 \to 토막} = 1.50\,\text{N}$$

(d) 손이 밧줄을 당기는는 힘 $\vec{F}_{손 \to 밧줄}$의 크기는 얼마인가?

풀이 ■ 요점은 밧줄이 팽팽하므로 밧줄과 토막이 이루는 계 전체가 $\vec{F}_{손 \to 밧줄}$을 받아 움직인다. 계의 질량은 $m + M$이다. 이 계에 대한 뉴턴 제2법칙의 x성분은 다음과 같다.

$$\begin{aligned} F_{손 \to 밧줄 x} &= (m + M)\,a_x \\ &= (0.200\,\text{kg} + 5.00\,\text{kg})(0.300\,\text{m/s}^2) \\ &= 1.56\,\text{N} \end{aligned} \tag{6-19}$$

밧줄을 당기는 힘 $\vec{F}_{손 \to 밧줄}$의 크기(1.56 N)는 밧줄이 토막에 주는 힘 $\vec{F}_{밧줄 \to 토막}$의 크기[(b)에서 1.50 N] 보다 크다는 것을 눈여겨 보라. 그 까닭은 $\vec{F}_{밧줄 \to 토막}$은 토막만을 가속시키지만, $\vec{F}_{손 \to 밧줄}$은 토막과 밧줄 모두를 가속시켜야 하고, 밧줄의 질량 m을 무시할 수 없기 때문이다. 식 6-19에서 $m \to 0$이 되게 하면 값이 1.50 N이 되어 밧줄의 다른 쪽 끝에서 받는 힘의 크기와 같아진다. 흔히 물체를 잇는 밧줄의 양끝에서 받는 힘의 크기가 같다고 어림할 수 있게 밧줄의 질량이 없다고 가정한다.

따라해보기 6-4 | 세 줄

그림 6-29a에 질량 $M = 15$ kg인 토막 B가 질량 $m_{매듭}$인 매듭 K에서 내린 줄에 매달려 있다. 매듭은 다시 천장에 매달린 두 줄에 매달려 있다. 줄의 질량은 무시할 수 있고, 매듭이 받는 중력은 토막이 받는 중력에 비하면 무시할 수 있다. 세 줄의 장력의 크기는 얼마인가?

풀이 ■ 토막에는 줄이 하나만 매여 있으니 이것에서 시작하자. 그림 6-29b의 힘-물체그림은 토막이 받는 힘을 보여준다. 중력 $\vec{F}^{중력}$(크기는 Mg)와 매달린 줄이 주는 힘 $\vec{T}_C$. **요점**은 뉴턴 제2법칙($\vec{F}^{알짜} = m\vec{a}$)을 통해 이 힘을 토막의 가속도와 연관지을 수 있다는 것이다. 두 힘 모두 수직방향이므로 운동법칙의 수직방향 성분 $F_y^{알짜} = ma_y$을 고르면 다음과 같다.

$$F_y^{알짜} = T_{Cy} + F_y^{중력} = T_C - Mg = Ma_y$$

토막의 가속도 a_y의 값 0을 넣으면 다음 결과를 얻는다.

$$T_{Cy} - Mg = M(0) = 0$$

이것은 토막이 받는 두 힘의 크기가 같음을 뜻한다. $M(=15.0\,\text{kg})$과 g의 값을 넣고 T_{Cy}에 대해 풀면 다음 결과를 얻는다.

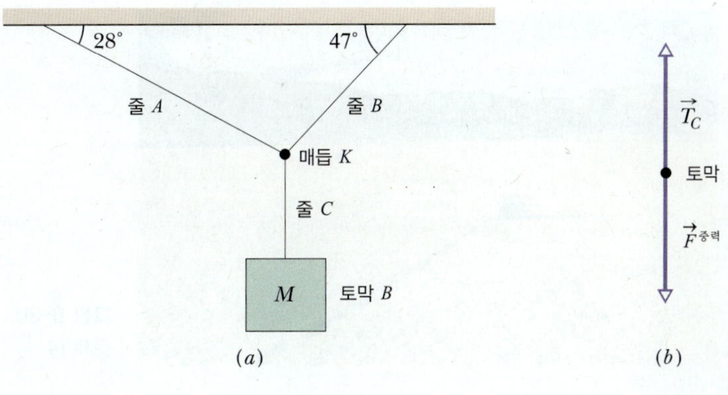

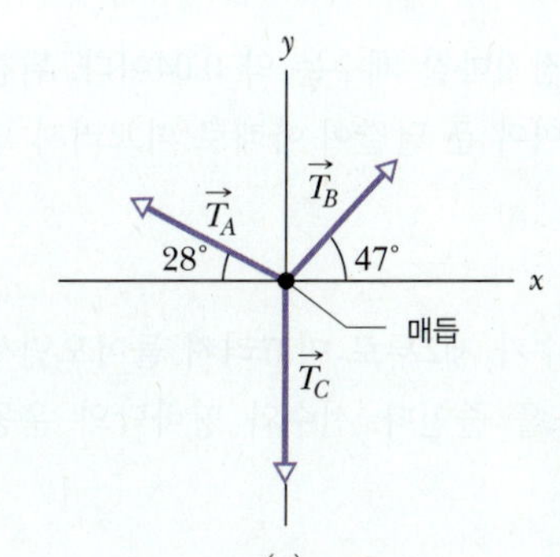

그림 6-29
(a) 질량 M인 토막이 세 줄에 매달려 있다. (b) 토막의 힘-물체그림. (c) 세 줄이 만나는 곳에 있는 매듭의 힘-물체 그림

$$T_{Cy} = 147\,\text{N}$$

유의: $\vec{T}_C$와 $\vec{F}^{중력}$이 크기는 같고 방향이 반대이지만, 두 힘이 뉴턴 제3법칙의 짝을 이루는 힘은 아니다. 왜 그런가?

이제 그림 6-29c의 힘-물체그림에 있는 매듭을 살펴보자. 여기에서 매듭이 받는 중력은 무시하여 넣지 않았다. 요점은 매듭이 받는 세 힘을 뉴턴 제2법칙($\vec{F}^{알짜} = m\vec{a}$)을 통해 다음과 같이 매듭의 가속도와 연관지을 수 있다는 것이다.

$$\vec{T}_A + \vec{T}_B + \vec{T}_C = m_{매듭}\vec{a}_{매듭}$$

여기에 매듭의 가속도 $\vec{a}_{매듭}$의 값 0을 넣으면 다음 결과를 얻는다.

$$\vec{T}_A + \vec{T}_B + \vec{T}_C = 0 \qquad (6\text{-}20)$$

이것은 매듭이 받는 세 힘은 평형을 이룸을 뜻한다. 비록 $\vec{T}_C$의 크기와 방향은 알지만, $\vec{T}_A$와 $\vec{T}_B$에 대해서는 방향만 알 뿐 크기는 모른다. 두 벡터에 대해 모르는 양이 둘이므로 식 6-20을 곧바로 벡터연산 계산기로 풀어 $\vec{T}_A$와 $\vec{T}_B$를 구할 수는 없다. 대신 식 6-20을 x와 y성분으로 고쳐 쓴다. x성분 식은 다음과 같다.

$$T_{Ax} + T_{Bx} + T_{Cx} = 0$$

이것에 자료 값을 넣으면 다음 결과를 얻는다.

$$-|\vec{T}_A|\cos 28° + |\vec{T}_B|\cos 47° + 0 = 0 \qquad (6\text{-}21)$$

또는 다른 꼴로는

$$|\vec{T}_A|\cos 152° + |\vec{T}_B|\cos 47° + 0 = 0$$

마찬가지로 y성분 식은 다음과 같다.

$$T_{Ay} + T_{By} + T_{Cy} = 0$$

또는

$$|\vec{T}_A|\sin 28° + |\vec{T}_B|\sin 47° - |\vec{T}_C| = 0$$

앞에서 구한 T_C의 값을 넣으면 다음 결과를 얻는다.

$$|\vec{T}_A|\sin 28° + |\vec{T}_B|\sin 47° - 147\,\text{N} = 0 \qquad (6\text{-}22)$$

식 6-21과 식 6-22에는 미지수가 두 개 똑같이 들어 있기 때문에 따로 풀 수는 없고 두 식을 연립하여 풀어야 한다. 두 식을 풀면 (바꾸어 넣든, 지우든, 아니면 계산기를 쓰든) 다음 결과를 얻는다.

$$|\vec{T}_A| = 104\,\text{N}, \quad |\vec{T}_B| = 134\,\text{N}$$

따라서 줄의 장력은 A는 104 N, B는 134 N, C는 147 N이다.

연습문제 6-4

11. 옷장

옷을 포함해서 질량이 45 kg인 침실 옷장이 서 있다.

(a) 옷장과 바닥의 정지마찰 계수가 0.45라면 사람이 적어도 얼마의 수평력으로 옷장을 밀어야 움직이기 시작할까? (b) 옷장을 밀기 전에 전체 질량이 17 kg인 서랍과 옷을 빼내면, 얼마의 수평력으로 옷장을 밀어야 움직이기 시작할까?

12. 푼 달걀

튀김판의 테플론과 푼 달걀의 정지마찰 계수는 약 0.04이다. 튀김판을 수평면에 대해 몇 도 기울여야 푼 달걀이 아래로 미끄러져 모일까?

13. 야구 선수

질량 m = 79 kg인 어떤 야구선수가 제2루로 미끄러져 들어오면서 크기 470 N인 마찰력으로 속도를 줄인다. 선수와 땅바닥의 운동마찰 계수 $\mu^{운동}$은 얼마인가?

14. 미끄러지는 이상한 돌

미국 캘리포니아 죽음의 계곡 외진 곳인 경주로 플레야(Racetrack Playa)를 따라 때때로 돌이 모래바닥에 길게 파인 선명한 자국을 남겨놓아 마치 돌이 이동한 것처럼 보인다(그림 6-30). 몇 년 동안 왜 돌이 움직이는가에 대해 호기심이 높아져갔다. 한 가지 설명은 가끔 있는 폭풍우로 땅이 물러졌을 때 센 바람이 돌을 밀어준다는

그림 6-30
문제 14

것이었다. 사막이 다시 마르면 돌이 밀려간 자국이 딱딱하게 굳어 남는다는 것이었다. 측정 결과 돌과 젖은 사막분지 땅의 운동 마찰계수는 약 0.80이었다. 센 바람이 불어 전형적인 질량이 20 kg인 돌을 움직이기 시작했다면 그 운동을 유지하려면 수평력이 얼마나 필요한가? (이야기는 문제 42에서 계속된다.)

15. 궤짝

어떤 사람이 55 kg 궤짝을 평평한 마루에서 수평력 220 N으로 민다. 운동 마찰계수는 약 0.35이다.

(a) 마찰력의 크기는 얼마인가? (b) 궤짝의 가속도는 얼마인가?

16. 언덕 위의 집

기울기가 거의 45°인 언덕 위에 집을 짓고 있다(그림 6-31). 공학적 분석 결과 맨 위층의 흙이 그 밑의 흙에 대해 미끄러져 내릴 수 있으므로 비탈을 깎아내야 하는 것으로 나타났다. 두 흙층 사이의 정지 마찰계수가 0.5라면, 흙이 미끄러져 무너지는 것을 막으려면 비탈을 더 깎아내야 하는 각도 ϕ는 얼마일까?

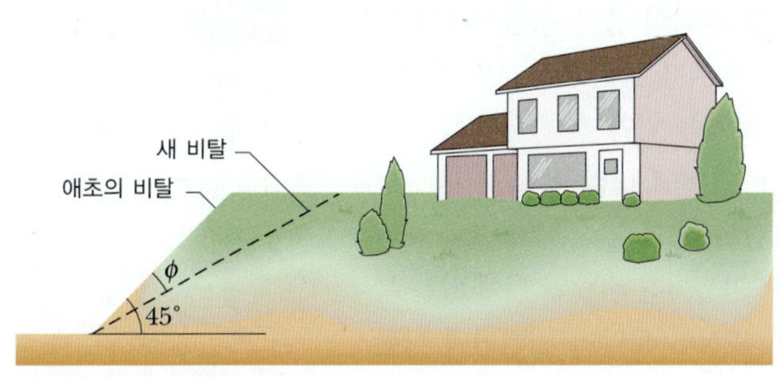

그림 6-31 문제 16

17. 하키퍽

110 g 하키퍽이 얼음판에서 마찰력을 받으며 미끄러져 15 m를 가서 섰다. (a) 처음 속력이 6.0 m/s라면 마찰력의 크기는 얼마인가? (b) 퍽과 얼음 사이의 마찰계수는 얼마인가?

18. 암벽 등반가

그림 6-32에서 49 kg 암벽 등반가가 두 바위 사이의 '굴뚝'을 오른다. 등반가의 신발과 바위 사이의 정지 마찰계수는 1.2, 등과 바위 사이의 정지 마찰계수는 0.8이다. 등반가는 바위를 미는 힘을 빼서 등과 신발이 겨우 미끄러지지 않을 정도가 되었다. (a) 등반가의 힘-물체그림을 그려라. (b) 등반가가 바위를 미는 힘은 얼마인가? (c) 등반가의 신발 마찰력은 몸무게의 얼마를 지탱하는가?

그림 6-32 문제 18

19. 벽에 붙은 토막

무게 5.0 N인 토막이 수직벽에 닿아 12 N의 수평력 $\vec{F}$를 받는다(그림 6-33). 벽과 토막 사이의 정지 마찰계수가 0.40이다. 토막은 처음에는 움직이지 않았다. (a) 토막은 움직일까? (b) 벽이 토막에 주는 힘을 단위벡터 기호를 써서 나타내라.

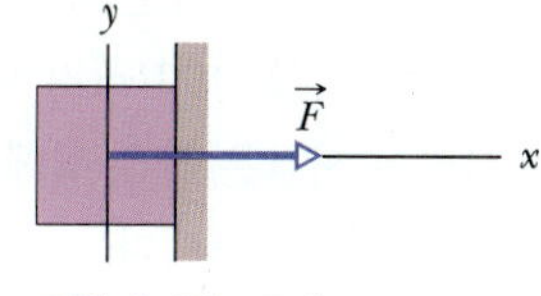

그림 6-33 문제 19

20. 수평면 위의 토막

평면에 서 있는 2.5 kg 토막이 그림 6-34와 같이 수평력 6.0 N과 수직력 $\vec{P}$를 받는다. 바닥면과 토막 사이의 마찰계수는 $\mu^{정지} = 0.40$, $\mu^{운동} = 0.25$이다. $\vec{P}$의 크기가 다음과 같을 때, 마찰력의 크기와 방향을 구하라. (a) 8.0 N, (b) 10 N, (c) 12 N.

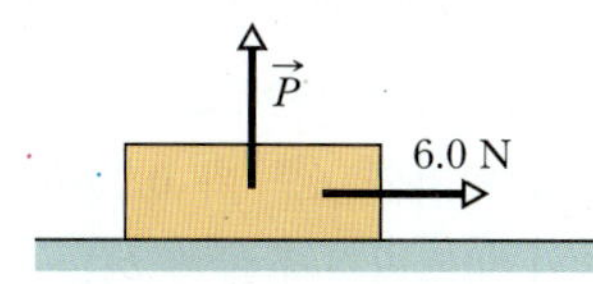

그림 6-34 문제 20

21. 모래산

어떤 일꾼이 자기 집 마당에 원뿔꼴로 모래를 쌓고 싶어 한다. 밑바닥 원의 반지름은 R이고 바깥으로 모래가 흘러가지 않아야 한다(그림 6-35). 빗면에 있는 모래층 사이의 정지 마찰계수가 $\mu^{정지}$라면, 쌓을 수 있는 모래의 최대 부피가 $\pi\mu^{정지}R^3/3$임을 보여라(원뿔 바닥의 넓이가 A이고 높이가 h이면 부피는 $A\,h/3$이나).

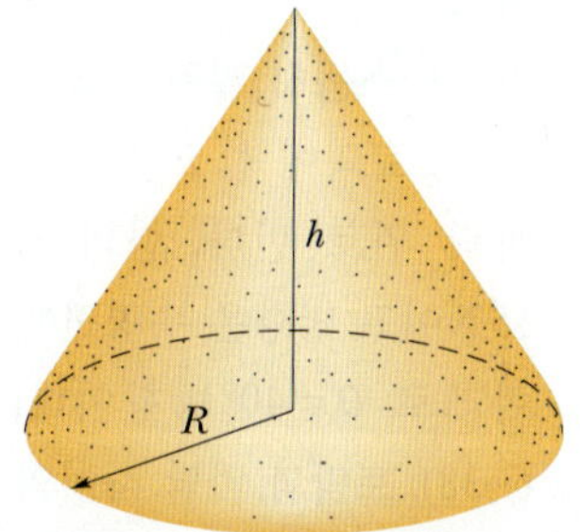

그림 6-35 문제 21

22. 일꾼과 궤짝

어떤 일꾼이 35 kg 궤짝 하나를 110 N의 수평력으로 민다. 궤짝과 바닥의 정지 마찰계수는 0.37이다. (a) 바닥이 궤짝에 주는 마찰력의 크기는 얼마인가? (b) 이 상황에서 최대 정지 마찰력 $f^{정지}_{최대}$는 얼마인가? (c) 나무 궤짝은 움직일까? (d) 그 일을 도우려고 둘째 일꾼이 궤짝을 위로 당긴다. 적어도 얼마의 힘을 주어야 첫째 일꾼이 110 N의 수평력으로 미는 궤짝이 움직일까? (e) 대신에 둘째 일꾼이 수평방향으로 당긴다면 적어도 얼마의 힘을 주어야 궤짝이 움직일까?

23. 궤짝 끌기

바닥에 놓인 68 kg의 궤짝에 밧줄을 매어 수평면에 대해 15° 위쪽으로 당긴다. (a) 정지 마찰계수가 0.50이라면 적어도 얼마의 힘으로 밧줄을 당겨야 궤짝이 움직이기 시작할까? (b) $\mu^{운동} = 0.35$이면 궤짝의 처음 가속도의 크기는 얼마일까?

24. 미끄럼 타는 돼지

미끄럼을 좋아하는 돼지 한 마리가 35° 비탈길을 미끄러져 내려오는데, 걸리는 시간은 같은 길에 마찰이 없을 때의 두 배이다(그림 6-36). 돼지와 비탈길 사이의 운동 마찰 계수는 얼마인가?

그림 6-36 문제 24

25. 토막 A와 B

그림 6-37에서 토막 A와 B의 무게는 각각 44 N, 22 N이다. (a) A와 탁자의 $\mu^{정지}$가 0.20이라면 A가 미끄러지지 않게 하는 토막 C의 최소 무게를 결정하라. (b) 토막 C를 갑자기 A로부터 들어 올린다. A와 탁자 사이의 $\mu^{운동}$이 0.15이면 토막 A의 가속도는 얼마인가?

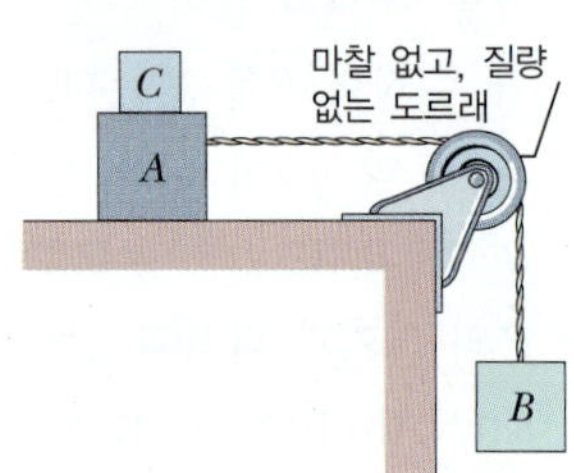

그림 6-37 문제 25

26. 비스듬히 밀린 토막

3.5 kg 토막에 힘 $\vec{F}$를 주어 수평 바닥 위로 민다. 힘의 크기는 15 N이고 방향은 수평면에 대해 아래로 $\theta = 40°$ 방향이다(그림 6-38). 토막과 바닥 사이의 운동 마찰계수는 0.25이다. (a) 바닥이 토막에 주는 마찰력의 크기와 (b) 토막의 가속도의 크기를 구하라.

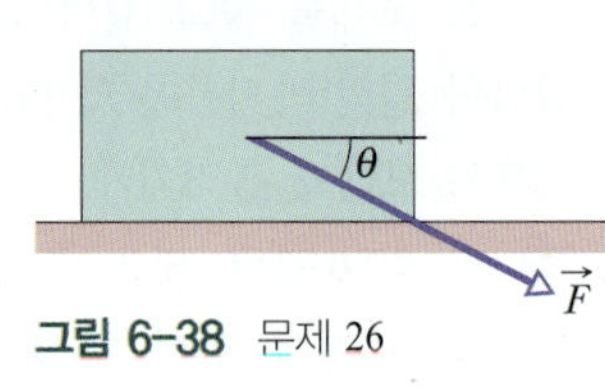

그림 6-38 문제 26

27. 산사태

그림 6-39은 어떤 산을 옆으로 자른 면이다. 굵은 선 AA'는 약한 지반으로 면을 따라 흙이 미끄러져 내릴 수 있다. 고속도로 바로 위의 흙더미 B는 위쪽의 바위와는 커다란 틈새로 나뉘어 있어, 흙더미와 지반 사이의 마찰력만이 미끄러지는 것을 막고 있다. 흙더미의 질량은 1.8×10^7 kg이고, 지반의 기울기 각 θ는 24°, 흙더미와 지반 사이의 마찰계수는 0.63이다.

(a) 흙더미가 미끄러지지 않음을 보여라. (b) 물이 틈새로 스며들어 얼 때 팽창하여 흙더미에 힘 $\vec{F}$를 AA'에 나란히 준다. F가 얼마보다 크면 흙더미가 미끄러져 내릴까?

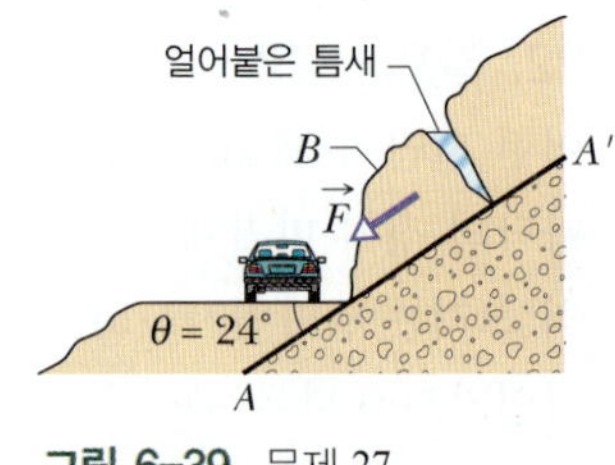

그림 6-39 문제 27

28. 펭귄 썰매

수평면에 대해 20° 기울어진 비탈면에 펭귄을 태운, 무게 80 N인 썰매가 있다(그림 6-40). 썰매와 비탈면 사이의 정지 마찰계수는 0.25, 운동 마찰계수는 0.15이다. (a) 썰매가 아래로 미끄러지지 않게 하려면 썰매를 비탈면에 나란하게 위로 끄는 힘 $\vec{F}$의 크기가 적어도 얼마이어야 하는가? (b) 썰매가 비탈면을 따라 위로 움직이게 하려면 힘의 크기가 적어도 얼마여야 하는가? (c) 썰매가 비탈면을 따라 위로 일정한 속도로 움직이게 하려면 힘의 크기가 얼마이어야 하는가?

그림 6-40 문제 28

29. 탁자 위의 토막

그림 6-41에서 토막 B의 무게는 711 N이다. 토막과 탁자면 사이의 정지 마찰계수는 0.25이다. B와 매듭 사이의 줄은 수평하다고 하자. 이 계가 멈춰 있으려면 토막 A의 무게는 얼마여야 하는가?

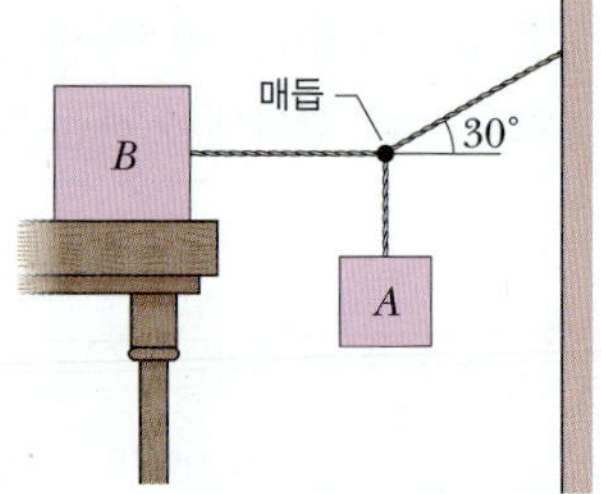

그림 6-41 문제 29

30. 표면에 나란한 힘

그림 6-42과 같이 수평면에 대해 15° 기울어진 비탈면 위에 있는 무게 45 N인 토막이 비탈면에 나란한 힘 $\vec{P}$를 받는다. 토막과 비탈면 사이의 마찰계수는 $\mu^{정지} = 0.50$, $\mu^{운동} = 0.34$이다. 토막이 처음에 서 있었다면, 힘 $\vec{P}$의 크기가 다음과 같을 때 토막이 받는 마찰력의 크기를 구하라. (a) 5.0 N, (b) 8.0 N, (c) 15 N.

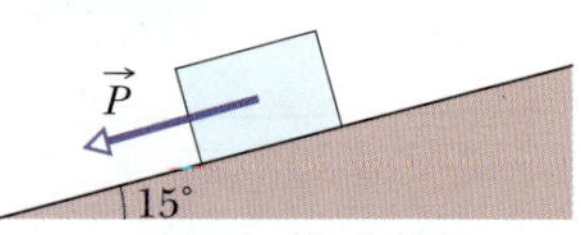

그림 6-42 문제 30

31. 물체 A – 물체 B

그림 6-43에서 물체 A의 무게는 102 N, B의 무게는 32 N이다. A와 비탈면 사이의 마찰계수는 $\mu^{정지} = 0.56$, $\mu^{운동} = 0.25$이다. 각도 θ는 40°이다. 다음 상황에서 A 가속도의 크기를 구하라. (a) A가 처음에 서 있을 때, (b) A가 처음에 비탈면을 따라 위로 올라갈 때, (c) A가 처음에 비탈면을 따라 아래로 내려갈 때.

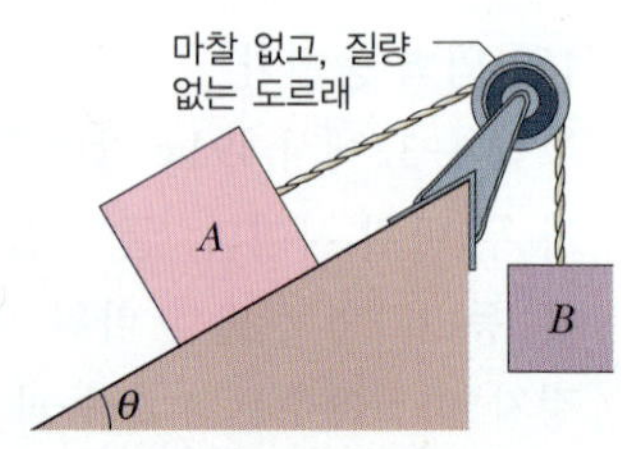

그림 6-43 문제 31

32. 두 토막과 도르래

그림 6-43에서 두 토막이 도르래를 통해 연결되어 있다. 토막 A의

질량은 10 kg이고 A와 비탈면 사이의 운동 마찰계수는 0.20이다. 기울기 각도 θ는 30°이다. 토막 A가 비탈면을 따라 일정한 속력으로 미끄러진다. 토막 B의 질량은 얼마인가?

33. 두 토막과 질량 없는 실

무게 3.6 N과 7.2 N인 두 토막 A와 B가 질량 없는 실로 연결되어 토막 30° 기울어진 비탈면을 따라 미끄러진다. 가벼운 토막과 비탈면 사이의 운동 마찰계수는 0.10, 무거운 토막과 비탈면 사이의 운동 마찰계수는 0.20이다. 가벼운 토막이 앞쪽에 있을 때 다음을 구하라. (a) 토막의 가속도, (b) 실의 장력. (c) 무거운 토막이 앞쪽에 있을 때의 운동을 기술하여라.

34. 과자 상자

그림 6-44에서 사탕 한 상자가 수평력 $\vec{F}$를 받아 과자 한 상자와 함께 수평면을 따라 가속된다. 사탕 상자가 받는 마찰력의 크기는 2.0 N, 과자 상자가 받는 마찰력의 크기는 4.0 N이다. $\vec{F}$의 크기가 12 N이면, 과자상자가 사탕상자로부터 받는 힘의 크기는 얼마인가?

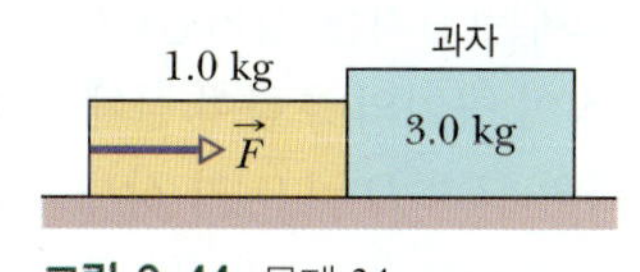

그림 6-44 문제 34

35. 붙어 있지 않은 토막

그림 6-45에 보인 두 토막(m = 16 kg, M = 88 kg)은 붙어 있지 않다. 두 토막 사이의 마찰계수는 $\mu^{정지} = 0.38$이지만, 큰 토막과 바닥 사이에는 마찰이 없다. 작은 토막에 크기가 얼마인 수평력 $\vec{F}$를 주어야 큰 토막에서 미끄러지지 않을까?

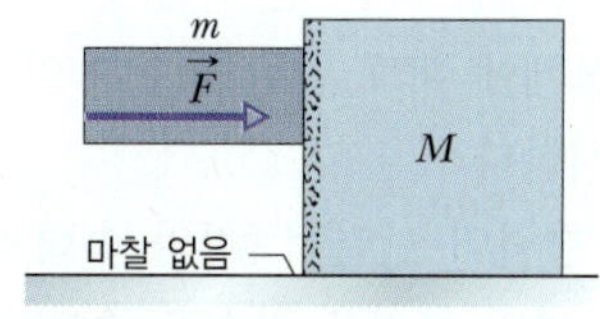

그림 6-45 문제 35

36. 암캐미와 수캐미

그림 6-46에서 암캐미 한 상자(전체 질량 $m_A = 1.65$ kg)와 수캐미 한 상자(전체 질량 m_B = 3.30 kg)가 질량 없는 막대에 붙어 비탈면을 따라 미끄러진다. 비탈면의 기울기 각도는 $\theta = 30°$이다. 개미 상자와 비탈면 사이의 운동 마찰계수는 암캐미 상자에 대해서는 $\mu_A^{운동} = 0.226$, 수캐미 상자에 대해서는 $\mu_B^{운동} = 0.113$이다. 다음을 구하라. (a) 막대의 장력, (b) 두 상자의 공통 가속도, (c) 두 상자의 위치를 맞바꾸면 앞의 두 문제의 답이 어떻게 되는가?

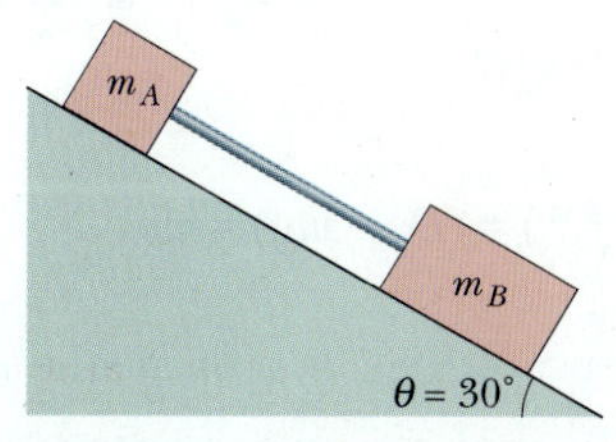

그림 6-46 문제 36

37. 토막과 판자

40 kg 판자가 마찰 없는 마루에 서 있다. 판자 위에 10 kg 토막이 얹혀 서 있다(그림 6-47). 토막과 판자 사이의 정지 마찰계수 $\mu^{정지}$는 0.40, 운동 마찰계수 $\mu^{운동}$은 0.40이다. 10 kg 토막을 크기 100 N인 수평력으로 끈다. (a) 토막과 (b) 판자의 가속도는 얼마인가?

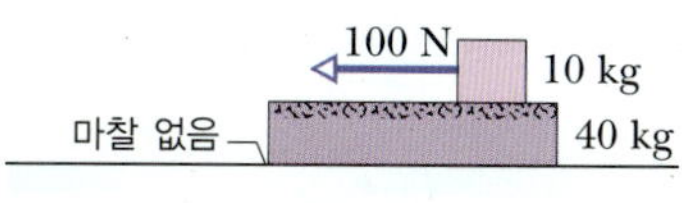

그림 6-47 문제 37

38. 기관차

기관차가 객차 25량을 평평한 철길을 따라 끈다. 낱낱의 객차의 질량은 5.0×10^4이고 마찰력 $\vec{f}^{운동} = (250\ \text{N}\cdot\text{s/m})\vec{v}$를 받는다. 기차의 속력이 30 km/h인 순간, 가속도의 크기가 0.20 m/s^{2}이다. (a) 기관차와 첫 객차의 이음쇠가 받는 장력은 얼마인가? (b) 이 장력이 기관차가 기차에 줄 수 있는 힘의 최대값이라면, 기차의 속력이 30 km/h일 때 기관차가 끌고 갈 수 있는 비탈길의 최대 기울기는 얼마인가?

39. 골에 놓인 궤짝

그림 6-48에서 궤짝이 기울어진 각진 골을 따라 미끄러진다. 궤짝과 골 사이의 운동 마찰계수는 $\mu^{운동}$이다. 궤짝의 가속도를 $\mu^{운동}$과 θ와 g로 나타내라.

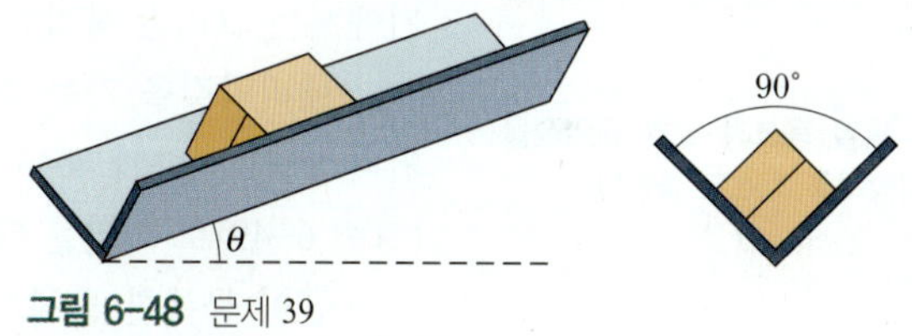

그림 6-48 문제 39

40. 모래 상자

마루에 서 있던 모래상자에 줄을 매어 끌려고 한다. 줄의 장력은 1 100 N을 넘을 수 없다. 상자와 마루 사이의 정지 마찰계수는 0.35이다. (a) 가장 많은 모래를 끌려면 줄과 수평면 사이의 각도를 얼마로 해야 하는가? (b) 그 상황에서 모래와 상자의 무게를 더한 값은 얼마인가?

41. 기관 꺼진 배

1 000 kg 배가 90 km/h로 달리는데 기관이 꺼졌다. 배와 물 사이의 운동 마찰력 $\vec{f}^{운동}$은 배의 속력 v에 비례한다. $\vec{f}^{운동} = -(250\ \text{N}\cdot\text{s/m})\vec{v}$. 배의 속력이 45 km/h로 줄어드는데 걸리는 시간을 구하라.

6-5 끝속력

차를 타고 가면서 손을 창밖으로 내밀면, 처음에 천천히 갈 때는 별다른 느낌이 없다. 그러나 속력이 점점 빨라지면 손이 받는 힘은 점점 더 세진다. 손에 느끼는 힘을 **공기 저항력(air drag)**이라고 한다. 공기 저항의 크기는 공기에 대한 손의 상대속도가 빨라질수록 더 커진다. 공기 저항은 흔히 느끼는 힘이지만, 물체가 비교적 빨리 움직일 때만 중요하다.

공기는 유체이다. **유체(fluid)**는 흐를 수 있는 모든 것 — 보통 기체 또는 액체 그리고 플라스마(plasma) — 이다. 유체와 물체 사이에 상대적인 속도가 있으면(유체 속을 물체가 움직이든가 아니면 유체가 물체를 지나쳐 흐르면), 물체는 상대운동을 거스르는 **항력(drag force)** $\vec{D}$를 물체를 기준으로 유체가 흐르는 쪽으로 받는다. 접촉력과 마찬가지로 공기저항력도 공기분자와 물체 사이의 아주 작은 전자기력이 수십억 개 더해진 결과이다.

그림 6-49
스키 선수가 몸을 웅크려 유효 단면적을 줄여 공기 저항력을 최소로 줄인다.

여기에서는 유체가 공기이고 물체는(던지는 상처럼) 가느다란 것보다는 (손이나 공처럼) 뭉툭한 것이 상대적으로 충분히 빨리 움직여 공기의 흐름이 물체 뒤에서 난류(흐름이 끊기고 맴돌이 함)가 될 때만 살펴본다. 그럴 때는 항력의 크기 $D=|\vec{D}|$가 상대속도 $v=|\vec{v}|$와 다음 관계가 있음이 실험으로 밝혀졌다.

$$D=\frac{1}{2}C\rho Av^2 \tag{6-23}$$

여기에서 ρ는 공기 밀도(단위 부피당 질량), A는 물체의 **유효 단면적(effective cross-sectional area)**(속도 $\vec{v}$에 대해 수직방향으로 물체를 자른 면의 넓이)다. **항력 계수(drag coefficient)** C(전형적인 값은 0.4에서 1 사이에 있다)는 물체에 대해 참된 상수가 아니다. v가 달라지면 C도 달라진다. 여기에서는 그러한 복잡한 사정은 무시한다.

내리막길을 가는 스키 선수는 항력이 단면적 (A)와 속력의 제곱(v^2)에 따라 달라지는 것을 잘 안다. 스키 선수가 빠른 속력을 얻으려면 항력을 최소로 줄여야 하므로, 보기를 들어 '웅크린 자세'(그림 6-49)로 스키를 타서 단면적 A를 최소로 줄인다.

끝이 뭉툭한 물체가 공기 중에서 멈춰 있다가 떨어지면, 항력 $\vec{D}$는 위쪽을 향한다. 크기는 처음에 0에서 물체의 속력이 빨라지면서 점점 커진다. 물체가 받는 항력 $\vec{D}$는 위쪽을 향하므로 아래쪽을 향하는 중력 $\vec{F}^{중력}=-mg\hat{\mathrm{j}}$을 거스른다. 이 힘들과 물체의 가속도는 뉴턴 제2법칙의 y성분($F_y^{알짜}=ma_y$)을 써서 연관지을 수 있다.

$$\vec{F}^{알짜}=+(D_y+F_y^{중력})=(D_y-mg)=ma_y \tag{6-24}$$

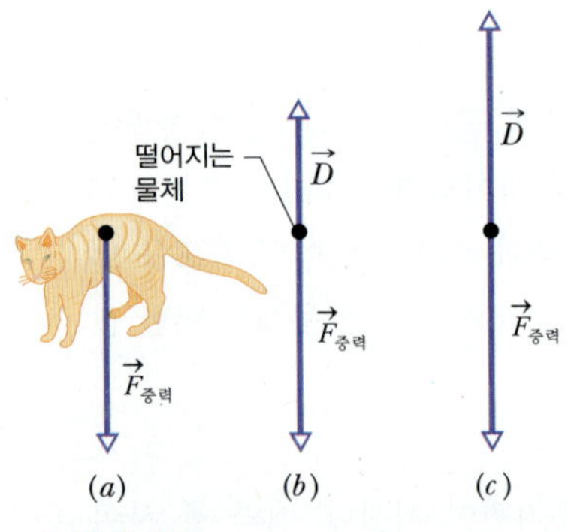

그림 6-50
공기 속에서 떨어지는 물체가 받는 힘: (a) 물체가 막 떨어지기 시작한 때. (b) 조금 뒤 항력이 생겼을 때의 힘-물체그림. (c) 항력이 아주 커져 물체가 받는 중력과 맞비길 때. 이제는 물체가 일정한 끝속력으로 떨어진다.

여기에서 m은 물체의 질량이다. 떨어지는 물체의 공기에 대한 상대속도가 빨라지면 D도 커짐을 경험을 통해 안다. 그림 6-50처럼, 물체가 오랫동안 떨어지면, 두 힘의 크기 D와 $F_y^{중력}$이 그림 6-50c과 같이 결국은 같아진다. 그렇게 되면 식 6-24에 따르면 $a_y=0$이고, 물체의 속력은 더 이상 빨라지지 않는다. 그러면 물체는 일정한 속력으로 떨어지며, 그 속력을 '끝속력(terminal speed)' $v_{끝}$이라고 한다. 끝속력을 알려면 식 6-24에서 $a_y=0$으로 두고 항력의 크기에 관한 식 $D=\frac{1}{2}C\rho Av^2$(식 6-23)을 넣어 다음 결과를 얻는다.

$$v_{끝}=\sqrt{\frac{2mg}{C\rho A}} \tag{6-25}$$

표 6-1은 몇 가지 흔히 보는 물체의 끝속력의 값을 보여준다.

표 6-1
공기 속에서의 끝속력

물체	끝속력 (m/s)	95% 거리* (m)
총알	145	2 500
공중 낙하꾼(전형적인)	60	430
야구공	42	210
정구공	31	115
농구공	20	47
탁구공	9	10
빗방울 (반지름 = 1.5 mm)	7	6
낙하산꾼 (전형적인)	5	3

* 이 거리는 물체가 멈춰 있다가 떨어져 끝속력의 95%에 이를 때까지 가는 거리다.
자료 출처: Peter J. Brancazio, *Sport Science* New York: Simon & Schuster (1984)에서 뽑아 씀.

$D = \frac{1}{2}C\rho Av^2$라고 가정하고 셈해보면 고양이는 약 1.8 m를 떨어지면 끝속력에 이른다. 그 때까지는 $mg > D_y$이어서 고양이는 아래쪽으로 알짜힘을 받아 가속된다. 2장에서 우리 몸은 속력 감지기가 아니라 가속도 감지기임을 배웠음을 떠올려라. 고양이도 가속도를 감지하므로, 겁이 나서 발을 몸 아래쪽으로 내밀고 머리는 움츠리며, 등은 위로 구부려 단면적(A)가 작아지므로, 끝속력 $v_{끝}$이 비교적 크다. 고양이가 그 자세를 계속 유지하면 땅에 떨어질 때 다칠 수 있다. 그렇지만 이 장의 첫쪽에 보인 사진에 있는 고양이가 $v_{끝}$에 이르면, 가속도가 사라지므로 긴장을 풀고 다리와 목을 수평으로 뻗고 등을 편다(그러면 날다람쥐가 나는 자세와 비슷해진다). 이러한 행동으로 단면적 A가 넓어지고 따라서 고양이가 받는 항력의 크기 D_y가 커진다. 이제는 위쪽을 향한 항력이 아래쪽을 향한 중력보다 크므로 고양이가 떨어지는 속력이 느려진다. 결국 새로 더 느린 끝속력에 이르게 된다. 끝속력이 느려지면 땅에 떨어질 때 크게 다칠 가능성이 줄어든다. 땅에 닿기 바로 전에 고양이는 다리를 몸쪽 아래로 당겨 땅을 딛을 준비를 한다.

사람도 자주 재미삼아 높은 곳에서 떨어지는 공중 낙하를 한다. 그렇지만 1987년 4월 공중낙하에서 낙하꾼 그레고리 로버트슨은 낙하꾼 친구 데비 윌리엄스가 다른 낙하꾼과 부딪쳐 정신을 잃어 자기 낙하산을 펴지 못한 것을 보았다. 그 때 로버트슨은 윌리엄스보다 높은 곳에 있었고 4 km를 떨어지고자 낙하산을 아직 펴지 않은 채였는데, 자세를 바꾸어 머리를 아래로 하여 꼿꼿이 세워 자기 단면적을 최소로 줄여 아래로 내려가는 속력을 최대로 빠르게 했다. 어림잡아 320 km/h의 끝속력에 이르러 그는 윌리엄스를 따라 잡자 수평하게 '네 활개를 편(spread eagle)' 자세(그림 6-51)로 바꾸어 자기가 받는 항력을 늘렸다. 그 뒤 로버트슨은 윌리엄스를 붙잡았고, 윌리엄스의 낙하산을 펼친 다음 놓아보낸 뒤, 땅에 떨어지기 10초 전에 자기 낙하산을 폈다. 윌리엄스는 땅에 떨어질 때 자세를 잡지 못하여 많은 내상을 입었지만 살아났다.

그림 6-51
공중 낙하꾼이 최대 공기 저항력을 받고자 네 활개를 펴고 있다.

생각해보기 6-9 땅바닥 가까이에서 큰 빗방울이 작은 것보다 속력이 더 빠른가(>), 작은가(<), 같은가(=)? 빗방울은 모두 둥글고 항력계수 C가 같다고 하자. 조심! 따져 볼 것이 하나가 아니다.

연습문제 6-5

42. 문제 14 계속

플레야에서 바람이 돌을 끌고 가는 것에 관한 설명을 다시 읽어라. 이제 바람이 전형적인 20 kg 돌을 끄는 힘의 크기가 식 6-23와 같고, 돌이 바람을 받는 단면적이 $0.040\ \mathrm{m}^2$, 항력계수 C는 0.80이라고 하자. 공기의 밀도는 $1.21\ \mathrm{kg/m}^3$, 운동마찰계수가 0.80이다. (a) 돌이 움직이기 시작한 뒤로 운동을 유지하려면 지면과 나란히 부는 바람의 속력 V는 km/h의 단위로 얼마여야 하는가? (b) 앞의 문제에 대한 답에서 바람의 속력이 폭풍에 해당하며, 타당한 값인가?

43. 유도무기

지름 53 cm인 유도탄이 낮은 고도에서 250 m/s의 속력으로 순항할 때 받는 저항력을 셈하라. 공기의 밀도는 $1.2\ \mathrm{kg/m}^3$, 항력계수 C는 0.75이다.

44. 공중 낙하꾼

공중 낙하꾼의 끝속력은 네 활개를 활짝 펼치면 160 km/h, 온몸을 곧게 하면 310 km/h이다. 항력계수 C가 어떤 자세에서나 같다면 빠른 자세에 대한 느린 자세의 유효 단면적 A의 비율을 구하라.

45. 제트 비행기와 프로펠러 비행기

고도 10 km에서 1 000 km/h로 나는 제트 여객기가 받는 항력과, 고도 5 km에서 500 km/h로 나는 프로펠러 여객기가 받는 항력의 비를 구하라. 공기의 밀도는 고도 10 km에서 $0.38\ \mathrm{kg/m}^3$, 5.0 km에서 $0.67\ \mathrm{kg/m}^3$ 이다. 두 비행기의 유효 단면적과 항력계수 C는 같다고 하자.

6-6 뉴턴 법칙 활용하기

이제 물체가 받을 수 있는 여러 가지 힘을 배웠으니 힘을 주고받는 계 속의 물체들이 겪는 가속도와 힘을 살펴보는데 필요한 기본 지식을 갖춘 셈이다. 그렇지만, 계가 어떻게 움직일까를 예측하거나 계의 움직임을 관찰하여 모르는 힘을 찾아내려면 아는 것을 조직적으로 써야 한다.

여러분이 물체의 운동을 살펴볼 때 따라야 할 몇 가지 핵심 절차를 제시하겠다. 이 절차는 3-7절과 6-2절에서 보인 것을 확장한 것이다. 그 절차는 따라해보기 6-5에서 더 자세히 설명한다.

1. 살펴보려는 계의 그림을 그려라.
2. 그림의 계에서 살펴보려는 물체를 찾아내라. 낱낱의 물체가 받는 힘의 종류, 방향, 크기의 어림값을 찾아내라. 힘에 종류를 보여주는 이름표를 붙여라.
3. 낱낱의 물체를 점으로 나타내고, 그것에 대해 힘-물체그림을 꾸며라. 힘 벡터를 나타내는 이름표를 단 화살표의 꼬리를 그 힘을 받는 물체를 나타내는 점에 붙여라. 가능하면 힘 벡터의 방향과 크기가 잘 드러나게 화살표를 그려라.
4. 가속도의 방향을 예측하고 그쪽으로 특별히 가속도 벡터 $\vec{a}$를 그리고 이름표를 달아라. 그 다음 좌표계를 잡되, 축 하나가 예측한 가속도와 나란하게 잡아라.
5. 계 속의 낱낱의 물체에 대해 뉴턴 제2법칙을 벡터 꼴로 쓰고, 그 벡터 식을 성분으로 나누어 한 짝의 1차원 방정식으로 써라.

$$\vec{a}=\frac{1}{m}\vec{F}^{\text{알짜}} \Rightarrow a_x=\frac{1}{m}F_x^{\text{알짜}} \text{ 와 } a_y=\frac{1}{m}F_y^{\text{알짜}}$$

   1차원 방정식으로 쓸 때는 벡터를 나타내는 화살표를 떼어내는 것을 기억하라. 두 식은 벡터의 두 성분에 관한 것이다.
6. 낱낱의 차원(x와 y)에 대해 방정식을 따로 풀어 모르는 벡터 성분을 구한다.

따라해보기 6-5 | 비탈길 올라가기

그림 6-52는 300g 토막이 30°비탈길을 올라가는 것을 보여준다. 토막은 도르래를 통해 추가 달린 줄에 끌려 일정한 속도로 움직인다. 줄과 도르래의 질량은 무시할 수 있고 도르래는 마찰이 없으며 비탈길과 토막 사이에도 마찰이 없다. (a) 토막이 비탈길을 따라 일정한 속도로 올라가는 동안 줄이 토막에 주는 힘은 얼마인가? (b) 비탈길이 토막에 주는 법선력은 얼마인가?

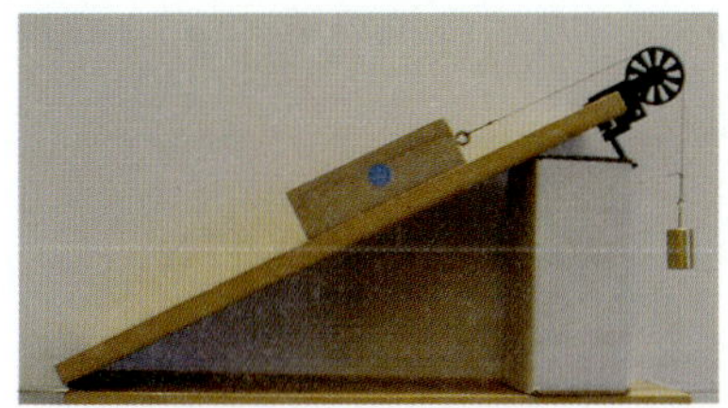

그림 6-52
비탈길을 따라 일정한 속도로 올라가는 토막의 사진

풀이 ■ 요점은 토막이 가속되지 않는다는 것이며, 따라서(뉴턴 제2법칙에 따라) 그것이 받는 알짜힘은 0이다. 6-6절에 설명한 단계를 따라가며, 토막이 받는 힘을 확인하고, 좌표계를 잡고, 벡터를 성분으로 나눈다. 낱낱의 좌표축 방향 성분을 모두 더하면 0이므로, 방정식을 풀어 토막을 끄는 힘의 크기와 방향을 알 수 있다.

첫째 단계: 계에 대한 그림을 그려라. 그림 6-53*a*는 물음 (*a*)에 답하는데 필요한 계의 본질적 특징을 보여준다. 여기에는 비탈길, 토막, 그것을 당기는 줄이 들어 있다. 이 그림은 그림 6-52의 사진보다는 추상적이다.

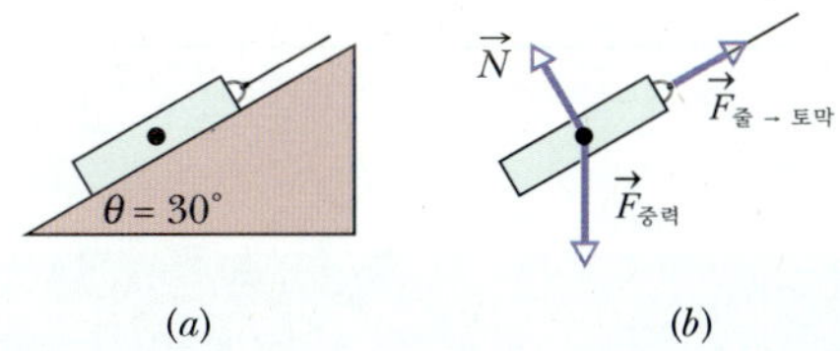

그림 6-53
(*a*) 첫째 단계: 계에서 문제를 푸는데 관련 있는 부분만 그린 그림. (*b*) 둘째 단계: 토막과 그것이 받는 힘에 이름표를 단 그림

둘째 단계: 운동을 살펴볼 물체를 가려내어 받는 힘을 찾아내라. 이 문제에서 살펴 볼 물체는 토막 하나뿐이다. 따라서 토막이 받는 힘과 그림만 그리면 된다. 토막이 받는 힘은 셋이다. 첫째 지구가 토막을 끌어당기는 중력은 아래쪽을 향한다. 그 다음 법선력은 접촉면에 직각방향으로 작용한다. 끝으로 토막의 위쪽을 당기는 줄의 장력이 있다. 이 힘은 그림 6-53*b*에 보였다. **유의**: 지구는 토막을 이루는 낱낱의 조각을 아래쪽으로 당기지만, 이 힘을 이상화하여 토막의 중심에 작용한다고 가정한다. 마찬가지로 비탈길이 토막에 주는 법선력도 비탈길과 맞닿은 면의 중심 한 점에 힘 하나가 작용한다고 가정한다. 이 힘은 실제로는 비탈길과 맞닿은 면에 있는 모든 곳에 작용하는 수많은 법선력의 벡터합임을 알아야 한다.

셋째 단계: 힘-물체그림을 그려라. 뉴턴 제2법칙을 써서 계의 운동을 살펴보려면 계를 이루는 각 부분에 대한 힘-물체그림을 그려야 한다. 보통 힘을 받는 물체는 점으로 나타낸다. 그 다음 그 물체가 받는 힘을 나타내는 화살표를 그리는데, 꼬리는 점에 두고 화살 방향은 힘의 방향으로 그린다. 또한 힘의 상대적인 크기를 알면, 화살의 길이를 그에 맞추어 그린다. 이 보기에서는 한 물체(토막)에 대한 힘-물체그림만 그리면 된다. 그림에는 예측된 가속도의 방향을 보여주는 화살표도 이름표를 달아 그려 넣어야 한다. 이 문제에서는 가속도가 0이므로 가속도 벡터는 넣지 않았다. 토막의 힘-물체그림을 그림 6-54*a*에 보였다.

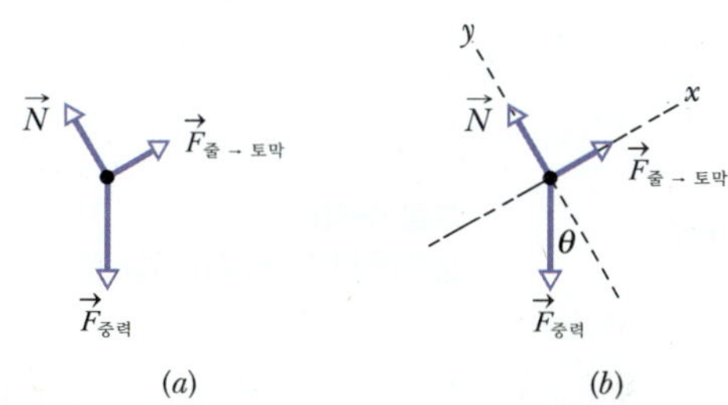

그림 6-54
셋째 단계: 토막이 받는 힘에 대한 힘-물체그림: (*a*) 좌표계를 잡지 않은 그림. (*b*) 좌표계를 잡은 그림.

넷째 단계: 가속도의 방향을 예측하고, 좌표계를 잡아라. 상황에 맞게 좌표계를 잡으려면, 지금까지 수직축을 y축으로, 수평축을 x축으로 잡아온 표준적인 관행을 버려야 한다. 일반적으로 축 가운데 하나는 물체의 가속도나 찾으려는 힘의 방향과 나란히 잡는다. 토막이 받는 힘 가운데 하나는 비탈길 위쪽이다(줄의 장력). 다른 힘 하나는 비탈길과 직각을 이룬다(법선력). $+x$축을 '비탈길을 오르는' 쪽으로, y축은 비탈길에 직각 방향으로 잡는다(그림 6-54*b*). 이 좌표계에서는 중력만 성분으로 나누면 된다. 표준적인 좌표계를 잡으면 틀리지는 않지만 불편하다.

초보적인 기하학을 쓰면 중력 벡터는 $-y$축과 30°를 이룸을 알 수 있다.

다섯째 단계: 뉴턴 제2법칙을 쓰고, 힘의 성분으로 나누어라. 토막이 일정한 속도로 움직인다고 했으므로 토막이 받는 힘은 0이어

야 한다. 따라서 다음과 같이 쓸 수 있다.

$$\vec{F}^{\text{알짜}} = m\vec{a} = 0 \quad \text{따라서} \quad \vec{F}^{\text{중력}} + \vec{N} + \vec{F}_{\text{줄}\to\text{토막}} = 0$$

그런데 $\vec{F}^{\text{알짜}} = 0$이 되려면 $F_x^{\text{알짜}} = 0$ 그리고 $F_y^{\text{알짜}} = 0$ 이어야 한다. 그러므로 다음 식이 성립한다.

$$F_x^{\text{중력}} + N_x + F_{\text{줄}\to\text{토막}x} = 0$$

$$F_y^{\text{중력}} + N_y + F_{\text{줄}\to\text{토막}y} = 0$$

$F_x^{\text{중력}}$는 중력의 x성분을, N_x는 법선력의 x성분 등을 나타냄을 상기하자. 이 성분들은 벡터가 아니므로 위에 화살표를 붙이지 않았다. 성분으로 나누어야 할 것은 중력 벡터뿐이고, 그림 6-55에 보였다. 중력의 성분은 이미 앞에서 값이 음수임을 알았으므로 부호까지 명확히 붙이면 다음과 같다.

$$F_x^{\text{중력}} = -F^{\text{중력}} \sin\theta \quad \text{그리고} \quad F_y^{\text{중력}} = -F^{\text{중력}} \cos\theta$$

그림 6-55
중력 벡터를 x와 y축 방향 성분으로 나눈 그림

아래를 향하는 힘벡터와 y축 사이의 각도 θ는 30°이다. 그림을 살펴보면, 법선력 벡터는 $+y$쪽을, 장력 벡터는 $+x$쪽을 향함을 알 수 있다. 따라서 이들 벡터는 다음과 같이 쓸 수 있다.

$$\vec{N} = +N\hat{\mathrm{j}} \text{ 그리고 } \vec{F}_{\text{줄}\to\text{토막}} = +T\hat{\mathrm{i}}$$

여기에서 T는 값이 양수인 스칼라로서 줄의 장력의 크기를, N은 값이 양수인 스칼라로서 법선력의 크기를 나타낸다. 그러면 $F_x^{\text{알짜}} = 0$은 $+T - F^{\text{중력}} \sin\theta = 0$이 되고 $F_y^{\text{알짜}} = 0$은 $N - F^{\text{중력}} \cos\theta = 0$이 된다. 따라서 다음 식이 성립한다.

$$T = mg\sin\theta$$

$$N = mg\cos\theta$$

중력의 성분은 토막의 질량 m, 국소 중력의 세기 상수 g, 그리고 각도 θ를 써서 셈하는 방법을 알고 있다.

$$T = mg\sin\theta = 0.300\ \text{kg} \times 9.8\ \text{m/s}^2 \times \sin 30^\circ = 1.47\ \text{N}$$

$$N = mg\cos\theta = 0.300\ \text{kg} \times 9.8\ \text{m/s}^2 \times \sin 30^\circ = 2.55\ \text{N}$$

끝으로 유효숫자 2자리만 남기면 다음 결과를 얻는다.

$$\vec{F}_{\text{줄}\to\text{토막}} = +T\hat{\mathrm{i}} = +(1.5\ N)\hat{\mathrm{i}}$$

$$\vec{N} = +(2.5\ N)\hat{\mathrm{j}}$$

마지막 **유의**: 이 보기는 비교적 단순한 분석을 위한 바탕이다. 마찰력을 따지고 가속운동을 하는 부분을 살펴 보았다면 문제가 더 복잡해졌을 것이다. 그렇지만 기본적인 내용은 똑같다. 더 복잡한 상황에 대한 분석기법을 숙달하려면 이 장의 나머지 따라해보기를 배워야 한다.

따라해보기 6-6 | 풀려나 미끄러지는 동전

그림 6-56a는 수평면에 대해 각도 θ로 기울어진 책 위에 가만히 있는 질량 m인 동전을 보여준다. 실험을 해보면 책을 더 기울여 θ가 13°가 되면 동전은 책을 따라 미끄러질락 말락한다. 곧 13°를 조금만 넘어도 미끄러진다. 동전과 책 사이의 정지마찰계수 $\mu^{\text{정지}}$는 얼마인가?

풀이 ■ 책 표면에 마찰이 없다면 기울어진 각도가 얼마든 동전은 중력 때문에 틀림없이 미끄러질 것이다. 따라서 **요점** 하나는 정지마찰력 $f^{\text{정지}}$ 때문에 동전이 책에 붙어 있다는 것이다. 둘째 요점은 동전이 미끄러질락 말락한 상태라면, 마찰력이 크기가 최대 $f^{\text{최대}}$이고 방향은 책이 이루는 비탈면 위쪽을 향한다는 것이다. 동전이 책으로부터 받는 법선력 $\vec{N}$의 크기가 N이라면 식 6-11로부터 다음 식이 성립함을 알고 있다.

$$f^{\text{최대}} = \mu^{\text{정지}} N$$

이로부터 다음 결과를 얻는다.

$$\mu^{\text{정지}} = \frac{f^{\text{최대}}}{N} \qquad (6\text{-}26)$$

이 식에서 값을 결정하려면, 힘의 크기 $f^{최대}$와 N을 알아야 한다. 그러려면 또 다른 요점을 쓴다. 동전이 미끄러질락 말락할 때는 멈춰 있으므로 가속도 $\vec{v}$가 0이다. 이 가속도는 뉴턴 제2법칙($\vec{F}^{알짜} = m\vec{a}$)을 통해 동전이 받는 힘과 연관지을 수 있다. 그림 6-33*b*의 동전에 대한 힘-물체그림과 같이, 동전이 받는 힘은 (1) 동전이 받는 마찰력 $\vec{f}^{정지}$, (2) 법선력 $\vec{N}$, (3) 중력 $\vec{F}^{중력}$이고 중력의 크기는 mg이다. $\vec{a} = 0$이므로 뉴턴 제2법칙으로부터 다음 결과를 얻는다.

$$\vec{f}^{정지} + \vec{N} + \vec{F}^{중력} = 0 \tag{6–27}$$

$\vec{f}^{정지}$과 N을 구하려면 식 6–27을 그림 6–56*b*의 기울어진 좌표계의 x와 y축 방향의 성분으로 고쳐쓴다. x성분은 $|\vec{F}^{중력}|$을 mg로 바꾸면 다음과 같다.

$$f_x^{정지} + N_x + F_x^{중력} = f_x^{정지} + 0 - mg\sin\theta = 0$$

따라서

$$f_x^{정지} = f^{정지} = +\,mg\sin\theta \tag{6–28}$$

마찬가지로 y성분은 다음과 같다.

$$f_y^{정지} + N_y + F_y^{중력} = 0 + N - mg\cos\theta = 0$$

따라서

$$N = +\,mg\cos\theta \tag{6–29}$$

식 6–28과 6–29를 식 6–26에 넣으면 다음 결과를 얻는다.

$$\mu^{정지} = \frac{mg\sin\theta}{mg\cos\theta} = \tan\theta \tag{6–30}$$

따라서 다음과 같다.

$$\mu^{정지} = \tan 13° = 0.23$$

실제로는 $\mu^{정지}$의 값을 알고자 θ를 직접 재지 않아도 된다. 대신 그림 6–56*a*에 보인 두 길이 d와 h를 재어, 식 6–30에서 $\tan\theta$ 대신 h/d의 값을 넣어도 된다.

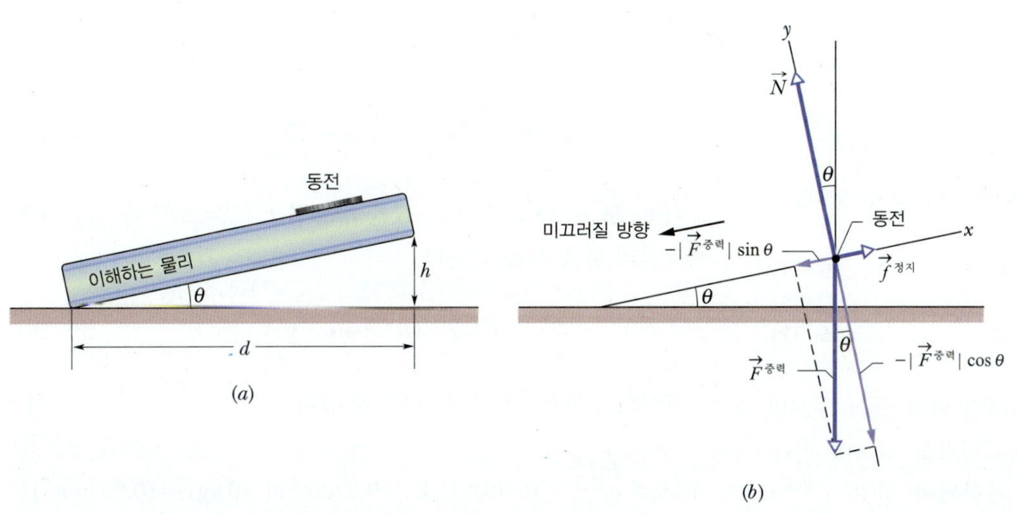

그림 6–56
(*a*) 책에서 미끄러질락 말락하는 동전. (*b*) 동전이 받는 세 힘을 보여주는(힘의 크기에 비례하게 그린) 힘-물체그림. x와 y축은 문제 풀이가 쉽도록 잡았고, 중력은 x와 y축 방향의 성분으로 나누어 그렸다. 성분 $F_x^{중력} = -|F_x^{중력}|\sin\theta$는 동전을 책 아래로 밀어내고, $F_y^{중력} = -|F_y^{중력}|\cos\theta$는 동전을 책 위로 누른다.

따라해보기 6–7 | 마찰력을 받은 가속

질량 40 kg인 판자가 마찰 없는 마룻바닥에 멈춰 있고, 그 위에 10 kg의 토막이 얹혀 있다(그림 6–57). 토막과 판자 사이의 정지마찰계수 $\mu^{정지}$는 0.60, 운동마찰계수 $\mu^{운동}$은 0.40이다. 10 kg 토막을 크기 100 N의 수평방향 힘으로 당긴다. (a) 판자와 (b) 토막의 가속도는 얼마인가?

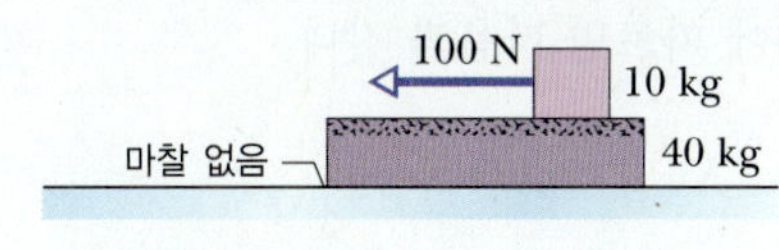

그림 6–57

풀이 ■ **요점**은 판자($m_{판자}=40\,\mathrm{kg}$)와 토막($m_{토막}=10\,\mathrm{kg}$)의 가속도를 셈하려면 뉴턴 제2법칙을 따로 써야 한다는 것이다.

$$\frac{\vec{a}_{판자}}{m_{판자}}=\vec{F}^{알짜}_{판자} \quad 그리고 \quad \frac{\vec{a}_{토막}}{m_{토막}}=\vec{F}^{알짜}_{토막}$$

낱낱의 물체가 받는 알짜힘을 구하려면 그림 6-58과 같이 힘-물체그림을 따로 그려야 한다. 판자가 토막에 주는 마찰력 $\vec{f}_{판자\rightarrow 토막}$의 방향은 토막의 움직이려는 방향을 따져 보아야 정해진다. 토막이 판자에 주는 마찰력 $\vec{f}_{토막\rightarrow 판자}$의 방향은 뉴턴 제3법칙에 따라 결정된다.

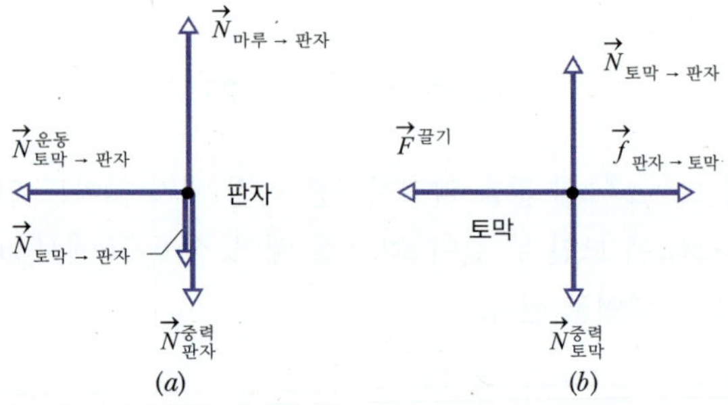

그림 6-58
(a) 질량 40 kg인 판자와 (b) 질량 10 kg인 토막의 힘-물체그림. 화살표의 길이는 힘의 크기에 비례하지 않는다.

토막과 판자가 왼쪽으로 가속될 것으로 기대하므로, 왼쪽을 $+x$쪽으로, 위쪽을 $+y$쪽으로 잡자. 그러면 다음과 같이 쓸 수 있다.

$$a_{판자y}=0 \quad 따라서 \quad F^{알짜}_{판자y}=0 \tag{6-31}$$

$$a_{토막y}=0 \quad 따라서 \quad F^{알짜}_{토막y}=0 \tag{6-32}$$

토막과 판자의 수평방향 가속도를 셈하려면 먼저 둘이 주고받는 마찰력이 정지 마찰력인가, 운동 마찰력인가를 정해야 한다. **요점**은 정지 마찰력의 크기의 최대값은 제한되어 있고, $f^{최대}=\mu^{정지}N$보다 크지 않다는 것이다. 이것을 판자에 적용하면 다음 결과를 얻는다.

$$f^{최대}_{토막\rightarrow 판자}=\mu^{정지}N_{토막\rightarrow 판자} \tag{6-33}$$

뉴턴 제3법칙에 따르면 다음과 같다.

$$N_{토막\rightarrow 판자}=N_{판자\rightarrow 토막} \tag{6-34}$$

그리고 그림 6-35b와 식 6-31에 따르면 다음과 같다.

$$N_{판자\rightarrow 토막}=F^{중력}_{토막}=m_{토막}\,g \tag{6-35}$$

이 결과를 묶으면 다음 식을 얻는다.

$$f^{최대}_{토막\rightarrow 판자}=\mu^{정지}m_{토막g}=(0.60)(10\,\mathrm{kg})(9.8\,\mathrm{N/kg})=59\,N$$

이 한계를 넘지 않으면, 토막과 판자는 정지 마찰력 때문에 함께 붙어 같은 가속도로 같이 움직인다.

$$a_x=\frac{F^{알짜}_x}{(m_{판자}+m_{토막})}=100\,\mathrm{N}/(40\,\mathrm{kg}+10\,\mathrm{kg})=+2.00\,\mathrm{m/s^2}$$

뉴턴 제2법칙에 따르면 판자가 이 가속도로 움직이려면 알짜힘의 x성분이 $F^{알짜}_{판자x}=m_{판자}\,a_x=(40\,\mathrm{kg})(2.00\,\mathrm{m/s^2})=80.0\,\mathrm{N}$을 받아야 한다. 그러나 그림 6-58a에서 판자가 받는 수평방향의 힘은 토막이 주는 마찰력뿐이다. 판자를 가속하려면 80 N이 필요한데, 토막이 줄 수 있는 마찰력의 최대값은 59 N이므로, 정지 마찰력으로는 판자와 토막이 붙어서 함께 움직일 수 없다는 결론이 나온다. 토막은 판자 위에서 왼쪽으로 미끄러져야 한다. 이것은 다음 결과를 뜻한다.

$$F^{알짜}_{토막x}=F^{끌기}_x+f^{운동}_{판자\rightarrow 토막} \tag{6-36}$$

그리고

$$F^{알짜}_{판자x}=f^{운동}_{토막\rightarrow 판자}=\mu^{운동}\vec{N}_{토막\rightarrow 판자} \tag{6-37}$$

식 6-34, 6-35 그리고 6-37을 묶으면 $F^{알짜}_{판자x}=\mu^{운동}m_{토막}\,g$ 또는 벡터꼴의 다음 식을 얻는다.

$$\vec{F}^{알짜}_{판자}=(\mu^{운동}m_{토막}\,g)\,\hat{\mathrm{i}} \tag{6-38}$$

따라서 판자의 가속도는 다음과 같다.

$$\vec{a}_{판자}=\frac{\vec{F}^{알짜}_{판자}}{m_{판자}}=(0.40)(10\,\mathrm{kg})(9.8\,\mathrm{m/s^2})/(40\,\mathrm{kg})\,\hat{\mathrm{i}}=(0.98\,\mathrm{m/s^2})\,\hat{\mathrm{i}}$$

흥미로운 것은 판자는 마찰력 때문에 속력이 느려지는 것이 아니라 빨라진다는 것이다. 우리가 서 있다가 달리기 시작할 때도 똑같은 일이 벌어진다. 가속하려면 땅을 발로 밀어찬다. 땅은 뉴턴 제3법칙에 따라 우리를 밀어내어 가속시킨다. 우리를 가속시키는 것은 땅이 우리에게 주는 정지마찰력이다.

끝으로, 토막의 가속도를 셈하려면, 토막이 받는 알짜힘은 y성분은 0이고, (뉴턴 제3법칙에 따라) $\vec{f}^{운동}_{판자\rightarrow 토막}=-\vec{f}^{운동}_{토막\rightarrow 판자}$이다. 그러므로 다음 식이 성립한다.

$$\vec{F}^{알짜}_{토막} = \vec{F}^{끌기} + \vec{f}^{운동}_{판자 \to 토막}$$
$$= \vec{F}^{끌기} - \vec{f}^{운동}_{토막 \to 판자}$$
$$= \vec{F}^{끌기} - (\mu^{운동} m_{토막} g)\,\hat{\mathrm{i}}$$

따라서 토막의 가속도는 다음과 같다.

$$\vec{a}_{토막} = \frac{\vec{F}^{알짜}_{토막}}{m_{토막}}$$
$$= \frac{(100\,N)\,\hat{\mathrm{i}} - (0.40)(10\,\mathrm{kg})(9.8\,\mathrm{m/s^2})\,\hat{\mathrm{i}}}{10\,\mathrm{kg}}$$
$$= [10\,\mathrm{m/s^2} - (0.4)(0.98\,\mathrm{m/s^2})]\,\hat{\mathrm{i}}$$
$$= (+\,6.1\,\mathrm{m/s^2})\,\hat{\mathrm{i}}$$

따라해보기 6-8 | 기울고 굽은 길

굽은 길을 따라 차를 몰 때 늘 충분한 마찰력을 받지는 못한다. 특히 길바닥이 젖었거나 얼었을 때는 더 그렇다. 그래서 고속도로의 굽은 길은 길바닥을 기울인다. 질량 m인 차가 반지름 $R = 190\,\mathrm{m}$인 굽은 길을 따라 일정한 속력 $v = 20\,\mathrm{m/s}$로 달린다고 하자(그림 6-59*a*). 길바닥이 기울어진 각도 θ가 얼마이면 마찰력이 없어도 될까?

풀이 ■ 차가 굽은 길을 따라가려면 구심력을 받아야 한다. **요점**은 길바닥이 기울어 차가 받는 법선력 $\vec{N}$이 원의 중심을 향한다는 것이다(그림 6-59*b*). 따라서 $\vec{N}$에는 원의 중심 쪽으로 작용하는 구심성분 N_r이 있다. 알고자 하는 것은 길바닥의 기울기 각 θ가 얼마일 때 마찰력이 없어도 이 구심성분이 차의 원운동을 유지시킬 수 있는가이다.

둘째 **요점**은 직각좌표축의 방향을 길바닥에 나란히 잡지 않고, y축은 수직방향, x축은 수평방향으로 잡는다는 것이다. 그러면 법선력의 반지름 방향 성분을 더 쉽게 구할 수 있다.

그림 6-59*b*가 보여주듯이 (그리고 쉽게 확인할 수 있듯이), $\vec{N}$이 수직축과 이루는 각도는 길바닥의 기울기 각 θ와 같다. 따라서 반지름 방향 성분 N_r은 $+N\sin\theta$이다. 여기에서 N은 법선력의 크기다. 이제 뉴턴 제2법칙의 r성분 $(F^{알짜}_r = ma_r)$은 다음과 같다.

$$+N\sin\theta = m\left(+\frac{v^2}{R}\right) \qquad (6\text{-}39)$$

아직 N과 m을 알지 못하므로 이것을 풀어 θ를 구할 수는 없다.

이제 그림 6-36*b*에서 y축 쪽의 힘과 가속도를 살펴보자. 법선력의 수직 성분은 $N_y = N\cos\theta$, 차가 받는 중력 $\vec{F}_{중력}$은 $(-mg)\hat{\mathrm{j}}$, 그리고 차의 가속도의 y성분은 0이다. 따라서 뉴턴 제2법칙의 y성분 $(F^{알짜}_y = ma_y)$은 다음과 같다.

$$+N\cos\theta - mg = m(0)$$

이로부터 다음 결과를 얻는다.

$$N\cos\theta = mg$$

여기에도 미지수 N과 m이 들어 있지만, 식 6-39를 6-40으로 나누면 두 미지수가 산뜻하게 지워진다. 그렇게 한 다음, $\sin\theta/\cos\theta$를 $\tan\theta$로 바꾸어 놓고, θ에 대해 풀면 다음 결과를 얻는다.

$$\theta = \tan^{-1}\left(\frac{v^2}{gR}\right) = \tan^{-1}\left[\frac{(20\,\mathrm{m/s})^2}{(9.8\,\mathrm{m/s^2})(190\,\mathrm{m})}\right] = 12°$$

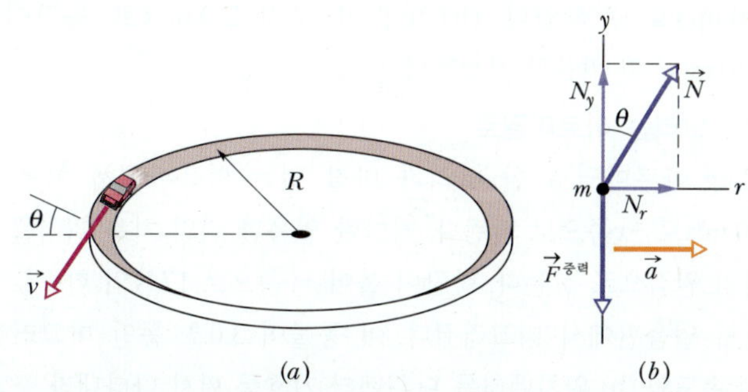

그림 6-59
(*a*) 차가 비탈진 굽은 길을 따라 일정한 속력으로 간다. 비탈길의 기울기를 부풀려 그렸다. (*b*) 차에 대한 힘-물체그림. 길바닥과 타이어의 마찰은 0으로 잡았다. 법선력의 원의 중심을 향한 성분이 원운동에 필요한 구심력을 준다. 그 힘 때문에 생기는 가속도도 원의 중심방향이다.

연습문제 6-6

46. 빗면 위의 토막

그림 6-52(179쪽)를 보라. 토막의 질량은 8.5 kg, 각도 $\theta = 30°$라고 하자. 토막은 일정한 속도로 움직인다. 다음 양을 구하라. (a) 줄의 장력, (b) 토막이 받는 법선력. (c) 줄을 자르면 토막의 가속도는 얼마인가?

47. 수평으로 움직이는 전자

전자 하나가 1.2×10^{7} m/s의 속력으로 수평하게 움직여 수직방향으로 4.5×10^{-16} N의 힘을 받는 곳으로 들어간다. 전자의 질량은 9.11×10^{-31} kg이다. 전자가 수평하게 30 mm를 가는 동안 굽는 수직 거리를 구하라.

48. 타잔

무게 820 N인 타잔이 낭떠러지에서 높은 나무에 드리운 길이 20 m인 넝쿨을 잡고 흔들이 운동을 한다. 넝쿨은 처음에 수직방향과 22°를 이루고 있었다. 타잔이 낭떠러지에서 발을 뗀 순간의 넝쿨의 장력은 760 N이다. 좌표계의 원점은 낭떠러지 끝에, x축은 수평방향, y축은 위로 수직방향으로 잡는다.

(a) 타잔이 넝쿨로부터 받는 힘을 단위벡터 기호를 써서 나타내라. (b) 타잔이 받는 알짜힘을 단위벡터 기호를 써서 나타내라. 타잔이 받는 알짜힘의 (c) 크기와 (d) 방향을 구하라. 타잔의 가속도의 (e) 크기와 (f) 방향을 구하라.

49. 스키 선수를 밧줄로 끌기

50 kg 스키 선수를 수평면과 8.0°를 이루는 마찰 없는 비탈면에서 비탈면과 나란한 밧줄로 끌어올린다. 스키 선수가 밧줄로부터 받는 힘의 크기를 다음 상황에서 구하라. (a) 밧줄이 일정한 속력 2.0 m/s로 움직인다. (b) 밧줄이 속력 2.0 m/s로 움직이는데 0.10 m/s² 의 비율로 가속된다.

50. 달리는 아르마딜로

12 kg 아르마딜로 한 마리가 마찰 없는 얼음판에서 처음 속도 5.0 m/s로 $+x$쪽으로 달린다. 커다란 얼음판 위의 처음 위치를 좌표계의 원점으로 잡는다. 바람이 불어 $+y$쪽으로 17 N의 힘으로 밀리면서 얼음판에서 미끄러졌다. 이 동물이 3.0초 동안 미끄러질 때 (a) 속도와 (b) 위치벡터를 단위벡터 기호를 써서 나타내라.

51. 줄에 매달린 공

질량 3×10^{-4}인 공 하나가 줄에 매달려 있다. 수평방향으로 바람이 계속 불어 줄이 수직선과 37°를 이룬다. (a) 바람이 미는 힘의 크기와 (b) 줄의 장력을 구하라.

52. 바람을 받는 스키 선수

40 kg 스키 선수가 수평면과 10°를 이루는 마찰 없는 스키 비탈면을 따라 곧바로 내려오는데, 센 바람이 비탈면에 나란하게 분다. 다음 상황에서 스키 선수가 바람으로부터 받는 힘을 구하라. (a) 스키 선수의 속력이 일정하다. (b) 스키 선수의 속력이 1.0 m/s² 의 비율로 빨라진다. (c) 스키 선수의 속력이 2.0 m/s² 의 비율로 빨라진다.

53. 제트 기관

1 400 kg의 제트기관이 여객기의 동체에 겨우 나사 세 개로 붙어 있다(실제로 그렇다). 나사 하나가 부하의 삼분의 일을 견딘다고 하자. (a) 비행기가 이륙하고자 활주로가 비기를 기다릴 때 (b) 비행중에 난류를 만나 갑자기 수직 위쪽으로 2.6 m/s² 의 가속도를 받는다. 이때 낱낱의 나사가 받는 힘을 셈하라.

54. 궤짝 끌기

일꾼이 공장에서 궤짝에 밧줄을 매어 끌고 간다(그림 6-60). 일꾼은 450 N의 힘으로 밧줄을 당기고, 밧줄은 수평면과 38°를 이루며, 바닥은 궤짝에 움직이는 방향과 반대쪽으로 125 N의 수평력을 준다. 다음 상황에서 궤짝의 가속도의 크기를 구하라. (a) 궤짝의 질량이 310 kg 이거나 (b) 궤짝의 무게가 310 N일 때.

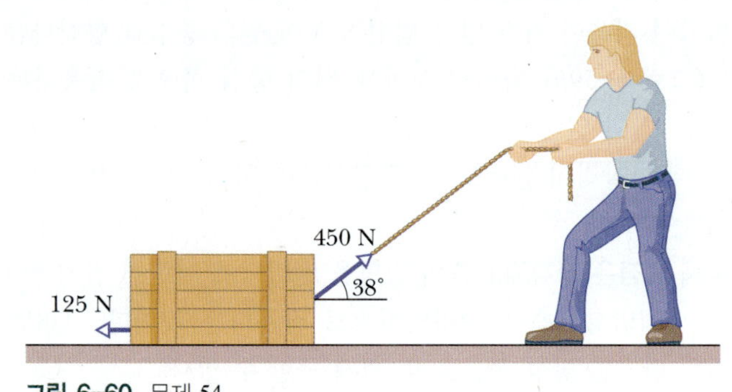

그림 6-60 문제 54

55. 모터사이클 운전자

60.0 kg의 운전자가 모터사이클을 타고 수평면과 10°를 이루는 비탈길을 3.0 m/s² 의 가속도로 올라간다. (a) 운전자가 받는 알짜힘의 크기는 얼마인가? (b) 운전자가 모터사이클로부터 받는 힘의 크기는 얼마인가?

56. 빗면에 하나, 허공에 하나

30° 기울어진 마찰 없는 비탈면에 질량 $m_A = 3.70$ kg인 토막이 줄에 매여 질량과 마찰이 없는 도르래를 통해 질량 $m_B = 2.30$ kg인 수직으로 매달린 토막과 연결되어 있

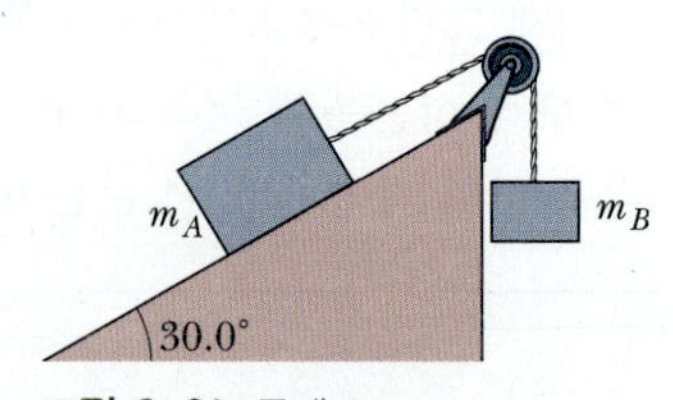

그림 6-61 문제 56

다(그림 6-61). (a) 낱낱의 토막의 가속도 크기와 (b) 수직으로 매달린 토막의 가속도 방향을 구하라. (c) 줄의 장력은 얼마인가?

57. 연필 상자

그림 6-62에서 30° 기울어진 마찰 없는 비탈면에 있는 1.0 kg인 연필상자가 마찰 없는 수평면에 있는 3.0 kg인 연필상자와 연결되어 있다. 도르래는 질량과 마찰이 없다. (a) 상자에 준 힘 $\vec{F}$의 크기가 2.3 N이면, 두 상자를 잇는 줄의 장력은 얼마인가? (b) 줄이 느슨해지지 않은 채 줄 수 있는 힘 $\vec{F}$의 최대 크기는 얼마인가?

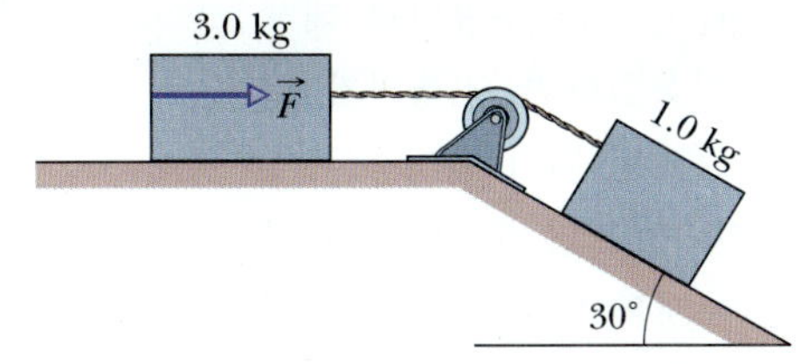

그림 6-62 문제 57

58. 빗면에 거슬러 쏜 토막

기울기 각이 $\theta = 32.0°$인 마찰 없는 비탈면 위쪽으로 토막을 처음 속도 $v_1 = 3.50$ m/s로 쏘았다.

(a) 토막은 비탈면을 따라 얼마나 밀리 가는가?

(b) 그곳까지 가는데 걸리는 시간은 얼마인가?

(c) 다시 바닥으로 돌아올 때의 속력은 얼마인가?

59. 말이 끄는 짐배

옛날에는 그림 6-63과 같이 운하의 짐배를 말이 끌었다. 말이 밧줄을 끄는 힘은 7900 N이고, 짐배가 운하를 따라 가는 방향과 밧줄 사이의 각도는 18°라고 하자. 짐배의 질량은 9500 kg, 가속도는 0.12 m/s^2 이다. 짐배가 물로부터 받는 힘의 (a) 크기와 (b) 방향을 구하라.

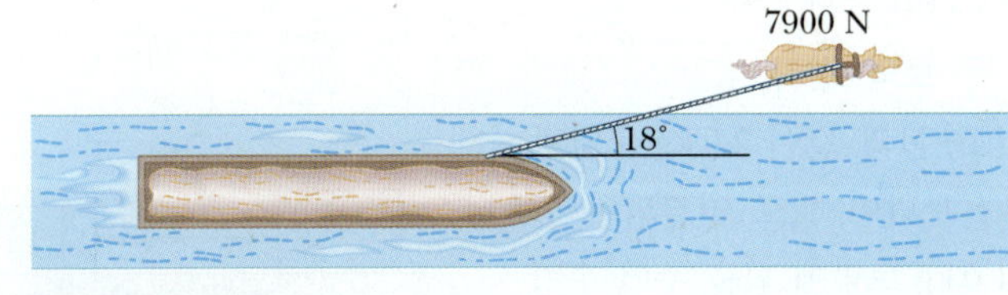

그림 6-63 문제 59

60. 토막 들어올리기

그림 6-64에서 마찰 없는 수평면 위에 있는 5.00 kg 토막에 수평면에 대한 기울기 각이 $\theta = 25.0$ kg인 밧줄이 크기 $F = 12.0$ N인 힘을 준다. (a) 토막의 가속도 크기는 얼마인가? (b) F가 천천히 증가한다. 토막이 바닥에서 (완전히) 들리기 직전의 값은 얼마인가? (c) 토막이 바닥에서 (완전히) 들리기 직전의 가속도의 크기는 얼마인가?

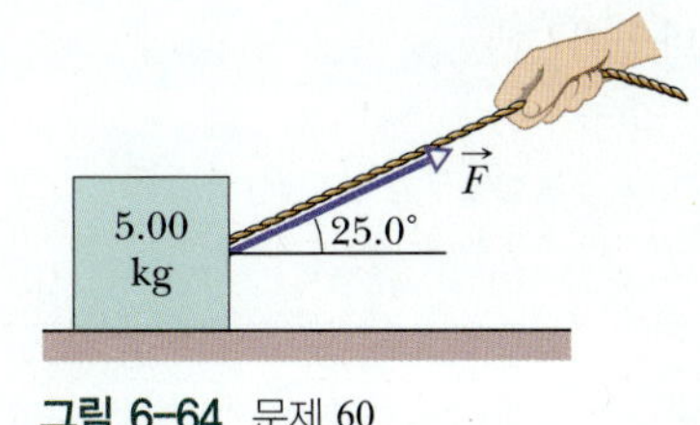

그림 6-64 문제 60

61. 늘어지는 밧줄

그림 6-65와 같이 마찰 없는 수평면을 따라 질량 M인 토막에 질량 m인 밧줄을 매어 끈다. 밧줄의 한쪽 끝에 수평력 $\vec{F}$을 준다. (a) 밧줄은 아주 조금이라도 아래로 쳐짐을 보여라. 그 다음에는 쳐짐은 무시할 수 있다고 가정하고 다음을 구하라. (b) 밧줄과 토막의 가속도, (c) 밧줄이 토막에 주는 힘, (d) 줄의 한가운데에서의 장력.

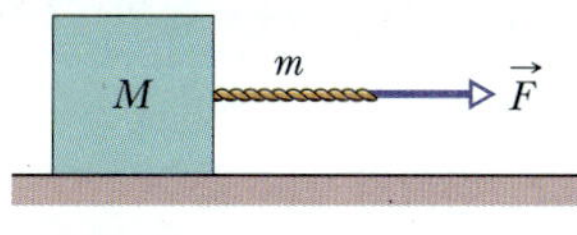

그림 6-65 문제 61

62. 속도가 일정한 궤짝

그림 6-66에서 30.0° 기울어진 마찰 없는 비탈면 위의 100 kg 궤짝을 수평력 $\vec{F}$로 밀어 일정한 속력으로 올린다. (a) $\vec{F}$의 크기와 (b) 궤짝이 비탈면에 주는 힘의 크기는 얼마인가?

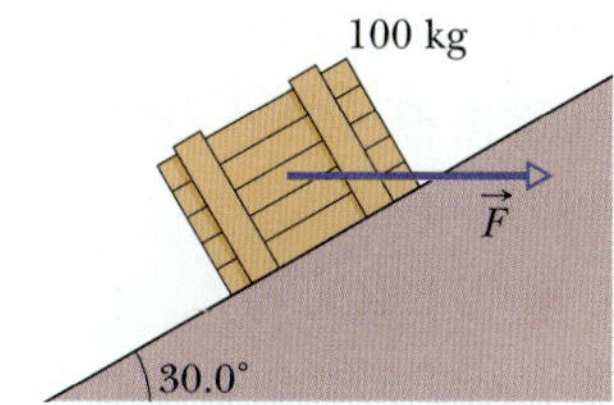

그림 6-66 문제 62

63. 알파인 케이블카

그림 6-67은 높은 산의 케이블카 계통을 보여준다. 차에 허용되는 최대 질량은 2800 kg이다. 차는 밧줄에 의지하여 가는데, 밧줄 지지 탑에서 또 다른 견인 밧줄로 차를 끌어 당긴다. 밧줄은 직선이라고 하자. 차의 질량이 최대값이고, 밧줄의 기울기 각은 35°이며, 0.81 m/s^2 로 가속된다면 차의 앞뒤에 있는 견인 밧줄의 장력 차이는 얼마인가?

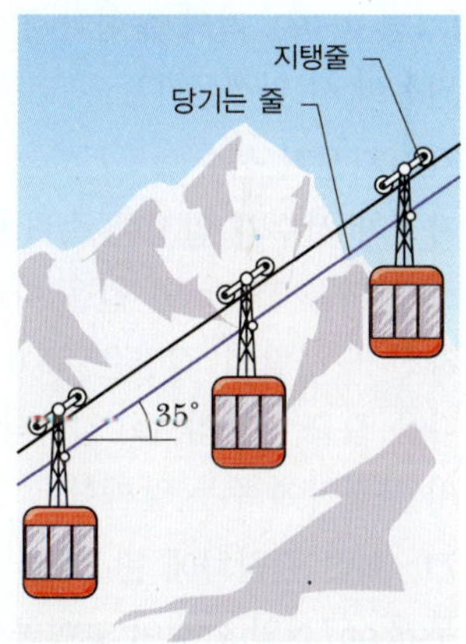

그림 6-67 문제 63

64. 썰매 경주

올림픽 썰매 경주에서 자마이카 선수진이 반지름 7.6 m인 굽은 길에서 속력 96.6 km/h의 속력을 냈다. 이들의 가속도는 g단위로는 얼마인가? (1 g단위 = 9.8 m/s^2)

65. 대상

F1 자동차 경주에서 차의 타이어와 길바닥 사이의 정지마찰 계수가 0.6이라면, 반지름 30.5 m이고 평평하고 굽은 길을 돌 때 미끄러지기 바로 전의 속력은 얼마인가?

66. 롤러코스터

롤러코스터에 사람을 가득 태우면 질량이 1200 kg이 된다. 이 차가 반지름 18 m인 둥근 언덕의 꼭대기를 지날 때 속력은 변하지 않는다. 차의 속력이 다음과 같을 때 둥근 언덕의 꼭대기에 있는 차가 궤도로부터 받는 힘의 크기와 방향은 얼마인가? (a) 11 m/s, (b) 14 m/s.

67. 평평한 경주로

자전거 경주 선수가 정지 마찰 계수가 0.32인 평평한 경주로에서 29 km/h의 속력으로 달릴 때, 굽은 길의 반지름이 얼마 이상이어야 미끄러지지 않는가?

68. 놀이공원

놀이공원에 질량을 무시할 수 있는 단단한 막대 끝에 매달린 차가 수직평면에서 원을 그린다. 차와 승객의 무게를 더한 값은 5.0 kN, 원의 반지름은 10 m이다. 원의 꼭대기에 있는 차의 속력이 다음과 같을 때, 막대가 차에 주는 힘의 크기는 얼마인가? (a) 5.0 m/s, (b) 12 m/s.

69. 탁자 위의 퍽

질량 m인 퍽이 마찰 없는 탁자 가운데 뚫린 구멍을 통해 질량 M인 원통과 줄로 연결된 채, 탁자 위에서 돈다(그림 6–68). 퍽의 속력이 얼마일 때, 원통이 서 있겠는가?

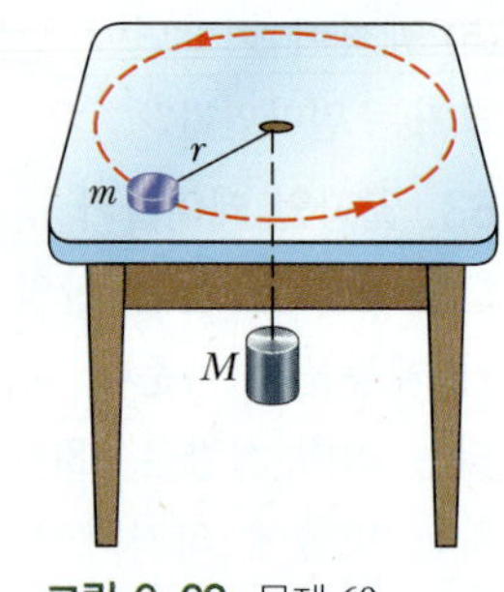

그림 6–68 문제 69

70. 자전거 선수

자전거 선수가 일정한 속력 9.00 m/s로 반지름 25.0 m인 원을 따라 돈다. 자전거–사람의 질량은 85.0 kg이다. 다음 값을 셈하라. (a) 길바닥이 자전거에 주는 마찰력, (b) 길바닥이 자전거에 주는 알짜힘.

71. 회전 관람차에 탄 학생

무게 667 N인 학생이 놀이공원에서 일정한 속력으로 도는 회전 관람차를 탔다. 가장 높은 곳에 있을 때, 학생이 좌석으로부터 받는 힘은 556 N이다. (a) 그곳에서 학생이 받는 힘이 최대인가, 최소인가? (b) 가장 낮은 곳에 있을 때 받는 힘 $\vec{N}$의 크기는 얼마인가? (c) 바퀴가 도는 속력이 두 배가 되면 N의 크기는 어떻게 되는가?

72. 고물 전차

고물 전차가 반지름 9.1 m인 굽은 길을 따라 돈다. 느슨하게 걸려 있는 손잡이가 수직선과 이루는 각도는 얼마인가?

73. 원을 따라 날기

비행기가 480 km/h의 속력으로 수평면에서 원을 그리며 난다. 날개는 수평면에 대해 40° 기울었다면, 비행기가 날며 그리는 원의 반지름은 얼마인가?(그림 6–69) 필요한 힘은 모두 날개에 대해 수직 방향인 '공기역학적 부양력(aerodynamic lift)'에서 나온다고 가정하라.

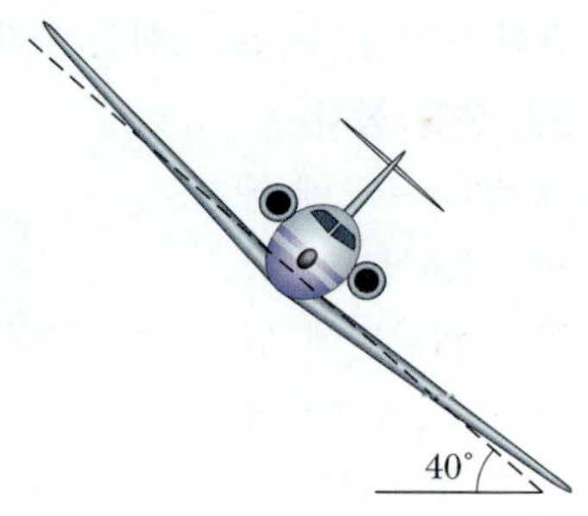

그림 6–69 문제 73

74. 고속 기차

고속 기차가 일정한 속력으로 반지름 470 m인 평평하고 굽은 철길을 따라 돈다. 51.0 kg인 승객이 기차로부터 받는 힘의 수평 및 수직 성분은 각각 210 N과 500 N이다. (a) 승객이 받는 알짜힘의 크기는 얼마인가? (b) 차의 속력은 얼마인가?

75. 막대에 연결된 공

그림 6–70과 같이 1.34 kg 공이 질량 없는 실을 통해 수직으로 세운, 돌아가는 막대에 연결되어 있다. 실은 막대에 팽팽하게 묶여 있다. 위쪽 실의 장력은 35 N이다. (a) 공에 대한 힘–물체그림을 그려라.

다음 값은 얼마인가? (b) 아래쪽 실의 장력, (c) 공이 받는 알짜힘, (d) 공의 속력.

그림 6–70 문제 75

76. 두 토막 밀기

그림 6–71과 같이 2.0 kg 토막과 1.0 kg 토막이 실로 연결되어 있고, 1.0 kg 토막에 힘을 주어 수평면을 따라 민다. 토막과 수평 바닥 사이의 운동 마찰 계수는 0.20 이다. $\vec{F}$의 크기가 20 N이면, 두 토막을 잇는 실의 장력은 얼마인가?

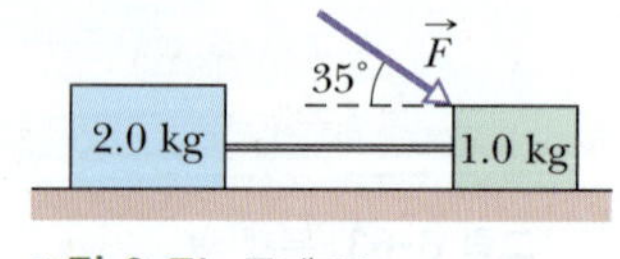

그림 6–71 문제 76

6-7 자연의 기본 힘

뉴턴 제3법칙에 따르면 두 물체가 주고받는 힘은 늘 짝을 이룬다. 물리학자는 물질의 구조를 연구할 때 주고받는 힘에 관한 믿음을 바탕으로 힘의 본성을 연구한다. 물질과 움직임에 대해 더 배울수록 그것과 상호작용하는 물체의 운동 변화를 관찰하여 힘의 본성을 탐구한다. 이러한 관찰을 통해 과학자는 힘이 네 가지임을 확인했다.

힘 가운데 가장 낯익은 것은 **중력(gravitational force)**으로 물체가 떨어지는 것과 무게가 가장 낯익은 예이다. **전자기력(electromagnetic force)**은 근본적인 수준에서는 우리가 이 장에서 살펴본 모든 힘의 근원이다. 전자기력은 전기력과 자기력이 결합한 것이다. 전자기력은 전하를 띤 풍선이 벽에 달라붙고 자석이 쇠못을 끌어 올리게 한다. 사실 중력을 빼고는 우리가 직접 겪는 밀고 당기는 모든 힘은 본성이 전자기력이다. 다시 말해, 마찰력, 법선력, 접촉력, 장력은 모두 한 원자가 다른 원자에 주는 전자기력에서 나온다. 예를 들어, 팽팽한 줄의 장력은 원자가 서로 끌어당기기 때문에 나타난다. 법선력은 두 원자를 밀어낼 때 서로 밀어내는 힘에서 생겨난다.

또 다른 근본적인 힘은 **약력(weak force)**과 **강력(strong force)**인데, 이들은 모두 아주 짧은 거리에서만 작용하므로 우리가 곧바로 느낄 수 없다. 약력은 어떤 방사능 붕괴에 관여하고, 강력은 양성자와 중성자를 이루는 쿼크를 묶으며, 원자핵 속에서 양성자와 중성자를 붙여주는 '풀(glue)' 이다.

물리학자들은 오랫동안 자연현상 속에는 단순성이 숨어 있으며, 기본적인 힘의 가짓수를 줄일 수 있다고 믿어왔다. 아인슈타인은 연구의 대부분을 이러한 힘들을 하나의 **초힘(superforce)**이 다른 꼴로 나타나는 것이라고 해석하는데 바쳤다. 그는 실패했지만, 1960년대과 1970년대에 다른 물리학자들이 약력과 전자기력은 하나의 **전기약력(electroweak force)**의 다른 모습임을 보였다. 힘의 가짓수를 더 줄이려는 노력은 지금도 계속되고 있으며, 물리학의 과제이다. 표 6-2는 이러한 **통일(unification)**을 향한 노력의 진보를 늘어 놓은 것인데, 앞날에 대한 실마리가 된다.

표 6-2
초힘을 향한 추구 – 진전에 관한 보고

날짜	연구자	성취
1687	뉴턴	천체와 땅 위의 물체에 같은 법칙이 적용됨을 보임 천체역학과 지상역학의 통일
1820 1830년대	외르스테드 패러데이	멋진 실험으로 당시 독립된 과학이었던 전기와 자기가 밀접하게 연관됨을 보임
1873	막스웰	전기, 자기, 광학을 전자기라는 하나의 주제로 통일함
1979	글래쇼, 살람, 와인버그	약력과 전자기력을 하나의 전기약력의 다른 면임을 보여 노벨상을 받음. 이 힘의 결합으로 기본적인 힘의 가짓수가 넷에서 셋으로 줄어듦
1984	루비아, 반 데 메르	전기약력 이론의 예측을 실험적으로 확인하여 노벨상을 받음

진행중인 연구

대통일 이론(*Grand unified theories*, GUTs): 전기약력과 강력을 통일하고자 함

초대칭이론(*Supersymmetry theories*): 중력을 포함한 모든 힘을 하나의 틀 속에서 통일하고자 함.

초끈이론(*Superstring theories*): 전자와 같은 '점 입자'를 아주 작은 고리를 이루는 끈으로 해석함. 이상하게도 시공간 4차원을 넘어서는 차원이 더 요구됨.

추가문제

77. 고속도로 굽은 길 만들기

굽은 길에서 차를 너무 빨리 몰면, 따라해보기 6-8에서 설명한 것처럼 차는 길을 벗어나기 쉽다. 마찰이 있는 길을 기울이면, 마찰력이 빨리 가는 차에 작용하여 길에서 벗어나려는 것을 막는다. 그 힘은 비탈길 아래쪽(빗물이 흐르는 쪽)을 향한다. 반지름 R = 200 m이고 기울기 각이 θ인 굽은 길을 생각하자. 이 길에서 타이어와 길바닥의 정지마찰계수는 $\mu^{정지}$이다. 그림 6-72처럼 길을 따라 차를 몬다.

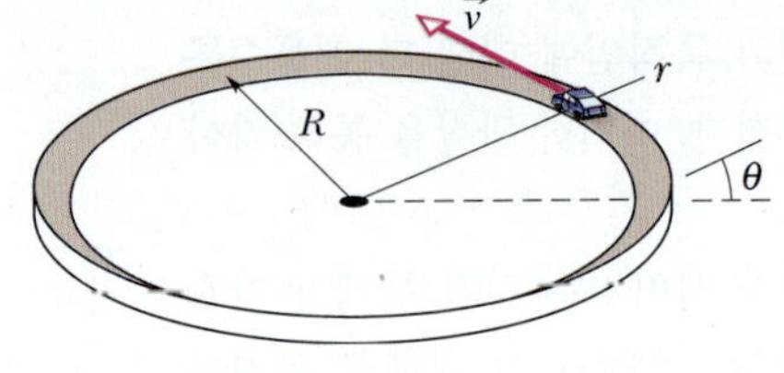

그림 6-72 문제 77

(a) 차가 미끄러지기 직전의 속력 $v^{최대}$에 관한 식을 구하라.

(b) $\mu^{정지}$ = 0.60(마른 길)과 $\mu^{정지}$ = 0.050 (젖은 길 또는 얼음 길)에 대해 θ가 0°에서 50°까지 θ에 대한 $v^{최대}$ 그림표를 겹쳐 그려라. θ = 10°인 길에서 다음 두 조건에서의 $v^{최대}$를 구하라.

(c) $\mu^{정지}$ = 0.60일 때와

(d) $\mu^{정지}$ = 0.050일 때. (이제 여러분은 운전자가 고속도로의 길바닥이 젖었거나 얼었다는 것을 잘 모르면 정상적인 속력으로 차를 몰다가 사고를 많이 낸다는 것을 알 수 있을 것이다.)

78. 조건 변화

오후 일찍, 수평면에 대해 35.0° 기울어진 가파른 비탈길에 차가 서 있다. 그때는 타이어와 길바닥 사이의 정지마찰계수가 0.725였다. 뒤에 밤이 되어 진눈깨비가 내려 길바닥이 얼고 또 온도가 내려가 화학 변화가 일어나 계수가 작아졌다. 계수의 감소율이 백분율로 얼마나 되면 차가 아래로 미끄러져 내려갈 위험이 생기는가?

79. 공항의 사람 이동

서울 지하철역 몇 곳과 인천공항에는 '움직이는 길'이 설치되어 있다. 이것은 고무로 덮인, 계단이 없는 평평한 에스컬레이터 같은 것이 움직여 사람을 옮겨준다(그림 6-73). 여러분이 이것을 설치한다면 움직이는 띠로 어떤 재료를 쓰겠는가? (**실마리**: 그 위에 서서 가는 사람들이 미끄러지지 않아야 할 것이다. 미끄러지지 않으려면 마찰계수가 얼마나 되어야 할까를 헤아리고 물성표를 찾아 가장 미끄러운 신발을 신은 사람도 미끄러지지 않을 재료를 찾아라.)

그림 6-73 문제 79

80. 전문가 증인

내리막 비탈길에서 차 A가 미끄러져 빨간불에 서 있던 차 B의 뒤를 받은 사고에 대해 여러분이 전문가로서 증언한다(그림 6-74). 비탈길의 물매 각도는 θ = 12°, 차 A의 운전자가 차를 미끄러지게 두었을 때 두 차의 거리는 d = 24.0 m였고, 차 A에 제동을 걸기 시작할 때의 속력은 v_1 = 18.0 m/s임을 알았다. 운동 마찰계수가 다음과 같을 때, 차 A가 차 B의 뒤를 받는 속력은 얼마인가? (a) 0.60(마른 길), (b) 0.10(젖은 잎으로 덮인 길).

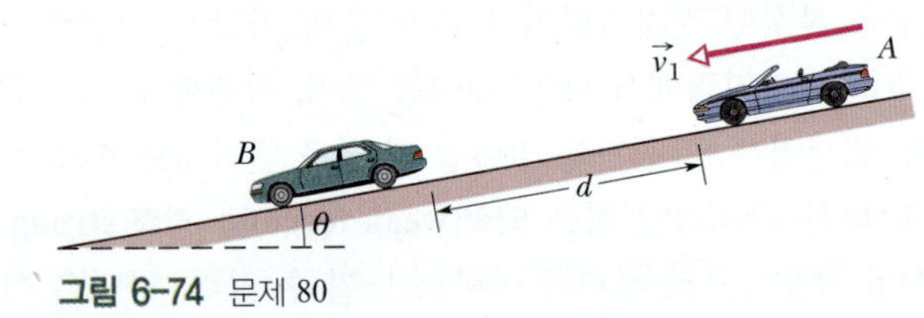

그림 6-74 문제 80

81. 짐 이동

공항에서 짐을 한 곳에서 다른 곳으로 이송 띠에 실어 옮긴다. 어떤 곳에서는 띠가 수평면에 대해 2.5° 아래로 기울어 움직인다. 그렇게 조금 기울어졌을 때는 짐이 미끄러지지 않는다고 하자. 다음 상황에서 띠가 기울어진 곳을 69 N의 짐이 지나갈 때 마찰력의 크기와 방향을 결정하라.

(a) 띠가 서 있다.

(b) 띠가 일정한 속력 0.65 m/s로 움직인다.

(c) 띠가 속력 0.65 m/s로 움직이면서 0.20 m/s^2 의 가속도로 더 빨라진다.

(d) 띠가 속력 0.65 m/s로 움직이면서 0.20 m/s^2 의 가속도로 더 느려진다.

(e) 띠가 속력 0.65 m/s로 움직이면서 0.570 m/s^2 의 가속도로 더 빨라진다.

82. 막대 위의 나사

수평면에 놓인 가는 막대 끝에 나사를 박고, 다른 끝을 중심으로 수평면에서 돌린다. 공학자가 번쩍불을 비추며 그 운동을 살펴보는데, 불빛의 주기를 맞추어 막대가 한 바퀴 도는 동안 일정하게 여덟 곳에서 보이게 하였다(그림 6-75). 불빛이 켜지는 비율은 초당 2000번, 나사의 질량은 30 g, 반지름은 3.5 cm이다. 막대가 나사에 주는 힘의 크기를 구하라.

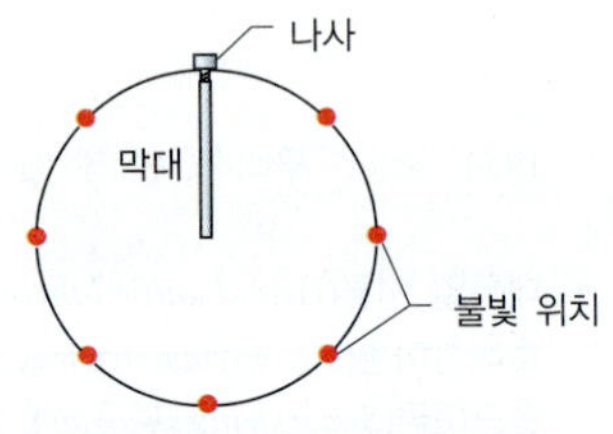

그림 6-75 문제 82

83. 그림표

평평한 바닥에 놓인 4.10 kg 토막을 40.0 N의 수평방향 힘으로 민다. 그림 6-76은 토막이 바닥의 x축을 따라 움직일 때의 속력 v를 시간 t에 대해 그린 것이다. 토막과 바닥의 마찰계수는 얼마인가?

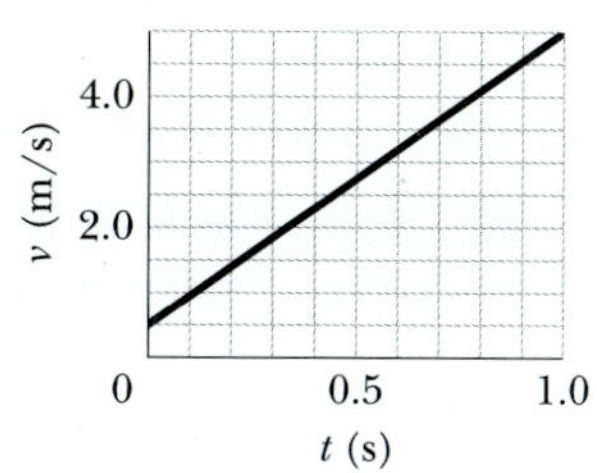

그림 6-76 문제 83

84. 구르는 공 두드리기

그림 6-77은 평평한 탁자 위를 굴러가는 공을 번쩍불을 비쳐 여러 번 겹쳐 찍은 것이다. 화살표를 붙인 점은 $t = 0$ 때의 상이고, 공은 그때 오른쪽으로 움직이고 있었다. 번쩍불의 시간 간격은 1/30초이다. 그림 6-77에 보인 좌표계를 써서 다음 변수를 시간의 함수로 정성적으로 정확하게 설명하여라(숫자는 신경쓰지 않아도 되지만 곡선의 모양은 제대로 설명해야 한다). x좌표와 y좌표, 속도의 x성분과 y성분, 공이 받는 알짜힘의 x성분과 y성분. 이 그림에서 궤적이 꺾인 때는 $t = t_1$이다. 그림표에서 이 중요한 시각을 표시하라.

그림 6-77 문제 84

85. 비탈길 위의 공

그림 6-78은 비탈길을 굴러 올라가는 공의 사진을 여러 번 겹쳐 찍은 것이다. (공은 어두운 곳에서 굴러가고, 사진기 렌즈를 열어 놓고, 짧은 번쩍불을 3/4초마다 비추어 네 번 찍었다.) 맨 왼쪽 공은 공을 놓아주고 바로 찍은 것이다. 맨 오른쪽 공은 가장 높이 올라간 곳에 있다.

(a) 그림을 종이에 베껴라. 네 공이 있는 곳에 순간의 속력을 나타내는 화살표를 그려라. 속력의 크기를 화살의 상대적 길이로 나타내라. 어떤 일이 벌어지는지 설명하라.

(b) 공이 왼쪽에서 둘째 자리에 있을 때, 공에 힘–물체그림을 그려 공이 받는 모든 힘을 보여라.

(c) 앞의 그림에서 힘이 비탈길 위쪽을 향하지 않는데도 왜 공이 계속 위로 굴러가는지 설명하라.

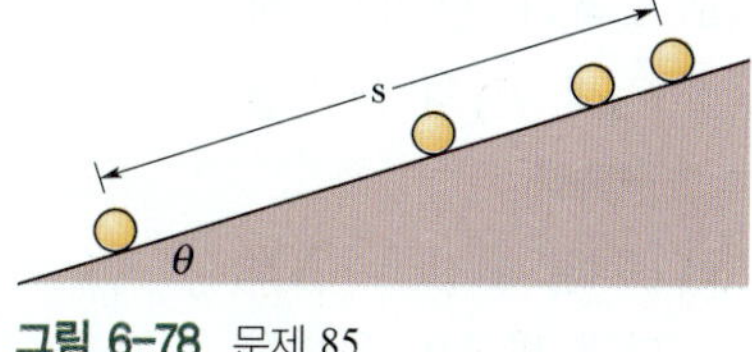

그림 6-78 문제 85

(d) 공의 질량이 m이면, 가속도는 얼마인가?

(e) θ가 30°이면 거리 s는 얼마인가?

86. 운동 그림표

(a) 매끄러운 마루에서 볼링 공을 그림 6-79a와 같이 45° 방향으로 민 다음 굴러가게 둔다고 하자. 그림 6-79a와 같은 그림표 틀을 그리고 공을 밀기 전과 밀기를 멈춘 뒤의 운동에 대한 예측을 그려라. 그림표에 밀기를 멈춘 때를 나타내고, 예측의 근거를 설명하라.

(b) 공의 처음 속력이 3.5 m/s라면, x성분의 크기 v_{1x}는 얼마인가? 양수인가, 음수인가? v_{1y}는 얼마인가? 양수인가, 음수인가?

(c) 여러분이 친구와 함께 그림 6-79b과 같이 서로 직각 방향으로 공을 아주 빨리 두드린다고 하자. 그림 6-79b와 같은 그림표 틀을 그리고 공의 운동에 대한 예측을 그리고 근거를 설명하라.

(d) 발사대에서 우주선을 쏘아 x쪽으로 크기 9.8 m/s^2 인 일정한 가속도를 주고, y쪽으로는 지구를 향해 자유낙하를 하게 한다. 그림 6-79c와 같은 그림표 틀을 그리고 그 속에 우주선의 운동에 대한 예측을 그리고 근거를 설명하라.

87. 무거운 것 들기

왈가닥이 무거운 것을 드는데, 10 kg 물건을 가벼운 밧줄에 달아 들어 올린다. 왼쪽과 오른쪽 밧줄은 수평선에 대해 $\theta = 15°$를 이룬다. 그림 6-80을 보라.

(a) 밧줄의 가운데 점(가장 낮은 곳)이 받는 힘을 보여주는 힘–물체그림을 그려라.

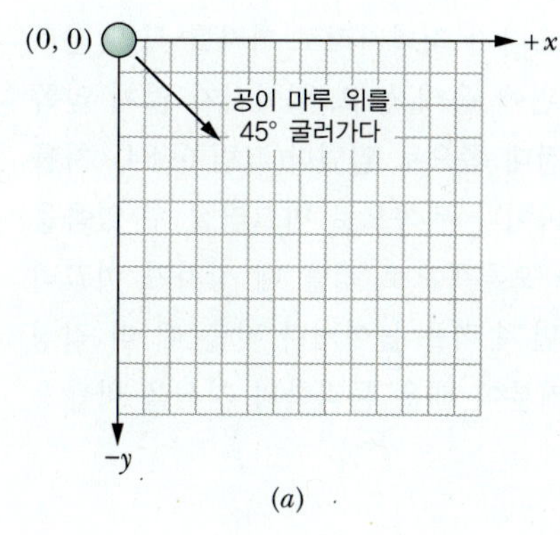

(a)

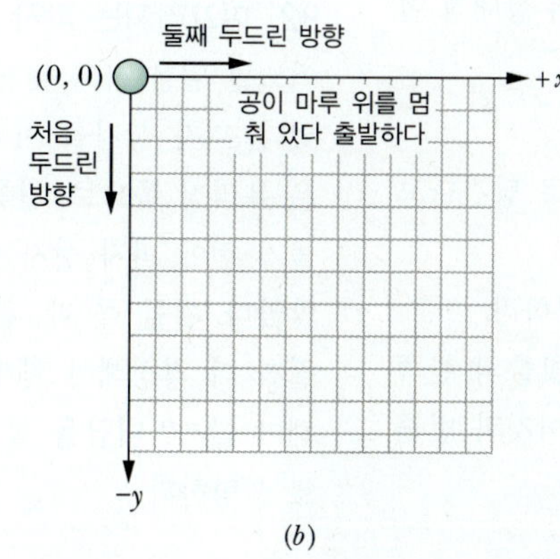

(b)

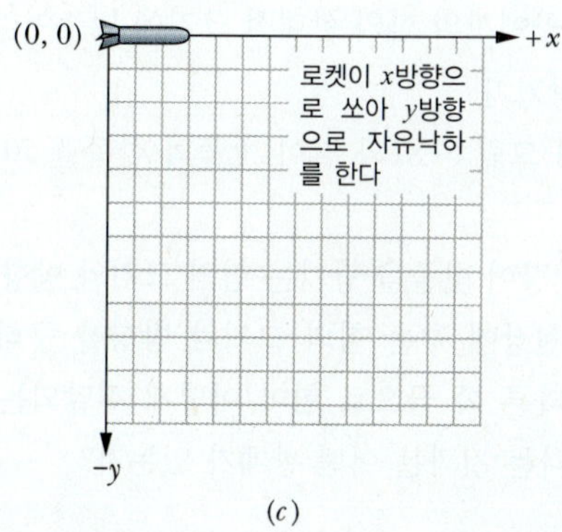

(c)

그림 6-79 문제 86

(b) 그녀가 당기는 힘 $\vec{F}_A$와 $\vec{F}_B$의 크기를 구하라.

(c) 10 kg 물건을 위로 당겨 밧줄이 완벽하게 수평선을 이루게 하려면 왈가닥이 양손으로 얼마나 세게 당겨야 하는가?

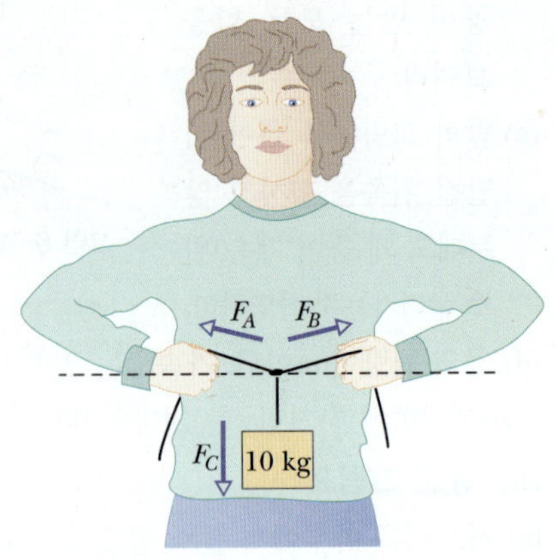

그림 6-80 문제 87

88. 경주용 도로에서 일정 속력으로 달리기

그림 6-81과 같은 경주용 도로는 곧은 부분 둘을 반원으로 이은 것이다. 어떤 차가 일정한 속력으로 도로를 따라 시계방향으로 돈다. 공기 저항은 무시한다. 경주용 도로를 세 개 그려라.

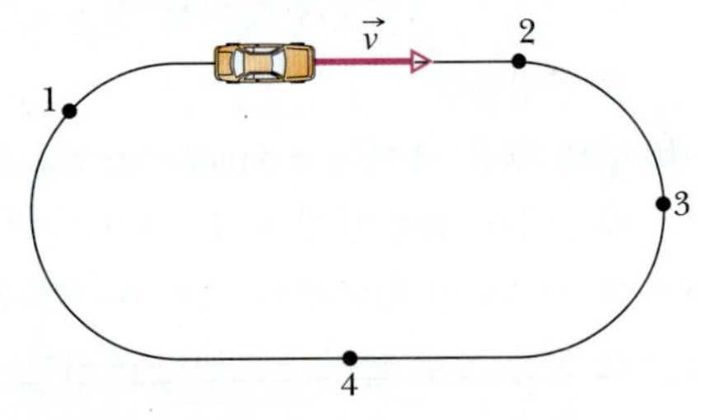

그림 6-81 문제 88

(a) 첫 그림에는 차가 1–4까지 번호를 붙인 곳을 지나갈 때의 속도 벡터를 그려라. 벡터의 상대적 길이는 네 곳에서의 속도의 상대적 크기에 맞추어라.

(b) 둘째 그림에는 1–4까지 번호를 붙인 곳을 지나갈 때의 가속도 벡터를 그려라. 벡터의 상대적 길이는 네 곳에서의 가속도의 상대적 크기에 맞추어라. **실마리**: 가속도 또는 속도의 변화 벡터를 그릴 때는 5장에서 개발한 기법을 써라.

(c) 차가 경주용 도로를 달리려면 수평방향의 힘이 필요하다. 이것은 길의 마찰력과 굽은 부분에서 기울어진 길이 주는 힘에서 나온다. 셋째 그림에는 1–4까지 번호를 붙인 곳에서 차에 필요한 수평방향의 힘을 나타내는 벡터를 그려라. 벡터의 상대적 길이는 네 곳에서의 힘의 상대적 크기에 맞추어라.

89. 천장 당기기

어떤 사람이 그림 6-82와 같이 밧줄의 한쪽을 50 N으로 당긴다고 하자.

(a) A에서 천장이 밧줄을 당기는 힘의 크기와 방향을 구하라.

(b) 밧줄이 천장에 주는 힘의 크기와 방향을 구하라. 밧줄의 한쪽 끝에서 다른 쪽 끝으로 힘이 어떻게 전달되는가? 이것과 밧줄이 늘어나는 것과는 어떤 관계가 있는가?

(c) 밧줄이 B에서 사람의 손에 주는 힘의 크기와 방향을 구하라.

(d) 밧줄이 A에서 천장에 주는 힘과 B에서 사람의 손에 주는 힘의 상대적 크기와 방향을 나타내는 화살표를 그려라.

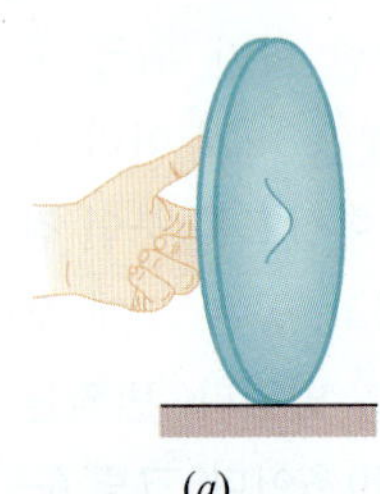

그림 6-82
문제 88

90. 법선력에 관한 고찰

그림 6-83a처럼 팽팽하게 당긴 신축성 있는 천을 5.0 N의 힘으로 민다. 천을 받치는 틀은 고정되어 움직이지 않는다.

(a) 천이 손가락에 돌려 주는 법선력의 크기와 방향을 구하라. 이 힘은 0인가? 그렇지 않다면, 천이 늘어나지 않는다고 할 때의 법선력에 비해 큰가, 같은가, 작은가?

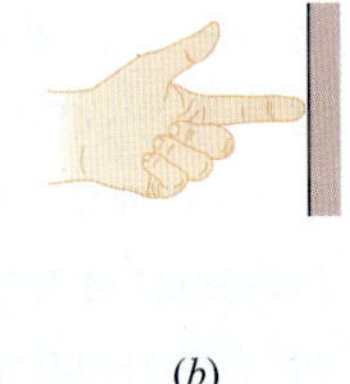

그림 6-83 문제 90

(b) 천이 늘어나는 것이 법선력에 대해 어떤 구실을 하는가 설명하라.

(c) 같은 방식으로 그림 6-83b처럼 벽을 민다고 하자. 벽이 손가락에 돌려 주는 법선력의 크기와 방향을 구하라.

(d) 벽도 눈에 띄게 늘어나는가? 벽은 손가락에 힘을 얼마나 주어야 할지 어떻게 '알'까?

91. 차 속에서의 힘

여러분이 속력을 올리는 차에 앉아 있다고 하자. 차는 뒷바퀴 구동을 한다.

(a) 여러분의 몸, 앉아 있는 자리(차의 일부이다), (자리를 뺀) 차, 그리고 타이어와 접한 길바닥의 힘-물체그림을 그려라.

(b) 낱낱의 힘을 말로 설명하라. 센 힘은 더 긴 화살표로 그려라.

(c) 제3법칙 짝을 이루는 힘을 찾아 짝지워라.

(d) 여러분 자신의 말로 차를 가속시키는 힘의 근원을 주의 깊게 설명하라.

92. 미끄러지는 피자

어느날 일을 하고 늦게 집에 오다가 저녁거리로 피자를 사러 멈추었다. 피자 상자를 차의 계기판에 올려 놓고, 떨어지지 않게 앞쪽은 유리창 쪽으로, 왼쪽은 운전대 쪽으로 밀었다(그림 6-84). 차를 몰기 전에 피자 상자는 오른쪽이나 뒤쪽으로 미끄러질 수 있음을 알았다. 차를 몰 때, 왼쪽이나 오른쪽으로 꺾을 때 상자가 미끄러질까 더 걱정해야 할까, 아니면 속력을 높이거나 낮출 때 더 걱정해야 할까? 대답을 할 때 여러분이 배운 물리학의 지식을 바탕으로 설명하라.

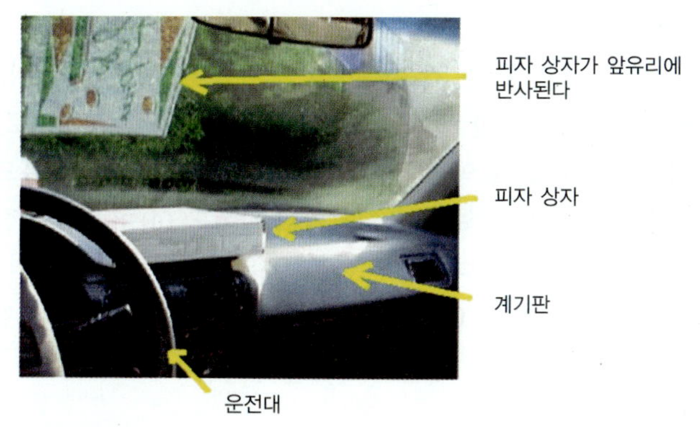

그림 6-84 문제 92

93. 농부와 노새

오래된 유대인 우스개가 있는데, 주민들이 어리석기로 유명한 마을인 체움(Chelm)의 농부에 관한 것이다. 어느날 그 농부가 밀을 빻아 밀가루를 만들러 방앗간에 갔다. 그는 당나귀를 타고 갔는데, 밀 자루를 자기가 올라앉은 뒷자리에 실었다. 가다가 친구를 만났는데, 그는 다음과 같이 나무랐다. "이보게, 자네 몸무게가 90 kg중이고 밀가루 한 자루가 50 kg중이지. 그리고 당나귀는 작기도 하지! 그 당나귀에 싣기에는 너무 무겁지 않은가?" 그는 방앗간으로 가는 길에 친구가 한 말을 생각했다. 집으로 돌아올 때 그는 친구를 다시 만났는데, 이번에는 친구가 만족해할 것으로 확신했다. 그 농부는 여전히 당나귀를 타고 있었는데, 이번에는 밀가루 50 kg중 자루를 어깨에 매고 있었다!

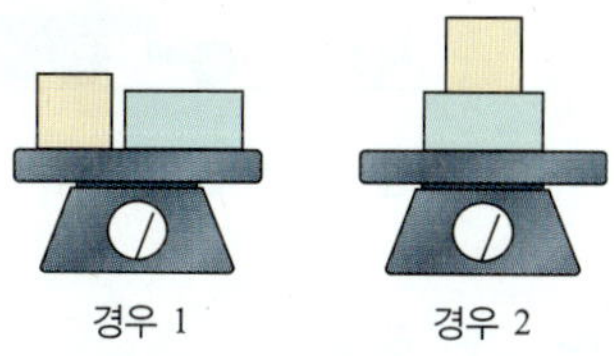

그림 6-85 문제 93

상식과 직관으로 우리는 물건을 어떻게 배열하든 상관 없다고 생각한다. 무세는 길다. 직관적 결과를 뉴턴 역학의 틀이 뒷받침한다는 것을 확인하자. 이 문제를 그림 6-85를 보며 분석하자. 두 토막이 저울 위에 올라 있다. 토막 하나는 10 N, 다른 것은 25 N이다. 경우 1에서는 왼쪽 그림처럼, 경우 2에서는 오른쪽 그림처럼 토막이 놓여 있다. 두 계 모두 평형 사태가 되었다. 두 경우에서 물체를 따로따로 떼어 — 낱낱의 토막과 저울 — 받는 힘을 살펴 보아 뉴턴 법칙의 원리에 따르면 두 토막이 저울에 주는 전체 힘은 두 경우 모두 같음을 보여라. (**유의**: '두 경우가 같아야 한다'고 말하는 것으로는 부족하다. 그것은 단지 직관을 다시 말하는 것일 뿐이다. 뉴턴 역학의 틀의 원리만을 써서 추론해도 같은 결과를 얻는다는 것을 알아야 한다.)

94. 두 상자 끌기

(a) 어떤 일꾼이 마루에 있는 두 개의 무거운 궤짝을 밧줄로 끌려고 한다. 밧줄은 질량이 M인 아래쪽 궤짝에 묶여 있다. 위쪽 궤짝의 질량은 m이고 궤짝과 마루의 정지 마찰계수는 $\mu^{정지}$이다. 그림 6-86처럼 밧줄이 수평면에 대해 각도 θ를 이룬다면, 일꾼이 최대 얼마의 힘을 주어야 아래쪽 궤짝이 움직이기 시작할까?

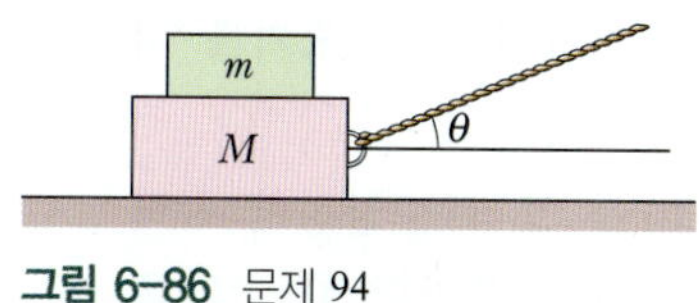

그림 6-86 문제 94

(b) 일꾼은 아래쪽 궤짝의 질량이 50 kg이고 위쪽 궤짝의 질량이 10 kg임을 안다. 일꾼은 밧줄을 120 N의 힘으로 수평면에 대해 60° 방향으로 끌면 궤짝들이 일정한 속력으로 끌려 오는 것을 발견했다. 이 정보를 써서 아래쪽 궤짝과 마루의 운동 마찰계수 $\mu^{운동}$를 알 수 있는가? 할 수 있으면 값을 구하고, 할 수 없으면 까닭을 설명하라.

(c) 다른 상황에서 일꾼은 아래쪽 궤짝의 질량이 30 kg이고 위쪽 궤짝의 질량이 7.5 kg일 때 밧줄을 수평면에 대해 45° 방향으로 끌면 일정한 속력 50 cm/s로 끌 수 있음을 발견했다. 이 정보를 써서 아래쪽 궤짝과 마루의 운동 마찰계수 $\mu^{운동}$를 알 수 있는가? 할 수 있으면 값을 구하고, 할 수 없으면 까닭을 설명하라.

95. 체르마 놀리기

체르마가 여자친구를 만나러 급히 나가려 할 때, 같은 방을 쓰는 친구 동주가 물통을 천장에 대고, 물통 밑을 긴 빗자루로 떠받치고 잠시 있어 달라고 부탁했다. 그렇게 하자 동주는 물통에 물이 찼다고 말하고서는 나가 버렸다. 그림 6-87을 보라.

그림 6-87 문제 95

(a) 물통이 받는 모든 힘을 보여주는 힘-물체그림을 그려라. 낱낱의 힘마다 그 힘이 어떤 것인지, 무엇이 그런 힘을 물통에게 주는지 확인하라.

(b) 체르마는 물통을 몇 걸음 옆으로 미끄러지게 하여 방 안에 있는 의자를 잡으러 가려고 한다. (a)에 대한 답에서 이러한 목적에 맞는 힘이 있는가?

(c) 물통의 무게가 0.5 kg중이고 물 3 kg중이 차 있으며, 빗자루와 물통의 최대 정지마찰계수 $\mu^{정지}_{빗자루}$가 0.3, 물통과 천장의 최대 정지마찰계수 $\mu^{정지}_{천장}$가 0.5라고 하자. 체르마는 물통을 옆으로 미끄러지게 할 수 있는가? 설명하라.

96. 마찰력이 하는 것

그림 6-88처럼 큰 토막이 탁자 위에 있고, 그 위에 작은 토막이 있다. 큰 토막을 밀어 움직이게 한다. 약 0.25초 뒤에 그것이 일정한 속력으로 움직이고 있고, 그 위의 토막도 미끄러지지 않는다.

(a) 두 토막이 가속될 때의 힘-물체그림을 그리고 받는 힘을 모두 나타내고 설명하라. (모든 힘의 종류와 근원을 명시하라.) 할 수

있다면 힘의 크기를 비교하라.

(b) 두 토막이 일정한 속력으로 움직일 때 그것을 한 덩어리로 보아 힘-물체그림을 그리고 받는 힘을 모두 나타내고 설명하라. (모든 힘의 종류와 근원을 명시하라.) 할 수 있다면 힘의 크기를 비교하라.

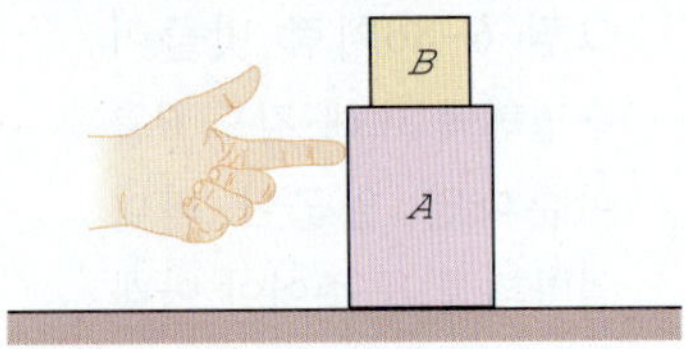

그림 6-88 문제 96

(c) 토막 A의 질량이 0.4 kg이고 탁자와의 마찰계수가 0.3이라 하자. 토막 B의 질량이 0.1 kg이고 두 토막 사이의 마찰계수가 0.2라 하자. 두 토막을 일정한 속도 10 cm/s로 움직이게 하려면 얼마의 힘이 필요한가? (g = 10 N/kg으로 두고 정지 마찰력과 운동 마찰력이 같다고 두어도 좋다.)

97. 구봉이와 병운이가 화물차를 민다

구봉이가 화물차를 몰고 가다 여산 휴게소에서 쉬면서 불을 켜 두어서 전지가 다 닳았다. 다행히도 친구 병운이가 작은 차 모닝을 몰고 왔다. 길바닥이 평평하므로 구봉이는 병운이를 설득하여 모닝으로 화물차를 오래 천천히 밀어 36 km/h의 속력까지 이르게 했다. 화물차는 이 속력이 되어야 클러치를 넣으면 엔진이 켜진다.

(a) 병운이는 화물차를 밀기 시작하는데, 속력을 36 km/h로 높이는 데 5분이 걸렸다. 모닝으로 화물차를 미는 동안 두 차에 대한 힘-물체그림을 따로 그려라. 수평방향의 모든 힘을 센 것부터 차례로 늘어놓고, 크기가 같은 것은 명확히 표시하라. 추론의 근거를 설명하라.

(b) 5분 동안 화물차의 가속도가 일정하다면, 구봉이가 화물차의 엔진을 켤 때까지 병운이가 밀어주어야 하는 거리는 얼마인가?

(c) 화물차의 질량은 4000 kg, 모닝의 질량은 800 kg, 모닝과 길바닥의 정지 마찰계수는 0.1이라 하자. 화물차를 미는 어느 순간 모닝은 화물차를 1000 N의 힘으로 미는데, 둘 다 움직이지 않는다. 화물차와 길바닥의 정지 마찰계수는 얼마인가? 추론의 근거를 설명하라.

98. 짐 밀기

젊은 엄마가 평탄한 길을 따라 유모차를 일정한 속도로 밀고 간다. 지나가는 친구와 수다를 떠느라 엄마는 유모차를 놓쳤다. 유모차는 계속 가다가 속력이 느려져서 섰다. $t = 0$에 그녀는 일정한 속도로 걸어간다. t_1에 그녀는 유모차를 놓았다. t_2에 유모차가 섰다. 다음 변수의 시간에 대한 변화를 보여주는 그림표를 정성적으로 정확하게 그려라(그림표의 값은 몰라도, 모양은 따진다). (a) 유모차의 위치, (b) 유모차의 속도, (c) 유모차의 가속도, (d) 유모차가 받는 알짜힘, (e) 엄마가 유모차를 미는 힘, (f) 유모차가 받는 마찰력. 시간축에 중요한 시각 $t = 0, t_1, t_2$를 꼭 나타내라. 엄마가 처음에 걸어가던 쪽을 (+)쪽으로 잡아라.

그림 6-89 문제 97

99. 2단 로켓

학교의 로켓 만들기 클럽 회원들이 2단 로켓을 만들었다. 그것은 작은 기관이 2개 달려 있다. 첫째 기관이 잠깐 불붙으면 로켓이 위로 조금 올라가고, 그 다음에 1단 로켓이 떨어져 나가 둘째 기관이 드러난다. 조금 지나 둘째 기관이 불붙어 로켓을 더 높이 올린다.

$t = 0$에 로켓 기관이 불붙었다. 그때부터 로켓은 일정한 가속도로 올라간다. 이것은 t_1까지 지속된다. 로켓이 1단을 떨어뜨리고 t_2까지 계속 올라가 t_2에 2단 기관이 불붙어 다시 위로 더 큰(일정한) 가속도로 올라간다. 두 번째 가속 기간의 어느 때에 기록장치가 멈춘다.

로켓의 높이 y, 속도 v_y, 가속도 a_y, 기관이 불붙어 로켓을 밀어주는 힘 $\vec{F}_y$, 그리고 로켓이 받는 알짜힘 $\vec{F}_y^{알짜}$의 그림표를 정성적으로 정확하게 그려라(그림표의 값은 몰라도, 모양은 따진다). 위쪽을 (+) 쪽으로 잡고, 시간축에 시각 $t = 0,\ t_1,\ t_2$를 꼭 나타내라.

100. 상자 밀기

일꾼이 마루에서 수레를 밀고 간다. 수레를 처음에 움직이게 하려면 세게 밀어야 한다. 그 뒤에는 밀기가 수월하다. 끝으로 수레가 벽을 박지 않게 멈추려면 뒤로 당겨야 한다. 일꾼이 수레에 준 힘은 수평방향이다. 일꾼이 가는 쪽을 (+) 쪽으로 잡는다.

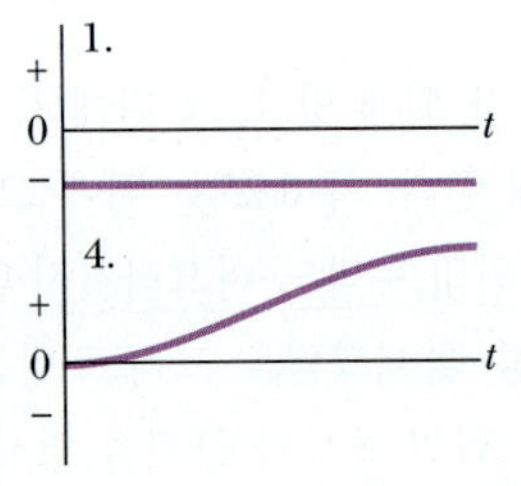

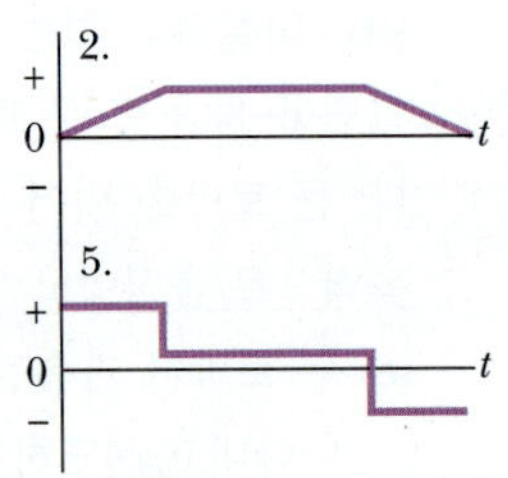

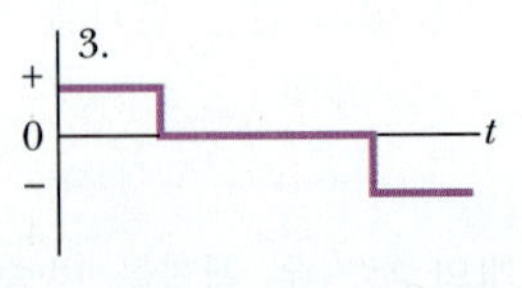

그림 6-90 문제 100

그림 6-90은 이 문제의 몇 가지 물리량의 그림표이다. 아래 변수와 그림표를 짝지워라. 그림표에 따라서는 여러 번 쓰거나 전혀 쓰지 않아도 된다. **유의:** 시간축은 눈금이 같지만 수직축은 다르다.

(a) 마찰력

(b) 일꾼이 미는 힘

(c) 알짜힘

(d) 가속도

(e) 속도

101. 무거운 것과 가벼운 것 비교

지름 5 cm인 쇠공과 깃털을 생각하자. 아래에 늘어놓은 물리량에 대해 공과 깃털의 양의 크기를 비교하여라. 낱낱의 경우의 답에 대해 설명하라.

(a) 중력

(b) 공기 속에서 어떤 거리를 떨어지는 시간

(c) 진공 속에서 어떤 거리를 떨어지는 시간

(d) 진공 속에서 떨어질 때 받는 알짜힘

(e) 공기 속에서 떨어질 때 받는 알짜힘

102. 골프장에서 골프 치기

그림 6-91처럼 어떤 골프 선수가 공을 쳐서 잔디 위에 올리려고 한다. 잔디는 공 받침에서 수평거리 s, 수직거리 h인 언덕에 있다. 그가 공을 치자 공은 받침을 떠나 수평선에 대해 θ의 각도로 날아간다. 그는 공을 잔디 위에 올리려면 공의 처음 속력 v_1이 얼마나 되어야 하는가 알고 싶어 한다.

(a) 그가 공을 칠 때 공의 운동을 제어하는 것은 무엇인가? 공이 받침을 떠난 뒤에 공의 가속도 벡터를 결정하는 방정식을 써라. 좌표계를 꼭 명시하라. 이 부분에서는 공기 저항을 무시해도 된다.

(b) (a)에서 세운 방정식을 풀어 어느 순간 t에 공의 위치를 결정하는 식을 구하라.

(c) 이 사람이 공을 제자리에 올려 놓으려면, 공이 제 속력으로 받침을 떠나야 한다. 그가 그 속력을 셈하는 방법을 설명하라(공기 저항을 무시해도 된다). 문제에 준 자료를 바탕으로 공의 처음 속력에 관한 식을 구하라.

(d) 공이 받침을 떠나는 각도가 30°, s = 100 m, h = 10 m일 때, 공이 받침을 떠나야 하는 속력을 구하라.

(e) 이제 공기 저항의 효과를 따지자. 공기 저항력에 관한 좋은 모형이 아래와 같은 뉴턴 항력 법칙이라고 하자.

$$\vec{F} = -b\,|\vec{v}|\,\vec{v}$$

여기에서 $|\vec{v}|$는 속력이고 b는 상수이다. 공의 궤적 위의 세 점을 생각하자. 올라가며 가는 거리의 반, 가장 높이 오른 곳, 내려오는 거리의 반. 세 점에서의 저항력의 방향을 설명하라. 정성적으로 따져서(셈을 하려 들지 말아라!) 공기의 저항은 공의 운동에 어떤 효과를 주는가?

그림 6-91 문제 102

103. 공기저항 1: 차원분석

어떤 물체가 공기 속을 지날 때, 저항력을 받는다. 반지름 R, 질량 m인 공 모양 물체를 생각하자. 저항력을 결정하는 요소가 무엇일까?

- 물체의 성질이 결정할 수 있다. 이 물체에서는 m과 R이다.
- 물체의 위치와 도함수가 결정할 수 있다. $\vec{r}$, $\vec{v}$, $\vec{a}$, ⋯
- 공기의 성질이 결정할 수 있다. 밀도 ρ 등이다.

(a) 공이 받는 공기 저항력이 반지름 R에 따라 다를 수 있지만 질량 m과는 상관이 없을 것이라고 생각하는 까닭을 설명하라.

(b) 공이 받는 공기 저항력이 속력 $|\vec{v}|$에 따라 다를 수 있지만, 위치 $\vec{r}$이나 가속도 $\vec{a}$와는 상관이 없을 것이라고 생각하는 까닭을 설명하라.

(c) 차원분석은 물리량의 차원(미터, 초, 뉴턴 등)을 써서 물리량 사이의 관계를 추론하는 방법이다. 차원 분석을 하여 공이 받는 공기 저항력을 결정하는 식을 꾸며 보라.

104. 균형 추

장비를 위아래로 옮길 때, 균형추를 써서 최소의 노력을 들이는 것은 공학에서 흔히 쓰는 기법이다. 보기를 들어 구식 창문을 여닫을 때 그리고 승강기를 오르내릴 때 균형추를 써서 힘을 덜 들인다. 디즈니 엡코트 센터(Disney Epcot Center)에서 일하는 공학자에게 사람들이 탈것에 올라 언덕의 오르내림을 따라가며 센터 전경을 볼 수 있게 하고, 언덕 뒤쪽에서는 여행자들이 탈것을 타고 인공 절벽을 따라 수직으로 오르내리게 하도록 주문했다고 하자. 그 공학자는 그 장치의 작은 모형을 만드는데, 비탈진 궤도 위에 마찰이 작은 수레를 올리고, 수레에 줄을 매어 추를 달아 늘어뜨렸다. 그의 목적은 뉴턴 법칙을 실제 상황에 적용할 수 있는지 보고 마찰의 효과를 무시해도 되는지 확인하는 것이다.

이 연습문제에서는 위에 설명하고 그림 6-92*a*에 보인 상황에 대한 디지털 영화에서 모은 자료를 살펴본다. 비디오포인트를 쓸 수 있으면, 스스로 디지털 영화를 볼 수 있고, 제목은 PASCO098이다. 강의 담당교수가 여러분에게 주는 영화는 내용은 비슷하지만 제목은 다를 수도 있다. PASCO098에 나오는 수레의 질량은 $m_{수레} = 0.510$ g이고 비탈 궤도의 수평면에 대한 각도는 21°이다. 수레에 묶은 실이 수레를 끈다. 실은 도르래를 통해 질량 $m_{추} = 0.184$ g의 추에 묶여 있다.

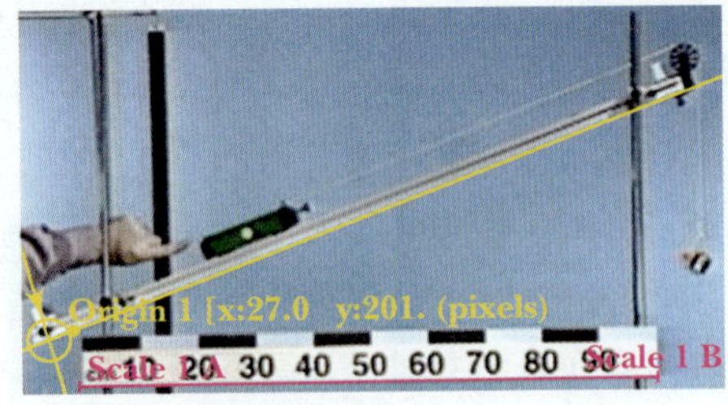

그림 6-92*a* 문제 104

표 6-3은 PASCO098에서 수레가 *x*축을 따라 움직일 때 시간에 대한 위치를 잰 자료이다. *x*축은 기울어진 궤도와 나란히 잡았다. 이 자료를 써서 수레의 가속도를 구할 수 있다. (자료를 분석하려면 스프레드시트에 넣는 것이 가장 좋다.) 끝으로 뉴턴 법칙과 함께 궤도의 기울기 각도 및 수레와 추의 질량을 써서 수레의 가속도를(이론적으로) 구할 수 있다. 우리 목표는 이론적으로 셈한 결과와 (표 6-3의 자료에 든) 실제의 운동이 맞는가 확인하는 것이다.

표 6-3
문제 104

시간(초)	x(m)
0.000	0.002 929
0.205 0	0.038 56
0.410 0	0.084 65
0.615 0	0.122 1
0.820 0	0.165 9
1.025	0.203 8
1.230	0.246 3
1.435	0.288 5
1.640	0.330 1
1.845	0.367 6
2.050	0.411 4
2.255	0.447 2
2.460	0.493 1
2.665	0.529 7
2.870	0.574 8
3.075	0.616 5
3.280	0.662 4

(a) 표 6-3의 자료를 스프레드시트에 넣어라. 수레가 어떤 운동을 하는가 살펴보라. 속도가 일정한가? 그렇다면 속도의 크기와 방향을 구하라. 가속도가 일정한가? 그렇다면 가속도의 크기와 방향을 구하라. (답을 얻을 때 식-맞춤 소프트웨어를 써야 할 것이다.) 답을 얻었으면 증거를 대라.

(b) 알짜힘의 *x*축(비탈길 방향) 성분의 크기를 구하라.

(c) 그림 6-92*b*와 같은 그림을 그려라. 수레의 힘-물체그림을 그리고 수레가 받는 모든 힘 — 중력 $\vec{F}^{중력}$, 법선력 $\vec{N}$, 실의 장력 $\vec{T}$를 포함 — 을 모두 보여라.

(d) 수레와 추가 등속도로 움직이는 상황을 생각하자. 비탈길을 따라 위쪽으로 +*x*축을 잡아라. 도르래와 수레의 바퀴축에 마찰이 없다고 하자! 앞에서 구한 힘의 *x*성분을 구해 수레가 +*x*쪽으로 받는 알짜힘 $F_x^{알짜}$를 다음 식을 써서 셈할 수 있음을 보여라.

$$F_x^{알짜} = T - m_{수레}\, g \sin\theta = 0$$

여기에서 중력 상수 g는 +9.8 N/kg이다.

(e) 수레와 추가 실로 이어져 있으므로 속도의 크기가 같고, 실의 모든 곳에서 장력이 같아서 수레를 묶은 곳 *A*와 추를 묶은 곳 *B*에서도 같다고 가정하자. 추가 받는 알짜힘이 0이면 $T - F^{중력} = 0$임을 보여라. 여기에서 $F^{중력} = m_{추}\, g$이다.

(f) (d)와 (e)에서 끌어낸 식을 써서 수레와 추의 속도가 일정하면, 이론적으로 $m_{추}\, g$가 $m_{수레}\, g \sin\theta$와 같음을 보여라.

(g) $m_{수레}$와 $m_{추}$의 값 그리고 궤도의 기울기 각을 써서 $m_{수레}\, g \sin\theta$와 $m_{추}\, g$의 값을 유효숫자 2자리까지 같음을 확인하라. 결과가 같으면 이론과 실험이 맞는 것으로 확인한다.

(h) 결과가 유효숫자 2자리까지만 같은 까닭을 논의하라.

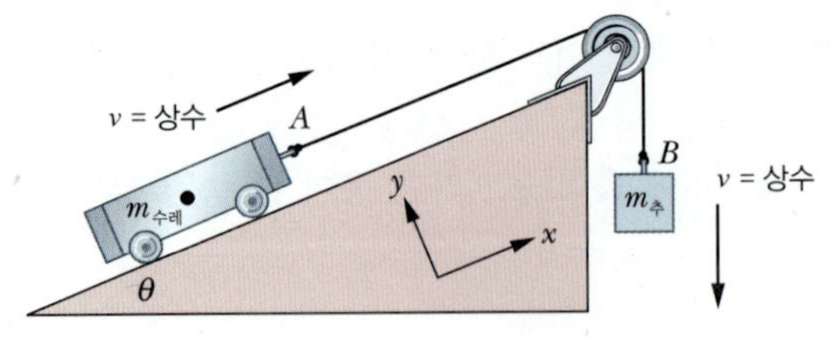

그림 6-92*b* 문제 104

7 병진 운동량

공수도 사범은 팔 뼈를 두껍게 만들고자 많은 훈련을 한다. 그 결과 여러 장의 시멘트 벽돌을 한 주먹에 깨뜨릴 수 있게 된다. 초보자는 이러한 묘기를 부릴 수 없지만, 두께 약 8 cm인 소나무 널판은 아주 쉽게 부술 수 있다. 보기를 들어 디킨슨 대학의 일반물리학 강좌를 듣는 학생 카시아니(Tom Casiani)는 물리학을 듣기 전에 공수도를 배운 적이 전혀 없는데도, 쌓아 올린 소나무 널판 9장을 깨뜨렸다.

초보자가 어떻게 해서 시멘트 판이 아니라 소나무 널판을 손을 다치지 않고 부술 수 있었을까?

◈ 답은 이 장에 있다.

(*a*)

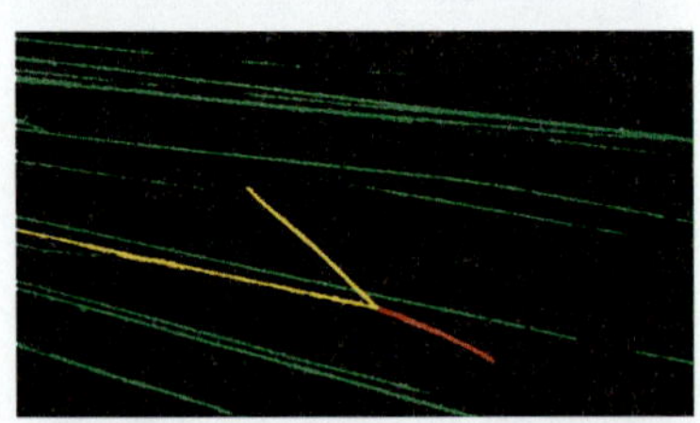

(*b*)

(*c*)

그림 7-1
충돌은 규모의 범위가 넓다. (*a*) 미국 애리조나 주의 운석 구멍은 너비 약 1200 m, 깊이 약 200 m이다. (*b*) 알파입자가 왼쪽에서 들어와 서 있던 질소원자 핵에서 튕겨 오른쪽 아래로 간다. (*c*) 정구 시합에서 공이 정구채와 충돌할 때마다 약 4 ms 접촉한다(한 세트의 시합에서 접촉시간을 모두 더하면 거의 1초가 된다).

7-1 충돌과 폭발

앞의 몇 장에서는 물체가 힘을 받으면 운동이 어떻게 달라지는가를 집중적으로 살펴보았다. 흔히 느끼는 힘 몇 가지를 구체적으로 설명했고, 뉴턴 제2법칙 $\vec{F} = m\vec{a}$를 써서 힘을 꾸준히 받는 물체의 가속도를 구하는 연습을 했다. 비록 물체가 받는 모든 힘을 더해 가속도를 구할 수 있는 상황도 많지만, 방정식 $\vec{F} = m\vec{a}$를 쓸 수 없는 상황도 많다. 보기를 들어, 물체가 부딪치거나 큰 물체가 터져서 많은 작은 물체로 나뉠 때는 사건이 너무 빨리 진행되어 그러한 힘을 받는 물체를 따라갈 수 없다.

충돌과 폭발은 원자보다 작은 입자의 미시적 규모(그림 7-1*b*)에서부터 충돌하는 별과 은하계의 천문학적 규모에까지 이르므로, 물리학자들은 이들 과정을 이해하는데 관심을 쏟는다. 사실 오늘날 많은 물리학자가 '충돌 게임'을 하면서 시간을 보낸다. 이 게임의 목표는 입자끼리 빠른 상호작용을 하는 동안 또는 입자 하나가 여러 조각으로 폭발하는 동안 주고받는 힘에 관해서 될 수 있는 대로 많이 알아내는 것이다. 우리는 입자가 상호작용을 하기 전과 하고 난 뒤의 상태를 결정하여 이로부터 빠른 상호작용에 관해서 배우는 기법을 이미 발전시켰다. 사실 원자보다 작은 세계 — 전자, 양성자, 중성자, 뮤입자, 쿼크 등 — 에 관한 지식은 충돌과 폭발이 들어간 실험에서 나왔다.

이 장에서는 충돌 과정을 살펴보는데 도움이 될 병진 운동량이라는 새로운 양을 정의한다. 폭발은 실제로는 충돌 과정을 뒤집은 것이므로, 두 현상 모두 같은 방법을 쓸 수 있다. 충돌에 관한 다음의 형식적 정의를 쓸 것이다.

충돌(COLLISION) 또는 **폭발(EXPLOSION)**은 둘 이상의 물체가 운동하는 기간에 비해 짧은 시간에 상대적으로 센 힘을 주고받는 고립된 사건이다.

상대적으로 센 힘(Relatively strong force)이란 충돌이나 폭발할 때의 힘이 그 계가 받는 다른 힘에 비해 상당히 세다는 것을 뜻한다. 마찬가지로 **상대적으로 짧은 시간(relatively short time)**이란 그 동안 약한 힘이 계를 이루는 요소들을 눈에 띄게 가속시키기에는 시간이 충분하지 않다는 것이다.

충돌이나 폭발을 살펴보려면 그림 7-2와 같이 시간을 어떤 사건이 생기기 전, 그 동안, 그 뒤로 나눈다. 그림 7-2는 부딪치는 두 물체를 보여주며, 이 충돌과 관련된 힘이 물체끼리 주고받는 힘임을 나타낸다.

생각해보기 7-1 충돌의 정의에 따르면 다음 사건 가운데 어느 것이 충돌에 해당하는가? 설명하라. (a) 대양 정기선 타이타닉 호가 빙산에 파고들어 멈춰 서는데 60초가 걸렸다. (b) 정구시합에서 공을 공중에서 계속 보내고 받는 동안 공이 상대쪽으로 날아가는 시간은 1초가 채 안 걸린다. 어떤 정구채가 공과 2초 동안 접촉했다고 하자.

7-2 입자의 병진 운동량

겨울에 얼어붙은 좁은 길에서 작은 차가 앞에서 달려오던 짐차와 부딪친 사고를 생각하자. 충돌 뒤에 차의 운동을 예측하려면 차에 대해 무엇을 알아야 할까? 많은 사람이 두 차의 질량과 속도에 따라 결과가 달라질 것으로 예측한다. 충돌의 결과를 예측하는데는 우리가 곧 운동량이라고 부를, 두 양의 곱이 아주 쓸모 있는 개념으로 밝혀진다.

사실 뉴턴이 애초에 운동 법칙을 기술할 때 가속도와 속도의 개념을 쓰지 않았다. 그는 부분적으로는 충돌을 연구하여 그 법칙을 발전시켰고, 그래서 운동량이라는 개념에 이르게 되었다. '가속도'와 마찬가지로 '운동량'도 나날이 쓰는 말에서는 여러 가지 뜻이 있지만, 물리학에서는 단 하나 정확한 뜻이 있다. 어떤 입자의 **병진 운동량(translational momentum)**은 다음과 같이 정의되는 벡터 $\vec{p}$이다.

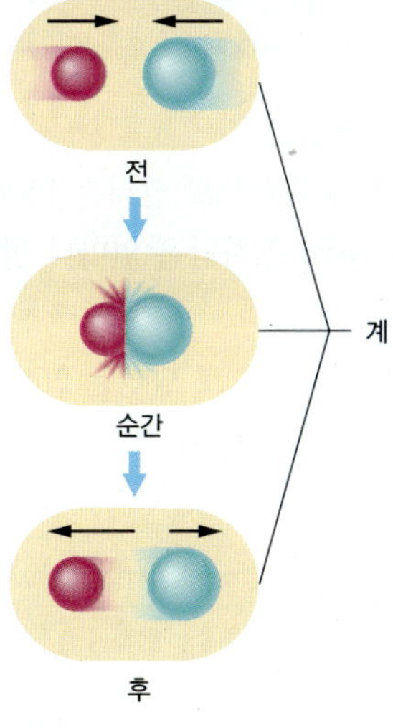

그림 7-2
두 물체가 충돌하는 세 단계

$$\vec{p} \equiv m\vec{v} \qquad \text{(병진 운동량의 정의)} \qquad (7\text{-}1)$$

여기에서 m은 입자의 질량, $\vec{v}$는 순간 속도이다. m은 값이 늘 양수인 스칼라량이므로, 운동량 벡터와 속도 벡터는 늘 같은 쪽이다. 이 관계는 또한 운동량의 국제단위는 '초당 킬로그램미터(kilogram-meter-per-second)'(질량의 단위에 속도의 단위를 곱한 값)다.

어떤 사람은 $m\vec{v}$를 설명할 때 '병진 운동량'보다는 '선 운동량(linear momentum)'이라는 말을 쓴다. 그렇지만 이 운동량은 물체의 전체 운동 궤적이 직선이든 아니든 한 곳에서 다른 곳으로 가는 것과 관계된다. 보기를 들어 방정식 $\vec{p} = m\vec{v}$는 포물선 궤적을 따라가는 발사체나 원을 따라 도는 작은 돌멩이의 운동량을 정의할 때도 쓰인다. 따라서 '병진'이 '선'보다 더 나은 수식어다.

흔히 수식어 '병진'을 간단히 떼어 '운동량'만 쓰기도 한다. 그러나 12장에서 소개할 '회전 운동량(rotational momentum)'과 구별해야 할 때는 '병진'을 붙이는 것이 좋다.

뉴턴은 운동 제2법칙을 운동량을 써서 다음과 같이 표현했다.

> 어떤 입자의 운동량의 변화율은 입자가 받는 알짜힘에 비례하고 힘과 같은 쪽이다.

이 글을 방정식의 꼴로 쓰면 아래와 같다.

$$\vec{F}_{\text{알짜}} = \frac{d\vec{p}}{dt} \qquad \text{(입자 하나)} \qquad (7\text{-}2)$$

제2법칙에서 $\vec{p}$를 $m\vec{v}$로 바꾸고 값이 상수인 질량을 도함수 밖으로 꺼내면 우리가 잘 아는 $\vec{F}_{\text{알짜}} = m\vec{a}$과 연관시킬 수 있다.

$$\vec{F}_{\text{알짜}} = \frac{d\vec{p}}{dt} = \frac{d}{dt}(m\vec{v}) = m\frac{d\vec{v}}{dt} = m\vec{a}$$

따라서 방정식 $\vec{F}_{\text{알짜}} = d\vec{p}/dt$과 $\vec{F}_{\text{알짜}} = m\vec{a}$는 질량이 일정한 입자의 운동에 대해 적용할 때는 똑같이 뉴턴 운동 제2법칙을 나타낸다.

두 식이 말해주는 것은 어떤 물체가 받는 알짜힘이 0이 아니면 그 물체의 운동량이 변한다는 것이다. 이것은 놀랄 일이 아니다. 알짜힘이 0이 아니면 물체는 힘을 받는 쪽으로 가속된다. 그 가속도는 속도를 변화시키고, 속도 변화는 운동량 변화와 연관된다. 이것을 또 달리 말하면 0이 아닌알짜힘 — 보기를 들어, 수레를 미는 힘 — 이 수레에 운동량 변화를 '주는' 주체이다.

생각해보기 7-2 오른쪽 그림은 축을 따라 움직이는 어떤 입자의 시간에 대한 운동량이다. 입자는 축 방향의 힘을 받아, 운동량이 변화한다. (a) 네 영역을 힘이 가장 큰 것부터 차례대로 늘어놓아라. (b) 어떤 영역에서 입자의 속력이 느려지는가?

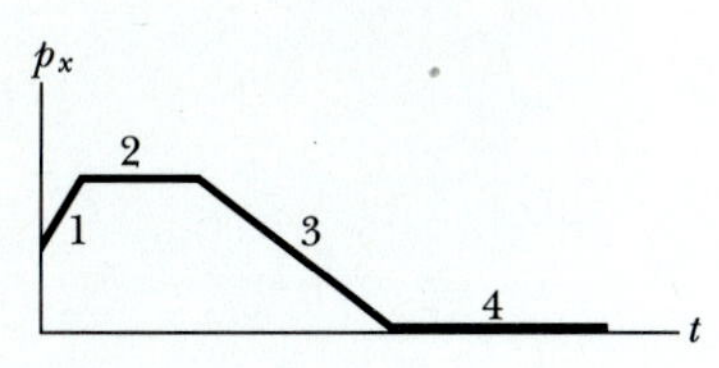

연습문제 7-2

1. 같은 운동량

1.2 km/h의 속력으로 달리는 1600 kg의 차와 운동량이 같아지려면 질량이 80 kg인 사람은 얼마나 빨리 달려야 하는가?

2. 소형차

16 km/h의 속력으로 달리는 2650 kg의 큰 차 제네시스와 운동량이 같아지려면 816 kg의 작은 차 프라이드는 얼마나 빨리 달려야 하는가?

3. 레이다

레이다로 어떤 물체를 추적하여 위치를 다음과 같이 알아냈다. $\vec{r} = [(3500\text{ m}) - (160\text{ m/s})\,t]\,\hat{i} + (2700\text{ m})]\,\hat{j}$. 여기에서 $\vec{r}$의 단위는 m, t의 단위는 초이다. 레이다 기지의 x축은 동쪽, y축은 북쪽, z축은 위쪽을 향한다. 그 물체가 250 kg인 기상위성일 때 (a) 운동량과 (b) 운동 방향을 구하라.

7-3 입자계

우리는 흔히 서로 힘을 주고받는 입자 무리의 움직임을 알고자 한다. 입자들을 둘러싼 가상적인 경계를 그릴 수 있지만, 입자의 일부가 받는 힘의 근원이 '계(system)'의 경계 바깥에 있으면 복잡한 문제가 생길 수 있다.

• 입자계의 운동량

뉴턴 제2법칙과 제3법칙을 입자계에 쓰면, 계의 전체 운동량의 변화를 알 수 있다. 입자 n개로 이루어진 계에서 입자가 저마다 질량, 속도, 운동량을 가진 것을 생각하자. 계 속의 입자는 서로 힘을 주고받는다. 계의 전체 운동량 $\vec{p}_{계}$는 다음과 같이 낱낱의 입자의 운동량을 벡터 덧셈한 값으로 정의된다.

$$\begin{aligned}\vec{p}_{계} &= \vec{p}_A + \vec{p}_B + \vec{p}_C + \cdots + \vec{p}_n \\ &= m_A\vec{v}_A + m_B\vec{v}_B + m_C\vec{v}_C + \cdots + m_n\vec{v}_n \qquad (7\text{–}3)\end{aligned}$$

어떤 계의 운동량은 낱낱의 입자의 운동량을 벡터 덧셈한 값이다.

계가 고립되어 있지 않다면, 계는 외부힘도 받는다. 입자 A와 같은 입자 하나의 운동방정식은 다음과 같음을 상기하라.

$$\vec{F}_A^{알짜} = \frac{d\vec{p}_A}{dt}$$

따라서 n개의 입자 저마다 힘을 받으면 어떻게 반응하는가는 뉴턴 제2법칙이 말해준다.

$$\vec{F}_A^{알짜} = \frac{d\vec{p}_A}{dt}, \quad \vec{F}_B^{알짜} = \frac{d\vec{p}_B}{dt}, \quad \vec{F}_C^{알짜} = \frac{d\vec{p}_C}{dt}, \quad \cdots$$

그러나 계의 전체 운동량 $\vec{p}_{계}$은 그 속의 입자들의 운동량을 더한 것이다. 따라서 다음과 같다.

$$\vec{p}_{계} = \vec{p}_A + \vec{p}_B + \vec{p}_C + \cdots$$

이 벡터합의 도함수는 도함수의 벡터합이므로, 계의 운동량의 시간변화율은 다음과 같다.

$$\frac{d\vec{p}_{계}}{dt} = \frac{d(\vec{p}_A + \vec{p}_B + \vec{p}_C + \cdots)}{dt} = \frac{d\vec{p}_A}{dt} + \frac{d\vec{p}_B}{dt} + \frac{d\vec{p}_C}{dt} + \cdots \tag{7-4}$$

그렇지만 식 7-2에 따르면 어떤 입자가 받는 알짜힘은 운동량의 변화율과 같다. $\vec{F}^{알짜} = d\vec{p}/dt$. 따라서 계의 전체 운동량의 시간변화율은 n개의 입자가 저마다 받는 알짜힘을 벡터 덧셈한 것과 같다.

$$\frac{d\vec{p}_{계}}{dt} = \vec{F}_A^{알짜} + \vec{F}_B^{알짜} + \vec{F}_C^{알짜} + \cdots = \vec{F}_{계}^{알짜}$$

말로 하면, 계 안의 모든 입자가 받는 힘을 모두 더한 값은 계의 전체 운동량의 시간변화율과 같다. 그로부터 다음과 같은 일반적인 명제를 얻는다.

$$\vec{F}_{계}^{알짜} = \frac{d\vec{p}_{계}}{dt} \qquad \text{(입자계)} \tag{7-5}$$

원리로는 $\vec{F}_{계}^{알짜}$는 계에 있는 낱낱의 입자가 받는 알짜힘을 모두 더한 값이다. 여기에는 그 속에 있는 다른 입자와 주고받는 힘[내부힘(internal forces)이라고 함]도 들어 있고, 계 바깥에 있는 물체가 주는 힘[외부힘(external forces)이라고 함]도 들어 있다. 실제로는 내부힘은 모두 제3법칙 짝을 이루어 상쇄된다. 따라서 내부힘이 전체적인 알짜힘에 기여하는 바는 없고, $\vec{F}_{계}^{알짜}$는 늘 계가 받는 외부힘을 모두 더한 값이다. 이 방정식은 입자 하나의 운동방정식 $\vec{F}^{알짜} = d\vec{p}/dt$ (식 7-2)를 여러 입자계에 일반화시킨 것이다.

7-4 충격량과 운동량 변화

나무 판자가 입자 같지는 않지만, 납공(공)이 떨어져 소나무 판자(판)와 충돌하는 두-물체계를 살펴보는 것이 도움이 될 것이다(그림 7-3). 어느 순간이든 판자가 공에 주는 힘은 $\vec{F}_{판\to공}$으로 나타낸다. 떨어지는 공이 판자에 닿기 전에는 주고받는 힘은 무시할 수 있음은 뻔하다. 공이 판자에 처음 닿을 때, 주고받는 힘은 비교적 작다. 힘의 크기가 최대에 이르면, 공 때문에 판자가 굽어 부러지기 시작한다. 판자가 부러진 뒤에는 힘이 다시 0이 된다. 따라서 판자가 공에 주는 힘의 크기를 그림표로 그리면 그림 7-4*a*와 닮았을 것으로 예상한다.

공의 운동을 찍은 영상을 살펴보면 공이 판자로부터 받은 힘의 최대값은 약 800 N이다. 이것은 또한 공수도 사범이 나무판을 깰 때 느끼는 최대힘이다. 그렇지만 깨는 시간이 백분의 일초 미만(그림 7-3에서 두 장면)이어서 부상을 입지 않는다. 중력은 10 N보다 작으므로 무시할 수 있음을 유의하자.

힘이 지속되면 두 물체의 운동량이 변한다. 변화량은 힘이 시간에 따라 어떻게 변하는가에 달렸다. 이것을 정량적으로 살펴보려면 그림 7-3에 보인 납공에 뉴턴 제2법칙 $\vec{F}_{판\to공} = -d\vec{p}_{판}/dt$를 쓰자. 공이 받는 알짜힘을 $\vec{F}^{알짜}(t) = \vec{F}_{판\to공} + \vec{F}_{공}^{중력} \approx \vec{F}_{판\to공}$으로, $\vec{p}_{공} = \vec{p}$로 나타내면 다음과 같다.

$$d\vec{p} = \vec{F}^{알짜}(t)\,dt \tag{7-6}$$

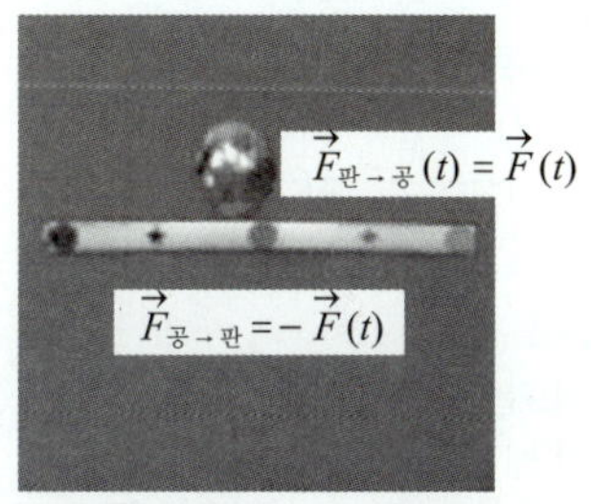

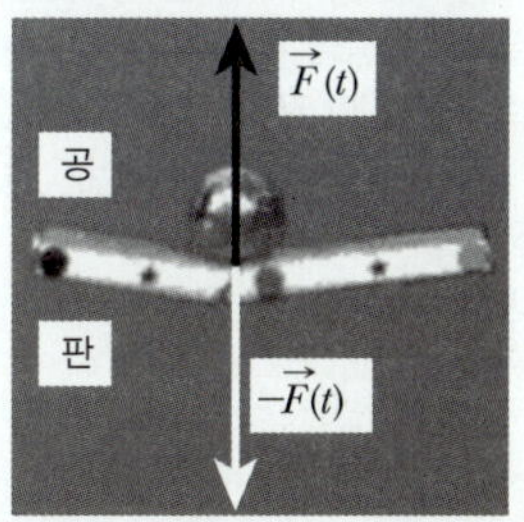

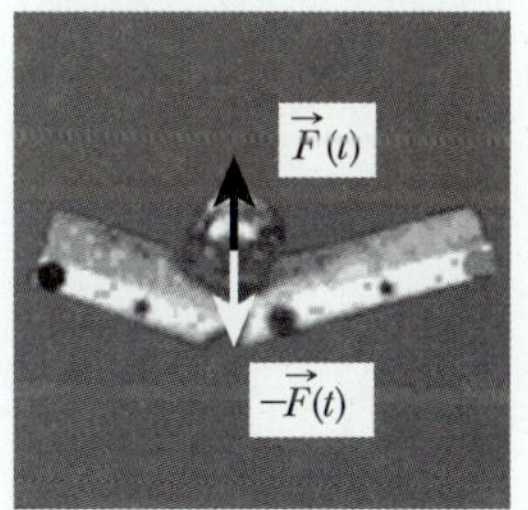

그림 7-3
질량 0.850 kg인 납공(공)이 소나무 판(판)과 충돌한다. 충돌하는 동안 납공은 나무판에 $\vec{F}_{공\to판} = -F(t)$의 힘을, 나무판은 공에 $\vec{F}_{판\to공} = +F(t)$의 힘을 준다. 힘 $F(t)$와 $-F(t)$는 제3법칙 짝이다. 이들의 크기는 충돌하는 동안 시간에 따라 변하지만, 어느 순간에나 크기는 같다. 이 영상은 250장면/초의 속도로 기록했다. 공과 나무판이 맞닿는 시간은 약 0.012초였다[로버트 티스(Robert Teese) 제공].

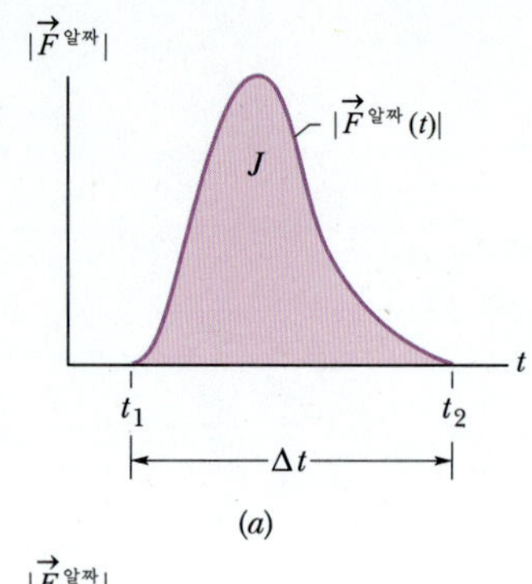

(a)

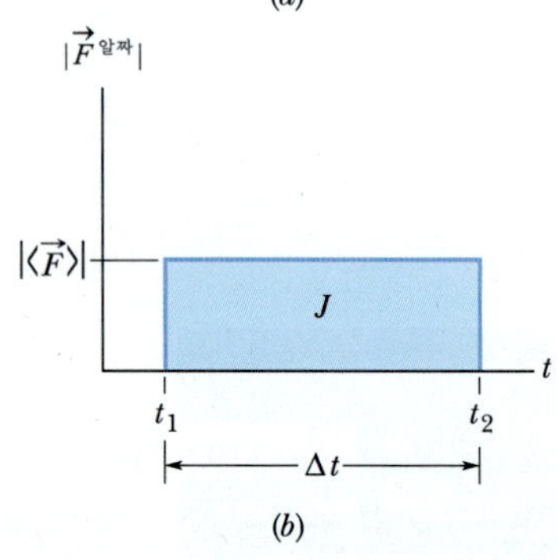

(b)

그림 7-4
(a) 그림표는 물체가 그림 7-3처럼 충돌할 때 받는 시간변화 알짜힘의 크기를 그려 본 것이다. 그림 7-3에 보인 공이 판자에 떨어질 때의 충돌 지속 시간 Δt는 겨우 1/100초 정도이다. (b) 네모꼴의 높이는 똑같은 시간 Δt 동안 물체가 받는 알짜힘의 평균값을 나타낸다. 네모꼴의 넓이는 a 곡선 아래의 넓이(또는 적분)와 같다.

여기에서 $\vec{F}^{알짜}(t)$는 공이 받는 시간변화 힘으로써 크기는 그림 7-4a의 곡선처럼 변한다. $d\vec{p} = \vec{F}^{알짜}(t)\,dt$를 처음시각 t_1(충돌 바로 전)에서 나중시각 t_2(충돌 바로 뒤)까지의 충돌시간 Δt에 대해 적분하면 다음 결과를 얻는다.

일반적 관계

$$\int_{p_1}^{\vec{p}_2} d\vec{p} = \int_{t_1}^{t_2} \vec{F}^{알짜}(t)\,dt \tag{7-7}$$

어떤 물체의 운동량의 변화는 그 물체가 받는 충격량과 같다는 것을 말해준다.

이 식의 왼쪽은 $\vec{p}_2 - \vec{p}_1$이고, 이것은 납공의 운동량이 변화량이다. 오른쪽은 판이 공에 주는 충돌힘의 세기와 지속시간의 지표다. 이것은 **충격량(impulse)** $\vec{J}$라는 벡터량이다. 일반적으로 어떤 물체가 충격힘 때문에 받는 충격량은 다음과 같이 정의된다.

$$\vec{J} \equiv \int_{t_1}^{t_2} \vec{F}^{알짜}(t)\,dt \qquad \text{(충격량의 정의)} \tag{7-8}$$

부딪치는 동안 $\vec{F}^{알짜}(t)$의 방향이 바뀌지 않는다면 이 식은 충격량의 크기가 7-4a의 곡선 $|\vec{F}^{알짜}(t)|$ 아래의 넓이와 같음을 말해준다.

따라서 충돌하는 물체에서는 다음 관계가 성립한다.

$$\vec{J} = \vec{p}_2 - \vec{p}_1 \qquad \text{(충격량-운동량 정리)} \tag{7-9}$$

이 관계를 **충격량-운동량 정리(impulse-momentum theorem)**라고 한다. 이것은 충격량과 운동량이 모두 벡터이고 단위와 차원이 같은 양임을 말해준다.

여기에서 $\vec{p}_1$은 충돌 바로 전인 처음시각 t_1의 운동량이고, $\vec{p}_2$는 충돌 바로 뒤인 나중시각 t_2의 운동량을 나타낸다.

물체가 충돌할 때 충격량 곡선을 결정하는 것보다는 운동량 변화를 재는 것이 훨씬 쉽다. 따라서 흔히 충돌하는 두 물체가 맞닿아 있는 시간을 따진다. 그 힘이 시간 내내 일정하다면 물체가 받는 힘의 평균값의 크기를 짐작할 수 있다. 충돌하는 동안의 알짜힘의 평균값을 $\langle\vec{F}^{알짜}\rangle$로 나타내면, 다음 식을 써서 운동량 변화량과 연관시킬 수 있다.

$$\langle\vec{F}^{알짜}\rangle = \frac{\vec{J}}{\Delta t} = \frac{\vec{p}_2 - \vec{p}_1}{\Delta t} = \frac{\Delta\vec{p}}{\Delta t} \qquad \text{(충돌하는 동안의 평균 알짜힘)} \tag{7-10}$$

물체가 받는 알짜힘의 평균 크기 $|\vec{F}^{알짜}(t)|$는 그림 7-4b의 네모꼴 넓이로 나타낼 수 있는데, 이것은 그림 7-4a에서 같은 시간의 $|\vec{F}^{알짜}(t)|$ 곡선 아래의 넓이와 같다.

공(ba)이 판자(bd)를 깨는 그림 7-3의 보기에서 공이 판자와 맞닿아 있는 시간은 $\Delta t \approx 0.01$초, 운동량 변화의 크기는 $|\vec{p}_{공}| = 0.53\,\text{kg}\cdot\text{m/s}$인 것으로 밝혀졌다. 이로부터 공이 충돌할 때 받는 알짜힘의 평균 값은 다음과 같다.

$$\left|\langle\vec{F}^{알짜}_{공}\rangle\right| = \left|\frac{\Delta\vec{p}_{공}}{\Delta t}\right| = \frac{0.53\,\text{kg}\cdot\text{m/s}}{0.01\,\text{s}} \approx 50\,\text{N}$$

생각해보기 7-3 달걀 던져 올리기 시합을 해보았는가? 이 모험의 착상은 두 사람이 한짝이 되어 날달걀을 던져서 주고받는 것이다. 달걀을 제대로 주고받을(깨뜨리지 않을) 때마다, 두 사람이 한 걸음씩 뒤로 물러서야 한다. 곧 달걀을 더 세게 던져야 짝이 받을 수 있게 된다. 질량 m인 달걀이 속도 v로 날아오면 그 달걀이 겪는 운동량 변화량은 얼마나 되나? 달걀을 어떻게 받는가에 따라 값이 달라지는가? 설명하라. 달걀을 손으로 받아 멈추게 만드는데 시간 Δt가 걸린다고 하자. 달걀을 제대로 받으려면 Δt가 길어야 할까, 짧아야 할까? 왜 그런가? 어떻게 Δt를 조절하는가?

생각해보기 7-4 오른쪽 그림은 공이 속력이 변하지 않은 채 수직벽에서 튀는 것을 위에서 본 것이다. 공의 운동량 변화 $\Delta\vec{p}$를 생각하자. (a) Δp_x는 값이 양수인가, 음수인가, 0인가? (b) Δp_y는 값이 양수인가, 음수인가, 0인가? (c) $\Delta\vec{p}$의 방향은 어느 쪽인가?

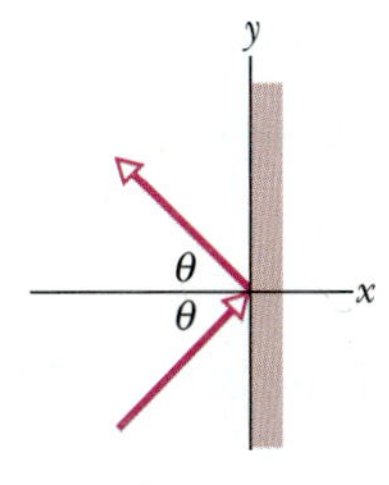

따라해보기 7-1 | 공과 방망이

질량 140 g인 야구공이 속력 $v_1 = 39.0\,\text{m/s}$로 수평하게 날아와 방망이에 맞아 날아온 쪽으로 속력 $v_2 = 39.0\,\text{m/s}$로 날아갔다.

(a) 공이 방망이와 부딪치는 동안 받는 충격량 $\vec{J}$는 얼마인가?

풀이 ■ 요점은 운동량은 벡터량이므로 운동량의 크기가 변하지 않았어도 공의 운동 방향이 변했기 때문에 운동량의 변화가 크다는 것이다. 충격량은 공의 운동량의 변화로부터 셈해야 하며, 식 7-9를 1차원 운동에 대해 쓴다. 공이 애초에 움직이는 방향을 (−) 방향으로 잡는다. 식 7-9에서 다음 결과를 얻는다.

$$\begin{aligned} J_x &= p_{2x} - p_{1x} = mv_{2x} - mv_{1x} = m(v_{2x} - v_{1x}) \\ &= (0.140\,\text{kg})[(39.0\,\text{m/s}) - (-39.0\,\text{m/s})] \\ &= 10.9\,\text{kg}\cdot\text{m/s} \end{aligned}$$

앞에서 정한 부호의 방향에 따르면 공의 처음 속도는 음수, 나중 속도는 양수이다. 충격량은 양수이므로 공이 받는 충격량 벡터는 방망이를 휘두르는 방향이다.

(b) 야구공–방망이 충돌에서 충돌시간 Δt는 1.20 ms이다. 야구 공이 받는 알짜힘의 평균값은 얼마인가?

풀이 ■ 요점은 알짜힘의 평균값은 충돌시간 Δt에 대한 충격량 $\vec{J}$의 비라는 것이다(식 7-10을 보라). 따라서 다음과 같다.

$$\langle F_x^{\text{알짜}} \rangle = \frac{J_x}{\Delta t} = \frac{10.9\,\text{kg}\cdot\text{m/s}}{0.00120\,\text{s}} = 9080\,\text{N}$$

이 힘은 평균 알짜힘이라는 것을 유의하라. 최대 알짜힘은 더 크다. 방망이가 공에 주는 평균 힘의 부호는 양(+)이고, 따라서 이 힘벡터의 방향은 충격량 벡터와 같다.

충돌을 정의할 때, 충돌하는 물체는 센 외부힘을 받지 않는다고 했다. 공은 언제나 날아가고 있건 방망이에 닿아 있건, 중력을 받는다. 그렇지만 그 힘은 크기가 $mg = 1.37\,\text{N}$으로 방망이가 공에 준 힘의 평균값 9080 N에 비하면 무시할 수 있다. 충돌하는 물체를 '충돌하는 짧은 시간에는 고립된' 계로 보아도 전혀 문제가 없다.

(c) 이제 공이 방망이에 정면이 아니라 비껴 부딪쳐 속력 $v_2 = 45.0\,\text{m/s}$, 수평면에 대해 위로 30°쪽으로 날아갔다(그림 7-5). 이제는 공이 받은 충격량은 얼마인가?

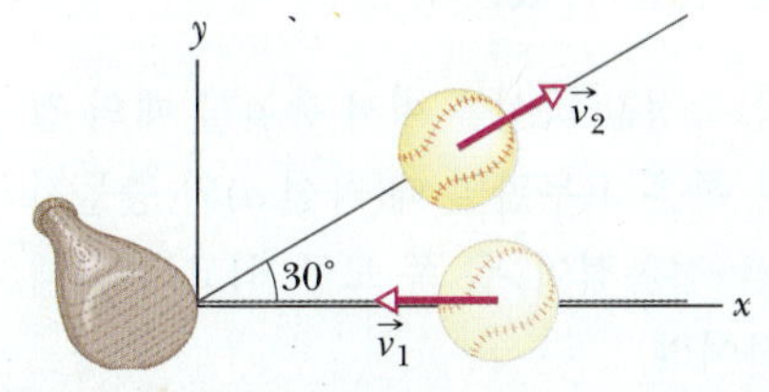

그림 7-5 날아온 야구공을 방망이로 쳐서 수평면에 대해 30°쪽으로 보낸다.

풀이 ■ 요점은 이제는 공이 날아가는 길이 들어온 길과 달라 충돌이 2차원적이라는 것이다. 따라서 충격량을 셈하려면 벡터식을 써야 한다. 식 7-9로부터 다음과 같이 쓸 수 있다.

$$\vec{J} = \vec{p}_2 - \vec{p}_1 = m\vec{v}_2 - m\vec{v}_1$$

따라서 다음과 같다.

$$\vec{J} = m(\vec{v}_2 - \vec{v}_1) \qquad (7\text{-}11)$$

질량 m이 140 g, 나중 속도 $\vec{v}_2$가 30°방향으로 45.0 m/s, 처음 속도 $\vec{v}_1$이 8°방향으로 39.0 m/s 임을 알고 있으므로 위 식의 오른쪽은 곧바로 벡터연산 계산기를 써서 셈할 수 있다.

아니면 식 7-11을 성분꼴로 셈할 수 있다. 먼저 그림 7-5와 같이 xy좌표계를 잡는다. x축 성분은 다음과 같다.

$$\begin{aligned} J_x &= p_{2x} - p_{1x} = m(v_{2x} - v_{1x}) \\ &= (0.140\ \text{kg})[(45.0\ \text{m/s})(\cos 30.0°) - (-39.0\ \text{m/s})] \\ &= 10.92\ \text{kg}\cdot\text{m/s} \end{aligned}$$

y축 성분은 다음과 같다.

$$\begin{aligned} J_y &= p_{2y} - p_{1y} = m(v_{2y} - mv_{1y}) \\ &= (0.140\ \text{kg})[(45.0\ \text{m/s})(\sin 30.0°) - 0] \\ &= 3.150\ \text{kg}\cdot\text{m/s} \end{aligned}$$

따라서 충격량은 다음과 같다.

$$\vec{J} = (10.9\hat{i} + 3.15\hat{j})\ \text{kg}\cdot\text{m/s}$$

그리고 $\vec{J}$의 크기와 방향은 다음과 같다.

$$J = |\vec{J}| = \sqrt{J_x^2 + J_y^2} = 11.4\ \text{kg}\cdot\text{m/s}$$

$$\theta = \tan^{-1}\frac{J_y}{J_x} = 16° \qquad \text{(답)}$$

따라해보기 7-2 | 부딪치는 수레

그림 7-6과 같이 질량 1.8 kg인 수레가 왼쪽에서 처음 속력 +0.3 m/s로 와서, 질량 0.8 kg인 서 있던 수레를 받는다. 부딪친 뒤에 1.8 kg인 수레는 속력이 느려지고, 0.8 kg인 수레는 빠른 속력으로 튀어나간다.

충돌 뒤에 오른쪽 수레의 운동량이 같은 충돌을 두 가지 생각하자. 첫째는 오른쪽 수레에 고무판을 댄 힘 감지기가 붙어 있다. 둘째는 고무판 대신 단단한 쇠판이 붙어 있다. 두 수레가 부딪칠 때, 맞닿은 면이 변형될 수 있음이 충돌과정에 어떤 효과를 내는가? 충격량을 재어 그린 곡선에서 충돌시간과 오른쪽 수레가 받는 힘의 최대값에 관해 어떤 정보를 얻을 수 있는가?

(a) 그림 7-7에 보인 충격량 측정값 곡선을 써서 충돌할 때의 접촉점이 한쪽은 쇠판이고 다른 쪽은 고무판일 때(곡선 a)의 충돌시간의 어림값을 구하라. 이것을 접촉점이 두 쪽 모두 쇠고리일 때(곡선 b)의 충돌시간과 비교하여라.

풀이 ■ 요점은 충돌하는 힘이 제법 큰 동안에는 두 물체가 붙어 있다는 것이다. 곡선을 보면 접촉점에 고무판을 댔을 때(곡선 a)는 충돌시간이 22 ms 또는 22×10^{-3}초이다. 고무판을 더 단단한 쇠판으로 바꾸면(곡선 b) 충돌시간이 15 ms 또는 15×10^{-3}초로 짧아진다. 또 하나의 요점은 변형이 잘 되는 물체의 충돌시간은 덜 되는 물체의 충돌시간보다 더 길다는 것이다.

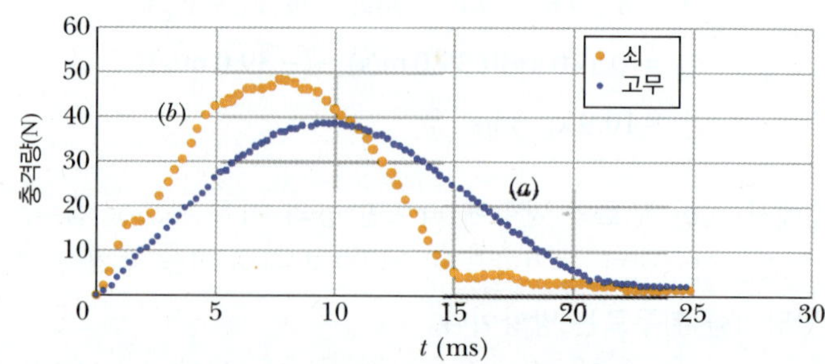

그림 7-7

충격량 곡선. 힘 감지기의 접촉점에 (a) 고무판을 붙였을 때. (b) 단단한 쇠판을 붙였을 때.

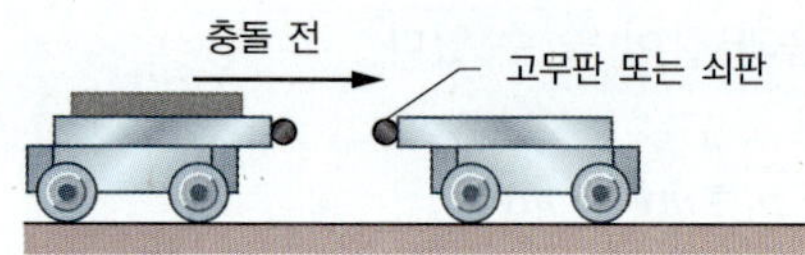

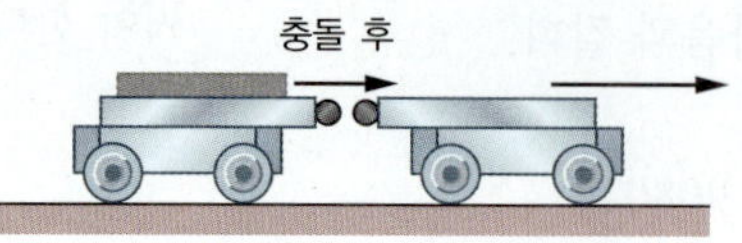

그림 7-6

두 수레가 부딪치기 전, 후의 모습

(b) 두 가지 ('쇠-고무'와 '쇠-쇠') 충돌의 충격량 곡선을 써서 처음에 서 있던 수레가 받는 힘의 최대값을 비교하라. 충격량-운동량 정리를 써서 한 가지가 다른 것보다 힘의 최대값이 더 큰 까닭을 설명하라.

풀이 ■ 곡선을 보면 접촉점에 고무판을 댔을 때(곡선 a) 힘의 최대값이 40 N이고, 고무판을 쇠판으로 바꾸면(곡선 b) 약 49 N으로 더 크다. 요점은 어떤 물체의 운동량이 변할 때, 충격량-운동량 정리를 쓰면 운동량 변화를 충격량 곡선과 연결시킬 수 있다는 것이다.

$$p_{2x} - p_{1x} = J_x = \int_{t_1}^{t_2} F_x\, dt = \langle F_x \rangle \Delta t$$

느린 충돌에서는 빠른 충돌보다 충돌시간 Δt가 더 기니까 충돌할 때 받는 힘의 평균값, 따라서 힘의 최대값이 더 작다. 거꾸로 빠른 충돌에서는 느린 충돌보다 힘의 최대값이 더 크다.

(c) 충격량 곡선을 써서 두 가지 충돌에서 오른쪽에 서 있던 수레에 전해진 운동량의 크기를 어림하라.

충격량 '곡선'을 세모꼴로 어림할 수 있는데, 밑변은 충돌시간이고 높이는 힘의 최대값으로 둘 수 있다. 두 가지 충돌에서 충돌시간과 충돌할 때 받는 힘의 최대값이 다른데도 두 곡선에서 얻은 운동량은 거의 같음(유효숫자 한 자리)을 확인하라.

풀이 ■ 요점은 오른쪽 수레의 운동량 변화는 그것에 전해진 충격량과 같고, 그 충격량은 충격량 곡선 또는 시간에 대한 힘 곡선의 적분값으로써, 곡선 아래의 넓이를 셈하면 된다는 것이다. 오른쪽 수레가 애초에 서 있던 특수한 경우 운동량 변화는 수레의 나중 운동량이기도 하다. 이 곡선을 세모꼴로 어림하면, 넓이는 잘 아는 다음 공식을 써서 셈할 수 있다. 넓이$=\left(\frac{1}{2}\right)$ 밑변×높이.

고무판을 댔을 때:

$$\begin{aligned} J_x &= \text{넓이} = \tfrac{1}{2}bh = \tfrac{1}{2}\Delta t F_x^{\text{봉우리}} \\ &= \tfrac{1}{2}(22\ ms \times 40\ \mathrm{N}) \\ &= \tfrac{1}{2}(22 \times 10^{-3}\ \mathrm{s} \times 40\ \mathrm{N}) \\ &= 0.4\ \mathrm{N \cdot s} \end{aligned}$$

$$p_{2x} - p_{1x} = p_{2x} - 0 = \Delta p_x = J_x$$
$$p_{2x} = 0.4\ \mathrm{N \cdot s} = 0.4\ \mathrm{kg \cdot m/s}$$

쇠판을 댔을 때:

$$\begin{aligned} J_x &= \text{넓이} = \tfrac{1}{2}bh = \tfrac{1}{2}\Delta t F_x^{\text{봉우리}} \\ &= \tfrac{1}{2}(15\ \mathrm{ms} \times 49\ \mathrm{N}) \\ &= \tfrac{1}{2}(15 \times 10^{-3}\ \mathrm{s} \times 49\ \mathrm{N}) \\ &= 0.4\ \mathrm{N \cdot s} \end{aligned}$$

$$p_{2x} - p_{1x} = p_{2x} - 0 = \Delta p_x = J_x$$
$$p_{2x} = 0.4\ \mathrm{N \cdot s} = 0.4\ \mathrm{kg \cdot m/s}$$

충격량과 공수도 부상 두 충격량 곡선의 모양이 다른 것을 써서 공수도의 기예를 닦지 않은 초보자가 소나무 판은 쪼갤 수 있지만 벽돌을 깨다가는 부상을 입을 수 있는 것을 설명할 수 있다. 나무판을 쪼개는 것은 복잡한 과정이지만 7-5절에서 배울 운동량 보존 법칙과 9장에서 배울 일과 에너지 관계를 따른다. 공수도에서는 충격량의 개념이 핵심 요소의 하나로 밝혀졌는데, 벽돌이나 나무판을 쪼개려면 일정한 충격량이 전달되어야 한다.

벽돌이나 나무판은 타격을 받으면 쪼개지는데 필요한 변형의 문턱값에 이를 때까지는 변형되면서, 마치 당겨진 용수철처럼 에너지를 저장한다. 사실, 옹이가 없는 깨끗한 나무판을 결과 나란히 치면 비교적 쉽게 쪼개진다. 나무판을 쪼개는 것이 부상당할 위험이 더 적은 까닭은 나무판은 변형의 문턱값이 벽돌보다 훨씬 크기 때문이다. 따라서 똑같은 충격량으로 칠 때 쪼개질 때까지의 충돌시간이 나무판이 벽돌보다 훨씬 더 길다. 따라해보기의 (b)처럼 이것은 똑같은 충격량에 대해 손에서 나무판에 전해주는 힘의 최대값이 훨씬 작다는 것을 뜻한다. 뉴턴 제3법칙이 성립하므로, 손이 받는 힘의 최대값도 나무판을 칠 때가 벽돌을 칠 때보다 훨씬 약하고, 새끼손가락과 연결된 손바닥뼈가 부러질 위험도 더 적다.

연습문제 7-4

4. 수평으로 움직이는 공

0.70 kg 공이 5.0 m/s의 속력으로 수평방향으로 움직여 수직 벽을 쳐서, 2.0 m/s의 속력으로 되튄다. 공의 운동량 변화의 크기를 구하라.

5. 당구공

그림 7-8은 처음 속력 2.00 m/s인 0.165 kg의 당구공이 당구대 가장자리에서 튀는 것을 위에서 본 것이다. 그림에 보인 x와 y축에 대해 튀는 공의 속도의 y성분은 방향만 반대가 되지만 x성분은 똑

같다. (a) 그림 7-8에서 θ는 얼마인가? (b) 공의 운동량 변화를 단위벡터 기호를 써서 나타내라. (이 문제에서 공이 굴러가는 것은 따지지 않아도 된다.)

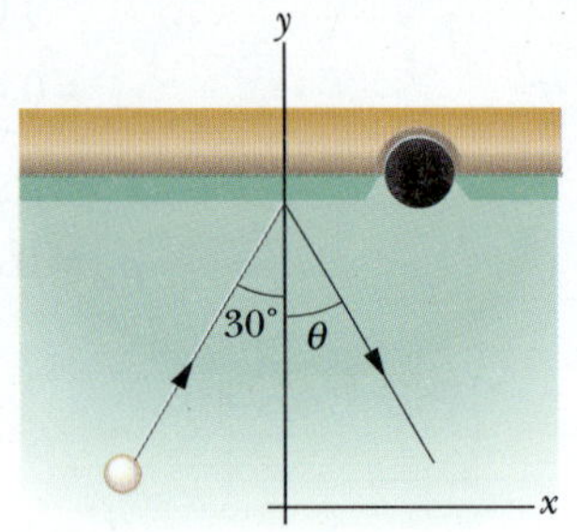

그림 7-8 문제 5

6. 공과 방망이

0.30 kg 공이 속력 15 m/s로 수평면에 대해 아래로 35°쪽으로 와서 방망이에 맞는다. 방망이에 맞은 뒤의 공의 속도가 다음과 같을 때 공의 병진 운동량의 변화 크기를 구하라. (a) 수직 아래로 20 m/s, (b) 다시 투수를 향해 수평방향으로 20 m/s.

7. 서 있는 공 – 충격

당구대로 당구공을 50 N의 힘으로 10 ms 동안 친다. 공의 질량이 0.20 kg이면 튀어나가는 공의 속력은 얼마인가?

8. 충돌할 때의 평균 힘

국가수송안전회의가 새 차를 충돌시험한다. 2 300 kg 차가 15 m/s의 속력으로 다리의 받침대를 받고 0.56초 만에 섰다. 부딪치는 동안 차가 받는 평균 힘의 크기는 얼마인가?

9. 방망이가 받는 평균 힘

투수가 던진 150 g의 야구공이 40 m/s의 속력으로 날아와 방망이에 맞고 다시 투수를 향해 60 m/s의 속력으로 날아간다. 공이 방망이와 닿은 시간이 5.0 ms라면 공이 받는 평균 힘의 크기는 얼마인가?

10. 헨리 라모트(Henri LaMothe)

라모트는 70세가 될 때까지 12 m 높이에서 깊이 30 cm인 물통으로 배를 대고 털썩 떨어져 구경꾼의 손에 땀을 쥐게 했다(그림 7-9). 그가 물통 바닥에 닿는 순간 멈춘다고 하고, 그의 질량을 어림하여 다음 값을 구하라. (a) 평균 힘, (b) 그가 물로부터 받는 평균 충격량

그림 7-9 문제 10

11. 쇠공

14 m/s로 움직이는 0.40 kg 의 쇠공이 27 ms 동안 지속되는 충돌에서 평균 1200 N의 힘을 받는다. 힘의 방향이 처음 속도와 반대쪽이라면 공의 나중 속도의 크기와 방향을 구하라.

12. 낙하 실패

1955년 2월 낙하산 부대원 하나가 높이 370 m 상공의 비행기에서 나와 낙하산을 펼치지 못한 채 땅에 떨어졌으나, 다행히 그곳에 눈이 덮여 조금만 다쳤다. 그가 부딪칠 때의 속력이 56 m/s (끝속력), (장비를 포함한) 질량이 85 kg, 눈으로부터 받은 힘의 크기가 생존 한계인 1.2×10^5 N이라고 하고 다음을 구하라. (a) 그가 안전하게 멈추는데 필요한 눈의 두께와 (b) 눈으로부터 받는 충격량의 크기.

13. 튀는 공

1.2 kg 공이 수직으로 떨어져 속력 25 m/s로 마루를 때린다. 이것은 10 m/s의 속력으로 되튄다. (a) 마루에 닿았을 때 공이 받는 충격량은 얼마인가? (b) 공이 마루와 0.020초 동안 닿았다면 공이 마루에 주는 평균 힘의 크기는 얼마인가?

14. 수퍼맨

수퍼맨의 몸통은 총알이나 유도탄도 튕겨낸다는 것은 모두 잘 알고 있다(그림 7-10). 악당이 1분에 100발의 비율로 3 g 총알을 수퍼맨의 가슴에 쏘아대고, 총알의 속력이 500 m/s라고 하자. 또한 총알 속력이 바뀌지 않은 채 곧바로 뒤튄다고 하자. 총알이 빗발치듯 쏟아질 때 수퍼맨이 받는 평균힘의 크기를 구하라.

그림 7-10 문제 14

15. 한눈 판 운전자

속력 5.3 m/s인 1 400 kg의 차가 처음에 $+y$쪽인 북쪽으로 가고 있다. 4.6초 동안 오른쪽으로 90° 돌아 $+x$쪽으로 방향을 바꾼 다음 한눈을 팔아 나무를 들이받아 350 ms만에 섰다. 다음 상황에서의 충격량을 단위벡터 기호를 써서 나타내라. (a) 돌 때와 (b) 충돌할 때. 다음 상황에서 차가 받은 평균 힘의 크기를 구하라. (c) 도는 동안 (d) 충돌하는 동안. (e) $+x$쪽과 (c)에서의 힘 사이의 각도는 얼마인가?

16. 소프트볼

0.30 kg 공이 속력 12 m/s로 수평면에 대해 아래로 35° 쪽으로 와서 방망이에 맞는다. 공은 0.2 ms 뒤에 그림 7-11과 같이 위쪽으로 10 m/s의 속력으로 날아간다. 공이 방망이에 맞는 동안 받은 평균힘의 크기를 구하라.

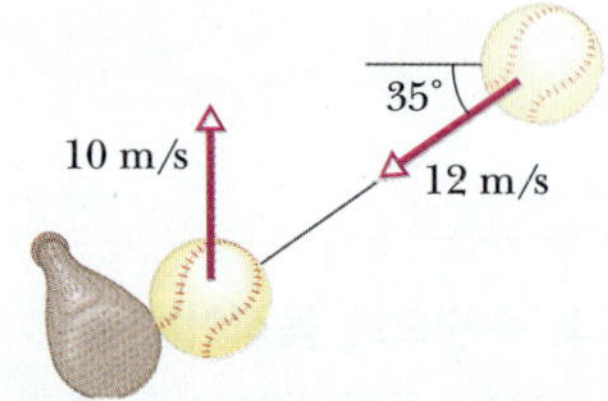

그림 7-11 문제 16

17. 힘과 충격력

처음에 서 있던 10 kg 물체가 받는 알짜힘이 4.0초 동안 0 N에서 50 N으로 커지면서 물체가 움직인다. 4.0초 뒤의 물체의 속력은 얼마인가?

18. 폭풍우

거센 폭풍우가 칠 때, 지름 1.0 cm인 우박이 25 m/s의 속력으로 아래로 쏟아진다. 1 m^3의 공기 속에 120개의 우박이 들어 있는 것으로 짐작된다. (a) 낱낱의 우박의 질량을 구하라(밀도 = 0.92 g/cm^3). (b) 우박이 땅에 떨어진 뒤 되튀지 않는다면 10 m × 20 m인 평평한 지붕이 우박 때문에 받는 평균힘의 크기를 구하라. (**실마리**: 우박 알이 받는 중력은 아주 작아서 우박 알이 지붕에 부딪치는 동안 받는 알짜힘은 지붕으로부터 받는 힘과 거의 같다.)

19. 산탄총

산탄총은 2.0 g 총알을 1초에 10개씩, 500 m/s의 속력으로 쏘아낸다. 총알은 딱딱한 벽에 부딪쳐 멈춘다. 다음 값을 구하라.

(a) 낱낱의 총알의 운동량, (b) 총알을 쏘아 대는 동안 벽이 받는 평균 힘의 크기. (c) 낱낱의 총알이 벽과 닿는 시간이 0.6 ms라면 그 동안 벽이 낱낱의 총알로부터 받는 힘은 얼마인가? (d) 이 평균 힘은 (b)에서 셈한 값과 어떻게 다른가?

20. 벽을 치는 큰 공

그림 7-12는 58 g 큰 공 하나가 벽과 부딪치는 동안의 힘의 크기가 시간에 따라 변하는 것을 어림하여 보여준다. 공의 처음 속도는 벽과 수직방향으로 34 m/s이다. 공은 거의 같은 속력으로 벽과 수직방향으로 되튄다. 이 충돌에서 벽이 공에 주는 힘의 크기의 최대값 $F^{최대}$를 구하라.

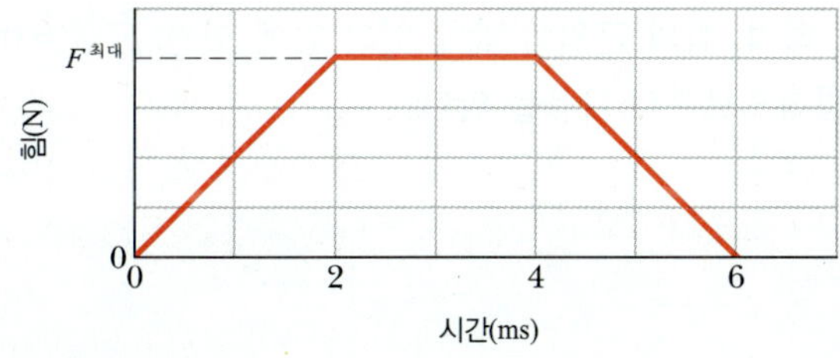

그림 7-12 문제 20

21. 우주선

우주선의 두 부분을 묶고 있던 연결쇠를 폭약으로 터뜨려 두 부분을 떼어낸다. 낱낱의 부분의 질량은 1200 kg과 1800 kg이다. 연결쇠가 터질 때 낱낱의 부분이 받는 충격량은 300 N·s이다. 이 폭발로 떨어지는 두 부분의 상대속력은 얼마인가?

22. 벽을 치는 공

그림 7-13은 300 g 공이 6.0 m/s의 속력으로 벽에 대해 30° 쪽으로 날아와 때리고, 같은 각도와 속력으로 튀는 것을 위에서 본 것이다. 공이 벽과 10 ms 동안 접촉했다. (a) 벽이 공에 주는 충격량은 얼마인가? (b) 공이 벽에 주는 평균 힘은 얼마인가?

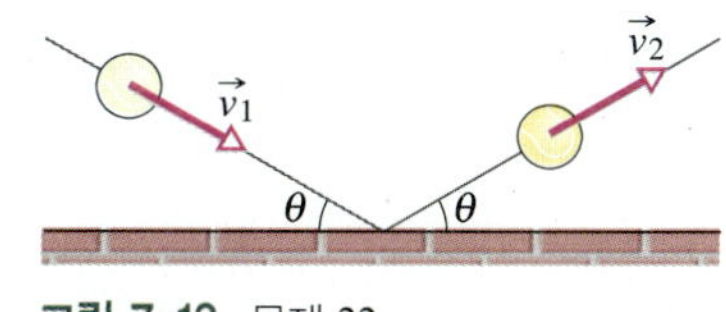

그림 7-13 문제 22

23. 두 짐배

그림 7-14에서 고인 물에서 기다란 짐배 두 대가 나란히 움직이는데, 속력이 하나는 10 km/h, 다른 하나는 20 km/h이다. 두 배가 가까이 있을 때 느린 배에서 빠른 배로 석탄을 1000 kg/min의 비율로 옮긴다. 그 동안에 두 배 모두 속력이 변하지 않게 하려면 (a) 빠른 배와 (b) 느린 배의 기관은 얼마의 힘을 더 주어야 하는가? 석탄을 퍼나를 때는 정확히 옆쪽으로 준다고 하고, 배가 물로부터 받는 마찰력은 배의 질량과 무관하다고 하자.

그림 7-14 문제 23

7-5 고립계와 운동량 보존

입자들끼리 주고받는 힘을 효과적으로 살펴보려면 **고립된 입자계(isolated system of particles)**에만 초점을 맞추어야 한다(그림 7-15).

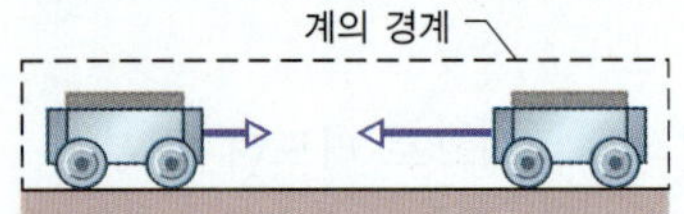

그림 7-15
낱낱의 수레가 받는 법선력과 중력을 벡터 덧셈하면 0이다. 궤도가 실질적으로 마찰이 없다면, 수레는 고립계를 이룬다. 두 수레가 부딪칠 때 주고받는 힘은 계 속에 있는 힘이고 상당히 쉽게 살펴볼 수 있다.

> **고립계(ISOLATED SYSTEM)**는 입자의 무리로서 서로 힘을 주고받지만, 바깥 환경과 주고받는 힘은 아주 약해서 운동에 주는 효과를 무시할 수 있는 계로 정의된다.

기본적으로 고립계에 든 입자는 알짜 외부힘을 별로 받지 않는다. 마찰이 없는 궤도 위에서 막 부딪치려는 두 수레는 고립계이다. 왜? 낱낱의 수레는 궤도로부터 법선력을, 지구로부터 중력을 받지만 계의 경계면 바깥으로부터 받는 힘을 모두 더한 알짜힘은 0이다.

또 다른 보기를 생각하자. 우주 바깥에서 두 은하계가 부딪쳐 아주 복잡한 일련의 중력과 전자기력을 서로 주고받는다고 하자. 두 은하계를 우리의 계라고 하자. 은하계가 다른 천체로부터 아주 멀리 떨어져 있다면 계 바깥에 있는 것들과 주고받는 중력은 아주 약할 것이다. 특히 두 은하계가 서로 주고받는 내부힘과 비교하면 말이다. 두 은하계는 고립계로 볼 수 있다. 두 은하계 안의 입자들이 계 바깥의 다른 은하계에 세게 끌린다면, 이들은 고립계를 이루지 못한다. 고립계의 또 다른 보기를 그림 7-16에 보였다.

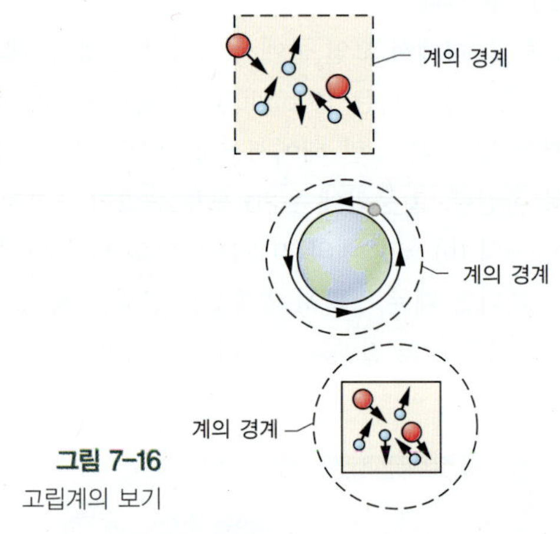

(*a*) 공기탁자 위에 떠서 미끄러지는 퍽은 탁자를 둘러싼 벽에 부딪치기 전까지는 다른 퍽과 서로 힘을 주고받는다. 탁자 표면과의 마찰력은 무시할 수 있다. 이 계는 일시적으로 — 퍽이 공기탁자를 둘러싼 벽을 때릴 때까지는 — 고립되어 있다.

(*b*) 궤도를 도는 위성이 지구와 힘을 주고받는다. 두 물체가 해나 달과 같은 다른 물체와 주고받는 힘이 이들의 운동에 주는 효과는 무시할 수 있다.

(*c*) 기체 분자가 그릇 벽과 힘을 주고받는다. 그릇을 받치고 있는 탁자가 주는 힘이나 중력 같은 다른 힘이 그릇 속의 분자 운동에 주는 효과는 무시할 수 있다고 본다.

그림 7-16
고립계의 보기

입자계가 고립되어 알짜힘이 0이 되면 그 계의 운동량 $\vec{p}_{계}$는 어떻게 될까? 입자끼리 주고받는 힘과 온갖 충돌이 뉴턴 제3법칙을 따른다고 하자. 힘의 근원이 밖에 있건 안에 있건, $\vec{F}^{알짜} = 0$이면 계의 전체 운동량은 어떻게 될까? 뉴턴 제2법칙으로부터 다음을 안다.

$$\vec{F}^{알짜} = \frac{d\vec{p}_{계}}{dt} = 0$$

따라서 다음과 같다.

$$\vec{p}_{계} = \text{상수벡터} \qquad (\text{고립계}) \tag{7-11}$$

> 입자계가 외부힘을 받지 않으면, 그 계의 전체 운동량 $\vec{p}_{계}$는 바뀌지 않는다.

이 결과를 **병진 운동량 보존 법칙(law of conservation of translational momentum)**이라고 한다. 이것은 뉴턴 법칙의 자연스러운 결과이다. 이 법칙은 방정식꼴로 아래와 같이 쓰기도 한다.

$$\vec{p}_{계1} = \vec{p}_{계2} \qquad \text{(고립계)} \tag{7-12}$$

여기에서 $\vec{p}_{계}$은 계 속의 모든 입자의 시각 t_1의 전체 운동량이고 $\vec{p}_{계2}$는 시각 t_2의 전체 운동량이다. 말로 하면 이 방정식은 고립계에서는 전체 운동량이 처음 어떤 시각 t_1의 값이나 나중의 어떤 시각 t_2의 값이 같다는 것이다. 그렇다고 계 속의 낱낱의 입자의 운동량이 변하지 않는다는 것은 아니다. 계 속의 입자의 운동량은 변할 수 있다. 그렇지만 이들은 운동량이 변할 때, 다른 입자와 그만큼을 주고 받아 전체 운동량은 늘 일정한 값이 유지된다.

다음 절에서는 고립계를 이루는 두 수레가 부딪치는 것을 생각하여 운동량을 어떻게 주고받으면 계의 전체 운동량이 보존되는가를 살펴본다.

7-6 단순한 충돌과 운동량 보존

마찰이 거의 없는 수레 두 대가 매끄럽고 평평한 궤도를 따라 굴러간다고 하자. 이 둘이 부딪치기 전, 중간, 뒤에 어떤 일이 벌어질까? 뉴턴 제2법칙을 써서 살펴보면 수레가 받는 외부힘(아래로 끄는 중력, 궤도에서 위로 미는 법선력)은 서로 상쇄되어 $\vec{F}^{알짜} = 0$임을 안다. 따라서 이 계는 고립되어 있고, 두 수레 계의 전체 운동량은 보존될 것을 예측할 수 있다. 다시 말해 낱낱의 수레의 운동량은 달라져도 계의 운동량의 전체적인 변화는 0이다.

이 절에서는 고립된 단순한 계의 충돌을 두 가지 살펴본다. (1) 무거운 수레와 가벼운 수레 모두 머리에 단단한 고무가 붙어 있어, 부딪친 뒤에 튕겨나가는 충돌, (2) 두 수레의 머리에 고무 대신 찍찍이가 붙어 있어 부딪치면서 붙어 한몸이 되어 움직이는 충돌. 전혀 다른 두 가지 상황 모두에서 운동량이 보존될까?

• 튀는 충돌

첫째의 튀는 충돌은 그림 7-17에 사진을 보였다. 질량이 다른 두 수레가 거의 같은 속력으로 다가와 이제 막 1차원 충돌(부딪치기 전후의 운동이 똑같은 직선을 따라간다는 것을 뜻한다)을 하려고 한다. 두 물체가 부딪치자마자 튀는 것을 상상하자. 부딪치는 동안 어떤 일이 벌어질까? 오른쪽의 질량이 더 많은 수레가 왼쪽 수레에 주는 힘이 더 셀까, 더 약할까, 같을까?

그림 7-17
질량이 다른 두 수레가 부딪쳐 '되튄다.' 충돌힘은 컴퓨터 자료 수집 장치에 연결된 전자식 힘 감지기를 써서 1초에 4000번을 잰다.

두 수레에 전자식 힘 감지기를 붙여 충돌 힘을 쟀다. 두 수레가 부딪치는 동안 주고받은 힘의 시간 변화를 나타내는 충격량 곡선을 그림 7-18에 보였다.

두 수레가 닿아 있는 동안 주고받는 힘이 순간마다 크기가 같고 방향은 반대라는 것은 뉴턴 제3법칙을 뒷받침하는 또 하나의 실험적 증거다. 그것은 두 '입자' 계에서 알짜 내부힘은 0임을 보여준다. 계의 전체 운동량을 생각하면, 왼쪽 수레의 운동량 변화는 오른쪽 수레의 운동량 변화와 크기는 같고 방향은 반대가 될 것으로 예상한다. 그렇지만 오른쪽 수레의 질량이 훨씬 더 크고, 운동량은

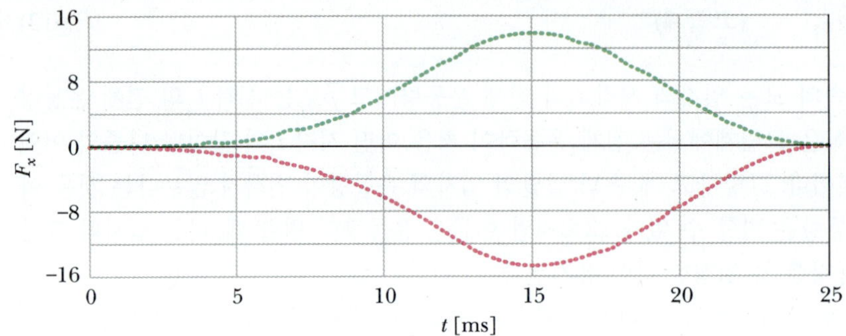

그림 7-18
위쪽 그림표는 왼쪽 수레가 오른쪽 수레에 주는 힘의 x성분을 보여준다. 아래쪽 그림표는 오른쪽 수레가 왼쪽 수레에 주는 힘이다. 두 수레가 주고받는 충돌힘은 순간마다 크기가 같고 방향은 반대다. 접촉시간은 25 ms 또는 약 1/40초가 채 안 된다.

질량에 속도를 곱한 양이므로 오른쪽 수레의 속도변화는 질량이 더 작은 왼쪽 수레보다 작아야 한다. 이러한 사실은 잘 알고 있다. 무거운 볼링 공이 볼링 핀을 때리면, 핀의 속도는 공의 속도보다 훨씬 크다. 두 수레가 부딪쳐 튀는 것을 보면 질량이 더 큰 오른쪽 수레의 속도 변화가 왼쪽 수레보다 작은 것을 확인할 수 있다.

이 결론을 수식으로 나타낼 수 있다. 식 7-12를 쓰면 다음과 같다.

$$\text{전체 운동량(충돌 전) } \vec{p}_{\text{계}1} = \text{전체 운동량(충돌 후) } \vec{p}_{\text{계}2}$$

이것을 낱낱의 수레의 운동량을 써서 수식으로 나타내면 다음과 같다.

$$\vec{p}_{A1} + \vec{p}_{B1} = \vec{p}_{A2} + \vec{p}_{B2} \qquad \text{(전체 운동량 보존)} \tag{7-13}$$

이 운동은 1차원적이므로 벡터를 나타내는 화살표를 떼버리고 운동 방향의 성분만 쓸 수 있다. 따라서 $\vec{p} = m\vec{v}$로부터 입자의 질량과 속도성분으로 나타낼 수 있다. 보기를 들어, 운동 방향으로 x축을 잡으면 다음과 같다.

$$m_A v_{Ax}(t_1) + m_B v_{Bx}(t_1) = m_A v_{Ax}(t_2) + m_B v_{Bx}(t_2) \qquad (x\text{성분}) \tag{7-14}$$

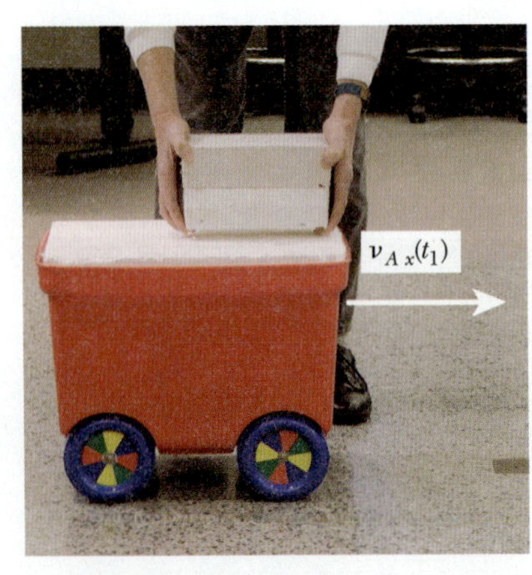

그림 7-19
이 영상은 오른쪽으로 처음 속도 1.78 m/s로 움직이는 수레 위에 벽돌 두 장을 얹는 것을 보여준다. 이 수레는 벽돌을 올려놓자마자 눈에 띄게 속력이 느려졌다.

여기에서 $v_{Ax}(t_1)$은 시각 t_1의 물체 A의 속도의 x성분이다. 앞 장에서 1차원 운동을 다룰 때 설명한 것처럼, 방정식의 벡터 성분에 실제의 값을 넣을 때는 낱낱의 물체가 축을 따라 움직이는 방향에 맞게 부호(+ 또는 −)를 정확하게 붙여 주어야 한다.

여기에서는 뉴턴 제3법칙에 대한 실험 확인과 뉴턴 제2법칙이 옳다는 믿음을 써서 고립계에서는 운동량이 보존되어야 한다고 주장했다. 그게 맞는가? 실제로, 질량을 재고, 컴퓨터 자료 수집 장치나 영상 분석 소프트웨어를 써서 충돌 전후의 속도를 재면, 튀는 충돌에서의 운동량 보존을 확인할 수 있다. 다음 소절에서는 '찰떡 충돌(sticky collision)'에 대한 실험 확인을 자세히 설명한다.

• 찰떡 충돌

입자가 들러붙는 충돌을 설명하려면, 고무 완충기를 찍찍이로 바꾼다. 찰떡 충돌을 살펴보는 또 다른 방법은 서 있던 추를 마찰이 작은 수레에 떨어뜨리는 것이다. 움직이는 수레 위에 서 있던 추를 살짝 떨어뜨리고 영상 사진기로 찍어 어떤 일이 벌어지는지를 살펴본다. 아래에 수레 위치에 대한 영상 분석을 통해 (1) 운동량이 보존되며 (2) 고립계를 이루는 입자 같은 두 물체가 붙는 충돌을 할 때 운동량 보존에 관한 지식을 써서 나중 속도를 예측할 수 있음을 보이겠다(그림 7-19).

영상 분석 영상을 장면마다 살펴보아 수레의 위치를 찾으면, 두 물체는 살짝 '충돌' 한 다음 함께 '붙어' 움직이는 것을 알 수 있다. 처음 몇 장면에서 시간에 대한 위치의 그림표의 기울기를 결정하면 질량 $m_A = 2.84$ kg인 수레가 처음에는 왼쪽에서 오른쪽으로 속도의 x성분이 $v_{Ax}(t_1) = +1.78$ m/s로 움직임을 알 수 있다(그림 7-20). 전체 질량 $m_B = 4.26$ kg인 벽돌 두 장을 수레 위에 살짝 얹으면, 벽돌과 수레가 한몸이 되어 더 느리게 오른쪽으로 계속 움직이는데, 속도 성분은 $v_{계x}(t_2) = 0.712$ m/s이다.

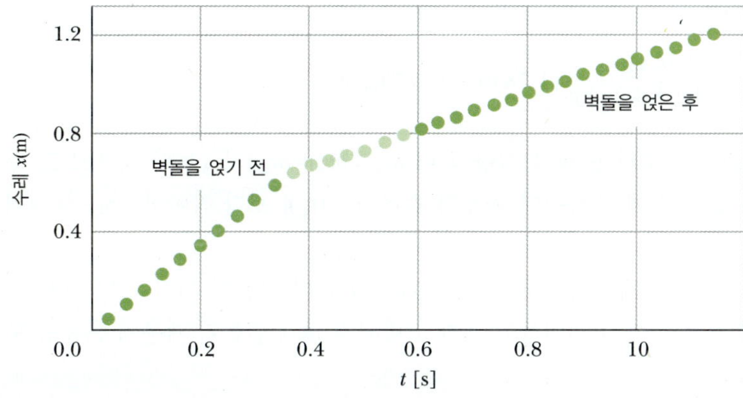

그림 7-20
영상 분석을 통해 얻은 그림표는 그림 7-12의 움직이는 수레 위에 벽돌을 살짝 얹기 전, 중간, 후 위치의 시간 변화를 보여준다. 그림표의 처음 기울기(0.00-0.33 s)는 벽돌을 얹기 전의 처음 속도를 보여주고, 벽돌을 완전히 얹은 뒤(0.60-1.13 s)의 기울기는 수레-벽돌 계의 나중 속도를 보여준다.

(1) 운동량 보존의 확인: $\vec{p}_{계2} = \vec{p}_{계1}$임을(다시 말해 식 7-12가 성립함을) 확인하자. 앞에서 얻은 자료를 써서 계의 처음 운동량을 결정하자. 벽돌(B로 나타낸다)은 처음 속도가 0이므로, 다음과 같다.

$$\vec{p}_{계x}(t_1) = p_{Ax}(t_1)\,\hat{\imath} + p_{Bx}(t_1)\,\hat{\imath} = m_A v_{Ax}(t_1)\,\hat{\imath} + m_B v_{Bx}(t_1)\,\hat{\imath}$$
$$= (2.84\ \text{kg})(1.78\ \text{m/s})\,\hat{\imath} + 0\hat{\imath}$$
$$\vec{p}_{계x}(t_1) = \vec{p}_{계1} = (5.06\ \text{kg}\cdot\text{m/s})\,\hat{\imath} \qquad (7\text{-}15)$$

계의 나중 운동량을 알려면 충돌 뒤에는 수레와 벽돌이 한몸이 되어 같은 속도로 움직인다는 것을 생각해야 한다. 따라서

$$\vec{p}_{계x}(t_2) = p_{Ax}(t_2)\,\hat{\imath} + p_{Bx}(t_2)\,\hat{\imath} = m_A v_{Ax}(t_1)\,\hat{\imath} + m_B v_{Bx}(t_1)\,\hat{\imath} \qquad (7\text{-}16)$$

그리고

$$v_{Ax}(t_2) = v_{Bx}(t_2) = v_{계x}(t_2)$$

따라서

$$\vec{p}_{계x}(t_2) = \vec{p}_{계2} = (m_A + m_B)\,\vec{v}_{계x}(t_2)$$
$$= (2.84\ \text{kg} + 4.26\ \text{kg})(0.712\ \text{m/s})\,\hat{\imath}$$
$$= (5.06\ \text{kg}\cdot\text{m/s})\,\hat{\imath}$$

실험 측정에는 꼭 불확정성이 뒤따른다. 영상 분석은 운동 분석에 아주 좋은 도구지만, 처음 운동량과 나중 운동량이 유효숫자 세 자리까지 맞는 것은 운이 아주 좋아서다. 운동량 보존 실험에서

는 그렇게 잘 맞는 일이 흔하지 않다.

(2) 나중 속도 예측: 고립계임을 확인되어 운동량 보존법칙을 쓸 수 있으면, 두 입자계의 처음 속도를 알면 붙는 충돌 뒤의 속도를 예측할 수 있다. 식 7–15와 7–16의 마지막 항을 같게 두어 나중 속도에 관해 풀면 된다. 보기를 들어 $\vec{v}_{Bx}(t_1)=0$이면 결과는 다음과 같다.

$$v_{계x}(t_2)\,\hat{\mathrm{i}}=\frac{m_A}{m_A+m_B}v_{Ax}(t_1)\,\hat{\mathrm{i}} \tag{7–21}$$

위의 수레–벽돌 실험에서 그 식을 쓰면 나중 속도는 다음과 같다.

$$v_{계x}(t_2)\,\hat{\mathrm{i}}=\frac{2.84\,\mathrm{kg}}{2.84\,\mathrm{kg}+4.26\,\mathrm{kg}}(1.78\,\mathrm{m/s})=0.712\,\mathrm{m/s}$$

충돌 뒤 한몸이 될 때는 충돌 전후의 물체의 질량의 비 $m_A/(m_A+m_B)$가 1보다 작으므로, 충돌 후 물체의 속력 $|\vec{v}_{계x}(t_2)|$은 충돌 전에 움직이던 물체의 속력 $|\vec{v}_{Ax}(t_1)|$ 보다 작아야 함을 눈여겨 보자.

계가 외부힘을 받지 않는 한, 두 물체가 부딪쳐서 튀어 나가건 붙어 한몸이 되건 계의 전체 운동량은 보존된다. 마찰은 외부힘으로서 흔히 끼어들어 계가 고립되지 않게 만들기 때문에 운동량 보존을 깬다.

생각해보기 7–5 질량이 같고 마찰이 없는 작은 수레 두 대가 평평한 궤도에 서 있고, 둘 사이에 화약이 끼워져 있다. 화약이 터지면 두 수레는 떨어져 간다. 이 때 병진 운동량은 보존되는가? (답을 할 때 하는 가정은 무엇이든 명확히 설명하라.) 운동량이 보존되든, 보존되지 않든 까닭을 자세히 설명하라.

따라해보기 7–3 | 폭발하는 상자

질량 $m=6.0\,\mathrm{kg}$인 화약 통이 속력 $v=4.0\,\mathrm{m/s}$로 마찰 없는 바닥에서 x축을 따라 미끄러진다. 그것이 갑자기 폭발하여 두 조각이 된다. 한 조각은 질량 $m_A=2.0\,\mathrm{kg}$인데 $+x$축을 따라 속력 $v_A=8.0\,\mathrm{m/s}$로 미끄러진다. 질량 m_B인 다른 조각의 속도는 얼마인가?

풀이 ■ 요점이 둘이다. 첫째는 둘째 조각의 운동량을 알면 속도를 알 수 있다는 것이다. 그 까닭은 질량이 $m_B=m-m_A=4.0\,\mathrm{kg}$임을 알고 있기 때문이다. 둘째는 운동량이 보존된다면 두 조각의 운동량을 처음 상자의 운동량과 같다고 놓을 수 있다. 그것을 점검하자.

기준틀은 마루바닥이다. 계는 처음에는 상자였는데, 나중에 두 조각이 되었다. 상자와 조각은 모두 중력과 마룻바닥이 주는 법선력을 받는다. 그렇지만 힘은 모두 수직방향으로 작용하고, 서로 상쇄된다(더하면 0이다). 폭발로 생기는 힘은 계의 안에서 작용한다. 따라서 계의 운동량의 수평성분은 보존되며, x축을 따라서는 운동량 보존 법칙(식 7–12)을 쓸 수 있다.

계의 처음 운동량은 상자의 운동량이다.

$$\vec{p}_{계1}=m\vec{v}$$

마찬가지로 두 조각의 나중 운동량은 다음과 같이 쓸 수 있다.

$$\vec{p}_{A2}=m_A\vec{v}_A \quad \text{그리고} \quad \vec{p}_{B2}=m_B\vec{v}_B$$

계의 나중 전체 운동량은 두 조각의 운동량의 벡터 덧셈이다.

$$\vec{p}_{계2}=\vec{p}_{A2}+\vec{p}_{B2}=m_A\vec{v}_A+m_B\vec{v}_B$$

이 문제에서 모든 속도와 운동량은 x축 방향의 벡터이므로 x성분을 써서 나타낼 수 있고, 그렇게 하면 다음 결과를 얻는다.

$$p_{계x}(t_1)=p_{계x}(t_2)$$

또는

$$mv_x(t_1) = m_A v_{Ax}(t_2) + m_B v_{Bx}(t_2)$$

여기에 알고 있는 자료를 넣으면 다음 결과를 얻는다.

$$(6.0\,\text{kg})(4.0\,\text{m/s}) = (2.0\,\text{kg})(8.0\,\text{m/s}) + (4.0\,\text{kg})\,v_{Bx}(t_2)$$

따라서 다음과 같다.

$$v_{Bx}(t_2) = 2.0\,\text{m/s}$$

수직방향으로는 모든 운동량과 속도가 0이므로 결국

$$\vec{v}_B = v_{Bx}\,\hat{\text{i}} = (2.0\,\text{m/s})\,\hat{\text{i}}$$

으로 둘째 조각도 +x쪽으로 움직인다.

연습문제 7-6

24. 두 토막

질량 1.0 kg과 3.0 kg인 두 토막이 용수철로 연결되어 마찰 없는 면 위에 서 있다. 두 토막을 밀어 1.0 kg 토막이 1.7 m/s의 속력으로 상대를 향해 움직이게 했다. 이 계의 처음 운동량이 0이라면, 다른 토막의 속도는 얼마일까?

25. 운석의 충격

미국 애리조나 주의 운석 구덩이(그림 7-1*a*)는 약 20 000년 전에 어떤 운석이 떨어져 생긴 것으로 짐작된다. 운석의 질량은 5×10^{10} kg, 속력은 7200 m/s으로 어림한다. 운석이 지구와 정면충돌을 했다면, 그 충돌로 지구는 얼마의 속력을 얻는가?

26. 나무 토막에 박히는 총알

5.20 g 총알이 672 m/s으로 날아와 마찰 없는 표면 위에 서 있는 700 g 나무 토막을 뚫고나와 같은 쪽으로 428 m/s으로 날아간다. 이 결과 나무토막의 속력은 얼마가 되는가?

27. 돌 던지기

91 kg인 남자가 마찰이 거의 없는 땅에 누워 68 g 돌을 4.0 m/s의 속력으로 던진다. 그 결과 이 사람이 얻는 속도는 얼마인가?

28. 역학적 장난감

역학적 장난감이 마찰 없는 표면에서 x축을 따라 속도$(-0.40\,\text{m/s})\hat{\text{i}}$로 미끄러지다가, 속에 든 용수철 때문에 아래 표와 같이 세 조각으로 나누어진다. 조각 A의 속도는 얼마인가?

조각	질량(kg)	속도(m/s)
A	0.50	?
B	0.60	$0.20\hat{\text{i}}$
C	0.20	$0.30\hat{\text{i}}$

29. 얼어붙은 길

두 차 A와 B가 신호등에 맞추어 서려다 얼음 길에서 미끄러진다. 질량은 A가 1100 kg, B가 1400 kg이다. 길바닥과 두 차의 제동된 바퀴 사이의 운동 마찰 계수는 0.13이다. A는 신호에 맞추어 섰으나, B는 서지 못하고 A의 뒤를 받았다. 충돌 뒤에 A는 충돌한 곳에서 앞으로 8.2 m 밀렸고, B는 6.1m 앞으로 갔다(그림 7-21). 사고가 날 때 두 차의 운전자는 모두 제동장치를 걸고 있었다. 2장과 6장에서 배운 것을 써서 충돌 바로 뒤의 (a) A와 (b) B의 속력을 구하라. (c) 운동량 보존 법칙을 써서 B가 A를 받은 속력을 구하라. 여기에서는 운동량 보존 법칙을 쓰면 안 되는 까닭을 설명하라.

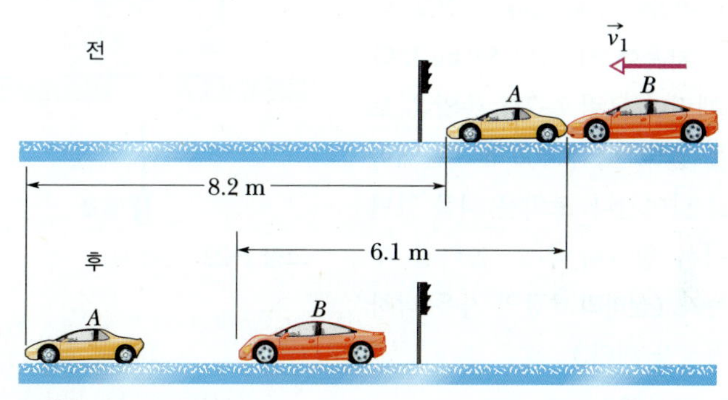

그림 7-21 문제 29

30. 총알과 두 토막

그림 7-22*a*에서 마찰 없는 탁자 위에 서 있는 두 토막에 3.50 g 총알을 수평하게 쏘았다. 총알은 1.20 kg인 첫째 토막을 뚫고 나와 1.80 kg인 둘째 토막에 박혔다. 그 결과 두 토막의 속력은 각각

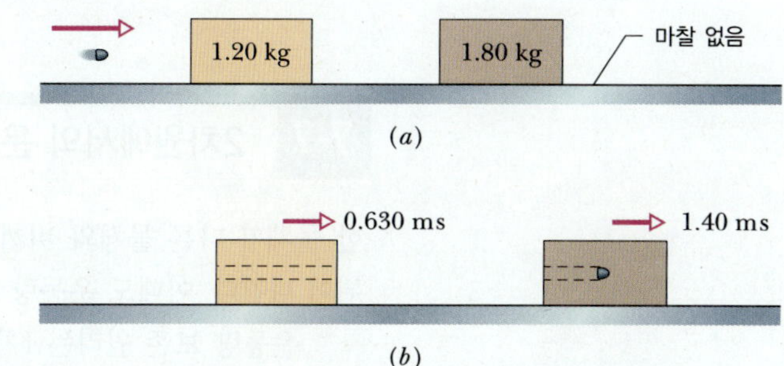

그림 7-22 문제 30

0.630 m/s와 1.40 m/s가 되었다(그림 7-22*b*). 총알이 지나가면서 잃은 질량은 무시할 때, (a) 첫째 토막을 뚫고 나온 바로 뒤의 총알의 속력과 (b) 총알의 처음 속력을 구하라.

31. 수레에 탄 사람

75 kg인 사람이 39 kg 수레를 2.3 m/s의 속력으로 몬다. 그가 땅에 대한 수평방향의 속력 0으로 뛰어 내린다. 그 결과 수레의 속력은 얼마나 바뀌는가?

32. 토막과 총알

질량 4.5 g인 총알을 수평면에 서 있는 2.4 kg 나무토막을 향해 수평하게 쏘았다. 총알은 토막 속에 박혔다. 총알이 멈춘 바로 뒤의 토막의 속력은 2.7 m/s이다. 쏠 때 총알의 속력은 얼마인가?

33. 로켓 썰매 속의 물

2900 kg인 썰매가 궤도를 따라 250 m/s의 속력으로 움직인다. 어떤 곳에서 두레박을 내려 궤도 사이에 있는 물을 퍼올려 썰매에 있는 빈 통에 담는다. 병진 운동량 보존 법칙을 써서 물을 920 kg 퍼올린 뒤의 썰매의 속력을 구하라. 두레박이 받는 저항력은 무시하라.

34. 위로 쏜 총알

10 g 총알이 1000 m/s로 위로 날아가 처음에 서 있던 5.0 kg 토막을 때린다(그림 7-23). 총알은 토막을 뚫고 나와 400 m/s로 계속 위로 날아간다. 토막은 처음 있던 곳에서 얼마나 위로 올라갈 수 있는가. (**실마리**: 3장의 자유 낙하 방정식을 써라.)

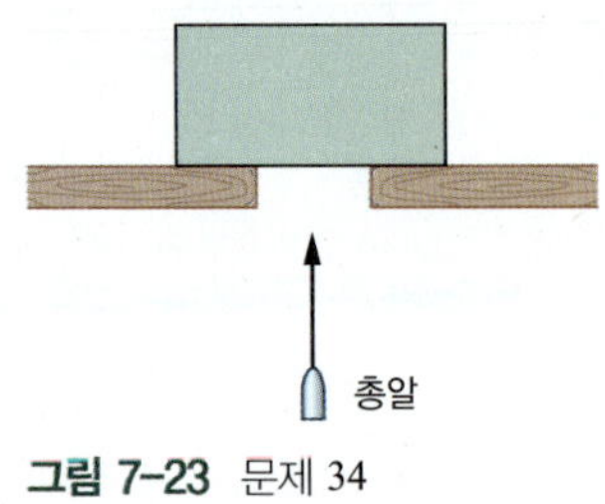

그림 7-23 문제 34

35. 발사체

질량 m_A, 처음 속도 v_{A1}인 발사체가 처음에 서 있던 질량 m_B인 물체와 1차원 충돌을 한다. 두 물체가 붙어버리면 충돌 뒤의 속도는 얼마인가?

36. 두 토막의 충돌

5.0 kg 토막이 3.0 m/s로 움직여 같은 쪽으로 2.0 m/s로 움직이는 10 kg 토막과 부딪친다. 부딪친 바로 뒤, 10 kg 토막은 애초의 방향으로 2.5 m/s의 속력으로 움직인다면, 5.0 kg 토막의 속도는 얼마인가?

37. 로켓의 끝단

7600 m/s의 속력으로 움직이는 로켓의 끝단은 이음쇠로 엮인 두 부분으로 되어 있다. 290.0 kg인 로켓통과 150.0 kg인 짐. 이음쇠를 풀면 눌린 용수철이 풀려 두 부분이 910.0 m/s의 상대속도로 떨어진다. 두 부분이 떨어진 뒤의 (a) 로켓통과 (b) 짐의 속력은 얼마인가? 모든 속도는 같은 방향으로 가정하라.

38. 평평한 차에 탄 사람

무게 W인 평평한 기차가 수평 철도를 따라 마찰 없이 굴러간다. 처음에 무게 w인 사람이 오른쪽으로 속력 v_1으로 가는 기차 위에 서 있다(그림 7-24). 그 사람이 차에 대해 (그림의) 왼쪽으로 상대속도 $v^{상대}$로 달리면 기차의 속도변화는 얼마인가?

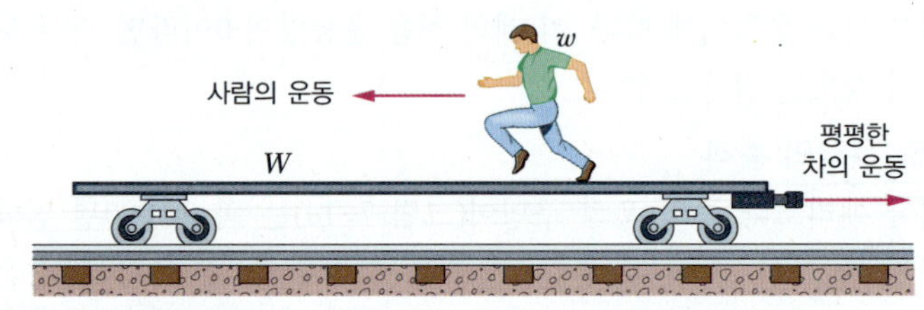

그림 7-24 문제 38

39. 우주선

우주선이 지구에 대한 상대 속력 4300 km/h로 날아갈 때 연료를 다 쓴 추진로켓을 조종실에 대한 상대속력 82 km/h로 떼어내고 간다. 추진로켓의 질량은 조종실의 질량의 네 배이다. 이렇게 떼낸 뒤의 조종실의 지구에 대한 상대 속력은 얼마인가?

40. 발사체 2

질량 m_A, 처음 속도 v_{A1}인 발사체가 처음에서 있던 질량 $m_B = 2.00m_A$인 물체와 1차원 충돌을 한다. 두 물체가 붙어버리면 충돌 뒤의 속도는 얼마인가?

7-7 2차원에서의 운동량 보존

한 물체가 다른 물체와 비껴서 부딪치면 어떻게 될까? 그림 7-25와 같이 두 물체는 다른 방향으로 튀어 나간다. 이때도 운동량 보존 법칙을 쓸 수 있는가?

운동량 보존 원리는 1차원에서와 마찬가지로 2차원과 3차원에서도 계가 받는 알짜힘이 0인 한 적용된다. 어떤 차원에서 알짜 힘이 0이 아니면, 그 차원에서는 따라 운동량이 보존되지 않는다. 편

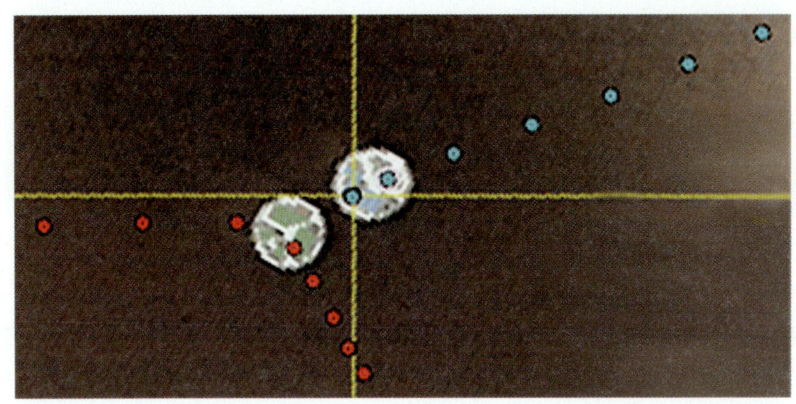

그림 7-25
두 퍽의 충돌 영상 분석. 공기탁자 위에서 움직이는 퍽이 서 있는 다른 퍽을 비껴 친다. 부딪친 뒤에는 둘 다 다른 방향으로 가지만 전체 운동량은 보존된다.

의상, 2차원 좌표계를 잡자. 그러면 운동량 보존 방정식 $\vec{p}_{A1}+\vec{p}_{B1}=\vec{p}_{A2}+\vec{p}_{B2}$ (식 7-13)을 성분으로 나눌 수 있다. 여러 차원 운동에 운동량 보존을 적용할 때, 각 방향에 따로 적용한다. 다시 말해 $\vec{p}_{A1}+\vec{p}_{B1}=\vec{p}_{A2}+\vec{p}_{B2}$의 식 하나를 직각좌표계의 세 좌표축 방향의 단위벡터가 들어가는 세 방정식으로 나눌 수 있다. 2차원에서는 다음과 같다.

$$p_{Ax}(t_1)\,\hat{\mathrm{i}}+p_{Bx}(t_1)\,\hat{\mathrm{i}}=p_{Ax}(t_2)\,\hat{\mathrm{i}}+p_{Bx}(t_2)\,\hat{\mathrm{i}} \tag{7-18}$$

$$p_{Ay}(t_1)\,\hat{\mathrm{j}}+p_{By}(t_1)\,\hat{\mathrm{j}}=p_{Ay}(t_2)\,\hat{\mathrm{j}}+p_{By}(t_2)\,\hat{\mathrm{j}} \tag{7-19}$$

여기에서 아랫글자는 입자 A와 B 그리고 좌표축 x와 y쪽의 운동량을 나타낸다.

이 연립방정식은 2차원에서의 운동량 보존의 결과, 입자의 처음 및 나중 운동량이 충족시켜야 하는 관계를 기술한다. 물체의 질량과 속도를 써서 나타내면 위 식은 다음과 같은 꼴이 된다.

x성분 $$m_A v_{Ax}(t_1)+m_B v_{Bx}(t_1)=m_A v_{Ax}(t_2)+m_B v_{Bx}(t_2) \tag{7-20}$$

y성분 $$m_A v_{Ay}(t_1)+m_B v_{By}(t_1)=m_A v_{Ay}(t_2)+m_B v_{By}(t_2) \tag{7-21}$$

충돌을 분석할 때는 두 연립방정식 가운데 어느 하나(7-18과 7-19 또는 7-20과 7-21)를 쓸 수 있다. 어느 것을 골라 쓰는가는 쓸 수 있는 정보에 따라 결정한다.

충돌 전후의 물체의 운동 방향이 좌표축과 이루는 각도를 결정하려면, 삼각함수를 써서 운동량이나 속도의 x와 y성분을 셈한다. 또한 위 식에서 항의 부호를 정확히 매기도록 특히 신경써야 한다. 보기를 들어 그림 7-26는 발사체가 서 있는 표적을 맞추는 충돌을 보여준다. 두 물체 사이의 충격량 때문에 두 물체는 충돌 뒤에 애초 발사체가 날아온 방향인 x축에 대한 각도가 θ_A와 θ_B인 쪽으로 날아간다.

이 상황에서 $\vec{p}_{A1}+\vec{p}_{B1}=\vec{p}_{A2}+\vec{p}_{B2}$축에 나란한 성분에 대해 고쳐 다음과 같이 쓰자.

$$m_A v_{Ax}(t_1)+m_B v_{Bx}(t_1)=m_A v_{Ax}(t_2)+m_B v_{Bx}(t_2)$$

또는

$$m_A|\vec{v}_{A1}|+0=m_A|\vec{v}_{A2}|\cos\theta_A+m_B|\vec{v}_{B2}|\cos\theta_B$$

그리고 y축에 나란한 성분은 다음과 같다.

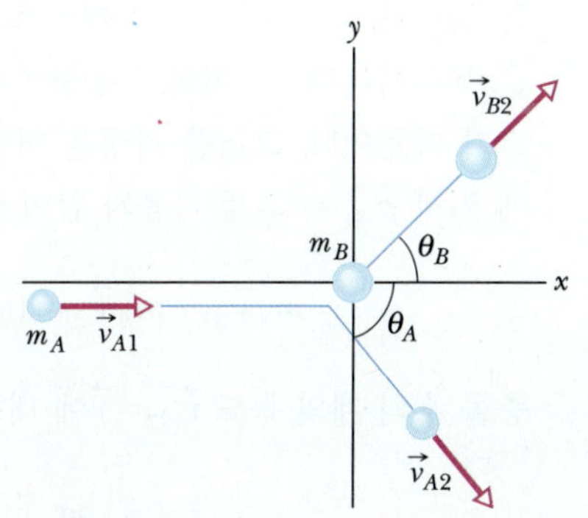

그림 7-26
질량 m_A인 물체가 질량 m_B인 물체를 비껴 쳐서, 각각 애초의 운동 방향(여기에서는 $+x$쪽으로 정의했다)에서 벗어나 흩어진다.

$$m_A v_{Ay}(t_1) + m_B v_{By}(t_1) = m_A v_{Ay}(t_2) + m_B v_{By}(t_2)$$

또는

$$0 + 0 = -m_A|\vec{v}_{A2}|\sin\theta_A + m_B|\vec{v}_{B2}|\sin\theta_B$$

등식의 오른쪽 첫항의 (−) 부호는 아주 중요하다. 이것은 m_A의 속도의 y성분은 아래쪽을 향함을 뜻한다.

생각해보기 7-6 마찰이 없는 마루에 서 있던 장치가 폭발하여 두 동강이 나서 마룻바닥을 미끄러진다. 한 조각은 $+x$쪽을 따라 미끄러진다. (a) 폭발 뒤에 두 조각의 운동량을 더한 값은 얼마인가? (b) 둘째 조각이 x축에서 벗어나 움직일 수 있는가? 답에 대한 까닭을 설명하라. (c) 둘째 조각의 운동량의 방향은 어떻게 되는가?

생각해보기 7-7 지구와 자몽을 품는 계를 생각하자. 자몽은 가만히 있다가 떨어지기 시작하는데, 얼마만큼 떨어졌을 때 속력이 2 m/s가 되었다. 자몽의 운동량 변화량은 얼마인가? 지구의 운동량 변화량은 얼마인가? 운동량 변화량에 따른 지구의 속력 변화는 얼마인가? 이 물음에 대해 어림값을 대라.

따라해보기 7-4 | 껴안은 두 스케이트 선수

부부 스케이트 선수가 부딪치자 '껴안고' 그림 7-27와 같이 함께 움직이는데, 원점은 부딪친 곳이다. 남편(A)의 질량 m_A는 83 kg인데, 애초에는 동쪽으로 속력 $v_A = 6.2$ km/h로 움직이고 있었다. 부인(B)의 질량 m_B는 55 kg인데, 애초에는 북쪽으로 속력 $v_B = 7.8$ km/h로 움직이고 있었다.

(a) 둘이 부딪친 뒤 함께 움직이는 속도 $\vec{v}_{계2}$는 얼마인가?

풀이 ■ 요점 하나는 두 스케이트 선수가 고립계라는 가정이다. 다시 말해 부딪치는 동안 부부는 아무런 바깥 알짜힘을 받지 않는다는 것이다. 특히 이들의 스케이트가 얼음판으로부터 받는 마찰력은 무시하는데, 그 까닭은 충돌힘의 봉우리값은 마찰력보다 훨씬 크기 때문이다. 그러한 가정을 하면 전체 운동량 보존 법칙을 $\vec{p}_{계}$에 써서 $\vec{p}_{계1} = \vec{p}_{계2}$를 다음과 같이 쓸 수 있다.

$$m_A\vec{v}_{A1} + m_B\vec{v}_{B1} = (m_A + m_B)\vec{v}_{계2} \qquad (7\text{–}22)$$

충돌 후의 계의 속도 $\vec{v}_{계2} = \vec{v}$에 대해 풀면 다음 결과를 얻는다.

$$\vec{v} = \frac{m_A\vec{v}_A + m_B\vec{v}_B}{m_A + m_B}$$

이것을 곧바로 벡터셈을 할 수 있는 계산기에 오른쪽의 기호에 맞는 자료값을 넣어 풀 수 있다. 또한 둘째(앞에서 썼던) **요점**을 써서 수식을 조금 정리하여 풀 수도 있다. 계의 전체 병진 운동량은 그

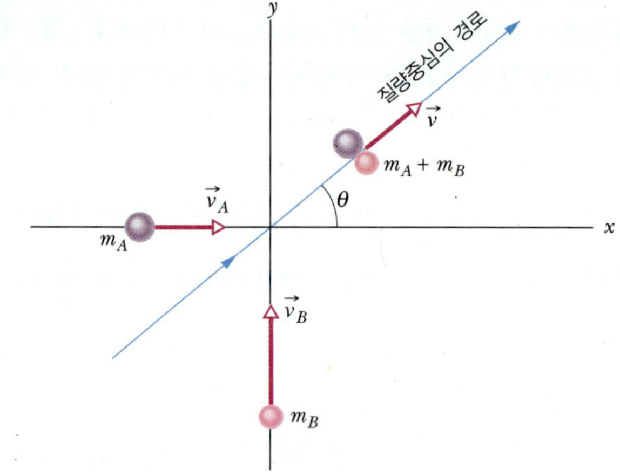

그림 7-27
부부 스케이트 선수 '남편(A)'과 '부인(B)'이 부딪쳐 함께, 각도 θ로 속력 v로 움직인다.

림 7-27에 보인 x축과 y축 성분이 따로 보존된다. 식 7-22를 x축 성분에 대해 쓰면, $\vec{v}_A = v_A\hat{i} + 0\hat{j}$이므로 다음과 같다.

$$m_A v_A + m_B(0) = (m_A + m_B)|\vec{v}|\cos\theta \qquad (7\text{–}23)$$

그리고 y축 성분에 대해 쓰면, $\vec{v}_B = 0\hat{i} + v_B\hat{j}$이므로 다음과 같다.

$$m_A(0) + m_B v_B = (m_A + m_B)|\vec{v}|\sin\theta \qquad (7\text{–}24)$$

두 방정식 모두 미지수가 둘이므로($|\vec{v}|$과 θ) 어느 하나도 따로 풀 수는 없지만, 연립시켜 식 7-24을 7-23으로 나누면 풀어 다음 결과를 얻는다.

$$\tan\theta = \frac{m_B v_B}{m_A v_A} = \frac{(55\,\text{kg})(7.8\,\text{km/h})}{(83\,\text{kg})(6.2\,\text{km/h})} = 0.834$$

따라서

$$\theta = \tan^{-1}0.834 = 39.8° \approx 40°$$

식 7-24로부터 $m_A + m_B = 138\,\text{kg}$, 따라서 계의 나중속력은 다음과 같다.

$$v = |\vec{v}| = \frac{m_B v_B}{(m_A + m_B)\sin\theta} = \frac{(55\,\text{kg})(7.8\,\text{km/h})}{(138\,\text{kg})(\sin 39.8°)} = 4.86\,\text{km/h} \approx 4.9\,\text{km/h}$$

연습문제 7-7

41. 남자 스케이트 선수

60 kg인 남자가 속도 6.0 m/s로 북쪽으로 얼음을 지치다 38 kg 어린이와 부딪쳤다. 부딪친 뒤 그 남자와 어린이는 한몸이 되어 동쪽에 대해 35° 방향으로 속도 3.0 m/s로 간다. 부딪치기 바로 전의 어린이의 속도의 크기와 방향을 구하라.

42. 짐배 충돌

질량 1.50×10^{10} kg인 짐배가 두터운 안개 속에서 6.2 m/s로 하류 쪽으로 내려가다 강을 곧바로 건너던 다른 짐배와 부딪쳤다(그림 7-28). 둘째 짐배의 질량은 2.78×10^{10} kg이고 부딪치기 전에는 4.3 m/s로 움직였다. 부딪친 바로 뒤에 둘째 짐배의 방향은 하류 쪽으로 18° 틀어졌으며 속력은 5.1 m/s로 빨라졌다. 사고가 날 때 강물은 거의 흐르지 않았다. 부딪친 바로 뒤에 첫째 짐배의 속력과 운동 방향을 구하라.

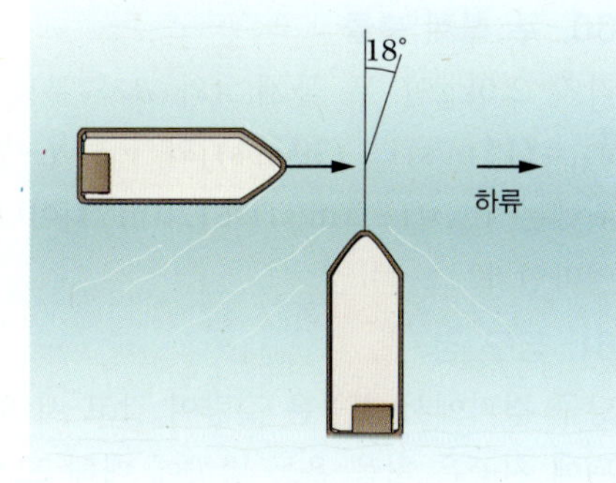

그림 7-28 문제 42

43. 꾸러미 폭발

가만히 있던 2.65 kg인 꾸러미가 폭발하여 세 조각으로 나뉘어 마찰 없는 마루를 따라 미끄러진다. 꾸러미는 애초에 좌표계의 원점에 있었다. 조각 A의 질량은 $m_A = 0.500$ kg이고 속도는 $(10.0\,\text{m/s}\,\hat{\text{i}} + 12.0\,\text{m/s}\,\hat{\text{j}})$이다. 조각 B의 질량은 $m_B = 0.750$ kg이고 속력 14.0 m/s로 $+x$쪽에 대해 반시계방향으로 110°방향으로 간다. 조각 C는 (a) 속력이 얼마이며 (b) 어느 쪽으로 가는가?

44. 입자 충돌

2.00 kg인 '입자'가 속도 $\vec{v} = (4.0\,\text{m/s})\,\hat{\text{i}}$로 가다가 속도 $\vec{v} = (2.0\,\text{m/s})\,\hat{\text{i}}$로 가는 4.00 kg인 '입자'와 부딪쳤다. 이 충돌로 두 입자가 붙었다. 충돌 뒤 이들의 속도를 (a) 단위벡터 기호와 (b) 크기와 각도를 써서 나타내라.

45. 두 차

두 차 A와 B가 각각 같은 교차로를 향해 서쪽과 남쪽으로 가다가 부딪쳐 한 덩어리가 되었다. 부딪치기 전에 A(무게 12.0 kN)의 속력은 64.4 km/h, B(무게 16.0 kN)의 속력은 96.6 km/h였다. 충돌이 고립된 채 일어났다고 가정하고 부딪친 바로 뒤의 (한 덩어리가 된) 차의 속력의 (a) 크기와 (b) 방향을 구하라.

46. 과자통

2.0 kg 과자통이 동쪽으로 8.0 m/s인 처음 속도로 가다가 서 있는 4.0 kg 사탕통과 부딪친다. 충돌 바로 뒤 과자통은 동쪽에서 37°북쪽으로 속도 4.0 m/s로 간다. 바로 그때 사탕통의 속도 (a) 크기와 (b) 방향을 구하라.

47. 충돌하는 공

5.0 kg 공이 동쪽으로 4.0 m/s의 속도로 가다가 서쪽으로 3.0 m/s의 속도로 가는 4.0 kg 공과 부딪친다. 충돌 바로 뒤 5.0 kg 공의 속도는 남쪽으로 1.2 m/s이다. 그 때 4.0 kg 공의 속도의 크기는 얼마인가?

48. 입자 충돌 2

속도 $\vec{v} = (-4.00\,\text{m/s})\,\hat{\text{i}} + (-5.00\,\text{m/s})\,\hat{\text{j}}$로 가는 2.00 kg인 입자와 속도 $\vec{v} = (6.00\,\text{m/s})\,\hat{\text{i}} + (-2.00\,\text{m/s})\,\hat{\text{j}}$로 가는 4.00 kg인 입자가 부딪친다. 충돌로 두 입자가 붙었다. 충돌 뒤 이들의 속도를 (a) 단위벡터 기호와 (b) 크기와 각도를 써서 나타내라.

49. 의심스러운 꾸러미

의심스러운 꾸러미가 마찰 없는 바닥에서 미끄러지다가 폭발하여 세 조각으로 나뉘었다. 이들은 질량이 같고 속도는 다음과 같다.

(1) 북쪽으로 7.0 m/s, (2) 서쪽에서 30°남쪽으로 4.0 m/s, (3) 동쪽에서 30°남쪽으로 4.0 m/s. 충돌 전의 꾸러미의 속도(크기와 방향)를 구하라.

50. 쓰레기 주머니

마찰 없는 면을 미끄러지는 4.0 kg 쓰레기 주머니가 터져 2.0 kg인 두 뭉치로 나뉘어 하나는 3.0 m/s로 북쪽으로, 다른 하나는 5.0 m/s로 동쪽에 대해 30°북쪽으로 간다. 쓰레기 주머니의 애초의 속력은 얼마인가?

51. 방사성 핵

어떤 방사성 핵이 전자와 중성미자(neutrino)를 내고 다른 핵으로 바뀔 수 있다. (중성미자는 기본 입자의 하나이다.) 그러한 핵변환에서 처음 핵은 서 있고, 전자와 중성미자는 서로 직각 방향으로 나가며, 운동량의 크기는 전자는 1.2×10^{-22} kg · m/s, 중성미자는 6.4×10^{-23} kg · m/s이다. 이러한 방출로 새로 생긴 핵이 움직인다(되튄다). (a) 새 핵의 운동량의 크기와 방향을 구하라. 새 핵의 운동 경로와 (b) 전자와 (c) 중성미자의 운동 경로 사이의 각도는 얼마인가?

52. 속에서 터짐

20.0 kg 물체가 속력 200 m/s로 $+x$쪽으로 움직이다가, 안에서 터져 세 조각으로 나뉜다. 질량 10.0 kg인 한 조각은 터진 곳에서 $+y$쪽으로 속력 100 m/s로 움직인다. 질량 4.00 kg인 둘째 조각은 $-x$쪽으로 속력 500 m/s로 움직인다. 질량 6.00 kg인 셋째 조각의 속도를 구하라.

53. 서 있는 그릇의 폭발

서 있던 그릇이 터져 세 조각으로 나뉜다. 두 조각은 질량이 같고, 똑같은 속력 20 m/s로 서로 직교하는 방향으로 간다. 셋째 조각의 질량은 다른 두 조각 낱낱의 질량의 세 배이다. 충돌 바로 뒤에 셋째 조각의 속도의 크기와 방향을 구하라.

54. 양성자-양성자 충돌

속력 500 m/s인 양성자가 처음에 서 있던 다른 양성자와 부딪친다. 충돌 뒤에 쏜 양성자와 표적 양성자의 운동 방향은 직각을 이루며, 쏜 양성자의 운동 방향은 처음 운동 방향과 60°를 이룬다. 충돌 뒤의 (a) 쏜 양성자의 속력과 (b) 표적 양성자의 속력을 구하라.

55. 상자 썰매

6.0 kg 상자 썰매가 마찰 없는 얼음판을 속력 9.0 m/s로 가로지르는데, 위에서 12 kg 꾸러미가 상자 속으로 떨어졌다. 그 뒤의 썰매의 속력은 얼마인가?

56. 두 공

두 공 A와 B가 충돌했다. 두 공의 질량은 다르지만 값은 모르며, 처음에 A는 서 있었고, B는 속력이 v였다. 충돌 뒤에 B는 속력이 $v/2$가 되었고, 처음 운동 방향에 대해 직각 방향으로 움직였다. (a) 충돌 뒤에 A의 운동 방향을 구하라. (b) 이 정보로는 A의 속력을 결정할 수 없음을 보여라.

57. 질량이 같은 두 물체

질량과 처음 속력이 같은 두 물체가 부딪친 다음 붙어 처음 속력의 반으로 간다. 두 물체의 처음 속도 사이의 각도를 구하라.

58. 얼음 지치기

30 kg인 두 어린이가 각각 4.0 m/s의 속력으로 마찰 없는 얼음판에서 미끄러지다 부딪쳤는데, 입은 옷의 찍찍이 때문에 붙어 버렸다. 두 어린이가 다음에는 20 m/s의 속력으로 오던 75 kg 어른과 또 부딪쳤다. 충돌 뒤에 세 사람은 멈춰섰다. 두 어린이의 처음 속도 벡터 사이의 각도는 얼마인가?

59. 알파입자와 산소

알파입자가 서 있던 산소 핵과 부딪친다. 알파입자는 처음 운동 방향에 대해 64.0°방향으로 흩어지고, 산소 핵은 처음 운동 방향의 반대 방향에 대해 51.0°방향으로 되튄다. 핵의 나중 속력은 1.20×10^5 m/s이다. 다음을 구하라. 알파입자의 (a) 나중 속력과 (b) 처음 속력. (원자 질량 단위로는 알파입자의 질량은 4.0 u, 산소 핵의 질량은 16 u이다.)

60. 두 물체 충돌

각각 2.0 kg인 두 물체 A와 B가 부딪친다. 충돌 전의 속도는 $\vec{v}_{A1}=(15\text{ m/s})\hat{\text{i}}+(30\text{ m/s})\hat{\text{j}}$와 $\vec{v}_{B1}=(-10\text{ m/s})\hat{\text{i}}+(5\text{ m/s})\hat{\text{j}}$, 충돌 뒤에는 $\vec{v}_{A2}=(-5\text{ m/s})\hat{\text{i}}+(20\text{ m/s})\hat{\text{j}}$이다. 물체 B의 나중 속도는 얼마인가?

61. 당구 경기

당구 경기에서 친공은 질량이 같고 서 있는 다른 공을 친다. 충돌 뒤에 친공은 처음 운동 방향에 대해 22.0°방향으로 3.50 m/s의 속력으로 가고, 둘째 공의 속력은 2.00 m/s이다. 다음을 구하라. (a) 친공의 처음 운동 방향에 대한 둘째 공의 운동 방향의 사이각, (b) 친공의 처음 운동 속력.

62. 당구 공

속력 2.2 m/s로 가는 당구 공이 서 있는 다른 공을 비껴 맞추고 지나간다. 충돌 뒤에 공 하나는 처음 운동 방향에 대해 60°방향으로 1.1 m/s의 속력으로 가는 것으로 드러났다. 다른 공의 속도를 구하라.

63. 세 공

그림 7-29에서 공 A는 처음 속력 10 m/s로 서 있는 공 B와 C를 맞춘다. B와 C는 처음에 붙어 있고, 이들의 중심은 공 A의 처음 운동 방향과 직교하는 선 위에 있다. 세

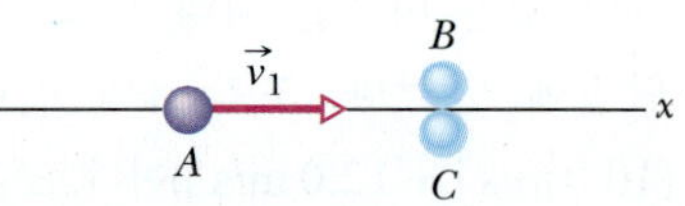

그림 7-29 문제 63

공은 질량이 똑같다. 공 A는 두 공이 붙어 있는 곳을 향했고, 모든 운동에서 마찰이 없다고 본다. 충돌 뒤에 공 B와 C는 속력이 똑같이 6.93 m/s이지만, 공 B는 수평선 위쪽으로 30°방향으로 가고, C는 아래쪽으로 30°방향으로 간다. 충돌 뒤에 공 A의 속도는 얼마인가?

7-8 질량 교환계-로켓과 분사한 연료

지금까지 다룬 계는 전체 질량이 일정하다고 가정했다. 계의 질량이 늘거나 줄지 않는다. 그러한 계를 '닫힌 계(closed system)' 라고 한다. 때로는 로켓처럼(그림 7-30) 질량이 일정하게 유지되지 않는 계도 있다. 발사대에 세운 로켓은 질량의 대부분이 연료인데, 결국 모두 태워 로켓 기관의 분사공으로 내뿜는다. 로켓은 자체 질량의 일부를 태워 기체로 내뿜음으로써(그 반동으로) 가속된다. 연료를 태우는 비율과 태운 연소기체를 로켓에서 내뿜는 속도는 일정한 것으로 드러난다.

로켓이 가속될 때, 뉴턴 제2법칙을 로켓 자체만이 아니라 내뿜는 연소기체에도 함께 적용한다. '이' 계의 질량은 로켓이 가속될 때도 변하지 않는다.

그림 7-30
수성행 우주선의 발사

• 가속도 구하기

우주 공간 깊은 곳에 있어 중력이나 지구 대기의 저항력을 받지 않는 로켓의 가속을 생각하자. 어떤 일이 벌어지는가를 쉽게 가려볼 수 있게, 어떤 순간 t_1에 로켓의 전체 질량은 M이고, 우리는 우연히도 이 로켓의 순간 속도와 똑같은 속도로 움직이는 관성 기준틀에 있다고 하자. 짧은 시간 dt에 무엇을 관찰하게 될까?

시각 t_1에는 로켓은 우리에 대해 상대적으로 서 있다(그림 7-31a). 시간 dt 뒤에는 로켓이 작은 질량 dm만큼의 연료를 태워 로켓에 대한 상대속도 $\vec{v}^{\text{상대}}$로 뒤로 내뿜는다고 하자.

우리 계는 로켓과 시간 dt에 내뿜은 연소기체로 되어 있다. 이 계는 닫혀 있고, 고립되어 있으므로, 계의 병진 운동량은 시간 dt 동안 보존된다.

$$\vec{p}_{\text{계}1} = \vec{p}_{\text{계}2} \tag{7-25}$$

그렇지만 로켓이 우리에 대해 상대적으로 서 있는 시각 t_1에는, 계의 처음 운동량은 0임을 관찰했다. 따라서 시간 dt 뒤에도 계의 전체 운동량은 0이어야 한다. 질량 dm인 타버린 연료가 속도 $\vec{v}^{\text{상대}}$로 뒤로 날아가므로 질량이 조금 줄어 $M-dm$인 로켓은 그림 7-18b와 같이 반대쪽으로 작은 속도 $d\vec{v}$로 밀린다. 로켓-연료 계의 전체 운동량이 0을 유지하려면 다음 식이 성립해야 한다.

$$\vec{p}_{\text{계}1} = 0 = \vec{p}_{\text{계}2} = dm\,(\vec{v}^{\text{상대}}) + (M-dm)\,d\vec{v} \tag{7-26}$$

로켓의 질량 $M \gg dm$이므로 로켓의 전체 질량 M은 짧은 시간에 내뿜은 연료의 질량보다 훨씬 크며, 따라서 위의 운동량 보존 방정식을 다음과 같이 고쳐 쓸 수 있다.

$$dm\,(\vec{v}^{\text{상대}}) + M d\vec{v} \approx 0 \tag{7-27}$$

모든 항을 dt로 나누고 정리하면 다음 결과를 얻는다.

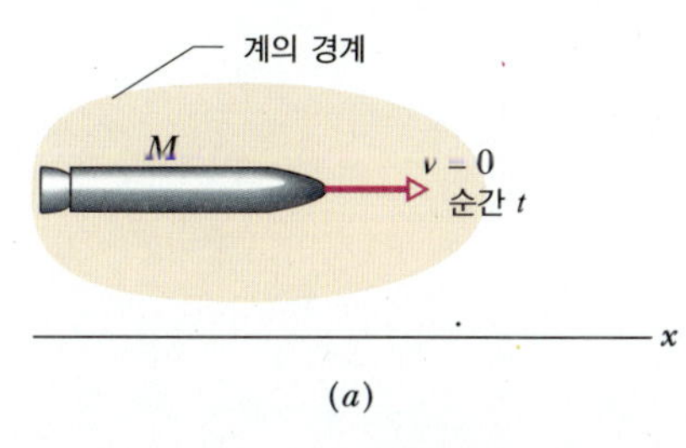

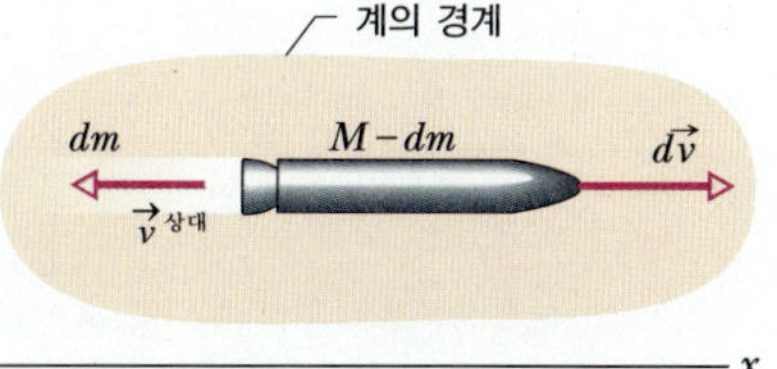

그림 7-31
(a) 시각 t_1에 질량 M인 가속되는 로켓을 관성 기준틀에서 본 모습. (b) 시각 t_1+dt에 본 같은 로켓. 시간 dt에 내뿜은 연소기체도 보였다.

$$-\frac{dm}{dt}\vec{v}^{상대} = M\frac{d\vec{v}}{dt} \tag{7-28}$$

시간 dt에 배출한 연료 때문에 로켓의 질량이 $dM = -dm$ 만큼 달라지는 것에 유의하면, $-dm/dt$를 dM/dt로 바꿀 수 있다. dv/dt는 관성 기준틀에 대한 로켓의 가속도이므로 위 식은 다음과 같이 쓸 수 있다.

$$\frac{dM}{dt}\vec{v}^{상대} = M\vec{a} \qquad \text{(첫째 로켓 방정식)} \tag{7-29}$$

이 방정식은 어느 순간에나 성립하며, 질량 M, 연료 소모율 $R = -dM/dt$, 그리고 가속도 $\vec{a}$는 순간의 값이다. 눈여겨볼 것은 $\vec{v}^{상대}$와 $\vec{a}$가 반대쪽을 향하는 것인데, 그 까닭은 $\vec{v}^{상대}$는 내뿜는 연소기체의 로켓에 대한 속도이지 그 반대가 아니기 때문이다. 이것은 식 7–29에서 dM/dt가 음수라는 것을 떠올릴 때까지는 한눈에 분명히 드러나지 않는다. 이 식의 왼쪽은 힘의 차원이고($\mathrm{kg \cdot m/s^2 = N}$) 로켓 기관의 설계 특성만이 결정한다. 즉, 연료 소모율 R과 로켓이 연소기체를 내뿜는 속도 $\vec{v}^{상대}$가 그것이다.

$-R\vec{v}^{상대}$항을 로켓 기관의 '추진력(thrust)' 이라고 하며 $\vec{F}^{추진력}$으로 나타낸다. $\vec{F}^{추진력} = M\vec{a}$의 꼴로 고치면 뉴턴 제2법칙이 명확히 드러나며, 여기에서 $\vec{a}$는 로켓의 질량이 M인 순간의 가속도이다. $\vec{v}^{상대}$는 비록 로켓이 가속되는 쪽과 반대쪽을 가리키지만, $\vec{F}^{추진력}$은 같은 쪽을 가리키는 것을 눈여겨보자. dM/dt는 본래 음수이므로, $R = -dM/dt$은 양수이다.

• 속도 변화 구하기

로켓이 연료를 소모함에 따라 속도가 어떻게 달라질까? 시간 dt에 배출한 연료 때문에 로켓의 질량이 $dM = -dm$만큼 달라지는 것을 상기하면, 식 7–26을 $Md\vec{v} = -(dm)\vec{v}^{상대}$로 고쳐 쓰고, 정리하면 다음 결과를 얻는다.

$$d\vec{v} = \vec{v}^{상대}\frac{dM}{M}$$

이것을 적분하면 다음 결과를 얻는다.

$$\int_{\vec{v}_1}^{\vec{v}_2} d\vec{v} = \vec{v}^{상대}\int_{M_1}^{M_2}\frac{dM}{M}$$

여기에서 $M_1 = M(t_1)$은 시각 t_1의 로켓의 처음 질량이고 $M_2 = M(t_2)$는 뒤에 ('나중') 시각 t_2의 로켓의 질량이다. 적분을 셈하면 로켓의 질량이 M_1에서 M_2로 바뀌는 동안 속력의 증가에 관한 다음 결과를 얻는다.

$$\vec{v}_2 - \vec{v}_1 = \vec{v}^{상대}\ln\frac{M_2}{M_1} = -\vec{v}^{상대}\ln\frac{M_1}{M_2} \qquad \text{(둘째 로켓 방정식)} \tag{7-30}$$

이 방정식에서 기호 'ln' 은 '자연로그(natural logarithm)' 를 나타낸다. 나중 질량은 늘 처음 질량보다 작으므로 자연대수값은 늘 양수이다. 그러나 로켓이 내뿜는 연소기체의 속도는 언제나 로켓의 속도변화와 반대쪽이다. 이 식은 언제나 로켓의 속도변화를 연소기체를 내뿜는 방향과 반대쪽으로 해준다.

여기에서 다단계 로켓의 장점을 알 수 있다. 연료를 다 써버리면 떼어버려 M_2를 줄인다. 그러면 가속시킬 질량이 줄어든다. 이상적인 로켓이라면 목적지에는 화물만 남아 도착해야 할 것이다.

• 이륙할 때의 추진력

그림 7-32*a*
1961년 미국의 첫 우주인 쉐퍼드(Alan Shepard)를 쏘아 올린 머큐리-레드스톤 (Mercury-Redstone) 로켓.

전형적인 현대의 로켓은 이륙하는 몇 초 동안은 연료 소모율이 별로 크지 않아서 전체적인 질량 M이 크게 달라지지 않는다. 따라서 질량 M은 거의 상수이다. 이 사실을 식 7-29와 함께 써서 NASA 로켓의 영상을 분석하여 로켓의 추진력을 알아낼 수 있다. 보기를 들어 1961년 미국의 첫 우주인 알란 쉐퍼드를 쏘아 올린 머큐리-레드스톤 로켓의 영상을 분석하여 추진력을 알아낼 수 있다. 이륙할 때의 영상은 그림 7-32*a*에 보였다. 그때는 우주 공간 깊숙하게 있는 것이 아니므로 로켓이 받는 힘은 로켓 기관이 주는 위쪽 추진력과 지구가 아래쪽으로 끌어당기는 중력의 벡터 덧셈이다. 그러므로 운동 방정식은 다음과 같다.

$$\vec{F}^{\text{추진력}} + \vec{F}^{\text{중력}} = M\vec{a} \qquad \text{(땅에서 떠날 때)}$$

위쪽을 (+) 방향으로 잡으면 이 식은 다음과 같이 간단히 만들 수 있다.

$$F_y^{\text{추진력}}\hat{\mathrm{j}} - Mg\hat{\mathrm{j}} = Ma_y\hat{\mathrm{j}}$$

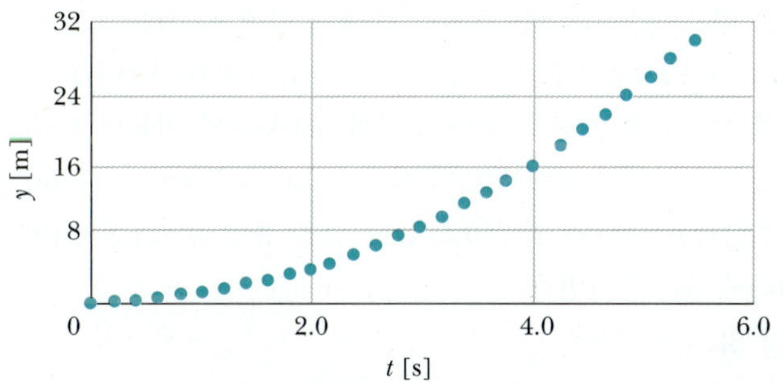

그림 7-32*b*
1961년 미국의 첫 우주인 쉐퍼드를 우주에 올린 머큐리-레드스톤 로켓이 이륙한 처음 5초간의 영상을 비디오포인트로 분석한 것을 바탕으로 한 시간-위치 그림표.

그림 7-32*b*는 머큐리-레드스톤 로켓이 이륙할 때의 높이(y위치)를 시간의 함수로 보여준다.

자료에 이차함수 곡선을 맞추면 위쪽 가속도의 크기는 $1.1\,\text{m/s}^2$으로 나온다. 연료를 가득 채우고 화물도 실은 머큐리-레드스톤 로켓의 질량은 $M = 3.0 \times 10^4\,\text{kg}$이다. 따라서 추진력의 y성분은 다음과 같다.

$$F_y^{\text{추진력}} = M(a_y + g) = (3.0 \times 10^4\,\text{kg})(1.1 + 9.8)\,\text{m/s}^2 = 33 \times 10^5\,\text{N}$$

연료 소모율을 알면 로켓이 연소기체를 내뿜는 상대 속도를 첫째 로켓 방정식(식 7-29) $R\vec{v}^{\text{상대}} = M\vec{a}$을 써서 셈할 수 있다.

따라해보기 7-5 | 로켓 추진력

처음 질량 M_1이 850 kg인 로켓의 연료소모율이 $R = 2.3$ kg/s이다. 로켓 기관이 연소기체를 내뿜는 속력은 2800 m/s이다.

(a) 로켓 기관이 주는 추진력의 크기는 얼마인가?

풀이 ■ 요점은 추진력의 크기 $F^{추진력}$는 연료 소모율 R과 연소기체를 내뿜는 상대속력 $v_{상대}$의 곱이라는 것이다.

$$F^{추진력} = Rv_{상대} = (2.3\ \text{kg/s})(2\,800\ \text{m/s}) = 6\,440\ \text{N} \approx 6\,400\ \text{N}$$

(b) 우주선에서 쏘아 보내는 로켓의 처음 가속도는 얼마인가?

풀이 ■ 로켓의 질량이 M이면 로켓의 추진력 $\vec{F}^{추진력}$를 그 가속도 $\vec{a}$와 다음과 같이 연결할 수 있다: $\vec{F}^{추진력} = M\vec{a}$. 그렇지만, **요점**은 연료를 태우면서 M은 작아지고, 가속도 a의 크기는 커진다는 것이다. 여기에서는 로켓의 처음 가속도를 구하려 하므로, 질량의 처음 값 M_1을 써야 하고, 따라서 다음 결과를 얻는다.

$$\vec{a} = \frac{\vec{F}^{추진력}}{M} = \frac{6\,440\ \text{N}\hat{\text{i}}}{850\ \text{kg}} = (7.6\ \text{m/s}^2)\,\hat{\text{i}}$$

(c) 로켓이 연료를 모두 썼을 때의 질량 M_2가 180 kg이라 하자. 그 순간 우주선에 대한 로켓의 상대속도는 얼마인가? 우주선의 질량은 아주 커서 로켓을 쏘아도 속도가 바뀌지 않는다고 하자.

풀이 ■ 요점은 로켓의 나중(연료를 모두 쓴 뒤) 속도 v_2는 식 7-34에 따라 처음 질량과 나중 질량의 비 M_1/M_2가 결정한다. 처음 속력 $\vec{v} = 0$이므로 다음 결과를 얻는다.

$$\begin{aligned}\vec{v}_2 &= -v^{상대}\ln\left(\frac{M_1}{M_2}\right)\\ &= -(-2\,800\ \text{m/s}\,\hat{\text{i}})\ln\left(\frac{850\ \text{kg}}{180\ \text{kg}}\right)\\ &= (2\,800\ \text{m/s})\ln(4.72)\,\hat{\text{i}} \approx 4\,300\ \text{m/s}\,\hat{\text{i}}\end{aligned}$$

연습문제 7-8

64. 곡물 차량

곡물 승강기 아래에서 곡물 차량이 일정한 속력 3.20 m/s로 움직인다. 그 위로 곡식이 540 kg/min의 비율로 쏟아진다. 마찰을 무시할 때 차량이 일정한 속력을 유지하려면 차에 얼마나 큰 힘을 주어야 하는가?

65. 탐사 우주선

6090 kg 탐사 우주선이 해에 대한 상대속력 105 m/s로 목성을 향해 다가가는데, 로켓 기관에 불을 붙여 80.0 kg의 연소기체를 로켓에 대한 상대 속력 253 m/s으로 뿜어낸다. 탐사선의 나중 속도는 얼마인가?

66. 태양계 벗어나기

로켓이 6.3×10^3 m/s의 속력으로 태양계를 벗어난다. 이것은 기관에 불을 붙여 연소기체를 로켓에 대한 상태 속력 3×10^3 m/s으로 뿜어낸다. 이때 로켓의 질량은 4.0×10^4 kg이고, 가속도는 2.0 m/s^{2}이다.

(a) 기관의 추진력은 얼마인가?

(b) 연료를 태우는 비율은 kg/s의 단위로 얼마인가?

67. 깊은 우주 공간

우주 공간 깊은 곳에서 어떤 관성 기준틀에 대해 서 있는 로켓의 질량이 2.55×10^5 kg인데, 이 가운데 연료가 1.81×10^5 kg이다. 로켓 기관에 250초 동안 불을 붙여 연료를 480 kg/s의 비율로 태운다. 내뿜는 연소기체의 로켓에 대한 상대 속도는 3.27 km/s이다. (a) 로켓의 추진력은 얼마인가? 250초 동안 불을 붙인 뒤, 로켓의 (b) 질량과 (c) 속력은 얼마인가?

68. 질량 비

우주 공간 깊은 곳에서 어떤 관성 기준틀에 대해 서 있는 로켓을 생각하자. 로켓 기관에 일정 시간 불을 붙이려 한다. 그 뒤 로켓의 속력이 (a) 연소 기체의 속력과 같으려면, 그리고 (b) 연소 기체의 속력의 두 배가 되려면 로켓의 질량비(처음 질량을 나중 질량으로 나눈 값)가 얼마가 되어야 하는가?

69. 달 탐험

우주선으로 달을 탐험하려면 우주선이 달에 대해 400 m/s로 움직일 때 속력을 2.2 m/s 빠르게 해야 한다. 로켓이 연소기체를 내뿜는 속력은 1000 m/s이다. 로켓의 속력을 필요한 만큼 빠르게 하려면 우주선의 처음 질량의 얼마를 태워 연소기체로 뿜어내야 하는가?

70. 수직 발사

6100 kg 로켓을 땅에서 수직방향으로 쏘아 올린다. 연소기체의 속력이 1200 m/s이면 일 초에 얼마씩 쏟아내야 (a) 추진력이 로켓이 받는 중력과 같고, (b) 위로 21 m/s^{2}의 가속도를 처음에 줄 수 있는가?

추가문제

71. 다리 부러지기(따라하지 말 것!)

뛰어내릴 때, 다리를 굽히지 않고 뻣뻣이 하면 중상을 입을 수 있다. 부상을 피하는 한 가지 방법은 땅에 닿을 때 무릎을 굽혀 충격력을 줄이는 것이다. 여러분의 질량이 m인데 높이 h인 벽에서 뛰어내린다고 하자.

(a) 가속운동에 관해 배운 것을 바탕으로 땅에 닿을 때의 속력을 구하라. 벽에서 그냥 뛰어 내려 처음 y속도는 0이다. 공기 저항은 무시하라(답을 위의 기호로 나타내라).

(b) 여러분의 발이 땅에 처음 닿을 때부터 설 때까지의 시간을 Δt라고 하자. 그 시간에 받는(평균) 알짜힘을 구하라(이번에도 답을 위의 기호로 나타내라).

(c) $h = 1$ m라고 하자. 다리를 뻣뻣이 하여 뛰어 내리면 설 때까지의 시간은 2 ms 정도로 짧아질 수 있고, 무릎을 굽히면 0.1 s까지 길어질 수 있다. 두 상황에서 여러분이 받을 평균 알짜힘을 셈하라.

(d) 여러분이 서는 동안 받을 알짜힘에는 중력과 땅이 밀어 올리는 힘 모두가 들어 있다. 이 가운데 어떤 힘 때문에 다치는가? 추론의 근거를 설명하라.

(e) (c)의 두 상황에서 땅이 밀어 올리는 힘을 셈하라.

72. 운동량 변화와 충격량 구하기

그림 7-33에 보인 그림표를 생각하자. 이들은 시간에 대한 힘의 크기와 이와 관련된 시간에 대한 운동량 그림표이다. 이들은 힘 감지기가 붙은 마찰이 적은 수레가 x축을 따라 가는 것을 기술한다. 수레-힘 감지기 계의 질량은 0.50 kg이다. 수레는 잇달아 충돌을 하는데, 딱딱한 벽이나, 무른 판을 댄 벽과 한다. 때로는 벽에 작은 찰떡이 있어 수레-힘 감지기 계가 충돌하여 붙어 버린다.

(a) 그림표 a에서 운동량 교환의 어림값은 얼마인가? 그림표 d에서는 어떠한가? 그림표에서 어림값을 읽고 값을 구하라. 셈하는 과정을 보여라!

(b) 곡선 A와 B 어느 것이 그림표 a에 그린 운동량 변화를 가져오는가? 그림표 d에 그린 것은 어느 것인가? 답에 대해 설명하라.

(c) 그림표 A가 수레-힘 감지기 계가 받는 힘을 보여준다고 하자. 속도 변화는 얼마인가?

73. 충격량 곡선과 충돌

중요한 연구를 위한 일련의 충돌에서 시간에 대한 F_x와 p_x 자료를 모았는데 그것을 적은 공책을 잃었다. 다행히도 자료가 컴퓨터 디

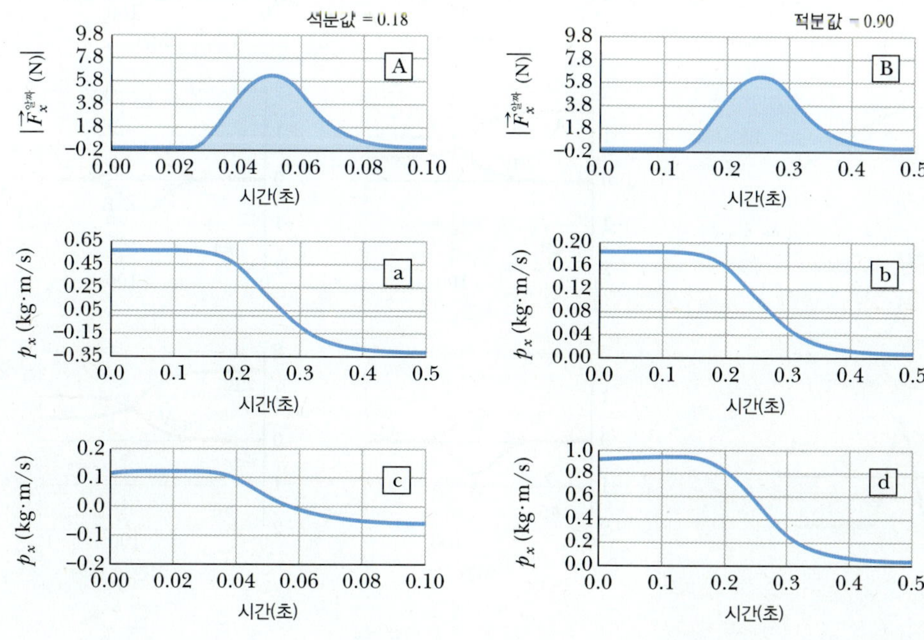

그림 7-33 문제 72, 73

스크에는 남아 있다. 파일을 열어 그림 7-33에 보인 그림표를 찾았다. 그런데 어떤 그림표가 어떤 충돌에 대한 것인지 모르겠는데, 다음 물음에 대한 답을 통해 자료를 재구성할 수 있다.

(a) 시간에 대한 $F_x^{알짜}$ 그림표에서 A와 B 어느 것이 차-힘 감지기계와 부드러운 천을 댄 벽과의 충돌에서 얻은 것이겠는가? 답을 고른 추론의 근거를 설명하라.

(b) 시간에 대한 p_x 그림표에서 어느 것이 차-힘 감지기 계가 부드러운 천을 댄 벽과의 충돌할 때 얻는 것이고, 어느 것이 딱딱한 벽과 충돌할 때 얻는 것이겠는가? 답을 고른 추론의 근거를 설명하라. (**실마리**: 하나의 충돌에 대해 그림표가 여럿일 수도 있다.)

(c) 시간에 대한 p_x 그림표에서 어느 것이 수레가 튕겨 나오는 상황에 대한 것이겠는가? 어느 것이 힘 감지기 고리에 작은 진흙 덩이를 붙여 수레가 벽과 충돌할 때 붙어버린 상황에 대한 것이겠는가? 답을 고른 추론의 근거를 설명하라. (**실마리**: 하나의 충돌에 대해 그림표가 여럿일 수도 있다.)

74. 수레와 그림표

공기 궤도 위의 두 수레를 서로를 향해 밀었다. 처음에 수레 A는 $+x$쪽으로, 수레 B는 $-x$쪽으로 움직였다. 그림 7-34의 그림표는 이 운동과 관련된 물리량을 시간의 함수로 보여준다. 아래에 늘어놓은 낱낱의 항목에 대해 대응되는 그림표를 찾아내라. 없으면 '없음'이라고 써라.

(a) 수레 A의 운동량
(b) 수레 B가 받는 힘
(c) 수레 A가 받는 힘
(d) 수레 A의 위치
(e) 수레 B의 위치

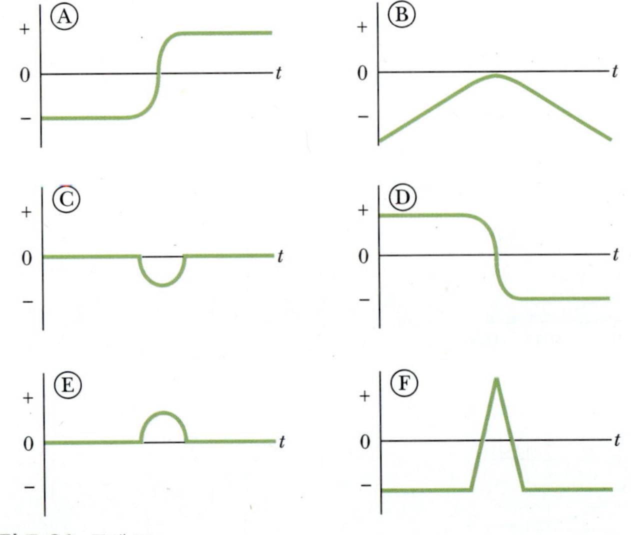

그림 7-34 문제 74

75. 충돌하는 수레

그림 7-35a처럼 두 수레가 공기 궤도 위에서 부딪친다. 시각 $t=0$에 수레 B는 원점에서 $-x$쪽으로 속도 $\vec{v}_{B1}$으로 움직이고, 수레 A는 그림의 위치에 서 있다. 수레 B의 질량은 수레 A의 두 배이다. 두 수레는 서로 쿵하고 부딪친다.

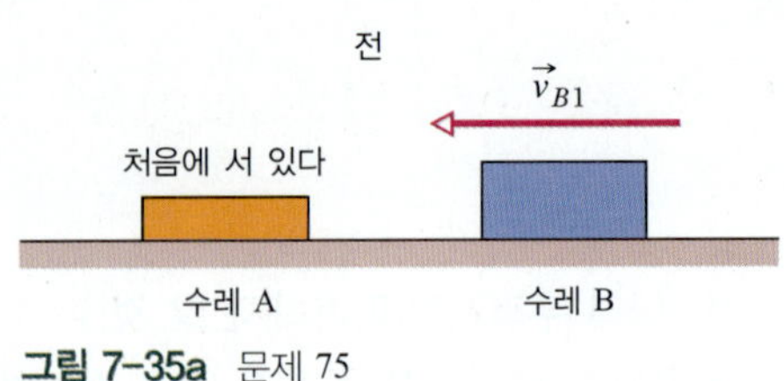

그림 7-35a 문제 75

그림 7-35b는 두 수레와 관련된 여러 물리량에 대한 있음직한 그림표로, 곡선마다 해당하는 수레의 이름을 붙였다. 아래의 성질 (a)–(e)에 대해 그것에 맞는 그림표의 번호를 골라라.

(a) 수레가 주는 힘
(b) 수레의 위치
(c) 수레의 속도
(d) 수레의 가속도
(e) 수레의 운동량

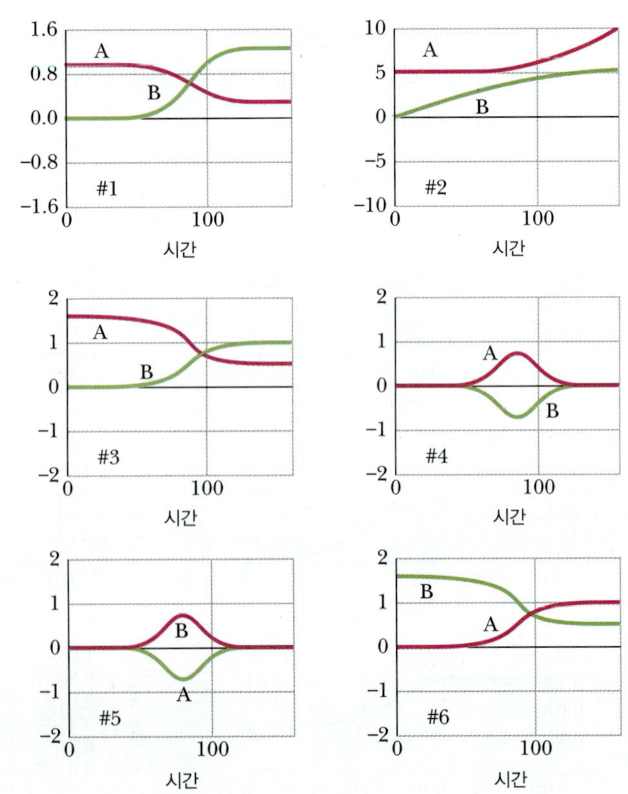

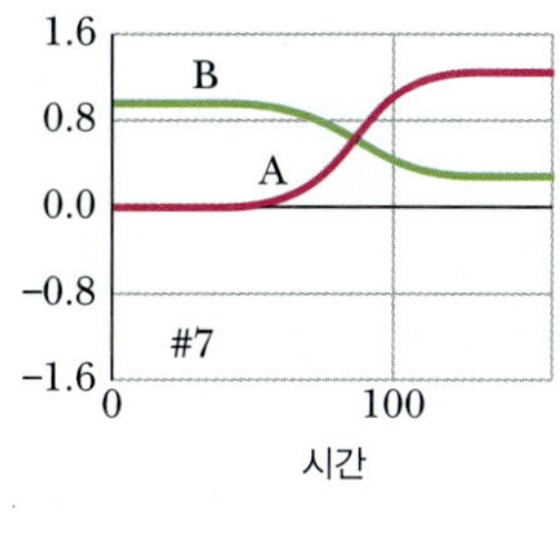

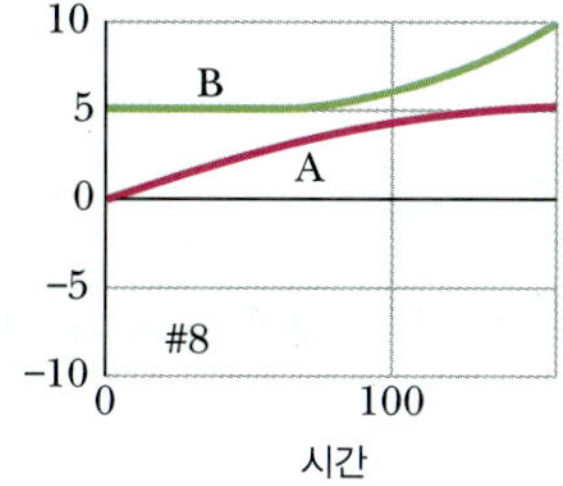

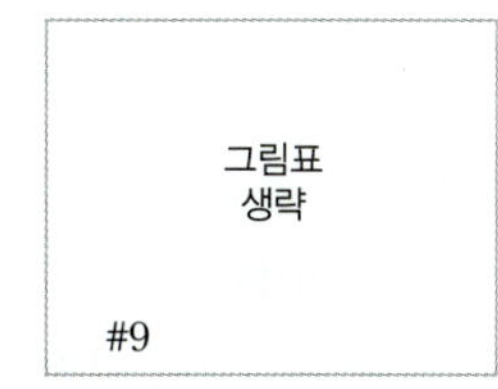

그림 7-35b 문제 75

76. 뉴턴의 제3법칙을 예측할 수 있었나?

아이작 뉴턴은 여러 가지 충돌을 연구했고, 그가 운동에 관한 세 법칙을 개발하기 약 20년 전에 운동량의 정의를 고안했다. 충돌 과정을 자세히 살펴보고 나서 그는 실험 사실에 대한 진술로써 운동량 보존 법칙을 정식화했다.

논쟁거리를 마련하기 위해 뉴턴이 운동 법칙을 정식화하기 전에 이미 힘과 운동량의 개념을 정의했다고 가정하자. 또한 그가 전자식 힘 감지기를 가지고 있어서 충격량-운동량 정리를 확인할 수 있었다고 하자. 뉴턴이 충격량-운동량 정리와 운동량 보존 법칙을 써서 운동 제3법칙을 예측할 수 있었고, 충돌하는 두 물체가 주고받는 힘의 본성을 설명할 수 있었음을 설명하라.

77. 광대를 달에 보내기

에드몽 로스탕(Edmond Rostand)의 유명한 연극 시라노 드 베르주라크(Cyrano de Bergerac)에서 시라노는 구혼자가 록산느(Roxanne)를 방문하지 못하게 호리려고 달에서 지구로 내려왔다고 선언하고 달로 여행하는 멋지고 환상적인 방법을 여섯 가지나 발명했노라고 허풍친다. 그 하나는 다음과 같다.

> 철판 위에 앉아 — 그 다음에는
> 공중에 자석을 던져둔다. 이것은
> 모두가 아는 방법이다 — 자석을 던지면
> 철판은 자석을 따라 올라가 떨어지지 않고
> 그 다음에는 재빨리, 자석을 다시 던져 올리고, 따라서 당신은
> 한없이 높이 오르고 또 오른다!

옛날 만화에서는 이 방법의 다른 판이 있다. 옛날 서부 영화의 배우 한 사람이 손으로 굴러서 가는, 두 사람이 타는 궤도차에 타고 있다. 손으로 궤도차를 몰다가 지친 그 사람은 자석을 꺼내 낚싯대에 매단 뒤 궤도차 앞에 드리운다. 자석은 궤도차를 끌어 당기고, 그러면 자석은 앞으로 밀린다. 이렇게 수레는 계속 앞으로 달린다. 이 방법에 대해 어떻게 생각하는가? 여러분이 배운 물리학 지식으로 설명하라.

78. 자체 추진

사람들은 에너지가 거의 들지 않는 추진방법을 생각해 내고 있다. 물론 그 방법은 물리 법칙에 맞아야 한다. 몇 가지 방법을 아래에 보였는데, 그림 7-36을 보면서 (a)에서 (d)까지 물음에 자세히 답하라.

(a) 그림 7-36*a*에서 게으른 어부가 건전지로 돌아가는 선풍기를 켜서 바람을 자기 배의 돛으로 불게 한다. 이 배가 어디로 가겠는가? 한다면 어느 쪽이겠는가?

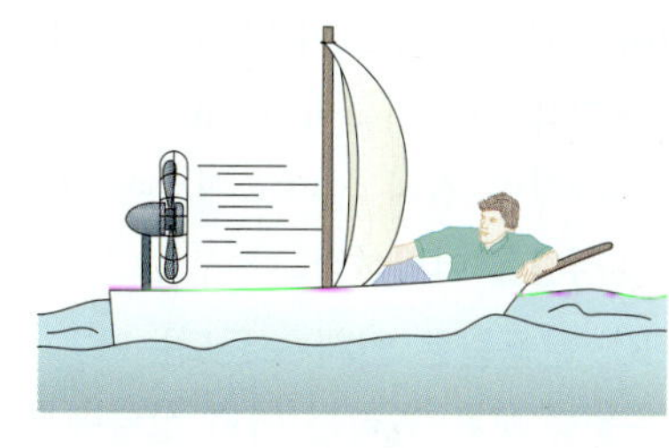

(*a*)

그림 7-36*a* 문제 78

(b) 그림 7-36*b*에서 꾀보 꼬마가 커다란 자석을 자기가 탄 수레 앞에 드리운다. 자석은 수레 앞에 붙여 놓은 작은 자석을 끌어 당긴다. 이 수레가 어디로 가겠는가? 간다면 어느 쪽이겠는가? 설명하라.

(*b*)

그림 7-36*b* 문제 78

(c) 그림 7-36*c*에서 우주인이 우주 공간에서 유영하는데 뒤로 가고 싶어한다. 우주인이 앞쪽으로 공을 던진다. 어디로 가겠는가? 간다면 어느 쪽이겠는가? 설명하라.

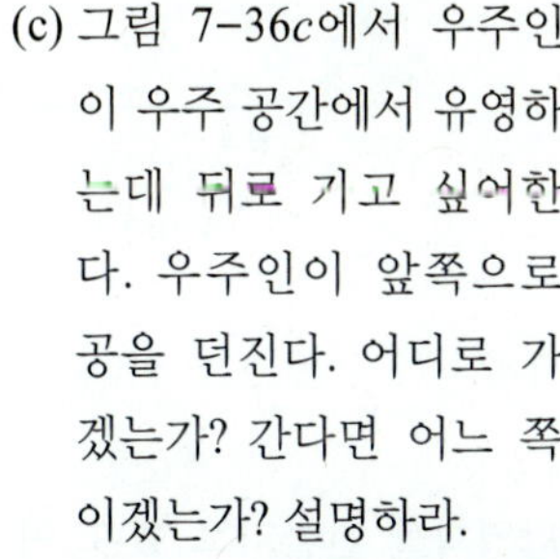

(*c*)

그림 7-36*c* 문제 78

(d) 그림 7-36*d*에서 대학생이 롤러 블레이드를 타고 뒤에는 이산화탄소 통을 멨다. 그림처럼 이산화탄소를 뒤로 뿜는다. 학생은 어디로 가겠는가? 간다면 어느 쪽이겠는가? 설명하라.

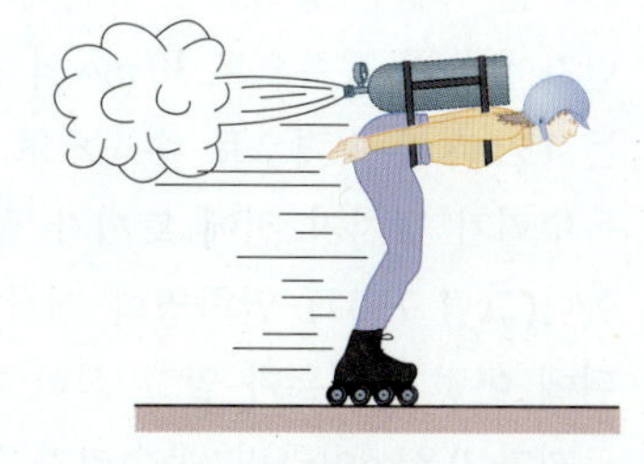

(*d*)

그림 7-36*d* 문제 78

79. 얼음판 지치는 교수

물리학 교수가 처음으로 얼음판에 스케이트를 타러 간다. 어찌어찌 해서 얼음판 한가운데로 갔는데, 스케이트를 어떻게 타야 할지 헤맨다. 어떻게 몸을 움직여도 발이 얼음판에서 미끄러질 뿐 몸은 같은 곳에 남아 있다. 그는 마침내 장갑을 반대쪽으로 던져 얼음판을 벗어나기로 한다.

(a) 그의 질량이 M이고 장갑은 m이라 하자. 그가 장갑을 힘껏 던지면, 그의 손은 속도 $\vec{v}_{장갑}$으로 움직이게 된다. 그가 움직일지 그대로 있게 될지 설명하라. 그가 움직인다면 속도 $\vec{v}_{교수}$를 구하라.

(b) 그의 운동을 그가 받는 힘을 바탕으로 설명하라.

(c) 얼음판의 지름이 10 m이고 한가운데서 출발한다면, 얼음판에 마찰이 전혀 없다고 할 때 그가 가장자리로 나오는데 걸리는 시간을 어림하라.

80. 운동량은 언제 보존되는가?

운동량 보존 원리는 어떤 상황에서는 쓸모가 있지만 다른 상황에서는 쓸모가 없다. 뉴턴 제2법칙에서 충격량–운동량 정리를 끌어내는 방법을 기술하고 어떤 상황에서 운동량이 보존되는가 설명하라. 어떤 문제에서 운동량 보존 원리가 쓸모가 있는지 없는지를 어떻게 판단하는가?

81. 계의 일부에서의 운동량 보존

어떤 계를 이루는 낱낱의 부분에서는 운동량이 보존되지 않는데, 계 전체로는 운동량이 보존될 수 있는가?

82. 토끼와 독수리

여러분이 '야생생물 수호자(Defenders of Wildlife)' 에서 멸종 위기의 대머리 독수리를 위해 일한다. 월트 디즈니 영화사에서 여러분의 취지에 동의하고 대머리 독수리에 관한 만화영화를 만들기로 했다. 여러분은 극적인 장면을 꾸몄는데, 이것은 어린 토끼가 독수리의 그림자에 놀라 동쪽으로 30 m/s의 속력으로 뛰기 시작하는데 독수리는 15 m/s의 속력으로 수직으로 내려와 덮치는 것에서 시작한다. 독수리가 덮치기 전에 토끼가 절벽에서 뛰어내려, 떨어지다가 잡혔다(그림 7–37). 만화영화 제작자는 독수리가 토끼를 잡은 바로 뒤에 어떻게 되는가 알고 싶어 한다. 독수리의 질량이 2.5 kg이고 토끼가 0.8 kg이라면, 독수리가 토끼를 붙잡은 바로 뒤의 속도는 어떻게 될까? (붙잡기 전후의 상황에 대한 그림에 처음 및 나중 속도를 보여주는 벡터를 그려 넣어라.)

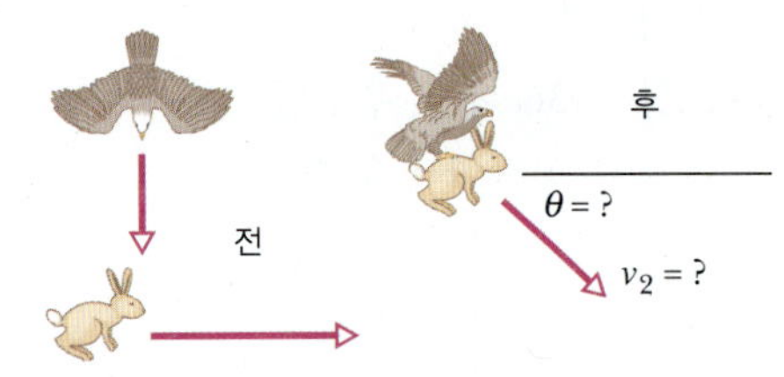

그림 7–37 문제 82

83. 공기 저항 1: 효과의 추정

반지름 R인 공이 받는 공기 저항력은 아래와 같은 꼴이 될 것으로 짐작할 수 있다.

$$\vec{F}^{항력} = -\tfrac{1}{2} C\rho R^2 |v| \vec{v} = -b|v|\vec{v}$$

여기에서 $\vec{v}$는 속도 벡터이고 $|v|$는 (속력의) 크기다. 공기 밀도 ρ는 약 1km/m^{3}로 물의 약 1/1000이다. 매개변수 C는 차원이 없는 상수이다.

높이 s인 곳에서 강철 공과 스티로폼 공을 떨어뜨리면, 강철 공이 땅에 닿을 때 스티로폼 공은 아직 내려오지 않은 채 있다. 그 높이를 h라 하자. 공기 저항 계수 C의 값은 다음과 같이 어림한다.

(a) 공기 저항력이 강철 공에 주는 효과는 무시할 수 있다고 가정한다. 강철 공이 땅에 닿는데 걸리는 시간($\Delta t_{강철}$)과 그때의 속력($v_{강철}$)을 어림셈한다. 답을 s, g, m으로 나타낸다.

(b) 강철 공과 스티로폼 공이 크게 다르지 않으므로 강철 공이 떨어지는 동안의 평균 속력 $\langle v_{강철} \rangle$을 써서 스티로폼 공이 떨어지는 동안 받는 공기 저항력의 평균값 $\langle \vec{F}^{항력} \rangle = -b\langle \vec{v} \rangle^2$을 셈한다. 이 힘을 b, m(스티로폼 공의 질량), s, g, h로 나타낸다.

(c) 강철 공의 평균 속력은 $\left|\langle \vec{v}_{강철} \rangle\right| = s/\Delta t_{강철}$이다. 스티로폼 공의 평균 속력은 $\langle v_{스티} \rangle = (s-h)/\Delta t_{스티}$이다. 이 차이 $\Delta\langle \vec{v} \rangle$는 $\Delta t_{스티}$ 동안 받는 뉴턴 공식에 따라 받는 공기저항력 때문에 생긴 것으로 가정한다.

$$\langle \vec{F}^{항력} \rangle \Delta t_{스티} = m\Delta\langle \vec{v} \rangle$$

이것을 써서 다음을 보여라.

$$b \cong \frac{mh}{s^2}$$

(d) 반지름 $R = 5$ cm, 질량 $m = 50$ g인 스티로폼 공을 강철 공과 함께 높이 $s = 2$ m에서 떨어뜨린다. 강철 공이 땅에 닿을 때 스티로폼 공은 땅 위 $h = 10$ cm에 있다. (스티로폼 공에 대한) b와 (어느 공이든) C를 셈하라.

84. 공기 저항 2: 방정식 끌어내기

이 문제에서는 공기 저항력에 관한 뉴턴 항력 법칙을 명확한 꼴로 끌어내는데, 이미 문제 6–103에서 차원분석법으로 기본 구조를 끌어냈다. 아래의 방법은 그 방법으로는 얻을 수 없는 차원이 없는 계수를 결정한다.

(a) 질량 m인 작은 입자가 서 있다.(중력은 무시한다.) 질량이 아주 큰 벽이 x축을 따라 속력 v로 그 입자에 다가간다. 벽이 그 입자를 친 뒤에는 입자의 속력은 얼마인가? (**실마리:** 먼저 작은 입자

가 고정된 벽을 향해 속도 $-v$로 다가가는 것을 생각한다. 어떤 일이 생기는지 살펴보라.)

(b) 움직이는 벽 대신 반지름 R, 속력 v인 원반이 원반 면에 수직방향으로 가는 것을 생각한다. 원반이 쓸고가는 공간의 단위 부피에 작은 입자가 N개씩 들어 있다면, 시간 Δt 동안 원반은 몇 개의 입자를 만날까?

(c) 시간 Δt 동안 원반이 공기에 전달하는 전체 운동량을 셈하라. 공간의 단위 부피에 질량 m인 작은 입자가 N개씩 들어 있다고 가정하라.

(d) 원반이 공기에 주는 힘과 공기가 원반에 주는 힘을 셈하라. 어떻게 구하는가?

(e) 셈한 힘은 다음과 같은 꼴임을 보여라.

$$\vec{F}^{\text{항력}} = -\frac{1}{2} C\rho R^2 |\vec{v}|\,\vec{v}$$

이로부터 차원이 없는 상수 C를 구하라.

85. 곡예사

이 문제는 곡예사를 찍은 디지털 영화의 분석에 바탕을 둔 것이다. 비디오포인트를 쓴다면 SDSON007을 보라. 담당교수는 그림 7-38b에 보인 자료를 쓰거나 다른 영화를 보여줄 수도 있다. 우리는 그림 7-38a의 질량 0.138 g인 흰 야구공의 운동을 따라가는데, 이것을 부드럽게 잡아서 던진다. 그 그림은 곡예사가 공을 잡기 직전과 잡아 던진 직후의 모습을 번갈아 보여준다. 그림 7-38b에는 그림 7-38a에 보여준 디지털 영화의 틀 33-39를 최소-제곱 맞춤을 한 것도 들어 있다. 이 모든 틀 속에서 공은 곡예사의 손에 닿아 있다.(시간 코드는 맞지만, 디지털 영상취득 체계는 $t = 1.567$초에서 $t = 1.700$초 사이의 틀을 빠뜨리고 기록했다.)

이 문제의 목표는 공을 받고 던지는 과정을 공과 곡예사의 손이 충돌하는 과정으로 생각하려는 것이다. 특히 충격량-운동량 정리가 이 상황에서도 성립함을 여러분이 확인하기 바란다. 여러분은 여기에 보인 자료분석이 정확하고 뉴턴 제2법칙이 타당하다고 가정해야 한다.

(a) 공이 곡예사의 손 안에 있는 동안(그림 7-38a에서 틀 33-39) 공의 y좌표를 시간의 함수로 살펴보라. 낱낱의 맞춤 계수를 표시하고 불확도를 적을 때 유효숫자를 정확히 지켜라. y좌표를 시간의 함수로 나타내는 식을 써라.

(b) 곡예사가 공을 받아 던지는 동안의 공의 수직운동은 어떤 특성이 있는가? 속도의 수직성분이 0인가, 일정한가, 계속 변하는가, 또는 달리 변하는가? 답에 대한 근거를 대라. 공의 가속도의 수

그림 7-38a 문제 85

DSON007: 공던지기 자료
문제 85

영상	t(s)	y(m)
33	1.500	0.416
34	1.533	0.330
35	1.567	0.249
36	1.700	0.152
37	1.733	0.213
38	1.767	0.305
39	1.800	0.421

$a_0 = 34.7656\ \text{m}$
$a_1 = -41.9051\ \text{m/s}$
$a_2 = 12.6780\ \text{m/s}^2$

맞춤 식은 다음과 같다.
$y_{\text{맞춤}}(m) = a_0 + a_1 t + a_2 t^2$

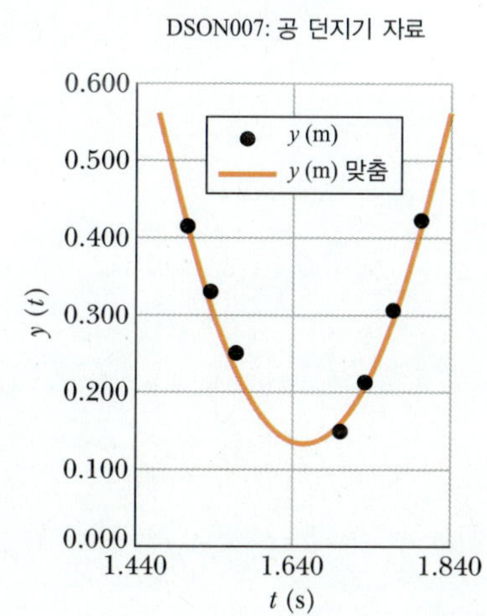

그림 7-38b 문제 85

직성분 a_y의 크기와 방향을 구하라.

(c) 공을 받는 순간(틀 33)의 속도의 수직 성분을 셈하라. 공을 놓는 순간(틀 39)의 속도의 수직 성분을 셈하라.(**실마리**: 계수를 셈할 때 세 자리의 유효숫자를 지켜라. 맞춤 계수 a_1의 물리적 내용을 해석한 다음 속도와 가속도, 처음(t = 0.000초) 속도를 관련시키는 운동학 방정식을 쓰거나 (a)에서 적은 t에 대한 y의 방정식의 시간 도함수를 구해도 된다.)

(d) 공이 곡예사의 손 안에 있는 동안 공의 수직 가속도가 일정하다고 가정하면, 공을 받고 던지는 전체 과정에서 공이 받는 알짜 수직 힘은 무엇인가? 공이 받는 힘의 크기와 방향을 보여주는 힘-물체그림을 그려라. 공이 받는 중력의 크기와 방향을 구하라. 곡예사가 공에 주는 수직 힘의 크기와 방향을 구하라.

(e) 이 상황에서 뉴턴 제3법칙 짝을 찾아내라. 어떤 물체가 공에 중력을 주는가 찾아내라. 뉴턴 제3법칙에 따르면 공이 그 물체와 힘을 주고받는가?

(f) (영상 33처럼) 공이 곡예사의 손에 처음 떨어질 때의 공의 수직 운동량 성분을 구하라. 또한 (영상 39처럼) 공이 곡예사의 손에서 벗어나려고 할 때의 공의 수직 운동량 성분을 구하라. 이 시간 동안에 공이 겪는 운동량 변화 Δp_y의 크기와 방향을 구하라. **조심**: 운동량은 벡터량이다. 두 운동량의 크기를 그냥 빼주는 함정에 빠지지 말아라.

(g) 공이 곡예사의 손에서 머무는 시간 Δt는 얼마나 되는가? 받아 던지는 충돌기간에 공이 받는 알짜힘이 전달해주는 충격량을 셈하라.

(h) 운동량 변화를 공이 받은 충격량과 비교하라. 충격량-운동량 정리가 적절한 유효숫자 범위 안에서 성립하는가?

86. 찰떡 충돌 전과 후

이 문제는 두 수레의 충돌을 담은 디지털 영화의 분석에 바탕을 둔 것이다. 충돌 전 수레 하나는 움직이고 다른 하나는 서 있었다. 충돌 뒤 두 수레가 붙어 움직인다. 여러분이 비디오포인트를 쓴다면 제목 PASCO028을 보라. 이것은 질량 2 kg인 수레가 질량 1 kg인 서 있는 수레와 충돌하는 것을 보여준다 담당교수는 다른 영화를 주며 분석하라고 할 수도 있다.

(a) 영상 분석 소프트웨어와 스프레드시트를 써서 두 수레 계가 충돌 전에 가졌던 운동량을 구하라. 쓴 방법을 설명하고 모든 자료와 셈한 결과를 보여라.

(b) 영상 분석 소프트웨어와 스프레드시트를 써서 두 수레 계가 충돌 후에 가진 운동량을 구하라. 방법을 설명하고 모든 자료와 셈한 결과를 보여라.

(c) 충돌 전후에 계가 가진 운동량의 차이의 백분율은 얼마인가? 실험 불확도의 한계 안에서 두 수레 계의 전체 운동량이 보존되는가? 되건, 되지 않건 까닭을 설명하라.

(d) 충돌 후의 전체 운동량이 충돌 전의 전체 운동량보다 작다는 것을 발견했다면, 둘 중의 하나로 결론을 내릴 수 있다. (1) 운동량은 보존되지만 일부가 궤도(곧 지구 전체)에 전달되었다. (2) 운동량 보존 법칙이 맞지 않는다. 운동량은 보존 법칙이 성립한다고 가정하면, 궤도와 지구에 전달된 운동량은 얼마나 되는가? 운동량은 벡터량이므로 운동량의 크기와 방향을 모두 명시해야 한다.

(e) 왜 충돌 바로 뒤에 궤도가 움직이는 것을 보지 않는가?

8 큰 물체

우리가 앞으로 뛰어 오르면 머리와 몸통이 비스듬히 던진 공처럼 포물선을 따라 움직일 것이다. 그렇지만 노련한 발레리나가 무대를 가로지르며 '그랑주테(grand jeté)'로 뛰어 오르면, 그녀의 머리와 몸통은 공중에 떠 있는 동안 상당한 시간 수평을 유지한다. 그녀는 마치 떠서 무대를 가로지르는 것처럼 보인다. 관중은 포물선 운동에 관해서는 잘 알지 못하겠지만 무언가 특이한 일이 벌어졌음을 느낀다.

발레리나는 어떻게 해서 중력을 '받지 않는' 것처럼 보일까?

◈ 답은 이 장에 있다.

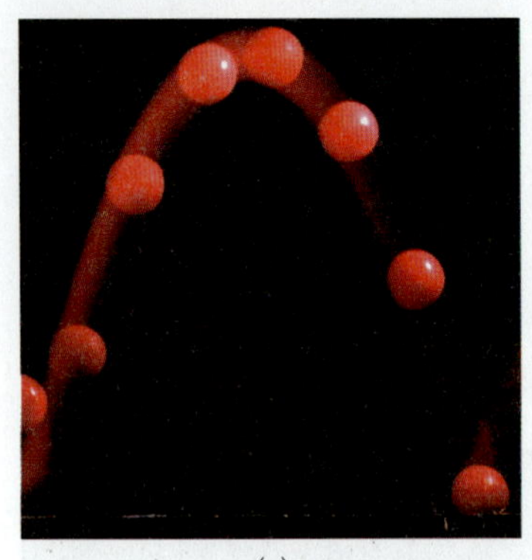

(*a*)

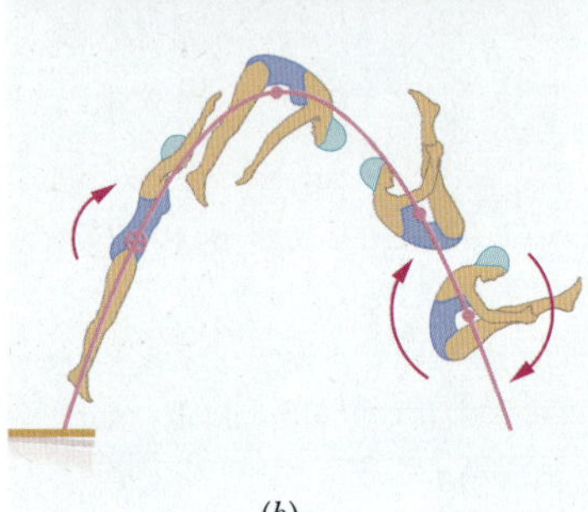

(*b*)

그림 8-1
(*a*) 튀는 공은 포물선 경로를 따른다. (*b*) 다이빙 선수는 뜀틀에서 튀어 오른다. 선수의 몸의 여러 곳은 복잡한 경로를 따르지만, 포물선 경로를 따르는 특별한 점(점으로 표시)은 몸의 각 부분의 위치를 바탕으로 셈할 수 있다.

8-1 복잡한 물체의 운동

지금까지는 움직임을 입자의 운동으로 볼 수 있는 물체에 집중해 설명했다. 어떤 물체를 입자로 다루려면 물체의 모든 점의 속도와 가속도가 똑같아야 한다. 이 조건 때문에 운동의 분석이 단순해지기는 하지만, 모든 물체에 적용되지는 않는다.

보기를 들면 그림 8-1*b*처럼 몸을 돌리는 다이빙 선수는 분명히 그림 8-1*a*의 튀어 오르는 공보다 더 복잡하다. 선수의 몸 부분마다 움직임이 다르므로 선수를 던져 올린 입자처럼 기술할 수 없다. 대신 선수를 입자들이 모인 어떤 계로 보아야 한다. 크고 복잡한 계에서는 모든 부분의 움직임을 따라가는 것은 흔히 어렵고 지금까지 입자의 운동에 관해 배운 물리학으로는 움직임을 예측할 수 없다. 사실 야구공도 입자처럼 움직이는 것 같지만, 공기 속에서 움직이면서 보통 자전도 한다.

그렇다면 앞 장에서는 왜 야구공과 같은 물체를 입자로 다룰 수 있었는가? 그리고 다이빙 선수나 돌아가는 야구 방망이처럼 더 복잡한 운동은 어떻게 분석해야 하는가? 이 물음에 대한 답을 이 장에서 한다.

8-2 복합한 물체의 위치 정의하기

어떤 계에 물체가 딱 둘만 있어도 운동은 아주 복잡해질 수 있다. 두 별이 서로를 중력으로 끌어당겨 상대운동을 한다고 하자. 두 별이 서로 주고받는 힘과 함께 바깥에서 오는 힘이 두 별로 된 계를 가속시킬 수 있다. 그러나 그 가속도는 무엇인가? 두 별 계의 위치는 실제로 어디인가? 첫째 별이 있는 곳? 아니면 둘째 별이 있는 곳? 아니면 또 다른 곳? 이 절에서는 어떤 계가 어디에 있고 어떻게 가속되는가를 정확히 기술하는데 쓸 수 있는 위치를 정의할 수 있음을 보이겠다.

그림 8-2와 같이 서로 끌어당기는 두 입자 A와 B를 생각하자. 이들은 외부힘 $\vec{F}_A^{\text{외부}}$와 $\vec{F}_B^{\text{외부}}$를 받는다고 하자. 이 계의 두 입자 각각에 뉴턴 운동 제2법칙($\vec{F}^{\text{알짜}} = m\vec{a}$)을 쓰면 다음 결과를 얻는다.

$$\vec{F}_A^{\text{외부}} + \vec{F}_{B\to A} = m_A \vec{a}_A \tag{8-1}$$

$$\vec{F}_B^{\text{외부}} + \vec{F}_{A\to B} = m_B \vec{a}_B \tag{8-2}$$

여기에서 $\vec{F}_{B\to A}$와 $\vec{F}_{A\to B}$는 계 속의 두 입자가 서로 주고받는 내부힘이다. 이 '계'가 받는 알짜힘을 셈하려면 식 8-1과 8-2을 더해야 한다. $\vec{F}_{B\to A}$와 $\vec{F}_{A\to B}$는 (뉴턴 제3법칙에 따라) 크기는 같고 방향은 반대이므로 더하면 서로 상쇄되어 계가 받는 알짜힘에 관한 식은 다음과 같다.

$$\vec{F}_{\text{계}}^{\text{알짜}} = \vec{F}_A^{\text{외부}} + \vec{F}_B^{\text{외부}} = m_A \vec{a}_A + m_B \vec{a}_B \tag{8-3}$$

그렇지만 계 전체에 뉴턴 제2법칙을 곧바로 쓰면 다음과 같은 식이 된다.

$$\vec{F}_{\text{계}}^{\text{알짜}} = M_{\text{계}} \vec{a}_{\text{계}} \tag{8-4}$$

여기에서 $M_{\text{계}} = m_A + m_B$는 전체 질량이고 $\vec{a}_{\text{계}}$는 계 전체의 가속도이다. 그림 8-2를 보면 두 입자는 상대의 주위를 돌거나, 계가 도는 상태에서 함께 움직여 직선을 따라 가속될 수 있음을 알 수 있다. 그렇다면 '계 전체가 한 덩어리가 되어 가속된다'는 것이 무슨 뜻일까? 식 8-3과 8-4를 묶은 결과를 바탕으로 계의 가속도를 나타내는 공간 속의 점을 정의할 수 있고, 결과는 다음과 같다.

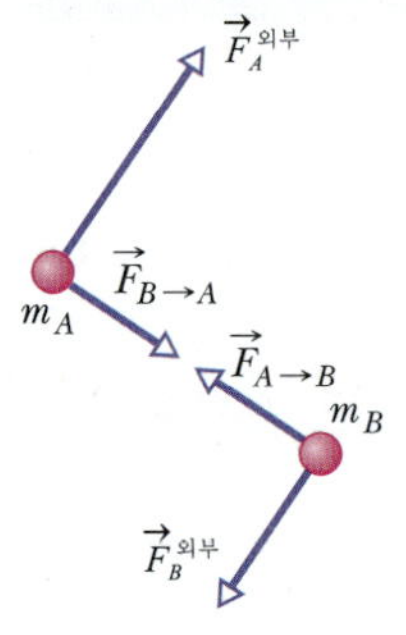

그림 8-2
'질량이 없는' 막대[보이지 않음]로 연결된 두 입자는 서로 크기가 같고 방향은 반대인 내부힘을 주고받으면서 또 다른 외부힘을 받을 수 있다.

$$\vec{F}^{\text{알짜}}_{\text{계}} = M_{\text{계}}\vec{a}_{\text{계}} = m_A\vec{a}_A + m_B\vec{a}_B \qquad (8\text{–}5)$$

이로부터 계의 가속도를 구하면 다음과 같다.

$$\vec{a}_{\text{계}} = \frac{1}{M_{\text{계}}}(m_A\vec{a}_A + m_B\vec{a}_B) \qquad (8\text{–}6)$$

이 식은 계의 가속도는 낱낱의 입자 가속도의 '가중평균(weighted average)' 으로 볼 수 있음을 나타낸다.

좌표계를 잡으면, 그림 8–3과 같이 그 속에서 입자의 위치를 위치벡터 $\vec{r}_A$와 $\vec{r}_B$로 정할 수 있다. 가속도와 위치는 $\vec{a}= d^2\vec{r}/dt^2$의 관계가 있음을 상기하라. 위의 가속도에 관한 식은 계의 '위치' 를 다음과 같이 정의할 수 있음을 시사한다.

$$\vec{R}^{\text{유효}} = \frac{1}{M_{\text{계}}}(m_A\vec{r}_A + m_B\vec{r}_B) \qquad (8\text{–}7)$$

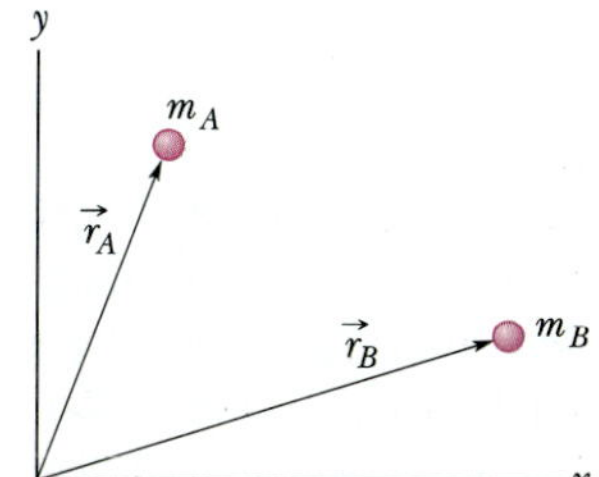

그림 8–3
두 입자를 수학적으로 기술하고자 좌표계를 잡으면, 낱낱의 입자 위치를 기술하는 위치 벡터는 각각 $\vec{r}_A$와 $\vec{r}_B$이다.

물체의 위치에 대한 이 식이 맞는가는 시간에 대해 두 번 미분해보면 확인할 수 있다. 즉, 식 8–6에서 끌어낸 계의 가속도에 관한 식을 얻게 됨을 확인할 수 있다.

더 복잡한 입자 N개로 된 계를 생각했다면 유효 위치 벡터 $\vec{R}^{\text{유효}}$에 대해 계의 질량과 낱낱의 입자의 질량과 위치벡터를 곱한 것으로 나타낸 비슷한 식을 얻었을 것이다.

$$\vec{R}^{\text{유효}} = \frac{1}{M_{\text{계}}}(m_A\vec{r}_A + m_B\vec{r}_B + m_C\vec{r}_C + \cdots + m_N\vec{r}_N) \qquad (\text{입자 } N\text{개로 된 계}) \qquad (8\text{–}8)$$

다음 절에서는 이 식의 성질을 살펴보고, 여러 물체로 이루어진 계의 균형점의 위치와 $\vec{R}^{\text{유효}}$을 비교한다.

8-3 유효 위치 – 질량중심

그림 8–4에 보인 계를 생각하자. 두 질량이 같으면, $m_A = m_B$, 유효 위치벡터의 정의식

$$\vec{R}^{\text{유효}} = \frac{1}{M_{\text{계}}}(m_A\vec{r}_A + m_B\vec{r}_B)$$

에서 다음 결과를 얻는다.

$$\vec{R}^{\text{유효}} = \tfrac{1}{2}(\vec{r}_A + \vec{r}_B) \qquad (\text{두 입자의 질량이 같을 때})$$

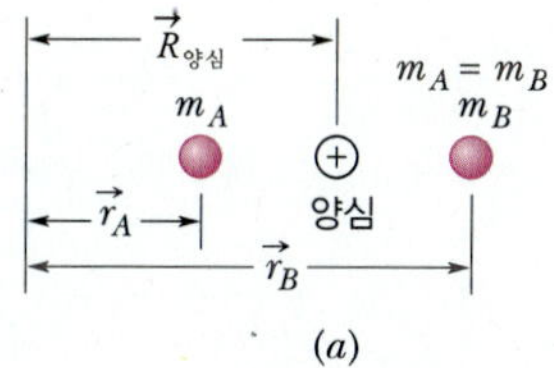

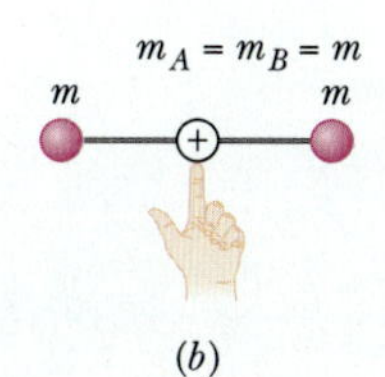

그림 8–4
(a) 질량이 같은 두 입자로 된 계에서는 질량중심이 두 입자를 잇는 선의 한가운데다. (b) 질량이 같은 두 입자를 질량이 없는 막대로 이으면, 계의 균형점도 두 입자의 한가운데로 밝혀진다.

두 입자계의 유효 위치를 정량적으로 살펴보려면, 위치벡터 $\vec{r}_A$와 $\vec{r}_B$를 정할 수 있게 좌표계를 잡아야 한다. 좌표축 하나를 두 입자를 잇는 선과 나란히 잡고, 두 질량이 같으면, 계의 유효 위치 $\vec{R}^{\text{유효}}$는 두 입자를 잇는 선의 한가운데가 된다(그림 8–4*a*). 계를 이루는 두 입자가 질량이 없는 막대로 연결된 것으로 상상하고 그것을 손끝에 올려 균형점을 찾는다면, m_A가 m_B와 같을 때는 늘 균형점이 두 질량의 한가운데일 것이다(그림 8–4*b*). 그래서 식 8–8을 써서 셈한 계의 유효 위치를 계의 **질량중심(center of mass)**이라고 한다. 질량중심을 $\vec{R}_{\text{양심}} \equiv \vec{R}^{\text{유효}}$로 나타낸다. 어떤 계라도 특별한 균형점 또는 질량중심은 실험과 주의 깊은 관찰을 통해 찾아낼 수 있다. 일반적으로 다음과 같다.

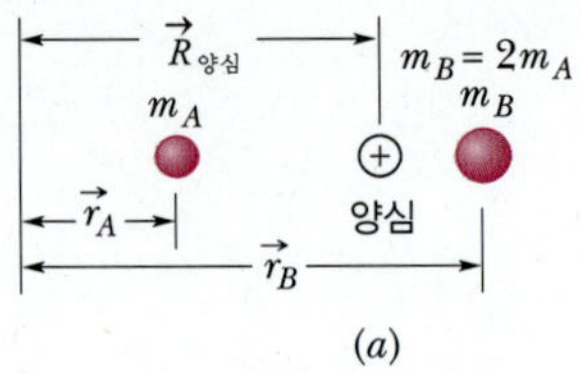

(a)

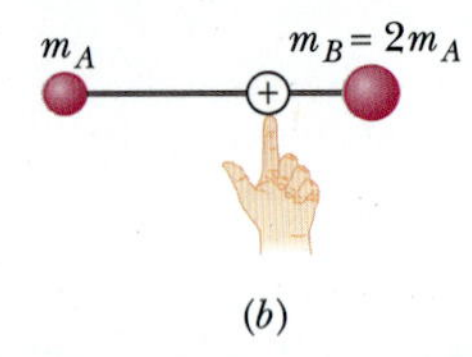

(b)

그림 8-5
(a) 두 입자로 이루어진 계에서 두 입자의 질량이 다르면, 질량중심은 두 입자를 잇는 선 위에 있지만 질량이 더 큰 입자에 더 가까워진다. (b) 두 입자를 질량이 없는 막대로 이으면, 계의 균형점은 계의 질량중심과 같다.

> 물체 또는 계의 질량중심은 균형점이다. 모든 질량이 그곳에 모여 있는 것처럼 움직이는 점이고 그 계는 바깥에서 주는 모든 힘을 그곳에 받는 것처럼 움직인다.

두 입자계에서 질량이 다르면 질량중심이 어떻게 될까? 입자 B의 질량이 입자 A의 두 배라면, $m_B = 2m_A$이므로 다음 결과를 얻는다.

$$\vec{R}_{양심} = \frac{1}{M_{계}}(m_A\vec{r}_A + m_B\vec{r}_B)$$
$$= \frac{1}{m_A + m_B}(m_A\vec{r}_A + 2m_A\vec{r}_B)$$
$$= \tfrac{1}{3}(\vec{r}_A + 2\vec{r}_B)$$

또는

$$R_{양심} = \tfrac{1}{3}(\vec{r}_A + 2\vec{r}_B) \quad (m_B = 2m_A\text{일 때})$$

말로 하자면 계의 질량중심 또는 '유효 위치(effective position)'란 두 질량을 잇는 선 위에 있되, 더 가벼운 입자 m_A에서 더 멀리 가서 선을 질량비인 2:1로 내분하는 곳이다(그림 8-5*a*). 계를 이루는 두 입자를 질량이 없는 막대로 연결하고 그것을 손끝에 올려 균형점을 찾는다면 그 점이 바로 질량중심이다(그림 8-5*b*).

물리학자는 복잡한 것을 들여다보고 그것에서 단순하고 잘 아는 것을 찾아내려 한다. 다행히도 입자계의 복잡한 운동에서도 그렇게 할 수 있다. 보기를 들어 그림 8-1*b*와 같이 다이빙 선수가 떨어지면서 몸을 돌리는 것을 다시 살펴보자. 선수의 몸도 서로 힘을 주고받는 여러 입자로 이루어진 것으로 볼 수 있다. 공기 저항을 무시하면, 선수가 받는 중요한 힘은 아래쪽으로 크기가 일정한 중력뿐이다. 선수가 떨어지는 동안 매 순간 선수의 질량중심을 셈해 본다면, 그 점은 아주 단순한 포물선 경로를 따라 움직이는 것으로 드러날 것이다.

계속 움직이며 자세를 바꾸는 체조선수 또는 춤꾼의 질량중심은 실제로는 셈할 수 없는 것처럼 보인다. 그렇지만 체조선수를 한 무리의 입자가 질량 없는 막대로 연결된 것으로 볼 수 있다. 몸의 한 부분(보기를 들어 복사뼈에서 발끝까지, 무릎에서 복사뼈까지, 엉덩이에서 무릎까지 등등)마다 중심에 부분의 질량을 가진 입자로 바꿔 놓는다. 체조선수의 질량중심을 셈할 때는 다음 절에서 설명하는 기법을 써서 컴퓨터의 도움을 받을 수 있다. 일련의 비디오 영상으로 분석을 해본 결과 체조선수나 춤꾼이 뛰어오를 때 질량중심이 언제나 포물선 경로를 그리는 것으로 나왔다. 이것의 보기로 8-5절의 끝에서 그랑 주테를 연출하는 발레리나의 움직임을 살펴보았다. 이것을 비롯한 수많은 다른 분석에서 복잡한 계가 바깥으로부터 힘을 받아 움직이는 것을 추적할 때 질량중심의 개념이 쓸모가 있음이 실험적으로 확인되었다.

8-4 계의 질량중심 찾아내기

x축 위에 놓인 몇 개의 입자로 이루어진 계의 질량중심을 셈하는 방법을 생각하자. 그림 8-5는 질량이 m_A와 m_B인 두 입자가 거리 d 떨어져 있는 것을 보여준다. 여기에서 x_A와 x_B는 각각 m_A와 m_B의 위치의 x좌표이다. 이 계의 질량중심의 x좌표에 대한 식은 다음과 같이 쓸 수 있다.

$$x_{양심} = \frac{m_A x_A + m_B x_B}{M_{계}} \tag{8-9}$$

여기에서 $M_{계}$는 계의 전체 질량이다($M_{계} = m_A + m_B$). 이 식을 일반화시켜 N개의 입자가 x축을 따라 널려 있는 상황에도 쓸 수 있다. 그러면 전체 질량은 $M_{계} = m_A + m_B + \cdots + m_N$이 되고, 질량중심의 위치에 대한 식은 다음과 같다.

$$x_{양심} = \frac{m_A x_A + m_B x_B + m_C x_C + \cdots + m_N x_N}{M_{계}} \tag{8-10}$$

입자가 3차원 공간에 퍼져 있으면, $\vec{R}_{양심}$에 관한 식(식 8-8)에서 시작하여 낱낱의 입자 위치벡터를 x, y, z성분으로 나타내면 된다. 보기를 들어 i번째 입자의 위치벡터는 다음과 같다.

$$\vec{r}_i = x_i\,\hat{\mathrm{i}} + y_i\,\hat{\mathrm{j}} + z_i\,\hat{\mathrm{k}}$$

N개의 입자로 이루어진 계의 모든 위치벡터를 직각좌표를 써서 나타내면, 이 계의 질량중심의 위치에 대한 식은 다음과 같음을 쉽게 보일 수 있다.

$$\vec{R}_{양심} = X_{양심}\,\hat{\mathrm{i}} + Y_{양심}\,\hat{\mathrm{j}} + Z_{양심}\,\hat{\mathrm{k}}$$

입자계의 질량중심 벡터의 직각좌표 성분은 다음과 같다.

$$\begin{aligned} X_{양심} &= \frac{1}{M_{계}}(m_A x_A + m_B x_B + m_C x_C + \cdots) \\ Y_{양심} &= \frac{1}{M_{계}}(m_A y_A + m_B y_B + m_C y_C + \cdots) \quad \text{(입자계의 질량중심의 벡터성분)} \\ Z_{양심} &= \frac{1}{M_{계}}(m_A z_A + m_B z_B + m_C z_C + \cdots) \end{aligned} \tag{8-11}$$

$X_{양심}$과 $Y_{양심}$에 관한 식을 써서 공기탁자 위에 놓인 질량 100, 200, 300 g인 세 개의 퍽으로 이루어진 계의 질량중심을 셈할 수 있다. 낱낱의 퍽의 중심은 그림 8-6에 보였다. 이 그림은 퍽의 위치와 셈한 질량중심의 위치를 함께 보여준다.

m(g)	x (cm)	y (cm)
100	16.8	−16.8
200	−12.2	−9.4
300	22.7	24.1
$M_{계}$(g)	$X_{양심}$(cm)	$Y_{양심}$(cm)
600	10.1	6.1

그림 8-6
공기탁자 위에서 미끄러지는 퍽 세 개가 계를 이룬다. 식 8-11을 써서 계의 질량중심이 $x = 10.1$ cm, $y = 6.1$ cm에 있음을 알 수 있다.

• 고체

어떤 계는 너무 많은 입자로 이루어져 움직임을 낱낱이 추적할 수 없다. 이때는 위에서 설명한 덧셈

기법으로 질량중심의 위치를 셈하는 것이 아주 힘들 것이다. 고체 덩어리는 물질이 '연속적으로 퍼져 있는' 것으로 볼 수 있다. 연속적이란 물체를 이루는 입자를 명확히 분리해 낼 수 없다는 뜻이다. 그러면 그 입자는 미분 질량 요소 dm이 되며, 덧셈(식 8-11)은 적분이 되어 질량중심 벡터성분의 좌표는 다음과 같이 정의된다.

$$X_{양심} = \frac{1}{M_{계}} \int x\, dm, \quad Y_{양심} = \frac{1}{M_{계}} \int y\, dm, \quad Z_{양심} = \frac{1}{M_{계}} \int z\, dm \tag{8-12}$$

(질량중심의 벡터 성분 – 연속적으로 퍼져 있는 계)

여기에서 $M_{계}$는 계의 질량이다.

여러분이 똑똑하여 쓸데없는 적분을 즐기지 않는다면, 물체가 점, 선, 또는 면대칭일 때는 위의 적분 가운데 하나나 둘을 하지 않고 넘길 수 있다. 보기를 들면, 고른 공(대칭점이 있다)의 질량중심은 공의 중심이다(그 점이 대칭점이다). 고른 뿔(축이 대칭선이다)의 질량중심은 뿔의 축 위에 있다. 그러면 뿔의 질량중심의 위치를 결정하는데 드는 노력은 축 위의 어디에 질량중심이 오는가를 결정하는 일이 된다. 보기를 들어, 바나나(한가운데 대칭면이 있다)의 질량중심은 면 위에 있다.

어떤 물체의 질량중심이 꼭 물체 속에 있는 것은 아니다. 둥근 고리의 질량중심은 고리의 한가운데 텅 빈 곳이고, 말발굽의 질량중심은 가운데 빈 곳이다.

(텔레비전처럼) 흔히 보는 물체에 대해 이 적분값을 셈하는 일은 어려우므로, 여기에서는 밀도가 고른 고체만 생각한다. 그러한 물체는 밀도, 곧 단위 부피의 질량이 고르다. 다시 말해 밀도 ρ(그리스 글자 rho)가 물체의 어느 조각에서나 같다.

$$\rho = \frac{dm}{dV} = \frac{M_{계}}{V} \qquad \text{(밀도가 고른 고체)} \tag{8-13}$$

여기에서 dV는 질량요소 dm이 채우는 공간의 부피고, V는 물체의 진체 부피다. $dm = (M_{계}/V)\, dV$를 식 8-12에 넣으면 다음 결과를 얻는다.

$$X_{양심} = \frac{1}{V} \int x\, dV, \quad Y_{양심} = \frac{1}{V} \int y\, dV, \quad Z_{양심} = \frac{1}{V} \int z\, dV \tag{8-14}$$

생각해보기 8-1 이 그림은 고른 네모판을 보여주는데, 네 꼭지에서 똑같은 네모꼴을 떼어내려 한다. (a) 처음 판의 질량중심은 어디인가? (b) 네모꼴 1을 떼어낸 뒤에는 질량중심이 어디인가? (c) 네모꼴 1과 2를 떼어낸 뒤에는 어떠한가? (d) 네모꼴 1과 3을 떼어낸 뒤에는 어떠한가? (e) 네모꼴 1과 2와 3을 떼어낸 뒤에는 어떠한가? (f) 네모꼴 네 개를 모두 떼어낸 뒤에는 어떠한가? 답을(셈은 하지 말고) 사분원, 축 또는 점을 써서 하라.

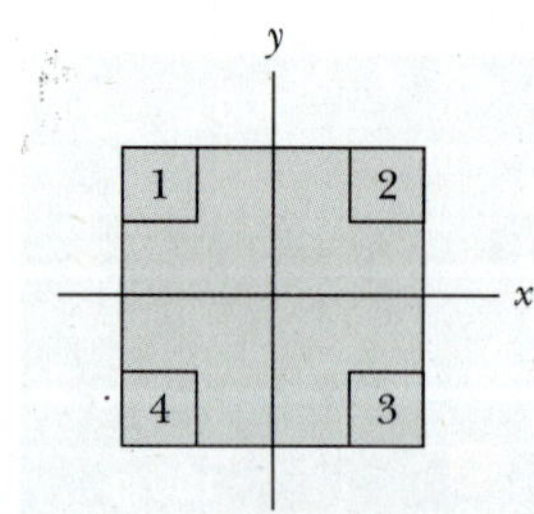

따라해보기 8-1 | 세 입자

질량이 $m_A = 1.2\,\text{kg}$, $m_B = 2.5\,\text{kg}$, $m_C = 3.4\,\text{kg}$인 입자가 변의 길이 $a = 140\,\text{cm}$인 정삼각형을 이루고 있다. 세 입자계의 질량중심은 어디인가?

풀이 ■ 첫째 **요점**은 이 문제에서는 크고 딱딱한 물체가 아니라 입자를 다룬다는 것이다. 따라서 질량중심의 위치를 찾는데 식 8-11을 쓸 수 있다. 입자는 정삼각형의 꼭지점에 있으므로, 그 면 위에 있고 따라서 처음 두 식만 쓰면 된다. 둘째 **요점**은 x와 y축을 잡을 때 입자 하나는 원점에 두고, x축은 한 변에 겹치게 한다(그림 8-7). 그러면 세 입자의 좌표는 다음과 같다.

입자	질량(kg)	x(cm)	y(cm)
A	1.2	0	0
B	2.5	140	0
C	3.4	70	121

계의 전체 질량 $M_{계}$는 7.1 kg이다.

식 8-11에서 질량중심의 좌표는 다음과 같이 셈한다.

$$X_{양심} = \frac{m_A x_A + m_B x_B + m_C x_C}{M_{계}} = \frac{(1.2\,\text{kg})(0) + (2.5\,\text{kg})(140\,\text{cm}) + (3.4\,\text{kg})(70\,\text{cm})}{7.1\,\text{kg}} = 83\,\text{cm}$$

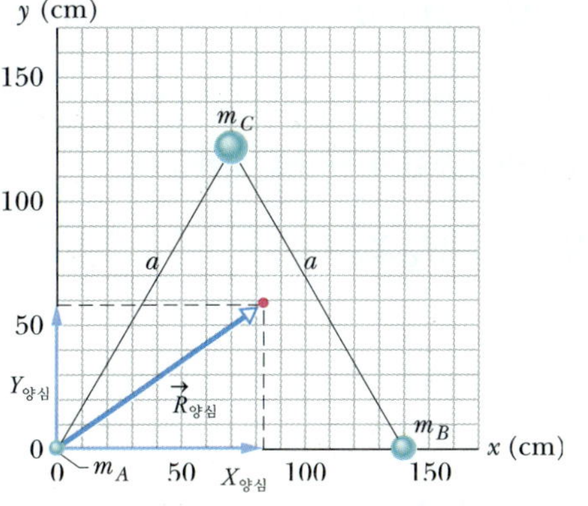

그림 8-7
세 입자가 변의 길이 A인 정삼각형을 이루고 있다. 질량중심은 위치벡터가 $\vec{R}_{양심}$인 곳에 있다

$$Y_{양심} = \frac{m_A y_A + m_B y_B + m_C y_C}{M_{계}} = \frac{(1.2\,\text{kg})(0) + (2.5\,\text{kg})(0) + (3.4\,\text{kg})(121)}{7.1\,\text{kg}} = 58\,\text{cm}$$

(답)

따라해보기 8-2 | U자꼴 물체

그림 8-8에 보인 U자꼴 물체의 바깥쪽 길이는 각각 100 mm, 그리고 너비는 모두 20 mm이다. 이것은 두께가 고르게 6.0 mm인 플라스틱 판에서 잘라냈다. 이 물체의 질량중심의 위치를 구하라.

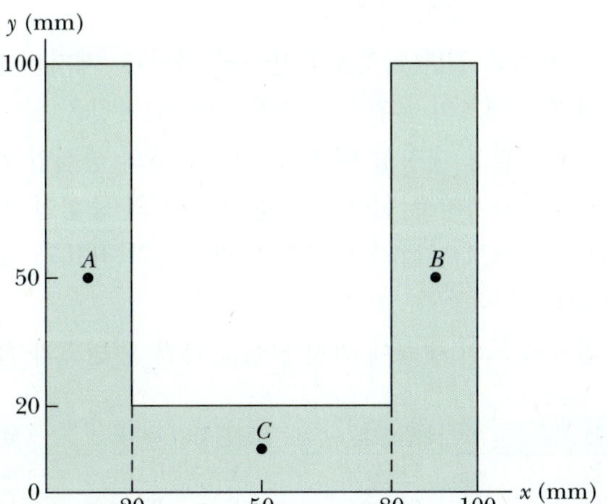

그림 8-8
U자꼴 물체는 세 개의 네모꼴 막대 그림처럼 A, B, C로 나누어 볼 수 있다. 편의상 U자꼴의 모서리는 둥근 것이 아니고 모난 것으로 한다. 낱낱의 막대에 찍은 점은 질량중심을 나타낸다. 그림에 보인 좌표계를 써서 낱낱의 막대의 질량중심의 위치를 구한 다음, 물체 전체의 질량중심의 위치를 구한다.

풀이 ■ 요점은 U자꼴 물체를 질량중심의 위치를 쉽게 찾을 수 있는 여러 조각으로 나누는 것이다. 그 다음에는 낱낱의 조각을 그 조각의 질량을 모두 지닌 입자로 바꿔서 식 8-11을 써서 물체 전체의 질량중심의 위치를 구한다.

그림 8-8와 같이 U자꼴 물체를 길이 100 mm, 너비 20 mm인 세로막대 두 개와 길이 60 mm, 너비 20 mm인 가로막대 하나가 붙은 것으로 생각할 수 있다. 좌표계의 원점을 U자꼴의 왼쪽 아래 꼭지에 두고, x축은 밑변과 겹치게, y축은 왼쪽 가장자리와 겹치게 한다.

낱낱의 조각의 질량중심의 위치를 구하려면 밀도가 고른 대칭꼴 물체의 질량중심은 기하학적 중심에 있다는 **요점**을 쓴다. 이것은 낱낱의 조각의 질량중심은 정확히 한가운데 있음을 뜻한다. 낱낱의 조각의 중심에 점을 찍으면, 그림에 보인 좌표계에서 이들의 위치는 아래와 같다.

세 막대의 상대적 질량을 알려면 막대의 밀도가 고르기 때문에

물체	질량	X(mm)	Y(mm)	Z(mm)
왼쪽 막대	M_A	10	50	3
오른쪽 막대	M_B	90	50	3
아래 막대	M_C	50	10	3

낱낱의 막대의 질량은 부피에 비례한다는 **요점**을 쓴다. 여기에서는 그 관계가 더 간단하다. 세 막대는 너비와 두께가 같으므로, 질량은 곧바로 길이에 비례한다. 따라서

$$M_A = M_B = M \quad \text{그리고} \quad M_C = M(60\,\text{mm})(100\,\text{mm}) = 0.6\,M$$

이다. 또한 다음과 같다.

$$M_{계} = M_A + M_B + M_C = M + M + 0.6\,M = 2.6\,M$$

낱낱의 막대를 질량중심에 질량이 같은 입자로 바꿔놓으면 식 8-11은 U자꼴 물체 전체의 질량중심의 위치를 정해준다.

$$X_{양심} = \frac{M_A X_A + M_B X_B + M_C X_C}{M_{계}}$$

$$= \frac{M(10\,\text{mm}) + M(90\,\text{mm}) + 0.6M(10\,\text{mm})}{2.6M}$$

$$= 50\,\text{mm} \qquad \text{(답)}$$

$$Y_{양심} = \frac{M_A Y_A + M_B Y_B + M_C Y_C}{M_{계}}$$

$$= \frac{M(50\,\text{mm}) + M(50\,\text{mm}) + 0.6M(10\,\text{mm})}{2.6\,M}$$

$$= 40.769\,\text{mm} \cong 41\,\text{mm} \qquad \text{(답)}$$

$$Z_{양심} = \frac{M_A Z_A + M_B Z_B + M_C Z_C}{M_{계}}$$

$$= \frac{M(3\,\text{mm}) + M(3\,\text{mm}) + 0.6M(3\,\text{mm})}{2.6\,M}$$

$$= 3\,\text{mm} \qquad \text{(답)}$$

따라서 질량중심의 위치벡터는 다음과 같다.

$$\vec{R}_{양심} = (50\,\text{mm})\,\hat{\text{i}} + (41\,\text{mm})\,\hat{\text{j}} + (3\,\text{mm})\,\hat{\text{k}}$$

따라해보기 8-3 | 초승달 꼴 물체

그림 8-9*a*는 반지름 $2R$인 고른 쇠 원반에서 반지름 R인 원반을 오려낸 판 P를 보여준다. xy좌표계를 써서 쇠판의 질량중심의 위치 양심$_P$를 구하여라.

풀이 ■ 먼저 대칭성이라는 **요점**을 써서 판 P의 질량중심의 위치를 대충 정하자. 이 판은 x축에 대해 대칭임을 안다(위쪽 반을 x축에 대해 접으면 아래쪽 반과 겹친다). 따라서 양심$_P$는 x축 위에 있다. 그러나 이 판은 y축에 대해서는 대칭이 아니다. 그렇지만 y축의 오른쪽 부분의 질량이 더 많으므로 양심$_P$는 y축의 오른쪽으로 조금 치우쳐 있어야 한다. 따라서 양심$_P$의 위치는 그림 8-9*a*에 대략 보인 것과 같다.

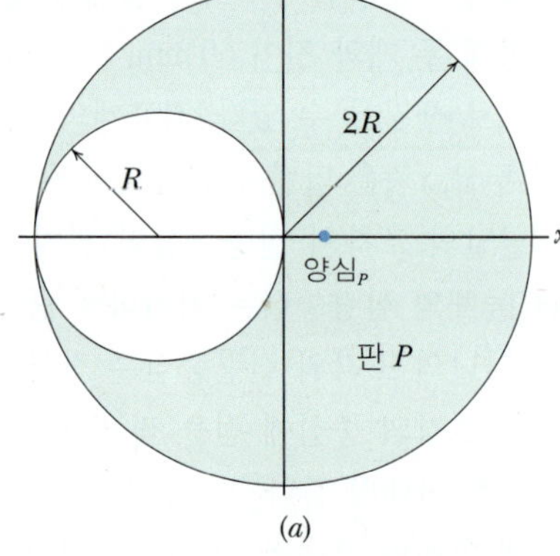

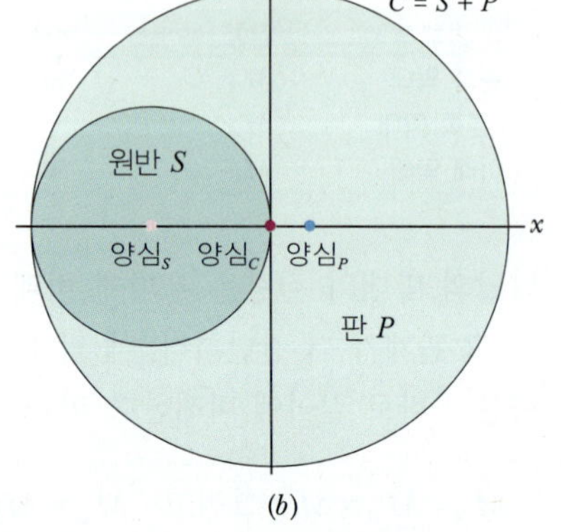

x
양심$_S$ 양심$_C$ 양심$_P$
(c)

그림 8-9
(*a*) 판 P는 반지름 2R인 고른 쇠 원반에서 반지름 R인 원반을 오려낸 것이다. P의 질량중심은 양심$_P$이다. (*b*) 원반 S를 제자리에 도로 끼워 넣어 복합 원반 C를 만들었다. 원반 S의 질량중심 양심$_S$와 원반 C의 질량중심 양심$_C$를 보였다. (*c*) S와 P를 합한 판의 질량중심 양심$_{S+P}$는 양심$_C$와 같으므로 그 위치는 $x = 0$이다.

또 다른 **요점**은 판 P는 크기가 있으므로 식 8-14를 써서 양심$_P$의 위치를 구할 수 있다. 그렇지만 그 과정은 어렵다. 훨씬 쉬운 길은 다음 **요점**을 쓰는 것이다. 질량중심을 셈할 때, 고른 물체의 질량은 그 물체의 질량중심에 있는 입자에 모여 있는 것으로 봐도 된다. 이제 방법을 보여주겠다.

먼저 찍어 빼낸 원반(이것을 원반 S라 하자)을 제자리에 돌려놓아(그림 8-9*b*) 애초의 온전한 원반을 만들자(이것을 원반 C라 하자). 원반 S는 원형 대칭성 때문에 양심$_S$는 S의 중심인 $x = -R$에 있다(그림). 마찬가지로 원반 C의 양심$_C$는 C의 중심인 원점에 있다(그림). 그러므로 낱낱의 원반의 질량중심의 좌표와 질량은 아래 표와 같다.

이제 입자에 모인 질량에 관한 **요점**을 쓰자. 원반 S의 질량 m_s가

판	질량중심	질량중심의 위치	질량
P	양심$_P$	$X_P = ?$	m_P
S	양심$_S$	$X_S = -R$	m_S
C	양심$_C$	$X_C = 0$	$m_C = m_S + m_P$

$X_s = -R$에 있는 입자에 모여 있고, 질량 m_P가 X_P에 있는 입자에 모여 있다고 하자(그림 8-9*c*). 그 다음 두 입자를 두 입자계로 보아 식 8-9를 써서 이들의 질량중심의 위치 X_{S+P}를 구하면 그 결과는 다음과 같다.

$$X_{S+P} = \frac{m_S X_S + m_P X_P}{m_S + m_P} \qquad (8\text{-}15)$$

이제 원반 S와 판 P를 묶으면 원반 C가 되는 것을 눈여겨 보자. 따라서 양심$_{S+P}$의 위치 X_{S+P}는 양심$_C$의 위치 X_C가 되어야 하고, 그것은 원점이므로 $X_{S+P}=X_C=0$이다. 이것을 식 8-15에 넣고 X_P에 대해 풀면 다음 결과를 얻는다.

$$X_P = -X_S \frac{m_S}{m_P} \tag{8-16}$$

그런데 문제가 있는 것 같다. 식 8-16에 나오는 질량을 모른다. 그렇지만 질량은 다음 관계식을 쓰면 S와 P의 넓이로부터 셈할 수 있다.

$$\begin{aligned} \text{질량} &= \text{밀도} \times \text{부피} \\ &= \text{밀도} \times \text{두께} \times \text{넓이} \end{aligned}$$

그러므로

$$\frac{m_S}{m_P} = \frac{\text{밀도}_S}{\text{밀도}_P} \times \frac{\text{두께}_S}{\text{두께}_P} \times \frac{\text{넓이}_S}{\text{넓이}_P}$$

판이 고르기 때문에 밀도와 두께는 같다. 그러므로 다음 결과를 얻는다.

$$\begin{aligned} \frac{m_S}{m_P} &= \frac{\text{넓이}_S}{\text{넓이}_P} = \frac{\text{넓이}_S}{\text{넓이}_C - \text{넓이}_S} \\ &= \frac{\pi R^2}{\pi(2R)^2 - \pi R^2} = \frac{1}{3} \end{aligned}$$

이것과 $X_S=-R$을 식 8-16에 넣으면 다음 결과를 얻는다.

$$X_P = \tfrac{1}{3}R \qquad \text{(답)}$$

연습문제 8-4

1. 입자 같은 물체

질량 4.0 kg인 입자 같은 물체가 $x=0$, $y=2.0$ m 그리고 3.0 kg인 것이 $x=3.0$ m, $y=1.0$ m에 있다. 여기에 2.0 kg인 것을 어디에 두면 세 입자계의 질량중심이 원점에 올까?

2. 세 물체의 2차원 질량중심

그림 8-10를 생각하자. xy 평면에 놓인 세 질량의 위치가 다음과 같다. 질량 5 kg인 것은 (2, −3) m, 4 kg인 것은 (−4, 2) m, 2 kg인 것은 (3, 3) m. 이 계의 질량중심의 위치를 유효숫자 2개까지 셈하라.

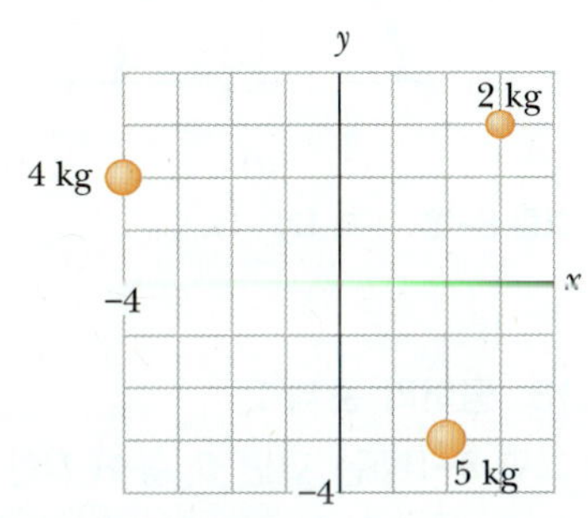

그림 8-10 문제 2

3. 지구 달 계

(a) 지구 달 계의 질량중심은 지구에서 얼마나 멀리 있는가?(부록 C에 지구와 달의 질량과 둘 사이의 거리가 나와 있다.) (b) (a)의 답을 지구의 반지름 $R_{\text{지구}}$의 단위로 나타내라.

4. 일산화탄소

일산화탄소(CO) 기체 분자에서 산소 원자와 탄소 원자 사이의 거리는 1.131×10^{-10} m이다. CO분자의 질량중심의 위치를 탄소원자를 기준으로 구하라.(C와 O의 질량은 부록 F에 있다.)

5. 세 입자계

그림 8-11에 보인 세 입자계의 질량중심의 (a) x좌표와 (b) y좌표를 구하라. (c) 맨 위에 있는 입자의 질량이 점점 늘면 질량중심은 어떻게 되는가?

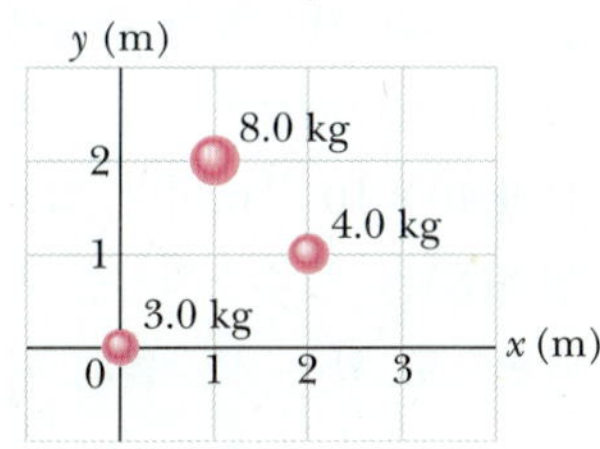

그림 8-11 문제 5

6. 가는 막대 세 개

그림 8-12와 같이 길이 L인 가는 막대 세 개가 뒤집힌 U자꼴로 놓여 있다. U자꼴의 양쪽에 있는 막대는 질량이 M, 세 번째 막대는 $3M$이다. 이 계의 질량중심은 어디에 있는가?

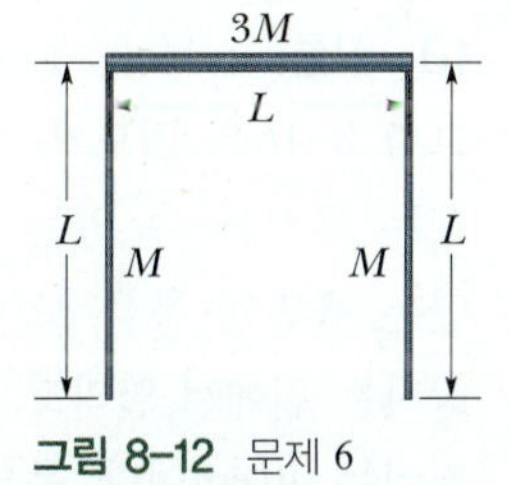

그림 8-12 문제 6

7. 고른 네모

모서리 길이가 6 m인 고른 네모꼴의 오른쪽 가운데 부분에서 모서리 길이가 2 m인 네모꼴을 잘라냈다(그림 8-13). 잘라낸 조각 부분의 중심은 $x=2$ m, $y=0$이다. 잘라내기 전의 네모꼴 판의 중심은 $x=y=0$이다. 이 판의 질량중심의 (a) x좌표와 (b) y좌표를 구하라.

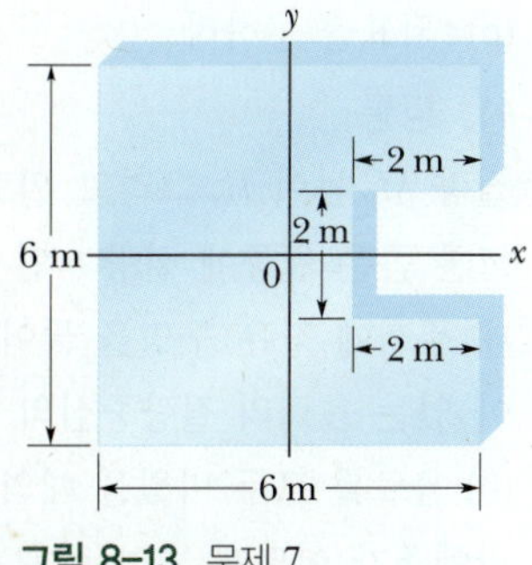

그림 8-13 문제 7

8. 복합 판재

그림 8-14은 복합판재의 치수를 보여준다. 반은 알루미늄(밀

도 = 2.70 g/cm^3)이고 나머지 반은 철(밀도 = 7.85 g/cm^3)이다. 이 판의 질량중심의 위치를 구하라.

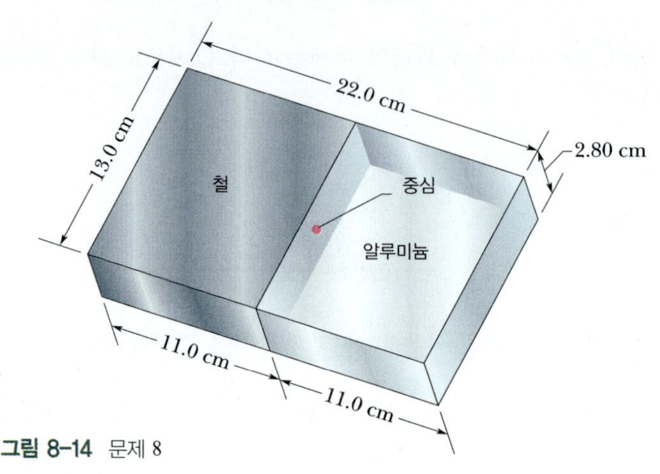

그림 8-14 문제 8

9. 암모니아 분자

암모니아 분자(NH_3)는 수소원자(H) 세 개가 정삼각형을 이룬다. 세모꼴의 중심에서 수소원자(H)까지의 거리는 9.40×10^{-11} m이다. 질소원자(N)는 세 수소원자를 바닥면으로 하는 사각뿔의 꼭지점에 있다. 질소와 수소원자의 질량비는 13.9, 질소와 수소 사이의 거리는 10.14×10^{-11} m이다. 이 분자의 질량중심에서 질소원자까지의 거리를 구하라.

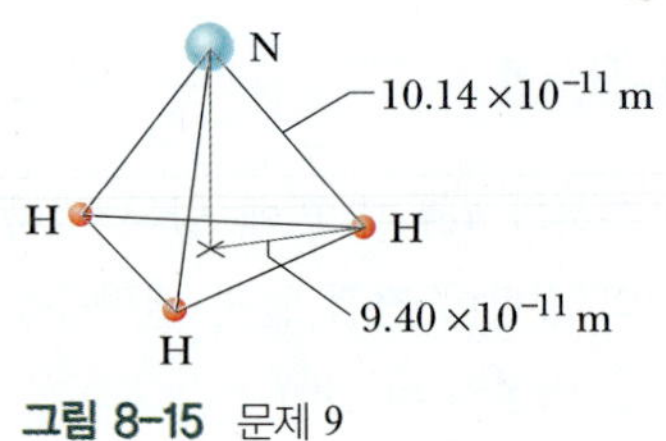

그림 8-15 문제 9

10. 쇠통

그림 8-16은 밀도가 고르고 두께는 무시할 수 있는 쇠판으로 만든 육면체 통을 보여준다. 이 상자는 위에서 열리고, 모서리의 길이는 40 cm이다. 통의 질량중심의 (a) x좌표와 (b) y좌표와 (c) z좌표를 구하라.

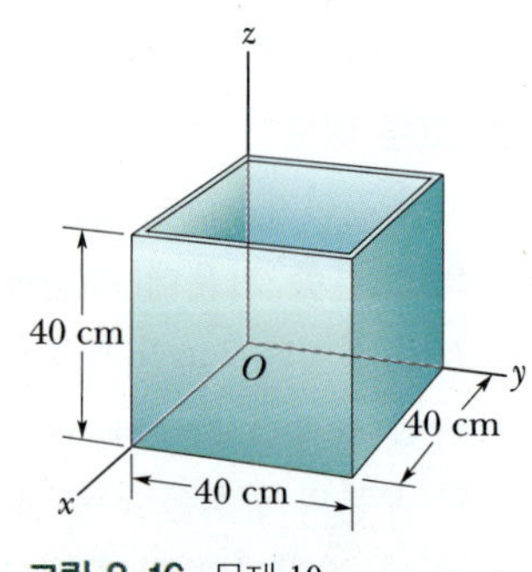

그림 8-16 문제 10

11. 깡통

질량 M, 높이 H, 그리고 밀도가 고른 곧은 원통에 질량 m인 음료가 채워져 있다(그림 8-17). 위아래 뚜껑에 작은 구멍을 뚫어 음료를 빼낸다. 그 다음에는 통과 남아 있는 음료의 질량중심의 높이 h를 생각한다. h의 (a) 처음 값과 (b) 음료를 모두 비웠을 때의 값은 얼마인가? (c) 음료를 비우는 동안에 h가 어떻게 변하는가? (d) 어느 순간 남아 있는 음료의 높이를 x라 할 때 질량중심의 높이가 가장 낮아질 때의 x값을(M과 H와 m의 함수로) 구하라.

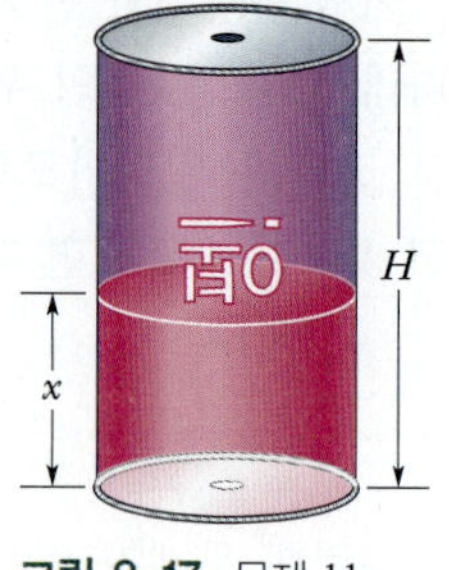

그림 8-17 문제 11

12. 덩어리 문제 1

그림 8-18a에서 고른 도선이 밑변 B, 높이 H인 이등변삼각형을 이룬다. (a) 이 모양의 질량중심의 x와 y좌표를 구하라. 이때 낱낱의 변은 질량이 그 변과 같고 위치는 그 변의 중심에 있는 입자로 바꿔쳐도 된다고 가정하라.(**조심**: 밑변과 옆변의 질량이 다르다.) (b) 식 8-12를 써서 왼쪽 변의 질량중심의 x와 y좌표를 구하라.

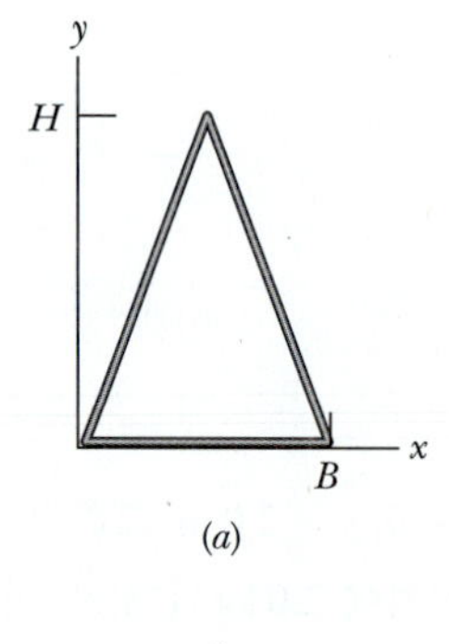

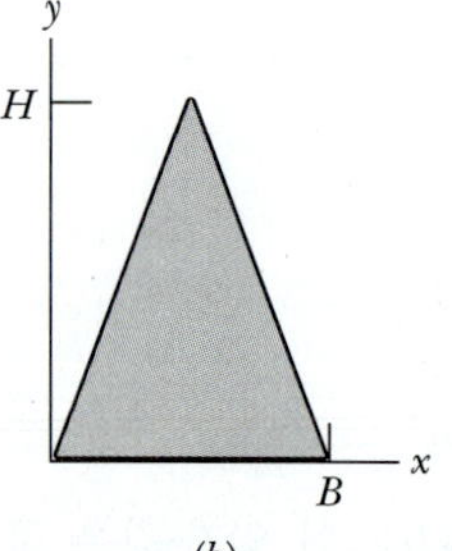

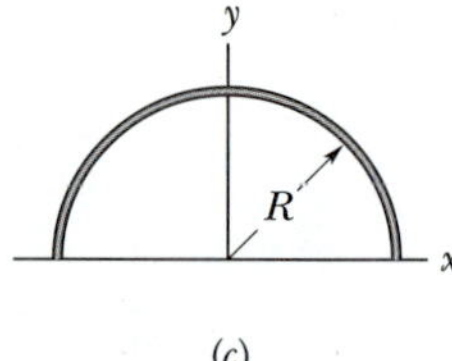

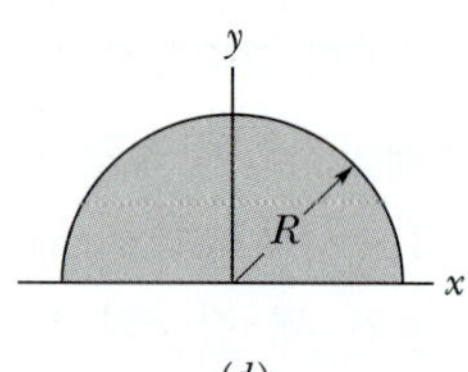

그림 8-18 문제 12와 15

13. 덩어리 문제 2

그림 8-18b는 밑변 B, 높이 H인 고르고 속이 찬 이등변삼각형을 보여준다. 이 판의 질량중심의 x와 y좌표를 구하라.

14. 덩어리 문제 3

그림 8-18c는 고른 도선으로 된 반지름 R인 반원꼴을 보여준다. 이 모양의 질량중심의 x와 y좌표를 구하라.

15. 덩어리 문제 4

그림 8-18d는 반지름 R인 속이 찬 반달꼴 판을 보여준다. 이 판의 질량중심의 x와 y좌표를 구하라.

16. 큰 피라미드

이집트 기자의 큰 피라미드(그림 8-19a)는 맨 위의 돌이 떨어져 나가기 전에는 높이가 H = 147 m였다. 밑변은 길이 L = 230 m인 정사각형이다(그림 8-19b). 이것의 부피 V는 $L^2H/3$이다. 이것의 밀도가 고르고 $\rho = 1.8 \times 10^3\ \mathrm{kg/m^3}$이라 할 때 애초의 질량중심의 높이를 밑바닥을 기준으로 구하라.

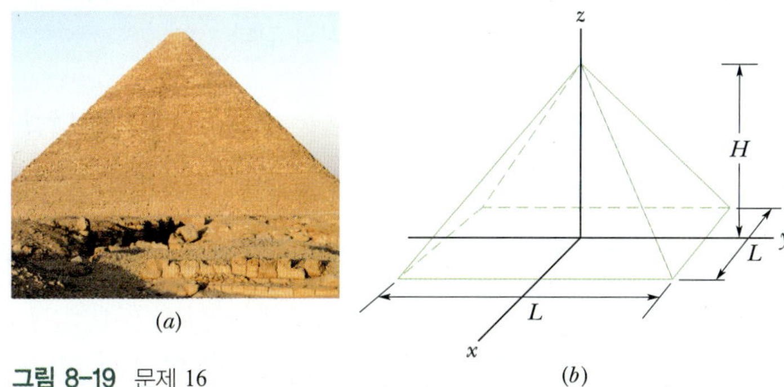

그림 8-19 문제 16

17. 네 입자

어떤 순간에 네 입자의 xy좌표와 속도가 아래 표와 같았다. 그 순간 질량중심의 (a) 위치와 (b) 속도를 구하라.

입자	질량(kg)	위치(m)	속도(m/s)
1	2.0	0, 3.0	$-9.0\ \mathrm{m/s}\hat{j}$
2	4.0	3.0, 0	$6.0\ \mathrm{m/s}\hat{i}$
3	3.0	0, −2.0	$6.0\ \mathrm{m/s}\hat{j}$
4	12	−1.0, 0	$-2.0\ \mathrm{m/s}\hat{i}$

18. 역 비율

두 입자계의 질량중심에서 두 입자까지의 거리의 비는 두 입자의 질량의 비의 역수(inverse)임을 보여라.

19. xy좌표

질량 2.00 kg인 입자의 xy좌표가 (−1.20 m, 0.500 m)이고, 질량 4.00 kg인 입자의 xy 좌표가 (0.600 m, −0.75 0m)이다. 둘 다 수평면 위에 있다. 여기에 질량 3.00 kg인 입자를 어디에 놓아야 세 입자계의 질량중심의 xy좌표가 (−0.500 m, −0.700 m)이 되는가?

20. 고른 판

그림 8-20에 보인 고른 판의 질량중심의 (a) x좌표와 (b) y좌표를 구하라.

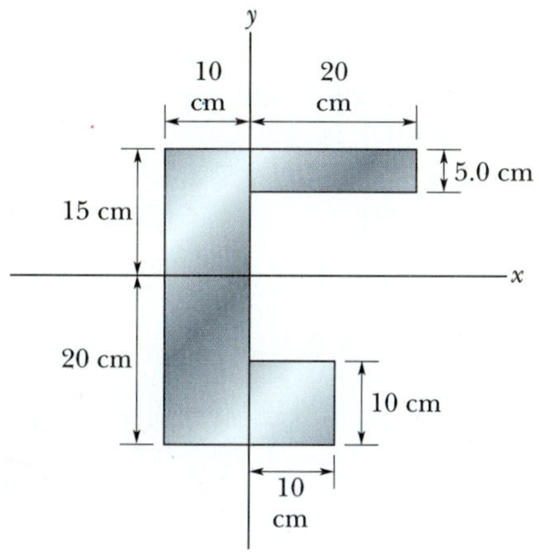

그림 8-20 문제 20

8-5 입자계에 대한 뉴턴 법칙

멈춰 있는 당구공에 다른 당구공을 굴려 맞추면, 두 공이 부딪친 다음에 두 공 계는 계속 앞쪽으로 움직일 것으로 예상한다. 그렇지 않고 두 공 모두 뒤쪽으로 간다면 아마도 놀랄 것이다. 질량이 같은 두 당구공 중 하나가 일정한 속도로 굴러가서 서 있는 다른 공을 맞추면 실제로 어떤 일이 벌어질까?

우리가 보는 두 공 계의 질량중심은 충돌의 영향을 전혀 받지 않은 채 계속 앞쪽으로 움직인다. 질량중심(질량이 같은 두 입자에서는 둘 사이의 한가운데)만을 눈여겨보면 실제로 그렇다는 것을 확인할 수 있다. 그 충돌이 살짝 비끼는 것이든, 똑바로 부딪치는 것이든, 또는 그 사이의 어떤 것이든, 질량중심은 충돌이 전혀 일어나지 않은 것처럼 계속 앞쪽으로 움직인다. 그림 8-21은 정면충돌 때의 모습을 보여준다.

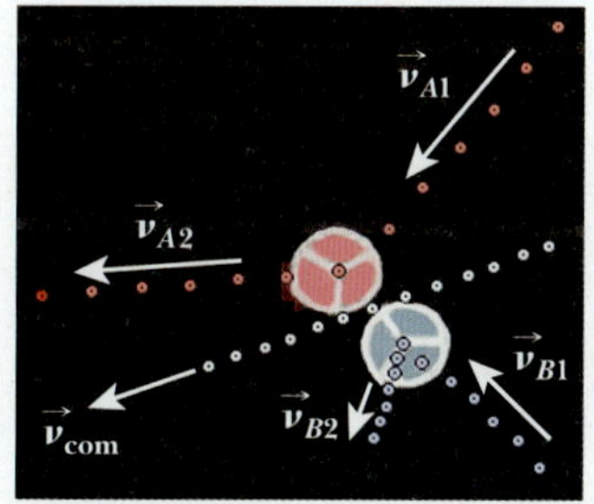

그림 8-21
질량이 같은 두 퍽이 공기탁자 위에서 미끄러진다. 이들은 살짝 비껴 부딪친다. 비디오 영상을 분석해보면 두 퍽의 중심 사이의 한가운데 점은 일정한 속도로 움직인다.

또 다른 간단한 상황을 생각하자. 질량이 같은 두 퍽이 움직여 살짝 비껴 부딪친다. 이 충돌을 비디오 사진기로 찍어 분석하면 순간순간의 퍽의 위치를 따라가 두 퍽의 중심 사이의 한가운데 점을 표시할 수 있다. 이 가운데 점은 그림 8-21에 흰 점으로 표시했는데, 두 퍽 계의 질량중심을 나타낸다. 이 계의 질량중심이 일정한 속력으로 직선을 따라 움직이는 것을 확인할 수 있다.

질량중심의 운동을 이론적으로 들여다보자. 왜 여러 당구공이나 공기탁자 위에 놓인 퍽의 질량

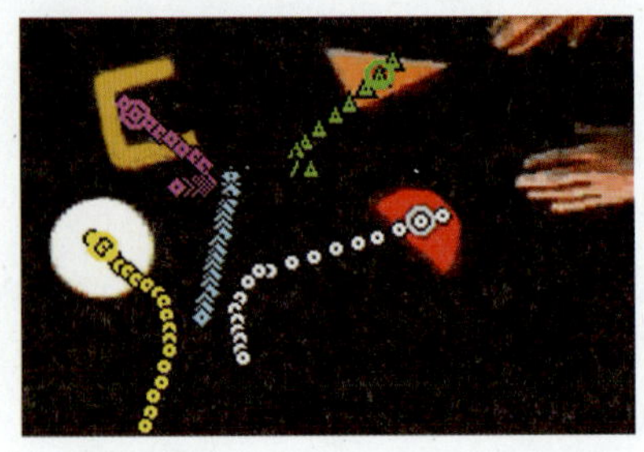

그림 8-22
모양과 질량이 다른 네 물체가 공기탁자의 중심부에서 부딪친다. 낱낱의 물체의 질량중심의 경로는 비디오 영상을 분석하여 찾아냈다. 이로부터 셈하여 찾아낸 계의 질량중심의 경로를 마름모꼴로 나타냈다. 이렇게 찾아낸 질량중심은 여러 물체가 부딪치기 전, 중간, 그리고 뒤에 모두 직선을 따라 일정한 속도로 움직인 것을 눈여겨 보라.

중심이 일정한 속도로 움직일 거라고 예상해야 할까? 그림 8-22과 같이 질량과 모양이 다른 물체 N개로 된 무리에서 시작하자. 이 물체는 공기탁자에서 조금 위에 떠 있다. 우리가 살펴보려는 것은 낱낱의 물체의 운동이 아니라 이 계의 질량중심의 운동이다. 계에 들어 있는 괴상한 물체 낱낱의 질량중심은 균형점을 써서 찾아낸다. 그 다음에는 낱낱의 입자의 위치를 바탕으로 계 전체의 질량중심의 위치를 셈한다. 8-2절에서 설명한 것처럼 질량중심의 운동방정식은 아래와 같다.

$$\vec{F}_{계}^{알짜} = M_{계}\vec{a}_{계} \qquad (입자계) \tag{8-17}$$

여기에서 $M_{계}$는 계 전체의 질량이고, 아는 바와 같이 $\vec{a}_{계} = \vec{a}_{양심}$은 계의 질량중심의 가속도이다. 이 방정식은 입자계의 질량중심의 운동에 관한 뉴턴 제2법칙이다. 그렇지만, $\vec{F}_{계}^{알짜} = M_{계}\vec{a}_{계}$에 나오는 세 양의 내용은 조심해서 해석해야 한다.

1. $\vec{F}_{계}^{알짜}$는 계가 받는 외부힘을 모두 더한 것이다. 계의 한 부분이 다른 부분으로부터 받는 힘(내부힘)은 여기에 들어가지 않는다. (내부힘은 계 전체를 따질 때는 뉴턴 제3법칙에 따라 서로 상쇄됨을 알고 있다.)

2. $M_{계}$은 계의 전체 질량이다. 계가 움직이는 동안 어떤 질량도 드나들지 않는다고 가정하므로 $M_{계}$은 상수이다. 그러한 계를 **'닫혔다(closed)'** 고 한다.

3. 뉴턴 제2법칙을 쓰면 계가 받는 알짜힘으로부터 질량중심의 가속도 $\vec{a}_{양심}$을 결정할 수 있지만, 어떤 상황에서는 계의 다른 점의 가속도에 대해서는 아무런 정보가 없을 수도 있다.

$\vec{F}_{계}^{알짜} = M_{계}\vec{a}_{계}$은 직각좌표계를 잡았을 때, $\vec{F}_{계}^{알짜}$와 $\vec{a}_{양심}$의 세 좌표축 성분에 대한 다음 세 방정식과 등가다.

$$F_{계\,x}^{알짜} = M_{계}a_{양심\,x}, \quad F_{계\,y}^{알짜} = M_{계}a_{양심\,y}, \quad F_{계\,z}^{알짜} = M_{계}a_{양심\,z} \tag{8-18}$$

공기탁자 위의 물체 공기탁자 위의 물체가 일단 움직이기 시작하면, 그 계는 아무런 외부힘도 받지 않는다. 그 까닭은 물체마다 받는 외부힘은 아래쪽의 중력과 위쪽의 법선력인데, 두 힘은 서로 상쇄되기 때문이다. 따라서 계가 알짜로 받는 힘은 없다. $\vec{F}_{계}^{알짜} = 0$이므로 $\vec{a}_{양심} = 0$임을 안다. 가속도는 속도의 시간 변화율이므로 네 물체로 이루어진 계의 질량중심의 속도는 변하지 않는다는 결론이 나온다. 여러 물체가 부딪치면 그때 작용하는 힘은 물체끼리 주고받는 내부힘이다. 그러한 힘은 알짜힘에 들어가지 않으므로 알짜힘은 여전히 0이다. 따라서 네 물체가 계 안에서 서로 부딪치며 주고받는 힘 때문에 낱낱의 물체의 속도는 저마다 변하지만, 계의 질량중심은 속도가 변하지 않은 채 계속 움직인다.

떨어지는 사람 $\vec{F}_{계}^{알짜} = M_{계}\vec{a}_{양심}$은 입자계만이 아니라 그림 8-1$b$의 다이빙 선수와 같은 딱딱한 물체에도 적용된다. 이 때는 $\vec{F}_{계}^{알짜} = M_{계}\vec{a}_{양심}$(식 8-4) 속의 $M_{계}$는 다이빙 선수의 질량이고, $\vec{F}_{계}^{알짜}$는 그녀가 받는 중력이다.(공기의 저항력은 무시한다.) 이것은 y축을 위쪽으로 잡으면 $\vec{a}_{양심} = -g\hat{\mathrm{j}}$이다. 바꿔 말해 다이빙 선수의 질량중심은 질량이 $M_{계}$인 입자가 알짜힘 $\vec{F}_{계}^{알짜} = \vec{F}^{중력}$을 받는 것처럼 움직인다.

이 장의 첫쪽 사진에 보인 발레리나가 무대를 가로지르며 그랑주테로 뛰어오를 때, 그녀는 발이 바닥을 떼자마자 바로 팔을 들어 올리고 다리는 수평하게 쫙 벌린다(그림 8-23). 이 동작은 그녀의 질량중심을 몸 위쪽으로 올려준다. 이동하는 질량중심은 무대를 가로지르는 포물선을 충실하게 따라가지만, 몸에 대한 질량중심의 상대적 움직임 때문에 그녀의 머리와 몸통이 얻는 높이는 정상적인 도약에 비하면 줄어든다. 그 결과 그림 8-23의 비디오 분석이 보여주듯이 머리와 몸통은 거의 수평한 경로를 따라가기 때문에 발레리나가 마치 공중에 떠서 움직이는 것처럼 보인다.

그림 8-23
그랑주테를 찍은 비디오를 살펴보면 발레리나의 질량중심은 포물선을 따라 움직이지만 그녀의 머리는 도약의 봉우리에서 거의 수평하게 움직인다(더 자세한 내용은 1장 그림 1-14를 보라).

생각해보기 8-2 그림 8-21에서 두 퍽의 한가운데 점은 직선을 따라 움직인다. 비디오 영상이 정확히 1/15 초마다 찍은 것이라면 (a) 속력이 일정하다는 증거는 무엇인가? (b) 한가운데 점의 첫 위치와 마지막 위치 사이의 거리가 0.41 m라면 질량중심의 속력은 얼마인가?

생각해보기 8-3 두 스케이트 선수 병윤과 기봉이가 마찰 없는 얼음판 위에서 질량이 없는 막대의 양쪽 끝을 잡고 있다. 좌표축 하나가 막대를 따라 가고, 원점은 두 스케이트 선수의 질량중심에 있다. 병윤의 질량은 기봉의 두 배이다. (a) 병윤이 막대를 당겨 뒤로 넘기면서 계속 기봉을 향해 가면 두 사람은 어디에서 만나는가? (b) 기봉이 같은 동작을 하면 어떻게 되는가? (c) 두 사람이 똑같이 하면 어떻게 되는가?

따라해보기 8-4 | 질량중심 가속도

그림 8-24*a* 속의 세 입자는 처음에 서 있다. 낱낱의 입자는 세 입자계 바깥에 있는 어떤 물체가 주는 힘을 받는데, 방향을 화살표로 나타냈고, 크기는 $F_A = 6.0\,N$, $F_B = 12\,N$, $F_C = 14\,N$이다. 이 계의 질량중심의 가속도 크기와 방향을 구하라.

그림 8-24
(*a*) 세 입자가 애초에 그림에 보인 곳에 서 있다가, 바깥에서 주는 힘을 화살표 쪽으로 받는다. 계의 질량중심의 위치는 '양심'이라고 나타낸 곳이다. (*b*) 양심은 계 전체의 질량 *M*이 모두 모인 입자처럼 움직이므로, 그 힘을 모두 양심으로 옮겼다. 바깥에서 받는 힘을 모두 더한 알짜힘 $\vec{F}^{알짜}$와 질량중심의 가속도 $\vec{a}_{양심}$을 보였다.

풀이 ■ 따라해보기 8-1의 방법을 써서 셈한 질량중심의 위치를 그림 8-24에 점으로 나타냈다. 여기에서 요점 하나는 질량중심을 마치 계의 전체 질량 $M_{계} = 16\,\text{kg}$과 질량이 같은 참된 입자처럼 다룰 수 있다는 것이다. 세 입자가 바깥으로부터 받는 힘도 모두 질량중심에 작용하는 것으로 볼 수 있다(그림 8-24*b*).

둘째 **요점**은 질량중심의 운동에 대해서는 뉴턴 제2법칙($\vec{F}^{알짜} = m\vec{a}$)을 다음과 같이 쓸 수 있다는 것이다.

$$\vec{F}^{알짜}_{계} = M_{계}\vec{a}_{양심}$$

또는

$$\vec{F}_A + \vec{F}_B + \vec{F}_C = M_{계}\vec{a}_{양심}$$

따라서 다음과 같다.

$$\vec{a}_{양심} = \frac{\vec{F}_A + \vec{F}_B + \vec{F}_C}{M_{계}} \tag{8-20}$$

식 8-19는 질량중심의 가속도 $\vec{a}_{양심}$은 계가 받는 알짜 외부힘 $\vec{F}^{알짜}_{계}$과 같은 쪽임을 말해준다(그림 8-24*b*). 입자들이 처음에 서 있었으므로, 질량중심도 처음에는 서 있어야 한다. 질량중심이 가속되기 시작하면 그것은 $\vec{F}^{알짜}_{계}$와 $\vec{a}_{양심}$의 공통방향으로 움직여야 한다.

식 8-20의 오른쪽을 벡터연산 계산기를 써서 곧바로 셈하거나, 식 8-20을 성분별로 나누어 써서 $\vec{a}_{양심}$의 성분을 셈하고, 이것을 묶어 $\vec{a}_{양심}$를 구할 수 있다. x축 쪽으로는 다음과 같다.

$$\begin{aligned} a_{양심,\,x} &= \frac{F_{Ax}+F_{Bx}+F_{Cx}}{M_{계}} \\ &= \frac{-6.0\,\text{N}+(12\,\text{N})\cos 45^\circ+14\,\text{N}}{16\,\text{kg}} \\ &= 1.03\,\text{m/s}^2 \end{aligned}$$

y축 쪽으로는 다음과 같다.

$$a_{양심,\,y} = \frac{F_{Ay}+F_{By}+F_{Cy}}{M_{계}} = 0.53\,\text{m/s}^2$$

이 성분으로부터 $\vec{a}_{양심}$의 크기는 다음과 같이 얻는다.

$$a_{양심} = \sqrt{(a_{양심,\,x})^2+(a_{양심,\,y})^2} = 1.16\,\text{m/s}^2 \approx 1.2\,\text{m/s}^2$$

그리고 각도는 (+x쪽을 기준으로 할 때) 다음과 같다.

$$\theta = \tan^{-1}\frac{a_{양심,\,y}}{a_{양심,\,x}} = 27^\circ$$

8-6 입자계의 운동량

입자 N개로 이루어진 계를 기술하는 유효 벡터는 질량중심과 같으므로 식 8-8을 다음과 같이 쓸 수 있다.

$$\vec{R}_{양심} = \vec{R}^{유효} = \frac{1}{M_{계}}(m_A\vec{r}_A + m_B\vec{r}_B + m_C\vec{r}_C + \cdots) \tag{8-21}$$

여기에서 $M_{계}$는 계의 전체질량이고 $m_A\vec{r}_A$, $m_B\vec{r}_B$ 등은 계 속에 든 낱낱의 입자의 질량과 위치벡터를 곱한 것을 나타낸다. 이 식은 다음과 같이 고쳐 쓸 수 있다.

$$M_{계}\vec{R}_{양심} = m_A\vec{r}_A + m_B\vec{r}_B + m_C\vec{r}_C + \cdots \tag{8-22}$$

위 식을 시간에 내해 비분하면 나음 결과를 얻는다.

$$M_{계}\vec{v}_{양심} = m_A\vec{v}_A + m_B\vec{v}_B + m_C\vec{v}_C + \cdots \tag{8-23}$$

여기에서 $\vec{v}_A(=d\vec{r}_A/dt)$는 입자 A의 속도이고 $\vec{v}_{양심}(=d\vec{R}_{양심}/dt)$은 질량중심의 속도이다.

이제 이 계의 운동량을 생각하자. 계 전체의 운동량 $\vec{p}_{계}$는 계 속의 낱낱의 입자의 운동량을 벡터 덧셈한 값으로 정의된다. 따라서 다음과 같다.

$$\begin{aligned} \vec{p}_{계} &= \vec{p}_A + \vec{p}_B + \vec{p}_C + \cdots \\ &= m_A\vec{v}_A + m_B\vec{v}_B + m_C\vec{v}_C + \cdots \end{aligned} \tag{8-24}$$

이 방정식을 $M_{계}\vec{v}_{양심} = m_A\vec{v}_A + m_B\vec{v}_B + m_C\vec{v}_C + \cdots$ (식 8-23)과 비교하면 다음을 알 수 있다.

$$\vec{p}_{계} = M_{계}\vec{v}_{양심} \qquad \text{(입자계의 운동량)} \tag{8-25}$$

이것은 다음과 같이 입자계의 운동량을 정의하는 또 다른 방법을 알려준다.

> 입자계의 운동량은 계의 전체 질량 $M_{계}$과 질량중심의 속도 $\vec{v}_{양심}$의 곱과 같다.

따라서 계의 전체 운동량을 구하는 방법은 계를 이루는 낱낱의 부분의 운동량을 따로 구하여 모두 더하거나, 계의 전체 질량을 구하고 여기에 계의 질량중심의 속도를 곱하면 된다. 두 방법의 어떤 것을 써도 같은 값이 나온다.

$\vec{p}_{계} = M_{계}\vec{v}_{양심}$를 시간에 대해 미분하면 다음 결과를 얻는다.

$$\frac{d\vec{p}_{계}}{dt} = M_{계}\frac{d\vec{v}_{양심}}{dt} \tag{8–26}$$

또는

$$\frac{d\vec{p}_{계}}{dt} = M_{계}\vec{a}_{양심} \tag{8–27}$$

식 8–27을 $\vec{F}_{계}^{알짜} = M_{계}\vec{a}_{계}$ (식 8–17)과 비교하면 입자계에 대한 뉴턴 제2법칙을 그와 등가인 꼴로 쓸 수 있다.

$$\vec{F}_{계}^{알짜} = \frac{d\vec{p}_{계}}{dt} \qquad (입자계) \tag{8–28}$$

여기에서 $F_{계}^{알짜}$는 계 바깥에서 계 속의 입자에 주는 알짜힘이다. 7장에서 설명한 것처럼 이 방정식은 입자 하나의 운동 방정식 $\vec{F}^{알짜} = \frac{d\vec{p}}{dt}$를 여러 입자로 이루어진 계에 대해 일반화한 것이다. 새로운 꼴 $d\vec{p}_{계}/dt = M_{계}\vec{a}_{양심}$에서는 계의 질량중심의 개념을 도입하여 계의 전체 운동량의 변화율을 결정하는 또 하나의 기법이 나왔다.

연습문제 8-6

21. 고추장과 된장

높이 50 m인 건물 바닥에서 순간 $t_1 = 0$에 질량 1.0 kg인 고추장 단지를 처음 속도 40 m/s으로 위로 쏘아 올렸다. 수평위치가 같은 건물 꼭대기에서 질량 2.0 kg인 된장단지를 들고 있다가 같은 순간 가만히 놓았다. 순간 $t_2 = 3.0$초에 두 단지 계의 질량중심에서 바닥까지의 거리는 얼마인가?

22. 두 스케이트 선수와 지팡이

질량이 65 kg과 40 kg인 두 스케이트 선수가 질량이 얼음판 위에서 거의 없는 10 m 길이의 막대 양끝을 쥐고 있다. 두 사람이 막대를 당기면서 다가가면, 몸이 가벼운 스케이트 선수와 만나는 순간까지 얼마의 거리를 움직일까?

23. 고물 소나타

질량 2400 kg인 고물 소나타가 곧은길을 따라 80 km/h로 달린다. 그 뒤를 질량 1600 kg인 티코가 60 km/h로 따라간다. 두 차의 질량중심은 얼마나 빨리 달리는가?

24. 기구에 달린 줄사다리

질량 M인 기구에서 늘어뜨린 줄사다리에 질량 m인 어떤 사람이 매달려 있다(그림 8–25). 기구는 땅에 대해 멈춰 있다. (a) 사람이 (기구에 대해) 속력 v로 사다리를 오르기 시작하면 기구는 (땅에 대해) 어느 쪽으로 얼마의 속력으로 움직이는가? (b) 사람이 오르기를 멈추면 기구의 운동상태는 어떻게 되는가?

그림 8–25 문제 24

25. 떨어지는 돌

순간 $t_1 = 0$에 돌을 하나 떨어뜨렸다. 같은 곳에서 순간 $t_2 = 100$ ms에 돌을 또 하나 떨어뜨리는데, 이 돌은 앞서보다 질량이 두 배다. (a) 순간 $t_3 = 100$ ms에 두 돌의 질량중심은 떨어뜨린 곳에서 얼마나 아래로 내려가 있는가?(두 돌은 아직 땅바닥에 닿지 않았다.) (b) 그 순간 질량중심의 속력은 얼마인가?

26. 교통신호

질량 1000 kg인 자동차가 신호등에 막혀 서 있다. 파란불이 들어오자마자, 차가 일정한 가속도 $4.0\,m/s^2$으로 움직이기 시작한다. 같은 순간 질량 2000 kg인 짐차가 일정 속력 8.0 m/s로 달리면서 자동차를 앞질러간다. (a) $t_2 = 3.0$초에 자동차-짐차 계의 질량중심은 신호등에서 얼마나 멀리 가 있는가? (b) 그 순간 질량중심의 속력은 얼마인가?

27. 포탄 폭발

포탄을 처음 속도 $\vec{v}_1$ 20 m/s로, 수평면에 대해 60°쪽으로 쏘았다. 궤적의 봉우리에서 포탄이 터져서 질량이 같은 두 조각으로 나뉘었다(그림 8-26). 한 조각은 터진 바로 뒤 속력이 0이 되어 수직으로 떨어진다. 땅이 평평하고 공기저항은 없다고 할 때, 다른 조각이 떨어지는 곳은 대포에서 얼마나 먼가?

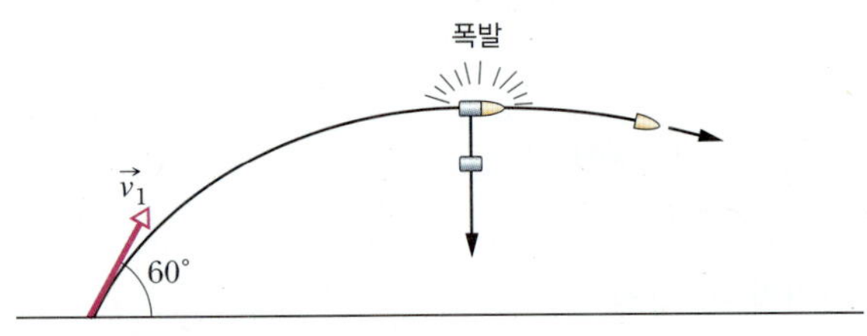

그림 8-26 문제 27

28. 큰 밤

xy평면의 원점에 커다란 밤(0.50 kg)이 있고, (1.0, 1.0)인 곳에 커다란 배(1.5 kg)가 있다. $t_1 = 0$초에 밤은 힘 $\vec{F}_{밤} = (2N)\hat{i} + (3N)\hat{j}$을, 호박은 힘 $\vec{F}_{배} = (-3N)\hat{i} + (-2N)\hat{j}$을 받기 시작한다. $t_1 = 0$의 밤-배 계의 질량중심의 위치를 기준으로 할 때 $t_2 = 4$초의 위치의 변위벡터를 단위벡터 기호를 써서 나타내라.

29. 설탕통

질량 없고 마찰 없는 지름 50 mm인 도르래에 걸린 질량 없는 줄에 똑같은 설탕통 두 개가 묶여 있다(그림 8-27). 두 통은 처음에는 높이가 같았고, 질량은 500 g이었다. (a) 이들의 질량중심은 어디인가? (b) 통이 움직이지 않게 잡은 채 한쪽 통에서 설탕 20 g을 덜어 다른 통에 옮긴다. 이제 가벼운 통을 지나는 축에 대해 새 질량중심의 수평 위치는 거리가 얼마나 되는가? (c) 이제 두 통을 놓아주면 질량중심은 어느 쪽으로 움직이는가? (d) 그것의 가속도는 얼마인가?

그림 8-27 문제 29

30. 병숙과 거봉

질량 80 kg인 거봉과 그보다는 가벼운 병숙이가 해질녘에 춘천호에서 30 kg인 카누를 타고 즐거워한다. 잔잔한 물에서 카누가 서 있을 때, 둘이 자리를 바꾸는데, 그것은 카누 중심에 대칭적이고 3.0 m 떨어져 있다. 거봉이는 자리를 바꾸는 동안 카누가 가라앉으면서 40 cm 움직인 것을 보고 병숙이가 알려주기 싫어하는 그녀의 질량을 셈했다. 얼마일까?

31. 개를 태운 배

그림 8-28a에서 강가에서 6.1 m 떨어진 곳에 떠 있는 18 kg의 평평한 배에 4.5 kg 개 한 마리가 서 있다. 개는 배 위에서 강가 쪽으로 2.4 m를 걸어와 멈추었다. 배와 물 사이에 마찰력이 없다면 개는 강가에서 얼마나 멀리 있는가? (실마리: 그림 8-28b를 보라. 개는 왼쪽으로 움직이고 배는 오른쪽으로 움직이지만 배+개 계의 질량중심도 움직이는가?)

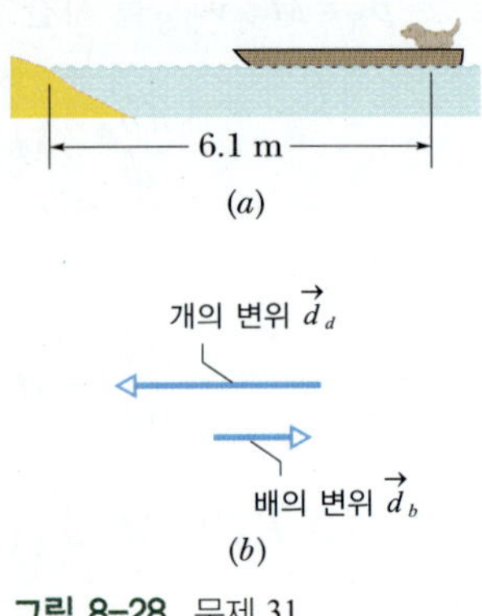

그림 8-28 문제 31

32. 어떤 원자핵

서 있는 어떤 원자핵이 세 입자로 쪼개진다. 이 가운데 둘은 검지되었다. 이들의 질량과 속도는 그림 8-29에 보였다. 단위벡터 기호를 쓰면 질량이 11.7×10^{-27} kg인 셋째 입자의 운동량은 얼마인가?

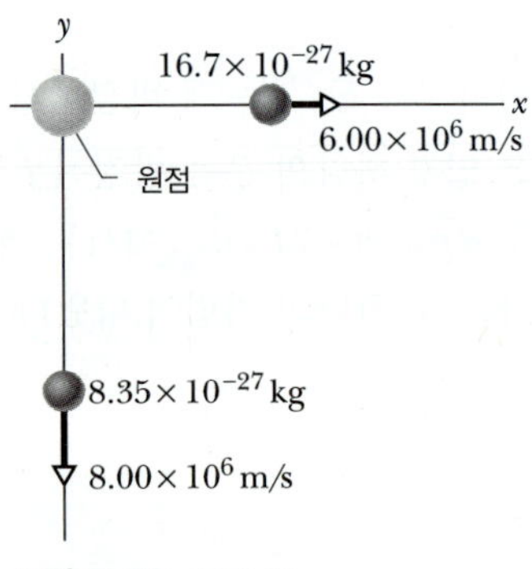

그림 8-29 문제 32

33. 아버지와 아이

40 kg인 소녀와 75 kg인 아빠가 가만히 있던 100 kg 배에서 물 속으로 뛰어든다. 소녀는 동쪽을 향해 수평으로 속력 2.0 m/s로 뛰어들고, 아빠는 남쪽을 향해 속력 1.5 m/s로 수평선에 대해 위쪽 37° 방향으로 뛰어든다.(아빠가 뛰어들어 생기는 배의 수직 운동은 수평방향 운동에 영향을 주지 않는다고 하자.) 이 둘이 뛰어든 바로 뒤 배가 수면을 따라 움직이는 속도의 크기와 방향을 구하라.

34. 씨름 선수

철길과 마찰이 거의 없는 2140 kg '평차(flat car)'가 대합실 옆에 가만히 서 있다. 242 kg 씨름 선수가 5.3 m/s로 대합실을 따라 (철길과 나란히) 달려와 평차에 뛰어 오른다. 다음 경우에 대해 평차의 속력을 구하라. (a) 그가 평차에 서 있을 때, (b) 애초 달리던 방향으로 평차에 대해 5.3 m/s로 달릴 때, (c) 방향을 돌려 애초 달리던 방향과 반대쪽으로 평차에 대해 5.3 m/s로 달릴 때.

35. 서 있다가 움직이는 토막

높은 건물 창 밖에서 2.00 kg 토막을 들고 있다가 $t_1 = 0$에 가만히 놓았다. 같은 곳에서 2.00 kg 토막을 들고 있다가 $t_2 = 1.00$초에 가만히 놓았다. 첫째 토막은 $t_3 = 5.00$초에 땅에 닿는다. $t_1 = 0$에서 $t_4 = 6.00$초 사이의 시간 동안 두-토막 계의 질량중심의 (a) 위치와 (b) 속력의 변화곡선을 그려라. 토막을 놓은 곳의 높이를 $y = 0$으로 잡아라.

36. 질량중심의 속력

어느 순간 3.0 kg 입자의 속력이 $-y$쪽으로 6.0 m/s이고, 4.0 kg 입자의 속력이 $+x$쪽으로 7.0 m/s이다. 두 입자계의 질량중심의 속력은 얼마인가?

37. 차와 짐차

1500 kg 차와 4000 kg 짐차가 각각 북쪽과 동쪽으로 일정한 속도로 움직인다. 차 짐차 계의 질량중심은 속도는 동쪽에 대해 55° 북쪽으로 11 m/s이다. (a) 차의 속도의 크기는 얼마인가? (b) 짐차의 속도의 크기는 얼마인가?

38. 화물차에 실린 대포

그림 8-30과 같이 길이 L인 뚜껑 덮인 화물차 속에 대포와 대포알 10개가 있다. 대포가 오른쪽으로 대포알을 쏘면 화차는 왼쪽으로 되튄다. 쏘아낸 대포알은 수평거리 L을 날아가 다른쪽 벽을 맞춘 다음 아래 바닥에 떨어진다. (a) 대포알을 모두 쏜 뒤에는 화차가 애초의 위치에서 움직인 최대 거리는 얼마인가? (b) 마지막 대포알이 바닥에 떨어진 바로 뒤에 화차의 속력은 얼마인가?

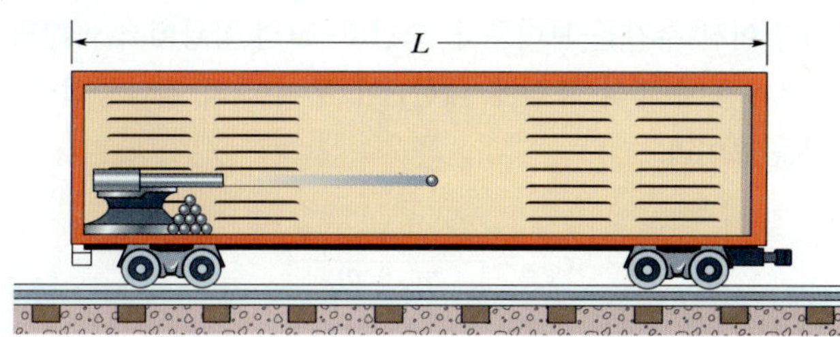

그림 8-30 문제 38

39. 비스듬한 대포

1400 kg 대포가 쏘는 70.0 kg 대포알의 속도는 포신에 대해 556 m/s이다. 포신은 수평선에 대해 위로 39.0° 위를 본다. 대포는 마찰 없는 궤도 위에 올라 자유로이 되튄다. (a) 땅에 대한 대포알의 속력은 얼마인가? (b) 발사된 대포알이 땅과 이루는 각도는 얼마인가? (**실마리**: 계의 운동량의 수평 성분은 대포알을 쏠 때도 일정하다.)

40. 세 물체 계

아래 표는 세 물체의 질량과 어떤 순간의 좌표 (x, y)와 속도를 보여준다. 어떤 순간에 세 입자계의 (a) 위치와 (b) 속도는 얼마인가? (c) 계의 알짜 병진 운동량은 얼마인가?

물체	질량(kg)	좌표(m)	속도(m/s)
1	4.00	(0.00, 0.00)	$(1.50\ \text{m/s})\,\hat{\imath} - (2.50\ \text{m/s})\,\hat{\jmath}$
2	3.00	(7.00, 3.00)	0.00
3	5.00	(3.00, 2.00)	$(2.00\ \text{m/s})\,\hat{\imath} - (1.00\ \text{m/s})\,\hat{\jmath}$

추가문제

41. 썰매

마찰 없는 평평한 얼음판 위에 놓인 썰매에 사람이 타고 있다; 사람과 썰매의 전체 질량은 M이다. 사람은 질량이 m_A와 m_B인 돌멩이 두 개를 들고 있는데, $M = 6.00m_A = 12.0m_B$이다. 썰매를 움직이려고, 돌멩이 두 개를 하나씩 또는 한꺼번에 뒤로 던지는데, 날아가는 돌의 썰매에 대한 속력은 $v^{상대}$이다. 다음 세 경우에 썰매의 속력은 얼마인가? (a) 돌을 한꺼번에 던질 때, (b) m_A를 먼저, m_B를 나중에 던질 때, (c) m_B를 먼저, m_A를 나중에 던질 때.

42. P와 Q

두 입자 P와 Q가 처음에 1.0 m 떨어져 있었다. P의 질량은 0.10 kg, Q의 질량은 0.30 kg이다. P와 Q는 서로 일정한 힘 1.0×10^{-2} N으로 끌어당긴다. 이 계는 아무런 외부힘을 받지 않는다. (a) 질량중심의 운동을 기술하라. (b) 두 입자가 부딪치는 곳은 애초에 P가 있던 곳에서 얼마의 거리에 있는가?

43. 수상한 꾸러미

수상한 꾸러미 하나가 마찰 없는 바닥에서 미끄러지다가 폭발하여 질량이 같은 세 조각으로 갈라져 다음 방향과 속도로 간다. (1) 북쪽으로 7.0 m/s, (2) 서쪽에 대해 30° 남쪽으로 4.0 m/s, (3) 동쪽에 대해 30° 남쪽으로 4.0 m/s. (a) 폭발하기 전의 꾸러미의 속도(크기와 방향)를 구하라. (b) 폭발하고 3초 뒤의 세 조각 계의 질량중심의(폭발한 곳에 대한) 변위를 구하라.

44. 공기탁자 위의 물체

그림 8-31은 공기 부양 궤도 위에 올라간 수레에 달린 줄을 끝에 추가 매달린 것을 보여준다. 수레의 질량은 $m_A = 0.600$ kg이고 중심의 처음 xy좌표는 (−0.500 m, 0.000 m)이다. 추의 질량은 $m_B = 0.400$ kg이고 중심의 처음 xy좌표는 (0 m, −0.100 m)이다. 줄

과 도르래의 질량은 무시한다. 서 있다 풀어주면, 수레와 추는 물직이기 시작하여 마침내 수레가 도르래를 치게 된다. 수레와 궤도 사이 그리고 도르래와 축 사이의 마찰은 무시한다.

(a) 단위 벡터 표기법을 써서 수레-추 계의 질량중심의 가속도를 구하라. (b) 질량중심의 속도를 시간의 함수로 구하라. (c) 계의 질량중심의 경로를 대충 그려보라. (d) 그 경로가 굽었다면 볼록한가 아니면 오목한가?

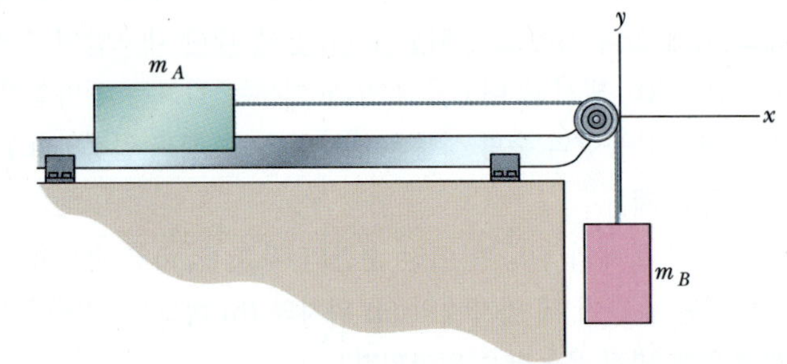

그림 8-31 문제 44

45. 혼자서, 스스로 써 보기

다음 상황에서 이 장에서 다룬 물리학의 내용이 들어가는 문제를 따라해보기의 형식으로 꾸미고, 실제적인 자료와 변수의 그림표를 주고, 자세한 설명이 곁들인 해를 구하라. (a) 어떤 큰 물체의 질량중심을 결정한다. (b) 어떤 계가 속에서 터져 조각으로 나뉜다. (c) 어떤 구조물을 어떤 사람이 올라가거나 내려간다. (d) 육상 및 구기 경기.

46. 배 위에 실린 차

액션 영화의 대본에 따르면 평평한 배 위에서 작은 경주용 차(질량 1 500 kg, 길이 3.0 m)가 한쪽 끝에서 다른쪽 끝으로 가속하며 달려, 그 끝에서 뛰어 조금 떨어진 곳에 있는 낮은 뱃도랑에 떨어져야 한다. 여러분은 영화의 기술 고문이다. 배는 처음에는 그림 8-32와 같이 뱃도랑에 닿아 있었다. 배가 물에서 큰 저항을 받지 않고 미끄러질 수 있고, 차와 배 모두 질량분포가 고르다고 하자. 차가 무사히 뱃도랑에 오르려면 뱃도랑과 배의 간격은 얼마이어야 하는가?

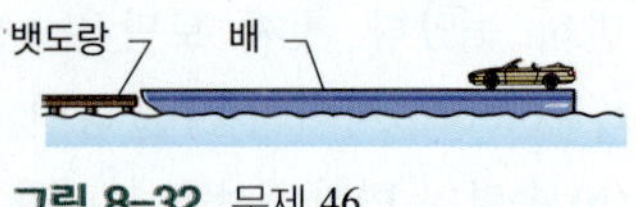

그림 8-32 문제 46

47. 질량이 다른 두 수레

질량이 다른 두 수레가 부딪치는 것을 찍은 디지털 영화를 살펴 본다고 하자(예를 들어 비디오포인트의 PASCO020). 충돌 전후에 똑같이 일정한 속력으로 움직이는 점이 두 수레 사이에 있음을 발견할 것이다. 그 특별한 점을 두 수레 계의 질량중심이라고 한다. PASCO020 영화에서는 한 수레의 질량이 다른 것의 두 배인데, 비디오를 분석하면 질량중심은 두 수레 사이의 거리의 삼분의 일이다(더 무거운 수레를 기준으로).

비슷한 상황을 그림 8-33에 그렸다. 이 그림은 두 수레의 중심이 1 m 떨어진 순간을 보여준다. 그림 8-33의 상황에서 아래의 식이(더 무거운 수레의 중심에 대한) 이 두 수레의 질량중심까지의 거리임을 보여라.

$$x_{\text{양심}} = \frac{m_A x_A + m_B x_B}{m_A + m_B}$$

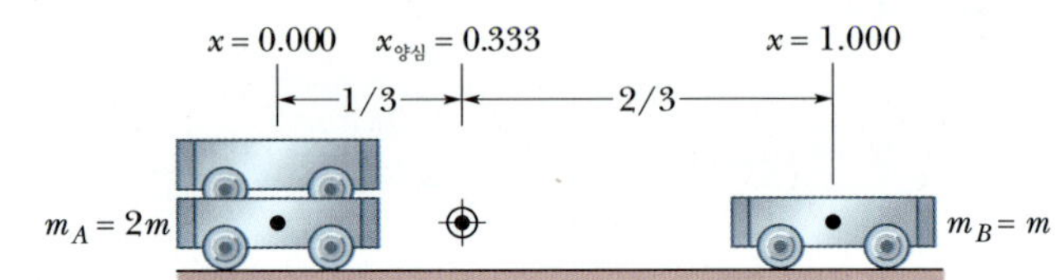

그림 8-33 문제 47

9 운동 에너지와 일

1996년 올림픽에서 체메킨(Andrey Chemerkin)은 260.0 kg을 마루바닥에서 머리 위로 (약 2 m) 들어 올려 역도 신기록을 세웠다. 1957년 앤더슨(Paul Anderson)은 자동차 부품과 납을 채운 금고를 올려놓은 나무평상 밑으로 기어 들어가, 팔 다리를 마룻바닥에 대고 버티면서 등으로 평상 및 그 위의 짐 전체를 약 1 cm 들어올렸다. 평상과 그 위의 짐 전체의 무게는 27 900 N이었다.

체메킨과 앤더슨 중에 누가 더 많은 일을 했는가?

◈ 답은 이 장에 있다.

9-1 서론

그림 9-1
비탈길 끝의 뜀틀대를 향해 점프스키 선수가 내려갈 때, '뉴턴 제2법칙'을 써서, 그 운동을 해석하고 비탈길 끝에서의 속도를 예측하기는 쉽지 않다.

점프스키 선수가 끝이 움푹 꺼진 비탈길에서 자신의 운동을 이해하려는 경우를 예로 들자. 비탈길 곳곳에서의 속도를 뉴턴 운동법칙을 써서 예측하려면, 가속도와 알짜힘이 길의 기울기에 따라 계속 변하는 것을 감안해야 한다. 이 단원의 목표는 그림 9-1의 점프스키와 같은 운동을 해석하는 더 간단한 방법을 고안하는 것이다.

이 문제를 7장에서 배운 개념으로부터 시작해보자. 거기서는 '운동량'과 '충격량'이라는 두 개념을 도입한 다음, 뉴턴 제2법칙을 '충격량-운동량 정리'로 바꾸었다. 이 정리는 식 7-9으로 표현되는데, '입자가 충격량 $\vec{J}$를 받으면, 운동량이 그만큼 변한다'는 것이다.

$$\vec{J} = \int_{t_1}^{t_2} \vec{F}^{\text{알짜}}(t)\, dt = m\vec{v}_2 - m\vec{v}_1 \qquad \text{(충격량–운동량 정리)} \qquad (7\text{–}9)$$

이 정리의 중요한 점은 입자의 운동 궤적을 몰라도 이 법칙을 쓸 수 있다는 것이다.

그러면 이제는 입자의 운동궤적을 몰라도 입자의 '속도'와 '위치'의 변화를 연결해주는 다른 꼴의 뉴턴 법칙을 얻을 수 있을까? 이 단원에서는 위와 비슷한 '알짜일–운동 에너지 정리(net work-kinetic energy theorem)'를 증명하여 스키 활강과 같은 복잡한 운동을 해석하려 한다. 그러나 새로운 정리를 끌어내려면, 먼저 '일(work)'과 '운동 에너지(kinetic energy)'라는 두 개념을 도입해야 한다.

식 7–9에서 적분으로 나타낸 충격량과 비슷하게, 일(W)의 개념을 도입하여 새로운 정리를 전개해보자. 우선, 알짜힘이 입자의 운동 방향에 나란히 작용하는 매우 간단한 상황을 생각하자. 그러면 일의 개념은 1차원적으로는 충격량과 비슷하나 시간 변화 대신에 위치 변화가 들어가며, 다음과 같다.

$$W = \int_{x_1}^{x_2} F_x^{\text{알짜}}\, dx \qquad \text{(충격량과 비슷함. 단, 시간 대신 1차원 위치에 대해 적분함)} \qquad (9\text{–}1)$$

여기서 $F_x^{\text{알짜}}$와 dx는 힘과 미소 변위의 x 성분이고, x_1과 x_2는 입자의 처음과 나중 위치이다. 적분값이 유일하게 잘 정의되도록 힘 성분이 일정상수이거나 단지 x만의 함수라는 조건을 덧붙이자. 곧,

$$\int_{x_1}^{x_2} F_x^{\text{알짜}}(x)\, dx$$

에서 괄호 속의 x는 입자가 받는 힘이 x축 위의 위치에 따라 변하는 것을 나타낸다. 일의 개념을 전개한 다음 운동 에너지의 개념을 도입하고, 그 다음 1차원 운동에 대한 '알짜일–운동 에너지 정리'를 유도하자. 그 다음, 일의 개념과 이 새로운 정리를 써서 1차원적 힘을 받는 몇 가지 운동을 해석하자.

시작은 1차원 문제에서 하지만, 그 식을 2차원(나아가 3차원)으로 넓힐 것이고, 그 과정에서 두 벡터의 점곱을 도입할 것이다. 그 다음 이 장의 끝인 9–9절에서 우리가 만든 새로운 2차원적 '알짜일–운동 에너지 정리'로 마찰이 없는 비탈길을 타고 가는 스키 선수의 스키 속도를 위치의 함수로서 얼마나 간단히 알려줄 수 있는지 보여줄 것이다.

9-2 일과 운동 에너지의 도입

• 1차원에서 알짜힘과의 관계

뉴턴 제2법칙을 위치와 속도를 연결하는 다른 표현으로 바꾸려면, 입자를 그림 9-2처럼 줄을 따라 움직이는 구슬이라고 생각하자. 구슬이 받는 알짜힘은 구슬에 준 힘과 구슬이 미끄러지면서 받는 마찰력의 합력이다. 알짜힘의 방향이 구슬의 운동 방향과 나란하다면 구슬이 더 빨리 갈 것이고, 반대라면 더 느리게 갈 것이다.

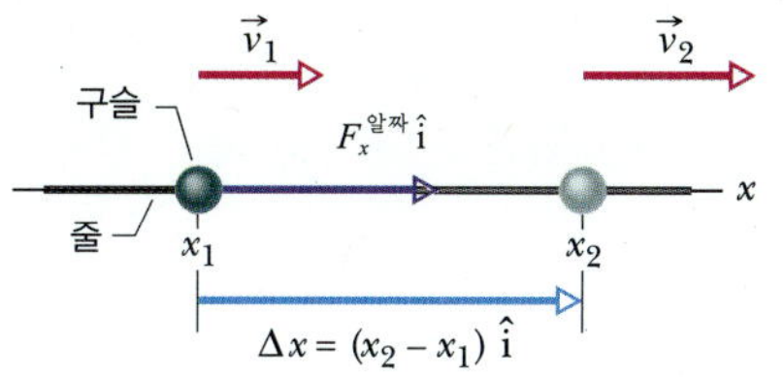

그림 9-2
줄에 꿰인 구슬이 줄과 나란한 알짜힘을 받아 x 방향으로 움직인다.

힘, 곧 $\vec{F}_x^{알짜} = F_x^{알짜}\hat{\mathrm{i}}$는 그림 9-2와 같이 줄과 나란하며, 구슬을 그 방향으로 가속시킨다. 이 힘과 가속도 성분은 뉴턴 제2법칙에 따라 다음과 같이 서로 연관된다.

$$F_x^{알짜}(x) = ma_x \tag{9-2}$$

여기서, m은 구슬의 질량이다. 구슬이 변위 $\Delta\vec{x} = (x_2 - x_1)\,\hat{\mathrm{i}}$를 가는 동안 받는 힘에 의해 구슬의 속도는 처음값 $\vec{v}_1$에서 다른 값 $\vec{v}_2$로 바뀐다. 가속도의 정의(즉, 미소시간 dt 동안의 속도 변화량)를 쓰면 이 식은 다음과 같이 쓸 수 있다.

$$F_x^{알짜}(x) = ma_x = m\frac{dv_x}{dt}$$

속도와 위치를 연결하려면, 여기서 두 가지 수학적 조작을 한다. 먼저, 위 식의 각 항에 속도의 x성분 v_x를 곱한 다음, 왼쪽의 v_x를 v_x의 정의식 dx/dt로 바꾼다.

$$F_x^{알짜}(x)\frac{dx}{dt} = mv_x\frac{dv_x}{dt} \tag{9-3}$$

구슬의 질량 m은 상수이므로 미분의 사슬공식을 쓰면 오른쪽은 다음과 같이 고쳐 쓸 수 있다.

$$mv_x\frac{dv_x}{dt} = \frac{d(\frac{1}{2}mv_x^2)}{dt} \tag{9-4}$$

식 9-3에서 $mv_x dv_x/dt$를 식 9-4의 오른쪽 식으로 바꾸면, 다음과 같다.

$$F_x^{알짜}(x)\frac{dx}{dt} = \frac{d(\frac{1}{2}mv_x^2)}{dt}$$

이제 식 9-3에서 미소시간 dt 동안에 힘의 x성분과 x의 미소변화를 곱한 것은 식 $\frac{1}{2}mv_x^2$의 미소변화량과 같다는 것에 유의하면서 dt를 지우면, 미소 변량 사이에는 다음 등식이 성립한다.

$$F_x^{알짜}(x)\,dx = d(\tfrac{1}{2}mv_x^2) \tag{9-5}$$

구슬이 받는 알짜힘과 구슬의 속도는 그림 9-2에 표시된 전체 변위에서 꼭 일정하지는 않으므로, 구슬이 받는 힘이 위치에 따라 변할 때 구슬의 위치변화와 속도변화 사이의 관계를 결정하려면 식 9-5의 양쪽을 적분해야 한다.

$$\int_{x_1}^{x_2} F_x^{알짜}(x)\,dx = \int_{v_{1x}}^{v_{2x}} d(\tfrac{1}{2}mv_x^2) = \tfrac{1}{2}mv_{2x}^2 - \tfrac{1}{2}mv_{1x}^2 \tag{9-6}$$

요약하면, 뉴턴 제2법칙, 속도와 가속도의 정의, 미적분 규칙 등을 써서 뉴턴 제2법칙을 새로운 꼴로 만들었는데, 이것은 질량 m인 입자가 어떤 거리를 가는 동안 받는 힘의 변화와 속도의 변화를 연결해 준다.

이 식의 왼쪽

$$\int_{x_1}^{x_2} F_x^{알짜}(x)\,dx$$

은 식 9–1에서 전개한 식과 똑같고 힘을 위치에 대해(1차원) 적분한 양으로서, 충격량–운동량 정리에서 힘을 시간에 대해 적분한 양과 그 꼴이 비슷하다.

• 일과 운동 에너지의 첫 정의

식 9–6의 왼쪽과 오른쪽은 매우 중요한 다음 두 가지 새로운 정의의 바탕이 된다. 왼쪽 적분은 입자가 처음 위치에서 나중 위치까지 움직이면서 받은 **알짜일(net work)**, $W^{알짜}$라고 정의한다. 즉,

$$W^{알짜} \equiv \int_{x_1}^{x_2} F_x^{알짜}(x)\,dx \qquad \text{(알짜일의 정의 – 1차원 '알짜힘' 과 변위)} \qquad (9\text{–}7)$$

알짜힘의 직선 방향 성분 $F_x^{알짜}(x)$가 여러 힘 성분들을 더한 $F_{Ax}(x) + F_{Bx}(x) + F_{Cx}(x) + \cdots$라면, 알짜일은 다음과 같이 낱낱의 힘이 한 일을 더한 것이다.

$$\begin{aligned} W^{알짜} &\equiv \int_{x_1}^{x_2} F_x^{알짜}(x)\,dx = \int_{x_1}^{x_2} [F_{Ax}(x) + F_{Bx}(x) + F_{Cx}(x) + \cdots]\,dx \\ &= \int_{x_1}^{x_2} F_{Ax}(x)\,dx + \int_{x_1}^{x_2} F_{Bx}(x)\,dx + \int_{x_1}^{x_2} F_{Cx}(x)\,dx + \cdots \end{aligned}$$

하나의 힘 $F_{Ax}(x)$가 하는 일을 다음과 같이 정의하면

$$W_A \equiv \int_{x_1}^{x_2} F_{Ax}(x)\,dx \qquad \text{(일의 정의 – 하나의 1차원 힘과 변위)} \qquad (9\text{–}8)$$

알짜일은 다음과 같음을 알 수 있다.

$$W^{알짜} = W_A + W_B + W_C + \cdots \qquad (9\text{–}9)$$

따라서 알짜일의 셈법은 두 가지다. 하나는 먼저 힘을 모두 더해 알짜힘을 셈한 뒤 이것으로 알짜일을 셈하는 것이고, 다른 하나는 낱낱의 힘이 한 일들을 먼저 셈하고, 이것들을 모두 더해 알짜일을 셈하는 것이다.

식 9–6의 오른쪽은 질량 m인 입자에 알짜일을 해주면 속도가 어떻게 바뀌는가를 말해준다. 여기서 $\frac{1}{2}mv_x^2$은 구슬에 해준 일 때문에 바뀐 양으로서, 여기서는 병진운동을 다루고 있으므로, (회전운동과 구별하여) **'병진운동 에너지(translational kinetic energy)'** 라고 한다. (흔히, 그냥 '운동 에너지' 라고도 함). 더 일반적인 뜻으로, 운동 에너지란 운동과 관련된 물리량이다. 하지만 이 단원에서는 단일입자의 운동이나 입자계 또는 큰 물체의 질량중심 운동만을 논의한다. 이 책 뒷부분에서 열역학을 배울 때, 물체의 질량중심은 정지해 있어도 그 속에 든 낱낱의 입자는 저마다 움직이는 현상을 다루는데, 이 때 다시 이 운동 에너지의 개념을 살펴볼 것이다. 그리고 여기서는 입자 같은 물체의 병진운동 에너지 K를 질량과, 질량중심의 속도제곱을 써서 다음과 같이 정의한다.

$$K \equiv \frac{1}{2}mv_x^2 \qquad \text{(1차원 운동 에너지의 정의)} \qquad (9\text{–}10)$$

이 정의에 따르면, 식 9–6의 오른쪽 $\frac{1}{2}mv_{2x}^2 - \frac{1}{2}mv_{1x}^2$은 물체의 병진운동 에너지의 '변화'를 나타낸다.

새로운 알짜일과 병진운동 에너지의 정의를 쓰면 식 9–6은 다음과 같이 간결하게 쓸 수 있다.

$$W^{\text{알짜}} = K_2 - K_1 = \Delta K \qquad \text{(알짜일–에너지 정리)} \qquad (9\text{–}11)$$

식 9–11이 **알짜일–운동 에너지 정리(net work-kinetic energy theorem)**이다. 이 정리는 한 곳에서 다른 곳으로 움직이는 입자가 운동 방향과 나란한 알짜힘을 받을 때, 입자의 운동 에너지 변화는 $\frac{1}{2}mv_{2x}^2 - \frac{1}{2}mv_{1x}^2$가 됨을 말해준다. 식 9–11을 '정리'라고 하는 까닭은 식 9–6과 식 9–9이 뉴턴 제2법칙에서 수학적으로 유도되었기 때문이다. 이 정리는 여러 면에서 입자가 일정 시간 동안 알짜힘을 받은 효과를 운동량 변화와 연결해주는 '충력량–운동량 정리'와 비슷하다(이 정리도 뉴턴 제2법칙에서 나왔다).

• 일과 에너지의 단위

일과 운동 에너지(또는 모든 다른 꼴의 에너지)의 국제 단위는 **줄(joule, J)**이다. 이것은 식 9–10의 $K = \frac{1}{2}mv^2$에 질량과 속도의 단위를 넣으면 곧바로 $\text{kg}\cdot\text{m}^2/\text{s}^2$로 정의되어 나온다. 그리고 일의 단위, 즉 힘(N)과 거리(m)의 곱인 $\text{N}\cdot\text{m}$는 $\text{kg}\cdot\text{m}^2/\text{s}^2$가 됨을 쉽게 확인할 수 있다. 요약하면,

$$1\text{줄} = 1\text{J} = 1\text{kg}\cdot\text{m}^2/\text{s}^2 = 1\text{N}\cdot\text{m} \qquad \text{(에너지에 대한 국제 단위)}$$

가끔 볼 수 있는 다른 에너지 단위로써 erg(또는 $\text{g}\cdot\text{cm}^2/\text{s}^2$)와 풋–파운드(foot-pound)가 있다.

• 일과 운동 에너지 개념의 일반화

지금까지는 일짜힘이 운동 방향과 나란한 아주 특별한 상황에서 위치와 속도를 연결시켰다. 입자가 받는 알짜힘에 입자의 운동 방향과 어긋나는 성분이 있다면 어떻게 할 것인가? 즉, 힘의 방향이 입자의 변위와 나란하지 않을 때 그 일을 셈하려면 힘과 변위의 두 벡터를 어떻게 곱하고 적분해야 하는가?

이 단원의 나머지에서는 흔히 볼 수 있는 일반적인 상황에서 힘이 한 일을 셈하는 방법을 이해하는 데에 할애한다. 그 결과, 알짜일–운동 에너지 정리를 써서 알짜힘을 받은 입자의 위치변화를 속도변화와 연결시킬 수 있게 될 것이다.

생각해보기 9-1 입자가 x축을 따라서 움직인다. 입자의 속도가 (a) -3 m/s에서 -2 m/s로 그리고 (b) -2 m/s에서 2 m/s로 변할 때, 입자의 운동 에너지는 느는가, 주는가, 아니면 같은가? (c) 각 상황에서 입자가 받는 알짜일은 (+)인가, (–)인가, 아니면 0인가?

연습문제 9-2

1. 구리 속의 전자

아주 낮은 온도에서 구리 속에 있는 전자(질량 $m = 9.11\times10^{-31}$ kg)의 운동 에너지가 6.7×10^{-19} J이라면 속력은 얼마인가?

2. 큰 운석과 폭약

1972년 8월 10일 마치 물수제비를 뜨듯이 큰 운석이 지구 대기권을 가로질러 지나갔다. 그때 운석의 불덩이가 매우 밝아서 대

낮의 하늘에서도 볼 수 있을 정도였다.(그림 9-3의 비슷한 사건 참조) 운석의 질량은 약 4×10^6 kg이었고, 속도는 15 km/s이었다. 운석이 대기권에 수직으로 떨어졌다면, 지표면을 위와 같은 속도로 충돌하였을 것이다. (a) 수직 충돌의 경우 위성의 운동 에너지 손실을 (줄로) 셈해보자. (b) 4.2×10^{15} J에 해당하는 폭약 1메가톤의 폭발력의 배수로써 위 에너지를 나타내보자. (c) 히로시마에 떨어진 원자폭탄의 에너지는 폭약 13킬로톤과 맞먹는다. 운석 충돌은 몇 개의 히로시마 폭탄과 맞먹을까?

그림 9-3
문제 2. 큰 운석이 오타와 부근의 하늘에서 대기를 가로질러 지나간다.

3. 운동 에너지 셈하기

다음 속도로 움직이는 물체의 운동 에너지를 셈하라. (a) 속도 8.1 m/s로 뛰는 110 kg의 미식축구 수비수, (b) 950 m/s의 4.2 g 총알, (c) 속도 32노트로 가는 40.2×10^8 kg의 항공모함 니미츠 호.

4. 아빠와 준영의 달리기 경주

준영과 아빠가 달리기 시합을 한다. 준영의 질량은 아빠의 반이고, 아빠의 운동 에너지는 준영의 반이다. 아빠가 속력을 1 m/s 더 내면 아빠의 운동 에너지가 준영과 같아진다. (a) 아빠와 (b) 준영의 원래 속력은 얼마인가?

5. 양성자 가속

양성자(질량 $m = 1.67 \times 10^{-27}$ kg)가 기계 안에서 직선을 따라 가속도 3.6×10^{13} m/s^{2}로 가속된다. 양성자의 처음 속도가 2.4×10^7 m/s이고 3.5 cm를 간다면 (a) 속도와 (b) 운동 에너지의 증가량은 얼마인가?

6. 차의 운동 에너지

질량 1 200 kg인 차의 속도가 120 km/h일 때 도로 옆에서 서 있는 사람이 잰 차의 운동 에너지는 얼마인가?

7. 북쪽으로 가는 트럭

북쪽으로 41 km/h로 가는 2 100 kg의 트럭이 동쪽으로 방향을 바꿔 51 km/h까지 가속하였다. (a) 트럭의 운동 에너지의 변화는 얼마인가? 트럭의 병진 운동량 변화의 (b) 크기와 (c) 방향은?

8. 하나에서 두 조각으로

관측자에 대하여 질량 m 및 속도 v의 물체가 우주 공간에서 두 조각으로 폭발하였다. 한 조각은 다른 조각보다 세 배 더 무겁다. 가벼운 조각은 관측자에 대해 서 있다. 이 폭발에서 물체들이 얻은 운동 에너지는 관측자의 기준틀에서 볼 때 얼마인가? **실마리**: 병진 운동량은 보존된다.

9. 화물열차

질량 3.18×10^4 kg의 화물열차가 서 있던 승무원 차와 충돌했다. 이들은 서로 연결되어 처음 운동 에너지의 27%를 비보존 형태의 에너지(열, 소리, 진동 등)로 변화시켰다. 승무원 차의 질량을 구하여라. **실마리**: 병진 운동량은 보존된다.

10. 두 토막

8.0 kg의 물체가 힘을 받지 않고 2.0 m/s로 운동하다가, 어느 순간 폭발하여 질량이 각각 4.0 kg인 두 조각으로 나뉘었다. 이 폭발로 16 J의 운동 에너지가 조각들에 더해졌다. 두 조각 모두 원래의 운동 방향을 벗어나지 않았다. 폭발 후 각 조각의 속도와 운동 방향을 구하라. **실마리**: 병진 운동량은 보존된다.

11. 운동 에너지와 충격량

150 g 질량의 공이 속도 5.2 m/s로 벽과 충돌하여 처음 운동 에너지의 50%만을 가지고 되튄다. (a) 되튄 직후의 공의 속도는 얼마인가? (b) 공이 벽에 준 충격량의 크기는 얼마인가? (c) 공이 벽과 7.6 ms 동안 접촉하였다면, 그 동안 벽이 공에 준 평균 힘의 크기는 얼마인가?

12. 무인 우주 탐사선

2500 kg의 무인 우주 탐사선이 일정속도 300 m/s로 직선운동한다. 탐사선의 조절로켓을 3000 N의 추진력으로 65.0초 동안 가동했다. (a) 추진력이 뒤로, 앞으로 또는 옆으로 작용했다면, 탐사선의 병진 운동량의 크기 변화는 얼마인가? (b) 세 조건에서 운동 에너지의 변화는 얼마인가? 조절 로켓이 뿜어낸 분사물의 질량은 탐사선의 질량에 대해 무시할 만하다고 가정한다.

9-3 물리적 일의 개념

지금까지는 내부구조가 없는 작은 입자가 받는 일만 다루었다. 이제 일의 개념을 큰 물체의 운동 변화에 적용해보자. 물체를 밀 때 움직이고 모양도 변한다면, 그 운동을 단지 변위만으로 기술할 수는 없다. 그래서 일의 개념을 큰 물체에 적용할 때에는 2-1절에서 정의한 입자와 같다고 가정해야 한다. 따라서 물체에 일을 해주는 것을 말할 때는 물체가 충분히 단단하여 변형시키느라 한 일은 질량 중심을 이동시키며 한 일에 비해 무시할 수 있다고 가정한다.

이제 다시 일에 관해 논의하자. 보통 일이란 힘이 드는 행위로 생각한다. 상자를 복도에서 밀거나 들어 올리려면 힘이 든다. 그러나 무거운 물체를 들고 있거나, 꼼짝도 않는 아주 무거운 물체를 밀고 있는 것도 힘이 든다. 일에 대한 식 9-7을 살펴보면, 적어도 1차원 운동에서 일은 입자의 운동 방향의 힘과 그 방향의 변위를 곱한 값이다. 이것은 너무 무거워 움직이지 않는 물체는 힘껏 밀어도 그것에 해준 물리적인 일은 없음을 뜻한다. 앞으로 일반적인 상황에서 일을 정의하는 방법들을 검토하게 되면, 일의 물리학적 정의에는 다음과 같은 내용이 필요함을 알게 된다.

> 강체가 받는 힘에 운동 방향과 나란한 성분이 없다면, 그 힘이 해준 일은 없다.

일을 정의할 때 힘과 변위가 있어야 한다고 했다. 일을 얼마나 했는가는 어떻게 알까? 무겁고 단단한 상자를 복도를 따라서 일정한 힘으로 밀 때 일을 얼마나 하는지 생각해보자. 이 상황에서는 힘과 변위가 같은 쪽이다. 힘이 변위와 반대 쪽일 때 어떻게 되는지는 다음 절에서 살펴본다.

상자를 오른쪽으로 밀어 변위의 x성분이 $\Delta x = x_2 - x_1$가 되게 했다고 하자. 다음에 같은 힘으로 같은 상자를 두 배의 거리로 밀어 변위가 $2\Delta x$가 되게 했다고 하자. 얼마나 더 많은 일을 했는가? 상자를 단지 보기만 한다면 일을 얼마나 해야 하는가? 이 물음에 답하면 일의 본질을 꿰뚫어볼 수 있다. 즉 어떤 힘이 한 물리적 일의 크기는 물체가 움직인 거리에 비례해야 한다는 것이다. 이것은 일을 정의한 방식 — 즉, 물체가 힘을 받으며 움직인 거리에 비례한다 — 과도 맞는다.

이번엔 두 배의 힘을 주어 또 다른 더 큰 상자를 오른쪽으로 변위 Δx만큼 민다고 가정하자. 작은 상자를 미는 것에 비해 큰 상자를 밀 때는 일을 얼마나 더 해야 할 것 같은가? 지금 그림 9-4와 같이 책상 위에서 책을 한 권, 그리고 똑같은 책을 두 권 밀어보면 그 느낌을 알 수 있다.

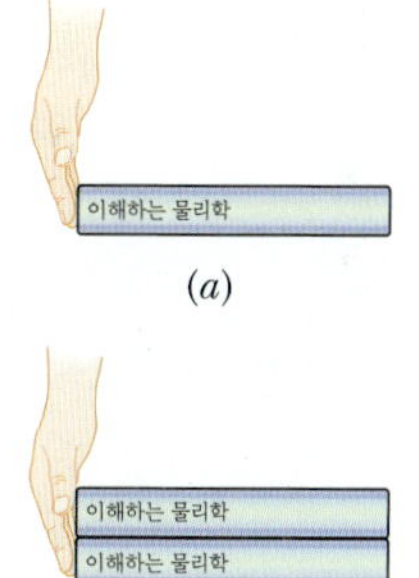

그림 9-4
책상 위에서 책을 한 권, 그리고 다시 두 권을 일정한 힘으로 슬쩍 밀어보자.

실험을 해보면, 책 한 권을 힘 $\vec{F}_x$를 주어 변위 Δx만큼 미는 것에 비하여, 책 두 권을 힘 $2\vec{F}_x$를 주어 변위 Δx만큼 밀 때 일을 두 배로 하게 됨을 알 수 있다. 일의 양, 즉 절대값은 물체가 움직인 거리만이 아니라 — 물체에 준 힘의 크기에도 — 비례한다고 결론지을 수 있다. 변위와 힘이 한 물리적 일의 양 사이의 비례 관계는 다음 식으로 요약할 수 있다.

$$|W| = |F_x \Delta x| \qquad \text{(운동 방향의 일정한 힘이 한 일의 양)}$$

다음 절에서는 일정한 힘이 일을 얼마만큼 했는가와, 일의 부호가 양(+) 또는 음(−)이 되는 경우를 살펴보고 일을 수학적으로 정의할 것이다.

생각해보기 9-2 다음 그림은 상자가 힘을 받아 변위 $\Delta\vec{x}$만큼 오른쪽으로 미끄러지거나, 꿈쩍도 안하는 네 가지 상황을 보여준다. 상자가 움직이는 동안 힘이 상자에 해준 일의 양을 큰 것부터 차례로 늘어놓아라.

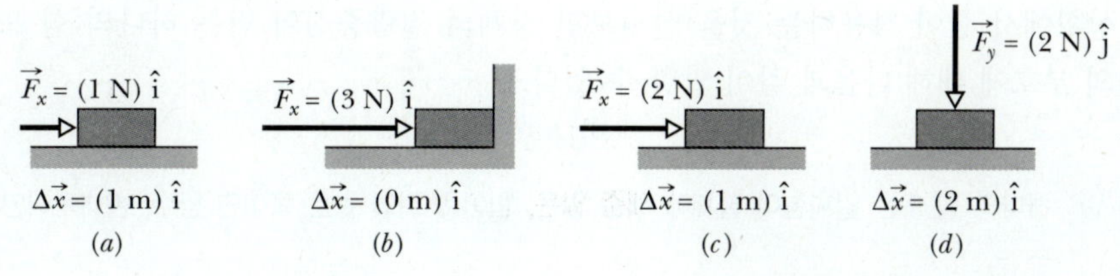

9-4 일정한 힘에 대한 일의 셈

원점
$\vec{v}_{1x} = (0 \text{ m/s})\,\hat{\text{i}}$
$F_x = +50$ N
x
$x_1 = 0$ m
(*a*)

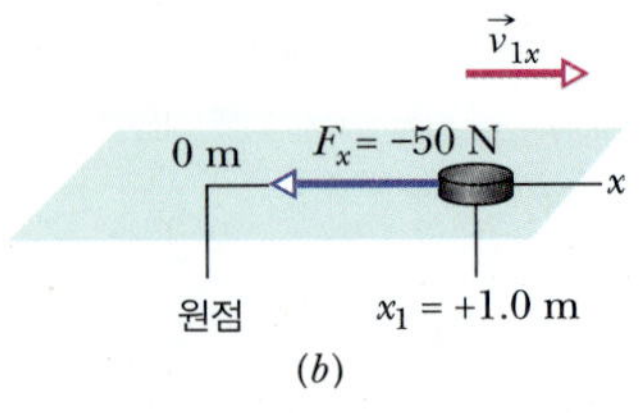

그림 9-5
(*a*) 서 있던 퍽이 +*x*쪽으로 밀린다. (*b*) 이미 +*x*쪽으로 움직이는 퍽이 −*x*쪽으로 밀린다.

• 직선을 따라가는 1차원 힘과 운동

식 9–8에 제시한 1차원 운동과 관련한 일의 정의를 다시 살펴보자.

$$W \equiv \int_{x_1}^{x_2} F_x(x)\,dx \qquad \text{(1차원 운동과 힘에 대한 일의 정의)} \qquad (9\text{–}12)$$

9–1절에서 설명했듯이, $F_x(x)$는 x에 따라 변하는 힘의 x성분을 나타낸다. 하지만 힘이 x에 따라 변하지 않고 일정하다면, $F_x(x)$는 간단히 F_x로 나타내고 적분 기호 밖으로 꺼내 다음과 같이 쓸 수 있다.

$$W \equiv \int_{x_1}^{x_2} F_x\,dx = F_x(x_2 - x_1) = F_x\,\Delta x$$

곧,

$$W = F_x\,\Delta x \qquad \text{(운동선 방향의 일정한 힘이 한 일)} \qquad (9\text{–}13)$$

양(+)의 일과 음(−)의 일 앞 절 끝에서 강체에 해준 일을 $|W| = |F_x \Delta x|$로 나타내었다. 이 식은 마루나 탁자 위에서 강체를 움직이며 하는 일을 생각하면서 만든 약식 표현이다. 그리고 방금 끌어낸 식 9–13과는 절대값 기호가 없는 것만 빼면 매우 비슷하다. F_x와 Δx 모두 축 방향의 벡터 성분을 뜻하므로, 낱낱의 값은 양이나 음이 될 수 있고, 따라서 이 성분들의 곱인 일 W도 값이 양이나 음이 될 수 있다. 그러면 힘이 한 일이 언제 음이 되고, 언제 양이 되는지 궁금해진다. 일이 벡터의 성분인가? 이 물음에 답하려면 마찰 없는 얼음판에서 자유롭게 움직이는 퍽에 해준 일을 살펴보자.

처음에는 퍽이 원점에 서 있다고 하자. 이제 수평방향 오른쪽으로 일정한 힘 $F = +50$ N으로 퍽을 밀어 x좌표가 +1 m가 될 때까지 가속한다(그림 9–5*a*). 그 동안 퍽에 한 일은 다음과 같으므로 값은 양수이다.

$$W = F_x\,\Delta x = F_x(x_2 - x_1) = (+50\text{ N})(+1\text{ m} - 0\text{ m}) = +50\text{ J} \qquad \text{(속력이 빨라짐)}$$

퍽이 +x쪽으로 움직여 원점에서 멀어지는데, 갑자기 다른 손으로 수평방향으로 일정한 힘 $F_x = -50$ N을 주어 민다면, 퍽의 운동 방향과 반대쪽으로 밀었으므로 퍽은 느려져 원점에서 2.0 m인 곳에 서게 된다(그림 9–5*b*). 이 때 퍽의 속력을 느리게 하면서 한 일은 다음과 같으므로 값이 음수이다.

$$W = F_x\,\Delta x = F_x(x_2 - x_1) = (-50\text{ N})(+2\text{ m} - 1\text{ m}) = -50\text{J} \qquad \text{(속력이 느려짐)}$$

여러 상황에서 힘이 작용하는 것을 살펴보면 강체의 질량중심이 받는 하나의 힘 또는 알짜힘이 하는 일의 부호에 대해 다음과 같이 말할 수 있다.

> **양과 음의 일:** 하나의 힘 또는 알짜힘이 물체에 해준 일은, 힘이 변위와 같은 쪽이면 양수, 반대쪽이면 음수이다.

일은 스칼라량이다 2-2절에서 스칼라는(벡터의 성분과는 달리) 좌표계와는 무관한 양으로 정의했음을 상기하자. 이 정의에 따르면, 일은 값이 양 또는 음이 될 수 있지만 스칼라량임을 알 수 있다. 위에서 보기로 든 퍽의 경우에 좌표축을 180도 돌리면 힘과 변위 성분의 부호는 바뀌지만, (각 성분의 곱인) 일의 부호는 바뀌지 않는다. 따라서 힘과 변위에는 방향이 있지만 힘이 물체에 해준 일은 그 값이 양 또는 음이라고 해서 방향을 연관시킬 수는 없다. 그러므로 일은 스칼라량이다.

• 중력이 한 일

다음으로 특별한 일정한 힘, 말하자면 중력이 물체에 한 일을 살펴보자. 질량 m인 입자 같은 물체, 즉 토마토 같은 것을 그림 9-6a처럼 처음속력 v_1으로 위로 던진다고 하자. 토마토는 위로 올라가면서 운동 방향과 반대쪽인 아래로 향하는 중력 $\vec{F}^{중력}$을 받아 속력이 점점 느려진다. 이때 힘은 운동과 반대쪽을 향하므로, 토마토가 올라가는 동안 $\vec{F}^{중력}$이 토마토에 해주는 일은 음이 될 것이다.

이를 입증하려면, 위쪽을 $+y$쪽으로 정하여, (아래로 향하는) 중력의 y성분을 $\vec{F}^{중력} = -mg$라 하자. 토마토에 한 일은 $W^{중력} = F_y^{중력}\Delta y$가 되고, 변위의 y성분은 $\Delta y = y_2 - y_1$이다.

올라가는 동안 y_2는 y_1보다 크므로 Δy는 양이다. 중력 성분은 음이므로

$$W^{중력} = -mg(y_2 - y_1) = -mg|\Delta y| \qquad (9\text{-}14)$$

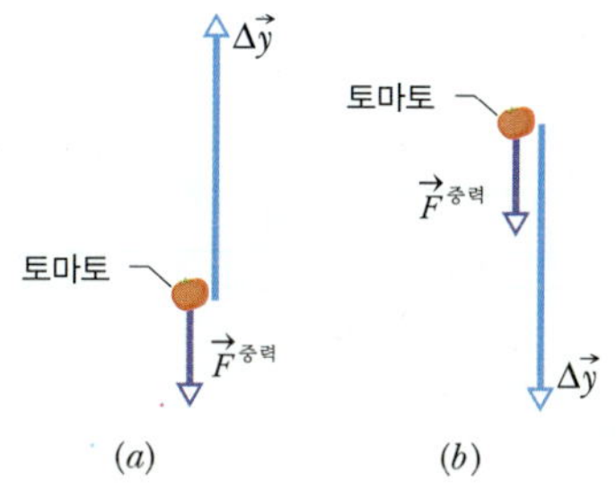

그림 9-6
토마토가 중력만 받는다면 중력이 해준 일은 (a) 토마토가 위로 올라갈 때는 음, (b) 토마토가 아래로 떨어질 때는 양이다.

토마토는 최고점에 이른 다음, 다시 아래로 떨어진다. 이때 힘과 운동이 같은 쪽이므로 중력이 하는 일은 양이 될 것이다. 그리고 y_2는 y_1보다 작다(그림 9-6b). 따라서 중력 $F_y^{중력}$의 y성분과 변위 $\Delta y = y_2 - y_1$은 모두 음이고, 일은 양이 되며 식은 다음과 같다.

$$W^{중력} = mg|\Delta y| \qquad (9\text{-}15)$$

이처럼 얼음 위의 퍽에서 보았듯이, 중력이 한 일은 토마토의 힘과 변위가 같은 쪽이면 양, 반대 쪽이면 음이다.

따라해보기 9-1 | 나무 상자

폭풍우가 칠 때 나무 상자가 일정한 바람의 힘 $\vec{F} = (2.0\,\text{N})\hat{\text{i}}$에 밀려 주차장을 가로질러 변위 $\Delta\vec{x} = (-3.0\,\text{m})\hat{\text{i}}$만큼 미끄러졌다. 그림 9-7에 이 상황을 좌표축을 그려 나타냈다.

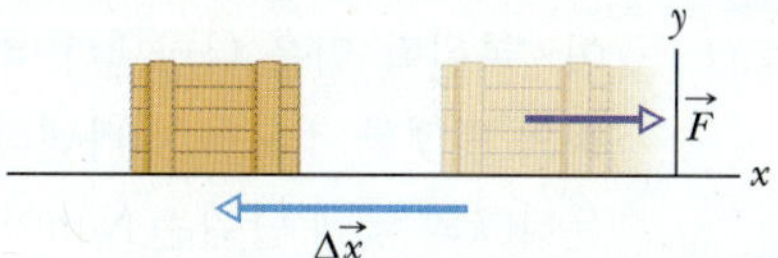

그림 9-7
바람이 일정한 힘으로 상자를 천천히 밀어서 변위 $\Delta\vec{x}$만큼 움직였다.

(a) 바람의 힘이 나무상자를 옮기며 한 일은 얼마인가?

풀이 ■ **요점**은 상자를 입자로 보고, 변위가 일어나는 동안 풍력의 크기와 방향이 일정하다는 것에 착안하여, 일을 셈하는데 식(9-13) ($W = F_x\Delta x$)을 쓸 수 있다는 것이다.

$$W = F_x\Delta x = (2.0\,\text{N})(-3.0\,\text{m}) = -6.0\,\text{J} \qquad \text{(답)}$$

따라서 바람이 상자에 한 일은 6.0 J이다.

(b) $\vec{F} = \vec{F}^{알짜}$일 때, 상자의 운동 에너지가 변위 $\Delta\vec{x}$의 시작점에서 10 J이었다면, 변위 $\Delta\vec{x}$의 끝점에서는 얼마인가?

풀이 ■ **요점**은 이 힘이 상자에 해주는 일이 음이므로, 상자의 운동 에너지는 줄어든다는 것이다. 식 9-11의 일-운동 에너지 정리

를 쓰면 다음 결과를 얻는다.

$$K_2 = K_1 + W^{알짜} = 10\,\text{J} + (-6.0\,\text{J}) = 4.0\,\text{J} \qquad \text{(답)}$$

운동 에너지가 4.0 J로 줄었으므로 상자는 속력이 느려졌다.

9-5 용수철 힘이 한 일

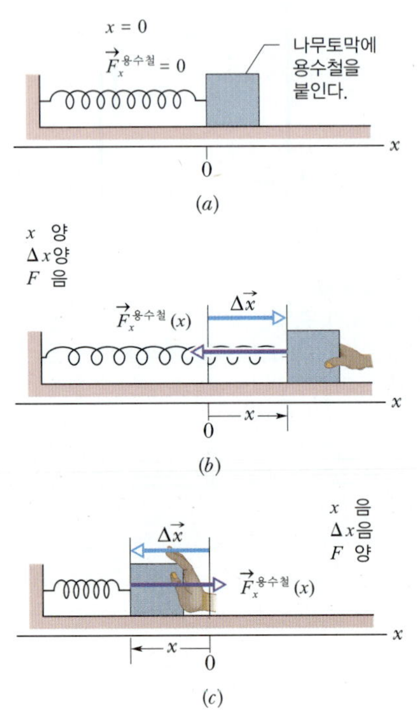

그림 9-8
용수철에 매달린 나무. 용수철의 한 끝은 벽에 고정되어 있고, 다른 끝에는 자유로이 미끄러지는 나무토막이 달려 있다. (*a*) *x*축의 원점은 용수철이 풀렸을 때에 용수철에 달린 나무토막이 있는 곳이다. (*b*) 나무토막과 용수철의 변위는 양이다. 용수철의 복원력 $\vec{F}^{용수철}$의 방향을 살펴보자. (*c*) 용수철을 음의 *x*값으로 눌렀다. 다시 복원력의 방향을 살펴보자.

지금까지는 물체가 받는 힘이 위치나 시간에 따라 변하지 않아 '일정한' 때의 일에 대해 논의했다. 이 절과 다음 절은 변하는 힘이 한 일을 셈하는 방법을 찾는다. 변하는 1차원 힘의 보기로는 용수철의 복원력을 들 수 있다. 자연이든 인공이든 주변에서 수학적인 꼴이 용수철 힘과 같은 힘이 많으므로 이 힘은 매우 흥미롭다. 예로써 변위가 작은 한도 내에서, 즉 고체에 갇힌 원자끼리 주고받는 힘, 자동차 하중을 받아 휘는 다리의 복원력, 지진에 의한 건물의 흔들림 등을 들 수 있다. 따라서 이상화된 이같은 하나의 힘을 잘 살펴봄으로써 많은 현상을 이해할 수 있다.

용수철이 주는 힘의 크기는 용수철을 당기거나 누를수록 더 커진다. 그림 9-8*a*는 용수철이 **'풀린 상태(relaxed state)'**, 곧 당기거나 누르지 않았을 때의 모습을 보여준다. 한 끝은 고정되고, 다른 끝은 자유로이 움직일 수 있는 단단한 토막이 달려 있다. 그림 9-8*b*처럼 토막을 오른쪽으로 당겨 용수철을 늘이면, 용수철은 토막을 왼쪽으로 끌어당긴다. (왜냐면 용수철의 힘은 풀린 상태로 돌아가려고 하기 때문이며, 이 힘을 용수철의 복원력이라고 부른다.) 토막을 왼쪽으로 밀어 용수철을 그림 9-8c처럼 누르면, 용수철은 토막을 오른쪽으로 다시 되민다.

많은 용수철에 대해서 근사적으로, 용수철이 주는 힘 $\vec{F}_x^{용수철}$는 자유단의 변위 $\Delta\vec{x}$에 비례한다. 보통 $\vec{F}_x^{용수철}$이 x에 따라 변한다는 사실은 x의 함수로 나타내어 $\vec{F}_x^{용수철}(x)$라 쓴다. 변위가 너무 크지 않다면, 용수철 같은 많은 물체는 다음과 같은 용수철 힘을 준다.

$$\vec{F}_x^{용수철}(x) = -k\Delta\vec{x} \qquad \text{(이상적인 1차원 용수철에 대한 후크 법칙[Hooke's law])} \qquad (9\text{–}16)$$

이 '법칙'은 1600년 후반의 영국 과학자 후크(Robert Hooke)의 이름을 딴 것이다. 후크 법칙은 몇몇 물체들에 대해 잰 결과를 바탕으로 추론한 것으로써 뉴턴 법칙과 같은 뜻의 '법칙'은 아니다.

식 9-16의 $\vec{F}_x^{용수철}(x) = -k\Delta\vec{x}$에서 (−) 부호는 용수철 힘이 늘 변위와는 반대쪽이고 따라서 힘이 '복원력'임을 나타낸다. 비례상수 k는 **용수철 상수(spring constant)**라 하며, 항상 양수이고, 용수철의 뻣뻣한 정도를 나타낸다. k가 클수록 더 뻣뻣하다. 곧 어떤 길이만큼 밀거나 당기는데 힘이 더 든다. k의 국제 단위는 N/m이다.

그림 9-8에서 x축을 용수철의 길이와 나란히 두고 좌표 원점을($x = 0$) 용수철이 풀린 상태에서의 자유단이 있는 곳에 두었다. 이 좌표계에서 $F_x^{용수철}(x) = -k\Delta\vec{x}$를 성분으로 표시하면 다음과 같다.

$$\vec{F}_x^{용수철}(x) = -kx \qquad (x = 0\text{이 풀린 상태일 때의 후크 법칙}) \qquad (9\text{–}17)$$

이 식은 이상적인 용수철의 성질을 잘 기술한다. x가 (+)이면(용수철을 x축의 오른쪽으로 당기면) 성분 $\vec{F}_x^{용수철}(x)$는 음이다.(즉, 왼쪽으로 당기는 힘이다.) x가 (−)이면(용수철을 왼쪽으로 누르면), 성분 $\vec{F}_x^{용수철}(x)$은 양이다.(즉, 오른쪽으로 미는 힘이다.) 또한 후크 법칙은 F_x가 x에 비례함을 기술하고 있음에 유의하자.

• 용수철 힘이 한 일

그림 9-7에서, 용수철 힘의 성분과 변위는 같은 직선 위에 있다. 따라서 이 1차원 가변력이 한 일을 정하기 위해, 용수철 힘을 더 일반적인 표현으로 식 9-8과 같이 바꾸자.

$$W^{용수철} \equiv \int_{x_1}^{x_2} F_x^{용수철}(x)\,dx \qquad (9\text{–}8)$$

이 식을 그림 9-8a의 용수철이 토막을 움직이면서 한 일에 적용하려면 두 가지 가정을 하여 용수철과 토막에 대한 문제를 단순하게 만들자. (1) 용수철은 질량이 없다. 다시 말해, 토막의 질량에 비하여 충분히 무시할 만큼 작다. (2) 이상적인 용수철이다. 따라서 후크 법칙을 정확히 따른다. 이 두 가정 때문에 비현실적인 결과를 얻을 수도 있지만, 많은 경우 그 결과는 실험 결과와 잘 맞는다.

적분으로 돌아가자. 성분 $\vec{F}_x^{용수철}(x)$를 후크 법칙(식 9-16)을 써서 $-kx$로 바꾸고 적분 기호 밖으로 상수 k를 꺼내면, 다음과 같다.

$$W^{용수철} = \int_{x_1}^{x_2}(-kx)\,dx = -k\int_{x_1}^{x_2} x\,dx = (-\tfrac{1}{2}k)[x^2]_{x1}^{x2} = -\tfrac{1}{2}k(x_2^2 - x_1^2) \qquad (9\text{–}18)$$

따라서 토막이 움직일 때 용수철 힘이 토막에 한 일은

$$W^{용수철} = +\tfrac{1}{2}kx_1^2 - \tfrac{1}{2}kx_2^2 \qquad \text{(용수철 힘이 한 일)} \qquad (9\text{–}19)$$

이 용수철 힘이 한 일 $W^{용수철}$의 값의 부호는 토막이 원점에서 멀어지는가 또는 가까워지는가에 따라, 양 또는 음이 될 수 있다. 이것은 앞 절에서 중력이 토마토에 한 일이 토마토가 오르내림에 따라 변하는 것과 매우 유사하다. 나중 위치 x_2가 식 9-19 우변의 둘째 항에 나타남을 유의하자. 따라서 용수철 힘이 토막에 한 일 $W^{용수철}$은 토막이 평형위치($x = 0$)에 다가가면 양이고, 멀어지면 음이다. 그리고 토막이 $x = 0$에서부터 같은 변위로 끝나면 0이다.

생각해보기 9-3 그림 9-8에 토막의 처음 위치와 나중 위치가 x축에서 (a) −3 cm, 2 cm, (b) 2 cm, 3 cm, (c) −2 cm, 2 cm의 세 가지 경우로 있다. 각 경우에서 용수철 힘이 토막에 한 일은 양인가, 음인가, 또는 0인가?

따라해보기 9-2 | 용수철에 달린 과자 봉지

새 과자봉지가 그림 9-8a처럼 용수철에 매달려 마찰 없는 바닥에서 움직인다. 이 봉지를 $x_2 = 12$ mm에서 (그림 9-8b) 가만히 붙들어 두려면 크기 $F^{힘} = 4.9$ N인 힘이 든다.

(a) 과자봉지를 $x_1 = 0$에서 오른쪽으로 $x_3 = 17$ mm로 당기는 데 용수철 힘은 얼마의 일을 하는가?

풀이 ■ 요점은 과자봉지가 한 곳에서 다른 곳으로 움직일 때, 용수철 힘이 과자봉지에 해주는 일은 식 9-19와 같다는 것이다. 처음 위치 x_1이 0이고, 나중 위치 x_3이 17 mm임은 알고 있으나 용수철 상수 k는 모른다.

식 9-16(후크 법칙)으로 k를 셈할 수 있을 것 같은데, 여기에는 둘째 **요점**, 즉 봉지를 $x_2 = 12$ mm에 가만히 붙들고 있으려면, 용수철 힘과 붙드는 힘이 (뉴턴의 제2법칙으로) 평형을 이루어야 한다는 착상이 필요하다. 따라서 용수철 힘의 x성분 $F_x^{용수철}$은 (그림 9-8b의 왼쪽으로) −4.9 N이어야 하고, 따라서 식 9-16은

$$k = -\left(\frac{F_x^{용수철}}{x_2}\right) = -\left(\frac{-4.9\text{ N}}{12\times10^{-3}\text{ m}}\right) = +408\text{ N/m}$$

가 된다. 이제, 과자봉지가 $x_3 = 17$ mm에 있을 때, 식 9-19는

$$W^{용수철} = -\frac{1}{2}kx_3^2 = -\frac{1}{2}(408\ \mathrm{N/m})(17\times 10^{-3}\ \mathrm{m})^2$$
$$= -0.059\ \mathrm{J} = -59\ \mathrm{mJ} \quad \text{(답)}$$

(b) 다음으로, 과자봉지를 $x_3 = 17\ \mathrm{mm}$에서 왼쪽으로 $x_4 = -12\ \mathrm{mm}$로 움직이는 동안에 용수철 힘이 과자봉지에 한 일은 얼마인가? 그리고 이 일의 부호를 설명하라.

풀이 ■ 요점은 문제(a)에서의 첫 번째 착상이다. 여기서 $x_3 = +17\ \mathrm{mm}$이고 $x_4 - 12\ \mathrm{mm}$인데, x_3와 x_4는 용수철의 평형점에 대한 두 위치로서 변위를 나타내지는 않는다. 식 9-19는 다음과 같다.

$$W^{용수철} = \frac{1}{2}kx_3^2 - \frac{1}{2}kx_4^2 = \frac{1}{2}k(x_3^2 - x_4^2)$$
$$= \frac{1}{2}(408\ \mathrm{N/m})[(17\times 10^{-3}\ \mathrm{m})^2 - (-12\times 10^{-3}\ \mathrm{m})^2]$$
$$= 0.030\ \mathrm{J} = 30\ \mathrm{mJ} \quad \text{(답)}$$

토막은 용수철의 평형점에 더 가까워졌으므로 용수철 힘이 토막에 한 일은 양이다.

따라해보기 9-3 | 통조림 깡통

그림 9-9에서 질량 $m = 0.40\ \mathrm{kg}$인 통조림이 마찰 없는 탁자 위를 $\vec{v} = v_x\hat{\mathrm{i}} = (-0.50\ \mathrm{m/s})\hat{\mathrm{i}}$의 속도로 미끄러진 다음, 용수철 상수 $k = 750\ \mathrm{N/m}$인 용수철을 밀어 눌렀다. 깡통이 용수철에 밀려 멈춘 순간 용수철이 눌린 거리 Δx는 얼마인가?

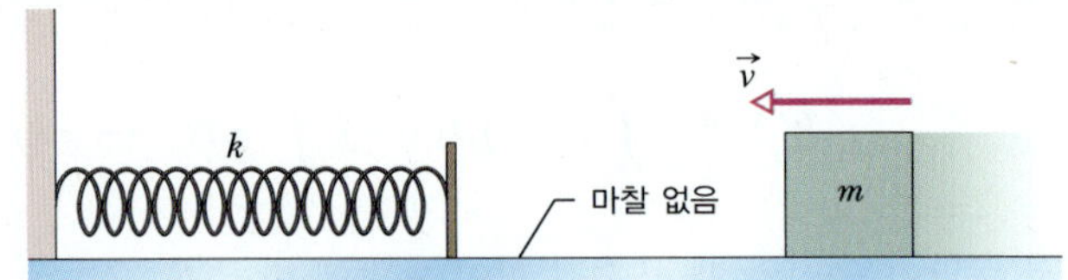

그림 9-9
질량 m인 통조림이 속도 $\vec{v}$로 용수철 상수 k인 용수철을 향해 움직인다.

풀이 ■ 요점은 다음과 같다.

1. 용수철 힘이 통조림에 한 일 $W^{용수철}$은 식 9-19 ($W^{용수철} = \frac{1}{2}kx_1^2 - \frac{1}{2}kx_2^2$)와 같으며, 이것은 여기에서 묻는 변위량 $\Delta x = x_2 - x_1$과 연관되어 있다.
2. $\vec{F}^{용수철} = \vec{F}^{알짜}$이므로, 일 $W^{용수철}$ 또한 식 9-11 ($W^{알짜} = K_2 - K_1$)으로서 통조림의 운동 에너지와 연관된다.
3. 통조림의 운동 에너지는 처음 값이 $K_1 = \frac{1}{2}mv_x^2$이며, 통조림이 순간적으로 설 때는 값이 0이 된다.

처음의 두 **요점**에 덧붙여서, 용수철이 처음에는 눌리지 않았으므로 $x_1 = 0$임에 유의하면, 통조림에 대한 알짜일-운동 에너지 정리는 다음과 같다.

$$K_2 - K_1 = \frac{1}{2}kx_2^2$$

여기에 셋째 **요점**을 넣으면, 식은 다음과 같다.

$$0 - \frac{1}{2}mv_x^2 = -\frac{1}{2}kx_2^2$$

x에 대해 풀어 정리하고 주어진 값을 넣으면,

$$x_2 = \pm\sqrt{\frac{mv_x^2}{k}} = \pm\sqrt{\frac{(0.40\ \mathrm{kg})(-0.50\ \mathrm{m/s})^2}{750\ \mathrm{N/m}}}$$
$$= \pm 1.2\times 10^{-2}\ \mathrm{m} = \pm 1.2\ \mathrm{cm}$$

여기서 질량은 용수철을 누르면서 왼쪽으로 움직이는 것이 확실하므로 해에서 $x_2 = +1.2\ \mathrm{cm}$는 제외한다. 즉,

$$\Delta x = x_2 - x_1 = -1.2\ \mathrm{cm} - 0\ \mathrm{cm} = -1.2\ \mathrm{cm} \quad \text{(답)}$$

9-6 1차원적으로 변하는 힘이 한 일-일반적 고찰

• '천천히 변하는' 힘이 하는 일을 셈하기

앞 절에서 식 9-8을 적분하여 용수철 힘이 한 일의 값을 얻었다. 적분할 수 있었던 것은 용수철 힘을 나타내는 함수가 천천히 변하는 연속 함수였기 때문이다. 함수 $\vec{F}_x(x)$를 알면 식 9-8에 그 함수를 넣고 적절한 위아래 값에 대해 적분하여 일을 구할 수 있다. (부록 E에 일반적인 적분공식이 있다.) 결론적으로, 힘이 1차원 함수로서 적분할 수 있다면 식 9-8을 써서 힘과 나란한 쪽으로 움직이는 물체에 해준 일을 쉽게 구할 수 있다.

• 수치적분으로 일을 셈하기

물체가 받는 힘이 용수철 힘이 아니고, 그림 9–2와 같이 줄을 따라 미끄러지는 구슬을 무언가가 불규칙하게 밀거나 당기는 힘이라고 하자. 이 힘은 x의 함수가 아니므로 일반적인 적분 규칙을 써서 적분할 수 없다. 이때에도 아주 작은 변위 안에서는 힘이 거의 일정하다고 볼 수 있으므로, 낱낱의 작은 변위에서 한 일을 셈하고, 그 일을 모두 더해 전체의 일을 셈할 수 있다. 이렇게 셈하는 방법을 **수치 적분(numerical integration)**이라고 한다.

입자의 위치에 따라 변하는 1차원 힘의 x성분을 따져 수치 적분을 시작해 보자. 그림 9–10a에 일반적인 1차원 함수인 힘의 변화를 보였다. 이 입자에 해준 일을 셈하는 한 가지 방법은 입자의 처음 위치 x_1과 나중 위치 x_N사이의 거리를 N등분하여 Δx로 나누는 것이다. N을 크게 하면 Δx는 아주 작아져서 힘의 x성분 $F_x(x)$는 구간에서 거의 일정하다고 볼 수 있다. n번째 구간에서 $F_x(x)$의 평균값을 $\langle F_{xn}(x)\rangle$으로 나타내자. 그림 9–10b, c에 보인 것처럼 $\langle F_{xn}(x)\rangle$는 n번째 막대의 높이며, n번째 막대의 x좌표는 $x_n = x_0 + (n-\frac{1}{2})\Delta x$이고 $\Delta x = (x_N - x_0)/N$이다.

$\langle F_{xn}(x)\rangle$가 일정하다면 n번째 구간에서 힘이 한 일의 증가분 ΔW_n은 식 9–13처럼 다음과 같이 어림할 수 있다.

$$\Delta W_n \cong \langle F_{xn}\rangle \Delta x \tag{9–20}$$

그림 9–10b, c에서 가장 진하게 칠한 부분을 보면 ΔW_n은 n번째 막대기의 넓이와 같다.

입자가 x_0에서 x_N까지 움직이는 동안 힘이 한 전체 일 W를 구하려면 그림 9–10c의 x_N 사이의 모든 막대의 넓이를 더하면 된다.

$$W \cong \sum_{n=1}^{N} \Delta W_n = \sum_{n=1}^{N} \langle F_{xn}(x)\rangle \Delta x \tag{9–21}$$

이 값은 전체 일에 대한 정확한 값은 아닌데, 그 까닭은 그림 9–10b의 실제 곡선 $\vec{F}_x(x)$를 막대의 상단으로 어림하였기 때문이다. ($\langle F_{xn}(x)\rangle$을 상수로 보았다.)

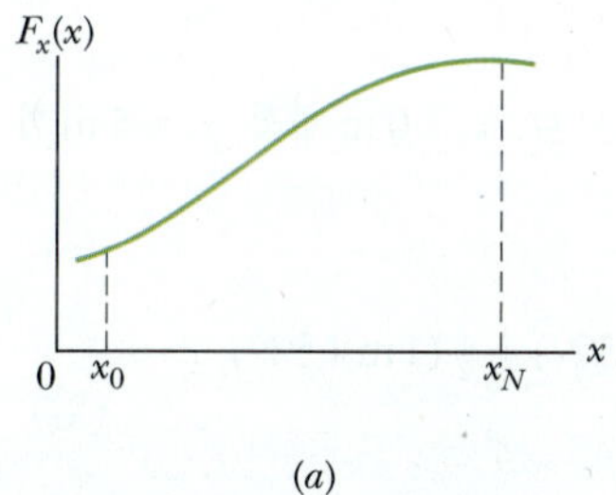

(a)

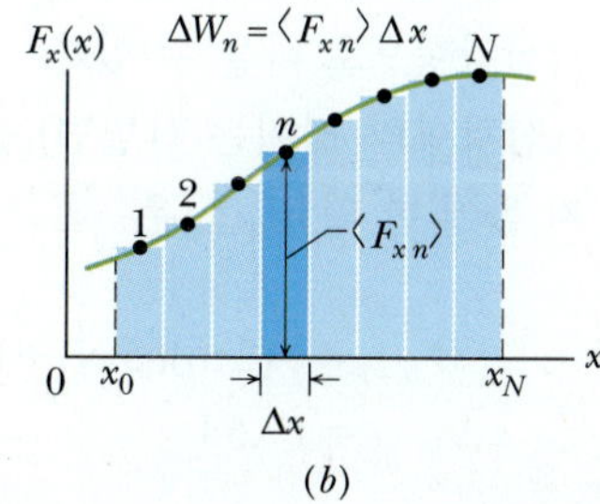

(b)

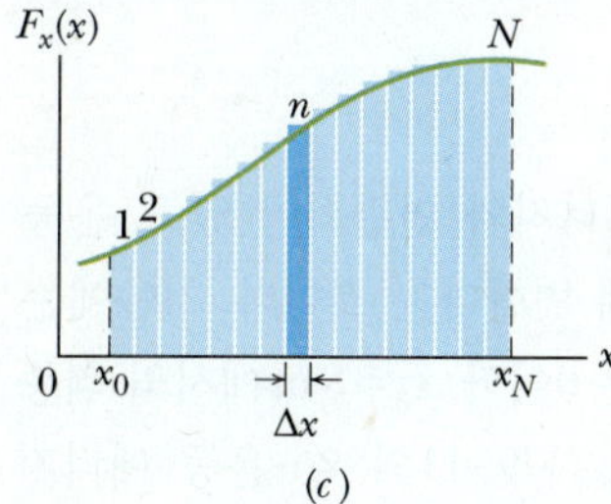

(c)

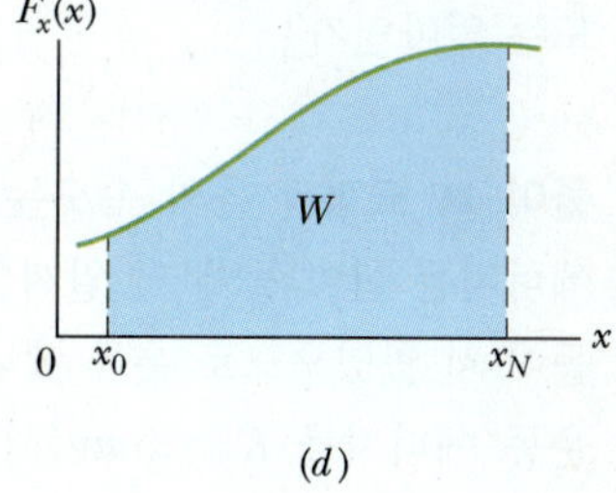

(d)

그림 9–10
한 입자가 1차원에서만 움직인다. (a) 입자의 변위 $x_N - x_0$에 대한 힘의 1차원 성분 $F_x(x)$를 나타냈다. (b) 곡선 아래의 넓이를 좁은 막대로 나눈 것 말고는 (a)와 같다. (c) 좁은 막대를 더 좁은 막대로 나눈 것 말고는 (b)와 같다. (d) 극한의 경우. 힘이 한 일은 식 9–8이 되며 x_0와 x_N 사이에서 곡선과 x축 사이의 칠한 넓이가 된다.

필요하다면 그림 9-10*c*와 같이, 막대의 너비 Δx를 특별히 작게 하고 더 많은 막대를 써서 어림의 정확도를 더 높일 수도 있다. 일단 막대의 너비가 충분히 작다면, 식 9-21은 가변(변하는) 힘이 한 일을 셈하는데 쓸 수 있다.

• 적분의 정의

막대 너비가 0에 가까워지는 극한에서는 막대의 개수는 한없이 많아지고 막대들의 넓이의 합은 다음의 결과로 정확히 접근한다.

$$W = \lim_{\Delta x \to 0} \sum_{n=1}^{N} \langle F_{nx}(x) \rangle \Delta x \tag{9-22}$$

이 극한값은 함수 $F_x(x)$를 아래 한계 x_0와 위 한계 x_N 사이에서 적분한 값이며, 따라서 식 9-22는 다음과 같다.

$$W = \int_{x_0}^{x_N} F_x(x)\,dx \qquad \text{(1차원적으로 변하는 힘이 한 일)} \qquad \text{(식 9-8)}$$

위의 일은 기하학적으로는 경계값 x_0와 x_N 사이에서 구한 곡선 $F_x(x)$와 x축 사이의 넓이와 같다. (그림 9-10*d*의 색칠한 부분). 또한 F_x의 값이 (−)이면, 곡선 F_x와 x축 사이의 넓이도 값이 (−)이 됨에 유의하자.

따라해보기 9-4 | 돌에 한 일

2.0 kg의 돌이 그림 9-11처럼 위치에 따라 변하는 힘 $F_x(x)$를 받아 마찰 없는 면 위의 x축을 따라서 움직인다.

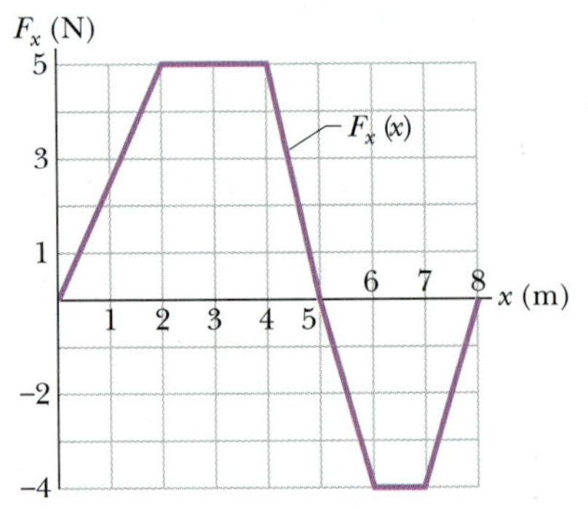

그림 9-11
돌의 위치에 따라서 변하는 1차원 성분의 힘의 변화를 나타내는 곡선

(a) 돌이 처음 위치 $x_1 = 0$에서 $x_2 = 5\,\text{m}$로 움직일 때, 이 힘이 돌에 한 일은 얼마인가?

풀이 ■ 요점은 1차원 힘이 한 일은 식 9-8과 같다는 것이다.

$$W = \int_{x_1}^{x_2} F_x(x)\,dx$$

여기서 적분 범위는 $x_1 = 0\,\text{m}$와 $x_2 = 5\,\text{m}$이고, $W_{0 \to 5}$는 그림 9-11과 같다. 둘째 **요점**은 그림 9-11의 도표로부터 적분을 셈할 수 있다는 것이다. 적분은 범위 $x_1 = 0\,\text{m}$와 $x_2 = 5\,\text{m}$ 사이에서 그림 $F_x(x)$와 x축 사이의 넓이를 구하는 것이다. 이 넓이는 세 조각, 즉 $x_1 = 0\,\text{m}$에서 $x = 2\,\text{m}$까지 왼쪽 직각삼각형, $x = 2\,\text{m}$에서 $x = 4\,\text{m}$까지 가운데 직사각형, 그리고 $x = 4\,\text{m}$에서 $x = 5\,\text{m}$까지 오른쪽 직각삼각형으로 나눌 수 있다.

삼각형의 넓이는 $\frac{1}{2}$(밑변)(높이)이므로, $x_1 = 0\,\text{m}$에서 $x_2 = 5\,\text{m}$까지 돌에 한 일 $W_{0 \to 5}$은

$$\begin{aligned} W_{0\to 5} &= \tfrac{1}{2}(2\,\text{m})(5\,\text{N}) + (2\,\text{m})(5\,\text{N}) + \tfrac{1}{2}(1\,\text{m})(5\,\text{N}) \\ &= 17.5\,\text{J} \end{aligned} \qquad \text{(답)}$$

(b) 이 돌이 $x_1 = 0\,\text{m}$에 서 있다가 출발했다. $x = 8\,\text{m}$에서 돌의 속도는 얼마인가?

풀이 ■ 요점은 돌의 속도는 운동 에너지와 연관되어 있고, 운동 에너지는 힘이 돌에 한 알짜일 때문에 변한다는 것이다. 처음에는 돌이 서 있었으므로 운동 에너지 K_1은 0이다. $x_3 = 8\,\text{m}$에서의 최종 운동 에너지를 $K_3 = \frac{1}{2}mv_3^2$이라 하면, 식 9-11의 일-운동 에너지

정리($K_3 = K_1 + W^{알짜}$)는 다음과 같다.

$$\frac{1}{2}mv_3^2 = 0 + W_{0\to 8} \quad (9\text{–}23)$$

여기서 $W_{0\to 8}$은 $x_1 = 0\,\text{m}$에서 $x_3 = 8\,\text{m}$까지 돌에 한 일이다.

둘째 **요점**은 위의 (a)와 같이 그림 9–11의 도표에서 곡선과 x축 사이의 넓이를 구해 일을 알 수 있다는 점이다. 하지만 부호에 주의해야 한다. 곡선이 x축 위에 있으면 넓이는 양이고, 아래에 있으면 음이다. $W_{0\to 5} = 17.5\,\text{N}$은 이미 구했으므로, 전체 넓이는 다음과 같다.

$$\begin{aligned} W_{0\to 8} &= W_{0\to 5} + W_{5\to 8} \\ &= 17.5\,\text{J} - \tfrac{1}{2}(1\,\text{m})(4\,\text{N}) - (1\,\text{m})(4\,\text{N}) - \tfrac{1}{2}(1\,\text{m})(4\,\text{N}) \\ &= 9.5\,\text{J} \end{aligned}$$

이 결과와 $m = 2.0\,\text{kg}$을 식 (9–23)에 넣어 v_3에 대하여 푼다.

$$v_3 = 3.1\,\text{m/s} \quad \text{(답)}$$

연습문제 9-6

13. 가속도 그림표

그림 9–12은 서 있던 2.00 kg 입자가 일정한 힘 $\vec{F}$를 받아 x축을 따라서 $x = 0\,\text{m}$에서 $x = 9\,\text{m}$까지 움직일 때의 가속도를 나타낸다. 이 입자가 (a) $x = 4\,\text{m}$, (b) $x = 7\,\text{m}$, (c) $x = 9\,\text{m}$에 도착했을 때 이 힘이 입자에 해준 일은 얼마인가? 입자가 (d) $x = 4\,\text{m}$, (e) $x = 7\,\text{m}$, (c) $x = 9\,\text{m}$에 도착하였을 때의 속력과 운동 방향은 무엇인가?

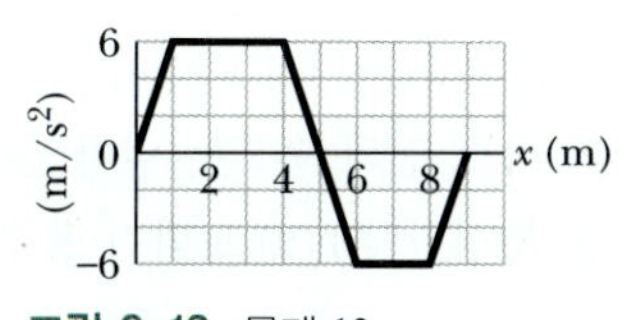

그림 9–12 문제 13

14. 나사통

차량정비소의 마찰 없는 미끄러운 바닥에서 나사통을 빗자루로 x축을 따라 2.00 m 밀었다. 그림 9–13는 빗자루의 일정한 수평방향 힘이 통에 한 일을 통의 위치 x에 대해 나타낸다. (a) 힘의 크기는 얼마인가? (b) 통의 운동 에너지가 처음에 3.00 J이었다면, 2.00 m 움직인 뒤에는 얼마가 되는가?

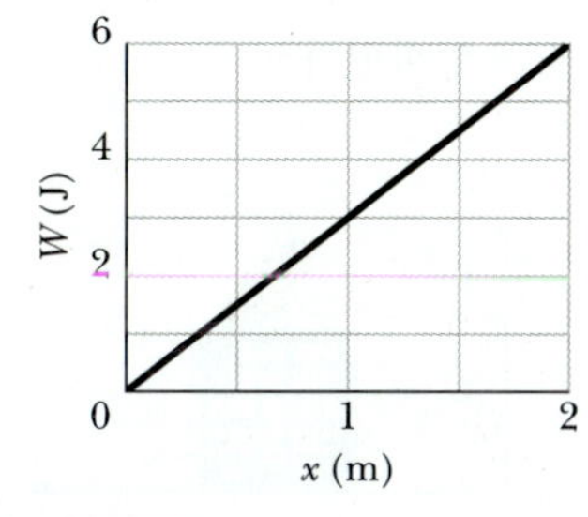

그림 9–13 문제 14

15. 단일 힘

단일 힘을 받아 x축을 따라 물체가 움직인다. 그림 9–14는 물체의 속도 v_x를 보여준다. 구간 AB, BC, CD, DE 각각에 대해 힘이 물체에 한 일의 부호(+, −)를 정하거나 일이 0임을 설명하라.

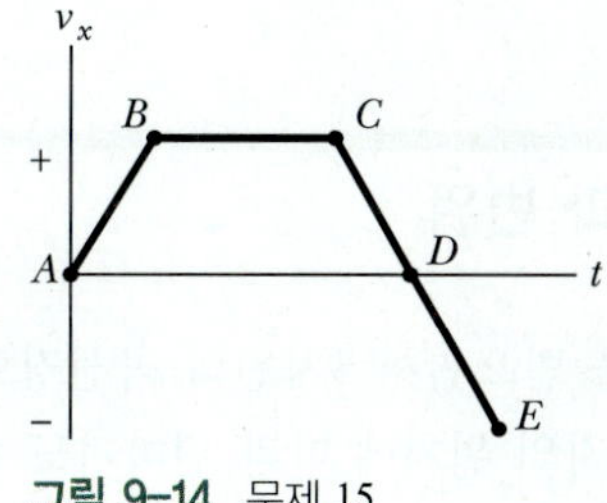

그림 9–14 문제 15

16. 용수철에 달린 토막

그림 9–8의 토막이 용수철 상수 50 N/m인 용수철에 달려 마찰 없는 수평면에서 움직인다. 처음에 용수철은 풀린 상태였고, 토막은 $x = 0\,\text{m}$인 곳에 서 있었다. 다음에 이 토막을 3.0 N의 일정한 힘으로 $+x$ 쪽으로 끌면서 토막이 멈출 때까지 당겼다. 정지점에 도달했을 때 다음을 구하라. (a) 토막의 위치, (b) 가해준 힘이 토막에 한 일, (c) 용수철 힘이 토막에 한 일. (d) 토막의 운동 에너지가 최대일 때 토막의 위치는 어디인가? (e) 최대 운동 에너지의 값은 얼마인가?

17. 경주용 썰매를 타는 사람

총 중량 85 kg의 경주용 썰매와 썰매꾼이 내리막 궤도로부터 처음 속도 37 m/s로 수평궤도에 진입했다. 그들이 $2.0\,\text{m/s}^2$의 비율로 일정하게 감속한다면 (a) 감속력 F의 크기는 얼마인가? (b) 감속하면서 그들이 가는 거리 d는 얼마인가? (c) 감속력이 그들에게 한 일 W는 얼마인가? 경주용 썰매와 썰매꾼이 $4.0\,\text{m/s}^2$로 감속한다면 (d) F, (e) d, (f) W는 얼마인가?

18. 그림표의 일

5.0kg의 토막이 마찰 없는 수평면에서 그림 9–15의 위치에 따라 변하는 힘을 받으면서 직선을 따라 움직인다. 토막이 원점에서 $x = 8.0\,\text{m}$까지 가는 동안 힘이 한 일은 얼마인가?

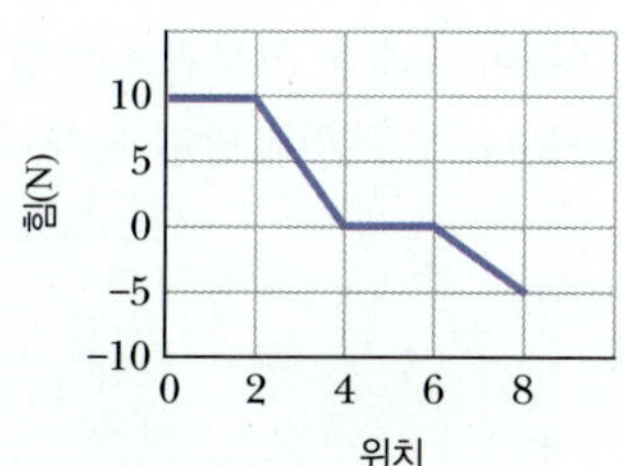

그림 9–15 문제 18

19. 벽돌에 한 일

10 kg의 벽돌이 x축을 따라 움직인다. 그림 9–16에 가속도를 위치의 함수로서 나타냈다. 벽돌이 $x = 0\,\text{m}$에서 $x = 8\,\text{m}$까지 가는 동안 가속도를 주는 힘이 벽돌에 한 일은 얼마인가?

20. 자전거 경주장

(a) 1975년, 몬트리올에서 무게 350 kN인 자전거 경주장 지붕을 10 cm 들어 올려 중심을 맞추었다. 들어 올리는 힘이 지붕에 한 일은 얼마인가? (b) 소문에 따르면 1960년, 플로리다 탐파의 막스웰 로저스 부인은, 차가 그녀의 아들을 덮쳤는데 잭(jack)이 작동치 않자 차의 한 끝을 들어올렸다. 그녀가 실제로 4000 N(차 무게의 약 1/4)을 제정신이 아닌 상태에서 5 cm 들어 올렸다면, 그녀가 차에 한 일은 얼마인가?

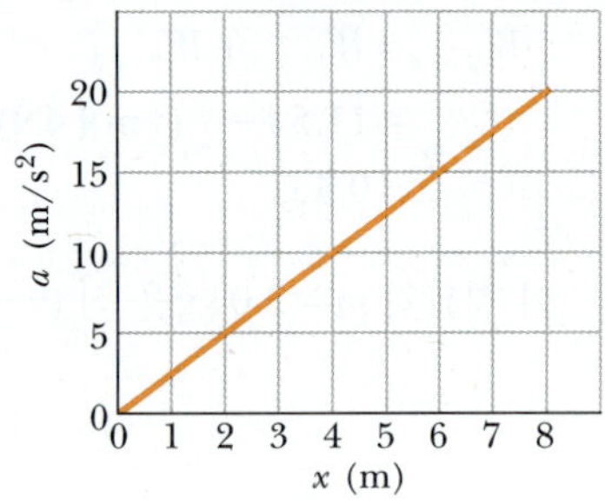

그림 9-16 문제 19

21. 두 도르래와 통 하나

그림 9-17과 같이 줄이 질량도 마찰도 없는 두 도르래에 감겨 한 끝이 천장에 묶여 있다. 도르래 하나에는 $m = 20$ kg인 통이 걸려 있고, 줄의 다른 끝에는 힘 $\vec{F}$를 준다. (a) 통을 일정한 속도로 들어 올리려면 $\vec{F}$의 크기는 얼마여야 하는가? (b) 통을 2 cm 들어 올리려면 줄을 얼마나 당겨야 하는가? (c) 그렇게 당기는 동안에 줄을 통해 준 힘이 한 일은 얼마인가? (d) 통이 받는 중력이 한 일은 얼마인가? (**실마리**: 그림처럼 줄이 도르래를 따라 돌 때, 도르래를 끌어 올리는 알짜힘은 줄에 걸린 장력의 두 배다.)

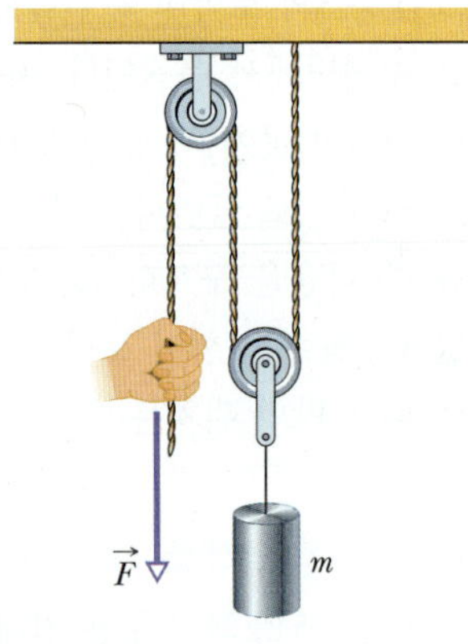

그림 9-17 문제 21

22. MIT의 봄

봄학기에 MIT의 동쪽 교정에 있는 나란한 기숙사들 사이에서 학생들이 수술용 고무관으로 만든 큰 새총을 창틀에 설치하고 서로 싸운다. 고무관에 달린 탄대에는 염료물감으로 채운 풍선을 놓고, 방의 길이 5.0 m 만큼 당겨서 쏜다. 고무줄은 탄성상수 100 N/m로 후크 법칙을 따른다고 하자. 고무줄이 풀린 상태에 도달할 때까지 탄대의 풍선에 한 일은 얼마인가?

23. F(x) 그림표

힘 $\vec{F} = F_0(x/x_0 - 1)\,\hat{\mathrm{i}}$가 x 축을 따라 입자에 작용한다. $x = 0$에서 $x = 2x_0$까지 입자를 움직이는데 힘이 한 일을 (a) $\vec{F}(x)$를 그린 다음 그림표를 재어 구하고, 또한 (b) $\vec{F}(x)$를 적분하여 구하라.

24. 용수철에 떨어뜨린 토막

이완된 k = 2.5 N/cm인 용수철에 250 g 토막이 수직하게 떨어졌다(그림 9-18). 토막은 용수철에 닿아 용수철을 12 cm 눌렀다가 되튄다. 용수철이 눌리는 동안 (a) 중력이 토막에 한 일은 얼마이고 (b) 용수철 힘이 한 일은 얼마인가? (c) 토막이 용수철에 닿기 바로 전의 속도는 얼마인가? (마찰은 무시한다.) (d) 토막이 용수철에 닿는 순간의 속도가 두 배 되면 용수철의 최대 압축은 얼마가 되는가?

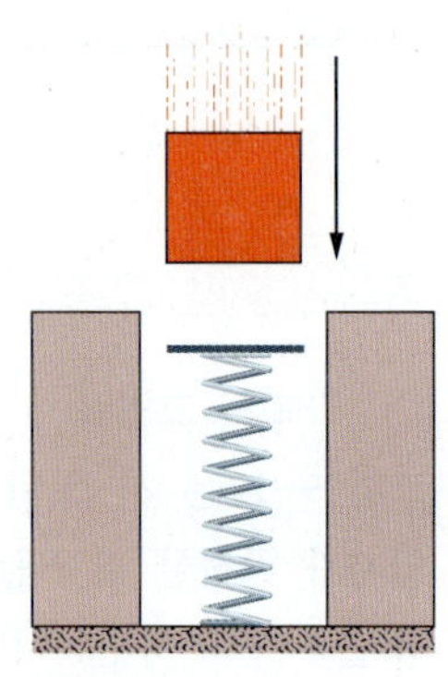
그림 9-18 문제 24

25. 새장

용수철 상수가 15 N/cm인 용수철의 한 끝에 새장이 달려 있다. (a) 용수철을 풀린 상태로부터 7.6 mm 늘이면 용수철 힘이 새장에 한 일은 얼마인가? (b) 용수철을 7.6 mm 더 늘이면 용수철 힘이 더 한 일은 얼마인가?

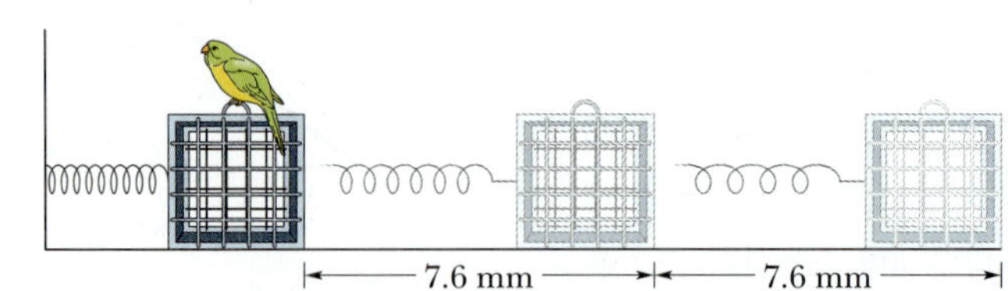

그림 9-19 문제 25

9-7 2 · 3차원에서의 힘과 변위

이 절에서는 입자가 3차원의 힘을 받으면서 3차원의 곡선경로를 따라서 움직이는데, 힘의 방향이 입자의 변위와 다를 수도 있고 입자의 위치에 따라 변하기도 하는 아주 일반적인 상황을 살펴본다. 이처럼 훨씬 더 복잡할 때 힘이 입자에 한 일은 어떻게 셈할까?

이와 같은 일반적인 일을 다루기 전에 먼저, 1차원에서 움직이는 썰매가 일정한 2차원적 힘을 받는 간단한 경우의 일부터 살펴보자. 이 보기를 살펴보면 두 벡터의 곱으로서 일을 셈하는 일반적인 방법을 고안할 필요가 있음을 알게 된다.

• 일정 각도로 준 힘이 한 일

짐 실은 썰매를 마찰이 없이 끌고 있다고 하자(그림 9-20*a*). 썰매의 밧줄 손잡이는 지면과 각도 ϕ를 유지한다. 힘껏 당기자 썰매가 움직이기 시작했다. 하지만 갈 길은 먼데 곧 지치리라는 것을 알았다. 어떻게 해야 하는가? 좋은 방도가 없을까? 한 가지 해봄직한 것은 썰매를 끄는 각도를 바꾸는 것인데, 각도를 더 크게 하는 것이 좋을까, 작게 하는 것이 좋을까?

나날의 경험에서부터 알 수 있듯이, 무거운 것을 끌 때는 다소간 수평방향으로 당겨야 한다. 각도 ϕ가 작을수록 썰매를 더 효율적으로 끌 수 있다. 6장에서 설명했듯이, 힘의 수직방향 성분은 운동의 방향만을 바꿀 뿐이므로(여기서는 썰매가 다져진 눈 위를 미끄러져 빠지지 않는다고 가정한다.), 물체의 속도를 바꾸려면 그쪽으로 힘의 성분이 있어야 한다. 따라서 일-에너지 정리에 따라 힘의 운동 방향 성분만이 일을 해준다. 이를 정리하면 다음과 같다.

> 힘이 물체를 움직이며 한 일을 셈하려면, 힘의 성분 가운데 물체의 변위와 나란한 것만을 쓴다. 수직한 성분은 일을 하지 않는다.

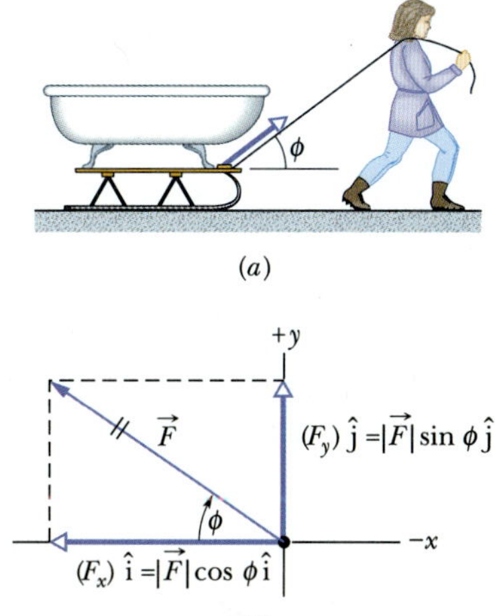

그림 9-20
(*a*) 왼쪽으로 움직이며 지면과 일정 각도 ϕ를 이루는 밧줄로 썰매를 끈다. (*b*) 당기는 힘 $\vec{F}$의 성분들, $+x$쪽과 이에 수직한 방향.

그림 9-20*b*와 같이, 힘의 x성분은 힘의 크기와 힘과 $+x$쪽이 이루는 각도 ϕ로 쓸 수 있다.

$$F_x = |\vec{F}|\cos\phi \tag{9-24}$$

일정한 힘이 한 일을 셈하려면 식 (9-13)($W = F_x\,\Delta x$)를 써서

$$W = F_x\,\Delta x = (|\vec{F}|\cos\phi)\,\Delta x \qquad (x\text{축에 나란한 변위에 대한 일}) \tag{9-25}$$

이 되며, 여기서 Δx는 썰매의 변위이다. 썰매는 끄는 쪽으로 움직이므로, 좌표계에서는 F_x와 Δx 모두 양이고, 힘이 한 일은 양이다.

2차원 힘이 어떤 변위 $\Delta\vec{r}$(어떤 좌표축에 나란할 필요가 없다)을 따라서 한 일을 살펴보면 위와 비슷하지만 더 일반적인 식을 끌어낼 수 있다. 그러려면 각도 ϕ를 (어떤 좌표축보다는) 변위의 방향과 힘 사이의 각도로 정해야 하며, 이 경우 일에 대한 표현은 다음과 같다.

$$W = |\vec{F}||\Delta\vec{r}|\cos\phi \qquad (\Delta\vec{r}\text{과 }\vec{F}\text{ 사이의 각도로 나타낸 일}) \tag{9-26}$$

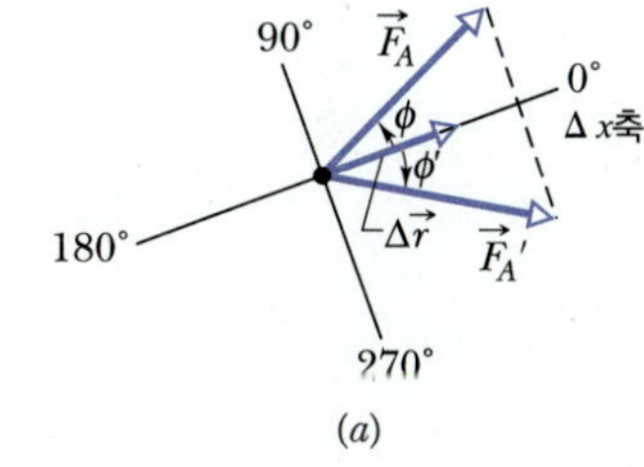

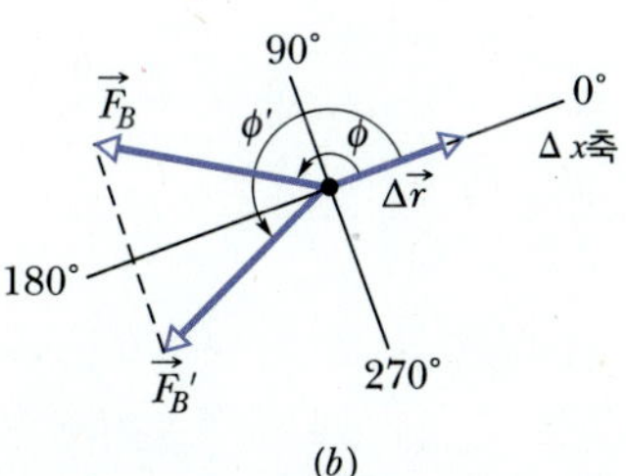

그림 9-21
(*a*) 힘 $\vec{F}_A$ 또는 $\vec{F}_{A'}$가 물체의 변위벡터 $\Delta\vec{r}$에 대하여 $\phi < 90°$ 또는 $\phi > 270°$의 각도를 이루면, 변위에 대한 힘의 성분은 양이 된다. (*b*) 힘 $\vec{F}_B$ 또는 $\vec{F}_{B'}$가 물체의 변위벡터 $\Delta\vec{r}$에 대하여 $90° < \phi < 270°$ 의 각도를 이루면, 변위에 대한 힘의 성분은 음이 된다.

그림 9-21과 같이, 힘과 변위의 절대값과 사이각을 쓰면 일의 부호는 옳게 된다.

왜 식 9-26의 일의 부호가 옳은가? 그림 9-21과 같이 $W = |\vec{F}||\Delta\vec{r}|\cos\phi$(식 9-26)에서 각도 ϕ가 90°보다 작으면, $\cos\phi$는 양이고 일 또한 양이 된다. 그러나 각도 ϕ가 90°보다 크고 180°보다 작으면, $\cos\phi$는 음이고 일 또한 음이 된다. 그림 9-20을 보면, 힘이 해준 일의 부호를 결정하는 이러한 방법은 힘 성분이 운동 방향과 같은가, 혹은 반대인가에 따라 정하는 방법과 같음을 알 수 있다. ($\phi = 90°$일 때는 왜 일이 0이 되는지 알 수 있겠는가?)

각도가 $90° < \phi < 270°$ 또는 $270° < \phi < 360°$일 때 일의 부호를 결정하는 방법도 위와 비슷하

다. 다시 말하자면 힘이 한 일의 부호를 결정하는 것은 힘과 변위 벡터의 상대적인 방향임에 유의하자. 이미 말했듯이 어떤 과정에서 한 일은 좌표계를 어떻게 잡아도 값이 부호까지 똑같다. 따라서 일은 스칼라량이다.

조심: 위의 식을 써서 힘이 물체에 한 일을 셈할 때 제약조건이 두 가지 있다. 첫째, 힘은 일정해야 한다. 즉 물체가 변위 $\Delta\vec{r}$ 움직이는 동안 힘의 방향과 크기가 변하지 않아야 한다. 둘째, 물체는 입자와 같아야 한다. 즉 물체는 강체이며 질량중심이 움직이는 동안 모양이 변하지 않아야 한다.

여러 힘이 한 알짜일 강체가 받는 알짜힘이 $\vec{F}^{알짜} = \vec{F}_A + \vec{F}_B + \vec{F}_C + \cdots$라 하고, 이 힘이 한 알짜일을 구해보자. 앞에서 설명했듯이 강체에 해준 알짜일은 낱낱의 힘이 한 일을 더한 것임을 수학적으로 쉽게 증명할 수 있다. 알짜일은 두 가지 방식으로 셈할 수 있다. (1) 물체의 변위와 $\vec{F}_A$의 방향이 이루는 각도가 ϕ일 때 $W_A = |\vec{F}_A||\Delta\vec{r}|\cos\phi$(식 9–26)를 써서 낱낱의 힘이 한 일을 셈한다. 그리고 이 일을 모두 더한다. 일은 스칼라량이므로 낱낱의 힘이 한 일을 더하는 것은 음수 또는 양수를 더하는 것처럼 간단하다. (2) 다른 방법으로는 먼저 낱낱의 힘을 벡터 덧셈하여 알짜힘 $\vec{F}^{알짜}$를 구한다. 그 다음 $W = |\vec{F}||\Delta\vec{r}|\cos\phi$(식 9–26)를 써서 $\vec{F}$의 크기에 대해 $\vec{F}^{알짜}$의 크기로 바꾸고 변위와 알짜힘이 이루는 각도를 ϕ로 바꾼다.

• 3차원으로 변하는 힘이 한 일

일반적으로 힘이 위치에 따라 변해도, 입자는 3차원적 힘 $\vec{F}(\vec{r})$를 받으면서 미소 변위 $d\vec{r}$만큼 움직일 수 있다. 변위는 직각 좌표계에서 다음과 같이 나타낼 수 있다.

$$d\vec{r} = dx\hat{\mathrm{i}} + dy\hat{\mathrm{j}} + dz\hat{\mathrm{k}} \tag{9–27}$$

힘의 직각 좌표 성분이 입자가 있는 곳의 좌표성분만의 함수일 때는 다음과 같은 꼴로 쓸 수 있다.

$$\vec{F}(\vec{r}) = F_x(\vec{r})\hat{\mathrm{i}} + F_y(\vec{r})\hat{\mathrm{j}} + F_z(\vec{r})\hat{\mathrm{k}} \tag{9–28}$$

힘에 변위와 나란한 성분이 없으면 그 힘이 해준 일도 없다는 사실을 고려하면 힘 $\vec{F}(\vec{r})$이 입자에 해준 미소 일 dW는 다음과 같이 쓸 수 있다.

$$dW = F_x(x)\,dx + F_y(y)\,dy + F_z(z)\,dz \tag{9–29}$$

입자가 좌표 (x_1, y_1, z_1)인 처음 위치 $\vec{r}_1$에서 좌표 (x_2, y_2, z_2)인 나중 위치 $\vec{r}_2$로 움직이는 동안 힘 $\vec{F}(\vec{r})$가 한 일 W는 다음과 같다.

$$W = \int_{\vec{r}_1}^{\vec{r}_2} dW = \int_{x_1}^{x_2} F_x(x)\,dx + \int_{y_1}^{y_2} F_y(y)\,dy + \int_{z_1}^{z_2} F_z(z)\,dz \tag{9–30}$$

$\vec{F}(\vec{r})$에 x성분만 있으면 위 식에서 y항과 z항은 0이므로 이 식은 다음과 같이 쓸 수 있다.

$$W = \int_{x_1}^{x_2} F_x(x)\,dx \qquad \text{(식 9–8)}$$

이것을 **선적분(line integral)**이라 한다.

생각해보기 9-4 아래 그림은 마찰 없는 바닥에서 상자가 오른쪽으로 거리 $|\Delta\vec{r}|$을 미끄러져 가는 네 가지 상황을 보여준다. 힘의 크기는 같기만 방향은 그림과 같다. 상자를 옮길 때 힘이 해준 일의 크기에 따라 순서대로 늘어놓아라.

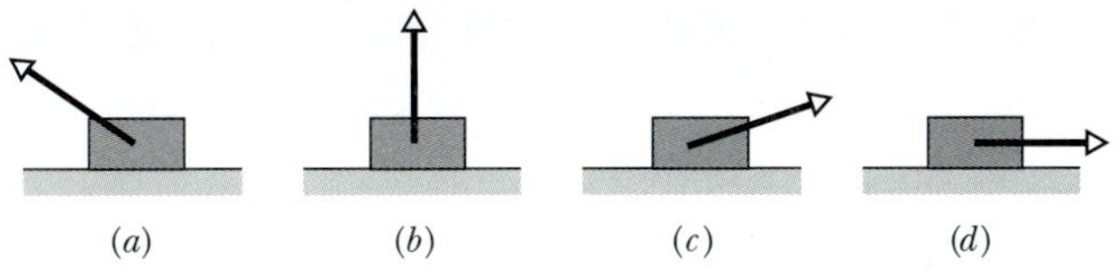

따라해보기 9-5 | 금고 밀기

그림 9-22*a*에서 서 있는 225 kg 금고를 두 산업스파이가 길이 8.50 m인 직선 변위 $\Delta\vec{r}$만큼 밀고 있다. 스파이 001은 수평면에 대해 30°아래쪽으로 12.0 N의 $\vec{F}_1$로 밀고, 스파이 002는 수평면에 대해 40°위쪽으로 10.0 N의 $\vec{F}_2$로 당긴다. 이 힘들의 크기와 방향은 금고가 움직이는 동안 변하지 않으며, 금고는 마찰 없이 바닥에 접하고 있다.

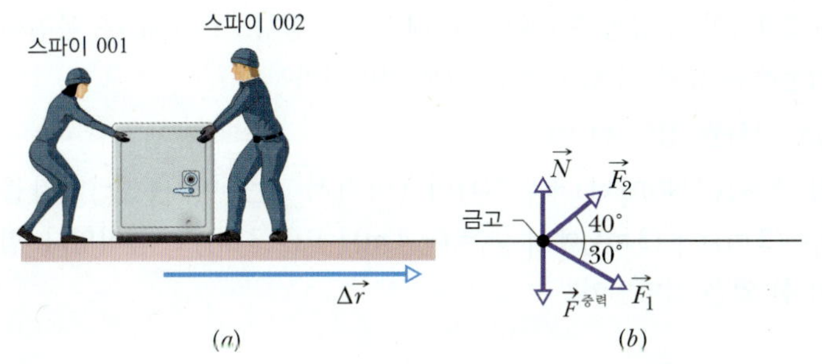

그림 9-22
(a) 두 스파이가 밑바닥이 평평한 금고를 밀어 $\Delta\vec{r}$만큼 옮긴다. (b) 금고의 힘–물체 그림.

(a) 힘 $\vec{F}_1$과 $\vec{F}_2$가 변위 $\Delta\vec{r}$ 동안에 금고에 한 일은 얼마인가?

풀이 ■ 여기서 두 가지 **요점**이 쓰인다. 첫째, 두 힘이 금고에 한 일 W는 낱낱의 힘이 한 일의 합이다. 둘째, 금고는 입자로 볼 수 있고 힘의 방향과 크기가 일정하므로 이 일을 셈하는데 식 9–26을 쓸 수 있다.

$$W = |\vec{F}||\Delta\vec{r}|\cos\phi$$

조심: $\cos(+\phi) = \cos(-\phi)$이고 그림 9–22*b*의 금고에 대한 힘의 힘–물체 그림에서 $\vec{F}_1$이 한 일은

$$W_1 = |\vec{F}_1||\Delta\vec{r}|\cos\phi_1 = (12.0\,\text{N})(8.50\,\text{m})(\cos 30°) = 88.33\,\text{J}$$

이고, $\vec{F}_2$가 한 일은

$$W_2 = |\vec{F}_2||\Delta\vec{r}|\cos\phi_2 = (10.0\,\text{N})(8.50\,\text{N})(\cos 40°) = 65.11\,\text{J}$$

이다. 따라서 두 힘이 한 일은

$$W = W_1 + W_2 = 88.33\,\text{J} + 65.11\,\text{J} = 153.4\,\text{J} \approx 153\,\text{J} \qquad \text{(답)}$$

이며, 변위 8.50 m만큼 가는 동안 두 스파이는 153 J의 에너지를 금고에 운동 에너지로 전달한다.

(b) 이 변위 동안에 중력 $\vec{F}^{중력}$이 금고에 한 일 $W^{중력}$은 얼마인가? 그리고 바닥의 수직 항력 $\vec{N}$이 금고에 한 일 $W^{법선}$은 얼마인가?

풀이 ■ 요점은 이 힘의 크기와 방향이 일정하므로 이들이 한 일은 식 9–26으로 구할 수 있다는 것이다. 중력의 크기는 mg이므로

$$W^{중력} = mg|\Delta\vec{r}|\cos 90° = mg|\Delta\vec{r}|(0) = 0 \qquad \text{(답)}$$

이고 $$W^{법선} = N|\Delta\vec{r}|\cos 90° = N|\Delta\vec{r}|(0) = 0 \qquad \text{(답)}$$

이다. 결과는 쉽게 알 수 있다. 왜냐하면 이 힘은 금고의 변위와 직교하므로 일을 하지 않으며 금고와 에너지를 주고받지 않는다.

연습문제 9-7

26. 일정한 힘

xy평면에서 움직이는 2.0 kg의 물체에 10 N의 일정한 힘이 $+x$쪽과 (반시계 방향으로 잴 때) 150°를 이루며 작용한다. 물체가 원점에서 위치벡터 $(2.0\,\text{m})\hat{\text{i}} + (-4.0\,\text{m})\hat{\text{j}}$인 곳까지 움직이면서 힘이 물체에 한 일은 얼마인가?

27. 입자에 준 힘

입자가 변위 $\vec{d} = (3.0\,\text{m})\hat{\text{i}} + (-2.0\,\text{m})\hat{\text{j}}$를 움직이는 동안 힘 $\vec{F} = (4.0\,\text{N})\hat{\text{i}} + (c\,\text{N})\hat{\text{j}}$을 받는다(다른 힘도 받는다). 힘 $\vec{F}$가 입자에 한 일이 (a) 0, (b) 17 J, (d) −18 J이면 각각의 상황에서 c의 값은 얼마인가?

28. 비탈길의 나무상자

수평면에 대해 25°기운 비탈길에서 25.0 kg인 나무상자를 밀어 올리려고, 일꾼이 비탈길에 나란히 209 N의 힘을 준다. 나무상자가 1.50 m 미끄러질 때 다음 각각의 일을 셈하라. (a) 일꾼이 준 힘이 한 일, (b) 중력이 한 일, (c) 비탈길의 법선력이 한 일, (d) 나무상자가 받은 전체 일.

29. 화물 상자

그림 9-23은 처음에는 서 있었으나 그 뒤 마찰 없는 바닥을 가로질러 움직이는 화물상자가 받는 세 수평력의 평면도를 보여준다. 힘의 크기는 $F_A = 3.00\,\text{N}$, $F_B = 4.00\,\text{N}$, $F_C = 10.00\,\text{N}$이다. 처음 4.00 m 움직이는 동안 세 힘이 상자에 한 알짜일은?

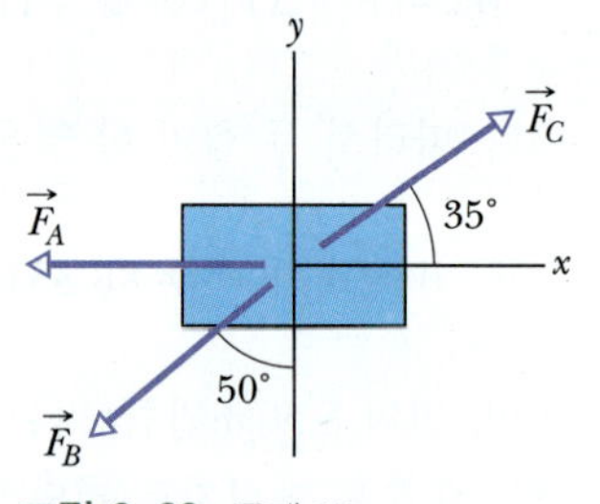

그림 9-23 문제 29

30. 입자의 이동

한 입자가 $\vec{F} = (2\,\text{N})\hat{\text{i}} + (-4\,\text{N})\hat{\text{j}}$의 힘을 받아 $\vec{d} = (8\,\text{m})\hat{\text{i}} + (c\,\text{m})\hat{\text{j}}$의 변위로 직선을 따라 움직인다. (물론 다른 힘도 입자에 작용한다.) $\vec{F}$가 입자에 한 일이 (a) 0이거나, (b) 양 또는 (c) 음이면 c의 값은 얼마인가?

31. 상자를 당기는 짐꾼

마찰 없는 수평 바닥에서 50 kg의 상자를 끌어당기는데 짐꾼이 210 N의 힘을 수평면 위로 20°쪽으로 주었다. 상자가 3.0 m 움직이는 동안 다음 각각의 힘이 상자에 한 일은 얼마인가? (a) 짐꾼, (b) 중력, (c) 바닥으로부터 법선력. (d) 상자가 받은 전체 일은 얼마인가?

32. 떠 있는 얼음덩이

떠 있는 얼음덩이가 급류에 의해 $\vec{F} = (210\,\text{N})\hat{\text{i}} + (-150\,\text{N})\hat{\text{j}}$의 힘을 받아서 일직선 제방을 따라 떠밀려갔다. 얼음덩이가 $\vec{d} = (15\,\text{m})\hat{\text{i}} + (-12\,\text{m})\hat{\text{j}}$ 움직이는 동안에 힘이 한 일은 얼마인가?

33. 마찰 없는 판 위의 동전

마찰이 없는 판 위에서 동전이 일정한 힘을 받으면서 xy좌표계의 원점에서 좌표 (3.0 m, 4.0 m)인 점으로 미끄러져 간다. 힘의 크기는 2.0 N이고, 방향은 $+x$쪽에 대해 반시계방향으로 100°다. 동전이 이동하는 동안 이 힘이 해준 일은 얼마인가?

34. 2차원 힘이 한 일

힘 $\vec{F} = [(2\,\text{N/m})x]\hat{\text{i}} + (3\,\text{N})\hat{\text{j}}$이 (여기서 x는 미터) 한 입자를 $\vec{r}_1 = (2\,\text{m})\hat{\text{i}} + (3\,\text{m})\hat{\text{j}}$에서 $\vec{r}_2 = (-4\,\text{m})\hat{\text{i}} + (-3\,\text{m})\hat{\text{j}}$로 움직였다. 힘이 한 일은 얼마인가?

9-8 벡터로 벡터를 곱하기: 점곱

앞 절에서는 물체의 운동 방향과 일정한 각도를 이루는 힘이 한 일을 셈하는 방법을 배웠다. 2차원에서는 일이 힘과 변위 두 벡터의 곱인 스칼라량으로 정의됨을 보았다. 이것이 이상하게 보일지 모르지만, 그 힘이 하는 일에는 변위와 나란한 성분만이 기여하기 때문이다. 두 벡터량 사이의 이러한 관계는 매우 흔해서 수학자들은 이를 표현하는 연산을 정의하였다. 이 연산은 점곱(또는 스칼라 곱)이라고 부른다. 이 곱을 나타내고 셈하는 방법을 배우면 더 일반적인 3차원에서의 일을 수학적으로 정의할 수 있다. 이 점곱을 쓰면 앞 절에서 끌어낸 핵심적인 식을 더 쉽게 나타낼 수 있다.

• 두 벡터의 점곱

그림 9-24에서 벡터 $\vec{a}$와 $\vec{b}$의 **스칼라 곱(scalar product)** 또는 **점곱(dot product)**은 $\vec{a}\cdot\vec{b}$로 나타내고, 다음과 같이 정의된다.

$$\vec{a}\cdot\vec{b}\equiv|\vec{a}||\vec{b}|\cos\phi \qquad \text{(점곱의 정의)} \qquad (9\text{–}31)$$

여기서 $|\vec{a}|$는 $\vec{a}$의 크기, $|\vec{b}|$는 $\vec{b}$의 크기며, ϕ는 $\vec{a}$와 $\vec{b}$의 사이각(더 적절하게는 $\vec{a}$쪽과 $\vec{b}$쪽 사이의 각도)을 나타낸다. 실제로 이러한 각도는 ϕ와 $360°-\phi$의 두 개가 있는데, 이 둘은 코사인 값이 같으므로 어느 것도 $\vec{a}\cdot\vec{b}=|\vec{a}|\cdot|\vec{b}|\cos\phi$의 셈에 쓸 수 있다.

$\vec{a}\cdot\vec{b}=|\vec{a}|\cdot|\vec{b}|\cos\phi$의 오른쪽은 ($\cos\phi$를 포함하여) 모두 스칼라량이다. 따라서 $\vec{a}\cdot\vec{b}$의 오른쪽은 스칼라량을 나타낸다. 스칼라량은 어떤 좌표계에서나 값이 같다. 곱셈을 나타내는 두 벡터 사이의 점 때문에 이 곱셈의 이름을 '점곱'이라 하고 $\vec{a}\cdot\vec{b}$를 a 점 b(a dot b)라고 읽는다.

일에서처럼 점곱은 두 양의 곱, 즉 (1) 한 벡터의 크기와 (2) 첫째 벡터의 방향을 따라가는 둘째 벡터 성분의 곱으로 볼 수 있다. 예를 들면, 그림 9-24*b*에서 $\vec{a}$는 $\vec{b}$쪽으로 성분 ($|\vec{a}|\cos\phi$)을 갖는다. 이 성분은 벡터 $\vec{a}$의 끝점에서 벡터 $\vec{b}$로 수선을 내린 바로 그 성분임을 유의하자. 다른 방법으로 $\vec{b}$는 $\vec{a}$쪽으로 성분 $|\vec{b}|\cos\phi$을 갖는다.

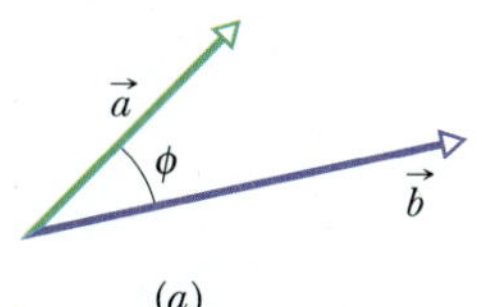

(*a*)

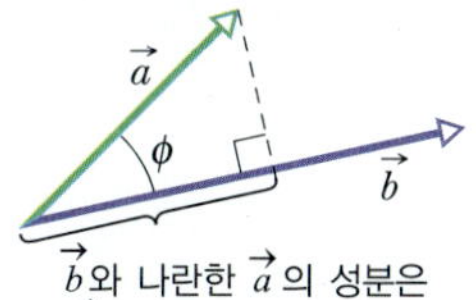

(*b*)

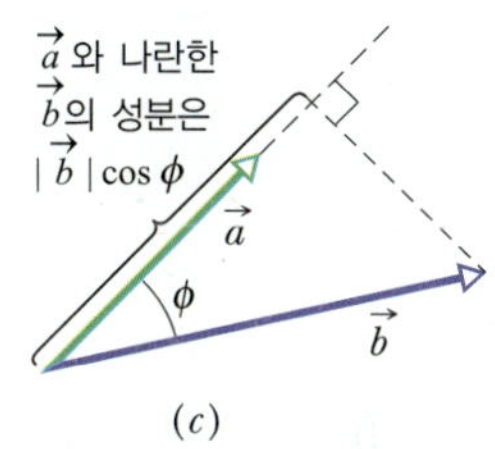

(*c*)

그림 9-24
(*a*) 사이각이 ϕ인 두 벡터 $\vec{a}$와 $\vec{b}$. 두 벡터의 방향이 다르므로 (*b*) $\vec{b}$와 나란한 $\vec{a}$의 성분을 $|\vec{b}|$와 곱해보고, (*c*) $\vec{a}$와 나란한 $\vec{b}$의 성분을 $|\vec{a}|$와 곱해보면, 똑같이 점곱의 결과가 됨을 알 수 있다.

> 두 벡터의 사이각 ϕ가 0°이면, 한 벡터의 다른 벡터에 나란한 성분은 최대가 되며, 이 벡터들의 점곱도 최대이다. 두 벡터의 사이각 ϕ가 180°이면, 한 벡터의 다른 벡터에 나란한 성분은 최소가 된다. 그러나 ϕ가 90° 또는 270°이면, 한 벡터의 다른 벡터에 나란한 성분은 0이며, 점곱도 0이다.

식 (9–31)($\vec{a}\cdot\vec{b}=|\vec{a}|\cdot|\vec{b}|\cos\phi$)은 성분을 강조하고자 종종 다음과 같이 쓰기도 한다.

$$\vec{a}\cdot\vec{b}=|\vec{a}|(|\vec{b}|\cos\phi)=(|\vec{a}|\cos\phi)|\vec{b}| \qquad (9\text{–}32)$$

여기서 ($|\vec{b}|\cos\phi$)는 $\vec{a}$와 나란한 $\vec{b}$의 성분이고, ($|\vec{a}|\cos\phi$)는 $\vec{b}$와 나란한 $\vec{a}$의 성분이다. 점곱에서는 교환법칙이 성립하므로 다음과 같이 쓸 수 있다.

$$\vec{a}\cdot\vec{b}=\vec{b}\cdot\vec{a}$$

두 벡터를 1차원이나 2차원 또는 3차원에서의 단위벡터로 나타내고, 점곱을 다음과 같이 써도 식 9–32와 같은 결과가 나옴을 수학적으로 증명할 수 있다.

$$\vec{a}\cdot\vec{b}=(a_x\hat{\mathrm{i}}+a_y\hat{\mathrm{j}}+a_z\hat{\mathrm{k}})\cdot(b_x\hat{\mathrm{i}}+b_y\hat{\mathrm{j}}+b_z\hat{\mathrm{k}}) \qquad (9\text{–}33)$$

여기서 첫째 벡터의 낱낱의 성분들은 둘째 벡터의 낱낱의 성분들과 점곱의 분배법칙으로 전개될 수 있다. 예를 들면 첫째 단계에서는

$$a_x\hat{\mathrm{i}}\cdot(b_x\hat{\mathrm{i}}+b_y\hat{\mathrm{j}}+b_z\hat{\mathrm{k}})=a_xb_x(\hat{\mathrm{i}}\cdot\hat{\mathrm{i}})+a_xb_y(\hat{\mathrm{i}}\cdot\hat{\mathrm{j}})+a_xb_z(\hat{\mathrm{i}}\cdot\hat{\mathrm{k}})$$

$\hat{\mathrm{i}}$는 $\hat{\mathrm{j}}$ 및 $\hat{\mathrm{k}}$와 직교하므로, $\hat{\mathrm{i}}$는 다른 두 단위벡터 쪽으로는 성분이 없고, 사이각은 90°이며 $\hat{\mathrm{i}}\cdot\hat{\mathrm{j}}=\hat{\mathrm{j}}\cdot\hat{\mathrm{k}}=0$이다. 반면에 $\hat{\mathrm{i}}$는 온전히 $\hat{\mathrm{i}}$쪽이므로 사이각은 0°이고 따라서 $\hat{\mathrm{i}}\cdot\hat{\mathrm{i}}=1$이다. 즉,

$$a_x \hat{\mathrm{i}} \cdot (b_x \hat{\mathrm{i}} + b_y \hat{\mathrm{j}} + b_z \hat{\mathrm{k}}) = a_x b_x$$

다른 단위벡터 성분들도 이와 같은 방식으로 셈하면, 다음 결과를 얻는다.

$$\vec{a} \cdot \vec{b} = a_x b_x + a_y b_y + a_z b_z \tag{9–34}$$

• 한 일을 점곱으로 정의하기

힘이 변위 $\Delta \vec{r}$ 동안 일정하다면 위의 점곱의 정의와 식 9–26 $W = |\vec{F}||\Delta \vec{r}| \cos \phi$를 써서 다음과 같이 일에 대한 수학적 정의를 새로 할 수 있다.

$$W \equiv \vec{F} \cdot \Delta \vec{r} \qquad \text{(일정한 힘이 한 일의 정의)} \tag{9–35}$$

힘이 변할 때도 위의 점곱의 정의와 미분변위에 대한 적분 관계식인 식 9–30

$$W = \int_{\vec{r}_1}^{\vec{r}_2} dW = \int_{x_1}^{x_2} F_x(x)\, dx + \int_{y_1}^{y_2} F_y(y)\, dy + \int_{z_1}^{z_2} F_z(z)\, dz$$

을 써서 일을 더 일반적인 수학적 정의를 새로 할 수 있다.

$$W \equiv \int_{\vec{r}_1}^{\vec{r}_2} \vec{F}(\vec{r}) \cdot d\vec{r} \qquad \text{(변하는 힘이 하는 일의 정의)} \tag{9–36}$$

이와 같은 일의 점곱 표현은 장점이 몇 가지 있다. 우선, 표기가 간단하다. 또한, $\vec{F}$와 $d\vec{r}$ 또는 $\Delta \vec{r}$을 단위벡터를 써서 나타내면 식 9–34의 $\vec{a} \cdot \vec{b} = a_x b_x + a_y b_y + a_z b_z$를 쓸 수 있어서 일의 셈에 매우 유용하다.

9-9 알짜일과 병진운동 에너지

• 알짜일–운동 에너지 정리의 일반화

뉴턴 법칙에 따르면 물체의 운동 방향과 나란하게 힘을 주면 물체의 속력이 빨라진다. 또한 일에 관한 지금까지의 논의에 따르면 그 힘은 물체에 양의 일을 한다. 물체의 운동 방향과 반대쪽으로 힘을 주면 물체의 속력은 느려지고, 그 힘은 물체에 음의 일을 한다. 이것은 힘이 물체에 해준 일과 물체의 속력 변화가 서로 연관됨을 시사한다. 이러한 추론을 바탕으로 실에 꿰인 구슬이 실에 나란한 힘을 받는 특별한 경우에 일과 운동 에너지 사이의 관계를 끌어냈다. 그 과정에서 다음과 같은 1차원적 힘과 운동에 대한 알짜일–운동 에너지 정리를 끌어냈다.

$$W^{\text{알짜}} = K_2 - K_1 \qquad \text{(1차원 알짜일–운동 에너지 정리)} \tag{식 9–11}$$

$$W^{\text{알짜}} \equiv \int_{x_1}^{x_2} F_x^{\text{알짜}}(x)\, dx \ \ \text{(식 9–7)} \quad \text{그리고} \quad K = \tfrac{1}{2} m v_x^2 \tag{식 9–10}$$

이 식을 더 일반적인 3차원으로 넓힐 수 있을까? 다행히 다음 식과

$$\int_{x_1}^{x_2} F_x^{\text{알짜}}(x)\, dx = \tfrac{1}{2} m v_{2x}^2 - \tfrac{1}{2} m v_{1x}^2 \tag{식 9–6}$$

3차원에서의 일에 대한 일반식 9-30을 묶어 항을 정리하면 다음 식을 얻는다.

$$\begin{aligned} W^{\text{알짜}} &= \int_{x_1}^{x_2} F_x^{\text{알짜}}(x)\,dx + \int_{y_1}^{y_2} F_y^{\text{알짜}}(y)\,dy + \int_{z_1}^{z_2} F_z^{\text{알짜}}(z)\,dz \\ &= \frac{1}{2}m(v_{2x}^2 + v_{2y}^2 + v_{2z}^2) - \frac{1}{2}m(v_{1x}^2 + v_{1y}^2 + v_{1z}^2) \end{aligned} \tag{9-37}$$

3차원에서 움직이는 입자의 속도는 $v^2 = v_x^2 + v_y^2 + v_z^2$이고

$$W \equiv \int_{\vec{r}_1}^{\vec{r}_2} \vec{F}(\vec{r}) \cdot d\vec{r} = \int_{x_1}^{x_2} F_x(x)\,dx + \int_{y_1}^{y_2} F_y(y)\,dy + \int_{z_1}^{z_2} F_z(z)\,dz$$

이므로, 식 9-37은 다음 식과 같아진다.

$$W^{\text{알짜}} = K_2 - K_1 \qquad \text{(변화하는 힘에 대한 3차원 알짜일-운동 에너지 정리)} \tag{9-38}$$

여기서 $K = \frac{1}{2}mv^2$은 질량중심이 속도 v로 움직이는, 질량 m인 입자의 운동 에너지에 대한 너 일반적인 정의다. 식 9-38을 말로 하면 다음과 같다.

입자에 한 알짜일 = 입자의 병진운동 에너지의 변화량

이 관계식은 1차원, 2차원, 3차원에서 모두 성립한다.

• 알짜일-운동 에너지 정리의 실험적 검증

그림 9-25와 그림 9-26에 1차원 알짜일-운동 에너지 정리를 실험적으로 검증하는 방법을 보였다. 힘 감지기를 붙인 수레를 마찰이 적은 매끄러운 선로를 따라 변하는 힘으로 $x_1 = 0.6$ m에서 $x_2 = 1.2$ m로 끌고 있다. 수레가 받는 힘은 힘 감지기로 재고, 선로를 따라가는 거리는 운동감지기로 잰다. 두 측정값은 모두 컴퓨터로 받아 화면에 표시한다. 마찰을 무시하면, $W^{\text{알짜}} = W^{\text{힘}}$이다. 거리에 대한 알짜힘의 자료를 곡선으로 나타내면, 일짜일은 얻어진 곡선의 아래 넓이고, (그림 9-10과 같이 수치적분으로 구한) 다음과 같다.

$$W^{\text{일싸}} \equiv \int_{x_1}^{x_2} F_x^{\text{알찌}}(x)\,dx = 1.3\text{ J}$$

그림 9-25
평평한 선로 위의 수레에 붙인 힘 감지기에 변하는 힘을 준다. 수레의 위치와 속도는 운동감지기를 써서 기록하며, 마찰력은 무시할 만큼 작다.

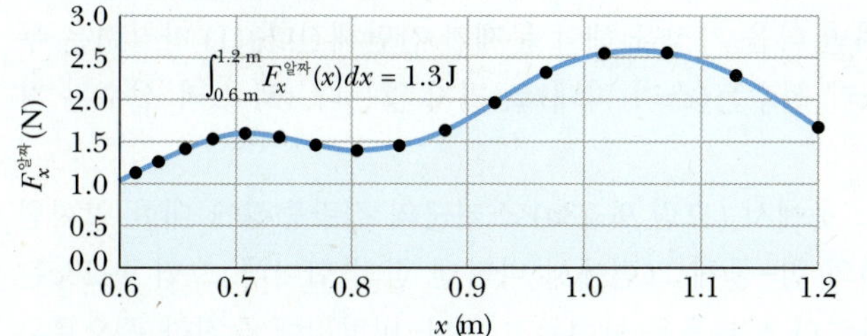

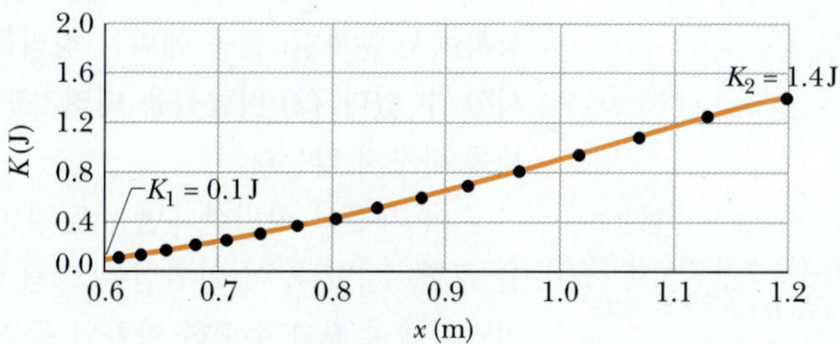

그림 9-26
마찰력이 거의 없을 때 변하는 힘을 받으며 1차원 수평운동을 하는 수레에 대한 알짜일-운동 에너지 정리의 실험적 확인

수레의 속도를 구하는데는 낱낱의 위치에서 시간과 거리를 잰 값을 썼다. 다음으로 선로 위의 위치의 함수로서 수레의 병진운동 에너지를 구하는데는 수레의 질량(m =1.5 kg)과 속도를 썼다. x_1 = 0.6 m와 x_2 = 1.2 m 사이에서 운동 에너지의 변화는 알짜일-운동 에너지 정리에 따라 예상한 대로 다음과 같다.

$$\Delta K = K_2 - K_1 = 1.4\,\text{J} - 0.1\,\text{J} = 1.3\,\text{J}$$

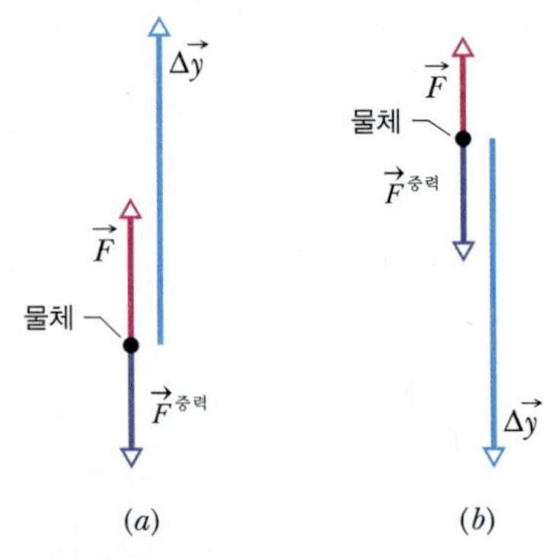

그림 9-27
중력이 아래쪽으로 작용하는 곳에서 물체에 힘을 위쪽으로 주었다. (a) 물체를 들어올릴 때 힘은 양의 일을, 중력은 음의 일을 한다. (b) 물체를 내릴 때, 힘은 음의 일을, 중력은 양의 일을 한다.

• 들어올리고 내리기 – 알짜일과 운동 에너지

그림 9-27과 같이 입자 같은 물체에 수직힘 $\vec{F}_x$를 주어 들어 올린다고 하자. 물체가 위로 올라가는 동안 우리가 준 힘은 물체에 양의 일 $W^{힘}$을 해주지만, 중력은 음의 일 $W^{중력}$을 해준다. 즉, 우리의 힘은 물체에 에너지를 더해(옮겨) 주지만 중력은 에너지를 줄인다(빼낸다). 이와 같은 두 에너지 전이에 의한 물체의 병진운동 에너지 변화는 $\Delta K = K_2 - K_1$(식 9-38)에 따라 다음과 같다.

$$\Delta K = K_2 - K_1 = W^{알짜} = W^{우리} + W^{중력} \tag{9-39}$$

이 식은 물체를 내릴 때도 마찬가지로 적용된다. 하지만 이때, 중력은 물체에 에너지를 옮겨주지만 우리의 힘은 물체로부터 에너지를 옮겨 받는다.

흔히 물체를 들어올리기 전과 후에 물체는 서 있다. 예를 들면 책을 바닥에서 선반으로 들어 올린다고 하자. 이때 K_1과 K_2는 0이고, $\Delta K = K_2 - K_1 = W^{알짜} = W^{우리} + W^{중력}$은

$$W^{알짜} = W^{우리} + W^{중력} = 0\,\text{N}$$

또는

$$W^{우리} = -W^{중력} \quad \text{(서 있던 물체가 이동한 뒤 다시 서 있을 때)} \tag{9-40}$$

이 된다.

K_2와 K_1이 0은 아니나 여전히 같을 때에도 위와 같은 결과가 됨에 유의하자. 이 결과는 우리가 물체에 준 힘이 한 일은 중력이 한 일의 (–)가 됨을 뜻한다. 다시 말해서, (처음 속도와 나중 속도가 같을 때는 언제나) 준 힘은 중력이 물체에서 빼앗아가는 것과 같은 크기의 에너지를 물체에 옮겨 준다.

• 비탈길 타고 내려가기 — 움푹한 비탈길 위의 스키 선수

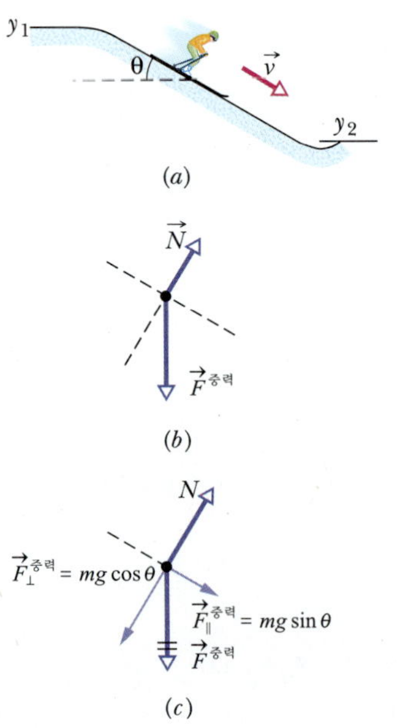

그림 9-28
(a) 스키 선수가 있는 비탈길이 수평면과 이루는 각도는 θ이다. (b) 스키 선수가 받는 힘의 힘-물체 그림. (c) $\vec{F}^{중력}$을 비탈길에 나란한 성분과 수직 성분으로 나누어 보인 그림.

이제는(그림 9-1에 보인) 마찰 없는 비탈길을 따라 내려간 거리의 함수로서 스키 선수의 속도를 알아내는 문제로 돌아갈 준비가 되었다. 점프를 얼마나 멀리 할 수 있는지 예측하고자 끝이 굽은 긴 비탈길에서 도약할 때 그림 9-1에서 보인 스키 선수의 속도를 알려고 한다. 이 셈에는 뉴턴 제2법칙보다는 알짜일-운동 에너지 정리가 훨씬 더 쓸모 있다는 처음 주장으로 다시 돌아가자. 이 특별한 상황에서 알짜일-운동 에너지 정리를 쓰려면 다음 가정을 해야 문제가 간단해진다. (1) 마찰력은 무시할 수 있다. (2) 비탈길을 내려가면서 스키 선수는(스키 막대)로 밀지 않는다. (3) 스키 선수는 자세를 바꾸지 않는다.

이 가정이 성립한다면 비탈길의 어느 곳에서 (그림 9-28a) 스키꾼의 질량중심에 대한 알짜힘을 구할 수 있다. 이 알짜힘은 그림 9-28b의 힘-물체 그림에서 나타낸 힘의 합이다. 그림 9-28c는 비탈길에 수직과 수평한 방향의 중력과 항력의 성분들을 보여주고 있다. 비탈길에 수직한 쪽으로는 움직이지 않으므로 그 쪽 힘성분은 모두 지워진다. 따라서 알짜힘은 비탈길에 나란한 쪽으로만 작용

한다. 그 성분은 $F_{\parallel}^{알짜} = mg\sin\theta$이며, 여기서 θ는 비탈길과 수평면의 사이각이다.

문제는 굽은 비탈길을 따라서 θ가 계속 변하는 것을 고려하는 것이다. 그림 9-29*a*와 같이 비탈길을 길이 dr, 수평거리 dx, 높이 dy인 작은 비탈길이 이어진 것으로 보자. 그림 9-29*b*에 작은 비탈길 중 하나를 크게 부풀려 보였다. 이 작은 비탈길의 하나를 따라 거리 dr을 내려갈 때 한 아주 작은 일은 다음과 같다.

$$dW = F_{\parallel}\, dr = (-\,mg\sin\theta dr) \qquad (9\text{-}41)$$

그러나 $\sin\theta = dy/dr$이므로, dW는 간단히 $(-\,mg)\,dy$가 된다. 이것은 강체가 마찰이 없는 비탈길을 내려오면서 받은 일은 비탈길의 기울기에는 상관없이 상수 $-mg$와 물체의 질량중심이 내려온 수직거리에만 의존함을 말해주므로 매우 의미가 있다. 10장에서 이 개념을 다시 검토하자.

알짜힘을 작은 비탈길에 대해 적분을 하면, 다음 결과를 얻는다.

$$\begin{aligned} W^{알짜} &= \int_{\vec{r}_1}^{\vec{r}_2} \vec{F}^{알짜}(\vec{r}) \cdot d\vec{r} = \int_{\vec{r}_1}^{\vec{r}_2} F_{\parallel}\, dr \\ &= \int_{y_1}^{y_2} (-\,mg)\, dy = -\,mg\,(y_2 - y_1) = -\,mg\Delta y = F_y^{중력}\,\Delta y \end{aligned} \qquad (9\text{-}42)$$

여기서 ($F_y^{중력}$처럼) Δy는 $y_2 < y_1$이므로 음이다.

이제 우리는 스키 선수가 비탈길을 따라 내려 갈 때 중력이 한 일에 대한 간단한 식을 얻었다. 비탈길 끝에서 스키 선수의 속력을 구하려면 알짜일-운동 에너지 정리(식 9-38)를 쓸 수 있다. 스키 선수가 처음속력 $v_1 = 0$ m/s로 서 있다가 출발한다면,

$$W^{알짜} = K_2 - K_1 \text{ 이므로 } \quad W^{알짜} = mg\Delta y = \tfrac{1}{2}\, m\,(v_2^2) \qquad (9\text{-}43)$$

이고, 나중 속력에 대해 풀면 다음의 결과가 나온다.

$$v_2 = \sqrt{2g\Delta y} \qquad (9\text{-}44)$$

뉴턴 제2법칙을 써서 이 속력을 구하는 것은 매우 어렵다. 왜냐하면 낱낱의 위치에서 사면의 각도를 추적해야 하기 때문이다. 다음 장에서는 다른 경우들에 대한 알짜일-운동 에너지 정리의 장점을 더욱 탐구해보자.

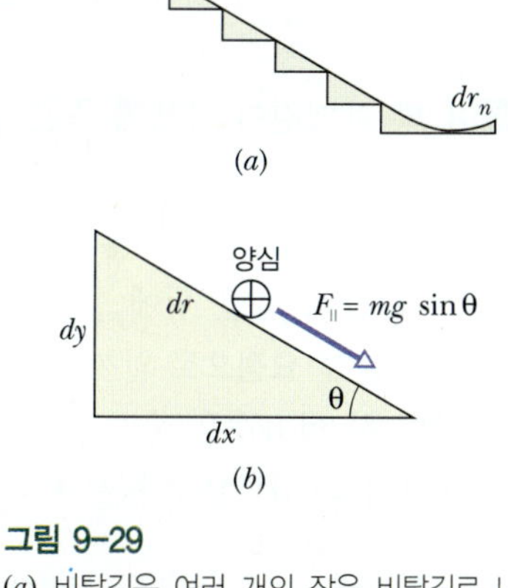

그림 9-29
(*a*) 비탈길은 여러 개의 작은 비탈길로 나눌 수 있고, 이들은 θ값이 다를 수 있다. (*b*) 수평성분이 dx, 수직성분이 dy인 아주 작은 길이 dr인 작은 비탈길.

따라해보기 9-6 | 역도

이 장의 첫머리에서 소개한 안드레이 체메킨의 역도 기록으로 돌아가자.

(a) 체메킨은 단단히 연결된 총질량 m = 260.0kg의 물체(바벨과 원판추)를 들어 역도 신기록을 세웠다. 그는 2.0m의 거리를 들어 올렸는데, 그 동안 중력 $\vec{F}^{중력}$이 물체에 한 일은 얼마인가?

풀이 ■ 요점은 단단하게 연결된 물체는 입자 하나로 볼 수 있고, 따라서 $\vec{F}^{중력}$이 물체에 한 일 $W^{중력}$를 구하는데 식 (9-14)를 쓸 수 있다는 것이다.

$$W^{중력} = -\,mg\Delta y$$

총 중량 mg는 2 548 N이고 Δy = +2.0 m이다. 따라서,

$$W^{중력} = -mg\Delta y = -(2548\ \text{N})(2.0\ \text{m}) = -5100\ \text{J} \qquad \text{(답)}$$

(b) 들어 올리는 동안 체메킨의 힘이 물체에 한 일은 얼마인가?

풀이 ■ 체메킨이 물체에 주는 힘은 분명 일정하지도 않았고, 이를 나타내는 식도 없다. 따라서 첫째 **요점**은 일을 구는데 그의 힘을 식 9-12에 그냥 집어넣을 수 없다는 것이다. 하지만 들어올리기 전과 들어 올린 뒤에 물체는 멈춰 있으므로 $K_2 - K_1 = 0$이다. 따라서, 둘째 **요점**으로 알짜일-운동 에너지 정리로부터 체메킨이 준 힘이 한 일 $W^{힘}$은 중력 $\vec{F}^{중력}$이 한 일 $W^{중력}$의 음이다. 식 9-40은 이 사실을 나타내고 있으며 다음과 같다.

$$W^{힘} = -W^{중력} = +5100\ \text{J} \qquad \text{(답)}$$

(c) 체메킨이 물체를 머리 위에 들고 있는 동안 그의 힘은 얼마나 일을 했는가?

풀이 ■ **요점**은 그가 물체를 들고 있는 동안 물체는 멈춰 있다는 것이다. 힘의 크기와 방향이 일정하므로 물체에 해준 일은 식 9-26으로 셈할 수 있다. 그런데 변위는 $\Delta\vec{r} = \vec{0}$이고, 식 9-36에 따라 한 일은(들고 있는 것은 매우 힘이 들지만) 0이다.

(d) 폴 앤더슨이 총 중량 27 900 N의 힘을 주어 물체를 1.0 cm 들어 올릴 때는 일을 얼마나 했는가?

풀이 ■ 위의 (a)와 (b)의 논의에 따라, $mg = 27\,900\ \text{N}$이고 $\Delta y = 1\ \text{cm}$이므로,

$$W^{힘} = -W^{중력} = -(-mg\Delta y) = +mg\Delta y$$
$$= (27\,900\ \text{N})(0.010\ \text{m}) = 280\ \text{J} \qquad \text{(답)}$$

앤더슨이 들어 올릴 때는 위쪽으로 엄청난 힘이 필요했다. 그러나 전달된 에너지는 변위가 작기 때문에 겨우 280 J밖에 안된다.

따라해보기 9-7 | 비탈길의 나무상자

서 있던 15.0 kg의 치즈 상자를 마찰 없는 비탈길을 따라 줄로 끌어 $d = 5.70$ m 올려 높이 $h = 2.50$ m에서 정지시켰다(그림 9-30*a*).

(a) 이 과정에서 중력 $\vec{F}^{중력}$이 나무상자에 한 일 $W^{중력}$은 얼마인가?

풀이 ■ **요점**은 상자를 입자로 볼 수 있다는 것과, $\vec{F}^{중력}$이 한 일 $W^{중력}$을 구하는데 식 9-26 ($W = |\vec{F}||\Delta\vec{r}|\cos\phi$)를 쓰는 것이다. 하지만 $\vec{F}^{중력}$과 변위 $\Delta\vec{r}$ 방향의 사이각 ϕ를 모른다. 나무상자의 힘-물체 그림 9-30*b*에서 비탈길의 각도가 θ로서 미정이면, ϕ는 $\theta + 90°$임을 알 수 있다. 식 9-26은

$$W^{중력} = mgd\cos(\theta + 90°) = -mgd\sin\theta \qquad (9\text{-}45)$$

이 되며, 여기에서 삼각함수 공식을 써서 식을 간단히 했다. 결과는 θ를 모르므로 쓸모없는 것처럼 보인다. 그러나 그림 (9-30*a*)에서 $\sin\theta = h/d$이고 h는 아는 양이다. 이를 넣으면, 식 (9-45)는 다음과 같다.

$$W^{중력} = -mgh = -(15.0\ \text{kg})(9.8\ \text{N/kg})(2.50\ \text{m}) \qquad (9\text{-}46)$$
$$= -368\ \text{J} \qquad \text{(답)}$$

식 9-46에서 중력이 한 일 $W^{중력}$은 (놀랍게도) 수평변위가 아닌

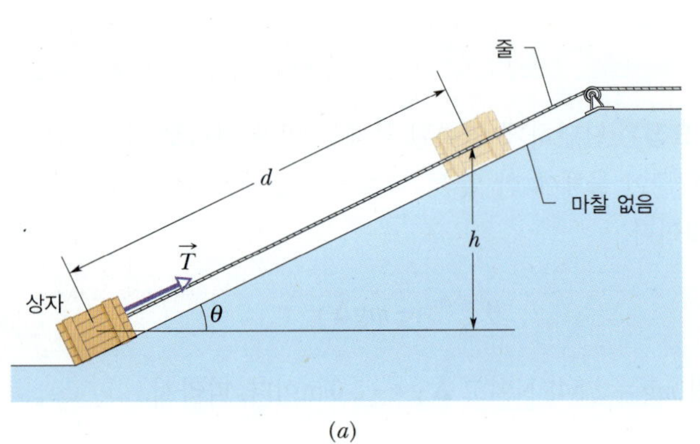

(*a*)

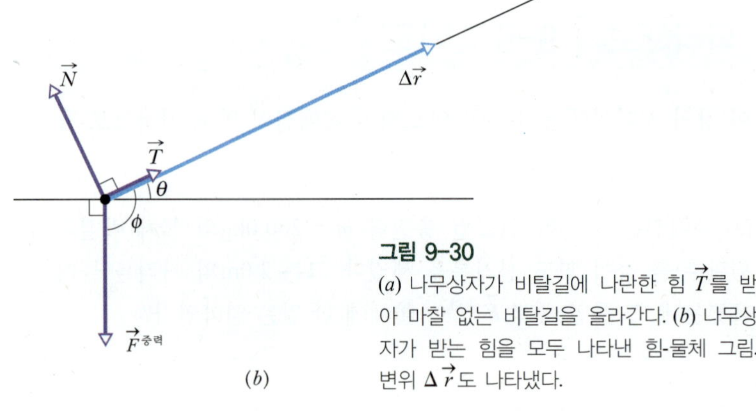

(*b*)

그림 9-30
(*a*) 나무상자가 비탈길에 나란한 힘 $\vec{T}$를 받아 마찰 없는 비탈길을 올라간다. (*b*) 나무상자가 받는 힘을 모두 나타낸 힘-물체 그림. 변위 $\Delta\vec{r}$도 나타냈다.

수직변위에만 의존함을 말해주고 있다. (이 문제는 10장에서 다시 검토한다.)

(b) 끌어올리는 동안 줄의 힘 $\vec{T}$가 나무상자에 한 일 $W^{밧줄}$은 얼마인가?

풀이 ■ T의 값을 모르므로 식 9-26 ($W = |\vec{F}||\Delta\vec{r}|\cos\phi$)에서 $|\vec{F}|$ 대신에 힘 크기 T로 바꿔 넣을 수는 없다. 그러나 이를 풀 수 있게 하는 **요점**은 나무상자를 입자로 볼 수 있다는 것과 일–운동 에너지 정리($W^{알짜} = \Delta K$)를 쓰는 것이다. 나무상자는 끌어올리기 전과 후에 서 있으므로 운동 에너지의 변화 ΔK는 없다. 나무상자에 한 알짜일 $W^{알짜}$는 나무상자에 작용하는 세 힘이 한 일을 모두 더해야 한다. (a)로부터 중력 $\vec{F}^{중력}$이 한 일 $W^{중력}$은 -368 J이다. 비탈길에서 나무상자에 법선력 $\vec{N}$이 한 일 $W^{법선력}$은 $\vec{N}$이 변위와 직교하므로 0이다. $\vec{T}$가 한 일 $W^{밧줄}$을 구하려면 일–운동 에너지 정리에 따라

$$\Delta K = W^{밧줄} + W^{중력} + W^{법선력}$$

또는

$$0 = W^{밧줄} - 368\text{ J} + 0$$

따라서

$$W^{밧줄} = 368\text{ J} \quad \text{(답)}$$

연습문제 9-9

35. 차가운 핫도그

그림 9-31과 같이 차가운 핫도그 꾸러미가 세 힘을 받아 마찰 없는 바닥을 가로질러 오른쪽으로 거리 $d = 20.0$ cm를 미끄러진다. 두 힘은 수평이고 크기가 $F_A = 5.00$ N과 $F_B = 1.00$ N이며, 셋째 힘은 아래로 $\theta = -60.0°$를 향하며 크기는 $F_C = 4.00$ N이다. (a) 변위 20.0 cm에 대하여, 꾸러미가 받는 세 힘과 중력 및 법선력이 꾸러미에 한 알짜일은 얼마인가? (b) 꾸러미의 질량이 2.0 kg이고 처음 운동 에너지가 0 J이라면, 위 변위의 끝에서 속도는 얼마인가?

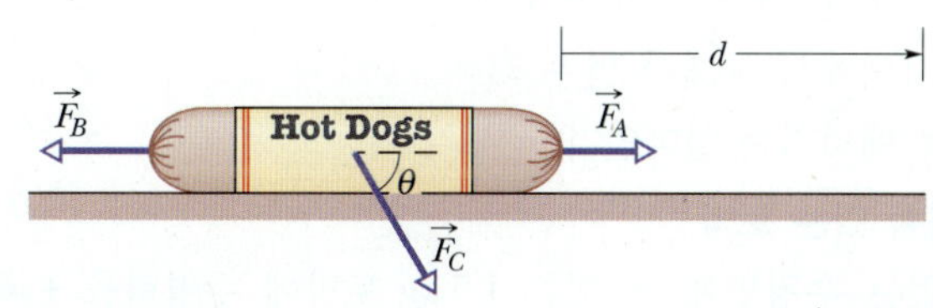

그림 9-31 문제 35

36. 공기부양 궤도

마찰 없는 평평한 공기부양 궤도에 서 있는 1.0 kg의 표준물체가 $+x$쪽으로 일정한 수평력 $\vec{F}$를 받는다. 물체가 오른쪽으로 미끄러져 갈 때 0.50초마다 찍은 물체의 위치는 그림 9-32와 같다. 힘 $\vec{F}$는 $t_1 = 0.0$ 초부터 작용했다. $t_1 = 0.0$ 초부터 $t_2 = 2.0$ 초 사이에 물체가 받은 힘 $\vec{F}$가 해준 일은 얼마인가?

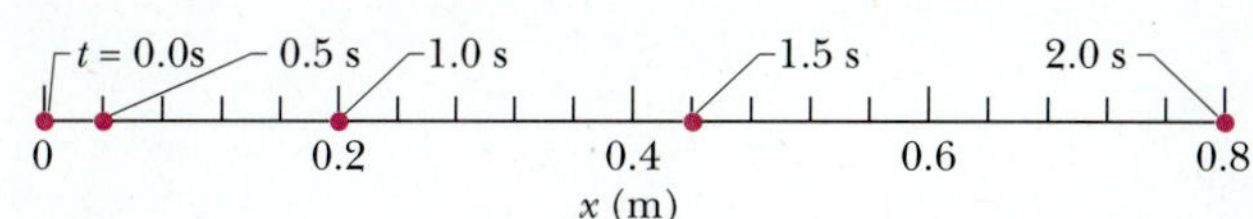

그림 9-32 문제 36

37. 세 힘

그림 9-33는 여행 가방이 마찰 없는 바닥을 왼쪽으로 3.00 m 움직이며 받은 세 힘을 나타낸다. 힘의 크기는 $F_A = 5.00$ N, $F_B = 9.00$ N 및 $F_C = 3.00$ N이다. 움직이는 동안 (a) 세 힘이 여행 가방에 한 일짜일은 얼마인가? (b) 여행 가방의 운동 에너지는 늘어나는가, 줄어드는가?

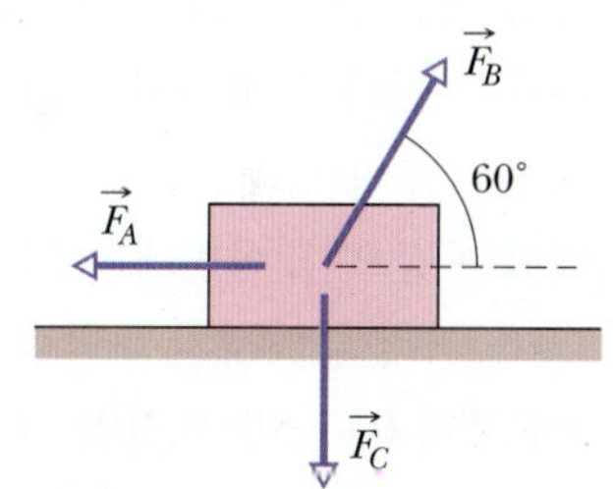

그림 9-33 문제 37

38. 얼음덩이

그림 9-34에서 일꾼이 일정한 힘 $F_1 = 50$ N으로 얼음덩이를 (밧줄로) 당기며, 기울기 $\theta = 50°$인 마찰 없는 비탈길을 미끄러져 내려가게 한다. 얼음덩이가 비탈길을 $d = 0.5$ m 미끄러져 내려갈 때 운동 에너지가 80 J만큼 늘었다. 얼음덩이에 줄을 매달지 않았다면 운동 에너지는 얼마나 더 클 것인가?

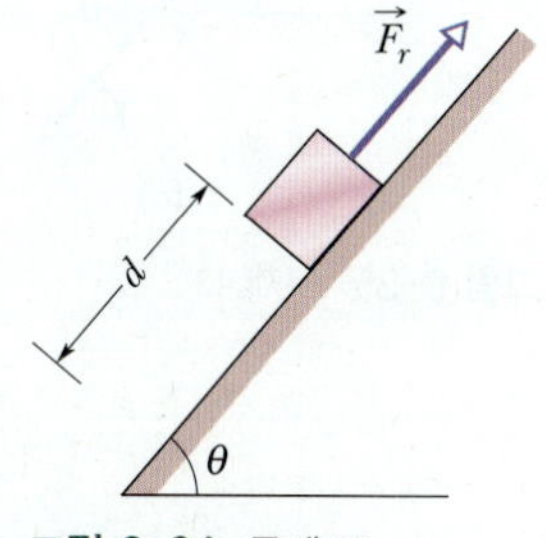

그림 9-34 문제 38

39. 헬리콥터

헬리콥터에서 줄을 내려 72 kg의 우주비행사를 바다에서 위로 15 m 들어 올린다. 우주비행사의 가속도는 $g/10$이다. (a) 헬리콥터의 힘이 우주비행사에 해주는 일은 얼마인가? (b) 중력이 우주비행사에 하는 일은 얼마인가? 우주비행사가 헬리콥터에 도착하기 바로 전의 (c) 속도와 (d) 운동 에너지는 얼마인가?

40. x(t)를 알 때

질량 3.0 kg인 입자 같은 물체가 힘을 받아 움직여 위치가 시간의 함수로서 다음과 같이 변한다. $x = (3\ \text{m/s})t - (4\ \text{m/s}^2)t^2 + (1\ \text{m/s}^3)t^3$. (여기서 x와 t의 단위는 각각 미터, 초이다.) $t_1 = 0.0$ s에서 $t_2 = 4.0$ s까지 힘이 물체에 한 일은 얼마인가? (**실마리**: 순간 속도는 얼마인가?)

41. 토막 내리기

처음에 서 있는 질량 M인 토막에 줄을 달아 $g/4$의 일정한 가속도로 아래로 내린다. 토막이 거리 d만큼 내려갔을 때 (a) 줄의 힘, (b) 중력의 힘이 토막에 한 일을 각각 구하고, (c) 토막의 운동 에너지와 (d) 토막의 속도를 구하라.

42. 아래로 준 힘

그림 9-35*a*에서 4.0 kg 토막이 2.0 N 힘을 기울기 각 θ로 받으면서, 마찰 없는 바닥면을 가로질러 오른쪽으로 1 m 움직인다. 토막의 처음 속도가 오른쪽으로 (a) 0.0 m/s일 때, (b) 1.0 m/s일 때, 움직인 거리 끝에서의 토막속도 v_2를 각각 구하라. 그림 9-35*b*에서는 토막이 처음에 오른쪽으로 1.0 m/s 속도로 움직인다는 점에서는 같으나, 이번에는 2.0 N 힘을 왼쪽 아래쪽으로 받는다. (c) 1.0 m 거리 끝에서의 토막속도 v_2에 대한 표현식을 구하라. (d) $\theta = 0°$부터 $\theta = -90°$까지의 기울기 각 θ에 대해 위의 세 경우의 v_2 표현식을 그림표로 그리고 또한 의미를 해석하라.

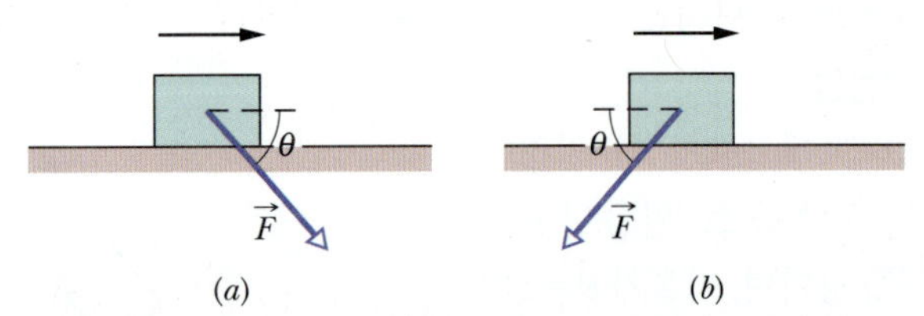

그림 9-35 문제 42

43. 힘과 통

xy평면에서 움직이는 2.0 kg의 통이 크기 5.0 N인 힘을 받는다. 통의 속도는 처음에는 $+x$쪽으로 4.0 m/s이었다가, 조금 뒤에 $+y$쪽으로 6.0 m/s가 된다. 이 힘이 그동안 통에 한 일은 얼마인가?

44. 얼음덩이 미끄러뜨리기

45 kg의 얼음덩이를 길이 1.5 m, 높이 0.91 m인 마찰 없는 비탈길을 따라 미끄러지게 한다. 일꾼이 비탈길과 나란히 얼음을 위로 받쳐서 얼음덩이가 미끄러지는 속도를 일정하게 한다. (a) 일꾼이 주는 힘의 크기를 구하여라. (b) 일꾼의 힘, (c) 중력, (d) 비탈길의 법선력은 각각 얼음덩이에 얼마의 일을 하는가? (d) 알짜 힘은 얼음덩이에 얼마의 일을 하는가?

45. 동굴구조대

동굴구조대가 전동기로 움직이는 밧줄을 써서 부상당한 동굴탐험가를 깊은 수직구멍에서 들어올린다. 이 일은 수직거리 10 m씩 세 단계로 나누어 하였다. (a) 처음에 움직이지 않는 동굴탐험가를 5.0 m/s의 속도로 가속시키고, (b) 다음에 5.0 m/s의 일정속도로 끌어올리고, (c) 끝으로 속도가 0이 되게 감속시킨다. 80.0 kg의 구조자를 들어 올리는데 각 단계에서 한 일은 얼마인가?

46. 일-운동 에너지

x축을 따라서 움직이는 2.0 kg 물체가 받는 힘이 그림 9-36과 같이 변한다. $x = 0.0$ m에서 물체의 속도는 4 m/s이다. (a) $x = 3.0$ m에서 물체의 운동 에너지는 얼마인가? (b) x값이 얼마일 때 물체의 운동 에너지가 8.0 J이 되는가? (c) $x = 0.0$ m와 $x = 5.0$ m 사이에서 물체가 얻는 최대 운동 에너지는 얼마인가?

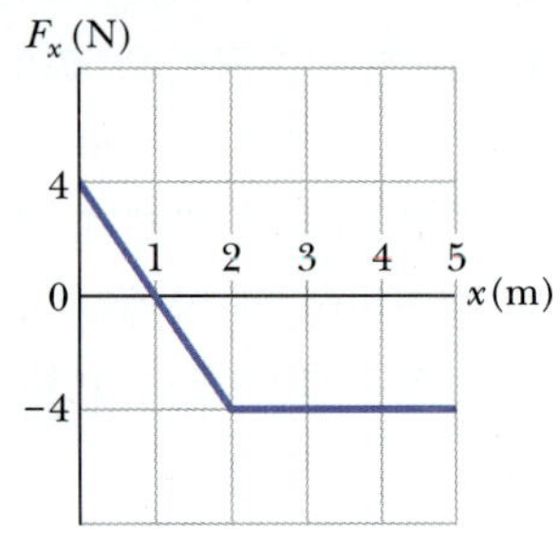

그림 9-36 문제 46

47. 멈춰 있는 토막

마찰 없는 수평면에 서 있는 1.5 kg 토막에 수평력을 $+x$쪽으로 주었다. 힘은 $\vec{F}(x) = (2.5\ \text{N} - x^2\ \text{N/m}^2)\,\hat{\text{i}}$ 이고 x의 단위는 미터이며 토막의 처음 위치는 $x = 0.0$ m이다. (a) 토막이 $x = 2.0$ m를 지날 때 토막의 운동 에너지는 얼마인가? (b) $x = 0.0$ m과 $x = 2.0$ m 사이에서 토막의 최대 운동 에너지는 얼마인가?

9-10 일률

건축업자가 권양기로 벽돌 짐을 보도에서 건물 꼭대기로 끌어올리려 한다. 권양기의 힘이 짐에 일을 얼마나 해주어야 하는가는 셈할 수 있다. 그러나 건축업자의 관심거리는 일을 얼마나 빨리 하는가, 곧 일하는 비율이다. 5분이면 되는가(좋음), 아니면 일주일이나 걸리는가(좋지 않음)?

힘이 일정시간에 일을 하는 비율을 **일률(power)**이라고 한다. 힘을 써서 W의 일을 시간 Δt에 했다면, 그 시간에 힘이 한 일의 **평균 일률(average power)**은 다음과 같이 정의한다.

$$\langle P\rangle \equiv \frac{W}{\Delta t} \qquad \text{(평균일률의 정의)} \qquad (9\text{–}47)$$

순간 일률(instantaneous power) P는 일을 하는 순간 비율로서 정의하므로

$$P \equiv \frac{dW}{dt} \qquad \text{(순간일률의 정의)} \qquad (9\text{–}48)$$

이며, 여기서 dW는 미소시간 dt 동안에 한 미소 일량이다. 시간에 대해 연속이고 잘 정의된 힘이 하는 일 $W(t)$를 안다고 하자. 어느 때, 예를 들어 $t = 3.0$ 초에 순간일률 P를 얻으려면 첫째로 $W(t)$를 시간미분한 다음 그 결과에 $t = 3.0$ 초를 넣어 셈한다.

일률의 국제단위는 줄/초(J/s)이다. 이 단위는 자주 쓰므로 이름이 따로 있으며, (증기기관의 능률을 크게 개선한) 와트(James Watt)의 이름을 따서 **와트**(W)라고 한다. 영국단위는 초당 풋-파운드이다. 종종 마력도 쓴다. 이 단위들 간의 관계는

$$1 \text{ watt} = 1 \text{ W} = 1 \text{ J/s} = 0.738 \text{ft} \cdot \text{lb/s} \qquad (9\text{–}49)$$

그리고

$$1 \text{ '마력(horse power)'} = 1 \text{ hp} = 550 \text{ ft} \cdot \text{lb/s} = 746 \text{ W} \qquad (9\text{–}50)$$

식 9–47을 실펴보면, 일을 일률과 시간의 곱, $W - \langle P\rangle\Delta t$로 나타낼 수 있고, 이때는 '킬로와트–시(kilowatt-hour)' 의 단위를 자주 쓴다. 즉,

$$1 \text{ 킬로와트–시} = 1 \text{ kW} \cdot \text{h} = (10^3 \text{ W})(3600 \text{ s}) = 3.6 \times 10^6 \text{ J} = 3.6 \text{ MJ} \qquad (9\text{–}51)$$

아마도 킬로와트–시의 단위는 전기요금에 나타나므로 전기단위로 알고 있을 것이다. 하지만 킬로와트-시도 일(혹은 에너지)의 또 다른 단위로 쓸 수 있다. 따라서 이 책을 바닥에서 주워 책상 위에 올려놓으면, 4×10^{-6}kW · h (또는 4 mW · h)의 일을 했다고 해도 된다.

또한 일률, 곧 힘이 입자(또는 입자 같은 물체)에 일을 하는 비율을 힘과 속도의 곱으로도 나타낼 수 있다. 직선(보기를 들어 x축) 운동을 하는 입자가 일정한 힘 $\vec{F}$를 각도 ϕ 방향으로 받는다면, 그 힘이 해주는 일률 $P = dW/dt$ [식 (9–48)]는 다음과 같다.

$$P = \frac{dW}{dt} = \frac{(|\vec{F}|\cos\phi\,|dx|)}{dt} = |\vec{F}|\cos\phi\left|\frac{dx}{dt}\right|$$

그런데 $v_x = dx/dt$이므로 다음을 얻는다.

그림 9-37
짐을 끌고 가는 화물차의 일률은, 화물차가 짐에 주는 힘의 일률이다.

$$P = |\vec{F}||\vec{v}|\cos\phi \tag{9-52}$$

이 식의 오른쪽을 점곱 $\vec{F}\cdot\vec{v}$으로 정리하여 식 9-52를 다시 쓰면,

$$P = \vec{F}\cdot\vec{v} \quad \text{(순간일률)} \tag{9-53}$$

예를 들면, 그림 9-37의 화물차가 어느 순간 속도 $\vec{v}$로 끌고 가는 짐에 힘 $\vec{F}$를 준다. $\vec{F}$의 순간일률은 그 순간에 $\vec{F}$가 짐에 주는 일률이며, 식 9-52 또는 $P = \vec{F}\cdot\vec{v}$ 식 9-53이 된다. '화물차의 일률'이라는 말을 자주 들을 수 있는데, 그 뜻은 "화물차가 짐에 주는 힘이 일을 하는 비율"이다.

생각해보기 9-5 끝이 고정된 줄에 나무토막을 묶어 등속원운동시킨다. 줄이 나무토막에 주는 힘에 의한 일률은 양인가, 음인가, 아니면 0인가?

따라해보기 9-8 | 평균일률과 순간일률

어떤 꾸러미를 마찰 없는 평평한 바닥을 따라 수평 줄로 끌어 가속시킨다. 줄의 장력이 꾸러미에 한 일은 $W(t) = (0.20\ \text{J/s}^2)\,t^2$이다.

(a) 시각 $t_1 = 0$ 초와 $t_2 = 10$ 초 사이에 줄의 장력이 해준 일률의 평균값 $\langle P\rangle$는 얼마인가?

풀이 ■ 요점은 평균일률 $\langle P\rangle$는 어느 시간에 한 일 W를 시간으로 나눈 비율[식 (9-47)]이다. 일을 구하려면 $W(t)$의 값을 $t = 0$초와 $t = 10$초에서 셈한다. 이 시각에 줄은 각각 다음 W_1과 W_2의 일을 했다.

$$W_1 = (0.20\ \text{J/s}^2)(0\ \text{s})^2 = 0\ \text{J},$$
$$W_2 = (0.20\ \text{J/s}^2)(10\ \text{s})^2 = 20\ \text{J}$$

따라서 10초 동안 한 일은 $W_2 - W_1 = 20$ J이며, 식 (9-47)로부터,

$$\langle P\rangle = \frac{W}{\Delta t} = \frac{20\ \text{J}}{10\ \text{s}} = 2.0\ \text{W} \quad \text{(답)}$$

즉, 줄은 10초 동안 초당 평균 2.0 줄의 일을 한다.

(b) $t = 3.0$ 초에 줄의 장력의 순간일률 P는 얼마인가? 그리고 P는 커지는가, 작아지는가?

풀이 ■ 요점은 시각 $t = 3.0$초에서의 순간일률은 일의 시간변화율 dW/dt의 시각 $t = 3.0$ 초에서의 값이라는 것이다. $W(t)$의 변화율을 셈하면,

$$P = \frac{dW}{dt} = \frac{d}{dt}[(0.20\ \text{J/s}^2)\,t^2] = (0.40\ \text{J/s}^2)\,t$$

이 결과는 시각 t가 커지면 일률 P도 커짐을 말해준다. $t = 3.0$ s에서 P를 셈하면,

$$P = (0.40\ \text{J/s}^2)(3.0\ \text{s}) = 1.20\ \text{W} \quad \text{(답)}$$

따라서 $t = 3.0$ 초에서 줄은 초당 1.20 줄의 비율로 일을 하며, 그 일률은 커진다.

연습문제 9-10

48. 일의 평균 비율
짐을 실은 승강기의 질량은 3.0×10^3 kg이며, 23초 동안 일정 속도로 210 m를 올라간다. 케이블의 힘은 승강기에 평균 얼마의 비율로 일을 하는가?

49. 일정속도로 토막 당기기
100 kg의 토막에 수평에서 위로 37°방향으로 122 N의 힘을 주어 평평한 바닥을 가로질러 일정속력 5.0 m/s로 당겼다. 이 힘이 토막에 하는 일의 비율(일률)은 얼마인가?

50. 운동저항
자동차의 운동저항은 속도와는 거의 무관한 도로마찰과 속도제곱에 비례하는 공기저항으로 구성된다. 무게 12 000 N인 어떤 차량의 알짜 저항력은 $\vec{F} = [300\ \text{N} + (1.8\ \text{N}\cdot\text{m}^2/\text{s}^2)\,v_x^2]\,\hat{\text{i}}$이다. 여기에서

$\vec{F}$의 단위는 뉴턴, v_x는 초당 미터이다. 이 차의 속도가 80 km/h일 때 0.92 m/s^2으로 가속시키는데 필요한 일을 마력으로 셈하라.

51. 힘을 받는 물체

서 있는 15 kg 물체가 5.0 N 힘을 받는다. (a) 첫 1초, (b) 두 번째 1초, (c) 세 번째 1초 동안에 힘이 하는 일과 (d) 3초 끝에서 힘이 하는 순간일률을 셈하라.

52. 밧줄 끌기

기울기 각 12°인 마찰 없는 스키 비탈면을 거슬러 밧줄로 한 스키 선수를 끌어올린다. 밧줄은 비탈면에 대해 1.0 m/s의 등속으로 나란히 움직인다. 밧줄의 힘은 비탈면을 8.0 m 거슬러 스키 선수를 끌어올리는데 900 J의 일을 한다. (a) 밧줄이 2.0 m/s의 일정한 속력으로 움직이면 기울기면을 거슬러 8.0 m 올라감에 따라 밧줄의 힘이 스키 선수에게 해주는 일은 얼마인가? 밧줄이 (b) 1.0 m/s와 (c) 2.0 m/s의 속력으로 움직이면 밧줄의 힘이 스키 선수에게 해주는 일률은 얼마인가?

53. 화물 승강기

짐을 가득 싣고 천천히 움직이는 화물 승강기의 화물칸 총질량은 1200 kg이며, 선 상태에서 출발하여 54 m를 3.0분에 올라가 멈추어야 한다. 승강기의 평형추 질량은 겨우 950 kg이어서 화물칸을 끌어올리는데 승강기의 전동기가 도와야 한다. 전동기가 줄로 화물칸에 주는 힘의 평균일률은 얼마나 필요한가?

54. 용수철에 달린 국자

마찰 없는 수평면을 미끄러지는 0.3 kg의 국자가 반대편은 고정된 $k = 500$ N/m의 수평용수철 끝에 매달려 있다. 국자가 평형점(용수철 힘이 0인 지점)을 지날 때 10 J의 운동 에너지를 갖는다. (a) 국자가 평형점을 지날 때 용수철이 국자에 하는 일률은? (b) 용수철이 0.1 m 수축되어 국자가 평형점에서 멀어질 때 용수철이 국자에 하는 일률은 얼마인가?

55. 배 끌기

일정 속도로 배를 끄는데 필요한 힘은(일률이 아님) 속도에 비례한다. 4.0 km/h 속력으로 끄는데는 7.5 kW가 필요하다면, 12 km/h 속력에서는 얼마의 일률이 필요한가?

56. 운반되는 상자들

창고 속에서 일정속력 0.5 m/s로 움직이는 이송 벨트로 상자들이 한 곳에서 다른 곳으로 운송된다. 어떤 곳에서 이송 벨트는 기울기 각 10°의 비탈길을 거슬러 2.0 m 움직인 다음, 수평으로 2.0 m 움직이고, 다시 기울기 각 10°의 비탈길을 내려가며 2.0 m 움직인다. 2.0 kg 상자가 미끄러짐 없이 벨트에 실려 간다고 하자. 상자가 (a) 10°의 비탈길을 올라갈 때, (a) 수평으로 움직일 때, 그리고 (a) 비탈길을 내려갈 때, 이송 벨트의 힘이 상자에 하는 일률은 얼마인가?

57. 마차 끄는 말

말이 마차를 40 lb 힘으로 기울기 각 30°으로 끌면서 6.0 mi/h의 속도로 움직인다. (a) 힘이 10분 동안 하는 일은 얼마인가? (b) 힘의 평균일률은 (마력으로) 얼마인가?

58. 수평으로 가속하는 물체

처음에 서 있던 2.0 kg의 물체가 3.0초 동안 10 m/s 속도까지 수평으로 고르게 가속되었다. (a) 가속력이 3초 동안에 물체에 한 일은 얼마인가? (b) 3초의 끝에서와 (c) 중간에서 이 힘이 하는 순간일률은 얼마인가?

59. 단거리선수

무게 670 N인 단거리선수가 서 있다가 출발하여 첫 7.0 m를 1.6초에 뛰고 다음에는 고르게 가속하였다. 이 1.6초의 끝에서 (a) 단거리선수의 속력과 (b) 운동 에너지는 얼마인가? (c) 1.6초 동안에 단거리선수가 만들어내는 평균일률은 얼마인가?

60. 퀸-엘리자베스 2호

호화여객선 퀸-엘리자베스 2호는 항속 32.5노트에서 최대출력 92 MW의 디젤-전기 동력장치를 갖추었다. 이 속도에서 배에 주는 추진력은 얼마인가? (1노트 = 1.852 km/h)

61. 헤엄

어떤 사람이 0.22 m/s 평균속력으로 헤엄쳐 물을 가로지른다. 이 움직임에 대한 평균저항력은 110 N이다. 헤엄치는 사람에게 필요한 평균일률은 얼마인가?

62. 정지한 자동차의 출발

1500 kg 자동차가 평평한 도로에 서 있다가 출발하여 30초만에 72 km/h 속도를 얻는다. (a) 30초 뒤에 자동차의 운동 에너지는 얼마인가? (b) 30초 동안 자동차에 필요한 평균일률은 얼마인가? (c) 가속도가 일정하다면 30초의 끝에서 순간일률은 얼마인가?

63. 기관차

일률 1.5 MW를 낼 수 있는 기관차가 10 m/s에서 25 m/s의 속도로 6.0분만에 기차를 가속시킬 수 있다. (a) 기차의 질량을 셈하라. (b) 기차의 속도를 구하라. (c) 기차를 가속시키는 6분 동안의 힘을 시간의 함수(초 단위)로 구하라. (d) 이 시간 동안 기차가 움직인 거리를 구하라.

추가문제

64. 어림잡기, 그리고 적분하기

(a) 입자를 $x_1 = 1$ m에서 $x_2 = 3$ m로 옮기는데, 그림 9-38의 그림표로 나타낸 힘이 하는 일을 어림하여라. (b) 곡선은 $F_x = a/x^2$이고, $a = 9\ \mathrm{N \cdot m^2}$ 이다. 적분하여 일을 셈하라.

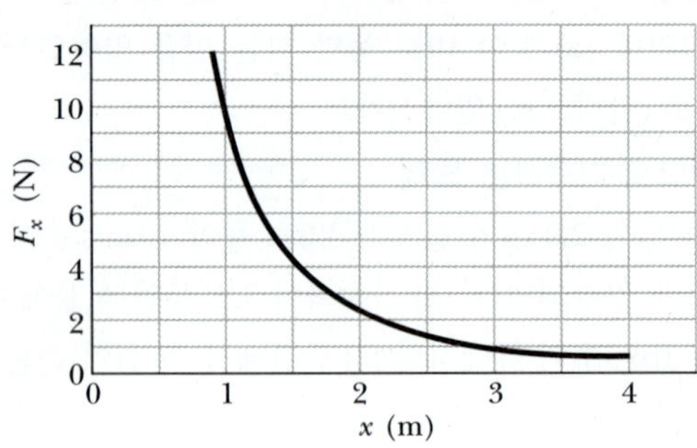

그림 9-38 문제 64

65. 지표면에서 폭발

지표면에서 폭발할 때 생기는 폭발 구멍의 지름은 폭발에너지의 1/2거듭제곱에 비례한다. 티엔티(TNT) 1메가톤이 폭발하면 지름 1 km인 폭발 구멍이 생긴다. 미시간 주 휴런 호 아래에는 지름 50 km인 고대의 충격 구멍이 있는 것처럼 보인다. 이 충격과 관련된 운동 에너지는 (a) TNT 메가톤으로는 얼마인가? (1메가톤은 일률 4.2×10^{15} J을 낸다.) 또한 (b) 히로시마 폭탄의 등가치(TNT 각 13킬로톤)로는 몇 개인가? (고대의 운석이나 혜성 충돌은 지구 기후를 크게 바꾸고 공룡 멸종과 다른 생명체 멸종의 원인이 되었을 수 있다.)

66. 토막 밀기

그림 9-39와 같이 손으로 3 kg인 토막을 A에서 C까지 책상 면을 따라 밀었다. 책상의 왼쪽 절반(A점에서 B점까지)은 마찰이 없고, 오른쪽 절반(B점에서 C점까지)은 마찰계수가 0이 아닌 $\mu^{운동}$이다. 5 N의 일정한 힘으로 A에서 C까지 토막을 손으로 민다. 토막은 선 상태에서 A를 출발하여 C에 이르면 선다. A에서 B까지의 거리는 0.5 m이고, B에서 C까지의 거리도 0.5 m이다.

(a) 토막이 A에서 C까지 움직일 때 토막의 운동을 설명하라.

(b) 토막이 P에 있을 때 토막에 대한 힘-물체 그림을 그려라.

(c) P에서 토막의 가속도 방향은 어디인가? 이것이 0이라면 명백하게 설명을 하고, 추론을 설명하라.

(d) 토막이 B에서 C까지 움직일 때 가속도의 크기는 커지는가, 작아지는가, 또는 똑같은가?

(e) 물체가 A에서 B까지 움직이는 동안 물체에 해준 알짜일은 얼마인가? B에서 C까지의 알짜일은 얼마인가?

(f) 마찰계수 $\mu^{운동}$을 셈하라.

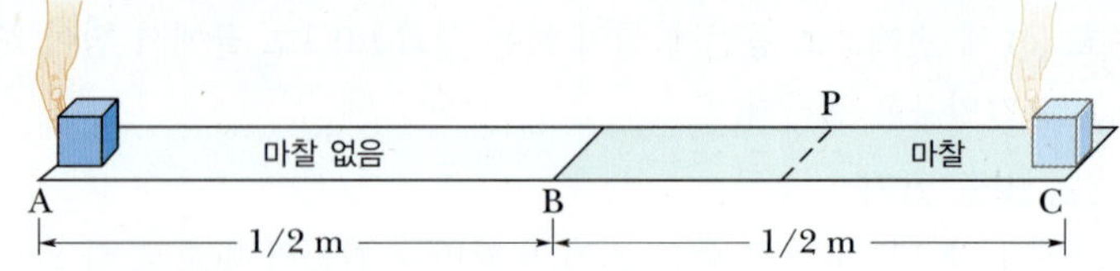

그림 9-39 문제 66

67. 대륙의 이동

최근에 위성을 써서 정밀하게 잰 바로는 북아메리카 대륙은 매년 1 cm씩 이동한다. 대륙의 두께가 약 50 km라면 이 같은 운동의 결과로 북미대륙이 갖는 운동 에너지를 어림셈하라.

68. 바람개비 수레

A와 B로 표시한 두 바람개비 수레가 그림 9-40과 같이 바람개비 방향이 같게 책상 반대편에 놓여 있다. 수레 A에는 철 막대를 올려놓아 수레 B보다 두 배가 더 무겁다. 각 바람개비를 켜면 바람개비는 수레의 질량과 관계없이 일정한 같은 힘을 준다. 마찰은 충분히 작아서 무시할 만하다. 바람개비에는 시계가 있어서 스위치를 켜면 정해진 시간 Δt 뒤에 저절로 꺼진다.

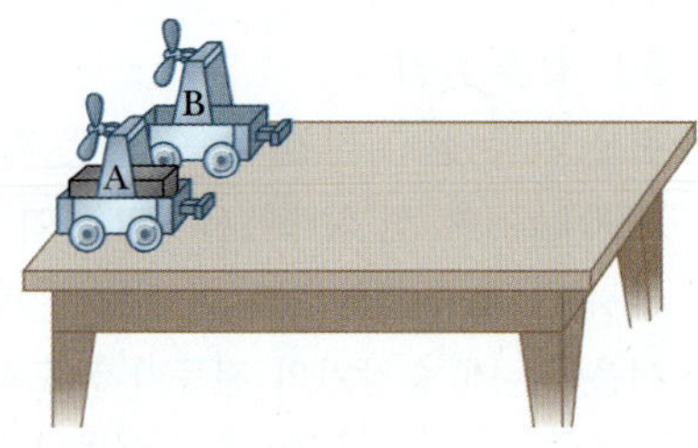

그림 9-40 문제 68

(a) 바람개비가 꺼진 바로 뒤, 두 수레의 운동량의 크기에 대한 다음 설명 중에서 옳은 것은?

(i) $p_A > p_B$

(ii) $p_A = p_B$

(iii) $p_A < p_B$

(b) 바람개비가 꺼진 바로 뒤, 두 수레의 운동 에너지의 크기에 대한 다음 설명 중에서 옳은 것은?

(i) $K_A > K_B$

(ii) $K_A = K_B$

(iii) $K_A < K_B$

(c) 다음 설명 중에서 옳은 것은? 답은 여러 개일 수도 있고, 없으면 '없음'이라고 써라.

(i) 바람개비를 켠 뒤 낱낱의 수레는 등속으로 움직인다. 그러나 두 속도는 서로 다르다.

(ii) 낱낱의 수레의 운동 에너지는 보존된다.

(iii) 낱낱의 수레의 운동량은 보존된다.

69. 끈끈이 수레

똑같은 수레 A와 B가 매끄러운 길에 서 있다. 좌표계는 그림 9–41*a*와 같다. 오른쪽에 있는 수레 B를 왼쪽으로 밀다가 놓으면서 초시계를 눌렀다. $t_1 = 0$에 수레 B는 표시된 속도 v_1쪽으로 움직여 *A*와 충돌하여 서로 붙는다. 그림 9–41*b*의 그림표는 시간의 함수로서 운동과 관련된 몇몇 변수들을 기술한다. (크기와 단위는 옳다고 가정한다.) 여기서 '계(system)'는 수레 A와 B를 묶어 부르는 이름이다. 마찰은 무시한다. 다음 각 경우의 답을 고르되, 옳은 답이 없으면 '없음'이라고 써라.

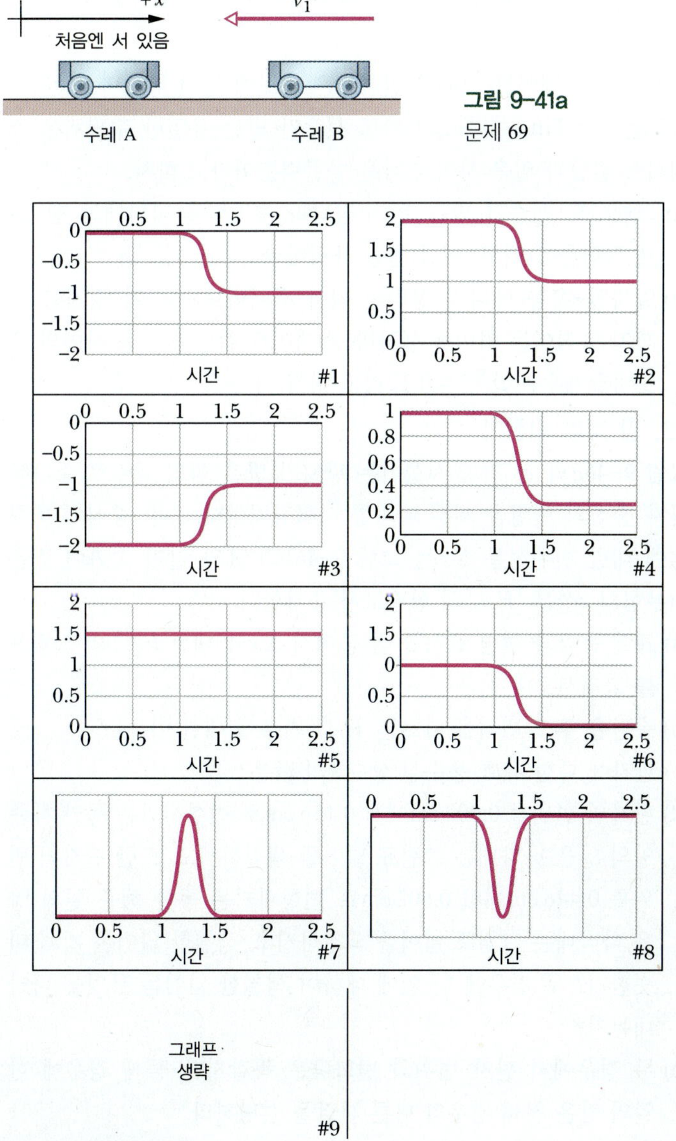

그림 9–41a 문제 69

그림 9–41b 문제 69

(a) 수레 B의 *x*성분 운동량

(b) 수레 A에 대한 *x*성분 힘

(c) 이 계의 전체운동량의 *x*성분

(d) 수레 B의 운동 에너지

(e) 이 계의 전체 운동 에너지

70. 그림표와 수레들

같은 두 수레가 공기부양 궤도를 달린다. 수레 A를 수레 B가 있는 +*x*쪽으로 순간적으로 밀었더니 충돌하여 서로 붙었다. 그림 9–42의 그림표들은 민 바로 뒤의 운동과 관련된 몇몇 변수를 시간의 함수로서 기술한다. 늘어놓은 낱낱의 변수에 대하여 아래의 실험 그림표 가운데 어떤 것(들)이 시간함수로서 각 운동변수들을 나타낼 수 있는 그림표인지 골라라.

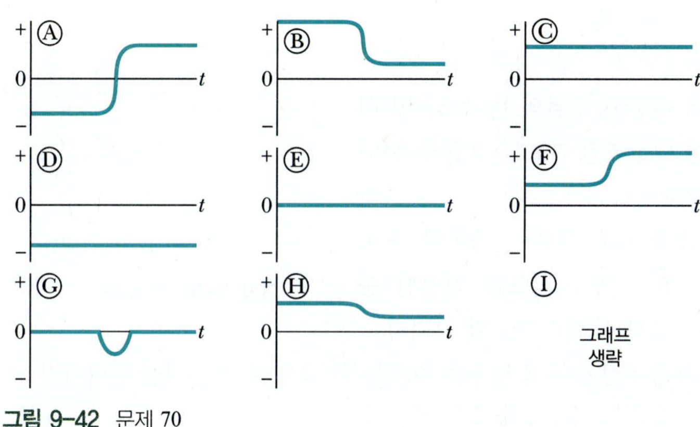

그림 9–42 문제 70

(a) 수레 A의 운동량

(b) 두 수레의 전체 운동량

(c) 수레 A의 운동 에너지

(d) 수레 A가 받은 힘

(e) 수레 B가 받은 힘

71. 왼쪽으로 되튐

5.0 kg 토막이 거친 수평면에서 오른쪽으로 움직이다가 용수철과 충돌한다. 충돌 직전 토막의 속도는 3.0 m/s이다. 토막은 용수철을 누르면서 어떤 최대한계까지 오른쪽으로 계속 움직인다. 다음에 용수철은 토막을 되밀어 왼쪽으로 밀어낸다. 용수철의 압축이 풀리면서 토막은 왼쪽으로 되튀어 2.2 m/s로 떨어진다. 토막과 바닥면의 운동마찰계수가 0.30이라면 (a) 토막이 용수철과 접촉하는 동안 마찰이 한 일과 (b) 용수철의 최대 압축거리를 셈하라.

72. 구조

헬리콥터가 74 kg의 조난 사고자를 실은 들것을 계곡으로부터 위로 끌어 올린다. 그림 9–43와 같이, 들것은 길이 50 m인 유도 밧줄에 묶여 있고, 유도 밧줄은 수평면과 37°를 이룬다. 들것과 부상자에 헬리콥터가 한 일은 얼마인가?

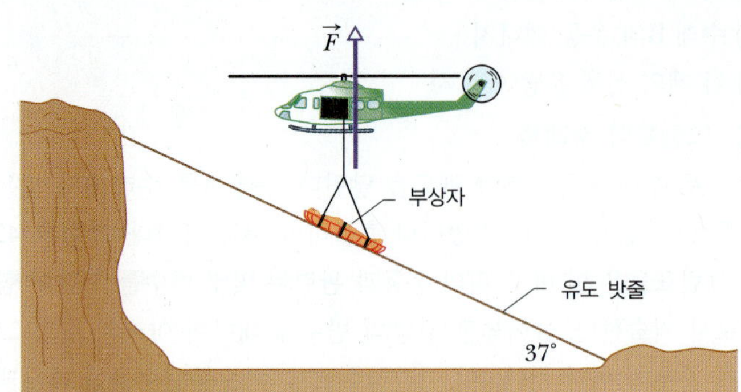

그림 9–43 문제 72

73. 용수철

외부힘 $\vec{F}^{외부}$의 함수로서 평형점에 대한 용수철의 변위 $\Delta\vec{x}$에 대한 이상화된 자료는 그림 9–44와 같다.

$\vec{F}^{외부}$(N)	$\Delta\vec{x}$(cm)
0.0	0
1.0	5
2.0	10
3.0	15
4.0	20

그림 9–44 문제 73

(a) 자료에 대하여, $\Delta\vec{x}$에 대한 $\vec{F}^{외부}$의 그림표를 적절한 눈금과 설명표시를 잘 그려라.

(b) 용수철은 후크 법칙을 따르는가? 그에 대한 근거를 설명하라?

(c) 용수철 상수 k의 값은 얼마인가?

(d) 용수철 변위를 0 cm에서 5 cm로 늘이는데 한 일의 양을 나타내는 그림표 넓이를 색칠하라. 또한 용수철 변위를 15 cm에서 20 cm로 늘이는데 한 일의 양을 나타내는 그림표 넓이를 색칠하라. 색칠한 넓이는 거의 비슷한가? 두 경우에 한 일을 나타내는 색칠한 넓이의 크기는 무엇을 시사하는가?

(e) 두 경우에서 용수철 길이의 변화량은 같지만, 둘째 상황에서 한 일의 양이 첫째 상황에서 한 일의 양과 달라지는 까닭을 설명하라.

74. 변화하는 힘

질량 0.62 kg 수레의 질량중심이 x축을 따라 −2.5 m/s 속도로 출발한다. 수레는 위치 5.0 m 에서 출발하여 위치 0.0 m까지 별다른 마찰이 없이 움직인다. 운동 중에 송풍장치가 수레에 +x쪽으로 힘을 준다. 하지만 송풍기는 건전지로 작동하는 것이 아니고 운동검지기에 의해 수레의 거리에 따라 변하도록 프로그램된 전압원으로 구동된다. 프로그램에 의한 가변력은 그림 9–45와 같다.

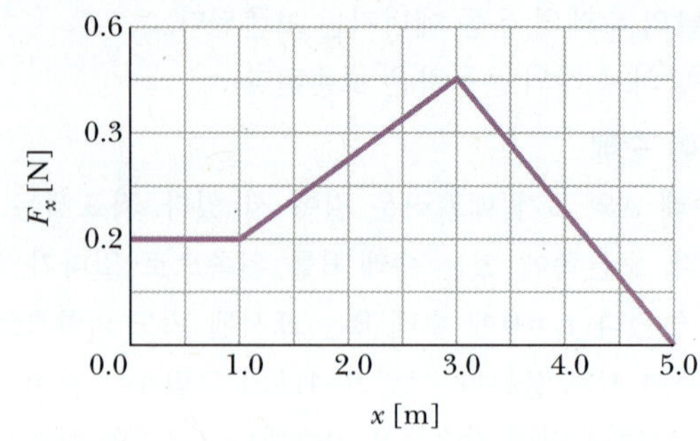

그림 9–45 문제 74

(a) 수레가 위치 5.0 m에서 0.0 m까지 움직이면서 송풍기가 수레에 해준 일은 얼마인가?

(b) 5.0 m와 0.0 m 사이에서 수레의 운동 에너지의 변화는 얼마인가?

(c) 수레가 0.0 m에 있을 때 수레의 최종속도는 얼마인가?

75. 밀기

질량 m인 스케이트 선수를 얼어붙은 연못에 밀어 넣는다. 민 뒤의 속도는 $v_1 = 2$ m/s이다. 스케이트 선수가 받는 유일한 수평력은 스케이트 칼날과 얼음 사이의 작은 마찰력뿐이라고 하자.

(a) 스케이트 선수가 받는 두 수직력과 수평력을 나타내는 힘–물체 그림을 그리고 이 힘들을 표시하라.

(b) 알짜일–운동 에너지 정리를 써서 스케이트 선수가 정지할 때까지 움직이는 거리를 셈하라. 스케이트 칼날과 얼음 사이의 운동마찰계수는 $\mu^{운동} = 0.12$라고 하자.

76. 판 격파 시험기

그림 9–46a의 판 격파 시험기는 판자가 받은 힘의 함수로 소나무 판자 중심의 변형을 재는 파괴형 시험장치이다. 송판 중심의 평형점에 대한 변위성분 Δx는 그림 9–46b의 표와 같이 송판이 받은 외부힘의 x성분 $F_x^{외부}$의 함수로서 증가한다.

(a) 표에 눈금과 설명 표시를 잘 붙여서 Δx에 대한 $F_x^{외부}$의 그림표를 그리시오.

(b) 송판은 후크 법칙을 따르는가? 그 가부에 대한 이유는?

(c) 판자에 대한 유효 용수철 상수 k의 값은?

(d) 판자의 변위를 0.000 cm에서 0.156 cm로 변형시키는 동안 해준 일의 양을 나타내는 그림표 넓이를 색칠하시오. 또한 판자의 변위를 0.446 cm에서 0.602 cm로 변형시키는 동안 해준 일의 양을 나타내는 그림표 넓이를 색칠하시오. 색칠한 넓이는 거의 비슷한가? 두 경우에 한 일에 대하여 색칠한 넓이는 무엇을 나타내는가?

(e) 두 경우에서 판자 변위의 변화량은 똑같지만, 둘째 경우에 한 일의 양은 첫째 경우와 다른 까닭을 설명하라.

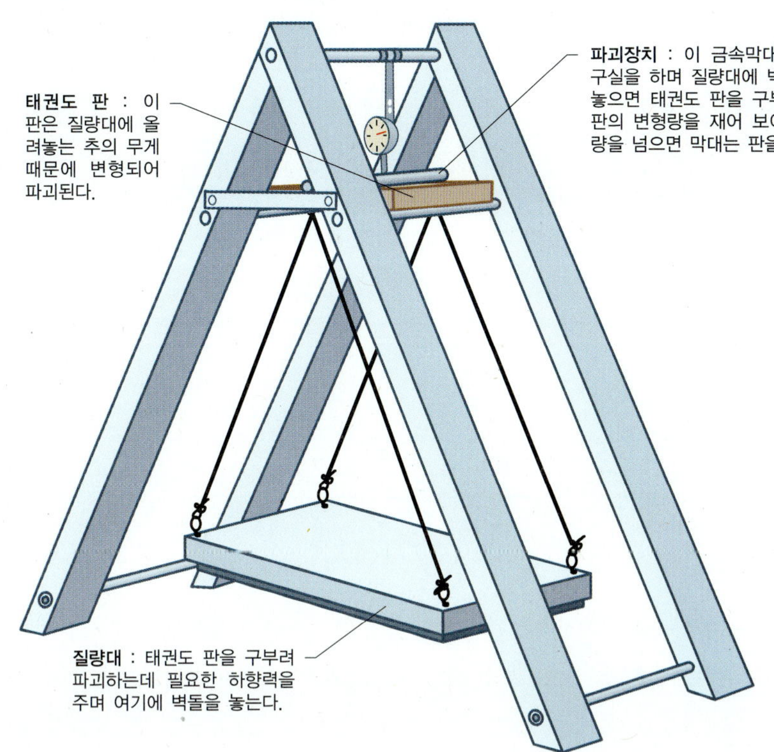

그림 9-46*a* 문제 76

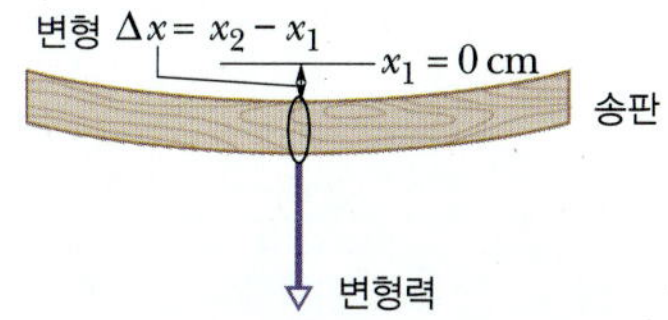

$F_x^{외부}$ (N)	Δx (cm)
0	0.000
167	0.156
326	0.312
461	0.446
567	0.602

그림 9-46*b* 문제 76

77. 공수도 영화

영화 'DSON012'(비디오포인트나 선생님에게서 구할 수 있음)에서 물리학과 학생이 송판 8장을 깬다. 쌓은 송판의 두께는 간격을 포함하여 0.34 m이다. 다음 질문에 답하되, 중력이 학생의 손에 한 일은 무시하라.

(a) 학생 손의 수직 또는 y방향 동작을 분석하는데 비디오 분석프로그램을 써라. 3~5장면의 자료를 써서 송판을 치기 직전의 학생 손의 속도를 구하라. 7~9장면의 자료를 써서 모든 판이 깨진 직후 학생 손의 속도를 구하라.

(b) 학생 손의 유효질량이 1.0 kg이라 하자. 알짜일-운동 에너지 정리를 써서 송판이 학생 손에 한 일을 구하라.

10 위치 에너지와 에너지 보존

선사 시대에 이스터 섬에 살던 사람들은 채석장에서 수백 개의 거대석상을 깎은 다음, 섬 전체 여기저기에 옮겨놓았다. 그들이 정교한 기계를 쓰지 않고서도 어떻게 큰돌을 10 km나 떨어진 곳까지 옮겼을까는 뜨거운 논쟁거리였으며, 그 일에 필요한 에너지원에 대한 기발한 이론들이 많이 나왔다.

원시적인 방법만으로 어떻게 그 일을 할 수 있었을까?

◈ 답은 이 장에 있다.

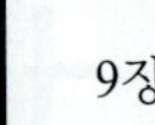

그림 10-1
역도선수는 무거운 역기를 들어 올려 역기와 지구 사이의 거리를 늘려 지구-역기 계의 배열을 바꾼다.

10-1 서론

9장에서는 일과 운동 에너지의 개념을 도입하였고 어떤 강체에 일을 해줄 때 그 운동 에너지가 어떻게 되는지를 기술하는 알짜일-운동 에너지 정리를 끌어냈다. 이 단원에서는 힘을 주고받는 여러 물체로 이루어진 계를 생각한다. 계 바깥의 물체가 주는 힘, 즉 외부힘을 받아 물체의 배열이 바뀔 때 어떤 일이 생기는가를 살펴보자.

외부힘을 받아 배열이 바뀔 수 있는 계를 두 가지 생각해보자. 첫째는 지구-역기 계로서 역도선수(계의 바깥에 있음)가 팔로 역기를 들어 올리고 발로는 지구를 눌러 밀면서 지구와 역기를 떼어놓는 것이다(그림 10-1). 둘째는 상자 두 개와 마룻바닥으로 이루어진 계로서 사람(계의 바깥에 있음)이 등으로는 상자 하나를 밀면서 발로는 다른 상자를 밀어 두 상자를 떼어놓아 배열을 바꾸는 것이다(그림 10-2). 각각의 계에서 배열을 바꾸는 외부힘은 사람이 두 물체를 서로 반대쪽으로 밀면서 주는 힘이지만, 두 상황의 차이는 분명하다. 즉, 역도선수가 힘을 빼면 계의 한 부분인 역기는 바로 땅에 떨어지지만, 두 상자는 사람이 힘을 빼도 서로 가까이 달려들지 않는다.

두 계는 부분끼리 주고받는 내부힘이 다르다.(계 속의 물체들끼리 주고받는 힘을 내부힘이라 했음을 떠올리자.) 역도선수의 힘은 중력과 맞서고 있고, 사람이 상자를 떼어내는 힘은 마찰력과 맞서고 있다. 하지만 역기가 떨어져 지구와 역기가 서로 가까워질 때 역기는 속도가 커지고 운동 에너지를 얻는다는 것을 잘 알고 있다. 역도선수가 한 일이 지구-역기 계의 새 배열에 저장되었다고 말할 때, 그것이 무슨 뜻인가? 그리고 상자를 떼어낸 한 일은 저장되기보다는 왜 사라져버렸는가?

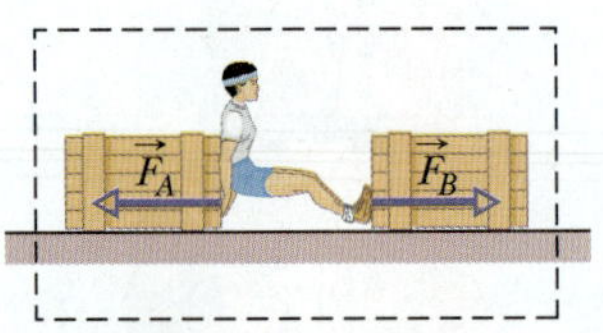

그림 10-2
한 여자가 두 상자에 크기는 같고 방향은 반대인 힘을 준다. 여자가 상자에 한 일은 상자-바닥 계의 배열을 바꾼다.

10-2 일과 경로 의존

힘을 주고받는 물체로 이루어진 계에 일을 할 수 있는 내부힘은 여러 가지다. 예로써 중력, 미끄럼 마찰력, 용수철 힘, 공기 저항력 등이다. 계의 배열이 바뀔 때 어떤 내부힘이 한 일이 '저장' 되었는지 또는 '소모' 되었는지를 어떻게 판별할까?

어떤 힘이 한 일이 '저장' 되었는지 혹은 '소모' 되었는지를 결정하고자 고안한 검증 방법이 있다. 이 방법은 계의 한 부분이 움직일 때 내부힘이 한 일을 살피는 것과 관련된다. 이 방법에 대한 다음 설명을 보자.(나중에 이를 정밀하게 다듬는다.)

> **내부힘이 한 일을 계가 '저장' 할 수 있는지를 검증하는 방법(임시 설명)** 계 안에서 물체가 움직일 때, 내부힘이 그 물체에 해준 일이 경로에 따라 달라지지 않으면, 이 힘(내부힘)이 한 일은 이 계안에 저장될 수 있다.

이 검증 방법을 앞서 설명한 중력 또는 마찰력을 받는 단순한 상황에 써 보면 잘 맞는다.

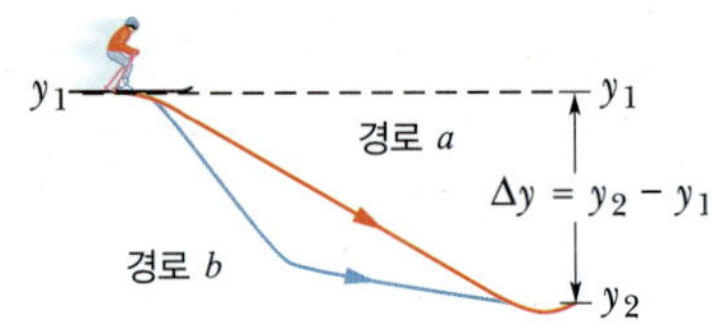

그림 10-3
마찰 없는 비탈길을 내려가는 스키 선수에게 중력이 해준 일은 비탈길의 모양과는 상관없고, 중력과 스키 선수의 수직변위 Δy만이 결정한다.

• 중력에 대한 경로 독립성의 검증

그림 10-3의 마찰 없는 구부러진 비탈길을 내려가는 스키 선수를 살펴보자. 9-9절에서 스키 선수가 비탈길을 내려갈 때 중력이 한 알짜일은 다음과 같다.

$$W^{알짜} = -mg(y_2 - y_1) = F_y^{중력}\Delta y \qquad (식\ 9\text{-}42)$$

따라서 중력이 한 알짜일은 비탈길의 모양에 상관없이 단지 중력의 수직성분과 스키 선수 질량중심의 수직변위에 따라서만 결정된다. 이 결과는 스키 선수의 운동에 수평방향 성분이 있을 때, 수평변위는 늘 지구중력과 수직이라는 사실로부터 나온다. 즉, 수평방향으로 '돌아갈' 때 중력은 스키 선수의 질량중심에 일을 하지 않는다.

따라서 중력이 어떤 입자에 한 일은 그림 10-3의 스키 선수처럼 y_1에서 y_2로 갈 때 어떤 경로로 가는가는 상관없다. 중력은 이로써 이 검증을 통과했다! 우리가 스키 선수–지구 계에 일을 해서 스키 선수를 비탈길의 맨 위에 올려놓으면, 역도 선수가 들어 올린 역기가 다시 떨어질 수 있는 것처럼, 이 스키 선수도 다시 내려가며 운동 에너지를 얻을 수 있다. 양쪽 경우 모두 대항하는 내부힘인 중력을 이겨내야 하고, 우리가 한 일은 계 안에 보존되는 것처럼 보인다.

• 마찰력이 한 일의 경로 의존성

위에서 스키 선수에 대해 살펴 본 것처럼 중력이 하는 일은 경로에 무관하다. 그러나 마찰력이 있는 곳에서 상자와 같은 물체를 옮길 때는 어떨까? 마찰력이 상자에 하는 일도 경로와는 무관한가?

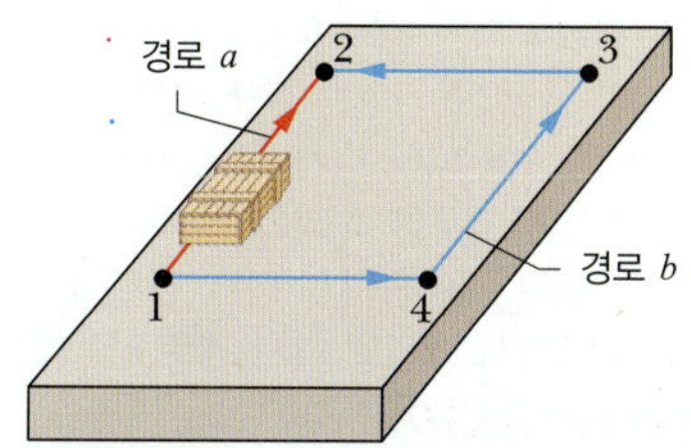

그림 10-4
마찰력이 상자에 한 일은 경로 a보다 경로 b를 따라 점 1에서 점 2로 밀 때가 훨씬 더 크다.

그림 10-2의 상자 하나를 마룻바닥에서 민다고 생각해보자. 바닥면은 아주 고르고 매끈해서 일정한 세기의 힘으로 밀면 상자는 일정한 속도로 움직인다고 하자. 상자의 가속도가 0이므로 뉴턴 제2운동법칙에 따라 나무상자가 받는 알짜힘은 0이다. 따라서 상자가 받는 외부힘은 내부 마찰력과 크기가 같고 방향은 반대이다. 이처럼 특별할 때는 마찰력이 일정하다. 그리고 마찰력은 늘 변위와 반대쪽으로 작용한다. 상자를 점 1에서 점 2로 곧바로 밀면, 그림 10-4처럼 상자는 경로 a를 따라 움직인다. 마찰력이 경로를 따라 한 일은 늘 음이고(왜냐면 힘과 변위가 반대쪽이므로), 다음과 같다.

$$W_{1\to 2}^{\text{마찰}} = -\left|f^{\text{운동}}\right| d$$

여기서 d는 점 1과 점 2 사이의 거리다. 위의 경로 a 대신에 상자를 경로 b를 따라 점 1, 점 4, 점 3, 점 2의 차례로 민다고 하자. 경로의 각 구간의 길이는 여기서도 마찬가지로 d라 하자. 마찰력이 한 일은 여기서도 마찬가지로 음이며 다음과 같다.

$$W_{1\to 4\to 3\to 2}^{\text{마찰}} = \left(-\left|f^{\text{운동}}\right| d\right) + \left(-\left|f^{\text{운동}}\right| d\right) + \left(-\left|f^{\text{운동}}\right| d\right) = -3\left|f^{\text{운동}}\right| d$$

이 운동 마찰력이 경로 독립성 검증에서 걸렸음을 알 수 있다. 마찰력이 상자에 한 일은 경로 b를 따라 갈 때가 경로 a를 따라갈 때보다 세 배나 더 크다. 일반적으로 크기가 일정한 마찰력이 계의 유일한 내부힘이라면 점 1에서 점 2로 가는데 필요한 일은 따라간 경로의 길이에 비례한다. 따라서 운동 마찰력은 경로에 따라 한 일이 달라지는 힘이다. 이는 외부힘으로 계에 해준 일이 저장될 수 있는지 없는지를 판단하는 지표가 바로 경로의존성임을 보여준다. 상자–바닥 계에서는 우리가 이 계의 일부인 상자를 밀어 일을 해주어도, 일을 마친 뒤에 이 계는 우리가 해준 그 일을 상자를 다시 배열하는데 쓸 수가 없다.

• 보존력과 경로독립성

지금까지의 설명으로 구성요소들 사이에 중력을 주고받는 계에 해준 일은 경로와는 무관한 듯하고 '외부힘이 해준 일(외부일)은 저장' 되는 듯함을 깨닫게 되었다. 이와는 달리, 계의 구성요소들 사이에 마찰력을 주고받을 때는 그 역이 성립하는 듯하다는 것이다. 즉 외부일을 저장할 수도 없고, 마찰력이 하는 일은 경로에 의존한다는 것이다. 관례적으로, (중력처럼) 해주는 일이 경로에 상관없는 힘

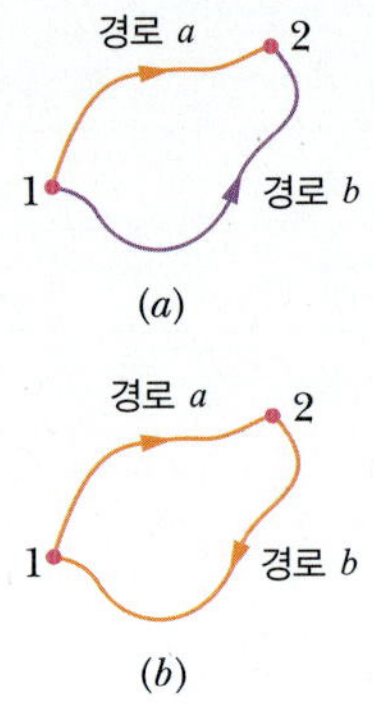

그림 10-5
어떤 입자가 보존력을 받을 때 그 힘이 한 일은 (*a*) 이 입자가 점 1에서 점 2까지의 경로 *a* 혹은 경로 *b* 중에서 어떤 것을 따라 움직였는가와는 상관 없으며, (*b*) 입자가 점 1을 떠나 다시 점 1까지 돌아올 때 어떤 경로를 따라와도 0이 된다. 가능한 왕복운동 중의 하나는 경로 *a*를 따라 점 2까지, 그리고 다시 경로 *b*를 따라 점 1까지 움직이는 것이다.

을 **보존력(conservative force)**, 그렇지 않은 힘을 **비보존력(nonconservative force)**으로 정의한다. '보존적(conservative)' 이란 말은 계의 구성 요소가 재배열될 때 일과 관련되는 어떤 것이 '저장' 혹은 보존됨을 뜻한다. 이 장의 다음 몇 절에서는 '보존' 의 개념을 더 상세히 살펴볼 것이다.

• 보존력에 대한 일반적인 서술

어떤 힘이 한 일이 경로에 상관이 있는가 없는가를 따지는 방법이 하나 있다. 이것은 닫힌 경로를 따라간 운동, 즉 물체가 공간에서 왕복하여 제자리로 돌아오는 동안에 한 알짜일을 셈해보는 것이다. 그림 10-5*b*는 어떤 입자의 왕복 운동 경로인데, 그 동안 어떤 힘이 작용하여 일을 해준다. 입자는 점 1을 떠나 경로 *a*를 따라 점 2로 갔다가 다시 경로 *b*를 따라 점 1로 돌아온다. 입자가 경로를 따라 움직이는 동안 내부힘은 입자에 일을 해준다. 곳곳에서 해주는 일의 부호는 따지지 말고, 입자가 점 1에서 2로, 경로 *a*를 따라 가는 동안 해준 일을 $W_{1\to 2}^{경로\,a}$, 경로 *b*를 따라 가는 동안 해준 일을 $W_{1\to 2}^{경로\,b}$로 나타내자(그림 10-5*a*). 이 힘이 보존력이면 두 경로에서 한 알짜일은 모두 같다.

$$W_{1\to 2}^{경로\,a} = W_{1\to 2}^{경로\,b} \quad 따라서 \quad W_{1\to 2}^{경로\,a} - W_{1\to 2}^{경로\,b} = 0$$

하지만 점 2에서 점 1로 방향을 반대쪽으로 바꾸어 경로 *b*를 따라가면, 모든 변위의 방향이 반대가 되므로 한쪽으로 가며 한 일은 반대쪽으로 가며 한 일과 부호가 반대가 된다. 이는 다음과 같다.

$$W_{1\to 2}^{경로\,b} = -W_{2\to 1}^{경로\,b}$$

따라서, 경로 *a*를 따라 점 1에서 점 2로 그리고 다시 경로 *b*를 따라 점 2에서 점 1로 가는, 즉 닫힌 경로를 따라서 입자가 왕복운동을 하는 동안에 해준 일은 다음과 같다.

$$W_{1\to 2}^{경로\,a} + W_{2\to 1}^{경로\,b} = 0 \qquad (보존력에\ 대해서만) \qquad (10\text{-}1)$$

이 식은 보존력이 한 일은 어떠한 닫힌 경로를 따라서도 0이 됨을 말해준다.

> **보존력 검증** 어떤 입자가 한 곳에서 다른 곳으로 가는 동안 보존력이 해주는 일은 입자가 어떤 경로를 따라가든 똑같다. 바꾸어 말하면, 보존력이 해주는 알짜일은 입자가 어떤 닫힌 경로를 따라 움직이든지 항상 0이 된다.

보존력의 경로 독립성은 또 다른 유용한 면이 있다. 보존력이 두 점 사이의 어떤 경로를 따라 해준 일을 셈할 때, 그 셈이 복잡하면 셈이 쉬운 다른 경로를 잡아 셈해도 된다는 것이다.

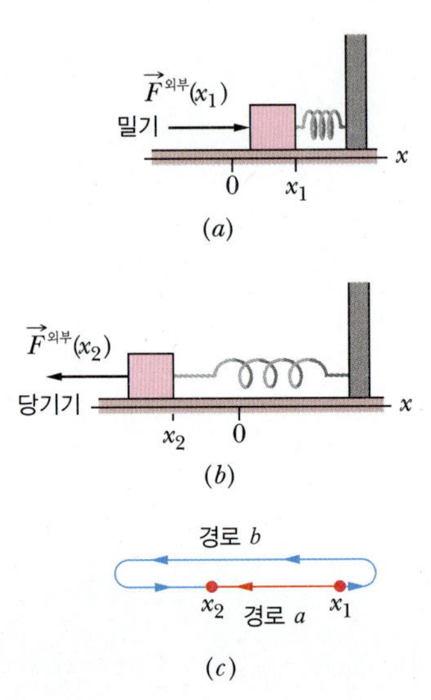

그림 10-6
벽에 고정된 용수철에 토막이 달려 있다. (*a*) 외부힘으로 토막을 밀어서, 용수철 끝의 위치가 x_1이 되었다. (*b*) 다음에, 토막을 당겨서 용수철 끝의 위치가 x_2가 되었다. (*c*) 용수철 끝이 x_1에서 x_2로 갈 때 고를 수 있는 여러 경로 가운데 두 가지.

• 용수철 힘에 대한 보존력 확인

지금까지 소개한 내부힘이 보존력인 계는 중력만 내부힘으로 작용하는 계였다. 이제 벽과 강체 토막, 그리고 토막에 마찰력을 주지 않는 이상적인 바닥으로 이루어진 계를 생각하자. 벽과 토막은 이상적인 용수철로 연결되어 힘을 주고받는다고 하자(그림 10-6). 토막이 달린 용수철의 끝은 토막이 평형점에서 벗어나면 토막을 반대쪽으로 끌어당긴다. 용수철이 토막을 끌어당기는 힘은 후크 법칙에 따라서 $F_x^{용수철}(x) = -kx$이며, 여기서 x는 평형위치 $x = 0$에 대한 변위이다(식 9-17). 용수철이 x_1에서 x_2로 직선 경로를 따라서 늘어나거나 눌릴 때, 용수철의 복원력이 토막에 한 일은, 복원력과 일의 정의를 써서, 다음과 같음을 보였다.

$$W^{용수철} = +\frac{1}{2}kx_1^2 - \frac{1}{2}kx_2^2 \quad \text{(식 9-19)}$$

용수철의 복원력이 보존력인지 따지기 전에, 외줄 용수철의 복원력은 본래 1차원적임을 알아야 한다. 따라서 토막을 움직이는 알짜 외부힘은 용수철과 나란한 성분만 따지면 되므로, 용수철 축을 x축으로 잡자.

이제 용수철의 복원력이 보존력인지 확인하자. 보존력이라면 힘이 해준 일은 어떤 1차원 경로에 대해서나 같아야 한다. 그림 10-6은 외부힘이 토막을 용수철 안쪽으로 밀었다가 바깥쪽으로 당긴 것을 보여준다. 식 9-19는 용수철이 한 일을 나타낸다. 용수철이 한 일을 기술하는 식은 두 곳의 위치 x_1과 x_2에만 의존할 뿐 용수철의 끝이 어떻게 한 곳에서 다른 곳으로 가는가는 상관이 없다. 예를 들면, 용수철 끝을 x_1에서 시작하여 더 누른 다음에 당겨서 x_2를 지나게 하고 다시 끝으로 x_2로 간다. 이처럼 어떤 1차원 경로를 잡든 상관없이, 용수철을 너무 당겨 후크 법칙이 깨지지 않는 한, 일은 같다.

따라서 이상적인 용수철의 복원력이 한 일은 경로에 상관없으므로 다음 결론을 내릴 수 있다.

> 이상적인 용수철의 복원력은 중력과 마찬가지로 보존력이다.

용수철 끝이 움직여 제자리에 돌아오는 동안에 한 일이 0이어야 한다는 다른 확인 방법에서도 왕복운동을 하면 $x_2 = x_1$이고 따라서 $W^{용수철} = \frac{1}{2}kx_1^2 - \frac{1}{2}kx_2^2 = 0$이므로 참이다. 왕복운동에서 용수철이 한 일이 0이라는 것은 사리에 맞다. 용수철 끝이 눌린 곳에서 시작한다고 하자. 용수철을 누른 상태에서 더 누를 때, 용수철의 복원력의 방향은 변위와 반대쪽이고 따라서 용수철이 한 일은 음이다. 다음에 용수철 끝을 아직 누른 상태이나 원래의 위치로 당기면, 변위와 힘은 같은 방향이고 용수철이 한 일은 양이다. 따라서 용수철을 누르면서 한 일(−)과 당기면서 한 일(+)을 더하면 0이 된다.

한 끝이 벽에 고정된 용수철의 다른 끝을 당겼다 놓을 때, 용수철 끝은 자연히 평형위치를 향한다. 이 사실은 역도선수가 들어올린 역기가 저절로 땅으로 다시 떨어지는 것과 다를 바가 없다. 따라서 외부힘이 용수철의 복원력에 대항하여 토막에 해준 일은 벽–용수철–토막 계에 저장되는 것처럼 보인다.

• 장난감 차 궤도에서의 보존력 검증

두 가지 보존력 검증방법이 마찰력이 작은 장난감 차–궤도–지구의 아주 복잡한 계에 어떻게 적용되는지 보자. 계가 자동차에 주는 내부힘은 보존력인가?

경로 독립성 검증 방법 그림 10-7에 보인 궤도 위의 점 1과 점 2 사이에서 '마찰이 작은' 장난감 차가 갈 수 있는 경로는 둘이다. 차는 경로 a를 따라 곧장 점 1에서 2로 오르막으로 가거나, 또는 몇 배나 더 먼 경로 b를 따라 갈 수도 있다. 이 경로에서 차는 비탈길 정상을 지나 공중제비를 세 번 하고 8자꼴 고리의 오른쪽 내리막을 거쳐 점 2로 간다.

어떤 경로를 따라가는 차에 내부힘이 일을 하는지 않는지를 판단하는데는 9장에서 끌어낸 알짜일–운동 에너지 정리를($W^{알짜} = \Delta K$) 쓸 수 있다. 여기서 알짜일은 이 계의 내부힘(차를 뺀 나머지가 차에 주는 힘)이 한 일을 모두 더한 값이며, 이를 수식으로 나타내면 다음과 같다. $W^{알짜} = W^{상호} = W^{법선} + W^{중력} + W^{마찰}$.

법선력은 차에 일을 하지 않는다. 이 힘은 궤도의 어느 곳에서나 차의 변위 방향과 늘 직교하기 때문이다. 따라서 내부일은 단지 중력과 마찰력을 결합한 힘이 한 일이다. $W^{알짜} = W^{중력} + W^{마찰}$.

그림 10-7
이 궤도는 장난감 차가 닫힌 경로를 따라 움직이게 해준다. 2로 표시한 곳은 구름다리다.

차가 어떤 운동 에너지를 가지고 점 1을 떠나 경로 a를 따라 점 2로 갈 때, 점 2에서 차의 운동 에너지를 재면 그 동안 계의 나머지가 차에 해준 내부일을 셈할 수 있다. 그리고 차가 점 1에서 경로 b를 따라 점 2로 갈 때에도 똑같이 할 수 있다. 두 경로를 따라갈 때 운동 에너지의 변화가 같다면, 각 경로에서 해준 알짜일은 같고 중력과 마찰력의 조합은 보존력이라고 결론지을 수 있다. 그러나 측정 결과는 경로 a와 경로 b에서의 운동 에너지 손실이 다름을 보여준다. 따라서 차가 받는 마찰력과 중력의 조합은 비보존적이라고 결론지을 수 있다. 그런데 중력은 보존력이라고 여겨지므로 마찰력이 문제라고 의심할 수 있다.

닫힌-경로 검증방법 위의 예에서는 닫힌-경로 검증방법이 훨씬 더 쓰기 쉽다. 단지 다음 물음에만 답하면 된다. 경로를 따라 돌아 제자리로 오는 동안(즉, 점 1에서 점 1로) 차에 해준 알짜일은 0인가? 답이 '그렇다'이면 알짜일-운동 에너지 정리 $W^{\text{알짜}} = W^{\text{중력}} + W^{\text{마찰}} = \Delta K = 0$에 따라 차가 완전히 한 바퀴 도는 동안 운동 에너지를 잃지 않을 것이다. 하지만 이 장난감 차 궤도에서 차가 느려지는 것을 볼 수 있고, 따라서 분명히 운동 에너지를 잃는다. 그러므로 예측한 대로 중력과 마찰력의 조합은 논리적으로 등가인 닫힌-경로 보존력 검증을 통과하지 못한다.

마찰력이 없다면 어떻게 될까? 만약 바퀴 베어링에 마찰이 없는 요술차를 고안한다면, 그때는 차가 움직이는 동안 차에 일을 해줄 수 있는 유일한 힘은 보존력인 지구의 중력이다. 이 경우 닫힌 궤도를 한 바퀴 돌아오는 동안 중력이 차에 한 알짜일은 0이고, 차는 운동 에너지를 잃지 않는다.

생각해보기 10-1 이 그림은 점 1과 2를 잇는 세 경로를 나타낸다. 낱낱의 경로에 보인 값은 경로를 따라 화살표 방향으로 움직이는 입자에 어떤 하나의 힘 $\vec{F}$가 하는 일이다. 이 정보로 판단할 때 힘 $\vec{F}$는 보존력인가?

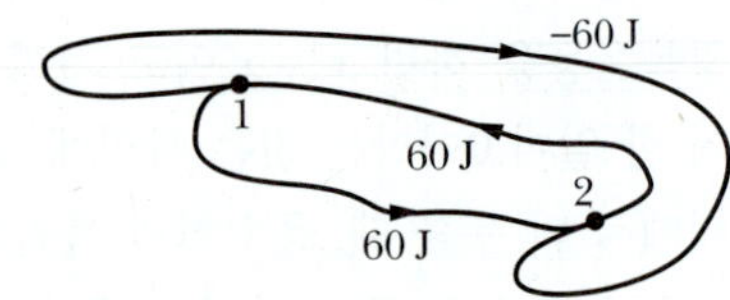

생각해보기 10-2 궤도를 달리는 장난감 차에 보존력에 대한 경로독립성 검증을 적용할 때 다음과 같이 기술했다. "측정 결과는 경로 a와 경로 b에서의 운동 에너지 손실이 다름을 보여준다." 그렇다면 어떤 경로에서 운동 에너지를 더 많이 잃을 것으로 생각하는가? 근거를 설명하라.

따라해보기 10-1 | 궤도 위의 비누

그림 10-8a는 점 1에서 2로 마찰 없는 궤도를 따라 미끄러지는 2.0 kg의 미끌미끌한 비누덩이를 보여준다. 비누가 궤도를 따라 움직이는 총길이는 2.0 m, 알짜 수직거리는 0.80 m이다. 비누가 미끄러지는 동안 중력은 일을 얼마나 해주는가?

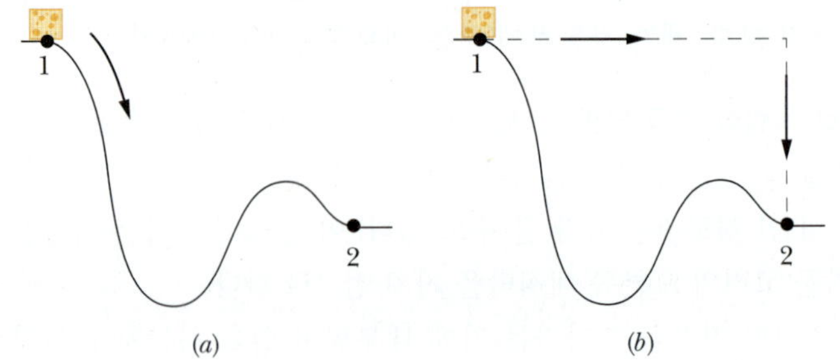

그림 10-8
(a) 비누덩이가 점 1에서 점 2로 마찰 없는 궤도를 따라 미끄러진다. (b) 중력이 비누에 한 일을 구하는 것은 비누의 실제 경로보다는 점선으로 보인 경로를 따라 구하는 것이 더 쉽다. 하지만 결과는 두 경로 모두에 대해서 같다.

풀이 ■ 요점은 비누가 궤도를 따라 내려가는 동안 중력 $\vec{F}^{\text{중력}}$이 한 일을 셈하는데 식 9-26($W^{\text{중력}} = |\vec{F}^{\text{중력}}||\Delta\vec{r}|\cos\phi$)을 쓸 수 없다는 것이다. 그 까닭은 궤도의 각 지점에서 $\vec{F}^{\text{중력}}$과 변위 $\Delta\vec{r}$ 사이의 각 ϕ를 모르기 때문이다.(궤도의 모양을 알면 궤도를 따라 ϕ를 셈할 수 있지만 실제 셈은 매우 어려울 것이다.)

둘째 **요점**은 $\vec{F}^{\text{중력}}$은 보존력이므로 1과 2 사이의 다른 경로, 즉 셈이 쉬운 경로를 잡아 일을 셈할 수 있다는 것이다. 그림 10-8b에서 점선으로 나타낸 경로를 잡아보자. 이 경로는 두 직선 선분으로 이루어진다. 수평선분을 따라 갈 때 ϕ는 늘 90°이다. 수평선분의 거리를 몰라도 식 9-26은 수평경로에서 한 일 $W^{수평}$이 다음과 같음을 말해준다.

$$W^{수평} = mg\left|\Delta\vec{r}\right|\cos 90° = 0$$

수직선분을 따라갈 때는, 변위 $\left|\Delta\vec{r}\right|$의 크기는 0.80 m, $\vec{F}^{중력}$과 $\Delta\vec{r}$은 모두 아래쪽이며 각도는 늘 0°이다. 따라서 그때 한 일 $W^{수직}$은 식 9-26에 따라 다음과 같다.

$$W^{수직} = mg\left|\Delta\vec{r}\right|\cos 0°$$
$$= (2.0\,\text{kg})(9.8\,\text{m/s}^2)(0.80\,\text{m})(1) = 15.7\,\text{J}$$

비누가 점 a에서 점 b까지 점선 경로를 따라 움직이는 동안 $\vec{F}^{중력}$이 비누에 한 전체 일은

$$W = W^{수평} + W^{수직} = 0 + 15.7\,\text{J} \approx 16\,\text{J} \qquad \text{(답)}$$

이다. 이 결과는 비누가 점 1에서 2로 궤도를 따라 가는 동안 해준 일과도 같다.

10-3 '저장된 일' 로서의 위치 에너지

계 속의 물체가 재배열될 때 외부힘이 해준 일이 저장될 수 있다면, 이 계를 '보존계' 라고 한다. 이 장에서는 보존계에 저장된 일을 위치 에너지라는 새로운 양으로 정의한다.

• 중력계의 재배열

역도선수 뤄핑이 그림 10-9와 같이 지구와 118.5 kg의 역기를 떼어놓을 때 한 외부일을 살펴보자. 뤄핑은 지구를 발로 내리밀면서 손으로 역기를 들어올려 중력에 맞서서 지구와 역기 모두에 일을 하는 외부행위자의 구실을 한다. 역기를 들어올리는 동안 지구-역기 계에 한 알짜일은 역도선수가 계에 한 외부일 $W_{계}^{외부}$과 계의 두 물체가 주고받는 중력이 해준 내부일 $W_{계}^{내부} = W_{중력}^{내부}$을 더한 것이다. 이는 다음 식으로 요약할 수 있다.

$$W_{계}^{알짜} = W_{계}^{외부} + W_{계}^{내부} \qquad \text{(계에 한 알짜일)} \qquad (10\text{-}2)$$

들어올리기 전후의 역기와 지구 둘 다 속도는 0이므로 들어올린 뒤의 지구-역기 계의 운동 에너지의 변화는 없다. 따라서 단원 9에서 끌어낸 알짜일-운동 에너지 정리에 따르면

$$W_{역기}^{알짜} = W_{역기}^{외부} + W_{역기}^{중력} = \Delta K_{역기} = 0 \qquad \text{(계에 한 알짜일)} \qquad (10\text{-}3)$$

(a)

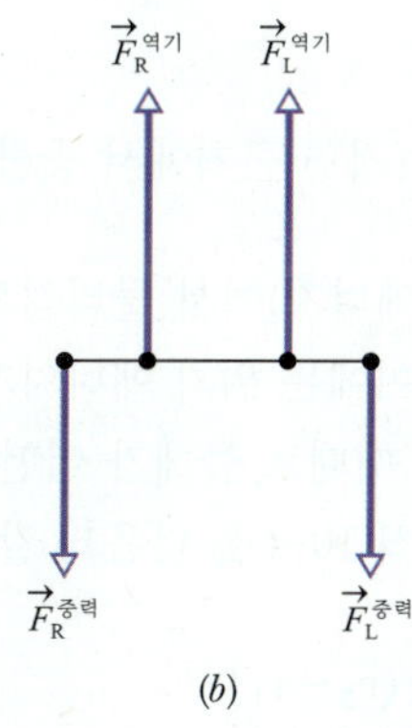

(b)

그림 10-9
(a) 2002년 10월 중국의 선 뤄핑이 인상 세계신기록을 세웠다. 들어 올리는 중간에 역기는 위쪽 가속도를 갖는다. 따라서 그녀가 역기에 주는 (+) 힘은 지구가 주는 (−) 힘보다 크다. 역도선수는 지구-역기 계에 (+) 외부일을 하지만 이 계는 스스로에게 (−) 내부일을 한다. (b) 역기가 받는 힘의 힘-물체그림. 역도선수가 주는 알짜힘은 알짜중력보다 크다.

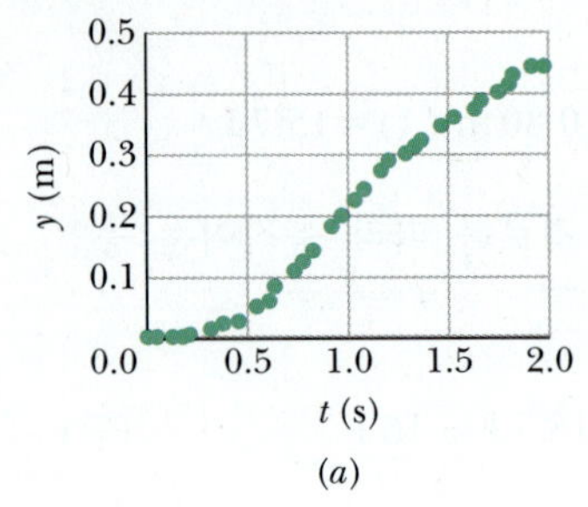

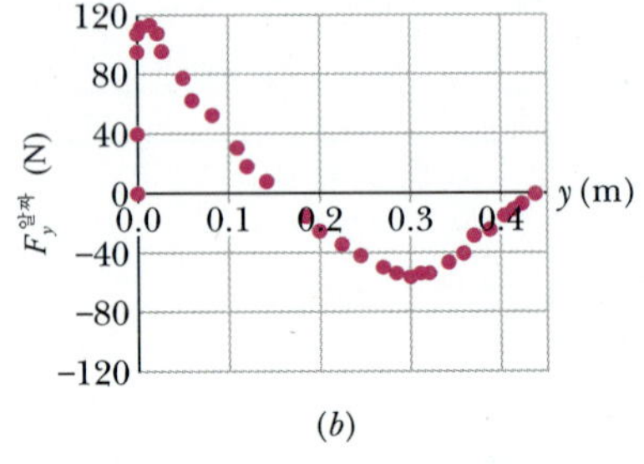

그림 10-10
372.5 kg 역기를 약 0.5 m 들어 올리는 동안의 비디오 분석 결과. (*a*) 들어 올리는 동안 역기의 y의 t에 대한 변화. 이 그림표로 다항식 맞춤을 하여, 들어 올리는 동안의 가속도를 구하고 역기가 받은 알짜힘의 시간에 대한 변화를 셈하였다. (*b*) 들어 올리는 동안의 높이 성분 y에 대한 역기가 받는 알짜힘의 그림표. 계에 한 알짜일을 나타내는 y에 대한 $F_y^{알짜}$곡선 아래의 넓이가 0임을 나타낸다.

이고, 계에 한 알짜일은 0이므로

$$W^{외부}_{역기} = -W^{중력}_{역기} \tag{10-4}$$

가 된다. 그림 10-10에 보인 것처럼 또 다른 역기 들기를 분석해 보면 역도선수가 역기를 들어올릴 때 하는 일의 크기는 지구 중력이 역기에 해주는 일과 같음이 실험적으로 입증된다.

일반적으로 어떤 물체를 땅 가까이에서 들어 올릴 때 종종 들어 올린 물체에 해준 일은 계에 해준 일과 다르다고 잘못 생각하기도 한다. 하지만 물체와 지구 사이의 거리 변화를 써서 일을 셈해 보면 같음을 알 수 있다.

• 위치 에너지 변화의 정의

아참, 역도선수의 노고가 운동 에너지의 변화를 가져오지는 않았다. 하지만 역도선수가 역기를 떨어뜨린다면, 역기는 떨어지면서 역도선수가 역기를 들어올릴 때 계에 해준 일과 같은 양의 운동 에너지를 얻을 것이다. 이와 같이 운동 에너지를 증가시킬 수 있는 잠재능력을 위치 에너지 변화 ΔU라고 부른다. 기본적으로 위치 에너지의 변화는 '저장된 일'이다. 여기서 '변화'라는 말을 쓴 까닭은 외부일을 하기 전에 계가 이미 얼마간의 위치 에너지를 계에 저장하는 경우도 포함하고자 해서이다.

그러나 $W^{알짜}_{계} = W^{외부}_{계} + W^{내부}_{계}$ (식 10-2)에 따르면 계의 운동 에너지가 변하지 않을 때는 외부일은 내부힘이 해준 내부일과 크기가 같고 부호가 반대이다. 이 결과로부터 보존계(내부힘이 보존력인 계)에서의 위치 에너지 변화란 내부힘이 계의 각 부분에 대해 해준 일이라고 정의할 수 있다.

> **보존계의 위치 에너지 변화**는 계가 재배열할 때 자신에게 한 내부일의 음의 값으로 정의한다.

이러한 정의를 끌어내고자 두 물체로 된 계의 보기를 들었지만, 이를 다체 계에도 마찬가지로 쓸 수 있다. 이것은 25장에서 정전기력과 관련된 위치 에너지를 다룰 때 더 자세히 설명하겠다. 보존력 하나가 작용할 때의 위치 에너지 변화의 일반적 정의는 수학적으로 다음과 같다.

$$\Delta U = -W^{보존} \quad \text{(위치 에너지 변화의 정의)} \tag{10-5}$$

여기서 $W^{보존}$는 보존력이 해준 일, ΔU는 그 힘과 관련된 위치 에너지의 변화이다.

중력 위치 에너지 우리가 지면 근처에서 물체를 높이 y_1에서 y_2로 들어 올릴 때 중력 위치 에너지 변화 $\Delta U^{중력}$에 대한 식을 구하려면 $W^{중력} = -mg(y_2 - y_1)$ 식 9-14를 쓸 수 있다. $W^{중력}$은 계가 한 내부일을 나타낸다. 따라서 다음과 같다.

$$\Delta U^{중력} = -W^{중력} = +mg(y_2 - y_1) \quad \text{(지면 근처에서 중력 위치 에너지의 변화)} \tag{10-6}$$

중력 위치 에너지(또는 어떤 다른 위치 에너지)에서 물리적으로 뜻이 있는 것은 변화량 ΔU뿐이다. 물체-지구 계에서 물체와 지구 중심 사이에는 위치 에너지가 명백히 0이 되는 특별한 곳은 없다. 하지만 셈이나 논의를 단순하게 만들고자 때때로 물체가 어떤 곳에 있을 때의 중력 위치 에너지 값 $\Delta U^{중력}$을 0으로 놓는다. 이러한 목적으로 식 10-6을 다음과 같이 쓰자.

$$\Delta U^{중력} = U^{중력}_2 - U^{중력}_1 = mg(y_2 - y_1) \tag{10-7}$$

그리고, 계가 **기준 배치(reference configuration)**에 있을 때(물체가 **기준점(reference point)** y_1에 있을 때) 계의 중력 위치 에너지(GPE, Gravitational Potential Energy)를 U_1이라고 하자. 기준점은 보통 $y_1 = 0$으로 잡으므로 $U_1^{중력} = U^{중력}(y_1) = 0$가 된다. 이렇게 한 뒤, 점 y_2를 일반적인 변수 y로 바꾸면 식 10-7은 다음과 같이 쓸 수 있다.

$$U^{중력}(y) = mgy \qquad \text{(잡은 원점에 대한 중력 위치 에너지)} \qquad (10\text{-}8)$$

이 식은 다음과 같은 내용을 말해준다.

> 지면 근처에서 물체-지구 계의 중력 위치 에너지는, 수평 위치와는 상관이 없고, 기준 높이 $y_1 = 0$에 대한 물체의 수직 위치(또는 높이) y에 따라서 결정된다.

탄성(또는 용수철) 위치 에너지 위치 에너지 변화에 대한 정의(식 10-5)는 그림 10-6에 보인 토막-용수철-벽 계에도 똑같이 적용된다. 따라서 $\Delta U^{용수철} = -W^{용수철}$, 곧

$$W^{용수철} = +\tfrac{1}{2}kx_1^2 - \tfrac{1}{2}kx_2^2 \qquad \text{(식 9-19)}$$

이므로 다음과 같다.

$$\Delta U^{용수철} = -W^{용수철} = \tfrac{1}{2}kx_2^2 - \tfrac{1}{2}kx_1^2 \qquad \text{(이상적 용수철에 대한 위치 에너지 변화)} \qquad (10\text{-}9)$$

용수철-토막 계의 위치 에너지에 대한 자연스러운 0점은 용수철이 풀려 있는 상태이다. 따라서 x_2에 있는 토막의 탄성 위치 에너지(EPE, Elastic Potential Energy) $U^{용수철}$을 구하려면 기준점인 용수철이 풀려 있을 때 토막이 있는 곳으로 잡는다. 그 위치를 $x_1 = 0$이라 하면 그곳에서의 탄성위치 에너지 $U^{용수철}$은 0이며, 식 10-9는 다음과 같다.

$$\Delta U^{용수철} = U_2^{용수철} - U_1^{용수철} = \tfrac{1}{2}kx_2^2 - 0$$

이 식은 다음의 일반식으로 쓸 수 있다.

$$U^{용수철}(x) = \tfrac{1}{2}kx^2 \quad \text{(용수철이 풀려 있을 때의 토막의 위치에 대한 이상적인 용수철위치 에너지)} \quad (10\text{-}10)$$

• 보존적인 두 물체 계에 대한 위치 에너지의 변화

지금까지 두 가지 계의 위치 에너지 변화를 살펴보았다. 이제는 두 물체로 된 보존계의 위치 에너지 변화에 대한 일반적인 식을 끌어낼 준비가 되었다. 그림 10-11과 같이 상호작용하는 두 물체 A와 B를 지나는 선을 y축으로 잡고 원점을 A에 두자. 좌표계를 이렇게 잡으면 두 물체가 주고받는 힘은 늘 y축과 나란하다.

이 계의 위치 에너지 변화는 $\Delta U = -W^{보존} - W^{상호}$이므로 ΔU를 찾는 열쇠는 두 물체가 멀어질 때 서로 해주는 내부 일을 셈하는 것이다. 둘 사이의 거리가 아주 조금 dr만큼 변할 때 두 물체가 서로 해주는 내부 일의 변화량 $dW^{상호}$는 다음과 같다.

$$dW^{상호} = \vec{F}_{B\to A}(\vec{r})\cdot d\vec{r}_A + \vec{F}_{A\to B}(\vec{r})\cdot d\vec{r}_B$$

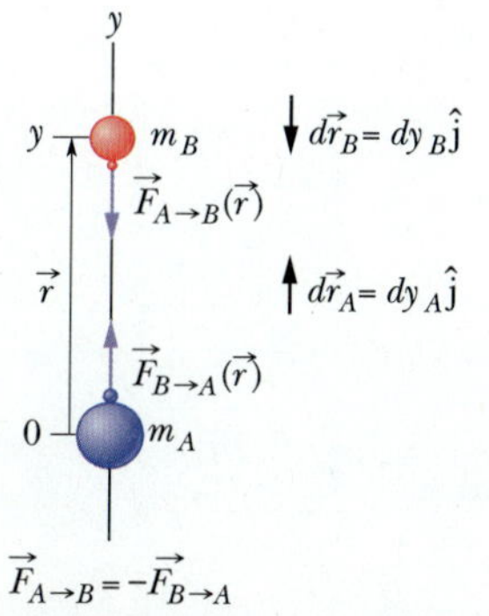

y, y, m_B, $d\vec{r}_B = dy_B\hat{j}$, $\vec{F}_{A\to B}(\vec{r})$, $\vec{r}$, $d\vec{r}_A = dy_A\hat{j}$, $\vec{F}_{B\to A}(\vec{r})$, 0, m_A

$\vec{F}_{A\to B} = -\vec{F}_{B\to A}$

그림 10-11
두 물체가 보존력을 주고받는다. 뉴턴 제3법칙에 따라 이들은 서로 '크기가 같고 방향이 반대인' 힘을 준다. 일반적으로 이 힘의 크기는 둘 사이의 거리 $|\vec{r}|$만의 함수이다.

y축을 변위와 나란히 잡았으므로 힘을 다음과 같이 y성분으로 나타낼 수 있다. $\vec{F}_{B\to A} = F_{Ay}\hat{\mathrm{j}}$, $\vec{F}_{A\to B} = F_{By}\hat{\mathrm{j}}$. 여기서 $F_{B\to Ay}$를 $F_{A\to By}$, F_{Ay}, $F_{A\to By}$를 F_{By}로 간단히 나타냈고, 그 값은 양 또는 음이 될 수 있음을 상기하자. 이렇게 하면 일을 셈할 때 점 곱을 생략할 수 있으므로 다음과 같다.

$$dW^{상호} = F_{Ay}(y)\,dy_A + F_{By}(y)\,dy_B$$

뉴턴 제3법칙에 따라 $\vec{F}_{A\to B} = -\vec{F}_{B\to A}$이므로 두 벡터의 y성분은 $F_{Ay} = -F_{By}$의 관계가 있고 $dW^{상호}$를 다음과 같이 쓸 수 있다.

$$dW^{상호} = F_{Ay}(y)\,dy_A + F_{By}(y)\,dy_B = F_{By}(y)\,d(y_B - y_A)$$

주고받는 힘의 방향은 늘 입자를 지나는 축과 나란하므로 벡터 표시로는 $\vec{r} = y\hat{\mathrm{j}}$이다. 주고받는 힘은 둘 사이의 거리에 따라 변하므로 y만의 함수이다. 따라서 $dW^{상호}$에 대한 표현은 입자 A가 입자 B에 주는 힘과 변수 y로 나타낼 수 있다. 이렇게 하여 $dW^{상호}$는 다음과 같이 간단히 표현된다.

$$dW^{상호} = F_{By}(y)\,dy$$

가장 일반적인 상황에서 입자 B가 움직여 입자 A에 대한 상대적 위치가 처음에 y_1에서 나중에 y_2로 바뀌면 내부 일은 $dW^{상호}$를 y에 대해 적분한 값이다.

$$W^{상호} = \int_{y_1}^{y_2} dW^{상호} = \int_{y_1}^{y_2} F_{By}(y)\,dy \tag{10-11}$$

이 식을 $\Delta U = -W^{상호}$에 넣으면 배열이 y축을 따라 변화할 때 계의 위치 에너지 변화는 다음과 같음을 알 수 있다.

$$\Delta U = -W^{상호} = -\int_{y_1}^{y_2} F_{By}(y)\,dy \tag{10-12}$$

y축 대신에 다른 두 점을 지나는 y'축을 잡거나, 입자 B가 입자 A에 주는 힘으로 ΔU에 관한 식을 끌어낼 수도 있다. 보존계의 위치 에너지 변화에 대한 일반식을 얻고자 $W^{상호}$를 셈할 때, 어떤 특정 좌표계를 잡지 않을 때는 점 곱을 써서 다음과 같이 쓸 수 있다.

$$W^{상호} \equiv \int_{\vec{r}_1}^{\vec{r}_2} \vec{F}(\vec{r}) \cdot d\vec{r} \tag{식 9-36}$$

여기서 $\vec{r}$은 입자 A에서 입자 B로 향하는 벡터이다.

$$\Delta U = -W^{상호} = -\int_{r_1}^{r_2} \vec{F}_B(\vec{r}) \cdot d\vec{r} \tag{10-13}$$

이상으로 다음의 중요한 결론에 이르렀다.

> 두 물체 계의 보존적 내부힘이 둘 사이의 거리에만 의존할 때, 그 계의 위치 에너지 변화는 두 물체 중 하나가 받는 내부힘만 따져서 셈하면 된다.

$W^{상호}$는 경로에 상관이 없으므로 ΔU를 $\Delta U = U(\vec{r}_2) - U(\vec{r}_1)$로 쓸 수 있다. 앞서와 같이 기준점 $\vec{r}_1$

을 잡아 $U(\vec{r}_1) = 0$으로 둘 수 있다. 그러면 어떤 $\vec{r}_2$ (또는 더 일반적으로 $\vec{r}$)에 있는 입자의 위치 에너지를 기준점에 대해 $U(\vec{r})$로 나타낼 수 있다.

생각해보기 10-3 알짜일–운동 에너지 정리에 따르면 역기를 최저점에서 최고점으로 들어올릴 때 알짜일은 0이어야 한다. 그림 10–10*b*의 자료가 이 사실과 맞는지 설명하라.

생각해보기 10-4 한 입자가 둘째 입자로부터 x축 방향의 내부 보존력을 받아 $x_1 = 0$에서 x_2로 x축을 따라 움직인다. 다음 그림은 힘의 x성분이 x에 따라 변하는 세 가지 상황을 나타낸다. 세 상황에서 힘의 최대 크기는 똑같이 F_1이다. 입자가 움직이는 동안 위치 에너지의 변화가 가장 큰 것부터 차례로 나열하라.

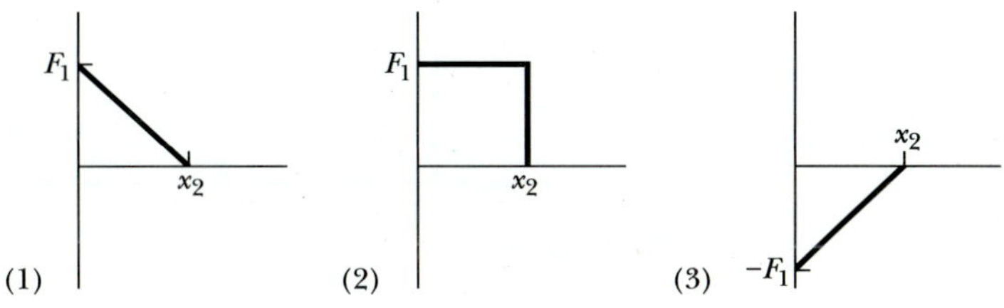

따라해보기 10-2 | 나무늘보의 에너지

2.0 kg의 나무늘보가 지상에서 5.0 m 되는 나뭇가지에 매달려 있다(그림 10–12).

(a) 기준점 $y_1 = 0$을 (1) 지상, (2) 지상 3.0 m 위의 발코니 바닥, (3) 나뭇가지, (4) 나뭇가지 위 1.0 m로 잡으면, 나무늘보–지구 계의 중력 위치 에너지 $U^{중력}$은 각각 얼마인가? 중력 위치 에너지를 $y_1 = 0$에서 0으로 잡고 y_2를 y로 표시하라.

풀이 ■ 요점은 일단 $y_1 = 0$인 기준점을 잡으면 그 점에 대한 계의 중력 위치 에너지 $\Delta U^{중력}$을 식 10–8로 셈할 수 있다. 예로써, (1)과 같이 잡으면 나무늘보는 $y = 5.0$ m에 있다.

$$U^{중력} = mgy = (2.0\,\text{kg})(9.8\,\text{m/s}^2)(5.0\,\text{m}) = 98\,\text{J} \qquad \text{(답)}$$

달리 잡으면, $U^{중력}$의 값은 다음과 같다.

$$(2)\ U^{중력} = mgy = mg(2.0\,\text{m}) = 39\,\text{J}$$
$$(3)\ U^{중력} = mgy = mg(0) = 0\,\text{J}$$
$$(4)\ U^{중력} = mgy = mg(-1.0\,\text{m}) = -19.6\,\text{J} \approx -20\,\text{J} \qquad \text{(답)}$$

(b) 나무늘보가 땅에 떨어졌다. 선택한 각 기준점에 대하여 떨어진 나무늘보–지구 계의 위치 에너지 변화 $\Delta U^{중력}$는 얼마인가?

풀이 ■ 요점은 위치 에너지 변화는 기준점 $y_1 = 0$을 어디에 두어도 상관이 없고, 높이 Δy의 변화에 따라 결정된다. 네 가지 경우

그림 10–12
기준점 $y_1 = 0$의 네 가지 선택. 각 y축의 단위는 미터다.

모두에 대하여 $\Delta y = -5.0$ m는 같다. 따라서 (1)부터 (4)에 대해 식 10–6에서 다음 결과를 얻는다.

$$\Delta U^{중력} = mg\Delta y = (2.0\,\text{kg})(9.8\,\text{m/s}^2)(-0.5\,\text{m}) = -98\,\text{J} \qquad \text{(답)}$$

연습문제 10-3

1. 용수철 상수

용수철이 풀린 상태에서 7.5 cm 누르면 25 J의 탄성위치 에너지가 저장된다면 용수철 상수는 얼마인가?

2. 책 떨어뜨리기

땅에 서서 1.50 m 높이로 손을 내밀고 있는(그림 10-13) 친구에게 지상 10.0 m 높이에서 2.0 kg의 책을 떨어뜨린다. (a) 책이 친구 손에 떨어질 때까지 중력이 책에 한 일 $W^{중력}$은 얼마인가? (b) 떨어지는 동안 책-지구 계의 중력 위치 에너지의 변화 ΔU는 얼마인가? (c) 책이 땅에 있을 때 이 계의 중력 위치 에너지 U가 0이 되게 기준을 잡으면 책을 떨어뜨리는 순간과 (d) 손에 받는 순간의 U는 얼마인가? (e) 다음으로 책이 땅에 있을 때의 U를 100 J로 잡고 다시 떨어뜨리는 곳에 있을 때의 $W^{중력}$, (f) ΔU, (g) U와, (h) 손에 있을 때의 U를 구하라.

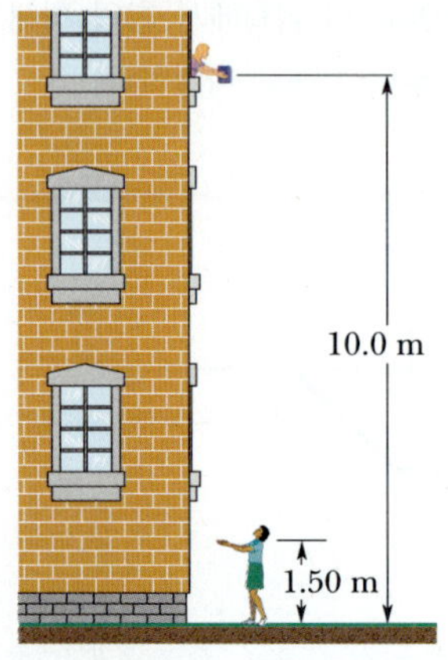

그림 10-13 문제 2와 12

3. 얼음조각

그림 10-14에서 반지름 r이 22.0 cm인 반구형 그릇의 가장자리에서 2.00 g의 얼음조각을 떨어뜨린다. 얼음조각-그릇의 접촉은 마찰이 없다. (a) 얼음조각이 그릇 바닥까지 내려가는 동안 중력이 얼음조각에 한 일은 얼마인가? (b) 그 동안 얼음조각-지구 계의 위치 에너지는 얼마나 변하는가? (c) 그릇의 바닥에서 위치 에너지를 0이라고 잡으면 얼음조각을 떨어뜨릴 때의 위치 에너지는 얼마인가? 그 대신 (d) 얼음조각을 떨어뜨리는 곳에서 위치 에너지를 0으로 잡으면 그릇바닥에 이를 때의 위치 에너지는 얼마인가? (e) 얼음조각의 질량을 2배로 하면 (a)부터 (d)까지 답의 크기는 커지는가, 작아지는가, 아니면 전과 같은가?

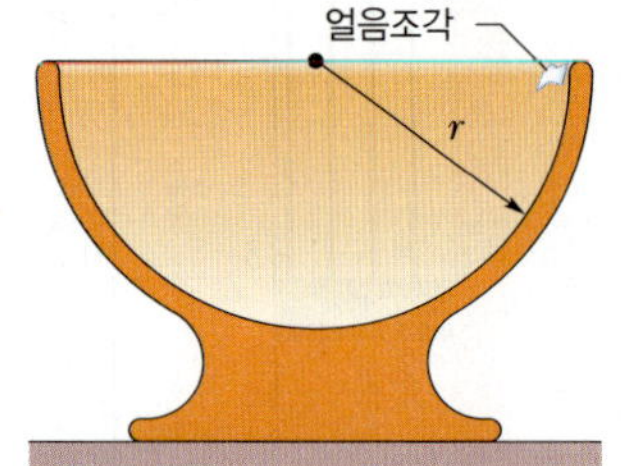

그림 10-14 문제 3과 11

4. 롤러코스터

그림 10-15에 질량 m인 마찰 없는 롤러코스터가 속도 v_1으로 첫째 마루를 지난다. 이곳에서 (a) 점 A, (b) 점 B, (c) 점 C까지 가는 동안에 중력이 롤러코스터에 해주는 일은 얼마인가? 코스터-지구 계의 중력 위치 에너지를 점 C에서 0으로 잡는다면 코스터가 (d) 점 B와 (e) 점 A에 있을 때의 값은 얼마인가? (f) 질량 m을 두 배로 하면 점 A와 B 사이의 중력 위치 에너지의 변화는 커지는가, 작아지는가, 아니면 전과 같은가?

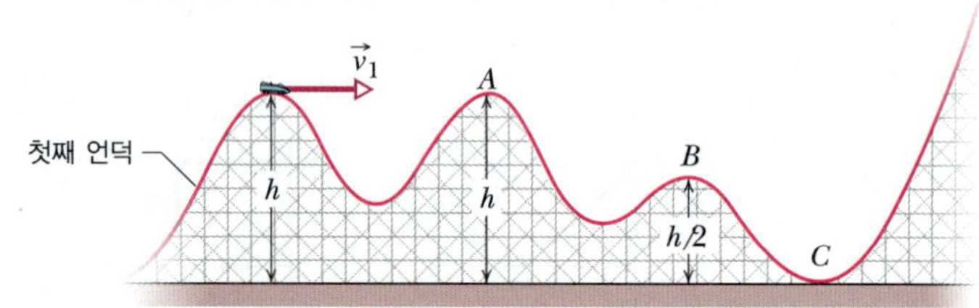

그림 10-15 문제 4와 14

5. 막대에 붙은 공

그림 10-16에서 질량 m인 공이 길이가 L이고 질량을 무시할 수 있는 가는 막대 끝에 붙어 있다. 막대의 다른 끝은 회전축에 붙어서 공은 수직원을 따라 돌 수 있다. 그림에 보인 것처럼 막대를 수평으로 들고 있다가 아래로 충분히 세게 밀어, 공이 빙 돌아 최고점에 이르러 속력이 0이 되었다. 공이 출발점에서 (a) 최저점까지, (b) 최고점까지, 그리고 (c) 공이 오른쪽으로 출발점과 높이가 같은 곳까지 가는 동안 중력은 공에 해준 일을 각각 얼마인가? 공-지구 계의 중력 위치 에너지를 출발점에서 0으로 잡으면, 공이 (d) 최저점, (e) 최고점, 그리고 (f) 출발점과 높이가 같은 오른쪽 점에 있을 때 그 값은 각각 얼마인가? (g) 막대를 더 세게 밀어서 공이 최고점을 0이 아닌 속도로 지난다고 하자. 이때 최저점에서 최고점까지 중력 위치 에너지의 변화는 더 큰가, 더 작은가, 아니면 전과 같은가?

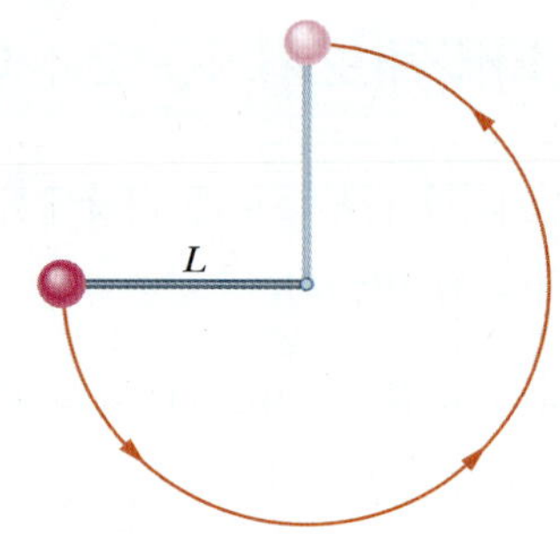

그림 10-16 문제 5와 13

6. 말아 놓은 고리 띠

그림 10-17에 질량 m인 작은 토막이 말아 놓은 고리띠를 따라서 마찰없이 미끄러진다. 토막을 고리 밑에서 위로 높이 $h = 5R$인 점 P에서 멈춘 상태로 놓았다. 토막이 점 P에서 출발하여

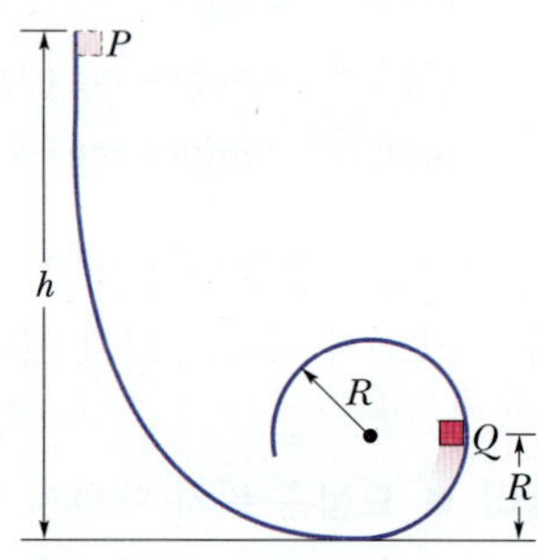

그림 10-17 문제 6과 22

(a) 점 Q 그리고 (b) 고리 꼭대기로 움직이는 동안 중력이 토막에 해주는 일은 얼마인가? 토막-지구 계의 중력 위치 에너지를 고리 바닥에서 0으로 잡는다면 토막이 (c) 점 P, (d) 점 Q, (e) 고리띠 꼭대기에 있을 때 중력 위치 에너지는 얼마인가? (f) 토막을 가만히 놓는 대신 고리띠를 따라 아래쪽으로 밀어 속력을 준다면 (a)에서 (e)까지 답은 커지는가, 작아지는가, 아니면 전과 같은가?

7. 눈덩이

눈덩이 1.50 kg을 높이 12.5 m인 절벽에서 수평과 41.0° 쪽으로 속력 14.0 m/s로 쏘아올렸다. (a) 눈덩이가 절벽 아래 평평한 땅바닥까지 날아가는 동안 중력이 눈덩이에 한 일은 얼마인가? (b) 날아가는 동안 눈덩이-지구 계의 중력 위치 에너지 변화는 얼마인가? (c) 중력 위치 에너지를 절벽 높이에서 0으로 잡는다면 눈덩이가 땅에 이를 때 그 값은 얼마인가?

8. 가는 막대

질량을 무시할 수 있고 길이 L인 가는 막대가 그림 10-18과 같이 한쪽 끝이 회전축이 되어 수직원을 따라 돌 수 있다. 막대의 다른 쪽 끝에는 질량 m인 무거운 공이 달려 있다. 막대를 한쪽으로 각도 θ로 당겼다 놓았다. 공이 최저점으로 내려가는 동안 (a) 중력은 공에 일을 얼마나 해 주는가, 그리고 (b) 공-지구 계의 중력 위치 에너지 변화는 얼마인가? (c) 중력 위치 에너지를 최저점에서 0으로 잡으면 공을 막 놓을 때는 값이 얼마인가? (d) 각도 θ가 커지면 (a)에서 (c)까지 답의 크기는 커지는가, 작아지는가, 아니면 전과 같은가?

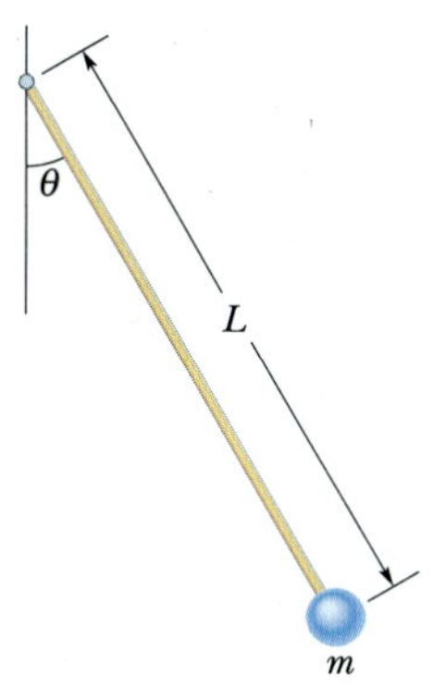

그림 10-18 문제 8과 16

9. 탑에서 던진 공

높은 탑의 꼭대기에서 1.0 kg의 공을 $t_1 = 0$에 $\vec{v}_1 = (18\ \text{m/s})\hat{\text{i}} + (24\ \text{m/s})\hat{\text{j}}$의 속도로 던졌다. $t_1 = 0$과 $t_2 = 6$ 초 사이에 공-지구 계의 위치 에너지 변화는 얼마인가?

10-4 역학적 에너지 보존

보존력만을 주고받는 강체나 입자들이 모인 고립계를 생각하자. 이 계가 고립되어 있다면 어떤 외부 힘도 이 계에 일을 할 수 없다.

계의 각 부분은 운동 에너지를 가질 수 있다. 예를 들어 역기를 떨어뜨리면 지구-역기 계의 중력 위치 에너지가 줄어드는 만큼 이 계는 운동 에너지를 갖게 된다. 이처럼 운동 에너지가 느는 만큼 위치 에너지가 줄어든다면 고립된 보존계에서는 두 에너지의 합이 일정할 수도 있다는 생각이 든다. 운동량을 다룬 7장에서 보았듯이 어떤 양이 시간에 대해 일정하면 물리학자는 그 양이 보존된다고 말한다. 계의 운동 에너지 K와 위치 에너지 U의 합을 역학적 에너지 $E^{\text{역학}}$이라는 새로운 양으로 정의하고, 이같은 가능성을 살펴볼 것이다. 기호로는 다음과 같이 쓴다.

$$E^{\text{역학}} \equiv K + U \qquad \text{(역학적 에너지의 정의)} \qquad (10\text{–}14)$$

이 절에서는 고립계의 내부힘이 보존력일 때 이 계의 역학적 에너지가 어떻게 되는지 살펴보자.

그림 10-19의 탁자에 고정된 마찰 없는 오목 그릇 속에 놓인 작은 얼음조각을 생각해보자. 얼음조각을 점 1에서 놓으면, 앞뒤로 진동할 것이다. 그것이 처음에는 보존력인 중력의 비탈길에 나란한 성분의 영향으로 점 2쪽으로 내려간다. 얼음조각의 운동 에너지는 커지고, 위치 에너지는 줄어든다. 점 2에서 이 계의 운동 에너지가 최대가 될 때 위치 에너지는 최소가 될 것이다. 다시 얼음조각이 점 3쪽으로 올라가면서 운동 에너지가 줄지만 대신 위치 에너지가 커진다.

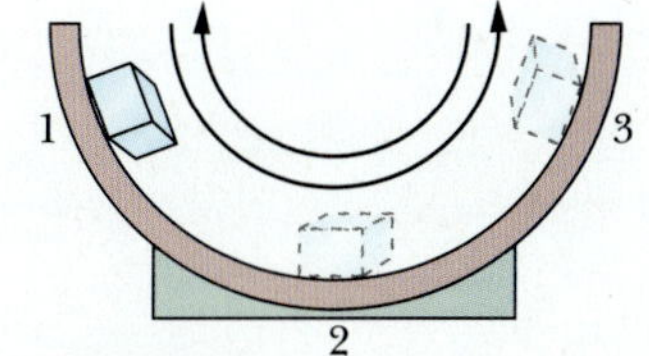

그림 10-19
작은 얼음조각이 마찰 없는 오목한 비탈면에서 앞뒤로 흔들리면서 위치 에너지와 운동 에너지 사이에서 에너지를 계속 주고받는다.

일반적으로 내부 보존력이 계 속의 어떤 물체에 일 $W^{\text{상호}}$를 하되 다른 물체는 특별히 움직이지 않으면 이 계는 물체의 운동 에너지 K와 계의 위치 에너지 U 사이에서 에너지를 옮긴다. 계 속의 물체에 해준 유일한 일이 내부일이라면 운동 에너지의 변화 ΔK는 알짜일–운동 에너지 정리에 따라 다음과 같다.

$$\Delta K = W^{\text{알짜}} = W^{\text{상호}} \tag{10–15}$$

계의 위치 에너지 변화 ΔU는

$$\Delta U = -W^{\text{상호}} \tag{10–16}$$

이므로, 위의 두 식으로부터 다음 식을 얻는다.

$$\Delta K = -\Delta U \tag{10–17}$$

이 식은 이 에너지 중에서 어느 하나가 줄면 다른 하나가 그만큼 느는 것을 보여준다.

$\Delta K = -\Delta U$를 다시 쓰면

$$K_2 - K_1 = -(U_2 - U_1) \tag{10–18}$$

이 되고, 여기서 아래글자는 서로 다른 두 시각을 나타내며, 따라서 계 안에 물체들의 서로 다른 두 배열을 나타낸다. $K_2 - K_1 = -(U_2 - U_1)$을 정리하면 다음과 같다.

$$E^{\text{역학}} = K_1 + U_1 = K_2 + U_2 \qquad \text{(역학적 에너지 보존)} \tag{10–19}$$

이 식은 말로 표현하면 다음과 같다.

> (1) 외부힘이 계에 해준 일이 없고, (2) 구성 물체끼리 보존력만 주고받는 계에서는, 계의 내부힘은 운동 에너지와 위치 에너지 사이에서 에너지를 옮기지만 이들의 합인 그 계의 역학적 에너지 $E^{\text{역학}}$을 바꾸지는 못한다.

이 결과를 **역학적 에너지 보존**(**conservation of mechanical energy**)이라고 한다. **유의!** 역학적 에너지 보존은 방금 설명한 특별한 조건에서만 성립한다. 이제야 보존력이란 말이 어디에서 왔는지 알 수 있다. $\Delta K = -\Delta U$(식 10–17)을 쓰면 이 원리를 다른 꼴로 쓸 수 있다.

$$\Delta E^{\text{역학}} = \Delta K + \Delta U = 0 \tag{10–20}$$

이 식이 성립할 때는, 뉴턴 법칙만 써서는 매우 풀기 어려운 문제를 역학적 에너지 보존을 써서 풀 수 있다.

> 어떤 계의 역학적 에너지가 보존될 때는 중간 과정의 운동을 따지거나 운동과 관련된 힘이 하는 일을 셈하지 않아도 어느 순간의 운동 에너지와 위치 에너지의 합을 다른 순간의 운동 에너지와 위치 에너지의 합과 관련지을 수 있다.

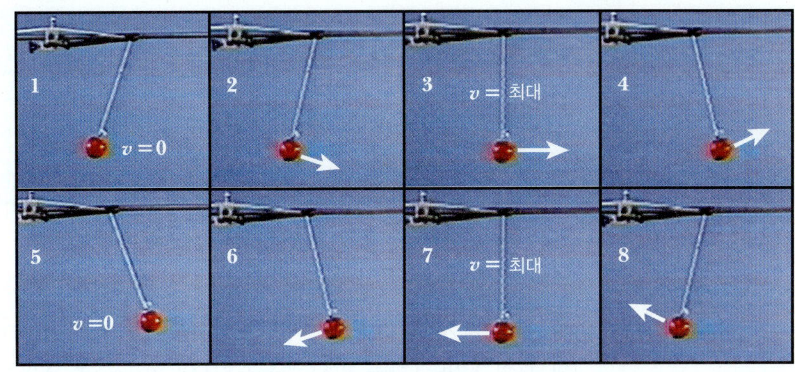

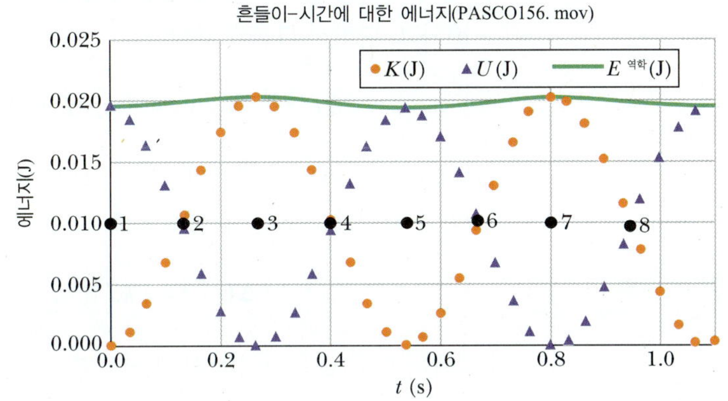

그림 10-20
질량 0.10kg인 추가 달린 흔들이. 추가 앞뒤로 한 주기 동안 오가는 운동을 찍은 영상으로부터 추의 위치 에너지와 운동 에너지를 구해서 보여준다. 시간에 대한 각 변위 자료와 변화율을 매 순간마다 구해서 추의 중력 위치 에너지 U와 운동 에너지 K를 셈하였다. 흔들이-지구 계의 위치 및 운동 에너지는 추가 한 주기 동안 오르내림에 따라 변한다. 그러나 그림표에서 보듯이 계의 전체 역학적 에너지 $E^{역학}$는 실험 정밀도의 한계 안에서는 일정하다. 3단계 및 7단계에서는 모든 에너지가 운동 에너지다. 추는 최하점을 지날 때 속력이 가장 빠르다. 1단계 및 5단계에서는 모든 에너지가 위치 에너지다. 2, 4, 6, 8단계에서는 에너지가 위치 에너지와 운동 에너지로 나뉜다. 한 주기만을 보면 흔들이가 받는 힘은 보존적이다. 그렇지만 연결점의 마찰과 추의 공기 저항 때문에 계의 전체 역학적 에너지는 시간이 가면서 조금씩 줄어든다.

그림 10-20는 역학적 에너지 보존원리를 쓸 수 있는 예를 보여준다. 흔들이가 오갈 때 흔들이-지구 계의 에너지는 운동 에너지 K와 중력 위치 에너지 U 사이에서 합 $K+U$를 일정하게 유지하면서 둘 사이를 오간다. 추가 최고점에 있을 때(그림 10-14의 1단계)의 중력 위치 에너지를 안다면, 추가 최저점에 있을 때(그림 10-20의 3단계)의 운동 에너지 $K_2+U_2=K_1+U_1$(식 10-19)을 써서 구할 수 있다. 그림 10-20의 그래표는 에너지가 위치 에너지와 운동 에너지 사이에서 계속 교환되는 것을 보여준다.

예를 들면 추의 최하점을 기준점으로 잡고 그곳의 중력 위치 에너지를 $U_2=0.00\text{ J}$로 놓자. 그리고 최고점에서의 위치 에너지는 기준점에 대해 대략 $U_1=0.20\text{ J}$임에 유의하자. 추는 최고점에서 순간 속도가 $v=0$이므로 그곳에서의 운동 에너지는 $K_1=0.00\text{ J}$이다. 이 값을 $K_2+U_2=K_1+U_1$에 넣으면 최저점에서의 운동 에너지 K_2는 다음과 같다.

$$K_2+0.00\text{ J}=0.00\text{ J}+0.20\text{ J} \quad \text{또는} \quad K_2=0.20\text{ J}$$

이 결과는 최고점과 최저점 사이의 운동을 전혀 따지지 않고, 그동안 힘이 한 일도 전혀 구하지 않고서 얻었다

생각해보기 10-5 다음 그림은 네 상황을 보여준다. 첫째는 멈춰 있던 토막이 떨어지고, 다음 셋은 토막이 마찰 없는 비탈길을 미끄러진다. 점 B에서 토막의 (a) 운동 에너지가 큰 것부터, (b) 속력이 빠른 것부터 차례로 늘어놓자.

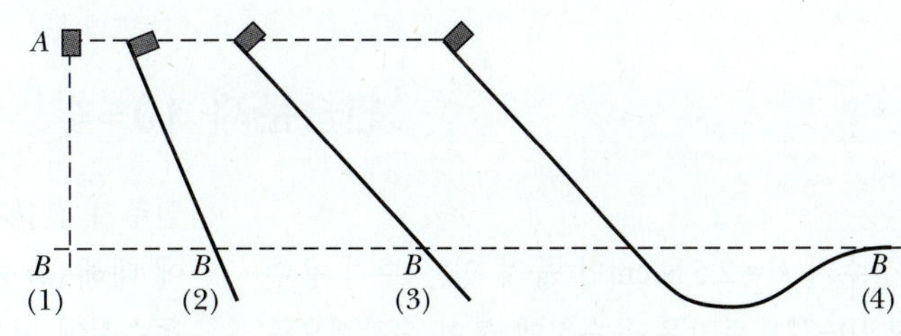

따라해보기 10-3 | 번지 뛰기

질량 61.0 kg인 여자가 강에서 45.0 m 위의 다리에 있다. 탄성 번지줄의 길이는 풀렸을 때 $L = 25.0$ m이다. 이 줄이 용수철 상수 160 N/m로 후크 법칙을 따른다고 하자. 뛰는 사람이 물에 닿기 전에 멈춘다면 최저점에 있을 때 수면에서 그녀의 발 높이는 얼마인가?

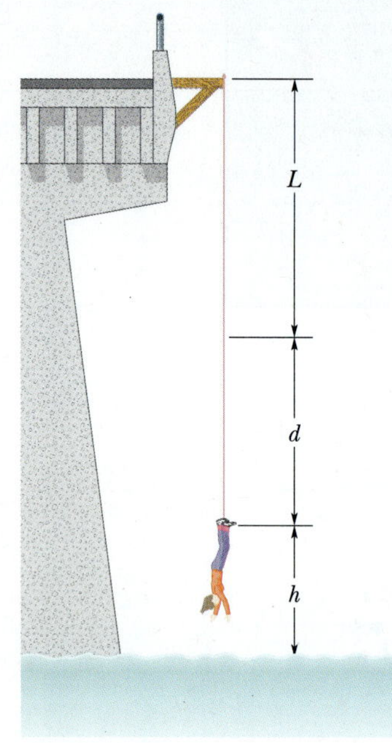

그림 10-21
번지 뛰기의 최저점에 있는 번지-줄 뛰는 사람

풀이 ■ 그림 10-21은 뛰는 사람이 가장 낮은 곳에 있는 상황을 보여준다. 발의 높이는 수면 위 h이고 줄은 풀린 상태보다 길이 d만큼 늘어나 있다. h를 구하려면 d를 알아야 한다. **요점**은 뛰는 사람이 처음에 다리 위에 있을 때와 떨어져 맨 아래에 있을 때의 역학적 에너지가 보존된다는 원리를 써서 d를 알 수 있다는 것이다. 둘째 **요점**은 고립계가 보존력만 받을 때는 역학적 에너지가 보존된다는 것이다. 이를 살펴보자.

힘: 중력은 여자가 떨어지는 동안 내내 일을 해준다. 일단 줄이 당겨지면 줄의 탄성힘은 그녀에게 일을 해주면서 그녀의 운동 에너지를 줄의 탄성위치 에너지로 옮겨준다. 줄의 탄성힘은 지구에 고정되어 있는 다리도 끌어당긴다. 중력과 줄의 탄성힘은 보존력이다.

계: 사람-지구-줄 계는 모든 힘과 에너지 전달을 포함하고 있으며, 이 계를 고립계로 볼 수 있다(외부힘이 해주는 일은 없다). 따라서 이 계에 역학적 에너지 보존원리를 쓸 수 있다. 식 10-20으로부터 이 원리를 다음과 같이 쓸 수 있다.

$$\Delta K + \Delta U^{\text{탄성}} + \Delta U^{\text{중력}} = 0 \qquad (10\text{–}21)$$

여기서 ΔK는 뛰는 사람의 운동 에너지 변화량이고, $\Delta U^{\text{탄성}}$은 줄의 탄성위치 에너지의 변화량이고, $\Delta U^{\text{중력}}$은 중력 위치 에너지의 변화량이다. 변화량 모두를 그녀가 처음 위치에 있을 때와 최저 위치에 있을 때 비교하여 셈해야 한다. 그녀는 처음 위치와 최저 위치에서(적어도 순간적으로는) 서 있으므로 $\Delta K = 0$이다. 그림 10-15에서(다리를 원점으로 아래가 $-y$쪽) 그녀의 위치변화 Δy는 $-(L + d)$이고, 따라서 다음과 같다.

$$\Delta U^{\text{중력}} = mg\Delta y = -mg(L + d)$$

여기서 m은 그녀의 질량이다. 또한 그림 10-21에서 번지줄이 거리 d만큼 늘어났음을 알 수 있으므로

$$\Delta U^{\text{탄성}} = \tfrac{1}{2}kd^2$$

이 식과 주어진 값을 식 10-21에 넣으면 다음 식을 얻는다.

$$0 + \tfrac{1}{2}kd^2 - mg(L + d) = 0$$
$$\tfrac{1}{2}kd^2 - mgd - mgL = 0$$

따라서

$$\tfrac{1}{2}(160\ \text{N/m})\,d^2 - (61.0\ \text{kg})(9.8\ \text{m/s}^2)(25.0\ \text{m}) - (61.0\ \text{kg})(9.8\ \text{m/s}^2)\,d = 0$$

이 2차방정식을 풀면

$$d = 17.9\ \text{m}$$

따라서 여자의 발은 처음 높이에서 아래로 $(L + d) = 42.9$ m에 있다. 즉,

$$h = 45.0\ \text{m} - 42.9\ \text{m} = 2.1\ \text{m} \qquad \text{(답)}$$

연습문제 10-4

10. 용수철과 토막

250 g 토막이 용수철 상수가 $k = 2.5$ N/cm인 풀려 있는 수직 용수철 위에 떨어졌다(그림 10-22). 토막은 용수철에 붙어 순간적으로 멈추기 전까지 용수철을 12 cm 눌렀다. 용수철이 눌리는 동안 토막에 대해 (a) 중력이 한 일과 (b) 용수철이 한 일은 얼마인가? 토막이 용수철에 닿는 순간 토막 속도는 얼마인가?(마찰은 무시한다.) (d)

부딪칠 때의 속도가 2배가 되면 용수철은 최대 얼마까지 눌리는가?

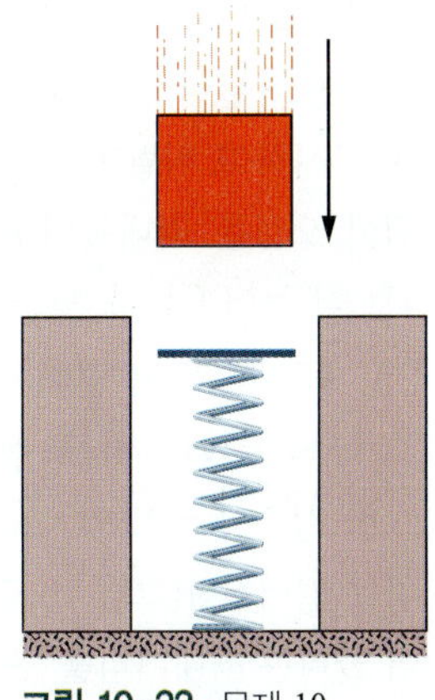
그림 10-22 문제 10

11. 얼음조각의 속도

(a) 문제 3에서 얼음조각이 그릇바닥에 이를 때 속도는 얼마인가? (b) 질량이 2배인 다른 얼음조각으로 바꾸면 그 속도는 얼마가 되는가? (c) 이와 달리 처음에 얼음조각에 아래쪽으로 속도를 주면 바닥에 이를 때의 속도는 전보다 빨라지는가, 느려지는가, 아니면 전과 같은가?

12. 책의 속도

(a) 문제 2에서 책이 손에 이를 때 속도는 얼마인가? (b) 질량이 2배인 다른 책으로 바꾸면 속도는 얼마가 되는가? (c) 이와 달리 책을 아래로 던지면 (a)에 대한 답은 더 빨라지는가, 느려지는가, 아니면 전과 같은가?

13. 수직점에서 속도는 0

(a) 문제 5에서 공의 처음 속도가 얼마일 때 수직 최고점에서 속도가 0이 되는가? 또한 그때 (b) 최저점 및 (c) 공이 오른쪽으로 처음점과 높이가 같은 곳에서의 속도는 얼마인가? (d) 공의 질량을 2배로 하면 (a)에 대한 그 답은 커지는가, 작아지는가, 아니면 전과 같은가?

14. 롤러코스터의 속력

문제 4에서(a) 점 A와 (b) 점 B, (c) 점 C에서의 롤러코스터의 속력은 얼마인가? (d) 너무 높아서 넘어갈 수 없는 맨 끝 오르막에서는 얼마나 높이 올라갈 수 있는가? (e) 질량이 2배인 다른 롤러코스터로 바꾸면 (a)에서 (d)까지의 답은 얼마인가?

15. 폭주하는 트럭

그림 10-23은 제동기가 고장나 폭주하는 트럭이 내리막길을 따라 130 km/h로 가는데 운전사가 기울기 15°인 마찰 없는 비상 대피로로 몰기 바로 전의 모습이다. 트럭의 질량은 5000 kg이다. (a) 트럭이 대피로를 따라가다(순간적으로) 서려면 대피로의 최소길이 L은 얼마나 되어야 하는가?(트럭을 입자라고 가정하고 이에 대해 근거를 제시하라.) (b) 트럭의 질량이 준다면, 그리고 (c) 트럭 속도가 준다면 최소길이 L은 길어지는가, 짧아지는가, 아니면 전과 같은가?

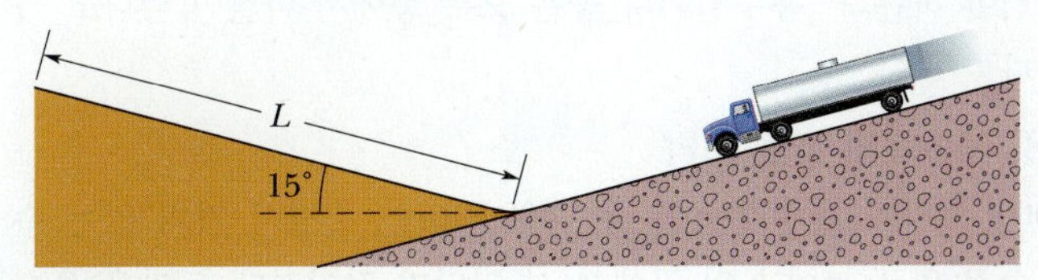

그림 10-23 문제 15

16. 최저점에서의 속력

(a) 문제 8에서 $L = 2.00$ m, $\theta = 30.0°$, 그리고 $m = 5.00$ kg이면 최저점에서의 공의 속력은 얼마인가? (b) 질량이 커지면 속도는 빨라지는가, 느려지는가, 아니면 전과 같은가?

17. 땅에 떨어진 눈덩이

(a) 문제 7에서, 5장의 방법보다는 에너지 방법을 써서 눈덩이가 절벽 아래 땅에 이를 때의 속력을 구하라. (b) 던지는 각도를 수평선 아래쪽 41.0°로 바꾸면, 그리고 (c) 질량을 2.50 kg으로 바꾸면, 속도는 얼마인가?

18. 용수철 위에 있는 돌멩이

그림 10-24는 용수철 위에 멈춰 있는 8.00 kg의 돌멩이를 보여준다. 돌멩이는 용수철을 10.0 cm 눌렀다. (a) 용수철 상수는 얼마인가? (b) 돌멩이를 아래로 30.0 cm 더 눌렀다가 놓았다. 놓기 바로 전에 눌린 용수철의 탄성 위치 에너지는 얼마인가? (c) 돌멩이가 눌렀다가 놓은 곳에서 최고점으로 움직일 때 돌멩이-지구 계의 중력 위치 에너지 변화는 얼마인가? (d) 눌렀다가 놓은 곳에서부터 잰 최고점의 높이는 얼마인가?

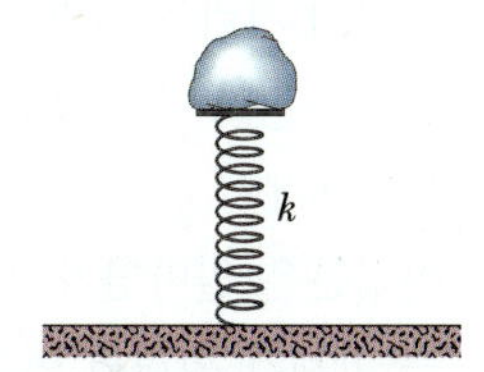

그림 10-24 문제 18

19. 수직으로 쏘아올린 공깃돌

5.0 g 공깃돌을 용수철 총으로 수직 위로 쏘아 올렸다. 공깃돌이 눌린 용수철 위에서 위로 20 m 목표에 이르려면 용수철을 8.0 cm 눌러야 한다. (a) 공깃돌이 20 m 솟아오르는 동안 공깃돌-지구 계의 중력 위치 에너지의 변화 $\Delta U^{중력}$은 얼마인가? (b) 공깃돌을 쏘는 동안 용수철의 탄성위치 에너지의 변화 $\Delta U^{탄성}$은 얼마인가? (c) 용수철의 용수철 상수는 얼마인가?

20. 흔들이

그림 10-25는 길이 L인 흔들이를 보여준다. 수직선에 대한 줄의 각도가 θ_1일 때(실질적으로 거의 모든 질량이 모인) 추의 속도는 v_1이다. (a) 추가 최저점에 있을 때의 속도를 나타내는 식을 구하라. (b) 흔들이가 내려갔다가 수평위치까지, 그리고 (c) 줄이 똑바로 펴진 채 수직위치까지 올라온다면 v_1의 최소값은 얼마인가? (d) 각도 θ_1이 더 커지면 (b)에서 (c)까지 답은 커지는가, 작아지는가, 아니면 전과 같은가?

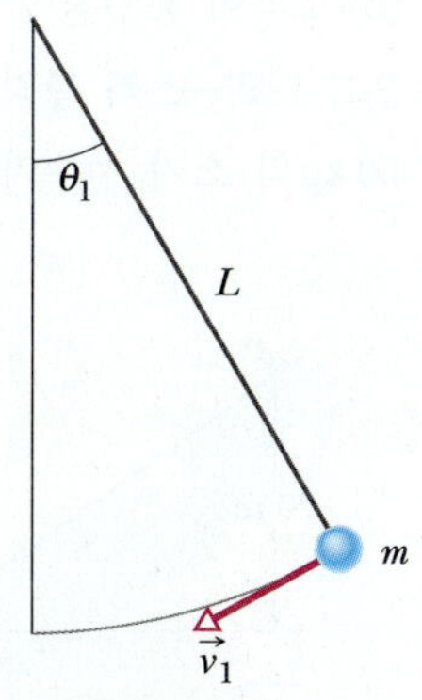

그림 10-25 문제 20

21. 토막-용수철-비탈길

2.00 kg의 토막이 마찰 없는 30.0°비탈길에서 용수철을 누르고 있다(그림 10-26). (토막이 용수철에 붙어 있지는 않다.) 용수철 상수가 19.6 N/cm인 용수철을 20.0 cm 눌렀다가 놓았다. (a) 눌린 용수철의 탄성위치 에너지는 얼마인가? (b) 토막이 용수철에서 떨어져 비탈길의 최고점까지 움직일 때 토막-지구 계의 중력 위치 에너지의 변화는 얼마인가? (c) 토막이 용수철에서 떨어지는 곳에서 최고점까지의 비탈길의 거리는 얼마인가?

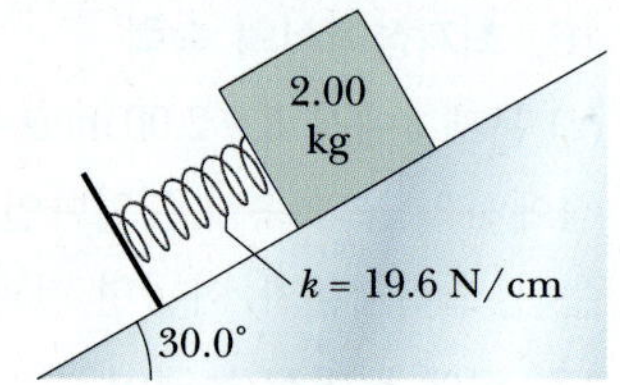

그림 10-26 문제 21

22. 수평과 수직성분

문제 6에서 Q점에서 토막이 받는 알짜힘의 (a) 수평성분과 (b) 수직성분은 얼마인가? (c) 고리 꼭대기에서 토막이 고리에서 떨어지는 한계가 되려면 어떤 높이 h에서 토막을 멈춘 상태로 놓아야 하는가?(떨어지는 한계란 고리가 토막에 주는 법선력이 0이 되는 것을 뜻한다.) (d) 고리 꼭대기에서 토막이 받는 법선력의 크기를 초기높이 h에 대해 $h = 0$에서 $h = 6R$ 범위까지 그림표로 그려라.

23. 비탈길 토막과 용수철의 충돌

그림 10-27에서 12 kg 토막을 마찰 없는 30.0°비탈길에서 멈춘 상태로 놓았다. 비탈길 아래쪽에는 힘 270 N을 받으면 2.0 cm 눌리는 용수철이 있다. 토막이 용수철을 5.5 cm 눌렀을 때 토막은 순간적으로 섰다. (a) 토막이 처음 서 있던 곳에서 다시 용수철을 눌러 설 때까지 비탈길을 따라 얼마나 움직였는가? (b) 토막이 용수철에 막 닿을 때의 속도는 얼마인가?

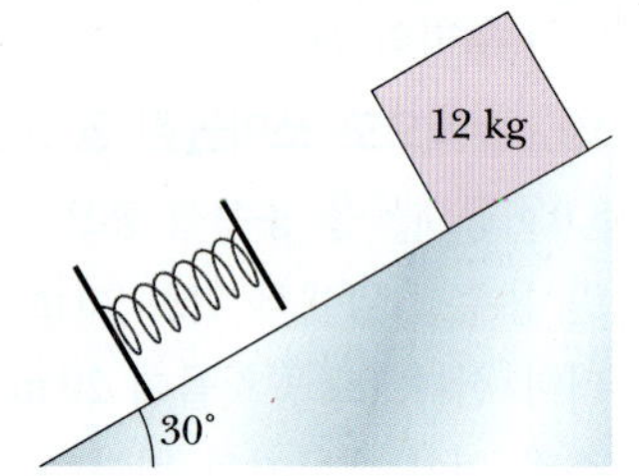

그림 10-27 문제 23

24. 도약-스키 활강면

60 kg의 스키 선수가 그림 10-28에 보인 도약-스키 활강면의 끝에서 위로 높이 20 m인 곳에서 서 있다가 출발한다. 스키 선수가 비탈면을 날아오를 때의 속도는 수평과 28°각을 이룬다. 공기저항을 무시하고 비탈면은 마찰이 없다고 하자. (a) 활강면 끝에서 위로 뛰어 오르는 최대높이 h는 얼마인가? (b) 배낭으로 무게를 늘리면 h는 더 높아지는가, 낮아지는가, 아니면 전과 같은가?

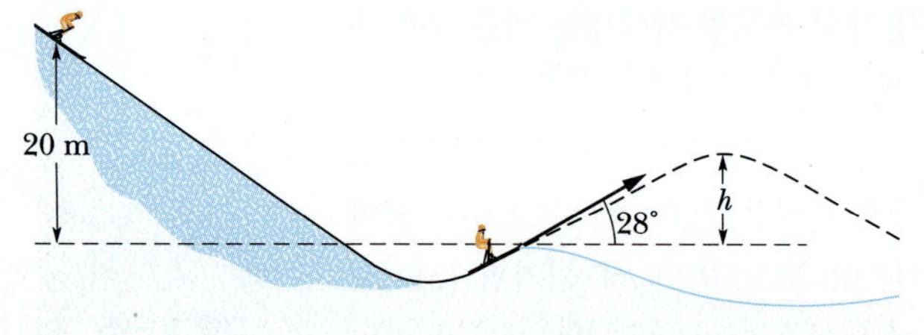

그림 10-28 문제 24

25. 용수철 위에 떨어진 토막

2.0 kg의 토막이 40 cm 높이에서 용수철 상수 k = 1960 N/m인 용수철 위로 떨어졌다(그림 10-29). 용수철이 눌리는 최대거리를 구하여라.

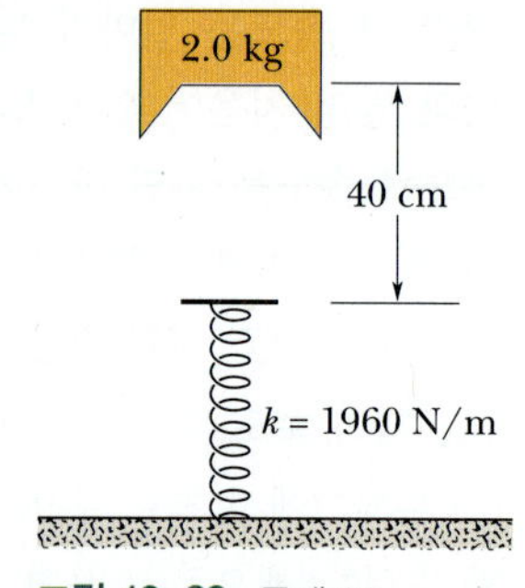

그림 10-29 문제 25

26. 타잔

무게 688 N인 타잔이 절벽 위에서 길이 18 m인 넝쿨 끝을 잡고 줄타기를 한다(그림 10-30). 절벽 꼭대기에서 그네타기 최저점까지 3.2 m를 내려왔다. 넝쿨은 장력이 950 N을 넘으면 끊어진다. (a) 넝쿨은 끊어질까? (b) 만약 안 끊어진다면, 줄타는 동안 넝쿨에 걸리는 최대힘은? 만약 끊어진다면, 넝쿨이 수직과 얼마의 각도를 이룰 때에 끊어지는가?

그림 10-30 문제 26

27. 두 아이의 놀이

두 아이가 탁자에 설치된 용수철 총으로 공깃돌을 쏘아 마룻바닥에 있는 조그만 상자에 맞추는 놀이를 하고 있다. 표적 상자는 탁자 끝에서 수평거리가 2.20 m인 곳에 있다. 그림 10-31을 보라. 영수는 용수철을 1.10 cm 눌렀으나, 공깃돌의 중심은 상자의 중심에서 27 cm 못 미친 곳에 떨어졌다. 이를 정확히 맞추려면 영희는 용수철을 얼마나 눌러야 하는가? 용수철이나 공은 모두 총에서 마찰이 없다고 가정한다.

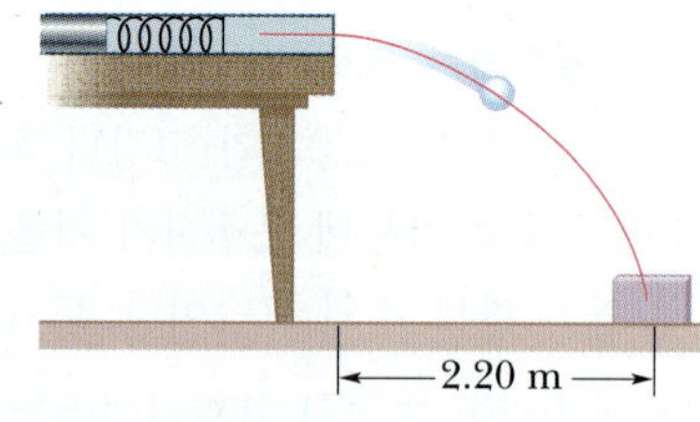

그림 10-31 문제 27

28. 용수철에 붙은 토막

700 g 토막이 용수철 상수 k = 400 N/m인, 질량이 거의 없는 수직 용수철 위로 높이 h_1인 곳에서 서 있다가 떨어졌다. 토막은 용수철

에 붙어 용수철을 19.0 cm 누르고 순간적으로 멈춘다. (a) 토막은 용수철에, 그리고 (b) 용수철은 토막에 일을 얼마나 했는가? (c) h_1의 값은 얼마인가? (d) 토막을 용수철 위 $2h_1$ 높이에서 떨어뜨리면 용수철은 최대 얼마나 눌리는가?

29. 완전 스윙

그림 10-32에서 공이 고정된 못 P를 중심으로 완전히 돌려면 $d > 3L/5$가 되어야 함을 보여라.(**실마리**: 공은 도는 꼭대기에서도 운동하여야 한다. 왜 그런가?)

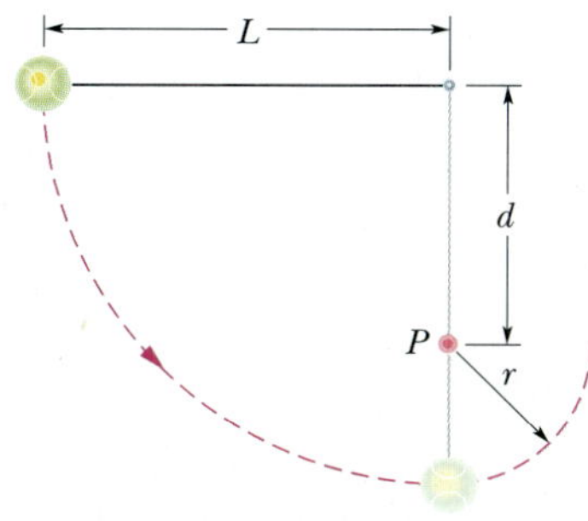

그림 10-32 문제 29와 36

30. 흔들이 만들기

흔들이를 만들고자 300 g의 공을 질량이 거의 없는 길이 1.4 m 줄 끝에 달았다(줄의 다른 끝은 고정되어 있음). 줄이 수직선과 30.0°를 이룰 때까지 공을 한쪽으로 당긴 다음(줄이 팽팽한 상태로) 가만히 놓았다. (a) 줄이 수직선과 20.0°각도를 이룰 때의 공의 속력과, (b) 공의 최대 속력을 구하라. (c) 공의 속력이 최대값의 1/3이 될 때 줄과 수직선이 이루는 각도는 얼마인가?

31. 강체막대

질량이 거의 없고 길이 L인 강체막대의 한 끝에 질량 m인 공이 달려 있고 다른쪽 끝은 고정되어 흔들이를 이룬다. 흔들이를 뒤집어 막대가 거꾸로 서게 한 다음에 놓았다. 최저점에서의 (a) 공의 속도와 (b) 막대의 장력은 얼마인가? (c) 다음으로 흔들이를 수평위치에서 멈춘 채로 놓았다. 수직선과 얼마의 각도에서 막대의 장력이 공의 무게와 같아지는가?

32. 비탈길 꼭대기의 용수철

그림 10-33과 같이 마찰 없는 37.0° 비탈길 위에 용수철 상수 k = 170 N/m인 용수철이 있다. 풀린 상태의 용수철 끝에서 비탈길의 아래 끝까지는 1.00 m이다. 2.00 kg의 양철통으로 용수철을 0.200 m 눌러서 멈춘 채로 놓았다. (a) 용수철이 풀린 상태로 되돌아오는 순간(양철통이 용수철로부터 떨어질 때) 양철통의 속도는 얼마인가? (b) 양철통이 비탈길의 아래 끝에 이를 때는 속도가 얼마인가?

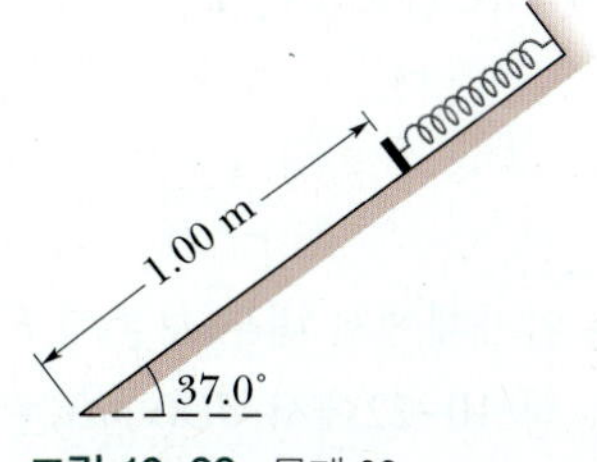

그림 10-33 문제 32

33. 탁자 위의 사슬

그림 10-34에서 길이의 1/4을 늘어뜨린 사슬을 마찰 없는 탁자 위에 붙들고 있다. 사슬의 길이가 L이고 질량이 m이라면 사슬의 늘어뜨린 부분을 탁자로 다시 끌어올리는데 일을 얼마나 해야 하는가?

그림 10-34 문제 33

34. 수직용수철

용수철 상수 k = 400 N/m인 용수철이 수평면에 아래 끝을 고정한 채 수직으로 놓여 있다. 위 끝을 25.0 cm 눌러서 무게 40.0 N인 토막을 그 위에(고정하지 않고) 얹고, 선 상태에서 놓았다. 토막을 놓은 점에서($y_1 = 0$) 중력 위치 에너지 $U^{중력}$이 0이라 할 때 y_2가 (a) 0, (b) 5.00 cm, (c) 10.0 cm, (d) 15.0 cm, (e) 20.0 cm, (f) 25.0 cm, 그리고 (g) 30.0 cm일 때의 중력 위치 에너지, 탄성위치 에너지 $U^{탄성}$, 그리고 토막의 운동 에너지 K를 셈하여라. 또, (h) 토막은 놓은 점에서 얼마나 높이 올라가는가?

35. 작은 얼음산

한 소년이 반구형 얼음산 꼭대기에 앉아 있다(그림 10-35). 소년을 살짝 건드리자 얼음에서 미끄러지기 시작했다. 얼음의 마찰이 없다면 그는 높이가 $2R/3$인 얼음에서 떨어짐을 보여라.(**실마리**: 소년이 얼음에서 떨어질 때 법선력은 0이 된다.)

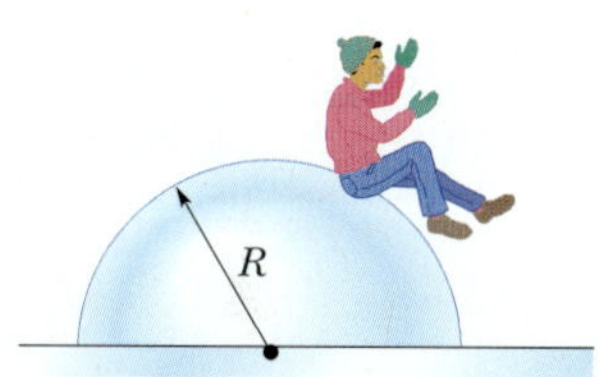

그림 10-35 문제 35

36. 줄에 달린 공

그림 10-32에서 줄 길이가 L = 120 cm이고, 한 끝은 공이 달려 있고, 다른 끝은 고정되어 있다. 점 P의 고정못까지의 거리 d는 75.0 cm이다. 그림처럼 줄을 수평하게 당겨 공을 멈춘 상태에서 놓으면, 공은 점선 표시의 호를 따라서 운동한다. 공이 (a) 최저점과 (b) 줄이 못에 걸린 다음 최고점에 이르렀을 때의 속도는 각각 얼마인가?

10-5 위치 에너지 곡선 읽어내기

보존력이 작용하는 계의 일부인 입자를 한번 더 살펴보자. 이번에는 입자가 x축을 따라서 움직이고, 그 입자에 보존력이 일을 해준다고 하자. 이 계의 위치 에너지 그림 $U(x)$에서 입자의 운동에 대해 많은 것을 배울 수 있다. 하지만 이러한 그림을 살펴보기 전에 관계식이 하나 더 필요하다.

• 두 물체 계에서 힘을 해석적으로 구하기

(그림 10-11과 같이) 입자 A에서 입자 B를 지나는 수직 축을 x축으로 잡으면 이 계의 위치 에너지의 변화는 식 10-12에 따라서 다음과 같이 쓸 수 있다.

$$\Delta U = -\int_{x_1}^{x_2} F_{Bx}(x)\,dx$$

이 식은 한 입자(여기서는 B)가 (수직인) x축을 따라 x_1에서 x_2으로 움직일 때 생기는 위치 에너지의 변화량이다.

이와 반대의 상황을 생각하자. 즉, ΔU를 알고 있는데, 이로부터 B가 받는 내부힘 $F_{Bx}(x)$를 알려고 한다. B가 받는 힘이 x에 따라 급격히 변하지 않는다면, B가 거리 Δx를 움직일 때 계의 위치 에너지 변화는 다음과 같이 어림할 수 있다.

$$\Delta U(x) \approx -F_{Bx}(x)\,\Delta x$$

$F_{Bx}(x)$에 대해 풀고 미분 극한값을 셈하여 아래글자 B를 떼면 다음과 같다(따라서 이 힘의 x 성분은 계의 어떤 입자든 상대적으로 움직일 때 받는 내부힘이다).

$$F_x^{\text{보존}}(x) = -\frac{dU(x)}{dx} \qquad \text{(1차원적 내부힘)} \tag{10-22}$$

위의 결과를 용수철 힘에 대한 탄성위치 에너지 함수인 $U(x) = \frac{1}{2}kx^2$로 확인해 볼 수 있다. 식 10-22 $[F_x^{\text{보존}}(x) = -dU(x)/dx]$는 예상과 같이 후크 법칙 $F_x^{\text{보존}}(x) = F_x^{\text{용수철}}(x) = -kx$가 된다. 마찬가지로 입자-지구 계에서 지면 위 높이 y에 있는 질량 m인 입자의 중력 위치 에너지 함수 $U(y) = mgy$를 넣어 보면, $F_y^{\text{보존}}(y) = F_y^{\text{중력}}(y) = -dU(y)/dy$는 $F_y^{\text{중력}}(y) = -mg$가 되며, 이것은 입자가 받는 중력의 y성분이다.

• 위치 에너지 곡선

그림 10-36a는 1차원 운동을 하는 입자계에서 내부 보존력 $F_x^{\text{상호}}(x)$가 입자에 일을 할 때 위치 에너지 함수 $U(x)$를 나타낸 그림이다. 식 10-22에서 $dU(x)/dx$는 $U(x)$의 x에 대한 기울기 곡선이므로, $U(x)$ 곡선의 기울기를(그림의 여러 곳에서) 셈하여 $F^{\text{상호}}(x)$를 쉽게 구할 수 있다. 그림 10-36b는 이렇게 구한 $F^{\text{상호}}(x)$이다.

• 전환점

10-4절에서 논의했듯이 비보존력이 없으면, 계의 역학적 에너지 $E^{\text{역학}}$은 다음과 같이 값이 일정하다.

$$U(x) + K(x) = E^{\text{역학}} \tag{10-23}$$

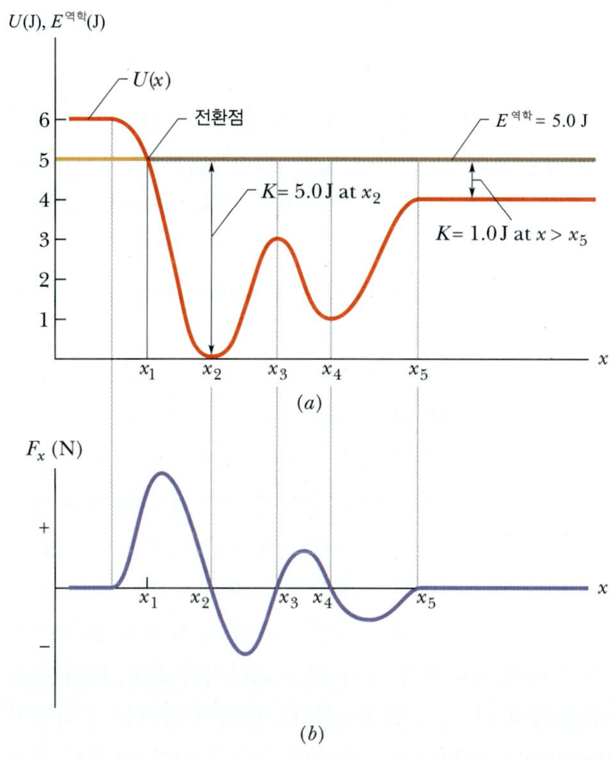

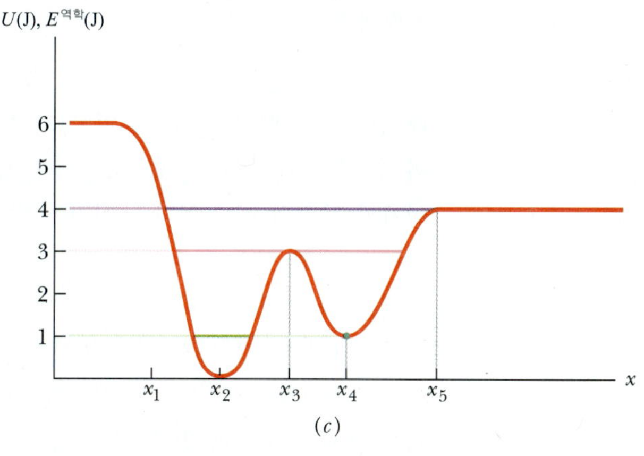

그림 10-36
(*a*) x축을 따라 움직이는 입자가 들어 있는 계의 위치 에너지 함수 $U(x)$. (*b*) 위치 에너지 그림에서 여러 곳의 기울기를 셈하여 끌어낸, 입자가 받는 힘 $F(x)$. (*c*) (*a*)의 $U(x)$에서 세 가지 $E^{역학}$값.

여기서 $K(x)$는 입자의 운동 에너지 함수이다(이 $K(x)$는 입자의 위치 x의 함수로서 운동 에너지를 나타낸다). 이 식은 다음과 같이 고쳐 쓸 수 있다.

$$K(x) = E^{역학} - U(x) \tag{10-24}$$

$E^{역학}$이 5.0 J이라고 가정하자(고립된 보존계에서는 값이 일정하다). 이 값은 그림 10-36*a*에서 에너지 축에 5.0 J 값을 지나는 수평직선으로 나타낼 수 있다.

식 10-24 $[K(x) = E^{역학} - U(x)]$는 어떤 곳 x에서 입자의 운동 에너지 K를 정하는 방법을 알려준다. $U(x)$ 곡선에서 그 곳 x에서의 U를 찾고 $E^{역학}$으로부터 U를 뺀다. 예로써 입자가 x_5의 오른쪽 어떤 곳에 있다면 $K = 1.0$ J이다. K값은 입자가 x_2에 있을 때 5.0 J로서 가장 크고 입자가 x_1에 있을 때 0 J로서 가장 작다.

K는 값이 음수가 될 수 없으므로 [v_2은 늘 (+)임] 입자는 $E^{역학} - U(x)$가 음수인 x_1의 왼쪽으로는 갈 수 없다. 대신에 입자는 x_2에서 x_1으로 가면서 K가 줄어들며(속력이 느려지며) x_1에서는 $K = 0$이 된다(입자는 거기서 멈춘다).

입자가 x_1에 이르렀을 때 받는 내부힘의 x성분

$$F_x^{상호}(x) = -\frac{dU(x)}{dx}$$

은 (+)값이다(왜냐하면 기울기 dU/dx는 음이므로). 이는 입자가 x_1에 계속 머물지 않고 그 전의 운동과 반대인 오른쪽으로 움직이기 시작함을 뜻한다. 따라서 $K = 0$인 점(왜냐하면 $U = E^{역학}$이므로) x_1은 입자가 운동 방향을 바꾸는 **전환점(turning point)**이 된다. 이 그림표의 오른쪽으로는 $K = 0$인 전환점이 없다. 입자가 오른쪽으로 가면서 $x > x_5$일 때는 입자가 받는 힘은 없으며 한없이 계속 나아간다.

• 평형점

그림 10–36c는 같은 위치 에너지 함수 $U(x)$ 곡선에 덧그린 $E^{역학}$의 세 가지 다른 값을 보여준다. 이때 상황이 어떻게 달라지는지 살펴보자. $E^{역학} = 3.0$ J이면(에너지축의 3.0 J 값을 지나는 선) 전환점이 두 개 있다. 하나는 x_1과 x_2 사이에, 다른 하나는 x_4과 x_5 사이에 있다. 또한 x_3에서는 $K = 0$이다. 입자가 정확히 x_3에 있다면 입자가 받는 힘도 0이어서(곡선의 기울기가 0임) 입자는 그대로 서 있게 된다. 하지만 양쪽 어디로든 조금만 움직이면 이제는 힘이 0이 아니므로 입자를 그쪽으로 더 밀어주어 입자는 계속 간다. 이러한 곳에 입자가 있으면 **불안정 평형(unstable equilibrium)** 상태에 있다고 한다.(볼링공 위에서 균형을 잡아 올려놓은 공깃돌이 그 예이다.)

다음으로는 $E^{역학} = 1.0$ J인(에너지 축의 1.0 J 값을 지나는 선) 입자의 움직임을 살펴보자. 입자가 x_4에서는 붙박혀 있게 된다. 왜냐하면 옆으로 움직이려면 운동 에너지 값이 음수가 되어야 하기 때문이다. 여기서 입자를 옆으로 살짝 밀면 입자를 x_4로 되돌리려는 복원력이 생긴다. 이러한 곳에 입자가 있을 때는 **안정 평형(stable equilibrium)** 상태에 있다고 한다.(오목한 그릇 바닥에 있는 공깃돌이 그 예이다.) 입자를 x_2에 중심을 둔 사발 모양의 위치 에너지 구덩이에 두면 입자는 두 전환점 사이에 있게 된다. 이때 입자는 x_1과 x_3 사이의 일부 구간 안에서만 양쪽으로 조금 움직일 수 있다.

$E^{역학} = 4.0$ J이면(에너지 축의 4.0 J 값을 지나는 선) 전환점은 x_1에서 x_1과 x_2 사이의 점으로 이동한다. 또한 x_5 오른쪽의 모든 곳에서는 계의 역학적 에너지가 계의 위치 에너지와 같고, 따라서 입자는 운동 에너지가 없고 $F_x^{상호}(x) = -dU(x)/dx$에 따라 힘도 받지 않는다. 따라서 입자는 움직이지 않는다. 이러한 곳에 있는 입자는 **중립 평형(neutral equilibrium)** 상태에 있다고 한다.(평평한 책상에 놓인 공깃돌이 그 예이다.)

생각해보기 10–6 다음 그림은 1차원 운동을 하는 입자가 있는 계의 위치 에너지 함수 $U(x)$이다. (a) 입자가 받는 힘의 크기에 따라서 구간 AB, BC, CD를 크기 순서로 나열하라.(b) 입자가 구간 AB에 있을 때는 힘의 방향은 어느 쪽인가?

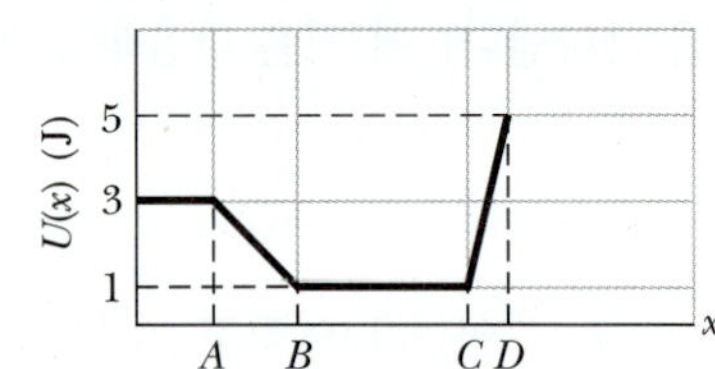

따라해보기 10–4 | 0점 옮기기

그림 10–36a에 나타낸 그림표의 원점을 6.0 J만큼 위로 옮기고 $U(x)$의 모든 값들을 재는 위치 에너지의 기준점이 $x = x_2$가 아니라 $x = 0$에 있다고 하자.

(a) 이같이 하면 $U(x)$ 값에는 어떤 효과가 있는가?

풀이 ■ $U(x)$ 그림표는 여전히 그림 10–36a와 같은 모양이지만, 모든 $U(x)$ 값들은 6.0 J만큼 줄어든다. 따라서 이젠 (+)가 아니라 (−)의 값이 된다. 예로써 $U(0) = 0, U(x_1) = -1$ J, $U(x_2) = -6$ J 등이다. (답)

(b) 이같이 하면 운동 에너지 값에는 어떤 효과가 있는가?

풀이 ■ 입자의 운동 에너지 $K = \frac{1}{2}mv^2$는 입자의 질량과 속도에만 의존한다. 이 값들은 우리가 잡는 입자의 위치 에너지 기준점과는 상관 없으므로 각 위치에서의 입자의 운동 에너지값은 전과 마찬가지로 같다. (답)

(c) 이같이 하면 $E^{역학}$의 값에는 어떤 효과가 있는가?

풀이 ■ 요점은 $E^{역학} = U + K$이다. 기준점을 옮기면 U의 값은 6.0 J만큼 줄고 K의 값들은 전과 같으므로 $E^{역학}$ 역시 6.0 J만큼 줄어든다.

$E^{역학}$의 변화는 $E^{역학}$의 값이 더 이상 일정하지 않다는 것이 아니라, 그 값이 전과는 다르다는 것을 뜻한다. 예로써 그림 10–36a에서, 위치 에너지 기준점을 옮기기 전에는 $x = x_1$의 오른쪽에서는

어디에서나 $E^{역학} = +5.0\ \mathrm{J}$이다. 그러나 옮긴 뒤에는 $E^{역학} = -1.0\ \mathrm{J}$로서 여전히 위치와 상관없이 일정하지만 단지 값이 다를 뿐이다.

(d) 이같이 하면 그림 10-36*b*에 보인 입자가 받는 힘 $F_x(x)$에는 어떤 효과가 있는가?

풀이 ■ 요점은 $F_x(x) = -dU/dx$이다. $U(x)$에서 상수값을 빼는 것은 미분에 영향을 주지 않는다. 왜냐하면,

$$\frac{d[U(x) - 상수]}{dx} = \frac{dU(x)}{dx} - \frac{d(상수)}{dx} = \frac{dU(x)}{dx} - 0 = \frac{dU(x)}{dx}$$

따라서 $F_x(x)$는 변하지 않는다. (답)

연습문제 10-5

37. 이원자 분자

이원자 분자 (H_2나 O_2와 같은 이원자계)의 위치 에너지는 다음과 같다.

$$U = \frac{A}{r^{12}} - \frac{B}{r^6}$$

여기서 r은 분자 속 두 원자간의 거리이고, A와 B는 양의 상수이다. 위치 에너지는 두 원자를 결합하는 힘과 관련이 있다. (a) 평형거리, 즉 원자가 서로 주고받는 힘이 0이 되는 원자간 거리를 구하여라. 이들 사이의 거리가 (b) 평형거리보다 가까워질 때 그리고 (c) 멀어질 때 그 힘은 원자가 서로 미는 반발력인가, 아니면 원자가 서로 끌어당기는 인력인가?

38. 위치 에너지 그림표

x축을 따라 움직이는 2.0 kg 입자가 보존력 $F(x)$를 받는다. $F(x)$와 연관된 위치 에너지 $U(x)$를 그림 10-37에 나타냈다. 입자가 x = 2.0 m에 있을 때 속도는 −1.5 m/s이다. (a) 이곳에서 $F(x)$의 크기와 방향은? (b) 입자가 움직이는 x의 범위는? (c) x = 7.0 m에서 속도는?

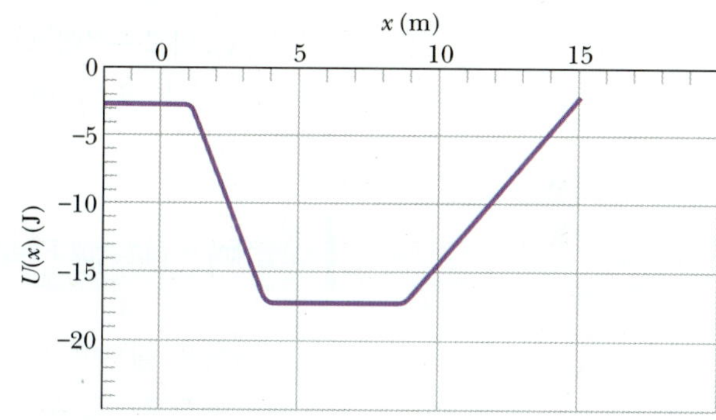

그림 10-37 문제 38

39. 위치 에너지 함수

1.0 kg 입자가 보존력 $F(x)$를 받는다. $F(x)$와 연관된 위치 에너지 $U(x)$는 다음과 같다.

$$U(x) = -4xe^{-x/4}\ \mathrm{J}$$

여기서 x의 단위는 미터다. x = 5.0 m에서 입자의 운동 에너지는 2.0 J이다. (a) 계의 역학적 에너지는 얼마인가? (b) $0 \le x \le 10$ m의 범위에서 x의 함수로서 $U(x)$의 그림표를 그리고, 같은 그림표에 계의 역학적 에너지를 나타내는 선을 그려라. (b)의 결과를 써서 (c) 입자가 움직일 수 있는 범위의 최소값 x와 (d) 최대값 x를 구하여라. (e) (b)의 결과를 써서 입자의 최대운동 에너지와 (f) 그때의 x 값을 구하여라. (g) x의 함수로서 $F(x)$에 대한 식을 구하여라. (h) $F(x) = 0$이 되는 x의 값은 얼마인가?

10-6 비보존력과 에너지

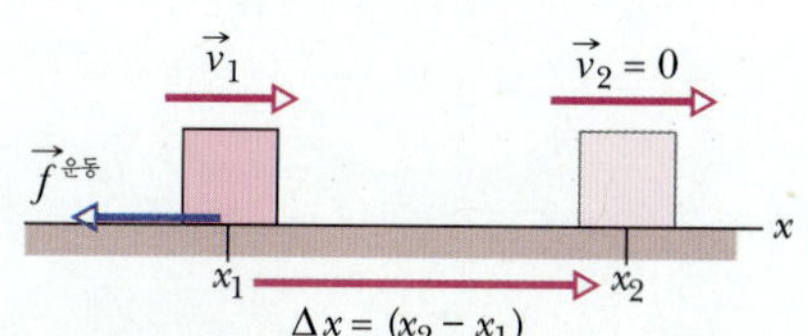

그림 10-38
토막이 바닥을 가로질러 미끄러지는데 운동 마찰력 $\vec{f}^{운동}$이 반대쪽으로 작용하여 운동을 방해한다. 토막의 속도는 변위 $\Delta\vec{x}$의 시작점에서 $\vec{v}_1$, 변위의 끝점에서 $\vec{v}_2 = 0$이다.

지금까지는(외부힘은 계에 일을 하지 않고) 내부힘은 보존력인 고립계에서는 역학적 에너지가 보존된다고 설명했다. 이제는 계의 구성요소들이 보존력이 아닌 운동 마찰력을 주고받는 계를 살펴보자. 미끄러지는 토막과 마룻바닥으로 구성된 고립계를 예로 들자(그림 10-38). 토막의 처음 속도가 $\vec{v}_1$이라고 하자. 토막이 바닥을 미끄러지다가 서서 $\vec{v}_2 = 0$이 되면 토막의 처음 운동 에너지는 어떻게 되는가? 알짜일-운동 에너지 정리에 따르면, 토막이 받는 모든 힘의 합(알짜 힘)은 토막에 알짜일을

해주며 다음과 같이 토막의 운동 에너지를 변화시킨다.

$$W^{알짜} = \Delta K = \frac{1}{2} mv_2^2 - \frac{1}{2} mv_1^2$$

토막이 받는 알짜힘을 구해보자. 토막이 받는 힘은 마찰력, 아래쪽을 향한 중력, 위쪽을 향한 법선력이다. 위아래쪽의 운동은 없으므로 중력과 법선력은 서로 상쇄된다. 따라서 토막이 받는 알짜힘은 수평방향의 운동 마찰력 $\vec{F}^{알짜} = \vec{f}^{운동}$뿐이다. 계는 외부힘을 받지 않으므로 계가 받는 모든 일은 내부힘만이 해준다. 따라서 $W^{알짜} = W^{상호}$이며, 토막이 미끄러지다가 설 때까지의 변위가 $\Delta\vec{x}$라면

$$W^{알짜} = W^{상호} = f_x^{운동}\,\Delta x = -\frac{1}{2} mv_1^2 \tag{10-25}$$

이다. 마찰력은 물체 변위에 대해 늘 반대쪽으로 작용하므로 계에 해준 내부일 $f_x^{운동}\,\Delta x$는 음이다. 마찰력은 비보존적이므로(마찰력이 한 일은 가는 경로에 따라 달라짐) 위치 에너지의 변화를 연관시킬 수 없다. 그 대신에 식 10-25가 나타내듯이 계에 해준 내부일 때문에 운동 에너지가 줄어든다. 이는 이러한 계가 가질 수 있는 유일한 역학적 에너지인 운동 에너지의 감소를 나타낸다.

> 고립계에서 내부힘에 비보존적인 힘이 들어가면 역학적 에너지는 보존되지 않는다.

실험을 해보면, 토막이 미끄러지다 설 때 토막과 마룻바닥이 따뜻해짐을 알 수 있다. 따라서 물체의 온도를 새로운 에너지인 열 에너지 $E^{열}$와 연관시키면 에너지 보존 방법을 계속 쓸 수도 있다. 실제로 식 10-25에서 잃어버린 운동 에너지만큼 열 에너지가 다음과 같이 늘어난다는 것이 밝혀진다.

$$\Delta E^{열} = -f_x^{운동}\,\Delta x \qquad \text{(운동마찰에 의한 열 에너지의 증가)} \tag{10-26}$$

19장에서 설명하겠지만, 물체의 열 에너지는 온도와 관련되며 물체의 원자와 분자들의 무질서 운동과 관련이 있다.

계의 전체 에너지는 역학적 에너지에 열 에너지, 화학 에너지, 빛, 소리 등등을 포함한 다른 꼴의 에너지를 더한 것으로 정의한다. 이렇게 하면 비보존력이 있을 때도 고립계에 대한 다음과 같은 새로운 에너지 보존원리를 세울 수 있다.

$$\Delta E^{전체} = \Delta E^{역학} + \Delta E^{비보존} = 0 \tag{10-27}$$

여기서 $\Delta E^{비보존} = \Delta E^{열} + \Delta E^{기타}$이고 $\Delta E^{비보존} = \Sigma W^{비보존}$이며 $\Sigma W^{비보존}$은 비보존적 내부힘이 한 모든 일의 합이다.

생각해보기 10-7 토막이 그림 10-38과 같이 마찰면을 미끄러진다. 세 번을 시도하되, 모두 똑같은 운동 에너지로 출발하고, 똑같은 거리 Δx를 미끄러지되 멈추지 않고 계속 가게 했다. 세 번의 시도에서 토막과 바닥의 열 에너지 변화가 가장 큰 것부터 차례로 나열하여라.

시도	$f_x^{운동}$	토막의 변위 Δx
a	5.0 N	0.20 m
b	7.0 N	0.30 m
c	8.0 N	0.10 m

따라해보기 10-5 | 꾸러미 멈춰 세우기

그림 10-39에 질량 2.0 kg인 꾸러미가 속도 $\vec{v}_1 = 4.0\text{ m/s}$로 바닥을 미끄러져, 용수철을 향해 달려들어 순간적으로 설 때까지 누른다. 처음에 풀려 있던 용수철까지 가는 동안은 마찰력을 받지 않지만, 용수철을 누르면서부터는 바닥으로부터 15 N의 운동 마찰력을 받는다. 용수철 상수는 10 000 N/m이다. 꾸러미가 설 때까지 용수철이 눌리는 길이 d는 얼마인가?

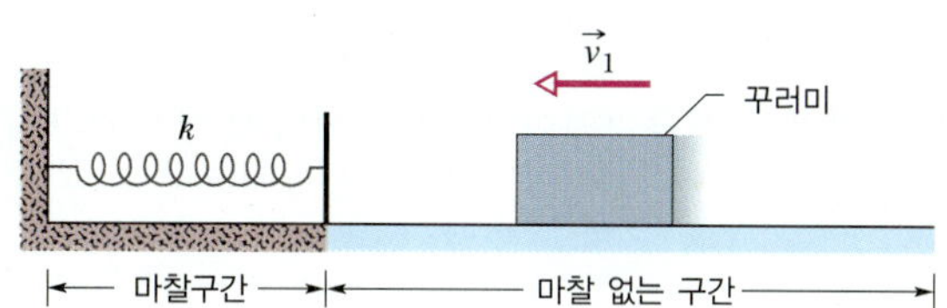

그림 10-39
꾸러미 한 개가 속도 $\vec{v}_1$으로 용수철 상수 k인 용수철을 향하여 마찰 없는 바닥을 미끄러진다. 이 꾸러미가 용수철에 이르면 바닥으로부터 마찰력을 받는다.

풀이 ■ 첫째 **요점**은 꾸러미가 받는 모든 힘을 살펴본 다음, 이것이 고립계인가 아니면 외부힘이 일을 하는 계인가를 정하는 것이다.

힘: 바닥이 꾸러미에 주는 법선력과 꾸러미의 중력은 꾸러미의 변위 방향과 늘 직교하므로 꾸러미에 일을 해주지 않는다. 하지만 용수철 힘은 용수철이 눌릴 때 꾸러미에 일을 하여 에너지를 용수철의 탄성위치 에너지로 전달하고, 다른 한편으로는 단단한 벽을 민다. 꾸러미와 바닥 사이에는 마찰이 있으므로 꾸러미가 바닥을 미끄러질 때 열 에너지가 생긴다.

계: 꾸러미-용수철-바닥-벽의 계는 고립계로서 위의 모든 힘과 에너지 전달을 계 안에 포함한다. 따라서 두 번째 핵심 개념은 계가 고립되어 있으므로 전체 에너지는 변하지 않는다는 것이다. 따라서 식 10-27꼴의 에너지 보존법칙을 계에 쓸 수 있다.

$$\Delta E^{\text{역학}} + \Delta E^{\text{비보존}} = 0$$

그러나 $\Delta E^{\text{역학}} = E_2^{\text{역학}} - E_1^{\text{역학}}$ 및 $\Delta E^{\text{비보존}} = \Delta E^{\text{열}}$이므로

$$E_2^{\text{역학}} = E_1^{\text{역학}} - E^{\text{열}} \qquad (10\text{-}28)$$

이다.

아래글자 1은 꾸러미의 처음 상태 그리고 아래글자 2는 꾸러미가 용수철을 길이 d만큼 누르고 서 있는 순간의 상태에 해당한다고 하자. 두 상태에 대하여 계의 역학적 에너지는 꾸러미의 운동에너지($K = \frac{1}{2}mv^2$)와 용수철의 위치 에너지($U = \frac{1}{2}kx^2$)의 합이다. 상태 1에서는 $U = 0$(용수철이 눌리지 않았으므로), 꾸러미의 속도는 v_1이다. 따라서

$$E_1^{\text{역학}} = K_1 + U_1 = \frac{1}{2}mv_1^2 + 0$$

상태 2에서는 $K = 0$(꾸러미는 서 있으므로), 용수철이 눌린 거리는 d이다. 따라서 다음과 같다.

$$E_2^{\text{역학}} = K_2 + U_2 = 0 + \frac{1}{2}kd^2$$

끝으로 꾸러미와 바닥의 열 에너지 변화량 $\Delta E^{\text{열}}$은 식 10-26에 따라 $(-f_x^{\text{운동}}\Delta x) = f_x^{\text{운동}}d$로 바꿀 수 있다. 이제 식 10-29를 다음과 같이 쓸 수 있다.

$$\frac{1}{2}kd^2 = \frac{1}{2}mv_1^2 - f_d^{\text{운동}}d$$

식을 정리하고 주어진 수치값을 넣으면

$$(5000\text{ N/m})d^2 + (15\text{ N})d - (16\text{ J}) = 0$$

이 2차방정식을 풀면 다음 결과가 된다.

$$d = 0.055\text{ m} = 5.5\text{ cm} \qquad \text{(답)}$$

10-7 에너지 보존

지금까지는 계 안에서 물체끼리 에너지를 주고받는 경우를 몇 가지 살펴보았다. 각 경우에 관련된 에너지가 얼마나 변했는지 늘 따질 수 있다고 가정하였다. 즉, 에너지는 생기거나 없어지지 않는다는 것이다. 더 정확히 표현하면, 에너지는 계의 **전체 에너지(total energy)** $E^{\text{전체}}$와 연관된 **에너지 보존 법칙(law of conservation of energy)**을 따른다고 가정하였다. 에너지를 모두 다 설명하기는 어려운 복잡한 경우도 많다. 그러나 물리학자는 계에 변화가 생겨 어떤 에너지가 사라진다면 단지 에너지가

새로운 꼴을 띠기 때문임을 늘 발견해왔다. 앞 절에서 설명한 열 에너지도 이 같은 예로써, 이 에너지가 미끄러지는 토막과 바닥의 원자 또는 분자의 무질서 운동 에너지와 이들 사이의 화학결합과 관련된 위치 에너지로 저장되는 것으로 설명할 수 있었다.

계의 전체 에너지를 계의 역학적 에너지와 열 에너지 그리고 여기서 설명하지 않은 소리나 빛과 같은 것들과 관련된 다른 꼴의 에너지의 합으로 정의하자. 그러면 에너지 보존법칙은 다음과 같이 기술된다.

> 계의 전체 에너지 $E^{전체}$는 계로, 또는 계로부터 옮겨지는 에너지의 양만큼만 변할 수 있다.

에너지는 언제 계로 또는 계로부터 옮겨지는가? 이는 외부힘이 계에 일 $W^{외부}$를 할 때이다. 계에 한 외부일 $W^{외부}$은 그저 셈하는 과정이 아니라, 에너지 전달과정이다. 그런 까닭에 에너지 보존법칙은 다음 같은 매우 일반적인 식으로 기술할 수 있다.

$$W^{바깥} = \Delta E^{전체} = \Delta E^{역학} + \Delta E^{비보존} \qquad (10\text{–}28)$$

여기서 $\Delta E^{비보존}$은 열 에너지 또는 여기서 설명하지 않은 많은 다른 꼴의 에너지의 변화이다. $\Delta E^{역학}$에는 탄성력, 중력 그리고 정전기력(25장에서 설명함) 같은 보존력에 의한 운동 에너지 변화 ΔK와 위치 에너지 변화 ΔU가 들어 있다.

여러분들도 아마 알아차릴 수 있겠지만, 에너지 보존법칙은 물리학의 기본 원리로부터 끌어낸 것은 아니다. 그보다는 사유의 결과일 뿐이다. 그리고 과거에 이 법칙이 틀린 것처럼 보일 때 언제나 과학기술자들은 에너지 보존법칙을 유지시키는 새로운 꼴의 에너지를 밝혀낼 수 있었다. 게다가 새로운 형태의 에너지가 밝혀질 때는 언제나 어떻게 별이 빛나는가 또는 어떻게 방사성 원자는 붕괴하는가와 같은 전혀 새로운 종류의 현상을 이해할 수 있었다.

따라해보기 10-6 | 이스터 섬

이스터 섬의 거대석상들은 십중팔구 선사시대의 섬주민들이 나무 받침대에 석상을 하나씩 눕혀, 둥근 통나무를 굴대로 깐 길 위로 받침대를 끌어서 옮겼을 것이다. 이 기술을 지금 재현해보면 25사람이 이스터 섬의 거대 석상 꼴의 9000 kg짜리 돌을 평평한 지면을 따라 2분 동안에 45 m를 옮길 수 있었다.

(a) 사람들이 미는 힘 $\vec{F}^{외부}$이 석상을 45 m 옮기는 동안에 한 일을 어림해 보고 이 힘이 일을 한 계를 정해보자.

풀이 ■ 요점 하나는 일을 셈하는데 식 9-26($W = |\vec{F}||\Delta\vec{r}|\cos\phi$)을 쓸 수 있다는 것이다. 여기서 $|\Delta\vec{r}|$은 45 m의 거리, $|\vec{F}^{외부}|$은 25 사람이 석상에 준 힘의 크기며, $\phi = 0$이다. 모든 사람의 무게는 똑같이 mg이고, 자기 무게의 두 배의 힘으로 끈다고 가정하자. 그러면 외부힘의 크기는 $|\vec{F}^{외부}| = (25)(2)(mg) = 50\,mg$이다. 사람의 질량을 80 kg으로 어림하면 식 9-26을 다음과 같이 쓸 수 있다.

$$\begin{aligned} W^{외부} &= |\vec{F}^{외부}||\Delta\vec{r}|\cos\phi = 50\,mgd\cos\phi \\ &= (50)(80\text{ kg})(9.8\text{ N/kg})(45\text{ m})\cos 0^\circ \\ &= 1.8\times10^6\text{ J} \approx 2\text{ MJ} \qquad \text{(답)} \end{aligned}$$

일을 해준 계를 결정할 때의 **요점**은 어떤 에너지가 변하는가를 알아내는 것이다. 사람들이 석상을 옮겼으므로 분명히 그때 운동 에너지 변화 ΔK가 있어야 한다. 그러나 받침대와 통나무 그리고 지면 사이에 상당한 운동마찰이 있어서 이들 사이에서 열 에너지 변화 $E^{열}$가 생겼을 거라고 쉽게 짐작할 수 있다. 따라서 일을 해준 계는 석상, 받침대, 통나무, 지면으로 이루어진다.

(b) 석상을 45 m 옮기는 동안에 계의 열 에너지 증가량 $E^{열}$은 얼마인가?

풀이 ■ 요점은 $\Delta E^{비보존} = \Delta E^{열}$을 식 10–28의 에너지 정리에 따라 다음과 같이 $\vec{F}^{외부}$이 한 일 $W^{외부}$으로 연결시킬 수 있다는 점이다.

$$W^{외부} = \Delta E^{역학} + \Delta E^{열}$$

$W^{외부}$의 값은 (a)에서 구했다. 석상은 옮기기 전, 후에 서 있었고 높이도 같았으므로 석상의 역학적 에너지 변화량 $\Delta E^{역학}$은 0이다. 즉, 다음과 같다.

$$\Delta E^{열} = W^{외부} = 1.8 \times 10^6\,\text{J} \approx 2\,\text{MJ} \qquad \text{(답)}$$

(c) 25사람이 이스터 섬에서 석상을 평지를 가로질러 10 km 움직였다면 이들이 한 일을 어림해보자. 또한 석상–받침대–통나무–지면의 계에서 생긴 전체 열 에너지 변화량 $\Delta E^{열}$을 어림해보자.

풀이 ■ 요점은 (a) 및 (b)에서와 같다. 따라서 (a)에서처럼 $W^{외부}$를 셈하되 $|\Delta\vec{r}|$에 1×10^4 m를 넣는다. 또한 다시 $\Delta E^{열}$을 $W^{외부}$과 같게 놓는다.

$$W^{외부} = \Delta E^{열} = 3.9 \times 10^8\,\text{J} \approx 400\,\text{MJ} \qquad \text{(답)}$$

이는 사람들이 석상을 옮길 때 들어갔을 에너지로서 상당히 큰 값이다. 그렇지만 25사람이 석상을 10 km 옮길 수는 있었고, 그 일에 필요한 에너지는 터무니없는 값은 아니다.

연습문제 10–7

40. 플라스틱 주사위

마룻바닥에서 플라스틱 주사위에 수평력 15 N을 주어 일정한 속도로 3.0 m 밀면서 주사위의 온도를 쟀다. 측정 결과 주사위의 열 에너지가 20 J 늘었다. 주사위가 미끄러진 마룻바닥의 열 에너지 증가량은 얼마인가?

41. 밧줄로 끄는 토막

수평한 바닥에서 3.57 kg의 토막을 밧줄로 당겨 일정한 속력으로 4.06 m 끌었다. 밧줄이 토막에 주는 힘의 크기는 7.68 N이고, 방향은 수평에서 15.0°위로 향한다. (a) 밧줄의 힘이 하는 일과, (b) 토막–바닥 계의 열 에너지 증가, 그리고 (c) 토막과 바닥 사이의 운동마찰계수는 얼마인가?

42. 토막을 미는 일꾼

평평한 바닥에 27 kg의 토막이 있다. 일꾼이 수평 아래 32° 방향의 힘으로 밀어 일정한 속력으로 9.2 m 가게 했다. 토막과 바닥 사이의 운동마찰계수가 0.2이면, (a) 일꾼의 힘이 한 일과 (b) 토막–바닥 계의 열 에너지 증가는 얼마인가?

43. 콜리 개

콜리 개가 8.0 N의 수평력으로 마룻바닥을 가로질러 자기 잠자리 상자를 끌어당긴다. 상자가 받는 운동 마찰력의 크기는 5.0 N이다. 상자를 0.7 m 끌어당기는 동안 (a) 콜리가 준 힘이 한 일과 (b) 잠자리와 바닥의 열 에너지 증가는 얼마인가?

44. 벽에 쏜 총알

수평속도 500 m/s인 30 g 총알이 단단한 벽 속 12 cm 안에서 멈췄다. (a) 총알의 역학적 에너지 변화는 얼마인가? (b) 벽이 총알을 멈추게 할 때 준 평균 힘의 크기는 얼마인가?

45. 스키 도약

60 kg의 스키 선수가 스키 도약 비탈면의 끝에서 속도 24 m/s로 수평면에 대해 25° 위쪽으로 출발한다. 스키 선수는 공기저항 때문에 비탈 끝에서 수직으로 14 m 아래에 속도 22 m/s로 내린다고 하자. 스키 선수–지구 계의 역학적 에너지는 날아올라 땅에 내릴 때까지 공기저항 때문에 얼마나 줄었는가?

46. 원반 던지기

땅 위 1.1 m인 곳에서 75 g 원반을 속도 12 m/s로 던졌다. 원반이 높이 2.1 m에 이르렀을 때 속도는 10.5 m/s가 되었다. 원반–지구 계의 역학적 에너지는 공기저항 때문에 얼마나 감소했는가?

47. 외야수의 투구

외야수가 야구공을 처음 속도 81.8 mi/h로 던진다. 같은 높이에서 내야수가 공을 잡기 바로 전의 속도는 110 ft/s이다. 공–지구 계의 역학적 에너지는 공기저항 때문에 얼마나 줄었는가? (야구공의 무게는 9.0온스이다.)

48. 나이아가라 폭포

나이아가라 폭포에서 물이 매초 약 5.5×10^6 kg씩 50 m 아래로 떨어진다. (a) 물–지구 계의 중력 위치 에너지는 매초 얼마씩 주는가? (b) (그럴 수는 없지만) 이 모든 에너지를 전기 에너지로 바꿀 수 있다면, 단위시간에 공급되는 전기 에너지는 얼마인가? (물 1 m^{3}의 질량은 1000 kg이다.) (c) 전기에너지가 10원/kWh에 팔린다면 연간 원가는 얼마인가?

49. 암석 미끄러짐

520 kg의 암석이 서 있다가 길이 500 m, 높이 300 m인 언덕 아래로 미끄러진다. 암석과 언덕의 비탈면 사이의 운동마찰계수는 0.25이다. (a) 암석–지구 계의 중력 위치 에너지 U가 언덕 아래에서 0이라면 미끄러지기 바로 전의 U의 값은 얼마인가? (b) 이 미끄러짐에서 얼마의 에너지가 열 에너지로 변하였는가? (c) 암석이 언덕 아래에 이를 때의 운동 에너지는 얼마인가? (d) 그때의 속도는 얼마인가?

50. 수평용수철에 대한 토막

수평용수철을 15 cm 눌러 끝에 2.0 kg의 토막을 갖다 댄다. 그리고 토막을 놓으면 토막은 용수철에 밀려 탁자를 따라서 미끄러진다. 토막은 토막을 놓은 곳에서 75 cm 되는 곳에서 멈춰 선다. 용수철 상수는 200 N/m이다. 토막과 탁자 사이의 운동마찰계수는 얼마인가?

51. 수평용수철

그림 10–40에서 3.5 kg의 토막이 용수철 상수가 640 N/m인 용수철에 밀려 가속된다. 토막은 용수철이 풀린 곳에서 용수철을 떠난 다음 멈출 때까지 수평면을 따라 7.8 m의 거리를 이동하며, 이때 운동마찰계수는 0.25이다. (a) 토막–마룻바닥 계의 열 에너지 증가량은 얼마인가? (b) 토막의 최대운동 에너지는 얼마인가? (c) 토막이 움직이기 바로 전 용수철이 압축된 거리는 얼마인가?

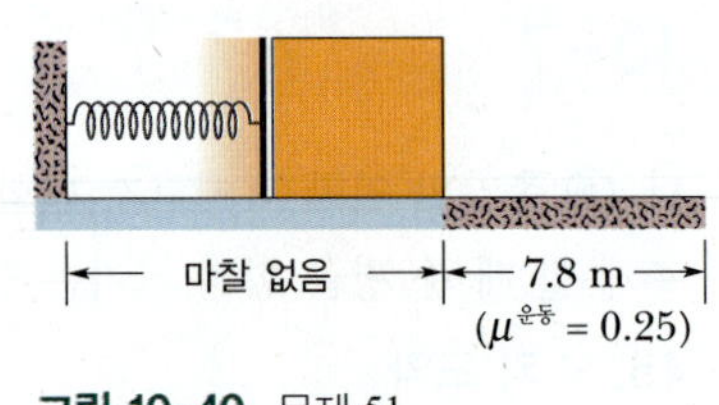

그림 10–40 문제 51

52. 비탈길 아래로 미끄러지는 토막

그림 10–41에서 토막이 비탈길에 나란한 힘 2.0 N을 받아 A에서 B까지 5.0 m를 움직인다. 토막이 받는 마찰력의 크기는 10 N이다. 토막의 운동 에너지가 A와 B 사이에서 35 J 늘었다면 토막이 A에서 B까지 움직일 때 중력이 토막에 한 일은 얼마인가?

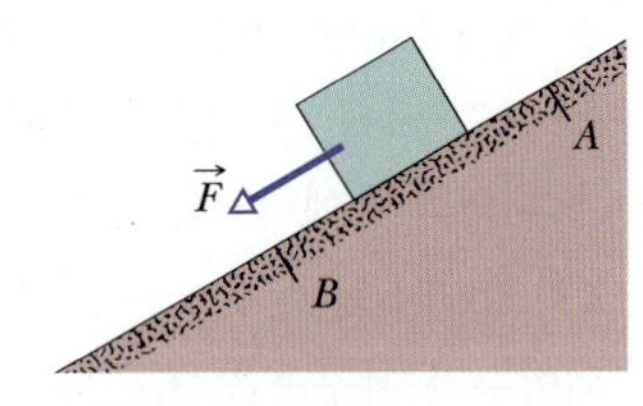

그림 10–41 문제 52

53. 후크 법칙을 따르지 않는 용수철

어떤 용수철은 후크 법칙을 따르지 않는 것이 발견되었다. 거리 x(m 단위)를 늘릴 때 용수철이 주는 힘의 크기(N 단위)는 잡아당긴 반대쪽으로(52.8 N/m)x + (38.4 N/m^2)x^2이다. (a) 용수철을 x_1 = 0.500 m에서 $x^2 = 1.00$ m로 늘리는데 필요한 일을 셈하라. (b) 용수철의 한쪽 끝은 고정하고 다른 쪽 끝에는 질량 2.17 kg인 입자를 매달아 $x_2 = 1.00$ m로 늘린 다음, 정지상태에서 입자를 놓으면 용수철의 늘어난 길이가 $x_1 = 0.500$ m로 돌아오는 순간에는 속도는 얼마인가? (c) 용수철이 주는 힘은 보존력인가 비보존력인가?

54. 꾸러미

4.0 kg의 꾸러미가 운동 에너지 128 J로 30° 비탈길을 오르기 시작한다. 꾸러미와 비탈길 사이의 운동마찰계수가 0.30이면 꾸러미는 비탈길을 얼마나 올라갈까?

55. 두 눈언덕

두 눈언덕의 높이가 두 언덕 사이의 계곡을 기준으로 850 m와 750 m이다. 더 높은 언덕 꼭대기에서 계곡을 지나 더 낮은 언덕 위까지 이르는 스키활주로는 평균경사각 30°, 총길이 3.2 km이다(그림 10–42). (a) 스키 선수가 높은 언덕 꼭대기에서 정지상태에서 출발했다. 스키 선수가 스키 막대를 쓰지 않고 미끄러진다면 낮은 언덕 꼭대기에 얼마의 속도로 도달하는가? 마찰을 무시하라. (b) 스키 선수가 더 낮은 언덕 꼭대기에 도달해 멈춘다면 눈과 스키 사이의 운동마찰계수가 얼마여야 하는가?

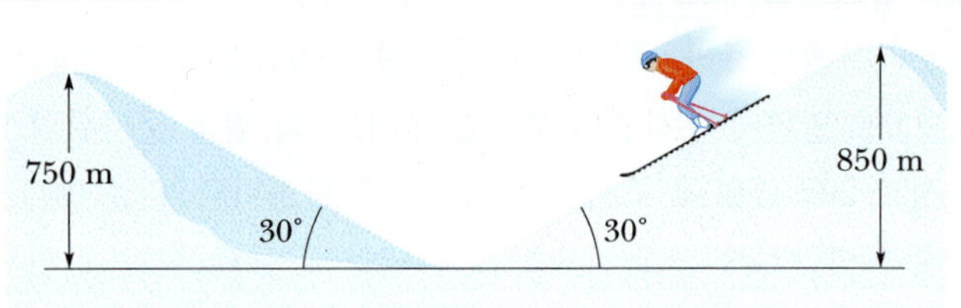

그림 10–42 문제 55

56. 미끄럼틀

무게 267 N인 소녀가 수평선에 대해 20° 기울어진 미끄럼틀을 따라 6.1 m 미끄러진다. 미끄럼틀과 어린이간 운동마찰계수는 0.10이다. (a) 얼마의 에너지가 열 에너지로 변하는가? (b) 소녀가 꼭대기에서 속도 0.457 m/s로 출발한다면 맨 아래에서는 속도가 얼마인가?

57. 토막과 수평용수철

그림 10–43에 2.5 kg 토막이 미끄러져 용수철 상수 320 N/m인 용수철을 정면으로 부딪친다. 토막이 멈춰 섰을 때 용수철을 7.5 cm 눌렀다. 토막과 수평면의 운동마찰계수는 0.25이다. 토막이 용수철을 눌러 멈춰서는 동안 (a) 용수철 힘이 해준 일과 (b) 토막–마룻바닥 계의 열 에너지 증가는 얼마인가? (c) 토막이 용수철에 막 도착할 때의 토막의 속도는 얼마인가?

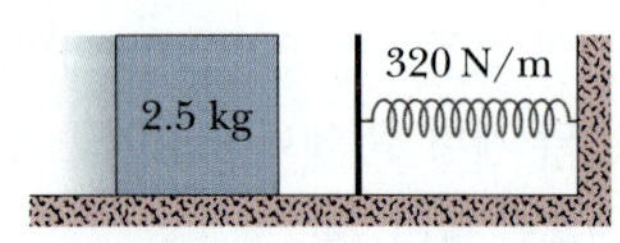

그림 10–43 문제 57

58. 공장 직원

수평선에 대해 39° 기울어진 길이 3.7 m의 비탈길 꼭대기에서 서 있던 180 kg 나무상자를 공장 직원이 실수로 놓쳤다. 나무상자와 비탈길 그리고 수평한 공장 마룻바닥 사이의 운동마찰계수는 0.28이다. (a) 나무상자가 비탈길 아래에 이르렀을 때 얼마나 빨리 움직이는가? (b) 나무상자는 공장바닥을 따라 얼마나 멀리 가는가?(나무상자가 비탈길에서 마룻바닥으로 옮겨가면서 나무상자의 운동에너지는 변하지 않는다고 가정하라.) (c) 나무상자의 질량이 절반으로 줄면 (a)와 (b)의 답은 커지는가, 작아지는가, 아니면 전과 같은가?

59. 길 위의 토막

그림 10-44에서 토막이 어느 곳을 떠나 길을 따라서 미끄러지면서 중간의 우묵한 곳을 지나 더 높은 곳으로 움직인다. 토막이 더 높은 곳에 이를 때까지는 마찰이 없다. 그 뒤 토막은 마찰력 때문에 거리 d를 간 다음 선다. 토막의 처음 속도 v_1은 6.0 m/s이다. 높이 차 h는 1.1 m이다. 그리고 운동마찰계수 $\mu^{운동}$은 0.6이다. d를 구하라.

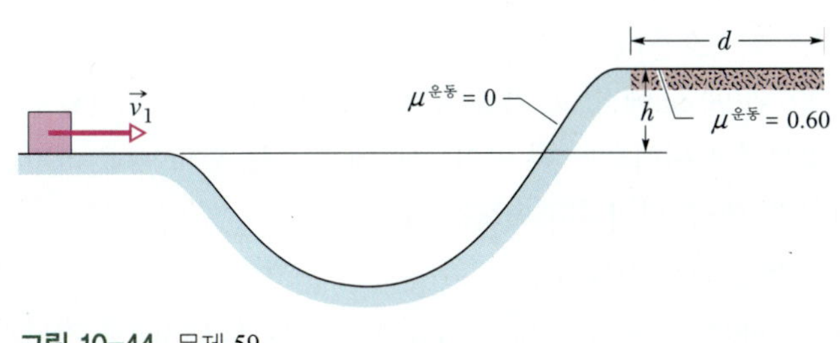

그림 10-44 문제 59

60. 과사단시

과자단지가 위로 40° 기울어진 경로를 따라 움직인다. 비탈길 바닥으로부터(비탈길을 따라 잰) 거리 55 cm인 곳에서 과자단지의 속도는 1.4 m/s이다. 단지와 비탈길 사이의 운동마찰계수는 0.15이다. (a) 단지는 얼마나 더 비탈길을 올라가는가? (b) 단지가 비탈길 바닥지점으로 되돌아와 미끄러질 때는 얼마나 빨리 가는가? (c) 운동마찰계수가 줄어들면(주어진 속도나 위치는 변하지 않음) (a)와 (b)의 답은 커지는가, 작아지는가, 아니면 전과 같은가?

61. 수직으로 던진 돌

무게 w인 돌을 처음 속도 v_1으로 땅에서 위로 던졌다. 돌은 날아가는 동안 공기저항 때문에 일정한 힘 f를 받는다. (a) 돌이 이르는 최고높이는 다음과 같음을 보여라.

$$h = \frac{v_1^2}{2g(1 + f/w)}$$

(b) 땅에 부딪치기 바로 전 돌의 속도는 다음과 같음을 보여라.

$$v_2 = v_1\left(\frac{w-f}{w+f}\right)^{1/2}$$

62. 미끄럼틀 2

미끄럼틀의 모양이 반지름 12 m인 활꼴인데, 땅에는 접하고, 최고 높이는 4.0 m이다(그림 10-45). 25 kg 어린이가 미끄럼틀 꼭대기에서 정지상태로 출발하면 땅바닥에 닿을 때의 속도는 6.2 m/s이다. (a) 미끄럼틀의 길이는 얼마인가? (b) 이 길이에 걸쳐 어린이가 받는 평균마찰력은 얼마인가? 활꼴이 땅바닥과 접하는 대신에 미끄럼틀 꼭대기를 지나는 수직선과 접한다면, (c) 미끄럼틀의 길이와 (d) 어린이가 받는 평균마찰력은 얼마인가?

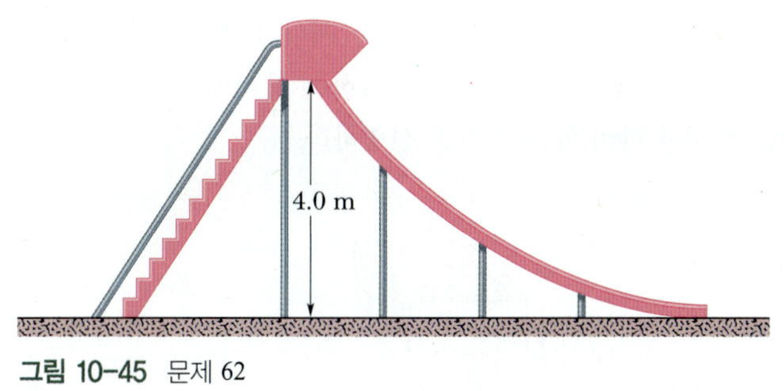

그림 10-45 문제 62

63. 미끄럼 위의 입자

한 입자가 그림 10-46에 보인 끝이 위로 굽고 가운데가 평평한 궤도를 따라서 움직인다. 평평한 부분의 길이는 L이다. 굽은 부분은 마찰이 없고 평평한 부분은 운동마찰계수가 $\mu^{운동} = 0.20$이다. 평평한 부분에 대해 높이가 $h = L/2$인 곳 A에서 입자를 정지상태로 놓았다. 입자는 결국 어디에 서겠는가?

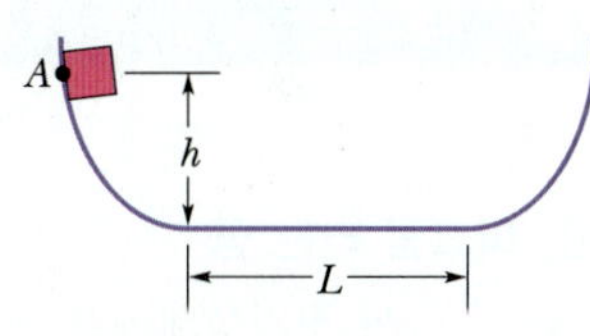

그림 10-46 문제 63

64. 줄이 끊김

그림 10-47에 보인 1800 kg 승강기가 1층에서 섰을 때 줄이 끊겼다. 1층에서 승강기 바닥 아래로 d = 3.7 m인 곳에는 용수철 상수 k = 0.15 N/m인 완충용수철이 있다. 안전장치는 승강기를 유도 레일에 물려 4.4 kN의 일정한 마찰력을 주어 운동

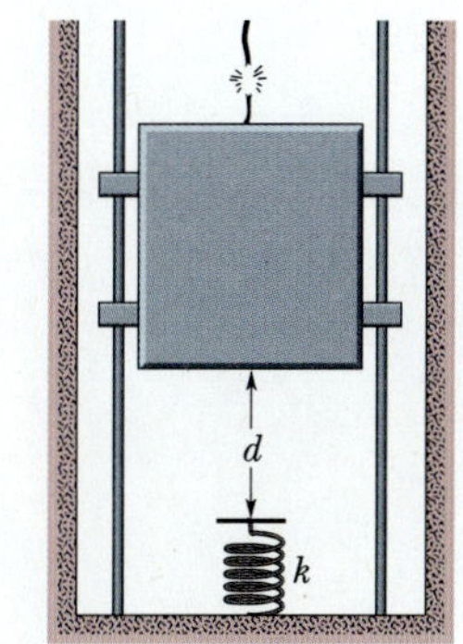

그림 10-47 문제 64

을 늦춘다. (a) 승강기가 용수철에 부딪치기 바로 전의 속도를 구하라. (b) 용수철이 압축되는 최대거리를 구하라(압축되는 동안에도 마찰력은 여전히 작용한다). (c) 승강기가 통로를 따라 되튀어 올라오는 거리를 구하라. (d) 에너지 보존법칙을 써서 통이 설 때까지 움직이는 전체 길이를 어림하라.(승강기가 설 때에 받는 마찰력은 무시할 수 있다고 가정하라.)

65. 공장에서

어떤 공장의 포장기계에서 300 kg 나무상자가 움직이는 이송 벨트 위에 20 m/s 속도로 수직으로 떨어진다(그림 10-55). (전동기가 벨트의 속도를 일정하게 유지한다.) 벨트와 나무상자 사이의 운동마찰계수는 0.4이다. 시간이 조금 지나면 벨트와 나무상자 사이의 미끄러짐은 멈추고, 나무상자는 벨트와 함께 움직인다. 나무상자가 벨트에 대하여 멈춰서는 시간 동안 공장 바닥에 고정된 좌표계에 대하여 (a) 나무상자가 공급받는 운동 에너지, (b) 나무상자가 받는 운동 마찰력의 크기, (c) 모터가 공급하는 에너지를 구하라. (d) (a)와 (c)에 대한 답이 왜 다른가를 설명하라.

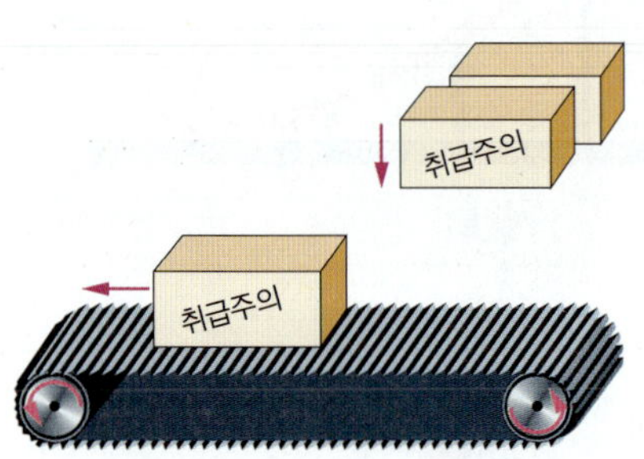

그림 10-48 문제 65

66. 미끄럼 타는 곰

25 kg의 곰이 정지상태에서 천막의 소나무 기둥을 타고 땅 아래로 12 m를 미끄러져, 땅에 닿을 때의 속도가 5.6 m/s이다. (a) 미끄러지는 동안 곰-지구 계의 중력 위치 에너지는 얼마나 변하는가? (b) 땅바닥에 닿기 바로 전 곰의 운동 에너지는 얼마인가? (c) 미끄러지는 곰이 받는 평균마찰력은 얼마인가?

67. 다니엘 가드윈

1981년에 다니엘 가드윈은 흡착컵과 금속 클립을 써서 시카고 시어스 빌딩의 외벽을 443 m 올라갔다. (a) 그의 질량을 어림한 다음, 질량중심을 위의 높이로 올리는데 그가 얼마의 에너지를 생체역학적인(내부의) 에너지로부터 지구-가드윈 계의 중력 위치 에너지로 전달했는지 셈하라. (b) 이와 달리 그가 건물 속의 계단으로 (같은 높이까지) 갔다면 얼마의 에너지를 전달했겠는가?

68. 에베레스트 산

에베레스트 산 꼭대기는 해발 8850 m이다. (a) 90 kg의 등산가가 해수면에서 산꼭대기까지 올라가려면, 중력에 거슬러 자신에게 얼마큼의 에너지를 써야 하는가? (b) 이 에너지는 개당 1.25 mJ인 막대사탕 몇 개에 해당되는가? 답을 셈해보면 중력에 대해 해준 일은 산을 올라가면서 쓴 에너지의 아주 적은 일부분임을 알려준다.

69. 수직으로 뛰어 오르는 여성

55 kg의 여성이 웅크려 자신의 질량중심을 땅 위 40 cm로 낮췄다가 위로 뛰어오른다. 그녀의 질량중심은 발이 땅바닥에서 떨어질 때는 땅 위 90 cm에 있고, 가장 높을 때는 120 cm에 있다. (a) 땅을 내리밟으면서 뛰어오를 때 땅이 그녀에게 주는 힘의 평균 크기는 얼마인가? (b) 그녀의 최고속도는 얼마인가?

70. 승객을 태운 자동차

무게 16 400 N인 승객을 태운 자동차가 속도 113 km/h로 가다가 운전사가 브레이크를 밟자 멈춰선다. 땅이 바퀴에 주는 마찰력의 크기는 8230 N이다. 제동거리는 얼마인가?

10-8 1차원 에너지와 운동량 보존

때로는 물체가 받는 힘이 무엇인지조차 모를 때(예를 들어, 두 물체가 부딪쳐 달라붙을 때)도 병진 운동량의 보존을 써서 운동의 결과를 헤아릴 수 있음을 상기하자. 이제 둘째로 보존법칙 — 에너지 보존법칙 — 을 찾아냈고, 더 많은 상황에서 운동 결과를 헤아릴 수 있게 되었다.

충돌하는 두 물체로 된 계를 살펴보자. 두 물체가 부딪치려면 적어도 하나는 움직여야 하며, 따라서 계는 충돌 전에 운동 에너지와 병진 운동량이 있다. 두 물체가 부딪칠 때 상대 물체가 주는 충격력 때문에 각 물체의 운동 에너지와 병진 운동량이 변한다. 충격력을 잘 몰라도 변화(계 전체의 운동 에너지와 병진 운동량의 변화)에 대해서는 살펴볼 수 있다. 충돌을 처음 살펴보았던 7장처럼 여기에서도(어떤 물체도 드나들지 않는) **닫힌(closed)** 그리고(계 속의 물체가 알짜 외부힘을 받지 않는) **고립(isolated)**된 계만 살펴볼 것이다.

• 탄성충돌과 비탄성충돌

7장에서는 충돌을 그냥 되튀거나 들러붙는 것으로만 갈랐는데, 여기에서는 역학적 에너지가 보존되는가를 기준으로 가른다. 계 속의 위치 에너지는 물체가 부딪치는 짧은 시간을 빼고는 일반적으로 충돌 전후에 저장되지 않는다. 따라서 대부분의 시간 동안 계의 역학적 에너지는 충돌 물체의 전체 운동 에너지와 같다.

탄성충돌 충돌하는 두 물체 계의 전체 운동 에너지가 충돌에 의해 달라지지 않으면 이 충돌은 완전 **탄성충돌(elastic collision)**이라고 한다. 충돌하는 동안 두 물체가 주고받는 힘이 대략 보존적이고 용수철 같다면 그렇게 된다. 7장에서 설명한 어떤 '되튀는' 충돌은 탄성충돌이었을 것이다. 하지만 대부분의 '되튀는' 충돌은 사실은 완전 탄성충돌은 아니다.

그림 10-49
두 차가 거의 정면 충돌한 뒤의 모습. 완전 비탄성충돌에 가깝다.

비탄성충돌 두 자동차 또는 공과 방망이 같은 흔히 보는 물체의 충돌에서는 에너지의 일부가 꼭 운동 에너지로부터 열 에너지나 소리에너지 같은 다른 꼴의 에너지로 바뀐다. 따라서 계의 운동 에너지는 보존되지 않는다. 이러한 충돌을 **비탄성충돌(inelastic collision)**이라고 정의한다. 그림 10-49는 **완전비탄성충돌(completely inelastic collision)**의 극적인 예를 보여준다. 이러한 충돌에서 물체는 늘 서로 붙으며 모든 운동 에너지를 잃는다. 대부분의 실제 충돌은 일부는 탄성충돌이고 나머지는 비탄성충돌이다.

거의 탄성충돌 일상적인 물체의 충돌 가운데 탄성충돌로 볼 수 있는 경우가 있다. '탱탱공'(탄성이 아주 좋은 공)을 딱딱한 바닥에 떨어뜨린다고 하자. 공과 바닥(또는 지구) 사이의 충돌이 탄성적이면 공은 충돌에서 운동 에너지를 잃지 않아, 애초의 높이로 되튀어 오른다. 하지만, 실제로 되튀는 높이는 출발점보다 조금 낮으며, 따라서 충돌할 때 운동 에너지를 조금은 잃어 충돌이 다소 비탄성적임을 보여준다. 하지만 조금 잃은 운동 에너지는 무시하고 그 충돌을 탄성이라고 어림할 수 있다.

• 에너지 보존과 운동량 보존의 차이

운동량 보존과 에너지 보존을 헷갈리기 쉽지만 둘은 다르다. 운동량은 벡터량으로서 질량과 속도의 곱으로 정의된다. 반면에 에너지는 스칼라량으로서 방향이 없다. 우리가 알고 있는 한 고립계에서는 운동량은 늘 보존되며 그것은 물체끼리(뉴턴 제3법칙에 따라) 힘을 주고받은 결과이다. 그러나 역학적 에너지는 그렇지 않다. 역학적 에너지는 계에 일을 해주는 내부힘이 보존적일 때만 보존된다.

두 가지 보존법칙의 차이를 보여주는 생각실험을 세 가지 해보자. 생각실험을 위하여 7장의 충돌과 운동량에서 설명한 세 가지 충돌 과정을 상상하자. 하나는 두 물체가 충돌하여 한 덩어리가 되는 완전 비탄성충돌이다. 다른 하나는 충돌하는 두 물체가 서로 되튀며 역학적 에너지를 전혀 잃지 않는 탄성충돌이다. 그리고 셋째는 어떤 에너지가 방출되어 계의 역학적 에너지가 충돌 전보다 더 많아지는 초탄성충돌(superelastic collision) 혹은 폭발이다.

세 실험 모두 마찰을 무시할 수 있는 똑같은 수레 두 대가 서로를 향해 같은 속도로 움직인다(그림 10-50). 이들은 수평궤도 위에서 움직이므로 중력 위치 에너지는 변하지 않는다. 이같이 특별한 상황에서 낱낱의 두 수레 계의 역학적 에너지는 운동 에너지와 같다.

그림의 내용을 보면 충돌 전후의 운동량은 세 경우 모두 같고 0이다. 하지만 실험 1에 보인 비탄성충돌에서는 수레의 끝에 찍찍이가 붙어 있어서 부딪치면 떨어지지 않는다. 7-6절에서 이러한 충돌을 '찰떡' 충돌이라고 불렀다. 충돌 뒤에는 비록 찍찍이의 온도는 올라가도 운동 에너지는 남지 않는

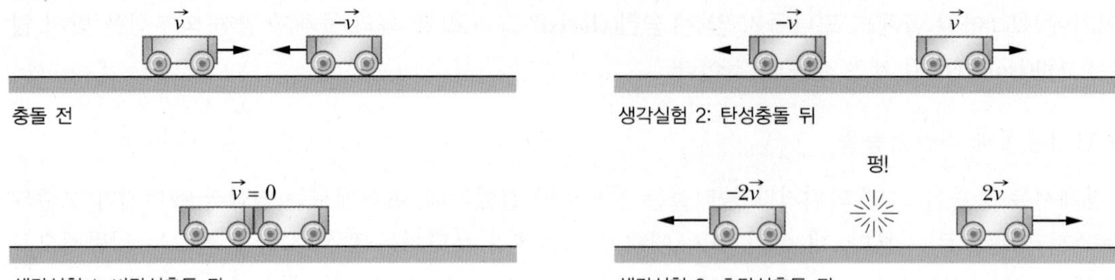

그림 10-50
똑같은 두 수레가 정면충돌하는 세 가지 가능한 결과. 운동량은 세 경우 모두 보존된다. 그러나 역학적 에너지는 그럴 필요가 없다.

다. 따라서 역학적 에너지도 보존되지 않는다. 실험 2에서는 수레 끝에 반발하는 자석이 박혀 있어 충돌 후에는 충돌 전과 같은 속력으로 수레가 되튀기지만 속도는 달라진다(방향이 반대). 이 경우 운동 에너지, 즉 역학적 에너지는 보존된다. 끝으로 실험 3에서는 두 수레의 머리에 붙여둔 화약뭉치가 터진다. 폭발에서는 화학적 위치 에너지가 방출되어 충돌 후에 되튄 수레는 충돌 전보다 더 큰 운동 에너지를 가진다. 여기서도 역학적 에너지는 보존되지 않으나 운동량은 보존된다.

• 병진 운동량

충돌할 때의 충격량의 상세내용이 무엇이든, 그리고 계의 전체 운동 에너지가 어찌되든, 닫힌 고립계의 전체 병진 운동량 $\vec{p}^{계}$는 변하지 않는다. 그 이유는 $\vec{p}^{계}$는 외부힘(계의 밖에서 주는 힘)만이 바꿀 수 있는데, 충돌할 때 주고받는 힘은 내부힘(계 속에서 주는 힘)이기 때문이다. 따라서 다음과 같은 중요한 규칙이 있다.

> 닫힌 고립계에서 충돌이 일어날 때, 그 충돌이 탄성이든 비탄성이든, 충돌하는 낱낱의 물체의 병진 운동량은 변해도 계의 전체 병진 운동량 $\vec{p}_{계}$는 변하지 않는다.

위 규칙은 실제로는 7-5절에서 처음 살펴본 **병진 운동량 보존법칙(law of conservation of translational momentum)**을 달리 표현한 것이다. 7-6절에서는 비탄성충돌, 즉 '찰떡충돌'에 대한 병진 운동량의 보존을 살펴보았다. 다음 두 절에서는 이 법칙을 탄성충돌에 적용해보자.

따라해보기 10-7 | 탄동흔들이

탄동흔들이는 전자 시간계측기가 개발되기 전에 총알의 속도를 재는데 쓰였다. 그림 10-51에 보인 것은 질량 $m = 5.4\,\mathrm{kg}$인 큰 나무토막을 두 가닥으로 긴 줄로 매단 것이다. 질량 $m = 9.5\,\mathrm{g}$인 총알을 토막에 쏘아 박으면, 그 속에서 곧 멈춘다. 토막+총알은 위로 밀려올라가 움직인 궤적이 이루는 활꼴의 끝에서 흔들이가 순간적으로 멈출 때 질량중심은 수직거리 $h = 6.3\,\mathrm{cm}$만큼 올라간다. 충돌 직전의 총알속도는 얼마인가?

풀이 ■ 흔들이가 올라가는 높이 h는 총알의 속도 v가 결정함을 알 수 있다. 하지만 **요점**은 두 양을 연관시킬 때 역학적 에너지 보존법칙은 쓸 수 없다는 것이다. 그 까닭은 총알이 토막에 박혔으므로 역학적 에너지가 분명히 다른 꼴의 에너지로 바뀌었기 때문이다. 또 다른 **요점**은 복잡한 운동을 두 단계로 나누어 따로 분석하는 것이다. (1) 역학적 에너지가 보존되지 않는 총알-토막 충돌, (2) 역학적 에너지가 보존되는 총알-토막 상승.

1단계. 총알-토막 계에서 충돌 시간이 아주 짧으므로 다음 두 가지 중요한 가정을 할 수 있다. (1) 충돌할 때 토막이 받는 중력과 줄의 장력은 계속 균형을 이룬다. 따라서 충돌할 때 총알-토막 계

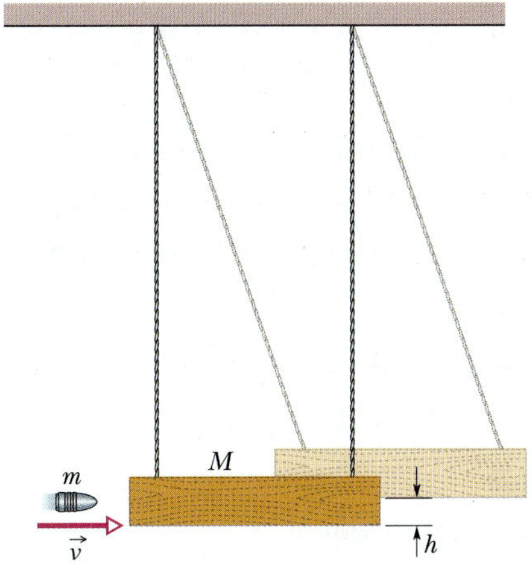

그림 10-51
총알의 속도를 재는 탄동흔들이

가 받는 알짜 외부힘은 0이다. 그러므로 이 계는 고립되어 있고 전체 병진 운동량은 보존된다. (2) 충돌 바로 뒤의 토막과 총알의 운동 방향은 총알의 애초의 운동 방향과 같다는 뜻에서 이 충돌은 1차원적이다.

충돌이 1차원적이고, 토막이 처음에 서 있었으며, 총알이 토막에 박혔으므로, 선운동량 보존을 나타내는 식 7-17을 쓸 수 있다. 충돌 바로 뒤의 토막 속도가 V라면 $mv + 0 = mV + MV$ 또는

$$V = \frac{m}{m+M}v \qquad (10\text{–}30)$$

2단계. 총알과 토막의 '충돌'이 끝나면, 토막과 총알은 함께 위로 밀려올라가고 총알-토막-지구 계의 역학적 에너지는 보존된다.(줄이 토막에 주는 힘은 토막의 운동 방향과 늘 직교하므로 역학적 에너지는 줄의 힘에 의해서는 변하지 않는다.) 토막의 처음 높이를 중력 위치 에너지가 0인 기준점으로 잡자. 그러면 역학적 에너지 보존법칙에 따라 계가 흔들이 운동 시작점에 있을 때의 운동 에너지는 최고점에 있을 때의 중력 위치 에너지와 같다. 시작점에서의 총알과 토막의 속도는 충돌 바로 뒤의 속도 V이므로 보존법칙은 다음과 같다.

$$\tfrac{1}{2}(m+M)V^2 + 0 = 0 + (m+M)gh$$

V에 대한 이 결과를 식 10-30에 넣으면 다음 결과를 얻는다.

$$\begin{aligned} v &= \frac{m+M}{m}\sqrt{2gh} \\ &= \left(\frac{0.0095\,\text{kg} + 5.4\,\text{kg}}{0.0095\,\text{kg}}\right)\sqrt{(2)(9.8\,\text{m/s}^2)(0.063\,\text{m})} \\ &= 630\,\text{m/s} \end{aligned} \qquad \text{(답)}$$

이같은 탄동흔들이는 가벼운 물체(총알)의 빠른 속력을 무거운 물체(토막)의 느린 속력으로 바꾸어주어 속력을 더 쉽게 잴 수 있게 해주는 일종의 '변환기'다.

연습문제 10-8

71. 공깃돌 상자

단위는 질량으로 표시되고 상자가 비면 눈금이 0이 되게 조절한 저울에 상자를 놓았다. 공깃돌을 상자 위로 높이 h인 곳에서 1초에 R개씩 상자 속에 부어 넣었다. 공깃돌 하나의 질량은 m이다. (a) 공깃돌과 상자의 충돌이 완전 비탄성이라면 공깃돌이 상자를 채우기 시작한 뒤로 시간 t에서 저울눈금을 구하라. (b) $R = 100\,\text{s}^{-1}$, $h = 7.60\,\text{m}$, $m = 4.50\,\text{g}$, 그리고 $t = 10.0$ 초일 때의 답을 수치로 구하라.

72. *A* 입자와 *B* 입자

두 입자 A와 B 사이에 압축된 용수철을 넣어 함께 붙들고 있다. 이들을 놓으면 용수철은 서로 밀어서 두 입자는 용수철로부터 떨어져서 반대쪽으로 날아간다. A의 질량은 B의 질량의 2.00배이고 용수철에 저장된 에너지는 60 J이다. 용수철의 질량은 무시하고 용수철의 저장에너지가 모두 입자에 전부 전달된다고 가정하자. 에너지가 모두 전달된 다음에는 (a) A와 (b) B의 운동 에너지는 얼마인가?

73. 공과 용수철 총

그림 10-52에 마찰 없는 평면에서 질량 m인 공을 속도 v_1으로 애초에 서 있던 질량 M인 용수철 총의 총신 안으로 쏘아넣었다. 이 공은 용수철의 최대 압축점에서 총신 안에 꽂혔다. 공과 총신 사이의 마찰로 생기는 열 에너지는 무시할 수 있다고 가정한다. (a) 공이 총신 속에서 멈춰선 뒤에 용수철 총의 속도는 얼마인가? (b) 공의 처음 운동 에너지가 용수철에 저장되는 비율은 얼마인가?

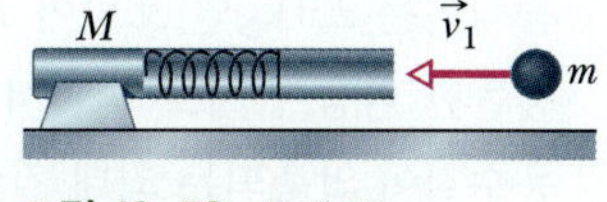

그림 10-52 문제 73

74. 탄동흔들이

질량 10 g인 총알이 질량 2.0 kg인 탄동흔들이에 박혔다. 흔들이의 질량중심은 위로 12 cm 올라갔다. 총알이 흔들이에 박혀 있다고 가정하고 총알의 처음 속도를 구하라.

75. 두 토막과 용수철

질량 $m_A = 2.0\,\mathrm{kg}$인 토막이 마찰 없는 탁자 위를 속도 10 m/s로 미끄러진다. 이 토막 앞에는 질량 $m_B = 5.0\,\mathrm{kg}$인 토막이 같은 쪽으로 3.0 m/s로 움직인다. m_B에는 용수철 상수 k = 1120 N/m인 질량없는 용수철이 그림 10-53과 같이 m_A를 향하여 붙어 있다. 토막이 충돌할 때 용수철의 최대 압축은 얼마인가?(**실마리**: 용수철이 최대 압축되는 순간 두 토막은 하나처럼 움직인다. 이 순간에는 충돌이 완전비탄성임에 착안하여 속도를 구하라.)

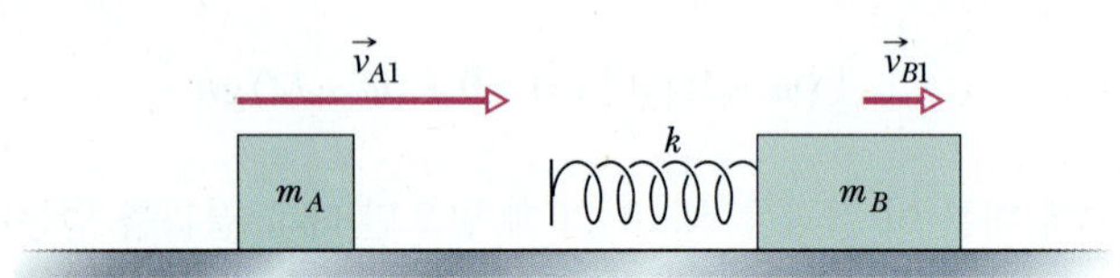

그림 10-53 문제 75

76. 물리책

4.0 kg인 물리책과 6.0 kg의 수학책이 용수철로 연결되어 마찰 없는 수평면 위에 서 있다. 용수철 상수는 8000 N/m이다. 책을 밀어 용수철을 눌러 정지상태에 두었다가 손을 떼었다. 용수철이 누르기 전의 상태로 돌아왔을 때 수학책의 속도는 4.0 m/s이다. 책을 놓는 순간 용수철에는 얼마만큼의 에너지가 저장되어 있는가?

77. 중성자 산란

중성자가 애초에 서 있던 중양자와 탄성충돌하여 90°로 산란된다면 중성자가 처음 가졌던 에너지의 $\frac{2}{3}$가 중양자로 전달됨을 보여라.(원자질량 단위로 중성자의 질량은 1.0 u, 중양자는 2.0 u이다.)

78. 벽에 붙은 용수철

마찰 없는 수평면에 서 있는 1.0 kg 토막이 다른 끝은 고정된, 늘리지 않은 용수철에($k = 200\,\mathrm{N/m}$) 묶여 있다(그림 10-54). 4.0 m/s로 움직이는 2.0 kg인 토막이 1.0 kg인 토막과 충돌하였다. 두 토막이 충돌한 다음에 서로 붙어서 한 덩어리가 된다면 이것이 서는 순간 용수철이 압축되는 최대 길이는 얼마인가?

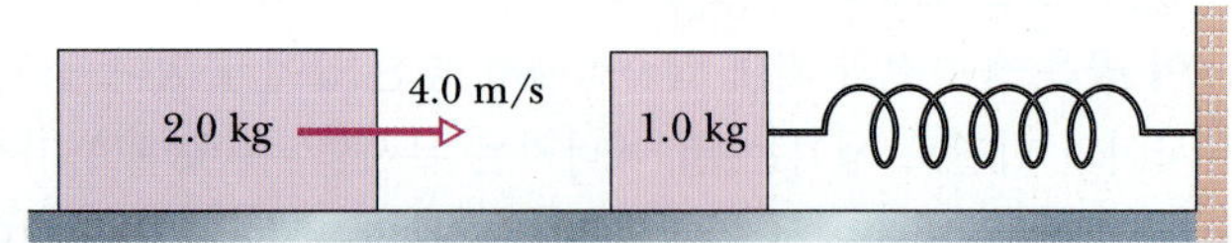

그림 10-54 문제 78

79. 당구 경기

당구 경기에서 친공이 애초에 서 있던 질량이 같은 다른 표적공과 충돌하였다. 충돌 후 친공은 애초의 운동 방향과 22.0°각도를 이루는 쪽으로 3.50 m/s로 움직이고, 표적공은 2.00 m/s의 속도로 움직인다. (a) 친공의 애초의 운동 방향과 표적공의 운동 방향 사이의 각도를 구하고, (b) 친공의 원래 속도를 구하라. (c) (회전운동을 생각하지 말고, 질량중심의) 운동 에너지는 보존되는가?

80. 당구공

속도 2.2 m/s로 움직이는 당구공이 서 있는 똑같은 표적공과 비스듬히 충돌한다. 충돌 후 한 공은 애초의 운동 방향과 60°각도를 이루는 쪽으로 속도 1.1 m/s로 움직인다. (a) 다른 공의 속도를 구하라. (b) 주어진 자료로 볼 때 이 충돌은 비탄성인가?

81. 세 개의 공

그림 10-55에서 A공이 처음 속도 10 m/s로 가서 서 있는 B공 및 C공과 탄성충돌한다. B공 및 C공은 서로 접해 있고 그 중심은 A공의 처음 속도와 수직선 위에 있으며 세 공은 모두 같다. A공은 B공과 C공의 접촉점을 똑바로 겨냥하고 있으며, 모든 운동은 마찰이 없다. 충돌 후 (a) B공, (b) C공 및 (c) A공의 속도는 얼마인가?(**실마리**: 마찰이 없을 때 낱낱의 충격량의 방향은 충돌하는 공의 중심을 연결하는 선과 나란하다.)

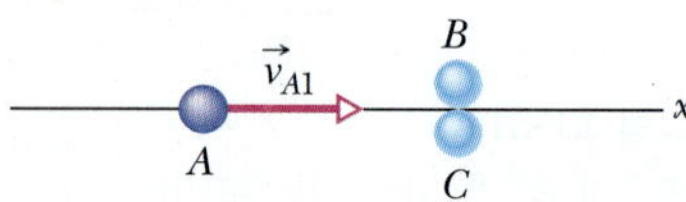

그림 10-55 문제 81

82. 두 물체의 충돌

낱낱의 질량이 2.0 kg인 두 물체 A와 B가 충돌한다. 충돌 전의 속도는 각 $\vec{v}_{A1} = (15\,\mathrm{m/s})\hat{\mathrm{i}} + (30\,\mathrm{m/s})\hat{\mathrm{j}}$ 및 $\vec{v}_{B1} = (-10\,\mathrm{m/s})\hat{\mathrm{i}} + (5.0\,\mathrm{m/s})\hat{\mathrm{j}}$이다. 충돌 뒤 A의 속도는 $\vec{v}_{A2} = (-5.0\,\mathrm{m/s})\hat{\mathrm{i}} + (20\,\mathrm{m/s})\hat{\mathrm{j}}$이다. 모든 속도의 단위는 m/s이다. (a) B의 나중 속도는 얼마인가? (b) 충돌에서 운동 에너지의 변화량은 얼마인가?

83. 수레의 탄성충돌

처음 속도 1.2 m/s로 마찰 없는 직선 공기부양 궤도를 따라 움직이는 질량 340 g인 수레가 애초에 서 있던 질량을 모르는 수레와 탄성충돌을 하였다. 충돌 후 첫째 수레의 속도는 0.66 m/s로 애초의 방향과 같다. (a) 둘째 수레의 질량은 얼마인가? (b) 충돌 뒤의 속도는 얼마인가? (c) 두 수레의 질량중심의 속도는 얼마인가?

84. 전자 충돌

전자 하나가 애초에 서 있던 수소원자와 1차원 탄성충돌을 하였다. 초기 전자 운동 에너지의 몇 퍼센트가 수소원자에 운동 에너지로 전달되는가?(수소원자 질량은 전자질량의 1840배이다.)

85. 알파입자

알파입자가(질량 4 u) 애초에 서 있던 금 원자핵(질량 197 u)과 정면 탄성충돌을 한다.(기호 u는 원자의 질량단위를 나타낸다.) 알파입자는 원래 운동 에너지의 몇 퍼센트를 잃어버리는가?

86. 보이저 2호

보이저 2호 우주선(질량은 m, 태양에 대한 속도는 v)이 그림 10-56과 같이 목성(질량 M, 속도는 태양에 대하여 $V_{목성}$)에 접근한다. 이 우주선은 목성을 빙 돌아서 반대쪽으로 빠져 나온다. 우주선이 목성에 접근한 뒤 되튀어 나오는 것은 일종의 충돌로서 해석할 수 있다. 빠져나오는 우주선의 태양에 대한 속도는 얼마인가? $v = 12$ km/s와 $V_{목성} = 13$ km/s로(목성의 공전속도임) 가정하라. 목성의 질량은 우주선 질량보다 훨씬 더 크다($M \gg m$).

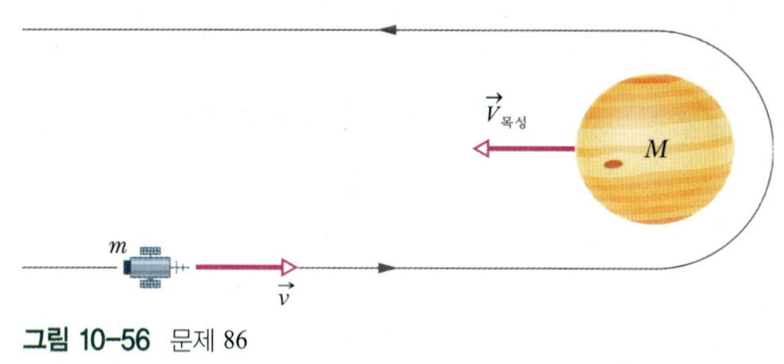

그림 10-56 문제 86

87. 탄성충돌

질량 2.0 kg인 물체가 서 있던 다른 물체와 탄성충돌을 한 뒤 처음 속도의 1/4로 애초의 방향으로 계속 움직인다. (a) 다른 물체의 질량은 얼마인가? (b) 만약 2.0 kg 물체의 처음 속도가 4.0 m/s라면 두 물체의 질량중심의 속도는 얼마인가?

88. 강철공과 토막

질량 0.500 kg인 강철공이 멀리 고정된 길이 70.0 cm인 줄에 단단히 매여 있다. 강철공의 줄이 수평이 되도록 공을 들어올렸다 놓았다(그림 10-57). 경로의 바닥지점에서 강철공은 마찰 없는 바닥에서 애초에 서 있던 2.50 kg 강철토막을 때린다. 충돌은 탄성적이다. 충돌 바로 뒤 (a) 공의 속도와 (b) 토막의 속도를 구하라.

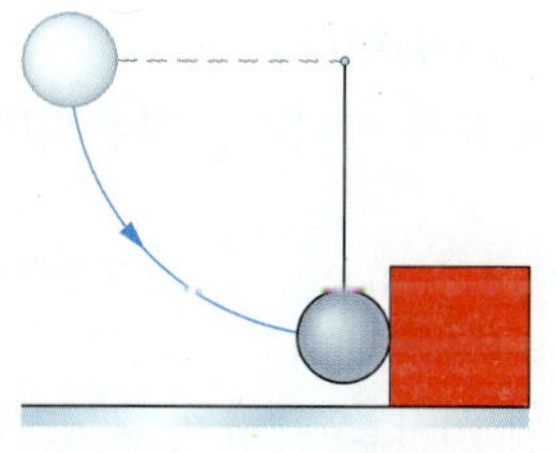
그림 10-57 문제 88

89. 두 개의 티타늄 공

두 개의 티타늄 공이 같은 속도로 정면으로 부딪쳐 탄성충돌을 하였다. 질량이 300 g인 이 공의 하나가 충돌 후 섰다. (a) 다른 공의 질량은 얼마인가? (b) 낱낱의 공의 처음 속도가 2.0 m/s이라면 두 공의 질량중심의 속도는 얼마인가?

90. 두 공의 배열

따라해보기 10-8의 두 공의 배치에서 공 A는 질량이 50 g, 초기높이가 9.0 cm이며 공 B는 질량이 85 g이라고 하자. 충돌 뒤 (a) 공 A와 (b) 공 B가 이르는 높이는 얼마인가? 다음 번 (탄성) 충돌 후 (c) 공 A와 (d) 공 B가 이르하는 높이는 얼마인가?(**실마리**: 반올림 값을 쓰지 마시오.)

91. 마찰 없는 토막

그림 10-58에 토막들이 마찰 없이 미끄러진다. (a) 충돌 후 1.6 kg 토막의 속도 $\vec{v}$는 얼마인가? (b) 충돌은 탄성적인가? (c) 2.4 kg 토막의 처음 속도가 그림과 반대쪽이라고 가정하자. 충돌 후 1.6 kg 토막의 속도 $\vec{v}$는 그림 방향과 같겠는가?

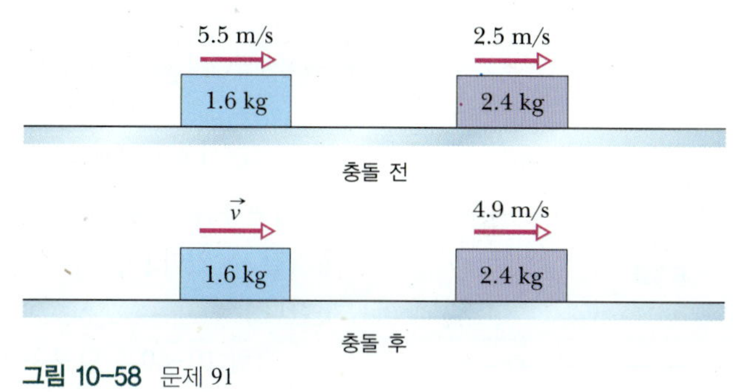

그림 10-58 문제 91

92. 마찰 없는 탁자 위의 두 토막

그림 10-59에 벽에 맞댄 마찰 없는 긴 탁자 위에 질량 m_A인 토막 A가 서 있다. 질량 m_B인 토막 B는 A와 벽 사이에서 왼쪽으로 A를 향해 일정한 속력 m_B로 미끄러진다. B가 A와 한 번 그리고 벽과 한 번 충돌한 다음 두 토막이 같은 속도로 움직이기 위한 질량 m_B의 값을 (m_A로 환산해서) 구하라. 모든 충돌은 탄성충돌이라고 가정하라.

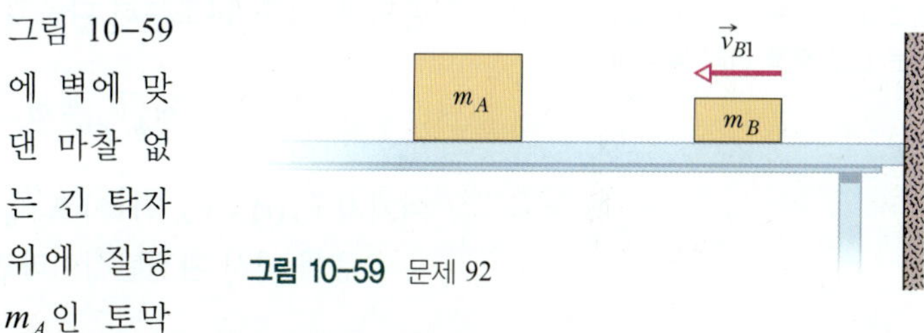

그림 10-59 문제 92

93. 큰 공 위의 작은 공

질량 m인 작은 공을 질량 M인 더 큰 공 위에 (조금 떼어) 두었다가 두 공을 높이 h에서 동시에 떨어뜨렸다.(두 공의 반지름은 h에 비해 무시할 만큼 작다.) (a) 큰 공이 바닥에서 탄성적으로 튀어오르고 작은 공이 큰 공으로부터 다시 탄성적으로 튀어오른다면, 큰 공이 작은 공과 충돌한 뒤에 멈추게 되려면 질량비 m/M이 얼마이어야 하는가? (답은 근사적으로 농구공에 대한 야구공의 질량비와 같다.) (b) 충돌 뒤에 작은 공이 오르는 높이는 얼마인가?

10-9 1차원 탄성충돌

• 서 있는 표적

10–8절에서 설명한 것처럼 흔히 보는 충돌은 비탄성이지만 일부는 탄성충돌로 근사할 수 있다. 즉 충돌 물체의 전체 운동 에너지가 근사적으로 보존되며 다른 꼴의 에너지로 바뀌지 않는다고 가정할 수 있다.

(충돌 전의 전체 운동 에너지)≈(충돌 뒤의 전체 운동 에너지)

즉, 충돌하는 물체 낱낱의 운동 에너지가 바뀔 수 없다는 것이 아니라, 다음과 같음을 뜻한다.

> 탄성충돌에서 충돌물체 낱낱의 운동 에너지는 변할 수 있지만, 충돌 전과 후의 계의 전체 운동 에너지는 같다.

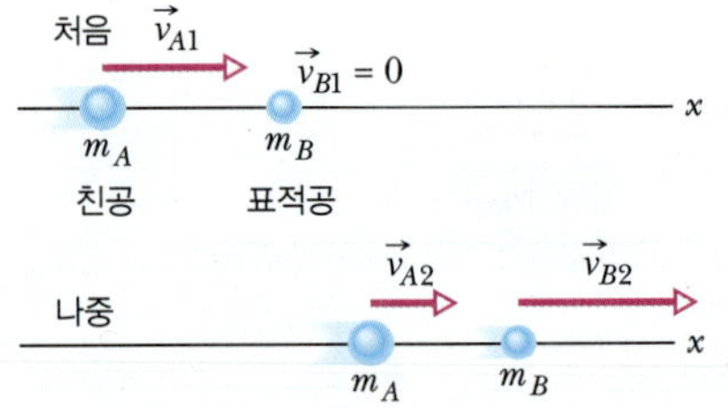

그림 10–60
물체 1이 x축을 따라서 움직여 서 있는 물체 2와 탄성충돌을 한다. 충돌 뒤에 두 물체는 같은 축을 따라 움직인다.

예를 들면, 당구 경기에서 질량이 거의 같은 표적공(object ball)과 친공(cue ball)의 충돌을 생각해보자. 정면충돌할 때(친공이 표적공에 정면으로 충돌한다), 운동 에너지는 거의 고스란히 표적공으로 옮겨갈 수 있다.(하지만 충돌할 때 소리가 난다는 것은 운동 에너지가 조금은 소리 에너지로 바뀜을 뜻한다.)

그림 10–60은 당구공의 정면충돌처럼 질량이 꼭 다를 필요는 없는 두 물체의 1차원 충돌 전후의 모습을 보여준다. 질량 m_A, 처음 속도 $\vec{v}_{A1}$인 친공이 질량 m_B, 처음 속도 $\vec{v}_{B1}=0$으로 서 있는 표적공을 향해 간다. 두 물체 계가 닫혀 있고 고립되어 있다고 하자. 그러면 이 계의 알짜 선운동량은 보존되며, 식 7–14로부터 다음과 같이 쓸 수 있다.

$$m_A\vec{v}_{A1}=m_A\vec{v}_{A2}+m_B\vec{v}_{B2} \qquad \text{(병진 운동량 보존)} \qquad (10\text{–}31)$$

여기서 $\vec{v}_A(t)=v_{Ax}(t)\,\hat{\mathrm{i}}$이고 $\vec{v}_B(t)=v_{Bx}(t)\,\hat{\mathrm{i}}$이다.

충돌 역시 완전탄성이라면 전체 운동 에너지는 보존되며 다음과 같이 쓸 수 있다.

$$\tfrac{1}{2}m_Av_{A1}^2=\tfrac{1}{2}m_Av_{A2}^2+\tfrac{1}{2}m_Bv_{B2}^2 \qquad \text{(운동 에너지 보존)} \qquad (10\text{–}32)$$

낱낱의 식에서 '1'은 충돌 전의 시각을, 그리고 '2'는 충돌 뒤의 시각을 뜻한다. 각 물체의 질량과 물체 A의 처음 속도 $\vec{v}_{A1}$을 알고 있다면, 유일한 미지량은 두 물체의 나중 속도 $\vec{v}_{A2}$와 $\vec{v}_{B2}$이다. 따라서 위의 두 식에서 두 미지량을 구할 수 있다.

미지량을 구하고자 속도를 x성분으로 나타내고 식 10–31을 다시 쓰면 다음과 같다.

$$m_A[v_{Ax}(t_1)-v_{Ax}(t_2)]=m_Bv_{Bx}(t_2) \qquad (10\text{–}33)$$

식 10–32를 다시 쓰면 다음과 같다.*

$$m_A[v_{Ax}(t_1)-v_{Ax}(t_2)][v_{Ax}(t_1)+v_{Ax}(t_2)]=m_B[v_{Bx}(t_2)]^2 \qquad (10\text{–}34)$$

식 10–34를 식 10–33으로 나눈 다음, 식을 정리하면 다음을 얻는다.

---

*이 단계에서 등식 $a^2-b^2=(a-b)(a+b)$을 쓴다. 그러면 식 10–33과 10–34의 연립방정식 풀이가 간단해진다.

$$v_{Ax}(t_2) = \frac{m_A - m_B}{m_A + m_B} v_{Ax}(t_1) \tag{10-35}$$

$$v_{Bx}(t_2) = \frac{2m_A}{m_A + m_B} v_{Ax}(t_1) \tag{10-36}$$

식 10-36에서 $v_{Bx}(t_2)$는 늘 양수임을 유의하자(질량 m_B인 표적공은 늘 앞으로 움직인다). 식 10-35에서 $v_{Ax}(t_2)$의 값은 양수나 음수 어느 것이든 될 수 있다(질량 m_A인 친공은 $m_A > m_B$이면 앞으로 가고, $m_A < m_B$이면 되튀겨 뒤로 간다).

다음의 몇몇 특별한 경우들을 살펴보자.

1. **질량이 같을 때.** $m_A = m_B$이면 식 10-35와 식 10-36은 다음과 같아진다.

$$v_{Ax}(t_2) = 0, \quad v_{Bx}(t_2) = v_{Ax}(t_1)$$

이 결과는 질량이 같은 두 물체가 정면충돌하면 물체 A는(처음에 운동함) 그 자리에 서고 물체 B(처음에 서 있었음)는 물체 A의 처음 속도로 움직이게 됨을 예측한다. 정면충돌에서 질량이 같은 물체는 서로 속도를 주고받을 뿐이다. 표적공(물체 B)이 처음에 서 있지 않을 때도 이(속도를 주고 받는) 사실은 성립한다.

2. **표적공의 질량이 클 때.** 그림 10-60에서 질량이 큰 표적공이란 $m_B \gg m_A$를 뜻한다. 예를 들면 골프공을 대포알에 쏠 수도 있다. 이때 식 10-35와 식 10-36은 다음과 같다.

$$v_{Ax}(t_2) \approx -v_{Ax}(t_1), \qquad v_{Bx}(t_2) \approx \left(\frac{2m_A}{m_B}\right) v_{Ax}(t_1) \tag{10-37}$$

이 결과는 물체 A(골프공)는 날아온 쪽으로 되튈 뿐 속도는 거의 변하지 않음을 말해준다. 물체 B(대포알)는, 식 10-37의 괄호 속의 양이 1보다 훨씬 작으므로, 아주 느리게 앞쪽으로 운동한다.

3. **친공의 질량이 클 때.** 이 때는 위와 반대이다. $m_A \gg m_B$. 이번에는 대포알을 골프공에 쏜다. 식 10-35와 10-36은 다음과 같다.

$$v_{Ax}(t_2) \approx v_{Ax}(t_1), \qquad v_{Bx}(t_2) \approx 2v_{Ax}(t_1) \tag{10-38}$$

식 10-38은 물체 A(대포알)는 충돌 뒤에도 속도가 거의 느려지지 않고 계속 운동함을 말해준다. 물체 B(골프공)는 대포알 속도의 2배로 앞쪽으로 운동한다.

"왜 속도가 2배인가?"라고 물을 수 있다. 이 문제를 생각하는 출발점으로서 가벼운 친공(골프공)의 속도가 $v_{Ax}(t_1)$에서 $-v_{Ax}(t_1)$로 변하여 속도 변화의 크기가 $|2v_{Ax}(t_1)|$이 되는 식 10-37로 기술한 충돌을 생각해보자. 이 예에서도 같은 속도 크기의 변화가 생겼다(0에서 $|2v_{Ax}(t_1)|$으로).

• 움직이는 표적

지금까지 서 있는 표적공에 친공이 와서 때리는 것을 살펴보았으니, 이제는 두 물체가 탄성충돌을 하기 전에 모두 움직이는 것을 살펴보자.

그림 10-61에서 선운동량의 보존은 다음과 같이 쓸 수 있다.

$$m_A \vec{v}_{A1} + m_B \vec{v}_{B1} = m_A \vec{v}_{A2} + m_B \vec{v}_{B2} \tag{10-39}$$

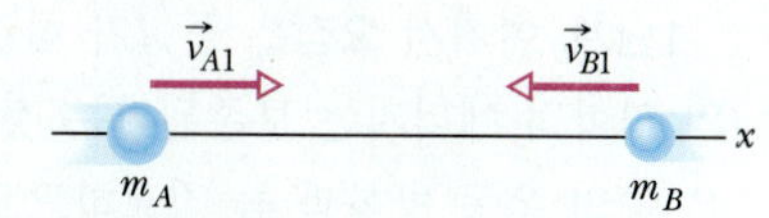

그림 10-61
두 물체가 1차원 탄성충돌을 한다.

그리고 운동 에너지의 보존은 다음과 같이 쓸 수 있다.

$$\tfrac{1}{2}m_A v_{A1}^2 + \tfrac{1}{2}m_B v_{B1}^2 = \tfrac{1}{2}m_A v_{A2}^2 + \tfrac{1}{2}m_B v_{B2}^2 \qquad (10\text{-}40)$$

식 10-35 및 10-36을 끌어내는 것과 비슷한 과정을 거치면 다음 결과를 얻는다.

$$v_{Ax}(t_2) = \frac{m_A - m_B}{m_A + m_B} v_{Ax}(t_1) + \frac{2m_B}{m_A + m_B} v_{Bx}(t_1) \qquad (10\text{-}41)$$

$$v_{Bx}(t_2) = \frac{2m_A}{m_A + m_B} v_{Ax}(t_1) + \frac{m_B - m_A}{m_A + m_B} v_{Bx}(t_1) \qquad (10\text{-}42)$$

물체에 붙인 아래글자 A와 B는 마음대로 정한 것이다. 그림 10-61과 식 10-41 및 10-42에서 이 글자를 바꾸어도 같은 식이 된다. 또한 $v_{Bx}(t_1) = 0$으로 놓으면 물체 B는 서 있는 표적이 되고, 식 10-41과 10-42는 각각 식 10-35과 10-36이 된다

생각해보기 10-8 그림 10-60에서 투사공의 병진 운동량이 처음에 6 kg·m/s이고 나중에 (a) 2 kg·m/s 및 (b) −2 kg·m/s일 때 표적공의 나중 병진 운동량은 얼마인가? (c) 탄성충돌일 때 친공의 처음 및 나중 운동 에너지가 각각 5 J 및 2 J이면 표적공의 나중 운동 에너지는 얼마인가?

따라해보기 10-8 | 충돌흔들이

두 쇠공이 그림 10-62와 같이 줄에 매달려 처음에 살짝 닿은 채 서 있다. 질량 $m_A = 30\,g$인 공 A를 왼쪽으로 높이 $h_0 = 8.0\,\text{cm}$만큼 당겼다가 살짝 놓았다. 그것이 내려가 $m_B = 75\,g$인 공 B와 탄성충돌을 한다. 충돌 바로 뒤 공 A의 속도 $\vec{v}_{A2}$는 얼마인가?

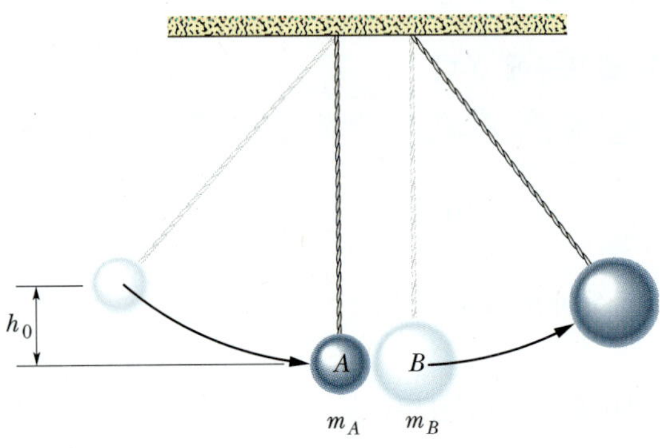

그림 10-62
두 쇠공이 줄에 매달려 살짝 닿은 채 서 있다. 질량 m_A인 공 A를 왼쪽으로 높이 h_0 만큼 당겼다가 놓았다.

풀이 ■ 첫째 **요점**은 복잡한 운동을 따로 해석할 수 있는 두 단계로 나누는 것이다. (1) 공 A의 하강운동 (2) 두 공의 충돌.

1단계: 여기서 **요점**은 공 A가 하강운동을 하는 동안 공-지구 계의 역학적 에너지는 보존된다는 것이다.(공 A가 줄로부터 받는 힘은 공의 운동 방향과 늘 직교하므로 그 힘은 계에 일을 해주지 않는다. 따라서 계의 역학적 에너지는 변하지 않는다.) 공의 최저점을 중력 위치 에너지가 0인 기준점으로 잡으면 그곳에서의 공 A의 운동 에너지는 공 A가 처음 높이에 있을 때의 계의 중력 위치 에너지와 같다. 따라서

$$\tfrac{1}{2}m_A v_{A1}^2 = m_A g h_0$$

이고, 이를 충돌 바로 전의 공 A의 속도 v_{A1}에 대해 풀면 다음 결과를 얻는다.

$$\left|\vec{v}_{A1}\right| = \sqrt{2gh_0} = \sqrt{(2)(9.8\,\text{m/s}^2)(0.080\,\text{m})} = 1.252\,\text{m/s}$$

2단계: 이 단계에는 탄성충돌이라는 가정에 덧붙여 다음 두 가지 가정을 한다. 첫째는 충돌 바로 전에서($\vec{v}_{A1} = v_{Ax}(t_1)\hat{\imath}$) 충돌 바로 뒤까지($\vec{v}_{A2} = v_{Ax}(t_2)\hat{\imath}$) 공의 운동이 거의 수평이므로 1차원 충돌로 볼 수 있다. 둘째는 충돌이 아주 짧은 시간에 일어나므로 두 공 계는 닫힌 고립계라고 할 수 있다. 이로부터 계의 전체 병진 운동량이 보존된다는 둘째 **요점**이 나온다. 따라서 충돌 바로 뒤 공 A의 속도를 구하는데 식 10-35를 쓸 수 있다.

$$\begin{aligned} v_{Ax}(t_2) &= \frac{m_A - m_B}{m_A + m_B} v_{Ax}(t_1) \\ &= \frac{0.030 - 0.075\,\text{kg}}{0.030 + 0.075\,\text{kg}}(1.252\,\text{m/s}) \\ &= -0.537\,\text{m/s} \approx -0.54\,\text{m/s} \qquad \text{(답)} \end{aligned}$$

여기서 음의 부호는 공 A가 충돌 바로 뒤 왼쪽으로 움직일 것임을 말해준다.

10-10 에너지와 운동량 보존-2차원

두 물체가 충돌할 때 정면충돌이 아니면, 두 물체는 처음의 운동축을 따라가지 않는다. 고립계에서는 이러한 2차원 충돌에서도 전체 병진 운동량이 보존된다.

$$\vec{p}_{A1}+\vec{p}_{B1}=\vec{p}_{A2}+\vec{p}_{B2} \tag{10-43}$$

충돌이 (특별히) 탄성적이면, 전체 운동 에너지도 보존된다.

$$K_{A1}+K_{B1}=K_{A2}+K_{B2} \tag{10-44}$$

2차원 충돌을 더 효과적으로 살펴보려면 식 10-43을 xy좌표계에서 성분별로 나타내는 것이 좋다. 예를 들어 7-7절에서 다룬 두 물체가 스치는 2차원 충돌에서의 운동량 보존에 대한 해석을 다시 살펴보자. 이번에는 탄성충돌이어서 운동 에너지가 보존된다는 조건을 더 주자. 그림 10-63는 투사체와 처음에 서 있던 표적이 스치는 충돌을 보여준다. 두 물체가 충돌할 때 주고받는 충격량 때문에 각 물체는 투사체가 처음에 가던 방향인 x축에 대해 각도 θ_A와 θ_B로 간다. 이러한 상황에서 7-7절에서 처음 나타낸 운동량 보존식(식 7-20 및 7-21)을 다음과 같이 x축과 y축 방향 성분으로 고쳐 쓸 수 있다.

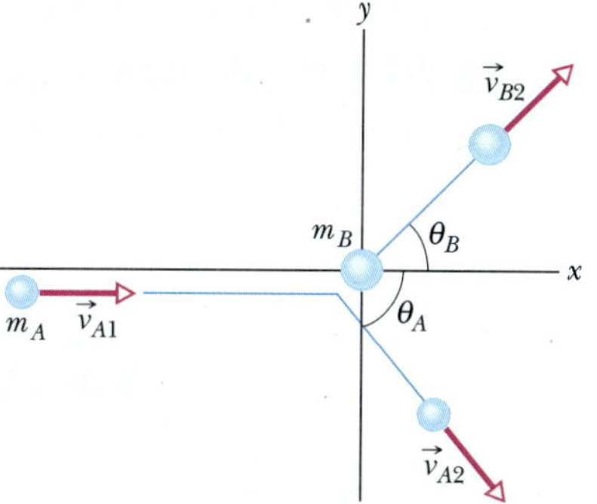

그림 10-63
두 물체의 정면충돌이 아닌 탄성충돌. 질량 m_B인 물체(표적)는 처음에 서 있다.

$$m_A\left|\vec{v}_{A1}\right|\cos 0° = m_A\left|\vec{v}_{A2}\right|\cos\theta_A + m_B\left|\vec{v}_{B2}\right|\cos\theta_B \tag{10-45}$$

$$0 = -m_A\left|\vec{v}_{A2}\right|\sin\theta_A + m_B\left|\vec{v}_{B2}\right|\sin\theta_B \tag{10-46}$$

또한 이러한 상황에 대한 식 10-44는 다음과 같이 쓸 수 있다.

$$\tfrac{1}{2}m_A v_{A1}^2 = \tfrac{1}{2}m_A v_{A2}^2 + \tfrac{1}{2}m_B v_{B2}^2 \quad \text{(표적체가 처음에 서 있을 때의 운동 에너지)} \tag{10-47}$$

식 10-45에서 10-47까지에는 일곱 개의 변수가 들어 있다. 두 질량 m_A와 m_B, 세 속력 v_{A1}, v_{A2} 및 v_{B2}, 두 각도 θ_A와 θ_B. 이 가운데 네 개의 값을 알면 위의 세 식을 풀어 나머지 세 개의 값을 알 수 있다.

생각해보기 10-9 그림 10-63에서 투사체의 처음 운동량의 x성분이 6 kg · m/s, 나중 운동량의 y성분이 3 kg · m/s라고 하자. 표적체의 나중 운동량의 (a) x성분과 (b) y성분은 얼마인가?

추가 문제

94. 마찰 없는 비탈길

그림 10-64에 질량 m_A인 토막 A가 높이 2.50 m에서 서 있다가 마찰 없는 비탈길을 따라 미끄러져서 서 있던 질량 $m_B = 2.00\,m_A$인 토막 B와 충돌하였다. 충돌 뒤 B는 운동마찰계수가 0.500인 구간으로 미끄러져 가서 거리 d만큼 가다가 섰다. 충돌이 (a) 탄성적일 때와 (b) 완전비탄성일 때 거리 d의 값은?

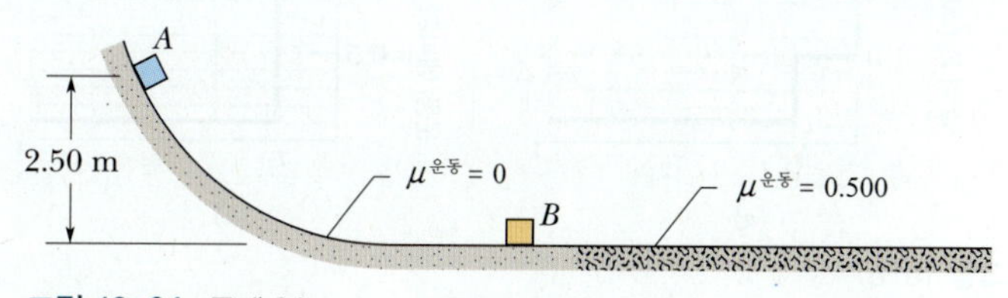

그림 10-64 문제 94

95. 탁자 위의 퍽

그림 10-65에서 질량 $m_A = 0.20\,\text{kg}$인 퍽 A를 마찰 없는 실험용 벤치를 따라 밀어 보내 서 있는 퍽 B와 1차원 탄성충돌시킨다. B는 벤치에서 벗어나 바닥에서 거리가 d인 곳에 떨어지고, A는 충돌하고 되튀겨서 벤치의 반대편 끝을 벗어나 벤치 바닥에서 거리 $2d$인 곳에 떨어진다. B의 질량은 얼마인가?(**실마리**: 부호에 유의하라.)

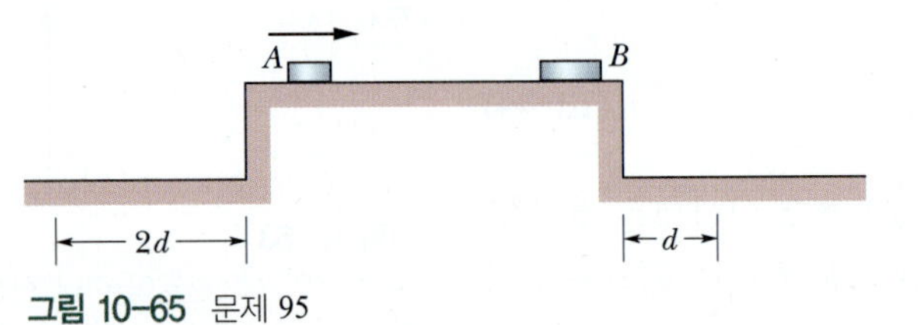

그림 10-65 문제 95

96. 속도 증폭기

그림 10-66에서 질량 m_A인 토막 A가 속도 $v_{A1} = 1.00\,\text{m/s}$로 마찰 없는 바닥에서 x축을 따라서 미끄러져, 서 있던 질량 $m_B = 0.500\,m_A$인 토막 B와 1차원 탄성충돌을 한다. 그 뒤 B는 다시 서 있던 질량 $m_C = 0.500\,m_B$인 토막 C와 1차원 탄성충돌을 한다. (a) C의 속도는 얼마인가? C의 (b) 속도, (c) 운동 에너지 및 (d) 운동량은 각각 A의 처음 값들에 대해 더 큰가, 더 작은가, 아니면 전 값과 같은가?

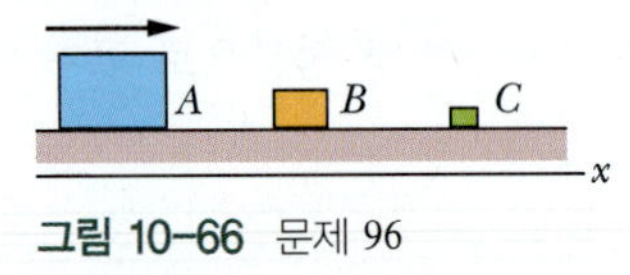

그림 10-66 문제 96

97. 속도 증폭기 그림표

그림 10-67a는 문제 96의 연이은 두 번의 충돌에서 시간에 대한 토막 A의 속도 V_A를 나타낸다. 그림에는 1차 충돌시각(t_1)과 2차 충돌시각(t_2)이 나타나 있다. (a) 이 그림표에 토막 B와 C의 속도를 그려라. 그림 10-67b는 시간에 대한 A의 운동 에너지 그림표를 나타내며, 여기서 운동 에너지는 초기운동 에너지를 $K_{A1} = 1.00\,\text{J}$로 표현하였다. (b) 그림표에 B와 C의 운동 에너지를 모두 K_{A1}으로 표현하라. 2차 충돌 후 (c) A, (d) B, (e) C는 각각 전체 운동 에너지의 몇 퍼센트를 가지는가?

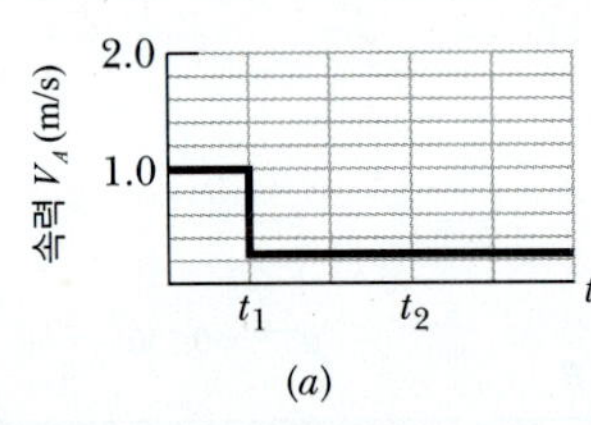

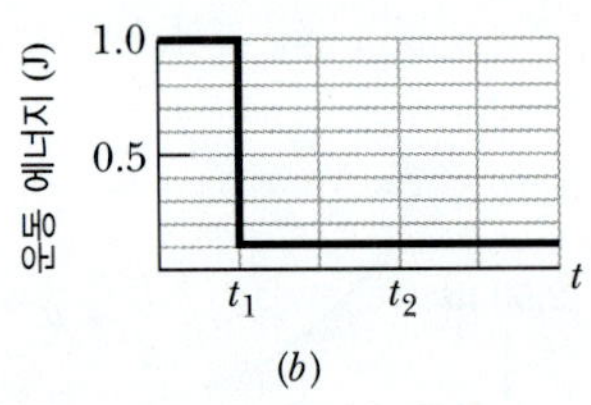

그림 10-67 문제 97

98. 관리인

어떤 관리인이 쓰레기통을 마루를 가로질러 밀어 큰 쓰레기 상자에 넣으려고 한다. 운동마찰계수는 0.123이다. 25 kg인 쓰레기통을 다음과 같이 수평방향으로 일정속력으로 밀 때 운동 마찰력이 한 일을 구하여라. (a) 지름 2.3 m의 반원 주위를 따라 밀 때, (b) 지름을 곧장 가로지를 때.

99. 적재대

적재대에는 흔히 용수철을 붙인 완충기를 붙여 큰 트럭이 후진할 때 적재대가 망가지지 않게 한다. 그림 10-68을 보자. $6.45 \times 10^3\,\text{kg}$의 트럭이 속도 2.51 m/s로 용수철이 붙은 적재대로 후진한다고 가정하자. 트럭이 적재대 범퍼 용수철을 0.15 m만큼 누를 때 속도가 0이 된다면 완충기의 유효 용수철 상수는 얼마인가? 유효숫자의 자릿수를 맞추어라.

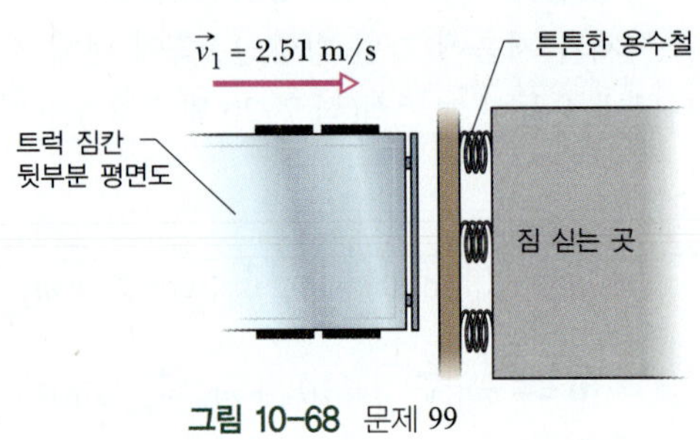

그림 10-68 문제 99

100. 짚더미로 뛰어들기

돌쇠는 어느 맑은 여름날 헛간을 어슬렁거렸다. 그는 헛간 바로 밖에 얼마 전 만들어 놓은 짚더미를 보았다. 헛간에는 문이 이층으로 나 있어 삼지창을 써서 문을 통해 헛간 짚을 안으로 던져 넣게 되어 있었다. 돌쇠는 이층 문에서 짚더미 속으로 뛰어내리는 멋진 생각을 해냈다. 하지만 그가 이층 문에서 뛰어내리면 짚이 받쳐 주더라도 다리가 부러질 것 같았다. 돌쇠는 물리학을 잘 알므로 그가 뛰어내리면 짚더미가 잘 받쳐줄지를 어림해보기로 했다.

그는 짚더미의 높이를 3 m로 어림했고, 짚더미를 위에서 눌러보니 짚을 25 cm 누르려면 약 50 N의 힘이 필요함을 알았다. 헛간 문의 높이는 땅 위로 6 m였다. 다음과 같이 단계별로 문제를 나누어 풀어보자.

1. 짚더미를 용수철과 같이 생각하자. 용수철 상수는 얼마인가?
2. 짚더미는 그의 속도를 0으로 늦춰주기에 충분할 만큼 높은가?(에너지 보존을 써서 셈해보라.)
3. 땅에 부딪히기 전에 그가 선다면 그가 받는 평균 힘은 얼마나 되는가?

101. 문닫기

한 여학생이 기숙사 방에서 방문을 연 채 침대에 앉아 물리숙제를 하고 있었다. 갑자기 그녀의 옛 남자친구가 옆방 여학생에게 이야기하는 소리를 들었다. 그녀는 빨리 문을 닫고 싶어서(문 닫을 때 쓰려고 침대 맡에 두었던) 탱탱공을 문에 던졌다. 공은 그림 10-69에 보인 경로로 날아갔다. 공은 문을 정면으로 맞추고 똑바로 튀겨 나왔다.

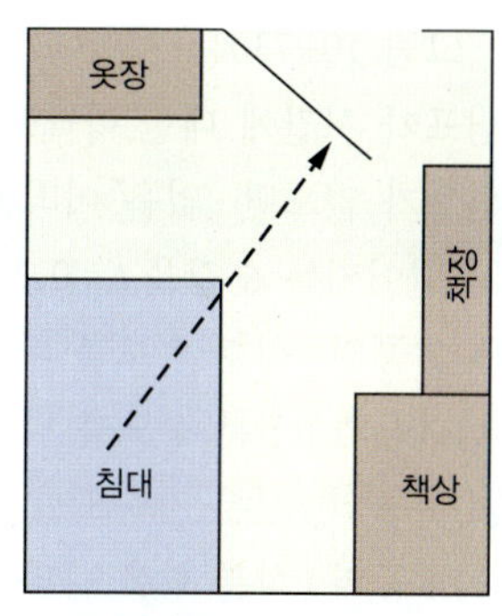

그림 10-69 문제 101

(a) 공의 질량이 m이고, 속도 v로 문을 맞춘 다음에, v와 같은 속도로 튀겨서 나온다면, 공의 운동량 변화는 얼마인가?

(b) 공이 시간 Δt 동안 문과 접촉하고 있었다면, 문이 공에 주는 평균힘은 얼마인가?

(c) 공이 같은 질량의 문에 달라붙는 진흙 공이라면 더 나았겠는가? 논리적으로 답을 설명해보라.

102. 우주인과 떡*

6 m/s로 자유롭게 떠가는 77 kg 우주인이 9m/s로 반대쪽으로 움직이는 36 kg인 큰 떡과 충돌한다. 그림 10-70을 보자. 이 충돌로 생기는 열 에너지는 얼마인가?

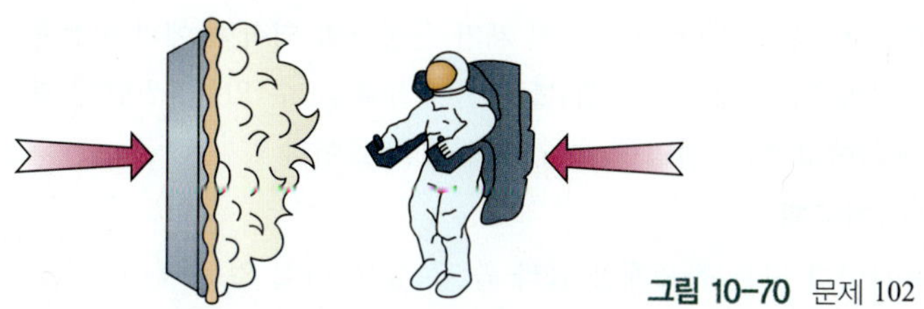

그림 10-70 문제 102

103. 여러 비탈길

한 스키 선수가 언덕 끝에 다다를 때(그림 10-71의 점 1, 2, 3) 어떤 비탈길에서 가장 빠른 속도가 나오는지를 보려고, 전체적으로 수직높이 h가 같은 여러 다른 비탈길들을 시도해보려 한다. 그가 해볼 수 있는 비탈길을 이 그림에 보였다.

(a) 스키와 눈 사이에 마찰력이 없다면 그는 어떤 비탈길에서 가장 빠른 속력이 나오고, 어떤 언덕에서 가장 늦은 속력이 나오는가? 답에 대해 설명해 보시오.

(b) 스키와 눈 사이에 마찰이 제법 있다면 어떤 비탈길에서 가장 빠른 속력이 나오고, 어떤 언덕에서 가장 늦은 속력이 나오는가? 답에 대해 설명해 보시오.

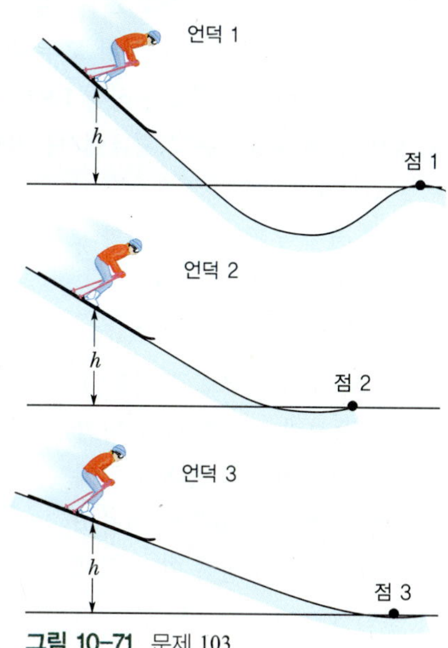

그림 10-71 문제 103

104. 내리막길을 굴러가는 수레**

수레 A와 B는 똑같은 수레다. 이들은 언덕을 내려가서 그림 10-72에 보인 것처럼 충돌한다.

그림 10-72a (상황 1) A는 땅 위로 높이 h의 언덕 위에 서 있다가 출발한다. A는 굴러내려와 애초에 바닥에 서 있던 B와 정면충돌한 다음 붙어 한몸이 된다.

그림 10-72b (상황 2) A와 B는 높이 h/2의 서로 마주보고 있는 언덕 위에서 서 있다. 이들은 동시에 굴러 내려와 바닥에서 정면 충돌한 다음 붙어 한몸이 된다.

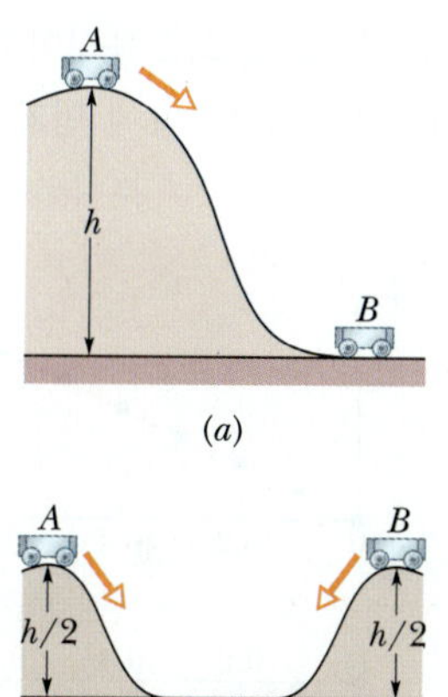

그림 10-72 문제 104

두 상황에서 수레가 충돌하기 바로 전에, 두 수레 계에 대한 다음의 진술 가운데 옳은 것을 모두 가려내고, 하나도 없으면 '없음'이라고 써라.

(a) 상황 2에서 계의 운동 에너지는 0이다.

(b) 계의 운동 에너지는 상황 1이 상황 2보다 더 크다.

(c) 계의 운동 에너지는 두 상황 모두 같다.

(d) 계의 전체 운동량은 상황 2가 상황 1보다 더 크다.

(e) 계의 전체 운동량은 두 상황 모두 같다.

두 상황에서 수레가 충돌한 바로 뒤에, 두 수레 계에 대한 다음의 진술 가운데 옳은 것은? 옳은 모든 진술들을 모두 고르고, 하나도 없으면 '없음'이라고 써라.

---

*출처: Patrick H. Canan, *A Beginner's Guide to Classical Physics*, Corvallis, OR, School District(1982).

C. Sing과 D. Rosengrant, "*Mutiple-choice Test of Energy and Momentum Concepts*", Am. J. Phys. **71, 607(2003)에서 각색.

(f) 계의 운동 에너지는 상황 2가 상황 1보다 더 크다.

(g) 계의 운동 에너지는 두 상황 모두 같다.

(h) 계의 운동량은 상황 2가 상황 1보다 더 크다.

(i) 계의 전체 운동량은 상황 1에서는 0이 아닌 반면에 상황 2에서는 0이다.

(j) 계의 전체 운동량은 두 상황 모두 같다.

105. 모서리 끝의 당구공

똑같은 당구공 두 개를 그림 10-73*a*와 같이 *A*와 *B*로 표시했다. 여의도 똥보가 *A*공을 탁자 바짝 끝에 그리고 *B*공은 반대편 끝에 놓았다. 그가 큐로 *B*공을 치자 *B*공은 탁자를 가로질러 가서 끝에서 떨어졌다. *B*공은 *A*공 옆을 지나면서 *A*공을 살짝 건드려서 떨어뜨렸다. 탁자에서 떨어지는 순간의 두 공을 그림에 보였다. *B*공은 속도 v_{B1}으로 움직이고, *A*공은 거의 움직이지 않는다.

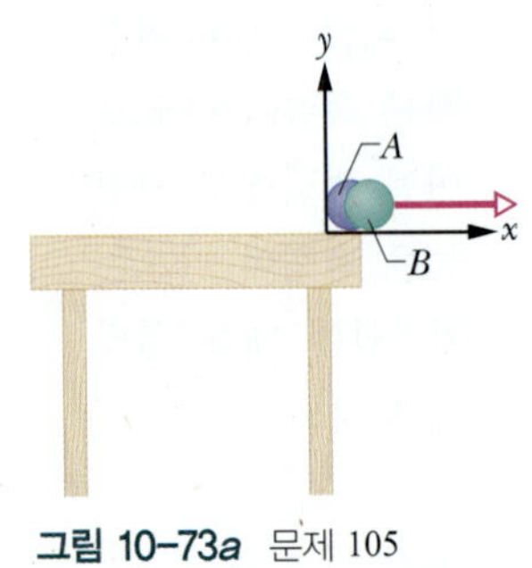

그림 10-73*a* 문제 105

(a) 어느 공이 땅에 먼저 떨어질 것으로 생각하는가? 까닭을 설명하라.

그림 10-73*b*는 시간에 대한 여러 물리량의 그림표이다. 어떤 그림표가 시간에 대한 아래의 각 물리량들의 그림표인가? 합당한 그림표가 없으면 '없음'이라고 답하라. 시간축에서는 두 공이 탁자에서 떨어지는 순간을 $t = 0$으로 한다. 그림 10-73*a*의 *x*와 *y*축을 써라.

(b) *B*공의 *x*성분 속도를 나타내는 그림표는?

(c) *A*공의 *y*성분 속도를 나타내는 그림표는?

(d) *A*공의 *y*성분 가속도를 나타내는 그림표는?

(e) *B*공의 *y*성분 힘을 나타내는 그림표는?

(f) *A*공의 *y*성분 힘을 나타내는 그림표는?

(g) *A*공의 *x*성분 속도를 나타내는 그림표는?

(h) *B*공의 *y*성분 가속도를 나타내는 그림표는?

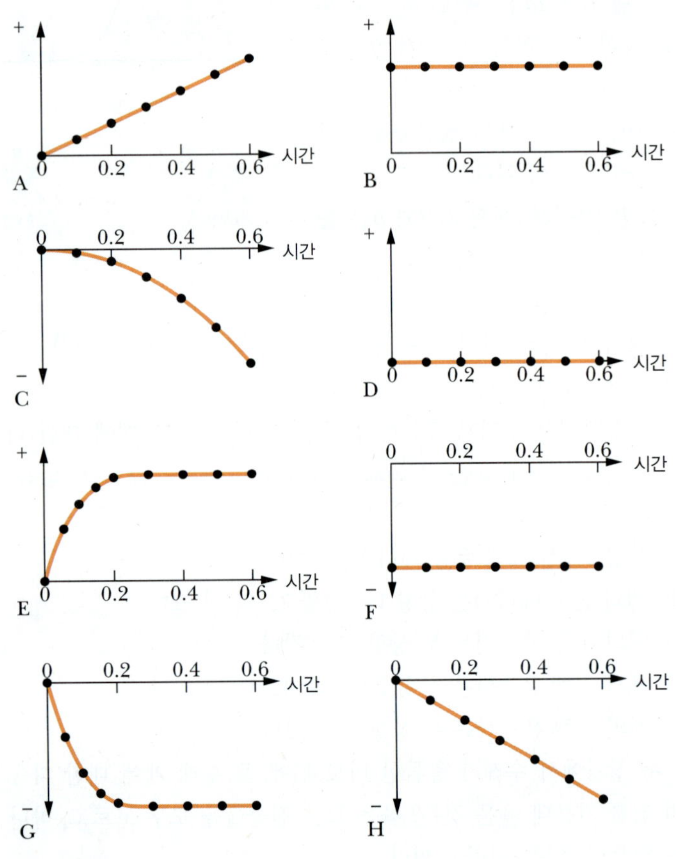

그림 10-73*b* 문제 105

106. 에너지는 언제 보존되는가?

역학적 에너지 보존은 물체운동에 관한 문제를 푸는 것을 도와주는 쓸모있는 원리다. 물체 하나가 여러 힘을 받고 움직인다고 생각해보자. 주어진 문제에서 에너지 보존이 성립하는지를 어떻게 알 수 있겠는가 그리고 어떤 문제에서 이 원리를 쓰는 것이 적당하겠는가를 기술해보라.

107. 운동량은 보존되나 에너지는 보존되지 않는 때는?

상호작용하는 물체로 이루어진 계가 운동량은 보존하되 역학적 에너지(운동 에너지와 위치 에너지의 합)는 보존하지 않을 수 있는가? 답에 대해 논의하고 이를 설명할 수 있는 실례를 들어라.

108. 운동량과 에너지가 보존되는 경우는?

상호작용하는 물체로 이루어진 계가 운동량과 역학적 에너지(운동 에너지와 위치 에너지의 합)를 동시에 보존할 수 있는가? 답에 대해 논의하고 이를 설명할 수 있는 실례를 들어라.

109. 기준계

관측자마다 다른 좌표계를 골라 쓸 수 있다. 마찰 없는 롤러코스터는 수레가 내리막길을 가면서 운동 에너지를 얻어 작은 수레를 탄 승객이 최고점에서 최저점까지 갈 수 있게 고안되어 있다. 롤러코스터의 받침목은(그림 10-74에 격자로 나타냄) 4.00 m 간격이고, 수레와 승객의 전체 질량은 195 kg이다. (a) 동환(트랙 최고점에 있는 관측자)이 보는 수레-승객-지구 계의 전체 역학적 에너지는 얼마인가? (b) 찬일(트랙 최저점에 있는 관측자)이 보는 수레-승객-지구 계의 전체 역학적 에너지는 얼마인가? (c) 동환과 찬일은 전체 역학적 에너지의 값이 같다고 서로 동의하는가? 왜 그러한가 또는 왜 그렇지 않은가? (d) 동환과 찬일은 역학적 에너지가 보존된다고 서로 동의하는가? 설명하라. (e) 역학적 에너지가 보존된다고 가정하고 수레와 승객이 두 번째로 작은 언덕 꼭대기를 넘어갈 때 운동 에너지는 얼마인가?

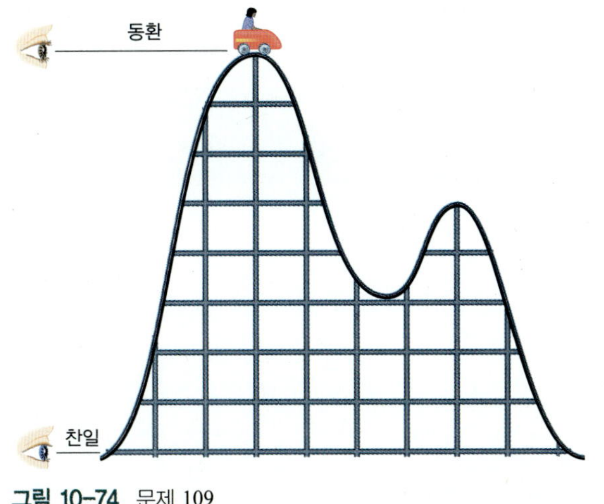

그림 10-74 문제 109

실마리: 비디오포인트 영화 모음에 허쉬(Hershey) 놀이공원 롤러코스터 영화가 몇 개 있다. 예를 들어 HRSY018과 HRSY019에서 비슷한 장면을 볼 수 있다. 실제 롤러코스터에는 마찰이 있지만 비디오포인트 소프트웨어를 쓰면 두 좌표계에서 본 언덕 꼭대기의 차의 위치를 쉽게 알 수 있다.

110. 가장 큰 것과 가장 작은 것

땅에서 공을 수평성분 v_{x1}과 수직성분 v_{y1}인 처음 속도로 던지자, 조금 뒤에 땅으로 다시 떨어졌다. 공기저항을 무시하고, 다음 각 경우에 대해 논리적 추론을 설명하고 또한 다음 각각에 대해서 두 속도로 표현해보시오.

(a) 날아가는 동안 공의 가장 큰 운동 에너지
(b) 날아가는 동안 공의 가장 작은 운동 에너지
(c) 날아가는 동안 공-지구 계의 최대 위치 에너지

실마리: 비디오포인트 영화 모음에서 제목이 PASCO104와 PASCO106인 영화를 보면 공의 궤적의 특성을 떠올릴 수 있다.

111. 커피 여과지 낙하

지면 근처에서 밑이 평평한 커피 여과지를 가만히 놓으면 작고 밀도가 높은 물체보다 더 천천히 떨어진다. 작은 커피 여과지가 떨어지는 동안 역학적 에너지가 보존되는지를 비디오 분석 소프트웨어를 써서 살펴본다고 하자. 이 분석에는 비디오포인트 영화 모음이 있으면 제목 PASCO121인 영화를 쓸 수 있다.

(a) 커피 여과지를 가만히 놓을 때 처음 속도와 처음 운동 에너지는 얼마인가?
(b) 커피 여과지의 나중 속도와 나중 운동 에너지는(마지막 화면의 시점에서) 얼마인가? 어떻게 나중 속도를 구했는지 설명하라.
(c) 커피 여과지의 처음과 나중 위치 에너지는 얼마인가?
(d) 커피 여과지가 떨어질 때 역학적 에너지는 보존되는가? 측정값과 계산값을 바탕으로 한 근거를 대시오.
(e) 역학적 에너지의 손실이 있다면 얼마나 되는가?
(f) 커피 여과지가 받는 비보존력으로 가장 있음직한 출처는 무엇인가? 없어진 역학적 에너지는 추측컨대 어디로 가는가? 에너지 보존의 개념을 써서 종이 커피 여과지가 작고 밀도가 큰 물체보다 왜 더 천천히 떨어지는가 설명해보라.

11 회전

이 배구선수들은 강타를 막으려고 높이 뛴다. 다리에 무릎뼈가 없다면 그렇게 높이 뛰어오르지 못할 것이다.

무릎뼈가 있으면 왜 더 높이 뛸 수 있는가?

◈ 답은 이 장에 있다.

(a)

(b)

그림 11–1
피겨스케이트 선수가 (a) 순 병진운동과 (b) 어떤 축을 중심으로 순 회전운동을 한다.

11-1 병진과 회전

피겨스케이트 선수의 우아한 동작에서 두 가지 순수 운동을 찾아볼 수 있다. 그림 11–1a는 피겨스케이트 선수가 일정 속도로 직선을 따라 얼음판을 미끄러지는 순수 **병진(translation)**을, 그림 11–1b는 수직축을 중심으로 일정한 회전율로 도는 순수 **회전(rotation)**을 보여준다.

병진은 앞 장에서 직선을 따라가는 운동이라고 배웠다. 회전은 바퀴, 톱니바퀴, 전동기, 행성, 시계바늘, 제트기관 회전자, 헬리콥터 날개 등과 같이 도는 운동이다. 바로 이 운동이 이 장의 주제이며, 주변 어디에서나 볼 수 있다. 왜냐하면 대부분의 물체는(점 질량이 아니라) 크기가 있고, 따라서 자유로이 움직일 때 질량중심에 대해 돌 수 있기 때문이다. 회전운동의 특성은 병진운동의 특성과 매우 비슷하며, 따라서 회전운동을 배우면 병진운동의 운동학과 운동법칙을 더 잘 알 수 있다. 병진과 회전 운동의 예를 그림 11–2에 보였다.

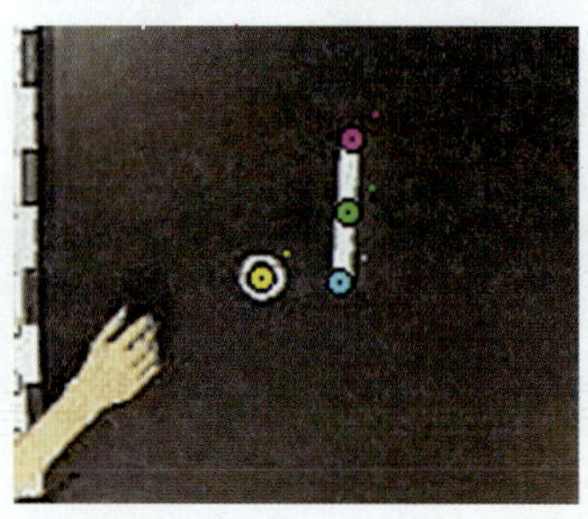

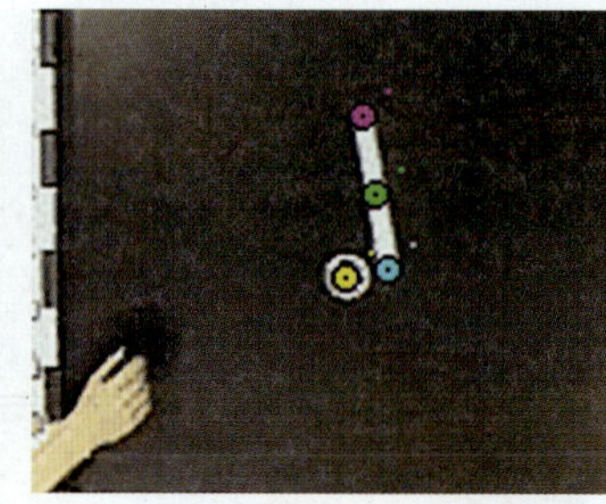

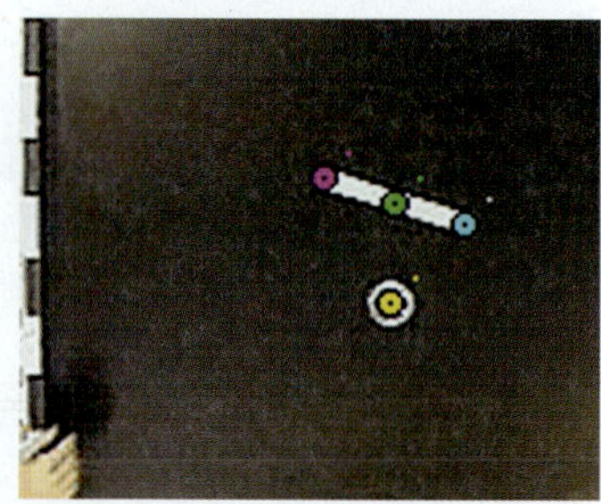

그림 11–2
이 화면은 공기 탁자에서 작은 퍽이 서 있던 막대와 충돌하는 것을 보여준다. 충돌 전, 후의 퍽의 운동은 순수 병진이다. 막대는 충돌 후 질량중심에 대한 회전과 질량중심의 병진이 결합된 운동을 한다. 11장과 12장에서는 병진 및 회전운동 법칙을 써서 이러한 충돌의 결과를 자세히 예측하는 법을 배운다.

이 장에서는 회전축이 고정된 단순한 회전운동을 살펴본다. 이 때는 회전운동 변수를 2차원 또는 3차원 벡터로서 다룰 필요까지는 없다.

12장에서는 요요(yo-yo) 운동처럼 회전축이 고정되지 않은 더 복잡한 운동을 다룬다. 또한 회전축이 고정되었을 때도 회전변수를 벡터로 다루어 얻게 되는 이점도 배운다. 이렇게 하여 회전가속도를 주는 힘에 관해 알 수 있다.

11-2 회전 변수

늘 그렇듯이 단순한 경우를 잘 살펴보면 기본개념을 알 수 있다. 이제 큰 물체의 회전을 살펴보자. 물체가 변형되거나 뒤틀리면 문제가 훨씬 더 복잡해지므로, 문제가 단순해지도록 물체가 아주 단단해서 운동할 때 모양이 변하지 않는 **완전강체(perfect rigid body)**라고 가정하고 이러한 물체의 다수는 **대칭축(axis of symmetry)**, 즉 원기둥이나 공의 중심을 지나는 선처럼 중심으로 물체를 돌려도 여전히 똑같아 보이는 선이 있다. 강체와 강체가 아닌 것의 예를 그림 11–3에 보였다.

요약하면, 이 장에서는 고정 축에 대한 강체의 회전을 살펴본다. 그림 11–4는 고정 축을 중심으로 도는 강체를 나타내며, 이 축은 **회전축(axis of rotation, rotation axis)**이라고 한다. **강체(rigid body)**

란 모든 부분이 서로 단단히 붙어 모양이 변하지 않는 물체로 정의된다. 예로써, 그림 11-1b에서 스케이트 선수가 도는 동안 자세를 그대로 지킨다면 그녀는 잠시 강체로서 움직이는 셈이다. 그러나 그녀가 자세를 바꾸고자 팔다리를 몸체에 대해 움직일 때는 강체가 아니다.

고정축(fixed axis)이란 회전운동의 중심축으로서 움직이는 않는 것을 뜻한다. 볼링 레인을 따라 굴러가는 볼링공은 중심축이 움직이므로 고정축이 아니다. 자리를 잡고 도는 팽이에 고정축이 있다(볼링공의 운동에는 병진과 회전이 섞여 있다).

앞서 직선운동에서 배운 바와 같이 순 병진운동에서는 물체의 모든 점이 똑같이 직선운동을 한다. 바꿔 말해 모든 점이 같은 시간에 같은 직선거리를 움직인다. 순 회전운동에서는 물체의 모든 점이 회전축에 중심을 둔 원을 따라 움직인다. 강체의 각 부분은 서로 묶여 있으므로 모든 점이 같은 시간에 같은 각도를 돈다. 이렇게 병진과 회전 사이에는 비슷한 점과 다른 점이 있다. 이 장 전체에 걸쳐 그 회전과 병진 운동을 비교할 것이다.

이제 회전하는 물체의 위치와 운동을 기술하는 방법을 하나씩 다루자. 병진(또는 직선) 운동과 관련된 위치, 변위, 속도, 가속도 등의 물리량에 대응되는 회전(또는 각도) 운동과 관련된 물리량들을 찾아내자. 그 첫걸음은 운동을 기술할 좌표계와 기준선을 정하는 것이다.

회전운동을 기술할 좌표계는 그림 11-4에 보인 것이 가장 널리 쓰인다. 먼저 공간에 고정된 직각좌표계를 잡는다. 대개 회전축을 z축으로 잡고, **기준선(reference line)**을 회전축에 수직이 되게 잡는데, 이 선은 xy 평면에 놓인다. 이 기준선은 회전체에 고정되어 있으므로 z축을 중심으로 물체와 함께 돈다.

그림 11-3
(위) 커피 잔은 강체, (아래) 구름은 강체가 아닌 것으로 볼 수 있다.

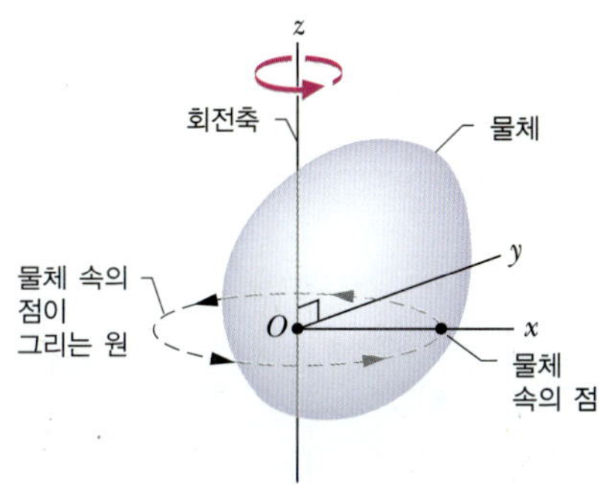

그림 11-4
한 축을 중심으로 순수 회전을 하는 어떤 강체. 회전축은 보통 좌표계의 z축으로 잡는다. 강체에 대한 기준선은 마음대로 정할 수 있으나, 회전축과 직교하고 강체에 고정되어 함께 돈다. 여기에서는 이 선은 x-y 평면에 있다.

• 회전위치

어떤 순간 물체의 회전위치 θ는 그림 11-5와 같이 그때의 $+x$축과 기준선의 사이각으로 정의한다.

고정축을 중심으로 도는 강체 속의 모든 점은 그 축을 중심으로 원운동을 한다. 기준선 위의 한 점으로서 회전축까지의 거리가 r인 것을 생각하자. θ의 크기는 기하학을 쓰면 다음과 같다.

$$|\theta| = \frac{s}{r} \quad \text{(라디안 단위로 잰 각도)} \tag{11-1}$$

여기서 s는 스칼라량으로서 x축(돌지 않았을 때의 위치)과 기준선 사이의 활꼴의 길이(또는 거리)이고, r은 활꼴을 포장하는 반지름이다. 위의 식은 각도의 단위가 라디안(radian, rad)일 때 성립한다.

1라디안의 각은 활꼴의 길이가 원의 반지름과 같을 때의 활꼴의 각도로 정의된다. 이 라디안은 두 길이의 비율로서 정의되므로, 차원이 없다. 각도는 차원이 없지만 단위는 있으며 이 단위를 지키는 것이 매우 중요하다. 반지름이 r인 원의 둘레는 $2\pi r$이므로 완전한 원의 내각은 2π라디안이다. 각도를 잴 때 자주 쓰이는 단위가 세 가지인데, 이들 사이의 관계는 다음 식과 같다.

$$1\text{회전(바퀴)} = 360° = 2\pi\text{라디안} \tag{11-2}$$

항들을 정리하면 다음 식이 된다.

$$1\text{라디안} = 57.3° = 0.159\text{회전(바퀴)} \tag{11-3}$$

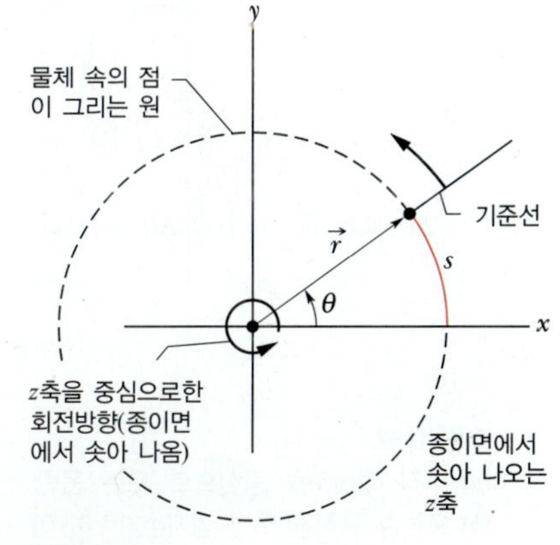

그림 11-5
그림 11-4의 회전하는 강체를 위에서 내려다본 단면. 이 단면은 종이면에서 솟아 나오는 회전축과 직교한다. 물체가 이렇게 있을 때 기준선이 x축과 이루는 각이 θ이다.

기준선이 회전축을 중심으로 완전히 한 바퀴 돈 뒤의 θ값은 0으로 고쳐쓰지 않는다. 0으로 고쳐쓰면 매끄럽게 도는 물체의 운동이 갑자기 불연속적으로 변하는 변수로 기술되기 때문이다. 이 회전변수는 수학적인 뜻뿐만 아니라 물리적인 뜻도 기억해야 한다. θ, $+\theta + 2\pi$, $\theta + 4\pi$ 등은 모두 물리적 위

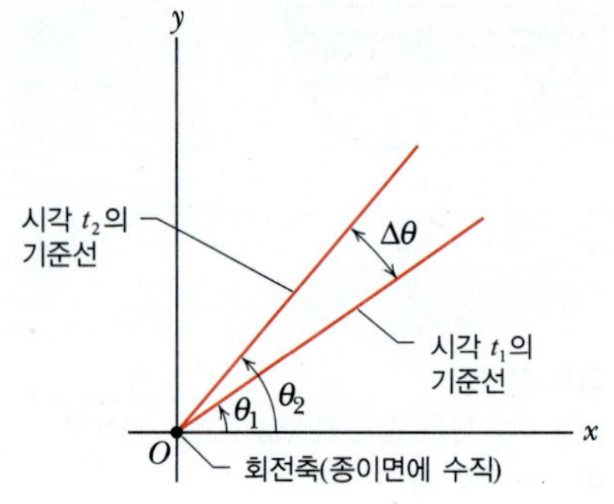

그림 11-6
그림 11-4의 평면도. 기준선 위의 점은 시각 t_1에는 회전위치 θ_1, 시각 t_2에는 회전위치 θ_2에 있다. $\Delta\theta\,(=\theta_2-\theta_1)$는 시간 $\Delta t\,(=t_2-t_1)$ 동안 일어난 회전변위이다. 물체는 여기에 나타내지 않았다.

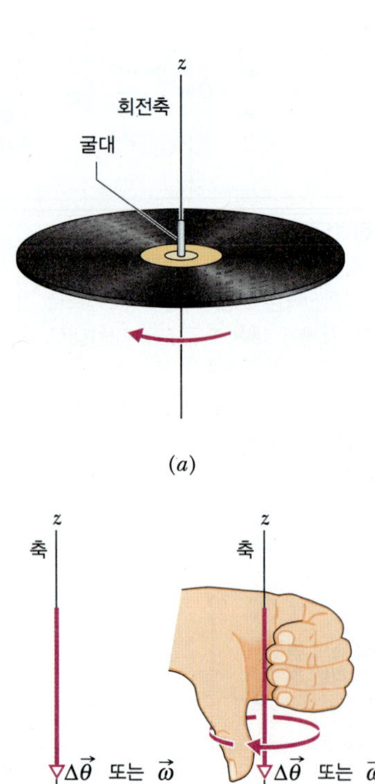

그림 11-7
(a) 수직 회전축을 중심으로 도는 음반. (b) 오른손 규칙을 쓰면 엄지손가락이 아래를 가리키므로 회전변위와 회전속도 성분이 음이다. (c) 오른손 규칙을 써서 회전속도 벡터가 아래쪽을 향함을 확인하자. 오른손가락을 음반이 도는 쪽으로 말아쥐면 펼친 엄지손가락이 $\vec{\omega}$쪽을 가리킨다.

치는 같지만 이들이 나타내는 전체 변위는 다르다. 예를 들면 기준선이 출발선에 대해 두 번 돌았다면, 기준선은 제자리에 돌아와 있지만 회전각은 $\theta + 4\pi$라디안이다.

어떤 물체가 $+x$쪽으로 순수 병진 운동을 할 때 그 위치를 시간의 함수 $x(t)$로서 안다면 그 운동에 대한 모든 것을 알 수 있다. 마찬가지로 순수 회전운동을 하는 물체에 대해서는 기준선의 회전위치를 시간의 함수 $\theta(t)$로 안다면 그 운동에 대한 모든 것을 알 수 있다.

• 회전변위

그림 11-5의 물체가 그림 11-6처럼 회전축을 중심으로 돌아 기준선의 위치가 θ_1에서 θ_2로 바뀌면 이 물체의 회전변위(또는 각변위)는 다음과 같다.

$$\Delta\theta = \theta_2 - \theta_1 \tag{11-4}$$

이러한 회전변위의 정의는 강체 전체에 대해서도 성립하지만, 강체 속의 모든 입자는 서로 묶여 있으므로 낱낱의 입자에 대해서도 성립한다.

물체가 x축을 따라 병진운동을 한다면 변위 Δx의 부호는 물체가(좌표계의) 양(+)이나 음(−) 어느 쪽으로 움직이는가에 따라서 결정된다. 이와 마찬가지로 물체의 회전변위 $\Delta\theta$도 도는 방향에 따라 (+) 또는 (−)이 될 수 있다.

병진운동과 마찬가지로 회전운동에서도 좌표계를 정의해야 '양(+)' 또는 '음(−)'이란 말의 뜻이 정해진다. 고정축에 대한 회전에서도 언제나, 예를 들어 그림 11-7에 보인 음반의 회전처럼, 회전변위 θ의 방향은 회전축에 대해 고정되어 있다. 따라서 회전축을 좌표계의 축 하나로 잡는 것이 좋다. 보통 물체의 회전축을 4-5절에서 소개한 오른손 직각 좌표계의 z축으로 잡는다. 따라서 우리도 직각 오른손좌표계의 $+z$축으로 종이면에서 솟아 나오는 물체의 회전축을 잡고, '수평축'의 오른쪽을 $+x$쪽, '수직축'의 위쪽을 $+y$쪽으로 정의한다.

일단 좌표계를 정한 다음에는 위치, 속도, 가속도 등에 대응되는 회전운동 관련 물리량의 부호는 그림 11-7c과 같이 **오른손 규칙(right-hand rule)**을 써서 정할 수 있다. 도는 쪽으로 오른손가락을 말아보자. 이때 펼친 엄지손가락이 $-z$축을 향한다면(그림 11-7의 음반) 이 회전변위의 부호는 음이다. 만약 음반이 반대쪽으로 돌면 엄지손가락이 $+z$쪽을 향하므로 회전변위는 양이 된다.

오른손 규칙을 쓰면 이 회전변위 $\Delta\theta$를 1차원 벡터로 생각할 수 있으며, 그 방향은 회전축 방향이다. 회전변위는 회전축이 정해져야 뜻이 있으므로 이렇게 정하는 것은 합리적이다. 회전변위 $\Delta\theta$가 (+)일 때 물체가 어떤 쪽으로 돌면, (−)일 때는 반대쪽으로 돈다.

이 책에서 다룰 회전 운동은 회전축이 고정되어 있다. 이 경우 회전변위는 교환법칙이 성립한다: 회전운동의 순서가 바뀌어도 결과가 같다. 그렇지만 회전축의 방향이 시간에 따라 변하는 더 복잡한 운동에서는 회전변위는 교환법칙이 성립하지 않으며 이때는 회전변위를 벡터로 볼 수 없다.

• 회전속도성분

회전물체의 회전위치가 시각 t_1에는 θ_1, 시각 t_2에는 θ_2이라고 하자(그림 11-6). 물체의 **평균회전속도(average rotational velocity)**는 다음과 같이 정의된다.

$$\langle\omega\rangle \equiv \frac{\theta_2-\theta_1}{t_2-t_1} = \frac{\Delta\theta}{\Delta t} \qquad \text{(평균 회전속도)} \tag{11-5}$$

여기서 $\Delta\theta$는 시간 $\Delta t = t_2 - t_1$ 동안의 회전변위이고 ω는 그리스 문자 오메가의 소문자이다. 회전속도는 때때로 각속도(angular velocity)라고도 부른다. z축이 회전축이면 $\langle\omega\rangle = \langle\omega_z\rangle$임을 유의하자.

위 식에서 Δt가 0에 가까워질 때의 극한값은 **(순간)회전속도[(instantaneous) rotational velocity]**의 성분 ω_z라 하며, 앞으로 자주 쓴다.

$$\omega \equiv \lim_{\Delta t \to 0} \frac{\Delta \theta}{\Delta t} = \frac{d\theta}{dt} \qquad \text{(순간 회전속도)} \qquad (11\text{–}6)$$

여기에서도 z축이 회전축이면 $\omega = \omega_z$이다. ω_z는 $\theta(t)$를 알고 있고 $\theta(t)$가 연속이면 미분하여 구할 수 있다. 회전변위와 마찬가지로 회전속도 ω_z는 운동을 기술하고자 잡은 좌표계에서 회전축과 나란한 성분을 나타낸다. ω_z의 부호는 (+) 또는 (−)가 될 수 있으며 벡터의 화살표 기호를 쓰지 않기로 한다. 회전위치 θ가 (+)쪽으로 돌면 ω_z는 양이며, 반대로 (−)쪽으로 돌면 ω_z는 음이다. ω_z의 부호는 오른손 규칙을 써서 정한 결과와 같다.

엄밀하게는 회전축을 늘 z축으로 정하고 ω_z를 회전속도성분으로 불러야 한다. 그러나 이 장에서 살펴볼 단순한 회전에서는 때때로 '성분'을 떼고 그냥 회전속도 ω라고 부른다.

회전속력 회전속도의 크기(또는 절대값)를 회전속력이라고 한다. ω(더 정확하게는 ω_z)는 회전축 방향의 벡터성분으로서 값이 양수나 음수가 될 수 있으므로, 회전속력은 절대값 기호를 써서 나타내야 한다. 따라서 헷갈리지 않게 회전속력을 늘 $|\omega|$ 또는 $|\vec{\omega}|$로 나타내기로 한다.

회전속도의 단위 회전속도의 단위는 초당 라디안(rad/s)을 주로 쓰는데, 때때로 초당 회전수(rev/s)도 쓴다. 널리 쓰이는 또 다른 단위는 분당 회전수(rpm: revolution per minute)인데 자동차 회전속력계에서 엔진 크랭크축의 회전률을 나타내거나, 음향기기의 음반 회전대의 회전률을 나타낼 때 쓴다.

• 회전가속도 성분

도는 물체의 회전속도가 일정하지 않다면 회전가속도가 있다. ω_1와 ω_2을 각각 시각 t_2와 t_1의 물체의 회전속도성분이라고 하자. t_1에서 t_2 사이의 물체의 **평균 회전가속도(average rotational acceleration)** $\langle\alpha\rangle$는 다음과 같이 정의한다.

$$\langle\alpha\rangle \equiv \frac{\omega_2 - \omega_1}{t_2 - t_1} = \frac{\Delta\omega}{\Delta t} \qquad \text{(평균 회전가속도)} \qquad (11\text{–}7)$$

여기서 $\Delta\omega$는 시간 Δt 동안의 회전속도성분의 변화량이다. 앞으로 자주 쓸 **순간 회전가속도 (instantaneous rotational acceleration)** 성분 α는 Δt가 0에 가까워질 때의 극한값이다. 즉

$$\alpha \equiv \lim_{\Delta t \to 0} \frac{\Delta \omega}{\Delta t} = \frac{d\omega}{dt} \qquad \text{(순간 회전가속도)} \qquad (11\text{–}8)$$

회전속도성분 ω가 더 커지면 α는 양수, 반대로 회전속도성분 ω가 더 작아지면 α는 음수이다. 따라서 병진운동에서 속도와 가속도의 방향 사이의 관계는 회전운동에 적용되는 관계들과도 비슷하다.

여기서 간단히 설명한 회전가속도는 회전변위나 회전속도처럼 회전체의 회전축에 맞춘 좌표계에 대한 1차원 벡터의 성분이다. 회전가속도는 때때로 각가속도라고도 한다.

여기서도 관례에 따라 가속도 성분이 어떤 회전축에 대한 것인지를 표기하지 않는다. 그래서 회전가속도 성분은 그냥 편하게 회전가속도로 부르기도 한다. 회전가속도의 크기는 $|\vec{\alpha}|$ 또는 $|\alpha|$로 표시한다.

회전가속도의 단위 회전가속도의 단위는 과학계에서는 '초 제곱당 라디안(rad/s²)'을 쓰고, 공학계에서는 '초 제곱당 회전수(rev/s²)'를 쓴다.

생각해보기 11-1 **회전속도의 부호:** 그림 11-4과 같이 중심이 축에서 벗어난 달걀이 z축을 중심으로 돈다. 달걀이 다음과 같이 돌 때 회전속도성분의 부호는 무엇인가? (a) 기준선과 x축 사이의 각이 커질 때, (b) 기준선과 x축 사이의 각이 작아질 때.

생각해보기 11-2 **회전가속도의 부호:** 그림 11-4과 같이 중심이 축에서 벗어난 달걀이 z축을 중심으로 돈다. 달걀이 다음과 같이 돌 때 회전가속도성분의 부호는 무엇인가? (a) 기준선과 x축 사이의 각이 커지고 속력도 빨라질 때, (b) 기준선과 x축 사이의 각이 커지고 속력은 느려질 때, (c) 기준선과 x축 사이의 각이 작아지고 속력은 빨라질 때, (d) 기준선과 x축 사이의 각은 작아지고 속력은 느려질 때.

따라해보기 11-1 | 회전원판

그림 11-8a의 원판이 회전목마처럼 축을 중심으로 돈다. 원판 기준선의 회전위치 $\theta(t)$는 그림에 보인 회전위치 0점에 대해 다음과 같다.

$$\theta(t) = -(1.00\,\text{rad}) - (0.600\,\text{rad/s})\,t + (0.250\,\text{rad/s}^2)\,t^2 \qquad (11\text{–}9)$$

(a) $t = -3.0$초에서 $t = 6.0$초까지 원판의 회전위치를 그림표로 그려라. $t = -2.0$초, 0초, 4.0초 그리고 그림표가 t축을 지나는 때의 회전위치 기준선을 원판에 각각 그려서 표시하라.

풀이 ■ 요점은 원판의 회전위치는 기준선의 회전위치인 식 11-9의 시간의 함수 $\theta(t)$라는 것이다. 따라서 식 11-9의 그림표를 그려보면 그림 11-9b와 같이 된다. 원판에 어떤 순간의 기준선을 그리려면 그 때의 θ를 구해야 한다. 이를 위하여 각 시간을 식 11-9에 넣는다. $t = -2.0$ s에서는 다음과 같다.

$$\theta = -(1.00\,\text{rad}) - (0.600\,\text{rad/s})(-2.0\,\text{s}) + (0.250\,\text{rad/s}^2)(-2.0\,\text{s})^2$$
$$= 1.2\,\text{rad} = 1.2\,\text{rad}\,\frac{360^\circ}{2\pi\,\text{rad}} = 69^\circ$$

위 식은 $t = -2.0$초에 기준선이 회전위치 0점으로부터 반시계방향으로 1.2 rad 또는 69°만큼 돌았음을 뜻한다(θ가 양이므로 반시계방향). 그림 11-8b의 삽입그림 A가 기준선의 회전위치를 나타낸다. 마찬가지로 $t = 0$에는 $\theta = -1.00$ rad $= -57°$이며, 이는 삽입그림 C와 같이 기준선이 회전위치 0점으로부터 시계방향으로 1.0 rad 또는 57°만큼 돌았음을 뜻한다. $t = 4.0$에는 $\theta = 0.6$ rad $=$ 34°이다(삽입그림 E). 곡선이 t축을 지날 때의 그림은 쉽다. 왜냐면 이때는 $\theta = 0$이므로 기준선이 회전위치의 0점 선과 순간적으로 일치하기 때문이다(삽입그림 B와 D).

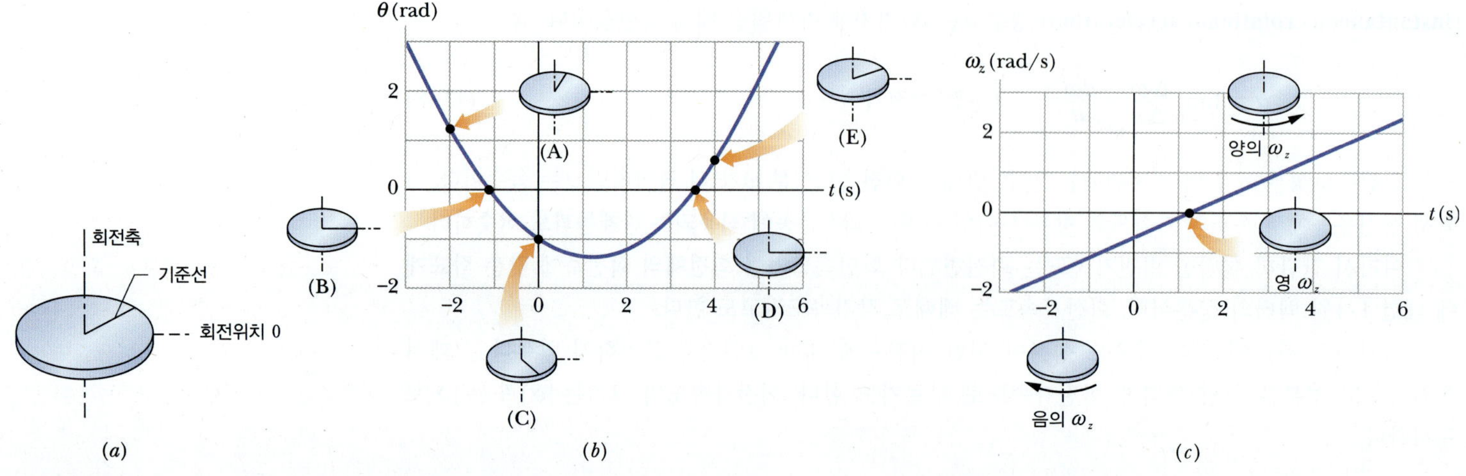

그림 11-8
(a) 회전원판. (b) 원판 회전위치 $\theta(t)$의 그림표. 다섯 그림은 곡선상의 다섯점 A–E에 대한 원판 기준선의 회전위치를 나타낸다. (c) 원판 회전속도의 z성분 $\omega_z(t)$의 그림표. ω_z 값이 양수이면 반시계방향, 음수이면 시계방향 회전에 해당한다.

(b) 그림 11-8b에서 $\theta(t)$가 최소인 시각 $t^{최소}$와 그 때의 최소값은 얼마인가?

풀이 ■ 요점은 함수의 극값(여기서는 최소값)을 구하려면 그 함수의 1계도함수의 근을 구하는 것이다. $\theta(t)$의 1계도함수는

$$\frac{d\theta}{dt} = -(0.600\text{ rad/s}) + (0.500\text{ rad/s}^2)\,t \qquad (11\text{–}10)$$

이다. 위 식을 0으로 하여 t에 대해서 풀면 $\theta(t)$가 최소가 되는 시각이 나온다.

$$t^{최소} = 1.20\text{ s} \qquad (답)$$

θ의 최소값을 구하려면 $t^{최소}$을 식 11-9에 넣는다.

$$\theta^{최소} = -1.36\text{ rad} = -77.9° \qquad (답)$$

이 $\theta(t)$의 최소값은(그림 11-8b 곡선의 바닥점) 회전위치 0점에서 시계방향으로 원판의 최대회전에 해당한다(삽입그림 C보다 좀 더 돌아간 위치).

(c) $t=-3.0$초부터 $t=6.0$초까지의 원판의 회전속도 ω의 그림표를 그려라. $t=-2.0$초, 4.0초 그리고 $t^{최소}$에서 ω의 부호와 회전방향을 원판을 각각 그려서 표시하라.

풀이 ■ 요점은 식 11-6에서 회전속도 ω는 $d\theta/dt$이며, 식 11-10와 같다는 것이다. 따라서

$$\omega = -(0.600\text{ rad/s}) + (0.500\text{ rad/s}^2)\,t \qquad (11\text{–}11)$$

이 함수 $\omega(t)$의 그림표는 그림 11-8c와 같다.

$t=-2.0$ s의 원판을 그리려면 이 시간값을 식 11-11에 넣는다.

$$\omega = -1.6\text{ rad/s} \qquad (답)$$

(−)부호는 그림 11-8c의 맨 밑그림과 같이 $t=-2.0$초에서 원판이 시계방향으로 돌아감 말해준다.

$t=4.0$초를 식 11-11에 넣으면

$$\omega = 1.4\text{ rad/s} \qquad (답)$$

이는 (+)값이며 t = 4.0초에서 원판은 반시계방향으로 돌아감을 말해준다(그림 11-8c의 맨 위 그림).

$t^{최소}$에는 $d\theta/dt=0$임을 이미 알고 있으므로 $\omega=0$이다. 즉 그림 11-8b에서 기준선이 θ의 최소값이 될 때는 그림 11-8c의 가운데 그림처럼 원판이 회전방향을 바꾼다.

(d) (a)부터 (c)의 결과를 써서 $t=-3.0$초부터 $t=6.0$초까지 원판의 운동을 기술하라.

풀이 ■ 처음에 $t=-3.0$에서 원판은 (+) 회전위치에서 천천히 시계방향으로 돈다. $\theta=-1.36$ rad의 회전위치에서 도는 방향을 바꾸어 반시계방향으로 돌기 시작하여 회전위치는 마침내 다시 양이 된다.

연습문제 11-2

1. 플라이휠

발전기 플라이휠의 회전위치가 $\theta=(a\text{ rad/s})t+(b\text{ rad/s}^3)t^3-(c\text{ rad/s}^4)t^4$이다. 여기서 a, b, c는 상수이다. 플라이휠의 (a) 회전속도, (b) 회전가속도에 대한 식을 써라.

2. 시계바늘

잘 가는 아날로그 시계의 (a) 초침, (b) 분침, (c) 시침의 회전속도는 얼마인가? 초당 라디안으로 답하라.

3. 은하수

해는 은하계 중심에서 2.3×10^4 ly(광년) 거리에 있고, 중심에 대하여 원궤도를 따라 250 km/s의 속도로 움직인다. (a) 태양이 은하계 중심을 한 바퀴 도는데 얼마나 걸리는가? (b) 해가 생긴 약 4.5×10^9년 전부터는 몇 바퀴나 돌았을까?

4. 도는 바퀴

도는 바퀴 테 위 한 점의 위치가 $\theta=(4\text{ rad/s})+(3\text{ rad/s}^2)t^2+(1\text{ rad/s}^3)t^3$이다. 여기서 θ의 단위는 라디안, t의 단위는 초이다. (a) $t_1=2.0$초와 (b) $t_2=4.0$초에서 회전속도는 얼마인가? (c) $t_1=2.0$초부터 $t_2=4.0$초까지의 평균회전가속도는 얼마인가? 이 시간의 (d) 시작과 (e) 끝에서 순간회전가속도는 얼마인가?

5. 회전 위치

도는 바퀴 위 한 점의 위치가 $\theta=(2\text{ rad})t+(4\text{ rad/s}^2)t^2+(2\text{ rad/s}^3)t^3$이다. 여기서 θ는 라디안이고, t는 초 단위이다. $t_1=0$에서 (a) 이 점의 회전위치와 (b) 회전속도는 얼마인가 (c) $t_3=4.0$초에서 그 회전

속도는 얼마인가? (d) $t_2 = 2.0$초에서 회전가속도를 셈하라. (e) 회전가속도는 일정한가?

6. 바퀴

그림 11-9의 바퀴는 살이 8개의 등간격으로 있고 반지름이 30 cm이다. 바퀴는 고정축에 끼워져 있고 2.5 rev/s로 돈다. 축과 나란히 20 cm 길이의 화살을 쏘아서 어떤 바퀴살도 건드리지 않고 바퀴를 지나게 하려 한다. 화살과 살대는 매우 가늘다고 가정한다. (a) 화살은 속도는 최소 얼마가 되어야 하나? (b) 바퀴의 축과 테 사이 어디를 쏘는가가 중요한가? 만약 그렇다면 최적위치는?

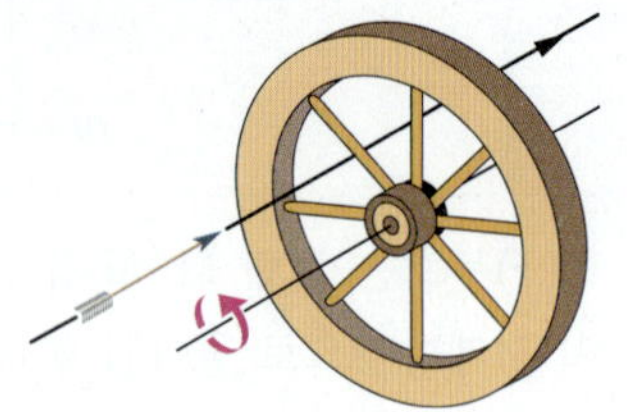

그림 11-9 문제 6

7. 다이빙 선수

다이빙 선수가 높이 10 m의 판 위에서 물로 뛰어들면서 2.5번 돌았다. 처음 수직속도를 0으로 가정하고 다이빙 동안에 다이빙 선수의 평균 회전속도를 구하여라.

11-3 회전 가속도가 일정한 회전

순 병진에서 병진가속도가 일정한 운동(예: 물체의 낙하운동)은 중요한 특수 사례이다. 표 2-1에 이 운동에 관한 식을 보였다.

2장에서 (병진)가속도가 일정한 물체의 속도와 위치변화를 나타내는 기본 방정식을 두 개 끌어냈었다: $v_{2x} = v_{1x} + a_x(t_2 - t_1)$(식 2-13)과 $x_2 - x_1 = v_{1x}(t_2 - t_1) + \frac{1}{2}a_x(t_2 - t_1)^2$(식 2-17). 순 회전에서도 회전가속도가 일정한 운동은 중요하며, 방정식의 꼴도 가속도가 일정한 병진운동과 비슷하다. 이 비슷한 식을 끌어내는 논리는 똑같으므로, 여기에서 되풀이하지는 않겠다. 병진운동에 관한 식의 물리량을 그에 대응되는 회전운동에 관한 물리량으로 바꾸기만 하면 된다. 표 11-1은 그렇게 얻은 것이다. 그림 11-10은 이 방정식을 써서 해석할 수 있는 경우를 보여준다. 회전가속도가 일정한 운동의 식은 다음과 같다.

그림 11-10
회전판의 굴대에 추를 매단 실을 감았다. 영상분석을 해보면 추가 떨어질 때 원판은 위치 1에서 위치 6까지 일정한 회전가속도로 돌았다. 좌표계를 정의하면 표 11-1의 식을 써서 병진가속도 및 회전가속도를 모두 구할 수 있다.

$$\omega_2 = \omega_1 + \alpha(t_2 - t_1) \qquad (11\text{-}12)$$

$$\theta_2 - \theta_1 = \omega_1(t_2 - t_1) + \tfrac{1}{2}\alpha(t_2 - t_1)^2 \qquad (11\text{-}13)$$

다른 부차적인 쓸모 있는 식도 두 기본 방정식에서 끌어낼 수 있음을 유의하자.

표 11-1
병진가속도 및 회전가속도가 일정한 운동의 식

식 번호	병진운동	회전운동	식 번호
	주요 벡터 성분 방정식*	주요 회전 벡터 성분 방정식	
(2-13)	$v_{2x} = v_{1x} + a_x(t_2 - t_1)$	$\omega_2 = \omega_1 + \alpha(t_2 - t_1)$	(11-12)
(2-17)	$x_2 - x_1 = v_{1x}(t_2 - t_1) + \frac{1}{2}a_x(t_2 - t_1)^2$	$\theta_2 - \theta_1 = \omega_1(t_2 - t_1) + \frac{1}{2}\alpha(t_2 - t_1)^2$	(11-13)

*참고: 첫시각 t_1을 0으로 놓고 t_2를 t로 나타낼 때는 $(t_2 - t_1)$ 대신 t로 쓸 수 있고, 그 값은 운동이 일어나는 시간 $\Delta t = t_2 - t_1 = t - 0$이다.

생각해보기 11-3 어떤 물체의 회전위치 $\theta(t)$가 다음 네 가지 상황과 같다. 표 11-1의 회전운동 식은 어느 상황에 맞는가?

(a) $\theta(t) = 3\left[\frac{\text{rad}}{s}\right]t - 4\,[\text{rad}]$ (c) $\theta(t) = \frac{2\,[\text{rad}\cdot\text{s}^2]}{t^2} - \frac{4\,[\text{rad}\cdot\text{s}]}{t}$

(b) $\theta(t) = -5\left[\frac{\text{rad}}{\text{s}^3}\right]t^3 + 4\left[\frac{\text{rad}}{\text{s}^2}\right]t^2 + 6\,[\text{rad}]$ (d) $\theta(t) = 5\left[\frac{\text{rad}}{\text{s}^2}\right]t^2 - 3\,[\text{rad}]$

따라해보기 11-2 | 회전숫돌

숫돌(그림 11-11)이 일정한 회전가속도 $\alpha = 0.35\,\text{rad/s}^2$로 돈다. 시각 $t_1 = 0$에 회전속도가 $\omega_1 = -4.6\,\text{rad/s}$이며 기준선은 회전위치 $\theta = 0.0\,\text{rad}$일 때 수평하다.

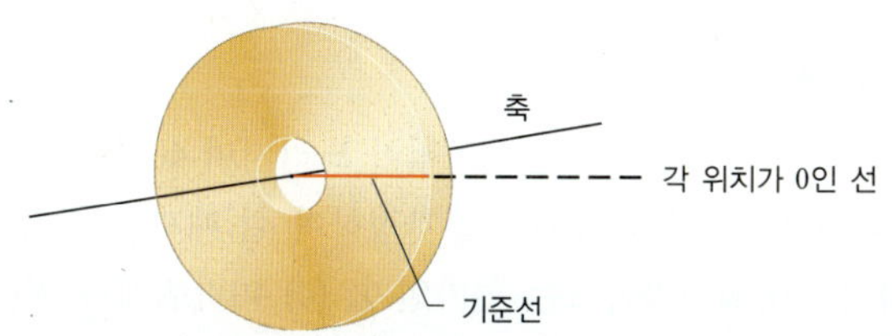

그림 11-11 숫돌. $t_1 = 0$일 때 기준선이 (돌에 새겨졌다) 수평하다.

(a) 기준선이 $t = 0.0$초 뒤로 언제 회전위치 $\theta = 5.0$바퀴(rev)에 오는가?

풀이 ■ 요점은 회전가속도가 일정하고 따라서 표 11-1의 회전방정식을 쓸 수 있다는 것이다. 유일한 미지수는 시간$(t_2 - t_1)$이므로 식 11-13에서

$$\theta_2 - \theta_1 = \omega_1(t_2 - t_1) + \tfrac{1}{2}\alpha(t_2 - t_1)^2$$

이다. 알고 있는 값 $\theta_1 = 0.0\,\text{rad}$과 $\theta_2 = 5.0\,\text{rev} = 10\pi\,\text{rad}$를 넣으면

$$10\pi\,\text{rad} = (-4.6\,\text{rad/s})(t_2 - t_1) + \tfrac{1}{2}(0.35\,\text{rad/s}^2)(t_2 - t_1)^2$$

이다.(5.0 rev을 10π rad으로 바꾸어 단위를 맞추었음.)

$t_2 - t_1$에 대한 이차방정식을 풀면 다음과 같다.

$$t_2 - t_1 = 32\,\text{s} \qquad \text{(답)}$$

(b) $t_1 = 0$과 $t_2 = 32$초 사이에서 숫돌의 회전을 기술하라.

풀이 ■ 처음에는 바퀴의 회전속도가 $\omega_1 = -4.6\,\text{rad/s}$이므로 (−)쪽으로 돈다. 그러나 회전가속도 α는 (+)이다. 처음 회전속도와 회전가속도의 부호가 다르므로 바퀴는 (−)쪽 회전속도가 느려지다가 (+)쪽으로 바뀌어 돈다. 바퀴의 기준선은 처음위치 $\theta_1 = 0.0\,\text{rad}$으로 돌아온 뒤 $t_2 = 32$초까지 5.0바퀴를 더 돈다. (답)

(c) 숫돌은 언제(시각 t_3) 회전방향을 바꾸는가?

풀이 ■ 위 표의 회전가속도가 일정한 식에서 미지수$(t_3 - t_1)$가 든 식을 고르되, 이번에는 다른 **요점**을 쓴다. 이번에는 ω를 0으로 놓고 t_3에 대해 풀어야 하므로 변수 ω가 들어가야 한다. 따라서 식 11-12를 골라 풀면 다음과 같다.

$$t_3 - t_1 = \frac{\omega_3 - \omega_1}{\alpha} = \frac{0.0\,\text{rad/s} - (-4.6\,\text{rad/s})}{0.35\,\text{rad/s}^2} = 13\,\text{s} \qquad \text{(답)}$$

연습문제 11-3

8. 자동차 엔진

자동차 엔진의 회전속도가 1200 rev/min에서 12초 만에 3000 rev/min로 늘었다. (a) 회전가속도는 rev/min^{2}로 얼마인가? (b) 12초 동안에 엔진은 몇 번 도는가?

9. 턴테이블

$33\frac{1}{3}$ rev/min로 도는 음반 턴테이블의 전동기를 끄자 느려지다가 30초 만에 섰다. (a) (일정한) 회전가속도를 rev/min^{2}로 셈하라. (b) 이 시간 동안의 회전수는?

10. 원판

처음에 120 rad/s로 돌던 원판이 크기 4.0 rad/s^{2}의 일정한 회전가속도로 느려진다. (a) 원판이 서는데 걸리는 시간은? (b) 이 시간에 원판이 도는 전체 각도는?

11. 무거운 플라이휠

무거운 플라이휠이 중심축에 대해 도는데 베어링의 마찰 때문에 느려진다. 첫 1분 뒤에는 처음 회전속도 250 rev/min의 0.9배로 느려진다. 회전가속도가 일정하다고 가정하여 그 다음 1분 뒤의 회전속도를 구하여라.

12. 원판의 회전 1

원판이 서 있다가 일정한 회전가속도로 중심축에 대해 돈다. 원판은 5초에 25 rad 돌았다. 그 시간 동안 (a) 회전가속도와 (b) 평균회전속도의 크기는 얼마인가? (c) 5초의 끝에서 원판의 순간회전속도는 얼마인가? (d) 회전가속도가 변하지 않는다면 그 다음 5초에 원판이 더 도는 각도는 얼마인가?

13. 일정한 회전가속도

바퀴의 회전가속도가 3.0 rad/s^{2}로 일정하다. 어떤 4.0초 동안에 바퀴는 120 rad의 각도를 돌았다. 바퀴가 선 상태에서 돌기 시작했다고 가정하고 4.0초 시간의 첫 순간은 운동을 시작한 지 얼마만인가?

14. 정지상태로 출발

바퀴가 서 있다가 일정한 회전가속도 2.0 rad/s^{2}로 돈다. 어떤 3.0초 동안에 바퀴는 90.0 rad 돌았다. (a) 3.0초 시간의 첫 순간은 바퀴가 돌기 시작한 지 얼마만인가? (b) 3.0초의 첫 순간 바퀴의 회전속도는 얼마만인가?

15. 플라이휠과 회전속도

$t_1 = 0$에 플라이휠의 회전속도는 4.7 rad/s, 회전가속도는 일정하게 −0.25 rad/s^2, 그리고 기준선은 $\theta_1 = 0$에 있다. (a) 기준선의 (+)쪽 최대 회전각 $\theta^{최대}$는 얼마인가? 기준선은 얼마동안 (+)쪽으로 도는가? (b) 기준선이 언제 $\theta = \frac{1}{2}\theta^{최대}$ 그리고 (c) $\theta = -10.5$ rad에 있게 되는가? [t의 (+)와 (−) 값 모두를 생각하라] (d) t에 대한 θ의 그림표를 그리고 (a)와 (b) 및 (c)에 대한 답을 그림표에 나타내시오.

16. 원판의 회전 2

원판이 서 있다가 중심축에 대해 일정한 회전가속도로 돈다. 어떤 순간 원판의 회전속도는 10 rev/s이다. 그 뒤 60바퀴 돈 다음 순간 회전속도는 15 rev/s이다. (a) 회전가속도와 (b) 60번 도는데 걸리는 시간과 (c) 10 rev/s의 회전속도에 이르는데 걸리는 시간 및 (d) 원판이 회전속도 10 rev/s에 이를 때까지 처음부터 몇 바퀴 돌았는가 셈하라.

17. 플라이휠의 회전

회전속도 1.5 rad/s로 도는 플라이휠이 느려지며 40바퀴를 돌고 선다. (a) 회전가속도가 일정하다고 가정하여 설 때까지 걸리는 시간을 구하라. (b) 회전가속도는 얼마인가? (c) 40바퀴에서 처음 20바퀴를 도는 데는 시간이 얼마나 걸리는가?

18. 바퀴의 회전

어떤 바퀴가 그 중심을 지나는 축에 대해 4.0 rad/s^{2}의 일정한 회전가속도를 갖는다. 어떤 4.0초 동안 바퀴가 80 rad를 돌았다. (a) 4.0초의 첫순간 바퀴의 회전속도는 얼마인가? (b) 바퀴가 서 있다가 돌기 시작한다면 이 4초의 첫 순간까지는 얼마나 오래 운동해야 하는가?

11-4 병진 변수와 회전 변수의 관계

5-7절에서 입자의 등속원운동에 대해 설명했다. 회전목마와 같은 강체가 한 축을 중심으로 돌 때 강체 속의 각 입자는 축을 중심으로 저마다 원을 그리며 움직인다. 물체는 강체이므로 모든 입자는 같은 시간에 한 바퀴를 돈다. 즉, 이들 모두 회전속력 $|\omega|$가 똑같다.

하지만 다음 실험을 해보자. 즉, 춤꾼 또는 피겨스케이트 선수 흉내를 내보자. 사람은 강체가 아니지만 일시적으로 강체처럼 몸의 자세를 유지할 수 있다. 팔을 펼친 채 제자리에서 돌아보자(그림 11-12). 몸의 어느 부분이 가장 빨리 움직이는가? 어깨인가, 팔꿈치인가, 아니면 손가락인가?

위의 실험을 잘 살펴보면 입자가 회전축에서 멀수록 더 빨리(더 큰 속력 v로) 움직인다. 그 까닭은 축을 중심으로 도는 물체는 축에서 멀수록 반지름이 더 큰 원둘레를 따라가기 때문이다. 물체의 모든 점이 같은 시간에 한 바퀴를 돌기 때문에(회전속력 $|\omega|$가 모두 같다), 더 큰 원을 그리는 점은 더 빨리 움직여야 한다. 따라서 회전물체 속의 모든 점은 회전속력 $|\omega|$가 같지만 병진속력 $|v|$는 다르다. 회전목마에서도 이것을 볼 수 있다. 어느 목마나 회전속력 $|\omega|$는 같지만 회전목마가 중심에

θ
기준 선

그림 11-12
고정된 수직축을 중심으로 팔을 벌리고 몸을 돌리면 무엇이 가장 빨리 움직이는가? 어깨인가, 팔꿈치인가, 아니면 손가락인가?

서 멀어질수록 병진속력 $|v|$는 눈에 띄게 빨라진다. 그래서 회전을 병진변수가 아닌 회전변수로서 기술한다.

Calvin and Hobbes ⓒ 1990 Bill Watterson. (UNIVERSITY PRESS SYNDICATE의 허가로 개재. 모든 권한을 유보함.)

때때로 회전물체의 한 점의 병진운동 변수 s, $|\vec{v}|$, $|\vec{a}|$를 회전운동 변수 $|\theta|$, $|\omega|$, $|\alpha|$와 연관시킬 필요가 있다. 예를 들어 회전속도를 알 때, 그에 대응되는 병진속도를 알 필요가 있다. 두 집합(병진과 회전)의 변수는 회전축까지의 수직거리 r로 연결된다. 여기에서 수직거리란 회전축에서 점까지의 거리로서, 값이 회전축과 직교하는 방향으로 잰, 그 점이 그리는 원의 반지름이다.

• 회전위치와 이동거리

강체 위의 기준선이 각 θ만큼 돈다면 강체 속의 한 점이 회전축까지의 수직 거리가 r일 때 원둘레를 따라서 움직이는 거리 s는 다음과 같다.

$$s = |\theta| r \qquad \text{(라디안 단위일 때만 성립)} \qquad (11\text{-}14)$$

이 식이 병진-회전 관계의 첫째 식이다. 조심: 여기서 각 θ는 반드시 라디안 단위여야 한다. 그 까닭은 이 식을 라디안의 정의에서 끌어냈기 때문이다.

• 회전속력과 병진속력의 관계

도는 물체의 병진속력 v와 회전속력 $|\omega|$를 어떻게 비교할까? 강체가 고정축을 중심으로 돌 때 그 속의 작은 조각은 회전축까지의 거리 r을 일정하게 유지한다. 5-7절에서 원둘레를 따라 도는 입자가 한 곳에서 다른 곳으로 움직일 때 병진변위 크기 $|\Delta\vec{r}|$는 변위가 작을 때는 움직인 활꼴의 거리 $|\Delta s|$와 본질적으로 같음을 보였다. 그래서 순간 병진속력은 $s = |\theta| r$를(식 11-14) 시간미분하여 구할 수 있다. 수식으로 나타내면 다음과 같다.

$$|\vec{v}| = v = \frac{|d\vec{r}|}{dt} = \frac{ds}{dt} = \frac{d|\theta|}{dt} r$$

하지만 $d|\theta|/dt$는 회전물체의 회전속력 $|\omega|$이므로 병진속력은 다음과 같다.

$$|\vec{v}| = v = |\omega| r \qquad \text{(라디안 단위일 때만 성립함)} \qquad (11\text{-}15)$$

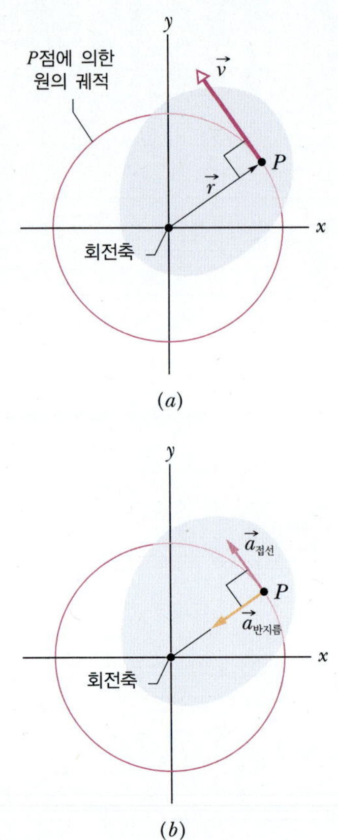

그림 11-13
그림 11-4의 회전하는 강체를 위에서 본 단면(P점과 같은). 강체의 모든 점은 회전축을 중심으로 하는 원을 그린다. (a) 모든 점의 병진속도 $\vec{v}$는 그점이 그리는 원에 접한다. (b) 점의 병진가속도 $\vec{a}$는 (일반적으로) 접선성분 $a_{접선}$와 반지름성분 $a_{반지름}$의 두 성분이 있다.

조심: ω는 벡터성분을 나타내므로 회전속력 $|\omega|$에는 절대값 기호를 붙여야 하고 단위는 라디안이어야 한다.

식 11-15 ($v = |\omega| r$)는 강체 속의 모든 점이 회전속력 $|\omega|$는 같지만 반지름 r이 더 큰 점은 병진속력 $|\vec{v}|$이 더 큼을 일러준다. 따라서 앞에서 얻은 결론이 다시 확인된다. 즉 물체 속의 모든 점이 같은 시간에 한 바퀴를 돈다면 이들은 모두 회전속력 $|\omega|$이 같다. 그러나 회전축에서 더 멀리 있는 점은 더 큰 원둘레를 돌아야 하고 따라서 더 빨리 움직여야 한다. 그림 11-13a는 병진속도의 방향은 늘 그 점이 있는 곳에서 원둘레에 대한 접선 방향임을 보여준다.

강체의 회전속력 $|\omega|$가 일정하다면 $v = |\omega| r$는(식 11-15) 강체 속 모든 점의 병진속력 v도 일정함을 말해준다. 따라서 물체 속의 각 점은 등속 원운동을 한다. 회전주기 T는 한 바퀴 도는데(직선거리로는 $2\pi r$) 걸린 시간임을 상기하면 구할 수 있다. 단위 시간 동안 가는 거리는 원둘레의 길이를 한 바퀴 도는데 걸린 시간으로 나눈 것과 같다. 즉

$$v = \frac{2\pi r}{T}$$

따라서 강체 자체와 각 점의 운동에 대한 회전주기 T는 다음과 같다.

$$T = \frac{2\pi r}{v} \tag{11-16}$$

또한 v를 $v = |\omega| r$로 바꿔 넣고 r을 약분하면(식 11-15) 다음 결과를 얻는다.

$$T = \frac{2\pi}{|\omega|} \qquad \text{(라디안 단위)} \tag{11-17}$$

• 가속도

식 11-15에서 r을 상수로 놓고 다시 시간에 대해 미분하면 다음과 같다.

$$\frac{dv}{dt} = \frac{d|\omega|}{dt} r \tag{11-18}$$

여기서는 식이 복잡해졌다. 이 식에서 dv/dt는 병진가속도의 크기의 일부인, 병진속도 $\vec{v}$의 크기 $|\vec{v}|$의 변화량만을 나타낸다. 병진가속도의 이 일부는 $\vec{v}$처럼 문제의 점의 경로에 대한 접선 방향이므로, 이것을 그 점의 병진가속도의 접선성분 $a_{접선}$이라 부르고 크기를 다음과 같이 표시한다.

$$|\vec{a}_{접선}| = |\alpha| r \qquad \text{(라디안 단위일 때만 성립함)} \tag{11-19}$$

여기서 회전가속도 성분은 $\alpha = d\omega/dt$이다. **유의**: 식 11-19 $|\vec{a}_{접선}| = |\alpha| r$에서도 회전가속도 α의 단위는 라디안을 기준으로 나타낸다.

앞서 배운 것처럼 원운동하는 입자는 (등속으로 움직일 때도) 원의 중심을 향하는 구심가속도 $|\vec{a}_{반지름}| = v^2/r$가 있으므로 병진가속도에는 반지름 방향 성분이 있고, 그 때문에 병진속도 $\vec{v}$의 방향이 변한다. $v = |\omega| r$(식 11-15)에 v를 넣으면 이 성분은 다음과 같이 쓸 수 있다.

$$|\vec{a}_{반지름}| = \frac{v^2}{r} = \omega^2 r \quad \text{(라디안 단위일 때만 성립함)} \qquad (11\text{–}20)$$

따라서 그림 11-13*b*가 보여주듯이 돌고 있는 강체의 한 점의 병진가속도 성분은 보통 둘이다. 원의 중심을 향하는 반지름 방향 성분

$$|\vec{a}_{반지름}| = \frac{v^2}{r} = \omega^2 r$$

은 물체의 회전속도가 0이 아닐 때는 언제나 있다. 즉 이 성분은 물체가 돌 때는 언제나 0이 아니다. 그 밖에 회전가속도가 0이 아니면 반드시 접선성분 $|\vec{a}_{접선}| = |\alpha| r$(식 11-19)이 있다. 이 성분은 물체가 점점 더 빨리 도는 느리게 돌면 0이 아니다. 따라서 도는 강체의 전체 병진가속도는 다음과 같다.

$$|\vec{a}|^2 = |\vec{a}_{반지름}|^2 + |\vec{a}_{접선}|^2$$

생각해보기 11-4 식 11-20에서는 병진 및 회전속도의 크기 제곱을 $|\vec{v}|^2$과 $|\omega|^2$ 등으로 복잡하게 표시하지 않고, 그 대신 v^2과 ω^2으로 썼다. 이것이 합당한 이유는?

생각해보기 11-5 도는 회전목마의 가장자리에 딱정벌레가 올라탔다. 이 계(회전목마 + 딱정벌레)의 회전속도가 일정하다면, 딱정벌레는 (a) 구심가속도가 있는가? (b) 접선가속도가 있는가? 회전속도가 줄면 딱정벌레는 (c) 구심가속도가 있는가? (d) 접선가속도가 있는가?

따라해보기 11-3 | 우주인 회전시험기

그림 11-14는 우주인 훈련생을 큰 가속도에 적응시키는데 쓰는 회전시험기를 보여준다. 우주인이 도는 원의 반지름 r은 15 m이다.

(a) 우주인이 크기 11 g의 병진가속도를 받으려면 이 시험기는 얼마의 회전속도로 등속 회전해야 하는가?

풀이 ■ 요점은 다음과 같다. 회전속도는 일정하므로 회전가속도 $\alpha(= d\omega/dt)$는 0이고 따라서 병진가속도의 접선성분 벡터 $|\vec{a}_{접선}| = |\alpha| r$은 0이다. 그 결과 반지름 성분벡터만 남는다. 식 11-20 ($|\vec{a}_{반지름}| = \omega^2 r$)에서 $|\vec{a}_{접선}| = 11\,g$를 넣으면

$$\omega = \sqrt{\frac{|\vec{a}_{반지름}|}{r}} = \sqrt{\frac{(11)(9.8\,\text{m/s}^2)}{15\,\text{m}}}$$
$$= 2.68\,\text{rad/s} \approx 26\,\text{rev/min} \qquad \text{(답)}$$

(b) 서 있던 회전시험기를 등가속시켜 120초 만에 (a)에서 구한 회전속도가 되게 하면 우주인의 접선가속도는 얼마인가?

그림 11-14
독일 콜로뉴에 있는 원심분리기는 우주선이 이륙할 때의 큰 가속도에 우주인을 적응시키는데 쓴다.

풀이 ■ 요점은 접선가속도 $|\vec{a}_{접선}|$의 크기는 식 11-19 ($|\vec{a}_{접선}| = |\alpha| r$)에 의해 회전가속도 α로 나타낼 수 있다는 것이다.

또한 회전가속도는 일정하므로 주어진 회전속도로부터 α를 구하는데 표 11-1에서 식 11-12 $[\omega_2 = \omega_1 + \alpha(t_2 - t_1)]$를 쓸 수가 있다. 두 식을 묶으면 다음 결과를 얻는다.

$$|\vec{a}_{접선}| = |\alpha| r = \left|\frac{\omega_2 - \omega_1}{t_2 - t_1}\right| r$$

$$= \left|\frac{2.68\ \text{rad/s} - 0}{120\ \text{s}}\right| (15\ \text{m})$$

$$= 0.34\ \text{m/s}^2 = 0.034\ g \qquad \text{(답)}$$

최종 반지름가속도의 크기 $|\vec{a}_{접선}| = 11g$는 놀라울 정도로 커도 가속되는 동안 우주인의 접선가속도 $a_{접선}$은 그렇지 않다.

연습문제 11-4

19. 음반

일정한 회전속도 $33\frac{1}{3}$ rev/min로 도는 지름 30 cm인 음반 테두리의 한 점의 병진가속도는 얼마인가?

20. 비닐 음반

턴테이블 위에 비닐 음반이 $33\frac{1}{3}$ rev/min으로 돈다. (a) rad/s 단위로는 회전속도가 얼마인가? 턴테이블 축에서 (b) 15 cm인 곳과 (c) 7.4 cm인 곳에 바늘이 있을 때 바늘 끝에 닿는 음반 위의 점의 병진속도는 얼마인가?

21. 자동차의 회전속도

반지름 110 m인 원을 따라 50 km/h로 달리는 차의 회전속도는 얼마인가?

22. 플라이휠 회전

지름 1.20 m인 플라이휠이 회전속도 200 rev/min로 돈다. (a) rad/s 단위로는 플라이휠의 회전속도가 얼마인가? (b) 플라이휠의 테두리에 있는 한 점의 병진속도는 얼마인가? (c) 바퀴의 회전속도를 60초 만에 1000 rev/min으로 올리려면 일정 회전가속도가 (rev/min^{2}로는) 얼마이어야 하는가? (d) 60초 동안에 바퀴는 몇 바퀴 도는가?

23. 원심분리기의 우주비행사

우주비행사가 원심분리기에서 시험을 하고 있다. 원심분리기의 반지름은 10 m, 출발할 때 $\theta = (0.30\ \text{rad/s}^2)t^2$에 따라 돈다. 여기서 t의 단위는 초, θ의 단위는 라디안이다. $t = 0.5$초일 때 우주비행사의 (a) 회전속도와 (b) 병진속도, (c) 접선가속도 그리고 (d) 반지름 가속도는 얼마인가?

24. 우주선

속도 29 000 km/h로 반지름 3220 km인 원궤도를 도는 우주선의 (a) 회전속도, (b) 반지름 가속도 그리고 (c) 접선가속도의 크기는 얼마인가?

25. 빛의 속력

예전에 빛의 속력을 잴 때 회전하는 톱니바퀴를 썼다. 광선이 그림 11-15처럼 바퀴의 톱니 사이를 지나서 멀리 있는 거울로 갔다가 되돌아와 바퀴의 다음 번 톱니 사이를 제시간에 지나온다. 이 톱니바퀴의 반지름은 5.0 cm, 톱니 수는 500개이다. 거울이 바퀴에서 L = 500 m 거리에 있을 때 재보면 광속도는 3.0×10^5 km/s가 된다. (a) 바퀴의 (일정)회전속력은 얼마인가? (b) 바퀴의 가장자리에 있는 톱니의 병진속도는 얼마인가?

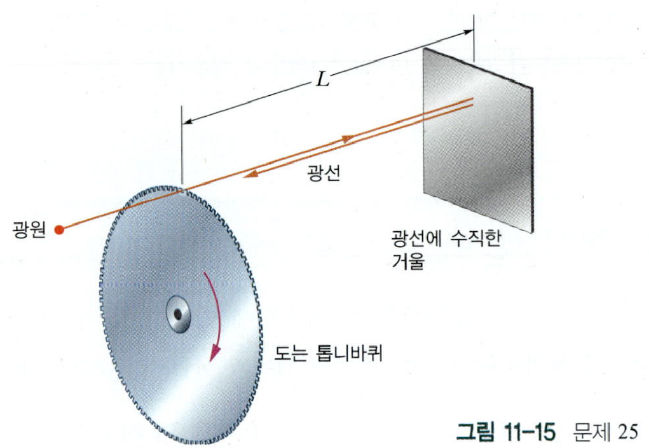

그림 11-15 문제 25

26. 증기기관

증기기관의 플라이휠이 분당 150바퀴의 일정한 회전속도로 돈다. 증기를 막으면 바퀴는 베어링과 공기의 마찰로 2.2시간 안에 멈춘다. (a) 감속하는 동안에 바퀴의 일정 회전가속도는 rev/s^2 단위로 얼마인가? (b) 감속하는 동안 바퀴는 몇 바퀴 도는가? (c) 플라이휠이 분당 75바퀴로 돌고 있는 순간에 회전축에서 50 cm에 있는 플라이휠 입자의 병진가속도 접선성분은 얼마인가? (d) (c)에서 입자의 알짜 병진가속도의 크기는 얼마인가?

27. 지구 자전축

위도 40°N인 지면에 있는 한 점의 자전축에 대한 회전속도 ω는 얼마인가?(지구는 이 축에 대해 돈다.) (b) 그 점의 병진속도 v는 얼마인가? 적도에 있는 한 점의 (c) ω와 (d) v는 얼마인가?

28. 자이로스코프

반지름 2.83 cm의 자이로스코프 회전자가 서 있다가 회전속도 2 760 rev/min에 이를 때까지 14.2 rad/s^{2}로 가속된다. (a) 가속회전되는 동안 회전자 테두리 위의 한 점의 접선가속도는 얼마인가? (b) 회전자가 최종 도달속도로 돌 때 위의 점의 반지름가속도는 얼마인가? (c) 가속과정에서 테두리 위의 한 점이 움직인 총거리는?

29. 연결된 바퀴

그림 11-16에 반지름 $r_A = 10$ cm인 바퀴 A가 반지름 $r_C = 25$ cm인 바퀴 C와 벨트 B로 연결되어 있다. 바퀴 A가 서 있다가 1.6 rad/s^{2}로 일정하게 회전속도가 커진다. 벨트가 미끄러지지 않는다고 가정하고 바퀴 C가 100 rev/min의 회전속도에 이르는 시간을 구하라.(**실마리**: 벨트가 미끄러지지 않는다면 두 바퀴 테두리에서 병진속도는 같아야 한다.)

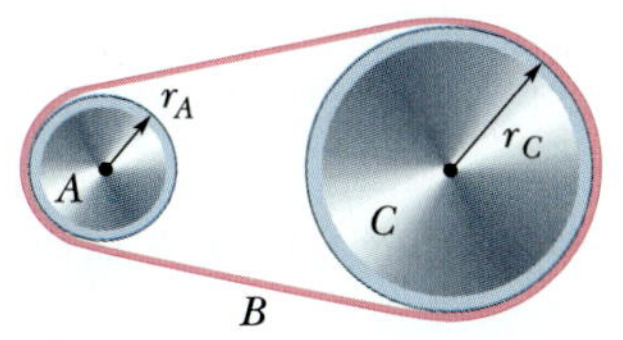

그림 11-16 문제 29

30. 고정축

한 물체가 고정된 축에 대해 돌고 있으며, 물체 위에 있는 기준선의 회전위치는 $\theta = (0.40\ \text{rad})\,e^{(2.05^{-1})t}$이다. 회전축에서 4.0 cm 떨어져 있는 물체 위의 한 점을 고려해보자. $t = 0$에서 그 점의 가속도의 (a) 접선 성분과 (b) 반지름 성분의 크기는 얼마인가?

31. 펄사

펄사는 등대가 광선을 내비치는 것처럼 전파 다발을 방출하며 빠르게 도는 중성자성이다. 이 별이 한 바퀴 돌 때마다 지구에서 전파펄스를 받는다. 회전주기 T는 펄스간의 시간을 재어 안다. 게성운의 펄사는(그림 11-17) 회전주기가 T=0.033 s이며 주기는 1.26×10^{-5} s/y의 비율로 커진다 (a) 펄사의 회전가속도의 크기는 얼마인가? (b) 펄사의 회전가속도가 일정하다면 지금부터 얼마 뒤에 펄사가 서는가? (c) 펄사는 1054년에 관측된 초신성의 폭발에서 생겨났다. 펄사의 처음 주기 T는 얼마였는가?(펄사는 생겨날 때부터 회전가속도가 일정하다고 가정한다.)

그림 11-17 문제 31. 게성운은 1054년에 관측된 한 별의 폭발에서 생겨났다. 이 폭발은 여기 보이는 기체 같은 파편들과 더불어 그 중심에 도는 중성자별을 남겼다. 그 별의 지름은 겨우 30 km이다.

32. 턴테이블 2

음반 턴테이블이 $33\frac{1}{3}$ rev/min로 돌고 있다. 수박씨 하나가 턴테이블 위, 회전축에서 6 cm 되는 곳에 있다. (a) 수박씨가 미끄러지지 않는다고 하고 씨의 병진가속도를 셈하라. (b) 씨가 미끄러지지 않으려면 씨와 턴테이블 사이의 정지마찰계수 $\mu^{정지}$가 최소 얼마이어야 하는가? (c) 턴테이블이 서 있다가 0.25초 동안 일정 회전가속도를 받아서 그 회전속도가 되었다고 하자. 가속되는 동안에 씨가 미끄러지지 않으려면 $\mu^{정지}$은 최소 얼마나 되어야 하는가?

11-5 회전 운동 에너지

빠르게 도는 회전톱에는 분명히 회전운동에 따르는 운동 에너지가 있다. 그것을 어떻게 나타내야 할까? 회전톱(또는 다른 도는 강체)은 여러 입자의 모임인데, 낱낱의 입자의 속도가 다르다. 그리고 전체 운동 에너지는 모든 입자 $A, B, C \cdots$ 의 운동 에너지를 더한 값이다. 그러므로 도는 강체의 운동 에너지는 다음과 같이 구한다.

$$K = \tfrac{1}{2} m_A v_A^2 + \tfrac{1}{2} m_B v_B^2 + \tfrac{1}{2} m_C v_C^2 + \cdots \tag{11-21}$$

여기서, 덧셈은 강체 속의 모든 입자에 대한 것이다. 문제는 병진속도가 입자마다 다른 것인데, 이 문제는 모든 입자의 ω가 같으므로 식 11-15 ($v = \omega r$)를 써서 v를 바꿔 넣으면 다음과 같다.

$$\begin{aligned} K &= \tfrac{1}{2} m_A r_A^2 \omega_A^2 + \tfrac{1}{2} m_B r_B^2 \omega_B^2 + \tfrac{1}{2} m_C r_C^2 \omega_C^2 + \cdots \\ &= \tfrac{1}{2} \omega^2 \{m_A r_A^2 + m_B r_B^2 + m_C r_C^2 + \cdots\} \end{aligned} \tag{11-22}$$

식 오른쪽 괄호로 묶은 양 $\{m_A r_A^2 + m_B r_B^2 + m_C r_C^2 + \cdots\}$는 회전체의 질량이 회전축에 대해 어떻게 퍼져 있는가를 말해준다. 이 양을 회전축에 대한 물체의 **회전관성(rotational inertia)**[또는 관성모멘트(moment of inertia)]이라고 한다. 회전축에 대한 입자뭉치의 회전관성은 다음과 같이 답이된다.

$$I \equiv \Sigma m_i r_i^2 \qquad \text{(회전관성)} \qquad (11\text{–}23)$$

여기서 Σ는 강체를 이루는 모든 입자에 대해 더한다는 뜻이다. 이것을 식 11–22의 $K = \frac{1}{2}\omega^2(m_A r_A^2 + m_B r_B^2 + m_C r_C^2 + \cdots)$에 넣으면 회전운동 에너지는 다음과 같다.

$$K = \tfrac{1}{2} I\omega^2 \qquad \text{(회전운동 에너지, 라디안 단위)} \qquad (11\text{–}24)$$

$K = \frac{1}{2} I\omega^2$를 끌어내는데 식 $v = \omega r$를 썼으며 ω의 단위는 라디안이다. I에 대한 국제단위는 킬로그램–미터–제곱($kg \cdot m^2$)이다.

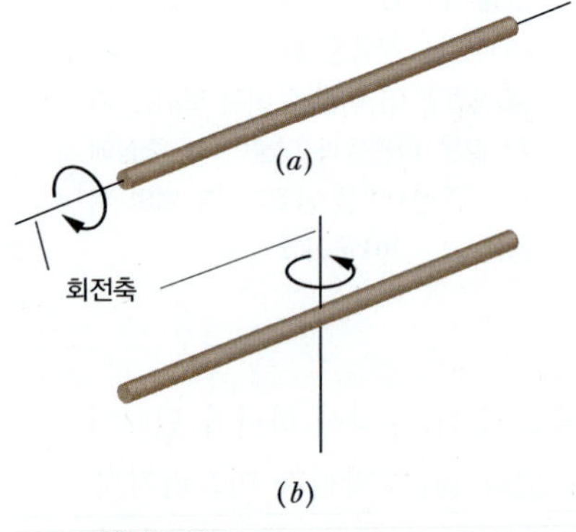

그림 11–18
긴 막대는 질량이 (b)보다 (a)의 회전축에 더 가까이 퍼져 있으므로 길이에 수직한 축보다는 중심을 지나는 축 (a)에 대해 돌리기가 훨씬 더 쉽다.

강체의 순 회전운동 에너지공식 $K = \frac{1}{2} I\omega^2$(식 11–24)는 강체의 순 병진운동 에너지 공식 $K = \frac{1}{2} Mv^2_{양심}$에 대응된다. 두 식 모두 $\frac{1}{2}$이 있다. 한 식에서는 질량 M이 있고 다른 식에서는 (질량과 분포 모두를 포함하는) I가 있다. 끝으로 각 식은 병진 또는 회전 속도의 제곱이 들어 있다. 회전 운동 에너지는 병진 운동 에너지와 같은 내용인데 회전운동에 맞게 식의 모양을 바꾸었을 뿐이다.

앞에서 물체의 회전관성은 물체의 질량과 그것이 퍼져 있는 방식에 따라 달라진다고 했다. 이것을 글자 그대로 느낄 수 있는 예가 있다. 긴 막대(장대, 긴 통나무, 지휘봉 및 이와 비슷한 것들)를 돌려보자. 먼저 중심축(종방향)에 대해(그림 11–18*a*), 그 다음엔 중심을 지나며 막대에 수직인 축에 대해(그림 11–18*b*). 두 상황에서 막대의 질량은 같다. 그러나 첫째 회전에서는 물체의 질량이 회전축에 훨씬 더 가깝게 퍼져 있다. 그 결과 막대의 회전관성은 그림 11–18*b*보다 그림 11–18*a*가 훨씬 더 작다. **물체의 회전관성이 작을 수록 돌리기가 더 쉽다.**

생각해보기 11–6 어떤 수직축을 중심으로 도는 작은 공 세 개가 있는데, 축까지의 수직거리가 저마다 다르다. 이 축에 대한 회전관성이 큰 것부터 차례로 세 공을 늘어 놓아라.

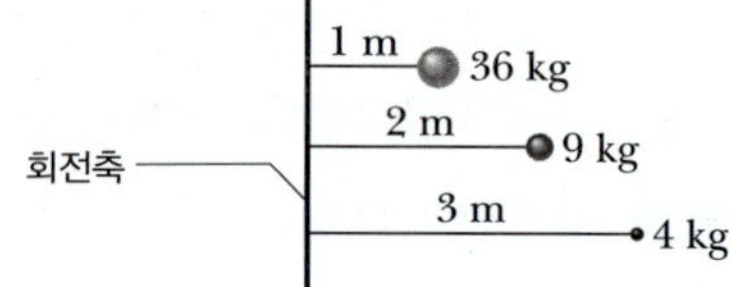

연습문제 11–5

33. 바퀴의 회전관성

602 rev/min로 돌 때 운동 에너지가 24 400 J인 바퀴의 회전관성을 셈하라.

34. 산소분자

산소분자 O_2는 질량이 5.30×10^{-26} kg이고 산소 원자를 잇는 선의 중앙을 지나고 그 선에 수직인 축에 대한 회전관성이 1.94×10^{-46} $kg \cdot m^2$이다. 기체 상태에서 O_2분자의 질량중심은 병진속도가 500 m/s이고, 이 분자는 또한 질량중심 병진운동 에너지의 2/3에 해당하는 회전 운동 에너지를 가진다고 하자. 그러면 이 분자의 질량중심에 대한 회전속도는 얼마인가?

11-6 회전 관성 셈하기

강체가 입자 뭉치로 이루어졌다면 어떤 회전축에 대한 회전관성은 ($I \equiv \Sigma m_i r_i^2$)(식 11–23)을 써서 셈할 수 있다. 예를 들면 회전축까지의 거리가 r인 질량 M인 진흙덩이의(점 질량으로 봄) 회전관성은 간단히 Mr^2이다. 이번엔 훌렁이가 질량이 같은 두 조각의 또는 여덟 조각 또는 더 나아가 아주 많은 점 질량으로 나누어져 있을 때의 회전관성을 생각해보자. 이 조각은 그림 11-19와 같이 반지름이 r이고 질량이 m인 고리 꼴로 만들 수 있다.

전체 질량 M을 질량이 같은 n개의 조각으로 나누었으므로 이 고리의 회전관성은 낱낱의 조각의 회전관성을 더한 것이다.

$$\sum_{i=1}^{i=n} m_i r_i^2 = \frac{M}{n} r_1^2 + \frac{M}{n} r_2^2 + \frac{M}{n} r_3^2 + \cdots$$

나아가, 테를 이루는 모든 점질량은 회전축에서 같은 거리 r에 있으므로 다음과 같다.

$$\sum_{i=1}^{i=n} m_i r_i^2 = \left(\frac{M}{n} r^2 + \frac{M}{n} r^2 + \frac{M}{n} r^2 + \cdots\right)$$
$$= r^2\left(\frac{M}{n} + \frac{M}{n} + \frac{M}{n} + \cdots\right)$$
$$I_{고리} = Mr^2$$

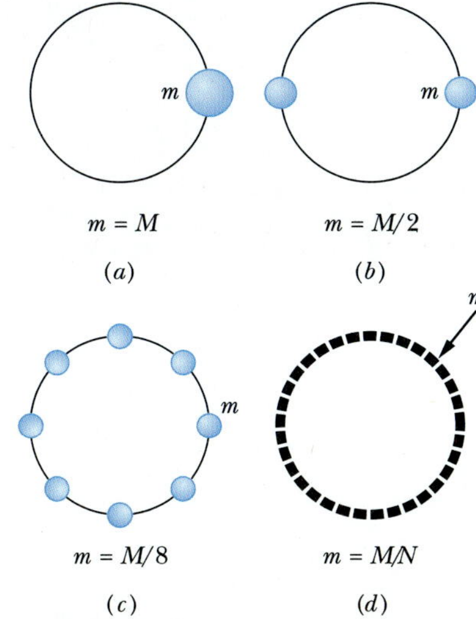

그림 11-19
'질량 없는' 줄로 만든 둥근 테에 진흙 구슬을 엮어 만든 고리를 상상하자. 질량 m인 진흙 구슬을 질량이 같은 작은 조각으로 나누어도 원의 중심에서 낱낱의 작은 구슬까지의 거리는 똑같다. (a), (b), (c), (d)의 각 경우의 I를 비교해보면 어떠한가?

강체를 아주 많은 입자가 모인 것으로 보면(이것은 비행원반처럼 연속적이다) $I = \Sigma m_i r_i^2$을 셈할 때 지루할 것이다. 물체의 모양이 단순하면 합 $\Sigma m_i r_i^2$를 적분으로 바꾸어 회전관성을 다음과 같이 정의할 수 있다.

$$I = \int r^2\,dm \qquad \text{(회전관성, 연속물체)} \qquad (11\text{–}26)$$

표 11-2는 흔히 볼 수 있는 아홉 가지 모양의 물체에서 그림에 표시한 회전축에 대한 위의 적분 결과를 보여준다.

표 11-2의 식을 살펴볼 필요가 있다. 예를 들면 반지름과 질량이 같은 여러 물체 가운데 회전관성이 더 작은 것은 질량이 회전축에 더 가까이 퍼져 있는 것이다. 적절한 예로 중심축에 대한 원통(또는 대등하게 원판)의 회전을 들 수 있다. 표 11-2에 따라 다음과 같다.

$$I_{원판} = I_{원통} = \int r^2\,dm = \frac{1}{2}MR^2 \qquad (11\text{–}27)$$

표 11-2
여러 물체의 회전관성

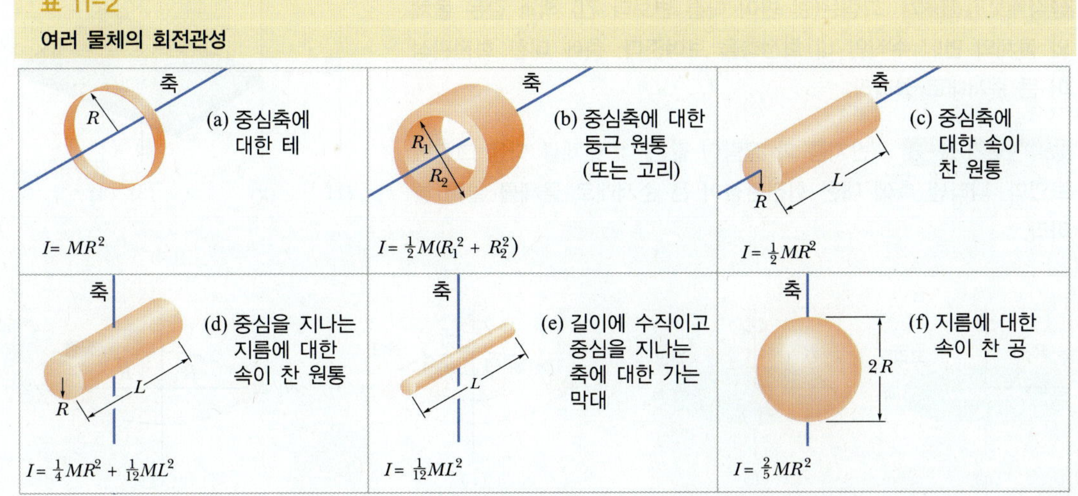

표 11-2
(계속)

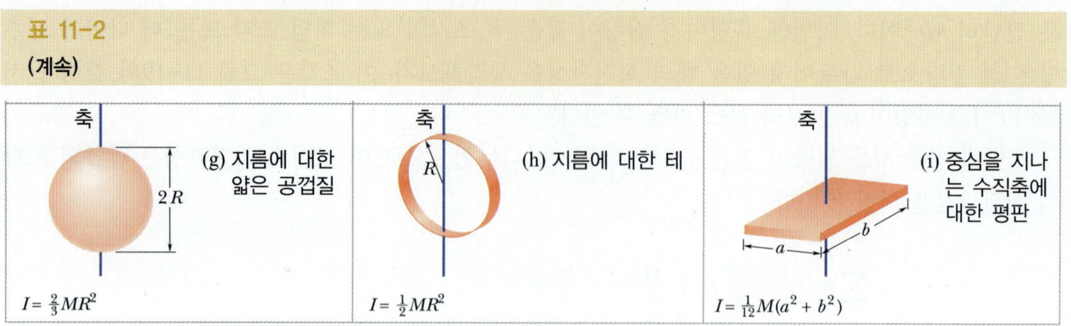

따라서 테의 회전관성은 질량과 반지름이 같은 원반의 회전관성의 두 배가 된다. 그 이유는 테의 모든 질량이 회전축에서 가장 멀리 있기 때문이다.

물체의 회전축은 여러 가지로 잡을 수 있다. 예를 들어 원통(또는 원판)이 책상면을 따라 굴러갈 때는 회전축이 원통의 축과 나란하다. 이와 달리 표 11-2(d)는 평편한 면에 나란한 축에 대한 회전관성 식을 나타낸다. 다음의 소절에서는 질량중심을 지나는 어떤 축에 대한 회전관성을 알면 이와 나란한 다른 축에 대한 회전관성을 구할 수 있는 평행축 정리를 소개한다.

• 평행축 정리

질량 M인 물체의 어떤 축에 대한 회전관성 I를 구하려 한다. 원리적으로는 I는 다음 적분을 써서 구할 수 있다.

$$I = \int r^2\,dm$$

하지만 수학적으로는 물체의 질량중심을 지나는 (대칭)축에 대한 회전관성을 구하는 것이 쉽다. 다행히 어떤 경우에는 지름길이 있다. 어떤 물체의 질량중심을 지나는 축에 대한 회전관성을 알고 있다면 그와 나란한 다른 축에 대한 회전관성 I는 다음과 같다.

$$I = I_{양심} + Mh^2 \qquad \text{(평행축 정리)} \qquad (11\text{-}28)$$

여기서 h는 새 축과 질량중심을 지나는 축 사이의 수직거리다(두 축은 서로 나란함을 상기할 것). '평행축 정리'를 증명하려면 물체의 질량분포가 질량중심을 지나는 축에 대해 대칭이라는 사실을 쓰면 아주 간단하다.

생각해보기 11-7 그림은(한 변이 다른 변보다 긴) 책과 같은 물체와 물체의 면에 수직인 네 회전축을 보여준다. 축에 대한 회전관성이 큰 순서대로 골라라.

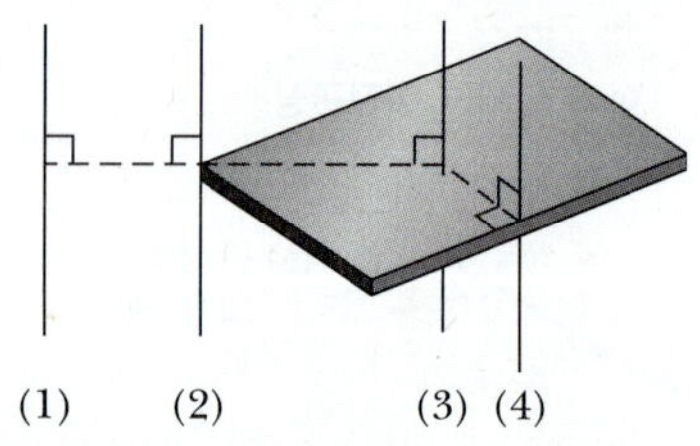

생각해보기 11-8 '반지름'과 질량이 같은 네 물체를 다음 그림에 보였다. 나타낸 축에 대한 회전관성이 큰 순서대로 물체를 늘어 놓아라.

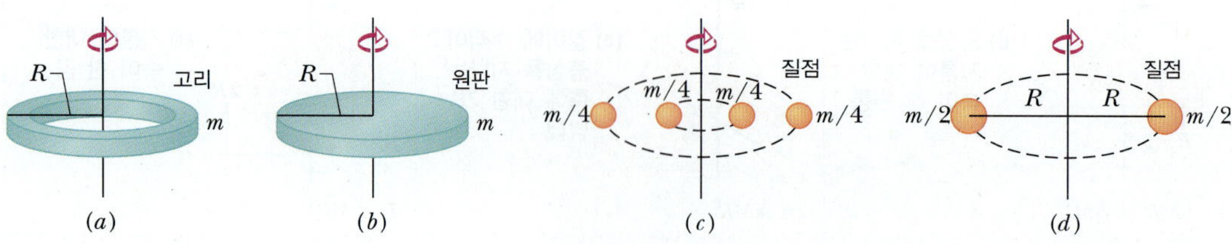

따라해보기 11-4 | 회전자 깨짐

회전시험장비로 장시간 고속으로 도는 큰 기계부품의 파손 가능성을 처음으로 조사하였다. 이 장비는 부품을 점점 빨리 돌려 고속에 이르게 하며, 그 안에는 원통꼴로 늘어놓은 납 벽돌과 구속 보강재를 두었고 강철통을 덧씌우고, 뚜껑을 걸쇠로 고정했다. 회전 때문에 기계부품이 부서진다면 무른 납 벽돌은 부서진 조각을 받아낼 것이고 따라서 파손을 분석할 수 있을 것이다.

1985년 초에 Test Device Inc.는(www.testdevice.com) 질량 M = 272 kg, 반지름이 R = 38.0 cm인 강철 회전자(원판) 시료를 조사하고 있었다. 시료의 회전속력이 ω=14 000 rev/min에 이르자 시험기술자는 옆방의 아래층에 있던 시험장비가 내는 둔탁한 소리를 들었다. 조사해 보니, 납 벽돌들은 실험실로 가는 복도로 날아가 있었고, 실험실 문은 가까운 주차장에 팽개쳐져 있었으며, 납 벽돌 한 개는 실험 장소에서 발사되어 이웃집 부엌 벽을 뚫고 나갔고, 실험실 건물의 구조형강이 손상되어 있었으며, 회전실 바로 아래 콘크리트 바닥은 0.5 cm 가량 꺼져 있었고, 900 kg의 뚜껑은 위로 날아가 천장을 치고 시험장치 위로 떨어져 있었다(그림 11-20). 폭발한 조각들이 시험기술자의 방으로 뚫고 들어오지 않은 것이 천만다행이었다.

회전자의 폭발에서 얼마나 많은 에너지가 나왔는가?

풀이 ■ 요점은 방출에너지는 회전자의 회전속력이 14 000 rev/min에 막 이르렀을 때의 회전운동 에너지 K와 같다는 것이고, 그 값은 $K = \frac{1}{2}I\omega^2$(식 11-24)로 구할 수 있다. 그러나 먼저 회전관성 I를 알아야 한다. 회전자는 회전목마처럼 도는 원판이었으므로 I는 $I = \frac{1}{2}MR^2$(표 11-2(c)의 식)이다. 따라서

그림 11-20 빨리 도는 강철원판이 깨져나간 현장 일부

$$I = \frac{1}{2}MR^2 = \frac{1}{2}(272\text{ kg})(0.38\text{ m})^2 = 19.64\text{ kg}\cdot\text{m}^2$$

가 된다. 회전자의 회전속력은

$$\omega = (14\,000\text{ rev/min})(2\pi\text{ rad/rev})\left(\frac{1\text{ min}}{60\text{ s}}\right) = 1.466\times10^3\text{ rad/s}$$

따라서 $K = \frac{1}{2}I\omega^2$을 써서

$$K = \frac{1}{2}I\omega^2 = \frac{1}{2}(19.64\text{ kg}\cdot\text{m}^2)(1.466\times10^3\text{ rad/s})^2$$
$$= 2.1\times10^7\text{ J} \qquad \text{(답)}$$

이 폭발이 일어난 곳 가까이 있었다면 폭탄이 터지는 곳 가까이 있었던 것과 마찬가지였을 것이다.

연습문제 11-6

35. 두 고체 원기둥

질량이 똑같이 1.25 kg으로 고른 두 고체 원기둥이 각각(길이 방향의) 중심축에 대해 똑같은 회전속도 235 rad/s로 돈다. 그러나 반지름은 다르다. (a) 반지름 0.25 m인 작은 원기둥과 (b) 반지름 0.75 m인 큰 원기둥의 회전운동 에너지는 얼마인가?

36. 통신위성

통신위성은 질량 1210 kg, 지름 1.21 m, 길이 1.75 m인 고체원기둥 모양이다. 이것은 우주왕복선의 화물칸에서 발진하기 전에 원기둥 축에 대해 1.52 rev/s로 돌게 되어 있다(그림 11-21). 회전축을 중심으로 위성의 (a) 회전관성과 (b) 회전운동 에너지를 셈하라.

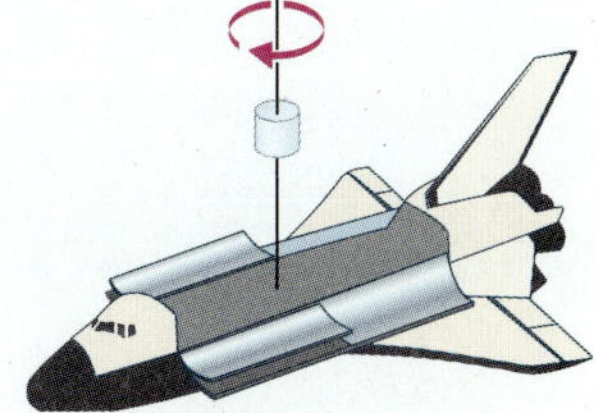

그림 11-21 문제 36

37. 두 입자

그림 11-22에서, 질량이 각각 m인 두 입자가 서로와 회전축 O에 대하여, 질량 M, 길이 d인 가는

막대 두 개로 고정되어 있다. 이 결합체가 회전축에 대해 회전속도 ω로 돈다. O에서 볼 때 이 결합체의 (a) 회전관성과 (b) 운동에너지를 기호로 나타내라.

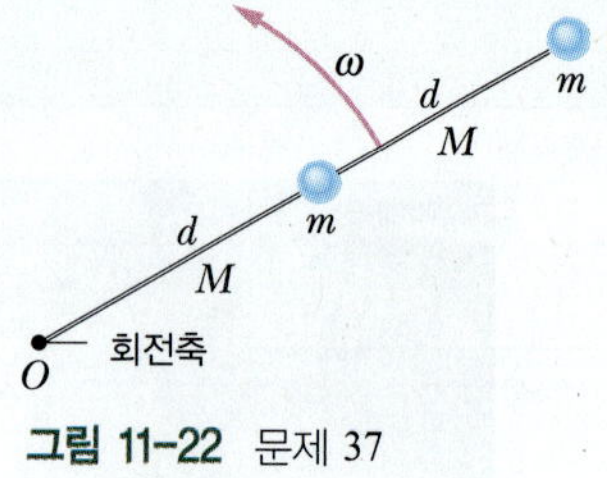

그림 11-22 문제 37

38. 헬리콥터 날개

그림 11-23에 보인 헬리콥터의 세 회전날개 각각은 길이가 5.20 m, 질량 240 kg이다. 회전날개가 350 rev/min으로 돌고 있다. (a) 회전날개뭉치의 회전축에 대한 회전관성은 얼마인가?(각 날개는 한 끝을 중심으로 도는 가는 막대로 볼 수 있다. (b) 전체 회전운동 에너지는 얼마인가?

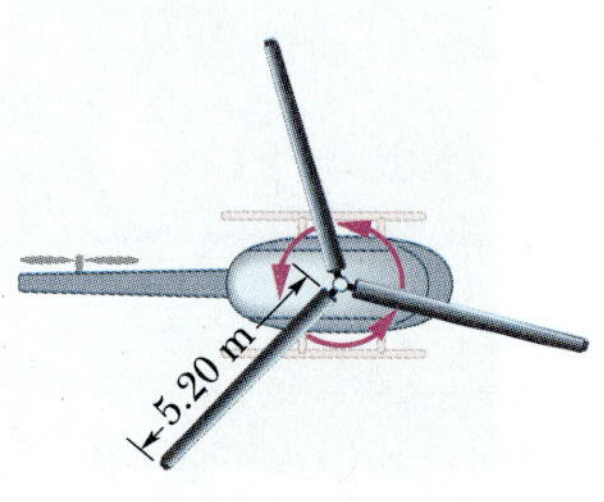

그림 11-23 문제 38

39. 미터자

질량 0.56 kg인 미터자의 20 cm 눈금을 지나는 수직한 축에 대한 회전관성을 셈하라.(미터자를 가는 막대로 보라.)

40. 네 개의 똑같은 입자

질량이 없는 네 개의 똑같은 막대로 고정된 2 m × 2 m 정사각형의 꼭지점마다 질량 0.50kg인 입자가 똑같이 하나씩 있는 강체가 있다. 다음 축에 대한 이 강체의 회전관성을 구하라. (a) 서로 마주한 두 변의 가운데를 지나고 정사각형 면의 안에 있는 축, (b) 한 변의 가운데를 지나고 정사각형 면에 수직한 축, (c) 대각선으로 마주한 두 입자를 지나고 정사각형 면의 안에 있는 축.

41. 고른 고체토막

그림 11-24의 고른 고체토막은 질량이 M, 모서리 길이가 a, b, c이다. 한 귀퉁이를 지나고 큰 면에 수직인 축에 대한 회전관성을 셈하라.

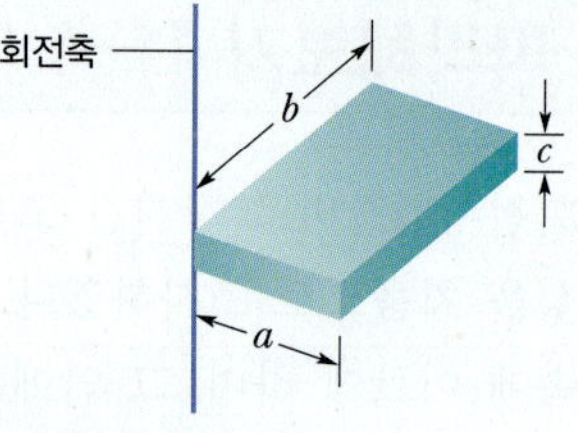

그림 11-24 문제 41

42. 질량과 좌표들

네 입자의 질량과 좌표가 다음과 같다. 50 g, x = 2.0 cm, y = 2.0 cm; 25 g, x = 0, y = 4.0 cm; 25 g, x = −3.0 cm, y = −3.0 cm; 30g, x = −2.0 cm, y = 4.0 cm. 이 집합체의 다음 축에 대한 회전관성을 구하라. (a) x축, (b) y축, (c) z축. (d) (a)와 (b)의 답을 각각 A와 B라고 하자. 그러면 (c)의 답은 A와 B로는 어떻게 나타낼 수 있는가?

43. 고체 원기둥 — 가는 고리

(a) 질량 M, 반지름 R인 고체 원기둥의 중심축에 대한 회전관성은 질량 M, 반지름 $R/\sqrt{2}$인 가는 고리의 중심축에 대한 회전관성과 같음을 보여라. (b) 질량 M인 어떤 물체의 어떤 축에 대한 회전관성 I는 질량이 똑같이 M이고 반지름 k가 다음과 같은 고리(등가고리)의 축에 대한 회전관성과 같음을 보여라.

$$k=\sqrt{\frac{I}{M}}$$

등가고리의 반지름 k는 그 물체의 회전반지름이라고 한다.

44. 배달트럭

도는 플라이휠에 저장된 에너지를 써서 가는 트럭이 유럽에서 쓰인 적이 있다. 전동기를 써서 이 플라이휠을 $200\,\pi$ rad/s의 최고속도로 올려놓으면 트럭은 충전된다. 플라이휠은 질량 500 kg, 반지름 1.0 m인 고른 고체원통이다. (a) 충전이 끝나면 플라이휠의 운동에너지는 얼마인가? (b) 트럭이 평균일률 8.0 kW로 간다면 다음 충전까지 몇 분 동안 갈 수 있는가?

11-7 회전력

지금까지는 물체의 회전을 기술하는데 필요한 변수를 정했으므로, 이제는 힘이 회전운동에 어떤 영향을 주는지 살펴보자. 점물체는 회전운동을 따질 필요가 없다. 점이 아닌 큰 물체가 힘을 받아 회전운동을 할 때는 그 힘과 함께 그 힘을 받는 곳도 따져야 한다.

예를 들면, 문 손잡이를 돌쩌귀 선에서 먼 곳에 다는 것은 다 까닭이 있다. 무거운 문을 열려면 힘을 주어야 하지만, 그것만으로는 충분치 않고 그 힘을 어디에, 어느 쪽으로 주는가도 중요하다. 문을 여닫을 때 힘주는 곳이 문의 손잡이 쪽보다 돌쩌귀 선에 가깝거나, 힘의 방향이 문짝 면에 대해 90°가 아닌 다른 방향으로 힘을 주면, 힘을 문짝 면에 대해 90°로 손잡이에 주는 것보다는 여닫는데 힘이 더 든다. 이 사실을 미처 몰랐다면 실제로 손잡이 쪽에 비해 돌쩌귀 쪽 가까이서 문을 여는데 드는 힘을 비교해보라.

그림 11-25a는 O를 지나는 축을 중심으로 자유로이 도는 물체의 회전축에 대해 수직인 단면을 보여준다. O에 대한 위치벡터가 $\vec{r}$인 점 P에 힘 $\vec{F}$를 준다고 하자. 여기서 위치벡터 $\vec{r}$은 O에 대한 점 P의 위치로서 정의된다. 벡터 $\vec{F}$와 $\vec{r}$의 방향은 서로 각도 ϕ를 이룬다($0 \le \phi \le 180°$). 간단하게 힘이 회전축에 대해 수직성분만 있을 때, 곧 $\vec{F}$가 종이면에만 있을 때를 따지자.

$\vec{F}$가 물체를 회전축에 대해 어떻게 돌리는지 셈하려면 $\vec{F}$를 두 성분으로 나누어 보자(그림 11-25b). 한 성분은 $\vec{r}$쪽을 향하는 반지름성분 벡터 $\vec{F}_{반지름}$이다. 이 성분은 물체를 돌리지는 않는데, 그 이유는 O를 지나는 선을 따라 작용하기 때문이다.(문을 문짝 면에 나란히 당기면 문은 늘어나거나 압축될 뿐 열리지는 않는다.) 다른 성분은 $\vec{r}$에 수직하고 크기가 $|\vec{F}_{접선}|=|\vec{F}|\sin\phi$인 접선성분 벡터 $\vec{F}_{접선}$이다. 이 성분은 물체를 돌게 한다.(문을 문짝 면에 수직하게 당기면 문을 열 수 있다.)

$\vec{F}$가 물체를 돌리는 능력은 접선성분의 크기 $|\vec{F}_{접선}|$뿐만 아니라 작용점에서 O까지의 거리에 따라서도 결정된다. 따라서 두 요소 모두가 들어가는 **회전력(torque)**을 새로 정의하자. 보통 회전력은 3차원 벡터로서 그 방향은 회전하는 강체가 받는 알짜힘과 작용점에 따라 결정된다. 이 장에서는 회전축이 고정된 상황만 살펴보므로 여기서는 회전력을(앞서와 마찬가지로) 1차원 벡터로 나타낼 수 있다. 당분간 회전력은 알짜힘을 받고 있는 물체의 회전축 z방향의 성분 τ_z로 기술한다.

회전력 성분 τ_z는 가끔 간단히 τ로도 표시하며, 부호는 애초에 서 있던 물체를 돌리는 방향에 따라서 정한다. 물체가 도는 쪽으로 오른손가락을 말아쥐고 펼친 엄지손가락이 지정된 회전축의(+)쪽을 향하면 회전력 성분은 양수이고, 그 반대이면 음수이다.

회전력의 크기는 작용점 벡터의 크기 $|\vec{r}|$과 힘의 접선성분 크기 $|\vec{F}_{접선}|$의 곱으로 쓸 수 있다. 그림 11-25b에서 보면 $|\vec{F}_{접선}|=|\vec{F}|\sin\phi$이며

$$|\vec{\tau}|=|\vec{r}||\vec{F}_{접선}|=|\vec{r}||\vec{F}|\sin\phi \tag{11-29}$$

회전력의 크기를 셈하는 방법은 다음과 같이 대등한 두 가지가 있다.

$$|\vec{\tau}|=|\vec{r}|(|\vec{F}|\sin\phi)=|\vec{r}||\vec{F}_{접선}| \tag{11-30}$$

$$|\vec{\tau}|=(r\sin\phi)|\vec{F}|=r_\perp|\vec{F}| \tag{11-31}$$

여기서 $r_\perp$는 O에서 작용점까지의 수직거리다(그림 11-17c). 이 연장선은 $\vec{F}$의 **작용선(line of action)**이라고 하며, $r_\perp$는 $\vec{F}$의 **모멘트 팔(moment arm)**로 부른다. 그림 11-17b는 $\vec{r}$의 크기 r을 힘성분 $F_{접선}$의 모멘트 팔이라고 기술할 수도 있음을 나타낸다.

회전력의 영어 단어 'torque'는 '비틀기'라는 뜻의 라틴어에서 왔으며 힘 $\vec{F}$가 물체를 돌리거나 비트는 능력이라고 폭넓게 해석할 수 있다. 어떤 물체를 돌리려고 힘을 줄 때 — 드라이버나 토크렌치처럼 — 회전력을 주는 셈이다. 회전력의 국제단위계 단위는 뉴튼-미터(N · m)이다. **유의**: 뉴튼-미터는 일의 단위이기도 하지만, 회전력과 일은 전혀 다른 물리량이므로 헷갈리면 안 된다. 일은 때때로 줄(1 J=1 N · m)로 나타내나 회전력은 절대로 그렇게 쓰진 않는다.[* 일은 스칼라량이고 회전력은 벡터량이다.(옮긴이)]

다음 절에서는 회전력이 시간에 따라 방향이 변하는 벡터로 나타내야 하는 경우를 설명한다.

회전력도 3절에서 논의한 힘의 중첩원리를 따른다. 어떤 물체가 여러 회전력을 받을 때는, **알짜 회전력(net torque)**(또는 **합성 회전력(resultant torque)**) 성분은 각각의 회전력의 벡터합이다. 알짜 회전력의 회전축 방향 성분은 $\tau_z^{알짜}$로 나타낸다.

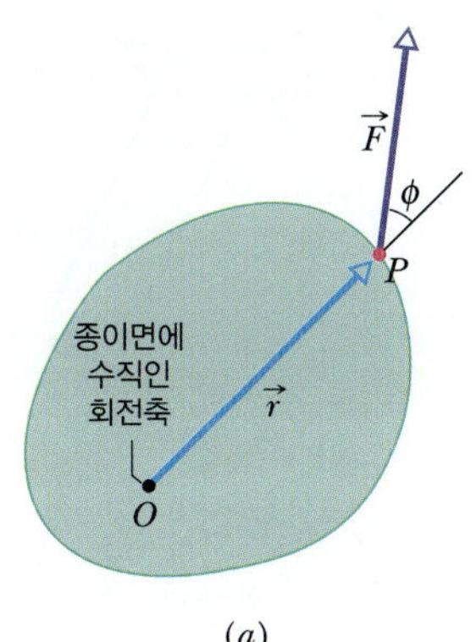

(a)

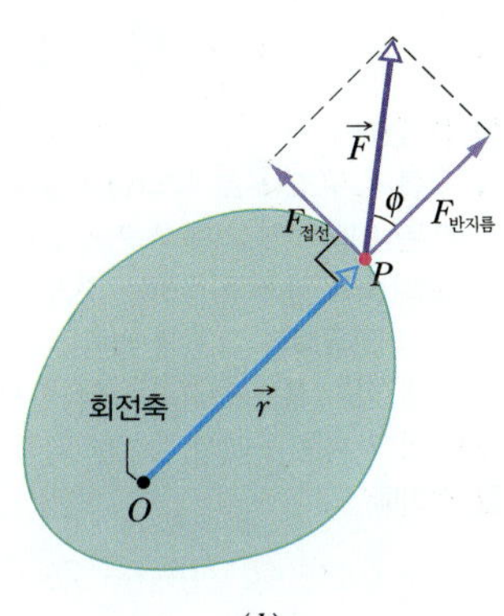

(b)

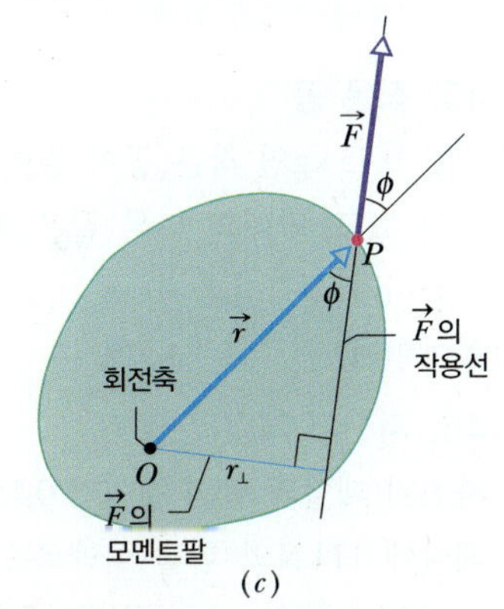

(c)

그림 11-25
(a) O를 지나는 축을 중심으로 자유로이 돌 수 있는 강체가 점 P에 힘 $\vec{F}$를 받는다. 축은 여기에 보인 단면과 직교한다. (b) 이 힘에 의한 회전력은 $|\vec{r}||\vec{F}|\sin\phi$이다. 이 식은 $|\vec{r}||\vec{F}_{접선}|$으로 쓸 수도 있으며 여기서 $\vec{F}_{접선}$은 $\vec{F}$의 접선 성분벡터이다. (c) 또한 회전력 크기는 $r_\perp|\vec{F}|$로도 쓸 수가 있는데 여기서 $r_\perp$는 $\vec{F}$의 모멘트 팔길이다.

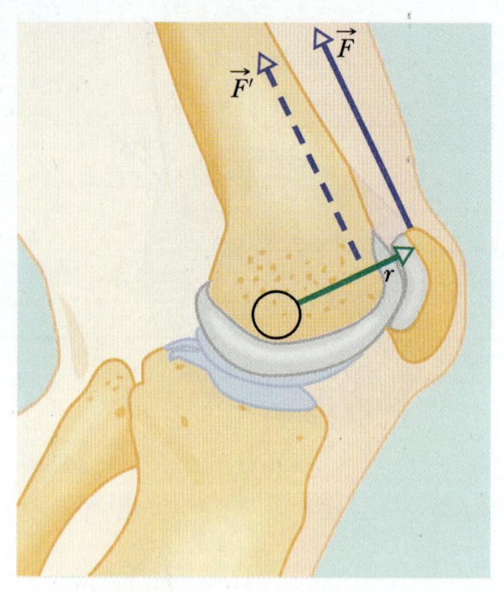

그림 11-26
사람 무릎의 구조. $\vec{F}$로 나타낸 대퇴사두근이 주는 힘이 지도리에서 거리 r에 있는 무릎뼈(슬개골)에 작용하는 것을 유의하자. 만약 무릎뼈가 그곳에 없다면 $\vec{F}'$으로 나타낸 힘이 작은 원으로 나타낸 지도리에서 더 가까운 곳에서 점선을 따라 작용할 것이다.

• 회전력으로 뛰어오르기

그러면 무릎뼈는 어떻게 더 높이 뛸 수 있게 하는가? 사람이 뛰어 오를 때 다리를 펴려면 무릎관절 속에서 큰 회전력을 준다. 강한 넓적다리 근육(대퇴사두근)이 내는 힘이 무릎관절 안의 회전점에서 더 가까운 곳에서 점선(그림 11-26에 점선 화살표)을 따라 작용한다면 회전력은 그리 크지가 않다. 무릎뼈는 그 힘이 지도리에서 더 먼 곳에 작용하게 해준다(그림 11-26에 실선 화살표). 문을 열 때는 돌쩌귀에서 먼 곳을 밀어야 더 효과적임을 상기하자. 이와 비슷하게 다리의 무릎뼈는 다리를 펴는 회전력을 더 크게 하여 더 높이 뛰게 해준다.

생각해보기 11-9 그림은 20으로 표시된 점에 대해 돌 수 있는 미터자를 위에서 본 것이다. 막대가 받는 다섯 개의 힘은 그 크기가 모두 같다. 이들의 회전력의 크기에 따라서 이 힘들을 늘어 놓아라.

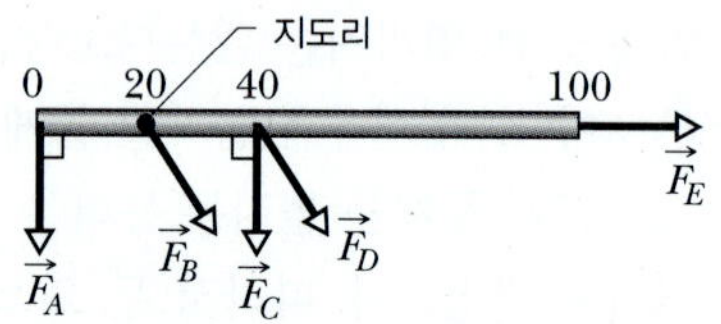

연습문제 11-7

45. 작은 공

질량 0.75 kg인 작은 공이 길이 1.25 m인 질량 없는 막대 한 끝에 붙어 있고, 막대의 다른 끝은 회전축에 달려 있다. 이렇게 구성된 흔들이가 수직선과 30°를 이룰 때 회전점에 대한 회전력의 크기는 얼마인가?

46. 자전거 페달의 팔

자전거 페달의 팔의 길이가 0.152 m인데, 자전거 타는 사람이 발로 페달에 111 N의 힘을 아래쪽으로 주었다. 팔이 수직선과 (a) 30°, (b) 90°, (c) 180°를 이룰 때 페달 팔의 회전축에 대한 회전력의 크기는 얼마인가?

47. O에 놓인 회전축

그림 11-27의 물체에서 O점에 회전축을 두고, 표시한 것처럼 두 힘을 물체에 주었다. (a) 회전점에 대해 물체에 주는 알짜회전력의 표현식을 구하라. (b) $r_A = 1.30\,\text{m}$, $r_B = 2.15\,\text{m}$, $F_A = 4.20\,N$, $F_B = 4.90\,N$, $\theta_A = 75.0°$, $\theta_B = 60.0°$이면 회전점에 대한 알짜회전력은 얼마인가?

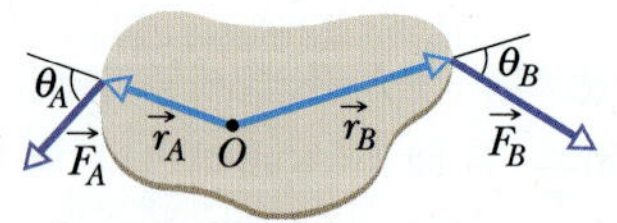

그림 11-27 문제 47

48. 세 힘

그림 11-28의 물체에서 O점에 회전점을 두었다. 세 힘이 그림에 보인 방향으로 물체에 작용한다. O에서 8.0 m 떨어진 A점에서 $F_A = 10\,N$; O에서 4.0 m 떨어진 B점에서 $F_B = 16\,N$; 그리고 O에서 3.0 m 떨어진 C점에서 $F_C = 19\,N$. O점에 대한 알짜회전력은 얼마인가?

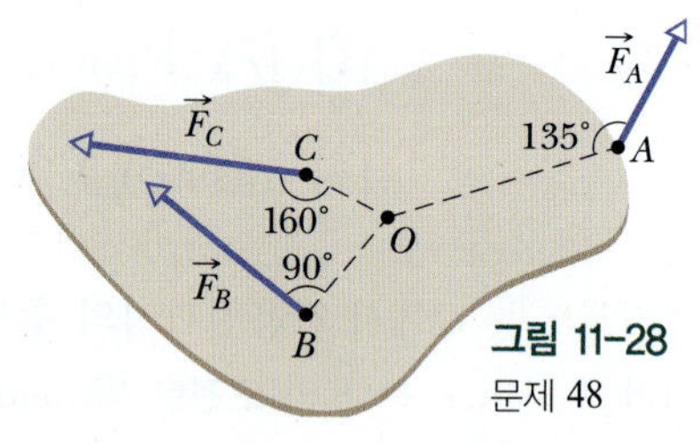

그림 11-28
문제 48

11-8 회전에 대한 뉴턴 제2법칙

돌쩌귀를 중심으로 문을 열 때처럼 회전력은 강체를 돌릴 수 있다. 여기서는 강체가 회전축에 대하여 대칭일 때를 살펴보는데, 이때는 물체가 받는 알짜 회전력 성분 $\tau^{\text{알짜}}$를 그 때문에 생기는, 회전축에 대한 회전가속도 성분 α과 연결시킬 수 있다. 그러려면 여기에서는 뉴턴 제2법칙의 1차원 형태와 비슷한 꼴로 해보는 것이 좋을 것 같다. 질량 m인 물체가 x쪽으로 1차원 알짜힘 $F_x^{알짜}$을 받으면 면 가속도 a_x는 다음 식에 따라 결정된다. $F_x^{알짜} = ma_x$. z축에 대한 회전에 대해서는 $\vec{F}_x^{알짜}$를 $\tau_z^{알짜}$로, m을 I로, 그리고 a_x를 α_z로 바꾸어 넣으면 다음과 같다.

$$\tau_z^{알짜} = I\alpha_z \qquad \text{(회전에 대한 뉴턴 제2법칙)} \qquad (11\text{–}32)$$

여기서 $\tau_z^{알짜}$와 α_z는 각각 $\vec{\tau}^{알짜}$와 $\vec{\alpha}$의 z축성분이다. 따라서 식 11–32는 다음과 같이 쓸 수 있다.

$$\vec{\tau}^{알짜} = I\vec{\alpha} \qquad \text{(대칭회전에 대한 뉴턴 제2법칙)} \qquad (11\text{–}33)$$

여기서 α의 단위는 라디안이다. 1차원 병진운동과 이 회전운동의 유사성은 회전축의 방향이 변하지 않고 물체가 회전축에 대하여 대칭일 때만 성립한다.

• 식 11–33의 증명

식 11–33이 실제로 타당함을 보려면 그림 11–29에 보인 간단한 사례에서 $\tau^{알짜} = I_\alpha$를 수학적으로 증명하자. 여기서 강체는 질량이 없고 길이가 r인 막대의 한 끝에 질량 m인 입자가 고정된 것이며, 막대의 다른 끝은 종이면에 수직인 회전축을 중심으로 돌 수 있다. 따라서 입자는 회전축을 중심으로 한 원을 따라서만 움직일 수 있다.

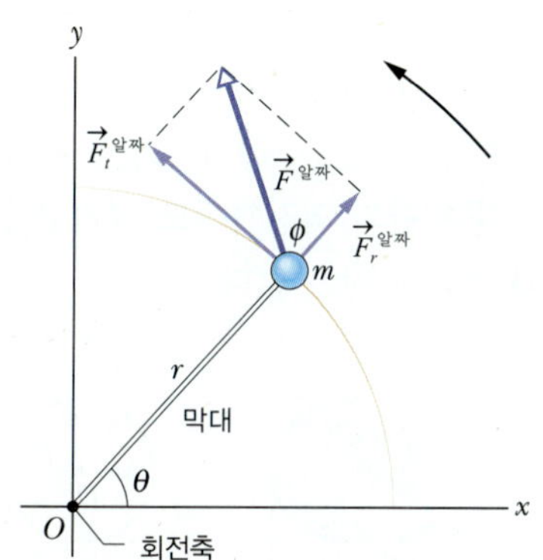

그림 11–29
질량이 없고 길이가 r인 막대의 끝에 고정된 질량 m인 입자로 이루어진 강체가 O를 중심축으로 자유로이 돌 수 있게 되어 있다. 이 강체는 힘 $\vec{F}^{알짜}$을 받아 돈다.

입자가 힘 $\vec{F}^{알짜}$를 받는다고 하자. 입자는 원둘레를 따라서만 움직일 수 있으므로 그 힘의 접선성분(원 둘레에 대한 접선성분) $\vec{F}_{접선}^{알짜}$만 경로를 따라 입자를 가속시킬 수 있다. 뉴턴 제2법칙에 따라 $\vec{F}_{접선}^{알짜}$는 입자의 원 둘레 방향의 접선가속도 성분 $\vec{a}_{접선}$과 다음과 같이 연결된다.

$$\vec{F}_{접선}^{알짜} = m\vec{a}_{접선}$$

이 입자가 받는 회전력의 크기는 식 11–30으로부터 다음과 같다.

$$|\vec{\tau}^{알짜}| = |\vec{r}|(|\vec{F}^{알짜}|\sin\phi) = |\vec{r}||\vec{F}_{접선}^{알짜}|$$

알짜 힘의 접선성분 $\vec{F}_{접선}^{알짜}$가 주는 회전가속도와 접선가속도가 오른손 규칙에 따라서 (+) 성분이라면 이 힘 성분도 양수로 정의하였음에 유의하자. 거리 $r = |\vec{r}|$은 회전축에서 입자까지의 수직거리이므로 늘 양수이다. 따라서 회전력 성분은 알짜힘의 접선 성분과 질량 m인 회전 물체의 가속도 성분으로 나타낼 수 있다.

$$\tau^{알짜} = F_{접선}^{알짜} r = ma_{접선} r$$

이 식은 $a_{접선} = \alpha r$(식 11–19)로부터 다음과 같다.

$$\tau^{알짜} = m(\alpha r)r = (mr^2)\alpha \qquad (11\text{–}34)$$

이 식의 오른쪽 괄호 안의 양은 회전축에 대한 입자의 회전관성 mr^2이고, 식 11–34는 우리가 증명하려던 다음 식이 된다.

$$\tau^{알짜} = I\alpha \qquad \text{(라디안 단위)} \qquad \text{(식 11–33)}$$

강체는 입자의 집합체로 볼 수 있으므로 이 식을 대칭축을 중심으로 도는 모든 강체에 대해 확장할 수 있다. α와 $\tau^{알짜}$은 모두 회전축 방향의 벡터성분이다. I는 원래 양수이므로 α와 $\tau^{알짜}$의 부호는 늘 같아야 한다.

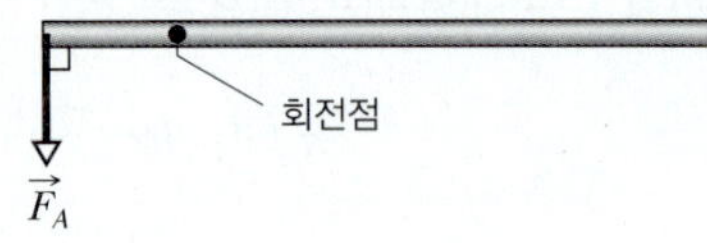

생각해보기 11-10 그림은 막대 중간에서 왼쪽에 있는 회전점을 지나는 수직축을 중심으로 돌 수 있는 미터자를 위에서 본 것이다. 막대는 두 수평력 $\vec{F}_A$와 $\vec{F}_B$를 받는데, 그림에는 $\vec{F}_A$만 표시했다. 힘 $\vec{F}_B$는 오른쪽 끝에서 막대에 수직하게 받는다. 막대가 돌지 않는다면 (a) $\vec{F}_B$는 $\vec{F}_A$의 방향이 같은가 아니면 다른가, 그리고 (b) $\vec{F}_B$의 크기는 $\vec{F}_A$보다 더 큰가, 더 작은가 아니면 같은가?

따라해보기 11-5 | 바퀴 가속하기

그림 11-30*a*는 고정된 수평 회전축에 걸린 질량 $M = 2.5\,\text{kg}$, 반지름 $R = 20\,\text{cm}$인 고른 원판을 보여준다. 원판 테두리를 따라 감겨 있는 줄에 질량 $m = 1.2\,\text{kg}$인 추가 달려 있다. 추가 떨어지는 가속도와 원판의 회전가속도 그리고 줄의 장력을 구하라. 줄의 미끌림과 축의 마찰은 없다.

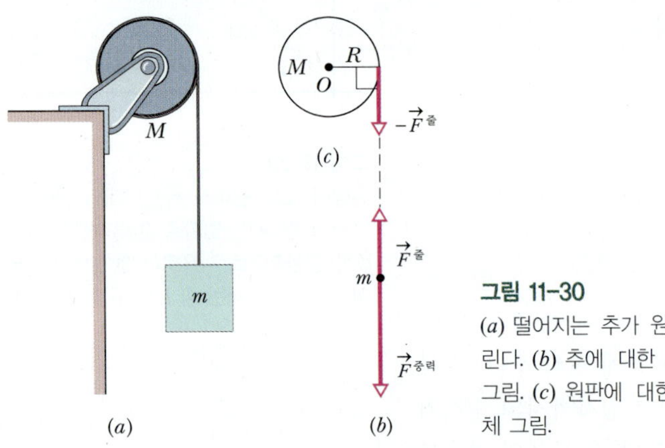

그림 11-30 (*a*) 떨어지는 추가 원판을 돌린다. (*b*) 추에 대한 힘-물체 그림. (*c*) 원판에 대한 힘-물체 그림.

풀이 ■ 요점의 하나는 추를 하나의 계로 보고 추의 가속도 a를 뉴턴 제2법칙($\vec{F}^{알짜} = m\vec{a}$)으로부터 추가 받는 힘과 관련시킬 수 있다는 것이다. 이 힘을 그림 11-30*b*의 추의 힘-물체 그림에 보였다. 줄이 당기는 힘은 $\vec{F}^{줄}$, 중력 $\vec{F}^{중력}$의 크기는 mg이다. 수직한 y축 쪽 성분에 대한 뉴턴 제2법칙 $F_y^{알짜} = ma_y$는 다음과 같이 쓸 수 있다.

$$|\vec{F}^{줄}| - mg = ma_y \tag{11-35}$$

하지만 이 식에는 미지수 $|\vec{F}^{줄}|$도 들어 있으므로 이것만으로는 a_y에 대해 풀 수는 없다.

앞에서 y축으로는 풀기 힘들 때 x축으로 바꾸어 풀어낸 적이 있었다. 여기서는 원판의 회전으로 바꾸고 다음 **요점**을 쓴다. 원판을 하나의 계로 보고 회전에 관한 뉴턴 제2법칙 ($\tau^{알짜} = I\alpha$)을 써서 회전가속도 α를 원판이 받는 회전력과 연결시킨다. 회전력과 회전관성 I를 셈하려면 원판의 질량중심을 지나며 원판에 수직하도록 회전축을 그림 11-20*c*의 점 O에 잡는다.

그러면 회전력은 식 11-29 ($|\vec{\tau}| = |\vec{r}||\vec{F}_{접선}|$)로 얻을 수 있다. 원판에 대한 중력과 축이 원판에 주는 힘은 모두 원판의 중심에 작용하며 따라서 $r = 0$이므로 힘의 회전력은 0이다. 줄이 원판에 주는 힘 $\vec{F}^{줄}$는 거리 $r = R$인 곳에서 작용하며 원판의 테두리에 접한다. 따라서 회전력의 크기는 $|\vec{\tau}| = R|\vec{F}^{줄}|$이다. 표 11-2(*c*)에서 원판의 회전관성은 $\frac{1}{2}MR^2$이다. 따라서 $\tau_z^{알짜} = I\alpha_z$를 다음과 같이 쓸 수 있다.

$$|\vec{\tau}| = R|\vec{F}^{줄}| = \tfrac{1}{2}MR^2|\alpha| \tag{11-36}$$

이 식도 구하려는 가속도 a가 아닌 두 미지수 α와 $|\vec{F}^{줄}|$이 들어 있으므로 쓸모없어 보인다. 하지만 정신을 차려 물리적 내용을 살펴보면 다음의 셋째 **요점**으로 식을 쓸모 있게 바꿀 수 있다. 줄이 미끄러지지 않으므로 토막의 병진가속도 크기 $|a_y|$와 원판 테두리의 병진가속도 크기 $|\vec{a}_{접선}|$는 같다. 따라서 식 11-19 ($|\vec{a}_{접선}| = |\alpha|r$)에 의해 여기서는 $|\alpha| = |a|/R$임을 알 수 있다. 이 식을 식 11-36에 넣으면 다음과 같이 된다.

$$R|\vec{F}^{줄}| = \frac{\frac{1}{2}MR^2|a_y|}{R} \quad \text{또는} \quad |\vec{F}^{줄}| = \tfrac{1}{2}M|a_y| \tag{11-37}$$

식 11-20a로부터 a_y는 분명히 음이며, 식 11-37에서 다음과 같다.

$$a_y = -\frac{2|\vec{F}^{줄}|}{M} \tag{11-38}$$

이제 식 11-35와 식 11-38을 결합하면 다음이 된다.

$$\begin{aligned} a_y &= -g\frac{2\,m}{M+2\,m} \\ &= -(9.8\,\text{m/s}^2)\frac{(2)(1.2\,\text{kg})}{2.5\,\text{kg}+(2)(1.2\,\text{kg})} \\ &= -4.8\,\text{m/s}^2 \end{aligned} \quad \text{(답)}$$

그리고 식 11-37을 써서 $|\vec{F}^{줄}|$를 구한다.

$$|\vec{F}^{줄}| = \tfrac{1}{2}M|a_y| = \tfrac{1}{2}(2.5\,\text{kg})(4.8\,\text{m/s}^2) = 6.0\,\text{N} \quad \text{(답)}$$

짐작할 수 있듯이 토막이 떨어지는 가속도의 크기는 g보다 작으며, 줄의 장력(=6.0N)은 그냥 매달려 있는 토막이 받는 중력(=mg=11.8N)보다 작다. 또한 토막의 가속도와 장력은 원판의 반지름이 아닌 원판의 질량에 의존함을 알 수 있다. 점검 과정으로, 원판의 질량이 없을 때(M=0)는 예상대로 위에서 끌어낸 공식으로부터 $a_y=-g$ 및 $T=0$임을 볼 수 있다. 즉, 토막은 뒤에 줄로 꼬리를 달고 단순히 자유낙하 물체처럼 떨어진다.

식 11-19에서 원판의 회전가속도 크기는 다음과 같다.

$$|\alpha| = \frac{|a_y|}{R} = \frac{4.8\,\text{m/s}^2}{0.20\,\text{m}} = 24\,\text{rad/s}^2 \quad \text{(답)}$$

따라해보기 11-6 | 유도

80 kg인 상대방을 유도 업어치기 기본자세로 내치려면 오른쪽 엉덩이에 둔 회전점에서 모멘트 팔 d_1 = 0.3 m인 곳에서 도복을 힘 $\vec{F}$로 잡아당겨야 한다. 그림에서 회전점을 중심으로 시계방향 회전가속도 $\alpha = -6.0\,\text{rad/s}^2$로 그를 돌리려 한다. 회전점에 대한 상대방의 회전관성 I는 $15\,\text{kg}\cdot\text{m}^2$이라고 가정하자.

(a) 집어던지기 전에 상대방을 앞으로 구부려 그의 질량중심을 엉덩이로 옮겨온다면 (그림 11-31a) 힘 $\vec{F}$의 크기는 얼마이어야 하는가?

풀이 ■ 요점 하나는 그를 당기는 힘 $\vec{F}$를 회전에 대한 뉴턴 제2법칙($\tau^{알짜} = I\alpha$)을 써서 회전가속도 α와 연관시킬 수 있다는 것이다. 상대의 발이 마룻바닥에서 뜨면 그는 단지 세 힘만을 받는다고 가정할 수 있다. 그를 당기는 힘 $\vec{F}$, 회전점에서 그에게 주는 힘 $\vec{N}$ (이 힘은 그림 11-31에 보이지 않음), 그리고 중력 $\vec{F}^{중력}$. $\tau^{알짜} = I\alpha$식을 쓰려면 회전점에 대한 각각의 힘에 대응되는 세 회전력이 있어야 한다.

식 11-31에서 ($|\tau| = r_\perp|\vec{F}|$) 당기는 힘 $\vec{F}$에 의한 회전력은 $-d_1F$이다. 여기에서 d_1은 모멘트 팔 $r_\perp$이며, (−) 부호는 회전력이 일으키는 회전이 (−)방향임을 나타낸다. $\vec{N}$에 의한 회전력은, $\vec{N}$이 회전점에 작용하고 따라서 모멘트 팔은 $r_\perp$ = 0.0 m이므로, 0이다.

$\vec{F}^{중력}$에 의한 회전력을 셈하려면 8장에서의 요점이 필요하다. $\vec{F}^{중력}$은 상대방의 질량중심에 작용한다고 가정할 수 있다. 질량중심에 회전점에 있다면 $\vec{F}^{중력}$의 모멘트 팔은 $r_\perp$ = 0.0 m이며, 따라서 $\vec{F}^{중력}$에 의한 회전력은 0이다. 결국, 상대방에게 주는 유일한

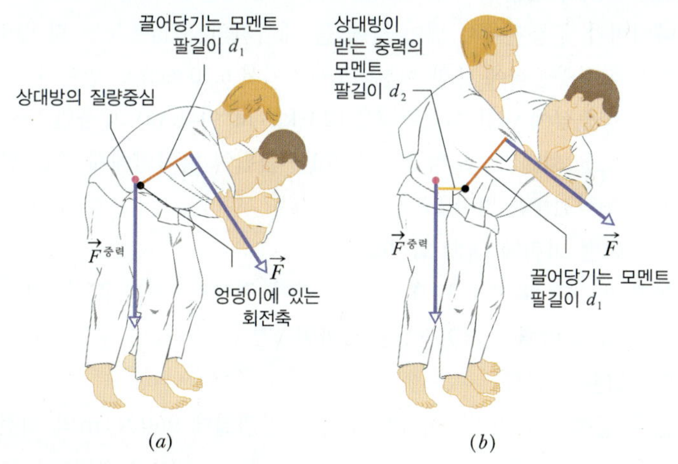

그림 11-31
유도의 업어치기 (a) 옳게 함. (b) 잘못 함.

회전력은 당기는 힘 $\vec{F}^{중력}$에 의한 것이며, 식 $\tau^{알짜} = I\alpha$은 다음과 같이 쓸 수 있다.

$$-d_1|\vec{F}| = I\alpha$$

따라서 다음 결과를 얻는다.

$$\begin{aligned} |\vec{F}| &= \frac{-I\alpha}{d_1} = \frac{-(15\,\text{kg}\cdot\text{m}^2)(-6.0\,\text{rad/s}^2)}{0.30\,\text{m}} \\ &= 300\,\text{N} \end{aligned} \quad \text{(답)}$$

(b) 상대방을 집어던지기 전에 상대방이 뻿뻿하게 버텨서 회전점에 대한(그림 11-31b) $\vec{F}^{중력}$의 모멘트 팔이 d_2 = 0.12 m라면 힘 $\vec{F}$

의 크기는 얼마이어야 하는가?

풀이 ■ 여기서 필요한 **요점**은 한 가지를 빼고는 (a)와 같다. $\vec{F}^{중력}$에 대한 모멘트 팔은 이제 0이 아니므로 $\vec{F}^{중력}$이 주는 회전력은 d_2mg이며 회전력은 시계 반대쪽으로 돌리려 하므로 부호가 (+)이다. 이제 $\tau^{알짜} = I\alpha$는 다음과 같이 쓸 수 있고

$$-d_1|\vec{F}| + d_2mg = I\alpha$$

이 식으로부터 다음이 된다.

$$|\vec{F}| = -\frac{I\alpha}{d_1} + \frac{d_2mg}{d_1}$$

(a)로부터 오른쪽의 첫 항은 300N임을 알고 있다. 이 값과 주어진 자료를 넣으면 다음이 된다.

$$|\vec{F}| = 300\,\text{N} + \frac{(0.12\,\text{m})(80\,\text{kg})(9.8\,\text{m/s}^2)}{0.30\,\text{m}} = 613.6\,\text{N} \approx 610\,\text{N} \qquad \text{(답)}$$

이 결과로부터 처음에 상대방을 구부려서 그의 질량중심을 엉덩이에 가져오지 못하면 훨씬 더 세게 당겨야 함을 알 수 있다. 유도 고단자는 이 물리학적 교훈을 알고 있다.(유도와 합기도의 물리학적 해석은 J. Walker가 쓴 'The Amateur Scientist', Scientific America, July 1980, Vol. 243, pp. 150–161에 실려 있다.)

연습문제 11-8

49. 다이버의 입수

다이버가 구름판에서 뛰어 물에 들 때까지의 20 m/s 동안 다이버 자신의 질량중심에 대한 회전속도가 0에서 6.20 rad/s로 변한다. 그의 질량중심에 대한 회전관성은 12.0 kg · m²이다. (a) 그 동안 다이버의 평균 회전가속도의 크기와 (b) 구름판이 다이버에게 주는 평균 외부회전력은 얼마인가?

50. 어떤 바퀴에 대한 회전력

어떤 바퀴가 회전력 32.0 N · m을 받아 회전가속도가 25.0 rad/s²가 되었다. 바퀴의 회전관성은 얼마인가?

51. 얇은 공껍질

얇은 공껍질의 반지름이 1.90 m이다. 공껍질에 960 N · m의 회전력을 주면 공껍질의 중심을 지나는 축에 대한 회전가속도는 6.20 rad/s²가 된다. (a) 이 축에 대한 공껍질의 회전관성과 (b) 공껍질의 질량은 각각 얼마인가?

52. 질량이 있는 원기둥

그림 11-32에서 질량 2.0 kg인 원기둥이 O점을 지나는 중심축에 대해 돌 수 있게 되어 있다. 힘은 그림에 표시된 것처럼 작용한다. $F_A = 6.0\,\text{N}$, $F_B = 4.0\,\text{N}$, $F_C = 2.0\,\text{N}$, $F_D = 5.0\,\text{N}$. 또한 $R_1 = 5.0\,\text{cm}$이고 $R_2 = 12\,\text{cm}$이다. 원기둥의 회전가속도의 크기와 방향을 구하라.(이 힘은 원기둥이 도는 동안 같은 각도를 유지한다.)

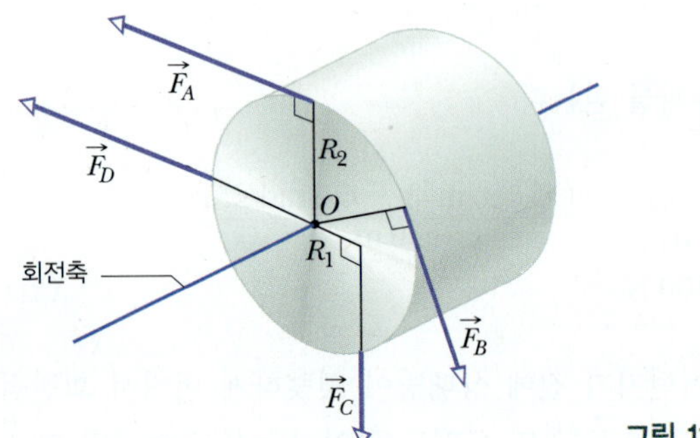

그림 11-32 문제 52

53. 로렌스 리버모어의 문

그림 11-33는 로렌스 리버모어 연구소의 중성자 시험시설에 있는 육중한 차단문을 보여준다. 이것은 세상에서 가장 무거운 돌쩌귀가 달린 문이다. 문의 질량은 44 000 kg이고, 돌쩌귀를 지나는 수직축에 대한 회전관성은 8.7 × 10⁴ kg · m²이며, (전면의) 문 폭은 2.4 m에 이른다. 마찰을 무시하고 얼마의 일정한 힘을 문의 전면에 수직으로 문 끝에 주어야만 문이 서 있다가 30초 만에 90°의 각도로 움직이겠는가?

그림 11-33 문제 53

54. 마찰 없는 축의 바퀴

반지름 0.20 m인 바퀴가 마찰 없는 수평축에 끼워져 있다. 축에 대한 바퀴의 회전관성은 0.050 kg · m²이다. 질량 없는 줄이 바퀴에 감겨서 마찰 없는 수평면에서 미끄러지는 2.0 kg의 토막에 고정되어 있다. 크기 P =

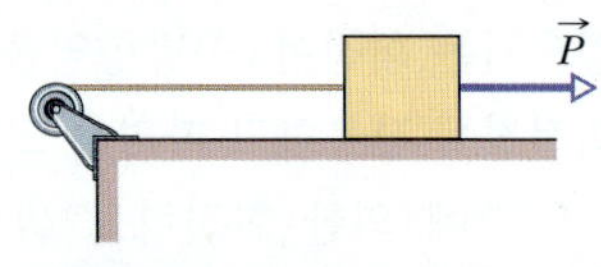

그림 11-34 문제 54

3.0 N인 수평력이 그림 11-34처럼 토막에 작용한다면 바퀴의 회전가속도 크기는 얼마인가? 줄은 바퀴에서 미끄러지지 않는다고 가정한다.

55. 도르래와 두 개의 토막

그림 11-35에서 두 토막의 질량은 $M = 500\,g$, $m = 460\,g$이며, 마찰 없는 수평 베어링에 끼운 도르래의 반지름은 5.00 cm이다. 무거운 토막을 선 상태에서 놓으니 75.0 cm 떨어지는 데 5.00초 걸렸다(줄은 도르래에서 미끄러지지 않는다). (a) 토막의 가속도 크기는 얼마인가? (b) 무거운 토막과 (c) 가벼운 토막을 당기는 줄의 장력은 얼마인가? (c) 도르래의 회전가속도 크기는 얼마인가? (d) 도르래의 회전관성은 얼마인가?

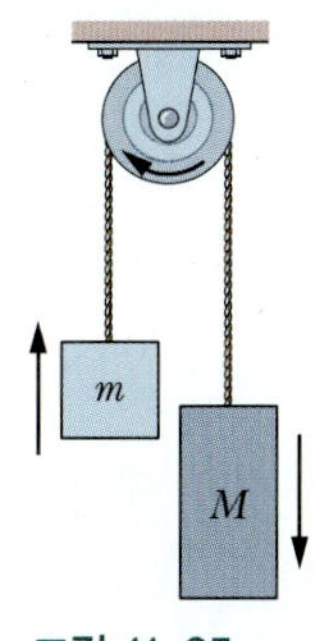

그림 11-35 문제 55

56. 도르래

축에 대한 회전관성이 $1.0 \times 10^{-3}\,kg \cdot m^2$인 반지름 10 cm인 도르래에 힘을 그 테두리에 접선방향으로 주었다. 힘의 크기는 시간에 따라 $F = (0.5\,N/s)\,t + (0.30\,N/s^2)\,t^2$로 변하며 F는 뉴턴, t는 초이다. 도르래는 처음에 서 있었다. 도르래의 (a) 회전가속도와 (b) 회전속력은 $t = 3.0$초에서 얼마인가?

57. 막대 위의 두 토막

그림 11-36은 길이가 $L_1 + L_2$인($L_1 = 20\,cm$, $L_2 = 80\,cm$) 질량 없는 강체막대 끝에 질량이 각각 m인 두 토막이 매달려 있는 것을 보여준다. 지레 받침점에서 막대를 수평으로 들었다가 두 토막을 놓았다. (a) 받침점에 가까이 있는 토막과 (b) 다른 토막의 초기가속도의 크기는 얼마인가?

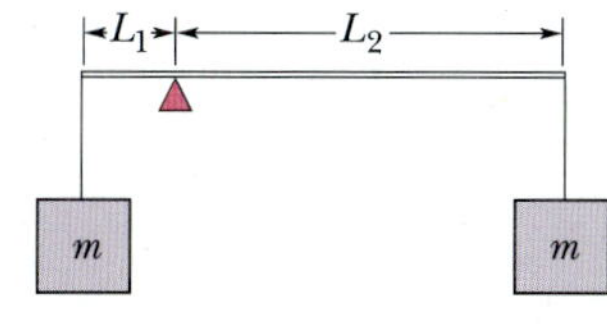

그림 11-36 문제 57

11-9 일과 회전 운동 에너지

• 1차원 병진운동의 알짜일-운동 에너지 정리

9장에서 설명했듯이 알짜힘이 질량 m인 강체의 질량중심을 가속시키면 그 힘은 물체에 알짜일 $W^{알짜}$를 하여 물체의 병진운동 에너지 $K = \frac{1}{2}mv^2$가 달라진다. 알짜일-운동 에너지 정리는 이 두 양을 연관시킨다.

$$W^{알짜} = K_2 - K_1 = \Delta K \qquad \text{(일-운동 에너지 정리)} \qquad \text{(식 9-11)}$$

여기서 K_1과 K_2는 처음 위치와 새 위치에서의 물체의 운동 에너지다.

어느 한 축을 따라 움직이는 병진운동에 대해서는, 그 축을 x축으로 잡으면, 다음 식을 써서 알짜일을 셈할 수 있다.

$$W^{알짜} = \int_{x_1}^{x_2} F_x^{알짜}(x)\,dx \qquad \text{(일, 1차원의 운동)} \qquad (11\text{-}39)$$

알짜힘이 일정하면 이 식은 $W^{알짜} = F_x^{알짜}\Delta x$가 되고, 여기서 물체의 변위는 $\Delta x = x_2 - x_1$이다. 일률은 단위 시간에 일을 하는 능률은 다음과 같다.

$$P = \frac{dW}{dt} = Fv \qquad \text{(일률, 1차원의 운동)} \qquad (11\text{-}40)$$

• 회전운동의 알짜일-운동 에너지 정리 — 고정된 축

회전운동에서도 위와 비슷한 정리가 있다. 알짜회전력이 회전축이 고정된 강체를 가속시킬 때는 이 힘도 물체에 일을 해주므로 물체의 회전운동 에너지 $K^{회전} = \frac{1}{2}I\omega^2$(식 11-24)가 달라진다. 알짜일-

운동 에너지 정리의 알짜일과 운동 에너지를 회전량으로 나타내면 알짜회전력과 회전운동 에너지의 변화를 연관시킬 수 있다.

$$W^{\text{알짜-회전}} = \Delta K = K_2 - K_1 = \tfrac{1}{2} I\omega_2^2 - \tfrac{1}{2} I\omega_1^2 \qquad \text{(회전 알짜일-운동 에너지 정리)} \qquad (11\text{-}41)$$

여기서 I는 물체의 고정축에 대한 회전관성, ω_1과 ω_2는 각각 물체에 회전일을 해주기 전, 후의 회전 속도이다.

• 회전 일-운동 에너지 정리 끌어내기

식 11-24에서 이미 회전운동 에너지에 대한 식 $K = \frac{1}{2} I\omega^2$을 끌어내었다. 식 11-41을 끌어내려면, 일의 정의를 써서 W를 알짜회전력 $\tau^{\text{알짜}}$(알짜힘 $\vec{F}^{\text{알짜}}$에 의한 것)이 한다. 알짜회전일 $W^{\text{알짜-회전}}$에 대한 식을 구해야 한다. 이 과정에서는 회전변수와 병진변수 사이의 관계식을 쓴다. 먼저 회전축까지의 거리가 r인 입자에 알짜힘이 어떤 영향을 주는가 살펴보자.

힘 $\vec{F}$를 받는 어떤 입자가 원을 따라 거리 ds를 움직일 때는, 그 힘의 접선성분 $\vec{F}_{\text{접선}}$만이 경로를 따라 입자를 가속시킨다. 따라서 $F_{\text{접선}}$만이 입자에 일을 하며, 그 일의 미분량 $dW\ F_{\text{접선}}\,ds$이다. x축에 대하여 입자가 움직여간 각도가 $d\theta$라면 $ds = rd\theta$이다. 따라서

$$dW^{\text{알짜-회전}} = F_{\text{접선}}^{\text{알짜}}\, rd\theta \qquad (11\text{-}42)$$

하지만, $F_{\text{접선}}^{\text{알짜}}\, r = \tau^{\text{알짜}}$이므로 윗 식은 다음 같이 쓸 수 있다.

$$dW^{\text{알짜-회전}} = \tau^{\text{알짜}}\, d\theta \qquad (11\text{-}43)$$

그러면 회전운동을 하는 입자가 θ_1에서 θ_2까지 도는 동안에 해준 일은 다음과 같다.

$$W^{\text{알짜-회전}} = \int_{\theta_1}^{\theta_2} \tau^{\text{알짜}}\, d\theta \qquad \text{(고정축에 대한 회전일)} \qquad (11\text{-}44)$$

회전일에 대한 이 식은 물체 속의 모든 입자가 함께 도는 강체에도 적용된다. 따라서 이제 알짜회전일과 회전운동 에너지의 변화를 회전변수로 나타내는 식 그리고 일과 운동 에너지에 대해 똑같은 기본 정의식을 갖추었다. 이로서 강체가 고정축을 중심으로 돌 때 일짜일과 운동 에너지 변화를 일-운동 에너지 정리를 써서 연결시킬 수 있다.

병진력이 해준 일과 마찬가지로, 회전일도 스칼라량이며, 회전력을 받은 물체가 더 부호는 일을 회전체에 해주었는가 빨리 돌면 (+), 더 느리게 돌면 (−)이다. 그 일은 부호가 있는 물리량인 회전력과 회전변위를 곱하여 셈한다.

• 회전물체에 대한 일률

고정축에 대한 강체의 회전운동과 관련된 일률 P를 식 $dW = \tau d\theta$(식 11-43)를 써서도 구할 수 있다.

$$P = \frac{dW}{dt} = \tau \frac{d\theta}{dt} = \tau\omega \qquad (11\text{-}45)$$

회전력과 회전속도의 부호는 회전운동의 부호를 결정하는 오른손 규칙을 따른다.

표 11-3은 고정축에 대한 강체 회전에 관한 식과 그에 대응되는 병진운동에 관한 식을 요약한 것이다.

표 11-3
병진과 회전운동에 대한 대응관계

순 병진 (x 축)		순 회전 (고정 회전축에 대한 대칭)	
위치성분	x	회전 위치성분	θ
속도성분	$v_x = dx/dt$	회전 속도성분	$\omega = d\theta/dt$
가속도성분	$a_x = dv_x/dt$	회전 가속도성분	$\alpha = d\omega/dt$
질량	m	회전관성	I
뉴턴 제2법칙	$F_x^{알짜} = ma_x$	뉴턴 제2법칙	$\tau^{알짜} = I\alpha$
힘	F	회전력	τ
일	$W = \int F_x dx$	일	$W = \int \tau d\theta$
운동 에너지	$K = \frac{1}{2}mv_x^2$	운동 에너지	$K = \frac{1}{2}I\omega^2$
일률	$P = F_x v_x$	일률	$P = \tau\omega$
일-운동 에너지 정리	$W = \Delta(\frac{1}{2}mv_x^2)$	일-운동 에너지 정리	$W^{회전} = \Delta(\frac{1}{2}I\omega^2)$

따라해보기 11-7 | 도는 고리-막대

가는 고리 하나(질량 m, 반지름 $R = 0.15$ m)와 반지름 방향의 가는 막대(질량 m, 길이 $L = 2.0$ R)로 된 강체가 그림 11-37처럼 배치되어 있다. 이 강체는 고리 평면에서 고리중심을 지나는 수평축을 중심으로 돌 수 있다.

(a) 회전축에 대한 강체의 회전관성 I를 m과 R로 나타내면 어떻게 되는가?

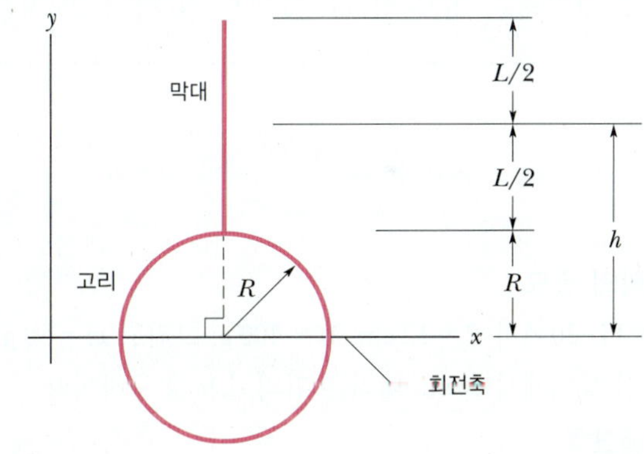

그림 11-37
고리 하나와 막대 하나로 이루어진 강체가 수평축을 중심으로 돈다.

풀이 ■ 요점은 고리-막대의 회전관성을 따로따로 구한 다음, 이들을 더하여 강체 전체 회전관성 I를 구한다는 것이다. 표 11-2(h)에서 고리의 회전관성은 지름에 대해서는 $I = \frac{1}{2}mR^2$이다. 표 11-2(e)에서 막대는 막대의 질량중심을 지나고 고리-막대의 회전축에 나란한 축에 대한 회전관성이 $I_{양심} = mL^2/12$이다. 회전축에 대한 회전관성 $I_{막대}$을 구하려면 식 11-28의 평행축 정리를 쓴다.

$$\begin{aligned} I_{막대} &= I_{양심} + mh_{양심}^2 \\ &= \frac{mL^2}{12} + m\left(R + \frac{L}{2}\right)^2 \\ &= 4.33\,mR^2 \end{aligned}$$

여기서 $L = 2.0$ R인 것과 막대의 질량중심과 회전축 사이의 수직거리가 $h = R + L/2$임을 썼다. 따라서 회전축에 대한 강체의 회전관성 I는 다음과 같다.

$$\begin{aligned} I = I_{고리} + I_{막대} &= \tfrac{1}{2}mR^2 + 4.33\,mR^2 \\ &= 4.83\,mR^2 \approx 4.8\,mR^2 \end{aligned} \quad \text{(답)}$$

(b) 강체가 처음에는 그림 11-37과 같이 바로 서 있다가 회전축을 중심으로 돈다. 강체가 거꾸로 뒤집혔을 때 회전속력 ω는 얼마인가?

풀이 ■ 여기서는 다음 세 **요점**이 필요하다.

1. 강체의 회전운동 에너지 K는 식 11-24($K = \frac{1}{2}I\omega^2$)를 써서 강체의 회전속력 ω와 연결할 수 있다.
2. 강체가 도는 동안 강체의 역학적에너지 $E^{역학}$이 보존되므로 K

를 강체의 중력 위치 에너지 $U^{중력}$과 연관시킬 수 있다. 따라서 도는 동안에 $E^{역학}$은 변하지 않고($\Delta E^{역학}=0$), 에너지가 $U^{중력}$에서 K로 옮겨진다.

3. 중력 위치 에너지에 대해서는 강체를 전체 질량 2m인 질량중심에 모인 입자처럼 다룰 수 있다.

역학적에너지 보존 ($\Delta E^{역학}=0$)을 다음과 같이 쓸 수 있다.

$$\Delta K + \Delta U^{중력} = 0 \qquad (11\text{–}46)$$

강체가 처음 위치에 서 있다가 뒤집혀 회전속도 ω로 돌 때 운동 에너지 변화 ΔK는 다음과 같다.

$$\Delta K = K_2 - K_1 = \tfrac{1}{2} I\omega^2 - 0 = \tfrac{1}{2} I\omega^2 \qquad (11\text{–}47)$$

그에 대응되는 중력 위치 에너지 변화 $\Delta U^{중력}$은 식 10–6 ($\Delta U^{중력} = mg\Delta y$)으로부터 다음과 같다.

$$\Delta U^{중력} = (2m) g \Delta y_{양심} \qquad (11\text{–}48)$$

여기서 2m은 강체의 전체 질량, $\Delta y_{양심}$은 도는 동안의 강체 질량중심의 수직변위이다.

$\Delta y_{양심}$을 구하려면 먼저 식 11–22에서 질량중심의 처음 위치 $y_{양심}$을 구한다. 고리(질량 m)의 중심은 $y=0$에 있다. 막대(질량 m)의 중심은 $y = R + L/2$에 있다. 따라서 식 8–11로부터 강체의 질량중심은 다음과 같다.

$$y_{양심} = \frac{m(0) + m(R + L/2)}{2m} = \frac{0 + m(R + 2R/2)}{2m} = R$$

강체가 뒤집혔을 때 질량중심은 회전축까지의 거리는 똑같이 R이지만 위치는 아래이다. 따라서 처음 위치에서 뒤집힌 위치까지의 질량중심의 수직변위는 $\Delta y_{양심} = -2R$이다.

이제 이 결과들을 모으자. 식 11–47과 11–48을 11–46에 넣으면 다음과 같다.

$$\tfrac{1}{2} I\omega^2 + (2m) g \Delta y_{양심} = 0$$

(a)로부터 $I = 4.83 mR^2$과 위에서 $\Delta y_{양심} = -2R$을 넣어 ω에 대해 풀면 다음을 얻는다.

$$\omega = \sqrt{\frac{8g}{4.83R}} = \sqrt{\frac{(8)(9.8\,\text{m/s}^2)}{(4.83)(0.15\,\text{m})}} = 10\,\text{rad/s} \qquad \text{(답)}$$

연습문제 11-9

58. 토막의 속도

(a) 그림 11–30에서 $R = 12$ cm, $M = 400$ g, 그리고 $m = 50$ g이라면 토막이 선 상태에서 50 cm 내려온 뒤의 속도를 구하여라.

59. 크랭크축

자동차의 엔진이 1800 rev/min의 속도로 돌 때, 크랭크축은 에너지를 엔진에서 차축으로 100 hp(=74.6 kW)의 비율로 전달한다. 크랭크축은 얼마의 회전력을(N · m의 단위로) 전달하는가?

60. 가느다란 테

반지름이 1.20 m인 거의 가느다란 고리나 다름없는 질량 32.0 kg인 바퀴가 280 rev/min으로 돈다. 이 바퀴가 15.0초 안에 서야 한다면 (a) 정지시키는데는 필요한 일의 양과, (b) 평균 일률은 얼마인가?

61. 길이 L의 가는 막대

길이 L, 질량 m인 가는 막대가 한 끝에서 자유롭게 매달려 있다. 막대를 한쪽으로 당겼다 놓아서 시계추처럼 흔들리며 최저점을 회전속도 ω로 지나게 하였다. 마찰과 공기저항을 무시하고 위의 기호들 및 g로 (a) 최저점에서 막대의 운동 에너지와 (b) 최저점에서 질량중심은 얼마나 멀리 올라가는지 구하라.

62. 지구를 가속시키기

지구를 하루만에 선 상태에서 현재의 속도로 회전축으로 가속시키는데 필요한 (a) 회전력, (b) 에너지, (c) 평균 일률을 구하라.

63. 수직으로 세운 미터자

한 끝을 마룻바닥에 대고 수직으로 세운 미터자를 넘어뜨렸다. 바닥에 닿은 끝은 미끄러지지 않는다고 가정하고, 자가 넘어져 바닥을 때릴 때 끝부분의 속도를 구하라.(**실마리**: 자를 가느다란 막대로 보고 에너지보존 원리를 써라.)

64. 수평으로 도는 원기둥

반지름 10 cm, 질량 20 kg인 고른 원기둥이 길이방향 중심축과 5.0 cm 떨어져 나란한 수평축을 중심으로 자유롭게 돌 수 있다. (a) 회전축에 대한 원기둥의 회전관성은 얼마인가? (b) 원기둥의 길이방향 중심축을 회전축과 같은 높이에 두고 정지 상태에서 놓으면 원기둥이 최저점을 지날 때의 회전속도는 얼마인가?

65. 글자 H

똑같은 가느다란 막대 세 개로 H 자 모양의 강체를 만들었다(그림 11-38). 세 막대의 길이는 L이다. 이 강체는 H의 한쪽 다리 길이 쪽의 수평축에 대해 자유로이 돌 수 있다. 이 강체를 H 면이 수평한 상태에서 선 상태로 떨어지게 하였다. H 면이 수직할 때 강체의 회전속도는 얼마인가?

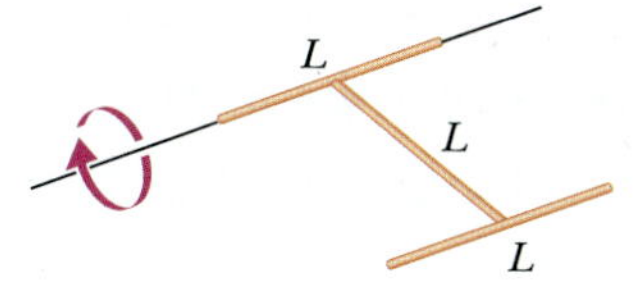

그림 11-38 문제 65

66. 균일한 공껍질

질량 M, 반지름 R인 고른 공껍질이 마찰 없는 베어링에서 수직축을 중심으로 돈다(그림 11-39). 질량 없는 줄을 공껍질의 적도를 따라 감은 다음, 반지름 r 회전관성 I인 바퀴를 지나게 하여 질량 m의 작은 물체를 매달았다. 바퀴 축에는 마찰이 없고 줄은 바퀴에서 미끄러지지 않는다. 물체가 서 있다가 거리 h만큼 떨어진 뒤에 물체의 속도는 얼마인가? 에너지보존으로 풀어라.

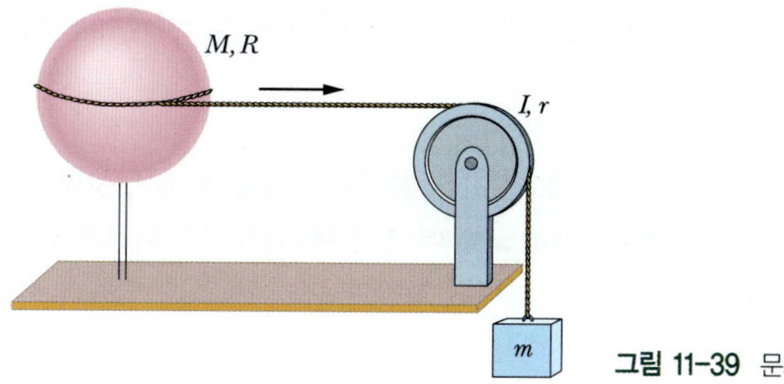

그림 11-39 문제 66

67. 긴 원기둥 모양의 굴뚝

긴 원기둥 모양의 굴뚝이 기초 부분의 균열로 넘어졌다. 굴뚝을 길이 H의 가는 막대로 다루고 θ를 수직선과 굴뚝이 이루는 각도라 하자. 위의 기호들과 g를 써서 다음을 나타내라. (a) 굴뚝의 회전속도, (b) 굴뚝 꼭대기의 반지름가속도, 그리고 (c) 굴뚝 꼭대기의 접선가속도.(**실마리**: 회전력이 아닌 에너지보존을 써라. (c)에서는 $\alpha = d\omega/dt$임을 상기하라.) (d) 접선가속도가 g와 같아질 때는 어떤 각도에서인가?

추가문제

68. 유도

유도의 발끌기는 상대의 도복을 오른쪽으로 당겨서 상대의 오른 발을 아래쪽에서 바깥쪽으로 끌어낸다. 그 결과 상대방은 왼발을 중심으로 매트를 향해 돈다. 그림 11-40은 상대를 마주볼 때 상대의 오른발이 밖으로 끌리는 간략한 그림이다. 회전축은 점 O를 지난다. 그가 받는 중력 $\vec{F}^{중력}$은 질량중심에 실제로 작용하며, 질량중심은 점 O에서 $d = 28\,\text{cm}$의 수평거리에 있다. 그의 질량은 70 kg이고 O점을 중심으로 회전관성은 $65\,\text{kg}\cdot\text{m}^2$이다. 당신이 그의 도복에 주는 힘 $\vec{F}^{유도}$가 (a) 무시할 만하다면, 그리고 (b) 300 N의 크기로 수평이고 높이 $h = 1.4\,\text{m}$에 작용한다면 O점을 중심으로 한 초기 회전가속도의 크기는 얼마인가?

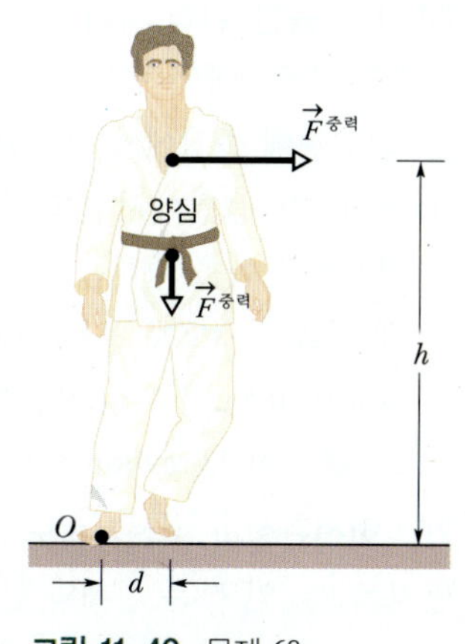

그림 11-40 문제 68

69. 원판막대

그림 11-41은 똑같은 원판 15장이 붙어서 (전체)질량 M, 길이 L인 막대와 같은 모양으로 배열된 것을 보여준다. 이 배열은 점 O에 있는 가운데 원판을 지나는 수직축을 중심으로 돌 수 있다. (a) 축에 대한 이 배열의 회전관성은 얼마인가? (b) 이 배열을 질량 M, 길이 L인 고른 막대로 어림하여 표 11-2(e)에 있는 공식을 써서 회전관성을 셈하면 오차가 몇 퍼센트나 되겠는가?

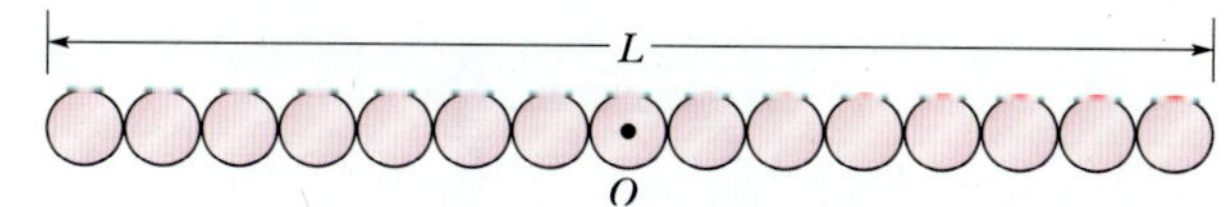

그림 11-41 문제 69

70. 회전관성을 어림하는 위한 덧셈계산

질량 M, 길이 L인 가느다란 막대의 한 끝을 지나며 막대 길이에 수직인 축에 대한 회전관성의 일반식은 적분을 셈하면 다음과 같음을 보일 수 있다.

$$I = \tfrac{1}{3}ML^2$$

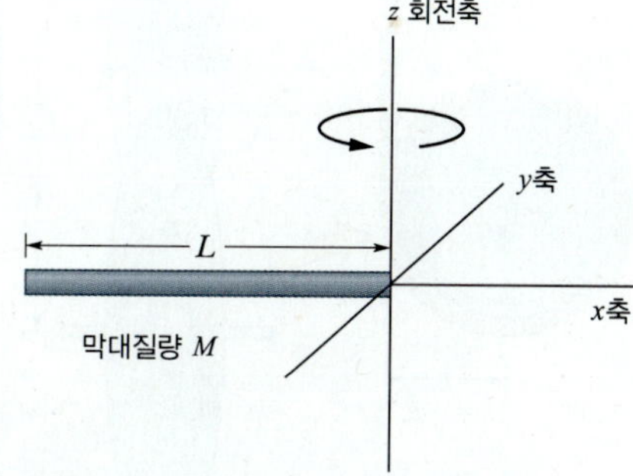

그림 11-42 문제 70

그림 11-42에 보인 것처럼 길이 $L = 0.5$ m 및 질량 1.2 kg의 막대를 고려하자.

(a) 회전관성의 이론값을 셈하라.

(b) 막대를 각각 질량 $M/50$인 작은 점질량 50개로 쪼개서, 첫째 점질량은 회전축에서 0.01 m에 두고, 둘째 점질량은 회전축에서 0.02 m에 두는 등으로, 막대의 회전관성을 어림하라. 막대의 회전관성을 어림셈하는 데는 스프레드시트를 써라.

(c) 이론적으로 셈한 값을 어림셈한 결과와 비교하라. 이들은 비슷한가?

71. 회전력의 계산(각도법)

손가락 구멍을 뚫기 전에 반지름이 0.120 m인 고른 볼링공이 지구로부터 알짜 중력 65 N을 받는다. 이 힘이 볼링공의 질량중심에 작용한다고 하자. 그림 11-43에서 볼링공이 받는 알짜힘과 A, B, C, D점을 지나는 회전축에 대해 이 힘이 주는 회전력의 크기와 방향을 구하라. 네 회전축은 모두 종이면에 수직이다.(**실마리**: 회전력 공식 $|\vec{\tau}| = |\vec{r}||\vec{F}|\sin\theta$를 쓸 수 있다.)

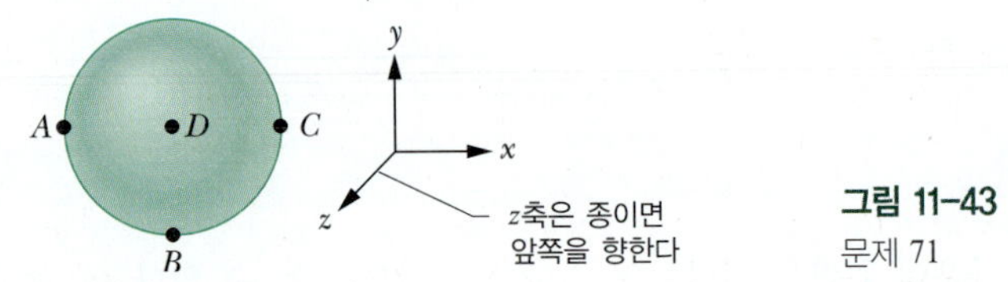

그림 11-43 문제 71

72. 간단한 요요

원판 축에 노끈 두 줄이 감겨 있는 '요요'를 생각해보자. 축이 실을 풀어내게 되면 원판과 축은 그림 11-44처럼 떨어진다.

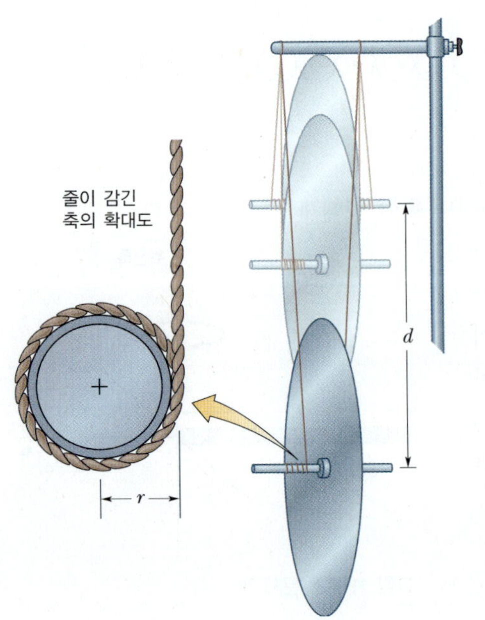

그림 11-44 문제 72

(a) 원판이 수직거리 $d = 30$ cm로 떨어지고 축과 감긴 실의 반지름이 $r = 50$ cm이라면 원판은 몇 바퀴나 돌았을까?

(b) 서 있던 원판이 일정한 회전가속도로 점점 빨리 돌아 거리 d까지 떨어지는데 25초 걸렸다면, 회전가속도 α의 크기는 얼마인가?

(c) 25초가 지난 뒤에 회전속도 ω의 크기는 얼마인가? **실마리**: 회전운동방정식을 써라.

73. 밧줄의 구입

밧줄은 때때로 큰 원기둥꼴 줄감개에 감겨 판매된다. 이러한 줄감개의 중심을 지나는 구멍에 수평 금속막대를 끼워 걸어두었다. 작업자가 그림 11-45처럼 힘을 주어 줄감개에서 줄을 끌어당긴다.(철물 가게에서 줄을 사보았다면 이 방식으로 줄을 보관하고 파는 것을 보았을 것이다.)

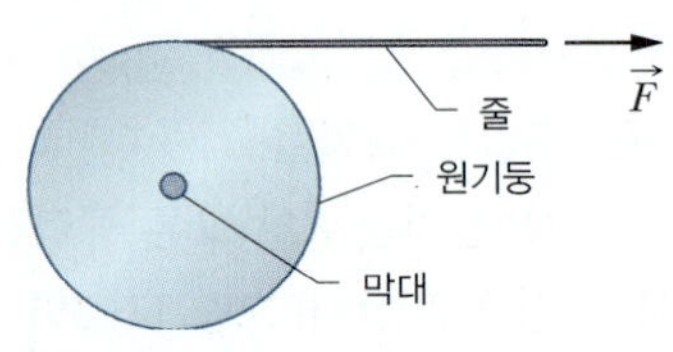

그림 11-45 문제 73

줄감개가 막대 위에서 마찰이 없이 돈다고 하자. 줄감개는 질량 50 kg, 반지름 30 cm인 거의 고른 원기둥이다. 작업자가 2초 동안 30 N의 힘으로 줄을 당겼다. 2초 뒤 그는 줄감개의 회전을 매우 빨리 멈추고자 제동기를 걸었다. 그가 제동기를 걸기 바로 전에 줄감개는 얼마나 빨리 도는가? 줄감개에서 줄은 얼마나 끌어냈는가?

74. LP 음반 위의 파리

오래된 축음기에서 음반이 거의 일정한 각속도 ω로 돈다. 돌아가는 음반 위에 중심에서 거리 R인 곳에 질량 m인 파리가 앉아 있다.

(a) 돌아가는 음반에서 파리를 미끄러지지 않게 하는 힘은 무엇인가? 어떤 쪽을 향하는가? 얼마나 큰가? 마지막 물음의 답은 위에 기술된 기호로 표시하라.

(b) 질량이 0.5 g인 파리가 음반 중심축에서 10 cm인 곳에 앉아 있고, 음반이 33 rev/min으로 돈다면 마찰계수는 얼마인가?

75. 회전관성과 회전가속도

반지름 $r_{실패}$인 작은 실패와 반지름 $r_{원판}$인 투명합성수지 원판이 그림 11-46과 같이 베어링 안에서 거의 마찰없이 자유롭게 돌 수 있는 축과 연결되어 있다. 실패에 노끈을 감고, 노끈에 질량 m을 매달아 떨어지게 하였다.

(a) m, g, 그리고 $\vec{F}^{장력}$을 써서 떨어지는 질량 m에 대한 힘을 나타내는 힘-물체 그림을 그려라.

(b) 질량의 병진가속도 크기를 재보니 a라면 어떤 식을 써야 줄의 $|\vec{F}^{장력}|$을 셈할 수 있겠는가? 즉, m, g, $|\vec{F}^{장력}|$ 그리고 a를 연관시키는 식은 무엇인가? **유의**: $|\vec{F}^{장력}| - mg = ma$인 계에서 $a \ll g$이면 $|\vec{F}^{장력}| \approx mg$.

(c) 실패에서 줄의 장력 $|\vec{F}^{장력}|$이 작용한 결과로서 실패-축-원판 계가 받는 회전력 τ의 크기는 얼마인가?

(d) 회전하는 계의 회전가속도 크기 ω를 낙하물체의 병진가속도 a와 실감개의 반지름 $r_{실패}$의 함수로서 나타내라.

(e) 축과 실패의 회전관성은 원판의 회전관성에 비하여 너무 작아서 무시할 수 있다. 반지름이 $r_{원판}$인 큰 원판의 회전관성 $I_{원판}$만 생각한다면, 어떤 식을 써서 $I_{원판}$의 값을, 계가 받는 회전력 τ와 원판의 회전가속도 ω의 함수로서 예측할 수 있겠는가?

(f) 원판의 회전관성 $I_{원판}$의 이론값을 그 질량 $M_{원판}$ 및 반지름 $r_{원판}$으로 나타내라.

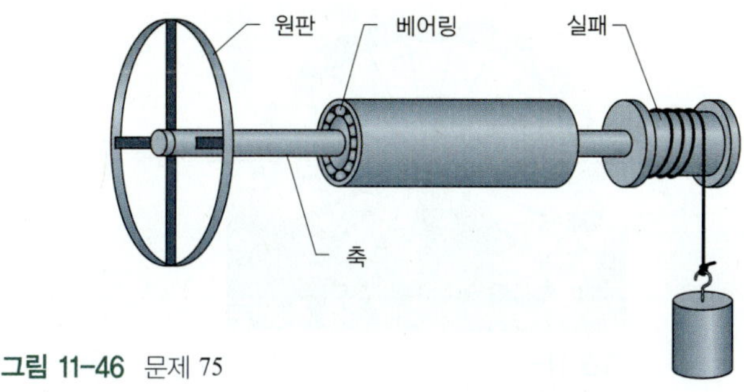

그림 11-46 문제 75

76. 빙글빙글 돌기

꼬마가 회전목마를 처음 타고 즐거워 하고 있다.(그는 위아래로 움직이는 것보다는 서 있는 말을 타고 있다.) 위에서 본 회전목마의 개략도를 편의상의 좌표계로 그림 11-47a에 나타냈다. 회전목마가 출발한 조금 뒤 일정하게 돌기 시작한 다음에 시간을 재기 시작했다. 시간 $t_1 = 0$에서 꼬마의 위치와 속도를 한 점과 화살표로 나타내었다. $t_1 = 0$에서 꼬마가 받는 알짜힘은 0인가? 맞으면 '예'로 쓰고 그렇게 생각하는 까닭을 써라. 틀리면 '아니오'로 쓰고 그 힘의 종류와 힘을 주는 원인 물체를 써라. 그림 11-47b에 나타낸 그림표 중 어떤 것이 꼬마의 운동에 대해 다음에 표시한 여섯 항목의 변수를 나타내는지 각각 정하라. 해당하는 그림표가 없으면 '없음'으로 써라.

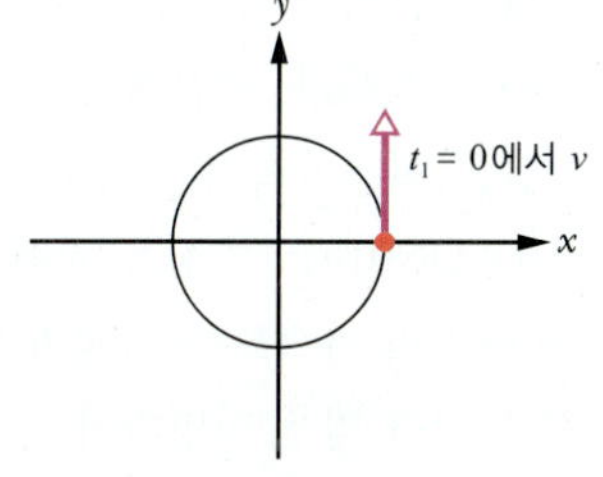

그림 11-47a 문제 76

(a) 꼬마의 속도에 대한 x성분

(b) x축과 꼬마의 위치벡터가 이루는 각도

(c) 꼬마가 원으로 돌게 하는 힘의 y성분

(d) 꼬마의 회전속도

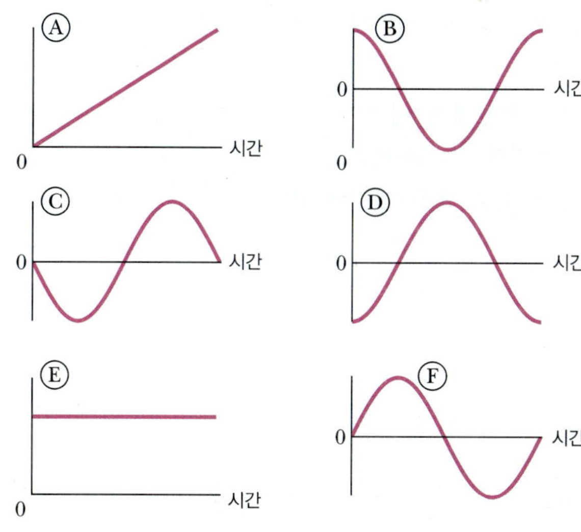

그림 11-47b 문제 76

(e) 꼬마의 병진속도

(f) 꼬마의 위치에 대한 x성분

77. 회전관성들의 비교

그림 11-48에 보인 세 물체 모두 반지름과 질량이 같다면 표시된 회전축에 대해 회전관성이 가장 큰 것은? 또한 회전관성이 가장 작은 것은? 답에 대한 이유를 설명하라. **실마리:** 어떤 것의 질량이 회전축에서 가장 멀리 퍼져 있는가?

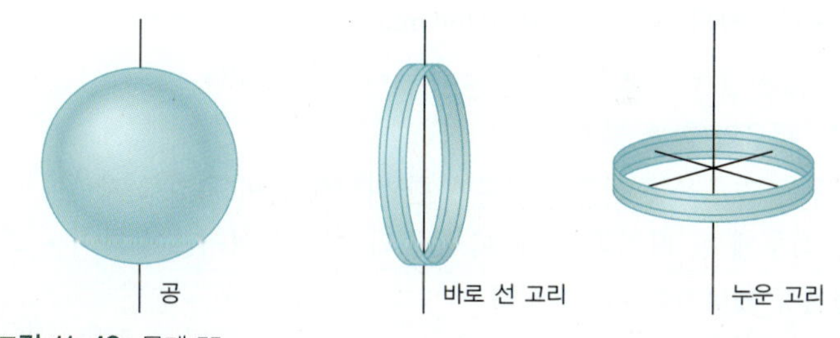

그림 11-48 문제 77

78. 회전과 병진운동 에너지 비교

(a) 다음처럼 되려면 공이 어떻게 움직여야 하는가를 기술하라.

i) 전체 운동 에너지는 오로지 질량중심의 운동 에너지다.

ii) 전체 운동 에너지는 질량중심에 대해 상대적인 운동 에너지다.

(b) 두 볼링공이 통로를 따라 가며 질량중심의 속도는 같다. 그러나 하나는 그저 미끄러지는데 다른 하나는 굴러간다. 어느 공의 에너지가 더 많은가? 그 이유를 설명하라.

79. 문닫기

한 여학생이 기숙사 방에서 침대에 앉은 채 물리 숙제를 하고 있다. 그녀의 방문은 열린 채 있었다. 갑자기 그녀는 옛 남자친구가 옆방의 여학생에게 이야기하는 소리를 들었다. 그녀는 빨리 문을 닫고 싶어서(문 닫을 때 쓰려고 침대 맡에 두었던) 탱탱공을 문에 던졌다. 볼은 그림 11-49에 보인 길을 따라 날아갔다. 공은 문을 정면으로 맞추고 똑바로 튀겨 나왔다. 문을 닫을 때 공의 효과는 공이 문의 어디를 맞추는가에 달라지는가? 그렇다면 어디를 맞춰야 가장 효과적인가? 그 이유를 설명하라.

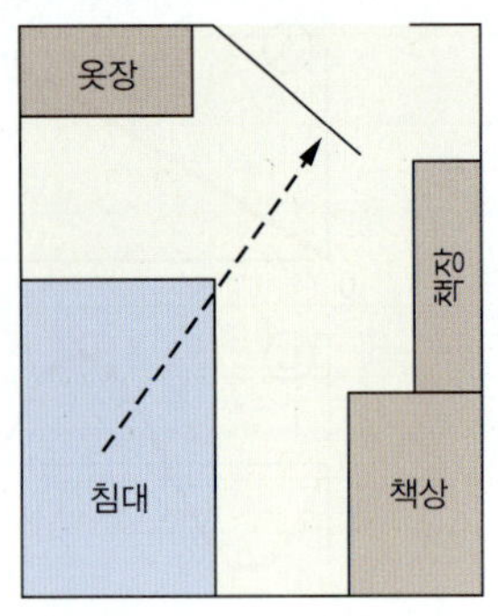

그림 11-49 문제 79.

80. 플라이휠로 공기정화

공기오염을 줄이고자 제시된 방법으로 플라이휠로 구동되는 자동차가 있다. 이 차에는 엔진 대신 수직축을 중심으로 도는 플라이휠이 들어 있다. 자동차는 아침 일찍 전기를 써서(벽에 전기플러그를 꽂아서) 플라이휠을 고속으로 돌린다. 이 차의 크기가 요즈음 대표적인 차와 대략 같다고 할 때 엔진 덮개 아래에 넣기에 적당한 플라이휠에 저장할 수 있는 에너지의 양을 어림셈하라. 다음 수치들의 일부가 도움이 될 것이다.

- 대표적인 차의 질량 = 1000 kg
- 강철의 밀도 = 6 g/cm^3
- 플라이휠의 최대속도=1000 rev/min
- 자동차가 만드는 일산화탄소 오염의 비율 = 60%

81. 지구와 함께 돌기

지구는 지축을 중심으로 하루에 한 바퀴씩 돌며 우리도 지축에 대해 하루에 한 바퀴씩 돈다. 이 운동의 결과로 여러분이 가지는 회전운동 에너지를 어림셈하라.

82. 하드디스크 먼지 없애기

현재 컴퓨터 하드디스크는 7000 rmp로 돈다. 구동기 속의 원판은 플로피 디스크와 크기가 거의 같다. 원판에 앉아 있는 먼지조각이 마찰력 때문에 미끄러져 떨어지지 않을 마찰계수를 어림셈하라. 먼지조각의 질량은 50 mg이라고 하자. 계산 결과에 담긴 뜻을 설명하라.

83. 자전거 바퀴의 운동 에너지

자전거가 움직일 때 자전거 바퀴의 회전운동 에너지를 어림셈하라.

84. 큰 회전 관람차

비디오 분석 프로그램을 써서 큰 회전 관람차의 운동을 분석하라. 비디오포인트 영상집을 찾아보고 파일명 HRSY001의 영상을 써라. 이것은 허쉬공원(Hershey Park)에 있는 큰 회전 관람차의 그림이다. 그림 11-50은 그 중의 한 영상이다.

(a) 시간의 함수로서 큰 회전 관람차의 회전속도의 특성은 무엇인가? 속도는 빨라지는가, 느려지는가, 아니면 일정하게 유지되는가? 답에 대한 증거를 대라.

(b) $t = 0.100\,0$초에서 안쪽 원의 한 점에서 병진속도는 얼마인가?

(c) $t = 0.100\,0$초에서 바깥쪽 원의 한 점에서 병진속도는 얼마인가?

그림 11-50 문제 84

85. 떨어지는 물체가 원판을 돌린다

비디오 분석 프로그램을 써서 줄감개와 결합되어 있는 원판의 운동을 분석하라. 줄감개의 줄에 매달려 떨어지는 물체는 줄감개와 원판을 회전가속시킨다. 비디오포인트 영상집을 찾아보고 파일 이름 DSON014의 영상을 써서 처음 12개의 틀을 분석하라.

(a) 원판의 가속도는 일정한가? 내린 결론에 대한 증거를 인용하고 분석한 일을 설명하라.

(b) 회전가속도의 특성에 대하여 서술하라. 회전가속도는 커지는가, 작아지는가, 아니면 일정하게 유지되는가? 회전가속도가 일정하게 유지된다는 결론을 내렸으면 그 값은 rad/sec^{2}으로 얼마인가를 셈하라. 이 결론에 어떻게 이르렀는지 설명하라. 관련된 자료와 그림표를 보여라.

(c) 원판이 움직인 각도를 시간의 함수로 나타내는 식은 무엇인가? 이 식을 어떻게 구했는지 설명하라.

(d) 원판의 회전속도를 시간의 함수로 나타내는 식은 무엇인가? 이 식을 어떻게 구했는지 설명하라.

12 복잡한 회전

1897년 유럽에서 어떤 공중곡예사가 흔들리는 그네에서 뛰어 날아가 동료의 손을 잡을 때까지 3중(세 바퀴) 공중제비를 처음으로 해냈다. 그 뒤 85년 동안 공중곡예사들은 4중 공중제비를 해내지 못하다가 1982년에야 비로소 이루었다. '링글링 형제와 바넘 그리고 베일리 서커스단'의 바츠퀘츠(Miguel Vazquez)는 공중에서 동료 후안(Juan)이 잡아주기 전까지 완전히 네 바퀴 돌았다. 두 사람 모두 그 성공으로 깜짝 놀랐다.

그 위업이 왜 그리 어려운가? 그리고 물리학의 어떤 특징이 (드디어) 가능하게 했는가?

◈ 답은 이 장에 있다.

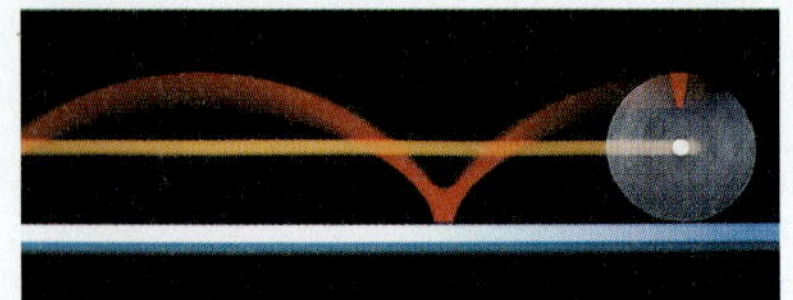

그림 12-1
굴러가는 원반의 연속기록 사진. 작은 광원이 하나는 원반 가운데에, 하나는 가장자리에 붙어 있다. 후자는 '사이클로이드(cycloid)' 라는 궤적을 그린다.

그림 12-2
한 학생이 돌고 있는 자전거 바퀴의 회전축의 방향을 바꾸려고 바퀴 축에 회전력을 준다(PASCO scientific의 사진 전재 허가).

12-1 복잡한 회전

이 장에서는 앞 장에서 설명한 회전운동의 개념을 더 넓힌다. 11장에서는 병진운동과 회전운동에 관련된 물리량 사이의 관계를 배웠다: 위치와 각도, 병진속도와 회전속도, 병진가속도와 회전가속도, 그리고 힘과 회전력 등 그때는 회전축이 고정되어 있고, 회전관성 I가 일정한 (질량분포가 일정한) 강체의 회전만 다루었는데, 회전축이 고정되어 있으므로 회전운동과 관련된 물리량은 회전축 방향의 성분만 다루면 됐다. 이 장에서는, 회전축이 고정되어 있지 않거나, 회전체의 회전관성이 시간에 따라 변하는 등의 더 복잡한 운동을 다룬다.

1. 물체가 회전축의 방향을 유지한 채 움직이는 회전운동.
   이러한 운동은 회전운동과 병진운동의 결합이며, 예를 들면 요요, 바퀴, 볼링공(그림 12-1) 등이 있다.
2. 회전축의 방향이 바뀌는 회전운동.
   원반과 부메랑의 회전축은 공기 저항 및 지구 중력을 받아, 팽이의 회전축은 에너지를 잃으면서 방향이 바뀐다. 돌고 있는 바퀴의 축을 뒤집는 사람도(그림 12-2) 그렇다.
3. 회전축은 고정되어 있으나 회전관성이 변하는 물체.
   예를 들면, 스케이트 선수가 팔을 안으로 당기면 회전관성이 작아진다(그림 12-3). 중성자별로 뭉치는 성간 물질도 마찬가지다.

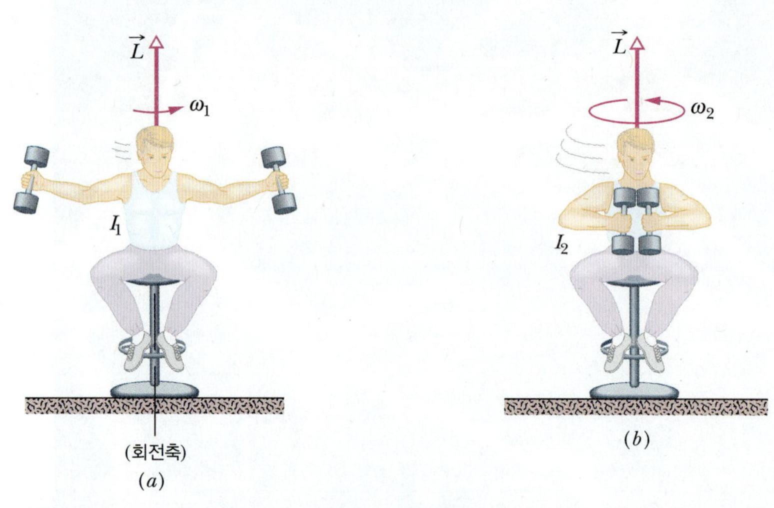

그림 12-3
한 학생이 돌면서 팔을 오므려 회전관성을 줄인다.

먼저, 병진과 회전을 함께 하는 복합회전을 운동 에너지를 고려하며 살펴보자. 그리고 줄을 타고 위아래로 움직이는 요요의 운동을 분석하는데 병진운동 및 회전운동에 대한 뉴턴 제2법칙을 쓸 것이다. 이로부터 복합운동에서 병진가속도를 구하는 방법을 배울 수 있다. 회전관성과 회전방향이 변하는 운동을 해석하는 일로 넘어가기 전에, 3차원 벡터량인 회전력과 다른 회전량을 다루는데 필요한 수학적 도구를 개발할 것이다.

끝으로, 알짜힘이 0일 때 성립하는 병진 운동량 보존법칙이 운동을 분석하는 유력한 도구인 것처럼, 그에 대응되는 물리량인 회전 운동량과 그 보존법칙을 살펴볼 것이다: 회전운동에 대한 뉴턴 제2법칙을 다시 만들어, 물체가 알짜회전력을 받으면 회전 운동량이 변화하며, 그 알짜회전력이 0이면 회전 운동량이 보존됨을 알게된다. 이 장의 마지막 절에서는, 회전운동에 대한 뉴턴 제2법칙과, 새로운 회전 운동량 보존의 개념 및 공중곡예사, 다이버, 우주선 항해 또는 중성자별 회전 등의 복합 운동을 설명하려고 개발한 벡터 수학을 써서 이 모두를 묶는다.

12-2 병진과 회전이 결합된 운동

먼저 병진과 회전이 결합된 운동부터 살펴보자. 예를 들면, 자전거 바퀴가 미끄러지지 않고 곧바로 갈 때 바퀴의 중심은 병진속도 $v_{양심}$으로 나아간다. 바퀴가 어떤 순간 바퀴의 꼭대기 점은 경로에 대하여 $v_{양심}$의 두 배로 나아가며, 바닥 점은 움직이지 않는다. 반면에 바퀴의 모든 점의 회전속도는 중심에 대해 회전속도 ω로 돈다. 바퀴가 굴러가 운동은 순 병진과 순 회전의 결합이다.

• 에너지에 대한 고찰

요요가 줄을 따라 굴러내려 거리 h를 가면, 요요-지구 계는 위치에너지를 mgh만큼 잃고, 대신 운동에너지로서 병진운동 에너지($\frac{1}{2}mv_{양심}^2$)와 회전운동 에너지($\frac{1}{2}I_{양심}\omega^2$)를 얻는다. 요요가 다시 위로 올라오면 계는 운동 에너지를 잃고 위치 에너지를 다시 얻는다.

> 병진과 회전을 함께 하는 물체는 두 가지 운동 에너지를 모두 가진다: 회전운동 에너지($\frac{1}{2}I_{양심}\omega^2$)와 질량중심의 병진운동 에너지($\frac{1}{2}mv_{양심}^2$). 물체의 전체 운동 에너지는 이들 둘의 합이다.

현대식 요요에서 줄이 묶인 곳은 축이 아니라 축 주위의 고리다. 요요의 줄이 완전히 풀리면 줄이 축을 위로 끌어당기므로 요요는 더 이상 내려가지 않는다. 요요는 고리 속의 축을 중심으로 돌며, 회전운동 에너지만 가진다. 요요는 계속 돌다가('잠자기') 줄을 확 잡아채어 요요를 '깨우면' 줄이 축을 잡아서 요요가 다시 줄을 타고 올라온다. 처음에 요요가 그냥 서 있다가 줄을 타고 내려가게 하는 대신에 아래로 던져서 처음 속도 $v_{양심}$과 ω로 줄을 타고 내려가게 하면 줄이 풀렸을 때의 요요의 회전운동 에너지(그리고 잠자는 시간)를 상당히 키울 수 있다.

• 굴리는 힘

회전과 병진을 함께 하는 운동에서는 병진 및 회전에 관한 뉴턴 제2법칙을 함께 써서 물체의 가속도를 셈할 수 있다. 예를 들어 줄을 내려가는 요요의 병진가속도 $a_{양심}$를 구해보자. 뉴턴 제2법칙을 쓸 때 다음을 유의한다.

1. 요요는 줄을 따라 아래로 내려가며, 그때 줄이 수평과 이루는 각도는 $\theta = 90°$이다.
2. 요요는 반지름 R_0인 축을 중심으로 돈다(그림 12-4*a*).
3. 요요는 줄의 장력 $\vec{T}$를 받아 속력이 느려진다(그림 12-4*b*).

요요는 지구 중력과 줄의 장력을 받는다. 이 두 힘을 더한 알짜힘이 요요에 질량중심의 병진가속도 $\vec{a}_{양심}$를 주어 가속 또는 감속시키고, 질량중심에 대한 회전가속도 α를 주어 빨리 또는 더 천천히 돌게한다. 11장에서 우리는 병진가속도 $a_{양심}$과 회전가속도 α의 크기가 다음의 관계가 있음을 알았다.

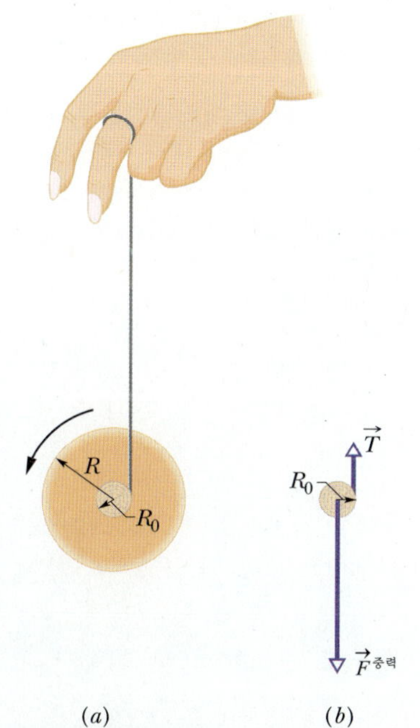

그림 12-4
(*a*) 요요의 단면. 줄의 두께는 무시할 수 있고, 반지름 R_0인 축 둘레에 감겨 있다. (*b*) 떨어지는 요요의 힘-물체 그림. 축만을 나타냄

$$a_{\text{양심}} = \alpha R_0 \qquad \text{(원활한 구르기 운동)} \tag{12-1}$$

줄을 타고 내려가는 요요의 가속도 $a_{\text{양심}\,y}$에 대한 식은 뉴턴 제2법칙의 병진($F_y^{\text{알짜}} = Ma_y$) 및 회전($\tau^{\text{알짜}} = I\alpha$) 성분식을 써서 구한다.

그림 12-4와 같이 물체가 받는 힘부터 그려보자.

1. 중력 $\vec{F}^{\text{중력}}$은 아래를 향하며, 요요의 질량중심에 작용한다.
2. 줄의 장력은 위를 향하며, 요요 중심축 바깥의 접촉점에 작용한다.

그림 12-4에서 뉴턴 제2법칙의 y축 성분식 ($F_y^{\text{알짜}} = Ma_y$)는 다음과 같이 쓸 수 있다.

$$T_y - Mg = -Ma_{\text{양심}\,y} \tag{12-2}$$

여기서 M은 요요의 질량이다. 이 식에서 미지수는 장력 성분($T_y = +|\vec{T}|$)과 질량중심의 수직가속도 성분($a_{\text{양심}\,y}$) 둘이다.

이제 회전운동에 대한 뉴턴 제2법칙을 써서 질량중심(요요의 중심축과 일치한다)에 대한 요요의 회전을 살펴보자. 먼저, 그 점에서 요요가 받는 회전력의 크기를 $|\vec{\tau}| = r_\perp|\vec{F}|$(식 11-31)을 써서 구해보자. 회전축에서 줄까지의 수직거리는 R_0이다. 따라서 요요가 받는 회전력의 크기는 $|\vec{T}||\vec{R}_0| = T_y R_0$이다. 회전가속도의 부호는 11장에서 배운 오른손 규칙에 따르면 (+)이며, 따라서 회전력도 (+)이다.

요요가 받는 중력 $\vec{F}^{\text{중력}}$는 질량중심에 작용하므로 수직거리가 0이며($r_\perp = 0$), 따라서 중력에 의한 회전력은 0이다. 그러므로 회전운동에 관한 뉴턴 제2법칙에서 물체의 질량중심을 지나는 축에 대한 성분식($\tau_z^{\text{알짜}} = I\alpha_z$)은 다음과 같이 쓸 수 있다.

$$T_y R_0 = I_{\text{양심}}\alpha_z \tag{12-3}$$

병진운동에 관한 뉴턴 제2법칙에서 생기는 식처럼 이 식에는 미지수가 T_y와 α_z 두 개 들어 있다.

하지만, α_z와 $\alpha_{\text{양심},y}$는 $a_{\text{양심}} = \alpha_z R_0$의 관계가 있고, 이 식을 쓰면 회전운동과 병진운동에 관한 뉴턴 제2법칙을 연결시킬 수 있다. 따라서 위 식(식 12-3)에서 α_z를 $a_{\text{양심},y}/R_0$로 바꾸고 장력의 크기 $T = T_y$에 대해 풀면 다음 결과를 얻는다.

$$T_y = I_{\text{양심}}\frac{a_{\text{양심},y}}{R_0^2} \tag{12-4}$$

이 식을 식 (12-2)에 넣으면 다음을 얻는다.

$$a_{\text{양심},y} = -\frac{g}{1 + I_{\text{양심}}/MR_0^2} \tag{12-5}$$

요요가 줄을 타고 다시 올라올 때의 속력은 내려갈 때와 똑같으며, 그 까닭은 요요가 올라올 때 받는 힘도 그림 12-4b에 표시한 것과 똑같기 때문이다.

따라해보기 12-1 | 굴렁쇠, 원반, 공

질량 M, 반지름 R인 굴렁쇠, 원반, 공이 수평 탁자를 따라 잘 굴러가는 것을 생각해보자. 각 물체의 운동 에너지의 얼마가 질량중심의 병진운동과 관련되는가?

풀이 ■ 요점은 잘 굴러가는 물체의 운동 에너지는 병진운동 에너지($\frac{1}{2}Mv^2_{양심}$)와 회전운동 에너지($\frac{1}{2}I_{양심}\omega^2$)의 합이라는 것이다. 따라서 병진운동 에너지의 비율은 다음과 같다.

$$\text{비율} = \frac{\frac{1}{2}Mv^2_{양심}}{\frac{1}{2}Mv^2_{양심} + \frac{1}{2}I_{양심}\omega^2} \tag{12-6}$$

식 12-6의 오른쪽은 ω를 $v_{양심}/R$로 바꾸고(식 11-15), 회전관성에 대한 표 11-2의 식이 모두 βMR^2 꼴임을 알면 아주 간단히 만들 수 있다. 각 물체의 β는 굴렁쇠가 1, 원반이 $\frac{1}{2}$, 공은 $\frac{5}{2}$이다. 따라서 식 12-6의 $I_{양심}$에 βMR^2을 넣을 수 있다.

이와 같이 넣고 약분하면 식 12-7은 다음이 된다.

$$\text{비율} = \frac{1}{1+\beta} \tag{12-7}$$

이제 굴렁쇠, 원반, 구에 대해 β 값을 넣으면 병진 및 회전운동 에너지의 배분율을 나타내는 표 12-1을 만들 수 있다. 예로써, 원반은 운동 에너지의 0.67이 병진운동과 관련된다.

물체의 운동 에너지가 병진운동 에너지와 회전운동 에너지로 나뉠 때, 상대적 비율은 물체의 회전관성의 상대적인 크기에 따라 달라진다. 표 12-1이 보여주듯, 질량이 회전중심축에서 가장 멀리 있는 (따라서 회전관성이 가장 큰) 물체(굴렁쇠)는 회전운동 에너지 비율이 가장 크다. 질량이 회전중심축에서 가장 가까이 있는 (따라서 회전관성이 가장 작은) 물체(공)는 회전운동 에너지 비율이 가장 작다.

표 12-1
굴러가는 물체의 회전운동 에너지와 병진운동 에너지의 상대적 비율

물체	회전관성 $I_{양심}$	에너지 배분율	
		병진	회전
굴렁쇠	$1MR^2$	0.50	0.50
원반	$\frac{1}{2}MR^2$	0.67	0.33
공	$\frac{5}{2}MR^2$	0.71	0.29
일반식[a]	βMR^2	$\frac{1}{1+\beta}$	$\frac{\beta}{1+\beta}$

[a]굴러가는 물체의 β는 $I_{양심}/MR^2$이다.

따라해보기 12-2 | 비탈길 내려가기 경주

질량 M 및 반지름 R이 똑같은, 밀도가 고른 굴렁쇠와 원반, 그리고 공을 길이 $L = 2.5$ m이고 수평면에 대한 기울기각 $\theta = 12°$인 비탈길 꼭대기에서 멈춘 상태로 동시에 놓았다. 이것들은 미끄러지지 않고 굴러 내려간다. 마찰로 잃는 에너지는 거의 없다.

(a) 어떤 물체가 가장 먼저 비탈길 아래까지 내려가는가?

풀이 ■ 요점은 두 가지다. 첫째, 물체는 같은 높이에서 서 있다가 출발하므로 그 때의 역학적 에너지 $E^{역학}$이 같다. 둘째, 물체-비탈-지구 계에 일을 하는 유일한 힘은 중력이므로 물체가 아래까지 가는 동안 $E^{역학}$은 보존된다. (비탈면이 물체에 주는 법선력과 접촉점에서 마찰력은 에너지를 전달해주지 않는다). 또한, 각 물체가 비탈을 따라 내려 갈 때, 높이가 같은 곳에서는 같은 양의 중력 위치 에너지가 운동 에너지로 바뀌므로 운동 에너지는 같다.

물체가 비탈길을 미끄러져 내려간다면 모든 부분의 속도가 같음을 뜻한다. 그러나 둘째 **요점**은 각 물체의 운동 에너지가 병진과 회전운동 에너지로 나뉘므로 이들의 속도 $v_{양심}$이 다르다는 것이

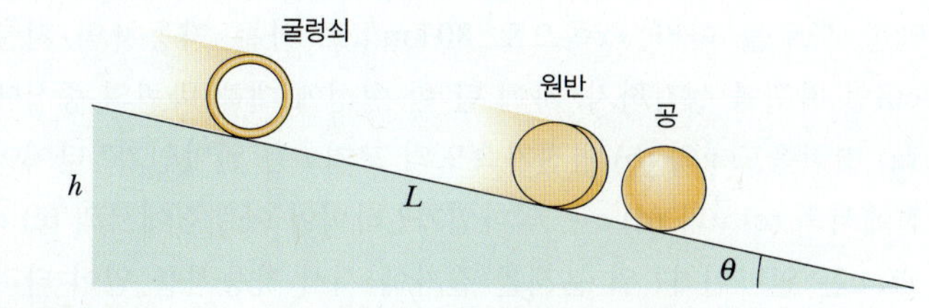

그림 12-5
굴렁쇠, 원반, 공이 기울기각이 θ인 매우 긴 비탈길 위 끝부분에 서 있다가 잘 굴러 내려간다.

다. 따라해보기 12-1과 표 12-1에서 보았듯이 병진 에너지 비율은 공이 가장 크며(0.71), 따라서 $v_{양심}$이 가장 커서 가장 먼저 바닥에 이른다. 그림 12-5는 세 물체가 함께 구르며 내려가는 순서를 보여준다.

(b) 비탈 아래에서 각 물체의 $v_{양심}$은 얼마인가?

풀이 ■ 다시, **요점**은 역학적 에너지가 보존된다는 것이다. 비탈 아래 끝을 중력위치 에너지가 0인 기준높이로 정하면, 결승점에서 각 물체-비탈-지구 계는 $U_2 = 0$이 된다. 세 물체 모두 처음 운동 에너지는 $K_1 = 0$, 처음 위치 에너지는 $U_1 = Mgh = Mg(L\sin\theta)$이다. 따라서 역학적 에너지 보존 $E_2^{역학} = E_1^{역학}$은 다음과 같다.

$$K_2 + U_2 = K_1 + U_1$$

또는

$$\left(\tfrac{1}{2} I_{양심}\omega^2 + \tfrac{1}{2} Mv_{양심}^2\right) + 0 = 0 + Mg(L\sin\theta)$$

$\omega = v_{양심}/R$을 넣고 $v_{양심}$에 대해 풀면 다음과 같다.

$$v_{양심} = \sqrt{\frac{2gL\sin\theta}{1 + I_{양심}/MR^2}} \qquad \text{(답)} \qquad (12\text{–}8)$$

위의 속도 $v_{양심}$는 굴러가는 물체의 질량과 반지름과는 무관하고 단지 $I_{양심}/MR^2$ 항에 들어 있는, 중심축에 대한 질량 분포에 따라 달라짐을 눈여겨보자. 둥근 구슬과 볼링공은 비탈길 아래 끝에서 속도가 같을 것이고 따라서 비탈길을 같이 굴러 내려올 것이다. 어떤 질량이나 반지름에서도 볼링공은 원반보다 빨리 굴러 내려가고, 굴렁쇠는 구르는 거의 모든 것보다 느리게 굴러 내려간다.

굴렁쇠는(표 12-1에서 굴렁쇠 참조) $I_{양심}/MR^2 = 1$이며, 따라서 식 12-8은 다음과 같다.

$$\begin{aligned} v_{양심} &= \sqrt{\frac{2gL\sin\theta}{1 + I_{양심}/MR^2}} \\ &= \sqrt{\frac{(2)(9.8\,\text{m/s}^2)(2.5\,\text{m})(\sin 12°)}{1+1}} \\ &= 2.3\,\text{m/s} \end{aligned} \qquad \text{(답)}$$

이와 마찬가지로 셈하면, 원반에 대해($I_{양심}/MR^2 = \frac{1}{2}$) $v_{양심} = 2.6\,\text{m/s}$ 그리고 공에 대해 ($I_{양심}/MR^2 = \frac{2}{5}$) $v_{양심} = 2.7\,\text{m/s}$가 된다.

연습문제 12-2

※ 여기에서 따로 설명하지 않으면, 물체가 굴러갈 때 미끄러지지 않는다.

1. 자동차 여행

80.0 km/h로 가는 자동차에 지름 75.0 cm인 바퀴가 달려 있다. (a) 차축에 대한 바퀴의 회전속력은 얼마인가? (b) 자동차 바퀴가 정확히 30.0바퀴 도는 동안 (미끄러짐 없이) 고르게 감속되어 서게 한다면 바퀴의 회전가속도의 크기는 얼마인가? (c) 브레이크를 밟는 동안 차가 가는 거리는 얼마인가?

2. 차의 바퀴

평탄한 도로를 따라 $+x$쪽으로 80 km/h로 가는 자동차의 지름 66 cm인 바퀴를 생각하자. 차에 탄 한 여성에 대해 바퀴의 중심에서 (a) 병진속도 $\vec{v}$와 (b) 병진가속도의 크기 a는 얼마인가? 타이어 윗점에서의 (c) $\vec{v}$와 (d) a는 얼마인가? 타이어 아랫점에서의 (e) $\vec{v}$와 (f) a는 얼마인가? 위 문제를 길가에 서서 자동차를 얻어 타려는 사람에 대해 똑같이 반복해보자. (g) 바퀴의 중심에서 $\vec{v}$, (h) 바퀴의 중심에서 a, (i) 바퀴 윗점에서 $\vec{v}$, (j) 바퀴 윗점에서 a, (e) 바퀴 아랫점에서 $\vec{v}$, 그리고 (f) 바퀴 아랫점에서 a는 얼마인가?

3. 굴렁쇠 굴리기

140 kg의 굴렁쇠가 수평바닥을 따라 구르는데, 질량중심의 속도는 0.150 m/s이다. 이것을 멈추려면 굴렁쇠에 일을 얼마나 해주어야 하는가?

4. 얇은 둥근 관

두께가 얇은 둥근 관이 바닥을 구른다. 질량중심을 지나며 길이에 나란한 축을 중심으로 돌 때 회전운동 에너지에 대한 병진운동 에너지의 비는 얼마인가?

5. 차바퀴는 네 개

1000 kg의 차에 10 kg 바퀴가 네 개 있다. 차가 움직일 때, 차의 전체 운동 에너지 중 얼마의 비율이 차축에 대한 바퀴의 회전운동 에너지에 의한 것인가? 바퀴의 회전관성은 크기와 질량이 같고, 밀도가 고른 원반과 같다고 가정한다. 여기서 바퀴의 반지름은 왜 필요치 않은가?

6. 반지름 R인 물체

반지름 R, 질량 m인 물체가 수평면에서 속도 v로 잘 굴러가다가, 비탈길을 최고높이 h까지 굴러 올라간다. (a) $h = 3v^2/4g$이라면 질량중심을 지나는 회전축에 대한 이 물체의 회전관성은 얼마인가? (b) 이 물체는 무엇일 수 있겠는가?

7. 밀도가 고른 공

밀도가 고른 공이 비탈길을 굴러 내려간다. (a) 공 중심의 병진가속도의 크기가 0.10 g라면 비탈길의 각도는 얼마이겠는가? (b) 위의 비탈길을 따라 마찰 없는 블록이 미끄러져 내려간다면 가속도의 크기는 0.10 g보다 큰가, 적은가 아니면 같은가? 또한 왜 그런가?

8. 속이 빈 공

질량중심을 지나는 직선에 대해 회전관성 $I = 0.040\ \text{kg}\cdot\text{m}^2$, 반지름 0.15 m인 속이 빈 공이 미끄러지지 않고 수평과 30°를 이루는 비탈길을 굴러 올라간다. 어떤 처음 위치에서 공의 전체 운동 에너지는 20 J이었다. (a) 처음 운동 에너지의 얼마가 회전에 의한 것인가? (b) 처음 위치에서 공의 질량중심의 속력은 얼마인가? (c) 공의 전체운동 에너지는 얼마인가? (d) 처음 위치에서 비탈길을 따라 1.0 m를 올라간 후에 질량중심의 속력은?

9. 요요의 관성

어떤 요요가 120 g의 질량과 $950\ \text{g}\cdot\text{cm}^2$의 회전관성을 갖는다. 요요의 회전축 반지름은 3.2 mm이고, 그 줄 길이는 120 cm이다. 요요가 정지상태에서 줄 끝까지 굴러 내려간다. (a) 병진가속도의 크기는 얼마인가? (b) 줄 끝에 이르는데 시간이 얼마나 걸리는가? 그리고 줄의 끝에 이르렀을 때에 (c) 병진속력, (d) 병진운동 에너지, (e) 회전운동 에너지, (f) 회전속력은 얼마인가?

10. 구르기 대신에

문제 9에서 요요를 서 있다가 아래로 구르게 하는 대신에 줄을 따라 처음 속도 1.3 m/s로 던졌다. (a) 요요가 줄 끝에 이르는데 걸리는 시간은? 그리고 줄의 끝에 이르렀을 때에 (b) 전체 운동 에너지, (c) 병진 속력, (d) 병진운동 에너지, (e) 회전속력, (f) 회전운동 에너지는 얼마인가?

12-3 벡터로서의 회전변수

앞 장에서는 회전축이 고정된 경우만 살펴보았는데, 회전축을 표준좌표계의 z축으로 잡아 변수 $\Delta\theta$와 ω를 z축 성분으로 다루었다. 회전가속도 α도 z성분으로 다룰 수 있었다. 이런 식으로 물체의 회전운동과 관련된 물리량을 벡터로서 다루는 바탕을 마련했다.

회전축 방향이 변할 때는 회전변수를 수학적으로 어떻게 다루어야 할까? 예를 들면, 도는 팽이가 에너지를 잃으면 회전축은 그림 12-6처럼 수직축 주위로 돌기 시작한다[세차운동(precession)]. 이러한 상황에서는, 회전변수를 3차원 벡터로 나타내야 하므로 그림 12-6과 같은 오른손 좌표계를 정의하자. 어떤 순간의 회전변위 또는 회전속도는 팽이의 회전축방향을 가리키는 벡터로 생각할 수 있다.

3차원 벡터는 4-4절에서 벡터를 직각좌표 성분으로 나누는 것을 소개했다. 벡터를 성분으로 나누려면 그림 12-6의 x, y, z축의 (+)쪽을 각각 가리키는 단위벡터 $\hat{\mathrm{i}}$, $\hat{\mathrm{j}}$, $\hat{\mathrm{k}}$를 쓴다 (4-5절).

회전변수도 단위벡터를 써서 벡터성분으로 분해할 수 있으며, 회전속도벡터를 예로 들면 다음과 같다.

$$\vec{\omega} = \vec{\omega}_x + \vec{\omega}_y + \vec{\omega}_z = \omega_x \hat{\mathrm{i}} + \omega_y \hat{\mathrm{j}} + \omega_z \hat{\mathrm{k}} \tag{12-9}$$

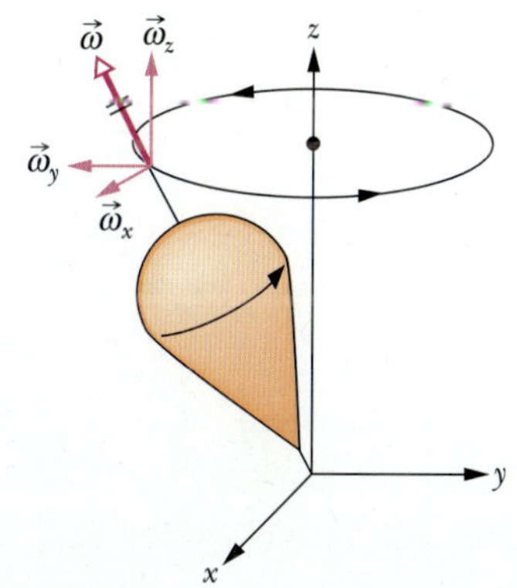

그림 12-6
대칭축을 중심으로 도는 팽이의 회전속도의 방향은 늘 회전축과 나란하다. 회전속도의 방향이 변할 때는 3차원 벡터로 기술해야 한다. z축이 수직방향을 가리키는 오른손 좌표계에서 어느 순간의 회전속도 벡터와 성분을 나타냈다.

• 회전변위와 회전속도는 벡터로 다룰 수 있는가?

회전량을 벡터로 나타내는 방식에 익숙해지기는 쉽지 않다. 직감적으로는 벡터의 방향으로 무언가가 움직여야 한다는 생각이 들지만, 회전을 기술하는 벡터는 그렇지 않다. 순수 회전을 나타내는 벡

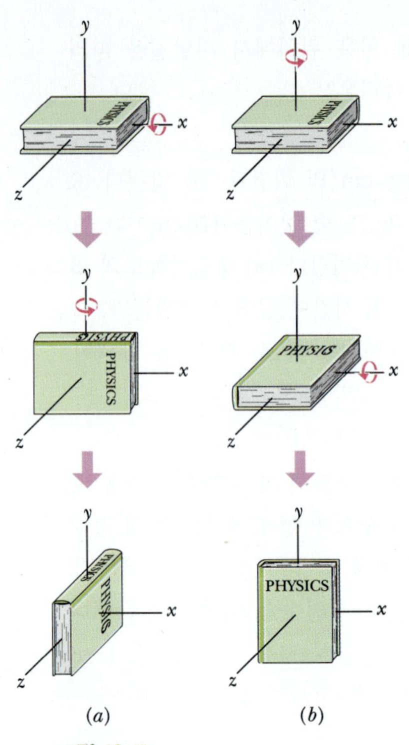

그림 12-7
(a) 책을 그림 맨 위의 처음 위치에서 처음은 (수평) x축 그 다음은 (수직) y축으로 두 번 연속 90° 돌렸다. (b) 이번엔 순서를 바꾸어서 책을 똑같이 돌렸다.

터의 방향은 무엇이 움직이는 방향이 아니라 회전축의 방향을 정의한다: 회전축을 주위로 강체를 이루는 여러 입자가 원운동하는 것이다. 그렇지만 회전운동이 2장과 4장에서 설명한 벡터 연산규칙을 따른다면 회전운동도 벡터를 써서 기술할 수 있다. 특히 2장에서 벡터는 크기와 방향 모두를 가지며, 더하고 빼고 곱하며, 잘 인정된 수학적 규칙에 따라 변환되는 수학적 양이라고 했다. 회전변수는 크기와 방향 모두가 있음을 확실해 보이지만, 벡터 연산에 대하여 '잘 인정된 수학적 규칙' 이 무엇인지는 애매하다. 이런 규칙 중 하나는 4장에서 벡터 덧셈을 정의할 때 쓴 벡터 덧셈이 순서에는 상관없다는 것, 따라서 예를 들면

$$\vec{a}+\vec{b}=\vec{b}+\vec{a}$$

이다. 이제 조심하자. 큰 회전변위는 벡터로 다룰 수 없다. 왜 그런가? 그림 12-6의 회전속도벡터에 대해 그랬듯이 회전변위에도 크기와 방향 모두를 부여할 수 있다. 하지만 벡터로 나타내는 '양' 은 벡터 덧셈법칙도 만족시켜야 한다. 그러나 회전변위는 이 검증을 통과하지 못한다.

그림 12-7은 큰 회전변위가 이 검증에서 어떻게 실패하는가를 보여준다. 수평인 책을 첫 번째는 그림 12-7a에 보인 순서로, 다음은 그림 12-7b에 보인 순서로, 90°씩 두 번 돌렸다. 두 회전변위 각각은 같지만 적용한 순서가 다른데, 결과는 책의 방향이 달라져 버린다. 따라서 큰 회전변위는 더할 때 순서에 따라 결과가 달라지므로 벡터가 될 수 없다.

그러나 다행히도 작은 회전변위는 덧셈의 교환법칙이 성립하고, 따라서 벡터로 다룰 수 있다. 순간 회전속도는 아래와 같이 정의된다.

$$\vec{\omega}=\lim_{\Delta t\to 0}\frac{\Delta\vec{\theta}}{\Delta t}=\frac{d\vec{\theta}}{dt} \qquad \text{(식 11-6)}$$

이것은 아주 작은 변위로 되어 있고, 따라서 순간 회전속도도 벡터로서 다룰 수 있다. 회전가속도는 회전속도벡터의 시간변화율이므로 이것도 벡터로서 다룰 수 있다. 따라서 기본적인 회전속도와 회전가속도가 작은 회전변위를 써서 정의되는 한 벡터로서 다룰 수 있다.

• 회전력은 벡터로 기술될 수 있는가?

회전력은 물체를 어떤 축을 중심으로 회전가속도를 줄 수 있는 일종의 '돌리는 힘' 임을 기억하자. 회전력은 매우 단순한 상황에서는 어떤 입자가 받는 힘과, 그 작용점에서 입자의 회전축까지의 거리를 곱한 값으로 정의했다. 회전력을 3차원 벡터로 정의할 수 있는지 보려면 11장에서 제시한 단순한 상황을 다시 살펴보자.

11-8절에서 우리는 질량 없는 강체막대에 붙어 있는 입자 하나가 받는 힘을 생각했다. 강체막대의 다른 끝은 한 점(좌표계의 원점)에 고정되어 있다. 이 힘에 원에 대한 접선 성분이 있으면 입자는 원을 따라 돈다. 그림 11-29와 같이 이 원은 그 힘과 같은 평면에 있고, 이는 입자의 회전속도 및 회전가속도의 방향이 회전축과 나란함을 뜻한다.

11-7과 11-8절에서 대칭물체의 회전축이 대칭축과 일치하는 특별한 경우에 회전력(τ)과 회전가속도(α) 사이의 관계를 살펴보았는데, 입자 하나가 받는 힘 하나에 대하여 병진운동에 대한 뉴턴 제2법칙과 회전관성(I)의 정의를 써서 다음 관계가 됨을 보였다.

$$\tau=I\alpha \qquad \text{(식 11-33)}$$

단, 이때 회전력의 크기 (τ)는 다음과 같이 정의된다.

$$|\tau|=|\vec{r}||\vec{F}|\sin\phi \qquad \text{(식 11–29)}$$

여기서 ϕ는 벡터 $\vec{r}$과 $\vec{F}$ 사이의 두 각도 중에서 작은 것을 가리킨다.

실제로, 회전관성 I는 스칼라로, α와 τ는 입자의 회전축 방향의 벡터로 간주하여, $\tau_z = I\alpha_z$를 직선운동을 기술하는 방정식 $F_x = ma_x$에 대응되는 1차원에서의 회전운동 방정식으로 나타냈다. 두 식에 대해서 회전력(또는 힘)을 받아 생기는 가속도는 회전력(또는 힘)과 같은 방향이라고 가정한다. 병진과 회전운동법칙 사이의 이와 같은 유사성을 3차원으로 일반화하여 $\vec{F}^{알짜} = m\vec{a}$라면 다음 식을 예상할 수 있다.

$$\vec{\tau}^{알짜} = I\vec{\alpha} \qquad (12–10)$$

여기서 $\vec{\alpha}$와 $\vec{\tau}^{알짜}$는 방향이 같은 3차원 벡터이다. 이 식이 맞다면 벡터 $\vec{\tau}$는 물체가 받는 힘 $\vec{F}$와 회전축에서 힘을 받는 점까지의 위치 벡터 $\vec{r}$ 모두에 대해 직교해야 한다. 그리고 회전력 벡터의 크기 또한 $|\tau|=|\vec{r}||\vec{F}|\sin\phi$ (식 11–29)이어야 한다.

9–8절에서 두 벡터를 곱하는 두 가지 방법인 점곱과 가위곱을 정의했다. 점곱(스칼라곱)은 물체에 $\vec{F}$를 주어 $\vec{d}$만큼 옮길 때 한 일 W을 정의하는데 썼다. 이 일은 좌표계의 회전에 대해서 변하지 않는 스칼라량이며 다음과 같다.

$$W = \vec{F}\cdot\vec{d} = |\vec{F}||\vec{d}|\cos\theta$$

두 벡터 $\vec{a}$와 $\vec{b}$의[**가위곱(cross product)**, **벡터곱(vector product)**] $\vec{c}$은 다음과 같다.

$$\vec{c} = \vec{a}\times\vec{b}$$

두 벡터의 가위곱은 **벡터곱**이라는 별칭이 시사하듯 벡터이다. 어떤 두 벡터가 한 평면을 결정함은 쉽게 알 수 있는데, 가위곱으로 얻는 벡터의 방향은 곱하는 두 벡터가 정하는 평면에 대해 직교하도록 정의한다.

입자가 도는 평면은 회전력 벡터가 가리키는 방향인 회전축에 수직임을 상기하자. 이는 회전력을 벡터곱으로 나타낼 수 있음을 시사한다. 또한 가위곱의 크기는 곱하는 두 벡터의 크기의 곱에 두 벡터의 사이각의 사인을 곱한 것이다. 이는 고정축에 대한 회전력의 크기가 어떻게 정해지는가를 나타내 주기도 한다.

회전력은 위치벡터 $\vec{r}$과 힘 벡터 $\vec{F}$의 가위곱으로 정의하는 것이 타당해 보이며 따라서 다음과 같다.

$$\vec{\tau} = \vec{r}\times\vec{F} \qquad \text{(잠정적인 회전력의 정의)}$$

다음 절에서 우리는 가위곱의 수학적 성질을 설명한다.

12-4 두 벡터의 가위곱(벡터곱)

두 벡터의 곱을 다른 벡터와 자연스럽게 연관짓는 길이 있을까? 3차원 공간의 두 벡터는 방향이 같지 않다면 두 방향을 가리킨다. 서로 직교하는 방향은 셋뿐이므로 쓰지 않은 방향을, 즉 곱하려는 두

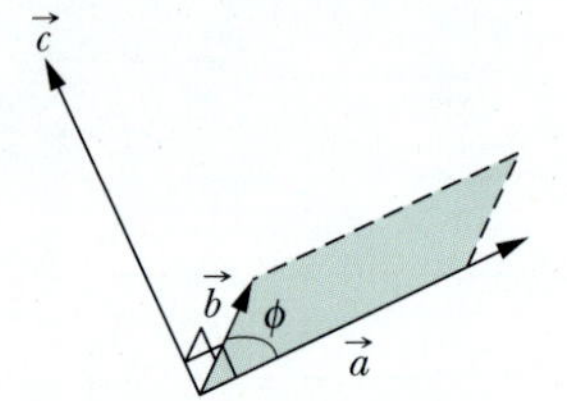

그림 12-8
$\vec{a}$와 $\vec{b}$에 직교하는 $\vec{c}$를 갖고, 넓이가 $A=|\vec{a}||\vec{b}|\sin\phi$인 평행사변형. $\vec{a}$와 $\vec{b}$는 같은 평면에 있다.

벡터가 결정하는 평면에 대한 수직방향을 가위곱의 방향으로 잡을 수 있다. 여기에 한 가지 방법이 있다. 방향이 다른 두 벡터를 생각하자. 낱낱의 길이는 $|\vec{a}|$와 $|\vec{b}|$이고, 사이각의 작은 값은 ϕ이다. 두 벡터는 넓이가 $A=|\vec{a}||\vec{b}|\sin\phi$인 평행사변형의 두 변으로 볼 수 있다.

흔히 면을 스칼라량으로 생각하지만, 면에는 방향이 있다. 면을 공간에서 돌리면 다른 쪽을 향한다. 그 방향은 면에 수직인 화살표로 나타낼 수 있다. 따라서 두 벡터 $\vec{a}$와 $\vec{b}$의 가위곱 $\vec{a}\times\vec{b}=\vec{c}$은 크기가 넓이 $A=|\vec{a}||\vec{b}|\sin\phi$와 같고, 방향은 만들 수 있다(그림 12-8).

하지만 이 면과 직교하는 방향은 둘이다. 면과 직교하는 방향이 있으면 반대 쪽도 면과 직교한다. 두 방향에서 하나를 고르면 되므로, 가위곱과 관련된 방향은 다음과 같은 오른손 규칙을 써서 정한다. 두 벡터의 가위곱의 방향은 그림 12-9와 같이 오른손을 첫째 벡터 쪽으로 편 다음, 손가락을 둘째 벡터 쪽으로 말면서 펼친 엄지손가락이 가리키는 쪽이다.

이 설명에 따르면 방향이 같은 두 벡터의 가위곱은 0이 된다. 왜냐면 이러한 두 벡터가 만드는 면의 넓이는 0이기 때문이다. 넓이가 0인 면은 어떤 쪽을 가리키는지 알 수 없다.

벡터 $\vec{a}$와 $\vec{b}$가 길이 벡터가 아니라면(단위가 다르다면), 위의 설명을 일반화한다: 어떤 두 벡터 $\vec{a}$와 $\vec{b}$의 가위곱 $\vec{a}\times\vec{b}$는 크기가 다음과 같은 새로운 벡터 $\vec{c}$를 만들어낸다.

$$|\vec{c}|=|\vec{a}||\vec{b}|\sin\phi \tag{12-11}$$

여기서 ϕ는 $\vec{a}$와 $\vec{b}$의 사이각 중에서 작은 각이다. [$\sin\phi$와 $\sin(360°-\phi)$는 값의 부호가 다르므로 두 벡터의 사이각 중에서 작은 각을 써야 한다.] 가위곱은 $\vec{a}\times\vec{b}$는 가운데 ×가 들어 있기 때문에 $\vec{a}$와 $\vec{b}$의 **가위곱**이라고 부른다.

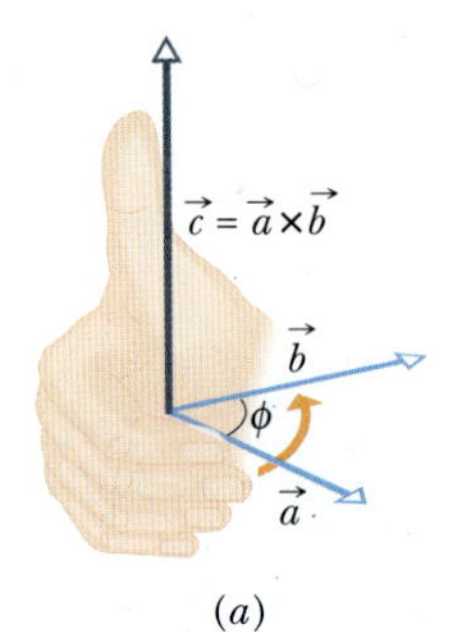

(a)

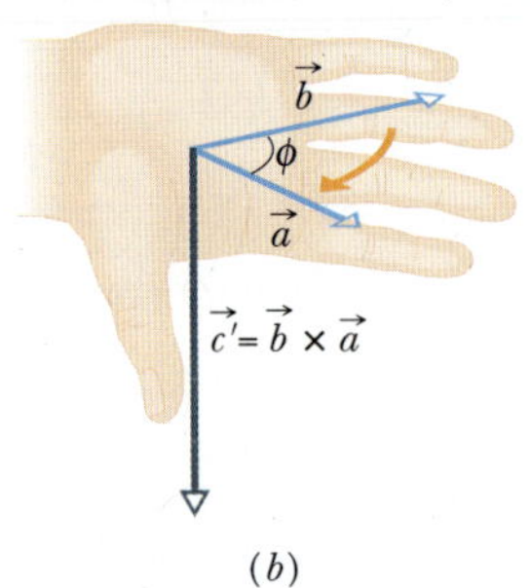

(b)

그림 12-9
가위곱에 대한 오른손 규칙의 보기. (a) 벡터 $\vec{a}$에서 $\vec{b}$ 쪽으로 오른손 손가락을 말아쥐면서 펼친 엄지손가락은 벡터 $\vec{c}=\vec{a}\times\vec{b}$의 방향을 가리킨다. (b) $\vec{a}\times\vec{b}$는 $\vec{b}\times\vec{a}$와 반대쪽을 나타낸다.

> $\vec{a}$와 $\vec{b}$가 같은 쪽 또는 반대쪽이면 $\vec{a}\times\vec{b}=0$이다. $\vec{a}\times\vec{b}$의 크기 $|\vec{a}\times\vec{b}|$는 $\vec{a}$와 $\vec{b}$가 서로 직교할 때 가장 크다.

가위곱에서는 순서가 중요함을 기억하자. 그림 12-9b에서 오른손가락을 $\vec{b}$에서 $\vec{a}$로 더 작은 각 쪽으로 말아쥐어 $\vec{c}'=\vec{b}\times\vec{a}$의 방향을 정한다. 엄지손가락은 전과는 반대쪽을 향하고 따라서 $\vec{c}'=-\vec{c}$ 또는 $\vec{a}\times\vec{b}=-\vec{b}\times\vec{a}$가 된다.

단위벡터로 나타내면 이 식은 아래와 같이 쓸 수 있다.

$$\vec{a}\times\vec{b}=(a_x\hat{\text{i}}+a_y\hat{\text{j}}+a_z\hat{\text{k}})\times(b_x\hat{\text{i}}+b_y\hat{\text{j}}+b_z\hat{\text{k}}) \tag{12-12}$$

이는 배분법칙을 써서 펼칠 수 있다. 즉, 첫째 벡터의 낱낱의 성분을 둘째 벡터의 낱낱의 성분과 곱하는 것이다. 단위벡터의 가위곱은 부록 E에 있다('벡터의 곱' 참조). 예를 들면 두 단위벡터 $\hat{\text{i}}$와 $\hat{\text{j}}$는 나란하고 따라서 가위곱이 0이므로 다음과 같다.

$$a_x\hat{\text{i}}\times \text{b}_x\hat{\text{i}}=a_xb_x(\hat{\text{i}}\times\hat{\text{i}})=0 \tag{12-13}$$

마찬가지로

$$a_x\hat{\text{i}}\times b_y\hat{\text{j}}=a_xb_y(\hat{\text{i}}\times\hat{\text{j}})=a_xb_y\hat{\text{k}} \tag{12-14}$$

위 식의 끝에서 식 12-11을 써서 $\hat{i}\times\hat{j}$의 크기를 1로 셈했다. (벡터 $\hat{i}$와 $\hat{j}$는 차원이 없고, 크기는 1, 사이각은 90°이다.) 또한 $\hat{i}\times\hat{j}$의 방향은 오른손 규칙을 써서 $+z$쪽($\hat{k}$의 방향)임을 알았다.

식 12-12를 계속 펼치면 다음과 같다.

$$\vec{a}\times\vec{b}=(a_y b_z - b_y a_z)\hat{i}+(a_z b_x - b_z a_x)\hat{j}+(a_x b_y - b_x a_y)\hat{k} \tag{12-15}$$

가위곱은 또한 (부록 E에서 보듯이) 행렬식을 써서 셈할 수 있다.

어떤 xyz 좌표계가 오른손 좌표계인가를 알아보려면 그 좌표계에서 가위곱 $\hat{i}\times\hat{j}=\hat{k}$에 대해 그림 12-9와 같이 오른손 규칙을 쓴다. 오른손가락을 $\hat{i}$에서 $\hat{j}$로 말면서 편 엄지손가락이 $+z$쪽을 가리키면 이 계는 오른손 좌표계이다.

생각해보기 12-1 벡터 $\vec{c}$와 $\vec{d}$의 크기가 각각 3과 4이다. 가위곱 $\vec{c}\times\vec{d}$의 크기가 (a) 0, (b) 12, (c) 6이라면 $\vec{c}$와 $\vec{d}$의 사이각은 얼마인가?

따라해보기 12-3 | 가위곱

그림 12-10에서 xy평면에 있는 벡터 $\vec{a}$의 크기는 18이며 $+x$쪽에 대해 250°쪽을 가리킨다. 또 벡터 $\vec{b}$의 크기는 12이며 $+z$쪽을 가리킨다. 가위곱 $\vec{c}=\vec{a}\times\vec{b}$를 구하라.

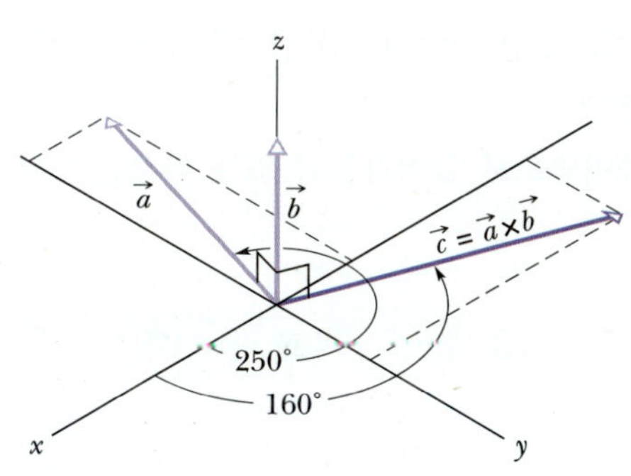

그림 12-10
(xy 평면에 있는) 벡터 $\vec{c}$는 벡터 $\vec{a}$와 $\vec{b}$의 가위곱이다.

풀이 ■ 요점 하나는 크기와 방향으로 나타낸 두 벡터가 있을 때, 이들의 가위곱의 크기는 식 12-11로 구한다는 것이다. 즉 $\vec{c}$의 크기는 다음과 같다.

$$|\vec{c}|=|\vec{a}||\vec{b}|\sin\phi=(18)(12)(\sin 90°)=216 \quad \text{(답)}$$

둘째 **요점**은 크기와 방향의 곱으로 나타낸 두 벡터에서 이들의 가위곱의 방향은 그림 12-9의 오른손 규칙으로 구한다는 것이다. 그림 12-10에서 오른손을 $\vec{a}$와 $\vec{b}$의 평면에서 $\vec{a}$에서 $\vec{b}$로 가도록 수직선($\vec{c}$로 표시된 선)을 말아쥐면 똑바로 편 엄지손가락은 $\vec{c}$의 방향을 향한다. 그러면, 그림 12-10과 같이 $\vec{c}$는 xy평면에 놓인다. 그 방향은 $\vec{a}$에 수직이므로 $+x$쪽에 대해

$$250° - 90° = 160° \quad \text{(답)}$$

쪽을 가리킨다.

연습문제 12-4

11. 삼각형의 면적
그림 12-11의 $\vec{a}$와 $\vec{b}$ 그리고 이들 끝을 잇는 실선으로 이루어진 삼각형의 넓이는 $\frac{1}{2}|\vec{a}\times\vec{b}|$임을 보여라.

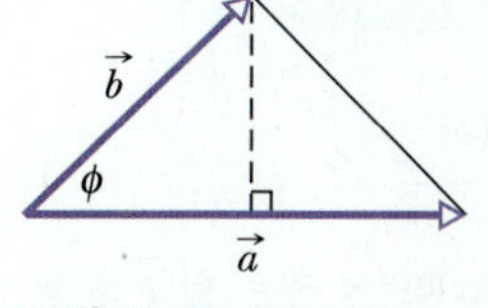

그림 12-11 문제 11

12. 곱셈
곱 $\vec{F}=q\vec{v}\times\vec{B}$에서 $q=2$, $\vec{v}=2.0\hat{i}+4.0\hat{j}+6.0\hat{k}$, 및 $\vec{F}=4.0\hat{i}-20\hat{j}+12\hat{k}$라 하자. $B_x=B_y$이면 단위벡터 표시로 $\vec{B}$는 무엇인가?

13. 다음을 보여라
(a) $\vec{a}$와 $\vec{b}$가 어떤 벡터이건 $\vec{a}\cdot(\vec{b}\times\vec{a})$는 0임을 보여라. (b) $\vec{a}$와 $\vec{b}$

의 사이각이 ϕ라면 $\vec{a}\times(\vec{b}\times\vec{a})$의 크기는 얼마인가?

14. 다음에 대해

다음 세 벡터에 대해서 $3\vec{C}\cdot(2\vec{A}\times\vec{B})$는?

$\vec{A} = 2.00\hat{\mathrm{i}} + 3.00\hat{\mathrm{j}} - 4.00\hat{\mathrm{k}}$
$\vec{B} = -3.00\hat{\mathrm{i}} + 4.00\hat{\mathrm{j}} + 2.00\hat{\mathrm{k}}$
$\vec{C} = 7.00\hat{\mathrm{i}} - 8.00\hat{\mathrm{j}}$

12-5 가위곱으로서의 회전력

11장에서는 고정축을 중심으로 도는 강체가 받는 회전력 성분 τ_z를 정의했다. 그때, 물체를 이루는 낱낱의 입자는 축을 중심으로 하는 원을 따라 돌도록 힘을 받는다. 이제 가위곱을 써서 (고정축이 아닌) 고정점에 대해 어떤 길을 따라 움직이는 낱낱의 입자에 이를 적용하여 회전력의 정의를 넓혀 보자. 이제는 입자의 궤적은 원이 아니어도 되고 회전력은 벡터 $\vec{\tau}$로 써야 한다.

그림 12-12*a*는 *xy*평면 위의 점 *A*에 있는 입자를 보여준다. 그 입자는 평면에 있는 힘 $\vec{F}$를 받는다. 원점 *O*에 대한 입자의 위치는 위치벡터 $\vec{r}$로 나타낸다. 고정점 *O*에 대하여 입자가 받는 회전력 $\vec{\tau}$는 다음과 같이 $\vec{r}$과 $\vec{F}$의 가위곱으로 정의된다.

$$\vec{\tau} = \vec{r}\times\vec{F} \qquad \text{(회전력의 정의)} \tag{12-16}$$

이렇게 정의한 $\vec{\tau}$는 위에서 정한 가위곱의 규칙을 써서 셈할 수 있다. $\vec{\tau}$의 방향을 구하려면 벡터 $\vec{F}$를 (방향은 변하지 않게) 밀어 꼬리가 원점 *O*에 오게 하여 가위곱의 두 벡터의 꼬리를 그림 12-12*b*처럼 붙이자. 그리고 오른손가락을 $\vec{r}$ (곱의 첫째 벡터)에서 $\vec{F}$로 (둘째 벡터) 가게 말아 그림 12-9에 있는 가위곱에 대한 오른손 규칙을 쓰자. 그러면 똑바로 편 엄지손가락이 $\vec{\tau}$의 방향이 된다. 그림 12-12*c*에서는 $\vec{\tau}$의 방향은 다시 $+z$ 축이 된다.

3차원벡터를 그림으로 나타낼 때 흔히 종이면으로 들어가는지 또는 나오는지 표시할 필요가 있다.

> 벡터가 종이면 뒤쪽으로 들어갈 때는 ⊗ 기호, 앞쪽으로 나올 때는 ⊙ 기호로 나타낸다.

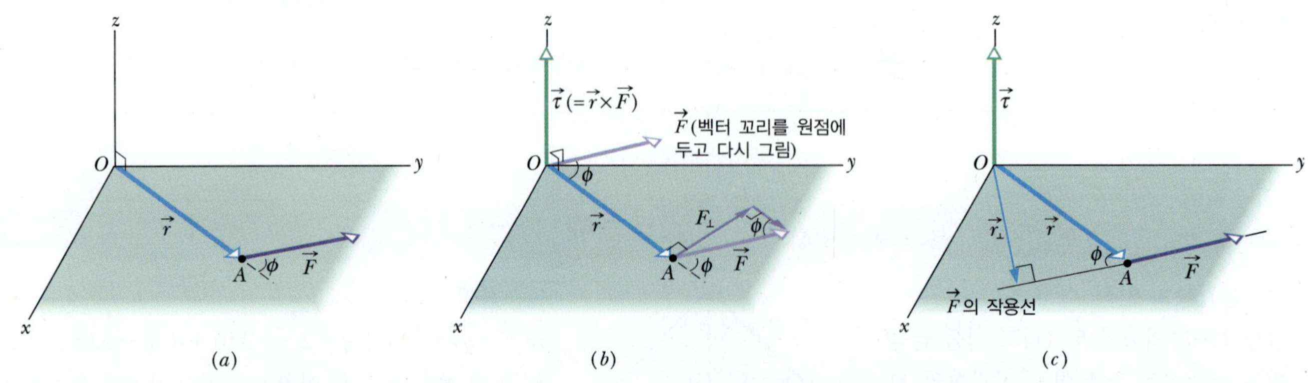

그림 12-12

회전력의 정의. (*a*) 점 *A*에 있는 입자가 *xy*평면에 있는 힘 $\vec{F}$를 받는다. (*b*) 이 힘은 원점 *O*에 대해서 입자가 받는 회전력 $\vec{\tau}(=\vec{r}\times\vec{F})$를 만든다. 가위곱에 대한 오른손 규칙에 따라 회전력 벡터는 $+z$쪽을 가리킨다. (*c*) 그 크기는 (*b*)에서는 $rF_\perp$, (*c*)에서는 $r_\perp F$로 서로 같다.

따라해보기 12-4 | 3차원 회전력

그림 12-13a에서 입자가 크기가 각각 2.0 N인 세 힘을 받는다. 이 입자는 xz평면 위, 위치벡터 $\vec{r}$인 점 a에 있다: $r = 3.0\text{ m}$, $\theta = 30°$이다. 힘 $\vec{F}_A$는 x축과 반대쪽, 힘 $\vec{F}_B$는 z축과 반대쪽, 힘 $\vec{F}_C$는 y축과 반대쪽이다. 원점 O에 대한 각 힘의 회전력은 얼마인가?

풀이 ■ 요점은 세 힘 벡터가 한 평면에 있지 않으므로 회전력을 셈할 때 11장에서 한 것처럼 할 수 없다는 것이다. 그 대신 식 12-16 ($\vec{\tau} = \vec{r} \times \vec{F}$)의 가위곱을 써야 하며 방향은 오른손 규칙을 따른다.

원점 O에 대한 회전력을 셈하므로 각 가위곱에서 필요한 $\vec{r}$은 입자의 위치벡터다. $\vec{r}$의 방향과 각 힘의 방향 사이의 각도 ϕ를 구하려면, 그림 12-13a에서 각 힘 벡터의 꼬리가 원점에 오게 차례로 옮긴다. xz평면에서 보는 그림 12-13b, c, d는 각각 옮긴 힘 벡터 $\vec{F}_A$, $\vec{F}_B$, $\vec{F}_C$를 나타낸다(각도를 나타내기가 쉽다). 그림 12-13d에서 $\vec{r}$과 $\vec{F}_C$ 사이각은 90°, 기호 ⊗는 $\vec{F}_C$가 종이 뒤쪽으로 들어감을 뜻한다.

각 힘에 의한 회전력의 크기를 식 12-16을 써서 구하면 다음과 같다.

$$\tau_A = rF_A \sin\phi_A = (3.0\text{ m})(2.0\text{ N})(\sin 150°) = 3.0\text{ N}\cdot\text{m}$$

$$\tau_B = rF_B \sin\phi_B = (3.0\text{ m})(2.0\text{ N})(\sin 120°) = 5.2\text{ N}\cdot\text{m}$$

$$\tau_C = rF_C \sin\phi_C = (3.0\text{ m})(2.0\text{ N})(\sin 90°) = 6.0\text{N}\cdot\text{m} \qquad \text{(답)}$$

이 회전력의 방향은 오른손 규칙을 써서 $\vec{r}$에서 $\vec{F}$로 작은 쪽 사이각을 따라 손가락을 말아쥘 때, 펼친 엄지손가락이 가리키는 쪽이다. 따라서 $\vec{\tau}_A$는 그림 12-13b에서 종이면 뒤쪽을 향하고, $\vec{\tau}_B$는 그림 12-13c에서 앞쪽을 향하고, $\vec{\tau}_C$는 그림 12-13d에 보인 바와 같다. 그림 12-13e에 세 회전력 벡터를 모두 나타냈다.

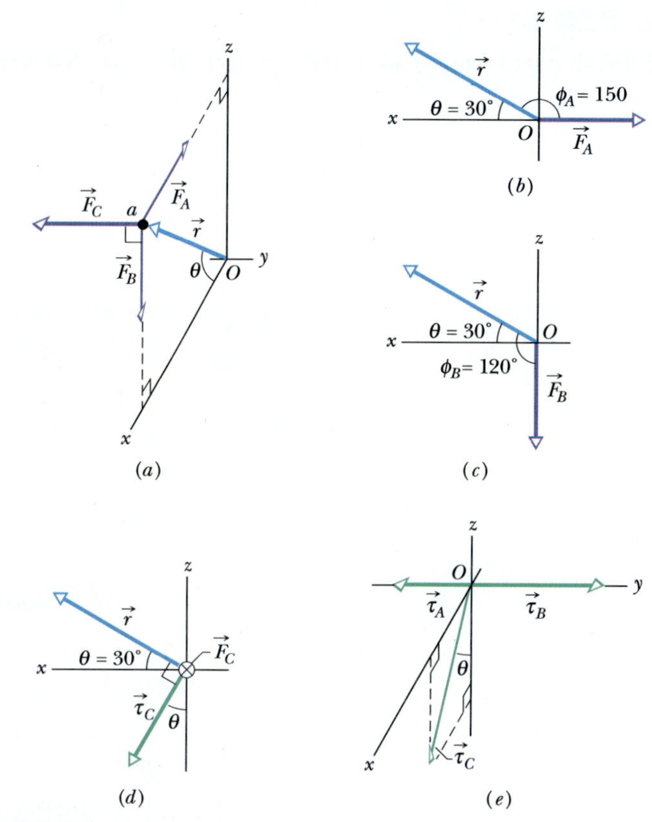

그림 12-13
(a) 점 a에 있는 입자가 좌표축과 반대쪽으로 세 힘을 받는다(회전력을 구하고자 씀). 각도 ϕ를 $\vec{F}_A$에 대해서 (b)에, 그리고 $\vec{F}_B$에 대해서는 (c)에 나타내었다. (d) 회전력 $\vec{\tau}_C$는 $\vec{r}$ 및 $\vec{F}_C$에 수직이다.(힘 $\vec{F}_C$는 그림 평면의 안으로 향한다.) (e) 입자가 받는 원점 O에 대한 회전력.

연습문제 12-5

15. 한 평면에

$\vec{r}$과 $\vec{F}$가 한 평면에 있다면 회전력 $\vec{\tau} = \vec{r} \times \vec{F}$는 평면에 나란한 성분이 없음을 보여라.

16. 자두

좌표 (−2.0 m, 0.0 m, 4.0 m)에 있는 자두가 각각 (a) $F_x = 6.0\text{ N}$, (b) $F_x = -6.0\text{ N}$, (c) $F_z = 6.0\text{ N}$ 및 (d) $F_z = -6.0\text{ N}$인 힘 $\vec{F}$를 받을 때, 원점에 대한 회전력의 크기와 방향은?

17. 입자

좌표 (0.0 m, −4.0 m, 3.0 m)에 있는 입자가 다음 힘을 받을 때, 원점에 대한 회전력의 크기와 방향은? (a) 성분이 $F_{Ax} = 2.0\text{ N}$, $F_{Ay} = F_{Az} = 0\text{ N}$인 힘 $\vec{F}_A$. (b) 성분이 $F_{Bx} = 0\text{ N}$, $F_{By} = 2.0\text{ N}$, $F_{Bz} = 4.0\text{ N}$인 힘 $\vec{F}_B$.

18. 조약돌

원점에 대한 위치벡터가 $\vec{r} = (0.5\text{ m})\hat{\text{j}} - (2.0\text{ m})\hat{\text{k}}$인 조약돌에 $\vec{F} = (2.0\text{ N})\hat{\text{i}} - (3.0\text{ N})\hat{\text{k}}$의 힘을 준다. (a) 원점에 대해서 그리고

(b) 좌표점 (2.0 m, 0.0 m, −3.0 m)에 대해서 조약돌이 받는 회전력은 무엇인가?

19. 원점의 입자

위치벡터 $\vec{r} = (3.0\,\text{m})\hat{\text{i}} + (4.0\,\text{m})\hat{\text{j}}$인 입자가 힘 $\vec{F} = (-8.0\,\text{N})\hat{\text{i}} + (6.0\,\text{N})\hat{\text{j}}$를 받는다. (a) 입자가 받는 원점에 대한 회전력은 무엇이고, (b) $\vec{r}$과 $\vec{F}$ 사이의 각도는 얼마인가?

20. 항아리

좌표(3.0 m, −2.0 m, 4.0 m)에 있는 항아리가 다음 힘을 받을 때, 원점에 대한 회전력을 구하라. (a) $\vec{F}_A = (3.0\,\text{N})\hat{\text{i}} - (4.0\,\text{N})\hat{\text{j}} + (5.0\,\text{N})\hat{\text{k}}$ (b) $F_B = -(3.0\,\text{N})\hat{\text{i}} - (4.0\,\text{N})\hat{\text{j}} - (5.0\,\text{N})\hat{\text{k}}$ (c) $\vec{F}_A$와 $\vec{F}_B$의 벡터 덧셈. (d) 원점 대신에 좌표점 (3.0 m, 2.0 m, 4.0 m)에 대해 (c)를 다시 풀기.

12-6 회전에 대한 뉴턴 제2법칙

병진 운동량 $\vec{p}$의 개념과 운동량 보존의 원리는 매우 쓸모 있는 도구였다. 예를 들면 두 차가 충돌할 때 상세한 내용을 몰라도 운동량 보존 원리를 써서 결과를 예측할 수 있다. 이제 회전과 관련하여 $\vec{p}$에 대응되는 개념을 살펴보자. 7장에서 뉴턴 제2법칙을 다음과 같은 꼴로 썼다.

$$\vec{F}^{\text{알짜}} = m\vec{a} = \frac{d\vec{p}}{dt} \qquad \text{(단일입자)} \tag{12-17}$$

이 식은 입자가 받는 힘과 병진 운동량 사이의 관계를 나타내며, 큰 물체에 대해서도 곧바로 일반화할 수 있다. 또한 알짜 바깥 힘이 없으면 병진 운동량이 보존된다는 쓸모 있는 개념이 이 식으로부터 곧바로 나온다.

지금까지 본 병진운동과 회전운동의 대응성에서 $\vec{F}^{\text{알짜}} = d\vec{p}/dt$에 대한 회전운동의 대응식을 기대할 수 있다. 이 대응식을 찾고자 다음 식에서 시작하여

$$\vec{\tau}^{\text{알짜}} = \vec{r} \times \vec{F}^{\text{알짜}} \tag{12-18}$$

힘벡터를 $m\vec{a}$로 바꿔보자.

$$\vec{\tau}^{\text{알짜}} = \vec{r} \times m\vec{a} \quad \text{또는} \quad \vec{\tau}^{\text{알짜}} = \vec{r} \times \frac{d\vec{v}}{dt} \tag{12-19}$$

질량이 일정할 때 위 식 $\vec{r} \times m\,d\vec{v}/dt$는 $d(\vec{r} \times m\vec{v})/dt$로 바꿔 쓸 수 있다.
두 식의 등가관계는 거꾸로 보면 더 분명하다. 즉,

$$\frac{d(\vec{r} \times m\vec{v})}{dt} = \frac{md(\vec{r} \times \vec{v})}{dt} \qquad \text{(질량이 일정할 때)}$$

미분의 곱 법칙을 쓰면

$$\frac{md(\vec{r} \times \vec{v})}{dt} = m\left(\vec{r} \times \frac{d\vec{v}}{dt} + \frac{d\vec{r}}{dt} \times \vec{v}\right) \tag{12-20}$$

여기서 $d\vec{r}/dt$는 물체의 속도 $\vec{v}$이므로 $\vec{v} \times \vec{v} = 0$. 따라서 위 식은 다음과 같이 쓸 수 있다.

$$\frac{d(\vec{r}\times m\vec{v})}{dt} = m\left(\vec{r}\times\frac{d\vec{v}}{dt}\right)$$

또는

$$\frac{d(\vec{r}\times m\vec{v})}{dt} = \vec{r}\times m\frac{d\vec{v}}{dt} \qquad (12-21)$$

따라서 위의 식 12-19으로부터

$$\vec{\tau}_{알짜} = \vec{r}\times m\frac{d\vec{v}}{dt} = \frac{d(\vec{r}\times m\vec{v})}{dt}$$

또는

$$\vec{\tau}_{알짜} = \frac{d(\vec{r}\times\vec{p})}{dt} \qquad (12-22)$$

이 식을 $F_{알짜} = d\vec{p}/dt$와 비교해 보면, 병진 운동량에 대응되는 양으로 회전 운동량 $\vec{l}$을 정의한다면 $\vec{l} = \vec{r}\times\vec{p}$가 된다. 따라서 병진운동에서 했던 것처럼 회전에 대한 대응식을 가질 수 있다. 즉,

$$\vec{\tau}_{알짜} = \frac{d\vec{l}}{dt} \qquad \text{(단일입자)} \qquad (12-23)$$

이것을 글로 표현하면

> 한 입자가 받는 모든 회전력의 (벡터)덧셈은 그 입자의 회전 운동량의 시간변화율과 같다.

하지만 여기서 $\vec{\tau}_{알짜} = d\vec{l}/dt$는 알짜회전력 $\vec{\tau}_{알짜}$와 회전 운동량 $\vec{l}$를 똑같은 원점에 대해서 정의해야 뜻이 있음을 유의하자.

생각해보기 12-2 다음 그림은 어느 순간 입자의 위치벡터 $\vec{r}$과, 그 입자를 가속시키는 네 가지 힘의 방향을 나타낸다. 네 힘은 xy 평면에 있다. 이들이 일으키는 점 O에 대한 입자의 회전 운동량 시간변화율 $d\vec{l} = dt$의 크기 순서대로 네 힘들을 늘어 놓아라.

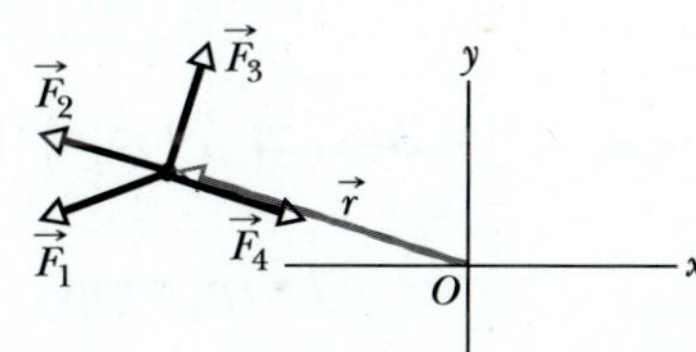

연습문제 12-6

21. 움직이는 입자

속도가 $\vec{v} = (5.0\,\text{m/s})\hat{\text{i}} - (6.0\,\text{m/s})\hat{\text{j}}$인 3.0kg의 입자가 $x = 3.0\,\text{m}$, $y = 8.0\,\text{m}$에 있다. 이 입자를 7.0 N의 힘으로 $-x$쪽으로 당겼다. (a) 입자의 원점에 대한 회전 운동량은 얼마인가? (b) 입자가 받는 원점에 대한 회전력은 얼마인가? (c) 입자의 회전 운동량의 시간변화율은 얼마인가?

22. 두 회전력의 작용

한 입자가 두 회전력을 받는다. $\vec{\tau}_1$은 크기가 $2.0\,\text{N}\cdot\text{m}$이고 $+x$쪽을

향하며, τ_2는 크기가 4.0 N·m이고 $-y$쪽을 향한다. $d\vec{l}/dt$의 크기와 방향은? 여기서 $\vec{l}$은 원점에 대한 입자의 회전 운동량이다.

23. 원점에 대한 회전력

xy평면에서 원점에 대하여 시계방향으로 움직이는 한 입자가 받는, 원점에 대한 회전력은 얼마인가? 단, 입자의 원점에 대한 회전 운동량의 크기는 다음과 같다.

(a) $4.0\ \mathrm{kg\cdot m^2/s}$,

(b) $\left(4.0\frac{1}{s^2}\right)t^2\ \mathrm{kg\cdot m^2/s}$,

(c) $\left(4.0\frac{1}{s^{1/2}}\right)\sqrt{t}\ \mathrm{kg\cdot m^2/s}$,

(d) $(4.0\ s^2)/t^2\ \mathrm{kg\cdot m^2/s}$?

24. 시각 t에

2.0 kg인 입자의 시각 $t=0$에서의 위치는 $\vec{r}=(4.0\ \mathrm{m})\hat{\mathrm{i}}-(2.0\ \mathrm{m})\hat{\mathrm{j}}$, 속도는 $\vec{v}=(-6.0\ \mathrm{m/s^3})t^2\hat{\mathrm{i}}$이다. $t>0$일 때 원점에 대한, (a) 이 입자의 회전 운동량과 (b) 이 입자가 받는 회전력은 얼마인가? (c) 원점 대신에 좌표점 (−2.0, −3.0, 0.0) m에 대해 (a)와 (b)를 다시 구해보라.

12-7 회전 운동량

그림 12-14는 xy평면에서 점 A를 지나가는, 병진 운동량이 $\vec{p}=m\vec{v}$이고 질량이 m인 입자를 보여준다. 원점 O에 대한 이 입자의 회전 운동량 $\vec{l}$은

$$\vec{l}\equiv\vec{r}\times\vec{p}=m(\vec{r}\times\vec{v})\qquad\text{(회전 운동량의 정의)}\tag{12-24}$$

로 정의되며 여기서 $\vec{r}$은 O에 대한 입자의 위치벡터다. 어떤 입자가 O에 대해 회전 운동량을 가졌다고 해서 꼭 O 주위를 돌 필요는 없음에 유의하자. $\vec{\tau}=\vec{r}\times\vec{F}$ (식 12-17)와 $\vec{l}=\vec{r}\times\vec{p}$(식 12-24)를 비교해보면 회전력과 힘의 관계처럼 회전 운동량과 병진 운동량이 관계됨을 알 수 있다. 회전 운동량의 국제 단위는 초당-킬로그램-미터제곱(kg·m²/s)으로 겉보기에는 줄-초(J·s)와 같다.

그림 12-14에서 회전 운동량 벡터 $\vec{l}$의 방향을 구하려면, 벡터 $\vec{p}$를 그 꼬리가 원점 O에 이를 때까지, 가위곱에 대한 오른손 규칙을 써서 오른손가락을 $\vec{r}$에서 $\vec{p}$로 말아쥐자. 그러면 펼친 엄지손가락이 $\vec{l}$의 방향이며, 그림 12-14에서 $+z$쪽(위쪽)임을 나타낸다. $\vec{l}$의 크기는 가위곱의 정의를 써서

$$|\vec{l}|=|\vec{r}||mv|\sin\phi\quad\text{또는}\quad l=rmv\sin\phi\tag{12-25}$$

이고, 여기서 ϕ는 $\vec{r}$과 $\vec{p}$ 사이에서 작은 쪽 각도이다. 그림 12-14a에서 $l=rmv\sin\phi$는

$$l=rp_\perp=rmv_\perp\tag{12-26}$$

로 쓸 수 있고, 여기서 $p_\perp$는 $\vec{r}$에 수직인 $\vec{p}$의 성분이며, $v_\perp$는 $\vec{r}$에 수직인 $\vec{v}$의 성분이고, r은 $\vec{r}$의 크기다. 그림 12-14b에서 $l=rmv\sin\phi$이다. 따라서 $\vec{l}=\vec{r}\times\vec{p}$(식 12-25)은

$$l=r_\perp p=r_\perp mv\tag{12-27}$$

로도 쓸 수가 있고, 여기서 $r_\perp$은 O로부터 $\vec{p}$까지의 연장선과의 수직 거리다.

회전력과 마찬가지로 회전 운동량도 기준점을 정해주어야 뜻이 있다. 또한, 그림 12-14에서 입자가 xy평면 위에 있지 않거나 입자의 병진 운동량 $\vec{p}$가 xy평면에 있지 않은 회전 운동량 $\vec{l}$은 z축에

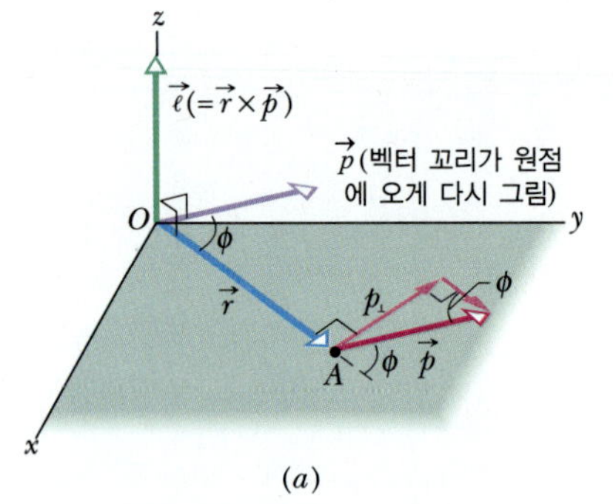

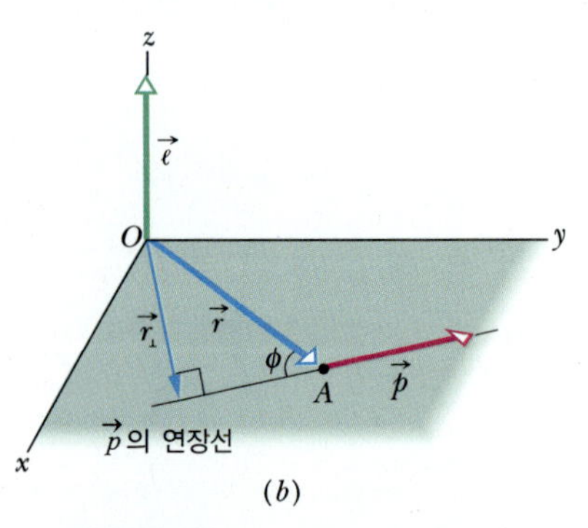

그림 12-14
회전 운동량의 정의. 벡터 $\vec{p}$는 xy평면에 있고, 점 A를 지나는 입자는 병진 운동량 $\vec{p}=m\vec{v}$를 갖는다. 이 입자는 원점 O에 대해서 회전 운동량 $\vec{l}=\vec{r}\times\vec{p}$를 갖는다. 오른손 규칙에 의해 회전 운동량벡터는 $+z$쪽을 가리킨다. (a) $\vec{l}$의 크기는 $l=rp_\perp=rmv_\perp$이다. (b) 또한 $\vec{l}$의 크기는 $l=r_\perp mv$이기도 하다.

나란하지 않다. 회전 운동량 벡터의 방향은 위치벡터 $\vec{r}$과 병진 운동량 벡터 $\vec{p}$가 만드는 평면에 늘 직교한다.

생각해보기 12-3 아래 그림에서 종이면과 직교하고 점 O를 지나는 회전축이 있다. 그림 (a)에서는 입자 1과 2가 점 O 주위로 반지름 2 m와 4 m인 원을 따라 서로 반대쪽으로 돈다. 그림 (b)에서는 입자 3과 4가 점 O에서 수직거리 2 m와 4 m인 직선을 따라서 같은 쪽으로 움직인다. 입자 5는 점 O에서 곧장 멀어진다. 다섯 입자의 질량과 속력은 모두 같다. (a) 입자들을 점 O에 대한 회전 운동량의 크기 순서로 늘어 놓아라. (b) 점 O에 대한 회전 운동량이 이 책의 종이면 안으로 향하는 입자는 어떤 것인가?

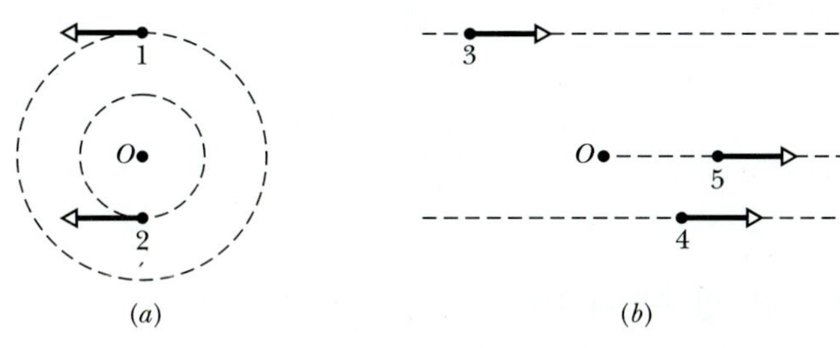

연습문제 12-7

25. 두 물체

두 물체가 그림 12-15와 같이 움직인다. 이때 원점 O에 대하여 전체 회전 운동량은 얼마인가?

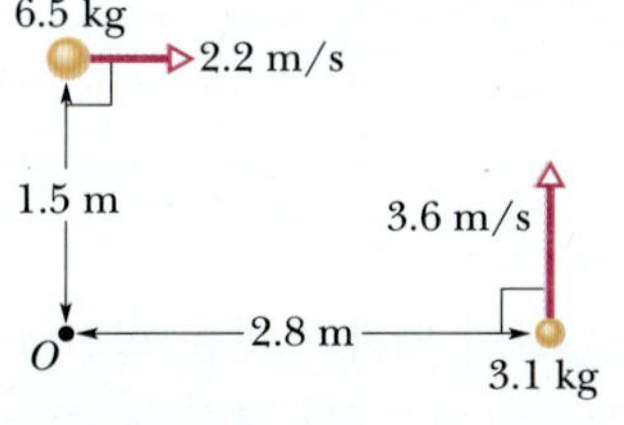

그림 12-15 문제 25

26. 입자 P

그림 12-16에서 질량 2.0 kg인 입자 P의 위치벡터는 $\vec{r}$(크기 3.0 m)이고, 속도는 $\vec{v}$(크기 4.0 m/s)이다. 이 입자가 크기 2.0 N인 힘 $\vec{F}$를 받는다. 세 벡터 모두 xy평면에 있고 방향은 그림과 같다. 원점에 대한 이 입자의 (a) 회전 운동량과 (b) 회전력은 얼마인가?

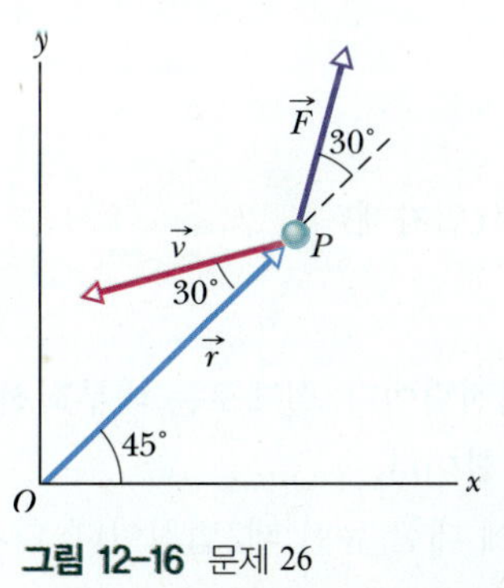

그림 12-16 문제 26

27. 어떤 시각에

어떤 시각에 0.25 kg인 입자의 위치벡터가 $\vec{r} = (2.0\,\text{m})\hat{\text{i}} + (-2.0\,\text{m})\hat{\text{k}}$, 속도는 $\vec{v} = (-5.0\,\text{m/s})\hat{\text{i}} + (5.0\,\text{m/s})\hat{\text{j}}$, 받는 힘은 $\vec{F} = (4.0\,\text{N})\hat{\text{j}}$이다. 원점에 대한 이 입자의 (a) 회전 운동량, (b) 회전력은 얼마인가?

28. 입자 같은 물체

질량 2.0 kg인 입자가 xy평면에서 움직이면서 좌표 (3.0, −4.0) m인 점을 속도성분 $v_x = 30$ m/s, $v_y = 60$ m/s로 지난다. 이때 이 물체의 (a) 원점에 대한, 그리고 (b) 점 (−2.0, −2.0) m에 대한 회전 운동량은 얼마인가?

29. 질량 m인 두 입자

질량이 m인 두 입자가 간격 d인 두 평행선을 따라 속력 v로 반대쪽으로 움직인다. 두 선 사이의 중심점에 대한 이들 두 입자계의 회전 운동량 L에 대한 표현식을 m, v 및 d로 나타내라. (b) L을 셈하는 기준점이 두 선 사이의 중심점이 아니라면 표현식은 바뀌는가? (c) 입자 중 하나의 운동 방향을 바꾸어서 (a)와 (b)를 다시 풀어보라.

30. 그 순간

4.0 kg인 입자가 xy평면에서 움직인다. 입자의 위치와 속도가 $\vec{r} = (2.0\,\text{m})\hat{\text{i}} + (4.0\,\text{m})\hat{\text{j}}$와 $\vec{v} = (-4.0\,\text{m/s})\hat{\text{j}}$일 때, 힘 $\vec{F} = (-3.0\,\text{N})\hat{\text{i}}$를 받는다. 그 때에 (a) 원점에 대한 입자의 회전 운동량, (b) 점 $x = 0$, $y = 4.0$ m에 대한 회전 운동량, 이 입자가 받는 (c) 원점에 대한 회전력, (d) 점 $x = 0$, $y = 4.0$ m에 대한 회전력을 구하라.

12-8 입자계의 회전 운동량

병진 운동량에 대응되는 물리량이 회전운동에 있다는 것도 흥미롭지만 이 양의 쓸모는 복잡하게 생긴 물체의 회전운동을 이해하는 것에 있다. 이는 또한 병진 운동량이 매우 쓸모 있는 까닭이기도 하다. 예를 들면 스케이트 선수가 팔을 안으로 오므리면 왜 더 빨리 도는가? 중성자별은 왜 다른 별보다 훨씬 더 빨리 도는가? 이러한 것과 실생활의 여러 상황을 이해하려면 입자계의 회전 운동량에 대한 식을 만들어야 한다.

병진 운동량과 마찬가지로, 회전 운동량에서도 중첩 원리를 쓸 수 있다. 입자계의 전체 회전 운동량 $\vec{L}$은 낱낱의 입자의 회전 운동량 $\vec{l}$을 벡터 덧셈한 것이다.

$$\vec{L} = \vec{l}_A + \vec{l}_B + \vec{l}_C + \cdots + \vec{l}_n = \sum_{i=A}^{n} \vec{l}_i \tag{12-28}$$

여기서 $i\,(A, B, C, \cdots)$는 입자를 나타낸다. 낱낱의 입자는 계 안에서 서로 힘을 주고받거나 바깥으로부터 힘을 받으므로 시간이 지나면서 회전 운동량이 변할 수 있다.

$\vec{L}$의 변화율은 낱낱의 입자의 시간변화율을 더한 값이다.

$$\frac{d\vec{L}}{dt} = \sum_{i=A}^{n} \frac{d\vec{l}_i}{dt} \tag{12-29}$$

식 12-23 ($\vec{\tau}^{\text{알짜}} = d\vec{l}/dt$)로부터 다음을 얻는다.

$$\frac{d\vec{L}}{dt} = \sum_{i=1}^{n} \vec{\tau}_i^{\text{알짜}} \tag{12-30}$$

위 식에서 오른쪽은 계를 이루는 낱낱이 입자가 받는 회전력의 합이다. 이 합은 힘이 계 안에서 오는 것(내부힘)과 바깥에서 오는 것(외부힘) 모두가 주는 회전력들을 포함한다. 그러나 식 $F^{\text{알짜}} = d\vec{P}/dt$ 에서 내부힘의 합이 0이었던 것처럼 내부 회전력의 합도 마찬가지로 0이다.

일반적으로 다음과 같다.

$$\tau^{\text{알짜}} = \frac{d\vec{L}}{dt} \qquad \text{(입자계)} \tag{12-31}$$

여기서 $\vec{\tau}^{\text{알짜}}$는 계가 받는 알짜 회전력이다. 실제로는 내부회전력의 합은 0이므로 $\vec{\tau}^{\text{알짜}}$는 계의 입자가 받는 모든 외부 회전력의 벡터합이다.

이 식은 입자계의 회전운동에 대한 뉴턴 제2법칙이다. 다시 표현하자면

> 입자계가 받는 알짜(외부)회전력 $\vec{\tau}^{\text{알짜}}$는 계의 전체 회전 운동량 $\vec{L}$의 시간변화율과 같다.

식 12-31 ($\tau^{\text{알짜}} = d\vec{L}/dt$)는 $\vec{F}^{\text{알짜}} = d\vec{P}/dt$와 비슷하지만 주의해야 한다. 계의 회전력과 회전 운동량은 같은 원점에 대해 셈해야 한다.

연습문제 12-8

31. 플라이휠

중심축에 대해 회전관성이 $0.140\ \mathrm{kg \cdot m^2}$인 플라이휠의 회전 운동량이 1.50 초 동안 3.00에서 $0.800\ \mathrm{kg \cdot m^2/s}$로 줄었다. 그 동안 중심축에 대해 플라이휠이 받는 평균회전력의 크기는 얼마인가? (b) 회전가속도가 일정하다면, 플라이휠은 몇 rad을 도는가? (c) 플라이휠에는 얼마의 일을 하는가? (d) 플라이휠의 평균 일률은 얼마인가?

32. 연마 원판

회전력 $16\ \mathrm{N \cdot m}$인 전동 드릴에 회전관성이 $1.2 \times 10^{-3}\ \mathrm{kg \cdot m^2}$인 연마판이 붙어 있다. 전동 드릴을 켜고 33 ms가 지난 뒤 (a) 중심축에 대한 연마판의 회전 운동량과 (b) 연마판의 회전속도를 구하라.

33. d만큼 떨어진

질량 m인 입자 세 개가 그림 12-17처럼 길이 d인 세 개의 질량 없는 줄에 한 줄로 꿰여 O에 있는 회전축에 고정되어 있다. 이 결합체는 입자들이 한 줄로 늘어선 채 회전축을 중심으로 회전속도 ω로 돈다. 점 O에 대한, (a) 결합체의 회전관성, (b) 중간입자의 회전 운동량, (c) 세 입자 전체의 회전 운동량을 각각 m, d 및 ω로 나타내라.

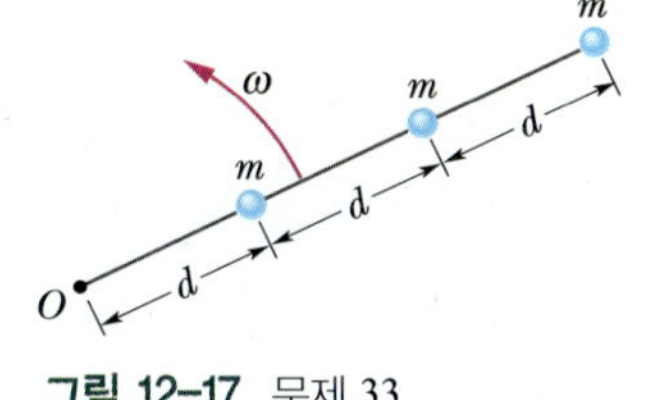

그림 12-17 문제 33

34. 충격력

z축을 중심으로 회전관성 I로 돌게 되어 있는 회전강체가 충격력 $\vec{F}(t) = F_x(t)\,\hat{i}$를 짧은 시간 Δt 동안 받는다. 다음을 증명하라.

$$\left(\int \tau_z\, dt\right)\hat{\mathrm{k}} = \left(|\langle \vec{F} \rangle|\, R\Delta t\right)\hat{\mathrm{k}}$$
$$= I(\omega_{2z} - \omega_{1z})\,\hat{\mathrm{k}}$$

여기서 $\tau_z\,\hat{\mathrm{k}}$는 그 힘에 의한 회전력, R는 힘에 대한 모멘트 팔, $\langle \vec{F} \rangle$는 물체가 힘을 받는 시간 동안의 힘의 평균값이며, $\omega_{1z}\,\hat{\mathrm{k}}$와 $\omega_{2z}\,\hat{\mathrm{k}}$는 힘을 받기 전후의 물체의 회전속도이다(병진충격량 $\langle \vec{F} \rangle \Delta t$과의 유사성에 비추어 $\left(\int \tau_z\, dt\right)\hat{\mathrm{k}} = \left(|\langle \vec{F} \rangle|\, R\Delta t\right)\hat{\mathrm{k}}$을 회전충격량이라고 한다.).

35. 두 원기둥

두 원기둥의 반지름이 R_A, R_B이고, 중심축에 대한 회전관성이 I_A, I_B인데, 그림 12-18의 평면에 수직한 축에 의하여 지지된다. 큰 원기둥은 처음에 회전속도 $\vec{\omega}_1$으로 시계방향으로 돈다. 작은 원기둥을 오른쪽으로 밀어 큰 원기둥에 닿게하여 둘 사이의 마찰력으로 작은 원기둥이 돌게 하였다. 얼마 후 마찰력이 없어지면서 두 원기둥은 서로 반대쪽으로 일정한 비율로 돈다. 작은 원기둥의 최종 회전속도 $\vec{\omega}_2$를 I_A, I_B, R_A, R_B 및 $\vec{\omega}_1$으로 구하라. (**실마리:** 회전 운동량이나 운동 에너지는 보존되지 않는다. 문제 34의 회전충격량 방정식을 써라.)

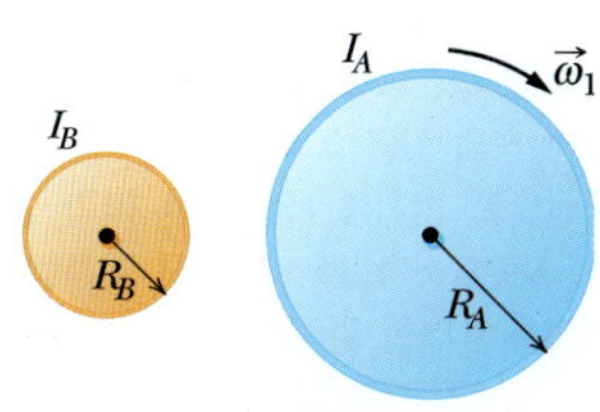

그림 12-18 문제 35

36. 강체구조물

그림 12-19은 반지름 R 및 질량 m인 둥근 고리와, 길이 R 및 질량 m인 네모꼴 고리로된 강체 구조물을 나타낸다. 강체구조물은 수직축을 중심으로 회전주기 2.5 초로 일정한 속력으로 돈다. $R = 0.50\ \mathrm{m}$ 및 $m = 2.0\ \mathrm{kg}$이라고 가정하여 (a) 구조물의 회전축에 대한 회전관성과 (b) 축에 대한 회전 운동량을 계산하라.

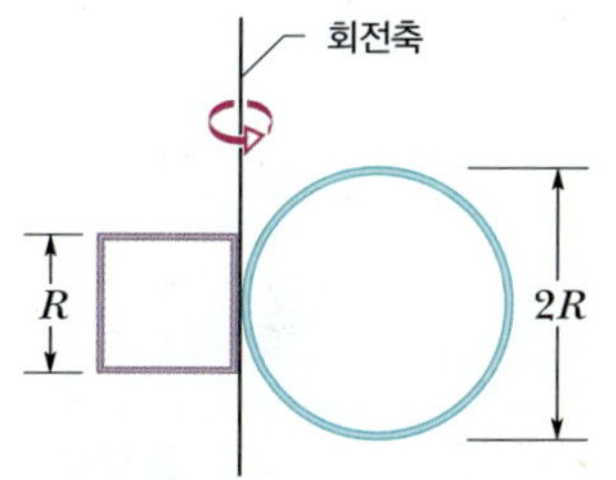

그림 12-19 문제 36

12-9 고정축에 대해 도는 강체의 회전 운동량

이번에는 그림 12-20과 같이 고정축에 대해 도는 강체를 회전 운동량을 구해보자. 8장에서 펴져 있는 계의 병진운동을 논의할 때, 물체의 병진 운동량을 질량중심의 속도로 표현한 식을 끌어내었다.

$$\vec{p}_{\text{계}} = M_{\text{계}}\vec{v}_{\text{양심}} \qquad \text{(입자계의 병진 운동량)} \qquad (12\text{–}32)$$

회전운동에 대해서도 비슷한 식을 끌어낼 수 있다. 회전축을 중심으로 회전속력 ω로 도는 질량요소 Δm_i을 생각하자. 그림 12-20에서 질량요소의 병진 운동량은 $\vec{p}_i$, 회전축에 대한 위치벡터는 $\vec{r}_i$이다.

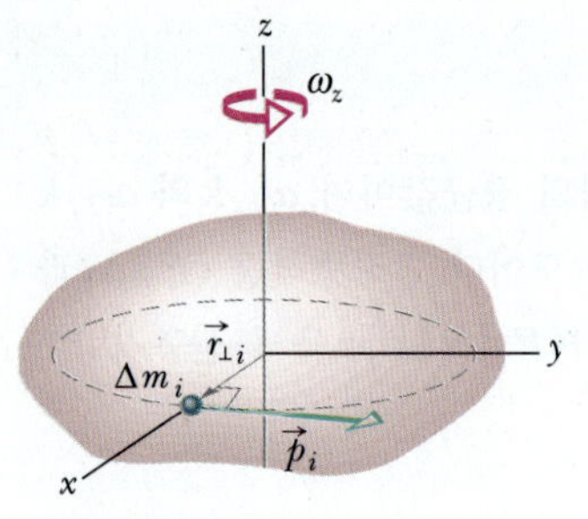

그림 12-20
강체가 회전속도 ω로 z축 주위를 돈다. 물체 속의 질량 Δm_i인 질량요소가 z축을 중심으로 반지름 r인 원을 따라 움직인다. 질량요소가 돌 때 병진 운동량 $\vec{p}_i$와 회전축에 대한 위치벡터 $\vec{r}_i$는 늘 변한다.

질량요소가 회전축에 중심을 둔 원을 따라 돌 때 두 벡터는 계속 변하지만 늘 서로 직교하고 xy평면에 놓여 있다. 이는 회전 운동량 벡터가 z성분만 있음을 뜻한다. 회전 운동량은 $\vec{l} = \vec{r} \times \vec{p} = m(\vec{r} \times \vec{v})$ (식 12-25)로 정의되므로 이 경우에는 다음과 같다.

$$\vec{l}_i = \vec{r}_i \times \vec{p}_i = l_{iz}\,\hat{k} = r_i\, p_i\,\hat{k} = r_i(\Delta m_i v_i)\,\hat{k}$$

여기서 회전속도성분 $\omega = \omega_z$는 질량요소와는 무관하므로(즉, 물체 전체가 한 덩어리로 움직인다), 병진속도 v_i를 ωr_i로 바꾸면 다음 식이 된다.

$$l_{iz} = r_i(\Delta m_i \omega_i r_i) = \Delta m_i r_i^2 \omega$$

아하! 항 $\Delta m_i r_i^2$은 바로 i번째 질량요소의 회전관성 ΔI_i이다. 따라서 모든 질량요소에 대해 더하면 다음과 같이 회전물체의 전체 회전관성이 된다.

$$L_z = \Sigma l_{iz} = \Sigma \Delta m_i r_i^2 \omega_z = \Sigma \Delta I_i \omega_z = \Sigma \Delta I_i \omega = I\omega_z$$

병진운동의 질량에 대응되는 회전운동의 물리량은 회전관성 I라는 것과, 강체의 모든 점은 똑같은 회전속도 $\omega = \omega_z$로 돈다는 점을 상기하면, 어떤 좌표계에 대한 퍼져 있는 물체의 회전관성은 다음과 같다.

$$\vec{L} = I\vec{\omega} \quad \text{(질량중심을 지나는 고정축에 대해 대칭인 강체)} \qquad (12\text{-}33)$$

이 식은 회전 운동량이 보존될 때 매우 쓸모가 있는데, 다음 절에서 예를 볼 것이다. 이 식은(도는 빙상선수처럼) 모양이 바뀌는 물체의 회전률이 왜 더 빨라지거나 느려지는지를 설명해준다. 또한 같은 축에 대해 회전 운동량과 회전관성 I를 셈할 때는 회전 운동량 $\vec{L}$은 간단히 $I\vec{\omega}$로 나타낼 수 있음을 기억하라.

어떤 퍼져 있는 물체가 회전축에 대해 대칭이 아니고, 그 회전축이 질량중심을 지나지 않는다면, 회전관성과 회전 운동량의 셈이 아주 복잡해진다. 예로써, 어떤 물체의 회전축이 달라지면 I의 값이 달라진다. (긴 막대가 중심축에 대해 돌 때와 한 끝에 대해 돌 때를 비교해보라.) 더욱이 어떤 경우에는 회전 운동량과 회전축의 방향이 다르다. 이처럼 더 복잡한 상황을 제대로 다루려면 '텐서' 수학이 필요하며 그것은 이 책을 벗어난다.

생각해보기 12-4 그림에서 원반, 굴렁쇠, 공에 줄을 감아서 (팽이처럼) 똑같이 일정한 접선력 $\vec{F}$로 고정된 중심축에 대해 돌렸다. 세 물체는 질량과 반지름이 같고 처음에는 서 있었다. 이 물체를 (a) 중심축에 대한 회전 운동량과 (b) 줄을 일정시간 잡아당길 때 이들의 회전속도의 크기 순서로 나열하라.

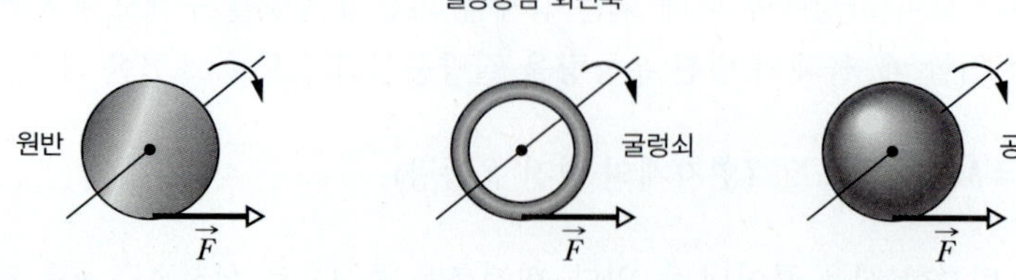

따라해보기 12-5 | 최초의 큰 회전 관람차

1893년 시카고 세계 미국박람회 때 렌슬러 공과대학을 나온 토목공학자 페리스 2세(George Washington Gale Ferris, Jr.)는 최초의 큰 회전 관람차를 만들었다(그림 12-21). 당시 대단한 기술 구조물이었던 그 바퀴 모양의 관람차는 반지름 $R = 38\,\text{m}$인 원둘레를 따라 각각 승객 60명을 태울 수 있는 나무 곤돌라 36개가 달려 있었다. 각 곤돌라의 질량은 약 $1.1\times10^4\,\text{kg}$이었다. 바퀴 구조물의 질량은 약 $6\times10^5\,\text{kg}$로서 주로 곤돌라가 매달린 바퀴 테의 원형 격자에 있었다. 곤돌라는 한 번에 6명씩 태웠으며 일단 모든 36개 곤돌라가 차면 바퀴는 일정한 회전속력 $\omega_{바퀴}$로 약 2분에 한 바퀴씩 돌았다.

그림 12-21
1893년에 시카고 대학 근처에 주변 건물들보다 훨씬 높게 세운 최초의 큰 회전 관람차

(a) 바퀴가 $\omega_{바퀴}$로 도는 동안의 바퀴 및 승객의 회전 운동량 크기 L을 셈해보라.

풀이 ■ 요점은 바퀴, 곤돌라 및 승객들을 바퀴 차축을 고정축으로 삼아 도는 강체로 다룰 수 있다는 것이다. 이 물체의 회전 운동량의 크기는 식 12-34 ($\vec{L} = I\vec{\omega}$)에서 구한다. 이를 위해 물체의 회전관성 I과 회전속도 $\omega_{바퀴}$를 구한다.

I를 구하려면 승객을 실은 곤돌라를 살펴보자. 이들은 회전축까지의 거리가 R인 입자로 볼 수 있으므로 식 11-23에서 회전관성이 $I_{곤돌라} = M_{곤돌라}R^2$임을 알 수 있다. 여기서 $M_{곤돌라}$는 이들의 전체 질량이다. 36개 곤돌라마다 질량이 각 70 kg인 승객 60명이 탔다고 하면 이들의 전체 질량은 다음과 같다.

$$\begin{aligned} M_{곤돌라} &= 36\,[1.1\times10^4\,\text{kg} + 60\,(70\,\text{kg})] \\ &= 5.47\times10^5\,\text{kg} \end{aligned}$$

그리고 이들의 회전관성은 다음과 같다.

$$\begin{aligned} I_{곤돌라} &= M_{곤돌라}R^2 \\ &= (5.47\times10^5\,\text{kg})(38\,\text{m})^2 = 7.90\times10^8\,\text{kg}\cdot\text{m}^2 \end{aligned}$$

다음으로 바퀴 구조물을 보자. 이것의 회전관성은 주로 곤돌라를 매달고 있는 고리에 의한 것이라고 가정하자. 또한 바큇살은 질량 $M_{고리} = 3\times10^5\,\text{kg}$, 반지름 R인 고리를 이룬다고 가정한다. 표 11-2(a)에서 고리의 회전관성은 다음과 같다.

$$\begin{aligned} I_{고리} &= M_{고리}R^2 \\ &= (3.0\times10^5\,\text{kg})(38\,\text{m})^2 = 4.33\times10^8\,\text{kg}\cdot\text{m}^2 \end{aligned}$$

곤돌라, 승객 그리고 고리의 회전관성을 더하면 다음과 같다.

$$\begin{aligned} I &= I_{곤돌라} + I_{고리} \\ &= 7.90\times10^8\,\text{kg}\cdot\text{m}^2 + 4.33\times10^8\,\text{kg}\cdot\text{m}^2 \\ &= 1.22\times10^9\,\text{kg}\cdot\text{m}^2 \end{aligned}$$

회전속력 $\omega_{바퀴}$를 구하려면 식 11-5 ($\langle\omega_z\rangle = \Delta\theta/\Delta t$)를 쓴다. 여기서 바퀴는 시간 $\Delta t = 2$분 동안 $\Delta\theta = 2\pi\,\text{rad}$의 회전변위를 한다. 따라서 일정한 회전속도에서는 $\langle\omega_{바퀴}\rangle = \omega_{바퀴}$이므로

$$|\langle\omega_{바퀴}\rangle| = |\omega_{바퀴}| = \frac{2\pi\,\text{rad}}{(2\,\text{min})(60\,s/\text{min})} = 0.052\,4\text{rad/s}$$

이제 식 12-34로 회전 운동량 L의 크기를 구한다.

$$\begin{aligned} |\vec{L}| = I|\vec{\omega}_{바퀴}| &= (1.22\times10^9\,\text{kg}\cdot\text{m}^2)(0.0524\,\text{rad/s}) \\ &= 6.39\times10^7\,\text{kg}\cdot\text{m}^2/s \approx 6.4\times10^7\,\text{kg}\cdot\text{m}^2/\text{s} \quad \text{(답)} \end{aligned}$$

(b) 사람을 모두 실은 바퀴는 시간 $\Delta t = 5.0$초 동안에 선 상태로부터 $\omega_{바퀴}$로 돈다고 가정한다. 시간 Δt 동안 바퀴가 받는 평균 알짜 외부회전력의 크기 $|\langle\tau\rangle|$는 얼마인가?

풀이 ■ 요점은 평균 알짜 외부회전력은 식 12-31 ($\vec{\tau}^{알짜} = d\vec{L}/dt$)에 따라 사람을 실은 바퀴의 회전 운동량 변화율에 관계된

다는 것이다. 바퀴는 고정축을 중심으로 돌며 시간 Δt동안에 회전속도 $\omega_{바퀴}$에 이른다. 그리고 변화량 ΔL은 0에서 (a)의 답까지 이므로 다음과 같다.

$$|\langle \vec{\tau}^{알짜} \rangle| = \left|\frac{\Delta \vec{L}}{\Delta t_1}\right| = \frac{6.39 \times 10^7\,\mathrm{kg \cdot m^2/s} - 0}{5.0\,\mathrm{s}} \approx 1.3 \times 10^7\,\mathrm{N \cdot m} \quad \text{(답)}$$

연습문제 12-9

37. 플랫폼에 서 있는 사람

사람이 회전속력 1.2 rev/s로 (마찰없이) 돌아가는 플랫폼에 서있다. 그는 양손에 벽돌을 쥔 팔을 밖으로 뻗고 있다. 이 사람과 벽돌 그리고 플랫폼으로 이루어진 이 계의 중심축에 대한 회전관성은 $6.0\,\mathrm{kg \cdot m^2}$이다. 그가 벽돌을 옮겨 이 계의 회전관성을 $2.0\,\mathrm{kg \cdot m^2}$로 줄인다면 (a) 플랫폼의 회전속력은 얼마가 되는가, 그리고 (b) 원래의 운동 에너지에 대한 새로운 운동 에너지의 비율은 얼마인가. (c) 증가한 운동 에너지는 무엇이 공급했는가?

38. 회전자

어떤 전동기의 중심축에 대한 회전자의 회전관성이 $I_m = 2.0 \times 10^{-3}\,\mathrm{kg \cdot m^2}$이다. 전동기는 탐사우주선에 실려 방향을 바꾸는데 쓰인다. 실린 전동기 축은 탐사우주선의 축과 나란하며, 탐사선의 회전관성은 $I_p = 12\,\mathrm{kg \cdot m^2}$이다. 탐사선을 축에 대해 30° 돌리는데 필요한 회전자의 회전수를 셈하라.

39. 도는 바퀴

어떤 바퀴가 회전관성이 거의 없는 축에서 회전속도 800 rev/min로 자유로이 돈다. 회전관성이 첫째 바퀴의 두 배인, 서 있던 둘째 바퀴를 순간적으로 같은 축에 연결했다. (a) 결합된 축과 두 바퀴의 회전속력은 얼마인가? (b) 원래 회전운동 에너지에서 손실된 에너지의 비율은?

40. 두 원반

두 원반이 마찰이 적은 베어링을 통해 같은 축에 끼워 있으며 붙어서 한 몸으로 돌 수 있다. (a) 중심축에 대한 회전관성이 $3.3\,\mathrm{kg \cdot m^2}$인 첫째 원반을 450 rev/min으로 돌렸다. 회전관성이 $6.6\,\mathrm{kg \cdot m^2}$인 둘째 원반을 첫째 원반과 같은 쪽으로 900 rev/min으로 돌리고, 붙였다. 붙인 뒤 이들의 회전속력은? (b) 이와 다르게 둘째 원반을 첫째 원반과는 반대 쪽으로 900 rev/min으로 돌리고 붙인다면 이들의 회전속력과 회전방향은?

41. 운동장

운동장에 반지름 1.20 m, 질량 180 kg인 작은 회전판이 있다. 이것의 회전반지름은 (11장 문제 43 참조) 91.0 cm이다. 질량 44.0 kg인 어린이가 처음에 서 있던 회전판에 테두리에 접하는 길을 따라 속력 3.00 m/s로 달려와서 올라탔다. 베어링과 회전판 축 사이의 마찰은 무시한다. 다음을 셈하라. (a) 회전축에 대한 회전판의 회전관성. (b) 회전축에 대한 달리는 아이의 회전 운동량의 크기. (c) 어린이가 올라 탄 후 회전판과 어린이의 회전속력.

42. 붕괴하는 회전항성

붕괴하는 회전항성의 회전관성이 초기값에 비해 $\frac{1}{3}$로 줄었다. 초기 회전운동 에너지에 비해 새로운 회전운동 에너지의 비율은 얼마인가?

43. 바퀴 위의 트랙

마찰을 무시할 수 있어 수직축에 대해 매끄럽게 돌 수 있는 큰 바퀴 위에 선로를 올렸다(그림 12-22). 질량 m인 장난감 기차가 선로 위에 놓여 있고, 이 계가 처음에 서 있는 상태에서 전기 스위치를 켰다. 기차가 선로에 대해서 일정한 속력 v에 도달한다. 바퀴의 질량이 M, 반지름이 R이면 회전속력은 얼마인가? (바퀴를 테로 보고 바퀴통과 살대의 질량을 무시하라.)

그림 12-22 문제 43

44. 두 스케이트 선수

그림 12-23에서 질량이 각각 50 kg인 두 스케이트 선수가 3.0 m 떨어진 평행한 두 길을 따라서 서로 접근한다. 이들의 속력은 1.4 m/s로 서로 반대쪽이다. 한 사람은 질량을 무시할 수 있는 긴 막대의 한 끝을 잡아 옮기고 있고 다른 사람은 지나면서 다른 한 끝을 쥐었다. 얼음판은 마찰이 없다고 하자. (a) 두 스케이트 선수가 막대로 연결된 다음, 이들의 운동을 정량적으로 기술하라. (b) 두 스케이트 선수의 운동 에너지는 얼마인가?

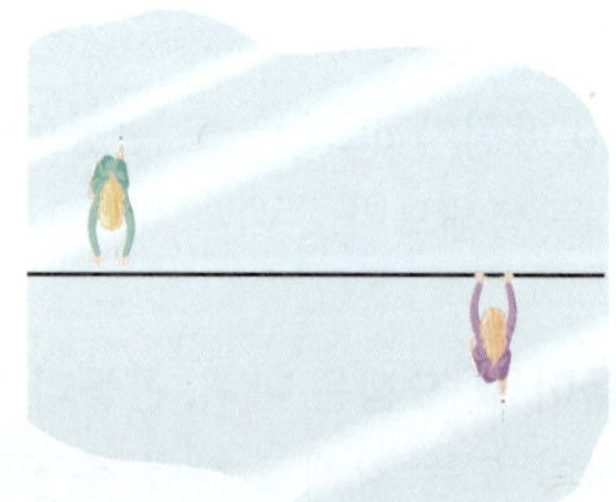

그림 12-23 문제 44

그 다음에 두 스케이트 선수가 거리를 1.0 m로 줄이려고 막대를 당긴다. 그러면 (c) 이들의 회전속력과 (d) 그 계의 운동 에너지는 얼마인가? (e) 증가한 운동 에너지의 근원은 무엇인가?

45. 바퀴벌레

질량 m인 바퀴벌레가 마찰없는 베어링이 붙은 반지름 R, 회전관성 I인 회전식 쟁반(수직축에 장착된 둥근 접시) 테두리를 따라 반시계방향으로 달린다. (지면에 대한) 바퀴벌레의 속력은 v이고 회전쟁반은 회전속력 ω_1으로 시계방향으로 돈다. 바퀴벌레는 테두리에서 빵부스러기를 보자 멈춰섰다. (a) 바퀴벌레가 멈춰선 후 회전쟁반의 회전속력은 얼마인가? (b) 역학적 에너지는 보존되는가?

46. 회전목마 위의 소녀

질량 M인 어떤 소녀가 멈춰선 회전목마의 테두리에 서 있다. 회전목마의 반지름은 R, 회전관성은 I이고 마찰이 없다. 그녀가 질량 m인 돌을 수평으로 회전목마 바깥 가장자리에 대한 접선방향으로 던졌다. 지면에 대한 돌의 속력은 v이다. 그 후로 (a) 회전목마의 회전속력과 (b) 소녀의 병진속력은 얼마인가?

47. 비닐 음반

질량 0.10 kg, 반지름 0.10 m인 수평 비닐 음반이 그 중심을 지나는 수직축에 대해 회전속력 4.7 rad/s로 자유로이 돈다. 회전축에 대한 음반의 회전관성은 $5.0 \times 10^{-4}\,\mathrm{kg \cdot m^2}$이다. 질량 0.02 kg인 접착제 덩어리가 위에서 수직으로 음반에 떨어져서 가장자리에 들러붙었다. 접착제가 들러붙은 직후에 음반의 회전속력은 얼마인가?

48. 밀도가 고른 가는 막대

길이 0.50 m, 질량 4.0 kg인 밀도가 고른 가는 막대가 그 중심을 지나는 수직축에 대해 수평면에서 돌 수 있다. 막대가 서 있을 때 수평면상에서 3.0 g 총알을 막대 한 끝에 쏘았다. 위에서 볼 때 총알 속도의 방향은 막대와 60°를 이룬다(그림 12-24). 막대에 총알이 박힌 바로 뒤 막대의 회전속도가 10 rad/s이면 충돌 바로 전 총알의 속력은?

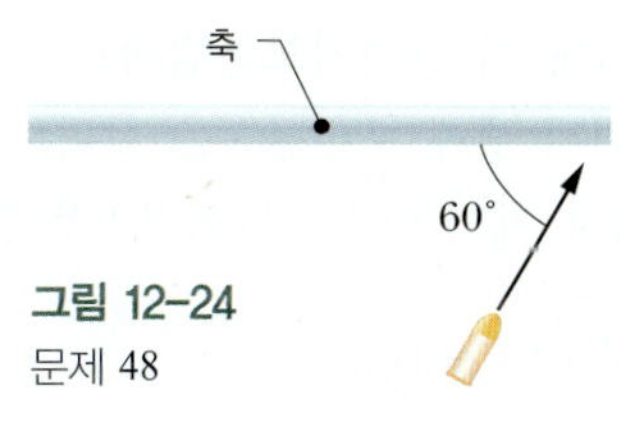

그림 12-24 문제 48

49. 접착제 덩어리

질량 2.0 kg인 공 두 개가 길이 50.0 cm인, 질량을 무시할 수 있는 가는 막대 끝에 붙어 있다. 막대는 중심을 지나는 수평축에 대해 마찰이 없이 수직한 평면 위에서 자유로이 돌 수 있다. 초기에 수평 상태인 막대에(그림 12-25) 질량 50.0 g인 접착제 덩이가 속력 3.00 m/s로 떨어져서 한쪽 공을 맞춘 다음 들러붙었다. (a) 접착제 덩이가 충돌한 바로 뒤의 계의 회전속력은 얼마인가? (b) 충돌 직전 접착제 덩이 운동 에너지에 대한 충돌 뒤 계 전체의 운동 에너지의 비율은? (c) 계가 순간적으로 설 때까지 계가 도는 각도는?

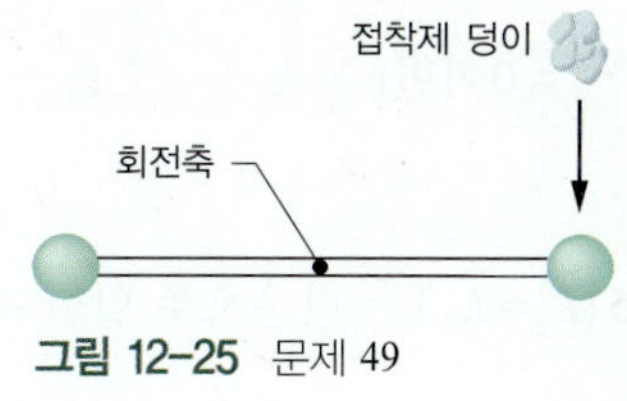

그림 12-25 문제 49

50. 원반 위의 바퀴벌레

질량 m인 바퀴벌레가 회전목마처럼 중심에 대해 자유로이 돌 수 있는 질량 10.0 m인, 고른 원반의 테두리에 있다. 처음에 바퀴벌레와 원반은 회전속도 ω_1으로 함께 돈다. 그리고 바퀴벌레는 원반 중심에서 절반인 곳으로 움직인다. (a) 바퀴벌레-원반 계의 회전속도 변화 $\Delta\omega$는 얼마인가? (b) 계의 초기 운동 에너지에 대한 나중 운동 에너지의 비 K_2/K_1은 얼마인가? (c) 운동 에너지의 변화의 이유를 밝혀라.

51. 지구의 극 얼음층

만약 지구의 극 얼음층이 완전히 녹아 물이 되면 바다는 약 30 m 더 깊어질 것이다. 지구회전에 이것은 어떤 영향을 주는가? 그 결과로 나타나는 하루 길이의 변화를 어림하라. (산업오염으로 생기는 대기온난화가 극 얼음층을 녹게 한다는 우려가 발표되었다.)

52. 수평 플랫폼

원반꼴 수평 플랫폼이 원반 중심을 지나는 마찰없는 베어링의 수직축에 대해 돈다. 플랫폼은 질량 150 kg, 반지름 2.0 m, 회전축에 대한 회전관성 $300\,\mathrm{kg \cdot m^2}$이다. 60 kg인 어떤 학생이 플랫폼의 테두리에서 중심으로 천천히 걸어간다. 학생이 테두리에서 출발할 때 계의 회전속력이 1.5 rad/s라면, 그녀가 중심에서 0.50 m인 곳에 있을 때는 회전속력이 얼마인가?

53. 고른 원반

질량 10 m, 반지름 3.0 r인 고른 원반이 중심축에 대해 회전목마처럼 자유로이 돌 수 있다. 질량 m, 반지름 r인 더 작은 고른 원반이 더 큰 원반 위에 동심축으로 놓여 있다. 처음에 두 원반은 회전속도 20 rad/s로 함께 돈다. 그 후 작은 진동 때문에 작은 원반이 큰 원반 중심에서 바깥으로 미끄러졌고 작은 원반의 가장자리가 큰 원반의 가장자리에 걸렸다. 그 후로 두 원반은 (더 이상 미끄러지지 않고) 다시 함께 돈다. (a) 큰 원반의 중심에 대한 이들의 회전속도는 얼마인가? (b) 두 원반 계의 초기운동 에너지에 대한 나중 운동 에너지의 비율 K_2/K_1은 얼마인가?

54. 서 있는 어린이

질량 100 kg, 반지름 2.0 m인 멈춰 있는 회전목마 가장자리에 30 kg인 어린이가 서 있다. 회전축에 대한 회전목마의 회전관성은 $150\,\mathrm{kg \cdot m^2}$이다. 이 어린이가 친구가 던진 질량 1.0 kg인 공을 받았다. 그림 12-26의 평면도와 같이 공을 받기 직전에 공은 회전목마 가장자리의 접선과 37°각을 이루며 12 m/s의 수평속도를 갖는다. 공을 받은 다음 회전목마의 회전속력은 얼마인가?

55. 총알로 토막 맞추기

그림 12–27에서 1.0 g 총알을 질량 0.50 kg 길이 0.60 m인 고르지 않은 막대의 끝에 달린 0.50 kg 토막을 향해 쏘았다. 그리고 토막–막대–총알 계는 점 A의 고정축에 대해 돈다. A에 대한 막대의 회전관성은 0.060 kg · m^{2}이다. 토막은 작다고 가정하고 막대 끝의 한 입자로 본다. (a) 점 A에 대한 토막–막대–총알 계의 회전관성은 얼마인가? (b) 총알이 박힌 직후의 점 A에 대한 계의 회전속력이 4.5 rad/s라면 충돌 직전에 총알의 속도는 얼마인가?

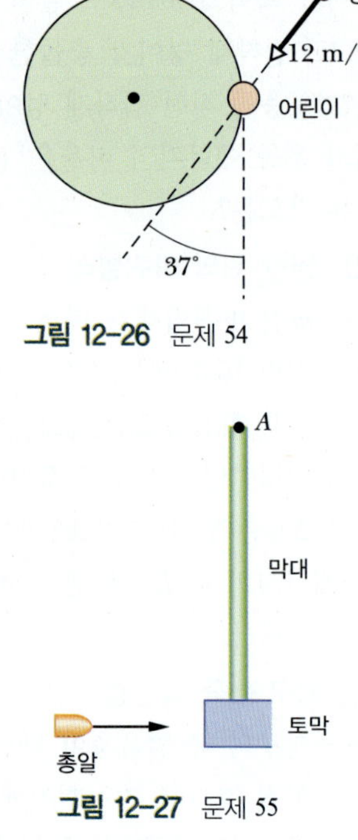

그림 12–26 문제 54

그림 12–27 문제 55

56. 고른 막대

그림 12–28에서 고른 막대가 (길이 0.60 m, 질량 1.0 kg) 그 한 끝을 지나는 축으로 회전관성 0.12 kg · m^{2}로 돈다. 이 막대가 돌며 끝이 최저점을 지날 때 질량 0.20 kg인 작은 진흙덩이가 부딪쳐 막대 끝에 붙었다. 충돌 전 막대의 회전속력이 2.4 rad/s라면 충돌 직후의 진흙–막대 계의 회전속력은 얼마인가?

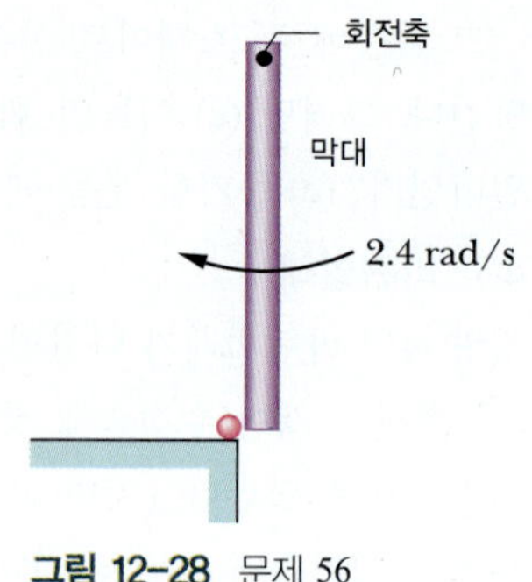

그림 12–28 문제 56

57. 미끄럼판의 입자

그림 12–29에서 질량 m인 입자가 높이 h에서 마찰 없는 표면으로 미끄러져 내려와서 고른 수직 막대(질량 M, 길이 d)에 부딪쳐 달라붙었다. 막대는 고정점 O에 대해 각도 θ로 돌아 순간적으로 멈추었다. θ를 구하라.

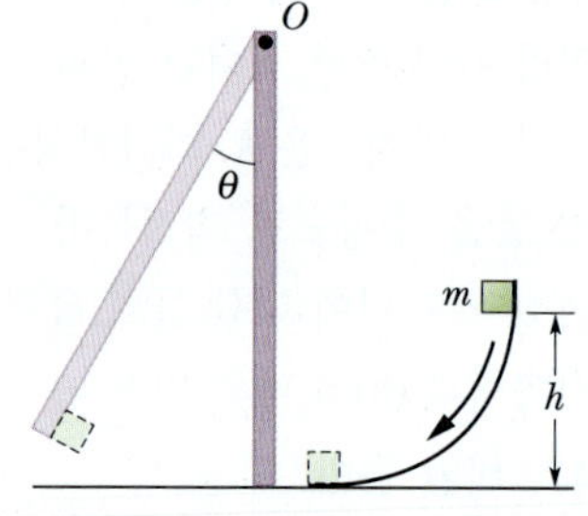

그림 12–29 문제 57

12-10 회전 운동량 보존

지금까지 쓸모 있는 두 가지 보존법칙, 즉 에너지보존법칙과 병진 운동량보존법칙에 대해서 설명했다. 이제 회전 운동량의 보존과 관련된 셋째 보존법칙을 살펴보자. 회전운동에 대한 뉴턴 제2법칙인 식 12–31 ($\vec{\tau}^{알짜} = d\vec{L}/dt$)에서 시작하자. 계가 알짜외부회전력을 받지 않는다면 이 식은 $d\vec{L}/dt = 0$ 또는

$$\vec{L} = \text{상수} \qquad (\vec{\tau}^{알짜} = 0\text{이면}) \tag{12–34}$$

이 결과는 회전 운동량보존법칙이라고 부르며 다음과 같이 쓸 수도 있다.

$$\begin{Bmatrix}\text{처음시각 } t_1\text{의} \\ \text{알짜 회전운동량}\end{Bmatrix} = \begin{Bmatrix}\text{나중시간 } t_2\text{의} \\ \text{알짜 회전운동량}\end{Bmatrix}$$

$$\text{또는} \qquad \vec{L}_1 = \vec{L}_2 \qquad (\vec{\tau}^{알짜} = 0\text{이면}) \tag{12–35}$$

식 12–34 ($\vec{L}$=일정상수)와 식 12–35 ($\vec{L}_1 = \vec{L}_2$)는 다음으로 말할 수 있다.

> 계가 받는 알짜(외부)회전력이 0이면 계가 어떻게 변화하든 계의 회전 운동량 $\vec{L}$은 일정하다.

식 12-31 ($\vec{\tau}^{알짜}=d\vec{L}/dt$)과 12-35 ($\vec{L}_1=\vec{L}_2$)는 벡터식이다. 따라서 이 식은 서로 직교하는 세 방향의 회전 운동량 성분에 대응되는 방정식 세 개에 해당한다. 계가 받는 회전력에 따라서 계의 회전 운동량은 세 방향 모두가 아닌 한 방향 또는 두 방향 성분만 보존될 수도 있다.

> 계가 받는 알짜 외부 회전력의 어떤 방향 성분이 0이면, 그 계가 어떻게 변화하든 그 축 방향의 계의 회전 운동량 성분은 변하지 않는다.

이 법칙을 그림 12-20에서 z축을 중심으로 도는 고립된 물체에 적용할 수 있다. 처음의 강체에서 그 질량이 그 회전축에 대해 어떻게 재배치되면서 축에 대한 회전관성이 달라진다고 하자. 식 12-34 ($\vec{L}$=일정상수)와 식 12-35 ($\vec{L}_1=\vec{L}_2$) 는 알짜 외부 회전력이 없으면 물체의 회전 운동량은 변하지 않음을 말한다. $\vec{L}=I\vec{\omega}$ (식 12-33)를 식 12-35의 회전축 방향 회전 운동량에 대해 넣으면, 보존 법칙을 다음과 같이 쓸 수 있다.

$$I_1\vec{\omega}_1=I_2\vec{\omega}_2 \qquad (\vec{\tau}^{알짜}=0)\text{이면} \tag{12-36}$$

여기서 아랫글자는 질량을 재배치하기 전과 후의 회전관성 I 값과 회전속도 ω를 뜻한다.

이미 배운 다른 두 보존법칙처럼 $\vec{L}$=상수와 $\vec{L}_1=\vec{L}_2$는 뉴턴역학의 범위 밖에서도 성립한다. 이 식들은 속도가 빛속력에 가까운 입자(여기서는 특수상대론이 지배한다.)에 대해서도 성립하며, 원자 속 입자의 세계(양자역학이 지배한다)에서도 성립한다. 회전 운동량 보존법칙에 대한 예외는 아직 발견된 적이 없다.

이제 이 법칙과 관련한 네 가지 예제를 살펴보자.

1. **회전실습 자원자.** 그림 12-30에서 학생이 수직 축을 중심으로 자유로이 돌 수 있는 걸상에 앉아 있다. 이 학생은 아령을 든 양손을 밖으로 편 채 적당한 처음 회전속력 ω_1으로 돌게 했다. 그의 회전 운동량벡터 $\vec{L}$은 위쪽 수직회전축 방향이다.

   학생이 팔을 안으로 오므렸다. 이 동작으로 질량이 회전축에 더 가까워지므로 그의 회전관성은 처음값 I_1에서 더 작은 값 I_2로 줄어든다. 그 결과 그의 회전률은 ω_1에서 ω_2로 확연히 커진다. 학생이 다시 팔을 내밀면 회전속력이 느려진다.

그림 12-30
(a) 학생의 회전관성은 상대적으로 크고 회전속력은 작다. (b) 학생의 회전관성을 줄이면 회전속력은 저절로 빨라진다. 이때 계의 회전 운동량 $\vec{L}$은 변하지 않는다.

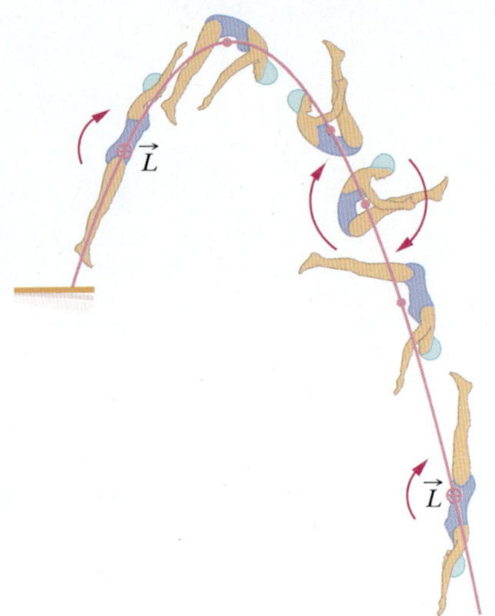

그림 12-31
다이빙 선수가 떨어지면서 질량중심에 대해 돈다. 그녀는 질량중심에 대한 알짜 외부회전력을 받지 않으므로 다이빙 내내 회전 운동량이 일정하다. 떨어질 때 질량중심은 (점 표시) 포물선 궤도를 따르는 점에 유의하자.

학생, 걸상 그리고 아령으로 이루어진 계는 수직축 쪽으로는 어떤 알짜회전력도 받지 않는다. 따라서 회전축에 대한 그 계의 회전 운동량은 일정해야 한다. 그림 12-30*a*에서 학생의 회전속력 $|\vec{\omega}_1|$은 상대적으로 느리고, 회전관성 I_1은 상대적으로 크다. 식 12-36에 따르면 $(I_1\vec{\omega}_1 = I_2\vec{\omega}_2)$ 그림 12-30*b*에서 그의 회전속력은 줄어든 회전관성을 보상할 만큼 더 빨라져야 한다.

2. **뜀판 다이빙.** 그림 12-31은 앞으로 한 바퀴 반 공중제비하는 다이빙 선수를 보여준다. 8장의 설명에서 짐작할 수 있듯이 그녀의 질량중심은 포물선 궤도를 따라 움직인다. 그녀는 뜀판에서 일정한 회전 운동량 $\vec{L}$로 출발하는데 벡터는 그녀의 질량중심을 지나 그림 12-31의 종이면 속으로 수직으로 들어간다. 그녀가 공중에 있을 때 질량중심은 어떤 알짜 외부 회전력도 받지 않으므로 (공기 저항은 무시한다), 질량중심에 대한 회전 운동량은 변하지 않는다. 그녀가 팔다리를 끌어당겨 허리를 구부리고 무릎을 굽혀(네 번째 그림) 질량중심 축에 대한 회전관성을 줄이면 $I_1\vec{\omega}_1 = I_2\vec{\omega}_2$(식 12-36)에 따라 회전속력이 빨라진다. 다이빙의 후반부에 그녀는 허리와 무릎을 다시 펴서 (활짝 팔다리를 편 자세) 회전관성을 키운다. 이렇게 하여 그녀는 회전속력을 늦춰 물을 거의 튀기지 않고 물로 들어갈 수 있다. 비틀기와 공중제비를 겸하는 더 복잡한 다이빙에서도 다이빙 선수의 회전 운동량은 다이빙 내내 크기와 함께 방향도 보존된다.

3. **우주선의 방향.** 그림 12-32는 단단히 고정된 플라이휠을 실은 우주선의(조잡하지만) 방향제어 방법을 대충 보여준다. 우주선+플라이휠은 알짜 외부 힘을 받지 않는다. 따라서 우주선과 플라이휠 어느 것도 돌지 않기 때문에 계의 전체 회전 운동량 $\vec{L}$이 0이었다면 그 값은 계속 0으로 남아 있어야 한다.

우주선의 방향을 바꾸려면 플라이휠을 돌린다(그림 12-32*a*). 그러면 우주선은 계의 회전 운동량을 0으로 유지하고자 반대쪽으로 돌기 시작한다. 플라이휠을 멈추면 우주선도 방향이 바뀐 채 (그림 12-32*b*) 회전을 멈춘다. 우주선+플라이휠 계의 회전 운동량은 처음부터 끝까지 0이다.

재미있는 사실은 1986년 천왕성을 지나는 우주선 보이저 2호의 비행에서 테이프레코더가 고속회전을 할 때마다 플라이휠 효과에 의해 뜻하지 않게 돌았다. 제트 추진연구소의 지상요원들은 테이프레코더가 돌 때마다 반작용 분사추진체를 켜고자 탑재 컴퓨터의 프로그램을 매번 다시 작동시켜야 했다.

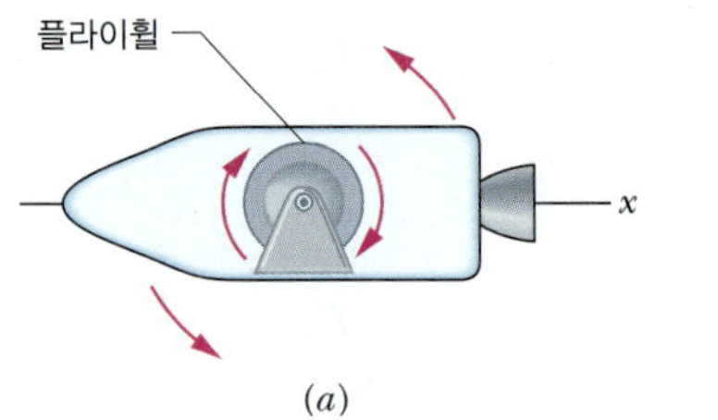

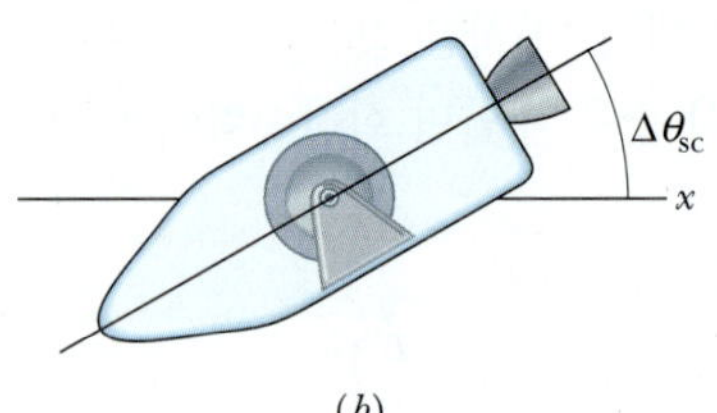

그림 12-32
(*a*) 플라이휠을 실은 가상적인 우주선. 플라이휠이 그림처럼 시계바늘을 따라 돌면 전체 회전 운동량은 0이어야 하므로 우주선 자체는 반대쪽으로 돈다. (*b*) 플라이휠을 멈추면 우주선도 회전을 멈춘다. 그러나 그 축에 대해서 각도 $\Delta\theta_{sc}$만큼 돈 상태가 된다.

4. **엄청나게 수축하는 별.** 별의 중심에서의 핵반응이 약해지면 온도가 내려가 내부 압력이 낮아지면서 마침내 붕괴한다. 이 붕괴는 별의 반지름이 태양의 반지름 정도로부터 믿기 어려울 정도로 작은 몇 km 정도까지 계속될 수 있다. 그리고 별은 마침내 중성자별이 된다. 그 구성물은 압축된 중성자로 이루어진 밀도가 매우 높은 기체가 된다.

이러한 수축과정에서 별은 독립된 계이고 그 회전 운동량 $\vec{L}$은 변하지 않는다. 별의 회전관성이 크게 줄어들므로 그 회전속력은 초당 600에서 800번씩 돌만큼 상대적으로 매우 커진다. 비교해 보자면, 해와 같은 전형적인 별은 한달에 겨우 약 1번 돈다.

• 병진 대비 회전방정식의 요약

표 12-2는 표 11-3에 이 장에서 이끌어낸 새로운 식들을 덧붙였다. 이 표는 병진과 회전관계식들을 대응시켜 나열한다.

표 12-2

병진과 회전운동에 대한 대응관계식[a]

병진		회전	
힘	$\vec{F}$	회전력	$\vec{\tau} = \vec{r} \times \vec{F}$
병진 운동량	$\vec{p}$	회전 운동량	$\vec{l} = \vec{r} \times \vec{p}$
병진 운동량[b]	$\vec{P}_{계} = \Sigma \vec{p}_i$	회전 운동량[b]	$\vec{L} = \Sigma \vec{l}_i$
병진 운동량[b]	$\vec{P}_{계} = M\vec{v}_{양심}$	회전 운동량[c]	$\vec{L} = I\vec{\omega}$
뉴턴 제2법칙[b]	$\Sigma \vec{F}_{바깥} = \dfrac{d\vec{P}_{계}}{dt}$	뉴턴 제2법칙[b]	$\Sigma \vec{\tau}_{알짜} = \dfrac{d\vec{L}}{dt}$
보존법칙[d]	$\vec{P}_{계}$ = 상수벡터	보존법칙[d]	$\vec{L}$ = 상수벡터

[a]표 11-3 참조
[b]강체를 포함한 입자계에 대해
[c]고정축을 중심으로 돌며, 고정축 방향의 성분이 L인 강체에 대해
[d]닫힌 고립계에 대해 ($\vec{F}_{알짜} = 0$, $\vec{\tau}_{알짜} = 0$)

생각해보기 12-5 코뿔소투구벌레가 회전목마처럼 돌아가는 작은 원반의 테두리를 기어간다. 투구벌레가 원반의 중심 쪽으로 기어가면 다음의 각각은(중심축에 대해서) 느는가, 주는가 아니면 그대로인가? (a) 투구벌레-원반 계의 회전관성, (b) 이 계의 회전 운동량, (c) 투구벌레와 원반의 회전속도?

따라해보기 12-6 | 바퀴를 든 학생

그림 12-33a에서 한 학생이 수직축을 중심으로 자유로이 돌 수 있는 걸상에 앉아 있다. 이 학생은 처음에는 자전거바퀴를 든 채 멈춰 있다. 바퀴는 중심축에 대한 회전관성이 $I_{바퀴} = 1.2\,\mathrm{kg \cdot m^2}$이고, 위에서 보았을 때 반시계방향으로 회전속력 $\omega_{바퀴} = 3.9\,\mathrm{rev/s}$로 돌고 있다. 바퀴의 축은 수직이고 바퀴의 회전 운동량 $\vec{L}_{바퀴}$는 수직 위쪽을 가리킨다. 이제 학생이 바퀴를 뒤집으면(그림 12-33b) 바퀴는 위에서 보았을 때 시계방향으로 돈다. 바퀴의 회전 운동량은 이제 $-\vec{L}_{바퀴}$이고, 학생과 걸상 및 바퀴 중심은 복합강체로서 걸상의 수직축을 중심으로 회전관성 $I_{복합} = 6.8\,\mathrm{kg \cdot m^2}$로서 함께 돈다. (바퀴 역시 그 회전중심에 대해 돈다는 점에서 이 복합물체의 질량분포는 바뀌지 않는다. 따라서 $I_{복합}$는 바퀴가 돌든 돌지 않든 상관없이 값이 같다.) 바퀴를 뒤집은 다음 이 복합물체는 어느 쪽으로 어떤 속력 $\omega_{복합}$으로 도는가?

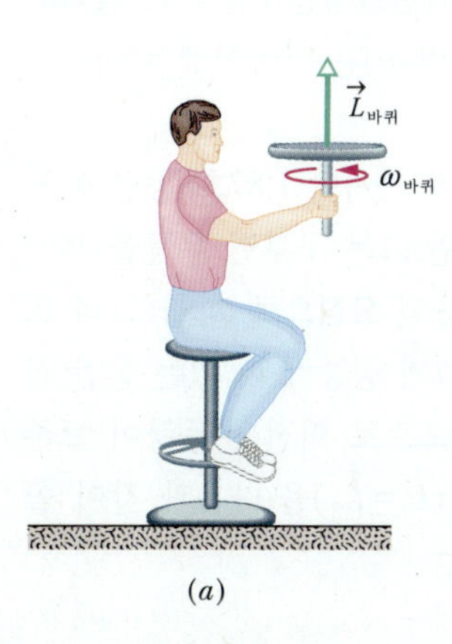

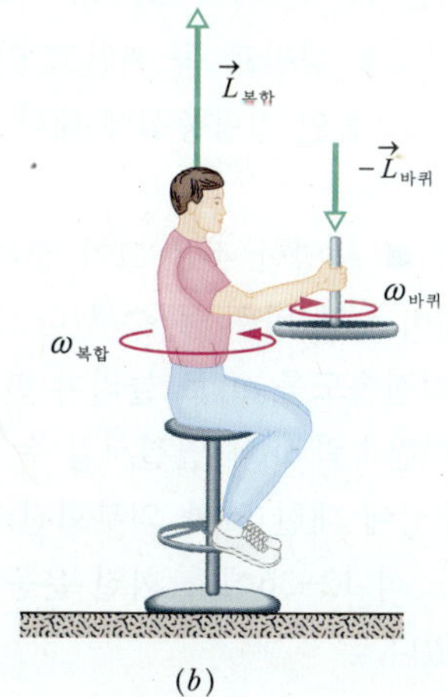

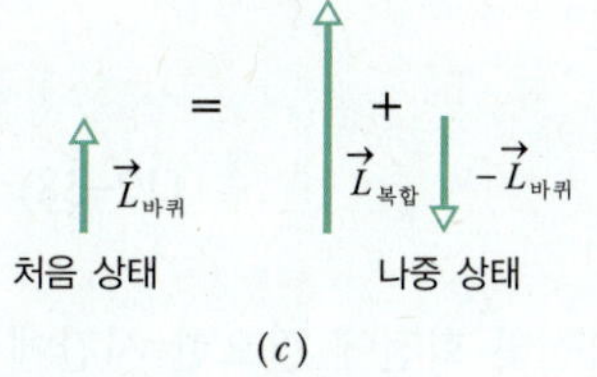

그림 12-33
(a) 한 학생이 수직축을 중심으로 도는 자전거바퀴를 들고 있다. (b) 학생이 바퀴를 뒤집자 자신도 돈다. (c) 계의 알짜 각운동량은 바퀴를 뒤집어도 같아야 한다.

풀이 ■ 여기서의 요점은 다음과 같다.

1. 구하려는 회전속력 $\omega_{복합}$은 식 12-33 ($\vec{L} = I\vec{\omega}$)에 따라 걸상의

회전축에 대한 복합물체의 나중 회전 운동량 $\vec{L}_{복합}$에 관계된다.

2. 바퀴의 처음 회전속력 $\omega_{바퀴}$는 같은 식에 의해 중심축에 대한 회전 운동량 $\vec{L}_{바퀴}$에 관계된다.
3. $\vec{L}_{복합}$과 $\vec{L}_{바퀴}$의 벡터합은 학생-걸상-바퀴 계의 전체 회전 운동량 $\vec{L}^{전체}$이다.
4. 바퀴를 뒤집을 때 이 계에는 어떤 수직축에 대해서도 $\vec{L}^{전체}$를 변화시키는 알짜 외부회전력은 작용하지 않는다. (학생이 바퀴를 뒤집을 때 학생과 바퀴가 주고받는 힘에 의한 회전력은 계의 내부적인 것이다.) 따라서, 계의 전체 회전 운동량은 어떤 수직축에 대해서도 보존된다.

$\vec{L}^{전체}$의 보존을 그림 12-33*c*에서 벡터로 나타냈다. 이를 다음과 같이 수직축 방향의 성분으로 쓸 수도 있다.

$$\vec{L}_{복합,\,y}(t^2)+\vec{L}_{바퀴,\,y}(t^2)=\vec{L}_{복합,\,y}(t_1)+\vec{L}_{바퀴,\,y}(t_1) \quad (12\text{-}37)$$

여기서 t_1과 t_2는 처음 상태(바퀴를 뒤집기 전)와 나중 상태(뒤집은 후)를 나타낸다. 바퀴를 뒤집으면 바퀴의 회전 운동량 벡터도 뒤집어지므로, $\vec{L}_{복합,\,y}(t_2)$에 $-\vec{L}_{바퀴,\,y}(t_1)$을 넣는다. 그리고 $\vec{L}_{복합,\,y}(t_1)=0$으로 하면(왜냐면 학생-걸상-바퀴중심은 처음에는 서 있으므로), 식 12-37은 다음과 같아진다.

$$\vec{L}_{복합,\,y}(t_2)=2\vec{L}_{바퀴,\,y}(t_1)$$

다음으로 $L_{복합\,y}$에 $I_{복합}\omega_{복합\,y}$ 그리고 $L_{바퀴,\,y}$에 $I_{바퀴}\omega_{바퀴\,y}$를 넣고 $\omega_{복합}$에 대해서 풀면 다음과 같아진다.

$$\omega_{복합,\,y}\,\hat{\mathrm{j}}=\frac{2I_{바퀴}}{I_{복합}}\,\omega_{바퀴,\,y}\,\hat{\mathrm{j}}$$

$$=\frac{(2)(1.2\,\mathrm{kg\cdot m^2})(3.9\,\mathrm{rev/s})}{6.8\,\mathrm{kg\cdot m^2}}\,\hat{\mathrm{j}}=(1.4\,\mathrm{rev/s})\,\hat{\mathrm{j}} \qquad \text{(답)}$$

나중 회전속도가 위쪽을 가리킨다는 것은 걸상 축에 대해 위에서 볼 때 학생은 반시계방향으로 도는 것을 말한다. 이 학생이 회전을 멈추고 싶으면 바퀴를 그냥 한 번 더 뒤집으면 된다.

따라해보기 12-7 | 4중 공중제비

곡예사가 공중에서 뛰어 짝을 잡는데 걸리는 $t=1.87$초 동안 공중제비를 네 바퀴 하려고 한다. 그는 처음과 마지막 1/4회전에서 그림 12-34에 보인 쭉 편 상태에 있으며, 질량중심(점 표시)에 대한 회전관성은 $I_1=19.9\,\mathrm{kg\cdot m^2}$이다. 공중에 떠 있는 동안 그는 구부린 무릎을 양팔로 꼭 껴안고 있으며, 회전관성은 $I_2=3.93\,\mathrm{kg\cdot m^2}$이다. 그 동안 질량중심에 대한 회전속력 ω_2는 얼마이겠는가?

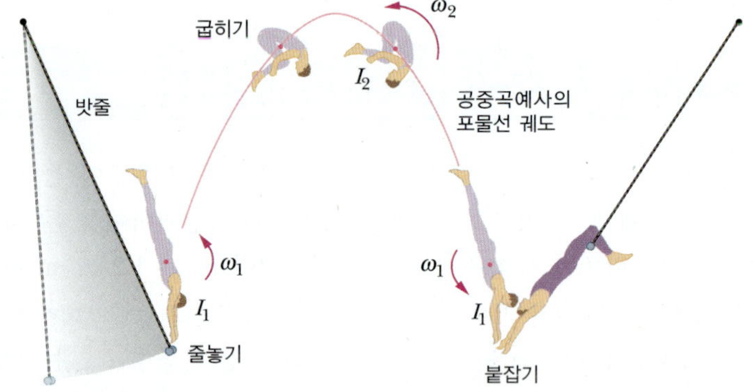

그림 12-34
여러 번 공중제비를 하는 공중곡예사

풀이 ■ 분명한 것은 그가 충분히 빨리 돌아야 1.87초 동안에 공중제비를 네 바퀴 돌 수 있다. 그러려면 그는 구부린 무릎을 껴안아 회전속도를 ω_2로 늘려야 한다. 다음의 **요점**으로 ω_2를 그의 초기 회전속력 ω_1에 연결시킬 수 있다. 그가 공중에 떠 있는 동안 질량중심에 대한 알짜 외부회전력이 없으므로 회전 운동량이 보존된다. 식 12-36에서 회전 운동량보존($\vec{L}_1=\vec{L}_2$)을 다음과 같이 쓸 수 있다.

$$I_1\vec{\omega}_1=I_2\vec{\omega}_2$$

또는

$$\vec{\omega}_1=\frac{I_2}{I_1}\vec{\omega}_2 \qquad (12\text{-}38)$$

둘째 **요점**은 이 회전속력이 회전각도 및 회전에 필요한 시간에 연관된다는 것이다. 출발상태에서 그는 몸을 활짝 편 상태로 각도 $\Delta\theta_1=0.500$ 바퀴(1/4바퀴 두 번)를 Δt_1 동안에 돌아야 한다. 구부린 무릎을 껴안는 동안 각도 $\Delta\theta_2=3.50$ 바퀴를 Δt_2 동안에 돌아야 한다. 식 11-5에서($\langle\omega\rangle=\Delta\theta/\Delta t$) 다음과 같이 쓸 수 있다.

$$\Delta t_1=\frac{\Delta\theta}{\omega_1} \text{ 과 } \Delta t_2=\frac{\Delta\theta_2}{\omega_2}$$

따라서 그의 전체 비행시간은

$$\Delta t = \Delta t_1 + \Delta t_2 = \frac{\Delta\theta_1}{\omega_1} + \frac{\Delta\theta_2}{\omega_2}$$

이고, 이는 1.87초가 되어야 한다. 이제 식 12-39를 ω_1에 넣으면

$$\Delta t = \frac{(\Delta\theta_1)I_1}{\omega_2 I_2} + \frac{\Delta\theta_2}{\omega_2} = \frac{1}{\omega_2}\left(\Delta\theta_1 \frac{I_1}{I_2} + \Delta\theta_2\right)$$

이고, 알려진 값을 넣으면

$$1.87\,\text{s} = \frac{1}{\omega_2}\left((0.500\,\text{rev})\frac{19.9\,\text{kg}\cdot\text{m}^2}{3.93\,\text{kg}\cdot\text{m}^2} + 3.50\,\text{rev}\right)$$

이 된다. 따라서 다음과 같다.

$$\omega_2 = 3.23\,\text{rev/s} \qquad \text{(답)}$$

회전속력은 너무 빨라서 공중곡예사가 주변을 잘 보거나 움츠림을 조절하여 회전을 미세조절할 수 없다. 공중제비를 4.5번 하려면 ω_2가 더 커야 하고, 그러려면 몸을 더 꼭 껴안아서 I_2의 값을 더 작게 만들어야 하는데, 이것은 곡예사가 거의 할 수 없어 보인다.

따라해보기 12-8 | 십자막대 치기

(이 예제는 길고, 고급이며, 11장과 12장의 개념이 많이 쓰인다.) 그림 12-35의 평면도에서 질량이 M이고 길이가 $d = 0.50\,\text{m}$인 가늘고 고른 막대 네 개가 십자꼴로 수직축에 단단히 고정되어 있다. 십자막대는 바닥에 고정된 축을 중심으로 처음 회전속도 $\vec{\omega}_1 = (-2.0\,\text{rad/s})\hat{\text{j}}$로서 시계방향으로 돈다. 질량 $m = \frac{1}{3}M$, 처음 속력 $v_1 = 12\,\text{m/s}$인 진흙공이 그림의 경로로 날아와 한 막대의 끝에 붙었다. 공–십자막대 계의 나중 회전속도 $\vec{\omega}_2$는 얼마인가?

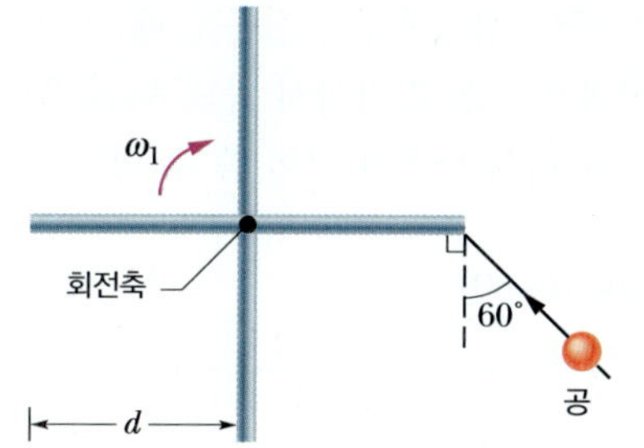

그림 12-35 중심축에 대해 자유로이 도는 네 막대의 평면도와 막대에 들러 붙은 진흙공의 경로. 네 막대는 단단히 연결되어 있다.

풀이 ■ 요점은 물음-대답의 꼴로 보일 수 있다. 물음: 충돌에서 보존되는, 회전속도와 관련된 물리량 가운데 $\vec{\omega}_2$에 대해 풀 수 있는 것이 있는가? 답을 얻기 위해 보존될 수 있는 물리량을 살펴보자.

1. 전체 운동 에너지 K는 보존되지 않는다. 왜냐하면 공과 막대의 충돌이 완전비탄성(공이 들러붙음)이므로 운동 에너지의 일부는 (열에너지와 같은) 다른 에너지로 바뀐다.
2. 전체 병진 운동량 $\vec{P}$또한 보존되지 않는다. 충돌할 때 십자막대는 수직축이 고정된 바닥에서 외부 힘을 받기 때문이다. (이 힘은 진흙공이 십자막대를 때릴 때 십자막대가 바닥을 미끄러져 움직이지 않게 한다.)
3. 축에 대한 계의 전체 회전 운동량 $\vec{L} = L_y\hat{\text{j}}$를 바꾸는 알짜 외부회전력이 없으므로 $\vec{L}$은 보존된다. (충돌할 때 공과 막대가 주고받는 힘은 내부회전력을 만들 뿐이다. 십자막대에 대한 바깥 힘은 축에 작용하는데, 모멘트 팔이 0이므로 외부회전력은 0이다.)

축에 대한 계의 전체 회전 운동량 보존($\vec{L}_2 = \vec{L}_1$)을 다음과 같이 쓸 수 있다.

$$L_{+\,y}(t_2) + L_{공\,y}(t_2) = L_{+\,y}(t_1) + L_{공\,y}(t_1) \qquad (12\text{–}39)$$

여기서 아랫글자 +는 십자막대를 뜻한다. 여기서 나중 회전속도 $\vec{\omega}_2$는 $L_{+\,y}(t_2)$와 $L_{공\,y}(t_2)$에 들어 있는데 그 까닭은 여기에서 나중 회전 운동량이 십자막대와 공이 얼마나 빨리 움직이는가에 따라 달라지기 때문이다. ω_2를 구하려면 먼저 십자막대와 공을 차례대로 살펴본 다음에, 식 12-39로 돌아가자.

십자막대: 여기서의 **요점**은 십자막대는 강체이므로 식 12-33 ($\vec{L} = I\vec{\omega}$)을 써서 회전 운동량을 구한다는 것이다. 따라서 축에 대한 나중 및 처음 회전 운동량은 다음과 같다.

$$L_{+\,y}(t_2) = I_+\omega_{2y} \text{ 와 } L_{+\,y}(t_1) = I_+\omega_{1y} \qquad (12\text{–}40)$$

십자막대는 막대 네 개의 끝부분이 붙어, 그 곳을 중심으로 돌아가므로 십자막대의 회전관성 I_+는 낱낱의 막대의 한 끝에 대한 회전관성 $I_{막대}$의 네 배다. 표 11-2(e)에서 막대의 중심에 대한 회전관성 $I_{양심}$은 $\frac{1}{12}Md^2$이다. 여기서 M과 d는 막대의 질량과 길이

다. $I_{막대}$를 구하려면 식 11-28의 평행축 정리 ($I = I_{양심} + Mh^2$)를 쓴다. 여기서 수직거리 h는 $d/2$이다. 따라서,

$$I_{막대} = \tfrac{1}{12}Md^2 + M\left(\frac{d}{2}\right)^2 = \tfrac{1}{3}Md^2$$

이다. 십자막대의 네 막대에 대해서는 다음과 같다.

$$I_{+} = \tfrac{4}{3}Md^2 \qquad (12\text{-}41)$$

공: 충돌 전에 공은 그림 12-14와 같이 똑바로 움직이는 입자와 같다. 따라서 축에 대한 공의 처음 회전 운동량 $L_{공\,y}(t_1)$을 구하려면 식 12-24에서 12-27의 어떤 식을 써도 되지만 식 12-26 ($l = rmv_{\perp}$)가 가장 간단하다. 여기서 l은 $L_{공\,y}(t_1)$이다. 공이 충돌하기 직전에 축으로부터 반지름 r은 d이고, r에 수직인 공 속도의 $v_{\perp}$ 성분은 $v_1\cos 60°$이다.

회전 운동량의 부호를 정하려면 마음속으로 십자막대의 축에서 공까지의 위치벡터를 그려보자. 공이 십자막대에 접근할 때 위치벡터는 축을 중심으로 반시계방향으로 돌고 따라서 공의 회전 운동량의 부호는 (+)이다. 이제 $l = rmv_{\perp}$를 다음과 같이 쓸 수 있다.

$$L_{공\,y}(t_1) = mdv_1\cos 60° \qquad (12\text{-}42)$$

충돌 후, 공은 반지름 d인 원을 따라 도는 입자와 같다. 따라서 식 11-23($I = \Sigma m_i r_i^2$)에서 축에 대하여 $I_{공} = md^2$을 얻는다. 식 12-33 ($\vec{L} = I\vec{\omega}$)에서 축에 대한 공의 나중 회전 운동량을 다음과 같이 쓸 수 있다.

$$L_{공\,y}(t_2) = I_{공}\,\omega_{2y} = md^2\omega_{2y} \qquad (12\text{-}43)$$

식 12-39로 돌아가기: 식 12-40에서 식 12-43을 식 12-39에 넣으면

$$\tfrac{4}{3}Md^2\omega_{2y} + md^2\omega_{2y} = \tfrac{4}{3}Md^2\omega_{1y} + mdv_1\cos 60°$$

이다. 여기에 $M = 3m$을 넣고, ω_{2y}에 대해 풀면

$$\begin{aligned}\omega_{2y} &= \frac{1}{5d}(4d\omega_{1y} + v_1\cos 60°)\\ &= \frac{1}{5(0.50\text{ m})}[4(0.50\text{ m})(-2.0\text{ rad/s}) \\ &\qquad + (12\text{ m/s})(\cos 60°)]\\ &= 0.80\text{ rad/s} \qquad \text{(답)}\end{aligned}$$

이다. 따라서 십자막대는 이제 반시계방향으로 돈다.

추가문제

58. 차원분석으로 오류 찾기

몇 년 전 어떤 학생이 시험의 일부로서 그림 12-36에 보인 시험의 수식 풀이를 했다. 각 기호의 뜻은 모른 채 차원에 대한 정보만 받았다. 다음에 답하라.

(a) 그림 12-36의 마지막 식이 옳을 수 있는가? 이유를 써라.

(b) 마지막 식이 틀렸다면 출발식이 틀렸다는 것을 뜻하는가? 설명하라.

(c) 마지막 식이 틀리고 출발식은 틀리지 않았다면 차원분석을 써서 오류를 찾을 수 있는가. 그렇다면 해보고 아니라면 그 이유를 설명하라.

조심: M은 질량 단위, L은 길이 단위, T는 시간 단위를 뜻한다.

$[M] = \text{M}$

$[g] = \text{L/T}^2$

$[h] = \text{L}$

$[\omega] = 1/\text{T}$

$[v] = \text{L/T}$

$[R] = \text{L}$

$[I] = \text{ML}^2$

$$Mgh = \tfrac{1}{2}Mv^2 + \tfrac{1}{2}I\omega^2$$

$$Mgh = \tfrac{1}{2}Mv^2 + \tfrac{1}{2}(MR^2)\omega^2$$

$$Mgh = \tfrac{1}{2}Mv^2 + \tfrac{1}{2}(MR^2)\left(\frac{v^2}{R}\right)^2$$

$$gh = \tfrac{1}{2}v^2 + \tfrac{1}{2}v^4$$

그림 12-36 문제 58

59. 보존량 비교하기

그림 12-37에서 네 가지 물체가 화살표로 표시한 것처럼 움직인다. 흰 화살표는 그 방향으로 미끄러지지 않고 구르는 것을 나타낸

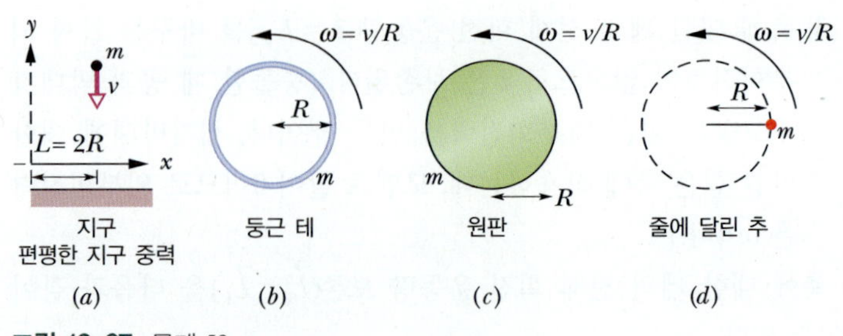

그림 12-37 문제 59

다. 물체 (a)에 대해서는 나타낸 좌표계를 쓰고, 다른 물체에 대해서는 원의 중심에 원점을 잡아라. 물체 (a)에 대해 나타낸 좌표축과 관련된 방향을 써라. 표를 만들어서 전체 병진 운동량, 전체 회전 운동량, 그리고 각 경우에 나타낸 순간의 운동에서 전체 에너지의 크기 값을 m, v, R로 나타내라. (적당한 곳에 방향 표시를 하라.) 각각의 양 가운데 가장 큰 것과 가장 작은 것을 갖는 계는 무엇인가? 추론 과정을 설명하라.

60. 요요 설계

기술자가 요요 설계를 점검할 때 먼저 단순한 모형, 즉 나무원판 테두리에 줄을 감은 것을 만든다. 그리고 나무원판의 축을 마찰이 거의 없는 베어링에 걸어 축의 끝을 고정시킨다. 그림 12-38을 참조하라. 원판의 회전관성을 재고자 줄에 질량 m인 추를 고정시키고 정해진 거리로 떨어지는데 걸리는 시간을 잰다. (a) 원판의 회전관성이 I, 반지름이 R이라고 하고 추가 멈춘 상태로부터 거리 h로 떨어지는 데 걸리는 시간을 구하라. (b) 기술자는 매우 정밀한 초시계는 가지고 있지 않지만 오차가 몇 퍼센트 이하인 정밀한 측정을 하고 싶다. 기술자는 2초의 낙하시간이면 되리라고 결정했다. 얼마나 무거운 추를 써야 하는가? 여러분이 이 실험을 준비한다고 생각하고 필요한 변수들에 대한 합리적인 어림값들을 구해보라.

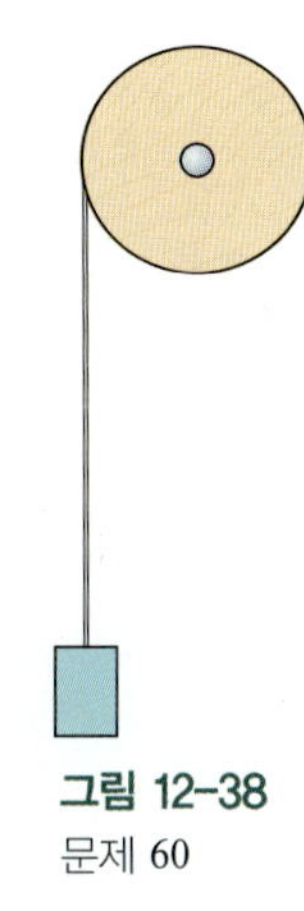

그림 12-38
문제 60

61. 도르래 어림값

그림 12-39는 질량이 다른 두 추가 질량 없는 끈을 통해 도르래에 걸린 것을 보여준다. 도르래는 질량이 20 g, 반지름이 2 cm이다. (a) 추의 운동에 대한 셈을 간단히 할 수 있는 세 가지 가정을 말해보라. ('어림하기'는 주요 자릿수에만 관심을 두고 작거나 결과에 효과가 거의 없는 것의 물리적인 효과는 무시하는 과정이다. 주요 자릿수를 더 늘리려면 그러한 효과도 넣어야 한다.) (b) 위의 가정을 써서 추 A의 가속도를 구해보라. (c) 두 질량이 같다면 결과는 어떻게 되는가? 그 결과는 예상한 것인가? 설명하라. (d) 문제 (a)의 셈에서 도르래의 회전관성을 무시했다면 이것을 넣을 때의 가속도를 구할 수 있는 식을 세워라. (여기서는 풀지 말고).

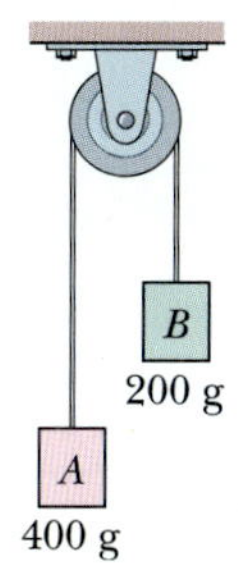

그림 12-39
문제 61

62. 냉장고 문

냉장고 문짝에는 병을 저장하는 선반이 여러 개 있는데, 병이 문짝에서 떨어지지 않게 얇은 플라스틱 고정대가 설치되어 있다. 누군가 힘이 넘쳐서 문을 꽝 닫자 무거운 병의 고정대가 끊어졌다. 병은 어느 때 고정대를 더 잘 깨는가? 돌쩌귀에 가까울 때인가, 아니면 손잡이에 더 가까울 때인가? 아니면 이것과 관계가 없나? 이미 배운 물리학으로 답을 설명해보라.

13 평형과 탄성

암벽 등반은 아마도 최고 수준의 물리 시험일 것이다. 실패하면 죽을 수 있고 '부분적 성공' 마저도 심각한 부상을 가져올 수 있다. 예를 들면 갈라진 높은 암벽을 오를 때 널찍한 수직 틈새의 한 면에 몸을 밀어붙이고 발로는 맞은편을 밀면서 때때로 쉬지 않으면 힘이 빠져 떨어질 수도 있다. 여기서 문제가 있다. 벽을 미는 힘을 빼고 쉬려면 어떻게 해야 하는가? 물리를 따지지 않더라도 힘을 빼면 절벽에서 떨어질 것이다.

삶과 죽음이 달린 이 문제에 대한 답은 무엇인가?

◈ 답은 이 장에 있다.

13-1 서론

이 장에서는 외부힘과 외부 회전력을 받지만 움직이지 않는 물체를 살펴본다. 특히 다음 문제에 역점을 두어 다룬다. (1) 외부힘과 회전력을 받는 물체가 정지 상태(정적평형 상태)를 유지하려면 어떤 조건이 충족되어야 하는가? (2) 물체가 외부힘과 외부 회전력을 받아 정지 상태를 유지할 때 어떻게 변형되는가? 이 문제에 대한 답은 건물, 댐, 도로, 교량과 같은 구조물들을 설계하는 기술자에게는 아주 중요하다. 설계기술자는 구조물이 받을 수 있는 모든 외부힘과 회전력들을 찾아내어 설계를 잘 하고 재료를 잘 골라, 구조물이 받는 하중에 대해 안정되게 유지되도록 해야 한다.

먼저 정적평형의 정의로 이 장을 시작한다. 그리고 뉴턴 법칙을 써서 구조물이 정적평형을 유지하는데 필요한 조건을 요약한다. 논의가 단순해지도록 외부힘을 받을 때 물체는 변형되지 않는다고 가정하고 정적평형의 조건을 유도한다.

6–4절에서는 물체가 받는 법선력이나 장력 같은 접촉력들이 원자들 사이를 유지하는 작은 용수철 같은 결합의 변형에서 어떻게 생겨나는지를 설명했다. 이같은 점에서 보면 어떤 물체도 완벽한 강체는 아니다. '완벽한 강체' 란 '공기저항은 무시할 수 있다' 또는 '표면마찰이 없다' 라는 가정처럼 이상화한 것일 뿐이다. 탁자마저도 종이 한 장의 무게로도 휜다. 모양 변화가 아주 작으면 종종 직접 볼 수 없다. 하지만 가끔 모양 변화가 쉽게 눈에 뜨이기도 한다. 공학기술자는 어떤 조성과 모양 및 크기의 물체가 그것이 받는 외부힘의 함수로서 어떻게 변형되는가를 두 가지의 이유에서 예측할 필요가 있다. 첫째, 모양 변화는 받는 외부힘의 본질을 역으로 바꾸게 되며 따라서 정적평형을 깨트린다. 둘째, 물체는 파괴점까지 변형될 수도 있다. 이러한 까닭에서 이 절의 나머지는 외부힘을 받으면 구조들이 어떻게 변형되는가를 소개한다.

13-2 평형

다음 물체들을 생각해보자. (1) 탁자 위에 있는 책, (2) 일정한 속력으로 마찰 없는 표면을 따라 미끄러지는 하키 퍽, (3) 천장 선풍기의 회전날개, (4) 직선을 따라 일정한 속력으로 움직이는 자전거 바퀴. 네 물체들 각각에 대해

1. 질량중심 병진 운동량 $\vec{p}_{\text{양심}}$은 일정하다.
2. 질량중심 또는 다른 어떤 점에 대한 회전운동량 $\vec{L}_{\text{양심}}$도 일정하다.

이들 네 물체는 모두 움직이지만 각 경우에서 물체 질량중심의 병진 운동량 및 회전운동량은 일정하므로 이들이 **평형(equilibrium)**을 이룬다고 말한다. 따라서 평형을 이루는 두 가지 조건은 다음과 같다.

$$\vec{p}_{\text{양심}} = \text{일정}, \qquad \vec{L}_{\text{양심}} = \text{일정} \tag{13-1}$$

• 정적평형과 복원성

이 절에서 주요 관심은 이들을 관측하는 기준틀에서 볼 때 병진 또는 회전 어떤 식으로든 움직이지 않는 물체에 있다. 어떤 계의 질량중심 병진 운동량 또는 회전운동량이 0일 때는 언제나 이같은 물체들은 **정적평형(static equilibrium)**에 있다고 정의한다. 달리 말하자면 어떤 물체가 정적평형에 있

다면 식 13-1의 상수들은 0이어야 한다. 이 절 처음에 언급한 네 물체 가운데서 단 하나, 즉 탁자 위에 있는 책만 정적평형에 있다.

그림 13-1에서 균형을 잡고 있는 바위는 적어도 현재로서는 정적평형을 이루는 물체의 예다. 바위의 이같은 성질은 성당, 집, 서류 보관함, 음식 판매대 등과 같은 무수한 다른 구조물에서도 같다.

10장에서 설명한 것처럼 어떤 물체에 힘을 주어 정적평형 상태로부터 변위시켰다가 놓을 때 정적평형 상태로 되돌아오면 그 물체는 안정 정적평형에 있다고 말한다. 둥근 사발 바닥에 놓인 공깃돌이 그러한 예다. 반면에, 어떤 작은 힘이 물체를 변위시킬 수가 있어서 평형을 깨뜨린다면 그 물체는 불안정한 정적평형에 있다고 한다.

불안정한 정적평형의 예로써 그림 13-2*a*과 같이 도미노를 바닥의 모서리에 대해 세워 질량중심이 바닥의 모서리 위로 수직이 되게 균형을 잡는다고 해보자. 중력 $\vec{F}^{중력}$이 도미노에 주는 바닥의 모서리에 대한 회전력은 $\vec{F}^{중력}$의 작용선이 모서리를 지나므로 0이다. 물론 도미노가 우연히 흔들려 힘을 조금만 받아도 평형은 깨진다. $\vec{F}^{중력}$의 작용선이 바닥 모서리의 어느 한쪽으로 움직이면(그림 13-2*b*처럼) $\vec{F}^{중력}$에 의한 회전력으로 도미노는 회전할 것이다. 따라서 그림 13-2*a*의 도미노는 불안정한 정적평형에 있다.

그림 13-1
유타 주 아체스 국립공원의 균형을 잡고 있는 바위. 서 있는 자리가 불안해보이기는 하나 정적평형을 이루고 있다.

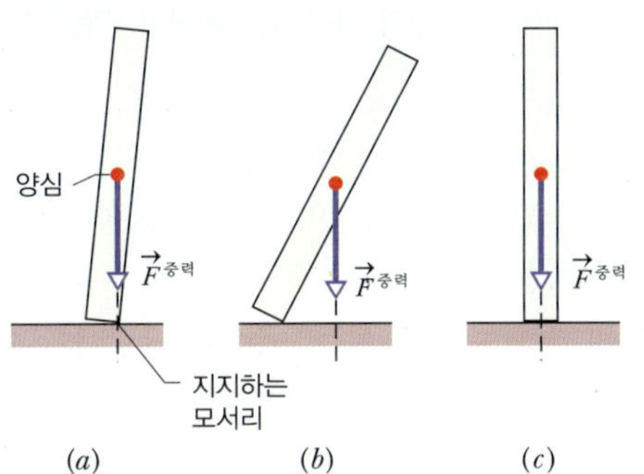

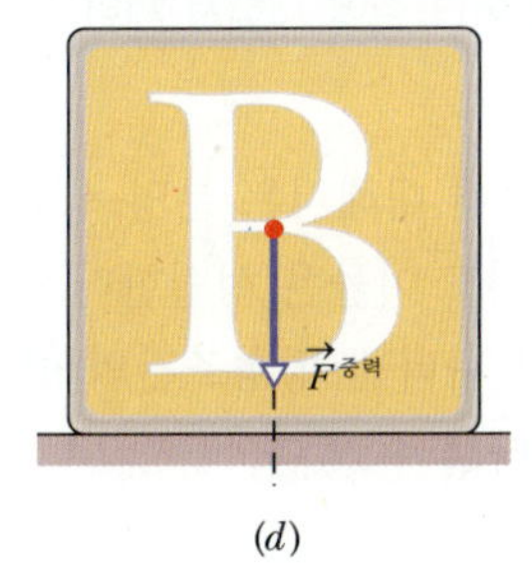

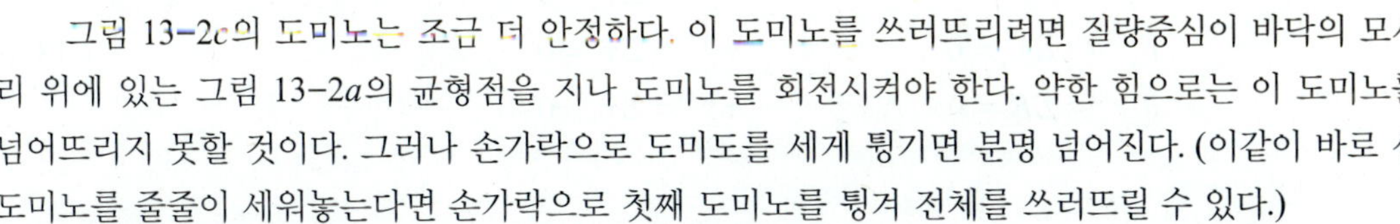

그림 13-2
(*a*) 질량중심이 한쪽 모서리 위에 오도록 균형을 잡은 도미노. 도미노가 받는 중력 $\vec{F}^{중력}$의 작용선은 지지하는 모서리를 지난다. (*b*) 도미노가 균형 위치에서 시계방향으로 조금만 돌면 $\vec{F}^{중력}$의 회전력은 도미노를 더 큰 각도로 돌린다. (*c*) 좁은 면으로 똑바로 서 있는 도미노는 (*a*)의 도미노보다는 조금 더 안정하다. (*d*) 주사위는 훨씬 더 안정하다.

그림 13-2*c*의 도미노는 조금 더 안정하다. 이 도미노를 쓰러뜨리려면 질량중심이 바닥의 모서리 위에 있는 그림 13-2*a*의 균형점을 지나 도미노를 회전시켜야 한다. 약한 힘으로는 이 도미노를 넘어뜨리지 못할 것이다. 그러나 손가락으로 도미도를 세게 튕기면 분명 넘어진다. (이같이 바로 선 도미노를 줄줄이 세워놓는다면 손가락으로 첫째 도미노를 튕겨 전체를 쓰러뜨릴 수 있다.)

그림 13-2*d*의 어린이용 주사위는 무게중심이 바닥의 모서리 위를 지나려면 더 멀리 가야 하므로 훨씬 더 안정하다. 손가락으로 튕겨서는 주사위를 넘어뜨리지 못할 수도 있다. (잇달아 넘어지는 주사위들을 볼 수 없는 것은 이 때문이다.)

그림 13-3의 건설노동자의 안정성은 한쪽으로는 도미노 같고, 다른 쪽으로는 주사위 같다. 그는 들보에 나란히 발을 넓게 벌려 서 있으므로, 그쪽으로는 안정하다. 들보에 수직한 쪽으로는 좁아 (바람에도 흔들릴 정도로) 불안정하다.

그림 13-3
어떤 건설노동자가 들보 위에서 균형을 잡아 정적평형에 있다. 그러나 그는 들보에 수직한 쪽보다는 들보에 나란한 쪽으로 더 안정적이다.

• 정적평형의 조건

물체의 병진운동은 뉴턴 제2법칙에 따라 결정되며, 이 관계식을 병진 운동량으로 써보면 다음과 같다.

$$\vec{F}^{알짜} = \frac{d\vec{p}}{dt} \tag{13-2}$$

이 물체가 병진평형을 이룬다면, 즉 $\vec{p}$가 상수라면, 그때는 $d\vec{p}/dt = 0$이며 다음 결과를 얻는다.

$$\vec{F}^{\text{알짜}} = 0 \qquad \text{(힘의 균형)} \tag{13-3}$$

물체의 회전운동은 회전 운동량 형태의 뉴턴 제2법칙에 따라 결정되며 식 12-31에 따라 다음과 같다.

$$\vec{\tau}^{\text{알짜}} = \frac{d\vec{L}}{dt} \tag{13-4}$$

물체가 회전평형을 이룬다면, 즉 $\vec{L}$가 상수라면, 그때는 $d\vec{L}/dt = 0$이며 다음 결과를 얻는다.

$$\vec{\tau}^{\text{알짜}} = 0 \qquad \text{(회전력의 균형)} \tag{13-5}$$

따라서 물체가 평형을 이루는데 필요한 두 조건은 다음과 같다.

물체가 평형을 이루려면 (1) 물체가 받는 모든 외부힘들의 벡터합은 0이어야 한다. 또한 (2) 물체가 받는 모든 회전력들의 벡터합은 어떤 점에 대해서 재어도 0이어야 한다.

위의 조건들은 정적평형에 대해서는 분명 성립하지만, 이들은 또한 $\vec{p}$와 $\vec{L}$이 0이 아니고 일정할 때, 즉 더 일반적인 평형에서도 이들은 성립한다.

식 13-3과 13-5로 나타낸 평형조건의 벡터식은 세 개의 독립된 성분식, 즉 좌표축마다 한 개씩 해당하는 식들로 나타낼 수 있다.

힘 성분의 균형	회전력 성분의 균형	
$F_x^{\text{알짜}} = \Sigma F_x = 0$	$\tau_x^{\text{알짜}} = \Sigma \tau_x = 0$	
$F_y^{\text{알짜}} = \Sigma F_y = 0$	$\tau_y^{\text{알짜}} = \Sigma \tau_y = 0$	(13-6)
$F_z^{\text{알짜}} = \Sigma F_z = 0$	$\tau_z^{\text{알짜}} = \Sigma \tau_z = 0$	

여기서 물체가 받는 힘이 xy평면에 놓인 경우만 따져서 문제를 단순하게 만들자. 이는 물체가 받는 회전력은 z축과 나란한 축으로 회전을 일으켜야 함을 뜻한다. 이같은 가정을 써서 한 개의 힘 방정식과 두 개의 회전력 방정식을 없애면 다음과 같다.

$$F_x^{\text{알짜}} = 0 \qquad \text{(힘의 균형)} \tag{13-7}$$

$$F_y^{\text{알짜}} = 0 \qquad \text{(힘의 균형)} \tag{13-8}$$

$$\tau_z^{\text{알짜}} = 0 \qquad \text{(회전력의 균형)} \tag{13-9}$$

여기서 $\tau_z^{\text{알짜}}$는 z축 또는 z축에 나란한 어떤 축에 대해 외부힘이 만드는 알짜회전력이다.

일반적 평형보다는 정적평형의 조건이 더 엄격하다. 예를 들면 빙판 위를 질량중심에 대해 일정한 회전속력으로 돌면서 일정한 속도로 미끄러지는 하키 퍽은 일반적 평형 조건을 만족시킨다. 그러나 그 퍽은 정적평형에는 있지 않다. 정적평형의 조건은 다음과 같다.

정적평형에서는 물체의 낱낱의 부분이 알짜힘이나 알짜회전력을 받지 않아야 하고, 또한 관성(가속되지 않는)기준계에서 멈춰 있어야 한다.

생각해보기 13-1 다음은 수직방향의 힘을 둘 이상 받는 여섯 개의 고른 막대의 그림이다. 힘의 크기를 잘 조정한다면 (그러나 0은 아님) 어떤 막대가 정적 평형을 이룰 수 있겠는가?

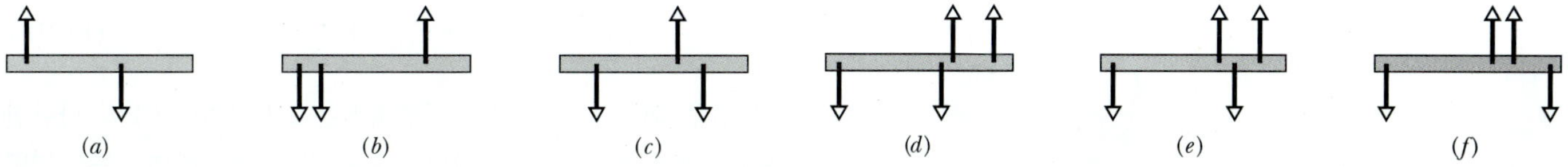

13-3 무게중심

땅 가까이 있는 큰 물체를 생각하자. 이 물체가 받는 중력은 물체의 낱낱의 구성요소(원자들)가 받는 중력의 벡터합이다. 이들 낱낱의 요소를 모두 고려하는 대신에 다음처럼 말할 수 있다.

어떤 물체가 받는 중력 $\vec{F}^{중력}$은 실질적으로 물체의 **무게중심(중심)**[center of gravity(cog)]이라는 한 점에 받는다.

여기서 '실질적으로'란 말은 어떻게든 낱낱의 요소가 받는 중력을 없애고 무게중심에 힘 $\vec{F}^{중력}$로 대신했을 때 그 물체가 받는 알짜힘과 알짜회전력(어떤 점에 대해서든지)은 변하지 않는다는 것이다.

지금까지는 중력 $\vec{F}^{중력}$가 물체의 질량중심에 작용한다고 가정하였다. 이것은 무게중심이 질량중심에 있다고 가정하는 것과 같다. 그림 13-4를 고려하면 수학적으로 다음을 보일 수 있다.

국소 중력의 세기 g가 어떤 물체의 모든 요소에 대해서 같다면 그 물체의 무게중심(중심)은 그 물체의 질량중심(양심)과 같다.

일상의 물체에 대한 이러한 일치성은, 3-9절에 설명하였듯이 g가 지표면의 위치와 높이에 따라서는 거의 변하지 않기 때문에 매우 정확한 어림법이다. 따라서 생쥐 또는 고층건물 같은 물체에 대해서 중력은 질량중심에 작용한다고 할 수 있다.

생각해보기 13-2 가는 막대로 사과를 무게중심을 비껴나면서 꿰었다고 하자. 이 막대를 수평으로 들어 사과가 자유로이 돌게 둔다면 무게중심은 결국 어디 있게 될까? 그 이유는?

생각해보기 13-3 그림과 같이 사다리를 벽에 기대어 두었다. 어떤 사람이 사다리를 올라가려고 할 때 사다리와 벽 사이 또는 사다리와 바닥 사이의 어느 쪽의 마찰이 없는 것이 낫겠는가? 물리학으로 답을 설명하라. 실마리: 따라해보기 13-2에서 설명한 것처럼 상세한 힘-물체 그림을 그려보고, 사다리가 미끄러지지 않으려면 만족해야 할 조건을 생각해보라.

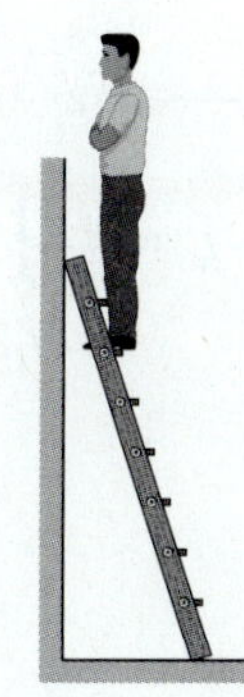

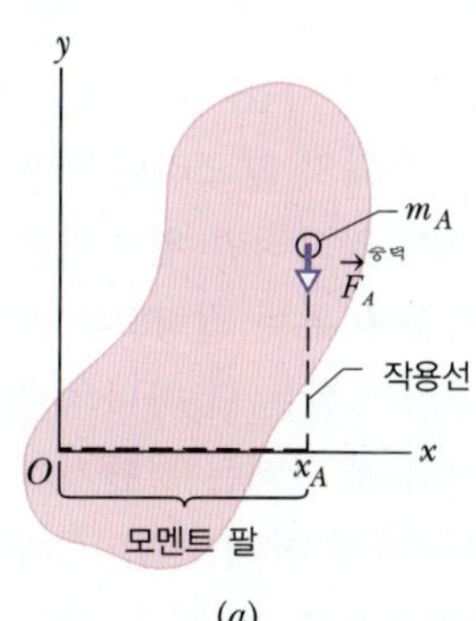

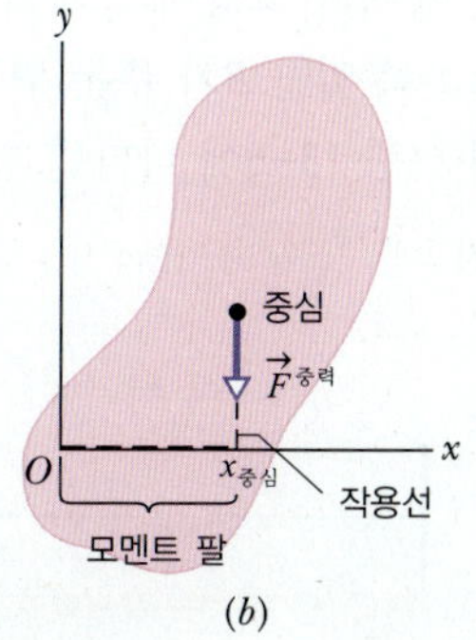

그림 13-4
(a) 큰 물체의 구성요소 질량 m_A. 이 요소가 받는 중력의 y성분 $\vec{F}^{중력}$의 좌표계 원점 O에 대한 모멘트 팔은 x_A이다. (b) 어떤 물체가 받는 중력 $\vec{F}^{중력}$은 무게중심에 작용한다고 말한다. 여기서 원점 O에 대한 중력의 모멘트 팔은 $x_{중심}$이다.

따라해보기 13-1 | 널빤지 위의 고양이

그림 13-5처럼 두 일꾼이 길이 6.0 m인 널빤지를 옮긴다. 널빤지 질량은 15 kg이다. 질량 5.0 kg의 고양이가 널빤지에 뛰어올라 널빤지 끝에서 1.0 m에 올라탔다. 일꾼들이 일정한 속도로 걸을 때 일꾼이 널빤지를 들기 위해 각자 주어야 하는 힘은 얼마인가?

그림 13-5
널빤지와 고양이를 들고 있는 일꾼들

풀이 ■ 첫째 **요점**은 널빤지와 고양이 같은 큰 물체가 돌지 않고 일정한 속도로 움직이려면 평형이 유지되어야 한다는 것이다. 평형을 이루려면 다음 두 조건을 만족해야 한다. (1) 널빤지의 질량중심이 가속되지 않으려면 알짜힘은 0이 되어야 하며, (2) 널빤지가 회전하지 않으려면 알짜회전력은 0이 되어야 한다. 둘째 **요점**은 널빤지를 이루는 질량요소 낱낱이 받는 아래쪽 중력을 널빤지의 무게중심이 받는 단 하나의 힘으로 다룰 수 있다는 것이다.

풀이의 첫 단계는 널빤지가 받는 힘을 찾아내 밝히고 이들을 그림 13-6처럼 상세한 힘-물체 그림으로 표시하는 것이다. 널빤지는 아래쪽으로 두 힘을 받는다. 널빤지 무게중심이 받을 것으로 가정한 중력과 고양이가 자기 무게로 주는 힘. 이들은 왼쪽 일꾼 A나 오른쪽 일꾼 B가 주는 위쪽 힘과 균형을 이루어야 한다.

이제 그림 13-6에 나타낸 힘과 회전력이 균형을 이루는 방정식들을 세울 수 있다. 직각좌표계를 잡아 원점을 널빤지의 무게중심에 두자. y축이 위를 향하고 x축이 종이면에 있으며 z축은 이 면에서 나온다. 여기에서는 모든 힘이 y축과 나란하므로 힘 성분의 평형방정식은 다음의 단 하나뿐이다.

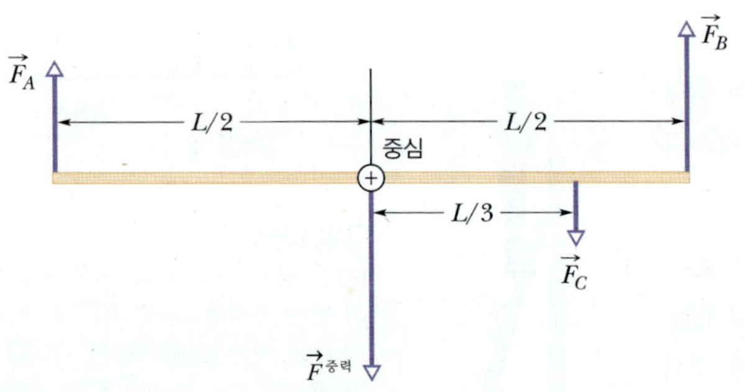

그림 13-6
상세한 힘-물체 그림

$$F_y^{알짜} = F_{Ay} + F_y^{중력} + F_{By} + F_{Cy} = 0 \quad (\text{힘성분의 균형}) \qquad (13\text{-}10)$$

이 경우 회전력 성분의 평형방정식은 z축(또는 그것에 나란한 어떤 축)에 대해서 세워야 한다. z축을 잡자. 왜냐하면 z축은 널빤지의 무게중심을 지나가므로 편리하기 때문이다. 다음의 회전력의 평형방정식에서 일꾼 B의 힘이 주는 회전력의 z성분은 (+)(반시계)방향이고, 일꾼 A의 힘과 고양이 무게가 주는 회전력의 z성분은 (−)(시계)방향이다. 이는 다음과 같이 나타낼 수 있다.

$$\tau_z^{알짜} = +\frac{L}{2}|F_{By}| - \frac{L}{2}|F_{Ay}| - \frac{L}{3}|F_{Cy}| = 0$$

일꾼들이 주는 힘의 y성분은 모두 (+)이고, 고양이가 주는 힘의 y성분은 (−)이므로 회전력 평형식은 다음과 같이 쓸 수 있다.

$$\tau_z^{알짜} = +\frac{L}{2}F_{By} - \frac{L}{2}F_{Ay} - \frac{L}{3}F_{Cy} = 0 \quad (\text{회전력 평형식})$$

각 항을 $L/2$로 나누어 간단히 하면 다음과 같다.

$$F_{By} - F_{Ay} + \tfrac{2}{3}F_{Cy} = 0 \qquad (13\text{-}11)$$

이 평형식을 써서 구하려는 것은 $\vec{F}_A = F_{Ay}\hat{j}$와 $\vec{F}_B = F_{By}\hat{j}$임을 상기하자. 널빤지 무게중심의 중력과 고양이가 널빤지에 주는 힘을 구하면 다음과 같다.

$$F_y^{중력} = -Mg = -(15\,\text{kg})(9.8\,\text{N/kg}) = -147\,\text{N} \qquad (13\text{-}12)$$

그리고

$$F_{Cy} = -m_{고양이}\,g = (-5.0\,\text{kg})(9.8\,\text{N/kg}) = -49.0\,\text{N} \qquad (13\text{-}13)$$

따라서 미지수가 둘인 두 방정식(식 13-10과 13-11)에서 미지수 F_{Ay}와 F_{By}를 구할 수 있다. 식 13-10을 식 13-11에 더하여 F_{by}에 대해 풀면

$$\begin{aligned} F_{By} &= \tfrac{1}{2}(-F_y^{중력} - \tfrac{5}{3}F_{Cy}) \\ &= \tfrac{1}{2}(147\,\text{N} + \tfrac{5}{3}\cdot 49\,\text{N}) \\ &= 114.333\,\text{N} \simeq 114\,\text{N} \end{aligned} \qquad (\text{답})$$

마지막으로 식 13-11을 F_{Ay}에 대해 풀면

$$F_{Ay} = F_{By} + \tfrac{2}{3} F_{Cy} = 114\,\text{N} + \tfrac{2}{3}(-49\,\text{N}) = 81.666\,\text{N} \cong 82\,\text{N}$$

(답)

이미 짐작했겠지만 고양이에 더 가까운 일꾼 B는 일꾼 A보다 더 많은 힘을 주어야 한다. 하지만 회전력 균형식에서 길이 L을 지워버렸기 때문에 일꾼들이 쓰는 힘은 널빤지의 길이와는 무관하고 널빤지 끝에서 고양이가 앉은 곳까지의 거리의 비율에만 의존함을 유의하자.

따라해보기 13-2 | 사다리 위의 소방관

그림 13-7a에 길이 $L = 12\,\text{m}$, 질량 $m = 45\,\text{kg}$인 사다리가 매끄러운 (마찰 없는) 벽에 걸쳐 있다. 사다리 위 끝은 아래 끝이 받쳐져 있는 길 위로 높이 $h = 9.3\,\text{m}$에 있다. (길은 마찰이 있다.) 사다리의 질량중심은 아래 끝에서 $L/3$에 있다. 질량 $M = 72\,\text{kg}$인 어떤 소방관이 아래 끝에서 $L/2$인 곳에 그의 질량중심이 이를 때까지 올라간다. 벽과 길로부터 사다리가 받는 힘의 크기는 얼마인가?

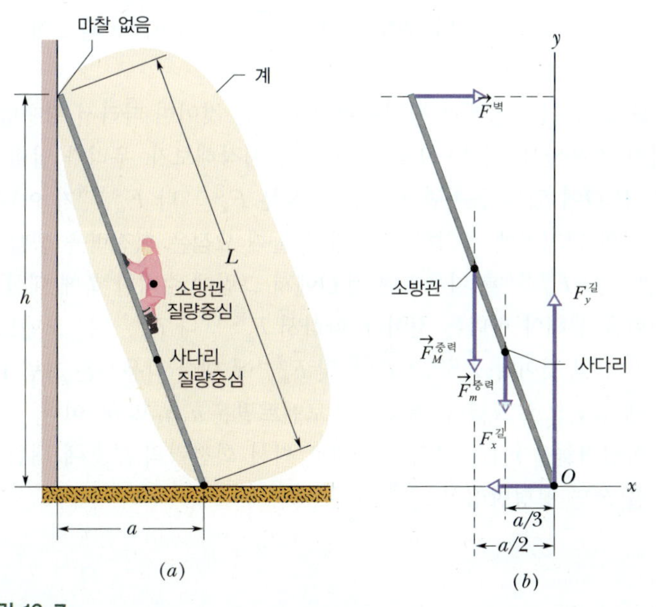

그림 13-7

(a) 한 소방관이 마찰 없는 벽에 걸친 사다리를 올라간다. 사다리 아래의 길은 마찰이 있다. (b) 소방관-사다리 계가 받는 힘을 나타내는 힘-물체 그림. 좌표계 원점 O는 미지의 힘 $\vec{F}^{길}$이 작용하는 곳에 두었다. ($\vec{F}^{길}$의 성분 $F_x^{길}$와 $F_y^{길}$를 표시함.)

풀이 ■ 먼저 여기서의 계는 소방관과 사다리로 정하고 그림 13-7b에 보인 힘-물체 그림을 그린다. 소방관은 사다리 안에 점으로 나타내었다. 소방관이 받는 중력 $\vec{F}_M^{중력}$은 작용선을 따라서 끝점으로 옮겼다. (그렇게 옮겨도 $\vec{F}_M^{중력}$이 주는 회전력은 그림에 수직한 어떤 축에 대해서도 변하지 않는다.)

사다리가 벽으로부터 받는 유일한 힘은 수평력 $\vec{F}^{벽}$이고(벽면에서는 마찰력이 없다), 길로부터 받는 힘 $\vec{F}^{길}$에는 정지 마찰력인 수평성분 $F_x^{길}$와 법선력인 수직성분 $F_y^{길}$이 있다.

요점은 이 계는 정적평형을 이루며, 따라서 식 13-7에서 13-9까지의 평형방정식이 성립한다는 것이다. 식 13-9($\tau_z^{알짜} = 0$)로 시작하자. 회전력을 셈할 축을 정할 때 사다리 양끝에는 미지의 힘($\vec{F}^{벽}$과 $\vec{F}^{길}$)이 있음을 상기하자. 셈에서 $\vec{F}^{길}$를 지우려면 그림에서 축을 점 O에 수직하게 둔다. xy좌표계의 원점 또한 O에 둔다. O에 대한 회전력은 식 11-29에서 11-31 중 어느 것으로도 구할 수 있으나 여기에서 쓰기에는 식 11-31($|\vec{\tau}| = \tau_\perp |\vec{F}|$)이 가장 쉽다.

$\vec{F}^{벽}$의 모멘트 팔 $r_\perp$를 구하려면 벡터를 따라서 작용선을 그린다(그림 13-7b). 그러면 $r_\perp$는 O와 작용선 사이의 수직거리다. 그림 13-7b에서 $r_\perp$는 y축을 따라 연장되며 높이 h가 된다. 마찬가지로 $\vec{F}_M^{중력}$와 $\vec{F}_m^{중력}$에 대한 작용선을 그려보면 모멘트 팔들은 x축을 따라서 연장된다. 그림 13-7a에 나타낸 거리 a에 대해서 모멘트 팔들은 각각 $a/2$와(소방관은 사다리 중간에 있음) $a/3$이다(사다리 질량중심은 사다리 아래에서 1/3인 곳에 있음). $F_x^{길}$와 $F_y^{길}$에 대한 모멘트 팔은 0이다.

이제 회전력을 $r_\perp F$로 쓸 수 있다. 평형방정식 $\tau_z^{알짜} = 0$은 다음과 같다.

$$-h\left(|\vec{F}^{벽}|\right) + (a/2)(Mg) + (a/3)(mg) + (0)\left(|F_x^{길}|\right) + (0)\left(|F_x^{길}|\right) = 0 \qquad (13\text{–}14)$$

(다음 규칙을 상기하자. 회전력이 (+)이면 반시계방향, (−)이면 시계방향으로 돈다.)

피타고라스 정리를 쓰면 다음과 같다.

$$a = \sqrt{L^2 - h^2} = 7.58\,\text{m}$$

이제 식 13-14에서

$$|\vec{F}^{벽}| = \frac{ga(M/2 + m/3)}{h}$$
$$= \frac{(9.8\,\text{m/s}^2)(7.58\,\text{m})(72/2\,\text{kg} + 45/3\,\text{kg})}{9.3\,\text{m}} \quad \text{(답)}$$
$$= 4.1 \times 10^2\,\text{N}$$

그러나 $\vec{F}^{벽}$은 오른쪽을 가리키므로 성분 $F_x^{벽}$도 +410 N이 된다.

이제 힘의 균형 방정식을 쓸 필요가 있다. 식 $F_y^{알짜} = 0$은 다음과 같다.

$$F_x^{벽} = F_x^{길} = 0$$

따라서

$$F_x^{길} = -F_x^{벽} = -4.1 \times 10^2\,\text{N} \quad \text{(답)}$$

여기서 (−)부호는 $F_x^{길}$가 왼쪽을 가리키는 것을 뜻한다.

국소 중력크기 g와 힘성분 $F_x^{길}$이 (+)이면 중력은 (−)이므로 식 $F_y^{알짜} = 0$은 다음과 같다.

$$F_y^{길} - Mg - mg = 0.0\,\text{N} \quad \text{(힘 성분의 균형)}$$

따라서

$$F_y^{길} = (M + m)g = (72\,\text{kg} + 45\,\text{kg})(9.8\,\text{m/s}^2)$$
$$= 1146.6\,\text{N} \approx 1.15 \times 10^3\,\text{N} \quad \text{(답)}$$

따라해보기 13-3 | 기중기에 매달린 금고

그림 13-8*a*는 크기 $a = 1.9\,\text{m}$, $b = 2.5\,\text{m}$의 기중기에 밧줄로 매달린 질량 $M = 430\,\text{kg}$인 금고를 나타낸다. 기중기는 돌쩌귀가 달린 들보와 벽과 들보를 잇는 수평 강선으로 이루어져 있다. 들보의 질량 m은 85 kg이며 강선과 밧줄의 무게는 무시한다.

(a) 강선의 장력 $T^{강선}$는 얼마인가? 달리 말하자면 강선이 기중기 팔에 주는 힘 $\vec{T}^{강선}$의 크기는 얼마인가?

풀이 ■ 여기서의 계는 들보 하나이다. 들보가 받는 힘은 그림 13-8b의 힘-물체 그림에 나타냈다. 강선이 주는 힘은 $\vec{T}^{강선}$이다. 들보가 받는 중력은 들보의 질량중심(들보의 중심에 있음)에 작용하며 등가량 $\vec{F}_m^{중력}$으로 나타냈다. 돌쩌귀에서 들보가 받는 힘의 수직성분은 $F_y^{돌쩌귀}$, 수평성분은 $F_x^{돌쩌귀}$이다. 밧줄이 금고를 들어주는 주는 힘은 $\vec{T}^{밧줄}$이다. 들보와 밧줄 및 금고는 움직이지 않으므로 $\vec{T}^{밧줄}$의 크기는 금고의 무게와 같다: $|\vec{T}^{밧줄}| = Mg$. xy 좌표계의 원점 O는 돌쩌귀에 둔다.

요점 하나는 이 계가 정적평형에 있다는 것이며 따라서 평형방정식이 적용된다. 식 13-9 $\tau_z^{알짜} = 0$에서 시작해보자. 우리가 답할 것은 점 O에 있는 돌쩌귀가 받는 힘성분 $F_x^{돌쩌귀}$나 $F_y^{돌쩌귀}$가 아니고 $\vec{T}^{강선}$의 크기임에 유의하자. 따라서 둘째 **요점**은 회전력을 셈할 때 $F_x^{돌쩌귀}$나 $F_y^{돌쩌귀}$를 지우려면 점 O에서 그림에 수직한 축에 대한 회전력을 셈해야 한다는 것이다. 따라서 $F_x^{돌쩌귀}$나 $F_y^{돌쩌귀}$는 모멘트팔이 0이 될 것이다. $\vec{T}^{강선}$와 $\vec{T}^{밧줄}$ 및 $\vec{F}_m^{중력}$에 대한 작용선은 그림 13-8b에 점선으로 그렸다. 해당하는 모멘트팔은 a, b, 및 $b/2$이다.

회전력들을 $r_\perp|\vec{F}^{돌쩌귀}|$의 형태로 써서 회전력의 부호에 대한 규칙을 쓰면 평형방정식 $\tau_z^{알짜} = 0$은 다음과 같다.

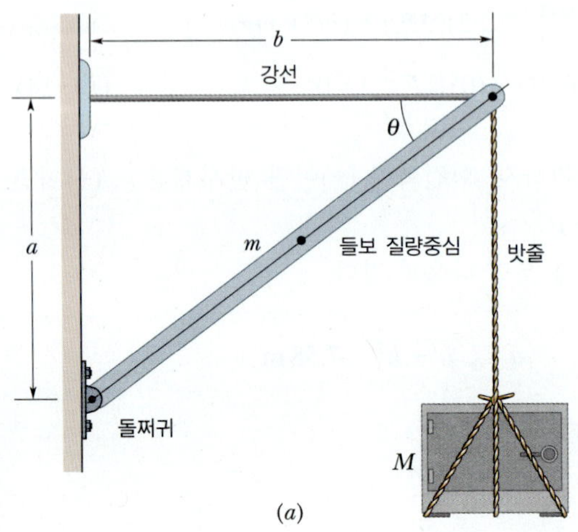

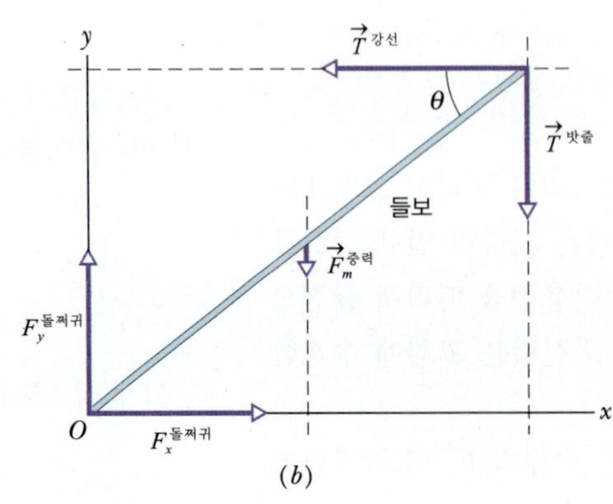

그림 13-8
(*a*) 수평 강선과 고른 들보로 이루어진 기중기에 무거운 금고가 매달려 있다. (*b*) 들보에 대한 힘-물체 그림.

$$(a)\left(|\vec{T}^{강선}|\right)-(b)\left(|\vec{T}^{밧줄}|\right)-\left(\tfrac{1}{2}b\right)(mg)=0$$

$|\vec{T}^{밧줄}|$에 대해 $|\vec{F}_m^{중력}|$를 넣고 $|\vec{T}^{강선}|$에 대해 풀면

$$\begin{aligned}|\vec{T}^{강선}| &= \frac{gb\left(M+\frac{1}{2}m\right)}{a}\\ &= \frac{(9.8\,\text{m/s}^2)(2.5\,\text{m})(430\,\text{kg}+85/2\,\text{kg})}{1.9\,\text{m}}\\ &= 6093\ \text{N}+6100\,\text{N}\end{aligned} \qquad \text{(답)}$$

이다. $\vec{T}^{강선}$은 $-x$축을 가리키므로 성분 $T_x^{강선}$은 음이며, 따라서

$$T_x^{강선}=-|\vec{T}^{강선}|=-6.1\times10^3\,\text{N}$$

이다.

(b) 돌쩌귀로부터 들보가 받는 알짜힘 $|\vec{F}^{돌쩌귀}|$의 크기를 구하라.

풀이 ■ 이제 힘성분 $F_x^{돌쩌귀}$와 $F_y^{돌쩌귀}$의 값을 알면 이들을 묶어 $|\vec{F}^{돌쩌귀}|$를 구할 수 있다. 이제 $T_x^{강선}$을 알고 있으므로 **요점**은 힘의 평형방정식을 들보에 적용하는 것이다. 수평방향의 균형 $F_x^{알짜}=0$은

$$F_x^{돌쩌귀}+T_x^{강선}=0$$

이다. 따라서

$$F_x^{돌쩌귀}=-T_x^{강선}=+6093\,\text{N}$$

이고, 수직방향의 균형은 $F_y^{돌쩌귀}=0$이며

$$F_y^{돌쩌귀}-mg+T_y^{밧줄}=0$$

이다. $T_y^{밧줄}$에 $-Mg$를 넣고 $F_y^{돌쩌귀}$에 대해 풀면 다음과 같다.

$$\begin{aligned}F_y^{돌쩌귀} &= (M+m)g\\ &= (85\,\text{kg}+430\,\text{kg})(9.8\,\text{m/s}^2)\\ &= +5047\,\text{N}\approx 5.0\times10^3\,\text{N}\end{aligned}$$

그러면 알짜 힘벡터는 다음과 같다.

$$\vec{F}^{돌쩌귀}=F_x^{돌쩌귀}\hat{\imath}+F_y^{돌쩌귀}\hat{\jmath}=(6093\,N)\hat{\imath}+(5047\,N)\hat{\jmath}$$

피타고라스 정리로부터 다음을 구한다.

$$\begin{aligned}|\vec{F}^{돌쩌귀}| &= \sqrt{(F_x^{돌쩌귀})^2+(F_y^{돌쩌귀})^2}\\ &= \sqrt{(6093\,\text{N})^2+(5047\,\text{N})^2}\approx 7.9\times10^3\,\text{N}\end{aligned} \qquad \text{(답)}$$

여기에서 $|\vec{F}^{돌쩌귀}|$는 금고와 들보를 합한 무게 $5.3\times10^3\,\text{N}$ 또는 수평강선의 장력 $6.1\times10^3\,\text{N}$보다 상당히 큼을 알 수 있다.

따라해보기 13-4 | 갈라진 암벽 오르기

그림 13-9에 질량 $m=55\,\text{kg}$의 암벽등반가가 '틈새 오르기' 중에 그녀의 어깨와 발만으로 $w=1.0\,\text{m}$ 폭의 갈라진 틈벽을 밀면서 쉬고 있다. 그녀의 질량중심은 그녀가 어깨로 미는 벽으로부터 수평거리 $d=0.2\,\text{m}$에 있다. 신발과 벽의 정지마찰계수는 $\mu_{신발}^{정지}=1.1$이고 어깨와 벽은 $\mu_{어깨}^{정지}=0.70$이다. 쉬기 위해서 암벽등반가는 수평으로 벽밀기를 최소로 하고 싶다. 최소값은 발과 어깨 모두가 미끄러지는 한계에 있다.

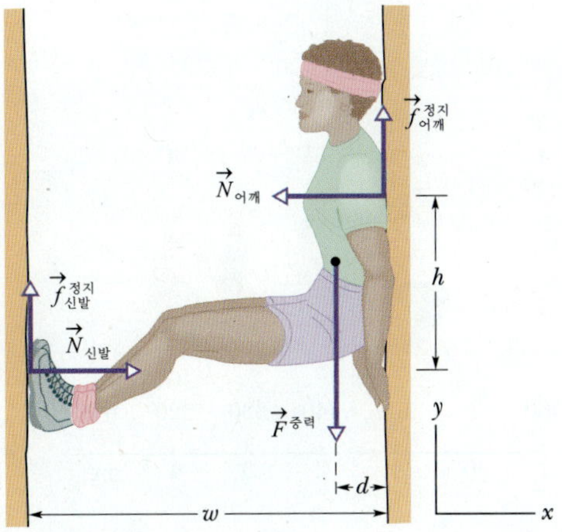

그림 13-9 바위틈에서 쉬는 암벽등반가가 받는 힘. 암벽등반가가 틈벽을 밀면 법선력 $\vec{N}_{신발}$과 $\vec{N}_{어깨}$가 커지고, 따라서 정지 마찰력 $\vec{f}_{신발}^{정지}$과 $\vec{f}_{어깨}^{정지}$가 커진다.

(a) 최소한 수평으로 벽밀기는 얼마여야 하는가?

풀이 ■ 계는 암벽등반가이다. 그림 13-9는 그녀가 받는 힘을 나타낸다. 수평력은 벽이 그녀의 발과 어깨에 주는 법선력 $\vec{N}_{신발}$과 $\vec{N}_{어깨}$뿐이다. 그녀가 받는 정지 마찰력 $\vec{f}_{신발}^{정지}$와 $\vec{f}_{어깨}^{정지}$는 위를 향한다. 중력 $\vec{F}^{중력}$은 그녀의 무게중심에서 아래로 작용한다.

요점은 이 계가 정적평형에 있으므로 식 13-7과 13-8의 힘의 평형방정식을 여기에 적용할 수 있다는 것이다. 식 $F_x^{알짜}=0$는 그녀에 대한 두 법선력의 크기는 같고 방향은 반대임을 말한다. 우리는 이 두 힘의 크기 $|\vec{N}|$를 구한다. 이 힘은 그녀가 양쪽 벽을 미

는 힘의 크기와도 같다.

평형방정식 $F_y^{알짜}=0$은 다음과 같다.

$$F_y^{알짜}\hat{j}=\vec{f}^{정지}_{신발}+\vec{f}^{정지}_{어깨}+\vec{F}^{중력}=0,\ 여기에서\ \vec{F}^{중력}=-mg\hat{j} \tag{13-15}$$

암벽등반가의 발과 어깨가 미끄러지려는 경계에 있다고 하자. 이는 정지 마찰력이 그곳에서 최대값이 됨을 뜻한다. 최대 크기는 식 6-11$\left(|\vec{f}^{정지}_{최대}|=\mu^{정지}|\vec{N}|\right)$에서 다음과 같다.

$$|\vec{f}^{정지}_{신발}|=\mu^{정지}_{신발}|\vec{N}_{신발}|\quad 그리고\quad |\vec{f}^{정지}_{어깨}|=\mu^{정지}_{어깨}|\vec{N}_{어깨}| \tag{13-16}$$

여기서 $|\vec{N}|=|\vec{N}_{신발}|=|\vec{N}_{어깨}|$이다. 이 식들을 식 13-15에 넣고 $|\vec{N}|$의 크기에 대해 풀면

$$\begin{aligned}|\vec{N}|&=\frac{mg}{\mu^{정지}_{신발}+\mu^{정지}_{어깨}}\\&=\frac{(55\,\mathrm{kg})(9.8\,\mathrm{m/s^2})}{1.1+0.70}\\&=299\,\mathrm{N}\approx 3.0\times10^2\,\mathrm{N}\end{aligned}$$

따라서 그녀는 적어도 약 300 N으로 수평으로 밀어야 한다.

(b) 이 밀기에서 그녀가 안정하려면 발과 어깨 사이의 수직거리 h는 얼마이어야 하는가?

풀이 ■ 요점은 z성분 회전력에 대한 회전력 평형방정식($\tau_z^{알짜}=0$)을 이 암벽등반가에게 적용할 때 그녀가 안정하다는 것이다. 이는 어떤 회전축에 대해서도 그녀에 대한 힘이 알짜회전력을 만들지 말아야 한다는 것을 뜻한다. 다른 요점은 회전축은 마음대로 잡을 수 있는데, 잘 고르면 셈이 간단해진다는 것이다. 회전력을 $r_\perp|\vec{F}|$꼴로 써보자. 여기서 $r_\perp$는 힘 $\vec{F}$의 모멘트팔이다. 회전축을 그림 13-9에서 그림의 평면에 수직하게 그녀의 어깨에 잡자. 그러면 그곳에서 받는 힘($|\vec{N}_{어깨}|$와 $\vec{f}^{정지}_{어깨}$)의 모멘트팔은 0이다. 마찰력 $\vec{f}^{정지}_{신발}$과 그녀의 발에서 법선력 $\vec{N}_{신발}$ 및 중력 $\vec{F}^{중력}=-mg\hat{j}$는 해당 모멘트팔 w, h, d를 갖는다.

회전력의 부호와 방향에 대한 규칙을 상기하면 회전력 성분식 $\tau_z^{알짜}=0$은 다음과 같아진다.

$$\begin{aligned}&-(w)\left(|\vec{f}^{정지}_{신발}|\right)+(h)(\vec{N}_{신발})+(d)(mg)\\&+(0)\left(|\vec{f}^{정지}_{어깨}|\right)+(0)\left(|\vec{N}_{어깨}|\right)=0\end{aligned} \tag{13-17}$$

(회전축을 잘 잡아 셈에서 $|\vec{f}^{정지}_{어깨}|$가 말끔히 지워졌음을 유의하자.) 다음으로 식 13-17을 h에 대해 푼 다음 $|\vec{f}^{정지}_{신발}|=\mu^{정지}_{신발}|\vec{N}_{신발}|$로 놓고 $|\vec{N}|=|\vec{N}_{신발}|=|\vec{N}_{어깨}|=299\,\mathrm{N}$ 및 다른 알려진 값들을 넣으면 다음과 같다.

$$\begin{aligned}h&=\frac{|\vec{f}^{정지}_{신발}|w-mgd}{|\vec{N}|}=\frac{\mu^{정지}_{신발}|\vec{N}|w-mgd}{|\vec{N}|}=\mu^{정지}_{신발}w-\frac{mgd}{|\vec{N}|}\\&=(1.1)(1.0\,\mathrm{m})-\frac{(55\,\mathrm{kg})(9.8\,\mathrm{m/s^2})(0.20\,\mathrm{m})}{299\,\mathrm{N}}\\&=0.739\,\mathrm{m}\approx0.74\,\mathrm{m}\end{aligned} \quad \text{(답)}$$

이 면에 수직한 다른 회전축, 예로써 그녀의 발에 있는 축에 대해 회전력을 셈해보아도 똑같은 값 h가 나온다.

h가 0.74 m보다 크거나 작다면 그녀가 몸을 안정시키려면 299 N보다 더 큰 힘을 벽에 주어야 한다. 물리학을 알면 틈벽을 올라가다 쉴 때 발을 너무 높거나 낮게 두는 초보등반가의 (무서운) 실수를 피할 수 있다. 대신에 최소의 힘으로 밀면서 쉴 수 있는 어깨와 발 사이의 '최적' 거리가 있음도 알게 될 것이다.

연습문제 13-3

1. 얼씨구 학당

그림 13-10은 얼씨구 학당 학생들이 시소에서 균형을 이룬 것을 보여주는데, 무게의 단위는 뉴턴이다. 지렛대를 받치는 회전축에 대해 종이면의 (a) 앞쪽과 (b) 안으로 가장 큰 회전력을 만드는 사람의 번호는 얼마인가?

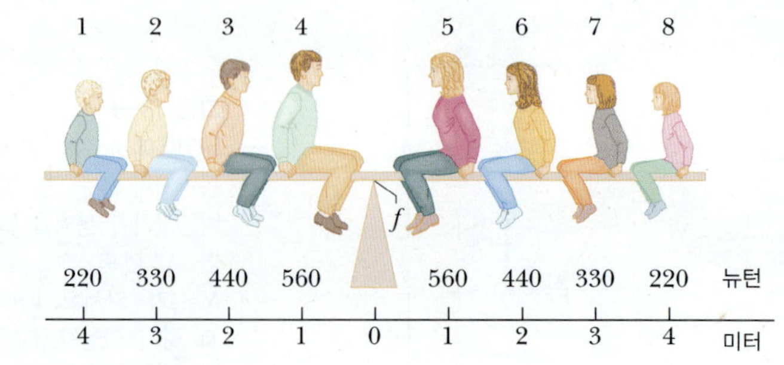

그림 13-10 문제 1

2. 피사의 탑

기울어진 피사의 탑(그림 13-11)은 지름 7.0 m, 높이 55 m이다. 탑

의 꼭대기는 수직에서부터 4.5 m 벗어나 있다. 탑을 고른 원형막대로 본다. (a) 꼭대기가 얼마나 더 수평방향으로 이동하면 탑이 넘어질까? (b) 탑이 수직선과 이루는 각도는 얼마인가?

그림 13-11 문제 2

3. 힘을 받은 입자
한 입자가 두 힘 $\vec{F}_A = (10\,\text{N})\hat{\text{i}} + (-4\,\text{N})\hat{\text{j}}$와 $\vec{F}_B = (17\,\text{N})\hat{\text{i}} + (2\,\text{N})\hat{\text{j}}$을 받는다. (a) 두 힘과 균형을 이루는 힘 $\vec{F}_C$를 구하라. (b) $\vec{F}_C$는 x축에 대해서 상대적으로 어떤 방향을 갖는가?

4. 활 당기기
궁사가 활시위를 당겨 장력이 그가 당긴 힘과 같아졌다. 꺾인 활시위 양쪽의 사이각은 얼마인가?

5. 질량을 무시할 수 있는 밧줄
질량을 무시할 수 있는 밧줄을 3.44 m 떨어진 두 지지대 사이에서 수평으로 잡아당겼다. 무게 3160 N인 어떤 물체를 밧줄의 중앙에 걸었더니 밧줄이 35.0 cm 쳐졌다. 밧줄에서 장력은 얼마인가?

6. 발판
질량 60 kg 길이 5.0 m인 발판이 수평하게 놓여 양끝은 수직 강선에 매달려 있다. 질량 80 kg인 창 닦는 사람이 한쪽 끝에서 1.5 m 떨어진 곳에 서 있다. (a) 가까이 있는 줄의 장력과 (b) 멀리 있는 줄의 장력은 얼마인가?

7. 고른 공
그림 13-12에서 질량 m, 반지름 r의 고른 공이 질량 없는 줄에 매달려 마찰 없는 벽에 공의 중심에서 위로 거리 L인 곳에 닿아 있다. (a) 줄의 장력과 (b) 벽이 공에 주는 힘을 구하라.

그림 13-12 문제 7

8. 자동차
질량 1360 kg 자동차의 앞뒤 차축 간의 거리는 3.05 m이다. 자동차의 무게중심은 앞차축에서 뒤로 1.78 m에 있다. 평탄한 땅에 자동차가 있다면 땅으로부터 (a) 각 앞바퀴(두 앞바퀴의 힘은 같음) 그리고 (b) 각 뒷바퀴로의(두 뒷바퀴의 힘은 같음) 힘의 크기를 구하라.

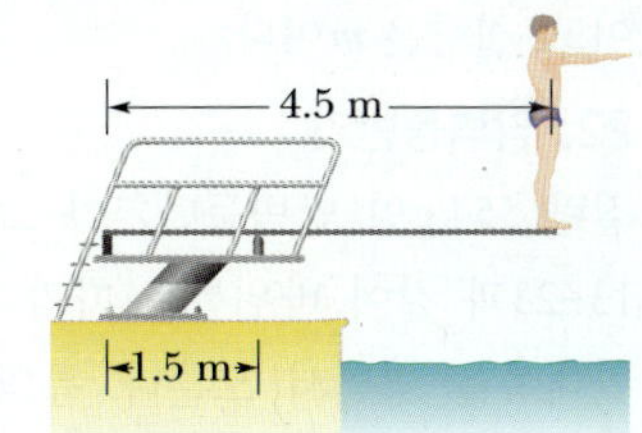

그림 13-13 문제 9

9. 다이빙 선수
무게 580 N의 다이빙 선수가 질량이 거의 없는 4.5 m 뜀판 끝에 서 있다(그림 13-13). 뜀판은 1.5 m 떨어진 두 받침대에 고정되어 있다. (a) 왼쪽 받침대와 (b) 오른쪽 받침대로부터 뜀판이 받는 힘의 크기와 방향을 구하라.

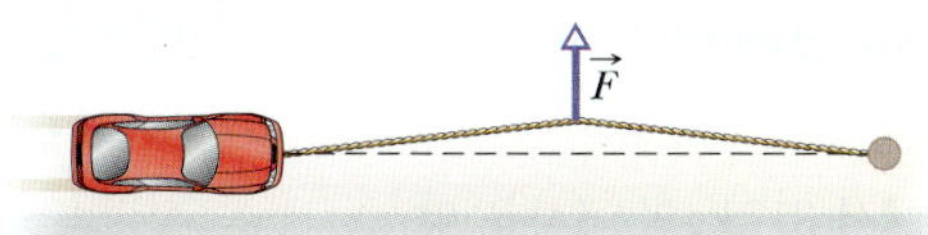

그림 13-14 문제 10

10. 진흙탕의 자동차
그림 13-14에서 어떤 사람이 자동차를 진흙탕에서 꺼내려 한다. 그는 밧줄의 한 끝을 앞 범퍼에 단단히 묶고, 다른 한 끝은 18 m 떨어진 기둥에 단단히 묶었다. 그리고 550 N의 힘으로 줄 가운데를 옆으로 밀자 밧줄 중심이 원래의 위치에서 옆으로 0.3 m 밀리면서 차가 가까스로 움직였다. 밧줄이 차에 주는 힘의 크기는 얼마인가? (밧줄은 다소 늘어난다.)

11. 미터자
어떤 미터자의 50.0 cm 눈금을 칼날로 받치면 수평으로 균형을 이룬다. 5.0 g 동전 두 개를 12.0 cm 눈금에 쌓았더니 미터자가 45.5 cm 눈금에서 균형을 이루었다. 미터자의 질량은 얼마인가?

12. 고른 정육면체
모서리 0.750 m, 무게 500 N인 고른 정육면체 궤짝이 마룻바닥에 놓여 한쪽 모서리가 매우 작은 턱에 걸려 있다. 크기 350 N인 수평 힘을 궤짝에 주어 궤짝을 기울이려면 바닥 위에서 최소한 어떤 높이로 힘을 주어야 하는가?

13. 창 닦는 사람
75 kg의 창 닦는 사람이 길이 5.0 m, 질량 10 kg인 사다리를 쓴다. 사다리의 한 끝은 벽에서 2.5 m 떨어진 땅 위에, 위 끝은 금이 간 유리창에 기대어 놓은 다음, 그가 사다리를 따라 3 m를 올라가자 창문이 깨졌다. 사다리와 유리창 사이의 마찰을 무시하고 사다리 바닥이 미끄러지지 않는다고 가정하여 창문이 깨지기 직전에 (a) 사다리가 창문에 주는 힘의 크기와 (b) 땅이 사다리에 주는 힘의 크기와 방향을 구하라.

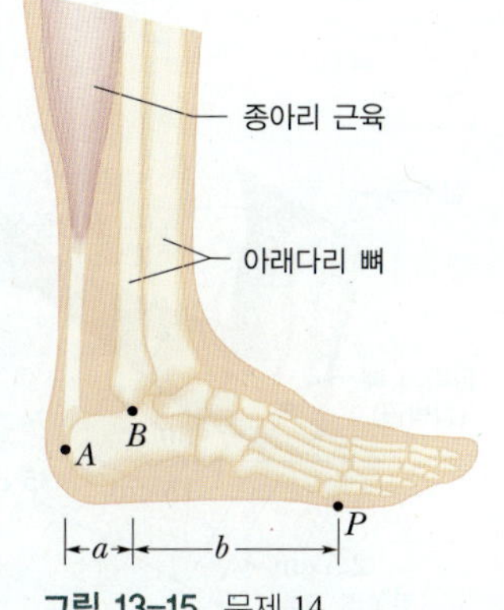

그림 13-15 문제 14

14. 다리 아래
그림 13-15는 다리와 발의 해부학적 구조를 보여주는데, 발뒤꿈치를 들어 올려 발이 실질적으로 점 P에서만 바닥과 닿아 있다. 이처

럼 한쪽 발의 발끝으로만 앙감질을 할 때 (a) 종아리 근육과 (A에서) (b) 아래다리 뼈가 (B에서) 발에 주는 힘을 이 사람의 무게 W로 나타내라. 단 $a = 5\,\text{cm}$ 및 $b = 15\,\text{cm}$이다.

그림 13-16 문제 15

15. 공사

그림 13-16에서 817 kg의 공사용 양동이가 달린 줄 A를 두 줄 B와 C가 O에서 수평과 51.0° 및 66.0°방향으로 당기고 있다. 세 줄의 장력을 구하라. (a) 줄 A, (b) 줄 B, (c) 줄 C. (**실마리**: 미지수 둘인 두 방정식을 푸는 것을 피하려면 좌표축을 그림과 같이 잡아라.)

그림 13-17 문제 16

16. 평형을 이룬 계

그림 13-17의 계가 가운데 줄이 정확히 수평을 이루면서 평형을 이룬다. 다음을 구하여라: (a) 장력 T_A, (b) 장력 T_B, (c) 장력 T_C, (d) 각 θ.

17. 세 도르래

그림 13-18에서 힘 $\vec{F}$가 6.40 kg 토막과 도르래를 지탱하며 평형을 이룬다. 도르래의 질량과 마찰은 무시할 수 있다. 맨 위의 줄에서 장력 T를 셈하라. (**실마리**: 줄이 여기처럼 도르래의 절반을 감쌀 때 도르래가 받는 알짜힘의 크기는 줄 장력의 두 배이다.)

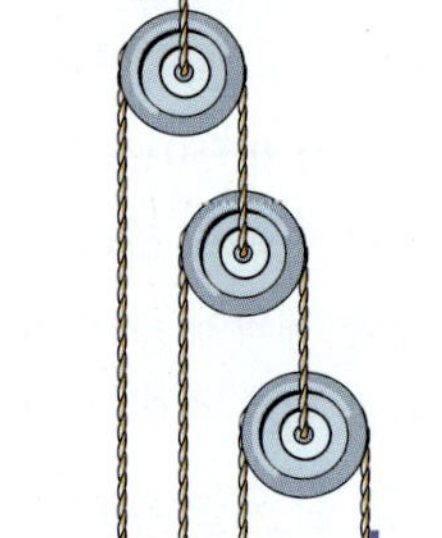

그림 13-18 문제 17

18. 삼두근

15 kg의 토막을 그림 13-19의 도르래 장치로 들어올린다. 팔죽지는 수직, 팔뚝은 수평과 30°를 이룬다. (a) 삼두근과 (b) 팔죽지 뼈(상박골)가 팔뚝에 주는 힘은 얼마인가? 팔뚝과 손을 합친 질량은 2.0 kg이며, 질량중심은 팔뚝과 팔죽지의 연결점에서 (팔뚝을 따라) 15 cm인 곳이다. 삼두근은 위의 연결점에서 2.5 cm 뒤에 있는 곳을 위로 당긴다.

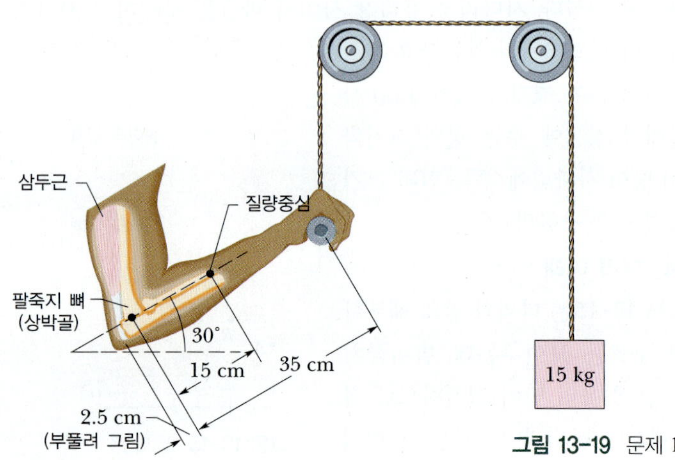

그림 13-19 문제 18

19. 구조물의 힘

그림 13-20의 평면도로 보인 구조물이 힘 $\vec{F}_A$, $\vec{F}_B$ 및 $\vec{F}_C$를 받는다. 이 구조물에서 점 P에 넷째 힘을 주어 평형으로 유지하려 한다. 넷째 힘의 벡터성분은 $\vec{F}_{수평}$과 $\vec{F}_{수직}$이다. $a = 2.0\,\text{m}$, $b = 3.0\,\text{m}$, $c = 1.0\,\text{m}$, $|\vec{F}_A| = 20\,\text{N}$, $|\vec{F}_B| = 10\,\text{N}$ 및 $|\vec{F}_C| = 5.0\,\text{N}$이다. (a) $\vec{F}_{수평}$, (b) $\vec{F}_{수직}$, (c) d를 구하라.

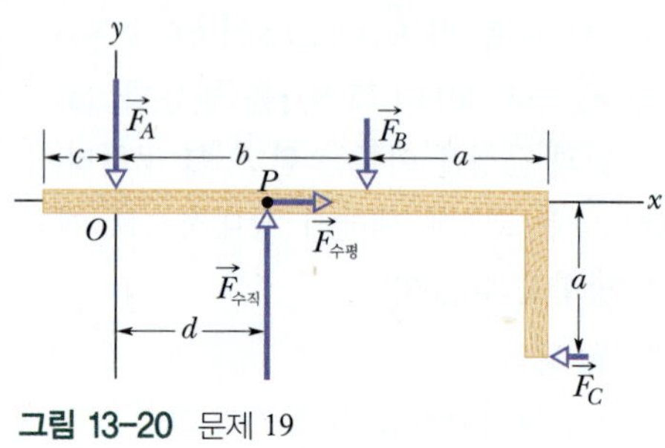

그림 13-20 문제 19

20. 정사각형 표지판

그림 13-21와 같이 한 변이 2.0 m, 질량 50.0 kg인 고른 정사각형 표지판이 길이 3.0 m인 질량을 무시할 수 있는 수평막대에 걸려 있다. 이 막대의 한끝은 벽에 박힌 돌쩌귀에 물려 있고, 나른 끝은 돌쩌귀에서 벽을 따라 위로 4.00 m인 곳에 박힌 못과 줄로 묶여 있다. (a) 줄의 장력은 얼마인가? 벽이 막대에 주는 힘의 (b) 수평성분과 (c) 수직성분의 크기와 방향을 구하라.

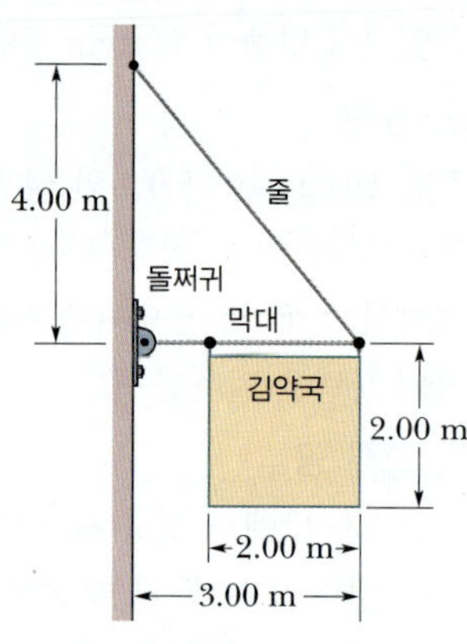

그림 13-21 문제 20

21. 바퀴와 장애물

그림 13-22에서 바퀴가 높이 h의 장애물을 넘어가려면 바퀴 축에 수평으로 얼마만한 크기의 힘 $\vec{F}$가 필요한가? 바퀴의 반지름은 r이고, 질량은 m이다.

그림 13-22 문제 21

22. 암벽등반가

질량 55 kg인 암벽등반가가 그림 13-23과 같이 바위틈을 따라 손으로는 틈의 한쪽을 당기고 발은 반대쪽을 밀면서 오른다. 틈의 너비는 $w = 0.20\,\text{m}$, 암벽등반가의 질량중심은 틈에서 수평거리 $d = 0.40\,\text{m}$에 있다. 손과 바위 사이의 정지마찰계수는 $\mu_{\text{손}}^{\text{정지}} = 0.40$, 등산화와 바위 사이의 정지마찰계수는 $\mu_{\text{신발}}^{\text{정지}} = 1.2$이다. (a) 암벽등반가가 자세를 안정시키려면 손으로 당기고 발로 미는 힘의 수평성분은 적어도 얼마가 되어야 하는가? (b) (a)의 힘을 줄 때 손과 발 사이의 수직거리 h는 얼마이어야 하는가? (c) 암벽등반가가 축축한 바위를 만나서 $\mu_{\text{손}}^{\text{정지}}$와 $\mu_{\text{신발}}^{\text{정지}}$가 작아진다면 (a)와 (b)의 답은 각각 어떻게 달라지는가?

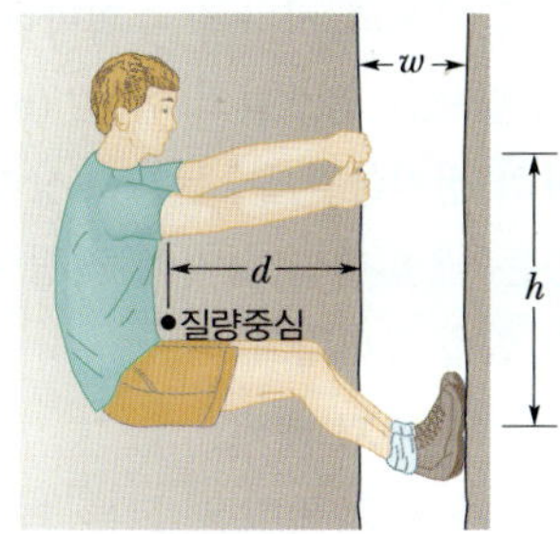

그림 13-23 문제 22

23. 들보와 돌쩌귀

그림 13-24에서 무게 222 N인 고른 들보의 한 끝이 벽에 박힌 돌쩌귀에 물려 있고, 다른 끝은 줄에 묶여 있다. (a) 줄의 장력을 구하라. 들보에 대한 돌쩌귀 힘의 (b) 수평성분, (c) 수직성분은 얼마인가?

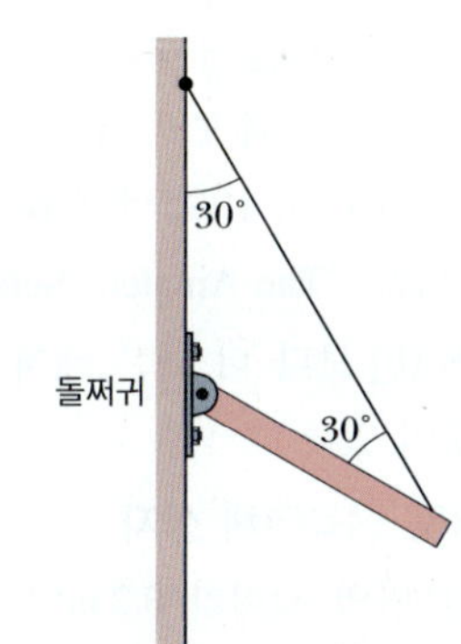

그림 13-24 문제 23

24. 벽돌 네 장

길이 L이고 고른 똑같은 벽돌 네 장을 조금씩 앞으로 밀어 어긋나게 쌓았다(그림 13-25). 쌓인 벽돌이 평형을 이루도록 (a) a_A, (b) a_B, (c) a_C, (d) a_D, (e) h의 최대값을 L로 나타내라.

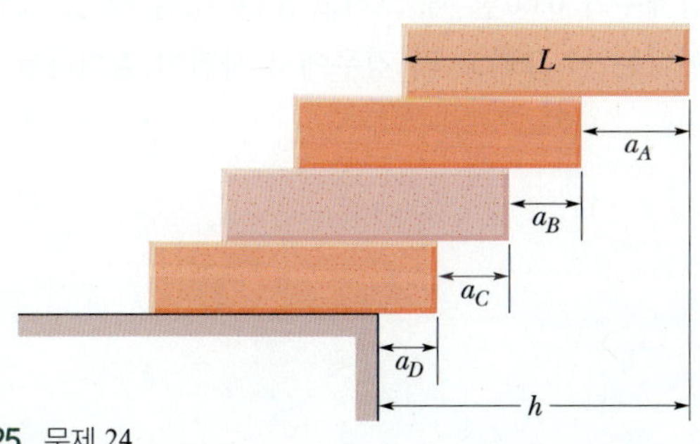

그림 13-25 문제 24

25. 콘크리트 토막

그림 13-26의 장치가 평형을 이루고 있다. 질량 225 kg의 콘크리트 토막이 질량이 45.0 kg인 고른 버팀목의 끝에서 내린 줄에 매달려 있다. (a) 줄의 장력과 돌쩌귀가 버팀목에 주는 힘의 (b) 수평성분 (c) 수직성분을 구하라.

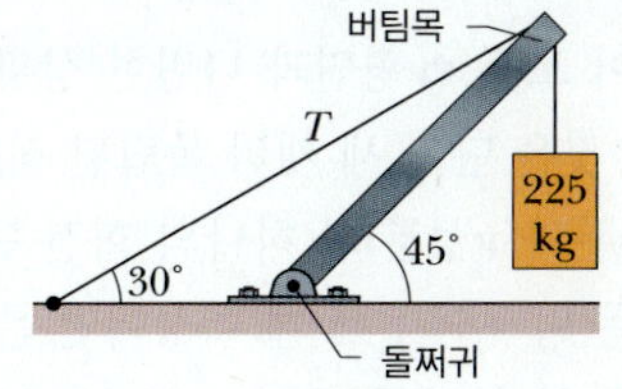

그림 13-26 문제 25

26. 문

폭 0.91 m, 높이 2.1 m인 문의 질량이 27 kg이다. 꼭대기에서 0.3 m에 있는 돌쩌귀와 아래에서 0.3 m에 있는 돌쩌귀가 문의 질량 절반씩을 각각 지탱한다. 무게중심은 문의 기하학적 중심에 있다고 가정하고, 각 돌쩌귀가 문에 주는 힘의 (a) 수직성분과 (b) 수평성분을 구하라.

27. 고르지 않은 막대

고르지 않은 막대가 그림 13-27과 같이 질량이 없는 두 줄에 매달려 수평하게 서 있다. 한쪽 줄은 수직방향과 $\theta = 36.9°$를, 다른 쪽 줄은 수직과 $\phi = 53.1°$를 이룬다. 막대의 길이 L이 6.10 m라면 막대의 왼쪽 끝에서 질량중심까지의 거리 x를 셈하라.

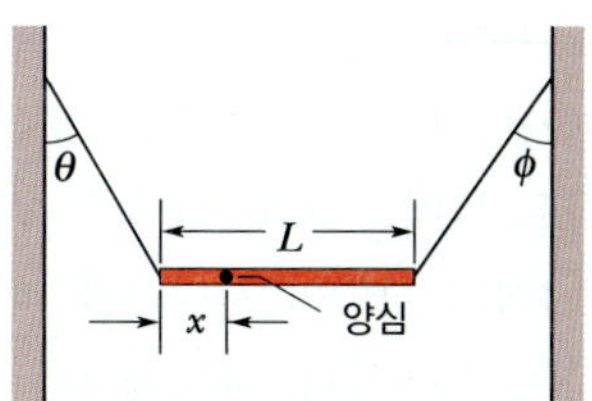

그림 13-27 문제 27

28. 가는 수평막대

그림 13-28과 같이 길이 L이고 무게를 무시할 수 있는 가는 수평막대 AB가 A쪽 끝은 벽에 박힌 돌쩌귀에 물려 있고, B쪽 끝은 수평과 각 θ를 이루는 가는 줄 BC에 묶여 있다. 무게 W인 상자는 막대를 따라서 어디로든 옮길 수 있다. 그 위치는 벽에서 그 질량중심까지의 거리 x로 정의된다. (a) 줄의 장력과 점 A에서 돌쩌귀가 막대에 주는 힘의 (b) 수평성분과 (c) 수직성분을 x의 함수로서 구하라.

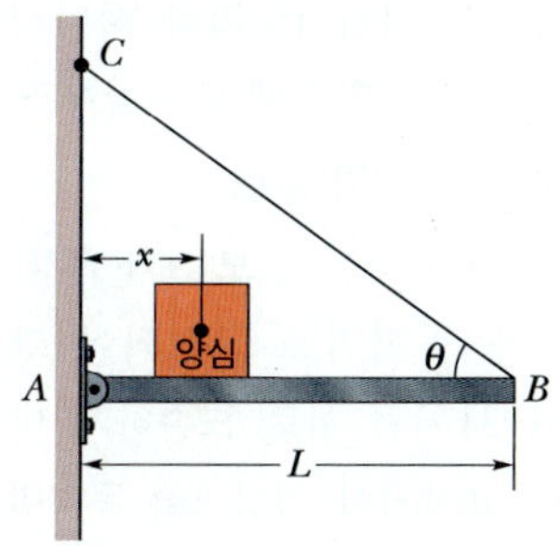

그림 13-28 문제 28과 30

29. 고른 널빤지

그림 13 – 29에 길이 L이 6.10 m이고 무게가 445 N인 고른 널빤지가 높이 $h = 3.05$ m인 벽의 꼭대기에서 마찰 없는 굴림대에 기대어져 땅 위에 놓여 있다. 널빤지는 $\theta \geq 70°$이면 평형을 유지하지만 $\theta < 70°$가 되면 미끄러진다. 널빤지와 지면 사이의 정지마찰계수를 구하라.

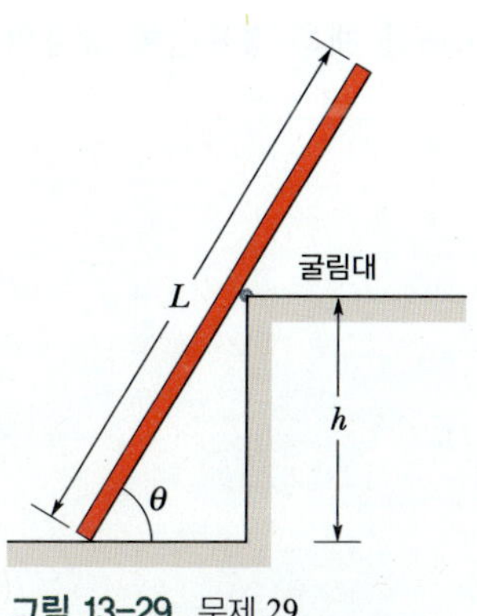

그림 13-29 문제 29

30. 최대장력

그림 13-28에서 고른 막대의 길이 L이 3.0 m이고 무게가 200 N이라고 가정하자. 또한 상자의 무게는 $W = 300$ N이고 각도가 $\theta = 30°$

라고 하자. 줄은 500 N의 최대장력을 버틸 수 있다. (a) 줄이 끊어지지 않는 가능한 최대거리 x는 얼마인가? 상자를 최대값 x에 둘 때 A에서 돌쩌귀가 막대에 주는 힘의 (b) 수평성분과 (c) 수직성분은 얼마인가?

31. 사다리

그림 13-30의 사다리에서 변 AC와 CE는 각각 2.44 m이며 C에 돌쩌귀가 달려 있다. 막대 BD는 절반 높이에 있는 연결막대로 길이는 0.762 m이다. 무게 854 N인 사람이 사다리를 따라 1.8 m 올라갔다. 마룻바닥의 마찰은 없다고 가정하고 사다리 질량은 무시하여 (a) 연결막대가 받는 장력과 사다리가 마룻바닥 (b) A와 (c) E에서 받는 힘의 크기를 구하라. (**실마리**: 사다리의 부분들을 따로 떼어서 평형조건을 적용한다.)

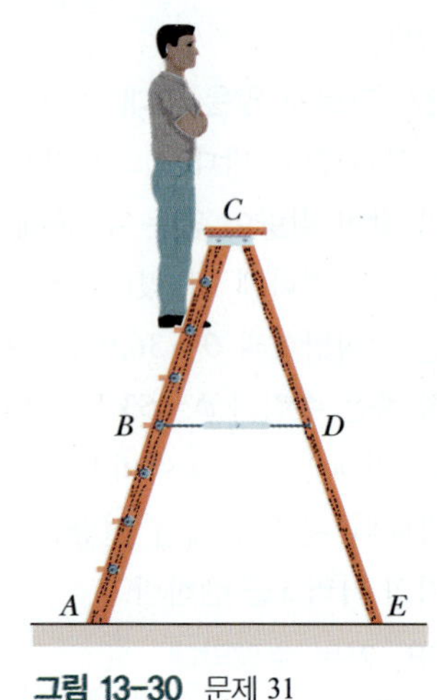

그림 13-30 문제 31

32. 두 개의 들보

두 개의 고른 들보 A와 B가 벽면에 돌쩌귀로 고정되어 그림 13-31처럼 서로 느슨하게 나사로 고정되어 있다. (a) 돌쩌귀가 들보 A에, (b) 나사가 들보 A에, (c) 돌쩌귀가 들보 B, (d) 나사가 들보 B에 주는 힘의 x와 y성분을 구하라.

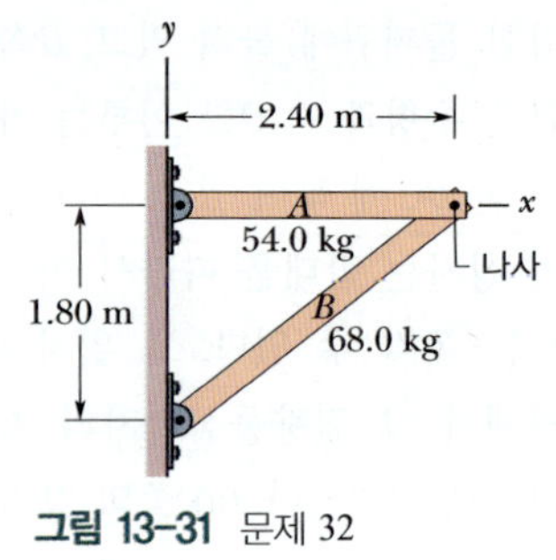

그림 13-31 문제 32

33. 모래 상자

모래를 채운 정육면체 상자의 무게가 890 N이다. 이 상자의 위 모서리 가운데 하나를 수평방향으로 밀어서 상자를 기울이고 싶다. (a) 필요한 최소한의 힘은? (b) 상자와 바닥 사이에 요구되는 최소한의 정지마찰계수는? (c) 상자를 더 효율적으로 기울이는 방법이 있는가? 있다면 상자에 직접 주어 상자를 기울일 수 있는 최소한의 힘을 구하라.

34. 두 가지 배치

길이가 L로 똑같은 고른 벽돌 네 장이 그림 13-32와 같이 탁자 위에 두 가지 방식으로 쌓여 있다(문제 24와 비교해보라). 두 배치 모두 튀어나온 거리 h를 최대로 하고 싶다. 최적거리 a_A, a_B, b_A, b_B를 구하고 두 배치에 대해서 셈해보라. (Scientific American, 1985년 6월, 133–134쪽. "The Amateur Scientist"에 (b) 보다 더 나은 배치 및 설명이 있다.)

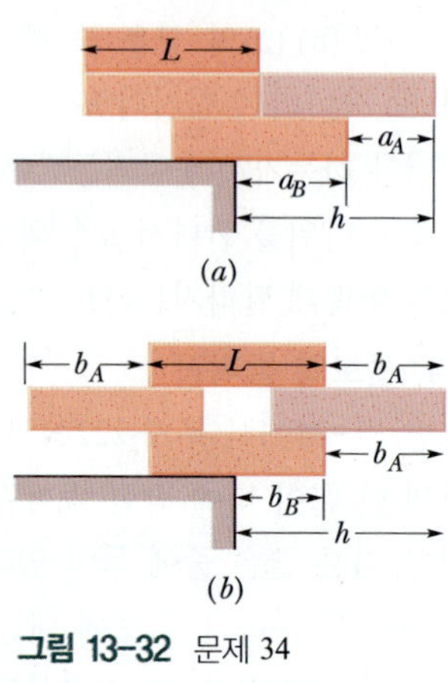

그림 13-32 문제 34

35. 정육면체 상자

한 변의 길이가 0.2 m인 정육면체 모양의 상자에 기계류가 담겨 있다. 상자와 그 내용물의 질량중심은 상자의 기하학적 중심에서 위로 0.30 m에 있다. 상자는 수평과 각도 θ를 이루는 비탈면에 있다. 각도 θ를 점점 키우면 상자는 비탈면을 따라 미끄러지기 시작하거나 또는 굴러 뒤집히는 각도에 이른다. (a) 비탈면과 상자 사이의 정지마찰계수가 0.60일 때, 그리고 (b) 0.70일 때 둘 중에 어떤 사건이 일어나는가? 그리고 각 경우에서 사건이 일어나는 각도를 제시하라.

13-4 평형이 정해지지 않는 문제

이 장의 서두에서 물체가 받는 힘이 모두 xy평면과 나란한 상황만을 다루어 평형조건에 관한 복잡한 셈을 줄였다. 이때 다룰 수 있는 것은 단지 세 개의 독립된 식뿐이다. 이 식들은 힘의 평형에 관한 방정식 두 개(일반적으로 힘의 x성분와 y성분)과 하나의 회전축(일반적으로 z축)에 대한 회전력 평형방정식 한 개이다. 만약 문제에 든 미지수가 세 개 이상이면 문제는 풀 수 없다.

이러한 문제는 쉽게 찾아볼 수 있다. 예를 들면 그림 13-33에 보인 무게 100 N인 널빤지가 걸린 시소에 세 힘 $\vec{F}_B$, $\vec{F}_C$, $\vec{F}_D$의 크기가 각각 120 N, 120 N, 60 N이라면 정적평형을 이룰 것이다. 그러나 110 N, 160 N, 30 N의 힘 그리고 마찬가지로 다른 힘에 대해서도 평형을 유지할 것이다. 다른 예로 따라해보기 13-2를 바꾼 것도 있다. 거기서 벽과 사다리 꼭대기 사이에 마찰이 있다고 가정할 수 있다. 그러면 사다리가 벽과 닿는 곳에서 수직마찰력을 받아 모르는 힘이 전체적으로는 네 개가 될 것이다. 단 세 개의 식으로는 이 문제를 풀 수 없다. 이처럼 미지수가 식보다 더 많은 문제를 부정(否定, indeterminate)이라고 한다.

그렇지만 물체가 받는 힘의 방향이 꼭 한 평면으로만 제한되지 않는 실제의 세계에는 부정 문제의 해가 있다. 자동차의 네 타이어 아래에 저울을 두면 낱낱의 저울마다 눈금이 나온다. 식으로 풀어서 낱낱의 힘을 구하려고 할 때 무엇이 어려운가?

문제는 정적평형 조건을 적용하려는 물체가 — 깊이 생각하지 않고서 — 완전강체라고 가정을 한 것이다. 강체란 힘을 받아도 변형되지 않는 물체인데, 엄밀하게는 그러한 물체는 없다. 예를 들어 자동차 타이어는 자동차가 정적평형의 위치로 자리잡을 때까지 계속 변형된다.

우리는 탁자가 흔들리면 보통 어느 한쪽 다리 밑에 접은 종이를 끼워 수평을 맞추어 안정시킨다. 하지만 큰 코끼리가 그 탁자에 앉는다면 탁자가 부서지지는 않는다 해도 마치 자동차 타이어처럼 변형될 것을 확신할 수 있다. 탁자의 다리는 모두 바닥과 닿을 것이고, 탁자 다리에서 위로 향하는 힘은 모두 어떤(그리고 다른) 값을 가질 것이며, 탁자는 더 이상 불안정하게 흔들리지 않을 것이다. 탁자 다리가 받는 힘의 값을 어떻게 구할 것인가?

이러한 부정의 평형문제들을 풀려면 평형방정식에 변형 또는 탄성, 즉 물체가 실제로 힘을 받을 때 어떻게 변형하는가를 설명하는 물리 및 공학 분야의 지식을 보완해야 한다. 다음 절은 이 주제를 소개한다.

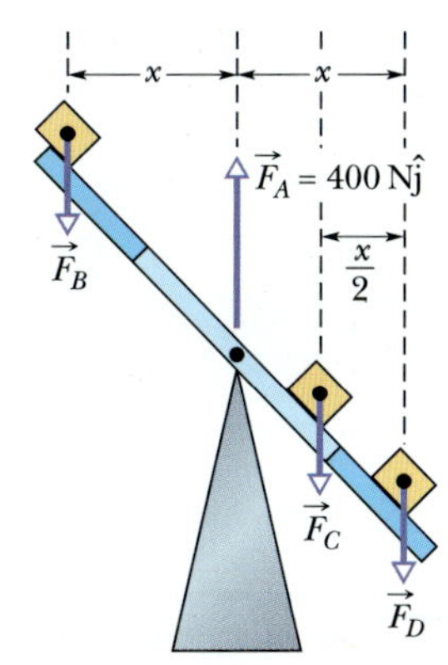

그림 13-33
거친 널빤지 위에 있는 무게를 모르는 세 상자에 대해 시소는 정적평형을 이룬다. 무게 100 N인 널빤지의 질량중심에 회전축이 있다. 하지만 이 계에서 시소 회전점이 널빤지를 밀어 올리는 힘이 $(+400\,\mathrm{N})\hat{\mathrm{j}}$인 것을 알아도 평형문제는 부정이다. 왜냐하면 정적평형 조건만으로는 세 상자의 무게를 알 수 없기 때문이다.

생각해보기 13-4 무게 10 N인 고른 막대가 천장에서 드리운 줄 세 개에 수평하게 매달려 위쪽으로 힘 $\vec{F}_A$, $\vec{F}_B$, $\vec{F}_C$를 받는다. 다음 그림은 세 가지 줄 배치를 보여준다. 어떤 것이 ($\vec{F}_A$, $\vec{F}_B$, $\vec{F}_C$의 값을 정할 수 없는) 부정인가?

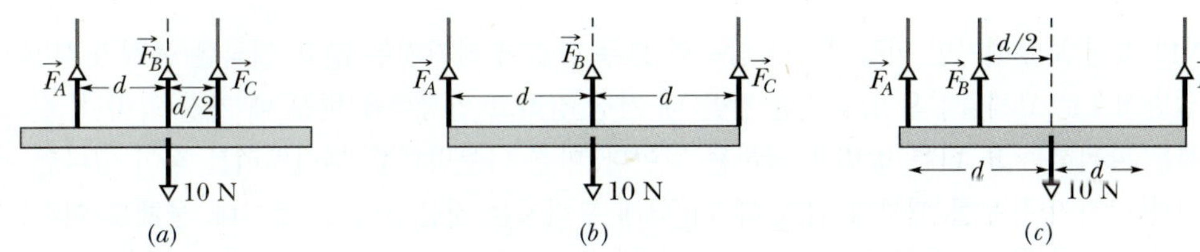

13-5 탄성

6-4절에서 접촉력의 성질을 설명하고자 원자물리학에 바탕을 둔 이상화한 모형을 도입하였다. 이 모형은 고체의 탄성을 이해하는데도 도움이 된다. 많은 원자가 모여 쇠못과 같은 금속고체를 이룰 때 이들은 3차원적 평형점, 곧 낱낱의 원자가 그로부터 가장 가까운 원자와 잘 정의된 평형거리를 갖는 곳에 반복적으로 배열된다. 이 원자들은 작은 용수철이 달린 것처럼 힘을 주고받아 서로를 붙든다. 그림 6-11은 이 모형을 2차원적으로, 그림 13-34는 3차원적으로 보인 것이다. 그림 6-23c와 같이 평형상태의 물체가 서로 반대편 끝에서 작용하는 힘을 받아 당겨지거나 눌릴 때는 물질 속의 낱낱의 원자 또는 분자는 서로 반대쪽을 향하고 평형을 이루는 힘을 받는다.

금속고체의 격자는 놀랄 만큼 단단하다. 이는 '원자간 용수철'이 대단히 강하다고 달리 말할

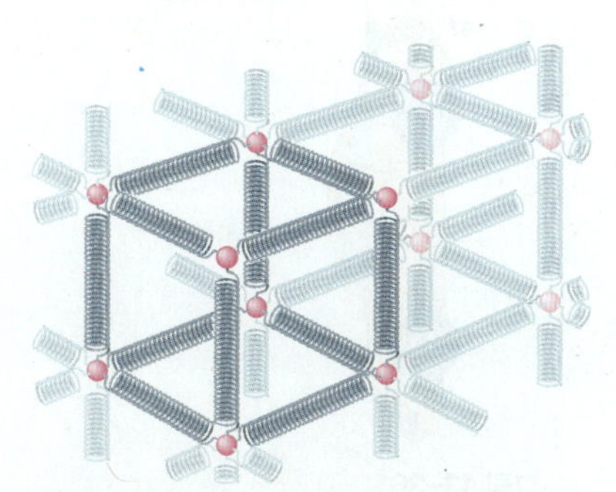

그림 13-34
금속고체의 원자가 반복적인 3차원 격자로 배치되어 있다. 이들의 원자간 힘은 마치 작은 용수철이 주는 힘과 같다.

수도 있다. 그래서 금속 사다리, 탁자 그리고 숟가락과 같은 매일 보는 많은 물체를 매우 단단하다고 생각한다. 물론 정원용 호스나 고무장갑과 같은 물체는 전혀 단단하다고 생각하지 않는다. 이러한 물체를 이루는 원자들은 그림 13-34와 같은 단단한 격자를 만들지 않고 길고 유연한 분자사슬로 이어져 있으며, 각 사슬은 주변들과 느슨하게 결합되어 있을 뿐이다.

위에서 제시한 원자-분자의 설명에 따라 모든 물체가 입자들로 이루어져 있다고 생각할 수 있다. 물체를 이루는 입자 사이에 용수철과 같은 상호작용을 느끼거나 볼 수 있을까? 어떤 물체를 당기면 어떤 일이 생기는가 생각해보자. 예를 들면 손가락을 당겨본다고 가정해보자. 손가락이 즉각 낱낱이 흩어지지는 않는다. 그러나 손가락의 전체 길이를 따라서 늘이는 힘을 느낄 수 있다. 손가락을 따라서 생기는 이 힘은 더 세게 당기면 더 크게 느껴진다. 우리가 느끼는 것은 당기는 것에 대항하며 손가락 안에서 생겨나는, 균형을 이루는 힘이다. 이 대항력은 손가락을 이루는 입자들이 서로 멀어져 끝내는 손가락이 낱낱이 흩어지는 것을 막아준다. 이러한 체험을 일반화하면 '손가락(또는 다른 물체)을 이루는 입자들은 늘리는 힘을 받으면 끌어당기는 힘을 내어 서로를 붙들어 둔다' 고 말할 수 있다. 이 끌어당기는 힘은 어떤 물체가 늘리는 힘을 받아 그 물체를 이루는 입자가 멀어질수록 더 세진다. 당기기와 같은 늘리는 힘을 **'인장력(tensile force)'** 이라고 부른다.

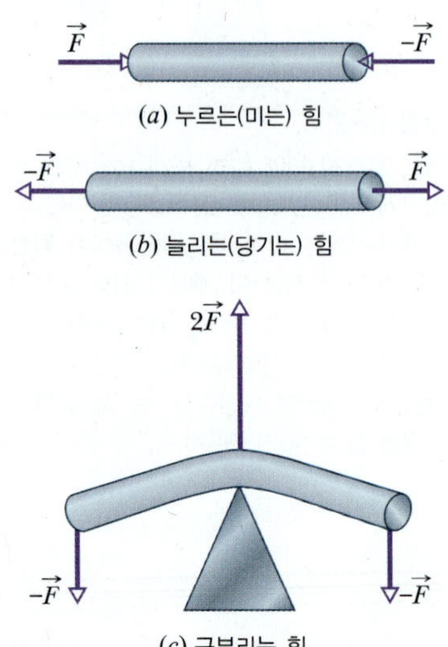

(*a*) 누르는(미는) 힘

(*b*) 늘리는(당기는) 힘

(*c*) 구부리는 힘

그림 13-35
(*a*) 누르는 힘, (*b*) 늘리는 힘 그리고 (*c*) 구부리는 힘.

위와 달리 손가락을 (짧게 하려고) 밀면 손가락의 전체 길이를 따라서 다시 균형을 이루고자 대항하는 힘을 느낄 수 있다. 손가락을 더 세게 밀어보자. 느낌이 변하면서 손가락이 받는 힘이 더 세지면 대항하는 힘도 함께 더 세지는 것을 확인할 수 있다. 이 체험으로부터 손가락(또는 다른 물체)을 이루는 입자들은 이들을 서로 더 가까이 밀려고 하면 반발력을 내며, 그 힘은 간격을 줄일수록 더 세진다는 것을 알 수 있다. (손가락을 짧게 하려고) 손가락에 준 힘처럼 누르는 힘을 **압축력(compressive force)**이라고 한다. 곧 밝혀지겠지만 물체를 이루는 입자끼리 당기거나 미는 힘은 원자를 이루는 입자들의 전기적 특성과 아울러 미시적 크기에서의 상호작용과 관련된다. 하지만 물체를 이루는 입자끼리 주고받는 힘의 특성은 용수철 힘의 특성과 매우 비슷하다. 따라서 이 힘은 용수철의 힘으로 아주 좋은 모형을 만들 수 있다. 그래서 그림 13-34를 용수철로 이어진 입자들로 나타냈다.

이미 겪어 보았겠지만 인장력이나 압축력 모두 한없이 커지지는 않고, 결국은 물체가 부서지고 만다. 일반적으로 고체물질은 압축력을 받을 때 가장 강하고 인장력을 받을 때 가장 약하다. 길고 가는 물체를 파괴하는 또 다른 방법은 굽히는 것이다. 마른 나무막대를 부러뜨려본 적이 있다면 아마도 막대를 당기거나 누를 때보다 굽힐 때 더 쉽게 부러지는 것을 보았을 것이다. 물체를 이루는 원자나 분자가 어떻게 되는가를 상상해보면 이것이 타당하게 생각될 것이다. 물체가 굽을 때 작은 입자들은 한쪽에서는 압축되고 반대쪽에서는 늘어난다. 그림 13-35는 누르는 힘, 늘리는 힘, 구부리는 힘의 조합을 보여준다.

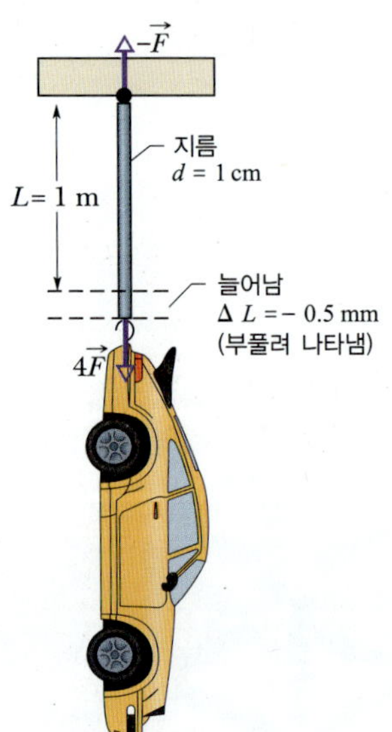

그림 13-36
자동차를 지름 1 cm, 길이 1 m인 가는 강철 막대에 매달았다. 가는 막대는 이 차의 전체 무게를 지탱하지만 막대는 겨우 약 0.5 mm만 늘어날 뿐이다.

• 인장력과 압축력

길고 가늘며 겉보기에 단단한 물체의 양 끝을 매우 센 힘으로 당길 때 어떤 일이 벌어지는가 생각해보자. 길이 1 m, 지름 1 cm인 강철막대의 한 끝을 고정하고 다른 끝에 자동차를 매달면 강철막대가 당겨질 것이다. 하지만 강철막대는 그림 13-36과 같이 겨우 약 0.5 mm, 즉 0.05%만 늘어난다. 이때 강철막대는 후크 법칙 $\vec{F}_x^{\text{용수철}}(x) = -k\Delta\vec{x}$(식 9-16)을 따르는 탄성용수철처럼 움직이며, 따라서 용수철의 변위는 받은 힘의 크기에 비례한다.

어떤 물체의 변형이 양끝에 받은 힘의 크기에 비례하고, 그 힘이 사라질 때 애초의 모양으로 돌아온다면 이 변형을 **탄성적**(elastic)이라 한다.

이제 막대에 차 두 대를 매달아 보면 막대는 영구적으로 늘어나 하중을 없애도 애초의 길이로 돌아오지 않을 것이다. 이러한 인장은 이제는 **비탄성적(inelastic)**이다. 다시 차 세 대를 매달아본다면 막대는 끊어진다. 즉 **파괴(rupture)**된다. 끊어지기 바로 전에 막대의 인장은 0.2%보다 작다. 이러한 크기의 변형은 작기는 해도 공학적으로는 중요하다. (비행기 날개가 비행기 몸체에 붙어 있어야 한다는 것은 명백하다.)

물체가 받은 인장력이나 압축력과 변형 사이의 관계를 정량화할 필요가 있다. 탄성변형(받은 힘에 비례하는 변형)에 대해 생각해보자. 이러한 변형이 인장력이나 압축력을 받는 물체의 모양과 물질의 특성에 따라 어떻게 변하는지 살펴보자.

길이 L인 막대의 양끝을 당기면서 막대 길이의 변화를 잴 수 있다. 두 힘의 크기는 F로 같고, 방향은 막대와는 나란하지만 서로 반대이다. 실제로는 막대의 한 끝은 움직이지 않는 물체에 고정하고 다른 한 끝을 당기면 된다. 이제 소재와 지름이 같고, 길이가 두 배인 막대의 양쪽 끝에 같은 힘을 주면 어떻게 될까? 막대는 얼마나 늘어날까? 이것은 길이가 두 배인 막대는 그림 13-37과 같이 단지 막대 두 개를 중간에서 붙인 것으로 생각해보면 판단할 수 있다.

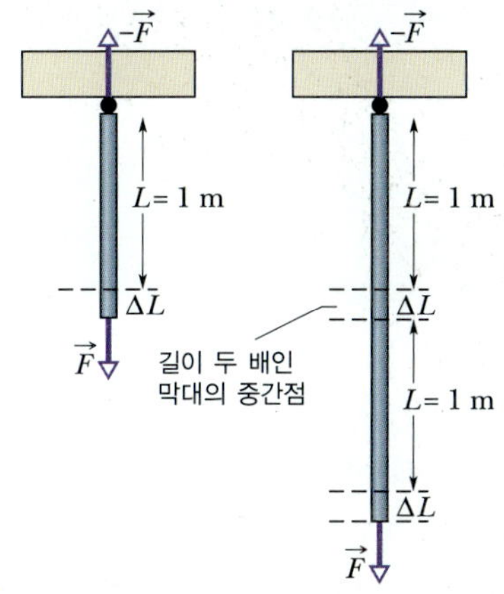

그림 13-37
어떤 막대와 길이가 두 배인 막대가 양끝에 같은 힘을 받으면, 길이가 두 배인 막대는 변형도 두 배가 된다. 변형 정도를 부풀려 나타냄.

길이가 두 배인 막대 끝에서 당기는 힘의 크기는 막대의 무게보다 훨씬 더 크다고 가정한다. 정적평형에서 막대의 다른 한 끝의 지지점은 방향이 반대인 같은 크기의 힘을 받는다. 막대 중간의 작은 단면에는 어떤 일이 생길까? 6장에서 장력을 설명할 때 보았듯이 단면의 모든 요소는 막대를 따라서 서로 반대로 당기는 한 쌍의 똑같은 힘을 받는다. 따라서 막대의 아래 절반이 당기는 힘은 막대의 위 절반이 당기는 힘과 방향은 반대이고 크기는 같아야 한다. 그러므로 막대의 각 절반은 그림 13-37과 같이 ΔL만큼 늘어날 것이다. 그 결과 길이 두 배인 막대 전체가 늘어난 길이는 $2\Delta L$이 된다. 이러한 논의는 쉽게 일반화하여 길이 L인 막대가 힘을 받아 늘어난 길이 ΔL은, 길이를 뺀 다른 모든 상황이 같다면, 막대의 길이 L에 비례함을 보일 수 있다.

이와 마찬가지로 애초의 막대와 길이는 같지만 단면적이 두 배인 막대를 생각할 수 있다. 이것은 그림 13-38처럼 애초의 막대 두 개를 서로 닿지 않게 나란히 놓은 것으로 볼 수 있다. 이제 두 막대는 힘 $\vec{F}$를 나누어 받으며, 이것은 낱낱의 막대가 전체 힘의 반을 받음을 뜻한다. 그 결과, 두 막대는 막대가 하나만 있을 때와 비교하면 늘어난 길이가 반이다. 이는 막대의 길이 변화는 단면적에 반비례함을 뜻한다. 즉 변형 ΔL은 $1/A$에 비례하며 여기서 A는 막대의 단면적이다.

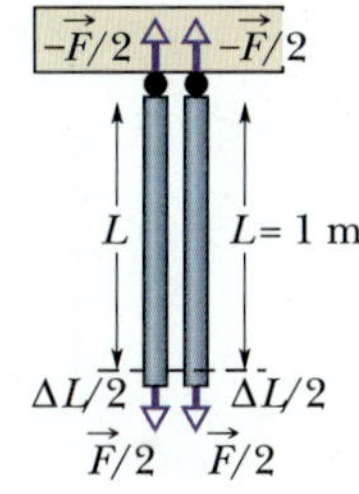

그림 13-38
단면적을 두 배로 늘린 막대의 양끝에 같은 힘을 주면 변형이 반으로 줄어든다. 변형 정도를 부풀려 나타냄.

위 문단에서 논의한 것을 다시 정리하면 다음과 같다. 막대의 변형 ΔL은 받은 힘 F의 크기에 비례하고, 막대의 길이 L에 비례하며, 막대의 단면적 A에 반비례한다. 이 결과들을 정리하면,

$$\Delta L \propto \frac{LF}{A} \qquad \text{또는} \qquad \Delta L = c\,\frac{LF}{A}$$

여기서 c는 비례상수이다. 관례적으로 어떤 막대가 받는 힘의 크기를 그 막대의 길이 변화로 나타내므로 비례상수는 다음과 같이 쓸 수 있다.

$$F = \left(\frac{1}{c}\right)\left(\frac{A}{L}\right)\Delta L \tag{13-18}$$

위 식에서 괄호 안의 인수들을 살펴보자. 먼저, 인수 $(1/c)$는 상수로서 물체의 모양이 아니라 재료에 따라 정해지는 것으로 드러난다. 이 인수는 일종의 딱딱한 정도를 나타내는 상수로서 물질의 인장과 압축강도 특성이다. 인수 $(1/c)$는 공학에서는 기호 E로 나타내며 **영률(Young's Modulus)**이라 한다. 따라서 다음과 같이 쓸 수 있다.

$$F = E\left(\frac{A}{L}\right)\Delta L \tag{13-19}$$

둘째 인수 (A/L)은 막대의 모양에 따라 결정된다.

이 절의 앞에서 설명했듯이 어떤 물체가 힘을 받아 변형될 때, 그 변형이 힘에 비례하면 이 물체는 후크 법칙의 용수철처럼 움직인다. 어떤 물체에 대한 $E(A/L)$을 k로 나타낸다면 식 13-19는 $F = k\Delta L$ 꼴로 쓸 수 있음을 유의하자. 이 꼴로 보면 식 13-19와 1차원 용수철에 대한 후크 법칙을 나타내는 식 9-16은 본질적으로 같다. 하지만 일반적으로 막대나 줄의 길이 그 자체는 이와 같은 막대나 줄을 용수철로 감아놓을 때에 비하여 훨씬 더 뻣뻣하다(즉, 변형에 더 저항적이다).

관례적으로 식 13-19는 다음과 같은 꼴로 쓰며, 이것을 변형률-변형력 방정식이라고 한다.

$$\frac{F}{A} = E\,\frac{\Delta L}{L} \qquad \text{(변형률–변형력 방정식)} \tag{13-20}$$

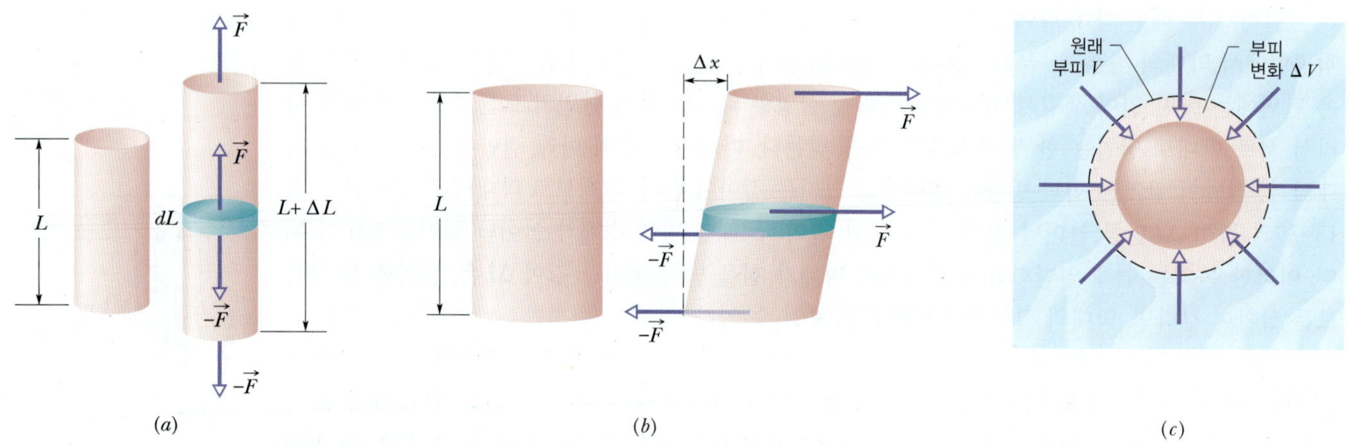

그림 13-39
정적평형을 이룰 때의 고체물질은 서로 반대로 향하며, 그 물질을 변형시키는 당기는 힘(인장력), 누르는 힘(압축력) 또는 층밀리기 힘(전단력)을 받을 수 있다. 이러한 변형력은 여기에 그림으로 나타낸 미소 두께 dl의 원판 단면과 같이 물질을 이루는 모든 작은 요소에 작용한다. (a) 인장변형력을 받는 한 원통이 ΔL만큼 늘어난다. (b) 층밀리기 변형력을 받는 한 원통이 마치 카드 패 한 벌이 변형되는 것처럼 Δx만큼 변형된다. (c) 유체에 담겨진 고체 공이 압력을 고르게 받는다. 물체는 부피가 ΔV만큼 줄어든다. 여기 나타낸 모든 변형은 크게 부풀려 나타냈음.

그림 13-39는 어떤 고체가 힘을 받을 때 그 고체가 부피를 변화시키는 세 가지 방식을 보여준다. 그림 13-39a에서는 원통이 늘어난다. 그림 13-39b에서는 원통이 마치 카드 패 또는 책이 변형되는 것처럼 그 축에 수직인 힘에 따라 변형된다. 그림 13-39c에서는 높은 압력의 유체 속에 든 고체물체가 모든 면에서 고르게 압축된다. 세 가지 변형의 공통점은 단위면적당 변형력 F/A는 단위변형 $\Delta L/L$을 만들어낸다는 것이다. 단위면적당 변형력 F/A는 **변형력(stress)**, 단위변형 $\Delta L/L$은 **변형률(strain)**이라고 한다. 따라서 변형력과 변형률은 그림 13-39의 세 경우에서 모양이 다르다. 공학기술자들이 구조를 설계할 때는 보통 충분히 작아서 그 물질이 탄성적인 (따라서 변형력과 변형률이 서로 비례하는) 변형을 다룬다. 즉,

$$\text{변형력} = \text{탄성계수} \times \text{변형률} \tag{13-21}$$

이미 말했듯이 이 계수는 강성도를 나타내는 탄성계수이다. 식 13-21을 보면 분명하지만 작은 변형

(변형률)을 만들려면 단위 단면적당의 힘(변형력)을 많이 주어야 한다. 그림 13-39에서 인장 변형력(tensile stress)(늘림과 관련됨)을 (a)에, 층밀리기 변형력(shearing stress)을 (b)에 그리고 압축변형력(hydraulic stress)을 (c)에 나타내었다.

물체에 준 힘과 단위면적당의 힘(또는 변형력) 사이의 관계를 더 잘 이해하기 위해 탁자가 진흙덩이에 준 법선력을 생각해보자. 진흙덩이가 긴 원통모양이라고 하자. 이것을 눌러 질량 변화는 없이 평평한 떡 모양이 되게 한다. 점토의 두 모양을 비교할 때 전체 법선력은 변하지 않았음에 유의하자(누르는 무게는 변하지 않았다). 하지만 점토의 면적은 변한다. 따라서 단위면적당 힘, 즉 변형력은 변한다. 식 13-21에서 보듯이 변형을 살펴볼 때는 힘보다는 변형력을 따지는 것이 더 확실하다.

인장(늘림) 특성을 살펴볼 때는 전형적으로(그림 13-40*b*와 13-41과 같은) 시편에 변형력을 주어 천천히 늘리면서 원통이 파괴될 때까지 변형력 대비 변형률을 조심스럽게 재어 그림표로 그린다. 금속에 대해서는 그 결과가 그림 13-40 또는 13-42에 나타낸 그림표와 같다. 가한 변형력의 대부분 구간에서는 변형력 변형률 관계가 선형이고, 그 범위 안에서 변형력을 없애면 시편은 원래의 치수로 돌아온다. 여기에는 변형력=탄성계수×변형률(식 13-21)이 적용된다. 만약 변형력을 시편의 **항복강도(yield strength)** $S^{항복}$ 이상으로 높이면 시료는 영원히 변형된다. 변형력을 계속 높이면 시편은 **한계강도(ultimate strength)** $S^{한계}$라 하는 변형력에서 마침내 파열된다.

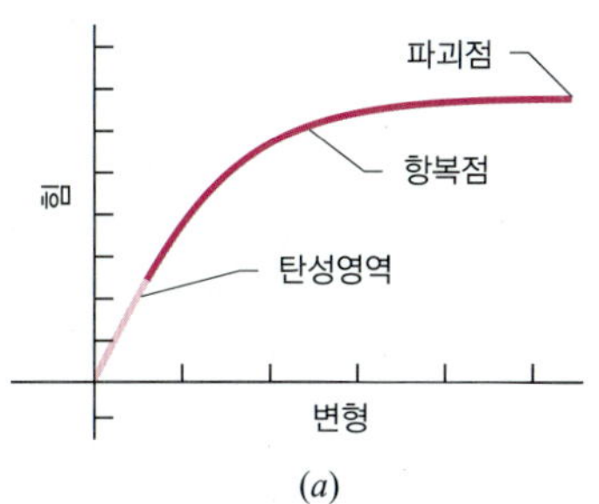

(*a*)

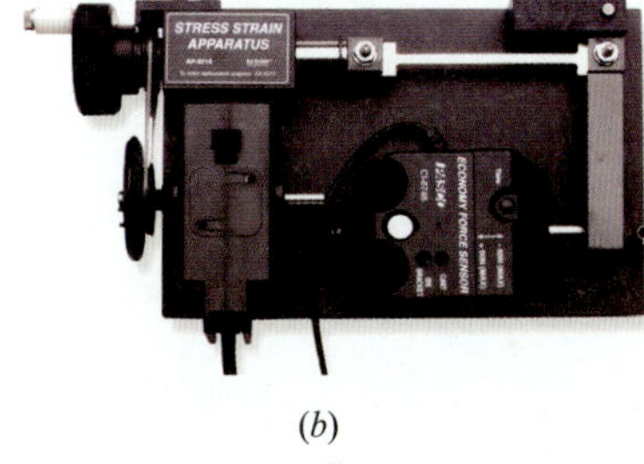
(*b*)

그림 13-40
(*a*) 강철막대 양끝에 준 힘 크기의 함수로서 단단한 강철막대의 변형을 나타내는 그림표. 막대가 파괴될 때까지 힘을 더 세게 한다. (*b*) 막대의 변형을 재는데는 전자 힘감지기와 회전운동감지기를 쓴다. (PASCO scientific의 동의를 받음)

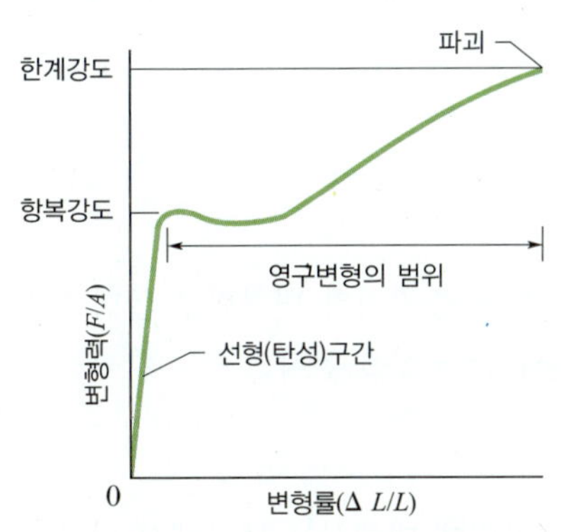

그림 13-42
그림 13-41과 같은 연철 시험시료에 대한 변형률-변형력 곡선. 영(Young) 계수는 그림표의 처음 직선구간의 기울기다. 변형력이 물질의 항복강도와 같아지면 시편은 영구히 변형되고, 한계강도와 같아지면 파괴된다.

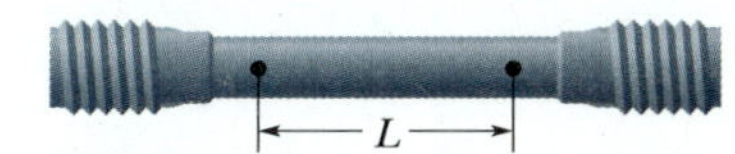

그림 13-41
그림 13-42와 같은 변형률-변형력 곡선을 얻는데 쓰는 시편. 인장변형력-변형 시험에서 일정한 길이 L에 일어나는 변화 ΔL를 잰다.

간단한 인장이나 압축에 대해서는 물체에 주는 변형력은 F/A로 정의하며, 여기서 F는 물체 단면적 A에 수직하게 주는 힘의 크기를 나타낸다. 그러면 변형률, 즉 단위변형은 무차원의 양 $\Delta L/L$이 된다. 이것은 시료길이 변화의 비율(또는 퍼센트)이다. 변형률은 차원이 없으며 변형력=탄성계수×변형률(식 13-21)이므로 여기서의 탄성계수는 변형력, 즉 단위면적에 받는 힘과 차원이 같다.

시편의 변형률 $\Delta L/L$는 흔히 변형률 게이지(그림 13-43)로 간단히 잰다. 동작중인 기계장치에 접착제로 직접 붙일 수 있는 이 간단하고 유용한 소자는 전기적 특성이 소자가 받는 변형률에 따라 달라진다는 원리에 바탕을 두고 있다.

물체의 영률은 인장과 압축에 대해 일반적으로는 거의 같지만 물체의 한계강도나 항복강도는 보통 변형력의 종류에 따라 달라진다. 예를 들면 콘크리트는 압축에 대해서는 매우 강하지만 인장에는 너무 약해서 그러한 힘을 받는 곳에는 절대 쓰지 않는다. 실제로 콘크리트 구조물의 인장강도를 높이고자 강철막대를 콘크리트 속에 묻어 넣는다. 표 13-1은 공학적으로 관심 있는 몇 가지 물질에 대한 영률(Young' s modulus)과 기타 탄성 특성을 보여준다.

그림 13-43
전체 크기 9.8 mm × 4.6 mm인 변형률 게이지. 게이지는 변형률을 잴 물체에 접착제로 붙이며, 게이지는 물체와 똑같이 변형된다. 게이지의 전기저항은 변형률에 따라 달라지며 약 3 mm까지의 변형에 견딘다.

표 13-1

공학적으로 중요한 몇 가지 물질의 탄성 특성

물질	밀도 ρ (kg/m^3)	영률 E ($10^9 N/m^2$)	한계강도 $S^{한계}$ ($10^6 N/m^2$)	항복강도 $S^{항복}$ ($10^6 N/m^2$)
강철[a]	7 860	200	400	250
알루미늄	2 710	70	110	95
유리	2 190	65	50[b]	–
콘크리트[c]	2 320	30	40[b]	–
나무[d]	525	13	50[b]	–
뼈	1 900	9[b]	1 70[b]	–
폴리스타이렌	1 050	3	48	–

[a]구조용 강철(ASTM-A36). [b]압축상태 [c]고강도 [d]전나무

• 층밀리기

그림 13-39*b*를 살펴보자. 여기서는 힘이 단면에 나란히 작용한다. 이러한 힘을 층밀리기 변형력이라고 하며, 이것도 단위넓이의 면이 받는 힘이다. 그러나 힘 벡터는 면에 수직하지 않고 평면과 나란하다. 이때의 변형률은 실제로는 그림 13-39*b*과 같이 층밀리기를 라디안으로 나타낸 각도로서 그림 13-39*b*에서 정의된 양들의 무차원적인 비례값 $\Delta x/L$이다. 이에 해당하는 탄성계수는 공학에서 기호 G로 나타내며 층밀리기 **탄성률(shear modulus)**이라 한다. 층밀리기에 대한 변형력=탄성계수×변형(식 13-21)은 다음과 같다.

$$\frac{F^{수직}}{A} = G\frac{\Delta x}{L} \tag{13-22}$$

여기서 $F^{수직}$은 막대의 길이에 수직방향으로 준 힘 성분의 크기다. 층밀리기 변형력은 굽힘으로 생기는 뼈의 골절과 부하를 받으면서 도는 회전의 뒤틀림에서 중요한 구실을 한다.

• 유체변형력

그림 13-39*c*에서 변형력은 물체가 받는 유체압력 P이다. 유체압력에 대해서는 15장에서 더 상세히 논의한다. 예를 들면 식 15-1에서 보다시피, 압력은 면 A가 고르게 힘을 받을 때 넓이에 대한, 면에 수직한 힘성분의 비율이다. 그리고 이때의 변형은 $|\Delta V|/V$이며 V는 시료의 원래 부피이고, $|\Delta V|$는 부피변화량의 절대값이다. 이에 해당하는 탄성계수는 기호 B로 나타내며 물질의 **부피탄성률(bulk modulus)**이라 한다. 이때 물체는 유체압력을 받는다고 하며 압력은 유체변형력(hydraulic stress)이라고 부른다. 이 경우 변형력=탄성계수×변형률(식 13-21)은 다음과 같이 쓴다.

$$P = B\frac{|\Delta V|}{V} \tag{13-23}$$

물의 부피탄성률은 $2.2\times10^9 N/m^2$이고 강철의 부피탄성률은 $16\times10^{10} N/m^2$이다. 태평양 밑바닥의 압력은 평균 깊이 약 4000 m에서 $4.0\times10^7 N/m^2$이다. 이 압력에 의한 물 부피의 비압축 $\Delta V/V$는 1.8%이며, 강철 물체에 대해서는 불과 약 0.025%이다. 일반적으로 고체는 원자가 강하게 결합한 격자로 되어 있으며, 이웃한 원자 또는 분자가 덜 단단하게 붙어 있는 액체보다는 덜 압축적이다.

생각해보기 13-5 네 개의 원기둥 막대를 그림 13-39a처럼 당긴다. 힘의 크기, 단면적, 처음 길이 및 길이 변화는 아래의 표와 같다. 영률이 가장 큰 것부터 가장 작은 것 순으로 늘어놓아라.

막대	힘의 크기	면적	길이 변화	초기 길이
1	F	A	ΔL	L
2	$2F$	$2A$	$2\Delta L$	L
3	F	$2A$	$2\Delta L$	$2L$
4	$2F$	A	ΔL	$2L$

생각해보기 13-6 그림 13-34와 같이 물체를 이루는 미시적인 입자들을 상상하면서 그림 13-35c와 그림 13-39b에 나타낸 층밀리기 간의 차이를 논의하라.

따라해보기 13-5 | 막대 늘리기

구조용 강철막대의 반지름 R이 9.5 mm, 길이 L은 81 cm이다. 이 강철막대를 길이 방향을 따라 크기 6.2×10^4 N인 힘 F로 늘렸다. 막대의 변형력과 막대의 늘어난 길이 및 변형률은 얼마인가?

풀이 ■ 첫째 **요점**은 둘째 문장의 뜻과 관련이 있다. 막대의 한 끝은 예를 들어 죔쇠나 바이스로 움직이지 않게 유지한다고 가정한다. 그리고 힘 $\vec{F}$를 막대 길이에 평행하게 따라서 끝 면에 수직하게 준다. 따라서 이 경우는 그림 13-39a와 비슷하다.

다음 **요점**은 힘이 끝 면을 거쳐서 넓이 $A=\pi R^2$ 위에서 고르게 작용한다는 가정이다. 그러면 막대의 변형력은 식 13-20의 왼쪽과 같다.

$$\text{변형력} = \frac{F}{A} = \frac{F}{\pi R^2} = \frac{6.2\times10^4\ \text{N}}{(\pi)(9.5\times10^{-3}\ \text{m})^2} = 2.2\times10^8\ \text{N/m}^2 \qquad \text{(답)}$$

구조용 강철의 항복강도는 $2.5\times10^8\ \text{N/m}^2$이며, 따라서 이 막대는 위험하게도 항복강도에 가깝다.

다른 **요점**은 막대의 늘어난 길이는 변형력과 원래 길이 L 및 재료의 성질에 따라 결정된다는 것이다. 이 중에서 재료의 성질은 영률 E로서 표 13-1에서 찾을 수 있다. 강철의 영률을 쓰면

$$\Delta L = \frac{(F/A)L}{E} = \frac{(2.2\times10^8\ \text{N/m}^2)(0.81\ \text{m})}{2.0\times10^{11}\ \text{N/m}^2} = 8.9\times10^{-4}\ \text{m} = 0.89\ \text{mm} \qquad \text{(답)}$$

마지막 **요점**은 변형률은 아래와 같이 애초의 길이에 대한 길이 변화의 비율로서 차원이 없다는 것이다

$$\frac{\Delta L}{L} = \frac{8.9\times10^{-4}\ \text{m}}{0.81\ \text{m}} = 1.1\times10^{-3} = 0.11\% \qquad \text{(답)}$$

연습문제 13-5

36. 영률

그림 13-44는 석영의 변형률-변형력 곡선을 보여준다. (a) 영률과 (b) 이 물질에 대한 대략적인 항복강도는 얼마인가?

37. 알루미늄 막대

지름 4.8 cm의 수평한 알루미늄 막대가 벽에서 5.3 cm 튀어나와 있다. 1200 kg의 물체가 막대 끝에 달려 있다. 알루미늄의 층밀리기 탄성률은 $3.0\times10^{10}\ \text{N/m}^2$이다. 막대의 질량은 무시하고 (a) 막대에 대한 층밀리기 변형력과 (b) 막대 끝의 수직 편위를 구하라.

38. 납 벽돌

그림 13-45에서 납벽돌이 원기둥 A와 B 위에 수평하게 놓여 있다.

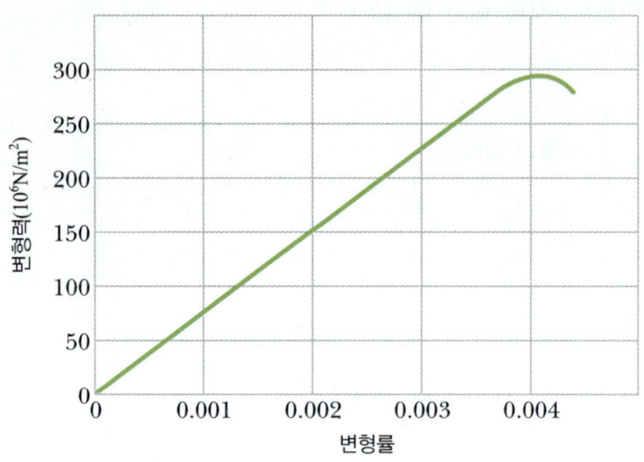

그림 13-44 문제 36

원기둥의 윗면 넓이는 $A_A = 2A_B$의 관계가 있고, 원기둥의 영률은 $E_A = 2E_B$의 관계가 있다. 벽돌을 놓기 전에 두 원기둥의 길이는 같다. (a) 원기둥 A와 (b) 원기둥 B가 지지하는 벽돌 질량의 비율은? 벽돌의 질량중심과 원기둥의 중심선 간의 수평거리는 원기둥 A에 대해 d_A 그리고 원기둥 B에 대해 d_B이다. (c) 비율 d_A/d_B는 얼마인가?

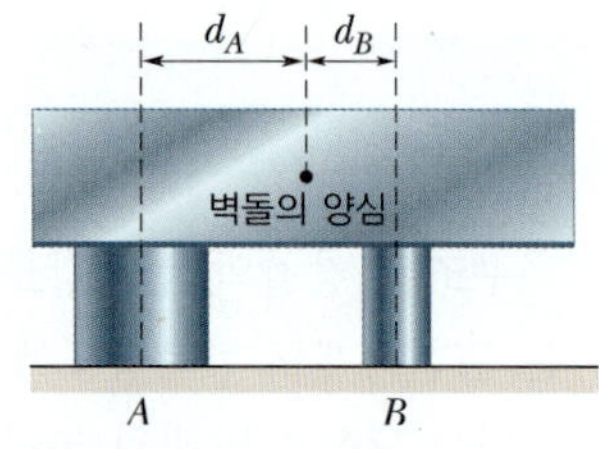

그림 13-45 문제 38

39. 고른 통나무

그림 13-46에 103 kg의 고른 통나무가 반지름이 모두 1.20 mm인 두 강철 줄 A와 B에 매달려 있다. 줄 A의 처음 길이는 2.50 m로서 줄 B보다 2.00 mm 짧았다. 그러나 이제 통나무가 수평을 이룬다. (a) 줄 A와 (b) 줄 B가 통나무에 주는 힘의 크기는? (c) 비율 $d_A d_B$는 얼마인가?

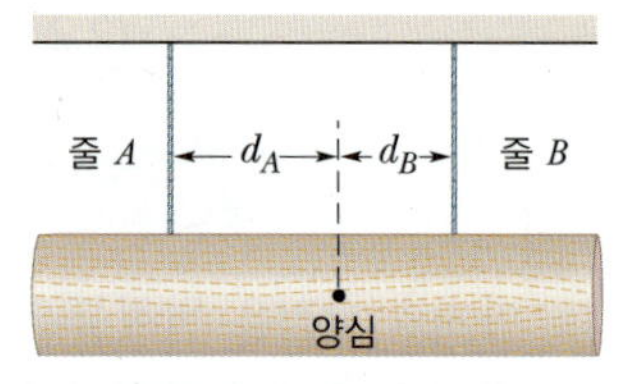

그림 13-46 문제 39

40. 굴

천장이 평평한 길이 150 m, 높이 7.2 m, 폭 5.8 m인 굴을 땅속 60 m 깊이에 판다(그림 13-47 참조). 굴의 천장 벽은 전적으로 단면적 960 cm^{2}인 사각형 강철기둥으로 지지한다. 땅의 밀도는 2.8 g/cm^{3}이다. (a) 기둥들이 지지해야 하는 물질의 전체 질량은 얼마인가? (b) 각 기둥의 압축변형력이 한계강도의 절반이 되도록 하려면 얼마나 많은 기둥이 필요한가?

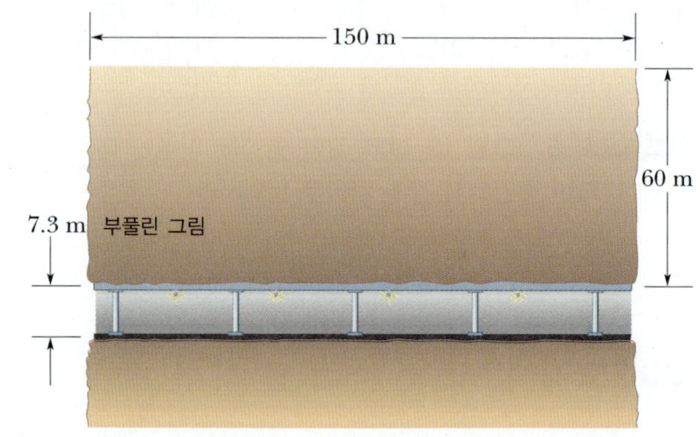

그림 13-47 문제 40

41. 원통형 알루미늄 막대

처음 길이 0.8000 m, 반지름 1000.0 μm인 알루미늄 원통막대가 한 끝은 죔쇠로 고정되어 있고, 다른 끝은 길이 방향과 나란히 당기는 기계로 늘려진다. 막대의 밀도가 (단위부피당 질량) 변하지 않는다고 가정하고, 기계가 반지름을 999.9 μm로 줄이는데 필요한 힘의 크기를 구하라. (단, 항복강도를 넘지는 않는다.)

42. 변형률 대 변형력

그림 13-48은 줄의 양 끝에서 서로 반대쪽으로 당기는 기계로 늘려지는 알루미늄 줄의 변형률 대 변형력의 곡선이다. 줄의 처음 길이는 0.800 m이고 처음 단면적은 2.00×10^{-6} m^{2}이다. 1.00×10^{-3}의 변형을 만들려면 기계의 힘은 줄에 일을 얼마나 해야 하는가?

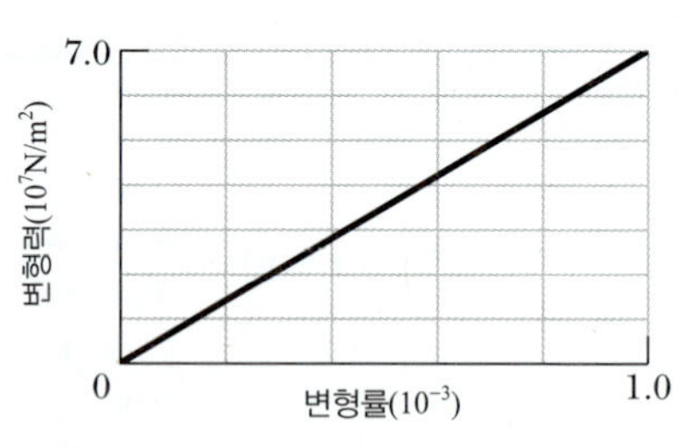

그림 13-48 문제 42

추가문제

43. 공룡 막기

영화 '쥬라기공원'에서 방문객들이 문 밖에 공룡 다이노사워(dinosaur)가 있는 부엌에 갇힌 장면이 나온다. 문 건너편에 있는 공룡이 들어오지 못하게 고생물학자가 어깨로 문의 중앙부 근처를 민다. 식물학자는 문 끝 돌쩌귀 바로 옆에서 온몸으로 민다. 영화에서 요점은 식물학자는 문을 닫는 것을 도우려 하므로 바닥에 있는 총에 손이 닿지 않는 상황이다. 만약 고생물학자가 문의 바깥쪽으로 옮겨가고 식물학자가 총을 집으려고 간다면 이들의 상황은 더 좋아지는가, 나빠지는가? 그들이 위치를 바꾸어 문에 주는 회전력의 변화를 어림하라.

44. 바퀴 달린 가방

지난 몇 년간 세계 공항 어디서나 손잡이가 있는 바퀴 달린 가방을 볼 수 있게 되었다. 가끔 그림 13-49와 같이 가방 앞쪽 위에 걸거나(그림 13-49*a*) 손잡이에 기대어 놓는(그림 13-49*b*) 두 가지 가운데 하나로 서류가방과 같은 작은 가방을 달고 다니는 사람들을 볼 수 있다. 이 문제에서는 어떤 방식이 여행자에게 더 편리한가 살펴본다.

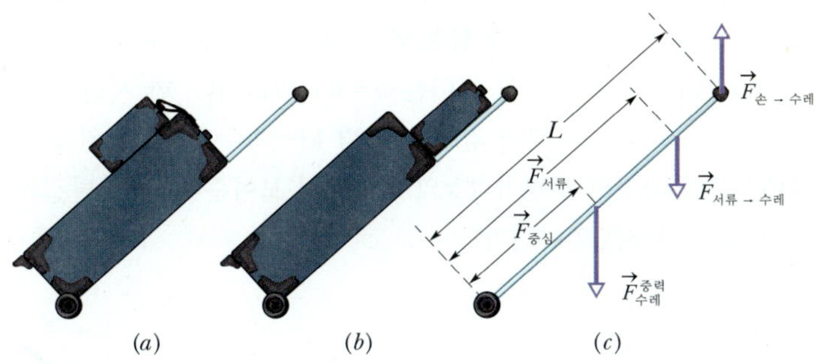

그림 13-49 문제 44

그림 13-49*c*에서 이 가방을 힘을 받는 막대로 간단히 이상화하여 그렸다. 이들 세 힘, 즉 가방이 받는 지구 중력($\vec{F}^{중력}_{수레}$), 가방 위 서류가방의 힘($\vec{F}_{서류}$), 그리고 가방을 위로 드는 여행자의 손의 힘($\vec{F}_{손 \to 수레}$)이 표시되어 있다. 지면과 이루는 가방의 각도를 θ, 가방의 질량을 M, 서류가방의 질량을 m이라고 하자. 가방과 손잡이 모두의 전체 길이가 L, 바퀴에 대한 가방의 무게중심까지의 거리는 $L_{중심}$, 서류가방의 무게중심까지의 거리는 $L_{서류}$이라고 가정한다.

(a) 가방을 드는 손이 주는 힘에 대한 식을 구하여 위에서 쓴 기호로 나타내라.

(b) 가방이 바닥에 주는 힘은 서류가방의 위치에 따라 달라지는가? 설명하라.

(c) 그림 13-49*a*와 그림 13-49*b* 두 경우에서 손이 얼마나 다른 힘을 주는지를 어림셈하라.

45. 손수레 위의 텔레비전

당신이 인터넷 상담 프로그램인 '과학박사에게 물어보세요' 에 상근직원으로 일한다고 하자. 다음의 이메일 메시지가 와서 빨리 답장을 해주어야 한다.

제 안사람이 제게 다음과 같이 물었습니다. 오늘 아침 우리집에 커다란 컴퓨터 모니터가 배달되었는데, 배달원이 그 상자를 손수레 위에 올려주었습니다(아래 그림 참조). 그러나 수레를 눕힌 채 올려놓았지요. 안사람은 허리가 좀 아파서 무게 50 kg중 이상은 들기 어려워요. 모니터는 상자째로 무게가 약 85 kg중 나갑니다. 조금 뒤에 집에 손님이 오므로 안사람은 현관에서 상자를 옮기고 싶어 합니다. 안사람이 허리를 다치지 않고 손수레를 안전하게 위로 들어올릴 수 있을까요?

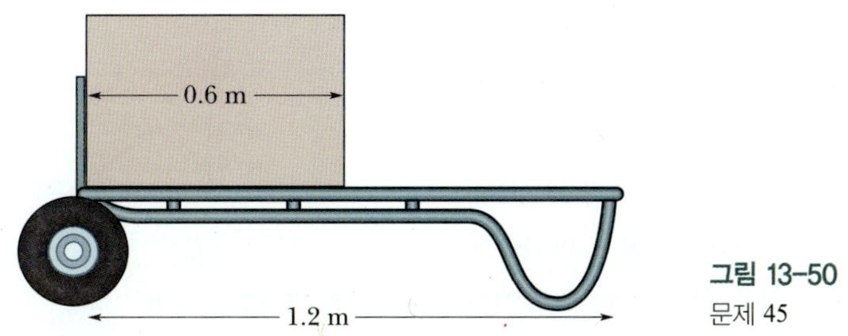

그림 13-50
문제 45

그림 13-50은 상자가 실린 손수레의 개략도이다. 이 사람의 부인이 손수레를 위로 들어 올려 상자를 뒷방으로 밀고가도 안전하겠는가? 왜 그렇게 생각하는지 이유도 꼭 설명하라.

46. 냉장고 선반

창살 모양의 쇠로 된 냉장고 선반은 냉장고 안의 뒷벽에 있는 (길이 약 2.5 cm의) 작은 홈이 있는 두 상자 혹은 '포켓' 에 끼워서 고정한다. 그림 13-51을 보자. 우유 2리터가 든 통을 선반에 둔다면 냉장고 뒷벽쪽과 앞쪽 어디에 놓을 때 포켓이 더 잘 부러질까? 우리가 배운 물리학을 써서 답을 설명해보자. 선반에는 이 통만 있으며 통이 선반의 앞쪽에 있을 때 선반이 포켓의 앞쪽에 아래쪽으로 주는 힘을 어림해보자.

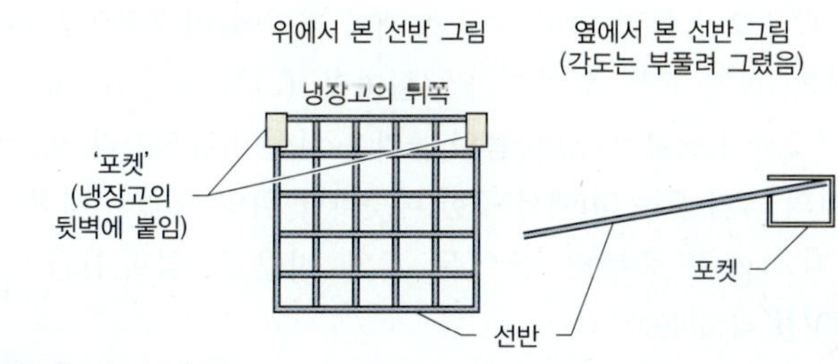

그림 13-51 문제 46

47. 큰 여행가방 무게 달기

지난 여름에 중국 여행을 갈 때 가방이 너무 무거울 것이 걱정됐다(비행기의 짐은 20 kg 이하로 제한됨). 집에 있는 작은 욕실용 저울에 가방을 올려놓았더니 눈금을 가려버렸다. 그래서 저울에 올라서서 몸무게를 재고, 가방을 들고 저울에 올라서려고 했다. 그러나 가방을 앞으로 들면 눈금을 볼 수 없고 뒤로 들기에는 너무 무거웠다. 가방의 무게를 잴 수 있는 방법을 고안해보라.

48. 실내 놀이터

실내 놀이터에 큰 모래언덕을 만들려고 한다. 마룻바닥이 꺼지지 않게 하려면 모래가 마룻바닥에 주는 변형력을 분석해야 한다. 문헌을 조사해 보았더니 놀랍게도 가장 큰 변형력은 둔덕의 꼭대기 바로 밑이 아니라 중심에서 거리 $r_{최대}$인 곳에서 받음을 알게 되었다(그림 13-52*a*). 최대변형력이 이렇게 바깥쪽에 있는 것은 아마도 둔덕 안에서 아치 구조를 이루는 모래입자 때문으로 짐작된다. 그림 13-52*b*는 밀도 $\rho = 1800\ \mathrm{kg/m^3}$인 모래로 만든 높이 $H = 3.00\ \mathrm{m}$, 각도 $\theta = 33°$인 둔덕에 대해서 둔덕 바닥의 중심에서 거리 r의 함수로서 변형력 σ를 나타낸다. 이 그림에서 $\sigma^{중심} = 40\,000\ \mathrm{N/m^2}$, $\sigma^{최대} = 400\,242\ \mathrm{N/m^2}$ 그리고 $r^{최대} = 1.82\ \mathrm{m}$이다.

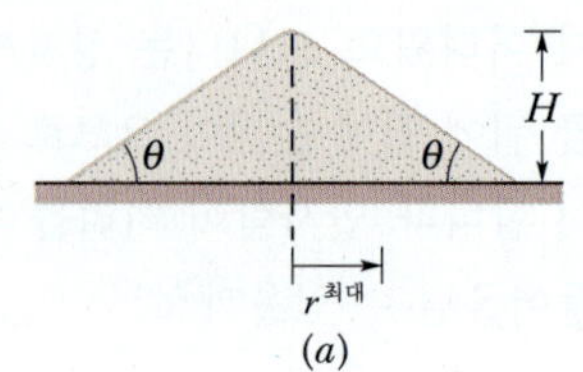

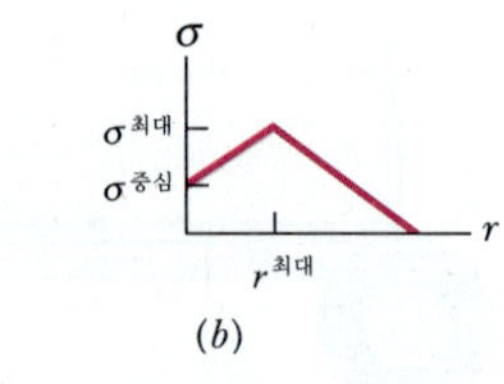

그림 13-52 문제 48

(a) 둔덕 안에서 $r \le r^{최대}/2$에 든 모래 부피는 얼마인가? (**실마리**: 이 부피는 수직원기둥과 원기둥 위에 원뿔을 더한 것이다. 원뿔의 부피는 $\pi R^2 h/3$이며, 여기서 R은 원뿔의 반지름, h는 원뿔의 높이다.) (b) 모래 부피의 무게 W는 얼마인가? (c) $r \le r^{최대}$에 대해서 그림 13-52*b*를 써서 마룻바닥이 받는 변형력 σ에 대한 식을 반지름 r의 함수로 나타내라. (d) 마룻바닥에 있는, 둔덕의 중심축에 대해 반지름이 r이고 너비가 dr인 가느다란 고리의 넓이 dA는 얼마인가? (e) 모래가 고리에 아래쪽으로 주는 힘의 크기 dF는 얼마인가? (f) $r \le r^{최대}/2$인 둔덕 안의 모든 모래가 바닥에 아래쪽으로 주는 알짜힘의 크기 F는 얼마인가? (**실마리**: (e)의 식을 $r = 0$에서 $r = r^{최대}/2$까지 적분하라.) 다음의 놀라운 사실에 유의하라. 바닥이 받는 힘의 크기 F는 (b)에서 구한 마룻바닥 위의 모래 무게 W 보다 작다. (g) W로부터 줄어든 F의 비율은 얼마인가? 즉 $(F - W)/W$의 값은?

49. 무거운 통나무 옮기기

열대밀림에서 무거운 통나무를 옮기는 방법이 있다. 옮기려는 쪽에 있는 어린 나무를 찾아, 그 나무의 꼭대기에서 땅으로 드리운 넝쿨을 찾는다. 넝쿨을 통나무 위로 당긴다. 통나무의 가지에 넝쿨을 동여맨다. 어린 나무가 휘어지도록 넝쿨을 충분히 당긴다. 그리고 넝쿨을 가지에 묶는다. 주위에서 어린 나무를 여러 그루 찾아 이 과정을 되풀이한다. 통나무는 여러 넝쿨이 주는 알짜힘으로 마침내 앞으로 옮겨진다. 지루하기는 해도 현대식 기계를 쓰기 전에는 이 방법을 써서 무거운 통나무를 멀리 옮길 수 있었다. 그림 13-53은 이 방법의 핵심을 보여준다. 여기에서는 질량 M인 고른 통나무의 끝에 있는 가지에 넝쿨 한 줄만이 묶여 있는 것을 나타내었다. 통나무와 지면의 정지마찰계수는 0.80이다. 만약 통나무가 넝쿨에 따라 왼쪽 끝이 조금 들려서 미끄러지려는 한계에 있다면 (a) 각도 θ와 (b) 넝쿨로부터 통나무가 받는 힘의 크기 T는 얼마인가?

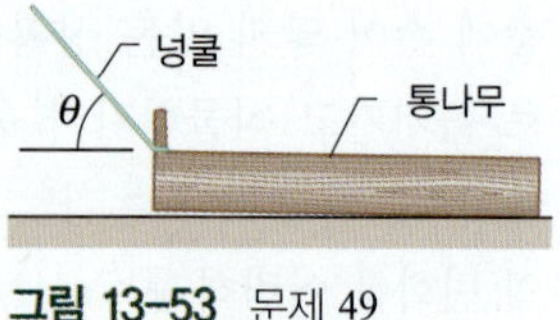

그림 13-53 문제 49

50. 고른 비탈길

그림 13-54*a*는 강한 바람에 의한 건물 간의 움직임을 허용해주는 두 건물 사이의 고른 비탈길을 나타낸다. 왼쪽 끝은 건물 벽에 돌쩌귀로 고정되어 있고, 오른쪽 끝은 건물 벽을 따라 굴러갈 수 있는 바퀴가 달려 있다. 건물이 바퀴에 주는 힘은 수직성분은 없고 단지 크기 $F^{수평}$인 수평성분만 있다. 건물간 수평거리는 $D = 4.00\ \mathrm{m}$이다. 비탈길의 높이는 $h = 0.490\ \mathrm{m}$이다. 한 사람이 왼쪽으로부터 비탈길을 따라 걷는다. 그림 13-54*b*는 $F^{수평}$을 왼쪽 건물에서 사람까지의 수평거리 x의 함수로서 보여준다. (a) 비탈길과 (b) 사람의 질량은 얼마인가?

그림 13-54 문제 50

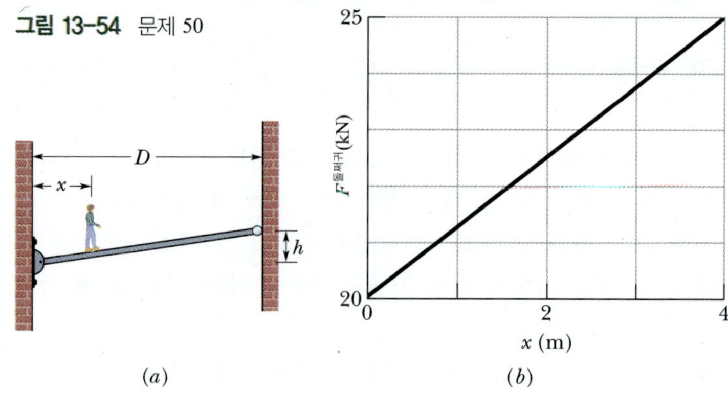

51. 뜀틀

그림 13-55에서 고른 뜀틀의 (질량 = 40 kg) 길이는 3.5 m이며 두 지지대가 달려 있다. 한 다이빙 선수가 뜀틀 끝에 서 있을 때 다른 끝의 지지대는 힘 1200 N을 아래 쪽으로 받는다. 다이빙 선수가 뜀틀의 어디에 서면 힘을 0으로 줄일 수 있는가?

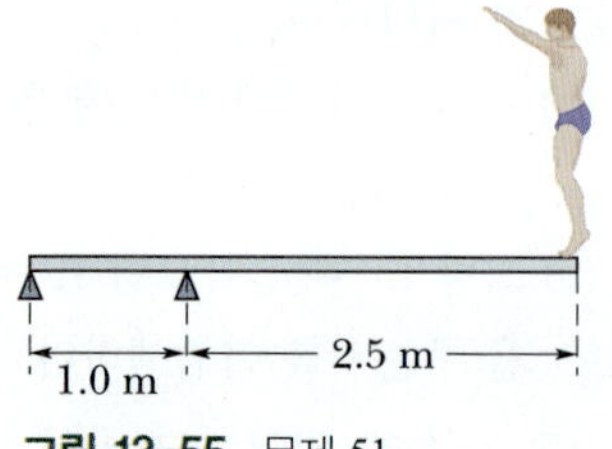

그림 13-55 문제 51

52. 수레

그림 13-56*a*에 질량 40 kg인 고른 받침대가 두 바퀴 위에 중심을 잡고 있다. 받침대를 따라 그려진 수직선은 같은 길이를 표시한다. 이들 선 중에서 두 선은 바퀴 위의 중심에 놓여 있다. 10 kg의 터말

리(멕시코 음식) 꾸러미는 바퀴 B 위에 있다. (a) 바퀴 A와 (b) 바퀴 B가 받침대에 주는 힘의 크기는 얼마인가? 그리고 받침대는 굴러서 왼쪽으로 가서 오른쪽 끝이 바퀴 B 위에 왔다(그림 13-56*b*). (c) 바퀴 A와 (d) 바퀴 B가 받침대에 주는 힘의 크기는 이제 얼마가 되는가? 다음으로 받침대는 굴러서 오른쪽으로 갔다. 받침대의 길이는 0.600 m라고 가정한다. (e) 꾸러미와 바퀴 B 사이의 수평거리가 얼마일 때 받침대와 바퀴 A의 접촉이 떨어지는 한계에 이르는가?

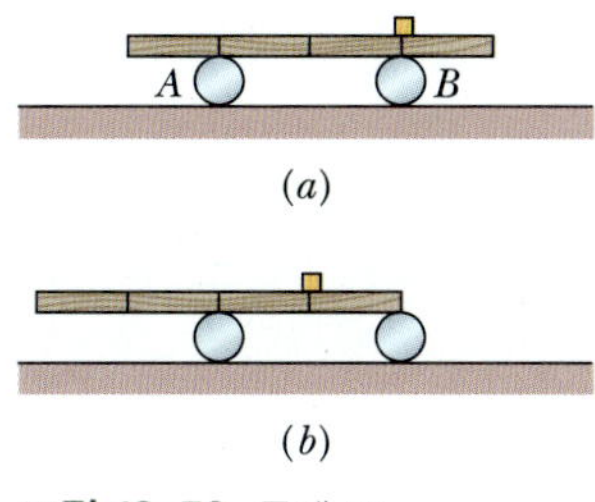

그림 13-56 문제 52

53. 고른 수평들보

그림 13-57*a*는 왼쪽은 벽에서 돌쩌귀로 받치고 오른쪽은 수평각도 θ로 줄로 받치는 질량 $m_{들보}$ 길이 L의 고른 수평들보를 나타낸다. 들보의 왼쪽 끝에서 거리 x에 질량 $m_{꾸러미}$의 꾸러미 한 개가 놓여 있다. 전체 질량은 $m_{들보} + m_{꾸러미} = 61.22$ kg이다. 그림 13-57*b*는 줄의 장력을 들보의 길이 비율 x/L로 나타낸 꾸러미 위치의 함수로서 보여준다. (a) 각도 θ와 (b) 질량 $m_{들보}$ (c) 질량 $m_{꾸러미}$을 셈하라.

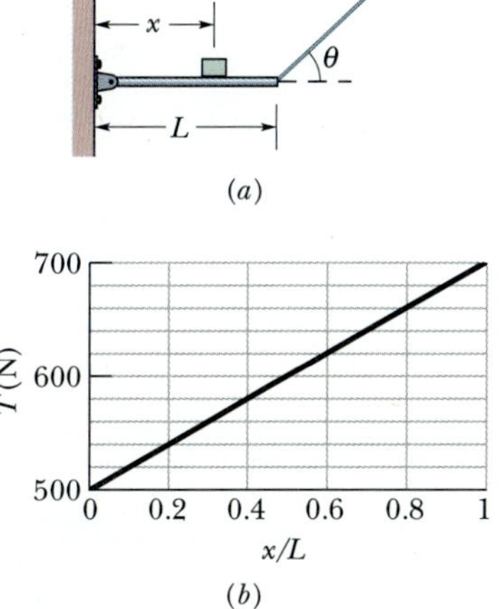

그림 13-57 문제 53

54. 고른 수직들보

그림 13-58*a*는 아래 끝에 돌쩌귀가 달린 길이 L인 고른 수직들보를 나타낸다. 수평력 $\vec{F}$를 들보에 주는데, 작용점은 바닥에 대한 높이가 y이다. 위 끝에는 줄이 수평각도 θ로 고정되어 있으므로 들보는 수직을 유지한다. 그림 13-58*b*는 줄의 장력을 들보의 길이 비율 y/L로, 즉 힘의 준 곳의 위치의 함수로서 나타낸다. 마찬가지로 그림 13-58*c*는 돌쩌귀가 들보에 주는 수평력의 크기 $F^{돌쩌귀}$를 y/L의 함수로서 나타낸다. (a) 각도 θ와 (b) $\vec{F}$의 크기를 셈하라.

55. 즉석 그네

줄 한 끝에 고리를 만들고 다른 끝을 나뭇가지에 묶어서 즉석 그네를 만들었다. 줄을 수직으로 늘어뜨려 고리에 어린이를 앉히고 어른이 어린이를 수평하게 옆으로 당겨 어린이를 놓기 바로 전에 밧줄은 수직과 15° 각을 이루었고 줄의 장력은 280 N였다. (a) 어린이의 무게는 얼마인가? (b) 어린이를 놓기 전에 어른이 어린이를 수평으로 당긴 힘의 크기는 얼마인가? (c) 어른이 어린이에 줄 수 있는 최대 수평력이 93 N이면 어른이 수평으로 당길 때 줄이 수직과 이루는 최대각은 얼마인가?

56. 급제동

평평한 길 위에서 자동차의 제동기를 밟아 급제동을 하니 네 바퀴가 모두 회전을 멈추고 길을 따라 미끄러졌다. 타이어와 바퀴 사이의 운동마찰계수는 0.40이다. 앞과 뒤 차축의 간격은 4.2 m, 차의 질량중심은 앞 차축에서 뒤로 1.8 m 길 위로 0.75 m에 있다(그림 13-59 참조). 차의 무게는 11 kN이다. (a) 차의 제동 가속도, 그리고 각 바퀴의 (b) 법선력과 (c) 제동력을 구하라. (**실마리**: 자동차가 비록 병진평형에 있지는 않지만 회전평형은 이룬다.)

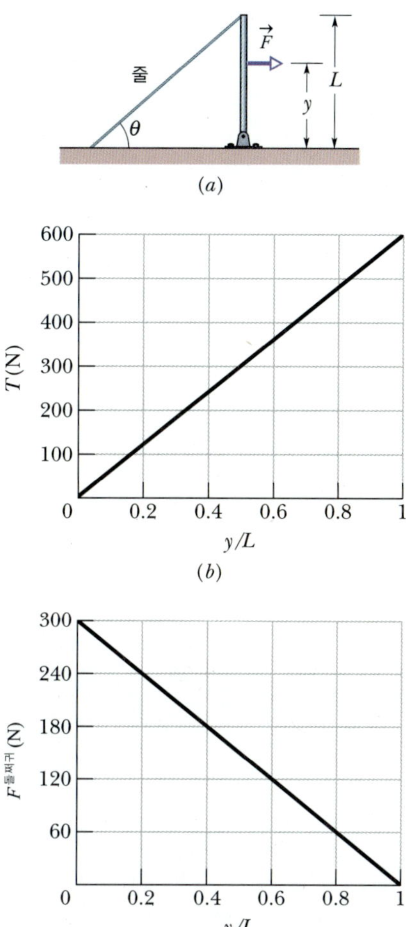

그림 13-58 문제 54

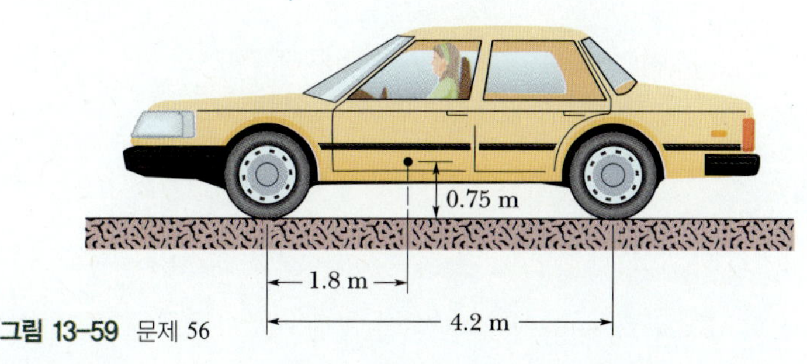

그림 13-59 문제 56

14 중력

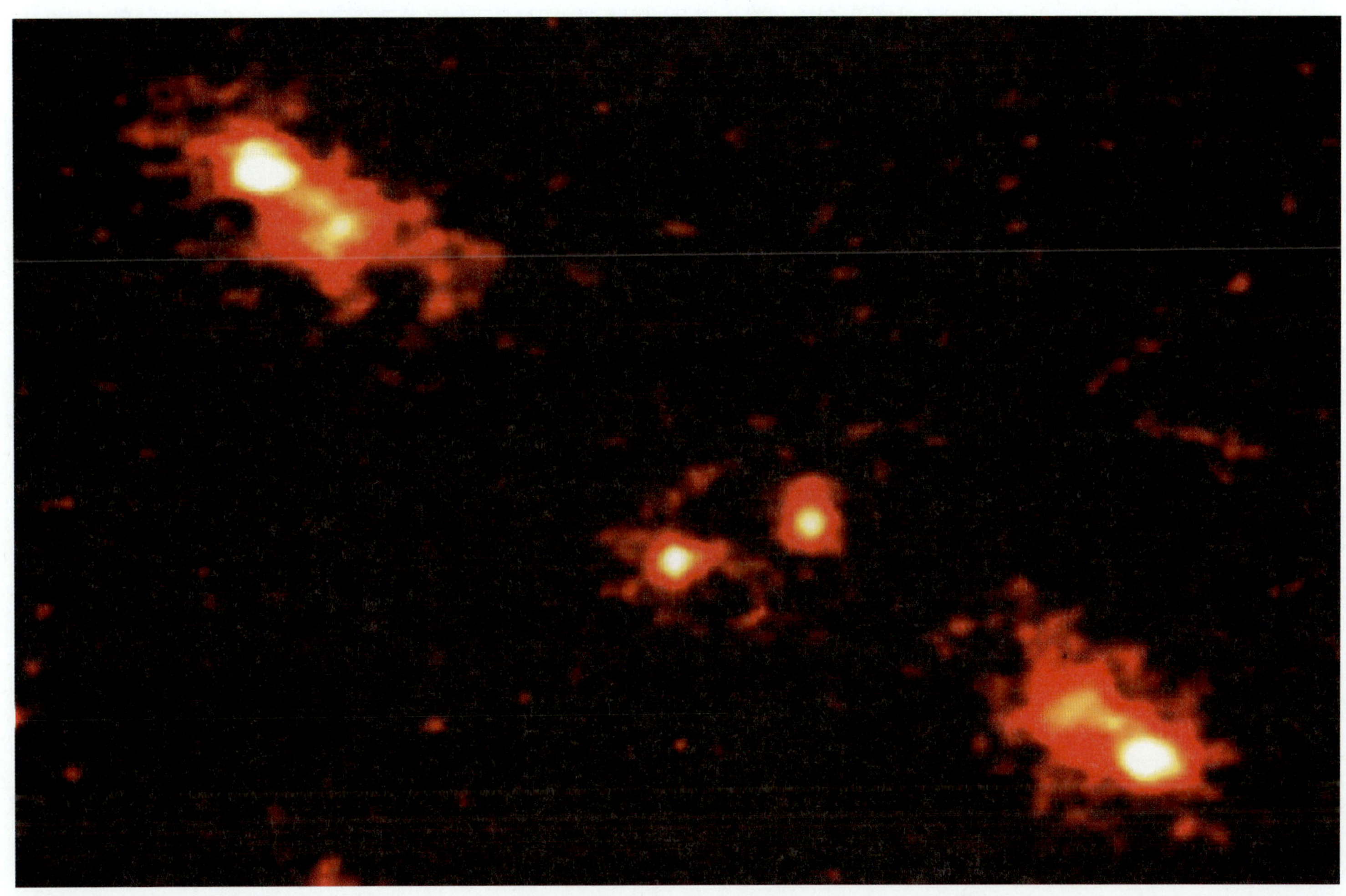

퀘이서(Quasar: Quasi-stellar object, 준성체)는 항성보다는 크고 은하 전체보다는 작은 매우 밝은 물체이다. 어떤 퀘이서는 해의 1조배나 되는 많은 에너지를 내뿜으며 태양계보다도 더 크지만 맨 눈으로는 볼 수 없다. 이는 퀘이서가 우주에서 지금까지 관측된 것 가운데 가장 멀리 있는 물체이기 때문이다. 1979년에 천문학자들은 고성능 망원경을 써서 퀘이서를 두 개 발견했는데, 놀랍게도 모양이 비슷하고 빛의 파장성분도 같았다. 사진 왼쪽 위와 오른쪽 아래에 이들이 나타나 있다. 이들은 우연히 그렇게 생긴 것일까? 아니면 두 영상의 유사성을 어떻게 설명할 수 있을까?

이 같은 일치성을 아인슈타인의 중력이론을 써서 설명할 수 있을까?

◈ 답은 이 장에 있다.

14-1 은하계와 중력

우리 은하계(Milky Way galaxy)는 해와 태양계를 포함하는 원반 모양의 기체, 먼지 및 별 수십억 개의 모임이다. 그림 14-1은 은하계를 밖에서 본 모양을 상상한 것이다. 지구는 은하계의 볼록한 중심부에서 약 2만 6천 광년(2.5×10^{20} m) 떨어진 원반꼴 우주의 가장자리 근처에 있다. 우리 은하계는 2.5×10^6광년 거리에 있는 안드로메다 은하(Andromeda galaxy)나 대마젤란 성운(Large Magellanic Cloud)과 같은 몇몇 가까운 작은 은하들과 더불어 국소 은하군(Local Group of galaxies)을 이룬다.

그림 14-1
은하계를 밖에서 본 모습을 과학적으로 재구성한 것. 미국 국립 항공우주 박물관의 '콜럼버스, 다음은 어디(Where Next, Columbus)?' 에 전시된 벽화에서 따온 롬버그(Jon Lomberg)의 그림.

국소 은하군은 다시 국소 초은하단(Local Super Cluster of galaxies)을 이룬다. 1980년대 및 그 뒤의 측정에 따르면 국소 초은하단은 바다뱀자리(Hydra) 및 반수신자리(Centaurus) 은하단으로 이루어진 초은하단과 함께 거대 끌개(Great Attractor)라는 이례적으로 질량이 큰 영역을 향해 움직이고 있다. 이곳은 은하계 반대쪽으로 바다뱀자리 및 반수신자리 은하단을 지나서 약 3억 광년 떨어져 있다.

항성에서 은하 그리고 초은하단의 점차 더 큰 구조로 이들을 묶어주며 그리고 아마도 거대 인력체로 이들 모두를 끌어당기는 힘은 **중력**이다. 이 힘은 우리를 지구에 붙어 있게 할 뿐만 아니라 은하계 간 공간을 지나서 은하들 간에도 작용한다. 이 단원의 초점은 바로 중력이다.

14-2 뉴턴 중력 법칙

과학의 한 분야로서 물리학의 장점 하나는, 물리학자들은 종종 겉보기에는 관련이 없는 현상들 사이에서 연관성과 통일성을 찾아낸다는 것이다. 이러한 통일성에 대한 물리학자들의 탐구는 수세기 동안 계속되어 왔다. 이 장에서도 그러한 전통을 따르기로 한다. 우리가 이미 땅 가까이에서 중력에 대해 체득한 것과 더 일반적인 중력이론 사이의 연관성을 살펴보자.

먼저 지구 밖 우주에 대해 관심을 돌려 뉴턴 법칙이 달과 같은 천체의 운동에 대해 나타내는 것을 살펴보자. 천체를 찬찬히 살펴보면 달은 지구를 중심으로 거의 원궤도로 공전함을 알 수 있다. 달은 직선운동이 아닌 원운동을 하므로 속력의 방향이 (따라서 속도가) 변하고, 뉴턴 운동법칙에 따라 힘을 받고 있어야 한다.

어떤 힘이 달을 원궤도에 붙들어주는가? 우리는 지구의 중력이 모든 것을 지구로 끌어당긴다고 알고 있으니, 이것에서 시작하자. 지구가 달을 당기는 힘의 세기가 달의 질량 m과 땅에서의 국소 중력 세기 $g = 9.8$ N/kg의 곱이라고 가정하자. 중력 때문에 달의 구심가속도가 생긴다면 다음 식이 성립한다.

$$mg = \frac{mv^2}{r} \qquad \text{(제안한 관계식)}$$

여기서 v는 달의 공전속력, r은 지구와 달 사이의 거리다. 하지만 달이 지구 둘레를 도는 속력을 셈해보면 달의 구심가속도의 실제 크기 v^2/r은 매우 작아서 이 식으로 제시한 g의 수천분의 일이다. 우리가 알고 있고, 또 우리에게 필요한 땅에서의 중력은 (이 중력이 우리와 숨쉴 수 있는 공기를 땅에 붙들어준다) 달을 공전궤도에 붙잡아 두기에는 너무 세다. 이 힘은 달이 원운동을 하는데 필요한 힘의 약 3600배로 너무 세므로 달은 지구로 급속히 나선궤도를 그리며 떨어질 것이다.

뉴턴은 땅 가까이 있는 물체를 (달을 포함하여) 붙들어주는 중력의 세기가 일정하다는 생각을 버리고 지구 중심에서 멀어질수록 약해질 것이라고 제안하였다. 달까지의 거리는 지구 반지름의 약 60배(제곱하면 3600배!)이므로 중력이 거리의 제곱에 반비례하여 줄어든다면 달을 궤도에 붙들어주는 구심력으로는 적당한 세기가 될 것이다. 더구나 우리가 평상시에 생활하며 보는 물체들은 지구 반지름에 비해 대단히 짧은 거리 안에서 떨어진다. 그러므로 $1/r^2$로 줄어드는 중력은 우리에게는 상수로 느껴질 것이다. 따라서 중력이 이러한 $1/r^2$ 꼴로 변하면 천체 관측과 지면 근처의 물체 모두가 받는 중력에 모순이 없을 것이다.

이제 중력에 관한 일반적 서술을 끌어내기 위해 우리가 관찰할 수 있는 것을 정리하고 추론해보자. 우리는 $|\vec{F}^{중력}| = mg$로부터 질량 m인 물체가 받는 지구 중력은 그 질량에 비례함을 알고 있다. 따라서 두 질량 m_A와 m_B가 힘을 주고 받을 때, m_A가 받는 중력은 m_A에 비례하며 m_B가 받는 중력은 m_B에 비례한다고 볼 수 있다. 그런데 뉴턴 제3법칙으로 보면 두 힘의 크기는 같아야 하므로 두 질량 모두에 비례해야 한다. 두 질량 사이의 거리가 r이라면 위에서 논의한 $1/r^2$ 의존성으로부터 힘의 크기가 다음과 같아야 함을 뜻한다.

$$F^{중력}_{B \to A} = F^{중력}_{A \to B} \propto \frac{m_A m_B}{r^2} \tag{14-1}$$

1665년에 23세의 아이작 뉴턴은 이 사실을 이해하여 물리학에 역사적인 공헌을 하였다. 그는 달을 궤도에 붙들어두는 힘이 사과를 땅에 떨어지게 하는 힘과 같음을 보였다. 우리는 이제 이것을 너무 당연하게 생각하므로 지상 물체의 운동과 천체의 운동은 지배법칙이 다르다는 고대 사람의 믿음을 이해하기 어렵다. 더구나 뉴턴은 지구가 사과와 달을 끌어당길 뿐만 아니라 우주에 있는 모든 물체가 서로를 끌어당긴다고 결론을 내렸다. 이처럼 물체가 서로 끌어당기는 일반적인 성향을 **중력 (gravitation)**이라고 부른다.

뉴턴의 결론은 우리에게 그다지 익숙하지는 않다. 왜냐하면 지구가 지상 물체를 당기는 힘은 지상 물체들끼리 서로 당기는 힘보다 훨씬 세기 때문이다. 예를 들어 지구는 사과를 약 0.8 N의 힘으로 끌어당긴다. 우리도 가까이 있는 사과를 끌어당기며 사과도 우리를 끌어당긴다. 그러나 그 힘의 세기는 먼지 한 톨의 무게보다도 더 약해서 거의 느낄 수 없다.

앞의 식 14-1을 살펴보면 단위가 맞지 않는다. 왼쪽은 뉴턴 단위인데 오른쪽은 그렇지 않다. 뉴턴은 두 입자 사이의 중력의 크기를 나타내는 식을 만들고자 이 식에 비례상수 G를 쓸 것을 제안하였다.

$$F^{중력}_{B\to A} = F^{중력}_{A\to B} = G\frac{m_A m_B}{r^2} \qquad \text{(입자에 대한 뉴턴 중력법칙)} \qquad (14\text{–}2)$$

이 식은 뉴턴 중력법칙을 나타내는 수식으로서 말로 표현하면 다음과 같다.

뉴턴 중력법칙: 모든 입자는 다른 입자를 중력으로 끌어당긴다. (1) 그 힘의 크기는 두 입자의 질량의 곱에 비례하고 이들 사이의 거리의 제곱에 반비례하며, (2) 그 방향은 두 입자들의 중심을 잇는 선과 나란하다.

비례상수 G는 **중력상수(gravitational constant)**라고 한다. G를 정밀하게 재보면 값은 국제단위로 다음과 같다.

$$G = 6.67\times10^{-11}\,\mathrm{N\cdot m^2/kg^2} = 6.67\times10^{-11}\,\mathrm{m^3/kg\cdot s^2} \qquad (14\text{–}3)$$

그림 14-2에서 m_B는 m_A를 중력 $\vec{F}^{중력}_{B\to A}$로 끌어당기고, m_A는 m_B를 중력 $\vec{F}^{중력}_{A\to B}$로 끌어당긴다. 힘 $\vec{F}^{중력}_{B\to A}$와 $\vec{F}^{중력}_{A\to B}$는 뉴턴 제3법칙 힘의 짝을 이룬다. 따라서 두 힘은 방향이 반대이고 크기는 같다. 즉,

$$\vec{F}^{중력}_{B\to A} = -\vec{F}^{중력}_{A\to B}$$

그림 14-2
질량이 m_A, m_B이고 거리가 r인 두 입자는 식 14-2로 기술되는 뉴턴 중력법칙에 따라 서로 끌어당긴다. 서로 당기는 힘의 크기는 같고 방향은 반대이다. $\vec{F}^{중력}_{B\to A} = -\vec{F}^{중력}_{A\to B}$.

위의 상호작용력은 두 입자간의 거리에 의존하나 위치와는 상관 없다. 입자들이 깊은 동굴이나 먼 우주에 있어도 된다. 또한 힘 $\vec{F}^{중력}_{B\to A}$와 $\vec{F}^{중력}_{A\to B}$는 다른 물체가 있어도 (심지어 우리가 고려하는 두 입자의 사이에 다른 물체가 있어도) 영향을 받지 않는다. 지구와 책 사이에 탁자가 있을 때 지구가 책에 주는 중력에 탁자가 영향을 주지 않음을 생각하면 이를 알 수 있다.

• 공 모양 물체에 대한 중력법칙

뉴턴 중력법칙은 엄밀히 말해서 입자들에 대해 적용된다. 하지만 물체 사이의 거리에 비해 물체 크기가 작으면 실제의 물체에도 쓸 수 있다. 달과 지구는 충분히 멀리 떨어져 있으므로 이들을 입자로 어림하여 볼 수 있다. 그런데 사과와 지구에 대해서는 어떤가? 사과의 관점에서 보면 지구는 사과 아래에서 지평선까지 펼쳐져서 넓고 평평하게 보이므로 분명 입자로 보이지는 않는다. 이 사과–지구의 문제를 뉴턴은 껍질 정리라는 중요한 정리를 증명하여 풀었다.

고른 물질로 이루어진 공 껍질이 밖에 있는 입자를 끌어당기는 힘은 마치 공 껍질의 전체 질량이 중심에 모여 있는 것처럼 입자를 끌어당긴다.*

지구는 이러한 껍질이 차곡차곡 쌓인 것으로 볼 수 있고, 바깥쪽 껍질은 밀도가 더 낮은 것으로 볼 수 있다. 껍질 정리에 따르면 낱낱의 껍질은 질량이 모두 중심에 모인 것처럼 껍질 밖의 입자를

* 이는 가우스 법칙을 중력에 쓴 보기다. 가우스 법칙에 대한 더 상세한 내용은 '이해하는 물리 2권' 24장에서 소개한다.

끌어당긴다. 또한 사과가 보기에 지구는 중첩의 원리를 쓰면 입자나 마찬가지인데, 그 위치는 지구의 중심이고 질량은 지구의 질량과 같다. 이는 공 모양의 물체 여러 개가 서로 겹치지 않게 있을 때도 마찬가지로 적용된다.

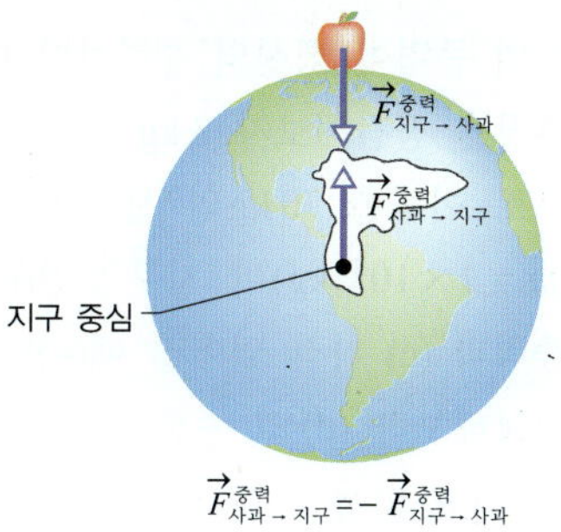

그림 14-3
지구가 사과를 아래로 끌어당기는 것과 똑같이 사과는 지구를 위로 끌어당긴다.

> 식 $Gm_A m_B/r^2$에서 r 값은 두 물체가 겹치지 않는다면 늘 두 물체의 중심 사이의 거리다.

그림 14-3과 같이 지구가 사과를 0.80 N의 힘으로 아래로 끌어당긴다고 하자. 그러면 사과도 지구를 똑같이 0.80 N의 힘으로 위로 끌어당기는데, 그 힘은 지구 중심에 작용한다고 본다. 두 힘의 크기는 같지만 힘을 받는 두 물체의 질량이 크게 달라서 가속도가 크게 다르다. 사과의 가속도는 크기가 약 9.8 m/s^{2}으로서 땅 가까이에서 떨어지는 물체의 가속도이다. 지구의 가속도는 사과–지구 계의 질량중심에 고정된 기준틀에서 잰다면 크기가 겨우 약 1×10^{-25} m/s^{2}이다.

뉴턴 중력이론은 '원격작용' 이론임을 상기하는 것이 중요하다. 두 물체가 떨어져 있는데도 서로 중력을 주고받는다. 뉴턴 제3법칙이 성립하므로 상호작용하는 두 물체가 매순간 주고받는 힘은 크기가 같고 방향은 반대이다. 이 사실은 서로 다른 두 곳에서 힘의 변화가 똑같이 순간적으로 일어난다는 점에서 흥미롭다. 따라서 그 변화는 물체 사이의 공간을 통해서 순식간에 전파되어야 한다. 그렇지 않으면 시차가 생겨 똑같이 변화할 수 없기 때문이다. 질량이 있는 물체는 엄청난 거리공간을 건너서 순간적으로 중력을 주고받아야 한다. 뉴턴은 《프린키피아》 3권 끝의 일반주석의 절에서 이 어려운 점을 인정했다.

> **"그러나 중력의 이 성질에 대한 이유는 아직까지는 현상들로부터 찾을 수가 없었으며, 어떤 가설도 만들지 못했다… 우리에게 중력은 실제로 있고 우리가 설명한 법칙에 따라서 작용하며 천체와 바다의 모든 운동들을 풍부하게 설명해주는 것으로 충분하다."**[†]

뉴턴은 그때까지 알려진 천문학적 관찰 결과를 자신의 중력 이론으로 일관되게 설명할 수 있다는 것에 분명히 만족해했다. 원격작용력이 어떻게 공간을 건너 순간적으로 '진행'하는가라는 매우 어렵고 근본적인 문제에 대한 더 깊은 연구는 그 후 아인슈타인이 마침내 성공적으로 착수한다.

생각해보기 14-1 질량이 달과 같은 어떤 물체가 지면 가까이 있을 때, 이 물체가 받는 지구 중력에 대해 달이 받는 지구 중력과의 비율을 셈하는데 달의 질량을 알 필요는 없다. 왜 그런가?

생각해보기 14-2 1666년에 덧붙이는 결과나 뒷받침하는 증거가 없이 다음 사실이 제시되었다. (1) 달의 구심가속도는 지면 근처의 중력가속도의 1/3600이고, (2) 달의 공전궤도의 평균반지름에 대한 지구 반지름의 제곱은 1/3600이다. 이 주장에 담긴 뜻을 어떻게 해석하겠는가? 이는 중력이 달을 궤도에 붙들고 있다는 것을 '입증'하는가?

[†] 아이작 뉴턴. 《프린키피아(Principia)》 제2권, 《세상의 체계(The System of the World)》. 모트(Andrew Motte) 번역 및 카조리(Florian Cajori) 교정. (캘리포니아 대학 출판부, 버클리: 1962), p. 547.

연습문제 14-2

1. 얼마의 간격?

5.2 kg 입자와 2.4 kg 입자 사이의 중력이 2.3×10^{-12} N이 되려면 거리가 얼마이어야 하는가?

2. 별점

어떤 사람은 아기가 태어날 때의 행성의 위치가 평생 영향을 준다고 믿는다. 다른 사람들은 이러한 믿음을 비웃으며 아기가 받는 산파의 중력이 행성의 중력보다 더 큰 영향을 준다고 주장한다. 이 주장을 점검해보자. 3 kg 아기가 받는 (a) 1 m 떨어져 있고 점질량으로 어림한 70 kg의 산파의 중력과, 가장 무거운 행성인 목성 ($m = 2 \times 10^{27}$ kg)이 지구와 (b) 가장 가까워질 때($= 6 \times 10^{11}$ m)의 중력과 (c) 가장 멀어질 때($= 9 \times 10^{11}$ m)의 중력의 크기를 셈하고 비교해보라. (d) 그 주장이 맞는가?

3. 에코 위성

에코(반사) 위성 중에 반지름 30 m, 질량 20 kg인 부풀린 공 모양의 알루미늄 풍선이 있다. 질량 7.0 kg의 한 운석이 위성 표면에서 3.0 m 이내로 지나간다. 이 위성이 운석에게서 받는 중력의 크기는 가장 가까이 접근할 때 얼마인가?

4. 해와 지구

해와 지구는 각각 달에 중력을 준다. 두 힘의 크기의 비 $F_{해 \to 달}/F_{지구 \to 달}$는 얼마인가? (해-달 거리는 해-지구 거리의 평균값과 같다.)

5. 둘로 분할

질량 M이 m과 $M - m$ 둘로 나뉘어 어떤 거리로 멀어졌다. 그 조각들 사이의 중력 크기가 최대가 되는 비 m/M은 얼마인가?

14-3 중력과 중첩

여러 입자가 모여 있는데 그 가운데 어떤 입자가 다른 입자들로부터 받는 알짜중력(합력)을 구하려면 어떻게 해야 하는가? 앞에서 어떤 물체가 받는 알짜힘을 구하려면 그 물체가 받는 모든 힘을 벡터 덧셈하면 된다는 것을 경험 관찰로부터 알았다. 이러한 직접적인 벡터 덧셈 과정을 '중첩'이라고 한다. 하지만 단순한 선형 중첩을 적용할 수 없을 때도 있음을 염두에 두어야 한다. 예를 들면 원자 수준에서는 그러한 중첩은 적용할 수 없다. 중성자와 양성자 하나씩을 붙이면 생기는 중수소 핵의 질량은 중성자 및 양성자 낱낱의 질량을 더한 값보다 작다.

이 덧셈 착상은 중력에 대해 **중첩 원리**를 써서 검증해보면 성립함을 알 수 있다. 즉 어느 한 입자를 골라 다른 입자가 그 입자에 주는 중력을 셈할 수 있고, 다음에 이 힘들을 벡터 덧셈하여 구한다. 서로 힘을 주고 받는 n개의 입자에서 첫째 입자가 다른 입자들로부터 받는 힘은 벡터 덧셈으로서 다음과 같다.

$$\vec{F}_A^{알짜} = \vec{F}_{B \to A}^{중력} + \vec{F}_{C \to A}^{중력} + \vec{F}_{D \to A}^{중력} + \vec{F}_{E \to A}^{중력} + \cdots + \vec{F}_{n \to A}^{중력} \tag{14-4}$$

여기서 $\vec{F}_A^{알짜}$는 입자 A가 받는 알짜 중력이고, $\vec{F}_{B \to A}^{중력}$는 입자 B가 입자 A에 주는 중력이며, 다른 항도 이와 비슷하다. 이 식은 다음과 같이 더 간결하게 쓸 수 있다.

$$\vec{F}_A^{알짜} = \sum_{i=B}^{n} \vec{F}_{i \to A}^{중력} \tag{14-5}$$

실제로 큰 물체가 하나의 입자에 주는 중력은 어떠할까? 그 힘은 이 물체를 작은 조각으로 나눈 다음, 각 조각이 입자에 주는 힘을 벡터 덧셈하여 구할 수 있다. 극한을 취하면 큰 물체는 질량 dm인 미분 요소로 나뉘며, 낱낱의 요소는 입자 A에 대한 미분 중력 $d\vec{F}^{중력}$를 만든다. 이같은 극한에서 입자에 대한 알짜중력은 다음과 같이 물체 전체에 대한 적분이 된다.

$$\vec{F}_A^{알짜} = \int d\vec{F}^{중력} \tag{14-6}$$

이러한 큰 물체가 구대칭을 이루며 입자 A가 공 바깥에 있을 때는 큰 물체의 질량이 모두 중심에 모여 있다고 봄으로써 적분을 피할 수 있다. 이때는 식 14-2로 기술되는 입자에 대한 뉴턴 중력법칙을 쓸 수 있다.

$$\vec{F}^{중력}_{B\to A} = \vec{F}^{중력}_{A\to B} = G\frac{m_A m_B}{r^2}$$

생각해보기 14-3 그림에 보인 질량 m인 네 물체의 중심에서 같은 거리 r에 입자가 하나씩 놓여 있다. (1) 작고 고른 공, (2) 작고 고른 공 껍질, (3) 크고 고른 공 껍질, (4) 크고 고른 공. 각 경우에 물체 중심과 입자 사이의 거리는 r이다. 물체가 입자에 주는 중력이 큰 것부터 차례로 늘어 놓아라.

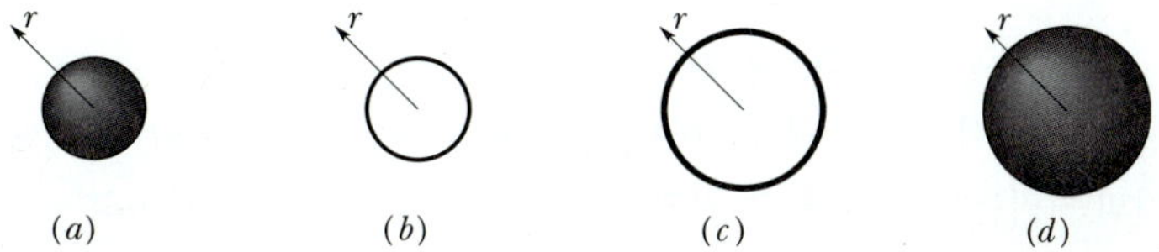

따라해보기 14-1 | 세 입자

그림 14-4는 세 입자의 배치를 보여준다. 입자 A, B, C의 질량은 차례로 $m_A = 6.0\,\text{kg}$, $m_B = m_C = 4.0\,\text{kg}$이고, 거리 단위는 $a = 2.0\,\text{cm}$이다. 다른 입자가 입자 A에 주는 알짜 중력 $\vec{F}^{알짜}_A$를 구하라.

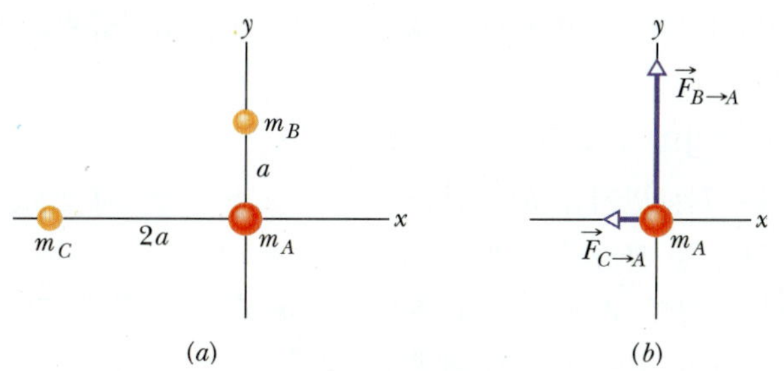

그림 14-4
(*a*) 세 입자의 배열. (*b*) 질량 m_A 입자에 다른 입자가 주는 힘들.

풀이 ■ 요점의 하나는 입자 B가 입자 A에 주는 중력의 크기는 식 14-2($F_{B\to A} = Gm_A m_B/r^2$)와 같다는 것이다. 따라서 입자 B가 입자 A에 주는 힘 $\vec{F}_{B\to A}$의 크기는

$$\begin{aligned} F_{B\to A} &= \frac{Gm_A m_B}{a^2} \\ &= \frac{(6.67\times10^{-11}\,\text{m}^3/\text{kg}\cdot\text{s}^2)(6.0\,\text{kg})(4.0\,\text{kg})}{(0.020\,\text{m})^2} \\ &= 4.00\times10^{-6}\,\text{N} \end{aligned}$$

마찬가지로 입자 C가 입자 A에 주는 힘 $\vec{F}_{C\to A}$의 크기는

$$\begin{aligned} \vec{F}_{C\to A} &= \frac{Gm_A m_C}{(2a)^2} \\ &= \frac{(6.67\times10^{-11}\,\text{m}^3/\text{kg}\cdot\text{s}^2)(6.0\,\text{kg})(4.0\,\text{kg})}{(0.040\,\text{m})^2} \\ &= 1.00\times10^{-6}\,\text{N} \end{aligned}$$

$\vec{F}_{B\to A}$와 $\vec{F}_{C\to A}$의 방향을 정하려면 다음의 **요점**을 쓴다. 입자 A가 받는 낱낱의 힘은 그 힘을 주는 입자를 향한다. 따라서 $\vec{F}_{B\to A}$는 $+y$쪽이고(그림 14-4*b*) y성분 $F_{Ay} = F_{B\to A}$만 있다. 마찬가지로 $\vec{F}_{C\to A}$는 $-x$쪽이고 x성분 $F_{Ax} = -F_{C\to A}$만 있다.

입자 A가 받는 알짜힘 $\vec{F}^{알짜}_A$를 구하려면 다음의 중요한 요점을 쓴다. 이 힘들은 방향이 다르므로 알짜힘을 구하려면 이들을 벡터 덧셈해야 한다.

여기서 $-\vec{F}_{C\to A}$와 $\vec{F}_{B\to A}$는 실제로는 $\vec{F}^{알짜}_A$의 x 및 y 성분임에 유의하자. 따라서 식 4-6의 방법대로 먼저 크기를 구한 다음 $\vec{F}^{알짜}_A$의 방향을 구한다. 크기는

$$\begin{aligned} F^{알짜}_A &= \sqrt{(F_{B\to A})^2 + (-F_{C\to A})^2} \\ &= \sqrt{(4.00\times10^{-6}\,N)^2 + (-1.00\times10^{-6}\,N)^2} \\ &= 4.1\times10^{-6}\,N \end{aligned} \qquad \text{(답)}$$

양의 x축 방향에 대하여 $\vec{F}^{알짜}_A$의 방향은 식 4-6에 의해 다음과 같다.

$$\theta = \tan^{-1}\frac{F_{B\to A}}{-F_{C\to A}}$$
$$= \tan^{-1}\frac{4.00\times10^{-6}\,\text{N}}{-1.00\times10^{-6}\,\text{N}} = -76°$$

이 결과는 옳은가? 아니다. $\vec{F}_A^{\,\text{알짜}}$의 방향은 $\vec{F}_{B\to A}$와 $\vec{F}_{C\to A}$방향 사이에 있어야 한다. 계산기는 $\tan^{-1}$ 함수에 대한 가능한 두 답 중에서 하나만을 나타내준다. 다른 답은 180°를 더하여 구한다. 즉

$$-76° + 180° = 104° \qquad \text{(답)}$$

이고, 이것이 $\vec{F}_A^{\,\text{알짜}}$에 대한 적합한 방향이다.

연습문제 14-3

6. 0의 알짜힘

한 우주선이 지구와 달 사이의 직선경로를 가고 있다. 이 우주선이 받는 (지구와 달의) 알짜중력이 0이 되는 곳에서 지구까지의 거리는?

7. 우주탐사선

우주탐사선이 받는 해중력이 지구중력과 균형을 이루려면 탐사선은 지구로부터 해을 향해 직선거리로 얼마나 멀리 있어야 하는가?

8. 세 개의 공

5.0 kg인 세 공이 xy평면에 그림 14-5처럼 있다. 원점에 있는 공이 다른 두 공으로부터 받는 알짜중력은 얼마인가?

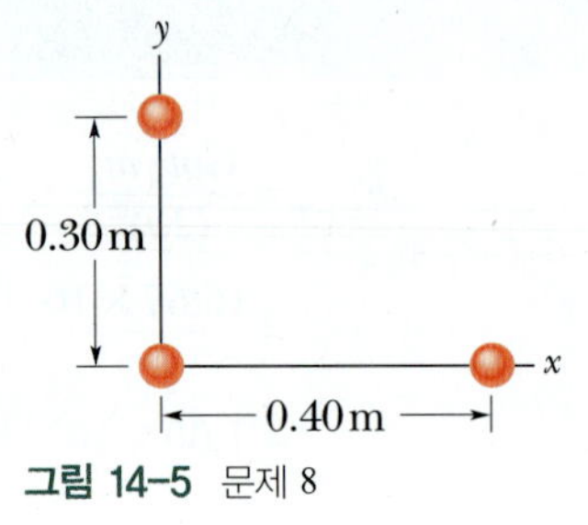

그림 14-5 문제 8

9. 네 공

그림 14-6a에 네 공이 변이 2 cm인 사각형의 꼭지점에 있다. 이들이 질량 $m_A = 250$ kg인 가운데 공에 주는 알짜중력의 크기와 방향은?

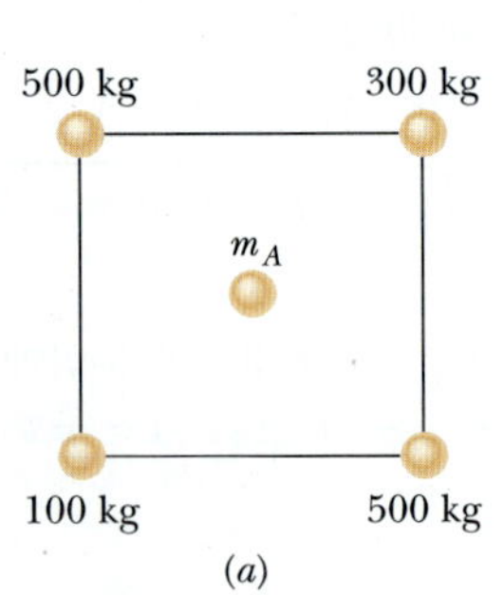

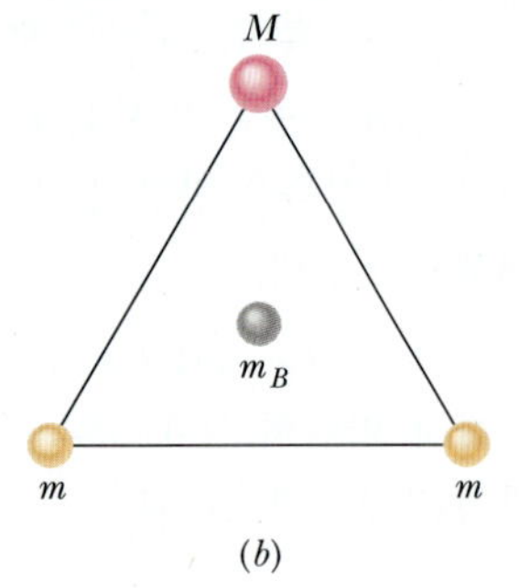

그림 14-6 문제 9 및 10

10. 두 공

그림 14-6b에 질량 m인 두 공과 질량 M인 셋째 공이 정삼각형을 이루고 있고, 질량 m_B인 넷째 공이 삼각형의 중심에 있다. 다른 세 공이 가운데 공에 주는 알짜중력은 0이다. (a) M을 m으로 나타내라. (b) m_B의 값을 두 배로 한다면 중심공이 받는 알짜중력의 크기는?

11. 질량과 좌표를 주고서

세 구의 질량과 좌표가 다음과 같다. 20 kg, $x = 0.50$ m, $y = 1.0$ m; 40 kg, $x = -1.0$ m, $y = -1.0$ m; 60 kg, $x = 0$ m, $y = -0.5$ m. 원점에 있는 20 kg 공이 받는 다른 공에 의한 중력의 크기는?

12. 고른 네 공

질량이 $m_A = 400$ kg, $m_B = 350$ kg, $m_C = 2000$ kg 및 $m_D = 500$ kg인 네 개의 고른 공의 $(x,\ y)$좌표가 (0, 50) cm, (0, 0) cm, (−80, 0) cm, (40, 0) cm이다. 공 B가 다른 공으로부터 받는 알짜중력은 얼마인가?

13. 공 모양의 구멍

그림 14-7는 반지름 R인 납공 안에 있는 공 모양의 구멍을 나타낸다. 구멍의 표면은 공의 중심을 지나며 구의 오른쪽 옆면을 접한다. 구멍을 파내기 전에 공의 질량은 M이었다. 구멍 난 납공은 납공 중심에서 거리 d에 있는 질량 m의 작은 공을 (구멍의 중심과 이 공의 중심을 잇는 직선을 따라) 얼마의 중력으로 끌어당기는가?

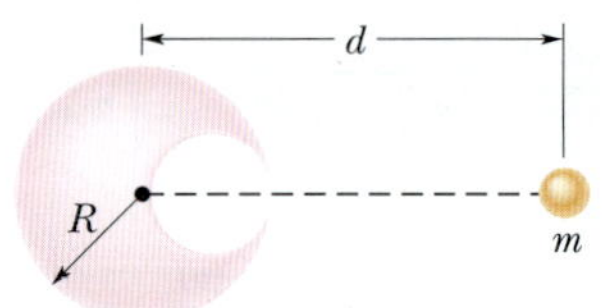

그림 14-7 문제 13

14-4 지구 근처의 중력

지구의 평균 반지름은 6000 km를 조금 넘는다. 이 절에서는 높이 0 km(지면)에서 약 36 000 km(통신위성이 도는 높이)에 이르는 여러 고도에서 물체의 중력가속도를 다룬다. 또한 지구의 회전과 불균일도가 지면에서 잰 물체 무게에 대해 상대적으로 어떻게 작은 변화를 가져오는가도 고찰한다.

• 공 모양의 지구 근처의 중력

지구가 구대칭이며 총질량은 M, 반지름은 R이라고 하자. 지구 중심까지의 거리 r이 $r>R$인, 지구 밖에 있는 질량 m인 입자가 받는 지구 중력의 크기는 식 14-2를 고쳐서 다음과 같이 구할 수 있다.

$$F^{\text{중력}} = G\frac{Mm}{r^2} \tag{14-7}$$

질량 m인 입자를 살펴보자. 3장에서 국소 중력 세기 g를 물체의 질량에 대한 그 물체가 받는 중력의 크기의 비로 정의했으며, 수식으로는 $g = F^{\text{중력}}/m$(식 3-7)이다. 식 3-7과 식 14-7을 묶으면 국소 중력의 세기는 다음과 같음을 알 수 있다.

$$g = G\frac{M}{r^2} \tag{14-8}$$

여기서 g의 단위는 N/kg이다.

질량 m이 다른 힘을 받지 않는다면 중력 $F^{\text{중력}}$만을 받으며 지구 중심을 향해 떨어질 것이다. 3장에서 보았듯이 뉴턴 제2법칙에 따라서 입자의 중력가속도상수 $\vec{a}$는 다음과 같다.

$$\frac{\vec{F}^{\text{중력}}}{m} = \vec{a}$$

$\vec{F}^{\text{중력}} = G(Mm/r^2)$(식 14-7)과 바로 위의 식에서 가속도상수의 크기는 중력상수 G, 지구질량 M, 그리고 지구 중심에서 입자까지의 거리 r의 함수로서 다음과 같다.

$$a = G\frac{M}{r^2} \qquad \text{(중력가속도상수)} \tag{14-9}$$

여기서 a의 단위는 m/s^{2}이다. 식 14-8과 14-9의 유사성으로부터 중력가속도상수와 지구의 국소 중력세기는 값이 같음을 알 수 있다. 하지만 3-9절에서 보았듯이 두 양을 나타내는 데는 서로 다른 단위를 쓰는데, 두 단위의 차원은 같다.

표 14-1은 물체의 중력가속도상수 크기를 고도의 함수로서 셈한 값이다. 셈할 때 지구질량은 알려진 값 $M = 5.98 \times 10^{24}$ kg와 함께 $a = G(M/r^2)$(식 14-9)을 썼다. 표의 자료로부터 사해의 바닥에서 에베레스트 산꼭대기까지 지면 어디에서나 식 $G(M/r^2)$에서 셈한 중력가속도상수는 유효숫자 두 자리까지 같다. 다시 말해 이 절에서 이끌어낸 원리로부터 셈한 중력가속도상수는 전세계 물리학 실험실에서 무수히 잰, 값이 같고 잘 알려진 9.8 m/s^{2}이다.

설명한 중력에 대한 '새' 이론을 지면 근처의 중력에 적용하면 이미 옳다고 밝혀진 값이 나와야

표 14-1
중력가속도상수를 고도에 따라 셈한 값

고도*(km)	a (m/s^2)	높이의 예시
0.0	9.8	지구 평균 반지름
8.8	9.8	에베레스트 산
36.6	9.7	최고 높이의 유인 풍선기구
400	8.7	우주왕복선 궤도
35 700	0.2	통신위성

*고도 $= r - R$(여기서 R = 6370 km)

한다. 이것이 새로운 과학적 모형에 대해 요구되는 일반적 조건의 한 예다. 새롭고, 더 일반적이거나 더 복잡한 현상을 설명하고자 어떤 모형을 개발하면, '새' 모형은 그것이 기술하려는 현상의 집합에 대한 정보를 정확하게 예측해야 하고, 아울러 더 단순하고, 더 구체적인, 또는 앞서 밝혀진 현상과도 일치해야 한다. 예를 들면 이 책의 뒤에서 배울(속력이 매우 빠른 현상을 다루는) 상대론적 물리학은 빛의 속력보다 훨씬 느린 속력에서는 지금까지 배워온 비상대론적 물리학으로 환원됨을 보게 될 것이다. 또한 양자물리학은 크고 에너지가 낮은 물체에 대해서는 고전물리학으로 환원된다.

우리가 아는 지면에서의 중력가속도 상수(식 14–9) 측정값을 G값과 r값에 관한 지식과 함께 쓰면 지구질량을 셈할 수 있다는 것도 흥미롭다.

• 지면 위에서 중력의 변화

6–3절에서는 두 가지 가정을 하였다. 첫째, 물체가 받는 중력과 중력가속도상수가 지면의 위치마다 다른 것을 무시했다. 둘째, 어떤 물체의 무게를 저울로 잰 값과 그것이 받는 중력을 식 14–7로 구한 값은 같다고 가정했다. 두 가정이 근사적으로 옳다고 해도 지구물리학자들은 지구의 국소중력장 세기가 위치에 따라 조금씩 달라지거나 이상하게 변하는 것을 재왔다. 이러한 이상이 생기는 까닭은 여러 가지가 있는데, 그 가운데 중요한 것은 다음과 같다.

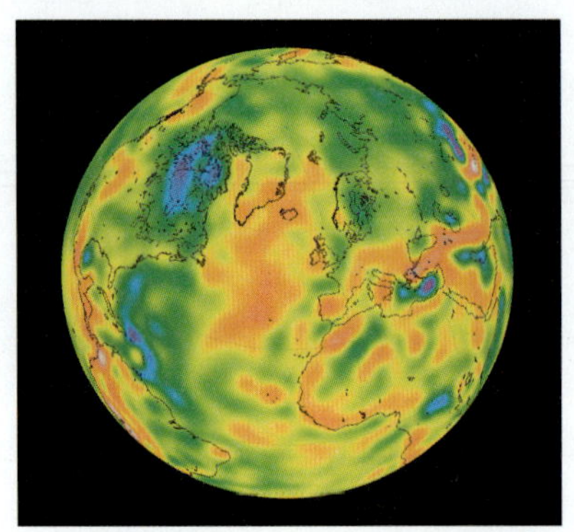

그림 14–8
대서양을 중심으로 한 지구 중력 변이의 색깔그림. 이 변이는 지표중력에 대한 이론값과 측정값의 차이다. 색표시는 자주색(낮은 중력), 청색, 초록, 노랑, 빨강, 백색(높은 중력)의 순이다. 이 변이는 중력장 세기에 비해 매우 작지만 지구 내부구조에 대한 정보를 제공해준다. 캐나다 허드슨만이 저중력(좌상부)인 이유는 그 지역 암석이 빙하기의 압축상태에서 풀려나오기 때문이다.

1. **지면이 울퉁불퉁하다.** 지구는 바다 위로 솟은 언덕과 산 그리고 바다 속 계곡으로 덮여 있다. 중력가속도상수는 높이에 따라 달라진다. 어떤 물체가 땅 속 깊이 있는 밀도가 높은 중심핵 가까이에 있다면 그 물체는 높은 곳에 있을 때보다 더 큰 중력가속도를 받는다. 지면과 지구의 평균 해수면 사이의 높이차는 사해의 −0.414 km에서 에베레스트산 정상의 +8.85 km까지 변한다. 해수면과 에베레스트산 정상의 중력가속도상수의 차이는 0.03 m/s^2이다.
2. **지구는 적도가 부풀어 있다.** 바다면 위로 솟은 언덕과 산을 밀어버리고 바다면 아래의 계곡을 채워 넣는다고 해도 지구의 모양은 납작한 타원체 꼴이다. 다시 말해 지구 모양은 양쪽 극은 평평하고 적도는 부풀어 오른 납작하게 눌린 공 모양이다. 적도반지름은 극반지름보다 21 km가 더 길다. 따라서 극에 있는 물체는 적도에 있는 물체보다 밀도가 높은 지구 중심핵에 더 가깝다. 그래서 중력가속도 상수는 적도(위도 0°)에서 어느 한쪽 극(위도 90°)으로 가면서 계속 커진다. 이 차이는 약 0.5% 또는 약 0.05 m/s^2이다.
3. **지구는 돈다. 지구 회전축은 북극과 남극을 지난다.** 물체는 양쪽 극을 빼고는 지면의 어디에 있어도 회전축을 중심으로 돌기 때문에 회전축을 향하는 구심가속도를 갖는다. 이 구심가속도는 구심력에 의하여 생기는데, 그 힘은 양쪽 극에서는 0이고 적도에서는 가장 크다. 이 구심가속도 때문에 적도에 있는 물체의 겉보기 무게 및 중력가속도 측정값은 극에서보다 약 0.35% 작다. 중력가속도 상수가 이렇게 위도에 따라 줄어드는 값은 약 0.03 m/s^2이다. (아래의 더 자세한 설명 참조.)
4. **지각은 두께 및 밀도가 고르지 않다.** 지구물리학자들이 높이 및 위도의 효과를 보정해도 지구가 물체를 끌어당기는 중력은 여러 이유 때문에 재는 곳마다 다르다. 이러한 변화의 이유는 (1) 지구 지각(바깥 표피)의 두께와 (2) 표면의 암석밀도 때문이다. 중력 변이의 측정은 유전과 광산을 찾을 때 쓸모가 있다. 지역적인 차이의 예를 그림 14–8에 보였다.

• 지구 자전 효과 셈하기

우리가 질량에 대해 느끼는 무게, 즉 물체의 겉보기 무게는 물체에 대한 법선력과 관련되어 있으며, 만약 그 물체가 다른 힘들을 받는다면 무게는 값 mg와 다를 수 있음을 6장에서 배웠다. 지면에 있는 물체의 겉보기 무게가 지구회전 때문에 중력과 어떻게 달라지는지 보려면, 적도에 있는 저울 위에 질량이 m인 상자를 올려놓은 간단한 경우를 살펴보자. 그림 14-9a는 북극 상공에 있는 한 점에서 본 지구를 나타낸다.

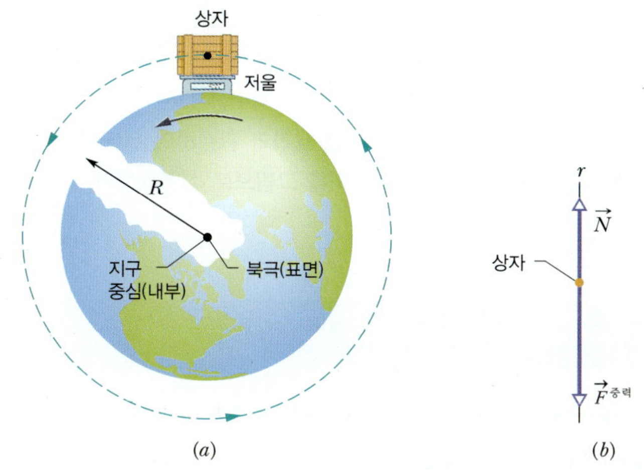

그림 14-9
(a) 북극 위에서 지구를 본 모습으로, 적도에 있는 저울에 상자가 놓여 있다. (b) 회전 반지름 방향을 r축으로 잡은, 상자의 힘-물체그림. 상자가 받는 중력은 $\vec{F}^{중력}$로 표시했다. 저울 눈금을 읽을 때 상자가 받는 법선력(또는 겉보기 무게)은 $\vec{N}$으로 나타낸다. 지구가 도니까 상자도 함께 돌면서 구심가속도, 즉 지구 중심을 향하는 알짜구심력을 받는다.

r $\vec{N}$ 상자 $\vec{F}^{중력}$ (b)

나무상자에 대한 힘-물체그림 14-9b는 상자가 받는 두 힘을 보여주며, 두 힘은 지구 중심에서 나온 반지름축 r을 따라 작용한다. 저울이 상자에 주는 법선력 $\vec{N}$은 축 r의 (+) 방향인 바깥쪽을 향한다. 중력 $\vec{F}^{중력}$은 질량 m인 물체를 안쪽으로 당긴다. 지구가 도니까 상자도 지구 중심에 대해 원운동을 하고, 따라서 크기가 $a_{반지름}$인 반지름 안쪽을 향하는 구심가속도를 받는다. 식 11-20에서 이 가속도의 크기는 $\omega^2 R$이다. 여기서 ω는 지구의 각속도, R은 상기 원의 반지름(대략 지구 반지름)이다. 따라서 뉴턴 제2법칙의 r축 방향 성분식($F^{알짜}_{반지름} = ma_{반지름}$)을 다음과 같이 쓸 수 있다.

$$N_{반지름} + F^{중력}_{반지름} = ma_{반지름} \quad 또는 \quad |\vec{N}| - |\vec{F}^{중력}| = -m(\omega^2 R) \qquad (14\text{-}10)$$

6장과 같이 법선력 N의 크기는 저울의 무게눈금과 같다. 식 14-10을 겉보기 무게(측정된 무게)에 대해 풀면 법선력의 크기는 다음과 같다.

$$|\vec{N}| = |\vec{F}^{중력}| - m(\omega^2 R) \qquad (적도에서의\ 겉보기\ 무게) \qquad (14\text{-}11)$$

측정된 상자 무게는 상자가 받는 중력의 크기보다는 지구회전 때문에 다소 작아짐을 알 수 있다.

(측정된 무게) = (중력의 크기) − (물체질량과 구심가속도의 곱)

적도에서 그 차이를 셈하려면 식 11-5 ($\langle\omega\rangle = \Delta\theta/\Delta t$)와 지구 반지름 $R = 6.37 \times 10^6\,\text{m}$을 쓴다. 지구의 1회전($\theta = 2\pi$ rad) 주기는 $\Delta t = 24\,\text{h}$이다. 이 값을 쓰면 (시간을 초로 바꾸고) $|\vec{N}|$은 $|\vec{F}^{중력}|$보다 0.35% 정도가 작음을 알 수 있다. 따라서 겉보기 무게와 중력 크기와의 차이는 보통 무시해도 된다.

앞서 말했지만, 겉보기 무게와 중력의 차이는 적도에서 가장 크다(이유 중 한 가지는 상자가 도는 원의 반지름이 거기서 최대가 된다). 0°가 아닌 다른 위도에서는 식 14-11은 충분히 더 일반적인 어림식

$$|\vec{N}| = |\vec{F}^{중력}| - m(\omega^2 r) \quad \text{(임의 위도에서 겉보기 무게)} \tag{14-12}$$

이 되며, 여기서 r은 지면에서 회전축까지의 수직거리로서 적도의 R에서 극점의 0까지 변한다 ($r = R\cos\theta_{위도각}$).

생각해보기 14-4 위에서 물체의 무게를 잴 때 지구의 자전운동이 주는 효과를 물체가 받는 중력의 크기와 비교하였다. 그 요인들이 지구 중력 $\vec{F}^{중력}$의 방향에 영향을 주는가? $\vec{F}^{중력}$은 지구상 모든 점에서 지구 중심을 향하는가? 이 물음에 답하려면 물체의 겉보기 무게에 대한 지구 자전 효과와 관련하여 위에서 한 설명을 고려하라. 그 다음, 자세한 수학적 셈을 하지 말고 관련된 힘을 그려 이를 그림으로 설명해보라.

따라해보기 14-2 | 바닥에서 천장

질량 1.000 kg인 물체의 무게는 바닥에서 잰 값에 비해 $h = 3.00$ m 높이의 천장에서 잰 값은 얼마나 줄어드는가? 바닥에서의 국소 중력세기는 국제적으로 채택된 표준값 9.806 65 N/kg이라고 가정한다.

풀이 ■ 요점은 이 물체가 바닥보다는 천장에 있을 때 지구 중심에서 다소 더 멀고, 따라서 국소중력세기도 조금 더 작다는 것이다. 이 풀이의 첫째 단계는 두 곳의 국소중력세기의 비를 구하는 것이다. 식 14-8($g = GM/R^2$)을 써서 시작하자. 여기서 R은 지구 중심에서 지면 근처의 물체까지의 거리다. 지구 중심에서 천장까지의 거리를 $R_{천장}$으로 나타내면 바닥까지의 거리는 다음으로 나타낼 수 있다.

$$R_{바닥} = R_{천장} - h$$

다음으로 지구 중심에서 천장 및 바닥까지의 거리를 나타내는 식을 식 14-8에 넣고 비를 구한다.

$$\frac{g_{천장}}{g_{바닥}} = \frac{GM/R_{천장}^2}{GM/(R_{천장}-h)^2} = \frac{(R_{천장}-h)^2}{R_{천장}^2}$$
$$= \frac{R_{천장}^2 - 2hR_{천장} + h^2}{R_{천장}^2}$$

지구 중심에서 바닥까지의 거리라 할 수 있는 지구의 평균반지름이 6.4×10^6 m이다 (부록 B). 천장 높이 h는 $R_{천장}$보다 훨씬 작으므로 h^2을 무시할 수 있다. 따라서 비는 다음과 같이 어림할 수 있다.

$$\frac{g_{천장}}{g_{바닥}} = \frac{R_{천장}^2 - 2hR_{천장} + h^2}{R_{천장}^2} \approx 1 - \frac{2h}{R_{천장}}$$

질량 m의 무게는 $F^{중력} = mg$이므로 바닥에서 무게에 대한 천장에서의 무게의 비는

$$\frac{F_{천장}^{중력}}{F_{바닥}^{중력}} = \frac{mg_{천장}}{mg_{바닥}} \approx 1 - \frac{2h}{R_{천장}}$$

따라서 바닥과 천장 사이에서 질량의 무게 차이는

$$F_{천장}^{중력} - F_{바닥}^{중력} = -\frac{2hF_{바닥}^{중력}}{R_{천장}}$$
$$= \frac{-(2)(3.00\text{ m})(1.000\text{ kg})(9.80665\text{ m/s}^2)}{6.37\times10^6\text{ m}}$$
$$= -9.24\times10^{-6}\text{ N}$$

천장에 매달리는 것은 분명히 체중을 줄이는데는 좋은 방법은 아니다.

연습문제 14-4

14. 63빌딩

어떤 사람이 63빌딩 옆 보도에서 무게가 530 N이다. 이 사람이 지상 높이 249 m인 63빌딩의 63층으로 올라간다고 하자. 지구회전을 무시할 때 무게가 얼마나 줄어드는가? (지구 중심에서 조금 더 멀어지니까.)

15. $g = 4.9$ m/s²

지면 위 얼마의 높이에서 중력가속도가 $g = 4.9\text{ m/s}^2$가 되는가?

16. 달 표면

(a) 어떤 물체의 무게가 지면에서 100 N이라면 달표면에서는 얼마나 되는가? (b) 달에서의 무게와 같아지려면 이 물체는 지구 중심에서 지구 반지름의 몇 배 되는 곳에 있어야 하는가?

17. 회전률

행성의 최대 회전률은 적도상의 물질이 받는 중력이 그 물질을 붙들며 회전시킬 수 있는 최대한의 구심력을 주는 조건으로 정해진다. (a) 가장 빠른 회전주기는 다음과 같음을 보여라.

$$T = \sqrt{\frac{3\pi}{G\rho}}$$

여기서 ρ는 둥근 행성의 고른 밀도이다. (b) 여러 행성, 위성 및 소행성들의 대표적인 밀도 값이 $3.0\ \mathrm{g/cm^3}$임을 가정하여 회전주기를 셈하라. 지금까지 발견된 어떤 천체도 이 분석으로 구한 것보다 더 빨리 돌지는 않는다.

18. 행성 모형

어떤 행성의 모형은 반지름 R, 질량 M인 핵을, 안쪽 반지름 R과 바깥 반지름 $2R$ 및 질량 $4M$인 바깥 껍질로 둘러싼 것이다. $M = 4.1\times10^{24}$ kg이고, $R = 6.0\times10^{6}$ m이라면 행성의 중심으로부터 (a) R과 (b) $3R$인 점에서 입자의 중력가속도는 얼마인가?

19. 용수철 저울

적도를 따라서 속력 v로 가는 배 안에서 한 물체가 용수철저울에 매달려 있다. (a) 저울눈금은 거의 $W_0(1\pm2\omega v/g)$를 가리킴을 보여라. 여기서 ω는 지구의 회전속도이고 W_0는 배가 서 있을 때 저울눈금이다. (b) ± 기호를 설명하라.

20. 중성자별

어떤 중성자별(매우 밀도가 높은 별)은 약 1 rev/s로 돈다고 믿어진다. 이 별의 반지름이 20km라면 이러한 고속회전 동안에 물질이 표면에 붙어 있으려면 이 별의 최소한의 질량은 얼마여야 하는가?

14-5 지구 속의 중력

14-2절에서 설명한 껍질 정리는 다음과 같이 요약된다. “고른 물질로 이루어진 공 껍질이 밖에 있는 입자를 끌어당기는 힘은 껍질의 전체 질량이 그 중심에 모여 있는 점이 끌어당기는 힘과 같다.” 하지만 ‘공 껍질 안에 있는 입자가 받는 힘은 어떤가’ 라는 문제가 남아 있다. 이 문제에 답하려면 그림 14-10을 참고하자. 그리고 기하적으로 따져서 질량이 고르게 퍼진 공 껍질 속에 있는 입자는 어떤 알짜 중력도 받지 않음을 보이자.

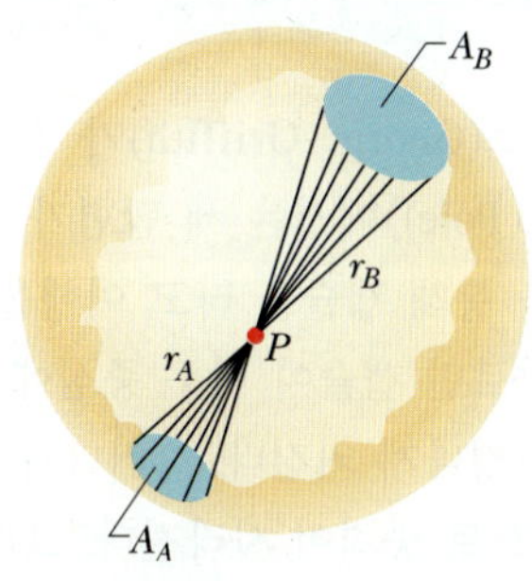

그림 14-10
넓이 A의 질량요소들이 점 P에 주는 중력은 넓이에 비례하고, 면과 점 P 사이의 거리제곱에 반비례한다. 단면적은 점 P까지의 거리제곱에 따라 커진다. 어떤 원뿔짝 양쪽에 있는 면 A_A와 A_B의 중력은 상쇄된다. 이로부터 질량이 고루 퍼진 공 속 어디에서나 중력을 받지 않음이 증명된다.

껍질 속의 어떤 점 P에 있는 질량 m을 생각하여, P에서 만나며 꼭지각이 같은 두 원뿔을 만들어보자. 두 원뿔은 껍질의 반대쪽에서 넓이 A_A와 A_B인 질량 조각을 잘라낸다. 조각 A_A의 질량 m_A는 r_A^2에 비례하므로 $m_A = Cr_A^2$이다(C는 상수). 마찬가지로 조각 A_B의 질량 m_B는 r_B^2에 비례하고 $m_B = Cr_B^2$이다. 넓이 A_A이고 질량 m_A인 조각이 점 P에 있는 질량 m인 물체에 주는 중력의 크기는 다음과 같다.

$$F^{중력}_{m_A\to m} = G\frac{mm_A}{r_A^2} = G\frac{mCr_A^2}{r_A^2} = GmC$$

이 결과는 점 P까지의 거리(r)과 조각의 넓이(A)에 모두 상관이 없다. 넓이 A_B인 질량 m_B가 m에 주는 힘도 마찬가지다. 따라서 조각 A_A와 A_B가 P에 주는 중력은 크기가 같고, 그림 14-10에서 볼 수 있듯이 방향은 서로 반대이다. 따라서 두 조각이 주는 힘은 상쇄되어 합이 0이 된다. 껍질 전체를 이처럼 반대쪽 조각으로 나누면 점 P가 받는 알짜힘은 0이 된다. 이러한 기하학적 설명을 바탕으로 껍질 정리를 다음과 같이 말할 수 있다.

> 고른 물질로 이루어진 공껍질 속에서는 어디에서나 입자가 받는 알짜중력은 0이다.

하지만 다음을 유의하자. 앞의 정리는 껍질의 각 부분이 입자에 주는 중력이 마술처럼 없어져 버렸음을 뜻하지는 않는다. 그보다는 모든 요소가 입자에 주는 힘벡터의 합이 0이라는 뜻이다. 또한, 중력이 역제곱법칙을 따르지 않는다면 조각마다 넓이가 반지름의 길이에 의하여 상쇄되지 않으므로 P에서의 알짜힘은 0이 되지 않는다. 따라서 이 정리는 역제곱법칙을 따르는 힘에 대해서만 성립한다.

지구가 고른 밀도의 동심원 껍질들이 쌓여 이루어졌다면 위의 껍질 정리는 어떤 입자가 받는 중력은 지면에서 가장 크다는 것을 뜻한다. 만약 입자가 깊은 수직굴 아래로 간다면 중력은 다음 두 가지 이유로 변할 것이다. (1) 입자는 지구 중심에 가까워지므로 중력이 커질 것이다. (2) 입자 바깥의 껍질은 점점 두꺼워지는데, 이것이 입자에 주는 알짜힘은 0이므로 중력은 약해질 것이다. 고른 지구에 대해서는 둘째 효과가 지배적이며, 입자가 받는 중력은 계속 약해져 지구 중심에 이르면 0이 된다. 하지만 지구는 실제로는 고르지 않으며 입자가 받는 중력은 내려감에 따라서 실제로는 더 세지다가, 어떤 깊이에서 최대가 된 다음, 더 내려가면서 점점 약해진다. 이는 지각의 밀도는 지구의 평균밀도보다 낮기 때문이다.

생각해보기 14-5 다음 세 상황에서 입자가 받는 지구중력은 어떻게 되는가? A: 입자가 지면에서 출발하여 지구 바깥쪽으로 움직인다. B: 입자가 지면에서 출발하여 (밀도가 고르다고 가정한) 지구의 중심쪽으로 움직인다. C: 입자가 지면에서 출발하여 (실제의 지구 밀도분포를 갖는) 지구의 중심쪽으로 움직인다.

따라해보기 14-3 | 극에서 극으로

그리피스(George Griffith)가 쓴 공상과학소설 《극에서 극으로(Pole to Pole)》에서는 세 탐험가가 남극과 북극 사이에 저절로 생긴 굴을 통해 캡슐을 타고 여행을 시도한다(그림 14-11). 이 이야기에 따르면 캡슐이 지구 중심에 가까워지면서 탐험가가 받는 중력은 엄청나게 커진다. 그러다가 정확히 중심에서 갑자기 그러나 순간적으로 중력이 사라진다. 그리고 캡슐은 다시 터널의 다음 절반을 지나며 북극을 향해 간다.

질량 m인 캡슐이 지구 중심에서 거리 r인 곳에 이르렀을 때 캡슐의 중력을 구해서 그리피스의 서술을 점검해보라. 지구는 밀도가 ρ인(단위부피당 질량) 고른 공으로 가정한다.

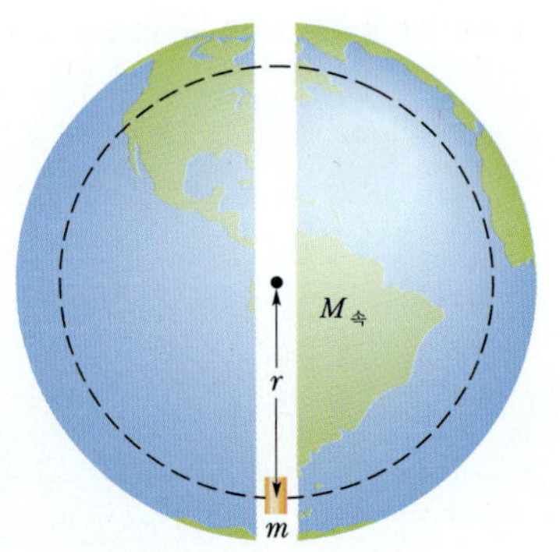

그림 14-11
질량 m인 캡슐이 지구의 남극과 북극을 잇는 굴로 정지 상태에서 떨어진다. 캡슐이 지구 중심에서 거리 r에 있을 때 이 반지름의 공 속에 든 부분의 질량은 $M_{속}$이다.

풀이 ■ 뉴턴의 껍질 정리의 **요점**은 다음 세 가지다.

1. 캡슐이 지구 중심에서 거리 r인 곳에 있을 때, 반지름 r인 공 밖에 있는 부분이 캡슐에 주는 알짜중력은 0이다.
2. 그러나 공 속에 있는 부분은 캡슐에 알짜중력을 준다.
3. 지구 속 어느 곳이든 안쪽 부분은 그 부분의 질량 $M_{속}$을 가진 입자가 지구 중심에 있는 것으로 바꾸어 생각할 수 있다.

세 요점으로부터 캡슐이 받는 중력의 크기(식 14-2)는 다음과 같이 쓸 수 있다.

$$F^{중력} = \frac{GmM_{속}}{r^2} \tag{14-13}$$

질량 $M_{속}$를 반지름 r로 나타낼 때 부피 $V_{속}$이 $\frac{4}{3}\pi r^3$임에 유의하자. 그리고 밀도는 ρ이다. 따라서

$$M_{속} = \rho V_{속} = \rho \frac{4}{3}\pi r^3 \tag{14-14}$$

이 식을 식 14-13에 대입하여 정리하면

$$F^{중력} = \frac{4\pi Gm\rho}{3} r \quad \text{(답)} \tag{14-15}$$

이 식은 중력의 크기 $F^{중력}$이 지구 중심에서 캡슐까지의 거리 r에 비례함을 말해준다. 따라서 r이 줄어들면 $F^{중력}$도 줄어 지구 중심에서 0이 된다. (그리피스의 소설 내용과는 반대임.) 적어도 그리피스는 '중심에서는 0' 이 된다고 했다. 하지만 지구 중심 가까이에서 중력은 놀라울 만큼 작다.

또한 식 14-15는 힘벡터 $\vec{F}^{중력}$와 지구 중심에서 반지름 축을 따라 캡슐의 위치벡터 $\vec{r}$로 쓸 수 있다. 상수 $4\pi G m\rho/3$를 K로 대신하여 나타내자. 그러면 식 14-15는 다음과 같다.

$$\vec{F}^{중력} = -K\vec{r} \qquad (14\text{-}16)$$

여기서 $\vec{r}$은 지구 중심에 대한 물체의 위치벡터이므로 $\vec{F}^{중력}$와 $\vec{r}$이 반대쪽임을 나타내고자 (−)부호를 붙였다. 식 14-15는 후크 법칙(식 9-16)의 꼴이다. 따라서 이상적인 조건에서 캡슐은 용수철에 붙은 추처럼 지구 중심 주위를 진동할 것이다. 즉, 캡슐은 남극에서 지구 중심으로 떨어진 다음에, (그리피스가 말했듯이) 다시 북극으로 갈 것이다.

연습문제 14-5

21. 사과와 터널

반지름이 R이고 밀도가 고른 어떤 둥근 행성에 중심을 지나는 좁고 곧은 굴이 있다고 하자. 또한 굴을 따라서 또는 행성 밖에 어디든지 사과 하나를 놓을 수 있다고 하자. F_R은 사과를 행성표면에 둘 때 사과가 받는 중력의 크기다. (a) 사과를 행성에서 멀리 옮길 때와 (b) 굴 속으로 옮길 때, 사과가 받는 중력의 크기가 $\frac{1}{2}F_R$이 되는 곳은 표면에서 얼마나 멀리 있는가?

22. 두 개의 콘크리트 껍질

그림 14-12과 같이 질량 M_1과 M_2인 고른 밀도의 콘크리트 껍질 두 개가 있다. 다음 세 상황에서 질량 m인 어떤 입자가 껍질들로부터 받는 알짜중력의 크기를 구하라. 입자가 중심에서 (a) 거리 $r = a$인 A에 있을 때, (b) $r = b$인 B에 있을 때, (c) $r = c$인 C에 있을 때.

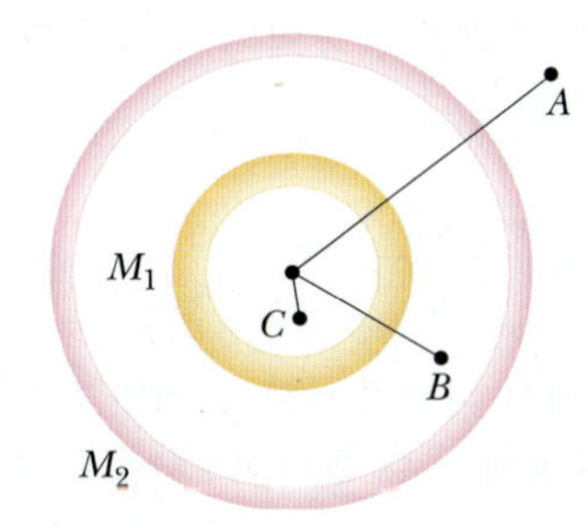

그림 14-12 문제 22

23. 속이 찬 구

밀도가 고르게 속이 찬 공의 질량이 1.0×10^4 kg, 반지름이 1.0m이다. 공의 중심에서 (a) 1.5m 및 (b) 0.50m의 거리에 있는 질량 m의 입자에 대해 구가 주는 중력의 크기는 얼마인가? (c) 구의 중심에서 $r \leq 1.0$ m의 거리에 있는 입자가 받는 중력 크기에 대한 일반 표현식을 써라.

24. 속이 고르게 찬 공

속이 고르게 찬, 반지름 R인 공의 표면에서 중력세기가 $g_{국소}$이다. 중력세기가 $g_{국소}/3$인 곳에서 공의 중심까지의 거리는 얼마인가? (**실마리**: 공 속과 바깥 두 경우에서 거리를 고려하라.)

25. 지각, 맨틀, 핵

그림 14-13은 지구 내부의 단면으로 축적비를 무시했다. 지구는 전체적으로 고르지 않고 세 층으로 나뉘어 있다. 외부의 지각, 맨틀, 내부 핵. 각 층역의 크기와 질량을 그림에 보였다. 지구의 전체 질량은 5.98×10^{24} kg이고 반지름은 6370 km이다. 자전 효과를 무시하여 지구는 구형이라 가정한다. (a) 그 표면에서 국소중력세기 g를 구하라. (b) 시추공(Mohole: 모홀은 미국의 지구 내부구조 구명계획임)이 25 km 깊이에 있는 지각-맨틀의 계면까지 다다른다고 하자. 구멍 밑에서 g의 값은 어떻게 되겠는가? (c) 지구를 같은 질량을 가지는 고른 공이라고 가정하자. 25 km 깊이에서 g값은 어떻게 되겠는가? (국소적 밀도 변화에 의해 결과가 모호해질 수도 있지만, g의 정밀측정은 지구 내부 구조를 알아내는데 민감한 탐사 방법이다.)

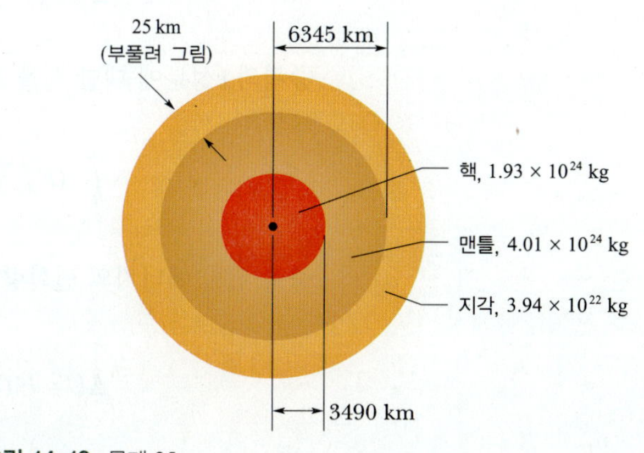

그림 14-13 문제 25

14-6 중력 위치 에너지

10장에서는 위치 에너지를 정의한 다음 그림 10-11과 같이 두 물체로 이루어진 어떤 계를 재배치할 때 보존력과 관련된 위치 에너지 변화량 ΔU에 대한 식을 끌어냈다. 즉, 물체를 재배치하는 동안 한 물체가 다른 물체에 주는 힘에 대해 해준 일을 셈하였다. 중력 위치 에너지에 대한 식은 다음과 같았다.

$$\Delta U = -W^{\text{상호}} = -\int_{r_1}^{r_2} \vec{F}^{\text{중력}}_{A\to B}(r)\cdot d\vec{r} \qquad \text{(식 10-13)}$$

여기서 r_1은 그 계에서 물체간 처음 거리, r_2는 물체간 나중 거리다. 다음에 이 식을 써서 지구-물체 계에 대한 중력 위치 에너지(GPE)의 변화를 구했다. 두 물체간의 중력에 대한 일반식을 그때는 아직 몰랐으므로 물체가 지면에 가까운 특별한 때만 따져 $\Delta U = mg\Delta y$(식 10-6)을 구했다. 그러나 이 식으로는 로켓을 쏘아 올려 지구중력을 벗어나게 하는데 필요한 에너지는 결정할 수 없다.

• 두 입자계가 받는 중력 위치 에너지의 변화

이 절의 주요 목적은 두 입자계의 중력 위치 에너지에 대한 식을 얻고 지구-물체 계를 기술하는 것이다. 10-3절에서 보존력을 주고받는 두 물체가 이루는 계의 위치 에너지 변화를 구했다(식 10-13). 여기서 시작하되, 보존력을 중력이라고 하자.

$$\Delta U = -\int_{r_1}^{r_2} \vec{F}^{\text{중력}}_{A\to B}(r)\cdot d\vec{r}$$

질량 m_A와 m_B인 두 입자 A와 B가 주고받는 중력의 크기에 대한 일반식은 바로 뉴턴 중력법칙이며 다음과 같다(그림 14-2와 식 14-2).

$$F^{\text{중력}}_{B\to A} = F^{\text{중력}}_{A\to B} = G\frac{m_A m_B}{r^2} \qquad \text{(식 14-2)}$$

두 입자 사이의 거리를 처음값 r_1에서 나중값 r_2로 늘리면 $\vec{F}^{\text{중력}}_{A\to B}$의 방향은 dr의 방향과는 반대가 된다. dr의 방향을 (+)로 잡으면 A가 B에 주는 중력의 r성분은 음수가 된다. 따라서

$$(F^{\text{중력}}_{A\to B})_r = -G\frac{m_A m_B}{r^2}$$

중력의 r성분에 대한 식을 적분에 넣고서 입자를 r_1에서 r_2로 옮기면서 셈해보자. 그러면,

$$\int_{r_1}^{r_2} (F^{\text{중력}}_{A\to B})_r\,dr = \int_{r_1}^{r_2}\left(\frac{-Gm_A m_B}{r^2}\right)dr = \left[\frac{+Gm_A m_B}{r}\right]_{r_1}^{r_2} - \frac{Gm_A m_B}{r_2} - \frac{Gm_A m_B}{r_1}$$

중력 위치 에너지의 변화량을 셈하려면, 위 적분값을 식 10-13에 넣는다.

$$\Delta U = U(r_2) - U(r_1) = -\int_{r_1}^{r_2} (F^{\text{중력}}_{A\to B})_r\,dr = -\frac{Gm_A m_B}{r_2} + \frac{Gm_A m_B}{r_1} \qquad (14\text{-}17)$$

• 두 입자계에 대한 절대 중력 위치 에너지의 정의

10장에서는 입자가 지면에서 가까이 있는 입자-지구 계의 중력 위치 에너지를 설명했다. 특별한 경

우에는 입자가 지면(또는 더 편리한 어느 곳)에 있는 상태를 '위치 에너지가 0' 인 상태로 잡으면 편리하다. 이번에는 더 일반적으로 입자가 멀리 떨어져 있으므로 위치 에너지가 0이 되는 상태를 달리 잡는 것이 더 편리하다. 중력은 두 물체 사이의 거리가 멀어지면 빠르게 0에 가까워지므로($\propto 1/r^2$), 두 물체가 한없이 멀리 있을 때의 위치 에너지를 0으로 정하는 것이 좋다. 그러면 중력 위치 에너지는 처음에 한없이 멀리 있던($r=\infty$로 표시함) 두 입자 A와 B가 나중에 거리 r로 가까이 올 때 입자 A가 입자 B에 해준 내부일의 (−)으로 정의할 수 있다.

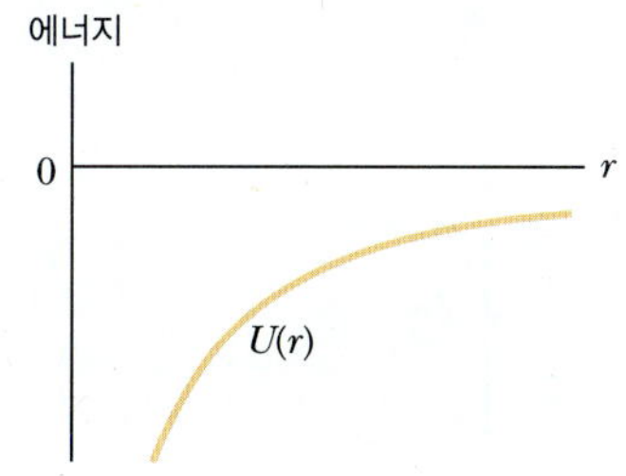

그림 14-14
두 질량 계의 중력 위치 에너지. 위치 에너지는 어디서나 음수임을 유의하자. 위치 에너지는 두 질량이 가까워지면($r \to 0$) 크기는 (−)무한대가 되며, 한없이 멀어지면($r \to \infty$) 0에 가까워진다.

그러면 식 14-17은 다음과 같아진다.

$$\Delta U = U(r) - U(\infty) = -\frac{Gm_A m_B}{r} + \frac{Gm_A m_B}{\infty} = -\frac{Gm_A m_B}{r} + 0$$

두 입자가 한없이 멀리 있을 때의 위치 에너지를 0으로 정의했으므로 $U(\infty)=0$이며, 따라서 위 식은 다음과 같다.

$$U(r) = -\frac{Gm_A m_B}{r} \quad \text{(한없이 먼 상태를 기준으로 한 중력 위치 에너지)} \qquad (14\text{–}18)$$

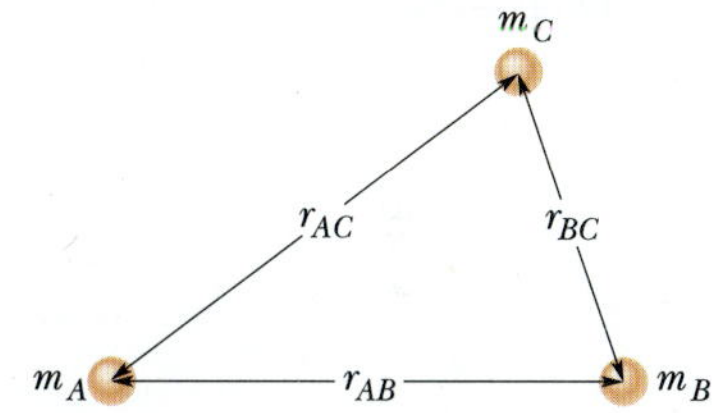

그림 14-15
세 입자로 구성된 계. (입자간 거리에 붙인 두 아랫글자는 관련된 두 입자를 나타낸다.) 이 계의 중력 위치 에너지는 세 입자 짝의 중력 위치 에너지를 모두 더한 값이다.

여기서 $G = 6.67\times10^{-11}\,\mathrm{N\cdot m^2/kg^2}$은 중력상수, m_A는 한 물체의 질량, m_B는 다른 물체의 질량이며, r는 두 물체의 중심간 거리다. r이 한없이 커지면 $U(r)$은 0에 가까워지며, r이 유한한 값이면 $U(r)$의 값은 음수임에 유의하자(그림 14-14).

• 여러 입자계의 중력 위치 에너지

위의 두 입자계의 위치 에너지는 어느 한 입자의 것이 아니라 두 입자계 전체의 것이다. 입자가 여럿인 계에서는 입자를 둘씩 짝지워 낱낱의 짝에 대한 위치 에너지를 따진다. 다른 입자들은 무시하고 그 짝의 중력 위치 에너지를 위의 식 14-17로 셈하고, 그 결과를 모두 더한다(에너지는 스칼라이다). 예를 들어 그림 14-15의 세 짝에 식 14-18을 낱낱이 적용하면, 이 계의 위치 에너지는 다음과 같다.

$$U = -\left(\frac{Gm_A m_B}{r_{AB}} + \frac{Gm_A m_B}{r_{AC}} + \frac{Gm_B m_C}{r_{BC}}\right) \quad \text{(3입자계)} \qquad (14\text{–}19)$$

• 지구-물체 계의 중력 위치 에너지

질량 m인 야구공을 한없이 먼 곳에서 질량 M인 지구에 더 가까운 곳 P로 그림 14-16과 같이 y축을 따라서 가져온다고 하자. 지구 중심에서 P까지의 거리는 r이다. $r \ge R_{지구}$이면 ($R_{지구}$: 지구 반지름) 지구-야구공 계의 중력 위치 에너지에 대한 식은 무엇인가? 이는 위의 식 14-18에 이에 대한 새 기호를 넣기만 하면 된다.

$$U(r) = -\frac{GMm}{r} \quad \text{($r=\infty$에 대한 지구-물체 계의 중력 위치 에너지)} \qquad (14\text{–}20)$$

하지만 이 일반식은 특별한 경우로서 지면에 가까운 물체에 대해 10절에서 얻은 식과 일치해야 한다. 지면 가까운 어떤 편리한 높이에 $y=0$을 정한다면 식은 다음과 같다.

$$U(y) = mgy \quad \text{($y=0$에 대한 지구 근처의 중력 PE)} \qquad \text{(식 10–8)}$$

얼핏 두 식은 아주 달라 보이지만 중력 위치 에너지에 대한 두 식은 모두 지구와 야구공이 가까워질

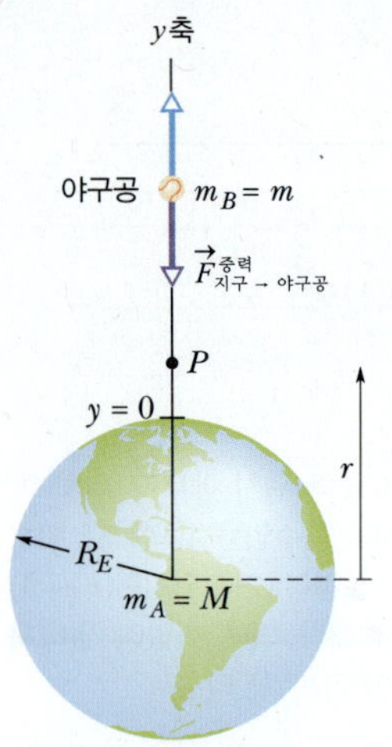

그림 14-16
야구공이 y축을 따라서 $r > R_{지구}$인 곳 P로 움직인다. 중력은 인력이므로 지구-야구공 계는 서로 가까워짐에 따라서 중력 위치 에너지를 잃는다.

수록 위치 에너지가 줄어든다는 점에서는 일치한다(점점 더 작은 음수—절대값이 더 큰 음수—가 된다).

그렇지만, 중력 위치 에너지에 대한 일반식 14-20이 모든 거리에 대해서 성립한다면, 이 식은 더 구체적인 상황에 대한 식 $U(y) = mgy$와도 일치해야 한다. 이를 확인하려면 물체가 지면에서 출발한다고 하자. 그곳에서 물체의 위치 에너지는 다음과 같다.

$$U(R_{지구}) = -\frac{GMm}{R_{지구}}$$

이 물체를 지면 위로 높이 Δy만큼 올린다면 그곳에서는 물체의 위치 에너지가 다음과 같다.

$$U(R_{지구} + \Delta y) = -\frac{GMm}{R_{지구} + \Delta y}$$

따라서 두 상태에서의 위치 에너지 변화는 다음과 같다.

$$\begin{aligned}\Delta U = U_2 - U_1 &= U(R_{지구} + \Delta y) - U(R_{지구})\\ &= -\frac{GMm}{R_{지구} + \Delta y} - \left(-\frac{GMm}{R_{지구}}\right)\\ &= -\frac{GMm}{R_{지구} + \Delta y} + \frac{GMm}{R_{지구}}\end{aligned}$$

이 식을 정리하면 다음 결과를 얻는다.

$$\Delta U = \frac{GMm\Delta y}{R_{지구}(R_{지구} + \Delta y)}$$

그렇지만, 물체가 지면 가까이 있을 때는 덧붙인 높이 Δy보다는 지구 반지름 $R_{지구}$이 훨씬 더 크다. 따라서

$$R_{지구} + \Delta y \approx R_{지구}$$

그리고

$$\Delta U = \frac{GMm\Delta y}{R_{지구}(R_{지구} + \Delta y)} \approx \frac{GMm\Delta y}{R^2_{지구}}$$

식 14-9는 (반지름 $R_{지구}$ 및 질량 M 인) 지구 표면에서의 중력가속도 크기는

$$a = \frac{GM}{R^2_{지구}} \qquad \text{(중력 가속도 상수)}$$

임을 말해준다. 지구의 회전으로 공 모양에서 조금 벗어나서 생기는 중력가속도상수의 작은 변화를 무시하면 중력가속도상수와 국소중력세기는 크기가 같으며, 따라서 $a = g$가 된다.

마지막 두 식을 중력 위치 에너지 변화에 대한 식에 넣으면 다음과 같다.

$$\Delta U \approx \frac{GMm\Delta y}{R^2_{지구}} = mg\Delta y$$

다시 말해서, 지면에 대한 높이 Δy가 지구 반지름에 비해 작다면 중력가속도상수와 국소중력

세기 g는 거의 상수이며, 중력 위치 에너지에 대한 일반적 표현식은 10장의 더 구체적인 상황에서의 중력 위치 에너지 변화와 똑같은 결과를 예측한다. 이 사실은 일반적인 위치 에너지와 지표 근처의 위치 에너지에 대해서 0점을 달리 잡아도 마찬가지로 성립한다. 즉, 두 식은 우리가 지표 근처에 있는 한 같은 중력 위치 에너지의 변화량을 나타내므로 서로 일치한다.

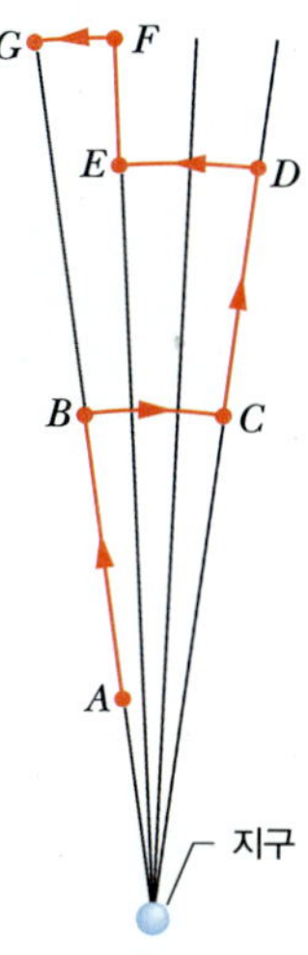

그림 14-17
지구 근처에서 야구공이 점 A에서 점 G로 반지름 길이와 활꼴로 이루어진 경로를 따라서 이동한다.

• 경로독립성

이 절에서 끌어낸 식에서는 입자들이 중심을 잇는 선을 따라 가까워지거나 멀어진다고 가정했다. 그러나 중력은 보존력이므로 계의 위치 에너지 변화는 10-2절에서 설명한 것처럼 경로와 무관하다. 따라서 식들은 상호작용하는 입자들이 꼬불꼬불한 어떤 경로를 따라서 멀어져도 역시 성립한다.

경로와 무관한 보기가 그림 14-17에 나와 있다. 야구공을 점 A에서 점 G까지(지구에 중심을 둔) 반지름 방향의 세 길과 세 활꼴로 이루어진 길을 따라서 간다고 상상하자. 활꼴을 따라서 한 일은 각 점에서 힘의 방향이 활꼴과 직교하므로 0이 된다. 따라서 힘이 한 유일한 일은 반지름 방향의 길을 따라 한 것이며, 전체 일 W는 반지름 방향의 길을 따라서 한 일들의 합이다.

이제 마음속으로 호의 길이를 0으로 줄인다고 하자. 그러면 공은 A에서 G까지 하나의 반지름 방향 길을 따라 곧장 움직인다. 그러면 중력이 해준 전체 일이 변하는가? 아니다. 호를 따라서는 일을 하지 않았기 때문에 호를 없애도 일은 바뀌지 않는다. 이제 A에서 G까지 간 길은 분명 다르다. 그러나 힘이 야구공에 한 일은 모두 같다. 이 예는 계가 한 내부일은 실제로 따라간 경로와는 무관함을 나타낸다. 그 경우, 계의 중력 위치 에너지 변화 ΔU는 물론 경로독립이다. 중력에 대한 경로독립의 예는 10-2절에서 보인 바와도 일치한다.

• 탈출속력

로켓을 쏠 때 지구가 끌어당기는 중력을 벗어나려면 얼마나 빨리 쏘아야 하는가? 물체를 위로 던지면 보통은 느려지다가 방향을 바꾸고 다시 지구로 떨어질 때는 속력이 빨라진다. 하지만 물체가 영원히 위로 멀어지게 해주는 최소한의 처음 속력이 있다. 이때 위로 쏜 로켓 등의 물체는 지구에서 멀어질수록 속력이 점점 느려지지만, 결코 방향을 바꾸어 되돌아오지는 않는다. 이러한 특별한 처음 속력을 (지구) **탈출속력(Escape Speed)**이라 부른다.

지구(또는 다른 공 모양 천체)에서의 탈출속력을 셈하려면 처음 속력 v로 반지름 R인 행성의 표면을 출발하는 질량 m인 로켓을 생각해 보자. 로켓의 처음 운동에너지 K가 $\frac{1}{2}mv^2$이고, 위치 에너지 U가 식 14-20과 같다면

$$U = -\frac{GMm}{R}$$

이다. 여기서 M은 행성의 질량, R은 반지름이다.

로켓이 멀어지면 속력은 점점 느려지고 따라서 지구-로켓 계의 운동 에너지는 줄어든다. 특히 로켓이 탈출 속력으로 출발할 때 계의 위치 에너지는 행성-로켓의 거리가 커짐에 따라 0에 가까워지며 계의 운동 에너지도 0에 가까워진다. 공기저항으로 잃는 에너지는 상대적으로 작으므로 무시한다면 역학적 에너지는 보존된다고 어림할 수 있으며, 이때, 행성표면에서 로켓의 전체 에너지 역시 0이어야 한다. 따라서 식 10-19를 써서 다음을 얻는다.

$$E^{\text{역학}} = K + U = \frac{1}{2}mv^2 + \left(-\frac{GMm}{R}\right) = 0$$

이로부터

$$v = \sqrt{\frac{2GM}{R}} \tag{14-21}$$

탈출속력 v는 행성에서 로켓을 쏘는 방향과 상관이 없다. 하지만 행성이 자전하고 있으므로 발사기지가 움직이는 방향으로 발사체를 쏘아올린다면 속력을 얻기가 더 쉽다. 예를 들면 우리나라의 로켓발사기지는 전라남도 외나로도에 있는데 그곳의 동쪽 방향 속력 0.4 km/s를 타고자 로켓을 약간 동쪽으로 쏘아올린다.

어떤 천체로부터 쏘아 올릴 로켓의 탈출속력을 구하려면 식 14-21에서 천체의 질량을 M에, 반지름을 R에 넣어 셈하면 된다. 표 14-2는 몇몇 천체로부터의 탈출속력을 나타낸다. 어떤 물체든 천체로부터 탈출할 수 있다는 점이 흥미롭다. 예를 들어 천체 대기의 기체분자도 종종 탈출속력을 얻는다.

표 14-2
몇몇 탈출속력

천체	질량(kg)	반지름(m)	탈출속력(km/s)
케레스[a]	1.17×10^{21}	3.8×10^{5}	0.64
지구의 달	7.36×10^{22}	1.74×10^{6}	2.38
지구	5.98×10^{24}	6.37×10^{6}	11.2
목성	1.90×10^{27}	7.15×10^{7}	59.5
태양	1.99×10^{30}	6.96×10^{8}	618
시리우스 B[b]	2×10^{30}	1×10^{7}	5200
중성자별[c]	6×10^{30}	1×10^{4}	3.4×10^{5}

a 가장 무거운 소행성
b 밝은 시리우스별 주위를 도는 백색왜성(핵연료를 다 태워버린 매우 작고 오래된 별). 시리우스 B는 질량이 대략 해와 비슷하지만 반지름은 지구와 비슷하다.
c 거대한 별이 초신성으로 폭발한 다음에 남은 붕괴된 핵이며, 백색왜성보다 더 작다 (질량은 우리 태양의 세 배이나 불과 몇 km의 반지름을 가짐).

생각해보기 14-6 질량 m인 작은 공을 질량 M인 큰 공에서 멀리 움직인다. (a) 작은 공-큰 공 계의 중력 위치 에너지는 늘어나는가, 줄어드는가? (b) 작은 공과 큰 공 사이의 중력이 하는 일은 양수인가, 음수인가?

따라해보기 14-4 | 소행성

어떤 소행성이 12 km/s의 속력으로 지구로 돌진하는데, 소행성에서 지구 중심까지의 거리가 지구 반지름의 10배이다. 소행성에 대한 지구의 대기 효과를 무시하고, 소행성이 지면에 닿을 때의 속력 v^2를 구하라.

풀이 ■ 첫째 **요점**은 소행성에 대한 대기 효과는 무시하므로 소행성-지구 계의 역학적 에너지는 보존된다는 것이다. 따라서 역학적 에너지는 처음과 나중(소행성이 지구에 닿을 때)에 서로 같다. 이를 다음과 같이 쓸 수 있다.

$$E^{\text{역학}} = K_1 + U_1 = K_2 + U_2 \quad \text{(식 10-19)}$$

여기서 K는 운동 에너지, U는 중력 위치 에너지이다.

둘째 **요점**은 독립된 계라면 선운동량은 보존된다는 것이다. 따라서 소행성의 운동량 변화와 지구의 운동량 변화는 크기가 같고 부호는 반대여야 한다. 하지만 질량은 지구가 소행성보다 훨씬 크므로 지구의 속력 변화는 소행성의 속력 변화에 비해 무시할 수 있다. 따라서 지구의 운동에너지 변화도 무시할 수 있다. 즉, 식 10-19의 운동에너지는 소행성 혼자만의 것이라고 가정할 수 있다.

m을 소행성 질량, M을 지구 질량(5.98×10^{24} kg)이라 하자. 지

구 중심에서 소행성까지의 거리는 처음에 $10R_{지구}$, 나중에 $R_{지구}$이다($R_{지구} = 6.37 \times 10^6$ m: 지구 반지름). U에 식 14-20 그리고 K에 $\frac{1}{2}mv^2$을 넣으면 식 10-19는 다음과 같다.

$$\frac{1}{2}mv_2^2 - \frac{GMm}{R_{지구}} = \frac{1}{2}mv_1^2 - \frac{GMm}{10R_{지구}}$$

주어진 값을 넣고 정리하면

$$\begin{aligned} v_2^2 &= v_1^2 + \frac{2GM}{R_{지구}}\left(1 - \frac{1}{10}\right) \\ &= (12 \times 10^3\ \mathrm{m/s})^2 \\ &\quad + \frac{2(6.67 \times 10^{-11}\ \mathrm{m^3/kg \cdot s^2})(5.98 \times 10^{24}\ \mathrm{kg})}{6.37 \times 10^6\ \mathrm{m}} 0.9 \\ &= 2.567 \times 10^8\ \mathrm{m^2/s^2} \end{aligned}$$

따라서 충돌 속도의 크기는 다음과 같다.

$$v_2 = 1.60 \times 10^4\ \mathrm{m/s} = 16\ \mathrm{km/s} \qquad \text{(답)}$$

이런 속력이라면 충돌할 때 엄청난 피해를 주므로 소행성이 특별히 클 필요도 없다. 예를 들어 지름이 겨우 5 m라도 충격은 대략 히로시마 핵폭발만큼의 에너지를 낼 수 있다. 놀랍게도 이 크기의 소행성이 약 5억 개 지구 궤도 근처에 있으며 1994년에는 그 중 하나가 지구 대기에 들어와 먼 남태평양섬 근처의 20 km 고도에서(6개 군사위성에 핵폭발 경고를 주면서) 폭발하였다. 지름 500 m인 소행성(지구 궤도 근처에 몇백만 개가 있음)의 충돌은 근대문명뿐 아니라 전세계 인류를 거의 몰살시킬 수 있다.

따라해보기 14-5 | 탈출속력

(a) 어떤 입자가 태양으로부터 지구–태양과 같은 거리에 있다고 하자. 태양에 대한 이 입자의 탈출속력은 얼마인가?

풀이 ■ 태양에 대한 탈출속력을 구하는데 식 14-21을 쓸 수 있다. **요점**은 이 입자가 태양 표면이 아닌 지구–태양 사이의 평균거리 $R = 1.5 \times 10^{11}$ m만큼 떨어져 있다는 것이다. 태양의 질량은 $M_{태양} = 1.99 \times 10^{30}$ kg이므로 탈출속력은 다음과 같다.

$$\begin{aligned} v &= \sqrt{\frac{2GM}{R}} \\ &= \sqrt{\frac{2(6.67 \times 10^{-11}\ \mathrm{N \cdot m^2/kg^2})(1.99 \times 10^{30}\ \mathrm{kg})}{1.5 \times 10^{11}\ \mathrm{m}}} \\ &= v = 4.2 \times 10^4\ \mathrm{m/s} \end{aligned} \qquad \text{(답)}$$

(b) 방금 셈한 탈출속력을 지면에서 이 입자의 탈출속력과 비교하면 어떠한가?

풀이 ■ 표 14-2에서 지면에서의 탈출속력을 찾아보자. 값은 다음과 같다.

$$v = 11.2\ \mathrm{km/s} = 1.12 \times 10^4\ \mathrm{m/s}$$

지면으로부터의 탈출속력은 태양으로부터 '지구궤도거리' 에서 태양을 탈출하는데 필요한 속력의 약 1/4(=1.12/4.2)이다. **요점**은 지면에 있는 입자에서 지구 중심까지의 거리가 (a) 경우의 태양 중심까지의 거리보다 훨씬 더 작기는 하지만 태양은 지구보다 훨씬 더 무겁다는 것이다. (답)

(c) 태양 표면으로부터 이 입자의 탈출속력은 (a)에서 셈한 탈출속력과는 어떻게 비교되는가?

풀이 ■ 표 14-2에서 다시 탈출속력을 찾아보자. 이번에는 태양 표면으로부터 탈출하는데 필요한 속력을 찾아야 한다.

$$v = 618\ \mathrm{km/s} = 61.8 \times 10^4\ \mathrm{km/s}$$

태양표면으로부터의 탈출속력은 태양으로부터 '지구궤도거리' 에서 태양을 탈출하는데 필요한 속력보다 약 15배(=61.8/4.2) 더 크다. **요점**은 이 경우의 입자는 태양에 훨씬 더 가깝다는 것이다. (답)

연습문제 14-6

26. 위치 에너지

(a) 문제 1에서 두 입자계의 중력 위치 에너지는 얼마인가? 우리가 입자 간격을 세 배로 늘리면 (b) 입자간 중력이 하는 일과, (c) 우리가 하는 일은 각각 얼마인가?

27. 공 A를 없애라

(a) 문제 12에서 공 A를 없애고 남은 세 입자계의 중력 위치 에너지를 셈하라. (b) 그리고 A를 다시 제자리에 놓으면 네 입자계의 위치 에너지는 (a)에서의 계보다 더 많은가, 아니면 적은가? (c) (a)에서 A를 없앨 때 한 일은 (+)인가 (−)인가? (d) (b)에서 A를 되돌려 놓을 때 한 일은 (+)인가 (−)인가?

28. 비례 m/M

문제 5에서 계에 대한 최소한의 중력 위치 에너지를 주는 m/M의 비례는?

29. 화성과 지구

화성과 지구의 평균 지름은 각각 6.9×10^3 km와 1.3×10^4 km이다. 화성의 질량은 지구 질량의 0.11배이다. (a) 지구에 대한 화성의 평균밀도의 비는 얼마인가? (b) 화성에서 중력가속도의 값은? (c) 화성에서 탈출속력은 얼마인가?

30. 탈출

(a) 지구의 달로부터 그리고 (b) 목성으로부터 탈출하는데 필요한 에너지의 양을 지구로부터 탈출에 필요한 것과 비교하여 셈하라.

31. 다른 세 공

그림 14-18에서 질량이 $m_A = 800$ g, $m_B = 100$ g 및 $m_C = 200$ g인 세 공의 중심이 $L = 12$ cm와 $d = 4.0$ cm인 직선 위에 있다. 그 선을 따라 공 B를 C로부터 중심간 거리가 $d = 4.0$ cm가 될 때까지 움직였다. 공 B에 (a) 당신은 그리고 (b) 공 A와 C가 B에 주는 알짜중력은 각각 일을 얼마나 했는가?

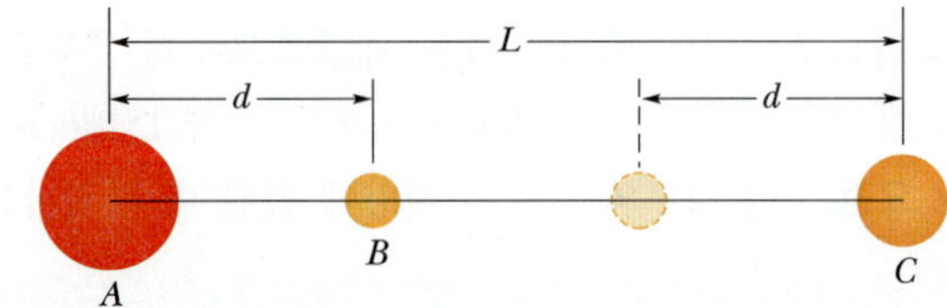

그림 14-18 문제 31

32. 별

어떤 행성, '별'은 질량 5.0×10^{23} kg, 반지름 3.0×10^6 m이며 대기는 없다. 10 kg의 우주탐사기를 행성 표면에서 수직으로 쏘아올렸다. (a) 탐사기를 5.0×10^7 J의 초기 에너지로 쏘아올린 후 '별'의 중심에서 4.0×10^6 m에 있을 때 그 운동 에너지는 얼마인가? (b) 탐사기가 '별'의 중심으로부터 8.0×10^6 m의 최대거리에 이른다면 탐사기는 '별'의 표면에서 얼마의 초기운동 에너지로 발사되었을까?

33. 가속되는 로켓

어떤 로켓이 지면 근처에서 (지구 반지름 $R_{\text{지구}}$) 속력 $v = 2\sqrt{gR_{\text{지구}}}$까지 가속되고, 다음에는 위로 자유 관성비행을 한다. (a) 로켓이 지구를 탈출함을 보여라. (b) 지구로부터 멀리 떨어진 다음에 속력은 $v = \sqrt{2gR_{\text{지구}}}$가 됨을 보여라.

34. 로톤

질량 7.0×10^{24} kg 반지름 1 600 km의 행성 로톤이 행성에 대해 무한대라 할 수 있는 머나먼 거리에서 애초에 서 있는 어떤 운석을 중력으로 끌어당겨, 운석이 행성으로 떨어진다. 행성에 공기가 없다고 가정하고 운석이 행성 표면에 도달할 때의 운석의 속력을 구하라.

35. 탈출속력

(a) 반지름이 500 km이고, 표면에서 중력가속도가 $3.0\ \text{m/s}^2$인 공 모양의 소행성에서 탈출속력은 얼마인가? (b) 어떤 입자가 소행성 표면을 반지름 방향으로 1000 m/s의 속력으로 출발하면 그 표면으로부터 얼마나 올라갈까? (c) 소행성의 표면 위 1000 km에서 어떤 물체를 떨어뜨리면 물체는 소행성에 얼마의 속력으로 충돌하는가?

36. 반지름 방향으로 가는 로켓

150.0 kg 로켓이 지면 위 200 km 상공에서 엔진을 끌 때 지구로부터 반지름 바깥쪽으로 3.70 km/s 속력으로 움직인다. (a) 로켓이 지표 위 1000 km에 있을 때 공기 저항은 무시하고 운동 에너지를 구하라. (b) 로켓이 갈 수 있는 지면 위 최고 높이는 얼마인가?

37. 두 중성자별

두 중성자별이 10^{10} m 떨어져 있다. 낱낱의 질량은 10^{30} kg, 반지름은 10^5 m이다. 이들은 처음에는 서로에 대해 서 있었다. 정지한 좌표계에서 잴 때 (a) 그들의 간격이 원래의 절반으로 줄어들면 그리고 (b) 그들이 충돌하는 순간에 얼마나 빨리 움직이는가?

38. 깊은 우주공간

깊은 우주공간에서 질량 20 kg인 공 A가 x축의 원점에 있고 질량 10 kg인 공 B는 그 축의 $x = 0.80$ m에 있다. 구 A를 원점에 고정시키고 공 B를 정지상태에서 놓았다. (a) B를 놓을 때 두 공 계의 중력 위치 에너지는 얼마인가? (b) B가 A로 0.20 m 움직일 때 B의 운동에너지는 얼마인가?

39. 발사체

어떤 발사체를 지면에서 수직으로 10 km/s의 처음 속력으로 쏘아 올렸다. 공기저항을 무시할 때 땅 위로 얼마나 올라가는가?

14-7 아인슈타인과 중력

• 등가원리

중력에 대해 별생각 없이 이야기할 때 종종 "중력이 끌어당긴다" 또는 "지구가 끌어당긴다" 등으로 말한다. 하지만 잘 살펴보면 실제로 우리가 느끼는 힘은 마룻바닥 또는 의자가 위로 미는 것이다. 만약 우리가 밧줄에 매달린다면 밧줄이 위로 끌어당김을 느낀다. 하지만 마룻바닥, 의자 또는 밧줄을 없애버린다면 밀거나 당기는 것을 느낄 수 없다.

이와 대비해서 우리가 사다리 또는 절벽에서 뛰어내린다면 우리는 자유낙하 상태에 있게 되며 '무중력'이라는 불편한 느낌을 받게 되지만 어떤 힘도 전혀 느낄 수 없다. 이것이 바로 아인슈타인이 말했던 것이다. "내가 … 베른의 특허국에 있을 때 갑자기 한 생각이 떠올랐다. '만약 어떤 사람이 자유 낙하한다면 그는 자신의 무게를 느끼지 못할 것이다.' 나는 깜짝 놀랐다. 이 간단한 생각은 내게 깊은 감동을 주었다. 그것이 나를 중력이론으로 이끌었다."

아인슈타인은 그가 어떻게 **일반상대성이론(general theory of relativity)**을 만들기 시작했는가를 그처럼 말하고 있다. 중력(물체가 서로 끌어당기는 것)에 대한 이 이론의 근본적인 가정을 **등가원리(principle of equivalence)**라고 부르며, 이는 중력과 가속도는 등가라는 것이다. 어떤 물리학자가 그림 14-19과 같은 작은 상자에 갇혀 있다면 그는 이 상자가 그림 14-19*a*처럼 (지구중력만을 받으면서) 지구에 서 있는지 아니면 그림 14-19*b*처럼 (그 가속도를 만들어내는 힘만을 받으며) 우주공간에서 9.8 m/s^{2}으로 가속되고 있는지 구별할 수 없을 것이다. 두 상황 모두에서 그는 똑같이 느낄 것이며 저울은 그의 무게로 같은 값을 가리킬 것이다. 또한 그 앞에 떨어지는 물체는 두 경우 모두 그에 대한 가속도가 같을 것이다.

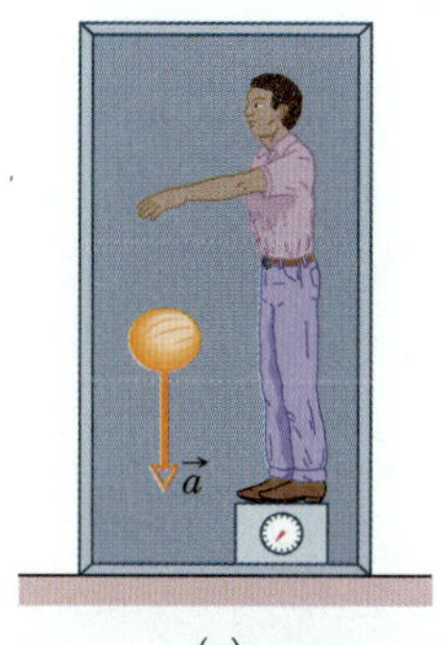

(*a*)

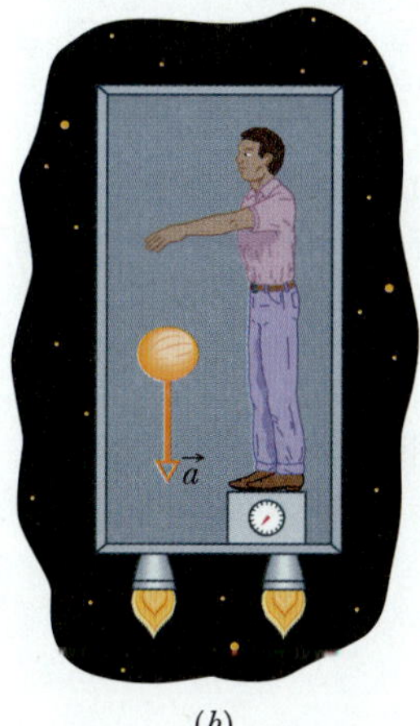

(*b*)

그림 14-19
(*a*) 지구에 서 있는 어떤 상자 안에 한 물리학자가 가속도 a = 9.8 m/s^{2}로 떨어지는 수박을 보고 있다. (*b*) 그와 상자가 깊은 우주공간에서 a = 9.8 m/s^{2}로 가속된다면 수박은 그에 대해 같은 가속도를 갖는다. 물리학자는 상자 안에서 실험을 해보는 것으로는 자기가 지구에 있는지 우주 공간에 있는지를 구별할 수 없다. 예를 들면 그가 서 있는 앉은뱅이 저울은 두 경우 모두 같은 무게를 가리킨다.

• 공간의 곡률

중력은 질량끼리 주고받는 힘을 설명하고자 도입했지만, 아인슈타인은 중력을 질량이 만들어내는 공간의 곡률(또는 형태)로서 설명했다. (38장에서 설명하겠지만, 시간과 공간은 얽혀 있어서 아인슈타인이 말하는 공간의 곡률은 실제로는 시공간, 곧 우주의 결합된 사차원에서의 곡률이다.)

(텅빈) 공간이 어떻게 곡률을 가지는가를 그림으로 보이기는 어렵지만 비슷한 것을 생각하면 도움이 된다. 적도에서 20 km 떨어진 두 배가 남쪽을 향해 경주를 시작하는 것을 인공위성 궤도에서 본다고 하자(그림 14-20*a*). 선원들이 보면 이 배들은 평평하고 나란한 길을 따라 간다. 하지만 시간이 지나면 두 배는 서로 가까워져 결국 남극에서 만난다. 배의 선원들은 배가 이렇게 서로 가까워지는 것을 배가 힘을 받아서 그렇다고 해석할 수 있다. 하지만 우리는 단지 지면의 곡률 때문에 배들이 가까워진다는 것을 안다. 우리는 배들의 경주를 표면의 '밖'에서 보기 때문에 알 수 있다.

그림 14-20*b*는 이와 비슷한 경주를 보여준다. 수평방향으로 떨어져 있는 두 개의 사과가 지구 위의 같은 높이에서 떨어진다. 두 사과가 나란한 길을 따라 가는 것처럼 보이지만 둘 다 지구 중심을 향해 떨어지므로 실제로는 서로를 향해 움직인다. 사과의 운동은 지구가 사과에 주는 중력으로

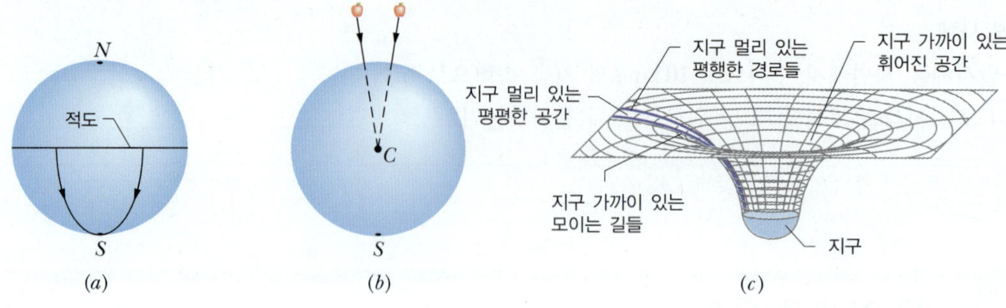

그림 14-20
(*a*) 경도선을 따라 남극을 향해 움직이는 두 물체는 지면의 곡률 때문에 남극에서 만난다. (*b*) 지구 가까이서 자유낙하하는 두 물체는 지구 근처 공간의 곡률 때문에 지구 중심에서 만나는 선을 따라서 움직인다. (*c*) 지구(그리고 다른 질량들)로부터 먼 곳에서는 공간은 평평하며 나란한 경로들은 계속 나란하다. 지구 가까이서는 공간이 지구에 의해 휘어 있으므로 나란한 경로들은 모이기 시작한다.

설명할 수 있다. 또한 이 운동은 지구 질량에 때문에 생기는 지구 근처 공간의 곡률로 설명할 수도 있다. 배의 예에서는 휘어진 지구의 '밖으로' 나왔으나 이번에는 휘어진 공간의 '밖으로'는 나올 수가 없으므로 곡률을 볼 수 없다. 하지만 곡률을 그림 14-20*c*와 같은 그림으로 묘사할 수는 있다. 거기서 사과는 지구 질량 때문에 지구를 향해 휜 표면을 따라 움직인다.

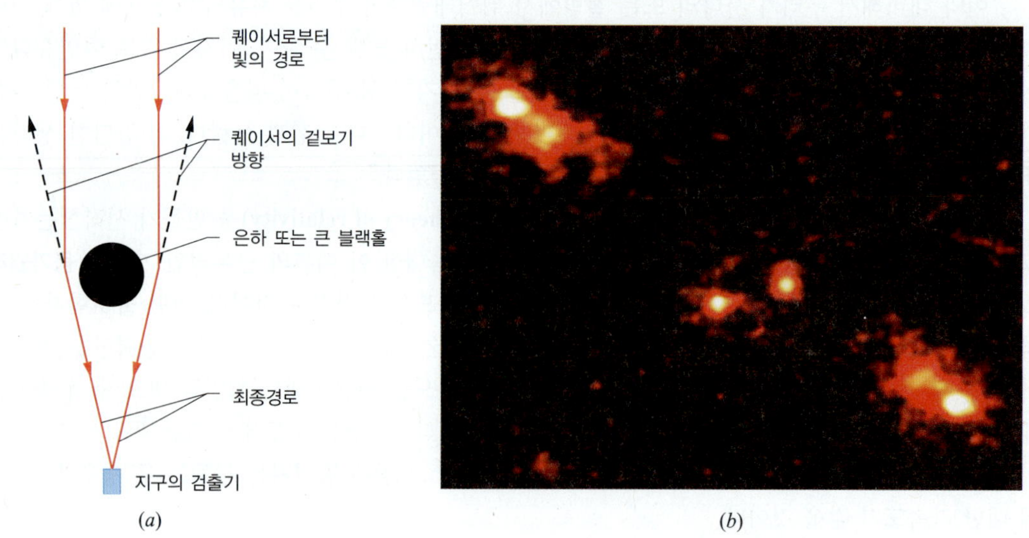

그림 14-21
(*a*) AC114라는 먼 퀘이서에서 오는 빛이 어떤 은하 주변을 지나오면서, 그 은하의 질량이 휘게 한 주변 공간을 따라 휘어서 온다. 그 빛을 검지한다면 빛은 최종 경로를 거꾸로 연장한 선을 따라 오는 것처럼 보인다. (*b*) 똑같은 두 퀘이서를 보여주는 영상. 이 빛의 근원은 퀘이서의 두 영상을 만들기에 적절한 모양과 방향을 갖는, 보이지는 않지만, 큰 렌즈 구실을 하는 은하의 훨씬 뒤에 있다. 이 영상의 중앙 근처에 두 물체는 렌즈 구실을 하는 은하와는 관련 없는 다른 은하로서 렌즈 구실을 하는 은하의 앞에 있는 것으로 생각된다.

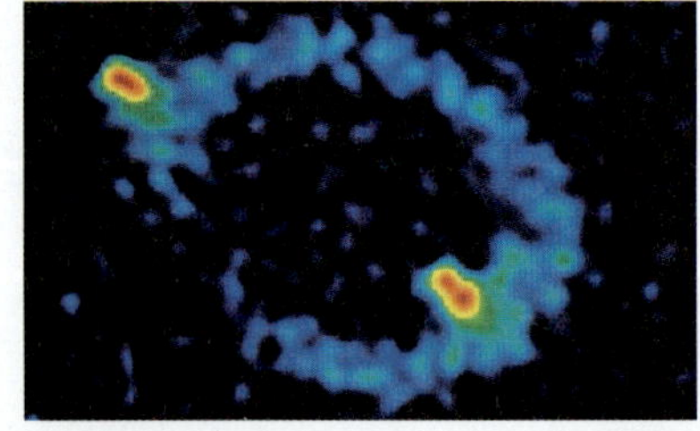

그림 14-22
전파망원경의 컴퓨터 화면에 나타난 MG1131+0456으로 알려진 아인슈타인 고리

빛이 지구 근처를 지나는 길은 그곳 공간의 곡률로 인한 중력 렌즈 효과 때문에 조금 휜다. 빛이 은하와 같이 더 무거운 구성체를 지날 때는 더 많이 휠 수 있다. 우리와 퀘이서(아주 멀리 있는 아주 밝은 물체) 사이에 그러한 무거운 천체가 있다면, 퀘이서가 내는 빛은 무거운 천체 주위에서 휘어 우리에게 올 수 있다(그림 14-21*a*). 그러면 그 빛은 조금씩 다른 수많은 방향에서 우리에게 오는 것처럼 보이므로 똑같은 퀘이서가 두 개의 다른 쪽에 있는 것처럼 보인다(그림 14-21*b*). 멀리 있는 퀘이서에서 오는 빛이 정확히 렌즈 작용을 하는 은하의 중심 뒤에 있을 때는 한 퀘이서의 상이 서로 섞여 아인슈타인 고리로 알려진 빛의 고리를 만든다(그림 14-22).

중력이 질량이 만들어내는 시공간 곡률에서 생긴다고 해야 하나, 아니면 질량 사이의 힘에서 생긴다고 해야 하나? 아니면 중력이 어떤 현대물리학이론에서 추측하는 중력자(graviton)라는 어떤 기본입자의 작용 때문에 생긴다고 해야 하는가? 아직은 알 수 없다.

연습문제 14-7

40. 수박

그림 14-19*b*에서 60 kg의 물리학자가 서 있는 저울이 220 N을 가리킨다. 물리학자가 바닥에서 2.1 m의 높이에서 수박을 정지 상태(자기 자신에 대해)에서 떨어뜨리면 수박이 바닥에 도달하는데 걸리는 시간은 얼마인가?

추가문제

41. 기준틀

그림 14-23은 각각 질량 2.00 kg, 반지름 $R = 0.0200$ m이고 깊은 우주공간 어떤 곳에서 서로 맞닿은 똑같은 두 공를 나타낸다. 이들 두 공이 퍽하며 떨어져서 처음 상대속도 1.05×10^{-4} m/s로 분리된다. 그리고 그들 사이의 중력으로 느려진다.

그림 14-23 문제 41

질량중심틀: 우리가 두 공 계의 질량중심에 대해 서 있는 관성기준틀에 있다고 하자. 역학적 에너지 보존원리($K_2 + U_2 = K_1 + U_1$)를 써서 중심간의 간격이 $10R$일 때 다음을 구하라: (a) 낱낱의 공의 운동 에너지와 (b) 공 A에 대한 공 B의 속력.

공 기준틀: 다음에는 공 A에 고정된 기준틀에 우리가 있다고(우리가 그 물체에 타고 있다고) 가정한다. 그리고 우리로부터 멀어지는 공 B를 본다. 기준틀로부터 다시 $K_2 + U_2 = K_1 + U_1$를 써서 중심간의 간격이 $10R$일 때 다음을 구하라: (c) 공 B의 운동 에너지와 (d) 공 A에 대한 공 B의 속력. (e) (b)와 (d)에 대한 답이 왜 다른가? 어느 답이 옳은 답인가?

42. 블랙홀

블랙홀의 반지름 $R_{블랙홀}$은 블랙홀에 중심을 두고 있는 '사건 지평선'이라 부르는 수학적인 공의 반지름이다. 사건 지평선 속의 사건의 정보는 바깥 세계로 나올 수 없다. 아인슈타인의 일반상대성이론에 따르면 $R_{블랙홀} = 2GM/c^2$이며, 여기서 M은 블랙홀 질량이고, c는 빛의 속력이다.

이들 블랙홀을 근처의 반지름거리 $50R_{블랙홀}$에서 연구해보고 싶다고 하자. 하지만 우리가 블랙홀을 향해 발을 댈 때 (또는 머리를 댈 때) 머리와 다리의 중력가속도 차이가 10 m/s² 이상 되는 걸 원치 않는다. (a) 위에 준 반지름거리에서 블랙홀에 허용되는 질량의 한계는 태양 질량의 배수로서 얼마인가?(우리의 키를 어림잡아라) (b) 그 한계는 상한(더 작은 질량은 허용한다)인가, 하한인가(더 큰 질량은 허용한다)?

43. 성춘향과 이몽룡

유치원 친구 성춘향과 이몽룡이 춤 시간에 혼잡한 마루를 건너 서로의 눈을 마주친다. 서로 주고받는 중력의 끌림을 어림셈하라.

44. 행성의 정렬

대중의 인기를 끌려는 어떤 작가가 여러 행성이 한 줄로 늘어설 때는 (하늘에서 서로 가까워짐) 그들의 중력을 지구가 한꺼번에 받아 지진이나 다른 재앙을 만들지도 모른다고 말했다. 이것이 참말인지 따져 보자. (a) 행성들이 한 줄로 늘어서서 화성, 목성 및 토성이 지구와 마찬가지로 해와 같은 쪽에 있도록 태양계를 그려본다. 행성들의 궤도반지름과 질량을 찾아본다(부록 C에 표가 있음). (b) 이 행성 배치에서 지구와 행성 사이의 거리를 어림한다. (c) 셈을 모두 하지는 말고, 어떤 것이 지구에 가장 큰 중력을 주는 세 행성인가를 찾는다. (**실마리**: 뉴턴 중력법칙의 질량과 거리 의존성을 활용함.) (d) 지구에 가장 큰 영향을 주는 행성이 주는 중력을 셈한다. (e) 그 결과를 달이 지구에 주는 중력과 비교한다.

참고: 실제로 위험한 효과를 줄 수 있는 것은 중력 그 자체가 아닌 조수력(중력의 미분임)이다. 그러나 조수력은 거리라는 다른 요인 때문에 효과가 줄어든다. 즉 조수력은 $1/r^2$이 아니라 $1/r^3$에 비례하며, 이것은 달에 대비하여 행성의 중력 효과를 1보다 훨씬 작은 $r_{지구-달}/r_{지구-행성}$이라는 추가적 비율로 줄인다.

45. 뉴턴 중력법칙은 틀렸는가?

전문과학자(물리학자가 아닌)가 복도에서 당신을 멈춰 세우고 다음과 같이 말한다. "뉴턴 중력이론이 틀렸음을 내가 증명할 수 있다. 태양은 지구보다 320 000배나 더 무거운데 거리는 지구와 달 사이의 거리보다는 불과 400배이다. 따라서 태양이 달에 주는 중력은 지구가 달에 주는 중력보다 두 배 더 커야 하며, 달은 지구 대신 태양 둘레를 돌아야 한다. 그러나 실제로는 그렇지 않으므로 뉴턴 중력이론은 틀렸다!" 이 생각에서 무엇이 틀렸는가?

46. 우주왕복선 안에서

궤도를 도는 우주왕복선 속의 우주인을 텔레비전으로 보면 둥둥 떠 있는 것 같다. 그들이 물건을 그냥 두면 떨어지지 않고 놓인 곳에 그냥 머물러 있다. 이 물체가 받는 중력은 어떻게 되었는가? 중력이 지구 대기권을 지나면서 사라져 버렸는가? 지금껏 배운 물리학으로 이를 설명하라.

15 유체

잠수부가 물속에서 받는 힘은 수영장처럼 별로 깊지 않은 곳에서도 상당히 크다. 하지만 1975년에 로즈(William Rhodes)는 특수 혼합 기체로 호흡하는 잠수장비를 써서 멕시코만에서 300 m 내려간 잠수정에서 나와 350 m라는 기록적인 깊이까지 헤엄쳐 들어갔다. 그러나 이상하게도 수영장에서 잠수 연습하는 초보 잠수부는 물속에서 받는 힘 때문에 로즈보다 더 위험해질 수도 있다. 초보 잠수부들은 가끔 그러한 위험을 조심하지 않아서 죽기도 한다.

무엇이 여기에 숨어 있는 치명적 위험인가?

◈ 답은 이 장에 있다.

15-1 유체와 우리 주위의 세계

(액체와 기체를 포함한) 유체는 일상생활에 중요하다. 숨 쉬는 공기, 마시는 물, 심장혈관계에서 순환하는 피 등의 유체는 생명 유지에 꼭 필요하다. 그리고 지구의 대양과 대기는 유체로 이루어져 있다.

자동차와 제트비행기가 움직이려면 타이어, 연료통, 그리고 엔진 연소실 등에서의 유체를 포함하여 많은 서로 다른 유체가 필요하다. 또한 공기조화기와 윤활 및 유압계통 등에도 유체가 필요하다. 풍차는 공기의 운동 에너지를 전기 에너지로 바꾸고, 수력발전소는 물의 중력 에너지를 전기 에너지로 바꾼다. 오랜 기간에 걸쳐 공기와 물은 지구의 경치를 깎아내고 변화시켰다.

유체에 대해 배울 때 나날이 겪는 단순한 물리적 상황부터 검토하자. 먼저 정적 평형에 있는 유체가 받는 힘을 배우고 유체 속에 있는 물체가 받는 힘을 따져 본다. 그리고 유압장치들이 어떻게 지레로 쓰이는가를 검토한다. 그 뒤에 이 장의 후반에서 유체가 관이나 물체 주위를 흐를 때의 운동을 공부한다.

15-2 유체란 무엇인가?

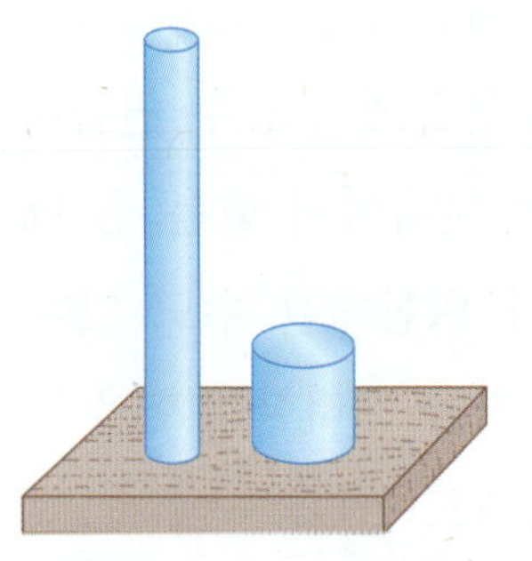

그림 15-1
탁자에 세운 두 기둥은 질량이 같다. 따라서 아래쪽으로 똑같은 힘을 탁자에 준다.

'유체' 라는 말이 뜻하는 바를 알려면 먼저 고체, 액체, 기체를 비교해보자. 탁자 위에 있는 고체 수직기둥은 바깥에서 지지해주지 않아도 허물어지지 않고 모양을 유지한다. 중력은 그림 15-1에 보인 낱낱의 기둥에 작용하므로 각각은 무게와 같은 크기의 아래쪽 법선력을 탁자에 준다. 물로 기둥을 만들면 어떻게 될까? 바깥 지지물이 없으면 물이 받는 중력으로 기둥이 무너져 엎질러질 것이다. (13-5절에서 배운 물리용어를 쓰자면 물은 층밀리기 변형력을 견딜 수 없다.)

하지만 고체벽이 있다면 물기둥을 수직으로 유지할 수 있다. 이때 물은 벽을 옆으로 밀고, 벽은 반작용으로 물을 되민다. 따라서 물과 고체의 수직기둥을 비교하면 물기둥은 모양을 유지하는데 외부힘이 필요하지만 고체는 필요 없다는 점에서 다르다. 하지만 고체기둥과 액체가 가득 찬 그릇 모두 탁자에 수직방향의 법선력을 준다.

'유체(Fluid)' 는 외부힘이 있을 때 고체와는 달리 그릇의 안쪽 경계와 같은 모양이 될 때까지 흐를 수 있다. 우리를 둘러싼 공기와 같은 기체도 매우 빨리 그릇 모양에 맞출 수 있으므로 유체이다. 진한 시럽이나 접착제와 같은 끈적끈적한 물질은 그릇의 경계와 같은 모양이 될 때까지 더 오래 걸린다. 그러나 언젠가는 그처럼 되므로 이들 역시 유체로 분류한다.

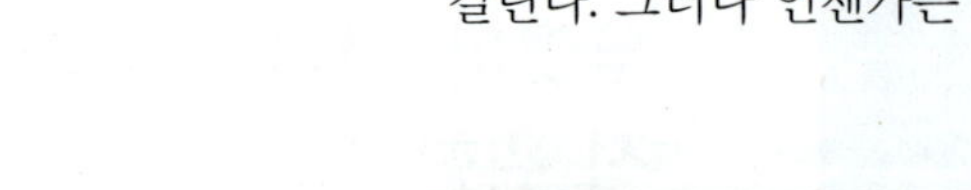

15-3 압력과 밀도

• 균일한 힘에 대한 압력의 정의

그림 15-1에 나타낸 두 고체기둥의 성질을 살펴보자. 이들 모두 질량이 같으므로 탁자에 아래로 같은 힘을 준다. 하지만 낱낱의 기둥 아래에 손을 놓아보면 느낌이 다르다. 왜 그런가? 힘이 퍼지는 면의 넓이가 다르기 때문이다. 낱낱의 기둥을 손 위에 올려 놓을 때 느낌이 다른 까닭은 압력의 차이 때문이다. 힘이 면의 모든 곳에 고루 퍼진다면(원기둥이 주는 법선력처럼), 힘이 면에 대해 고르다고 말한다. 어떤 면이 받는 힘이 면 전체에 고르게 퍼지고, 방향은 수직일 때, 그 면이 받는 **'압력(pressure)'** P는 면이 받는 알짜힘의 크기를 면의 넓이로 나눈 것으로 정의한다. 따라서 이는 다음

식으로 나타낼 수 있다.

$$P \equiv \frac{|\vec{F}_{\perp}|}{A} \qquad (\text{면 } A\text{에 수직한 고른 힘}) \qquad (15\text{–}1)$$

여기서 기호 ≡는 이 식이 '정의'에 의해 성립함을 나타내고자 썼다. 그림 15–1에서 왼쪽 기둥의 밑넓이는 오른쪽 기둥의 밑넓이의 사분의 일이다. 양쪽 기둥이 똑같은 알짜힘을 탁자에 주지만 왼쪽 기둥은 탁자에 주는 압력이 네 배나 더 크다. 이 절 뒷부분에서는 면이 받는 법선력이 고르지 않을 때도 다루게 되므로 압력을 더 자세히 설명하겠다.

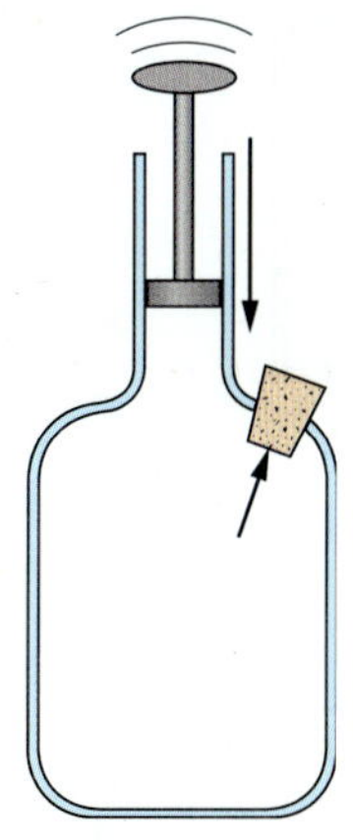

그림 15–2
병에 구멍 하나를 아무데나 뚫고 코르크 마개를 막았다고 하자. 공기가 안 새는 피스톤으로 병 주둥이를 눌러 병 속의 압력을 높이면 어떤 방향이든 마개는 폭 튀어나올 것이다. 이런 일은 병이 (공기와 같은) 기체 또는 (물과 같은) 액체를 담고 있으면 언제나 일어날 수 있다.

• 압력은 벡터인가, 스칼라인가?

유체가 주는 압력의 개념과 관련하여 주둥이에 피스톤이 있고 유체가 가득 찬 병을 생각해보자. 병에는 구멍이 뚫려 있지만 그림 15–2처럼 코르크 마개로 막혀 있다. 피스톤을 누르면 코르크는 튀어나온다. 이는 유체가 병에 박혀 있는 코르크의 면에 수직방향으로 힘을 준다는 것을 알려준다. 눈여겨볼 것은 구멍과 코르크가 병의 어디에 있든 코르크는 여전히 튀어나온다는 것이다. 여하튼, 유체의 한 부분에서 피스톤을 눌러 주는 힘은 모든 방향으로 작용하는 '내부힘(internal forces)'으로 전달된다. 그리고 그릇의 안쪽 면이 받는 유체압력에는 어떤 방향이 없는 것처럼 보인다.

멈춰 있는 유체를 생각하여 이 유체가 정적평형 상태에 있다고 하자. 유체 속에서의 압력이란 무엇인가? 이 물음에 대해 실험과 이론 모든 면에서 생각할 수 있다.

실험 결과 유체그릇 속의 한 곳에서 유체의 압력을 재려면 그림 15–3a에 보인 것과 같은 작은 압력 감지기를 고안하여 써볼 수 있다. 감지기는 단면적이 A인 작은 피스톤이다. 피스톤은 진공실린더에 꼭 맞고 피스톤 뒤를 용수철이 받쳐준다. 용수철이 압축되는 길이를 재면 유체가 피스톤에 주는 법선력을 잴 수 있다.

그림 15–3과 같이 그릇 속에서 압력을 잴 곳에 작은 피스톤을 세 개 둔다고 하자. 낱낱의 피스톤이 받는 힘의 크기는 피스톤의 방향에 관계없이 모두 같다. 따라서 압력을 잴 곳에는 압력 감지기를 하나만 두고 그 피스톤이 받는 힘을 재어 식 15–1을 써서 압력을 셈하면 된다.

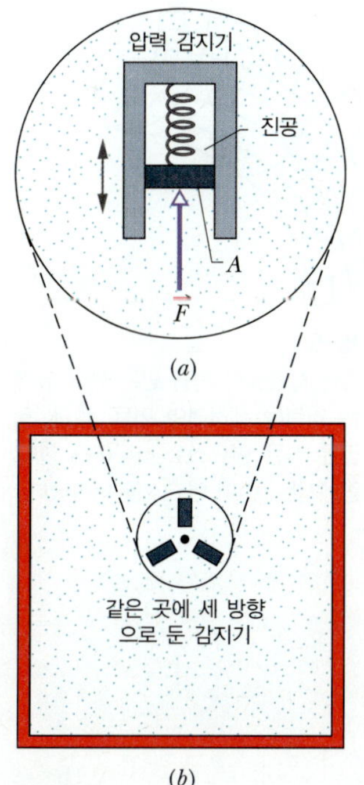

그림 15–3
(a) 용수철 압축을 써서 면에 수직한 알짜힘을 재는 작은 압력 감지기. (b) 유체 속 어느 곳이든 압력 감지기를 여러 방향으로 배치해 재보면, 측정 압력이 모두 같다.

> 실험을 해보면 정적평형에 있는 유체 속의 어느 곳이든 압력 P는 모든 방향에 대해 값이 같다. 달리 표현하면, 압력은 스칼라로서 방향성이 없다.

실험과 이론의 일치 유체 속의 어느 한 곳에서 실제로 왜 압력의 방향성이 없다고 할 수 있는지는 우리가 정적평형에 있는 유체를 고찰했다는 사실로부터 알 수 있다. 문제가 단순해지도록 중력이 없는 곳에 유체그릇이 있다고 가정하자. 중력이 0이 아닌 좀 더 일반적인 상황은 15–4절에서 다시 다룰 것이다. 다음과 같이 그릇 속의 어떤 점에 중심을 둔 작은 유체덩어리 주변에 가상의 정육면체 경계면을 그려보자(그림 15–4). 유체덩어리는 평형을 유지하므로 가속될 수 없으며 따라서 경계면에 대한 알짜힘은 그림 15–4과 같이 0이 된다고 말할 수 있다. 육면체 덩어리에서 마주 보는 두 면이 받는 힘 벡터는 크기가 같고 방향은 반대이므로 두 면이 받는 압력은 같다. 또한, 중력이 없는 특별한 경우이므로 특별한 방향도 없다. 이러한 사실로부터 유체의 어떤 부분도 가속되지 않는다면 압력은 그릇 속의 모든 곳에서 모든 방향에 대해 똑같아야 한다고 결론지을 수 있다. 지금까지는 중력이 없을 때 매우 특별한 모양의 덩어리를 살펴 보았다. 15–4절에서는 지면 근처에서 또는 중력을 생각해야 하는 어떤 다른 곳에서 정적평형을 이루는 유체 속의 압력은 어떻게 되는가를 살펴본다.

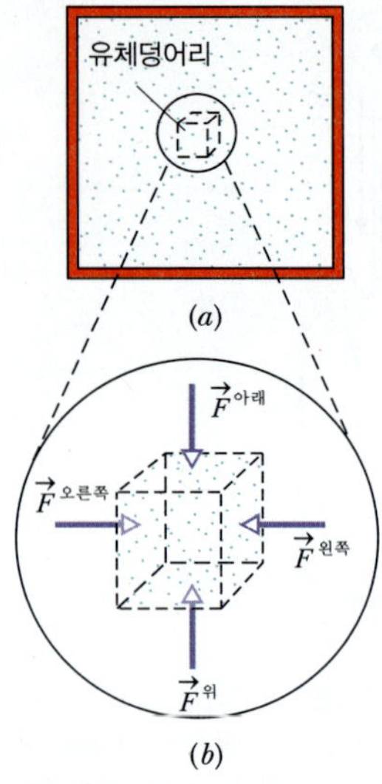

그림 15-4
(*a*) 중력이 없는 상태에서 정적평형을 이루는 작은 유체덩어리. (*b*) 유체덩어리는 가속되지 않으므로 주변 유체가 덩어리에 주는 알짜힘은 0이 되어야 하며, 따라서 덩어리가 받는 압력은 모든 방향에서 같다. 명확히 나타내고자 덩어리의 앞면과 뒷면이 받는 힘벡터는 표시하지 않았다.

• 고르지 않은 힘과 면에 대한 압력의 정의

어떤 면에 대한 힘이 고르지 않거나 혹은 그 면이 구부러져 있을 때도 면 A를 조각 내면 압력의 기본적인 정의를 여전히 쓸 수 있다. 낱낱의 조각을 충분히 작게 만들면 그 면 위에서는 법선력이 균일하며 면조각이 충분히 평탄해진다(그림 15-5). 이렇게 하면 그 면의 i번째 조각이 있는 곳의 압력은 다음과 같이 정의할 수 있다.

$$P_i \equiv \lim_{A_i \to 0} \frac{|\vec{F}_i|}{A_i} \qquad \text{(한 곳의 압력, 고르지 않은 힘)} \tag{15-2}$$

여기서 $|\vec{F}_{i\perp}|$는 i번째 면에 수직한 알짜힘의 크기다. 즉, 어떤 점에서의 압력은 그 점에 중심을 둔 면 A_i를 점점 더 작게 만들 때의 위 비례식의 극한값이다. 분명히, 면의 넓이가 작아지면 면이 받는 알짜힘도 작아지며 따라서 그 비는 여전히 물리적인 뜻이 있다.

압력의 국제단위는 제곱미터당 뉴턴이며, **파스칼(pascal, Pa)**이라 한다. 미터계를 쓰는 국가에서는 타이어 압력계의 눈금이 킬로파스칼(kPa) 단위로 되어 있다. 다른 압력단위와 파스칼은 다음과 같은 관계가 있다.

$$1.00\text{기압(atm)} \equiv 101\,325\ \text{Pa} \equiv 760\ \text{Torr} \approx 14.7\ \text{lb/in}^2$$

'기압(atmosphere, atm)' 은 그 이름과 같이 해수면에서의 대략적인 평균대기압이다. 토르(torr)[1674년에 수은기압계를 발명한 토리첼리(Evangelista Torricelli)를 뜻함]는 예전에는 수은 밀리미터(mm Hg)로 불렀다. 제곱인치당 파운드는 줄여서 psi(pound-per-square-inch)로 나타낸다. 표 15-1은 몇몇의 압력을 보여준다.

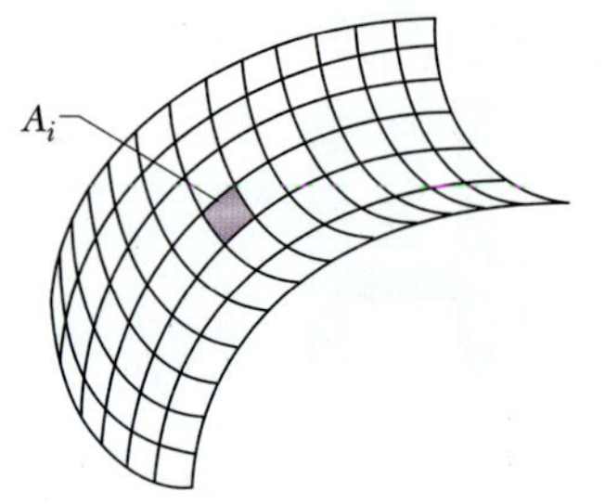

그림 15-5
곡면 혹은 불균일한 힘을 받는 면에 유체가 주는 압력을 셈하려면 면을 A_1, A_2 등의 수많은 작은 면요소로 나누어야 한다. 이 그림에서는 i번째 면요소를 나타냈다.

• 밀도

앞서 논의한 고체기둥으로 한 번 더 돌아가자. 크기와 높이가 정해진 기둥의 무게는 재료가 무엇인가에 따라 결정된다. 기둥이 스티로폼과 같은 물질로 되어 있다면 납으로 만든 것보다 훨씬 더 가벼울 것이다. 따라서 크기와 모양이 정해진 물체의 무게를 예측할 수 있다면 편리할 것이다.

이러한 목적에서 물질 1세제곱미터의 질량을 기준으로 하는 새로운 양을 만들어낸다. 어떤 물질에 대해 이 값을 정하려면 그 물질로 된 실제 부피 V 안의 전체 질량 M을 재어 M/V를 셈한다. 이 양을 밀도라고 부른다. 보편적으로 밀도는 단위부피당 질량의 척도이다. 밀도에 대한 표준적인 기호는 ρ이다.

표 15-2는 몇 가지 물질들의 밀도와 어떤 물체의 평균밀도를 보여준다. 기체의 밀도는(표의 공기를 보라) 압력에 따라 상당히 달라진다. 그러나 액체의 밀도는(물을 보라) 그렇지 않다. 즉 기체는 압축성이 크며 액체는 그렇지 않다.

유체의 밀도가 늘 균일하지는 않다. 예를 들어 기체분자 및 다른 입자로 이루어진 지구 대기의 밀도는 성층권보다 지면 가까운 곳에서 훨씬 더 높다. 압력에서처럼 어떤 유체의 i점에서의 밀도 ρ를 구하려면, 주위의 부피요소 V_i를 떼어 내어 그 속에 든 유체의 질량 m_i를 잰다. 그러면 '**밀도(density)**' 는 다음과 같다.

표 15-1
몇몇 압력

	압력(Pa)
태양의 중심	2×10^{16}
지구의 중심	4×10^{11}
실험실에서 가장 높이 유지된 압력	1.5×10^{10}
가장 깊은 해구(바닥)	1.1×10^{8}
마룻바닥 위 춤꾼의 뾰족한 뒷굽	1×10^{6}
자동차 타이어[a]	2×10^{5}
해수면의 대기	1.0×10^{5}
정상 혈압[a,b]	1.6×10^{4}
최상의 실험실 진공	10^{-12}

[a] 대기압을 초과한 압력
[b] 수축기의 압력(의사의 압력계로는 120토르)

표 15-2
몇몇 밀도

물질/물체	밀도(kg/m³)
성간 공간의 떠돌이 원자들	10^{-20}
최상의 실험실 진공에 남아 있는 공기	10^{-17}
공기: 20℃ 1기압	1.21
20℃ 50기압	60.5
스티로폼	1×10^{2}
얼음	0.917×10^{3}
물: 20℃ 1기압	0.998×10^{3}
20℃ 50기압	1.000×10^{3}
바닷물: 20℃ 1기압	1.024×10^{3}
정제하지 않은 혈액	1.060×10^{3}
철	7.9×10^{3}
수은 (금속)	13.6×10^{3}
지구: 평균	5.5×10^{3}
핵	9.5×10^{3}
지각	2.8×10^{3}
태양: 평균	1.4×10^{3}
핵	1.6×10^{5}
백색왜성 (핵)	10^{10}
우라늄 핵	3×10^{17}
중성자별 (핵)	10^{18}
블랙홀 (1태양질량)	10^{19}

$$\rho_i = \frac{m_i}{V_i} \qquad \text{(어떤 점 } i \text{ 근처의 밀도)} \qquad (15\text{-}3)$$

이론상으로 유체 속의 어떤 곳의 밀도는 그곳의 부피요소 V를 점점 더 작게 할 때 비례값의 극한이다. 실제로, 많은 유체 시료는 원자수준의 크기보다 크며 따라서 원자들이 '뭉쳐 있다' 기보다는 '부드럽게 퍼져 있다'. 시료의 밀도가 고르다면 식 15-3은 다음과 같이 더 간단해진다.

$$\rho = \frac{m}{V} \qquad \text{(고른 밀도)} \qquad (15\text{-}4)$$

여기서 m과 V는 시료 전체의 질량 및 부피이다. 밀도는 스칼라이며, 국제단위는 세제곱미터당 킬로그램이다.

밀도와 압력은 유체에 관한 기본 개념이다. 고체를 다룰 때는 나무토막이나 야구공 혹은 금속 막대와 같은 물질의 특정한 덩어리를 생각했다. 이때 쓸모 있는 물리량은 질량과 힘이며, 뉴턴 법칙도 이것을 써서 표현한다. 예를 들어 25 N의 힘을 받는 3.6 kg의 토막이라고 말할 수 있다. 유체에 대해서는 부피가 있는 물질 및 그 물질 속에서 점마다 달라질 수 있는 성질에 더 관심이 있다. 이때는 질량과 힘보다는 밀도와 압력에 관해 말하는 것이 더 쓸모가 있다.

생각해보기 15-1 몸무게 56.7 kg중인 숙녀가 뒷굽이 뾰족한 구두를 신고 두 발로 서 있다. 뒷굽이 마룻바닥에 주는 압력을 파스칼로 어림셈하라. 숙녀의 몸무게는 뒷굽과 앞굽에 반씩 준다고 가정한다. 표 15-1의 값과 여기에서 셈한 값을 비교하면 어떤가? 1134 kg중의 자동차를 나누어 받치는 타이어 하나가 길에 주는 압력보다도 뾰족구두 뒷굽으로 마룻바닥에 주는 압력이 더 클 수 있는 까닭을 설명하라.

생각해보기 15-2 표 15-2의 밀도들을 살펴보자. 공기와 물의 밀도는 현저히 다르다는 사실을 써서 공기는 물보다 압축성이 더 크는 사실을 그럴듯하게 설명해보라.

생각해보기 15-3 8×12인치 크기의 책을 생각해보자. 대기가 책을 아래로 누르는 힘은 약 1200 파운드임을 보여라. 같은 크기의 부드럽고 두꺼운 고무판을 아래로 누르는 힘도 1200 파운드이다. 고무판이 매끄러운 탁자 위에 놓여 있어서 아래로 공기가 들어갈 수 없을 때는 고무판을 들어 올릴 수 없다. 하지만 책은 쉽게 들어 올릴 수 있다. 이 현상을 설명해보라.

따라해보기 15-1 | 공기 압력에 의한 힘

거실의 바닥 크기는 가로 3.5 m, 세로 4.2 m이며 높이는 2.4 m이다.

(a) 공기압력이 1기압일 때 방안 공기의 무게는?

풀이 ■ 요점은 다음과 같다: (1) 공기의 무게는 mg이며 여기서 m은 공기의 질량이다. (2) 질량 m은 공기밀도 ρ와 공기부피 V에 식 15-4 ($\rho = m/V$)의 관계가 있다. 두 개념을 같이 써서 1.0 atm에서의 공기밀도를 표 15-1에서 취하면

$$\begin{aligned} mg &= (\rho V)g \\ &= (1.21\,\text{kg/m}^3)(3.5\,\text{m}\times 4.2\,\text{m}\times 2.4\,\text{m})(9.8\,\text{m/s}^2) \\ &= 418\,\text{N} \approx 420\,\text{N} \end{aligned}$$

이는 소다수 약 126깡통의 무게이다.

(b) 대기가 방 천장에 주는 힘의 크기는 얼마인가?

풀이 ■ 요점은 대기가 천장을 크기가 고른 힘 $F_\perp = |\vec{F}_\perp|$로 위로 민다는 것이다. 따라서 넓이 A인 평평한 천장에 대기가 힘 F를 준다면, 그 힘이 주는 압력은 식 15-1($P = F_\perp/A$)을 통해 연관된다.

$$\begin{aligned} F_\perp &= PA \\ &= (1.0\,\text{atm})\left(\frac{1.01\times 10^5\,\text{N/m}^2}{1.0\,\text{atm}}\right)(3.5\,\text{m})(4.2\,\text{m}) \\ &= 1.5\times 10^6\,\text{N} \qquad \text{(답)} \end{aligned}$$

이 엄청난 힘은 바닥 넓이가 방 넓이와 같고, 높이는 대기권의 꼭대기에 이르는 공기막대의 무게와 같다.

연습문제 15-3

1. 주사기
어떤 간호사가 반지름이 1.1 cm인 주사기의 둥근 피스톤에 42 N의 힘을 줄 때 주사기 속 유체의 압력은 얼마나 높아지는가?

2. 세 가지 액체
섞이지 않는 세 가지 액체를 원통 그릇에 부었다. 액체의 부피와 밀도는 0.5 L, 2.6 g/cm^3; 0.25 L, 1.0 g/cm^3; 0.40 L, 0.80 g/cm^{3}이다. 이 액체들이 그릇 밑바닥에 주는 힘은 얼마인가? 1리터 = 1 L = 1 000 cm^3. (대기에 의한 효과는 무시한다.)

3. 사무실 창문
사무실의 창문 크기가 3.4 m×2.1 m이다. 폭풍이 불어와서 바깥의 대기압력이 0.96기압으로 떨어졌다. 그러나 안에는 압력이 1.0기압으로 유지된다. 바깥으로 창문을 미는 알짜힘은?

4. 앞 타이어
자동차 앞 타이어를 28 psi로 부풀렸다. 그 뒤 혈압을 재서 mmHg 단위로 120/80이 나왔다. 국제단위계를 쓰는 (세계의 대부분) 나라에서는 이 압력들은 관례적으로 킬로파스칼(kPa)로 나타낸다. (a) 타이어 압력과 (b) 혈압은 킬로파스칼로 얼마인가?

5. 물고기
민물 물고기는 다공질 뼈의 공기량이나 공기주머니를 조절하여 평균 몸 밀도를 물의 밀도에 맞추어 깊이를 유지한다. 어떤 물고기가 공기주머니를 줄여서 밀도가 1.08 g/cm^{3}이 되게 하였다. 이 물고기가 몸 밀도를 물에 맞추려면 공기주머니 부피를 몸에 대해 얼마의 비율로 부풀려야 하는가?

6. 기밀 그릇
질량을 무시할 수 있고 넓이가 77 cm^{2}인 뚜껑이 달린 기밀 그릇에서 공기를 일부 빼내었다. 그릇 뚜껑을 떼어놓는데 480 N의 힘이 필요하며, 대기압이 1.0×10^5 Pa이라면, 그릇 속의 기압은 뚜껑을 열기 전에 얼마인가?

7. 오토 폰 게리케

1654년에 공기펌프를 발명한 오토 폰 게리케는 신성로마제국의 귀족들 앞에서 두 개의 진공 놋쇠반구를 떼어놓는 시범을 해 보였는데, 그때 한쪽에 말 8필씩 묶어 양쪽에서 당겨도 떼어 놓을 수 없었다. (a) 반구 벽이 얇다면 그림 15-6의 속 반지름 및 바깥 반지름을 모두 R로 볼 수 있다. 이 반구를 떼어놓는데 필요한 힘 $\vec{F}$의 크기는 $|\vec{F}| = \pi R^2$임을 보여라. 여기서 ΔP는 공 안팎의 압력차다. (b) R이 30 cm, 내부압력이 0.1 atm일 때, 8필의 말 한 무리가 반구를 떼어 놓기 위해서 주어야 하는 힘의 크기를 구하라. (c) 반구 한쪽을 튼튼한 벽에 붙여 두고 말 한 무리로만 끌어도 그 힘의 크기를 마찬가지로 잘 보일 수 있는 까닭을 설명하라.

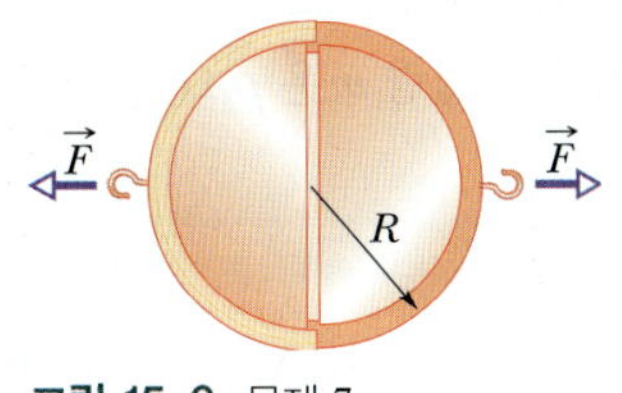

그림 15-6 문제 7

15-4 중력과 정지 유체

앞 절에서는 중력이 없을 때 '움직이지 않는' 유체덩이가 받는 힘을 살펴보았다. 그때 그릇을 가득 채운 유체 속의 압력은 그릇 속 어디에서나, 그리고 어느 쪽으로나 같음을 알았다. 그러나 중력을 받는 유체 속에서는 다르다. 이 절에서는 중력을 받을 때 유체 속의 압력이 높이에 따라 어떻게 달라지는지 살펴본다. 어느 잠수부나 잘 알다시피 공기-물 계면 아래로 깊이 들어갈수록 압력은 높아진다. 잠수부의 측심기는 실제로는 그림 15-3a와 비슷한 압력 감지기다. 어느 등산가나 알다시피 대기권의 위로 올라갈수록 압력은 낮아진다. 잠수부나 등산가가 경험하는 압력은 정지해 있는 유체의 압력이므로 보통 **정지유체압력(정수압, hydrostatic pressure)**이라고 한다. 여기서는 깊이나 높이의 함수로서 정수압에 대한 식을 구할 것이다.

지면 근처의 공기나 물과 같은 유체를 생각해보자. 높이가 처음에 y_1에서 나중에 y_2로 바뀌면 압력은 어떻게 될까? 유체는 많은 분자들로 이루어져 있으므로 그중 어떤 부분을 우리가 다룰 '물체'로 잡아 그 유체덩이에 뉴턴 법칙을 적용한다. 따라서 그림 15-7a와 같이 두 높이 y_1과 y_2 사이에 걸쳐 있는 단면적 A인 원기둥 속에 든 모든 분자로 이루어진 유체덩이를 상상해보자. 원통 안 분자들의 전체질량은 m이다.

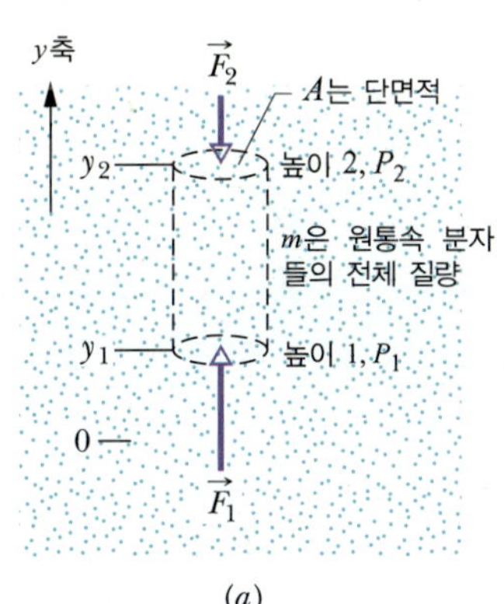

(a)

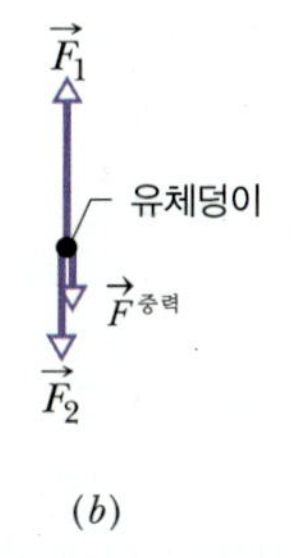

(b)

그림 15-7
(a) 공기나 물과 같은 유체덩이가 단면적이 A인 가상의 원통 속에 들어 있다. 힘 $\vec{F}_1$와 $\vec{F}_2$는 각각 원통의 윗면과 밑면을 민다. 유체덩이의 중력은 $\vec{F}^{중력} = -mg\hat{j}$이다. ($b$) 원통 속 유체덩이의 힘-물체그림.

유체덩이가 서 있는 상태, 즉 정적평형(static equilibrium)에 있으면 옆에서 받는 수평 힘의 합은 0이 되어야 한다. 이와 비슷하게 유체덩이가 받는 수직 힘의 벡터 덧셈도 0이 되어야 정적평형이 유지된다. 원통 유체덩이는 세 힘을 받고 있다. 그림 15-7b의 힘-물체그림은 이 힘을 나타낸다. 힘 $\vec{F}_1$은 원통 밑에 있는 물이 원통의 밑면을 밀어 올리는 힘이다. 마찬가지로 힘 $\vec{F}_2$는 원통 위에 있는 물이 원통의 윗면을 내리 누르는 힘이다. 원통 속에 있는 물이 받는 중력은 $\vec{F}^{중력} = -mg\hat{j}$로 나타낼 수 있다. 이 힘들을 더한 알짜힘은 0이 되어야 하므로 다음 식이 성립한다.

$$\vec{F}^{알짜} = \vec{F}_1 + \vec{F}_2 + \vec{F}^{중력} = 0$$

모든 힘이 수직방향으로 작용하므로 이 식을 이들 벡터의 y성분으로 다시 쓰면 다음과 같다.

$$F_y^{알짜} = F_{1y} + F_{2y} + F_y^{중력} = F_{1y} + F_{2y} + (-mg) = 0 \tag{15-5}$$

힘 $\vec{F}_1$의 방향은 위쪽이므로 (+)이지만 $\vec{F}_2$는 아래쪽이므로 (-)이다. 힘 성분을 해당 압력과 넓이로 바꾸어 나타내면 다음과 같다.

$$F_{1y} = +P_1 A \quad 그리고 \quad F_{2y} = -P_2 A \tag{15-6}$$

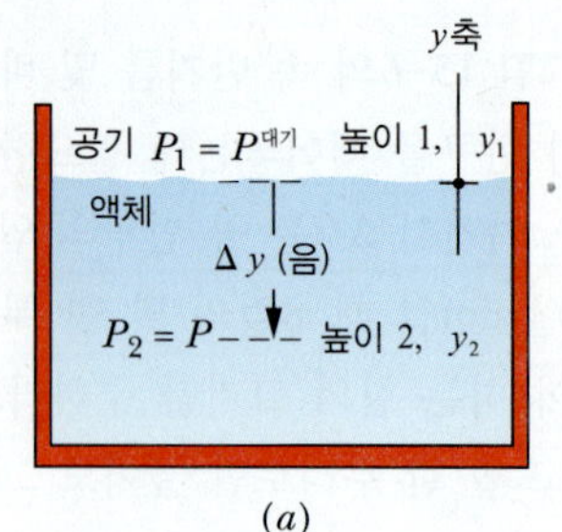

(a)

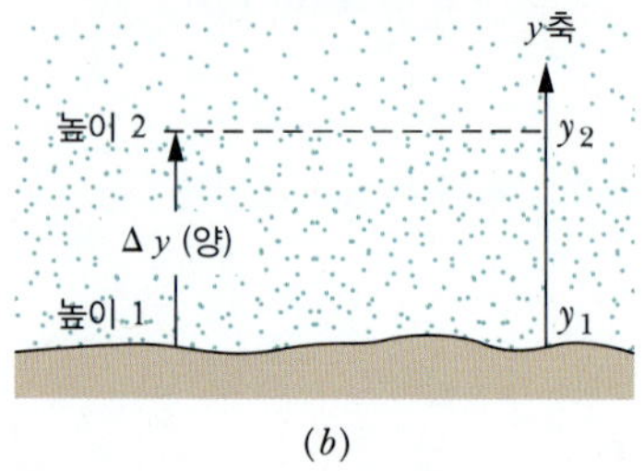

(b)

그림 15-8
식 15-7은 (a) 수면 밑에서의 압력 또는 (b) 지면 위의 대기압력을 재는데 쓸 수 있다.

힘성분 F_{2y}가 음수임을 강조하고자 본래 양수인 $P_2 A$항에 (−) 부호를 분명하게 붙였다. 원통 속 유체의 질량 m은 $m = \rho V$이며, 여기서 ρ는 유체밀도 그리고 V는 원통의 부피를 나타낸다. 부피는 바닥 넓이 A와 높이 $\Delta y = y_2 - y_1$의 곱이므로 질량 m은 $\rho A(y_2 - y_1)$과 같다. 이 결과를 쓰고 식 15-6을 식 15-5에 넣으면

$$P_2 = P_1 - \rho g(y_2 - y_1) = P_1 - \rho g \Delta y \qquad (\rho\text{가 균일할 때만 성립}) \tag{15-7}$$

을 얻는다. 또는 압력차는 $\Delta P = P_2 - P_1$이므로 다음과 같이 쓸 수도 있다.

$$\Delta P = -\rho g \Delta y \tag{15-8}$$

셈에서 $\rho, g, \Delta y$에 국제단위계를 쓰면 압력의 단위는 파스칼이 된다.

식 15-7은 액체(깊이의 함수로서) 혹은 대기(높이의 함수로서)에서 압력 변화를 구하는데 쓸 수 있는 일반식이다(그림 15-8). 하지만 이 식은 우리가 생각하는 곳의 높이(깊이) 범위 안에서 유체의 밀도와 국소중력의 세기가 거의 일정할 때만 맞다.

• 특별한 예 1: 지구대기의 압력

식 15-7은 기준점 위로 그 높이에서의 대기압 P_1으로서 다른 주어진 높이에서의 대기압을 구하는데 쓸 수 있다. 밀도를 $\rho = \rho_{공기}$로 나타내면, 식 15-7은 다음 결과가 된다.

$$P_2 = P_1 - \rho_{공기} g \Delta y \qquad (\rho_{공기}\text{와 } g \approx \text{상수}) \tag{15-9}$$

기준 높이보다 위에 있으므로 $y_2 > y_1$이며, Δy는 (+)이다. 따라서 위의 식은 기압이 높이에 비례하여 낮아짐을 시사한다.

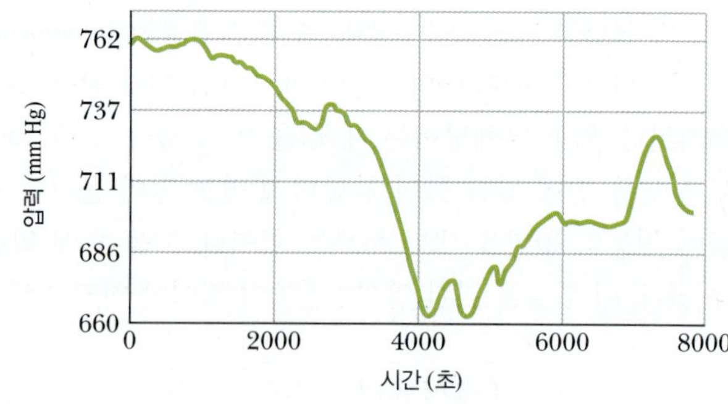

그림 15-9
오레곤 주의 포틀랜드에서(해발고도 약 3 m) 캐스케이드 산맥을 지나 오레곤 주 마드라스까지 차를 몰면서 얻은 압력자료의 그림표. 첫째 압력 최소점은 거버먼트 캠프(Government Camp) 근처의 고개를 지날 때 약 4 200초에서 나온다. 둘째 최소는 거의 같은 높이인 블루 박스(Blue Box) 고개를 넘어가면서 약 4 700초에서 나온다. 두 고개 모두 해발고도로 1200m가 조금 넘는다. [자료 제공: 버니어(David Vernier)]

그림 15-9에 보인 관측 결과는 기압이 실제로 고도에 따라 낮아짐을 입증한다. 표 14-1의 자료는 높이 8.8 km인 에베레스트 산을 포함하여 지면 위의 어떤 높이에서도 국소중력세기는 거의 일정함을 보여준다. 하지만 공기의 밀도는 고도가 높아질수록 작아진다. 다행히 공기밀도 $\rho_{공기}$는 1500 m(또는 5000 ft)에 이르기까지는 상당히 일정하다. 이는 그림 15-9에서 기술한 캐스케이드 산맥 횡단여행에서의 높이 범위에서는 압력셈에 식 15-9를 쓸 수 있음을 뜻한다. 하지만 더 높은 곳을 고려할 때 식 15-9는 정확하지 않다.

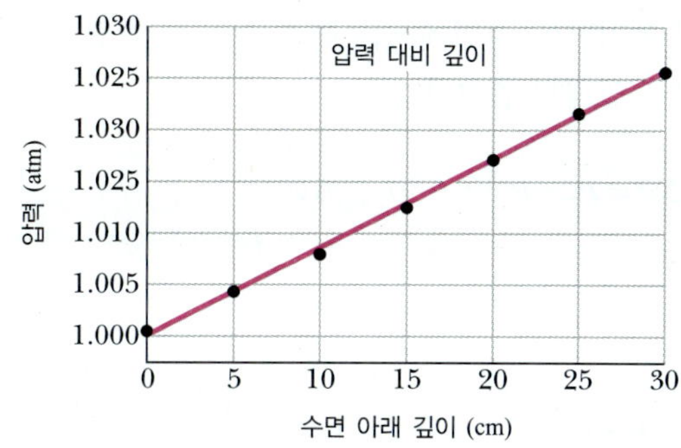

그림 15-10
물통의 수면 아래 0부터 30 cm 사이의 깊이에 대한 압력 변화. 다음 절에 보인 것 같은 기체압력 감지기를 붙인 컴퓨터 자료수집장치를 써서 쟀다. 국제단위로 나타낼 때 그림표의 기울기는 식 15-10에서의 인수 $\rho_{물} g$와 같아야 한다. 보인 자료는 실험 불확실도의 범위 안에서 이론과 맞다.

• 특별한 예 2: 물 속의 압력

식 15-7은 또한 물 속 어떤 깊이에서의 압력을 기준수위의 압력 P_1에 대해 나타내는데도 쓸 수 있다. 밀도를 $\rho = \rho_{물}$로 나타내면, 식 15-7은 다음 결과가 된다.

$$P_2 = P_1 - \rho_{물} g\Delta y \qquad (\rho\text{와 } g \approx \text{상수}) \tag{15-10}$$

y_2는 기준수위 밑에 있으므로 $y_2 < y_1$이며, Δy는 (−)이다. 따라서 이 식은 수압이 물 속 깊이에 비례하여 높아짐을 예측한다.

물 속의 압력이 깊이에 비례하여 (비례상수는 $\rho_{물} g$) 높아진다는 이 이론은 그림 15-10에서 볼 수 있듯이 실험과 잘 맞는다. 액체 속의 압력은 깊어질수록 높아지지만 유체덩이의 수평위치와는 무관하다. 그리고 물 대신 다른 액체를 다룬다면 물의 밀도 대신 액체의 밀도를 써야 한다.

> 중력이 있을 때 정적평형을 이루는 유체 속 어느 곳의 압력은 깊이에 따라 달라질 뿐, 유체의 수평 단면의 크기나 그릇의 모양과는 무관하다.

생각해보기 15-4 스쿠버다이버들은 물 속 10 m 깊이까지 내려가면 압력이 두 배가 된다는 것을 알고 있다. 하지만 고산 등반가는 기압이 반으로 줄어들려면 약 5.5 km를 올라가야 한다. 식 15-7의 어떤 인자가 높이나 깊이에 대한 압력 변화가 물보다는 공기에서 훨씬 더 작다는 사실을 설명해주는가?

생각해보기 15-5 그림은 네 가지 올리브 기름 그릇을 나타낸다. y_2의 압력이 큰 것부터 순서를 정하라.

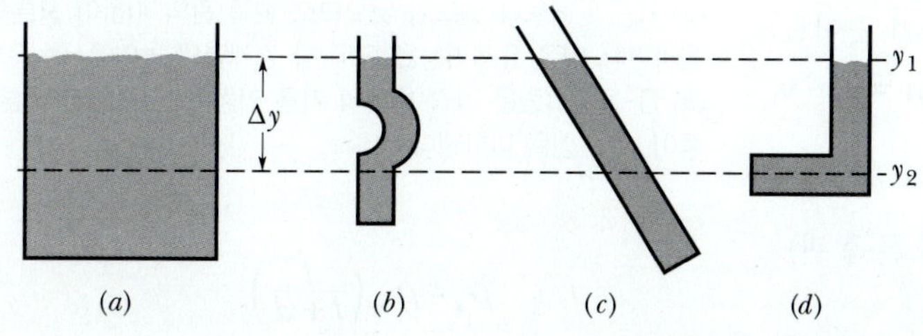

따라해보기 15-2 | 숨 내쉬기

수영장에서 연습하는 초보 스쿠버다이버가 깊이 L에서 허파가 충분히 확장되도록 산소통에서 충분한 공기를 들이마신 다음 산소통을 버리고 수면으로 헤엄쳐 간다. 그는 주의사항을 무시하고 올라가면서 숨을 내쉬지 않았다. 그가 수면으로 나왔을 때 그가 받는 외부압력과 그의 허파의 압력의 차이는 9.3 kPa이다. 얼마의 깊이에서 그가 나왔는가? 잠재적으로 그는 어떠한 치명적인 위험에 직면하는가?

풀이 ■ 요점은 물 속 깊이 Δy인 곳에서 허파에 공기를 채울 때 그가 받는 압력은 물 밖에 있을 때보다 더 크다는 것이다.

수면에서의 대기압을 P_1이라 하면 식 15-10은 다음과 같이 쓸 수 있다.

$$P_2 = P_1 - \rho_{물}\, g\Delta y = P^{대기} - \rho_{물}\, g\Delta y$$

$\rho_{물}$은 물의 밀도(998 kg/m³)이며, 값은 표 15-2에 있다. 다이버가 수면으로 올라오는 동안 그가 받는 압력은 수면의 대기압 $P^{대기}$이 될 때까지 낮아지고, 그의 혈압도 정상적인 압력이 될 때까지 낮아진다. 하지만 그가 숨을 내쉬지 않으므로 허파 속의 압력은 수심 Δy에서의 값이 유지된다. 수면에서는 허파 속의 높은 압력과 그의 가슴이 받는 낮은 압력의 압력차가

$$\Delta P = P_2 - P^{대기} = -\rho_{물}\, g\Delta y$$

이 되며, 이로부터

$$\Delta y = \frac{\Delta P}{-\rho g} = \frac{9\,300\ \text{Pa}}{(998\ \text{kg/m}^3)(9.8\ \text{m/s}^2)} = -0.95\ \text{m} \qquad \text{(답)}$$

수심은 깊지 않다! 그러나 9.3 kPa의 압력차(대기압의 약 9%)는 다이버의 허파를 터뜨려 여기서 나온 공기가 감압된 혈액 속으로 들어가고 심장에도 들어가서 그를 죽게 하기에는 충분하다. 그가 올라올 때 주의사항을 지켜서 점점 숨을 내쉰다면 허파 속 압력이 외부압력과 같아지게 되므로 위험은 사라진다.

따라해보기 15-3 | U자 관

그림 15-11의 U관은 정적평형을 이루는 두 유체를 담고 있다. 밀도 $\rho_{물}$(998 kg/m³)인 물이 오른쪽 관에 있고, 밀도 ρ_x를 모르는 기름이 왼쪽에 있다. 재보면 $l = 135$ mm이고 $d = 12.3$ mm이다. 기름의 밀도는 얼마인가?

풀이 ■ **요점**은 왼쪽 관에서 기름-물 경계면의 압력 $P^{경계면}$은 그 계면 위에 있는 기름의 높이와 밀도 ρ_x에 따라 정해진다는 것이다. 둘째 **요점**은 오른쪽 관에서 왼쪽 계면과 높이가 같은 곳의 압력은 그곳과 같다는 것이다. 그 이유는 물이 정적평형을 이루고 있으므로 물 속에서 높이가 같은 곳은 어디에서나 압력이 같아야 하기 때문이다.

오른쪽 관에서 그 계면은 물의 자유표면 아래로 깊이 l인 곳이므로 식 15-10($P_2 = P_1 - \rho_{물}\, g\Delta y$)에서, $P_2 = P^{경계면}$이고 $\Delta y = y_2 - y_1 = -l$이다. 따라서,

$$P^{경계면} = P^{대기} - \rho_{물}\, g(-l) \qquad \text{(오른쪽 관)}$$

왼쪽 관에서 그 계면은 기름의 자유표면 아래로 깊이 $l + d$인 곳이므로 그곳의 압력은 다시 식 15-10에 따라 다음과 같다.

$$P^{경계면} = P^{대기} - \rho_x\, g[-(l+d)] \qquad \text{(왼쪽 관)}$$

두 식을 밀도에 대해 풀면

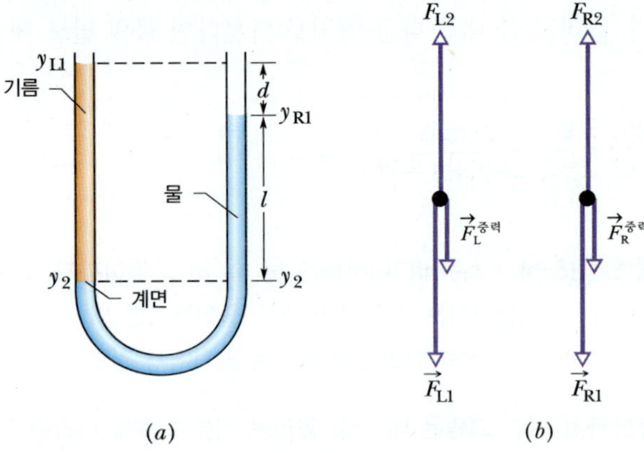

그림 15-11
(a) 기름이 물보다 밀도가 낮으므로 왼쪽 관의 기름이 오른쪽 관의 물보다 더 높이 올라간다. 양쪽 유체기둥은 모두 다 경계면의 높이에서는 같은 압력 $P^{경계면}$이 된다. (b) 힘-물체그림은 각각 왼쪽의 기름 기둥이 받는 힘과 오른쪽의 경계면 위쪽 물기둥이 받는 힘을 나타낸다.

$$\rho_x = \rho_{물}\left(\frac{l}{l+d}\right) = (998\ \text{kg/m}^3)\frac{135\ \text{m}}{135\ \text{m} + 12.3\ \text{m}} = 915\ \text{kg/m}^3 \qquad \text{(답)}$$

위 답은 대기압 $P^{대기}$ 또는 국소중력세기 g와는 무관함을 유의하자.

연습문제 15-4

8. 정수압 차이

키 1.83 m인 사람의 뇌와 발 사이의 정수압적 혈압차를 셈하라. 혈액의 밀도는 1.06×10^3 kg/m^{3}이다.

9. 하수 배출구

집의 비탈진 하수 배출구가 길 아래로 8.2 m인 곳에 있다. 하수도는 길 아래로 2.1 m인 곳에 있다면, 평균밀도 900 kg/m^{3}인 구정물을 하수 배출구에서 하수도로 퍼올리는 펌프가 만들어내야 하는 최소 압력차를 구하라.

10. 상그림

그림 15-12는 탄소의 상그림으로서, 탄소가 금강석 또는 흑연으로 결정화되는 온도와 압력의 범위를 나타낸다. 땅 속에서 금강석이 생길 수 있는 최소 깊이의 온도는 1 000℃, 암석밀도는 3.1 g/cm^{3}이라면 최소 깊이는 얼마인가? 땅 속의 압력은 유체처럼 그곳 위에 있는 물질이 받는 중력 때문에 생긴다고 가정하며, g의 깊이에 대한 변화는 무시한다.

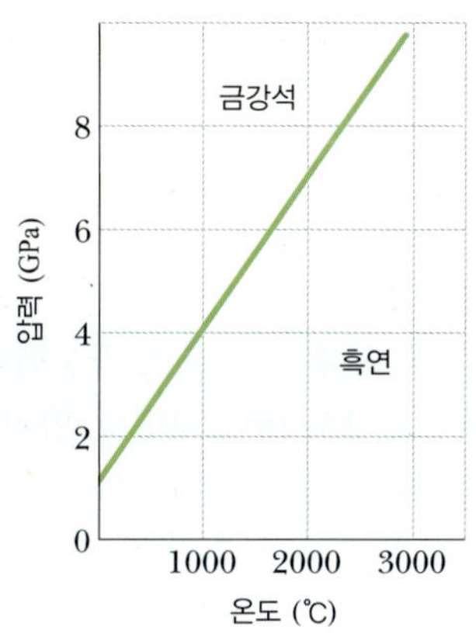

그림 15-12 문제 10

11. 수영장

수영장의 크기가 24 m×9.0 m×2.5 m이다. 이를 물로 채우면 (a) 밑바닥 면, (b) 각 짧은 옆면, 그리고 (c) 각 긴 옆면이 받는 (물만에 의한) 힘은 얼마인가? (d) 콘크리트 벽과 바닥이 터질까봐 걱정된다면, 대기압을 고려하는 것이 적절한가? 왜 그런가?

12. 바닷물

(a) 바닷물의 밀도가 1.03 g/cm^{3}이라 가정하여, 그 선체 면적(수평 단면적)이 3 000 m^{2}인 핵잠수함이 바닷속 깊이 200 m에서 받는 물의 전체 무게를 구하라. (b) 이 깊이에서 잠수부가 느끼는 수압은 기압으로는 얼마인가? 이 깊이에서 잠수함이 망가질 때 승무원들은 특별한 장비가 없이 탈출해 나올 수 있다고 생각하는가?

13. 승무원

수심 100 m에서 망가진 잠수함에서 승무원들이 탈출해 나오려 한다. 그 깊이에서 1.2 m×0.60 m인 튀어나온 출입문을 밀어 열려면, 힘을 얼마나 주어야 하는가? 바닷물의 밀도는 1 025 kg/m^{3}로 가정한다.

14. 통

원통꼴 통 꼭대기에 가는 관이 그림 15-13과 같이 고정되어 있다. 그릇은 관 꼭대기까지 물이 차 있다. 그릇 바닥이 받는 정지유체 힘과 그릇 속에 담긴 물이 받는 중력의 비를 셈하라. 그 비가 왜 1이 아닌가? (대기압력은 따질 필요가 없다.)

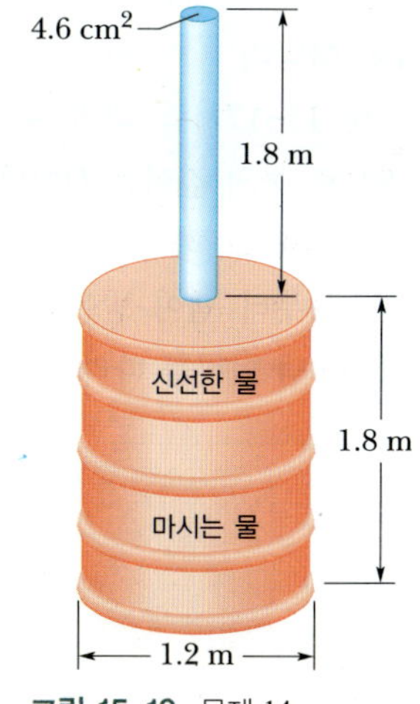

그림 15-13 문제 14

15. 원통꼴 그릇

똑같은 원통꼴 그릇 두 개에 밀도 ρ인 액체를 담아 바닥을 같은 높이에 두었다. 바닥넓이는 똑같이 A이지만, 액체의 높이는 하나는 h_A, 다른 것은 h_B이다. 두 그릇을 관으로 이을 때 액체 높이를 맞추면서 중력이 한 일을 구하라.

16. 지질학적 생김새

어떤 지질학적 생김새를 분석할 때는 가끔 지구 속 깊은 곳에 어떤 수평 보상면이 있고, 그곳의 압력은 넓은 지역에 걸쳐 같으며, 이 압력은 그 위에 있는 물질이 받는 중력 때문에 생긴다고 가정하는 것이 적절하다. 따라서, 보상면 깊이에서의 압력은 유체의 압력공식을 써서 셈할 수 있다. 이 모형에서 산은 밀도가 더 높은 맨틀 속으로 뻗어 있는 대륙(을 이루는)암석으로 된 뿌리를 가져야 한다(그림 15-14). 높이가 6.0 km인 산을 생각하자. 대륙암석의 밀도는 2.9 g/cm^3, 대륙 아래 맨틀의 밀도는 3.3 g/cm^{3}이다. 이 뿌리의 깊이 D를 구하라. (**실마리:** a와 b에서 압력은 같다고 놓는다, 보상면의 깊이 y는 맞지워진다.)

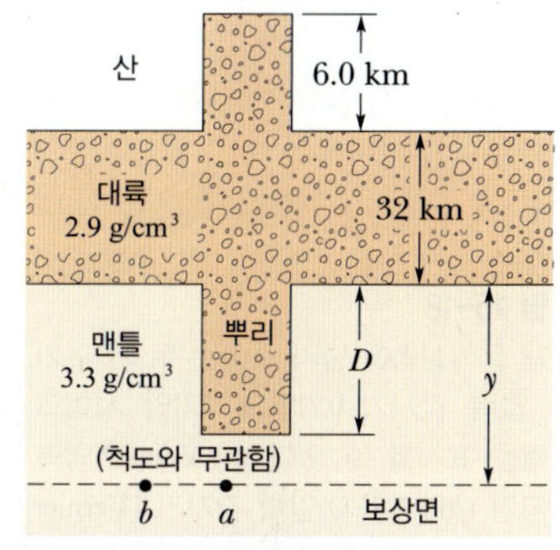

그림 15-14 문제 16

17. 대양

그림 15-15는 대양과 대륙의 접합부를 보여준다. 문제 16에서 제시한 보상면 방법을 써서 대양의 깊이 h를 구하라.

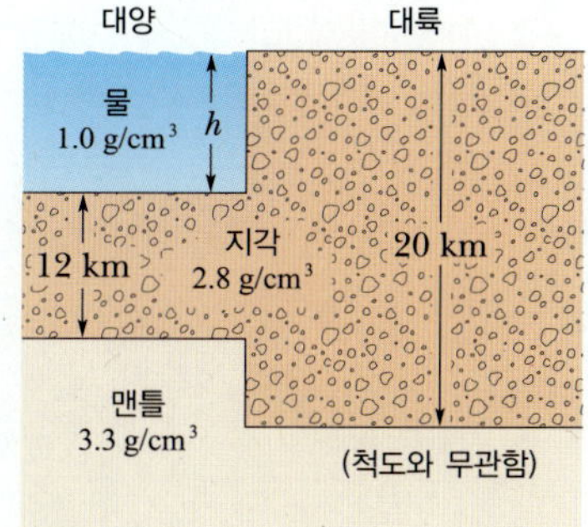

그림 15-15 문제 17

18. L자꼴 통

그림 15-16의 L자꼴 통에 물이 차 있고 위는 열려 있

다. $d = 5.0\,\text{m}$이면 물이 받는 힘은 (a) A면에서, (b) B면에서 얼마인가?

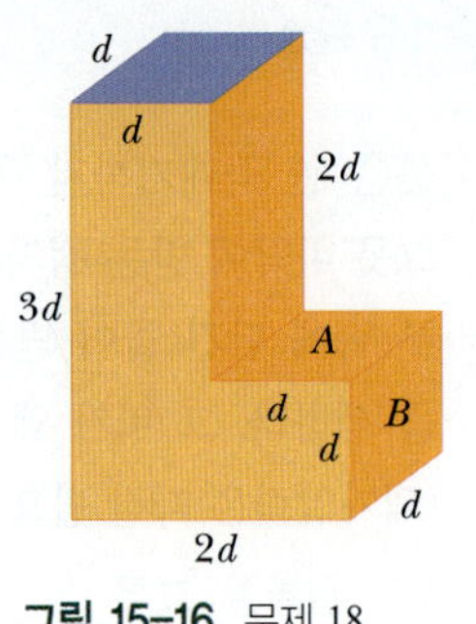

그림 15-16 문제 18

19. 물막이

그림 15-17처럼 댐의 수직인 안쪽 면으로 물의 깊이는 D이다. W를 댐의 너비라고 하자. (a) 물의 계기 압력으로부터 댐이 받는 알짜 수평력과 (b) 댐 너비를 따라 나란하게 O를 지나는 선에 대하여, 위 힘에 의한 (즉, 계기 압력) 알짜 회전력을 구하라. (c) 알짜수평력의 O를 지나는 선에 대한 모멘트팔을 구하라.

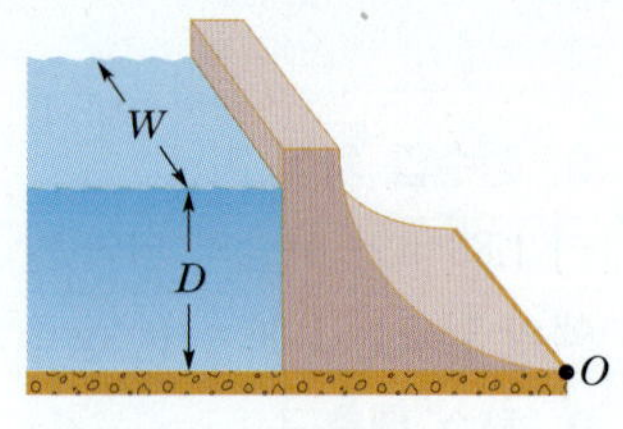

그림 15-17 문제 19

15-5 압력 재기

• 전자 압력 감지기

기체의 절대압력을 재는 가장 일반적인 방법은 전자 감지기를 쓰는 것이다. 여러 전자 감지기는 그림 15-3에 보인 시험용 감지기와 거의 같은 방식으로 작동한다. 일반 전자 감지기에는 한쪽에 진공실과 잘 휘는 막이 있으며, 그 예를 그림 15-18에 보였다. 압력으로 막이 휜 정도는 전자적으로 감지한다. 이 소자는 기상대와 물리실험실에 있는 기록용 압력계로 쓰인다.

(*a*) (*b*)

그림 15-18
현재 물리실험에 널리 쓰이는 두 가지 기체 압력 감지기. 0기압과 7기압 사이의 압력을 표시할 수 있다. (*a*) Vernier 압력 감지기. (*b*) PASCO 압력 감지기. (Vernier Software and Technology와 Pasco scientific 사진 제공)

전형적인 전자 압력 감지기는 액체에 담그면 망가진다. 하지만 공기가 차 있는 관을 기체용 감지기에 연결하면 액체 속의 여러 깊이에서 압력을 잴 수 있다.

• 수은 기압계

수은기압계와 열린관 압력계는 아직도 역사적, 실용적 이유에서 대기의 압력과 대기압 근처의 압력을 재는데 널리 쓰인다.

그림 15-19*a*는 가장 기본적인 수은압력계로서 대기압을 재는데 쓰는 장치이다. 긴 유리관에 수은을 채워 그림과 같이 그 열린 끝이 수은접시로 가도록 하여 거꾸로 세운다. 수은기둥 위의 공간에는 수은증기만 있을 뿐이며, 압력은 일상적 온도에서는 너무 작아서 무시할 수 있다.

국소대기압 $P^{대기}$를 높이 $\Delta y = y_2 - y_1$의 함수로 구하려면 식 15-10을 쓸 수 있다. 수은의 원소기호는 Hg이므로 수은밀도는 ρ_{Hg}로 나타낸다. 그림 15-19*a*에서 높이 1을 공기-수은 계면으로 잡

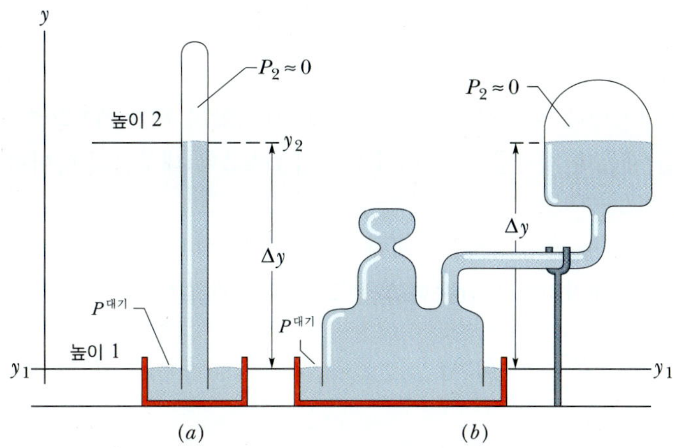

그림 15-19
(a) 수은압력계. (b) 다른 수은압력계. 액체 높이 차 Δy는 양쪽이 같다.

고 높이 2를 수은기둥의 꼭대기로 잡아 다음 식

$$P_1 = P^{대기}, \quad P_2 = 0, \quad \rho = \rho_{Hg}$$

을 식 15-10에 넣으면

$$P^{대기} = \rho_{Hg}\, g\Delta y \tag{15-11}$$

이 되며, 여기서 $\Delta y = y_2 - y_1$은 (+)이다.

• 열린관 압력계

열린관 압력계는(그림 15-20) 기체의 압력 $P_{기체}$를 잰다. 이것은 액체가 들어 있는 U관으로서, 관의 한 끝은 재려는 압력그릇에 연결되어 있고 다른 한 끝은 대기에 열려 있다. 그림을 보면 '높이 2' 로 표시한 선 아래로 'U' 의 액체는 통 속의 기체압력 때문에 왼쪽에서 힘을 받으며, 오른쪽에서는 높이 1과 2 사이의 수은기둥무게와 대기압력을 포함하여 그 위 모든 것이 주는 압력 때문에 힘을 받는다. 수은기둥이 평형을 이루면 (올라가거나 내려가지 않음) 이 힘이 균형을 이룬다. 이를 염두에 두고 식 15-10을 써서 그림 15-20에서 나타낸 높이 1과 2의 차이 Δy로서 압력을 구한다. 그림 15-20과 같이 높이 1과 높이 2를 정하자. 그리고 다음 식

$$P_1 = P^{대기} \quad 그리고 \quad P_2 = P_{기체}$$

을 식 15-9에 대입하여 다음을 구한다.

$$P_{기체} = P^{대기} - \rho g\Delta y \tag{15-12}$$

여기서 ρ는 관 속의 유체밀도이다.

그림 15-20에서 높이 2는 높이 1보다 낮으므로 Δy는 (−)이다. 따라서 이 그림은 기체압력이 대기압보다 높은 것을 나타낸다. 부푼 타이어와 사람의 혈관계는 압력이 대기압보다 높은 계의 예다. 그림 15-20에서 볼 수 있듯이 높이 2가 높이 1 위에 있다면 Δy는 (+)이 된다. 이때, 식 15-12를 써서 셈한 기체압력은 대기압보다 작다. 예를 들어, 빨대로 액체를 빨아들일 때는 실제로 폐 안의 (절대)압력은 대기압보다 작다.

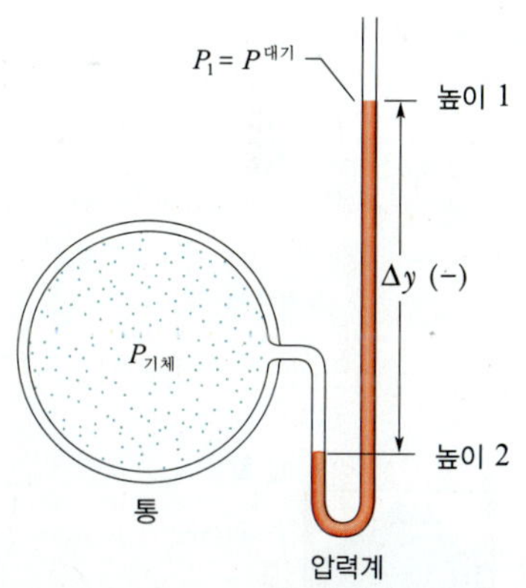

그림 15-20
왼쪽 통 속의 기체압력을 재고자 연결한 열린관 압력계. U자 관의 오른쪽은 대기에 열려 있다.

• 계기압력

압력을 잴 때는 종종 그림 15-20의 높이 2와 같은 어떤 곳의 압력(**절대압력**이라고 함)과 대기압으로 잡은 기준압력 P_1의 차이를 아는데 관심이 있다. 일반적으로 절대압력과 대기압의 차를 **계기압력**이라고 한다. (이 이름은 이러한 압력 차를 재는데 계기를 써온 데서 나왔다.) 예로써, 대부분의 타이어 압력계는 계기압력으로 잰다.

기압계 또는 열린관 압력계에서 쓰는 물 또는 다른 액체에 대한 계기압력은 $\Delta P = P_2 - P_1 = -\rho g \Delta y$로서 식 15-8과 같다. $P_1 = P^{대기}$이면 계기압력은 단순히 ΔP이므로 다음과 같이 쓸 수 있다.

$$P^{계기} = P_2 - P_1 = P_2 - P^{대기} = -\rho g \Delta y \tag{15-13}$$

연습문제 15-5

20. 레모네이드
밀도 1000 kg/m^{3}인 레몬수를 최대 4.0 cm 높이까지 빨대로 빨려면 적어도 얼마의 계기압력을(기압단위로) 입 안에 만들어야 하는가?

21. 대기압
(a) 공기밀도가 균일할 때와 (b) 높이에 따라 선형으로 0까지 줄 때, 전체 대기의 높이는 얼마가 되겠는가? 해수면에서의 기압은 1.0기압이고 공기밀도는 1.3 kg/m^{3}이라고 가정한다.

15-6 파스칼 원리

그림 15-2의 병에서 피스톤을 밀어서 코르크가 튀어나올 때, 우리는 **파스칼의 원리**가 작용하는 것을 보는 것이다. 또한 이 원리는 치약통의 막힌 끝을 누르면 왜 열린 끝에서 치약이 나오는가를 설명하기도 하며, 하임리크 구명법(Heimlich maneuver)의 바탕이기도 하다. 이 구명법에서는 배에 적절히 센 압력을 주어 목구멍으로 전달함으로써 목에 걸린 음식물을 토하게 한다. 파스칼 원리는 1652년 파스칼(Blaise Pascal)이 처음으로 분명하게 기술했다(압력단위는 그의 이름을 땄음).

> 갇힌 유체가 받는 압력이 변하면 그것은 그대로 유체의 모든 부분과 그릇의 벽에 전달된다.

이는 바로 그림 15-2에서 피스톤에 힘을 줄 때의 압력에 대한 첫 논의에서 살펴 본 것이다. 병 옆에 막아둔 코르크는 그것이 어디에 있든 관계없이 뻥 튀어나온다.

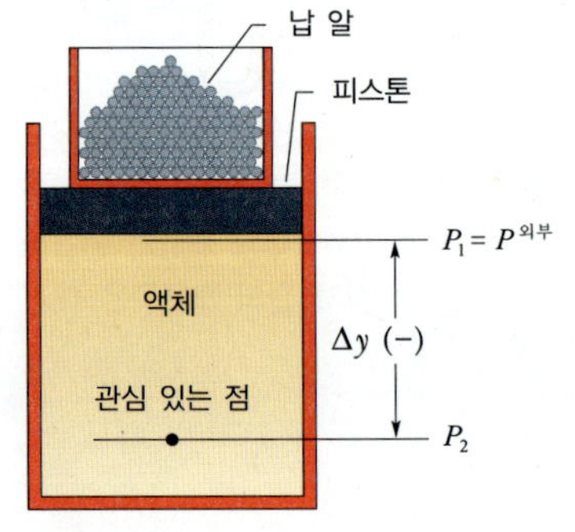

그림 15-21
대기와 납 알(납으로 만든 작은 알)을 담은 그릇이 갇힌 (비압축성) 액체 위에서 압력 $P^{외부}$을 준다. 납 알을 더하여 $P^{외부}$을 높이면 압력은 액체 속의 모든 곳에서 똑같이 높아진다.

• 파스칼 원리의 수학적 '증명'

비압축성 유체가 그림 15-21처럼 긴 원통에 담겨 있는 경우를 생각하자. 원통에는 피스톤이 꼭 끼어 있고 그 위에는 납 알 그릇이 있다. 대기압, 그릇 및 납 알은 피스톤에 압력 $P^{외부}$를 주고, 이 압력은 액체에 전해진다. 이때 피스톤 아래로 깊이 Δy의 유체 속 어떤 곳의 압력 P는

$$P_2 = P_1 - \rho g \Delta y = P^{외부} - \rho g \Delta y \tag{15-14}$$

이며, 여기서 전처럼 높이 2가 높이 1보다 아래에 있을 때 Δy는 (−)이다. 그릇에 납 알을 조금 더 늘려 $P^{외부}$을 $\Delta P^{외부}$만큼 높여보자. 유체는 비압축성이라고 가정했으므로 식 15-14에서 ρ, g 및 Δy는

변하지 않는다. 따라서 그 점의 압력 변화는 다음 결과가 된다.

$$\Delta P = \Delta P^{\text{외부}} \tag{15-15}$$

압력의 변화는 Δy와는 무관하며 따라서 파스칼 원리가 서술한 대로 액체 속 모든 곳에서 같아야 한다.

• 파스칼 원리와 유압기중기

그림 15-22는 파스칼 원리가 어떻게 유압기중기의 바탕이 되는지를 보여준다. 그 작동에서 넓이 $A^{\text{줌}}$인 왼쪽 피스톤에 크기 $F^{\text{줌}}$인 힘을 준다고 하자. 그러면 장치 속의 비압축성 액체는 넓이 $A^{\text{받음}}$의 오른쪽 피스톤에 크기 $F^{\text{받음}}$의 위쪽 힘을 만들어낸다. 또한 그곳 나옴 피스톤에는 부하(나타내지 않음)의 무게와 같은 크기로 아래로 향한 힘이 있다. 이 계가 평형을 유지하려면 부하의 무게는 위쪽으로 받은 힘과 크기가 같아야 하며 따라서 $F^{\text{중력}}_{\text{오른쪽}\to\text{부하}} = F^{\text{받음}}$이다.

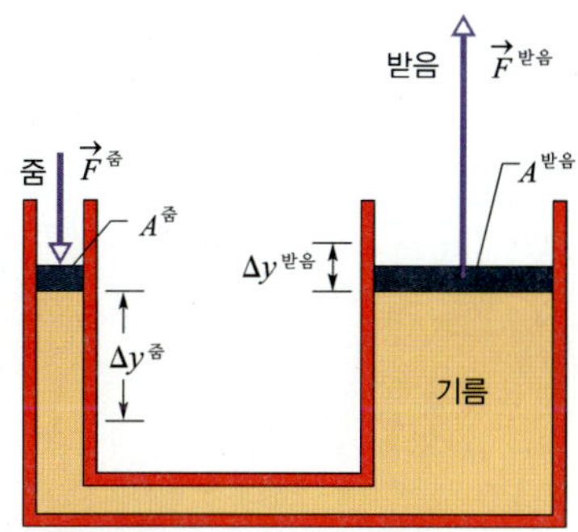

그림 15-22
힘 $\vec{F}^{\text{줌}}$을 키우는데 쓸 수 있는 유압장치. 그러나 한 일은 늘지 않으며 주는 힘과 받는 힘 모두에 대해 같다.

액체의 압력 변화 ΔP는 왼쪽에 준 힘 $F^{\text{줌}}$과 오른쪽 부하가 아래로 미는 힘 $F^{\text{중력}}_{\text{오른쪽}\to\text{부하}}$ 모두가 만든다. $F^{\text{중력}}_{\text{오른쪽}\to\text{부하}} = F^{\text{받음}}$이므로 압력 변화는 다음과 같다.

$$\Delta P = \frac{F^{\text{줌}}}{A^{\text{줌}}} = \frac{F^{\text{받음}}}{A^{\text{받음}}}$$

또는

$$F^{\text{받음}} = F^{\text{줌}} \frac{A^{\text{받음}}}{A^{\text{줌}}} \tag{15-16}$$

그림 15-22의 경우처럼 $A^{\text{받음}} > A^{\text{줌}}$이면 식 15-16은 부하가 받는 힘의 크기 $F^{\text{받음}}$이 주는 힘의 크기 $F^{\text{줌}}$ 보다 커야 함을 나타낸다.

왼쪽 피스톤을 아래로 거리 $\Delta y^{\text{줌}}$만큼 밀면 오른쪽 피스톤은 위로 거리 $\Delta y^{\text{받음}}$만큼 나오는데, 이 때 두 피스톤의 움직임으로 왼쪽과 오른쪽에서 이동한 비압축성액체의 부피가 같아야 한다. 따라서,

$$V = A^{\text{줌}}|\Delta y^{\text{줌}}| = A^{\text{받음}}|\Delta y^{\text{받음}}|$$

이를 다시 쓰면 다음과 같다.

$$|\Delta y^{\text{받음}}| = \frac{A^{\text{줌}}}{A^{\text{받음}}}|\Delta y^{\text{줌}}| \tag{15-17}$$

위 식은(그림 15-22처럼) $A^{\text{받음}} > A^{\text{줌}}$이면 나오는 피스톤은 들어가는 피스톤보다 더 적게 움직임을 나타낸다.

식 15-16과 식 15-17을 결합하고 기중기의 들고 나는 쪽 모두의 변위가 이를 일으키는 힘과 같은 쪽임에 유의하면, 해준 일과 얻는 일 사이의 다음과 같은 관계식을 얻는다.

$$W^{\text{받음}} = F^{\text{받음}}|\Delta y^{\text{받음}}| = F^{\text{받음}}\frac{A^{\text{받음}}}{A^{\text{줌}}}\cdot|\Delta y^{\text{줌}}|\frac{A^{\text{줌}}}{A^{\text{받음}}} = F^{\text{줌}}|\Delta y^{\text{줌}}| = W^{\text{줌}} \tag{15-18}$$

이 식은 유압기중기에서 피스톤에 힘을 주어 한 일 $W^{\text{줌}}$은 나오는 피스톤이 부하에 해준 일 $W^{\text{받음}}$과 같아야 함을 보여준다.

유압지렛대의 이점은 다음과 같다:

> 유압지렛대는 어떤 힘을 훨씬 더 센 힘으로 바꾸어 주되, 밀어낸 거리는 그만큼 줄어든다.

힘과 거리의 곱은 변하지 않으므로 해준 일은 같다. 자동차 타이어를 갈아 끼울 때 쓰는 잭은 작은 유압기중기다. 우리는 자동차를 직접 들어 올릴 수 없으나 유압기로는 들어올릴 수 있는데, 다만, 자동차가 올라가는 높이보다 손잡이를 훨씬 더 많이 움직여야 한다. 이 장치에서는 손잡이를 조금씩 여러 번 위아래로 움직여 자동차를 조금씩 위로 밀어 올린다.

생각해보기 15-6 기름이 차 있는 실제 유압기 원통을 생각해보자. 기름은 압축성이 조금 있다. 이 절에 나온 관계식들은 기름의 압축성으로 어떻게 영향을 받는가? 예를 들면 해준 일은 얻은 일과 여전히 같은가? 그렇지 않다면 어느 것이 더 큰가? 에너지 변환이 있다면 무엇인가?

생각해보기 15-7 벽이 기울어진 그릇바닥의 압력은 중심부 유체 기둥의 높이 Δy로 정해진다. 관찰 결과를 이 절에서 다룬 개념에 관련시켜보라.

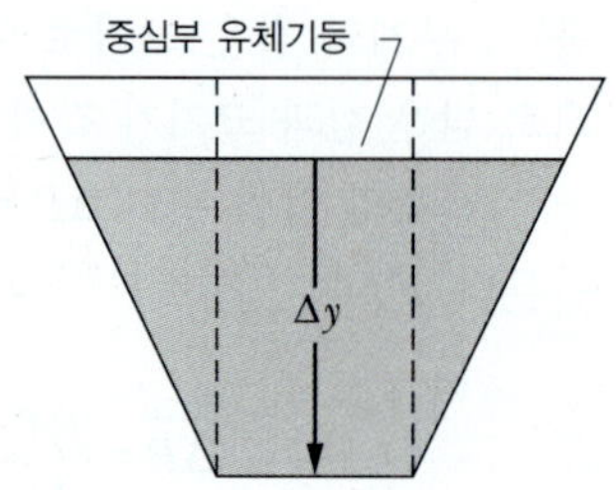

따라해보기 15-4 | 자동차 기중기

자동차 수리점에서 일한다고 하자. 자동차의 배기계통이 새고 있다. 차 밑으로 기어들어가 고치기가 싫어서 주인에게 파스칼 원리를 써서 2000 kg까지 나가는 자동차를 누구나 손으로 들어 올릴 수 있는 유압식 기중기를 설계하겠다고 말한다. 지름 50 cm인 유압 기둥을 쓸 때 설계 내용을 설명해 보라.

풀이 ■ **요점**은 다음과 같다. (1) 파스칼 원리에서 유체 그릇 속의 같은 높이에서는 압력이 어디나 같다고 알고 있다. 그리고 (2) $F = PA$이므로 그릇 양 끝의 단면적이 다르다면 넓이가 좁은 면에서 받는 힘은 넓은 면에서 받는 힘보다도 훨씬 작을 수 있다. 기본적으로 그림 15-23과 같은 유압식 기중기는 유체그릇의 한 끝에서 작은 힘으로 더 먼 거리를 밀어줌으로써 다른 끝에서는 짧은 거리에 걸쳐 작용하는 큰 힘을 전달할 수 있다.

기중기가 평형을 이루고 있으며 그림 15-23의 유압식기중기 입력과 출력에서의 액체 높이는 같다고 가정한다. 그러면 $P^{줌} = P^{받음}$이고, 여기서 $P^{줌} = F^{줌}/A^{줌}$ 및 $P^{받음} = F^{받음}/A^{받음}$이므로

$$F^{받음} = F^{줌}\frac{A^{받음}}{A^{줌}} \qquad (15\text{-}19)$$

이다. 여기서 $F^{줌}$과 $F^{받음}$은 유압식 기중기의 두 끝에서 피스톤을 아래로 누르는 힘의 크기다. 차를 들어서 유지하는데 필요한 힘

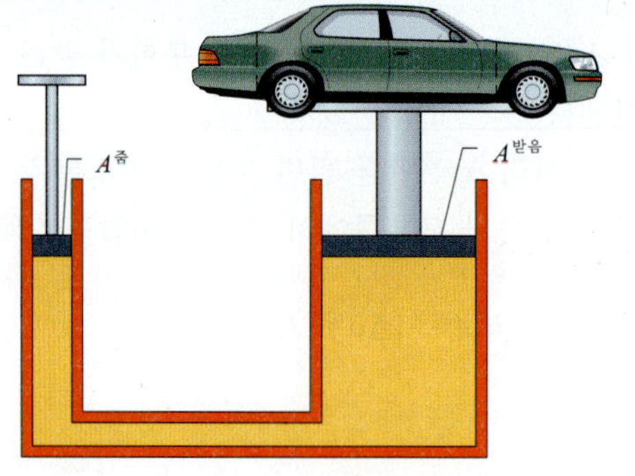

그림 15-23
유압식 자동차 기중기

$F^{받음}$의 크기는 다음과 같다.

$$\begin{aligned} F^{받음} &= F^{중력}_{차} = mg \\ &= 2\,000\ \text{kg} \times 9.8\ \text{m/s}^2 \\ &= 2.0 \times 10^4\ \text{N} \end{aligned}$$

대부분 사람들은 질량 20 kg은 쉽게 들어 올릴 수 있다. 따라서 드는 힘은 다음과 같이 가정한다.

$$F^{줌} = 20\ \text{kg} \times 9.8\ \text{m/s}^2 = 2.0 \times 10^2\ \text{N}$$

이는 차를 들어 올리는데 필요한 힘의 1/100이다. 따라서 식

15–19를 다시 쓰면 다음 결과가 된다.

$$\frac{A^{받음}}{A^{줌}} = \frac{F^{받음}}{F^{줌}} = \frac{2.0 \times 10^4\,\mathrm{N}}{2.0 \times 10^2\,\mathrm{N}} = 100$$

$A = \pi r^2$과 $A^{받음} = \pi r^2_{받음} = \pi(50\,\mathrm{cm}/2)^2$을 써서 식 15–19를 정리하여 차를 들어 올리는데 필요한 힘을 줄 수 있는 피스톤의 반지름을 셈할 수 있다.

$$\frac{A^{받음}}{A^{줌}} = \frac{\pi r^2_{받음}}{\pi r^2_{줌}} = 100$$

따라서

$$r_{줌} = \sqrt{\frac{r^2_{받음}}{100}} = \frac{r_{받음}}{10} = \frac{50\,\mathrm{cm}/2}{10} = 2.5\,\mathrm{cm}$$

즉, 설계에서 힘을 주는 쪽의 기둥은 지름 $2 \times 2.5\,\mathrm{cm} = 5.0\,\mathrm{cm}$이며, 그 속의 피스톤을 다음과 같은 힘 이상으로 밀면 된다.

$$F^{줌} = 2.0 \times 10^2\,\mathrm{N} \qquad \text{(답)}$$

연습문제 15–6

22. 피스톤

유압 압착기에서 단면적 a인 작은 피스톤은 갇힌 액체에 작은 힘 $\vec{f}$를 주는데 쓰인다. 그리고 단면적 A인 큰 피스톤이 관으로 연결되어 있다(그림 15–24). (a) 큰 피스톤이 움직이지 않게 하려면 크기 $|\vec{F}|$가 얼마인 힘을 주어야 하는가? (b) 작은 피스톤의 지름이 3.80 cm, 큰 피스톤의 지름은 53.0 cm이라면, 큰 피스톤에 주는 힘 20.0 kN과 균형을 이루려면 작은 피스톤에 주어야 하는 힘의 크기 $|\vec{f}|$는 얼마인가?

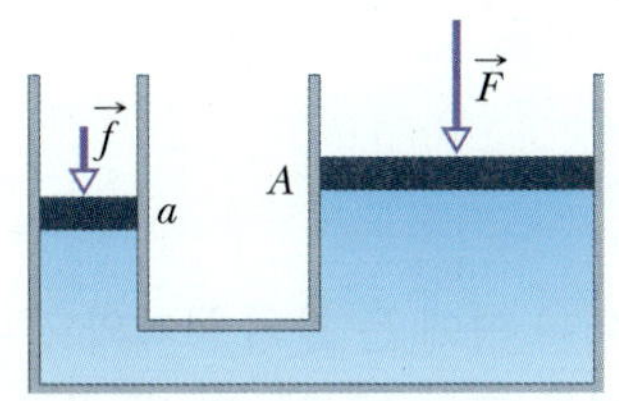

그림 15–24 문제 22와 23

23. 유압 압축기

문제 22의 유압 압착기에서 작은 피스톤을 0.85 m의 거리로 들어 올리려면 큰 피스톤은 얼마의 거리를 움직여야 하는가?

15-7 아르키메데스 원리

유체 속에 물체를 담그면 어떤 일이 생기는지 생각해보자. 첫째 추측으로는 물체 위의 물의 무게가 물체를 아래로 민다고 할 수도 있다. 그러나 수영장에서 공을 물 속으로 밀어 넣으면 무슨 일이 생기는가 생각해보라. 공을 물 속으로 밀어 넣으려면 힘이 들 것이다. 물 속으로 밀어 넣은 뒤 놓으면 공은 물 위로 다시 치솟아 오른다. 여기서 무슨 일이 일어나고 있는가? 중요한 점은 압력은 스칼라라는 것임이 밝혀진다. 유체 속에서 물체는 힘을 모든 방향(아래뿐만 아니라 위로도)으로 받는다. 이것이 어떻게 되는가를 살펴보자.

그림 15–25는 수영장에 있는 한 학생이 물을 채운 매우 얇은 플라스틱 주머니(질량은 무시할 수 있음)를 다루는 것을 보여준다. 그녀가 보기에 주머니와 주머니에 채운 물은 뜨거나 가라앉지 않아 정적평형을 이루고 있다. 들어 있는 물이 아래쪽으로 받는 중력 $\vec{F}^{중력}$은 주머니를 에워싸는 물이 위쪽으로 주는 알짜힘과 균형을 이루어야 한다.

유체 속의 물체가 받는 위쪽 알짜힘을 **부력(buoyant force)** $\vec{F}^{부력}$이라고 한다. 부력을 받는 까닭은 주변 물의 압력이 물 밑으로 깊이 들어갈수록 커지기 때문이다. 따라서 주머니 아랫면 근처에서의 압력은 윗면 근처에서의 압력보다 더 높다. 그래서 이 압력 때문에 주머니가 받는 힘은 주머니의 윗면보다 아래면 근처에서 더 크다. 이 힘 몇몇을 그림 15–26*a*에 나타내었으며, 거기서 주머니가 차지하는 공간은 비워두었다. 그림에서 보다시피 그 공간의 아랫면 근처에 그린 힘벡터는(위쪽 성분)

그림 15–25
얇은 플라스틱 물주머니가 수영장에서 정적평형을 이루고 있다. 무게는 주변의 물이 주머니 안의 물에 위쪽으로 주는 알짜힘과 균형을 이루어야 한다.

주머니 윗면 근처에 그린 것보다도(아래쪽 성분) 길이가 더 길다. 물이 주머니에 주는 모든 힘벡터를 더하면 수평성분은 지워지고 수직성분은 합해져서 주머니를 위로 미는 부력 $\vec{F}^{부력}$이 된다. (힘 $\vec{F}^{부력}$은 그림 15-26*a*에서 수영장의 바깥 오른쪽에 나타냈다.)

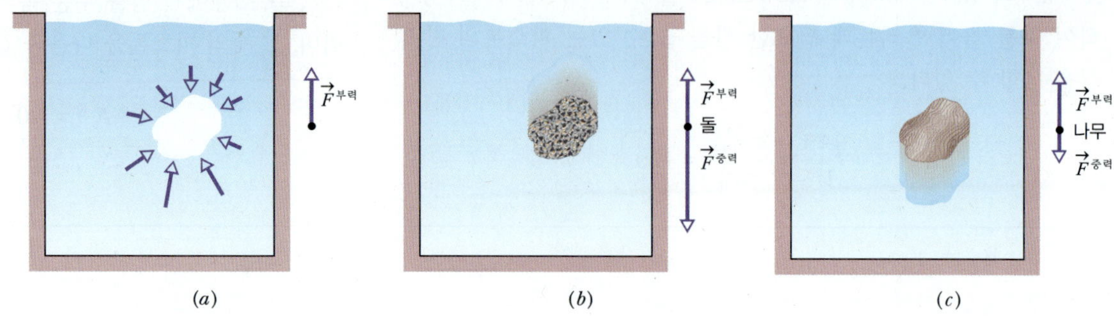

그림 15-26
(*a*) 물 속에 있는 빈 공간을 에워싼 물은 빈 공간을 채우는 어떠한 것에도 위로 밀어 올리는 알짜부력을 만들어낸다. (*b*) 빈 공간과 같은 부피의 돌이 받는 중력은 부력보다 더 크다. (*c*) 같은 부피의 나무덩어리가 받는 중력은 부력보다 작다.

물주머니 속의 유체질량을 $m_{유체}$라 하자. 정적평형에서 부력의 크기 $F^{부력}$은 물주머니가 받는 중력의 크기 $F^{중력} = m_{유체} g$와 같으므로

$$F^{부력} = m_{유체} g \tag{15-20}$$

간단히 말해서 부력의 크기는 주머니 속에 든 물의 무게와 같다.

그림 15-26*b*에서는 물주머니를 그림 15-26*a*의 빈 공간을 정확히 채우는 돌로 바꾸었다. 이때 돌은 물을 '밀어냈다', 즉 물이 차지했던 공간을 돌이 점유했다고 말한다. 이 물체는 물을 떠밀어냈다. 빈 공간의 모양은 아무것도 바뀌지 않았으며, 따라서 공간 표면이 받는 힘은 물로 채워진 주머니가 그 자리에 있을 때와 같아야 한다. 따라서 이제는 물로 채운 주머니가 받았던 것과 같은 위쪽 부력을 돌이 받는다. 즉, 부력의 크기 $F^{부력}$은 여전히 $m_{유체} g$와 같고, 물의 무게는 돌의 무게로 대체되었다.

물을 채운 주머니와 달리 돌은 정적평형을 이루지 않는다. 돌은 물보다 밀도가 더 높으므로 돌이 받는 아래쪽 중력의 크기 $F^{중력}$는 위쪽 부력보다 더 크다. 이를 그림 15-26*b*의 수영장 바깥 오른쪽에 힘-물체그림으로 나타냈다. 따라서 돌은 아래로 가속되며 수영장 바닥에 가라앉는다. 일단 바닥에서는 바닥이 주는 법선력이 $\vec{F}^{중력}$ 및 $\vec{F}^{부력}$의 합력과 평형을 이루며, 돌은 움직임을 멈춘다.

다음에는 그림 15-26*a*의 빈 공간을 밀도가 낮은 나무토막으로 그림 15-26*c*처럼 꼭 채워보자. 마찬가지로 이 공간 표면이 받는 힘은 아무것도 변한 것은 없으며, 따라서 부력의 크기 $F^{부력}$는 여전히 밀어낸 물의 무게 $m_{유체} g$와 같다. 돌과 마찬가지로 나무토막도 정적평형을 이루지 않는다. 하지만 이제는 중력의 크기 $F^{중력}$는 부력보다 작고(수영장의 바깥 오른쪽에 보였다), 따라서 토막은 위로 가속되며 수면 위로 올라간다.

주머니, 돌, 그리고 나무토막에 대한 위의 결과는 모든 유체에 적용되며 **아르키메데스 원리(Archimedes' principle)**로 요약된다.

> 어떤 물체 전체 또는 일부가 유체 속에 잠기면, 주변 유체는 부력 $\vec{F}^{부력}$을 물체에 준다. 부력은 위로 향하며, 크기는 물체가 밀어낸 유체의 무게 $m_{유체} g$와 같다.

유체 안에서 어떤 물체에 대한 부력은 다음 크기를 갖는다.

$$F^{부력} = m_{유체}g \qquad \text{(부력의 크기)} \tag{15-21}$$

여기서 $m_{유체}$는 물체가 밀어낸 유체의 질량이다.

• 부유

수영장 물에 가벼운 무게의 나무토막을 놓으면 토막이 받는 중력이 토막을 아래로 당기므로 토막은 물 속으로 내려간다. 토막이 물을 점점 더 많이 밀어내면서 토막이 받는 위쪽 부력의 크기 $F^{부력}$이 커진다. 마침내 $F^{부력}$이 충분히 커져서 토막이 받는 아래쪽 중력의 크기 $F^{중력}$과 같아지면, 토막은 멈춰 선다. 그리고 토막은 정적평형을 이루며 물에 떠 있다(부유한다). 일반적으로,

> 어떤 물체가 유체에서 뜰 때는 물체의 부력의 크기 $F^{부력}$은 그 물체의 중력의 크기 $F^{중력}$과 같다.

위 정리를 힘의 크기에 관한 다음과 같은 관계로 쓸 수 있다.

$$F^{부력} = F^{중력} \tag{15-22}$$

식 15-21로부터 $F^{중력} = m_{유체}g$가 되므로

> 어떤 물체가 유체 안에서 부유할 때는 물체의 중력의 크기 $F^{중력}$는 그 물체가 밀어낸 유체의 무게 $m_{유체}g$와 같다.

위 정리를 다음과 같이 쓸 수 있다.

$$F^{중력} = m_{유체}g \qquad \text{(부유 조건)} \tag{15-23}$$

어떤 물체가 가라앉는지 뜨는지를 가르는 핵심조건은 물체의 전체 질량이 아닌 밀도이다. 물체의 밀도가 물의 밀도보다 더 작으면 물체는 일부만 잠기며, 잠기는 비율은 밀어낸 물의 무게가 물체의 무게와 같아지는 조건으로 결정된다. 만약 물체의 밀도가 물의 밀도보다 더 크면 물체가 완전히 잠겨도 생기는 부력은 물체의 무게보다 작다. 이때 물체의 무게는 부력과 균형을 이룰 수 없고, 따라서 아래쪽 알짜힘이 있어 물체는 바닥에 가라앉는다.

• 유체 속에서 겉보기 무게

저울에 돌을 올려놓으면 저울의 표시눈금이 돌의 무게가 된다. 하지만 물 속에서 그렇게 하면 물이 돌에 위쪽 부력을 주어 표시눈금의 값이 작아진다. 그때 그 눈금의 값이 겉보기 무게다. 일반적으로 겉보기 무게 또는 물체가 받는 아래쪽 알짜힘은 물체의 실제 무게 및 그 물체가 받는 부력과 다음 관계가 있다.

$$\text{(겉보기 무게)} = \text{(실제 무게)} - \text{(부력의 크기)}$$

이 식은 다음과 같이 쓸 수 있다.

1986년 8월 21일 늦은 저녁에 무언가가 (아마도 화산 진동) 이산화탄소가 많이 녹아 있는 카메룬(Cameroon)의 니오스 호수(Lake Nyos)를 흔들어 놓았다. 이 흔들림으로 이산화탄소는 거품을 만들었다. 거품은 주변 유체(물)보다 밀도가 더 낮으므로 표면으로 떠올랐고, 표면에서는 이산화탄소가 방출되었다. 이 기체는 주변(이번에는 공기)보다도 밀도가 더 높으므로 산비탈면을 타고 강처럼 밀어닥쳐서 1700명의 사람들과 여기 보이는 다수의 동물을 질식시켜 죽였다.

$$F^{\text{겉보기}} = F^{\text{중력}} - F^{\text{부력}} \qquad \text{(겉보기 무게)} \qquad (15\text{-}24)$$

만약 어떤 체력검사에서 무거운 돌을 들어 올려야 한다면 물 속에서는 더 쉽게 들어올릴 수 있다. 그때는 위쪽 부력이 돌을 드는 것을 도와주므로 들어 올리는 힘은 돌의 실제 무게가 아니라 겉보기 무게보다 크기만 하면 된다.

부유 물체가 받는 부력의 크기는 물체의 무게와 같다. 따라서 식 15-24는 부유 물체의 겉보기 무게는 0임을 말해준다. 그 물체를 저울에 올려도 눈금은 0을 가리킨다. (우주비행사가 우주공간에서 복잡한 일을 해야 할 때, 그들은 우주공간처럼 겉보기 무게가 0이 되는 물 속에서 떠다니며 연습을 한다.)

생각해보기 15-8 펭귄이 처음에는 밀도 ρ_A인 유체 A에 떠 있다가, 밀도 $\rho_B = 0.95\rho_A$인 유체 B에, 그 다음에는 $\rho_C = 1.10\rho_A$인의 유체 C에 떠 있다. (a) 펭귄이 받는 부력이 큰 것부터 유체를 늘어놓아라. (b) 펭귄이 밀어내는 유체의 양이 많은 것부터 유체들을 늘어놓아라.

생각해보기 15-9 매년 대학들이 조를 짜서 철근 콘크리트로 실물 크기의 카누를 설계하고 만들어서 경주를 한다. 그림에서는 매릴랜드 대학의 배 설계 동아리가 상 받은 콘크리트 카누를 자랑하고 있다. 어떻게 하면 이것이 뜰 수 있는가?

따라해보기 15-5 | 빙산

바다에 떠 있는 빙산에서 바닷물 위로 드러난 부분의 부피 비율은 얼마인가?

풀이 ■ 빙산의 전체 부피를 $V_{\text{빙산}}$, 바닷물에 잠겨 바닷물을 밀어낸 부분의 부피를 $V_{\text{바닷물}}$이라 하자. 바다 위로 드러난 부분의 부피 비율(이를 '비율' 이라 하자)은 다음과 같다.

$$\text{비율} = \frac{V_{\text{빙산}} - V_{\text{바닷물}}}{V_{\text{빙산}}} = 1 - \frac{V_{\text{바닷물}}}{V_{\text{빙산}}} \qquad (15\text{-}25)$$

그러나 우리는 두 부피 모두 알지 못한다. **요점**은 빙산이 떠 있으므로 식 15-23($F^{\text{중력}} = m_{\text{유체}}g$)이 성립한다는 것이다. 이 식은 다음과 같이 쓸 수 있다.

$$m_{\text{빙산}}g = m_{\text{바닷물}}g$$

따라서 $m_{\text{빙산}} = m_{\text{바닷물}}$이므로, 빙산의 질량은 잠긴 부분이 밀어낸 유체(바닷물)의 질량과 같다.

비록 두 질량을 몰라도 둘이 같다는 것은 알고 있으므로 식 15-1($\rho = m/V$)을 써서 표 15-2에 나오는 얼음과 바닷물의 밀도와 관련지을 수 있다. $m_{\text{빙산}} = m_{\text{바닷물}}$은 다음과 같이 쓸 수 있다.

$$\rho_{\text{빙산}}V_{\text{빙산}} = \rho_{\text{바닷물}}V_{\text{바닷물}}$$

또는

$$\frac{V_{\text{바닷물}}}{V_{\text{빙산}}} = \frac{\rho_{\text{빙산}}}{\rho_{\text{바닷물}}}$$

이 식을 식 15-25에 넣고 알려진 밀도의 값을 넣으면 다음과 같다

$$\text{비율} = 1 - \frac{\rho_{\text{빙산}}}{\rho_{\text{바닷물}}} = 1 - \frac{917\ \text{kg/m}^3}{1024\ \text{kg/m}^3} = 0.10 \text{ 또는 } 10\% \qquad \text{(답)}$$

겨우 빙산의 10%만이 물 위로 나온다는 사실은 다음과 같은 구절의 근거이다. "빙산의 일각이야(That's only the tip of the iceberg)."

따라해보기 15-6 | 물주머니

그림 15-25의 수영장에 떠 있는, 물을 채운 얇은 주머니를 생각하자. 수영장의 수면에서 대기압은 해수면의 평균 기압이다. 주머니의 바닥은 주머니 꼭대기에서 아래로 60 cm에 있다.

(a) 주머니 꼭대기가 수영장의 물 밑으로 40 cm인 곳에 있다면 주머니 가운데의 압력은 얼마인가?

풀이 ■ 주머니 가운데의 압력을 구하려면 그곳이 물 밑 얼마나 깊은 곳에 있는가를 알아야 한다. 60 cm의 꼭대기-바닥 거리에서 주머니 가운데는 꼭대기에서 아래로 60 cm/2 = 30 cm이다. 꼭대기가 물밑 40 cm라면 가운데는 $\Delta y = -40\text{ cm} - 30\text{ cm} = -70\text{ cm}$의 깊이에 있다. 물은 비압축성이라고 가정하고, 식 15-10을 써서 주머니 가운데의 압력 P_2를 구한다.

$$\begin{aligned} P_2 &= P_1 - \rho_{\text{물}} g\Delta y = P^{\text{대기}} - \rho_{\text{물}} g\Delta y \\ &= 101325\text{ Pa} - (998\text{ kg/m}^3)(9.8\text{ N/kg})(-0.70\text{ m}) \\ &= 1082\text{ Pa} \end{aligned} \qquad \text{(답)}$$

(b) 주머니에 든 물의 질량이 100 kg이라면 주머니가 받는 부력은 얼마인가?

풀이 ■ 요점은 아르키메데스 원리에 따르면 부력은 주머니가 밀어내는 물의 무게와 크기가 같다는 것이다. 플라스틱 주머니는 얇아서 거의 질량이 없으므로 물이 든 주머니의 무게는 주머니에 밀려난 물의 무게와 같다. 식 6-5를 써서 밀려난 물의 무게를 구한다. (주머니 속의 물이나 밀려난 물이나 같으므로 주머니 속의 물의 질량을 쓰면 된다.)

$$\text{무게} = |\vec{F}^{\text{중력}}| = mg = (100\text{ kg})(9.8\text{ m/s}^2) = (980\text{ N})$$

부력의 방향은 위쪽이므로 아르키메데스 원리를 써서(식 15-21),

$$\vec{F}^{\text{부력}} = +|\vec{F}^{\text{부력}}|\hat{\text{j}} = (980\text{ N})\hat{\text{j}} \qquad \text{(답)}$$

(c) 수영하는 사람이 가만히 주머니를 물 속으로 더 깊이 끌어내리면 주머니 가운데의 압력은 어떻게 되는가?

풀이 ■ 요점은 식 15-10에 따라 주머니 가운데의(그리고 실제로 주머니 속의 모든 곳에서) 압력은 깊어질수록 더 높아진다는 것이다.

(d) 주머니를 더욱더 끌어내리면 주머니가 받는 부력은 어떻게 되는가?

풀이 ■ 요점은 아르키메데스 원리에 따르면 부력은 밀려난 물의 무게와 똑같다는 것이다. 그런데 밀려난 물의 무게는 깊이와 상관없다(국소중력장의 세기 g가 깊이에 따라 변하지 않는 범위 안에서만).

(e) 부력이 주머니가 받는 물의 깊이에 따른 압력의 증가로 생기는 것이라면 주머니 속의 물에 대한 부력은 왜 늘지 않는가?

풀이 ■ 요점은 주머니 속에 든 물이 받는 부력은 주머니 밖의 물의 압력이 주머니 아래쪽 면을 위로 미는 힘과 위쪽 면을 아래로 미는 힘을 벡터 덧셈한 알짜힘이라는 것이다. 결국 알짜힘은 주머니 위쪽 면과 아래쪽 면이 받는 압력차와 관련된다. 압력은 깊이에 비례하여 커지므로 압력차는 주머니 위쪽 면과 아래쪽 면의 높이 차에 따라서 결정될 뿐, 주머니가 있는 곳의 깊이와는 상관이 없다.

연습문제 15-7

24. 떠 있는 배

담수에 떠 있는 어떤 배는 무게 35.6 kN의 물을 밀어낸다. (a) 이 배가 밀도 $1.10 \times 10^3\text{ kg/m}^3$인 바닷물에 떠 있다면 밀어내는 물의 무게는 얼마인가? (b) 밀려난 물의 부피가 다른가? 그렇다면 얼마나 다른가?

25. 쇠닻

밀도 7870 kg/m^3의 쇠닻은 공기 중보다 물에서 200 N 더 가벼워진다. (a) 닻의 부피는 얼마인가? (b) 공기 중에서 닻의 무게는?

26. 정육면체 물체

그림 15-27에 모서리 길이 $L = 0.600\text{ m}$, 질량 450 kg인 정육면체 물체가 뚜껑이 열린 밀도 1030 kg/m^3의 액체 통 속에 밧줄로 매달

려 있다. (a) 물체 윗면이 액체와 대기로부터 받는 아래쪽 알짜 힘의 크기를 구하라. (b) 물체의 바닥이 받는 위쪽 알짜힘의 크기를 구하라. (c) 밧줄의 장력을 구하라. (d) 물체가 받는 부력을 아르키메데스 원리를 써서 셈하라. 위의 모든 양 사이에 어떤 관계가 있는가?

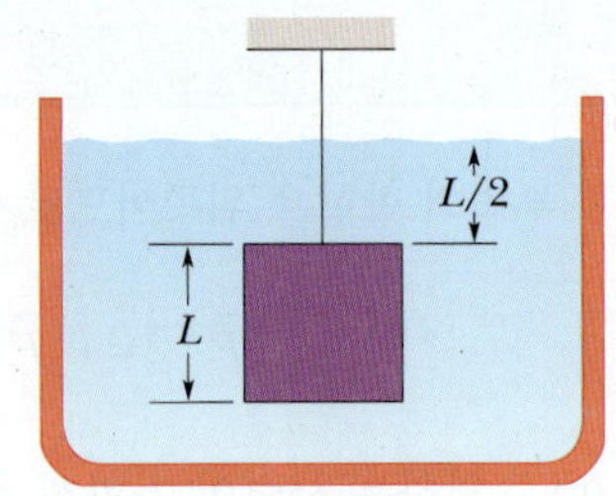

그림 15-27 문제 26

27. 나무토막

나무토막이 부피의 2/3가 잠겨서 물에 떠 있다. 나무토막은 기름에서는 부피의 0.9가 잠겨서 뜬다. (a) 나무와 (b)기름의 밀도를 구하라.

28. 풍선

어떤 풍선이 여느 때처럼 헬륨가스를 채우고 낮은 고도로 천천히 날아간다. 승무원과 짐을 포함한 이 풍선의 최대 유효탑재량은 1280 kg이다. 헬륨을 채우는 내부공간의 부피는 5000 $\mathrm{m^3}$이다. 헬륨가스의 밀도는 0.16 $\mathrm{kg/m^3}$, 수소의 밀도는 0.081 $\mathrm{kg/m^3}$이다. 헬륨을 수소로 바꾸면 기구는 얼마나 더 많은 짐을 나를 수 있는가? (그런데 왜 그렇게 하지 않는가?)

29. 속이 빈 공

속 반지름 8.0 cm, 바깥 반지름 9.0 cm인 속이 빈 공이 밀도 800 $\mathrm{kg/m^3}$인 액체에 반이 잠긴 채로 떠 있다. (a) 공의 질량은 얼마인가? (b) 공를 이루는 물질의 밀도를 셈하라.

30. 사해

사해에서는 사람 몸의 약 2/3가 물 위에 뜬다. 사람 몸의 밀도가 0.98 $\mathrm{g/cm^3}$이라고 하고 사해 물의 밀도를 구하라(밀도가 왜 1.0 $\mathrm{g/cm^3}$보다 훨씬 더 큰가?).

31. 쇠 공껍질

쇠로 된 공껍질이 물에 거의 완전히 잠겨서 떠 있다. 이것의 바깥 반지름은 60.0 cm이고 철의 밀도는 7.87 $\mathrm{g/cm^3}$이다. 속 반지름을 구하라.

32. 납을 실은 나무

나무토막의 질량은 3.67 kg, 밀도는 600 $\mathrm{kg/m^3}$이다. 나무에 납을 실어서 부피의 0.9가 잠기게 물에 띄우려고 한다. (a) 납을 나무 위에 실을 때, 그리고 (b) 납을 나무 바닥에 붙일 때 각각 필요한 납의 질량은 얼마인가? 납의 밀도는 $1.13 \times 10^4\ \mathrm{kg/m^3}$이다.

33. 주물

구멍이 많은 주물의 무게가 공기 중에서는 6000 N, 물에서는 4000 N이다. 주물 속 모든 구멍의 전체 부피는 얼마인가? 철의 밀도는 (즉, 구멍이 없는 시료) 7.87 $\mathrm{g/cm^3}$이다.

34. 놋쇠의 밀도

놋쇠 추의 밀도가 8.0 $\mathrm{g/cm^3}$이고 공기의 밀도가 0.0012 $\mathrm{g/cm^3}$이라고 하자. 질량 m, 밀도 ρ인 물체의 무게를 천칭으로 잴 때 공기의 부력을 무시할 때 생기는 오차의 백분율은?

35. 얼음판

(a) 질량 1100 kg인 자동차를 떠받칠 수 있는, 강물에 뜬 두께 0.30 m인 얼음판의 최소 윗넓이는 얼마인가? (b) 얼음판 위에서 자동차를 놓는 곳이 문제가 되는가?

36. 세 어린이

무게가 각각 356 N인 세 어린이가 지름 0.30 m 길이 1.80 m의 통나무를 묶어서 뗏목을 만든다. 어린이들이 타고서 강물에 뜰 뗏목을 만드는데 필요한 통나무의 개수는? 통나무의 밀도는 800 $\mathrm{kg/m^3}$으로 한다.

37. 쇠막대

길이 80 cm, 질량 1.6 kg인 쇠막대의 단면적이 6.0 $\mathrm{cm^2}$로 고르다. 그러나 막대의 밀도는 고르지 않아 질량 중심은 막대의 한 끝에서 20 cm인 곳에 있다. 이 막대는 양 끝에 달린 밧줄로 물 속에서 수평하게 매달려 있다(그림 15-28). (a) 질량중심에서 가까운 쪽 밧줄의 장력은 얼마인가? (b) 질량중심에서 먼 밧줄의 장력은 얼마인가? (**실마리**: 막대가 받는 부력은 실질적으로 막대의 기하학적 중심에 작용한다.)

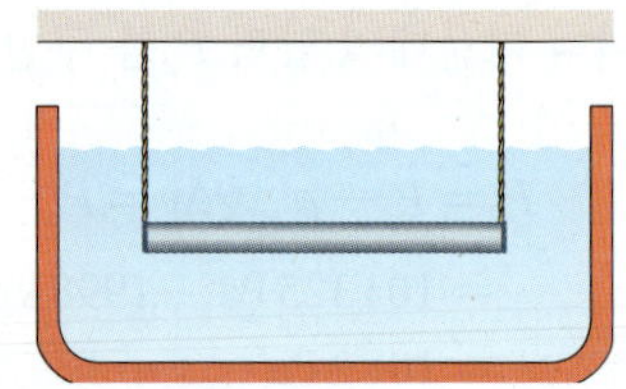
그림 15-28 문제 37

38. 떠 있는 자동차

어떤 차의 전체 질량이 1800 kg이다. 사람이 탈 수 있는 공간의 부피는 5.00 $\mathrm{m^3}$이다. 내연기관과 앞바퀴의 부피는 0.750 $\mathrm{m^3}$, 뒷바퀴, 연료통 및 짐칸의 부피는 0.800 $\mathrm{m^3}$이다. 물은 이곳으로는 스며들 수 없다. 차가 언덕에 세워져 있다가 주차 제동 케이블이 꺾여 차가 언덕 아래 호수로 굴러 내려갔다(그림 15-29). (a) 처음에는 타는 공간에 물이 들어가지 않았다. 그림처럼 떠 있는 차에서 차의 얼마만큼이, 세제곱미터로, 수면 아래로 있는가? (b) 타는 공간으로 물이 천천히 들어가면서 차는 가라앉는다. 차가 물 밑으로 사라질 때 차 안으로 들어간 물의 부피는 얼마인가? (트렁크에 무거운 짐이 있어 차는 수평을 유지한다.)

그림 15-29 문제 37

15-8 이상 유체의 흐름

실제 유체의 운동은 매우 복잡하며 아직도 완전히 이해되지는 않았다. 여기에서는 대신, 이상 유체의 운동을 설명한다. **이상 유체(ideal fluid)**는 수학적으로 다루기가 더 간단하며, 그럼에도 쓸모 있는 결과를 얻을 수 있다. 아래에 이상 유체에 대한 세 가지 가정이 있는데, 모두 흐름과 관련된다:

1. **정상 흐름**(Steady flow) 정상 흐름(또는 층류)에서 유체의 속도는 어느 곳에서나 시간에 따라서 크기나 방향이 바뀌지 않는다. 고요히 흐르는 물의 가운데 부분의 완만한 흐름은 정상적이다. 연속되는 급류에서는 그렇지 않다. 그림 15-30는 올라가는 연기의 흐름이 정상 흐름에서 비정상(nonsteady) 흐름[혹은 난류(turbulant)]으로 바뀌는 것을 보여준다. 연기 입자가 올라가면서 속력은 빨라지며 어떤 일정한 임계속력에서는 흐름이 정상에서 비정상으로 변한다[즉, 층류(laminar)에서 비층류(nonlaminar)로].
2. **비압축성 흐름**(Incompressible flow) 앞에서 이미 정지한 유체에 대해 비압축성이라고 가정했듯이, 이상 유체도 비압축성이라고 가정한다. 즉, 밀도는 값이 일정하고 고르다.
3. **비점성 흐름**(Nonviscous flow) 개략적으로 말하자면, 유체의 점성(viscosity)은 유체가 흐르는데 대한 저항성의 정도이다. 예를 들어 꿀은 물보다 흐름에 대한 저항이 크며, 따라서 꿀이 물보다 점성이 더 크다고 말한다. 점성은 고체 사이의 마찰에 대응되는 유체에서의 개념이다. 점성과 마찰 둘 다 움직이는 물체의 운동 에너지가 열에너지로 전달되는 기구이다. 마찰이 없으면, 토막은 수평면을 따라서 일정한 속력으로 미끄러질 수 있다. 마찬가지로 비점성 유체 속에서는 움직이는 물체가 점성 항력(viscous drag force)을 받지 않는다. 즉, 점성 때문에 생기는 저항력이 없으며, 물체는 유체 속을 일정한 속력으로 움직일 수 있다. 영국 과학자 레일리 경(Lord Rayleigh)은 이상 유체에서는 배의 프로펠러가 추진력을 내지 못하지만, 배가 일단 움직이면 프로펠러는 필요가 없을 것이라고 말했다!

그림 15-30
연기와 가열된 기체의 상향류는 어떤 일정한 높이에서 정상흐름이 난류로 바뀐다.

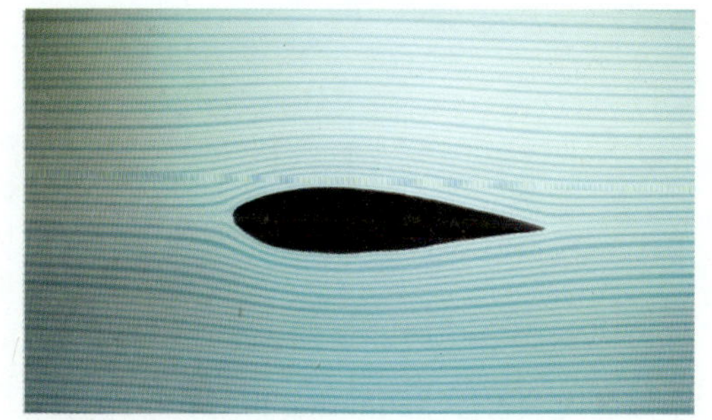

그림 15-31
비행기 날개 주위의 유선흐름

그림 15-32
풍동시험에서의 연기는 자동차를 지나는 공기흐름의 유선을 드러내준다.

유체에 표식자(tracer)를 넣으면 흐름을 눈으로 볼 수 있다. 이는 액체 흐름 여러 곳에서 주입한 염료(그림 15-31) 또는 기체흐름에 첨가한 연기입자(그림 15-31과 그림 15-32)일 수도 있다. 낱낱의 표식자는 유선(streamline)을 따라가는데, 이것은 유체의 작은 요소가 흐름을 따라가는 길이다. 2절에서 입자의 속도는 늘 입자의 경로에 대해 접선을 이룬다는 것을 떠올리자. 여기서 입자는 유체요소이고, 속도 $\vec{v}$는 늘 유선(그림 15-33)에 접한다. 그러므로 유체속도가 유한할 때 두 유선은 만날 수 없다. 왜냐하면 한 유체요소가 동시에 두 방향으로 흐를 수 없기 때문이다. 하지만, 속도가 0인

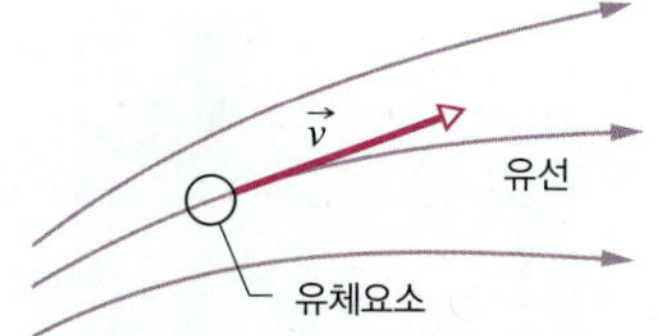

그림 15-33
한 유체요소가 유선을 따라 움직인다. 유체요소의 속도 벡터는 모든 점에서 유선에 대해 접선을 이룬다.

곳, 즉 정체점(stagnation point)에서는 흐름의 방향이 정해지지 않으므로, 둘 혹은 그 이상의 유선이 만날 수 있다.

15-9 연속방정식

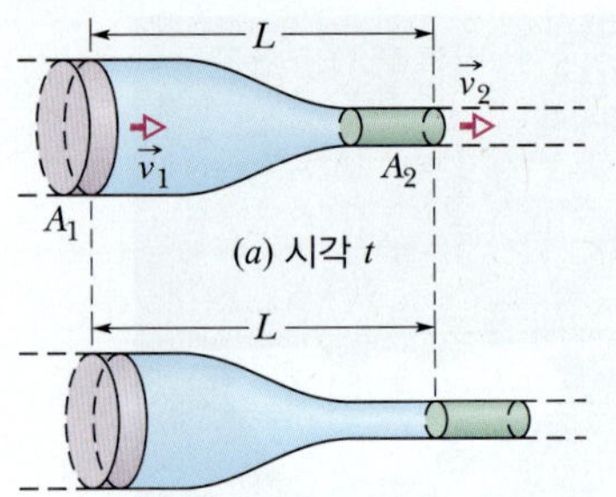

그림 15-34
(a) 유체가 길이 L인 관 토막의 왼쪽에서 오른쪽으로 정상속도로 흐른다. 유체 속도는 왼쪽에서 $\vec{v}_1$, 오른쪽에서 $\vec{v}_2$이다. 관의 단면적은 왼쪽에서 A_1이고, 오른쪽에서 A_2이다. (a)에서의 시각 t로부터 (b)에서의 시각 $t+\Delta t$까지 자주색의 유량이 왼쪽으로 들어가고, 초록색으로 나타낸 같은 양의 유체가 오른쪽으로 나온다.

정원 호스로 물을 뿌릴 때 호스 구멍을 좁히면 뿜어져 나오는 물의 속력이 더 빨라지는 것을 본 적이 있을 것이다. 물의 속력 $|\vec{v}|$(종종 간단히 v로 나타냄)는 물이 흘러나가는 단면적 A에 따라 명백히 변한다. 수도꼭지가 어떤 비율로 물을 내보낸다는 것을 생각해보면 이것은 그럴듯하다. 어떤 양의 물이 더 작은 구멍을 빠져나가려면 더 빨리 흘러야 한다.

여기서는 유체의 속력 v를 유체가 흘러나가는 관의 단면적 A와 관련짓는 식을 끌어낸다. 그림 15-34와 같이 단면적이 변하는 관을 지나가는 이상 유체의 정상흐름을 생각하자. 흐름은 오른쪽이며, (긴 관의 일부인) 관 토막의 길이는 L이다. 유체의 속력은 토막 왼쪽 끝에서 v_1, 오른쪽 끝에서 v_2이다. 관의 단면적은 왼쪽 끝에서 A_1, 오른쪽 끝에서 A_2이다. 시간 Δt 동안에 부피 ΔV인 유체가 관 토막의 왼쪽으로 들어간다(그림 15-34a에서 자주색). 유체는 비압축성이므로 똑같은 부피 ΔV가 관 토막의 오른쪽 끝에서 나와야 한다(그림 15-34b에서 초록색).

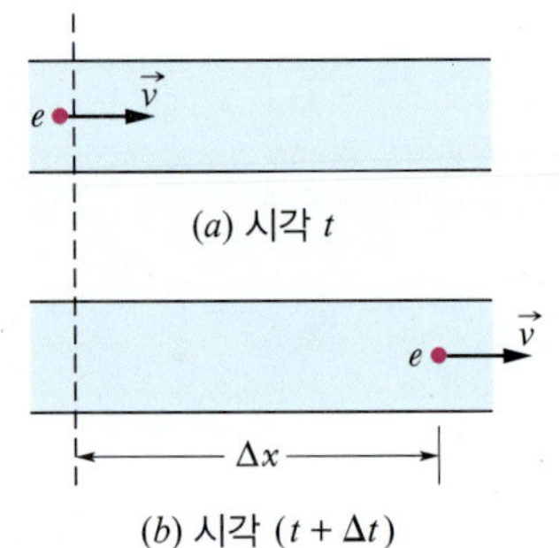

그림 15-35
유체가 관을 지나서 일정한 속도 $\vec{v}$로 흐른다. (a) 시각 t에, 유체요소 e가 점선을 막 지난다. (b) 시각 $t+\Delta t$에는, 유체요소 e는 점선에서 거리 $\Delta x = v\Delta t$인 곳에 있다. 여기서 v_x는 $\vec{v}$의 x성분이다.

공통 부피 ΔV는 유체 속력과 단면의 넓이와 관계된다. 이 관계식을 구하려면 먼저 단면적이 A로 고른 관의 측면도를 나타내는 그림 15-35를 생각하자. 그림 15-35a에서는 어떤 유체요소 e가 관을 가로질러 그린 점선을 막 지나간다. 이 요소의 속력은 v이고, 시간 Δt 동안 관을 따라 거리 $\Delta x = v\Delta t$를 움직인다. 시간 Δt 동안에 점선을 지나간 유체의 부피 ΔV는 다음과 같다:

$$\Delta V = A\Delta x = Av\Delta t \tag{15-26}$$

이 생각을 그림 15-34의 관 토막 왼쪽과 오른쪽 모두에 적용하면 다음을 얻는다.

$$\Delta V = A_1 v_1 \Delta t = A_2 v_2 \Delta t$$

또는

$$A_1 v_1 = A_2 v_2 \qquad \text{(연속방정식)} \tag{15-27}$$

속력과 단면적 사이의 이 관계식을 이상 유체의 흐름에 대한 **연속방정식(equation of continuity)**이라고 한다. 이 식은 유체가 지나가는 단면적을 줄이면 유체속력(유속)이 빨라짐을 말해준다(손가락으로 정원 호스의 구멍을 좁힐 때처럼).

연속방정식(식 15-27)은 다음과 같이 고쳐 쓸 수 있다.

$$R_{\text{부피}} = Av = \text{상수} \qquad \text{(부피 흐름률, 연속방정식)} \tag{15-28}$$

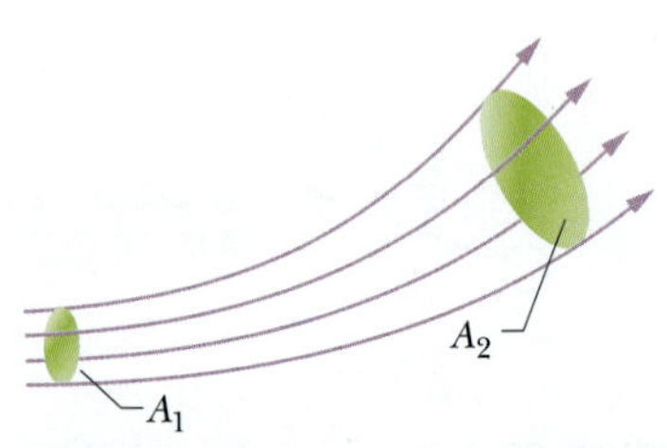

그림 15-36
흐름관은 그 경계를 이루는 유선들로 정의된다. 부피 흐름률은 흐름관의 모든 단면적에 대해 똑같아야 한다.

여기서 $R_{\text{부피}}$는 유체의 **부피 흐름률(volume flow rate**, 단위시간당 부피)이다. 이것의 국제단위는 초당 세제곱미터(m^3/s)이다. 유체밀도 ρ가 고르다면, 이 식(식 15-28)에 밀도를 곱해서 **질량 흐름률(mass flow rate**, 단위시간당 질량) $R_{\text{질량}}$을 얻을 수 있다:

$$R_{\text{질량}} = \rho R_{\text{부피}} = \rho Av = \text{상수} \qquad \text{(질량 흐름률, 연속방정식)} \tag{15-29}$$

질량 흐름률의 국제단위는 초당 킬로그램(kg/s)이다. 식 15-29는 매초 그림 15-34의 관 토막 속으로 흘러들어가는 질량은 매초 토막 밖으로 흘러나오는 질량과 같아야 함을 말해준다.

공학자는 속도를 잰 다음 연속방정식을 써서 단면적이 변하는 관에 흐르는 기름 또는 단면적이 변하는 개천에서 흐르는 물과 같은 비압축성 유체의 부피 흐름률을 구할 수 있다. 그러나 연속방정식(식 15-27부터 식 15-29)을 쓰려면 일정한 조건이 맞아야 한다. 이 식을 끌어낼 때 유체가 그 계에 더 들어가거나 빠져 나오지 않는다고 가정했다. 예를 들면 기름관이 새거나 지류의 물이 개천으로 흘러 들어오지 않는다고 가정했다. 흐름관에 유체가 더 들어오거나 빠져 나갈 때는 $A_1v_1 \neq A_2v_2$임을 알 수 있다.

연속방정식이 성립할 때도 식을 쓸 때는 늘 유체의 흐름이 단면 전체에 걸쳐 고르다고 가정한다. 다시 말해서, 유체 요소 낱낱의 속도가 같아서 모두 단면에 수직이고 똑같은 속력으로 움직인다고 가정했다. 실제의 관 속에서는 유체가 관의 중심부보다 표면 근처에서 더 천천히 흐르며, 관 속의 어떤 곳에서 곱 Av를 어떻게 셈해야 할지는 명확하지 않다.

다음 절에서는 연속성이 성립하지 않거나 유체 흐름이 단면에 걸쳐 고르지 않아서 연속방정식을 그냥 쓸 수 없는 더 현실적 상황들을 다루는데 도움이 되도록 흐름률의 수학적 개념을 소개한다.

생각해보기 15-10 그림은 관을 나타내며 한 곳을 뺀 나머지 모든 곳의 부피 흐름률(cm^3/s 단위)과 흐름 방향을 나타낸다. 한 곳의 부피 흐름률과 흐름 방향은 어떻게 되는가?

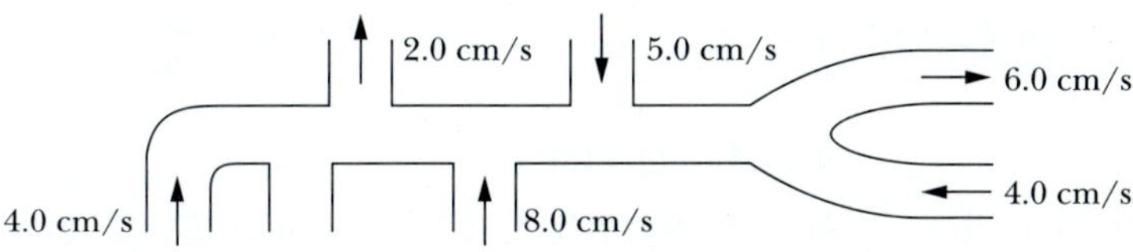

따라해보기 15-7 | 혈류

쉬고 있는 정상인의 대동맥(심장에서 나오는 주요 혈관)의 단면적 A_1은 3 cm² 이며, 그 혈액의 평균속력 v_1은 30 cm/s이다. 대표적인 모세혈관(지름 ≈ 6μm)의 단면적 A_2는 3×10^{-7} cm²이고, 평균유속 v_2는 0.05 cm/s이다. 이 사람의 모세혈관은 얼마나 많은가?

풀이 ■ 요점은 모세혈관을 지나는 모든 피는 대동맥을 지나야 한다는 것이다. 따라서 대동맥의 부피 흐름률은 모세혈관 전체의 부피 흐름률과 같아야 한다. 모세혈관은 모두 단면적 A_2 및 평균유속 v_2로서 똑같다고 하자. 그러면 식 15-27로부터

$$A_1v_1 = nA_2v_2$$

여기서 n은 모세혈관의 수이다. n에 대해 풀면

$$n = \frac{A_1v_1}{A_2v_2} = \frac{(3\,\text{cm}^2)(30\,\text{cm/s})}{(3\times10^{-7}\,\text{cm}^2)(0.05\,\text{cm/s})} = 6\times10^9\,(60억) \qquad (답)$$

모세혈관 단면적의 합이 대동맥 단면적의 약 600배임은 쉽게 보일 수 있다.

따라해보기 15-8 | 가늘어짐

그림 15-37은 수도꼭지에서 나오는 물이 떨어지면서 어떻게 '가늘어' 지는가 보여준다. 표시된 단면적은 $A_1 = 1.2\,\text{cm}^2$ 및 $A_2 = 0.35\,\text{cm}^2$이다. 두 높이는 수직거리 $h = 45$ mm로 떨어져 있다. 꼭지에서의 부피 흐름률은 얼마인가?

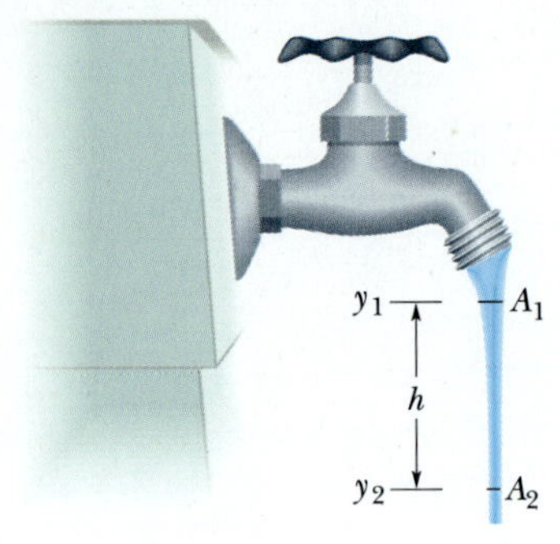

그림 15-37
수도꼭지에서 물이 떨어지면서 속력이 빨라진다. 어떤 단면적에서도 흐름률은 같으므로 흐름은 '가늘어' 진다.

풀이 ■ 요점은 부피 흐름률은 높낮이에 상관없이 같다는 것이다. 따라서 식 15-27로부터

$$A_1 v_1 = A_2 v_2 \tag{15-30}$$

여기서 v_1과 v_2는 A_1과 A_2가 있는 높이에서의 물의 속력이다.

46쪽의 마지막 식을 여기에 맞추어 다시 고치면

$$v_{2y}^2 = v_{1y}^2 + 2(-g)(y_2 - y_1) \tag{15-31}$$

이다. 여기서 $h = y_1 - y_2$이다. 식 15-30과 식 15-31에서 v_2를 지워 v_1에 대해 풀면

$$\begin{aligned} v_1 &= \sqrt{\frac{2ghA_2^2}{A_1^2 - A_2^2}} \\ &= \sqrt{\frac{(2)(9.8\,\text{m/s}^2)(0.045\,\text{m})(0.35\,\text{cm}^2)^2}{(1.2\,\text{cm}^2)^2 - (0.35\,\text{cm}^2)^2}} \\ &= 0.286\,\text{m/s} = 28.6\,\text{cm/s} \end{aligned}$$

이다. 그러면, 식 15-28로부터 부피 흐름률 $R_{부피}$는 다음과 같다.

$$R_{부피} = A_1 v_1 = (1.2\,\text{cm}^2)(28.6\,\text{cm/s}) = 34\,\text{cm}^3/\text{s} \qquad \text{(답)}$$

연습문제 15-9

39. 정원 호스
속지름 1.9 cm인 정원 호스가 지름 0.13 cm인 구멍이 24개 있는 (서 있는) 잔디밭 물뿌리개에 연결되어 있다. 호스 안의 물의 속력이 0.91 m/s이면 물뿌리개 구멍을 나가는 물의 속력은 얼마인가?

40. 두 시내
두 시내가 만나서 강을 이룬다. 한 시내는 폭 8.2 m, 깊이 3.4 m 그리고 물살 속력 2.3 m/s이다. 다른 시내는 폭 6.8 m, 깊이 3.2 m 그리고 2.6 m/s로 흐른다. 강의 너비는 10.5 m이고, 물살 속력은 2.9 m/s이다. 강의 깊이는 얼마인가?

41. 물이 찬 지하실
물이 찬 지하실에서 반지름 1.0 cm인 호스를 통해서 물을 5.0 m/s의 속력으로 뿜어낸다. 호스는 수면 위 3.0 m에 있는 창문을 지나 밖으로 나간다. 펌프의 일률은 얼마인가?

42. 수도관
물이 속지름 1.9 cm인 관을 지나 속지름 1.3 cm인 관 세 개로 갈라져 흘러나간다. (a) 세 작은 관의 흐름률이 26, 19, 11 L/min이라면, 1.9 cm 관에서는 얼마인가? (b) 1.9 cm 관과 26 L/min인 관을 흐르는 물의 속력의 비율은 얼마인가?

15-10 부피 흐름률

흐름률(flux)이란 단위시간에 어떤 면을 지나가는 물리량을 뜻하며, 부피 흐름률은 단위시간에 어떤 면을 지나가는 유체의 부피이다. 이 절에서는 부피 흐름률을 더욱 주의깊게 수학적으로 정의하여 연속방정식을 현실적인 상황에 쓸 수 있게 하겠다. 흐름률에 해당하는 영어 단어 'flux'는 '흐르다'를 뜻하는 라틴어에서 왔고, 어떤 면을 지나가는 물질 또는 에너지의 흐름 또는 관통을 나타낼 때 자주 쓴다. 그러나 이 책의 뒤에 전기력선다발(또는 전기선속, electric flux)과 자기력선다발(또는 자기선속, magnetic flux)이 나오는데, 이 두 양의 수학적 정의는 부피 흐름률의 정의와 모양이 비슷하다. 하지만 전기장과 자기장 어느 것도 실제로 흐르지는 않음에 유의하자.

• 개천의 부피 흐름률

이 절에서는 개천의 단면적을 지나 흐르는 물의 흐름을 셈하고자 흐름률의 개념을 도입한다. 물흐름은 정상층류를 이룬다고 가정한다(15-8과 15-9절에 기술한 것처럼). 모든 물은 그림 15-38과 같이 넓고 얕은 물길을 따라 같은 쪽으로 가며, 그러나 바닥과 양 옆 가까운 곳에서 흐르는 것이 한가운데 흐름보다 더 느리게 흐른다고 가정하자. 여기서는 단면의 모든 곳에서 똑같은 속도 $\vec{v}$로 흐르지 않는다.

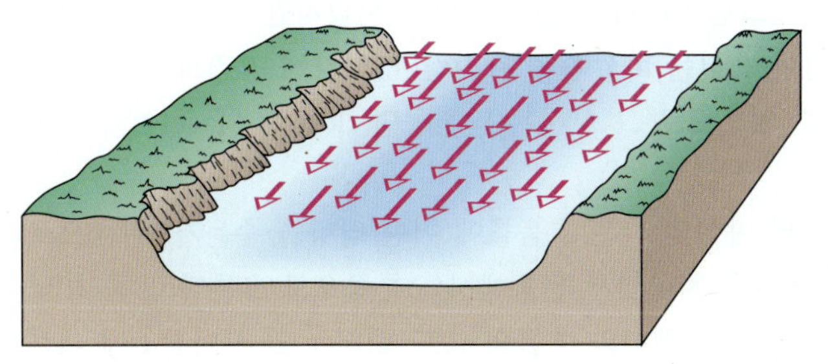

그림 15-38
물이 넓고 얕은 수로를 지나며 층류로 움직인다. 그림에서 더 긴 속도 벡터로 색이 짙은 곳은 흐름의 양측과 바닥에서 멀리 있는 영역을 가리키며, 거기서는 물이 저항을 더 적게 받으므로 더 빨리 흐른다. 물의 흐름은 흐름 속의 모든 곳의 속도 벡터로 이루어지는 벡터장으로 기술할 수 있다.

다수의 작은 요소들을 통해 지나가는 물흐름을 생각해보자. i번째 면요소는 ΔA_i로 표시할 수 있으며, 여기서 이 면은 그림 15-39처럼 어떤 큰 면의 일부임을 나타내고자 델타(Δ)를 붙였다. 실제로 면요소 ΔA_i는 보통 충분히 작게 하며 그 요소를 지나가는 흐름의 속도는 그 부분에서 거의 일정하다. 부피 흐름률 Φ_i는 i번째 면요소를 지나서 흐르는 물의 비율을 나타낸다고 하자.

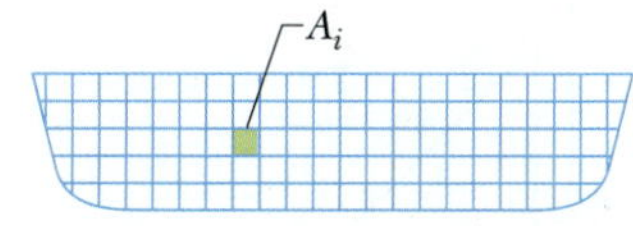

그림 15-39
물길의 단면을 이루는 여러 면요소 중 i번째 면요소. 조각을 아주 작게 나누어 흐름의 속도 벡터가 면요소 어디에서나 일정하게 한다.

> 부피 흐름률은 어떤 면을 지나가는 비율로 정의된다.

분명, 물의 속도 $\vec{v}$가 면요소 ΔA_i의 면과 나란하면 물은 그 요소를 지나가는게 아니라 면을 비켜간다. 그때는 흐름률 요소 Φ_i는 0이다(그림 15-40*a*). 다른 한편으로, $\vec{v}$가 면에 수직이라면 흐름률 요소 Φ_i는 최대가 된다(그림 15-40*b*). 만약 그 면의 방향이 $\vec{v}$에 대해 수직과 평행 사이에 있다면 부피 흐름률은 0과 최대값 사이에 있다(그림 15-40*c*). 따라서 부피 흐름률은 물 흐름을 나타내는 속도 벡터 $\vec{v}$와 그림 15-40에 나타낸 면의 방향 사이의 각도에 따라 결정된다.

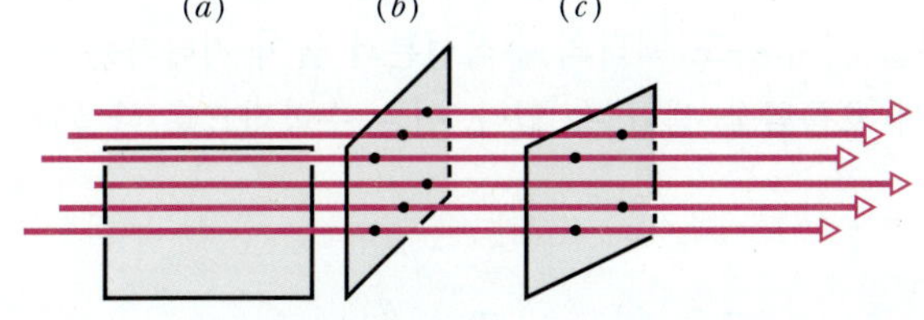

그림 15-40
흐름의 속도 벡터장은 여기서 가상적인 유선들로 나타낸다. 하나의 작은 가상면을 지나는 물의 양은 면의 방향에 따라 다르다. 같은 면요소 A_i에 대해 세 방향을 보여준다. (*a*) 면요소가 속도 벡터와 나란하면 면을 지나는 물은 없다. (*b*) 면이 속도 벡터에 수직일 때 지나가는 물이 가장 많다. (*c*) 면의 방향이 흐름의 방향과 나란하지 않을 때는 지나가는 물이 더 적다.

식 15-26에 나타냈듯이 흐름 방향에 수직한 작은 면요소 A_i를 통해서 시간 Δt 동안 지나가는 물부피 ΔV_i는 $\Delta V_i = \Delta x A_i = (v_{ix}\Delta t)A_i$이다(그림 15-40). 따라서 면이 흐름 속도의 x성분 v_x에 수직일 때, 흐름률 요소 $\Phi_\perp$는 그 면을 지나는 부피 흐름률로서 다음과 같다.

$$\Phi_{i\perp} = \frac{\Delta V_i}{\Delta t} = \frac{\Delta x A_i}{\Delta t} = v_{ix} A_i \tag{15-32}$$

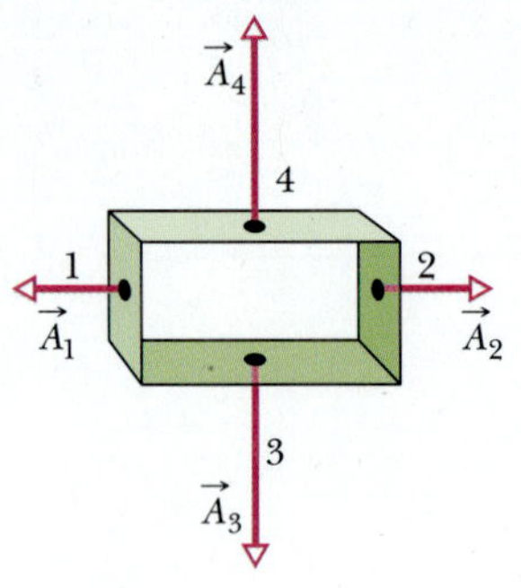

그림 15-41
그릇을 이루는 여섯 면 중의 네 면에 대한 법선 벡터 방향을 나타내었다. 낱낱의 법선 벡터는 그릇 바깥을 가리킨다. 면요소 3, 4의 넓이는 1, 2의 두 배이므로 법선 벡터는 길이가 두 배다.

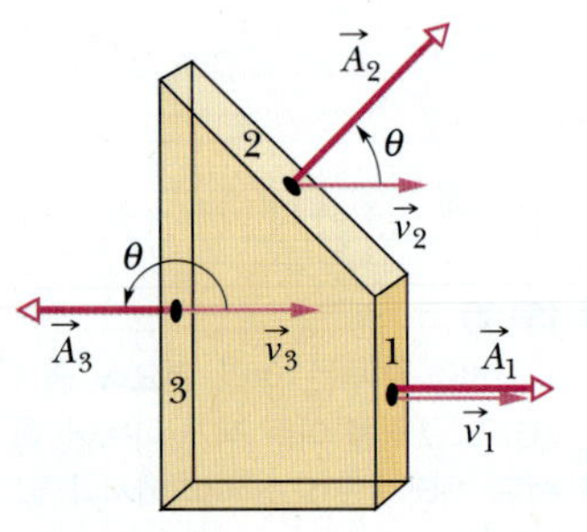

그림 15-42
속도가 고르게 흐르는 물 속에 가상적인 육면체 상자가 놓여 있다. 상자의 여섯 면 가운데 세 면의 법선 벡터와 속도 벡터 사이의 각을 보였다.

• 면에 대한 법선 벡터의 정의

어떤 작은 면에 대한 흐름률을 셈할 때, 그 면의 방향을 수학적으로 나타내면 편리하다. 면은 3차원 공간에서 2차원을 차지한다. 그러나 평면에 수직인 방향은 하나의 직선으로 나타낼 수 있다. 따라서 i번째 면요소의 방향을 수학적으로 나타내려면 그 면에 수직 방향을 가리키는 크기 A_i인 벡터로 정의하는 것이 더 쉽다. 법선(normal)이라는 말은 수직과 같은 뜻이므로 면의 넓이(크기)와 방향을 나타내는 벡터는 **법선 벡터(normal vector)**라고 하며, $\vec{A}_i$로 나타낸다. 그런데 법선 벡터의 방향은 어느 쪽으로 잡아야 할까? 면요소가 어떤 가상적인 닫힌 그릇의 일부라면, 법선 벡터는 표면 안쪽이 아닌 표면 바깥을 가리키도록 잡는 것이 편리하다. 그림 15-41의 상자는 앞뒤는 없지만 안쪽과 바깥쪽이 있다. 따라서 낱낱의 면요소를 나타내는 법선 벡터는 바깥쪽을 가리킨다. 상자에 앞면과 뒷면을 붙이면 그 속에 어떤 것을 가두거나 둘러쌀 수 있으므로 그 상자는 닫힌곡면(closed surface)이라고 정의한다.

어떤 면에 대한 법선과 흐름의 속도 벡터 사이의 각은 흐름률에 어떤 영향을 주는가? 한쪽으로 흐르는 물이 그림 15-42의 가상적인 작은 상자를 지나면서 왼쪽에서 오른쪽으로 흐른다고 하자. 낱낱의 상자 면을 지나가는 흐름률은 상자 면의 법선 벡터와 흐름의 속도 벡터 $\vec{v}_i$의 사이각 θ에 대해 어떤 함수가 될까? 흐름률은 단위시간에 어떤 면을 흐르는 물 부피의 척도이므로 면요소에 수직인 $\vec{v}_i$의 성분과 면의 넓이 $|\Delta A_i|$ (그림 15-41)에 따라 결정된다. 그러나 그림 15-42에서 보듯이 $\vec{v}_i$의 성분 가운데 법선 벡터와 나란한 것은 $|\vec{v}_i|\cos\theta_i$이며, 따라서 흐름률 요소 Φ_i는 다음과 같다.

$$\Phi_i = \left(|\vec{v}_i|\cos\theta_i\right)|\vec{A}_i| = \vec{v}_i \cdot \vec{A}_i$$

여기서 A_i는 i번째 면요소를 나타낸다.

흐름률의 정의를 여러모로 더 쓸모 있게 만들려면 속도 벡터 $\vec{v}$와 면 벡터 $\vec{A}$로서 흐름률에 대한 식을 만들어보자. i번째 면요소를 지나가는 물의 흐름률은 점곱(9-4절에서 소개됨)을 써서 수학적으로 다음과 같이 정의한다.

$$\Phi_i \equiv \vec{v}_i \cdot \vec{A}_i \qquad \text{(작은 면요소에 대한 부피 흐름률의 정의)} \qquad (15\text{-}33)$$

그림 15-42에 나타낸 상자처럼 어떤 흐름 속에 놓인 가상면을 지나는 물의 알짜 흐름을 어떻게 셈할지를 생각해보자. 물 흐름 속의 각 점에서 속도 벡터를 지정할 수 있다. 면요소가 충분히 작다면 속도 벡터는 면요소의 표면 어디서나 같다. 따라서 낱낱의 면의 넓이와 방향, 그리고 흐름의 속도 벡터의 크기와 방향을 알고 있다면 식 15-33을 써서 속도 벡터의 수직성분과 물이 지나가는 면요소의 곱을 더해줌으로써 단면적을 지나는 알짜 흐름률을 셈할 수 있다. 이는 수학적으로 다음과 같다.

$$\Phi^{\text{알짜}} = \Phi_1 + \Phi_2 + \cdots + \Phi_N = \vec{v}_1 \cdot \vec{A}_1 + \vec{v}_2 \cdot \vec{A}_2 + \cdots + \vec{v}_N \cdot \vec{A}_N = \sum_{n=1}^{N} \vec{v}_n \cdot \vec{A}_n \qquad (15\text{-}34)$$

여기서 $\vec{v}_1, \vec{v}_2, \vec{v}_N$ 등은 N개의 면요소가 있는 곳의 속도 벡터를 나타낸다.

• 닫힌 그릇을 지나가는 유체의 알짜 부피 흐름률

흐름 속에 있는 가상의 작은 상자에서(그림 15-42), 유체가 어떻게 면 3으로 들어가고 면 1과 2로 나오는가를 생각해보자. 유체가 비압축적이고 가상의 닫힌 면 안에서 생기거나 없어지지 않는다면,

단위시간에 상자 속으로 들어가는 양은 그 동안 상자 밖으로 나오는 양과 같아야 한다. 닫힌 그릇의 모든 면을 지나가는 전체 흐름률을 **알짜 흐름률(net flux)**이라고 한다. 따라서 상자를 지나가는 비압축성 유체의 알짜 흐름률은 0이 될 것이다. 알짜 흐름률을 구하는 수학적 방법이 앞의 결과를 설명해줄 수 있을까?

면요소를 충분히 작게 잡아 흐름 속도 벡터가 일정하게 한다. 하지만 면요소마다 속도 벡터와 속도 벡터-법선 벡터의 사이각은 다를 수 있다. 따라서 일반적으로 어떤 표면의 알짜 흐름률은 표면을 이루는 낱낱의 면요소에 대한 흐름률의 합이며, 알짜 흐름률은 여전히 식 15-34를 써서 셈하면 된다. 알짜 흐름률에 대한 위의 정의를 쓰면 면요소마다 속도 벡터와 법선 벡터의 방향이 다른 일반적인 경우도 다룰 수 있고, 흐름이 난류일 때도 다룰 수 있다.

속도와 면 벡터가 면 1과 2처럼 대체로 같은 쪽을 가리키면 $\vec{v}_i$와 $\vec{A}_i$의 점곱은 (+)이다. 이는 어떤 표면에서 물이 흘러나오는 것을 (+)으로 정의한다는 것을 뜻한다. 그러나 면 3의 흐름률은 다르다. 속도와 면 벡터는 반대쪽이며 그 점곱은 (−)이다. 앞에서 다룬 상자의 또 다른 특징은 바닥과 앞뒤 면은 모두 법선 벡터가 흐름의 속도 벡터와 직교한다는 것이다. 점곱의 규칙에 따라 이러한 면을 지나가는 흐름률 또는 부피 흐름률은 0이다. 면 3으로 들어가는 물의 (−) 흐름률과, 면 1에서 나오는 물의 (+) 흐름률, 그리고 면 2로부터 나오는 (+) 흐름률은 모두 합해서 0이 된다는 것을 증명할 수 있다.

이제 연속방정식을 다듬어서 유체가 닫힌곡면 속으로 흘러 들어갈 때의 부피 흐름률을 (−)로, 바깥으로 흘러 나올 때의 부피 흐름률을 (+)로 잡으면, 이제 가상의 상자를 지나가는 알짜 흐름률은 0이 될 것을 예상할 수 있다. 이것은 유체가 비압축적이고, 상자 속에서 유체가 저절로 생겨나거나 사라지게 할 수 없는 한은 물리적으로도 합당해 보인다. 나중에 전기력선 다발과 자기력선 다발을 정의할 때는 닫힌곡면의 알짜 흐름률이 0이 아닐 수도 있음을 보게 될 것이다.

생각해보기 15-11 그림 15-42의 가상의 상자를 생각하자. 상자는 가로 4.0 cm, 세로 1.0 cm, 높이는 왼쪽이 8.0 cm, 오른쪽이 4.0 cm라고 하자. (a) 면 1, 2, 3의 넓이를 제곱미터(m^2) 단위로 셈하라. (b) 상자의 표면의 전체 넓이를 셈하라. (셈에 6개 면요소의 넓이가 모두 들어감에 유의하라.)

생각해보기 15-12 그림 15-42의 가상의 상자를 생각하자. 상자의 크기는 생각해보기 15-11에서와 같다. 이것이 왼쪽에서 오른쪽으로 상자를 지나 흐르는 유체 속에 놓여 있고, 유체의 속도 벡터는 작은 상자의 모든 곳과 표면에서 같다고 가정하자. 상자가 있는 곳의 흐름 속도의 크기가 0.5 m/s이라면, (a) 면 1, 2, 3을 지나는 흐름률을 각각 m^3/s로 구하라. (b) 면 1, 2, 3의 흐름률만 0이 아닌 이유를 설명하라. (c) 상자로 둘러싸인 닫힌곡면을 지나가는 알짜 흐름률이 0임을 보여라.

15-11 베르누이 방정식

15-8절에서 논의한 것처럼, 이상 유체는 비압축성이고 마찰력을 받지 않으며 유선을 따라 흐른다. 천천히 움직이는 강 또는 큰 관을 흐르는 물은 이상 유체처럼 행동한다. 이 절에서는 이상 유체의 흐름에 대해서 압력과 속도 그리고 수직위치를 이어주는 매우 쓸모 있는 식을 제시할 것이다.

그림 15-43과 같이 어떤 관을 지나 흐르는 이상 유체를 생각해보자. 시간 Δt 동안에 부피 ΔV인 유체덩이가(그림 15-43a에서 자주색 부분) 왼쪽 주둥이로 들어가며, 같은 부피가(그림 15-43a에서 초록색 부분) 오른쪽 주둥이로 나온다. 이 유체는 비압축성이라고 가정하였으므로 나오는 부피는 들어가는 부피와 같아야 한다. 또한 이 유체는 밀도 ρ가 일정하다고 가정한다.

왼쪽에서 들어가는 유체의 높이, 속력, 압력을 y_1, v_1, P_1, 그리고 오른쪽에서 나오는 유체의 높

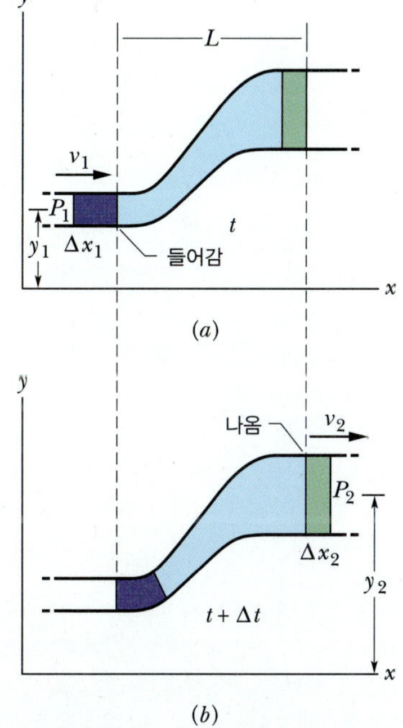

그림 15-43
유체가 길이 L인 관을 통해 왼쪽 주둥이에서 오른쪽 주둥이로 일정한 비율로 흐른다. (a)에서의 시각 t부터 (b)에서의 시각 $t + \Delta t$까지 자주색으로 나타낸 질량 m의 유체덩이가 왼쪽 주둥이로 들어가고 초록색으로 나타낸 같은 양이 오른쪽 주둥이로 나온다.

이, 속력, 압력을 y_2, v_2, P_2라고 하자. 이 유체에 에너지 보존원리를 쓰면 다음의 관계가 있음을 보일 수 있다.

$$P_1 + \frac{1}{2}\rho v_1^2 + \rho g y_1 = P_2 + \frac{1}{2}\rho v_2^2 + \rho g y_2 \qquad (15\text{–}35)$$

이 식은 또한 다음과 같이 쓸 수도 있다.

$$P + \frac{1}{2}\rho v^2 + \rho g y = \text{상수} \qquad \text{(이상 유체 흐름방정식)} \qquad (15\text{–}36)$$

식 15–35와 15–36은 **베르누이 방정식(Bernoulli's equation)**으로 같은 꼴이며, 1700년대에 유체 흐름을 연구했던 베르누이(Daniel Bernoulli)에서 이름을 땄다.* 연속방정식(식 15–28)과 마찬가지로 베르누이 방정식은 새로운 원리는 아니며 잘 알려진 원리를 유체역학에 더 어울리는 꼴로 재구성한 것이다. 점검을 위해 다음의 특별한 두 경우에 대해 베르누이 방정식을 살펴보자.

경우 1, 흐르지 않을 때: 여기서는 식 15–35에서 관 양끝의 속력을 0으로 두며, 따라서 $v_1 = v_2$이다.

$$P_2 = P_1 - \rho g(y_2 - y_1) \qquad \text{(흐르지 않는 유체의 높이 변화)}$$

이 경우, 베르누이 방정식은 단순히 식 15–7로 된다.

경우 2, 높이가 같을 때: 유체가 흐르는 동안 높이가 변하지 않는다면 $y_1 = y_2$이며, 이때는 다음의 베르누이 방정식의 주요한 예측이 나온다. 식 15–35는 다음과 같이 되며,

$$P_1 + \frac{1}{2}\rho v_1^2 = P_2 + \frac{1}{2}\rho v_2^2 \qquad (15\text{–}37)$$

이는 다음을 말해준다.

유체요소가 수평한 유선을 따라 흐르면서 속력이 빨라지면 압력은 낮아진다.

달리 말하면, 유체의 속력이 상대적으로 빠르면 압력은 상대적으로 낮다. 거꾸로, 유체의 속력이 상대적으로 느리면 압력은 상대적으로 높다.

압력과 속력 사이의 연관은 유체덩이가 높은 압력과 낮은 압력 사이의 경계를 지날 때 어떻게 되는가를 살펴보면 그럴 듯해 보인다. 즉, 왼쪽에서 오른쪽으로 흐르는 유체덩이가 좁은 영역에 가까워지면서 유체덩이 뒤의 더 높은 압력이 유체덩이에 오른쪽으로 크기 $F_1 = P_1 \Delta A$인 힘을 준다. 여기서 ΔA는 그 덩이의 단면의 넓이다. 이와 비슷하게 유체덩이 앞의 더 낮은 압력은 유체덩이에 왼쪽으로 크기 $F_2 = P_2 \Delta A$의 힘을 준다. 그러나 $P_1 > P_2$이므로 $F_1 > F_2$이고 그 유체덩이는 알짜힘을 오른쪽으로 받는다. 그리고 그 유체덩이는 짧은 거리를 가는 동안 가속되어 속력이 빨라진다. 압력이 낮은 곳에서 높은 곳으로 갈 때는 $F_2 > F_1$이며 따라서 유체덩이는 느려진다.

베르누이 방정식은 이상적인 유체에서만 엄밀하게 성립한다. 유체에 점성이 있다면 열에너지가 관련될 것이다. 따라서 베르누이 방정식을 끌어낼 때 이 점은 고려하지 않는다.

---

* (우리가 가정한) 맴돌이 하지 않는 흐름(irrotational flow)에서는 식 15–36의 상수는 흐름관 속의 모든 곳에서 값이 같다. 이 위치들은 같은 유선 위에 있지 않아도 된다. 마찬가지로 점 1과 2는 흐름관 속 어느 곳도 될 수 있다.

• 베르누이 방정식의 증명

이상 유체는 마찰이 없으므로, 그림 15-43에서 거리 L만큼 떨어진 두 수직면 사이에 있는 어떤 유체덩이가 처음 상태(그림 15-43a)에서 나중 상태(그림 15-43b)로 이동하는 동안 역학적 에너지는 보존된다고 가정할 수 있다. 또한 이 과정에서 유체의 성질이 변하지 않으며, 흐름은 정상적이라고 가정한다. 따라서 관의 들어가는 곳과 나오는 곳에서 생기는 변화만 살펴보면 된다.

에너지가 보존된다면, 일-운동 에너지 정리는 다음과 같다.

$$W^{\text{알짜}} = \Delta K \tag{15-38}$$

달리 말하면, 유체덩이의 운동 에너지 변화는 유체덩이에 한 알짜일과 같다. 그러나 운동 에너지 변화는 유체덩이가 관의 양끝에 있을 때의 속력이 달라져서 생긴다. 따라서 유체덩이가 관의 끝 1로 들어가 끝 2에서 나온다면 운동 에너지 변화는 다음과 같다.

$$\Delta K = \tfrac{1}{2}mv_2^2 - \tfrac{1}{2}mv_1^2 = \tfrac{1}{2}\rho V(v_2^2 - v_1^2) \tag{15-39}$$

여기서 $m = \rho V$는 부피 V인 유체덩이의 질량이다.

유체덩이에 해준 일의 근원은 두 가지다. 첫째는 유체덩이가 들어가는 곳과 나오는 곳의 높이 차이만큼 올라가는 동안 중력이 해준 일이다. 둘째는 유체덩이가 관의 여러 곳에서 압력차에 의해 흐를 때, 뒤에 있는 유체와 앞에 있는 유체가 주는 힘이 해준 일이다.

중력이 한 일: 질량 m인 유체덩이가 들어가는 곳과 나오는 곳의 높이 차만큼 올라가는 동안 중력($mg\hat{j}$)이 해준 일 $W^{\text{중력}}$은 식 9-14와 같다.

$$W^{\text{중력}} = -mg(y_2 - y_1) = -\rho gV(y_2 - y_1) \tag{15-40}$$

이 일은 변위와 중력이 반대쪽이므로 (−)가 된다. (여기서 $W^{\text{중력}}$은 유체덩이의 무게와는 상관없는 '일' 임에 유의하자.)

압력차가 한 일: 들어가는 곳과 나오는 곳의 압력 차이 때문에 움직이는 유체덩이에는 일이 일어난다. 먼저, 유체덩이를 단면의 넓이가 A인 관에서 거리 Δx만큼 움직이는데 드는 일에 대한 식을 구하자. 유체덩이가 압력 P를 받는다면 그 일은 다음과 같다.

$$W = F_x\,\Delta x = (PA)\,\Delta x = P(A\Delta x) = PV$$

여기서 $V = A\Delta x$는 유체덩이의 부피다. 그림 15-43의 들어가는 곳에서는 유체덩이가 받는 압력은 P_1이고 부피는 V이다. 그곳에서는 변위와 압력에 의한 힘이 같은 쪽이므로 유체덩이가 받은 일은 양수(+)이며, $W_1 = +P_1V$이다. 이제 그림 15-43의 나오는 곳에서는 유체덩이가 받는 압력은 P_2이고 부피는 마찬가지로 V이다. 이곳에서는 압력이 주는 힘과 변위가 반대쪽이므로 유체덩이가 받은 일은 음수(−)이며, $W_2 = -P_2V$이다. 따라서 압력 차 때문에 유체덩이가 한쪽으로 들어가 다른 쪽으로 나오면서 받은 전체 일 $W^{\text{압력차}}$는 다음과 같다.

$$W^{\text{압력차}} = W_1 + W_2 = P_1V + (-P_2V) = -(P_2 - P_1)V \tag{15-41}$$

식 15-38의 일-운동 에너지 정리는 이제 다음과 같아진다.

$$W^{\text{알짜}} = W^{\text{중력}} + W^{\text{압력차}} = \Delta K$$

식 15–39, 15–40, 15–41을 넣으면 다음 결과가 된다.

$$-\rho g V(y_2 - y_1) - V(P_2 - P_1) = \tfrac{1}{2}\rho V(v_2^2 - v_1^2)$$

이 식을 정리하면 식 15–35와 같으며, 이로써 정리를 증명하였다.

생각해보기 15–13 그림에 보인 관을 통해 물이 조용히 화살표를 따라 흘러간다. 번호 붙인 들을 (a) 부피 흐름률 $R_{\text{부피}}$, (b) 흐름 속력 v, (c) 수압 P가 큰 것부터 늘어 놓아라.

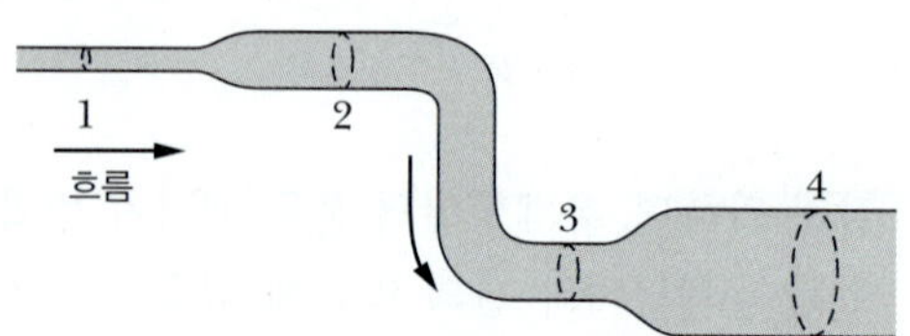

따라해보기 15–9 | 에탄올 흐름

밀도 $\rho = 791\,\text{kg/m}^3$인 에탄올이 단면적 $A_1 = 1.20 \times 10^{-3}\,\text{m}^2$에서 $A_2 = A_1/2$로 줄어드는 수평 관을 따라 조용히 흐른다. 관의 넓은 곳과 좁은 곳의 압력차는 4120 Pa이다. 에탄올의 부피 흐름률 $R_{\text{부피}}$는 얼마인가?

풀이 ■ 첫째 **요점**은 관의 넓은 곳을 흐르는 유체는 좁은 곳을 완전히 지나가야 하므로 부피 흐름률 $R_{\text{부피}}$는 두 곳에서 같다는 것이다. 따라서 식 15–28로부터 다음 식이 나온다.

$$R_{\text{부피}} = v_1 A_1 = v_2 A_2 \tag{15–42}$$

하지만, 속력을 둘 다 모르므로 이 식만으로는 $R_{\text{부피}}$를 구할 수 없다.

둘째 **요점**은 조용히 흐르므로 베르누이 방정식을 쓸 수 있다는 것이다. 식 15–35로부터 다음 식이 나온다.

$$P_1 + \tfrac{1}{2}\rho v_1^2 + \rho g y = P_2 + \tfrac{1}{2}\rho v_2^2 = \rho g y \tag{15–43}$$

여기서 첨자 1과 2는 각각 관의 넓거나 좁은 곳을 가리키며, y는 이들의 공통적인 높이다. 이 식은 구하려는 부피 흐름률 $R_{\text{부피}}$는 들어 있지 않으며, 모르는 속력 v_1, v_2가 들어 있으므로 전혀 도움될 것처럼 보이지 않는다.

하지만 이 식을 쓸모 있게 해주는 깔끔한 방법이 있다: 먼저, 식 15–42와 $A_2 = A_1/2$라는 사실을 써서 다음과 같이 쓴다.

$$v_1 = \frac{R_{\text{부피}}}{A_1}, \quad v_2 = \frac{R_{\text{부피}}}{A_2} = \frac{2R_v}{A_1} \tag{15–44}$$

그리고 이 식을 식 15–43에 넣어 미지의 속력를 지우고 구하려는 부피 흐름률을 넣는다. 그 다음에 $R_{\text{부피}}$에 대해 풀면 다음 결과가 된다.

$$R_{\text{부피}} = A_1\sqrt{\frac{2(P_1 - P_2)}{3\rho}} \tag{15–45}$$

하지만 여전히 결정할 것이 있다: 두 곳의 압력차는 4210 Pa라고 했다. 그런데 $P_1 - P_2$는 4120 Pa인가, −4120 Pa인가? 앞의 값이 옳다고 추측할 수 있다. 그렇지 않으면 식 15–45의 제곱근은 허수가 될 것이다. 하지만, 추측하기보다는 추론을 해보자. 식 15–42로부터 좁은 곳(작은 A_2)의 속력 v_2는 넓은 곳(넓은 A_1)의 속력 v_1보다 빨라야 한다. 유체가 (여기서처럼) 수평한 관을 따라 흐르면서 유체의 속력은 빨라진다면, 유체 압력은 줄어야 함을 떠올리자. 따라서 P_1은 P_2보다 크며, $P_1 - P_2 = 4120\,\text{Pa}$이다. 이것과 주어진 자료를 식 15–45에 넣으면 다음과 같다.

$$R_{\text{부피}} = 1.20 \times 10^{-3}\,\text{m}^2\sqrt{\frac{(2)(4120\,\text{Pa})}{(3)(791\,\text{kg/m}^3)}}$$

$$= 2.24 \times 10^{-3}\,\text{m}^3/\text{s} \qquad \text{(답)}$$

연습문제 15-11

43. 단면이 넓어지는 관

단면 넓이가 $4.0\,\text{cm}^2$인 관을 채운 물이 속력 5.0 m/s로 흐른다. 관은 단면이 $8.0\,\text{cm}^2$로 넓어지면서 점차 10 m를 내려간다. (a) 낮은 곳의 속력은 얼마인가? (b) 높은 곳의 압력이 1.5×10^5 Pa이면, 낮은 곳의 압력은 얼마인가?

44. 어뢰

비행기 모형을 풍동에서 시험하는 것처럼, 어뢰 모형을 물이 흐르는 수평 관에서 종종 시험한다. 속지름 25.0 cm인 관 속에 축을 따라 정렬한 지름 5.00 cm인 어뢰 모형을 생각하자. 물이 어뢰 모형을 2.50 m/s로 지나쳐 흐르게 하여 시험하려 한다. (a) 모형 때문에 막히지 않는 곳에서 물의 속력은 얼마이어야 하는가? (b) 관에서 막히는 곳과 막히지 않는 곳의 압력 차는 얼마인가?

45. 지하실 관

속지름 2.5 cm의 수도관으로 집의 지하실에 물을 속력 0.90 m/s, 압력 170 kPa로 공급한다. 이 관이 1.2 cm로 가늘어져서 입력 지점에서 위로 7.6 m인 2층으로 올라간다면 2층에서의 (a) 속력과 (b) 수압은 얼마인가?

46. 취수구

저수지의 취수구(그림 15-44) 단면적이 $0.74\,\text{m}^2$이다. 물은 0.40 m/s의 속력으로 취수구에 흘러들어간다. 취수구 아래 180 m에 있는 발전소 건물에서 물은 9.5 m/s로 흘러나오며 단면적은 취수구에서보다 작다. 취수구와 배수구 사이의 압력차는 메가파스칼(MPa)로는 얼마인가?

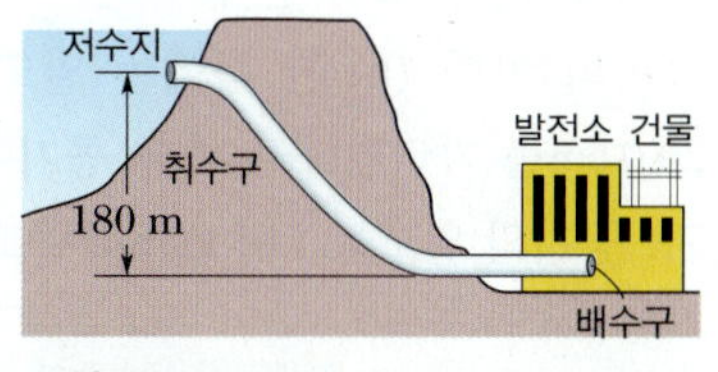

그림 15-44 문제 46

47. 넓은 면

넓은 면적의 통에 물을 깊이 $D = 3.0$ m로 채웠다. 통 바닥에 있는 단면적 $A = 6.5\,\text{cm}^2$인 구멍에서 물이 밖으로 빠진다. (a) 물이 흘러나가는 비율은 m^3/s로는 얼마인가? (b) 통 바닥 아래로 얼마의 거리에서 물줄기의 단면적이 구멍 면적의 절반과 같아지는가?

48. 공기 흐름

공기가 넓이 A인 비행기 날개 위로 속력 $|\vec{v}_{\text{위}}|$로 흐르며, (마찬가지로 넓이 A인) 날개 아래로는 속력 $|\vec{v}_{\text{아래}}|$로 지나간다. 날개가 받는 위쪽 양력의 크기 $|\vec{L}|$은 베르누이 방정식에 따라 다음과 같음을 보여라.

$$|\vec{L}| = \tfrac{1}{2}\rho A\left(v_{\text{위}}^2 - v_{\text{아래}}^2\right)$$

여기서 ρ는 공기의 밀도이다.

49. 비행기 날개

비행기 날개의 아랫면을 지나는 흐름 속력이 110m/s이라면 윗면과 아랫면의 압력 차가 900 Pa이 될 때 윗면의 흐름 속력은? 공기 밀도를 $1.30 \times 10^{-3}\text{g/cm}^3$로 하고 문제 48을 푼다.

50. 두 개의 통

각각 위에 큰 구멍이 있는 두 개의 통 A와 B에 다른 액체가 들어 있다. 액체 표면 아래로 같은 깊이 d에서 낱낱의 통 옆면에 작은 구멍을 뚫었다. 통 A의 구멍 넓이는 통 B의 구멍 넓이의 반이다. (a) 두 구멍의 질량 흐름률이 같다면 액체 밀도의 비 ρ_A/ρ_B는 얼마인가? (b) 두 구멍의 부피 흐름률의 비는 얼마인가? (c) 부피 흐름률을 같게 하려면 통 B에서 구멍 위로 높이 얼마까지 액체를 더 채우거나 빼내야 하는가?

51. 수평관의 물

그림 15-45에서 물이 수평관을 따라 흘러 속력 15 m/s로 빠져 나온다. 이 관의 왼쪽과 오른쪽의 지름은 각각 5.0 cm와 3.0 cm이다. (a) 10분 동안 흘러나오는 물의 부피는? 관의 왼쪽 부분에서 (b) 속력 v_B와 (c) 계기압력은 얼마인가?

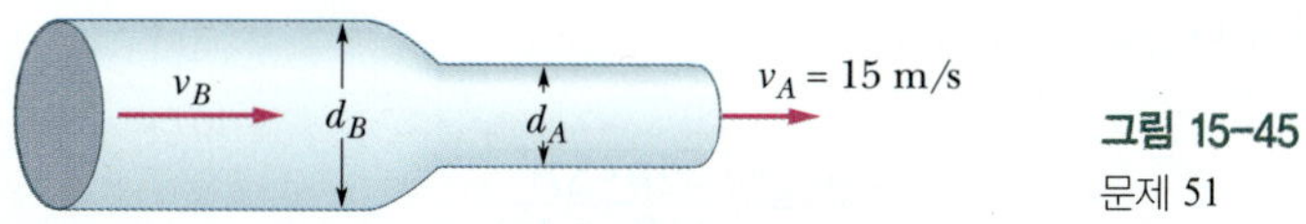

그림 15-45 문제 51

52. 물통

물통에 든 물(밀도 $1.0\,\text{g/cm}^3$)의 표면 아래로 50 cm인 곳에 넓이 $0.25\,\text{cm}^2$인 구멍이 뚫려 있다. 물 표면 바로 위에서 잰 계기 압력이 다음과 같을 때 구멍에서 나오는 물의 속력은 얼마인가? (a) 0 기압, (b) 0.40 기압.

53. 댐

댐에 가둔 물의 깊이가 15 m이다. 그림 15-46과 같이 지름 4.0 cm인 수평관이 수면 아래 6.0 m에서 댐을 관통한다. 어떤 마개로 관 구멍을 막아놓았다. (a) 마개와 관 벽 사이의 마찰력 크기를 구하라. (b) 마개를 빼면 3.0 시간 동안에 흘러나오는 물의 부피는?

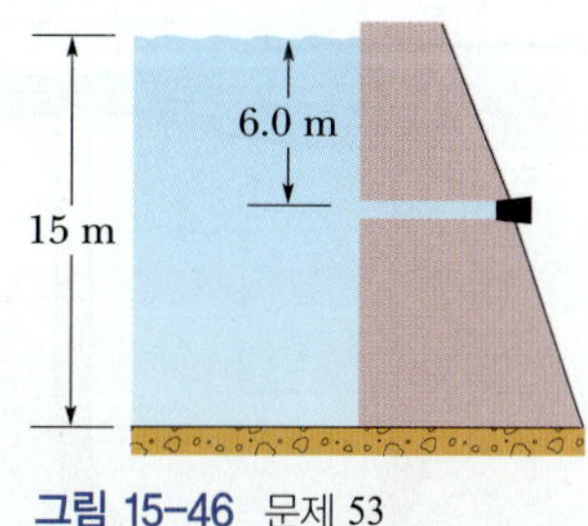

그림 15-46 문제 53

54. 가득 찬 통

물을 채운 통이 있다. 한쪽 벽에 수면 아래로 깊이 h인 곳에 구멍을 하나 뚫었다(그림 15-47). (a) 구멍에서 나오는 물줄기가 바닥에 떨어지는 곳과 통 사이의 거리 x는 $x = 2\sqrt{h(H-h)}$임을 보여라. (b) 다른 깊이에서 구멍을 뚫어 도달거리가 같은 둘째 물줄기를 만들 수 있는가? 만약 그렇다면, 깊이는 얼마가 되겠는가? (c) 물줄기가 통에서 최대한 멀리 바닥에 닿게 하려면 구멍을 어디에 내야 하는가?

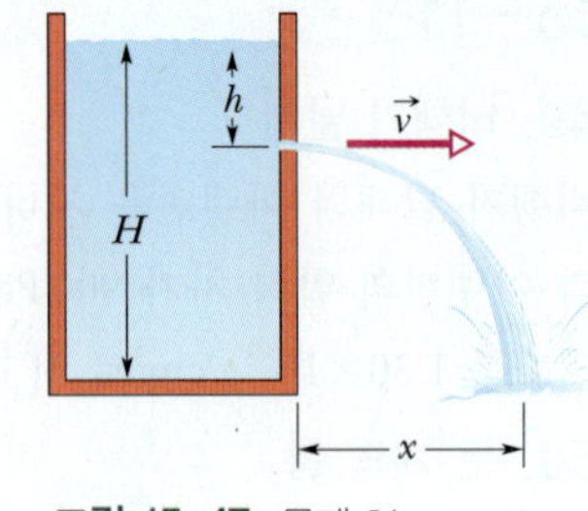

그림 15-47 문제 54

55. 벤투리 계기

벤투리 계기는 관에서 유체의 흐름 속력을 재는데 쓰인다. 계기는 관의 두 단면 사이에 연결된다(그림 15-48). 계기의 입구 및 출구 단면적 A는 관의 단면적과 같다. 입구와 출구에서 유체는 속력 $v_A = |\vec{v}_A|$로 관을 지나 흐른다. 그러나 유체는 단면적 B인 좁은 '목'을 속력 $v_B = |\vec{v}_B|$로 지나며 흐른다. 그리고 압력계가 계기의 폭이 넓은 부분을 좁은 부분으로 연결한다. 유체의 속력 변화로 유체의 압력 변화 ΔP가 생기며, 그 결과 압력계의 두 가지에서 액체의 높이 차 h가 생긴다. (여기서 ΔP는 관과 목에서의 압력 차를 뜻한다.) (a) 베르누이 방정식과 연속방정식을 그림 15-48의 1과 2에 써서 다음을 보여라.

$$\vec{v}_A = \sqrt{\frac{2B^2\,\Delta P}{\rho(B^2 - A^2)}}$$

여기서 ρ는 유체의 밀도이다. (b) 유체는 담수이며, 단면적은 관이 64 cm², 목은 32 cm²이고, 압력은 관에서 55 kPa 목에서 41 kPa라고 가정하자. 물의 흐름률은 m³/s로 얼마인가?

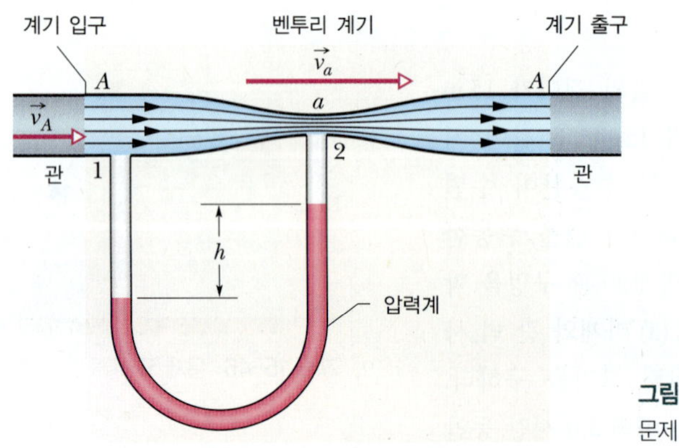

그림 15-48 문제 55

56. 벤투리 관

문제 55와 그림 15-48에서 압력계가 없는 벤투리 관을 생각하자. $A = 5a$이며, A의 압력 P_1은 2.0기압이라고 하자. a의 압력 P_2가 0이 되게 하는 (a) A의 $|\vec{v}_A|$와 (b) a의 $|\vec{v}_a|$의 값을 셈하라. (c) A의 지름이 5 cm일 때 부피 흐름률을 셈하라. P_2가 거의 0으로 떨어질 때 a에서 일어나는 현상은 공동화(cavitation)로 알려져 있으며, 물이 기화하여 작은 거품을 만든다.

57. 피토관

피토관(그림 15-49)은 비행기에서 공기에 대한 속력을 재는데 쓴다. 피토관은 관 속으로 공기가 들어가게 해주는 작은 구멍 B가 많이(네 개만 보여줌) 있는 바깥 관으로 되어 있다. 그 관은 U자 관의 한쪽 가지에 이어지고, U자 관의 다른 쪽 가지는 이 장치의 앞쪽 끝에 있는 구멍 A로 이어지며, 구멍은 비행기가 날아가는 쪽을 향한다. A에서는 공기 흐름은 없으며 따라서 $v_A = 0$이다. 하지만, B에서의 공기 속력은 비행기 속력 v와 같다. (a) 베르누이 방정식을 써서 다음을 증명하라.

$$v = \sqrt{\frac{2\rho g h}{\rho_{\text{공기}}}}$$

여기서 ρ는 U자 관에 담긴 액체의 밀도, h는 관 속에서의 유체 높이의 차다. (b) 관 속에는 알코올이 들어 있으며 높이차 h는 26.0 cm를 가리킨다고 하자. 공기에 대한 비행기의 속력은 얼마인가? 공기의 밀도는 1.03 kg/m³, 알코올의 밀도는 810 kg/m³이다.

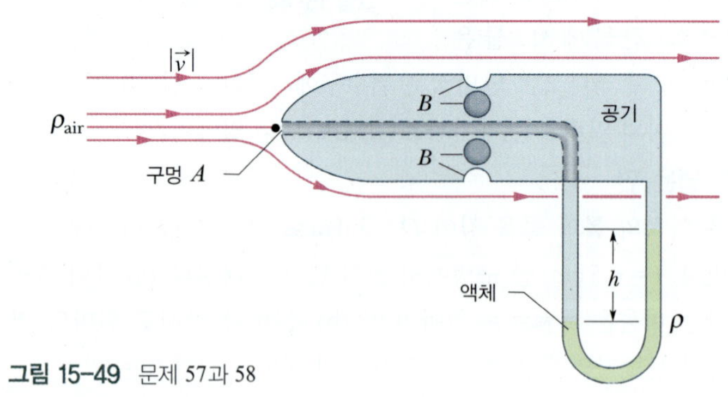

그림 15-49 문제 57과 58

58. 고공 비행기

높이 나는 비행기의 피토관이(문제 57 참조) 180 Pa의 압력차를 나타낸다. 공기 밀도가 0.031 kg/m³이라면 비행기 속력은 얼마인가?

추가문제

59. 수영장 채우기

새로 지은 호텔에서 수영장에 대한 계획을 검토해달라고 요청받았다. 물은 반지름 $R_1 = 6.00\,\text{cm}$인 굵은 수평관을 통해 2.00기압으로 호텔로 공급된다. 그리고 반지름 $R_2 = 1.00\,\text{cm}$인 수직관은 물을 9.40 m의 높이까지 올려, 거기서 물은 너비 10.0 m, 깊이 2.00 m인 정사각형 수영장에 쏟아진다. (a) 수영장을 채우려면 시간이 얼마나 걸리는가? (b) 며칠 이상 걸린다면 마음에 안 들고, 몇 시간 이하면 위험하게 생각된다. 물 채우는 시간은 마음에 들고 또한 안전한가?

60. 수력공학자

그림 15-50은 언덕을 통과해 설치된 오래된 배관계의 두 부분을 보여준다. 언덕 양쪽에서 관의 반지름은 2.00 cm이다. 하지만 언덕 안에서의 관의 반지름은 더 이상 알 수가 없다. 이를 알아내고자 수력공학자가 먼저 물이 왼쪽과 오른쪽 부분에서 2.50 m/s로 흐르게 한다. 그 다음에 A에서 물에 떨어뜨린 염료가 88.8초 뒤에 B에 온다는 것을 알았다. 언덕 속에 있는 관의 반지름(또는 평균 반지름)은 얼마인가?

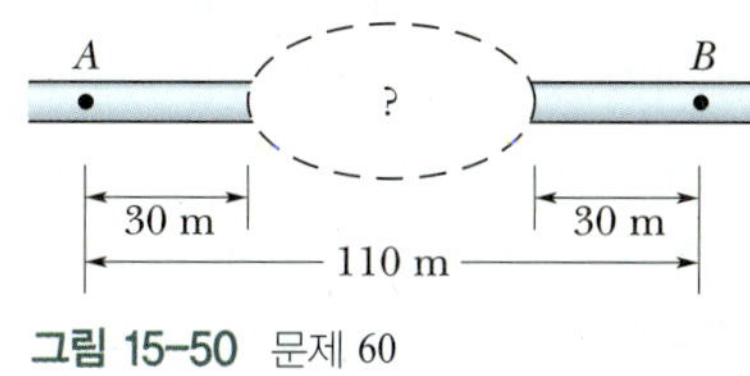

그림 15-50 문제 60

61. 뜨고 가라앉기

다음과 같은 수집품이 있다. 연필, 동전, 모서리를 테이프로 봉한 빈 플라스틱 CD통, 열려 있는 똑같은 CD통, 바늘, 따지 않은 탄산음료통, 그리고 빈 탄산음료통. 이들을 물에 뜨는 것과 가라앉는 것으로 나누어라. 물체의 가장 넓은 면을 수면 위에 조심스럽게 놓는다면 차이가 생길까? 어떤 것들이 그런가? 각각에 대해 왜 그렇게 결론을 내렸는가와 어떤 역할을 하는가를 자세히 설명하면서, 판단기준들을 설명하라. 답을 쓴 다음에 실험을 해보고 예측한 결과와 비교해보라.

62. 차 안의 풍선

닫힌 차 안에 헬륨 풍선을 두면, 차가 가속될 때 승객은 뒤로 밀리는 느낌을 받지만, 헬륨 풍선은 앞쪽으로 움직이는 까닭을 설명하라. 그 까닭을 지금까지 배운 물리학을 써서 설명해보라.

63. 수영장에서

공을 수영장 물 밑에 둔 다음에 놓으면 위로 솟구쳐 올라 물 밖으로 나온다. 왜 그런가 설명하라.

64. 운석과 돌고래

과학박물관의 관리자가 운석 쇠붙이(그림 15-51a 참조)를 박물관 한 곳에서 다른 데로 옮긴다. 쇠붙이의 무게는 115 kg중이며, 그녀 혼자 들기에는 너무 커서 손수레를 썼다(그림 15-51b 참조). 그녀가 박물관의 바다포유류 구역을 지나가다가 우연히 튀어나온 곳에 부딪쳐서 운석이 손수레에서 미끄러져 돌고래 풀로 떨어졌다. 다행히도 쇠붙이가 돌고래를 맞히지는 않았으나, 빠르게 가라앉아버렸다. 공교롭게도 그 운석에는 날카로운 끝이 많아서 호기심 많은 돌고래가 다가와서 조사해보려고 비비다가 베일까봐 걱정이 되었다. 그녀는 최대한 빨리 운석을 풀 밖으로 들어올리고 싶었다. 다행히도, 운석에는 많은 공기 구멍이 있었고, 끝에 갈고리가 달린 밧줄이 마침 옆에 있었다. 만약에 갈고리를 어느 구멍에 끼워 넣을 수 있다면, 위로 끌어올려서 기둥에 밧줄을 묶어두고 손수레를 지레로 써서 꺼낼 가능성도 있었다. 그런데 유감스럽게 운석은 그녀가 들기에는 너무 무겁다고 생각했다. (a) 그녀가 밧줄을 당겨 올리는 것이 운석이 물 속에 잠겨 있는 것 때문에 더 힘들어질까 아니면 더 수월해질까? 설명하라. (b) 운석은 풀의 콘크리트 바닥에 있다. 운석이 바닥에 주는 힘은 풀에 물이 없을 때와 비교해서 큰가 아니면 적은가? 설명하라. (c) 그녀가 운석을 들어올릴 수 있을까? 그녀가 운석을 풀의 바닥에서 들어올리려면 갈고리로 건 밧줄에 힘을 얼마나 주어야 하는지 셈하라. 그녀는 약 45 kg을 들 수 있고, 풀의 깊이는 3.6 m이며, 쇠붙이 밀도는 약 $8000\,\text{kg/m}^3$이다.

그림 15-51a 문제 64

그림 15-51b 문제 64

65. 쇠붙이로 누르는 힘

다음의 각 문장들을 '~보다 크다(>)', '~보다 작다(<)' 또는 '~와 같다(=)' 라는 표현에 해당하는 기호로 바르게 완성하라. (a) 쇠붙이가 탁자 위에 있다. 이것을 탁자에서 탁자 위의 물동이 안으로 옮겼다. 이제 쇠붙이는 양동이 바닥에 있다. 물동이 바닥에 쇠붙이가 놓여 있을 때 물동이가 쇠붙이에 주는 힘은 쇠붙이가 탁자 위에 있을 때 탁자가 쇠붙이에 주는 힘과(보다) ______. (b) 쇠붙이가 탁자에 놓여 있다. 이것을 탁자에서 탁자 위에 놓인 물동이 안으로 옮겼다. 이제 쇠붙이는 양동이 바닥에 있다. 양동이 바닥에 쇠붙이

가 놓여 있을 때 쇠붙이에 주는 전체 힘은 탁자 위에 있을 때와(보다) ______. (c) 쇠붙이가 탁자에 놓여 있다. 이것을 단지로 덮고, 단지를 진공 펌프에 연결하여 공기를 뺀다. 단지 속이 진공이 되었을 때 탁자가 쇠붙이에 주는 힘은 쇠붙이가 공기 중에 있을 때 탁자가 쇠붙이에 주는 힘과(보다) ______. (d) 쇠붙이를 저울 위에 놓고, 쇠붙이와 저울 모두를 큰 물통에 담갔다. 그 뒤의 저울 눈금은 이들이 그냥 공기 중에 있을 때의 저울 눈금과(보다) ______. (저울에 아무것도 없으면, 물 속에 있을 때에도, 저울 눈금은 0을 가리킨다고 가정한다.)

66. 세 꽃병 수수께끼*

그림 15-52처럼 세 꽃병에 물을 같은 높이로 부었다. 각 꽃병은 밑면적이 같다. 각 꽃병의 물 깊이는 같으므로 각각은 바닥에 같은 압력을 줄 것이다. 넓이와 압력이 같으므로 각 액체는 꽃병 바닥에 같은 힘을 주어야 한다. 그러나 무게를 달아보면 꽃병마다 다르다. (가운데 것은 분명히 왼쪽 것보다 액체가 덜 담아져 있으며, 따라서 무게가 덜 나가야 한다.) 이러한 겉보기 모순을 어떻게 설명하겠는가?

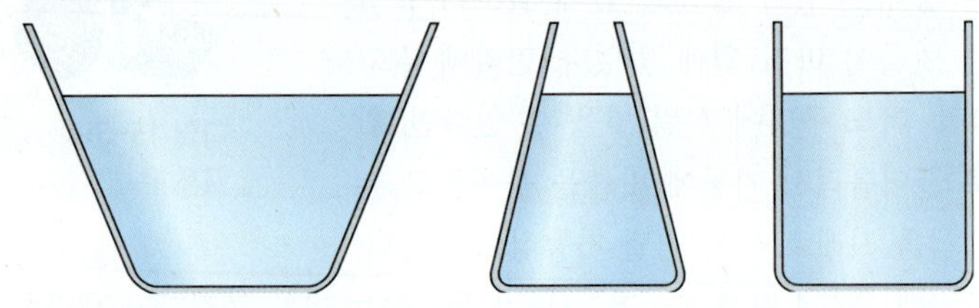

그림 15-52 문제 66

67. 매달린 토막들†

부피가 같은 정육면체 토막 셋이 줄에 매달려 있다. 토막 A와 B는 질량이 같고, 토막 C는 질량이 더 작다. 토막을 모두 어항 안으로 내려, 그림 15-53처럼 잠기게 했다. (a) 물이 토막 A의 윗면에 주는 힘은 토막 B의 윗면에 주는 힘보다 큰가, 작은가 아니면 같은가? 설명하라. (b) 물이 토막 A의 윗면에 주는 힘은 토막 C의 윗면에 주는 힘보다 큰가, 작은가 아니면 같은가? 설명하라. (c) 토막 C와 토막 A가 물에 주는 힘은 어느 것이 큰가? 설명하라. (d) 세 토막이 받는 부력을 큰 것부터 차례로 늘어놓아라. 그 가운데서 어떤 부력이 같으면 이를 분명히 표시하고 설명하라.

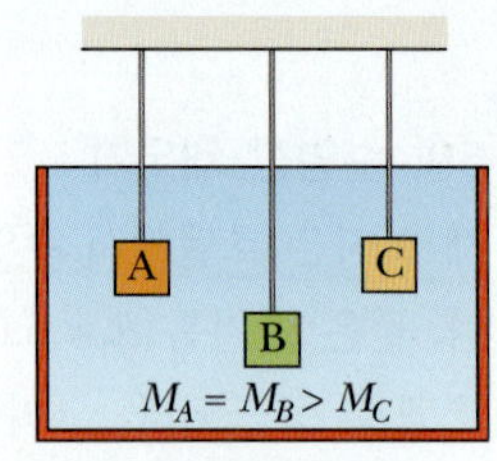

그림 15-53 문제 67

68. 떠 있는 토막들†

그림 15-54는 보인 바와 같이 토막 A부터 토막 E까지 질량이 점점 커지는 다섯 개의 토막을 나타낸다. 토막의 질량은 저마다 다르나 부피는 모두 같다. 토막을 물이 찬 수족관 통에 두자 토막 B와 E는 그림 15-54처럼 섰다. 토막 A, C, D가 어느 곳에서 설 것인지 그림에 그려 넣어라. (순차 토막들 간의 질량 차이는 매우 작은 양은 아니며 꽤 크다.)

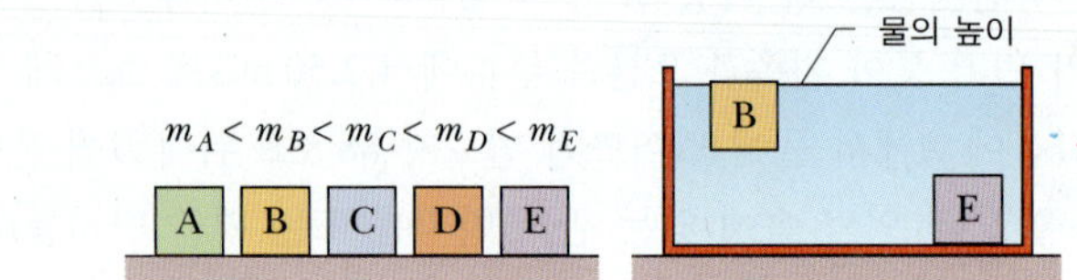

그림 15-54 문제 68

* †출처 A. Arons, *A Guide to Introductory Physics Teaching*(New York: John Wiley, 1990).

†출처 M. E. Loverude, "Investigation of Student Understanding of Hydrostatics and Thermal Physics and the Underlying Concepts from Mechanics," 박사학위논문, University of Washington, 1999.

16 진동

1985년 9월 19일, 멕시코 서해안에서 생긴 지진파로 진앙에서 400 km 떨어진 멕시코 시의 넓은 지역이 엄청난 피해를 입었다.

멕시코 시는 지진파로 많은 피해를 입었는데, 지진파의 진행 경로에 있는 다른 곳은 왜 피해를 거의 입지 않았을까?

◈ 답은 이 장에 있다.

16-1 주기운동: 훑어보기

어떤 현상이 일정한 시간마다 되풀이되면, 그것이 주기적으로 변화한다고 정의한다. 우리 주변에는 주기적으로 변화하는 것이 많은데, 가장 낯익은 것은 역학적 진동이나 운동이다. 예를 들어 흔들리는 샹들리에, 닻에 묶여 흔들리는 배, 자동차 기관의 피스톤 등이다.

어떤 주기적 변화에서는 운동이 잘 드러나지 않는다. 예를 들어 소리를 전해주는 공기분자의 진동, 온도 변화를 전해주는 물체 속의 원자의 진동, 정보를 전해주는 라디오나 텔레비전 수상기 안테나 속의 전자의 진동 등이 그러하다. 그림 16-1과 16-2는 주기적 변화의 예를 보여준다. 심장 박동과 관련된 전기신호와 악기를 연주할 때 생기는 공기 압력의 변화도 여기에 들어간다.

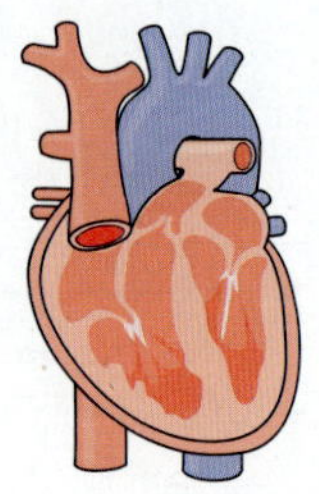

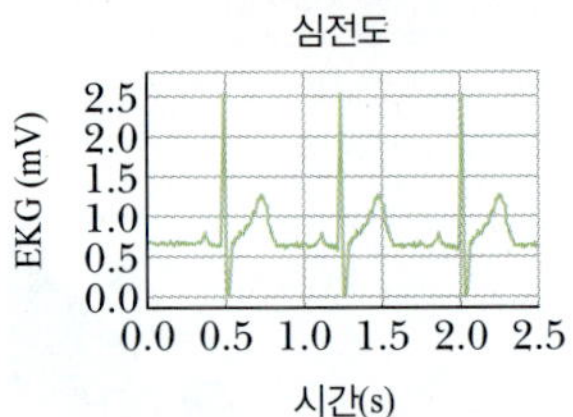

그림 16-1
심장 박동으로 생기는 전기신호의 주기적인 꼴을 보여주는 심전도 곡선. 자료는 심전도 감지기를 컴퓨터 자료 수집기에 붙여 기록한 것이다.(Vernier Software and Technology 제공 자료)

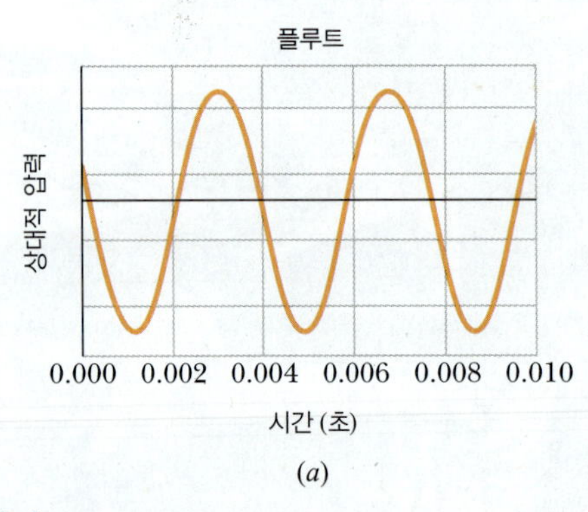

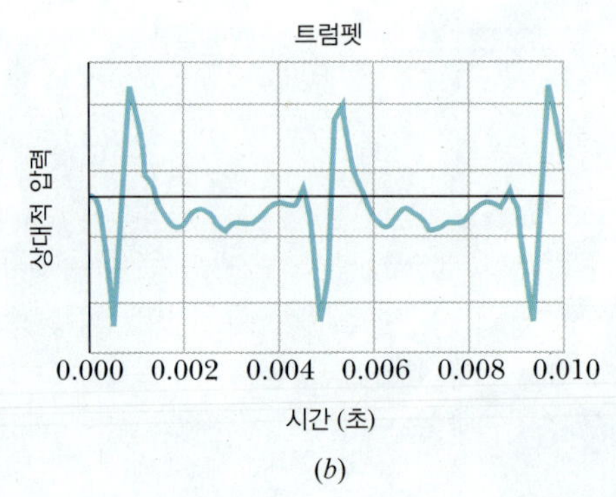

그림 16-2
악기 근처의 기압 변화로 공기 분자가 흔들린다. 이러한 압력 변화는 일정한 시간마다 되풀이되어 소리가 주기적이 된다. 이 압력에 비례하여 작은 마이크에서 나오는 전압신호를 컴퓨터 자료 수집기로 기록할 수 있다. (*a*)는 플루트, (*b*)는 트럼펫에서 나오는 소리다. (Vernier Software and Technology 제공 자료)

그림 16-1과 16-2에 보인 심장의 전기신호와 트럼펫의 기압 변화는 주기적이지만 아주 복잡하다. 한편, 플루트를 불 때의 기압 변화는 훨씬 단순하며, 사인 또는 코사인 함수처럼 보인다. 물리량의 시간에 대한 주기적 변화가 사인 (또는 코사인) 함수꼴이면 그것을 **사인 진동(sinusoidal oscillation)**이라고 한다.

사인 진동은 아주 흔해서 이것을 잘 배우면 더 복잡한 진동을 잘 알 수 있다. 그래서 이 장은 사인 진동에서 시작하며, 이것과 5, 11, 12장에서 배운 등속 원운동과의 관계를 배운다. 사인 함수꼴 운동에 대한 수학은 주기적 물리계를 완전히 이해하는데 아주 중요하고, 또한 다음 두 장에서 다루는 역학적 파동 및 소리 파동의 전달을 제대로 음미하는데도 긴요하다.

물리학자와 공학자는 역학계에서 입자가 사인 함수꼴로 운동하는 것을 **단순 조화 운동(simple harmonic motion: SHM)**이라고 한다. 사실 이 장의 대부분은 주변에서 볼 수 있는 어떤 힘들이 어떻게 단순 조화 운동을 하게 만드는가를 설명한다.

단순 조화 운동을 배우면 역학계도 더 잘 알게 되지만, 파동, 전기, 자기, 그리고 30~37장에서 다룰 빛과 관련된 주제를 아는데도 긴요하다. 끝으로 단순 조화 운동에 관한 지식은 빛의 파동성 그리고 원자와 핵이 에너지를 어떻게 흡수하고 내놓는가를 포함한 현대 물리학을 이해하는 바탕이 된다.

16-2 사인 진동의 수학

• 사인 진동과 등속 원운동

1610년 갈릴레오는 자신이 새로 만든 망원경을 써서 목성의 달을 네 개 발견했다. 수주일 동안 관찰해 보니 그 달은 목성을 중심으로 앞뒤로 오가는 것처럼 보였는데, 오늘날은 그것을 사인 함수꼴 운동이라고 한다. 목성은 운동의 중심점이었다. 그가 직접 기록한 관측기록이 오늘날까지 남아 있다. 메사추세추 공과대학의 프렌치(A. P. French)는 갈릴레오의 자료를 써서 목성에 대한 칼리스토(Callisto)의 위치를 셈하였는데, 그림 16-3에서 동그라미는 갈릴레오의 자료로서 사인 함수꼴이 나타난다. 곡선은 자료에 가장 잘 맞는 사인 함수로 맞춘 것이다. 온전한 진동에는 16.8일이 걸리는 것을 알 수 있다.

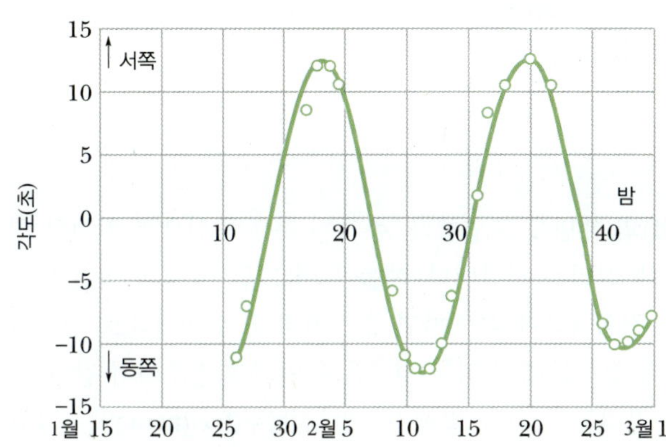

그림 16-3
지구에서 본 목성과 칼리스토 사이의 각도. 동그라미는 갈릴레오가 1610년에 잰 자료를 바탕으로 한 것이다. 자료에 가장 잘 맞는 것은 곡선으로 조화운동임을 강력하게 시사한다. 목성까지의 평균 거리로 셈하면 라디안 10분은 약 2×10^6 km 정도에 해당한다. (A. P. French의 *Newtonian Mechanics*, W. W. Norton, New York, 1971, 288쪽.)

칼리스토는 실제로는 목성 주위에서 거의 원궤도를 따라 일정한 속력으로 돈다. 그 달의 참된 운동은 사인 함수꼴 운동이 아니라 등속 원운동이다. 갈릴레오가 본—그리고 여러분도 좋은 쌍안경과 약간의 참을성이 있으면 볼 수 있는—것은 이 등속 원운동을 운동이 일어나는 평면 위의 직선에 투영한 것이다. 우리는 갈릴레오의 놀라운 관측으로부터 그가 관찰한 사인 함수꼴 운동은 실제로는 원운동을 운동면과 나란한 쪽에서 본 것이라고 결론지을 수 있다. 더 형식을 갖추어 표현하면 다음과 같다.

> 등속 원운동을 그 궤도가 만드는 원의 지름에 투영하면 사인 진동이 된다.

사인 진동과 5장에서 배운 등속 원운동 사이의 관계는 멀리 있는 혹성 주위를 도는 달 대신 주변의 물체에서 더 자세히 살펴볼 수 있다. 그림 16-4와 같이 원반의 중심에 축을 꽂아 일정한 회전 속력으로 돌릴 때 원반 위의 한 점의 운동을 생각하자. 그 점의 수직방향의 변위 x의 시간 변화를 그림 16-5와 같이 그림표로 나타낸다. 이때 좌표축은 위쪽을 x축, 오른쪽을 y축으로 잡는다. 이 원반을 옆에서 보아 점의 위치를 x축에 투영한 값을 시간의 함수로 나타내면 그림 16-5와 같은 그림표를 얻는다.

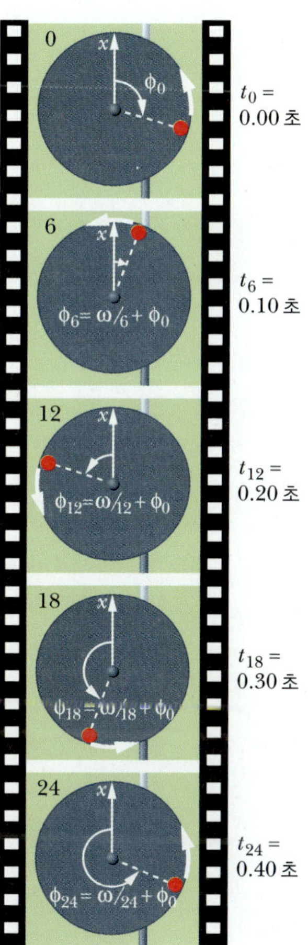

그림 16-4
이 일련의 사진은 돌고 있는 원반에 고정된 점의 위치를 1/10초마다 찍은 것이다. 비디오 사진기로 초당 60번씩 찍은 것을 6개 건너 하나씩 뽑았다. 점과 중심을 잇는 반지름이 x축과 이루는 각도는 음수의 값에서 시작하여 일정한 비율로 커진다. 이것을 그림 16-5와 연결시키고자 수직 방향을 x축으로 잡았다.

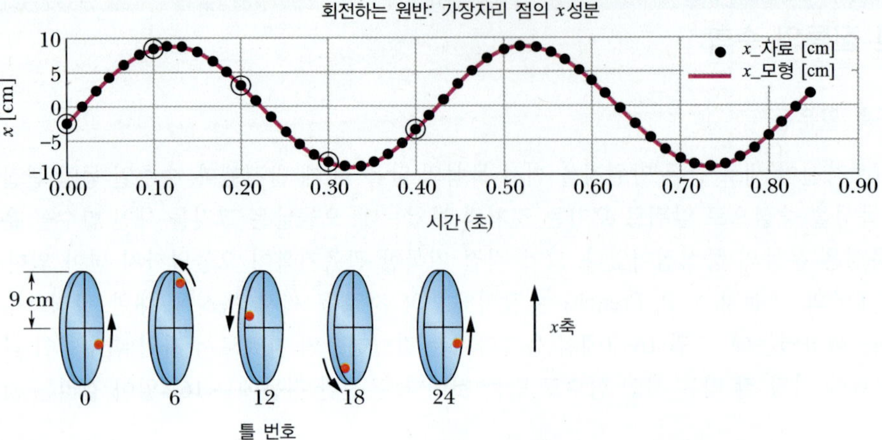

그림 16-5

일정한 회전속력으로 도는 원반을 초당 60번씩 찍었다. 원반에 고정된 점 위치의 x성분은 사인 함수꼴이다. 따라서 이것은 단순 조화 운동을 한다. 그림표 아래는 원반을 옆에서 볼 때의 점의 위치를 보여주는 사진으로 6개 건너 하나씩 뽑았다. 조심: 극좌표를 원반 위의 점의 위치의 x성분과 연결시키고자 수직방향을 x축으로 잡았다.

• 주기와 진동수

5-7절에서 등속 원운동을 배울 때 **주기(period)**의 개념을 도입했다. 주기는 축을 중심으로 일정한 회전속력으로 도는 물체가 온전히 한 바퀴 도는데 걸리는 시간이다. 예를 들어 그림 16-4의 회전 원반 사진은 주기가 0.40초이다. 그림 16-5에서 그 점을 x축에 투영하면 주기 0.40초로 위아래로 진동하는 것처럼 보인다. 따라서 점의 x성분이 한 번 진동하는데 걸리는 시간은 원반의 회전주기와 같다.

주기는 회전 또는 진동을 한 번 하는데 걸리는 시간을 말해주지만, **진동수(frequency)**는 그와 연관된 양으로서 회전 또는 진동을 단위 시간에 몇 번 하는가를 말해준다. 예를 들어 그림 16-4에서 자료를 모으는 시간을 0.85초가 아니라 1초로 늘리면 진동하는 횟수가 2.5번이 될 것이므로 진동수는 2.5회/초가 되는 것을 알 수 있다. 진동수를 나타내는 기호는 f이며, 국제단위는 헤르츠(hertz: Hz)이다. Hz 대신 쓰는 다른 단위의 이름과 기호는 다음과 같다.

$$1\,\text{헤르츠} = 1\,\text{Hz} = 1\,\text{바퀴/초} = 1\,\text{진동/초} \tag{16-1}$$

진동주기가 아주 짧으면 1초에 여러 번 진동하고 따라서 진동수도 커진다는 것은 뻔하다. 그 역도 참이다. 주기가 길면 진동수는 작아진다. 사실 그림 16-5와 같이 진동운동의 주기와 진동수는 서로 반비례하며, 이것이 일반적으로 성립한다.

$$T = \frac{1}{f} \tag{16-2}$$

• 사인 진동을 기술하는 식

그림 16-2a와 16-4의 곡선을 사인 함수를 나타내는 것으로 그럴듯하게 설명했는데, 그 까닭은 그 곡선이 마치 사인이나 코사인 함수처럼 보였기 때문이다. 어떤 각도 ϕ의 코사인 값은 그림 16-6과 같이 원점에서 그 점까지의 거리 r에 대한 y축에서 그 점까지의 거리 x의 비로 정의되는 것을 상기하자. 사인 함수도 비슷하게 x축에서 그 점까지의 거리를 써서 정의한다.

$$\cos\phi \equiv \frac{x}{r} \qquad (16\text{–}3)$$

$$\sin\phi \equiv \frac{y}{r} \qquad (16\text{–}4)$$

회전각의 단위로는 11장과 12장에서 쓴 '라디안(radian: rad)'을 쓰겠다. 종래의 '도(°)'를 쓸 수도 있지만 함수를 각도에 대해 미분하려면 라디안을 쓰는 것이 낫다. 식 11–1에서 라디안의 단위는 돌아가는 물체가 그린 활꼴의 길이 s를 물체에서 회전축까지의 수직거리로 나눈 값으로 정의됨을 기억하자($|\phi| = s/r$). 점이 한 바퀴를 온전히 돌면 그 활꼴의 길이는 $s = 2\pi r$이고, 따라서 회전각은 $(2\pi r)/r = 2\pi$ rad이다. 2π rad = 360°이므로, 라디안 단위를 도 단위로 바꾸려면 아래의 곱수를 곱해준다.

$$\phi(°) = \left(\frac{180°}{\pi \text{rad}}\right)\phi(\text{rad}) \qquad (\text{rad에서 °로 바꾸기})$$

ρ의 값을 라디안 단위에서 도 단위로 바꾸려면 위의 곱수로 나누어준다.

식 16–3과 16–4의 사인과 코사인 함수의 정의에서 그림 16–2a와 16–4에 보인 곡선이 나올까? 코사인 함수를 보기로 들어 설명하겠다. 그림 16–5에서 원반 위의 점이 일정한 회전 속력 ω로 돈다. 첫 순간 $t = 0$에 점의 처음 각위치를 ϕ_0라 하면, 각위치는 시간에 비례하여 커지므로 함수는 다음 식을 따른다. $\phi(t) = \omega t + \phi_0$. 이것을 그림 16–5에 보였는데, 점이 처음에 x축에 대해 시계방향에 있었으므로 처음 각위치 ϕ_0의 값을 음수로 잡았다. 시간이 가면서 각위치 $\phi(t)$의 값이 커져서, 0을 지나 양수가 된다.

직각좌표계에서는 어떻게 되는가 생각해 보자. 원반이 반시계방향으로 돌면 그림 16–6에 보인 벡터 $\vec{r}$의 x성분은 어떻게 변하는가? $\phi(t)$가 거의 0인 동안에는 x성분값 x는 빨리 변하지 않지만, 약 1/4바퀴를 돌아 $\phi(t) = \pi/2$에 가까워지면 x가 아주 빨리 변한다. x의 변화율은 다시 $\phi(t) = \pi$ 근처에서 느려진다. π와 2π 사이에서는 x가 음수가 되지만 변화율은 빨라졌다가 다시 느려진다. 이것은 분명히 사인 함수꼴 곡선으로서 바퀴가 한 바퀴 돌 때마다 되풀이된다.

일반적으로 사인 함수꼴 운동에서는 어떤 점의 x성분값을 시간의 함수로 나타내면 사인이나 코사인 함수가 되며, 둘 가운데 어떤 것이 되는가는 각도를 어떤 좌표축에 대해 재는가에 따라 결정된다. 원점을 기준으로 잰 x값을 보통 변위라고 한다. 코사인 함수를 쓰면 변위 x의 시간에 대한 변화는 다음 식으로 나타낼 수 있다.

$$x(t) = X\cos(\omega t + \phi_0) \qquad (\text{사인 함수꼴 변위}) \qquad (16\text{–}5)$$

여기에서 X, ω, ϕ_0는 상수이다.

사인 함수를 90° 또는 $+\frac{\pi}{2}$ rad만큼 왼쪽으로 옮기면 코사인 함수와 똑같아진다. 그래서 변위 $x(t)$를 달리 사인 함수를 써서 $x(t) = X\sin(\omega t + \phi'_0)$로도 나타낼 수 있는데, 이때 $\phi'_0 = \left(\phi_0 + \frac{\pi}{2}\right)$이다.

식 16–5의 곡선 꼴을 결정하는 양을 그림 16–7에 보였다. X는 x성분 운동의 **진폭(amplitude)**으로 정의된다. 이것은 값이 양수인 상수로서 물체가 이른바 평형점에서 양쪽으로 벗어날 수 있는 변위의 최대값을 나타낸다. 식 16–5의 코사인 함수의 값의 범위는 (–1, +1)이므로 변위 $x(t)$는 값의 범위는 $[-X, +X]$이다. 예를 들어 그림 16–4에서 코사인 함수 곡선의 진폭은 9 cm이다. 이것은 또한 원반의 회전축에서 점까지의 거리의 최대값이기도 하다.

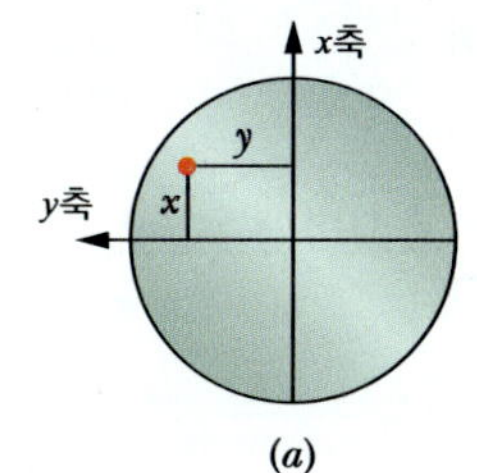

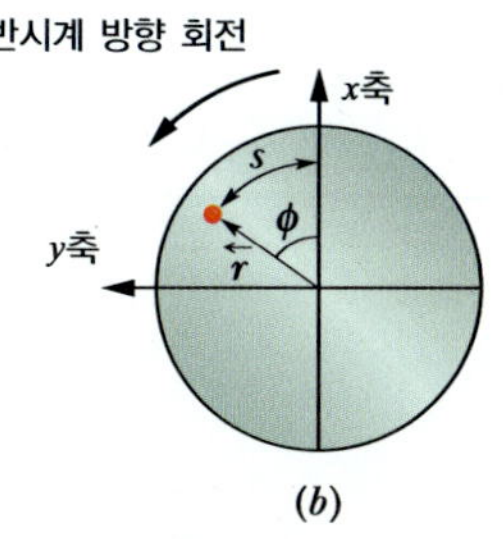

그림 16–6
원반 위의 한 점의 회전은 직각좌표(a) 또는 극좌표(b) 어느 것으로도 나타낼 수 있다. 회전 위치는 ϕ로 나타낸다. 축에서 반시계방향으로 활꼴의 길이를 잴 수 있으면 ϕ가 양수라고 정의한다. 조심: 그림 16–4와 맞추고자 여기에서도 수직축을 x축으로 잡았다.

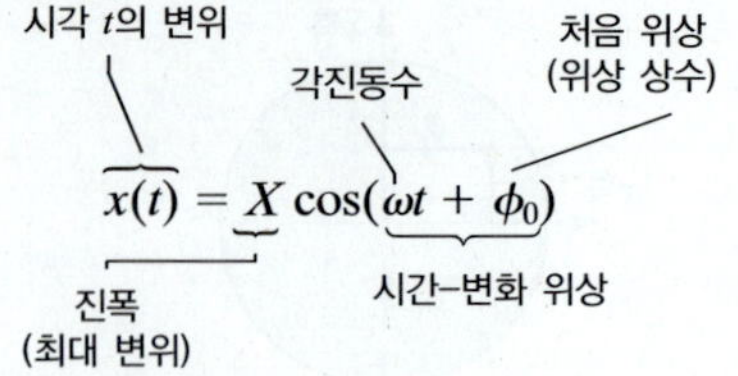

그림 16-7
단순 조화 운동에 관한 식 16-5에 들어가는 양에 대한 설명

상수 ϕ_0는 **처음 위상(initial phase)**이며, **위상상수(phase constant)** 또는 **위상각(phase angle)**이라고도 한다. 처음 위상 ϕ_0의 값은 처음($t = 0$)의 변위의 x성분의 크기 $x(0)$의 크기를 결정한다. $t = 0$이면 $\omega t = 0$이므로 $x(0) = X\cos(\phi_0)$ 또는 $\phi_0 = \pm\cos^{-1}[x(0)/X]$이다. 처음 위상과 변위를 알면 처음 각속도를 알 수 있다. 처음 위상이 함수 $x(t)$의 처음 값을 결정하므로 운동 방정식에서 x_1 또는 y_1과 같은 구실을 한다.

$\phi(t) = \omega t + \phi_0$를 $x(t)$의 **시간-변화 위상(time-dependent phase)**라고 정의한다. 그림 16-4는 회전원반의 몇 가지 시간변화 위상을 보여주는데, 각각의 '사진' 은 1초에 24장씩 찍은 사진을 6개 건너 하나씩 뽑은 것이다 그림에 보인 사진의 위상은 각각 ϕ_0, $\omega t_7 + \phi_0$, $\omega t_{13} + \phi_0$ 등으로 나타냈는데, 이에 대응되는 시간은 $t_0 = 0.00$초, $t_6 = 0.10$초, $t_{12} = 0.20$초 등이다.

$t = 0$에서 $x(t)$가 최대값 X가 된다면, 처음 위상은 $\phi_0 = 0\,\text{rad}$, $+2\pi\,\text{rad}$, $\pm 4\pi\,\text{rad}$, …이다. 값이 이렇게 여러 개일 수 있는 까닭은 $x(0) = X\cos(0) = X$이기 때문이다. 다시 말해 처음 위상이 $2\pi\,\text{rad}$의 정수배이면, 변위는 $t = 0$에서 최대가 된다. 그림 16-8a에서는 간단히 처음 위상 ϕ_0를 0 rad으로 두었다.

사인 함수꼴 운동을 기술할 때 상수 ω는 운동의 **각진동수(angular frequency)**라고 한다. 사인 함수꼴 수식이 회전축을 중심으로 일정한 회전 속력으로 도는 물체 위의 한 점의 위치를 투영한 것이면, 물체의 회전 속력과 투영점의 각진동수는 같다. 그림 16-4는 바로 이 경우에 해당한다.

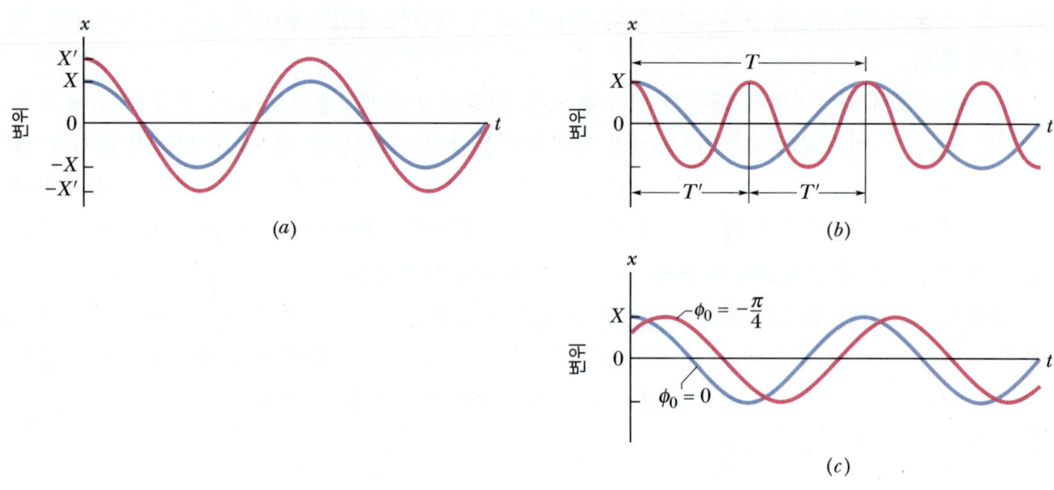

그림 16-8
두 사인 함수꼴 운동의 곡선. 낱낱의 그림에서 파란 곡선은 식 16-5에서 $\phi_0 = 0\,\text{rad}$로 둔 것이다. (a) 빨간 곡선이 파란 곡선과 다른 점은 진폭 X'이 더 큰 것뿐이다(그래서 빨간 곡선이 파란 곡선보다 최대값은 더 크고, 최소값은 더 작다). (b) 빨간 곡선이 파란 곡선과 다른 점은 주기가 $T' = T/2$인 것뿐이다(그래서 빨간 곡선이 수평축 방향으로 압축되었다). (c) 빨간 곡선이 파란 곡선과 다른 점은 처음 위상이 0이 아니라 $\phi_0 = -\pi/4$인 것뿐이다(ϕ_0가 음수이므로 빨간 곡선이 오른쪽으로 이동했다).

각진동수의 국제단위는 rad/s이다. 그림 16-8은 두 사인 함수꼴 운동을 비교하는데, 진폭, 주기(따라서 진동수와 각진동수), 또는 처음 위상이 다른 것을 비교했다.

도는 물체의 회전 속력과 이에 대응되는 진동의 각진동수가 같다는 사실을 써서 중요한 관계식을 끌어낼 수 있다. 특히 진동하는 물체의 각진동수 ω를 진동수 f와 연관시킬 수 있다. 끌어내는 과정은 다음과 같다. 등속 원운동을 하는 물체는 한 주기 T 동안 $2\pi\,\text{rad}$를 쓸고 가므로 회전속력은 $\omega = 2\pi/T$이다. 그러나 진동수는 주기의 역수이므로 (곧 $f = 1/T$) 다음 관계가 자명하다.

$$\omega = \frac{2\pi}{T} = 2\pi f \tag{16-6}$$

생각해보기 16-1 사인 함수꼴 운동을 기술하는데는 다음 식도 쓸 수 있다. $x(t) = X'\sin[\omega' t + \phi'_0]$. 하나의 운동을 식 16-5와 코사인 함수와 여기에서 보인 사인 함수를 써서 기술한다고 하자. 이 운동의 진폭, 각진동수, 처음 위상을 살펴보자. 두 가지 식에서 어떤 것이 같고, 어떤 것이 다른가? 설명하라. 실마리: 일정한 회전 속력으로 도는 원반 위의 점이 등속 원운동을 하는 것을 생각해 보라.

생각해보기 16-2 입자가 주기 T로 사인 진동을 한다(그림 16-8*a*에서 $t=0$에 $+X$인 운동과 비슷하다). $t=0$에 입자가 $-X$에 있다고 하자. (a) $t = 2.00T$에는 입자가 어디에 있는가? $-X$?, $+X$?, 0? $-X$와 0 m 사이? 또는 0 m와 $+X$ 사이? 다음 시간에 대해서도 같은 물음에 대해 답하라. (b) $t = 3.50T$, (c) $t = 5.25T$.

16-3 단순 조화 운동: 추–용수철 계

지금까지는 사인 함수꼴 운동을 식 16-5와 같이 수학적으로 기술해 왔다. 그림 16-9*c*와 같이 돌아가는 원반 위의 점이 등속 원운동하는 것을 생각했는데, 운동이 일어나는 면에서 회전의 중심을 지나는 축에 투영한 성분이 사인 함수꼴로 변화한다는 것을 보았다. 이 절에서는 직선을 따라 사인 함수꼴로 움직이는 입자의 움직임을 살펴본다. 그림 16-9*b*와 같이 추–용수철을 모형으로 쓰겠다. 특히 다음과 같은 면을 살펴 본다. (1) 용수철에 매달린 추가 사인 함수꼴 운동을 하는 것을 실험적으로 살펴보아 특별한 복원력을 결정한다. (2) 뉴턴 제2법칙을 써서 용수철이 매달린 추가 1차원 사인 함수꼴 운동을 한다는 것을 이론적으로 예측한다. (3) 이 이론이 어떻게 단순 조화 운동의 몇 가지 놀라운 특성을 예측하는가를 설명한다.

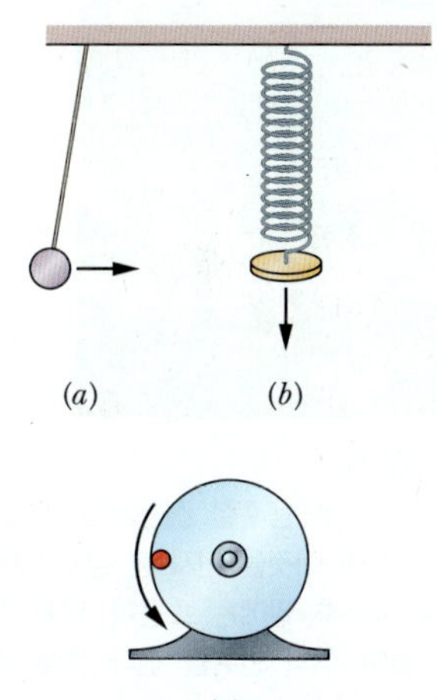

그림 16-9
(*a*) 작은 폭으로 흔들리는 흔들이, (*b*) 용수철에 달린 추, (*c*) 돌고 있는 바퀴 위의 점의 직각좌표성분은 모두 사인 함수꼴 운동을 한다. 이들은 주기와 위상이 똑같은 운동을 하게 만들 수 있다. 용수철과 도는 바퀴 위의 점도 진폭이 같아질 수 있다. 추–용수철 역학계가 사인 함수꼴 운동을 하게 만드는 힘의 수학적 특성은 무엇일까? 흔들이에서는? 이들은 같은가?

9–5절에서 이상적인 용수철에 대한 후크 법칙을 살펴보았다. 용수철이 가로로 놓여 한쪽 끝은 벽에 박혀 있고, 다른 끝에는 추가 매달려 있는 것을 상상한다(그림 16-10). 용수철은 풀린 상태에서는 추에 아무 힘도 주지 않는다. 그러나 이 상태에서 용수철을 당기거나 누르면 끝에 매달린 추에 힘을 주게 된다. 그 힘은 언제나 추의 변위와 반대쪽으로 작용하여 용수철을 애초의 풀린 상태로 돌려보내려 한다. 그래서 용수철의 힘을 **복원력(restoring force)**이라고 한다. 용수철이 풀린 상태에서 x축의 원점을 잘 고르면 후크 법칙은 식 9–17을 써서 나타낼 수 있다.

$$F_x^{\text{용수철}} = -kx$$

여기에서 $F_x^{\text{용수철}} = -kx$은 용수철이 추에 주는 힘의 x성분이고, x는 추가 평형점에서 벗어난 변위이고, k는 용수철 상수[또는 강성인자(stiffness factor)]이다.

• 실험 결과: 힘, 변위, 시간

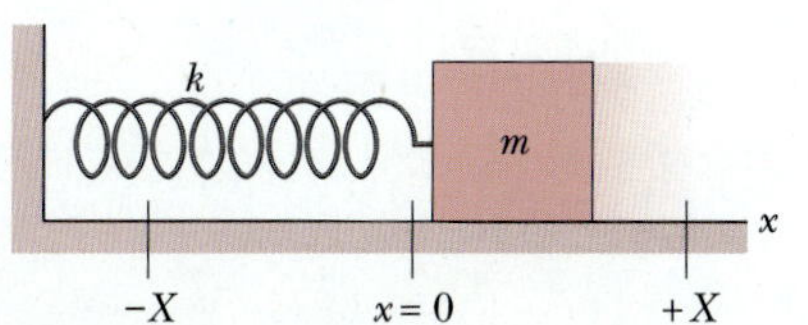

그림 16-10
추–용수철 역학계가 수평한 진동자를 생각할 수 있다. 이론적으로는 마찰이 없는 표면에서 추를 평형점에서 벗어나게 당겼다 놓으면 진동운동을 한다. 이러한 역학계를 실제로 꾸미기는 매우 어렵다.

물리학에서는 복잡한 실제 계를 살펴보기에 앞서 단순한 모형을 살펴본다. 불행히도 추–용수철 역학계의 모형을 고를 때 골치 아픈 문제가 생긴다. 수학적 모형을 세울 가장 단순한 역학계는 그림 16-10처럼 추가 조금 당겨진 용수철에 달려 수평면에서 마찰이 없이 미끄러지는 것이다. 그렇지만 특수한 장치(공기 탁자 같은 것)가 없이는 그렇게 마찰이 없는 실험을 하기 어렵다. 가장 쉽게 꾸밀 수 있는 실험 장치는 추–용수철을 세로로 거는 것이다. 그러면 추가 중력을 받아 용수철이 조금 늘어나다가 추가 받는 알짜힘이 0이 될 때 멈춘다. 용수철에 매달린 추의 수직 위치를 **평형 위치**

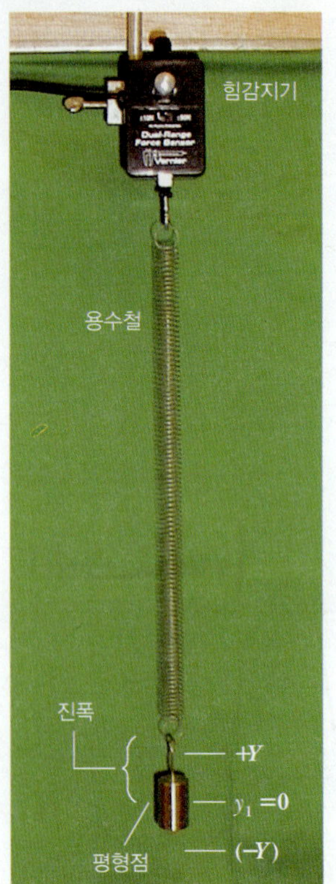

그림 16-11
세로로 건 추-용수철 진동자의 힘과 변위를 재려면 이것을 전자 힘 감지기에 달아 놓는다. 추 밑에는 초음파 위치 감지기를 놓아 추의 변위를 잰다. 추를 평형 위치에서 수직방향으로 벗어나게 하면, 평형 위치를 중심으로 최대 $+Y$, 최소 $-Y$ 사이에서 진동한다.

(equilibrium position)라고 한다. 그렇지만 용수철이 가로로 놓였건 세로로 걸렸건, 추가 평형위치에서 벗어날 때 받는 힘은 같음을 이론과 실험 모두에서 보여준다.* 따라서 간단히 세로로 건 추-용수철을 모형으로 삼는다.

먼저 세로로 건 추-용수철 역학계에 대한 측정 결과를 보여주고, 그로부터 얻은 힘에 관한 지식을 뉴턴 제2법칙에 써서 추의 위치의 시간변화를 이론적으로 끌어내겠다. 또한 질량, 용수철 강성, 그리고 진폭과 같은 요인이 진동의 주기에 어떤 영향을 주는가를 이론적으로 결정할 수 있다. 뒤의 절에서는 흔들이의 추가 받는 힘이 용수철에 달린 추가 받는 힘과 수학적 특성이 같음을 보이겠다.

그림 16-11과 같이 질량 10.1 g인 가벼운 용수철에 질량 100 g인 추를 달아 전자 힘 감지기에 걸어 놓았다. 추 밑에는 초음파 위치 감지기가 있어 추가 평형 위치에서 벗어난 거리를 잰다. 추를 평형 위치에서 아래로 4.0 cm 당겼다가 놓았다. 0.5초 뒤에 컴퓨터 자료 수집장치가 용수철이 추에 주는 힘을 추의 변위의 함수로 기록한다(그림 16-12). 아울러 추의 변위를 운동 감지기로 추적한다. 추가 받는 알짜힘을 시간의 함수로 잰 결과가 그림 16-13*a*이다. 마찬가지로 추가 평형점에서 벗어난 거리를 시간의 함수로 잰 결과가 그림 16-13*b*이다.

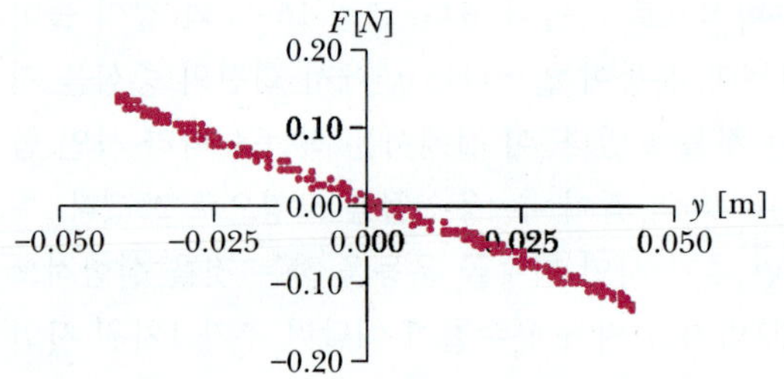

그림 16-12
추가 받는 힘을 추가 평형 위치에서 벗어난 거리의 함수로 보여주는 그림표. 후크 법칙 $F_y^{알짜} = -ky$임이 명백하다. 이 자료에 직선을 맞추면 그림표의 기울기(이것이 k의 값이다)는 $k = 3.23$ N/m가 된다.

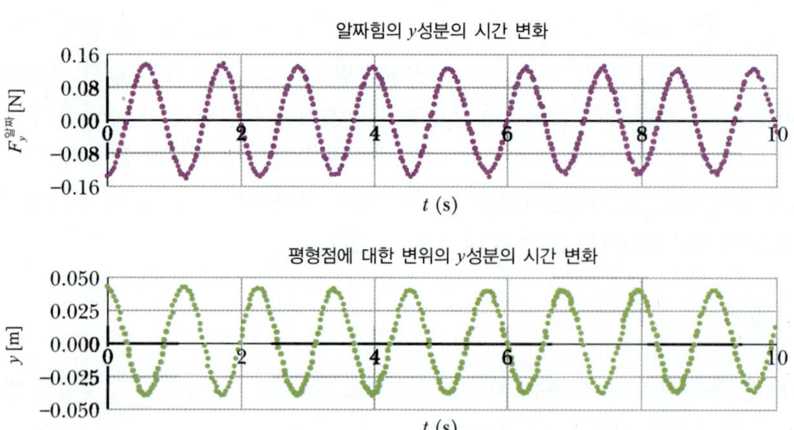

그림 16-13
이 실험 자료의 그림표는 용수철이 100 g인 추에 주는 복원력 때문에 추가 진동하여 사인 함수꼴 운동을 한다. 두 그림표를 살펴보면 순간마다 추가 받는 힘은 변위의 크기에 비례하지만 방향은 반대쪽임을 보여준다.

그림 16-13의 그림표를 잘 살펴보면 100 g 추의 진동주기는 $T^{실험} = 1.1$초이다. 점으로 찍은 자료에 대한 모형은 추의 운동을 시간에 대한 변위로 기술하는 식이 식 16-5와 똑같은 꼴임을 보여준다. 특

* 추-용수철 역학계가 세로로 있건, 가로로 있건 이론적으로 같다는 설명이 따라해보기 16-3에 있다.

히 다음과 같다.

$$x(t) = X\cos[\omega t + \phi_0] = (0.040\text{ m})\cos[(5.5\text{ rad/s})\,t + 0.0\text{ rad}] \tag{16–7}$$

최대 변위값 또는 진폭 X는 0.040 m, 또는 4.0 cm이다. 각진동수 ω는 5.5 rad/s이고, 처음 위상(또는 위상상수) ϕ_0는 0.0 rad이다. 식 16–7은 세로로 건 추–용수철 역학계가 사인 진동을 한다는 것을 실험적으로 확인해준다.

그림 16–13a에서 복원력의 y 성분이 그 방향의 변위에 비례하지만 부호가 반대임을 알 수 있다. 이것은 앞에서 식 9–17에 기술한 후크 법칙이다(여기에서는 y가 x의 구실을 한다). 용수철의 복원력 때문에 추가 사인 함수꼴로 진동한다는 실험적 사실을 써서 단순 조화 운동을 정의할 수 있다.

> **단순 조화 운동**은 사인 함수꼴 운동으로서, 어떤 물체가 평형점에서 벗어날 때 받는 알짜힘이 크기는 변위에 비례하고 방향은 변위와 반대쪽일 때 생긴다.

이 절의 뒷부분에서 보게 되듯이 변위는 직선을 따라갈 수도 있고 원을 따라갈 수도 있다.

• 이론적 예측: 용수철 힘 때문에 단순 조화 운동이 생긴다

뉴턴 제2법칙을 단순 조화 운동을 하는 추–용수철 역학계에 대한 식 9–17의 실험적 확인과 묶으면 다음 식을 얻는다.

$$F^{\text{알짜}} = -ma_x = -kx \tag{16–8}$$

여기에서 $F^{\text{알짜}}$, a_x, x는 각각 힘, 가속도, 그리고 변위의 x성분이다. 이 식을 쓰면 식 16–5가 왜 추–용수철 역학계의 운동을 기술하는가를 설명할 수 있다. 먼저 추의 가속도를 그것의 변위의 2계 도함수로 나타내면 식 16–8을 다음과 같이 고쳐 쓸 수 있다.

$$F^{\text{알짜}} = ma_x = m\frac{d^2x}{dt^2} = -kx,\ \text{따라서}\ \frac{d^2x}{dt^2} = -\frac{k}{m}x \tag{16–9}$$

식 16–5의 1계 및 2계 도함수를 실제로 구하면 어떻게 되나? (–)부호와 비율 k/m과 관련된 (+)상수를 얻게 될까? 1계 도함수는 다음과 같다.

$$\frac{dx}{dt} = \frac{d[X\cos(\omega t + \phi_0)]}{dt} = -\omega X\sin(\omega t + \phi_0)$$

그리고 2계 도함수는 다음과 같다.

$$\frac{d^2x}{dt^2} = \frac{d[-\omega X\sin(\omega t + \phi_0)]}{dt} = -\omega^2X\cos(\omega t + \phi_0) = -\omega^2x \tag{16–10}$$

실제로 x항 앞의 (–)부호와 (+)상수를 얻었지만, 뉴턴 제2법칙에서 끌어낸 이론식이 실험적으로 결정한 시간에 대한 변위의 방정식과 맞으려면 각진동수가 다음과 같아야 한다.

$$\omega = \sqrt{\frac{k}{m}} \quad \text{(각진동수)} \tag{16–11}$$

식 16-6과 16-11을 묶으면 그림 16-11에 보인 선형 진동자의 주기에 대해 다음 식을 얻는다.

$$T = 2\pi\sqrt{\frac{m}{k}} \qquad (\text{주기}) \tag{16-12}$$

식 16-11과 16-12는 각진동수를 키우려면 (따라서 주기를 짧게 하려면) 강한 용수철(k가 큰 것)과 가벼운 추(m이 작은 것)를 써야 함을 말해준다. 이것은 사리에 맞다. 추-용수철 역학계에 관한 자료가 식 16-12를 충족시키는지 확인하자. 용수철의 질량 10.1 g은 추의 질량 0.10 kg보다 훨씬 작으니까 무시하여 역학계의 질량을 추의 질량만으로 어림하면 이론적 모형에서는 용수철의 탄성상수 k는 3.23 N/m이고, 추의 질량 m은 0.10 kg이 되므로 주기는 다음과 같다.

$$T^{\text{이론}} = 2\pi\sqrt{\frac{m}{k}} = 2\pi\sqrt{\frac{0.10\,\text{kg}}{3.23\,\text{N/m}}} = 1.1\,\text{s}$$

주기에 대한 이론적 예측값은 실험값 $T^{\text{실험}} = 1.1\,\text{s}$와 유효숫자 2자리까지 같다.

• 용수철 힘이 어떻게 진동을 일으키는가

이론적 예측에서 아주 놀라운 점은 식 16-12가 진동주기는 진폭과 무관하다고 말해주는 것이다. 용수철을 더 늘리거나 더 누르면 추의 진폭이 더 커질 것은 뻔하다. 그러나 실험을 더 해보면 용수철을 너무 당겨 후크 법칙이 깨지지 않는 한 주기는 진폭과 무관하여 일정하게 된다. 그 까닭은 애초에 변위(진폭)가 크면 힘과 가속도가 따라서 더 커져서 추가 더 빨리 움직이기 때문이다.

이제 용수철의 힘을 받는 물체가 왜 진동하는지 알 수 있다. 추를 당겨 평형점에서 벗어나게 한 다음 놓으면, 추는 알짜힘을 변위와 반대쪽으로 받아 평형점 쪽으로 가속된다. 추가 평형점에 가까워질수록 속력은 더 빨라지지만, 추가 받는 힘은 약해져서 평형점에 이르는 순간 등속운동을 한다. 뉴턴 제1법칙에 따라 추는 계속 가서 평형점을 넘어 반대쪽으로 간다. 용수철의 복원력은 이제는 방향이 바뀌어 추의 속도를 줄이지만, 그 힘이 추를 반환점에 잡아 둘 때는 이미 평형점에서 다시 벗어나 있다. 이 과정이 되풀이되므로, 이 역학계에 마찰이나 감쇠가 없으면 진동은 영구히 계속된다.

• 사인 운동이 모두 단순 조화 운동은 아니다

뜀틀이나 바이올린 줄과 같은 진동계는 모두 '용수철 같은' 요소와 관성 또는 질량 요소가 있어 그림 16-11의 선형 진동자와 비슷하게 움직인다. 진동계 속의 물체가 변위에 비례하는 복원력을 받으면 그 물체는 사인 함수꼴 단순 조화 운동을 한다. 거의 모든 사인 함수꼴 운동은 단순 조화 운동이다. 그렇지만 눈여겨볼 만한 예외가 있는데, 그것은 갈릴레오가 관찰한 목성의 달 칼리스토의 사인 함수꼴 운동이다(그림 16-3). 그가 관찰한 운동은 거의 원에 가까운 궤도를 따라가는 운동을 옆에서 보아 투영한 것이다. 달이 궤도운동을 하게 만드는 중력은 궤도의 중심까지의 거리에 비례하지 않는다. 그러므로 칼리스토는 단순 조화 운동을 하지 않는다. 그 결과 달의 운동 주기는 진폭 — 곧 궤도 반지름 — 에 따라서 달라진다. 갈릴레오가 관찰한 목성의 달의 운동은 사인 함수꼴이기는 하지만 완벽한 단순 조화 운동은 아니다.

• 단순 조화 회전 진동자

그림 16-14는 단순 조화 운동을 하는 회전운동을 보여준다. 용수철 같은 요소 또는 탄성은 매달린 강선이 꼬였을 때 나타나는 복원 회전력이다. 이것은 용수철을 당기거나 누를 때 받는 힘과 비슷하

다. 물체에 복원 회전력을 줄 수 있는 장치를 **비틀림 흔들이(torsion pendulum)**라고 하며, 여기에서 비틀림(torsion)은 꼬임(twisting)을 뜻한다.

그림 16-14의 원반을 평형 위치(여기에서 기준선이 $\theta = 0$에 있다)에서 각도 $|\Theta|$ 만큼 돌렸다가 놓으면, 단순 조화 회전 운동을 하며 회전각이 진폭 Θ로 진동한다. 원반을 평형상태에서 왼쪽이나 오른쪽 어디로든 각도 θ만큼 돌리면 매단 강선은 다음과 같은 복원 회전력을 원반에 준다.

$$\tau^{알짜} = I\alpha = -\kappa\theta \quad (16\text{-}13)$$

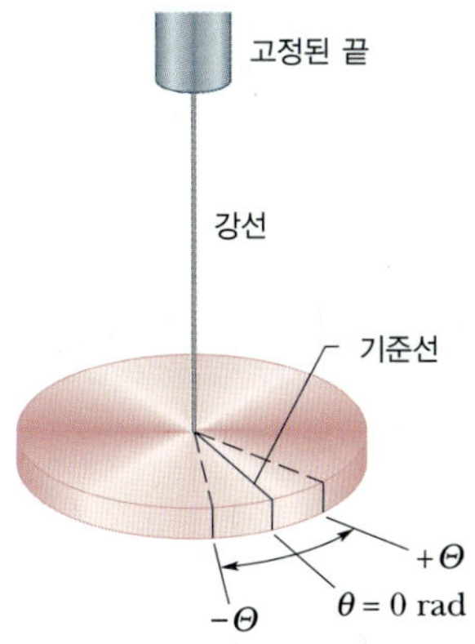

그림 16-14
단순 조화 회전 진동자, 또는 비틀림 진동자는 그림 16-10의 직선형 단순 조화 진동자에 대응하여 회전 운동을 한다. 원반은 수평면에서 진동한다. 기준선이 각 진폭 θ로 진동한다. 추를 매단 강선의 꼬임은 용수철처럼 위치 에너지를 저장하여 물체에 복원 회전력을 준다.

여기에서 κ는 **비틀림 상수(torsion constant)**로서, 강선의 길이, 지름, 그리고 비틀림 영률(13-5절에서 정의했다)에 따라 달라진다.

식 16-13은 16-8과 비교하면, 회전운동에 대한 후크 법칙이고, 단순 조화 직선 운동의 주기를 결정하는 식 16-12를 바꾸어 단순 조화 회전 운동의 주기를 결정하는 식으로 만들 수 있다. 식 16-12의 용수철 상수 k와 질량 m을 각각 식 16-13의 상수 κ와 진동 원반의 회전관성 I로 로 바꾸어 넣으면 다음 결과를 얻는다.

$$T = 2\pi\sqrt{\frac{I}{\kappa}} \quad \text{(비틀림 흔들이의 주기)} \quad (16\text{-}14)$$

이것이 단순 조화 회전 진동자 또는 비틀림 흔들이의 주기에 관한 정확한 식이다.

생각해보기 16-3 그림 16-11에 보인 용수철에 매달려 위아래로 진동하는 100 g 추의 주기를 실험으로 잰 결과는 용수철의 질량은 0으로 가정하고 단순한 이론적 모형을 써서 셈한 주기보다 약 3% 더 길다. 그런데 용수철의 질량은 실제로는 10.1 g임을 알고 있다. 식 16-12의 성격을 생각하여 왜 주기를 잰 결과가 이론 값보다 조금 더 크게 나왔을까를 설명하라. 셈을 할 필요는 없다.

생각해보기 16-4 입자가 받는 힘의 x성분 F_x와 입자의 위치 x 사이에 다음 관계가 있다면 어떤 것이 단순 조화 진동을 할까? (a) $F_x = (-5\text{ N/m})x$, (b) $F_x = (-400\text{ N/m}^2)x^2$, (c) $F_x = (+10\text{ N/m})x$, (d) $F_x = (3\text{ N/m}^2)x^2$.

16-4 단순 조화 운동의 속도와 가속도

• 단순 조화 운동의 속도

그림 16-11의 용수철에 달린 추가 온전히 한 번 흔들리는 동안의 속도 변화를 살펴보자. 변위가 최대일 때 속도의 크기는 최대일까, 최소일까, 아니면 0일까? 추가 반환점에 있을 때는 분명히 속도가 0일 텐데, 그곳은 바로 변위가 최대인 곳이다. 이것이 뜻하는 바는 코사인 함수와 사인 함수가 위상이 어긋나 있듯이 추의 속도는 변위와 어긋나 있다는 것이다. 식 16-5를 미분해 보면 단순 조화 운동을 하는 입자의 변위가 코사인 함수이면 속도에 관한 식은 사인 함수가 됨을 알 수 있다.

$$v(t) = \frac{dx(t)}{dt} = \frac{d}{dt}[X\cos(\omega t + \phi_0)]$$

또는

$$v(t) = -\omega X\sin(\omega t + \phi_0) \quad \text{(속도)} \quad (16\text{-}15)$$

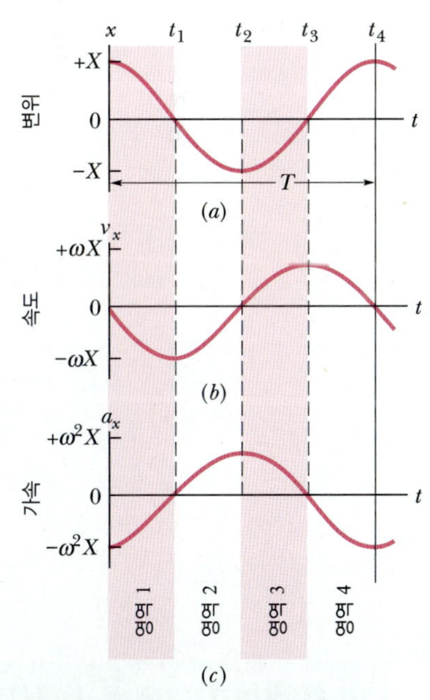

그림 16-15
$t_1 = 0$초로 가정한다. (a) 처음 위상 $\phi_0 = 0$ rad인 단순 조화 운동을 하는 입자의 변위 $x(t)$. 주기 T는 진동을 온전히 한 번 하는 기간을 나타낸다. (b) 입자의 속도 $v(t)$. (c) 입자의 가속도 $a(t)$.

그림 16-15a는 식 16-5에서 $\phi_0 = 0$일 때 변위의 x성분을 그린 것이다. 그림 16-15b는 $\phi_0 = 0$일 때의 속도의 x성분인 식 16-15를 그린 것이다. 식 16-5의 진폭 X처럼 식 16-15에서는 ωX가 최대 속도 V이므로 **속도 진폭(velocity amplitude)**이라고 한다. 그림 16-15b와 같이 진동하는 입자의 속도는 $\pm\omega X$ 사이에서 변화한다. 또한 그림에서 $v(t)$의 곡선은 $x(t)$에 대해 $\frac{1}{4}$ 주기만큼 (왼쪽으로) 이동해 있다. 변위가 최대일 때(다시 말해 $x(t) = X$), 속도는 최소가 된다(다시 말해 $v(t) = 0\,\text{m/s}$). 변위가 최소일 때(다시 말해 0), 속도는 최대가 된다(다시 말해 $v = \omega X$).

• 단순 조화 운동의 가속도

진동하는 입자의 가속도는 속도 $v(t)$를 한 번 더 미분하면 얻는다. 따라서 식 16-15에서

$$a(t) = \frac{dv(t)}{dt} = \frac{d}{dt}[-\omega X\cos(\omega t + \phi_0)]$$

또는

$$a(t) = -\omega^2 X\cos(\omega t + \phi_0) \qquad \text{(가속도)} \qquad (16\text{–}16)$$

그림 16-15c는 처음 위상이 0(또는 $\phi_0 = 0$)일 때 식 16-16을 그린 것이다. 식 16-16에서 $\omega^2 X$는 최대 가속도로서 **가속도 진폭(acceleration amplitude)** A라고 한다. 그림 16-15c와 같이 입자의 가속도는 $\pm A = \pm\omega^2 X$ 사이에서 변화한다. $a(t)$ 곡선은 $v(t)$에 대해 왼쪽으로 $\frac{1}{4}$ 주기 이동한 꼴임을 눈여겨보자.

식 16-5와 16-16을 묶으면 다음 결과를 얻는데, 이것이 단순 조화 운동의 특징이다.

$$a(t) = -\omega^2 x(t) \qquad (16\text{–}17)$$

> 단순 조화 운동에서는 가속도가 변위에 비례하지만 부호는 반대이며, 비례상수는 각진동수의 제곱이다.

따라서 그림 16-15는, 변위가 최대의 (+)값이면 가속도는 최대의 (−)값이며, 반대도 성립한다. 변위가 0이면 가속도도 0이다.

생각해보기 16-5 용수철에 매달린 추의 속도를 시간 함수로 보여주는 그림 16-15b에서, 속도의 수직성분이 최대값, 최소값 그리고 0이 되는 시각 (t_1, t_2, t_3, t_4)을 확인하라.

생각해보기 16-6 용수철에 매달린 추의 가속도를 시간의 함수로 보여주는 그림 16-15c에서, 가속도의 수직성분이 커지는 영역과 작아지는 영역은 어떤 것인가?

따라해보기 16-1 | 거미줄 진동

건물 주위에서 거미가 친 둥근 거미줄을 흔히 볼 수 있다. 질량이 2g 정도인 거미가 나무에서 수평으로 친 거미줄 한가운데로 떨어졌다(그림 16-16). 그 결과 거미줄이 아래로 쳐져 중력과 거미줄의 탄성력이 역학적 평형을 이루었다.(이것은 진동이 잦아든 뒤의 거미의 수직위치로 결정된다.)

(a) 거미줄과 거미가 평형위치에서 아래로 약 0.5 cm 처졌고 거미가 거미줄로부터 받는 수직방향 복원력이 변위의 크기에 비례한다면, 거미줄-거미 역학계의 수직방향의 진동수와 주기를 어림하라.

그림 16-16
거미줄에 떨어지는 거미를 위에서 본 모습

풀이 ■ 요점은 거미줄에 거미가 앉으면 무게 때문에 처지는 정도로부터 거미줄의 용수철 상수 k를 알 수 있다는 것이다. 용수철 상수를 알면 거미의 질량을 함께 써서 거미줄의 진동수와 주기를 결정할 수 있다.

위쪽을 $+y$쪽으로 잡고, 식 9-16 $[F_y^{용수철} = -k(y_2 - y_1)]$을 쓴다. 거미줄의 알짜 복원력의 수직성분은 $+mg$이고, $y_2 < y_1$임을 생각하면, 다음 결과를 얻는다.

$$k = \frac{F_y^{용수철}}{-(y_2 - y_1)} = \frac{+(2\times10^{-3}\,\text{kg})(9.8\,\text{N/kg})}{0.5\times10^{-2}\,\text{m}} = 3.9\,\text{N/m}$$

그러면 각진동수는 식 16-11에 따라 다음과 같다.

$$\omega = \sqrt{\frac{k}{m}} = \sqrt{\frac{3.9\,\text{N/m}}{2\times10^{-3}\,\text{kg}}} = 44\,\text{rad/s}$$

그런데 $\omega = 2\pi f$이므로 다음과 같다.

$$f = \frac{\omega}{2\pi} = \frac{44\,\text{rad/s}}{2\pi} = 7.0\,\text{Hz}$$

그리고 $$T - \frac{1}{f} = \frac{1}{7\,\text{Hz}} = 0.14\,\text{s} \qquad \text{(답)}$$

(b) 거미줄-거미 역학계의 평형점을 기준으로, 거미가 가장 낮은 곳에 있을 때 진동이 시작된다면, 거미의 운동의 처음 위상은 얼마인가?

풀이 ■ 요점은 평형점을 $y = 0$ m로 잡고, $t = 0$ 초일 때 $y(0) = -Y$이어야 한다는 것이다. 식 16-5를 쓰되, 변위를 나타내는데 x 대신 y를 쓰면 다음 식을 얻는다.

$$-Y = Y\cos(\omega t + \phi_0)$$

따라서

$$\cos(\phi_0) = -1$$

이므로

$$\phi_0 = \pm\pi\,\text{rad} \qquad \text{(답)}$$

이다.

(c) 거미줄-거미 역학계의 평형점에서 거미의 최대 변위가 $Y = 1.0$ cm이면, 그 진동에서 거미의 최대 가속도는 얼마인가?

풀이 ■ 요점은 가속도의 최대값 A가 그림 16-16에 보인 가속도의 진폭 $\omega^2 Y$라는 것이다. 따라서 다음과 같다.

$$A = \omega^2 Y = (44\,\text{rad/s})^2(10\times10^{-3}\,\text{m}) = 20\,\text{m/s}^2 \qquad \text{(답)}$$

가속도가 가장 클 때는 거미가 경로의 끝에서 되돌아오는 때이고, 그때 받는 힘이 가장 크다. 그림 16-15의 곡선은 또한 변위와 가속도의 크기가 동시에 최대임을 보여준다.

연습문제 16-4

1. 단순 조화 운동 물체
단순 조화 운동을 하는 물체가 속도가 0인 한 곳에서 다른 곳으로 가는데 0.25초 걸린다. 두 곳 사이의 거리는 36 cm이다. 물체의 다음 양을 셈하라. (a) 주기, (b) 진동수, (c) 진폭.

2. 진동 추
추-용수철 진동계가 운동을 한 번 되풀이하는데 0.75초 걸린다. 다음 양을 셈하라. (a) 주기, (b) 진동수 (Hz 단위), (c) 각진동수 (rad/s 단위).

3. 진동자
질량 0.500 kg인 추가 용수철에 매달려 진동한다. 진폭은 35.0 cm이고, 0.500 초마다 운동을 되풀이한다. 다음 양을 셈하라. (a) 주기, (b) 진동수, (c) 각진동수, (d) 용수철 상수, (e) 최대 속력, (d) 용수철이 추에 주는 힘의 최대값.

4. 최대 가속도

진폭 2.2 cm, 진동수 6.6 Hz로 진동하는 널판의 최대 가속도는 얼마인가?

5. 확성기

확성기는 막을 진동시켜 소리를 낸다. 진폭을 1.0×10^{-3} mm로 제한하면 진동수가 얼마일 때 막의 가속도가 g를 넘어서는가?

6. 용수철 저울

눈금이 0에서 15.0 kg까지 매겨진 용수철 저울의 길이가 12.0 cm이다. 이 저울에 물건이 매달려 진동수 2.00 Hz로 위아래로 흔들린다. (a) 용수철 상수는 얼마인가? (b) 물건의 무게는 얼마인가?

7. 입자

질량 1.0×10^{-20} kg인 입자가 단순 조화 진동을 하는데, 주기는 1.00×10^{-5}초, 최대 속력은 1.00×10^{3} m/초이다. 다음을 셈하라. (a) 각진동수, (b) 입자의 최대 변위.

8. 작은 물체

질량 0.12 kg인 작은 물체가 단순 조화 운동을 하는데, 진폭은 8.5 cm, 주기는 0.20초이다. (a) 이 물체가 받는 힘의 최대값은 얼마인가? (b) 이 진동이 용수철 때문에 생겼다면, 용수철 상수는 얼마인가?

9. 전기면도기

전기면도기에서 면도날은 진동수 120 Hz의 단순 조화 운동으로 거리 2.0 mm를 앞뒤로 오간다. 다음을 셈하라. (a) 진폭, (b) 날의 최대 속력, (c) 날의 최대 가속도의 크기.

10. 확성기 막

확성기의 막이 진동수 440 Hz로 최대 진폭 0.75 mm의 단순 조화 운동을 하며 떨린다. 막의 다음 물리량을 셈하라. (a) 각진동수, (b) 최대 속력, (c) 최대 가속도의 크기.

11. 자동차 용수철

자동차의 수직방향 진동은 네 개의 똑같은 용수철에 올라앉은 것으로 볼 수 있다. 어떤 차의 용수철은 차가 3.00 Hz로 진동하게 맞추어 두었다. (a) 차의 질량이 1450 kg이고 네 용수철에 고르게 나누어진다면 낱낱의 용수철의 탄성 상수는 얼마인가? (b) 다섯 사람을 태우고 달리는데, 사람의 평균체중이 73.0 kg중이라면 진동수가 얼마가 되는가? (이때도 중량이 네 용수철에 고르게 나누어진다고 하자.)

12. 몸의 진동

몸이 다음 식에 따라 단순 조화 운동을 한다.

$$x = (6.0\ \text{m}) \cos [(3\pi\ \text{rad/s})\, t + \pi/3\ \text{rad}]$$

$t = 2.0$ 초인 순간에 운동의 (a) 변위, (b) 속도, (c) 가속도, (d) 위상은 얼마인가? 또한 (e) 진동수와 (f) 주기는 얼마인가?

13. 원통 속의 피스톤

기관차의 피스톤의 행정(진폭의 두 배)이 0.76m이다. 피스톤이 진동수 180회전/분으로 단순 조화 운동을 한다면 최대 속력은 얼마인가?

14. 몸질량계측장치

우주 비행사는 때로 몸질량계측장치(Body Mass Measuring Device: BMMD)라는 것을 쓴다. 이것은 궤도를 도는 우주선에서 쓰려고 만든 것으로 지구궤도의 '무중력(weightless)' 상태에서 우주 비행사들이 자신의 질량을 재는데 쓴다. BMMD는 용수철에 의자를 얹은 것으로, 우주 비행사는 거기에 올라 앉아 진동 주기를 잰다. 질량은 추–용수철 진동계의 주기에 관한 공식에서 얻는다. (a) 우주 비행사의 질량이 M이고 BMMD의 유효질량이 m이라면 다음 식이 성립함을 보여라.

$$M = (k/4\pi^2)\, T^2 - m$$

여기에서 T는 진동주기, k는 용수철 상수이다. (b) 둘째 우주실험실 비행에서 쓴 BMMD의 용수철 상수는 $k = 605.6$ N/m, 빈 의자의 진동주기는 0.901 49초였다. 의자의 유효질량을 셈하라. (c) 우주 비행사가 의자에 앉으면 진동주기가 2.088 32 초가 되었다. 우주 비행사의 질량을 셈하라.

15. 항구

조석운동으로 바닷물의 높이가 단순 조화 운동을 하는데, 어떤 항구에서 조석간만의 차는 d이고 주기는 12.5시간이다. 이 항구에서 바닷물의 높이가 최고 높이에서 $d/4$만큼 내려오는데는 얼마의 시간이 걸리는가?

16. 두 토막

그림 16–17에서 두 나무토막($m = 1.0$ kg, $M = 10$ kg)과 용수철($k = 200$ N/m)이 마찰 없는 수평면 위에 있다. 두 나무토막의 접촉면의 정지마찰 계수는 0.40이다. 추–용수철 역학계의 단순 조화 운동에서 진폭이 얼마일 때 작은 토막이 큰 토막에서 미끌어질까?

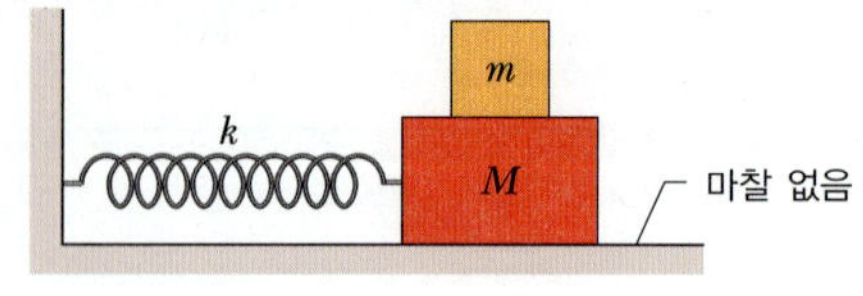

그림 16–17 문제 16

17. 진동탁자

진동수 2.0 Hz로 앞뒤로 단순 조화 운동을 하는 수평면(진동 탁자) 위에 나무토막이 놓여 있다. 토막과 탁자의 정지 마찰 계수는 0.50

이다. 토막이 미끄러지지 않은 채 진동할 수 있는 최대 진폭은 얼마인가?

18. 토막과 피스톤

위아래로 단순 조화 운동을 하는 피스톤 위에 토막이 놓여 있다. (a) 단순 조화 운동의 주기가 1.0초라면 토막이 피스톤에서 떨어져 나갈 때의 진폭은 얼마인가? (b) 피스톤의 진폭이 5.0 cm이면 토막과 피스톤이 함께 붙어 움직일 수 있는 최대 진동수는 얼마인가?

19. 진동자

용수철($k = 400$ N/m)에 달린 추로 된 진동자가 있다. 어느 순간 t에 추의 위치(계의 평형 위치를 기준으로 잰 값), 속도, 그리고 가속도는 각각 $x = 0.100$ m, $v = -13.6$ m/s, $a = -123$ m/s^{2}이다. (a) 진동수, (b) 추의 질량, (c) 운동의 진폭을 셈하라.

20. 단순 조화 진동자

용수철 상수 100 N/m인 용수철에 질량 2.0 kg인 추가 달린 단순 조화 진동자가 있다. $t = 1.00$ s에 추의 위치와 속도가 $x = 0.129$ m, $v = 3.415$ m/s이다. (a) 진동자의 진폭은 얼마인가? $t = 0$ 초인 순간의 추의 (b) 위치와 (c) 속도는 얼마인가?

21. 질량 없는 용수철

질량이 없는 용수철이 천장에 매달려 있고 아래 끝에 작은 물체가 붙어 있다. 물체는 처음에 위치 y_1로 당겨 가만히 놓자, 위아래로 진동하는데, 가장 낮을 때는 y_1보다 10 cm 아래까지 내려간다. (a) 진폭은 얼마인가? (b) 처음보다 8 cm 아래에 있을 때의 물체의 속력은 얼마인가? (c) 그 물체에 질량 300 g인 물체를 덧붙여주니 진동수가 반으로 줄었다. 처음에 붙어 있던 물체의 질량은 얼마인가? (d) y_1을 기준으로 할 때, 두 물체가 붙어 있는 상태에서의 용수철의 평형위치는 어디인가?

22. 두 입자

가까이 있는 두 입자가 나란한 직선을 따라 진폭과 진동수가 같은 단순 조화 운동을 한다. 이들은 변위가 진폭의 반일 때마다 반대쪽으로 지나간다. 이들의 위상차는 얼마인가?

23. 두 입자의 진동

길이 A인 선분 위에서 두 입자가 단순 조화 운동을 한다. 두 입자의 진동 주기는 똑같이 5.0초이지만, 위상은 $\pi/6$ rad만큼 다르다. (a) 뒤따라가는 입자가 경로의 한쪽 끝을 떠난 뒤 5초가 지났을 때 두 입자 사이의 거리는 얼마인가 (A를 단위로 나타내라). (b) 두 입자는 그때 움직이는 방향이 같은가 다른가?

24. 똑같은 용수철 두 개

그림 16-18과 같이 용수철 상수가 k인, 똑같은 용수철 두 개가 질량 m인 추에 붙어 있고, 양쪽 끝은 고정되어 있다. 추가 마찰 없는 면을 따라 진동할 때 진동수가 다음과 같음을 보여라.

그림 16-18 문제 24와 25

$$f = \frac{1}{2\pi}\sqrt{\frac{2k}{m}}$$

25. 토막과 용수철 두 개

그림 16-18의 두 용수철의 용수철 상수가 k_1과 k_2라고 하자. 그러면 추의 진동수가 다음과 같음을 보여라.

$$f = \sqrt{f_1^2 + f_2^2}$$

여기에서 f_1과 f_2는 추가 용수철 1 또는 용수철 2에만 달려 있을 때의 진동수이다.

26. 소리굽쇠

진동수 1000 Hz로 단순 조화 진동을 하는 소리굽쇠의 한쪽 끝의 진폭이 0.40 mm이다. 그 끝의 (a) 최대 가속도, (b) 최대 속력을 셈하라. 끝의 변위가 0.20 mm일 때 그 끝의 (c) 가속도와 (d) 속력의 크기를 셈하라.

27. 연결된 두 용수철

그림 16-19와 같이 두 용수철이 이어져, 질량 m인 추를 달고 있다. 추가 미끄러지는 표면은 마찰이 없다. 두 용수철의 용수철 상수가 k이면 추의 진동수는 다음과 같음을 보여라.

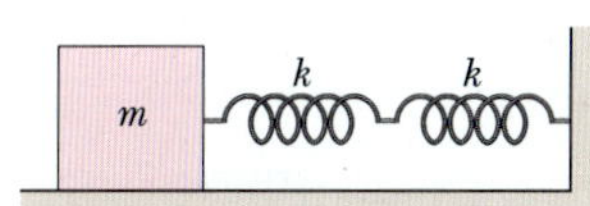

그림 16-19 문제 27

$$f = \frac{1}{2\pi}\sqrt{\frac{k}{2m}}$$

28. 비탈면 위의 추

그림 16-20와 같이 위쪽 끝이 고정된 용수철에 추가 달려 40.0° 기울어진 비탈면을 마찰 없이 미끄러진다. 용수철은 펼쳐지지 않은 상태의 길이가 0.450 m이고 용수철 상수는 120 N/m이다. 추는 무게가 14.0 N이다. (a) 추가 멈추는 곳에서 비탈면의 위쪽 끝까지의 거리는 얼마인가? (b) 추를 아래쪽으로 조금 당겼다 놓으면 진동수는 얼마가 되는가?

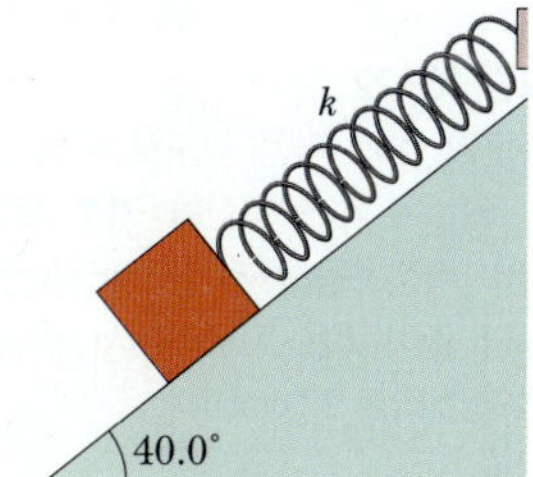

그림 16-20 문제 28

29. 늘어나지 않은 길이

늘어나지 않은 상태의 길이가 L, 용수철 상수가 k인 고른 용수철을 두 토막으로 잘랐다. 각 토막의 길이는 L_1과 L_2이고 $L_1 = nL_2$이다. 두 토막의 용수철 상수 (a) k_1과 (b) k_2를 n과 k의 함수로 나타내라. 그림 16-10과 같이 애초의 용수철에 추를 매달면 진동수 f로 진동한다. 용수철을 L_1이나 L_2로 바꾸면 진동수는 f_1과 f_2로 바뀐다. (c) f_1과 (d) f_2를 f의 함수로 나타내라.

30. 차 한 대

그림 16-21과 같이 10 000 kg씩 실을 수 있는 광석운반차 세 대가 밧줄에 묶여 기울기 30°인 갱도와 나란히 놓여 있다. 아래쪽 두 차의 연결쇠가 풀려 맨 아래쪽 차가 떨어져 내려가기 바로 전까지는 밧줄이 15 cm 늘어나 있었다. 밧줄이 후크 법칙을 따른다고 할 때, 남아 있는 두 차의 진동의 (a) 진동수와 (b) 진폭을 셈하라.

31. 평형 바퀴

시계의 평형 바퀴가 회전진폭 π rad, 주기 0.400초로 진동한다. (a) 바퀴의 최대 회전속력, (b) 변위가 π/2일 때의 회전속력, (c) 변위가 π/4일 때의 회전가속도의 크기를 셈하라.

32. 원반

평평하고 고른 원반의 질량이 3.00 kg, 반지름이 70.0 cm이다. 이것의 중심을 실에 걸어 수평면과 나란히 매달았다. 실을 회전축으로 하여 원반을 2.5 rad 돌아간 채 있으려면 0.0600 Nm의 회전력이 필요하다. 다음을 셈하라. (a) 실에 대한 원반의 회전관성, (b) 비틀림 상수, (c) 이것이 진동하게 둘 때의 각진동수.

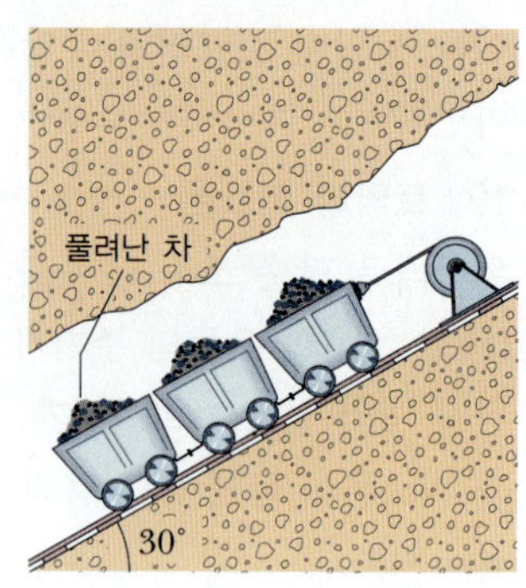

그림 16-21 문제 30

16-5 중력 흔들이

이제 복원력이 꼬인 쇠실이나 용수철의 탄성이 아닌 중력에서 나오는 단순 조화 진동자를 살펴보자. 중력 복원력이나 회전력에 의존하는 진동자는 공중에 매달려 있으므로 흔들이라고 한다.

• 단순 흔들이의 작은 진동

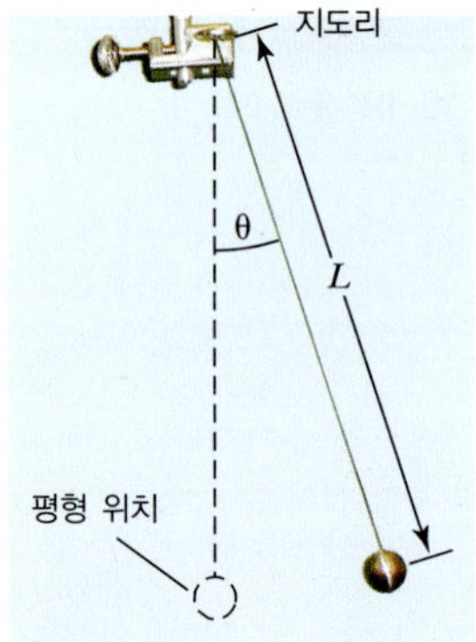

그림 16-22
흔들이 추가 작은 각도로 흔들린다. 각변위 θ는 수직 평형선을 기준으로 컴퓨터 접속 회전운동 감지기를 써서 잰다. 흔들이의 길이 L은 지도리에서 추의 중심까지의 거리로 32 cm이다.

실 끝에 질량 m인 작은 입자(추)가 매달려 있는 것을 생각하자. 실의 질량은 추에 비해 작고, 거의 늘어나지 않는다고 가정한다. 실의 위 끝을 고정시키면 **단순 흔들이(simple pendulum)**가 된다. 그림 16-22에 단순 흔들이를 보였다. 추는 수직으로 매달린 상태가 평형위치다. 추를 조금 당겨 실이 수직선과 작은 각도 θ를 이루게 하자. 추가 흔들리면 이 각도는 어떻게 변화할까? 추의 운동이 주기적임은 쉽게 알 수 있다. 그것이 단순 조화 운동인가? 그렇다면 주기 T는 무엇이 결정하는가?

그림 16-23의 t에 대한 θ의 변화 곡선을 잘 살펴보면 흔들이 추의 진동주기가 $T^{\text{실험}} = 1.1$초임을 알 수 있다. 찍어 놓은 자료에 대한 모형은 시간에 대한 각변위를 기술하는 수식이 식 16-7와 똑같음을 보여준다. 특히 다음과 같다.

$$\theta(t) = \Theta\cos(\omega t + \phi_0) = (0.24\ \text{rad})\cos([7.0\ \text{rad/s}]\,t - 0.90\ \text{rad}) \qquad (16\text{–}18)$$

최대 각변위 또는 진폭의 값은 $\Theta = 0.24$ rad, 각진동수 ω는 7.0 rad/s, 그리고 처음 위상(또는 위상 상수) ϕ_0는 −0.90 rad이다. 최대 각변위 0.24 rad를 각도로 나타내면 다음과 같다.

$$\Theta = 0.24\ \text{rad} = \left(\frac{180°}{\pi\ \text{rad}}\right)0.24\ \text{rad} \approx 15°$$

진폭을 더 줄여 실험을 되풀이하면, 각진동수 ω는 소수점 아래 두 자리까지 같음을 알 수 있다.

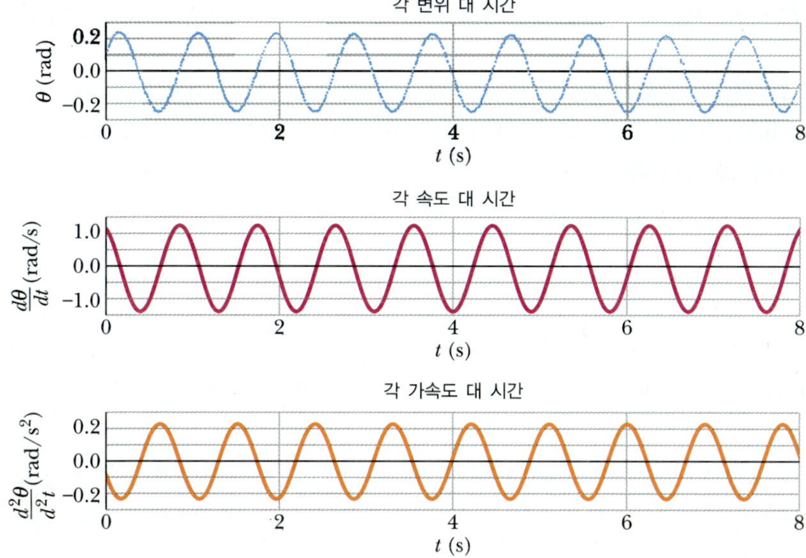

그림 16-23
그림 16-22에 보인 단순 흔들이의 각변위(θ)의 측정 결과는 회전 운동 감지기를 컴퓨터 자료 수집장치에 붙여 얻은 것이다. 각속도 ($d\theta/dt$)의 곡선은 각도에 대한 자료의 1계 도함수를 셈하여 부드럽게 맞춘 것이다. 이 과정을 속도에 대해서 되풀이하여 각가속도 (α)의 시간변화를 얻었다.

이 사실을 식 16-18에 보인 사인 진동과 묶으면 흔들이가 단순 조화 운동을 한다는 것을 강력하게 나타낸다. 그렇다면 흔들이 추가 받는 수평방향 힘은, 적어도 각도가 작을 때는 그 방향의 변위에 비례한다.

이 실험 결과가 이론적으로 나오는가 살펴보자.

• 단순 흔들이가 받는 힘을 이론적으로 끌어내기

흔들이가 받는 알짜힘의 수평성분을 얻으려면 6장에서 소개한 방법을 써서 자유-물체 그림을 그린다. 그림 16-24b와 같이 실이 수직선과 각도 θ를 이룰 때 추가 받는 힘은 장력 $\vec{F}_{실\to추}$와 중력 $\vec{F}^{중력}$이다. $\vec{F}^{중력}$를 실과 나란한 성분 $|\vec{F}^{중력}|\cos\theta$와 추의 경로에 대한 접선 성분 $|\vec{F}^{중력}|\sin\theta$으로 나누자. 이 접선 성분은 추의 변위의 반대쪽으로 작용하여 추를 가운데로 보내므로 지도리에 대한 복원 회전력을 만들어낸다. 가운데 수직선 위에 추가 오는 곳을 평형위치($\theta = 0$)라 부르는데, 그 까닭은 추가 흔들리지 않는다면 그곳에 가만히 서 있기 때문이다.

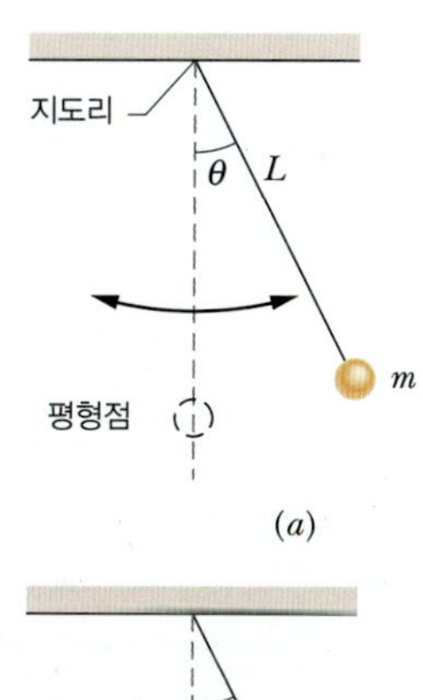

식 11-30 $\left(|\vec{\tau}|=|\vec{r}||\vec{F}_t|\right)$에서 복원 회전력의 크기를 지도리에 대한 팔의 길이 $\left(|\vec{r}|=L\right)$와 중력의 접선 성분의 크기 $\left(|\vec{F}^{중력}|\sin\theta\right)$의 곱으로 쓸 수 있다. 실의 장력 $\vec{F}_{실\to추}$은 늘 팔의 길이 쪽으로 작용하므로 복원 회전력을 주지 않는다. 따라서 회전력의 z성분은 다음과 같이 쓸 수 있다.

$$\tau_z = -L\left(|\vec{F}^{중력}|\sin\theta\right) \tag{16-19}$$

(−)부호는 회전력이 θ를 줄이는 쪽으로 작용함을 나타낸다. 식 16-19를 식 11-32 ($\tau_z^{알짜} = I\alpha_z$)에 넣고 $\vec{F}^{중력}$의 크기에 mg를 바꿔 넣으면 다음 결과를 얻는다.

$$-L(mg\sin\theta) = I\alpha_z \tag{16-20}$$

여기에서 I는 지도리에 대한 흔들이의 회전 관성이고 α_z는 그 점에 대한 각가속도의 z성분이다.

최대(그리고 최소) 변위각이 작을 때의 운동의 본성에 초점을 맞추자. 각도 θ가 작으면 늘 추의 궤적을 따라(평형 위치를 기준으로) 잰 활꼴의 길이 s와 그림 16-25에서의 x의 값은 실질적으로 같으므로, 다음과 같이 어림할 수 있다.

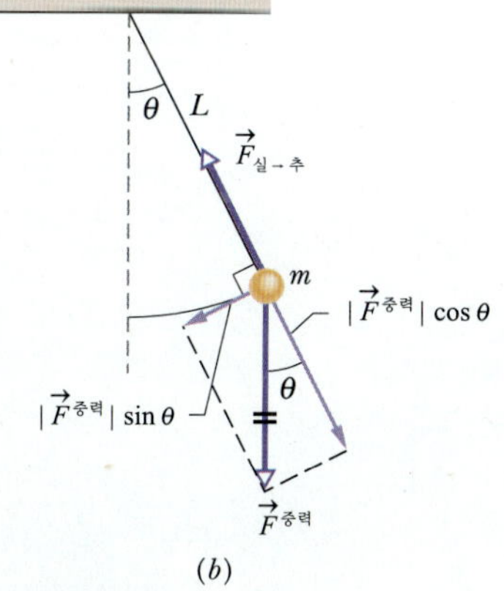

그림 16-24
(a) 추가 평형위치에서 각도 θ만큼 벗어난 단순 흔들이. (b) 추가 받는 힘은 중력 $\vec{F}^{중력}$와 실의 장력 $\vec{F}_{실\to추}$이다. 중력의 접선 성분 $|\vec{F}^{중력}|\sin\theta$이 추를 평형위치로 보내는 복원력이 된다.

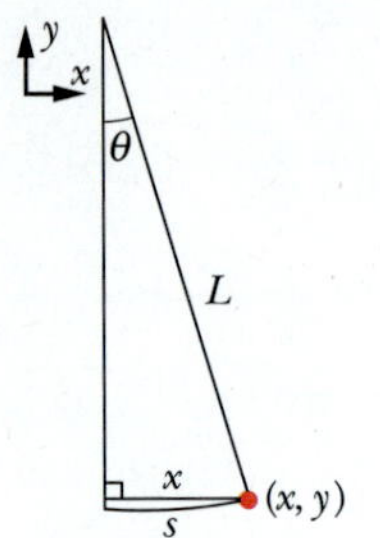

그림 16-25
이 그림은 θ가 작으면 호의 길이 s와 y의 값이 거의 같음을 보여준다.

$$\sin\theta = \frac{x}{L} \approx \frac{s}{L} = \theta \tag{16-21}$$

따라서 각도 θ가 작으면 $\sin\theta$를 θ로 바꿀 수 있다(각도의 단위는 rad). (예를 들어 $\theta = 15.0° = 0.262\,\text{rad}$이면, $\sin\theta = 0.265$로서 오차는 겨우 1% 정도이다.) 이 어림을 쓰고, 항을 정리하면 각 가속도의 z성분은 다음과 같이 쓸 수 있다.

$$\alpha_z \approx -\frac{mgL}{I}\theta \tag{16-22}$$

z축은 지도리를 지나고, 진동면에 대해 수직임에 유의하자. 이 식은 단순 조화 운동의 특질인 식 16-5를 각도로 나타낸 것이다. 이것은 흔들이의 각가속도 $\vec{\alpha} = \alpha_z\hat{k}$가 각변위 $\theta\hat{k}$에 비례하지만 부호는 반대임을 말해준다.

따라서 흔들이의 추가 그림 16-24a에서 오른쪽으로 가면 가속도는 왼쪽을 향하며, 크기는 추가 멈춰서 왼쪽으로 되돌아오기 시작할 때까지 계속 커진다. 그 다음에 추가 왼쪽에 있을 때는 가속도가 오른쪽을 향하여 이것을 오른쪽으로 가져온다. 이러한 일이 되풀이되어 추는 양쪽을 오가며 단순 조화 운동을 한다. 각변위가 작아야 하는 제한을 달리 말할 수 있다. 운동 주기를 오차 1% 안에서 정확히 예측하려면 운동의 각 진폭(진동하는 각도의 최대값) Θ가 약 15°보다 작아야 한다.

식 16-22와 16-17을 비교하면 흔들이의 각진동수는 $\omega = \sqrt{mgL/I}$임을 알 수 있다. 다음에 이 식을 ω에 대한 식 16-6($\omega = 2\pi/T$)에 넣으면 주기는 다음과 같이 쓸 수 있다.

$$T = 2\pi\sqrt{\frac{I}{mgL}} \tag{16-23}$$

이 식을 더 줄이려면 회전관성 I를 알아야 하는데, 단순 흔들이의 모든 질량은, 지도리에서 거리 L인 곳에 있는 추(질량 m)에 모여 있다. 따라서 흔들이의 회전 관성은 식 11-23($I = mr^2$)을 쓰면 $I = mL^2$이다. 이것을 식 16-23에 넣고 정리하면 작은 각도로 흔들리는 단순 흔들이의 주기는 다음과 같다(이 장의 문제에서도 작은 각도로 흔들린다고 가정한다).

$$T = 2\pi\sqrt{\frac{L}{g}} \qquad \text{(단순 흔들이, 진폭이 작을 때)} \tag{16-24}$$

물론 그림 16-22과 16-23에서 설명한 길이 $L = 32\,\text{cm}$인 흔들이의 주기를 식 16-24를 써서 예측할 수 있고, 그 결과는 다음과 같다.

$$T^{\text{이론}} = 2\pi\sqrt{\frac{L}{g}} = 2\pi\sqrt{\frac{0.32\,\text{m}}{9.8\,\text{N/kg}}} = 1.1\,\text{s}$$

이 결과는 실험결과와 소수점 아래 두 자리까지 맞다. 이 주기는 또한 식 16-7로 기술한 추-용수철 역학계와 똑같다. 그 까닭은 재미로 두 역학계의 주기가 같아지도록 흔들이의 길이 L을 맞추었기 때문이다!

이 이론적 유도 과정의 놀라운 결과는 단순 흔들이의 각변위가 작으면, 주기는 추의 질량과는 무관하다는 것이다. 이것의 원인을 잘 따져보면, 물체가 떨어질 때의 운동이 질량과 무관하다는 것과 똑같음을 알 수 있다.

• 단순 흔들이를 써서 g를 재기

지질학자는 흔히 흔들이를 써서 국지 중력의 세기 g를 잰다. 작은 각도로 진동하는 흔들이를 쓰면, 식 16-24를 풀어 g에 관한 식을 얻을 수 있다.

$$g = \frac{4\pi^2 L}{T^2} \tag{16-25}$$

따라서 L과 T를 재면, g의 값을 알 수 있다. 더 정확히 재려면 몇 가지를 다듬어야 한다. 흔히 지질학자는 실 대신 막대를 쓰는 물리 흔들이를 쓰고, 그것을 진공 통 속에 넣으며, 식도 16-25보다 더 복잡한 것을 쓴다.

• 물리 흔들이

'실제'의 흔들이는 보통 **'물리 흔들이(physical pendulum)'** 라고 하는데, 실에 질량이 있으므로 단순 흔들이와는 달리 질량 분포가 복잡하다. 물리 흔들이도 단순 조화 운동을 하는가? 그렇다면 주기는 얼마인가?

그림 16-26은 한쪽으로 각도 θ 기울어진 물리 흔들이를 보여준다. 중력 $\vec{F}^{중력}$가 질량중심 C에 작용하는데, 이 점에서 지도리 O까지의 거리는 h이다. 그림 16-26과 16-24b를 비교하면 단순 흔들이와 물리 흔들이의 모양은 크게 다르지만, 중요한 차이점은 딱 하나다. 물리 흔들이에서는 중력에 의한 복원력 성분 $|\vec{F}^{중력}|\sin\theta$의 회전팔은 실의 길이 L이 아니라 질량중심에서 지도리까지의 거리 h이다. 그 밖에는 식 16-23의 단순 흔들이에 대한 분석을 그대로 따른다. 여기에서도 각진폭 Θ가 작으면 운동이 거의 단순 조화 운동이 됨을 알 수 있다.

물리 흔들이의 주기는 식 16-23에 L 대신 h를 바꾸어 넣어 다음 결과를 얻는다.

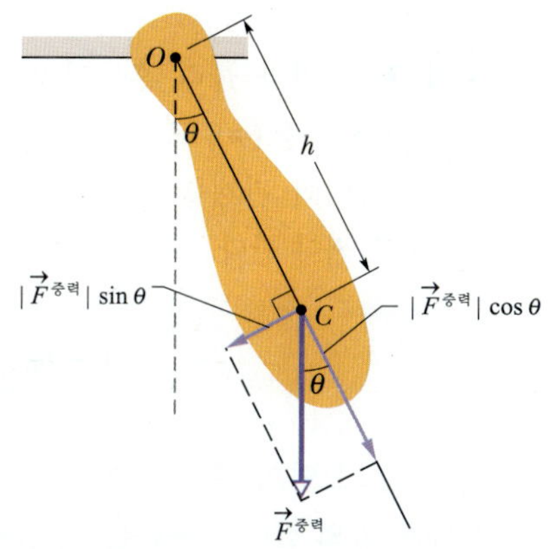

그림 16-26
물리 흔들이. 복원 회전력의 크기는 $h|F^{중력}|\sin\theta$이다. $\theta = 0$이면, 질량 중심 C는 지도리 점 O 바로 아래에 온다.

$$T = 2\pi\sqrt{\frac{I}{mgh}} \quad \text{(물리 흔들이, 작은 진폭)} \tag{16-26}$$

I는 단순 흔들이처럼 O에 대한 회전관성이다. 그렇지만 이제는 I가 mL^2이 아니고 물리 흔들이의 모양과 회전축의 위치에 따라 달라진다. 표 11-2는 흔한 모양의 물체에 대한 회전관성을 보여주지만, 모두 질량중심에 대한 것이다($I_{양심}$). 거의 모든 물리 흔들이에서 회전축은 질량중심을 지나는 축과 나란하지만, 거리 h만큼 떨어져 있다. 이때는 평행축 정리 $I = I_{양심} + mh^2$(식 11-28)을 써서 I에 대한 식을 얻을 수 있다.

물리 흔들이에서는 지도리를 질량중심에 잡으면 흔들리지 않는다. 이것은 식 16-26에서 $h = 0$으로 두는 것과 같고, 그러면 이 식은 $T \to \infty$가 되는데, 이것은 흔들이가 흔들리지 않음을 뜻한다.

지도리 O를 중심으로 주기 T로 진동하는 물리 흔들이에 대응하여 주기가 같고, 길이가 L_0인 단순 흔들이가 있다. L_0의 값은 식 16-24를 써서 얻을 수 있다. 물리 흔들이에서 O로부터 거리 L_0인 점을 지도리에 대한 물리 흔들이의 진동 중심이라고 한다.

생각해보기 16-7 떨어지는 물체의 아래쪽 가속도는 질량과 상관없이 같다. 마찬가지로 단순 흔들이가 작은 각도로 흔들릴 때의 주기는 추의 질량과 상관없이 같다. 각각의 경우에 대해 그 까닭을 설명하라. 두 경우 어떤 점이 비슷한가?

생각해보기 16-8 물리 흔들이 세 개가 모양, 크기, 회전중심이 같고, 질량이 m, $2m$, $3m$이다. 주기가 가장 긴 것부터 차례로 질량을 나열하라.

따라해보기 16-2 | T자꼴 흔들이

물리학과 학생이 그림 16-27과 같이 아주 가는 1 m 막대자를 두 개 붙여 물리 흔들이를 만들었다. 그림에 표시한 지도리를 중심으로 작은 폭으로 흔들릴 때 주기는 얼마인가?

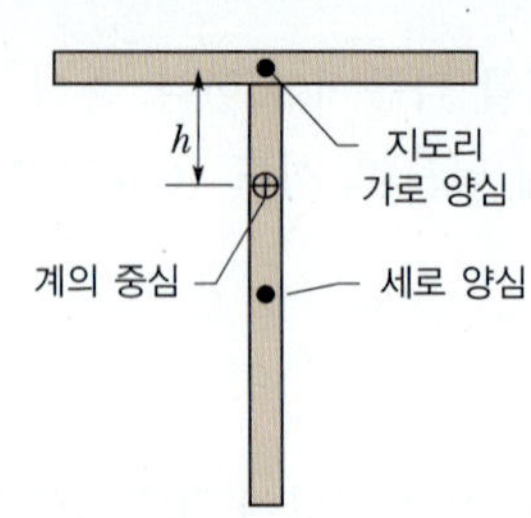

그림 16-27
T자꼴 물리 흔들이. 지도리가 가로자의 가운데에 있다.

풀이 ■ 주기와 물리 흔들이의 회전관성(I), 질량 (m), 모멘트 팔의 길이 (h) 사이의 관계를 나타내는 식 16-26을 써야 한다.

$$T = 2\pi\sqrt{\frac{I}{mgh}}$$

요점은 모양이 특이한 이 흔들이의 지도리에 대한 회전관성과 모멘트 팔의 길이를 구하는 것이다.

모멘트 팔 h는 흔들이의 지도리에서 질량중심까지의 거리다. T자꼴 흔들이의 질량중심을 찾으려면 기호를 명확히 정해야 한다. 흔들이 전체의 질량을 m이라 하면, 가로자와 세로자의 질량은 각각 $m_{가로} = m/2$와 $m_{세로} = m/2$이다. 지도리에 좌표계의 원점을 두어 $y = 0$ m로 하면, 세로자의 질량중심은 $y_{세로} = -L/2$이다. 이제 식 8-11을 써서 흔들이의 질량중심을 찾을 수 있다.

$$Y_{양심} = \frac{1}{M_{전체}}(m_{가로}\,y_{가로} + m_{세로}\,y_{세로})$$
$$= \frac{1}{m}\left[\left(\frac{m}{2}\right)(0) + \left(\frac{m}{2}\right)\left(-\frac{L}{2}\right)\right] = -\frac{L}{4}$$

따라서 다음과 같다.

$$h = |Y_{양심}| = \frac{L}{4} \quad (16\text{–}27)$$

T자꼴 흔들이의 회전관성은 가로자와 세로자의 지도리에 대한 회전관성을 더한 값이다. 가로자에서는 지도리가 질량중심에 있다. 표 11-2에 따르면 지도리가 질량중심에 있는 막대의 회전관성은 $I_{양심} = \frac{1}{12}ML^2$이므로 가로자의 회전관성은 $I_{가로} = \frac{1}{12}(m/2)L^2$이다. 세로자에서는 지도리가 막대 끝에 있으므로 회전관성을 셈하려면 평행축 정리(식 11-28)를 써야 한다. 세로자의 질량중심과 지도리 사이의 거리는 $L/2$이므로, 세로자의 회전관성은 $I_{세로} = \frac{1}{12}ML^2 + M(L/2)^2 = \frac{1}{3}ML^2$이다. 따라서 흔들이의 전체 회전관성 I는 다음과 같다.

$$I = I_{가로자} + I_{세로자} = \frac{1}{12}(m/2)L^2 + \frac{1}{3}(m/2)L^2 = \frac{5}{24}(mL^2) \quad (16\text{–}28)$$

끝으로 식 16-27과 16-28을 식 1-26에 넣으면 다음 결과를 얻는다.

$$T = 2\pi\sqrt{\frac{I}{mgh}} = \sqrt{\frac{\frac{5}{24}mL^2}{mg(L/4)}} = 2\pi\sqrt{\frac{20L}{24g}}$$

그런데 $L = 1.00$ m이므로 다음과 같다.

$$T = 2\pi\sqrt{\frac{20L}{24g}} = 2\pi\sqrt{\frac{20(1.00\text{ m})}{24(9.8\text{ m/s}^2)}} = 1.83\text{ s} \quad \text{(답)}$$

연습문제 16-5

33. 단순 흔들이

단순 흔들이가 2.0초마다 왼쪽에서 오른쪽으로 갔다가 되돌아오려면 꼭지점에서 추까지의 길이가 얼마이어야 하는가?

34. 파쇄추

그림 16-28에서 2500 kg의 파쇄추가 기중기의 끝에 매달려 진동한다. 꼭지에서 추의 중심까지의 길이가 17 m이다. (a) 이것을 단순

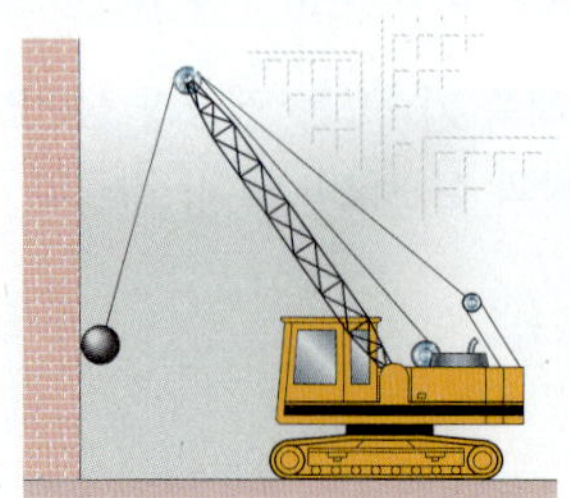

그림 16-28 문제 34

흔들이로 볼 수 있다고 가정하여 진동하는 주기를 구하라. (b) 이 주기가 추의 질량에 따라 달라지는가?

35. 물리 흔들이

길이 1 m인 막대의 가운데에서 거리 d인 곳에 뚫린 작은 구멍을 지도리로 하는 물리 흔들이가 있다. 주기는 2.5초이다. d를 구하라.

36. 공중그네

공중그네에 앉은 곡마단원이 주기 8.85초로 앞뒤로 흔들리고 있다. 그녀가 일어서서 공중그네+곡마단원 계의 질량이 35.0 cm 높아지면, 새로운 계의 주기는 얼마가 되는가? 공중그네+곡마단원 계를 단순 흔들이로 다루어라.

37. 기다란 막대를 선회시키기

질량 m, 길이 L인 길고 가는 막대를 중심에서 거리 d인 곳을 중심으로 돌 수 있게 고정하여 흔들이를 만들었다. (a) 흔들이의 진폭이 작다고 가정하고 주기를 d, m, L, g의 함수로 구하라. (b) d를 줄이면, (c) L을 늘리면, (d) m을 키우면 어떻게 되는가?

38. 작은 원반

그림 16-29에서 속이 찬 원반(질량 M, 반지름 R)을 수직으로 세워 중심에서 거리 d인 곳을 중심으로 돌 수 있게 고정하였다. 원반을 옆으로 조금 밀었다 놓았다. 그 결과 생기는 단순 조화 진동의 주기에 관한 식을 구하라.

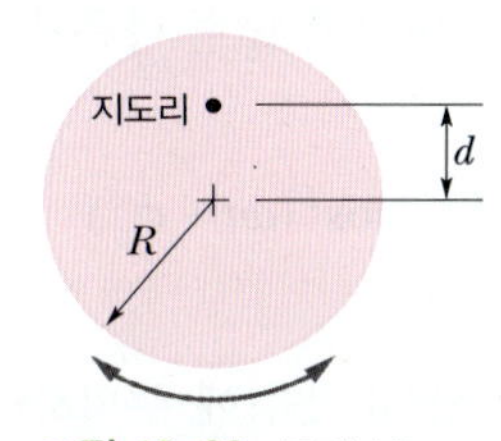

그림 16-29 문제 38

39. 진동하는 물리 흔들이

그림 16-30의 흔들이는 길이 500 mm, 질량 270 g인 고른 막대의 끝에 반지름 10.0 cm, 질량 500 g인 고른 원반을 붙인 것이다. (a) 고정점에 대한 흔들이의 회전 관성을 셈하라. (b) 고정점에서 흔들이의 질량중심까지의 거리는 얼마인가? (c) 진동 주기를 셈하라.

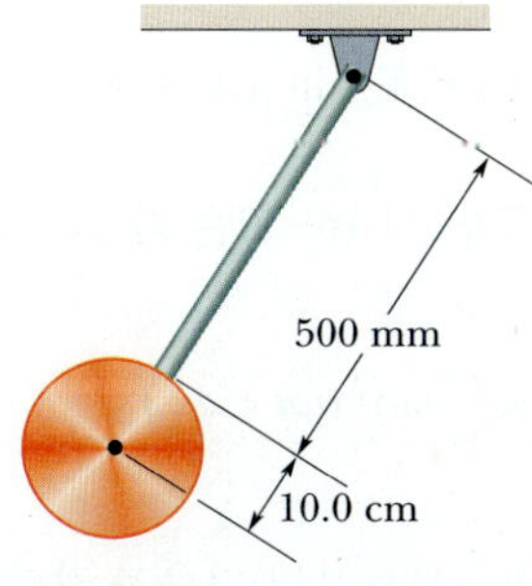

그림 16-30 문제 39

40. 원반이 있는 흔들이

반지름 $R = 12.5$ cm인 고른 원반이 둘레의 한 점에 대해 매달려 물리 흔들이가 되어 있다. (a) 주기는 얼마인가? (b) 원반의 중심에서 고정점까지의 거리 $r < R$이 얼마일 때 주기가 같아지는가?

41. 기다란 고른 막대

그림 16-31을 위에서 보면 길이 L, 질량 m인 기다란 고른 막대가 수평축을 중심으로 수직면에서 자유롭게 돌 수 있다. 용수철 상수 k인 용수철이 막대의 한쪽 끝과 고정된 벽을 수평면을 따라 연결하고 있다. 막대는 평형상태에서는 벽과 나란하다. 막대를 조금 돌렸다 놓으면 진동주기가 얼마일까?

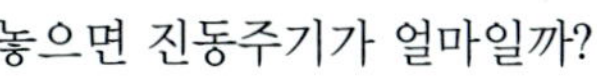

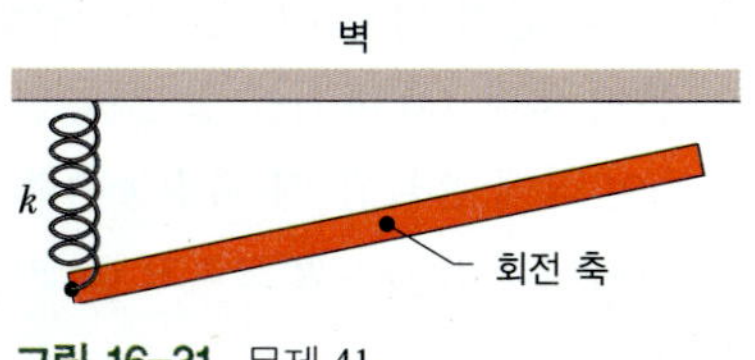

그림 16-31 문제 41

42. 막대

길이 L인 막대가 그림 16-32에 보인 점 O를 지도리로 하여 물리 흔들이가 되어 흔들리고 있다. (a) 흔들이의 주기를 L과 흔들이의 질량중심에서 지도리까지의 거리 x의 함수로 나타내라. (b) x/L값이 얼마일 때 주기가 가장 짧아지는가? (c) $L = 1.00$ m이고 $g = 9.80$ m/s^{2}이면, 가장 짧은 주기는 1.53 초임을 보여라.

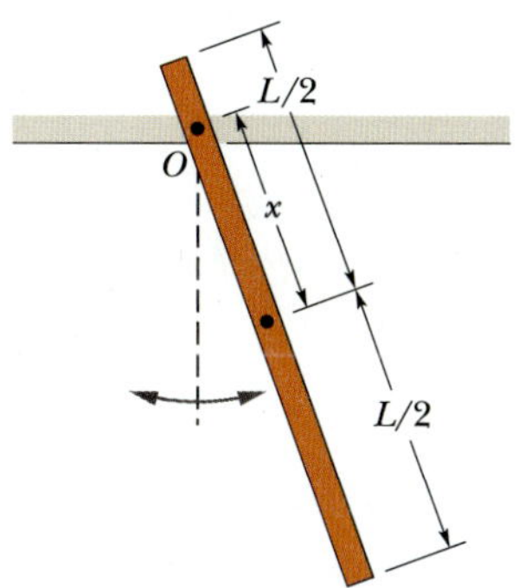

그림 16-32 문제 42

43. 진동수

길이 2.0 m인 단순 흔들이의 주기를 다음 조건에서 구하라. (a) 방에 있을 때, (b) 가속도 2.0 m/s^{2}으로 올라가는 승강기에 있을 때, (c) 자유낙하하는 승강기에 있을 때.

44. 차 속에서

반지름 R인 원을 따라 일정속력 $|\vec{v}|$로 가는 차 속에 길이 L, 질량 m인 단순 흔들이가 매달려 있다. 흔들이가 평형점을 중심으로 원의 반지름 방향으로 소금 신동한나면 주기는 일마인가?

45. 추

길이 R인 단순 흔들이에 달린 추가 활꼴을 그린다. (a) 추가 평형위치를 지날 때의 반지름 방향의 가속도가 등속 원운동을 할 때의 값(v^2/R)과 같음을 생각하여, 그곳에서의 실의 장력은 각진폭 Θ가 작을 때 $mg(1+\Theta^2)$임을 보여라. (부록 E의 '삼각함수 전개식' 참조.) (b) 추가 다른 곳에 있을 때 장력이 더 큰가, 작은가, 아니면 같은가?

46. 각진폭

단순 흔들이에 대해 단순 조화 운동에 필요한 복원 회전력이 실제의 회전력보다 1.0% 더 커지는 각진폭 Θ를 구하라. (부록 E의 '삼각함수 전개식' 참조.)

47. 도는 바퀴

고정된 축을 중심으로 자유로이 돌 수 있는 바퀴가 있다. 그림

16-33과 같이 바퀴 살 하나에 축에서 r만큼 떨어진 곳에 용수철이 붙어 있다. (a) 바퀴를 질량 m, 반지름 R인 고리로 보아 이 계가 진폭이 작게 흔들릴 때 각진동수를 m, R, r 그리고 용수철 상수 k로 나타내라. (b) $r = R$ 그리고 (c) $r = 0$이면 결과가 어떻게 달라지는가?

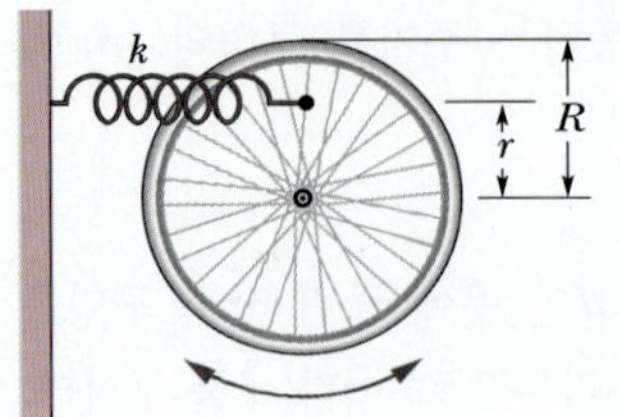

그림 16-33 문제 47

16-6 단순 조화 운동의 에너지

10장에서 작은 각도로 진동하는 단순 흔들이에서는 에너지가 운동 에너지와 위치 에너지 사이에서 오가지만 두 에너지의 합인 전체 에너지 — 지구-흔들이 역학계의 역학적 에너지 E — 는 일정함을 보았다. 16-3절에서 살펴본 추-용수철 역학계는 어떨까? 진동하면서 에너지를 주고받을까? 이 물음에 대해 선형 진동자를 이론적으로 살펴보아 답을 얻자.

그림 16-10과 같은 가로방향 선형 진동자의 위치 에너지는 오직 추-용수철 역학계와 관련된 것뿐이다. 그 값은 용수철이 얼마나 늘어났는가, 또는 줄어들었는가? 다시 말해 $x(t)$에 따라서 결정된다. 위치 에너지는 식 10-14 또는 16-5를 쓰면 다음과 같다.

$$U(t) = \tfrac{1}{2}kx^2 = \tfrac{1}{2}kX^2\cos^2(\omega t + \phi_0) \tag{16-29}$$

각도 α가 얼마이든 $\cos^2\alpha$는 $(\cos\alpha)^2$을 뜻함에 주의하라. 이것은 $\cos(\alpha^2)$을 뜻하는 $\cos\alpha^2$과는 다르다.

그림 16-11에 보인 역학계의 운동 에너지는 오직 추의 운동 에너지며, 그 값은 추가 얼마나 빨리 움직이는가 — 다시 말해 $v(t)$ — 에 달려 있다. 그 값은 식 16-15을 쓰면 다음과 같다.

$$K(t) = \tfrac{1}{2}mv^2 = \tfrac{1}{2}m\omega^2X^2\sin^2(\omega t + \phi_0) \tag{16-30}$$

식 16-11을 써서 k/m을 ω^2으로 바꾸면 식 16-30은 다음과 같이 쓸 수 있다.

$$K(t) = \tfrac{1}{2}mv^2 = \tfrac{1}{2}kX^2\sin^2(\omega t + \phi_0) \tag{16-31}$$

역학적 에너지는 식 16-29와 16-31로부터 다음과 같다.

$$\begin{aligned} E &= U + K \\ &= \tfrac{1}{2}kX^2\cos^2(\omega t + \phi_0) + \tfrac{1}{2}kX^2\sin^2(\omega t + \phi_0) \\ &= \tfrac{1}{2}kX^2[\cos^2(\omega t + \phi_0) + \sin^2(\omega t + \phi_0)] \end{aligned}$$

각도 α가 어떤 값이든

$$\cos^2\alpha + \sin^2\alpha = 1$$

이므로 위의 식에서 꺾쇠 묶음표 속의 값은 1이 되어 다음 결과를 얻는다.

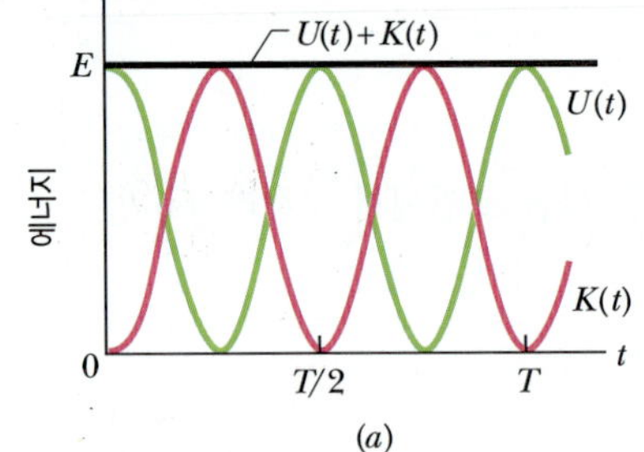

(a)

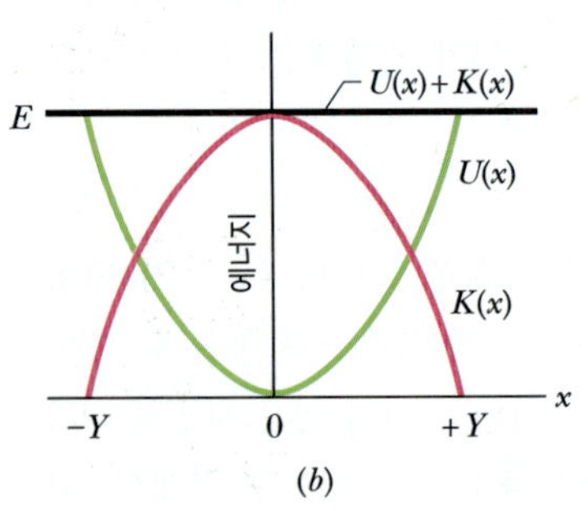

(b)

그림 16-34
(a) 선형 조화 진동자의 위치 에너지 $U(t)$, 운동 에너지 $K(t)$, 역학적 에너지 E를 시간 t의 함수로 나타낸 그림. 모든 에너지가 0보다 크고 한 주기에 운동 에너지의 봉우리가 두 번씩 나타남을 눈여겨보라. (b) 진폭이 Y인 선형 조화 진동자의 위치 에너지 $U(t)$, 운동 에너지 $K(t)$, 역학적 에너지 E를 위치 x의 함수로 나타낸 그림. $x = 0$이면 에너지가 모두 운동 에너지고, $x = \pm Y$이면 모두 위치 에너지이다.

$$E = U + K = \frac{1}{2} kX^2 \tag{16-32}$$

가로 방향으로 놓인 추-용수철 진동자의 역학적 에너지는 일정하며, 시간에 대해 불변이다. 이 진동자의 위치 에너지와 운동 에너지를 시간 t의 함수로 보인 것이 그림 16-34a, 변위 x의 함수로 보인 것이 그림 16-34b이다.

선형 진동 운동에서는 에너지가 운동 에너지와 위치 에너지 사이에서 대칭적으로 오가므로 평균 운동 에너지는 평균 위치 에너지와 같다. 각각의 평균값은 전체 에너지의 반이다. 이것을 식으로 나타내면 다음과 같다.

$$\langle K \rangle = \langle U \rangle = \frac{1}{2} E_{\text{전체}} \tag{16-33}$$

추-용수철-지구 역학계(그림 16-11)의 움직임도 살펴보았는데, 여기에서는 역학적 에너지를 따질 때 중력 에너지도 넣어야 한다. 이 복잡한 문제는 따라해보기 16-3에서 다룬다.

그림 10-14는 단순 흔들이에서 에너지가 운동 에너지와 중력 위치 에너지 사이를 오가는 것을 보여준다.

생각해보기 16-9 그림 16-10에 보인 추-용수철 역학계에서 추가 $x = +20\,\text{cm}$인 곳에 있을 때 운동 에너지가 3 J이고 탄성 위치 에너지가 2 J이라고 하자. (a) 추가 $x = 0\,\text{cm}$인 곳에 있을 때 운동 에너지는 얼마인가? (b) 추가 $x = -X$에 있을 때 탄성 위치 에너지는 얼마인가?

따라해보기 16-3 | 진동 에너지

그림 16-11에 보인 용수철 아래에 달린 100 g인 추를 생각하자. 이것이 주기 $T = 1.1$초로 진동하며 운동 에너지와 위치 에너지를 주고받는다. 평형점에 대한 추의 변위는 식 16-7과 같은 시간의 함수로 나타낼 수 있고 그림 16-13과 같다. 추가 진동하는 동안의 에너지 변환을 살펴볼 때 용수철의 질량은 추의 질량 100 g에 비해 훨씬 작으므로 무시한다.

(a) 진동계의 전체 에너지는 얼마인가?

풀이 ■ 단순 조화 진동자의 전체 에너지를 용수철 상수 k와 변위의 진폭 Y로 나타내는 식 16-32을 쓸 수 있다. 각진동수는 k와 질량 m와 식 16-11($\omega = \sqrt{k/m}$)의 관계가 있으므로 식 16-32를 다음과 같이 쓸 수 있다.

$$E = U + K = \frac{1}{2} kY^2 = \frac{1}{2} m\omega^2 Y^2 \qquad \text{(식 16-32)}$$

$m = 0.10\,\text{kg}$이다. 식 16-7을 보면 $Y = 0.04\,\text{m}$이고 $\omega = 5.5\,\text{rad/s}$이다. 따라서 전체 에너지는 다음과 같다.

$$E = \frac{1}{2} m\omega^2 Y^2 = \frac{1}{2}(0.10\,\text{kg})(5.5\,\text{rad/s})^2(0.040\,\text{m})^2$$
$$= 2.4 \times 10^{-3}\,\text{J} \qquad \text{(답)}$$

(b) 첫째 진동에서 어느 순간에 추-용수철 계의 총 역학적 에너지가 위치 에너지와 같아지는가?

풀이 ■ 계의 총 역학적 에너지가 위치 에너지와 같을 때는 운동 에너지가 0이 되어야 한다. 그것은 추의 속도가 0일 때이며, 변위가 최대가 되어 추가 되돌아올 때다. 주기 $T = 1.1$초이므로, 그림 16-13을 살펴보면 $t = 0$초와 1.1 초가 바로 그때다. 두 순간 사이의 중간에서 추가 되돌아오므로 다음과 같다.

$$E = U \quad t = 0.0\,\text{s},\ 0.55\,\text{s},\ 1.1\,\text{s} \qquad \text{(답)}$$

같은 답을 얻는 다른 방법으로는 그림 16-34을 살펴보면, 0, $T/2$, T에 위치 에너지가 가장 크다.

(c) 첫째 진동에서 어느 순간에 추-용수철 계의 총 역학적 에너지가 운동 에너지와 같아지는가?

풀이 ■ 계의 총 역학적 에너지가 운동 에너지와 같을 때는 추의 속력이 최대가 되어야 한다. 그것은 추가 평형점을 지날 때다. 식 16-7에 따르면 $t_1 = 0$으로 둘 때다. 두 순간 사이의 중간에서 추가 되돌아오므로

$$\cos(\omega t) = \cos([5.5\,\text{rad}]\,t) = 0$$

답을 얻는 또 다른 방법으로는 그림 16-34을 살펴보면, 0, $T/2$, T에 위치 에너지가 가장 크다.

(d) 언제 운동 에너지가 위치 에너지와 같아져 $K = U = \frac{1}{2}E$가 되는가?

풀이 ■ 그림 16-34을 살펴보면 계의 운동 에너지가 위치 에너지와 같아지는 때는 다음과 같다.

$\frac{1}{8}T,\ \frac{3}{8}T,\ \frac{5}{8}T,\ \frac{7}{8}T$ 또는 0.138 s, 0.413 s, 0.688 s, 0.963 s (답)

(e) 계가 흔들릴 때 어떤 위치 에너지가 저장되는가? 중력과 용수철의 위치 에너지가 모두 있을 때도 용수철의 위치 에너지를 재는 식 16-29와 16-32를 쓰는 것이 참으로 타당한가?

풀이 ■ 추-용수철 역학계가 수평방향으로 흔들릴 때 위치 에너지는 용수철에 저장된 탄성 에너지뿐이다. 추가 아래로 매달려 있을 때는 중력과 용수철의 위치 에너지가 모두 있으므로 그렇게 간단하지 않고, $U = U^{중력} + U^{용수철}$이다. 실제로는 16-6절에서 설명한 에너지 관계가 여전히 성립한다.

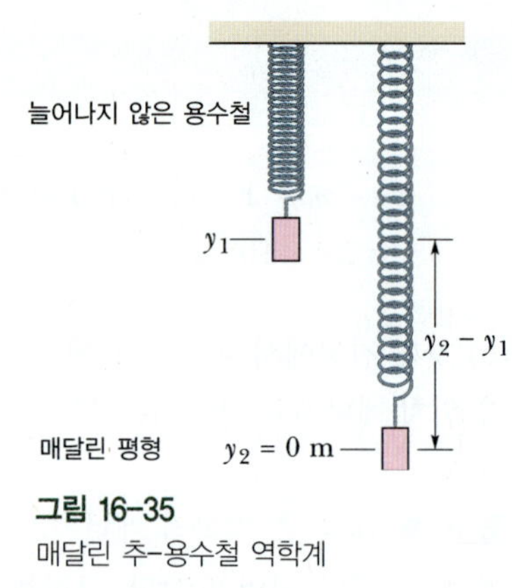

그림 16-35
매달린 추-용수철 역학계

16-6절에서 설명한 에너지 관계가 왜 여전히 성립하는가를 설명하고자 그림 16-35에 보인 매달린 추의 평형점을 원점으로 잡으면 $y = 0$ m이다. 추가 진동하는 동안 추가 받는 알짜 힘은 위쪽(+)으로 작용하는 용수철 복원력과 아래쪽(−)으로 작용하는 중력의 합이다. 이것은 힘의 수직방향 성분으로 다음과 같이 나타낼 수 있다.

$$F_y^{알짜} = F_y^{용수철} + F_y^{중력}$$

추를 용수철에 매달면, 추의 무게 때문에 용수철 끝은 추를 매달지 않은 상태의 평형 위치 y_1에서 추를 매단 상태의 평형 위치 y_2로 내려간다. 그러나 그 점을 좌표계의 원점으로 삼으므로 $y_2 = 0$ m이다. 이 새 평형점에서 추가 받는 알짜힘은 0이다. 따라서 다음과 같다.

$$\begin{aligned} F_y^{알짜} &= F_y^{용수철} + F_y^{중력} = -k(y_2 - y_1) = mg \\ &= -k(0 - y_1) - mg = 0\,\text{N} \end{aligned}$$

요점은 추를 매단 상태의 평형 위치에서는 $ky_1 = mg$라는 것이다.

중력 위치 에너지의 기준점은 마음대로 잡을 수 있으므로, $y = 0$에서의 중력 위치 에너지를 $U^{중력}(0) = -\frac{1}{2}mgy_1$으로 정하자. 여기에서 y_1은 용수철이 늘어나지 않았을 때의 추의 중심 위치다(그림 16-35). 이제 추가 달렸을 때의 평형 위치에서 변위 y인 곳에 있을 때의 추-용수철 계의 총 위치 에너지를 셈하자.

$$U = U^{중력} = U^{용수철} = \left(mgy - \tfrac{1}{2}mgy_1\right) + \tfrac{1}{2}k(y - y_1)^2$$

그러나 $ky_1 = mg$이므로 다음과 같다.

$$\begin{aligned} U &= \left(ky_1 y - \tfrac{1}{2}ky_1^2\right) + \tfrac{1}{2}k(y - y_1)^2 \\ &= \left(ky_1 y - \tfrac{1}{2}ky_1^2\right) + \left(\tfrac{1}{2}ky^2 - ky_1 y + \tfrac{1}{2}ky_1^2\right) \\ &= \tfrac{1}{2}ky^2 \end{aligned}$$

이 결과는 아주 중요하다. 왜냐하면 추가 새 평형점을 중심으로 흔들릴 때의 위치 에너지는 마치 용수철이 새 평형점에 늘어나지 않은 채로 있는 것처럼 다루고, 중력 에너지는 무시할 수 있기 때문이다. 이것은 우리가 중력 위치 에너지 기준점을 잘 고르는 것과 같다(이것은 마음대로 할 수 있다). 이 결과는 16-3절에서 한 주장, 곧 추가 용수철에 매달려 진동하는 것이나 수평방향으로 진동하는 것이나 수학적인 기술은 같음을 이론적으로 확인해준다.

연습문제 16-6

48. 큰 새총

(가상적인) 큰 새총을 1.50 m 당겨 130 g의 총알을 지구로부터 벗어나는데 충분한 속도(11.2 km/s)로 쏘아 올린다. (a) 새총 고무줄의 탄성 에너지가 모두 총알의 운동 에너지로 바뀐다면 새총의 용수철 상수는 얼마인가? (b) 한 사람이 보통 220 N의 힘을 낼 수 있다면 새총의 고무줄을 당기는데 몇 사람이 필요한가?

49. 역학적 에너지

추-용수철 역학계에서 용수철 상수가 1.3 N/m이고, 진폭이 2.4 cm일 때 역학적 에너지를 셈하라.

50. 추-용수철

진동하는 추-용수철 역학계의 역학적 에너지가 1.00 J, 진폭이 10.0 cm, 최대속력이 1.20 m/s이다. (a) 용수철 상수, (b) 추의 질량, (c) 진동수를 셈하라.

51. 마찰 없는 수평면

마찰 없는 수평면에 5.00 kg의 물체가 용수철 상수 1000 N/m인 용수철에 붙어 있다. 물체는 평형 위치에서 수평 방향으로 50.0 cm 벗어나 있고, 놓을 때 처음 속력 10.0 m/s로 평형 위치를 향해 움직인다. (a) 운동의 진동수는 얼마인가? 추-용수철 역학계의 (b) 처음 위치 에너지, (c) 처음 운동 에너지, (d) 진폭은 얼마인가?

52. 질량 M인 추

질량 M인 추가 탄성상수 k인 용수철에 달려 마찰 없는 수평면 위에 멈춰 있다. 그림 16-36과 같이 질량 m인 총알이 속도 $\vec{v}$로 날아와 추에 박힌다. 다음을 구하라. (a) 충돌 바로 뒤에 총알의 속력, (b) 충돌 뒤의 단순 조화 운동의 진폭.

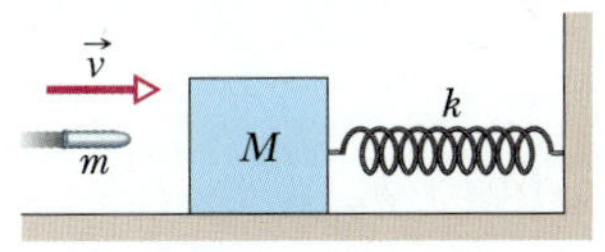

그림 16-36 문제 52

53. 단순 조화 운동의 변위

단순 조화 운동의 변위가 진폭 X의 반이면 총 에너지에 대한 다음 에너지의 비율이 얼마인가? (a) 운동 에너지, (b) 위치 에너지. 운동 에너지와 위치 에너지가 각각 총 에너지의 반이 될 때의 진폭의 X에 대한 비율은 얼마인가?

54. 단순 조화 운동을 하는 입자

질량 10 g인 입자가 단순 조화 운동을 하는데, 진폭은 2.0×10^{-3} m, 최대 가속도의 크기는 8.0×10^{-3} m/s^2, 위상상수는 $-\pi/3$ rad다. (a) 입자가 받는 힘을 시간의 함수로 나타내라. (b) 운동 주기는 얼마인가? (c) 입자의 최대 속도는 얼마인가? (d) 단순 조화 진동자의 총 역학적 에너지는 얼마인가?

55. 용수철에 매달린 추

질량 4.0 kg인 추가 탄성상수 500 N/m인 용수철에 매달려 있다. 질량 50 g인 총알이 속도 150 m/s로 아래에서 날아와 추에 박힌다. (a) 이 결과 생기는 단순 조화 운동의 진폭을 셈하라. (b) 총알이 애초에 가지고 있던 운동 에너지 가운데 얼마가 조화 진동자의 역학적 에너지로 바뀌었는가?

56. 수직 용수철

수직으로 드리운 용수철의 아래끝에 1.3 kg의 추를 달면 9.6 cm 늘어난다. (a) 탄성상수를 셈하라. 이 추를 아래쪽으로 5.0 cm 더 늘였다가 가만히 놓았다. 이로써 생기는 단순 조화 운동에 대해 다음을 구하라. (b) 주기, (c) 진동수, (d) 진폭, (e) 최대 속력.

16-7 감쇠된 단순 조화 운동

조화운동을 기술하고자 얻은 식은 그 운동이 똑같은 진폭을 유지한 채 영원히 지속될 것을 예측한다. 식 16-5의 t에 어떤 시작 값을 넣어도, 그때부터 계속 애초의 진폭을 유지한 채 진동한다. 실제의 진동에서는 보통 마찰력이 작용하여 역학적 에너지가 열 에너지로 넘어가면서 진폭이 천천히 잦아든다. 물속에서는 진동이 잠깐만 지속되는데, 그 까닭은 흔들이가 물의 저항력을 받아 운동이 빨리 잦아들기 때문이다. 공기 중의 흔들이는 그보다는 낫지만 그래도 결국은 잦아든다. 그 까닭은 공기의 저항력과 지도리에서의 마찰력 때문이다. 이러한 힘은 흔들이의 역학적 에너지를 줄인다.

마찰력이나 항력을 받아 진동자 운동이 잦아드는 것을 **감쇠된다(damped)**고 한다. 감쇠 진동자의 이상적인 예를 그림 16-37에 보였다. 여기에서 질량 m인 추가 용수철 상수 k인 용수철에 매달려 위아래로 흔들린다. 추에는 막대기가 달려 끝에 날개판(이것의 질량은 무시한다)이 붙어 있고, 이것

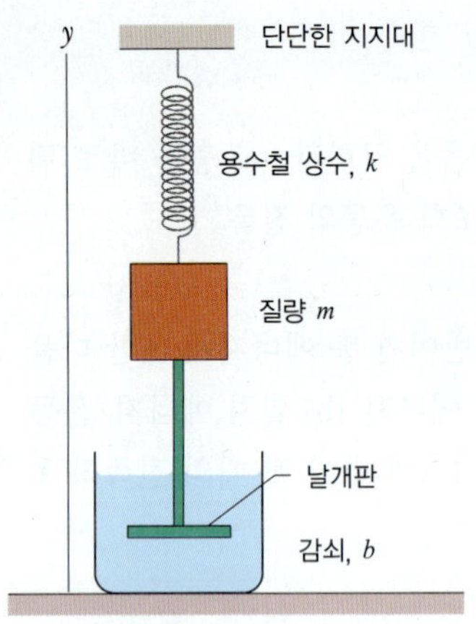

그림 16-37
이상적인 감쇠 단순 조화 진동자. 추가 y 축 방향으로 흔들리면 날개 때문에 추는 감쇠력을 받는다.

은 액체 속에 잠겨 있다. 날개판이 위아래로 움직이면 액체는 큰 항력을 주므로 결국 진동계 전체가 그 힘을 받는다. 시간이 지나면서 추–용수철 역학계의 역학적 에너지는 액체와 날개의 열 에너지로 넘어가므로 줄어든다. 항력은 알코올처럼 점성이 작은 액체를 쓰면 작지만, 꿀 같은 것을 쓰면 아주 커진다.

• 이론적 분석

그림 16–37에 보인 계의 액체가 주는 **감쇠력(damping force)** $\vec{F}^{끌림}$이 추와 날개의 속도 $\vec{v}$의 크기에 비례한다고 하자 (날개가 천천히 움직이면 이 가정이 맞다). 그러면 그림 16–37에서 y축 방향의 힘은 다음과 같은 꼴이 된다.

$$\vec{F}^{끌림} = -b\vec{v} \tag{16–34}$$

여기에서 b는 **감쇠상수(damping constant)**로 날개와 액체의 특성에 따라 정해지고, 국제단위는 kg/s이다. (−) 부호는 $\vec{F}^{끌림}$이 운동과 반대쪽임을 나타낸다.

용수철이 추에 주는 힘의 y성분은 $F_y^{용수철} = -ky$이다. 추가 받는 중력은 $\vec{F}^{끌림}$과 $\vec{F}^{용수철}$에 비해 무시할 수 있다고 가정하자. 그러면 뉴턴 제2법칙의 y성분($F_y^{알짜} = ma_y$)은 다음과 같이 쓸 수 있다.

$$-bv_y - ky = ma_y \tag{16–35}$$

v_y에 dy/dt를, a_y에 d^2x/dt^2을 바꾸어 넣고 항을 정리하면 다음 미분방정식을 얻는다.

$$m\frac{d^2y}{dt^2} + b\frac{dy}{dt} + ky = 0 \tag{16–36}$$

이 식의 해는 다음과 같다.

$$y(t) = Ye^{-bt/2m}\cos(\omega' t + \phi_0) \tag{16–37}$$

여기에서 Y는 처음 진폭, ϕ_0는 처음 위상, ω'는 감쇠 진동자의 각진동수이다. 각진동수는 다음과 같다.

$$\omega' = \sqrt{\frac{k}{m} - \frac{b^2}{4m^2}} \tag{16-38}$$

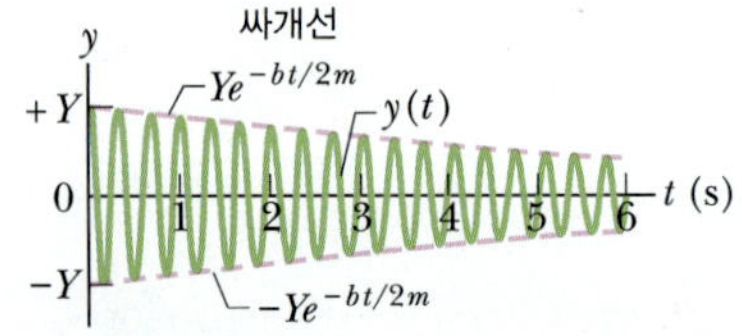

그림 16-38
그림 16–37의 감쇠 진동자에서 $m = 250$ g, $k = 85$ N/m, $b = 70$ g/s일 때의 변위 함수 $y(t)$. 진폭은 $Ye^{-bt/2m}$로 지수함수꼴로 줄어드는데, 감쇠상수 b가 크지 않아서 그림에는 그 모습이 잘 드러나지 않는다. 지수함수꼴로 줄어드는 모습은 그림 16–40에서 더 잘 드러난다.

$b = 0$이면(감쇠가 없으면), 식 16–38은 감쇠되지 않는 진동자의 각진동수에 대한 식 16–11($\omega = \sqrt{k/m}$)과 같아지고, 16–37은 감쇠되지 않는 진동자의 변위에 대한 식 16–5와 같아진다. 감쇠상수가 작기는 해도 0은 아니면(따라서 $b << \sqrt{km}$), $\omega' \approx \omega$이다. $k/m > b^2/4m^2$이어서 $\omega' < \omega$인 진동자를 **미흡감쇠(underdamped)**라고 한다.

그림 16–38이 보여주듯 식 16–37은 코사인 함수인데, 진폭이 $Ye^{-bt/2m}$로 시간이 지나면서 조금씩 잦아드는 것으로 볼 수 있다. 감쇠되지 않는 진동자에서는 역학적 에너지가 일정하고, 식 16–32 ($E = \frac{1}{2}kY^2$)와 같다. 진동자가 감쇠되면, 역학적 에너지는 일정하지 않고 시간이 지나면서 줄어든다. 감쇠가 약하면, 진폭 $E(t)$는 식 16–32에서 진폭 Y를 감쇠 진동자의 진폭 $Ye^{-bt/2m}$로 바꾸어 넣으면 되고, 다음 결과를 얻는다.

$$E(t) \approx \frac{1}{2}kY^2 e^{-bt/m} \qquad (16\text{–}39)$$

이것은 진폭과 마찬가지로 역학적 에너지도 시간이 지나면서 지수적으로 줄어드는 것을 말해준다.

• 실험 결과

여기에서는 점성 액체 속에서 진동하는 추와 수학적 움직임이 똑같은 다른 감쇠 진동자에서 실제로 얻은 자료를 보여주겠다. 이것은 그림 16–39에 보인 물리 흔들이로서 알루미늄 원반 가장자리에 혹을 붙인 것이다. 원반 가까이에 강한 자석을 두면 원반은 각속도 $d\theta/dt$에 비례하는 항력을 받는다. (이러한 감쇠는 원반에 유도되는 와류 때문에 생긴다. 더 자세한 설명은 2권의 31–5절 참조.)

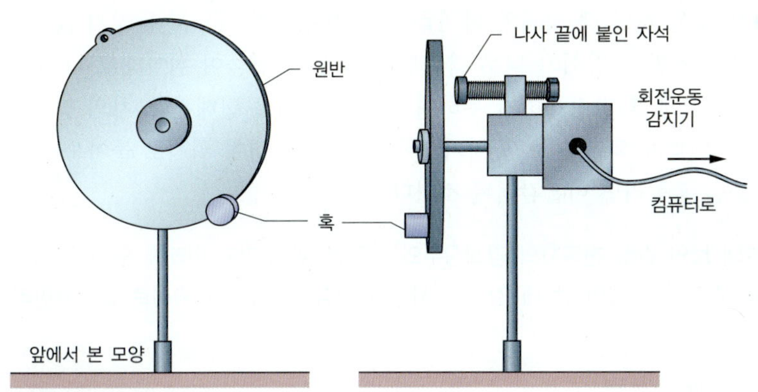

그림 16–39
알루미늄 원반 가장자리에 혹을 붙여 만든 물리 흔들이. 자기 감쇠 때문에 항회전력이 생겨 혹의 진폭이 시간이 지나면서 줄어든다.

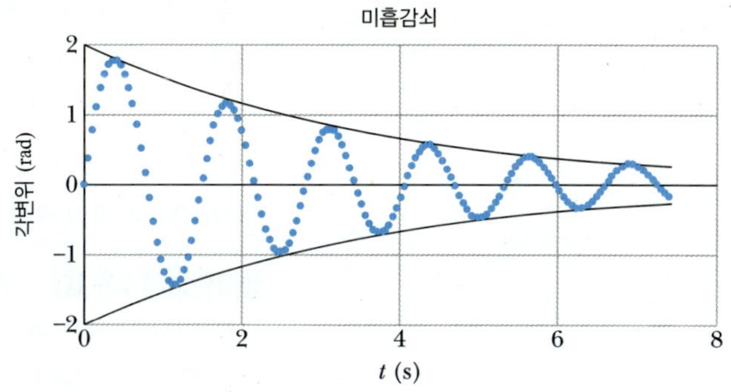

그림 16–40
감쇠 물리 흔들이(그림 16–27)의 수직 평형점에 대한 각변위의 실제 실험자료. 가장 흥미있는 것은 자기 감쇠력 때문에 흔들이의 진폭이 시간에 대해 지수적으로 줄어드는 것이다. 이것은 변위의 최대값과 최소값에 가장 잘 맞는 '싸개함수(envelope function)' $\Theta e^{-(b/2I)t} = (2\text{ rad})\, e^{-(0.27\text{ s}^{-1})t}$의 모양에서 드러난다.

흔들이와 추–용수철 역학계 모두 선형 복원력과 속도–의존 항력을 받는다. 따라서 식 16–37, 16–38, 16–39를 고쳐 흔들이 운동을 기술할 수 있다. 변위 y를 각변위 θ로, 추의 질량 m을 I로 (I는 가장자리에 혹을 붙인 원반의 회전 관성이다), 그리고 용수철 상수 k를 회전력의 세기 mgL로 (L은 원반의 반지름이고 m은 가장자리에 붙인 질량이다) 바꾼다. 그러면 작은 각도 흔들이 운동에 대한 새로운 운동 방정식이 된다.

$$\theta(t) = \Theta e^{-bt/2I}\cos(\omega' t + \phi_0) \qquad (16\text{–}40)$$

여기에서 각진폭 (또는 '싸개' 함수) $\Theta e^{-bt/2I}$가 시간에 따라 변화한다.

이 실험 자료에서 가장 흥미로운 점은 흔들이가 미흡감쇠일 때 각진폭이 시간에 따라 줄어드는 양식이다. 그림 16–40과 같이 분명히 지수함수꼴로 줄어든다.

• 임계감쇠와 초과감쇠

그림 16–39과 16–40에서 물리적으로는 다르지만 수학적으로는 비슷한 미흡감쇠 운동을 보았다. 계의 감쇠상수가 커서 각진동수가 다음과 같아지면 계가 **'임계감쇠(critical damping)'** 된다고 한다.

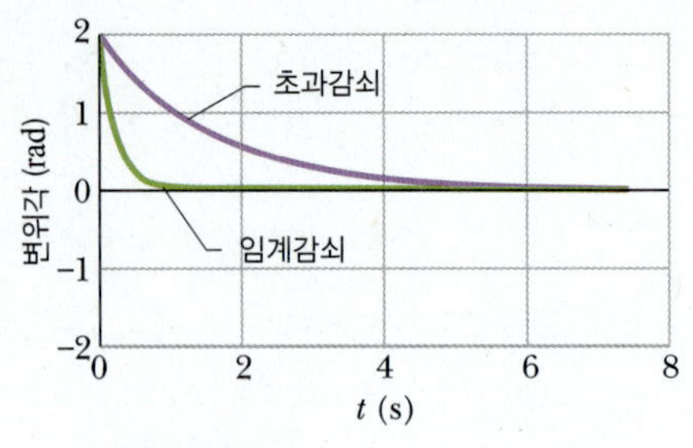

그림 16-41
그림 16-39에 보인 감쇠 흔들이의 각변위의 시간 변화를 이론적으로 셈한 것. 아래쪽 지수함수 곡선은 혹이 임계감쇠되어 흔들리지 않은 채 약 1초 정도의 최단시간에 평형 위치로 돌아갈 때 어떻게 되는가를 보여준다. 위쪽 지수함수 곡선은 혹이 평형 위치로 돌아가는데 약 6초 걸리는 초과감쇠 조건의 상황을 보여준다.

$$\omega' = \sqrt{\frac{mgL}{I} - \left(\frac{b}{2I}\right)^2} = 0 \qquad (\text{물리 흔들이})$$

또는

$$\omega' = \sqrt{\frac{k}{m} - \left(\frac{b}{2m}\right)^2} = 0 \qquad (\text{추-용수철})$$

이 상황에서는 평형점에서 벗어난 계는 흔들리지 않고 곧바로 가장 빨리 평형 위치로 돌아간다. 식 16-38에서 감쇠상수 b가 너무 커서 제곱근 속의 값이 음수가 될 때, 곧 **초과감쇠(over-damping)** 조건을 기술하는 식은 내놓지 않았다. 초과감쇠 역학계도 지수함수꼴로 평형 위치로 돌아가지만, 더 더디다(그림 16-41).

공학자는 자동차 충격흡수장치를 설계할 때 임계감쇠와 초과감쇠에 대한 지식을 잘 쓴다. 충격흡수장치는 차가 길의 튀어나온 곳을 지날 때 차체와 바퀴를 잇는 용수철이 너무 흔들리지 않으면서 평형위치로 천천히 돌아가게 설계한다. 감쇠가 너무 약하면 차에 탄 사람들이 위아래로 너무 흔들리고, 너무 세면 차가 튀어나온 곳에 빨리 반응하지 못하여 충격이 그대로 전해진다. 차의 앞부분을 아래로 갑자기 눌렀다 놓으면 어떻게 되는가 보라. 차가 흔들리지 않고 평형 위치로 돌아오면 임계감쇠나 초과감쇠된 것이고, 조금 흔들리면 미흡감쇠된 것이다.

생각해보기 16-10 그림 16-37에 보인 감쇠 진동자의 감쇠상수와 질량값 세 무리가 아래에 있다. 식 16-39를 써서 역학적 에너지가 처음 값의 $\frac{1}{4}$로 줄어드는데 걸리는 시간이 가장 긴 것부터 차례로 늘어놓아라. 셈을 할 필요는 없다.

무리 1: b_0 m_0
무리 2: $6b_0$ $4m_0$
무리 3: $3b_0$ m_0

따라해보기 16-4 | 감쇠된 추-용수철

그림 16-37의 감쇠 진동자에서 $m = 250\text{ g}$, $k = 95\text{ N/m}$, $b = 70\text{ g/s}$이다.

(a) 운동 주기는 얼마인가?

풀이 ■ **요점**은 $b << \sqrt{km} = 4.6\text{ kg/s}$이므로, 주기는 거의 감쇠되지 않은 진동자와 같다는 것이다. 따라서 식 16-12에서 다음 결과를 얻는다.

$$T = 2\pi\sqrt{\frac{m}{k}} = 2\pi\sqrt{\frac{0.25\text{ kg}}{85\text{ N/m}}} = 0.34\text{ s} \qquad (\text{답})$$

(b) 감쇠 진동의 진폭이 처음 값의 반이 되는데 걸리는 시간은 얼마인가?

풀이 ■ **요점**은 시각 t의 진폭은 식 16-37에 $Ye^{-bt/2m}$로 나타난다는 것이다. $t = 0$에서의 진폭은 Y이다. 따라서 다음 식이 성립하는 시각 t를 찾아야 한다.

$$Ye^{-bt/2m} = \tfrac{1}{2}Y$$

양쪽의 Y를 맞지우고, 남는 식의 자연로그값을 구하면 오른쪽은 $\ln\frac{1}{2}$이고 왼쪽은 다음과 같다.

$$\ln(e^{-bt/2m}) = -bt/2m$$

따라서 다음 결과를 얻는다.

$$t = \frac{-2m\ln\frac{1}{2}}{b} = \frac{-(2)(0.25\text{ kg})(\ln\frac{1}{2})}{0.070\text{ kg/s}} = 5.0\text{ s} \qquad (\text{답})$$

$T = 0.34$ 초이므로, 이것은 약 15주기다.

(c) 역학적 에너지가 처음 값의 반이 되는데 걸리는 시간은 얼마인가?

풀이 ■ 요점은 식 16-39에서 시각 t의 역학적 에너지는 $\frac{1}{2}kY^2e^{-bt/m}$이라는 것이다. 이 값은 $t=0$ 때는 $\frac{1}{2}kY^2$이다. 따라서 다음 조건이 성립하는 시각 t를 찾는다.

$$\frac{1}{2}kY^2e^{-bt/m}=\frac{1}{2}\left(\frac{1}{2}kY^2\right)$$

이 식의 양쪽을 $\frac{1}{2}kY^2$로 나눈 뒤 앞에서 한 것처럼 t에 관해 풀면 다음 결과를 얻는다.

$$t=\frac{-m\ln\frac{1}{2}}{b}=\frac{-(0.25\text{ kg})\left(\ln\frac{1}{2}\right)}{0.070\text{ kg/s}}=2.5\text{ s} \qquad \text{(답)}$$

이것은 (b)에서 셈한 시간의 반 또는 7.5주기다. 그림 16-42는 이 예를 그림으로 보여준다. 이 계의 역학적 에너지는 진폭의 제곱에 비례하므로, 진폭보다 더 빨리 줄어든다.

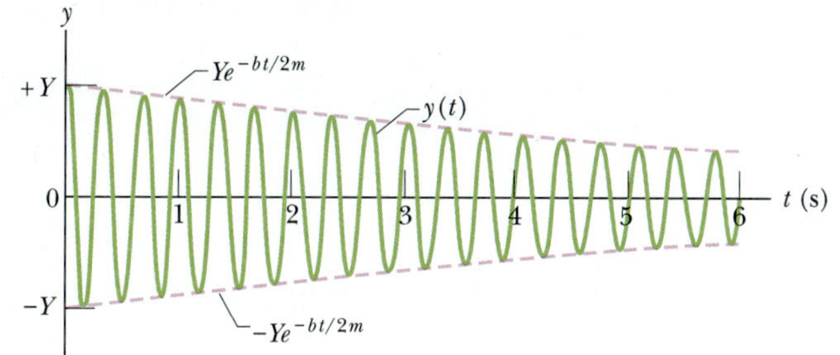

그림 16-42
(a) 이 그림은 약 0.34초의 주기를 보여준다. (b) 2.5초 뒤에 진폭이 약 $0.7Y$로 줄었으므로 그림은 그때 계의 역학적 에너지가 $(0.7Y)^2 \approx 0.5Y^2$임을 보여준다.

연습문제 16-7

57. 진폭비
따라해보기 16-4에서 감쇠 진동의 처음 진폭에 대한 20번 진동한 뒤의 진폭의 비율은 얼마인가?

58. 약한 감쇠
약하게 감쇠된 흔들이의 진폭이 한 주기마다 3.0%씩 줄어든다. 한 번 진동할 때 역학적 에너지가 줄어드는 비율은 얼마인가?

59. 감쇠 진동자
그림 16-37에 보인 진동계에서 추의 질량은 1.50 kg이고 탄성상수는 8.00 N/m이다. 감쇠력은 $-b(dy/dt)$인데, 여기에서 $b=230$ g/s이다. 이 추를 처음에 아래로 12.0 cm 당겼다가 살짝 놓았다고 하자. (a) 그 결과로 생기는 진폭이 처음 값의 1/3이 될 때까지 걸리는 시간을 셈하라. (b) 그 동안 추는 몇 번 진동하는가?

60. 현가장치
질량 2000 kg인 자동차의 현가장치(Suspension System)를 살펴본다. 자동차 몸체를 현가장치에 얹으면 10 cm 내려앉는다. 또한 한 번 진동할 때마다 진폭이 50%씩 줄어든다. 네 바퀴가 각각 500 kg을 받친다고 하고, 각 바퀴에 달린 용수철과 충격흡수장치의 다음 값을 어림하라. (a) 탄성 상수 k, (b) 감쇠 상수 b.

16-8 강제 진동과 공진

진동 운동이 감쇠력 때문에 저절로 잦아드는 것을 막고 오래 유지시켜야 할 때가 있다. 예를 들어 아이를 그네에 태운 뒤, 한 번 세게 밀어주면, 그네는 몇 번 오간 다음 역학적 에너지가 완전히 사라져서 멈춘다. 그러한 역학적 에너지 손실을 아주 없앨 수는 없지만, 에너지를 보충해줄 수는 있다. 예를 들어 그네에 타고 다리나 몸을 흔들면 그네의 진동을 그대로 유지하거나 더 커지게 할 수 있다. 그 동안 그네에 탄 사람은 생화학 에너지를 그네 역학계의 역학적 에너지로 넘겨준다.

그네에 타고 다리를 흔들거나 누가 밀어주지 않은 채 진동하는 것을 자유 진동(free oscillation)이라고 한다. 그렇지만 누군가가 그네를 주기적으로 밀면, 그네는 강제 진동(forced 또는 driven oscillation)을 하는 것이다. 강제 진동을 하는 계에는 두 가지 각진동수가 연관된다: (1) 계가 어쩔 수 없이 감쇠력을 받으면서 자유진동을 하는 동안의 고유 각진동수(natural angular frequency) ω와 (2) 바깥에서 작용하는 구동력의 각진동수 $\omega_{구동}$.

그림 16-37에서 '단단한 지지대'로 표시한 부분을 각진동수 $\omega_{구동}$로 위아래로 흔들어주면 이상적인 강제 단순 조화 흔들이를 나타낼 수 있다. $\omega_{구동}$은 마음대로 정할 수 있고, 강제 흔들이는 시간이 지나면 구동하는 힘의 진동수에 맞추어 흔들리며, 변위 $y(t)$는 다음과 같은 꼴이 된다.

$$y(t) = Y\cos(\omega_{구동}t + \phi_1) \tag{16-41}$$

여기에서 Y는 진동 운동의 진폭이다.

변위의 진폭 Y는 $\omega_{구동}$과 ω의 복잡한 함수이다. 진동 운동의 최대 속도 $V = \omega' Y$는 쉽게 기술할 수 있다. 그 값은 다음 조건에서 가장 크다.

$$\omega_{구동} = \omega' \qquad (\text{공진}) \tag{16-42}$$

이 조건을 **공진(resonance)**이라고 한다. 식 16-42는 또한 진동의 진폭 Y가 가장 큰 조건의 어림값도 된다. 따라서 그네를 고유 각진동수와 같은 각진동수로 밀면 진폭과 최대 속도가 아주 커지며, 어린이들은 이것을 시행착오를 거쳐 재빨리 배운다. 고유 각진동수보다 더 높거나 낮은 각진동수로 밀면 진폭과 최대 속도가 더 작아진다.

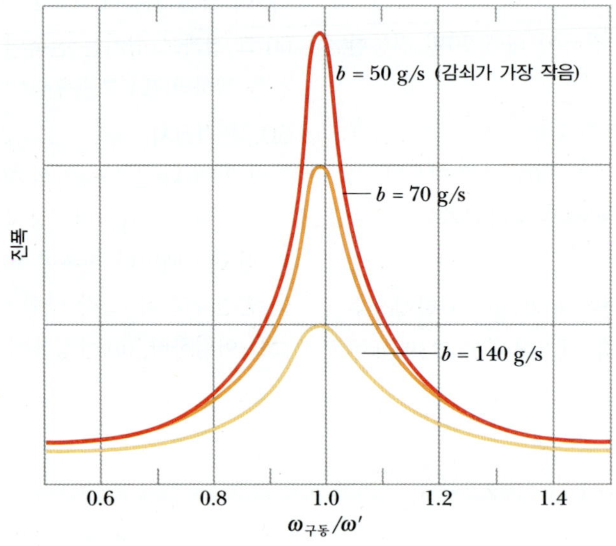

그림 16-43
강제 흔들이의 진폭은 구동력의 각진동수 $\omega_{구동}$에 따라 달라진다. 진폭은 공진조건 $\omega_{구동}/\omega' = 1$ 근처에서 가장 크다. 세 곡선은 세 가지 다른 값의 감쇠상수 b에 대한 것이다.

그림 16-43은 감쇠, 강제 흔들이의 변위진폭이 구동력의 각진동수 $\omega_{구동}$에 따라 어떻게 달라지는가를 세 가지 다른 값의 감쇠상수 b에 대해 보여준다. 세 가지 모두 $\omega_{구동}/\omega' = 1$. 곧 식 16-42의 공진 조건이 충족될 때 진폭이 근사적으로 가장 커진다. 그림 16-43의 곡선은 감쇠가 작을수록 공진 봉우리가 더 높아지고 더 좁아지는 것을 보여준다. 공진곡선이 높고 좁은 역학계를 'Q값이 크다'고 한다.

• 공진과 지진 피해

모든 역학적 구조물에는 고유 각진동수가 하나 이상 있고, 바깥에서 그 구조물에 주는 힘의 각진동수가 고유 각진동수와 맞으면, 구조물은 점점 더 크게 흔들리다가 부서질 수 있다. 따라서 예를 들어 비행기 설계자는 날개의 고유 각진동수의 어느 것도 비행할 때 기관의 각진동수와 같지 않도록 확인해야 한다. 기관이 어떤 속도에서 작동할 때 날개가 격렬하게 떨면 아주 위험할 것은 명백하다.

1985년 멕시코의 지진은 (리히터 진도 8.1의) 강한 지진이었지만, 진앙에서 400 km 떨어진 멕시코시티로 온 지진파는 너무 약해서 광범위한 손상을 줄 수 없었다. 그렇지만 멕시코시티는 고대 호수바닥 위에 세워진 도시여서, 바닥 흙은 아직도 물을 많이 품고 있어 부드럽다. 멕시코시티까지의 길목에 있는 좀 더 단단한 땅에서는 지진파의 진폭이 작았지만, 시내의 무른 흙에서는 진폭이 상당히 커졌다. 지진파의 최대 가속도는 0.20 g에 이르렀고, 각진동수는 (놀랍게도) 3 rad/s 근처에 집중되었다. 땅이 크게 흔들렸을 뿐 아니라 높이가 중간 정도인 많은 건물의 공진 각진동수가 약 3 rad/s였다. 건물들의 대부분은 격렬하게 진동하는 동안 무너졌는데, (공진 각진동수가 더 높은) 더 낮은 건물과 (공진 각진동수가 더 낮은) 더 높은 건물은 그대로 서 있었다.

연습문제 16-8

61. 강체 지지대

식 16-41에서 진폭 Y가 다음과 같다고 하자.

$$Y = \frac{F^{최대}}{[m^2(\omega_{구동}^2 - \omega^2)^2 + b^2\omega_{구동}^2]^{1/2}}$$

여기에서 $F^{최대}$는 그림 16-37의 강체 지지대가 용수철에 주는 진동력의 (일정한) 진폭이다. 공진상태에서 진동하는 물체의 (a) 진폭과 (b) 속도의 진폭은 얼마인가?

62. 울퉁불퉁한 길

몸무게 82 kg중인 사람 넷이 탄 1000 kg의 차가 빨래판 같은 고랑이 4.0 m마다 파인 길을 달려 차가 용수철 현가장치 위에서 진동한다. 차의 속도가 16 km/h일때 진폭이 최대가 된다. 이제 차가 멈춰 네 사람이 내리면, 차의 몸체가 현가장치에서 얼마나 위로 올라가겠는가?

추가문제

63. 힘은 어디에 있는가?

그림 16-44와 같이 질량 50 g인 추가 용수철에 달려 있다. 용수철의 탄성 상수는 2.5 N/m이고 자연상태의 길이는 10 cm이다. 아래에 다섯 가지 상황을 설명했는데, 어떤 상황에서는 추가 멈춰 있고, 그 상태 그대로 있다. 다른 상황에서는 추를 평형위치에서 아래로 5 cm 당겼다가 놓아 진동하는 중이다. 공기 저항과 용수철 내부의 마찰은 무시한다. 각각의 상황에서 설명해야 하는 힘벡터의 방향이 위쪽(위)인지 아래쪽(아래)인지, 아니면 크기가 0인지 나타내라. (a) 추가 평형위치에 서 있을 때 용수철이 추에 주는 힘. (b) 추가 평형위치에서 아래쪽으로 움직일 때 용수철이 추에 주는 힘. (c) 추가 평형위치에서 위쪽으로 움직일 때 받는 알짜힘. (d) 추가 진동하며 가장 높은 곳에 있을 때 용수철이 주는 힘. (e) 추가 진동하며 가장 높은 곳에 있을 때 받는 알짜힘.

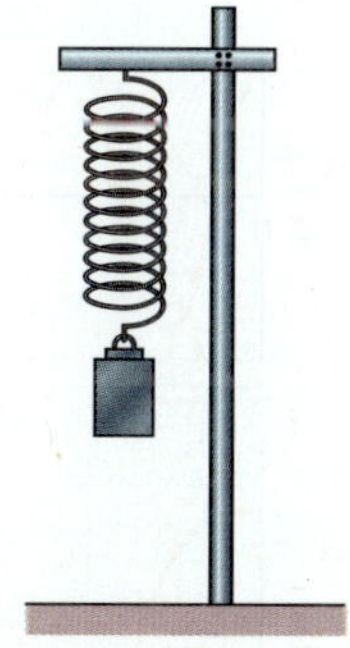

그림 16-44 문제 63

64. 진동하는 공

그림 16-45는 가볍지만 단단한 막대에 무거운 공이 달려 있는 흔들이의 모습을 두 순간에 잡은 것이다. 흔들이가 평형위치에서 최대로 벗어나는 각도는 25°이다. (a) 막대의 길이가 R이고 공의 질량이 m이다. 그림 16-45b처럼 순간 공의 속력에 관한 식을 구하라. (b) 그림 16-45b처럼 순간 공이 왼쪽으로 움직인다면, 가속도의 방향은 어느 쪽인가? (c) 그림 16-45a처럼 순간 가속도의 방향은 어느 쪽인가?

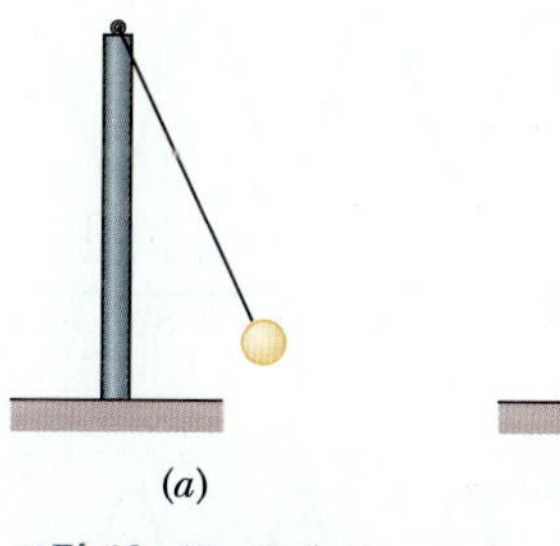

그림 16-45 문제 64

65. 진동 에너지

그림 16-46의 그림표는 용수철에 매달린 추의 운동을 컴퓨터로 옮긴 것이다. 맨 위에서부터 차례로 흔들이의 위치, 속도, 운동 및 위치 에너지다. 운동 및 위치 에너지도 진동은 하지만 중심값이 0

은 아니며, 진동수도 위치와 속도 곡선의 두 배다. 이것이 맞는가? 설명하라.

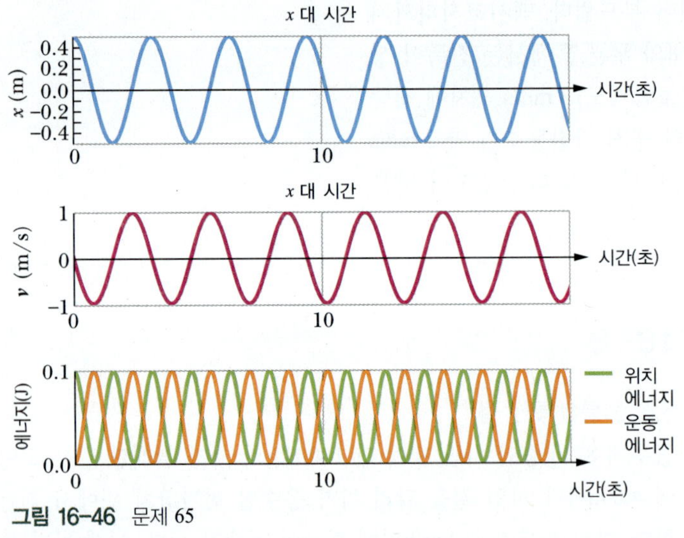

그림 16-46 문제 65

66. 진동 그림표

탁자 모서리에 달린 용수철에 추가 매달려 있다. 추의 평형 위치에서 아래로 25 cm 떨어진 마룻바닥에 놓인 음파 거리 측정기로 추의 위치를 잰다. 어느 순간 추가 진동을 시작하고, 조금 뒤부터 거리 측정기가 자료를 모으기 시작한다.

그림 16-47은 추의 운동 및 물리량과 연관된 일련의 그림표이다. 그림표 (A)는 거리 측정기로 잰 추의 위치다. 이러한 상황에서 아래의 물리량을 나타내는 그림표를 찾아라. 그림표가 없으면 '없음'으로 나타내라.

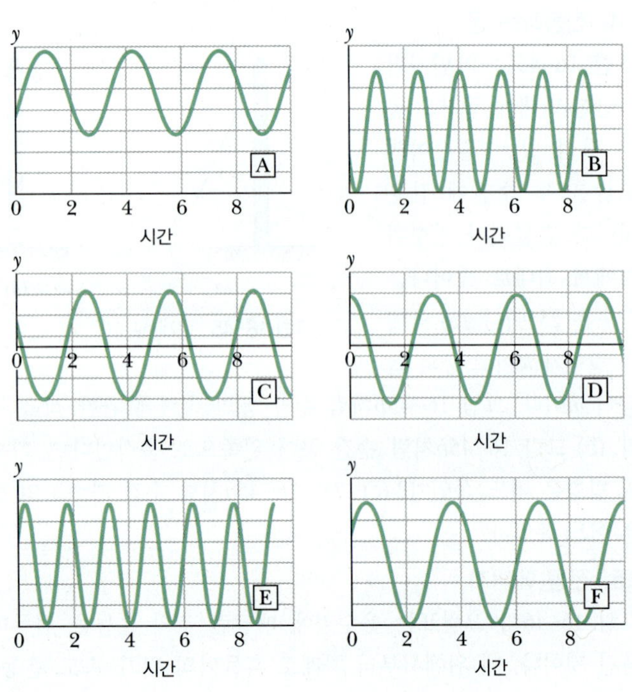

그림 16-47 문제 66

(a) 추의 속도
(b) 추가 받는 알짜 힘
(c) 용수철이 추에 주는 힘
(d) 추-용수철 역학계의 운동 에너지
(e) 추-용수철-지구 역학계의 위치 에너지
(f) 추-용수철-지구 역학계의 중력 위치 에너지

67. 흔들이 그림표

그림 16-48에 보인 그림표 몇 개는 흔들이—아주 가볍고 단단한 막대의 한쪽 끝에는 무거운 공이 달려 있고, 다른쪽 끝은 거의 마찰이 없는 회전대에 달린—의 운동을 나타낸다. 네 그림표는 흔들이의 각도를 시간의 함수로 보여준다. 아래에 네 가지 초기조건과 모든 것의 부정이 있다. 각각의 그림표를 가장 잘 맞는 초기조건(또는 모든 것의 부정)과 짝지워라. y축의 눈금이 모두 같을 필요는 없다. (그림표와 초기 조건이 꼭 일대일로 대응될 필요도 없다.)

(1) $\phi_0 = 120°$, $\omega_0 = 0°/s$
(2) $\phi_0 = 173°$, $\omega_0 = 30°/s$

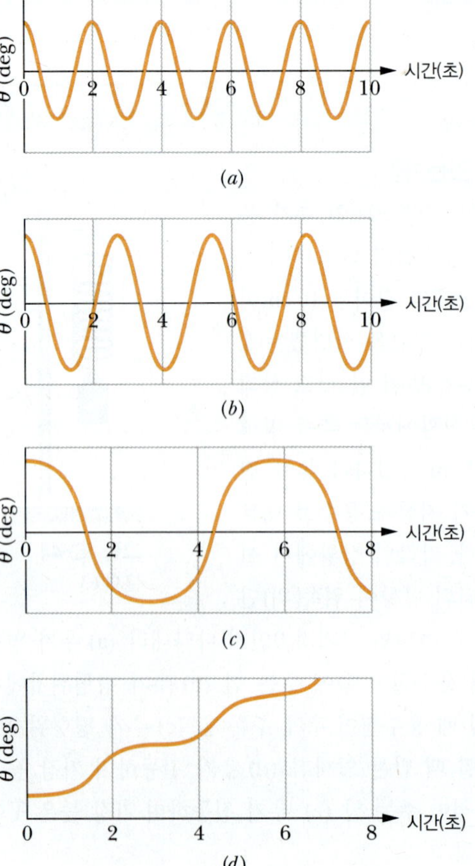

그림 16-48 문제 67

(3) $\phi_0 = 6°, \omega_0 = 0°/s$
(4) $\phi_0 = 173°, \omega_0 = 0°/s$
(5) 흔들이의 그림표가 아니다.

68. 빗속에서 그네타기

이탈리아에 폭포가 많은 숲이 있는데, 그 가운데 어떤 폭포 가까운 절벽의 꼭대기에 기다란 밧줄이 드리워 있고, 아래 끝에 앉을 자리가 하나 달려 있다. 모험심이 강한 방문객은 그 앉을 자리에 뛰어들어 폭포 속으로 그네타기를 할 수 있다. 시작하는 각도는 약 20° 쯤 되어 보인다. 어떤 사람이 그네를 타고 한 번 오가는데 8초 걸렸다. 밧줄의 길이와 폭포를 지나갈 때의 속력을 어림하라.

69. 각도의 값은 얼마인가?

가볍고 단단한 길이 R인 쇠막대의 한 끝은 회전대에, 다른 끝에는 질량 m인 작은 쇠공이 달려 있다. 쇠공이 앞뒤로 흔들리는데 진폭은 작고 $\theta^{최대} \leq 5°$이다. 모든 감쇠는 무시한다. (a) 이 이상적인 흔들이의 운동 방정식은 여러 가지 방법으로 끌어낼 수 있는데 다음과 같다.

$$\frac{d^2\theta}{dt^2} = -\frac{g}{R}\sin\theta$$

각도가 작으면 더 쉽게 풀 수 있는 방정식으로 어림하는 과정을 보여라. (b) 앞에서 어림한 운동 방정식에 대해 처음 각도와 각속도가(어림셈이 적용되는 범위 안에 있는 한) 어떤 값을 가져도 성립하는 일반해를 써라. 그 해에서 $t = 0$인 순간 처음 위치와 속도가 어떤 값이건 가질 수 있음을 보여라. (c) 막대의 길이가 0.3 m, 공의 질량이 0.2 kg, 그리고 공이 중심($\theta = 0$)을 각속도 0.1 rad/s로 지나는 순간 시간을 재기 시작한다면, 쇠공이 갈 수 있는 최대각도를 셈하라. 이 운동에 대해서 운동 방정식의 어림식을 쓸 수 있는가? 쇠공이 출발하는 각도가 작지 않으면 컴퓨터를 써야만 운동방정식을 풀 수 있지만 컴퓨터가 없어도 할 수 있는 일이 있다. (d) 흔들이의 에너지 보존을 나타내는 방정식을 끌어내라. (작은–진폭 어림셈을 쓰지 말아라.) (e) 흔들이를 처음 각도 θ_1에서 놓으면 최고 속력은 얼마가 되는가?

70. 코사인 함수에서 무엇이 잘못되었는가?

용수철 끝에 달린 추의 진동을 살펴보면 시간에 대한 위치의 함수는 아래의 함수와 아주 잘 맞는다.

$$x(t) = X\cos(\omega t + \phi_0)$$

그렇지만 계속 살펴보면 오랫동안의 운동에 대해서는 좋은 식이 아님을 확신시키는 증거를 보게 된다. 어떤 특성 때문에 그렇게 결론 내리는가 설명하고 그러한 모순을 풀어내라.

71. 에너지는 어디에 있는가?

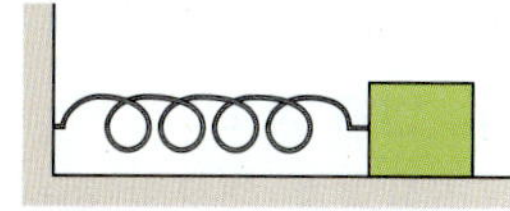
그림 16–49 문제 71

그림 16–49와 같이 탄성 상수 k인 용수철의 한쪽 끝은 벽에 박혀 있고, 다른 쪽 끝에는 질량 m인 추가 달려 있다. (a) $t = 0$에 용수철은 애초의 길이이고, 추는 속도 v_1으로 움직이기 시작한다면 그 뒤의 추의 위치에 대한 해를 구하라. 적절한 가정을 명확히 하여 타당하고 풀 수 있는 모형을 만들어라. (b) 아래 세 순간의 추의 에너지는 운동 에너지인가, 위치 에너지인가 아니면 두 가지가 함께 있는가? (이유도 설명하라.)

$$t = 0,\ t = \frac{\pi}{2}\sqrt{\frac{m}{k}},\ t = 2\pi\sqrt{\frac{m}{k}}$$

72. 감쇠 진동자

학생들이 용수철에 매달린 추의 진동을 10초 동안 지켜보았는데, 그 운동이 뉴턴 제2법칙을 따르고 용수철이 추에 주는 힘은 $F_x^{용수철} = -k\Delta x$라고 가정하면 잘 맞음을 알았다. 여기에서 Δx는 용수철이 늘어나거나 줄어든 길이고 k는 탄성 상수이다. 그렇지만 10분 정도 지나면 추가 진동을 멈추기 때문에 그것이 적절한 표현이 아님도 분명했다. (a) 추가 처음 위치 x_1에서 속도 0으로 움직이기 시작했다고 하고, 용수철의 힘만 쓰는 운동방정식에 대한 해 $x(t)$와 $v_x(t)$를 써라. 진동하는 추의 총 에너지는 얼마인가? (b) 추가 받는 힘에 속도에 따라 변하는 힘(감쇠력)도 있다고 가정하고, 가장 단순하게 속도에 비례한다고 하자: $F_x^{감쇠} = -\gamma v_x$. 또한 한 진동 주기 동안 받는 감쇠력이 작다고 가정하자. 그러므로 $x(t)$와 $v_x(t)$가 감쇠력이 없을 때와 같다고 하자. 감쇠력이 한 주기 동안 추에 해주는 일을 매개변수 k, m, γ로 나타내고 한 주기 동안 에너지를 잃는 비율을 셈하라. (c) 추의 질량이 1 kg이다. 실험에 관한 설명으로부터 탄성 상수의 값과 에너지의 반을 잃는데 걸리는 시간이 몇 주기에 해당하는가를 어림하라. 이 결과와 (a)에서 얻은 결과를 써서 감쇠 상수 γ를 어림하라.

73. 총알받이와 진동

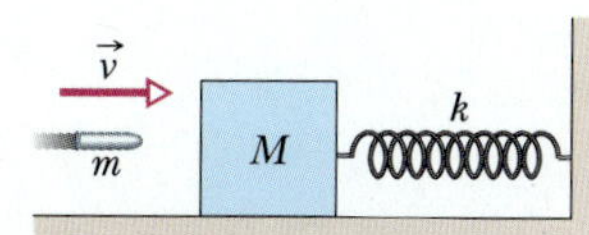

그림 16–50 문제 73

다음은 이 책(과 다른 여러 책)에서 볼 수 있는 표준적인 문제이다. 마찰 없는 수평면 위에 질량 M인 추가 서 있다. 이 추는 튼튼한 지지점에 달린, 탄성상수 k인 용추철에 매어 있다. 그림 16–50과 같이 질량 m인 진흙덩이가 속력 v로 날아와 추에 붙는다. (a) 충돌 바로 뒤의 추의 속도를 셈하라. (b) 충돌 위의 단순 조화 운동의 진폭을 셈하라. 이 문제를 풀려면 몇 가지 가정을 해야 한다. 어떤 것은 문제에서 이미 했고 어떤 것은 하지 않았다. 먼저 문제를 준 그대로 풀어라. (c) 문제를 풀 때 한 어림법을 설명하라. (적어도 다섯 가지다.)

74. 번지 점프

물리학과가 행사의 하나로 그림 16-51과 같이 기중기 꼭대기에 번지 띠를 달았다. 고무 띠의 한끝을 기중기 꼭대기에 잘 매고, 다른 쪽 끝은 용기 있는 참가자의 허리에 매었다. 참가자가 기중기 꼭대기에서 벗어나 땅에 떨어지게 되면, 땅에 닿기 전에 늘어난 고무줄이 당겨 속도가 줄었다가 다시 꼭대기로 되돌아온다. 고무줄이 후크 법칙을 따른다고 하자. 여러분이 이 행사에 써도 좋다고 추천할 만한 고무줄의 길이와 탄성상수를 어림하라.

그림 16-51 문제 74

17 역학적 수직파(횡파)

사막전갈은 모래판의 반지름 수십 센티미터 영역 안에서 풍뎅이가 움직이면, 바로 그 풍뎅이를 향해(점심거리로 먹으려고) 달려든다. 야행성인 전갈은 풍뎅이를 보거나 듣지 않고도 그렇게 할 수 있다.

전갈은 어떻게 먹잇감을 정확하게 찾아낼까?

답은 이 장에 있다.

17-1 파동과 입자

먼 곳에 사는 벗에게 소식을 전하는 방법 두 가지는 편지쓰기와 전화걸기다.

첫째 방법(편지쓰기)은 '입자(particle)' 의 개념이 들어간다. 물체가 정보를 싣고 한 곳에서 다른 곳으로 간다. 앞의 장에서는 주로 입자 또는 입자계를 다루었다.

둘째 방법(전화걸기)에는 '파동(wave)' 의 개념이 들어가는데, 이것은 이 장과 다음 장의 주제이다. 전화를 걸면, 전할 내용을 실은 소리(음파)가 성대에서 전화기로 간다. 전화기에서는 전자기파가 일을 넘겨받아, 구리선이나 광섬유나 대기를 통해, 때로는 통신위성을 거쳐 간다. 전화를 받는 쪽에서는 전화기를 통해 친구의 귀로 다시 음파가 전해진다. 비록 소식은 전해지지만, 여러분이 직접 만진 것이 친구에게 전해지지는 않는다. 예를 들어 여러분이 독감에 걸렸더라도, 친구와 전화를 한다고 해서 독감을 옮기지는 않는다. 왜냐하면 어떤 물질이 직접 친구에게 전해지는 것은 아니기 때문이다. 파동에서는 운동량과 에너지가 한 곳에서 다른 곳으로 가지만, 물질은 따라가지 않는다.

레오나르도 다 빈치가 물결에 대해 쓴 것을 읽어보면 그가 파동을 이해했음을 알 수 있다. "물결은 생겨난 곳을 떠나가지만 물은 그렇지 않다. 밀밭의 이삭이 바람에 물결치듯 움직일 때 파동은 밀밭을 가로질러 가지만 이삭은 그 자리에 남아 있다."

입자와 파동은 고전 물리학에서 다루는 두 가지 중요한 실체이다. 두 실체 모두 위치와 속도가 있다. 그러나 두 실체가 전혀 다른 면이 있다. 입자라는 말은 물질이 아주 작은 영역에 모인 것으로, 그것이 움직이면서 에너지와 운동량을 한 곳에서 다른 곳으로 전해준다. 예를 들어 야구공은 입자로서 투수가 포수에게 던져주면 공의 움직임을 통해 그것에 실린 에너지와 운동량이 전달된다. 이와는 달리 파동에 실린 에너지와 운동량은 공간으로 퍼져가지만 물질은 한 곳에서 다른 곳으로 움직이지 않는다. 예를 들어 투수가 포수에게 소리 지르면 주위의 공기입자가 흔들리기는 하지만, 전달되는 것은 공기의 일시적 흔들림이지 공기분자가 투수에게서 포수에게 가는 것은 아니다.

이 장과 다음 장에서는 입자는 잠깐 제쳐두고 역학적 파동과 진행에 대해서 배운다. 그 다음에는 34, 36, 37장(2권)에서 방송파와 빛을 포함한 전자기파의 움직임을 살펴본다.

17-2 파동의 종류

파동에는 세 가지가 있다.

1. **역학적 파동** 이 파동은 가장 낯익다. 왜냐하면 거의 늘 접하기 때문이다. 흔한 예로 물결, 소리, 그리고 지진파를 들 수 있다. 이들 파동은 몇 가지 중요한 특징이 있다. 뉴턴 법칙을 따르고, 물, 공기, 바위와 같은 물질 속에서만 퍼질 수 있다.
2. **전자기파(동)** 이 파동은 조금 낯설지만 우리가 늘 쓰고 있다. 흔한 예로 빛(가시광), 자외선, 라디오 및 텔레비전 방송파, 마이크로파, X-선, 그리고 레이더 파를 들 수 있다. 이들 파동은 물질이 없어도 퍼지면서 에너지와 운동량을 전달할 수 있다. 예를 들어 별빛은 우주의 빈 공간을 지나오므로 우리가 볼 수 있다. 전자기파는 32, 34, 36, 37장에서 다룬다.
3. **물질파(동)** 이 파동은 현대 기술에서 흔히 쓰이지만, 여러분에게는 매우 낯설 것이다. 이것은 전자, 양성자 그리고 다른 소립자, 그리고 심지어는 원자 및 분자와 관련된다. 우리는 보통 이 파동이 물질을 이루는 것으로 생각하므로, 물질파라고 부른다. 이들의 움직임은 양자역학 법칙으로 기술된다.

이 장에서 설명하는 내용의 대부분은 모든 파동에 적용되지만, 구체적인 예로는 역학적 파동을 들 것이다. 왜냐하면 그것이 가장 단순하고 낯익기 때문이다. 이 장에서는 이상적인 역학적 파동을 수학적으로 가장 잘 기술하는 방법을 살펴본다. **이상적인** 역학적 파동이란 매질 속을 진행할 때 역학적 에너지를 잃거나 모양이 바뀌지 않는 파동이다.

17-3 펄스와 파동

그림 17-1에 보인 '용수철 줄 파동 보여주기'를 살펴보자. 이것은 아주 긴 용수철 줄을 고른 간격으로 늘어뜨린 줄에 매달아 놓은 것이다. 왼쪽 끝을 재빨리 당겼다 밀면 그림 17-1와 같이 압축-팽창 흔들림이 용수철 줄을 따라 나아간다. (그 효과를 보려면 그림 17-2 보다는 그림 17-1을 잘 살펴보는 것이 좋다). 용수철 줄이 좌우로 흔들리는 방향은 흔들림이 퍼져가는 방향과 나란하므로, 이것은 **평행(종) 방향(longitudinal)** 흔들림이라고 한다.

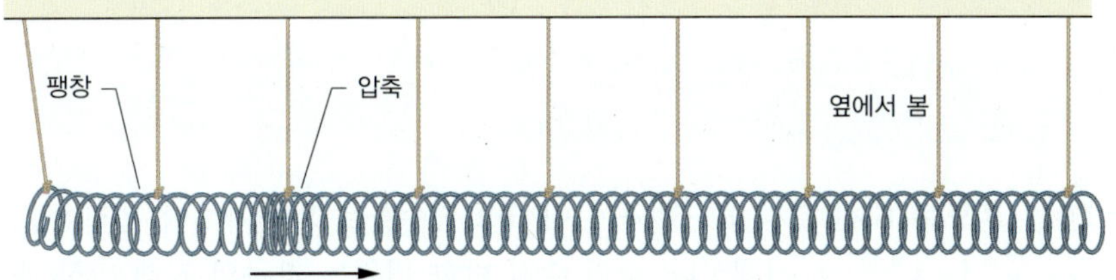

그림 17-1
사이가 고르게 늘어뜨린 줄에 매단 기다란 용수철 줄 파동 보여주기 장치. 둘째와 셋째 실 근처의 압축부가 왼쪽에서 오른쪽으로 움직이고, 바로 뒤에 팽창부가 따라가는 것을 눈여겨보라.

한편 용수철 줄의 왼쪽 끝을 길이 방향에 대해 수직 방향인 앞뒤로(종이 면에 대해 수직 방향으로) 재빨리 흔들었다 놓으면 흔들림은 그림 17-2에 보인 꼴이 되며, 이 진동이 용수철 줄을 따라 움직인다. 이 경우 용수철 줄의 변위는 퍼져가는 방향(곧 용수철 줄의 길이 방향)에 대해 수직이다. 이것을 **수직(횡) 방향(transverse)** 흔들림이라고 한다.

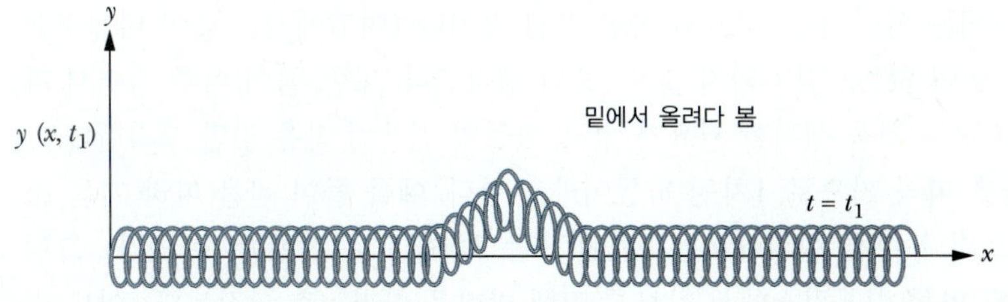

그림 17-2
가로 방향 또는 옆 방향 진동 또는 펄스가 용수철 줄 파동 보여주기 장치를 따라 왼쪽에서 오른쪽으로 움직인다. 이 경우 보는 사람은 시각 $t = t_1$에 용수철 줄 바로 아래의 마루바닥에 누워 용수철 줄의 움직임을 올려다본다.

위에서 설명한 두 가지 특이한 흔들림을 **파동 펄스(wave pulse)** 또는 **짧은 파동(short wave)**이라고 한다. 흔들기(앞-뒤로 끌고 밀기 또는 밀고-당기기를 재빨리 하기)를 일정한 시간마다 계속 되풀이하면 그 결과 흔들림이 되풀이되면서 나아가는 것을 **연속 파동(continuous wave)**이라고 한다. 홑 펄스와 마찬가지로 파동도 세로 방향 또는 가로 방향이 될 수 있다.

예를 들어 팽팽한 줄의 한쪽 끝을 위아래로 재빨리 한 번 흔들면 그림 17-3*a*와 같이 펄스 하나가 줄을 따라 진행한다. 이 펄스와 운동이 생겨나는 까닭은 줄이 장력을 받기 때문이다. 줄의 끝쪽을 위로 당길 때, 위로 끌리는 부분은 바로 옆 부분을 위로 끌어당기는데, 그것은 두 부분이 주고받는 장력을 통해 이루어진다. 옆 부분이 위로 움직이면, 옆 부분도 위로 끌리는 등 계속된다. 이제, 여러분이 잡고 있는 줄 끝을 위아래로 한 번 흔들었다고 하자. 줄의 각 부분이 차례로 위로 움직임에 따라, 이미 올라갔다 내려오는 부분으로부터 아래로 끌리기 시작한다. 이러한 힘의 알짜 효과는 줄의 모양 변화(펄스)가 어떤 속도 $\vec{v}^{파동}$으로 줄을 따라 가는 것이다. 비록 진동은 줄을 따라 오른쪽으로 가지만, 줄의 각 부분은 단지 위아래로만 움직일 뿐임을 유의하자. 이것은 펄스와 파동에서 아주 중요하고 미묘한 점이다. 파동이나 펄스는 진행하지만, 매질(줄 등)을 이루는 입자는 그렇지 않다.

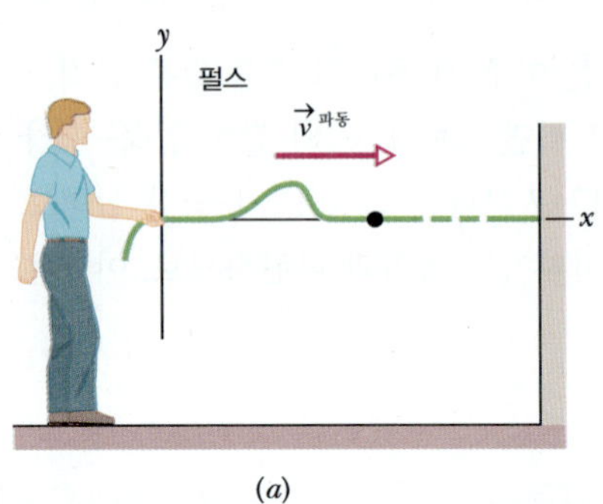

(*a*)

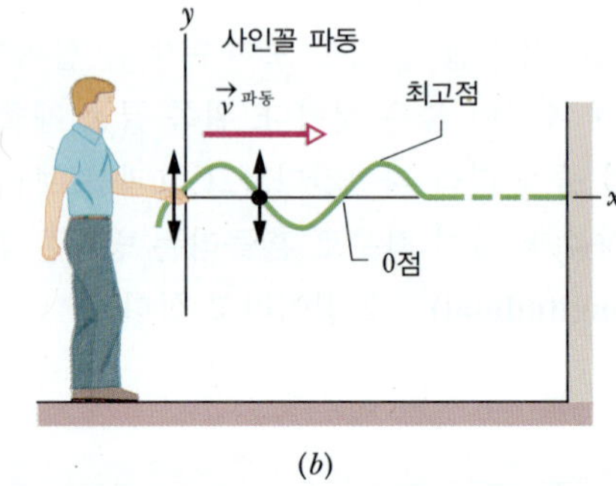

(*b*)

그림 17-3
(*a*) 펄스 하나가 팽팽한 줄을 따라 나아간다. 펄스가 지나갈 때 줄의 각 부분(점선으로 표시한 부분)은 단 한 번 위로 올라갔다가 제자리로 돌아온다. 줄의 각 부분의 변위는 파동의 진행 방향과 직교하므로 수직파라고 한다. (*b*) 왼쪽 끝이 계속 사인 진동을 하면 줄의 각 부분은 위아래로 계속 움직이므로, 파동이 연속적이 된다.

• 사인꼴 수직파

이제 손을 위아래로 단 한 번 흔드는 대신 그림 17-3*b*와 같이 조화함수꼴로 되풀이하여 움직이면, 연속 파동이 줄을 따라 속도 $\vec{v}^{파동} = v_x^{파동}\,\hat{\imath}$로 진행한다. 줄의 수직 방향 변위는 파동의 진행 방향(줄을 따라가는 방향)과 직교하므로 이 파동은 **수직파(횡파, transverse wave)**라고 한다. 손을 위아래로 크게 흔들수록 파동의 봉우리는 더 높고 골짜기는 더 낮아진다. 파동이 지나가는 곳의 작은 조각이 평형 위치에서 벗어나는 변위의 최대 크기를 파동의 **진폭(amplitude)** Y라고 한다. 진폭에 대한 이 정의는 앞 장에서 전개한 진동의 진폭과 아주 비슷하다.

어느 순간 $t = t_1$에 수직파(아마도 그림 17-3*b*의 줄의 파동)의 사진을 찍으면, **파형(wave form)**을 볼 수 있고 그것을 기술하는 수학적 함수를 찾을 수 있다. 예를 들어 줄 끝을 흔드는 손의 움직임이 시간에 대해 사인 함수꼴이면 파형도 그림 17-3*b*와 같이 어느 순간에나 사인 함수가 될 것이다. 다시 말해 파형은 계속 되풀이되는 사인 또는 코사인 곡선이 될 것이다. (여기에서는 줄이 마찰력을 받아 지나가는 파동을 죽이는 일이 없는, '감쇠되지 않은' 줄만 생각한다. 또한, 줄이 아주 길어서 파동이 다른 쪽 끝에서 반사되어 오는 것을 생각할 필요가 없고, 파동의 진폭이 작은 것만 생각한다.)

그림 17-3*b*의 파동은 줄을 따라 가므로, 1차원 파동이라고 한다. 예를 들어 관을 따라 가는 소리는 1차원으로만 움직인다(그러나 다른 상황에서는 2차원 또는 3차원으로 진행할 수 있다). 그림 17-3*b*의 파동 또는 다른 1차원 파동이나 펄스에서는 보통 진행 방향을 따라 x축을 잡는다. 어느 순간 줄의 각 부분의 수직 변위는 그림 17-3*b*에서 볼 수 있듯이 그 부분이 줄의 어디에 있는가에 따라 다르다. 따라서 줄의 수직 변위는 수평 방향의 위치 x의 함수라고 한다. 파동이 한 차례의 순환과정에서 가는 거리(즉, 봉우리 사이의 거리 또는 골 사이의 거리)를 **파장(파의 길이, wavelength)** λ라고 한다.

• 사막전갈이 먹이를 잡는 방법

이 장의 앞머리에 나온 사막 전갈은 먹이가 있는 곳을 알아내는데 수직파와 평행파를 모두 쓴다. 벌레가 모래를 조금만 건드려도, 모래 표면을 따라 펄스가 퍼져간다(그림 16-4). 펄스의 일부는 평행

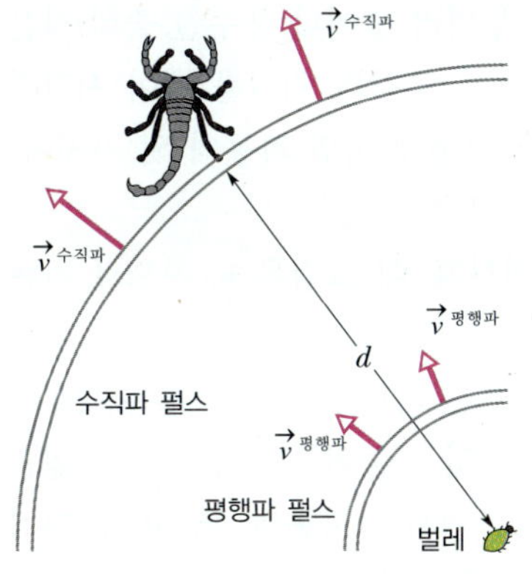

그림 17-4
벌레의 움직임으로 빠른 평행파 펄스와 느린 수직파 펄스가 생겨 모래의 표면을 따라 퍼져간다. 사막 전갈은 평행파 펄스를 먼저 잡는다. 여기에서 펄스를 처음 감지하는 것은 오른쪽 맨 뒷다리다.

파로서 진행 속력은 $|\vec{v}^{평행파}| = v^{평행파} = 150\,\text{m/s}$이고, 일부는 수직파로서 진행 속력은 $|\vec{v}^{수직파}| = v^{수직파} = 50\,\text{m/s}$이다.

전갈은 여덟 개의 다리를 지름 약 5 cm인 동그라미 안에 벌려 놓고 있다가, 먼저 빠른 평행파 펄스를 받아 벌레가 있는 쪽을 안다. 그것은 펄스를 받아 가장 먼저 흔들리는 다리가 있는 쪽이다. 그 다음에는 느린 수직파 펄스를 받을 때까지 걸리는 시간 Δt를 감지하여 그것을 바탕으로 벌레까지의 거리 d를 결정한다. 시간 Δt는 다음과 같다.

$$\Delta t = \frac{d}{v^{수직파}} - \frac{d}{v^{평행파}} = \left(\frac{1}{v^{수직파}} - \frac{1}{v^{평행파}}\right)d$$

거리를 셈하면 다음과 같다.

$$d = (75\,\text{m/s})\,\Delta t$$

예를 들어 $\Delta t = 4.0\,\text{ms}$이면, $d = 30\,\text{cm}$로서 전갈은 벌레가 있는 곳을 완벽하게 안다.

물론 여러분이 넘어질 뻔하면 몸의 균형을 잡으려고 팔을 뻗을 때 질량중심의 위치를 머리로 셈하지는 않듯이 전갈이 벌레를 잡을 때 머리로 이러한 셈을 하는 것은 아니다. 대신 각각의 개체의 본능과 성공적인 경험에 바탕을 둔 습관이 그러한 상황에서 전갈(그리고 우리들)을 지배한다. 그러나 그러한 '본능'의 뒤에는 물리가 있다. 저절로 성공적이 되는 것은 아니다.

• 파동과 진동

위에서 설명한 것처럼 파동의 사진을 찍으면 어느 순간의 모양을 고정시켜 파동의 진폭과 길이 같은 공간적 특성을 살펴볼 수 있다. 또는 그림 17-5와 같이 파동이 지나는 길목의 어느 곳 x_P에 실틈

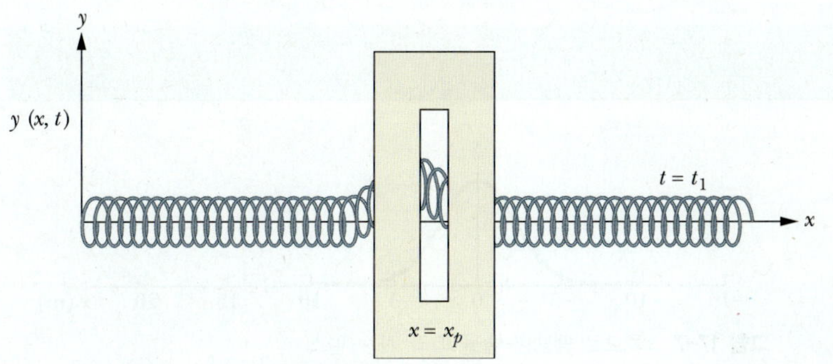

그림 17-5
공중에 수평 방향으로 걸린 용수철 줄을 따라 가는 수직파를 바닥에 누워 실틈을 통해 올려다 본 모습. x축은 용수철 줄과 나란히 잡고, y축은 용수철 줄의 가로 방향 변위와 나란히 잡는다. 관찰자는 x_P의 용수철 줄이 평형위치에서 y축 쪽으로 벗어난 거리가 시간에 따라 변하는 것을 살펴본다.

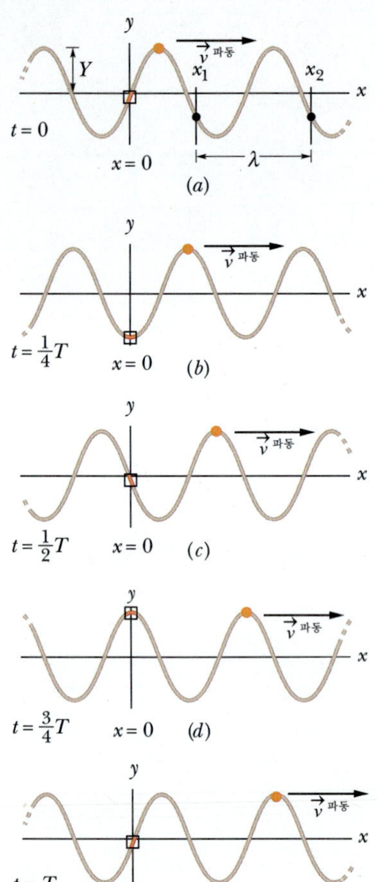

그림 17-6

진행하는 줄 파동을 순간 $0, \frac{1}{4}T, \frac{1}{2}T, \frac{3}{4}T, T, T$에 찍은 '순간 사진' 다섯 장. T는 줄의 어느 한 부분의 진동 주기다. 줄의 한 부분($x = 0$ 근처의 조각)을 상자로 표시해서 연속 파동의 흔들림이 왼쪽에서 오른쪽으로 수평 방향으로 갈 때 그 부분이 어떻게 움직이는가 볼 수 있게 했다. Y는 진폭이고, 낱낱의 사진에서 동그라미는 파동의 마루가 왼쪽에서 오른쪽으로 가면서 매 순간 어디에 있는가를 보여준다.

을 두면 그곳만 들여다 볼 수 있다. 틈을 통해 보면, 파동이 퍼져감에 따라 줄이나 용수철 줄의 작은 조각은 오르락내리락 하는 것이 보인다. 그것을 보면서 $x = x_P$에 있는 조각의 위치를 재어 시간의 함수로 나타내면, 파동의 시간에 대한 특성만 집중하여 볼 수 있다. 그렇게 하면 파동의 몇 가지 특성은 앞 장에서 배운 진동 운동과 비슷함을 알게 된다.

예를 들어 그림 17-6의 줄에서 네모꼴 속에 있는 부분을 살펴보자. 이 그림은 $+x$쪽으로 가는 조화파동의 순간 사진 다섯 장이다. 각 순간의 시간 간격은 일정하다. 파동의 움직임은 파동의 마루를 가리키는 짧은 화살표가 오른쪽으로 가는 것으로 나타냈다. 화살표는 파형과 함께 오른쪽으로 움직이지만, 줄의 각 부분은 오직 y축에 나란히 움직일 뿐이다. $x = 0$에 있는 줄의 한 부분의 움직임을 살펴보자. 첫째 모습(그림 17-6a)에서는 변위가 $y = 0$이다. 다음 모습에서는 파동의 골(valley, 가장 낮은 곳)이 그곳을 지나므로 변위가 아래쪽으로 가장 크다. 그 다음에는 다시 위로 올라와 $y = 0$을 지난다. 넷째 모습에서는 파동의 마루(peak, 가장 높은 곳)가 그곳을 지나므로 변위가 위쪽으로 가장 크다. 다섯째 모습에서는 다시 또 $y = 0$이 되어 한 차례의 진동을 온전히 마무리한다. 그림 17-6의 파동은 다음 사진으로 갈 때마다 오른쪽으로 $\frac{1}{4}\lambda$씩 움직이므로 다섯 번째 사진에서는 오른쪽으로 λ 움직이게 된다. 한 차례 오르내리는 것을 되풀이하는데 걸리는 시간을 파동의 **주기(period)** T라고 한다.

생각해보기 17-1 아래 그림은 팽팽한 줄에서 왼쪽에서 오른쪽으로 가는 비대칭꼴 펄스를 보여준다. 이 사진을 $t = 0$에 찍었다면, (a) 어떤 그림이 $t = 0$에서의 변위 y를 위치 x의 함수로 보여주는가? (b) 어떤 그림이 위치 $x = x_1$(사진에서 빨간 점이 찍힌 곳)에서의 변위 y를 시간 t의 함수로 보여주는가?

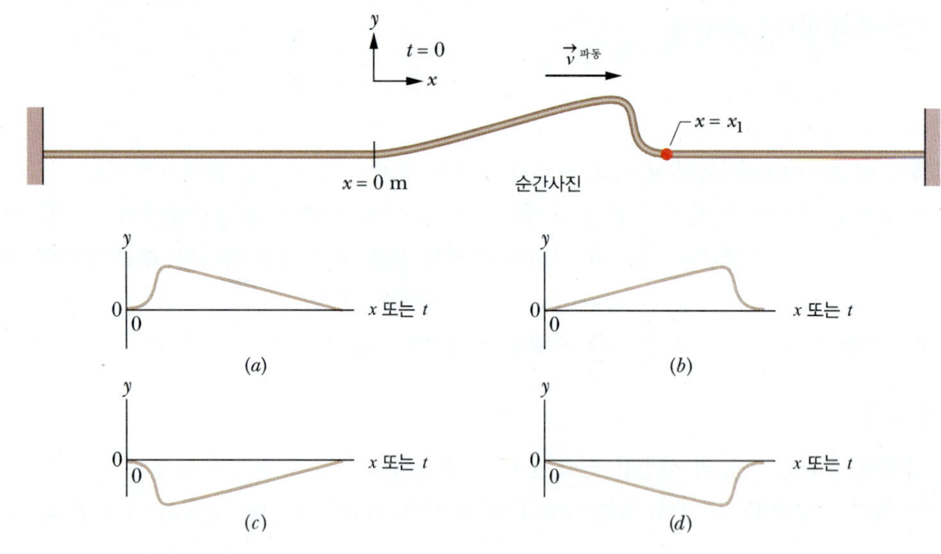

따라해보기 17-1 | 진행하는 펄스

그림 17-7과 같이 x쪽으로 길게 팽팽한 줄을 따라 가는 펄스를 생각하자. 보기 쉽게 y쪽 척도를 부풀렸다.

(a) 펄스가 오른쪽으로 10 m를 간 뒤의 줄의 모양을 그려보라.

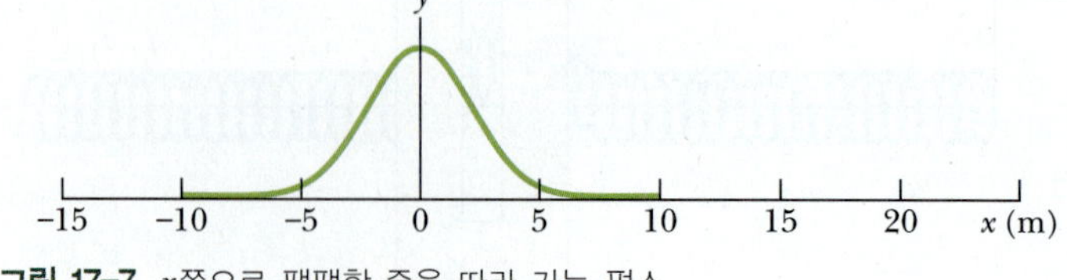

그림 17-7 x쪽으로 팽팽한 줄을 따라 가는 펄스

풀이 ■ 요점은 파동의 마루가 $x = 0\,\text{m}$에 있던 것이 이제는 $x = 10\,\text{m}$에 있지만, 모양은 바뀌지 않는다는 것이다. 이것은 그림 17-6에 보인 연속 사인 파동이 모양은 변하지 않은 채 움직이는 것과 비슷하다. 그림 17-8이 그 모양을 그린 것이다.

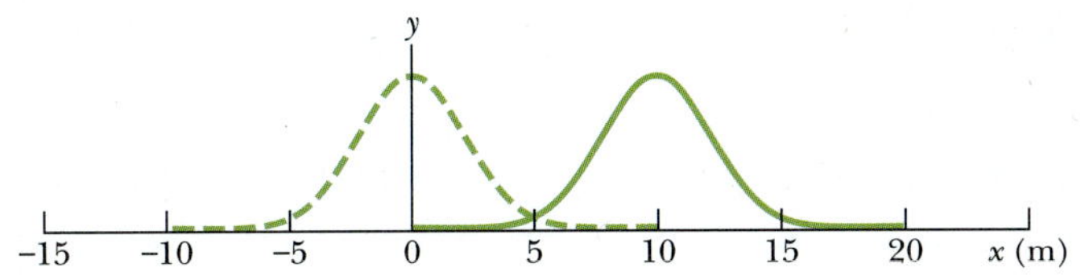

그림 17-8
오른쪽으로 10 m 움직인 뒤의 펄스. 펄스의 처음 위치는 점선으로 나타냈다.

(b) 파동이 오른쪽으로 10 m 가는데 2.0 초 걸렸다면, 파동의 속력과 속도는 얼마인가?

풀이 ■ 요점은 파형은 바뀌지 않으며, 마루 운동과 같이 일정한 비율로 움직인다고 가정한다. 파동이 2.0 초 동안 오른쪽으로 10 m 갔다면,

$$\vec{v}^{\,파동} = v_x^{파동}\,\hat{\text{i}} = \left(\frac{10\,\text{m}}{2\,\text{s}}\right)\hat{\text{i}} = (5\,\text{m/s})\,\hat{\text{i}}$$

(파동 속도: 왼쪽 → 오른쪽)

그리고

$$v^{파동} = \left|\vec{v}^{\,파동}\right| = (5\,\text{m/s}) \quad \text{(파동 속력 또는 속도의 크기)}$$

이다.

(c) $t = 0$에 실질적으로 질량이 없는 띠 조각 하나를 $x = 0\,\text{m}$에 두었다고 하자. 다음 2 초 동안의 띠의 운동을 기술하라.

풀이 ■ 요점은 펄스는 줄을 따라 간다는 것이며, 띠는 x쪽으로는 움직이지 않고 y쪽의 변위만 시간에 따라 바뀐다는 것이다. 띠가 처음에는 파동의 마루에 있었으므로 y는 최대값이다. 그 다음에는 아래쪽으로 움직여 y값이 0인 곳을 향해 처음에는 천천히, 그 다음에는 점점 더 빨리 움직인다. 1초가 조금 더 지나면 띠는 $y = 0$에서 선다. 펄스가 지나갔으므로 띠는 제자리에 서 있다.

(d) 그림 17-7에 보인 펄스가 이번에는 왼쪽으로 움직인다고 하자. 펄스가 왼쪽으로 5 m 간 뒤의 줄의 모양을 그려보라. 모양이 왜 그렇게 되는가 설명하라.

풀이 ■ 요점은 파동의 마루는 $x = 0\,\text{m}$에 있었고, 모양이 바뀌지 않은 채 움직여 지금은 $x = -5\,\text{m}$에 있다는 것이다. 그림 17-9는 그 모양을 보여준다.

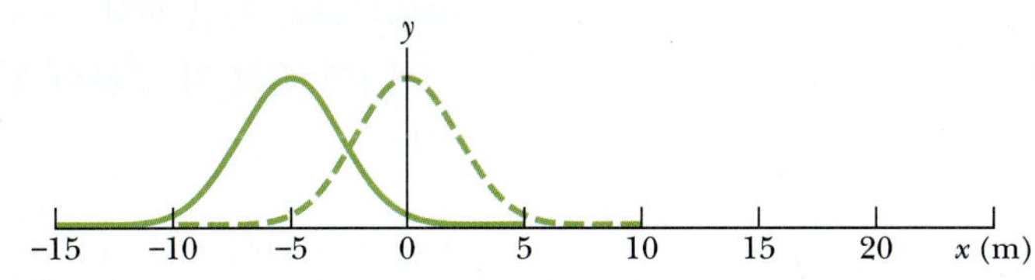

그림 17-9
왼쪽으로 5 m 간 뒤의 펄스. 펄스의 처음 위치를 점선으로 나타냈다.

(e) 펄스가 왼쪽으로 5 m 가는데 1 초 걸렸다면, 파동의 속력과 속도는 얼마인가?

풀이 ■ 여기에서도 파형은 바뀌지 않으며, 마루와 함께 일정한 속도로 움직인다고 가정한다. 파동이 1 초 동안 왼쪽으로 5 m 간다면,

$$\vec{v}^{\,파동} = v_x^{파동}\,\hat{\text{i}} = \left(\frac{-5\,\text{m}}{1\text{s}}\right)\hat{\text{i}} = (-\,5\,\text{m/s})\,\hat{\text{i}}$$

(파동 속력: 오른쪽 → 왼쪽)

그리고

$$v^{파동} = \left|\vec{v}^{\,파동}\right| = (5\,\text{m/s}) \quad \text{(파동 속도 또는 속도의 크기)}$$

이다.

17-4 사인 파동에 관한 수식

진동(펄스건 파동이건, 수직파건 평행파건)은 위치 x와 시간 t 모두에 따라 달라짐을 알았다. 변위를 y로 나타내면, 이러한 위치와 시간에 대한 변화를 $y = f(x, t)$ 또는 $y(x, t)$로 쓸 수 있다. 그림 17-2에 보인 용수철 줄을 따라 가는 수직파 펄스의 보기에서 $y(x, t)$는 위치 x에 있는 용수철 줄 고리가 시각 t에 평형위치에 대한 수직 방향의 변위를 나타낸다. (또는 그림 17-1과 같이 용수철 줄 평행파

에서는 $y(x, t)$가 x와 t에서 1 cm 속에 든 용수철 줄 고리의 수를 나타낼 수 있다.)

어떤 파동이나 펄스가 시간이 지나도 모양을 유지한 채 같은 속도로 간다면 $y = f(x, t)$의 관계를 써서 기술할 수 있는데, 여기에서 y는 변위로서 시간 t와 위치 x의 함수 f이다. 일반적으로 파동은 너무 뾰족하지만 않으면 어떤 모양도 될 수 있다. 문제는 함수 $f(x, t)$에 대한 정확한 표현식을 찾는 것이다.

다행히도 어떤 모양의 파동이나 펄스도 여러 사인 파동을 겹쳐서 만들 수 있는 것으로 밝혀졌다. 그래서 사인 파동에 대한 설명이 특히 쓸모가 있다. 그래서 이 절의 나머지에서는 길게 늘인 실에 그림 17–3*b*과 같은 사인 함수꼴 운동을 주어 만들어낸 연속 파동의 성질과 기술방법을 설명한다. 먼저 16장에서 개발한 식을 써서 줄의 한 부분의 사인 함수꼴 운동을 기술하는 것부터 시작한다. 그림 17–5에서 실틈을 통해 본 것처럼 시간만 변화시킨다. 다음에는 어느 한순간 줄의 여러 부분의 변위를 기록한 순간 사진을 기술하는 방법을 생각한다. 끝으로 순간 사진과 실틈을 통해 들여다보는 것을 한데 묶어 사인 파동의 진행을 기술하는 하나의 방정식을 얻는다. 기본적으로 매 순간 t에 줄의 각 부분이 평형 위치에서 벗어난 변위 y를 기술하려 하므로, 결국 $y(x, t)$를 찾고자 한다.

• 실틈을 통해 보기: $x = 0$에서의 사인 파동의 변위

그림 17–3*b*에서 줄의 왼쪽 끝이 $x = 0$ m가 되게 좌표계를 잡으면, 줄의 왼쪽 끝의 운동은 식 16–5를 써서 기술할 수 있고, 평형 위치에 대한 줄의 변위는 단순히 $y(t)$가 아니라 $y(x, t) = y(0, t)$가 된다. 편의상 $t = 0$일 때의 $x = 0$ m에서의 줄의 진동의 처음 위상은 0으로 가정하면 다음 같이 쓸 수 있다.

$$y(0, t) = Y\cos(\omega t) \qquad \text{(식 16–5)}$$

여기에서 각 진동수는 진동 주기와 다음 관계가 있다. $\omega = 2\pi/T$. 16장에서는 단순 조화 운동을 기술할 때 코사인 함수를 썼지만, 파동은 사인 함수로 기술하는 것이 관습이다. 16장에서 말했듯이 사인 함수를 왼쪽으로 $\pi/2$만큼 이동시키면 코사인 함수처럼 보인다. 그래서 $x = 0$ m에 있는 똑같은 줄의 변위를 시간의 함수로 다음과 같이도 나타낼 수 있다.

$$y(0, t) = Y\cos(\omega t) = Y\sin(\omega t + \pi/2) \qquad (17\text{–}1)$$

사인 함수를 쓰려면 처음 위상이 $\pi/2$로 0이 아님에 유의하자. 그림 17–5와 같이 실틈을 다른 곳으로 옮기면 처음 위상($t = 0$에서의 값)은 흔히 $\pi/2$가 아니다. 사실 처음 위상은 줄의 어느 곳을 살펴보는가에 따라 달라진다.

• 순간 사진: $t = 0$의 사인 파동의 변위

그림 17–3*b*와 같이 어떤 사람이 줄 끝을 오랫동안 위아래로 사인 함수꼴로 흔든다고 상상하자. 줄의 움직임을 실틈을 통해 들여다보는 대신 그림 17–3*b*와 비슷하게 $t = 0$인 순간에 사진을 찍자. 그러면 그 사진은 다음 식으로 기술될 것을 기대할 수 있다.

$$y(x, 0) = Y\sin(kx + \pi/2) \qquad (17\text{–}2)$$

여기에서 k는 상수이며, x가 0인 곳의 '처음' 위상도 $\pi/2$이어야 한다. 이 사진을 다른 순간에 찍으면 처음 위상은 아마도 다를 것이다.

• x에 관한 식과 t에 관한 식 결합

식 17-1은 줄에서 $x = 0$인 곳의 변위를 모든 시간에 대해 기술한다. 식 17-2는 순간 $t = 0$의 줄의 모든 부분의 변위를 기술한다. $y(x, t)$를 기술하는 식은 두 식을 적당히 조합한 것이 될 것을 짐작할 수 있다.

$$y(x, t) = Y\sin[(kx \pm \omega t) + \phi_0] \tag{17-3}$$

여기에서 $\pi/2$는 우리가 생각한 특별한 경우에서 $x = 0$이고 $t = 0$일 때의 처음 위상을 나타낸다. 일반적으로 처음 위상이 어떤 값 ϕ_0인 사인 파동의 운동은 식 17-3을 고쳐 다음과 같이 기술할 수 있다.

$$y(x, t) = Y\sin[(kx \pm \omega t) + \phi_0] \quad \text{(사인 파동, 처음 위상은 } \phi_0) \tag{17-4}$$

여기에서 ϕ_0는 $x = 0\,\text{m}$이고 $t = 0$일 때의 처음 위상(또는 위상 상수)이다. ± 기호는 파동의 진행 방향을 나타내는데, 17-5절에서 알게 될 것이다. 처음 위상이 중요하지 않으면, $\phi_0 = 0$이 되게 처음 순간과 x축의 원점을 잡아 식 17-3을 단순하게 만들 수 있다.

• 진폭과 위상

사인 함수의 변수 $\phi(x, t) = (kx \pm \omega t) + \phi_0$를 파동의 **시간 및 공간-변화 위상(space- and time-dependent phase)**이라고 하며, 여기에서 k와 ω는 파동이 정해지면 결정되는 상수이다. 위상 $\phi(x, t)$는 시간과 위치의 함수이지만, 이것은 시간도 위치도 아니다. 사인 함수의 변수는 각도이므로 위상 $\phi(x, t)$는 각도이다.

줄의 어느 곳 x를 파동이 지나가면, 그곳의 위상은 시간에 비례하여 커진다. 이것이 뜻하는 바는 사인값도 함께 달라져서 +1과 −1 사이에서 흔들린다는 것이다. 최대값 (+1)은 파동 마루가 그곳을 지나가는 것이다. 그때는 x에서의 y값이 Y이다. 최소값 (−1)은 파동 골이 그곳을 지나가는 것이다. 그때는 x에서의 y값이 $-Y$이다. 따라서 사인 함수와 파동의 시간 변화 위상은 줄 토막의 진동에 해당하며, 파동의 진폭은 토막의 변위의 최대값을 결정한다.

• 파장과 파수

파동에 대해 더 쓸모 있는 수학적 표현을 얻으려면 파동의 위상을 더 세밀히 살펴보아야 한다. 사인 함수는 2π 라디안마다 되풀이된다는 것을 알고 있다. 또한 파동의 파장 λ는 파형이 되풀이되는 (파동이 가는 방향으로 잰) 거리임을 알고 있다. $t = 0$일 때의 파동의 순간 사진인 그림 17-6a에 전형적인 파장을 표시했다. 처음 위상이 0인 단순한 경우에는 식 17-4의 $y(x, t) = Y\sin[(kx \pm \omega t) + \phi_0]$는 다음과 같아진다.

$$y(x, 0) = Y\sin(kx) \tag{17-5}$$

정의에 따라 변위 y는 파장의 양쪽 끝에서 같다. 곧 $x = x_1$과 $x = x_1 + \lambda$에서 y가 같다. (여기에서도 x는 변위가 아니라 실에서의 수평 방향의 위치를 나타낸다.) 위의 식에서

$$\begin{aligned} Y\sin(kx_1) &= Y\sin k(x_1 + \lambda) \\ &= Y\sin(kx_1 + k\lambda) \end{aligned} \tag{17-6}$$

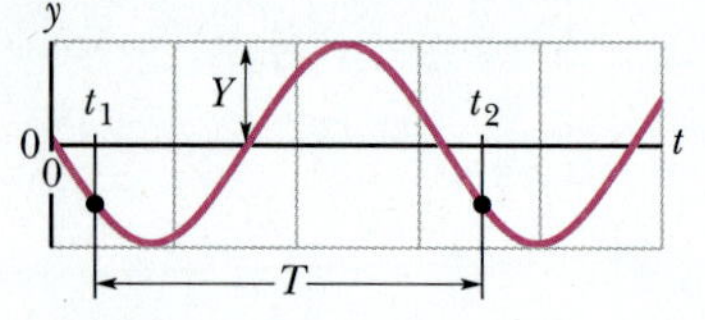

그림 17-10
그림 17-6의 사인 파동이 $x = 0$에 있는 줄 토막을 지날 때, 그곳의 변위를 시간의 함수로 보여주는 그림. 변위의 단위는 정하지 않았고 진폭 Y를 표시했다. 어느 시각 t_1부터 잰 전형적인 주기 T도 표시했다.

사인 함수는 각도(또는 변수)가 2π 라디안만큼 커지면 값이 되풀이되므로, 위의 식에서 $k\lambda = 2\pi$ 또는

$$k = \frac{2\pi}{\lambda} \qquad \text{(파수)} \tag{17-7}$$

이어야 한다. k를 **파수(wave number)**라고 한다. 파수는 파장에 반비례한다. 국제단위는 rad/m 또는 m^{-1}이다. (여기에서 기호 k는 앞에서 쓴 용수철 상수를 나타내지 않는다.)

• 주기, 각 진동수, 진동수

어느 순간의 줄의 모양을 나타내는 그림 17-6의 곡선과는 달리 이제부터는 줄의 어느 한 부분의 운동을 시간의 함수로 살펴본다. 앞에서 눈여겨본 것처럼 실틈을 통해 줄의 운동을 들여다보면, 부분의 실은 위아래로 단순 조화 운동을 하는 것을 보게 된다. 그림 17-10은 $x = 0$으로 잡은, 줄의 어느 한 부분의 변위 y를 시간 t에 대한 곡선으로 보여준다. 이 운동은 $y(x, t) = Y\sin(kx \pm \omega t + \phi_0)$로 기술된다. $x = 0$, 위상상수를 0으로 두고, 시간에 대해서는 (−)부호를 고르면 다음 결과를 얻는다.

$$y(0, t) = Y\sin(-\omega t) = -Y\sin(\omega t) \tag{17-8}$$

여기에서 $\sin(-\alpha) = -\sin\alpha$를 썼다. 그림 17-10은 이 식의 곡선이다. 그렇지만 다음을 주의하라. 이 그림은 파형을 보여주는 것이 아니라 줄의 한 부분의 변위의 시간 변화를 보여준다.

파동의 진동 주기 T를 줄의 어느 한 부분이 진동 운동을 한 차례 하는데 걸리는 시간으로 정의했으므로, 이 식을 시간 간격의 양끝에 적용할 수 있다. 이 결과를 쓰면 다음 식과 같다.

$$Y\sin\omega t_1 = Y\sin\omega(t_1 + T) = Y\sin(\omega t_1 + \omega T) \tag{17-9}$$

이것은 $\omega T = 2\pi$일 때만 참이다. 다시 말해 이렇다.

$$\omega = \frac{2\pi}{T} \qquad \text{(각 진동수)} \tag{17-10}$$

ω를 파동의 각진동수라고 한다. 국제단위는 rad/s이다.

16장에서 진동 운동의 진동수 f는 $1/T$로 정의했음을 상기하자. 따라서 이것과 각진동수의 관계는 다음과 같다.

$$f = \frac{1}{T} = \frac{\omega}{2\pi} \qquad \text{(진동수)} \tag{17-11}$$

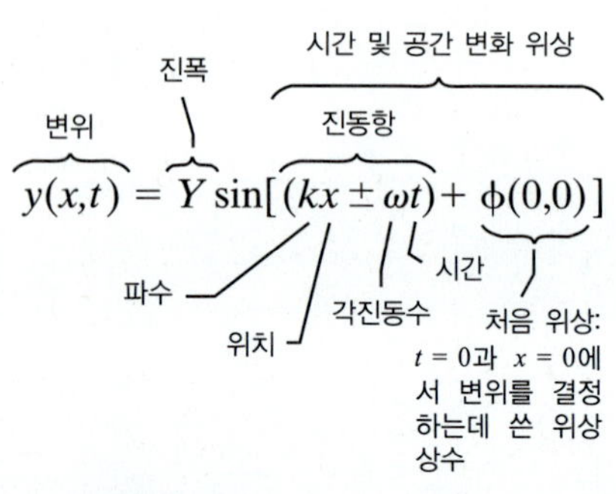

그림 17-11
사인꼴 수직파에 관한 식 17-4에 나오는 물리량의 이름

16장의 단순 조화 운동의 진동수처럼 이 진동수 f도 단위 시간 동안의 진동 운동의 횟수 — 여기에서 줄의 한 부분을 파동이 지나갈 때 그 부분의 진동 운동의 횟수이다. 16장에서와 같이 f는 보통 Hz 또는 kHz를 단위로 잰다.

식 17-4 $y(x, y) = Y\sin[(kx \pm \omega t) + \phi_0]$에 대한 설명을 요약하여 그림 17-11에 각각의 물리량의 이름을 보였다.

생각해보기 17-2 이 그림은 줄을 따라가는 파동의 순간 사진 세 장을 겹친 것이다. 각 파동의 시간 변화 위상은 (a) $(2\ \text{rad/m})x - (4\ \text{rad/s})t$, (b) $(4\ \text{rad/m})x - (8\ \text{rad/s})t$, (c) $(8\ \text{rad/m})x - (16\ \text{rad/s})t$이다. 각각의 사진과 위상을 대응시켜라.

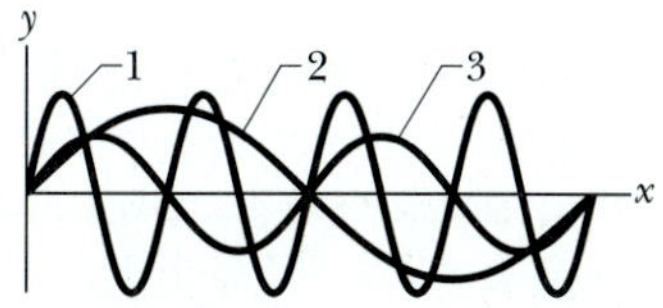

따라해보기 17-2 | 진행 파동 방정식

진행하는 사인 파동열은 파수 k와 각진동수 ω를 써서 식 17-4의 꼴로 기술할 수 있다. 파동열이 오른쪽으로 움직이고 처음 위상 $\phi_0 = 0\ \text{rad}$이면 파동 방정식을 다음과 같이 쓸 수 있다.

$$y(x,\ t) = Y\sin(kx - \omega t)$$

여러가지 항의 정의와 식 17-7, 17-10, 17-11을 써서

(a) T와 λ의 물리적 내용을 설명하라.

풀이 ■ T와 λ는 각각 파동의 주기와 파장을 나타낸다.

파장, λ는 어느 순간(예를 들어 파동의 순간 사진을 보면서) 파동의 진동을 온전히 한 차례 지나고자 줄을 따라 가야 하는 거리다.

주기, T는 줄의 어느 한 곳이 한 차례 온전히 진동하는데 걸리는 시간이다.

(b) 줄의 어느 부분이 평형상태에서 벗어난 변위 $y(x, t)$를 다음 식으로 기술할 수 있음을 보여라.

$$y(x,\ t) = Y\sin\left[2\pi\left(\frac{x}{\lambda} - ft\right)\right]$$

풀이 ■ 요점은 사인 파동 함수에서 가장 중요한 기호는 변수를 나타내는 x와 t라는 것이다. 나머지 다른 기호는 상수(매개변수)로서 파동의 특성을 나타낸다. 그 결과 처음 위상이 0인 사인 파동은 sin[(매개변수 1)x − (매개변수 2)t]의 꼴이 된다. '매개변수'가 물리적 상황과 어떤 관계가 있는가를 알면, 식 17-4를 다른 꼴로 바꾸는 것은 쉽다. 또 꺾쇠괄호 속의 변수는 $[kx - \omega t]$와 같다는 것만 알면 된다. 현재의 상황에서는 식 17-7, 17-10, 17-11의 관계 ($k = 2\pi/\lambda$, $\omega = 2\pi/T$, $f = 1/T = \omega/2\pi$)를 써서 다음을 확인할 수 있다.

$$2\pi\left(\frac{x}{\lambda} - ft\right) = \frac{2\pi}{\lambda}x - 2\pi ft$$

$$= kx - \frac{2\pi}{T}t = kx - \omega t \qquad \text{(답)}$$

(c) 실이 평형위치에서 벗어난 변위 $y(x, t)$는 다음 식으로 기술됨을 보여라.

$$y(x,\ t) = Y\sin\left[2\pi\left(\frac{x}{\lambda} - \frac{t}{T}\right)\right]$$

풀이 ■ (b)에서 쓴 방법과 같은 식이다.

$$2\pi\left(\frac{x}{\lambda} - \frac{t}{T}\right) = 2\pi\left(\frac{x}{\lambda} - ft\right)$$

그런데 (b)에서 다음을 보였다.

$$\left(\frac{x}{\lambda} - ft\right) = kx - \omega t \qquad \text{(답)}$$

17-5 파동 속도

그림 17-12는 시간 Δt 간격으로 잡은 두 장의 순간사진이다. 파동은 $+x$쪽(그림 17-12b에서 오른쪽)으로 가고, 파동 모양 전체가 Δt 동안 그쪽으로 Δx만큼 간다. $\Delta x/\Delta t$ (또는 미분 극한에서는 dx/dt)가 x쪽의 **파동 속도(wave velocity)** 성분으로, $v_x^{\text{파동}}$으로 나타낸다. 파동 속도는 어떻게 알아낼까?

그림 17-12의 파동이 진행함에 따라 이동하는 파형의 낱낱의 점은, 그림에 표시한 점 A 같이

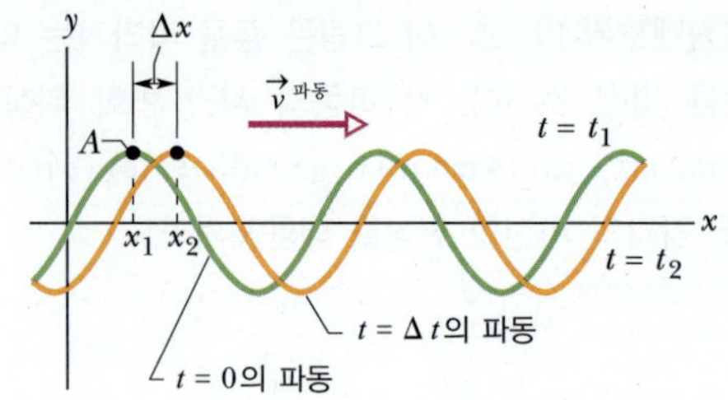

그림 17-12
그림 17-3*b*와 같이 팽팽한 줄의 한끝이 계속 위아래로 사인 함수꼴로 움직인다. 그 결과 생기는 사인 파동의 $t = t_1$과 t_2 두 순간의 사진을 보였다. 파동이 오른쪽으로 속력 $v_x^{파동}$으로 움직이므로 사인 곡선 전체가 Δt 동안 Δx 이동한다. 파동의 마루가 왼쪽에서 오른쪽으로 x_1을 지나 x_2로 가면 x_1의 줄 토막은 $\Delta t = t_2 - t_1$ 동안 아래로 움직이고, x_2의 줄 토막은 위로 올라간다.

변위 y를 유지한다. (줄 위의 점은 변위를 유지하지 않지만, 파형 위의 점은 변위를 유지한다.) 다시 말해 시간이 지나면 점 A의 위치는 바뀌지만(그래서 x와 t는 모두 변한다), A의 높이인 $y(x, t)$의 값은 바뀌지 않고 여전히 최대값을 유지한다. 점 A가 움직이면서 변위를 유지하면, $y(x, t) = Y\sin(kx \pm \omega t)$의 위상도 값이 일정해야 한다. 따라서

$$kx \pm \omega t = \text{상수} \tag{17-12}$$

이다. 이 경우에 이 변수는 상수이지만, x와 t는 모두 커진다. (시간 t는 늘 커지고 x가 커지는 까닭은 파동이 $+x$쪽(오른쪽)으로 가기 때문이다). x와 t 모두가 커질 때 위상 $kx \pm \omega t$가 일정한 값을 유지하려면, 부호는 (−)가 되어야 한다. 다시 말해,

> 사인 파동의 식은 오른쪽으로 가면 $y(x, t) = Y\sin(kx - \omega t)$, 왼쪽으로 가면 $y(x, t) = Y\sin(kx + \omega t)$이다.

파동이 일정 속도 $v^{파동}$으로 간다면, 그 속도를 파형 위에 있는 한 점이 짧은 시간 동안 얼마나 움직이는가로 나타낼 수 있다. 파형은 x축과 나란히 움직이므로 다음과 같이 쓸 수 있다.

$$v^{파동} \equiv \frac{\Delta \vec{x}}{\Delta t} \qquad \text{(파동 속도의 정의)}$$

또는 성분으로 나타내면 다음과 같다.

$$v_x^{파동} = \frac{\Delta x}{\Delta t}$$

파동의 주기 T 동안에는 파동이 한 파장 λ을 간다. 따라서 파동 속도의 크기, 또는 파동 속력은 다음과 같다.

$$\left|v_x^{파동}\right| = v^{파동} = \frac{\lambda}{T} = \lambda f = \frac{\omega}{k} \qquad \text{(파동 속력을 파장과 주기로 나타낸 식)} \tag{17-13}$$

진행 파동은 모두 사인 함수꼴인가? 꼭 그렇지는 않다. 다음과 같이 모양이 정해지지 않은 파동을 생각하자.

$$y(x, t) = h(kx \pm \omega t) \tag{17-14}$$

여기에서 h는 어떤 함수라도 좋고, 코사인이나 사인 함수는 한 가지 가능성일 뿐이다. 변수 x와 t가 $kx \pm \omega t$ 속에 함께 들어 있으므로, 파형은 어떤 것이든 될 수 있다. 예를 들어 왼쪽에서 오른쪽으로 가는 파동이 다음과 같은 꼴이 될 수도 있다.

$$y(x,\ t)=\frac{Y}{(kx-\omega t)^2+1} \qquad \text{(진행 파동이 될 수 있는 펄스)}$$

• 역학적 파동의 입자 속도와 가속도

위에서 한 것처럼 파동의 속도를 말할 때 크기는 파형이 가는 속력이지 파동이 실린 줄 토막의 속력이 아니라는 것을 기억해야 한다. 레오나르도 다 빈치의 말을 다시 또 따오면 다음과 같다. "바람에 물결치는 밀밭의 이삭은 그 자리에 남지만 파동은 밀밭을 가로질러 간다."

우리는 파동의 속도를 이해하기 시작했다. 이제 수직파가 지나갈 때 옆으로 움직이는 입자의 속도를 생각하자. 줄 토막은 파동의 진동이 지나갈 때 y방향으로만 움직일 수 있다. 따라서 어느 순간 t에 x에 있는 줄 토막의 속도를 그것의 y성분 $v_y^{\text{실}}=v_y(x,\ t)$로 나타낼 수 있다. 줄 토막만이 y방향으로 움직일 수 있으므로, y성분 기호를 간단히 $v_y(x,\ t)$로 줄여 쓰기도 한다. 사인 함수꼴 진동이 지나갈 때의 속도 성분 $v_y(x,\ t)$를 셈하려면 줄 토막의 변위에 관한 식 $y(x,\ t)=Y\sin[(kx\pm\omega t)+\phi_0]$를 x는 고정시킨 채 시간에 대해 미분하면 된다. 이것은 16-4절에서 용수철 끝에서 흔들리는 추의 속도를 셈할 때 한 것과 비슷하다.

$$v_y=\frac{\partial y(x,\ t)}{\partial t}=\pm\,\omega Y\cos[(kx\pm\omega t)+\phi_0] \tag{17–15}$$

여기에서 기호 $\partial/\partial t$는 실 위에서의 위치 X는 고정시킨 채 편미분하는 것을 나타낸다. 식 17–15를 써서 2계 편도함수를 셈하면 x에 있는 줄 토막의 시각 t의 가속도에 관해 다음 식을 얻는다.

$$a_y=\frac{\partial v_y}{\partial t}=\frac{\partial^2 y(x,\ t)}{\partial^2 t}=-\,\omega^2 Y\sin[(kx\pm\omega t)+\phi_0] \tag{17–16}$$

따라해보기 17–3: | 줄 파동

줄을 따라 가는 파동이 다음 식으로 기술된다.

$$y(x,\ t)=(0.003\,27\ \text{m})\sin[(72.1\ \text{rad/m})x-(2.72\ \text{rad/s})t] \tag{17–17}$$

여기에서 $y(x,\ t)$는 수평 방향의 위치가 x인 작은 줄 토막이 시각 t에 평형 위치에서 가로 방향으로 벗어난 변위를 나타낸다.

(a) 이 파동의 진폭은 얼마인가?

풀이 ■ 요점은 식 17–17은 식 17–4와 같은 꼴로서 $\phi_0=0\ \text{rad}$이라는 것이다.

$$y(x,\ t)=Y\sin(kx-\omega t) \tag{17–18}$$

따라서 사인 파동이다. 두 식을 비교하면 진폭은 다음과 같다.

$$Y=0.003\,27\ \text{m}=3.27\ \text{mm} \qquad \text{(답)}$$

(b) 이 파동의 파장, 주기, 진동수는 얼마인가?

풀이 ■ 식 17–17과 17–18을 비교하면 파수와 각진동수는 다음과 같다.

$$k=72.1\ \text{rad/m} \quad \text{그리고} \quad \omega=2.72\ \text{rad/s}$$

그 다음에 식 17–7을 써서 파장 λ를 k와 연결시킨다.

$$\lambda=\frac{2\pi}{k}=\frac{2\pi\ \text{rad}}{72.1\ \text{rad/m}}=0.0871\ \text{m}=8.71\ \text{cm} \qquad \text{(답)}$$

그 다음 식 17–10을 써서 주기 T를 ω와 연결시킨다.

$$T=\frac{2\pi}{\omega}=\frac{2\pi\ \text{rad}}{2.72\ \text{rad/s}}=2.31\ \text{s} \qquad \text{(답)}$$

그리고 식 17–11로부터 다음 결과를 얻는다.

$$f=\frac{1}{T}=\frac{1}{2.31\ \text{s}}=0.433\ \text{Hz} \qquad \text{(답)}$$

(c) 파동이 줄을 따라 가는 속력은 얼마인가?

풀이 ■ 파동의 속도는 식 17−13으로부터 다음과 같이 얻어진다.

$$v^{\text{파동}} = \frac{\omega}{k} = \frac{2.72\,\text{rad/s}}{72.1\,\text{rad/m}} = 0.0377\,\text{m/s} = 3.77\,\text{cm/s} \qquad \text{(답)}$$

식 17−17의 위상에는 변수 x가 들어 있으므로, 파동은 x축을 따라 움직인다. 식 17−4에 따르면 ωt 앞에 (−)부호는 파동이 $+x$쪽으로 감을 나타낸다. [(b)와 (c)에서 답이 파동의 진폭과는 무관함을 눈여겨 보라.]

(d) $x = 22.5\,\text{cm}$에 있는 줄 토막이 $t = 18.9$초에 벗어난 변위 y는 얼마인가?

풀이 ■ **요점**은 식 17−17가 변위를 위치 x와 시간 t의 함수로 준다는 것이다. 정해준 값을 식에 넣으면 다음 결과를 얻는다.

$$\begin{aligned} y(x,\ t) &= (0.00327\,\text{m})\sin[(72.1\,\text{rad/m})\times(0.225\,\text{m}) \\ &\quad - (2.72\,\text{rad/s})\times(18.9\,\text{s})] \\ &= (0.00327\,\text{m})\sin[-35.1855\,\text{rad}] \\ &= (0.00327\,\text{m})(0.588) \\ &= 0.00192\,\text{m} = 1.92\,\text{mm} \qquad \text{(답)} \end{aligned}$$

따라서 줄의 평형 위치에 대한 가로 방향 변위는 (+) 값이다.

따라해보기 17−4 | 줄의 가로 방향 운동

따라해보기 17−3d에서 $x = 0.225\,\text{m}$에 있는 줄 토막이 식 17−17의 파동 때문에 $t = 18.9$초의 가로 방향 변위 성분 y는 $1.92\,\text{mm}$임을 보였다.

(a) 그때 줄 토막의 가로 방향 속도 성분 v_y는 얼마인가? (이 속력은 줄 토막의 가로 방향 진동에 의한 것으로 방향이 y쪽이다. 이것을 파동이 x축을 따라 가는 일정한 파동 속도 $\vec{v}^{\text{파동}}$과 헷갈리지 마라.)

풀이 ■ **요점**은 파동이 진행할 때 각 줄 토막의 변위는 가로 방향이며, x는 줄 토막의 수평 방향 위치를 나타낸다는 것이다. 또 다른 요점은 줄 토막의 수평 방향 위치 x는 변하지 않는다는 것이다. 일반적으로 줄 토막의 변위는 다음과 같다.

$$y(x,\ t) = Y\sin(kx - \omega t + \phi_0) \qquad (17\text{−}19)$$

어떤 곳 $(x,\ y)$에 있는 줄 토막에 대해 y의 변화율을 구하려면 식 17−19를 x는 상수로 보고 시간 t에 대해 미분하면 된다. 여기에서 $\phi_0 = 0\,\text{rad}$로 두면, 식 17−15에 따라 다음 결과를 얻는다.

$$v_y = \frac{\partial y}{\partial t} = -\omega Y\cos(kx - \omega t) \qquad (17\text{−}20)$$

여기에서 진폭 Y는 늘 양수로 잡는다. 그 다음에는 따라해보기 17−3에서 얻은 값을 넣으면 다음 결과를 얻는다.

$$v_y = (-2.72\,\text{rad/s})(3.27\,\text{mm})\cos(-35.1855\,\text{rad}) = 7.20\,\text{mm/s} \qquad \text{(답)}$$

따라서 $t = 18.9$초에 수평위치 $x = 22.5\,\text{cm}$에 있는 줄 토막이 y축을 따라 속도 $7.20\,\text{mm/s}$로 움직인다.

(b) 그때 줄 토막의 가로 방향 가속도 성분 a_y는 얼마인가?

풀이 ■ **요점**은 가로 방향 가속도 성분 a_y가 줄 토막의 가로 방향 속도의 변화율이라는 것이다. 이것도 식 17−20에서 x는 상수로 보고 시간 t에 대해 미분하면 되며, 결과는 다음과 같다.

$$a_y = \frac{\partial v_y}{\partial t} = -\omega^2 Y\sin(kx - \omega t)$$

식 17−19와 비교하면 이것을 다음과 같이 쓸 수 있다.

$$a_y = -\omega^2 y$$

흔들리는 줄 토막의 가로 방향 가속도 성분은 가로 방향 변위 성분에 비례하는데, 부호가 반대임을 알 수 있다. 이것은 줄 토막의 움직임—즉, 가로 방향의 단순 조화 운동—과 꼭 맞는다. 값을 넣으면 다음 결과를 얻는다.

$$a_y = -(2.72\,\text{rad/s})^2(1.92\,\text{mm}) = -14.2\,\text{mm/s}^2 \qquad \text{(답)}$$

따라서 $t = 18.9$초에 수평위치 $x = 22.5\,\text{cm}$에 있는 줄 토막은 평형 위치에서 (+)쪽으로 $1.92\,\text{mm}$ 벗어나 있고, 가속도는 $-y$쪽이고 크기는 $14.2\,\text{mm/s}^2$이다.

연습문제 17-5

1. 각진동수

각진동수 110 rad/s, 파장 1.80 m인 파동이 있다. 다음을 셈하라. (a) 파수, (b) 파동의 속력.

2. 전자기파

전자기파(가시광, 라디오파, X-선이 들어감)의 속력은 진공에서 $3{,}0\times10^8$ m/s이다. (a) 가시광의 파장 범위는 보랏빛의 400 nm에서 붉은빛의 700 nm에 걸쳐 있다. 이 파동의 진동수 범위는 얼마인가? (b) 단파 라디오파(예를 들어 에프엠(FM)라디오와 초고주파(VHF) 텔레비전 방송파)의 진동수 범위는 1.5~300 MHz이다. 이 파동의 파장 범위는 얼마인가? (c) X-선의 파장 범위는 5.0~1.0×10^{-2} nm이다. X-선의 진동수 범위는 얼마인가?

3. 사인 파동

사인 파동이 줄을 따라 진행한다. 어느 한 점이 최대 변위에서 평형 위치로 오는데 걸리는 시간이 0.170 초이다. 다음 값을 셈하라. (a) 주기, (b) 진동수. (c) 파장이 1.40 m라면 파동의 속력은 얼마인가?

4. 방정식 적기

$-x$쪽으로 가는, 진폭이 0.010 m, 진동수 550 Hz, 진행속력 330 m/s인 사인 파동의 함수를 적어라.

5. 증명하라

다음 식이 모두 $y(x,\ t) = Y\sin(kx - \omega t)$와 등가임을 보여라.

$$y(x,\ t) = Y\sin k(x - vt)$$

$$y(x,\ t) = Y\sin 2\pi\left(\frac{x}{\lambda} - ft\right)$$

$$y(x,\ t) = Y\sin \omega\left(\frac{x}{v} - t\right)$$

$$y(x,\ t) = Y\sin 2\pi\left(\frac{x}{\lambda} - \frac{t}{T}\right)$$

6. 수직파의 방정식

기다란 줄을 따라 가는 수직파의 함수가 $y(x,\ t) = (6.0\,\text{cm})\sin\{(0.020\pi\,\text{rad/cm})x + (4.0\pi\,\text{rad/s})t\}$이다. 여기에서 x와 y는 cm 단위로, t는 초 단위로 나타냈다. 다음을 결정하라. (a) 진폭, (b) 파장, (c) 진동수, (d) 속력, (e) 파동의 진행 방향, (f) 실에 붙은 입자의 가로 방향의 최대 속력. (g) $x = 3.5$ cm에서 $t = 0.26$ 초에서 가로 방향 변위는 얼마인가?

7. 방정식 쓰기

(a) 파장 10 cm, 진동수 400 Hz, 진폭 2.0 cm인 사인꼴 수직파가 줄을 타고 $+x$쪽으로 가는 것을 기술하는 식을 써라. (b) 줄의 어느 한 곳의 최대 속력은 얼마인가? (c) 파동의 속력은 얼마인가?

8. 사인꼴 수직파

파장 20 cm인 사인꼴 수직파가 줄을 타고 $+x$쪽으로 나아간다. 그림 17-13은 $x = 0$ cm에 있는 줄의 한 점의 가로 방향 변위를 시간의 함수로 보여준다. (a) 시각 $t = 0$의 파형을 한 파장 구간 ($x = 0$ cm에서 $x = 20$ cm까지) 그려보라. (b) 파동의 속력은 얼마인가? (c) 모든 매개변수의 값을 넣어 파동함수를 써보라. (d) 시각 $t = 0$에 $x = 0$ cm인 곳의 가로 방향 속도는 얼마인가?

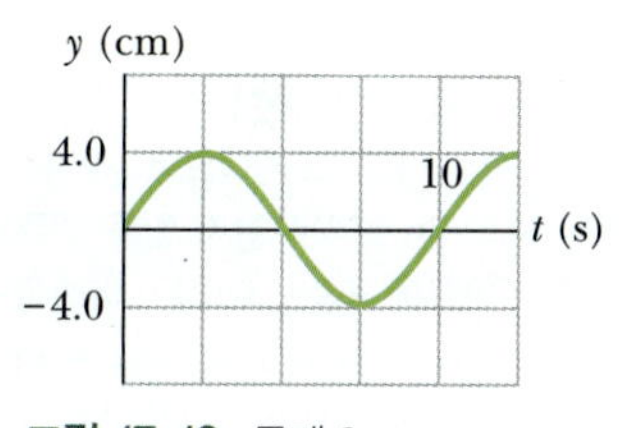

그림 17-13 문제 8

9. 사인 파동 2

진동수 500 Hz인 사인 파동의 속력이 350 m/s이다. (a) 위상 차가 $\pi/3$ rad인 두 점은 얼마나 떨어져 있는가? (b) 어느 한 점의 위상은 시간 1.0 ms가 지난 뒤에 얼마나 달라지는가?

17-6 당긴 줄에서의 파동 속력

팽팽한 줄을 변형시키면, 그 변형(또는 파동)은 줄을 타고 빨리 가는 것을 볼 수 있다(그림 17-1). 그 변형이 홑 펄스(그림 17-2 또는 17-3*a*)이건 아니면 연속 사인 파동(그림 17-3*b*)이건 같다. 17-3절에서 줄 토막이 받는 알짜 힘은 줄 토막의 양 끝이 바로 옆에 있는 토막들로부터 받는 힘을 더한 것이라고 했다. 양 끝이 받는 힘의 방향이 다르면 줄 토막은 위아래로 움직일 수 있다. 위아래로 움직이면서 옆에 있는 다른 줄 토막에 힘을 준다. 이로써 줄의 진동이 줄을 타고 파동으로 전파된다.

일반적으로 파동 속력은 매질에 따라 결정된다. 예를 들어 팽팽한 줄의 성질이 파동 속력에 어떻게 영향을 줄까? 직관적으로 예상되는 바는 파동 속력은 줄이 팽팽할수록 더 빨라지고, 줄이 굵을

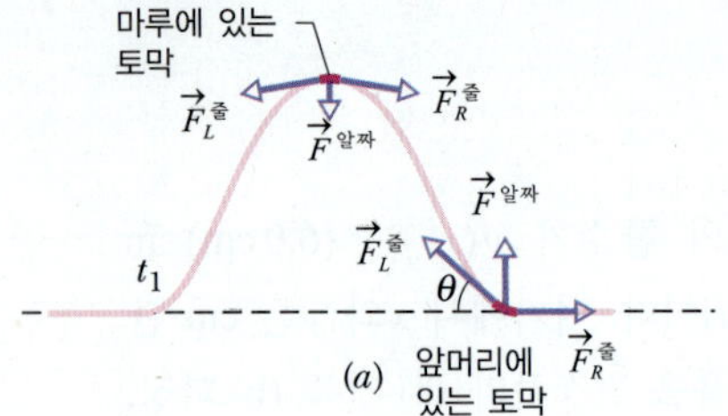

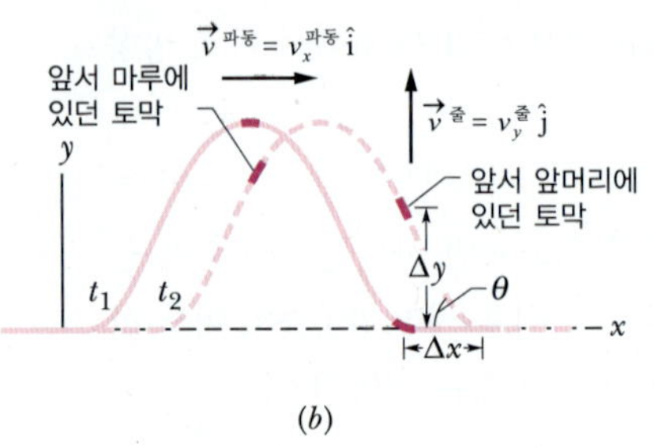

그림 17-14

진행하는 펄스의 그림으로 잘 보이게 진폭을 부풀렸다. (*a*) 홑 펄스가 장력이 일정한 줄을 타고 오른쪽으로 간다. 파동 머리 쪽의 줄 토막은 알짜 힘을 위쪽으로 받지만, 마루에 있는 토막은 아래쪽으로 받는다. (*b*) 시각 t_1과 t_2의 모습은 파동이 속력 $\vec{v}^{파동}$으로 가므로 시간 $\Delta t = t_2 - t_1$ 동안 거리 Δx만큼 가는 것을 보여준다. 줄 토막이 받는 알짜 힘 때문에 Δt 동안 파동 머리 쪽에 있는 토막은 위로, 마루에 있는 토막은 아래로 움직인다.

수록 줄 토막의 질량이 더 커지므로 더 느려진다는 것이다. 이 절에서는 충격량-운동량 정리 — 뉴턴 제2법칙의 한 형태 — 를 써서 파동 속력과 줄의 장력 그리고 질량을 이어주는 식을 끌어낸다. 이 과정에서 줄을 여러 작은 조각이 이어진 것으로 상상한다.

그림 17-14와 같이 가로 방향으로 늘어난 줄을 생각하자. 그 줄이 장력을 받는다고 하고, 스칼라량을 $F^{장력}$으로 나타내자.*

줄의 한쪽 끝에 있는 작은 조각이 갑자기 위로 올라갔다가 다시 평형 위치로 돌아오면 무슨 일이 벌어질까? 그렇게 해서 생긴 펄스는 그림 17-14와 같이 파동이 되어 줄을 따라 퍼져간다. 그림 17-14는 진폭을 명확히 드러내고자 부풀려 보였지만, 실제로는 파동의 진폭이 아주 작아서 다음 조건을 충족시킨다고 하자. (1) 평형 위치에서 벗어난 조각과 그렇지 않은 조각의 경계(그림 17-14*a*에 보임)를 빼고는 줄의 장력은 거의 일정하다. (2) 평형 위치에서 벗어난 어느 줄 토막이 수평선과 이루는 각도 θ는 아주 작아서 $\sin\theta \approx \tan\theta \approx \theta$으로 어림할 수 있다. 또한 펄스가 일정한 파동 속도 $\vec{v}^{파동} = v_x^{파동}\hat{i}$로 줄을 따라 간다고 하자. 물리에서 흔히 그렇듯이 이러한 가정이 맞는가는 우리가 끌어낸 파동 속력에 관해 식이 관찰한 바와 맞는가로 판정한다.

줄의 어느 부분을 펄스가 지나갈 때 줄 토막이 짧은 시간 동안 어떻게 움직이는가를 따져보자. 단위길이의 줄의 질량을 선밀도 μ로 정의하면, 시간 Δt 동안 펄스의 영향을 받는 줄 토막의 질량은 다음과 같다.

$$m = \mu v^{파동} \Delta t \tag{17-21}$$

여기에서 $v^{파동}$은 펄스의 진행 속력이다. 작은 줄 토막의 양 끝이 받는 장력부터 살펴보자. 예를 들어 그림 17-14*a*에서 파동의 마루에 있는 토막이 받는 알짜 힘은 아래를 향하지만, 펄스의 앞머리 부분에 있는 것이 받는 알짜 힘은 위를 향한다. 따라서 짧은 시간 Δt 뒤에 머리 부분은 위로 움직였지만 마루에 있던 부분은 아래로 움직인 상태이다. 줄의 모든 부분을 생각하면, 낱낱의 줄 토막은 수직 방향(위 아래)으로만 움직이지만 펄스 모양 전체는 오른쪽으로 '움직인다.' 그것을 그림 17-14*b*가 보여준다.

펄스의 머리 부분이 작은 줄 토막을 만나면 어떤 일이 벌어질까? 그림 17-14*a*와 같이 줄 토막의 양쪽 끝이 받는 장력의 균형이 깨지므로 수직 방향의 알짜 힘 $\vec{F}^{알짜} = F_y^{알짜}\hat{j}$이 생겨 줄 토막을 위로 가속시킨다. 사실 펄스 앞머리 바로 왼쪽의 줄 토막은 당겨지므로 바로 오른쪽에 있는 건드리지 않은 토막보다 장력이 더 크다. 그 결과 펄스 앞머리에 있는 줄 토막은 시간 Δt 동안 위치가 수직 방향으로 Δy만큼 변하고 운동량도 $\Delta\vec{p}_y$만큼 변한다. 충격량-운동량 정리를 써서 줄 토막의 운동을 알짜 힘과 운동량의 수직 방향 성분으로 나타낼 수 있다.

$$F_y^{알짜} \Delta t = \Delta p_y \tag{17-22}$$

줄 토막의 질량은 m이고 시각 t_1에는 속도가 0이라고 하자. 짧은 시간 Δt 동안 줄 토막에 전달된 수직 방향의 속도 변화를 $\Delta\vec{v}_y^{줄}$로 나타내면 다음과 같이 쓸 수 있다.

$$F_y^{알짜} \Delta t = m\Delta v_y^{줄} = m(v_y^{줄} - 0) = mv_y^{줄}$$

그러나 그림 17-14*a*로부터 줄의 장력 크기를 $F^{장력}$으로 나타내면 줄 토막이 받는 알짜 힘의 크기는

---

* 파동의 주기 T와 헷갈리지 않게 여기와 다음 장에서는 장력을 나타내는 기호로 $F^{장력}$를 쓴다.

대략 $F^{장력}\sin\theta$임을 알 수 있다. 진행파가 줄 토막에 주는 충격량은 줄 토막이 새로 얻는 수직 방향 속력과 다음의 관계가 있다.

$$(F^{장력}\sin\theta)\,\Delta t \approx m\,|v_y^{줄}| = m\,|\vec{v}^{줄}|$$

그림 17-14*b*로부터 펄스의 앞머리 부분 수직 방향 속도의 크기와 수평 방향 파동 속도의 크기 비율은 다음과 같음을 알 수 있다.

$$\tan\theta = \frac{\Delta y}{\Delta x} = \frac{|\vec{v}^{줄}|}{|\vec{v}^{파동}|} = \frac{v^{줄}}{v^{파동}} \tag{17-23}$$

맨 끝의 두 식을 묶으면 다음 결과를 얻는다.

$$(F^{장력}\sin\theta)\,\Delta t = mv^{파동}\tan\theta \quad 또는 \quad F^{장력} = \frac{m}{\Delta t}\left(\frac{v^{파동}}{\cos\theta}\right) \tag{17-24}$$

이제 줄 토막의 질량을 토막의 길이와 줄의 선밀도로 나타내야 한다. 줄 토막의 질량은 토막의 길이에 선밀도를 곱한 값이므로 $m = \mu\Delta x$이다. 그렇지만 시간 Δt 동안 파형은 거리 $\Delta x = |\vec{v}^{파동}|\,\Delta t$ 이동한다. 따라서 식 17-24를 다음과 같이 고쳐 쓸 수 있다.

$$F^{장력} = \mu\,(v^{파동})^2\,\frac{1}{\cos\theta}$$

그러나 진폭이 작은 파동에서는 줄 토막의 변위가 수평축과 이루는 각도가 아주 작으므로 $\cos\theta$는 거의 1에 가깝다. 따라서 다음 식이 성립한다.

$$(v^{파동})^2 = \frac{F^{장력}}{\mu}$$

그러므로 다음과 같다.

$$v^{파동} = \sqrt{\frac{F^{장력}}{\mu}} \qquad (속력) \tag{17-25}$$

식 17-25는 그림 17-14의 펄스 및 다른 모든 파동이 줄을 따라 갈 때의 속력이다. 식 17-25는 차원을 따져도 $F^{장력}$(차원 $\mathrm{MLT^{-2}}$)과 μ(차원 $\mathrm{ML^{-1}}$)의 비의 제곱근을 셈하면 속도의 차원을 얻는다.

> 팽팽한 줄을 따라가는 진폭이 작은 펄스의 속력은 줄의 장력과 선밀도만으로 결정되며, 진동의 진폭이나 진동수와는 무관하다.

파동의 진행속도가 진폭에 무관한 것은 마치 단순 조화 운동을 하며 진동하는 역학계의 특성과 비슷하다. 실이 받는 알짜 힘과 평형 위치에서 벗어난 변위가 비례함을 시사한다.

식 17-25를 끌어낼 때 했던 가정이 합리적인가는, 파동의 속력, 장력, 그리고 선밀도를 재어 식 17-25로 확인할 수 있다. 실제로 이 이론적 예측은 실험적으로 여러 차례 확인되었다. 사실 식 17-25은 펄스와 마찬가지로 연속 파동에 대해서도 성립하며, 따라서 연속 파동의 진행속력도 진동수의 함수가 아니다. 파동의 진동수는 온전히 파동을 만들어내는 것(예를 들어 그림 17-3*b*의 줄 끝을 흔드는 사람)이 결정한다. 그렇지만 연속 파동의 진동수가 정해지면, 파동의 속력은 $\lambda = v^{파동}/f$(식 17-13)에 따라 진동수와 파장 사이의 관계를 결정한다.

생각해보기 17-3 위에서 줄을 따라가는 파동의 속력을 끌어낼 때 두 가지 속도를 썼다. 하나는 $\vec{v}_y^{줄}$이고 다른 하나는 $\vec{v}_x^{파동}$이다. 두 속도의 다른 점을 될 수 있는 대로 완전히 설명하라. 식을 끌어낼 때 평형 위치에서 벗어난 줄 토막의 질량 m에 관한 식을 쓴 것이 어떤 것인가, 그리고 왜 그러한가를 설명하라. 운동량 변화량의 y쪽 성분 Δp_y를 셈할 때 어떤 속도를 썼는가 그리고 왜 그러한가를 설명하라.

생각해보기 17-4 줄의 한 끝을 위아래로 사인 함수꼴로 흔들어 연속 파동을 만들어 줄을 따라 보낸다. 흔드는 진동수를 높이면 (a) 파동 속력과 (b) 파동의 파장이 느는가, 주는가, 아니면 변하지 않는가? 대신에 줄의 장력을 세게 하면 (c) 파동 속력과 (d) 파동의 파장이 느는가, 주는가, 아니면 변하지 않는가?

연습문제 17-6

10. 바이올린 줄

어떤 바이올린에서 가장 굵은 줄과 가는 줄의 선밀도가 각각 3.0과 0.29 g/m이다. (a) 두 줄의 재료가 같다면 가는 줄에 대한 굵은 줄의 지름의 비는 얼마인가? (b) 두 줄의 장력도 같다면 파동 속력의 비는 얼마인가?

11. 파동 속력

500 N의 장력을 받는, 길이 2.00 m, 질량 60.0 g인 밧줄을 타고 가는 수직파의 속력은 얼마인가?

12. 양 끝을 맨 쇠줄

양끝이 묶인 쇠줄의 장력을 두 배로 늘리면, 이 쇠줄을 타고 가는 파동의 속력의 비는 얼마인가?

13. 선밀도

줄의 선밀도가 1.6×10^{-4} kg/m이다. 이 줄을 타고 가는 수직파는 다음 식으로 기술된다.

$$y(x,\ t) = (0.021\,\text{m})\sin[(2.0\,\text{rad/m})x + (30\,\text{rad/s})t]$$

(a) 파동 속력은 얼마인가? (b) 줄의 장력은 얼마인가?

14. 파동 함수

줄을 타고 가는 수직파가 다음 식으로 기술된다.

$$y(x,\ t) = (2.0\,\text{mm})\sin[(20\,\text{rad/m})x - (600\,\text{rad/s})t]$$

줄의 장력은 15 N이다. (a) 파동 속력은 얼마인가? (b) 줄의 선밀도를 g/m 단위로 구하라.

15. 당긴 줄

팽팽한 줄의 선밀도가 5.0 g/cm이고 장력은 10 N이다. 이 줄을 타고 가는 사인꼴 수직파가 진폭 0.12 mm, 진동수 100 Hz로 $-x$쪽으로 진행한다. 파동함수를 써라.

16. 가장 빠른 파동

강철선을 타고가는 수직파의 가장 빠른 속력은 얼마인가? 강철선에 안전하게 줄 수 있는 최대 장력은 7×10^8 N/m²이다. 강철의 밀도는 7800 kg/m³이다. 답은 강철선의 지름과 무관함을 보여라.

17. 홑 입자

진폭 Y, 파장 λ인 사인꼴 수직파가 팽팽한 줄을 타고 간다. (a) 파동 속력에 대한 줄 위의 입자의 최대 속력의 비를 구하라. (b) 어떤 파장과 진폭의 파동을 줄을 따라 보내면, 이 비율이 줄을 이루는 물질 — 예를 들어 강선이나 나일론 — 에 따라 달라지는가?

18. 입자의 변위

사인 파동이 줄을 타고 속력 40 cm/s로 간다. 줄 위 $x = 10$ cm인 곳에 있는 입자의 변위는 파동함수 $y(x,\ t) = (5.0\,\text{cm})\sin[1.0\,\text{rad/cm} - (4.0\,\text{rad/s})t]$에 따라 움직인다. 줄의 선밀도는 4.0 g/cm이다. 이 파동의 (a) 진동수와 (b) 파장은 얼마인가? (c) 줄 위의 입자의 가로 방향 변위를 위치와 시간의 함수로 나타내는 일반적인 식을 써라. (d) 이 줄의 장력을 셈하라.

19. 위치의 함수

사인꼴 수직파가 팽팽한 줄을 타고 $-x$쪽으로 나아간다. 그림 17-15은 시각 $t = 0$의 변위를 위치 함수로 보여준다. 첫 부분의 y값은 4.0 cm이다. 줄의 장력은 3.6 N이고 선밀도는 25 g/m이다. 다음을 구하라. (a) 진폭, (b) 파장, (c) 파동 속력, (d) 파동 주기. (e) 줄 위의 입자의 가로 방향 속력의 최대값을 구하라. (f) 진행파를 나타내는 파

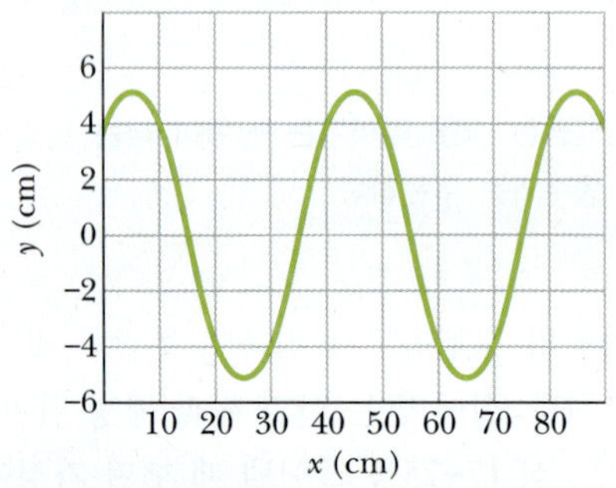

그림 17-15 문제 19

동함수를 써라.

20. 질량이 같은 세 바퀴

그림 17-16a에서 줄 1과 줄 2는 각각 선밀도가 3.00 g/m, 5.00 g/m이고, 질량 $M = 500$ g인 추가 달려 있어 장력을 받는다. (a) 줄 1과 (b) 줄 2에서의 파동속력을 셈하라. (**실마리**: 줄이 도르래를 반 바퀴 감아 돌면, 도르래를 당기는 알짜힘은 줄의 장력의 두 배다.) 이제 추를 두 조각으로 나누어 ($M_1 + M_2 = M$) 장치를 그림 17-13b와 같이 다시 꾸민다. 두 줄에서의 파동 속력이 같을 때 (c) M_1과 (d) M_2를 구하라.

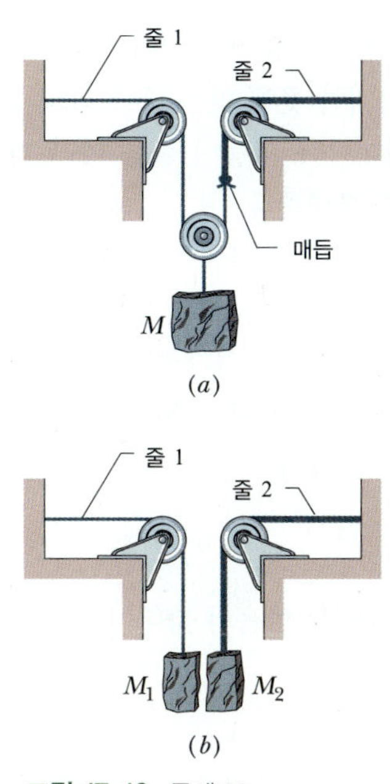

그림 17-16 문제 20

21. 두 펄스

길이 10.0 m, 질량 100 g인 철사가 장력 250 N을 받는다. 양 끝에서 펄스가 하나씩 30.0 ms 시차를 두고 생긴다면 두 펄스가 처음 만나는 곳은 어디인가?

22. 야구공 속의 고무줄

야구공과 골프공 속에 채워 넣는 고무줄은 꽤 많이 늘어나도 후크 법칙을 따른다. 길이 l, 질량 m인 고무줄 한 조각에 힘 $\vec{F}$를 주면 Δl만큼 늘어난다. (a) 늘어난 고무줄을 타고 가는 수직파의 속력은 얼마인가? (m, Δl, 용수철 상수 k로 나타내라.) (b) (a)에서 얻은 답을 써서 수직파 펄스가 고무줄을 타고 가는데 걸리는 시간은 $\Delta l \ll l$이면 $1/\sqrt{\Delta l}$에 비례하고, $\Delta l \gg l$이면 상수임을 보여라.

23. 고른 밧줄

질량 m, 길이 L인 고른 밧줄이 천장에서 드리워 있다. (a) 밧줄을 타고 가는 수직파의 속력은 아래 끝으로부터의 거리 y의 함수로서 $v^{\text{파동}} = \sqrt{gy}$임을 보여라. (b) 수직파가 밧줄을 타고 끝까지 가는데 걸리는 시간은 $t = 2\sqrt{L/g}$임을 보여라.

17-7 줄을 따라 가는 파동에 실린 에너지와 일률

팽팽한 줄에 파동이나 펄스를 보내면, 줄의 운동에 필요한 에너지를 우리가 공급하는 셈이다. 우리는 줄 토막에 운동량을 전해준다. 파동이나 펄스가 줄을 따라 진행할 때, 운동량은 줄의 한 토막에서 다음 토막으로 전달된다. 또한 파동은 에너지를 운동 에너지와 탄성 위치 에너지로 옮긴다. 이러한 에너지를 차례로 살펴보자.

• 운동 에너지

질량이 dm인 한 토막 줄은, 파동이 지나갈 때 가로 방향으로 단순 조화 운동을 하며, 가로 방향 속도 v_y와 관련된 운동 에너지를 지닌다. 그 토막이 $y = 0$인 곳을 지나가는 순간 (그림 17-17의 토막 b), 가로 방향 속도 — 따라서 그것의 운동 에너지 — 는 최대이다. 그 토막이 (줄 토막 a와 같이) 평형 위치에서 가장 멀리 벗어나 $y = Y$에 있으면 가로 방향 속도 — 따라서 그것의 운동 에너지 — 는 0이다.

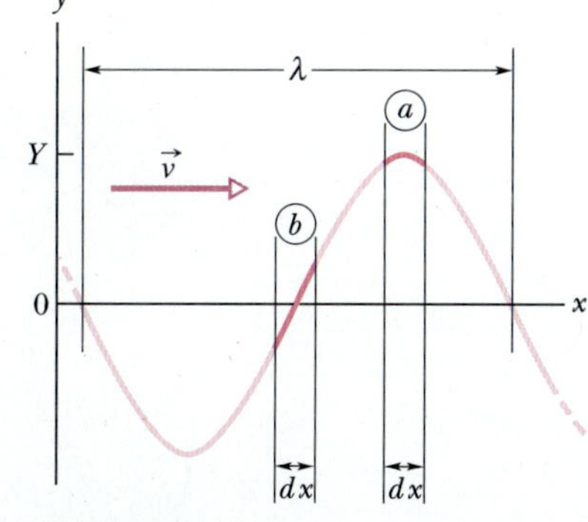

그림 17-17
줄을 따라 가는 파동의 $t = 0$인 순간 사진. 줄 토막 a의 변위는 $y = Y$, 토막 b의 변위는 $y = 0$이다. 낱낱의 줄 토막의 운동 에너지는 가로 방향 속도에 따라, 위치 에너지는 평형 위치에서 얼마나 벗어났는가에 따라 달라진다.

• 탄성 위치 에너지

팽팽한 줄에 사인 파동을 보내면, 파동은 줄을 잡아 늘인다. 길이 dx인 줄 토막이 가로 방향으로 흔들리면서, 사인 파동 모양에 맞추려면 길이가 늘어났다 줄어들었다를 주기적으로 되풀이해야 한다. 이러한 길이 변화에 따라 용수철처럼 탄성 위치 에너지가 생겨난다.

줄 토막이 $y = Y$에 있으면(그림 17-17의 토막 a), 길이는 정상 상태의 값인 dx이므로 탄성 위치 에너지는 0이다. 그렇지만 토막이 $y = 0$을 지날 때는 길이가 최대로 늘어나며, 따라서 탄성 위치 에너지는 최대가 된다.

• 에너지 수송

따라서 흔들리는 줄 토막은 $y=0$에서 운동 에너지가 최대이고 탄성 위치 에너지는 최소이다. 그림 17–17의 순간 사진에서 변위가 최대인 곳에 있는 줄 토막의 운동 에너지는 0이고, 변위가 0인 곳에 있는 줄 토막의 운동 에너지는 최대이다. 파동이 줄을 따라 가면서 줄의 장력은 계속 일을 하여 에너지를 한 영역에서 다음 영역으로 보내준다.

수평 방향의 x축을 따라 팽팽한 실에 파동을 만들어 변위가 그림 17–17와 같다고 하자. 그림 17–3b와 같이 줄의 한끝을 흔들어 파동을 보낼 수 있다. 그렇게 하면서 줄 토막의 운동과 늘어남에 필요한 에너지를 공급한다. 줄 토막이 x축에 직각 방향으로 흔들리면서 운동 에너지와 탄성 위치 에너지를 가지게 된다. 줄이 가만히 있던 곳으로 파동이 오면 에너지가 그곳으로 전달된다. 따라서 파동은 줄을 따라 에너지를 수송한다고 한다.

• 에너지 전달률

질량 dm인 줄 토막의 운동 에너지 dK는 다음과 같다.

$$dK = \tfrac{1}{2}\, dm\, (v_y^{줄})^2 \tag{17–26}$$

여기에서 $v_y^{줄}$은 흔들리는 줄 토막의 운동 가로 방향 속도 성분이다. 처음 위상 ϕ_0가 0이라면, 줄 토막 속도의 y성분은 식 17–15에 따라 다음과 같다.

$$v_y^{줄} = -\,\omega Y \cos(kx - \omega t)$$

이 관계식을 쓰고 $dm = \mu dx$로 두면 식 17–26은 다음과 같이 고쳐 쓸 수 있다.

$$dK = \tfrac{1}{2}(\mu dx)[-\,\omega Y \cos^2(kx - \omega t)]^2 \tag{17–27}$$

식 17–27 양쪽을 dt로 나누면 줄 토막의 운동 에너지의 변화율, 곧 운동 에너지가 줄을 따라 전달되는 수송률을 얻는다. 그 결과는 다음과 같다.

$$\frac{dK}{dt} = \tfrac{1}{2}\mu \frac{dx}{dt}\omega^2 Y^2 \cos^2(kx - \omega t) = \tfrac{1}{2}\mu v^{파동} \omega^2 Y^2 \cos^2(kx - \omega t) \tag{17–28}$$

여기에서 dx/dt를 파동 속력 $v^{파동}$으로 바꾸어 넣었다. 이 값은 왼쪽에서 오른쪽으로 가는 파동에 대해서는 양수이다. 운동 에너지의 수송률의 평균값은 다음과 같다.

$$\begin{aligned}\frac{dK}{dt} &= \langle \tfrac{1}{2}\mu v^{파동} \omega^2 Y^2 \cos^2(kx - \omega t)\rangle \\ &= \tfrac{1}{4}\mu v^{파동} \omega^2 Y^2\end{aligned} \tag{17–29}$$

여기에서 파장의 정수배인 영역에 대해 평균을 했고, 코사인 함수의 제곱을 주기의 정수배에 대해 평균한 값은 $\frac{1}{2}$이라는 사실을 썼다.

탄성 위치 에너지도 파동을 따라 전달되며, 평균값은 식 17–29와 같다. 비록 이에 대한 증명은 여기에서 하지 않겠지만, 흔들이나 용수철–추와 같은 흔들리는 역학계에서는 운동 에너지의 평균값과 위치 에너지의 평균값이 같다는 것을 상기해야 한다.

평균 일률(average power)은 파동을 따라 두 가지 에너지가 전달되는 비율의 평균값으로 다음과 같다.

$$\langle P \rangle = 2\left\langle \frac{dK}{dt} \right\rangle \tag{17-30}$$

또는 식 17-29로부터 다음을 구한다.

$$\langle P \rangle = \tfrac{1}{2}\mu v^{\text{파동}}\omega^2 Y^2 \qquad (\text{평균 일률}) \tag{17-31}$$

이 식에서 곱수 μ와 $v^{\text{파동}}$은 재료와 줄의 장력에 따라 달라진다. 곱수 ω와 Y는 파동을 만들어내는 과정에 따라 달라진다.

> 모든 조화함수꼴 파동의 평균 일률은 진폭과 진동수의 제곱에 비례한다.

연습문제 17-7

24. 평균 일률
길이 2.70 m, 질량 260 g, 장력 36.0 N인 줄을 따라 파동이 진행한다. 진폭 7.70 mm일 때 파동에 실리는 평균 일률이 85.0 W가 되려면 진동수가 얼마가 되어야 하는가?

17-8 파동의 중첩 원리

흔히 둘 이상의 파동이 동시에 같은 곳을 지난다. 예를 들어 협주곡을 들을 때, 여러 악기 소리가 우리 귀에 동시에 들어온다. 라디오나 텔레비전 안테나 속의 전자들은 여러 방송국에서 내보내는 전자기파의 알짜 효과에 따라 운동한다. 호수나 항구에서는 수많은 배에 의한 물결로 파도가 일렁인다.

많은 실제의 경우에 겹치는 두 파동의 상호작용은 아주 복잡하다. 그렇지만, 그림 17-18과 같이 파동의 진동이 같은 직선을 따라 가고, 진폭이 작다면 상호작용은 모양이 부드럽다. 모양이 부드러운 파동이 상호작용할 때는, 그 결과로 생기는 파동의 진폭은 원래의 두 파동의 진폭을 더한 값과 같다는 것이 관찰된다. 그 효과를 그림 17-18에서 볼 수 있는데, 이것은 팽팽한 줄의 양끝에서 출발한 두 펄스가 반대쪽으로 가는 모양을 차례대로 찍은 순간사진이다.

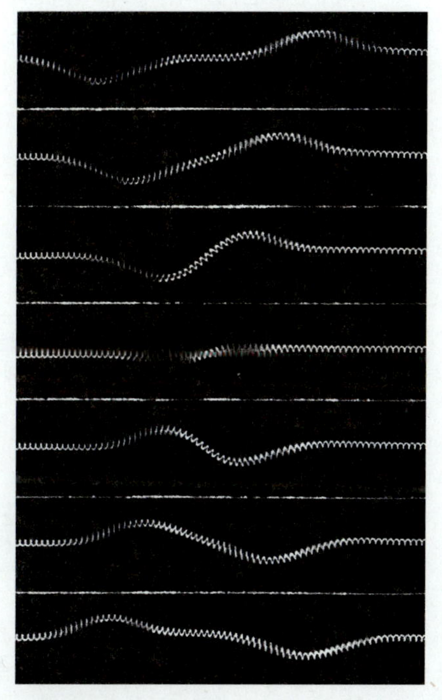

그림 17-18
펄스의 겹침을 보여주는 사진. 이 순간 사진들은 팽팽한 줄을 따라 두 펄스가 반대쪽으로 가는 것을 차례로 찍은 것이다. 두 펄스는 모양이 거의 같은데, 하나는 (+)변위로 오른쪽에서 출발하고, 다른 하나는 (−) 변위로 왼쪽에서 출발한다. 넷째 사진에서 두 펄스가 만나 거의 상쇄된다.

> 모양이 부드러운 파동이 겹치면, 줄의 각 점의 변위는 각각의 파동이 독립적으로 올 때의 변위를 더한 값이다.

더구나 각각의 펄스는 마치 다른 펄스가 없는 것처럼 그대로 뚫고 지나가는 것을 볼 수 있다.

> 모양이 부드러운 파동이 겹치면, 파동은 서로의 진행을 전혀 방해하지 않는다.

이 중첩은 파동과 입자의 차이점의 하나다. 입자가 겹치면 충돌하여 서로의 운동을 바꾼다.

두 가지 관찰을 정량적으로 정리하려면, 먼저 팽팽한 줄을 따라 동시에 가는 두 파동과 연관된 변위를 $y_1(x, t)$와 $y_2(x, t)$라 하자. 두 파동이 겹쳐서 생기는 파동은 두 파동을 더한 것이므로, 파동이 겹칠 때의 줄의 변위는 두 변위를 더한 값이 된다.

$$y'(x, t) = y_1(x, t) + y_2(x, t) \tag{17-32}$$

이것은 **중첩 원리(principle of superposition)**의 예로써, 그 내용은 '여러 효과가 동시에 일어나면 알짜 효과는 낱낱의 효과를 더한 것' 이다.

서로를 지나가는 두 파동의 합을 자세히 들여다보면, 두 파동이 겹칠 때 아주 이상하게 보이지만, 일단 지나가고 나면 다시 정상적으로 보인다. 이러한 모습은 진폭이 다른 두 파동이 겹치는 것을 보여주는 그림 17-19와 17-20에서 볼 수 있다.

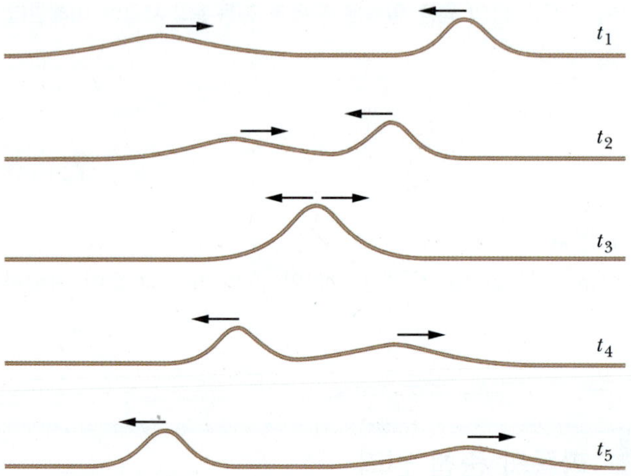

그림 17-19
팽팽한 줄을 따라 서로 반대쪽으로 가는 두 펄스가 겹치는 모양. 진폭이 작고 폭이 넓은 펄스는 오른쪽으로, 진폭이 크고 폭이 좁은 펄스는 왼쪽으로 간다. 두 펄스가 겹치는 동안, 순간 t_2, t_3, t_4에 파형은 낱낱의 위치에서 두 펄스의 순간의 변위를 더한 값으로 정해진다. 겹쳐진 모습을 더 자세히 들여다본 것이 그림 17-20이다.

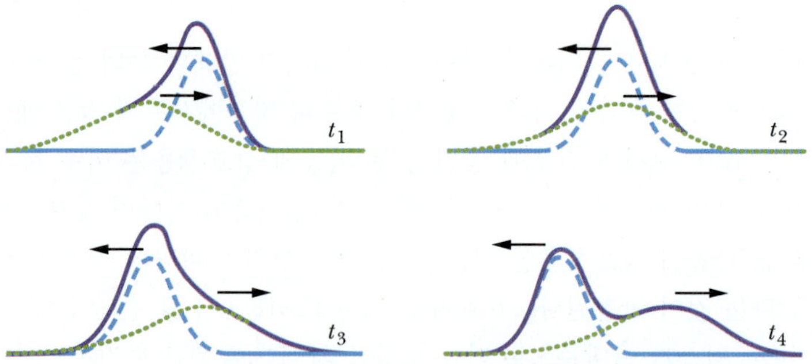

그림 17-20
진폭이 작고 폭이 넓은 펄스와 진폭이 크고 폭이 좁은 펄스가 서로 반대쪽으로 가면서 겹쳐진 모양을 자세히 들여다본 것. 자세히 보고자 수평축에 대해 수직축의 눈금을 부풀렸다. 합성 파동의 진폭은 겹치는 두 파동의 각 점에서의 진폭을 더한 값임을 눈여겨 보라.

따라해보기 17-5 | 겹치는 펄스

$t = 0$인 순간, 줄이 그림 17-21과 같은 꼴을 한다. 왼쪽의 펄스는 오른쪽으로, 오른쪽의 펄스는 왼쪽으로 움직인다. 그림 17-21의 상자는 1 cm라고 하자.

(a) 두 펄스의 앞머리가 0.05 초에 서로 닿는다. 각 펄스의 진행속력은 얼마인가?

풀이 ■ 요점은 (1) 두 파동이 같은 줄을 타고 가므로 속력이 같고, 따라서 한가운데서 만난다는 것과, (2) 펄스의 모양이 바뀌지 않는다면 펄스의 어느 곳을 따라가도 속력과 속도를 알 수 있다는 것이다. 애초에는 두 펄스의 앞머리가 4.0 cm 떨어져 있었으므로, 각 파동은 0.05 초 동안에 2.0 cm를 간 셈이다. 따라서 파동의 속력은 다음과 같다.

$$v^{파동} = \left|\vec{v}^{파동}\right| = \left(\frac{2.0\,\text{cm}}{0.05\,\text{s}}\right) = 40\,\text{cm/s} \quad \text{(낱낱의 파동 속력)} \quad \text{(답)}$$

(b) 펄스의 두 곳을 붉은 점으로 나타내고 A와 B를 붙였다. 그림에 보인 순간 두 점의 속도는 얼마인가? 크기와 방향(위, 아래, 왼

쪽, 오른쪽, 또는 이들의 결합)을 구하라.

풀이 ■ 요점은 셋이다. (1) 줄 토막은 위아래로만 흔들리지 줄을 타고 가지 않는다. (2) 줄의 변위가 (운동 방향으로) 바로 뒤에 있는 점보다 조금 작으면, 줄 토막의 속도는 $+y$쪽이다. 그 역도 참이다. 줄의 변위가 바로 뒤에 있는 점보다 조금 크면, 줄 토막의 속도는 $-y$쪽이다. (3) 파동의 진동이 줄의 어느 곳을 지날 때 그 점의 변위 변화 Δy는 파동의 속도 성분 $v_x^{\text{파동}} = \Delta x/\Delta t$와 그곳의 파형의 기울기 $\Delta y/\Delta x$에 따라 결정된다.

점 A에서: 파동의 기울기는 $\Delta y/\Delta x = -2$이므로 $\Delta y = -2\Delta x$. 그러나 파동 속력의 x성분은 $v_x^{\text{파동}} = \Delta x/\Delta t = 40\ \text{cm/s}$이므로 다음과 같다.

$$v_{Ay} = \frac{\Delta y}{\Delta t} = -\frac{2\Delta x}{\Delta t} = -80\ \text{cm/s} \quad \text{(아래로 가는 운동)} \qquad \text{(답)}$$

점 B에서: 파동의 기울기는 $\Delta y/\Delta x = +\frac{2}{3}$이므로 $\Delta y = +\frac{2}{3}\Delta x$. 그러므로 다음과 같다.

$$v_{By} = \frac{\Delta y}{\Delta t} = \frac{+\left(\frac{2}{3}\right)\Delta x}{\Delta t} = 27\ \text{cm/s} \quad \text{(위로 가는 운동)} \qquad \text{(답)}$$

(c) 그림 17-22에서 점선은 $t = 0.075$ 초에 겹치는 두 파동이 있을 곳을 나타낸다. 그 순간 줄의 모양을 굵은 선으로 그리고, 왜 그 모양이 되는가를 설명하라.

풀이 ■ 요점은 파동이 겹쳐질 때 합성 파형은 낱낱의 파동의 진폭을 더한 것이라는 것이다. 파동이 겹쳐지는 부분에서는 두 파동의 기울기가 크기는 같고, 부호가 반대이므로 진폭을 더하면 일정한 값이 된다(그림 17-23).

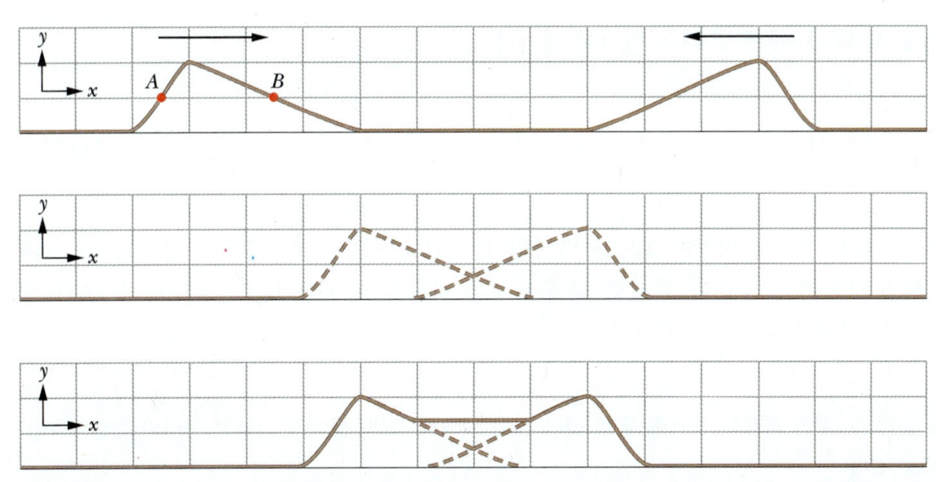

그림 17-21
두 펄스가 줄을 따라 서로 반대쪽으로 간다.

그림 17-22
$t = 0.075$ 초인 순간 겹치는 두 파동

그림 17-23
(c)의 답

17-9 파동의 간섭

팽팽한 줄을 따라 파장과 진폭이 같은 두 파동을 같은 쪽으로 보냈다고 하자. 중첩 원리가 적용된다면 합성 파형은 어떻게 될까?

합성 파동은 두 파동이 서로 위상이 맞는지 — 다시 말해 한 파동이 다른 파동에 대해 얼마나 어긋났는지 — 에 따라 달라진다. 두 파동의 위상이 똑같으면(그래서 두 파동의 마루와 골이 정확히 겹치면), 진폭이 두 배인 파동이 만들어진다. 두 파동의 위상이 완전히 어긋나면(한 파동의 마루가 정확히 다른 파동의 골과 겹치면), 두 파동은 어디에서든 상쇄되어 반듯한 상태가 된다. 파동이 이렇게 결합하는 현상을 **간섭(interference)**이라고 하며, 두 파동이 **간섭한다(interfere)**고 한다.

팽팽한 줄을 타고 가는 파동이 다음과 같다고 하자.

$$y_1(x,\ t) = Y \sin(kx - \omega t) \qquad (17\text{-}33)$$

그리고 이 파동에 대해 처음 위상이 ϕ_0만큼 이동한 다른 파동이 있다고 하자.

$$y_2(x,\, t) = Y \sin(kx - \omega t + \phi_0) \tag{17-34}$$

두 파동은 각진동수 ω(곧, 진동수 f), 파수 k(곧, 파장 λ), 그리고 진폭 Y가 똑같다. 이들은 똑같이 $+x$쪽으로, 같은 속력 $|v^{파동}| = \sqrt{F^{장력}/\mu}$ (식 17-25)로 간다. 두 파동의 차이는 파동 2의 처음 위상이 ϕ_0인 것인데, 이것을 **위상차(phase difference)**라고 한다. 두 파동은 위상이 ϕ_0만큼 어긋난다고 말하거나, 위상차 $\Delta\phi = (\phi_0)_2 - (\phi_0)_1 = \phi_0$라고 하거나, 한 파동이 다른 파동보다 위상-이동이 ϕ_0라고 한다.

합성 파동은 중첩 원리에 따르면 간섭하는 두 파동을 더한 것이므로 그 변위는 다음과 같다.

$$\begin{aligned} y'(x,\, t) &= y_1(x,\, t) + y_2(x,\, t) \\ &= Y \sin(kx - \omega t) + Y \sin(kx - \omega t + \phi_0) \end{aligned} \tag{17-35}$$

부록 E에서 각도가 각각 α와 β인 두 사인 함수의 덧셈은 다음과 같음을 알 수 있다.

$$\sin\alpha + \sin\beta = 2\sin\tfrac{1}{2}(\alpha + \beta)\cos\tfrac{1}{2}(\alpha - \beta) \tag{17-36}$$

이 관계식을 식 17-35에 쓰면 다음 결과를 얻는다.

$$y'(x,\, t) = [2Y\cos\tfrac{1}{2}\phi_0]\,\sin(kx - \omega t + \tfrac{1}{2}\phi_0) \tag{17-37}$$

$$y'(x,t) = \underbrace{[2Y\cos\tfrac{1}{2}\phi_0]}_{\text{진폭}}\ \underbrace{\sin\overbrace{(kx - \omega t + \tfrac{1}{2}\phi_0)}^{\text{시간 및 공간 변화 위상}}}_{\text{진동인자}}$$

그림 17-24
두 사인 파동이 간섭하여 생기는 식 17-37의 합성 파동도 사인 파동으로서 진폭과 진동하는 인자로 되어 있다.

여기에서 ϕ_0는 두 파동 사이의 위상차 $\Delta\phi_0$를 나타낸다. 그림 17-24이 보여주듯이 합성파동도 x축을 따라 가는 사인 파동이다. 우리가 실제로 실에서 보는 파동은 이것뿐이다(식 17-33과 17-34의 간섭하는 두 파동은 실제로는 보이지 않는다).

> 진폭과 파장이 같은 두 사인 파동이 팽팽한 줄을 따라 같은 쪽으로 가면, 둘이 간섭하여 하나의 합성파동이 되어 같은 쪽으로 간다.

합성 파동은 간섭하는 파동과 두가지 면에서 다르다. (1) 처음 위상이 $\frac{1}{2}\phi_0$이고, (2) 진폭 Y'는 식 17-37의 꺾쇠괄호 속에 들은 값이다.

$$Y' = 2Y\cos\tfrac{1}{2}\phi_0 \qquad \text{(진폭)} \tag{17-38}$$

두 사인 파동이 간섭하여 생기는 식 17-37의 합성 파동도 사인꼴 수직파로서 진폭과 진동하는 항이 들어 있다.

이제 아주 중요한 특수한 경우를 몇 가지 생각하자. $\phi_0 = 0\,\text{rad}$ (또는 0°)이면, 간섭하는 두 파동은 그림 17-25a처럼 위상이 정확히 똑같다. 그러면 식 17-37은 다음과 같아진다.

$$y'(x,\, t) = 2Y\sin(kx - \omega t) \qquad (\phi_0 = 0\,\text{rad}) \tag{17-39}$$

이 합성 파동을 그림 17-25d에 보였다. 그림과 $y'(x,\, t) = 2Y\sin(kx - \omega t)$ 모두에서 합성 파동의 진폭은 간섭하는 두 파동의 진폭의 두 배임을 눈여겨 보라. 이 값은 합성 파동이 가질 수 있는 최대 진폭인데, 그 까닭은 $y'(x,\, t) = [2Y\cos\frac{1}{2}\phi_0]\sin(kx - \omega t + \frac{1}{2}\phi_0)$의 코사인 항의 최대값은 $\phi_0 = 0$일 때

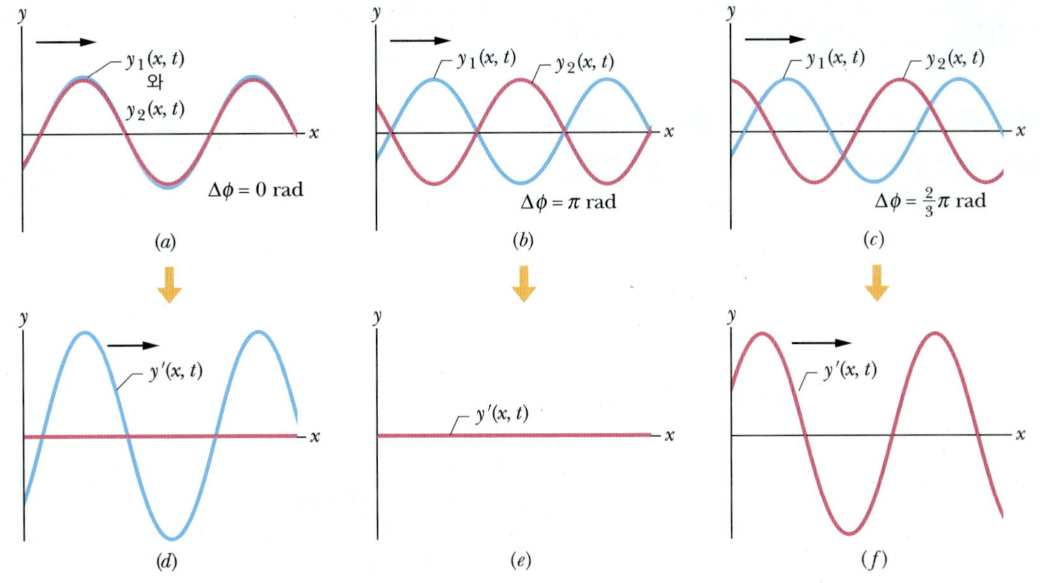

그림 17-25
k, ω, Y가 같은 두 사인 파동 $y_1(x, t)$과 $y_2(x, t)$가 $+x$쪽으로 줄을 따라 진행한다. 여기에서 ϕ_0와 t의 단위는 정하지 않았다. 이들은 간섭하여 합성 파동 $y'(x, t)$를 만든다. 실제로 줄의 움직임으로서 볼 수 있는 것은 합성 파동이다. 간섭하는 두 파동의 위상차 $\Delta\phi$는 (a) 0 rad 또는 0°, (b) π rad 또는 180°, (c) $\frac{2}{3}\pi$ rad 또는 120°이다. 이에 대응되는 합성 파동을 (d), (e), (f)에 보였다.

의 1이기 때문이다. 최대 진폭을 만들어내는 간섭을 온전한 '보강 간섭(constructive inter ference)'이라고 한다.

$\phi_0 = \pi$ rad (또는 180°)이면 그림 17-25b와 같이 간섭하는 두 파동이 완전히 어긋난다. 그러면 $\cos\frac{1}{2}\phi_0$가 $\cos\pi/2 = 0$이 되어 합성 파동의 진폭은 식 17-38에 따라 0이 된다. 그러면 모든 x와 t에 대해 다음 결과를 얻는다.

$$y'(x, t) = 0 \qquad (\phi_0 = \pi \text{ rad}) \tag{17-40}$$

합성 파동은 그림 17-25e에 보였다. 이때는 비록 두 파동을 줄을 따라 보내도, 줄의 움직임을 볼 수 없다. 이러한 간섭을 온전한 '소멸 간섭(destructive interference)'이라고 한다.

사인 파동은 2π rad마다 모양이 되풀이되므로, 위상차 $\Delta\phi_0 = 2\pi$ rad (또는 360°)는 한 파동의 진동이 다른 파동에 비해 한 파장만큼 이동한 셈이다. 따라서 위상차를 나타내는 데는 각도와 마찬가지로 파장도 쓸 수 있다. 예를 들어 그림 17-25b에서 두 파동이 0.50 파장만큼 어긋나 있다고 말할 수도 있다. 표 17-1은 위상차가 다른 값을 가질 때 생기는 간섭의 유형을 보여준다. 온전히 보강 또는 소멸 간섭을 하지 않을 때는 '중간 간섭(intermediate interference)'이라고 한다. 그러면 합성 파동의 진폭은 0와 $2Y$ 사이가 된다. 예를 들어 표 17-1에서 간섭하는 두 파동의 위상차가 120°이면 ($\Delta\phi_0 = \frac{2}{3}\pi = 0.33$파장), 합성 파동의 진폭은 Y로서 간섭하는 파동과 같다(그림 17-25c와 f 참조).

표 17-1
위상차와 간섭의 종류[a]

위상차($\Delta\phi$)			합성 파동의 진폭	간섭의 종류
도	라디안	파장		
0	0	0	2Y	온전한 보강 간섭
120	$\frac{2}{3}\pi$	0.33	Y	중간 간섭
180	π	0.50	0	온전한 소멸 간섭
240	$\frac{4}{3}\pi$	0.67	Y	중간 간섭
360	2π	1.00	2Y	온전한 보강 간섭
865	15.1	2.40	0.60Y	중간 간섭

[a] 위상차는 진폭이 Y이고 같은 쪽으로 가는, 다른 면에서는 똑같은 파동 사이의 위상차다.

따라해보기 17-6 | 두 사인 파동

똑같은 사인 파동이 팽팽한 줄을 따라 같은 쪽으로 가며 간섭한다. 각 파동의 진폭 Y는 9.8 mm, 위상차 $\Delta\phi = \phi_0$는 100°이다.

(a) 두 파동이 간섭하여 생기는 합성 파동의 진폭 Y'는 얼마이고, 간섭의 유형은 무엇인가?

풀이 ■ 요점은 똑같은 사인 파동이 줄을 타고 같은 쪽으로 갈다는 것이며, 따라서 이들은 간섭하여 사인 함수꼴 진행 파동을 만든다. 두 파동은 처음 위상을 빼고는 똑같으므로, 진폭도 같다. 따라서 합성파동의 진폭 Y'는 식 17-38에 따라 다음과 같다.

$$Y' = 2Y\cos\tfrac{1}{2}\phi_0 = (2)(9.8\text{ mm})\cos(100°/2) = 12.6\text{ mm} \qquad \text{(답)}$$

여기에서 파동 1에 대한 파동 2의 처음 위상은 100°라고 가정했다. 이 간섭은 중간 간섭이며, 근거는 두 가지다. 위상차가 0°와 180° 사이의 값이고, 따라서 진폭 Y'는 0과 $2Y$(=19.6 mm) 사이에 있다.

(b) 합성 파동의 진폭이 4.9 mm가 되는 위상차는 얼마인가(라디안 및 파장 단위로 나타내라)?

풀이 ■ 요점은 (a)와 같은데, 이번에는 Y'를 알고 ϕ_0를 찾는다. 식 17-38로부터

$$Y' = 2Y\cos\tfrac{1}{2}\phi_0$$

이다. 이제

$$4.9\text{ mm} = (2)(9.8\text{ mm})\cos\tfrac{1}{2}\phi_0$$

이므로(계산기를 라디안 모드에서 쓰면)

$$\phi_0 = 2\cos^{-1}\frac{4.9\text{ mm}}{(2)(9.8\text{ mm})} = \pm 2.636\text{ rad} \approx \pm 2.6\text{ rad} \qquad \text{(답)}$$

해가 둘인 까닭은 첫째 파동이 둘째 파동에 대해 2.6 rad를 앞서거나 뒤서거나 합성 파동은 똑같기 때문이다. 위상차를 파장 단위로 바꾸면 다음과 같다.

$$\frac{\phi_0}{2\pi\text{ rad/파장}} = \frac{\pm 2.636\text{ rad}}{2\pi\text{ rad/파장}} = \pm 0.42\text{ 파장} \qquad \text{(답)}$$

연습문제 17-9

25. 똑같은 두 진행파
똑같은 두 파동이 같은 쪽으로 가는데 위상만 $\pi/2$ rad 다르다. 두 파동의 진폭이 Y라면, 이것이 겹쳐져서 이루는 합성 파동의 진폭은 얼마인가?

26. 위상차
위상만 빼고 똑같은 두 파동이 팽팽한 줄을 타고 같은 쪽으로 간다. 두 파동의 합성 파동의 진폭이 낱낱의 파동의 진폭의 1.5배가 되려면 위상차가 얼마가 되어야 하는가? 답을 (a) 도, (b) 라디안, (c) 파장 단위로 나타내라.

27. 위상만 빼고 똑같은 두 파동
위상만 빼고 모두 똑같은 두 파동이 줄을 타고 같은 쪽으로 가며 간섭하여 파동함수가 다음과 같은 합성 파동을 만든다. $y'(x, t) = (30\text{ mm})\sin[(20\text{ rad/m})x - (4.0\text{ rad/s})t + 0.820\text{ rad}]$. 여기에서 x의 단위는 미터, t의 단위는 초다. 두 파동의 (a) 파장 λ, (b) 위상차, (c) 진폭 Y는 얼마인가?

17-10 경계에서의 반사와 정상파

앞의 두 절에서 파장과 진폭이 같은 두 파동이 팽팽한 줄을 따라 같은 쪽으로 가는 것을 설명하였다. 두 파동이 반대쪽으로 간다면 어떻게 될까? 여기에서도 중첩 원리를 써서 합성 파동을 구할 수 있다. 그림 17-26은 그러한 상황을 보여준다. 이것은 그림 17-26a의 왼쪽으로 가는 파동과 그림 17-26b의 오른쪽으로 가는 파동이 결합하여 중첩원리에 따라 그림 17-26c의 합성 파동이 얻어지는

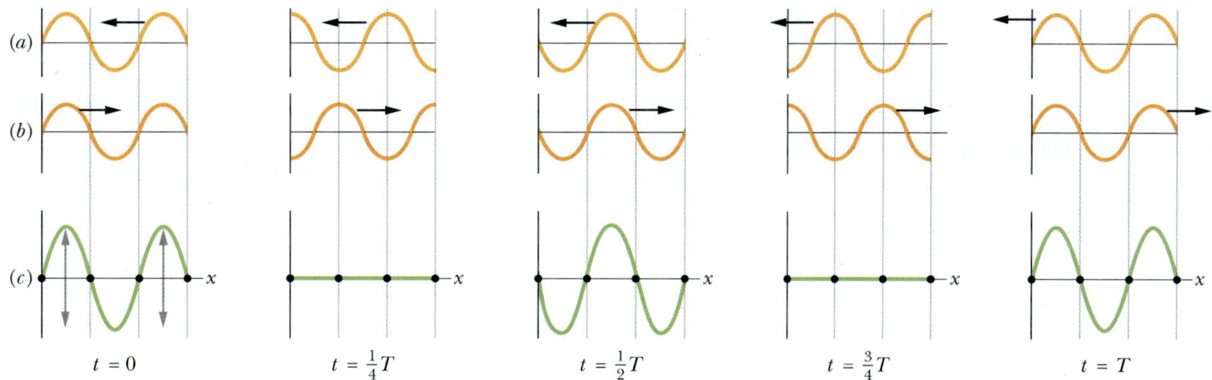

그림 17-26
아래 (c)에 나타낸 다섯 순간 t의 모습(T는 진동 주기). (a) 왼쪽으로 가는 파동이다. (b) (a)와 같지만 오른쪽으로 가는 파동을 같은 순간에 잡은 모습. (c) 두 파동이 같은 줄을 따라 가며 겹쳐질 때의 모습. $t = 0, \frac{1}{2}T, T$에서는 두 파동이 마루는 마루끼리 골은 골끼리 겹쳐지므로 온전한 보강간섭이 일어난다. $t = \frac{1}{4}T, \frac{3}{4}T$에서는 마루가 골과 겹쳐지므로 온전한 소멸간섭이 일어난다. 어떤 점(점으로 나타낸 마디)은 전혀 진동하지 않는다. 어떤 점(배)은 가장 크게 진동한다.

것을 보여준다.

합성 파동의 두드러진 특징은 줄이 움직이지 않는 곳인 **마디(node)**가 생기는 것이다. 그림 17-26c에서는 그러한 점 4개를 표시했다. 이웃한 두 마디의 한가운데에는 **배(antinode)**가 있는데, 여기에서는 합성 파동의 진폭이 최대가 된다. 그림 17-26c와 같은 파동 모양을 **정상파(standing wave)**라고 하는데, 그 까닭은 파형이 왼쪽이나 오른쪽 어느 쪽으로도 가지 않기 때문이다. 최대와 최소가 되는 곳이 바뀌지도 않는다.

> 진폭과 파장이 같은 두 사인 파동이 팽팽한 줄을 따라 반대쪽으로 가면, 이들의 간섭은 정상파를 만들어낸다.

줄 파동을 살펴보려면, 결합하는 두 파동을 다음 식으로 나타내자.

$$y_1(x, t) = Y\sin(kx - \omega t) \tag{17-41}$$

$$y_2(x, t) = Y\sin(kx + \omega t) \tag{17-42}$$

중첩 원리에 따라 합성 파동은 다음과 같다.

$$y'(x, t) = y_1(x, t) + y_2(x, t) = Y\sin(kx - \omega t) + Y\sin(kx + \omega t)$$

삼각함수 관계식 $\sin\alpha + \sin\beta = 2\sin\frac{1}{2}(\alpha + \beta)\cos\frac{1}{2}(\alpha - \beta)$를 쓰면 다음 결과를 얻는다.

$$y'(x, t) = [2Y\sin kx]\cos\omega t \tag{17-43}$$

$$\overbrace{y'(x,t)}^{\text{변위}} = \underbrace{[2Y\sin kx]}_{x\text{에서의 진폭}}\underbrace{\cos\omega t}_{\text{진동인자}}$$

그림 17-27
식 17-43의 합성파동은 진폭과 파장 그리고 위상이 같고 가는 방향이 반대인 두 사인 파동이 간섭하기 때문에 정상파가 된다.

이것은 그림 17-27에 보였다. 이 식은 진행 파동을 나타내지 못하는데, 그 까닭은 $y(x, t) = h(kx \pm \omega t)$의 꼴이 아니기 때문이다. 대신에 이것은 정상파를 나타낸다.

$y'(x, t) = [2Y\sin kx]\cos\omega t$의 꺾쇠괄호 속의 양 $2Y\sin kx$는 x에 있는 줄 토막의 진동의 진폭으로 볼 수 있다. 그렇지만, 진폭은 언제나 양수이고 $\sin kx$는 음수도 될 수 있으므로, $2Y\sin kx$의 절대

값을 x에서의 진폭으로 잡는다.

진행하는 사인 파동에서는 파동의 진폭이 줄의 모든 부분에서 똑같다. 그러나 정상파에서는 그렇지 않고, 진폭이 위치에 따라 다르다. 예를 들어 $y'(x, t) = [2Y \sin kx]\cos \omega t$인 정상파에서는 $\sin kx = 0$인 곳에서는 진폭이 0이다. 값이 그렇게 되는 곳은 다음과 같다.

$$kx = n\pi \qquad (n = 0, 1, 2, \cdots) \tag{17-44}$$

이 식에 $k = 2\pi/\lambda$를 넣고 정리하면 식 17-43의 정상파에서 진폭이 0인 곳(마디)의 위치에 관한 다음 식을 얻는다.

$$x = n\frac{\lambda}{2} \qquad (n = 0, 1, 2, \cdots) \qquad \text{(마디의 위치)} \tag{17-45}$$

이웃 마디 사이의 거리는 $\lambda/2$로서 파장의 반임을 눈여겨보라.

정상파 $y'(x, t) = [2Y \sin kx]\cos \omega t$의 진폭의 최대값은 $2Y$이고, 위치는 $|\sin kx| = 1$인 kx에 따라 결정된다. 그 값은 다음과 같다.

$$\begin{aligned} kx &= \tfrac{1}{2}\pi, \tfrac{3}{2}\pi, \tfrac{5}{2}\pi, \cdots \\ &= \left(n + \tfrac{1}{2}\right)\pi \end{aligned} \qquad (n = 0, 1, 2, \cdots) \tag{17-46}$$

식 17-46에 $k = 2\pi/\lambda$를 넣고 정리하면 식 17-43의 정상파에서 진폭이 최대인 곳(배)의 위치에 관한 다음 식을 얻는다.

$$x = \left(n + \tfrac{1}{2}\right)\frac{\lambda}{2} \qquad (n = 0, 1, 2, \cdots) \qquad \text{(배의 위치)} \tag{17-47}$$

배도 $\lambda/2$씩 떨어져 있으며, 서로 이웃한 두 마디의 한가운데 있다.

• 경계에서의 반사

팽팽한 실에 정상파를 만들려면 줄의 한끝에서 파동이 반사되어 돌아오게 하면 된다. 들어가는 (원래의) 파동과 반사되어 돌아온 파동은 각각 식 17-41과 17-42로 기술되며, 이들이 겹쳐져서 정상파의 모양을 만든다.

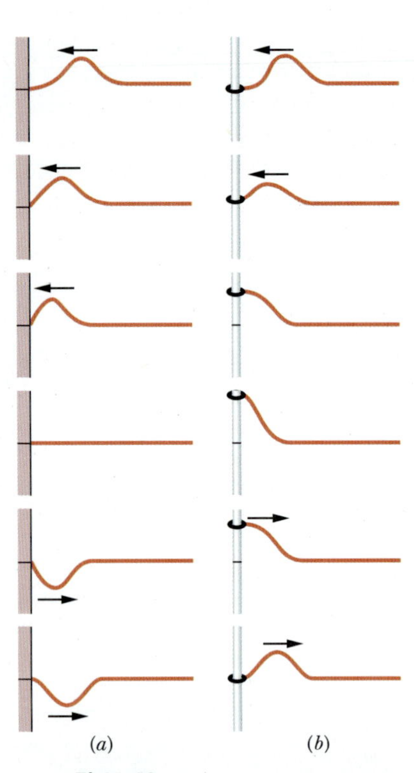

그림 17-28
(*a*) 오른쪽에서 들어오는 펄스가 줄의 왼쪽 끝, 벽에 묶인 곳에서 반사된다. 반사된 펄스는 들어오는 펄스와 비교할 때 뒤집힌 것을 눈여겨보라. (*b*) 여기에서는 줄의 왼쪽 끝이 마찰없이 막대를 따라 위아래로 미끄러지는 고리에 묶여 있다. 이제는 반사되는 펄스가 뒤집히지 않는다.

그림 17-28에서 그러한 반사가 어떻게 일어나는가를 홑 펄스를 써서 보였다. 그림 17-28*a*에서는 줄의 왼쪽 끝이 묶여 있다. 펄스가 그 끝에 이르면, 그것이 지지대(벽)를 위쪽으로 당긴다. 뉴턴 제3법칙에 따라 지지대는 크기가 같고 방향이 반대인 힘으로 줄을 당긴다. 이 힘 때문에 지지대에서 펄스가 생겨난다. 이 펄스는 애초에 펄스가 들어온 쪽을 향해 줄을 따라가며, 줄의 가로 방향 변위는 들어오는 파동과 반대쪽으로 뒤집힌다. 이러한 '단단한(hard)' 반사에서는 지지대에 줄이 묶여 있으므로 그곳이 마디가 될 수밖에 없다. 줄이 묶인 곳에서 들어오는 파동과 반사된 파동이 상쇄되어 변위가 0이 되려면 두 파동의 부호가 반대가 되어 위상이 완전히 어긋나야 한다.

그림 17-28*b*에서는 줄의 왼쪽 끝이 가벼운 고리에 묶여 있고, 고리는 마찰없이 막대를 따라 위아래로 미끄러질 수 있다. 들어오는 펄스가 고리에 이르면, 고리는 막대를 따라 위로 올라간다. 고리가 움직이면서 줄을 위로 당기고, 줄을 잡아늘여 반사된 펄스를 만드는데, 이것은 들어오는 펄스와 부호와 진폭이 같다. 반사된 펄스는 뒤집히지 않는다. 따라서 '부드러운(soft)' 반사에서는 들어오는 펄스와 반사된 펄스가 서로를 강화하여 줄끝에 배를 만든다. 고리의 최대 변위는 두 펄스의 진폭의 두 배이다. 연속 사인 파동에서도 반사가 똑같은 식으로 일어난다.

생각해보기 17-5 진폭과 파장이 같은 두 파동이 간섭하여 합성 파동을 만드는 상황이 세 가지 있다.

(1) $y'(x, t) = (0.004\text{ m})\sin[(5\text{ rad/m})x - (4\times10^3\text{ rad/s})t)]$

(2) $y'(x, t) = \{(0.004\text{ m})\sin[(5\text{ rad/m})x]\}\{\cos[(4\times10^3\text{ rad/s})t]\}$

(3) $y'(x, t) = (0.004\text{ m})\sin[(5\text{ rad/m})x + (4\times10^3\text{ rad/s})t)]$

이 가운데 어떤 상황에서 간섭하는 두 파동이 (a) $+x$쪽으로 가고, (b) $-x$쪽으로 가고, (c) 서로 반대쪽으로 가는가?

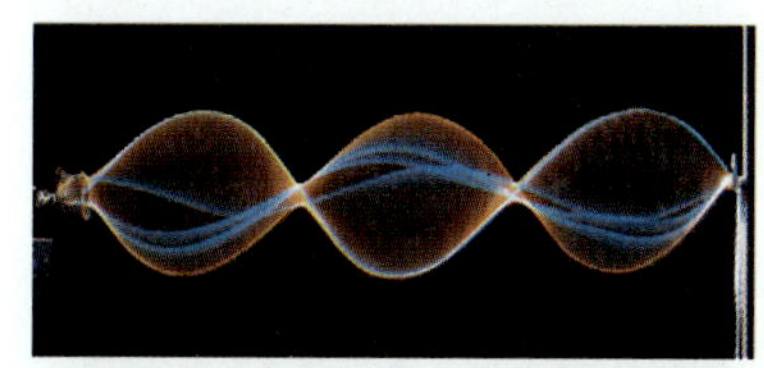
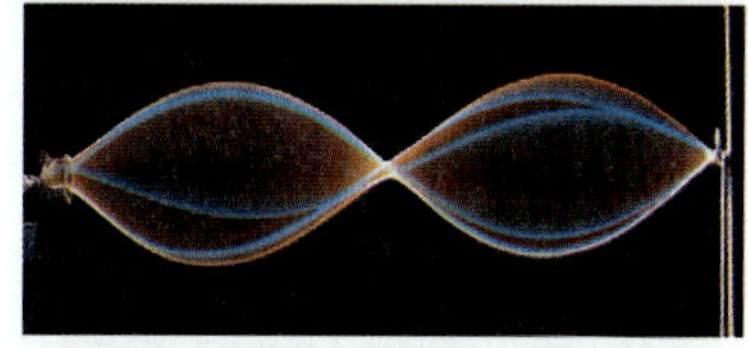
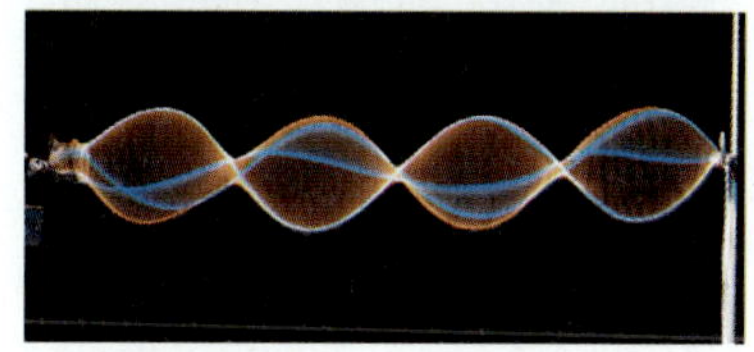

그림 17-29
양끝이 묶인 줄의 왼쪽 끝에 진동장치를 붙여 (불완전한) 정상파를 만든 뒤 번쩍불 사진법으로 찍은 사진. 이 모양은 특별한 진동수에서만 생겨난다.

17-11 정상파와 공진

기타줄과 같이 양끝이 묶인 줄을 생각하여, 어떤 진동수의 사인 파동을 줄을 따라 오른쪽으로 보낸다고 하자. 파동이 줄의 오른쪽 끝에 이르면, 반사되어 왼쪽으로 간다. 그러면 왼쪽으로 가는 파동은 오른쪽으로 가는 파동과 겹치게 된다. 왼쪽으로 가는 파동은 왼쪽 끝에 이르면, 반사되어 새로운 파동이 오른쪽으로 가면서 왼쪽으로 가는 파동과 겹친다. 말하자면 서로 반대쪽으로 가는 여러 파동이 겹쳐서 간섭을 하게 된다.

어떤 진동수에서는 파동이 간섭하여 정상파 모양[또는 **정준 진동 모드(normal oscillation mode)**]을 만드는데, 마디와 배가 그림 17-29와 같이 아주 뚜렷하게 나타난다. 그러한 정상파는 **공진(resonance)** 상태에서 생겨났다고 하며, 그 실은 **공진 진동수(resonant frequency)**에서 공진한다(resonate)고 한다. 정상파 공진은 16-8절에서 설명한 조화 흔들이의 공진과는 다르다. 줄을 공진 진동수가 아닌 다른 진동수로 흔들면, 정상파가 생기지 않는다. 그때는 왼쪽과 오른쪽으로 가는 파동이 아주 작은 (아마도 알아보기 어려운) 줄의 진동을 만들어낸다.

줄을 거리가 L로 고정된 두 집게에 물려 당긴다고 하자. 줄의 공진 진동수에 관한 식을 얻으려면, 줄의 양쪽 끝은 고정되어 있으므로 마디가 되어야 함에 유의하자. 이러한 핵심 조건에 맞는 가장 단순한 꼴은 그림 17-30a로서, 줄의 각 부분이 평형 위치에서 최대로 벗어난 것을 보여준다(하나는 실선, 다른 하나는 점선으로 하나의 '고리'를 이룬다). 배는 하나뿐이며 줄의 한가운데 있다. 줄의 길이 L에 파장의 반이 걸쳐 있으므로 이 모양에서는 $\lambda/2 = L$이다. 이 조건은 왼쪽과 오른쪽으로 가는 파동이 간섭하여 이러한 꼴의 정상파를 만들려면 파장이 $\lambda = 2L$이어야 함을 말해준다.

줄의 양끝이 고정되어 마디가 되는 조건에 맞는 둘째로 단순한 꼴은 그림 17-30b에 보였다. 이 모양은 마디가 셋이고 배가 둘인 것으로 두 고리를 이룬다. 왼쪽과 오른쪽으로 가는 파동이 간섭하여 이러한 꼴의 정상파를 만들려면 파장이 $\lambda = L$이어야 한다. 셋째로 단순한 꼴은 그림 17-30c에 보였다. 이 모양은 마디가 넷이고 배가 셋인 것으로 세 고리를 이루며 파장은 $\lambda = \frac{2}{3}L$이다. 점점 더 복잡한 모양을 그릴 수 있는데, 그럴 때마다 마디와 배가 하나씩 늘고 줄의 길이 L 속에 $\lambda/2$씩이 더 들어가야 한다.

따라서 길이 L인 줄에 정상파를 만들 수 있는 파동의 파장은 다음과 같다.

$$\lambda = \frac{2L}{n} \qquad (n = 1, 2, 3, \cdots) \tag{17-48}$$

이 파장에 대응되는 공진 진동수는 식 17-16으로부터 다음과 같다.

$$f = \frac{v^{\text{파동}}}{\lambda} = n\frac{v^{\text{파동}}}{2L} \qquad n = 1, 2, 3, \cdots \qquad \text{(양끝이 고정된 실)} \tag{17-49}$$

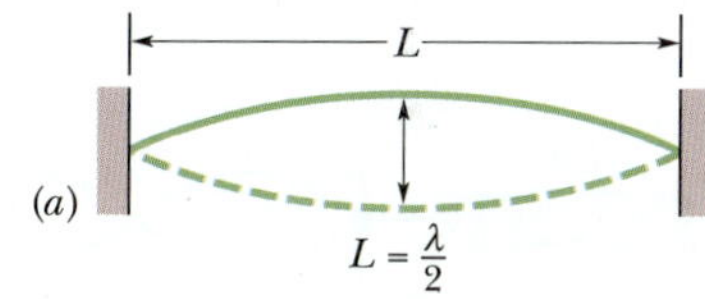

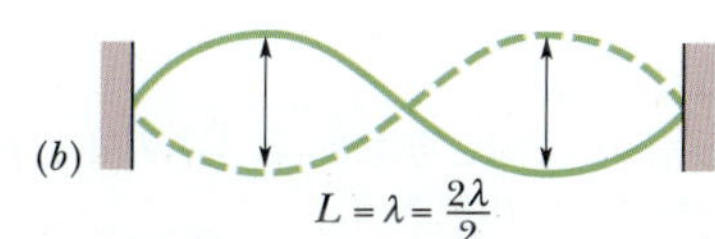

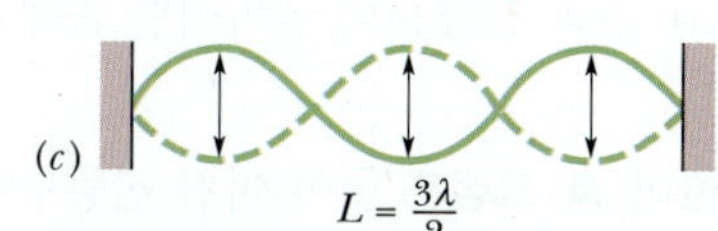

그림 17-30
(a) 줄의 양끝을 두 집게에 물리고 흔들어 정상파를 만들었다. (a) 가장 단순한 꼴은 고리가 하나인데, 이것은 실이 평형 위치에서 양쪽으로 최대로 벗어난 모양(실선과 점선)이 만든다. (b) 다음으로 단순한 꼴에는 고리가 둘이다. (c) 그 다음 꼴에는 고리가 셋이다.

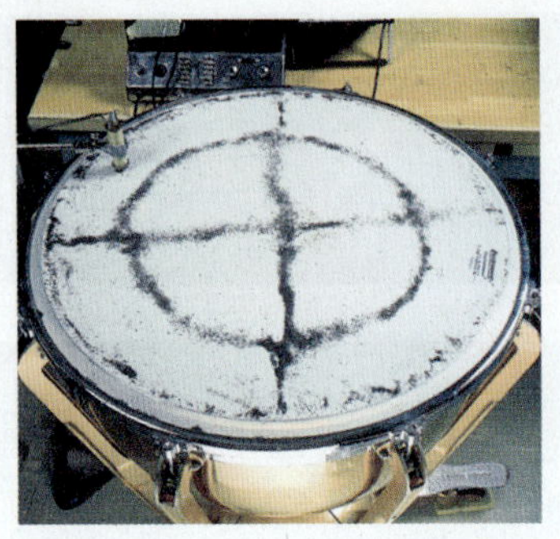

그림 17-31
솥단지 북의 위판에 나타나는 여러가지 정상파 모양의 하나로서, 진동면에 검은 가루를 뿌려 마디가 잘 보이게 했다. 사진의 왼쪽 위에 보이는 역학적 진동기를 진동면에 붙여 일정한 진동수로 흔들어주면 진동면에 정상파가 생길 때는 검은 가루가 마디에 모이며, 이 2차원꼴에서는 마디가 원과 직선으로 된 것을 볼 수 있다.

여기에서 $v^{파동}$은 줄을 따라 가는 파동의 속력이다.

식 17-49는 공진 진동수가 최소 공진 진동수 $f = v^{파동}/2L$의 정수배임을 말해준다. 진동수가 가장 낮은 진동 모드를 기본 모드(fundamental mode) 또는 1차 조화파(first harmonic)라고 한다. 2차 조화파(second harmonic)는 $n = 2$인 진동 모드이고, 3차 조화파(third harmonic)는 $n = 3$인 진동 모드 등등이다. 모든 진동 모드의 집합을 **조화 급수(harmonic series)**라고 하고, n을 n차 모드의 **조화 차수(harmonic number)**라고 한다.

공명 현상은 모든 진동 역학계에서 공통으로 나타나며, 2차원 및 3차원에서 생길 수 있다. 예를 들어 그림 17-31은 솥단지 북의 위판의 진동에서 나타나는 2차원 정상파 모양을 보여준다.

생각해보기 17-6 다음 공진 진동수 수열에서 진동수 하나(400 Hz 이하)가 빠져 있다. 150, 225, 300, 375 Hz. (a) 빠진 진동수는 얼마인가? (b) 7차 조화파의 진동수는 얼마인가?

따라해보기 17-7 | 줄 조화파동

그림 17-32에 줄의 왼쪽 끝 P를 사인 함수꼴 진동기에 묶고, 오른쪽 끝 Q에 도르래를 걸어 질량 m인 추를 달아 당겼다. P와 Q 사이의 거리 L은 1.2 m이고, 줄의 선밀도는 1.6 g/m, 진동기의 진동수 f는 120 Hz로 고정되어 있다. P에서의 진폭은 아주 작아 그 점을 마디로 보아도 되며, Q에도 마디가 생긴다.

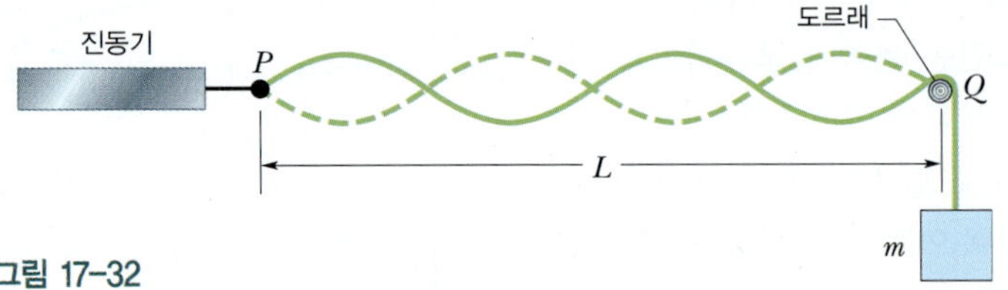

그림 17-32
진동기에 연결된 팽팽한 줄. 진동기의 진동수를 고정하면, 특정 값의 줄의 장력에 대해 정상파가 생겨난다.

(a) 추의 질량 m이 얼마이면 줄에 4차 조화파동이 생겨나는가?

풀이 ■ 요점은 줄이 어떤 진동수에서만 공진하며, 진동수는 줄에서의 파동의 진행 속도 $|\vec{v}^{파동}|$과 줄의 길이 L에 따라 결정된다는 것이다. 식 17-49에서 공진 진동수는 다음과 같다.

$$f = n\frac{v^{파동}}{2L} \qquad n = 1, 2, 3, \cdots \tag{17-50}$$

4차 조화파동($n = 4$에 해당)을 만들려면, 식의 왼쪽 값이 진동기의 진동수(120 Hz)가 되게 오른쪽을 $n = 4$로 두고 맞추어야 한다.

식 17-50에서 L은 정해져 있으므로 조절할 수 없다. 그렇지만 둘째 **요점**은 $v^{파동}$은 줄 끝에 매달린 추의 질량에 따라 달라지므로, 이것은 조절할 수 있다는 것이다. 식 17-25에 따르면 파동의 속도는 $v^{파동} = \sqrt{F^{장력}/\mu}$이다. 여기에서 줄의 장력 $F^{장력}$은 추의 무게 mg와 같다. 따라서 다음 결과를 얻는다.

$$v^{파동} = \sqrt{\frac{F^{장력}}{\mu}} = \sqrt{\frac{mg}{\mu}} \tag{17-51}$$

식 17-51의 $v^{파동}$에 관한 식을 식 17-50에 넣고, 4차 조화파동에 해당하는 $n = 4$로 두어 m에 관해서 풀면 다음 결과를 얻는다.

$$\begin{aligned} m &= \frac{4L^2 f^2 \mu}{n^2 g} \\ &= \frac{(4)(1.2\,\text{m})^2(120\,\text{Hz})^2(0.0016\,\text{kg/m})}{(4)^2(9.8\,\text{m/s}^2)} \\ &= 0.846\,\text{kg} \approx 0.85\,\text{kg} \qquad \text{(답)} \end{aligned} \tag{17-52}$$

(b) $m = 1.00$ kg이면 어떤 정상파 모드가 생기는가?

풀이 ■ 이 m 값을 식 17-52에 넣어 n에 관해서 풀면, $n = 3.7$을 얻는다. **요점**은 n이 정수이어야 한다는 것이므로 $n = 3.7$은 맞지 않다. 따라서 $n = 1.00$ kg이면 진동기는 줄에 정상파를 만들 수 없고, 줄의 진동은 눈에 보이지 않을 정도로 아주 작을 것이다.

연습문제 17-11

28. 팽팽한 줄

장력 $F^{장력}$을 받는 실이 진동수 f_3, 파장 λ_3로 3차 조화진동을 한다. 장력을 $\tau_f = 4\tau_i$로 늘린 다음 다시 3차 조화진동을 시키면 (a) 진동수는 f_3의 몇 배이며, (b) 파장은 λ_3의 몇 배인가?

29. 나일론 기타줄

선밀도 7.2 g/m인 나일론 기타 줄이 장력 150 N을 받는다. 줄을 맨 양끝은 90 cm 떨어져 있다. 이 줄이 그림 17-33과 같이 정상파를 이루며 진동한다. 이것을 만드는 진행파의 (a) 속력, (b) 파장, (c) 진동수를 구하라.

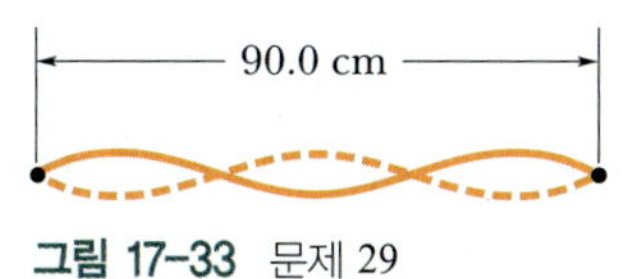

그림 17-33 문제 29

30. 두 사인 파동

파장과 진폭이 같은 두 사인 파동이 서로 반대쪽으로 속력 10 cm/s로 줄을 타고 간다. 실이 0.50 초마다 곧게 된다면 파동의 파장은 얼마인가?

31. 양끝이 묶인 줄

길이 8.40 m, 질량 0.120 kg인 줄이 양끝이 묶여, 90.6 N의 장력을 받는 상태에서 진동한다. (a) 이 줄을 타고 가는 파동의 속력은 얼마인가? (b) 여기에 생기는 정상파의 가장 긴 파장은 얼마인가? (c) 파동의 진동수는 얼마인가?

32. 두 받침점이 고정된 줄

고정된 두 받침점 사이에 길이 125 cm, 질량 2.00 g인 줄을 묶어 장력 7.00 N을 준다. (a) 이 줄을 타고 가는 파동의 속력은 얼마인가? (b) 이 줄의 가장 낮은 공진 진동수는 얼마인가?

33. 가장 낮은 세 진동수

길이 10.0 m, 질량 100 g인 철사가 250 N의 장력이 받을 때 생기는 정상파의 진동수를 가장 낮은 것부터 세 개 들어라.

34. 줄 A, 줄 B

줄 A는 거리 L 떨어진 두 집개가 당기고 있다. 줄 B는 줄 A와 선밀도 및 장력이 똑같고, 거리 4L 떨어진 두 집게가 당기고 있다. 줄 B의 첫 여덟 개 조화파동을 생각하자. 이 가운데 진동수가 줄 A의 공명 진동수와 같은 것이 있는가?

35. 공진 진동수

75.0 cm 떨어진 받침점에 양끝이 묶인 줄의 공진 진동수가 420 Hz와 315 Hz이고, 그 사이에는 없다. (a) 가장 낮은 공진 진동수와, (b) 파동 속력은 얼마인가?

36. 두 펄스

그림 17-34에서 두 펄스가 줄을 타고 반대쪽으로 간다. 파동 속력 $v^{파동}$은 2.0 m/s이고, 두 펄스는 시각 $t = 0$에 6.0 cm 떨어져 있다. (a) t가 5.0, 10, 15, 20, 25 ms일 때의 파형을 그려보라. (b) $t = 15$ ms일 때의 파동의 에너지는 어떤 꼴인가?

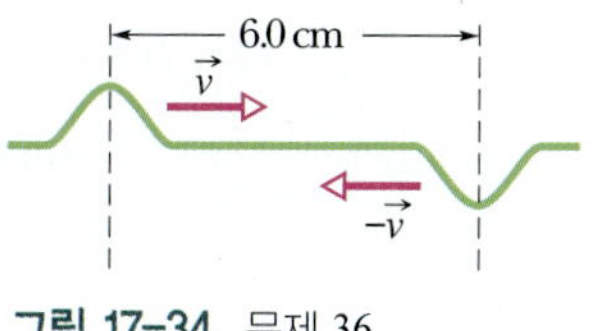

그림 17-34 문제 36

37. 진동하는 줄

줄이 다음과 같은 함수꼴로 진동한다.

$$y'(x, t) = (0.50\text{ cm})\sin\left[\left(\frac{\pi}{3}\text{ rad/cm}\right)x\right]\cos[(40\pi\text{ rad/s})t]$$

이러한 꼴이 되려면 (a) 진폭과, (b) 진행 속력이 얼마인 파동이 서로 반대쪽으로 가면서 겹쳐져야 하는가? (c) 마디 사이의 거리는 얼마인가? (d) $t = 9/3$ 초에 $x = 1.5$ cm인 실 위의 점은 속력이 얼마인가?

38. 정상파

아래와 같은 서로 반대쪽으로 가는 두 수직파가 겹쳐져서 정상파가 생긴다.

$$y_1(x, t) = (0.05\text{ m})\sin[(\pi\text{ rad/m})x - (4\pi\text{ rad/s})t]$$
$$y_2(x, t) = (0.05\text{ m})\sin[(\pi\text{ rad/m})x + (4\pi\text{ rad/s})t]$$

(a) 원점의 오른쪽에 가장 가까이 있는 마디의 x좌표는? (b) $0 \leq t \leq 0.50$ 초의 시각에 $x = 0.00$ m인 곳에 있는 입자의 속도가 0인 순간은?

39. 배가 셋인 정상파

길이 3.0 m인 줄이 진폭 1.0 cm로 배가 셋인 정상파를 만들며 진동한다. 파동 속력은 100 m/s이다. (a) 진동수는 얼마인가? (b) 정상파를 만드는 두 파동의 함수를 써라.

40. 실험

정상파를 만드는 실험에서 길이 90 cm인 줄의 한끝을 소리굽쇠의 떨림쇠에 묶어 줄이 가로 방향으로 진동수 60 Hz로 떨게 했다. 줄의 질량은 0.044 kg이다. 줄에 배가 네 개 생겼다면, 줄이 받는 장력은 얼마이겠는가? (추는 줄의 다른 쪽 끝에 매달았다.)

41. 소리굽쇠

600 Hz 소리굽쇠가 양끝이 묶인 실에 정상파를 만든다. 줄의 파동 속력은 400 m/s이다. 정상파에는 배가 네 개이고, 진폭은 2.0 mm이다. (a) 줄의 길이는 얼마인가? (b) 줄의 변위를 위치와 시간의 함수로 써라.

42. 2차 조화파

양끝이 묶인 밧줄이 200 N의 장력을 받으면서, 2차 조화 정상파로 진동한다. 밧줄의 변위는 다음과 같다.

$$y(x,\ t) = (0.10\ \text{m})\sin\left[\left(\frac{\pi}{2}\ \text{rad/cm}\right)x\right]$$
$$\sin[(12\pi\ \text{rad/s})\,t]$$

여기에서 밧줄의 한쪽은 $x = 0.00$ m이고, x의 단위는 m, t의 단위는 초이다. 다음 값을 구하라. (a) 밧줄의 길이, (b) 밧줄을 타고 가는 파동의 속력, (c) 밧줄의 질량, (d) 밧줄이 3차 조화 정상파로 진동한다면 진동 주기는 얼마인가?

43. 발진기

아주 긴 줄의 한 끝에 붙어 있는 발진기가 다음 파동을 만든다.

$$y(x,\ t) = (6.0\ \text{cm})\cos\frac{\pi}{2}[(2.0\ \text{rad/m})x + (8.0\ \text{rad/s})t]$$

그리고 다른 쪽 끝에 붙어 있는 발진기가 다음 파동을 만든다.

$$y(x,\ t) = (6.0\ \text{cm})\cos\frac{\pi}{2}[(2.0\ \text{rad/m})x - (8.0\ \text{rad/s})t]$$

다음 값을 구하라. (a) 진동수, (b) 파장, (c) 각 파동의 속력, 그리고 (d) 마디, (e) 배의 좌표는 얼마인가?

44. 정상파 모양

아래와 같은 꼴의 정상파가 줄에 생겼다.

$$y(x,\ t) = (0.040\ \text{m})\sin[(5\pi\ \text{rad/m})x]\cos[(40\pi\ \text{rad/s})t]$$

(a) $0 \leqq x \leqq 0.40$ m 범위 안에 있는 모든 마디의 위치를 구하라. (b) (마디가 아닌) 점들의 진동 주기는 얼마인가? 정상파를 만드는 두 진행 파동의 (c) 속력과 (d) 진폭은 얼마인가? (e) 0.000 초 $\leqq t \leqq 0.050$ 초 사이의 어느 순간에 줄의 모든 곳의 가로 방향 속도가 0이 되는가?

45. 최대 운동 에너지

진폭이 같고 반대쪽으로 가는 두 파동이 겹쳐져서 만드는 정상파의 각각의 배의 최대 운동 에너지는 $2\pi^2 \mu Y^2 f v^{\text{파동}}$임을 보여라.

46. 배

가로 방향의 정상파가 생긴 기다란 줄에서 배가 $x = 0.00$ m, 마디가 $x = 0.10$ m에 생겼다. $x = 0.00$ m에서의 줄의 변위 $y(t)$를 그림 17-35에 보였다. $t = 0.50$ 초인 때에 (a) $x = 0.20$ m와 (b) $x = 0.30$ m에서의 줄의 변위는 얼마인가? $x = 0.20$ m에서 (c) $t = 0.50$ 초인 때와 (d) $t = 1.0$ 초인 때의 가로 방향 속도는 얼마인가? (e) $x = 0.00$ m에서 $x = 0.40$ m 사이에 있는 부분의 $t = 0.50$ 초인 순간의 정상파 모양을 그려보라.

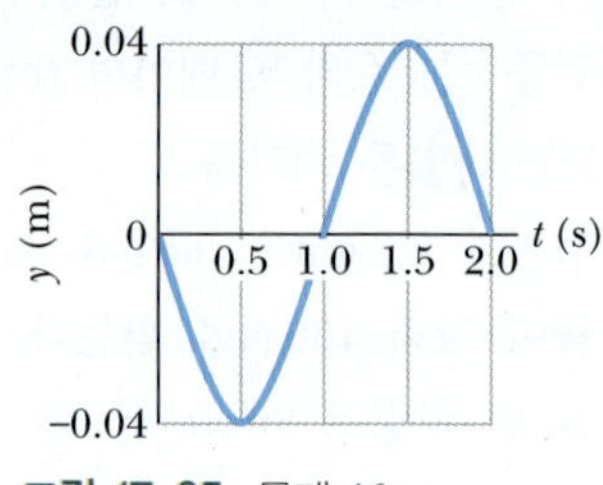

그림 17-35 문제 46

47. 알루미늄 도선

그림 17-36에서 길이 $L_1 = 60.0$ cm, 단면의 넓이 1.00×10^{-2} cm^2, 밀도 2.60 g/cm^{3}인 알루미늄 줄이 단면의 넓이가 같고 밀도가 7.80 g/cm^{3}인 강철 줄과 붙어 있다. 이 복합 쇠줄에 질량 10.0 kg인 추를 달았는데, 접합점에서 지지 도르래까지의 거리는 86.6 cm이다. 진동수를 조절할 수 있는 진동자를 써서 쇠줄에 수직파가 생기게 했다. 마디는 도르래에 생긴다. (a) 접합점을 마디로 하는 정상파 가운데 진동수가 가장 낮은 것을 구하라. (b) 그 진동수에서 마디는 몇 개나 생기는가?

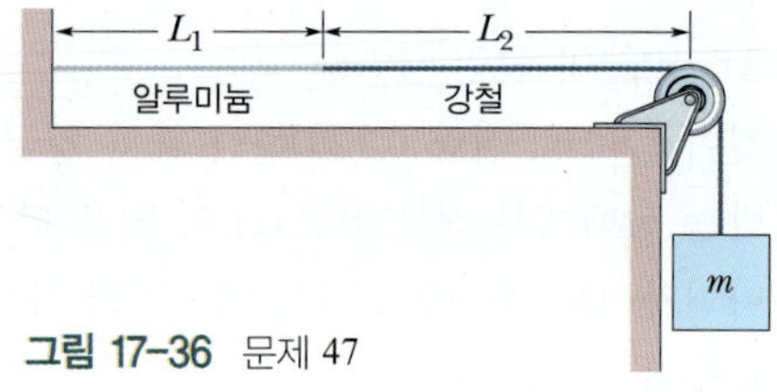

그림 17-36 문제 47

17-12 위상자

줄을 타고 가는 파동(또는 다른 모든 종류의 파동)을 **위상자(phasor)**를 써서 나타낼 수 있다. 위상자는 원점을 중심으로 도는 화살표로서 길이는 파동의 진폭과 같고, 회전속력은 파동의 각진동수 ω와 같다. 예를 들어 파동은 다음과 같다.

$$y_1(x,\ t) = Y_1\sin(kx - \omega t) \tag{17-53}$$

처음 위상 $(\phi_0)_1 = 0$ rad이다. 줄 위의 어느 곳 x의 $t > 0$ 초인 시각의 파동을 그림 17-37a의 위상자로 나타냈다. 위상자의 길이는 파동의 진폭 Y_1이다. 위상자가 원점 주위를 각속도 ω로 돌 때, 그것을 수직축에 투영한 길이 y_1은 최대값 Y_1에서 0을 거쳐 최소값 $-Y_1$를 지나 다시 Y_1으로 돌아오면서 사인 함수 꼴로 변화한다. 이 변화는 파동이 줄의 어느 한 점 x를 지날 때의 변위 $y_1(x, t)$의 사인 함수꼴 변화에 해당한다.

두 파동이 같은 줄을 따라 같은 쪽으로 나아가면, 두 파동과 합성 파동도 위상자 그림(phasor diagram)으로 나타낼 수 있다. 그림 17-37*b*에 보인 위상자는 식 17-53의 파동을 나타내며, 다음과 같은 둘째 파동

$$y_2(x, t) = Y_2 \sin(kx - \omega t + \phi_0) \tag{17-54}$$

은 처음 위상이 $(\phi_0)_2$이다. 따라서 둘째 파동은 첫째 파동에 대해 위상차가 $\Delta\phi = (\phi_0)_2 - (\phi_0)_1 = \phi_0 - 0 = \phi_0$이다. 두 위상자가 똑같은 각진동수 ω로 돌아가므로, 두 위상자 사이의 각은 언제나 $\Delta\phi = \phi_0$이다. $\Delta\phi$가 양수이면 그림 17-37*b*와 같이 파동 2의 위상자는 파동 1의 위상자를 뒤따라간다. $\Delta\phi$가 음수이면 파동 2의 위상자는 파동 1의 위상자보다 앞서간다.

파동 y_1과 y_2의 파수 k와 각진동수 ω가 같으므로, 식 17-37로부터 두 파동의 진폭이 같다면($Y = Y_1 = Y_2$), 이들의 합성파동은 다음과 같은 꼴이 된다.

$$y'(x, t) = Y' \sin(kx - \omega t + \phi'_0) \tag{17-55}$$

여기에서 $Y' = 2Y\cos(\frac{1}{2}\phi_0)$는 합성파동의 크기고, $\phi'_0 = \frac{1}{2}\phi_0$는 처음 위상이다. 두 파동을 겹쳐 합성 파동의 진폭 Y'과 처음 위상 ϕ'_0를 결정하는데는 식 17-37을 썼다.

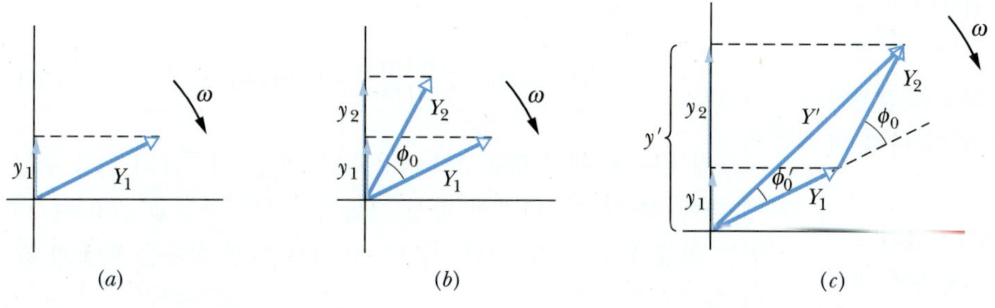

그림 17-37
(*a*) 크기가 Y_1인 화살표가 원점을 중심으로 회전속력 ω로 돌아가는 것으로 나타낸 위상자는 처음 위상이 0인 사인 파동을 나타낸다. 위상자를 수직축에 투영한 값 y_1은 파동이 지나가는 점 x에서의 순간 t의 변위를 나타낸다. (*b*) 둘째 위상자는 크기가 Y_2이고 똑같은 회선속력 ω로 돌며, 첫째 위상자에 대해 일정한 각도 ϕ_0를 이루는데, 이것은 처음 위상이 ϕ_0인 둘째 파동을 나타낸다. (*c*) 두 파동이 겹쳐져서 만드는 합성 파동은 두 위상자를 벡터처럼 더한 위상자 Y'로 나타낼 수 있다. 이 위상자를 수직축에 투영한 값 y'는 합성 파동이 지나가는 점 x에서의 순간 t의 변위를 나타낸다.

겹쳐진 파동을 구할 때 위상자 그림을 쓰면 훨씬 쉽다. 그 까닭은 위상자가 점곱과 가위곱이 정의된 참된 벡터는 아니지만, 덧셈은 벡터처럼 할 수 있기 때문이다. 그래서 두 파동의 진폭 Y_1과 Y_2 그리고 각진동수 ω_1과 ω_2가 달라도, 위상자를 벡터처럼 더하여 합성 파동의 진폭을 구할 수 있다. 예를 들어 두 위상자가 돌고 있는 어느 순간이든 두 위상자의 벡터 덧셈 규칙을 쓸 수 있다. 그림 17-37*c*는 위상자 Y_2를 옮겨 그 꼬리를 위상자 Y_1의 머리에 붙여 두 위상자의 합 Y'를 구하는 방법을 보여준다. 이렇게 더한 위상자의 크기는 식 17-55의 진폭 Y'와 같다. 합성된 위상자와 y_1의 위상자 사이의 각도는 식 17-55에서 얻는 합성 파동의 처음 위상 $\phi'_0 = \frac{1}{2}\phi_0$와 같다.

> 겹치는 두 파동의 진폭과 진동수가 다를 때에도 위상자를 써서 합성 파동의 진폭과 처음 위상을 구할 수 있다.

따라해보기 17-8 | 두 파동의 결합

두 사인 파동 $y_1(x, t)$과 $y_2(x, t)$가 파장이 같고, 같은 줄을 따라 같은 쪽으로 나아간다. 이들의 진폭은 $Y_1 = 4.0\,\text{mm}$이고 $Y_2 = 3.0\,\text{mm}$이며, 처음 위상은 각각 0과 $\pi/3\,\text{rad}$이다. 합성 파동의 진폭 Y'와 처음 위상 ϕ'_0은 얼마인가?

풀이 ■ 요점 하나는 두 파동의 성질 몇 가지가 같다는 것이다. 같은 줄을 따라가므로 파동의 진행속력 $v^{파동}$이 같고, 각파수 k $(=2\pi/\lambda)$와 각진동수 $\omega(=kv^{파동})$도 같다.

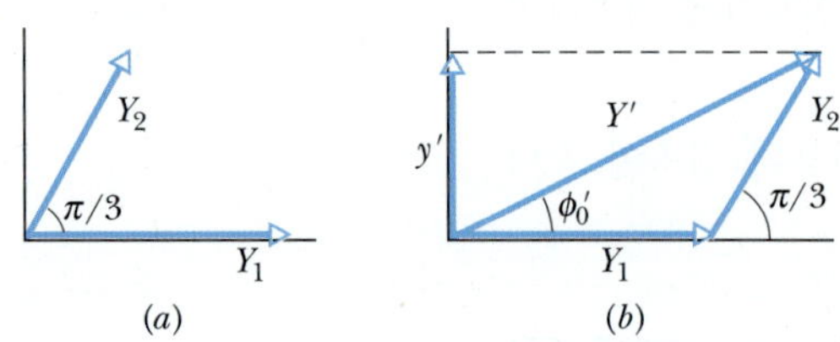

그림 17-38
(a) 크기가 Y_1과 Y_2이고 위상차가 $\pi/3$인 두 위상자. (b) 두 위상자가 도는 동안 어느 때나 두 위상자를 더하면 크기가 Y'인 합성파동의 위상자를 얻는다

요점 또 하나는 두 파동을 나타내는 위상자가 원점을 중심으로 똑같은 각속도 ω로 돈다는 점이다. 파동 2의 처음 위상이 파동 1보다 $\pi/3\,\text{rad}$ 크므로, 그림 17-38과 같이 위상자 2는 위상자 1보다 $\pi/3\,\text{rad}$ 뒤늦게 시계방향으로 돌며 따라간다. 파동 1과 2가 간섭하여 생기는 합성 파동은 따라서 위상자 1과 2를 벡터처럼 더한 위상자로 나타낼 수 있다.

위상자 덧셈을 간단히 하고자, 그림 17-38a에 위상자 1과 2를 그리되, 위상자 1이 수평축 위에 있고, 위상자 2가 수평축에 대해 $\pi/3\,\text{rad}$방향에 있는 순간을 그렸다. 그림 17-38b에서 위상자 2를 옮겨 그 꼬리를 위상자 1의 머리에 붙였다. 그 다음 위상자 1의 꼬리에서 위상자 2의 머리까지를 잇는 선분으로 합성 파동의 위상자 Y'를 그렸다. 이 위상자의 처음 위상 ϕ'_0은 위상자 Y'가 위상자 1과 이루는 각도이다.

위상자가 참된 벡터는 아니지만, 덧셈은 벡터처럼 할 수 있다. Y'와 ϕ'_0의 값을 셈하려면 벡터셈을 할 수 있는 계산기를 써서 위상자 1과 2를 곧바로 벡터 덧셈할 수 있다. 크기 $4.0\,\text{mm}$이고 각도 $0\,\text{rad}$인 벡터에 크기 $3.0\,\text{mm}$이고 각도 $\pi/3\,\text{rad}$인 벡터를 더하면 된다. 또는 다음과 같이 벡터성분끼리 더해주어도 된다. 수평성분의 덧셈은 다음과 같다.

$$\begin{aligned} Y'_{수평} &= Y_1 \cos 0 + Y_2 \cos \pi/3 \\ &= 4.0\,\text{mm} + (3.0\,\text{mm}) \cos \pi/3 = 5.50\,\text{mm} \end{aligned}$$

수직성분의 덧셈은 다음과 같다.

$$\begin{aligned} Y'_{수직} &= Y_1 \sin 0 + Y_2 \sin \pi/3 \\ &= 0 + (3.0\,\text{mm}) \sin \pi/3 = 2.60\,\text{mm} \end{aligned}$$

따라서 합성 파동의 진폭은 다음과 같다.

$$Y' = \sqrt{(5.50\,\text{mm})^2 + (2.60\,\text{mm})^2} = 6.1\,\text{mm} \qquad \text{(답)}$$

그리고 합성 파동의 처음 위상은 다음과 같다.

$$\phi'_0 = \tan^{-1} \frac{2.60\,\text{mm}}{5.50\,\text{mm}} = 0.44\,\text{rad} \qquad \text{(답)}$$

그림 17-38b에서 파동 2의 처음 위상 ϕ_0는 파동 1의 처음 위상에 대해 양수이다. 따라서 합성 파동은 처음 위상 $\phi'_0 = 0.44\,\text{rad}$ 만큼 파동 1을 뒤따라간다. 식 17-55에서 합성 파동을 다음과 같이 쓸 수 있다.

$$y'(x, t) = (6.1\,\text{mm}) \sin (kx - \omega t + 0.44\,\text{rad}) \qquad \text{(답)}$$

연습문제 17-12

48. 같은 주기
주기가 같고, 진폭이 $5.0\,\text{mm}$와 $7.0\,\text{mm}$인 두 사인 파동이 팽팽한 줄을 타고 같은 쪽으로 간다. 이 두 파동이 겹쳐져서 진폭 $9.0\,\text{mm}$인 합성 파동을 만든다. 진폭이 $5.0\,\text{mm}$인 파동의 처음 위상은 $0.0\,\text{rad}$이다. 진폭이 $7.0\,\text{mm}$인 파동의 처음 위상은 얼마인가?

49. 합성파의 진폭
실 하나에 진동수가 같고, 진폭이 $3.0\,\text{cm}$와 $4.0\,\text{cm}$이고 처음 위상이 $0.0\,\text{rad}$과 $\pi/2\,\text{rad}$인 두 사인 파동이 같은 쪽으로 갈 때, 합성파동의 진폭을 구하라.

50. 세 사인 파동

진동수가 같은 세 사인 파동이 $+x$쪽으로 줄을 타고 간다. 이들의 진폭은 y_1, $y_1/2$, $y_1/3$이고 처음 위상은 0.0 rad, $\pi/2$ rad, π rad이다. 합성파동의 (a) 진폭과 (b) 위상을 구하라. (c) $t = 0.00$ 초인 때의 합성파형을 그리고, 시간이 지나면 어떻게 되는가 설명하라.

추가문제

51. 줄을 따라 가는 펄스 그리기

길고 팽팽한 줄을 타고 가는 펄스를 생각하자. 가만히 있는 줄을 x축으로 잡고, 오른쪽을 $+x$쪽, 위쪽을 $+y$쪽으로 잡는다. 중력은 무시한다. 펄스가 줄을 타고 오른쪽으로 가기 시작한다. $t_1 = 0$인 순간 줄이 모양을 찍을 사진이 그림 17-39A와 같다. 펄스의 오른쪽에 있는 한 점을 붉게 찍었다.

아래에 설명하는 양에 대해 그림 (B-F) 가운데 어느 것이 해당하는지 찾아내라. (위쪽이 +값이다.) 그림 가운데 해당하는 것이 없거든 '없음'이라고 해라. 수직축은 적절한 단위를 붙인다고 하자.

(a) 붉은 점의 y쪽 변위를 시간의 함수로 나타낸 곡선

(b) 붉은 점의 x쪽 속도를 시간의 함수로 나타낸 곡선

(c) 붉은 점의 y쪽 속도를 시간의 함수로 나타낸 곡선

(d) 붉은 점이 받는 힘의 y쪽 성분을 시간의 함수로 나타낸 곡선

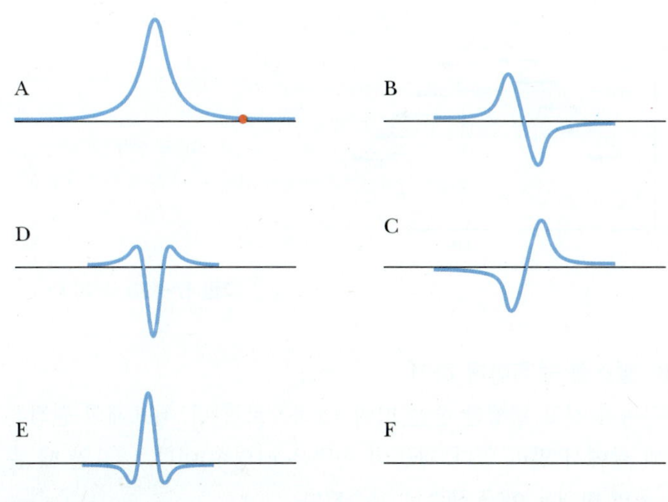

그림 17-39 문제 51

52. 정상파에서의 운동

줄의 한끝은 진동판에 붙어 있고, 다른 끝은 도르래를 통해 추가 달려 실이 팽팽하게 유지된다. 시각 $t = 0.00$ 초에 찍은 사진이 그림 17-40a처럼 생겼다. 그 뒤로 파동의 변위가 커져서 $t = 0.02$ 초에 최대 3 cm가 된 다음, 작아져서 $t = 0.06$ 초에 그림 17-40b처럼 평평해졌다. 그림의 네모 한 변의 길이는 1 cm이다. (a) 줄 위의 두 점을 굵은 검은 점으로 나타내고 A와 B를 붙였다. 시각 $t = 0.00$ 초에 각 점은 어느 쪽으로 움직이고 어떤 점이 더 빨리 움직이는가? (b) 시각 $t = 0.06$ 초에 두 점의 위치를 그림 17-40b에 나타내라. 각 점은 어느 쪽으로 움직이고 어떤 점이 더 빨리 움직이는가? (c) 진동주기는 얼마인가? (d) 줄이 진동하는 동안 내내 A의 속도가 0이 되게 하려면 어떻게 해야 하는가? 두 가지 방법을 들고, 왜 그렇게 되는가를 설명하라.

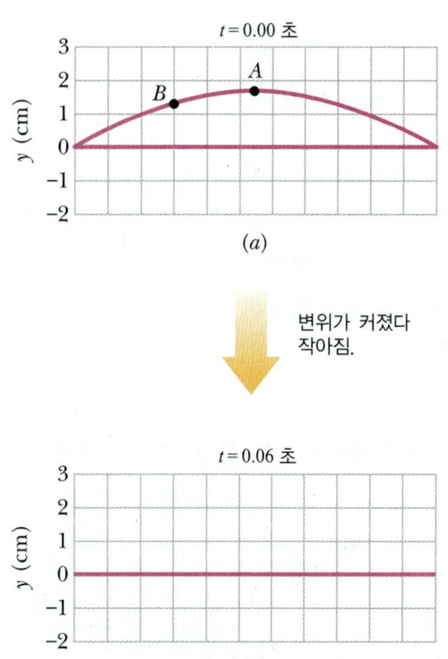

그림 17-40 문제 52

53. 파동에서의 변위와 속도

그림 17-41의 각 그림표는 파동이 줄을 타고 가는 모습 또는 실 위의 어느 한 점의 가로(위아래)방향 속도를 어떤 순간 t_1에 잡은 것이다. 어떤 모습인가에 따라 그림에는 아래의 내용이 담겨 있다. (a) 오른쪽으로 가는 파동, (b) 왼쪽으로 가는 파동, (c) 정상파에서 시간에 따라 변위가 작아지는 것을 순간 t_2에 잡은 것. 아래의 각 경우에 대해 파동이 무엇을 하는지 (a)~(d)에서 골라라.

i) 그림표 A는 줄의 모양, 그림표 B는 줄의 속도의 그림표이다.

ii) 그림표 A는 줄의 모양이자 줄의 속도의 그림표이다.

iii) 그림표 B는 줄의 모양, 그림표 A는 줄의 속도의 그림표이다.

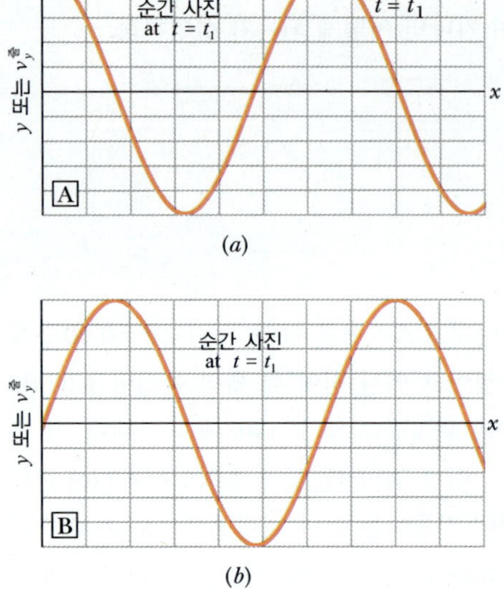

그림 17-41 문제 53

54. 파동 함수 해석

아래의 식을 생각하자.

$$y(x,\ t) = Y\cos(at)\sin(bx)$$

x는 위치, t는 시간을 나타낸다. (a) 이 식이 나타내는 물리적 상황을 설명하라. 설명에 그림과 문장을 넣고, 무엇이 y와 x인가를 표시하라. (b) a가 두 배이면 (a)에서 설명한 물리적 상황이 어떻게 달라지는가? (c) b가 두 배이면 (a)에서 설명한 물리적 상황이 어떻게 달라지는가? 답을 어떻게 얻었는가 설명하라.

55. 파동과 속도

그림 17-42a의 네 그림표 (A)–(D)는 파동이 실린 길고 팽팽한 줄의 순간 모습이다. 점선은 $t = 0$초인 순간, 실선은 조금 뒤의 줄 모양의 일부이다. 그림은 모두 같은 순간 $t = 0$초에 잡았지만 모양이 다른 까닭은 순간 속도가 줄의 각 부분마다 다르기 때문이다.

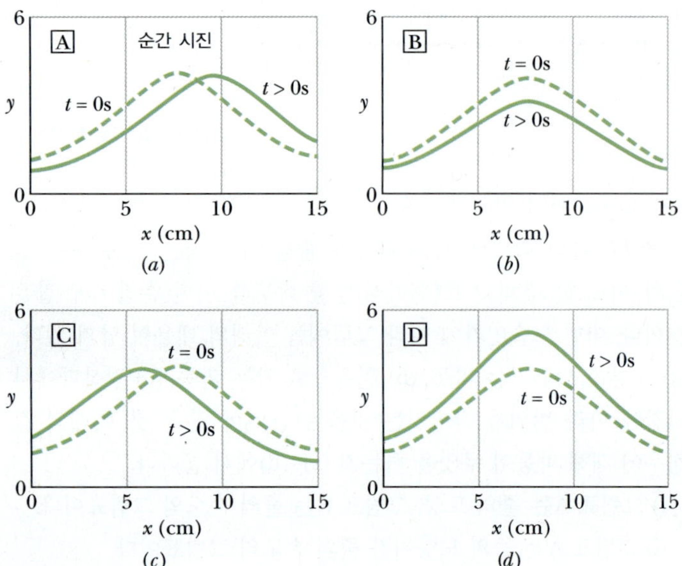

그림 17-42a 문제 55

그림 17-42a의 네 경우에 대해 실선으로 보인 변위 y의 모양에 맞는 줄의 각 점의 속도분포를 그림 17-42b의 여섯 가지 가운데 하나씩 골라라. (화살표는 주로 속도의 방향을 나타낸다. 길이는 얼추 속도의 크기에 비례하게 그렸지만, 엄밀하지는 않다.)

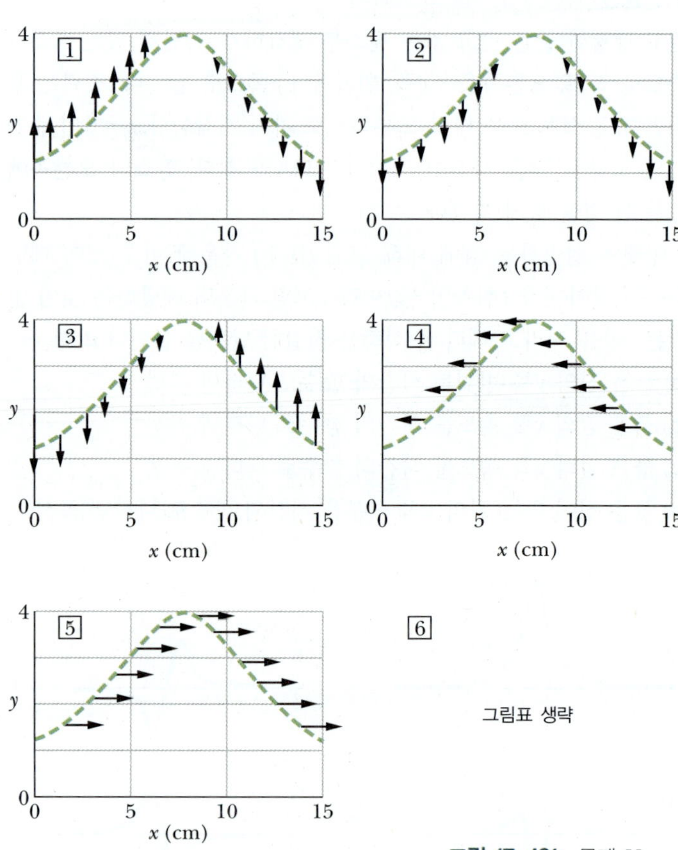

그림 17-42b 문제 55

56. 펄스를 움직이게 하기

수직파가 길고 팽팽한 줄을 따라 $+x$쪽으로 간다. 좌표계의 원점은 줄의 끝에서 멀리 있다. 파동의 속력은 v(양수)이다. $t = 0$일 때 순간 줄의 변위는 아래 함수로 기술된다.

$$y = f(x,\ 0) = \begin{cases} A\left(1 - \left|\dfrac{x}{l}\right|\right) & |x| \leqq l \\ 0 & |x| \geqq l \end{cases}$$

(a) $A = l/2$일 때 $t = 0$일 때 줄의 실제 모습을 그려보라. (b) 다음 순간의 파형을 그려보라. 1) $t = l/v$, 2) $t = 2l/v$, 3) $t = -3lv$.

57. 파동의 비교

그림 17-43은 $t = 0$인 순간 파동의 일부 모습이다. 이 그림을 네 번

베껴서, 조금 뒤의 순간의 모양을 아래의 네 경우에 대해 점선으로 그려보라.(그 시간은 파동이 한 파장을 갈 정도의 시간보다는 짧지만, 줄의 모양이 변하는 것을 느낄 수 있을 만큼은 길다.)

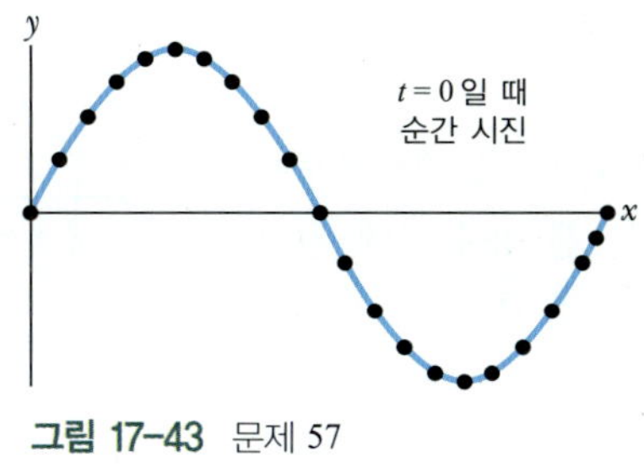

그림 17-43 문제 57

A. 펄스는 오른쪽으로 가는 파동이다.

B. 펄스는 왼쪽으로 가는 파동이다.

C. 펄스는 정상파로서 시간이 지나면서 변위가 점점 커진다.

D. 펄스는 정상파로서 시간이 지나면서 변위가 점점 작아진다.

각각의 그림에서 점으로 나타낸 곳의 속도를 화살표로 나타내라.

58. 펄스 결합

그림 17-44는 팽팽한 줄에 실린 펄스의 성질을 나타낸다. (a)–(e)의 성질에 가장 잘 맞는 그림표를 골라라. 맞는 것이 없으면 '없음'이라 써라.

팽팽한 줄을 타고 두 펄스가 간다. 시각 $t = t_1$에 위로 솟은 펄스는 오른쪽 끝에서 왼쪽으로, 아래로 패인 펄스는 왼쪽 끝에서 오른쪽으로 간다. t_1에 두 봉우리 사이의 거리는 2초이며, 각 펄스의 폭보다 훨씬 멀리 있다. 펄스의 진행속력은 v_1이다. 그림표의 눈금은 얼추 잡았고, 똑같지 않다. (a) 어떤 그림표가 시각 $t = t_1$의 줄의 모양을 가장 잘 나타내는가? (b) 어떤 그림표가 시각 $t = t_1 + s/v_1$의 줄의 모양을 가장 잘 나타내는가? (c) 어떤 그림표가 시각 $t = t_1 + 2s/v_1$의 줄의 모양을 가장 잘 나타내는가? (d) 어떤 그림표가 시각 $t = t_1 + s/v_1$의 줄의 속도를 가장 잘 나타내는가? (e) ε이 s/v_1에 비해 아주 짧은 시간이라면 어떤 그림표가 시각 $t = t_1 + s/v_1 + \varepsilon$의 줄의 모양을 가장 잘 나타내는가?

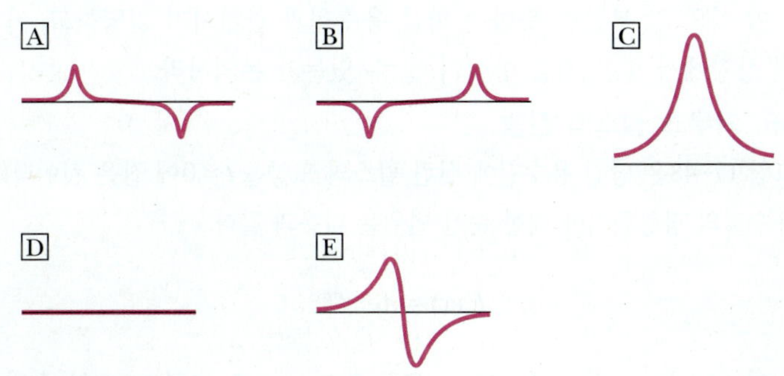

그림 17-44 문제 58

59. 비대칭 삼각 펄스 움직이기

$t = 0$인 순간 길고 팽팽한 줄에 아래의 함수 $f(x)$의 모양을 한 펄스가 $+x$쪽으로 가기 시작했다.

$$f(x) = \begin{cases} \frac{1}{4}x + 1 & -4 < x < 0 \\ -x + 1 & 0 < x < 1 \\ 0 & \text{나머지 영역} \end{cases}$$

(x와 f의 단위는 cm이다.) (a) $t = 0$일 때의 줄 모양을 보여주는 그림표를 그리되, 좌표축에 설명을 붙여라. (b) 줄의 선밀도가 50 g/m이고, 장력 5 N을 받을 때 시각 $t = 0.001$초의 줄 모양을 보여주는 그림표를 그리되, 좌표축에 설명을 붙여라. (c) 파동 방정식의 해를 명확한 함수꼴로 써서 줄의 변위를 어느 때건 어느 곳이건 알 수 있게 하라. (d) 펄스가 도착하여 위쪽으로 움직이고는 있지만, 최대 변위에는 이르지 못한 곳의 속력은 얼마인가? 이곳을 펄스의 봉우리가 지나간 뒤 애초의 위치로 돌아가고 있을 때의 속력은 얼마인가?

60. 어떤 파동?

그림 17-45a는 순간 t_1의 줄 모양을 보여준다. 줄의 각 부분은 화살표로 나타낸 속도로 움직인다. (수직 변위는 작아서 그림에 드러나지 않는다.) 그림 17-45b의 다섯 그림표는 위에서 보인 줄 모양을 수직축의 눈금을 100배 키워 보여준다.

깨끗한 종이를 마련하여, A에서 E까지 줄을 바꾸어가며 적고, 그에 대응되는 그림표가 아래에 설명한 줄의 운동 가운데 어떤 것인지 골라 적어라. (L) 왼쪽으로 가는 파동, (R) 오른쪽으로 가는 파

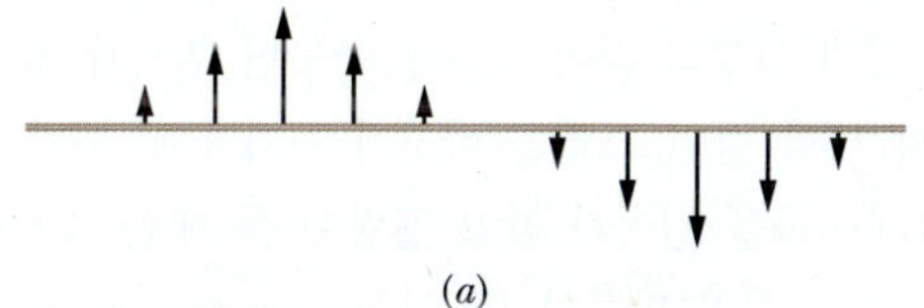

(a)

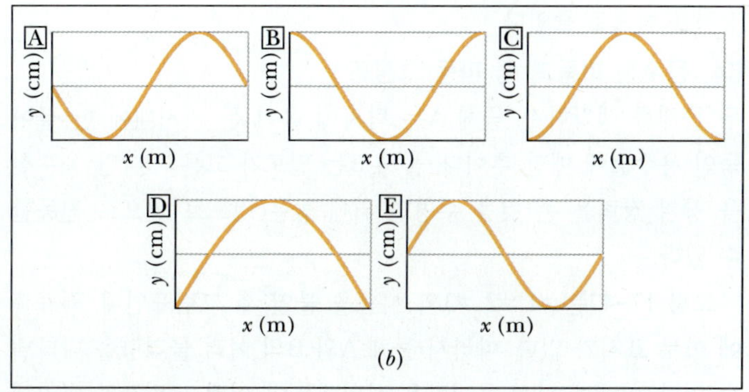

(b)

그림 17-45 문제 60

동, (S+) 정상파인데 변위가 점점 커지는 것, (S−) 정상파인데 변위가 점점 작아지는 것, (N) 어느 것도 아님.

61. 용수철과 줄

이 단원에서 용수철에 달린 추의 운동과 팽팽한 줄의 진동을 살펴보았다. 두 역학계의 비슷한 점과 다른 점을 설명하고, 각각의 운동방정식을 적어라.

62. 펄스 해석

교수가 길고 팽팽한 용수철에 실린 파동의 운동을 보여준다. 그는 바닥에 놓인 용수철의 한쪽 끝을 잡아 옆으로 흔든다. 용수철의 다른 쪽 끝은 쇠막대에 꼭 묶여 있다. 용수철은 장력 T를 받고, 선밀도는 μ이다. 교수가 그림 17–46과 같이 펄스를 만들어 오른쪽으로 보낸다. 이 펄스는 세모꼴이고 대칭꼴이 아니다. 이 그림은 시각 t_1의 모습이다. (a) 펄스의 봉우리가 벽에 이르는데 걸리는 시간 τ를 셈하라(거리는 s이다). (b) 시각 $t_1 + \tau$에 용수철은 어떤 모습일까? 그림을 세밀하게 그리고 설명을 붙여라. 그리고 그 결과를 어떻게 얻었는가 설명하라. (c) 조금 뒤, 말하자면 시각 $t_1 + 2\tau$에 용수철은 어떤 모습일까? 왜 그러한 결과를 얻게 되는가? (d) 펄스의 폭은 0.5 m이다. 용수철의 장력이 5 N이고 선밀도가 0.1 kg/m이면 교수가 이 펄스를 만드는데 걸리는 시간은 얼마일까?

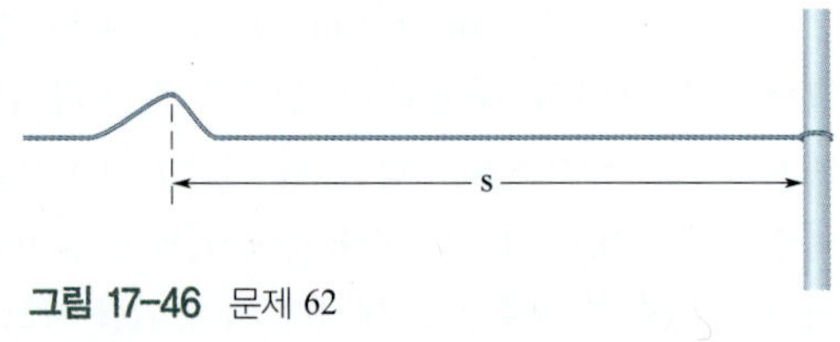

그림 17–46 문제 62

63. 수정된 고차 조화파동

팽팽한 줄의 양끝이 묶여 있다. 줄의 기본 진동 모드의 주기가 T_0라고 하자. 아래 설명과 같이 조건을 바꾸면 주기가 몇 배로 바뀌는지 셈하라. 예를 들어, 조건을 바꾸자 주기가 두 배가 된다면, 답은 '2'이다. (a) 줄을 길이가 같고 질량이 두 배인 것으로 바꾼다. (b) 파장이 $\frac{1}{3}$인 파동을 만든다. (c) 진폭을 두 배로 키운다. (d) 줄의 장력을 반으로 줄인다.

64. 용수철 파동과 줄 파동 그림표

두 물체를 생각하자. 물체 A는 탁자에 올려 둔 지지대에 한 끝이 묶인 용수철에 매단 추이다. 물체 B는 밀도가 고른 기다란 용수철을 당겨 장력을 준 것을 수평면 위에 놓은 것으로 옆으로 진동할 수 있다.

그림 17–47는 #1, #2, #3의 이름을 붙인 세 그림표인데, 좌표축에 아무 표시가 없다. 따라서 물체 A와 B의 여러 물리량을 나타낼 수 있다. 아래에 다섯 물리량을 설명했는데, 어떤 그림표가 여기에 맞는지 찾아라. 맞는 그림표가 하나 이상이면 모두 찾아내라. 맞는 것이 없으면 "없음"이라고 적어라.

(a) 바닥을 기준으로 잰 용수철에 달린 추(물체 A)의 높이를 추가 진동하기 시작한 뒤 시간 함수로 나타낸 것.

(b) 기다란 용수철(물체 B)에 조화파동이 실려 있는 동안, 어느 순간에 잰 평형상태에 대한 변위를 위치 함수로 나타낸 것.

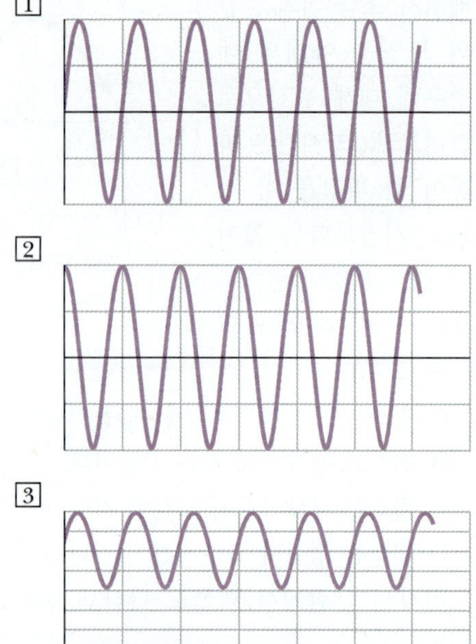

그림 17–47 문제 64

(c) 용수철에 달린 추(물체 A)의 평형상태에 대한 변위를 시간 함수로 나타낸 것이 #1 그림표라고 할 때, 속도를 시간의 함수로 나타낸 것.

(d) 기다란 용수철(물체 B)을 따라 펄스 하나가 진행할 때, 한 부분의 가로 방향 속도를 시간 함수로 나타낸 것.

(e) 기다란 용수철(물체 B)의 평형상태에 대한 변위를 위치 함수로 나타낸 것이 #2 그림표라고 할 때, 한 부분의 속도를 시간 함수로 나타낸 것.

65. 파동 방정식 살펴보기

팽팽한 줄을 타고 가는 수직파의 가로 방향 변위를 기술할 때 흔히 아래의 파동 방정식을 쓴다.

$$\frac{\partial^2 y}{\partial x^2} = \frac{1}{v_1^2}\frac{\partial^2 y}{\partial t^2}$$

이 식의 각 부분이 뜻하는 바를 용수철과 관련시켜 설명하고, 어떤 상황에서 좋은 기술 방식이 될 수 있는가 논의하라.

66. 가우스 펄스의 진행

그림 17–48은 당긴 용수철에 실린 펄스의 모양을 $t = 0$에 잡은 것이다. 용수철의 평형위치에 대한 순간 변위는 다음과 같다.

$$F(x) = Ae^{-(x/b)^2}$$

이 펄스는 $+x$쪽으로 속도 v_1으로 간다. (a) 조금 뒤 $t = t_2$인 순간의 용수철 모양을 그려라. 봉우리의 높이와 위치를 식에 준 기호를

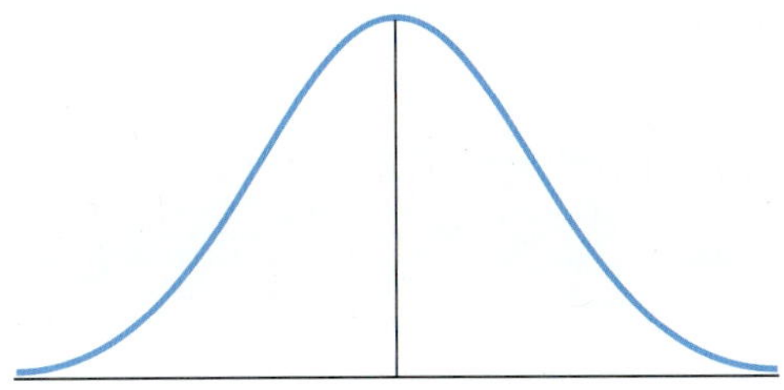
그림 17-48 문제 66

써서 나타내라. (b) 용수철의 변위를 어느 때건, 어느 곳이건 알 수 있게 파동함수 $y(x, t)$를 적어라. (c) 용수철에서 $x = 2b$인 곳의 속도를 시간의 함수로 보여주는 그림표를 그려라.

67. 펄스 변이*

길고 팽팽한 줄의 왼쪽 끝이 그림 17-49과 같이 벽에 묶여 있다. 어떤 사람이 다른쪽 끝을 잡고 흔들어 진폭이 아주 작은 펄스를 만들자, 그것이 시각 t_1에 벽에 이르렀다. 줄의 가운데 부분에 붉은 점을 붙였다. 아래에 설명한 상황이 일어나려면 1-10까지 나열한 행위 가운데 어떤 일을 해야 하는가 골라내라. 각각의 문제에 대해 답이 여러 개이면 모두 골라라.

그 사람이 애초의 실험을 되풀이하되, 다음 상황을 만들 수 있는가? (a) 펄스가 벽에 이르는 시간이 더 오래 걸린다. (b) 애초의 펄스보다 폭이 더 넓다. (c) 붉은 점이 애초의 실험보다 더 멀리 간다.

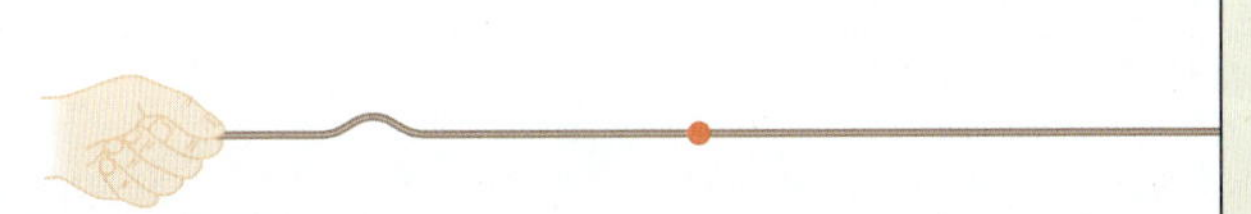
그림 17-49 문제 67

1. 손을 더 빨리 흔든다(그러나 위아래로 한 번만, 똑같은 폭으로 흔든다).
2. 손을 더 천천히 흔든다(그러나 위아래로 한 번만, 똑같은 폭으로 흔든다).
3. 똑같은 시간에 손을 더 큰 폭으로 위아래로 흔든다.
4. 똑같은 시간에 손을 더 작은 폭으로 위아래로 흔든다.
5. 더 무겁고 길이가 같은 실에 똑같은 장력을 준다.
6. 더 가볍고 길이가 같은 실에 똑같은 장력을 준다.
7. 선밀도가 같은 줄을 쓰되, 장력을 더 약하게 준다.
8. 선밀도가 같은 줄을 쓰되, 장력을 더 세게 준다.
9. 파동에 더 센 힘을 준다.
10. 파동에 더 약한 힘을 준다.

68. 교재의 오류 살펴 보기

그림 17-50은 널리 쓰이는 교재의 첫판에서 따온 것이다. 왼쪽의 그림 (a)는 고정된 끝에 펄스가 다가와 반사되는 것을 보여준다. 오른쪽 그림 (b)는 풀려 있는 끝(고리가 마찰이 없는 막대에서 미끄러진다)에 펄스가 다가와 반사되는 것을 보여준다. 적어도 여섯 개의 그림은 잘못되었다. 어떤 것인가 찾아내고, 왜 그런가 설명하라. (**실마리**: 제2판에서는 펄스를 대칭꼴로 만들어 대부분의 문제를 고쳤다.)

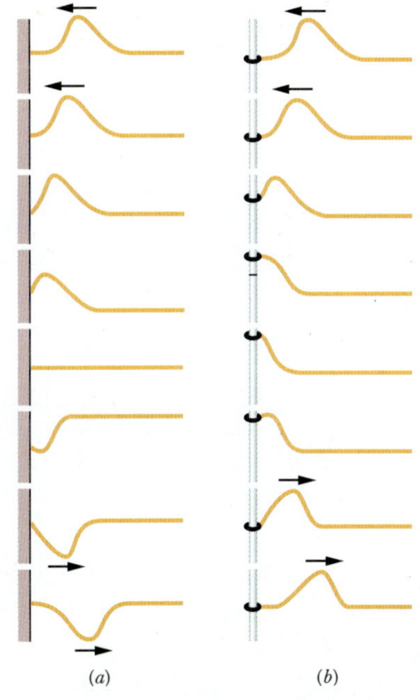

그림 17-50 문제 68

69. 실에서의 펄스 그림표

그림 17-51*a*는 팽팽한 줄을 타고 오른쪽으로 가는 펄스의 사진이다. 오른쪽 붉은 점은 실에 붙인 질량을 무시할 수 있는 작은 구슬이다.

다음의 각 양을 (수직축에 적절한 값을 붙여) 나타낼 수 있는 그림표를 그림 17-51*b*에서 골라 해당되는 글자를 적어라. 답이 없으면 '없음'으로 적어라.

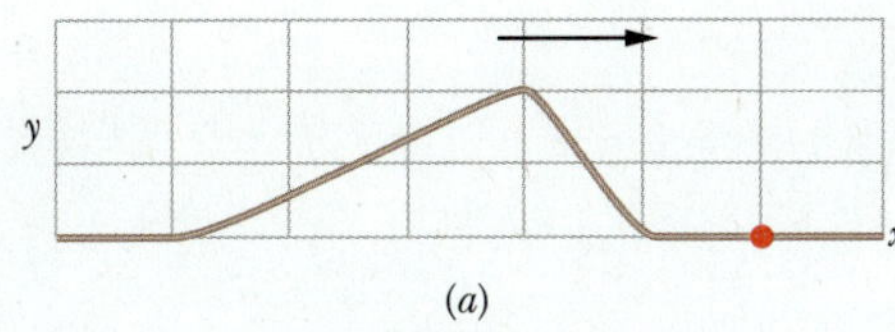

그림 17-51*a* 문제 69

* M.Wittmann의 *Wave Test*에서 따옴.

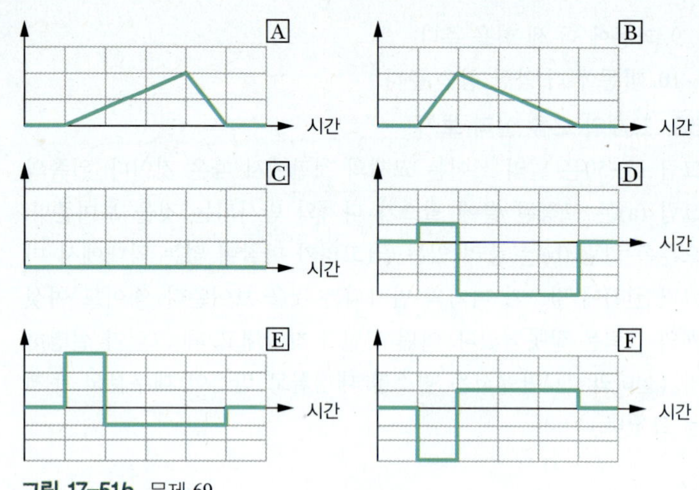

그림 17-51*b* 문제 69

(a) 구슬의 수직(위-아래) 변위

(b) 구슬의 수직 속도

(c) 구슬의 수평(왼쪽-오른쪽) 변위

(d) 구슬의 수평 속도

18 소리(음파)

'말굽 박쥐(horseshoe bat)'는 캄캄한 어둠 속에서 나방의 위치는 물론 상대속도까지도 알아내어 잡으러 다가간다.

박쥐의 검지 체계는 어떻게 작동하며, 나방은 어떻게 그 체계를 '교란'시키거나 효율성을 낮출까?

◈ 답은 이 장에 있다.

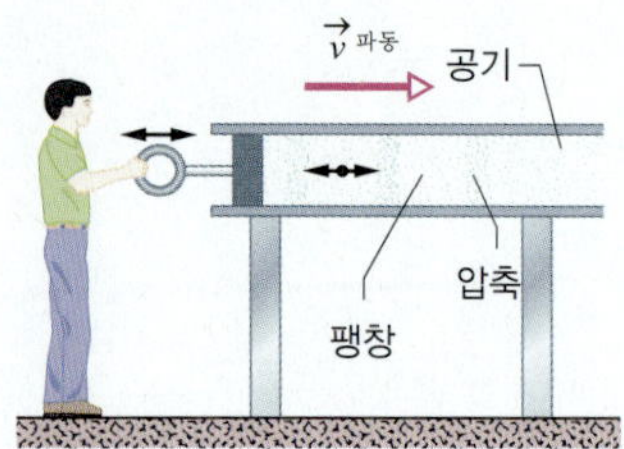

그림 18-1
공기를 채운 관에서 피스톤을 앞뒤로 빨리 움직이면 소리가 생긴다. 공기 토막의 흔들림(검은 점으로 표시)은 파동이 가는 방향과 나란하므로 이것은 평행파이다.

18-1 소리

• 소리는 무엇인가?

17장에서 보았듯이, 역학적 파동은 물질을 통해서만 퍼져갈 수 있고, 크게 파동이 가는 방향에 대해 매질의 진동 방향이 직교하는 수직파(횡파)와 나란한 평행파(종파)의 두 가지로 나눌 수 있다. 앞장에서 설명한 용수철 줄의 팽창/압축 파동(그림 17–1)과 그림 18–1에 보인 관을 채운 공기의 파동 등은 평행파이다.

소리(음파, sound wave)는 매질을 지나는 모든 진동수의 평행파로 더 넓게 정의할 수 있고, 귀에 들어오는 평행파 가운데 우리가 들을 수 있는 진동수 범위의 것만을 감지한다. 매질은 고체, 액체, 기체가 될 수 있다. 예를 들어 지질탐사대는 소리를 써서 지각을 탐사하여 유전을 찾아낼 수 있다. 배는 소나(sonar, 음파 탐지기)를 달고 다니면서 바다 속 장애물을 알아낼 수 있다. 병원에서는 진동수가 높은 초음파(ultrasound, 진동수가 높아 사람이 들을 수 없는 소리)를 써서 부드러운 조직의 분포를 컴퓨터로 처리한 영상을 얻을 수 있다(그림 18–2). 물리학과 학생은 실험실에서 초음파 펄스를 써서 물체의 움직임을 추적할 수 있다.

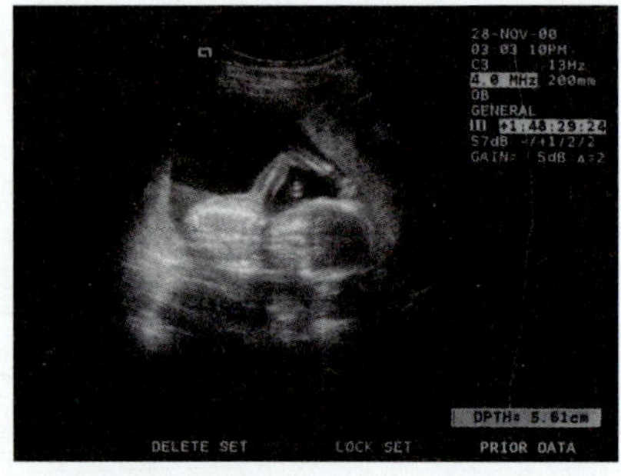

그림 18-2
팔을 구부린 태아의 영상. 이 영상은 진동수가 4 MHz—사람이 들을 수 있는 최고 진동수의 200 배—인 초음파를 써서 얻었다.

이 장에서는 공기 속을 퍼져가는 소리 — 귀로 들을 수 있는 소리 — 의 특성을 집중적으로 배운다. 먼저 파동이 1, 2, 3차원 공간을 퍼져갈 때의 차이점부터 시작한다.

• 파동의 차원

줄을 타고 가는 줄 파동 펄스와는 달리 작은 '점' 같은 음원(sound source)에서 나오는 소리는 보통 한쪽으로만 가지 않고 사방으로 퍼진다. 앞으로 34~38장에서 배울 전자기파도 마찬가지다. 소리와 전자기파(빛)가 어떻게 퍼져 가는가를 알려면 공간의 차원이 파동의 진행에 어떤 영향을 주는가를 알아야 한다.

앞 장에서 줄을 타고 가는 파동의 마루가 줄을 따라 계속 가는 것을 보았다. 소리가 기다란 관을 따라 가게 하면 공기가 압축된 곳인 파동의 마루부분은 그림 18–1과 같이 관의 축과 직교하는 평면에 놓일 것이다. 그러한 1차원 파동을 **평면파(plane wave)**라고 한다. 예를 들어 1–8절에서 설명한 초음파 운동 감지기가 내는 비교적 가느다란 초음파 살은 1차원 평면파와 비슷하게 움직인다.

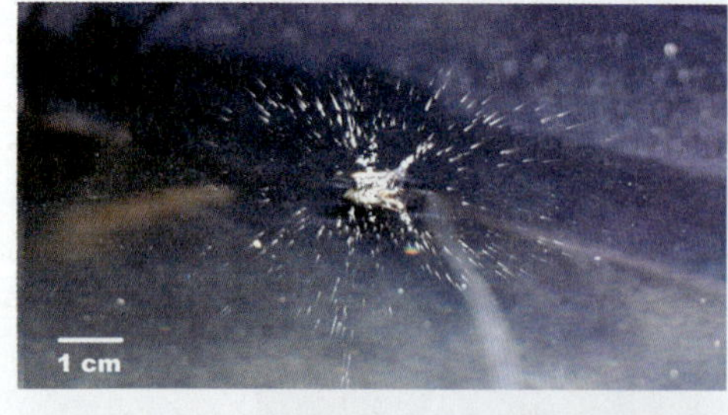

그림 18-3
물을 채운 통에 지름 0.79 cm인 쇠공을 떨어뜨려 물결을 일으켰다. 쇠공이 떨어진 곳에서 물결 마루는 바깥쪽으로 퍼져가며 점점 더 큰 동그라미를 만든다. 물결 마루가 퍼지는 속력은 약 30 cm/s로 일정하다.

한편 두 장의 널따란 합판 사이에 작은 음원을 두면 소리의 마루는 바깥쪽으로 퍼져가며 점점 더 큰 동그라미를 그린다. 소리가 2차원적으로 퍼져가는 모습을 눈으로 볼 수는 없지만, 2차원 표면파인 물결이 퍼져가는 모습은 흔히 볼 수 있다. 예를 들어 연못에 돌멩이를 던지면, 그림 18–3과 같이 돌멩이가 떨어진 곳을 중심으로 물결이 동심원을 그리며 퍼져간다. 이 2차원 파동을 **원형파(circular wave)**라고 한다.

손가락을 튕기거나 작은 방울을 흔들면 압축 파동이 생겨난다. 음원의 크기에 비해 매우 먼 곳에서는 압축 파동의 마루가 부푸는 공처럼 3차원으로 퍼져간다(그림 18–4). 파동 에너지가 어느 한 쪽으로 몰리지 않고 사방으로 고르게 퍼져가는 3차원 파동을 **구면파(spherical wave)**라고 한다.

음원의 차원과 그것에서 생겨난 소리의 차원이 같을 필요는 없다(기타줄은 1차원이지만, 기타 소리는 3차원 파동이다). 소리는 흔히 공기나 물처럼 밀도가 고른 매질 속을 간다. 이때, 파동의 차원은 그것을 만들어내는 음원의 차원이 아니라, 파동이 퍼져갈 때의 파동 마루의 곡률을 가지고 따지면 된다. 일반적으로 파동의 차원은 파동이 퍼져가는 곳에서의 모양을 바탕으로 정의할 수 있다. 그 까닭은 파동의 차원이 정해지면, 파동의 마루(최대)와 골(최소), 마디(정지점)의 모양은 같기 때문이다. 예를 들어 2차원 파동에서 마루, 골, 마디는 모두 동그라미이거나 적어도 활꼴을 이룬다.

퍼져가는 파동에서 위상이 같은 점들의 집합을 **파면(wavefront)**이라고 하면 이해하기 편리하다. 예를 들어 마루, 마디, 골을 이루는 모든 이웃한 점의 집합이 파면이 될 수 있다. **파선(ray)**은 파면에 직교하고, 파면이 가는 쪽을 가리키는 선이다. 그림 18–4의 파선에 겹쳐 놓은 짧은 양날화살표는 소리를 전달하는 매질인 공기의 진동 방향을 나타낸 것으로 파선과 나란하다.

1차원 파동 또는 평면파는 파면이 평면인 파동이다. 2차원 파동 또는 원형파의 파면은 원통처럼 팽창하고, 3차원 또는 구면파의 파면은 공처럼 팽창한다. 이러한 정의는 이상적인 점 파동샘이 없을 때도 쓸모가 있다. 예를 들어 자동차 문에 붙은 납작한 확성기는 '앞쪽'으로만 소리를 내보낸다. 이 경우에는 파면이 반구형 3차원이 될 것이다.

파면이 퍼져 가면 반지름이 커지므로 곡률은 작아진다. 파동샘에서 아주 멀어지면, 3차원 파동과 관련된 공은 아주 커져서 그 표면을 더 이상 곡면으로 볼 수 없게 된다. 예를 들어 연주회장에서 가수의 노래를 들을 때 우리는 가수에게서 아주 멀리 있으므로 우리가 듣는 소리의 파면은 국소적으로는 평면으로 볼 수 있다. 따라서 소리에 관해 배울 때 소리를 1차원 평면파처럼 다룰 것이다. 마찬가지로 36장에서 빛이 가는 틈을 지나거나 2차원 표면을 지나면서 간섭할 때 빛을 3차원 파동이 아니라 2차원 파동처럼 다룰 것이다.

이제 이 장의 주제인 소리의 본질로 돌아가자.

(a)

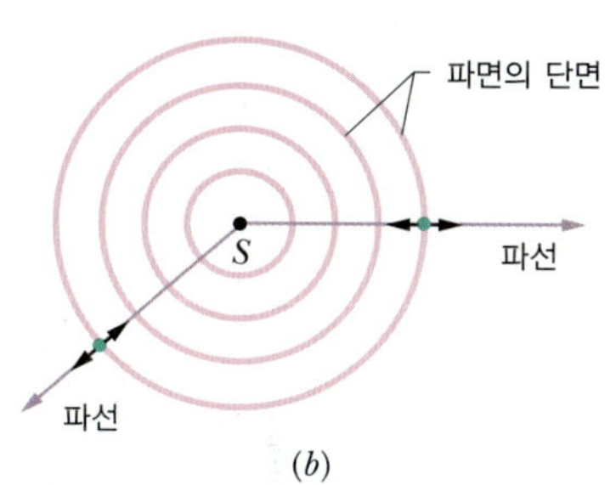

(b)

그림 18–4
(a) 일정 간격으로 계속 울리는 작은 방울, (b) 방울소리를 듣는 사람이 있는 곳까지의 거리가 방울 크기보다 아주 크면, 방울은 3차원 점 음원과 같은 구실을 한다. 낱낱의 압축 파동의 마루는 부풀어 오르는 공처럼 사방으로 고르게 퍼진다. 네 개의 파동 마루가 이루는 공의 2차원 단면을 보였다. 짧은 양쪽 화살표는 소리를 전달하는 매질인 공기 분자의 진동 방향이 파면이 가는 방향과 나란함을 나타내려는 것이다. 파동 마루에 직각 방향으로 그린 선은 파선이다.

18-2 음속

소리가 퍼져가는 매질의 성질을 알고, 이를 바탕으로 음속을 셈하는 능력은 아주 중요하다. 예를 들어 공기 속의 음속을 알면 번개 친 곳이 얼마나 멀리 있는지 어림할 수 있다. 소리는 공기 속에서 약 322 m/s의 속력으로 가므로, 1 km를 가는데 약 3.1초 걸린다. 따라서 번개 친 다음 3.1초 뒤에 천둥소리가 들렸다면, 번개 친 곳까지의 거리가 약 1 km라고 할 수 있다. 물리 실험실에서 많이 쓰는 초음파 운동 감지기는 소리 펄스를 주위로 내보낸다. 소리 펄스가 감지기에서 나간 뒤 물체에서 반사되어 감지기로 되돌아오는데 걸린 시간을 바탕으로 물체까지의 거리를 잰다.

매질의 어떤 성질이 음속을 결정할까? 음속과 줄을 타고 가는 줄 파동의 속력(17–6절) 사이의 비슷한 점을 끌어내 보자. 줄의 장력 T가 클수록 줄 파동의 속력이 커지는 것을 알았다. 그렇지만,

장력은 줄 토막이 평형점을 벗어났을 때 그것을 평형점으로 되돌리는 복원력의 크기를 결정한다. 예상할 수 있듯이, 줄의 선밀도가 커질수록 파동의 속력은 느려진다는 것도 알았다. 보통 줄의 일부가, 줄의 선밀도 μ는 관성으로써 줄 토막이 복원력에 대해 얼마나 빨리 또는 느리게 반응하는가를 결정하기 때문이다. 따라서 팽팽한 줄을 타고 가는 파동의 속력에 관한 식 17-25를 다음과 같이 일반화할 수 있다.

$$v^{파동} = |\vec{v}^{파동}| = \sqrt{\frac{F^{장력}}{\mu}} = \sqrt{\frac{복원성}{관성}} \qquad (17\text{-}25)$$

매질이 (공기나 물과 같은) 유체이고 파동이 평행파이면, 줄의 선밀도 μ와 같은 관성은 유체의 부피 밀도 ρ임을 짐작할 수 있다. 복원성에 관해서는 무엇을 정의해야 할까?

소리가 유체를 지나갈 때, 유체의 각 요소는 유체 속의 압력 차이 때문에 압축과 팽창을 번갈아 하게 된다. 유체의 일부가 압축되면 압력이 높아져서 옆에 있는 유체를 밀어낸다. 이렇게 압력을 받으면 부피는 줄어든다. 그 다음에는 다시 옆의 다른 유체를 밀게 된다…. 이것이 유체 속에서 압축 파동이 퍼져가는 과정이다.

그림 18-5과 같이 유체의 복원성은 질량요소가 압력을 받을 때 부피가 얼마나 변하는가에 따라 결정된다. 압축 파동이 가면서 각 질량요소의 밀도가 일시적으로 높아진다. 유체의 질량요소의 밀도가 더 높아지면, 압력이 높아져서 그 요소와 그 옆의 다른 요소 사이에 압력차가 생긴다. 용수철이 얼마나 단단한가를 k가 말해주듯이, 3차원 매질이 얼마나 '단단한가'를 말해주는 인자 B를 정의할 수 있다. 그것은 유체의 **부피 탄성율(bulk modulus)**로써 유체가 받는 압력변화를 부피 변화율로 나눈 값으로 정의한다.

$$B \equiv -\frac{\Delta P}{\Delta V/V} \qquad (부피\ 탄성율의\ 정의) \qquad (18\text{-}1)$$

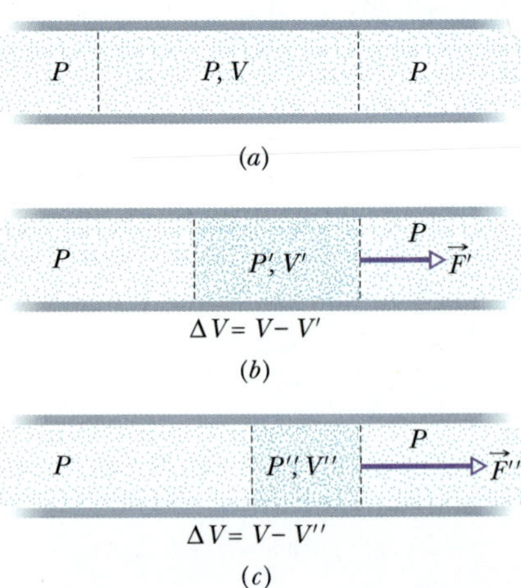

그림 18-5
(*a*) 압력 P를 받는, 정상 상태의 유체. (*b*) 압력 파동이 부피 탄성률이 큰 유체를 지나가면 질량요소가 압축되어 부피가 V'로 줄어든다. (*c*) 똑같은 압력 파동이 부피 탄성률이 더 작은 유체를 지나간다. 질량요소의 부피가 더 많이 줄어든다.

여기에서 $\Delta V/V$는 압력변화 ΔP로 생기는 부피변화율이다.[15-3절에서 설명한 것처럼 압력의 국제단위는 '제곱미터당 뉴턴'으로 파스칼(pascal, Pa)이라고 한다.] 앞의 (−) 부호는 매질의 압력이 높아지면 부피가 줄어드는 것을 나타낸다.

소리의 진폭이 작을 때는 압력 변화에 대한, 매질의 부피 탄성율은 거의 일정하며, 줄의 장력이나 용수철의 k와 같은 구실을 한다. 따라서 식 17-25($v^{파동} = \sqrt{F^{장력}/\mu}$)에서 $F^{장력}$을 B로 바꾸고, μ를 ρ로 바꾸면 다음 식을 얻는다.

$$v^{파동} = |\vec{v}^{파동}| = \sqrt{\frac{B}{\rho}} \qquad (유체\ 속에서\ 음속) \qquad (18\text{-}2)$$

줄을 타고 가는 파동과 마찬가지로 유체 속에서 소리의 속도는 진동수와 진폭에 관련 없을 것으로 예상한다.

$\sqrt{B/\rho}$의 차원은 속도의 차원임을 쉽게 보일 수 있다. 17-6절에서 팽팽한 줄을 타고 가는 파동의 속력에 관한 식을 끌어낼 때 쓴 방법과 비슷하게 식 18-2를 수학적으로 이끌 수 있다. 식 18-2가 맞다는 것은 실험으로 확인하였다.

표 18-1은 여러 매질에서 나타나는 음속이다.

표 18-1
음속[a]

매질	속력(m/s)	밀도(kg/m³)	부피 탄성률(N/m²)
기체			
공기(0°C)	331		
공기(20°C)	343	1.21	1.4×10^{5}
헬륨	965		
수소	1284		
액체			
물(0°C)	1402		
물(20°C)	1482	990	2.2×10^{9}
바닷물[b]	1522		
고체			
알루미늄	6420		
강철	5941	7850	1.6×10^{11}
화강암	6000		

[a] 따로 나타내지 않으면 0°C, 1기압
[b] 20°C, 염도 3.5%

물의 밀도가 공기보다 거의 천 배 크다는 것을 눈여겨보라. 이것만이 결정 인자라면 식 18-2에서 물속의 음속은 공기 속의 음속에 비해 상당히 느렸을 것이다. 그렇지만, 표 18-1은 그와는 반대가 참임을 보여준다(식 18-2). 물의 부피 탄성률이 공기보다 약 천 배 더 크다고 결론 지을 수 있다. 이것은 실제로도 그렇다. 물은 공기보다 잘 압축되지 않으며, 이것은 부피 탄성률이 훨씬 크다는 것을 달리 표현한 것이다(식 18-1 참조).

공기 속의 음속을 간단히 잰 결과를 그림 18-6에 그림표로 보였다. 자료를 살펴보면 음속은 약 345 m/s로 온도에 따라 달라진다.

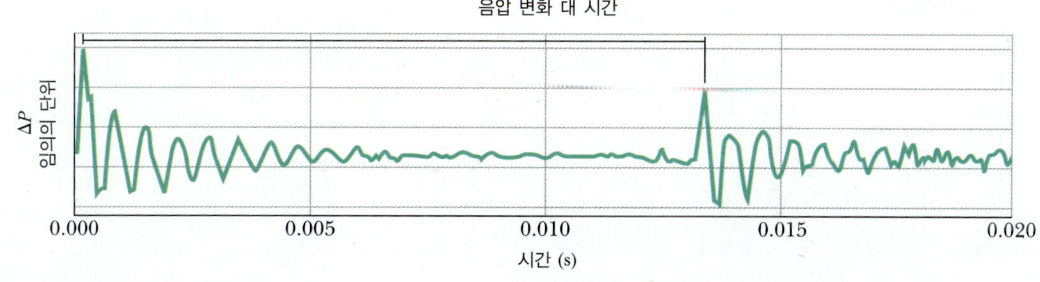

그림 18-6
음속 재기. 손가락으로 튕겨 생긴 음압 변화가 길이 2.4 m인 관을 따라갔다가 되돌아온다. 마이크 감지기를 컴퓨터 자료 수집 장치에 붙여 첫 소리 펄스와 반사된 펄스를 쟀다.

• 공기에서 진행하는 소리 보충

17장에서 설명한 공중에 걸어둔 용수철 줄의 한쪽 끝을 사인함수꼴로 밀고 당기면 그림 18-7*a*와 같이 좁혀지고 벌어진 것이 번갈아 생긴다. 그림 18-1과 같이 공기기둥에 대해서도 피스톤을 밀었다 당겨 비슷한 일을 할 수 있다. 그림 18-7*b*는 공기를 채운 긴 관을 따라 오른쪽으로 가는 파동을 보여준다. 피스톤이 오른쪽으로 움직이면 바로 닿은 부분의 공기가 압축된다. 왼쪽으로 움직이면 그 부분의 공기가 왼쪽으로 움직여 압력이 줄어든다. 관 속에 든 공기의 각 부분이 옆 부분을 차례로 밀어대므로 공기가 오른쪽-왼쪽으로 움직이면 그에 따라 압력이 변화하고, 그것이 관을 따라 다음 부분으로 전해진다.

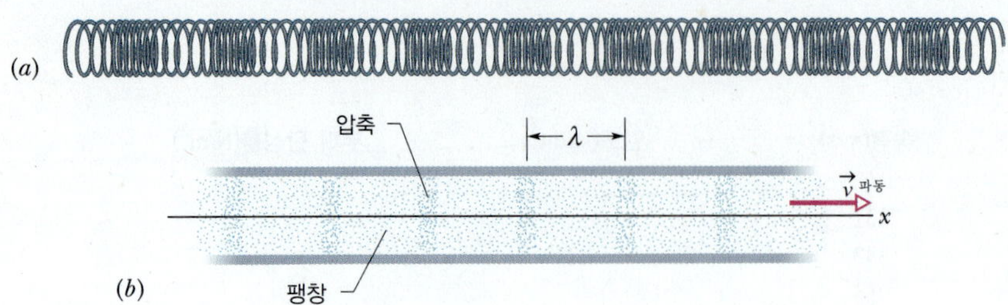

그림 18-7
(a) 걸어둔 용수철 줄을 따라가는 연속 평행파. (b) 공기를 채운 긴 관을 따라 속력 $\vec{v}^{파동}$으로 가는 소리는 공기의 팽창과 압축이 주기적으로 번갈아 생긴 모양이 움직이는 것이다. 그림에 보인 것은 어떤 순간의 모습이다. 파동이 지나면서 두께 Δx(그림에는 보이지 않음)인 유체의 요소가 그것의 평형점을 중심으로 왼쪽과 오른쪽으로 단순 조화 운동을 하며 진동한다.

압축과 팽창(압력이 줄어듦)이 번갈아 나아가는 것이 소리다. 17장에서 배운 것을 되살리자면, 나아가는 것은 공기분자가 아니라 압력의 진동이라는 것에 유의하자. 그렇지만 공기분자(또는 다른 유체의 분자)는 건드려져서 애초에 있던 곳을 중심으로 앞뒤로 흔들린다.

파동이 가면서 그림 18-7*b*의 어느 곳 x에서나 공기 압력은 사인함수꼴로 변화하며, 이것은 수직파에서 줄 토막의 변위와 마찬가지다. 그렇지만 압력 변화는 수직파가 아니라 평행파이다. 압력이 이렇게 국소 대기압에서 벗어나 순수하게 사인함수꼴로 진동하는 것을 시간과 위치의 함수로 기술하려면, 그림 18-8을 생각하자. 사인함수꼴 수직파가 줄을 타고 가는 것을 기술하는 식 17-4를 모형으로 삼을 수 있다. 그렇지만, 우리가 관심을 쏟는 일은 줄의 한 토막의 수직방향 변위가 아니라 압력이 평형값에서 얼마나 변화하는가이다. 식 17-4를 고치면 다음 결과를 얻는다.

$$\Delta P(x,\ t) = \Delta P^{최대} \sin[(kx \pm \omega t) + \phi_0] \tag{18-3}$$

여기에서 $\Delta P^{최대}$는 **압력 진폭(pressure amplitude)**이라고 하며, 압력이 소리 때문에 국소 대기압에서 벗어나는 최대값이다. 우리가 듣는 전형적인 소리에서는 $\Delta P^{최대}$가 소리가 없는 평형상태의 대기압 $P^{대기압}$에 비해 아주 작다.

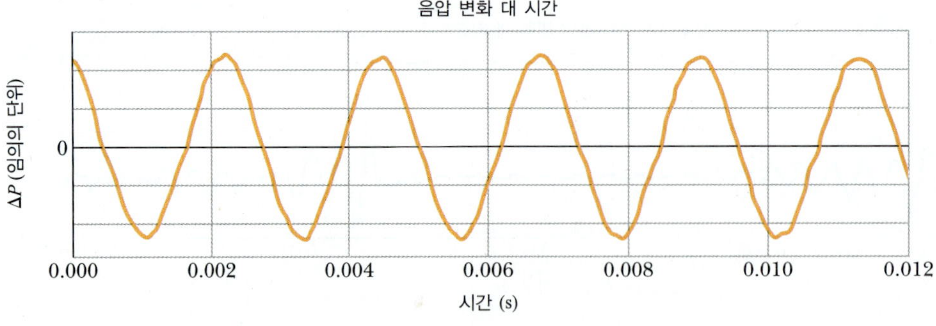

그림 18-8
작은 마이크를 컴퓨터 자료 수집장치에 붙여 공기 압력이 평형값에서 벗어난 것의 변화를 쟀다. 표본 추출율은 25 000자료/초이다. 이 압력 변화는 사인함수꼴로 흔들리는 확성기로 생기게 했다.

평행파인 소리의 파수 k, 각진동수 ω, 진동수 f, 파장 λ, 파동속력 $v^{파동}$, 주기 T, 그리고 시간 및 공간에 따라 변화하는 위상 $\phi(x, t)$는 수직파에 대한 것과 똑같다. 그렇지만, 파장 λ는 이제 소리 때문에 생기는 압축과 팽창이 되풀이되는 구간의 거리다(그림 18-7*b* 참조). 또한 파동의 속력이 $v^{파동} = \lambda f = \omega/k$라는 식 17-13도 여전히 성립한다.

그림 18-8과 식 18-3에서 ΔP의 값이 음수이면 그 부분의 공기가 팽창한 것, 양수이면 압축된 것에 해당한다.

생각해보기 18-1 식 18-2의 차원을 따지면 맞음을 확인하라. 다시 말해 $\sqrt{B/\rho}$가 국제단위로 속도의 차원임을 보여라.

생각해보기 18-2 그림 18-6을 살펴보라. 손가락으로 튕긴 펄스의 최대값은 0.0002초에, 반사된 펄스는 0.0133초에 왔다. 이 시각을 써서 길이 2.26 m인 관 속의 공기를 통해 소리 펄스가 오갈 때의 파동 속력을 셈하라. 셈한 속력의 값이 표 18-1에 보고된 실온의 공기 속의 음속과 같은가? 유의: 방안의 기온은 기록하지 않았다.

따라해보기 18-1 | 소리 도착 지연

우리 머리가 음원의 방향을 결정하는 방법에 대한 실마리는 소리가 양쪽 귀에 이르는 시차 Δt이다. 음원이 멀리 있어 소리가 우리 귀에 이를 때의 파면은 거의 평면이라 하고, 두 귀 사이의 거리를 D로 나타내자.

(a) Δt를 D와 앞쪽에 대한 음원의 방향이 이루는 각 θ로 나타내는 식을 구하라.

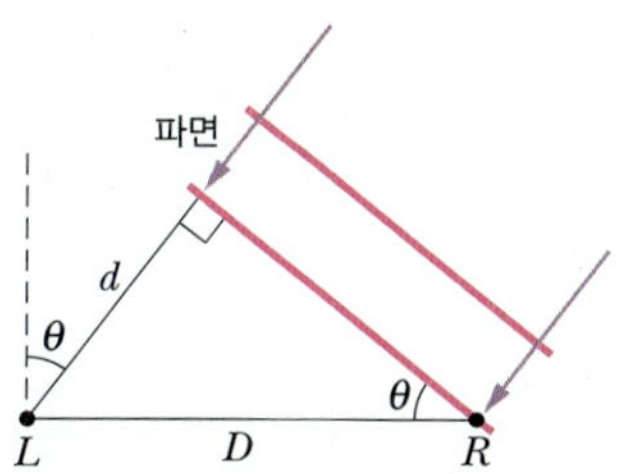

그림 18-9
파면이 왼쪽 귀(L)에 오려면 오른쪽 귀(R)보다 거리 $d(=D\sin\theta)$만큼 더 와야 한다.

풀이 ■ (머리 위쪽에서 본) 상황을 그림 18-9에 보였는데, 듣는 사람의 앞과, 오른쪽에 있는 음원에서 나온 파면이 다가온다. **요점**은 파면이 오른쪽 귀(R)에 온 다음 왼쪽 귀(L)에 올 때 거리 d만큼 더 와야 하므로 시간지연 Δt가 생긴다는 것이다. 그림 18-9에서 다음 결과를 얻는다.

$$\Delta t = \frac{d}{v^{\text{공기}}} = \frac{D\sin\theta}{v^{\text{공기}}} \quad \text{(답)} \qquad (18\text{–}4)$$

여기에서 $v^{\text{공기}}$는 공기 속의 음속이다. 우리의 머리는 일상의 경험을 통해 검지한 Δt의 값(0에서 최소값까지)을 θ(0에서 90°까지)와 연관시켜 음원의 방향을 결정한다.

(b) 여러분이 20°C의 물속에 잠겨 오른쪽($\theta = 90°$)에서 곧바로 오는 파면을 듣는다고 하자. 시간지연을 실마리로 삼으면 음원이 앞쪽 어떤 각도 θ 방향에 있는 것처럼 들리겠는가?

풀이 ■ **요점**은 이제는 소리의 속도가 물속에서의 값 $v^{\text{물}}$이라는 것이다. 따라서 식 18-4에서 $v^{\text{공기}}$ 대신 $v^{\text{물}}$을, θ 대신 90°를 넣으면 다음 결과를 얻는다.

$$\Delta t_{\text{물}} = \frac{D\sin\theta}{v^{\text{물}}} = \frac{D}{v^{\text{물}}} \qquad (18\text{–}5)$$

$v^{\text{물}}$은 $v^{\text{공기}}$의 네 배쯤 되므로, 시간지연 $\Delta t_{\text{물}}$은 공기에서의 최대 시간지연 값의 사분의 일이다. 우리 머리는 경험에 바탕을 두어 물속에서의 시간지연을 공기에서의 시간지연으로 처리한다. 따라서 소리는 90°보다 작은 각도 쪽에 있는 것으로 느낀다. 그 겉보기 각도를 셈하려면 식 18-5의 $D/v^{\text{물}}$을 식 18-4의 Δt에 넣어 다음 결과를 얻는다.

$$\frac{D}{v^{\text{물}}} = \frac{D\sin\theta}{v^{\text{공기}}} \qquad (18\text{–}6)$$

θ를 셈하려면 $v^{\text{공기}} = 343$ m/s, $v^{\text{물}} = 1482$ m/s(표 18-1)을 식 18-5에 넣어 다음 결과를 얻는다.

$$\sin\theta = \frac{v^{\text{공기}}}{v^{\text{물}}} = \frac{343\ \text{m/s}}{1482\ \text{m/s}} = 0.231$$

따라서 각도는 다음과 같다.

$$\theta = 13° \quad \text{(답)}$$

연습문제 18-2

※ 따로 정해주지 않을 때, 필요하다면 아래의 값을 써라.
공기의 음속 = 343 m/s
공기의 밀도 = 1.21 kg/m^3

1. 규칙을 생각해내라
번갯불을 본 순간부터 천둥소리를 들을 때까지 걸리는 시간을 초 단위로 재어, 번개 친 곳까지의 거리를 km 단위로 셈하는 규칙을 생각해내라. 소리는 번개 친 곳에서 똑바로 온다고 가정하라.

2. 야외 연주회

여러분은 커다란 야외 연주회장에 가서, 확성기에서 300 m 떨어진 곳에 앉아 있다. 이 연주회는 위성을 통해 생방송으로 중계된다(빛의 속력은 3×10^8 m/s이다). 연주회장에서 5000 km 떨어진 곳에서 방송을 듣는 사람이 있다. 여러분과 그 사람 중에 음악을 먼저 듣는 사람이 있다면 시차는 얼마인가?

3. 두 구경꾼

몬주익 경기장에서 열리는 축구경기를 두 구경꾼이 보는데, 운동장에서 공을 차는 것을 보고 조금 뒤에 소리를 듣는다. 시차가 한 사람은 0.23 초, 다른 사람은 0.12 초이다. 두 구경꾼과 공을 찬 선수를 잇는 시선 방향은 90°를 이룬다. (a) 두 구경꾼과 공을 찬 선수 사이의 거리는 각각 얼마인가? (b) 두 구경꾼 사이의 거리는 얼마인가?

4. 군인 행렬

군인들이 줄을 지어 맨 앞에 선 고수의 북소리에 발을 맞추어 1분에 120걸음씩 걸어간다. 고수가 오른발을 내딛을 때 줄의 맨 뒤에 있는 군인은 왼발을 내딛었다. 줄의 길이는 얼추 얼마인가?

5. 지진

지진은 지구 속에서 소리를 만들어낸다. 기체와는 달리 지구는 평행파(P파)은 물론 수직파(S파)도 전달한다. 보통 S파의 속력은 4.5 km/s이고 P파는 8.0 km/s이다. 첫 P파가 첫 S파보다 3분 먼저 도착했다(그림 18–10). 파동이 똑바로 갔다면 진앙까지의 거리는 얼마인가?

6. 음속

어떤 금속의 음속이 $v^{금속}$이다. 그 금속으로 된 길이 L인 긴 관의 한쪽 끝을 세게 쳤다. 다른 쪽 끝에서 듣는 사람은 관을 통해 온 소리를 먼저 들은 다음 공기를 통해 온 소리를 듣는다. (a) 공기 속의 음속이 $v^{공기}$라면 두 소리가 도착하는 시차 Δt는 얼마인가? (b) $\Delta t = 1.00$초이고 금속은 강철이라고 하자. 길이 L을 구하라.

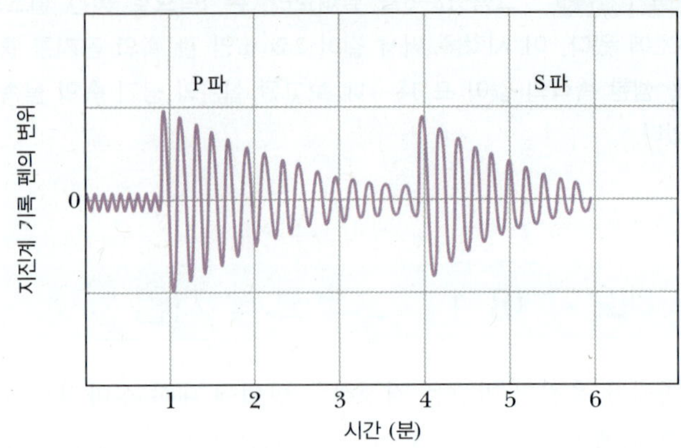

그림 18–10 문제 5

7. 돌을 떨어뜨리다

샘에 돌을 떨어뜨리자, 3초 뒤에 풍덩 소리가 들렸다. 샘의 깊이는 얼마인가?

8. 가청 진동수

정상인의 가청 진동수 범위는 얼추 20 Hz에서 20 kHz까지다. 이 진동수에서의 소리의 파장은 각각 얼마인가?

9. 초음파 진단

부드러운 조직에 있는 암종을 검사하는 진단용 초음파의 진동수는 4.50 MHz이다. (a) 그 소리의 공기 중에서의 파장은 얼마인가? (b) 조직 속의 음속이 1500 m/s이면 파장은 얼마인가?

10. 진행파의 압력

진행하는 소리 파동의 압력은 다음 식과 같다.

$$\Delta P(x,\ t) = (1.05\ \text{Pa})\sin\pi\,[(0.900\ \text{rad/m})\,x - (315\ \text{rad/s})\,t]$$

압력파동의 (a) 진폭, (b) 진동수, (c) 파장, (d) 속력을 구하라.

18-3 간섭

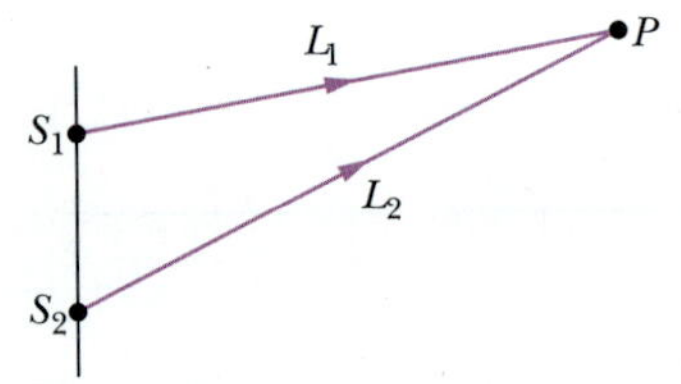

그림 18–11
두 점 음원 S_1과 S_2가 위상이 맞는 소리를 구면파로 내보낸다. 파선은 두 파동이 같은 점 P를 지나는 것을 나타낸다. (파선은 파면과 직교하고, 파동이 가는 쪽을 나타낸다는 것을 상기하라.)

수직파와 마찬가지로 소리도 두 파동이 동시에 한 곳을 지나면 간섭을 한다. 특히 진동수, 파장, 진폭, 그리고 위상이 같은 두 소리의 간섭을 살펴보자. 두 파동이 단 하나 다른 점은 가는 방향이 조금 다른 것이다. 그림 18–11은 그러한 상황을 만드는 방법을 보여 준다. 두 점 음원 S_1과 S_2은 위상이 같은 소리를 낸다. 다시 말해 음원에서 파동이 나갈 때 이들의 변위는 늘 똑같다. 우리는 그림 18–11에서 점 P를 지나는 파동에 관심이 있다. 두 음원 사이의 거리보다 P까지의 거리가 훨씬 멀어 P에서는 두 파동이 거의 나란히 간다고 하자.

두 음원에서 나온 파동(둘 다 압력 진동이 같은 점에서 출발했다, 곧 위상이 같다)이 P에 이르는 경로의 길이가 똑같다면, 그곳에서도 두 파동은 위상이 같다. 이때 두 파동의 변위는 그대로 더해진다. 수직파에서와 마찬가지로, 이것이 뜻하는 바는 두 파동이 온전한 보강 간섭을 한다는 것이다. 그렇지만 그림 18-11에서 S_2에서 나온 파동이 지나온 길이 L_2는 S_1에서 나온 파동이 지나온 길이 L_1보다 길다. 경로의 길이가 다르다면 P에 이른 두 파동의 위상이 다를 수 있고, 따라서 진동이 다른 상태에 있을 수 있음을 뜻한다.

이 위상차를 셈하려면 위상의 정의(17-4절)를 쓸 수 있다. S_1과 S_2에 있는 음원의 위상이 같다고 했다. 따라서 $(\phi_0)_1 = (\phi_0)_2$으로 둘 수 있고, 그러면 P에 같은 순간 t에 오는 두 파동의 위상차는 다음과 같다.

$$\Delta\phi = \phi_2(x, t) - \phi_1(x, t) = [kL_2 - \omega t + (\phi_0)_2] - [kL_1 - \omega t + (\phi_0)_1] = k(L_2 - L_1) \qquad (18\text{-}7)$$

실제로 P에서의 위상차는 두 파동의 **경로차(path length difference)** $\Delta L = |L_2 - L_1|$에 따라 달라진다. 파수는 $k = 2\pi/\lambda$이므로 $\Delta\phi = k\Delta L$을 다음과 같이 고쳐 쓸 수 있다.

$$|\Delta\phi| = \frac{\Delta L}{\lambda}2\pi \qquad \text{(경로차-위상차 관계식)} \qquad (18\text{-}8)$$

온전한 보강 간섭은 두 파동의 위상차 $\Delta\phi$가 0, 2π 또는 π의 짝수배일 때 생긴다.

이 조건은 다음과 같이 쓸 수 있다.

$$|\Delta\phi| = (2m)\pi \qquad m = 0, 1, 2, \cdots \qquad \text{(온전한 보강 간섭)} \qquad (18\text{-}9)$$

또는 식 18-8에서 이러한 현상은 비율 $\Delta L/\lambda$가 다음 조건을 맞출 때 생긴다.

$$\frac{\Delta L}{\lambda} = m \qquad \text{(온전한 보강 간섭)} \qquad (18\text{-}10)$$

여기에서 m은 0이나 양의 정수이다.

예를 들어, 식 18-10의 경로차의 크기 $\Delta L = |L_2 - L_1|$가 2λ이면, $\Delta L/\lambda = 2$가 되므로 P에서 두 파동은 온전한 보강 간섭을 한다. 온전한 보강 간섭인 까닭은 S_2에서 나온 파동이 S_1에서 나온 파동에 대해 4π만큼 위상이 이동되었기 때문에, P에서 두 파동의 위상이 똑같아지기 때문이다.

온전한 소멸 간섭은 두 파동의 위상차가 π의 홀수배일 때 생긴다.

이것은 다음과 같이 쓸 수 있다.

$$|\Delta\phi| = (2m+1)\pi \quad m = 0, 1, 2, \cdots \qquad \text{(온전한 소멸 간섭)} \qquad (18\text{-}11)$$

여기에서도 m은 0이나 양의 정수이다. $|\Delta\phi| = (\Delta L/\lambda)2\pi$ (식 18-8)에서 이 조건이 맞는 때는 비율 $\Delta L/\lambda$가 다음과 같을 때다.

$$\frac{\Delta L}{\lambda} = \frac{2m+1}{2} = m + \tfrac{1}{2} \qquad \text{(온전한 소멸 간섭)} \qquad (18\text{-}12)$$

예를 들어, 그림 18-11에서 경로차 $\Delta L = |L_2 - L_1|$가 2.5λ이면, $\Delta L/\lambda = 2.5$이고 P에서 두 파동은 온전한 소멸 간섭을 한다. 그 까닭은 S_2에서 나온 파동이 S_1에서 나온 파동에 대해 5π만큼 위상이 이동되었기 때문에, P에서 두 파동의 위상이 완전히 어긋나기 때문이다.

물론, $\Delta L/\lambda = 1.2$라면 두 파동은 중간 간섭을 한다. 이것은 온전한 소멸 간섭($\Delta L/\lambda = 1.5$)보다는 온전한 보강 간섭($\Delta L/\lambda = 1.0$)에 더 가깝다.

간섭하는 두 파동 가운데 어느 한 파동의 처음 위상이 다른 것과 다르면 보강 및 소멸 간섭에 대한 조건이 달라진다.

따라해보기 18-2 | 보강 간섭

그림 18-12a에서 두 점 음원 S_1과 S_2의 위상이 같고, 거리 $D = 1.5\lambda$ 떨어져서 똑같이 파장 λ인 소리를 낸다.

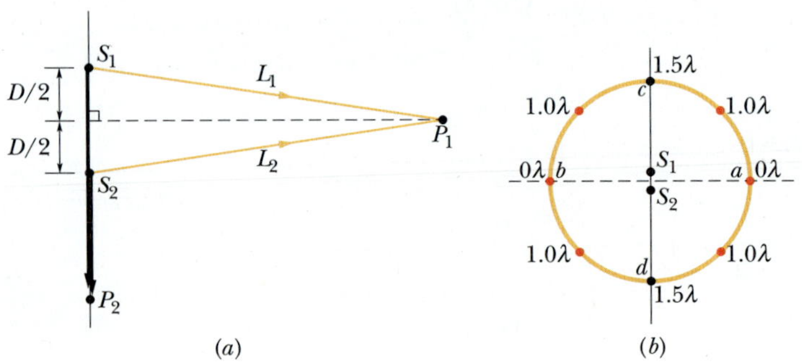

그림 18-12
(a) 두 점 음원 S_1과 S_2가 거리 D만큼 떨어져서, 같은 위상으로 소리 구면파를 낸다. 두 파동은 같은 거리를 지나 점 P_1에 이른다. 점 P_2는 S_1과 S_2를 잇는 선분의 연장선 위에 있다. (b) S_1과 S_2에서 나온 두 파동이 음원을 둘러 싼 커다란 동그라미 위의 여덟 곳에 이를 때의 경로차(파장 단위)

(a) S_1과 S_2에서 나온 두 파동이 두 음원을 잇는 길이 D인 선분의 수직이등분선 위에, D에 비해 아주 멀리 있는 점 P_1에서의 경로차는 얼마인가? P_1에서는 어떤 간섭이 일어나는가?

풀이 ■ 요점은 각 음원에서 나온 두 파동이 똑같은 거리를 지나 P_1에 이르므로, 경로차는 0이다.

$$\Delta L = 0.0\,\lambda \qquad \text{(답)}$$

식 18-10에 따라 P_1에서는 온전한 보강 간섭이 일어난다.

(b) 그림 18-12a의 점 P_2에서는 경로차는 얼마이며, 어떤 간섭이 일어나는가?

풀이 ■ 요점은 S_1에서 나온 파동은 P_2에 이르는 동안 거리 D ($= 1.5\,\lambda$)를 더 간다는 것이다. 따라서 경로차는 다음과 같다.

$$\Delta L = 1.5\,\lambda \qquad \text{(답)}$$

식 18-12에 따라 두 파동은 P_2에서는 위상이 완전히 어긋나고, 따라서 온전한 소멸 간섭을 한다.

(c) 그림 18-12b는 반지름이 D보다 훨씬 크고, 중심이 두 음원 S_1과 S_2의 가운데에 있는 큰 동그라미를 보여준다. 이 동그라미 위의 점 가운데 온전한 보강 간섭이 일어나는 점은 몇 개인가?

풀이 ■ 점 a에서 출발하여 동그라미를 따라 점 d까지 가는 것을 상상하자. **요점** 하나는 점 d까지 가는 동안 경로차 ΔL가 점점 커져서 간섭의 종류가 변한다는 것이다. (a)의 결과로부터 점 a에서의 경로차는 $\Delta L = 0.0\lambda$임을 안다. (b)로부터 점 d에서는 $\Delta L = 1.5\lambda$임을 안다. 따라서 a와 d 사이의 동그라미 위에는 $\Delta L = \lambda$인 곳이 한 곳 있고, 그림 18-12b에 나타냈다. 식 18-10에서는 온전한 보강 간섭이 일어난다. 또한 0.0과 1.5 사이에는 1 말고 다른 정수가 없으므로 a와 d 사이의 동그라미 위에는 더 이상 온전한 보강 간섭이 일어나는 곳이 없다.

또 다른 **요점**은 대칭성을 써서 동그라미의 나머지 부분에서 온전한 보강 간섭이 일어나는 곳을 찾는 것이다. 선분 cd에 대한 대칭성을 따지면 점 b에서 $\Delta L = 0.0\lambda$이다. 또한 $\Delta L = \lambda$인 곳이 세 곳 더 있다. 따라서 모두 더하면 온전한 보강 간섭이 일어나는 곳은 여섯 곳이다.

$$N = 6\text{개} \qquad \text{(답)}$$

연습문제 18-3

11. 두 확성기

그림 18-13에서 두 확성기는 2.00 m 떨어져 있고 위상이 같은 파동을 내보낸다. 듣는 사람은 두 확성기에서 나오는 소리 파동의 진폭을 거의 같게 느낀다고 하자. (a) 듣는 사람이 느끼기에 신호가 가장 작아지는 가청 범위(20 Hz~20 kHz) 속의 진동수는 얼마인가? (b) 어떤 진동수에서 신호를 가장 크게 느끼는가?

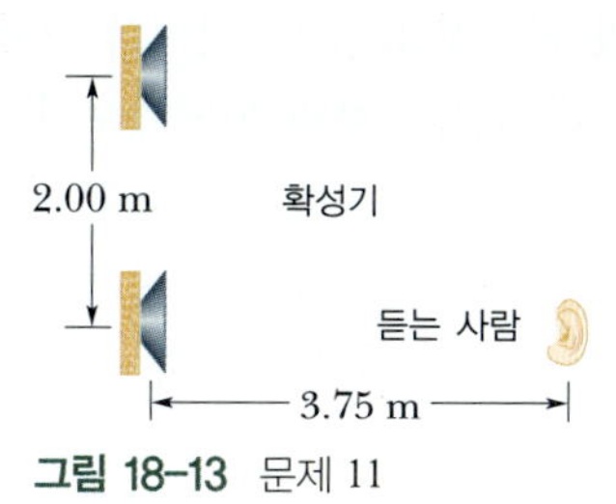

그림 18-13 문제 11

12. 두 점 음원

파장 λ와 진폭이 똑같은 소리를 내는 두 점 음원이 거리 $D = 2.0\,\lambda$ 떨어져 있다. 두 음원의 위상은 같다. (a) 음원을 중심으로 그린 커다란 원둘레에서 신호가 최대인 점(다시 말해 최대 보강 간섭을 하는 곳)은 몇 군데인가? (b) 최소인 점은 몇 군데인가?

13. 야외무대의 확성기

야외무대에 확성기 두 대가 3.55 m 떨어져 있다. 어떤 사람이 확성기 하나에서 18.3 m, 다른 것에서 19.5 m 떨어진 곳에 있다. 소리를 점검할 때 신호발생기가 두 확성기를 진폭과 진동수 그리고 위상이 같은 신호로 구동한다. 신호의 진동수는 가청범위(20 Hz~20 kHz)를 차례로 훑어간다. (a) 소멸 간섭 때문에 그 사람이 최소의 신호를 듣게 되는 진동수 가운데 가장 작은 것 세 개를 구하라. (b) 그 사람이 최대의 신호를 듣게 되는 진동수 가운데 가장 작은 것 세 개를 구하라.

14. 두 소리

두 음원이 내는, 진동수가 똑같이 540 Hz인 소리가 같은 쪽으로 330 m/s로 간다. 두 음원은 위상이 같다. 한 음원에서 4.40 m, 다른 음원에서 4.00 m 떨어져 있는 곳에서 받는 두 소리의 위상차는 얼마인가?

15. 반원

그림 18-14에서는 파장 40.0 cm인 소리가 음원에서 나와 관을 통해 오른쪽으로 간다. 관은 곧은 부분과 반원꼴 부분이 붙어 있다. 소리의 일부는 반원을 지난 다음 곧은 부분을 지나온 나머지 파동과 다시 합쳐지는데, 이때 간섭이 일어난다. 감지기에 오는 신호를 최소로 만드는 반원의 반지름 가운데 가장 작은 값은 얼마인가?

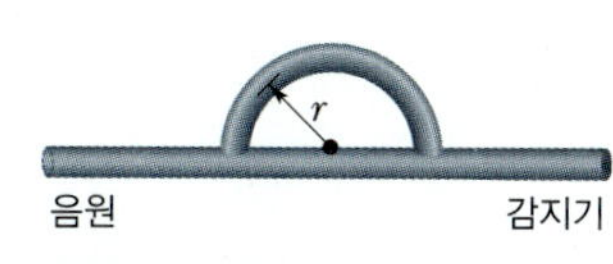

그림 18-14 문제 15

18-4 소리 세기와 소리 수준

17-7절에서 줄을 다고 기는 1차원 연속 사인 파동의 평균 일률은 진동수 및 진폭 모두의 제곱에 비례한다는 것을 식 17-31에 보였다. ($\langle$일률$\rangle = \frac{1}{2}\mu v^{파동}\omega^2 Y^2$)* 식 17-31을 1차원 사인함수꼴 소리의 일률 전달 방정식과 비교하자. 그 소리는 그림 18-1에 보인 단면의 넓이가 A인 공기를 채운 관 속에서 떠는 피스톤이 만든다고 하자. 소리의 평균 일률 전달률은 다음과 같다.

$$\langle 일률 \rangle = \frac{1}{2}(\rho A)\, v^{파동}\omega^2 S^2 \tag{18-13}$$

여기에서 S는 최대 변위로써 소리 전달 매질을 이루는 입자의 평형점에 대한 세로 변위의 최대값을 나타낸다. 이 일률에 관한 식은 일정한 부피의 공기가 단순 조화 운동을 할 때의 운동 에너지와 위치 에너지의 평균값을 셈하여 끌어낼 수도 있다. 그러나 그러한 형식적 유도 과정을 쓰지 않고도, 식 17-31과 18-13은 본질적으로 같음을 알 수 있다. S와 Y 모두 변위이고, ρA는 관 속의 공기의 선밀도 μ와 같다.

앞절에서는 조화함수꼴 소리의 세기에 대한 지표로써 입자의 최대 변위 S가 아니라 최대 압력차 $\Delta P^{최대}$를 썼다. 파동의 세기에 대한 이 두 가지 척도는 다음 관계가 있음을 보일 수 있다.

소리는 유리잔의 벽을 흔들 수 있다. 소리로 유리잔에 정상파를 만들고, 소리가 충분히 세면 유리잔이 깨질 수도 있다.

* 일률을 보통 P로 나타내는데, 압력도 P로 나타내므로, 이 절에서는 헷갈리지 않게 기호 대신 ⟨일률⟩을 쓴다.

$$\Delta P^{최대} = v^{파동} \rho\omega S$$

옆에서 누군가가 요란한 음악을 틀어놓았을 때 잠을 자려고 해보았다면, 소리에는 진동수, 파장, 그리고 진행속도 말고도 더 있다는 것을 잘 알 것이다. 우리는 소리가 얼마나 큰지(loud)를 감지한다. 우리 귀가 압력 진폭을 검지하지만, 진행파의 압력보다는 에너지 흔들림에 더 민감하다. 따라서 파동의 에너지와 관련된 양을 새로 정의하겠다. 소리의 **세기(intensity)** I는 소리가 단위 넓이의 면에 단위 시간 동안 전달하는 에너지의 평균값이다. 이것이 우리가 보통 시끄러움(loudness)이라 말하는 양이다. 정의에 따라 소리의 세기는 다음과 같다.

$$I \equiv \frac{\langle 일률 \rangle}{A} \tag{18-14}$$

여기에서 '일률'은 소리의 에너지 전달률(일률)이며, A는 소리를 받는 면의 넓이다.

식 18-13을 써서 에너지와 관련된 양인 세기와 입자 변위의 최대값 사이의 관계를 얻을 수 있다.

$$I = \tfrac{1}{2} \rho v^{파동} \omega^2 S^2 \tag{18-15}$$

앞에서 보인 $\Delta P^{최대} = v^{파동} \rho\omega S$를 쓰면 세기를 압력 변화의 함수로 나타낼 수 있다. 따라서

> 연속 사인 파동의 세기는 매질의 변위의 진폭의 제곱에 비례하며, 따라서 소리의 세기는 그 때문에 생긴 매질의 최대 압력 변화의 제곱에 비례한다.

• 거리에 따른 소리 세기의 변화

실제 음원에서 멀어질 때 소리의 세기가 달라지는 양식은 때로는 복잡하다. (확성기와 같은) 어떤 음원은 소리를 어떤 정해진 쪽으로만 보내며, 주변의 물체는 보통 메아리(반사된 소리)를 만들어 이것이 곧바로 오는 소리와 겹친다. 그렇지만 어떤 상황에서는 메아리를 무시할 수 있고, 음원을 점과 같이 보아 소리를 등방적으로(isotropically) — 곧 모든 방향으로 똑같은 세기로 — 내보낸다고 가정할 수 있다. 그러한 등방성 점 음원 S에서 나와 퍼져가는 파면의 어느 순간의 모습을 그림 18-15에 보였다.

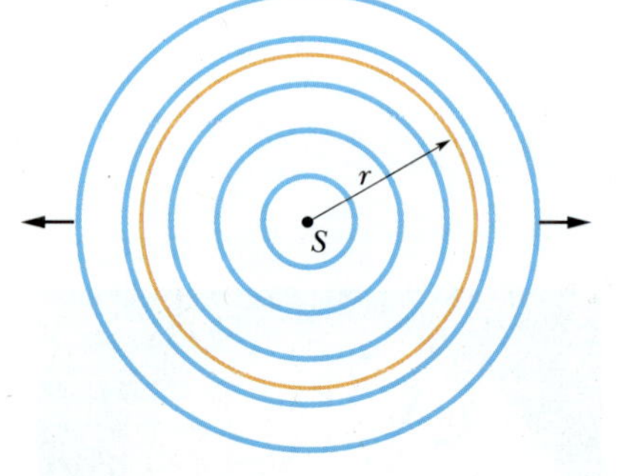

그림 18-15
점 음원 S가 소리를 모든 방향으로 고르게 내보낸다. 파동은 S에 중심을 둔, 반지름 r인 가상의 공을 지나간다.

소리가 음원에서 나와 퍼져갈 때 파동에 실린 역학적 에너지는 보존된다고 가정하자. 또한 그림 18-15과 같이 음원에 중심을 둔, 반지름 r인 가상의 공을 그리자. 음원이 내보낸 모든 에너지는 이 공의 표면을 지나가야 한다. 따라서 에너지가 소리에 실려 단위시간 동안 이 면에 전달되는 양은 음원이 단위시간 동안 내보내는 에너지(곧, 음원 S의 일률, $일률_S$)와 같아야 한다. 세기는 일률을 넓이로 나눈 양이므로(식 18-14), 공의 표면에서의 세기 I는 다음과 같다.

$$I = \frac{일률_S}{4\pi r^2} \tag{18-16}$$

여기에서 $4\pi r^2$은 공의 겉넓이다. 식 18-16은 등방성 점 음원이 내는 소리의 세기는 음원에서 멀어질 때 거리 r의 제곱에 반비례하여 작아짐을 말해준다.

• 데시벨 눈금

우리 귀로 들을 수 있는 소리의 변위 진폭은 견딜 수 있는 가장 큰 소리의 10^{-5}m에서 겨우 들을 수

있는 약한 소리의 10^{-11} m로 비율이 10^6에 이른다. 앞의 설명에서 소리의 세기는 진폭의 제곱에 비례함을 알고 있으므로, 우리 청각계의 두 한계에서의 세기의 비는 10^{12}에 이른다. 우리가 들을 수 있는 소리의 세기는 범위가 엄청나다.

그렇게 엄청난 범위의 값은 밑(base)이 10인 로그(logarithms)를 써서 다룬다. 다음 관계식을 생각하자.

$$y = \log x$$

여기에서 x와 y는 변수이다. x에 10을 곱하면, y는 1 커진다. 이것을 다음과 같이 쓴다.

$$y' = \log(10x) = \log 10 + \log x = 1 + y$$

마찬가지로 x에 10^{12}을 곱하면, y는 겨우 12 커진다. 우리 청각의 중요한 특징은 우리 귀가 소리의 세기의 로그값에 반응한다는 것이다. 정상적으로 들을 수 있는 범위 안에서는 소리의 세기의 측정값이 10배 커지면, 우리 귀에는 겨우 두 배 더 크게 들린다.

따라서 소리의 세기 I를 쓰는 대신, 다음과 같이 정의되는 **소리 수준(sound level)** β를 쓰는 것이 좋다.

$$\beta = (10\,\text{dB}) \log \frac{I}{I_0} \tag{18–17}$$

여기에서 dB는 소리 수준의 단위인 데시벨(decibel)을 줄인 기호로서, 전화기 발명자인 벨(Alexander Graham Bell)의 업적을 기려 붙인 이름이다. 식 18–17의 I_0는 표준 기준 세기(standard reference intensity)($=10^{-12}$ W/m^2)로서, 진동수 1 kHz에서 우리가 들을 수 있는 가장 약한 소리에 가깝기 때문에 골랐다. $I = I_0$이면, 식 18–17은 $\beta = 10 \log 1 = 0$이므로, 우리가 겨우 들을 수 있는 세기에 해당하는 **표준 기준 수준(standard reference level)**은 0 데시벨에 해당한다. 그러면 소리가 10배씩 세질 때마다 β는 10 dB씩 커진다. 그러나 앞에서 말한 것처럼 10 dB 커지면 시끄러움은 두 배가 된 것처럼 느껴진다. 그리고 전형적인 대화소리의 β는 60 dB로서, 겨우 들을 수 있는 소리의 10^6배이다! 표 18–2는 여러 환경에서의 소리 수준을 보여준다.

표 18–2
몇 가지 소리 수준(dB)

겨우 들을 수 있는 소리	0	록 연주회	110
나뭇잎 구르는 소리	10	들으면 귀가 아픈 정도의 소리	120
대화	60	제트 기관 가동소리	130

데시벨 눈금은 과학자들이 쓰는 여러 로그 눈금의 하나다. 다른 것으로는 산도(pH scale), 별의 밝기 등급(star magnitude), 지진의 파괴력을 나타내는 리히터 진도(Richter scale)가 있다.

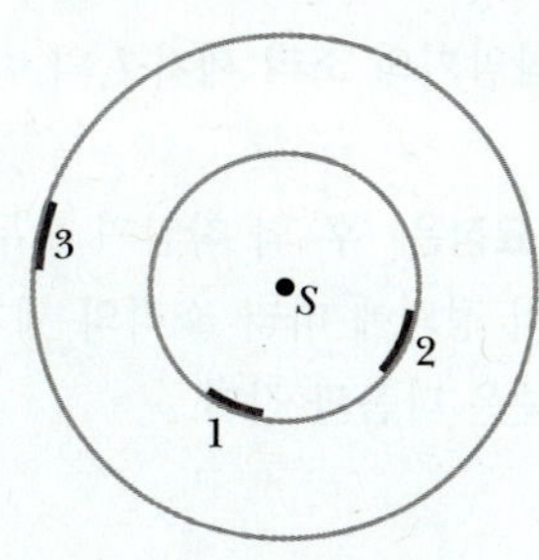

생각해보기 18-3 옆의 그림과 같이 점 S에서 소리가 사방으로 고르게 퍼져간다. S를 중심으로 상상하는 두 개의 공 표면에 세 개의 작은 조각이 있다. 단위 시간 동안 낱낱의 조각을 지나가는 소리 에너지는 같다. 다음 양이 가장 큰 조각부터 차례로 늘어 놓아라. (a) 소리의 세기, (b) 넓이.

따라해보기 18-3 | 불꽃 튀는 소리

길이 $L = 10\,\text{m}$인 곧은 도선을 따라 전기불꽃이 튀면서 소리 펄스가 생겨 반지름 방향으로 바깥으로 퍼져간다. (전기불꽃을 선형 음원이라고 한다.) 소리를 내는 일률은 $일률_S = 1.6 \times 10^4\,\text{W}$이다.

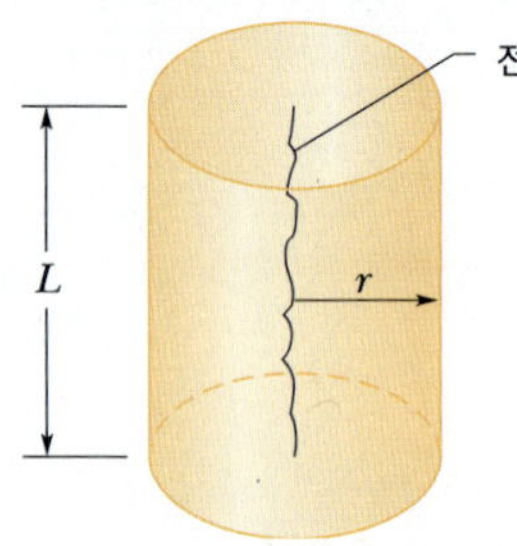

그림 18-16
길이 L인 곧은 도선을 따라 튀는 전기불꽃으로 소리가 생겨 반지름 방향으로 바깥으로 퍼져간다. 소리는 전기불꽃을 중심으로 하는 길이 L인 가상 원통을 지나간다.

(a) 소리가 전기불꽃에서 거리 $r = 6\,\text{m}$인 곳에 이를 때의 세기 I는 얼마인가?

풀이 ■ 그림 18-16과 같이 전기불꽃을 중심으로 반지름 $r = 6\,\text{m}$, 길이 $L = 10\,\text{m}$인 양쪽이 열린 원통을 두었다고 상상하자. **요점** 하나는 원통 면에서의 소리의 세기 I는 단위 시간 동안 원통 면을 지나가는 소리 에너지의 평균값을 원통 면의 넓이로 나눈 $\langle 일률 \rangle / A$라는 것이다. 또 다른 **요점**은 에너지 보존 원리가 소리 에너지에도 적용된다는 것이다. 즉, 단위시간 동안 음원이 내보내는 에너지는 원통 면을 통해 바깥으로 전달되는 에너지 또는 일률과 같다는 것이다. 이러한 개념을 모으고, 원통 면의 넓이가 $2\pi rL$이고 원통의 양쪽 끝을 통해 나가는 소리 에너지는 상대적으로 작으므로 무시하면, 식 18-14에서 다음 결과를 얻는다.

$$I = \frac{\langle 일률 \rangle}{A} = \frac{\langle 일률_S \rangle}{2\pi rL} \tag{18-18}$$

이것은 선형 음원에서 나오는 소리의 세기는 거리 r에 반비례하여 약해짐을 말해준다(점 음원에 대해서는 식 18-16이 기술하는 것처럼 거리 r의 제곱에 반비례하여 약해진다). 음원의 일률과 원통의 크기에 관한 자료를 넣어 셈하면 다음 결과를 얻는다.

$$I = \frac{1.6 \times 10^4\,\text{W}}{2\pi(6\,\text{m})(10\,\text{m})} = 42.4\,\text{W/m}^2 \approx 42\,\text{W/m}^2 \qquad \text{(답)}$$

(b) 넓이 $A_{검지} = 2.0\,\text{cm}^2$인 소리 검지기가 받는 소리 에너지의 평균 일률 $\langle 일률_{검지} \rangle$은 얼마인가? 검지기는 전기불꽃을 보고 있고, $r = 6\,\text{cm}$ 떨어져 있다고 하자.

풀이 ■ (a)의 **요점**을 쓰면, 검지기가 있는 곳의 소리의 세기는 단위시간 동안 검지기에 전달되는 에너지 $\langle 일률_{검지} \rangle$을 검지기의 넓이 $A_{검지}$로 나눈 값이다.

$$I = \frac{\langle 일률_{검지} \rangle}{A_{검지}} \tag{18-19}$$

검지기는 (a)의 원통 면 위에 놓인 것으로 생각하면, 검지기가 있는 곳의 소리의 세기는 원통면에서의 세기 $I(=42.4\,\text{W/m}^2)$이다. 식 18-19를 $\langle 일률_{검지} \rangle$에 관해 풀면 다음과 같다.

$$\langle 일률_{검지} \rangle = (42.4\,\text{W/m}^2)(2.0 \times 10^{-4}\,\text{m}^2) = 8.5\,\text{mW} \qquad \text{(답)}$$

따라해보기 18-4 | 연주회 소리

1976년 '후(Who)'는 가장 요란한 연주회의 기록을 남겼다. 확성기에서 앞으로 46 m인 곳의 소리 수준이 $\beta_2 = 120\,\text{dB}$이었다. 그곳에 있던 악단이 듣는 소리의 세기 I_2와 소리 수준 $\beta_1 = 92\,\text{dB}$로 작동하는 착암기의 소리 세기 I_1의 비율은 얼마인가?

풀이 ■ **요점**은 '후'와 착암기 모두 소리 수준 β는 식 18-17의 소리 수준의 정의에 따라 소리의 세기와 관련된다는 것이다. '후'의 소리 수준은 다음과 같다.

$$\beta_2 = (10\,\text{dB}) \log \frac{I_2}{I_0}$$

착암기의 소리 수준은 다음과 같다.

$$\beta_1 = (10\,\text{dB}) \log \frac{I_1}{I_0}$$

그러므로 두 소리 수준의 차이는 다음과 같다.

$$\beta_2 - \beta_1 = (10\,\text{dB}) \left(\log \frac{I_2}{I_0} - \log \frac{I_1}{I_0} \right) \tag{18-20}$$

다음 항등식을 쓰면

$$\log\frac{a}{b} - \log\frac{c}{d} = \log\frac{ad}{bc}$$

식 18-20을 다음과 같이 고쳐 쓸 수 있다.

$$\beta_2 - \beta_1 = (10\,\text{dB})\log\frac{I_2}{I_1} \qquad (18\text{–}21)$$

알고 있는 소리 수준의 값을 넣고 정리하면 다음 결과를 얻는다.

$$\log\frac{I_2}{I_1} = \frac{\beta_2 - \beta_1}{10\,\text{dB}} = \frac{120\,\text{dB} - 92\,\text{dB}}{10\,\text{dB}} = 2.8$$

위 식의 맨 왼쪽과 맨 오른쪽 식에서 로그 값 기호를 벗기면 다음 결과를 얻는다(계산기에서는 10^x가 찍힌 글쇠를 누르면 된다).

$$\frac{I_2}{I_1} = \log^{-1} 2.8 = 630 \qquad \text{(답)}$$

따라서 '후'의 연주는 매우 요란했다.

1976년 '후' 연주회나 착암기의 소음과 같이 아주 요란한 소리를 일시적으로 들으면 순간 청력이 약해진다. 그러한 소리를 되풀이하여 듣거나 계속 들으면 청력이 영영 떨어진다(그림 18-17). 헤비 메탈 음악을 크게 들어놓고 계속 들으면, 특히 헤드폰을 끼고 들으면 청력을 잃을 위험이 확실해진다.

그림 18-17
'후'의 타운센트(Pete Townsend)가 확성기 앞에서 기타를 연주하고 있다. 그는 무대에서의 연주뿐 아니라 녹음실과 집에서 헤드폰을 끼고 아주 큰 소리를 많이 들어 청력이 영영 줄어들었다.

연습문제 18-4

16. 점 음원
일률 1.0 W인 점 음원이 소리 파동을 사방에 고루 뿌린다. 소리 에너지가 보존된다고 할 때, (a) 음원에서 10 m 떨어진 곳과 (b) 2.5 m 떨어진 곳에서의 세기를 구하라.

17. 음원의 퍼짐
어떤 음원이 소리를 사방에 고루 뿌린다. 음원에서 2.50 m 떨어진 곳의 소리의 세기는 $1.91\times10^{-4}\,\text{W/m}^2$이다. 소리 에너지가 보존된다고 할 때 음원의 일률을 구하라.

18. 수준 차
두 소리의 수준이 1.00 dB 다르다. 더 작은 소리의 세기에 대한 더 큰 소리의 세기의 비는 얼마인가?

19. 수준 증가
어떤 음원의 세기가 소리 수준 30 dB만큼 커졌다. 증가한 (a) 세기와 (b) 압력의 진폭의 배율은 얼마인가?

20. 음원
어떤 음원의 일률이 1.00 μW이다. 그것이 점이라면 (a) 3.00 m 떨어진 곳의 세기와 (b) 그곳의 소리 수준의 데시벨 값은 얼마인가?

21. 하나는 공기 속에, 다른 하나는 물 속에
(a) 공기와 (맑은) 물 속에서 소리의 세기가 같다면, 공기 속의 소리에 대한 물 속의 소리의 압력 진폭의 비는 얼마인가? 물과 공기의 온도는 20°C로 가정하자(표 15-2 참조). (b) 두 소리의 압력 진폭이 같다면 세기의 비율은 얼마인가?

22. 시끄러운 화물차
철로 위의 시끄러운 화물차가 원통꼴로 퍼져가는 소리를 내는데, 공기는 소리 에너지를 흡수하시 않는다고 하자. 압력의 진폭 $\Delta P_{최대}$는 화물차까지의 수직거리 r에 대해 어떻게 변하는가?

23. 비율
소리 수준이 37 dB인 두 소리의 (a) 세기와 (b) 압력진폭의 비(큰 것에 대한 작은 것)를 구하라.

24. 두 점 음원
두 점 음원이 30.0 W의 소리를 사방으로 고르게 퍼뜨린다. 음원에서 200 m 떨어진 곳의 넓이 0.750 cm^2에 들어오는 소리를 작은 마이크를 써서 잡는다. 다음을 셈하라. (a) 소리 세기, (b) 마이크로 잡은 일률.

25. 소리 간섭계
그림 18-18은 공기를 채운 소리 간섭계로써 소리의 간섭을 보여 주는데 쓴다. 음원 S는 진동막이다. D는 귀나 마이크와 같은 소리 감지기다. 경로 SBD는 길이를 조절할 수 있지만, SAD는 고정되어

있다. *SBD*를 지나온 소리와 *SAD*를 지나온 소리가 *D*에서 섞여 간섭한다. 어떤 시연에서 조절관을 어떤 곳에 두었더니 *D*에서의 소리 세기가 최소가 되어 100단위였는데, 그 관을 1.65 cm 옮겼더니 최대가 되어 900단위가 되었다. (a) 음원 *S*가 내는 소리의 진동수와 (b) *SBD*와 *SAD*를 각각 지나 *D*에 오는 소리의 진폭의 비를 구하라. (c) 똑같은 음원에서 나오는 소리가 어떻게 두 상황에서 진폭이 달라지는가?

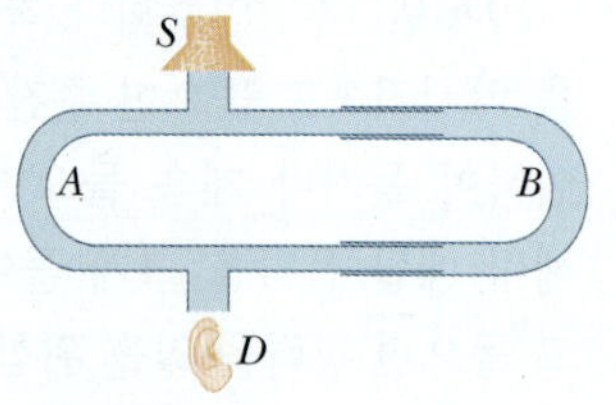

그림 18-18 문제 25

18-5 음악 소리의 원천

음악 소리는 줄(기타, 피아노, 바이올린), 얇은 막(솥북, 스네어 북[snare drum]), 공기 기둥(플루트, 파이프 오르간, 그림 18-19의 퓨자라[fujara]), 나무 뭉치나 쇠막대(마림바[marimba], 실로폰) 등 그 밖의 다른 많은 물체를 떨게 하여 낸다. 대부분의 악기는 떠는 부분이 하나 이상 있다. 예를 들어 바이올린에서는 바이올린 줄과 악기 몸체가 함께 떨어 음악 소리를 낸다.

그림 18-19
슬로바키아의 전통 악기인 퓨자라를 불면 악기 속의 공기기둥이 떨린다.

• 정상파와 악기

17장에서 팽팽한 줄의 양끝을 묶으면 정상파를 만들 수 있음을 떠올려보자. 정상파가 생기는 까닭은 줄을 타고 가던 파동이 양 끝에서 반사되어 되돌아가기 때문이다. 파장이 줄 길이와 잘 맞으면 서로 반대쪽으로 가는 파동이 겹쳐져서 정상파 모양(또는 진동 모드)을 만들어낸다. 그렇게 정상파를 만들어내는 파장이 줄의 공명 진동수에 해당된다. 정상파를 만들면 좋은 점은 줄이 진폭이 크고, 진동수가 안정되어 주변의 공기를 앞뒤로 밀어내기 때문에 귀로 들을 수 있는 같은 진동수의 소리가 생기는 것이다. 이렇게 소리를 내는 것이 기타 연주자에게 중요하다는 것은 자명하다.

공기가 차 있는 관 속에도 비슷한 방법으로 소리의 정상파를 만들 수 있다. 소리가 관 속의 공기 속을 가다가 관의 양끝에서 반사되어 되돌아간다. (관 끝이 열려 있어도 반사되지만, 막혀 있을 때보다는 덜 반사된다.) 소리의 파장이 관 길이와 잘 맞으면, 관 속에서 서로 반대쪽으로 가는 파동이 겹쳐 정상파를 만든다. 그렇게 맞는 파장이 관의 공명 진동수에 해당된다. 그 정상파의 장점은 관 속의 공기의 진폭이 크고, 진동수가 안정되어 열린 끝을 통해 같은 진동수의 소리를 내보낸다는 것이다. 관 끝에서 소리가 나는 것이 오르간 연주자에게 중요하다는 것은 말할 나위가 없다.

정상파를 이루는 소리의 여러 가지 특징은 줄 파동과 비슷하다. 관의 막힌 끝은 줄의 끝이 묶인 것과 같아서 그곳에 변위의 마디(줄에서는 변위가 0인 곳, 공기와 같은 유체에서는 분자의 운동이 0인 곳)가 온다. 관의 막힌 끝 바로 앞에서는 분자의 운동속도가 0이므로 압력 변화가 아주 크다 (압력 파동의 배). 관의 열린 끝은 마찰 없이 미끄러지는 고리에 묶인 줄의 끝과 같아서, 그림 17-19*b*와 같이 그곳에 변위의 배가 놓인다(줄에서는 최대 변위, 공기와 같은 유체에서는 분자의 운동이 최대인 곳). 이것도 사리에 맞는 것이, 공기분자는 관의 끝을 벗어나면 완전히 자유롭게 움직이기 때문이다. 여기에서는 분자의 속력이 빠르므로 압력 변화가 아주 작다(압력 파동의 마디). 완벽하게 정확히 말하자면, 관의 열린 끝의 변위의 배는 그 끝에서 밖으로 조금 더 나간 곳에 있다. 앞으로 설명할 때는 이 차이는 무시할 것이다.

그래서 양쪽 끝이 열린 관에 생길 수 있는 가장 단순한 정상파 모양은 양끝에 분자 변위의 배(분자의 속력이 최대이고, 압력 변화는 없는 곳)가 생기고, 그 사이에는 배가 없는 것이다. 이러한 조건에서 생길 수 있는 정상파는 관의 한가운데에 변위의 마디(분자의 속도가 0이 되고, 압력 변화는 가장 큰 곳)가 생기는 것이다. 이것이 그림 18-20a다. 정상파 모양을 달리 나타내는 방법은 그림 18-20b과 같이 관의 길이를 따라 분자의 변위의 최대값의 변화곡선을 그리는 것이다.

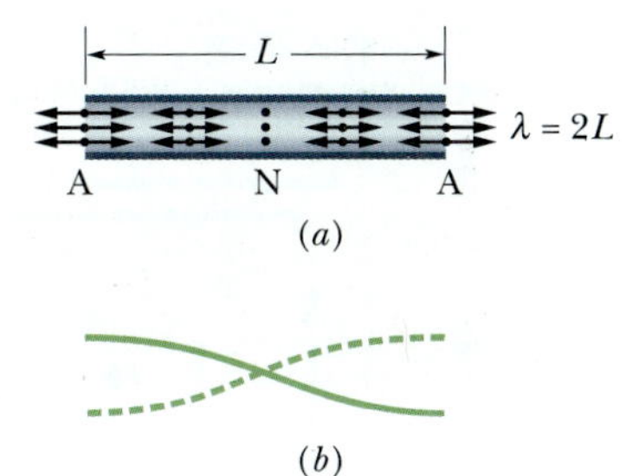

그림 18-20
(a) 양끝이 열린 관 속의 (평행파인) 소리에서 생길 수 있는 가장 단순한 정상파 모양과 공기분자의 변위 분포. 관의 양 끝에서는 배(A)가, 가운데에서는 마디(N)이 생기는 것을 보여준다. (분자의 변위를 나타내는 양쪽 화살표는 부풀린 것이다.) (b) 관 속의 위치에 대한 분자의 최대 변위 곡선

• 조화파

그림 18-20a의 정상파의 꼴을 기본 모드 또는 1차 조화파라고 한다. 이것을 만들려면 길이 L인 관 속의 소리의 파장은 $L = \lambda/2$이어야 하므로 $\lambda = 2L$이다. 그림 18-21a에 양끝이 열린 관 속에 생길 수 있는 정상파 모양 몇 가지를 공기분자의 평형점에 대한 변위분포 곡선과 겹쳐서 보였다. 2차 조화파는 파장이 $\lambda = L$이어야 하고, 3차 조화파에서는 $\lambda = 2/3L$가 되어야 한다, 등등.

일반적으로 양끝이 열린 길이 L인 관의 공명 진동수에 대응되는 파장은 다음과 같다.

$$\lambda = \frac{2L}{n} \qquad \text{(양 끝이 열린 관)} \tag{18-22}$$

여기에서 n은 양의 정수($n = 1, 2, 3, \cdots$)로서 조화차수라고 한다. 양끝이 열린 관의 공명 진동수는 따라서 다음과 같다.

$$f = \frac{v^{\text{공기}}}{\lambda} = n\left(\frac{v^{\text{공기}}}{2L}\right) \qquad \text{(양 끝이 열린 관)} \tag{18-23}$$

여기에서 $v^{\text{공기}}$는 공기 속의 음속이다.

18-17b는 한쪽 끝만 열린 관 속에 생길 수 있는 정상파 모양을 압력 변화 곡선과 함께 보여준다. 열린 끝에서는 변위의 배(공기분자의 속력이 최대, 압력 변화는 0)가 생기고, 막힌 끝에서는 변위의 마디(공기분자의 속도는 0, 압력 변화는 최대)가 생긴다. 가장 단순한 모양에서는 소리의 파장이 $L = \lambda/4$이므로, $\lambda = 4L$이다. 그 다음으로 단순한 모양에서는 $L = 3\lambda/4$이므로, $\lambda = 4L/3$이다, 등등.

일반적으로 한쪽 끝만 막힌 길이 L인 관의 공명 진동수는 다음과 같은 파장에 대응된다.

$$\lambda = \frac{4L}{2n+1} \qquad (n = 0, 1, 2, \cdots) \tag{18-24}$$

여기에서 n은 양의 정수로서 $2n + 1$은 홀수를 나타낸다. 이에 대응되는 공명 진동수는 다음과 같다.

$$f = \frac{v^{\text{공기}}}{\lambda} = (2n+1)\frac{v^{\text{공기}}}{4L} \qquad \text{(한 끝만 열린 관)} \tag{18-25}$$

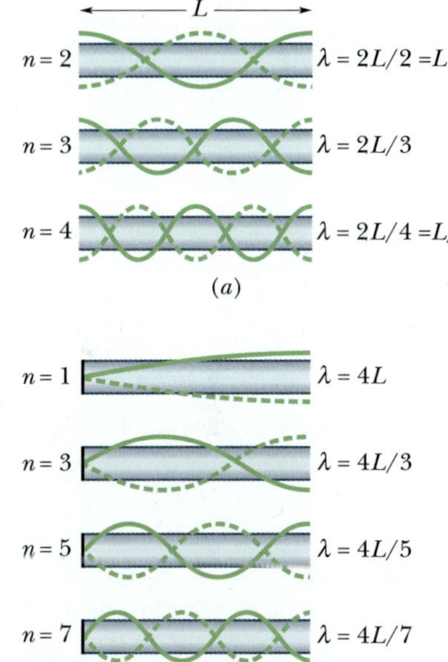

그림 18-21
정상파의 모양을 관 속의 공기 분자 변위의 최대 및 최소값의 곡선으로 보였다. (a) 관의 양끝이 열려 있으면, 관 속에 모든 차수의 조화파가 생길 수 있다. (b) 한쪽 끝만 열려 있으면, 차수가 홀수인 조화파만 생길 수 있다.

한 끝만 열린 관에서는 차수가 홀수인 조화파만 있을 수 있음을 눈여겨보라. 예를 들어 2차 조화파는 $2n + 1 = 2$가 되어야 하므로 그러한 관 속에서는 생길 수 없다. 또한 그러한 관에서는 '3차 조화파'와 같이 조화파 앞에 붙이는 순서수(1차, 2차, 3차…)는 조화수를 나타내는 것이지(이 경우에는 $2n + 1$ 전체의 값), 가능한 조화파의 순서를 나타내는 것이 아니라는 것을 유의하자.

악기의 길이는 곧 진동수 범위를 결정한다. 따라서 길이가 짧으면 진동수가 더 높은 소리를 낸다. 예를 들어, 그림 18-22는 색소폰과 바이올린 계열의 진동수 범위를 피아노 건반에 비추어 보여준다. 진동수 범위가 조금 높거나 낮은 악기는 범위가 조금씩 겹친다.

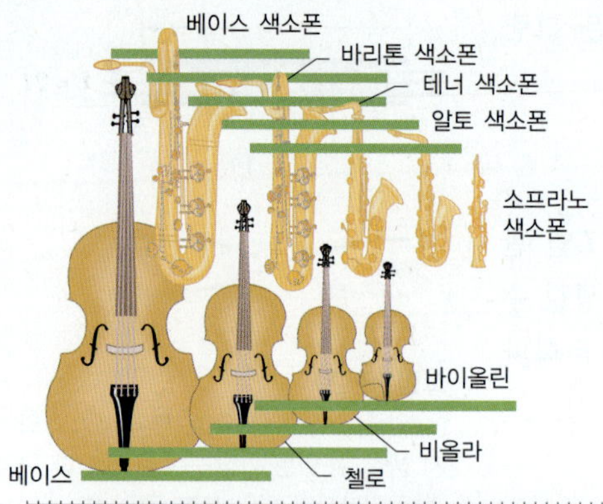

그림 18-22
악기의 길이와 진동수 범위가 관련이 있음을 보여주는 색소폰과 바이올린 계열의 악기. 각 악기의 진동수 범위를 수평 막대로 나타냈고, 그에 해당하는 피아노 건반을 아래에 두었다. 오른쪽으로 갈수록 진동수가 높아진다.

• 왜 악기마다 다른 소리가 나는가?

음악소리를 내는 모든 진동 역학계는 그것이 바이올린의 줄이든, 파이프 오르간의 공기든, 기본 모드와 하나 이상의 조화파가 함께 생겨난다. 따라서 우리는 이들이 겹쳐져 결합된 파동으로 한꺼번에 듣는다. 같은 곡조를 다른 악기로 연주하면, 똑같은 기본 진동수의 소리를 내지만, 고차 조화파의 세기는 저마다 다르다. 예를 들어, 어떤 악기에서는 중간 C음의 4차 조화파 소리가 상대적으로 큰데, 다른 악기에서는 비교적 작거나 심지어 내지 않는 악기도 있다. 따라서 같은 곡조를 연주해도 악기마다 다른 소리를 내는 것처럼 들린다. 그림 18-23은 같은 곡조를 연주하는 바이올린, 덜시머(hammer dulcimer), 그리고 기타에서 나오는 소리로서 합성 파동이 다른 것을 보여준다.

그림 18-23에서는 또한 똑같은 덜시머를 나무망치로 두드리면 털망치로 두드릴 때보다 진동수가 더 높은 조화파를 내는 것을 압력의 시간 변화로 보여준다. 그러나 둘 다 덜시머의 기본 진동수는 391 Hz이다. 소리 전체를 이루는 낱낱의 조화파의 진폭을 결정하는데는 **푸리에 분석(Fourier analysis)**이라는 수학적 기법을 쓸 수 있다. 두 덜시머가 내는 소리를 빠른 푸리에 변환(fast Fourier transform: FFT)한 것이 그림 18-24이다. 털망치보다는 나무망치로 두드릴 때 1500~2000 Hz의 진동수 범위 안에 있는 조화파의 상대적 진폭이 훨씬 더 커진다.

생각해보기 18-4 길이 L인 관 A와 길이 $2L$인 관 B가 모두 양끝이 열려 있다. 관 B의 조화파 가운데 어떤 것이 관 A의 기본 조화파와 진동수가 같을까?

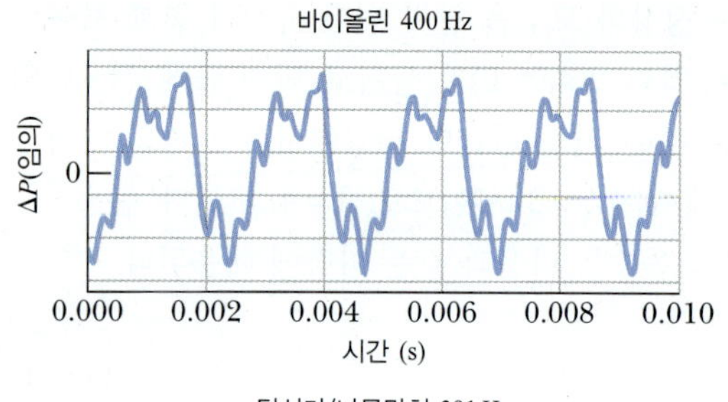

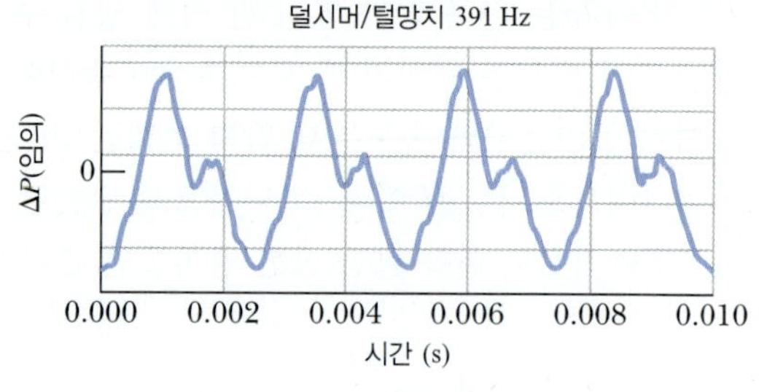

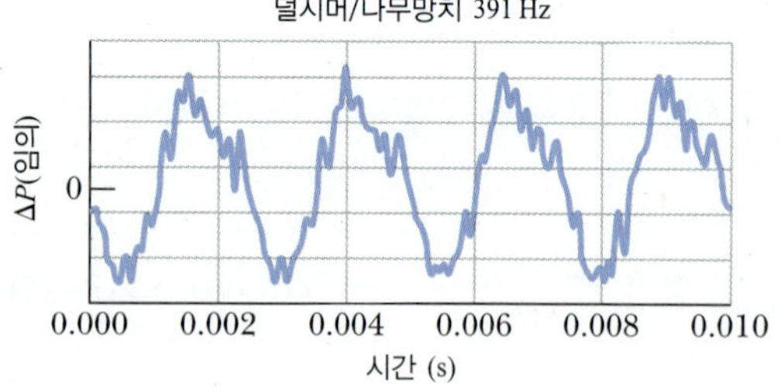

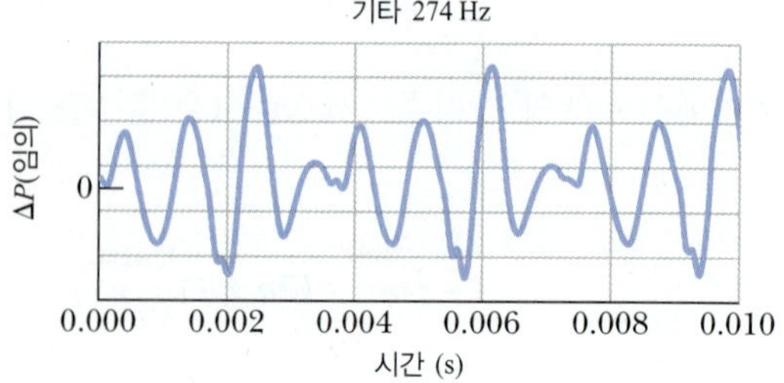

그림 18-23
바이올린, 덜시머를 털망치와 나무망치로 두드릴 때, 그리고 기타에서 나오는 소리 파동의 모양. 각 파동의 기본 진동수를 표시했다. 시간에 대한 상대적인 소리 압력의 변화 곡선은 마이크 감지기를 컴퓨터 자료 수집장치에 붙여 그려냈다.

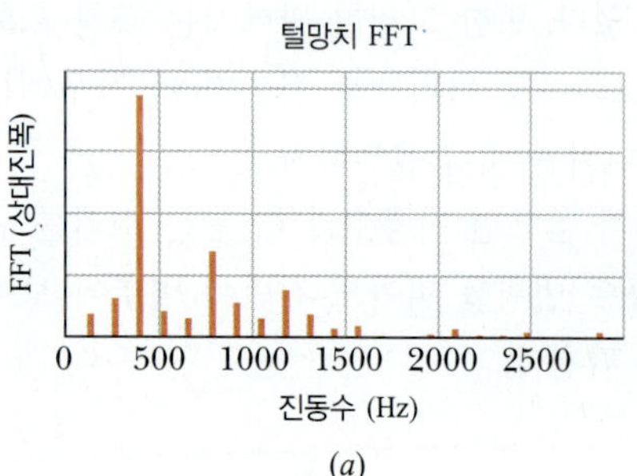

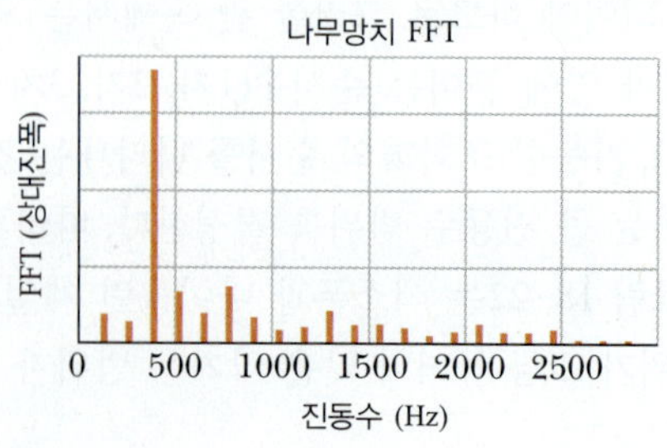

그림 18-24
털망치(*a*)와 나무망치(*b*)로 덜시머를 두드릴 때 나오는 소리를 빠른 푸리에 변환하여 얻은 조화파의 진폭 분포. 나무망치로 두드릴 때 진동수가 아주 높은 조화파가 더 많이 생긴다.

따라해보기 18-5 | 관 속의 소리

방안의 배경잡음 때문에 양끝이 열린 길이 $L = 67.0\,\text{cm}$인 종이 관 속에 기본 정상파가 생겨났다. 관 속의 공기에서의 소리 속력은 343 m/s라고 하자.

(a) 관에서 들리는 소리의 진동수는 얼마인가?

풀이 ■ 요점은 관의 양끝이 열려 있으므로 대칭이 되어, 양끝에 변위의 배가 생긴다는 것이다. 정상파의 변위 분포는 그림 18-20*b*와 같다. 진동수에 관한 식 18-23에서 기본 모드에 해당하는 $n = 1$을 넣으면 다음 결과를 얻는다.

$$f = n\left(\frac{v^{공기}}{2L}\right) = \frac{(1)(343\,\text{m/s})}{(2)(0.670\,\text{m})} = 256\,\text{Hz} \qquad \text{(답)}$$

배경잡음이 2차 조화파 같은 고차 조화파의 정상파도 만든다면, 256 Hz의 정수배의 진동수도 듣게 된다.

(b) 귀를 관의 한끝에 바짝 붙이면, 어떤 기본 진동수를 듣게 되는가?

풀이 ■ 요점은 관의 한끝에 귀를 바짝 붙이면 그곳을 실질적으로 막는 셈이므로 비대칭적 상황이 된다. 열린 끝에서는 변위의 배가 생기지만 다른 쪽 (막힌) 끝에서는 변위의 마디가 생긴다. 이때 생기는 정상파의 모양은 그림 18-21*b*의 맨 위에 있는 꼴이다. 진동수는 식 18-25와 같고, 기본 모드에 해당하는 $n = 0$을 넣으면 다음 결과를 얻는다.

$$f = (2n+1)\frac{v^{공기}}{4L} = \frac{(1)(343\,\text{m/s})}{4(0.670\,\text{m})} = 128\,\text{Hz} \qquad \text{(답)}$$

배경잡음이 고차 조화파의 정상파도 만든다면, 이들의 진동수는 128 Hz의 홀수배가 된다. 이것이 뜻하는 바는 진동수 256 Hz(이것은 짝수배이다)인 고차 조화파는 생기지 않는다는 것이다.

연습문제 18-5

26. 바이올린 줄

양끝이 묶인, 길이 15.0 cm인 바이올린 줄이 $n = 1$ 모드로 진동한다. 줄을 타고 가는 파동의 속력은 250 m/s, 음속은 공기에서 348 m/s이다. 바이올린 줄이 내는 소리의 (a) 진동수와 (b) 파장은 얼마인가?

27. 오르간의 관

오르간의 관 A는 양끝이 열려 있고, 기본 진동수가 300 Hz이다. 관 B도 양끝이 열려 있고, 3차 조화파의 진동수가 관 A의 2차 조화파와 같다. (a) 관 A와 (b) 관 B의 길이는 얼마인가?

28. 유리관

길이 1 m인 유리관을 세워 물을 채우고, 높이를 마음대로 조절한다. 686 Hz로 진동하는 소리굽쇠를 유리관 위쪽 열린 구멍 바로 위에 두어 공기가 찬 유리관 속에 정상파를 만들려고 한다. (공기가 찬 부분은 한끝은 닫히고 다른 끝은 열린 관의 구실을 한다.) 물기둥의 높이를 얼마로 맞추어야 공진이 일어날까?

29. 파동의 속력

질량 800 mg, 길이 22.0 cm인 바이올린 줄의 기본 진동수가 920 Hz이다. (a) 이 줄의 파동속력은 얼마인가? (b) 이 줄의 장력은 얼마인가? 기본 진동에 대해 (c) 줄 파동의 파장과 (d) 줄이 내는 소리 파동의 파장은 얼마인가?

30. 바이올린 줄

양끝이 묶인, 길이 30 cm인 바이올린 줄의 질량이 2.0 g이다. 이 줄에 손가락을 짚지 않은 채 내는 소리는 음계 '도' (440 Hz)이다. (a) '미' (523 Hz)를 내려면 손가락을 어디에 짚어야 할까? (b) '도' 와 '미' 를 낼 때의 줄 파동의 파장의 비는 얼마일까?

31. 작은 확성기

그림 18-25에서 S는 작은 확성기로서 발진기와 증폭기로 구동되며, 두 기기는 진동수 1000~2000 Hz 범위에서만 작동한다. 관 *D*는 금속관으로 길이는 45.7 cm이고 양끝이 터져 있다. (a) 실험 조건에서 공기 속의 음속이 344 m/s이라면 확성기에서 나오는 소리의 진동수를 1000 Hz에서 2000 Hz까지 변화시킬 때 관에서 공진이 일어나는 진동수는 얼마인가? (b) 낱낱의 공진 진동수에서의 정상파의 모양을 그려 보라. (그림 18-20*b*를 참조하라.)

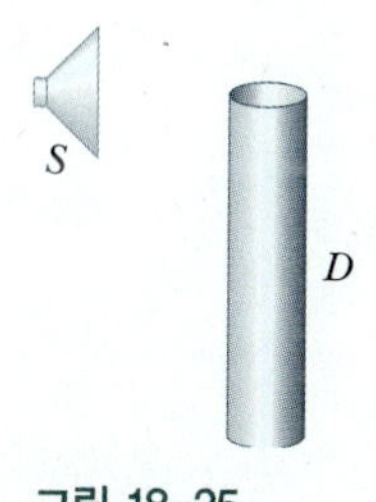

그림 18-25 문제 31

32. 첼로 줄

어떤 첼로 줄의 길이가 *L*이고, 기본 진동수가 *f*이다. (a) 기본 진동수를 *rf*로 바꾸려면 그 줄을 손가락으로 짚어 길이 *l*을 얼마나 줄여야 하는가? (b) $L = 0.80$ m이고 $r = 1.2$라면 l은 얼마인가? (c) $r = 1.2$라면 손가락을 짚기 전과 짚은 뒤에 그 줄이 내는 소리의 파장의 비는 얼마인가?

33. 샘

아래로 깊이 패여, 바닥에 물이 고인 샘의 공진 진동수 가운데 가장 작은 것이 7.00 Hz이다.(샘에서 공기가 찬 부분은 한끝이 막히고 다른 끝은 터진 관과 같은 구실을 한다.) 샘에 든 공기의 밀도는 1.10 kg/m^3, 부피 탄성률은 1.33×10^5 Pa이다. 바닥 수면까지의 깊이는 얼마인가?

34. 관

길이 1.20 m인 관의 한끝이 막혀 있다. 길이 0.330 m, 질량 9.60 g인 철사를 팽팽히 당겨 양끝을 고정시키고 기본 모드로 진동시켜, 관의 터진 끝 가까이에 두었다. 관은 공진하여 공기기둥이 기본 진동수로 진동한다. 철사의 (a) 진동수와 (b) 장력을 구하라.

35. 맥동 변광성

맥동 변광성의 주기는 별이 반지름 방향의 평행파 기본 모드로 정상파를 만들어 맥동하는 것을 생각하여 어림할 수 있다. 다시 말해 별의 반지름이 시간에 따라 주기적으로 변화하며, 별의 표면이 바로 변위의 배에 해당한다. (a) 별의 중심은 변위의 마디와 배 가운데 어느 것이겠는가? (b) 한끝만 터진 관과 비교하여 맥동주기가 다음과 같음을 보여라.

$$T = \frac{4R}{\langle v \rangle}$$

여기에서 R은 별의 평형상태의 반지름, $\langle v \rangle$는 별을 이루는 물질에서의 평균 음속이다. (c) 전형적인 백색왜성을 이루는 물질은 부피 탄성률이 1.33×10^{22} Pa, 10^{10} Kg/m^{3}이다. 이 별들의 반지름은 해의 반지름의 9.0×10^{-3}배이다. 백색왜성의 맥동주기는 얼추 얼마인가?

36. 관 A와 B

관 A는 길이가 1.2 m이고 양끝이 터져 있는데, 세 번째로 낮은 조화 진동수로 진동한다. 이 관을 채운 공기속의 음속은 343 m/s이다. 관 B는 양끝이 막혀 있고 두 번째로 낮은 조화 진동수로 진동한다. 관 A와 관 B의 두 진동수가 우연히도 같다. (a) x축이 관 A를 지나고 한끝이 $x = 0$이라면, 변위의 마디가 있는 곳은 어디인가? (b) 관 B의 길이는 얼마인가? (c) 관 A의 가장 낮은 조화 진동수는 얼마인가?

37. 바이올린 줄과 확성기

진동수를 조절할 수 있는 음향 발진기에 연결한 확성기 옆에 길이 30.0 cm, 선밀도 0.650 g/m인 바이올린 줄을 두었다. 발진기의 진동수를 500~1500 Hz의 범위 안에서 변화시켜 보니, 880 Hz와 1320 Hz에서만 줄이 진동했다. 줄의 장력은 얼마인가?

18-6 맥놀이

진동수가 50 Hz와 52 Hz인 두 소리를 따로 들으면 어떤 것이 진동수가 더 높은지 구별하기 어렵다. 그렇지만, 두 소리를 함께 들으면, 두 진동수의 평균값인 51 Hz로 느껴지며, 이와 함께 소리의 세기가 커졌다 작아졌다 하는 **맥놀이(beat)**가 들리는데, 빈도는 2 Hz로 두 진동수의 차이다. 그림 18-26은 이러한 맥놀이 현상을 보여준다(소리의 진동수는 8 Hz와 10 Hz).

어느 곳에서 두 소리 압력 변이의 시간 변화가 다음과 같다고 하자.

$$\Delta P_1 = \Delta P^{\text{최대}} \cos \omega_1 t,\ \ \Delta P_2 = \Delta P^{\text{최대}} \cos \omega_2 t \qquad (18\text{–}26)$$

여기에서 $\omega_1 > \omega_2$이다. 간단히 두 파동의 진폭과 처음 위상은 같다고 했다. 중첩 원리에 따르면 합성 소리의 압력 변이는 다음과 같다.

$$\Delta P = \Delta P_1 + \Delta P_2 = \Delta P^{\text{최대}}(\cos \omega_1 t + \cos \omega_2 t)$$

다음 삼각함수 항등식(부록 E 참조)을 쓰면

$$\cos \alpha + \cos \beta = 2 \cos \tfrac{1}{2}(\alpha - \beta) \cos \tfrac{1}{2}(\alpha + \beta)$$

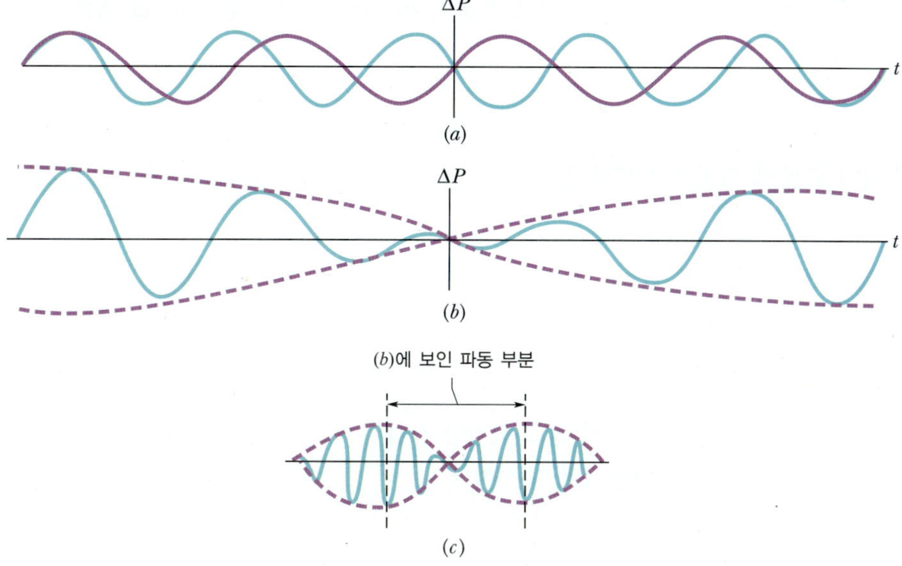

그림 18-26
(a) 진동수가 비슷한 두 소리의 압력 변이 ΔP를 따로 검지할 때의 시간 변화. (b) 두 소리를 한꺼번에 검지하면 두 파동의 압력 변이가 겹쳐져서 합이 기록된다. 그림의 한 가운데에서는 두 파동이 맞지워지고, 양쪽 끝에서는 서로 보강하는 것을 눈여겨보라. (c) (a)와 (b)에 보인 두 파동의 변화를 더 오랜 시간 동안 그리면 두 진동수가 50 Hz와 52 Hz이면 맥놀이는 2 Hz로 나타난다.

합성 파동의 압력 변이를 다음과 같이 고쳐 쓸 수 있다.

$$\Delta P = 2\Delta P^{최대} \cos\left[\tfrac{1}{2}(\omega_1 - \omega_2)t\right]\cos\left[\tfrac{1}{2}(\omega_1 + \omega_2)t\right] \tag{18-27}$$

다음과 같이 쓰면

$$\omega' = \tfrac{1}{2}(\omega_1 - \omega_2) \text{ 및 } \omega = \tfrac{1}{2}(\omega_1 + \omega_2) \tag{18-28}$$

이고, 식 18-27을 다음과 같이 쓸 수 있다.

$$\Delta P(t) = [2\Delta P^{최대}\cos\omega' t]\cos\omega t \tag{18-29}$$

이제 겹쳐지는 두 파동의 각진동수 ω_1과 ω_2가 거의 같다면, 식 18-28에서 $\omega \gg \omega'$이다. 그러면 식 18-29를 각진동수가 ω인 코사인 함수이고 꺾쇠 괄호 속의 양은 진폭(이것은 상수가 아니고 각진동수 ω'로 진동한다)으로 볼 수 있다.

식 18-29의 $\cos\omega' t$의 값이 +1 또는 −1일 때마다 진폭은 최대가 되는데, 이것은 코사인 함수가 한 번 되풀이될 때마다 두 번씩 생긴다. $\cos\omega' t$의 각진동수는 ω'이므로, 맥놀이가 생기는 각진동수 $\omega_{맥놀이}$는 $\omega_{맥놀이} = 2\omega'$이다. 그러면 식 18-28을 써서 다음과 같이 고쳐 쓸 수 있다.

$$\omega_{맥놀이} = 2\omega' = (2)\left(\tfrac{1}{2}\right)(\omega_1 - \omega_2) = \omega_1 - \omega_2$$

그런데 $\omega = 2\pi f$이므로 이것은 다음과 같이 쓸 수 있다.

$$f_{맥놀이} = f_1 - f_2 \qquad \text{(맥놀이 진동수)} \tag{18-30}$$

악기를 조율할 때는 맥놀이 현상을 쓴다. 어떤 악기가 표준 진동수(예를 들어, 오보에의 기준 A 음)와 다른 소리를 낸다면 맥놀이가 사라질 때까지 조율을 하여 소리를 표준음과 맞게 된다. 음악의 도시 빈에서는 수많은 음악 전문가와 애호가들에게 도움이 되도록 콘서트 에이(concert A)의 소리(440 Hz)를 전화를 통해 보내준다.

• 중첩의 유형

지금까지 소리의 중첩 세 가지를 설명하였다.

1. **정상파**: 진행 속력이 같고, 반대쪽으로 가는 똑같은 두 파동이 간섭하여 만든다.
2. **파동의 간섭**: 진동수, 파장, 그리고 진폭이 똑같은 파동이 거의 같은 쪽으로 가면서 어느 곳에서 겹쳐져서 생긴다.
3. **맥놀이**: 진폭과 가는 방향이 같고 진동수가 조금 다른 두 파동이 겹쳐져 생긴다.

과학자 및 공학자에게 흥미 있는 훨씬 더 많고 복잡한 간섭 현상이 있다. 이러한 상황을 분석하는데 쓰는 수학적 기법은 이 절에서 소개한 것과 비슷하다.

연습문제 18-6

38. 너무 팽팽히 당긴 줄
바이올린의 A줄을 너무 조여서 튕겨 나오는 소리를, 표준 '도'(440 Hz)를 내는 조율용 소리굽쇠의 소리와 함께 들으니 맥놀이가 1초에 네 번 들린다. 바이올린 줄의 진동 주기는 얼마인가?

39. 잘 모르는 소리굽쇠
진동수를 모르는 소리굽쇠를 진동수 384 Hz인 표준 소리굽쇠와 함께 울리니까 맥놀이가 1초에 세 번 들린다. 소리굽쇠의 가지에 양초를 조금 붙이니 맥놀이 진동수가 줄어든다. 소리굽쇠의 진동수는 얼마인가?

40. 소리굽쇠 다섯 개
진동수가 조금씩 다른 소리굽쇠 다섯 개가 있다. 두 개씩 울릴 때 들리는 맥놀이 진동수는 소리굽쇠의 진동수 차이에 따라 (a) 최대 몇 개이고 (b) 최소 몇 개인가?

41. 두 피아노 줄
피아노 줄 두 개에 같은 장력을 주면 기본 진동수 600 Hz가 나온다. 두 줄을 함께 울려 1초에 여섯 번의 맥놀이가 생기게 하려면 줄 하나의 장력을 얼마의 비율로 늘려야 하는가?

18-7 도플러 효과(종, 귀)

응급차가 1000 Hz의 경보음을 내며 고속도로 갓길에 서 있다. 여러분도 고속도로에 함께 서 있다면, 같은 진동수의 소리를 들을 것이다. 그렇지만, 여러분이 응급차에 다가가거나 멀어지면서 상대적으로 움직인다면, 들리는 소리의 진동수가 달라진다. 예를 들어, 시속 120 km의 속력으로 응급차에 다가가면 진동수가 더 높게 들리고 (96 Hz 더 높은 1096 Hz), 응급차에서 멀어지면 진동수가 더 낮게 들린다(96 Hz 더 낮은 904 Hz).

이 운동과 관련된 진동수의 변화는 **도플러 효과(Doppler effect)**의 보기다. 이 효과는 1842년 오스트리아 물리학자 도플러(Johann Christian Doppler)가 제안했다(그러나 완전히 설명하지 않았다). 이것을 네덜란드의 발롯(Buys Ballot)이 "기관차에 달린 지붕 없는 차에 나팔수를 몇 명 태워" 1845년 실험적으로 시험했다.

도플러 효과는 소리는 물론 극초단파, 방송파, 그리고 빛을 포함한 전자기파에서도 나타난다. 여기에서는 바람이 불지 않는 특별한 조건에서 소리만을 따져 본다. 이것은 음원 '종'과 감지기 '귀'의 속력을 정지해 있는 공기에 대해 잰다는 것이다. 종과 귀는 마주 보며 다가가거나 멀어지며,

그 속력은 음속보다 느리다고 가정한다.

종이나 귀 가운데 어느 한쪽이 움직이거나, 둘 다 움직이면 종이 내는 진동수 f와 귀가 듣는 진동수 f' 사이에 다음과 같은 관계가 있다.

$$f'=f\,\frac{v^{소리}\pm v_{귀}}{v^{소리}\pm v_{종}} \quad \text{(정지해 있는 공기 속에서의 1차원 도플러 효과)} \qquad (18\text{-}31)$$

여기에서 $v^{소리}$는 공기 속의 음속, $v_{귀}$와 $v_{종}$은 각각 공기에 대한 귀(감지기)와 종(음원)의 속력이다. (+)와 (−) 부호를 고를 때는 다음 규칙을 따른다.

> 종과 귀의 속력의 부호는 둘이 가까워질 때는 겉보기 진동수가 더 커지도록, 멀어질 때는 더 작아지도록 음원을 고른다.

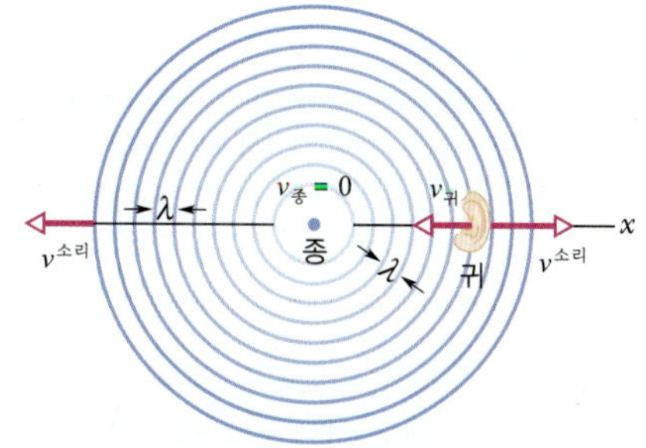

그림 18-27
서 있는 종이 공 모양의 파면을 내보낸다. 그림에 보인 파면은 한 파장씩 떨어져 있고, 속력 $v_{소리}$로 퍼져간다. 귀는 속도 $\vec{v}_{귀}$로 종에게 다가간다. 이 운동 때문에 귀가 듣는 소리의 진동수는 더 높아진다.

간단히 말해, 둘이 가까워지면 진동수는 더 높아지고, 멀어지면 더 낮아진다.

몇 가지 보기와 규칙을 들겠다. 귀가 종에 다가가면, 식 18-31의 분자에서 (+) 부호를 써서 진동수를 높이고, 멀어지면 (−) 부호를 써서 진동수를 낮추며, 서 있으면 $v_{귀}$의 값으로 0을 넣는다. 종이 귀에 다가가면, 식 18-31의 분모에서 (−) 부호를 써서 진동수를 높이고, 멀어지면 (+) 부호를 써서 진동수를 낮추며, 서 있으면 $v_{종}$의 값으로 0을 넣는다.

이제 두 가지 구체적인 상황에서 도플러 효과의 식을 끌어낸 다음 일반적인 상황에 대한 식 18-31을 끌어내겠다.

1. 공기에 대해 귀가 움직이고, 종은 서 있으면, 그 운동 때문에 귀가 파면을 받아들이는 빈도가 달라지고 따라서 들리는 소리의 진동수가 달라진다.
2. 공기에 대해 종이 움직이고, 귀는 서 있으면, 그 운동 때문에 소리의 파장이 달라지고, 따라서 들리는 진동수가 달라진다(진동수는 파장과 관계가 있음을 되새기자).

• 귀가 움직이고 종은 서 있을 때

그림 18-27에서 귀는 서 있는 종 쪽으로 속력 $v_{귀}$로 다가간다. 종은 공 모양의 파면을 내보내는데, 파장은 λ, 진동수는 f, 공기 속에서의 속력은 $v^{소리}$이다. 그림에서 파면은 한 파장씩 떨어져 있다. 귀가 듣는 진동수는 귀에 1초 동안 들어오는 파면의 수다. 귀가 서 있었다면, 비율은 f가 되겠지만, 귀가 파면을 향해 가므로 1초 동안 받아들이는 파면의 수가 더 많아져서 듣는 진동수 f'는 f 보다 더 많다.

잠시 귀가 서 있는 상황을 생각하자(그림 18-28). 시간 t 동안 파면은 오른쪽으로 거리 $v^{소리}t$만큼 간다. 그 거리 안에 들어 있는 파장의 수는 시간 t 동안 귀가 받아들인 파면의 수와 같고, 값은 $v^{소리}t/\lambda$이다. 귀가 1초 동안 받아들이는 파면의 수가 바로 귀가 듣는 진동수 f로서 다음과 같다.

$$f=\frac{v^{소리}t/\lambda}{t}=\frac{v^{소리}}{\lambda} \qquad (18\text{-}32)$$

귀가 서 있을 때는 도플러 효과가 없다. 귀가 듣는 진동수는 종이 내보내는 진동수이다.

이제 귀가 파면과 반대쪽으로 가는 상황을 생각하자(그림 18-29). 시간 t 동안 파면은 앞서와 같이 거리 $v^{소리}t$만큼 오른쪽으로 가지만, 이제는 귀가 왼쪽으로 $v_{귀}t$만큼 간다. 따라서 이 시간 t 동

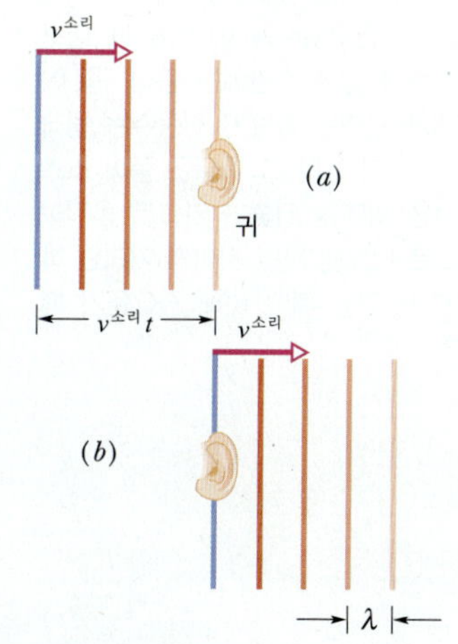

그림 18-28
그림 18-27의 파면을 평면으로 가정할 때 서 있는 귀에 (a) 도착하고 (b) 지나간다. 이들은 시간 t에 거리 $v^{소리}t$를 간다.

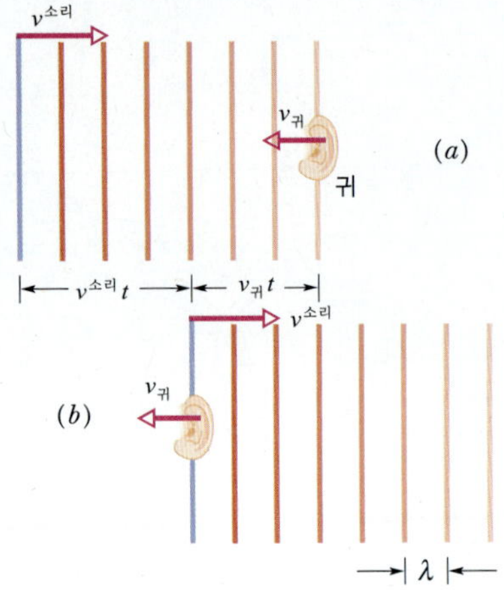

그림 18-29
귀가 파면과 반대쪽으로 움직일 때, 파면이 귀에 (a) 도착하고 (b) 지나간다. 시간 t에 파면은 거리 $v^{소리}t$만큼 오른쪽으로 가고 귀는 $v_{귀}t$만큼 왼쪽으로 간다.

안, 귀에 대해 파면이 간 거리는 $v^{소리}t+v_{귀}t$이다. 이 상대적 거리 $v^{소리}t+v_{귀}t$ 속에 든 파장의 수는 바로 시간 t 동안 귀가 받아들인 파면의 수이고, 값은 $(v^{소리}t+v_{귀}t)/\lambda$이다. 이 상황에서 귀가 받아들인 파면의 수가 바로 겉보기 진동수 f'이고, 값은 다음과 같다.

$$f'=\frac{(v^{소리}t+v_{귀}t)/\lambda}{t}=\frac{v^{소리}+v_{귀}}{\lambda} \tag{18-33}$$

식 18-32로부터 $\lambda=v^{소리}/f$이다. 따라서 식 18-33은 다음과 같아진다.

$$f'=\frac{v^{소리}+v_{귀}}{v^{소리}/f}=f\left(\frac{v^{소리}+v_{귀}}{v^{소리}}\right) \tag{18-34}$$

식 18-34에서 귀가 서 있어 $v_{귀}=0$인 상황이 아니면 f'는 f보다 작아야 한다.

마찬가지로 귀가 음원으로부터 멀어질 때 귀가 듣는 진동수를 구할 수 있다. 이 상황에서는 시간 f 동안 귀에 대해 파면이 가는 거리는 $v^{소리}t-v_{귀}t$이고, 따라서 겉보기 진동수 f'는 다음과 같다.

$$f'=f\left(\frac{v^{소리}+v_{귀}}{v^{소리}}\right) \tag{18-35}$$

식 18-34와 18-35를 다음과 같이 요약할 수 있다.

$$f'=f\left(\frac{v^{소리}\pm v_{귀}}{v^{소리}}\right) \quad \text{(귀가 움직이고, 종은 서 있을 때)} \tag{18-36}$$

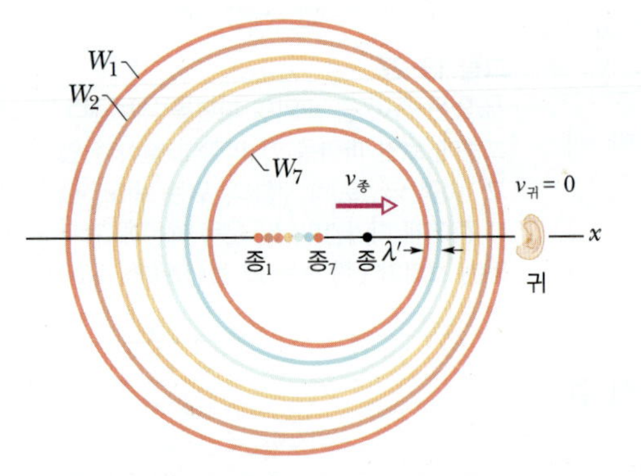

그림 18-30
귀가 서 있고 종이 속력 $v_{종}$으로 귀에 다가간다. 파면 W_1는 종이 종$_1$에 있을 때 내보냈고, 파면 W_7은 종$_7$에 있을 때 내보냈다. 그림과 같은 순간에는 종이 '종'에 있다. 귀가 느끼는 겉보기 진동수는 원래의 값 보다 더 높다. 그 까닭은 종이 스스로 내보낸 파면을 뒤쫓아 가므로 움직이는 쪽으로 내보낸 파면 사이의 거리인 파장 λ은 서 있을 때에 비해 줄어들기 때문이다.

• 종이 움직이고, 귀는 서 있을 때

공기에 대해 귀가 서 있고 종이 속력 $|\vec{v}_{종}|$으로 가는 것을 생각하자(그림 18-30). 종이 움직이면 이것이 내는 소리의 파장이 달라지고, 따라서 귀가 듣는 진동수가 달라진다.

이러한 변화를 알려면, 이웃한 두 파면 W_1과 W_2이 나온 시각차를 $T(=1/f)$라고 하자. 시간 T 동안, 파면 W_1이 간 거리는 $v^{소리}T$, 종이 간 거리는 $v_{종}T$이다. 시간 T가 지난 뒤, 파면 W_2가 나간다. 종이 가는 쪽을 따라 잰 W_1과 W_2 사이의 거리가 그쪽으로 가는 소리의 파장이고, 그 값은 $v^{소리}T-v_{종}T$이다. 이 파면을 받는 귀가 느끼는 겉보기 진동수 f'는 다음과 같다.

$$f'=\frac{v^{소리}}{\lambda'}=\frac{v^{소리}}{v^{소리}T-v_{종}T}=\frac{v^{소리}}{v^{소리}/f-v_{종}/f}=f\,\frac{v^{소리}}{v^{소리}-v_{종}} \tag{18-37}$$

눈여겨 볼 것은 $|\vec{v}_{종}|=0$이 아니라면 f'는 f보다 커야 한다는 것이다.

종이 가는 쪽과 반대쪽에서는 소리의 파장 λ'이 $v^{소리}T+v_{종}T$이다. 이 파면을 받는 귀가 느끼는 겉보기 진동수 f'는 다음과 같다.

$$f'=f\,\frac{v^{소리}}{v^{소리}+v_{종}} \tag{18-38}$$

이제는 $|\vec{v}_{종}|=0$이 아니라면 f'는 f보다 작아야 한다.

식 18-37과 18-38을 다음과 같이 요약할 수 있다.

$$f'=f\,\frac{v^{소리}}{v^{소리}\pm v_{음원}} \quad \text{(종이 움직이고, 귀는 서 있을 때)} \tag{18-39}$$

• 소리에 대한 일반적인 도플러 효과 방정식

1차원에서는 이제 식 18-39의 f(종의 진동수)를 식 18-36의 f'(귀의 운동 때문에 바뀐 진동수)로 바꾸어 넣어 일반적인 도플러 효과에 관한 식을 끌어낼 수 있다. 그 결과가 식 18-31이다.

이 일반식은 귀와 종 모두가 움직일 때만이 아니라 바로 앞에서 설명한 두 가지 구체적 상황에서도 쓸 수 있다. 귀가 움직이고, 종은 서 있을 때 식 18-31에 $v_{종}=0$을 넣으면 앞에서 얻은 식 18-36이 나온다. 종이 움직이고, 귀는 서 있을 때 식 18-31에 $v_{귀}=0$을 넣으면 앞에서 얻은 식 18-39가 나온다. 따라서 식 18-31만 기억하면 된다.

34장과 38장에서 다루는 전자기파에서도 도플러 진동수 변화가 비슷하게 생기지만, 식은 조금 다르다(38-14절 참조).

• 2차원 이상에서의 도플러 효과

음원과/또는 감지기가 일정한 속도로 상대운동을 하되, 방향이 어긋날 때에도 식 18-36과 식 18-39를 쓸 수 있다. 소리의 진동수를 분석하려는 특정 순간에 음원과 감지기를 잇는 직선을 그리고, x축으로 잡는다. 그 다음에 음원과 감지기의 속도의 x축 성분을 구하여, 속도성분을 식 18-36 또는 18-37에 넣어 진동수 변화를 셈하면 된다. 예를 들어 천체물리학자들은 빛의 진동수의 도플러 이동을 써서 멀리 있는 별의 지구에 대한 상대속도를 결정한다. 그렇지만 이 방법으로는 지구에서 별을 보는 방향의 속도성분만 잴 수 있다.

• 박쥐의 항법과 벌레잡기

자연에서 3차원 도플러 효과를 쓰는 생물이 박쥐이다. 박쥐는 우리가 들을 수 있는 소리보다 진동수가 훨씬 높은 초음파를 내어 반사된 파동을 검지하여 날아가고, 먹이를 찾는다.* 예를 들어 말굽 박쥐가 내는 초음파 진동수 83 kHz는 우리가 들을 수 있는 한계인 20 kHz보다 훨씬 높다.

박쥐가 콧구멍으로 내보낸 초음파는 나방에 반사되어(메아리) 다시 박쥐의 귀로 돌아올 수 있다. 박쥐와 나방의 공기에 대한 상대운동 때문에 박쥐가 듣는 진동수는 내보낸 것과 수 kHz 정도 달라진다. 박쥐는 이러한 차이를 해석하여 자신과 나방의 상대적 속력을 결정하고, 나방에게 다가간다.

어떤 나방은 초음파를 들으면, 그것이 들리지 않는 쪽으로 날아가서 박쥐에게 잡히는 것을 피한다. 날아가는 방향을 잘 잡으면 박쥐가 내는 초음파와 듣는 초음파의 진동수 차이를 줄일 수 있고, 그러면 박쥐는 메아리를 감지하지 못할 수 있다. 어떤 나방은 스스로 초음파를 내어 박쥐의 검지체계를 '교란시켜(jamming)' 잡히지 않고 도망간다.(놀랍게도 나방과 박쥐 모두 이 모든 것을 물리학을 배우지 않고도 해낸다.)

생각해보기 18-5 아래 그림은 공기가 서 있는 상태에서 종과 귀의 운동 방향이 다른 여섯 가지 상황을 보여준다. 일반적으로 $v_{귀} \neq v_{종}$이다. 각 상황에서 검지된 소리의 진동수는 음원이 낸 소리의 진동수보다 더 높은가 아니면 더 낮은가? 아니면 실제의 속력에 관한 정보가 더 필요한가?

	종	귀		종	귀
(a)	→	• 속력 0	(d)	←	←
(b)	←	• 속력 0	(e)	→	←
(c)	→	→	(f)	←	→

---

* 초음파 운동 감지기도 물체의 위치를 재는 데 같은 방법을 쓴다.

따라해보기 18-6 | 로켓이 내는 소리

로켓이 242 m/s의 속력으로 (서 있는 공기를 지나) 서 있는 기둥을 향해 가면서 진동수 $f = 1250\,\text{Hz}$의 소리는 낸다.

(a) 기둥에 달린 감지기로 재는 진동수 f'는 얼마인가?

풀이 ■ f'를 구하려면 일반 도플러 효과에 관한 식 18-31을 쓸 수 있다. **요점**은 로켓(종)이 공기를 지나 기둥에 달린 감지기(귀)에 다가가므로, 진동수가 더 높아지도록 $v_{종}$의 부호를 골라야 한다. 따라서 식 18-31의 분호에서 (−) 부호를 고른다. 그 다음에 감지기 속력 $v_{귀}$의 값은 0, 음원의 속력 $v_{종}$으로는 242 m/s, 음속 $v^{소리}$로는 343 m/s(표 18-1), 그리고 음원이 내는 소리의 진동수로는 1250 Hz를 넣고 셈하면 다음 결과를 얻는다.

$$f' = f\,\frac{v^{소리} \pm v_{귀}}{v^{소리} \pm v_{종}}$$

$$= (1250\,\text{Hz})\,\frac{343\,\text{m/s} \pm 0}{343\,\text{m/s} - 242\,\text{m/s}}$$

$$= 4245\,\text{Hz} \approx 4250\,\text{Hz} \qquad \text{(답)}$$

이것은 실제로 로켓이 낸 소리의 진동수보다 더 높다.

(b) 기둥에 이른 소리의 일부가 반사되어 로켓에 메아리로 돌아온다. 로켓에 달린 감지기가 이 메아리를 검지할 때 진동수가 얼마로 나타날까?

풀이 ■ **요점**은 다음과 같다.

1. 이제는 기둥이 음원 구실을(왜냐하면 이것이 메아리를 보내므로), 로켓에 달린 감지기가 귀의 구실을 한다.
2. 음원(기둥)이 낸 소리의 진동수는 기둥이 받아 반사하는 소리의 진동수인 f'이다.

음원의 진동수 f'와 검지된 소리의 진동수 f''를 써서 식 18-31을 고쳐 쓰면 다음과 같다.

$$f'' = f'\,\frac{v^{소리} \pm v_{귀}}{v^{소리} \pm v_{종}} \qquad (18\text{-}40)$$

셋째 **요점**은(로켓에 달린) 감지기가 공기를 지나 서 있는 음원 쪽으로 다가가므로, 검지되는 소리의 진동수가 높아지도록 $v_{귀}$의 부호를 골라야 한다. 따라서 식 19-40의 분자에서 (+) 부호를 고른다. 또한 $v_{귀} = 242\,\text{m/s}$, $v_S = 0$, $v^{공기} = 343\,\text{m/s}$, $f' = 4245\,\text{Hz}$를 넣으면 다음 결과를 얻는다.

$$f'' = (4245\,\text{Hz})\,\frac{343\,\text{m/s} + 242\,\text{m/s}}{343\,\text{m/s} \pm 0}$$

$$= 7240\,\text{Hz} \qquad \text{(답)}$$

연습문제 18-7

42. 주 경찰

곧은 길에서 주 경찰이 폭주족을 뒤쫓는다. 둘 다 160 km/h로 달린다. 주 경찰은 따라잡지 못하자 경적을 다시 울린다. 폭주족이 듣는 경적의 진동수의 도플러 이동은 얼마나 되나? 공기 속의 음속을 343 m/s, 음원의 진동수를 500 Hz로 잡자.

43. 터빈 울리는 소리

속력 200 m/s로 날아가는 비행기의 제트기관 터빈이 내는 진동수 16 000 Hz인 울림은, 비행기를 따라 잡으려 250 m/s로 날아가는 다른 비행기 조종사에게 진동수 얼마인 소리로 들리는가?

44. 구급차 경적

1600 Hz로 앵앵거리는 구급차가 2.44 m/s로 달리는 자전거 탄 사람을 따돌리고 간다. 구급차가 지나가자 자전거 탄 사람이 듣는 진동수는 1590 Hz가 되었다. 구급차의 속력은 얼마인가?

45. 휘파람

진동수 540 Hz인 소리를 내는 호루라기가 반지름 60.0 cm인 원을 따라 회전속력 15.0 rad/s로 돈다. (a) 원의 중심에서 멀리 서 있는 사람이 그 소리를 들을 때 (a) 가장 낮은 진동수와 (b) 가장 높은 진동수는 얼마인가?

46. 운동 감지기

서 있는 운동감지기가 진동수 0.150 MHz의 소리 파동을 45.0 m/s의 속력으로 다가오는 화물차 쪽으로 보낸다. 반사되어 감지기로 되돌아온 파동의 진동수는 얼마인가?

47. 잠수함

동해에서 한국과 일본의 잠수함이 기동훈련 중에 서로 마주보고 다가온다(그림 18-31). 잠수함의 속력은 한국 것이 70.0 km/h, 일본 것이 50.0 km/h이다. 일본 잠수함이 1 000 Hz의 소리신호를 보낸다. 신호의 속력은 5470 m/s이다. (a) 한국 잠수함에서 잡은 신호의 진동수는 얼마인가? (b) 한국 잠수함에서 반사되어 되돌아온 신호를 일본 잠수함에서 받으면 진동수는 얼마인가?

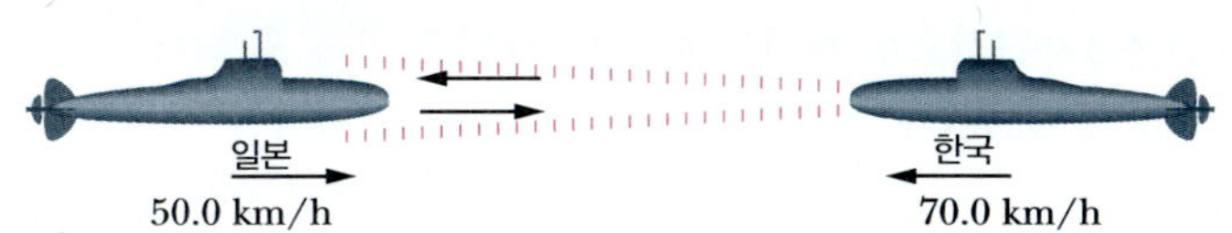

그림 18-31 문제 47

48. 종

종과 반사면이 서로를 향해 똑바로 다가간다. 공기에 대한 속력은 종이 29.9 m/s, 반사면이 65.8 m/s이며, 음속은 329 m/s이다. 종은 자신의 기준틀에서 잴 때 진동수 1200 Hz의 소리를 낸다. 반사면의 기준틀에서 볼 때 듣는 소리의 (a) 진동수와 (b) 파장은 얼마인가? 종의 기준틀에서 잴 때 반사면에서 반사되어 돌아온 소리의 (a) 진동수와 (b) 파장은 얼마인가?

49. 방범 경보기

방범 경보기는 진동수 28.0 kHz의 소리를 내는 종이다. 침입자가 평균속력 0.950 m/s로 경보기에서 멀어질 때, 종에서 나오는 소리와 침입자에게서 반사된 소리가 만드는 맥놀이 진동수는 얼마인가?

50. 박쥐

박쥐는 초음파 신호를 보내 길을 찾아서 동굴 속을 이리저리 날아다닌다. 박쥐가 내는 소리의 진동수가 39 000 Hz라 하자. 박쥐가 평평한 벽면을 향해 곧바로 날아갈 때 공기 속의 음속의 0.025배로 난다. 박쥐가 듣는 벽면에서 반사된 소리의 진동수는 얼마인가?

51. 창에 선 소녀

동쪽으로 10.0 m/s로 달리는 기차의 열린 창가에 소녀가 앉아 있다. 소녀의 아저씨가 철길 옆에 서서 기차가 멀어지는 것을 지켜본다. 기관차는 500.0 Hz의 경적을 울린다. 바람은 없다. (a) 아저씨가 듣는 소리의 진동수는 얼마인가? (b) 소녀가 듣는 소리의 진동수는 얼마인가? 동풍이 10.0 m/s로 불기 시작한다. (c) 이제 아저씨가 듣는 소리의 진동수는 얼마인가? (d) 소녀가 듣는 소리의 진동수는 얼마인가?

52. 민방위 대원

진동수 2000 Hz의 사이렌과 민방위 대원이 땅에 서 있다. 다음 상황에서 대원이 듣는 소리의 진동수를 구하라. 12 m/s의 바람이 (a) 음원에서 대원 쪽으로 불 때, (b) 대원에서 음원 쪽으로 불 때.

53. 두 기차

두 기차가 마주 보고 땅에 대한 속력 30.5 m/s으로 다가간다. 기차 하나가 500 Hz의 경적을 울린다. (a) 바람이 없을 때 다른 기차가 듣는 경적의 진동수는 얼마인가? (b) 30.5 m/s의 바람이 듣는 쪽에서 경적을 울리는 쪽으로 불 때는 진동수가 어떻게 되는가? (c) 바람의 방향이 반대가 되면 진동수가 어떻게 되는가?

18-8 초음속, 충격파

음원이 매질 속에서 음속으로 — 곧 $v_{음원} = v^{공기}$ 또는 $v_{음원} = v^{물}$ 등 — 서 있는 감지기 쪽으로 다가가면 식 18-31과 18-39는 검지된 진동수 f'가 한없이 커진다고 예견한다. 즉, 그림 18-32a가 보여주듯이 음원이 너무 빨리 움직여서 스스로 내보낸 파면과 같이 움직인다는 것이다.

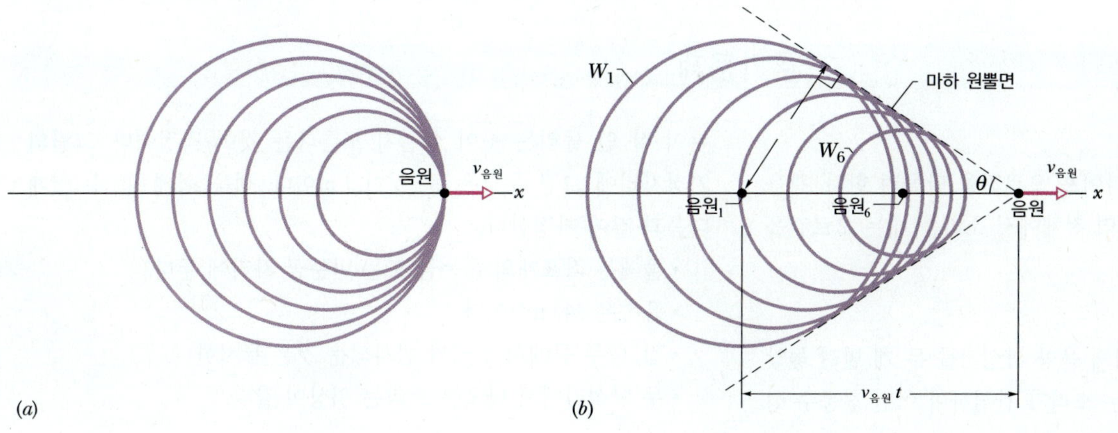

그림 18-33 파면의 단면. (a) 음원 S의 속력 $v_{음원}$이 음속과 같아서 내보낸 파면과 같은 빠르기로 움직일 때. (b) 음원 S의 속력 $v_{음원}$이 음속보다 빨라서 파면보다 더 빨리 움직일 때. 음원이 S_1에 있을 때 파면 W_1을 내보내고, S_6에 있을 때 파면 W_6를 내보낸다. 공 모양의 파면은 모두 음속력 $v^{소리}$로 팽창하여, 원뿔면에 모여 충격파를 만드는데, 이 원뿔을 '마하 원뿔'이라고 한다. 원뿔면의 꼭지각의 반은 θ이며, 모든 파면과 접한다.

그림 18-33
해군 제트기의 날개에서 구름이 생겨난다. 구름이 생기는 것에 대한 그럴듯한 설명으로는 초음속 충격파가 지나가서 공기 압력이 갑자기 줄어들기 때문이라는 것이다. 그러면 공기 중의 수증기가 물방울로 뭉친다.

그와 같은 초음속에서는 식 18-31과 18-39를 더 이상 쓸 수 없다. 그림 18-32*b*는 음원이 여러 곳에 있을 때 내보낸 공 모양 파면을 보여준다. 이 그림에서 어떤 파면이나 반지름은 $v^{소리}t$이다. 여기에서 $v^{소리}$는 매질 속에서의 소리 속력이고(예를 들어 $v^{공기}$ 또는 $v^{물}$), t는 음원이 파면을 낸 순간부터 흘러간 시간이다. 눈여겨 볼 것은 그림 18-32*b*의 2차원 그림에서 모든 파면이 V자 꼴의 싸개면을 따라 모인다는 것이다. 실제의 파면은 3차원적으로 팽창하며, 모인 파면은 마하 원뿔(Mach cone)을 이룬다. 이 원뿔면을 따라 충격파(shock wave)가 있다고 하는데, 그 까닭은 밀집한 파면이 어느 곳을 지날 때 공기 압력이 급격하게 높아졌다 낮아지기 때문이다. 관찰자는 파면이 모인 것을 소닉 붐(sonic boom)이라는 짧고 요란한 소리로 듣게 된다. 그림 18-32*b*의 2차원 그림에서 원뿔의 꼭지각의 반 θ를 마하 원뿔 각(Mach cone angle)이라고 하는데, 다음과 같다.

$$\sin\theta = \frac{v^{소리}t}{v_{음원}t} = \frac{v^{소리}}{v_{음원}} \qquad \text{(마하 원뿔 각)} \qquad (18\text{–}41)$$

$v_{음원}/v^{소리}$을 마하수(Mach number)라고 한다. 어떤 비행기가 마하 2.3으로 날았다면 공기 속에서 소리 속력의 2.3배 빠르게 날았음을 뜻한다. 소닉 붐이란 비행기가 소리장벽을 깨뜨리는 순간 단 한 번 생기는 한 차례의 요란한 소리라고들 흔히 오해한다. 그렇지만, 충격파는 비행기가 소리보다 빨리 나는 동안 계속 생겨난다. 초음속 비행기가 만든 충격파가 (그림 18-33) 지나가면 관찰자는 소닉 붐을 듣게 된다.

총을 쏠 때 들리는 소리의 일부는 총알이 만드는 초음속 충격파이다. 초음속 충격파는 또한 기다란 소몰이 채찍을 빨리 후려칠 때도 들을 수 있다. 채찍의 끝 부분은 소리보다 더 빨리 움직여 작은 소닉붐을 만들어낸다. 그것이 채찍을 흔들 때 나는 찢어지는 소리다.

연습문제 18-8

54. 발사된 총알
685 m/s의 속력으로 날아가는 총알이 만드는 충격파의 '마하 원뿔 각'을 구하라.

55. 제트기
제트기가 여러분 머리 위 높이 5000 m 상공을 마하 1.5의 속력으로 지나간다. (a) 마하 원뿔 각을 구하라. (b) 제트가가 지나간 뒤 얼마나 지나서 충격파를 느끼겠는가? 음속은 331 m/s이다.

56. 나는 비행기
비행기가 소리의 1.25배의 속력으로 날아간다. 땅에 서 있는 사람은 비행기가 머리 위를 지나간 뒤 1.00 m이 지나서야 충격파를 느낀다. 비행기의 비행고도는 얼마인가? 음속은 330 m/s로 가정하라.

추가문제

57. 파이프 오르간 만들기
기숙사 방에 염화비닐 관으로 파이프 오르간을 만들려 한다. 관을 구부리지 않고도 사람의 가청대역 전체에서 소리를 내는 오르간을 만들 수 있는지 어림해 보라.

58. 안뜰에 확성기 놓기
그림 18-34와 같이 뒷마당에 입체 음향 확성기를 두 개 벌려 놓았다. 그런데 두 확성기에서 나오는 소리가 간섭하여 어떤 진동수 성분이 잘 안 들리는 곳이 생길지 모른다는 것이 걱정이다. 그림의 가장자리에 그린 눈금은 큰 것이 1 m이다. 셈을 쉽게 할 수 있게 다음과 같이 가정한다.

- 물체는 좌표계의 온눈금 또는 반눈금 자리에 둔다.
- 음속은 343 m/s이다.
- 집, 나무 등에서 소리가 반사되는 것은 무시한다.
- 두 확성기에서 나오는 소리는 위상이 같다.

(a) 벤치 가운데 앉으면 어떤 일이 벌어지는가? (b) 왼쪽 긴 의자에 앉으면 소멸간섭으로 듣지 못하는 진동수 성분 가운데 가장 낮은 것은 무엇인가? (c) 어느 한 확성기에 도입선을 달아 음원의 위상을 뒤집으면 (a)에서 잃은 진동수 성분을 되찾을 수 있는가? (d) 위상을 뒤집으면 벤치 가운데 앉은 사람이 듣는 소리가 어떻게 되는가?

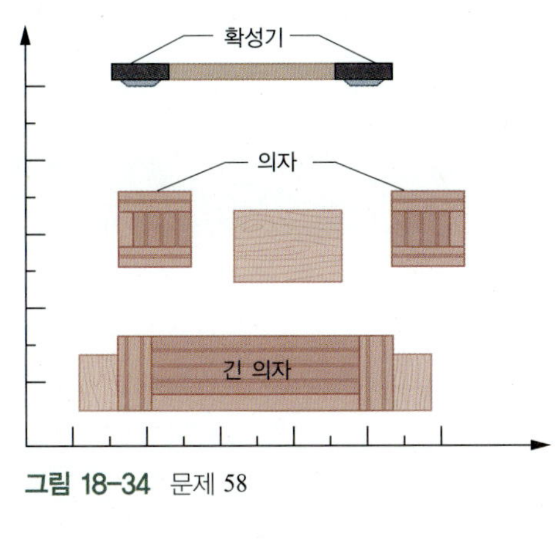

그림 18-34 문제 58

59. 진실한 영업사원?

영업사원이 입체 음향기기의 최대 일률이 120 W라고 주장했다. 소비자가 확성기를 여러 개 벌려 놓아 점 음원을 시늉내며 음향기기를 시험해 보니, 음량을 최대로 했을 때 확성기에 1.2 m까지 다가가면 귀가 아플 지경임을 알았다. 이 영업사원은 진실을 말했는가? 셈을 하여 대답을 설명하라.

60. 실험가

알루미늄 막대 속의 음속을 재고자 길이 10 cm인 알루미늄 막대를 펄스가 가는데 걸리는 시간을 재려고 한다. 유효숫자 네 자리인 결과를 얻으려면 막대의 길이를 얼마나 정확히 알아야 하고, 시간을 얼마나 정확히 재야 하는가?

19 열역학 제1법칙

큰 말벌 베스파 만다리아나 자포니카(*Vespa mandarinia japonica*)는 꿀벌을 잡아먹는다. 그렇지만, 이 말벌이 꿀벌 집을 습격하면, 수백 마리의 꿀벌이 재빨리 말벌을 막으려 공처럼 둘러싼다. 꿀벌들이 쏘거나, 물어뜯거나, 내리 누르거나, 숨을 막지 않아도 약 20분 뒤에 말벌은 죽는다.

왜 말벌이 죽을까?

◈ 답은 이 장에 있다.

19-1 열역학

앞으로 세 장에서는 새 주제인 '열역학' 을 중심으로 설명한다. 열역학 원리의 발견은 인류가 이룩한 가장 심오한 지적 성취의 하나이다. 왜냐하면 산업혁명의 동력을 제공한 증기기관은 열역학 원리에 따라 작동하며 다른 수많은 발전소도 마찬가지이기 때문이다. 열역학 덕분에 우리는 도마뱀의 대사 과정에서 우주의 진화에 이르는 폭 넓은 현상을 근본적으로 깊이 이해할 수 있게 되었다.

10장에서 배운 역학적 에너지는 물체의 운동과 배치에 따르는 '거시적(macroscopic)' 운동 에너지와 위치 에너지를 더한 값임을 기억하자. 거시적이란 물체가 충분히 커서 어떻게 움직이는지(운동 에너지) 그리고 어떻게 배치되는지(위치 에너지) 살펴 볼 수 있음을 뜻한다. 고립계 속의 입자가 보존력을 받을 때는 위치 에너지가 운동 에너지로 바뀌거나 반대로 진행되어도 계의 역학적 에너지는 보존됨을 발견했다.

또한 10장에서 토막이 표면을 따라 미끄러지다가 비보존력인 마찰력 때문에 멈추어도, 토막과 표면의 온도가 올라가는 것을 관찰했다. 토막–표면 계의 총 역학적 에너지가 줄어들 때는 반드시 계의 한 부분의 온도가 올라간다. 이 관찰에 따라 물체의 온도와 관련하여 새로운 에너지인 **열에너지(thermal energy)** $E^{열}$을 정의했다. 그러면 계의 총 에너지는 여전히 보존된다.

열역학은 보통의 물질 속에 저장되어 숨어 있는 '내부' 에너지를 '미시적인(microscopic)' (따라서 보이지 않는) 규모에서 계량하는 방법을 배우는 것에서 시작된다. 또한 어떤 계가 다른 계와 접촉할 때 그 계의 내부 에너지가 늘어나는가 줄어드는가를 온도가 결정하는 것을 확인한다. 피스톤을 끼운 원통에 뜨거운 증기를 집어넣으면, 피스톤을 밀어 올릴 수 있다. 따라서 어떤 계의 내부 에너지는 역학적 에너지로 다시 바꿀 수 있다.

이 장에서는 온도와 온도를 재는 방법을 생각한다. 그 다음에는 온도가 다른 두 물체 사이에서 전달되는, 눈에 보이지 않는 열에너지를 정량화한다. 또한 열역학 제 1 법칙을 도입하는데, 이것은 에너지 보존을 서술하는 것으로서, 어떤 계의 내부 에너지 변화를 그 계가 받거나 내놓는 열에너지와 그 계가 다른 계에 해주거나 받는 역학적 일과 연관시킨다.

20장에서는 내부 에너지를 원자와 분자의 운동 및 배치와 관련된 미시적 규모의 운동 및 위치 에너지를 모두 더한 것으로 설명하는 **'운동학 이론(kinetic theory)'** 을 소개한다. 내부 에너지를 설명하고자 19세기에 개발한 운동학 이론은 그 성격과 중요성에서 아인슈타인이 20세기에 물질의 질량에 에너지가 숨겨져 있음을 발견한 것에 버금간다. 그 다음에는 팽창하는 뜨거운 기체의 내부 에너지를 역학적 일 에너지로 바꾸는 방법에 관해 생각하여 열기관을 살펴본다.

21장에서는 열기관의 작동 원리를 설명한다. 그 다음에는 엔트로피 개념을 설명하는데, 이것은 내부 에너지를 거의 100%의 효율로 역학적 일로 바꾸는 열기관을 왜 아무도 발명할 수 없는가를 이해하는데 도움이 된다.

19-2 온도계와 온도 눈금

거시적 물체를 데우거나 식힐 때의 변화를 이해하려면 온도를 재는 것이 매우 중요하다. 우리도 뜨겁고 찬 것을 느낄 수 있지만, 물체를 만져야 하고 또 비교적 좁은 온도 범위에서만 할 수 있다. 그러나 이제는 뜨거움에 대한 감각을 정량화(quantify)해야 한다. 어떤 물질 또는 물체의 특성 가운데 크기를 잴 수 있는 것을 **양(quantity)** 또는 **잴 수 있는 성질(measurable property)**이라고 한다. 크기를 잴 수 있는 성질은 기준 물체와 물리적으로 비교하여 정량화할 수 있다(1-1절과 1-2절). 주위를 잘 살펴보면 공기가 가득 든 풍선이나 쇠막대를 더 뜨겁게 하거나 더 차갑게 하면 변하는 특성이 있다. 예를 들어, 공기가 가득 들어 부푼 풍선을 냉장고에 넣으면 쭈그러든다. 쇠막대는 데우면 길이가 조금 늘어난다. 물체의 성질 가운데 온도에 따라 변하는 것의 예를 들면 부피, 길이, 전기 저항, 압력 등이 있다. 물체가 뜨거워지거나 차가워질 때 변하는 성질 가운데 어느 것이든 골라서 물체가 뜨거운 정도를 정량화하는 장치를 만들 수 있다. 그러한 장치를 **온도계(thermometer)**라고 한다.

정확한 온도계를 만드는 일은 쉽지 않다. 그렇지만 온도계는 흔히 쓰는 장치이고 우리 모두 온도계가 무엇이고 어떻게 쓰는가를 '상식적으로' 알고 있다. 열역학에 대한 공부를 온도에서 시작하자. 또한 이 장의 뒷부분에서 온도와 측정에 대한 이해를 넓히고 정밀하게 할 때 이 주제를 다시 생각한다.

물질은 대부분 뜨거워지면 늘어난다. 유리병의 쇠뚜껑이 꽉 조여 열리지 않을 때 뜨거운 물을 부으면 쉽게 열 수 있다. 뜨거운 물이 숨어 있는 (또는 내부) 열에너지를 뚜껑과 병에 모두 전달해주므로 쇠와 유리 모두가 늘어난다. 그 까닭은 에너지를 더해주면, 모든 고체 속의 원자를 꼭 붙들어 매는 원자간의 용수철 같은 힘에 거슬러, 그 속의 원자가 보통 때보다 조금씩 더 멀어지기 때문이다(고체에 대한 용수철-원자 모형에 대해서는 6장 참조). 그렇지만 쇠뚜껑은 유리보다 더 늘어나므로, 뚜껑이 헐거워진다. 낯익은 유리 온도계(그림 19-1*a*)도 비슷한 방식으로 작동한다. 빈 유리공과 관 속에 채운 수은이나 물들인 알코올은 그것을 둘러싼 유리보다 더 많이 늘어난다.

눈에 보이지 않는 원자와 분자의 충돌과 화학 반응을 통해 '더 뜨거운' 계에서 '더 차가운' 계로 에너지가 전달되는 것을 **열에너지 전달(thermal energy transfer)**이라고 한다. 열에너지 전달에는 물질의 교환이 뒤따르지 않는 것에 유의하자. 예를 들어, 위에서 설명한 상황에서 병이나 뚜껑 속으로 물이 스며들지는 않는다. 그런데 어떻게 에너지가 전달된단 말인가? 당구대 한가운데에 있는 당구공에 큐 공이 빠른 속도로 와서 부딪치는 것을 상상하자. 부딪친 뒤에 큐 공은 운동 에너지를 모두 잃고, 잃은 에너지는 서 있던 공이 받아간다. 질량 이동이 없는 에너지 전달이다! 따라서 뜨거운 물 속의 분자가 병 속의 유리 분자보다 더 격렬하게 떨고 있으면, 에너지가 물 분자로부터 병 분자로 전달되는 것을 상상할 수 있다.

빨간 물을 들인 알코올을 채운, 눈금 없는 온도계를 찬 물이 든 잔에 넣는다고 하자. 물은 만져 보면 차기우므로 온도계의 관에서 알코올 기둥이 올라간 곳을 그어 표시해 두고 그 높이를 찬 물의 온도로 정의할 수 있다. 그 다음에는 만져 보아 뜨거운 물이 든 잔에 온도계를 넣는다. 이번에도 알코올 기둥이 올라간 곳을 그어 표시해 두고 그 높이를 뜨거운 물의 온도로 정의할 수 있다. 이제 만져 보아 뜨겁지도 차갑지도 않은 물 속에 온도계를 넣으면 알코올 기둥이 두 눈금의 가운데에 있을까? 새 온도는 앞의 두 온도의 가운데 어느 값이라고 가정하는 것이 합리적인가? 그것이 참이라는 가정이 역사적으로 '화씨(Fahrenheit)'와 '섭씨(Celsius)' 온도 눈금을 정하는 지침이었으며, 그것은 참에 가깝다. 따라서 열역학에 대한 공부를 온도계 속의 액체 기둥의 높이 변화에 비례하는 양이 곧 온도 변화라는 아주 조잡한 정의에서 시작하는 것이 쓸모가 있다. 온도를 정량화하려면, 유리관 속의 액체 기둥의 높이에 값을 정해줄 필요가 있다. 다시 말해 '온도 눈금'을 정해야 한다.

화씨 및 섭씨 눈금은 오늘날 널리 쓰이는 두 가지 온도 눈금이다. 우리나라, 일본, 중국 등의 기상예보 및 과학 강좌에서는 섭씨 눈금을 쓰고, 미국에서는 화씨 눈금을 쓴다. 눈금을 매기려면 먼저 재현성이 좋은 '고정점'을 낮은 온도와 높은 온도에서 각각 하나씩 정하여 온도계의 기둥에 두 고정점의 온도값을 정해준다. 그 다음에는 두 고정점 사이의 거리를 같은 간격으로 나누어 눈금을 매기고 한 칸을 1 '**도(degree)**'라고 정의한다.

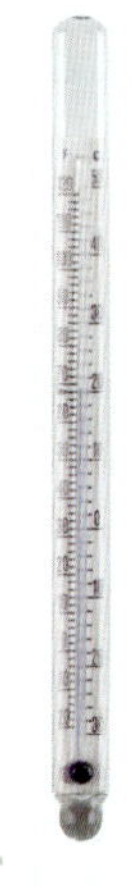

(*a*)

(*b*)

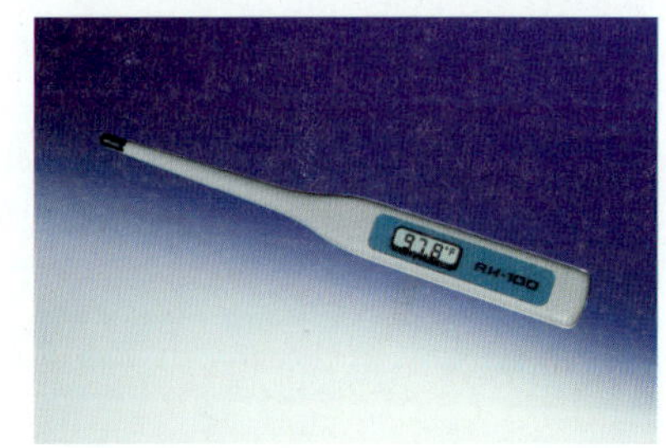

(*b*)

그림 19-1
뜨거운 정도에 따라 물질의 잴 수 있는 성질이 바뀌는 것에 바탕을 둔 두 가지 온도계. (*a*) 액체 온도계. 뜨거운 곳에 두면 유리관이 부푸는 것보다 속에 담긴 액체가 더 많이 부푼다. (*b*) 와 (*c*) 전자 온도계. 가는 막대를 뜨거운 곳에 두면 끝에 묻어 둔 온도 감지 요소의 저항이 변한다.

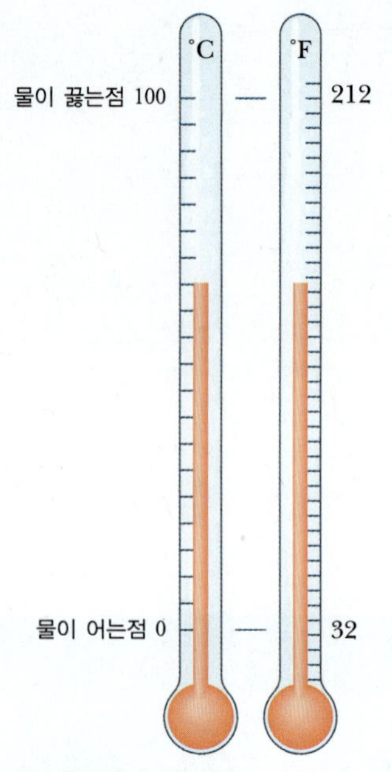

그림 19-2
해수면 표준 기압에서 물의 어는점과 끓는점의 섭씨와 화씨 온도 눈금 비교. 낱낱의 눈금은 5°를 나타낸다.

• 화씨 눈금

파렌하이트(Gabriel Fahrenheit)가 1714년 정한 눈금에서는 낮은 온도 고정점은 얼음과 소금을 섞어 얻을 수 있는 가장 낮은 온도로 잡아 0°F로 정했고, 높은 온도 고정점은 사람의 체온으로 잡아 **98.6°F**로 정하고, 두 고정점 사이의 유리기둥을 96등분하여 눈금을 매겼다. 예를 들어, 그림 19-2처럼 해수면에서 물이 어는점은 약 32°F, 끓는점은 약 212°F인 것으로 나타났다

• 섭씨 눈금

스웨덴의 연구자 셀시우스(Anders Celsius)는 1742년 합리적인 새 눈금을 고안하여 '백분 눈금'이라고 불렀다. 그는 해수면에서 물이 어는점을 0°C, 끓는점을 100°C로 정했다. 현대의 섭씨 눈금은 백분 눈금과 거의 비슷하지만 고정점 가운데 하나는 물의 '삼중점'에 맞추었는데, 이것은 고체 얼음과 액체 물 그리고 기체 수증기가 공존하는 압력과 온도이며, 온도값을 0.01°C로 정의했다. 삼중점에 관해서는 이 장의 뒤에 자세히 설명한다. 또 해수면의 대기압의 표준값을 정의하여 끓는점의 온도를 더 안정시켰다. 따라서 현대의 섭씨 온도계와 옛날의 백분 눈금 온도계의 측정값은 본질적으로 같다.

• 켈빈 눈금

19세기 영국 물리학자 켈빈 경(Lord Kelvin)은 물체가 더 이상 식을 수 없는 자연적 한계가 있음을 발견하고, 이 자연적인 한계를 온도의 0점으로 잡아 열역학에서 쓰이는 중요한 온도 눈금을 정의했다. 과학자와 공학자가 쓰는 켈빈 눈금을 19-9절에서 더 자세히 설명한다.

• 온도 바꾸기

화씨 눈금은 섭씨 눈금보다 구간이 더 작고, 0점이 다르다. 이러한 차이는 그림 19-2처럼 두 가지 눈금이 모두 매겨진 실내 온도계를 살펴보면 쉽게 확인할 수 있다. 한 눈금을 다른 눈금으로 바꾸는 식은 몇 개의 고정점에 대한 각 눈금의 값을 기억하면 아주 쉽게 끌어낼 수 있다(표 19-1 또는 그림 19-2 참조). 식은 다음과 같다.

$$T_F = \frac{9}{5} T_C + 32° \qquad (19\text{-}1)$$

여기에서 T_F는 화씨 온도, T_C는 섭씨 온도이다.

표 19-1
몇 가지 대응되는 온도

온도	°C	°F
물이 끓는점[a]	100	212
정상적인 체온	37.0	98.6
편안한 온도	20	68
물이 어는점[a]	0	32
화씨 눈금의 0점	≈−18	0
두 눈금이 같은 점	−40	−40

[a]엄밀하게는 섭씨 눈금에서 물이 끓는점은 99.9°C이고 어는점은 0.00°C이다. 따라서 두 점 사이는 100°C보다 아주 조금 적다.

보통 두 눈금으로 잰 온도를 구별하고자 C와 F를 붙인다. 따라서 아래의 식

$$0℃ = 32℉ \tag{19-2}$$

는 섭씨 눈금으로 잰 온도 0°는 화씨 눈금으로 잰 온도 32°와 같음을 뜻한다. 다음과 같이도 말할 수 있다.

$$\Delta T = 5C° = 9F°$$

이것은 섭씨 눈금으로 5도 차이는 (온도 기호 °가 C 뒤에 붙어 있음을 눈여겨 보라) 화씨 눈금으로 9도 차이와 같음을 뜻한다.

• **처음에 정의한 온도의 문제점**

눈금을 매긴 액체 온도계에서 액체 기둥의 높이에 따라 온도를 정의하면 몇 가지 문제가 생긴다. (1) 옛날에 정한 고정점은 재현성이 좋지 않다. 그 까닭은 어는점과 끓는점이 압력에 따라 달라지기 때문이다. (2) 유리관 속에서 액체 기둥의 높이가 변할 수 있는 온도 범위는 아주 제한된다(액체는 아주 추우면 얼고 아주 뜨거우면 증발한다). (3) 액체의 부피가 온도에 비례하여 늘어난다는 가정이 늘 정확하지 않을 수 있고, 유리 온도계가 온도를 잴 물체보다 아주 작아야 재려는 온도값에 영향을 주지 않는다. 온도를 정의하는 방법과 더 나은 설계에 관한 설명은 19-9절에서 다시 한다. 그 동안은 열적 상호작용을 배우는 출발점을 액체 온도계로 정의하는 온도로 잡는다.

생각해보기 19-1 어떤 물체에서 잴 수 있는 성질과 잴 수 없는 성질을 몇 가지 들어라.

연습문제 19-2

1. 화씨 및 섭씨 온도

화씨 온도가 섭씨 온도의 (a) 두 배인 온도와 (b) 반인 온도는 각각 몇 도인가?

2. 오이미야콘(Oymyakon)

(a) 1964년 시베리아 오이미야콘 마을의 온도는 −71℃까지 내려갔다. 화씨 눈금으로는 몇 도인가?

(b) 공식 기록으로 미 대륙에서 가장 높은 온도는 캘리포니아 주 죽음의 계곡에서 134℉였다. 섭씨 눈금으로는 몇 도인가?

19-3 열적 상호작용

이제 두 물체가 접촉하면 온도가 어떻게 되는지 살펴보자. 다음 두 관찰을 생각하자.

1. 뜨거운 물을 담은 쇠통을 방안에 두고 온도계를 물에 담가 눈금을 읽으면 언제나 낮아지다가, 나중에는 방안의 (똑같은) 온도계 눈금값과 같아지면서 더 이상 낮아지지 않는다.
2. 차가운 물을 담은 쇠통을 방안에 두고 온도계를 물에 담가 눈금을 읽으면 언제나 높아지다가, 나중에는 방안의 (똑같은) 온도계 눈금값과 같아지면서 더 이상 높아지지 않는다.

그림 19-3
처음에 온도가 다른 물을 담은 두 그릇이 열접촉하고 있고, 이것을 뚜껑이 있는 스티로폼 통 속에 넣어 주위(방안 공기)와 상호작용하지 않게 했다. 물의 온도는 어떻게 될까?

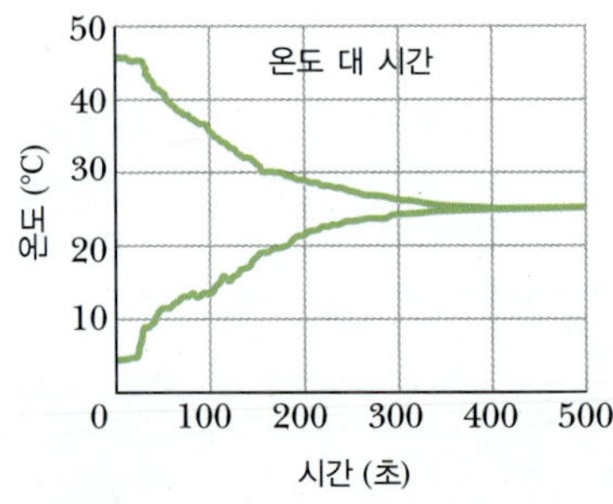

그림 19-4
얇은 플라스틱 컵에 5°C의 찬물 $m_1 = 200$ g을 채우고, 이 컵을 45°C의 따뜻한 물 $m_2 = 200$ g 속에 띄워 열접촉시킨 다음, 단열된 통 속에 넣었다(그림 19-3). 컴퓨터 기반 자료 수집장치를 써서 두 물의 온도의 시간 변화를 기록했다. 두 그릇에 담긴 물이 섞이지 않아도, 찬물의 온도는 올라가고 따뜻한 물의 온도는 내려가 400초가 지나면 마침내 둘 다 25°C에서 열평형을 이룬다.

이러한 관찰 결과를 상식으로 해석하면 쇠통 속의 물과 주위가 상호작용을 한다는 것이고, 그것은 **열적 상호작용(thermal interactions)**의 보기다. 쇠통 속의 물을 **계(system)**라고 한다. 8장에서 운동량 보존의 개념과 관련하여 계라는 말을 처음 썼다. 그때처럼 주된 관심의 대상인 물체 하나 또는 여럿을 **계**라고 정의한다. 계 속에 어떤 물체를 넣는가는 우리가 정한다. 에너지와 운동량 보존을 배울 때와 마찬가지로 둘 이상의 계가 물질을 주고받지 않으면서도 에너지를 주고받는 상호작용을 자주 생각할 것이다. 또한 어떤 계와 환경의 상호작용을 생각할 때도 있다.

환경(Environment)은 어떤 계를 둘러싼 것 또는 바깥의 모든 것으로 정의된다. 앞으로 살펴 볼 많은 열적 상호작용은 어떤 계(예를 들어, 쇠통 속의 물)와 환경(예를 들어, 방안의 공기)의 상호작용이다. 실제적인 목적에서 환경은 흔히 (우주 전체가 아니라) 계를 곧바로 싸고 있는 것으로 잡는다. 확실히 할 것은 그 주위가 계보다 훨씬 커야 한다는 것이다. 예를 들어, 쇠통 속의 물의 환경은 지구 전체가 아니라 그것을 둘러싼 방안의 공기로 잡는다.

이제 주위의 환경으로부터 절연된 물체에 대한 두 가지 관찰을 살펴 보자.

3. 온도가 다른, 비슷한 물체 둘을 접촉시켜 두면, 뜨거운 물체에 꽂은 온도계의 온도는 내려가고 차가운 물체에 꽂은 온도계의 온도는 올라가다 두 온도가 같아지는 때 멈춘다(그림 19-3과 19-4 참조).
4. 온도가 같은, 비슷한 물체 둘을 접촉시키면, 온도계의 온도가 달라지지 않는다.

위에서 설명한 네 관찰에는 열평형이라는 조건의 보기가 들어 있다. 두 물체(예를 들어, 계와 주위 환경)에 꽂은(같은 종류의) 온도계가 같은 눈금을 가리키면, 두 물체는 **열평형(thermal equilibrium)**에 있다고 한다. 다시 말해, 두 물체의 온도가 같으면 열평형에 있다. 계가 접촉해 있으면 열평형에 이르려는 경향이 있음을 관찰한 결과는 더 뜨거운 계는 더 차가운 계에 열에너지를 전달하여 결국 둘 다 똑같이 따뜻해짐을 알려준다.

열평형 개념은 온도 측정을 이해하는데 중요하다. 예를 들어, 나날의 경험에서 아는 것처럼 온도계 눈금이 안정되려면 시간이 걸린다. 체온을 잴 때 유리공 온도계를 혀 밑에 넣자마자 잴 수는 없다. 그 까닭은(적어도 부분적으로는) 온도계가 우리 몸과 같은 다른 물체와 열평형을 이루는데 시간이 걸리기 때문이다. 어떤 물체가 더 뜨거워지거나 더 차가워지지 않을 때, 온도계가 그 물체와 열평형에 이르면, 온도계 눈금 값이 일정하게 유지된다. 그때서야 물체의 온도를 정확히 잴 수 있다.

온도 측정에서 열평형은 다른 면에서 중요하다. 세 물체 A와 B 그리고 T를 생각하자. (물체 T는 온도계일 수도 있지만, 꼭 그럴 필요는 없다.) 물체 A와 B는 그림 19-5와 같이 저마다 잘 단열된 환경 속에 있다. 세 물체의 온도를 한 번에 두 개씩 잰다. 물체 A와 T가 열평형에 있음을 알았다고 하자. 그 다음에는 물체 B와 T의 온도를 비교하여 이들도 서로 열평형에 있음을 알았다(물체 A와 온도계의 눈금값이 같다). 그렇다면 물체 A와 B도 열평형에 있어야 하는가? 그 답은 실험에서 나오며, 이것을 **'열역학 제 0 법칙(zeroth law of thermodynamics)'**이라고 한다.

> 물체 A와 B가 각각 셋째 물체 T와 열평형에 있으면, 둘은 서로 열평형에 있다.

물체 T를 온도계로 바꾸면, 과학 실험실에서 0 법칙을 늘 쓰고 있음을 알 수 있다. 이것이 온도를 비교할 때 온도계를 쓰는 근거다. 예를 들어, 두 병 속에 든 액체의 온도가 같은지 알고 싶으면 하나의 온도계로 두 병의 온도를 따로 잰 다음 그 값을 비교한다. 흔히 온도를 잴 때 온도계의 눈금값은 실온에서 출발하여 물체 A와 B에 접촉시키면 그 값이 올라가거나 내려간다. 이때도 온도계가 온도를 재려는 물체에 열에너지를 주거나 빼앗아 온도를 상당히 변화시키지 않게 하려면 너무 큰 온도계를 쓰지 않도록 주의해야 한다.

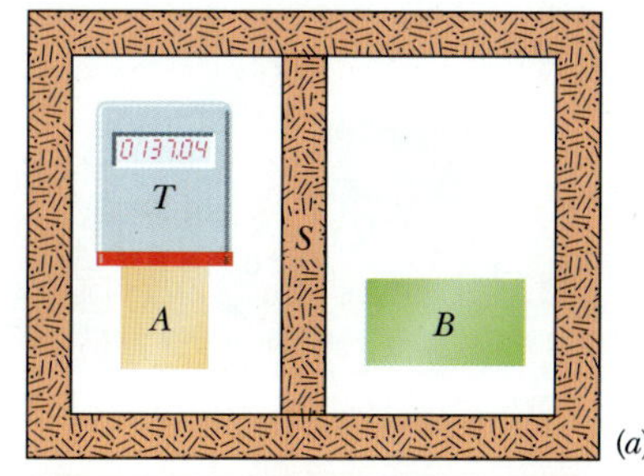

그림 19-5
(a) 물체 T(아마도 온도계)와 물체 A가 열평형을 이룬다. (물체 S는 단열벽이다.) (b) 물체 T와 물체 B가 열평형을 이룬다. (c) (a)와 (b)가 참이면, 열역학 제0법칙에 따르면 물체 A와 물체 B가 열평형을 이룬다.

19-4 가열, 냉각, 온도

어떤 물체의 온도가 변할 때 그것이 어떻게 뜨거워지거나 차가워지는지를 알려면 처음 온도와 나중 온도만 재어도 되는가? 이 물음에 답하려면 몇 가지 예를 생각하여 물이 어떻게 식는가 살펴보자.

1. 기온이 20°C로 유지되는 방안에 아주 뜨거운 물을 채운 작은 잔을 둔다. 물은 주위 공기와 열평형에 이를 때까지 점점 식는다.
2. 같은 방에 뜨거운 물을 담은 큰 통을 두어도 물은 식지만 잔에 담긴 물보다는 시간이 오래 걸린다.
3. 먼저 뜨거운 물을 채운 작은 잔을 보온통에 넣고 방안에 두면, 보온통 안의 물도 방안의 공기와 열평형에 이르게 되지만 물이 식는데 앞서보다 훨씬 더 오래 걸린다.
4. 30°C의 물을 채운 잔을 아주 차가운 냉장고에 넣는다. 그러면 물은 얼어서 얼음이 된다. 어느 과정에서 물–얼음 혼합물을 잘 저으면서 온도를 시간의 함수로 잰다. 그림 19–6과 같이 일단 물–얼음 혼합물이 식어 0°C가 되면, 물이 모두 얼 때까지는 온도가 변하지 않는다.

위의 보기는 열적 상호작용을 분석하는데 처음과 나중에 잰 온도에만 의존하면 우리의 능력이 크게 제한됨을 보여주는 증거다. 따라서 온도 변화가 중요한 특징이 아닌 열적 상호작용도 설명할 수 있는 새롭고 더 폭 넓은 개념을 생각해 내야 한다. 앞으로 소개할 과정은 '가열'이며, 이것으로 더 뜨거운 물체와 더 차가운 물체의 상호작용을 기술할 수 있다. 물론 온도가 변하지 않는다 해도 그렇다. 예를 들어, 얼음–물을 온도가 더 높은 공기나 물로 감싸면 얼음이 녹는다. 또는 환경으로부터 단열된 찬물이 단열되지 않은 것보다 가열하는데 더 오래 걸린다. 위에서 설명한 관찰 결과는 가열 과정을 이해하는 바탕이 된다.

가열 과정에 대한 통찰을 더 얻으려면 두 가지 관찰을 더 살펴보자.

1. 물을 담은 그릇을 불 위에 올려놓아 온도를 높인다. 이 과정을 진행시키려면 연료(에너지 공급원)가 든다.
2. 물그릇을 큰 것과 작은 것 두 개 준비하여 똑같은 온도의 물을 담아 똑같은 불 위에 올려놓으면, 똑같은 온도로 올리는데 더 많은 물을 담고 있는 큰 그릇이 더 오랜 시간이 걸린다(따라서 더 많은 연료가 든다).

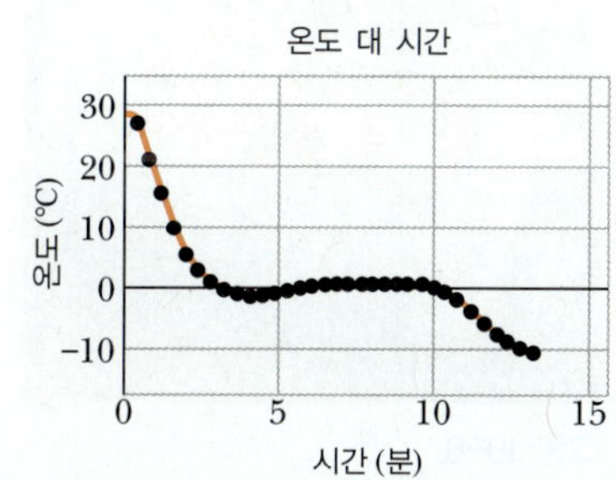

그림 19–6
자료 수집장치가 기록한 시간에 대한 온도 변화표. 물의 온도가 0°C로 내려가면 얼음이 얼기 시작한다. 얼음이 어는 동안은 온도가 변하지 않는다. 물이 모두 얼고 나면 온도가 다시 내려가기 시작한다.

이 두 관찰 모두 10장에서 에너지 보존을 설명할 때 가정했던 것처럼 가열 과정에 에너지가 관여한다는 것을 직접 보여준다. 더구나 가열 과정은 더 뜨거운 물체에서 더 차가운 물체로 에너지 전달이 이루어지는 것이라는 생각은 이 장에서 지금까지 설명한 모든 관찰과 아귀가 잘 맞는다. 따라서 다음과 같은 중요한 진술을 할 수 있다.

> **가열**은 온도가 더 높은 어떤 계에서 그것과 접촉한 더 낮은 다른 계로 열에너지가 전달되는 것이며, 그 과정이 일어나는 까닭은 두 계의 온도가 다르기 때문이다.

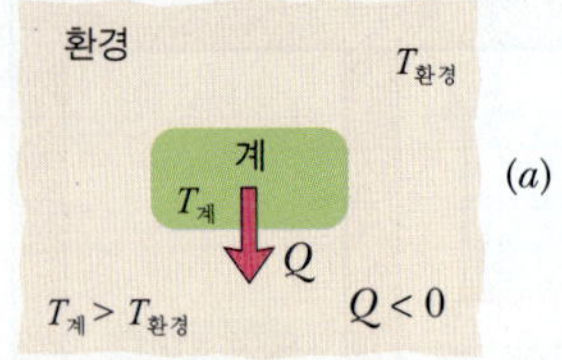

(*a*)

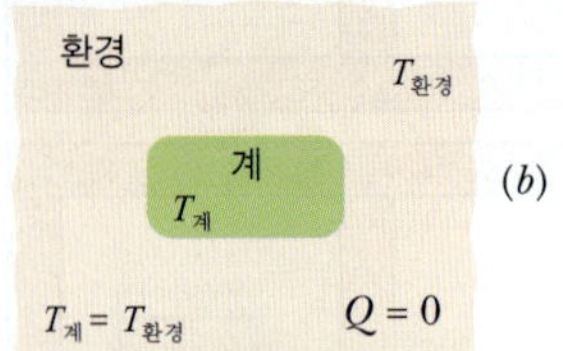

(*b*)

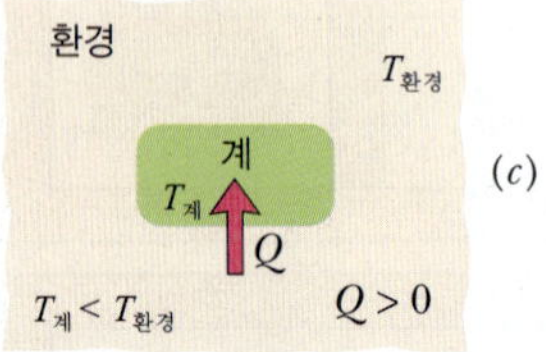

(*c*)

그림 19-7
(*a*)처럼 계의 온도가 환경보다 높으면, (*b*)와 같이 열 평형이 이루어질 때까지 계는 열에너지 Q를 환경으로 전달한다. (*c*) 계의 온도가 환경보다 낮으면, 열 평형이 이루어질 때까지 계는 열에너지를 흡수한다.

두 계가 (또는 계의 부분끼리) 미시적으로 에너지를 주고받아 알짜로 전달한 열에너지의 양은 글자 Q로 나타낸다. 두 계가 주고받는 열에너지는 흔히 '열' 이라고 한다. 열은 때때로 어떤 계의 전체 열에너지를 나타낼 때도 있으므로, 열적 상호작용을 기술할 때 내부 에너지와 헷갈리기도 한다. 그래서 우리는 열적 상호작용을 기술할 때는 열 또는 저장된 열과 같은 수동적인 말을 쓰지 않겠다. '계를 가열한다' 는 말은 능동적 과정을 시사하므로 미시적 에너지 교환을 통해 어떤 계에 에너지를 더해주는 것을 말할 때 '가열', '냉각', 또는 '열에너지 전달' 이라는 말을 쓰겠다.

> 어떤 계에 전달된 열에너지의 양 Q의 값은 계가 열에너지를 받을 때는 양수이고(그때는 계가 열에너지를 흡수했다고 한다), 계가 다른 곳에 열에너지를 내줄 때는 음수이다(그때는 계가 열에너지를 방출했다 또는 잃었다고 한다).

이 열에너지 전달을 그림 19-7에 보였다. 그림 19-7*a*의 상황에서 계의 온도 $T_{계}$가 환경의 온도 $T_{환경}$보다 높아 ($T_{계} > T_{환경}$), 열에너지가 계에서 환경으로 전달되므로 Q는 음수이다. 그림 19-7*b*에서는 $T_{계} = T_{환경}$이므로, 열에너지 전달이 일어나지 않아 Q는 0이고, 열에너지는 방출되지도 흡수되지도 않는다. 그림 19-7*c*에서는 $T_{계} < T_{환경}$이므로 열에너지가 환경에서 계로 전달되고, 따라서 Q는 양수이다.

'가열' 은 한 계에서 다른 계로 열에너지가 전달되는 것과 관련 있음을 과학자들은 한참만에 깨달았다. 따라서 열에너지는 자체의 단위가 있다. 처음에는 가열을 온도 변화만을 가지고 생각해서 **칼로리(calorie, cal)**는 물 1g을 14.5°C에서 15.5°C로 올리는데 필요한 열에너지로 정의했다. 영국 단위계에서는 열에너지의 단위가 **영국 열 단위(British thermal unit, Btu)**이며, 물 1lb를 63°F에서 64°F로 올리는데 드는 열에너지로 정의한다.

1948년 과학자 공동체는 가열도 (일처럼) 에너지 전달 과정이므로, 전달된 열에너지(또는 '더해준 열')에 대한 국제 단위는 다른 모든 에너지에 대해 쓰는 단위, 곧 **줄(joule)**이 되어야 한다고 결정했다. 그림 19-8의 호주의 콜라 깡통에서 볼 수 있듯이 대부분의 나라에서는 칼로리 대신 줄을 쓴다. 지금은 칼로리는 4.1860 J (정확히)로 정의되며, 이제는 물을 데우는 것과 관계가 없다. (영양학에서 쓰는 '칼로리' 는, 때로 '큰 칼로리(Calorie 또는 Cal)' 라고도 하는데, 실제로는 킬로칼로리 또는 1000칼로리다.) 여러 가지 열에너지 단위 사이의 관계는 다음과 같다:

$$1\ \text{cal} = 3.969 \times 10^{-3}\ \text{Btu} = 4.186\,0\ \text{J} = 0.001\ \text{Cal}\ (\text{또는 음식 칼로리}). \qquad (19\text{-}3)$$

그림 19-8
우리나라에서는 음식 에너지를 말할 때 국제단위를 쓰지 않는다. 그래서 식품 영양학 교재와 정부 허가를 받는 식품 열량표에는 식품 열량(food calorie)이 적혀 있다(단위로는 cal보다는 Cal을 쓴다). 다른 나라에서는 식품 열량표에도 단위로 줄(joule)을 쓴다. 사진에 나온 깡통은 호주에서 산 것이다.

• 열에너지 전달 기구

계와 환경 사이의 열에너지 전달인 가열은 단지 이들의 온도가 다르기 때문에 생기지만, 그러한 에너지 전달이 어떻게 일어나는지는 설명하지 않았다. 여기에서 세 가지 가열 기구를 간단히 설명하고 이 장의 끝부분에서 다시 더 설명한다.

쇠꼬챙이를 불 속에 오래 묻어두면, 손잡이가 뜨거워진다. 불에 파묻힌 쪽은 환경의 온도가 높아서 쇠꼬챙이 끝 부분의 원자와 전자는 진폭이 큰 진동을 한다. 큰 진폭과 그에 따르는 에너지는 꼬챙이를 따라 원자에서 다음 원자로 전달된다. 이렇게 하여 온도가 올라가는 영역이 손잡이까지 퍼진다. 그렇지만 이때 물질의 이동은 없다. 오직 열에너지만 꼬챙이를 따라 전달된다. 이러한 가열 과정을 (열) **전도(conduction)**라고 한다.

전도는 정의에 따라 온도가 다른 두 물체가 직접 닿아 열에너지가 전달되는 과정이다. 꼬챙이를 온도가 다른 여러 계가 잇달아 붙어 있는 것으로 생각하자. 더 뜨거운 물체와 더 차가운 물체(꼬챙이에서는 원자와 그 다음 원자)가 직접 맞닿아 있지 않다면, 열에너지가 전달될 수 없다. 앞에서 말한 것처럼 전도에서 물질은 전달되지 않는다. 그렇지만 어떤 실제 상황에서는 가열 과정에서 물질의 전달을 피할 수 없을 때도 있다. 그때는 그 과정이 더 이상 '순수한' 전도가 아니다.

난방한 집에서 위아래 창문을 모두 열면 밖의 찬 공기가 아래쪽 열린 곳으로 들어오고, 따뜻한 방안 공기가 위쪽 열린 곳으로 나가는 것을 느낄 수 있다. 찬 공기와 따뜻한 공기를 바깥과 주고받아서 방안은 점점 더 추워진다. 이 상황에서는 물질(이때는 공기)의 흐름에 실려 열에너지가 전달된다. 더 차갑거나 더 뜨거운 유체를 주고받아 열에너지가 전달되는 것을 **대류(convection)**라고 한다.

대류로 데우는 것은 어디에서나 볼 수 있다. 이 때문에 방열기나 난방기가 뜨거워지면 공기가 순환되면서 온기가 방안 곳곳에 퍼진다. 이 때문에 물을 담은 냄비를 뜨거운 난로 위에 올려두면 (난로와 닿은 뜨거운 바닥 가까이 있는 물만이 아니라) 냄비 안 물이 모두 뜨거워진다. 대류는 많은 자연 과정의 일부이다. 대기의 대류는 전 지구적 기후 양식과 기후 변이를 결정하는 근본적인 요인이다. 활강 비행 조종사와 새는 모두 상승 기류(따뜻한 공기의 흐름)를 타고 떠 있다. 바닷속에서도 같은 과정으로 엄청난 에너지가 전달된다. 끝으로 해에서도 에너지가 엄청난 대류에 의해 중심의 핵반응 도가니에서 표면으로 옮겨지는데, 뜨거운 기체가 대류세포의 핵을 따라 올라오고, 차가운 기체는 핵 바깥을 둘러싸고 표면 아래로 내려간다. 이 모든 대류에 의한 가열에서 중력이 핵심적인 구실을 한다. 중력이 없으면 뜨거운 물질이 차가운 물질 위로 솟아오르지 않는다. 따라서 우주정거장에서는 대류에 의한 가열을 할 수 없다.

햇볕을 받으면 살갗이 따뜻해지는 것을 느낀다. 가리개로 햇빛을 가리면 곧바로 따뜻한 느낌이 사라진다. 이 에너지 전달은 어떻게 일어날까? 햇빛이 지구에 오려면 1억 5천만 킬로미터의 텅 빈 우주 공간을 지나와야 한다. 따라서 이 열에너지 전달은 대류나 전도로 이루어질 수 없다. 해 에너지는 **전자기파(electromagnetic radiation)**의 흡수라는 또 다른 과정을 통해 전달된다. 눈에 보이는 빛도 전자기파의 하나이지만, 해와 뜨거운 불은 눈에 보이는 빛과 함께 파장이 그보다 더 긴, 보이지 않는 적외선도 낸다.(전자기파에 관해 더 자세한 내용은 34장 참조) 전자기파를 통해 에너지를 전달하는데는 아무 매질도 필요하지 않다. 적외선에 의한 열에너지 전달을 **열 방사(thermal radiation)** 또는 **방사 에너지(radiation energy)**라고 한다.

생각해보기 19-2 집안에서 단열의 기능을 설명하라.

연습문제 19-4

3. 뜨겁고 찬

뜨겁거나 찬 물체의 온도는 식거나 데워져서 주위 온도와 같아지는 것을 본다. 물체와 주위의 온도차 ΔT가($\Delta T = T_{물체} - T_{주위}$) 너무 크지 않으면, 물체가 식거나 데워지는 비율은 거의 온도차에 비례한다. 곧 다음과 같다.

$$\frac{d(\Delta T)}{dt} = -A(\Delta T)$$

여기에서 A는 상수이다. (−부호가 앞에 붙는 까닭은 ΔT가 양수이면 ΔT는 줄어들고 음수이면 늘어나기 때문이다.) 이것을 뉴턴 냉각법칙(Newton' s law of cooling)이라고 한다. (a) A는 어떤 요인의 영향을 받는가? 차원은 무엇인가? (b) 어느 때 $t_1 = 0$에 온도차가 ΔT_1이면 뒤의 어느 때 t_2에 다음과 같음을 보여라.

$$\Delta T = \Delta T_1 e^{-At_2}$$

4. 난방기

바깥 온도가 7.0°C인 어느 날 어떤 집의 난방기가 고장났다. 그 결과 방안 온도가 한 시간만에 22°C에서 18°C로 내려갔다. 집주인은 난방기를 고치고 집에 단열층을 더 입혔다. 그는 이제 비슷한 상황에서 난방기를 끄면 방안 온도가 22°C에서 18°C로 내려가는데 두 시간이 걸림을 발견했다. 뉴턴 냉각법칙의 상수 A의 새 값과 옛날 값의 비는 얼마인가?

19-5 고체와 액체에 대한 열 전달

크고 작은 그릇 두 개에 온도가 같은 물을 가득 담고, 둘 다 똑같은 화덕 위에 올려 데우면, 같은 온도로 올리는데 걸리는 시간은 큰 그릇이 더 오래 걸린다(따라서 더 많은 연료가 들고, 더 많은 열에너지가 든다). 물 한 잔을 데울 때 드는 열에너지는 똑같은 양의 자동차 기름을 같은 온도로 데울 때의 두 배가 든다. 이것을 그림 19-9*a*와 *b*에 보였다. 자동차 기름을 담은 그릇에 흔히 쓰는 전기 가열기를 담그고 전류를 흘린다. 이것은 200 W 조금 못 되는 일률을 일정하게 공급한다. 에너지는 '일률×시간' 이므로 기름에 전달된 전체 열에너지는 가열기를 켜둔 시간에 비례한다. 그림 19-9*b*는 70초 뒤에는 물의 온도 변화 $T_{나중} - T_{처음}$이 약 15°C이지만 자동차 기름은 약 30°C로 올랐음을 보여준다. 물은 자동차 기름보다 두 배의 '열을 잡아둔다' 고 말할 수 있다. 더 정확히 말하면 물은 전달된 열에너지를 흡수해도 온도가 별로 변하지 않는다.

(*a*)

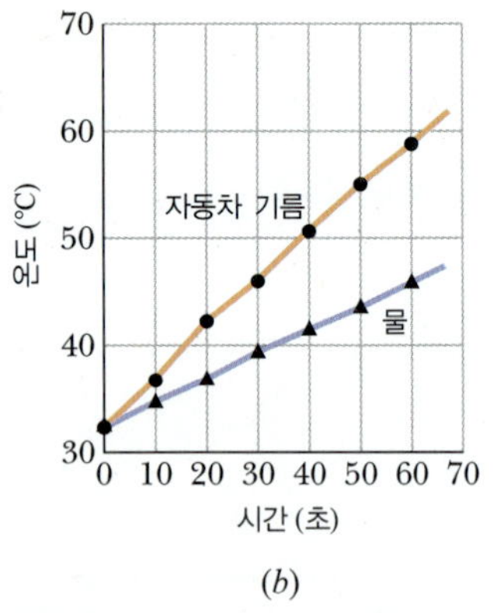

(*b*)

그림 19-9
(*a*) 액체에 가열기를 담가 일정한 비율로 열에너지를 전달할 때 온도가 올라가는 것을 디지털 온도계를 써서 잴 수 있다. (*b*) 질량이 같은 두 액체에 같은 열에너지를 전달해주어도 온도가 올라가는 비율은 일반적으로 다르다. 따라서 액체마다 고유한 비열을 정의해주어야 한다. 예를 들어, 그림 19-9*a*의 가열기는 물 175 g보다는 자동차 기름 175 g을 더 빨리 '데운다'. 자료는 컴퓨터 기반 자료 수집 장치를 써서 1초에 한 차례씩 70초 동안 모았다.

여러 물체와 여러 재료의 가열 및 냉각 곡선(예를 들어 그림 19-9*b*)을 살펴보면, (물질이 녹거나, 얼거나, 증발하지 않는 한) 온도 변화가 열에너지 전달과 비례하는 것으로 드러난다. 그렇지만 비례상수는 물질마다 다르다. 물체의 **열용량(heat capacity)** C는 물체에 전달된 열에너지 Q와 그 결과로 생기는 온도 변화 ΔT 사이의 비례상수이다.

$$Q = C\Delta T = C(T_{나중} - T_{처음}) \tag{19-4}$$

여기에서 $T_{처음}$과 $T_{나중}$은 물체의 처음 및 나중 온도이다. 열용량 C의 단위는 섭씨 1도당 에너지다. 예를 들어 방 구들에 쓰는 돌판의 열용량은 179 cal/C°이다.

위에서 '용량' 이라는 말은 물을 담는 그릇의 용량과 비슷한 뜻을 떠올리게 하여 헷갈리게 만든다. 열은 물질이 아니므로 이러한 유추는 잘못된 것이며, 물체가 열에너지를 '담고 있다' 거나 열에너지를 흡수하는 능력이 제한된다고 생각하면 안 된다. 열에너지 전달은 물체와 환경 사이의 온도차만 유지되면 한없이 진행될 수 있다. 물론 이 과정에서 물체는 녹거나 증발할 수 있다.

• 비열

같은 재료 — 예를 들어 대리석 — 로 된 두 물체의 비열은 질량에 비례할 것이다. 그러므로 물체가 아니라 '단위 질량 물체의 열용량' 또는 **비열(specific heat)** c를 정의하는 것이 편리하다. 그러면 식 19-4는 다음과 같이 쓸 수 있다.

$$Q = cm\Delta T = cm(T_{나중} - T_{처음}) \tag{19-5}$$

여기에서 $C = mc$이다.

실험을 해보면 구들에 쓰는 돌판의 열용량은 179 cal/C°이지만, 비열은 0.21 cal/g · C°이다.

칼로리와 영국 열 단위가 처음 정의된 방식에서 물의 비열을 재보면 다음과 같다.

$$c = 1\,\text{cal/g} \cdot \text{C}^\circ = 1\,\text{Btu/lb} \cdot \text{F}^\circ = 4\,190\,\text{J/g} \cdot \text{C}^\circ \tag{19-6}$$

표 19-2는 몇 가지 물질의 실온에서의 비열을 보여준다. 눈여겨볼 것은 물의 비열이 상대적으로 큰 것이다. 다른 물질의 비열은 실제로는 온도에 따라 조금 달라지지만, 표 19-2의 값은 실온 근처에서는 제법 잘 맞는다.

표 19-2
실온, 일정한 압력에서 몇 가지 물질의 비열

물질		비열		몰비열
		$\frac{\text{cal}}{\text{g} \cdot \text{C}^\circ}$	$\frac{\text{J}}{\text{kg} \cdot \text{C}^\circ}$	$\frac{\text{J}}{\text{mol} \cdot \text{C}^\circ}$
원소 고체	납	0.0305	128	26.5
	텅스텐	0.0321	134	24.8
	은	0.0564	236	25.5
	구리	0.0923	386	24.5
	알루미늄	0.215	900	24.4
다른 고체	황동	0.092	380	
	화강석	0.19	790	
	유리	0.20	840	
	얼음(−10°C)	0.530	2220	
액체	수은	0.033	140	
	에틸 알코올	0.58	2430	
	바닷물	0.93	3900	
	물	1.00	4190	

• 몰 비열

물질의 양을 나타내는데 때로 편리하게 쓰는 단위인 몰은 물질의 기본 구성 단위의 개수를 기준으로 정한다.

$$1\text{몰(mol)} = 6.02 \times 10^{23}\text{개의 기본 구성단위}$$

따라서 알루미늄(구성 단위는 알루미늄 원자다) 1몰은 알루미늄 원자 6.02×10^{23}개, 산화 알루미늄(구성 단위는 산화 알루미늄 분자다) 1몰은 산화 알루미늄 분자 6.02×10^{23}개를 뜻한다.

물질의 양을 몰 단위로 나타내면, 비열도(단위 질량이 아니라) 1몰에 대한 값으로 바꿔야 하고 이름도 **몰 비열(molar specific heat)**이라고 한다. 표 19-2는 몇 가지 원소 고체(한가지 원소로 이루어진 고체)의 실온에서의 몰비열도 보여준다.

• 일정 압력과 일정 부피에서의 비열

물질의 비열을 결정하고 쓸 때, 열에너지를 주는 조건을 알아야 한다. 고체와 액체에서는 보통 열에너지를 주는 동안 시료가 받는 압력(보통 대기압)이 일정하다고 가정한다. 열에너지를 주는 동안 시료의 부피를 일정하게 유지하는 것도 생각할 수 있다. 이것은 밖에서 압력을 주어 시료의 팽창을 막는 것을 뜻한다. 고체와 액체에서는 압력이 일정할 때의 비열과 부피가 일정할 때의 비열의 차이를 실험적으로 재기가 아주 어렵지만, 효과를 셈할 수는 있고, 결과는 몇 퍼센트를 넘지 않는 것으로 드러났다. 기체의 비열은 앞으로 보겠지만 압력이 일정할 때와 부피가 일정할 때가 크게 다르다.

• 상변화 열

얼음(고체 물)의 예를 생각해보자. '고체'는 물의 **상(phase)**을 기술하는 말이다. 물질의 상은 일반적으로 고체, 액체, 기체의 세 가지다. 고체에서는 시료의 분자가 서로 끌어당겨 상당히 단단한 구조로 묶여 있다. 액체에서는 분자의 에너지가 더 많아서 이리저리 더 많이 움직인다. 분자들이 작은 덩어리를 이룰 수 있지만, 시료는 단단한 구조를 이루지 않아 흐르거나 그릇에 담겨 안정된다. 기체 또는 증기에서는 분자의 에너지가 더욱더 많아서 자유롭게 움직여 그릇의 부피 전체를 채운다. 열역학적 목적으로 물질을 제대로 기술하려면 (고체, 액체, 기체의) 상만이 아니라 온도, 압력, 부피도 명시해야 한다. 물질의 온도, 압력, 부피와 함께 상은 물질의 **상태(state)**를 나타낸다.

얼음을 따뜻한 방에 들여 놓으면 녹아 액체 물이 된다. 그렇게 녹는 것을 **상변화(change of phase)**라고 한다. 고체, 액체, 기체가 열에너지를 흡수하거나 잃는다고 꼭 온도가 변하는 것은 아니다. 대신 물질의 상이 바뀔 수 있다. 어떤 물질에 열에너지를 더 주어 상이 바뀔 때 온도가 변하지 않음을 실험을 통해 발견했다. 그러한 예를 그림 19-6에서 보였다.

고체를 녹이는 것은 상을 고체에서 액체로 바꾸는 것이다. 이 과정에서 에너지가 필요한데 그 까닭은 단단한 구조에서 고체의 분자를 느슨하게 해야 하기 때문이다. 얼음 조각을 녹여 액체 물을 만드는 것이 흔한 보기다. 액체를 얼려 고체로 만드는 것은 녹이는 것의 반대 과정으로써 액체에서 에너지를 빼내어 분자가 단단한 고체로 자리 잡게 만드는 것이다. 액체를 증발시키는 것은 상을 액체에서 기체로 바꾸는 것이다. 이 과정에서도 녹이는 것과 마찬가지로 에너지가 필요한데 그 까닭은 덩어리에서 분자를 자유롭게 풀어내야 하기 때문이다. 액체 물을 끓여 기체 물(또는 수증기 낱낱의 물분자로 된 기체)로 만드는 것이 흔한 보기다. 기체를 응결시켜 액체를 만드는 것은 증발의 반대 과정이다. 이것은 기체에서 에너지를 빼내어 분자가 날아다니지 않고 뭉치게 해야 한다.

단위 질량의 시료를 모두 상변화시킬 때 전달해야 하는 열에너지를 '상변화 열' L이라고 한다. 질량 m인 시료가 모두 상변화할 때, 전달되는 총 에너지는 다음과 같다.

$$Q = Lm \tag{19-7}$$

액체에서 기체로, 또는 기체에서 액체로 상이 바뀔 때 필요한 열에너지를 **증발열(heat of vaporization)** $L_{증발}$이라고 한다.* 물이 정상적인 끓는점 또는 응결점에 있을 때의 값은 다음과 같다.

$$L_{증발} = 539\,\text{cal/g} = 40.7\,\text{kJ/mol} = 2256\,\text{kJ/kg} \qquad (\text{물} \to \text{수증기}) \tag{19-8}$$

상이 고체에서 액체로 바뀔 때(그러면 시료가 열에너지를 흡수해야 한다) 또는 액체에서 고체로 바뀔 때(그러면 시료가 열에너지를 내놓아야 한다), 변환에 필요한 열에너지를 **융해열(heat of fusion)** $L_{융해}$라고 한다. 물이 정상적인 어는점 또는 녹는점에 있을 때의 값은 다음과 같다.

---

*화학자는 흔히 엔트로피를 ΔH로 나타내고, '증발 엔탈피(enthalpy of vaporization)'라고 한다.

$$L_{융해} = 79.5\,\text{cal/g} = 6.01\,\text{kJ/mol} = 333\,\text{kJ/kg} \qquad (얼음 \rightarrow 물) \qquad (19\text{–}9)$$

표 19–3은 몇 가지 물질의 상변화 열을 보여준다.

표 19-3
몇 가지 상변화 열

물질	녹음		끓음	
	녹는점 (℃)	융해열 $L_{융해}$ (kJ/kg)	끓는점 (℃)	증발열 $L_{증발}$ (kJ/kg)
수소	−259.2	58.0	−252.9	455
산소	−218.4	13.9	−183.0	213
수은	−39.2	11.4	356.9	296
물	−0.1	333	99.9	2256
납	327.9	23.2	1743.9	858
은	961.9	105	2049.9	2336
구리	1082.9	207	2594.9	4730

• 가열과 내부 에너지

0℃ 얼음 조각을 녹여 뜨거운 물을 만드는 것을 생각하자. 이 계는 상변화와 온도 증가를 함께 겪는다. 서론에서 말한 이 계에 숨은 내부 에너지는 어떻게 될까? 열에너지를 전달하여 데우면 아래의 두 방법으로 내부 에너지가 늘어난다.

1. 계를 이루는 원자와 분자가 서로 더 멀어지게 하여 계의 미시적 배열을 바꾼다(온도 변화는 없다).
2. 계의 원자와 분자의 운동을 활발하게 만들어 미시적 운동에너지(또는 열에너지)를 늘린다(이것은 온도가 높아지는 것으로 잴 수 있다).

생각해보기 19-3 열에너지 Q를 물체 A에 전달하면, A의 낱낱의 그램마다 온도가 3℃ 올라간다. 똑같은 열에너지를 물체 B에 전달하면, B의 낱낱의 그램마다 온도가 4℃ 올라간다. A와 B 모두 질량이 같으면 어떤 것의 비열이 더 큰가?

생각해보기 19-4 표 19–3에서 물은 증발열이 아주 큰 것을 눈여겨보라. 즉, 활활 타는 불에 물을 뿌리면 수증기로 바뀌는 것이 소방수들에게 얼마나 중요한가? 수증기 1 g이 소방수의 살 1 g에 묻어 응결한다고 하자. 살과 물의 열용량이 같다면 소방수의 살 1 g의 온도는 몇 도 오르겠는가?

따라해보기 19-1 | 얼음 녹이기

(a) 질량 $m = 720\,\text{kg}$, 온도 −10℃인 얼음이 15℃의 액체 물로 바뀌려면 열에너지를 얼마나 흡수해야 하는가?

풀이 ■ 첫째 **요점**은 가열 과정은 세 단계를 거쳐 이루어진다는 것이다.

1단계. **요점**은 어는점보다 낮은 온도에서는 얼음이 녹지 않는다는 것이다. 따라서 처음에 얼음에 전달된 열에너지는 얼음의 온도를 올릴 뿐이다. 얼음의 온도를 처음 온도 $T_{처음} = -10℃$에서 $T_{나중} = 0℃$(얼음이 녹을 수 있는 온도)로 올리는데 필요한 열에너지 Q_1은 식 19–5($Q = cm\Delta T$)이다. 표 19–2에 있는 얼음의 비열 $c_{얼음}$을 쓰면 결과는 다음과 같다.

$$\begin{aligned} Q_1 &= c_{얼음} m (T_{나중} - T_{처음}) \\ &= (2220\,\text{J/kg}\cdot{}^\circ\text{C})(0.720\,\text{kg})[0^\circ\text{C} - (-10^\circ\text{C})] \\ &= 15984\,\text{J} \\ &= 15.98\,\text{kJ} \end{aligned}$$

2단계. 그 다음 **요점**은 얼음이 모두 녹을 때까지 온도가 0°C에서 올라가지 않는다는 것이다 얼음에 전달하는 열에너지는 모두 얼음을 액체 물로 바꾸는데 쓰일 뿐이다. 얼음을 모두 녹이는데 필요한 열에너지 Q_2는 식 19-7($Q = Lm$)이다. 여기에서 L은 융해열 $L_{융해}$이고, 값은 식 19-9와 표 19-3에 있다. 따라서 다음과 같다.

$$Q_2 = L_{융해} m = (333\,\text{kJ/kg})(0.720\,\text{kg}) = 239.8\,\text{kJ}$$

3단계. 이제 액체 물 0°C가 되었다. 그 다음 **요점**은 데우면서 액체 물에 전달한 열에너지는 액체 물의 온도를 높일 뿐이라는 것이다. 물을 처음 온도 $T_{처음} = 0^\circ\text{C}$에서 나중 온도 $T_{나중} = 15^\circ\text{C}$로 올리는데 필요한 열에너지 Q_3는 식 19-5와 같다(여기에서는 액체 물의 비열 $c_{액체}$를 써야 한다).

$$\begin{aligned} Q_3 &= c_{액체} m (T_{나중} - T_{처음}) \\ &= (4190\,\text{J/kg}\cdot{}^\circ\text{C})(0.720\,\text{kg})(15^\circ\text{C} - 0^\circ\text{C}) \\ &= 45252\,\text{J} \\ &\approx 45.25\,\text{kJ} \end{aligned}$$

전체적으로 필요한 열에너지 $Q^{전체}$는 세 단계에서 필요한 열에너지를 모두 더한 값이다.

$$\begin{aligned} Q^{전체} &= Q_1 + Q_2 + Q_3 \\ &= 15.98\,\text{kJ} + 239.8\,\text{kJ} + 45.25\,\text{kJ} \\ &\approx 300\,\text{kJ} \end{aligned} \quad \text{(답)}$$

눈여겨볼 것은 얼음을 녹이는데 필요한 에너지가 얼음이나 물의 온도를 올리는데 필요한 것보다 훨씬 더 많은 것이다.

(b) 전체 (열) 에너지를 210 kJ만 얼음에 공급하면 나중 상태는 무엇이고, 온도는 몇 도인가?

풀이 ■ 1단계의 결과에서 얼음의 온도를 녹는점까지 올리는데는 15.98 kJ이 필요하다. 남은 에너지 $Q^{남음}$은 210 kJ−15.98 kJ, 또는 약 194 kJ이다. 2단계의 결과로부터 남은 에너지가 얼음을 모두 녹이는데 필요한 양보다 작음을 알 수 있다. 그러므로 다음의 **요점**이 중요하다. 얼음의 일부만 녹으므로 얼음과 물이 섞인 것이 남는다. 혼합물의 온도는 어는점인 0°C이다.

남은 에너지 $Q^{남음}$가 녹이는 얼음의 질량 m은 식 19-7과 $L_{융해}$를 써서 셈할 수 있다.

$$m = \frac{Q^{남음}}{L_{융해}} = \frac{194\,\text{kJ}}{333\,\text{kJ/kg}} = 0.583\,\text{kg} \approx 580\,\text{g}$$

따라서 남은 얼음의 질량은 720g−580g = 140g이다. 그러므로 다음 결과를 얻는다.

580g의 물과 140g의 얼음이 0°C에 있다.

따라해보기 19-2 | 구리 총알

질량 $m_{구리} = 75\,\text{g}$인 구리총알을 실험실 도가니에서 데워 온도 T를 312°C로 올렸다. 이 총알을 질량 $m_{물} = 220\,\text{g}$의 물을 담은 유리컵에 떨어뜨렸다. 컵의 열용량 $C_{컵}$은 45 cal/K이다. 물과 유리컵의 처음 온도 $T_{처음}$은 12°C이다. 총알과 물 그리고 유리컵이 고립계를 이루고 물은 증발하지 않는다고 할 때, 이 계가 열평형을 이룰 때의 나중 온도 $T_{나중}$을 구하라.

풀이 ■ 요점은 계가 고립되어 있으면, 열에너지 전달만 일어날 수 있다는 것이다. 그러한 전달은 세 가지인데, 모두 열에너지로 전달된다. 총알은 열에너지를 잃고, 물과 유리컵은 얻는다. 둘째 **요점**은 이 열에너지가 전달될 때 상변화가 생기지 않으므로 온도만 변한다는 것이다. 이 전달을 온도 변화와 연관시키려면, 식 19-4와 19-5를 써서 다음과 같이 적는다.

물에 대해: $$Q_{물} = c_{물} m_{물} (T_{나중} - T_{처음}) \quad (19\text{-}10)$$

유리컵에 대해: $$Q_{컵} = C_{컵} (T_{나중} - T_{처음}) \quad (19\text{-}11)$$

구리에 대해: $$Q_{구리} = c_{구리} m_{구리} (T_{나중} - T) \quad (19\text{-}12)$$

셋째 **요점**은 계가 단열되어 있으므로 계의 전체 에너지는 바뀌지 않는다는 것이다. 이것은 세 열에너지 전달을 모두 더한 값은 0이라는 것이다.

$$Q_{물} + Q_{컵} + Q_{구리} = 0 \tag{19-13}$$

식 19–10에서 19–12까지를 식 19–13에 넣으면 다음과 같다.

$$\begin{aligned} &c_{물} m_{물} (T_{나중} - T_{처음}) + C_{컵}(T_{나중} - T_{처음}) \\ &\quad + c_{구리} m_{구리} (T_{나중} - T) \\ &= 0 \end{aligned} \tag{19-14}$$

식 19–14에는 온도 차이만 들어 있다. 따라서 섭씨 눈금과 켈빈 눈금의 온도 차이는 같으므로 어떤 눈금을 이 식에서 써도 된다. 이것을 $T_{나중}$에 대해 풀면

$$T_{나중} = \frac{c_{구리} m_{구리} T + C_{컵} T_{처음} + c_{물} m_{물} T_{처음}}{c_{구리} m_{구리} + C_{컵} + c_{물} m_{물}}$$

섭씨 온도와 표 19–2에서 $c_{구리}$와 $c_{물}$의 값을 찾아 넣으면 분자와 분모는 각각 다음과 같다.

분자 : (0.0923cal/g · °C)(75g)(312°C)+(45cal/°C)(12°C)
+(1.00cal/g · °C)(220g)(12°C) = 5339.8cal

분모 : (0.0923cal/g · °C)(75g)+(45cal/°C)
+(1.00cal/g · °C)(220g) = 271.9cal/°C

그러므로 다음 결과를 얻는다.

$$T_{나중} = \frac{5339.8\ \text{cal}}{271.9\ \text{cal/°C}} = 19.6\ \text{°C} \approx 20\ \text{°C}$$

따라서 전달된 열에너지는 다음과 같다.

$$Q_{물} \approx 1670\ \text{cal}, \qquad Q_{컵} \approx 342\ \text{cal}, \qquad Q_{구리} \approx -2020\ \text{cal}$$

세 열에너지 전달을 더한 값은 반올림으로 생긴 오차를 빼고는 식 19–13처럼 0이 된다.

연습문제 19–5

5. 어떤 물질

어떤 물질의 몰 질량이 50 g/mol이다. 이 물질 30.0 g인 시료에 314 J의 열에너지를 전달하면 시료의 온도가 25.0°C에서 45.0°C로 올라간다. 이 물질의 (a) 비열과 (b) 몰 비열을 구하라. (c) 시료에는 몇 몰이 있는가?

6. 체중조절 전문의

어떤 체중조절 전문의가 사람들에게 얼음물을 마셔 체중을 줄이라고 권한다. 그의 이론은 물의 온도를 0.00에서 37.0°C로 올리는데 제법 많은 지방을 태워야 한다는 것이다. 454 g의 지방을 태워 생기는 3500 Cal를 얼음물에 전달하려면 몇 리터나 마셔야 하는가? 이 처방을 따라 체중조절을 하는 것이 나쁜 까닭은 무엇인가? (1리터 = 10^3 cm^3. 물의 밀도는 1.00 g/cm^3이다.)

7. 최소에너지

처음에 15.0°C인 은 130 g을 녹이는데 필요한 최소 에너지를 줄 단위로 셈하라.

8. 얼지 않고 남은 물

애초에 어는점에 있던 물 260 g에서 열에너지 50.2 kJ을 뽑아내면 얼지 않고 남은 물은 얼마인가?

9. 힘 넘치는 체조선수

힘이 넘치는 어떤 체조선수가 하루에 먹은 음식의 에너지 4000음식칼로리/하루를 모두 쓸 수 있다. 1음식칼로리 = 1000칼로리다. 그가 이 에너지를 정상적인 비율로 쓴다면, 100 W 전구의 일률과 비교하여 더 많은가, 적은가? (전구의 일률 100 W는 전구가 전기에너지를 열에너지와 빛에너지로 바꾸는 일률이다.)

10. 전구 네 개

어떤 방을 100 W 백열 전구 네 개로 밝힌다. 에너지의 90%가 열에너지로 바뀐다면 방에 1시간 동안 전달되는 열에너지는 얼마인가?

11. 구멍 뚫기

1.60파운드의 구리 토막에 구멍을 뚫는데 2.00분 동안 0.400마력의 일률이 필요하다. (a) 그 일률이 열에너지가 생기는 비율이라면 생기는 열에너지는 Btu 단위로는 얼마인가? (b) 구리가 에너지의 75.0%를 흡수한다면 구리의 온도는 얼마나 올라가는가? (에너지 전환식: 1 ft · 1 b = 1.285×10^{-3} Btu.)

12. 버터의 양

버터에 담긴 에너지는 6.0 Cal/g (= 6000 cal/g)이다. 73.0 kg인 남자가 해수면을 떠나 높이 8.84 km인 에베레스트 산에 오를 때의 중력 위치 에너지 변화량과 같은 에너지를 가진 버터의 양은 얼마인가? g의 평균값은 9.8 m/s^2이라고 가정하라.

13. 물에 넣는 가열기

커피 한 잔을 만들려고 물 100 g을 끓이는데 물에 넣는 작은 전기가열기를 쓴다. 가열기에는 '200와트'라고 적혀 있으므로 그 일률로 전기에너지를 열에너지로 바꾸어 물에 전달한다. 컵 바깥으로

전달되는 열에너지는 무시하고, 물을 23°C에서 100°C로 올리는데 걸리는 시간을 셈하라.

14. 한 통의 물

일기예보에서 날씨가 아주 추워질 것이라고 할 때 주차장의 물건이 얼어 터지는 것을 막는 방법은 주차장에 데운 물통을 가져다 놓는 것이다. 물의 양이 125 kg, 처음 온도는 20°C라면 (a) 물이 열에너지를 주위에 얼마나 전달해주어야 완전히 어는가? (b) 그렇게 될 때까지 물과 주위의 온도가 내려갈 수 있는 최저온도는 얼마인가?

15. 주방장

화덕이 고장나자 주방장은 부인에게 줄 커피 끓일 물을 유리병에 담아 흔든다. 그가 15°C의 수돗물을 쓰고, 유리병은 한 번 흔들 때마다 30 cm 떨어지며, 1분에 30번씩 흔든다고 하자. 열에너지가 유리병 밖으로 전달되는 것을 무시할 때, 물이 100°C에 이르려면 얼마나 오래 흔들어야 할까?

16. 구리 그릇

150 g 구리 그릇에 220 g의 물이 들어 있고 온도는 둘 다 20°C이다. 아주 뜨거운 300 g짜리 구리 원통을 물에 넣어 끓여 5.00 g은 수증기가 되었다. 계의 나중 온도는 100°C이다. 환경으로 전달된 열에너지는 무시할 때 애초에 원통의 온도는 몇 도였는가?

17. 에틸 알코올

에틸 알코올의 끓는점은 75°C, 어는점은 −116°C, 기화열은 879 kJ/kg·°C, 융해열은 109 J/kg, 비열은 2.43 kJ/kg·°C이다. 처음에 78°C의 기체 상태에 있던 0.510 kg의 에틸 알코올에서 열에너지를 얼마나 뽑아내야 −114°C의 고체가 될까?

18. 미터계

59 kW의 물 끓이는 솥은 150 L의 물을 21°C에서 38°C로 데우는데 얼마나 걸릴까?

19. 소나타

1500 kg 소나타가 90 km/h의 속력으로 달리다 제동을 하여 고른 비율로, 미끄러지지 않고, 80 m를 달리다 선다. 역학 에너지가 제동 장치에 열에너지로 전달되는 평균 비율은 얼마인가?

20. 햇볕 가열기

햇볕 가열기에서는 지붕 위에 설치된 집열기 속의 관을 순환하는 물에 햇볕 에너지가 전달된다. 햇볕은 투명한 덮개를 통해 집열기로 들어가 관 속의 물을 데우며, 이 물은 펌프로 저장통에 모인다. 장치의 전체 효율이 20%라고 하자(들어오는 에너지의 80%를 잃는다). 저장통 속의 물 200 L의 온도를 20°C에서 40°C로 데우려면 집열기의 넓이를 얼마로 해야 하는가?

21. 수증기

단열된 통 속의 녹는점에 있는 얼음 150 g에 100°C의 수증기를 얼마 섞어주어야 50°C의 물을 만들 수 있는가?

22. 얼음 차

어떤 사람이 500 g의 뜨거운 차(거의 물이다)에 어는점에 있는 얼음을 같은 질량 섞어 얼음 차를 만든다. 뜨거운 차의 처음 온도가 (a) 90°C일 때와 (b) 70°C일 때 차와 얼음이 같은 온도에 이르려면 남아 있는 얼음의 온도와 양은 얼마인가? 환경으로 전달되는 에너지는 무시하라.

23. 얼음 덩어리

(a) 50 g짜리 얼음 덩어리 두 개를 단열된 그릇 속의 물 200 g에 떨어뜨렸다. 물이 처음에 25°C였고, 얼음은 냉장고에서 막 꺼내서 온도가 −15°C라면, 이 혼합물이 열평형에 이를 때의 온도는 얼마인가? (b) 얼음 덩어리를 한 개만 쓴다면 나중 온도는 몇 도일까?

24. 보온병과 커피

단열된 보온병에 80.0°C의 뜨거운 커피가 130 cm^3 들어 있다. 커피를 식히려고 어는점에 있는 얼음 덩어리 12.0 g을 넣었다. 얼음이 모두 녹은 뒤에 커피 온도는 몇 도까지 내려갈까? 커피는 순수한 물처럼 다루고 환경으로 전달되는 에너지는 무시하라.

19-6 열에너지와 일

여기에서는 내부 에너지가 어떻게 열에너지와 거시적인 물리적 일(계가 알짜힘을 받아 움직여야 한다) 로 전달되어 나가거나 들어올 수 있는지를 자세히 살펴본다. 살펴볼 계는 그림 19-10과 같이 움직일 수 있는 피스톤이 달린 원통과 그 속에 갇힌 기체이다. 이것은 증기 기관, 자동차 기관, 그리고 열에너지를 일에너지로 바꾸는 다른 여러 도구에 쓰인다.

이 피스톤-원통 계에서 원통에 든 기체가 피스톤을 밀어 올리는 힘은 피스톤 위에 얹은 납알의 무게와 같다. 원통의 둥근 벽은 단열재료로 되어 있어 열에너지 전달을 완전히 막는다. 그렇지만 원통 바닥은 온도 T가 일정하게 유지되는 열통(어쩌면 열판) 위에 있다.

이 계(기체)는 처음 상태 '처음' 에서 시작하는데, 이것은 압력 $P_{처음}$, 부피 $V_{처음}$, 온도 $T_{처음}$으로 기술된다. 이것을 압력 $P_{나중}$, 부피 $V_{나중}$, 온도 $T_{나중}$으로 기술되는 나중 상태 '나중' 으로 바꾸려 한다. '처음' 에서 '나중' 으로 바꾸는 절차를 열역학적 과정이라고 한다. 그러한 과정이 진행되는 동안, 열에너지 Q가 열통에서 계로 들어오거나 빠져나갈 수 있다. 또 계가 짐을 얹은 피스톤을 올리거나(양성 일) 또는 내릴(음성 일) 수 있다. 그러한 모든 변화는 느리게 진행되어, 계의 모든 부분이 늘 (거의) 열평형을 이룬다고 가정한다.

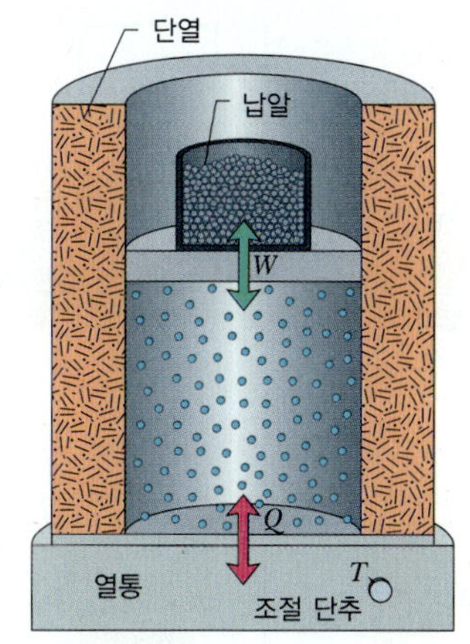

그림 19-10
움직일 수 있는 피스톤이 달린 원통과 그 속에 갇힌 기체로 이루어진 계의 단면. (단열 뚜껑은 생략한다.) 열통의 온도 T를 조절하여 기체가 열에너지 Q를 내놓거나 흡수하게 만들 수 있다. 피스톤이 오르내릴 때 일 W를 기체에 해준다.

그림 19-10에서 납알을 조금 덜어내어 기체가 피스톤과 납알에 위쪽 힘 $\vec{F}$를 주어 미소 변위 $d\vec{s}$만큼 올린다고 하자. 변위가 아주 작으므로, 그 동안 주는 힘 $\vec{F}$가 일정하다고 볼 수 있다. 그러면 $\vec{F}$의 크기는 PA가 되는데, 여기에서 P는 기체의 압력이고 A는 피스톤 판의 넓이다. 기체가 피스톤을 밀어내며 해준 미소 일 dW는 다음과 같다.

$$dW = \vec{F}\cdot d\vec{s} = (PA)\left(\left|d\vec{s}\right|\right) = P\left(A\left|d\vec{s}\right|\right) = PdV \tag{19-15}$$

여기에서 dV는 피스톤이 움직여 생기는 기체 부피의 미소 변화량이다. 납알을 충분히 많이 덜어내어 기체의 부피가 $V_{처음}$에서 $V_{나중}$으로 바뀌었다면, 기체가 해준 전체 일은 다음과 같다.

$$W = \int dW = \int_{V_{처음}}^{V_{나중}} PdV \tag{19-16}$$

기체의 부피가 변할 때 압력과 온도도 변할 수 있다. 이 식의 적분을 셈하려면 계의 상태가 '처음' 에서 '나중' 으로 바뀌는 동안 부피 변화에 따라 압력이 어떻게 바뀌는가를 알아야 한다.

기체를 '처음' 에서 '나중' 으로 바꾸는 방법은 아주 많다. 그 한 가지가 그림 19-11a인데, 이처럼 부피에 대한 압력의 변화를 그린 것을 '부피-압력 그림' 이라고 한다. 그림 19-11a에서 곡선은 부피가 늘어나면 압력은 줄어드는 것을 나타낸다. 식 19-16의 적분(따라서 기체가 한 일 W)은 '처음' 과 '나중' 사이의 곡선 아래 색칠한 부분의 넓이로 나타난다. 곡선을 따라 기체를 정확히 어떻게 팽창시키든 기체가 피스톤을 위로 밀면서 부피가 늘어나므로 기체 또는 계가 한 일은 양수이다.

그림 19-11b는 상태를 '처음' 에서 '나중' 으로 바꾸는 또 다른 방법을 보여 준다. 이것은 두 단계로 바뀐다. 첫째는 '처음' 에서 'a' 로 가고, 둘째는 'a' 에서 '나중' 으로 간다.

'처음-a' 과정은 일정한 압력에서 진행되며, 이것은 그림 19-10에서 피스톤 위의 납알을 그대로 둔다는 것이다. 온도 조절 단추를 돌려 열통의 온도를 T_a로 조금 높이면 기체 부피가 천천히 ($V_{처음}$에서 $V_{나중}$으로) 늘어난다. (온도를 높이면 기체가 피스톤에 주는 힘이 더 세져서 피스톤이 위로 움직인다.) 이 과정에서 팽창하는 기체가 (+) 일을 해주고, (온도를 높여 생기는 아주 작은 온도차에 대한 반응으로) 계는 열통으로부터 열에너지를 흡수한다. 이 과정에서 계가 열에너지를 흡수하므로 전달된 열에너지(Q)는 양수(+)이다.

그림 19-11b의 'a-나중' 과정은 일정한 부피에서 진행되며, 따라서 피스톤이 움직이지 않게 쐐기를 박아 두어야 한다. 그 다음 온도 조절 단추를 돌려 열통의 온도를 낮추면, 기체의 압력이 P_a에서 나중 값 $P_{나중}$으로 낮아진다. 이 과정에서 계가 열에너지를 열통으로 내보낸다.

전체 과정 '처음-a-나중' 가운데 일 W는 '처음-a' 에서만 해주며 양수(+)이고 곡선 아래 색칠한 부분의 넓이로 나타난다. 열에너지는 '처음-a' 와 'a-나중' 모두에서 전달되며, 알짜값은

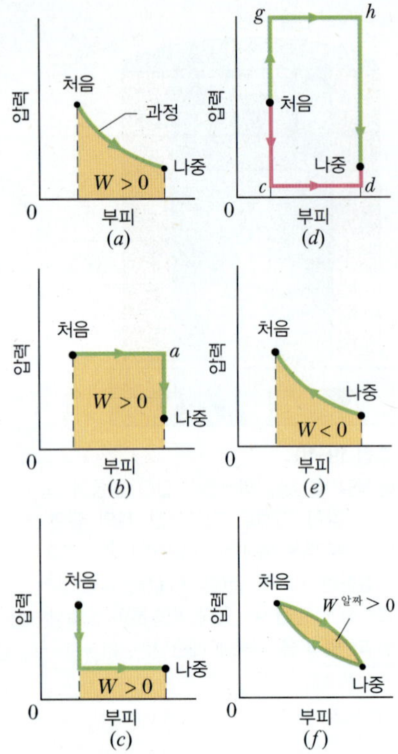

그림 19-11
(*a*) 색칠한 부분은 계가 '처음'에서 '나중'으로 가면서 한 일 W를 나타낸다. 이때 계의 부피가 늘어나므로 일 W는 양수이다. (*b*) 여기에서도 일 W가 양수인데, 더 많다. (*c*) 여기에서도 일 W가 양수인데, 더 적다. (*d*) W는 더 적어질 수도 있고(경로 '처음-dc-나중'을 따를 때), 너무 많아질 수도 있다(경로 '처음-gh-나중'을 따를 때). (*e*) 여기에서는 계가 바깥에서 힘을 받아 기체가 압축되어 부피가 작아지면서 '처음'에서 '나중'으로 간다. 이 계가 한 일 W는 이제 음수이다. (*f*) 계가 한 번 순환하면서 한 일은 색칠한 부분의 넓이다.

Q이다.

그림 19-11c는 앞의 두 단계를 거꾸로 수행하는 것을 보여준다. 이때 일 W는 그림 19-11b 보다 작고, 흡수한 알짜 열에너지도 마찬가지다. 그림 19-11d는 기체가 하는 일을 크게(경로 '처음-gh-나중'을 따를 때), 작게(경로 '처음-cd-나중'을 따를 때) 얼마든지 조절할 수 있음을 보여준다.

요약하면 계가 어떤 처음 상태에서 나중 상태로 가는 과정은 한없이 많다. 이때 열에너지가 전달될 수도, 되지 않을 수도 있고, 일반적으로 일 W와 열에너지 전달 Q는 과정마다 다르다. 열에너지와 일은 '경로에 따라 달라지는' 양이라고 한다.

그림 19-11e는 바깥에서 어떤 힘이 계를 압축하여 부피를 줄여주어 계가 한 일이 (−)가 되는 보기다. 일의 절대값은 여전히 부피-압력 곡선 아래의 넓이지만, 기체가 압축되었으므로 기체가 한 일은 (−)이다.

그림 19-11f는 계가 처음 상태 '처음'에서 다른 상태 '나중'이 되었다가 다시 '처음'으로 돌아온 열역학적 순환을 보여준다. 이 순환 과정에서 계가 한 알짜 일은 기체가 팽창할 때 한 (+)일과 압축될 때 한 (−)일을 더한 값으로써 경로로 둘러싸인 색칠한 부분의 넓이다. 그림 19-11f에서 알짜 일은 (+)인데, 그 까닭은 팽창곡선('처음'에서 '나중'으로) 아래의 넓이가 압축곡선('나중'에서 '처음'으로) 아래의 넓이보다 더 넓기 때문이다.

생각해보기 19-5 이 부피-압력 그림은 기체가 따라갈 수 있는(수직 경로로 이어진) 여섯 개의 곡선 경로를 보여준다. 순환 과정을 어떻게 꾸며야 기체가 한 알짜 일이 가장 큰 양수가 되는가?

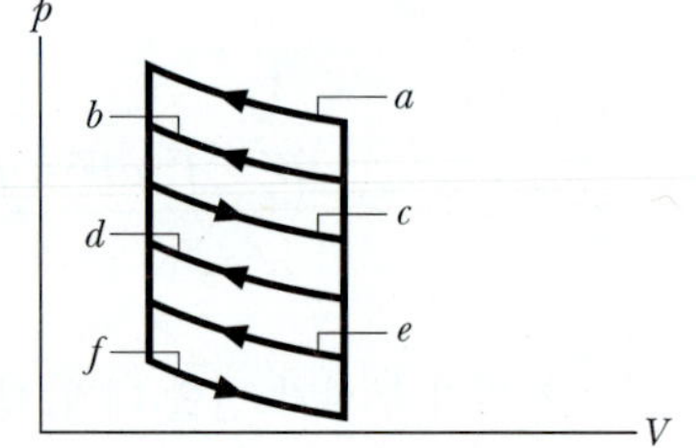

19-7 열역학 제1법칙

바로 앞에서 어떤 계가 처음 상태에서 나중 상태로 바뀌는 동안 한 일 W와 흡수한 열에너지 Q 모두 과정의 특성에 따라 달라짐을 보았다.* 그렇지만 실험적으로 놀라운 것을 발견한다. $Q - W$는 모든 과정에서 똑같다. 이것은 처음 상태와 나중 상태에 따라서 결정될 뿐 계가 어떤 과정을 거쳐 갔는지는 상관이 없다. Q와 W의 모든 다른 결합은 Q만, W만, $Q + W$, $Q - 2W$ 등은 모두 경로에 따라 다르다. $Q - W$만이 경로와 무관하다.

그래서 $Q - W$는 무엇인가 계의 고유한 성질의 변화를 나타내는 것이라고 믿게 된다. 가열과 일이 모두 에너지 전달 과정이므로, $Q - W$도 에너지의 변화로 생긴다고 가정한다. 그런데 어떤 에너지의 변화일까? 이 장의 첫머리에서 지적한 것처럼 물질에는 그 속에 그것을 이루는 원자와 분자의 미시적 운동 및 배치와 연관된 에너지가 숨어 있다. 계의 미시적 운동 및 위치 에너지와 관련된 에너지를 **내부 에너지(internal energy)** $E^{내부}$라고 한다. 따라서 다음과 같이 쓴다.

$$\Delta E^{내부} = E^{내부}_{나중} - E^{내부}_{처음} = Q - W \qquad \text{(계가 한 일 } W\text{에 대한 제1법칙)} \qquad (19\text{-}17)$$

* 계의 상태는 압력, 부피, 온도, 상으로 명시됨을 상기하자.

여기에서 Q는 계가 받은 열에너지, W는 계가 주위에 한 일이다. 이 식은 아주 중요한 관계를 나타내며 **열역학 제1법칙(first law of thermodynamics)**이라고 한다. 열역학계가 미소 변화를 겪을 때는 제1법칙을 다음과 같이 쓸 수 있다.**

$$dE^{내부} = dQ - dW \qquad (제1법칙) \tag{19-18}$$

> 계의 내부 에너지 $E^{내부}$는 계가 열에너지 Q를 받으면($Q > 0$) 늘어나고, 내놓으면($Q < 0$) 줄어든다.
>
> 계의 내부 에너지 $E^{내부}$는 계가 주위에 일을 해주면($W > 0$) 줄어들고, 주위가 계에 일을 해주면($W < 0$) 늘어난다. (계가 한 일은 양수이고 계가 받은 일은 음수이다.)

열역학 제1법칙은 10장에서 처음 제기했던 문제를 떠올릴 것이다. 그렇지만, 10장에서는 고립계 — 즉, 에너지가 들어오거나 나가지 않는 계 — 에 적용되는 에너지 보존법칙을 설명했다. 열역학 제1법칙은 그 원리를 고립되지 않은 계로 확장한 것이다. 그러한 때는 계가 하는 거시적인 물리적 일 W와 계가 받는 미시적인 열에너지 Q를 더한 양으로서 에너지가 계에 드나들 수 있다. 위와 같이 진술한 열역학 제1법칙에서는 계 전체의 거시적 운동 에너지나 위치 에너지는 변하지 않는다고 가정한다. 곧 $\Delta K = \Delta U = 0$이다.

이 장 앞에서 일이라는 말과 기호 W는 늘 계에 해준 일을 뜻했다. 그렇지만 위의 식 19–15부터 열역학에 관한 다음 두 장까지는 계속 그림 19–10의 기체와 같은 계가 한 일에 초점을 맞춘다. 이 헷갈리는 관점의 전환은 19세기의 유물인데, 그 때는 과학자와 공학자가 가장 관심을 기울인 문제가 기관이 주위에 할 수 있는 물리적 일이 얼마나 되는가였기 때문이다.

계가 받은 일은 언제나 계가 한 일과 부호가 반대이므로, $\Delta E^{내부} = Q - W$을 계가 받은 일 $W^{받은}$을 써서 고치면 $\Delta E^{내부} = Q + W^{받은}$이 된다. 이것은 다음을 말해준다. 계가 열에너지를 흡수하거나 계가 일을 받으면 계의 내부 에너지가 늘어난다. 거꾸로, 계가 열에너지를 내놓거나 계가 일을 해주면 계의 내부 에너지가 줄어든다. 이것은 조금 헷갈릴 수도 있으므로 명확히 구별될 때까지 지금 시간을 조금 더 들여 잘 따져 보는 것이 좋다.

생각해보기 19-6 다음 그린 부피–압력 그림에서 기체가 '처음' 상태에서 '나중' 상태로 가는 네 경로를 보여준다. 값이 큰 것부터 차례로 경로를 늘어 놓아라. (a) 내부 에너지 변화 $\Delta E^{내부}$, (b) 기체가 한 일 W, (c) 기체가 받은 열에너지 Q.

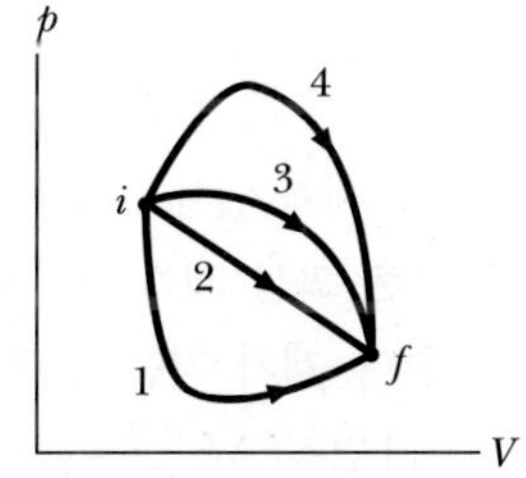

19-8 열역학 제1법칙의 몇 가지 특수한 경우

여기에서 제약 조건이 다른 네 가지 열역학적 과정에 열역학 제1법칙을 쓰면 어떤 결과가 나오는지 살펴본다. 그 결과는 표 19–4에 요약했다.

** 여기에서 $dE^{내부}$와는 달리 dQ와 dW는 참된 미분량이 아니다. 다시 말해 계의 상태만으로 결정되는 함수 $Q(P, V)$나 $W(P, V)$는 없다. dQ와 dW 둘 다 부정확한 미분량이며, 흔히 $đQ$와 $đW$로 나타낸다. 여기에서는 이들을 아주 조금 전달되는 에너지로 본다.

표 19-4

열역학 제1법칙: 네 가지 특수한 경우

제1법칙: $\Delta E^{내부} = Q - W$ (식 19-17)[a]		
과정	**제약**	**결과**
단열	$Q = 0$	$\Delta E^{내부} = -W$
일정 부피	$W = 0$	$\Delta E^{내부} = Q$
순환과정	$\Delta E^{내부} = 0$	$Q = W$
자유팽창	$Q = W = 0$	$\Delta E^{내부} = 0$

[a] $Q > 0$이면 계가 열에너지를 흡수한다. $W > 0$이면 계가 일을 한다.

1. **단열 과정** 이 과정에서는 계와 환경 사이에 열에너지가 전달되지 않는다. 이 과정은 계가 잘 단열되어 열에너지를 받거나 내놓지 못할 때, 또는 어떤 과정이 아주 빨리 진행되어 열에너지를 받을 시간이 없을 때 일어난다. 어느 쪽이든 제1법칙 ($\Delta E^{내부} = Q - W$)에서 $Q = 0$으로 두면 다음 결과가 나온다.

$$\Delta E^{내부} = -W \qquad (단열\ 과정) \tag{19-19}$$

이 식은 계가 주위에 한 일이 양수이면 계의 내부 에너지는 한 일만큼 줄어듦을 말해준다. 거꾸로, 계에 일을 해주면 (곧 W가 음수이면), 계의 내부 에너지는 그만큼 늘어난다.

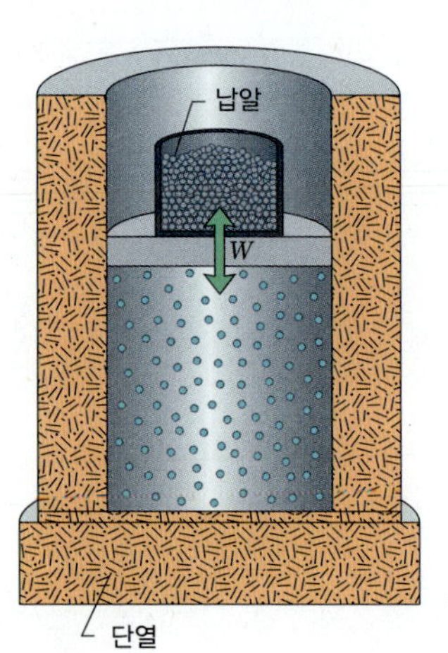

그림 19-12
피스톤 위에 얹은 납알을 덜어내면 단열 팽창이 일어난다. 납알을 더해주면 어느 단계에서든 과정이 거꾸로 진행된다. (그림에 단열 뚜껑은 생략했다.)

그림 19-12는 이상적인 단열 과정을 보여준다. 계가 주위로부터 단열되어 있으므로 열에너지가 계로 드나들 수 없다. 따라서 계와 환경 사이에 에너지가 전달될 수 있는 유일한 방법은 계가 일을 하거나 계에 일을 해주는 것뿐이다. 피스톤 위에서 납알을 덜어내어 기체가 팽창하게 만들면, 계(기체)가 일을 하므로 기체의 내부 에너지는 줄어들어야 한다. 그렇지 않고, 납알을 더 넣어 기체를 압축시키면, 계가 한 일은 음수가 되고 기체의 내부 에너지는 늘어난다.

2. **부피가 일정한 과정** (통 속에 든 기체와 같이) 계의 부피를 일정하게 유지하면, 그 계는 일을 할 수 없다. 열역학 제1법칙($\Delta E^{내부} = Q - W$)에서 $W = 0$으로 두면 다음 결과를 얻는다.

$$\Delta E^{내부} = Q \qquad (일정\text{-}부피\ 과정) \tag{19-20}$$

따라서 계가 받은 모든 열에너지(따라서 Q는 양수)가 계의 내부 에너지에 더해져 늘어난다. 거꾸로, 계가 열에너지를 주위로 내놓아 Q가 음수가 되면, 계의 내부 에너지는 줄어들어야 한다.

3. **순환 과정** 계가 열에너지와 일을 주고받은 뒤에 처음 상태로 되돌아가는 과정을 순환 과정이라고 한다. 계가 처음 상태로 되돌아오므로, 내부 에너지를 포함한 계의 고유한 성질도 변하지 않는다. 제1법칙($\Delta E^{내부} = Q - W$)에서 $\Delta E^{내부} = 0$으로 두면 다음 결과를 얻는다:

$$Q(받음) = W(해줌) \qquad (순환\ 과정) \tag{19-21}$$

따라서 순환과정에서 계가 주위에 해준 알짜 일은 계가 받은 알짜 열에너지와 똑같아야 한다. 순환과정은 부피-압력 곡선에서 그림 19-11f에 보인 것처럼 닫힌 고리를 그린다. 기관은 순환 과정을 거친다.

4. **자유팽창** 이것은 단열 과정이고 계가 일을 하거나 받지 않는다. 따라서 $Q = W = 0$이고 제1법칙은 다음과 같다.

$$\Delta E^{내부} = 0 \qquad (자유팽창) \tag{19-22}$$

그림 19-13은 자유팽창을 시키는 방법을 보여준다. 스스로 열평형을 유지하는 기체가 처음에는 단열된, 방이 둘인 통의 한쪽 방에 갇혀 있고, 다른 방은 비어 있다. 차단판을 빼면 기체는 자유팽창하여 두 방을 모두 채운다. 통은 단열되어 있으므로 계는 열에너지를 주거나 받지 않는다. 기체가 팽창할 때 원자나 분자가 텅 빈 곳으로 몰려가므로 그 운동이 압력에 의해 억제되지 않고, 따라서 일도 하지 않는다.

자유팽창은 앞에서 살펴본 다른 과정과 다른데, 그 까닭은 그것을 천천히 통제하며 진행시킬 수 없기 때문이다. 그 결과 급격한 팽창의 어떤 순간에도 기체는 열평형에 있지 않고 압력은 곳곳마다 다르다. 그러므로 부피-압력 그림에서 처음 및 나중 상태는 정할 수 있지만 팽창 과정 자체는 그릴 수 없다.

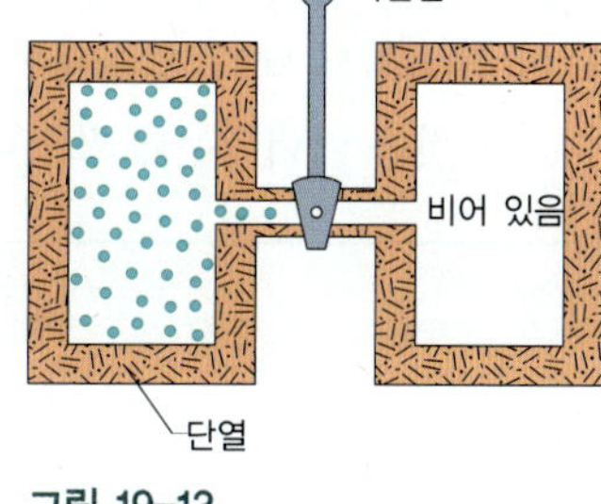

그림 19-13
자유단열팽창 과정의 첫 단계. 차단판을 빼면, 기체는 두 방 모두를 채우고 결국 평형 상태에 이른다.

생각해보기 19-7 여기 한 차례 온전한 순환에 대한 부피-압력 그림에서, (a) 기체의 내부 에너지 변화 $\Delta E^{\text{내부}}$는 양수인가, 음수인가, 0인가? 그리고 (b) 기체에 전달된 열에너지 Q는 어떤가?

따라해보기 19-3 | 끓는 물

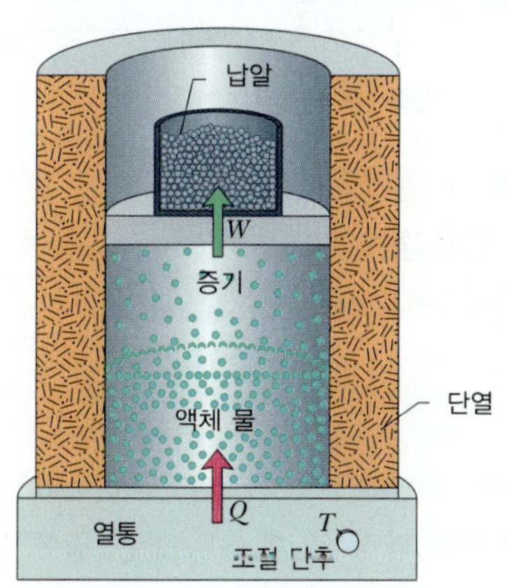

그림 19-14
일정한 압력에서 끓는 물. 액체 물이 모두 수증기로 바뀔 때까지 열통은 열에너지를 준다. 일은 팽창하는 수증기가 짐을 얹은 피스톤을 위로 올려준다. 단열 뚜껑은 생략했다.

그림 19-14의 장치에서 100°C의 액체 물 1.00 kg이 표준 대기압 (1.00기압 또는 1.01×10^5 Pa)에서 끓어 100°C의 수증기로 바뀌었다 하자. 물의 부피는 액체일 때의 처음 값 $1.00 \times 10^{-3}\,\text{m}^3$에서 수증기일 때 $1.671\,\text{m}^3$로 바뀐다.

(a) 이 과정에서 계가 얼마의 일을 하는가?

풀이 ■ 요점은 계의 부피가 늘어나므로 계가 하는 일은 양수라는 것이다. 일반적으로 계가 해준 일 W은 압력을 부피에 대해 적분하여(식 19-16) 셈한다. 그렇지만, 여기에서는 압력이 1.01×10^5 Pa로 일정하므로, P를 적분기호 밖으로 끌어낼 수 있다. 따라서 다음과 같다.

$$\begin{aligned} W &= \int_{V_{\text{처음}}}^{V_{\text{나중}}} P\,dV = P\int_{V_{\text{처음}}}^{V_{\text{나중}}} dV = P(V_{\text{나중}} - V_{\text{처음}}) \\ &= (1.01 \times 10^5\,\text{Pa})(1.671\,\text{m}^3 - 1.00 \times 10^{-3}\,\text{m}^3) \\ &= 1.69 \times 10^5\,\text{J} = 169\,\text{kJ} \end{aligned}$$ (답)

(b) 이 과정에서 열에너지가 얼마나 전달되는가?

풀이 ■ 요점은 열에너지는 상변화만을 일으킬 뿐 온도 변화는 없다는 것이다. 따라서 식 19-7($Q = Lm$)만으로 기술할 수 있다. 액체가 기체로 바뀌므로, L은 기화열 $L_{\text{기화}}$이고, 값은 식 19-8과 표 19-3에 있다.

$$\begin{aligned} Q &= L_{\text{기화}}\,m \\ &= (2256\,\text{kJ/kg})(1.00\,\text{kg}) \\ &= 2256\,\text{kJ} \approx 2260\,\text{kJ} \end{aligned}$$ (답)

(c) 이 과정에서 계의 내부 에너지가 얼마나 바뀌는가?

풀이 ■ 요점은 계의 내부 에너지 변화는 열역학 제1법칙에 따라 계가 받은 열에너지와 주위에 해준 일의 차이라는 것이다. 따라서 다음과 같이 쓸 수 있다.

$$\begin{aligned} \Delta E^{\text{내부}} &= Q - W \\ &= 2256\,\text{kJ} - 169\,\text{kJ} \\ &= 2090\,\text{kJ} \approx 2.09\,\text{MJ} \end{aligned}$$ (답)

이 값이 양수이므로, 끓이는 과정에서 계의 내부 에너지가 늘어난다. 이 에너지는 액체 상태에서 H_2O 분자들이 강하게 당기면서 붙어 있던 것을 떼어내는데 쓰인다. 물을 끓이면 공급한 열에너지의 약 7.5%(= 169 kJ/2260 kJ)가 대기압을 밀어내는 일에 쓰임을 알 수 있다. 나머지 열에너지는 계의 내부 에너지에 더해진다.

연습문제 19-8

25. 기체 팽창

기체 표본의 부피가 1.0 m^3에서 4.0 m^3으로 팽창하면서 압력은 40 Pa에서 10 Pa로 낮아진다. 압력이 그림 19–15에 보인 세 가지 부피–압력 곡선을 따라 변화하면 기체가 한 일은 얼마인가?

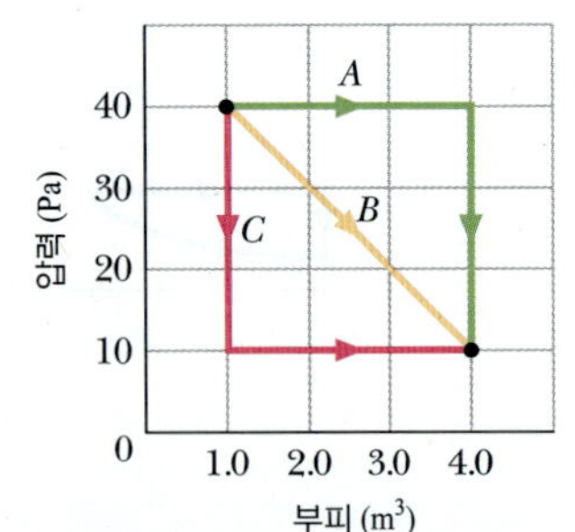

그림 19–15 문제 25

26. 한 일

200 J의 일을 계에 해주고 70.0 cal의 열에너지를 뽑아냈다. 열역학 제1법칙에 따라 다음 양을 구하라(부호도 써라). (a) W, (b) Q, (c) $\Delta E^{내부}$.

27. 닫힌 방

닫힌 방 속의 기체가 그림 19–16에 보인 부피–압력 순환 과정을 따른다. 한 번 순환할 때 계가 받은 알짜 열에너지를 구하라.

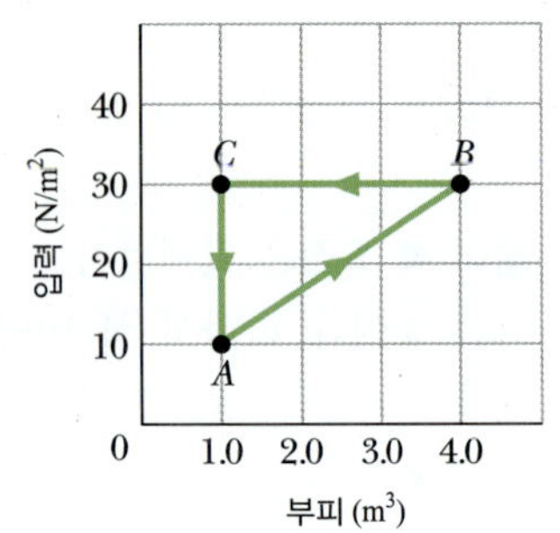

그림 19–16 문제 27

28. 열역학

어떤 열역학 계가 그림 19–17*a*에 보인 부피–압력 그림에서 경로 *ABCA*의 순환과정을 따라가며 처음 상태 *A*에서 상태 *B*와 *C*를 차례로 거쳐 처음 상태 *A*로 돌아온다.

(a) 그림 19–17*b*의 표에서 순환과정의 낱낱의 단계와 연관된 열역학적 양의 부호 (+) 또는 (–)를 채워라. (b) 온전한 순환과정 *ABCA*에서 계가 한 일의 값을 셈하라.

29. 처음에서 나중까지

어떤 계가 그림 19–18의 경로 처음–*a*–나중을 따라 '처음' 에서 '나중' 으로 간다. Q = 50 cal이고 W = 20 cal이다. 경로 처음–*b*–나중에서는 Q = 36 cal이다.

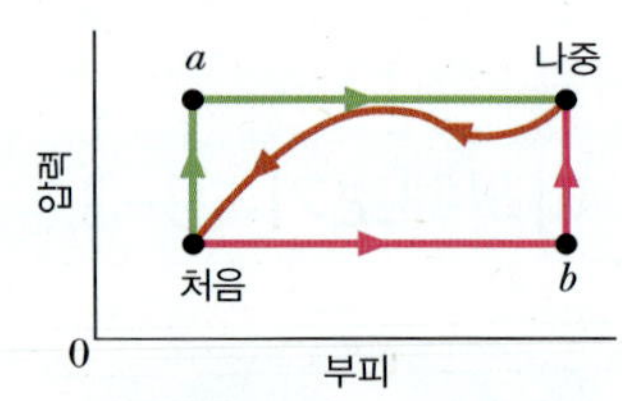

그림 19–18 문제 29

(a) 경로 처음–*b*–나중에서는 W가 얼마인가? (b) 돌아오는 길 '나중–처음' 에서는 W =– 13 cal이면, Q는 얼마인가? (c) $E^{내부}_{처음}$ = 10 cal이면, $E^{내부}_{나중}$은 얼마인가? (d) $E^{내부}_{b}$ = 22 cal이면 경로 '처음–*b*' 와 '*b*–나중' 에서는 Q가 얼마인가?

30. 방 안의 기체

방 안의 기체가 그림 19–19에 보인 순환과정을 거친다. 과정 *AB*에서 받은 열에너지 Q_{AB}가 20.0 J이고, 과정 *BC*에서는 받은 열에너지가 없었고, 순환과정에서 한 일이 15.0 J일 때 과정 *CA*에서 받은 열에너지를 구하라.

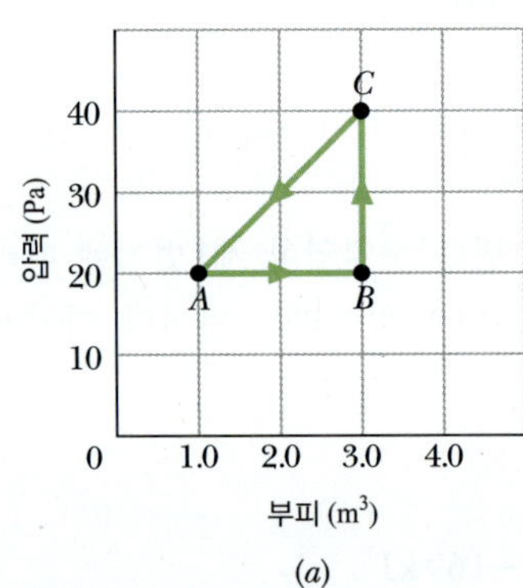

(*a*)

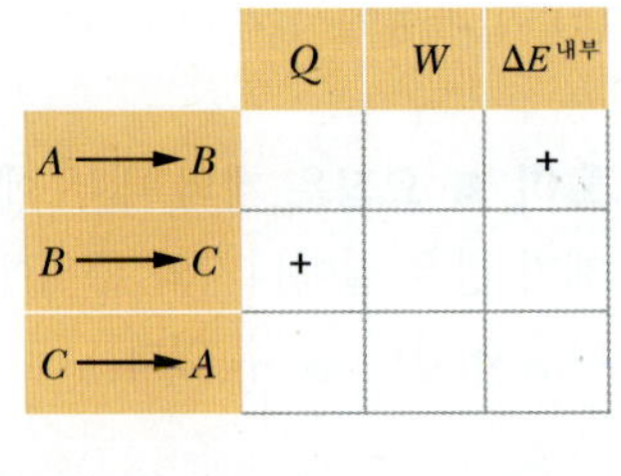

	Q	W	$\Delta E^{내부}$
A ⟶ B			+
B ⟶ C	+		
C ⟶ A			

(*b*)

그림 19–17 문제 28

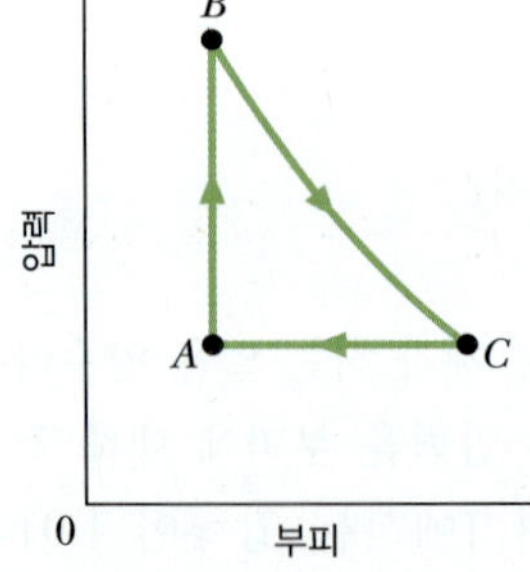

그림 19–19 문제 30

19-9 온도 측정 보충

1-4절에서 국제단위계의 바탕이 되는 기본 물리량이 7개뿐임을 설명했다. 켈빈 눈금의 온도도 그 가운데 하나다. 켈빈 온동 눈금은 어떻게 정의될까? 왜 부피를 일정하게 유지한 채 작동하는 기체 온도계를 표준 온도계로 정했을까? 이 온도계의 고정점은 무엇일까? 이것이 왜 19-2절에서 설명한 액체 온도계보다 좋을까?

19-2절에서 설명한 것처럼, 액체 온도계로 온도를 정의하면 몇 가지 어려움이 생긴다. 첫째, 역사적 고정점(해수면에서의 어는점과 끓는점, 체온, 얼음/소금 혼합물로 얻을 수 있는 가장 낮은 온도 등)을 아주 정확하게 재현할 수 없다. 둘째, 액체 온도계로 잴 수 있는 온도는 액체의 어는점과 끓는점 사이로 제한되어 범위가 좁다. 셋째, 어느 두 액체도 온도가 변화할 때 정확히 똑같이 팽창하고 수축하지 않는다.

이러한 어려움 때문에 재현성이 높은 고정점과 어떤 특정한 물질의 움직임과는 무관하게 온도를 재는 방법을 찾게 되었다. 온도를 재는데 기체가 더 좋은 까닭은, 이미 '끓었기' 때문에 그것을 담는 그릇이 녹는 것을 빼고는 잴 수 있는 온도의 위쪽 한계가 없기 때문이다. 또한, 기체는 온도가 아주 낮아야 액체로 바뀐다. 예를 들어, 공기는 약 −200°C에서 액체가 된다. 일반적으로 (압력이 일정할 때) 기체의 부피 또는 (부피가 일정할 때) 기체 압력은 두 고정점 사이에서 잴 수 있다. 눈금은 액체 온도계에서 썼던 방법으로 매길 수 있다. 여러 액체를 써서 매긴 눈금들보다 여러 기체를 써서 매긴 눈금들이 더 잘 맞는다. 다른 온도계는 물질의 전기적 성질의 변화나 달구어진 물질이 내는 빛의 변화 등을 바탕으로 온도를 잰다. 여러 가지 물질의 움직임에 바탕을 둔 온도 눈금이 수십 가지이지만, 어느 것도 정확히 참된 것으로 입증할 수 없다. 여기에서는 더 나은 고정점을 확인하고 더 정확한 온도계를 설계하는 방법을 몇 가지 보여준다.

• 표준 고정점 정의하기

액체 대신 밀도가 낮은 기체를 써서 낮은 온도를 재면 재미있는 현상이 일어난다. 19-2절에서 말한 것처럼 압력을 일정하게 유지한 기체에서 열에너지를 뽑아내면, 온도는 낮아지고 부피는 줄어든다. 그림 19-20은 제한된 온도 범위에서 그러한 결과를 보여주는 단순한 장치다.*

어떤 기체든 밀도가 낮은 상태에서 부피를 온도의 함수로 재어 그림표로 나타내면 직선꼴이 된다. 이 그림표를 부피가 0인 극한까지 연장하면 온도가 거의 −273°C에서 부피가 0이 될 것을 예

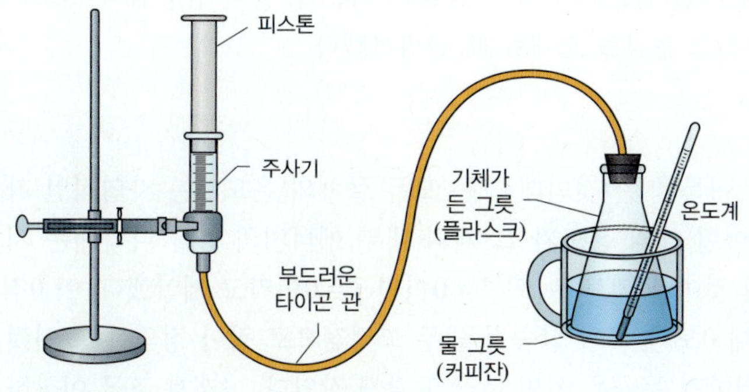

그림 19-20
압력이 일정하게 유지되는 그릇 속에 담긴 공기 또는 다른 기체의 부피를 온도의 함수로 재는데 쓰는 장치. 압력은 대기압에 단면 넓이가 A인 주사기로 주는 압력을 더한 값이므로 $P = P^{대기} + mg/A$이다.*

* 온도 감지기는 그림 19-20의 플라스크 속에 넣어야 한다.

측할 수 있다. 실제로는 어느 기체든 온도가 그렇게 내려가기 전에 액체가 된다. 또 다른 방법으로 기체의 부피를 일정하게 유지하면서 온도에 따라 압력이 떨어지는 것을 보아도 약 −273℃에서 압력이 0에 가까워진다. 그림 19−21은 이러한 실험을 하는 간단한 장치다.

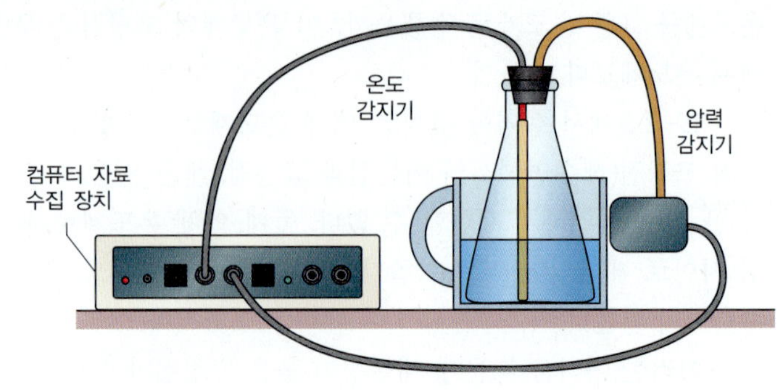

그림 19−21
컴퓨터 자료 수집 장치를 써서 공기 또는 다른 기체의 부피를 일정하게 유지한 채 압력의 변화를 온도의 함수로 재는, 간단한 장치.

그림 19−22
부피가 일정한 기체의 압력을 여러 온도에서 잰 학생 실험 자료. 실험 자료는 점으로 나타냈고 선은 자료에 맞춘 것이다. 세 개의 자료 모음은 세 가지 질량의 기체를 그릇 속에 넣고 잰 것이다. 기체의 양에 상관없이 압력은 온도에 비례하여 압력이 0인 곳까지 연장하면 거의 −280℃에 가까워진다. (더 정확하게 재보면 0점이 기체의 양에 따라 조금 달라지지만, 기체의 밀도를 0으로 줄여가면 −273.15℃로 잘 정의된 값에 모인다.)

실제로는 압력을 0에 가깝게 연장한 결과는 부피가 일정하게 유지되는 그릇에 기체를 얼마나 넣는가에 따라 갈라진다. 그렇지만 기체의 양을 줄여가며 자료를 다시 뽑으면 압력이 0에 가까워질 때의 온도한계는 −273.15℃이다. 그림 19−22은 학생이 몇 가지 다른 자료를 써서 한 실험 자료를 보여준다.

기체가 거의 없다고 할 정도로 적은 양에서는 모든 기체가 화학적 조성에 상관없이 똑같은 최소 온도에 가까워지므로, 이 온도는 자연의 근본적인 성질로 보인다. 이 최소 온도를 **절대 0도(absolute zero)**라고 한다. 절대 0도는 어떤 물체의 내부 에너지가 가장 낮은 온도로 정의한다. 가장 낮은 온도 −273.15℃가 보편적이므로 이것을 낮은 온도 고정점의 표준으로 삼았다.

그러나 둘째 표준 고정점으로는 무엇을 잡아야 할까? 예를 들어, 물이 어는점 또는 끓는점을 고를 수 있다. 그렇지만, 물이 액체에서 기체로 상변화하는 것은 온도만이 아니라 압력에 따라서도 달라진다. 그래서 기술적 어려움이 생겼고, 끓는점이나 어는점을 고정된, 재현성 있는 열적 현상으로 쓰는데 대한 확신이 줄었다. 19−2절에서 설명한 물의 삼중점 상태가 좋은 고정점 후보이다.

여러 실험을 통해 세 가지 상 — 액체 물, 고체 얼음, 그리고 수증기 (기체 물) — 이 열평형을 이루며 함께 있는 압력과 온도는 단 하나임을 발견했다. 따라서 이 온도를 **물의 삼중점(triple point of water)**이라고 한다. 이 점에서는 압력과 온도가 모두 잘 정의되므로, 온도계를 설계할 때 높은 온도의 표준 고정점으로 흔히 물의 삼중점을 잡는다.

그림 19−23은 실험실에서 물의 삼중점을 만드는 삼중점 통을 보여준다. 물의 삼중점의 온도는 0.01℃로 정했는데, 그 까닭은 열역학적 온도 눈금을 소개할 때 설명하겠다.

그림 19−23
삼중점 통(Triple-point cell). 통 속에서 액체 물, 고체 얼음, 수증기(기체 물)가 열평형을 유지하며 함께 있다. 국제 협약에서 이 혼합물의 온도는 273.16K로 정의했다. 일정 부피 기체 온도계의 유리 공이 통에 끼워져 있다.

• 열역학적 온도 눈금

온도의 국제단위는 켈빈이다. 켈빈 경의 이름을 딴 것인데 그는 모든 물체의 온도에는 자연적인 가장 낮은 한계가 있다고 처음 제안했다. 어떤 계의 온도가 그 계의 내부 에너지의 양을 나타내는 지표라면, $E^{\text{내부}}=0$일 때 자연적 한계가 될 것이다. 켈빈은 $E^{\text{내부}}=0$이면 $T=0$이라고 제안했다. 이 0점을 **절대 0도**라고 한다. 켈빈 온도는 절대 0도와 물의 삼중점을 두 고정점으로 잡아 정의한다. 이것을 널리 쓰는 섭씨 눈금에 맞추고자 열역학적 눈금을 섭씨 눈금과 같게 잡았다. 그래서 조금 이상하게 정의되었다. 기본적으로 내려갈 수 있는 가장 낮은 온도를 '0도 켈빈' 또는 0 K라고 하며, 물의 삼중점은 정확히 +273.16K로 정의한다.

물의 삼중점은 0.01℃이므로 섭씨 눈금의 온도와 열역학적 눈금의 온도를 서로 바꾸기는 아주 쉽다. 섭씨 온도 $T_{섭씨}$에 273.15를 더해주면 열역학적 온도 T가 된다. 곧 다음과 같다.

$$T = T_{섭씨} + 273.15 \tag{19–23}$$

그림 19–24는 넓은 범위의 온도를 켈빈 눈금으로 보여주는데, 잰 것과 짐작한 것이 섞여 있다. 온도를 화씨 또는 섭씨로 나타낼 때는 '몇 도 에프(°F)' 또는 '몇 도 시(℃)' 라고 하는데 열역학적 온도는 그냥 '몇 켈빈(K)' 이라고만 한다. 따라서 '몇 도 켈빈' 이나 °K는 쓰지 않는다. 그림 19–25은 열역학적, 섭씨, 화씨 온도를 비교한다.

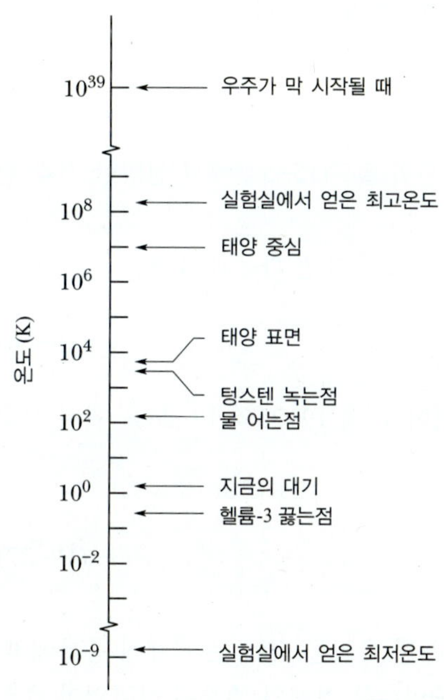

그림 19–24
열역학적 눈금에 보인 몇몇 온도. $T = 0$은 $10^{-\infty}$에 해당하며 눈금으로 나타낼 수 없다.

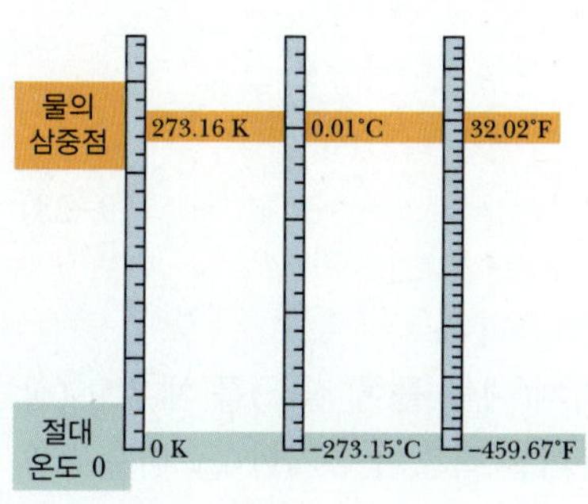

그림 19–25
열역학적, 섭씨, 화씨 온도의 비교.

약 187억 년 전, 우주가 시작될 때, 우주의 온도는 약 10^{39} K였다. 우주가 팽창하면서 식어 지금은 약 3K이다. 지구는 조금 다른데, 그 까닭은 항성(해)에 가깝기 때문이다. 해가 없다면 지구도 3K일 것이다(그리고 우리는 살아 있지 못할 것이다).

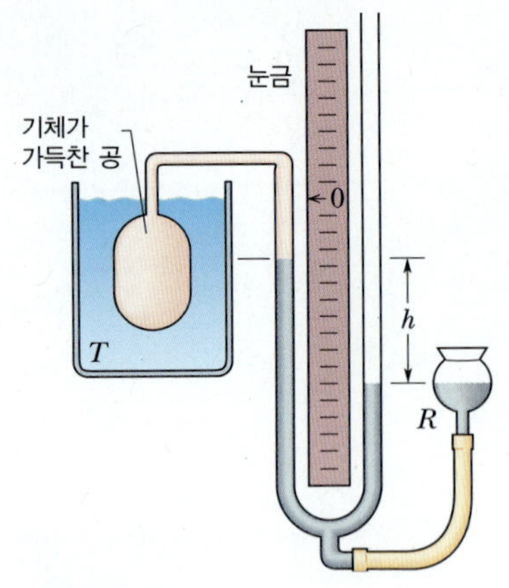

그림 19–26
일정-부피 기체 온도계. 왼쪽의 기체가 든 유리공은 온도 T를 잴 액체 속에 잠겨 있다. 오른쪽 수은이 든 유리공을 올리거나 내려 왼쪽 유리관의 수은 기둥의 높이를 눈금 0에 맞추어 기체 부피를 일정하게 지킨다.

• 일정–부피 기체 온도계

이제 좋은 고정점 둘이 있고, 온도계의 매질로 액체 대신 기체를 쓰는 표준 온도계가 있다. 표준 온도계는 다른 모든 온도계를 보정하는 기준으로 삼는데, 부피가 고정된 기체의 압력이 온도에 따라 달라지는 효과에 바탕을 둔다. 그림 19–26은 그러한 **일정–부피 기체 온도계(constant-volume gas thermometer)**를 보여준다. 이것은 수은 압력계와 기체를 채운 유리공을 관으로 이은 것이다. 수은 저장통 R을 올리거나 내려서 온도계의 왼쪽 유리관의 수은 기둥의 높이를 눈금 0에 맞추면 기체의 부피가 일정하게 유지된다(기체의 부피가 달라지면 온도 측정이 영향을 받는다).

(그림 19–26의 액체처럼) 기체가 든 유리공과 열접촉을 하는 어떤 물체의 온도는 다음과 같이 정의된다.

$$T = CP \tag{19–24}$$

여기에서 P는 기체의 압력이고 C는 상수이다. 식 15–10으로부터 압력 P는 다음과 같다.

$$P = P^{대기} - \rho_{수은} gh \tag{19–25}$$

여기에서 $P^{대기}$는 대기압, $\rho_{수은}$은 열린 유리관 압력계 속의 수은의 밀도(15–5절에서 설명한 것과 같다), h는 양쪽 관의 수은기둥의 높이 차다.*

이제 기체가 든 유리공을 삼중점 통에 넣고(그림 19–23), 온도를 재면 다음과 같다.

$$T_3 = CP_3 \tag{19–26}$$

여기에서 P_3는 유리공이 삼중점 통에 들어있을 때의 기체압력이다. 식 19–25와 19–26을 써서 상수 C를 지우면 온도가 다음과 같은 식으로 결정된다.

$$T = T_3\left(\frac{P}{P_3}\right) = (273.16\,\text{K})\left(\frac{P}{P_3}\right) \qquad (\text{임시}) \tag{19–27}$$

이 온도계에는 아직 문제가 있다. 이것으로 어떤 온도를 재면 유리공 속에 든 기체의 종류에 따라 결과가 조금씩 다르게 나온다. 그렇지만, 기체의 양을 더 줄일수록 기체의 종류에 상관없이 측정 결과는 하나의 값으로 잘 수렴한다.

따라서 기체 온도계도 온도를 재는 방법은 다음과 같다.

$$T = (273.16\,\text{K})\left(\lim_{기체 \to 0} \frac{P}{P_3}\right) \tag{19–28}$$

이 방법으로 온도 T를 재려면 다음과 같이 한다. 유리공에 어떤 기체(예를 들어 질소)를 채우고 (삼중점 통을 써서) P_3와 재려는 온도에서의 압력 P를 잰다(기체의 부피는 똑같이 유지한다). 비율 P/P_3을 셈한다. 그 다음 유리공 속의 기체의 양을 줄이고 같은 측정을 되풀이하여, 그 비율을 다시 셈한다. 유리공 속의 기체의 양을 계속 줄이면서 같은 일을 되풀이하여 비율 P/P_3를 얻고, 그것을 연장하

*압력의 단위로는 15–3절에서 소개한 단위를 쓰겠다. 압력의 국제단위는 제곱미터당 뉴턴(N/m^2)이며, 파스칼(Pascal, Pa)이라고 부른다. 파스칼은 흔히 쓰는 다른 압력단위와 다음 관계가 있다.

$$1.00\ 기압 = 1.01\times10^5\,\text{Pa} = 760\,\text{torr} \approx 14.7\,\text{lb/in}^2$$

여 유리공 속에 기체가 거의 없을 때의 값을 얻는다. 그 값을 식 19-28에 넣어 온도 T를 셈한다. [이 온도를 '이상 기체 온도(ideal gas temperature)' 라고 한다.]

연습문제 19-9

31. 기체 온도계

기체가 든 유리공 두 개로 기체 온도계를 만들어 그림 19-27처럼 각각의 유리공을 물통에 담근다. 두 유리공의 압력차는 그림과 같이 수은압력계로 잰다. 그림에는 보이지 않았지만 적당한 통을 써서 두 유리공 속의 기체의 부피를 일정하게 유지한다. 두 물통 모두 물의 삼중점에 있을 때는 압력차가 없다. 물통 하나는 삼중점에 있고, 다른 하나의 온도를 재려고 하는데 압력차가 90.0 torr이면, 온도는 몇 도인가?

그림 19-27 문제 31

32. 끓는 기체

물이 끓는 점에 있는 기체의 온도가 373.15 K라 하자. 물의 끓는점과 삼중점에서의 기체 압력비의 극한값은 얼마인가? (기체의 부피는 두 온도에서 같다고 가정하라.)

33. 한짝의 눈금

다음 한짝의 눈금이 같은 온도를 구하라. (a) 화씨와 섭씨(표 19-1의 목록을 확인하라), (b) 화씨와 켈빈, (c) 섭씨와 켈빈.

19-10 열팽창

대부분의 물질은 데우면 늘어나고 식으면 줄어든다. 사실 처음에 온도를 정의할 때 이 원리를 썼다. 흔히 '두-금속 띠(bimetal strip)' 처럼 팽창이 다른 두 금속을 써서 온도계와 '온도조절장치' 를 설계한다(그림 19-28). 비행기 공장에서는 흔히 리벳이나 다른 고정쇠를 드라이아이스에 넣었다가 꺼내 끼워 팽창하면서 꼭 맞게 한다. 그렇지만 **'열팽창(thermal expansion)'** 이 늘 바람직한 것은 아님을 그림 19-29이 보여준다. 다리가 열팽창으로 꺾이는 것을 막고자 틈을 두어 뜨거운 날 도로가 팽창해도 문제가 없게 한다. 상한 이를 메우는 칫과 재료로 이의 에나멜 층과 열팽창 특성이 같은 재료를 써야 한다(그렇지 않으면 뜨거운 커피나 찬 아이스크림을 먹을 때 매우 아플 것이다). 열팽창을 쓰려 들건 피하려 들건 이 성질은 아주 중요하므로 왜 그렇게 되는가를 자세히 살펴볼 필요가 있다.

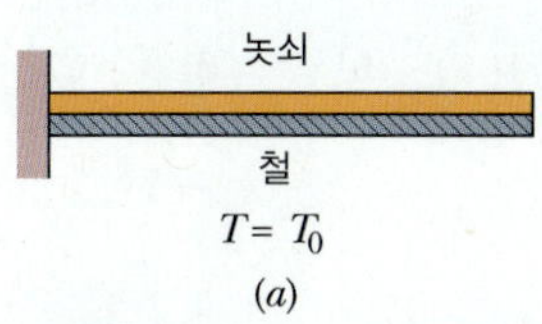

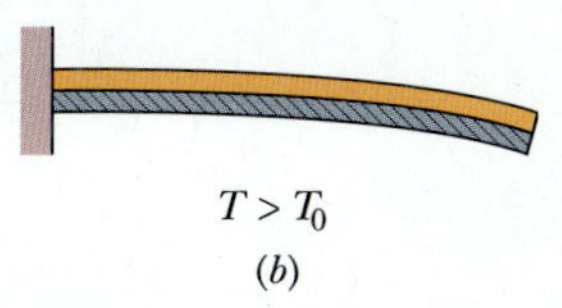

그림 19-28
(a) 놋쇠띠와 철띠를 녹여 붙인 두-금속 띠의 온도 T_0에서의 모양. (b) 기준 온도보다 높은 온도에서는 띠가 그림처럼 굽고 낮은 온도에서는 반대쪽으로 굽는다. 많은 온도 조절기는 이 원리에 따라 작동하여 온도가 오르내림에 따라 전기접촉이 붙었다 떨어졌다 한다.

그림 19-29
아주 뜨거운 여름날 열팽창 때문에 철길이 휜 모습(미국 뉴저지 주 애즈베리파크).

• 선 팽창

길이 L인 금속 막대의 온도를 ΔT만큼 조금 올리면, 그 길이가 늘어나는 양 ΔL은 다음과 같은 것으로 밝혀졌다.

$$\frac{\Delta L}{L} = \alpha \Delta T \tag{19-29}$$

여기에서 α는 상수로서 '선팽창 계수'라고 한다. 온도가 조금 변하면, 길이의 변화율($\Delta L/L$)은 온도 변화에 비례한다. 계수 α는 어떤 온도 변화에 대한 단위길이당 길이 변화의 비율로 보아야 한다. 이것의 단위는 '도 당' 또는 '켈빈 당'이며 재료에 따라 값이 다르다. 비록 α가 온도에 따라 달라지기는 해도, 실제로는 대개 상수로 볼 수 있다. 표 19-5는 몇 가지 물질의 선팽창 계수를 보여준다. 이 표에서 단위 ℃는 단위 K로 바꿀 수 있다.

표 19-5
몇 가지 물질의 선팽창 계수[a]

물질	α (10^{-6}/°C)	물질	α (10^{-6}/°C)
얼음(0°C)	51	강철	11
납	29	유리(보통)	9
알루미늄	23	유리(파이렉스)	3.2
놋쇠	19	금강석	1.2
구리	17	인바르(Invar)[b]	0.7
콘크리트	12	용융수정	0.5

[a] 얼음을 빼고는 실온에서의 값
[b] 이 합금은 팽창계수가 작아지게 만든 것이다. 이름은 'invariable(변하지 않는)'을 줄인 것이다.

고체의 열팽창은 마치 (3차원) 사진 확대 같은 것이다. 그림 19-30*b*는 그림 19-30*a*의 강철자가 온도가 올라가 늘어난 것을 부풀려 보여준다. 식 19-29는 자의 모든 차원에 대해 적용되어, 모서리, 두께, 대각선 그리고 오른쪽에 새긴 동그라미와 둥근 구멍의 지름도 늘어난다. 구멍에서 떼어낸 원반이 애초에 그 구멍에 딱 맞았다면, 온도가 자와 똑같이 올라가면 여전히 구멍에 딱 맞게 된다.

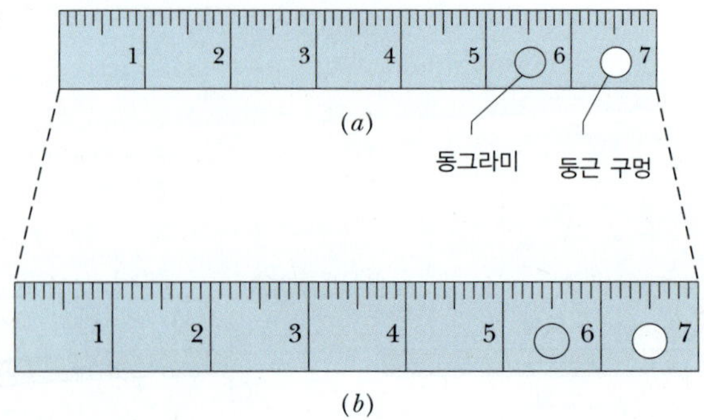

그림 19-30
강철자의 온도가 높아질 때의 팽창. 자가 팽창할 때, 숫자, 두께, 새긴 동그라미와 둥근 구멍의 지름 모두가 같은 비율로 늘어난다. (내용을 명확히 보이려고 팽창을 부풀렸다.)

• 부피 팽창

온도가 올라가 고체의 모든 차원이 함께 팽창하면, 고체의 부피도 늘어나야 한다. 액체에서는 부피 팽창이 단 하나의 뜻 있는 팽창 매개변수이다. 부피가 V인 고체 또는 액체의 온도가 ΔT만큼 조금 오르면, 늘어나는 부피 ΔV도 다음과 같다.

$$\frac{\Delta V}{V} = \beta \Delta T \tag{19-30}$$

여기에서 β는 고체 또는 액체의 **'부피팽창 계수(coefficient of volume expansion)'** 라고 한다.

고체의 부피팽창 계수 β와 선팽창 계수 α는 관계가 있다. 이것을 보려면 높이 h, 너비 w, 길이 l인 육면체를 생각하자. 육면체의 부피는 hwl이다. 이 고체는 데우면, 낱낱의 차원이 늘어나 높이는 $h + \Delta h$, 너비는 $w + \Delta w$, 길이는 $l + \Delta l$로 늘어날 것이다. 따라서 새 부피는 $(h + \Delta h)(w + \Delta w)(l + \Delta l)$가 되는데, 2차항 이상은 아주 작으므로 무시하고 1차항까지만 남기면 $hwl + \Delta hwl + h\Delta wl + hw\Delta l$이 된다. 낱낱의 차원은 온도에 비례하여 늘어나므로 새 부피는 $hwl + hwl(3\alpha\Delta T)$와 같다. 따라서 다음 관계가 성립한다.

$$\beta = 3\alpha \tag{19-31}$$

가장 흔한 액체인 물은 다른 액체와 다르게 움직인다. 물은 약 4°C 이상에서 온도가 올라가면 예상대로 부피가 늘어난다. 그렇지만 0°C와 4°C 사이에서 온도가 올라가면 부피가 줄어든다. 따라서 약 4°C에서 물의 밀도가 가장 높다. 다른 모든 온도에서는 물의 밀도가 이 봉우리 값보다 작다.

물의 이러한 특성 때문에 호수의 물이 바닥부터 얼지 않고 위에서부터 언다. 수면에 있는 물이 말하자면 10°C에서 어는점까지 차가워지면, 수면 아래의 물보다 밀도가 높아('무거워')져서 바닥으로 가라 앉는다. 그렇지만 4°C 이하에서는 수면에 있는 물이 더 식으면 수면 아래의 물보다 밀도가 더 낮아('가벼워')져서 얼 때까지 그대로 수면에 남는다. 따라서 수면 아래쪽의 물은 액체 상태인데도 표면부터 언다. 호수가 바닥부터 언다면 바닥의 얼음은 여름 내내 완전히 녹지 않을 것이다. 왜냐하면 위쪽의 물 때문에 열이 잘 전달되지 못하기 때문이다. 그렇게 몇 년이 지나면, 온대지역 하천은 많은 부분 일년 내내 얼어붙은 채로 있을 것이고 우리가 아는 물속 생물은 사라질 것이다.

생각해보기 19-8 아래 그림은 네 개의 네모꼴 쇠판으로 변의 길이가 L, $2L$, $3L$이다. 이들은 모두 같은 쇠이고, 온도를 똑같이 올렸다. 다음 가장 많이 증가하는 것부터 차례로 늘어 놓아라. (a) 높이, (b) 넓이.

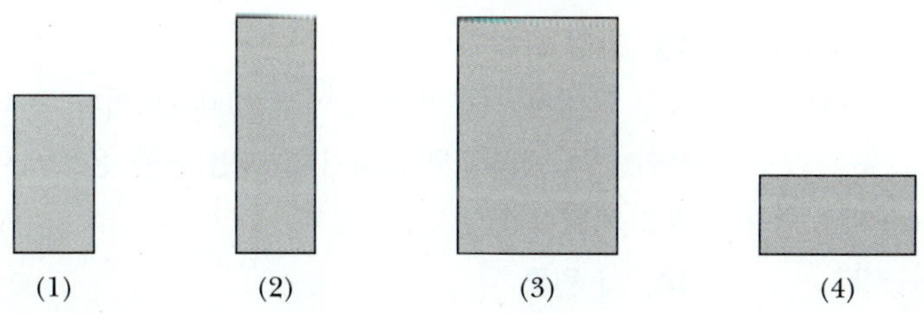

생각해보기 19-9 위에 보인 쇠판 가운데 어느 하나의 가운데에 둥근 구멍이 뚫렸다고 하자. 온도를 높이면 구멍이 커지겠는가, 작아지겠는가, 아니면 똑같겠는가? 까닭을 설명하라.

생각해보기 19-10 원통꼴 쇠막대가 서 있다고 생각하자. 막대의 모든 곳의 온도가 고르게 올라간다. 막대의 바닥이 받는 압력은 어떻게 되는가? 높아지는가, 낮아지는가, 아니면 똑같겠는가? 까닭을 설명하라.

따라해보기 19-4 | 부산의 더운 날

어느 더운 날 부산에서 유조차에 중유 37 000리터를 실었다. 기사가 차를 몰고 만주 대련으로 가다가 날씨가 추워졌는데, 대련의 기온은 부산보다 23.0 K 낮다. 기사가 대련에서 배달한 중유의 부피는 얼마이겠는가? 중유의 부피 팽창계수는 9.50×10^{-4} ℃이고, 유조차의 기름통의 선팽창 계수는 11×10^{-6} ℃이다.

풀이 ■ 요점은 중유의 부피는 온도에 따라 변한다는 것이다. 따라서 온도가 낮아지면, 중유의 부피도 줄어든다. 식 19-25에서 부피 변화는 다음과 같다.

$$\Delta V = V\beta\Delta T$$
$$= (37\,000\text{ L})(9.50\times10^{-4}/°\text{C})(-23.0\,°\text{C})$$
$$= -808\text{ L}$$

따라서 배달한 중유의 양은

$$V_{배달} = V + \Delta V = 37\,000\text{ L} - 808\text{ L} = 36192\text{ L} \qquad \text{(답)}$$

유조차 기름통의 열팽창은 이 문제와는 아무 관계가 없음을 눈여겨보자. **물음**: '사라진' 중유의 값은 누가 치르는가?

연습문제 19-10

34. 알루미늄 깃대

알루미늄 깃대의 높이가 33 m이다. 온도가 35℃ 올라가면 길이는 얼마나 늘어나는가?

35. 파이렉스 유리

팔로마 산 천문대에 있는 망원경의 파이렉스 유리거울의 지름은 200인치이다. 팔로마 산의 온도 범위는 −10℃에서 50℃ 사이이다. 망원경 유리가 자유로이 늘어나고 줄어든다면 거울의 지름의 최대 변화량은 마이크론 단위로 얼마인가?

36. 알루미늄 합금

어떤 알루미늄 합금 막대의 길이가 20.0℃에서 10.000 cm이고, 물의 끓는점에서는 10.015cm이다. (a) 물의 어는점에서의 막대 길이는 얼마인가? (b) 막대 길이가 10.009 cm일 때 온도는 몇 도인가?

37. 둥근 구멍

알루미늄 판에 난 둥근 구멍의 지름이 0.0℃에서 2.725 cm이다. 판의 온도가 100.0℃로 올라가면 구멍의 지름은 얼마나 되는가?

38. 납공

납공의 부피가 60℃에서 50 cm³이면 30℃에서는 얼마인가?

39. 부피 변화

알루미늄 공이 처음에 0.0℃일 때 반지름이 10 cm이면 100℃에서의 부피 변화는 얼마인가?

40. 네모꼴 넓이

네모꼴 판 A의 넓이가 ab이다. 이것의 선팽창 계수는 α이다. 온도가 ΔT 올라간 뒤에 변 a는 Δa만큼, 변 b는 Δb만큼 늘어났다(그림 19-31). $(\Delta a\Delta b)/ab$가 작아서 무시하면 $\Delta A = 2\alpha A\Delta T$임을 보여라.

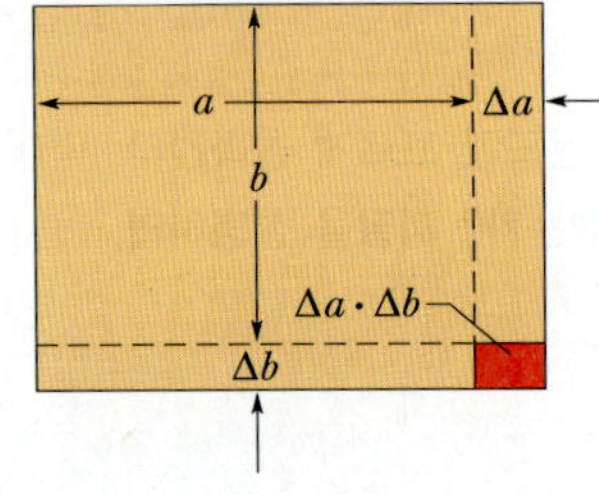

그림 19-31 문제 40

41. 알루미늄 컵

용량 100 cm³인 알루미늄 컵에 22℃에서 글리세린을 꼭 채웠다. 컵과 글리세린 모두의 온도를 28℃로 올리면 글리세린이 얼마나 컵 밖으로 흘러넘칠까? (글리세린의 부피 팽창계수는 5.1×10^{-4}/℃이다.)

42. 막대

어떤 막대의 길이가 20℃에서 강철 자로 재보면 정확히 20.05 cm이다. 막대와 자를 모두 270℃의 화덕에 넣어 자로 다시 재니 20.11 cm이면, 막대를 만든 재료의 선팽창 계수는 얼마인가?

43. 강철 막대

강철 막대의 지름이 25℃에서 3.000 cm이다. 놋쇠고리의 안쪽 지름이 25℃에서 2.992 cm이다. 어떤 공통 온도에서 고리가 막대에 겨우 끼워질까?

44. 쇠 원통

쇠 원통의 온도를 0.0℃에서 100.0℃로 올리면 길이가 0.23% 늘어난다. (a) 밀도의 변화를 백분율로 구하라. (b) 이 쇠는 무엇인가? 표 19.5를 써라.

45. 압력계

압력계 속의 액체의 온도가 ΔT만큼 변하고 압력은 일정하면, 액체의 높이 h는 $\Delta h = \beta h\Delta T$만큼 변함을 보여라. 여기에서 β는 부피 팽창 계수이다. 유리관의 팽창은 무시하라.

46. 동전

동전의 온도를 100℃ 올리면, 지름은 0.18% 늘어난다. 동전의 다음 양의 증가율을 백분율로 유효숫자 두 자리까지 구하라. (a) 면의 넓이, (b) 두께, (c) 부피, (d) 질량, (e) 동전의 선 팽창계수를 셈하라.

47. 흔들이 시계

흔들이가 놋쇠로 된 시계가 20.0°C에서 시간이 정확하다. 이 시계가 0.0°C에서 작동하면 오차의 크기는 한 시간에 몇 초씩이며, 느리게 가는가, 빨리 가는가?

48. 방사능 원

어떤 실험에서 작은 방사능원이 아주 느린 속력으로 움직여야 한다. 이 운동은 방사능원을 알루미늄 막대 한쪽 끝에 묶고 막대 가운데 부분을 데워서 이룰 수 있다. 그림 19-32에서 유효하게 데우는 부분이 20 cm라면, 막대의 온도를 어떤 비율로 일정하게 올려야 방사능원이 일정한 속력 100 nm/s로 움직이는가?

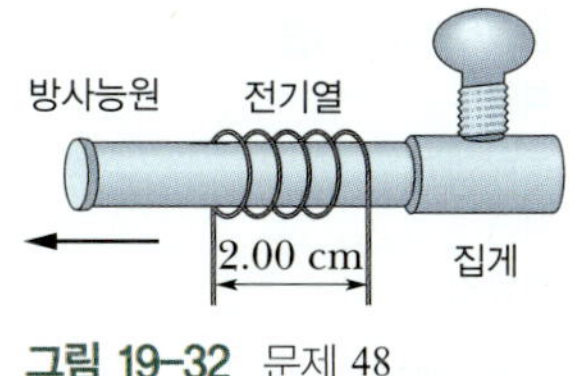

그림 19-32 문제 48

49. 온도 올리기

가운데 금이 간 막대의 온도를 32°C 올린 결과 위쪽으로 끊어졌다(그림 19-33). 고정된 길이 L_0가 3.77 m이고 막대의 선팽창계수가 25×10^{-6}/°C일 때 중심이 올라간 높이 x를 구하라.

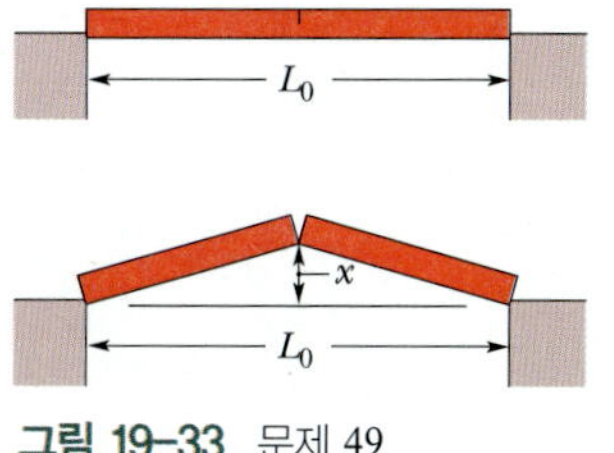

그림 19-33 문제 49

50. 구리 고리

20.0 g 구리 고리가 0.0°C에서 지름이 2.540 00 cm이다. 100.0°C에서 지름이 2.545 08 cm인 알루미늄 공을 고리의 위에 얹고(그림 19-34), 주위에 열전달이 안 되게 한 채 둘이 열평형을 이루게 두었다. 평형 온도에서 공은 고리를 겨우 빠져나갔다. 공의 질량은 얼마인가?

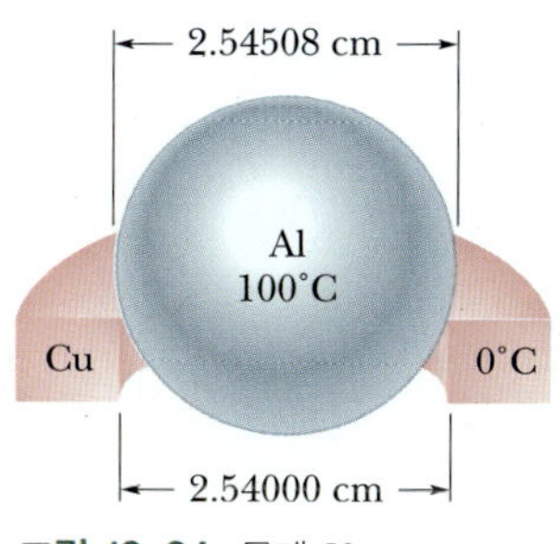

그림 19-34 문제 50

19-11 열에너지 전달 기구 보충

19-4절에서 처음에 계와 환경 사이의 열에너지 전달을 설명하면서, 세 가지 전달 기구(전도, 대류, 방사)를 정성적으로 설명했다. 전달 기구를 더 잘 이해할 수 있게 전도와 방사에 관한 설명을 여기에서 보충한다.

• 전도

우리는 뜨겁고 찬 것을 느낄 수 있다. 그러나 불행히도 온도감각을 늘 믿을 수 있는 것은 아니다. 예를 들어, 추운 겨울날 바깥 온도가 같은데도 왜 쇠난간을 만지면 나무 기둥보다 훨씬 차갑게 느껴질까? 왜 구이판은 쇠로 만들면서 냄비 손잡이는 천이나 섬유재료로 만들까? 그 까닭은 어떤 재료는 다른 것보다 훨씬 효과적으로 열에너지를 전도하기 때문이다.

그림 19-35와 같이 두께 L, 면의 넓이 A인 판의 두 면이 각각 온도가 $T_{뜨}$와 $T_{찬}$인 열통과 붙어 있는 것을 생각하자. 뜨거운 면에서 찬 면으로 판을 통해 시간 Δt 동안 전달되는 열에너지를 Q라 하자. 실험을 해보면 열에너지 '전도율' $P^{전도}$(일률 또는 단위 시간에 전달되는 열에너지)은 다음과 같다.

$$P^{전도} = \frac{Q}{\Delta t} = kA\frac{T_{뜨} - T_{찬}}{L} \tag{19-32}$$

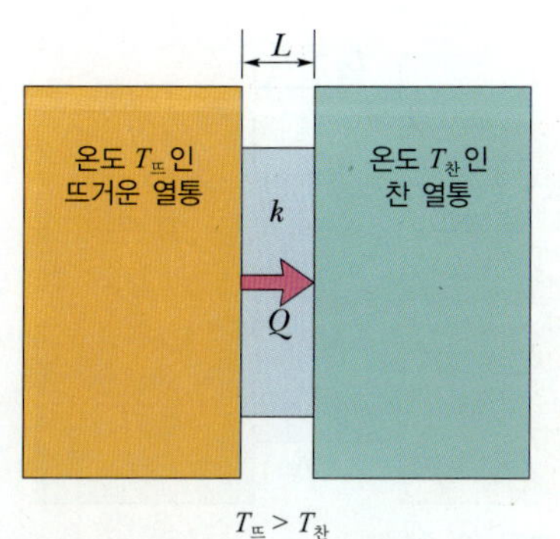

그림 19-35
열 전도. 온도 $T_{뜨}$인 뜨거운 열통에서 온도 $T_{찬}$인 찬 열통으로 두께 L, 면의 넓이 A, 열전도도 k인 전도판을 통해 열에너지 Q가 전달된다.

여기에서 k는 '열전도도'라고 하는데, 판의 재료에 따라 결정되는 상수이다. 다시 말해 열전도도 k는 재료의 성질이다. 전도를 통해 에너지를 잘 전달하는 재료는 좋은 열 전도체이고 k값이 크다.

표 19-6
몇 가지 열 전도도[a]

	물질	k (W/m · K)
금속	스테인레스 스틸	14
	납	35
	알루미늄	235
	구리	401
	은	428
기체	(마른) 공기	0.026
	헬륨	0.15
	수소	0.18
건축재료	폴리우레탄 거품	0.024
	석면	0.043
	유리섬유	0.048
	백송	0.11
	창유리	1.0

[a] 전도도는 온도에 따라 조금 변한다. 표의 값은 실온에서의 값이다.

표 19-6은 몇 가지 흔히 쓰는 금속과 건축 재료의 열전도도를 보여준다.

• 열전도에 대한 열저항

여러분이 집을 단열시키거나 소풍갈 때 물을 시원하게 잘 보관하고 싶으면 열전도도가 좋은 재료보다는 나쁜 재료를 찾는다. 그래서 공학에서는 '열 저항' R의 개념을 도입했다. 두께 L인 판의 R값은 다음과 같이 정의된다.

$$R = \frac{L}{k} \tag{19-33}$$

판을 이루는 재료의 열전도도가 작을수록 판의 R값은 더 커지므로, R값이 큰 물체는 '나쁜 열전도재' 이자 '좋은 단열재' 이다.

R은 두께가 정해진 판의 속성이지 재료의 속성이 아님을 눈여겨 보자. 다시 말해 R은 재료만의 성질은 아니다. R의 단위는 '줄당 제곱미터-℃-시간($\mathrm{m^2 \cdot ℃ \cdot h/J}$)'이다.

• 복합판재를 통한 열전도

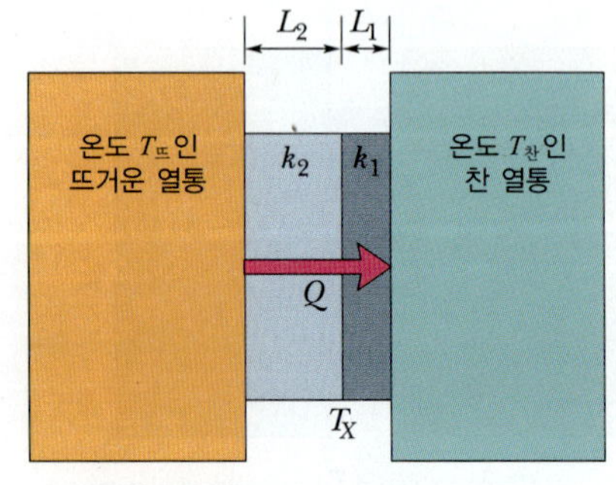

그림 19-36
열에너지 Q가 뜨거운 열통에서 찬 열통으로 복합재료 판을 통해 정상 과정으로 전달된다. 판은 두께와 전도도가 다른 두 가지 재료로 만들어졌다. 두 재료의 경계면의 정상 상태 온도를 T_X로 나타냈다.

그림 19-36은 두께가 L_1과 L_2, 열전도도가 k_1과 k_2인 두 재료로 된 복합재료 판을 보여준다. 판 바깥면의 온도는 $T_{뜨}$와 $T_{찬}$이고, 넓이는 A이다. 열전달이 '정상 상태' 를 유지할 때, 곧 판의 어디에서나 온도와 에너지 전달률이 시간에 대해 불변일 때의 전도율에 관한 식을 끌어내자.

정상 상태에서는 두 재료를 통한 전도율이 같아야 한다. 이것은 어떤 시간에 한 재료를 통해 전달되는 에너지가 같은 시간에 다른 재료를 통해 전달되는 에너지가 같다는 것이다. 이것이 참이 아니라면, 판 속의 온도가 변할 것이고 그러면 정상 상태가 아니다. 두 재료의 경계면의 정상 상태 온도를 T_X라 하면, 식 19-32를 써서 열에너지 전달률을 다음과 같이 나타낼 수 있다.

$$P^{전도} = k_2 A \frac{T_{뜨} - T_X}{L_2} = k_1 A \frac{T_X - T_{찬}}{L_1} \tag{19-34}$$

이 식을 T_X에 대해 풀면 다음 결과를 얻는다.

$$T_X = \frac{k_1 L_2 T_{찬} + k_2 L_1 T_{뜨}}{k_1 L_2 + k_2 L_1} \tag{19-35}$$

이 식을 식 19-34에 넣으면 다음 결과를 얻는다.

$$P^{전도} = A\frac{T_{뜨} - T_{찬}}{L_1/k_1 + L_2/k_2} \tag{19-36}$$

식 19-36을 확장하여 n개의 재료로 된 판에 대해 쓰면 다음과 같다.

$$P^{전도} = A\frac{T_{뜨} - T_{찬}}{\sum_{i=1}^{n}(L_i/k_i)} \tag{19-37}$$

분모의 덧셈기호는 모든 재료에 대해 L/k를 더해줌을 뜻한다.

• 전자기파 방사

물체가 전자기파로 에너지를 방사하는 비율 $P^{방사}$는 겉넓이 A와 표면의 켈빈단위 온도 T에 따라 다음과 같이 결정된다.

$$P^{방사} = \sigma\varepsilon A T^4 \tag{19-38}$$

여기에서 $\sigma = 5.6703 \times 10^{-8}\ \mathrm{W/m^2 \cdot K^4}$은 '스테판–볼츠만 상수(Stefan-Boltzmann constant)' 라고 하며, 스테판(Josef Stefan, 1879년 실험으로 식 19-38을 발견했다)과 볼츠만(Lodwig Boltzmann, 스테판의 식을 이론적으로 유도했다)의 이름을 딴 것이다 기호 ε은 물체의 표면의 '방사도(emissivity)'를 나타내는데, 그 값은 0과 1 사이에 있고, 표면의 조성에 따라 결정된다. 방사도가 1.0으로 가장 큰 면을 '흑체 방사체(blackbody radiator)' 라고 하는데, 그러한 면은 이상적인 한계로서 자연에는 없다. 또 눈여겨볼 것은 식 19-38의 온도는 켈빈 단위이어서 절대 0도에서는 방사가 전혀 없다는 것이다. 또한 0K 이상의 모든 물체는 — 여러분도 마찬가지다 — 열방사를 낸다는 것도 눈여겨보자(그림 19-37).

그림 19-37
집 표면의 열분포를 보여주는 열사진. 가장 따뜻한 곳(창을 통한 열손실이 가장 크다, 등)을 나타내는 흰색과 노란색부터 붉은색, 보라색을 거쳐 가장 찬 곳(단열이 가장 잘된 곳)을 나타내는 녹색까지 색깔로 온도차를 나타낸다. 이 열사진은 지붕과 창(노란색)은 단열이 잘 안 되어 있고, 벽(붉은색, 보라색, 녹색)은 열손실이 가장 적음을 보여준다. 열사진은 집의 열손실을 점검하고 단열을 개선하여 에너지 효율을 더 높이는데 쓴다.

온도가 고르게 $T_{환경}$(켈빈 단위)인 주위 환경 속에서 어떤 물체가 열방사를 흡수하는 비율 $P^{흡수}$는 다음과 같다.

$$P^{흡수} = \sigma\varepsilon A T_{환경}^4 \tag{19-39}$$

식 19-39의 방사도 ε는 식 19-38과 같다. 이상적인 흑체 방사체는 $\varepsilon = 1$이므로 들어오는 빛에너지를(반사나 산란으로 일부를 되보내지 않고) 모두 흡수한다.

모든 물체는 주위 환경에서 보내는 에너지를 흡수하면서 다른 한편으로는 에너지를 주위에 방사하므로, 물체가 열방사를 통해 에너지를 주고받는 알짜 비율은 다음과 같다.

$$P^{알짜} = P^{흡수} - P^{방사} = \sigma\varepsilon A(T_{환경}^4 - T^4) \tag{19-40}$$

$P^{알짜}$는 방사를 통해 알짜로 에너지를 흡수할 때는 양수, 잃을 때는 음수가 된다.

생각해보기 19-11 다음 그림은 네 가지 재료로 된, 두께가 똑같은 복합재료 판의 면과 경계면을 보여준다.

이것을 통해 열에너지가 정상 상태에서 전달된다. 열전도도가 가장 큰 것부터 차례로 늘어놓아라.

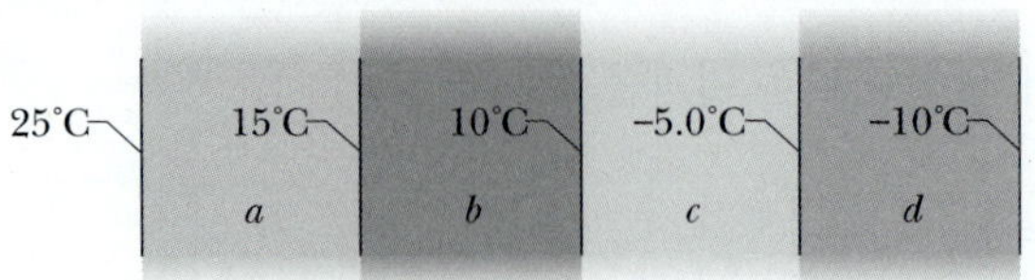

따라해보기 19-5 | 열전도

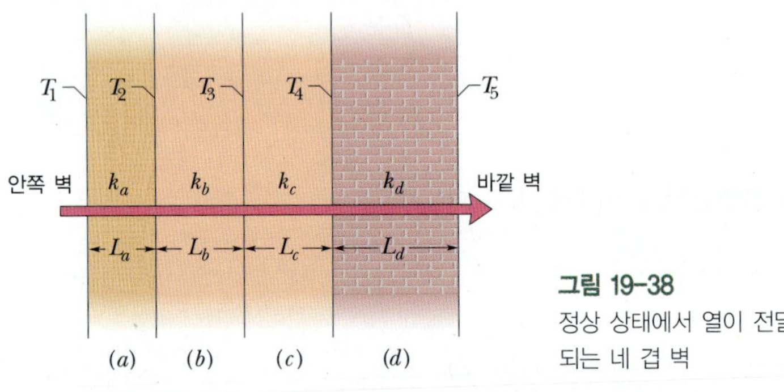

그림 19-38
정상 상태에서 열이 전달되는 네 겹 벽

그림 19-38은 두께 L_a인 백송, $L_d(=2.0\,L_a)$인 벽돌 사이에 재료를 알 수 없고 두께와 전도도가 같은 판이 두 겹 끼워진 벽의 단면이다. 열전도도는 백송이 k_a, 벽돌이 $k_d(=5.0k_a)$이다. 벽의 면넓이 A는 모른다. 벽을 통한 열전도는 정상 상태에 이르렀다. 경계면의 온도는 $T_1=25℃$, $T_2=20℃$, $T_5=-10℃$이다. 경계면의 온도 T_4는 얼마인가?

풀이 ■ 요점은 온도 T_4를 알면 벽돌을 통한 에너지 전도율 $P_d^{전도}$를 결정할 수 있다는 것이다. 그렇지만, 식 19-32를 풀어 T_4를 구하는데 필요한 자료가 부족하다. 둘째 **요점**은 전도가 정상 상태에서 이루어지므로 벽돌을 통한 에너지 전도율 $P_d^{전도}$은 백송을 통한 에너지 전도율 $P_a^{전도}$와 같아야 한다는 것이다. 식 19-32와 그림 19-38에서 다음과 같이 쓸 수 있다.

$$P_a^{전도}=k_a A\frac{T_1-T_2}{L_a} \quad 그리고 \quad P_d^{전도}=k_d A\frac{T_4-T_5}{L_d}$$

$P_a^{전도}=P_d^{전도}$로 두고 T_4에 대해 풀면 다음 결과를 얻는다.

$$T_4=\frac{k_a L_d}{k_d L_a}(T_1-T_2)+T_5$$

$L_d=2.0L_a$, $k_d=5.0k_a$로 두고 아는 온도를 넣으면 다음 결과를 얻는다.

$$T_4=\frac{k_a(2.0L_a)}{(5.0k_a)L_a}(25°\mathrm{C}-20°\mathrm{C})+(-10°\mathrm{C})$$
$$=-8.0°\mathrm{C} \qquad \text{(답)}$$

따라해보기 19-6 | 꿀벌

그림 19-39
꿀벌은 자기 체온이 올라도 해가 없지만, 말벌은 견디지 못한다.

커다란 말벌이 꿀벌 집에 침입하면 수백 마리의 꿀벌이 덤벼들어 말벌을 둘러싸고 빽빽한 공을 만들고 재빨리 체온을 정상적인 35℃에서 47℃ 또는 48℃로 올린다. 그렇게 높은 온도는 말벌에게는 치명적이지만 꿀벌은 견딜 수 있다(그림 19-39). 다음과 같이 가정하자. 500마리의 꿀벌이 반지름 $R=2.0\,\mathrm{cm}$인 공을 $\Delta t=20$분 동안 만든다. 공의 주된 에너지 손실은 열방사이고, 공의 방사도는 $\varepsilon=0.80$이고, 온도는 공 전체에서 같다. 평균적으로 낱낱의 꿀벌이 몸 온도를 47℃로 20분 동안 유지하려면 얼마의 에너지를 더 만들어내야 할까?

풀이 ■ **요점**은 꿀벌이 공을 만든 뒤, 공의 표면온도가 올라가므로, 공의 에너지 방사율도 늘어난다는 것이다. 따라서 꿀벌은 열방사로 에너지를 더 많이 잃게 된다. 식 19-38($P^{방사} = \sigma\varepsilon AT^4$)을 써서 공의 표면 온도와 방사율을 연관시킬 수 있는데, 여기에서 A는 공의 겉넓이고 T는 공의 표면온도를 켈빈단위로 나타낸 것이다. 이 방사율은 단위시간의 에너지이므로 다음과 같다.

$$P^{방사} = \frac{\Delta E}{\Delta t}$$

따라서 시간 Δt에 방사된 에너지의 양 ΔE는 $\Delta E = P^{방사}\,\Delta t$이다.

정상 온도 $T_1 = 35°\mathrm{C}$에서는 방사율이 $P_1^{방사}$이고 Δt 동안 방사된 에너지는 $\Delta E_1 = P_1^{방사}\,\Delta t$이다. 높아진 온도 $T_2 = 47°\mathrm{C}$에서는 방사율이 더 많아져 $P_2^{방사}$이고 Δt 동안 방사된 에너지는 $\Delta E_2 = P_2^{방사}\,\Delta t$이다. 따라서 Δt 동안 공의 온도를 T_2로 유지하려면 $E = \Delta E_2 - \Delta E_1$만큼의 에너지를 더 제공해야 한다.

이제 다음과 같이 쓸 수 있다.

$$E = \Delta E_2 - \Delta E_1 = P_2^{방사}\,\Delta t - P_1^{방사}\,\Delta t$$
$$= (\sigma\varepsilon AT_2^4)\,\Delta t - (\sigma\varepsilon AT_1^4)\,\Delta t = \sigma\varepsilon A\Delta t(T_2^4 - T_1^4) \quad (19\text{–}41)$$

여기에서 온도는 켈빈 단위여야 한다. 따라서 다음과 같이 쓸 수 있다.

$$T_2 = 47°\mathrm{C} + 273°\mathrm{C} = 320\,\mathrm{K}$$
$$T_1 = 35°\mathrm{C} + 273°\mathrm{C} = 308\,\mathrm{K}$$

공의 겉넓이는 다음과 같다.

$$A = 4\pi R^2 = (4\pi)(0.020\,\mathrm{m})^2 = 5.027 \times 10^{-3}\,\mathrm{m}^2$$

그리고 시간 Δt는 20분 = 1200초이다. 이것들과 다른 아는 값을 식 19–41에 넣으면 다음 결과를 얻는다.

$$E = (5.6703 \times 10^{-8}\,\mathrm{W/m^2 \cdot K^4})(0.80)$$
$$\times (5.027 \times 10^{-3}\,\mathrm{m}^2)(1200\,\mathrm{s})$$
$$\times [(320\,\mathrm{K})^4 - (308\,\mathrm{K})^4]$$
$$= 406.8\,\mathrm{J}$$

따라서 공 하나에 꿀벌이 500마리 모여 있으므로, 낱낱의 벌이 더 쓰는 에너지는 다음과 같다.

$$\frac{E}{500} = \frac{406.8\,\mathrm{J}}{500} = 0.81\,\mathrm{J} \quad \text{(답)}$$

연습문제 19-11

51. 한 가족이 사는 집

한 가족이 추운 곳에서 사는 집의 지붕의 R값은 30이 되어야 한다. 그렇게 난열하려면 다음 두 층의 두께는 얼마가 되어야 하는가? (a) 폴리우레탄 거품, (b) 은.

52. 땅 바닥

땅 바닥을 통해 바깥으로 에너지가 전도되는 평균 비율은 54.0 mW/m², 지표면 근처의 바위의 열전도도의 평균값은 2.50 W/m·K이다. 지면 온도가 10.0℃라면, 깊이 35.0 km 깊이(지각의 밑바닥 가까운 곳)의 온도를 구하라. 방사능 원소에서 전달하는 열에너지는 무시하라.

53. 판자

그림 19–35에 보인 판자를 생각하자. $L = 25.0\,\mathrm{cm}$, $A = 90.0\,\mathrm{cm}^2$, 그리고 재료가 구리라고 하자. $T_{뜨} = 125°\mathrm{C}$, $T_{찬} = 10.0°\mathrm{C}$이고 정상 상태에 이르렀다면 판자를 통한 전도율을 구하라.

54. 몸의 열

(a) 정상 상태 과정에서 스키 선수 몸의 열이 옷을 통해 전도되는 비율을 셈하되, 다음 자료를 써라. 몸의 겉넓이는 1.8m²이고 옷의 두께는 1.0 cm이다. 살갗의 온도는 33℃이고 옷의 바깥 표면 온도는 1.0℃이다. 옷의 열진도도는 0.040 W/m·K이다. (b) 스키 선수가 넘어져 옷이 물에 젖어 열전도도가 0.60 W/m·K이 되면 (a)의 답이 어떻게 바뀌는가?

55. 구리 막대

길이 1.2 m, 단면의 넓이 4.8 cm²인 원통꼴 구리 막대를 열에너지가 표면을 통해 전달되지 않게 단열시켰다. 양쪽 끝의 한쪽은 물–얼음 혼합물에 넣고, 다른 쪽은 끓는 물과 수증기에 넣어 온도차 100℃를 유지한다. (a) 막대를 통해 열에너지가 전달되는 비율을 구하라. (b) 찬 쪽에서 얼음이 녹는 비율을 구하라.

56. 우주복 없이

우리가(영화 2001에서 우주인이 하듯이) 해에서 멀리 우주복을 입지 않고 잠깐 우주 공간을 걷는다면, 우주 공간의 추위를 느낄 것이다. 우리는 열에너지를 방사하지만 주위로부터 거의 아무것도 흡수하지 못한다. (a) 우리가 열에너지를 잃는 비율은 얼마인가? (b) 우리가 30초 동안에 잃는 열에너지는 얼마인가? 우리의 방사도는 0.90이라고 하고 셈하는데 필요한 다른 자료는 값을 어림하여라.

57. 네모꼴 막대

그림 19-40a와 같이 똑같이 생긴 네모꼴 쇠막대 끝을 녹여 붙이고, 막대를 통해 2.0분 동안 10 J의 열에너지를 (정상 상태의 과정으로) 전도시켰다. 두 막대를 그림 19-40b와 같이 녹여 붙이면 10 J을 전도시키는데 얼마나 오래 걸릴까?

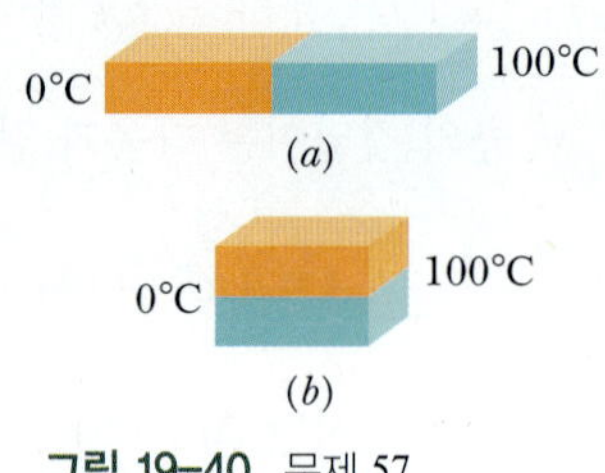

그림 19-40 문제 57

58. 네모꼴 네 개

두 가지 재료로 만든 두께와 넓이 A가 똑같은 단열판 네 조각으로 넓이 $2A$인 곳을 덮으려 한다. 이것은 그림 19-41의 둘 가운데 어느 하나로 할 수 있다. $k_2 \neq k_1$이면 (a)와 (b) 어느 것이 열에너지 흐름이 더 적을까?

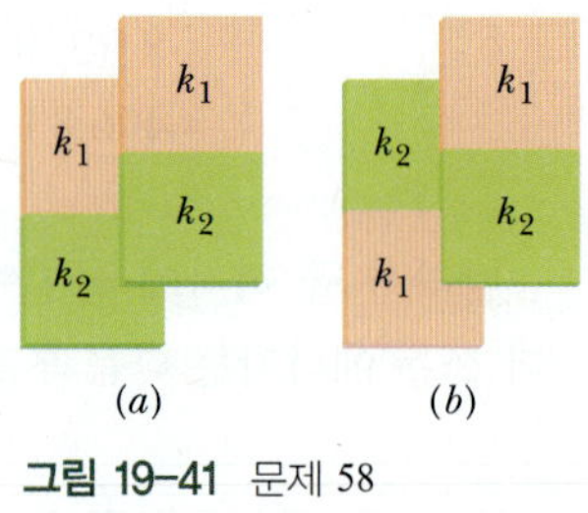

그림 19-41 문제 58

59. 유리창

(a) 바깥 온도가 −10°C, 방안 온도가 20°C일 때, 두께 3.0 cm인 유리창 1 m²당의 열에너지 전달률을 셈하라. (b) 폭풍 보호용으로 유리창과 나란히 두께가 같은 유리창을 7.5 cm의 간격으로 설치했다. 에너지 전달 기구로 전도만을 따진다면 이제는 열에너지 손실률이 얼마인가?

60. 공

반지름 0.500 cm, 온도 27.0°C, 방사도 0.850인 공이 온도 77.0°C인 환경 속에 있다. 이 공의 (a) 방사율, (b) 열 방사 흡수율은 얼마인가? (c) 공의 알짜 에너지 교환율은 얼마인가?

61. 물통

물통이 밖에 있는데, 날씨가 추워 수면에 얼음이 두께 5.0 cm로 얼었다(그림 19-42). 얼음 위의 공기는 −10°C이다. 얼음판에 얼음이 생기는 비율을 셈하라. 얼음의 열전도도와 밀도는 0.0040 cal/s·cm·°C와 0.9281 cm³이다. 에너지는 물통 벽이나 바닥으로는 전달되지 않는다고 가정하라.

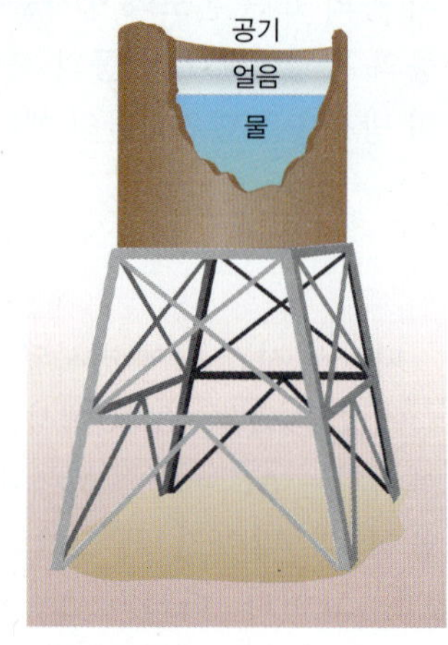

그림 19-42 문제 61

62. 벽

그림 19-43은 네 겹으로 된 벽의 단면인데, 열전도도는 $k_1 = 0.060$ W/m·K, $k_3 = 0.040$ W/m·K, $k_4 = 0.12$ W/m·K이다(k_2는 모른다). 층의 두께는 $L_1 = 1.5$ cm, $L_3 =$ 2.8 cm, $L_3 = 3.5$ cm(L_2는 모른다). 벽을 통한 에너지 전달은 정상 상태에서 이루어진다. 그림에서 경계면의 온도는 몇 도인가?

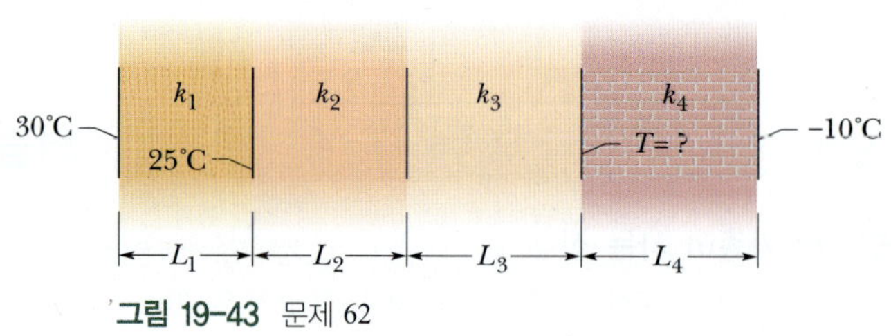

그림 19-43 문제 62

추가문제

63. 300F 클럽

남극의 아문센-스콧 기지에서 바깥 온도가 −70°C 아래로 내려갈 때만 반쯤 비밀결사인 '300F' 모임의 회원이 될 수 있다. 그러한 날에는 먼저 뜨거운 사우나를 한 다음 신발만 신고 바깥을 달린다. (물론 아주 위험한 의식이지만 남극에서 감기에 걸릴 위험에 대한 효과적인 저항이다.)

여러분이 사우나에서 나올 때 살갗 온도가 102°F이고 사우나 탕의 벽, 천장, 그리고 바닥 온도는 30°C라고 하자. 겉넓이는 어림하고, 살갗의 방사도는 0.80으로 잡자.

(a) 여러분이 방으로 열방사를 하여 잃는 알짜 일률의 어림값 $P^{알짜}$는 얼마인가? 다음, 여러분이 바깥에 있을 때, 살갗의 반은 온도 −25°C인 하늘로 열방사를 하고, 나머지 반은 온도 −80°C인 눈과 땅으로 열방사를 한다고 하자. 여러분이 (b) 하늘 및 (c) 눈과 땅과 열방사를 주고받아 알짜로 잃는 일률의 어림값을 구하라.

64. 얕은 연못

얕은 연못에 얼음이 얼어 얼음 위의 공기는 −5.0°C이고 연못 바닥은 4.0°C인 정상 상태에 이르렀다. 얼음+물의 전체 깊이가 1.4 m라면, 얼음의 두께는 얼마인가? (얼음과 물의 열전도도는 각각

0.40과 0.12 cal/m·℃·s이다.)

65. 황제펭귄

황제펭귄은 뚱뚱하고 커다란 펭귄인데, 혹독한 남극의 겨울에도 알을 까서 새끼를 기른다. 알을 낳으면, 수컷은 알이 얼지 않게 발 위에 올려놓는다. 그렇게 105일에서 115일 내내 알을 품는 동안은 물속의 먹이를 잡아먹지 못한다. 황제펭귄이 오랫동안 먹이를 먹지 않고도 견디려면 몸속에 저장했던 양분 손실을 크게 줄여야 한다. 혼자이면, 양분이 너무 빨리 줄어 몸을 따뜻하게 지키지 못하며, 결국은 먹이를 잡으러 가면서 알을 버리게 된다. 추위에서 내부 에너지의 손실을 줄여 스스로와 서로를 보호하려고 수컷 펭귄은 수천 마리가 가까이 모여 한덩어리가 된다. 떼지어 붙으면 다른 이익과 함께 펭귄이 주위에 열에너지를 방사하는 비율이 줄어든다.

펭귄 수컷을 원통으로 보아 윗면의 넓이가 a, 높이 h, 표면 온도 T, 방사도 ε이라고 하자.

(a) 펭귄 수컷 하나가 홀로 알을 품고 있을 때, 위쪽 표면과 옆면에서 주위에 에너지를 방사하는 비율 $P_{혼자}$를 셈하라.

똑같은 수컷 N마리가 서로 멀리 떨어져 있으면 열방사로 잃는 전체 에너지는 $NP_{혼자}$이다. 그 대신 이들이 가깝이 붙어 위쪽 표면의 넓이가 Na, 높이 h인 딱 붙은 원통을 만든다고 하자. (b) 딱 붙은 원통의 위쪽 표면과 옆면에서 주위에 에너지를 방사하는 비율 $P_{붙음}$를 셈하라.

(c) $a = 0.34\,\mathrm{m}^2$이고 $h = 1.1\,\mathrm{m}$라고 하고, $P_{혼자}$와 $P_{붙음}$에 대해 얻은 식을 써서 $N_{붙음}$에 대한 $P_{붙음}/NP_{혼자}$의 비율을 나타내는 그림표를 그려라. 물론 펭귄은 그림표를 그려내는 대수에 대해서는 전혀 모르지만, 본능적으로 모임으로써 이 비율을 줄여 더 많은 알을 부화시킨다. 그림표로부터 $P_{붙음}/NP_{혼자}$의 값이 (d) 0.5, (e) 0.4, (f) 0.3, (g) 0.2, (h) 0.15가 되려면 펭귄이 몇 마리나 떼를 지어야 하는가 어림하여라. (아마도 한 가지 이상의 그림표가 필요할 것이다.) (i) 가정한 자료에 대해 $P_{붙음}/NP_{혼자}$의 아래 극한값은 얼마인가?

66. 동전과 젤리 도넛

땅에 떨어진 동전을 보았다. 요즈음은 동전 한 닢으로는 살 수 있는 게 별로 없어서 이렇게 생각한다. '몸을 구부려 동전을 주우면 일을 하게 된다. 일을 하려면 에너지를 조금 써야 한다. 그 에너지를 얻으려면 사야 할 연료(음식) 값이 줍는 동전보다 더 나갈지도 몰라. 수지 맞는 일이 아니야.' 그래서 그냥 지나친다. 이 논리가 옳은가? 동전을 줍는데 드는 에너지를 어림하라. 다음 정보가 쓸모 있을 것이다. 젤리 도넛에는 약 250 큰칼로리가 들어 있다(1큰칼로리 = 1 Kcal).

67. 변화

아래에 설명한 낱낱의 상황에서 물체는 어떤 변화 과정을 겪는다. 따져볼 변화는 다음과 같다. (Q) 물체가 내거나 흡수하는 열에너지. (T) 물체의 온도가 변한다. ($E^{내부}$) 물체의 내부 에너지가 변한다. (W) 물체가 역학적 일을 하거나 받는다. 아래에 기술한 낱낱의 상황에 대해 위의 네 가지 변화 가운데 어떤 것이 일어나는가 찾아내고 그에 맞는 적절한 글자 $Q, T, E^{내부}, W$를 적어라. (a) 위에 피스톤이 달려 있고, 압축 기체가 든 원통이 열통 위에 얹혀 있다. 모든 것이 열평형을 이룬 다음, 피스톤이 (아주 천천히) 조금 위로 올라간다. 살펴볼 물체는 원통 속의 기체이다. (b) (a)에서 살펴본 원통을 생각하는데, 이번에는 열통 위에 얹혀 있지 않고 아주 좋은 단열재인 스티로폼으로 싸여 있다. 피스톤을 아래로 눌러 (역시 아주 천천히) 기체를 압축한다. 살펴볼 물체는 원통 속의 기체이다. (c) 얼음덩이가 공기 속에 있어 녹는다.

68. 운동에너지와 온도

에너지를 열에너지로 바꾸면 온도가 조금 올라간다. 이 때문에 부분적으로는 에너지 보존 법칙을 발견하는데 어려움이 있었다. 이것은 또한 뜨거운 물체는 많은 에너지를 품고 있음을 뜻한다. (이 말은 19세기 산업혁명의 바탕이 되었다.) 이러한 숫자에 대한 감각을 키우려면 모든 역학적 에너지가 열에너지로 바뀌었다고 가정하고, 세 가지를 어림하라.

(a) 강철 공을 높이 3 m에서 콘크리트 바닥에 떨어뜨린다. 여러 번 튀어 오르지만 결국 멈춘다. 공의 온도가 얼마나 오르는지 어림하라.

(b) (a)에서 쓴 강철 공이 실온에 있다고 하자. 이것의 열에너지를 모두 병진 운동 에너지로 바꾸면 얼마나 빨리 움직일까? (답을 km/h로 답하라. 또한 운동량도 생긴다는 사실은 무시하라.)

(c) 먼 우주에서 니켈-철 운석이 지구에 떨어진다고 하자. 땅에 떨어질 때 온도가 얼마나 오를지 어림하라.

20 기체분자운동론

차가운 샴페인이나 소다수 같이 이산화탄소를 넣은 음료수 병의 마개를 따면 마개 주위에 엷은 안개가 생기고 액체가 조금 바깥으로 흩어진다. (이 사진에서 안개는 마개 주변에 하얀 구름처럼 보이고, 흩어지는 액체는 구름 속에 가느다란 줄처럼 보인다.)

왜 안개가 생길까?

◈ 답은 이 장에 있다.

20-1 분자와 기체의 열적 움직임

역학과 열역학을 배우면서, 여러 가지 이상하고 재미있는 결과를 발견했다. 역학에서는 움직이는 물체가 점점 느려지다가 결국 서는 경향이 있지만, 그것은 마찰과 항력 때문이라고 했다. 이러한 비보존력이 없다면 역학적 에너지는 보존될 것이고, 운동은 영원히 지속될 것이다. 열역학에서 물체에는 그 온도 때문에 엄청난 양의 내부 에너지가 들어 있음을 발견했다. 이것이 바로 마찰력으로 '잃어버린' 에너지가 숨은 곳이다. 이 장에서는 물질이 내부 에너지를 저장하는 방법을 몇 가지 배운다. 이제부터 배울 것은 직관에 어긋날 수도 있다. 어떤 계의 '자연적인 상태'가 에너지를 잃는 것이 아니라 완전히 그 반대라는 것을 뒷받침하는 증거를 상당히 찾아내게 될 것이다. 이것이 기본 요소(원자와 분자)가 — 영원히 운동하면서 — 움직이는 방식이다.

앞 장의 주제인 고전 열역학은 원자나 분자와는 아무 관계가 없다. 그 법칙은 거시적 변수인 압력, 부피, 온도에만 관계된 것이다. 이 장에서는 열역학의 원자 및 분자적 바탕에 대한 탐구를 시작한다. 물리학에서 새 이론을 전개할 때 늘 그렇듯이 간단한 모형에서 시작한다. 기체가 유체이고, 압축될 수 있다는 사실은 그것을 이루는 분자가 분자 사이의 평균 간격에 비해 아주 작다는 증거이다. 그렇다면, 기체 분자는 비교적 자유롭고 서로 독립적일 것으로 예상할 수 있다. 그래서 기체의 열적 움직임은 액체나 고체보다는 알기 쉬울 것으로 믿는다. 따라서 열역학의 원자 및 분자적 바탕에 대한 탐구를 기체의 분자 운동론 — 고전 역학의 법칙에 바탕을 둔, 기체 움직임에 관한 단순한 모형 — 을 전개하는 것에서 시작한다.

단순한 기체의 거시적 움직임을 어떻게 이상기체법칙이 특징짓는가부터 설명하겠다. 거시적 법칙은 기체의 양과 압력, 온도, 그리고 부피 사이의 관계를 결정한다. 그 다음에는 거시적으로 관찰된 기체의 압력, 부피, 온도 사이의 관계를 기체의 움직임에 대해 분자적 (또는 미시적) 모형을 제공하는 운동 이론이 어떻게 설명하는가를 살펴본다. 그 다음에는 운동론을 이상기체의 특성에 관한 기본적 모형으로 쓰는 것으로 옮겨간다. 운동론의 기본 착상은 다음과 같다. (1) 어떤 온도에서 이상기체는 영원히 운동하는 — 서로 부딪치고 그릇 벽과 부딪치는 — 입자의 무리다. (2) 이상기체에 숨겨진 내부 에너지는 입자의 운동 에너지에 비례한다.

20-2 기체의 거시적 움직임

어떤 기체든지 거시적 변수인 부피 V, 압력 P, 온도 T로 기술할 수 있다. 17세기와 18세기에 이 변수들의 관계를 결정하고자 간단한 실험을 했다. 보일(Robert Boyle, 1627~1691)은 온도가 일정하면 압력과 부피의 곱은 상수임을 밝혔다(그림 20-1).

프랑스 과학자 샤를(Jacques Charles, 1746~1823)과 게이뤼삭(Joseph Gay-Lussac, 1778~1850)은 기체의 부피를 일정하게 유지한 채 데우면 압력이 온도에 비례하여 높아지는 것을 발견

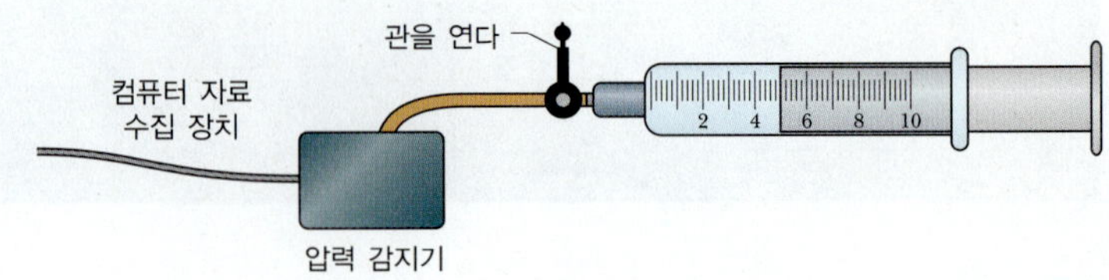

그림 20-1
주사기와 컴퓨터 자료 수집 장치에 연결된 전자식 압력 감지기를 써서 기체의 압력과 부피 사이의 관계를 결정하는 현대식 실험 장치. 피스톤을 밀거나 당기면 부피가 달라진다. 온도를 일정하게 유지하면 P와 V는 서로 반비례하며, 따라서 PV는 상수인 것으로 드러난다.

했다(그림 19-21). 마찬가지로 열기구 꾼인 샤를은 압력이 일정하면(대기압처럼) 기체의 부피는 온도에 비례함도 발견했다(그림 19-20). 이 세 실험 결과를 묶으면 PV와 T는 비례한다고 결론 내릴 수 있다.

$$PV \propto T$$

• 분자 수로 나타낸 이상기체법칙

비교적 밀도가 낮은 기체에 대해 PV와 T 사이의 비례상수를 찾을 수 있으면 기체 법칙을 세울 수 있을 것이다. 그림 19-22와 같이, 학생이 만든 T에 대한 P의 변화 자료를 살펴보면 그림표의 PV와 변수 T 사이의 (그림표의 기울기로 결정하는) 비례상수는 같은 부피의 그릇 속에 담은 기체의 질량을 줄일수록 작아짐을 보여준다. 비슷한 실험을 해보면 T에 대한 P의 변화 그림표의 기울기는 같은 부피와 질량에서도 기체의 종류를 바꾸면 달라진다. 이것은 우리가 찾는 비례상수가 기체의 질량과 종류에 따라 달라짐을 시사한다. 초기 연구자들에게는 T에 대한 P의 변화와 T에 대한 V의 변화 그림표가 실험에 쓴 여러 기체의 질량에만 비례하지 않는 것이 수수께끼였다.

기체의 질량과 종류가 들어간 비례상수를 찾는데 필요한 열쇠는 19세기 초 이탈리아 과학자 아보가드로(Amadeo Avogadro, 1776~1856)가 세운 가설에서 나왔다. 1811년 아보가드로는 어떤 기체라도 부피와 압력이 같으면 그 속에 든 분자의 개수가 같을 것이라고 제안했다. 결국 그때 막 나온 기체법칙에 필요한 비례상수는 기체의 질량이 아니라 분자의 개수에 비례한다는 것이 밝혀졌고, 따라서 다음과 같다.

$$PV = Nk_B T \qquad \text{(분자수로 나타낸 이상기체법칙)} \qquad (20\text{-}1)$$

여기에서 N은 그릇 속에 든 분자의 수이고, k_B는 PV의 단위를 켈빈에서 국제단위인 줄로 바꾸는데 필요한 비례상수이다. 실험으로 결정한 k_B의 값은 역사적으로 볼츠만 상수로 알려져 있다. 측정값은 다음과 같다.

$$k_B = 1.38 \times 10^{-23}\ \text{J/K} \qquad \text{(볼츠만 상수)} \qquad (20\text{-}2)$$

산소(O_2), 질소(N_2), 아르곤(Ar)과 같은 흔한 기체는 비교적 낮은 압력(<10 기압)에서 온도가 끓는점보다 상당히 높으면 이상기체처럼 움직이는 것으로 드러났다. 예를 들어 실온에서 1기압의 공기는 이상기체처럼 움직인다.

• 아보가드로 수와 몰

방금 보여준 분자꼴의 이상기체법칙은 분자의 개수를 세기 어렵다는 문제가 있다. 표준 압력에서 기체의 질량이나 부피를 재는 것은 훨씬 쉽다. 이 절에서는 두 가지 새로운 양 — '몰' 과 '몰 질량' — 을 정의하겠다. 이 양이 기체 속의 분자의 개수와 관계가 있지만, 이들은 거시적으로 잴 수 있으므로 이상기체법칙을 몰을 써서 두면 편리하다.

이상기체법칙을 고쳐 쓰는 일을 몰과 몰 질량의 정의에서 시작하자. 1-7절에서 국제단위계의 원자질량단위를 탄소-12 원자를 써서 정의했다. 특히 탄소-12의 질량을 정확히 12u라고 했다. 여기에서 원자질량단위 u는 몰당 그램(g/mol)을 나타낸다. 비슷하게 국제 단위계의 '몰(mole 또는 줄여서 mol)' 은 어떤 물질 속에 든 입자의 개수와 거시적 질량을 연결시켜준다.

몰(mole)은 어떤 물질이든 탄소-12 12g 속에 든 원자의 개수와 똑같은 수의 원자나 분자가 든 양이다.

결정의 X-선 회절 실험을 포함한 여러 가지 실험 결과 탄소-12 12g 속에는 아주 많은 원자가 들어 있는 것으로 드러났다. 그 원자 개수를 '아보가드로 수(Avogadro' s number)' 라고 하며 N_A로 나타낸다.

$$N_A = 6.022\,137 \times 10^{23}\,\text{mol}^{-1} \qquad (\text{아보가드로 수}) \tag{20-3}$$

여기에서 기호 mol^{-1}은 몰의 역수 또는 '몰당(per mole)' 을 나타낸다. 보통 유효숫자를 세 개만 남겨 $N_A = 6.02 \times 10^{23}\,\text{mol}^{-1}$로 쓴다.

어떤 물질 표본에 들어 있는 몰 수 n은 그 속에 든 원자나 분자의 개수 N을 그 물질 1몰 속에 든 원자나 분자의 개수 N_A로 나눈 값이다.

$$n = \frac{N}{N_A} \tag{20-4}$$

(**조심**: 이 식에 있는 세 기호는 비슷하여 자칫 헷갈리기 쉬우니까 기호의 뜻을 잘 가려야 한다.)

원자나 분자 1몰의 질량을 **'몰 질량(molar mass)'** 이라고 하는데(M으로 나타낸다), 그 값은 원자나 분자의 질량표를 찾아 보아 쉽게 셈할 수 있다.

어떤 물질 표본의 질량 $M_{\text{표본}}$을 그램 단위로 알고 있으면, 그 속에 든 분자나 원자의 몰 수 n은 부록 F의 몰 질량 M을 찾아 다음 식을 써서 알 수 있다.

$$n = \frac{M_{\text{표본}}}{M} \tag{20-5}$$

원자의 몰질량('상대' 원자질량)* 단위도 g/mol인데, 이것을 흔히 u로 나타낸다.

부록 F에 실린 탄소의 (상대)원자질량이 12.000 00 u아닌 12.011 15 u인 것이 조금 이상할 것이다. 그 까닭은 자연상태의 탄소에는 탄소-12원자와 함께 비교적 적은 비율로 탄소-13원자가 섞여 있는데, 이 원자에는 핵 속에 중성자가 하나 더 들어 있다. 그렇지만, 정의에 따라 순수한 탄소-12 1몰과 자연상태의 탄소-12와 탄소-13이 섞인 것 1몰 모두 그 속에 들어 있는 원자의 수는 아보가드로 수이다.

• 몰 수로 나타낸 이상기체법칙

식 20-1로 표현한 분자 이상기체 법칙을 식 20-4를 써서 다른 꼴로 고쳐 쓰면 다음과 같다.

$$PV = Nk_BT = nN_Ak_BT$$

아보가드로 수와 볼츠만 상수 모두 상수이므로 이들의 곱을 새로운 상수 R로 나타낸다.

$$R = N_Ak_B = 6.02 \times 10^{23}\,\text{mol}^{-1}(1.38 \times 10^{-23}\,\text{J/K}) = 8.31\,\text{J/mol} \cdot \text{K} \tag{20-6}$$

---

* IUPAC에서는 "원자무게(atomic weight)"를 쓰라고 함. 그러나 무게(weight)가 힘이므로 반대가 있음. 원자질량(atomic mass)은 원자 하나의 질량, 원자의 몰 질량 둘 다 뜻할 수 있어서 원소의 원자 질량(atomic mass of elements) 또는 상대적 원자 질량(relative atomic mass)을 권장함.

이것을 **'보편 기체 상수(universal gas constant)'** 라고 하는데, 기체의 종류에 상관없이 모든 이상기체는 값이 같기 때문이다. 몰 수와 분자의 개수 사이에는 다음 관계가 있다.

$$nR = Nk_B \tag{20-7}$$

이것을 식 20-1에 넣으면 **'이상기체법칙(ideal gas Law)'** 에 대한 둘째 식이 나온다.

$$PV = nRT \qquad \text{(몰 단위의 이상기체법칙)} \tag{20-8}$$

여기에서 P는 절대압력(계기압력이 아니다), V는 부피, n은 들어 있는 기체분자의 몰 수, T는 절대온도이다. 기체밀도가 낮으면 식 20-1 또는 20-8의 이상기체법칙은 한 가지 분자로 된 기체 모두 그리고 여러 가지 분자가 섞여 있는 기체 모두에 대해 성립한다. (여러 가지 분자가 섞인 기체에서는 n은 그 속에 든 모든 분자의 개수를 몰 단위로 센 값이다.)

이상기체법칙에 관한 두 가지 식의 다른 점을 눈여겨보라. 식 20-8에는 몰 수 n이 들어 있고, 식 20-1에는 분자의 개수 N이 들어 있다. 다시 말해 볼츠만 상수 k_B는 낱낱의 분자에 관해 말해주고, 기체 상수 R은 몰 단위의 입자에 관해 말해준다. 몰은 거시적 측정을 통해 정의되었고 쉽게 잴 수 있음을 상기하라. 탄소 1몰의 질량은 12 g이다. 그 결과 R은 실험실에서 쉽게 잴 수 있다. 한편 k_B는 낱낱의 분자에 관한 것이므로, 그 값을 실험실 측정에서 얻으려면 1몰 속에 든 분자의 개수를 세야 한다. 그것은 결코 쉬운 일이 아니다.

이렇게 물을지 모르겠다. "이상기체가 무엇이며, 무엇이 그렇게 '이상적' 인가?" 그 대답은 기체의 거시적 성질을 기술하는 법칙의 단순성(식 20-1과 20-8)이다. 이 법칙을 써서 — 앞으로 보게 된다 — 이상기체의 여러 성질을 간단히 끌어낼 수 있다. 참된 이상기체는 없다. 그러나 모든 기체의 밀도가 충분히 낮으면 — 다시 말해 분자가 서로 멀리 떨어져 있어 그릇의 벽에 부딪치는 빈도보다 분자끼리 부딪치는 빈도가 더 적으면 — 모든 기체가 이상기체와 비슷해진다. 따라서 이상기체 방정식을 쓰면 실제 기체가 밀도가 낮을 때의 움직임에 대한 쓸모 있는 통찰을 얻을 수 있다.

따라해보기 20-1 | 나중 압력

20°C, 15기압의 산소 12 L가 원통에 들어 있다. 온도를 35°C로 올리고 부피를 8.5 L로 줄였다. 이 기체의 나중 압력은 얼마인가? 이 기체는 이상적이라고 가정하라.

풀이 ■ 요점은 기체가 이상적이므로 처음 상태 '처음' 과 나중 상태 '나중' 모두 압력, 부피, 온도, 몰 수가 이상기체법칙으로 연결된다는 것이다. 따라서 식 20-8에서 $P_{처음}V_{처음} = nRT_{처음}$과 $P_{나중}V_{나중} = nRT_{나중}$이라고 쓸 수 있다. 뒤 식을 앞 식으로 나누고 $P_{나중}$에 관해 풀면 다음 결과를 얻는다.

$$P_{나중} = P_{처음} \cdot \frac{V_{처음}}{V_{나중}} \cdot \frac{T_{나중}}{T_{처음}} \tag{20-9}$$

부피의 단위를 리터에서 국제단위인 세제곱미터로 바꾸면 식 20-9에서 변환곱수가 상쇄됨을 눈여겨보라. 이것은 압력을 대기압에서 더 널리 쓰이는 국제단위인 파스칼로 바꿀 때도 마찬가지다. 그렇지만, 온도를 켈빈 단위로 바꾸려면 일정한 값을 더해주어야 하고, 이것은 상쇄되지 않으므로 포함시켜야 한다. 따라서 다음과 같이 써야 한다.

$$T_{처음} = (273 + 20)\,\text{K} = 293\,\text{K}$$
$$T_{나중} = (273 + 35)\,\text{K} = 308\,\text{K}$$

이 결과를 식 20-9에 넣으면 다음 결과를 얻는다.

$$P_{나중} = (15\ \text{기압}) \cdot \frac{12\,\text{L}}{8.5\,\text{L}} \cdot \frac{308\,\text{K}}{293\,\text{K}} = 22\ \text{기압} \qquad \text{(답)}$$

연습문제 20-2

1. 비소

비소(Arsenic)의 몰 질량은 74.9 g/mol이다. 비소 원자 7.50×10^{24}개의 질량을 kg 단위로 구하라.

2. 금

금의 몰 질량은 197 g/mol이다. (a) 순수한 금 2.50 g 속에는 금 몇 몰이 들어 있는가? (b) 금 원자는 몇 개 들어 있는가?

3. 물

1.00 g의 물 속에 든 물 분자가 지표면에 고르게 퍼져 있다면, 넓이 $1.00\ \text{cm}^2$ 속에 물 분자가 몇 개 들어 있는가?

4. 문장

유명한 과학자가 다음과 같이 썼다. "이 문장의 한 글자를 쓰는데 들어간 잉크 속에 있는 분자의 수는 지구에 사는 모든 사람에게 하나씩 나누어 줄 수 있을 뿐 아니라, 우리 은하계의 낱낱의 별이 지구의 인구와 같은 생명체를 품고 있다고 할 때 모든 생명체에게도 하나씩 나누어 줄 수 있는 정도이다." 이 내용이 참인지 확인하여라. 잉크 표본(몰 질량 = 18 g/mol)의 질량은 1 μg이며, 지구의 인구는 5×10^9명, 그리고 은하계에 있는 별의 수는 10^{11}개로 가정하라.

5. 셈

압력 100 Pa, 부피 $1.00\ \text{cm}^3$, 온도 220 K인 이상기체 속에 든 (a) 몰 수와 (b) 분자의 수를 셈하라.

6. 가장 좋은 진공

실험실에서 얻은 가장 좋은 수준의 진공 상태는 압력 1.00×10^{-18} 기압 또는 1.00×10^{-13}Pa이다. 온도 293 K에서 진공 속의 부피 $1\ \text{cm}^3$ 속에 든 기체 분자의 수를 구하라.

7. 기체 산소

온도 40.0°C, 부피 $1000\ \text{cm}^3$, 압력 1.01×10^5Pa인 산소 기체가 팽창하여 부피 $1500\ \text{cm}^3$, 압력 1.06×10^5Pa이 되었다. 이 산소 기체에 대해 다음을 구하라. (a) 그 속에 든 산소의 몰 수, (b) 나중 상태의 온도.

8. 타이어

어떤 자동차 타이어의 공기는 온도 0.0°C일 때 부피 $1.64\times10^{-2}\text{m}^3$, 계기 압력(대기압을 기준값(0)으로 잰 압력) 165 kPa이다. 온도가 27.0°C, 부피가 $1.67\times10^{-2}\text{m}^3$이 되면 계기압력은 얼마가 되는가? 대기압은 1.00×10^5Pa로 가정하라.

9. 이상기체의 양

어떤 이상기체가 온도 10.0°C, 압력 100 kPa일 때 부피가 $2.50\ \text{m}^3$이다. (a) 기체 속에 분자 몇 몰이 들어 있는가? (b) 압력을 300 kPa로, 온도를 30.0°C로 올리면 부피는 얼마가 되는가? 기체가 새지 않는다고 가정하라.

20-3 이상기체가 한 일

열기관은 열에너지를 흡수하여 주위에 쓸모 있는 일을 해주는 장치이다. 다음 장에서 보듯이, 열기관에서 보통 작업물질로 쓰는 공기는 어떤 상황에서는 이상기체처럼 움직인다. 그래서 공학자는 이상기체가 한 일을 셈하는 방법을 알고자 한다. 이상기체를 이루는 분자의 작용으로 이상기체법칙을 어떻게 설명할 것인가에 관심을 돌리기에 앞서 여러 조건에서 이상기체가 하는 일을 셈하는 방법을 먼저 생각하자. 여기에서는 기체가 아주 천천히 팽창하여 기체 전체가 내내 열평형에 아주 가까운 상태를 유지하는 경우만 생각한다.

• 온도가 일정할 때 이상기체가 한 일

19장에서 살펴본 피스톤-원통 배열에 이상기체를 채워 넣고, 기체 온도 T를 일정하게 유지하면서 부피가 처음값 $V_{처음}$에서 팽창하여 나중값 $V_{나중}$가 되게 했다고 하자. 이렇게 온도가 일정한 팽창을 **등온팽창(isothermal expansion)**이라고 한다(반대 과정은 **등온압축[isothermal compression]**이다).

$P-V$ 그림에서는 등온곡선은 온도가 같은 점을 이은 곡선이다. 따라서 이것은 온도 T를 일정하게 유지한 기체의 부피에 대한 압력의 그림표이다. 이상기체 n몰에 대해서는 다음 수식의 그림표가 된다.

$$P = nRT\frac{1}{V} = (상수)\frac{1}{V} \tag{20-10}$$

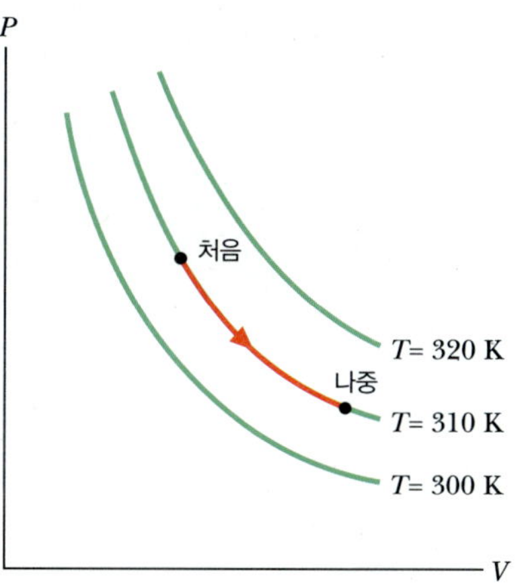

그림 20-2
$P-V$ 그림 위의 세 등온곡선. 가운데 등온곡선에 화살표로 보인 경로는 기체가 '처음'에서 '나중'으로 등온팽창한 것을 나타낸다. 등온곡선을 따라 '나중'에서 '처음'으로 가는 경로는 반대 과정인 등온압축을 나타낸다.

그림 20-2는 세 개의 등온곡선을 보여주는데, 저마다 T값이 다르다. (등온곡선의 T값은 오른쪽으로 갈수록 더 커짐을 눈여겨 보라.) 가운데 등온곡선에는 온도가 310 K로 일정한 기체가 처음 '처음'에서 '나중'으로 등온팽창하면서 따라간 길을 겹쳐 나타냈다.

이상기체가 등온팽창하면서 한 일을 셈하려면 식 19-16에서 출발한다.

$$W = \int_{V_{처음}}^{V_{나중}} P\,dV \tag{20-11}$$

이것은 기체가 팽창할 때 한 일에 관한 일반적인 식으로 어떤 기체이든, 부피가 어떻게 변화하든 쓸 수 있다. 이상기체라면 식 20-8을 써서 P를 바꾸어 넣을 수 있고, 결과는 다음과 같다.

$$W = \int_{V_{처음}}^{V_{나중}} \frac{nRT}{V}\,dV \tag{20-12}$$

등온팽창에서는, T가 일정하므로 적분 기호 바깥으로 빼내어 다음과 같이 셈할 수 있다.

$$W = nRT\int_{V_{처음}}^{V_{나중}} \frac{dV}{V} = nRT[\ln V]_{V_{처음}}^{V_{나중}} \tag{20-13}$$

괄호 속에 값을 넣고, $\ln a - \ln b = \ln(a/b)$의 관계를 쓰면 다음 결과를 얻는다.

$$W = nRT\ln\frac{V_{나중}}{V_{처음}} = Nk_BT\ln\frac{V_{나중}}{V_{처음}} \quad \text{(등온팽창 과정에서 한 일)} \tag{20-14}$$

기호 ln은 밑이 e인 자연로그임을 기억하자.

과학과 공학에서 흔히 하듯이 수식을 끌어냈다. 이 식을 쓰기에 앞서 내용이 사리에 맞는가를 따져 보자. 기체가 진공에서 자유팽창하는 것이 아니라면, 기체가 팽창할 때는 주위에 일을 해준다는 것을 알고 있다. 기체가 압축되면 이제는 주위에서 그 기체에 일을 해주는 것이 예상된다. 식 20-14가 말해주는 것이 그것인가? 팽창한다면 $V_{나중}$이 $V_{처음}$보다 크므로, 식 20-14의 부피의 비율 $V_{나중}/V_{처음}$이 1보다 크다. 1보다 큰 값의 자연로그 값은 양수이며, 따라서 이상기체가 등온팽창하면서 해준 일도 값이 양수이고, 이것은 예상한 바와 같다. 압축된다면, $V_{나중}$이 $V_{처음}$보다 작으므로, 식 20-14의 부피의 비율 $V_{나중}/V_{처음}$이 1보다 작다. 그 식의 자연로그 값 — 따라서 일 에너지 W — 은 음수이고, 이것도 예상과 같다.

• 부피가 일정할 때 한 일과 압력이 일정할 때 한 일

식 20-14는 이상기체가 모든 열역학적 과정에서 하는 일 W에 관한 식이 아니고, 온도가 일정하게 유지되는 과정에서 하는 일에 관한 식일 뿐이다. 온도가 달라지면, 식 20-12의 기호 T를 식 20-13처럼 적분기호 밖으로 꺼낼 수 없고, 따라서 식 20-14를 얻지 못한다.

그렇지만 식 20-11로 돌아가서 이상(또는 다른) 기체가 두 가지 과정 — 부피가 일정한 과정과 압력이 일정한 과정 — 에서 하는 일 W를 구해보자. 기체의 부피가 일정하다면 식 20-11에서 다음 결과를 얻는다.

$$W = 0 \quad \text{(일정 부피 과정에서 한 일)} \tag{20-15}$$

그 대신 기체의 압력 P가 일정하게 유지되면서 부피가 팽창한다면 식 20-11에서 다음 결과를 얻는다.

$$W = P(V_{\text{나중}} - V_{\text{처음}}) = P\Delta V \quad \text{(일정 압력 과정에서 한 일)} \tag{20-16}$$

생각해보기 20-1 어떤 이상기체가 처음 상태에서 압력은 3 압력 단위, 부피는 4 부피 단위이다. 아래 표는 다섯가지 과정에서 그 기체의 나중 상태의 압력과 부피를 보여준다. 어떤 과정이 시작할 때와 끝날 때 같은 등온곡선에 있는가?

	a	b	c	d	e
P	12	6	5	4	1
V	1	2	7	3	12

따라해보기 20-2 | 팽창하며 한 일

산소 기체(이상기체라고 가정하자) 1몰이 온도 T를 310 K로 유지하면서 처음 부피 $V_{\text{처음}}$가 12 L에서 나중 부피 $V_{\text{나중}}$ 19 L로 팽창하는 동안 한 일은 얼마인가?

풀이 ■ 요점은 일반적으로 일을 셈하려면 식 20-11을 써서 기체의 압력을 부피에 대해 적분하는 것이다. 그렇지만 이 문제에서는 기체가 이상기체이고 등온팽창하므로 적분 결과는 식 20-14와 같다. 그러므로 다음과 같이 쓸 수 있다.

$$\begin{aligned} W &= nRT\ln\frac{V_{\text{나중}}}{V_{\text{처음}}} \\ &= (1\,\text{mol})(8.31\,\text{J/mol}\cdot\text{K})(310\,\text{K})\ln\left(\frac{19\,\text{L}}{12\,\text{L}}\right) \\ &= 1180\,\text{J} \end{aligned}$$
(답)

이 팽창은 그림 20-3의 $P-V$ 그림의 그림표와 같다. 기체가 팽창하는 동안 한 일은 '처음'과 '나중' 사이의 곡선 아래의 넓이다.

이제 팽창을 거꾸로 진행시켜 기체가 등온압축되어 부피가 19 L에서 12 L로 변하면, 기체가 한 일은 −1180 J이 된다. 따라서 기체를 압축시키려면 바깥에서 기체에 1180 J의 일을 해주어야 한다.

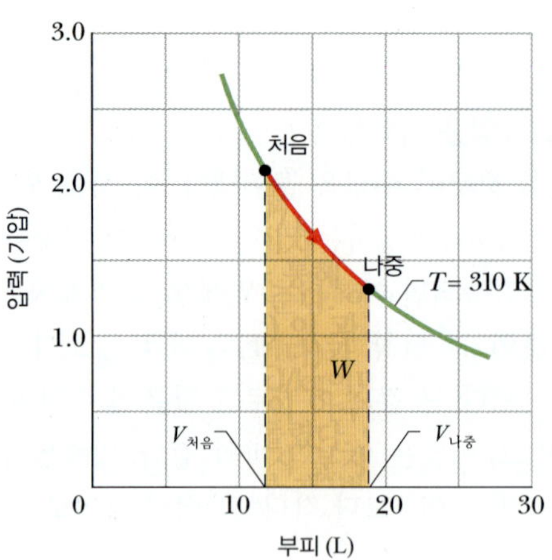

그림 20-3 색칠한 부분의 넓이가 산소 기체 1몰이 온도 T를 310 K로 유지하면서 부피가 $V_{\text{처음}}$에서 $V_{\text{나중}}$으로 팽창하는 동안 한 일을 나타낸다.

연습문제 20-3

10. 바깥에서 해준 일
온도 0°C, 압력 1.00기압에서 부피 22.4 L에 들어 있는 산소 1.00몰을 등온압축시켜 부피를 16.8 L로 줄이는 동안 바깥에서 기체에 해준 일을 셈하라.

11. P, V, T
어떤 이상적이 아닌 기체의 압력 P, 부피 V, 온도 T 사이에 다음 관계가 있다.

$$P = \frac{AT - BT^2}{V}$$

여기에서 A와 B는 상수이다. 압력이 같은 조건에서 온도가 T_1에서 T_2로 바뀔 때 이 기체가 한 일을 셈하라.

12. 통 속에 든

어떤 통에 두 가지 이상기체가 들어 있다. 두 기체의 몰 질량은 각각 M_1과 $M_2 = 3M_1$이며, 들어 있는 양은 각각 2몰과 0.5몰이다. 통 속의 기체압력 가운데 둘째 기체의 분압비는 얼마인가? (운동론적 설명은 화학반응을 하지 않는 여러 기체가 섞인 기체의 분압 법칙에 대한 실험 결과와 잘 맞는다. 혼합 기체의 전체 압력은 낱낱의 성분 기체가 혼자서 통을 채울 때의 압력을 모두 더한 값과 같다.)

13. 공기

기체가 처음에 계기압력 103.0 kPa에서 부피 0.14 m^{3}였는데, 등온팽창하여 압력이 101.3 kPa로 올라간 다음 등압냉각되어 처음 부피로 돌아왔다. 이 기체가 한 일을 셈하라.

14. 표본

이상기체 표본이 그림 20-4에 보인 순환과정 $abca$를 돌았다. a에서는 $T = 200$ K이다. (a) 이 표본에 든 기체는 몇 몰인가? 다음을 셈하라. (b) b에 있을 때의 온도, (c) c에 있을 때의 온도, (d) 이 순환과정에서 기체에 전달된 열에너지.

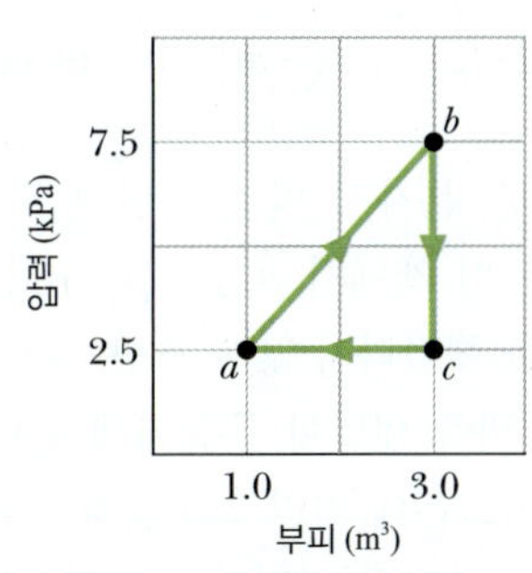

그림 20-4 문제 14

15. 공기 방울

20 m 깊이의 호수 바닥 온도는 4.0°C인데, 그곳에 부피 20 cm^{3}인 공기방울이 있다. 이것이 수면으로 올라오는데, 그곳의 온도는 20°C이다. 공기방울 속 기체의 온도가 주위의 물 온도와 같다고 하자. 공기방울이 수면에 이를 때 부피는 얼마인가?

16. 길이 L인 관

길이 $L = 25.0$ m인, 한쪽이 열린 관에 압력이 대기압과 같은 공기가 들어 있다. 이 관을 수직으로 물 속에 밀어 넣어 그림 20-5과 같이 물이 관 속으로 반을 밀고 올라왔다. 이 관의 끝이 물 속에 잠긴 깊이 h는 얼마인가? 온도는 어디나 같고 변하지 않는다고 하자.

그림 20-5 문제 16

17. 통

그림 20-6의 통 A에 압력 5.0×10^5Pa, 온도 300 K인 이상기체가 들어 있다. 온도는 어디나 같고 변하지 않는다고 하자. 이것이 차단기가 달린 가는 관을 통해 통 B와 통해있다. 부피가 통 A의 4배인 통 B에는 압력 1.0×10^5Pa, 온도 400 K인 이상기체가 들어 있다. 차단기를 열어 두 통의 압력이 같아지게 하지만, 온도는 처음 값을 유지시킨다. 그러면 두 통의 압력은 어떻게 되는가?.

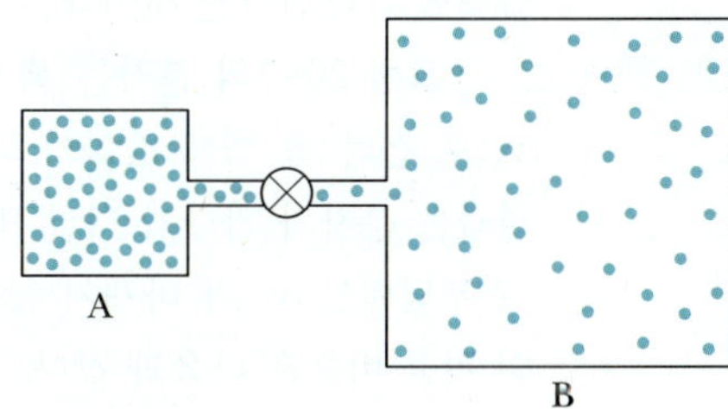

그림 20-6 문제 17

20-4 압력, 온도, 분자 운동 에너지

분자와 원자를 직접 볼 수는 없다. 최근 40여 년에야 과학자들은 전자현미경과 장이온현미경을 써서 분자를 '볼' 수 있었다. 그러나 원자와 분자는 볼 수 있게 되기 훨씬 전인 19세기에 이미 유럽의 막스웰(James Clerk Maxwell), 볼츠만(Ludwig Boltzmann)과 미국의 깁스(Josiah Willard Gibbs)와 같은 과학자는 열역학 계의 거시적 (맨눈으로 볼 수 있는) 움직임을 기술하고 예측할 수 있는 모형을 만들었다. 이들의 모형은 그때는 아직 보지도 못한 미시적 원자와 분자에 바탕을 두었다.

열역학 제1법칙을 따르는 이상기체의 움직임을 움직이는 분자의 무리를 써서 미시적으로 기술할 수 있는가? 이 물음에 답하려면, 육면체 통에 든 가상의 분자가 벽과 완전 탄성 충돌을 하면서 벽에 주는 압력을 살펴보자. 분자 하나가 주는 압력을 역학 법칙을 써서 끌어내어 그에 관한 수학적 표현을 그릇의 부피의 함수로 나타낼 수 있다. 그 다음에는 '이상기체'를 확장하여 그것을 질량이 똑같은 분자들이 밀도가 낮게 모여 있는 것으로 볼 수 있다. '밀도가 낮다'는 것은 분자가 차지하는 공간의 부피는 그릇의 부피에 비하면 아주 작아서 무시할 수 있다는 뜻이다. 이것은 분자 사이의 평균 거리가 아주 멀어서 분자끼리 끌어당기는 힘을 무시할 수 있음을 뜻한다. 그래서 이상기체의 내부 에너지는 분자의 상대적 배치에 따라서 결정된다. 그 다음에 이상기체의 온도를 분자의 평균 운동 에너지와 연관된 것으로 정의하면, 운동학 이론이 이상기체법칙과 열역학 제1법칙을 설명하는 위력적인 이론체계임을 보일 수 있다.

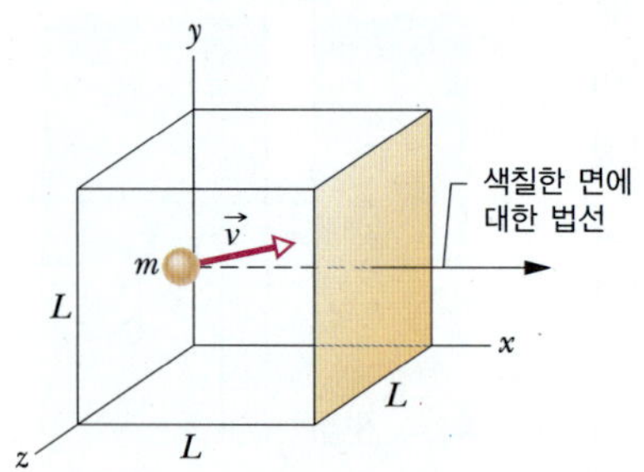

그림 20-7
모서리가 L인 육면체 통에 이상기체 분자 N개가 들어 있다(분자는 그리지 않았다). 분자는 에너지를 영원히 잃지 않고 이리저리 움직인다. 질량 m, 속도 $\vec{v}$인 분자 하나가 넓이 L^2인 색칠한 면을 향해 가서 부딪치려는 것을 보였다. 그 면에 대한 법선은 $+x$쪽을 향한다.

그림 20-7처럼 부피 V인 육면체 통에 든 어떤 이상기체 분자 N개의 운동학 이론 모형을 전개하자. 통의 벽은 온도 T로 유지된다. 기체가 벽에 주는 압력 P와 분자의 속력은 어떤 관계가 있을까? 15장의 유체에 관한 설명에서 압력은 스칼라량이며, 면이 (법선 쪽으로) 받는 힘의 크기를 면의 넓이로 나눈 값으로 정의되었음을 상기하라. 압력은 이 통에 든 기체에서 분자가 온갖 방향으로 운동하면서 통의 벽과 탄성충돌을 하기 때문에 생겨난다. (잠시) 분자끼리 충돌하는 것은 무시하고 분자가 벽과 탄성충돌 하는 것만 따진다.

그림 20-7는 질량 m, 속도 $\vec{v}$인 전형적인 기체 분자 하나가 색칠한 면과 부딪치려는 것을 보여준다. 분자와 벽의 충돌은 모두 탄성적이라고 가정하므로 이 분자가 색칠한 벽과 부딪치면, 되튈 때 속도의 x성분만 바뀐다. 그 x성분은 충돌 뒤에는 크기가 같지만 부호는 바뀐다. 이것이 뜻하는 바는 분자의 운동량은 x축 성분만 바뀐다는 것이며, 따라서 다음과 같다.

$$(\Delta p_x)_{\text{분자}} = p_{\text{나중}x} - p_{\text{처음}x} = (-m|v_x|) - (+m|v_x|) = -2m|v_x|$$

그러나 운동량 보존 법칙에 따르면 분자가 벽과 부딪친 뒤에 벽이 겪는 운동량 변화량$(\Delta p_x)_{\text{벽}}$이 $+2m|v_x|$이어야 한다. 기억할 것은 이 책에서 $\vec{p}$, p_x, p_y, p_z는 운동량 벡터나 성분이고 대문자 P는 압력을 나타낸다는 것이다. 이 둘을 헷갈리지 않게 조심하라.

그림 20-7의 분자는 색칠한 벽을 잇달아 두들기게 된다. 충돌 사이의 시간 Δt는 분자가 속력 $|v_x|$로 건너 쪽 벽에 갔다가 되돌아오는데(거리 $2L$) 걸리는 시간이다. 따라서 Δt는 $2L/|v_x|$이다. (이 결과는 분자가 가다가 다른 벽면에 부딪쳐 되튀어도 성립한다. 왜냐하면 다른 벽면은 x축과 나란하여 부딪쳐도 $|v_x|$가 바뀌지 않기 때문이다.) 그러므로 이 분자 하나가 색칠한 벽에 전달하는 운동량의 평균 비율은 다음과 같다.

$$\frac{(\Delta p_x)_{\text{벽}}}{\Delta t} = \frac{+2m|v_x|}{2L/|v_x|} = \frac{mv_x^2}{L}$$

뉴턴 제2법칙$(\vec{F} = d\vec{p}/dt)$으로부터 운동량이 벽에 전달되는 비율은 벽이 받는 힘이다. 전체 힘을 구하려면 분자 N개가 시간 Δt에 벽을 두들기면서 주는 힘을 모두 더해야 한다. 분자는 저마다 속도가 다를 가능성이 있다. 벽이 받는 압력 P는 색칠한 면이 법선 방향으로 받는 힘 $|F_x|$를 그 면의 넓이 (L^2)으로 나눈 값이므로 다음과 같다.

$$\begin{aligned} P &= \frac{|F_x|}{L^2} = \frac{mv_{x1}^2/L + mv_{x2}^2/L + \cdots + mv_{xN}^2/L}{L^2} \\ &= \left(\frac{m}{L^3}\right)(v_{x1}^2 + v_{x2}^2 + \cdots + v_{xN}^2) \end{aligned} \tag{20-17}$$

모든 분자의 속도의 x성분의 제곱의 평균을 $\langle v_x^2 \rangle = (v_{x1}^2 + v_{x2}^2 + \cdots + v_{xN}^2)/N$로 정의하면, 식

20-17의 둘째 괄호를 $N\langle v_x^2\rangle$으로 바꿀 수 있다. 그러면 육면체 통의 부피 V는 L^3이므로, 통 벽의 압력에 관한 식 20-17은 다음과 같이 쓸 수 있다.

$$P = \frac{Nm}{L^3}\langle v_x^2\rangle = \frac{Nm}{V}\langle v_x^2\rangle \tag{20-18}$$

분자는 x쪽으로만 움직이기보다는 3차원 공간에서 이리저리 마구 움직일 것이므로, $\langle v_x^2\rangle = \langle v_y^2\rangle = \langle v_z^2\rangle$이고 다음 관계가 성립한다.

$$\langle v^2\rangle = \langle v_x^2 + v_y^2 + v_z^2\rangle = \langle v_x^2\rangle + \langle v_y^2\rangle + \langle v_z^2\rangle = 3\langle v_x^2\rangle$$

또는

$$\langle v_x^2\rangle = \tfrac{1}{3}\langle v^2\rangle$$

따라서 위의 식은 다음과 같이 고쳐 쓸 수 있다.

$$P = \frac{Nm\langle v^2\rangle}{3V} \tag{20-19}$$

$\langle v^2\rangle$의 제곱근은 일종의 평균 속력이며, 분자의 **제곱-평균-제곱근(제평근) 속력(root-mean-square speed)**이라 하고 $v^{\text{제평근}}$으로 나타낸다. 이름이 뜻하는 바는 다음과 같다. 낱낱의 분자의 속력의 제곱을 셈하고 그 값을 모두 더하여 평균값을 셈하고, 그 평균값의 제곱근을 셈한다. $\sqrt{\langle v^2\rangle} \equiv v^{\text{제평근}}$이므로 식 20-19는 다음과 같이 쓸 수 있다.

$$P = \frac{Nm(v^{\text{제평근}})^2}{3V} \tag{20-20}$$

식 20-20은 운동학 이론의 정신을 그대로 담고 있다. 이것은 기체의 압력(순전히 거시적인 양)을 분자의 속력(순전히 미시적인 양)이 결정함을 보여준다. 식 20-20을 뒤집어 $v^{\text{제평근}}$을 셈할 수 있다.

$$v^{\text{제평근}} = \sqrt{\frac{3PV}{Nm}}$$

이것을 식 20-1의 분자꼴 이상기체법칙($PV = Nk_BT$)과 묶으면 다음 결과를 얻는다.

$$v^{\text{제평근}} = \sqrt{\frac{3k_BT}{m}} \qquad \text{(이상기체)} \tag{20-21}$$

여기에서 m은 분자 하나의 질량을 킬로그램 단위로 나타낸 값이다.

표 20-1은 식 20-21을 써서 셈한 몇 가지 분자의 제평근 속력이다. 그 속력은 놀랄만큼 빠르다. 실온(300 K)에서 수소분자의 제평근 속력은 1920 m/s 또는 6900 km/h이다. 총알보다 빠르다! 또 하나 기억할 것은 이 제평근 속력은 평균값일 뿐이라는 것이다. 어떤 분자는 그보다 더 빠르고 어떤 것은 훨씬 느리다.

표 20-1
실온($T = 300$ K)에서 몇 가지 분자의 속력*

기체	몰질량 $M = mN_A$ (10^{-3} kg/mol)	$v^{제평근}$ (m/s)
수소(H_2)	2.02	1920
헬륨(He)	4.0	1370
수증기(H_2O)	18.0	645
질소(N_2)	28.0	517
산소(O_2)	32.0	483
이산화탄소(CO_2)	44.0	412
이산화황(SO_2)	64.1	342

* 편의상 실온을 300 K로 하지만 그 온도(27°C)면 상당히 덥다.

기체에서의 소리의 속력은 기체 분자의 제평근 속력과 밀접한 관계가 있다. 음파에서는 공기의 흔들림이 분자끼리의 충돌을 통해 분자에서 분자로 전달된다. 파동은 분자의 '평균' 속력보다 더 빨리 갈 수 없다. 사실 소리의 속력은 '평균' 분자 속력보다 더 느리다. 왜냐하면 모든 분자가 똑같이 파동이 퍼져가는 쪽으로 움직이지는 않기 때문이다. 예를 들어 실온에서 수소와 질소의 제평근 속력은 각각 1920 m/s와 517 m/s이다. 그 온도에서 두 기체에서의 소리의 속력은 각각 1350 m/s와 350 m/s이다.

• 병진 운동 에너지

다시 이상기체의 분자 하나가 그림 20-7의 통 속에서 이리저리 움직이는 것을 생각하는데, 이제는 다른 분자와 부딪치면 속력이 바뀐다고 하자. 어느 순간이나 분자의 병진 운동 에너지는 $\frac{1}{2}mv^2$이다. 이 병진 운동 에너지를 우리가 관찰하는 시간 동안 평균한 값은 다음과 같다.

$$\langle K \rangle = \tfrac{1}{2}\langle mv^2 \rangle = \tfrac{1}{2}m\langle v^2 \rangle = \tfrac{1}{2}m(v^{제평근})^2 \qquad (20\text{-}22)$$

여기에서 관찰시간에 분자의 평균 속력은 언제나 모든 분자의 평균 속력과 같다고 가정한다. (기체의 전체 에너지가 바뀌지 않고, 분자를 충분히 오래 관찰한다면, 이 가정은 타당하다.) 식 20-21의 $v^{제평근}$에 관한 식을 넣으면 다음과 같다.

$$\langle K \rangle = \left(\tfrac{1}{2}m\right)\frac{3k_BT}{m}$$

따라서 다음 결과를 얻는다.

$$\langle K \rangle = \tfrac{3}{2}k_BT \qquad (20\text{-}23)$$

이 방정식은 예상밖의 결과로서

어떤 온도 T에서 모든 이상기체 분자는 — 질량이 얼마이든 — 평균 병진 운동 에너지가 같다. 즉, $\left(\frac{3}{2}\right)k_BT$이다. 기체의 온도를 재는 것은 그 분자의 평균 병진 운동 에너지를 재는 셈이다.

생각해보기 20-2 어떤 기체의 절대 온도가 다음과 같이 바뀌면 낱낱의 분자의 평균 병진 운동 에너지는 어떻게 되는가? (a) 두 배로 높아진다. (b) 0으로 낮아진다.

생각해보기 20-3 질량이 $m_1 > m_2 > m_3$인 세 가지 분자 1, 2, 3이 섞인 기체가 있다. 다음 물리량이 큰 것부터 차례대로 늘어놓아라. (a) 평균 운동 에너지, (b) 제평근 속력.

연습문제 20-4

18. 헬륨 원자

1000 K에서 헬륨 원자의 제평근 속력을 셈하라. 헬륨 원자의 몰질량은 부록 F를 보라.

19. 가장 낮은

바깥 우주의 가장 낮은 온도는 2.7 K이다. 이 온도에서 수소분자의 제평근 속력은 얼마인가? [수소 분자(H_2)의 몰 질량은 표 20-1에 있다.]

20. 아르곤 원자의 속력

313 K에서 아르곤 원자의 제평근 속력을 구하라. 아르곤 원자의 몰 질량은 부록 F를 보라.

21. 해의 대기

해의 대기 온도는 2.00×10^6 K, 압력은 0.0300 Pa이다. 그곳의 자유전자(질량 = 9.11×10^{-31} kg)를 이상기체로 보고, 제평근 속력을 구하라.

22. 질소 분자

(a) 20.0℃의 질소 분자의 제평근 속력을 구하라. 질소분자(N_2)의 몰 질량은 표 20-1에 있다. 제평근 속력이 이 값의 (b) 반이 되는 온도와, (c) 두 배가 되는 온도를 구하라.

23. 수소 분자

수소분자(H_2) 선을 벽에 보내되, 벽의 법선에 대해 55°로 보낸다. 이 분자선 속의 낱낱의 분자는 속력이 1.0 km/s이고 질량은 3.3×10^{-24} g이다. 분자선이 때리는 곳의 넓이는 2.0 cm^2, 비율은 초당 10^{23}개이다. 분자선이 벽에 주는 압력은 얼마인가?

24. 기체의 밀도

어떤 기체가 273 K, 1.00×10^{-2}기압에서 밀도가 1.24×10^{-5} g/cm^{3}이다. (a) 기체 분자의 제평근 속력을 구하라. (b) 기체의 몰질량을 셈하고, 어떤 기체인지 알아내라. (**실마리**: 이 기체는 표 20-1에 나와 있다.)

25. 병진 운동 에너지

1600 K에서 질소분자의 평균 병진 운동 에너지는 얼마인가?

26. 평균값

이상기체 분자의 병진 운동 에너지의 평균값을 다음 두 온도에서 구하라. (a) 0.00℃, (b) 100℃. 이상기체 1몰의 병진 운동 에너지를 다음 두 온도에서 구하라. (c) 0.00℃, (d) 100℃.

27. 증발하는 물

32.0℃의 물이 증발하는 까닭은 물 표면에 있는 분자 일부가 달아나기 때문이다. 기화열(539 cal/g)은 달아나는 분자의 평균 에너지 ε과 1 g의 물 속에 든 분자의 수 n을 곱한 값 εn과 거의 비슷하다. (a) ε을 구하라. (b) 물분자의 평균 운동 에너지도 기체와 똑같이 온도에 따라 결정된다고 가정하고, 그에 대한 ε의 비를 구하라.

28. 또 다른 꼴

식 20-8의 이상기체 방정식을 다른 꼴로 $P = \rho RT/M$이라고 쓸 수 있음을 보여라. 여기에서 ρ는 기체의 밀도, M은 몰 질량이다.

29. 아보가드로 법칙

아보가드로 법칙은 기체의 온도와 압력과 부피가 같으면 그 속에 든 분자의 수는 어느 기체나 같다는 것이다. 이 법칙이 이상기체법칙과 같은가? 설명하여라.

20-5 평균 자유 거리

분자의 운동을 생각하면 궁금한 점이 떠오른다. 분자의 속력이 그렇게 빠르다면(초당 몇 백 미터), 누군가가(겨우 몇 미터 떨어진) 방 건너편에서 향수병을 열었을 때, 이쪽에서 그 냄새를 바로 맡지 못하고 일 분 정도나 걸리는가? 이 물음에 답하려면 이상기체 속의 분자 운동을 계속 살펴보아야 한다. 그림 20-8는 전형적인 어떤 분자가 기체 속에서 가다가 다른 분자와 탄성충돌을 하여 속력과 방

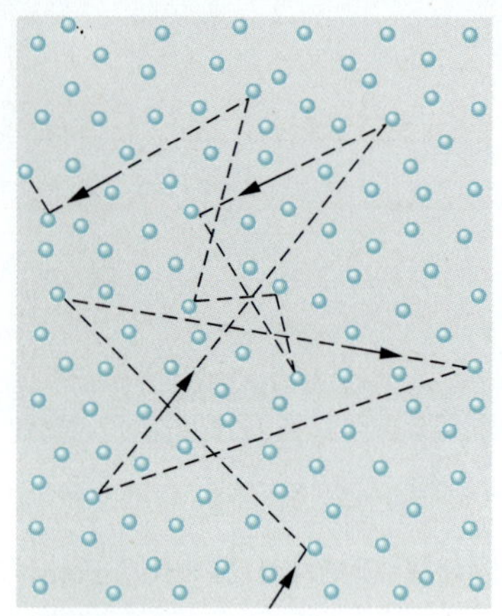

그림 20-8
어떤 기체 분자가 기체 속을 가다가 다른 분자와 충돌한다. 비록 다른 분자는 모두 서 있는 것처럼 보였지만, 이들도 비슷하게 움직인다.

향이 갑자기 바뀌는 모습을 보여준다. 충돌 사이에는 이 분자는 곧바로 일정한 속력으로 간다. 이 그림에서는 다른 분자는 모두 서 있는 것처럼 보였지만, 이들도 비슷하게 움직인다.

이러한 마구잡이 운동을 기술하는데 쓸모 있는 매개변수는 분자의 **'평균 자유 거리(mean free path)'** λ이다. λ는 이름이 보여주듯 어떤 분자가 충돌 사이에 가는 거리의 평균값이다. λ는 단위 부피 속에 든 분자의 개수(또는 분자의 '수 밀도')인 N/V에 반비례할 것으로 예상한다. N/V 값이 크면 분자끼리 더 자주 부딪칠 것이므로 평균 자유 거리는 더 짧아질 것이다. λ는 또한 분자의 크기, 이를테면 분자의 지름 d에 반비례할 것으로 예상된다. (앞에서 가정한 것처럼 분자가 크기가 없는 점이라면, 분자끼리는 결코 부딪치지 않을 것이고 따라서 평균 자유 거리는 한없이 길 것이다.) 따라서 분자가 더 크면 평균 자유 거리는 더 짧아진다. 더 나아가 λ는 분자의 지름의 제곱에 반비례할 것으로 예측할 수 있다. 그 까닭은 표적의 유효 넓이는 분자의 지름이 아니라 단면적에 비례하기 때문이다.

실제로 평균 자유 거리에 관한 식은 다음과 같은 것으로 밝혀진다.

$$\lambda = \frac{1}{\sqrt{2}\,\pi d^2 N/V} \qquad \text{(이상기체 평균 자유 거리)} \qquad (20\text{–}24)$$

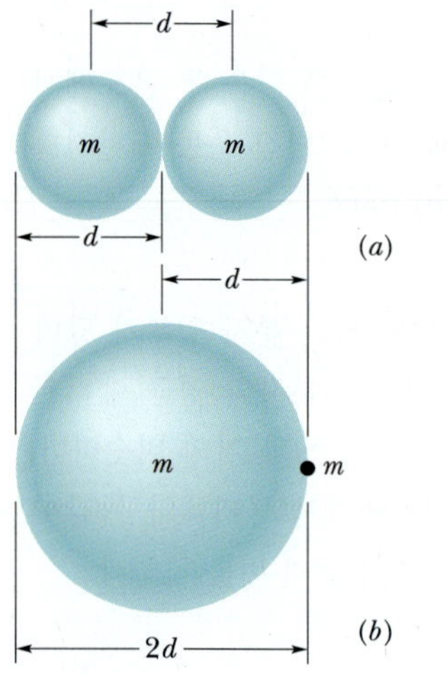

그림 20-9
(a) 분자의 지름을 d라 하면, 두 분자의 중심 사이의 거리가 d보다 작아지면 두 분자는 부딪친다. (b) 내용은 같지만 더 편리한 방식은 움직임을 따라가는 분자는 반지름을 d라 하고 다른 모든 분자는 점이라고 생각한다. 이때도 충돌 조건은 같다.

식 20-24를 입증하려면 분자 하나에 집중하여 — 그림 20-8처럼 — 이 분자는 일정한 속력 v로 움직이며 다른 분자는 모두 서 있다고 가정한다. 뒤에 이 가정을 풀 것이다.

또한 분자는 지름 d인 공이라고 가정한다. 그러면 두 분자는 그림 20-9*a*와 같이 중심 사이의 거리가 d보다 작아지면 부딪치게 된다. 또한 이러한 상황을 더 쉽게 보는 방법은 그림 20-9*b*와 같이 운동을 따라가는 분자의 반지름을 d라 하고 다른 모든 분자는 점이라고 생각하는 것이다.

이 분자가 기체 속을 이리저리 휘젓고 다니면, 그것은 충돌 사이사이마다 단면적이 πd^2인 원통을 쓸고 다닌다. 이 분자를 짧은 시간 Δt 동안 살펴보면 이 분자의 속력을 v라 할 때 이것은 거리 $v\Delta t$를 간다. 따라서 시간 Δt에 쓸고 간 짧은 원통을 모두 이어 만든 복합 원통은 길이가 $v\Delta t$, 부피 $(\pi d^2)(v\Delta t)$이 된다. 시간 Δt에 일어나는 충돌의 횟수는 이 원통에 든 (점) 분자의 수와 같다.

N/V는 단위 부피 속에 든 분자의 수이므로, 원통 속에 든 분자의 수는 N/V에 원통의 부피를 곱한 값이다$(N/V)(\pi d^2 v\Delta t)$. 이것은 또한 시간 Δt에 일어나는 충돌의 횟수이기도 하다. 평균 자유 거리는 경로의 길이를 이 충돌 횟수로 나눈 값이다.

$$\lambda = \frac{\text{경로의 길이}}{\text{충돌횟수}} = \frac{v\Delta t}{\pi d^2 v\Delta t\, N/V} = \frac{1}{\pi d^2 N/V} \qquad (20\text{–}25)$$

이 식은 어림식일 뿐이다. 그 까닭은 분자가 하나만 빼고 나머지는 모두 서 있다고 가정했기 때문이다. 사실은 모든 분자가 움직인다. 이것을 제대로 따지면 식 20-24가 나온다. 식 20-25와 다른 점은 곱수 $1/\sqrt{2}$뿐이다.

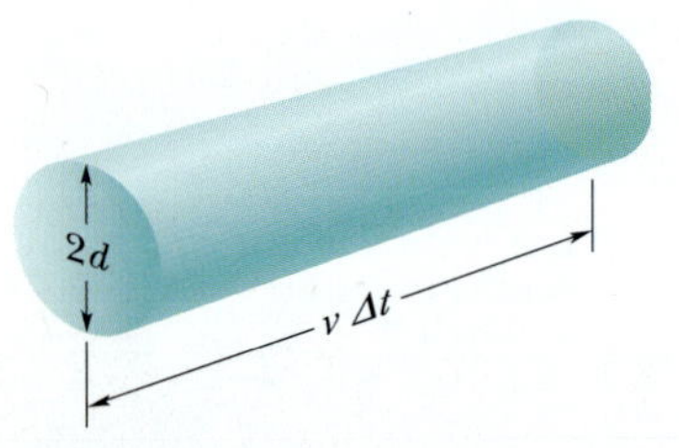

그림 20-10
시간 Δt 동안 움직이는 분자는 길이 $v\Delta t$, 단면적 πd^2인 원통을 쓸고 간다.

식 20-25에서 무엇이 '어림'인가도 살짝 볼 수 있다. 분자와 분모의 v는 엄밀하게는 다르다. 분자의 v는 $\langle v\rangle$로 그릇에 대한 분자의 평균속력이다. 분모의 v는 서 있다고 본 다른 분자에 대한 움직이는 분자 하나의 상대속력 $\langle v^{\text{상대}}\rangle$이다. 그리고 이 속력이 충돌 횟수를 결정한다. 분자의 실제 속력 분포를 따져 셈을 세밀하게 해 보면 $\langle v^{\text{상대}}\rangle = \sqrt{2}\,\langle v\rangle$로 곱수 $\sqrt{2}$가 나온다.

해수면에서의 공기 분자의 평균 자유 거리는 약 0.1 μm이다. 고도 100 km에서는 공기의 밀도가 낮아져서 평균 자유 거리는 약 16 cm로 늘어난다. 고도 300 km에서는 평균 자유 거리가 약 20 km가 된다. 실험실에서 대기권 상층부의 물리학 및 화학을 연구하는 사람이 겪는 문제는 대기권

상층부의 조건을 흉내낼 수 있을 정도로 충분히 큰 기체 통을 구할 수 없는 것이다. 그렇지만 대기권 상층부의 프레온, 일산화탄소, 그리고 오존의 농도에 관한 연구는 아주 중요한 공공 관심사이다.

이 절 첫머리에서 낸 물음을 다시 보자. 분자가 그렇게 빨리 움직인다면 왜 누군가가 방 건너편에서 향수병을 열었을 때 이쪽에서 냄새를 맡는데 오래 걸리는가? 이제 답의 일부를 알 것이다. 잔잔한 공기에서는 낱낱의 향수 분자가 병에서 나와 다른 분자와 수없이 많이 부딪치기 때문에 여러분에게는 아주 느리게 올 수밖에 없다.

따라해보기 20-3 | 평균 자유 거리

(a) 온도 $T = 300\,\text{K}$, 압력 $P = 1.00$기압인 산소 분자의 평균 자유 거리는 얼마인가? 분자의 지름 $d = 290\,\text{pm}$이고 기체는 이상적이라고 하자.

풀이 ■ 요점은 낱낱의 산소 분자는 움직이는 다른 분자 속에서 움직이며 서로 부딪치기 때문에 오락가락 한다는 것이다. 따라서 평균 자유 거리에 관한 식 20-24을 쓰는데, 여기에서 단위 부피 속에 든 분자의 개수 N/V를 알아야 한다. 기체가 이상적이라고 가정했으므로 식 20-1의 이상기체법칙($PV = Nk_BT$)을 써서 $N/V = P/k_BT$로 쓸 수 있다. 이것을 식 20-24에 넣으면 다음 결과를 얻는다.

$$\lambda = \frac{1}{\sqrt{2}\,\pi d^2 N/V} = \frac{k_BT}{\sqrt{2}\,\pi d^2 P}$$
$$= \frac{(1.38\times10^{-23}\,\text{J/K})(300\,\text{K})}{\sqrt{2}\,\pi(2.9\times10^{-10}\,\text{m})^2(1.01\times10^5\,\text{Pa})}$$
$$= 1.1\times10^{-7}\,\text{m} \qquad \text{(답)}$$

이것은 분자 지름의 약 380배이다.

(b) 산소 분자의 평균 속력이 $\langle v\rangle = 450\,\text{m/s}$라 하자. 어떤 분자의 잇단 두 충돌 사이의 평균시간 Δt은 얼마인가? 분자의 충돌률, 다시 말해 충돌 빈도 f는 얼마인가?

풀이 ■ 잇단 두 충돌 사이의 평균시간 Δt를 구하려면 다음 **요점**을 쓴다. 분자가 충돌 사이에 평균적으로 평균 자유 거리 λ만큼을 평균 속력 $\langle v\rangle$로 간다. 따라서 두 충돌 사이의 평균시간 Δt은 다음과 같다.

$$\langle\Delta t\rangle = \frac{(\text{거리})}{(\text{평균 속력})} = \frac{\lambda}{\langle v\rangle} = \frac{1.1\times10^{-7}\,\text{m}}{450\,\text{m/s}}$$
$$= 2.44\times10^{-10}\,\text{s} \approx 0.24\,\text{ns} \qquad \text{(답)}$$

이것은 산소 분자가 충돌 사이에 지내는 시간이 평균적으로 나노초 이하임을 말해준다.

충돌 빈도 f를 셈하려면 다음 **요점**을 쓴다. 평균 충돌률 또는 평균 충돌 빈도는 충돌 사이의 평균시간 $\langle\Delta t\rangle$의 역수이다. 따라서 다음과 같다.

$$f = \frac{1}{2.44\times10^{-10}\,\text{s}} = 4.1\times10^9\,\text{s}^{-1} \qquad \text{(답)}$$

이것은 산소 분자가 1초에 평균 40억 번 충돌함을 말해준다.

연습문제 20-5

30. 질소분자

0.0°C, 1.0기압에서 질소 분자의 평균 자유 거리가 $0.80\times10^{-5}\,\text{cm}$이다. 이 온도와 압력에서 분자수 밀도는 2.70×10^{19}분자/cm^3이다. 분자의 지름은 얼마인가?

31. 지표면

지표면 위 2500 km에서 대기의 분자수 밀도는 약 1분자/cm^3이다. (a) 식 20-24를 써서 평균 자유 거리를 예측하라. (b) 이 조건에서 나온 결과의 중요성은 무엇인가? 분자의 지름은 $2.0\times10^{-8}\,\text{cm}$라고 하자.

32. 진동수

0.0°C, 1.0기압에서 산소분자의 평균 자유 거리와 파장이 같은 음파의 진동수는 얼마인가? 산소 분자의 지름은 $3.0\times10^{-8}\,\text{cm}$라고 하자.

33. 젤리 콩의 평균 자유 거리

주머니 속에 든 젤리 콩이 이상기체 입자와 같이 움직인다면, 주머니를 마구 흔들 때 그 속에 든 15개의 둥근 젤리 콩의 평균 자유 거리를 구하라. 주머니의 부피는 1.0 L, 젤리 콩의 지름은 1.0 cm이다. (충돌은 콩끼리만 따지고, 콩과 주머니가 하는 것은 따지지 않는다.)

34. 아르곤 원자의 평균 자유 거리

온도 20°C, 압력 750 torr에서 아르곤(Ar)과 질소(N_2) 기체의 평균 자유 거리가 각각 $\lambda_{Ar} = 9.9 \times 10^{-6}$cm, $\lambda_{N_2} = 27.5 \times 10^{-6}$ cm이다. (a) 질소에 대한 아르곤의 유효지름의 비를 구하라. 다음 조건에서 아르곤의 평균 자유 거리를 구하라. (b) 20°C, 150 torr, (c) −40°C, 750 torr.

35. 입자 가속기

어떤 입자 가속기의 진공통 속에서 양성자가 지름 23.0 cm인 원궤도를 따라 돈다. 통에 남은 기체의 온도는 295 K, 압력은 1.00×10^{-6} torr이다. (a) 이 압력에서 1 cm^3 속에 든 기체분자의 개수를 셈하라. (b) 분자의 지름이 2.00×10^{-8} cm일 때 평균 자유 거리를 구하라.

20-6 분자 속력 분포

제곱-평균-제곱근 속력 $v^{제평근}$은 어떤 온도에서 기체 속의 분자의 속력에 관한 일반적인 느낌을 준다. 그렇지만 우리는 흔히 이보다 더 알고자 한다. 예를 들어, $v^{제평근}$보다 더 빨리 움직이는 분자의 비율은 얼마인가? $v^{제평근}$의 두 배 이상 더 빨리 움직이는 분자의 비율은? 이러한 물음에 답하려면 분자가 가질 수 있는 속력이 어떻게 퍼져 있는가 알아야 한다. 그림 20-11a는 실온($T = 300$ K)에서 산소 분자의 속력 분포를 보여준다. 그림 20-11b는 $T = 80$K에서의 분포를 비교해서 보여준다.

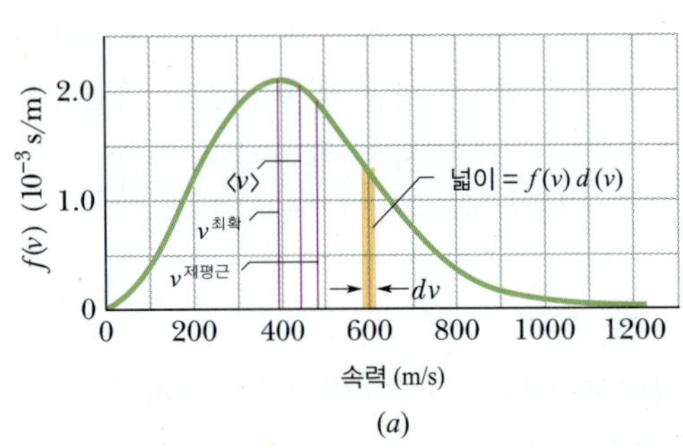

(a)

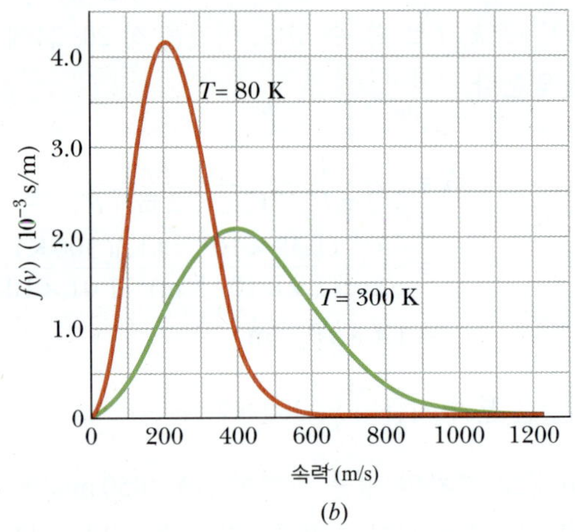

(b)

그림 20-11
(a) $T = 300$ K에서 산소분자의 맥스웰 속력 분포. 세 가지 특성 속력을 나타냈다. (b) 300 K와 80 K에서의 분포 곡선. 온도가 낮으면 분자들이 더 느리게 움직임을 눈여겨보라. 이것은 확률분포이므로 낱낱의 곡선 아래의 넓이는 값이 1이다.

1852년 스코틀랜드 물리학자 맥스웰은 기체 분자의 속력 분포 문제를 처음으로 풀었다. 그의 결과는 **맥스웰 속력 분포 법칙(Maxwell' s speed distribution Law)**이라고 하는데, 다음과 같다.

$$f(v) = 4\pi\left(\frac{m}{2\pi k_B T}\right)^{3/2} v^2 e^{-mv^2/2k_B T} \tag{20-26}$$

여기에서 v는 분자 속력, T는 기체 온도, m은 기체 분자 하나의 질량, k_B는 볼츠만 상수이다. 그림 20-11a,b는 이 함수를 그린 것이다. 식 20-26의 함수 $f(v)$는 확률분포함수이다. 어떤 속력 v에 대해 (무차원 양) $f(v)dv$는 속력의 중심값이 v이고 속력이 퍼진 범위가 dv인 분자의 비율이다.

그림 20-11a에 보인 것처럼, 이 비율은 그림에서 높이가 $f(v)$, 너비가 dv인 부분의 넓이와 같다. 분포곡선 아래의 전체 넓이는 속력이 0에서 무한대 사이에 있는 분자의 비율에 해당한다. 이 범

위 속에 모든 분자가 들어가므로 전체 넓이는 1이다.

$$\int_0^\infty f(v)\,dv = 1 \tag{20-27}$$

따라서 속력이 구간 v_1과 v_2 사이에 있는 분자의 비율은 다음과 같다.

$$\text{비율} = \int_{v_1}^{v_2} f(v)\,dv \tag{20-28}$$

• 평균 속력, 제평균 속력, 최대 확률 속력

원리적으로는 기체 분자의 '**평균 속력(average speed)**'을 다음과 같이 셈할 수 있다. 분포함수에 속력 v의 값을 곱해 가중치를 준다. 다시 말해 속력의 중심값이 v이고 속력이 퍼진 범위가 dv인 분자의 비율 $f(v)\,dv$에 속력의 중심값 v를 곱하여 $vf(v)\,dv$를 얻는다. 이 값을 모두 더한다. 그 결과가 $\langle v \rangle$이다. 실제로는 이 모든 일은 다음 적분값을 셈하는 것이다.

$$\langle v \rangle = \int_0^\infty v f(v)\,dv \tag{20-29}$$

식 20-26의 $f(v)$를 넣고, 부록 E의 정적분 공식 20을 쓰면 다음 결과를 얻는다.

$$\langle v \rangle = \sqrt{\frac{8k_B T}{\pi m}} \qquad \text{(평균 속력)} \tag{20-30}$$

마찬가지로 속력의 제곱의 평균값 $\langle v^2 \rangle$은 다음과 같이 셈한다.

$$\langle v^2 \rangle = \int_0^\infty v^2 f(v)\,dv \tag{20-31}$$

식 20-26의 $f(v)$를 넣고, 부록 E의 일반적분 공식 16을 쓰면 다음 결과를 얻는다.

$$\langle v^2 \rangle = \frac{3k_B T}{m} \tag{20-32}$$

$\langle v^2 \rangle$의 제곱근이 **제평근 속력(root-mean-square speed)** $v^{\text{제평근}}$이다. 따라서 다음과 같다.

$$v^{\text{제평근}} = \sqrt{\frac{3k_B T}{m}} \qquad \text{(제평근 속력)} \tag{20-33}$$

이것은 식 20-21과 같다.

최대 확률 속력(most probable speed) $v^{\text{최확}}$은 $f(v)$의 값이 가장 큰 속력이다(그림 20-11a 참조). $v^{\text{최확}}$을 셈하려면 $df/dv = 0$(그림 20-11a의 곡선의 봉우리에서 곡선의 기울기가 0이다)으로 두고 이것을 v에 대해 풀어 $v^{\text{최확}}$을 찾는다. 그러면 다음 결과를 얻는다.

$$v^{\text{최확}} = \sqrt{\frac{2k_B T}{m}} \qquad \text{(최대 확률 속력)} \tag{20-34}$$

분자의 최대 확률 속력, 평균 속력, 그리고 제평근 속력 사이에는 어떤 관계가 있는가? 그 관계는 정해져 있다.

> 최대 확률 속력 $v^{최확}$은 늘 평균 속력 $\langle v \rangle$보다 작고, 이것은 다시 제곱-평균-제곱근 속력 $v^{제평근}$보다 작다. 구체적으로 다음과 같다. $v^{최확} = 0.82v^{제평근}$, $\langle v \rangle = 0.92v^{제평근}$.

이것은 분자의 속력이 $v^{최확}$일 확률이 가장 높다는 생각과 맞지만, 속력이 $v^{최확}$보다 훨씬 빠른 분자도 있다. 그러한 분자는 그림 20-11a의 속력분포곡선에서 '빠른-속력 꼬리'에 들어 있다. 이렇게 속력이 빠른 분자도 조금 있다는 것을 고마워해야 한다. 왜냐하면 이것 때문에 비와 햇빛을 누릴 수 있기 때문이다(이것이 없으면 우리가 살 수 없다). 왜 그런가 보자.

비: 여름철 기온에서 연못에 있는 물 분자의 속력 분포는 그림 20-11a와 비슷하다. 대부분의 분자는 수면을 뛰쳐나갈 수 있을 만큼 운동 에너지가 크지 않다. 그렇지만, 곡선의 꼬리에 있는 적은 수의 분자는 속력이 아주 빨라서 수면을 뛰쳐나갈 수 있다. 바로 이 물 분자들이 증발하여 구름을 만들고 비가 되어 내린다.

빠른 분자가 에너지를 지닌 채 수면을 떠나므로, 남아 있는 물의 온도는 주위에서 열에너지를 전달받아 유지된다. 속력 분포는 다른 빠른 분자 — 특별히 운좋은 충돌을 통해 생겨난 — 가 떠난 분자의 자리를 채워 유지된다.

햇빛: 해의 중심부에 있는 양성자도 그림 20-11a의 속력분포곡선을 따른다고 하자. 해의 에너지는 양성자 두 개가 붙어 한 덩어리가 되는 핵융합 과정에서 공급된다. 그렇지만, 양성자는 똑같은 전하를 띠므로 서로 밀어내며, 평균 속력을 가진 양성자의 운동 에너지는 밀어내는 힘을 이겨내고 융합될 수 있을 만큼 가까워지기에는 부족하다. 그렇지만, 분포곡선의 꼬리에 있는 아주 빠른 양성자는 그렇게 될 수 있고, 그래서 우리는 햇빛을 누린다.

연습문제 20-6

36. 22개의 입자

입자 22개의 속력이 아래와 같다(N_i는 속력이 v_i인 입자의 수를 나타낸다).

N_i	2	4	6	8	2
v_i(cm/s)	1.0	2.0	3.0	4.0	5.0

(a) 이들의 평균속력 $\langle v \rangle$를 셈하라. (b) 이들의 제평근 속력 $v^{제평근}$을 셈하라. (c) 표에 보인 다섯 가지 속력 가운데 최고확률속력 $v^{최확}$은 어느 것인가?

37. 분자 10개

분자 10개의 속력이 2.0, 3.0, 4.0, ..., 11 km/s이다. (a) 이들의 평균속력 $\langle v \rangle$를 셈하라. (b) 이들의 제평근 속력 $v^{제평근}$을 셈하라.

38. 입자 10개

입자 10개가 다음 속력으로 움직인다. 네 개는 200 m/s, 두 개는 500 m/s, 네 개는 600 m/s. (a) 이들의 평균속력 $\langle v \rangle$와 제평근 속력 $v^{제평근}$을 셈하라. $v^{제평근} > \langle v \rangle$인가? (b) 입자 10개에 대해 여러분 스스로 속력 분포를 정하고, 그에 대해 $v^{제평근} > \langle v \rangle$임을 보여라. (c) 어떤 조건에서 $v^{제평근} = \langle v \rangle$이 되는가?

39. 온도 셈하기

(a) 수소 분자의 제평근 속력이 지구 탈출 속력과 같은 온도를 구하라. (b) 산소 분자의 제평근 속력이 지구 탈출 속력과 같은 온도를 구하라. (c) 달에 대해서 앞에서와 같은 문제를 풀어라. 달 표면에서의 중력상수는 0.16 g이다. (d) 지구 대기층의 부분[열권(thermosphere)]의 온도는 약 1000 K이다. 그곳에 수소가 많겠는가? 산소는? 답에 대해 설명하라.

40. 확률이 가장 높은 속력

어떤 기체가 온도 T_2일 때 확률이 가장 높은 속력이 온도 T_1일 때의 제평근 속력과 같다. T_2/T_1을 구하라.

41. 수소 분자

수소분자(지름 1.0×10^{-8} cm) 하나가 도가니(T = 4000 K)에서 제평근 속력으로 튀어나와 차가운 아르곤(지름 3.0×10^{-8} cm) 기체로 들어온다. 아르곤 기체의 원자수 밀도는 4.0×10^{19} 원자/cm^{3}이다.

(a) 수소 분자의 속력은 얼마인가? (b) 수소 분자가 아르곤 원자와 부딪치면, 두 입자가 공 모양이라고 할 때, 그 중심이 가장 가까이 갈 수 있는 거리는 얼마인가? (c) 수소 원자가 처음에는 1초에 몇 번이나 아르곤 원자와 부딪칠까? (**실마리**: 차가운 아르곤 원자는 서 있는 것으로 가정한다. 그러면 수소 분자의 평균 자유 거리는 식 20-24가 아니라 식 20-25와 같다.

42. 온도가 같은 통 두 개

온도가 같은 통이 두 개 있다. 첫 통에 든 기체는 압력 P_1, 분자질량은 m_1, 제곱-평균-제곱근 속력은 $v_1^{제평근}$이다. 둘째 통에 든 기체는 압력 $2P_1$, 분자질량은 m_2, 평균 속력은 $\langle v_2 \rangle = 2v_1^{제평근}$이다. 질량비 m_1/m_2를 셈하라.

43. 가상 속력

그림 20-12은 기체분자 N개 표본의 가상 속력 분포를 보여준다. ($v > 2v_0$이면 $f(v) = 0$임을 눈여겨보라.) (a) a를 N과 v_0으로 나타내라. (b) 속력이 $1.5v_0$와 $2.0v_0$ 사이인 입자의 수는 얼마인가? (c) 입자의 평균 속력을 v_0로 나타내라. (d) $v^{제평근}$을 셈하라.

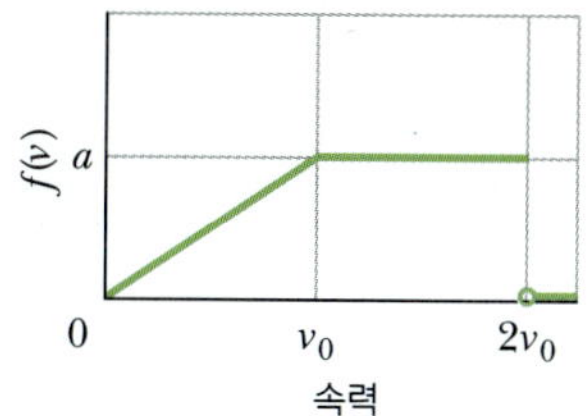

그림 20-12 문제 43

20-7 이상기체의 몰 비열

지금까지는 물질의 비열을 재어서 아는 양으로 생각해왔다. 그러나 이제 기체의 운동론을 배웠으니, 물질의 구조에 관해 그리고 에너지가 어디에 저장되는가를 알고 있다. 이 정보를 가지고 여러 가지 기체의 비열을 셈하고 예측할 수 있다. 운동론에 바탕을 둔 예측과 실험적 측정 결과를 비교하면 잘 맞고, 몇 가지 놀라운 결과를 얻는다. 놀라운 결과란 원자 수준의 물질에 대한 법칙은 뉴턴 법칙을 단지 크기가 작은 것에 적용해서는 안 된다는 첫째 실마리의 하나이다. 다시 말해 원자는 단지 작을 뿐인 당구공이 아니라 우리가 잘 아는 어떤 거시적인 물체와도 다른 무엇이라는 것이다.

이 생각을 더 탐구하려면 이상기체의 내부 에너지 $E^{내부}$에 대한 식을 (분자 수준에서 생각하여) 끌어내자. 다시 말해, 기체 속의 원자나 분자가 제멋대로 움직이는 것과 연관된 에너지에 관한 식을 찾아내자. 그 다음에는 그 식을 써서 이상기체의 몰 비열을 끌어내자.

• 내부 에너지 $E^{내부}$

먼저 이상기체가 헬륨, 네온, 또는 아르곤 같은 단원자 기체(원자 하나가 곧 분자인 기체)라고 하자. 또한 이 이상기체의 내부 에너지 $E^{내부}$는 모든 원자의 병진 운동 에너지를 그냥 더한 것이라고 하자.

원자 하나의 평균 병진 운동 에너지는 기체의 온도에 따라서만 결정되며 식 20-23에 따르면 $\langle K \rangle = \frac{3}{2} k_B T$이다. 그러한 기체 n 몰에는 원자 nN_A가 들어 있다. 따라서 그 기체의 내부 에너지 $E^{내부}$는 다음과 같다.

$$E^{내부} = (nN_A)\langle K \rangle = (nN_A)\left(\tfrac{3}{2} k_B T\right) \qquad (20\text{-}35)$$

식 20-6 ($k_B = R/N_A$)를 쓰면 위 식을 다음과 같이 고칠 수 있다.

$$E^{내부} = \tfrac{3}{2} N k_B T = \tfrac{3}{2} nRT \qquad \text{(단원자 이상기체)} \qquad (20\text{-}36)$$

따라서

이상기체의 내부 에너지 $E^{내부}$는 기체의 온도만의 함수이다. 다른 어떤 변수도 들어가지 않는다.

식 20-36을 얻었으니, 이제 이상기체의 몰 비열에 관한 식을 끌어낼 수 있다. 실제로는 두 가지 식을 끌어낼 것이다. 하나는 열에너지를 주거나 뺏는 동안 기체의 부피가 일정하게 유지되는 경우에 관한 것이고, 다른 하나는 압력이 일정하게 유지되는 경우에 관한 것이다. 이 두 가지 몰비열을 나타내는 기호가 각각 $C_{부피}$와 $C_{압력}$이다. (비록 $C_{부피}$와 $C_{압력}$이 열용량이 아니라 비열을 나타내지만, 관습에 따라 큰글자 C를 쓴다.)

• 일정 부피 몰 비열

그림 20-13a는 이상기체 n몰이 압력 P, 온도 T인 상태로 부피가 V로 고정된 원통 속에 들어 있는 것을 보여준다. 이 기체의 처음 상태 '처음'은 그림 20-13b의 $P-V$ 그림에 나타냈다. 열통의 온도를 천천히 올려 열에너지를 Q만큼 기체에 전해주었다고 하자. 기체의 온도는 조금 올라 $T+\Delta T$가 될 것이고, 압력도 $P+\Delta P$가 되어 나중 상태 '나중'에 이를 것이다.

이 실험에서 전달된 열에너지 Q는 온도 변화 ΔT와 다음과 같이 관계됨을 알게 된다.

$$Q = nC_{부피}\Delta T \qquad (일정한\ 부피) \tag{20-37}$$

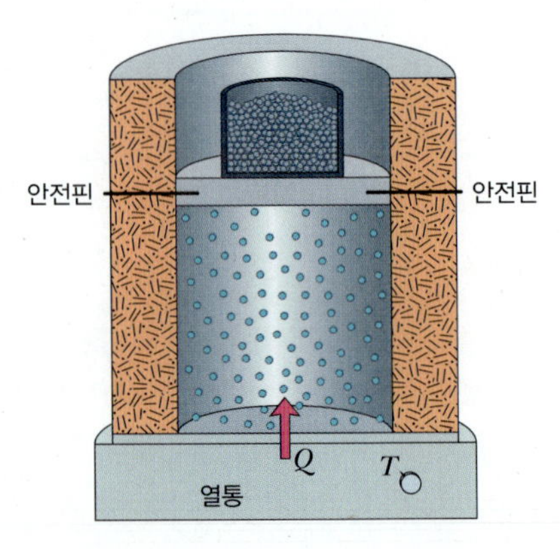

(a)

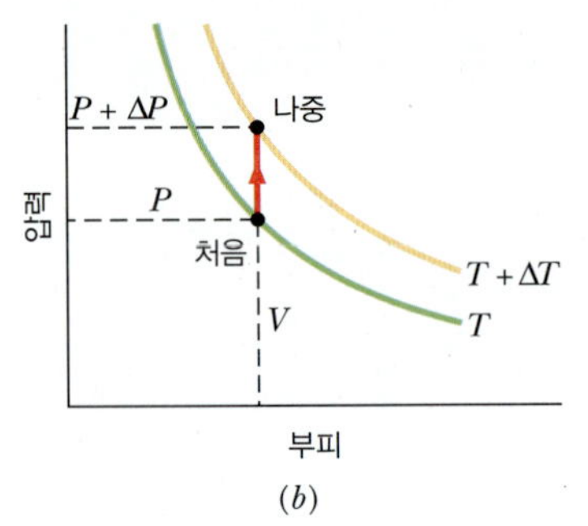

(b)

그림 20-13
(a) 이상기체의 온도가 일정-부피 과정에서 T에서 $T+\Delta T$로 오른다. 열에너지를 흡수했지만 아무 일도 하지 않았다. (계의 단열 뚜껑은 그리지 않았음.) (b) 그 과정을 $P-V$ 그림에 나타낸 것.

여기에서 $C_{부피}$는 상수로 **일정 부피 몰비열(molar specific heat at constant volume)**이라고 한다. Q에 관한 이 식을 식 19-17($E^{내부}=Q-W$)의 열역학 제1법칙에 넣으면 다음 결과를 얻는다.

$$\Delta E^{내부} = nC_{부피}\Delta T - W \tag{20-38}$$

부피를 일정하게 지켰으므로 기체는 팽창하지 못했고 따라서 아무 일도 못했다. 그러므로 $W=0$이고 식 20-38에서 다음 결과를 얻는다.

$$C_{부피} = \frac{\Delta E^{내부}}{n\Delta T} \tag{20-39}$$

식 20-36에서 $E^{내부} = \frac{3}{2}nRT$임을 알고 있으므로, 내부 에너지 변화는 다음과 같아야 한다.

$$\Delta E^{내부} = \tfrac{3}{2}nR\Delta T \tag{20-40}$$

이 결과를 식 20-39에 넣으면 다음 결과를 얻는다.

$$C_{부피} = \tfrac{3}{2}R = 12.5\,\mathrm{J/mol\cdot K} \qquad (단원자\ 기체) \tag{20-41}$$

표 20-2가 보여주듯, 이상기체 운동론에 바탕을 둔 예측 $C_{부피}=\frac{3}{2}R$은 실제의 단원자 기체(우리가 가정한 바)에 대한 실험 결과와 잘 맞는다. (둘 이상의 원자로 이루어진 분자로 된 기체인) '2원자 기체'와 '다원자 기체'의 $C_{부피}$에 대한 실험값은 예측값 $C_{부피}=\frac{3}{2}R$ 보다 크다. 그 까닭은 20-8절에서 설명한다.

표 20-2
몰비열

분자	보기		$C_{부피}$(J/mol • K`)
단원자	이상		$\frac{3}{2}R = 12.5$
(원자 1개)	실제	He	12.5
		Ar	12.6
2원자	이상		$\frac{5}{2}R = 20.8$ *
(원자 2개)	실제	N_2	20.7
		O_2	20.8
다원자	이상		$3R = 24.9$ *
(원자 3개 이상)	실제	NH_4	29.0
		CO_2	29.7

* (5/2) R 및 3 R의 소개와 설명은 다음 절에서 할 것임

이제 식 20-36를 일반화하여 모든 이상기체의 내부 에너지에 대한 식으로 만들려면 $\frac{3}{2}R$를 $C_{부피}$로 바꾸어 넣는다. 그 결과는 다음과 같다.

$$E^{내부} = nC_{부피}T \qquad \text{(모든 이상기체)} \qquad (20\text{-}42)$$

이 식은 $C_{부피}$로 실험으로 결정된 값을 쓰면, 이상적인 단원자 기체만이 아니라 2원자 및 다원자 이상기체에도 적용된다. 식 20-37과 마찬가지로 기체의 내부 에너지는 기체의 온도만의 함수일 뿐 압력이나 밀도와는 무관함을 알 수 있다.

통에 든 이상기체의 온도가 ΔT만큼 변하면 식 20-39 또는 식 20-42에서 그 결과로 생기는 내부 에너지 변화는 다음과 같이 쓸 수 있다.

$$\Delta E^{내부} = nC_{부피}\Delta T \qquad \text{(모든 이상기체, 모든 과정)} \qquad (20\text{-}43)$$

이 식은 다음을 말해준다.

> 통에 든 이상기체의 내부 에너지 $E^{내부}$의 변화는 온도 변화만으로 정해질 뿐 어떤 과정을 거쳐 온도가 변했는가는 무관하다.

예를 들어 그림 20-14의 $P-V$ 그림에 있는 두 등온곡선 사이의 세 길을 생각하자. 이들은 다음 과정을 나타낸다. 길 1은 부피가 일정한 과정, 길 2는 압력이 일정한 과정(이제 살펴본다), 길 3은 주위와 열에너지를 주고받지 않는 과정(20-11절에서 설명한다). 비록 세 길과 연관된 Q와 W는 $P_{나중}$과 $V_{나중}$ 처럼 다르지만, 온도 변화 ΔT가 모두 같으므로 $E^{내부}$는 똑같고 식 20-43으로 정해진다. 그러므로 T와 $T+\Delta T$ 사이에서 어떤 길을 실제로 따라가든, $E^{내부}$를 쉽게 셈하려면 길 1과 식 20-43을 쓸 수 있다.

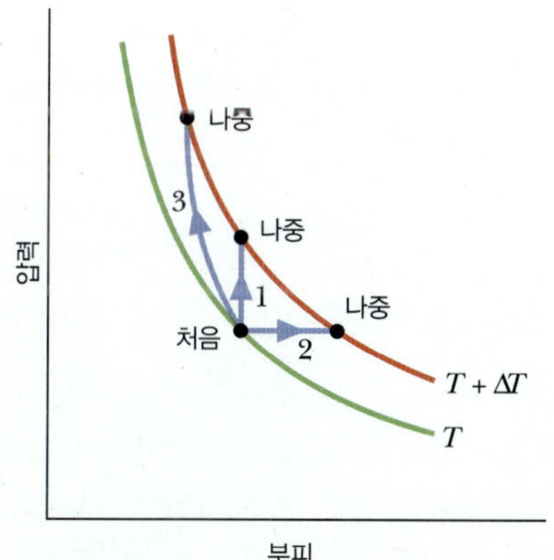

그림 20-14
세 길 1, 2, 3은 이상기체가 처음에 온도 T인 '처음' 상태에서 끝에 온도 $T+\Delta T$인 어떤 '나중' 상태로 가는 세 가지 다른 과정을 나타낸다. 이 기체의 내부 에너지 변화량 $\Delta E^{내부}$는 세 과정에서 같고 온도 변화가 같다면 다른 어떤 과정을 겪어도 같다.

• 일정 압력 몰비열

이제 이상기체의 온도가 앞서처럼 ΔT 만큼 조금 높아졌는데, 필요한 열에너지(Q)는 압력이 일정한 상태에서 흡수했다고 하자. 이 실험이 그림 20-15a이며, 이 과정에 대한 $P-V$ 그림이 그림 20-15b이다. 그러한 실험에서 전달된 열에너지 Q는 온도변화 ΔT와 다음과 같이 관계됨을 안다.

$$Q = nC_{압력}\Delta T \qquad \text{(일정한 압력)} \tag{20-44}$$

여기에서 $C_{압력}$은 **일정 압력 몰비열(molar specific heat at constant pressure)**이다. $C_{압력}$은 부피가 일정할 때의 몰비열 $C_{부피}$보다 큰데, 그 까닭은 기체의 온도를 높이는 것과 함께 기체가 하는 일 에너지까지, 다시 말해 그림 20-15a의 추를 얹은 피스톤을 밀어 올리는 일까지 해야 하기 때문이다.

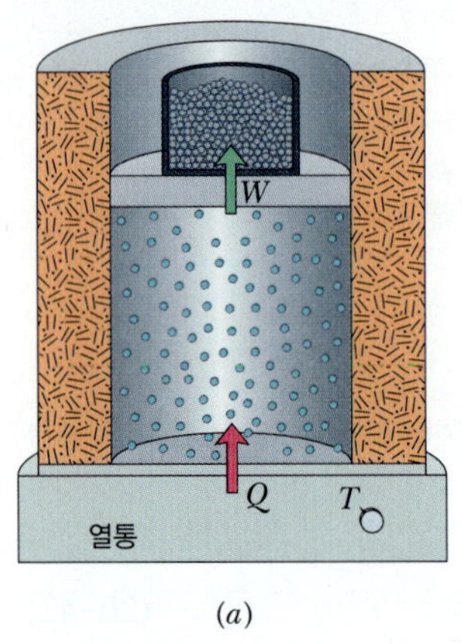

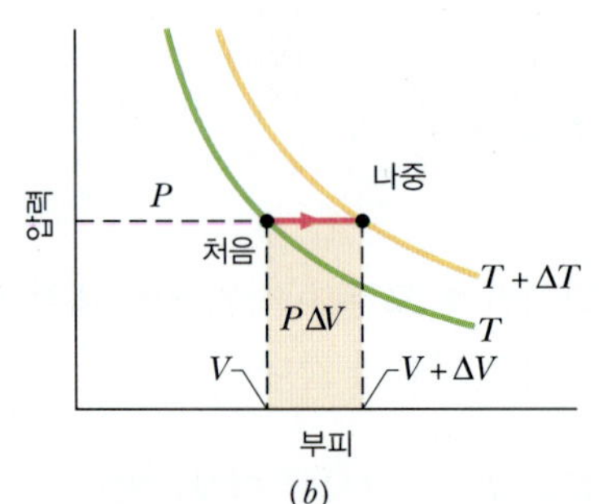

그림 20-15
(a) 이상기체가 압력이 일정한 과정을 지나면 온도가 T에서 $T+\Delta T$로 올라간다. 열에너지를 흡수하고, 추를 얹은 피스톤을 밀어 올리는 일을 한다. (b) $P-V$ 그림에 나타낸 과정. 일 에너지 $P\Delta V$는 색칠한 부분의 넓이다.

몰비열 $C_{부피}$와 $C_{압력}$ 사이의 관계를 찾으려면, 열역학 제1법칙(식 19-17)에서 시작하자.

$$\Delta E^{내부} = Q - W \tag{20-45}$$

이제 식 20-45의 낱낱의 항을 바꾸어 넣자. $\Delta E^{내부}$에는 식 20-43, Q에는 식 20-44를 넣는다. W에는 압력이 일정하므로 식 20-16에서 $W = P\Delta V$이다. 그러면 이상기체 방정식($PV = nRT$)에서 다음과 같이 쓸 수 있다.

$$W = P\Delta V = nR\Delta T \tag{20-46}$$

이렇게 바꿔 넣으면 식 20-45는 다음과 같이 바뀐다.

$$nC_{부피}\Delta T = nC_{압력}\Delta T - nR\Delta T$$

이것을 $n\Delta T$로 나누면 다음 결과를 얻는다.

$$C_{부피} = C_{압력} - R$$

따라서 다음과 같다.

$$C_{압력} = C_{부피} + R \qquad \text{(모든 이상기체)} \tag{20-47}$$

운동론을 써서 끌어낸 $C_{압력}$과 $C_{부피}$ 사이의 관계는 실험과 잘 맞는다. 단원자 기체만이 아니라 기체 밀도가 충분히 낮아 이상기체로 볼 수만 있으면 어떤 기체에 대해서도 잘 맞는다. 19-5절에서 설명했듯이 액체와 고체에서는 기체보다 압축성이 아주 작으므로 $C_{압력}$과 $C_{부피}$는 거의 같다.

생각해보기 20-4 다음 그림은 기체가 지나간 다섯 가지 길을 $P-V$ 그림에 보여준다. 기체의 내부 에너지 변화가 큰 것부터 차례로 적어라.

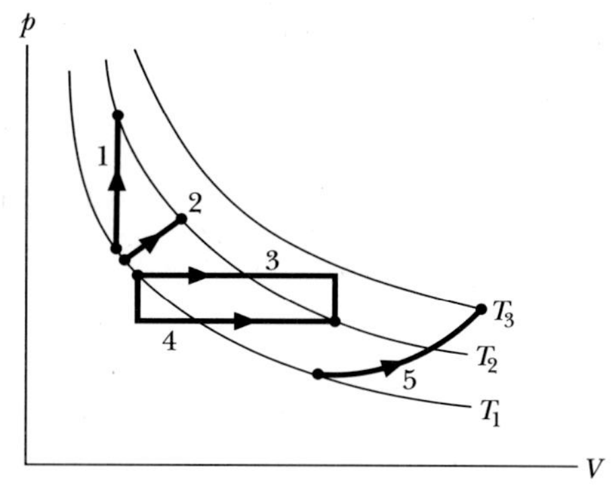

따라해보기 20-4 | 헬륨 방울

물 속 어떤 깊이에 5.00몰의 헬륨 방울이 가라 앉아 있다. 물의 압력이 일정한 상태에서 온도가 $\Delta T = 20.0°\text{C}$ 변하고 그 결과 헬륨 방울이 부푼다. 헬륨은 단원자 이상기체이다.

(a) 온도가 높아지고 부피가 느는 과정에서 열에너지가 얼마나 더해졌는가?

풀이 ■ **요점**은 전해진 열에너지 Q는 온도변화 ΔT에 비례하고 비례상수는 몰비열이라는 것이다. 에너지를 더해주는 동안 압력 P가 일정하게 유지되므로, Q를 셈하려면 압력이 일정할 때의 몰비열 $C_{압력}$과 식 20–44를 쓴다.

$$Q = nC_{압력}\Delta T \qquad (20\text{–}48)$$

$C_{압력}$의 값을 알려면 식 20–47의 $C_{압력} = C_{부피} + R$이 모든 이상기체에 대해 성립하는 것을 쓴다. 그러면 식 20–41에서 모든 (헬륨 같은) 단원자 기체에서는 $C_{부피} = \frac{3}{2}R$이다. 따라서 식 20–48에서 다음 결과를 얻는다.

$$\begin{aligned} Q &= n(C_{부피} + R)\Delta T = n\left(\tfrac{3}{2}R + R\right)\Delta T = n\left(\tfrac{5}{2}R\right)\Delta T \\ &= (5.00\text{ mol})(2.5)(8.31\text{ J/mol}\cdot\text{K})(20.0°\text{C}) \\ &= 2077.5\text{ J} \approx 2080\text{ J} \end{aligned} \qquad \text{(답)}$$

(b) 이 과정에서 헬륨의 내부 에너지 변화 $\Delta E^{내부}$는 얼마인가?

풀이 ■ 헬륨 방울이 부푸니까 부피가 일정한 과정이 아니다. 그렇지만 헬륨은 (물 속의 방울에) 갇혀 있다. 따라서 **요점**은 내부 에너지 변화 $\Delta E^{내부}$는 온도 변화가 똑같으면 부피가 일정한 과정에서도 같다는 것이다. 부피가 일정한 과정에서는 변화 $\Delta E^{내부}$를 식 20–43을 써서 쉽게 알 수 있다.

$$\begin{aligned} \Delta E^{내부} &= nC_{부피}\Delta T = n\left(\tfrac{3}{2}R\right)\Delta T \\ &= (5.00\text{ mol})(1.5)(8.31\text{ J/mol}\cdot\text{K})(20.0°\text{C}) \\ &= 1246.5\text{ J} \approx 1250\text{ J} \end{aligned} \qquad \text{(답)}$$

(c) 이 과정에서 헬륨이 물 속에서 부풀면서 한 일 W은 얼마인가?

풀이 ■ **요점**은 부푸는 기체가 주위의 압력을 밀어내며 한 일은 식 20–11의 $W = \int PdV$라는 것이다. 이 상황과 같이 압력이 일정하면 간단히 $W = P\Delta V$가 되고, 기체가 (이 문제와 같이) 이상적이면 이상기체법칙(식 20–8)을 써서 $P\Delta V = nR\Delta T$가 된다. 결국 다음 결과를 얻는다.

$$\begin{aligned} W &= nR\Delta T \\ &= (5.00\text{ mol})(8.31\text{ J/mol}\cdot\text{K})(20.0°\text{C}) \\ &= 831\text{ J} \end{aligned} \qquad \text{(답)}$$

우연히 Q와 $\Delta E^{내부}$를 아니까 다른 방법을 쓸 수도 있다. **요점**은 열역학 제1법칙을 써서 기체의 에너지 변화를 셈할 수 있다는 것이다.

$$W = Q - \Delta E^{내부} = 2077.5\text{ J} - 1246.5\text{ J} = 831\text{ J} \qquad \text{(답)}$$

온도가 오르는 동안 열에너지(2080 J)의 일부(1250 J)만 헬륨으로 전달되어 내부 에너지를 늘려 온도를 높이는데 쓰인다. 나머지(831 J)는 헬륨이 부풀면서 해주는 일로서 헬륨 바깥으로 나간다. 물이 얼었다면, 헬륨이 부풀지 못했을 것이다. 그러면 똑같이 20.0°C를 올리는데 헬륨이 일을 하지 않으므로 1250 J의 에너지만 들었을 것이다.

연습문제 20-7

44. 내부 에너지

온도 273 K인 이상적인 단원자 기체 1몰의 내부 에너지는 얼마인가?

45. 등온팽창

이상기체 1몰이 등온팽창을 한다. 그 동안 이 기체에 공급된 열에너지 Q를 처음 및 나중 부피와 온도로 나타내라. (**실마리**: 열역학 제1법칙을 써라.)

46. 공급한 열

어떤 이상기체에 20.9 J의 열에너지를 주니까 압력이 1.00기압으로 일정한 상태에서 부피가 50.0 cm^3에서 100 cm^3로 늘어났다. (a) 기체의 내부 에너지는 얼마나 달라졌나? 기체의 양이 2.00×10^{-3}몰이라면, 다음 조건에서 이 기체의 몰비열을 구하라. (b) 같은 압력 조건, (c) 같은 부피 조건.

47. 반응하지 않는 세 기체

어떤 통에 반응하지 않는 세 기체가 들어 있다. 첫째 기체는 n_1몰이고 같은 부피의 몰비열은 C_1, 등등. 이 혼합기체의 같은 부피 몰비열을 낱낱의 기체의 같은 부피 몰비열과 양으로 나타내라.

48. 이상적인 2원자 기체

이상적인 2원자 기체 1몰이 그림 20-16의 길을 따라 상태 a에서 c로 간다. 이렇게 상태가 바뀌는 동안 (a) 기체의 내부 에너지는 얼마나 바뀌는가? (b) 기체는 열에너지를 얼마나 받는가? (c) 상태가 a에서 b를 거쳐 c로 바뀔 때는 열에너지를 얼마나 받는가?

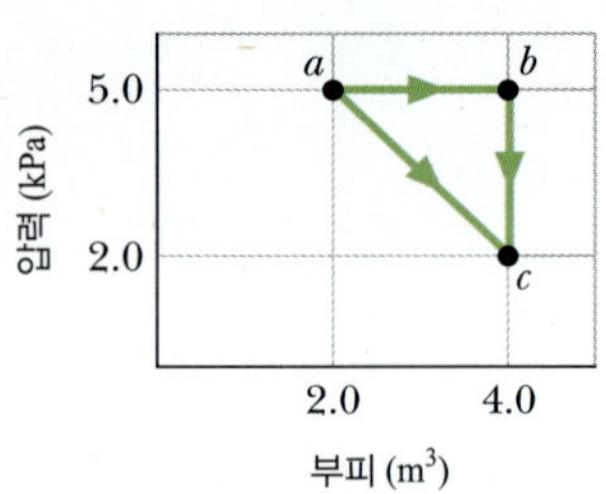

그림 20-16 문제 48

49. 기체 분자

어떤 기체 분자의 질량은 일정 부피 비열 $C_{부피}$로부터 셈할 수 있다. 아르곤에 대해 $C_{부피} = 0.075$ cal/g · C°로 잡고, (a) 원자의 질량과 (b) 몰질량을 셈하라.

20-8 자유도와 몰비열

표 20-2에서 보았듯이, $C_{부피} = \frac{3}{2}R$이라는 예측은 단원자 기체에 대한 실험과는 잘 맞는다. 그러나 2원자 및 다원자 기체와는 맞지 않는다. 이 어긋남을 설명해 보려면 둘 이상의 원자가 붙어 있는 분자는 내부 에너지로 병진 운동 에너지뿐 아니라 다른 꼴로도 더 지닐 수 있는지 살펴보자.

그림 20-17는 흔히 쓰는 분자 모형으로 헬륨(단원자 분자: 원자가 하나 들어 있다), 산소(2원자 분자: 원자가 둘 들어 있다), 메탄(다원자 분자)을 보여준다. 이러한 모형으로부터 세 가지 분자 모두 병진 운동(말하자면 위-아래, 왼쪽-오른쪽으로 움직인다)과 회전 운동(팽이처럼 어떤 축을 중심으로 돈다)을 할 수 있다. 그렇지만, 단원자 분자는 모양이 아주 대칭성이 커서 회전 운동을 따지려면 잘 살펴보아야 한다. 이것은 곧 다룰 것이다. 또한 2원자 분자와 다원자 분자는 용수철의 양끝에 원자가 붙은 것처럼 진동하여 원자끼리 가까워졌다 멀어졌다 한다.

(a) He

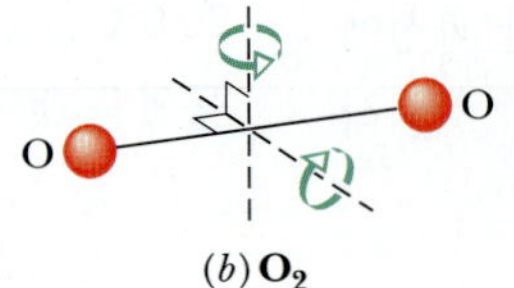

(b) O_2

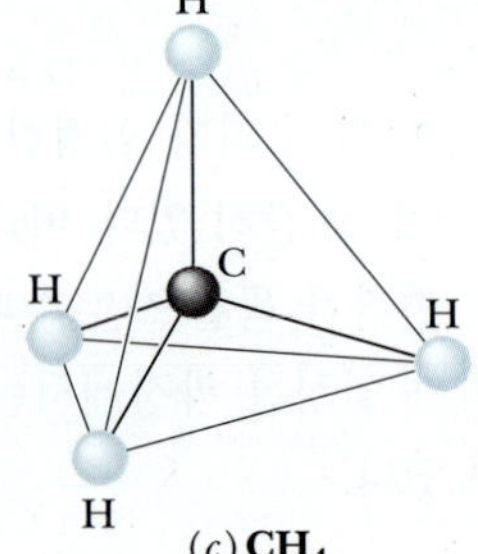

(c) CH_4

그림 20-17
운동론에서 쓰는 분자 모형. (a) 헬륨, 전형적인 단원자 분자. (b) 산소, 전형적인 2원자 분자. (c) 메탄, 전형적인 다원자 분자. 공은 원자를, 사이의 선은 결합을 나타낸다. 산소 분자에는 두 회전축을 나타냈다.

기체가 에너지를 저장하는 여러 방법을 설명하고자 막스웰은 **에너지 고르게 나눔(equipartition of energy)** 정리를 도입했다.

> 낱낱의 분자는 일정 수 f의 **자유도(degree of freedom)**를 지니는데, 이것은 분자가 에너지를 저장하는 방법이다. 분자마다 낱낱의 자유도에 평균 $\frac{1}{2}k_BT$의 에너지를 저장한다. (따라서 몰당 $\frac{1}{2}RT$.)

이 정리를 그림 20-17에 있는 분자의 병진 및 회전 운동에 써 보자. (진동운동은 다음 절에서 설명한다.) 병진 운동에 대해서는 어떤 기체이건 xyz 좌표계를 겹치면, 분자들은 일반적으로 세 좌표축 방향의 속도성분이 모두 있다. 따라서 모든 기체 분자는 병진 운동 자유도가 셋(병진운동을 하는 방법이 셋)이고, 그와 관련하여 분자마다 평균 에너지로 $3 \cdot \left(\frac{1}{2}k_BT\right)$씩을 지닌다.

회전 운동에 대해서는 그림 20-17에 있는 낱낱의 분자의 중심에 xyz 좌표계의 원점을 둔 것을 상상하자. 기체에서는 낱낱의 분자가 세 좌표축을 회전축으로 돌 수 있으므로 낱낱의 기체는 회전운동 자유도가 셋이며, 따라서 그와 관련하여 분자마다 평균 에너지로 $3 \cdot \left(\frac{1}{2}k_BT\right)$씩을 지닌다. 그렇지만, 실험을 해 보면 다원자 분자에서만 이것이 참이다.

이 문제에 대한 있음직한 설명은 대칭축에 대한 회전은 자유도로 쳐줄 수 없다는 것이다. 예를 들어 그림 20-17에서 보았듯이 단원자 분자는 (서로 직교하는) 중심을 지나는 세 좌표축 모두에 대해 대칭이다. 따라서 제시된 설명에 따르면 그 회전운동은 자유도로 쳐줄 수 없다. 2원자 분자는 축 하나(2원자의 중심을 지나는 축)에 대해서만 대칭이고, 따라서 분자의 회전과 관련된 자유도는 셋이 아니라 둘이다.

이론을 이렇게 고치면 실험 결과와 잘 맞는 것처럼 보인다. 그렇지만 이론을 고치는(실험적 증거 말고) 까닭이 무엇인가를 따져야 한다. 한 가지는 분명하다. 분자가 대칭축을 중심으로 돌면, 그것이 도는지 돌지 않는지 구별할 수 없다. (겉에 실자국이나 표식이 있는) 야구공과 달리 분자는 도는지 우리가 알 수 있는 특징이 없다. 단지 움직이지 않는 것과 전혀 구별할 수 없기 때문에 분자운동을 무시해야 한다는 것에 대해 고전 물리학은 아무런 참된 근거를 주지 못하지만, 양자 이론은 제시한다.

따라서 새 모형에 따르면 단원자 분자는 모든 회전축이 대칭축이므로 회전운동의 자유도는 없다. 2원자 분자는 2원자를 잇는 축에 대한 회전에서는 자유도가 없고, 그것과 수직인 두 축에 대한 회전과 연관된 2개의 자유도가 있다(그 축은 그림 20-17b에 나타냈다). 그러므로 2원자 분자는 분자마다 평균 회전운동 에너지 $2 \cdot \left(\frac{1}{2}k_BT\right)$씩을 지닐 수 있다. 여러 분자 원자는 회전운동과 관련되어 세 자유도를 모두 지닌다.

몰비열(20-7절의 $C_{압력}$과 $C_{부피}$)에 관한 분석을 이상적인 2원자 및 다원자 분자로 확장하려면, 분석 과정을 세밀하게 다시 따라가 보아야 한다. 첫째 식 20-36($E^{내부} = \frac{3}{2}nRT$)을 표 20-3에 나와 있는 자유도가 f개일 때 $E^{내부} = f \cdot \left(\frac{1}{2}nRT\right)$로 바꾸어야 한다. 그렇게 하면 다음과 같이 예측할 수 있다.

$$C_{부피} = f \cdot \left(\frac{R}{2}\right)R = 4.16f \text{ J/mol} \cdot \text{K} \tag{20-49}$$

이것은 단원자 기체($f = 3$)에 대해서는 식 20-41과 맞고, 그래야 한다. 표 20-3에서 보듯이 이 예측은 2원자 기체($f = 5$)에 대해서도 잘 맞지만, 다원자 기체에 대해서는 너무 작다. **유의:** 여기에서 쓴 기호 f는 자유도로서 분자의 속도 분포를 나타내는 확률밀도함수 $f(v)$와 헷갈리면 안 된다.

표 20-3
여러 분자의 자유도

분자	보기	자유도 병진	자유도 회전	자유도 전체(f)	예측한 몰 비열 $C_{부피}$(식 20-47)	예측한 몰 비열 $C_{압력} = C_{부피} + R$
단원자	He	3	0	3	$\frac{3}{2}R$	$\frac{5}{2}R$
2원자	O_2	3	2	5	$\frac{5}{2}R$	$\frac{7}{2}R$
다원자	CH_4	3	3	6	$3R$	$4R$

따라해보기 20-5 | 내부 에너지 변화

부피 V인 오두막을 처음에 온도 T_1인(이상적인 2원자 분자) 공기가 가득 채웠다. 난로를 피우자 온도가 T_2로 올라갔다. 오두막 속 공기의 내부 에너지 변화량 $\Delta E^{내부}$는 얼마인가?

풀이 ■ 공기의 온도가 올라가도 공기의 압력 P는 바뀌지 않고 오두막 바깥의 대기압력과 같다. 그 까닭은 오두막이 밀폐된 공간이 아니어서 공기가 드나들기 때문이다. 공기 온도가 올라가면 공기 분자는 여기저기 난 구멍을 통해 바깥으로 나가고 따라서 방 속의 공기분자의 몰 수 n은 줄어든다. 따라서 **요점**은 $\Delta E^{내부}$를 셈하는데 식 20-43($\Delta E^{내부} = nC_{부피}\Delta T$)을 쓸 수 없다는 것이다. 그 까닭은 이 식은 n이 일정할 때만 쓸 수 있기 때문이다.

둘째 **요점**은 식 20-42($E^{내부} = nC_{부피}T$)를 써서 몰 수 n와 온도 T를 알면 어느 때건 내부 에너지 $E^{내부}$를 알 수 있다는 것이다. 이 식에서 다음 식을 얻는다.

$$\Delta E^{내부} = \Delta(nC_{부피}T) = C_{부피}\Delta(nT)$$

그 다음에 식 20-8($PV = nRT$)을 써서 nT를 PV/R로 바꾸면 다음 식을 얻는다.

$$\Delta E^{내부} = C_{부피}\Delta\left(\frac{PV}{R}\right) \qquad (20\text{-}50)$$

이제 P, V, R이 모두 상수이므로 식 20-50은 다음과 같다.

$$\Delta E^{내부} = 0 \qquad \text{(답)}$$

즉, 온도가 변해도 내부 에너지는 변하지 않는다.

온도가 높으면 왜 오두막이 더 아늑하게 느껴질까? 여기에는 적어도 두 가지 인자가 있다. (1) 여러분은 오두막의 안쪽 벽면과 전자기 방사(열 방사)를 주고 받는다. 그리고 (2) 여러분의 몸과 부딪치는 공기분자와 에너지를 주고 받는다. 방안의 온도가 올라가면 (1) 벽면이 내어 여러분이 흡수하는 열방사의 양이 늘어난다. 그리고 (2) 여러분의 몸에 부딪치는 공기분자로부터 얻는 에너지의 양이 늘어난다.

연습문제 20-8

50. 2원자 분자 기체의 가열

2원자 분자 기체에 열에너지 70 J을 주어 같은 압력에서 팽창하게 만든다. 기체분자는 돌기는 해도 진동은 하지 않는다. 기체의 내부 에너지는 얼마나 늘어나는가?

51. 산소의 운동

산소(O_2) 1몰을 같은 압력에서 0°C에서 데운다. 부피가 두 배가 되게 하려면 열에너지 Q를 얼마나 주어야 하는가? (이 분자는 돌기는 해도 진동은 하지 않는다.)

52. 산소 가열

산소(O_2) 12.0 g을 같은 압력에서 데워 온도가 25.0°C에서 125°C로 올라갔다. (a) 산소기체는 몇 몰인가? (몰 질량에 관해서는 표 20-1 참조) (b) 산소에 전해준 열에너지는 얼마나 되는가? (이 분자는 돌기는 해도 진동은 하지 않는다.) (c) 산소가 흡수한 열에너지 가운데 얼마의 비율이 산소의 내부 에너지로 바뀌었는가?

53. 분자 회전

2원자 이상기체 4.00몰을 생각하자. 이 분자는 돌기는 해도 진동은 하지 않는다. 이 기체가 같은 압력에서 온도가 60.0 K 올라갔다. (a) 이 기체에 열에너지가 얼마나 전달되었는가? (b) 이 기체의 내부 에너지는 얼마나 늘었는가? (c) 이 기체가 한 일은 얼마인가? (d) 이 기체의 병진 운동 에너지는 얼마나 늘었는가?

20-9 양자 이론의 실마리

운동론에 2원자 또는 여러 원자로 된 공기분자의 진동을 넣으면 이론적 예측이 실험 결과와 더 잘 맞는다. 예를 들어 그림 20-17*b*에 보인 O_2분자를 이루는 두 원자는 서로를 잇는 결합을 용수철 삼아 서로 다가갔다 멀어지며 진동할 수 있다. 그렇지만 실험 결과는 그러한 진동이 기체 온도가 비교적 높을 때만 일어남을 보여준다. 그 운동은 기체 분자의 에너지가 상대적으로 클 때만 '켜진다 (turning on).' 회전 운동도 그렇게 '켜지지만' 필요한 에너지는 더 낮다.

그림 20-18은 이러한 회전과 진동 운동이 켜지는 것을 보는데 도움이 된다. 2원자 수소 기체 (H_2)의 $C_{부피}/R$을 온도 변화에 대해 그렸는데, 온도 눈금은 대수값을 잡아 넓은 범위의 변화를 보였다. 온도가 80 K 아래이면 $C_{부피}/R = 1.5$이다. 이 결과는 수소의 세 병진운동 자유도만이 비열에 들어감을 뜻한다.

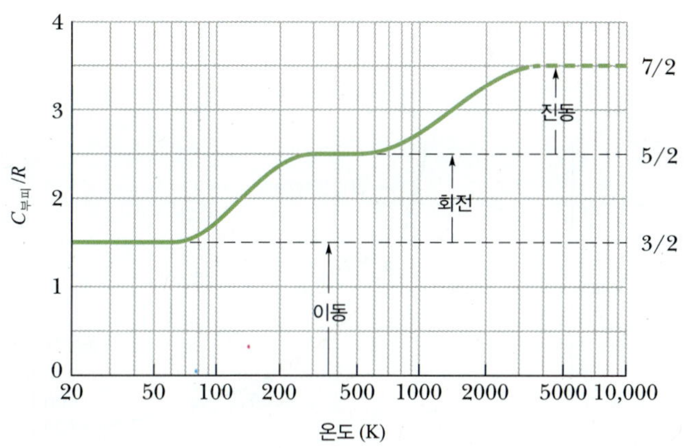

그림 20-18
(2원자) 수소 기체의 $C_{부피}/R$을 온도 변화에 대해 보여주는 곡선. 회전 및 진동 운동이 어떤 정해진 에너지에서 시작되므로 온도가 아주 낮을 때는 병진운동만 한다. 온도가 올라가면서 회전 운동이 시작된다. 더 높은 온도에서는 진동운동이 시작된다.

온도가 올라가면 $C_{부피}/R$의 값은 천천히 2.5로 커지며, 이것은 자유도가 두 개 늘어남을 뜻한다. 양자 이론에 따르면 두 자유도는 수소분자의 회전운동과 관련이 있고, 이 운동을 하려면 에너지가 어떤 최소값보다 커야 한다. 아주 낮은 온도(80 K 이하)에서는 분자 에너지가 부족하여 회전운동을 할 수 없다. 온도가 80 K를 넘으면 처음에는 몇 개의 분자가, 그 다음에는 더 많은 분자가 회전운동을 할 수 있을 정도로 충분한 에너지를 얻게 되고, 따라서 $C_{부피}/R$의 값이 커져서 모든 분자가 회전운동을 할 수 있을 때는 $C_{부피}/R = 2.5$가 된다.

마찬가지로, 양자 이론에 따르면 분자가 진동 운동을 하는데도 (회전 운동보다 더 큰) 최소 에너지가 필요하다. 분자가 이 최소 에너지를 가지려면 그림 20-18에 보인 것처럼 온도가 1000 K를 넘어야 한다. 온도가 1000 K를 넘어 서면, 진동 운동을 할 수 있을 만큼 충분한 에너지를 가진 분자의 수가 늘어나며, 따라서 $C_{부피}/R$의 값이 점점 커져서 마침내 모든 분자가 진동운동을 할 수 있을 때는 $C_{부피}/R = 3.5$가 된다. (그림 20-18에서 곡선이 3200 K에서 끝나는 까닭은, 수소원자의 진폭이 너무 커서 마침내 결합이 깨져 해리되어 독립된 수소 원자 두 개가 되기 때문이다.)

기체의 온도가 충분히 높아질 때까지는 회전 운동 자유도가 들뜨지 않는다는 사실은 회전운동 에너지가 회전속도의 연속함수가 아님을 뜻한다. 그 대신, 양자화된 흩어진 값의 에너지를 얻어야 회전운동을 하게 된다. 이 에너지 준위가 똑똑 떨어져 있음은 양자 역학적 움직임의 특징이다. 재미있는 것은 이 장에서 설명한 몇 가지 주제는 실험실에서 쉽게 잴 수 있는 물질의 거시적 성질이 뒤에 전개할 양자이론에 결정적으로 의존하는 (그리고 강력한 증거가 되는) 사례의 첫째 보기라는 점이다(여러 가지 보기가 뒤에 나온다).

양자이론을 결합시킬 때 미시적 이론과 거시적 관찰이 잘 맞는 것과 물리학 및 화학의 다른 현상은 물질이 원자와 분자로 이루어져 있다는 이론을 더욱 뒷받침한다.

20-10 이상기체의 단열 팽창

18-2절에서 소리는 공기 등의 기체가 압축과 팽창을 번갈아 하며 퍼져가는 것임을 보았다. 이때 매질의 압축과 팽창은 아주 빨리 일어나므로 열에너지가 매질의 한 곳에서 다른 곳으로 전달될 시간이 없다. 19-8절에서 본 것처럼 $Q = 0$인 과정은 단열 과정이다. $Q = 0$이 되게 하려면 (소리처럼) 과정을 아주 빨리 진행시키거나, 잘 절연된 그릇 속에서 진행시킨다(진행 속도에 상관없다). 단열 과정에 대해 운동론이 무엇을 말하는지 살펴보자.

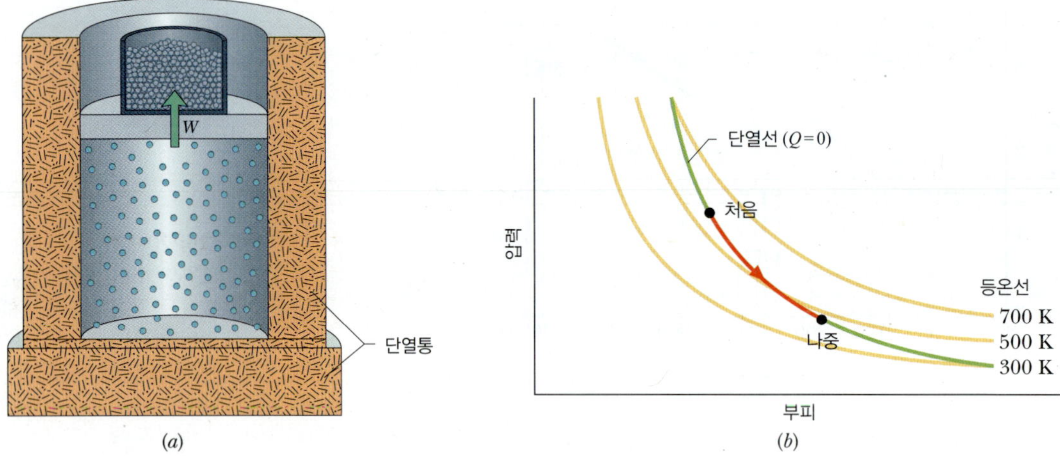

그림 20-19
(*a*) 단열통 속에든 피스톤에서 추를 덜어내면 이상기체의 부피가 늘어난다. 이 과정은 단열 과정이다($Q = 0$). (*b*) 이 과정은 $P-V$ 그림에서 단열선을 따라 '처음'에서 '나중'으로 간다.

그림 20-19*a*는 흔한 단열 원통을 보여준다. 절연된 뚜껑은 그리지 않았다. 이 그릇에 이상기체가 들어 있다. 피스톤에서 추를 덜어내면, 기체는 단열 팽창한다(팽창은 빨리 하지 않고 천천히 진행한다). 부피가 늘어나면서 압력과 온도가 낮아진다. 다음에 그러한 단열 과정에서의 압력과 부피 사이의 관계가 다음과 같음을 보일 것이다.

$$PV^{\gamma} = \text{상수} \qquad (\text{이상기체, 단열 과정}) \qquad (20\text{–}51)$$

여기에서 $\gamma = C_{\text{압력}}/C_{\text{부피}}$로 기체의 몰 비열의 비다. 그림 20-19*b*와 같은 $P-V$ 그림에서 이 과정은 식이 $P = \text{상수}/V^{\gamma}$인 곡선['단열선(adiabat)'이라고 함]을 따라간다. 이 기체는 상태 '처음'에서 상태 '나중'으로 가므로, 식 20-51은 다음과 같이 고쳐 쓸 수 있다.

$$P_{\text{처음}}V_{\text{처음}}^{\gamma} = P_{\text{나중}}V_{\text{나중}}^{\gamma} \qquad (\text{이상기체, 단열 과정}) \qquad (20\text{–}52)$$

단열 과정에 대한 식을 T와 V로 나타낼 수도 있다. 그러려면 이상기체법칙($PV = nRT$)을 써서 식 20-51에서 P를 없애 다음 식을 얻는다.

$$\left(\frac{nRT}{V}\right)V^{\gamma} = \text{상수} \qquad (\text{이상기체, 단열 과정})$$

n과 R은 상수이므로 이 식을 다음과 같이 고쳐 쓸 수 있다.

$$TV^{\gamma-1} = \text{상수} \qquad (\text{이상기체, 단열 과정}) \tag{20-53}$$

여기에서 상수는 식 20-51의 상수와는 다르다. 기체가 상태 '처음'에서 상태 '나중'으로 가면 식 20-53은 다음과 같이 고쳐 쓸 수 있다.

$$T_{\text{처음}}V_{\text{처음}}^{\gamma-1} = T_{\text{나중}}V_{\text{나중}}^{\gamma-1} \qquad (\text{이상기체, 단열 과정}) \tag{20-54}$$

이제 이 장을 시작할 때 낸 물음에 답할 수 있다. 따지 않은 탄산음료 병의 머리 부분에는 이산화탄소와 수증기가 기체 상태로 있다. 기체의 압력이 대기압보다 높으므로, 병을 딸 때는 기체가 대기 속으로 팽창한다. 따라서 기체의 부피가 늘어나는데, 그동안 기체가 대기를 밀어내느라 일을 한다. 이 팽창 과정은 아주 빨라서 단열적이고, 따라서 그 일을 하는데 들어가는 에너지는 기체의 내부 에너지가 공급한다. 내부 에너지가 줄어드니까 기체의 온도는 내려가고, 따라서 그 속의 수증기가 응결하여 아주 작은 물방울이 되어 안개를 만든다. (식 20-54는 기체가 단열 팽창할 때 온도가 내려감을 말해준다. $V_{\text{나중}}$이 $V_{\text{처음}}$보다 크므로, $T_{\text{나중}}$은 $T_{\text{처음}}$보다 낮다.)

• 식 20-51의 증명

그림 20-19*a*의 피스톤에서 추를 조금 덜어내, 이상기체가 피스톤과 남아 있는 추를 밀어 올려 부피가 미분량 dV만큼 늘어났다고 하자. 부피 변화가 아주 작으므로 피스톤이 밀리는 동안 받는 기체의 압력 P는 일정하다고 가정할 수 있다. 그러면 기체가 팽창하며 한 일 dW는 PdV와 같다. 또한 기체는 단열되어 있으므로(따라서 단열 팽창이다), $Q = 0$이다. 그러므로 식 19-18의 열역학 제1법칙에서 다음과 같이 쓸 수 있다.

$$dE^{\text{내부}} = Q - PdV = -PdV \tag{20-55}$$

$dE^{\text{내부}}$를 식 20-43을 써서 $nC_{\text{부피}}dT$로 바꾼 다음 식을 정리하면 다음 결과를 얻는다.

$$ndT = -\left(\frac{P}{C_{\text{부피}}}\right)dV \tag{20-56}$$

이제 이상기체법칙($PV = nRT$)에서 다음 결과를 얻는다(부록 E의 도함수 규칙 3).

$$PdV + VdP = nRdT \tag{20-57}$$

식 20-57에서 R을 $C_{\text{압력}} - C_{\text{부피}}$로 바꾸면 다음과 같다.

$$ndT = \frac{PdV + VdP}{C_{\text{압력}} - C_{\text{부피}}} \tag{20-58}$$

식 20-56과 20-58을 묶어 정리하면 다음 결과를 얻는다.

$$\frac{dP}{P}+\left(\frac{C_{압력}}{C_{부피}}\right)\frac{dV}{V}=0$$

몰비열의 비를 γ로 바꾸고 적분하면 다음 결과를 얻는다(부록 E의 적분 5).

$$\ln P+\gamma\ln V=상수$$

왼쪽을 $\ln PV^{\gamma}$로 고치고 대수함수기호를 벗겨내면 다음 결과를 얻는다.

$$PV^{\gamma}=상수 \tag{20-59}$$

이로써 바라던 결과를 얻었다.

● 자유팽창

19-8절에서 기체의 자유팽창은 단열 과정으로 기체가 아무런 일도 하지 않고, 따라서 기체의 내부 에너지는 달라지지 않는다는 것을 떠올리자. 따라서 자유팽창은 식 20-51에서 20-59까지로 기술한 단열팽창과는 전혀 다른 과정이다. 왜냐하면 그 단열 팽창에서는 일을 하고, 내부 에너지가 변하기 때문이다. 따라서 자유팽창이 단열적이기는 해도 단열팽창의 식을 쓸 수는 없다.

자유팽창에서 기체가 열평형 상태에 있는 것은 처음과 나중 상태뿐이다. 따라서 $P-V$ 그림에는 두 점만을 나타낼 수 있을 뿐 팽창 과정 자체는 그려 넣을 수 없다. 또한 $\Delta E^{내부}=0$이므로 끝 상태의 온도는 첫 상태와 같다. 따라서 $P-V$ 그림에서 처음과 나중 상태는 등온곡선 위에 있어야 하고, 식 20-54 대신 다음과 같다.

$$T_{처음}=T_{나중} \quad (자유팽창) \tag{20-60}$$

기체가 이상적이라면(따라서 $PV=nRT$), 온도가 변하지 않으므로 PV 값도 바뀌지 않는다. 따라서 자유팽창에서는 식 20-51 대신 다음 식이 성립한다.

$$P_{처음}V_{처음}=P_{나중}V_{나중} \quad (자유팽창) \tag{20-61}$$

따라해보기 20-6 | 나중 온도

따라해보기 20-2에서 산소 1몰(이상기체로 가정했다)이 (310 K에서) 등온팽창하여 부피가 처음 12 L에서 나중에 19 L이 되었다.

(a) 똑같은 부피로 단열팽창을 했다면 나중 온도가 몇 도일까? 산소(O_2)는 2원자 분자이고 이 온도에서 회전운동을 하지만 진동은 하지 않는다.

풀이 ■ 요점은 다음과 같다.

1. 기체가 주위의 압력을 받으며 팽창할 때는 일을 해준다.
2. 변화 과정이 단열적이면 (열에너지가 전달되지 않으면) 일을 하는데 필요한 에너지는 기체의 내부 에너지에서 나온다.
3. 내부 에너지가 줄어드니까 온도 T가 내려간다.

처음 온도와 나중 온도 그리고 부피를 식 20-54를 통해 연관시킬 수 있다.

$$T_{처음}V_{처음}^{\gamma-1}=T_{나중}V_{나중}^{\gamma-1} \tag{20-62}$$

분자가 두 원자로 이루어지고, 회전은 하지만 진동은 하지 않으므로 표 20-3에서 몰비열을 알 수 있다. 따라서

$$\gamma=\frac{C_{압력}}{C_{부피}}=\frac{\frac{7}{2}R}{\frac{5}{2}R}=1.40$$

식 20-62를 $T_{나중}$에 관해 풀고 알아낸 자료값을 넣으면 다음 결과를 얻는다.

$$T_{나중} = T_{처음}\frac{V_{처음}^{\gamma-1}}{V_{나중}^{\gamma-1}} = (310\,\text{K})\frac{(12\,\text{L})^{1.40-1}}{(19\,\text{L})^{1.40-1}}$$
$$= (310\,\text{K})\left(\tfrac{12}{19}\right)^{0.40} = 258\,\text{K} \qquad \text{(답)}$$

(b) 기체가 자유팽창을 하였다면 나중 상태의 온도와 압력은 어떻게 될까? 처음 압력은 2.0Pa이다.

풀이 ■ 요점은 자유팽창에서는 온도가 바뀌지 않는다는 것이다.

$$T_{나중} = T_{처음} = 310\,\text{K} \qquad \text{(답)}$$

새 압력은 식 20-61을 쓰면 다음 결과를 얻는다.

$$P_{나중} = P_{처음}\frac{V_{처음}}{V_{나중}} = (2.0\,\text{Pa})\frac{12\,\text{L}}{19\,\text{L}} = 1.3\,\text{Pa} \qquad \text{(답)}$$

연습문제 20-10

54. 기체 1리터

(a) $\gamma = 1.3$인 기체 1리터가 온도 273 K, 압력 1.0기압에 있다. 이것을 갑자기 단열 압축하여 부피를 반으로 줄였다. 나중 상태의 압력과 온도를 구해라. (b) 이 기체를 다시 같은 압력에서 273 K로 식혔다. 부피는 얼마인가?

55. 어떤 기체

$\gamma = 1.4$인 어떤 이상기체가 압력 1.2기압, 온도 310 K에서 부피가 4.3 L이다. 이것을 단열압축하여 부피를 0.76 L로 줄였다. 나중 상태의 다음 변수를 구하라. (a) 압력, (b) 온도.

56. 단열 과정

단열 과정에서는 PV^{γ} = '상수' 임을 알고 있다. 꼭 2.0몰의 어떤 이상기체가 정확히 압력 $P = 1.0$기압, 온도 $T = 300$ K인 상태를 지나갈 때 상수를 구하라. 기체 분자는 2원자 분자로서 회전은 하지만 진동은 하지 않는다고 가정하라.

57. n몰

n몰의 이상기체가 처음 온도 T_1에서 나중 온도 T_2로 단열 팽창한다고 하자. 이 기체가 한 일이 $nC_{부피}(T_1 - T_2)$임을 증명하라. 여기에서 $C_{부피}$는 같은 부피에서의 몰비열이다. (**실마리**: 열역학 제1법칙을 써라.)

58. 탄성률

이상기체의 단열 과정에서 다음을 보여라. (a) 부피 탄성률이 아래와 같다.

$$B = -V\frac{dP}{dV} = \gamma P$$

따라서 (b) 기체에서의 소리의 진행 속력은 다음과 같다.

$$v_{소리} = \sqrt{\frac{\gamma P}{\rho}} = \sqrt{\frac{\gamma RT}{M}}$$

식 18-1과 18-2를 보라. 여기에서 M은 몰질량이고, 기체의 전체 질량은 $m = nM$이다.

59. 몰비열

0.000°C, 1.00기압에서 공기의 밀도는 1.29×10^{-3} g/cm^3, 소리의 진행 속력은 331 m/s이다. 이 자료를 써서 공기의 몰비열의 비 γ를 셈하라. (**실마리**: 문제 58)

60. 자유팽창

(a) 처음 압력이 P_0인 이상기체가 자유팽창하여 부피가 처음의 3.00배가 되었다. 나중 상태의 압력은 얼마인가? (b) 그 다음에 기체를 천천히 단열 압축하여 애초의 부피로 만들었다. 압축한 뒤의 압력은 $(3.00)^{1/3}P_0$이다. 이 기체의 분자는 단원자인가, 2원자 분자인가, 아니면 다원자 분자인가? (c) 나중 상태의 분자당 평균 운동에너지는 처음 상태와 비교하면 얼마나 되는가?

61. 순환과정

1몰의 이상기체가 그림 20-20에 보인 순환과정을 따라간다. 과정 1 → 2는 같은 부피에서, 2 → 3은 단열적으로, 3 → 1는 같은 압력에서 진행된다. (a) 낱낱의 과정과 순환과정 전체를 통해 이 기체가 흡수한 열에너지 Q, 내부 에너지 변화 $\Delta E^{내부}$, 기체가 한 일 W를 셈하라. (b) 상태 1에서의 처음 압력은 1.00기압이다. 상태 2와 3에서의 압력과 부피를 구하라. 1.00기압 = 1.013×10^5 Pa과 $R = 8.314$ J/mol·K를 써라.

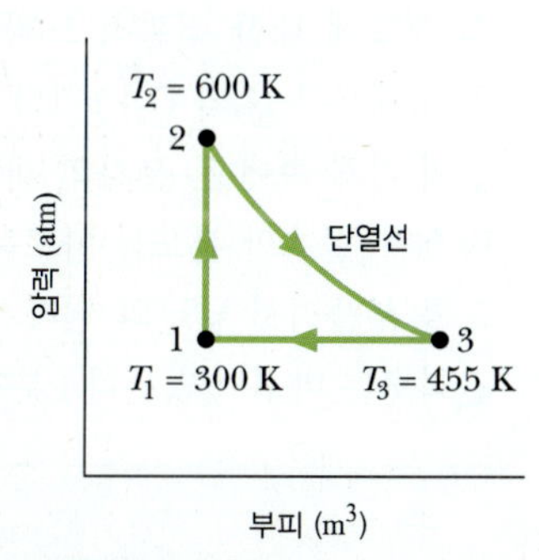

그림 20-20 문제 61

추가문제

62. 크기 및 세기 변수

세기 변수(intensive variable)는 계의 안에서 국소적으로 정의할 수 있다. 그 값은 계 전체를 잡든 일부만 잡든 같다. 크기 변수(extensive variable)는 계 전체에 대해 정의된다. 값은 계에서 얼마만큼을 잡는가에 따라 달라진다. 아래의 변수 가운데 크기 변수는 어떤 것이고, 세기 변수는 어떤 것인가? 낱낱의 답에 대해 설명하여라.

(a) 밀도, (b) 압력, (c) 부피, (d) 온도, (e) 질량, (f) 내부 에너지, (g) 몰 수, (h) 분자량.

63. 기체분자의 변화

이상기체가 꼭 막힌 통에 들어 있다. 아래의 다섯 가지 정량적 변화를 기술하는 문장을 채워 완성하라. 예를 들어 처음에 V였던 부피가 네 배로 커진다면, 문장 끝에 '$4V$' 라고 써 넣어라.

(a) 기체의 절대 온도가 반으로 내려가면, 기체 분자의 평균 속력 $\langle v\rangle$는 ________이다.

(b) 기체 분자의 평균 속력 $\langle v\rangle$가 두 배로 빨라지면, 통의 벽에서의 압력 P는 ________이다.

(c) 기체의 절대 온도가 반으로 내려가면, 통의 벽에서의 압력 P는 ________이다.

(d) 기체의 절대 온도가 25% 높아지면, 기체의 내부 에너지 $E^{내부}$는 ________이다.

(c) 통 속의 기체 분지의 개수를 두 배로 늘리되, 온도는 같게 유지하면, 통의 벽에서의 압력 P는 ________이다.

64. 기체의 길이 단위

원자의 실제 지름은 약 1옹스트롬(10^{-10} m)이다. 기체의 분자 수준의 척도에 대한 직관적 느낌을 키우려면, 실온에서 압력 10^5 Pa의 공기(대부분 N_2와 O_2) 1리터를 생각하여 다음 양을 셈하라. (a) 이 양의 기체 속에 든 분자의 개수, (b) 분자 사이의 거리의 평균값, (c) 막스웰-볼츠만 분포를 따르는 분자의 평균속력, (d) 기체의 공간척도를 부풀려서 낱낱의 원자가 정구공만하다고 하자. (그렇지만 시간척도는 바꾸지 않는다.) 분자 사이의 거리의 평균값과 km/h 단위로 나타낸 분자의 평균 속력의 값은 얼마인가?

65. 막스웰-볼츠만 분포가 옳은가?

어떤 똑똑이가 다음과 같이 물었다. "공기 속에서 작은 공을 가속시키려면, 공기의 항력을 받는다. 물체를 떨어뜨리면, 공기의 저항력이 중력과 같아질 때 종단속도에 이른다(식 6-25). 공이 작을수록 종단 속도가 더 느려진다. 그러나 막스웰 분포에 따르면 공기분자는 아주 빨리 움직인다. 어림해 보니 이것은 분자의 종단속도보다 훨씬 빠르므로, 공기분자는 그렇게 빨리 움직일 수 없다. 따라서 막스웰 분포가 맞지 않다." (a) 공기 속을 움직이는 공이 받는 저항력을 뉴턴 항력 법칙에 따라 분자 모형을 써서 셈하면 $D=\rho\pi R^2 v^2$이다. 여기에서 D는 항력의 크기, R은 공의 반지름, ρ는 공기의 밀도, v는 공기 속을 움직이는 물체의 속력이다. 공기와 밀도가 같은 유체 ($\rho = 1\,\mathrm{kg/m^3}$ 속에서 떨어지는 공기분자의 종단 속력을 셈하라. (b) 앞에서 어림한 값이 막스웰-볼츠만 분포를 따르는 분자의 평균 속력보다 빠른가 느린가? 똑똑이의 주장에서 무엇이 잘못되었는가?

66. 아보가드로 가설

왜 액체와 고체에서는 아보가드로 가설(기체의 종류가 무엇이든 온도, 압력, 부피가 같으면 분자의 개수는 같다.)이 맞지 않는가?

67. 끓는 물 분자

액체 분자가 표면에 다가가면, 그것을 액체 속에 붙잡아두려는 힘의 장벽을 느낀다. 따라서 액체 표면을 벗어나 튀어 나가려면 일을 해야 하며, 튀어 나갈 때 운동 에너지의 일부를 잃는다.

(a) 물 분자가 증발하려면 물 표면을 안쪽에서 칠 때의 운동 에너지가 물이 끓는 온도인 100°C에 해당하는 운동 에너지보다 커야 한다고 하자. 이것을 써서 물 분자 하나를 물에서 빼내는데 드는 일 에너지 W의 값을 어림하라.

(b) 온도가 끓는점보다 낮은 물 속에 있는 분자의 평균 속력에 대응되는 운동 에너지가 W보다 작아도, 몇몇 분자는 물에서 튀어나와 증발한다. 왜 그런 일이 벌어지는지 설명하라.

21 엔트로피와 열역학 제2법칙

텍사스 주 오스틴 시 피칸 노점 카페 벽에 누군가가 다음과 같은 낙서를 해놓았다. "신은 모든 일이 한꺼번에 일어나지 않도록 시간을 만들었다.(Time is God's way of keeping things from happening all at once.)" 시간은 방향도 있다. 어떤 일은 정해진 차례대로 벌어질 뿐 거꾸로 일어나지 않는다. 실수로 떨어뜨린 달걀이 컵 속에서 깨지는 것을 예로 들 수 있다. 깨진 달걀이 다시 모여 온전한 달걀이 되어 위로 뛰어올라 손에 들어오는 일은 결코 일어나지 않는다. 왜 그럴까? 그러한 과정은 왜 영화필름을 거꾸로 돌리듯이 뒤집을 수 없을까?

도대체 무엇이 시간에 방향을 주는가?

◈ 답은 이 장에 있다.

21-1 몇 가지 한쪽 과정

아주 추운 날 밖에서 집으로 들어와 꽁꽁 언 손으로 따뜻한 찻잔을 감싸면 손이 따뜻해지면서 찻잔은 식는다. 그렇지만 반대로 손이 더 차가워지고 찻잔은 더 뜨거워지는 일은 결코 일어나지 않는다.

따뜻한 찻잔에서 손과 방안의 공기로 열에너지가 천천히 전달된다면 손과 찻잔으로 이루어진 계는 거의 닫힌계로서 주위 환경에서 고립되어 있다(상호작용하지 않는다). 닫힌계에서 한쪽으로만 진행되는 과정을 몇 가지 더 들면 다음과 같다. (1) 평평한 면을 따라 미끄러지다가 결국은 멈추는 상자. 그렇지만 애초에 서 있던 상자가 저절로 움직이기 시작하는 것은 결코 볼 수 없다. (2) 진흙덩이를 떨어뜨리면 바닥으로 떨어진다. 그러나 애초에 바닥에 가만히 있던 진흙덩이가 저절로 위로 뛰어오르지는 않는다. (3) 닫힌 방안에서 헬륨이 채워진 풍선에 구멍을 내면 헬륨이 빠져나와 온 방안으로 퍼진다. 그러나 낱낱의 헬륨 원자가 다시 모여들어 풍선을 채우는 일은 결코 생기지 않는다. 이렇게 한쪽으로만 진행되는 과정을 **비가역적(irreversible)**이라고 하며, 이것은 주위 환경을 조금 바꾸어도 진행이 뒤집히지 않음을 뜻한다.

많은 화학 변화도 비가역적이다. 예를 들어 메탄을 태우면 낱낱의 메탄 분자가 산소 분자와 섞인다. 아래의 화학식에 따라 수증기와 이산화탄소가 생겨난다.

$$CH_4 + O_2 \rightarrow CO_2 + H_2\,O$$

이 연소 과정은 비가역적이다. 수증기와 이산화탄소가 저절로 반응하여 메탄과 산소를 만들어내는 것은 볼 수 없다. (**옮긴이**: 이것은 상온에서의 이야기이고, 온도가 아주 높으면 반대의 과정도 일어날 수 있다.)

이처럼 한쪽으로만 진행되는 열역학적 과정은 아주 많아서 우리는 그러려니 하고 생각한다. 이러한 과정이 저절로 '거꾸로' 진행된다면 우리는 놀라 믿을 수 없어 할 것이다. 그러나 '거꾸로' 가는 사건도 에너지 보존 법칙에 어긋나지는 않는다. '찬 손–따뜻한 찻잔'의 예에서 손과 찻잔 사이에서 열에너지가 '거꾸로' 전달되어도 에너지는 보존되고, 서 있는 상자나 가만히 있는 진흙덩이가 갑자기 내부 에너지를 거시적 운동 에너지로 바꾸어 움직이기 시작해도 에너지는 보존되며, 풍선에서 나온 헬륨 원자가 스스로 다시 모여도 에너지는 보존된다.

닫힌계에서 에너지의 변화는 비가역 과정의 방향을 결정하지 못한다. 그래서 그 방향은 우리가 아직 생각하지 못한 다른 성질이 결정할 것이라고 결론지을 수 있다. 이 새로운 성질이 계의 엔트로피 S인데, 이 장에서 자세히 설명하겠다. 어떤 계의 엔트로피 변화 ΔS는 열역학적 과정의 방향을 살펴볼 때 중요한 양이다. 이것의 정의는 다음 절에서 하고, 여기에서는 엔트로피 변화의 핵심적인 성질을 말하겠다(흔히 엔트로피 가설이라고 한다).

> 닫힌계에서 어떤 비가역 과정이 일어나면 그 계의 엔트로피 S는 언제나 늘어난다. 결코 줄지 않는다.

엔트로피는 에너지와 달리 보존법칙을 따르지 않는다. 닫힌계의 에너지는 보존되며, 언제나 값이 일정하다. 비가역 과정에서는 닫힌계의 엔트로피는 언제나 늘어난다. 이 성질 때문에 엔트로피의 변화를 때로는 '시간의 화살'이라고도 한다. 예를 들어 이 장 첫쪽 사진에 있는 달걀이 비가역적으로 깨지는 과정에 시간이 흐르는 방향과 엔트로피의 증가를 연관시킬 수 있다. 시간이 거꾸로 흐른다면(비디오 테이프를 거꾸로 돌리면) 깨진 달걀이 다시 모여 온전한 달걀이 되어 위로 올라가는 것에 해당할 것이다. 이러한 '거꾸로' 가는 과정에서는 엔트로피가 줄기 때문에 결코 일어나지 않는다.

계의 엔트로피 변화를 정의하는 길은 두 가지다. 첫째는 거시적인 것으로, 계의 온도 그리고 계와 주위 환경의 열에너지 전달을 써서 정의한다. 둘째는 미시적 또는 통계적인 것으로, 계를 이루는 원자 또는 분자를 배열하는 방법의 수를 셈하여 정의한다. 다음 절에서는 첫째 방법을, 21-7절에서는 둘째 방법을 쓴다.

생각해보기 21-1 진흙덩이를 바닥으로 떨어뜨리는 비가역 과정을 생각하자. 에너지가 어떻게 바뀌면서 보존되는가 설명하라.

생각해보기 21-2 주변의 현상 가운데 에너지 보존 법칙과 어긋나지 않으면서 비가역성을 보여주는 것을 더 들어보라.

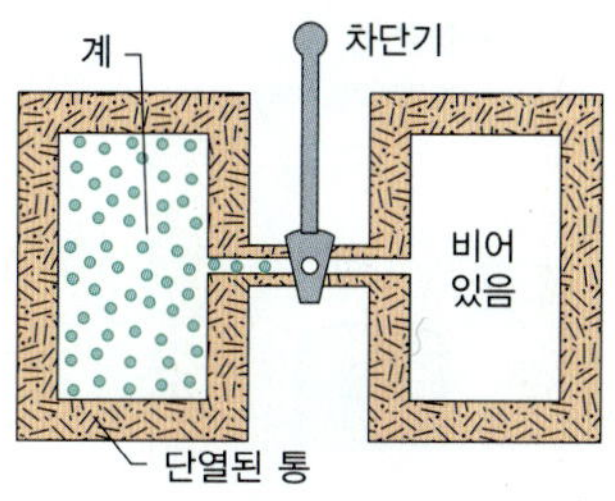

(a) '처음' 상태

비가역적 과정

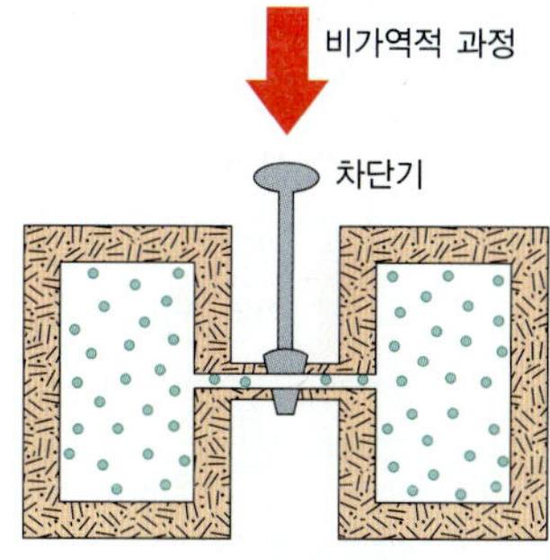

(b) '나중' 상태

그림 21-1
수많은 분자로 이루어진 이상기체의 자유팽창. (a) 기체가 차단기에 막혀 왼쪽 통에 갇혀 있다. (b) 차단기를 열면 기체는 바로 퍼져 양쪽 통을 모두 채운다. 이 과정은 비가역적이다. 곧 기체 분자가 스스로 모두 왼쪽 통으로 모이는 일은 결코 생기지 않는다.

21-2 엔트로피 변화

이 절에서는 19-8절과 20-10절에서 설명한 거시적 과정, 곧 이상기체의 자유 팽창을 다시 살펴보면서 엔트로피 변화를 정의하겠다. 그림 21-1*a*는 기체가 차단기에 막혀 단열된 통의 왼쪽 반에 갇혀 처음 평형 상태 '처음'에 있는 것을 보여준다. 차단기를 열면 기체는 바로 퍼져 통을 채우고, 마침내는 그림 21-1*b*에 보인 나중 평형 상태 '나중'에 이른다. 기체 분자의 수가 많으면(분자 수를 몇 개로 줄이려면 아주 힘들다), 이 과정은 비가역적이다. 비가역적이란 모든 기체 입자가 스스로 통의 왼쪽 반으로 다시 돌아가는 일은 있을 수 없음을 뜻한다.

그림 21-2는 이 과정의 '처음'과 '나중' 상태의 압력-부피 변화를 보여준다. 19-1절에서 설명한 것처럼 기체의 압력과 부피는 상태의 함수로서 어떤 과정을 지나 그 상태에 이르렀는가는 상관이 없다. 그러므로 압력과 부피는 상태의 성질이다. **상태의 성질(state properties)**은 기체의 상태에 따라 결정될 뿐 어떤 과정을 거쳐 그 상태가 되었는가는 상관이 없다. 상태의 성질로 다른 것에는 온도와 내부 에너지가 있다. 이제 기체의 엔트로피도 상태의 성질이라고 가정한다. 어떤 계가 '처음' 상태에서 '나중' 상태로 가는 동안의 **엔트로피 변화(change in entropy)** $S_{\text{나중}} - S_{\text{처음}}$은 다음과 같이 정의한다.

$$\Delta S = S_{\text{나중}} - S_{\text{처음}} = \int_{\text{처음}}^{\text{나중}} \frac{dQ}{T} \qquad \text{(엔트로피 변화의 정의)} \qquad (21\text{-}1)$$

여기에서 Q는 계가 데워지거나 식는 동안 받거나 내놓는 열에너지이고, T는 계의 온도로서 단위는 켈빈이다. 따라서 엔트로피 변화는 전달된 열에너지 Q뿐만 아니라 전달이 이루어지는 온도에 따라서도 달라진다. T는 언제나 양수이므로 ΔS의 부호는 Q와 같다(계가 열에너지를 받으면 양수, 내놓으면 음수이다). 이 관계식(식 21-1)으로부터 엔트로피와 엔트로피 변화의 국제단위는 (줄/켈빈)임을 알 수 있다.

그렇지만 식 21-1을 그림 21-1에 보인 자유팽창에 쓰려면 문제가 있다. 기체가 곧바로 퍼져 통을 채우기 때문에 그 과정에서는 기체의 압력, 온도, 부피가 마구 흔들린다. 다시 말해 '처음' 상태에서 '나중' 상태로 가는 중간 과정에서는 잘 정의된 평형값이 없다. 따라서 그림 21-2에서 기체가 자유팽창할 때 압력-부피가 변화하는 길을 찾아 따라갈 수 없다. 더 중요한 것은 식 21-1을 써서 엔트로피 변화를 셈하려면 열에너지 전달량 Q와 온도 T 사이의 관계를 알아야 하는데, 알 수 없다.

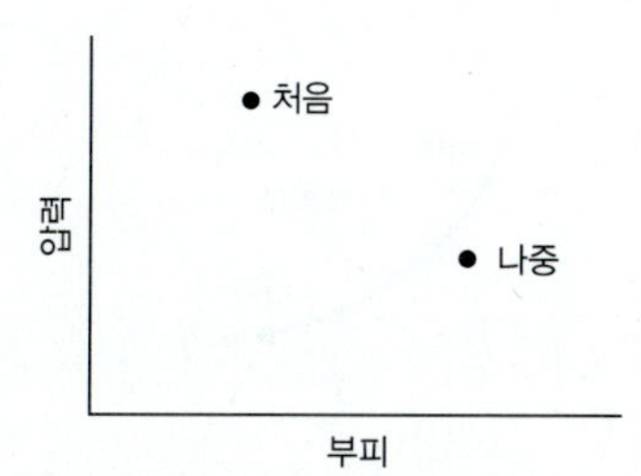

그림 21-2
그림 21-1에 보인 자유팽창의 '처음'과 '나중' 상태를 보여주는 압력-부피 그림. 중간 과정에서는 기체가 평형 상태에 있지 않으므로 여기에 나타낼 수 없다.

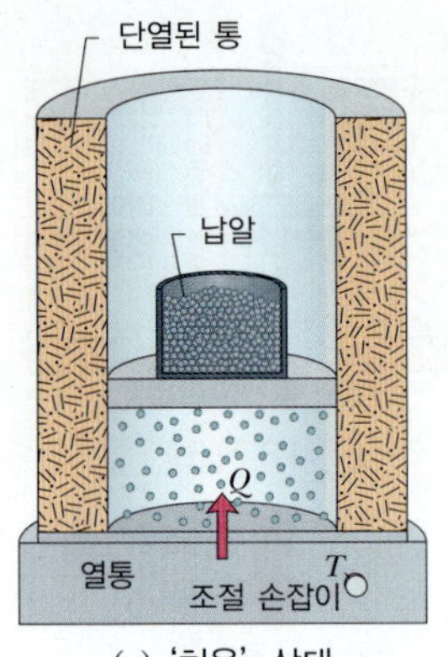

(a) '처음' 상태

가역 과정

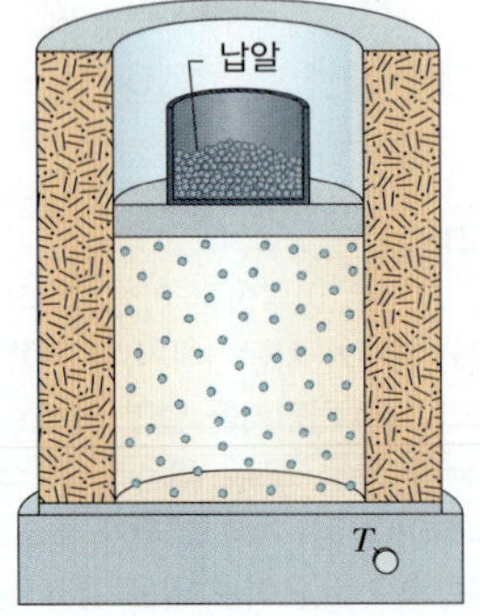

(b) '나중' 상태

그림 21-3
이상기체의 등온 팽창 과정이 가역적으로 진행된 모습. 기체의 '처음' 상태와 '나중' 상태는 그림 21-1과 21-2에 보인 비가역 과정과 같다.

그렇지만 엔트로피가 상태의 성질이라는 가정이 옳다면, '처음'과 '나중' 상태의 엔트로피 차이는 두 상태에 따라서 결정될 뿐 어떤 과정을 거쳐갔는가는 문제가 되지 않는다. 이것이 뜻하는 바는 그림 21-1의 자유팽창 비가역 과정을 '처음'과 '나중'을 잇는 가역 과정으로 바꾸어도 된다는 것이다. 가역 과정에서는 압력-부피 그림에서 변화 과정을 따라 갈 수 있고, 열에너지 전달량 Q와 온도 T 사이의 관계를 알 수 있으므로 식 21-1을 써서 엔트로피 변화를 셈할 수 있다.

20-10절에서 이상기체의 온도는 자유팽창할 때 변하지 않음을 알았다. 그래서 $T_{처음} = T_{나중} = T$이다. 따라서 그림 21-2의 점 '처음'과 '나중'은 같은 등온곡선 위에 있어야 한다. 그러면 엔트로피 변화를 셈하는데 편하게 쓸 수 있는 과정은 '처음' 상태에서 '나중' 상태로 가역 등온 팽창하는 것이고, 이것은 등온곡선을 따라간다. 또한 가역 등온 팽창하는 동안 내내 T가 일정하므로 식 21-1의 적분은 아주 간단해진다.

그림 21-3은 기체를 가역 등온 팽창시키는 방법을 보여준다. 기체를 단열 원통에 가두어 온도가 T로 유지되는 열통에 올려 놓는다. 처음에는 피스톤을 움직여 기체의 압력과 부피가 그림 21-1a의 '처음' 상태와 같게 맞춘다. 그 다음에는 기체의 압력과 부피가 그림 21-1b의 '나중' 상태와 같아질 때까지 피스톤을 조금씩 풀어준다. 그 동안 기체는 열통과 열접촉을 유지하므로 온도가 변하지 않는다.

그림 21-3의 가역 등온 팽창은 그림 21-1의 비가역 자유 팽창과는 물리적으로 전혀 다르다. 그렇지만, 두 과정 모두 '처음'과 '나중' 상태가 같다. 따라서 엔트로피가 상태의 성질이라면 두 과정에서 엔트로피 변화는 같아야 한다.

피스톤을 천천히 풀어주었으므로 기체의 중간 상태는 평형 상태이고, 그래서 그것을 압력-부피 그림에 나타낼 수 있다(그림 21-4). 식 21-1을 등온 팽창에 쓰려면 피적분함수에서 일정한 온도 T를 적분기호 밖으로 꺼내 다음 식을 얻는다.

$$\Delta S = S_{나중} - S_{처음} = \frac{1}{T}\int_{처음}^{나중} dQ$$

이 과정에서 전달받은 열량을 Q라 하면 $\int dQ = Q$이므로, 위 식은 다음과 같아진다.

$$\Delta S = S_{나중} - S_{처음} = \frac{Q}{T} \qquad \text{(등온 과정에서의 엔트로피 변화)} \qquad (21\text{-}2)$$

그림 21-3의 등온 팽창 과정 내내 기체의 온도 T를 일정하게 유지하고자 열통에서 기체로 전달된 열에너지가 Q이다. 따라서 Q의 값은 양수이고 등온 팽창 과정과 그림 21-1의 자유 팽창 과정에서 기체의 엔트로피는 늘어난다.

요약하면 다음과 같다.

> 엔트로피가 상태의 성질이라면 닫힌계에서 일어나는 비가역 과정에서의 엔트로피 변화를 알려면 그 과정을 처음 상태와 나중 상태가 같은 가역 과정으로 바꾼다. 그 가역 과정에서의 엔트로피 변화는 식 21-1을 써서 셈할 수 있다. 똑같은 두 상태를 잇는 비가역 과정에서의 엔트로피 변화도 같다.

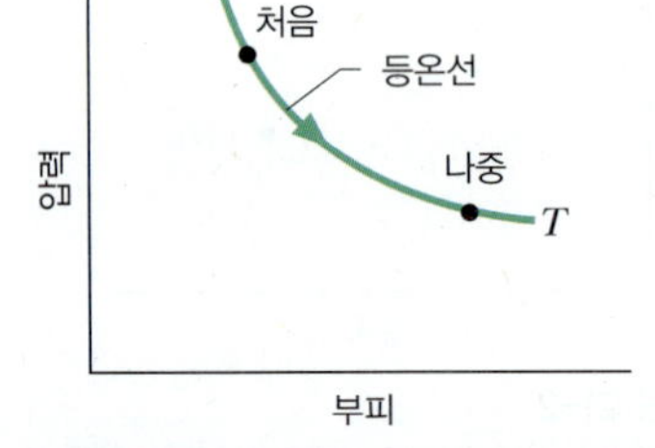

그림 21-4
그림 21-3의 가역 등온 팽창의 압력-부피 그림. 중간 상태가 평형 상태이므로 그림에 나타냈다.

이 방법은 계의 온도가 일정하지 않을 때도 쓸 수 있다. 다시 말해 계가 변화 과정을 겪기 전과 뒤의 온도에 비해 변화 과정에서의 온도 변화 ΔT가 작다면, 엔트로피 변화는 다음과 같이 어림할 수 있다.

$$\Delta S = S_{나중} - S_{처음} \approx \frac{Q}{\langle T \rangle} \tag{21-3}$$

여기에서 $\langle T\rangle$는 계의 온도를 과정을 겪는 동안 평균한 값이다.

• 상태의 성질로써의 엔트로피

앞 절에서 엔트로피는 압력, 내부 에너지, 온도와 마찬가지로 계의 상태의 성질로써 그 상태에 이르는 과정과는 무관하다고 가정했다. 엔트로피가 상태의 성질이라는 것은 주의 깊은 실험을 통해서만 입증된다(상태의 성질을 상태 함수라고도 한다). 그렇지만 이상기체가 가역 과정을 겪는 특수하고 중요한 사례를 통해 엔트로피가 상태의 성질이라는 것을 증명하겠다. 첫째, 앞 절에서 가정했듯이 (적어도 이 사례에서는) 엔트로피가 상태의 성질이라는 것을 증명할 것이다. 둘째, 그러면 이상 기체가 가역 과정을 거쳐 '처음' 상태에서 '나중' 상태로 갈 때의 엔트로피 변화에 대한 식을 얻을 수 있을 것이다.

이상기체의 변화 과정이 가역적이 되려면 처음부터 끝까지 변화가 천천히 아주 조금씩 일어나 기체가 내내 평형 상태에 있어야 한다. 조금씩 변화할 때마다 기체가 받는 열에너지 dQ, 일에너지 dW, 그리고 내부 에너지의 변화 $dE^{내부}$는 열역학 제1법칙에 따라 다음 관계가 있다.

$$dE^{내부} = dQ - dW$$

작은 변화가 가역적이고 기체는 평형 상태에 있으므로 dW는 PdV로 바꿀 수 있다(식 19–15). 이상기체에서는 또한 $dE^{내부}$를 $nC_{부피}dT$로 바꿀 수 있다(식 20–43). 그러면 이 과정에서 계가 받은 열에너지는 다음과 같다.

$$dQ = PdV + nC_{부피}dT$$

이 식에서 압력 P를 (이상기체 법칙을 써서) nRT/V로 바꾼 다음 얻은 식을 온도 T로 나누면 다음 식을 얻는다.

$$\frac{dQ}{T} = nR\frac{dV}{V} + nC_{부피}\frac{dT}{T}$$

이제 이 식의 항마다 '처음' 상태에서 '나중' 상태까지 적분하면 다음과 같다.

$$\int_{처음}^{나중}\frac{dQ}{T} = \int_{처음}^{나중} nR\frac{dV}{V} + \int_{처음}^{나중} nC_{부피}\frac{dT}{T}$$

왼쪽에 있는 양은 식 21–1에서 정의한 엔트로피 변화 $\Delta S(= S_{나중} - S_{처음})$이다. 이것으로 바꾸고, 오른쪽을 적분하면 가역 과정을 겪는 이상기체의 엔트로피 변화에 대한 식을 다음과 같이 얻는다.

$$\Delta S = S_{나중} - S_{처음} = nR\ln\frac{V_{나중}}{V_{처음}} + nC_{부피}\ln\frac{T_{나중}}{T_{처음}} \tag{21-4}$$

적분할 때 가역 과정을 어떤 것으로 명확히 정해주지 않았음을 눈여겨보라. 그러므로 그 적분은 기체를 '처음' 상태에서 '나중' 상태로 만드는 모든 가역 과정에 대해 성립해야 한다. 따라서 이상기체가 처음 상태에서 나중 상태로 갈 때의 엔트로피 변화 ΔS는 처음 상태의 성질($V_{처음}$과 $T_{처음}$)과 나중 상태의 성질($V_{나중}$과 $T_{나중}$)만으로 결정됨을 알 수 있다. 기체가 두 평형 상태 사이에서 어떻게 변화했는가는 상관이 없다. 그러므로 적어도 이 사례에서는 엔트로피가 상태의 성질임을 안다. 이 장의 나머지 부분에서는 더 이상의 증명 없이 어떤 계에서나 엔트로피는 상태의 성질로 본다.

생각해보기 21-3 열에너지가 난로에서 물로 전달된다. 물의 온도가 다음과 같이 변할 때 엔트로피 변화가 가장 큰 것부터 늘어 놓아라. (a) 20°C에서 30°C로, (b) 30°C에서 35°C로, (c) 80°C에서 85°C로.

따라해보기 21-1 | 질소

질소기체 1몰이 그림 21-1a의 왼쪽 통에 갇혀 있다. 차단기를 열어 기체의 부피가 두 배가 되었다. 이 비가역 과정에서 엔트로피 변화량은 얼마인가? 질소기체는 이상기체로 보아라.

풀이 ■ 요점은 둘이다. 하나는 비가역 과정에서의 엔트로피 변화량은 부피 변화가 똑같은 가역 과정에 대해 셈하면 된다는 것이다. 다른 하나는 기체가 자유 팽창할 때는 온도가 변하지 않는다는 것이다. 따라서 가역 과정은 등온팽창(그림 21-3과 21-4에 보인 과정)이어야 한다.

이상 기체의 내부 에너지는 온도만의 함수이므로 이 과정에서 $\Delta E^{\text{내부}}=0$이고, 그래서 열역학 제1법칙에 따라 $Q=W$이다. 이 결과를 식 20-14와 묶으면 다음 결과를 얻는다.

$$Q=W=nRT\ln\left(\frac{V_{\text{나중}}}{V_{\text{처음}}}\right)$$

여기에서 n은 기체의 몰수이다. 식 21-2에서 이 등온 가역 과정에서의 엔트로피 변화는 다음과 같다.

$$\Delta S^{\text{가역}}=\frac{Q}{T}=\frac{nRT\ln(V_{\text{나중}}/V_{\text{처음}})}{T}=nR\ln\frac{V_{\text{나중}}}{V_{\text{처음}}}$$

$n=1.00$과 $V_{\text{나중}}/V_{\text{처음}}=2$를 넣으면 다음 결과를 얻는다.

$$\begin{aligned}\Delta S^{\text{가역}}&=nR\ln\frac{V_{\text{나중}}}{V_{\text{처음}}}\\&=(1.00\,\text{mol})(8.31\,\text{J/mol}\cdot\text{K})(\ln 2)\\&=+5.76\,\text{J/K}\end{aligned}$$ (답)

따라서 자유 팽창 과정(그리고 그림 21-2에 보인 처음 및 나중 상태를 잇는 모든 다른 과정)에서의 엔트로피 변화는 다음과 같다.

$$\Delta S^{\text{비가역}}=\Delta S^{\text{가역}}=+5.76\,\text{J/K}$$

ΔS는 양수이므로 엔트로피는 늘어나며, 이것은 21-1절의 엔트로피 가설과 맞는다.

따라해보기 21-2 | 구리 뭉치

그림 21-5는 질량 $m=1.5\,\text{kg}$인 두 구리 뭉치를 보여준다. 왼쪽 뭉치 '왼'의 처음 온도는 $T_{\text{처음, 왼}}=60℃$, 오른쪽 뭉치 '오른'의 처음 온도는 $T_{\text{처음, 오른}}=20℃$이다. 두 뭉치는 단열 상자 속에 들어 있고, 둘 사이를 단열 차단기가 막고 있다. 차단기를 올리면 두 뭉치는 결국 평형 온도 $T_{\text{나중}}=40℃$에 이른다(그림 21-5b). 이 비가역 과정에서 두 뭉치의 엔트로피는 얼마나 변하는가? 구리의 비열은 $386\,\text{J/kg}\cdot\text{K}$이다.

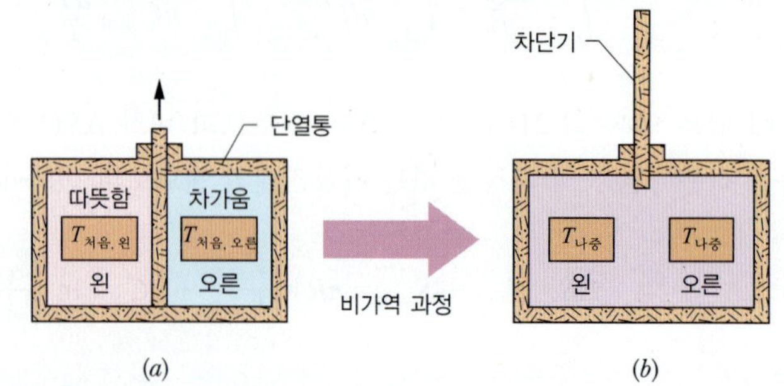

그림 21-5
(a) 단열상자 속에 두 구리 뭉치 '왼'과 '오른'이 들어 있고, 단열 차단기로 가로막혀 있다. 둘은 처음 상태의 온도만 빼고는 똑같다. (b) 차단기를 빼면 두 뭉치는 열에너지를 주고받아 온도가 $T_{\text{나중}}$으로 똑같아진다. 이 과정은 비가역적이다.

풀이 ■ 요점은 엔트로피 변화를 셈하려면 계가 그림 21-5a의 처음 상태에서 그림 21-5b의 나중 상태로 가는 가역 과정을 찾아야 한다는 것이다. 가역 과정의 엔트로피 변화 $\Delta S^{\text{가역}}$은 식 21-1을 써

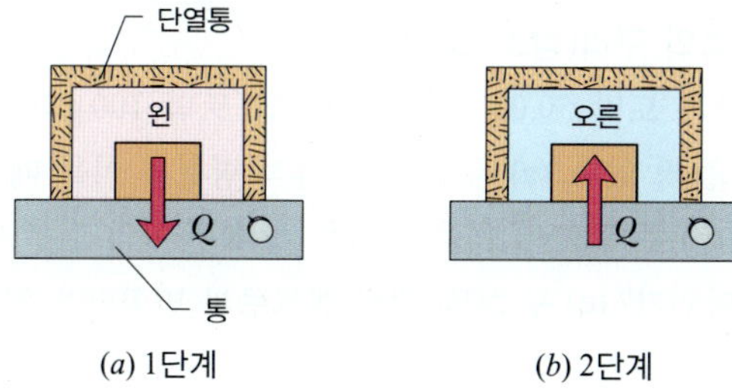

그림 21-6
그림 21-5의 뭉치는 온도를 조절할 수 있는 열통을 써서 열에너지를 (a) 뭉치 '왼'에서 가역적으로 뽑아내고, (b) 뭉치 '오른'에 가역적으로 전해주어 처음 상태에서 나중 상태로 가역적으로 가게 할 수 있다.

서 셈할 수 있고, 그것이 비가역 과정의 엔트로피 변화와 같다. 그러한 가역 과정에는 (손잡이를 돌리는 등으로) 온도를 천천히 변화시킬 수 있는 열통이 필요하다. 그 다음에는 구리 뭉치를 그림 21-6에 보인 다음의 두 단계 과정을 거치게 한다.

단계 1. 온도를 60℃로 맞춘 열통 위에 뭉치 '왼'을 올려 둔다. (뭉치와 열통의 온도가 같으므로 이들은 이미 열평형을 이룬다.) 그 다음 열통과 뭉치의 온도를 천천히 40℃로 내린다. 이 과정에서 뭉치의 온도가 dT만큼씩 내려갈 때마다 열에너지 dQ가 뭉치에서 열통으로 간다. 이 전달된 에너지는, 구리의 비열을 c라 할 때 식 19-5를 쓰면 $dQ = mcdT$이다. 식 21-1에 따르면 뭉치 '왼'이 처음 온도 $T_{처음}(= 60°C = 333\text{ K})$에서 나중온도 $T_{나중}(= 40°C = 313\text{ K})$로 바뀌는 동안의 엔트로피 변화 $\Delta S_{왼}$은 다음과 같다.

$$\Delta S_{왼} = \int_{처음}^{나중} \frac{dQ}{T} = \int_{처음}^{나중} \frac{mcdT}{T}$$
$$= mc\int_{처음}^{나중} \frac{dT}{T} = mc\ln\left(\frac{T_{나중}}{T_{처음}}\right)$$

받은 자료를 넣으면 다음 결과를 얻는다.

$$\Delta S_{왼} = (1.5\text{ kg})(386\text{ J/[kg}\cdot\text{K]})\ln\frac{313\text{ K}}{333\text{ K}} = -35.86\text{ J/K}$$

단계 2. 열통의 온도를 20℃에 맞추고, 뭉치 '오른'을 위에 올린 다음, 열통와 뭉치의 온도를 천천히 40℃로 올린다. $\Delta S_{왼}$을 셈할 때와 같은 추론 방법을 쓰면 이 과정에서 뭉치 '오른'의 엔트로피 변화 $\Delta S_{오른}$은 다음과 같음을 보일 수 있다.

$$\Delta S_{오른} = (1.5\text{ kg})(386\text{ J/[kg}\cdot\text{K]})\ln\frac{313\text{ K}}{293\text{ K}} = +38.23\text{ J/K}$$

그래서 이 두 단계 가역 과정을 겪는 두 뭉치 계의 알짜 엔트로피 변화 $\Delta S^{가역}$은 다음과 같다.

$$\Delta S^{가역} = \Delta S_{왼} + \Delta S_{오른} = -35.86\text{ J/K} + 38.23\text{ J/K} = 2.4\text{ J/K}$$

따라서 두 뭉치계가 실제의 비가역 과정을 겪을 때의 알짜 엔트로피 변화 $\Delta S^{비가역} = \Delta S^{가역} = 2.4\text{ J/K}$이다. 이 결과는 양수이며, 이것은 21-1절의 엔트로피 가설과 맞는다.

연습문제 21-2

1. 가역 팽창 과정

이상기체 2.50몰이 360 K에서 등온 팽창하여 부피가 두 배가 되었다. 기체의 엔트로피는 얼마나 늘었는가?

2. 가역 등온 과정

이상기체가 132℃에서 가역 등온 팽창하여 엔트로피가 46.0 J/K 늘면 열에너지는 얼마나 전달되는가?

3. 4몰

이상기체 4몰이 온도 $T = 400$ K에서 가역 등온 팽창하여 부피가 V_1에서 $V_2 = 2V_1$이 되었다. 다음을 셈하라. (a) 기체가 한 일에너지, (b) 기체의 엔트로피 변화량, (c) 팽창이 등온 과정이 아니고 가역 단열 과정이면 기체의 엔트로피 변화량은 얼마가 되는가?

4. 가역 등온 팽창 과정

이상기체가 77.0℃에서 가역 등온 팽창하여 부피가 1.30 L에서 3.40 L로 늘었다. 그동안 기체의 엔트로피는 22.0 J/K 늘었다. 이 기체의 양은 몇 몰인가?

5. 흡수된 에너지

질량 2.00 kg인 구리 덩어리의 온도가 가역적으로 25℃에서 100℃로 높아졌다. 구리의 비열은 386 J/kg·K이다. 다음을 셈하라. (a) 구리에 전달된 열에너지, (b) 구리의 엔트로피 변화량.

6. 처음 온도

이상적인 단원자 기체가 처음에 온도 T_0(단위: 켈빈), 부피 V_0에서 그림 21-7에 보인 다섯 가지 과정을 거쳐 부피 $2V_0$로 팽창했다. 다음 과정에 해당하는 것을 고르고 까닭을 설명하라. (a) 등온 과정, (b) 등압 과정, (c) 단열

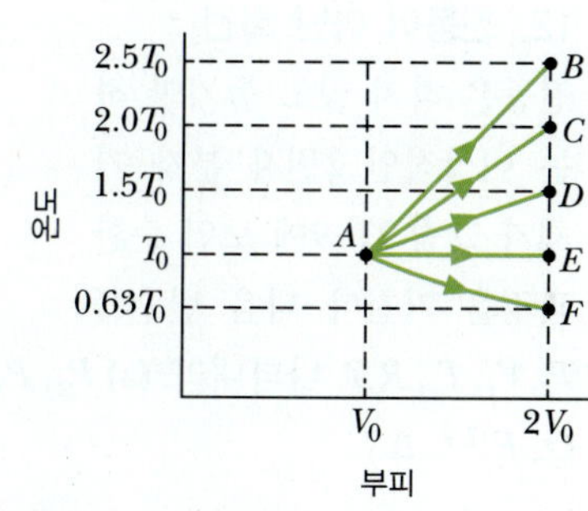

그림 21-7 문제 6

과정. (d) 어떤 과정에서 기체의 엔트로피가 줄어드는가?

7. 엔트로피 변화

(a) 물통에 담긴 0°C의 물에 떠 있는 얼음 덩어리 12.0 g이 녹으면 엔트로피는 얼마나 변할까? (b) 100°C의 열판에 올려 놓은 찻숟갈에 있는 물 5.00 g이 완전히 증발하면 엔트로피는 얼마나 변할까?

8. 이상 기체의 변화

이상적인 단원자 분자 기체 2.0 몰이 그림 21-8에 보인 가역 과정을 따른다. (a) 기체에 전달되는 열에너지는 얼마인가? (b) 기체의 내부 에너지는 얼마나 변하는가? (c) 기체가 하는 일은 얼마인가?

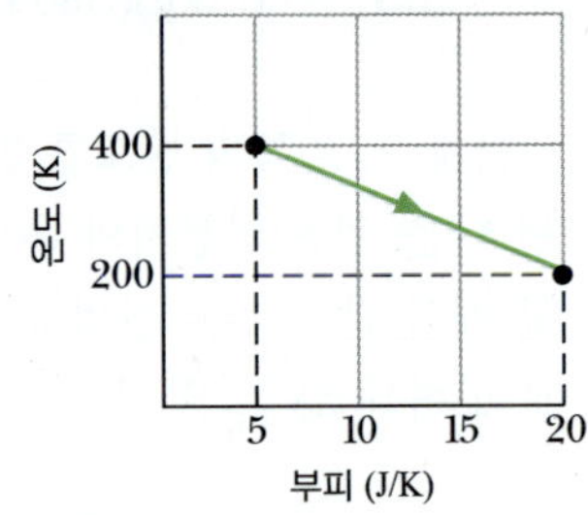

그림 21-8 문제 8

9. 알루미늄과 물

실험에서 온도 100°C인 알루미늄(비열 900 J/kg·K) 200 g이 20.0°C인 물 50.0 g과 섞였다. 이 혼합체는 주위와 단열되어 있다. (a) 이 혼합체가 열적 평형을 이루는 온도는 몇 도인가? 다음 세 계의 엔트로피 변화량은 얼마인가?. (b) 알루미늄, (c) 물, (d) 알루미늄–물 혼합체.

10. 비가역 과정

그림 21-5의 비가역 과정에서 똑같은 토막 왼(L)과 오른(R)의 처음 온도가 각각 305.5 K와 294.5 K라 하자. 두 토막이 열적 평형을 이루려면 열에너지 215 J이 둘 사이에 전달되어야 한다고 하자. 그러면 그림 21-6에 보인 가역 과정에서 다음 계의 엔트로피 변화량은 얼마인가? (a) 토막 L, (b) L의 열통, (c) 토막 R, (d) R의 열통, (e) 두 토막 계, (f) 두 토막과 두 열통으로 된 계.

11. 가역 장치

그림 21-6의 가역 장치를 써서 그림 21-5의 과정이 거꾸로 진행되면 계의 엔트로피가 줄어들어 열역학 제2법칙과 어긋남을 보여라.

12. 진동이 아닌 회전

진동은 하지 않고 돌기만 하는 이상적인 2원자 분자 기체가 그림 21-9에 보인 순환 과정을 거친다. 다음 변수를 P_1, V_1, T_1, R로 나타내라. (a) P_2, P_3, T_3, (b) 세 과정 모두에 대해 W, Q, $E^{내부}$, ΔS.

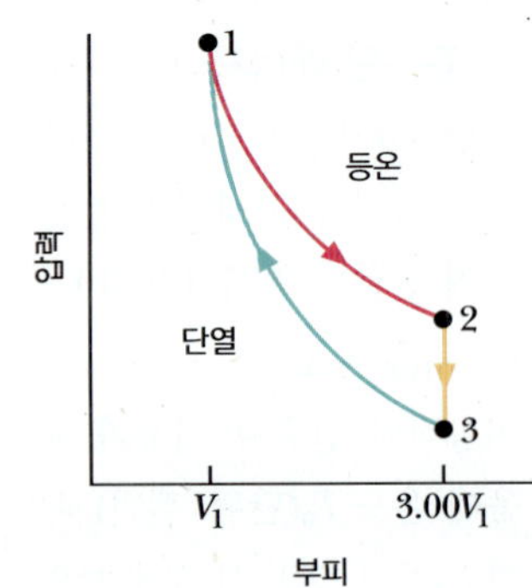

그림 21-9 문제 12

13. 상자 속의 구리(참조: 표 19-2)

400 K인 구리 토막 50.0 g이 200 K인 납 토막 100 g과 함께 단열 상자 속에 들어 있다. (a) 두 토막이 열적 평형을 이룰 때의 온도는 얼마인가? (b) 두 토막의 처음과 나중 상태 사이의 내부 에너지 변화량은 얼마인가? (c) 두 토막 계의 엔트로피 변화량은 얼마인가?

14. 처음에서 나중으로

단원자 분자 이상기체 1몰이 압력 P, 부피 V인 처음 상태에서 두 과정을 거쳐 압력 $2P$, 부피 $2V$인 나중 상태가 되었다. (I) 부피가 두 배가 될 때까지 등온 팽창을 한 다음, 부피가 일정한 상태에서 압력이 두 배가 되었다. (II) 압력이 두 배가 될 때까지 등온 압축을 한 다음, 압력이 일정한 상태에서 부피가 두 배가 되었다. (a) $P-V$ 그림표에 두 과정의 경로를 그려라. 낱낱의 과정의 각 부분에 대해 다음을 P와 V의 식으로 구하라. (b) 기체가 흡수한 열에너지, (c) 기체가 해준 일, (d) 기체의 내부 에너지의 변화량 $\Delta E^{내부}$, (e) 기체의 엔트로피 변화량 ΔS.

15. 호수 안의 얼음덩이

온도 −10°C인 얼음 10 g을 온도 15°C인 호수에 넣었다. 얼음이 호수와 열적 평형에 이를 때 얼음–호수 계의 엔트로피 변화량을 구하라. 얼음의 비열은 2220 J/kg·K이다. (**실마리**: 얼음이 녹으면 호수물의 온도가 변할까?)

16. 병 속의 얼음덩이

온도 −10°C인 얼음 8.0 g을 온도 20°C인 물 100 cm^3 플라스크에 넣었다. 얼음–물 계가 열적 평형에 이를 때까지의 엔트로피 변화량을 구하라. 얼음의 비열은 2220 J/kg·K이다.

17. 물과 얼음

물 1773 g과 얼음 227 g이 0.00°C에서 열적 평형 상태에 있다. 이 혼합물이 가역 과정을 통해 물–얼음의 질량비가 1:1인 0.00°C의 제2 평형상태로 간다. (a) 이 과정에서의 엔트로피 변화량을 구하라.(얼음의 융해열은 333 kJ/kg이다.) (b) 이 계를 데워서 비가역 과정을 거쳐 처음 상태로 되돌렸다. 이 과정에서의 엔트로피 변화량을 구하라. (c) 결과는 열역학 제2법칙에 맞는가?

18. 원통 속의 기체

원통에 n 몰의 단원자 이상 기체가 들어 있다. 이 기체가 그림 21-10의 경로 I을 따라 부피 $V_{처음}$에서 $V_{나중}$으로 가역 등온 팽창을 한다면 엔트로피 변화량은 $\Delta S = nR\ln(V_{나중}/V_{처음})$이다.(따라해보기 21-1을 보라.) 이제 그림 21-10의 경로 II

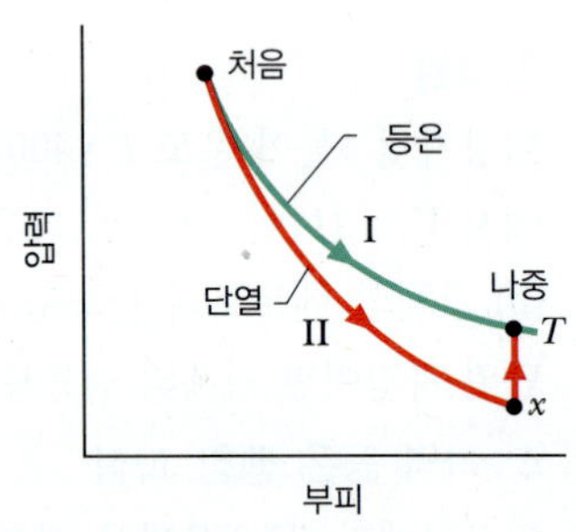

그림 21-10 문제 18

를 살펴보자. 이것은 가역 단열 과정을 거쳐 '처음'에서 상태 x로 간 다음, 부피가 일정한 가역 과정을 거쳐 똑같은 '나중'으로 간다. (a) 경로 II에서 두 가역 과정을 실행하는 방법을 설명하여라. (b) 상태 x에서의 기체의 온도는 다음과 같음을 보여라.

$$T_x = T_{처음}(V_{처음}/V_{나중})^{2/3}$$

(c) 경로 I과 경로 II를 따라 전달된 열에너지 Q_I과 Q_{II}는 얼마인가? 이 두 값은 같은가? (d) 경로 II를 따라갈 때의 엔트로피 변화량 ΔS를 구하라. (e) $n = 1$, $T_{처음} = 500\,K$, $V_{나중}/V_{처음} = 2$에 대해 T_x, Q_I, Q_{II}, ΔS를 구하라.

19. 순환 과정을 통해

단원자 이상 기체 1몰이 그림 21-11에 보인 순환 과정을 지난다. (a) 기체가 a에서 경로 abc를 거쳐 c로 가면서 하는 일은 얼마인가? 다음 두 과정을 거칠 때의 내부 에너지와 엔트로피 변화량을 셈하라. (b) b에서 c로 곧바로 갈 때, (c) 순환 과정을 한 바퀴 돌 때. 모든 답은 상태 a에서의 압력 P_0, 부피 V_0, 온도 T_0로 나타내라.

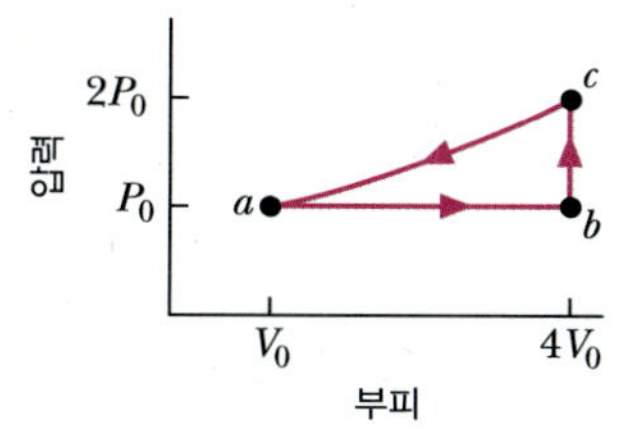

그림 21-11 문제 19

20. 처음 압력과 온도

단원자 이상 기체 1몰이 처음에 압력 5.00 kPa, 온도 600 K, 부피 $V_{처음} = 1.00\,m^3$에서 $V_{나중} = 2.00\,m^3$으로 팽창했다. 기체가 팽창하는 동안 압력 P와 부피 V는 다음 관계를 유지했다. $P = (5.00\,kPa)\exp[(V_{처음} - V)/a]$, 여기에서 $a = 1.00\,m^3$이다. 이 기체의 나중 상태의 (a) 압력과 (b) 온도는 얼마인가? 팽창하는 동안 (c) 기체가 한 일과 (d) 엔트로피 변화량은 얼마인가? (**실마리**: 엔트로피 변화량을 셈하는데는 두 가지 단순한 가역 과정을 써라.)

21-3 열역학 제2법칙

문제가 있다. 따라해보기 21-1에서 그림 21-3의 가역 등온 과정을 그림의 (a)에서 (b)로 진행시키면 기체의 엔트로피가 늘어남을 보았다. 그렇지만 이 과정은 가역적이므로 그림 21-3b의 피스톤을 애초에 반대로 움직이게 하여 진행방향을 (b)에서 (a)로 뒤집어 기체가 애초의 부피를 되찾게 할 수도 있다. 이 뒤집힌 등온 과정에서는 기체의 온도가 오르지 않게 해야 하므로 피스톤의 움직임으로 받은 일에너지를 주위에 열에너지로 전달해 주어야 한다. 이러한 열에너지 전달은 계(기체)에서 나가는 것이므로 Q는 음수이다. 그래서 $\Delta S = S_{나중} - S_{처음} = Q/T$ (식 21-2)로부터 ΔS는 음수이고, 따라서 기체의 엔트로피가 줄어듦 것을 알 수 있다.

이 기체의 엔트로피 감소는 21-1절에서 엔트로피가 언제나 늘어난다고 한 엔트로피 가설과 어긋나지 않는가? 그렇지 않다. 왜냐하면 그 가설은 닫힌계에서 벌어지는 비가역 과정에만 적용되기 때문이다. 여기에서 제시한 과정은 그러한 조건에 맞지 않다. 이 과정은 비가역적이 아니고 계(기체)는 닫혀 있지 않기 때문이다(왜냐하면 기체에서 열통으로 열이 전달되기 때문이다).

그렇지만 기체와 열통을 묶어서 계로 보면 이제는 닫힌계가 된다. 이 '기체+열통'으로 커진 계가 그림 21-3의 (b)에서 (a)로 갈 때의 엔트로피 변화를 살펴보자. 이 가역 과정 중간에 열에너지가 기체에서 열통으로 커진 계의 한 부분에서 다른 부분으로 전달된다. 전달된 에너지의 양을 $|Q|$로 나타내자. $\Delta S = S_{나중} - S_{처음} = Q/T$ (식 21-2)를 쓰면 엔트로피 변화량을 기체(열에너지를 $|Q|$만큼 잃는다)와 열통(열에너지를 $|Q|$만큼 얻는다)에 대해 따로 셈할 수 있고, 결과는 다음과 같다.

$$\Delta S_{기체} = -\frac{|Q|}{T}$$

$$\Delta S_{열통} = +\frac{|Q|}{T}$$

닫힌계의 엔트로피 변화량은 두 양을 더한 값이고, (등온과정이므로) 0이다.

이 결과를 바탕으로 21-1절의 엔트로피 가설을 가역 및 비가역 과정 모두에 대해 쓸 수 있게 다음과 같이 고칠 수 있다.

> 닫힌계에서 어떤 과정이 일어나면 그 계의 엔트로피는 비가역 과정에서는 늘어나고 가역 과정에서는 그대로이다. 엔트로피는 결코 줄지 않는다.

닫힌계의 일부에서는 엔트로피가 줄어들 수 있지만, 다른 부분에서 엔트로피가 그만큼 또는 그보다 더 늘어나, 계 전체로서는 결코 줄지 않는다. 이 사실이 **열역학 제2법칙(the second law of thermodynamics)**의 한 가지며 다음과 같이 쓸 수 있다.

$$\Delta S \geq 0 \qquad \text{(열역학 제2법칙)} \qquad (21\text{–}5)$$

여기에서 > 기호는 비가역 과정에, = 기호는 가역 과정에 적용된다. 그러나 이 관계는 닫힌계에만 적용된다는 것을 기억하라.

실제로는 거의 모든 과정이 마찰, 교란, 그리고 다른 요인 때문에 어느 정도는 비가역적이다. 그래서 실제의 닫힌계가 실제의 과정을 겪을 때 엔트로피는 언제나 늘어난다. 계의 엔트로피가 일정하게 유지되는 과정은 이상화한 것이다.

21-4 실제의 엔트로피: 기관

기관(engine)은 근본적으로 열역학적 장치인데, 주위에서 쉽게 볼 수 있고 현대 생활에 꼭 필요하다. 그렇지만 모든 기관이 같지는 않다. 예를 들어 자동차 속의 기관은 전형적인 발전소의 기관과는 다르다. 그렇지만 이들 기관은 주위 환경과 에너지를 주고받으면서 팽창하고 수축하는 작업물질을 쓴다는 점에서는 비슷하다. 발전소에서는 작업물질이 흔히 액체와 기체 상태의 물이다. 자동차 기관에서는 작업물질이 가솔린, 공기 혼합물이다. 어떤 기관이 계속 일을 하려면 작업물질은 순환 작동을 해야 한다. 다시 말해 행정이라는 열역학적 과정을 계속 되풀이해야 한다.

우리가 흔히 보는 기관은 대부분 열기관이다. **열기관(heat engine)**이란 온도 차이로 전달되는 열에너지 Q를 받아 이것을 쓸모 있는 일 W로 바꾸는 장치이다. 내연기관(자동차 엔진 등)은 (휘발유나 중유 등의) 화학 에너지와 열에너지를 일에너지로 바꾸는 복잡한 기관이다. 여기에서는 내연기관은 다루지 않는다. 대신 작업물질이 단순히 온도가 일정한 두 열통(등온 열통) 사이를 순환하고 기관은 이때 전달되는 열에너지의 일부를 일에너지로 바꾸는 단순한 종류에 집중한다.

• 카르노 기관

단순한 법칙 $PV = nRT$를 따르는 이상기체를 살펴보아 실제의 기체에 대해 많은 것을 배울 수 있었다. 왜냐하면 비록 이상기체는 없지만, 모든 실제의 기체는 그 밀도가 충분히 낮으면 얼마든지 이상기체에 가까워지기 때문이다. 마찬가지로 **이상 기관(ideal engine)**의 움직임을 살펴봄으로써 실제의 기관을 연구한다.

> 이상기관에서는 모든 과정이 가역적이고 마찰, 교란 등의 과정으로 에너지를 버리는 일이 없다.

여기에서는 **카르노 기관**(**Carnot engine**)이라는 이상 기관을 살펴본다. 이 이름은 기관의 개념을 1824년 처음으로 제안한 프랑스 과학자이자 공학자인 카르노(L. L. Sadi Carnot)에서 따왔다. 이것은 온도가 일정한 두 열통 사이에서 작동하여 전달되는 열에너지를 곧바로 일에너지로 바꾼다. 카르노 기관이 특히 중요한 까닭은 이러한 기관 가운데 가장 좋은 것이기 때문이다.

그림 21-12는 카르노 기관의 작동을 대략적으로 보여준다. 기관이 순환할 때마다 온도 $T_{고온}$인 고온 열통에서 열에너지 $|Q_{고온}|$가 작업물질로 전달되고, 작업물질로부터 더 낮은 온도 $T_{저온}$인 저온 열통으로 열에너지 $|Q_{저온}|$가 전달된다. 카르노 기관은 계가 흡수한 열에너지 $|Q_{고온}|$와 내보낸 열에너지 $|Q_{저온}|$의 차이만큼을 일에너지로 바꾼다.

카르노 기관에서 작업물질이 따르는 순환을 **카르노 순환**(**Carnot cycle**)이라고 한다. 그림 21-13*a*는 카르노 순환의 압력-부피 곡선을 보여준다. 화살표로 보였듯이 이 순환은 시계방향으로 돈다. 작업물질이 단열된 원통과 질량을 가진 움직일 수 있는 피스톤에 갇힌 기체라고 상상하자. 그림 21-13*b*는 카르노 순환이 어떻게 진행되는가 보여준다. 원통은 두 열통 가운데 어느 하나 또는 단열된 판 위에 마음대로 돌 수 있다. 원통을 온도 $T_{고온}$인 고온 열통에 맞대 놓으면, 원통 속의 기체가 부피 V_a에서 V_b로 등온 팽창하는데, 그 동안 열통에서 기체로 전달되는 열에너지를 $|Q_{고온}|$으로 나타낸다. 마찬가지로 원통을 온도 $T_{저온}$인 저온 열통에 맞대 놓으면 원통 속의 기체는 등온 압축되어 부피가 V_c에서 V_d로 바뀐다. 이때 열에너지 $|Q_{저온}|$가 기체에서 저온 열통으로 전달된다. 이 순환 과정에서 기체가 열에너지를 받아들이거나 내놓는 것은 그림 21-13*b*의 등온과정 *ab*와 *cd*뿐이다. 이 그림의 온도 $T_{고온}$과 $T_{저온}$인 등온곡선을 잇는 과정인 *bc*와 *da*에서는 원통을 단열판 위에 두어 열에너지가 전달되지 않게 한 채 기체의 부피가 변하므로, 이 두 과정은 (가역적) 단열과정이다.

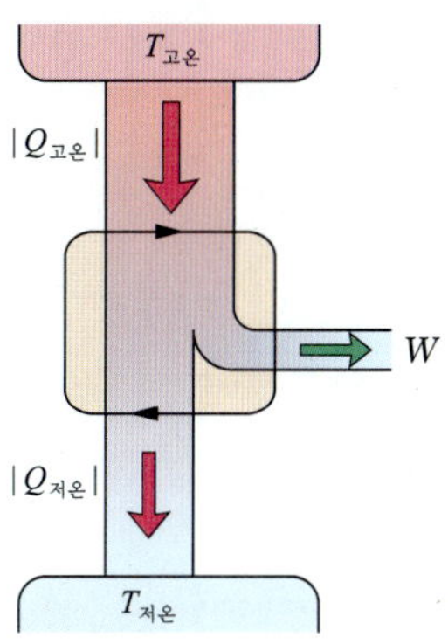

그림 21-12
카르노 기관의 요소. 가운데 고리에 있는 검은 두 화살표는 작업물질이 압력-부피 그림에서처럼 순환하는 것을 나타낸다. 온도 $T_{고온}$인 고온 열통에서 열에너지 $|Q_{고온}|$이 작업물질로 전달된다. 작업물질에서 열에너지 $|Q_{저온}|$이 온도 $T_{저온}$인 저온 열통으로 전달된다. 기관은(실제로는 작업물질이) 일에너지 W를 주위의 무엇인가에 해준다.

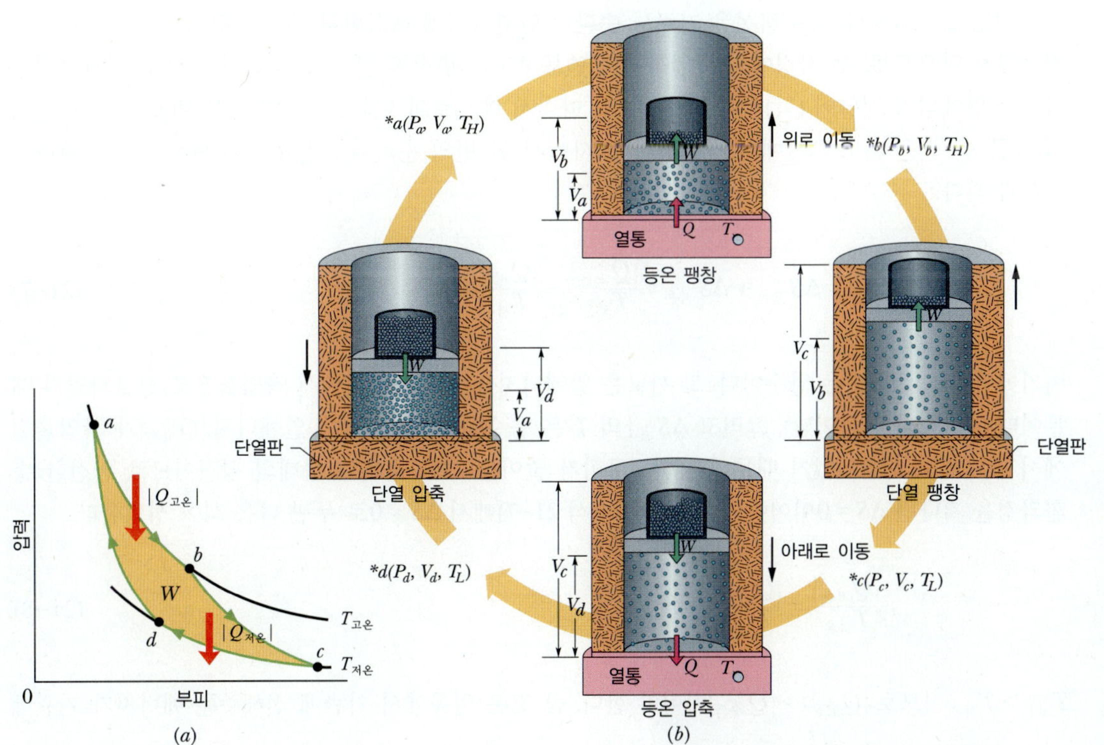

그림 21-13
(*a*) 그림 21-12에 보인 카르노 기관의 작업물질인 이상기체가 따르는 순환의 압력-부피 그림. 순환은 두 등온 과정(*ab*와 *cd*)과 두 단열과정(*bc*와 *da*)로 이루어진다. 순환으로 둘러싸인 색칠한 부분은 카르노 기관이 한 번 순환할 때 해준 일에너지 W이다. (*b*) 순환이 진행되는 보기. *ab*와 *bc* 과정에서 피스톤의 질량을 줄여 피스톤이 위로 움직이게 한다. *cd*와 *da* 과정에서 피스톤의 질량을 늘려 피스톤이 아래로 움직이게 한다.

한 일: 그림 21-13의 잇단 두 과정 ab와 bc 동안 기체가 팽창하고 따라서 추를 얹은 피스톤을 들어 올리면서 일을 해준다. 이 일은 그림 21-13a에서 곡선 abc 아래의 넓이로 나타냈다. 그 다음 과정 cd와 da에서는 기체가 압축되는데, 이것은 주위환경에서 일을 받음을 뜻한다(곧 주위환경이 작업물질에게 일을 해준다). 이 일은 곡선 cda 아래의 넓이로 나타냈다. 한 번 순환할 때 하는 알짜 일은 그림 21-12와 21-13a에서 W로 나타냈는데, 두 넓이의 차이다. 이것은 그림 21-13a에서 순환과정을 나타내는 곡선 $abcda$로 둘러싸인 넓이와 같다. 이 일 W는 바깥의 어떤 물체에 해주었다. 예를 들어 기관은 무거운 것을 들어 올리는데 쓸 수 있다.

카르노 기관이 한 번 순환하면서 해준 알짜 일을 셈하려면 그 작업물질에 대해 열역학 제1법칙($\Delta E^{내부} = Q - W$)를 쓴다. 작업물질이 순환과정을 거치면 처음 상태로 돌아와야 한다. 따라서 작업물질의 압력, 온도, 부피, 내부 에너지, 또는 엔트로피와 같은 상태 성질을 X로 나타내면 순환과정마다 $\Delta X = 0$이어야 한다. 따라서 작업물질이 한 번 순환한 다음에는 $\Delta E^{내부} = 0$이어야 한다. 식 19-18의 Q가 한 차례의 순환과정에서 알짜로 전달되는 열에너지이고 W는 알짜 일임을 상기하자. 그러면 카르노 기관에 대한 열역학 제1법칙($\Delta E^{내부} = Q - W$)은 다음과 같이 쓸 수 있다.

$$W = |Q_{고온}| - |Q_{저온}| \tag{21-6}$$

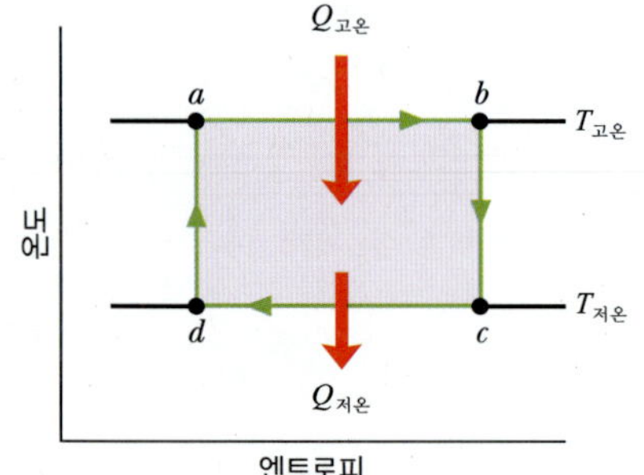

그림 21-14
그림 21-13의 카르노 순환을 엔트로피-온도 그림에 나타낸 모습. ab와 cd과정 동안은 온도가 일정하게 유지된다. bc와 da 동안에는 엔트로피가 일정하게 유지된다.

엔트로피 변화: 식 21-1($\Delta S = \int dQ/T$)이 말해주는 것은 어떤 물체가 주변에 열에너지를 전달하면 엔트로피도 변화한다는 것이다. 카르노 기관의 엔트로피를 보여주려면 그림 21-14와 같이 엔트로피-온도 그림표에 카르노 순환과정을 그리면 된다. 그림 21-14에서 a, b, c, d는 그림 21-13의 부피-압력 곡선에서 같은 글자가 붙은 점에 대응된다. 그림 21-14에서 두 수평선은 카르노 순환의 두 등온과정에 해당한다(온도가 일정하니까). 과정 ab는 순환 속의 등온 팽창 행정이다. 온도 $T_{고온}$인 고온 열통이 열에너지 $|Q_{고온}|$을 작업물질에 가역적으로 전달해줄 때, 작업물질의 엔트로피도 늘어난다. 마찬가지로 등온 압축 행정 cd가 진행되는 동안은 작업물질이 온도 $T_{저온}$인 저온 열통으로 열에너지 $|Q_{저온}|$을 가역적으로 전달해주고, 이 과정에서 작업물질의 엔트로피는 줄어든다.

그림 21-14에서 두 수직선은 카르노 순환의 단열과정에 해당한다. 단열과정에서는 열에너지가 전달되지 않으므로, 두 과정에서 작업물질의 엔트로피는 변하지 않는다. 따라서 카르노 기관에서는 가역적 열에너지 전달이 (딱) 두 번 일어나고, 따라서 엔트로피 변화도 두 번—한 번은 온도 $T_{고온}$에서 다른 한 번은 온도 $T_{저온}$에서—일어난다. 따라서 한 번의 순환과정에서 알짜 엔트로피 변화량은 다음과 같다.

$$\Delta S = \Delta S_{고온} + \Delta S_{저온} = \frac{|Q_{고온}|}{T_{고온}} - \frac{|Q_{저온}|}{T_{저온}} \tag{21-7}$$

여기에서 $\Delta S_{고온}$의 값은 양수이다. 그 까닭은 열에너지 $|Q_{고온}|$가 주변에서 작업물질로 전달되었기 때문이다(엔트로피가 늘어남). 그리고 $\Delta S_{저온}$의 값은 음수이다. 그 까닭은 열에너지 $|Q_{고온}|$가 작업물질에서 주변으로 전달되었기 때문이다(엔트로피가 줄어듦). 엔트로피는 상태의 성질이므로 완전한 순환과정을 지나면 $\Delta S = 0$이어야 한다. 위의 식(식 21-7)에서 $\Delta S = 0$로 두면 다음 식이 성립한다.

$$\frac{|Q_{고온}|}{T_{고온}} = \frac{|Q_{저온}|}{T_{저온}} \tag{21-8}$$

$T_{고온} > T_{저온}$이므로 $|Q_{고온}| > |Q_{저온}|$이어야 한다. 곧 고온 열통에서 기관에 전해주는 에너지가 기관에

서 저온 열통으로 전해주는 에너지보다 많다.

카르노 기관이 한 번의 순환과정에서 해준 일(식 21-6)과 엔트로피 변화량(식 21-8)을 써서 이제 그 효율에 관한 식을 끌어내겠다.

• 이상적 카르노 기관의 효율

모든 열기관의 목적은 기관의 작업물질로 전달된 열에너지 $Q_{고온}$을 쓸모 있는 역학적 일로 최대한으로 바꾸는 것이다. 그러한 일의 성공을 가늠하는 지표인 **열효율(thermal efficiency)** ε은 기관이 한 번 순환하며 하는 일('얻는 에너지')을 그동안 전달받은 열에너지('치르는 에너지')로 나눈 값으로 정의된다.

$$\varepsilon \equiv \frac{\text{얻는 에너지}}{\text{치르는 에너지}} = \frac{|W|}{|Q_{고온}|} \qquad \text{(모든 기관의 효율)} \qquad (21\text{–}9)$$

카르노 기관에 대해서는 식 21-6에서 $W = |Q_{고온}| - |Q_{저온}|$을 넣으면 다음 결과를 얻는다.

$$\varepsilon_{카르노} = \frac{|Q_{고온}| - |Q_{저온}|}{|Q_{고온}|} = 1 - \frac{|Q_{저온}|}{|Q_{고온}|} \qquad (21\text{–}10)$$

$|Q_{고온}|/T_{고온} = |Q_{저온}|/T_{저온}$(식 21-8)을 쓰면 위 식을 다음과 같이 고칠 수 있다.

$$\varepsilon_{카르노} = 1 - \frac{T_{저온}}{T_{고온}} \qquad \text{(이상적 카르노 기관의 효율)} \qquad (21\text{–}11)$$

여기에서 온도 $T_{고온}$과 $T_{저온}$은 절대온도이다. $T_{고온} > T_{저온}$이므로 카르노 기관의 열효율은 1보다 작을 수밖에 없다. 다시 말해 100%보다 작다. 이것은 그림 21-12에 나타나 있는데, 고온 열통에서 기관으로 전달된 에너지의 일부만이 기관의 작업물질을 팽창시켜 주변에 일을 해주는데 쓰인다. 기관이 흡수한 에너지 가운데 나머지는 저온 열통으로 전달된다. 21-6절에서 실제의 기관은 그 어느 것도 그 열효율이 이상적 카르노 기관에 대해 셈한 것(식 21-11)보다 높을 수 없음을 보이겠다.

• 다른 순환과정과 실제의 기관

기관을 설계할 때 주요 관심거리는 효율이다. 어떤 기관이 이상적인 카르노 순환과정에서 작동한다면 효율은 다음과 같다.

$$\varepsilon_{카르노} = 1 - \frac{T_{저온}}{T_{고온}}$$

그러나 이상적 카르노 기관이라면 순환과정에서 작업물질이 다음의 네 과정을 거침을 기억하자. 완벽한 등온(온도가 일정한) 팽창, 완벽한 단열(열에너지 전달이 전혀 없는) 팽창, 완벽한 등온 압축, 완벽한 단열 압축, 완벽한 등온은 과정이 진행되는 동안 작업물질의 온도가 전혀 변하지 않음을 뜻한다. 완벽한 단열은 과정이 진행되는 동안 열 전달이 전혀 이루어지지 않음을 뜻한다. 이러한 과정은 실현하기 쉽지 않다. 그것을 실현한다면 이상적인 카르노 순환과정을 하는 셈이고, 기관의 효율은 위의 식으로 얻어진다. 카르노 순환과정에 따라 만든 기관은 대부분 효율이 이보다 상당히 낮다.

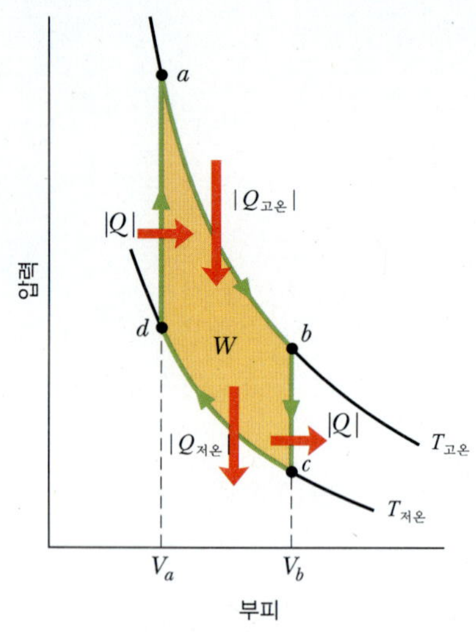

그림 21-15
이상적인 스털링 기관의 작업물질을 이상기체라고 했을 때의 부피-압력 그림. 과정 ab와 cd는 등온 과정, bc와 da는 정적 과정이다.

이상적 카르노 기관조차도 효율이 1은 아님을 꼭 알아야 한다. 다시 말해 그 기관도 전달받은 열에너지를 몽땅 일로 바꾸지는 못한다. 카르노 기관의 효율에 관한 식 $\varepsilon_{카르노} = 1 - T_{저온}/T_{고온}$(식 21-11)을 살펴보면 기관의 효율이 100%(곧 $\varepsilon_{카르노} = 1$)이 되는 것은 $T_{저온} = 0\,\mathrm{K}$ 또는 $T_{고온} \to \infty$일 때 뿐인데, 이 조건은 실현할 수 없다. 따라서 수십 년에 걸친 공학의 실제 경험으로부터 다음과 같은 꼴의 열역학 제2법칙이 나왔다.

> 열통에서 전달받은 열에너지를 모두 일로 바꾸는 기관은 없다.

앞에서 설명한 것처럼 온도가 일정한 두 열통 사이를 작업물질이 순환하면서 전달된 열에너지의 일부를 쓸모 있는 일로 바꾸는 열기관에는 카르노 기관만 있는 것은 아니다. 예를 들어 그림 21-15은 이상적인 **스털링 기관**(**Stirling engine**)의 작동 순환 과정을 보여준다. 그림 21-13의 카르노 순환 과정과 비교하면 각 순환 과정에는 온도 $T_{고온}$과 $T_{저온}$에서 등온 에너지 전달이 들어 있다. 그렇지만 두 등온선이 카르노 기관에서는 두 단열 과정으로 이어지는데(열에너지 전달이 없다), 그림 21-15의 스털링 기관은 두 일정부피 과정으로 이어진다. 부피가 일정한 기체의 온도를 가역적으로 $T_{저온}$에서 $T_{고온}$으로 높이려면(그림 21-15에서 과정 da) 온도가 두 온도 사이에서 천천히 변화하는 열통에서 작업물질로 열에너지가 전달되어야 한다.

가역적 열에너지 전달(그리고 뒤따르는 엔트로피 변화)이 카르노 기관에서는 두 과정에서만 일어나지만 스털링 기관의 네 과정 모두에서 일어남을 눈여겨 보라. 따라서 카르노 기관의 효율에 관한 식(식 21-11)을 끌어내는 과정은 이상적인 스털링 기관에는 쓸 수 없다. 더 중요한 것은 이상적인 스털링 기관 또는 두 등온과정 사이에서 작동하는 모든 다른 열기관의 효율은 같은 두 온도의 열통 사이에서 작동하는 이상적 카르노 기관보다 낮다는 것이다. 그래서 카르노 기관이 바로 이러한 부류의 기관의 이상적 유형이 된다! 물론 보통의 스털링 기관의 효율은 이상적인 스털링 기관보다 낮다.

우리 삶에 중요한 많은 기관은 두 등온 과정 사이를 오가면서 전달된 열에너지를 일로 바꾼다. 예를 들어 그림 21-16의 핵발전소를 생각하자. 대부분의 발전소와 마찬가지로 이것 전체가 하나의 기관이다. 중심의 핵반응로(또는 어쩌면 석탄을 때는 도가니)가 고온 열통이다. 작업물질(대개 물이다)로 전달되는 열에너지는 터빈에서 일로 바뀐다(흔히 전기 에너지를 만들어낸다). 남은 에너지 $|Q_{저온}|$은 저온 열통으로 방출되는데, 흔히 가까이 있는 강 또는(냉각탑을 쓴다면) 대기가 된다. 그림 21-16의 핵발전소의 효율은 이상적 카르노 기관으로 작동한다면 약 40%일 것이나, 실제로는 약 30%이다.

그림 21-16
버지니아 주 샬러츠빌 근처의 노스 안나 핵발전소. 이것은 900 MW의 전력을 만들고, 근처의 강에 2100 MW의 에너지를 버린다. 이 발전소 및 이와 비슷한 모든 발전소는 쓸모 있는 꼴로 바꾸는 에너지보다 더 많은 에너지를 버린다. 이것은 그림 21-7의 이상적 기관에 대한 실제의 기관이다.

내연기관의 효율을 이상적 카르노 기관과 견주면 어떨까? 글쎄, 그것은 마치 사과와 귤을 비교하는 것과 비슷한데, 그 까닭은 카르노, 스털링, 또는 다른 발전소 기관과는 달리 내연기관은 두 등온 과정 사이에서 작동하지 않기 때문이다. 그렇지만 카르노 기관이 자동차의 동력원이라면 $\varepsilon_{카르노} = 1 - T_{저온}/T_{고온}$(식 21-11)에 따라 효율은 약 55%일 것이다. (내연기관으로 움직이는) 차의 실제 효율은 아마 약 25%정도일 것이다.

생각해보기 21-4 세 카르노 기관이 다음과 같은 두 열통 사이에서 작동한다. (a) 400과 500 K, (b) 600과 800 K, (c) 400과 600 K. 열 효율이 가장 높은 것부터 차례대로 늘어 놓아라.

따라해보기 21-3 | 카르노 기관

온도 $T_{고온} = 850\,K$, $T_{저온} = 300\,K$ 사이에서 작동하는 이상적 카르노 기관을 상상하자. 이 기관이 0.25초에 한 번씩 순환할 때마다 1200 J의 일을 한다.

(a) 이 기관의 효율은 얼마인가?

풀이 ■ 요점은 이상적 카르노 기관의 효율 $\varepsilon_{카르노}$는 기관과 연결된 두 열통의 (절대) 온도 $T_{저온}/T_{고온}$에 따라서 결정된다는 것이다. 따라서 식 21-11로부터 다음 결과를 얻는다.

$$\varepsilon_{카르노} = 1 - \frac{T_{저온}}{T_{고온}} = 1 - \frac{300\,K}{850\,K} = 0.647 \approx 65\% \qquad \text{(답)}$$

(b) 이 기관의 평균 일률은 얼마인가?

풀이 ■ 요점은 어떤 기관의 평균 일률 P는 하나의 순환 과정에서 하는 일 W를 한 번 순환하는데 걸리는 시간 Δt으로 나눈 값이라는 것이다. 따라서 이 카르노 기관에 대해서는 다음 결과를 얻는다.

$$P = \frac{W}{\Delta t} = \frac{1200\,\text{J}}{0.25\,\text{s}} = 4800\,\text{W} = 4.8\,\text{kW} \qquad \text{(답)}$$

(c) 낱낱의 순환 과정에서 고온 열통에서 뽑아내는 열에너지 $Q_{고온}$은 얼마인가?

풀이 ■ 요점은 카르노 기관을 포함한 모든 기관의 효율 ε은 하나의 순환 과정에서 하는 일 W를 그때 고온 열통에서 뽑아낸 열에너지 $Q_{고온}$로 나눈 값이라는 것이다. 이 정의 $\varepsilon = |W|/|Q_{고온}|$(식 21-9)에서 다음 결과를 얻는다.

$$Q_{고온} = \frac{W}{\varepsilon} = \frac{1200\,\text{J}}{0.647} = 1855\,\text{J} \qquad \text{(답)}$$

(d) 낱낱의 순환 과정에서 저온 열통으로 내보내는 열에너지 $Q_{저온}$은 얼마인가?

풀이 ■ 요점은 카르노 기관이 한 순환 과정에서 한 일 W는 두 열통에 전달한 에너지 차이 $|Q_{고온}| - |Q_{저온}|$과 같다는 것이다(식 21-6 참조). 따라서 다음 결과를 얻는다.

$$|Q_{저온}| = |Q_{고온}| - W = 1\,855\,\text{J} - 1\,200\,\text{J} = 655\,\text{J} \qquad \text{(답)}$$

(e) 고온 열통에서 작업물질로, 그리고 작업물질에서 저온 열통으로 열에너지를 전달할 때 생기는 엔트로피 변화는 각각 얼마인가?

풀이 ■ 요점은 온도 T를 일정하게 유지하면서 열에너지 Q를 전달할 때의 엔트로피 변화 ΔS는 식 21-2($\Delta S = Q/T$)와 같다. 따라서 온도 $T_{고온}$인 고온 열통에서 작업물질로 에너지 $Q_{고온}$를 전달할 때의 엔트로피 변화는 다음과 같다.

$$\Delta S_{고온} = \frac{Q_{고온}}{T_{고온}} = \frac{1855\,\text{J}}{850\,\text{K}} = +\,2.18\,\text{J/K}$$

온도 $T_{저온}$인 고온 열통에서 작업물질로 에너지 $Q_{저온}$를 전달할 때의 엔트로피 변화는 다음과 같다.

$$\Delta S_{저온} = \frac{Q_{저온}}{T_{저온}} = \frac{-655\,\text{J}}{300\,\text{K}} = -\,2.18\,\text{J/K}$$

두 열에너지 전달량의 부호가 다름을 눈여겨 보라. 또한 식 21-8이 요구하듯이, 작업물질이 순환 과정을 한 번 도는 동안의 알짜 엔트로피 변화(이것은 위에서 셈한 두 양을 더한 값이다)는 0임도 눈여겨 보라.

따라해보기 21-4 | 이상기관보다 더 좋은 기관

어떤 발명가가 열기관을 만들었는데, 물이 끓는 온도와 어는 온도 사이에서 작동시키면 효율이 75%라고 주장한다. 이것이 가능한가?

풀이 ■ 요점은 실제 기관의 효율은 같은 온도 조건에서 작동하는 이상적 카르노 기관의 효율보다 작다는 것이다. 물이 끓는 온도와 어는 온도 사이에서 작동하는 이상적 카르노 기관의 효율은 식 21-11에 따라 다음과 같다.

$$\varepsilon_{카르노} = 1 - \frac{T_{저온}}{T_{고온}} = 1 + \frac{(0+273)\,\text{K}}{(100+273)\,\text{K}} = 0.268 \approx 27\% \qquad \text{(답)}$$

그 온도 조건에서 기관의 효율이 75%라는 주장은 엉터리다.

연습문제 21-4

※ 여기에서 다루는 카르노 기관은 모두 이상적으로 보아라.

21. 순환과정에서 한 일과 효율

어떤 카르노 기관이 한 번 순환할 때마다 열에너지 52 kJ을 흡수하여 36 kJ을 방출한다. 다음을 셈하여라. (a) 기관의 효율, (b) 한 번 순환할 때 한 일 (단위: kJ).

22. 저온 열통

어떤 카르노 기관에서 저온 열통의 온도가 17°C일 때 효율이 40%이다. 효율을 50%로 올리려면 고온 열통의 온도를 몇 도나 올려야 하는가?

23. 두 온도 사이의 작동

어떤 카르노 기관이 235°C와 115°C 사이에서 작동하며, 한 번 순환할 때마다 고온 열통에서 열에너지를 6.30×10^4 J씩 흡수한다. (a) 이 기관의 열효율은 얼마인가? (b) 한 번 순환할 때 얼마의 일을 할 수 있는가?

24. 핵 반응로

가상적인 핵융합로에서 쓰는 연료는 7×10^8 K인 중수소 기체다. 이 기체를 $T_{저온}=100$°C인 카르노 기관을 돌리는데 쓴다면 이 기관의 열효율은 얼마일까?

25. 카르노 기관

어떤 카르노 기관의 효율이 22.0%이다. 이것이 온도차가 75.0°C인 온도가 일정한 두 열통 사이에서 작동한다. 두 열통의 온도는 각각 얼마인가?

26. 기관의 일률

어떤 카르노 기관의 일률이 500 W이다. 이것은 온도가 각각 100°C와 60.0°C로 일정하게 유지되는 두 열통 사이에서 돌아간다. 1초 동안 기관이 (a) 흡수하는 열에너지와 (b) 내놓는 열에너지는 각각 얼마인가?

27. 과정 bc

단원자 이상기체 1몰이 그림 21-17에 보인 가역 순환 과정을 돈다. 과정 bc는 단열 팽창으로 $P_b=10.0$기압, $V_b=1.00\times10^{-3}$ m^{3}이다. 다음을 셈하여라. (a) 기체가 흡수한 열에너지, (b) 기체가 방출한 열에너지, (c) 기체가 해준 알짜 일, (d) 기관의 효율.

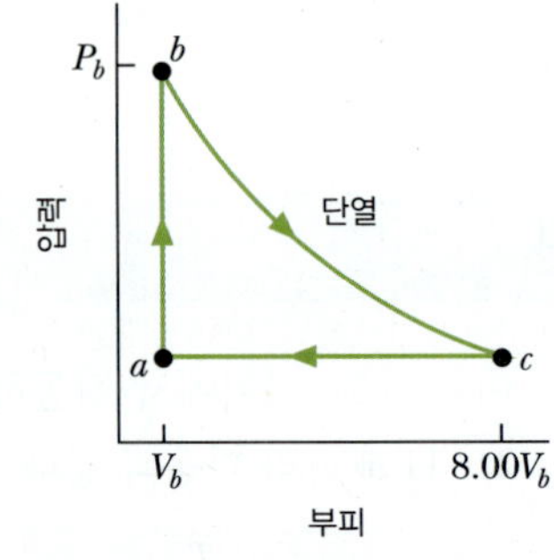

그림 21-17 문제 27

28. 둘러싼 넓이

그림 21-14의 온도-엔트로피 그림표에 그린 카르노 순환으로 둘러싸인 넓이는 기관이 한 번 순환 할 때 작업물질이 알짜로 흡수한 열에너지임을 보여라.

29. $P=2P_0$로 가정

단원자 이상기체 1몰이 그림 21-18에 보인 순환 과정을 돈다. $P=2P_0$, $V=2V_0$, $P_0=1.01\times10^5$ Pa, $V_0=0.022\,5$ m^{3}이라고 하자. 다음을 셈하라. (a) 한 번 순환에 한 일, (b) abc 과정에서 흡수한 열에너지, (c) 효율, (d) 순환 과정 중 가장 높은 온도와 낮은 온도 사이에서 돌아가는 카르노 기관의 효율은 얼마인가? 이것을 (c)에서 셈한 효율과 비교하면 어떤가?

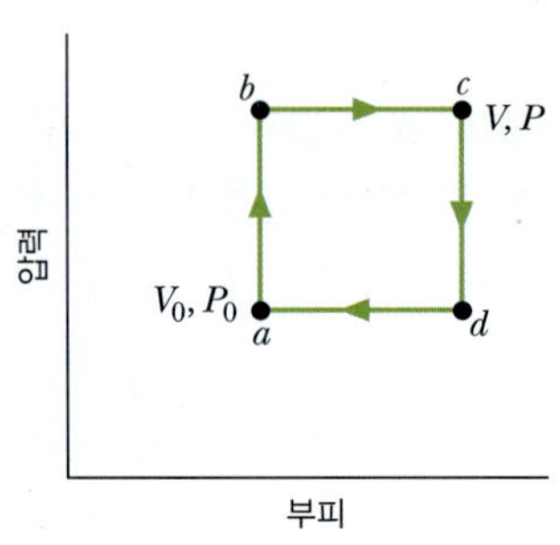

그림 21-18 문제 29

30. 첫 단계

두 단계 카르노 기관이 첫 단계에 온도 T_1에서 열에너지 Q_1을 흡수하여 일 W_1을 한 다음 온도 T_2에서 열에너지 Q_2를 내보낸다. 둘째 단계에서는 열에너지 Q_2을 흡수하여 일 W_2을 한 다음 더 낮은 온도 T_3에서 열에너지 Q_3를 내보낸다. 이 두 단계 기관의 효율은 $(T_1-T_3)/T_1$임을 보여라.

31. 깊이 판 구멍

북극 근처 지면의 온도가 −40°C인 곳에서 땅에 구멍을 깊이 뚫어 온도가 800°C인 곳까지 내려간다. (a) 두 온도 사이에서 돌아가는 기관의 효율의 이론적 한계는 얼마인가? (b) 저온 열통으로 내보내는 열에너지가 모두 처음 온도가 −40°C인 얼음을 녹이는데 쓰인다면 일률 100 MW인 발전소(이것을 기관으로 보아라)에서는 0°C인 물을 1초에 얼마나 만들 수 있는가? 얼음의 비열은 2220 J/kg·K, 물의 융해열은 333 kJ/kg이다. (이때 기관은 0°C와 800°C 사이에서만 돌아갈 수 있다. −40°C인 곳으로 내보낸 에너지는 어떤 물체의 온도를 −40°C 이상으로 올리는데 쓸 수 없다.)

32. 작업물질

이상기체 1몰이 그림 21-19에 보인 순환 과정을 도는 기관의 작업물질로 쓰인다. BC와 DA는 가역 단열 과정이다. (a) 이 기체 분자는 단원자인가, 2원자인가, 다원자인가? (b) 이 기관의 효율은 얼마인가?

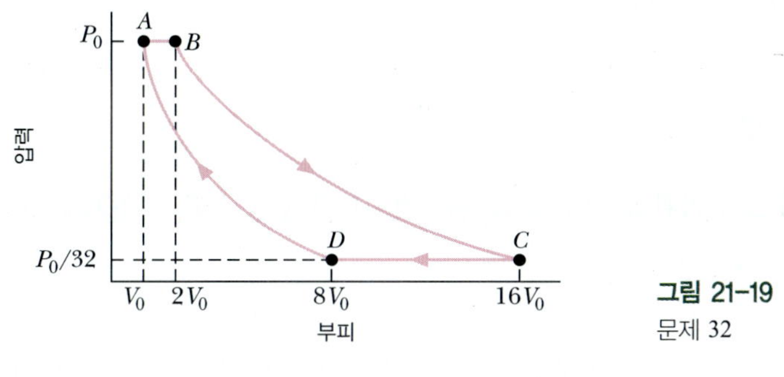

그림 21-19 문제 32

33. 휘발유 기관

휘발유를 연료로 쓰는 내연 기관의 작동을 그림 21-20의 순환 과정으로 나타냈다. 휘발유-공기 혼합물을 이상기체로 보고, 압축비가 4:1이라 하자($V_4 = 4V_1$). $P_2 = 3P_1$이라 하자. (a) 부피-압력 그림에서 낱낱의 정점의 압력과 온도를 P_1, T_1, 그리고 기체의 몰당 비열의 비 γ로 나타내라. (b) 이 기관의 효율은 얼마인가?.

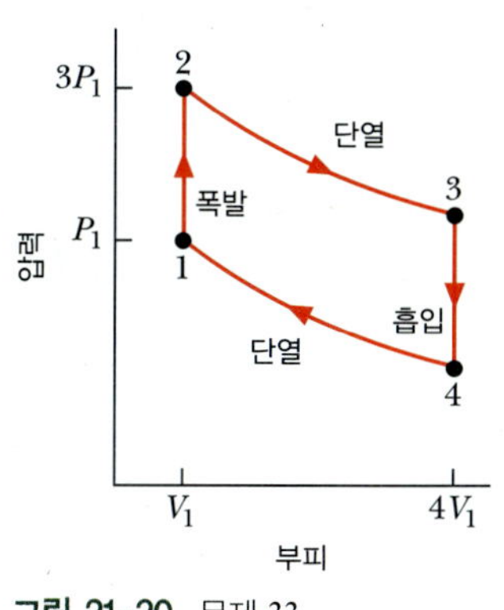

그림 21-20 문제 33

21-5 실제의 엔트로피: 냉동기

열기관을 거꾸로 돌리려면 일에너지를 넣어 주어야 하고, 그것이 일련의 열역학적 과정을 계속 되풀이한다면 열에너지를 저온 열통에서 뽑아 고온 열통으로 보내주게 된다. 그러한 장치를 **냉동기(refrigerator)**라고 한다. 예를 들어 집의 냉장고는 전기 압축기가 일을 하여 음식 저장칸(저온 열통)에서 방안(고온 열통)으로 열에너지를 전달한다. 에어컨(공기조화기)과 열펌프도 냉동기다. 다른 점은 고온 및 저온 열통이 다를 뿐이다. 에어컨에서 저온 열통은 냉방을 하려는 방이고, 고온 열통은 (아마도 더 따뜻한) 집 바깥이다. 열펌프는 에어컨의 일종인데, (아마도 더 추운) 집 바깥에서 열에너지를 뽑아 방안으로 전달해주기도 한다.

이제 이상적 냉동기를 생각하자.

> 이상적 냉동기는 모든 과정이 가역적이고 마찰, 교란, 또는 다른 과정으로 에너지를 낭비하지 않는다.

그림 21-21는 카르노 순환 과정에 바탕을 두어 작동하는 이상적 냉동기의 기본 요소를 보여준다. 다시 말해 이것은 그림 21-13의 카르노 기관이 거꾸로 작동하는 것이다. 열에너지와 일에너지 전달 모두가 카르노 기관과는 반대로 진행된다. 따라서 그러한 이상적 냉동기를 이상적 **카르노 냉동기(Carnot refrigerator)**라고 한다.

냉동기의 설계자는 일 W를 하여 저온 열통(예를 들어, 부엌 냉장고의 음식 저장칸 또는 냉방하려는 방)에서 될 수 있는 한 많은 열에너지 $|Q_{저온}|$을 뽑아내려 한다. 따라서 냉동기의 효율은 다음과 같다.

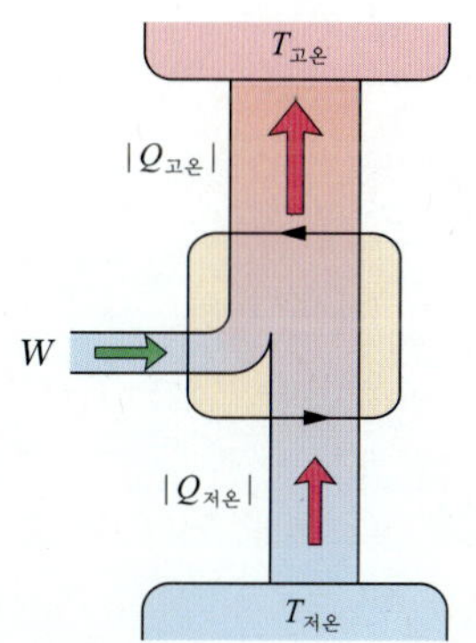

그림 21-21
냉동기의 기본 요소. 가운데의 검은 화살표는 작업물질이 마치 부피-압력 그림처럼 순환하며 작동하는 것을 나타낸다. 열에너지 $Q_{저온}$이 저온 열통에서 작업물질로 전달된다. 열에너지 $Q_{고온}$은 작업물질에서 고온 열통으로 전달된다. 일 W는 주변의 무엇인가가 냉동기(작업물질)에 공급한다.

$$K \equiv \frac{\text{바라는 것}}{\text{치르는 것}} = \frac{|Q_{저온}|}{|W|} \quad \text{(냉동기의 성능 계수)} \tag{21-12}$$

여기에서 K는 성능 계수(coefficient of performance)라고 한다. 카르노 냉동기에서는 열역학 제1법칙에 따라 $|W| = |Q_{고온}| - |Q_{저온}|$이다. $|Q_{고온}|$은 고온 열통으로 보내는 열에너지의 양이다. 그러면 이

상적 카르노 냉동기의 성능 계수는 다음과 같다.

$$K_{카르노} = \frac{|Q_{저온}|}{|Q_{고온}| - |Q_{저온}|} \tag{21-13}$$

이상적 카르노 냉동기는 이상적 카르노 기관을 거꾸로 돌리는 것이므로 $|Q_{고온}|/T_{고온} = |Q_{저온}|/T_{저온}$ (식 21-8)을 또 써서 이 식을 다음과 같이 고칠 수 있다.

$$K_{카르노} = \frac{T_{저온}}{T_{고온} - T_{저온}} \quad \text{(이상적 카르노 냉동기의 성능 계수)} \tag{21-14}$$

전형적인 실내 에어컨은 $K \approx 2.5$이다. 집에서 쓰는 냉장고는 $K \approx 5$이다. 불행히도, 논리적으로는 두 열통의 온도가 비슷할수록 냉장고의 효율이(따라서 K의 값도) 더 높아진다. 예를 들어 카르노 에어컨은 바깥이 아주 더울 때보다는 덜 더울 때 효율이 더 높다.

일을 해주지 않아도 — 다시 말해 전력을 공급하지 않아도 — 되는 냉동기가 있다면 멋질 것이다. 그림 21-22은 일에너지가 필요 없이 찬 열통에서 따뜻한 열통으로 열에너지 Q를 옮겨주는 '발명가의 꿈' 인 완벽한 냉동기를 나타낸다. 한 순환과정을 마치면 이 장치는 처음과 같은 상태로 돌아오고, 엔트로피는 상태의 성질이므로, 이 상상의 냉동기의 작업물질의 엔트로피 변화량은 0이 될 것이다. 그러나 두 열통의 엔트로피는 달라진다. 엔트로피 변화량은 저온 열통이 $-|Q|/T_{저온}$, 고온 열통이 $+|Q|/T_{고온}$이다. 따라서 계 전체의 엔트로피 변화량은 다음과 같다.

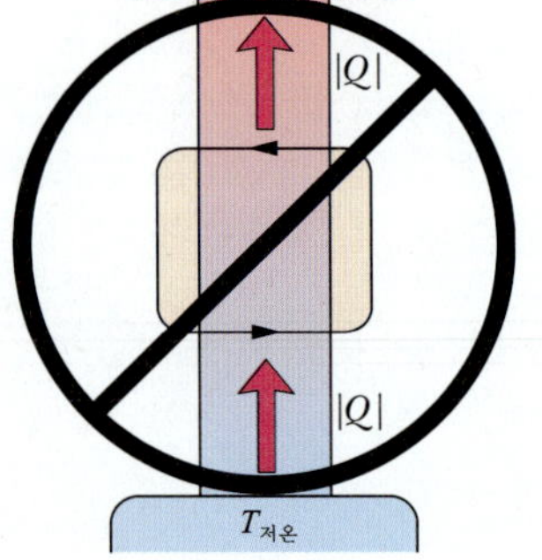

그림 21-22
완벽한(그러나 불가능한) 냉동기의 요소. 일을 하지 않아도 열에너지를 저온 열통에서 고온 열통으로 옮겨준다.

$$\Delta S = -\frac{|Q|}{T_{저온}} + \frac{|Q|}{T_{고온}}$$

$T_{고온} > T_{저온}$이므로, 이 식의 오른쪽은 값이 음수이고 따라서 냉동기+열통으로 이루어진 닫힌계에서 순환과정이 한 바퀴 돌면 알짜 엔트로피 변화량도 음수이다. 이러한 엔트로피 감소는 열역학 제2법칙 $\Delta S \geq 0$(식 21-5)과 어긋나므로 그러한 완벽한 냉동기는 없다. 다시 말해 냉동기를 작동시키려면 전기 에너지를 공급해야 한다!

이 결과로부터 열역학 제2법칙의 또 다른 (등가인) 형식을 얻는다.

> 일을 해주지 않아도 열에너지를 저온 열통에서 고온 열통으로 옮겨주는 냉동기는 만들 수 없다.

간단히 말해 완벽한 냉동기는 없다.

생각해보기 21-5 이상적 카르노 냉동기의 성능 계수를 높이고자 다음 네 가지 일을 할 수 있다. (a) 찬방의 온도를 조금 올리거나, (b) 찬방의 온도를 조금 낮추거나, (c) 냉동기를 조금 더 따뜻한 방으로 옮기거나, (d) 냉동기를 조금 더 찬방으로 옮길 수 있다. 이렇게 하여 변하는 $T_{고온}$이나 $T_{저온}$의 크기가 같다고 할 때, 성능계수가 가장 큰 것부터 차례대로 나열하라.

연습문제 21-5

34. 카르노 냉동기

어떤 카르노 냉동기가 냉각실에서 600 J의 열에너지를 뽑아내는데 200 J의 일을 한다. (a) 냉동기의 성능 계수는 얼마인가? (b) 한 번 순환할 때 부엌으로 방출되는 열에너지는 얼마인가?

35. 카르노 공조기

어떤 카르노 공조기가 온도 70°F인 방에서 열에너지를 뽑아 온도

96°F인 바깥으로 내보낸다. 공조기가 전기 에너지 1 J을 써서 방에서 뽑아내는 열에너지는 몇 줄인가?

36. 열 펌프 전달

어떤 열 펌프의 전동기가 온도 −5.0°C인 바깥에서 열에너지를 뽑아 온도 17°C인 방안으로 전달한다. 열 펌프가 카르노 열 펌프(거꾸로 돌아가는 카르노 기관)라면 이것이 전기 에너지 1 J을 써서 방안으로 전달해주는 열에너지는 얼마인가?

37. 열 펌프로 난방하기

열 펌프로 건물을 난방한다. 바깥 온도는 −5.0°C이고, 건물 안의 온도는 22°C로 유지한다. 펌프의 성능 계수는 3.8이고 한 시간에 7.54 MJ의 열에너지를 건물에 공급한다. 열 펌프가 카르노 기관을 거꾸로 돌린 것이라면 일률은 얼마인가?

38. 해준 일

어떤 카르노 냉동기가 1.0 J의 열에너지를 다음과 같이 전달할 때 일을 얼마나 해야 하는가? (a) 7.0°C의 열통에서 27°C의 열통으로, (b) −73°C의 열통에서 27°C의 열통으로, (c) −173°C의 열통에서 27°C의 열통으로, (d) −223°C의 열통에서 27°C의 열통으로.

39. 공조기

93°F와 70°F 사이에서 돌아가는 공조기의 냉각 용량이 4000 Btu/h이다. 이 장치의 성능 계수는 똑같은 열통 사이에서 돌아가는 카르노 냉동기의 성능 계수의 27%이다. 공조기의 전동기의 일률은 몇 마력인가?

40. 냉동기 속의 전동기

냉동기 속의 전동기의 일률은 200 W이다. 냉동실의 온도가 270 K, 바깥 공기의 온도는 300 K, 그리고 카르노 냉동기의 효율을 가정하면 이 장치가 냉동실에서 10.0분 동안 뽑아내는 열에너지는 얼마인가?

41. 냉동기를 돌리는 기관

어떤 카르노 기관이 T_1와 T_2 사이에서 돌아가면서, T_3와 T_4 사이에서 돌아가는 카르노 냉동기를 돌린다(그림 21-23). $|Q_3|/|Q_1|$을 T_1, T_2, T_3, T_4로 나타내라.

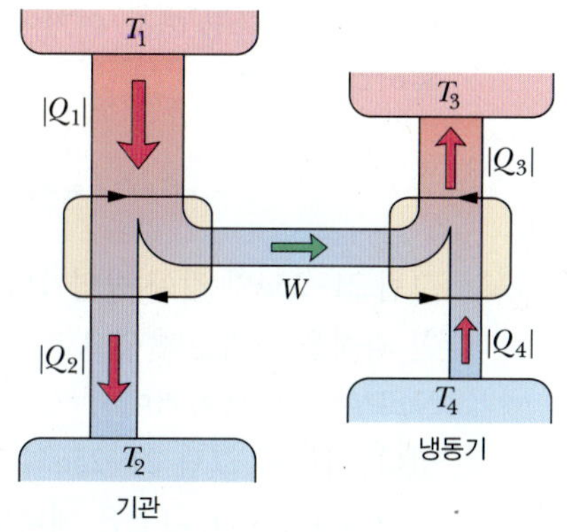

그림 21-23 문제 41

21-6 실제 기관의 효율 한계

앞에서 방금 본 것처럼 '완벽한' 카르노 냉동기는 엔트로피가 일정하거나 늘어나야 한다는 열역학 제2법칙에 어긋난다. 그러므로 효율 100%인 카르노 냉동기를 찾는 것은 헛일이다. 그러한 것은 없다. 그러나 카르노 기관은 어떤가? '완벽한'(다시 말해 효율 100%인) 기관을 만들 수 있는가?

기본적으로 이상적 카르노 기관의 비효율은 저온 열통의 경계에서 일어나는 열전달 때문이다. 순진한 발명가는 낱낱의 순환 과정에서 저온 열통으로 전달하여 '내버리는' 에너지 $|Q_{저온}|$을 줄여 카르노 기관의 효율을 높이고자 계속 애쓴다. 발명가의 꿈은 그림 21-24처럼 완벽한 기관을 만드는 것인데, 여기에서는 $|Q_{저온}|$이 0으로 줄고, $|Q_{고온}|$은 완전히 일로 바뀐다. 그렇게 할 수 있다면, 예를 들어 큰 바다를 건너는 정기화물선은 바닷물에서 열에너지를 뽑아 추진력을 얻을 수 있으므로 연료가 들지 않을 것이다. 자동차에 그러한 완벽한 기관을 달면 주변의 공기에서 에너지를 뽑아 달리게 되어 역시 기름값이 들지 않을 것이다.

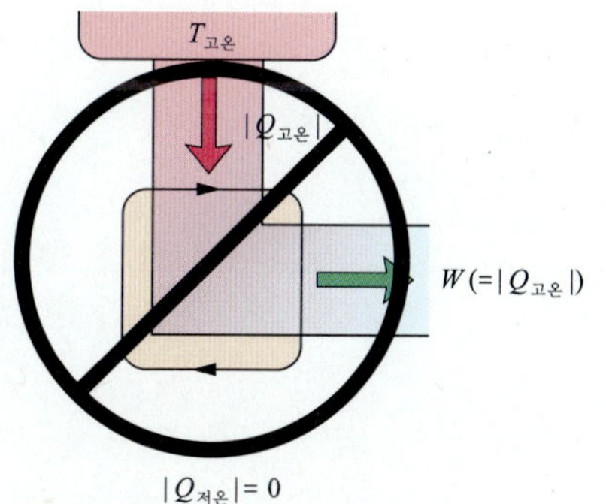

그림 21-24
완벽한 (그러나 불가능한) 기관의 요소. 고온 열통에서 받은 열에너지 $|Q_{고온}|$을 곧바로 효율 100%로 일에너지 W로 바꾼다.

이러한 기관이 있다면 너무 좋을 것이다. 그러나 완벽한 기관은 없다. 21-4절에서 이미 이상적 카르노 기관의 효율은 $\varepsilon_{카르노} = 1 - T_{저온}/T_{고온}$(식 21-11)이므로, 이것조차도 효율이 100%가 될 수 없음을 알았다. 이것은 $T_{저온} = 0$ 또는 $T_{고온} \to \infty$가 될 수 없기 때문에 명확하다. 따라서 실제의 기관이 100% 효율을 내려면 이상적 카르노 기관보다 더 효율이 높아야 한다. 그럴 수 있는가 살펴보자.

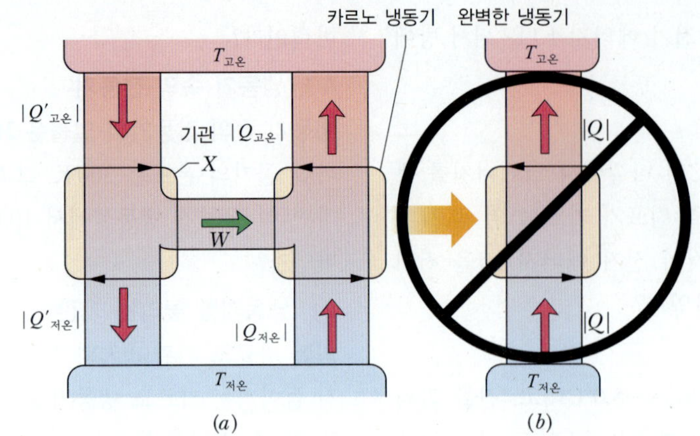

그림 21-25
(a) 기관 X가 카르노 냉동기를 돌린다. (b) 주장한 대로 기관 X가 카르노 기관보다 더 효율적이라면, (a)에 보인 조합은 여기에 보인 완벽한 냉동기와 등가이다. 이것은 열역학 제2법칙에 어긋나므로, 기관 X가 카르노 기관보다 더 효율적이지 않다는 결론이 나온다.

잠시 어떤 발명가가 자기 집 차고에서 기관 X를 꾸미는네, 이것의 효율 ε_X는 $\varepsilon_{카르노}$보다 더 높다고 주장한다고 하자. 여기에서 $\varepsilon_{카르노}$는 온도가 다른 두 열통 사이에서 작동하는 카르노 기관의 효율이다. 그러면

$$\varepsilon_X > \varepsilon_{카르노} \qquad (\text{주장}) \tag{21-15}$$

그림 21-25a와 같이 발명가의 기관 X를 카르노 냉동기에 잇자. 냉동기의 행정을 조절하여 한 번 순환 과정을 거치는데 필요한 일이 꼭 기관 X가 주는 일에너지와 같다고 하자. 효율을 비교하는 중이므로 기관과 냉동기에서 쓰는 열량을 조절하여 기관이 내는 W와 냉동기가 쓰는 W의 값을 맞출 수 있다. 따라서 그림 21-25a의 '기관+냉동기' 조합은 아무런 (바깥) 일을 해주지 않아도 돌아간다. 기관의 효율은 ε=(얻은 에너지)/(치른 에너지)$=|W|/|Q_{고온}|$ (식 21-9)이고, $\varepsilon_X > \varepsilon_{카르노}$이므로 다음 관계가 성립한다.

$$\frac{|W|}{|Q'_{고온}|} > \frac{|W|}{|Q_{고온}|}$$

여기에서 $|Q'_{고온}|$은 고온 열통에서 기관 X로 전달해주는 열에너지다. 이 부등식의 오른쪽은 그림 21-25a에 보인 이상적 카르노 냉동기가 (거꾸로) 돌아갈 때의 효율이다. 두 기관 모두 $|W|$가 같으므로, 이 부등식은 다음과 같다.

$$|Q_{고온}| > |Q'_{고온}| \tag{21-16}$$

기관 X가 한 일은 냉동기에 해준 일과 같고, 그것은 (식 21-6에 따라) $W=|Q_{고온}|-|Q_{저온}|$이므로 다음 결과를 얻는다.

$$|Q_{고온}|-|Q_{저온}|=|Q'_{고온}|-|Q'_{저온}|=W$$

이 식을 정리하면 다음과 같다.

$$|Q_{고온}|-|Q'_{고온}|=|Q_{저온}|-|Q'_{저온}|=Q \tag{21-17}$$

여기에서 $Q'_{저온}$는 기관 X에서 저온 열통으로 내보내는 열에너지다. $|Q_{고온}|>|Q'_{고온}|$ (식 21-16)이므

로 Q의 값은 양수이어야 한다. Q는 무엇인가? 식 21-7을 잘 살펴보면 Q는 '기관+냉동기' 조합이 한 번 순환할 때 고온 열통이 알짜로 내보내는 열에너지다. 다시 말해 기관 X와 냉동기가 붙어 함께 돌아갈 때 알짜 효과는 열에너지 Q를 저온 열통에서 고온 열통으로 보낸다. 눈여겨볼 것은 기관–냉동기 조합이 아무런 일에너지를 받지 않고도 해낸다는 것이다. 따라서 이 조합은 그림 21-22의 완벽한 냉동기처럼 작동하고, 그것은 열역학 제2법칙에 어긋난다.

그러므로 기관 X는 이상적 카르노 기관보다 효율이 더 좋을 수 없다는 것이 결론이다. 일반적으로 실제의 기관은 같은 온도 조건에서 작동하는 카르노 기관보다 효율이 더 좋을 수 없다. 기껏해야 그 효율이 이상적 카르노 기관과 같아질 수 있을 뿐이고, 그때는 기관 X가 바로 이상적 카르노 기관이다. 이것이 뜻하는 바는 이상적 카르노 기관의 효율은 100%가 될 수 없으므로, '완벽한'(효율 100%인) 기관은 물리적으로 불가능하다는 것이다.

21-7 통계적 관점에서 본 엔트로피

20장에서 기체의 거시적 성질은 그들의 미시적, 또는 분자적 움직임으로 설명할 수 있음을 보았다. 하나의 예로써 기체가 들어 있는 그릇 벽이 받는 압력을 기체 분자가 벽에 부딪치면서 벽에 전달하는 운동량으로 설명할 수 있었음을 기억하자. 그러한 설명은 **'통계 역학(statistical mechanics)'** 이라는 분야의 일부이다.

여기에서는 한 문제에 집중한다. 단열 상자를 반으로 나눈 두 곳에 퍼져 있는 기체 분자이다. 이 문제는 아주 간단해서 잘 살펴볼 수 있고, 이상 기체가 자유 팽창할 때의 엔트로피 변화를 통계 역학을 써서 셈할 수도 있다. 따라해보기 21-6에서 통계 역학을 써서 셈한 결과가 따라해보기 21-2에서 열역학을 써서 얻은 엔트로피 변화와 같음을 볼 수 있다.

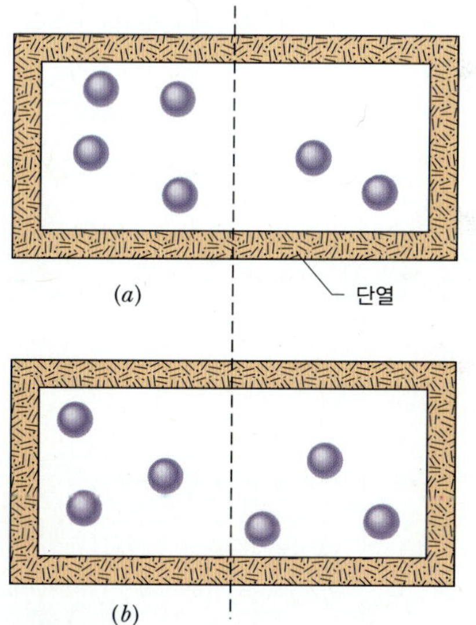

그림 21-26
단열 상자에 기체 분자 6개가 들어 있다. 분자들이 왼쪽이나 오른쪽에 있을 확률은 같다. (*a*)의 배열은 표 21-1의 배열 III에 해당하고, (*b*)의 배열은 배열 IV에 해당한다.

그림 21-26은 똑같은(따라서 구별할 수 없는) 기체 분자 6개가 든 상자를 보여준다. 어느 순간이든 분자는 상자의 왼쪽 아니면 오른쪽에 있다. 두 반쪽의 부피가 같으므로, 낱낱의 분자가 어느 한쪽에 있을 가능성 또는 확률은 같다.

표 21-1은 여섯 분자를 양쪽에 나눌 수 있는 7가지 배열 가운데 4가지를 보여준다. 낱낱의 배열에는 로마 숫자를 붙였다. 예를 들어 배열 I에는 6분자가 모두 상자의 왼쪽 반에 있고($n_1 = 6$), 오른쪽 반에는 없다($n_2 = 0$). 이 표에 보이지 않은 3가지는 (2, 4)로 나뉜 배열 V, (1, 5)로 나뉜 배열 VI, (0, 6)로 나뉜 배열 VII이다. 배열 II에서는 분자 5개가 상자의 왼쪽 반에 있다. 일반적으로 어떤 배열을 만드는 방법은 여러 가지다. 이처럼 분자 배열이 다른 상태를 미시상태라고 한다. 이제 어떤 배열을 이루는 미시상태의 개수를 셈하는 방법을 살펴보자.

N개의 분자 가운데 n_1개가 왼쪽에 n_2개가 오른쪽에 있다고 하자.(따라서 $n_1 + n_2 = N$이다.) 분자를 하나씩 '손으로 집어' 나누는 것을 상상하자. $N = 6$이면, 첫 분자를 고르는 방법은 6가지다. 다시 말해 6개의 분자 가운데 어느 하나를 고르면 된다. 둘째 분자를 고르는 방법은 5가지로, 남아 있는 5개의 분자 가운데 어느 하나를 고르는 것이다. 여섯 개의 분자를 모두 고르는 방법의 수는 모든 방법의 수를 곱한 값이다. $6 \times 5 \times 4 \times 3 \times 2 \times 1 = 720$. 이 값을 수학 기호로 간단히 나타내면 $6! = 720$이다. 여기에서 6!은 '육 팩토리얼'이라고 읽는다. 팩토리얼 기능을 가진 휴대형 전자계산기도 있다. 나중에 쓰게 될 것이니 $0! = 1$임을 알아두자. (전자계산기로 확인해 보라.)

그렇지만 같은 종류의 분자는 구별이 안 되므로 720가지 배열이 모두 다른 것은 아니다. 예를 들어 $n_1 = 4$, $n_2 = 2$일 때(이것은 표 21-1에서 배열 III에 해당한다), 왼쪽에 분자 4개를 어떤 순서로 넣든 상관이 없다. 일단 분자 4개를 넣은 뒤에는 어떤 순서로 넣었는지 구별할 수 없다. 분자 4개를

표 21-1
상자 속에 든 분자 여섯 개

이름	배열[a] n_1	n_2	다중도 W (미시상태의 수)	W 셈하는 법 (식 21-18)	엔트로피 10^{-23} J/K (식 21-19)
I	6	0	1	$6!/(6!0!) = 1$	0
II	5	1	6	$6!/(5!1!) = 6$	2.47
III	4	2	15	$6!/(4!2!) = 15$	3.74
IV	3	3	20	$6!/(3!3!) = 20$	4.13
미시상태의 총수 = 64					

[a]여기에 늘어놓지 않은 배열은 다음과 같다. $n_1 = 0,\ n_2 = 6;\ n_1 = 1,\ n_2 = 5;\ n_1 = 2,\ n_2 = 4$. 이것의 다중도는 차례로 배열 I, II, III과 같다.

배열하는 방법의 수는 4! 또는 24가지다. 마찬가지로 상자의 오른쪽에 넣은 분자 2개를 배열하는 방법의 수는 2! 또는 2가지다. 배열 III과 같이 왼쪽과 오른쪽에 각각 4개와 2개를 넣는 방법의 수를 셈하려면 720을 24와 2로 나누어야 한다. 이렇게 얻은 값이 그러한 배열에 해당하는 미시상태의 수로서 배열의 '다중도'라고 부르고 W로 쓴다. 따라서 배열 III의 다중도 W_{III}는 다음과 같다.

$$W_{III} = \frac{6!}{4!2!} = \frac{720}{24 \times 2} = 15$$

따라서 표 21-1은 배열 III에는 독립적인 미시상태가 15개 있음을 말해준다. 눈여겨볼 것은 이 표가 네 가지 배열에 퍼져 있는 미시상태는 42개임도 말해준다는 것이다.

6개의 분자에 관한 분석을 N개의 분자에 관한 것으로 일반화시키면 다음 결과를 얻는다.

$$W = \frac{N!}{n_1!n_2!} \qquad \text{(배열의 다중도)} \qquad (21\text{–}18)$$

식 21-18을 쓰면 표 21-1에 보인 모든 배열의 다중도를 얻을 수 있음을 확인하여라.

통계역학의 기본 가정은 다음과 같다.

> 모든 미시상태에 있을 확률은 똑같다.

다시 말해 6개의 분자가 그림 21-26에 보인 상자 속에서 이리저리 다니는 동안 아주 많은 사진을 찍어 낱낱의 미시상태가 나타나는 수를 세어본다면, 42개의 미시상태가 거의 같은 수 나타난다는 것이다. 곧 이 계는 평균적으로 표 21-1에 보인 42개의 미시상태에 같은 시간 머문다는 것이다.

모든 미시상태에 있을 확률이 같지만, 배열마다 품고 있는 미시상태의 수가 다르므로 배열의 확률은 저마다 다르다. 표 21-1의 배열 IV에는 미시상태가 20개 들어 있으므로 확률이 20/64 = 0.313으로 가장 높다. 이것이 뜻하는 바는 이 계는 배열 IV에서 31.3%의 시간을 보낸다는 것이다. 배열 I과 VII는 모든 분자가 상자의 한쪽에 몰려 있는데, 확률이 1/64 = 0.016 또는 1.6%로 가장 낮다. 가장 확률이 높은 배열에서는 분자가 상자의 양쪽에 고르게 퍼져 있음은 당연하다. 그것이 바로 열적 평형에서 기대할 수 있는 상황이다. 그렇지만 6개의 분자 모두가 상자의 한쪽에 몰려 있고 다른 쪽은 비어 있을 확률이 아주 작기는 해도 0은 아니라는 것은 놀랍다. 따라해보기 21-5에서 이 상태가 생길 수 있는 까닭은 분자의 개수 6개가 아주 작은 수이기 때문임을 보였다.

N값이 아주 크면 미시상태의 수가 아주 많지만, 거의 대부분의 미시상태는 그림 21-27과 같이 분자들이 상자의 양쪽에 고르게 퍼져 있는 배열에 들어 있다. 기체의 온도와 압력을 재보면 일정해도, 분자들은 들어갈 수 있는 모든 미시상태를 똑같은 확률로 '방문' 하면서 기체는 끝없이 뒤섞인다. 그렇지만 그림 21-27의 가운데 아주 뾰족한 봉우리를 이루는 배열 바깥에 있는 미시상태의 수는 아주 작으므로, 기체 분자는 늘 상자 양쪽에 같은 수가 나뉘어 있다고 가정해도 된다. 뒤에 보게 되듯이 이 배열의 엔트로피가 가장 크다.

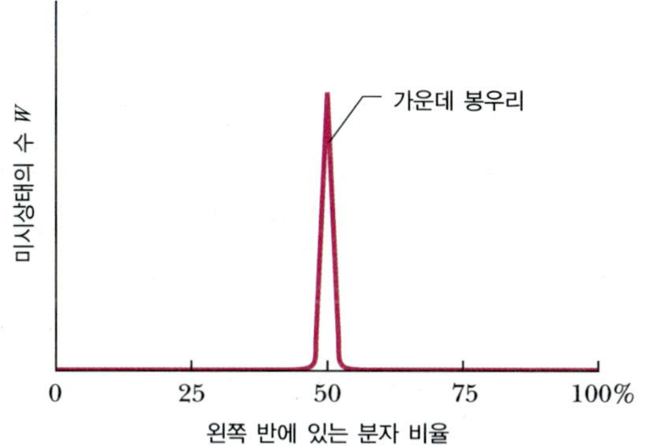

그림 21-27
상자 속에 든 분자의 수가 아주 많을 때, 상자 왼쪽에 있는 분자 비율에 대한 미시상태의 수의 변화를 보여주는 그림표. 거의 모든 미시상태는 분자가 상자 양쪽에 거의 같이 나뉘는 것에 해당된다. 이 미시상태는 그림표에서 가운데 봉우리를 이루는 배열에 들어간다. 분자가 $N \approx 10^{22}$개이면 가운데 봉우리가 너무 뾰족하고 높아서 그림표에는 그릴 수 없다.

• 확률과 엔트로피

1877년에 오스트리아 물리학자 볼츠만(Ludwig Boltzmann, 볼츠만 상수 k_B에 이름을 남겼다)은 기체 배열의 엔트로피 S와 그 배열의 다중도 사이에 다음 관계가 있음을 알아냈다.

$$S = k_B \ln W \qquad \text{(볼츠만의 엔트로피 수식)} \qquad (21\text{–}19)$$

볼츠만의 묘비에는 이 유명한 공식이 새겨져 있다.

S와 W가 로그함수로 연결되는 것은 당연하다. 두 계의 전체 엔트로피는 낱낱의 계의 엔트로피를 더한 값이다. 서로 독립적인 두 계가 어떤 상태에 있을 확률은 낱낱의 계가 저마다의 상태에 있을 확률을 곱한 값이다. 그런데 $\ln ab = \ln a + \ln b$이므로, 로그함수가 두 양을 잇는 것은 논리적이다.

표 21-1은 6개의 분자로 이루어진 계의 배열의 엔트로피를 식 21-19를 써서 셈한 결과를 보여준다. 다중도가 가장 큰 배열 IV는 엔트로피도 가장 크다.

W를 셈하고자 식 21-19를 쓸 때, 수백 이상의 수의 팩토리얼 값을 알고자 계산기를 누르면 화면에 'OVERFLOW(넘침)' 신호가 뜰 수도 있다. 다행히도 아주 잘 맞는 근사식이 있는데, 그것은 N!이 아니라 ln N!에 대한 **스털링 근사식(Stirling's approximation)**이다. 바로 식 21-19에서 필요한 식이다. 스털링 근사식은 다음과 같다.

$$\ln N! \approx N(\ln N) - N \qquad \text{(스털링 근사식)} \qquad (21\text{–}20)$$

이 근사식의 스털링은 앞에서 다룬 스털링 기관을 발명한 사람이 아니다.

생각해보기 21-6 기체 분자가 든 상자가 있다. 두 배열을 생각하자. (a) 상자의 양쪽 반에 분자가 반씩 들어 있고, (b) 상자를 셋으로 나눈 낱낱의 부분에 분자의 삼분의 일이 들어 있다. 어떤 배열에 더 많은 미시상태가 들어 있는가?

따라해보기 21-5 | 구별할 수 없는 입자

그림 21-26의 상자 속에 똑같은 분자가 100개 들어 있다고 하자. $n_1 = 50$, $n_2 = 50$인 배열과 $n_1 = 100$, $n_2 = 0$인 배열에 들어 있는 미시상태는 몇 개인가? 결과를 바탕으로 두 배열의 상대적 확률을 설명하여라.

풀이 ■ 요점은 상자 속에 든 똑같은 분자에 대한 (n_1, n_2)배열의 다중도 W는 그 배열에 들어 있는 미시상태의 수로서 식 21-18과 같이 정해진다는 것이다. (50, 50)배열의 다중도는 다음과 같다.

$$W = \frac{N!}{n_1!n_2!} = \frac{100!}{50!50!} = \frac{9.33 \times 10^{157}}{(3.04 \times 10^{64})(3.04 \times 10^{64})} = 1.1 \times 10^{29} \quad \text{(답)}$$

마찬가지로 (100, 0)배열의 다중도는 다음과 같다.

$$W = \frac{N!}{n_1!n_2!} = \frac{100!}{100!0!} = \frac{1}{0!} = \frac{1}{1} = 1 \quad \text{(답)}$$

따라서 (50, 50)배열이 (100, 0)배열보다 1×10^{29}이라는 엄청난 배수로 확률이 더 높다. (50, 50)배열에 대한 미시상태를 1 나노초에 하나씩 센다면 모두 세는데 3×10^{12}년 걸릴 것이고, 이것은 우주 나이의 750배 정도이다. 분자 100개도 아직은 아주 작은 수이다. 분자 1몰, 즉 $N = 10^{24}$개에 대해 확률을 셈했다고 상상해보라. 공기 분자가 갑자기 방의 한쪽 구석에 모두 모일까봐 걱정할 필요가 전혀 없다!

따라해보기 21-6 | 엔트로피 증가

따라해보기 21-1에서 똑같은 기체 분자 n몰이 자유 팽창하여 부피가 두 배가 되면, '처음'과 '나중' 상태의 엔트로피 차이가 $S_{나중} - S_{처음} = nR\ln 2$임을 보였다. 이것을 통계역학적으로 끌어내라.

풀이 ■ 요점 하나는 기체 분자가 어떤 배열에 있을 때의 엔트로피 S는 식 21-19($S = k_B \ln W$)를 써서 그 속에 든 미시상태의 다중도 W와 연결시킬 수 있다는 것이다. 관심을 둘 것은 두 배열이다: '나중'(분자가 그림 21-1b의 그릇을 모두 채운다)과 '처음'(분자가 그릇의 왼쪽 반만 채운다).

둘째 **요점**은 분자가 막힌 그릇 속에 있으므로 이들의 미시상태의 다중도는 식 21-18을 써서 셈할 수 있다는 것이다. 기체 n몰에 든 분자는 N개이다. 처음에는 분자가 모두 그릇의 왼쪽 반에 있으므로 배열은 $(N, 0)$이다. 그러면 다중도는 식 21-18에 따라 다음과 같다.

$$W = \frac{N!}{N!0!} = 1$$

끝으로 분자가 그릇 전체로 퍼지면 배열은 $(N/2, N/2)$이 된다. 그러면 다중도는 식 21-18에 따라 다음과 같다.

$$W = \frac{N!}{(N/2)!(N/2)!}$$

식 21-19로부터 처음과 나중의 엔트로피는 다음과 같다.

$$S_{처음} = k_B \ln W_{처음} = k_B \ln 1 = 0$$

$$S_{나중} = k_B \ln W_{나중} = k_B \ln(N!) - 2k_B \ln[(N/2)!] \quad (21\text{-}21)$$

식 21-21을 쓸 때, 다음 관계식을 썼다.

$$\ln\frac{a}{b^2} = \ln a - 2\ln b$$

이제 식 21-20을 써서 식 21-21의 값을 셈하면 다음과 같다.

$$\begin{aligned} S_{나중} &= k_B \ln(N!) - 2k_B \ln[(N/2)!] \\ &= \dots \\ &= Nk_B \ln 2 \end{aligned} \quad (21\text{-}22)$$

식 20-7로부터 Nk_B(분자수×볼츠만 상수)를 nR(몰수×보편기체 상수)로 바꿀 수 있고, 그러면 식 21-22는 다음과 같아진다.

$$S_{나중} = nR\ln 2$$

따라서 처음 상태에서 나중 상태로 갈 때의 엔트로피 변화량은 다음과 같다.

$$S_{나중} - S_{처음} = nR\ln 2 - 0 = nR\ln 2 \qquad \text{(답)}$$

이것이 증명하려던 바다. 따라해보기 21-1에서는 이 엔트로피 증가량을 열역학을 써서 셈했다. 이와 등가인 가역 과정을 찾아내고 그때의 온도와 열전달을 셈하여 엔트로피 변화를 셈했다. 여기에서는 똑같은 양을 그 계가 분자로 이루어져 있다는 사실을 써서 통계역학을 써서 셈했다.

연습문제 21-7

42. 표 만들기

여덟 개의 분자에 대해 표 21-1과 같은 표를 만들어라.

43. N개의 분자

상자 속에 분자 N개가 들어 있을 때, 어떤 분자가 상자의 왼쪽 아니면 오른쪽 반에 있는 것을 미시상태라고 하면 있을 수 있는 모든 미시상태의 수는 2^N개임을 보여라. 이것을 표 21-1의 상황에 대해 확인하여라.

44. 기체 분자 N개가 든 상자

상자 속에 기체 분자 N개가 양쪽 반에 고르게 나뉘어 있다. $N = 50$이다. (a) 이 중앙 배열의 다중도는 얼마인가? (b) 이 계의 모든 미시상태의 수는 얼마인가? (**실마리**: 문제 43을 보라.) (c) 이 계가 중앙 배열에서 머무는 시간의 백분율은 얼마인가? (d) $N = 100$일 때에 대해 (a)에서 (c)까지를 되풀이하라. (e) $N = 200$일 때에 대해 (a)에서 (c)까지를 되풀이하라. (f) N이 커지면 계가 중앙 배열에서 머무는 시간의 백분율이 (느는 것이 아니라) 줄어드는 것을 알았을 것이다. 까닭을 설명하라.

45. 똑같은 세 부분

상자 속에 기체 분자 N개가 있다. 상자를 똑같이 세 부분으로 나누었다고 생각하자. (a) 식 21-18을 일반화하여 배열의 다중도를 셈하여라. (b) 두 배열을 생각하자. A 배열은 세 부분에 똑같은 수의 분자가 들어 있고, B 배열은 상자의 양쪽 반에 똑같은 수의 분자가 들어 있다. 두 배열의 다중도의 비 W_A/W_B는 얼마인가? (c) $N = 100$일 때에 대해 W_A/W_B를 셈하라. (100은 3의 배수가 아니므로 A 배열에서 한 부분에는 34개를, 나머지 두 부분에는 33개를 넣고 셈하라.)

46. 상자 속의 네 입자

그림 21-26의 단열된 상자에 4입자가 들어 있다. 이 계에 대해 다음을 구하라. (a) 다중도가 가장 작은 배열, (b) 다중도가 가장 큰 배열, (c) 가장 작은 엔트로피, (d) 가장 큰 엔트로피.

추가문제

47. 속도 퍼짐

부피가 일정한 상태에서 질소(N_2) 기체의 온도가 올라가서, 분자 속력이 빨라진다. 다시 말해 질소 분자의 속력 퍼짐 확률분포함수 $f(v)$가 그림 21-13b처럼 속력이 더 빠른 쪽으로 퍼진다. $f(v)$ 퍼짐을 나타내는 한 가지 방법은 확률이 가장 큰 속력 $v^{최확}$과 속력의 제평근 값 $v^{제평근}$의 차이 Δv를 재는 것이다. $f(v)$가 속력이 더 빠른 쪽으로 퍼질수록 Δv도 커진다. (a) 질소 기체의 엔트로피 변화 ΔS를 처음과 나중 상태의 속도차 $\Delta v_{처음}$와 $\Delta v_{나중}$과 연관시키는 식을 구하라. 기체는 이상적인 2원자 분자이며 회전은 하지만 진동은 하지 않는다고 가정하라. 분자의 개수는 1.5몰이고 온도는 처음에 250 K, 나중에 500 K라 하자. 다음 값을 셈하라: (b) $\Delta v_{처음}$, (c) $\Delta v_{나중}$, (d) ΔS.

48. 카르노 그림표

카르노 기관을 만들어 한 번 순환할 때마다 일 W를 한다고 하자. 기관이 한 번 순환할 때, 고온 열통에서 $Q_{고온}$의 열에너지가 작업물질로 전달되며, 열통의 온도 $T_{고온}$은 조절할 수 있다. 저온 열통의

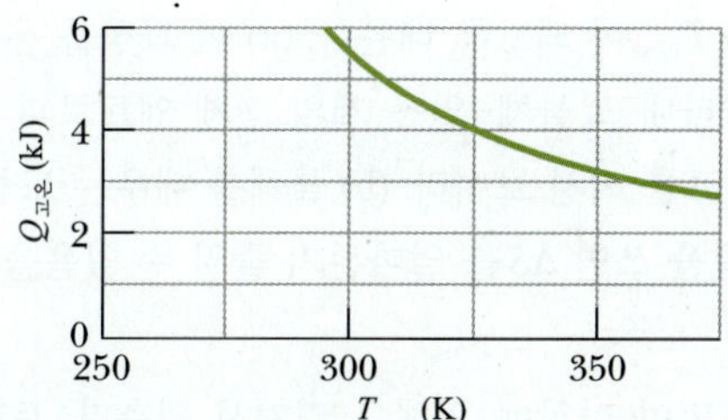

그림 21-28 문제 48

온도는 $T_{저온} = 250\,K$로 유지된다. 그림 21-28은 $T_{고온}$에 대한 $Q_{고온}$의 변화를 보여준다. $T_{고온}$이 550 K일 때 $Q_{고온}$의 값은 얼마인가?

49. 기체 표본

어떤 기체 표본이 가역 등온 팽창한다. 그림 21-29는 기체의 나중 상태의 부피 $V_{나중}$에 대한 엔트로피 변화 ΔS를 보여준다. 이 기체에 들어 있는 분자는 몇 몰인가?

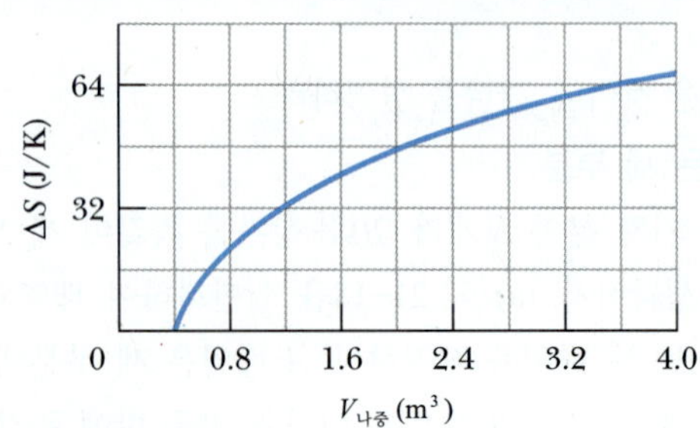

그림 21-29 문제 49

50. ΔS 그림표

질량 364g인 토막이 열통에 붙어 있다. 이 토막의 온도는 처음에는 열통보다 낮았다. 토막이 열통에 닿아 데워지는 과정이 가역적이라고 하자. 그림 21-30은 이 토막이 열평형에 이를 때까지의 엔트로피 변화 ΔS를 보여준다. 이 토막의 비열은 얼마인가?

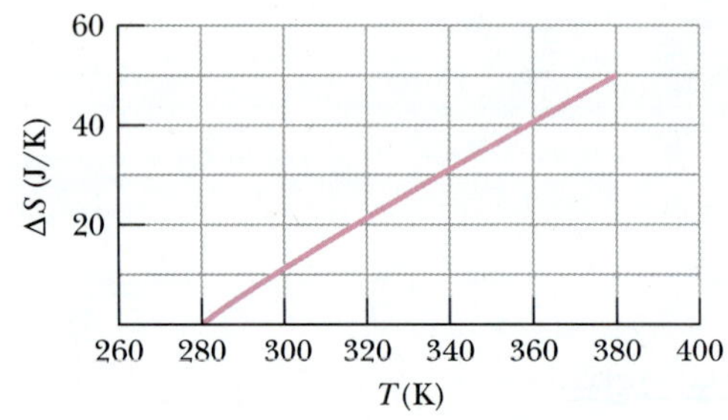

그림 21-30 문제 52

51. C/T 그림표

온도 $T_{나중}$을 유지하는 열통에 비열 C(상수), 온도 $T_{처음}$인 물체를 붙여 온도가 $T_{나중}$이 되도록 데운다. (a) 이 과정을 온도에 대한 C/T 그림표에 나타내고, 물체-열통 계의 전체 엔트로피 변화 ΔS가 양수임을 그림표를 써서 보여라. (b) 물체를 데우는 도중에 온도가 중간 값인 열통을 쓰면 ΔS를 얼마든지 줄일 수 있음을 설명하여라.

52. 마찰

움직이는 토막이 마찰에 의해 느려져서 멈춘다. 토막과 미끄러지는 바닥면 모두 단열된 통 속에 있다. (a) 이 계를 처음 상태(토막이 움직임)에서 나중 상태(토막이 섬, 토막과 바닥면의 온도가 올라갔음)로 바꾸는 가역 과정을 생각해내라. 이 가역 과정에서 토막-바닥면 고립계의 엔트로피가 늘어남을 보여라. 이 과정을 꾸미는데 이상 기관과 온도가 일정한 열통을 써도 된다. (b) 같은 과정을 이제는 거꾸로 돌려 계의 온도가 저절로 낮아지고 토막이 다시 움직이기 시작하면 계의 엔트로피는 줄어듦을 보여라 (이것은 열역학 제2법칙에 어긋난다).

53. 온도-엔트로피 그림

2원자 분자 2몰의 기체가 그림 21-31에 보인 온도-엔트로피 그림에 보인 순환과정을 가역적으로 돈다. 분자는 회전은 하지만 진동은 하지 않는다. 다음 과정에서 전달되는 열에너지 Q를 구하라. (a) 경로 1 → 2, (b) 경로 2 → 3, (c) 온전한 한 번의 순환. (d) 등온 과정에서 해주는 일 W는 얼마인가? 점 1에서의 부피 V_1은 0.200 m³이다. (e) 점 2와 (f) 점 3에서의 부피는 얼마인가? 다음 과정에서 $\Delta E^{내부}$는 얼마인가? (g) 경로 1 → 2, (h) 경로 2 → 3, (i) 순환 한 번. (**실마리:** (h)의 계산에 20-8절을 써서 한두 줄 또는 20-11절로 한쪽으로 할 수도 있다.)

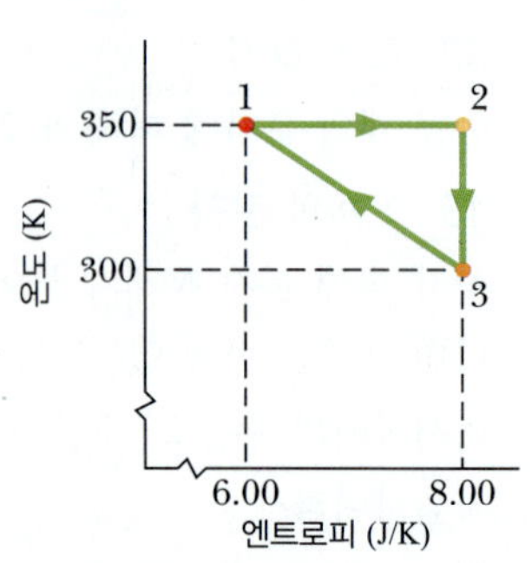

그림 21-31 문제 53

54. 발명가의 기관

어떤 발명가가 기관(기관 X)을 만들었는데 효율 ε_X가 똑같은 열통 사이에서 돌아가는 이상적인 기관의 효율 ε보다 높다고 우긴다. 기관 X를 이상적인 냉동기에 붙이고(그림 21-32a) 기관 X를 조절하여 한 번 순환할 때 하는 일이 이상적 냉동기가 돌아가는데 필요한 일을 공급한다고 하자. 이 묶음을 한 덩어리로 보아 발명가

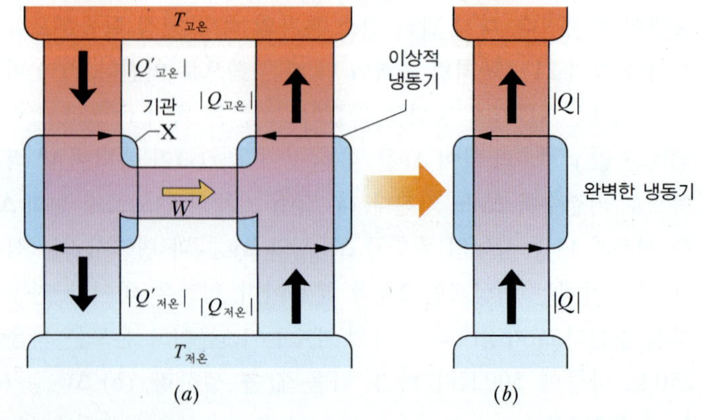

그림 21-32 문제 54

의 주장이 참이라면(곧 $\varepsilon_X \geq \varepsilon$), 이 묶음은 밖에서 아무 일을 해주지 않아도 저온 열통에서 고온 열통으로 열에너지를 옮겨 줄 수 있음을 보여라.

55. 이상적인 2원자 기체

어떤 이상적인 2원자 분자 3.4몰의 기체가 아래의 세 과정으로 이루어진 순환 과정을 한 바퀴 돈다.

1. 부피가 일정한 채 온도가 200 K에서 500 K로 올라간다.
2. 다음에는 등온 팽창하여 애초의 압력과 같아진다.
3. 다음에는 등압 수축하여 애초의 부피와 같아진다.

순환 과정 내내 분자가 회전은 하지만 진동은 하지 않는다. 이 순환 과정의 효율은 얼마인가?

부록 A

국제단위계*

1 국제단위계의 기본 단위

국제단위계의 기본 단위

양 (Quantity)	이름	기호	정의
길이 (length)	미터 (meter)	m	"…빛이 진공 속에서 1초의 1/299 792 458에 가는 거리의 길이" (1983)
질량 (mass)	킬로그램 (kilogram)	kg	"…앞으로 원기(백금-이리듐 원통)를 질량의 단위로 간주한다" (1889)
시간 (time)	초 (second)	s	"…세슘 133원자가 바닥 상태에서 두 초미세 준위를 오가며 흡수하고 내놓는 빛의 주기의 9 192 631 770배인 시간" (1967)
전류 (electric current)	암페어 (ampere)	A	"…단면이 둥근 아주 가늘고 한없이 긴 두 도선을 진공에서 1미터 간격으로 나란히 두고 일정한 전류를 흘릴 때 1미터 길이마다 2×10^{-7}뉴턴의 힘을 받도록 하는 값" (1946)
열역학적 온도 (thermodynamic temperature)	켈빈 (kelvin)	K	"…물 삼중점의 열역학적 온도의 1/273.16" (1967)
물질의 양 (amount of substance)	몰 (mole)	mol	"…탄소 12원자 0.012킬로그램 속에 들어 있는 원자의 수와 같은 수의 기본 요소가 들어 있는 물질" (1971)
밝기 (luminous intensity)	칸델라 (candela)	cd	"…어떤 광원이 진동수 540×10^{12}헤르츠의 단색 빛을 어느 쪽의 단위 입체각으로 1/683와트 내보낼 때, 그 방향의 밝기" (1979)

2 국제단위계의 보충 단위

국제단위계의 보충 단위

양 (Quantity)	이름	기호
평면 각 (plane angle)	라디안 (radian)	rad
입체 각 (solid angle)	스테라디안 (steradian)	sr

* 미국 표준국 특별인쇄물 330, 2001년도 판에서 따옴. 위의 정의는 국제기구인 국제도량형 총회에서 표시한 해에 채택되었다. 이 책에서는 칸델라는 쓰지 않는다.

3 국제단위계의 유도 단위 몇 가지

국제단위계의 유도 단위			
물리량	단위 이름	기호	다른 국제단위로 나타낸 꼴
넓이	제곱미터(square meter)	m^2	
부피	세제곱미터(cubic meter)	m^3	
진동수	헤르츠(hertz)	Hz	s^{-1}
(질량)밀도	세제곱미터당 킬로그램(kilogram per cubic meter)	kg/m^3	
속력, 속도	초당 미터(meter per second)	m/s	
회전 속도	초당 라디안(radian per second)	rad/s	
가속도	제곱초당 미터(meter per second per second)	m/s^2	
회전 가속도	제곱초당 라디안(radian per second per second)	rad/s^2	
힘	뉴턴(newton)	N	$kg \cdot m/s^2$
압력	파스칼(pascal)	Pa	N/m^2
일, 에너지, 열	줄(joule)	J	$N \cdot m^2$
일률	와트(watt)	W	J/s
전하량	쿨롱(coulomb)	C	$A \cdot s$
전위차, 기전력	볼트(volt)	V	W/A
전기장 세기	미터당 볼트(volt per meter)	V/m	N/C
전기저항	옴(ohn)	Ω	V/A
축전용량	패럿(farad)	F	$A \cdot s/V$
자기선속	베버(weber)	Wb	$V \cdot s$
유도용량	헨리(henry)	H	$V \cdot s/A$
자속밀도	테슬라(tesla)	T	Wb/m^2
자기장 세기	미터당 암페어(ampere per meter)	A/m	
엔트로피	줄당 켈빈(kelvin per joule)	J/K	
비열	킬로그램 켈빈당 줄(joule per kilogram kelvin)	$J/(kg \cdot K)$	
열전도도	미터 켈빈당 와트(watt per meter kellrin)	$W/(m \cdot K)$	
방사 세기	입체라디안당 와트(watt per steradian)	W/sr	

4 수학 기호

물리를 배울 때 수학 기호를 잘못 고르면 아주 헷갈린다. 예를 들어 수학 기호의 뜻이 애매하면 중요한 식에 담긴 뜻을 이해하기 어렵다. 또한 서로 다른 물리량을 나타내는 기호가 비슷하여 구별되지 않으면 문제 풀기가 어려워진다. 이 책에서는 수학 표기법을 골라 쓸 때 특히 주의하여 인쇄된 것과 손으로 쓴 것 모두에서 중요한 차이를 알아보기 쉽게 했다.

수학 기호를 명확하게 고르는 방법에 대한 아주 좋은 안내서는 미국 국립 표준 및 기술 연구소(U. S. National Institute of Standard and Technology)의 특별 인쇄물 811(SP 811), '국제단위계 사용 안내서(Guide to Use of International System of Units; SI)' 로써 다음의 웹사이트에서 내려받을 수 있다: http://physics.nist.gov/cuu/Units/bibliography.html. 안내서를 따르는 것에 더하여, 인쇄된 기호를 손으로 쓰기도 쉽게 몇 가지 선택을 체계적으로 했다. 예를 들면 다음과 같다.

- 벡터를 나타낼 때 굵은 글자를 쓰는 대신, 위에 화살표를 붙였다. 따라서 인쇄된 식도 손으로 쓴 식과 모양이 같다. 예: 순간 속도를 나타내는 기호로 v 대신 $\vec{v}$를 쓴다.
- 일반적으로 어떤 벡터의 낱낱의 성분에 아래글자를 붙여 그것이 어떤 좌표축 방향의 성분임을 나

타냈다. 예외 하나가 위치벡터 $\vec{r}$인데, 이것의 성분은 그냥 x, y, z로 나타냈다. 예를 들어, $\vec{r} = x\hat{\mathrm{i}} + y\hat{\mathrm{j}} = z\hat{\mathrm{k}}$. 그렇지만 순간속도는 다음과 같다. $\vec{v} = v_x\hat{\mathrm{i}} + v_y\hat{\mathrm{j}} + v_z\hat{\mathrm{k}}$.

- 벡터의 성분과 그 크기가 다름을 강조하고자 벡터 $\vec{F}$의 크기는 $|\vec{F}|$로 나타낸다. 그렇지만 벡터의 크기를 설명하는 것이 명확할 때는 단순한 기호로 벡터의 크기를 나타냈다 (성분을 나타내는 아래글자가 붙지 않은 F).
- 수학적 변수에는 그것과 연관된 물체의 이름을 붙인다. 공의 속도를 나타내는 변수는 $\vec{v}_{공}$이다.
- 아래글자로 붙인 숫자는 시각, 위치, 속도 등의 차례를 나타낸다. 예를 들어 x_1은 어떤 물체의 시각 t_1의 위치이고, x_2는 그 뒤의 시각 t_2의 위치이다.
- 처음 값을 나타낼 때 "x축 위의 처음 위치" x_0처럼 아래글자로 0을 쓰는 것은 피했는데, 그 까닭은 계의 시간 진화를 생각할 때는 처음 시각을 마음대로 잡을 수 있음을 강조하려는 것이다.
- 숫자로 나타낸 시각의 순서와 헷갈리지 않도록 물체를 나타내는 아래글자로는 대문자를 썼다. 예를 들어, 두 입자를 나타낼 때는 1과 2 대신 A와 B를 썼다. 따라서 두 입자가 충돌하기 전의 병진 운동량은 $\vec{p}_{A1}$과 $\vec{p}_{B1}$이고, 충돌 뒤의 운동량은 $\vec{p}_{A2}$와 $\vec{p}_{B2}$이다.
- 꾸미는 이름은 윗글자로 붙여 아래글자가 너무 길어지지 않게 했다. 따라서 뉴턴 제2법칙은 $\vec{F}^{알짜} = m\vec{a}$이고, 어떤 물체가 받는 힘의 합은 $\vec{F}^{알짜} = \vec{F}^{중력} + \vec{F}^{받는}$과 같이 쓸 수 있다. 꾸미는 이름은 외글자를 피하여 수학적 지수와 헷갈리지 않게 했다.
- 현재 물리학에서 흔히 쓰는 것에 맞추어 변수 $\vec{v}$의 시간평균값은 $\vec{v}_{평균}$이 아니라 $\langle\vec{v}\rangle$로 나타냈다.
- e, c, g, G와 같은 물리 상수는 모두 값이 **양수**인 스칼라량이다.

5 숫자값의 유효숫자와 정밀도

셈이나 측정 결과를 일러 줄 때 '유효숫자(significant figure)'의 수는 결과의 정확도를 나타낸다. 유효숫자가 너무 많으면 정밀도가 부풀려지고, 너무 적으면 정밀도가 깎인다. 그렇다면 유효숫자의 개수는 어떻게 정하는가?

유효숫자 결정하기

결과의 유효숫자가 몇 개인가를 결정하는 방법을 확실하게 알아야 한다. 표준적인 방법은 아주 간단하다.

> **유효숫자를 세는 방법:** 숫자를 왼쪽부터 읽어 0이 아닌 첫 숫자부터 세어 오른쪽의 (0을 포함한) 모든 숫자가 유효숫자이다.

이 규칙에 따르면, 350 mm, 0.000 350 km, 그리고 0.350 m 모두 유효숫자가 셋이다. 사실 이 세 값은 모두 같은 거리를, 다른 단위로 나타냈을 뿐이다. 이 예에서 알 수 있듯이, 소수점 아래 자리 수와 유효숫자는 다르다. 소수점 아래 자리 수는 첫째 값에서는 없고, 둘째 값에서는 6자리이고, 셋째 값에서는 3자리이다. 그렇지만 이 세 값 모두 유효숫자는 셋이다.

이 방법의 한 가지 결과는 특히 눈여겨 볼 가치가 있다. 뒤에 붙은 0은 유효숫자이다. 예를 들어 2700 m/s는 유효숫자가 넷이다. 유효숫자가 셋임을 나타내려면, (단위를 바꾸어) 2.70 km/s로 쓰거나 (지수 기호를 써서) 2.70×10^3 m/s로 써야 한다.

셈한 결과를 낼 때 유효숫자 결정하는 간단한 규칙

이제 유효숫자를 세는 방법을 알았다. 그렇다면 셈의 결과에 들어 있는 유효숫자는 몇 개일까? 대부분의 셈에서 적용되는 간단한 규칙은 다음과 같다.

> **셈한 결과의 유효숫자:** 흔히 쓰는 방법은 셈에 쓴 숫자 가운데 가장 부정확한 숫자의 유효숫자에 맞춘다.

이 간단한 규칙을 쓰면 때로는 결과의 정밀도가 깎이거나 (덜 빈번하게) 부풀려지기도 하지만, 보통은 잘 맞는다. 일반물리학에서는 유효숫자가 둘, 셋, 또는 넷 이상인 자료는 거의 쓰지 않는다. 그럴 때는 이 간단한 규칙에 따라 마지막으로 셈한 결과를 유효숫자 3개로 맞추면 크게 잘못될 일이 없다.

셈할 때 이 간단한 규칙을 쓰면 안 되는 상황이 두 가지 있다.

1. **정확한 자료 쓰기** 셈하는데 쓴 숫자가 정확한 것이 분명한 상황이 몇 가지 있다. 물건의 수를 센 값은 정확하다. 예를 들면, 승강기에 5사람이 탔다면, 정확히 5사람이지, 4.7사람 또는 5.1사람은 아니다. 또 다른 상황은 정의된 값이다. 예를 들어 바꿈 인수 2.54 cm/in은 인치가 정확히 2.540 00 ⋯ cm로 정의되므로 유효숫자가 3이 아니다. 유효숫자의 수가 가장 적은 수를 결정할 때 정확한 값을 쓰는 자료의 유효숫자는 따지지 않는다.

2. **중간 결과의 유효숫자** 반올림은 맨 끝에 셈한 결과에 대해서만 한다. 중간 결과는 결코 반올림하면 안 된다. 스프레드시트 소프트웨어에서 중간 결과는 반올림하지 않고 고스란히 지켜 셈을 계속하며, 계산기로 셈하다가 중간에 얻은 결과를 저장했다가 다시 꺼내 쓸 때도 마찬가지다. 중간 결과를 다시 계산기에 쳐 넣어야 한다면, 맨 끝에 얻을 결과보다 유효숫자를 몇 개 더 많이 남겨야 한다.

간단한 유효숫자 결정 규칙을 이해하기

셈이나 측정 결과에서 유효숫자의 개수는 정밀도를 나타낸다. 위에서 설명한 간단한 규칙이나 그 예외가 되는 규칙을 쓰기 전에 자료의 정밀도의 한계를 알아야 한다.

절대 정밀도(absolute precision) 정밀도에는 두 가지가 있다. 첫째는 절대 정밀도로, 값을 잴 때 쓴 기기의 가장 작은 눈금을 명확히 말해준다. 단위는 측정한 양과 같다. 예를 들어, '탁자의 길이를 센티미터 단위로 쟀다'는 말은 측정의 절대 정밀도를 말하는 것이다. 절대 정밀도는 측정값의 소수점 아래 자리 수가 몇 개인가를 말해준다. 그것만으로는 유효숫자가 정해지지 않는다. 예: 탁자의 길이가 235 cm이면, 절대 정밀도가 1 cm이므로 유효숫자는 셋이다. 이에 반해 인형의 집에 있는 탁자의 길이가 8 cm이면, 절대 정밀도는 똑같이 1 cm이지만 유효숫자는 하나다.

상대 정밀도(relative precision) 절대 정밀도는 위에서 설명한 문제가 있으므로, 과학자는 흔히 자료의 정밀도를 측정한 양의 크기에 대한 상대적인 값으로 나타낸다. 앞에서 든 예를 쓴다면, 실제 탁자의 상대 정밀도는 235 cm에 대한 1 cm이다. 이것은 그 비율(1/235)이나 백분율(1/235 = 0.004 255 = 0.4%)로 나타낸다. 장난감 탁자의 경우 똑같은 1 cm 절대 정밀도가 상대 정밀도로는 1/8 또는 1/8 = 0.125 = 12.5%가 된다.

유효숫자와 상대 정밀도의 어긋남 상대 정밀도를 나타내는데 쓸 유효숫자의 개수를 정할 때, 모순이 생긴다. 유효숫자의 개수가 똑같아도 상대 정밀도는 전혀 다를 수 있다. 예를 들어, 13 cm와 94 cm는 모두 유효숫자가 둘이다. 그렇지만 첫째 값의 상대 정밀도는 1/13 또는 $1/13 \approx 10\%$인데, 둘째 값의 상대 정밀도는 1/94 또는 $1/94 \approx 1\%$이다. 이처럼 유효숫자의 첫 자리 수가 클수록 상대 정밀도가 더 높아지는 것이 유효숫자의 개수를 써서 셈한 결과의 정밀도를 추적하는 방법의 약점의 하나다. 이 문제의 부분적인 해결책은 셈하여 맨 끝에 얻은 값의 유효숫자가 하나이면 간단한 규칙이 정하는 것보다 유효숫자를 하나 더 넣는 것이다.

곱셈과 나눗셈 수를 곱하거나 나눌 때는 결과의 상대 정밀도는 셈할 때 쓴 숫자의 가장 낮은 정밀도보다 높을 수 없다. 결과의 유효숫자의 개수가 상대 정밀도를 나타내므로, 간단한 규칙을 그대로 쓰면 된다. 예를 들어, 크기가 280 cm와 2.5 cm인 종이 띠의 넓이는 간단한 규칙에 따라 $7.0 \times 10^2\ \mathrm{cm}^2$로 나타내면 정확하다. 유효숫자가 둘인 까닭은 셈할 때 쓴 두 값 가운데 덜 정밀한 측정값 2.5 cm의 유효숫자가 둘이기 때문이다. 이 결과를 $700\ \mathrm{cm}^2$로 나타내는 것은 정확하지 않다. 왜냐하면 유효숫자가 셋이 되어 측정값 2.5 cm의 유효숫자보다 많기 때문이다.

덧셈과 뺄셈 수를 더하거나 뺄 때는 셈하기에 앞서 소수점을 맞춘다. 이것은 더하거나 뺀 결과의 정밀도는 가장 덜 정확한 숫자의 절대 정밀도가 결정한다는 것을 뜻한다. 그래서 간단한 규칙에서 몇 가지 예외가 생긴다. 예를 들어, 957 cm에 878 cm를 더하면 1835 cm가 된다. 이 셈에서 쓴 두 값의 절대 정밀도가 1 cm이므로 이 결과의 절대 정밀도도 약 1 cm이다. 그러나 유효숫자의 개수를 따지면 셈한 결과의 유효숫자는 넷인데, 셈에 쓴 두 숫자의 유효숫자는 셋이다. 다른 한편으로 두 거리의 차이를 내면 79 cm이다. 이 값의 절대 정밀도도 약 1 cm이지만, 상대 정밀도로는 유효숫자 둘에 해당한다. 따라서 덧셈이나 뺄셈을 할 때는 주의해야 한다. 상대 정밀도는 덧셈에서는 실제로 높아질 수 있고, 뺄셈에서는 낮아질 수 있다.

함수 값 셈하기 함수의 값을 셈할 때는 어떻게 될까? 예를 들어, $\sin(88.2^\circ)$의 유효숫자는 몇 개일까? 이 물음에 대한 답은 계산기를 써서 확인할 수 있다. 계산기로 셈해 보면 $\sin(88.2^\circ) = 0.999\,506$이 나온다. 이 함수의 변수의 가장 낮은 자리에 1을 더해 함수 값을 셈해 보면 $\sin(88.3^\circ) = 0.999\,559$가 나온다. 셈을 되풀이했을 때 바뀐 값의 숫자를 왼쪽부터 따져 처음 바뀌는 숫자가 유효숫자의 맨 끝자리 수이다. 이 예에서는 왼쪽부터 따져 처음 바뀌는 숫자는 0이다. 셈을 다시 했을 때 5로 바뀌었다. 따라서 경험적으로 따지면 유효숫자가 다섯이다.

부록 B 물리학의 기본 상수*

상수	기호	셈에 쓰는 값	가장 정확한 값(1998년 현재)	
			값[a]	불확도[b]
진공에서의 빛의 속력	c	3.00×10^{8} m/s	2.997 924 58	exact
기본 전하량	e	1.60×10^{-19} C	1.602 176 462	0.039
중력 상수	G	6.67×10^{-11} m^3/s$^2 \cdot$ kg	6.673	1500
보편 기체 상수	R	8.31 J/mol $\cdot$ K	8.314 472	1.7
아보가드로 상수	N_A	6.02×10^{23} mol^{-1}	6.022 141 99	0.079
볼츠만 상수	k_B	1.38×10^{-23} J/K	1.380 650 3	1.7
스테판-볼츠만 상수	σ	5.67×10^{-8} W/m$^2 \cdot$ K^4	5.670 400	7.0
표준온도압력[d]에서 이상기체 1몰의 부피	V_m	2.27×10^{-2} m^3/mol	2.271 098 1	1.7
전기 상수(유전율)	ε_0	8.85×10^{-12} C^2/N $\cdot$ m^2	8.854 187 817 62	exact
쿨롱 상수	$k = 1/4\pi\varepsilon_0$	8.99×10^{9} N $\cdot$ m^2/C^2	8.987 551 787	5×10^{-10}
자기 상수(투자율)	μ_0	1.26×10^{-6} N/A^2	1.256 637 061 43	exact
플랑크 상수	h	6.63×10^{-34} J $\cdot$ s	6.626 068 76	0.078
전자 질량[c]	m_e	9.11×10^{-31} kg	9.109 381 88	0.079
		5.49×10^{-4} u	5.485 799 110	0.0021
양성자 질량[c]	m_p	1.67×10^{-27} kg	1.672 621 58	0.079
		1.0073u	1.007 276 466 88	1.3×10^{-4}
전자에 대한 양성자의 질량비	m_p/m_e	1840	1836.152 667 5	0.0021
전자의 전하대 질량비	e/m_e	1.76×10^{11} C/kg	1.758 820 174	0.040
중성자 질량[c]	m_n	1.68×10^{-27} kg	1.674 927 16	0.079
		1.0087u	1.008 664 915 78	5.4×10^{-4}
수소원자 질량[c]	m_{1H}	1.0078u	1.007 825 031 6	0.0005
중수소원자 질량[c]	m_{2H}	2.0141u	2.014 101 777 9	0.0005
헬륨원자 질량[c]	m_{4He}	4.0026u	4.002 603 2	0.067
뮤입자 질량	m_μ	1.88×10^{-28} kg	1.883 531 09	0.084
전자 자기 모멘트	μ_e	9.28×10^{-24} J/T	9.284 763 62	0.040
양성자 자기 모멘트	μ_p	1.41×10^{-26} J/T	1.410 606 663	0.041
보어 마그네톤	μ_B	9.27×10^{-24} J/T	9.274 008 99	0.040
핵 마그네톤	μ_N	5.05×10^{-27} J/T	5.050 783 17	0.040
보어 반지름	r_B	5.29×10^{-11} m	5.291 772 083	0.0037
리드버그 상수	R	1.10×10^{7} m^{-1}	1.097 373 156 854 8	7.6×10^{-6}
전자의 컴프턴 파장	λ_C	2.43×10^{-12} m	2.426 310 215	0.0073

[a] 이 줄에 있는 값은 왼쪽 줄에 있는 값과 단위 및 10의 멱수가 같다.

[b] 백만분의 일

[c] u는 통일된 원자 질량 단위로서, 1 u = $1.660\ 538\ 73 \times 10^{-27}$ kg이다.

[d] 표준온도압력(STP)+은 0°C, 1.0기압(0.1 Mpa)이다.

* 이 표의 값은 1998년 CODATA 추천값에서 뽑았다(www.physics.nist.gov).

\+ STP는 **S**tandard **T**emperature **P**ressure의 첫글자를 딴 것이다 (옮긴이).

부록 C 천문학 자료

지구와의 거리			
달*	3.82×10^8 m	우리 은하계의 중심	2.2×10^{20} m
해*	1.50×10^{11} m	안드로메다 은하	2.1×10^{22} m
가장 가까운 별(Proxima Centauri)	4.04×10^{16} m	볼 수 있는 우주의 끝	$\sim 10^{26}$ m

* 평균거리

해, 지구, 달

성질	단위	해	지구	달
질량	kg	1.99×10^{30}	5.98×10^{24}	7.36×10^{22}
평균 반지름	m	6.96×10^8	6.37×10^6	1.74×10^6
평균 밀도	kg/m^3	1410	5520	3340
표면에서의 자유낙하 가속도	m/s^2	274	9.81	1.67
탈출속력	km/s	618	11.2	2.38
회전주기[a]	—	37일(극)[b], 26일(적도)[b]	23시간 56분	27.3일
방사일률[c]	W	3.90×10^{26}		

[a] 먼 별에 대한 측정값.

[b] 해는 기체로 된 공이므로 강체처럼 돌지는 않는다.

[c] 지구 대기권 밖에서 햇빛을 수직으로 받으면 1340 W/m^2이다.

행성의 성질

	수성	금성	지구	화성	목성	토성	천왕성	해왕성	명왕성
해까지의 평균 거리, 10^6 km	57.9	108	150	228	778	1430	2870	4500	5900
공전 주기, 년	0.241	0.615	1.00	1.88	11.9	29.5	84.0	165	248
자전 주기[a], 일	58.7	−243[b]	0.997	1.03	0.409	0.426	−0.451[b]	0.658	6.39
궤도 속력, km/s	47.9	35.0	29.8	24.1	13.1	99.64	6.81	5.43	4.74
적도 지름, km	4880	12 100	12 800	6790	143 000	120 000	51 800	49 500	2300
질량 (지구 = 1)	0.0558	0.815	1.000	0.107	318	95.1	14.5	17.2	0.002
표면에서의 g값[c], m/s^2	3.78	8.60	9.78	3.72	22.9	9.05	7.77	11.0	0.5
탈출속력[c], km/s	4.3	10.3	11.2	5.0	59.5	35.6	21.2	23.6	1.1

[a] 먼 별을 기준으로 잰 값.

[b] 금성과 천왕성은 공전 방향과 자전 방향이 반대이다.

[c] 행성의 적도에서 잰 값

부록 D 바꿈 인수

바꿈인수는 아래 표에서 바로 찾을 수 있다. 예를 들어 '1도(°) = 2.778×10^{-3} 바퀴(rev)' 이므로, '16.7° = $16.7 \times 2.778 \times 10^{-3}$ 바퀴' 이다. 국제단위를 나타내는 기호는 대문자로 썼다. 자료는 다음 책에서 에서 따왔다: 쇼틀리(G. Shortley)와 윌리엄즈(D. Williams) 공저, *Elements of Physics*, 1971, Prentice-Hall, Englewood Cliffs, N. J.

입체각

1 공(sphere)
= 4π 입체라디안(steradians)
= 12.57 입체라디안(steradians)

평면각

	°	′	″	RADIAN	rev
1 도(degree) =	1	60	3600	1745×10^{-2}	2.778×10^{-3}
1 분(minute) =	1.667×10^{-2}	1	60	2.909×10^{-4}	4.630×10^{-5}
1 초(second) =	2.778×10^{-4}	1.667×10^{-2}	1	4.848×10^{-6}	7.716×10^{-7}
1 라디안(RADIAN) =	57.30	3438	2.063×10^{5}	1	0.1592
1 바퀴(revolution) =	360	2.16×10^{4}	1.296×10^{6}	6.283	1

길이

	cm	METER	km	in.	ft	mi
1 센티미터(centimeter) =	1	10^{-2}	10^{-5}	0.3937	3.281×10^{-2}	6.214×10^{-6}
1 미터(METER) =	100	1	10^{-3}	39.37	3.281	6.214×10^{-4}
1 킬로미터(kilometer) =	10^{5}	1000	1	3.937×10^{4}	3281	0.6214
1 인치(inch) =	2.540	2.540×10^{-2}	2.540×10^{-5}	1	8.333×10^{-2}	1.578×10^{-5}
1 푸트(foot) =	30.48	0.3048	3.048×10^{-4}	12	1	1.894×10^{-4}
1 마일(mile) =	1.609×10^{5}	1609	1.609	6.336×10^{4}	5280	1

1 보어반지름(Bohr radius) = 5.292×10^{-11} m
1 Å(옹스트롬[Angstrom]) = 10^{-10} m
1 페르미(fermi) = 10^{-15} m
1 파섹(parsec) = 3.084×10^{13} km
1 나노미터(nm) = 10^{-9} m
1 광년(light year) = 9.460×10^{12} km

1 해리(nautical mile) = 1852 m = 1.151 mi = 6076 ft
1 패덤(fathom) = 6 ft
1 야드(yard) = 3 ft
1 밀(mil) = 10^{-3} in.
1 로드(rod) = 16.5 ft

넓이

	METER^2	cm^2	ft^2	in.^{2}
1 제곱미터(SQUARE METER) =	1	10^{4}	10.76	1550
1 제곱센티미터(square centimeter) =	10^{-4}	1	1.076×10^{-3}	0.1550
1 제곱푸트(square foot) =	9.290×10^{-2}	929.0	1	144
1 제곱인치(square inch) =	6.452×10^{-4}	6.452	6.944×10^{-3}	1

참고: 1 에이커(acre) = 43,560 ft^2; 1 제곱마일(mi^2) = 2.788×10^{7} ft^2 = 640 acres; 1 헥타르(hectare) = 10^{4} m^2 = 2.471 acres; 1반(barn) = 10^{-28} m^2

부피

	METER^3	cm^3	L	ft^3	in.^{3}
1 세제곱미터(CUBIC METER) =	1	10^{6}	1000	35.31	6.102×10^{4}
1 세제곱센티미터(cubic centimeter) =	10^{-6}	1	1.000×10^{-3}	3.531×10^{-5}	6.102×10^{-2}
1 리터(liter) =	1.000×10^{-3}	1000	1	3.531×10^{-2}	61.02
1 세제곱푸트(cubic foot) =	2.832×10^{-2}	2.832×10^{4}	28.32	1	1728
1 세제곱인치(cubic inch) =	1.639×10^{-5}	16.39	1.639×10^{-2}	5.787×10^{-4}	1

참고: 1 미국 갤런(U.S. fluid gallon) = 4 미국 쿼트(U.S. fluid quarts) = 8 파인트(U.S. pints) = 12.8 온스(U.S. fluid ounces) = 231 in^3; 1 영국 갤런(British imperial gallon) = 277.4 in^3 = 1.202 미국 갤런

질량

색칠한 곳에 있는 양들은 질량 단위가 아니지만 흔히 그렇게 쓴다. 예를 들어, 1kg "=" 2.205 lb(파운드)라고 쓰면, 이것은 중력가속도 g가 표준값인 9.80665 m/s^{2}인 곳에서는 질량 1kg의 무게가 2.205파운드라는 뜻이다.

g	KILOGRAM	slug	u	oz	lb	ton
1 그램(gram) = 1	0.001	6.852×10^{-5}	6.022×10^{23}	3.527×10^{-2}	2.205×10^{-3}	1.102×10^{-6}
1 킬로그램(KILOGRAM) = 1000	1	6.852×10^{-2}	6.022×10^{26}	35.27	2.205	1.102×10^{-3}
1 슬럭(slug) = 1.459×10^4	14.59	1	8.786×10^{27}	514.8	32.17	1.609×10^{-2}
1 원자질량단위(atomic mass unit) = 1.661×10^{-24}	1.661×10^{-27}	1.138×10^{-28}	1	5.857×10^{-27}	3.662×10^{-26}	1.830×10^{-30}
1 온스(ounce) = 28.35	2.835×10^{-2}	1.943×10^{-3}	1.718×10^{25}	1	6.250×10^{-2}	3.125×10^{-5}
1 파운드(pound) = 453.6	0.4536	3.108×10^{-2}	2.732×10^{26}	16	1	0.0005
1 톤(ton) = 9.072×10^5	907.2	62.16	5.463×10^{29}	3.2×10^4	2000	1

1 미터톤(metric ton) = 1000 kg

시간

y	d	h	min	SECOND
1 해,년(year) = 1	365.25	8.766×10^3	5.259×10^5	3.156×10^7
1 하루,일(day) = 2.738×10^{-3}	1	24	1440	8.640×10^4
1 시간(hour) = 1.141×10^{-4}	4.167×10^{-2}	1	60	3600
1 분(minute) = 1.901×10^{-6}	6.944×10^{-4}	1.667×10^{-2}	1	60
1 초(SECOND) = 3.169×10^{-8}	1.157×10^{-5}	2.778×10^{-4}	1.667×10^{-2}	1

속력

ft/s	km/h	METER/SECOND	mi/h	cm/s
1 초당 푸트(foot per second) = 1	1.097	0.3048	0.6818	30.48
1 시간당 킬로미터(kilometer per hour) = 0.9113	1	0.2778	0.6214	27.78
1 초당 미터(METER per SECOND) = 3.281	3.6	1	2.237	100
1 시간당 마일(mile per hour) = 1.467	1.609	0.4470	1	44.70
1 초당 센티미터(centimeter per second) = 3.281×10^{-2}	3.6×10^{-2}	0.01	2.237×10^{-2}	1

1knot = 1 nautical mi/h = 1.688 ft/s　　1 mi/min = 88.00 ft/s = 60.00 mi/h

힘

dyne	NEWTON	lb	pdl
1 다인(dyne) = 1	10^{-5}	2.248×10^{-6}	7.233×10^{-5}
1 뉴턴(NEWTON) = 10^5	1	0.2248	7.233
1 파운드(pound) = 4.448×10^5	4.448	1	32.17
1 파운달(poundal) = 1.383×10^4	0.1383	3.108×10^{-2}	1

1 톤(ton) = 2000 lb

압력

atm	dyne/cm²	inch of water	cm Hg	PASCAL	ln /in.²	lb/ft²
1 기압(atmosphere) = 1	1.013×10^{6}	406.8	76	1.013×10^{5}	14.70	2116
1 제곱센티미터당 다인(dyne per centimeter²) = 9.869×10^{-7}	1	4.015×10^{-4}	7.501×10^{-5}	0.1	1.405×10^{-5}	2.089×10^{-3}
1 인치 4°C 물기둥 압력(inch of water at 4°C)[a] = 2.458×10^{-3}	2491	1	0.1868	249.1	3.613×10^{-2}	5.202
1 센티미터 0°C 수은기둥 압력(centimeter of mercury at 0°C)[a] = 1.316×10^{-2}	1.333×10^{4}	5.353	1	1333	0.1934	27.85
1 파스칼(PASCAL) = 9.869×10^{-6}	10	4.015×10^{-3}	7.501×10^{-4}	1	1.450×10^{-4}	2.089×10^{-2}
1 제곱인치당 파운드(pound per inch) = 6.805×10^{-2}	6.895×10^{4}	27.68	5.171	6.895×10^{3}	1	144
1 제곱풋당 파운드(pound per foot) = 4.725×10^{-4}	478.8	0.1922	3.591×10^{-2}	47.88	6.944×10^{-3}	1

[a] 중력가속도가 표준값인 9.80665 m/s²인 곳

1 바(bar) = 10^{6} dyne/cm² = 0.1 MPa　　1 밀리바(millibar) = 10^{3} dyne/cm² = 10^{2} Pa　　1 토르(torr) = 1 mmHg

에너지, 일, 열(Energy, Work, Heat)

Btu	erg	ft · lb	hp · h	JOULE	cal	kW · h	eV	MeV
1 영국 열단위(British thermal unit) = 1	1.055×10^{10}	777.9	3.929×10^{-4}	1055	252.0	2.930×10^{-4}	6.585×10^{21}	6.585×10^{15}
1 에르그(erg) = 9.481×10^{-11}	1	7.376×10^{-8}	3.725×10^{-14}	10^{-7}	2.389×10^{-8}	2.778×10^{-14}	6.242×10^{11}	6.242×10^{5}
1 푸트-파운드(foot-pound) = 1.285×10^{-3}	1.356×10^{7}	1	5.051×10^{-7}	1.356	0.3238	3.766×10^{-7}	8.464×10^{18}	8.464×10^{12}
1 마력시(horsepower-hour) = 2545	2.685×10^{13}	1.980×10^{6}	1	2.685×10^{6}	6.413×10^{5}	0.7457	1.676×10^{25}	1.676×10^{19}
1 줄(JOULE) = 9.481×10^{-4}	10^{7}	0.7376	3.725×10^{-7}	1	0.2389	2.778×10^{-7}	6.242×10^{18}	6.242×10^{12}
1 칼로리(calorie) = 3.969×10^{-3}	4.186×10^{7}	3.088	1.560×10^{-6}	4.186	1	1.163×10^{-6}	2.613×10^{19}	2.613×10^{13}
1 킬로와트시(kilowatt-hour) = 3413	3.600×10^{13}	2.655×10^{6}	1.341	3.600×10^{6}	8.600×10^{5}	1	2.247×10^{25}	2.247×10^{19}
1 전자-볼트(electron-volt) = 1.519×10^{-22}	1.602×10^{-12}	1.182×10^{-19}	5.967×10^{-26}	1.602×10^{-19}	3.827×10^{-20}	4.450×10^{-26}	1	10^{-6}
1 백만전자-볼트(million electron-volt) = 1.519×10^{-16}	1.602×10^{-6}	1.182×10^{-13}	5.967×10^{-20}	1.602×10^{-13}	3.827×10^{-14}	4.450×10^{-20}	10^{-6}	1

일률(Power)

Btu/h	ft · lb/s	hp	cal/s	kW	WATT
1 시간당 영국 열단위(British thermal unit per hour) = 1	0.2161	3.929×10^{-4}	6.998×10^{-2}	2.930×10^{-4}	0.2930
1 초당 푸트-파운드(foot-pound per second) = 4.628	1	1.818×10^{-3}	0.3239	1.356×10^{-3}	1.356
1 마력(horsepower) = 2545	550	1	178.1	0.7457	745.7
1 초당 칼로리(calorie per second) = 14.29	3.088	5.615×10^{-3}	1	4.186×10^{-3}	4.186
1 킬로와트(kilowatt) = 3413	737.6	1.341	238.9	1	1000
1 와트(WATT) = 3.413	0.7376	1.341×10^{-3}	0.2389	0.001	1

자기장(Magnetic Field)

gauss	TESLA	milligauss
1 가우스(gauss) = 1	10^{-4}	1000
1 테슬라(TESLA) = 10^{4}	1	10^{7}
1 밀리가우스(milligauss) = 0.001	10^{-7}	1

1 tesla = 1 weber/meter²

자기선속(Magnetic Flux)

maxwell	WEBER
1 막스웰(maxwell) = 1	10^{-8}
1 웨버(WEBER) = 10^{8}	1

부록 E 수학 공식

기하학

반지름 r인 원: 원둘레 $= 2\pi r$; 넓이 $= \pi r^2$

반지름 r인 공: 넓이 $= 4\pi r^2$; 부피 $= \frac{4}{3}\pi r^3$

반지름 r, 높이 h인 직각 원통: 넓이 $= 2\pi r^2 + 2\pi rh$;
부피 $= \pi r^2 h$

밑변 a, 높이 h인 삼각형: 넓이 $= \frac{1}{2}ah$

2차 방정식 근의 공식

$ax^2 + bx + c = 0$이면 $x = \dfrac{-b \pm \sqrt{b^2 - 4ac}}{2a}$

각도 θ의 삼각함수

$\sin\theta = \dfrac{y}{r}$

$\cos\theta = \dfrac{x}{r}$

$\tan\theta = \dfrac{y}{x}$

$\cot\theta = \dfrac{x}{y}$

$\sec\theta = \dfrac{r}{x}$

$\csc\theta = \dfrac{r}{y}$

피타고라스 정리

오른쪽 직각삼각형에서

$a^2 + b^2 = c^2$

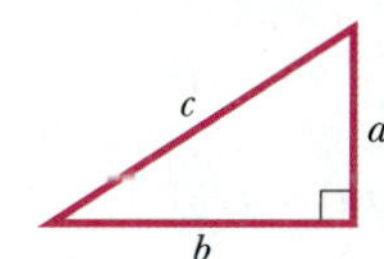

삼각형

꼭지각 A, B, C

변의 길이 a, b, c

세 꼭지각의 합 $A + B + C = 180°$

$\dfrac{\sin A}{a} = \dfrac{\sin B}{b} = \dfrac{\sin C}{c}$

$c^2 = a^2 + b^2 - 2ab\cos C$

외각 $D = A + C$

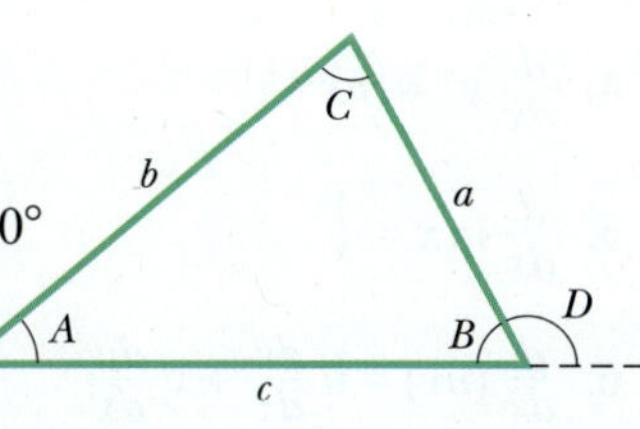

수학 부호와 기호

$=$ 등호

$\approx$ 대략 같음

$\sim$ 크기가 대략 같음

$\neq$ 같지 않음

$\equiv$ 똑같음, 정의

$>$ 크다($\gg$ 훨씬 크다)

$<$ 작다($\ll$ 훨씬 작다)

$\geq$ 크거나 같다(작지는 않다)

$\leq$ 작거나 같다(크지는 않다)

$\pm$ 양 또는 음

$\propto$ 비례한다

Σ 합

$\langle x \rangle$ x의 평균값

삼각함수 공식

$\sin(90° - \theta) = \cos\theta$

$\cos(90° - \theta) = \sin\theta$

$\sin\theta / \cos\theta = \tan\theta$

$\sin^2\theta + \cos^2\theta = 1$

$\sec^2\theta - \tan^2\theta = 1$

$\csc^2\theta - \cot^2\theta = 1$

$\sin 2\theta = 2\sin\theta\cos\theta$

$\cos 2\theta = \cos^2\theta - \sin^2\theta = 2\cos^2\theta - 1 = 1 - 2\sin^2\theta$

$\sin(\alpha \pm \beta) = \sin\alpha\cos\beta \pm \cos\alpha\sin\beta$

$\cos(\alpha \pm \beta) = \cos\alpha\cos\beta \mp \sin\alpha\sin\beta$

$\tan(\alpha \pm \beta) = \dfrac{\tan\alpha \pm \tan\beta}{1 \mp \tan\alpha\tan\beta}$

$\sin\alpha \pm \sin\beta = 2\sin\frac{1}{2}(\alpha \pm \beta)\cos\frac{1}{2}(\alpha \mp \beta)$

$\cos\alpha + \cos\beta = 2\cos\frac{1}{2}(\alpha + \beta)\cos\frac{1}{2}(\alpha - \beta)$

$\cos\alpha - \cos\beta = -2\sin\frac{1}{2}(\alpha + \beta)\sin\frac{1}{2}(\alpha - \beta)$

이항정리

$$(1 + x)^n = 1 + \frac{nx}{1!} + \frac{n(n-1)x^2}{2!} + \cdots \quad (x^2 < 1)$$

지수함수의 급수 전개식

$$e^x = 1 + x + \frac{x^2}{2!} + \frac{x^3}{3!} + \cdots$$

로그함수의 급수 전개식

$$\ln(1+x) = x - \tfrac{1}{2}x^2 + \tfrac{1}{3}x^3 - \cdots \quad (|x| < 1)$$

삼각함수의 급수 전개식

$$\sin\theta = \theta - \frac{\theta^3}{3!} + \frac{\theta^5}{5!} - \cdots$$

$$\cos\theta = 1 - \frac{\theta^2}{2!} + \frac{\theta^4}{4!} - \cdots$$

$$\tan\theta = \theta + \frac{\theta^3}{3} + \frac{2\theta^5}{15} + \cdots$$

크래머 규칙(Cramer' s Rule)

미지수 x와 y에 대한 두 연립방정식

$$a_1 x + b_1 y = c_1 \text{과 } a_2 x + b_2 y = c_2$$

의 해는 다음과 같다.

$$x = \frac{\begin{vmatrix} c_1 & b_1 \\ c_2 & b_2 \end{vmatrix}}{\begin{vmatrix} a_1 & b_1 \\ a_2 & b_2 \end{vmatrix}} = \frac{c_1 b_2 - c_2 b_1}{a_1 b_2 - a_2 b_1}$$

그리고

$$y = \frac{\begin{vmatrix} a_1 & c_1 \\ a_2 & c_2 \end{vmatrix}}{\begin{vmatrix} a_1 & b_1 \\ a_2 & b_2 \end{vmatrix}} = \frac{a_1 c_2 - a_2 c_1}{a_1 b_2 - a_2 b_1}$$

벡터 곱셈

x, y, z쪽의 단위벡터를 $\hat{i}, \hat{j}, \hat{k}$라 하면,

$$\hat{i}\cdot\hat{i} = \hat{j}\cdot\hat{j} = \hat{k}\cdot\hat{k} = 1,\ \hat{i}\cdot\hat{j} = \hat{j}\cdot\hat{k} = \hat{k}\cdot\hat{i} = 0,$$

$$\hat{i}\times\hat{i} = \hat{j}\times\hat{j} = \hat{k}\times\hat{k} = 0,$$

$$\hat{i}\times\hat{j} = \hat{k},\ \hat{j}\times\hat{k} = \hat{i},\ \hat{k}\times\hat{i} = \hat{j}.$$

벡터 $\vec{a}$의 x, y, z 성분이 a_x, a_y, a_z이면 다음과 같이 쓸 수 있다.

$$\vec{a} = a_x\hat{i} + a_y\hat{j} + a_z\hat{k}$$

$\vec{a}, \vec{b}, \vec{c}$가 크기가 a, b, c인 벡터라면, 다음 관계가 성립한다.

$$\vec{a}\times(\vec{b}+\vec{c}) = (\vec{a}\times\vec{b}) + (\vec{a}\times\vec{c})$$

$$(s\vec{a})\times\vec{b} = a\times(s\vec{b}) = s(\vec{a}\times\vec{b}) \quad (s = \text{스칼라})$$

$\vec{a}$와 $\vec{b}$ 사이의 작은 각이 θ라면 다음 관계가 성립한다.

$$\vec{a}\cdot\vec{b} = \vec{b}\cdot\vec{a} = a_x b_x + a_y b_y + a_z b_z = ab\cos\theta$$

$$\vec{a}\times\vec{b} = -\vec{b}\times\vec{a} = \begin{vmatrix} \hat{i} & \hat{j} & \hat{k} \\ a_x & a_y & a_z \\ b_x & b_y & b_z \end{vmatrix}$$

$$= \hat{i}\begin{vmatrix} a_y & a_z \\ b_y & b_z \end{vmatrix} - \hat{j}\begin{vmatrix} a_x & a_z \\ b_x & b_z \end{vmatrix} + \hat{k}\begin{vmatrix} a_x & a_y \\ b_x & b_y \end{vmatrix}$$

$$= (a_y b_z - b_y a_z)\hat{i} + (a_z b_x - b_z a_x)\hat{j} + (a_x b_y - b_x a_y)\hat{k}$$

$$|\vec{a}\times\vec{b}| = ab\sin\theta$$

$$\vec{a}\cdot(\vec{b}\times\vec{c}) = \vec{b}\cdot(\vec{c}\times\vec{a}) = \vec{c}\cdot(\vec{a}\times\vec{b})$$

$$\vec{a}\times(\vec{b}\times\vec{c}) = (\vec{a}\cdot\vec{c})\vec{b} - (\vec{a}\cdot\vec{b})\vec{c}$$

도함수와 적분

아래의 공식에서 u와 v는 x의 함수를 나타내고, a와 m은 상수이다. 부정적분에는 적분 상수가 붙는다. 다음 책에 더 많은 공식이 실려 있다: *Handbook of Chemistry and Physics*(*CRC Press Inc.*).

도함수

1. $\dfrac{dx}{dx} = 1$
2. $\dfrac{d}{dx}(au) = a\dfrac{du}{dx}$
3. $\dfrac{d}{dx}(u+v) = \dfrac{du}{dx} + \dfrac{dv}{dx}$
4. $\dfrac{d}{dx}x^m = mx^{m-1}$
5. $\dfrac{d}{dx}\ln x = \dfrac{1}{x}$
6. $\dfrac{d}{dx}(uv) = u\dfrac{dv}{dx} + v\dfrac{du}{dx}$
7. $\dfrac{d}{dx}e^x = e^x$
8. $\dfrac{d}{dx}\sin x = \cos x$
9. $\dfrac{d}{dx}\cos x = -\sin x$

10. $\frac{d}{dx}\tan x = \sec^2 x$

11. $\frac{d}{dx}\cot x = -\csc^2 x$

12. $\frac{d}{dx}\sec x = \tan x \sec x$

13. $\frac{d}{dx}\csc x = -\cot x \csc x$

14. $\frac{d}{dx}e^u = e^u \frac{du}{dx}$

15. $\frac{d}{dx}\sin u = \cos u \frac{du}{dx}$

16. $\frac{d}{dx}\cos u = -\sin u \frac{du}{dx}$

적분

1. $\int dx = x$

2. $\int au\, dx = a\int u\, dx$

3. $\int (u+v)\, dx = \int u\, dx + \int v\, dx$

4. $\int x^m\, dx = \frac{x^{m+1}}{m+1} \quad (m \neq -1)$

5. $\int \frac{dx}{x} = \ln|x|$

6. $\int u\frac{dv}{dx}\, dx = uv - \int v\frac{du}{dx}\, dx$

7. $\int e^x\, dx = e^x$

8. $\int \sin x\, dx = -\cos x$

9. $\int \cos x\, dx = \sin x$

10. $\int \tan x\, dx = \ln|\sec x|$

11. $\int \sin^2 x\, dx = \frac{1}{2}x - \frac{1}{4}\sin 2x$

12. $\int e^{-ax}\, dx = -\frac{1}{a}e^{-ax}$

13. $\int xe^{-ax}\, dx = -\frac{1}{a^2}(ax+1)e^{-ax}$

14. $\int x^2 e^{-ax}\, dx = -\frac{1}{a^3}(a^2x^2 + 2ax + 2)e^{-ax}$

15. $\int_0^\infty x^n e^{-ax}\, dx = \frac{n!}{a^{n+1}}$

16. $\int_0^\infty x^{2n} e^{-ax^2}\, dx = \frac{1\cdot 3\cdot 5\cdots(2n-1)}{2^{n+1}a^n}\sqrt{\frac{\pi}{a}}$

17. $\int \frac{dx}{\sqrt{x^2+a^2}} = \ln(x+\sqrt{x^2+a^2})$

18. $\int \frac{x\, dx}{(x^2+a^2)^{3/2}} = -\frac{1}{(x^2+a^2)^{1/2}}$

19. $\int \frac{dx}{(x^2+a^2)^{3/2}} = \frac{x}{a^2(x^2+a^2)^{1/2}}$

20. $\int_0^\infty x^{2n+1} e^{-ax^2}\, dx = \frac{n!}{2a^{n+1}} \quad (a > 0)$

21. $\int \frac{x\, dx}{x+d} = x - d\ln(x+d)$

부록 F

흔한 원소의 성질

모든 물리적 성질은 따로 명시하지 않으면 1기압에서의 값이다.

원소	기호	원자번호 Z	몰질량 g/mol	밀도 g/cm³, 20℃	녹는점(용융점) ℃	끓는점(비등점) ℃	비열 J/(g.℃), 25℃
Aluminum	Al	13	26.9815	2.699	660	2450	0.900
Antimony	Sb	51	121.75	6.691	630.5	1380	0.205
Argon	Ar	18	39.948	1.6626×10^{-3}	−189.4	−18.58	0.523
Arsenic	As	33	74.9216	5.78	817(28 atm)	613	0.331
Barium	Ba	56	137.34	3.594	729	1640	0.205
Beryllium	Be	4	9.0122	1.848	1287	2770	1.83
Bismuth	Bi	83	208.980	9.747	271.37	1560	0.122
Boron	B	5	10.811	2.34	2030	—	1.11
Bromine	Br	35	79.909	3.12(liquid)	−7.2	58	0.293
Cadmium	Cd	48	112.40	8.65	321.03	765	0.226
Calcium	Ca	20	40.08	1.55	838	1440	0.624
Carbon	C	6	12.01115	2.26	3727	4830	0.691
Cesium	Cs	55	132.905	1.873	28.40	690	0.243
Chlorine	Cl	17	35.453	3.214×10^{-3}(0℃)	−101	−34.7	0.486
Chromium	Cr	24	51.996	7.19	1857	2665	0.448
Cobalt	Co	27	58.9332	8.85	1495	2900	0.423
Copper	Cu	29	63.54	8.96	1083.40	2595	0.385
Fluorine	F	9	18.9984	1.696×10^{-3}(0℃)	−219.6	−188.2	0.753
Gadolinium	Gd	64	157.25	7.90	1312	2730	0.234
Gallium	Ga	31	69.72	5.907	29.75	2237	0.377
Germanium	Ge	32	72.59	5.323	937.25	2830	0.322
Gold	Au	79	196.967	19.32	1064.43	2970	0.131
Hafnium	Hf	72	178.49	13.31	2227	5400	0.144
Helium	He	2	4.0026	0.1664×10^{-3}	−269.7	−268.9	5.23
Hydrogen	H	1	1.00797	0.08375×10^{-3}	−259.19	−252.7	14.4
Indium	In	49	114.82	7.31	156.634	2000	0.233
Iodine	I	53	126.9044	4.93	113.7	183	0.218
Iridium	Ir	77	192.2	22.5	2447	(5300)	0.130
Iron	Fe	26	55.847	7.874	1536.5	3000	0.447
Krypton	Kr	36	83.80	3.488×10^{-3}	−157.37	−52	0.247
Lanthanum	La	57	138.91	6.189	920	3470	0.195
Lead	Pb	82	207.19	11.35	327.45	1725	0.129
Lithium	Li	3	6.939	0.534	180.55	1300	3.58
Magnesium	Mg	12	24.312	1.738	650	1107	1.03
Manganese	Mn	25	54.9380	7.44	1244	2150	0.481
Mercury	Hg	80	200.59	13.55	−38.87	357	0.138
Molybdenum	Mo	42	95.94	10.22	2617	5560	0.251
Neodymium	Nd	60	144.24	7.007	1016	3180	0.188

원소	기호	원자번호 Z	몰질량 g/mol	밀도 g/cm³, 20℃	녹는점(용융점) ℃	끓는점(비등점) ℃	비열 J/(g.℃), 25℃
Neon	Ne	10	20.183	0.8387×10^{-3}	-248.597	−246.0	1.03
Nickel	Ni	28	58.71	8.902	1453	2730	0.444
Niobium	Nb	41	92.906	8.57	2468	4927	0.264
Nitrogen	N	7	14.0067	1.1649×10^{-3}	-210	−195.8	1.03
Osmium	Os	76	190.2	22.59	3027	5500	0.130
Oxygen	O	8	15.9994	1.3318×10^{-3}	-218.80	−183.0	0.913
Palladium	Pd	46	106.4	12.02	1552	3980	0.243
Phosphorus	P	15	30.9738	1.83	44.25	280	0.741
Platinum	Pt	78	195.09	21.45	1769	4530	0.134
Plutonium	Pu	94	(244)	19.8	640	3235	0.130
Polonium	Po	84	(210)	9.32	254	—	—
Potassium	K	19	39.102	0.862	63.20	760	0.758
Radium	Ra	88	(226)	5.0	700	—	—
Radon	Rn	86	(222)	9.96×10^{-3}(0℃)	(-71)	−61.8	0.092
Rhenium	Re	75	186.2	21.02	3180	5900	0.134
Rubidium	Rb	37	85.47	1.532	39.49	688	0.364
Scandium	Sc	21	44.956	2.99	1539	2730	0.569
Selenium	Se	34	78.96	4.79	221	685	0.318
Silicon	Si	14	28.086	2.33	1412	2680	0.712
Silver	Ag	47	107.870	10.49	960.8	2210	0.234
Sodium	Na	11	22.9898	0.9712	97.85	892	1.23
Strontium	Sr	38	87.62	2.54	768	1380	0.737
Sulfur	S	16	32.064	2.07	119.0	444.6	0.707
Tantalum	Ta	73	180.948	16.6	3014	5425	0.138
Tellurium	Te	52	127.60	6.24	449.5	990	0.201
Thallium	Tl	81	204.37	11.85	304	1457	0.130
Thorium	Th	90	(232)	11.72	1755	(3850)	0.117
Tin	Sn	50	118.69	7.2984	231.868	2270	0.226
Titanium	Ti	22	47.90	4.54	1670	3260	0.523
Tungsten	W	74	183.85	19.3	3380	5930	0.134
Uranium	U	92	(238)	18.95	1132	3818	0.117
Vanadium	V	23	50.942	6.11	1902	3400	0.490
Xenon	Xe	54	131.30	5.495×10^{-3}	−111.79	-108	0.159
Ytterbium	Yb	70	173.04	6.965	824	1530	0.155
Yttrium	Y	39	88.905	4.469	1526	3030	0.297
Zinc	Zn	30	65.37	7.133	419.58	906	0.389
Zirconium	Zr	40	91.22	6.506	1852	3580	0.276

몰질량을 보여주는 줄에서 묶음표 속의 값은 방사성 동위원소 가운데 수명이 가장 긴 것의 질량수이다. 묶음표 속의 녹는점과 끓는점은 확실하지 않다. 기체에 대한 값은 H_2, He, O_2, Ne 등과 같은 보통의 분자상태에 있을 때만 맞다. 기체의 비열은 압력이 일정할 때의 값이다. 자료의 원천: 엠슬리(J. Emsley), The Elements, 3판, 1998년, Clarendon Press, Oxford (www.webelements.com). 최신의 원소의 자료는 현재값이다.

부록 G 원소 주기율표

금속
반금속
비금속

알칼리 금속 / 불활성 기체 / 전이금속 / 내부 전이금속

수평주기	IA	IIA	IIIB	IVB	VB	VIB	VIIB	VIIIB	VIIIB	VIIIB	IB	IIB	IIIA	IVA	VA	VIA	VIIA	0
1	1 H																	2 He
2	3 Li	4 Be											5 B	6 C	7 N	8 O	9 F	10 Ne
3	11 Na	12 Mg											13 Al	14 Si	15 P	16 S	17 Cl	18 Ar
4	19 K	20 Ca	21 Sc	22 Ti	23 V	24 Cr	25 Mn	26 Fe	27 Co	28 Ni	29 Cu	30 Zn	31 Ga	32 Ge	33 As	34 Se	35 Br	36 Kr
5	37 Rb	38 Sr	39 Y	40 Zr	41 Nb	42 Mo	43 Tc	44 Ru	45 Rh	46 Pd	47 Ag	48 Cd	49 In	50 Sn	51 Sb	52 Te	53 I	54 Xe
6	55 Cs	56 Ba	57-71 *	72 Hf	73 Ta	74 W	75 Re	76 Os	77 Ir	78 Pt	79 Au	80 Hg	81 Tl	82 Pb	83 Bi	84 Po	85 At	86 Rn
7	87 Fr	88 Ra	89-103 †	104 Rf	105 Db	106 Sg	107 Bh	108 Hs	109 Mt	110 Ds	111 Uua	112 Uub	113	114 Uuq	115	116	117	118

내부 전이금속

란탄계 *	57 La	58 Ce	59 Pr	60 Nd	61 Pm	62 Sm	63 Eu	64 Gd	65 Tb	66 Dy	67 Ho	68 Er	69 Tm	70 Yb	71 Lu
악틴계 †	89 Ac	90 Th	91 Pa	92 U	93 Np	94 Pu	95 Am	96 Cm	97 Bk	98 Cf	99 Es	100 Fm	101 Md	102 No	103 Lr

원자번호 104에서 109까지의 원소 이름 (차례로 러더포듐[Rutherfordium], 두브늄[Dubnium], 시보르기움[Seaborgium], 보어륨[Bohrium], 하슘[Hassium], 마이트너륨[Meitnerium])은 순수 및 응용 화학 국제 연맹(International Union of Pure and Applied Chemistry, IUPAC)에서 1997년 인정했다. 2004년 초 현재, 원자번호 110에서 115까지의 원소가 학술지에 보고되었다. 최근의 정보와 새 원소에 관해서는 www.webelements.com을 보라.

생각해보기 및 홀수번호 문제 답

(증명, 그림표 및 긴 해법이 들어 있는 답은 넣지 않았다.)

제 1 장

생각해보기 1-1 예: 초 또는 시간, 미터 또는 인치, 그램 또는 킬로그램 등.

생각해보기 1-2 시간이 가면 30 cm 자가 사람 발걸음보다 덜 변할 것인데, 사람이 자란다면 더욱 그렇다.

생각해보기 1-3 지구의 회전 속력이 점점 느려지므로 하루 길이, 즉 지구가 지축을 중심으로 360° 도는데 걸리는 시간이 일정하지 않다.

생각해보기 1-4 (a) 360° 도는데 24시간 걸리므로 경도 1° 마다 4 분 = 240초 지난다. 따라서 시간 20분 13초는 (1213초)/(240초/°) = 5.05° 경도 변화와 관련된다. (b) 2분 = 120초 틀린 시계는 (120초)/(240초/°) = 0.5° 틀린 경도를 뜻한다. (c) 360° 즉 한바퀴는 원둘레 길이와 관련된다. 그러므로 0.5°/360° = x/(24 000해리) 즉 x = 33.3 해리 항로이탈을 뜻한다. 선원들이여, 주의하라!

생각해보기 1-5 (a) 시계들을 맞추어 놓았다면 번개를 같은 시각['때']으로 잴 것이다. 번개와 천둥 사이가 같은 시간['동안']으로 나오려면 시계들이 정확하고 또 서로 가까이 있어야 한다. (b) 아니다. (작은) 12-시간 시계는 7:44 즉 12:00 이후 464분이 지난 것을 나타낸다. 이것은 (464분)/(1440분/하루) = 0.322일 지난 것을 뜻한다. **10-시간** (큰)시계의 **8.23**은 **10**시[o' clock] (앞의 12:00) 이후 (**8.23**시간)/(**20시간**/하루) = 0.412하루 지난 것을 뜻한다.

생각해보기 1-6 한 가지 방법으로, 처음에 저울로 1 kg 진흙덩어리를 만든다. 다음 그것을 부피가 똑같은 1000조각으로 나눈다. 진흙 밀도가 고르면, 한 조각의 질량은 1 g. 이 조각들과 저울로 물체의 질량을 잰다.

생각해보기 1-7 (a) 1 min과 60 s는 같은 시간의 길이, ∴ (1 min)/(60 s) = 1로 쓰는 것이 옳다. 이 수들이 단위가 없어진 문맥에서는 같지 않다. 단위 없이 1/60 = 1로 쓰는 것은 그르다. (b) 변환인자와 사슬고리 변환을 써서 하루(1 d)를 분으로 표현하면 다음과 같다.

$$1\,\mathrm{d} = (1\,\mathrm{d})\left(\frac{24\,\mathrm{h}}{1\,\mathrm{d}}\right)\left(\frac{60\,\mathrm{min}}{1\,\mathrm{h}}\right) = 1\,440\,\mathrm{min}$$

생각해보기 1-8 (a) 2. (b) 소를 세었다면, 정확하다[틀림없다]. (c) 6. 앞쪽 0들은 셈에 들지 않는 것을 기억하라. (d) 7. 끝부분 0들은 셈에 든다. (e) 정의이므로, 정확하다[틀림없다].

생각해보기 1-9 (a) 11. (b) 아마도 3, 그러나 확실하지 않다. (c) 2.09×10^{10} ft. (d) 10^{10} ft.

생각해보기 1-10 (a) 중간 결과에 숫자를 모두 유지해야 해야 한다. 따라서 부피 V를 셈할 때 A = 1.96 cm²를 써야 한다. (b) 2.7 cm³, 이때 답의 유효숫자는 애초의 자료보다 더 많을 수 없다. (c) 2.8 cm³.

생각해보기 1-11 (a) 27, (b) 198.0, (c) 0.6, (d) 0.998 6, 부록 A 5절의 함수값 구하기 참조. (e) 다섯은 정확한 수이므로, (주어진) 평균 길이가 답을 10.67 m로 제한한다.

생각해보기 1-12 (a) 0.01 s, (b) 1.78 s 가운데 0.01 s, 또는 0.01/1.78 = 0.005 62 즉 약 0.6%.

문제

1. (a) 0.98 ft/ns, (b) 0.30 mm/ps. **3.** C, D, A, B, E, 중요 기준이 매일 변화의 일정성에 있지 양에 있는 것이 아니다. **5.** 0.12 AU/min. **7.** 2.1 h. **9.** 1.21×10^{12} μs. **11.** (a) 160 rods, (b) 40 chains. **13.** (a) 4.00×10^4 km, (b) 5.10×10^8 km² **15.** 1.9×10^{22} cm³. **17.** 1.1×10^3 acre − feet. **19.** 9.0×10^{49}. **21.** (a) 10^3 kg, (b) 158 kg/s. **23.** (a) 1.18×10^{-29} m³. **25.** 3.8 mg/s. **27.** 8×10^2 km. **29.** 6.0×10^{26}. **31.** (a) 60.8 W, (b) 43.3 Z. **33.** 89 km. **35.** $\approx 1 \times 10^{36}$. **37.** 700 ~1500. **39.** (a) 293 U.S. bushels, (b) 3.81×10^3 U.S. bushels. **41.** 9.4×10^{-3}. **43.** 5.95 km. **45.** 1.9×10^5 kg. **47.** 2×10^4~4×10^4. **49.** 10.7. **59.** (a) 13 597 kg, (b) 4 917 L, (c) 6 172 kg, (d) 20 075 L, (e) 45%.

제 2 장

생각해보기 2-1 (b), (c), (d).

생각해보기 2-2 올바른 순서: (c), (b), (a).

생각해보기 2-3 그렇다. 입자가 움직여 좌표가 여전히 음수이지만 절대값이 더 작아지면 변위는 (+)이다.

생각해보기 2-4 (a) 평균속도는 동쪽의 변위를 전체 시간으로 나눈 $\langle v_x \rangle = (10\,\text{km})/(30\,\text{min}) = 0.33\text{km/min}$정동이다. (b) 평균속력은 이동한 전체 거리[길이]를 전체시간으로 나눈 $\langle s \rangle = (30\,\text{km})/(30\,\text{min}) = 1\text{km/min}$이다. (c) 답들이 다른 것은 변위가 30분 동안 이동한 길이와 같지 않기 때문이다.

생각해보기 2-5 순간속력. 속력계는 현재 운전중인 속력만을 보여주며, 가속도나 방향은 보여주지 않는다.

생각해보기 2-6 (a) 속도는 위치 함수의 시간도함수임을 상기하라. 그것이 시간의 함수가 아니면 속도는 일정하다. 위치 함수 (1)과 (4)의 속도가 일정하다. (b) 식 (2)와 (3)에서 속도가 (−)으로 나온다.

생각해보기 2-7 위치 x_1으로 되돌아오면 전체 변위는 $\Delta x = x_1 - x_1 = 0$이다. 평균속도가 $\langle v_x \rangle = \Delta x / \Delta t$이므로, 그것 역시 0이다.

생각해보기 2-8 (a) +, (b) −, (c) −, (d) +, $\vec{a}$와 $\Delta\vec{v} = \vec{v}_2 - \vec{v}_1$의 부호가 같다.

생각해보기 2-9 표 2-1의 식은 a_x가 일정할 때 적용된다. a_x는 x를 t로 두 번 미분해 얻는다. 등식 (1), (3)과 (4)에서만 a_x가 일정하다 ($a_x = 0$은 상수).

문제

1. 414 ms. **3.** (a) +40 km/h, (b) 40 km/h. **5.** (a) 73 km/h, (b) 68 km/h, (c) 70 km/h, (d) 0. **7.** (a) 0, −2, 0, 12 m, (b) +12 m, (c) +7 m/s. **9.** 1.4 m. **11.** (a) −6 m/s, (b) 음 x 방향, (c) 6 m/s, (d) 처음에 더 작고, 다음 0, 그 후 더 큼, (e) 그렇다 ($t = 2$ s), (f) 아니다. **13.** 100 m. **15.** (a) (속도)^2, (b) 가속도, (c) m^2/s^2, m/s^2. **17.** 20 m/s^2, 초기 속도의 역방향. **19.** (a) m/s^2, m/s^3, (b) 1.0 s, (c) 82 m, (d) −80 m, (e) 0, −12, −36, −72 m/s, (f) −6, −18, −30, −42 m/s^2. **21.** 0.10 m. **23.** (a) 1.6 m/s, (b) 18 m/s. **25.** (a) $3.1 \times 10^6\, s$ = 1.2달, (b) 4.6×10^{13} m. **27.** 1.62×10^{15} m/s^2. **29.** 2.5 s. **31.** (a) 3.56 m/s^2, (b) 8.43 m/s. **33.** (a) 5.00 m/s, (b) 1.67 m/s^2, (c) 7.5 m. **35.** (a) 0.74 s, (b) −6.2 m/s^2. **37.** (a) 10.6 m, (b) 41.5 s. **39.** (a) 30 s, (b) 300 m. **41.** (a) 54 m, 18 m/s, −12 m/s^2, (b) 64 m ($t = 4.0$ s), (c) 24 m/s ($t = 2.0$ s), (d) −24 m/s^2, (e) 18 m/s. **49.** (a) 0.75 s, (b) 50 m. **57.** 여기서 무엇을 '정답'으로 생각하는지 자유가 좀 있으므로, 로켓 모형 운동학 그림표를 보여주는 몇몇 웹사이트를 소개한다 (2002년 5월 현재): http://www.rocket-roar.com/rap/alt.html, http://mks.niobrara.com/altitude.html, http://boilerbay.com/rockets/. **59.** 40 m.

제 3 장

생각해보기 3-1 (a) 양탄자 위에서 수레의 속도는 $t = 1.1$ s 때 0이 된다. (b) 그때 ($t = 1.1$ s) 궤도 위에서는 속도가 약 0.65 m/s, 처음 속도의 (0.65 m/s)/(0.80 m/s) = 81%.

생각해보기 3-2 (a) 승강기, 출발이나 정지하는 자동차, 일정 속력으로 움직이는 회전목마. (b) 출발 때는 무겁게, 정지 때는 가볍게 느낀다. 회전목마 바닥에서 대리석과 같은 물체들이 명백한 이유 없이 움직이기 시작한다.

생각해보기 3-3 (a) 가속도 없음. 일정한 작은 힘으로 탁자 위에서 나무토막을 미끄러지게 하거나 책상이나 자동차처럼 큰 물체를 밀면 일정 속도로 움직이거나 움직이지 않는다(책상, 자동차). (b) 가속도 있음. 미끄러지는 토막을 세게 밀기, 구르는 공 밀기, 탈것 위 사람을 밀거나 당기기 등등.

생각해보기 3-4 고무줄 한 끝을 기둥에 붙이고 다른 끝을 용수철 저울에 건다. 그 뒤 늘어나지 않은 상태의 고무줄 길이와 그것이 받은 힘이 0 N인 사실을 기록한다. 다음 저울 눈금이 1 N 이 될 때까지 고무줄을 당기고 그 길이를 기록한다. 이런 절차를 되풀이하여 저울 눈금이 2 N, 3 N, ⋯ 일 때마다 고무줄 길이를 기록한다. 더 좋은 정확도가 필요하면 자료를 더 많이 모은다.

생각해보기 3-5 (a) $\vec{F} = (-26\,\text{N})\,\hat{\imath}$, $\vec{a} = (-0.42\,\text{m/s}^2)\,\hat{\imath}$, (b) $m = F/a = 62$ kg, (c) 62 kg.

생각해보기 3-6 (a) 위 (b)에서 힘/가속도 비를 썼으니 관성질량을 쟀다. (b) 지구 표면에 있다는 것과 그곳에서 저울 눈금을 읽었다고 가정했다.

생각해보기 3-7 두 경우 (a), (b) 모두에서 가속도는 0, 그러므로 알짜 힘도 0. 따라서 세 힘 모두의 벡터 합이 0이어야 한다. (a) 이것이 요구하는 것은 $\vec{F}_C$가 그림에서 왼쪽으로 향하고 크기는 2 N, 즉 $\vec{F}_C = (-2\,\text{N})\,\hat{\imath}$. (b) 이 경우도 가속도가 0이므로 여전히 $\vec{F}_C = (-2\,\text{N})\,\hat{\imath}$.

생각해보기 3-8 (a) 아래 오른쪽 수레의 알짜 힘은 −5 N, 위 왼쪽 +4 N, 위 오른쪽 −1 N, 그리고 아래 왼쪽의 알짜 힘은 0. (b) 가속도와 알짜 힘이 정비례하므로 가속도들도 같은 순서이다.

생각해보기 3-9 잡은 좌표계에서, 그림 3-2의 t에 대한 v 그림표 기울기가 (−)이므로 모든 가속도가 (−)이다. (a) 양탄자 위 상자의 가속도는, t에 대한 v 그림표의 기울기를 셈하여 얻는데, 약 $-3.9\,m/s^2$이다. 기울기 $= [(0.00 - 0.90)\,m/s]/[(0.23 - 0.00)\,s]$. (b) 기울기를 셈하여 얻는 궤도 위 수레의 가속도는 $[(0.62 - 0.80)\,m/s]/[(1.2 - 0.0)\,s] = -0.15\,m/s^2$ 이다.

생각해보기 3-10 (a) 운동하는 물체가 받는 수평 힘은 마찰력 말고는 없어 보인다. 그래서 낱낱의 물체가 받는 알짜 힘은 마찰에서 온다고 할 수 있다. 가속도가 일정하므로 마찰력이 일정한 것으로 보이며 $F_x^{알짜} = ma_x$이라고 하자. (b) 양탄자 위 상자: $F_x^{마찰} = ma_x = 0.5\,kg \times (-3.9\,m/s^2) = -2\,N$, 왼쪽 방향. (c) 궤도 위 수레: $F_x^{마찰} = = ma_x = 0.5\,kg \times (-0.15\,m/s^2) = -0.08\,N$, 이것도 왼쪽 방향.

생각해보기 3-11 (a) 던져 올린 물체의 속도는 계속 변한다. 최고점에 이르기 직전에 속도가 (+)이고 직후에는 (−)이다. 가속도는 속도의 시간적 변화율이므로, 순간가속도조차 극히 짧은 시간일지라도 0이 되지 않는다. (b) 그림 3-22의 시간에 대한 속도 그림표는 기울기가 (−)인 직선이다. 한 t에 대한 v_y그림표의 기울기는 가속도 성분 a_y를 표현하며, 따라서 위에서 a_y = 일정, 즉 $\vec{a} = a_y\,\hat{j}$가 일정하다.

생각해보기 3-12 표 2-1의 두 등식에 있는 모든 x를 y로 바꾼다. 그 다음 (이전의 a_x) a_y를 $-g$로 바꾼다.

생각해보기 3-13 (a) 자화되지 않은 클립은 자석에 끌리고 자석은 클립에 끌린다. 뉴턴 제3법칙은 이 인력들의 크기가 서로 같지만 방향은 반대라고 말한다. 힘의 방향은 자석이 받는 힘은 왼쪽, 클립이 받는 힘은 오른쪽이다. (b) 제3법칙은 모든 상호작용의 힘에 적용되는데, 위 것은 가운데 한 보기다.

문제

1. 16 N. **3.** (a) $0.02\,m/s^2$, (b) $8 \times 10^4\,km$, (c) $2 \times 10^3\,m/s$. **5.** $1.2 \times 10^5\,N$. **7.** (a) $4.9 \times 10^5\,N$, (b) $1.5 \times 10^6\,N$. **9.** (a) $245\,m/s^2$, (b) 20.4 kN. **11.** (a) 8.0 m/s, (b) $+x$ 방향. **13.** $8.0\,cm/s^2$. **15.** $1.8 \times 10^4\,N$. **17.** (a) 31.3 kN, (b) 24.4 kN. **19.** $2Ma/(a+g)$. **21.** 2.4 N. **23.** (a) 1.23 N, (b) 2.46 N, (c) 3.69 N, (d) 4.92 N, (e) 6.15 N, (f) 0.25 N. **25.** (a) 3.2 s, (b) 1.3 s. **27.** (a) 3.70 m/s, (b) 1.74 m/s, (c) 0.154 m. **29.** 4.0 m/s. **31.** 노즐 아래 22 cm 및 89 cm. **33.** (a) 5.4 s, (b) 41 m/s. **35.** (a) 1.23 cm, (b) 4 배, 9 배, 16 배, 25 배. **37.** (a) 29.4 m, (b) 2.45 s. **39.** (a) 3260 N, (b) $2.7 \times 10^3\,kg$, (c) 1.2 m/s. **41.** (a) 17 s, (b) 290 m. **43.** (a) 11 N, (b) 2.2 kg, (c) 0, (d) 2.2 kg. **45.** (a) 494 N, 위로, (b) 494 N, 아래로. **47.** (a) 1.1 N. **49.** 5.1 m/s. **51.** (a) 466 N, (b) 527 N.

제 4 장

생각해보기 4-1 변위 (1)은 공이 알짜 거리 6 m 북쪽 및 3 m 서쪽으로 간 것과 똑같다. 변위 (2)는 다르다. 두 변위 크기는 같지만 반대쪽으로 움직였다. **조심:** 변위는 처음 또는 나중 위치와 상관없고, 다만 위치가 어느 쪽으로 얼마나 변했는지에 따라 결정된다.

생각해보기 4-2 (a) 최대 크기는 두 벡터가 같은 쪽으로 향할 때이고, 합 벡터 $\vec{c}$ 크기는 3 m + 4 m = 7 m 이다. (이 답은 단위가 붙어있어야 옳다.) (b) 최소는 둘이 반대로 향할 때이며, 합 $\vec{c}$ 크기는 4 m −3 m = 1 m.

생각해보기 4-3 평행사변형 방법 (c), (d)에서 성분들 합의 순서에 무관하게 같고 바른 결과를 얻으므로, 방법 (c), (d), (f) 들이 올바르다. 방법 (f)는 성분들을 써서 그린 것으로 사변형 방법과 같다. 기타의 벡터들은 틀린 방향으로 향하고 있다.

생각해보기 4-4 그림 (b), (d)의 벡터가(주어진) 기준과 같다.

생각해보기 4-5 그림 4-17와 4-18을 비교하라.

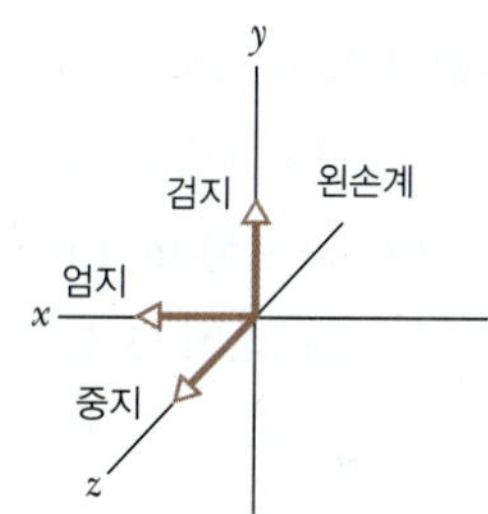

생각해보기 4-6 (a, b). 벡터 $\vec{d}_1$의 x및 y성분 모두 +이다. 벡터 $\vec{d}_2$의 x성분은 (+)이지만 y성분은 아래로 향하므로 (−)이다. (c) 평행사변형 방법으로 $(\vec{d}_1 + \vec{d}_2)$을 구하면 그 x및 y성분 모두 (+)이다.

생각해보기 4-7 변위와 속도의 단위처럼 힘과 가속도의 단위도 서로 다르므로, 일종의 인위적 질문이다. 하지만 스칼라(질량 및 시간)를 곱하면 벡터의 크기가 줄거나 늘어나는 것으로 보면, 간단한 답은 아래와 같다: (a) 힘벡터는 가속도벡터와 방향이 같고 길이는 3배다. (b) 변위를 0.5 s로 나누었으니 속도벡터는 변위벡터와 방향이 같고 길이는 2배다.

생각해보기 4-8

(a) $\vec{F} = m\vec{a} = 3.0\,kg\,[(1.8\,m/s^2)\,\hat{i} + (1.0\,m/s^2)\,\hat{j}]$
$= (5.4\,N)\,\hat{i} + (3.0\,N)\,\hat{j}$.

(b) $\langle \vec{v} \rangle = \dfrac{\Delta \vec{r}}{\Delta t} = \dfrac{(3.2\,m)\,\hat{i} + (-0.8\,m)\,\hat{j}}{0.5\,s}$
$= (6.4\,m/s)\,\hat{i} + (-1.6\,m/s)\,\hat{j}$.

문제

1. 변위들은 (a) 평행, (b) 반평행, (c) 수직이어야 한다. **3.** (a) 5, (b) 1, (c) 7. **5.** (a) −2.5 m, (b) −6.9 m. **7.** (a) 47.2 m, (b) 122°. **9.** (a) 168 cm, (b) 마루에서 위로 32.5°. **11.** (a) 6.42 m, (b) 아니다, (c) 예, (d) 예, (e) 가능한 답 하나. $(4.3\,\text{m})\hat{\text{i}} + (3.70\,\text{m})\hat{\text{j}} + (3.00\,\text{m})\hat{\text{k}}$, (f) 7.96 m. **13.** (a) 370 m, (b) 동에서 북으로 36°, (c) 425 m, (d) 거리. **15.** (a) $(-9\,\text{m})\hat{\text{i}} + (10\,\text{m})\hat{\text{j}}$, (b) 13 m, (c) +132°. **17.** (a) 4.2 m, (b) 북에서 동으로 40°, (c) 8.0 m, (d) 서에서 북으로 24°. **19.** (a) $(3.0\,\text{m})\hat{\text{i}} - (2.0\,\text{m})\hat{\text{j}} + (5.0\,\text{m})\hat{\text{k}}$, (b) $(5.0\,\text{m})\hat{\text{i}} - (4.0\,\text{m})\hat{\text{j}} - (3.0\,\text{m})\hat{\text{k}}$, (c) $(-5.0\,\text{m})\hat{\text{i}} + (4.0\,\text{m})\hat{\text{j}} + (3.0\,\text{m})\hat{\text{k}}$. **21.** (a) 38 m, (b) 320°, (c) 130 m, (d) 1.2°, (e) 62 m, (f) 130°. **23.** (a) 1.59 m, (b) 12.1 m, (c) 12.2 m, (d) 82.5°. **29.** (a) 정육면체의 한 꼭지점을 원점으로 (거기서 만나는) 세 모서리를 좌표축으로 잡으면, 대각선은 $a\hat{\text{i}}+a\hat{\text{j}}+a\hat{\text{k}}$, $a\hat{\text{i}}+a\hat{\text{j}}-a\hat{\text{k}}$, $a\hat{\text{i}}-a\hat{\text{j}}-a\hat{\text{k}}$, $a\hat{\text{i}}-a\hat{\text{j}}+a\hat{\text{k}}$이다, (b) 54.7°, (c) $\sqrt{3}\,a$. **31.** 4.1. **33.** (a) 103 km, (b) 서에서 북으로 60.9°. **35.** (a) 15 m, (b) 남, (c) 6.0 m, (d) 북. **37.** 5.0 km, 서에서 남으로 4.3°. **39.** 5.39 m, 앞(방향)에서 왼쪽으로 21.8°. **41.** (a) 4.28 m, (b) 11.7 m. **43.** (a) −80 m, (b) 110 m, (c) 143 m, (d) +168°(반시계방향). **45.** 3.6 m. **47.** (a) 1.84 m, (b) 동에서 북으로 69°. **49.** (a) 9.51 m, (b) 14.1 m, (c) 13.4 m, (d) 10.5 m. **51.** (a) $9.19\hat{\text{i}}+7.71\hat{\text{j}}$, (b) $14.0\hat{\text{i}}+3.41\hat{\text{j}}$.

제 5 장

생각해보기 5-1 (a) 아니다. 왜냐하면 그림 5-5에서 오른쪽 공의 수직 위치가 왼쪽 것들과 같기 때문이다. (b) 아니다. 오른쪽 것의 수평위치가 등 간격이므로 수평속도가 일정하고 낙하의 영향을 받지 않는 것을 뜻한다.

생각해보기 5-2 그 사람의 수직운동은 수평속도와 무관하다. 그래서 뛰었다 내려오면 다시 스케이트보드 위로 떨어진다.

생각해보기 5-3 (a) 세 점에서 받는 힘 벡터의 방향은 아래쪽, 크기는 똑같이 일정하며, (b) 세 가속도도 그렇다. (c) 세 속도벡터의 수평성분은 오른쪽으로 향하며 크기가 같다. 수직 성분은 왼쪽 점에서는 위쪽이며 크기는 수평성분보다 조금 크고, 가운데 점에서는 0이며 오른쪽 점에서는 아래쪽이고 수평성분보다 조금 작다.

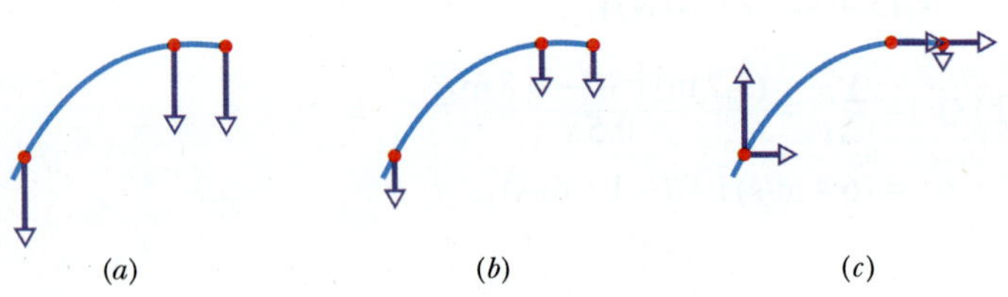

생각해보기 5-4 (a) 속도의 x성분은 변하지 않고 그림 5-9의 기울기와 같다. 그림의 자료에서 기울기는 약 2.3 m/s이다. 처음속도의 y성분은 그림 5-10의 처음 기울기이며 값은 약 3.5 m/s이다. 발사 각도는 $\tan^{-1}(3.5/2.3) \fallingdotseq 57°$. (b) 각도기를 써도 57°.

생각해보기 5-5 (a) 속도의 수평성분은 일정하다. (b) 수직 가속도가 있으므로 속도의 수직성분은 계속 변한다. (c) 가속도의 수평성분은 0이다. 받는 힘(중력)이 수직 방향이다. (d) 가속도의 수직성분은 일정하다(아래로 9.8 m/s^2).

생각해보기 5-6 (a) 식 5-15, $\Delta x = 8\,\text{m}$, $\Delta y = -6\,\text{m}$를 써서 얻는 변위는 $\Delta\vec{r} = (8\,\text{m})\hat{\text{i}} + (-6\,\text{m})\hat{\text{j}}$이다. (b) 아니다. 왜냐하면 변위의 두 좌표축 방향 성분이 모두 0이 아니기 때문이다.

생각해보기 5-7 (a) 시계방향으로 움직일 때, 속도 x성분이 4분원 I과 II에서 +이고 y성분은 I에서 −이므로, 입자는 현재 I에 있다. (b) 반시계방향일 때, x성분이 III과 IV에서 +이고 y성분은 III에서 −이므로, 입자가 III에 있다.

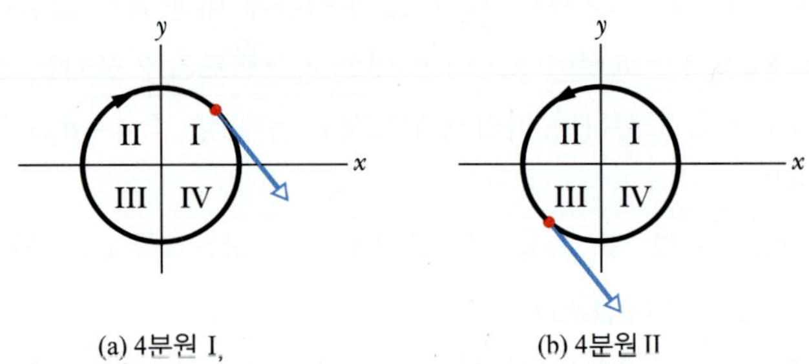

(a) 4분원 I, (b) 4분원 II

생각해보기 5-8 가속도의 x/y성분은 속도 x/y성분이 변하는 방향이라는 것을 기억해야 한다. 입자 궤도나 진로를 아는 것만으로는 가속도 방향을 알아낼 수 없다. 입자가 궤도를 따라서 움직일 때 그 속도가 어떻게 변하는지도 알 필요가 있다. 그래서 속도벡터의 변화가 입자진로의 방향이면, $\vec{a}$는 궤도에 접선과 나란하다. 하지만 $\vec{a}$가 궤도에 수직(즉, 속도변화가 궤도에 수직)인 다른 경우(5-7절)도 앞으로 배울 것이다.

생각해보기 5-9 구심력은 늘 곡선의 중심을 향한다. 뉴턴 제1법칙에 따르면, 승객은 힘을 받지 않으면 직선 운동을 하려 한다. 승객이 좌석으로부터 받는 마찰력이 구심력의 구실을 한다. 마찰력이 충분치 않으면 승객은 직선운동하려는 경향 때문에 좌석의 가장자리로 미끄러져, 좌석과 차의 옆구리가 승객이 곡선진로를 따라가는데 필요한 구심력을 준다.

문제

1. (a) 62 ms, (b) 480 m/s. **3.** (a) 0.205 s, (b) 0.205 s, (c) 20.5 cm, 61.5 cm. **5.** (a) 2.00 ns, (b) 2.00 mm, (c) 1.00×10^7 m/s, (d) 2.00 ×

10^6 m/s. **7.** (a) 16.9 m, (b) 8.21 m, (c) 27.6 m, (d) 7.26 m, (e) 40.2 m, (f) 0. **9.** 4.8 cm. **13.** (a) 11 m, (b) 23 m, (c) 17 m/s, (d) 수평에서 아래로 63°. **15.** (a) 24 m/s, (b) 수평에서 위로 65°. **17.** (a) 10 s, (b) 897 m. **19.** 세 번째. **21.** (a) 202 m/s, (b) 806 m, (c) 161 m/s, (d) −171 m/s. **23.** (a) 예, (b) 2.56 m. **25.** 수평에서 위로 31° ~ 63°. **27.** (a) $(-5.0\text{ m})\hat{\text{i}} + (8.0\text{ m})\hat{\text{j}}$, (b) 9.4 m, (c) 122°, (e) $(8\text{ m})\hat{\text{i}} + (-8\text{ m})\hat{\text{j}}$, (f) 11 m, (g) −45°. **29.** (a) $(-7\text{ m})\hat{\text{i}} + (12\text{ m})\hat{\text{j}}$, (b) xy 평면. **31.** −129°에서 8.43 m. **33.** 7.59 km/h, 북에서 동으로 22.5°. **35.** (a) $(3.00\text{ m/s})\hat{\text{i}} + (-8.00\text{ m/s}^2)t\hat{\text{j}}$, (b) $(3.00\text{ m/s})\hat{\text{i}} + (-16.00\text{ m/s})\hat{\text{j}}$, (c) 16.3 m/s, (d) −79.4°. **37.** 0.421 m/s, 북에서 서로 3.1°. **39.** (a) $(6.00\text{ m})\hat{\text{i}} + (-106\text{ m})\hat{\text{j}}$, (b) $(19.0\text{ m/s})\hat{\text{i}} + (-224\text{ m/s})\hat{\text{j}}$, (c) $(24.0\text{ m/s}^2)\hat{\text{i}} + (-336\text{ m/s}^2)\hat{\text{j}}$, (d) $+x$로 −85.2° 방향. **41.** (a) $(-1.5\text{ m/s})\hat{\text{j}}$, (b) $(4.5\text{ m})\hat{\text{i}} + (-2.25\text{ m})\hat{\text{j}}$. **43.** (a) 45 m, (b) 22 m/s. **45.** (a) $(8\text{ m/s}^2)t\hat{\text{j}}$, (b) $(8\text{ m/s}^2)\hat{\text{j}}$. **47.** (a) 22 m, (b) 15 s. **49.** (a) 7.49 km/s, (b) 8.00 m/s². **51.** (a) 19 m/s, (b) 35 rev/min, (c) 1.7 s. **53.** (a) 0.034 m/s², (b) 84 min. **55.** (a) 12 s, (b) 4.1 m/s², 아래로, (c) 4.1 m/s², 위로. **57.** 160 m/s². **59.** (4.00 m, 6.00 m).

제 6 장

생각해보기 6-1 헬리콥터 그림의 세 벡터 꼬리를 한데 모으면 힘-물체 그림 (c)를 얻는다.

생각해보기 6-2 그림 3-9의 두 팔 저울을 쓴다면, 한 물체를 한쪽 접시에 다른 물체는 다른 쪽 접시에 올려 놓는다. 두 물체의 질량이 같으면 저울의 두 팔이 같은 높이가 되어 수평을 이룬다. 용수철 저울을 쓴다면, 낱낱이 물체를 달고 읽은 눈금을 비교하여 같으면 두 물체의 질량이 같다. 또한 W = mg에서 g가 상수이므로, 같은 질량은 같은 무게를 뜻한다. 무게와 질량은 같지 않다. 무게는 힘의 한 종류이고, '질량' 은 힘이 아닌 '물질의 양' 이다. 예, 무게와 질량이 비례하므로 두 질량의 비와 무게의 비가 같다.

생각해보기 6-3 행성이 환자를 아래로 홱 잡아당기는 것은 맞지만 그 힘은 체중에 비례한다. 하지만 바닥으로부터 크기는 같고 방향이 반대인 힘을 받으므로 알짜 힘은 0이며 따라서 가속도는 없다.

생각해보기 6-4 (a) 일정한 속력에서는 $a = 0$이니까 알짜 힘도 0이어서 $\vec{N}$과 $\vec{F}^{중력}$은 크기가 같고 방향이 반대여야 한다. (b) 두 힘 $\vec{N}$과 $\vec{F}^{중력}$만 받으므로, 위쪽 가속도가 있으면 알짜 힘도 위쪽으로 있어야 하므로 $\vec{N}$의 크기가 $\vec{F}^{중력}$ 보다 커야한다. (c) 감속은 가속도가 아래쪽으로 있는 것이므로 힘도 마찬가지이며, $\vec{N}$의 크기가 $\vec{F}^{중력}$ 보다 작아야한다. 승강기 케이블이 끊어지고 온 덩어리가 a = g를 가지고 자유낙하 한다면 $\vec{N}$은 어떻게 되었는가?

생각해보기 6-5 아래 두 답에서 나무토막이 수평방향으로 받는 힘은 마찰력과 끈이 당기는 힘뿐이라고 가정하며, 힘 감지기가 재는 것은 끈의 힘이다. 두 경우 모두 가속도가 없으므로, 마찰력과 끈 힘의 크기가 같고 방향은 반대여야 하니, 힘 감지기가 읽어내는 것이 마찰력 크기다. (a) 그림표에서 약 9.5 N 힘으로 나무토막이 움직이는 것을 읽어낸다. 전체 질량은 0.795 6 kg, 수직 힘은 무게와 같은 mg, 그러므로 등식 6-11을 써서 $\mu^{정지} = 9.5/(0.795\,6 \times 9.8) = 1.22$를 얻는다. (b) 그림표에서 토막이 일정 속력으로 움직이게 하는 힘으로 약 3.0 N를 읽어낸다. 등식 6-10을 쓰면 $\mu^{운동} = 3.0/(0.795\,6 \times 9.8) = 0.38$을 얻는다.

생각해보기 6-6 (a) 0, (b) 5 N, (c) 아니다, (d) 예, 토막에 알짜 힘 2 N이 작용하여 가속하게 한다, (e) 8 N.

생각해보기 6-7 마찰은 나쁜 점과 좋은 점, 양면을 가지고 있다. 마찰은 늘 운동을 방해한다. 그 운동을 원할 때는 마찰이 나쁘다. 예를 들어 자동차 기관의 피스톤에서는 마찰을 줄이는 여러 방법(윤활유 바르기)을 쓴다. 하지만 걷거나 자전거를 탈 때는 마찰이 미끄러지는 것을 막아 원하는 활동을 도와주므로 마찰이 좋다.

생각해보기 6-8 끈을 두 힘(손과 토막이 끄는 힘)만으로 가속되는 질량이 있는 물체로 생각한다. 중력을 무시하기 위해 양쪽으로 처진 끈 길이가 같다 하자. (a) 끈이 가속되지 않으면 두 힘의 크기는 같고 맞지워진다. (b) 토막이 가속되면 끈도 그러하며 끈이 받는 손이 끄는 힘이 토막이 끄는 힘보다 크다. (c) 이때는 가속도가 (b)의 반대쪽이며 손이 끄는 힘이 토막이 끄는 힘보다 작다.

생각해보기 6-9 식 6-25를 보자. 식에서 빗방울 크기에 따라 변하는 것은 질량 m과 단면적 A뿐이다. 그러므로 $v_{끝}^2$은 m/A에 비례한다. 비(m/A)가 빗방울 크기에 따라 어떻게 변할까? 넓이 A는 r^2에 비례하고 질량 $m = (\rho_{물} \times 부피)$이며 부피가 r^3에 비례하므로, 결국 $mA \propto v_{끝}^2$은 r에 비례한다. 그러므로 큰 것이 작은 것 보다 속력이 더 빠르다.

문제

1. (a) F_x=1.88 N, (b) F_y = 0.684 N, (c) $(1.88\text{ N})\hat{\text{i}} + (0.684\text{ N})\hat{\text{j}}$. **3.** 2.9 m/s2. **5.** $(3\text{ N})\hat{\text{i}} + (-11\text{ N})\hat{\text{j}}$. **7.** (a) $(-32\text{ N})\hat{\text{i}} + (-21\text{ N})\hat{\text{j}}$; (b) 38 N, (c) $+x$쪽에 대해 213°. **9.** (a) 108 N, (b) 108 N, (c) 108 N. **11.** (a) 200 N, (b) 120 N. **13.** 0.61. **15.** (a) 190 N, (b) 0.56 m/s². **17.** (a) 0.13 N, (b) 0.12. **19.** (a) 아니다, (b) $(-12\text{ N})\hat{\text{i}} + (5\text{ N})\hat{\text{j}}$. **23.** (a) 300 N, (b) 1.3 m/s². **25.** (a) 66 N, (b) 2.3 m/s². **27.** (b) 3.0×10^7 N. **29.** 100 N. **31.** (a) 0, (b) 비탈 따라 밑으로 3.9 m/s², (c) 비탈 따라 밑으로

1.0 m/s^2. **33.** (a) 3.5 m/s^2, (b) 0.21 N, (c) 토막들이 독립적으로 움직인다. **35.** 490 N. **37.** (a) 6.1 m/s^2, 왼쪽으로, (b) 0.98 m/s^2, 왼쪽으로. **39.** $g(\sin\theta - \sqrt{2}\,\mu^{\text{운동}}\cos\theta)$. **41.** 9.9 s. **43.** 6200 N. **45.** 2.3. **47.** 1.5 mm. **49.** (a) 68 N, (b) 73 N. **51.** (a) 2.2×10^{-3} N, (b) 3.7×10^{-3} N. **53.** (a) 볼트 각각에 4.6×10^3 N, (b) 5.8×10^3 N. **55.** (a) 180 N, (b) 640 N. **57.** (a) 3.1 N, (b) 14.7 N. **59.** (a) 6.8×10^3 N, (b) $-21°$ 또는 $159°$. **61.** (b) $F/(m+M)$, (c) $MF/(m+M)$, (d) $F(m+2M)/2(m+M)$. **63.** 1.8×10^4 N. **65.** 약 48 km/h. **67.** 21 m. **69.** $\sqrt{Mgr/m}$. **71.** (a) 가볍게 느낌, (b) 778 N, (c) 223 N. **73.** 2.2 km. **75.** (b) 8.74 N, (c) 37.9 N, 반지름 따라서 안쪽으로, (d) 6.45 m/s. **77.** (a) $\sqrt{Rg\tan(\theta+\tan^{-1}(\mu^{\text{정지}}))}$, (b) 그림표, (c) 41.3 m/s, (d) 21.2 m/s. **81.** (b) 3.0 N, 비탈 따라 위로, (c) 1.6 N, 비탈 따라 위로, (d) 4.4 N, 비탈 따라 위로, (e) 1.0 N, 비탈 따라 아래로. **83.** 0.54.

제 7 장

생각해보기 7–1 (a) 타이타닉과 빙산이 60초 동안 마주친 것은 충돌이다. (b) 정구 공과 정구 채가 2초 동안 만나는 것은 충돌이 아니다.

생각해보기 7–2 (a) $|\vec{F}_1|>|\vec{F}_3|>|\vec{F}_2|=|\vec{F}_4|=0$. 기울기는 $\Delta\vec{p}/\Delta t$를 나타내므로 가장 가파른 곳에서 그 크기가 가장 크다. 따라서 차례는 기울기의 가파르기에 따라 정해진다. (b) 처음 운동량이 (+)이므로, 입자가 영역 1에서 빨라지고, 2에서 등속운동하며, 3에서는 느려지는데 여기서 운동량이 작아진다.

생각해보기 7–3 달걀의 운동량 변화는 $m\vec{v}_2 - m\vec{v}_1$인데 $\vec{v}_2=0$이므로 이 변화는 바로 $-m\vec{v}_1$이다. 달걀을 어떻게 받든 처음 및 나중 속도가 같으므로 받는데 걸리는 시간은 운동량 변화에는 영향을 주지 않으나 달걀이 받는 평균 힘에는 영향을 준다. 운동량 변화가 충격(량)(즉 평균 힘×작용시간)과 같으므로, 받는 시간을 늘리면 달걀이 받는 평균 힘이 줄어들어 달걀을 깨지 않고 받을 가능성이 커진다. 시간 Δt를 늘리려면, 받으면서 손과 몸을 뒤로 움직여서 달걀이 멈출 때까지의 시간을 최대로 키운다.

생각해보기 7–4 (a) p_{1x}는 오른쪽으로 향하고 (+), p_{2x}는 왼쪽으로 향하고 (−), 따라서 Δp_x는 (−). 항상 Δ = (나중 값 − 처음 값)임을 기억하고, 여기에서는 Δ = (음수 − 양수)이므로 결과가 음수이다. (b) 운동량의 y성분은 튀면서 변하지 않으므로 $\Delta p_y=0$. (c) $\Delta\vec{p}$의 방향은 왼쪽이다. 이것을 보려면, 벡터를 화살표로 그리고 나중 값에서 처음 값을 뺀다. 기억하자: 벡터 뺄셈은 둘째 벡터의 반대 벡터를 첫째 벡터에 더한다.

생각해보기 7–5 (1) 마찰 없는 수레: 불꽃화약과 두 수레가 한 고립계이므로 운동량이 보존되어야 한다. 실제로 불꽃화약이 서 있었고 대칭적으로 폭발했다면, 두 수레가 같은 속력으로 반대쪽으로 움직여야 한다. (2) 마찰 있는 수레: 이때는 궤도, 탁자, 지구가 모두 계에 포함되며, 두 수레의 속력이 크기가 같고 방향은 반대가 되지 않을 수도 있다. 대신 그 차이를 보상하고자 지구가 감지할 수 없을 만큼 조금 움직인다. 하지만 운동량은 늘 보존되며, 이렇게 큰 계에서도 그렇다.

생각해보기 7–6 (a) 0, 왜냐하면 외부 힘을 받지 않으므로 총운동량이 보존되기 때문이다. (b) 아니다. 왜냐하면 운동량의 y성분도 보존되기 때문이다. (c) 폭발 뒤에 총운동량이 0이 되려면 둘째 조각이 $-x$쪽으로 움직여야 한다.

생각해보기 7–7 자몽의 질량이 필요한데, 1.0 kg이라 하자. 그 운동량이 0으로 시작해 (1 kg)(2 m/s) = 2 kg · m/s가 되므로 $\Delta p = 2$ kg·m/s. 지구의 운동량 변화는 이것과 같고 방향이 반대쪽이고, 지구의 속력 변화는 이것을 지구질량으로 나눈 것이다. 지구질량은 책 앞표지 안쪽에서 $m_{\text{지구}} = 5.98\times10^{24}$ kg. 나누면 $v_{\text{지구}} = 3.3\times10^{-25}$ m/s를 얻는다. 지구의 움직임을 느끼겠는가?

문제

1. 24 km/h. **3.** (a) $(-4.0\times10^4$ kg · m/s$)\hat{\imath}$, (b) 서쪽. **5.** (a) 30°, (b) $(-0.572$ kg · m/s$)\hat{\jmath}$. **7.** 2.5 m/s. **9.** 3 000 N. **11.** 67 m/s, 반대쪽. **13.** (a) 42 N · s, (b) 2100 N. **15.** (a) $(7.4\times10^3$ N · s$)\hat{\imath}+(-7.4\times10^3$ N · s$)\hat{\jmath}$, (b) $(-7.4\times10^3$ N · s$)\hat{\imath}$, (c) 2.3×10^3 N, (d) 2.1×10^4 N, (e) −45°. **17.** 10 m/s. **19.** (a) 1.0 kg · m/s, (b) 10 N, (c) 1700 N, (d) 답 (b)의 속에 알 충돌 사이의 시간이 포함되어 있다. **21.** 41.7 cm/s. **23.** (a) 46 N, (b) 추가 필요없다. **25.** ≈ 2 mm/y. **27.** 3.0 mm/s, 돌에서 떨어지는 쪽. **29.** (a) 4.6 m/s, (b) 3.9 m/s, (c)7.5 m/s. **31.** 4.4 m/s 증가. **33.** 190 m/s. **35.** (a) $m_A v_{A1}/(m_A+m_B)$. **37.** (a) 7290 m/s, (b) 8200 m/s. **39.** 4400 km/h. **41.** 8.1 m/s, 동에서 남으로 38°. **43.** (a) 11.4 m/s, (b) $+x$에서 시계방향으로 95.1°. **45.** (a) 61.7 km/h, (b) 63.4° 서에서 남으로. **47.** (a) 2.5 m/s. **49.** 1.0 m/s 북. **51.** (a) 1.4×10^{-22} kg · m/s, (b) 150°, (c) 120°. **53.** 14 m/s, 다른 조각들로부터 135°. **55.** 3.0 m/s. **57.** 120°. **59.** (a) 4.15×10^5 m/s, (b) 4.84×10^5 m/s. **61.** (a) 41°, (b) 4.76 m/s, (c) 아니다. **63.** 2.0 m/s, $-x$방향. **65.** 108 m/s. **67.** (a) 1.57×10^6 N, (b) 1.35×10^5 kg, (c) 2.08 km/s. **69.** 2.2×10^{-3}.

제 8 장

생각해보기 8-1 (a) 중심, (b) 아래 오른쪽 4분원 안, (c) $-y$ 축 위, (d) 중심, (e) 아래 왼쪽 4분원 안, (f) 중심.

생각해보기 8-2 (a) 잇따른 중간점 사이들의 거리가 같으며, 이것은 이 점들로 나타낸 속도가 일정한 것을 뜻한다.
(b) $v = |\Delta\vec{r}|/\Delta t = (0.41\text{ m})/[(12/15)\text{ s}] = 0.51\text{ m/s}$.

생각해보기 8-3 계가 받는 바깥힘이 없어서 질량중심이 변하지 않는다. 따라서, 세 경우 (a), (b), (c) 모두, 둘이 처음 좌표계의 원점에서 만나게 된다. 아래의 다름이 있을 뿐이다: 맨 나중에 (a) 기봉이(근사적으로) '질량이 없는' 막대의 한 끝을 잡고 있다, (b) 병윤이 막대의 한 끝을 잡고 있다, (c) 1/3 막대는 병윤 뒤로, 기봉 뒤로는 나머지 2/3 막대가 튀어나와 있다.

문제

1. (a) −4.5 m, (b) −5.5 m. **3.** (a) 4600 km, (b) 0.73 R_e. **5.** (a) 1.1 m, (b) 1.3 m, (c) 맨 위 입자 쪽으로 이동한다. **7.** (a) −0.25 m, (b) 0. **9.** 대칭축을 따라 질소원자로부터 6.8×10^{-12} m. **11.** (a) $H/2$, (b) $H/2$, (c) 가장 낮은 점까지 내려간 뒤 $H/2$ 점까지 오른다. (d) $\frac{HM}{m}\left(\sqrt{1+\frac{m}{M}}-1\right)$. **13.** $x_{양심} = B/2$ 및 $y_{양심} = H/3$. **15.** $x_{양심} = B/2$ 및 $y_{양심} = 4R/(3\pi)$. **17.** (a) 0,0, (b) 0. **19.** (−1.50 m, −1.43 m). **21.** 29 m. **23.** 72 km/h. **25.** (a) 28 cm, (b) 2.3 m/s. **27.** 53 m. **29.** (a) 두 그릇 사이 한가운데, (b) 무거운 그릇 쪽으로 26 mm, (c) 아래로, (d) $-1.6\times10^{-2}\text{ m/s}^2$. **31.** 4.2 m. **33.** 12 m/s, 동에서 반시계방향으로 132°. **37.** (a) 33 m/s, (b) 8.7 m/s. **39.** (a) 540 m/s, (b) 40.4°. **41.** (a) $0.2000\ v^{상대}$, (b) $0.2103\ v^{상대}$, (c) $0.2095\ v^{상대}$. **43.** (a) 1.0 m/s 북, (b) 3 m 북.

제 9 장

생각해보기 9-1 (a) 늘어난다. (b) 그대로 있다. 운동에너지가 스칼라이고 속도 제곱에 비례하므로 −2 m/s 및 2 m/s 모두 운동에너지는 같다. (c) (a)의 경우는 (−)이고 (b)의 경우는 0이다. 경우 (b)는 흥미롭다. 해준 알짜일이 어째서 0일 수 있는가? 속도 변화를 두 단계로 나누어 보라: 처음 −2 m/s에서 0으로, 그 뒤에 0에서 2 m/s. 해준 일이 처음에는 (−)이고, 그 다음에는 양(+)이다. 둘을 더한 전체 일은 0이다.

생각해보기 9-2 c > a > b = d.

생각해보기 9-3 식 9-19를 쓰면 (a) (+), (b) (−), (c) 0. 답 계산의 과정을 충분히 생각하라. 사리에 맞는가? 예를 들어 (a)에서, 토막이 −3 cm에서 원점으로 움직이면 용수철 힘과 변위가 같은 쪽이므로 일이 (+)이고 원점에서 2 cm로 움직이면 힘과 변위가 반대쪽이므로 일이 (−)이지만, (+)일이 변위가 더 커서 (−)일보다 크며, 따라서 알짜 일이 (+)이다.

생각해보기 9-4 d > c > b > a.

생각해보기 9-5 등속원운동에서 $\vec{F}$와 $\vec{v}$가 늘 수직이므로 일률은 늘 0이다.

문제

1. 1.2×10^6 m/s. **3.** (a) 3610 J, (b) 1900 J, (c) 1.1×10^{10} J. **5.** (a) 2.9×10^7 m/s, (b) 2.1×10^{-13} J. **7.** (a) 7.5×10^4 J, (b) 3.8×10^4 kg · m/s, (c) 동에서 남으로 38°. **9.** 1.18×10^4 kg. **11.** (a) 3.7 m/s, (b) 1.3 N · s, (c) 1.8×10^2 N. **13.** (a) 42 J, (b) 30 J, (c) 12 J, (d) 6.48 m/s, $+x$쪽, (e) 5.48 m/s, $+x$쪽, (f) 3.46 m/s, $+x$쪽. **15.** AB: +, BC: 0, CD: −, DE: +. **17.** (a) 170 N, (b) 340 m, (c) -5.8×10^4 J, (d) 340 N, (e) 170 m, (f) -5.8×10^4 J. **19.** 800 J. **21.** (a) 98 N, (b) 4.0 cm, (c) 3.9 J, (d) −3.9 J. **23.** 0, 두 방법으로. **25.** (a) −0.043 J, (b) −0.13 J. **27.** (a) 6.0 N, (b) −2.5 N, (c) 15 N. **29.** 15.3 J. **31.** (a) 590 J, (b) 0, (c) 0, (d) 590 J. **33.** 6.8 J. **35.** (a) 1.20 J, (b) 1.10 m/s. **37.** (a) 1.5 J, (b) 증가한다. **39.** (a) 1.2×10^4 J, (b) -1.1×10^4J, (c) 5.4 m/s, (d) 1100 J. **41.** (a) $-3Mgd/4$, (b) Mgd, (c) $Mgd/4$, (d) $\sqrt{gd/2}$. **43.** 20 J. **45.** (a) 8.84×10^3 J, (b) 7.84×10^3 J, (c) 6.84×10^3 J. **47.** (a) 2.3 J, (b) 2.6 J. **49.** 490 W. **51.** (a) 0.83 J, (b) 2.5 J, (c) 4.2 J, (d) 5.0 W. **53.** 740 W. **55.** 68 kW. **57.** (a) 1.8×10^5 ft · lb, (b) 0.55 hp. **59.** (a) 8.8 m/s, (b) 2 600 J, (c) 1.6 kW. **61.** 24 W. **63.** (a) 2.1×10^6 kg, (b) $\sqrt{100+1.5t}$ m/s, (c) $(1.5\times10^6)/\sqrt{100+1.5t}$ N, (d) 6.7 km. **65.** (a) $\approx1\times10^5$ megatons, (b) ≈폭탄 천만 개.

제 10 장

생각해보기 10-1 아니다. 두 점 사이를 움직일 때 힘이 한 일이 경로에 무관해야 보존력이기 때문이다. 또한 1에서 2로 가는 대신에 2에서 1로 가면 일의 부호가 바뀐다. 그러므로 이 생각해보기문제에서 힘이 보존력이려면 입자가 맨 아래 경로를 따라 갈 때 해준 일의 부호가 (−)가 되어야 한다.

생각해보기 10-2 궤도 자동차가 경로 a보다 b에서 운동에너지를 더 많이 잃는다. 경로 b가 더 길어서 마찰력을 받는 거리도 길기 때문이다.

생각해보기 10-3 그림에서 t에 대한 y가 $t = 0.0$ s 및 $t = 2.0$ s에서

일정한 것에서 확인할 수 있듯이 역기의 운동에너지는 들어올리기 전과 후에 0이다. 운동에너지 변화가 $\Delta K = 0.0$ J이므로 역기에 해준 알짜 일도 0이다. 그림표 10-10b를 살펴보면 (+) 일의 어림값이 t에 대한 $F^{알짜}$곡선 밑의 넓이임을 알 수 있다. W^{+} = [곡선 (+) 부분 아래의 넓이] = (0.5)(116 N)(0.15 m) = +8.7 J, W^{-} = [곡선 (−) 부분과 수평축이 싸는 넓이] = (0.5)(58 N)(0.45 − 0.15) m = −8.7 J. 그래서 $W^{알짜} = W^{+} + W^{-} = 0.0$ J.

생각해보기 10-4 식 10-13을 써라. 위치에너지 변화는 그림에서 곡선 아래 넓이의 (−)값과 같은 사실을 주목하라. (+)로 최대는 (3)의 경우이며 최소는 (2)이다.

생각해보기 10-5 마찰이 없으면 위치에너지가 줄어든 만큼 운동에너지가 늘어난다. (a) 따라서 토막 넷 모두가 같은 양의 위치에너지를 잃으므로 점 B에서 운동에너지가 같다. (b) 운동에너지가 같으므로 속력이 같다.

생각해보기 10-6 식 $F_x^{내부} = -dU(x)/dx$를 써라. 힘은 x에 대한 U 곡선의 기울기의 (−)값이다. (a) 크기 순서로 줄 세우면 CD, AB, BC. (b) 기울기가 (−)이므로 힘은 $+x$쪽이다.

생각해보기 10-7 식 $\Delta E^{열} = f_x^{운동}\Delta x$에 의해서 $b > a > c$를 얻는다.

생각해보기 10-8 (a) 4 kg · m/s, (b) 8 kg · m/s, (c) 탄성충돌을 가정하면, 3 J.

생각해보기 10-9 (a) 2 kg · m/s. (b) 처음 y성분이 0이므로 나중 값도 0이어야 한다. 따라서 과녁의 운동량의 y성분은 3 kg · m/s이다.

문제

1. 89 N/cm. **3.** (a) 4.31 mJ, (b) −4.31 mJ, (c) 4.31 mJ, (d) −4.31 mJ, (e) 모두 증가. **5.** (a) mgL, (b) $-mgL$, (c) 0, (d) $-mgL$, (e) mgL, (f) 0, (g) 같음. **7.** (a) 184 J, (b) −184 J, (c) −184 J. **9.** −320 J. **11.** (a) 2.08 m/s, (b) 2.08 m/s, (c) 증가. **13.** (a) $\sqrt{2gL}$, (b) $2\sqrt{gL}$, (c) $\sqrt{2gL}$ (d) 모두 같음. **15.** (a) 260 m, (b) 같음, (c) 감소. **17.** (a) 21.0 m/s, (b) 21.0 m/s, (c) 21.0 m/s. **19.** (a) 0.98 J, (b) −0.98 J, (c) 3.1 N/cm. **21.** (a) 39.2 J, (b) 39.2 J, (c) 4.00 m. **23.** (a) 35 cm, (b) 1.7 m/s. **25.** 10 cm. **27.** 1.25 cm. **31.** (a) $2\sqrt{gL}$, (b) $5mg$, (c) 71°. **33.** $mgL/32$. **37.** (a) $1.12(A/B)^{1/6}$, (b) 반발력, (c) 인력. **39.** (a) −3.7 J, (c) 1.29 m, (d) 9.12 m, (e) 2.16 J, (f) 4.0 m, (g) $(4 - x)e^{-x/4}$ N, (h) 4 m. **41.** (a) 30.1 J, (b) 30.1 J, (c) 0.22. **43.** (a) 5.6 J, (b) 3.5 J. **45.** 11 kJ. **47.** 20 ft · lb. **49.** (a) 1.5 MJ, (b) 0.51 MJ, (c) 1.0 MJ, (d) 63 m/s. **51.** (a) 67 J, (b) 67 J, (c) 46 cm. **53.** (a) 31.0 J, (b) 5.36 m/s, (c) 보존력이다. **55.** (a) 44 m/s, (b) 0.036. **57.** (a) −0.90 J, (b) 0.46 J, (c) 1.0 m/s. **59.** 1.2 m. **63.** 수평 부분 한가운데. **65.** (a) 216 J, (b) 1180 N, (c) 432 J, (d) 전동기가 나무상자와 벨트에 열에너지도 공급한다. **67.** (a) 0.2 ~ 0.3 MJ, (b) 같은 양. **69.** (a) 860 N, (b) 2.4 m/s. **71.** (a) $mR(\sqrt{2gh} + gt)$, (b) 5.06 kg. **73.** (a) $mv_1/(m + M)$, (b) $M/(m + M)$. **75.** 25 cm. **79.** (a) 41°, (b) 4.76 m/s, (c) 아니다. **81.** (a) 6.9 m/s, $+x$쪽으로 30° 방향, (b) 6.9 m/s, $-x$쪽으로 −30° 방향, (c) 2.0 m/s, $-x$쪽. **83.** (a) 99 g, (b) 1.9 m/s, (c) 0.93 m/s. **85.** 7.8%. **87.** (a) 1.2 kg, (b) 2.5 m/s. **89.** (a) 100 g, (b) 1.0 m/s. **91.** (a) 1.9 m/s, 오른쪽으로, (b) 예, (c) 아니다. 총 운동에너지가 늘어날 것이므로. **93.** (a) 1/3, (b) 4 h. **95.** 1.0 kg. **97.** (c) 11%, (d) 10%, (e) 79%.

제 11 장

생각해보기 11-1 (a) (+)인데, θ가 커지고 있기 때문이다. (b) (−)인데, θ가 작아지고 있기 때문이다.

생각해보기 11-2 (a) (+), (b) (−), (c) (−), (d) (+).

생각해보기 11-3 각가속도 α는 θ의 시간 t에 대한 2차도함수로 구한다. (a)와 (d)의 가속도는 t와 무관하므로 상수이고 따라서 표 11-1의 식들이 적용된다.

생각해보기 11-4 속력의 제곱이므로 v^2과 ω^2은 값이 항상 (+)인 물리량이다.

생각해보기 11-5 (a) 예, 구심가속도, (b) 아니다. $\alpha = 0$이므로, (c) 그렇다, (d) 그렇다. 더 이상 $\alpha = 0$이 아니므로.

생각해보기 11-6 각각의 mr^2을 셈하면 모두 값이 같다.

생각해보기 11-7 (1) > (2) > (4) > (3). I가 질량뿐만 아니라 축으로부터 거리에도 의존함을 기억하라.

생각해보기 11-8 $I_a = I_d = mr^2$, $I_b = (1/2)mr^2$, $I_c = (5/8)mr^2$, 그래서 a = d > c > b.

생각해보기 11-9 $A = C > D > B = E = 0$. A와 C에서 $\phi = 90°$, D에서 ϕ는 0°과 90°의 사이, E에서 $\phi = 0°$, C에서 $r = 0$.

생각해보기 11-10 (a) 같은 쪽. (b) 작다.

문제

1. (a) $a + 3bt^2 - 4ct^3$, (b) $6bt - 12ct^2$. **3.** (a) 5.5×10^{15} s, (b) 26. **5.** (a) 2 rad, (b) 0, (c) 130 rad/s, (d) 32 rad/s^2, (e) 아니다. **7.** 11 rad/s. **9.** (a) −67 rev/min^2, (b) 8.3 rev. **11.** 200 rev/min. **13.** 8.0 s. **15.** (a) 44 rad, (b) 5.5 s, 32 s, (c) −2.1 s, 40 s. **17.** (a) 340 s, (b) -4.5×10^{-3} rad/s^2, (c) 98 s. **19.** 1.8 m/s^2, 중심을 향해. **21.** 0.13 rad/s. **23.** (a) 3.0 rad/s, (b) 30 m/s, (c) 6.0 m/s^2, (d) 90 m/s^2. **25.** (a) 3.8×10^3 rad/s, (b) 190 m/s. **27.** (a) 7.3×10^{-5} rad/s, (b) 350 m/s, (c) 7.3×10^{-5} rad/s, (d) 460 m/s. **29.** 16 s. **31.** (a) -2.3×10^{-9} rad/s^2, (b) 2600 y, (c) 24 ms.

33. 12.3 kg · m^2. **35.** (a) 1100 J, (b) 9 700 J. **37.** (a) $5\,md^2 + (98/3)\,Md^2$, (b) $(5m/2 + 4M/3)d^2\omega^2$. **39.** 0.097 kg · m^2. **41.** $(1/3)M(a^2 + b^2)$. **45.** 4.6 N · m. **47.** (a) $r_1 F_A \sin\theta_1 - r_2 F_A \sin\theta_2$ (b) −3.8 N · m. **49.** (a) 28.2 rad/s^2, (b) 338 N · m. **51.** (a) 155 kg · m^2, (b) 64.4 kg. **53.** 130 N. **55.** (a) 6.00 cm/s^2, (b) 4.87 N, (c) 4.54 N, (d) 1.20 rad/s^2, (e) 0.013 8 kg · m^2. **57.** (a) 1.73 m/s^2, (b) 6.92 m/s^2. **59.** 396 N · m. **61.** (a) $mL^2\omega^2/6$, (b) $L^2\omega^2/6g$. **63.** 5.42 m/s. **65.** $\frac{3}{2}\sqrt{\frac{g}{L}}$. **67.** (a) $[(3\,g/H)(1-\cos\theta)]^{0.5}$, (b) $3\,g(1-\cos\theta)$, (c) $(3/2)g\sin\theta$, (d) 41.8°. **69.** (a) $0.083\,519\,ML^2 \approx 0.084\,ML^2$, (b) 단지 0.22%만 작은 오차.

제 12 장

생각해보기 12-1 (a) 벡터 사이 각의 sin 값이 언제 0이 되는가? 0° 나 180°일 때이다. (b) 이때 (sin 값) = ±1 이어야 하는데, 90°나 270°이면 된다. (c) 여기서 $|\vec{c}||\vec{d}|\sin\phi = 3 \cdot 4\sin\phi = 6$이므로 $\phi = \sin^{-1}(6/12) = 30°$ 또는 150°.

생각해보기 12-2 회전운동량의 시간변화율이 알짜 회전력과 같다. 3 > 1 > 2 = 4 = 0.

생각해보기 12-3 (a) 1 = 3 > 2 = 4 > 5 = 0. 왜냐하면 $r_\perp$값이 1과 3에서 4 m, 2와 4에서 2 m, 5에서 0이기 때문이다. (b) 입자 2와 3의 O점 중심 회전운동량이 (−)인데, 왜냐하면 각각의 $\vec{l} = \vec{r} \times \vec{p}$가 종이면으로 들어가는 방향이기 때문이다.

생각해보기 12-4 (a) 물체의 회전운동량의 시간변화율이 물체가 받는 회전력과 같은데, 세 물체가 받는 회전력이 같으므로 회전운동량도 같은 비율로 증가하며, 모두 서 있다가 돌기 시작했다면 어느 때나 값이 같을 것이다. (b) 표 11-2 (회전관성)를 보라. $I_{고리} > I_{원반} > I_{공}$ 임을 눈여겨보라. $L = I\omega$이며 L 값이 모두 같으므로 I가 가장 큰 물체가 ω는 가장 작아지므로 $\omega_{공} > \omega_{원반} > \omega_{고리}$.

생각해보기 12-5 (a) 줄어든다. 왜냐하면 계의 총질량은 같지만 회전축에 더 가까이 퍼져 있기 때문이다. (b) 알짜 외부 회전력이 없으므로 값이 변하지 않는다. (c) I가 줄고 L이 일정하면 ω는 커져야 한다.

문제

1. (a) 59.3 rad/s, (b) 9.31 rad/s^2, (c) 70.7 m. **3.** −3.15 J. **5.** 1/50. **7.** (a) 8.0°, (b) 크다. **9.** (a) 13 cm/s^2, (b) 4.4 s, (c) 55 cm/s, (d) 1.8×10^{-2} J, (e) 1.4 J, (f) 27 rev/s. **11.** (a) 10 s, (b) 897 m. **13.** the third **17.** (a) 10 N · m, yz평면에 나란하고 $+y$축까지 53° 방향, (b) 22 N · m, $-x$쪽. **19.** (a) $(50\text{ N}\cdot\text{m})\hat{k}$, (b) 90°. **21.** (a) $(-170\text{ kg}\cdot\text{m}^2/\text{s})\hat{k}$, (b) $(+56\text{ N}\cdot\text{m})\hat{k}$, (c) $(+56\text{ kg}\cdot\text{m}^2/\text{s}^2)\hat{k}$. **23.** (a) 0, (b) $8t$ N · m, $-z$쪽, (c) $2/\sqrt{t}$ N · m, $-z$쪽, (d) $8/t^3$ N · m, $+z$쪽. **25.** 9.8 kg · m^2/s. **27.** (a) 0, (b) $(8.0\text{ N}\cdot\text{m})\hat{i} + (8.0\text{ N}\cdot\text{m})\hat{k}$. **29.** (a) mvd, (b) 아니다, (c) 0, 예. **31.** (a) −1.47 N · m, (b) 20.4 rad, (c) −29.9 J, (d) 19.9 W. **33.** (a) $14\,md^2$, (b) $4\,md^2\omega$ (c) $14\,md^2\omega$. **35.** $\omega_1 R_A R_B I_A/(I_A R_B^2 + I_B R_A^2)$. **37.** (a) 3.6 rev/s, (b) 3.0, (c) 벽돌을 안쪽으로 움직일 때, 사람이 벽돌에 주는 힘을 통해 사람의 내부에너지가 운동에너지로 바뀌었다. **39.** (a) 267 rev/min, (b) 2/3. **41.** (a) 149 kg · m^2, (b) 158 kg · m^2, (c) 0.746 rad/s. **43.** $\frac{m}{M+m}\left(\frac{v}{R}\right)$. **45.** (a) $(mRv - I\omega_1)/(I + mR^2)$ (b) 아니다. 에너지가 바퀴벌레의 내부에너지로 바뀌었다. **47.** 3.4 rad/s. **49.** (a) 0.148 rad/s, (b) 0.012 3, (c) 181°. **51.** 하루가 약 0.8초 길어질 것이다. **53.** (a) 18 rad/s, (b) 0.92. **55.** (a) 0.24 kg · m^2, (b) 1 800 m/s. **57.** $\theta = \cos^{-1}\left[1 - \frac{6m^2h}{d(2m+M)(3m+M)}\right]$. **59.** 11.0 m/s. **61.** (a) 0.180 m, (b) 시계방향.

제 13 장

생각해보기 13-1 (c), (e) 및 (f)가 정적평형을 이룰 수 있는데, 알짜 힘과 알짜 회전력 모두가 0이 될 수 있기 때문이다. 나머지 (a), (b) 및 (d)에서 알짜 힘은 0이 될 수 있으나 알짜 회전력은 아니다.

생각해보기 13-2 사과의 무게중심이 막대의 바로 밑으로 간다. 그곳에서만 사과가 받는 알짜 회전력이 안정적으로 0이 되기 때문이다. 사과의 무게중심이 막대 바로 위에 있어도 알짜 회전력은 0이지만 불안정 평형점이어서 사과가 조금만 돌아도, 계속 더 돌아 무게중심이 막대의 바로 밑으로 가버린다.

생각해보기 13-3 사다리와 벽 사이에 마찰이 없는 것이 낫다. 사다리와 바닥 사이에 마찰이 없으면 바닥이 벽의 힘(사다리가 그 자리에 있도록 하는)을 지워주는(반대쪽의) 수평 힘을 줄 수 없다.

생각해보기 13-4 세 상황 모두 세 힘의 크기를 모른다. 따라서 미지수는 셋이고, 이것을 구하려면 식이 3개 필요하다. 그런데 알짜 수평 힘은 모두 0이다. 따라서 평형 조건은 알짜 수직 힘이 0인 것과 알짜 회전력이 0인 것 둘뿐이고, 이로부터 방정식을 2개 얻을 수 있다. 미지수는 셋, 방정식은 둘이므로 세 상황 모두 '부정(indeterminate)'이다. (**옮긴이**: 수학 용어로 '부정'은 '문제를 풀 수 없음'을 뜻한다.)

생각해보기 13-5 탄성 늘이기에 대하여 수식 13-19는 영률이 변형력(F/A)을 변형률($\Delta L/L$)로 나눈 것이라고 말한다. 막대 1과 비교하면, 막대 2는 변형력이 같고 변형률은 두 배이므로 영률은 반이다. 같은 추론으로, 막대 3은 막대 1의 반을 막대 4는 막대 1의 네 배이다. 그래서 영률의 크기의 순서로는 막대 4가 가장 크고, 막대 1이 그 다음, 그리고 막대 2와 3은 똑같이 가장 작다.

생각해보기 13-6 구부릴 때 구부림 안쪽 입자들은 더 가까이 밀리지만 바깥쪽에서는 더 멀리 끌려 나간다. 층 밀림 변형이 일어나는 동안 이웃한 입자면들이 상대적으로 옆으로 이동한다. 면 사이 거리는 값을 유지하지만 각각의 '용수철'(결합)은 같은 양만큼 늘어난다.

문제

1. (a) 2, (b) 7 **3.** (a) $(-27\text{ N})\hat{\text{i}} + (2\text{ N})\hat{\text{j}}$, (b) $+x$쪽에 대해 반시계방향으로 176° **5.** 7920 N **7.** (a) $(mg/L)\sqrt{L^2+r^2}$ (b) mgr/L **9.** (a) 1160 N, 아래로, (b) 1740 N, 위로, (c) 왼쪽으로, (d) 오른쪽으로 **11.** 74 g **13.** (a) 280 N, (b) 880 N, 수평에서 위로 71° **15.** (a) 8010 N, (b) 3.65 kN, (c) 5.66 kN **17.** 71.7 N **19.** (a) 5.0 N, (b) 30 N, (c) 1.3 m **21.** $mg\sqrt{\dfrac{2rh-h^2}{r-h}}$ **23.** (a) 192 N, (b) 96.1 N, (c) 55.5 N **25.** (a) 6630 N, (b) 5740 N, (c) 5960 N **27.** 2.20 m **29.** 0.34 **31.** (a) 211 N, (b) 534 N, (c) 320 N **33.** (a) 445 N, (b) 0.50, (c) 315 N **35.** (a) 31°에서 미끄러짐, (b) 34°에서 기울어짐 **37.** (a) $6.5\times10^6\text{ N/m}^2$, (b) 1.1×10^{-5} m **39.** (a) 867 N, (b) 143 N, (c) 0.165 **41.** 44 N

제 14 장

생각해보기 14-1 두 힘의 크기의 비(상대값)는 지구와 대상 물체(달 및 다른 물체)의 중심 사이의 거리 제곱의 비에 따라 결정된다.

생각해보기 14-2 식 14-2는 g(자유낙하 물체의 가속도)가 $(Gm^{\text{지구}}/r^2)$이라고 하는데, 여기의 r은 g를 잰 곳에서 지구중심까지의 거리다. 이것은 달이 자유낙하를 하여 궤도에 머무른다고 가정하는 모형과 일치한다. 관측 결과가 모형과 일치한다고 해서 모형이 '옳다'는 '증명'이 되지는 않는다. 다만 그 모형이 현재의 자료를 설명하기에 '충분할 만큼 좋음'을 입증할 뿐이다.

생각해보기 14-3 각각의 경우 입자가 공 밖에 있고 중심에서 같은 거리에 있으므로 모든 경우에서 공이 입자에 주는 힘의 크기는 똑같다.

생각해보기 14-4 지구의 $\vec{F}^{\text{중력}}$은 늘 지구중심으로 향한다. 그러나 물체의 겉보기 무게와 관련된 $\vec{N}$(자전하는 지구의 표면에 '서 있는' 물체가 받는 '법선력')의 방향이 늘 정확히 지구중심에서 나가는 쪽은 아니다! 사실은, 지구의 두 극과 적도에서만 $\vec{N}$이 지구중심에서 나가는 쪽이다. 왜 그러한가?

생각해보기 14-5 상황 A, B, C에서 $\vec{F}^{\text{중력}}$의 방향은 모두 지구중심을 향한다. A: 지구중심까지의 거리를 r이라고 하면, $\vec{F}^{\text{중력}}$ 크기는 $1/r^2$에 비례하여 줄어든다. B: $\vec{F}^{\text{중력}}$ 크기가 r에 비례하여 줄어든다. C: 핵심부 밀도가 표면껍질부분보다 꽤 커서, 중심을 향해 움직임에 따라서 $\vec{F}^{\text{중력}}$크기가 처음에 증가하다가 0으로 줄어든다.

생각해보기 14-6 (a) 계(m과 M)의 위치 에너지가 커진다. (b) 둘 사이의 중력은 서로 끄는 힘(안쪽)이고 변위는 바깥쪽이다. 힘과 변위가 반대쪽이므로 중력이 한 일은 (−)이다.

문제

1. 19 m **3.** 29 pN **5.** 1/2 **7.** 2.60×10^5 km **9.** 0.017 N, 300 kg 공을 향해 **11.** 3.2×10^{-7} N **13.** $\dfrac{GmM}{d^2}\left[1-\dfrac{1}{8(1-R/2d)^2}\right]$ **15.** 2.6×10^6 m **17.** (b) 1.9 h **21.** (a) 0.414 R, (b) 0.5 R **23.** (a) $(3.0\times10^{-7}\text{ N/kg})\,m$, (b) $(3.3\times10^{-7}\text{ N/kg})\,m$, (c) $(6.7\times10^{-7}\text{ N/kg}\cdot\text{m})\,mr$ **25.** (a) 9.83 m/s^2, (b) 9.84 m/s^2, (c) 9.79 m/s^2 **27.** (a) -1.3×10^{-4} J, (b) 작다, (c) 양(+), (d) 음(−) **29.** (a) 0.74, (b) 3.7 m/s^2, (c) 5.0 km/s **31.** (a) 5.0×10^{-11} J, (b) -5.0×10^{-11} J **35.** (a) 1700 m/s, (b) 250 km, (c) 1400 m/s **37.** (a) 82 km/s, (b) 1.8×10^4 km/s **39.** 2.5×10^4 km

제 15 장

생각해보기 15-1 여자 무게의 반[(125 lb/2)(9.8 N/2.2 lb)≈300 N]을 두 뒷굽이 지탱하고 있다. 낱낱의 뒷굽이 마루 $1\text{ cm}^2 = 10^{-4}\text{ m}^2$와 접촉한다고 하자. 그러면 뒷굽들이 마루에 주는 압력은 $P = F/A = (300\text{ N}/2)/(10^{-4}\text{ m}^2) = 1.5\times10^6$ Pa.* 이 어림이 표에 있는 값에 가깝다. 뒷굽이 주는 힘은 대단하지 않지만 접촉면이 좁으므로 압력은 크다. 자동차는 접촉면이 훨씬 넓다.

생각해보기 15-2 공기 분자와 물 분자가 크기와 질량이 비슷하다면, 해면 공기의 분자 사이 평균거리가 물 분자거리의 약 $1\,000^{1/3} = 10$배이어야 한다. 이것이 시사하는 것은 낱낱의 공기분자 주위의 공간이 많이 비어 있어 유효한 공간이 꽉 채워질 때까지는 상당히 많이 압축하여 서로 가까워지게 할 수 있다는 것이다.

생각해보기 15-3 공기가 책에 주는 힘은 약 $(10^5\text{ N/m}^2)(2.54\times10^{-2}\text{ m/in})^2$ (2.2 lb/9.8 N)(8 in)(10 in)≈1 200 lb이다. 고무깔개는 잘 붙고 쉽게 구부러져 그것과 매끄러운 탁자 사이로 공기가 스며들기 어려워서 공기가 주는 힘 1 200 lb의 거의 전부가 깔개 윗면에 작용하여 탁자 쪽으로 내려민다. 책은 표면이 더 거칠고 또 빳빳하므로, 들어올릴 때 책과 탁자 사이에 공기가 쉽게 스며든다. 이

* 역자주(원서의 자체모순 오류): 300 N을 두 힘이 지탱하니 하나(10^{-4} m^2)에는 그 반(300 N/2)이 작용한다.

래서 책 양쪽 압력이 '같아져서' 책에 주는 공기의 알짜 힘이 무시할 수 있다.

생각해보기 15-4 공기의 밀도는 단지 물 밀도의 약 1/1 000밖에 되지 않는다.

생각해보기 15-5 기름 그릇 각각의 같은 깊이 Δy에서 압력이 꼭 같으며 그릇 모양과 무관하다.

생각해보기 15-6 압축성 유체는 압축성 용수철처럼 일을 '흡수' 하여 탄성위치에너지로 저장할 수 있다. 유압잭에서 압축성 유체의 압력을 높이면 유체에 한 일의 일부가 탄성위치에너지로 저장되고, 유체가 일할 때(저장된) 만큼 줄여서 한다.

생각해보기 15-7 그릇 속 바닥에서 압력은 위에 있는 유체의 깊이와 유체 표면에 공기가 주는 압력만으로 결정된다. 특히 바닥 곧바로 위의 가운데 기둥 밖에 있는 '추가' 유체는 압력을 높이지 않는다.

생각해보기 15-8 (a) 세 경우 모두 펭귄이 뜨므로 세 유체 모두 펭귄 무게와 똑같은 부력을 준다. ($A = B = C$) (b) 펭귄이 자신의 몸무게와 같은 무게의 유체를 밀어내야 한다. 따라서 유체의 밀도가 작을수록 더 많은 양을 밀어낸다. $B > A > C$.

생각해보기 15-9 물이 선체 위를 넘어 안으로 들어오기 전에, 카누와 짐을 합한 무게가 밀어내는 물의 무게보다 작은 것을 확인해야 한다. 콘크리트 덩어리는 자체 무게의 물을 밀어내지 못하지만 얇은 콘크리트 카누와 거기 탄 사람은 그렇게 할 수 있다.

생각해보기 15-10 들어오는(+) 것과 나가는(−) 것을 모두 합해 전체 계의 알짜 흐름은 0 이어야 한다. $+x + (4 + 8 + 4 - 6 + 5 - 2)\ \mathrm{cm^3/s} = 0\ \mathrm{cm^3/s}$ 이므로 $x = -13\ \mathrm{cm^3/s}$이다. 그러므로 유체가 화살표 없는 관을 통해 $13\ \mathrm{cm^3/s}$의 부피 흐름률로 흘러나간다.

생각해보기 15-11 (a) 면1의 넓이는 $4.0\ \mathrm{cm^2} = 4.0 \times 10^{-4}\ \mathrm{m^2}$, 면 2는 $5.7\ \mathrm{cm^2} = 5.7 \times 10^{-4}\ \mathrm{m^2}$, 면 3은 $8.0\ \mathrm{cm^2} = 8.0 \times 10^{-4}\ \mathrm{m^2}$. (b) 여섯 면의 총 표면넓이는 $69.7\mathrm{cm^2} = 69.7 \times 10^{-4}\ \mathrm{m^2}$이다.

생각해보기 15-12 (a) 어떤 면이든 흐름률은 $v\Delta A\cos\theta$이다. 따라서 면 1의 흐름률은 $(0.5\ \mathrm{m/s})(4.0 \times 10^{-4}\ \mathrm{m^2})(\cos 0°) = +2.0 \times 10^{-4}\ \mathrm{m^3/s}$, 면 2는 $(0.5\mathrm{m/s})(5.7 \times 10^{-4}\ \mathrm{m^2})(\cos 45°) = +2.0 \times 10^{-4}\ \mathrm{m^3/s}$, 면 3은 $(0.5\ \mathrm{m/s})(8.0 \times 10^{-4}\ \mathrm{m^2})(\cos 180°) = -4.0 \times 10^{-4}\ \mathrm{m^3/s}$,이다.

(b) 앞, 뒤, 밑의 면에서는 $\theta = 90°$ 이므로 $\cos\theta = 0$이 되어 흐름률의 합은 0이다. (c) 여섯 면 모두의 기여를 합하면 닫힌곡면을 통한 알짜 흐름률이 예상대로 0이다.

생각해보기 15-13 (a) 네 부분 각각을 통한 부피 흐름률이 같다. (b) 흐름의 속력은 부분 1에서 가장 크고, 다음은 2와 3으로 같은 값이며, 마지막 부분인 4에서 가장 작다. 흐름속력이 파이프의 국소(local) 단면적에 반비례하는 것을 상기하자. (c) 압력이 부분 4에서 최대, 3에서보다 작고, 2에서 더욱 작고, 1에서 최소이다. 부분 2와 3의 압력차는 높이의 차이 때문이다. 높이가 같은 곳의 압력차는 흐름속력의 차이 때문이다.

문제

1. 1.1×10^5 Pa 또는 1.1 atm(기압) **3.** 2.9×10^4 N **5.** 0.074 **7.** (b) 26 kN **9.** 5.4×10^4 Pa **11.** (a) 5.3×10^6 N, (b) 2.8×10^5 N, (c) 7.4×10^5 N, (d) 아니다 **13.** 7.2×10^5 N **15.** $\rho gA(h_2 - h_1)^2/4$ **17.** 1.7 km **19.** (a) $\rho gWD^2/2$, (b) $\rho gWD^3/6$, (c) $D/3$ **21.** (a) 7.9 km, (b) 16 km **23.** 4.4 mm **25.** (a) $2.04 \times 10^{-2}\ \mathrm{m^3}$, (b) 1570 N **27.** (a) 670 kg/m³, (b) 740 kg/m³ **29.** (a) 1.2 kg, (b) 1300 kg/m³ **31.** 57.3 cm **33.** 0.126 m³ **35.** (a) 45 m², (b) 평판이 수평하게 되려면 자동차가 평판의 중심 위에 있어야 **37.** (a) 9.4 N, (b) 1.6 N **39.** 8.1 m/s **41.** 66 W **43.** (a) 2.5 m/s, (b) 2.6×10^5 Pa **45.** (a) 3.9 m/s, (b) 88 kPa **47.** (a) $1.6 \times 10^{-3}\ \mathrm{m^3/s}$, (b) 0.90 m **49.** 116 m/s **51.** (a) 6.4 m³, (b) 5.4 m/s, (c) 9.8×10^4 Pa **53.** (a) 74 N, (b) 150 m³ **55.** (b) $2.0 \times 10^{-2}\ \mathrm{m^3/s}$ **57.** (b) 63.3 m/s

제 16 장

생각해보기 16-1 진폭과 각 진동수가 변하지 않는다. Cosine을 sine이 왼쪽으로 90° 이동한 것으로 볼 수 있어서 처음 위상이 ϕ_0과 90° 또는 $\pi/2$ 만큼 틀린다.

생각해보기 16-2 (a) 시간 $t = 200\,T$ 뒤에 입자는 두 번의 진동운동을 마치고 출발점, 즉 $x = -X$로 돌아온다. (b) 시각 $t = 3.50\,T$에 입자는 세 번과 추가 1/2의 진동운동을 한 뒤 $x = +X$에 있게 된다. (c) 시각 $t = 5.25T$ 에는 다섯 번과 1/4의 진동운동 뒤에 $x = 0$ 에 있게 된다.

생각해보기 16-3 식 16-12에 따르면 주어진 용수철에 달린 추의 질량이 커지면 주기도 길어진다. 용수철 자체 질량도 추와 함께 진동한다는 사실은 용수철 질량의 일부는 식 16-12에 넣어야 함을 시사한다. 용수철의 진동하는 끝에서 고정된 끝으로 갈수록 진폭이 점차 작아지므로, 용수철 질량 전체가 아닌 일부분만을 추의 질량에 더해 주어야 한다.

생각해보기 16-4 (a)만이 단순조화운동을 뜻한다. 힘 (b)도 복원력이지만 x에 비례(1차)하지 않고 제곱에 비례(2차)한다. 힘 (c)는 인력이 아닌 반발력이므로 입자를 $x = 0$으로 돌려보내지 않고 오히려 밀어낸다. 힘 (d)는 반발력이고 비례하지도 않는다.

생각해보기 16-5 입자의 속도성분이 0이 되는 시각은 $t = t_2$ 및 t_4이다. 시각 $t = t_1$에 입자가 최대속력으로 왼쪽으로 움직이며 $t = t_3$에 최대속력으로 오른쪽으로 움직인다. 수학적으로 v_x를 t의 함수로 생각하면, v_x가 t_1에서 극소이고 t_3에서 극대라 말할 수 있지만, 속도성분이 극대일 때와 극소일 때 모두 입자가 실제로 가장 빨리 움직인다.

생각해보기 16-6 가속도의 수직성분 v_x은 영역 1과 2에서 증가하고 3과 4에서 감소한다. 그러나 가속도의 크기는 실제로 영역 1과 3에서 감소하고 2와 4에서 증가하는 사실을 주목하라. 이것에 대해 천천히 잘 생각해 보라!

생각해보기 16-7 두 경우 각각에서, 물체가 받는 알짜 힘이 질량에 비례한다. 뉴턴 제2법칙은 가속도는 알짜 힘을 질량으로 나눈 것이라고 하는데, 질량이 약분되어서 없어지므로 두 경우 모두 가속도는 질량에 무관하다(독립이다).

생각해보기 16-8 세 흔들이의 '모양과 크기가 같다'는 것은 셋의 회전관성이 각각의 질량에 비례하고 비례상수가 모두 같음을 뜻한다. '같은 점에 매달렸다'는 것은 매달린 점과 질량중심 사이의 거리가 각각에서 모두 같다는 뜻이다. I/m 및 h가 셋 다 같으니, 식 16-26에 따라 주기도 모두 같다.

생각해보기 16-9 한 점에서 $K = 3$ J 및 $U = 2$ J이어서 총 역학적 에너지가 $E = K + U = 5$ J로 되는데 이것은 계가 운동하는 모든 점에서의 값이다. 역학적 에너지 보존이 지배하고 있다! (a) 특히, 토막이 $x = 0$에 있을 때, 계의 위치에너지는 0이고 따라서 운동에너지는 5 J이어야 한다. (b) 위치 $x = -X$에서는, 계의 운동에너지가 0이며 $U = 5$ J이다.

생각해보기 16-10 식 16-39에 따르면 감쇠진동자의 역학적 에너지가 처음 값의 1/4로(또는 한 부분으로) 줄어드는데 걸리는 시간이 m/b에 비례한다. 무리 2의 m/b 비는 무리 1의 4/6 = 2/3이며, 무리 3은 무리 1의 1/3이다. 이래서 무리 1이 역학적 에너지가 1/4로 줄어드는데 가장 오래 걸리고, 다음이 무리 2, 그리고 무리 3이 뒤따른다. (무리 1 > 무리 2 > 무리 3)

문제

1. (a) 0.50 s, (b) 2.0 Hz, (c) 18 cm **3.** (a) 0.500 s, (b) 2.00 Hz, (c) 12.6 rad/s, (d) 79.0 N/m, (e) 4.40 m/s, (f) 27.6 N **5.** f > 500 Hz **7.** (a) 6.28×10^5 rad/s, (b) 1.59 mm **9.** (a) 1.0 mm, (b) 0.75 m/s, (c) 570 m/s^2 **11.** (a) 1.29×10^5 N/m, (b) 2.68 Hz **13.** 7.2 m/s **15.** 2.08 h **17.** 3.1 cm **19.** (a) 5.58 Hz, (b) 0.325 kg, (c) 0.400 m **21.** (a) 2.2 Hz, (b) 56 cm/s, (c) 0.10 kg, (d) y_i 아래 20.0 cm **23.** (a) 0.183 A, (b) 같은 방향 **29.** (a) $(n+1)k/n$, (b) $(n+1)k$, (c) $\sqrt{(n+1)/n}\,f$, (d) $\sqrt{n+1}\,f$ **31.** (a) 39.5 rad/s, (b) 34.2 rad/s, (c) 124 rad/s^2 **33.** 99 cm **35.** 5.6 cm **37.** (a) $2\pi\sqrt{\dfrac{L^2+12d^2}{12gd}}$, (b) $d < L/\sqrt{12}$이면 증가, $d > L/\sqrt{12}$이면 감소, (c) 증가, (d) 변화 없음 **39.** (a) 0.205 kg · m^2, (b) 47.7 cm, (c) 1.50 s **41.** $2\pi\sqrt{m/3k}$ **43.** (a) 0.35 Hz, (b) 0.39 Hz, (c) 0 **45.** (b) 보다 작음 **47.** (a) $(r/R)\sqrt{k/m}$, (b) $\sqrt{k/m}$, (c) 진동 없음 **49.** 37 mJ **51.** (a) 2.25 Hz, (b) 125 J, (c) 250 J, (d) 86.6 cm **53.** (a) 3/4, (b) 1/4, (c) $x^{최대}/\sqrt{2}$ **55.** (a) 16.7 cm, (b) 1.23% **57.** 0.39 **59.** (a) 14.3 s, (b) 5.27 **61.** (a) $F^{최대}/b\omega$, (b) $F^{최대}/b$

제 17 장

생각해보기 17-1 (a) 어느 그림표도 $t = 0$ s때의 밧줄변위(y)를 위치(x)의 함수로 바르게 보이지 못했다. 넷 가운데 (b)가 가장 좋지만 $t = 0$ s때 $x = 0$과 맥동의(왼쪽) 꼬리 사이에 있는 흐트러지지 않은 밧줄 부분을 보이지 못했다. (b) 그림표(a)는 위치 $x = x_1$에서 밧줄변위(y)의 시간(t)변화를 바르게 보인다.

생각해보기 17-2 이들 위상의 식은$(kx - \omega t)$이고 파장은 $\lambda = 2p/k$이므로, 파동 1은 λ가 가장 작고 k가 가장 커서 (c)에 해당한다. 파동 2의 k가 가장 작으므로 경우 (a), 그리고 파동 3은 k값이 중간이므로 (b)이다.

생각해보기 17-3 속도 $v_y^{실}$은 파동이 줄(x방향)을 따라갈 때 어느 한 곳에서 줄이 위아래(가로, y)로 움직이는 속도를 나타낸다. 파동이 그곳을 지나갈 때 이 속도는 흔히 (+)와 (−) 사이에서 빨리 변화한다. 그 크기의 최대값은 파장과 진동수가 같은 파동에서 진폭과 함께 증가한다. 다른 속도 $v_x^{파동}$은 파동의 어떤 마루(crest)가 줄을 따라 어느 쪽으로 얼마나 빨리 가는지 말해준다. 밀도와 장력이 고른 줄에서는 $v_x^{파동}$은 시간에 대해 불변이고 파동의 진폭과도 무관하다. 이 절에서 $v_x^{파동}$을 셈할 때는 줄 토막의 질량을 썼고, 운동량 변화량을 셈할 때는 $v_y^{실}$을 쓴다.

생각해보기 17-4 줄에 파동을 보낼 때, 장력을 일정하게 유지하면서 진동수를 높이면 (a) 파동의 속력은 변하지 않고 (b) 파장이 짧아진다. 대신에 진동수를 일정하게 유지하면서 장력을 세게 하면, (c) 파동의 속력이 빨라지고 (d) 파장이 길어진다.

생각해보기 17-5 (a) 식 (1)은 $+x$쪽으로 가는 두 파동의 간섭을 나타낸다. (b) 식 (3)은 $-x$쪽으로 가는 두 파동의 간섭을 나타낸다. (c) 식 (2)는 반대쪽으로 가는 두 파동의 간섭을 나타낸다.

생각해보기 17-6 (a) 빠진 진동수는 75 Hz이다. (b) 7차 조화 진동수는 7×75 Hz = 525 Hz이다.

문제

1. (a) $3.49\ m^{-1}$, (b) 31.5 m/s **3.** (a) 0.68 s, (b) 1.47 Hz, (c) 2.06 m/s **7.** (a) $y(x, t) = 2.0\ \sin 2\pi(0.10x-400t)$, x와 y는 cm로 t는 초(s)로, (b) 50 m/s, (c) 40 m/s **9.** (a) 11.7 cm, (b) π rad **11.** 129 m/s **13.** (a) 15 m/s, (b) 0.036 N **15.** $y(x, t) = 0.12\sin(141x+628t)$, y는 mm, x는 m, t는 초(s) **17.** (a) $2\pi y^{max}/\lambda$ (b) 아니다 **19.** (a) 5.0 cm, (b) 40 cm, (c) 12 m/s, (d) 0.033 s, (e) 9.4 m/s, (f) $5.0\sin(16x+190t+0.93)$, x는 m, y는 cm, t는 초(s) **21.** 나중의 맥동이 시작한 철선 끝에서 2.63 m **25.** $1.4y^{max}$ **27.** (a) 0.31 m, (b) 1.64 rad, (c) 2.2 mm **29.** (a) 140 m/s, (b) 60 cm, (c) 240 Hz **31.** (a) 82.0 m/s , (b) 16.8 m, (c) 4.88 Hz **33.** 7.91 Hz, 15.8 Hz, 23.7 Hz **35.** (a) 105 Hz, (b) 158 m/s **37.** (a) 0.25 cm, (b) 120 cm/s, (c) 3.0 cm, (d) 0 **39.** (a) 50 Hz, (b) $y = 0.50\sin[\pi\ (x\pm100t)]$, x는 m, y는 cm, t는 초(s) **41.** (a) 1.3m, (b) $y = 0.002\sin(9.4x)\cos(3800t)$, x와 y는 m, t는 초(s) **43.** (a) 2.0Hz, (b) 200 cm, (c) 400 cm/s, (d) 50 cm, 150 cm, 250 cm, 등등, (e) 0, 100 cm, 200 cm, 등등 **47.** (a) 323 Hz, (b) 여덟 **49.** 5.0 cm

제 18 장

생각해보기 18-1 단위를 나타내는데 길이 $[L]$, 질량 $[M]$과 시간$[T]$의 아주 기본적 요소를 쓴다. B가 단위 면적이 받는 힘이므로 그 단위는 $B\sim\dfrac{[M][L]/[T^2]}{[L^2]} = [M]/[L][T^2]$는 단위 부피의 질량이므로 $\rho\sim[M]/[L^3]$. $B/\rho\sim[L^2]/[T^2]$이고 $\sqrt{B/\rho}\sim[L]/[T]$ 또는 국제단위로 [m]/[s]이므로 '속도' 인 셈이다.

생각해보기 18-2 측정된 왕복 파동의 속력은 $v^{파동} = (2)(2.4\ m)/(.0133 - .0002)(s) = 366$ m/s인데, 이 값은 표 18-1의 실온 공기 속의 음속 343 m/s와 비슷하다.

생각해보기 18-3 소리샘을 향한 면을 단위 시간에 지나가는 에너지는 그곳의 소리의 세기를 면의 넓이와 곱한 값이며, 또 소리의 세기는 소리샘까지의 거리가 멀어지면 약해지므로, (a) 소리의 세기가 면 1과 2에서 같고 3에서 더 작으며, (b) 면의 넓이는 1과 2가 같고 3이 더 크다.

생각해보기 18-4 관 A의 기본 조화파와 진동수가 같은 것은 길이가 두 배인 관 B의 2차 조화파이다.

생각해보기 18-5 (a)와 (e)에서 방출된 진동수보다 큰 값이 검지된다. (b)와 (f)에서는 작은 값이 검지되며, (c)와 (d)는 불확정이다.

문제

1. 시간을 3으로 나눠라 **3.** (a) 79 m, 41 m, (b) 89 m **5.** 1900 km **7.** 40.7 m **9.** (a) 0.0762 mm, (b) 0.333 mm **11.** (a) $343(1+2m)$ Hz, m은 0에서 28까지의 한 정수, (b) $686m$ Hz, m은 1부터 29까지의 한 정수 **13.** (a) 143 Hz, 429 Hz, 715 Hz, (b) 286 Hz, 572 Hz, 858 Hz **15.** 17.5 cm **17.** 15.0 mW **19.** (a) 1 000, (b) 32 **21.** (a) 59.7, (b) 2.81×10^{-4} **23.** (a) 5 000, (b) 71, (c) 71 **25.** (a) 5 200 Hz, (b) 진폭$_{SAD}$/진폭$_{SBD}$ = 2 **27.** (a) 57.2 cm, (b) 42.9 cm **29.** (a) 405 m/s, (b) 596 N, (c) 44.0 cm, (d) 37.3 cm **31.** (a) 1129, 1506, 및 1882 Hz **33.** 12.4 m **35.** (a) 마디, (c) 22 s **37.** 45.3 N **39.** 387 Hz **41.** 0.02 **43.** 17.5 kHz **45.** (a) 526 Hz, (b) 555 Hz **47.** (a) 1.02 kHz, (b) 1.04 kHz **49.** 155 Hz **51.** (a) 485.8 Hz, (b) 500.0 Hz, (c) 486.2 Hz, (d) 500.0 Hz **53.** (a) 598 Hz, (b) 608 Hz, (c) 589 Hz **55.** (a) 42°, (b) 11 s

제 19 장

생각해보기 19-1 잴 수 있는 성질로 질량, 부피, 경도, 탄성, 및 파괴강도 등이 있다. 정량화하기가 쉽지 않은 것의 예로 맛과 색깔이 있다.

생각해보기 19-2 우리는 편안히 지내고자 흔히 집안 온도를 바깥 온도보다 상당히 높거나(겨울) 낮게(여름) 유지하려 한다. 집 벽속의 절연물은 겨울에 흘러나가며 여름에는 들어올 열에너지 양을 줄여서 쾌적한 실내온도를 유지하는데 드는 광열비를 줄여준다.

생각해보기 19-3 식 19-5는 질량이 같은 물체에 열에너지를 같은 양 줄 때 온도 상승은 재료의 비열에 반비례한다고 말한다. 그러므로 물체 A가 B보다 비열이 더 크다.

생각해보기 19-4 소방관에게 좋은 것은 불에 뿌린 물이 불붙은 물체로부터 비교적 많은 열을 빼앗는다는 사실이다. 나쁜 것은 수증기가 그의 피부에서 응결되면 이런 열이 쉽게 그의 몸으로 옮겨진다는 사실이다. 100℃ 수증기 1 g이 37℃의 근육('물' 같은) 1 g에 엉기면 '물' 같은 재료 2 g의 온도가 (100℃ + 37℃)/2 = 69℃로 된다.

생각해보기 19-5 여기서 기체가 한 일이 (+)이 되려면 맨 위의 곡선이 왼쪽(저압)에서 오른쪽(고압)으로 가야 한다. 각 순환에서 일을 가장 많이 하려면 P–V 그림에서 순환이 둘러싼 넓이가 최대가 되어야 한다. 따라서 곡선 c와 e가 일을 (+)최대로 한다.

생각해보기 19-6 (a) 기체의 내부에너지 변화는 각각의 경우 같다. (b) 기체가 한 일은 경로 4에서 제일 크고 다음이 3, 2, 그리고 끝으로 1. (c) 기체에 더해준 열에너지도 역시 4, 3, 2, 1의 순서이다.

생각해보기 19-7 (a) 어느 순환에서도 $Q-W=0$, 즉 $Q=W$. (b) 여기서 기체가 한 알짜 일(W)이 (–)이므로 계가 받은 알짜 열에너지 Q도 (–)이고 일(W)과 같은 값이다. 따라서 순환마다 기체로부터 열

에너지 $Q(=W)$가 환경으로 전달된다(이동한다).

생각해보기 19-8 (a) 높이가 가장 크게 증가할 것은 판 2와 3이 같고, 다음이 1이며 끝으로 4이다. (b) 넓이가 가장 크게 증가할 것은 판 3이고, 다음은 2, 그리고 1과 4는 같이 끝자리를 차지한다.

생각해보기 19-9 판 위에 그린 원처럼, 판의 온도가 높아지면 구멍이 커진다.

생각해보기 19-10 막대 밑면에서 압력이 줄어드는데, 무게는 변하지 않고 그것을 지탱하는 넓이가 조금 넓어지기 때문이다.

생각해보기 19-11 열전도도가 클수록 두께가 같은 시료에서 두 면의 온도차가 더 작아진다. 여기서 왼쪽에서 오른쪽으로 가면서 온도차가 10°C, 5°C, 15°C, 및 5°C이므로 열전도도는 널빤지 b와 d가 똑같이 가장 크고, 다음은 a이며 c는 가장 작다.

문제

1. (a) 320°F, (b) −12.3°F **3.** (a) 차원은 시간의 역이다 **5.** (a) 523 J/kg · K, (b) 26.2 J/mol · K, (c) 0.600 몰 **7.** 42.7 kJ **9.** 1.9배의 크기 **11.** (a) 33.9 Btu, (b) 172°F **13.** 160 s **15.** 2.8 days **17.** 742 kJ **19.** 73 kW **21.** 33 g **23.** (a) 0°C, (b) 2.5°C **25.** *A*: 120 J, *B*: 75 J, *C*: 30 J **27.** −30 J **29.** (a) 6.0 cal, (b) −43 cal, (c) 40 cal, (d) 12 cal, 18 cal **31.** 348 K **33.** (a) −40°, (b) 575°, (c) 섭씨 눈금과 켈빈 눈금은(어느 온도에서나) 온도값이 다르다 **35.** 960 μm **37.** 2.731 cm **39.** 29 cm^3 **41.** 0.26 cm^3 **43.** 360°C **47.** 0.68 s/h, 빠름 **49.** 7.5 cm **51.** (a) 0.13 m, (b) 2.3 km **53.** 1660 J/s **55.** (a) 16 J/s, (b) 0.048 g/s **57.** 0.50 min **59.** (a) 17 kW/m^2, (b) 18 W/m^2 **61.** 0.40 cm/h

제 20 장

생각해보기 20-1 과정 (a), (b), (d), (e)가 모두 $PV = 12$ 단위이므로 같은 등온선에서 시작하고 끝난다.

생각해보기 20-2 (a) 기체의 켈빈 온도가 두 배가 되면 평균 병진 운동에너지도 두 배가 된다. (b) 기체의 온도가 0 K이면 평균 병진 운동에너지는 0이다. 하지만 모든 실제 기체는 0 K에 이르기 전에 응축해서 액체가 된다.

생각해보기 20-3 (a) 세 가지 분자 낱낱의 평균 운동에너지는 같다. (b) 앞 내용이 사실이므로 낱낱의 제평균 속력은 분자질량의 제곱근에 반비례한다. 따라서 제평균 속력은 분자 3이 가장 빠르고, 그 다음은 분자 2, 분자 1은 가장 느리다.

생각해보기 20-4 이상기체의 내부에너지가 온도에만 의존하므로, $E^{내부}$의 변화는 경로 5를 따라갈 때 가장 크며, 다른 네 경로를 따라갈 때는 변화량이 같다(하지만 중간 변화는 경로 3, 4가 경로 1, 2보다 크다).

문제

1. 0.933 kg **3.** 6560 **5.** (a) 5.47×10^{-8} 몰, (b) 3.29×10^{16} **7.** (a) 0.0388 몰, (b) 220℃ **9.** (a) 106, (b) 0.892 m^3 **11.** $A(T_2 - T_1) - B(T_2^2 - T_1^2)$ **13.** 5600 J **15.** 100 cm^3 **17.** 2.0×10^5 Pa **19.** 180 m/s **21.** 9.53×10^6 m/s **23.** 1.9 kPa **25.** 3.3×10^{-20} J **27.** (a) 6.75×10^{-20} J, (b) 10.7 **31.** (a) 6×10^9 km **33.** 15 cm **35.** (a) 3.27×10^{10}, (b) 172 m **37.** (a) 6.5 km/s, (b) 7.1 km/s **39.** (a) 1.0×10^4 K, (b) 1.6×10^5 K, (c) 440 K, 7000 K (d) 수소, 아니다, 산소, 예 **41.** (a) 7.0 km/s, (b) 2.0×10^{-8} cm, (c) 3.5×10^{10} 충돌/s **43.** (a) $\frac{2}{3} v_0$, (b) N/3, (c) 122 v_0, (d) 1.31 v_0 **45.** $RT \ln(V_{나중}/V_{처음})$ **47.** $(n_1 C_1 + n_2 C_2 + n_3 C_3)/(n_1 + n_2 + n_3)$ **49.** (a) 6.6×10^{-26} kg, (b) 40 g/몰 **51.** 8000 J 53. (a) 6980 J, (b) 4990 J, (c) 1990 J, (d) 2990 J **55.** (a) 14기압, (b) 620 K **59.** 1.40 **61.** (a) Q, $\Delta E^{내부}$, W의 순서로 J 단위로 표현하면 1→2: 3740, 3740, 0, 2→3: 0, −1810, 1810, 3→1: −3220, −1930, −1290, 순환과정: 520, 0, 520, (b) $V_2 = 0.024\,6$ m^3, $p_2 = 2.00$기압, $V_3 = 0.037\,3$ m^3, $p_3 = 1.00$기압

제 21 장

생각해보기 21-1 진흙덩이가 마루로 떨어질 때 중력 위치에너지가 병진 운동에너지로 바뀐다. 마루를 칠 때 역학적 에너지가 어찌된 일인지 사라진 것처럼 보인다. 그러나 떨어진 뒤 자세히 살펴보면 진흙덩이와 바로 밑의 마루가 조금 따뜻해진 것이 드러난다. 왜? 진흙덩이가 마루와 충돌할 때 마루가 진흙덩이에 일을 한다. 진흙덩이가 튀어 오르지 않으므로 이 일은 진흙덩이의 내부에너지를 증가시킨다. 이제는 진흙덩이 온도가 올라가고 열평형이 이루어질 때까지 미시적인 열에너지가 주위(공기+마루)로 퍼진다. 사실 좀더 주의 깊게 관찰하면 떨어지기 전에 계가 가졌던 전체의 역학적 에너지는 진흙덩이가 마루를 친 뒤에도, 다른 에너지(주로 열에너지)로, 계에 그대로 남아 있음을 알게 된다.

생각해보기 21-2 판자에 못 박기, 뜨거운 커피가 식도록 놔두기, 친구에 인사하기 등을 영화로 찍어서 거꾸로 돌릴 때 무엇인지 잘못된 것을 바로 알게 되므로 이들이 비가역과정의 보기다.

생각해보기 21-3 과정 (c)와 (b)에서 같은 양의 열에너지가 물로 이동하고 (a)에서는 두 배가 이동한다. 또 (a)가 가장 낮은 평균온도에서 일어나므로 물의 엔트로피 변화가 가장 크며, 다음이 (b),

그리고 그 다음이 (c)이다.

생각해보기 21-4 식 21-11은 카르노 기관 효율을 그것이 작동하는 두(최고+최저) 열역학적 온도와 관련시킨다. 그것을 써서 얻는 카르노 효율이 (a) 0.20, (b) 0.25, (c) 0.33이므로 효율의 순서는 (c), (b), (a)로 된다.

생각해보기 21-5 (a) $T_{저온}$을 δT 올리면 식 21-14에서 분자가 δT만큼 커지고 동시에 분모가 그만큼 작아진다. 따라서 냉장고 성능계수가 최대로 증가한다. (b) $T_{저온}$을 δT낮추면 식 12-14에서 분자가 δT만큼 작아지고 동시에 분모가 그만큼 커진다.* 따라서 냉장고 성능계수가 최대로 감소한다. (c) $T_{고온}$을 (δT)만큼 올리면 분자에는 변화가 없고 분모가 (δT)만큼 커져 냉장고 성능계수가 작아지지만 (b)만큼은 아니다. (d) $T_{고온}$을 (δT)만큼 낮추면 분자는 변화가 없고 분모가 (δT)만큼 작아져 냉장고 성능계수는 높아지지만 (a)만큼은 아니다. 그래서 냉장고 성능계수 변화는 크기의 순서로 (a), (d), (c), 그리고 가장 작은 (b)가 된다.

*(**옮긴이**: 원서 (b)에서 끝 단어가 '작아진다' 로 되어 있는데 '커진다' 가 옳다.)

생각해보기 21-6 이를테면, 분자의 수가 6이라 하자. 상자의 반 각각에 3씩 들어있는 경우에 대응되는 미시상태의 수는 $6!/(3!)^2 = 20$. 식 21-18를 1/3 상자 각각에 2씩 들어있는 경우로 일반화하면 $6!/(2!)^3 = 90$을 얻는다. 이처럼 부분 상자 각각에 같은 수의 분자를 채우면서 나눔을 늘리면 미시 상태의 수가 더 많아진다. 이것은 분자의 수를 늘려도 그러하며, 따라서 (b)의 미시 상태의 수가 (a)보다 더 많다.

문제

1. 14.4 J/K **3.** (a) 9220 J, (b) 23.0 J/K, (c) 0 **5.** (a) 5.79×10^4 J, (b) 173 J/K **7.** (a) 14.6 J/K, (b) 30.2 J/K **9.** (a) 57.0℃, (b) −22.1 J/K, (c) +24.9J/K, (d) +2.8 J/K **13.** (a) 320 K, (b) 0, (c) +1.72 J/K **15.** +0.75 J/K **17.** (a) −943 J/K, (b) +943 J/K, (c) 예 **19.** (a) $3p_0V_0$, (b) $\Delta E^{내부} = 6RT_0$, $\Delta S = \frac{3}{2}R\ln 2$ (c) 둘 다 0 **21.** (a) 31%; (b) 16 kJ **23.** (a) 23.6%, (b) 1.49×10^4 J **25.** 266 K 및 341 K **27.** (a) 1470 J, (b) 554 J, (c) 918 J, (d) 62.4% **29.** (a) 2270 J, (b) 14 800 J, (c) 15.4% (d) 75.0%, 더 크다 **31.** (a) 78%, (b) 81 kg/s **33.** (a) $T_2 = 3T_1$, $T_3 = 3T_1/4^{\gamma-1}$, $T_4 = T_1/4^{\gamma-1}$, $P_2 = 3P_1$, $P_3 = 3P_1/4^{\gamma}$, $P_4 = P_1/4^{\gamma}$, (b) $1 - 4^{1-r}$ **35.** 21 J **37.** 440 W **39.** 0.25 hp **41.** $[1-(T_2/T_1)]/[1-(T_4/T_3)]$ **45.** (a) $W = N!/(n_1!n_2!n_3!)$, (b) $[(N/2)!\,(N/2)!]/[(N/3)!\,(N/3)!\,(N/3)!]$, (c) 4.2×10^{16}

찾아보기

물리적 성질

공기(마른상태, 20℃, 1기압)	
밀도	1.21 kg/m^3
비열(일정 압력)	1010 J/kg · K
비열의 비	1.40
소리의 속력	343 m/s
절연 파괴 강도	3×10^6 V/m
유효 몰 질량	0.0289 kg/mol
물	
밀도	1000 kg/m^3
음속	1460 m/s
비열(일정 압력)	4190 J/kg · K
융해열(0℃)	333 kJ/kg
기화열(100℃)	2260 kJ/kg
굴절률($\lambda = 589$ mn)	1.33
몰 질량	0.0180 kg/mol
지구	
질량	5.98×10^{24} kg
평균반지름	3.37×10^6 m
지면에서의 자유낙하 가속도	9.8 m/s^2
표준 대기압	1.01×10^5 Pa
고도 100 km인 위성의 주기	86.3 min
지구정지궤도의 반지름	42.200 km
탈출속력	11.2 km/s
자기 쌍극자 모멘트	8.0×10^{22} A · m^2
지면의 평균 전기장	150 V/m, down
지구로부터의 거리	
달	3.82×10^8 m
해	1.50×10^{11} m
가장 가까운 별	4.04×10^{16} m
은하의 중심	2.2×10^{20} m
안드로메다 은하	2.1×10^{22} m
볼 수 있는 우주의 끝	$\sim 10^{26}$ m

국제단위계의 접두사

인자	접두사	기호	인자	접두사	기호
10^{24}	요타(yotta)	Y	10^{-24}	욕토(yocto)	y
10^{21}	제타(zetta)	Z	10^{-21}	젭토(zepto)	z
10^{18}	엑사(exa)	E	10^{-18}	아토(atto)	a
10^{15}	페타(peta)	P	10^{-15}	펨토(femto)	f
10^{12}	테라(tera)	T	10^{-12}	피코(pico)	p
10^{9}	기가(giga)	G	10^{-9}	나노(nano)	n
10^{6}	메가(mega)	M	10^{-6}	마이크로(micro)	μ
10^{3}	킬로(kilo)	k	10^{-3}	밀리(milli)	m
10^{2}	헥토(hecto)	h	10^{-2}	센티(centi)	c
10^{1}	데카(deka)	da	10^{-1}	데시(deci)	d

* 언제나 첫음절에 센 소리를 낸다: 나노미터(ná-no-mé-ter)

수학 공식

2차 방정식의 근의 공식

$ax^2 + bx + c = 0$이면 $x = \dfrac{-b \pm \sqrt{b^2 - 4ac}}{2a}$

이항정리

$$(1+x)^n = 1 + \frac{nx}{1!} + \frac{n(n-1)x^2}{2!} + \cdots \qquad (x^2 < 1)$$

벡터 곱셈

$\vec{a}$와 $\vec{b}$의 사이각 가운데 작은 값이 θ이면 다음과 같다.

$$\vec{a} \cdot \vec{b} = \vec{b} \cdot \vec{a} = a_x b_x + a_y b_y + a_z b_z = |\vec{a}||\vec{b}|\cos\theta$$

$$\vec{a} \times \vec{b} = -\vec{b} \times \vec{a} = \begin{vmatrix} \hat{\mathrm{i}} & \hat{\mathrm{j}} & \hat{\mathrm{k}} \\ a_x & a_y & a_z \\ b_x & b_y & b_z \end{vmatrix}$$

$$= \hat{\mathrm{i}} \begin{vmatrix} a_y & a_z \\ b_y & b_z \end{vmatrix} - \hat{\mathrm{j}} \begin{vmatrix} a_x & a_z \\ b_x & b_z \end{vmatrix} + \hat{\mathrm{k}} \begin{vmatrix} a_x & a_y \\ b_x & b_y \end{vmatrix}$$

$$= (a_y b_z - b_y a_z)\hat{\mathrm{i}} + (a_z b_x - b_z a_x)\hat{\mathrm{j}} + (a_x b_y - b_x a_y)\hat{\mathrm{k}}$$

$$|\vec{a} \times \vec{b}| = |\vec{a}||\vec{b}|\sin\theta$$

삼각함수 항등식

$$\sin\alpha \pm \sin\beta = 2\sin\tfrac{1}{2}(\alpha \pm \beta)\cos\tfrac{1}{2}(\alpha \mp \beta)$$

$$\cos\alpha + \cos\beta = 2\cos\tfrac{1}{2}(\alpha + \beta)\cos\tfrac{1}{2}(\alpha - \beta)$$

도함수와 적분

$$\frac{d}{dx}\sin x = \cos x \qquad \int \sin x\, dx = -\cos x$$

$$\frac{d}{dx}\cos x = -\sin x \qquad \int \cos x\, dx = \sin x$$

$$\frac{d}{dx}e^x = e^x \qquad \int e^x\, dx = e^x$$

$$\int \frac{dx}{\sqrt{x^2 + a^2}} = \ln(x + \sqrt{x^2 + a^2})$$

$$\int \frac{x\,dx}{(x^2 + a^2)^{3/2}} = -\frac{1}{(x^2 + a^2)^{1/2}}$$

$$\int \frac{dx}{(x^2 + a^2)^{3/2}} = \frac{x}{a^2(x^2 + a^2)^{1/2}}$$

크래머 규칙

미지수가 x와 y인 두 1차 연립방정식

$$a_1 x + b_1 y = c_1 \text{과 } a_2 x + b_2 y = c_2$$

의 해는 다음과 같다

$$x = \frac{\begin{vmatrix} c_1 & b_1 \\ c_2 & b_2 \end{vmatrix}}{\begin{vmatrix} a_1 & b_1 \\ a_2 & b_2 \end{vmatrix}} = \frac{c_1 b_2 - c_2 b_1}{a_1 b_2 - a_2 b_1}$$

$$y = \frac{\begin{vmatrix} a_1 & c_1 \\ a_2 & c_2 \end{vmatrix}}{\begin{vmatrix} a_1 & b_1 \\ a_2 & b_2 \end{vmatrix}} = \frac{a_1 c_2 - a_2 c_1}{a_1 b_2 - a_2 b_1}$$

* 더 완전한 목록은 부록 A를 보라.

그리스 글자

알파(Alpha)	Α	α	이오타(Iota)	Ι	ι	로(Rho)	Ρ	ρ
베타(Beta)	Β	β	카파(Kappa)	Κ	κ	시그마(Sigma)	Σ	σ
감마(Gamma)	Γ	γ	람다(Lambda)	Λ	λ	타우(Tau)	Τ	τ
델타(Delta)	Δ	δ	뮤(Mu)	Μ	μ	업실론(Upsilon)	Υ	υ
엡실론(Epsilon)	Ε	ϵ	뉴(Nu)	Ν	ν	퐈이*(Phi)	Φ	ϕ, φ
제타(Zeta)	Ζ	ζ	크사이(Xi)	Ξ	ξ	카이(Chi)	Χ	χ
이타(Eta)	Η	η	오미크론(Omicron)	Ο	ο	사이(Psi)	Ψ	ψ
세타(Theta)	Θ	θ	파이(Pi)	Π	π	오메가(Omega)	Ω	ω

* 파이(Phi)의 ㅍ 소리는 옛날에 쓰던 퐁(영어의 F)에 해당한다 (옮긴이).

물리적 성질*

빛의 속력	c	3.00×10^8 m/s
중력상수	G	6.67×10^{-11} N · m^2/kg^2
아보가드로 상수	N_A	6.02×10^{23} mol^{-1}
보편 기체 상수	R	8.31 J/mol · K
질량-에너지 관계식	c^2	8.99×10^{16} J/kg
		931.5 MeV/u
전기 상수(유전율)	ϵ_0	8.85×10^{-12} C^2/N · m^2
쿨롱 상수	$k = 1/4\pi\epsilon_0$	8.99×10^9 N · m^2/c^2
자기 상수(투자율)	μ_0	1.26×10^{-6} N/A^2
플랑크 상수	h	6.63×10^{-34} J · s
		4.14×10^{-15} eV · s
스테판-볼츠만 상수	σ	5.67×10^{-8} W/m^2 · k^4
볼츠만 상수	k_B	1.38×10^{-23} J/K
		8.62×10^{-5} eV/K
기본 전하량	e	1.60×10^{-19} C
전자 질량	m_e	9.11×10^{-31} kg
양성자 질량	m_p	1.67×10^{-27} kg
중성자 질량	m_n	1.68×10^{-27} kg
중양자 질량	m_d	3.34×10^{-27} kg
보어 반지름	r_B	5.29×10^{-11} m
보어 마그네톤	μ_B	9.27×10^{-24} J/T
		5.79×10^{-5} eV/T
리드버그 상수	R	0.01097 nm^{-1}

* 가장 정확한 실험값을 실은 더 완전한 목록은 부록 B를 보라.

바꿈인수*

질량과 밀도

1 kg = 1000 g = 6.02×10^{26} u

1 slug = 14.6 kg

1 u = 1.66×10^{-27} kg

1 kg/m^3 = 10^{-3} g/cm^3

길이와 부피

1 m = 100 cm = 39.4 in. = 3.28 ft

1 mi = 1.61 km = 5280 ft

1 in. = 2.54 cm

1 nm = 10^{-9} m = 10 Å

1 pm = 10^{-12} m = 1000 fm

1 light-year = 9.46×10^{15} m

1 m^3 = 1000 L = 35.3 ft^2 = 264 gal

시간

1 d = 86, 400 s

1 y = 365 $\frac{1}{4}$ d = 3.16×10^7 s

각도

1 rad = 57.3° = 0.159 rev

π rad = 180° = $\frac{1}{2}$ rev

속력

1 m/s = 3.28 ft/s = 2.24 mi/h

1 km/h = 0.621 mi/h = 0.278 m/s

힘과 압력

1 N = 10^6 dyne = 0.225 lb

1 lb = 4.45 N

1 ton = 2000 lb

1 Pa = 1 N/m^2 = 10 dyne/cm^2
= 1.45×10^{-4} lb/in.^{2}

1 atm = 1.01×10^5 Pa = 14.7 lb/in.^{2}
= 76 cm - Hg

에너지와 일률

1 J = 10^7 erg = 0.239 cal = 0.738 ft · lb

1 kW · h = 3.6×10^6 J

1 cal = 4.19 J

1 eV = 1.60×10^{-19} J

1 horsepower = 746 W = 550 ft · lb/s

자기

1 T = 1 Wb/m^2 = 10^4 gauss

* 더 완전한 목록은 부록 D를 보라.

정가 27,000원

이해하는 물리학 · I

2010년 3월 8일 초판 인쇄
2014년 3월 10일 수정판 발행
지은이 : Karen Cummings · Priscilla Laws · Edward Redish · Patrick Cooney
옮긴이 : 김중복 · 김진승 · 남기봉 · 박병윤 · 이금휘 · 이형종
발행자 : 우명찬 · 송 준
발행처 : 홍릉과학출판사
주 소 : 서울시 성북구 인수봉로50길 10
142-885
등 록 : 1976년 10월 21일 제5-66호
전 화 : (02) 999-2274~5, 996-8341, 903-7037
팩 스 : (02) 905-6729

역자와의
협의하에
인지생략

ISBN 978-89-7283-858-6

e-mail: hongpub@hongpub.co.kr
http://www.hongpub.co.kr